U0544229

山东鸟类志

赛道建 著

The Avifauna of Shandong China

Sai Daojian

科学出版社
北京

内　容　简　介

《山东鸟类志》共收录记录的鸟类有 471 种（516 种、亚种），隶属 20 目 76 科，有标本（328 种）、照片（364 种）、环志（77 种）和文献资料认为现状有分布的 420 种，资料不足需确证的 28 种，缺佐证资料无分布的记录 23 种。总论介绍山东鸟类研究简史、基础知识、标本制作、鸟类区系及资源保育等相关内容。各论介绍鸟种的学名、同种异名、鉴别特征、形态特点、栖息环境与习性、迁徙、食性、繁殖、区系、居留型、种群现状与物种保护，以及目前关于种和亚种分类上的不同观点和文献等内容，并附物种照片及其简单分布图，图文并茂；采用序号 + 文献标识号的物种编码方式，方便查询、检索有关研究情况。本书是详细而系统地介绍山东鸟类研究成果的一部地方鸟类专著，将为多样性监测、研究、环境评估与保护提供有益借鉴。

本书具有较高的学术与收藏价值，是一部适用性强的工具书，适合于科研、教学、农、林、医、牧、环保和野生动物管理与保护部门的人员使用，也可供公众爱鸟教育参考。

图书在版编目（CIP）数据

山东鸟类志 / 赛道建著. —北京：科学出版社，2017.12
ISBN 978-7-03-055062-0

Ⅰ. ①山⋯　Ⅱ. ①赛⋯　Ⅲ. ①鸟类 - 动物志 - 山东　Ⅳ. ① Q959.708

中国版本图书馆 CIP 数据核字（2017）第 267062 号

责任编辑：张会格　侯彩霞 / 责任校对：郑金红
责任印制：肖　兴 / 封面设计：金舵手世纪

科 学 出 版 社 出版
北京东黄城根北街 16 号
邮政编码：100717
http：//www.sciencep.com

中国科学院印刷厂 印刷
科学出版社发行　各地新华书店经销

*

2017 年 12 月第 一 版　开本：889×1194 1/16
2017 年 12 月第一次印刷　印张：44 1/4
字数：1450 000

定价：598.00 元
（如有印装质量问题，我社负责调换）

《山东鸟类志》编审委员会

编审委员会主任：刘均刚

编审委员会副主任：刘建武

编审委员会成员（以姓氏拼音为序）：

陈 磊　陈玉泉　刁训禄　耿以龙　郭光东　郭书生　姜 敏　李洪涛
李会省　李庆展　李永红　刘兴成　刘衍壮　曲国庆　孙玉刚　王玉祥
王允刚　张长普　郑泽玉　郑之祥

主　编：孙玉刚　闫理钦　张月侠　吕 艳　王宜艳　邢 杰

副主编：韩云池　孙承凯　苗秀莲　耿德江　乔显娟　邵增珍

编　委（以姓氏拼音为序）：

陈占强　范小莉　房 用　冯 玲　葛文华　耿德江　郭建三　韩 京
侯端环　侯双进　黄世泉　贾少波　姜 明　李 波　梁 玉　刘 建
刘大胜　刘路平　刘书荣　刘腾腾　刘显宝　刘兆瑞　陆 江　罗 斐
吕 艳　孟庆庭　孟向东　苗秀莲　宁立新　亓玲美　赛 时　赛道建
赛林霖　单 凯　邵 芳　邵增珍　宋 云　孙 涛　孙承凯　孙虎山
孙玉刚　王 涛　王海明　王俊亮　王如刚　王伟连　王宜艳　王振华
谢绪昌　邢 杰　闫建国　闫理钦　尹 玲　于 水　于国祥　于培湖
张 凡　张 伟　张保元　张继忠　张立海　张守富　张月侠　邹兴江

照片作者（以姓氏拼音为序）：

蔡德万　陈 军　陈保成　陈云江　陈忠华　成素博　丁洪安　杜庆栋
韩 京　何 鑫　胡友文　贾少波　孔令强　李令东　李在军　李宗丰
刘 冰　刘 涛　刘国强　刘华东　刘腾腾　刘兆瑞　刘子波　马明元
马士胜　牟旭辉　聂成林　彭国胜　仇基建　任月恒　赛 时　赛道建
单 凯　石国祥　宋肖萌　宋泽远　孙 涛　孙桂玲　孙劲松　孙熙让
孙喜娇　王 强　王 羽　王海明　王景元　王秀璞　王宜艳　王展飞
王志鹏　谢汉宾　邢 杰　薛 琳　姚志诚　尹旭飞　于 涛　于英海
曾晓起　张继忠　张立新　张培栋　张艳然　张月侠　赵俊杰　赵连喜
赵雅军　郑培宏　周志强　祝芳振

照片编辑加工：赛 时　邵 芳

分布图绘制：刘路平　张 伟

资料收集人员（以姓氏拼音为序）：

鲍连艳　窦礼正　葛文华　耿德江　胡 堃　胡运彪　黄继志　刘 建
刘兆瑞　罗 斐　吕 艳　苗秀莲　庞云祥　赛林霖　孙玉刚　王海明
王秀璞　谢汉宾　邢在秀　闫理钦　尹 玲　于 水　张玉玉　祝文兴

序

FOREWORD

　　山东省地处黄河下游，北临渤海与辽宁隔海相望，南临黄海，属暖温带半湿润季风气候。在丰富的沿海滩涂和广袤的内陆地区，分布着丘陵、山区、平原、湖泊等多种地貌类型和森林、湿地、草地等多种生态系统，自然生境复杂多样，为各种鸟类的栖息、活动提供了优越的条件，全省鸟类资源丰富。

　　山东鸟类除古文、省志和地方志有记录外，国内外学者在新中国成立前后都进行过调查研究。特别是1983年，山东省林业厅根据林业部（现国家林业局）部署，制订了《山东省鸟类资源普查实施方案》，组织各地市林业局和高等院校师生进行了连续3年的调查，并形成了《山东省鸟类调查名录》。时至今日的调查结果显示，山东处于全球候鸟迁徙的主要路线上，鸟类区系丰富，拥有并已经记录到的各种鸟类有471种，占全国鸟类总数的30%以上，多数为国际重要的迁徙物种，其中鹗、金雕、白尾海雕、黑冠鹃隼、丹顶鹤、东方白鹳、大天鹅等82种为国家重点保护的珍稀濒危野生动物，属国家Ⅰ级保护的有14种，国家Ⅱ级保护的有68种。

　　鸟类等野生动植物是自然生态系统的重要组成部分，是人类生存和社会发展的物质基础，是国家重要的战略资源，在建设生态文明、维护生态平衡、发展国民经济中发挥着不可替代的重要作用。山东省历来高度重视野生动植物及其生存环境的保护工作，制定并实施了一系列政策措施，不断加大保护管理力度。坚持经常性执法监管和专项打击相结合，严厉打击非法捕猎和经营野生动植物等违法犯罪行为；坚持保护优先，通过建立自然保护区、湿地公园、动物园、植物园和种质资源库等工程措施，有效地保护了野生动植物资源，维护了生物多样性；坚持科学利用，在严格保护的同时，积极开展野生动植物驯养繁殖和可持续利用；坚持宣传教育，面向社会公众尤其是广大青少年，广泛开展野生动植物知识宣传教育，增强了保护野生动植物人人有责、人人参与、人人受益的责任意识，培育了健康文明的生活习惯和良好的社会风尚。

　　动物是动态变化的自然资源，也是维持生态环境平衡的重要环节，鸟类群落演替作为自然环境变迁显而易见的重要指标，从"山旺"古鸟类到现生鸟类变化规律，将反映人类对生存环境的保护力度和开发利用的程度、强度，有助于评价人类经济活动对自然资源的影响程度和合理性。因此，编撰一部反映地方鸟类资源分布与演化现状、利用特点的《山东鸟类志》，是一项非常必要的基础科学研究，能为资源保护和指导经济开发提供科学依据，促进专业研究与公众参与、社会教育深入开展，提升山东鸟类环境生态研究水平，促进鸟类保护事业的科学发展。

　　20世纪80年代，山东老一辈动物学者就开始酝酿动物志的创作，在兄弟省市陆续出版本地动物志、鸟类志时，山东动物志却因种种原因搁浅。中国鸟类学会理事、顾问赛道建教授做了大量的资料收集与编辑等具体工作，包括手绘图近200张，而且，在没有项目经费支持的情况下，此项工作一直没有间断。随着经济社会的快速发展，信息时代的到来，公众的保护意识增强，多年来，各地观鸟爱好者以"服务公益事业"的精神积极加入爱鸟护鸟活动中，在山东拍摄了许多鸟类的精美照片。目前不但有省内外数十人提供自己所拍以县市区为单元的照片，为山东鸟类区系分布研究提供了有力的实物证据，而且收集了大量文献和照片、环志、音频资料，奠定了鸟类志编撰工作的基础，也弥补了标本数据不全和分散管理不善而遗失等资料匮乏的问题。今天终于完成了《山东鸟类志》的编撰，并将由科学出版社出版。

　　本书具有丰富而翔实的科学史料，物种编码及其编撰体系能够满足阅读、文献交互检索的需要，也有助于开展鸟类生物多样性普查和日常监测的数据统计，探讨生境改观对环境的影响，具有广泛的应用、实用价值，将为从事生物学、医学和农、林、牧、渔业、卫生防疫、环保等工作的从业人员和公众所用，从而达到编撰

《山东鸟类志》"存史资用"的目的。

我衷心希望《山东鸟类志》能以它丰富翔实的科学史料和广泛的应用价值，为我国动物学文献宝库增添新枝，进一步促进山东鸟类区系研究与公众教育的有机结合，并促进社会各界积极地参与鸟类保护工作，为发展现代林业、建设绿色山东作出新的更大的贡献。

山东省林业厅厅长

刘均刚

2016 年 6 月 26 日

前　言
PREFACE

　　我国浩瀚如海的历代方志（包括其中的鸟类记录）之所以能够流传至今，完全在于它具有保存历史和资料实用的重要价值，这有赖于为"存史资用"目的服务的详尽史料记载，这是编志之本。修志及进行鸟类研究需要秉承这种精神，认真地进行科学观察记录，记录真实、准确而较全面的信息及其演变资料，才便于将来有据可查，这也是地方鸟志应有的特性及其生命之所在；否则，不加考证地将早有记载的，或同物异名的动物，甚至是否存在和无法进行科学鉴定的鸟类臆断为新记录种，将会给动物区系及鸟类群落演替对环境变化指示性作用的研究造成误导。

　　20世纪80年代，柏玉昆、纪加义等曾经编过山东鸟类名录，杜恒勤在《山东省志·生物志》（1998）中进行了审定，卢浩泉和王玉志（2003）进行了补充修订，《山东鸟类分布名录》（以下简称《分布名录》）（赛道建和孙玉刚2013）对其分布情况进行了重新厘定。然而，仅有名录是远远不够的，只有对山东鸟类进行全面系统的整理，才能满足经济社会快速发展对鸟类研究的需要，才能更好地利用鸟类作为显而易见的环境变化指标，去评价局部小生境改观程度对当地和区域生态环境的影响，评估人类活动对生态环境平衡发展的作用。况且近年来，出现了大量新资料，加上分子生物技术的发展给鸟类分类带来了许多改变，亟须参考国内外鸟类学研究的新成果，对照鸟类新旧分类系统，将山东鸟类有关研究资料进行一次比较全面系统的整理，修订区系分布、种及种下分类的陈旧之处，如科、属的拆分与合并，有些亚种提升为种，以及名称的变动等；重要的是各地观鸟爱好者不仅拍摄到鸟类的分布现状，还增加了一些新记录种。为此，本书参考各种鸟类调研报告和科研论文，同时充分收集各地观鸟爱好者不同时间在当地拍摄的鸟类照片，并按拍摄地点、时间进行编辑，以便展现现有资料如文献记录、标本、环志、照片、音像等山东鸟类分布实证的实际情况，将收集到的各种资料经过认真甄别、选择与核实后收录；核对了山东鸟类物种的中文名、英文名、拉丁学名及其异名、地理型和季节型，给出了物种的不同保护类型、源参考文献，以及鸟种分布地的照片、环志、标本和音像资料等具体表示物种分布存在的情况，提供了更多可核查的物种信息，为山东持续的鸟类研究提供了比较详细且真实的史料，有助于读者比较分析、了解省内外鸟类物种的研究状况，深入开展山东鸟类区系分布、保护生物学和行政管理的相关研究。

　　鸟类志作为自然科学的重要组成部分，需要保证其编撰的科学性、严谨性，具有真正的存史和资用价值，编志的目的在于用志。编撰一部具有鲜明山东地方特色的鸟类志，先决条件是指导思想必须牢牢建立在历史资料的详尽、真实和准确的基础之上，因为鸟类志的编撰需要有充分而广泛的资料准备和积累，才能使志书的内容详尽、真实与准确，也才能将《山东鸟类志》修成地方鸟类博物之书，具有"史料与资用"价值的实用之书，有助于山东鸟类观察、研究的深入开展。为了"存史资用"的目的，编撰地方鸟类志需要坚持实事求是的精神；需要强化鸟志的资料性和地方性内容，为地方的经济社会全面发展服务；需要核实物种、亚种名称的准确性及辩证物种的存在性，查证文献、标本、照片等实证信息，核实山东鸟类各种记录的正确性、统一性和有效性，从而方便鸟类物种分布的深入调查与科学的分类鉴定，推动进行长期而科学的地方鸟类与环境演化监测，开展生物多样性和保护生物学研究；需要统一规范鸟类物种名称，以便于书籍间的开放与互联互查，避免学名、俗称在不同文献和文件中的混乱现象，有助于读者查证比较山东鸟类分布区演化的实际情况，方便进行鸟类环境监测、科学研究、行政管理，促进公众性观鸟爱鸟活动的深入、广泛开展；需要编成社会各界使用的专业与科普相结合而实用的《山东鸟类志》，不仅当代人能用，后人也能用，"适用性"将赋予《山东鸟类志》强大的生命力。

　　在编撰过程中，遇到了种种困难：首先是资料的质量，既有资料不足、遗失的情况，又有某些鸟名使用不明确、不规范的问题，有的文献只有中文名、没有拉丁学名，有的多亚种分布只有种名，或出现混用、使用中文俗名如"小白灰"、"洋学生"、海鸭、臭鸟等情况，给确定鸟种、亚种在山东的实际分布情况带来了困难。特别是20世纪80年代全省鸟类普查的第一手资料（包括采制的5739号标本，见纪加义1987a）没有被集中保存，相关资料分散或丢失，给山东鸟类分布现状及其与生态环境变化间关系的研究造成重大损失。其次是一些亚种提升为种，例如，淡脚柳莺和虎斑地鸫的两个亚种分别被提升为库页岛柳莺、淡脚柳莺和白氏地鸫、虎斑地鸫；银鸥的不同亚种分成多个种，从过去的文献中难以理清各亚种的分布情况，重要的是不同分类系统对有些"种"的分类地位还有明显的争议，鸥类不同个体发育阶段的形态特征明显不同，也给依靠形态分类的方法带来一定困难。再次是实证资料缺乏，山东省内研究资料匮乏，有些是只见一篇文章的"研究人员"撰写，有些采集到的标本因没有统一保管而毁坏丢失严重，缺乏标本等实证资料以供比对，当野外观察记录出现形态相似的多个鸟种、亚种时，仅靠"观察"会难以准确判断观察的个体属于哪个种、亚种，特别是鸫科、莺科、鹬科的鸟类许多种类形态相似、有多个亚种，即使有丰富的野外观察经验也难以明辨其间的不同等，给鸟类物种、亚种的分布记录带来一定困难。

20世纪80年代，山东老一辈动物学工作者就有编撰一部山东动物志的愿望，但因种种原因未能如愿编撰出版；作者曾手绘过山东鸟类图（已绘制近200幅图片），并始终期望能够与全省同行及鸟类爱好者继续完成老一辈的夙愿。为此，在山东省林业厅的支持下，与有关专业人员和全省观鸟、拍鸟爱好者一起，全面、系统地收集相关资料，吸收山东鸟类研究的成果和各地观鸟爱好者的观察拍照结果，结合40年来对山东鸟类的研究，参考收录的各种记录，编撰、出版首部《山东鸟类志》专著，为继续系统、深入研究山东鸟类和今后"修志"奠定基础。《山东鸟类志》给读者呈现了一个全新的比较详细的山东鸟类研究概况，让观鸟者对山东省和各地市鸟类有基本了解，积极参与到生态山东的建设活动中来；让鸟类学工作者可以清楚、明了山东鸟类研究有哪些需要补充与加强的地方，确定山东的重要鸟类栖息地、选择鸟类生态学的研究方向与重点；满足鸟类区系研究和自然保护、鸟撞防范、卫生防疫、行政管理工作者，以及观鸟爱好者对鸟类学专业基础知识的需求。

鸟类是显而易见的一个环境变化指标，鸟类群落结构状况及其变化就成为一个开发方案对自然环境与鸟类生存的影响和环境保护考量的一个重要指标。编撰本书的目的是，希望对山东鸟类研究及鸟类作为生态环境变迁、改观指标的研究具有历史性档案资料的参考价值！期望本书的编撰出版不仅有助于为公众进行鸟类与环境的保护提供参考，还能为开发与规划者避开重要而关键的鸟类栖息地提供决策依据，减少不必要的争议，有助于节省经济、社会力量，促进社会经济与生态环境间的协同而和谐的发展。

对所有关心、支持《山东鸟类志》编撰工作及提出修改意见的人，特别是郑光美院士对本书的编撰提出了宝贵的指导性意见，山东鸟类学资深研究者杜恒勤、王宝荣先生给予了大力支持，韩京、薄顺奇、于涛等协助鉴定了部分鸟友的照片，特表衷心谢意！

虽然有省内外关心山东鸟类研究人士和各地观鸟爱好者积极支持并提供照片，但由于作者水平、能力所限，许多珍贵照片因种种原因而没有征集到，资料也收集不全，在信息化数据快速更新的时代，存在编撰落后于信息更新等问题，不足之处，敬请广大读者批评指正！

定稿排版后，对部分鸟友提供照片未能收录，表示由衷的歉意！

赛道建　于泉城
2016年6月16日

编写使用说明

Written instructions

1. 鸟类分布与行政区划

  由于城市化和经济社会的快速发展，地市行政区有较大变化，有些县市划归新的地市，如平度、即墨分别由潍坊市、烟台市划归青岛市，新成立的东营、威海、莱芜、日照等市则是从滨州、烟台、泰安、临沂等市划分出来的，县、区、市变化更大，既有地理区域范围的变化，又有生态环境与自然景观的彻底改观，自然环境的改观必将对鸟类的生态分布，甚至是人类生存环境产生深远影响。这些变化明显地表现在鸟类栖息生境的改观和鸟类群落结构的演替上，而传统的"宏观"分布表述，如烟台、临沂、泰安和胶东丘陵、鲁中山地、鲁西北平原、鲁西南平原湖区，特别是在各地的地方生境已经彻底改观情况下，无法反映威海、青岛、日照和莱芜鸟类的分布状况与各地市环境改观、鸟类群落演替的程度，更无法反映鸟类生态分布与各地生态功能区及其变化间的关系，也不能利用可见的环境变迁指标去评价、反映人类在生态功能区内的经济活动对生态平衡与环境保护的影响。

  然而，自然生境斑块改观和变迁数量的增加必将影响、决定区域生态环境的变迁和社会经济的发展，也影响环境的生态建设、修复的规划、设计与实施。鸟类生态分布记载方式的不同反映了鸟类区系分布与生态环境的演替与变化的关系。对于已经记载的鸟类，其分布地虽然不会因行政区划的变化和自然环境的改观而变化，却为环境变迁提供了基础资料，同时也给鸟类区系研究、各地观鸟爱好者的观鸟活动带来一定的不便，需要依据所记述的特定地域不"越境而书"，以突显文献的历史价值。

  因此，《山东鸟类志》的编撰，首先讨论并决定地理行政区按哪种划分方法为好。鸟类生态分布以区县为单位记述鸟类的分布，有助于利用鸟类生态学研究并以其变化指标评价开发项目对环境的影响程度。山东鸟类的分布，本书保留文献的相关记载，如胶东丘陵、鲁西北平原、鲁中山地、鲁西南平原湖区、山东等，重要的是以山东地图出版社2011年出版的《山东省地图册》中的行政区划和源文献记录为依据，核实记录鸟类具体的分布地，地名所属县市政区有疑问者与只有政区记录文献者均放在各地市的前部收录，作为当地观察频度的一个指标；近年来，根据国家、省级规定成立的特殊生态保护功能区，如泰山、黄河三角洲自然保护区、前三岛、南四湖等，则在相关地市鸟类分布中单独列出。

2. 坚持"存史资用"的编写原则

  当查阅《山东省鸟类调查名录》、《山东省志·生物志》等相关文献中的鸟类部分时，仅有鸟类物种特征记述和"宏观"分布的名录，而缺少县、市、区的"微观"分布情况和其他内容，特别是在进行地方"重大建设项目、规划"的环境影响评估时，无法从中查阅到所需要的历史、现状等地方鸟类分布与生境特点的信息，深感编撰首部《山东鸟类志》需要时时处处为方便读者阅读和使用的需要着想，需要为读者提供所需的历史资料，满足其研究与"环评"实际需求，能提供更多可检索信息，否则，将白白浪费读者的时间，让人乘兴查阅，败兴而弃之。

  因此，"资料性、历史性"，即"存史资用"是《山东鸟类志》作为地方鸟类志的本质属性。它需要具有真实性、全面性、权威性和实用性，可供社会各界人士参考，即不但需要满足专业鸟类研究、业余的观鸟、教育、环境保护与评价人士的"需用"，而且行政管理与经济开发的规划、设计人士也能用、需要用、现在用、将来也能用、有用；需要突显《山东鸟类志》的资料性，使其蕴藏巨大的信息量，不但需要资料尽可能地全，满足资料按一定的规则排列，让读者能方便地查到所需要的东西，而且注重资料的综合、筛选、提炼和梳理，既要按资料的价值进行适当归类，保留、采用有资料价值和资料性强的部分，同时又要突出翔实的资料性和鲜明的地方特色，注明出处，并编撰书内与书后拉丁文、英文、中文索引（同种异名采用主题词索引），以方便读者利用本书进行开放式文献查询，获得鸟类物种与分布环境更多有价值的"宏观、微观"意义上的真实研究史料，以便于规划、设计和开展相关方面的研究。

3. 物种信息与编号

《山东鸟类志》的编撰既要考虑到资料欠翔实的缺陷，又难免有遗漏和错误的地方，以后的补遗修志、辨正是十分必要的，还需要满足山东生物多样性监测大数据收集、使用和比较研究的需要。为方便对物种"分布名录"时效的有效性及相关文献进行检索，本书采用序号+文献标识号的物种编码方式，即沿用《山东鸟类分布名录》中的序号加文献信息的 2 位数表示：《山东鸟类分布名录》继续收录的《山东省鸟类调查名录》（以下简称《调查名录》；纪加义 1987~1988）记录的物种用 01、增加的物种用 11 表示，如 26-01 白鹭、84-11 黑翅鸢；用 00 表示鸟类志认为某序号鸟种为有记录而分布现状为无的鸟种，如 39-00 朱鹮；用 10 或 20 表示此鸟种有记录或照片、新闻报道，如 86-10 栗鸢（分布名录）或 350-20 赤胸鸫（鸟类志）认为需要进一步确证的，包括分布来源是野生还是放生及分布情况、能否成功在野外繁殖的鸟种；本书新增记录鸟种则在相邻序号后、依郑光美（2011）的顺序，用 21、22……表示在《中国鸟类分类与分布名录》排序种为"分布名录"序号前、后增加的物种，如 42-21，表示大红鹳是序号第 42 号黑脸琵鹭后增加的山东分布记录鸟种，而不是全部重新进行排序编号，当以后修志补遗时，就可用 31、41……表示。这样的序号编码方式，试图反映出物种记录文献和现状判断的变化情况。物种的这种顺序编码，方便有关部门在规定位置统一加上省市、县区代码表示鸟类在各地的分布记录，如主管部门规范在统一位置用 370102+*X*-21 表示山东济南市历下区有《山东鸟类志》确认新增鸟种分布的记录，再加上监测样线、样点编码及时间等反映鸟类在各地市县的分布、研究状况，将为山东鸟类生物多样性普查、监测和大数据收集奠定基础，也便于纳入全国鸟类监测系统进行比较分析。之所以采用这种编码方式，是期望方便利用鸟类志查询、检索有关研究情况，为环境评估与鸟类学研究提供有益的借鉴。

为方便读者进行文献的开放式检索查阅，将查阅上的不便降到最低，本书不仅按传统习惯在目录部分给出鸟种的页码，还在索引部分给出中文、英文、拉丁文不同名称的"物种序号"检索表，即学名前标出的编码既是鸟种序号，也是鸟种的检索编码。书后索引抽取拉丁学名（种名、亚种名）、英文名和中文名的现行名称和曾用名（常用及多文献出现的名称），以方便读者阅读不同文献时查找对照，如学名 *Phoenicurus auroreus auroreus* 可分别从属名 *Phoenicurus* 和种（亚种）名 *auroreus* 查到序号是 333 号的鸟种，或者从 333-XX 查出。

本书共收录到的《山东分布鸟类记录》471 种（516 种、亚种），隶属 20 目 76 科；其中见于文献而分布现状认为是无的鸟类有 23 种（用序号 -00 表示），感觉现有资料不足、需要进一步确证分布现状的有 28 种（用序号 -10 或 -20 表示），依据标本、照片、环志的有无和文献记录等，确认山东分布现状的有 420 种。

山东鸟类的分布分为以各地的县市区为单位和全国省市区的分布情况两部分，鸟类的这种分布信息有助于探讨各地生态环境改观、变迁对当地和山东鸟类群落的影响程度及强度，也有助于了解山东分布鸟种在全国的分布状况。物种按照《中国鸟类分类与分布名录》（第二版）（郑光美 2011）的分类系统确定它们的分类地位（目、科、属、种、亚种）及科下的属、种。

作为图文并茂的首部山东鸟类专著，重要的是需要系统地对山东鸟类区系分布进行比较研究，吸收山东鸟类最新研究成果和各地涌现出来的观鸟者真实的观察结果，特别是用高清数码相机拍摄的照片是鸟类真实分布情况的有力证据；同时需要考虑读者查阅文献和操作方便、高效的需要，避免同种异名、别名对科普教育的干扰，成为好用之书。

鸟种名称首先是现行分类系统的中文名、拉丁学名、英文名，然后是在其他文献中的同种异名、曾用名，鸟种名前的序号是本书中收录山东鸟类的排序号和文献号，其排列顺序沿用《山东鸟类分布名录》，赛道建 2013）的方法、按《中国鸟类分类与分布名录》（第二版）（郑光美 2011）的顺序进行编排。《中国鸟类分类与分布名录》有记录的种名、亚种名用黑体字且亚种用缩写，现代分类系统已将源文献中的"亚种"提升为种的作为同种异名，本书没有山东分布记录的鸟种名、亚种名，则标明源文献、亚种不用缩写。

4. 鸟类的地理型

在世界六大动物地理区系中，我国属古北界、东洋界两大动物地理区系，两界以喜马拉雅山脉、横断山脉、秦岭、淮河为分界线，依据张荣祖（1999）的研究，我国的动物地理区可进一步分为 3 个亚界、7 个区、19 个亚区。山东属东北亚界、华北区、黄淮平原亚区。

［古］（palaearctic realm）　　古北界种，表示完全或主要分布于此动物地理分界中的鸟种。

［东］（oriental realm）　　东洋界种，表示完全或主要分布于此动物地理分界中的鸟种。

［广］（both palaearctic and oriental）　　广布种，表示分布于以上两动物地理分界内或分布区跨越两界的鸟种。

5. 鸟类的季节型

鸟类的季节型，又称居留型，表示鸟类年周期活动规律在某一地区的基本情况。有些鸟类在山东各地鸟类研究文献中记为不同的季节型，源文献中有记载的鸟类季节型，本书在分布地前仍沿用源文献居留型表示，以便于进行相关方面的比较研究。鸟类在山东的居留型，本书分为文献记录的和本书记录的 2 种情况，如果本书与历史记录有变化的，用"居留型（文献居留型）"的方式表示。

（R）留鸟（resident）　　指鸟类种群终年生活在当地（繁殖区）、不进行长距离迁徙的鸟类，但对处于鸟类迁徙过渡地带的山东来说，有些物种的部分个体繁殖后南迁越冬、北方繁殖群体迁来越冬，严格意义上说，这些全年可见的鸟类应属于候鸟，由于难以判定这些个体是哪些个体还是哪部分种群，即使能判定某些个体，但作为物种全年也都有生活在山东的，本书将该物种（不是部分个体）作为留鸟看待。

（S）夏候鸟（summer visitor）　　指鸟类种群春季由南方越冬地迁到当地进行繁殖，秋季又南迁到越冬地的鸟类。

（W）冬候鸟（winter visitor）　　指鸟类种群秋季由繁殖地迁到当地越冬，春季又迁回到繁殖地的鸟类。

（P）旅鸟（passage migrant）　　指春、秋季节，鸟类向北、向南迁徙途中旅经山东各地，不停留或停留觅食后，继续进行迁徙的鸟类。

（V）迷鸟（vagrant visitor）　　指偏离正常迁徙路线而自然到达此地的鸟类，或连续 5 年没有出现，或历史出现但近年来不再出现的鸟种。

6. 标记符号与分布图

符号在序号、种和亚种名前位置表示《调查名录》（纪加义 1987～1988）的记录情况。《中国鸟类分类与分布名录》（郑光美 2011）记录山东分布的鸟种、亚种名用缩写，无记录者不用缩写，并注明首见山东分布的文献。

● 　　表示有标本。在物种序号及亚种名前表示第一次山东鸟类普查时采到标本（《调查名录》）；在地名前并有作者、时间，表示其他文献中标明在该地曾经采到标本，其后则是标本的记录者及时间。

▲ 　　表示环志情况。在地名前，其后有文献作者、时间或环志号、时间，表示长岛、青岛等鸟类环志站曾在当地环志过该鸟。

◎ 　　表示有照片。在地名前表示该地有照片；"◎黄河三角洲""◎莱州"的行文形式（见《黄河三角洲鸟类》刘月良 2013、《莱州市林业志》）表示该书中有图片但无具体的时间、地点，甚至是无具体作者的照片。文献中符合"作者、时间、地点、鸟名" 4 个条件的照片也予以收录，以表示物种分布记录情况。

不论地名前有无"◎"符号，地名后有"作者时间"（赛道建拍摄的仅用时间），如岱岳区 - 渐汶河（20110528，刘兆瑞 20110528）表明赛道建与刘兆瑞于 2011 年 5 月 28 日在大汶河拍到该鸟照片并提供给本书。本书从多人提供的照片中，选优者进行加工制成图片，并注明作者。鸟卵、鸟巢照片除署名者外，其余均为张继忠提供。本书所采用、符合上述 4 个条件文件命名要求的照片全部由赛道建提供，将作为《山东鸟类志》档案资料摄影集保存，以备物种分布的核查和甄别。对无时间、地点信息的照片，经与作者本人沟通仍不能满足上述 4 条要求的照片不予收录。

◆ 　　表示该地有音像资料。置地名前，其后电视台、网站或作者加时间表示播放、录像情况。

○ 　　表示有文献记录，但未见有标本、照片及鸟种研究资料等分布佐证。较大符号表示鸟种在胶东半岛、鲁中山地、鲁西北平原、鲁西南平原湖区及各地市有文献记录，而不是具体的分布地，较小符号表示鸟种在县市区的具体分布记录情况。

为让读者了解山东鸟类的分布概况，鸟种分布情况给读者呈现已有的观鸟调查点及其鸟种分布记录，以便对山东鸟类的分布范围和栖息地分布的普遍程度有个大概了解，并不代表其他地方没有该鸟种的分布。

7. 鸟种判定及分布数量

传统鸟类分类的依据是形态结构特征及声音和行为特征。近年来，随着分子生物学技术应用于遗传进化研究，并以此对鸟类分类进行了一些调整，但不同分类学家对种的界定标准又有所不同。在山东，由于没有鸟类分类命名权威专家，有的鸟类记录只有"名录"而无研究工作和实证，另一些则不仅有相关文献，还有不同数量的标本、环志和数码照片等实证，特别近年来，野外观察记录和通过拍鸟记录鸟类的人数和水平都在大幅度地提高，各地的新记录不断出现。

1923~1927年，Lefever在山东收集鸟类标本2658号带回美国；1960~1985年，山东大学收集鸟类标本2773号；1955~1995年，山东师范大学收集了一些鸟类标本；1957~1990年，山东林业学校（现合并到山东农业大学）也采集了一定数量的鸟类标本；20世纪50年代，济宁一中收集的鸟类标本至今尚保留235号；纪加义和柏玉昆（1985）记录"采到鸟类标本3163号，计361种，393种和亚种，隶属176属，61科及19目"；1983~1986年，全省鸟类普查采制"鸟类标本5739号，隶属19目64科181属，406种和亚种（其中亚种32个），发现山东鸟类新记录种16种和亚种"，因种种原因，这些标本与原始数据多已遗失或保存处不明，本次《山东鸟类志》的编撰没有调查资金支持，未能对分散各地的标本进行全面的核查登记、测量。缺乏足够的判断鸟类分类依据的标本与原始数据，有些文献记录的可信度，以及别名、异名的应用也影响鸟类志中物种的收录，这些都给首部《山东鸟类志》的编撰造成了一定困难，也给本书的科学质量带来了不利影响。不过，有了这样一个开头，将便于以后进行修志，不断补充、完善《山东鸟类志》的内容。

本书收集了2016年6月前山东鸟类的记录文献，源记录依据标本、照片、影像资料和环志的有无、多少等实证、佐证资料进行审定，并特别对新记录鸟种进行认真核实，审定时以《中国鸟类分类与分布名录》（郑光美2011）、《中国鸟类区系纲要》（郑作新1987）、《分布名录》（赛道建2013）、《调查名录》（纪加义1987~1988）作为山东鸟类分类与分布的主要依据，参考《中国鸟类野外手册》（约翰·马敬能等2000），并考虑鸟种在周边省份及东亚地理分布与山东鸟类分布的关系，同时，关注宠物市场该种鸟类的贩卖及附近放生的情况，以山东野外观察到的实际情况和照片为依据，判定是否收入本书；对每种鸟的编撰，参考文献尽量收集鸟种及其在山东分布研究相关的源资料，省内外和国内外的源参考文献，包括研究报告和论文、硕士和博士论文，但对有的研究生论文及其他内部资料等，仅在"目录"中列出的无佐证资料、无专项研究且远离正常分布区的"唯一记录"物种，如大石鸻（*Esacus recurvirstris*）、灰翅鸥（*Larus glaucescens*）、黄臀鹎（*Pycnonotus xanthorhous*）、鹊鸲（*Copsychus saularis*）、褐翅鸦鹃（*Centropus sinensis*）、灰背伯劳（*Lanius tephronotus*）、白顶䳭（*Oenanthe hispanica*）、沙䳭（*Oenanthe isabelina*）、灰喉柳莺（*Phylloscopus maculipennis*）、沼泽大尾莺（*Megalurua palustris*）、灰头鸦雀（*Paradoxornis gularis*）、绒额䴓（*Sitta frontalis*）、褐翅雪雀（*Montifringilla davidiana*）、蓝鹀（*Latoucheornis siemsseni*）、河乌（*Cinclus cinclus*）、黑百灵（*Melanocorypha yeltoniensis*）、灰翅噪鹛（*Garrulax cineraceus*）、红头穗鹛（*Stachyris reficeps*）等（李久恩2012），不予收录。

对各地鸟友提供所拍的照片，如金眶鹟莺（丁洪安20070430在东营市一千二保护区）、叽咋柳莺（李宗丰20120516在日照东港区-丝山）、栗背短脚鹎（李宗丰20110621在东港区董家滩）、黑领噪鹛（刘冰20110108在泰山经石峪、20101231在泰山；孙桂玲20131220在泰山天外村西科学山）、白颊噪鹛（刘华东20160221在泰山区树木园）、红嘴相思鸟（成素博20150213在日照市植物园，赛道建在济南）、橙翅噪鹛（刘国强20120218、刘兆瑞20170131在泰山后石坞、20130214在风魔涧）、栗头鹟莺（于涛20150427在青岛崂山区雕塑园）、棕脸鹟莺（徐克阳20170407在青岛市南区中山公园）、靴隼雕（薛琳20161127在青岛莱西姜山湿地）、鹊鸲（郑培宏20141115在东港区日照海滨国家森林公园）等，或因感觉分布证据不足以确证鸟类区系实际分布情况，或鉴定意见有异，列于此处，留待以后进一步研究确证。中文名、英文名、拉丁学名后附加俗名、异名，以满足广大观鸟者查阅专业文献的需要，资料的原始性以满足专业和有兴趣读者的研究需要。

本书鸟种的判断是以采集到标本、环志、研究文献记录的频度、各地观鸟拍鸟爱好者提供个人拍摄的鸟类照片，以及可信度高的观察资料（中国鸟类记录中心和观察年报的记录）为依据的。但是，鸟类被观察的频度受环境、交通、"知名度"、调查者分布状况等诸多因素的影响，有的地方观鸟人数多、观察次数多，或去观察的人多、停留时间长，当地鸟类的记录比较完整，发现的概率比较高。反之，没有及时将观鸟者的照片收集到位，或者是鸟类的记录少，这些地方可能真的是鸟少，有的则是根本就没有人去进行调查，如黄河三角洲的鸟类，20 世纪 80 年代前无人问津，现在已经成为国际国内保护研究鸟类的重要栖息地，不仅国内外的学者进行调查研究，当地也涌现出许多观鸟爱好者，并成立了群众性观鸟协会，从拍摄鸟类中发现一些山东鸟类新记录。可见，各地观鸟爱好者对山东鸟类区系分布研究作出了自己的贡献；前后如此大的差别，不能说是过去生态环境不利于鸟类生存，现在生态环境改善吸引鸟类来栖息，相反，应该特别关注、研究大规模的湿地开发会对环境变化构成何种程度的潜在生态威胁。对于缺乏清晰可辨识影像等实证资料的新记录种，用小号字体提醒观鸟与野外研究工作特别注意，以期未来有更多实证资料明确判断鸟种分布的真实状况。总之，在编撰过程，尽量选取经过反复核实的真正可供资用的资料编入本书。

收集各种鸟的生物学与生态习性资料比较容易，但要准确、正确判断山东鸟类真实的分布状况与相对数量，需要以同样的方法、调查力度开展全省调查作为判断基础，此项工作需要巨大的人力、物力资源支撑才能完成；尽管山东现正在开展第二次野生动物重点普查，但现有资料显然是不足的。为此，本书参考 20 世纪 80 年代山东省鸟类普查的结果——《山东省鸟类调查名录》及近年来的调查结果和拍鸟情况，对鸟类的分布状况和相对数量作出粗略分级，以便将来能以比较细致的分级标准作为山东鸟类研究或修改鸟类志时的参考依据。本书以鸟类在其适宜栖息地中，在观察记录中，出现 70% 以上的为优势种，出现 15%~70% 的为普通种，15% 以下的为稀有种。

8. 照片与标本同样作为物种分布的实证

采集到的标本没有标签将失去应有的科研价值。研究人员用标签标明采集人、时间、地点、鉴定鸟名和身体各部的量度，记录环境情况作为研究鸟类分布的证据，也为后人研究提供基础材料，评价源鉴定的正确与否，探讨区系分布与修正分类地位，标本在鸟类研究中具有重要的作用，因此，今天鸟类研究的有志之士，特别看重标本馆与博物馆中标本的保存工作。《山东鸟类志》中的标本数据，北京中国科学院动物研究所的由胡运彪、山东师范大学的由赛道建和张凡、山东省博物馆的由张月侠、济宁一中和林业站的由张保元提供。Shaw（1938a）所采标本分为 2 种情况，有个体数据的列入体尺衡量表内，无个体数据的表下注明！

进入 21 世纪以来，随着时代的进步、科学技术的快速发展和人们经济生活条件改善，众多摄影爱好者包括初学摄影者，特别是"山东观鸟爱好者"群和"中国鸟网"中的人们都以鸟类作为重要拍摄对象，不仅拍出具有较高艺术价值的精彩瞬间，获得许多摄影艺术大奖，还将某种环境中生活的鸟类展现在人类面前，让人们在享受大自然美感、陶冶情操的同时，探讨鸟类生态分布与环境变迁、人类生存发展的关系。照片、录像成为信息量更为丰富的"信息标本"，在"照片、录像"的标本馆中，人们可以借助自己的观察从不同侧面分析探讨更多不同的问题及其解决方案。在难以采集鸟类标本的今天，本书赋予照片、录像与标本以同样的价值，不论是否发表，只要是作者本人提供并且文件名符合"作者、时间、地点、鸟名" 4 项条件尽量收录。

广泛征集照片、录像，并以上述 4 项做文件名的形式保存，正如保存的具有标签的标本，可与作者双方分别保存更大量的实证资料，以便读者进行开放式随时查证。与传统的单纯文献记录相比，鸟类分布照片作为实证让更多人"眼见为实"，而不是"耳听为虚"，既便于标本、图谱与照片进行比较分析，辨认物种，也有了真实性记录，将有助于研究山东鸟类区系变化与环境改观对人类生存、生活的影响，将提升人们对山东乃至中国鸟类区系分布的认识。然而，在尚未建立起良好的互信机制、各地市的观鸟者群建立并保持充分的联系和政府对此项工作强力领导的今天，《山东鸟类志》的编撰虽然在这方面开了头，但照片仅靠这种方法征集是远远不够的，致使许多宝贵的观鸟照片记录因没有合理的收集机制而严重流失，未能在鸟类志中体现。因此，有关单位建立有效机制，吸引公众积极参与、利用现代化高科技的信息技术将加强这些实证资料的收集、整理，及时发布省、地市甚至县市级权威性鸟类监测报告，实时监测作为环境的指示鸟类物种的变化，将对生态环境的开发与保护提供科学依据。

9. 保护状况

由于鸟类与人类的经济生活密切相关，人口增长与快速的经济社会发展，对鸟类资源的掠夺式利用和对生态环境的污染破坏，许多鸟类的生存受到威胁，致使一些鸟类种群数量急剧下降，甚至到了濒临灭绝的状态，为了保护鸟类和生态环境平衡发展，世界自然保护联盟（IUCN）制定了动物受到威胁的标准，我国也制定了《中华人民共和国野生动物保护法》，而且公布了《国家重点保护野生动物名录》和《国家保护的有益的或者有重要经济、科学研究价值的陆生野生动物名录》（简称《三有动物名录》）。

本书用罗马数字Ⅰ、Ⅱ表示列入《国家重点保护野生动物名录》中的级别，Ⅲ表示列入《三有动物名录》，Ⅳ表示列入山东省级重点保护动物名录中的物种；《中国濒危动物红皮书·鸟类》（郑光美 1998）（*China Red Data Book of Endangered Animals—Aves*）称 CRDA，用 E、V、R 和 红/CRDA 分别表示其中的濒危、易危、稀有和未定的鸟类物种；我国出版的《中国物种红色名录》（*China Species Red List*）称 CSRL。用日、澳分别表示列入《中华人民共和国政府与日本国政府保护候鸟及其栖息环境的协定》和《中华人民共和国政府与澳大利亚政府保护候鸟及其栖息环境的协定》中的物种。Birdlife Internation 出版的《亚洲受胁鸟类红皮书》（*Threatened Birds of Asia*）称 TBA；《华盛顿公约》之《濒危野生动植物种国际贸易公约》（*Convention on International Trade in Endangered Species of Wild Fauna and Flora*）称 CITES，用 1/CITES、2/CITES、3/CITES 分别表示列入附录Ⅰ、附录Ⅱ、附录Ⅲ中的物种；用 Ce/IUCN、En/IUCN、Vu/IUCN、Nt/IUCN、Lc/IUCN 表示鸟种在《世界自然保护联盟（IUCN）濒危物种红色名录》中的濒危等级，分别表示极危（critically endangered）、濒危（endangered）、易危（vulnerable）、近危（near threatened）、低度关注（least concern）的物种；国际鸟类保护委员会《世界濒危鸟类红皮书》用 ICBP 表示，《联合国迁移物种公约》（又称 CMS 或《波恩公约》）附录Ⅱ（2008）用 2/CMS 表示。

10. 参考文献

为提供更多物种相关信息，便于读者查证相关资料，对山东鸟类群落演替进行比较研究，促进鸟类监测、环境保护工作与广大群众的观鸟拍鸟有机结合和鸟类区系研究的深入开展；便于人们了解物种分类的科、属变化，方便科学研究、管理工作和科普教育的广泛开展。除书末文献外，物种的参考文献分为两部分，一部分是有关物种文献的简称代码部分，如 H666、M666、Zj（a、b）666 分别表示该鸟在杭馥兰和常家传《中国鸟类名称手册》（1997）、约翰·马敬能等《中国鸟类野外手册》（2000）、赵正阶《中国鸟类志（上、下册）》（2001）的序号；La666/Lb666/Lc666、Zgm666、Q666、Z666、Zx666 分别表示鸟种在《台湾鸟类志（上、中、下册）》（刘小如 2012）、《中国鸟类分类与分布名录》（郑光美 2011）、《中国鸟类图鉴》（钱燕文 2001）、《中国鸟类区系纲要》（郑作新 1987）、《华东鸟类物种和亚种分类名录与分布》（朱曦 2008）（表1）等文献中的页码。另一部分是涉及山东鸟类分布的记录文献，如国内人员（郑光美 2011）、省内人员（赛道建 2013）研究文献一律取第一作者+发表时间。各部分中的两种情况间用"；"分隔开。其排列顺序是由近及远，并且确认首次记录者则在"现状"栏中说明。

表1　本书中所用主要参考文献代码说明

代码	作者	名称和时间	标注
H	杭馥兰和常家传	《中国鸟类名称手册》，1997	H 序号
M	约翰·马敬能等	《中国鸟类野外手册》，2000	M 序号
Zj（a、b）	赵正阶	《中国鸟类志》（上、下册），2001	Zja 序号
La/Lb/Lc	刘小如	《台湾鸟类志》（上、中、下册），2012	La 页码
Q	钱燕文	《中国鸟类图鉴》，2001	Q 页码
Qm	曲利明	《中国鸟类图鉴》（便携版），2014	Qm 页码
Z	郑作新	*A Synopsis of the Avifauna of China*，1987	Z 页码
Zx	朱曦	《华东鸟类物种和亚种分类名录与分布》，2008	Zx 页码
Zgm	郑光美	《中国鸟类分类与分布名录》，2011	Zgm 页码
中日	中华人民共和国政府 日本国政府	《中华人民共和国政府与日本国政府保护候鸟及其栖息环境的协定》	中日
中澳	中华人民共和国政府 澳大利亚政府	《中华人民共和国政府与澳大利亚政府保护候鸟及其栖息环境的协定》	中澳
CITES1		《华盛顿公约》	1/CITES

目 录
CONTENTS

序
前言
编写使用说明

总论 ··· 1
1 山东省自然地理概况 ·· 1
2 山东鸟类研究简史 ·· 2
3 鸟类形态概述 ··· 7
4 鸟类标本的采集、制作和保存 ······························ 8
5 山东鸟类区系特征及演替趋势探讨 ···················· 10
6 鸟类的生态意义与保护 ······································ 16

各论 ··· 21

1 潜鸟目 Gaviiformes ·· 21
  1.1 潜鸟科 Gaviidae ·· 21
    1-01 红喉潜鸟 *Gavia stellata* ······················ 21
    2-01 黑喉潜鸟 *Gavia arctica* ······················· 22
    3-11 太平洋潜鸟 *Gavia pacifica* ·················· 23
    4-11 黄嘴潜鸟 *Gavia adamsii* ······················ 24
2 䴙䴘目 Podicipediformes ···································· 26
  2.1 䴙䴘科 Podicipedidae ····································· 26
    5-01 小䴙䴘 *Tachybaptus ruficollis* ··············· 26
    6-20 赤颈䴙䴘 *Podiceps grisegena* ··············· 28
    7-01 凤头䴙䴘 *Podiceps cristatus* ················ 29
    8-01 角䴙䴘 *Podiceps auritus* ······················ 30
    9-01 黑颈䴙䴘 *Podiceps nigricollis* ·············· 31
3 鹱形目 Procellariiformes ··································· 33
  3.1 信天翁科 Diomedeidae ·································· 33
    10-00 黑脚信天翁 *Diomedea nigripes* ·········· 33
    11-20 短尾信天翁 *Diomedea albatrus* ·········· 34
  3.2 鹱科 Procellariidae ·· 35
    12-01 白额鹱 *Calonectris leucomelas* ··········· 35
  3.3 海燕科 Hydrobatidae ····································· 36
    13-01 黑叉尾海燕 *Oceanodroma monorhis* ··· 36
4 鹈形目 Pelecaniformes ······································ 38
  4.1 鹈鹕科 Pelecanidae ······································· 38
    14-01 斑嘴鹈鹕 *Pelecanus philippensis* ········ 38
    15-01 卷羽鹈鹕 *Pelecanus crispus* ··············· 39

  4.2 鲣鸟科 Sulidae ·· 40
    16-20 褐鲣鸟 *Sula leucogaster* ····················· 40
  4.3 鸬鹚科 Phalacrocoracidae ······························ 41
    17-01 普通鸬鹚 *Phalacrocorax carbo* ··········· 41
    18-01 绿背鸬鹚 *Phalacrocorax capillatus* ····· 42
    19-01 海鸬鹚 *Phalacrocorax pelagicus* ········· 43
  4.4 军舰鸟科 Fregatidae ····································· 44
    20-20 黑腹军舰鸟 *Fregata minor* ················ 45
    21-20 白斑军舰鸟 *Fregata ariel* ··················· 45
5 鹳形目 Ciconiiformes ·· 47
  5.1 鹭科 Ardeidae ··· 47
    22-01 苍鹭 *Ardea cinerea* ····························· 48
    23-01 草鹭 *Ardea purpurea* ·························· 49
    24-01 大白鹭 *Ardea alba* ····························· 51
    25-01 中白鹭 *Egretta intermedia* ·················· 52
    26-01 白鹭 *Egretta garzetta* ························· 53
    27-01 黄嘴白鹭 *Egretta eulophotes* ·············· 55
    28-01 牛背鹭 *Bubulcus ibis* ·························· 56
    29-01 池鹭 *Ardeola bacchus* ························· 58
    30-01 绿鹭 *Butorides striata* ························ 59
    31-01 夜鹭 *Nycticorax nycticorax* ················· 61
    32-01 黄斑苇鸦 *Ixobrychus sinensis* ············· 62
    33-01 紫背苇鸦 *Ixobrychus eurhythmus* ······· 64
    34-01 栗苇鸦 *Ixobrychus cinnamomeus* ········ 65
    34-21 黑苇鸦 *Dupetor flavicollis* ·················· 66
    35-01 大麻鸦 *Botaurus stellaris* ···················· 67
  5.2 鹳科 Ciconiidae ·· 69
    36-01 黑鹳 *Ciconia nigra* ····························· 69
    37-01 东方白鹳 *Ciconia boyciana* ················ 70
  5.3 鹮科 Threskiornithidae ·································· 72
    38-00 黑头白鹮 *Threskiornis melanocephalus* ·· 72
    39-00 朱鹮 *Nipponia nippon* ························ 73
    40-11 彩鹮 *Plegadis falcinellus* ···················· 74
    41-01 白琵鹭 *Platalea leucorodia* ················· 74
    42-01 黑脸琵鹭 *Platalea minor* ···················· 75
  5.4 红鹳科 Phoenicopteridae ······························· 76
    42-21 大红鹳 *Phoenicopterus ruber* ·············· 77
6 雁形目 Anseriformes ··· 78

6.1	鸭科 Anatidae	78
43-01	疣鼻天鹅 *Cygnus olor*	80
44-01	大天鹅 *Cygnus cygnus*	81
45-01	小天鹅 *Cygnus columbianus*	83
46-01	鸿雁 *Anser cygnoides*	84
47-01	豆雁 *Anser fabalis*	85
48-01	白额雁 *Anser albifrons*	87
49-01	小白额雁 *Anser erythropus*	89
50-01	灰雁 *Anser anser*	90
51-01	斑头雁 *Anser indicus*	91
52-11	雪雁 *Anser caerulescens*	92
53-01	黑雁 *Branta bernicla*	93
54-01	赤麻鸭 *Tadorna ferruginea*	94
55-01	翘鼻麻鸭 *Tadorna tadorna*	95
56-01	鸳鸯 *Aix galericulata*	97
57-01	赤颈鸭 *Anas penelope*	99
58-01	罗纹鸭 *Anas falcata*	100
59-01	赤膀鸭 *Anas strepera*	102
60-01	花脸鸭 *Anas formosa*	103
61-01	绿翅鸭 *Anas crecca*	104
62-01	绿头鸭 *Anas platyrhynchos*	106
63-01	斑嘴鸭 *Anas poecilorhyncha*	108
64-01	针尾鸭 *Anas acuta*	110
65-01	白眉鸭 *Anas querquedula*	112
66-01	琵嘴鸭 *Anas clypeata*	113
67-01	赤嘴潜鸭 *Netta rufina*	115
68-01	红头潜鸭 *Aythya ferina*	116
69-01	青头潜鸭 *Aythya baeri*	117
70-01	白眼潜鸭 *Aythya nyroca*	118
71-01	凤头潜鸭 *Aythya fuligula*	119
72-01	斑背潜鸭 *Aythya marila*	120
73-00	小绒鸭 *Polysticta stelleri*	122
74-11	丑鸭 *Histrionicus histrionicus*	122
74-21	长尾鸭 *Clangula hyemalis*	123
75-01	黑海番鸭 *Melanitta nigra*	124
76-01	斑脸海番鸭 *Melanitta fusca*	125
77-01	鹊鸭 *Bucephala clangula*	126
78-01	斑头秋沙鸭 *Mergellus albellus*	127
79-01	红胸秋沙鸭 *Mergus serrator*	129
80-01	普通秋沙鸭 *Mergus merganser*	130
81-01	中华秋沙鸭 *Mergus squamatus*	131
7	隼形目 Falconiformes	133
7.1	鹗科 Pandionidae	133
82-01	鹗 *Pandion haliaetus*	133
7.2	鹰科 Accipitridae	134
83-01	凤头蜂鹰 *Pernis ptilorhynchus*	136
83-21	黑冠鹃隼 *Aviceda leuphotes*	137
84-11	黑翅鸢 *Elanus caeruleus*	138
85-01	黑鸢 *Milvus migrans*	140
86-10	栗鸢 *Haliastur indus*	141
87-20	玉带海雕 *Haliaeetus leucoryphus*	142
88-01	白尾海雕 *Haliaeetus albicilla*	143
89-00	虎头海雕 *Haliaeetus pelagicus*	144
90-20	胡兀鹫 *Gypaetus barbatus*	145
91-01	秃鹫 *Aegypius monachus*	145
91-21	蛇雕 *Spilornis cheela*	147
92-01	白头鹞 *Circus aeruginosus*	148
93-01	白腹鹞 *Circus spilonotus*	149
94-01	白尾鹞 *Circus cyaneus*	150
95-01	鹊鹞 *Circus melanoleucos*	152
96-20	乌灰鹞 *Circus pygargus*	153
97-01	赤腹鹰 *Accipiter soloensis*	154
98-01	日本松雀鹰 *Accipiter gularis*	155
99-20	松雀鹰 *Accipiter virgatus*	157
100-01	雀鹰 *Accipiter nisus*	158
101-01	苍鹰 *Accipiter gentilis*	159
102-01	灰脸鵟鹰 *Butastur indicus*	161
103-01	普通鵟 *Buteo buteo*	162
104-01	大鵟 *Buteo hemilasius*	164
105-01	毛脚鵟 *Buteo lagopus*	165
106-01	乌雕 *Aquila clanga*	166
107-01	草原雕 *Aquila nipalensis*	167
108-01	白肩雕 *Aquila heliaca*	168
109-01	金雕 *Aquila chrysaetos*	169
7.3	隼科 Falconidae	171
110-01	黄爪隼 *Falco naumanni*	171
111-01	红隼 *Falco tinnunculus*	172
112-01	红脚隼 *Falco amurensis*	174
113-01	灰背隼 *Falco columbarius*	175
114-01	燕隼 *Falco subbuteo*	177
115-20	猎隼 *Falco cherrug*	178
116-01	游隼 *Falco peregrinus*	179
8	鸡形目 Galliformes	181
8.1	雉科 Phasianidae	181
117-01	石鸡 *Alectoris chukar*	181
118-00	中华鹧鸪 *Francolinus pintadeanus*	183
119-01	日本鹌鹑 *Coturnix japonica*	184
120-00	勺鸡 *Pucrasia macrolopha*	185
121-01	环颈雉 *Phasianus colchicus*	186
9	鹤形目 Gruiformes	189
9.1	三趾鹑科 Turnicidae	189
122-01	黄脚三趾鹑 *Turnix tanki*	189
9.2	鹤科 Gruidae	190
123-01	蓑羽鹤 *Anthropoides virgo*	191

124-01	白鹤 *Grus leucogeranus*	192
125-20	沙丘鹤 *Grus canadensis*	193
126-01	白枕鹤 *Grus vipio*	194
127-01	灰鹤 *Grus grus*	195
128-01	白头鹤 *Grus monacha*	196
129-01	丹顶鹤 *Grus japonensis*	198

9.3 秧鸡科 Rallidae ········· 199
130-01	花田鸡 *Coturnicops exquisitus*	200
131-01	普通秧鸡 *Rallus aquaticus*	201
132-01	白胸苦恶鸟 *Amaurornis phoenicurus*	202
133-20	小田鸡 *Porzana pusilla*	203
134-01	红胸田鸡 *Porzana fusca*	204
135-01	斑胁田鸡 *Porzana paykullii*	205
136-01	董鸡 *Gallicrex cinerea*	206
137-01	黑水鸡 *Gallinula chloropus*	207
138-01	白骨顶 *Fulica atra*	209

9.4 鸨科 Otididae ········· 211
139-01	大鸨 *Otis tarda*	211

10 鸻形目 Charadriiformes ········· 213

10.1 水雉科 Jacanidae ········· 213
140-01	水雉 *Hydrophasianus chirurgus*	213

10.2 彩鹬科 Rostratulidae ········· 215
141-01	彩鹬 *Rostratula benghalensis*	215

10.3 蛎鹬科 Haematopodidae ········· 216
142-01	蛎鹬 *Haematopus ostralegus*	217

10.4 反嘴鹬科 Recurvirostridae ········· 218
143-01	黑翅长脚鹬 *Himantopus himantopus*	218
144-01	反嘴鹬 *Recurvirostra avosetta*	220

10.5 燕鸻科 Glareolidae ········· 221
145-01	普通燕鸻 *Glareola maldivarum*	221

10.6 鸻科 Charadriidae ········· 222
146-01	凤头麦鸡 *Vanellus vanellus*	223
147-01	灰头麦鸡 *Vanellus cinereus*	225
148-01	金鸻 *Pluvialis fulva*	226
149-01	灰鸻 *Pluvialis squatarola*	227
150-00	剑鸻 *Charadrius hiaticula*	228
151-01	长嘴剑鸻 *Charadrius placidus*	229
152-01	金眶鸻 *Charadrius dubius*	230
153-01	环颈鸻 *Charadrius alexandrinus*	232
154-01	蒙古沙鸻 *Charadrius mongolus*	234
155-01	铁嘴沙鸻 *Charadrius leschenaultii*	235
156-00	红胸鸻 *Charadrius asiaticus*	236
157-01	东方鸻 *Charadrius veredus*	237

10.7 鹬科 Scolopacidae ········· 238
158-01	丘鹬 *Scolopax rusticola*	240
159-20	姬鹬 *Lymnocryptes minimus*	241
160-01	孤沙锥 *Gallinago solitaria*	242
161-00	林沙锥 *Gallinago nemoricola*	243
162-01	针尾沙锥 *Gallinago stenura*	244
163-01	大沙锥 *Gallinago megala*	245
164-01	扇尾沙锥 *Gallinago gallinago*	247
165-01	半蹼鹬 *Limnodromus semipalmatus*	248
166-01	黑尾塍鹬 *Limosa limosa*	249
167-01	斑尾塍鹬 *Limosa lapponica*	250
168-01	小杓鹬 *Numenius minutus*	252
169-01	中杓鹬 *Numenius phaeopus*	253
170-01	白腰杓鹬 *Numenius arquata*	254
171-01	大杓鹬 *Numenius madagascariensis*	256
172-01	鹤鹬 *Tringa erythropus*	257
173-01	红脚鹬 *Tringa totanus*	259
174-01	泽鹬 *Tringa stagnatilis*	260
175-01	青脚鹬 *Tringa nebularia*	261
176-01	小青脚鹬 *Tringa guttifer*	263
177-01	白腰草鹬 *Tringa ochropus*	264
178-01	林鹬 *Tringa glareola*	265
179-01	翘嘴鹬 *Xenus cinereus*	267
180-01	矶鹬 *Actitis hypoleucos*	268
181-01	灰尾漂鹬 *Heteroscelus brevipes*	270
182-01	翻石鹬 *Arenaria interpres*	271
183-01	大滨鹬 *Calidris tenuirostris*	272
184-01	红腹滨鹬 *Calidris canutus*	273
185-01	三趾滨鹬 *Calidris alba*	275
186-01	红颈滨鹬 *Calidris ruficollis*	276
186-21	小滨鹬 *Calidris minuta*	277
187-01	青脚滨鹬 *Calidris temminckii*	278
188-01	长趾滨鹬 *Calidris subminuta*	279
188-21	斑胸滨鹬 *Calidris melanotos*	281
189-01	尖尾滨鹬 *Calidris acuminata*	281
190-01	弯嘴滨鹬 *Calidris ferruginea*	283
191-01	黑腹滨鹬 *Calidris alpina*	284
192-11	勺嘴鹬 *Eurynorhynchus pygmeus*	285
193-01	阔嘴鹬 *Limicola falcinellus*	287
194-01	流苏鹬 *Philomachus pugnax*	288
195-01	红颈瓣蹼鹬 *Phalaropus lobatus*	289
196-00	灰瓣蹼鹬 *Phalaropus fulicarius*	290

10.8 鸥科 Laridae ········· 291
197-01	黑尾鸥 *Larus crassirostris*	292
198-01	普通海鸥 *Larus canus*	293
199-01	北极鸥 *Larus hyperboreus*	294
200-10	银鸥 *Larus argentatus*	295
200-01	西伯利亚银鸥 *Larus vegae*	297
201-01	灰背鸥 *Larus schistisagus*	298

202-11	渔鸥 *Larus ichthyaetus*	299
203-20	棕头鸥 *Larus brunnicephalus*	300
204-01	红嘴鸥 *Larus ridibundus*	301
205-01	黑嘴鸥 *Larus saundersi*	303
206-11	遗鸥 *Larus relictus*	304
207-11	三趾鸥 *Rissa tridactyla*	305

10.9　燕鸥科 Sternidae 306
208-01	鸥嘴噪鸥 *Gelochelidon nilotica*	307
209-01	红嘴巨燕鸥 *Hydroprogne caspia*	308
210-20	中华凤头燕鸥 *Thalasseus bernsteini*	309
211-10	黑枕燕鸥 *Sterna sumatrana*	310
212-01	普通燕鸥 *Sterna hirundo*	311
213-01	白额燕鸥 *Sterna albifrons*	312
214-01	灰翅浮鸥 *Chlidonias hybrida*	314
215-01	白翅浮鸥 *Chlidonias leucopterus*	315
216-11	黑浮鸥 *Chlidonias niger*	316

10.10　海雀科 Alcidae 317
217-00	斑海雀 *Brachyramphus marmoratus*	317
218-01	扁嘴海雀 *Synthliboramphus antiquus*	318

11　沙鸡目 Pterocliformes 320

11.1　沙鸡科 Pteroclidae 320
219-20	毛腿沙鸡 *Syrrhaptes paradoxus*	320

12　鸽形目 Columbiformes 322

12.1　鸠鸽科 Columbidae 322
220-01	岩鸽 *Columba rupestris*	322
221-01	黑林鸽 *Columba janthina*	323
222-01	山斑鸠 *Streptopelia orientalis*	324
223-01	灰斑鸠 *Streptopelia decaocto*	326
224-01	火斑鸠 *Streptopelia tranquebarica*	327
225-01	珠颈斑鸠 *Streptopelia chinensis*	328

13　鹃形目 Cuculiformes 331

13.1　杜鹃科 Cuculidae 331
226-11	红翅凤头鹃 *Clamator coromandus*	331
227-11	大鹰鹃 *Cuculus sparverioides*	332
228-00	棕腹杜鹃 *Cuculus nisicolor*	333
229-01	北棕腹杜鹃 *Cuculus hyperythrus*	334
230-01	四声杜鹃 *Cuculus micropterus*	335
231-01	大杜鹃 *Cuculus canorus*	336
232-01	东方中杜鹃 *Cuculus optatus*	338
233-01	小杜鹃 *Cuculus poliocephalus*	339
233-21	噪鹃 *Eudynamys scolopacea*	340
233-22	小鸦鹃 *Centropus bengalensis*	341

14　鸮形目 Strigiformes 343

14.1　草鸮科 Tytonidae 343
234-01	东方草鸮 *Tyto longimembris*	343

14.2　鸱鸮科 Strigidae 344
235-01	领角鸮 *Otus lettia*	345
236-01	红角鸮 *Otus sunia*	347
237-01	雕鸮 *Bubo bubo*	348
238-00	灰林鸮 *Strix aluco*	350
239-01	斑头鸺鹠 *Glaucidium cuculoides*	351
240-01	纵纹腹小鸮 *Athene noctua*	352
241-01	日本鹰鸮 *Ninox japonica*	353
242-01	长耳鸮 *Asio otus*	354
243-01	短耳鸮 *Asio flammeus*	355

15　夜鹰目 Caprimulgiformes 357

15.1　夜鹰科 Caprimulgidae 357
244-01	普通夜鹰 *Caprimulgus indicus*	357

16　雨燕目 Apodiformes 359

16.1　雨燕科 Apodidae 359
245-20	白喉针尾雨燕 *Hirundapus caudacutus*	359
246-01	普通雨燕 *Apus apus*	360
247-01	白腰雨燕 *Apus pacificus*	361
248-00	小白腰雨燕 *Apus nipalensis*	362

17　佛法僧目 Coraciiformes 364

17.1　翠鸟科 Alcedinidae 364
249-01	普通翠鸟 *Alcedo atthis*	364
250-11	赤翡翠 *Halcyon coromanda*	366
251-01	蓝翡翠 *Halcyon pileata*	367
252-01	冠鱼狗 *Megaceryle lugubris*	368
252-21	斑鱼狗 *Ceryle rudis*	369

17.2　佛法僧科 Coraciidae 370
253-01	三宝鸟 *Eurystomus orientalis*	371

18　戴胜目 Upupiformes 373

18.1　戴胜科 Upupidae 373
254-01	戴胜 *Upupa epops*	373

19　䴕形目 Piciformes 376

19.1　啄木鸟科 Picidae 376
255-01	蚁䴕 *Jynx torquilla*	376
255-21	斑姬啄木鸟 *Picumnus innominatus*	378
256-01	星头啄木鸟 *Dendrocopos canicapillus*	378
257-01	小星头啄木鸟 *Dendrocopos kizuki*	380
258-01	棕腹啄木鸟 *Dendrocopos hyperythrus*	381
259-01	大斑啄木鸟 *Dendrocopos major*	382
260-01	灰头绿啄木鸟 *Picus canus*	384

20 雀形目 Passeriformes ... 386

20.1 八色鸫科 Pittidae ... 386
- 261-01 仙八色鸫 *Pitta nympha* ... 386

20.2 百灵科 Alaudidae ... 387
- 262-11 蒙古百灵 *Melanocorypha mongolica* ... 388
- 263-11 大短趾百灵 *Calandrella brachydactyla* ... 389
- 264-01 短趾百灵 *Calandrella cheleensis* ... 390
- 265-01 凤头百灵 *Galerida cristata* ... 392
- 266-01 云雀 *Alauda arvensis* ... 393
- 267-01 小云雀 *Alauda gulgula* ... 394

20.3 燕科 Hirundinidae ... 396
- 268-01 崖沙燕 *Riparia riparia* ... 396
- 269-01 家燕 *Hirundo rustica* ... 397
- 270-01 金腰燕 *Cecropis daurica* ... 399
- 271-01 毛脚燕 *Delichon urbica* ... 401
- 272-20 烟腹毛脚燕 *Delichon dasypus* ... 402

20.4 鹡鸰科 Motacillidae ... 403
- 273-01 山鹡鸰 *Dendronanthus indicus* ... 404
- 274-01 白鹡鸰 *Motacilla alba* ... 405
- 275-01 黄头鹡鸰 *Motacilla citreola* ... 407
- 276-01 黄鹡鸰 *Motacilla flava* ... 408
- 277-01 灰鹡鸰 *Motacilla cinerea* ... 410
- 278-01 田鹨 *Anthus richardi* ... 411
- 279-00 布氏鹨 *Anthus godlewskii* ... 413
- 280-01 树鹨 *Anthus hodgsoni* ... 414
- 281-01 北鹨 *Anthus gustavi* ... 415
- 282-01 红喉鹨 *Anthus cervinus* ... 416
- 283-01 粉红胸鹨 *Anthus roseatus* ... 417
- 284-01 水鹨 *Anthus spinoletta* ... 418
- 285-01 黄腹鹨 *Anthus rubescens* ... 419
- 286-01 山鹨 *Anthus sylvanus* ... 420

20.5 山椒鸟科 Campephagidae ... 421
- 287-01 暗灰鹃䴗（jú）*Coracina melaschistos* ... 422
- 288-01 粉红山椒鸟 *Pericrocotus roseus* ... 423
- 288-21 小灰山椒鸟 *Pericrocotus cantonensis* ... 424
- 289-01 灰山椒鸟 *Pericrocotus divaricatus* ... 425
- 290-01 长尾山椒鸟 *Pericrocotus ethologus* ... 426

20.6 鹎科 Pycnonotidae ... 427
- 291-11 红耳鹎 *Pycnonotus jocosus* ... 427
- 291-21 领雀嘴鹎 *Spizixos semitorques* ... 428
- 292-01 白头鹎 *Pycnonotus sinensis* ... 430
- 293-10 黑短脚鹎 *Hypsipetes leucocephalus* ... 431

20.7 太平鸟科 Bombycillidae ... 433
- 294-01 太平鸟 *Bombycilla garrulus* ... 433
- 295-01 小太平鸟 *Bombycilla japonica* ... 434

20.8 伯劳科 Laniidae ... 435
- 296-01 虎纹伯劳 *Lanius tigrinus* ... 436
- 297-01 牛头伯劳 *Lanius bucephalus* ... 437
- 298-01 红尾伯劳 *Lanius cristatus* ... 438
- 299-01 棕背伯劳 *Lanius schach* ... 441
- 300-01 灰伯劳 *Lanius excubitor* ... 442
- 301-01 楔尾伯劳 *Lanius sphenocercus* ... 443

20.9 黄鹂科 Oriolidae ... 445
- 302-01 黑枕黄鹂 *Oriolus chinensis* ... 445
- 303-11 朱鹂 *Oriolus traillii* ... 446

20.10 卷尾科 Dicruridae ... 447
- 304-01 黑卷尾 *Dicrurus macrocercus* ... 448
- 304-21 灰卷尾 *Dicrurus leucophaeus* ... 449
- 305-01 发冠卷尾 *Dicrurus hottentottus* ... 450

20.11 椋鸟科 Sturnidae ... 452
- 306-11 八哥 *Acridotheres cristatellus* ... 452
- 307-01 北椋鸟 *Sturnus sturninus* ... 454
- 308-11 丝光椋鸟 *Sturnus sericeus* ... 455
- 309-01 灰椋鸟 *Sturnus cineraceus* ... 456
- 310-01 紫翅椋鸟 *Sturnus vulgaris* ... 458

20.12 鸦科 Corvidae ... 459
- 311-00 松鸦 *Garrulus glandarius* ... 459
- 312-01 灰喜鹊 *Cyanopica cyanus* ... 460
- 313-11 红嘴蓝鹊 *Urocissa erythrorhyncha* ... 462
- 314-01 喜鹊 *Pica pica* ... 463
- 315-00 星鸦 *Nucifraga caryocatactes* ... 465
- 316-01 红嘴山鸦 *Pyrrhocorax pyrrhocorax* ... 465
- 317-01 达乌里寒鸦 *Corvus dauuricus* ... 467
- 318-01 秃鼻乌鸦 *Corvus frugilegus* ... 468
- 319-01 小嘴乌鸦 *Corvus corone* ... 469
- 320-01 大嘴乌鸦 *Corvus macrorhynchos* ... 470
- 321-01 白颈鸦 *Corvus pectoralis* ... 472

20.13 河乌科 Cinclidae ... 473
- 322-00 褐河乌 *Cinclus pallasii* ... 473

20.14 鹪鹩科 Troglodytidae ... 474
- 323-01 鹪鹩 *Troglodytes troglodytes* ... 474

20.15 岩鹨科 Prunellidae ... 475
- 324-01 领岩鹨 *Prunella collaris* ... 476
- 325-01 棕眉山岩鹨 *Prunella montanella* ... 477

20.16 鸫科 Turdidae ... 478
- 326-11 日本歌鸲 *Erithacus akahige* ... 479
- 327-01 红尾歌鸲 *Luscinia sibilans* ... 480
- 328-01 红喉歌鸲 *Luscinia calliope* ... 481

总 论

1 山东省自然地理概况

1.1 地理位置

山东省位于 34°23′N～38°24′N、114°48′E～112°43′E，东西长约 700km，南北最宽约 420km，约占全国总面积的 1.6%，近海海域面积约 17 万 km²。山东半岛是我国三大半岛之一，位于我国东部沿海、黄河下游，内陆与河北省、河南省、安徽省、江苏省毗邻接壤，北、东、南临渤海、黄海，与辽东半岛相对、环抱着渤海，与朝鲜半岛、日本列岛隔海相望。

1.2 行政区划

山东省陆地总面积 15.79 万 km²，总人口约 9747.1 万人。省会济南，辖 17 个地级市 137 个县（县级市、市辖区），其中东营、威海、莱芜、日照是 20 世纪 80 年代后，先后从滨州、烟台、泰安、临沂划分为地级市，原有县市也根据经济社会发展的需要进行了调整。自北向南依次有滨州、东营、潍坊、烟台、威海、青岛、日照等 7 个濒临渤海和黄海的地级市，东营具有世界重点鸟区——广袤的黄河三角洲冲积平原；济南、德州、聊城、泰安、莱芜、济宁、菏泽、枣庄、临沂、淄博等 10 个为内陆地级市，济宁具有省内最大的湖泊——由微山湖、昭阳湖、独山湖和南阳湖组成的南四湖，泰安有著名的东平湖。

特殊的地理位置使山东省成为沿黄河经济带与环渤海经济区的交汇点、华北地区和华东地区的结合部，在全国经济格局中占有重要地位，随着改革开放的深入开展，山东正以更加积极的姿态，全力促进经济平稳较快发展，加快推进经济文化强省建设，经济不断发展，旅游业得到了快速发展，旅游资源也得到相应开发，增添了许多风景名胜及新兴景观，有山、泉、湖、海等众多旅游资源，如曲阜、聊城、临淄等 6 个城市为国家级历史文化名城，泰山、崂山、胶东半岛海滨等为国家重点风景名胜区；有国家重点文物保护单位 36 处，有黄河口、崂山等 22 个国家级森林公园，有黄河三角洲、长岛、荣成天鹅湖等 3 个国家级自然保护区。

1.3 地势与地形地貌

山东省中部为隆起山地，最高点是位于中部的泰山，海拔 1545m，东部和南部为和缓起伏的丘陵区，北部和西北部、西南部为平坦的黄河冲积平原，是华北大平原的一部分，最低处是位于东北部的黄河三角洲，海拔仅 2～10m。

根据地形地貌特点，山东省可分为胶东低山丘陵、鲁西北胶莱平原、鲁中南山地丘陵、鲁西南平原湖区等四部分。地形以平原丘陵为主，平原、盆地约占全省总面积的 63%，山地、丘陵约占 34%，河流、湖泊约占 3%。主要山脉有泰山、徂徕山、沂山、蒙山、孟良崮、鲁山、九顶山、艾山、牙山、大泽山、崂山、昆嵛山、伟德山、赤山等。境内河流湖泊交错，水网密布，黄河自西南向东北斜穿山东境域西部，流程达 610 多公里，从渤海湾入海；著名的京杭大运河纵贯鲁西平原，长 630 多公里。其他干流长超过 50km 的重要河流有徒骇河、马颊河、沂河、沭河、大汶河、小清河、胶莱河、淮河及胶东水系等 100 多条；较大的湖泊有南四湖和东平湖，中国十大淡水湖之一的南四湖，总面积 1375km²；此外，还有大大小小的各种类型的水库，如济南的锦绣川、鹊山、玉清湖、滨州的西海、北海、青岛的崂山、棘洪滩、东营的广南、广北、烟台的门楼、潍坊的峡山、白浪河、威海的坤龙、米山和龙角山等众多水库。

山东的海岸线长达 3121km，占全国大陆海岸线总长度的 1/6。近海海域中散布着约 300 个大小不等的岛屿，如威海的刘公岛、海驴岛、青岛的大公岛、长门岩岛、日照的前三岛等；庙岛群岛屹立在渤海海峡，包括省内最大的海岛——南长山岛，是黄海与渤海的分界处和扼海峡咽喉。山东海岸大都由地壳断裂上升或海积作用形成，黄河入海口处的海岸线则由黄河携带的泥沙冲积而成，故此地沿海有广袤的滩涂，是最年轻的国土，成为吸引各种鸟类栖息的国际重要湿地。

1.4 气候

山东省属于暖温带半湿润季风气候区，气候温和，四季分明。全省年平均气温 11～14℃。雨量适中，年平均降水量 550～950mm。年无霜期沿海地区 180 天以上，内陆地区 220 天以上。

由于特殊的地理位置和复杂山地丘陵的地势地貌，具有黄河三角洲等广袤的沿海滩涂和南四湖、东平湖等重要湿地，以及众多海岛，使山东成为众多鸟类包括各种海鸟的国际重要栖息地和迁徙鸟类的中转站，吸引了国内外众多学者来山东研究鸟类。经济开发与社会的快速发展，特别是沿海滩涂开发、城市迅速扩大，环境与珍稀鸟类的保护已经成为人们关注的重点领域，而鸟类作为重要且显而易见的环境变化指标，其区系分布与群落演替是经济开发与自然环境保护和平衡发展的重要指标，这已经成为当代社会发展的重要议题。

2　山东鸟类研究简史

鸟类种类繁多，分布广泛，捕食鼠类，啄食大量农林害虫，为人类提供禽蛋食品和鸟类药物产品，维护着人类的生存环境，在维持人类经济社会的发展与自然环境的生态平衡中发挥着极其重要的作用。

鸟类以其绚丽多彩的羽饰和婉转动听的鸣叫声为自然界增添生机与活力，同时，陶冶人们的情操，与人类的关系十分密切，既有文人墨客吟诗作画的需要，又与广大人民群众的衣食住行有关，自古以来就深受人们的喜爱。但随着自然环境的破坏、日益严重的污染和改观，环境变迁已经威胁到许多鸟类的生存，有些鸟类甚至面临灭绝的危险，鸟类群落结构的演替是环境变化的重要指标，也是人类经济开发活动对环境影响的晴雨表。因此，研究、保护鸟类及其在维护生态环境平衡中的作用，自古以来就受到国人的普遍重视。

2.1　新中国成立前山东鸟类研究

山东龙山文化时期三里河遗址墓葬中出土的有鸟形、鸟头形等玉饰。1976 年，临朐县山旺硅藻土矿工人发现 3 块中新世中期的鸟类化石，经中科院古脊椎动物研究所鉴定为鸡形目雉科一新属种——山旺山东鸟（*Shandongornis shanwanesis* Yeh）；1978 年，又发现 2 只，鉴定为雁形目鸭科一新属种——硅藻中华鸭（*Sinanas diatomas* Yeh），鹤形目秧鸡科一新属种——秀丽杨氏鸟（*Youngornis gracilis*），同一地方发现这么多鸟类化石在世界上是罕见的，也说明山东曾是适宜鸟类生存的好地方，也为中国古代鸟类研究提供了物质基础。

2.1.1　古籍中的鸟类

我国有许多关于鸟类记述的古籍文献，其中很多古籍都具有重要的科学价值。

涉及命名与分类方面：《诗经》提及中国鸟类 31 种，两部最具权威性的注本是《毛诗传》与《诗集传》，刘毓庆（2001）发表了《〈诗经〉鸟类兴象与上古鸟占巫术》的文章。《尔雅·释鸟》"二足而羽谓之禽"，"鸭鸠，王鸭"，郭璞注："鹬类，今江东呼这为鹗，好在江渚山边食鱼。"《通雅·动物》："大抵恶鸟一类，古人通言鸥枭，而鹗字变借用。"《说文·隹部》："雇，九雇，农桑候鸟。"《诗·齐风·猗嗟》："终日射侯，不出正兮。"《孔颖达疏》"正者，正也，亦鸟名，齐鲁之间名题肩为正"。《广雅·释鸟》："鹞鹃……鹞也。"王念孙《广雅疏证》："题肩与鹞鹃"。

《左传·昭公十七年》有凤鸟、玄鸟、青鸟、丹鸟、祝鸠、鸤鸠、爽鸠、鹘鸠和"五雉"、"五鸠"的记载。《周礼·天官·庖人》记载"六禽"，郑玄注："六禽，雁、鹑、鷃、雉、鸠、鸽。"《后汉书·马融传》："水禽鸿鹄、鸳鸯、鸥、鹥、鸽鹅、鸨、鹬、鹭、雁、鹏鹉。"

明·李时珍在《本草纲目》中记载水禽 23 种，原禽 23 种，林禽 17 种，山禽 13 种，共 76 种，可能涉及现代鸟类约 157 种（杨岗 2013《本草纲目》禽部鸟类今释）。李时珍曰：鹤有"丹顶赤目，赤颊青脚……白羽黑翎，亦有灰者、苍色者"，可见《本草纲目》中的鹤由现代分类学中的多种鹤组成，至少包括丹顶鹤和灰鹤两种。

涉及迁徙行为与生活习性方面：《诗经·召南·鹊巢》中有"维鹊有巢，维鸠居之"的诗句。《礼记·月令》有仲春之月"仓庚鸣，鹰化为鸠……玄鸟至"，仲秋之月"盲风至，鸿雁来，玄鸟归，群鸟养羞"，季冬之月"雁北乡，鹊始巢，雉雊，鸡乳"。《国语·鲁语上》："海鸟曰爰居，止于路东门之外三日"，唐·杜甫《白凫行》："鲁门鹓鹐亦蹭蹬，闻道如今犹避风。"《三才图会·鸟兽》：雁"一名朱鸟，霜降南翔，冰泮北徂，其性恶热，故中国始寒而北至"。金·元好问《惠崇芦雁》中有"雁奴辛苦候寒更"。

涉及狩猎与珍禽保护方面：三国时期曹植的《洛神赋》有"水禽翔而为卫"和《节游赋》有"凯风发而时鸟护"之说。《汉书·旅葵》有"珍禽奇兽"，唐·李白有"珍禽在罗网，微命若游丝"的诗句。《汉书·五行志》："泰山山桑谷有鸢焚其巢。"《周易》中有"射隼于高墉之上"、"雉膏不食""射雉一矢亡"等鸟占类卦辞。《逸周书·月令》："禁止伐木，无覆巢，无杀孩虫，胎夭飞鸟。"

2.1.2 山东部分地方志中的鸟类

明万历四十年（1612年），任弘烈编撰的《山东省泰安州志》中，记录泰安鸟类24种。清康熙十一年（1672年），《日照县志》记录当地鸟类有30余种，磴山寺碑还有日照南部沿海一带有"鹳鹤上下"景象的记载。在清康熙十二年（1673年），韩文焜编撰的《利津县新志》中，记载鸟类25种，并对鸟类的形态和鸣声进行了描述。《山东通志》[清光绪十六年（1890年）]记录鸟类30种。《德州志略》[清光绪二十二年（1896年）]等山东多种州、县乡史志也有当地鸟类的记录。

地方志中的鸟类由于分类系统与方法不一样，非专业的分类系统存在着一定俗名、别名、同种异名的差异，给鸟类研究带来不便，需要按规范要求甄别后才能统一到现代鸟类学研究系统中，促进各地鸟类学史研究与当代经济建设的协调发展。

2.1.3 近代山东鸟类研究

1874年开始，中外学者开始用拉丁学名记载山东鸟类，在济南和山东中部等地有Lefever（1927）等采集标本2658号带回美国，在威海有Jones（1911）、Aylmer（1931，1932）、Ascherson（1932）、Herklots（1935）、Robb（1935），在烟台有Swinhoe（1874，1875）、Duncan（1937），在青岛和胶州湾有Reichenow（1903，1907）、Kleinschmidt（1905，1913）、Kothe（1907）、寿振黄（1930，1938）等。

这些研究，特别是从20世纪初期开始，山东鸟类区系调查的增加，为此后开展山东鸟类区系基本情况的深入调查与现代鸟类研究相统一发挥了一定的积极作用。

2.2 新中国成立后山东鸟类研究

新中国成立后，国内涉及山东分布鸟类记录的主要著作有《中国鸟类分布名录》（郑作新1976）、《中国鸟类区系纲要》（郑作新1987）记录山东鸟类324种、亚种；《中国鸟类种和亚种分类大全》（郑作新2000）记录中国鸟类1253种；《中国鸟类图鉴》（钱燕文1995）记录中国鸟类1189种，其中涉及山东鸟类约263种；《中国鸟类分类与分布名录》（郑光美2011）记录中国鸟类24目101科1371种（2304种、亚种），其中山东378种（395种、亚种）。《中国鸟类野外手册》（约翰·马敬能等2000）记录中国鸟类1329种，分布图涉及山东的鸟类有344种。《华东鸟类物种和亚种分类名录与分布》（朱曦2008）记录山东鸟类392种（418种、亚种）。

在省内，1983~1986年，根据林业部指示，山东省林业厅组织了大学师生及各地市林业系统员工、鸟类爱好者进行了全省鸟类资源普查，普查结果以《调查名录》（纪加义1987~1988）发表在《山东林业科技》杂志上，记录到山东鸟类376种（406种、亚种）；《山东鸟类分布名录》（赛道建2013）中收录到山东记录鸟类452种（492种、亚种），认为有分布的437种（464种、亚种），隶属20目76科。2013年11月30日至12月7日，赛道建、张月侠、王秀璞等在黄河济南段进行冬季水鸟调查时，于鹊山水库沉沙池附近不仅拍摄到尚未迁离的夏候鸟家燕，还发现了山东鸟类新记录种——长尾鸭（*Clangula hyemalis*）并拍到照片。

《山东鸟类志》共收录山东记录鸟类471种（516种、亚种），较郑作新（1987）记录的山东分布鸟类325（8）种（亚种）增加145（37）种（亚种），较郑光美（2011）的记录395（16）种（亚种）增加75（29）种（亚种）；较纪加义（1987~1988）《调查名录》的374（32）种（亚种）[其中324种（亚种）记录有标本]增加97（13）种（亚种），较杜恒勤（1998）记录的365种增加106种，较赛道建（2013）《山东鸟类分布名录》的452（40）种（亚种）新增19（5）种（亚种）。其中以有标本、照片（364种）、环志和文献记录确认分布现状的420种，比《调查名录》记录增加56种，比《山东鸟类分布名录》新增19；其中有28种分布现状需要进一步确证，23种分布现状认为已无分布。

2.2.1 研究概况

新中国成立初期，由于缺乏鸟类研究方面的人才等，研究文章较少，特别是1966~1978年，山东几乎无人进行鸟类方面的研究。

20世纪80年代以后，山东鸟类研究随着人类环境保护意识的提高，国家和省级有关部门的重视，研究人员的不断增加，各地开展了广泛的爱鸟护鸟活动，参与鸟类研究的人员越来越多，发表了更多的研究文章，为山东各地进行生物多样性监测、促进经济社会与环境和谐发展提供科学依据。

进入21世纪，一方面，由于科学技术的发展，人们生活水平的提高，观鸟爱鸟活动广泛开展，众多爱鸟拍鸟人士采用高清相机观鸟拍鸟，专业研究人员与业余人员相结合，借助网络媒体和彩色鸟类图鉴对野外观察拍摄到的鸟类进行鉴定，充实了山东鸟类的分布状况，使山东省的鸟类记录不断增加。另一方面，20世纪后半叶，鸟类学家采用现代分子生物学技术，通过蛋白质电泳和DNA杂交，对传统鸟类分类系统进行比较研究，提出全新的世界现存鸟类的分类系统。在比较国内外鸟类学研究的新进展、结合鸟类分子生物学研究成果、世界鸟类新旧分类系统的基础上，卢浩泉和王玉志（2003）对《山东省鸟类调查名录》（柏玉昆1982；纪加义1985，1987，1988）进行了补充修订；赛道建和孙玉刚（2013）参考国际上的新分类系统和郑光美院士的《中国鸟类分类与分布名录》（2011）修订了区系分布、种及种下分类的陈旧之处，如科、属的拆分与合并，有些亚种提升为种，以及名称的变动，并对山东鸟类区系分布进行了系统整理，丰富了山东鸟类分布的物种多样性。山东鸟类的系统研究将对山东鸟类的深入研究、环境的保护与开发发挥积极的作用。

除研究文献外，山东省省志和各地地方志、林业志（公开发表和内部资料）也都有山东鸟类分布的记录，如《山东省志·生物志》记录408种（亚种）；《山东省志·林业志》鸟类资源有406种（山东省地方史志编纂委员会1998，2010）；《文登市志》（1996）收录文登鸟类56种、昆嵛山鸟类46种，《莱州市林业志》（2013）收录莱州鸟类273种。

2.2.2 不同年代各地的鸟类研究

不同年代，各地的研究者对山东和各地市的鸟类进行过调查研究，为研究山东鸟类区系分布和群落演替提供了可靠的基础资料。山东各地的鸟类研究情况如下。

20世纪50年代，在济南有田丰翰和李荣光（1957）、李荣光和田丰翰（1959），在青岛有寿振黄和黄浙（1957），在济宁有郑作新（1955），在泰安、泰山及东平湖有杜恒勤（1958，1959）。

60年代，进行山东鸟类研究的有黄浙（1965），在济南有李荣光和王宝荣（1960），在济宁及南四湖有黄浙（1960），在临沂有柏玉昆（1965），在泰安有杜恒勤（1965），在威海及昆嵛山有卢浩泉（1962）。

70年代，由于"文化大革命"，仅在日照及前三岛有张天印（1979）进行过当地鸟类研究。

80年代，进行山东鸟类研究的有柏玉昆和纪加义（1982）、纪加义（1985，1986，1987，1988）、孙振军（1988）等；在滨州有刘体应（1987），在德州有赵国建（1986）、林圣富（1986），在济南有赛道建（1988，1989）、鲁开宏（1984），在济宁及南四湖有韩云池（1985），在青岛有张孚允和刘岱基（1987），在日照有张守富（1986）、张天印（1982，1988，1989），在泰安、泰山及东平湖有杜恒勤（1982，1985，1987，1988，1989），在潍坊有叶祥奎（1980，1981，1984），在烟台有范强东（1987，1988，1989）。

90年代，进行山东鸟类研究的有柏亮和柏玉昆（1991）、柏亮（1991）、纪加义（1990）、张洪海（1999）、刘红和袁兴中（1996）、韦荣华（2012）；在东营及黄河三角洲有赛道建（1991，1992，1996，1999）、王克山（1992）、赵延茂（1995，1996）、田家怡（1999）、马金生（1999）、闫理钦和吕卷章（1994），在济南有赛道建（1994，1997）、王德勇（1990）、王元秀（1999），在济宁及南四湖有闫理钦（1999）、冯质鲁（1996）、宋印刚（1998）、田逢俊（1991，1993），在聊城有贾少波（1996），在临沂有楚国忠（1998），在日照及前三岛有李悦民（1994）、张守富（1991），在青岛、崂山和海岛有刘岱基（1991，1992，1994，1996，1998）、赛道建（1993，1994，1996a，1996b）、王希明（1990，1994）、崔志军（1993，1994），在泰安、泰山及东平湖有陈振东（1990）、杜恒勤（1991，1992，1993，1994，1995，1997，1998）、闫理钦（1997，1999）、赛道建（1998），在潍坊有王庆忠（1992，1995）、丛建国（1993）、李洪志（1998）、闫理钦和王金秀（1997），在威海有闫建国（1999）、闫理钦（1998）、于新建（1997），在烟台有范强东（1990，1993，1994，1996），在淄博有刘志纯（1991）。

2000年以后，进行山东鸟类研究的有范鹏（2006）、杨月伟（2001，2006）、卢浩泉（2003）、荣生道（2003）、闫理钦（2006）、杨月伟和韩轶才（2006）、张洪海（2000）、朱金昌和杨月伟（2011）、赛道建和孙玉刚（2013）；在滨州有吕磊（2010），在东营及黄河三角洲有赛道建（2000）、赵延茂（2001）、朱书玉（2000，2001）、单凯（2001，2002，2005，2007）、舒莹（2004）、王明春（2008）、王刚（2010）、王广豪（2006）、贾建华和田家怡（2003）、贾文泽（2002）、王立冬（2012）、杨月伟和王明春（2008）、张希画（2012）、赵艳（2011）、周莉（2006）、Li（2011，2013）、刘月良（2013），在菏泽有王海明（2000），在济南有赛道建（2005）、吕艳等（2008b）、张月侠和赛道建（2014），在济宁有李久恩（2012）、杨月伟（2012），在聊城有贾少波（2000，2001，2002，2003，2005）、苗秀莲（2005），在临沂有徐敬明（2003）、杜庆栋（2007），在青岛、崂山和海岛有王希明（2001）、李声林（2001），在泰安有任月恒（2013），在潍坊有李洪志（2004）、吕艳（2008a）、邢在秀（2008，2009），在威海及昆嵛山有闫建国（2003）、赵翠芳（2003）、董翠玲（2007），在烟台有隋士凤和蔡万德（2000）、范鹏（2006）、于培潮（2007），在淄博有庞云祥（2012）。

比较各地市鸟类研究情况可以看出，黄河三角洲自东营市和国家级自然保护区建立以来，鸟类区系、群落结构及其演替与生态环境变化关系等方面的研究文章和观鸟人员快速增加，对当地的经济建设、生态旅游和保护国际重要湿地生态环境等都发挥了积极作用。

2.2.3 研究内容

在研究内容方面，由于山东鸟类群落结构及物种数量能反映当地鸟类多样性，多样性指数高表明群落稳定，指数的变化既表明鸟类群落结构的演替情况，又反映生态环境变化、改观的程度，包括鸟类的区系分布，食性与农林业病虫害的防治，城市、湿地、三角洲生态环境变化对鸟类群落演替的影响及鸟类的生物监测作用等。

除了鸟类生态分布名录、群落多样性（柏玉昆和纪加义 1982；纪加义 1987，1988；杜恒勤 1998；赛道建和孙玉刚 2013；等），鸟类群落结构演替与环境的关系和监测、气候变化（范强 1996；赛道建 2000；随士凤 2009a，2009b；付守强 2010；郝迎东 2010；张希寿 2011；王立冬 2012；张希画 2012；杨国军 2013；张翠英 2011）等方面的研究外，在山东进行过专题研究的鸟种有黑喉潜鸟（周本湘 1981）、白额鹱（赛道建 1993，1996；崔志军 1994）、黑叉尾海燕（邹鹏 1980；赛道建 1994，1996）、海鸬鹚（张世伟 2002）、池鹭（王友振 1997，杜恒勤 1987）、东方白鹳（刘建和赛道建 2001，周莉 2006，王立冬 2012）、黑脸琵鹭（赵翠芳 2003，单凯 2005）、燕隼（蔡德万 2009）、黑雁（闫建国 1999）、大天鹅（于新建 1997，刘体应和张文东 1987）、雀鹰（王希明 1994）、金鹛（韩云池 1992）、黑尾鸥（张世伟 2002）、黑嘴鸥（Wang and Sai 1996，闫理钦和吕卷章 1994）、遗鸥（山东省林业局 2006）、扁嘴海雀（崔志军 1993；赛道建 1996；马金生 1990a，1990b）、丹顶鹤（舒莹 2004）、白腰雨燕（程兆勤和周本湘 1987）、楼燕（李洪志 1998，2004）、普通夜鹰（王希明 1994）、大杜鹃（张天印 1989，田逢俊 1991）、鹰鹃（范强东 1988）、斑头鸺鹠（杜恒勤 1988）、长耳鸮（赵建国 1986）、草鸮（张天印 1988，范书义 1988，范强东 1990）、领角鸮（杜恒勤 1991）、鹛鹟（张守富 1991，张守富和高登选 1986）、纵纹腹小鸮（高登选 1993）、绿啄木鸟（杜恒勤 1987）、暗绿绣眼鸟（刘岱基 1994）、白鹡鸰（杜恒勤 1991）、白头鹎（朱献恩 1991，杜恒勤 1992，柏玉昆 1965）、北红尾鸲（杜恒勤 1990，1998）、大山雀（山东林业研究所 1974）、（东方）大苇莺（郝树林和王友振 1992）、黑卷尾（杜恒勤 1989）、黄腹山雀（于新建 1988）、黄喉鹀（范强东 1989）、灰喜鹊（张天印 1979，1995；鲁开宏 1984）、家燕（杜恒勤 1958，韩云池 1992）、金腰燕（杜恒勤 1959）、三道眉草鹀（杜恒勤 1994）、山鹡鸰（刘岱基 1990）、寿带鸟（陈玉泉和赵涛 1992）、喜鹊（杜恒勤 1965，吕艳 2008b）、燕雀（李声林 2001）、杂色山雀（范强东 1990）、震旦鸦雀（朱书玉 2001，柏亮和柏玉昆 1993）、棕扇尾莺（柏玉昆 1985）、棕头鸦雀（杜恒勤 1990）等。

2.2.4 山东鸟类研究状况分析

从研究文章的地区分布情况看，济南、青岛、泰安、威海、烟台等地鸟类研究文章较多，而有关德州、枣庄、莱芜、日照等地市的研究文章较少，反映本地研究人员匮乏，或环境不属于适应鸟类栖息生存的生态环境，而莱芜、日照则与建市较晚有关。东营虽然建市较晚，但黄河三角洲作为国际上迁徙鸟类的重要湿地生态环境，近年来，鸟类研究呈快速发展趋势，国际、国内许多鸟类学者纷纷来黄河三角洲进行鸟类调查研究，这说明，此地已经成为国际鸟类的重要栖息地和研究的重点区域，加强鸟类保护性研究将对黄河三角洲生态环境和经济社会的持续平衡发展，以及生态山东省的建设具有十分重要的意义。

比较不同年代山东鸟类研究的 106 名作者（1956~2015 年）情况可以看出，发表文章前 4 名的是杜恒勤（31）、赛道建（29+通讯作者及第 2 作者）、纪加义（19）、范强东（18），占总人数 3.77%，发表 1 篇和 2 篇文章的分别是 60 人、24 人，共占总人数的 79.25%，这一比例说明，缺少更多长期从事鸟类研究的专业人员，有些人员只是进行"临时性"观察，因辨认鸟类的专业知识水平有限，其观察会影响研究的结果；只有持续不断开展山东各地鸟类特别是珍稀鸟类群落结构及重要物种的监测，才能为各地环境的保护与发展提供科学依据。因此，培养、引进更多专家型高级专业人才对山东鸟类进行系统的监测性研究，以便探讨鸟类群落演替与气候、生态环境变化的关系及其作为指示生物的作用，开展环境保护和鸟撞防范研究，为生态山东的建设与发展作出鸟类研究应有的贡献，已经成为一个经济大省所面临的急需解决的实际问题。

由于"临时性"研究较多，监测性研究较少，对鸟类物种特别是重点和濒危物种的生存历史也就了解较少，许多地方甚至是保护区、特别是种类保护缺乏历史性基础资料，难以为深入开展环境与生物多样性保护提供有数据库价值的科学依据。鸟类作为重要的可见生物监测指标，其群落结构及其演替过程会反映生态环境，特别是景观生境变迁的程度，有助于生态环境的科学评价，提醒人们改变开发利用自然的模式，规划好生态环境的保护、建设、修复与开发利用的远景，促进生态平衡和社会经济的持续发展，这将是今后鸟类生物多样性保护、研究的重点方向。

2.2.5 山东重点鸟区

随着环境的变迁，鸟类生存环境的保护日益重要且备受人类关注。为加强鸟类及其生态环境的保护，根据重点鸟区的选择标准，山东已有7处被选为在国际、国内具有一定科研价值的重点鸟区，如黄河三角洲自然保护区、莱州湾、滨州海岸岛屿、长岛自然保护区、荣成大天鹅自然保护区和海驴岛、青岛—日照海岸湿地与岛屿、滨州海岸与岛屿等沿海湿地，南四湖自然保护区1处内陆湖泊湿地，在这些重点鸟区中，只有4个国家、省级保护区的相关资料多一点，具有较明确的保护对象与措施。

但是，重点鸟区内分布的国际性受威胁鸟类仅部分有重要性概述，缺乏相关的监测资料，其他重要动物的资料仍然十分缺乏，非保护区和有的重点鸟区不仅生态环境未受到真正的保护，还是国际受威胁鸟类，如对在胶州发现命名的黑嘴端凤头燕鸥（中华凤头燕鸥）等在山东的分布情况则知之甚少，几十年来未见有观察报道。可见，急需加强重点鸟区生态环境与鸟类物种多样性的研究、监测与保护，促进当地生态环境与经济社会的和谐发展，造福人类，维护自然生态环境的平衡持续发展。

2.2.6 山东鸟类环志

鸟类环志是将特制的标志"环"套在鸟体的一定部位如跗蹠部、颈部，然后，将环志鸟放归自然，经再捕获、野外观察等获得研究鸟类迁徙活动规律的一种方法，是世界上研究鸟类迁徙规律的一种简便、易行且有效的方法，也是监测鸟类种群变化，研究鸟类栖息地选择利用、迁徙途径和路线及其行为策略的重要手段，为科学管理野生鸟类提供基础信息。

自20世纪80年代初开始，我国有组织有计划地开展鸟类环志迁徙研究，山东省先后在烟台长岛国家级自然保护区和青岛市等地开展鸟类环志工作。

长岛候鸟保护环志中心站是1984年6月27日，经林业部批准建立的我国最早的以环志猛禽为主的环志站；30年来，全站干部职工奋战野外、风餐露宿、栉风沐雨，累计环志放飞各种候鸟19目58科329种279 301只，其中猛禽2目3科39种78 294只。环志总量位居全国前列、猛禽环志约占国内总量的80%、国内外回收环志鸟类225只，先后参加了在美国、日本、中国香港和中国台湾等国内外召开的鸟类环志研讨会议，发表论文50余篇，长岛猛禽资源与生态环境影响调查获烟台市科技进步二等奖，中国东部沿海猛禽迁徙规律研究获林业部科技进步三等奖，黑尾鸥的繁殖生态及利用研究、海鸬鹚的繁殖生态研究通过专家组鉴定。据于国祥站长介绍，国家环志中心反馈的信息使环志工作居国内领先地位，为鸟类迁徙与生态分布研究提供了近200万个鸟类环志的精确数据。青岛环志站共环志了151 801只鸟，其中13 524只为隼形目和鸮形目鸟类。

这些环志数据为我国研究鸟类迁徙规律和山东鸟类的活动规律积累了丰富且有价值的宝贵资料，为山东鸟类区系分布研究奠定了扎实的基础。

2.2.7 省、市级开展的有关爱鸟护鸟活动

20世纪70年代，张天印工程师在日照华山进行了多年的灰喜鹊驯养驯化，对消灭控制松林害虫发挥了重要作用，其经验制成科教片放映，对促进爱鸟护鸟、保护农林业生产起到了积极的作用，驯化的灰喜鹊繁衍至今，已经成为国家森林公园的一处重要爱鸟宣传教育基地。

1982年3月5日，山东省人民政府批转林业厅等部门《关于加强鸟类保护的报告》，建立了长山列岛、昆嵛山、泰山、"三孔"、崂山、沂沭河、黄河沿岸、日照、云门山、南四湖等地为省级自然保护区，确定每年的4月23～29日为山东省"爱鸟周"，每年各地都举办不同形式的爱鸟与保护环境的活动。长岛、黄河三角洲等都已经升为国家级自然保护区，开展长期系统的环境鸟类保护工作。

各地市也都出台了条例、法规，发布了公告，对促进当地的人文环境与鸟类保护工作发挥了积极作用，如1981年5月，青岛市人民政府发布了《关于保护鸟类资源的布告》，1982年10月公布了《青岛市鸟类保护管理暂行办法》；日照县人民政府公布了《关于鸟类保护条例》，并对域内保护地及鸟种进行了具体说明。

各地鸟类学相关研究获得了有关系统和部门的奖励。例如，20世纪80～90年代，菏泽市开展了"胡闫生态区系鸟类控制林木害虫研究""菏泽地区陆生野生动物资源调查""菏泽地区陆生野生动物资源调查与监测研究"，成果获省林业厅三等奖（2001）及市科级进步奖（2001）多项奖。2008年，"山东招远拟建省级自然保护区综合考察报告"被山东省科技进步贡献奖评审委员会评为三等奖。2000年，长岛自然保护区课题"黑尾鸥种群生态及利用"获得了山东省科技进步奖。

进入21世纪后，随着我国经济社会的快速发展，人民生活水平的提高，各地涌现出一大批观鸟、拍鸟的专业与业余摄影者，他们以敬业和吃苦耐劳的精神，从摄影、辨识鸟类物种，甚至与专业人士结合起来从鸟类

生态分布等不同角度拍摄鸟类，这些照片为山东鸟类区系分布现状的研究，特别是为《山东鸟类志》的编撰提供了可靠的第一手资料。

3 鸟类形态概述

3.1 鸟类主要特征

爬行动物初龙类的一支向减轻体重、增加飞翔能力和产羊膜卵的方向演化，不但产生了羽毛，而且演化形成飞羽，从而产生适应飞翔生活的形态特征，进化成鸟类（图1-1）。身体呈流线型。皮肤薄，体被羽毛。前肢演变为翼。骨骼中空多愈合，如头骨，胸椎、荐椎、尾椎愈合形成综荐骨，末端数枚尾椎形成尾综骨；椎体异凹型；龙骨突发达为飞翔肌肉提供巨大的附着面，左右耻骨分开形成开放式骨盆（open pelvis）以利于产大型羊膜卵；具跗间关节；足4趾，足型有常态足、转趾型、对趾型、异趾型，适应不同生活习性。胸肌、后肢肌、栖肌发达，适应飞翔和树栖，特殊鸣肌可使鸣管发生鸣啭。

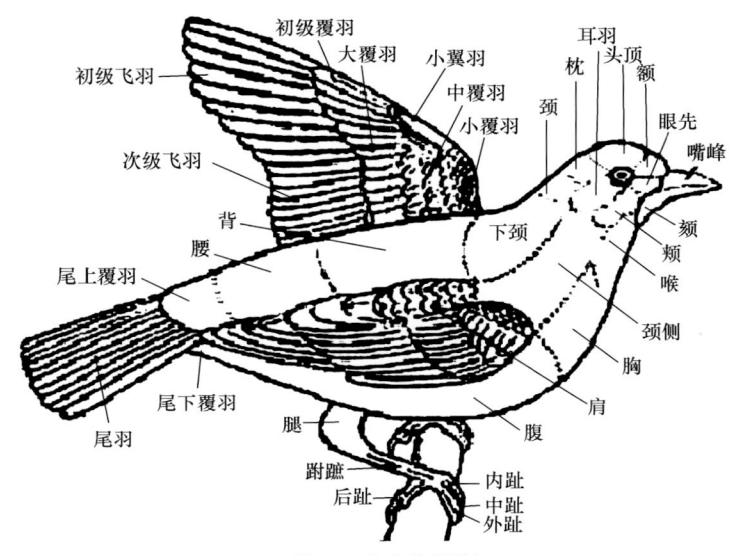

图1-1 鸟体外部形态

上下颌特化形成喙，与食性相适应，喙有锥形、扁形、钩状、锉状不同形态；食道下部扩大成嗉囊，有暂时贮存、软化食物的作用，鸽类还有分泌鸽乳的功能；胃分为肌胃和腺胃两部分，但食肉鸟类肌胃缺乏；直肠短，不贮存粪便，以减轻飞翔体重。支气管式肺连有吸气和呼气两组气囊，保证吸入气流在整个呼吸周期内连续贯流气体交换部位，毛细气管与毛细血管交叉对流进行稳定而高效率的气体交换，形成鸟类特殊的贯流（flow-through）通气、交叉对流进行气体交换的呼吸方式；气管、支气管交界处特化形成鸣管（syrinx），气流通过鸣管时，鸣肌控制鸣膜的紧张度可发出具有不同功能的鸣叫声。完全双循环，心脏发达，右房室瓣为特有的肌瓣（muscle flap），具右体动脉弓，肾门静脉退化，具尾肠系膜静脉。胚胎期肾经前肾、中肾发育为成体的后肾，排泄尿酸随粪便排出，无膀胱。

大脑皮层不发达，发达的纹状体（striatum）由古纹状体、新纹状体、超纹状体三部分组成，与鸟类复杂的系列本能行为相关。感官发达，眼具巩膜骨和栉状突，视觉调节肌为横纹肌，前、后巩膜角膜调节肌可迅速调节角膜、晶体的曲度及二者间的距离，故称双重（三重）调节。体内能量代谢率高，体表羽毛形成良好的保温结构，形成恒温代谢机制，有助于生存和向不同生境中扩散。

雄鸟多无交配器，但有交配行为，体内受精，产大型石灰质壳羊膜卵，有发达而完善的孵卵育雏行为，大大提高了后代的成活率。

3.2 鸟体形态与测量

鸟体外部形态各部的名称如图1-1所示。

鸟体外形的测量是鸟类分类的重要依据，常用的主要有以下各项（图1-2），质量以克（g）、长度以毫米（mm）计。

体重：称量的鸟体质量，以克（g）计。

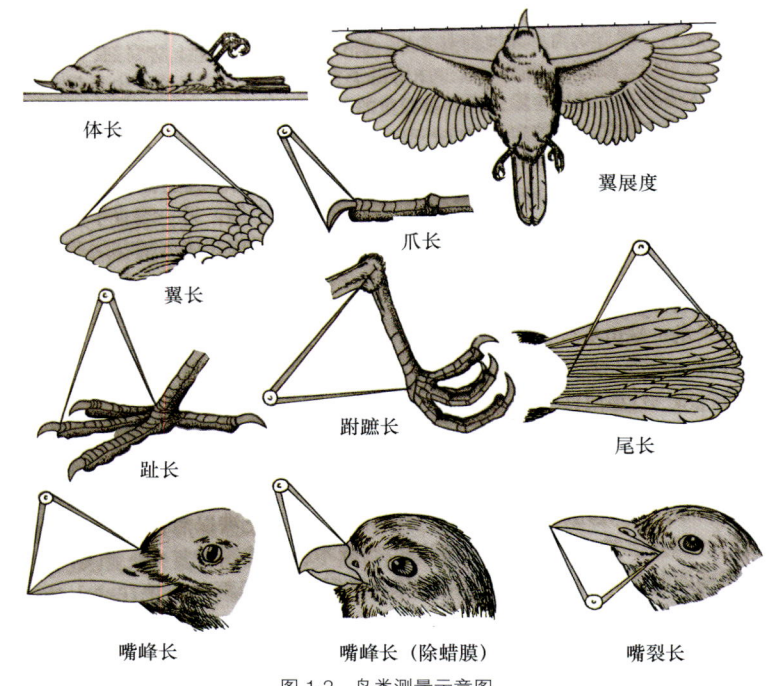

图 1-2　鸟类测量示意图

体长：自然伸直状态下，上喙前端部至尾末端的长度。
翼展度：两翅自然伸展时，从翅前缘测量两翅端的最长距离。
以上三项需要在鸟类死亡后较短时间内、且未剥制前测量，制成标本后，将无法测量。
嘴峰长：上喙先端至嘴基生羽处的距离。
翼长：翼角至最长飞羽先端的距离。
跗蹠长：胫骨与跗间关节后部中点至跗蹠与中趾关节前下方，即中趾关节最下方整片鳞的下缘的距离。
尾长：尾羽基部至最长尾羽端部的距离。
有时嘴裂长、趾长及爪长等也要测量。

4　鸟类标本的采集、制作和保存

鸟类标本的采集、制作与长期保存无疑是科学研究的基础工作，也是生物史档案资料中必不可少的物证，既是鸟类分布现状与格局的实证，又是人们比较研究鸟类区系结构及其演化最有说服力的实证，粗放的标本管理会使标本及其有关数据流失，造成无法挽回的损失，因此，在现行条件下，应当也必须，特别是重视充分利用打击乱捕乱猎现象采集到的鸟类制作标本并长期保存。

4.1　准备工作

传统的鸟类捕捉方法是将黏网张挂在树丛处，或用猎枪、高压气枪猎取，但从国家法律规定到群众性爱鸟活动的广泛开展，在加强动物与环境保护的社会大背景下，获取鸟类标本是很难得的。然而，鸟类研究必需的标本是物种存在与分布的证据，可与机场驱鸟工作相结合，将机场因防范鸟撞发生而捕获又无法放生的伤残鸟类，拿来制作成有保存价值的不同类型的标本，将有助于相关方面的鸟类研究。

不管用哪种方法猎获的标本，都应记下虹膜颜色，用棉花塞于口腔内、擦净血液以防肠内容物或血液污染羽毛。将鸟头部装入锥形纸卷的端部包好，以便带回实验室进行分类鉴定、制作标本。

污染标本应先用毛刷、清水洗净羽毛，用滑石粉或谷糠吸水、晾干后，拍打干净。对活的标本，剥制前 1~2h，挤压固定胁部，压迫胸腔使其窒息而死；或在翼部肱静脉注射空气，形成气栓阻断血液循环而致死。

4.2　体尺测量

制作鸟类标本时，首先需要将鸟体上的污染物清除干净，简单整理羽毛后，需要测量鸟的体尺，重量以克

（g）、长度以毫米（mm）计。体尺具体测量内容见 3.2 节鸟体术语和图 1-2。

体尺测量的结果，以及标本采集的日期、地点和性别、虹膜及脚、喙的颜色、标本编号和制作人等均需填写编号标签，并在制作完成标本后，将标签系于鸟足上。标签编号的原则是保证每一个标本（包括一种鸟的多个标本），雌雄都有唯一的编号。标本编号的科学性和唯一性，便于建立鸟类标本数据库，方便物种标本资料的查询调研，利用标本为鸟类种群监测提供基础的真实数据资料。

4.3 浸制鸟类标本的制作保存

对于不宜剥制的标本，或因其他原因无法按剥制标本要求进行操作的，可制作浸制标本。浸制标本的制作简单易行，只要有心就能操作完成。

需要的物品有塑料袋、线绳、注射器、针头等，药品有乙醇或甲醛溶液。

测量完体尺的标本，首先根据标本保存的要求和需要（如是大型鸟类标本，要将所有内脏从肛门处掏干净），在鸟足中插入铁丝并留有用于标本固定的长度，将标本羽毛理顺，按陈列标本的一定姿势整形后摆放在塑料袋内，放在标本室内一个不需要移动的地方。接着，用注射器向标本腹腔内注入乙醇或甲醛溶液，防止残留内脏、肌肉腐烂，影响标本质量。然后，向塑料袋内倒入 10% 的甲醛溶液或 75% 的乙醇，将标本完全浸泡其中，在标本室中静置一段时间，等待标本浸透药液、防腐固定。

当标本浸透药液、完全固定后，可取出标本晾干，利用插入鸟足中的铁丝固定在适宜的支架上，整理好羽毛、晾干，即可正常摆放陈列在标本橱内备用。

4.4 剥制鸟类标本制作与保存

需要注意的是，在标本剥皮过程中，如见出血或脂肪过多，可撒些石膏粉于皮肤内侧和肌肉上，以便止血、洁净操作人员的手部，防止羽毛被玷污。剥皮（图 1-3）时，要注意不要用力撕拉皮肤，避免将皮肤撕裂影响标本的制作，随时将剥离部分"复原"，防止反转的皮肤因干燥而影响标本制作。

4.4.1 剥皮方法

用右手持手术刀剥制时，胸剥方法是将鸟体按头左尾右的方向仰卧解剖盘内摆好，分离颈基、胸部的羽毛使皮肤露出，接着，用解剖刀从颈基部沿龙骨突由前向后切开皮肤，调转刀口向前挑割、分离至颈部后端显露为止。左手提起皮肤切口边缘，右手持刀用刀柄分离胸部皮肤至两侧腋下、颈部，然后，完全暴露颈基部并剪断颈部，再暴露左右肩部，剪断两个肩关节，注意切割要完全，但不要伤及颈部和肩部皮肤。

一手拎起连接躯体的颈部，用另一只手继续徒手剥离肩、背部与肱骨附近的皮肤，剥离体背、腰部时，因该部皮肤较薄，要细心慢慢地分离，不要撕拉皮肤以免撕裂皮肤。同时，腹面要相应地向后腹部方向剥离，直至腹部和腿部完全露出来，从膝关节处剪断。再继续向尾部剥离，当剥至泄殖腔孔时，用手拿住尾部晃动，可感觉到尾综骨与尾椎间有活动的关节，从尾综骨前缘游离的尾椎处剪断，除净尾部残留的肌肉和尾脂腺。注意千万不要剪断尾综骨、尾羽轴根，以免造成尾羽脱落。

图 1-3　鸟类标本制作基本过程示意图

接着剔除腿部、两翼和头部的肌肉。腿部肌肉剔除到跗间关节。剥离翼部肌肉时，要一手拿住肱骨，另一手慢慢地将皮肤剥离至桡尺骨时，用拇指甲紧贴尺骨将皮肤、飞羽羽根刮下（注意：不要把着生于尺骨上的飞羽轴根割裂、分离开，否则，会影响标本的整理制作），大型鸟类要一直刮剥至腕关节处，再清除掉桡骨、尺骨和肱骨上的肌肉，小型鸟类可进行部分剥离。头部的剥离是将颈部向外翻拉（雁鸭类等的头骨较大、羽毛丰厚，无法直接翻转，需要先在枕部做一个大小适宜的切口，从切口处将头部拉出），待头部显露时，以拇指慢慢剥离到耳孔处，用拇指和食指紧贴头部处捏住、轻拉耳道皮肤使之与头骨分离；继续剥离到眼部，用镊子插入眼窝，分离并挑出、取下眼球（不要用剪刀剪割，以防剪口影响标本眼部）；在枕骨大孔处分离并剪去颈部，剔净头部肌肉和舌；剪扩枕骨大孔，填塞棉花等物将脑完全挤出并清除干净。最后，将鸟皮肤内侧上残存的脂肉清除干净。

4.4.2 防腐处理

将事先配制好的防腐膏均匀地涂遍鸟皮内侧及保留的骨骼上，并在保留的翼骨、腿骨上缠绕棉花；首先装上义眼后将头骨全部翻转复原，然后将身体翻转复原，即按要求制成不同类型的标本。

防腐膏的配制：取 40g 肥皂片放入烧杯，加适量热水隔水加热使其融化后，加入 50g 亚砷酸、10g 樟脑粉及 5ml 甘油搅匀成糊状，即成防腐膏。

4.4.3 标本的填装

剥制标本分为姿态标本和假剥制标本两大类。姿态标本又称生态标本，表现鸟类自然生活时的觅食、起飞、静立及观察等姿态。假剥制标本又称研究标本，不装支架和义眼，制作简便，体积小，便于野外采集途中运输及保管储藏。

姿态标本：需用粗细、长短适宜的铁丝，据鸟体大小，中间旋转拧紧固定位置，使展翅 3 根铁丝的各分支适合于插入双足、尾和双翅、头骨颅腔内，作为双脚支柱、展翼支架和头尾的支撑；制作不展翅标本时，将不展翅 2 根铁丝固定形成的 4 支中的头端较长一支折向后方，分别作为头、尾、两足的支柱。足的支柱铁丝要从肠骨向脚跟方向旋转插入左右脚内，直到由脚底掌部穿出一段，其长度适于台板固定为止。

支架铁丝插好后，用棉花等填充物将其填充至与原体形相似。装上义眼。

假剥制标本：标本剥皮、防腐处理好后，用一根稍长于体长（除去尾长）的竹条、木棍或铅丝，一端分叉，基部缠上棉花，以防插入颅腔和口腔固定头骨时裂开，另一端削尖由体内插入尾中央腹面，以支撑尾羽。

4.4.4 整形与装台板

填充完成后，即用缝合针由皮里向皮外穿插交错进行缝合。缝合时，两针的间隔距离要适当大一点，要缝几针后，捏紧两侧皮肤使之靠近并拉紧缝线，否则，每针都拉紧容易将皮肤撕裂影响缝合。

接着进行顺毛、将翼及脚摆好位置等整形工作，用纱布或脱脂棉包裹整齐。然后，安装并固定在台板或支架上，摆好适于观赏的姿态，拴贴标签，置通风干燥处快速风干以防炎热天气条件下腐烂。

标本做好并完成干燥过程后，将标本放到加有干燥剂（如袋装的硅胶）和防虫剂（如樟脑球等）的标本橱内保存、备用。

5 山东鸟类区系特征及演替趋势探讨

5.1 山东鸟类区系分析

《山东鸟类志》共收录到山东记录鸟类 471 种（516 种、亚种），其中因文献记录极少而无证据确认其现状为分布的，或者怀疑为临时逃生的鸟类被拍照的，认为需要进一步研究证实其在山东分布现状的鸟类有沙丘鹤、黄颈拟蜡嘴雀等 28 种；虽有标本或文献记录，但多年来没有研究、发现，从而认为山东分布现状已无分布的鸟类有朱鹮、褐河乌等 23 种；记录有标本的 313 种，有环志记录的 77 种，近年来，用不同类型的相机拍到照片的 364 种，依据标本、照片、环志和有关文献辨析，确认山东现状有分布鸟类 420 种。

20 世纪 80 年代（纪加义 1987~1988）统计，在山东繁殖的鸟类有 133 种，古北界种 57 种、占 42.9%，东洋界种 46 种、占 34.6%，广布种 30 种、占 22.6%。《山东鸟类志》记录到古北界种 295 种、占 66.4%，东洋界种 51 种、占 11.5%，广布种 98 种、占 22.1%；在山东繁殖的鸟类有 169 种，增加了 36 种，古北界种 82 种、占 48.5%，东洋界种 37 种、占 21.9%，广布种 70 种、占 41.4%，广布种繁殖鸟比例明显增加。

山东鸟类区系的这些变化与物种多样性的增加主要是在鸟类地理分布上，山东位于古北界南部，与东洋界相邻，也是鸟类迁徙的中转站和过渡地域，因而有较多迁徙鸟类，近年来，广布鸟类物种数量增加，这可能与全球变暖、东洋界鸟类北扩、不恰当的鸟种引进方式有关，也与各地关注鸟类活动的摄鸟人数量急剧增加，能及时、随时拍到鸟类活动照片，以及发现山东鸟类新记录有关。

5.2 山东鸟类居留类型分析

20 世纪 80 年代（纪加义 1987~1988），其中留鸟 49 种、占 12.1%，夏候鸟 84 种、占 20.7%，冬候鸟 47

种、占 11.6%，旅鸟 226 种、占 55.7%；标本、照片、环志和文献证明，山东现有分布的鸟类中，留鸟 74 种、占总数的 16.8%，夏候鸟 95 种、占 21.5%，冬候鸟 51 种、占 11.5%，旅鸟 211 种、占 47.6%，但各地市则呈现不同的特点。

虽然山东鸟类仍然是以迁徙类型的鸟类最多，以越冬类型的鸟类最少，但与《调查名录》相比，有些冬候鸟、夏候鸟改为留鸟，居留类型出现变化。繁殖鸟类的增加甚至成为留鸟，这一方面与气候变暖、有些鸟种向北扩展领地有关，也与笼养鸟类逃匿后适应本地环境而成功地生存下来有关，如八哥，与经济开发、人类活动范围的扩展与观鸟拍鸟人员急剧增加有关，人们还深入各种环境中去发现记录了一些过去未曾发现的隐匿鸟类，山东特别是黄河三角洲、莱州湾、胶州湾、荣成天鹅湖、青岛和日照沿海等重要湿地，每年迁徙季节都会有大量的鸻鹬类、鸭雁类等各种鸟类途经此地活动觅食，因而是各种水鸟迁徙的重要中转站和重要的栖息地、越冬地，成为国际鸟类的重要栖息地，沿海湿地的大规模开发直接关系到山东、中国与国际生物多样性保护工作的开展与生态平衡、经济发展，也越来越受到广泛的重视，加强鸟类群落结构变化与环境变迁间互动关系的研究，以便为经济社会与生态环境的平衡和可持续发展提供科学依据。

5.3 山东鸟类分布演化趋势探讨

在不同历史阶段，山东鸟类之所以出现物种数、分布状况有所变化的情况，是因为鸟类群落结构甚至是群落演替性变化可能与以下因素有关。

5.3.1 公众参与对山东鸟类区系分布研究的影响

更加方便的交通环境使人们比较容易地接近各种生态环境，随着交通发达和人们生活水平的提高，人们可以用摄影技术记录鸟类、观鸟人员越来越多，当人们接近芦苇丛深处后，过去在山东极少见的震旦鸦雀，自 1993 年在郯城首次发现以来，特别是近年来各地拍鸟者的照片证实它的分布是比较广泛的；当人们进入深山老林、沿海滩涂湿地等人迹罕至的生态环境，则有助于陆生和湿地鸟类新分布物种的发现研究；用摄影技术发现记录物种比采集标本具有明显的优势，随时将观察到的鸟类拍摄下来，便于对照图谱、互相交流进行物种鉴定，而不是仅借鉴检索表和标本进行鉴定，精彩的照片大大提高了公众鉴别鸟类的能力，因而近年来发现的山东新记录鸟种在快速增加。同时，全球变暖，鸟类北扩现象明显，以及逃匿、放生鸟类适应山东自然环境，成功地生存、繁衍，这些都对山东鸟类多样性的增加产生影响。

重要的是，鸟类研究、观察过去主要是专业人士的标本采集、观察研究工作，而现在，则是专业与大众科普教育、观鸟人士结合起来进行的鸟类观察研究和摄影，这种结合为鸟类区系分布研究提供了非常优越的信息平台，研究、观察人员的增多与先进摄像技术手段的采用，极大地促进了野生鸟类分布的观察研究，因而使得山东鸟类区系分布的观察研究在近年来有了长足的发展。

5.3.2 环境变化对山东鸟类分布的影响

在物种演化过程中，鸟类产生了对环境的适应性选择，鸟类种群间选择适宜生存的生态环境。在过去生态环境自然演化的过程中，鸟类群落结构的组成与演化在不断的渐变过程中，岛屿生态地理学研究发现，鸟类的群落演替与岛屿的面积大小、离大陆的远近和生态环境密切相关。大陆鸟类群落结构演化与自然生态环境演化几乎是同步的，进程十分缓慢，人类经济活动对生态环境改观的力度较小，环境变化程度不强烈。

随着科学技术的发达和人类改造自然能力的大幅度增强，自然景观变迁速度加快，自然景观变成人文景观，如城市的迅速扩大而高楼林立，湿地、草原、林地被规模化开发而快速减小甚至消失，鸟类因适宜生境的消失而迁离其他地方，鸟类群落结构的变化程度反映了生态环境的变化程度，鸟类作为环境变化的显而易见的生物指标反映了人类对生态环境的改造强度和区域内生境类型的改观，鸟类将从分布区域消失。

5.3.3 引进及逃匿放生种类对山东鸟类区系分布的影响

随着经济社会的快速发展，人文生态建设发展和观赏的需要，从动物园到个人，从国内和国外地区引进的宠物鸟有大幅度增加的趋势，据不完全统计，山东引进饲养的鸟类种类如鸵鸟（*Struthio camelus*）、鸸鹋（*Dromaius novaehollandiae*）、卷羽鹈鹕（*Pelecanus crispus*）、苍鹭（*Ardea cinerea*）、草鹭（*Ardea purpurea*）、大白鹭（*Ardea alba*）、白鹭（*Egretta garzetta*）、牛背鹭（*Bubulcus ibis*）、东方白鹳（*Ciconia boyciana*）、黑鹳（*Ciconia nigra*）、火烈鸟（*Phoenicopterus ruber*）、黑天鹅（*Cygnus atratus*）、大天鹅（*Cygnus cygnus*）、小天鹅（*Cygnus columbianus*）、豆雁（*Anser fabalis*）、灰雁（*Anser anser*）、斑头雁（*Anser indicus*）、赤麻鸭（*Tadorna ferruginea*）、翘鼻麻鸭（*Tadorna tadorna*）、鸳鸯（*Aix galericulata*）、绿头鸭（*Anas platyrhynchos*）、斑嘴鸭（*Anas poecilorhyncha*)、黑鸢（*Milvus migrans*）、秃鹫（*Aegypius monachus*）、高山兀鹫（*Gyps himalayensis*）、大鵟（*Buteo hemilasius*）、金雕（*Aquila chrysaetos*）、蓝孔雀（*Pavo cristatus*）、白孔雀（*Pavo cristatus* 的变异种）、白鹇（*Lophura nycthemera*）、珍珠鸡（*Guinea fowl*）、红腹锦鸡（*Chrysolophus pictus*）、白腹锦鸡（*Chrysolophus amherstiae*）、蓝马鸡（*Crossoptilon auritum*）、白冠长尾雉（*Syrmaticus reevesii*）、石鸡（*Alectoris chukar*）、乌鸡（*Silky fowl*）、环颈雉（*Phasianus colchicus*）、元宝鸡（*Gallus gallus domesticus*）、火鸡（吐绶鸡 *Meleagris gallopavo*）、丹顶鹤（*Grus japonensis*）、白鹤（*Grus leucogeranus*）、白枕鹤（*Grus vipio*）、蓑羽鹤（*Anthropoides virgo*）、董鸡（*Gallicrex cinerea*）、黑尾鸥（*Larus crassirostris*）、山斑鸠（*Streptopelia orientalis*）、玄凤鹦鹉（*Nymphicus hollandicus*）、绯胸鹦鹉（*Psittacula alexandri*）、大紫胸鹦鹉（四川鹦鹉 *Psittacula derbiana*）、牡丹鹦鹉（*Agapornis fischen*）、白头鹎（*Pycnonotus sinensis*）、黑短脚鹎（*Hypsipetes madagascariensis*）、八哥（*Acridotheres cristatellus*）、鹩哥（*Gracula religiosa*）、丝光椋鸟（*Sturnus sericeus*）、松鸦（*Garrulus glandarius*）、画眉（*Garrulax canorus*）、黑尾蜡嘴雀（*Eophona migratoria*）、红嘴相思鸟（*Leiothrix lutea*）、碧玉鸟（金丝雀 *Serinus canaria*）等。

由于存在着个人、集体盲目引进和管理漏洞等而出现逃匿现象，近年来，有些地方有"宗教放生"，甚至是商业性"放生"现象。现在的"放生"现象，与古代放生当地误入人工设施的动物的意义不同，带有商业性的放生常将"引进"的外地鸟类放入自然界。逃匿与放生鸟类作为"外来物种"，由于首先要渡过缺乏食物和寒冷的严冬，然后逐步适应当地生态环境，既能生存下来又能成功繁殖，才能繁衍形成一定种群，并对本地鸟类物种多样性及分布产生影响，例如，逃生的八哥已经在山东多地野外建立起成功的繁育群体，并成为当地的留鸟。这些"放生""逃匿"鸟类对不熟悉当地情况的人深入了解鸟类区系会产生一些错觉，对鸟类区系分布和生态分布的研究带来一定的"混淆视听"的影响，同时，全球变暖也给鸟类分布北扩现象产生一定的影响，这种情况使得在进行鸟类区系分布研究时需要谨慎对待，以避免大家熟悉的"周老虎"假象在鸟类学研究中重演，故本书对有饲养的各种笼鸟和远离分布区鸟类照片的收录采用谨慎态度，并非所有拍到的"野外鸟类"照片都进行收录，这些鸟类是临时逃匿的个体，还是能在当地野外生存、繁殖成为当地鸟种，或是自然扩散鸟种，留待以后研究确证，基本可以认为有野外繁殖活动情况的，才予以收录。

5.4 山东鸟类分布基本特点

山东省生态功能区属国家华北平原农业生态区和辽东-山东丘陵落叶阔叶林生态区，包括7个农林渔业亚区，各亚区及其所包含的地市与县市区如图1-4所示。由于各亚区的开发强度不同，自然生态环境和景观改变程度也不同，因而对鸟类群落结构的影响也不同，鸟类的区系分布及其群落结构就直接地反映了自然景观改观的程度。

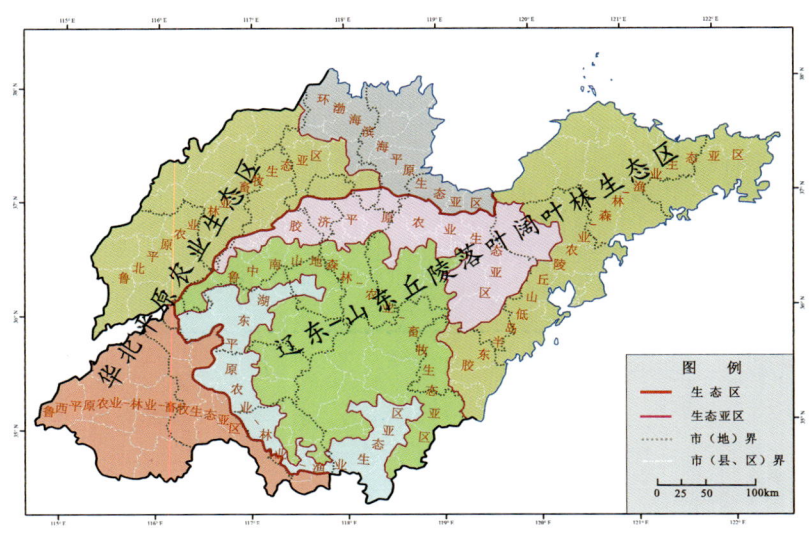

图1-4 山东省生态功能区划图

5.4.1 生态功能区分布特点

生态功能区的鸟类群落结构与组成的变化，可以直接反映各功能区人类的经济活动方式对自然环境的影响与改观的程度，在自然生态平衡发展过程中，有助于评价人类活动对自然环境的破坏与修复、建设和保护的作用，促进人类社会与自然环境和谐平衡而持续发展。

5.4.1.1 胶东半岛低山丘陵农业-森林-渔业生态亚区

主要由威海市、烟台市、青岛市、日照市的行政区组成。初步统计，此生态功能区有鸟类424种，形成了种类繁多且独特的鸟类生态类群，不仅有国内少见的海雀、潜鸟等鸟类，还有种类多、数量大的鸥类、雁鸭类和鸻鹬类等各种鸟类，繁杂的鸟类群落结构及物种多样性显然与此生态功能区有大面积的丘陵林地农田、滨海滩涂和内陆湖泊河流湿地有关，也与国内外学者长期以来对此区域鸟类的深入研究有关，表明特殊而复杂的地形地貌为各种鸟类的繁殖、越冬与迁徙活动提供了良好的栖息环境，复杂多样的自然生态环境既有助于生态平衡的维护和人类经济活动的平衡发展，又反映了人类经济活动对自然环境的同质化影响比省内其他地方较小。

5.4.1.2 环渤海滨海平原生态亚区

主要由东营市，以及滨州市的无棣县、沾化县，潍坊市的寿光市、寒亭区、昌邑市等县市组成。据初步统计，此生态功能区有鸟类386种，形成了以鸻鹬、鹭类涉禽与鸥类、雁鸭类游禽为主的湿地沼泽-草地林地鸟类生态类群，较多的物种多样性与大数量种群显然与较大面积的滩涂湿地、多样的大陆边缘生境类型密切相关，更与此区成为国际重要鸟区、当地经济发展和爱鸟护鸟拍鸟的公众积极参与有关，当地的观鸟爱鸟协会在公众环境保护教育与公众参与发挥了积极的作用，鸟类群落结构组成的分布变化与演替将反映人类对滨海湿地的开发利用方式和强度的合理性、持续性，有助于生态环境的平衡持续发展。

5.4.1.3 鲁北平原农业-林业-畜牧生态亚区

主要包括德州市和聊城市，滨州市的滨城区、惠民县、阳信县，淄博市的高青县等行政区。初步统计，此生态功能区有鸟类210种，形成了以雀形目鸟类、攀禽啄木鸟、杜鹃等为主的农田-森林鸟类生态类群，较少物种多样性的鸟类群既与此亚区长期的农牧业开发，致使自然环境异质性降低、同质化增强有关，又与当地人们关注、保护自然生态环境的公众意识提高程度不大，研究与拍鸟人员较少有关。鸟类群落结构组成的分布与变化既与人类对自然环境的开发利用方式有关，又与相对一致的农田林网生态环境有关，由于自然环境的人工化和农药污染致使鸟类群落生物多样性降低，保护、招引鸟类增加物种多样性发挥鸟类的高效生物灭虫作用，将减少农药的施用，有助于生态环境的平衡发展。

5.4.1.4 胶济平原农业生态亚区

主要由潍坊市、淄博市、济南市的行政区组成。初步统计此生态功能区有鸟类314种，形成了城市-农田鸟类生态类群，较多鸟类物种多样性与经济文化底蕴好、有较多鸟类专业研究人员长期集中在此区对鸟类进行的观察研究有关，也与早期城市化过程的成熟、许多鸟类主动适应城市化进程有关。鸟类群落结构与物种多样性变化反映了农业生态功能区人文生态系统的发育成熟进程，也反映了鸟类对人工生态系统的选择性适应及适应程度。

5.4.1.5 鲁中南山地森林-农业-畜牧生态亚区

主要由泰安市、莱芜市、临沂市、济南市的历城区等区县组成，含有不同高度的山地丘陵。初步统计，此生态功能区有鸟类298种，形成了森林-农田鸟类生态类群，特殊的地形地貌使鸟类的分布出现一定的高度层变化，有一些适应较高山地生活的鸟类，如近年来发现的黑冠鹃隼、白腹短翅鸲等仅此功能区见有分布，鸟群落组成与结构的变化反映了自然林地生境类型保存较完善，农业、畜牧业开发限于一定的区域内开展，人类的经济活动并未对自然景观造成根本性的改观，表明自然生态环境的底线保护是保护鸟类群落生存的基本条件，加强景观微生境类型比例、面积的研究，有助于人类评价自身经济活动的强度与范围对当地生态环境的影响度，促进人与自然平衡协调发展。

5.4.1.6 鲁西平原农业-林业-畜牧生态亚区

主要由济宁市、菏泽市等行政区组成。初步统计此生态功能区有鸟类152种，相对单一的农田林网生境类型，形成了数量较少的农田鸟类生态类群，如果分布于任城区太白湖，本属于南四湖的鸟类不计算在内，鸟物种多样性会更低，可见，本区人类长期的经济开发活动对自然环境的影响程度较强，人类较强的农业、畜牧业活动对鸟类栖息造成干扰，以及功能区相对单一的生境类型没有鸟类栖息地选择多余生境，致使鸟类物种多样性降低。这表明此功能区人们长期重视农业畜牧业生产，公众的保护鸟类与自然环境的意识的宣传教育不够深入，因而鸟类物种多样性保护活动没有广泛深入开展，爱鸟护鸟拍鸟志愿人士少，研究发现的鸟类也少，影响当地的自然生态环境保护与人类经济社会的协调快速发展。

5.4.1.7 湖东平原农业-林业-渔业生态亚区

主要由枣庄市、济宁市的微山县、泰安市的东平县和肥城县等行政区组成。初步统计，此生态功能区有鸟类 156 种，形成了农田鸟类生态类群，较大面积的南四湖与东平县为一些适应内陆淡水生活的水鸟，如水雉、灰翅浮鸥等在此功能区水域分布较广。但较强的农业、渔业开发活动对鸟类的生态分布与栖息繁殖也产生了一定的影响，同时，人们重视农业渔业生产，公众保护鸟类与自然环境的意识却不强烈，因而鸟类物种多样性低，同时，观鸟爱鸟活动没有广泛深入地开展起来，伴随微山湖湿地公园的建设，这种现象有望改观，有助于推动当地人类与鸟和自然环境和谐发展。

5.4.2 保护类型

目前，山东分布记录的鸟类中，列入国家Ⅰ级保护鸟类有 14 种，国家Ⅱ级保护鸟类有 68 种，列入《国家保护的有益的或者有重要经济、科学研究价值的陆生野生动物名录》中的鸟类有 319 种，列入山东省重点保护鸟类有 50 种。

列入 IUCN 中的鸟类有 409 种，其中列入濒危等级的有小青脚鹬、丹顶鹤、中华秋沙鸭、黑脸琵鹭、东方白鹳、黑脚信天翁、青头潜鸭等 7 种，易危等级的有 24 种，近危等级的有 18 种；列入 CITES 中的鸟类有 76 种。列入《中日保护候鸟及其栖息环境的协定》中的山东分布鸟类有 134 种，列入《中澳保护候鸟及其栖息环境的协定》中的山东分布鸟类有 66 种。

各地市的动物保护种类与数量分布则呈现不均匀状态，例如，黄河三角洲、长岛等沿海地区则有较多保护鸟类分布，使这些地区成为我国的重点鸟区，吸引了众多国内外学者与观鸟爱好者前来观察研究鸟类。各地鸟类物种保护类型级别的变化，既反映了物种适应环境变化成功繁殖的结果，又反映了人类爱护、保护鸟类的环境保护意识的提高程度，共同促进人与自然和谐相处、共同发展实现生态平衡的结果。

5.4.3 地理分布特点

依地形地貌特点，山东的自然地理大致可分为胶东丘陵（主要包括位于胶东半岛的威海、烟台、青岛等地市）、鲁中山地（主要包括位于泰山-沂蒙山区的泰安、临沂、莱芜等地市）、鲁西北滨海平原（主要包括滨州、东营、潍坊等地市）、鲁西南内陆湖泊平原（主要包括菏泽、济宁、枣庄等地市）4 大区域。鸟类的分布不仅展现了区系分布特点，还展现了一定的地理分布和县市区分布不均匀的特点，各地市鸟类分布的基本情况由于研究深入程度不同，现有资料恐难反映鸟类分布的实际情况，不在此处赘述。

5.4.3.1 鲁中山地

鲁中山地复杂的地形地貌孕育了不同高度的多种多样的可供鸟类选择的各种生态小生境，吸引了多达 298 种鸟类在鲁中山地栖息、繁殖、过路觅食，甚至吸引山地特有的鸟类，如黑冠鹃隼、斑姬啄木鸟、领岩鹨等鸟类在本区栖息繁殖、越冬。数量众多鸟类捕食农林害虫，在维护山地森林系统与农田生态平衡方面发挥着独特的作用；近年来，深入开展的公众积极、广泛参与的观鸟活动，使得一些长期"隐藏"在深山的鸟类被发现，增加了当地鸟类的物种新记录，也丰富了山东鸟类的区系研究内容。

5.4.3.2 胶东丘陵

胶东半岛复杂的陆地丘陵和沿海不同类型的岛屿提供了大量吸引鸟类的栖息繁殖的各种良好生境，分布鸟类不仅种类（多达 424 种）、数量较多，而且还具有特有的鸟类，如在海岛上繁殖的扁嘴海雀、中华凤头燕鸥及黑林鸽等仅在此区有分布记录，甚至采到标本。

在荣成沿海的黑驴岛上有大量的黑尾鸥在栖息繁殖，使海岛成为闻名遐迩的"中国黑尾鸥之乡"，不但吸引无数游客与专家来此观光游览和进行科学研究，而且当地群众的爱鸟护鸟与环境保护意识也在不断提高，为当地的旅游经济发展提供了良好的基础；昆嵛山、崂山等则栖息着大量的森林鸟类，也是许多猛禽、鹤类、鹭类等鸟类迁徙的必经之路，鸟类环志的数量和观鸟拍鸟情况表明，长岛、崂山是许多鸟类迁徙廊道中重要的停息、觅食处，每年春秋季节都有大量鸟类在此地南来北往。

5.4.3.3 鲁西南内陆湖泊平原

较大面积湖泊平原、河流为各种水鸟提供了良好的栖息地环境，在此生态环境中栖息着大量的以捕食鱼类为主的鸥类、鸻鹬类、鸭雁类、鹤类，这些鸟类在维护湿地生态平衡方面发挥了巨大作用，同时，各种鸻鹬类、鸭雁类鸟作为重要的产业鸟类为当地的经济发展也发挥了应有的作用。

然而，长期农业开发到今天，内陆湖泊的沼泽湿地基本上开发殆尽，如在南四湖和东平湖，不但水面多被水产养殖占用，而且水边沼泽湿地或开发为旱田或为养殖，湿地环境发生了明显改观，对那些以湿地为栖息生境的鸟类产生了严重影响，物种数量已经大量减少，加上人类捕猎技术的"高科技化"，已经无法像过去那样"任意捕猎"，人们世代以产业鸟类为生的生活方式发生了深刻变化，正采取较为严格的措施如建立一定面积的"湿地公园"保护鸟类免受"灭顶之灾",事实迫使人们用新的思维和经营方式继续生存在这片土地上。

5.4.3.4 鲁西北滨海平原

较大面积的沿海滩涂平原、河口为各种水鸟提供了良好的栖息地环境,在此生态环境中栖息着大量的以捕食鱼类为主的鸥类、鸻鹬类、鸭雁类、鹤类,这些鸟类在维护滨海湿地生态平衡方面发挥了巨大作用,同时,各种鸻鹬类、鸭雁类作为重要的产业鸟类为当地的经济发展曾经发挥了应有的作用。

然而,沿海滩涂正面临着大规模开发的严重威胁,应借鉴湖泊沼泽的经验教训,为鸟类留下一片栖息地,以便研究开发的类型、规模对鸟类,特别是区域生态环境的影响,研究沼泽草地、水面、岛屿、河口沙舟变化对小环境的影响,制定有力的法律法规,采取有效措施加大保护力度,避免大规模经济开发对环境产生难以逆转的影响。

5.4.4 生境分布特点

山东地处动物地理区划的古北界、华北区黄淮平原亚区,特殊的地理位置,三面环海,泰山位置突出,由于农业开发持久而广泛,除山地沟壑和沿海滩涂保留一定面积的自然生境而面临人类的进一步开发外,大部分为不同开发类型的农业区。

5.4.4.1 农田生境鸟类分布

山东的农田有丘陵山地、平原林网、果园、菜地等基本类型,在开阔的农区田野中鸟类群落不仅在物种与数量上呈明显的季节性变化,还受人类农业活动强度和开发力度的影响。

在传统农业活动区,鸟类群落结构的物种多样性受干扰的程度较低,人类活动对鸟类的干扰是暂时的、可恢复的,虽然生活的食谷鸟类如麻雀、喜鹊等对农业生产造成一定损失,已经在重要农田区覆盖鸟网进行了有效防范,但鸟类仍然是大量害虫、老鼠等有害生物的天敌,在维持农业生态平衡和生物防治中起到并发挥着难以替代的良好作用。

而在现代化农业区,特别塑料大棚的广泛使用,白茫茫的"塑料之海"不但使鸟类失去觅食环境,而且连立足的地方都没有。虽然大幅度地提高了农业产量,但在塑料膜的大棚里,已经发现有大量的昆虫特别是有害昆虫繁衍生息,由于没有天敌鸟类的控制,农药的使用成为控制大棚里有害昆虫的重要手段,当人们意识到农药污染的环境危害时,又开始探讨大棚里的生物防治问题,如引进蟾蜍、螳螂等消灭农业害虫,如何发挥鸟类的生物防治作用则是在"大棚农业生产"中需要解决的一道难题。

5.4.4.2 森林灌丛生境鸟类分布

山地、丘陵由不同高度的山峰与沟壑环境组成,天然和人工的各种类型的针叶林、阔叶林及各种类型的混交林,以及林下发育程度不同的灌丛形成种类繁多的小生境,其间栖息着各种森林鸟类,如各种啄木鸟、卷尾、鹟、莺、鸫类等,它们在林地的不同层次中捕食昆虫,在人类难以到达的地方、维持森林生态系统的平衡中发挥着不可替代的作用,使林地在山地丘陵环境中,不论是岩石山,还是泥土山,对防止水土流失起到重要作用,是山东省生物防范、保障生态平衡研究的重要地区。

5.4.4.3 居民点生境鸟类分布

随着社会经济的快速发展,城市化进程加快,各地已由乡村进入中小城市,甚至快速进入大型城市化的进程。城市化改变了生态环境和自然景观,也必然改变着鸟类的群落结构,使其产生从个体行为到群落结构的演化。"居民点"鸟类群落的演化提示人们为维护生态平衡,城市化需要保留一定面积的林地、湿地才有助于改善人类的居住环境,同时,也使一些鸟类产生适应人类强度干扰环境的变化而成为城市鸟类,如乡村中的家燕、金腰燕和麻雀有适宜的营巢繁育场所,数量较多,而现代化城市则失去良好的营巢环境且数量明显减少;乡村附近生活的喜鹊多在低矮乔木上营巢繁殖,而城市喜鹊不仅在野外难得一见地集中在一棵树上繁殖,还将巢位大幅度提高到数十米高的建筑物上;有些鸟类进入城市,能够发挥维护城市林地、湿地自然平衡的重要作用。城市鸟类物种多样性及其分布格局的不同,既反映城市功能区的人工化程度及其变化强度,又反映鸟类对城市化的适应性选择,因此,城市景观鸟类生态学的研究将有助于评价城市的空间异质性及人工化进程的合理性,推动城市规划设计实现科学、规范、合理,实现生态文明和谐发展的目标。

5.4.4.4 沼泽湿地鸟类分布

沼泽湿地既有不同面积的裸露滩涂湿地,又有大面积的沼泽草地,生长着茂密的芦苇等杂草,是海滨滩涂和内陆湖泊、河流沿岸的基本生境类型，也是由水域向陆地环境过渡的地带。

特殊的生境类型为中小型鸟类提供了良好而隐蔽的栖息环境，其中不仅生活着大量雀形目鸟类如中华大苇莺、棕扇尾莺等，还有众多鸥类、鸭类、黑水鸡、骨顶鸡、鸻鹬类在此生境中繁殖，特别是迁徙季节大量鸟类在该区内形成了十分壮观的景象。此类生境正面临着大规模的农业、房地产与旅游开发，虽然有助于人们发现其中隐藏的鸟类，但是更需要借鉴国内外研究"生态建设与修复"类型的经验教训，对各种开发区进行全面深入的生物多样性监测，探讨合理、持续开发的人工环境模式。

总之，生境与景观变迁促进了鸟类群落的演替，而鸟类群落结构的变化程度则反映了生境改观的合理性与可持续性，以鸟类作为环境监测的明显而可见的生物指标有助于及时评价人类经济活动对当地生态系统平衡发展的影响，提升人与自然和谐相处的绿色生态环境建设的科学水平。

6 鸟类的生态意义与保护

鸟类作为自然界的重要成员，在生态系统平衡过程中发挥着重要作用，与人类社会的持续发展和日常生活密切相关，因而人们从自身需要和平衡发展的角度对鸟类进行了评价。

6.1 珍稀保护鸟类

由于物种自身的繁殖力与生存能力，特别是人类经济活动如乱捕乱猎、过度开发和破坏自然生态环境，致使鸟类失去适宜栖息地而种群数量锐减，处于较大生存压力的生态环境中，物种甚至处于濒临灭绝的状态，急需人类加大保护力度才能继续繁衍生存下去。

已经列入国家Ⅰ级保护动物名录的山东记录珍稀鸟类有14种：短尾信天翁（*Diomedea albatrus*）、黑鹳（*Ciconia nigra*）、中华秋沙鸭（*Mergus squamatus*）、玉带海雕（*Haliaeetus leucoryphus*）、白尾海雕（*Haliaeetus albicilla*）、虎头海雕（*Haliaeetus pelagicus*）、兀鹫（*Gyps fulvus*）、金雕（*Aquila chrysaetos*）、白鹤（*Grus leucogeranus*）、朱鹮（*Nipponia nippon*）、白头鹤（*Grus monacha*）、丹顶鹤（*Grus japonensis*）、大鸨（*Otis tarda*）、遗鸥（*Larus relictus*），以及确认现无分布的朱鹮（*Nipponia nippon*）。

已经列入国家Ⅱ级保护动物名录的山东记录珍稀鸟类有68种：角鸊鷉（*Podiceps auritus*）、斑嘴鹈鹕（*Pelecanus philippensis*）、卷羽鹈鹕（*Pelecanus crispus*）、褐鲣鸟（*Sula leucogaster*）、海鸬鹚（*Phalacrocorax pelagicus*）、白斑军舰鸟（*Fregata ariel*）、黄嘴白鹭（*Egretta eulophotes*）、东方白鹳（*Ciconia boyciana*）、黑头白鹮（*Threskiornis melanocephalus*）、彩鹮（*Plegadis falcinellus*）、白琵鹭（*Platalea leucorodia*）、黑脸琵鹭（*Platalea minor*）、疣鼻天鹅（*Cygnus olor*）、大天鹅（*Cygnus cygnus*）、小天鹅（*Cygnus columbianus*）、白额雁（*Anser albifrons*）、鸳鸯（*Aix galericulata*）、鹗（*Pandion haliaetus*）、凤头蜂鹰（*Pernis ptilorhyncus*）、黑翅鸢（*Elanus caeruleus*）、黑鸢（*Milvus migrans*）、栗鸢（*Haliastur indus*）、秃鹫（*Aegypius monachus*）、白头鹞（*Circus aeruginosus*）、白腹鹞（*Circus spilonotus*）、白尾鹞（*Circus cyaneus*）、鹊鹞（*Circus melanoleucos*）、乌灰鹞（*Circus pygargus*）、赤腹鹰（*Accipiter soloensis*）、日本松雀鹰（*Accipiter gularis*）、松雀鹰（*Accipiter virgatus*）、雀鹰（*Accipiter nisus*）、苍鹰（*Accipiter gentilis*）、灰脸鵟鹰（*Butastur indicus*）、普通鵟（*Buteo buteo*）、大鵟（*Buteo hemilasius*）、毛脚鵟（*Buteo lagopus*）、乌雕（*Aquila clanga*）、草原雕（*Aquila nipalensis*）、白肩雕（*Aquila heliaca heliaca*）、黄爪隼（*Falco naumanni*）、红隼（*Falco tinnunculus*）、红脚隼（阿穆尔隼 *Falco amurensis*）、灰背隼（*Falco columbarius*）、燕隼（*Falco subbuteo*）、猎隼（*Falco cherrug*）、游隼（*Falco peregrinus*）、蓑羽鹤（*Anthropoides virgo*）、沙丘鹤（*Grus canadensis*）、白枕鹤（*Grus vipio*）、灰鹤（*Grus grus*）、花田鸡（*Coturnicops exquisitus*）、小杓鹬（*Numenius minutus*）、小青脚鹬（*Tringa guttifer*）、中华凤头燕鸥（*Thalasseus bernsteini*）、东方草鸮（*Tyto longimembris*）、领角鸮（*Otus lettia*）、红角鸮（*Otus sunia*）、雕鸮（*Bubo bubo*）、灰林鸮（*Strix aluco*）、斑头鸺鹠（*Glaucidium cuculoides*）、纵纹腹小鸮（*Athene noctua*）、日本鹰鸮（*Ninox japonica*）、长耳鸮（*Asio otus*）、短耳鸮（*Asio flammeus*）、仙八色鸫（*Pitta nympha*），以及山东新记录种黑冠鹃隼（*Aviceda ceuphotes*）和蛇雕（*Spilornis cheela*）。

还有"三有"鸟类319种，省级保护鸟类50种。

6.2 研究价值

具有比较重要研究价值的鸟类有斑脸海番鸭、黑海番鸭、泽鹬、青脚鹬、林鹬、灰鹬、翘嘴鹬、翻石鹬、半蹼鹬、细嘴滨鹬、红胸滨鹬、乌脚滨鹬、三趾鹬、阔嘴鹬、鹤鹬、孤沙锥、弯嘴滨鹬、金鸻、灰斑鸻、剑鸻、金眶鸻、环颈鸻、蒙古沙鸻、铁嘴沙鸻、东方鸻、反嘴鹬、黑翅长脚鹬等。

6.2.1 鸟类生态学研究

鸟类是生态系统的重要组成部分和生态系统健康状况最为敏感的指标物种。鸟类作为生态系统的重要组分，对生态系统的稳定有独特的作用。但鸟类最重要的、也是最容易被人们忽视的，就是它们间接给人们带来的益处。据估计，鸟类约有 1000 亿只，遍布在多种多样的环境内，在消灭害虫、害兽及维持自然生态系统的平衡和稳定方面，鸟类都发挥着十分重要的作用。

如果由于人类活动的严重干扰，导致大量鸟类的灭绝，不仅会影响资源的利用，还可能使生态系统的稳定性受影响，最终会危及人类自身的生产与生活。因此，鸟类保护问题越来越受到各国政府的普遍关注，并成为当前国际公众舆论的热点问题。

人口膨胀和人类的各种活动有意或无意中使鸟类的栖息地生境遭到破坏、丧失与片段化，以及环境污染、资源的过度利用、外来物种入侵和气候变化等胁迫因素的影响，致使大量鸟类处境危险，许多鸟类正面临灭绝的威胁。例如，自 1600 年以来有确切记载的鸟类灭绝种数已有 113 种，现在有科学家认为，最近 500 年中，鸟类灭绝的速度是每年约 1 种，并且 21 世纪灭绝的速度有可能超过每年 10 种，到 21 世纪末，现存约 1 万种鸟中可能会有 12% 以上灭绝。根据《中国物种红色名录》统计，中国现有 99 种受威胁物种，由此可以看出，作为鸟类最为丰富国家之一的中国也是鸟类多样性受威胁极为严重的国家。

6.2.2 仿生学研究

鸟类之所以能在空中自由飞翔，鹰击长空，得益于鸟类具有与飞翔有关的完美身体结构和高超的飞翔技术。飞翔也是人类长期追求的梦想，于是，人们从模仿鸟类飞翔到研究、掌握其飞翔的机制，从用鸟羽绑成翅膀滑翔到利用现代工业提供的轻质耐磨金属材料和大功率发动机，设计制造了各种各样的飞行器。

尽管如此，鸟类飞翔还有许多值得人类学习的地方。迁徙途经山东的金鸻，可以连续飞行 4000km 以上，体重仅减少 0.06kg。人造飞行器如果能够用这种低耗能效率的方式飞行，不仅可以节省大量燃料，还可以载重更多、续航更远。山东有多种鸮类分布，并在夜晚捕食时，它们既能精确对准目标，又能在飞翔时毫无声响，在猎物还没有发现时便一举将其抓获。这些鸟类是如何在黑暗中精准定位猎物、协调全身飞翔避开障碍物进行捕猎的？人们经常看到无数只鸟在结群迁徙飞翔，时而疾飞、滑翔、翱翔，时而变换队形与飞翔方向，在穿越原野中的山谷、平原、草原、沼泽、丛林、河流、湖泊、大海与海岛时，可以与飞机发生鸟撞，可以撞进人们布设的各种陷阱如张开的大网，但无论怎样飞，群体中的个体间不会发生碰撞，可见，它们之间的通信联络与反应系统是多么的发达，使人们望鸟感慨，人类怎样才能保证飞机的编队飞行不能发生剐蹭、避免与飞鸟发生相撞，保证飞机的飞行安全。

因此，鸟类有许多与飞翔相关的奥秘，如联络、协调机制等都是人类需要深入开展研究的课题，这些问题的解决不仅有助于各种飞行器的开发，还有助于解决鸟撞防范等飞行安全问题。

6.3 观赏、笼养鸟类

鸟类以优美的姿态，色彩艳丽的羽毛，婉转的鸣声，早在古代就被人们注意。在我国很久以前就有广为流传的脍炙人口诗句和精品绘画，如"两个黄鹂鸣翠柳，一行白鹭上青天""双燕碌碌飞入屋，屋中老人喜燕归"，以及"松鹤延年""鸳鸯戏水""金鸡报晓""喜鹊登枝"等，都是诗人与艺术家在陶醉于观鸟赏鸟的过程中获得灵感之后，以鸟类为题材创作出来的传世佳作；"孔雀舞"和民乐"百鸟朝凤""空山鸟语"等受人喜爱的优雅舞蹈和美妙音乐，也是作者通过认真观察鸟类的活动和鸣唱启发了灵感，引起了内心的兴奋和冲动而创作出来的。因此，自古以来就有众多观鸟、养鸟爱好者，到野外观鸟赏鸟，感受自然风光无限好的美景，甚至笼养鸟类、建立动物园进行鸟类的驯养驯化研究。

鸟类的观赏价值到今天仍被人们重视，它们给人们带来的精神享受和使人愉悦的价值是无法估量的，鸟类不仅是人们观赏和创作的主题，还可以入诗、入画、入舞、入歌。我国观赏鸟类资源丰富，在这方面，利用性较高的，其中雀形目鸣禽类就达 100 多种，其次是鸡形目、鹳形目、鹤形目、雁形目等。

在分布于山东的这些鸟类中，具有观赏、笼养价值的有黑颈䴙䴘、凤头䴙䴘、角䴙䴘、大白鹭、白鹭、夜鹭、白鹳、黑鹳、白琵鹭、斑头雁、大天鹅、小天鹅、疣鼻天鹅、针尾鸭、罗纹鸭、鸳鸯、斑头秋沙鸭、雉鸡、白头鹤、白枕鹤、蓑羽鹤、白鹤、灰鹤、白骨顶、翘嘴鹬、丘鹬、凤头麦鸡、反嘴鹬、黑翅长脚鹬、砺鹬、水雉、彩鹬、红嘴鸥、黑尾鸥、银鸥、蒙古百灵、凤头百灵、云雀、红点颏、蓝矶鸫、大山雀、沼泽山雀、黄腹山雀、震旦鸦雀、燕雀、黑尾蜡嘴、黑头蜡嘴、金翅雀、黄雀等。

山东从国内、国外引进饲养的鸟类有鸵鸟、鸸鹋、黑天鹅、火烈鸟、美国七彩鸡、珍珠鸡、四川鹦鹉、虎皮鹦鹉、金刚鹦鹉、蒙古百灵、画眉、八哥、鹩哥、红嘴相思鸟、碧玉鸟等，还有许多个人"私自引种"而没有统计到的笼养观赏鸟。

这些以观赏为目的，从国内、国外引进饲养的鸟类，出现由于管理不善而逃匿到野外的现象，如画眉、四川鹦鹉，甚至黑天鹅、火烈鸟等都可能发生过逃匿现象，也有的商家打着放生的幌子"卖鸟"。"放生逃生"的这些鸟类在野外的生存状况值得有关部门深入进行监测研究，以便评估引进外来鸟类的驯养方式对当地生态环境的影响，防止形成具有破坏作用的"生态入侵物种"，为制订引进、饲养外来动物政策，严格执法以防止生态入侵对本地物种造成严重影响，落实保护野生动物法规和具体措施提供科学依据。

6.4 药用鸟类

中医典籍认为，许多鸟类具有一定的药用功效。李时珍在《本草纲目》中记录了水禽类 23 种、原禽类 23 种、林禽类 17 种、山禽类 13 种，附录 11 种；介绍了许多鸟类的药用价值、功效作用及用法。许多鸟类身体的不同部分，如肉、脂肪、羽毛、骨、头脑甚至是粪便，具有补中益气、利尿、止痛解毒、强筋骨、补肾、活血平肝、明目、止血、祛风湿等功效，如鸟类肌胃内的角质膜至今仍是重要的传统中药材。

分布于山东且具有一定药用价值的鸟类，主要有小䴙䴘、斑嘴鹈鹕、鸬鹚、大白鹭、中白鹭、白鹭、牛背鹭、池鹭、东方白鹳、疣鼻天鹅、赤麻鸭、鸳鸯、绿头鸭、斑头鸭、绿翅鸭、普通秋沙鸭、丹顶鹤、灰鹤、黄脚三趾鹑、大鸨、黑水鸡、秧鸡、大杓鹬、白腰草鹬、红脚鹬、白腰杓鹬、红嘴鸥、翠鸟、灰沙燕、鹪鹩等。

物种及其生存环境的保护与合理开发已经成为摆在人们面前不可逾越的环境保护问题！这些鸟类中，有的已经成为国家一级重点保护鸟类，禁止按药用动物利用，有些鸟类所谓的药用作用还需要进一步研究证实，但有一点是可以肯定的，那就是人类采取有效保护与驯养措施，使鸟类种群达到并超过一定的规模后，任何一种鸟类都是一种可利用的再生生物资源。

6.5 肉用狩猎与产业鸟类

有些鸟类体大、肉味鲜美，特别是水禽肉香味美，更是深受人们喜爱的肉中佳品。从原始社会到封建社会都有食用水禽肉的记载，并有"宁吃飞禽四两，不吃走兽半斤"的俗语。到了今天，这些佳肴在人们生活中，依然深受人们喜爱，也为不法分子盗猎野生保护鸟类提供了借口和市场，给保护鸟类、维护生态平衡带来了很大困难。

正是由于捕猎技术的提高和过度乱捕乱猎，一些鸟类由常见种变为稀有种，面临生存危机；如今人们保护意识的提高和有效措施的长期实施，使得许多濒危鸟类得以繁衍生息，种群不断扩大，如大天鹅 20 世纪末在山东大地已经难得一见，而今由于加大物种及其生存环境保护的力度，人文生态环境的改善，在威海天鹅湖、黄河三角洲、南四湖、青岛和日照沿海，甚至是内陆的济南，不但成为常见鸟类，而且人们可以近距离接触、摄影。荣成天鹅湖也成为国内外重要的大天鹅自然观赏胜地。

分布于山东具有食用、经济驯养、宠物饲养价值的鸟类有小䴙䴘、黑颈䴙䴘、凤头䴙䴘、角䴙䴘、普通鸬鹚、斑嘴鹈鹕、苍鹭、白鹭、池鹭、黄斑苇鳽、斑头雁、豆雁、鸿雁、白额雁、灰雁、斑头雁、疣鼻天鹅、大天鹅、赤麻鸭、翘鼻麻鸭、绿头鸭、斑头鸭、绿翅鸭、针尾鸭、花脸鸭、罗纹鸭、赤膀鸭、赤颈鸭、白眉鸭、琵嘴鸭、赤嘴潜鸭、红头潜鸭、青头潜鸭、凤头潜鸭、斑背潜鸭、白眼潜鸭、环颈雉、日本鹌鹑、丹顶鹤、灰鹤、大鸨、黑水鸡、秧鸡、白骨顶、董鸡、大杓鹬、白腰草鹬、红脚鹬、白腰杓鹬、小杓鹬、中杓鹬、黑尾塍鹬、红脚鹬鹬、泽鹬、青脚鹬、林鹬、半蹼鹬、针尾沙锥、大沙锥、扇尾沙锥、丘鹬、斑尾塍鹬、鹤鹬、黑腹滨鹬、金鸻、凤头麦鸡、灰头麦鸡、灰斑鸠、砺鹬、各种斑鸠，以及云雀、凤头百灵、黑枕黄鹂、太平鸟、八哥、丝光椋鸟、红喉歌鸲、蓝喉歌鸲、寿带鸟、棕头鸦雀、大山雀、黑尾蜡嘴雀、锡嘴雀等。

保护这些鸟类及其生存环境的同时，加强驯养驯化的研究工作，提高其繁殖力和生存能力，在保证野生种群稳定发展的同时，驯化饲养将使那些曾被人们称为"产业鸟类"的鸟恢复到具有开发利用价值的种群，或者扩大饲养规模，规模化饲养以满足人类社会持续发展的需要。

6.6　羽用、饰羽鸟类

鸟类的羽毛色彩丰富，华丽自然，不同部位的羽毛因其质地、色彩不同，而具有不同的使用价值。有的可以作装饰品、工艺品，制作羽毛画，如山东师范大学的王宝荣老师制作了一些珍禽羽毛画，赠予济南第十二中学用于教学，增强学生热爱大自然的意识；有的可以作为服装、被褥的填充材料，有助于保温。鸟羽的这种可利用性，在国外和我国古代都已经流行，在流行的装饰羽毛中，尤以美洲白鹭的饰羽和国内长尾雉的尾羽最为名贵，价格也更为昂贵。而现在，鸟类羽毛被广泛利用、加工制作羽绒服、鸭绒被等。

其中羽毛多来自水禽，水禽羽毛的利用价值逐渐得到人们的认可，山东省鸟类的羽毛有可利用性的如凤头䴙䴘、斑嘴鹈鹕、草鹭、苍鹭、池鹭、豆雁、大天鹅、小天鹅、灰雁、赤麻鸭、翘鼻麻鸭、罗纹鸭、绿头鸭、斑头鸭、绿翅鸭、针尾鸭、花脸鸭、赤膀鸭、赤颈鸭、白眉鸭、琵嘴鸭、赤嘴潜鸭、红头潜鸭、青头潜鸭、凤头潜鸭、斑背潜鸭、白眼潜鸭、红胸秋沙鸭、白腰杓鹬、丘鹬、翠鸟、蓝翡翠等。

要开发利用鸟类资源，人类就需要保护鸟类野生种群的生存发展，严格执行野生动物保护法，对不法分子的乱捕乱猎行为按照法律施以严惩，同时，加强鸟类驯养的科学研究，促进其成功地大量繁殖，才有可能保证鸟类资源发展并达到具有可开发利用的价值。

6.7　鸟类的益害

鸟类的食性决定着鸟类在自然生态系统食物链中的作用，有些关键物种在维持生态系统平衡发展中的作用是难以替代的，人们常常根据自身利益评价鸟类的"益害"，曾经因麻雀啄食谷物将其作为"四害"而欲消灭之；后来，郑作新（1957）通过对食性的研究发现，麻雀不但繁殖期捕食大量农林害虫，而且和喜鹊等鸟类一起在清除城市垃圾方面发挥重要作用，从此不再把麻雀作为"四害"对待。

鸟类益害需要辩证地看待，如食虫鸟类捕食各种害虫对农林业有益，家燕、金腰燕、雨燕等捕食飞虫，捕食蚊虫防止疾病的传播，斑啄木鸟、绿啄木鸟啄食蛀干害虫，日照林业局曾广泛开展驯养灰喜鹊捕食松毛虫。食谷鸟类有益于植物种子的传播。食鱼鸟类有时会捕食人工养殖的各种鱼类，给渔业造成一定经济损失。

6.7.1　鸟类的有益性

繁殖季节，大部分鸟类都是以昆虫为食的，其中主要是水田、旱地和林地等农林害虫，也可消灭大量有害啮齿动物。由于鸟类食量大，在农业、林业生物防治上发挥了重要的作用，例如，山东日照驯养灰喜鹊听从人类"指挥调遣"到不同的林区消灭害虫，保护了森林；随着农业的快速发展，因长期使用农药，害虫的抗药性也逐渐增强，当杀虫剂在害虫面前所起的作用较小时，人们就更加珍视鸟类在"生物防治"方面的重要作用。有些植食性鸟类在啄食和搬运食物时，则起到了帮助植物授粉和扩大种子分布的作用。有些鸟类特别是食谷鸟类则拣拾废弃物，如喜鹊、灰喜鹊、麻雀等对城市环境起到了清洁作用。在对农林业、环境有益的鸟类中，水禽占有相当大的一部分。

山东分布的有益鸟类有黑颈䴙䴘、角䴙䴘、中白鹭、紫背苇鳽、大麻鳽、东方白鹳、翘鼻麻鸭、乌灰鹞、白尾鹞、白头鹞、鹗、黑鸢、黑翅鸢、白尾海雕、鹃鹃、红脚隼、灰背隼、花田鸡、斑胁田鸡、普通燕鸻、金鸻、凤头麦鸡、灰头麦鸡、大杓鹬、白腰草鹬、红脚鹬、白腰杓鹬、黑尾塍鹬、林鹬、矶鹬、灰鹬、针尾沙锥、大沙锥、红胸滨鹬、斑尾塍鹬、鹤鹬、红腹滨鹬、尖尾滨鹬、黑腹滨鹬、红颈瓣蹼鹬、红嘴鸥、白翅浮鸥、普通燕鸥、银鸥、黑嘴鸥、黑尾鸥、海鸥、白额燕鸥、灰背鸥、北极鸥、灰翅浮鸥、鸥嘴噪鸥、红嘴巨鸥、长耳鸮、短耳鸮、普通夜鹰、大斑啄木鸟、灰头绿啄木鸟、白鹡鸰、灰鹡鸰、山鹡鸰、家燕、金腰燕、田鹨、水鹨、红喉鹨、红点颏、蓝点颏、红尾水鸲、蓝矶鸫、黑喉石䳭、白腹蓝姬鹟、北灰鹟、短翅树莺、小蝗莺、大苇莺、矛斑蝗莺、芦莺、褐柳莺、白颈鸦、褐河乌、灰沙燕、鸫鹛等。

6.7.2　鸟类的有害性

分布于山东的这些鸟类中，有的喜欢捕食鱼类，对渔业、养殖业有一定危害，如小䴙䴘、斑嘴鹈鹕、鸬鹚、苍鹭、夜鹭、紫背苇鳽、大麻鳽、黑脸琵鹭、白额雁、小白额雁、豆雁、绿头鸭、斑嘴鸭、绿翅鸭、赤膀鸭、白眉鸭、鹊鸭、凤头潜鸭、普通秋沙鸭、红胸秋沙鸭、银鸥、黑尾鸥、白额燕鸥、白尾海雕、白胸苦恶鸟、红胸田鸡、翠鸟、蓝翡翠、冠鱼狗、斑鱼狗等。有些鸟类喜欢觅食禾苗、谷物等，对农业有一定危害，如豆雁、大天鹅、绿头鸭、斑嘴鸭、黄胸鹀、麻雀、喜鹊等，它们采食幼苗和谷物影响农业生产和收成。

研究证实，虽然有些鸟类因食性的不同对农渔业生产造成一定损失，但它们都是生态系统中食物链上的一员，有些种类的生态位是其他鸟类无法取代的，这些建群种、关键种一旦发生变化将直接影响生态的平衡发展，甚至给环境和社会经济的发展造成难以挽回的损失。

由于人们的评价观念不同，区分"益害"的标准也不同，不应该对"有害"鸟类采取极端措施，特别在没有对鸟类生活史益害进行深入研究、评价的情况下，采取"消灭"措施，影响鸟类种群的生存发展，甚至对环境产生不良影响。而那些食谷鸟类采食谷物有一定危害，但在清除垃圾特别是城市垃圾方面则发挥着重要作用。

6.8 鸟类资源研究

鸟类资源研究不仅需要研究鸟类的分布现状，还需要监测种群数量变化及其受环境变迁的影响规律和变化程度，探讨人类对不同种类鸟类的开发利用方式、程度对鸟类种群演化的影响，为环境保护、鸟类物种保护提供有利的参考，特别是对经济活跃、开发规模化强的山东省，加强鸟类资源的保护、开发与合理利用研究，取得经验，将对区域的社会、经济与生态平衡发展具有十分重要的意义。

资源研究首先需要按生态功能区进行系统的资源调查、设计监测，开展全面系统的生态环境监测，取得科学数据进行大数据统计分析，探讨鸟类种群演化与生态环境开发的关系及其规律，为生态省建设与持续发展奠定良好基础。

6.9 野生鸟类保护现状与救护驯养

山东分布鸟类中列入国家Ⅰ级重点保护的有14种，Ⅱ级重点保护的有68种，"三有鸟类"有319种，省级保护鸟类有50种；列入IUCN的409种中濒危等级的有7种，易危等级的有14种，1/CITES、2/CITES、3/CITES中的有76种；列入中日候鸟保护协定的有134种，中澳候鸟保护协定的有66种。这表明需要对这些鸟类采取不同的措施进行严格保护，以促进其种群的繁衍生息、发展壮大与合理的开发，实现自然、经济社会生态平衡发展的需要。

野生鸟类的保护主要从物种保护与栖息地保护两方面着手，重要的是加强人文教育与管理，提升公众爱护、保护鸟类、维护生态平衡发展的意识和自觉性，严禁乱捕乱猎和施放农药，以避免造成环境的污染与破坏，为鸟类提供有益的生存环境，也就是保护了人类的生存环境，有利于经济社会的和谐与科学发展。

当鸟类受伤，特别是珍稀鸟类受伤时，应及时采取治疗和喂养、呵护措施，预防疫病发生，帮助其恢复健康、放归自然；幼鸟离巢掉落地面时，无法独立生活，人工驯养将其养大放飞，有助于唤醒、培养人们"爱鸟护鸟"关爱自然、敬畏自然的美德，提升人们环保意识和开展环保工作的素质与水平，与大自然和谐相处。在救护驯养的同时，总结饲养管理成败的经验教训，不但有助于珍稀鸟类的驯养保护和种群的恢复壮大，而且有助于经济鸟类资源的驯养开发，为社会经济的健康发展和改善人类生活作出贡献。

各 论

1 潜鸟目 Gaviiformes

海洋鸟类。体羽厚而密，较短硬，体多为灰褐色，下体多为白色；两性异色，冬夏羽也不同，副羽发达。嘴强直，端部尖锐。鼻孔裂缝状、具革质膜，潜水时能关闭，以防水进入鼻腔。头较圆，头骨裂腭状。眼先部有裸区，生殖期不具风羽。颈长而粗。翅长而尖，善飞翔。尾短。脚四趾，前三趾具蹼且达脚基部，外趾最长，后趾最小、位置高且与前三趾不在同一个水平面上，跗蹠部侧扁，具网状鳞片。

广泛分布于北半球寒带和温带水域，多在旧大陆，亚洲、欧洲和美洲分布广泛。生活在海区，潜水性较强。我国仅分布于沿海一带，从黑龙江、辽东半岛到福建、广东、台湾沿海等地。在水边草丛中筑巢，每窝产卵2枚，雌雄孵卵，孵化期28天。

全世界有1科1属5种；中国有1科1属4种，山东分布记录有1科1属4种。

1.1 潜鸟科 Gaviidae

特征与目相同，尾羽短，脚位于身体后部，属典型水栖鸟类，除繁殖季节到陆上营巢产卵外，几乎从不登陆，善游泳和潜水，主要以鱼类为食。

潜鸟科分种检索表

1. 个体小，前颈基部具栗棕色块斑，嘴黑色，背部具明显白斑点 ·················· 潜鸟属 Gavia，红喉潜鸟 G. stellata
   个体较大 ·· 2
2. 体大，翅长＞350mm，嘴厚、黄白色、上翘，头颈黑具白颈环，腋羽褐色具白色羽缘 ············ 黄嘴潜鸟 G. adamsii
   翅长＜310mm，腋羽白色，或具褐色羽干斑 ·· 3
3. 喉前颈黑色或具绿色光泽，背部无白色斑点，嘴大直而不上翘 ·· 黑喉潜鸟 G. arctica
   喉黑色具紫色光泽，背具白色，嘴小直而不上翘 ·· 太平洋潜鸟 G. pacifica

1-01 红喉潜鸟
Gavia stellata（Pontoppidan）

命名： Pontoppidan，1763，Danske Atl.，1：621（丹麦）
英文名： Red-throated Diver
同种异名： 红喉水鸟；*Gavia stellata stellata*（Pontoppidan）；Red-throated Loon

鉴别特征： 喉至前颈基部具栗红色三角形斑，腹白色，背黑褐色、具白色细斑纹。冬羽，脸、颏、颈侧白色，上体黑褐色、具白色斑点。

形态特征描述： 嘴黑色或淡灰色，细而尖、微向上翘；虹膜红色或栗色；前额、头顶具黑色羽轴纹；头、喉和颈淡灰色，后颈具黑白相间细纵纹；前颈从喉下部到上胸具显著栗红色三角形斑（冬羽无此斑）；上体、翼上覆羽、喉下上胸灰黑褐色，有白色细斑点。下体三角形斑以下白色；胸侧具黑色纵纹，两胁具黑色斑纹。尾下覆羽具黑色横斑。脚绿黑色，跗蹠后面

红喉潜鸟（李宗丰 20151213 摄于付疃河）

和趾缀有黄色或白色，蹼肉黄色。

冬羽 上体前额、头顶、后颈到尾黑褐色，背部微有细小白色斑点；头侧、颏、喉、前颈和整个下体白色。

幼鸟 似冬羽。头顶和后颈更暗，具淡白色羽缘，头侧、颈侧具褐色斑纹，肩、上背具白色斑点。

鸣叫声： 暂无鸣叫声记录。

体尺衡量度（长度mm、体重g）：

标本号	时间	采集地	体重	体长	嘴峰长	翅长	跗蹠长	尾长	性别	现保存处
					51	312	73	65		山东师范大学
					50	265	60	72		山东师范大学

栖息地与习性： 繁殖期栖息于北极苔原和森林苔原带的湖泊、江河与水塘中，迁徙期间和冬季多栖息于沿海海域、海湾和河口地区及附近湖泊，有时成群活动。善游泳和潜水，游泳时颈伸直常东张西望；潜水、在水下快速游泳追捕鱼类。可在水中直接飞出，因而在较小的水塘亦能起飞，常呈直线快速飞行；在陆地上行走困难，能匍匐前进。

食性： 主要捕食各种鱼类，以及鱼卵、甲壳类、软体动物、水生昆虫和其他水生无脊椎动物。

繁殖习性： 繁殖期5~8月。巢甚简陋，每窝产卵2枚，雌雄鸟轮流孵卵，雏鸟早成雏。春季4月离开越冬区迁往繁殖区，秋末南迁越冬。

亚种分化： 单型种，无亚种分化。

分布： 东营-◎黄河三角洲*。青岛-青岛；崂山区-（P）潮连岛。日照-东港区-付疃河（李宗丰20151213），庙山前村水库（成素博20150226），董家滩（成素博20130412），世帆基地（成素博20140101）。胶东半岛，鲁中山地。

黑龙江、辽宁、河北、北京、天津、江苏、上海、浙江、福建、台湾、广东、广西、海南。

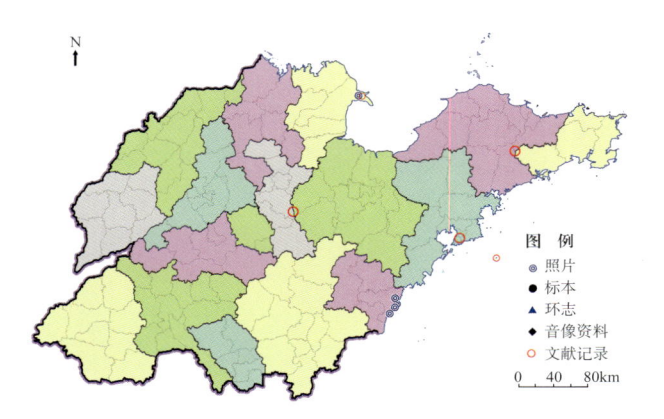

区系分布与居留类型： ［古］（PW）。

种群现状： 国内罕见，数量极少，经济意义较小，但具有物种的生态学价值。由国际水禽研究局组织的亚洲隆冬水鸟调查，1990年我国见80只，1992年仅见17只，数量稀少。照片证实山东沿海是其越冬分布区，但数量少见，需要加强观察研究和保护；未列入山东省重点保护野生动物名录。

物种保护： Ⅲ，中日，Lc/IUCN。

参考文献： H1，M575，Zja1；Q4，Qm182，Z1，Zx1，Zgm1。

山东记录文献： 郑光美2011，朱曦2008，钱燕文2001，范忠民1990，郑作新1976、1987，Shaw 1938a；赛道建2013，贾文泽2002，刘岱基1994，孙振军1988，纪加义1987a。

2-01 黑喉潜鸟
Gavia arctica（Linnaeus）

命名： Linnaeus，1758，Syst. Nat.，ed. 10，1：135（瑞典）

英文名： Black-throated Diver

同种异名： 绿喉潜鸟；—：Arctic Loon, Pacific Loon

鉴别特征： 喉、前颈辉墨绿色，上体黑色具方形白色横纹，颈侧、胸具黑白色纵纹。冬羽，整体白色延到脸下，两胁白斑明显。

形态特征描述： 嘴黑色，虹膜红色。额、头顶、后颈灰黑色。前颈墨绿色，颈侧白色，具黑色纵纹，在颈侧和胸侧形成黑白相间排列的纵列条纹；下喉、前颈间有一个不连续白色横带。肩、背部黑色具蓝绿色光泽；上背两侧和肩部具瓦片状排列的长方形白斑。两翼覆羽黑色具白斑点。胸、腹部纯白色。尾短，黑色。跗蹠外侧黑色，内侧灰色。

黑喉潜鸟（成素博20150207 摄于庙山前村水库）

冬羽 嘴灰色，尖端和嘴峰黑色。上体黑色，头颈、后颈黑灰色。下体白色，胸侧具黑色细纵纹，两胁具黑褐色斑纹。尾羽具有白色羽缘。

幼鸟 似冬羽，但头顶和后颈较淡和较褐，背部具淡灰色羽缘。

鸣叫声： 重复呱呱声似鼾声及鸥鸣的"aah-oww"声。

体尺衡量度（长度mm、体重g）： 山东暂无标本及测量数据。

栖息地与习性： 繁殖期主要栖息于北极和亚北极苔原和岛屿上岸边植物繁茂的河流和湖泊中，冬季多栖息于沿海海面，海湾及河口地区。善游泳和潜水，游泳时颈常弯曲成"S"形，飞行能力强；常呈直线飞

---
* 本书指2000年年底改道前的旧黄河三角洲和黄河故道

行,但需要一段距离的水面助跑才能飞起,在陆地上不能起飞,行走困难,除繁殖期不到陆上活动。冬季栖于沿海。繁殖期主要在欧、亚大陆北部的湖泊、河流及大的水塘中。善游泳和潜水,捕捉鱼虾猎物。春季3~4月、秋季9月末至10月初,成对或结成小群沿着河流和海岸进行迁徙,到我国东南沿海地区越冬。

食性: 主要捕食各种鱼类,也捕食其他水生生物。

繁殖习性: 繁殖期5~7月。雄雌鸟一起游泳求偶后,营巢于富有芦苇、蒲草等水生植物的湖面和水塘中;浮巢由水生植物堆集而成。每窝多产卵4~5枚,卵蓝绿色,孵化后逐渐变为锈褐色。卵径约51mm×35mm。第1枚卵产出后即开始孵卵,雌雄鸟轮流孵化,孵化期为29~30天。新生雏鸟即能游泳潜水,羽毛乌黑,能够睁眼。亲鸟主要喂昆虫,经6周的精心喂养和照料,小鸟可以自己吃食,在躲避危险时,成鸟能够在翅膀下夹着幼鸟在水下潜逃。再过12周就能够飞行。

亚种分化: 世界有3个亚种(郑作新1987),中国有2个亚种,山东分布为北方亚种 *G. a. viridigularis* Dwight。

亚种命名 Dwight,1758,Auk,35:198(西伯利亚东北部 Gizhega)

分布: 东营 - ◎黄河三角洲。青岛 - 胶州。日照 - 东港区 - 付疃河(李宗丰20151213,成素博20150128),庙山前村水库(成素博20150207),董家滩(成素博20110310);(W)前三岛*(李宗丰20100123,成素博20110306)- ●(周本湘1981)车牛山岛、达山岛、平山岛。威海 - 文登 - 南圈水库(于英海20160312)。烟台 - (W)烟台浅海。(P)胶东半岛。

辽宁、河北、江苏、上海、浙江、福建、台湾。

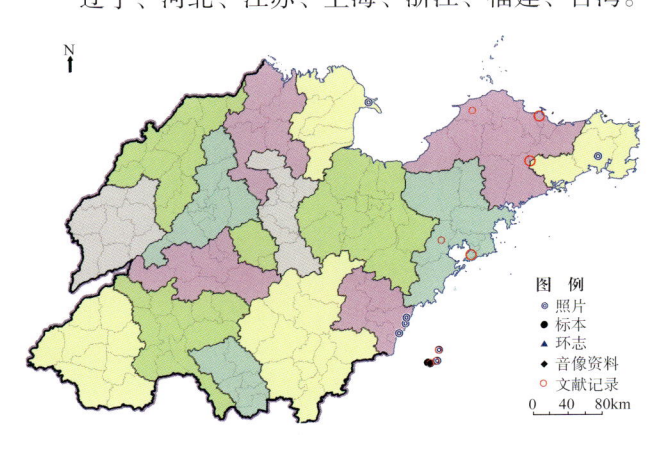

---

* 前三岛包括车牛山、达山、平山黄海中的三个海岛。行政区划属山东省日照市,见《山东省地图册》(山东省地图出版社2011),由于某种原因,鸟类研究有时划为江苏省

区系分布与居留类型: [古](PW)。

种群现状: 数量稀少,捕食鱼类。国际水禽研究局组织的亚洲隆冬水鸟调查,在中国数量极为稀少。调查结果显示,1990年在中国见到1156只,1992年仅见到574只。山东沿海由于调查范围与强度弱而少见,据日照观鸟爱好者李宗丰介绍,在日照曾先后于20100424-0602和20150120-0129在付疃河,20100123在前三岛,20110309-0403在董家滩,20150131-0209在庙山水库多次拍到照片,即1~6月均拍到照片,是否在山东繁殖及有关生活习性需要加强研究,以获得物种保护的有效资料,未列入山东省重点保护野生动物名录。

物种保护: Ⅲ,中日,Lc/IUCN。

参考文献: H2,M576,Zja2;Q4,Qm182,Z1,Zx1,Zgm1。

山东记录文献: 郑光美2011,朱曦2008,钱燕文2001,周本湘1981,范忠民1990;赛道建2013,张月侠2015,于培潮2007,刘岱基1994,孙振军1988。

● 3-11 太平洋潜鸟
Gavia pacifica Lawrence

命名: Lawrence,1858,*in* Baird,Rep. Expl. and Surv. R. R. Pac.,9:889(美国)

英文名: Pacific Diver

同种异名: 黑喉潜鸟;*Gavia arctica pacifica*(Lawrence);Pacific Loon

鉴别特征: 似黑喉潜鸟,但喉斑具紫色光辉,颈背白色较多。

形态特征描述: 大型水鸟。与黑喉潜鸟相比,体略小而细长、较轻,嘴较细短而直、黑色。虹膜栗褐色。前额暗灰色、头顶和后颈淡灰白色,颏、喉和前颈黑色,具紫色金属光泽,喉部有一条由短的白色纵纹组成的不连续横带。上体包括背、肩、腰、两翅、翼上覆羽和尾羽黑色,具绿色金属光泽;上背和肩密布长方形瓦列状排列白色斑块。翼上覆羽具细小白色斑点。颈侧具黑白相间纵行条纹。下体胸、腹白色;

太平洋潜鸟(王强20120517摄于桑沟湾湿地公园)

体侧黑色；翼下覆羽白色；腋羽白色，先端具黑褐色羽干纹。跗蹠黑褐色。

冬羽 头顶和后颈黑色；颏、喉、脸和前颈白色，与后颈黑色分界明显；背至尾黑褐色，具不明显的灰白色横斑；喉部具细的黑褐色横带。下体白色，胸侧具细的黑色纵纹；两胁黑褐色。上体黑色、下体白色形成鲜明对照。

幼鸟 似冬羽，背和肩具淡色羽缘，头顶和后颈较淡，喉部无黑褐色横带，其余似成鸟冬羽。

体尺衡量度（长度mm、体重g）： 山东暂无标本及测量数据。

栖息地与习性： 繁殖期栖息于北极苔原开阔的湖泊、河流与大的水塘和亚北极地区森林边缘地带的河流与大型湖泊地区；冬季栖息于沿海海面、大的湖泊与河口地区。成对或小群、偶尔呈单只活动。善游泳和潜水，浮于水面时，身体沉入水下部分较多，尾紧贴水面，甚至整个身体沉入水下，仅留头、颈在水面游动，不断左右摆动头、观察四周，有危险时则潜水逃跑。飞翔迅速，但在水面起飞较困难。3月末至4月初离开越冬地北迁，5月到达繁殖地。秋季9～10月开始南迁，11～12月到达中国东部沿海越冬。迁徙时多成对或成小群，经过嫩江和乌苏里江，潜水觅食，或通过脚、两翅的划动追捕鱼群。

食性： 主要捕食各种鱼类，也吃昆虫及其幼虫、甲壳类和软体动物等水生无脊椎动物。昆虫和小鱼则在水下吞食，大的食物多在水面吞食。

繁殖习性： 繁殖期6～7月，为了争夺雌鸟，雄鸟的攻击行为会给对手留下致命伤。繁殖于北极和亚北极苔原和苔原森林地带。营巢于海岸、河口、河流及湖泊岸边。巢多由枯死水生植物堆积而成，简陋。每窝产卵1～2枚，卵径约75mm×47mm。食物缺乏时，亲鸟先喂年长雏鸟，年幼雏鸟则可能因饥饿而死去。幼鸟开始完全依赖亲鸟育雏、保护，第8周后会开始锻炼捕鱼和独立生活的能力。

亚种分化： 单型种，无亚种分化。

太平洋潜鸟和黑喉潜鸟非常相似，长期以来，学者将它作为黑喉潜鸟的一个亚种。但是Portenko（1939）和Bailey（1948）的研究表明，太平洋潜鸟和黑喉潜鸟的繁殖区在东西伯利亚的阿纳德尔盆地和阿拉斯加重叠，未见到有中间类型，因此，多数学者认为应将它作为一独立种。山东分布数量稀少，有标本和照片等实证，需要加强对物种栖息环境与保护性的研究。

分布： 青岛-（P）●（Shaw 1938a）胶州。日照-前三岛-（P）车牛山岛。威海-荣城-桑沟湾湿地公园（王强 20120517）。烟台-（W）烟台。浅海，胶东半岛。

黑龙江、辽宁、河北、江苏、香港。

区系分布与居留类型： [古]（PW）。

种群现状： 数量稀少，偶见报道。冬季种群密度相对低，而繁殖季节集群活动种群密度高。研究发现，其体内一些化学物质可能来自于生态系统中的污染，栖息范围也因人类的开发占用变得越来越小。山东沿海分布数量极少，未列入山东省重点保护野生动物名录。

物种保护： 列入CSRL，Lc/IUCN。

参考文献： H3，M577，Zja3； Qm182，Z2，Zx1，Zgm1。

山东记录文献： 郑光美 2011，朱曦 2008，郑作新 1976、1987，Shaw 1938a；赛道建 2013，于培潮 2007，纪加义 1987a。

4-11 黄嘴潜鸟
Gavia adamsii（G. R. Gray）

命名： G. R. Gray，1859，Proc. Zool. Soc. London，27：167（阿拉斯加）

英文名： Yellow-billed Loon

同种异名： 白嘴潜鸟；*Gavia immer adamsii*（G. R. Gray）；White-billed Diver

鉴别特征： 初级飞羽羽轴白色。体灰白色，头黑，具白色颈环。冬羽，上体黑褐色，前颈白色，头比体色浅，两胁缺少白色块斑，眼周白色，嘴粗厚而上翘、黄白色。

形态特征描述： 体长约83cm，颈粗。繁殖期特征嘴象牙白色，头黑色，具白色颈环，非繁殖期与其他潜鸟区别在于体型较大，嘴上扬，上颚中线浅色，头比上体色浅，两胁缺少白色块斑，特征为初级飞羽羽轴白色。

冬羽 嘴黄白色，虹膜红褐色，眼周具白色圈，耳区有黑褐色斑，颏、喉白色。头顶和后颈淡灰褐色，前颈白色与后颈灰褐色界限不明显。上体灰褐色，背和翅上有不明显白斑，下体白色。跗蹠褐色。

黄嘴潜鸟（李宗丰 20100122 摄于帆船基地）

幼鸟 似冬羽，但上体较淡，背、肩、翼覆羽淡白色羽缘在背部形成明显白斑。

体尺衡量度（长度mm、体重g）： 山东暂无标本及测量数据。

栖息地与习性： 繁殖期主要栖息于北极苔原沿海的湖泊和河口附近。秋冬季栖息于沿海及近海岛屿附近的海面上，也见于河口。单只、成对或小群活动。游泳时身体下沉较深，头上举，嘴向上倾斜。飞翔时头颈向前伸直，脚伸出尾后。春4～5月、秋9～10月迁徙，11月到达越冬地。

食性： 主要捕食鱼类，也食水生昆虫、甲壳类、软体动物等无脊椎动物。

繁殖习性： 繁殖期6～8月。营巢于苔原带湖泊岸边，简陋巢由枯草构成。每巢多产卵2枚，卵褐色具暗褐色小斑。

亚种分化： 单型种，无亚种分化。

曾作为白嘴潜鸟的一个亚种（Dement'ev and Gladkov 1967；郑作新 1976，1987）。

分布： 青岛-（P）● （Shaw 1938a）胶州。日照-东港区-帆船基地（李宗丰20100122，成素博20100122）；前三岛（成素博20110306）-车牛山岛，达山岛，平山岛。威海-荣城-桑沟湾湿地公园（王强20120517）。烟台-（W）烟台。（V）胶东半岛，（V）渤海，（V）山东。

辽宁、福建。

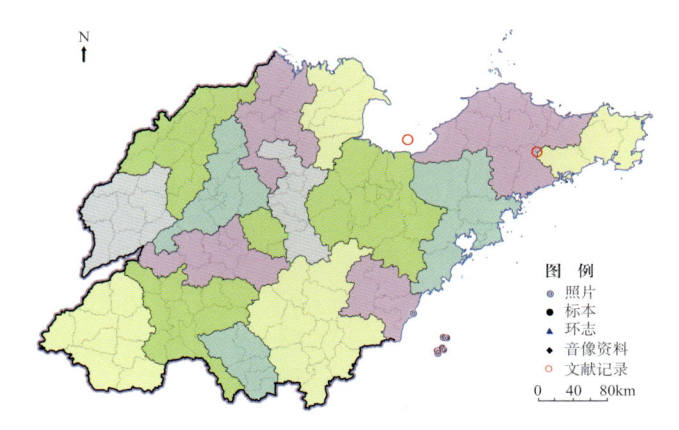

区系分布与居留类型：［古］（WV）。

种群现状： 数量稀少，我国罕见越冬鸟。山东沿海分布数量极少，近年来，拍到照片证实其山东有越冬分布，需要加强物种与栖息环境的保护研究，未列入山东省重点保护野生动物名录。

物种保护： Nt/IUCN。

参考文献： H4，M579，Zja4； Q4，Qm182，Z2，Zx1，Zgm1。

山东记录文献： 朱曦2008，李悦民1994；赛道建2013，张月侠2015。

2 䴘目 Podicipediformes

中小型游禽，雌雄同型，夏羽、冬羽区别明显。体形似鸭。嘴短窄而尖，眼先裸露，头骨裂腭状，颈细长。翅圆而短小，下体羽毛厚密，银白色，不透水。尾短小。脚位于身体后部，跗蹠侧扁，趾具瓣膜，后趾短小而位置较高，爪如指甲状，中爪内缘锯齿状。

栖息生活于淡水水域，如湖泊、沼泽、芦苇、草丛中，不善飞行，潜水性强，在陆上行走困难。食物主要为小鱼虾、水生昆虫、软体动物或水生植物。巢用芦苇、杂草和黏土做成浮巢，每窝产2～7枚卵，白色。雌雄轮流孵卵，孵化期约25天，早成雏。

全世界有1科5属22种；中国有2属5种，山东分布记录有2属5种。

2.1 䴘科 Podicipedidae

山东分布记录2属5种中有4种采到标本或拍到照片。

䴘科分属、种检索表

1. 体型较小，翅长＜110mm，跗蹠后缘鳞片三角形 ·············· 小䴘属 Tachybaptus，小䴘 T. ruficollis
   体型较大，翅长120mm以上，跗蹠后缘鳞片长方形 ·············· 2䴘属 Podiceps
2. 嘴短于27mm，翅短于150mm ·············· 3
   嘴长于27mm，翅长于150mm ·············· 4
3. 嘴稍下曲，内侧飞羽近纯白色，中前颈婚羽黑色 ·············· 黑颈䴘 P. nigricollis
   嘴形直，内侧飞羽灰色，有时具白端，中前颈下部婚羽棕红色 ·············· 角䴘 P. auritus
4. 眼先、眼上纹、外侧肩羽白色，婚羽具羽冠和皱领 ·············· 凤头䴘 P. cristatus
   眼先、眼上纹、外侧肩羽非白色，婚羽不具羽冠和皱领 ·············· 赤颈䴘 P. grisegena

● 5-01 小䴘
Tachybaptus ruficollis（Pallas）

命名： Pallas PS，1764，Vroeg's Cat. Coll. Adumbr.：6（荷兰）
英文名： Little Grebe
同种异名： 水葫芦，王八鸭子，潜水鸭子；*Podiceps ruficollis*（Pallas）；Dabchick

鉴别特征： 颈侧栗红色，腹白色，余部黑褐色。冬羽，喉白色、颈侧浅黄褐色。

形态特征描述： 嘴细直而尖；嘴黑色，尖端黄白色；虹膜黄色。眼先、颊、上喉等黑褐色；下喉、耳羽、颈侧红栗色。上体黑褐色，部分羽端苍白。翅短圆，初级飞羽灰褐色、尖端灰黑色，次级飞羽灰褐色、尖端白色；大、中覆羽暗灰黑色，小覆羽淡黑褐色。前胸、两胁、肛周灰褐色，前胸羽端苍白或白色，后胸和腹丝光白色，沾些与前胸相同的灰褐色，腋羽和翼下覆羽白。尾羽为短小绒羽。脚位于身体的后部，跗骨侧扁，前趾具瓣状蹼，跗蹠和趾石板灰色。

冬羽 额淡灰褐色，头顶和后颈黑褐色，颈较深于头，有栗色、白色横斑，腰侧淡黄棕色；上体余部灰褐色。颏、喉白色，下喉带些黄色；颊、耳羽、颈侧淡黄褐色、有白色斑纹；前胸和两胁淡黄棕

小䴘（陈忠华 20140621、20141217 摄于大明湖；张立新 20090609 摄于锦绣川风景区、亲鸟带领雏鸟觅食）

色；胁部羽端黑褐色。

幼鸟 前额、眼先、头颈褐色，颊、颈侧、前颈淡红褐色。下颏白色。肩部及翼上覆羽褐色，初级飞羽灰褐色；次级飞羽灰褐色具白色端斑。前胸比颈稍浅，胸、腹部白色缀有淡褐色斑纹，肛区灰褐色。

鸣叫声： 鸣声柔和动听，重复高音如"ke-ke-ke-ke"颤声。

体尺衡量度（长度 mm、体重 g）：

标本号	时间	采集地	体重	体长	嘴峰长	翅长	跗跖长	尾长	性别	现保存处
B000026					18	112	59	39		山东博物馆
	1958	微山湖		215	16	108	34	8	♂	济宁一中
840457	19841014	鲁桥	170	250	22	108	40	缺	♀	济宁森保站

栖息地与习性： 栖息于水草丛生的河坝、池塘、水库或中小湖泊中，冬季常栖于溪流中，夏时隐于湖泊间繁殖。善游泳和潜水，成对或成群活动于水面，性怯，遇惊动即迅速地潜入水中，潜水时全身潜入水中或将头部露在水面的草丛中，飞行力弱，飞行距离短且不高，在水面起飞时需要在水面涉水助跑一段距离才能飞起，在陆地上不能起飞，通过潜水方式追捕猎物。

食性： 主要捕食水生昆虫及其幼虫、鱼虾等，偶尔取食水草。

繁殖习性： 繁殖期5～6月，巢营于水边芦苇、香蒲丛中，呈浮垫状。每窝产卵4～7枚，卵形钝圆，污白色。雌雄鸟轮流孵化，孵化期24天左右；雏鸟早成雏，孵出第2天即能下水游泳。

亚种分化： 全世界有9～10个亚种，中国有3个亚种，山东分布为普通亚种 **T. r. poggei**（Reichenow），*Podiceps ruficollis poggei*（Reichenow）。

亚种命名 Reichenow，1902，Journ. Orn.，50：125（河北）

分布： 滨州-滨州；滨城区-东海水库，北海水库，蒲城水库；无棣县-王酃水库（刘腾腾20160423）；阳信县-东支流（刘腾腾20160519、20150810）。德州-减河（张立新20140904）；市区-锦绣川（张立新20090609），新湖（张立新20141221）；宁津县-龙潭村（张立新20100515）。东营-（R）◎黄河三角洲；东营区-交警院北（孙熙让20100525），辛安水库（孙熙让20101023），清风湖（孙熙让20110507），职业学院（孙熙让20110520），沙营（孙熙让20120527）；自然保护区-大汶流（单凯20121025）；河口区-（李在军20081122），孤岛南大坝（孙劲松20080720），五号桩。菏泽-（R）菏泽；鄄城-雷泽湖（王海明20131224）；曹县-司庙（谢汉宾20151018）。济南-小清河；历下区-（R）大明湖（20121222、20120126，陈忠华20140621，赛时20140904，陈云江20141209），泉城公园（20131201，陈云江20141209），五龙潭（陈忠华20141219，陈云江20141218），龙洞孟家水库（20121107）；槐荫区-玉清湖（20141213，孙涛20150110）；天桥区-龙湖（20141007）。济宁-●（R）南四湖，小杨河（聂成林20090317）；任城区-洸府河（宋泽远20130118），太白湖（20160411）；曲阜-沂河（20140804、20141220）；微山县-●微山湖，渭河村（20151208），昭阳（陈保成20120527）。聊城-聊城；（R）东昌湖（贾少波20061029），环城湖。临沂-祊河（20160405），（R）沂河。莱芜-汶河（20130702），通天河（20130703）；莱城区-红石公园（20130702，陈军20090719），雪野水库（20130703）。青岛-城阳区-棘洪滩水库（20150211）；莱西-姜山湿地（20150621）。日照-国家森林公园（20140307，郑培宏20140622），日照水库（20140305），付瞳河（20140306，20150418）；东港区-两城河（20140307），银河公园（20140304），滨河公园（20150626）。泰安-●泰安；（R）泰山；岱岳区-瀛汶河，渐汶河（刘兆瑞20110528）；泰山区-大河水库（20160919）；东平县-●东平湖（20120627），稻屯洼（20120627，王秀璞20150520）；宁阳县-●大汶口。潍坊-白浪河湿地公园（20140904）；高密-南湖公园（20140627）。威海-环翠区-（R）双岛，幸福海岸公园（20150103）；荣成-八河（20121221），成山西北泊（王秀璞20150507），马山港（20130607），天鹅湖（20140115），烟墩角（20130607）；乳山-白沙滩，龙角山水库（20131220）；文登-五垒岛，抱龙河公园（王秀璞20150103），坤龙水库（20141225）。烟台-招远-栾家河村（蔡德万20061002）；海阳-凤城（刘子波20141016）；牟平区-辛安河（王宜艳20151118）；栖霞-西城镇（牟旭辉20151103）。枣庄-山亭区-西伽河（尹旭飞20160409）。淄博-淄博；高青县-千乘湖（赵俊杰20141007），花沟镇（赵俊杰20141022）。胶东半岛，鲁中山地，鲁西北平原，鲁西南平原湖区，山东全省。

除台湾外，各省份可见。

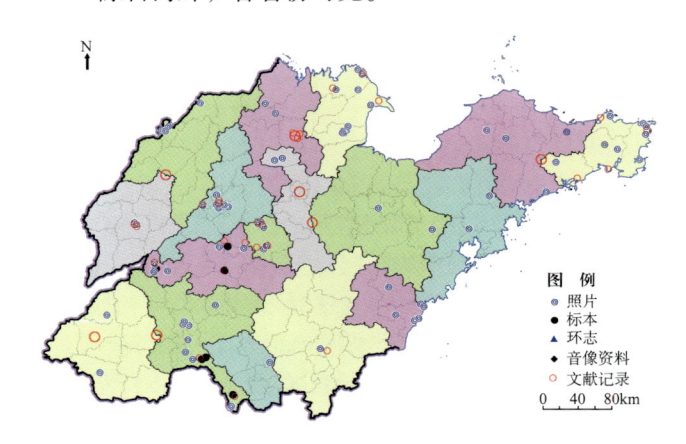

区系分布与居留类型： [广]（R）。

种群现状： 中国常见而分布范围广、数量大的一种水鸟，种群数量稳定，为无生存危机的物种。因环境污染和生境条件变差影响其种群的生存发展，应注意环境保护。山东分布广泛，数量较普遍，未列入山东省重点保护野生动物名录。

物种保护： Ⅲ，无危/CSRL，Lc/IUCN，TBA。

参考文献： H5，M518，Zja5；La241，Q4，Qm187，Z3，Zx2，Zgm2。

山东记录文献： 郑光美2011，朱曦2008，钱燕文2001，范忠民1990，郑作新1976、1987，Shaw 1938a；赛道建2013、1999、1994，张月侠2015，李久恩2012，吕磊2010，贾文泽2002，王海明2000，马金生2000，田家怡1999，宋印刚1998，孙振军1988，闫理钦1998a，赵延茂1995，刘岱基1994，纪加义1987a，田丰翰1957。

6-20 赤颈䴙䴘
Podiceps grisegena (Boddaert)

命名： Boddaert，1783，Tab. Pl. enlum. Hist. Nat.：55

英文名： Red-necked Grebe

同种异名： 赤襟䴙䴘（pìtī）；—；Eastern Gray-cheeked Grebe

鉴别特征： 嘴短粗、基部具特征性黄斑，头顶冠黑色，脸颊灰白色。颈栗色。冬羽，脸颊、前颈灰色。近似种区别，冬羽与凤头䴙䴘相似。个体比凤头䴙䴘稍小，而嘴较短而粗，比其他䴙䴘明显大。仅眼以下至颏白色，前颈和颈侧灰褐色；而凤头䴙䴘眼以上至枕、颏、喉、前颈、颈侧均白色，嘴角至眼有一条明显可见的黑线。

形态特征描述： 嘴黑色、基部黄色、尖端黑色。头顶及两侧短冠羽黑色，颊和喉灰白色。前颈、颈侧和上胸栗红色，后颈、上体灰褐色。初级飞羽灰褐色，带黑色斑点，次级飞羽白色；翼缘覆羽和翼上外侧小覆羽白色，其余翼上覆羽灰褐色。下体白色，下胸和腹具不明显淡灰色斑纹，两胁白色具黑褐色端斑。尾黑色。跗蹠黑色，内侧微缀黄绿色。

冬羽 额、头顶黑色，头侧和喉白色，眼下和眼后淡灰褐色，其余头侧、颏、上喉白色。前颈灰褐色，羽尖缀灰白色。后颈和上体黑褐色，具灰褐色羽缘，下体白色，翼前、后缘白色，形成宽阔的前后翼上白边，飞翔时极明显。

鸣叫声： 繁殖期间，连续鸣叫声如"kek-kek-kek"或"keke-khaaa-kkhakbaa-kha"。

体尺衡量度（长度mm、体重g）： 山东暂无标本及测量数据。

栖息地与习性： 主要栖息于低山丘陵和平原地区的各种水域中。繁殖期间栖息于内陆淡水湖泊、沼泽和大的水塘中，尤喜富有水底植物和芦苇及三棱草等挺水植物的湖泊与水塘，也见于水流平稳的河湾地区。非繁殖期则多栖息于沿海海岸及河口地区。白天单只或成对，偶尔结成小群特别是迁徙季节，活动于水面。善游泳和潜水，多远离岸边活动，面对危险，多通过潜水或游至附近植物丛里藏匿逃避。一般不到陆地上活动。在繁殖季节有攻击性，用水下潜水攻击的方式驱逐入侵者捍卫领地。常成对或小群沿河流和海岸进行迁徙，春季在3～4月，秋季在9月末至10月初。

食性： 主要潜水捕食各种鱼类、蛙类及蝌蚪、昆虫及其幼虫、甲壳类、软体动物等小型水生动物，也食部分水生植物。

繁殖习性： 繁殖期5～7月。求偶时，雌雄鸟先在一起游泳，扇动两翅，接着，抬起前身，面对面地直立于水中，两嘴接触，同时羽冠竖直起来，然后，再游开到一边去。营巢于富有芦苇、蒲草等水生植物的淡水湖泊和水塘中。巢属浮巢，由死水生植物堆积而成，巢分散相邻间隔约50m。每窝产卵3～6枚，卵刚产出时蓝绿色，逐渐变为锈褐色；卵径约50mm×35mm。第1枚卵产出后即开始孵卵，孵化期20～23天。雏鸟早成雏。孵化后，雏鸟爬到亲鸟的背上。约2周后雏鸟能够四处活动和潜水，7～9周后便能飞翔。然后，再由亲鸟喂养约54天，羽翼丰满便能独立活动。

亚种分化： 全世界有2个亚种，中国1个亚种，山东分布为北方亚种 *P. g. holboellii* Reinhardt。

亚种命名 Reinhardt 1854, Vidensk. Meddel. Naturhist. Foren. Kjobenhavn：76

分布： 东营-◎黄河三角洲，（S）黄河口*。胶东，（P）山东省。

北京、黑龙江、吉林、辽宁、河北、天津、甘肃、新疆、浙江、福建、广东。

---

* 由于黄河尾部经常摆动，2000年，黄河改道后形成的新"黄河故道"，原黄河故道现称四河。本文黄河三角洲、黄河口、黄河故道沿用原名称，黄河口指新黄河三角洲的大部分地区

区系分布与居留类型：［古］（PS）。

种群现状： 虽然分布范围广，但受到生态环境污染的威胁，导致卵不育和卵壳变薄使成功繁殖率下降，由于人类活动干扰及湖泊的改变和退化、栖息地减少等，面临种群下降。加强对繁殖区种群数量变化的调查、监测，识别和保护繁殖地外的关键地点、研究其越冬行为和活动等方面，有助于对赤颈䴙䴘的保护。山东分布记录首见于朱曦（2008）记录，刘月良（2013）发布无具体时间地点的网站照片，鸟类志未能收集到赤颈䴙䴘在山东分布的实证，需要深入研究确证，未列入山东省重点保护野生动物名录。

物种保护： Ⅱ，Lc /IUCN。

参考文献： H9，M519，Zja9； Q6，Qm188，Z7，Zx2，Zgm2。

山东记录文献： 朱曦 2008；赛道建 2013，张月侠 2015，刘月良 2013。

凤头䴙䴘（张立新 20100619 摄于丁东水库；成素博 20111124 摄于日照水库；牟旭辉 20130123 摄于白洋河）

● **7-01 凤头䴙䴘**
Podiceps cristatus（Linnaeus）

命名： Linnaeus C，1758，Syst. Nat.，ed. 10，1：135（瑞典）

英文名： Great Crested Grebe

同种异名： 冠䴙䴘，幘（zé）䴙䴘，浪里白；*Colymbus cristatus*（Linnaeus）；—

鉴别特征： 头顶黑褐色、具明显羽冠，嘴颈修长，脸侧白色延伸过眼。上体灰褐色，颈背棕栗色，翅具白斑，下体白色。冬羽无羽冠。

形态特征描述： 嘴形直、黑褐色（冬季红色），细而侧扁，端部尖，苍白色，嘴角到眼睛有一条黑线；鼻孔透开，靠近嘴基部；眼先（即眼前部位）裸露，虹膜橙红色；前额、头顶黑色；头顶两侧羽毛延长形成黑色冠羽。冠羽两侧经耳区到喉部有长形饰羽形成的环形皱领，基部棕栗色、端部黑色。其余头侧、脸、颔白色。颈部细长，游泳时向上方直立，常与水面保持垂直的姿势。后颈、背、腰及内侧肩羽黑褐色。外侧肩羽、翼缘覆羽和小覆羽白色。翅短小，具 12 枚黑褐色初级飞羽，但第 1 枚退化；初级飞羽内侧先端和次级飞羽白色；次级飞羽则缺第 5 枚，三级飞羽黑褐色。前颈、胸白色缀有金黄色，胸部以下白色。尾短，仅有柔软绒羽。脚在身体的后部，靠近臀部，跗蹠侧扁，内侧黄绿色、外侧橄榄绿色；四趾上有宽阔花瓣样瓣蹼。中趾内缘锯齿状，后趾短小，位置比其他趾高，或者缺如。身体上的羽毛短且稠密，具有抗湿性，不透水；具有副羽，尾脂腺也被羽。

冬羽和夏羽相似，但嘴由黑褐色变为红色，上体羽色较暗，头顶冠羽短而不明显，皱领消失。

鸣叫声： 成鸟鸣叫声深沉洪亮，雏鸟乞食如"ping-ping"笛声。

体尺衡量度（长度 mm、体重 g）：

标本号	时间	采集地	体重	体长	嘴峰长	翅长	跗蹠长	尾长	性别	现保存处
B000024					49	188	59	39		山东博物馆
					46	44	182	65		山东师范大学
	1958	微山湖		405	46	175	56	20	♀	济宁一中
830293	19840403	鲁桥	660	457	45	198	37	59	♂	济宁森保站
	1938	青岛*				175～179				不详

＊寿振黄（1938）采到 4 只雌鸟标本，重 630g、895g、950g、1000g，翅长 175～179mm

栖息地与习性： 栖息于开阔平原、湖泊、江河、水塘、水库和沼泽地带，喜富有挺水植物和鱼类的大小湖泊及水塘。冬季多栖息于沿海海湾、河口、大的内陆湖泊、水流平稳的河流和沿海沼泽。迁徙时常成对或成小群或多在开阔水面上活动，善游泳和潜水。游泳时颈向上伸直，和水面保持垂直姿势。活动时频频潜水，每次潜水时间多在 20～30s，最长可在水下停留 50s 左右。飞行较快，两翅鼓动有力，地上行走困难。

食性： 主要捕食各种鱼类，也吃昆虫及其幼虫、虾、蜥蚪、甲壳类、软体动物等水生无脊椎动物。偶尔也吃少量水生植物。

繁殖习性： 春季 3 月中下旬迁到东北繁殖地。繁殖期 5～7 月。通常营巢于距明水面不远的芦苇丛和水草丛中，分散营巢或成小群在一起营巢，巢属浮巢，巢露出水面部分 5～9cm，弯折部分芦苇或水草作巢基，再用芦苇和水草堆集而成；巢圆台状似一截顶圆锥体，顶部稍凹陷。5月中下旬产卵，每窝产5~7枚椭圆形卵，纯白色，孵化后逐渐变为污白色。第1枚卵产出后即开始孵卵，雌雄轮流孵卵。早成雏，孵化出来即能下水游泳和藏匿。

亚种分化： 全世界有3个亚种，中国分布1个亚种，山东分布为指名亚种 **P. c. cristatus**（Linnaeus），*Colymbus cristatus cristatus*（Linné）（Shaw 1938a）。

亚种命名 Linnaeus, 1758, Syst. Nat., ed. 10, 1：135（瑞典）

分布： 滨州-滨州；滨城区-东海水库，北海水库（20160423、20160517，刘腾腾20160424、20160517），蒲城水库。德州-陵城区-丁东水库（张立新20100619、20130317），得月湖（张立新20100616）；齐河县-华店（王秀璞20120926）。东营-（S）◎黄河三角洲，广南水库（20130412）；河口区（李在军20090406），◎孤岛水库（孙劲松20090308）；东营区-沙营（孙熙让20120529）。济南-（WP）济南；槐荫区-玉清湖（20141213，赛时20131130）；天桥区-鹊山水库（20120102，张月侠20141213），龙湖（20141007，陈云江20120407），北园。济宁-●（P）济宁*,（P）南四湖；任城区-太白湖（20160411，张月侠20150502）；曲阜-沂河公园（20140804成幼）；微山县-●南阳湖（聂成林20090524），●微山湖。青岛-市北区-●（Shaw 1938a）大港；城阳区-棘洪滩水库（20150315）。日照-日照水库（20140304，成素博20111124），付疃河（成素博20150322）；东港区-银河公园（王秀璞20140304）。泰安-（W）泰安；岱岳区-牟汶河（刘兆瑞20151101），●黄前水库；泰山区-大汶河（彭国胜20151016）；东平县-●东平湖。潍坊-高密-姜庄镇城北水库（宋肖萌20150829）。威海-环翠区-双岛，幸福海岸公园（20150103）；荣成-八河，马山；乳山-龙角山水库（20131221）；文登-米山水库。烟台-栖霞-白洋河（牟旭辉20130123），牟平-沁水河口（王宜艳20151220）。淄博-淄博；高青县-大芦湖（赵俊杰20160319）。胶东半岛，鲁西南平原湖区。除海南外，各省份可见。

区系分布与居留类型：［古］R（PSW）。

种群现状： 羽、肉有经济价值；体态优美，具观赏价值。物种分布范围广，种群数量趋势较稳定，被评价为无生存危机的物种。在山东数量较普遍，田丰翰（1957）记录旅鸟后，纪加义（1986）记为繁殖鸟类新记录，分布普遍且较常见，列入山东省重点保护野生动物名录。

物种保护： III，中日，Lc /IUCN，无危 /CSRL。

参考文献： H8，M520，Zja8；La245，Q6，Qm188，Z6，Zx3，Zgm2。

山东记录文献： 郑光美2011，朱曦2008，钱燕文2001，范忠民1990，郑作新1976、1987，Shaw 1938a；赛道建2013、1994，吕磊2010，于培潮2007，贾文泽2002，田家怡1999，闫理钦1998a，赵延茂1995，刘岱基1994，孙振军1988，纪加义1987a，田丰翰1957。

8-01 角䴙䴘
Podiceps auritus（Linnaeus）

命名： Linnaeus C, 1758, Syst. Nat., ed. 10, 1：135（瑞典）

英文名： Horned Grebe

同种异名： 水葫芦，水老鸹；*Colymbus auritus*（Linnaeus），*Colymbus cornutus*（Gmelin）；Slavonian Grebe

鉴别特征： 嘴黑色、端白色，过眼纹和羽冠橙黄色，头顶、后颈和上体黑色，前颈、颈侧、胸和两胁栗色。冬羽，脸部、喉、前颈、下体白色。飞行时，可见白色翼镜。

形态特征描述： 中等游禽。嘴直而尖，黑色，先端黄白色；虹膜红色。自眼先经眼枕后有一簇修长的赭栗金黄色耳状饰羽，位于头的两侧，好像两只"角"。头侧、颏、喉黄白色，喉下围有栗色羽毛；头顶和上体黑色，具金属光泽。背和两肩羽缘淡褐色。初级飞羽12枚，黑褐色，羽轴纹黑色，内翈基部白色；外侧次级飞羽白色缀褐色，中间次级飞羽纯白色，内侧次级飞羽黑色而基部白色。翼上覆羽灰褐色，内

角䴙䴘（于英海20151114 摄于乳山海湾新区）

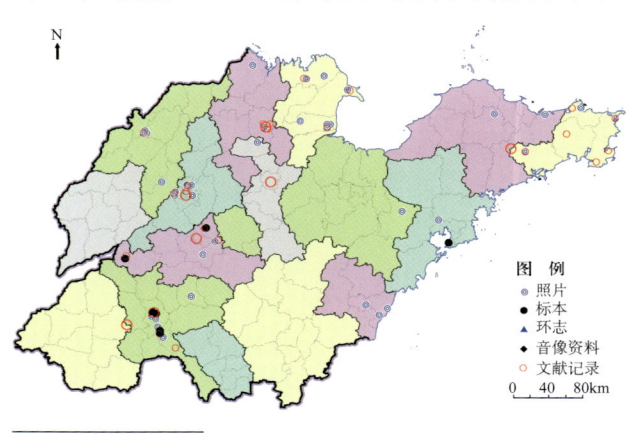

* 本文中标记济宁处，表明济宁一中所采集保存的当地鸟类标本

侧大覆羽白色具黑褐色斑；翼下覆羽白色，翼缘缀有褐色。前颈、上胸和两胁栗红色，其余下体白色。尾羽短小，由绒羽组成。跗蹠前面黑色，后面淡黄灰色。

冬羽 头顶、后颈、背、腰、翼上覆羽黑褐色。颏、喉、前颈、下体体侧白色；初级飞羽灰褐色；次级飞羽形成明显的白色翼镜。

幼体 似冬羽，上体褐色更多，头和颈侧暗色条纹不明显。

鸣叫声：暂无鸣叫声记录。

体尺衡量度（长度 mm、体重 g）：

标本号	时间	采集地	体重	体长	嘴峰长	翅长	跗蹠长	尾长	性别	现保存处
					19	122	40	30	幼体	山东师范大学
					50	177	65	42		山东师范大学

栖息地与习性：栖息低山地带，生活在富有水草、芦苇的江河、湖泊中。成对或小群于水中活动、休息。繁殖期主要栖于内陆湖泊及沼泽地带，非繁殖期主要栖于沿海近海水面、海湾、河口和沼泽地带。白天成对或单只活动，善游泳和潜水，游泳时颈伸直，遇惊有时飞逃，有时潜入水中，仅露出嘴、眼进行呼吸、窥伺。清晨和下午频繁潜水觅食水生生物，成对或小群沿海岸和河流进行迁徙。

食性：主要以各种水生昆虫、甲壳类、小鱼、蛙、蝌蚪等水生动物为食，也吃少量植物种子和水生植物。

繁殖习性：繁殖期5～8月，营巢于开阔苔原和森林中的湖泊及水塘的芦苇丛或水草丛中，巢多属浮巢。每窝多产卵4～5枚，雌雄鸟轮流孵卵，以雌鸟为主，孵化期20～25天。

亚种分化：全世界有2个亚种，因与指名亚种差异轻微而不为多数学者支持。中国1个亚种，山东分布为指名亚种 *P. a. auritus*（Linnaeus）。

亚种命名 Linnaeus C，1758，Syst. Nat.，ed. 10，1：135（瑞典）

分布：东营 - ◎黄河三角洲；自然保护区（何鑫 20071201）。济南 - 济南。济宁 - 南四湖。青岛 -（P）青岛。泰安 - 东平县 - 东平湖。威海 -（P）威海；环翠区 - 双岛；荣成 - 八河、石岛；文登 - 五垒岛；乳山 - 海湾新区（于英海 20151114）。烟台 - 牟平区 - 泌水河口（王宜艳 20161106）。胶东半岛、鲁西南平原湖区。

黑龙江、辽宁、河北、浙江、福建、新疆、台湾、香港。

区系分布与居留类型：［古］（WP）。

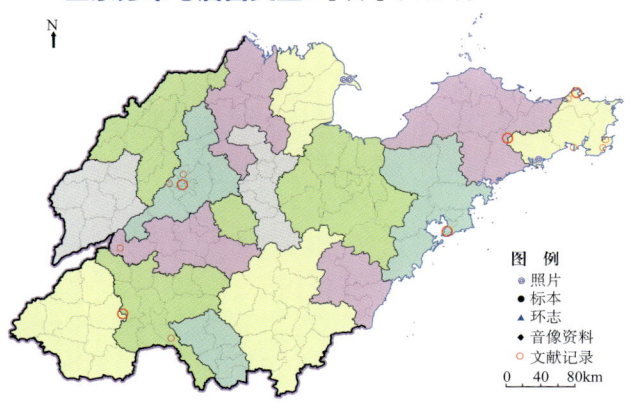

种群现状：捕食昆虫，有利于农林业。羽、肉经济价值较高。体形优美，具观赏价值。我国数量极少，且数量呈锐减趋势，IWRB调查，1990年60只，1992年30只。国外也不理想，应严加保护。山东分布数量稀少，未列入山东省重点保护野生动物名录。

物种保护：Ⅱ，中日，Lc/IUCN。

参考文献：H6，M521，Zja6；La248，Q6，Qm188，Z4，Zx3，Zgm3。

山东记录文献：郑光美2011，朱曦2008，赵正阶2001，钱燕文2001，范忠民1990，郑作新1976、1987，Shaw 1938a；赛道建2013，闫理钦1998a，纪加义1987a、1987f。

● 9-01 黑颈䴙䴘
Podiceps nigricollis Brehm

命名：Brehm CL，1831，Handb. Naturg. Vog. Deutschl.：963（德国中部）

英文名：Black-necked Grebe

同种异名：—；—；Eared Grebe

鉴别特征：嘴细尖上翘、黑色，眼后饰羽金黄色。头颈、上体黑色，下体白色，两胁红褐色。冬羽，无饰羽，喉、颊灰白色，前颈、颈侧浅褐色，体侧白色杂灰黑色。

形态特征描述：嘴黑色，尖细微向上翘。虹膜红色。眼后丝状饰羽呈扇形，基部棕红色逐渐变为金黄

黑颈䴙䴘（成素博 20111124 摄于日照水库；于英海 20151101 摄于乳山海湾新区）

色。头颈和上体黑色；两翼覆羽黑褐色，初级飞羽淡褐色、内侧先端白色逐渐过渡到内外全白色。胸侧和两胁栗红色，缀有褐色斑；翼下覆羽和腋羽白色。跗蹠外侧红黑色，内侧灰绿色。

冬羽 额、头颈、枕后颈至背石板灰色，颏、颊、喉及后头两侧白色，前颈淡褐色。腹中部黑色，腰侧和尾部白色、羽尖黑色。翼上覆羽黑褐色，初级飞羽褐色、内翈白色，次级飞羽白色。胸腹银白色，胸侧和腹侧羽端灰黑色，下腹、肛区褐色、羽端白色。

幼鸟 颏、喉白色，前颈和上胸暗灰色，其余部分似成鸟冬羽。

鸣叫声：繁殖期叫声似哀笛音"poo-eeet"，或尖厉颤音。

体尺衡量度（长度mm、体重g）：

标本号	时间	采集地	体重	体长	嘴峰长	翅长	跗蹠长	尾长	性别	现保存处
					20	125	45	22		山东师范大学
B000025					23	131		21		山东博物馆
12915*	19370410	青岛红岛		305	23	133	34		♂	中国科学院动物研究所
	1938	青岛**	475			130~137				不详
	1938	青岛	335~440			126~132				不详

* 平台号为2111C0002200002948；** Shaw（1938a）：4♂重475（430~520）g，翅长130~137mm；7♀重386（335~440）g，翅长126~132mm

栖息地与习性：栖息于内陆淡水湖泊、水塘、河流及沼泽地带，常见于岸边富有植物的湖泊和水塘中。冬季栖息于沿海、河口，以及内陆湖泊、池塘、江河、水塘和沼泽地带。成对或成小群活动在开阔水面。多在挺水植物丛中或附近水域中活动，频频潜水，每次潜水时间可达30~50s，遇人则躲入水草丛。翅短不易飞起，飞起时离水面很近，翅膀在水面上打起水波，飞行约10多米。4月从越冬地迁到繁殖地，秋季10月末南迁；迁徙时多成对，偶见数只小群或单只活动。在水中潜水觅食。

食性：主要食物为各种小鱼、蛙、蝌蚪、昆虫及其幼虫，以及蠕虫、甲壳类和软体动物，也食少量水生植物。

繁殖习性：繁殖期5~8月。每年4月上中旬迁入繁殖地，于芦苇、三棱草等水生植物的湖泊与水塘中营巢；成对或小群在一起营简陋浮巢，巢多筑在芦苇丛间或固定于芦苇丛上，由水生植物堆集而成；巢呈圆台状，露出水面部分为3~4cm，巢中心部分稍微内凹。每窝产卵4~6枚，白色或绿白色卵随着孵化逐渐变为污白色，卵径约42mm×29mm。雌雄亲鸟轮流孵卵，第1枚卵产出后即开始孵卵，孵化期约21天。早成雏，孵出第2天即能下水游泳。

亚种分化：全世界有3个亚种，中国1个亚种，山东分布为指名亚种 ***P. n. nigricoliis***, Colymbus nigricollis nigricollis Brehm, Podiceps caspicus caspicus（Hablizl）。

亚种命名 Brehm CL, 1831, Handb. Naturg. Vog. Deutschl.：963（德国中部）

分布：东营-（P）◎黄河三角洲。济宁-（P）南四湖。青岛-●（Shaw 1938a）青岛；李沧区-●（Shaw 1938a）沧口；黄岛区-●（Shaw 1938a）薛家岛。日照-日照水库（成素博20111124）。泰安-（W）泰安，●泰山，●黄前水库；东平县-东平湖。威海-（P）威海；荣成-八河，天鹅湖；乳山-海湾新区（于英海20151101）。烟台-牟平区-泌水河口（王宜艳20161113）。淄博-淄博。胶东半岛，鲁中山地，鲁西北平原，鲁西南平原湖区。

除西藏、海南外，各省份可见。

区系分布与居留类型：[古]（PW）。

种群现状：羽和肉均可利用，具有较高观赏价值，捕食昆虫对农业有益。分布范围广，物种不接近物种生存濒危临界值标准，但种群数量及趋势不清楚，因生物毒素、病原体、沿岸石油污染的威胁、栖息地海洋表面温度升高、食物减少和羽毛防水性能降低导致的体温下降等会造成种群数量的下降，1990年我国见到29只，1992年11只，国外数量亦趋减少，应加强保护。山东分布广、数量稀少，列入山东省重点保护野生动物名录。

物种保护：Ⅲ，中日，Lc/IUCN，无危/CSRL。

参考文献：H7，M522，Zja7；La250，Q6，Qm188，Z5，Zx3，Zgm3。

山东记录文献：郑光美2011，朱曦2008，钱燕文2001，范忠民1990，郑作新1976，1987，Shaw 1938a，赛道建2013，贾文泽2002，田家怡1999，闫理钦1998a，赵延茂1995，刘岱基1994，纪加义1987a。

3　鹱形目 Procellariiformes

大洋性鸟类，形似海鸥，雌雄相同。头骨为裂腭形。嘴长，尖端有钩，左右鼻孔管状，并列位于嘴峰两侧；上嘴由角质片构成并有沟分割。羽毛多为灰褐色，下体多为白色。翅发达，善飞翔。尾为凸形或方形。后趾缺少或退化，前三趾具蹼直达爪基部。

在土洞、岩穴中筑巢，每窝产 1 枚白色卵，孵化期 40~60 天，长者达 70 天。

全世界有 4 科 23 属 103 种；中国有 3 科 7 属 12 种，山东分布记录有 3 科 4 种。

鹱形目科、种分类检索表

1. 后趾较小，鼻管基部融成一管，尾上覆羽同背部 ············ 海燕科，黑叉尾海燕 *Oceanodroma monorhis*
   后趾退化，鼻管左右并列，跗蹠侧扁前缘锐角，头羽白缘显著 ············ 鹱科，白额鹱 *Calonectris leucomelas*
   不具后趾，鼻管位于嘴峰两侧 ··· 2 信天翁科
2. 嘴淡色，长度超过 115mm，背部白色 ···································· 短尾信天翁 *Diomedea albatrus*
   嘴暗色，长度短于 115mm，全身纯褐色 ······································ 黑脚信天翁 *D. nigripes*

3.1　信天翁科 Diomedeidae

大型海鸟。体形粗短，头尖而颈长。嘴强大，上嘴多由角质片覆盖，具钩曲。鼻管短，位于嘴峰两侧基部。翅长且发达，善飞行，常紧贴海面飞行。尾短。脚位于身体后部，前趾具蹼而无后趾。

全世界有 2 属 14 种；中国有 2 属 3 种，山东分布记录有 1 属 2 种。

10-00　黑脚信天翁
Diomedea nigripes Audubon

命名： Audubon JJ，1839，Orn. Biogr.，5：327（Pacific Ocean at 30°44′N lat. By 146°W long）

英文名： Black-footed Albatross

同种异名： —；*Phoebastria nigripes*（Audubon，1849）；—

鉴别特征： 体型较小。嘴黑色而基部、眼下方灰白色。通体黑褐色。脚黑色。似短尾信天翁亚成体，但其个体大，嘴、脚非黑色，身上有明显白斑，成鸟白斑大，体羽多为白色，嘴粉色，容易区别。

形态特征描述： 两性相似。嘴强而侧扁，几乎和头等长，黑色，嘴基周围白色，前额灰色，眼下和过眼区有白色横斑。颊前部和颏白色，颊后部、喉和耳区灰色。前颈灰褐色。上体黑褐色，部分尾上覆羽白色，下体灰色、腹中部逐渐变淡。肩羽非常长，飞羽、翼覆羽和尾羽黑褐色，较上体略暗。翅尖长。初级飞羽 11 枚，第 1 枚退化，第 2 枚最长，第 11 枚最短。次级飞羽短，37 枚。尾下覆羽亦有部分为白色。尾短稍圆，尾羽 12 枚。脚强而短，跗蹠左右侧扁，具网状鳞，趾和蹼黑色。

幼鸟　嘴黑褐色，尖端和基部较暗。虹膜暗褐色。头部较暗，头侧缀有灰色，前颈黑褐色，喉和颏灰色。上体黑褐色，下体暗灰色，翅黑褐色，内翈缀有灰色。脚黑色。

鸣叫声： 叫声低沉。

体尺衡量度（长度 mm、体重 g）： 山东暂无标本及测量数据。

栖息地与习性： 繁殖期栖息于开阔海洋中的小岛和附近海域，活动于少植被草地、海滩和斜坡上；非繁殖期主要栖息活动在开阔海洋和海湾地区。仅繁殖期上陆生活，整天在宽阔洋面上飞翔。常见于台湾海峡，单只、成对或成小群活动。休息时，在海面上随波逐流。喜欢接近航行船只、伴随飞行，但不靠近海岸。白天和晚上都进行活动，在海面表层觅食，食物丰富时常集成数只小群，善飞行和游泳，陆地行走困难。

食性： 主要捕食头足类、软体动物等海洋无脊椎动物和鱼类，以及船上废弃垃圾。

繁殖习性： 终年留居于北太平洋海域，非繁殖期到处游荡，漂泊不定。繁殖期 10~12 月，一雌一雄制，常成群营巢。在繁殖地的求偶表演可持续整个繁殖期。求偶时，雌雄面对面站立，低头、竖起胸部羽毛、两嘴接触，分开，重复多次后，半张双翅，头仰向后，垂直伸出嘴，发出低沉鸣叫，配偶即叩打嘴，或雌雄鸟将头仰向后和声鸣叫。营巢于海滨沙地上。挖一凹坑，卵即产于凹坑内，每窝产卵 1 枚，卵圆形、白色，卵径约 108mm×70mm。雌雄轮流孵卵，孵化期大约 42 天，幼鸟需要在巢中生活约 6 个月。

亚种分化： 单型种，无亚种分化。

分布： 东营 - ○黄河三角洲。烟台 - 烟台。（V）

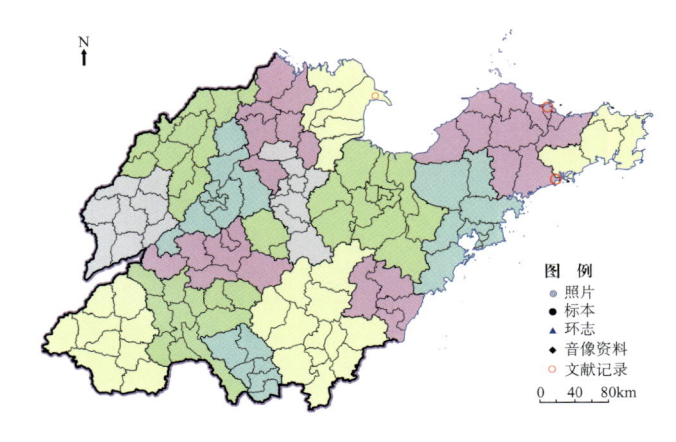

黄海沿岸。

浙江、福建、台湾、海南。

区系分布与居留类型：[东]（V）。

种群现状： 台湾海峡曾一年四季都见到，20世纪末已变得极稀少，近年来种群略有稳定，但由于捕鱼船队捕捉、海平面上升和繁殖地风暴潮等因素，种群数量仍可能快速下降，为近危物种，需要加强保护，加强种群趋势监测，评估时空分布边界，采取最佳海鸟保护措施，缓解渔业对该物种的威胁。在夏威夷，所有的黑脚信天翁繁殖地都纳入了美国国家野生动物保护系统或者夏威夷海鸟保护区。山东分布首见于付桐生（1987）记录，有分布名录报道，未见佐证及物种研究报道，有待进一步确证（赛道建 2013），至今无标本、照片等分布现状实证，未列入山东省重点保护野生动物名录，分布现状应视为无分布。

物种保护： Ⅲ，Na/CSRL，中日，En/IUCN（2012），Nt/IUCN（2013），2/CMS。

参考文献： H11，M590，Zja11；L204，Q6，Qm183，Z8，Zx4，Zgm3。

山东记录文献： 付桐生 1987；赛道建 2013，张月侠 2015，贾文泽 2002。

11-20 短尾信天翁
Diomedea albatrus Pallas

命名： Pallas PS, 1769, Spic. Zool., 1（5）：28（西伯利亚堪察加半岛）

英文名： Short-tailed Albatross

同种异名： 信天翁；*Phoebastria albatrus*（Pallas, 1769）；Steller's Albatross

鉴别特征： 大型海鸟。嘴粉红色。体白色而头颈缀黄色，背部具鳞状斑纹，初级飞羽和尾尖端黑褐色。脚暗灰色。

形态特征描述： 嘴粉红黄色，虹膜暗红色。体羽白色，头顶、枕和后颈缀有黄色。初级飞羽和尾羽尖端黑褐色、羽轴黄白色。最长肩羽、翅和尾端黑褐色。小覆羽黑白斑杂状，翅肩有大白斑。尾下覆羽和腋羽纯白色。脚暗蓝灰色，蹼黑色。

幼鸟 体羽暗褐色，头颈缀有黑色，上体缀有棕色。

鸣叫声： 暂无鸣叫声记录。

体尺衡量度（长度 mm、体重 g）：

标本号	时间	采集地	体重	体长	嘴峰长	翅长	跗蹠长	尾长	性别	现保存处
B000027					125	485	82			山东博物馆

栖息地与习性： 栖息活动于海洋、近海岛屿和沿海地带。单只或成对活动，在食物丰富处可集小群活动。善飞行、游泳，但不潜水。性警觉、孤独而安静，除繁殖期外一般不鸣叫。在水面进行觅食活动。

食性： 主要以栖息于水表层的小型软体动物、其他无脊椎动物及小鱼为食。

繁殖习性： 幼鸟 5~10 年性成熟。繁殖期 10~12 月，多栖息于偏僻而孤立的海洋岛屿上，在地上或低矮植物上营巢，每窝产卵 1 枚，卵壳粗糙、白色。雌雄轮流孵卵，晚成雏。

亚种分化： 单型种，无亚种分化。

分类地位在 *Diomedea* 和 *Phoebastria* 间有多次分合变化，Nunn 等（1996）以线粒体脱氧核糖核酸（mitochondria DNA）对信天翁科的亲缘关系进行分析后，认为分布在北太平洋的 *Phoebastria*，虽与 *Diomedea* 的亲缘关系较近，但两属皆为单支序，应分别处理。目前，世界名录仍将短尾信天翁列为 *Phoebastria*。

分布： 青岛 -（P）青岛，沿海湿地。烟台 -（P）烟台。胶东半岛。

江苏、福建、台湾。

区系分布与居留类型：[东]（P）。

种群现状： 由于人类曾为了羽毛而大肆捕获及火山多次爆发等原因，致使种群数量日趋减少。繁殖分

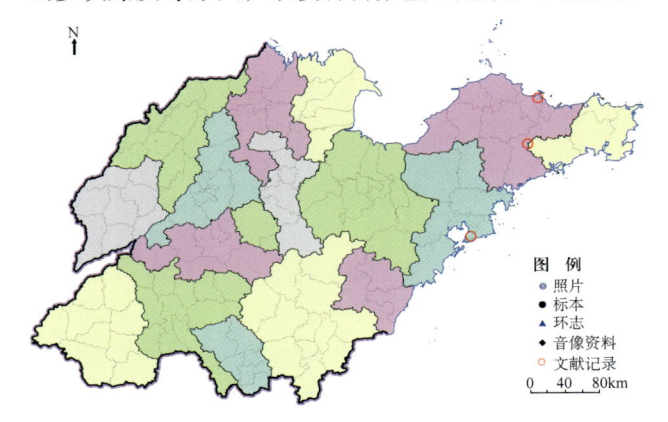

布区域窄，数量稀少，1986 年在我国伊豆群岛观察到 213 只，我国台湾也有发现。目前，钓鱼岛列岛有繁殖记录，11 月至翌年 5 月为繁殖期，种群数量极稀少，急需加强物种和栖息环境的保护，促进种群的繁衍增殖。山东分布：Swinhoe（1875）、Shaw（1938a）报道以来，虽有标本但近年来无照片实证，且已经多年无相关研究报道，分布现状应视为无分布，需要进一步研究确证，未列入山东省重点保护野生动物名录。

物种保护： Ⅰ，E/CRDB，中日，1/CITES，Vu/IUCN。
参考文献： H10，M589，Zja10；La207，Q6，Qm183，Z8，Zx4，Zgm3。
山东记录文献： 郑光美 2011，朱曦 2008，赵正阶 2001，钱燕文 2001，范忠民 1990，郑作新 1976、1987，Shaw 1938a，Swinhoe 1875；赛道建 2013，田贵全 2012，贾文泽 2002，王希明 2001，刘岱基 1994，孙振军 1988，纪加义 1987a、1987f。

3.2 鹱科 Procellariidae

中型海鸟，体形似鸥，雌雄相同。嘴尖端有钩。鼻孔管状，鼻管较长，左右并列，中间有间隔。翅长、发达。尾呈圆尾或凸尾状。羽毛有臭味，具保护作用。跗蹠被网状鳞，后趾退化，前三趾具蹼。善飞翔，常在海面作螺旋圆圈飞行，并喜欢跟随海洋中航行的船舶飞行，潜水和游泳能力强。

全世界有 12 属 72 种；中国有 5 属 9 种，山东分布记录有 1 属 1 种。

● 12-01 白额鹱
Calonectris leucomelas（Temminck）

命名： Temminck CJ, 1836, Pl. Col., livr.99：pl. 587（日本海及长崎湾）
英文名： Streaked Shearwater
同种异名： 大水薙（tì）鸟，白额丽鹱（hù）；*Puffinus leucomelas*（Temminck），*Procellaria leucomelas* Temminck；White-fronted Shearwater, Motley-faced Shearwater

鉴别特征： 中型海鸟。嘴细长、先端有钩。前额、头侧白色，头、胸部具暗色纵纹，上体暗褐色，下体白色。

形态特征描述： 嘴细长具钩、褐色，鼻管较短。虹膜暗褐色。前额、头顶、头侧、前颈及颈侧白色，具暗褐色纵纹；额及眼先纵纹细窄且少。枕、后颈、背、肩、腰暗褐色，缀有灰白色羽缘。颏、喉、前颈及整个下体白色。翼下覆羽白色，具褐色斑。腋羽纯白色。飞羽黑褐色，次级飞羽具白缘、内翈基部白色。下体纯白无斑。尾楔形，尾黑褐色。跗蹠和趾皮黄绿色。

白额鹱（曾晓起 20060503 摄于沙子口；赛道建 19910815 摄于大公岛，标记亲鸟孵卵）

幼鸟 刚出生时，全身褐色，额、头顶至后颈较深，1 月龄前后，前颈、胸、腹至尾逐渐变白，以至为纯白色。

鸣叫声 夜晚返巢发出"wawu"鸣声与巢内亲雏联系，雏鸟乞食声如"zhizhi"。

体尺衡量度（长度 mm、体重 g）：

标本号	时间	采集地	体重	体长	嘴峰长	翅长	跗蹠长	尾长	性别	现保存处
427*	19370415	青岛		730	54	400	78	130	♂	中国科学院动物研究所
94*	19370427	大公岛		510	51	330	59	140	♂	中国科学院动物研究所
	199307	长门岩			51	290	51	158		山东师范大学
	199307	长门岩	576		49	305	50	138	♀	山东师范大学
	199107	大公岛			48	320	48	145		山东师范大学
	199209	大公岛	595		52	322	55	146	♂	山东师范大学
	199209	大公岛			49	318	48	176	♀	山东师范大学
	199209	大公岛	655		22	32	22		幼	山东师范大学
	199209	大公岛			36	105	40		幼	山东师范大学
	199209	大公岛			40	95	42		幼	山东师范大学
	199209	大公岛			38	90	40		幼	山东师范大学
	1938	大公岛	609**			326				不详
	1938	大公岛	552			311				不详

＊平台号为 2111C0002200002042；2111C0002200002950；＊＊ Shaw（1938a）记录 14♂重 609（540～680）g，翅长 326（318～334）mm；17♀重 552（480～640）g，翅长 311（301～322）mm

栖息地与习性： 典型海洋性鸟类，除繁殖期亲鸟在海岛巢洞中孵卵、育雏外，全部在海上活动，善飞翔，常在近水面迎风倾斜呈螺旋圈状向前飞行，发现鱼群急速下降捕食，亦善游泳和潜水。在水中游泳时身体露出水面甚多，尾抬得较高，前部向下倾斜。

食性： 主要捕食水生生物，如鱼类和软体动物等。

繁殖习性： 繁殖期4～10月。通常成功繁殖的配对4月底来山东沿海进行求偶活动，未成功繁殖的将在8～9月来海岛备选巢洞旁，一内一外相对鸣叫求偶，确定巢位和固定配对关系。集群在岛屿洞穴中繁殖，营巢于不能被海浪浸水的洞穴中，巢洞经多年连续按"约定"到达进行正常求偶活动选择、确定后，以巢周边景观为识别标志连续使用，一旦发生任何意外都会弃巢而去，洞口处具有一定坡度以便于滑翔起飞；巢用树枝和杂草堆集而成。每窝产1枚纯白色较大卵，重约74g；雌雄轮流孵卵约35天，因天气等原因可延长1～3天换孵，亲鸟白天出海觅食，夜间来海岛进行繁殖活动、换孵；孵卵期间攻击任何进入巢洞中的入侵者，可将因翻卵滚出巢的卵"钩回"继续孵卵，但"转向攻击"因外力移动的卵直至啄碎为止。晚成雏，育雏期大约50天，初期雌雄隔日返巢逆呕2次食物育雏，后期雌雄每日夜间返巢共同承担2次喂食任务，雏鸟离巢后即不再返回。换卵、换雏试验，其活动正常进行，但超过义亲育雏期，亲鸟会弃义雏离开，让其饿死洞中；见到危险，亲鸟会猛烈转向攻击雏鸟至观察人员离开。从求偶到幼鸟出飞期间，雌雄亲鸟有一方未按"约定"时间返巢或卵、雏丢失，则弃巢，此巢洞也将不再继续使用。

亚种分化： 单一种，无亚种分化。

分布： 东营-黄河三角洲。青岛-崂山区-（S）潮连岛，●*（1991，Shaw 1938a）▲（崔志军1994）大公岛（19910815），●（19920720）长门岩岛（19920810），沙子口（曾晓起20060503）。日照-前三岛。烟台-招远-张星镇大郝家（蔡德万20131114）。胶东半岛。

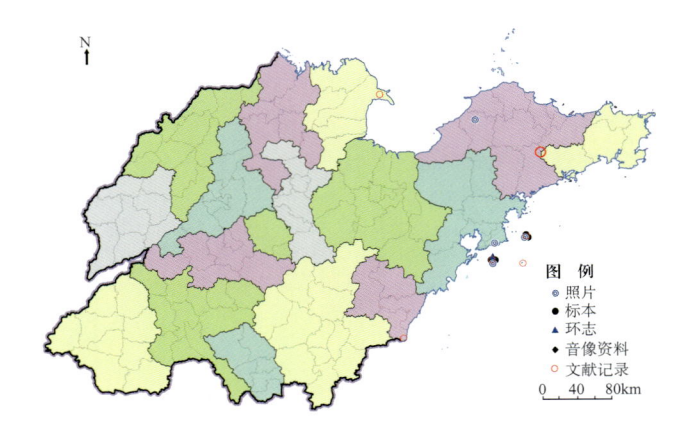

辽宁、江苏、江西、上海、浙江、福建、台湾、海南。

区系和居留类型： [广]（S）。

种群现状： 曾在旅顺、青岛附近的海岛、长江口、浙江、福州、台湾等地采到标本。除20世纪30年代，有在大公岛上采到标本、卵曾被当地渔民采食（寿振黄1938a）的报道外，直到90年代，才有环志（崔志军1993）、分布巢数和行为生态及卵壳超微结构（赛道建1993、1994、1996b）的研究报道；近年来，由于海岛旅游开发和物种繁殖习性特殊等多种原因，数量已十分稀少，当地政府需要严格加强海岛自然环境和物种保护。

物种保护： Ⅲ，中澳，Lc/IUCN。

参考文献： H13，M584，Zja13；La216，Q8，Qm185，Z9，Zx4，Zgm4。

山东记录文献： 郑光美2011，朱曦2008，赵正阶2001，钱燕文2001，范忠民1990，郑作新1976、1987，Shaw 1938a；赛道建2013、2010、1997、1993、1996a，贾文泽2002，崔志军1994，刘岱基1994，孙振军1988，纪加义1987a，柏玉昆1982。

3.3 海燕科 Hydrobatidae

小型海洋性鸟类，外形似燕，栖息于海岛上，群集生活。鼻管基部合成一管，开口于嘴峰正中央。翅和腿比其他科为长。尾叉状。

全世界有32种；中国有1属3种，山东分布记录有1属1种。

● 13-01 黑叉尾海燕
Oceanodroma monorhis（Swinhoe）

命名： Swinhoe R, 1867, Ibis,（2）3：386（福建厦门）

英文名： Swinhoe's Storm Petrel

同种异名： 海燕，臭燕子；—；Swinhoe's Setrel

鉴别特征： 小型海鸟。体羽深褐色，浅灰色翼斑明显。尾深叉状。

形态特征描述： 嘴黑色，虹膜褐色；头颈灰黑色，额和嘴基部较淡。背、肩、尾上覆羽暗灰褐色，

---

* 赛道建1991～1993年先后在大公岛、长门岩岛拍照，并采到成鸟、卵、雏鸟标本，保存于山东师范大学标本室

羽轴黑色。小覆羽、次级飞羽、外翈和初级飞羽黑褐色，淡灰色翼斑明显；中覆羽、大覆羽和次级飞羽内翈淡褐色，具白色羽缘。下体乌灰色，翼下覆羽和尾下覆羽黑色。尾羽黑色，略分叉。脚黑色，内趾内侧和中趾基部两侧白色。

幼鸟 灰黑色，晚成雏。

鸣叫声： 孵卵时或在繁殖地海域活动时，发出嘈杂"zhizhi……"叫声。

黑叉尾海燕（曾晓起 20121018 摄于大公岛；赛道建 19920720 摄鸟卵于长门岩）

体尺衡量度（长度 mm、体重 g）：

标本号	时间	采集地	体重	体长	嘴峰长	翅长	跗蹠长	尾长	性别	现保存处
	1991	大公岛			14	155	23	80		山东师范大学
	1991	大公岛			14	155	24	78	♂	山东师范大学
	1991	大公岛			14	156	25	78	♂	山东师范大学
	1991	大公岛	38.9		15	158	24	79	♂	山东师范大学
	1991	大公岛			15	162	25	84	♂	山东师范大学
	1993	长门岩			14	161	23	82		山东师范大学
	1993	长门岩			15	158	24	86		山东师范大学
	1938	大公岛*	42～44			142～152				不详

*Shaw（1938）记录 3♂、3♀ 重 42～44g，翅长 142～152mm

栖息地与习性： 繁殖期栖息于海岸和附近海岛上，非繁殖期在海上游荡活动，成群在海面低空飞翔，飞行特点似燕鸥，鼓动两翼或在水面上空滑翔，在海面上休息、弹跳及俯冲捕食，有时跟随船只捕食活动；夜间成群返回海岛进行繁殖活动，能在地上快速行走。孵卵、育雏期间，白天单亲栖息洞中，遇到危险时，能喷吐带特殊臭味的绿色液体（胃油）进行防御。

食性： 主要捕食各种小鱼、甲壳类、头足类等小型海洋动物。

繁殖习性： 繁殖期，在海洋中大小不同的各种岛屿地面上、洞穴中、石缝间营巢，常利用旧巢。每窝产卵 1 枚，卵白色，卵径约 31mm×24mm。雌雄共同孵卵、育雏，亲鸟白天在大洋觅食活动，晚间集群返巢换孵或育雏，晚成雏，育雏期约 30 天。

亚种分化： 全世界有 2 个亚种，中国有 1 个亚种（郑作新 1976、1987，赵正阶 2001），山东分布为指名亚种 *O. m. monorhis*（Swinhoe）。近年来，学者认为本种为单型种，无亚种分化（郑光美 2011，刘小如 2012）。

亚种命名 Swinhoe, 1867, Ibis,（2）3: 386（福建厦门）

分布：东营 - 黄河三角洲。**青岛** - 近海海岛；崂山区 -（S）●（19910827，Shaw 1938a）▲大公岛（19910812，曾晓起 20121018），潮连岛，●（19920720）长门岩（19920720）。**日照** -（S）前三岛 -●车牛山岛，●达山岛，●（高育仁 1984）平山岛。**威海** - 威海。胶东半岛。

辽宁、河北、江苏、上海、浙江、福建、台湾、广东。

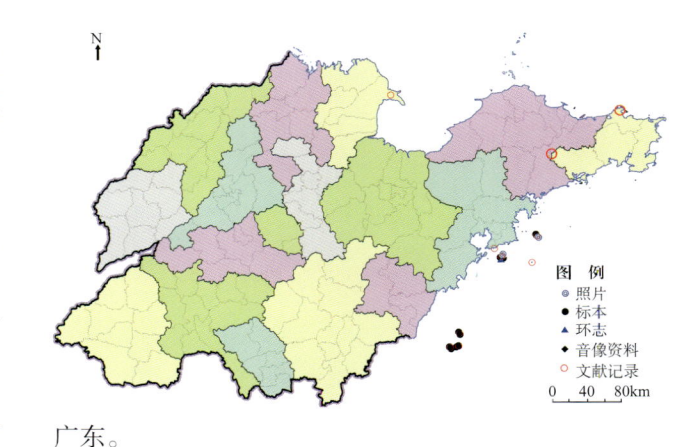

区系分布与居留类型：[古]（S）。

种群现状： 国内有其分布及繁殖行为、生态、卵壳超微结构等方面的研究。数量较少，分布于沿海岛屿，有关研究较少，赛道建 1991 年在大公岛上采到成鸟与卵标本，拍到幼鸟，标本保存在山东师范大学标本室；随着海岛的人工大规模开发已经对其生存构成威胁，需要加强物种与环境的保护，未列入山东省重点保护野生动物名录。

物种保护： Ⅲ，中日，Lc/IUCN。

参考文献： H21, M594, Zja21; La232, Q10, Qm186, Z11, Zx5, Zgm5。

山东记录文献： 郑光美 2011，朱曦 2008，赵正阶 2001，钱燕文 2001，范忠民 1990，郑作新 1976、1987，高育仁 1984，Shaw 1938a；赛道建 2013、1997、1996c、1994b，贾文泽 2002，刘岱基 1994，马金生 1990，纪加义 1987a，柏玉昆 1982，邹鹏 1980。

4 鹈形目 Pelecaniformes

雌雄相同。嘴强壮、圆锥形，尖端多具钩，嘴缘锯齿状；下嘴常有发育程度不同的皮肤囊（喉囊）。眼先裸出。翅较长，圆形。跗蹠短，具网状鳞片；腿位于体后部，四趾向前，由全蹼连在一起。

喜群居、善游泳，飞翔力强。营巢于地上或树上。每窝产 1~6 枚卵，雌雄孵卵，孵化期 30~40 天。晚成雏，索取亲鸟喉中食物。

全世界有 6 科 9 属 61 种；中国有 5 科 5 属 17 种，山东分布记录有 4 科 7 种。

鹈形目科分类检索表

1. 蹼呈深凹形，尾叉状 ·· 军舰鸟科
   趾间具全蹼 ··· 2
2. 体型甚大，嘴平扁，喉囊大、伸达嘴全长 ·· 鹈鹕科
   体型适中，嘴侧扁，喉囊小、限于嘴基部 ·· 3
3. 嘴形粗而稍呈锥状，嘴端不具钩 ··· 鲣鸟科
   嘴形细长，嘴端常具钩 ·· 鸬鹚科

4.1 鹈鹕科 Pelecanidae

雌雄相似，体型大，适于游泳和飞翔，外形特别。眼先裸出。鼻孔小。嘴长扁平且具嘴甲，尖端宽、基部窄，上嘴尖端钩曲状，喉囊大伸达下颌全长。翅大较笨重。腿短；脚短而宽、四趾具全蹼。

善游泳，用喉囊捕食鱼类。

全世界有 5 属 19 种；中国有 1 属 3 种，山东分布记录有 1 属 2 种。

鹈鹕科分种检索表

嘴粉红色、具蓝黑色斑点，冠羽短 ·· 斑嘴鹈鹕 *Pelecanus philippensis*
嘴铅灰色，嘴缘后半部黄色，冠羽卷曲状 ·· 卷羽鹈鹕 *P. crispus*

● 14-01 斑嘴鹈鹕
Pelecanus philippensis Gmelin

命名： Gmelin, 1789, Syst. Nat., ed. 13, 1: 571（菲律宾）

英文名： Spot-billed Pelican

同种异名： 灰鹈鹕，淘河，塘鹅；—；—

鉴别特征： 嘴肉红色、上嘴具蓝斑点，喉囊紫色具黑色云状斑，枕后具蓬松长羽。上体银灰色，下体白色缀有粉红色。

形态特征描述： 体型比其他鹈鹕都小。嘴长且粗，粉红肉色，嘴边缘具一排蓝黑色斑点，是与卷羽鹈鹕的区别特征。虹膜白色或淡黄色，具不明显褐色。喉囊颜色与卷羽鹈鹕不同，为紫色。上体淡银灰色，后颈羽毛淡褐色，较长而蓬松似马鬃，枕部则更为延伸形成短冠羽。飞羽黑色，尖端较淡。下体白色，腰部、两胁、肛周和尾下覆羽等处缀有葡萄红色。脚为黑褐色。

冬羽 头、颈、背部白色；腰部、下背、两胁和尾下覆羽白色，但露出黑色的羽轴。翅和尾羽为

斑嘴鹈鹕（赛道建 199104xx 摄于黄河口，飞翔）

褐色。下体淡褐色。

鸣叫声： 不详。

体尺衡量度（长度 mm、体重 g）： 山东暂无标本及测量数据。

栖息地与习性： 栖息于沿海海岸、江河、湖泊和沼泽地带。单独或小群活动。善游泳，飞翔力强，两翅扇动缓慢而有力，常在水面上空翱翔。游

泳时，颈伸得较直且与水面呈基本垂直状态，嘴斜朝下方。

食性：主要以鱼类为食，也捕食蛙、甲壳类、蜥蜴、蛇等。

繁殖习性：结群营巢。通常营巢于湖边和沼泽湿地中高大树上。庞大巢用树枝和干草构成。每窝产卵3～4枚，卵鸟白色，卵径约79mm×53mm。雌雄轮流孵卵，孵化期约30天。

亚种分化：单型种，无亚种分化（郑光美2011）。

曾与 *Pelecanus crispus* 作为本种的不同亚种，中国2个亚种，山东分布记录为指名亚种 *Pelecanus philippensis philippensis* Gmelin（郑作新1976，1987）。

分布：**东营** -（P）黄河三角洲，黄河口（199104xx）；自然保护区 - 大汶流。**济南** -（P）济南，●（田丰翰1957）黄河。**青岛** - 青岛。**潍坊** - 昌邑 - 潍河口。胶东半岛，鲁西北平原，鲁西南平原湖区。

河北、北京、新疆、江苏、上海、浙江、云南、福建、广东、广西、海南。

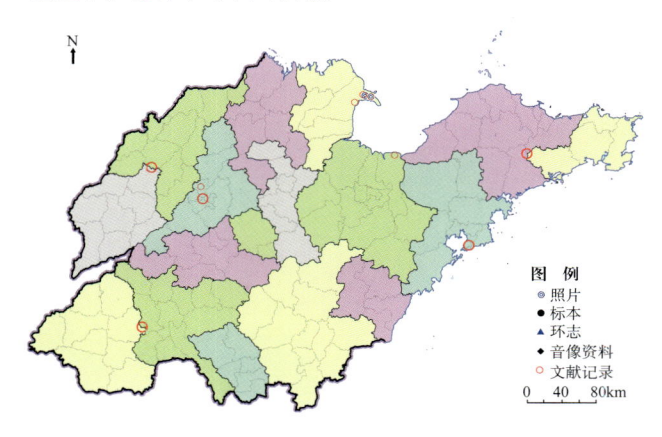

区系分布与居留类型：[东]（P）。

种群现状：全球性近危鸟类（Collar et al. 1994）。中国罕见鸟类，分布于华东及华南沿海一带，数量稀少；山东偶尔有过境记录和迁飞照片，故其分布情况有待进一步研究，以便加强物种与栖息环境的保护。

物种保护：Ⅱ，Nt/IUCN。

参考文献：H26，M566，Zja26；Q12，Qm201，Z14，Zx6，Zgm7。

山东记录文献：郑光美2011，朱曦2008，钱燕文2001，范忠民1990，郑作新1976、1987，Shaw 1938a；赛道建2013、1994，田贵全2012，贾文泽2002，张洪海2000，田家怡1999，赵延茂1995，刘岱基1994，孙振军1988，纪加义1987a、1987f，田丰翰1957。

○ **15-01　卷羽鹈鹕**
Pelecanus crispus Bruch

命名：Bruch CF，1832，Isis von Oken：Col. 1109（南斯拉夫 Dalmatia）

英文名：**Dalmatian Pelican**

同种异名：灰鹈鹕，冠鹈鹕；*Pelecanus philippensis crispus* Bruch，*Pelecanus roseus crispus*；—

鉴别特征：嘴铅色，尖端与基部黄色，眼周、喉囊淡黄色或橙红色。前额羽迹呈月牙形，冠羽松散卷曲。体银灰白色，羽轴黑色。翼下白色，飞行时仅翅尖黑色。

形态特征描述：大型游禽。嘴长且粗，铅灰色，上下嘴缘后半段黄色，前端有黄色爪状弯钩；下颌有一个橘黄色或淡黄色大型皮囊。额上羽呈月牙形线条状。头、颈背具卷曲冠羽。颊部和眼周裸露的皮肤乳黄色或肉色。颈部较长。体羽银白带灰色。翅膀宽大，飞羽黑色有白色羽缘；翼下白色，仅飞羽羽尖黑色。尾羽短而宽。腿较短，脚为蓝灰色，四趾之间均有蹼。

卷羽鹈鹕（刘涛 20151113 摄于保护区大汶流）

鸣叫声：繁殖期可发出低沉而沙哑的嘶嘶声。

体尺衡量度（长度mm、体重g）：山东暂无标本及测量数据。

栖息地与习性：栖息于内陆湖泊、江河、沼泽及沿海地带。喜群居，善飞行和游泳，也善于陆地上行走。颈部常弯曲成"S"形，缩在肩部。成年鹈鹕配对生活。在中国北方以北繁殖，冬季迁至南方越冬。

食性：以鱼为主食，兼食甲壳类、软体动物、两栖动物等。

繁殖习性：繁殖期4～6月。营巢于近水的大树上，或在地面营巢产卵。每窝产卵3～4枚，卵淡蓝色或微绿色。亲鸟轮流孵卵。刚孵出小鹈鹕灰黑色，尔后生出浅白色绒毛。双亲以半消化的鱼肉喂育雏鸟，雏鸟稍大后，把头伸进亲鸟张开的嘴巴喉囊里，啄食亲鸟带回的小鱼。

亚种分化：单型种，无亚种分化。

曾与斑嘴鹈鹕作为同种的不同亚种，但近年来研究发现，其与白鹈鹕（*P. onocrotalus*）亲缘关系较近，而与斑嘴鹈鹕的较远，故将两种分列。

分布：东营 - ◎黄河三角洲*，自然保护区 - 黄河口，大汶流（20130415，单凯20121108，刘涛20151113，央视新闻20151025）。**聊城** - 电厂水库（赵雅军20071003）。**日照** - 日照水库（成素博20111124）。（P）胶东半岛，鲁西南。

辽宁、内蒙古、河北、北京、天津、山西、河南、陕西、宁夏、甘肃、青海、安徽、江苏、上海、浙江、江西、湖南、湖北、福建、台湾、广东、广西、海南。

区系分布与居留类型：［古］（P）。

种群现状： 全球性易危物种（Collar et al. 1994）。数量稀少并呈区域性分布，因失去栖息地及被捕猎而大量减少。从2003年以来，我国有记录，最高记录29只。黄河三角洲湿地是鸟类迁徙的重要中转站，卷羽鹈鹕就是在此地发现许多珍稀鸟类中的一员，需要加强物种与栖息环境的监测性深入研究。

物种保护： Ⅱ，1/CITES，Vu/IUCN；《非洲 - 欧亚大陆迁徙水鸟保护协定》（AEWA，Agreement on the Conservation of African-Eurasian Migratory Waterbirds）保护物种。

参考文献： H27，M565，Zja27；La390，Qm201，Z14，Zx6，Zgm7。

山东记录文献： 郑光美2011，赵正阶2001，郑作新1987、1976，朱曦2008；赛道建2013，纪加义1987a、1987f。

4.2 鲣鸟科 Sulidae

大型海鸟。体羽黑白色或褐白色。嘴强锥形，端部渐细、稍下曲，上下嘴缘锯齿状。成鸟鼻孔能关闭，喉部多裸露。翅尖长，第1枚初级飞羽最长。尾楔形。两脚短健，趾具全蹼，中爪宽，具栉缘。

全世界有9种；中国有1属3种，均为国家Ⅱ级重点保护动物，山东分布记录有1属1种。

○ 16-20 褐鲣鸟
Sula leucogaster（Boddaert）

命名： Boddaert，1783，Tab. Pl. enlum. Hist. Nat.：57（法属盖亚那的Cayenne）

英文名： Brown Booby

同种异名： 棕色鲣鸟，白腹鲣鸟；*Pelecanus leucogaster* Boddaert，*Pelecanus plotus* Forster，1844；—

鉴别特征： 嘴长直、锥形、黄色，脸蓝绿色。上体黑褐色，下体白色。尾长、楔形、黑色。脚黄色。

形态特征描述： 体型大而细长，呈流线型。嘴粗壮、长直而尖，近似圆锥形，黄色，基部内侧和眼周裸露皮肤淡蓝色，虹膜灰色。头部、颈部、胸部和上体为黑褐色，胸以下包括翼下覆羽和尾下覆羽白色。翅窄、尖而长，上面黑褐色，翼下覆羽和腋羽白色。尾黑色，尖长呈楔形。脚粗短，淡黄绿色。

雌鸟 嘴基部内侧和眼周裸露皮肤黄色。

幼鸟 嘴灰色。头、颈和上体淡褐色，下体白色部分有褐色斑点，翼下白色部分具褐色斑纹。其余似成鸟。

鸣叫声： 叫声响亮而粗犷。

体尺衡量度（长度mm、体重g）：

标本号	时间	采集地	体重	体长	嘴峰长	翅长	跗蹠长	尾长	性别	现保存处
					360	570	93	160		山东师范大学

栖息地与习性： 栖息于热带、亚热带和温带海洋中的岛屿和海岸，有时亦出现于海湾、港口或河口地带。常成群生活，飞翔能力强，鼓翼飞翔和滑翔常交错进行。善游泳和潜水，常漂浮在水面上随波逐流或站立在岸边岩石上休息。觅食时常一边游泳一边潜入水中追捕鱼群，或在海面上空飞翔，发现猎物后，双翅紧收、俯冲扎入水中潜水追捕猎物，有时在海上长距离追踪猎物。

食性： 主要以各种鱼类为食，也捕食乌贼和甲壳动物等。

繁殖习性： 求偶时雄雌鸟各衔一根树枝放在脚上面对面地站着，然后用颈部互相缠绕。营巢于热带和亚热带海洋中的岛屿及海岸岩石上，巢由树枝和干草构成，多筑于悬崖边的地面上、小块灌丛间或珊瑚岛

---

* 此处指20世纪80年代以前的黄河三角洲

上，常构成松散的巢群。每窝产卵2~3枚，淡绿色或淡蓝色，卵径约61mm×40mm。

亚种分化： 全世界有5个亚种，中国有1个亚种，山东分布记录为海南亚种 ***S. l. plotus***（Forster）。

亚种命名　　Forster JR，1844，Descr. Anim.：278（太平洋 New Caledonia）

分布： 青岛-青岛。山东东部。（P）胶东半岛。

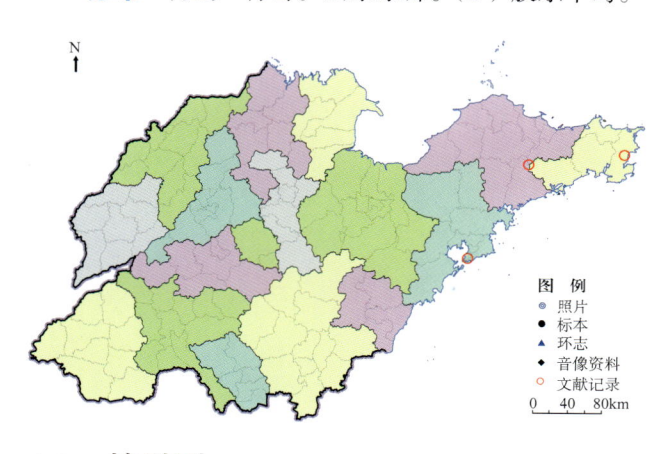

江苏、上海、浙江、福建、台湾、广东、海南、香港。

区系分布与居留类型：［广］（PR）。

种群现状： 蛋可食。过去曾广泛分布于南海诸岛，当地人捕捉成鸟和盗取鸟卵作为食物，以及自然环境变迁等是褐鲣鸟的重要致危因素，致使数量减少，现在已经难以见到，但具体数量不详。急需加强物种和生存环境的保护，加强繁殖生物学研究，提高种群繁殖力。山东仅胶东青岛附近海区有观察记录（寿振黄1957），卢浩泉和王玉志（2003）认为山东已无分布；近年来无研究报道与照片记录，需要加强对物种与分布现状的研究。

物种保护： Ⅱ，V/CRDB，中澳，Lc/IUCN。

参考文献： H29，M528，Zja29；La402，Q12，Qm203，Z14，Zx6，Zgm8。

山东记录文献： 郑光美2011，朱曦2008，范忠民1990，郑作新1987，寿振黄1957；赛道建2013，张洪海2000，刘岱基1994，纪加义1987a、1987f。

4.3　鸬鹚科 Phalacrocoracidae

嘴强壮呈锥形，上嘴两侧有沟，尖端具钩，下嘴有小喉囊。成鸟鼻孔完全隐蔽。眼先裸露。翅长而适中，飞行力强。尾短圆，羽干硬直。脚位于体后，跗蹠粗短无羽，趾扁，后趾长，趾间有蹼相连，爪曲。善游泳和潜水。以鱼类为食。

全世界有1属36种；中国有1属5种，山东分布记录有1属3种。

鸬鹚科分种检索表

1. 尾羽12枚，头、颈各具羽冠，额被羽，眼周暗红色，体黑色具紫蓝色光泽 ················ 海鸬鹚 *Phalacrocorax pelagicus*
   尾羽14枚 ··· 2
2. 喉裸出部伸达嘴角后，边缘羽毛纯白色，背、肩、翼上覆羽铜褐色，羽缘暗蓝色 ············ 普通鸬鹚 *P. carbo*
   喉裸出部不达嘴角后，背、肩羽、翼上覆羽暗绿色沾金属光泽 ····························· 绿背鸬鹚 *P. capillatus*

● 17-01　普通鸬鹚
Phalacrocorax carbo（Linnaeus）

命名： Linnaeus C，1758，Syst. Nat.，ed. 10，1：133（欧洲）

英文名：Great Cormorant

同种异名： 鸬鹚，鱼鹰，大鸬鹚；*Pelecanus sinensis*，*Pelecanus carbo* Linnaeus；Common Cormorant

鉴别特征： 头、颈、冠羽具紫绿色光泽和白色丝状羽，喉囊黄绿色，脸颊、喉白色，呈半环状。体黑色。两胁具白块斑。冬羽无丝状羽和白块斑。

形态特征描述： 上嘴弯曲呈钩状。虹膜翠绿色，眼先为橄榄绿色，缀以黑斑，眼下橙黄色。喉囊长、橄榄黑色，具有伸缩性；喉部白色羽形成宽带包围着裸露喉囊。体羽黑色，具紫色光泽，头、颈被白色细丝状羽，肩羽和翼上大覆羽暗棕褐色，羽缘黑色呈鳞片状，初级飞羽褐色，中级和三级飞羽灰褐具绿色金属光泽。下胁有一白色斑块。跗蹠和趾黑色。

幼鸟　　似成鸟。色淡上体呈暗茶褐色，头无

普通鸬鹚（马明元20140115摄于大明湖；单凯20121108摄于保护区大汶流）

冠羽，胸、腹中央丝亮白色。

鸣叫声： 繁殖季节，在夜栖地会发出"gua、gua、gua"粗哑叫声。

体尺衡量度（长度 mm、体重 g）：

标本号	时间	采集地	体重	体长	嘴峰长	翅长	跗蹠长	尾长	性别	现保存处
B000038					56	331	59	129		山东博物馆
	1958	微山湖	710		58	340	56	200	♂	济宁一中
	1938	青岛	1650			333				不详

注：Shaw（1938a）记录 1♀ 重 1650g，翅长 333mm

栖息地与习性： 栖息生活于宽阔水面，包括水库、湖泊、河川、河口与沿海地区，喜群栖，夜间常固定停栖于某一紧邻水域而无人为干扰的树林，出入多成群活动，白天，多停于沙洲、岩石或树上休息或展翅。游泳时身体下沉较多，颈向上直伸，头微向上仰，潜水能力强，但在陆地行走笨拙。飞行抵近水面，飞行时颈与脚伸直。单独或形成鸟群共同觅食鱼类，捕食水域的深度多在 1～3m。在我国北方繁殖，在长江以南及海南岛、台湾等地越冬。

食性： 主要以当地优势鱼类为食，喜食鲤科鱼类。

繁殖习性： 繁殖期 4～7 月。集体营巢，筑巢于树木或岩壁上，用树枝、芦苇、水草等构成。每窝产 3～4 枚卵。孵化期 27～31 天，雌雄鸟共同孵卵。雏鸟晚成雏，育雏期 50 多天，3～4 年达到性成熟。

亚种分化： 全世界有 7 个亚种，中国 1 个亚种，山东分布为中国亚种 *P. c. sinensis*（Blum-enbach）。

亚种命名 Blumenbach JF，1798，Abbild. Naturhist. Gegenst., 3：pl. 25（中国）

分布： 滨州-滨州；滨城区-东海水库，北海水库（20160423，刘腾腾 20160424），蒲城水库。**东营**-（S）◎黄河三角洲，自然保护区（单凯 20121108、20141020、20041028），一千二保护区（20151025）；东营区-辛安水库（孙熙让 20101023）。**菏泽**-（S）菏泽。**济南**-历下区-大明湖（赵连喜 20140115，马明元 20140115）；天桥区-鹊山水库（20150110），鹊山沉沙池（20141208，张月侠 20141213）。**济宁**-（S）济宁，（S）●南四湖（钟晓靖和韩汝爱 20100124）；微山县-微山岛（陈保成 20151030）。**聊城**-电厂水库（20160109）。**青岛**-青岛；城阳区-（P）●（Shaw 1938a）红岛*。**日照**-日照水库（20140305、20150320），东港区-付疃河（20140321、20150312，成素博 0150405）；崮子河（成素博 20131023），加仓口（成素博 20130129）。**泰安**-（S）泰安，大汶河；东平县-●东平湖。**烟台**-（W）烟台浅海；芝罘区-●（Shaw 1930）芝罘山；栖霞-白洋河（牟旭辉 20141117）；牟平区-鱼鸟河口（靖美东 20151005）。**淄博**-桓台县-马踏湖

---
* 现已经改观为陆地部分

（姚志诚 20000114）。胶东半岛，鲁中山地，鲁西北平原，鲁西南平原湖区，（S）山东。

见于各省份。

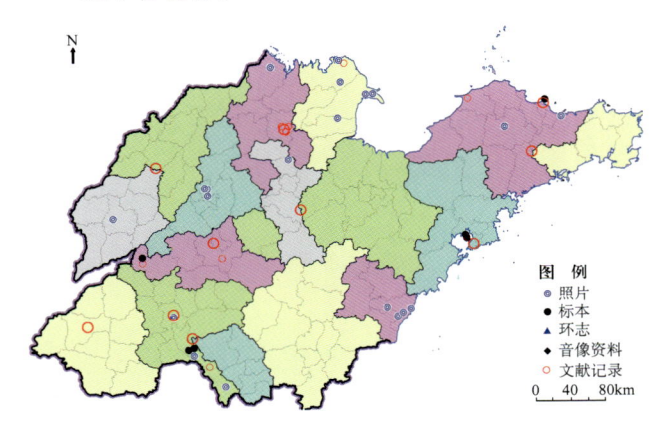

区系分布与居留类型： [广] PW（SW）。

种群现状： 是我国南方的普遍和常见物种；常被人类驯养、用来捕鱼。长期持续的乱捕和环境的破坏，致使野生种群数量稀少，造成在中西欧某些国家绝迹。国际水禽研究局在我国组织的亚洲隆冬水鸟调查，1990 年见到 5568 只，1992 年仅 2083 只；但亚洲越冬数量有所上升，种群生存无重大威胁。在山东分布数量不普遍，南四湖等地多有训作捕鱼用。近年来，多地在迁徙和越冬期间拍到照片，尚无在野外繁殖的观察报道，列入山东省重点保护野生动物名录。

物种保护： Ⅲ，无危/CSRL，Lc/IUCN。

参考文献： H32，M531，Zja31；La409，Q12，Qm204，Z15，Zx7，Zgm8。

山东记录文献： 郑光美 2011，朱曦 2008，钱燕文 2001，范忠民 1990，郑作新 1987、1976，Shaw 1938a；赛道建 2013，吕磊 2010，于培潮 2007，贾文泽 2002，王海明 2000，田家怡 1999，赵延茂 1995，纪加义 1987a。

18-01 绿背鸬鹚
Phalacrocorax capillatus
（Temminck *et* Schlegel）

命名： Temminck CJ，Schlegel H，1850，*in* Siebold，Faun. Jap., Aves：pl. 83（日本）

英文名： Japanese Cormorant

同种异名： 斑头鸬鹚，绿鸬鹚，暗绿背鸬鹚，丹氏鸬鹚；*Phalacrocorax filamentosus*（Temminck et Schlegel）；Temminck's Cormorant

鉴别特征： 头侧具白色丝状羽，颊、喉囊橙黄色。体羽黑绿色具光泽，两胁具白色大块斑。脚黑色，内侧缀有黄色。冬羽无丝状羽和白块斑。

形态特征描述： 嘴长直而尖、粗壮，呈圆锥形，先端钩状，嘴角暗褐色。嘴、眼先和眼周裸露无羽。虹膜绿色，眼后颊部白色。颊后、后头和后颈杂白色丝状羽。体羽黑绿色具光泽，背、肩和翼上覆羽暗绿色，两胁具白色大块斑。尾较长而圆，尾羽11枚。脚粗而强壮，黑色，内侧缀有黄色。四趾向前，具全蹼。

绿背鸬鹚（李宗丰 201103 摄于前三岛；赵兴 20070515 摄于车由岛）

冬羽 似夏羽，但颊后、头后和后颈无白色丝羽，两胁无白斑。

幼鸟 似成鸟，但嘴灰而嘴峰黑色，脸部裸露皮肤和喉囊黄色。颏、喉和脸的两边暗白色，下颈黑色，羽毛基部白色。背暗褐色。翼上覆羽和三级飞羽暗灰色，具黑色羽缘。上胸白色，缀有黑色斑点。下体中部白色，两胁和尾下覆羽黑褐色。脚和趾为黑色。

鸣叫声： 暂无鸣叫声记录。

体尺衡量度（长度 mm、体重 g）： 山东暂无标本及测量数据。

栖息地与习性： 海洋性鸟类。除迁徙季节会出现在内陆淡水水域外，栖息于海岸峭壁、小岛、礁岩上，以及河口附近。在沿岸海域潜水追捕猎物。

食性： 主要捕食鱼类。

繁殖习性： 繁殖期4～7月。巢常筑在海岸岩壁上，可集体营巢。每窝产卵4～5枚，卵白色，卵径约63mm×40mm。雌雄共同孵卵，孵化期约34天。育雏期约40天后出飞，3～4年后达到性成熟。

亚种分化： 单型种，无亚种分化。

分布： 东营 - ◎黄河三角洲。青岛 - （S）青岛。威海 - 威海。烟台 - （SW）烟台，浅海；长岛县 - 车由岛（赵兴 20070515）。胶东半岛。

辽宁、河北、北京、浙江、云南、福建、台湾。

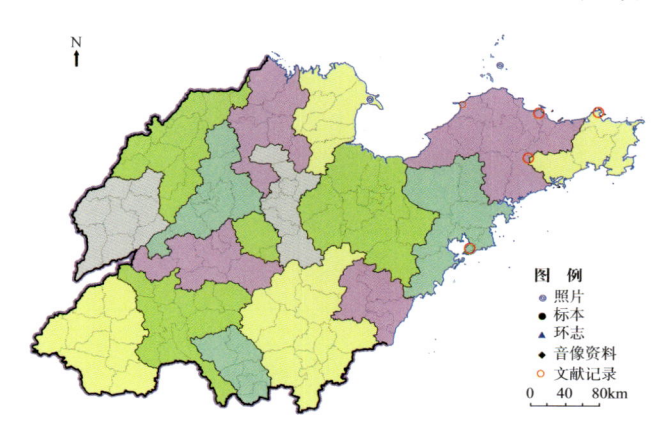

区系分布与居留类型： ［古］（SW）。

种群现状： 20世纪40～50年代曾遭受较大规模的猎杀。90年代的资料显示，全球族群数量约20 000只，在其主要分布范围内无重大威胁，未列入受威胁鸟类。山东分布记录数量稀少，列入山东省重点保护野生动物名录。

物种保护： Ⅲ，R/CRDB，Lc/IUCN。

参考文献： H32，M532，Zja32；La414，Q14，Qm205，Z16，Zx7，Zgm8。

山东记录文献： 郑光美 2011，朱曦 2008，赵正阶 2001，钱燕文 2001，范忠民 1990，郑作新 1987、1976，Shaw 1938a；赛道建 2013，于培潮 2007，贾文泽 2002，纪加义 1987a，柏玉昆 1982。

19-01 海鸬鹚
Phalacrocorax pelagicus Pallas

命名： Pallas PS，1811，Zoogr. Rosso-Asiat，2：303（西伯利亚堪察加半岛）

英文名： Pelagic Cormorant

同种异名： —；*Phalacrocorax bicristatus*，*Leucocarbo pelagicus*，*Stictocarbo pelagicus* Siegel-Causey，*Phalacrocorax kenyoni* Siegel-Causey；Sea Cormorant，Resplendent Shag

鉴别特征： 头顶、枕部各有一簇冠羽，喉颊裸露皮肤红色。通体黑色具紫色、绿色光泽，颈细长缀白色细羽，飞行时腰侧大白斑明显。冬羽无冠羽和白色细羽，红色喉部皮肤暗淡。

形态特征描述： 嘴细长，黑褐色。眼周及喉部皮肤裸露无羽，暗红色，虹膜绿色。前额被羽，头顶和枕部各有一簇铜绿色短冠羽，头侧具绿色金属光泽。通体羽黑色，颈细长，缀有白色羽并具紫色金属光泽。背羽、肩羽、胸、腹和翼覆羽黑色具绿色金属光泽。腰两侧、上腿部有大型白斑。尾黑色，长圆形，

海鸬鹚（何鑫 20131004 摄于大黑山岛）

尾羽 12 枚。脚粗短，黑色，趾间具有全蹼。

冬羽 嘴基和眼区裸露皮肤红色淡而不明显。无羽冠，颈无白细羽。腰侧无白斑。

幼鸟 眼周围为淡红褐色，头无冠羽，嘴基两侧和眼周淡红褐色。通体暗褐色，胁、上腿部无白斑。

鸣叫声： 繁殖季节，雄鸟会发出"哦—哦—哦"叫声。

体尺衡量度（长度 mm、体重 g）：

标本号	时间	采集地	体重	体长	嘴峰长	翅长	跗蹠长	尾长	性别	现保存处
90*	19370327	青岛大港	700	47	260	53	150		♀	中国科学院动物研究所
	1938	青岛	1350			247			♀	不详

* 平台号为 2111C0002200002837；Shaw（1938a）记录 1♀ 重 1350g，翅长 247mm

栖息地与习性： 栖息于温带海洋的近陆岛屿、沿海地带和河口、海湾。常成群停息在露出海面的礁岩上。多在海上活动，少数个体在海岸附近沼泽中活动；休息时和晚上飞到陆上。通过潜水追捕猎物，多单独在礁岩及海草间觅食，也会加入其他鸟类觅食群。

食性： 主要以各种鱼类为食，也会捕食甲壳动物等。

繁殖习性： 繁殖期 4～7 月。常成群营巢于海岛或海岸悬崖上，巢材用枯干的水生植物和海草等。每窝产 3～4 枚白色或蓝色卵。雌雄轮流孵卵，孵化期约 26 天，辽东半岛 6 月末 7 月初雏鸟即可出飞，堪察加半岛迟至 8 月末 9 月初。

亚种分化： 全世界有 2 个亚种，中国 1 个亚种，山东分布为指名亚种 *P. p. pelagicus* Pallas。

亚种命名 Pallas PS, 1811, Zoogr. Rosso-Asiat, 2：303（西伯利亚堪察加半岛）

分布： 东营 -（W）◎黄河三角洲。**青岛** - 青岛；市北区 - ●（Shaw 1938a）大港。**日照** -（W）前三岛。**烟台** - 烟台浅海；芝罘区 - ●（Shaw 1930）芝罘山；长岛县 - 车由岛（王宜艳 20160419）。胶东半岛。

黑龙江、辽宁、河北、福建、台湾、广东、广西。

区系分布与居留类型： [古]（PW）。

种群现状： 捕食鱼类，对养殖业有一定危害。1992 年国际水禽研究局组织的亚洲隆冬水鸟调查，我国见到 246 只。人为干扰和环境条件恶化，气候干旱、湿地开发致使适宜的栖息地面积缩小，海洋开发、污染，渔业活动过度和乱捕乱猎等，是海鸬鹚种群数量稀少的主要原因。应加强对栖息地和物种的保护，开展繁殖生物学和人工驯养研究。但在全球数量多且稳定，无明显的生存威胁。迁徙期间，在黄河三角洲常可见到一至数只结小群飞翔，山东分布数量尚无系统统计，未列入山东省重点保护野生动物名录。

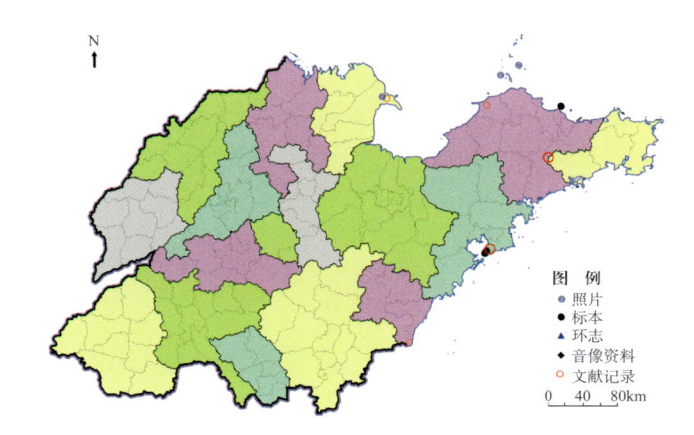

物种保护： Ⅱ，中日，Lc/IUCN。

参考文献： H33，M534，Zja33；La417，Q14，204Z16，Zx8，Zgm8。

山东记录文献： 朱曦 2008，赵正阶 2001，钱燕文 2001，郑作新 1987、1976，Shaw 1938a；赛道建 2013、1992，单凯 2013，于培潮 2007，张世伟等 2002，贾文泽 2002，王希明 2001，田家怡 1999，赵延茂 1995，刘岱基 1994，纪加义 1987a。

4.4 军舰鸟科 Fregatidae（Frigatebirds）

军舰鸟翅极长，叉形尾长。雄鸟具鲜红色喉囊，求偶时充气膨大如球形。

主要分布于热带、亚热带海洋的海鸟，飞翔能力强、迅捷和灵巧，常在空中抢夺其他海鸟食物，发现它们在水中啄获鱼类时，即俯冲追击，猛烈啄击其尾部，迫使其张口，然后啄食下落的鱼类。

全世界有 1 属 5 种；中国有 1 属 3 种，山东分布记录有 1 属 2 种。

军舰鸟科分种检索表

雄鸟腹部纯黑色；雌鸟喉灰色，胸、上腹、胁黑色，腹白色 ·· 黑腹军舰鸟 *Fregata minor*
腹部两侧有白斑；喉黑色，胸、上腹、腹侧胁部白色 ·· 白斑军舰鸟 *F. ariel*

20-20 黑腹军舰鸟
Fregata minor（Gmelin）

命名：Gmelin JF, 1789, Syst. Nat., ed. 13, 1：572（印度洋圣诞岛）

英文名：Great Frigatebird

同种异名：军舰鸟，大军舰鸟，小军舰鸟（郑作新1987）；*Pelecanus minor* Gmelin, 1789；Eastern Lesser Frigatebird

鉴别特征：嘴黑灰色，喉囊、颊部绯红色。通体黑色、翼上具褐色横带纹。脚黑色。雌鸟颏、喉灰白色，胸腹白色，脚淡红色。

形态特征描述：军舰鸟中体型较大者。嘴灰黑色，长而尖，端部弯成钩状。裸露皮肤喉囊红色，求偶时喉囊会呈鲜艳绯红色鼓起，雌鸟产卵后，喉囊慢慢瘪下去，颜色变回暗红色。体型大，体长约93cm，全身黑色带深绿色光泽。翅大而细长，翅展长约2.3m，翼上中覆羽褐色飞行时在翼面上形成一道浅色带。尾深叉形。脚短弱，红色或褐色，四趾，几乎不具蹼。

雌鸟 嘴玫瑰色，喉部灰色，胸及上腹部明显白色。

幼鸟 似雌鸟，头颈浅灰色或浅赤褐色。胸腹部白色，但随年龄而有变化，胸部深色带成长后消失，使胸腹部白色与头颈部浅色相连。雄亚成鸟胸部白块斑变小，如新月形。

鸣叫声：暂无鸣叫声记录。

体尺衡量度（长度mm、体重g）：山东暂无标本及测量数据。

栖息地与习性：喜欢群居。栖息时，大群军舰鸟常挤在一起。白天在海面上巡弋，窥伺食物，夜晚回到陆地或海岛上与海鸥、鲣鸟等共同栖息。一般都落在高耸的岩石上或树顶上，离地面一定距离便于顺利起飞，腿细弱而难从水面上直接起飞，羽毛没有油、不能沾水，只能聚集在离岸不远的海面上游泳，故自己只能捕食漂在水面上的猎物，常从空中截夺其他海鸟捕获的鱼等猎物。是世界上飞行最快的鸟，飞行时速可达418km，高度能达1200m，最远可达4000km。成年军舰鸟几乎没有什么天敌，寿命较长，能活到16岁甚至更长。

食性：食腐鸟和食肉鸟，经常捕捉小海龟和其他小鸟。主要以鱼类、甲壳类、软体动物和水母等为食。

繁殖习性：繁殖季节，军舰鸟集群喧嚣。雄鸟极力膨胀特别发达的红色喉囊，摇摆身躯，拍打双翅，抬着头，上下嘴不断碰撞发出"哒、哒……"声向雌鸟炫耀。雌鸟选中雄鸟即成双搭筑简陋的巢，雌鸟负责搜集细枝，雄鸟则把细枝铺成台筑好巢，并经常从其巢中偷来树枝补建自己的巢。每窝产1枚卵，卵白色，重72～90g。雌雄轮流伏窝，孵化期45～50天，雄鸟孵卵20天左右。刚出壳幼雏浑身光秃秃，不睁眼睛；几天后长出一层雪白绒毛，小鸟扇动双翅、张嘴向双亲乞食。雏鸟由双亲共同哺食，雌鸟精心看护幼雏，雄鸟担负觅食，遇到危害，亲鸟保护幼雏，不会弃巢逃走；雏鸟晚成雏，留巢4～5个月；6个月后能展翅扑飞，但还要靠父母喂养到1岁后才能独立生活，3年后性成熟。

亚种分化：全世界有5个亚种，中国3个亚种，山东分布为指名亚种 *F. m. minor*（Gmelin）。

亚种命名 Gmelin JF, 1789, Syst. Nat., ed. 13, 1：572（印度洋圣诞岛）

分布：东营-黄河三角洲。（S）胶东半岛，山东东部，黄海沿海。

河北、江苏、福建、台湾、广东、海南。

区系分布与居留类型：[广]（S）。

种群现状：全球数量较大，族群估计有50万～100万只（Orta 1992）。国内数量稀少，无相关保育问题。山东首见于贾文泽（2002）分布记录，至今尚无标本、照片等分布实证记录，分布现状应视为无分布，其分布情况需要进一步研究确证。

物种保护：Ⅲ，中澳，Lc/IUCN。

参考文献：H35，M572，Zja36；La382，Q14，Qm202，Z17，Zx8，Zgm9。

山东记录文献：郑光美2011，朱曦2008；赛道建2013，张月侠2015，贾文泽2002。

21-20 白斑军舰鸟
Fregata ariel（G. R. Gray）

命名：Gray GR, 1845, Gen. Birds., 3：669, pl. 185（澳

大利亚昆士兰 Raine 岛）

英文名： Lesser Frigatebird

同种异名： 小军舰鸟（刘小如 2010）；—；Christmas Island Frigatebird

鉴别特征： 嘴黑色，喉囊红色。通体黑色仅两胁、翼下具白色斑块，胸、上腹、腋羽白色。脚黑色。雌鸟具栗色领圈，胸腹白色羽缀有栗红色，嘴、脚红色。

形态特征描述： 嘴和虹膜乌黑色。通体黑色、上体具蓝绿色光泽。肩部与下体羽毛披针形。翅窄而尖长。下体暗黑色，微具蓝绿色光泽。腹部两侧具白色斑。尾甚长，叉状。跗蹠短而被羽，脚黑色。

雌鸟 较雄鸟色暗。嘴、虹膜红色，额、喉黑色；喉囊和眼、脸红色。上体更多褐色而少黑色、少光泽。翼上小覆羽褐色。后颈领圈栗色。胸和上腹白色缀栗红色，腋羽白色。下腹至尾下覆羽黑色。脚红色。

幼鸟 头和上胸白而缀锈红色，下胸有一黑色宽阔横带。腹白色。

鸣叫声： 暂无鸣叫声记录。

体尺衡量度（长度 mm、体重 g）： 山东暂无标本及测量数据。

栖息地与习性： 栖息于热带海洋和海中的岛屿上，夏季可至中国内陆和日本。常成天在海面上飞翔，少见在海上游泳或在地上行走。常抢夺和迫使其他海鸟吐出它们捕获的食物成为其食物。在天晴时，常伸开翅膀、上下转动晒太阳；当停息在海边红树林上时常预示着暴风雨即将来临。非繁殖期常远距离游荡。

食性： 主要捕食鱼类。通过抢夺迫使其他海鸟吐出捕获的鱼类，然后，趁这些食物还未落入海中前抢走。也在海滨捕食螃蟹和其他甲壳类动物，在海面捕食乌贼等。

繁殖习性： 繁殖期 5~12 月。在热带海洋中的海岛树上或灌丛营巢，巢由植物枝叶构成。每窝产卵 1 枚，卵白色，卵径约 62mm×43mm。孵化期约 40 天。雏鸟晚成雏。

亚种分化： 全世界有 3 个亚种，中国 1 个亚种，山东分布为指名亚种 *F. a. ariel*（G. R. Gray）。

亚种命名 Gray GR, 1845, Gen. Birds., 3：669, pl. 185（澳大利亚昆士兰 Raine 岛）

分布： 烟台-（V）●（范强东 1993b）长岛县-大黑山岛。（V）胶东半岛，黄海沿岸。

北京、江苏、福建、台湾、海南、香港。

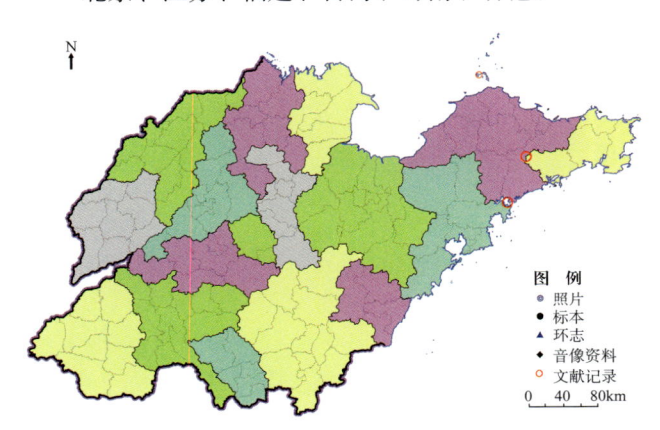

区系分布与居留类型：［广］（V）。

种群现状： 大洋性鸟类。山东分布首见于范强东（1993b），数量极少，为大黑山岛迷鸟（卢浩泉和王玉志 2003）；近年来，尚未征集到照片，未列入山东省重点保护野生动物名录，需要加强物种与栖息环境的研究。

物种保护： Ⅱ，1/CITES，中澳，Lc/IUCN。

参考文献： H37，M573，Zja37； La385，Q16，Qm202，Z18，Zx8，Zgm9。

山东记录文献： 朱曦 2008；赛道建 2013，张月侠 2015，卢浩泉 2003，范强东 1993b。

5 鹳形目 Ciconiiformes

本目鸟类为中型、大型涉禽，雌雄羽色相同。嘴形长直侧扁，先端尖锐；有的呈匙状或圆锥状。眼先裸出。颈细而长。脚细长，位于体的后部，胫下部裸出。翅较长或短阔。脚四趾，趾形细长，在同一平面上；前三趾基部有蹼膜相连。

分布遍及全国各地，尤以东部沿海地区较多，多生活于水边，以鱼、蛙、昆虫等为食。多营巢于树上，或芦苇丛中。

全世界有 6 科 48 属 117 种；中国有 3 科 10 属 24 种，山东分布记录有 3 科 20 种。

鹳形目分科检索表

1. 中趾爪内侧具栉状缘 ··· 鹭科
   中趾爪内侧不具栉状缘 ··· 2
2. 嘴粗厚而侧扁，不具鼻沟 ··· 鹳科
   嘴匙状或下弯筒状 ··· 鹮科
   羽毛呈红色，嘴粗而弯曲，趾间具蹼 ··· 红鹳科

5.1 鹭科 Ardeidae

本科为体形纤瘦涉禽。上嘴两侧具狭沟。鼻孔椭圆形，位于近嘴基侧沟中。眼先和眼周皮肤裸露。颈细长，由 19~20 枚椎骨组成，颈侧具黑色纵带斑。尾羽 10~12 枚，较短小。跗蹠前缘被盾状鳞，或具网状鳞。趾基间微具蹼膜，外趾与中趾间蹼膜稍发达，中爪内侧缘栉状。

通常结群栖息于池塘、湖泊、沼泽等水域附近，如浅水或有水草处。取食蛙类、小鱼、虾、甲壳类和昆虫等动物性食物。飞行时缓慢扇动双翅，颈缩于背肩间，双脚向后直伸，体呈"S"形。繁殖期间，多具婚饰羽；营巢于水域附近树上或芦苇丛中，巢区污秽；每窝产卵 3~9 枚，卵壳通常淡蓝色或蓝绿色；多双亲共同营巢、孵卵、育雏。多数为候鸟或旅鸟。

全世界有 16 属 64 种；中国有 10 属 24 种，山东分布记录有 8 属 14 种。

鹭科分属、种检索表

1. 尾羽 12 枚 ·· 2
   尾羽 10 枚 ·· 11
2. 体羽全白色 ·· 3
   体羽非全白色 ·· 6
3. 体长超过 350mm，无羽冠和胸前蓑羽 ··· 鹭属 *Ardea*，大白鹭 *A. alba*
   体长不及 350mm ·· 4 白鹭属 *Egretta*
4. 体长超过 300mm，无羽冠，胸具蓑羽，趾黑色 ··· 中白鹭 *E. intermedia*
   体长不及 300mm，具羽冠，胸具长矛状羽，足黑色，趾黄色 ·· 5
5. 嘴黑色 ·· 白鹭 *E. garzetta*
   嘴黄色 ·· 黄嘴白鹭 *E. eulophotes*
6. 两翅白色 ·· 7
   两翅非白色 ··· 8
7. 嘴峰较跗蹠长，夏羽颈背浅红色 ··· 牛背鹭属 *Bubulcus*，牛背鹭 *B. ibis*
   嘴峰较跗蹠短，夏羽颈栗红、背深栗色，幼体淡褐色 ··· 池鹭属 *Ardeola*，池鹭 *A. bacchus*
8. 胫裸出部较后趾（不连爪）长 ·· 9
   胫裸出部较后趾（不连爪）短 ·· 10
9. 体羽淡灰色，腹部白色 ··· 鹭属 *Ardea*，苍鹭 *A. cinerea*
   体羽暗灰色，腹部紫栗色 ··· 草鹭 *A. purpurea*
10. 嘴峰较跗蹠长 ·· 绿鹭属 *Butorides*，绿鹭 *B. striata*
    嘴峰较跗蹠短 ·· 夜鹭属 *Nycticorax*，夜鹭 *N. nycticorax*

11. 中趾连爪较嘴峰长 ··· 大麻鳽属 Botaurus，大麻鳽 B. stellaris
    中趾连爪较嘴峰短，体型较小 ··· 12 苇鳽属 Ixobrychus
12. 体型较大，翅长＞170mm，体背部黑色较多 ··· 黑苇鳽 Dupetor flavicollis
    体型较小，翅长＜170mm，体背部黄色为多 ·· 13
13. 小腿被羽至胫跗节处 ·· 黄斑苇鳽 I. sinensis
    小腿下部裸露 ·· 14
14. 背紫栗色，翼上覆羽色淡 ·· 紫背苇鳽 I. eurhythmus
    背栗红色，翼上覆羽与背同色 ··· 栗苇鳽 I. cinnamomeus

● 22-01 苍鹭
Ardea cinerea Linnaeus

命名： Linnaeus C，1758，Syst. Nat.，ed. 10，1：143（瑞典）

英文名： Grey Heron

同种异名： 灰鹭，青庄，老等，灰鹭鸶；*Ardea rectirostris* Gould，1843；—

鉴别特征： 嘴黄绿色。两条长冠羽和过眼纹、块状胸斑、翼角等黑色。上体灰黑色、下体污白色，灰色颈侧具 2 或 3 纵列黑斑。

形态特征描述： 大型涉禽。头、颈、脚和嘴均长，身体显得细瘦。嘴黄色；虹膜黄色，眼先裸露部分黄绿色。头顶两侧、枕部及羽冠黑色，4 根细长冠羽位于头顶枕部两侧，辫状。头和颈苍灰色，颏喉白色。前颈中部有 2 或 3 列纵行黑斑。上体背至尾上覆羽苍灰色，两肩、颈基部具披针形矛状羽灰白色，下垂于胸前，羽端分散。初级飞羽、初级覆羽、外侧次级飞羽黑灰色，内侧次级飞羽灰色；大覆羽外翈浅灰色，内翈灰色；中覆羽、小覆羽浅灰色，三级飞羽暗

苍鹭（刘冰 20100808 摄于大汶河；赛道建 20111216 摄于玉清湖）

灰色。胸、腹部白色，前胸两侧各有一块紫黑色大斑，两斑沿胸、腹两侧向后延伸至肛周处汇合；两胁微缀苍灰色。尾羽暗灰色。脚部羽毛白色。跗蹠和趾黄褐色或深棕色，爪黑色。

幼鸟 似成鸟。头颈灰色较浓，背微缀有褐色。

鸣叫声： 暂无鸣叫声记录。

体尺衡量度（长度 mm、体重 g）：

标本号	时间	采集地	体重	体长	嘴峰长	翅长	跗蹠长	尾长	性别	现保存处
					128	470	150	220		山东师范大学
					130	460	156	220		山东师范大学
					130	420	155	225		山东师范大学
	1958	微山湖		1025	118	430	155	200	♂	济宁一中
	1958	微山湖		1080	126	465	170	210	♂	济宁一中
					150	486	150	230		山东师范大学
830249	19831128	鲁桥	1802	894	112	442	146	163	♂	济宁森保站
195303		南阳湖		799	129	487	157	190	♂	济宁森保站

栖息地与习性： 栖息、觅食活动于江河、溪流、湖泊、水塘、海岸等水域岸边及浅水处，以及沼泽、稻田、山地、森林等地。成对和小群活动。迁徙期间和冬季可集成大群，或与白鹭等鹭类混群。常单独涉水浅水处或长时间站立不动，颈曲缩并以一脚站立，另一脚缩于腹下。飞行时，两翼鼓动缓慢，两脚向后伸直于尾后，颈后缩、体呈"Z"形。多成群夜栖息于高大树上。晨昏觅食活跃。分散在水边浅水处边走边啄食，或独自静立在浅水中等候过往鱼群，有鱼到来立刻伸颈啄之，行动极为灵活敏捷。北方繁殖的种群 10 月初始离开繁殖地迁徙到南方越冬，4 月初迁来繁殖地；迁徙时多呈小群，也有单个、成对迁徙的。

食性： 捕食小型鱼类如泥鳅，以及蜥蜴、蛙和虾、喇蛄、蜻蜓幼虫等昆虫小动物。

繁殖习性： 繁殖期 4～6 月。亲鸟活动、求偶在有芦苇、水草或附近有树木的浅水水域和沼泽地的开

阔环境。雌雄共同在树上或芦苇、水草丛中营巢，雄鸟运巢材，雌鸟营巢，用枯芦苇茎和苇叶在芦苇丛中营巢，用树枝和枯草在树上营巢，1～2周完成。营巢结束开始产卵，隔天产1枚卵，种群产卵从5月初持续到6月，每窝产卵3～6枚，多5枚。卵壳鲜艳蓝绿色随孵化逐渐变为天蓝色或苍白色，椭圆形卵的卵径约63mm×44mm，卵重51～69g。第1枚卵产出后即开始孵卵，雌雄共同孵卵，孵化期25天左右。雏鸟晚成雏。刚孵出雏鸟头、颈和背部有少许绒羽，余部裸露无羽，不能站立；雌雄共同育雏约40天，雏鸟离巢，由亲鸟带领在巢域附近活动觅食。

亚种分化： 全世界有4个亚种，中国2个亚种，山东分布为普通亚种 *A. c. jouyi* Clark，*Ardea cinerea rectirostris* Gould。

亚种命名 Clark AH, 1907, Proc. U. S. Nat. Mus., 32：468（韩国首尔）

分布： 滨州-滨州，小开河沉沙池（20160519）；无棣县-小开河沉沙池（20160312，王景元20140801）；滨城区-东海水库，西海水库（20160517），北海水库，蒲城水库。德州-陵城区-丁东水库（张立新20050402、20081026）。东营-（S）◎黄河三角洲；东营区-南郊（孙熙让20110214），辛安水库（孙熙让20101023），沙营（孙熙让20110609）；河口区（李在军20080803），东营港开发区（20151025），●河口苇场，孤岛水库（孙劲松20091103）；自然保护区-一千二保护区（20151025）。菏泽-（S）菏泽。济南-（R）济南，黄河（20130307、20141213，张月侠20140124）；天桥区-北园，龙湖（20141007），鹊山沉沙池（20141208，陈云江20111011）；槐荫区-玉清湖（20111216），黄河（20151205）。济宁-●（R）南四湖（楚贵元20090118）；任城区-太白湖（20160224，宋泽远20121124）；微山县-●微山湖，湿地公园（20160222），育种场（20151211），昭阳（陈保成20160916）；鱼台-夏家（20160409，张月侠20160409）。聊城-（S）聊城，东昌湖。临沂-沂河。莱芜-莱城区-牟汶河（陈军20100924）。青岛-青岛，浅海滩；城阳区-棘洪滩水库（20150211），双阜营海（20150212）。日照-付疃河（20140306），日照水库（20140305），国家森林公园（20140305、20140321，郑培宏20140915）；东港区-崮子河（20150826，成素博20111009），付疃河口（成素博20130115），两城河口（20140305，成素博20110924）。泰安-（S）泰安，大汶河（刘冰201000714），（R）牟汶河，瀛汶河；泰山区-旧县（刘华东20160109）；东平县-（S）东平湖（20130626）。威海-（S）威海；荣成-八河，马山港，天鹅湖（20121222，王秀璞20140111，孙涛20141227）；乳山-龙角山水库；文登-米山水库，南海（于英海20150830）。烟台-（W）烟台；牟平-●（Shaw 1930）养马岛；长岛；海阳-凤城（刘子波20150904、20151227）；栖霞-西山庄水库（牟旭辉20150829）；招远-齐山镇（蔡德万20100714），辛庄镇纪家水库（蔡德万20120731）。淄博-淄博；临淄区-太公湖（姚志诚20130117）；高青-小清河（姚志诚20130911）；大芦湖（赵俊杰20160319）。胶东半岛，鲁中山地，鲁西北平原，鲁西南平原湖区。

除新疆外，各省份可见。

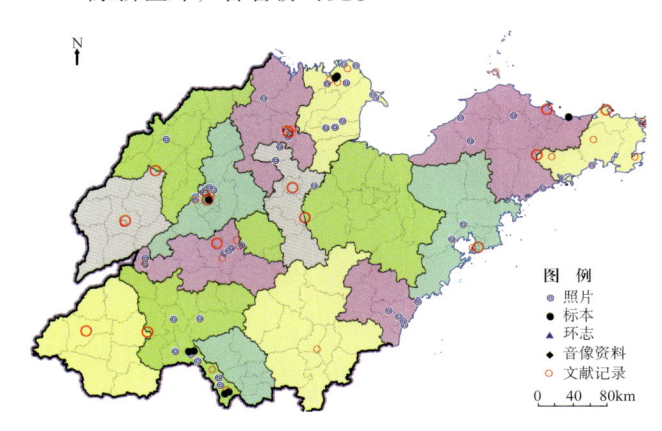

区系分布与居留类型： ［广］R（RS）。

种群现状： 可饲养观赏，羽毛可作饰羽，肉可食用；捕食鱼类，对养殖业有一定危害。由于沼泽地的开发利用，生境条件的恶化和丧失，致使种群数量呈减少趋势。苍鹭是国内，也是山东分布广而较常见涉禽，各地水域和沼泽湿地都可见到，数量较普遍，列入山东省重点保护野生动物名录。

物种保护： Ⅲ，无危/CSRL，Lc/IUCN。

参考文献： H38，M539，Zja39；La337，Q17，Qm198，Z19，Zx9，Zgm10。

山东记录文献： 郑光美2011，朱曦2008，钱燕文2001，范忠民1990，郑作新1987、1976，Shaw 1938a；赛道建2013、1999、1994，张月侠2015，闫理钦2013、1998a，李久恩2012，吕磊2010，于培潮2007，贾文泽2002，王海明2000，马金生2000，田家怡1999，宋印刚1998，赵延茂1995，刘岱基1994，纪加义1987a，李荣光1959。

● **23-01 草鹭**
Ardea purpurea Linnaeus

命名： Linnaeus C，1766，Syst. Nat., ed.12，1：236（法国）

英文名： Purple Heron

同种异名： 紫鹭，黄庄，花窖马，长脖老；*Phoyx purpurea ussuriana* Shulpin，1928；—

鉴别特征： 栗红色鹭。嘴黄褐色，蓝黑色头顶具两枚黑色饰羽。栗色颈侧具蓝黑色纵纹，胸前矛状饰羽银灰色，飞羽黑色。脚后缘黄色、前缘赤褐色。

形态特征描述： 大型涉禽，体呈纺锤形。嘴暗黄色、嘴峰角褐色，虹膜黄色，眼先裸露部黄绿色，颏、喉白色。额和头顶蓝黑色，枕部两枚辫状黑色长冠羽悬于头后；头和颈部棕栗色，蓝色纵纹从嘴裂向后经颏延伸至后枕部，汇合形成一条宽阔黑色纵纹沿后颈向下延伸至颈基部，颈侧有一条同样颜色的纵纹沿颈侧延伸至前胸，前颈基部有银灰色或白色的长矛状胸前饰羽。背、腰和尾覆羽灰褐色。两肩和下背有灰白色或灰褐色矛状长羽；初级飞羽和初级覆羽深暗褐色、具金属光泽，次级飞羽及翼上大覆羽灰褐色，翅角及翼前缘棕栗色。胸和上腹中央基部棕栗色，羽先端蓝黑色；下腹蓝色，胁灰色，腋羽红棕色。尾暗褐色，具绿色金属光泽。腿部被羽，腿覆羽红棕色，胫裸露部和脚后绿黄色，前缘赤褐色。

幼鸟 额、头顶黑色无羽冠。背、肩和翼上覆羽暗褐色，具赤褐色宽羽缘，胸黄褐色具暗褐色纵纹。

鸣叫声： 叫声响亮而嘶哑似"刮刮"声。

体尺衡量度（长度 mm、体重 g）：

草鹭（李在军 20090925 摄于河口区；赛道建 20130626 摄于东平湖）

标本号	时间	采集地	体重	体长	嘴峰长	翅长	跗蹠长	尾长	性别	现保存处
					128	360	135	140		山东师范大学
					120	370	131	120		山东师范大学
				810	130	380	140	120	♂	山东师范大学
B000066					129		105	125		山东博物馆
	1958	微山湖	910		115	360	120	165	♂	济宁一中
	1958	微山湖	865		125	360	117	117	♀	济宁一中
					156	350	137	152		山东师范大学
					133	393	135	130		山东师范大学
830157	19831002	鲁桥	1125	945	123	370	135	142	♂	济宁森保站

栖息地与习性： 栖息于开阔平原和低山丘陵地带，活动于水塘、水库、沼泽、湖泊、河流等岸边浅水处的蒲苇或树丛中，多单个活动，有时小群栖息于稠密芦苇沼泽地或水域附近灌丛中。在北方繁殖的种群多进行迁徙，春季4月初迁来繁殖地，秋季10月中下旬南迁，迁徙时常集成3~5只的小群迁飞，多至数十只大群迁飞。晨昏觅食活动频繁，单独或成对活动觅食，休息时多聚集在一起。漫步在水边浅水处低头觅食，长时间站立不动静观水面、等候鱼类到来。飞行时，头颈缩至两肩之间、脚向后直伸，远远突出于尾外，体呈"Z"形。

食性： 主要捕食小鱼、蛙、蜥蜴和甲壳动物、蝗虫和水生动物等小动物。

繁殖习性： 繁殖期5~7月，雌雄共同筑巢，筑巢期7~10天，营巢于富有芦苇和挺水植物等杂草丛处或树上，有时与苍鹭、大白鹭混群栖息、营巢。巢以苇秆、苇叶及蒲草等编织而成，内垫苇穗等柔软物。每天或隔天产1枚椭圆形卵，刚产下卵深蓝色渐变为灰蓝色。每窝产卵3~5枚。孵化期27~28天。晚成雏，育雏期约42天。

亚种分化： 全世界有3个亚种，中国1个亚种，山东分布为普通亚种 *A. p. manilensis* Meyen，*Phoyx purpurea ussuriana* Shulpin。

亚种命名 Meyen FJF, 1834, Nova Acta Ac- ad. Caes. Leopodino-Carolinae Nat. Curios. 16. Suppl., 1: 102（菲律宾马尼拉）

分布： 滨州 - 滨州；滨城区 - 东海水库，西海水库（20160517，刘腾腾20160517），北海水库（20160423，刘腾腾20160424），蒲城水库；无棣县 - 小开河沉砂池（20160519，刘腾腾20160519）。**东营** - (S) ◎ 黄河三角洲；自然保护区（单凯20140512），大汶流（20130416）；河口区（李在军20090925）；东营区 - 沙营（孙熙让20120529）；◆（东营电视台20130612民生零距离）六干苗圃（20130602）。**菏泽** - (S) 菏泽。**济南** - (S) 济南，北园，黄河；槐荫区 - 玉清湖（20130904）。**济宁** - ● (SP) 南四湖，辛店（聂成林20080628）；任城区 - 太白湖（李强2012春，宋泽远20130505）；微山县 - 微山湖；

鱼台-鹿洼煤矿（张月侠 20150619）。**聊城**-聊城，东昌湖。**青岛**-（P）潮连岛；莱西-姜山湿地（20150621）。**日照**-东港区-付疃河湿地（成素博 20130429）。**泰安**-（S）泰安，牟汶河，浙汶河（刘兆瑞 20111011）；东平县-东平，●（S）东平湖（20130626，刘冰 20100808，赵连喜 20140722）；岱岳区-泮河（张艳然 20141004）。**烟台**-招远-东沟李家村（蔡德万 20060918、20090826）。胶东半岛，鲁西北平原，鲁西南平原湖区。

黑龙江、辽宁、河北、山西、陕西、甘肃、青海、新疆、上海、湖北、四川、云南、西藏、广西。

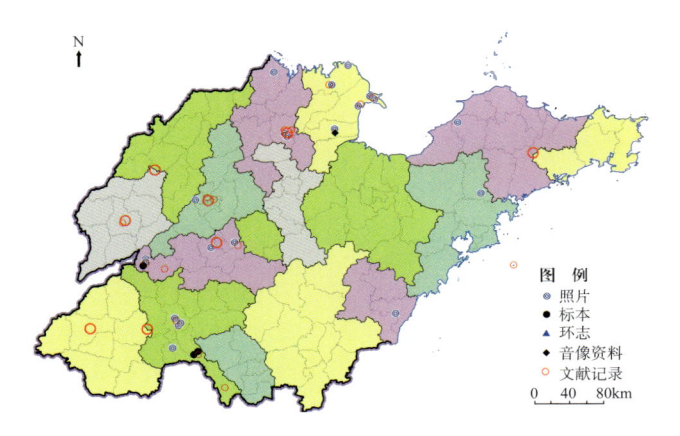

区系分布与居留类型：［广］（SP）。

种群现状： 冠羽、肩羽、胸羽等可作饰品，但数量较少。物种分布范围广，种群数量趋势稳定，被评价为无生存危机的物种。但由于沼泽地的开垦，围湖造田和人为捡拾鸟蛋等，种群数量有所减少；山东分布数量并不多，列入山东省重点保护野生动物名录。

物种保护： Ⅲ，中日，Lc/IUCN。

参考文献： H39，M541，Zja40；La340，Q16，Qm198，Z20，Zx9，Zgm10。

山东记录文献： 郑光美 2011，朱曦 2008，赵正阶 2001，钱燕文 2001，范忠民 1990，郑作新 1987、1976，Shaw 1938a；赛道建 2013、1999、1994，闫理钦 2013，李久恩 2012，吕磊 2010，贾文泽 2002，王海明 2000，田家怡 1999，赵延茂 1995，刘岱基 1994，纪加义 1987a，田丰翰 1957。

● 24-01　大白鹭
Ardea alba（Linnaeus）

命名： Linnaeus C，1758，Syst. Nat., ed. 10，1：144（瑞典）

英文名： Great Egret

同种异名： 白漂鸟，白鹭鸶，冬庄，雪客，风漂公子，白老冠；*Egretta alba* Swinhoe, 1863, *Casmerodius albus*（Linnaeus）; Great White Egret

鉴别特征： 白色大鹭。嘴黑色，眼先蓝绿色。背具蓑羽，下腿粉红色，脚、趾黑色。冬羽无蓑羽，嘴、眼先黄色。相似种白鹭脚是黄色，中白鹭嘴黄色而嘴尖黑色。

形态特征描述： 大中型涉禽。通体乳白色。嘴黑色、基部黑绿色，嘴角有一条黑线达眼后；虹膜淡黄色，眼圈皮肤、眼先裸露部分黑色；头有短小羽冠。肩及肩间着生羽枝纤细分散的长而直的蓑羽，后伸超过尾端。胫裸露部分淡红灰色，跗蹠和趾黑色。

大白鹭（李在军 20081024 摄于河口区；赛道建 20130626 摄于鹊山水库）

冬羽　嘴黄色，眼先裸露部分黄绿色。头无羽冠，背无蓑羽。

幼鸟　似成鸟冬羽，嘴淡黄色。

鸣叫声： 暂无鸣叫声记录。

体尺衡量度（长度mm、体重g）：

标本号	时间	采集地	体重	体长	嘴峰长	翅长	跗蹠长	尾长	性别	现保存处
					108	360	140	170		山东师范大学
					113	370	160	165		山东师范大学

栖息地与习性： 栖息于开阔平原和山地丘陵地区的河流、湖泊、水田，以及海滨、河口沼泽地带。4月中旬前迁到繁殖地，10月初开始迁离繁殖地到南方越冬。迁徙时成小群或家族群，呈斜线或一定角度迁飞。单只或10余只小群活动在开阔的水边和附近草地上，繁殖期间有时见有较大群体，偶见与其他鹭类混群。繁殖鸟喜欢安静、避免惊吓的良好生态环境。活动时遇人即飞走，刚飞时两翅扇动笨拙，脚悬

垂于体下，达到一定高度后灵活，两脚后伸超出尾后，头缩到背上，颈向下突出，体呈"S"形。站立时，头缩于背肩部呈驼背状。在水边浅水处涉水觅食，或在水域附近草地上慢慢地边走边啄食。

食性： 主要捕食鱼类、蛙、蝌蚪和蜥蜴，以及直翅目、鞘翅目、双翅目昆虫和甲壳类、软体动物等小型动物。

繁殖习性： 繁殖期4～7月。5月初发情、交配和营巢，多集群营巢于高大树上或芦苇丛中，亦可与苍鹭在一起营巢。雌雄共同营巢，用枯枝和干草筑成，有时巢内垫有少许柔软草叶。每年5月中下旬产卵，每窝产卵3～6枚，卵椭圆形或长椭圆形、天蓝色，卵径约55mm×37mm，卵重约30g。卵产出后即开始孵卵，雌雄共同孵卵，孵化期约28天。雏鸟晚成雏，雏鸟孵出后由双亲共同喂养，育雏大约1个月后，即可飞翔离巢活动。

亚种分化： 全世界有4个亚种，中国2个亚种，山东分布为普通亚种 *A. a. modesta*，*Egretta alba modesta* J. E. Gray 1931。

亚种命名 Gray JE, 1831, Zool. Misc.: 19（印度）

郑作新（1987，1986）、赵正阶（2001）将本种归属为 *Egretta*，马敬能（2000）列为 *Casmerodius*，郑光美列为 *Ardea*。

分布 滨州-滨州；滨城区-东海水库，北海水库，蒲城水库；无棣县-小开河沉沙池（王景元20100923）。德州-陵城区-丁东水库（张立新20111119）。东营-(S)◎黄河三角洲，六干苗圃（20130605）；河口区（李在军20081024）。菏泽-(S)菏泽-赵王河（王海明20050728）。济南-(R)济南；槐荫区-睦里闸（20120107）；天桥区-鹊山水库（20120107），鹊山沉沙池（20141213，孙涛20150110），龙湖（20141006，赵连喜20140314）。济宁-任城区-太白湖（20140807、20151208、20160224，宋泽远20130223）；曲阜-泗河（马士胜20150927）；微山县-◎微山湖，昭阳（陈保成20150902）。莱芜-莱城区-牟汶河（陈军20090925）。青岛-崂山区-潮连岛。日照-东港区-崮子河（20150418），银河公园（20150417），付疃河（成素博21020813），苗木繁殖地（成素博20140726）。泰安-泰安。潍坊-白浪河（20070429）；高密-姜庄北胶新河（宋肖萌20150829）。威海-(S)威海；荣成-八河，天鹅湖，鑫马庄（20140520）；乳山-龙角山水库；文登-米山水库，南海（于英海20150830）。烟台-海阳-凤城（刘子波20150422）；牟平区-鱼鸟河口（王宜艳20150909）；招远-张星镇杜家河（蔡德万20120731），蚕庄镇诸流河（蔡德万20090831）；栖霞-西山庄水库（牟旭辉20150814）。枣庄-山亭区-城郭河（尹旭飞20150902）。胶东半岛，鲁中山地，鲁西北平原，鲁西南平原湖区。

黑龙江、辽宁、河北、山西、陕西、甘肃、青海、新疆、上海、湖北、四川、云南、西藏、广西。

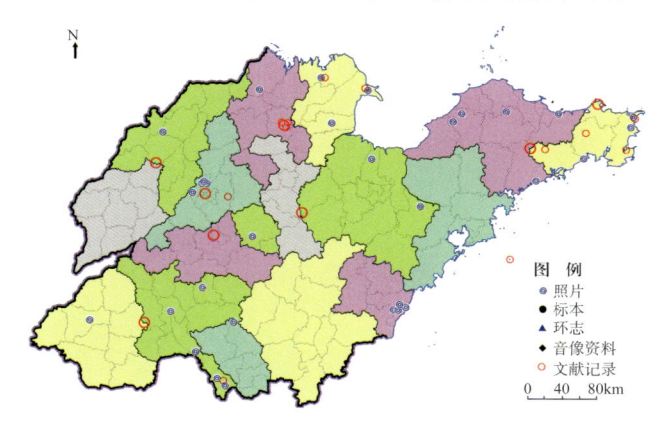

区系分布与居留类型：［广］R（S）。

种群现状： 冠羽、肩羽、胸羽都可作饰羽，肉可入药，经济价值较高，成对、成群笼养前景好。曾经是分布广、数量相当丰富的物种，由于森林砍伐、环境破坏致使种群数量急剧减少，已不见昔日数百只一起营巢的壮观场面；近些年来，数量有所回升。山东分布数量不多，列入山东省重点保护野生动物名录。

物种保护： Ⅲ，无危/CSRL，3/CITES，中日，中澳，Lc/IUCN。

参考文献： H44，M542，Zja45；La344，Q18，Qm198，Z24，Zx10，Zgm10。

山东记录文献： 郑光美2011，朱曦2008，赵正阶2001，钱燕文2001，郑作新1987、1976，Shaw 1938a；赛道建2013、1999，闫理钦2013、1998a，李久恩2012，吕磊2010，贾文泽2002，王海明2000，马金生2000，田家怡1999，赵延茂1995，刘岱基1994，纪加义1987a。

● 25-01 中白鹭
Egretta intermedia（Waglar）

命名： Wagler JG, 1829, Isis. Von Oken: Col. 659（印度尼西亚爪哇岛）

英文名： Intermediate Egret

同种异名： 舂(chōng)锄，白鹭鸶；*Ardea intermedia* Wagler，*Herodias plumiferus* Gould，*Herodias brachyrhynchus* Brehm，*Mesophoyx intermedia* Mathew；—

鉴别特征： 白色鹭。嘴、眼先黄色。背、颈具饰羽。脚、趾黑色。冬羽，无饰羽，嘴黄色、先端黑褐色。相似种白鹭脚是黄色，大白鹭嘴黑色。

形态特征描述： 中型鹭类。嘴黄色而嘴峰、嘴尖黑色，眼先裸露皮肤绿色而虹膜黄色。体羽白色；背部染黄色，背部蓑羽羽轴较硬、向后伸达尾端；前颈蓑羽短小，羽枝较软而纤细离散，向后垂达腹部或肛门附近；羽轴由基部至尖端明显变小。腿被羽，脚和趾黑色。

中白鹭（韩京 20120428 摄于荣成湿地公园；赛道建 20120107 摄于黄河）

冬羽 体白色，无蓑羽，脸裸露部分黄色，嘴黄色、尖端黑色，基部稍带褐色。

幼鸟 似冬羽，无蓑羽。

鸣叫声： 暂无鸣叫声记录。

体尺衡量度（长度mm、体重g）： 山东暂无标本及测量数据。

栖息地与习性： 小群栖息活动于田野、河流、湖泊、季节性泛滥的沼泽地、浅滩、海边和水塘岸边浅水滩上，在浅滩及近海淡水处较多。警戒性强，难于靠近。白昼或黄昏活动；常单独或成对、小群活动，有时与其他鹭类混群，或与黑尾鸥同岛而栖。飞行时，颈后缩体成"S"形，两脚向后伸直超出于尾外，两翅鼓动缓慢，呈直线飞行。常在水边浅水处涉水觅食，或静立于水边浅水中等待猎物到来，以快速而准确的啄击动作捕食；捕食后常在岸边或田埂上缩颈、单脚伫立休息。4月初开始迁来繁殖，9月末开始迁离。

食性： 主要捕食鱼、蛙、虾、昆虫及其幼虫，也捕食其他小型无脊椎动物或小蛇、蜥蜴等。

繁殖习性： 繁殖期4～6月。成群或与其他鹭类在一起营群巢；成群营巢于大树上或竹林、灌丛中，用枝条筑造浅盘状巢，结构简单，内垫软质干枯杂草。每巢产卵3～6枚，卵呈蓝色、白色或皮黄色，无斑点，卵径约47mm×32mm，卵重约27g。雌雄共同孵卵，孵化期12～16天。雏鸟晚成雏。

亚种分化： 全世界有2个亚种，中国1个亚种，山东分布为指名亚种 *E. i. intermedia*（Waglar）。

亚种命名 Wagler JG，1829，Isis. Von Oken：col. 659（印度尼西亚爪哇岛）

分布： 菏泽 -（S）菏泽，开发区（王海明 20050406）。济南 - 黄河（20120107）；天桥区 - 鹊山沉沙池（20141208）。济宁 - 微山县 - 微山湖（颜景勇 20080423）。莱芜 - ●莱芜。青岛 - 崂山区 - 中韩山后，（P）潮连岛；城阳区 - 双阜营海（20150212）；莱西 - 姜山湿地（20150621）。日照 - 东港区 - 付疃河（20150629，孙涛 20150903），国家森林公园（郑培宏 20141002）。泰安 -（S）泰安，大汶河；●泰山 - 低山；东平县 -（S）●东平湖（20121017）。威海 - 荣成 - 天鹅湖（20130609），桑沟湾湿地公园（韩京 20120428）。烟台 - ●（19840402）（范强东 1988）长岛 - 大黑山岛；海阳 - 东村（刘子波 20150810）；栖霞 - 西山庄水库（牟旭辉 20150829）。胶东半岛。

辽宁、河北、北京、河南、陕西、甘肃、安徽、江苏、上海、浙江、江西、湖南、四川、贵州、云南、西藏、福建、台湾、广东、广西、海南、香港、澳门。

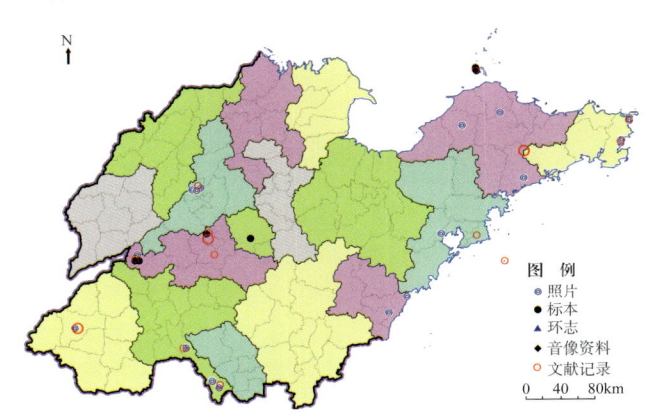

区系分布与居留类型：［广］（SP）。

种群现状： 重要观赏鸟；蓑羽饰用称为丝毛；捕食农林害虫为益鸟。物种分布范围广而普遍，种群数量趋势稳定，被评价为无生存危机的物种。在山东分布数量不多，1984年，长岛县的大黑山岛首次采到雌鸟标本（范强东 1988），列入山东省重点保护野生动物名录。

物种保护： Ⅲ，无危/CSRL，中日，Lc/IUCN。

参考文献： H48，M543，Zja49；La349，Q20，Qm199，Z27，Zx11，Zgm11。

山东记录文献： 郑光美 2011，朱曦 2008；赛道建 2013，闫理钦 2013，李久恩 2012，王海明 2000，刘岱 1994，范强东 1988，纪加义 1987a，杜恒勤 1985。

● **26-01 白鹭**
Egretta garzetta（Linnaeus）

命名： Linnaeus C，1766，Syst. Nat., ed. 12（1）：237（意

大利，'in Oriente' restricted to Malabergo, near Ferrara, NE Italy）

英文名：Little Egret

同种异名：小白鹭，鹭鸶，白鹭鸶，春锄；*Ardea garzetta* Linnaeus，*Herodias garzetta* Swinhoe；—

鉴别特征：白色体小鹭。嘴黑色，眼先粉红色。枕后两根长冠羽，背、前颈具蓑羽。腿脚黑色而趾黄绿色。冬羽无饰羽，眼先黄绿色。相似种黄嘴白鹭嘴是黄色，牛背鹭颈部栗红色、脚不是黄色。

形态特征描述：嘴黑色、基部绿黑色，脸部裸露皮肤繁殖期淡粉色，虹膜黄色。成鸟全身羽纯白色。头有短小羽冠，枕部着生两条辫状、狭长而矛状软羽，颈背具细长饰羽。肩部着生成丛长蓑羽，向后伸展常超过尾羽尖端，蓑羽羽干基部强硬，羽端渐小，羽枝纤细分散。胸前着生蓑羽。胫裸露部分淡灰色，腿及脚黑色，趾黄色。

冬羽 头无长羽冠。眼先裸露部分黄绿色，虹膜淡黄色。体无蓑羽。

白鹭（刘冰 20101218 摄于大汶河）

幼体 体态纤瘦，乳白色。

鸣叫声：繁殖巢群中发出呱呱叫声，其余时间寂静无声。

体尺衡量度（长度 mm、体重 g）：

标本号	时间	采集地	体长	嘴峰长	翅长	跗蹠长	尾长	性别	现保存处
B000053				72	290		90		山东博物馆
	1958	微山湖	525	82	290	105	82	♂	济宁一中
	1958	微山湖	545	86	255	95	72	♂	济宁一中

栖息地与习性：栖息活动于河流、湖泊、稻田、沼泽、池塘间，海边和水塘岸边浅水处。单独、成对或成小群活动，白天觅食，常曲缩一脚于腹下，仅以一脚独立，等候猎物到来；有时与其他鹭混群，生性胆小、见人即飞。飞行时，颈后缩体成"S"形，两脚向后直伸超出于尾外；两翅鼓动缓慢，成直线飞行。

食性：主要捕食小鱼、蛙、虾、蝗虫、蝼蛄及其他昆虫等小动物。

繁殖习性：繁殖期 5～7 月。营巢于少干扰、近海岸的岛屿和海岸悬岩处的岩石上或矮小的树杈之间，或在树下草丛间筑巢。喜成群营巢，巢间距为 14～76m，雌雄均营巢，且常修葺利用旧巢；有与黄嘴白鹭和白鹭、牛背鹭、夜鹭和苍鹭等混群营巢的现象。巢为浅碟形，结构简单，主要以枯草茎和草叶构成。每窝产卵 2～4 枚，卵淡蓝色、圆形。雌雄共同孵卵，孵化期为 23～26 天。雏鸟晚成雏。

亚种分化：全世界有 2 个亚种，中国 1 个亚种，山东分布为指名亚种 *E. g. garzetta*（Linnaeus）。

亚种命名 Linnaeus C, 1766, Syst. Nat., ed. 12（1）：237（意大利）

分布：滨州 - 滨州；滨城区 - 东海水库，徒骇河渡槽（刘腾腾 20160425），北海水库（20160423，刘腾腾 20160422），小开河村（刘腾腾 20160516），徒骇河（刘腾腾 20160517），西海水库（刘腾腾 20160517、20160519），蒲城水库；无棣县 - 小开河沉沙池（20160519，刘腾腾 20160519，王景元 20090820、20100923、20140801）。**东营** -（S）◎黄河三角洲；东营区 - ◆（东营电视台 20130612 民生零距离）六干苗圃（20130605）；河口区（李在军 20080510）。**菏泽** -（S）菏泽；巨野 - 新巨龙湿地（王海明 20150708）；曹县 - 魏湾镇黄河故道（王海明 20120811）。**济南** -（S）济南；历下区 - 北园，大明湖（20090414）；市中区 - ●青龙山；槐荫区 - 睦里闸；天桥区 - 龙湖（20141007）。**济宁** - ●南四湖（陈宝成 20080913）；任城区 - 太白湖（20140807，宋泽远 20140407）；曲阜 -（S）曲阜，孔林（20140803），（S）孔庙，（S）三孔*，沂河公园（20140804）；嘉祥 - 洙赵新河（20140806）；微山县 - ●微山湖，鱼种场（张月侠 20160404）；鱼台 - 梁岗（20160409），夏家（20160409，张月侠 20150503）。**聊城** -（S）聊城，东昌湖，马家河（贾少波 20050909）。**临沂** -（S）沂河，祊河（20160405）；（S）郯城；费县 - 许家崖水库（20150907），温冷河（20150908）。**莱芜** -

---

* 三孔，即位于曲阜的孔林、孔府、孔庙

汶河（20130703）；莱城区-牟汶河（陈军20090821）。**青岛**-胶州湾（20150622）；崂山区-（P）潮连岛；城阳区-流亭机场（20140523），河套（20140527），双阜营海（20150212）。**日照**-东港区-山字河机场（20151016），付疃河（20140306、20150418、20150704、王秀璞20150312、20150828、孙涛20150903），崮子河（20150826），国家森林公园（20140307，郑培宏20140422、20140627），两城河口（20140307），阳光海岸（20140623），日照水库（20140305）；岚山区-丁家皋陆（20140303）；（S）前三岛-前三岛岛群，车牛山岛，达山岛，平山岛。**泰安**-（S）泰安，大汶河（刘冰20101218）；泰山区-农大校园，南湖公园（20150919）；岱岳区-瀛汶河（20140512），渐纹河（20140512），旧县大桥（20140513、20150518，王秀璞20150518）；东平县-大清河（20140515），（S）●东平湖（20130509），稻屯洼（20150520）；宁阳县-白鹭保护区（刘兆瑞20110601）。**潍坊**-潍坊，●白浪河湿地公园（20050525、20140904，王秀璞20140623）；高密-南湖植物园（20140627）。**威海**-（S）威海；荣成-八河，天鹅湖（20130617，王秀璞20150104），成山仙人桥（20130607），西北泊（20140605），马山港（20120521）；文登-米山水库。**烟台**-牟平区-鱼鸟河口（王宜艳20150909）；海阳-凤城（刘子波20150422），东村（刘子波20150810）；招远-张星镇杜家河（蔡德万20090831）。**枣庄**-山亭区-新薛河（尹旭飞-20120506）。**淄博**-淄博；临淄区（姚志诚20120911）；高青县-常家镇（赵俊杰20160320）。胶东半岛，鲁中山地，鲁西北平原，鲁西南平原湖区。

吉林、辽宁、河北、北京、天津、河南、陕西、宁夏、甘肃、青海、安徽、江苏、上海、浙江、江西、湖南、湖北、四川、重庆、贵州、云南、福建、台湾、广东、广西、海南。

区系分布与居留类型：[广] R（S）。
种群现状：羽衣多为白色，繁殖季节有长的装饰性婚羽，因羽毛价值较高而遭受捕猎的威胁。山东分布李荣光（1959）报道，柏玉昆（1982）记作繁殖鸟类分布新记录；数量尚属普遍，列入山东省重点保护野生动物名录；全年不同月份照片证明，白鹭不仅在山东繁殖，而且还有部分个体越冬，种群已成为留鸟。
物种保护：Ⅲ，无危/CSRL，3/CITES，Lc/IUCN。
参考文献：H45，M535，Zja46；La357，Q18，Qm199，Z25，Zx11，Zgm11。
山东记录文献：郑光美2011，朱曦2008，赵正阶2001，范忠民199，郑作新1987、1976；赛道建2013、1999、1994，张月侠2015，庄艳美2014，闫理钦2013、1998a，李久恩2012，吕磊2010，邢在秀2008，贾少皮2002，贾文泽2002，王海明2000，张培玉2000，田家怡1999，宋印刚1998，赵延茂1995，刘岱基1994，纪加义1987a，柏玉昆1982，李荣光1959。

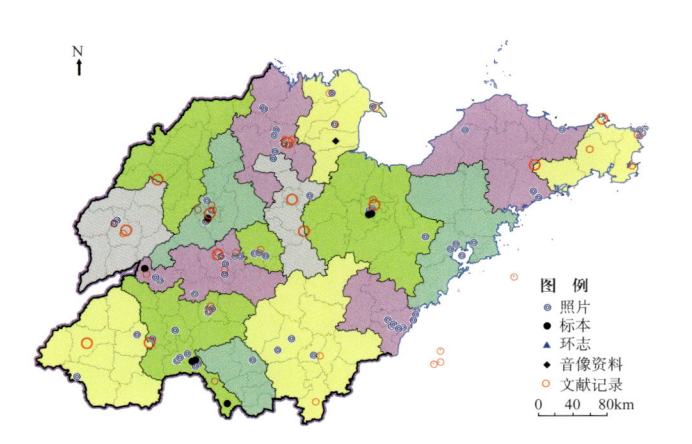

● **27-01　黄嘴白鹭**
Egretta eulophotes（Swinhoe）

命名：Swinhoe R, 1860, Ibis, 2：64（福建厦门）
英文名：Chinese Egret
同种异名：唐白鹭；*Herodias eulophotes* Swinhoe；Swinhoe's Egret

鉴别特征：白色鹭。嘴橙黄色。眼先蓝色。枕部具2枚特长矛状冠羽。背、前胸具蓑羽。腿、脚黑绿色而趾黄色。冬羽无饰羽，嘴暗褐色、基部黄色，腿脚、趾黄绿色。相似种白鹭和大白鹭的嘴是黑色，中白鹭嘴黄色而尖端黑色。

形态特征描述：中型涉禽。通体白色，似白鹭。嘴橙黄色。虹膜淡黄色，眼先为蓝色。枕部有成丛长冠羽，最长2枚细柔辫状羽长达10cm多；背部、肩部有羽枝分散的蓑状长饰羽，蓑羽伸至尾部。前颈基部胸前的矛状羽垂至下胸。胸部、腰侧和大腿基部有一种特殊羽毛称为粉羽，能不停地生长，先端不断地破碎为粉粒状，起清洁羽毛的作用。尾短。跗蹠、脚黑色，趾黄色。

冬羽　嘴暗褐色，下嘴基部黄色，眼先黄绿

黄嘴白鹭（李宗丰 20140610 摄于付疃河）

色。无蓑羽、冠羽。脚黄绿色。

幼鸟　似冬羽。

鸣叫声：暂无鸣叫声记录。

体尺衡量度（长度mm、体重g）：

标本号	时间	采集地	体重	体长	嘴峰长	翅长	跗蹠长	尾长	性别	现保存处
12935*	19370612	王家滩		460	73	240	81	70	♀	中国科学院动物研究所
	1938	日照**	530			260			♂	不详
	1938	日照	578			260			♂	不详
	1938	日照	380			256			♀	不详
	1938	日照	390			256			♀	不详

*平台号为2111C0002200002092；**寿振黄（1938）在日照王家滩、石臼所采到雌雄各2只标本

注：Shaw（1938）记录2♂重530~578g，翅长260mm；2♀重380~390g，翅长256mm

栖息地与习性： 栖息于水塘、溪流、水稻田和沼泽地带。单独、成对或集成小群活动，偶尔有数十只群体，白天到海岸附近的溪流、江河、盐田和水稻田中活动和觅食。飞行时，颈向下曲成袋状，两脚向后伸直突出于尾后，宽大翅扇动缓慢。捕食时，涉水漫步向前，眼睛盯住水中猎物，突然用长嘴猛地一击，准确啄食猎物，或伫立水边，伺机捕食过往鱼类。每年4月和11月进行春秋两季的南北迁徙活动。

食性： 主要捕食各种小型鱼类，也捕食虾、蟹、蝌蚪和水生昆虫等小动物。

繁殖习性： 繁殖期5~7月。营巢于近海岸的岛屿和海岸悬岩处的岩石上或矮小的树杈之间，也有在矮树下草丛间筑巢，喜欢成群营巢，巢间距达14~76cm；也有与白鹭、牛背鹭、夜鹭和苍鹭等混群营巢的现象。巢浅碟形、结构简单，由枯草茎和草叶构成。每窝产卵2~4枚，卵圆形、淡蓝色。孵化期24~26天。

亚种分化： 单型种，无亚种分化。

分布： 青岛-青岛。日照-东港区-付疃河（李宗丰20140610），苗木基地（成素博20140623），(S)●（Shaw 1938a）石臼所，●（Shaw 1938a）王家滩，牟家村（李宗丰20110528），青墩（李宗丰20120606）；(S)前三岛-车牛山岛、达山岛、平山岛。威海-(S)威海（王强20100923）；荣成-八河，马山海滩（20150506），天鹅湖（（20120520、20130610、20140605），海驴岛（20140607，王绍江20080607，韩京20110827））；乳山-龙角山水库；文登-米山水库。烟台-长岛县-北长山岛（王宜艳20160419）。淄博-淄博。胶东半岛，鲁中山地。

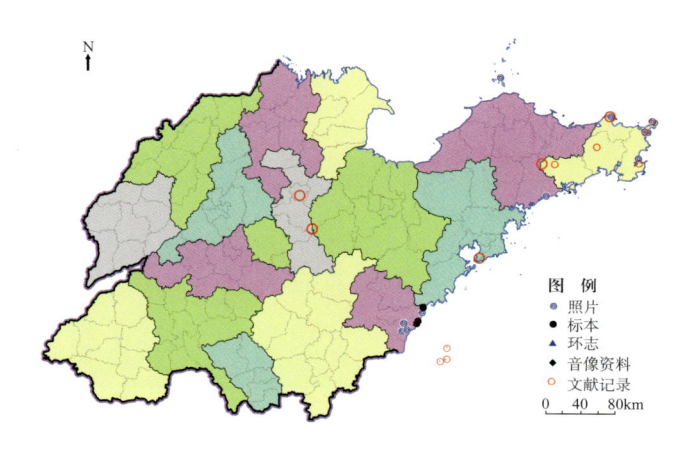

吉林、辽宁、内蒙古、河北、天津、安徽、江苏、上海、浙江、江西、湖南、湖北、云南、福建、台湾、广东、广西、海南、香港、澳门。

区系分布与居留类型： [广] (S)。

种群现状： 捕食小鱼苗，对养殖业有一定危害。由于沿海滩涂的养殖业发展和人类对自然资源的开发利用，特别是对繁殖地及湿地的过度开垦和越冬地的开发，使黄嘴白鹭的栖息地遭受严重的破坏；海岛观光和捡拾鸟卵等人为干扰，使黄嘴白鹭无法完成繁殖活动，乱捕乱猎造成黄嘴白鹭的数量急剧减少，至今未能恢复元气。山东分布数量并不普遍。

物种保护： Ⅱ、Ⅲ，E/CRDB，Vu/IUCN，列入/ICBP。

参考文献： H46，M536，Zja47；La368，Q18，Qm200，Z26，Zx12，Zgm12。

山东记录文献： 郑光美2011，朱曦2008，赵正阶2001，范忠民1990，郑作新1987、1976，Shaw 1938a；赛道建2013，闫理钦2013、1998a，田贵全2012，贾文泽2002，张洪海2000，刘岱基1994，纪加义1987a。

● 28-01 牛背鹭 *Bubulcus ibis*（Linnaeus）

命名： Linnaeus C，1758，Syst. Nat.，ed. 10，1：144（埃及）

英文名： Cattle Egret

同种异名： 黄头鹭，畜鹭，放牛郎；*Ardea ibis* Linnaeus，*Cancroma coromanda* Boddaert，*Buphus coromandus* Swinhoe；Buff-hacked Heron

鉴别特征： 嘴黄色。头、颈、胸饰羽橙黄色，白色鹭。脚暗黄色至褐色。相似种大白鹭、中白鹭、白鹭颈部是白色。

形态特征描述： 中型涉禽，体较肥胖，嘴和颈较其他鹭短粗。嘴黄色。虹膜金黄色，眼先、眼周裸露皮肤黄色。头、颈部橙黄色，前颈基部和背中央具橙黄色长形饰羽，羽枝分散成发状；前颈饰羽长达胸部，背部饰羽向后长达尾部。其余体羽和尾白色。跗蹠和趾黑色。

冬羽 通体全白色，头顶少许橙黄色，无发状饰羽。

鸣叫声： 暂无鸣叫声记录。

体尺衡量度（长度 mm、体重 g）：

牛背鹭（成素博 20150812 摄于付疃河湿地；赛道建 20130605 摄于六干苗圃）

标本号	时间	采集地	体重	体长	嘴峰长	翅长	跗蹠长	尾长	性别	现保存处
					63	255	84	95		山东师范大学
					59	255	84	85		山东师范大学
					62	220	59	80		山东师范大学
					42	155	53	45		山东师范大学
	1958	微山湖								济宁一中

栖息地与习性： 栖息于草地、牧场、水库、湖泊、池塘附近，山脚平原和低山水田、旱田和沼泽地上。性活跃而温驯，不甚怕人，常伴随牛活动，啄食翻耕出来的昆虫和牛背上的寄生虫。单独、成对或 3~5 只小群、数十只大群活动。常直线飞行，飞行高度较低，头缩到背上，颈向下突出，体呈驼背状。休息时，喜欢站在树梢上，颈缩成"S"形。夏候鸟，每年 4 月初到中旬迁到北方繁殖地，9 月末 10 月初迁离繁殖地到南方越冬地。

食性： 主要捕食直翅目、鞘翅目、蜚蠊目等昆虫，以及蜘蛛、蚂蟥和蛙等小动物，是唯一不食鱼而以昆虫为主食的鹭类。

繁殖习性： 繁殖期 4~7 月，营巢于近水大树或竹林上。常营群巢，也与白鹭和夜鹭在一起混群营巢，巢由枯枝构成，内垫有少许干草。每窝产卵 4~9 枚，卵浅蓝色、光滑无斑，卵径约 47mm×34mm。雌雄亲鸟轮流孵卵，孵化期 21~24 天。

亚种分化： 全世界有 3 个亚种，中国 1 个亚种，山东分布为普通亚种 *B. i. coromandus* (Boddaert)。

亚种命名　　Boddaert P, 1783, Tabl. Pl. Enlum. Hist. Nat.：54（印度 Coromandel Coast）

物种命名时（Linnaeus 1758）曾被置于 *Ardea*，Bonaparte（1855）将其另立为 *Bubulcus*，Smythies（1953）将其置于 *Ardeola*，Mayr 和 Cotrell（1979）将其归于 *Egretta*。近年来，DNA 分析发现本种与 *Ardea* 亲缘较接近（Martinez-Vilalta and Motis 1992）。基于本种独特生活习性，仍置本种为独立的 *Bubulcus*。

分布： 滨州-滨城区-东海水库，北海水库，蒲城水库。德州-市区-原一水厂（张立新 20070710、20090621）。东营-◎黄河三角洲；◆（东营电视台 20130612 民生零距离）六干苗圃（20130605）；河口区（李在军 20080629）。济南-（S）济南，黄河（20120512）；市中区-青龙山；天桥区-龙湖（陈云江 20140530）。济宁-●南四湖，任城区-太白湖（20140807），洸府河（宋泽远 20120603）；曲阜-（S）◎三孔，微山县-微山湖，昭阳（陈保成 20100511）。莱芜-莱城区-牟汶河（陈军 20130502）。日照-东港区-崮子河（李宗丰 20140502，成素博 20120620），付疃河（20150629、20150828，孙涛 20150903，成素博 20150812），山字河机场（20150703）。泰安-泰安，岱岳区-瀛汶河，旧县大桥（20150518）。潍坊-●白浪河（20091011）。威海-威海；（S）荣成-◎海驴岛，天鹅湖（20110528）。烟台-海阳-凤城（刘子波 20150520）；栖霞-白洋河（牟旭辉 20140602）。枣庄-山亭区-新薛河（尹旭飞 20120506），十字河（尹旭飞 20090519）。胶东半岛，鲁中山地，鲁西北平原，鲁西南平原湖区。

除宁夏外，各省份可见。

区系分布与居留类型： [广]（S）。

种群现状： 啄食牛体寄生虫和耕地昆虫，对农牧业有一定益处。该物种分布范围广，种群数量趋势稳

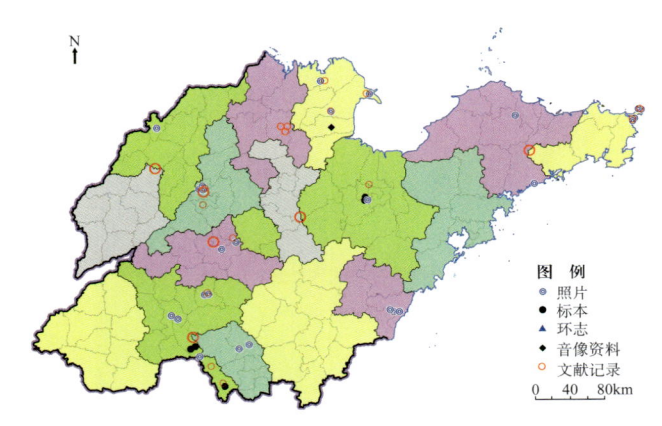

定，因此被评为无生存危机物种；在山东分布普遍，但数量不多，柏玉昆（1985）记作繁殖鸟类新记录，列入山东省重点保护野生动物名录。

物种保护： Ⅲ，无危 /CSRL，中日，中澳，3/ CITES，Lc/IUCN。

参考文献： H42，M544，Zja44；La331，Q18，Qm197，Z26，Zx12，Zgm12。

山东记录文献： 郑光美 2011，朱曦 2008，范忠民 1990，郑作新 1987、1976；赛道建 2013，张月侠 2015，闫理钦 2013，李久恩 2012，吕磊 2010，刘岱基 1994，纪加义 1987a，柏玉昆 1982。

● 29-01 池鹭
Ardeola bacchus（Bonaparte）

命名： Bonaparte CL Jr, 1855, Consp. Gen. Av., 2：127（马来半岛）

英文名： Chinese Pond Heron

同种异名： 红毛鹭，沼鹭，红头鹭鸶，沙鹭，花鹭鸶；*Ardeola prasinosceles* Swinhoe, *Ardeola schistaceus fohkienensis* Caldwe；—

鉴别特征： 红色与白色小型鹭。嘴黄色而尖端黑色，基部与脸颊黄绿色。头顶及冠羽、颈、胸部栗红色，背具蓝黑色长蓑羽，胸部紫栗色，喉部与腰、腹、翅、尾均白色。腿脚暗黄色。冬羽头颈胸白色，具黄褐色纵纹，背暗褐色。飞行时翅白色而体部栗褐色。幼体背褐色而腹白色，颈胸具明显暗褐纵纹。

池鹭（刘冰 20100513 摄于东平湖；赛道建 20120914 摄于大明湖）

形态特征描述： 嘴强壮黄色，尖端黑色而基部蓝色。虹膜黄色。脸和眼先裸露皮肤黄绿色。冠羽延伸呈矛状，有几条延伸达背部；头、羽冠、后颈和前胸部栗红色、羽毛端部呈分散状。体羽大部白色；背、肩有分散的蓝黑色表羽，向后伸至尾羽末端。初级飞羽第 1 枚飞翈及羽端灰色。圆尾，尾羽 12 枚。跗蹠粗壮，与中趾（连爪）等长；脚和趾细长，胫部部分裸露，中趾的爪上具梳状栉缘。

冬羽 头无羽冠，背无蓝黑色蓑羽；头顶白色而具褐色条纹，颈、胸淡皮黄白色而具密集粗壮的褐色条纹，背和肩羽棕褐色。

雌鸟 似雄鸟，但体型较小，头、后颈及前胸的红栗色较浅。冬羽头顶、颈侧及胸部具黑褐色纵条纹。

幼鸟 嘴黄色而端部黑色。虹膜金黄色，眼先裸露部黄绿色。头和颈黑褐色具土黄色纵纹，肩、背棕褐色，腰、翅、下体及尾羽白色，跗蹠及趾浅黄色。

鸣叫声： 争吵时发出低沉的"guagua"叫声。

体尺衡量度（长度 mm、体重 g）：

标本号	时间	采集地	体重	体长	嘴峰长	翅长	跗蹠长	尾长	性别	现保存处
					70	228	63	90		山东师范大学
					61	195	58	72		山东师范大学
			110	350	49	49	50	43	幼	山东师范大学
		济南			89	232	62	97		山东师范大学
B000055					69	228	57	75		山东博物馆
	1958	微山湖		380	56	190	52	100	♂	济宁一中
803010	19830906	泗水泉林	267	394	61	153	59	69	♂	济宁森保站

栖息地与习性： 栖息于稻田、池塘、湖泊等水域，常单独或成小群在白昼或晨昏活动。性较大胆，不甚怕人。常站在水边或浅水中，结小群涉水觅食，用嘴飞快地攫食。长江以南繁殖的种群多为留鸟、以

北多为夏候鸟。

食性：主要捕食蛙、鱼、泥鳅、虾蟹、螺、昆虫等，兼食蛇类、少量植物及小型啮齿类。

繁殖习性：繁殖期3～7月，常与夜鹭、白鹭、牛背鹭等一起组成巢群，营巢于水域附近的高树或竹林、侧柏的顶处营巢，巢浅圆盘状，由树枝、枯枝、竹枝等组成，巢内无其他铺垫物。5月上中旬产卵，日产或隔日产1枚卵，产卵期6～9天；每窝产卵2～6枚，卵淡青绿色。雌雄共同孵卵，雌鸟的坐巢时间为雄鸟的两倍以上。孵化期20～23天，育雏期30～31天，成鸟以鱼类、蛙、昆虫等哺育幼雏，雏鸟晚成雏。

亚种分化：单型种，无亚种分化。

分布：滨州 - 滨州，滨州港（20160518，刘腾腾20160518），徒骇河（刘腾腾20160517）；滨城区 - 东海水库，西海水库（刘腾腾20160517），北海水库，蒲城水库。**德州** - 市区 - 原一水厂（张立新20070710），齐河 - 华店（20130914）。**东营** -（S）◎黄河三角洲；◆（东营电视台20130612民生零距离）六干苗圃（20130605）；自然保护区（单凯20140422）；河口区 - ◎（李在军20080510），◎孤岛故道（孙劲松20080526）。**菏泽** -（S）菏泽；曹县 - 黄河故道（王海明20080517）。**济南** -（S）●济南，黄河；历下区 - 大明湖（20120914，王秀璞20140811，陈忠华20140730、20140621），珍珠泉；历城区 - 济南机场（20130908）；天桥区 - 北园，龙湖（20141007）；槐荫区 - 睦里闸；章丘 - 黄河林场。**济宁** - ●南四湖（楚贵元20080519）；任城区 - 太白湖（20140807、20140807，宋泽远20130727）；嘉祥 - 纸坊，曲阜 -（S）曲阜，沂河公园（20140804），孔林（20140803），孔林，（PS）三孔；微山县 - ●微山湖，昭阳（陈保成20150516）；鱼台 - 梁岗（20160409），夏家（张月侠20150503）。**聊城** - 赵王河（贾少波20080515）。**临沂** -（S）沂河；（S）郯城县；费县 - 温冷河（20150908）。**莱芜** - 汶河（20140704），莱城区 - 牟汶河（陈军20090521）。**青岛** - 莱西 - 姜山湿地（20150621）。**日照** - 东港区 - 丝山（李宗丰20140430），阳光海岸（20140623），付疃河（20150827，成素博20120528），国家森林公园（郑培宏20140729、20140907）；（S）前三岛 - 车牛山岛，达山岛，平山岛。**泰安** -（S）泰安；泰山区 - ●岱庙，山东农业大学南校园；岱岳区 - 旧县大桥（20140513）；●泰山 - 低山；东平县 -（S）●东平湖（20120627、20150519，刘冰20100513），大清河（20130510），稻屯洼（20150520）。**潍坊** -（S）潍坊，白浪河湿地公园（20060616，王秀璞20140623）；高密（20060721），姜庄北胶新河（宋肖萌20150801）。**威海** - 威海，荣成 - 八河，天鹅湖（20130610）；乳山 - 白沙滩；文登 - 五垒岛。**烟台** - 海阳 - 凤城（刘子波20140709、20150620）；栖霞 - 长春湖（牟旭辉20130831、20150730）。**淄博** - 淄博。胶东半岛，鲁中山地，鲁西北平原，鲁西南平原湖区。

除黑龙江、宁夏外，各省份可见。

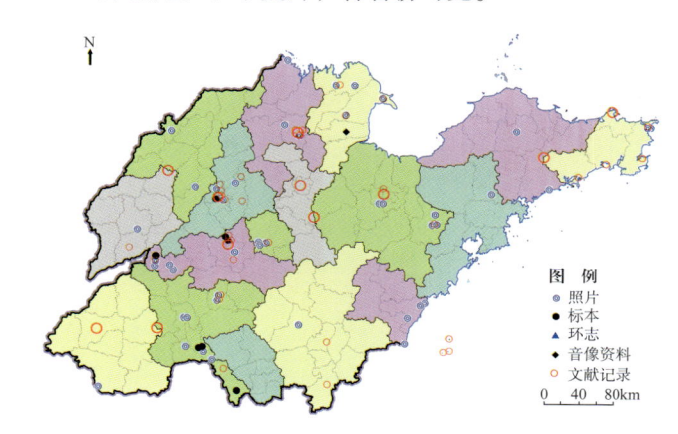

区系分布与居留类型：［广］（S）。

种群现状：药用价值，据《本草纲目》记载，肉能解鱼虾毒。背上蓑衣商品称黑丝毛。由于环境污染和生存条件恶化，某些地方的种群数量已明显减少，需要加强保护。山东分布见有田丰翰（1957）报道，仍有鸟类分布的新记录（柏玉昆1982），分布数量尚属普遍，未列入山东省重点保护野生动物名录。

物种保护：Ⅲ，无危/CSRL，Lc/IUCN。

参考文献：H41，M545，Zja43；La328，Q18，Qm197，Z23，Zx13，Zgm12。

山东记录文献：郑光美2011，朱曦2008，赵正阶2001，钱燕文2001，范忠民1990；赛道建2013、1994，张月侠2015，庄艳美2014，闫理钦2013、1998a，李久恩2012，吕磊2010，邢在秀2008，贾文泽2002，王海明2000，张培玉2000，田家怡1999，王元秀1999，杨月伟1999，王友振等1997，赵延茂1995，刘岱基1994，纪加义1987a，杜恒勤1985、1987a，柏玉昆1982，李荣光1959，田丰翰1957。

● 30-01 绿鹭
Butorides striata（Linnaeus）

命名：Linnaeus C，1758，Syst. Nat. 10th ed：144（Surinam）

英文名：Striated Heron

同种异名：绿蓑鹭，绿鹭鸶，打鱼郎；*Ardea striata* Linnaeus，1758，*Ardea javanica* Horsfield，1821；Green-backed Heron，Little Green Heron

鉴别特征：深灰色鹭。嘴、头、冠羽、眼下纹黑绿色；最后1枚冠羽特长。颏喉白色。背披青铜色矛状长羽。跗蹠黄绿色。幼鸟暗褐色，翅具白色点斑，下体黄白色有黑褐色纵纹。

形态特征描述： 嘴灰色而下嘴边缘黄色。虹膜黄色，眼下纵纹绿黑色。额、头顶及冠羽绿色而具金属光泽。颊及耳羽浅灰色。颏及喉白色。后颈及颈侧灰色。背及两肩部狭长矛状羽铜绿色而具光泽。翼上覆羽黑灰色、羽缘黄白色；飞羽黑褐色、羽缘青铜绿色，多数羽端具黄白色斑。胸及胁灰色；腹部灰白色。腰、尾上覆羽黑灰色；尾下覆羽灰白色而杂有褐色斑点。跗蹠与趾黄绿色；爪黑褐色。

雌鸟 似雄鸟。铜绿色稍淡而辉亮较差；白色部分微沾棕色；喉部具浅灰色斑点。

幼鸟 背面暗褐色，翅具白色斑点。下体皮黄色而具黑褐色纵斑点。

鸣叫声： 暂无鸣叫声记录。

体尺衡量度（长度 mm、体重 g）：

标本号	时间	采集地	体重	体长	嘴峰长	翅长	跗蹠长	尾长	性别	现保存处
					64	200	51	75		山东师范大学
					63	175	50	77		山东师范大学
					73	182	50	103		山东师范大学
					81	214	45	90		山东师范大学

绿鹭（陈忠华 20150912 摄于泉城公园）

栖息地与习性： 喜栖息于山区沟谷溪流、河流、湖泊、水库林缘与灌木草丛中，性孤独，单只或成对活动。飞行时，两翅鼓动频繁，飞行速度快，通常飞行高度较低，多在水面上 10～20m，很少超过河岸树的高度；脚往后伸，突出于尾外，但缩颈较小而不明显。主要在黄昏或夜间觅食。

食性： 主要捕食小鱼、蛙、螺类和昆虫等。

繁殖习性： 繁殖期 5～6 月。在小灌木、距主干较近的枝杈上营巢，巢浅碟状或浅碗状，由杨、柳、榆的干枝构成。也栖息于浓密的灌丛中或树荫下的石头上，不栖息于较暴露的树木高处或顶枝上。每窝产卵多固定为 5 枚，每天产 1 枚卵；卵椭圆形，绿青色，卵径约 31mm×41mm；卵重约 19g。通常在产完第 4 枚卵即开始孵卵，孵卵由雌雄亲鸟轮流承担。孵化期 20～22 天。雌雄共同育雏。

亚种分化： 全世界有 36 个亚种，中国 3 个亚种，山东分布为黑龙江亚种 *B. s. amurensis* von Schrenck。

亚种命名 von Schrenck L, 1860, Reisen, Forsch. Amur-lande, 1：441（黑龙江）

Blyth（1849）命名 *Butorides* 一直沿用至今。Mayr（1979）主张将本属列入 *Ardeola*。

分布： 滨州-滨州；滨城区-东海水库，北海水库，蒲城水库。东营-◎黄河三角洲；东营区-沙营（孙熙让 20120527）；河口区（李在军 20080816）。菏泽-（S）菏泽；牡丹区-市林业局（●王海明 20060616）。济南-历下区-泉城公园（陈忠华 20150912）。济宁-曲阜-沂河公园（20140804）。青岛-（S）青岛；崂山区-（S）潮连岛。日照-东港区-国家森林公园（郑培宏 20140911），崮子河（成素博 20110521）。潍坊-●白浪河；潍县。威海-威海（王强 20120524、20120725）；（S）荣成-苏山岛，天鹅湖（20110602）；文登-坤龙水库（20120614）。烟台-栖霞-白洋河（牟旭辉 20140825）。淄博-淄博。胶东半岛，鲁中山地，鲁西北平原，鲁西南平原湖区。

黑龙江、吉林、辽宁、河北、北京、江苏、上海、浙江、台湾、广东、广西、香港、澳门。

区系分布与居留类型：［广］（S）。

种群现状： 在我国数量比较稀少，经济价值不大。近年来由于生境条件恶化，数量更为稀少，需要进行严格的栖息地环境保护。在山东分布较广，但数量少，列入山东省重点保护野生动物名录。

物种保护： Ⅲ，无危/CSRL，中日，Lc/IUCN。

参考文献： H40，M546，Zja42；La324，Q16，Qm197，Z21，Zx14，Zgm13。

山东记录文献： 郑光美 2011，朱曦 2008，钱燕文 2001，范忠民 1990，郑作新 1987、1976，Shaw1938a；赛道建 2013，闫理钦 2013，吕磊 2010，贾文泽 2002，王海明 2000，田家怡 1999，赵延茂 1995，刘岱基 1994，纪加义 1987a。

● **31-01 夜鹭**
Nycticorax nycticorax（Linnaeus）

命名： Linnaeus，1758，Syst. Nat.，ed. 10，1：142（欧洲南部）

英文名： Black-crowned Night Heron

同种异名： 苍鳽（jiān），灰洼子，星鸦（幼体）；—；—

鉴别特征： 中型鹭。嘴黑色，眼先绿色。头黑色具2条白色长冠羽。背黑色而腹灰白色。脚黄绿色。冬羽无冠羽。幼体暗褐色具白色圆形斑。

形态特征描述： 背面灰黑色、腹面灰白色鹭。嘴黑色，虹膜红色，眼先、裸露部分黄绿色。额基和眉纹白色；颏、喉白色；头枕部具2～3条长带状白色饰羽，垂至背上。头顶、枕、后颈及背、肩部绿黑

夜鹭（陈忠华 20140608 摄于大明湖；陈云江 20110424 摄于大明湖；赛道建 20140807 摄于太白湖；陈军 20130612 摄于牟汶河）

色，具金属光泽。颈较短。腰、翅和尾羽灰色。颊、颈侧、胸和两胁淡灰色，腹白色。尾为圆尾。胫的裸出部、跗蹠和趾黄色。

幼鸟 嘴先端黑色而基部黄绿色，虹膜黄色而眼先绿色。上体暗褐色缀有淡棕色，羽干纹白色，羽毛具棕白色星状端斑。下体白色而满缀暗褐色细纵纹。尾下覆羽棕白色。脚黄色。

鸣叫声： 巢区和夜间飞行时常发出"wa-"叫声。

体尺衡量度（长度 mm、体重 g）：

标本号	时间	采集地	体重	体长	嘴峰长	翅长	跗蹠长	尾长	性别	现保存处
B000054					71	293	78	83		山东博物馆
	1958	微山湖	525		70	265	72	64	♂	济宁一中
	1958	微山湖	570		76	270	72	76	♀	济宁一中
	1958	微山湖	440		66	248	66	76	♀	济宁一中
					75	288	73	96		山东师范大学
					80	327	70	96		山东师范大学
	1938	青岛	420			279			♀	不详

注：Shaw（1938）记录1♀重420g，翅长279mm

栖息地与习性： 栖息于平原和低山丘陵较少人为干扰地区，活动于具有动物性食物的稻田、溪流、湖泊及沼泽地带。白天常隐蔽在沼泽、灌丛或林间，晨昏和夜间活动比较频繁。

食性： 主要捕食中小型鱼类，以及蛙、虾、水生昆虫等小动物。

繁殖习性： 繁殖期4～7月。通常营巢于少人为干扰的高大树上或荒芜丛中，雌雄鸟共同成群营巢，也与白鹭、池鹭、牛背鹭和苍鹭等鹭类成混合群营巢；巢由枯枝和草茎构成，结构简单、呈盘状，有利用旧巢习性。每窝产卵3～5枚，卵为卵圆形和椭圆形，蓝绿色，卵径约44mm×35mm，卵重约24g。第1枚卵产出后即开始孵卵，雌雄鸟共同孵卵，以雌鸟为主，孵化期21～22天。雏鸟晚成雏，刚孵出雏鸟身上被有白色稀疏的绒羽，雌雄亲鸟共同抚育，育雏期30多天，雏鸟飞翔离巢。

亚种分化： 全世界有4个亚种，中国1个亚种，山东分布为指名亚种 ***N. n. nycticorax***（Linnaeus）。

亚种命名 Linnaeus C，1758，Syst. Nat.，ed. 10，1：142（欧洲南部）

本种与 *N. caledonicus* 组成超种，在爪哇岛、苏拉威西及菲律宾等地出现两者的杂交种。

分布： 滨州-滨州；滨城区-东海水库，西海水库（刘腾腾 20160517），北海水库，小开河-徒

骇河渡槽（刘腾腾20160517），蒲城水库；无棣县-小开河沉沙（20160519，刘腾腾20160519，王景元20140808）。**东营**-（S）◎黄河三角洲；东营区-八分场苗圃（单凯20130502），◆（东营电视台20130612民生零距离）六干苗圃（20130605）；自然保护区（单凯20140512）；河口区（李在军20081230）。**济南**-（S）济南；天桥区-北园；历下区-大明湖（20120830、20141003，陈忠华20140608，王秀璞20150515，陈云江20110424），珍珠泉；市中区-●青龙山（20000515）；槐荫区-睦里闸；章丘-黄河林场。**济宁**-●南四湖（楚贵元20080601）；任城区-太白湖（20140807，宋泽远20120503，张月侠20160405）；曲阜-◎（S）三孔曲阜，孔林（20140803，孙喜娇20150423）；微山县-●微山湖，湿地公园（20160222）；鱼台-梁岗（20160409）。**莱芜**-莱城区-牟汶河（陈军20130612）。**青岛**-●（Shaw 1938a）青岛；莱西-姜山湿地（20150621）。**日照**-东港区-付疃河（20150423），国家森林公园（郑培宏20140613），阳光海岸（20140623），日照水库（20150627）；（R）前三岛-车牛山岛，达山岛，平山岛。**泰安**-泰安，大汶河，瀛汶河；泰山区-岱庙，山东农业大学校园；岱岳区-天平湖湿地（刘冰20100622），石汶河（刘兆瑞20110528，旧县大汶河20150518）；东平县-稻屯洼（20120627），王台（20130511），东平湖（20140613）。**潍坊**-（S）潍坊，白浪河湿地公园（20090414、20140623）。**烟台**-海阳-凤城（刘子波20150531）。**淄博**-淄博。胶东半岛，鲁中山地，鲁西北平原，鲁西南平原湖区。

除西藏外，各省份可见。

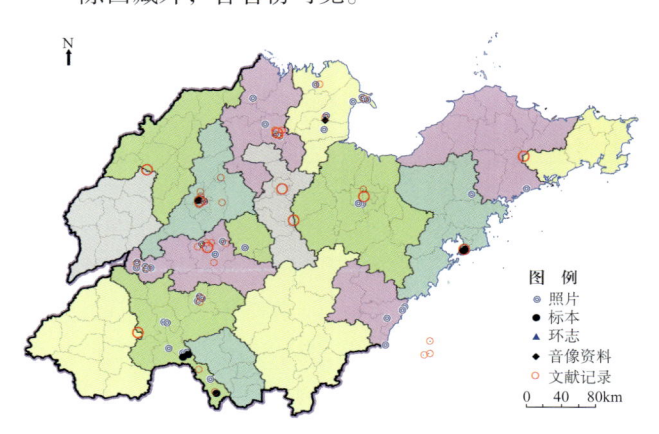

区系分布与居留类型：［广］R（SR）。

种群现状：捕食鱼类，对农渔养殖业有一定危害。物种分布范围广，种群数量趋势较稳定，现被评价为无生存危机物种。曾经是较为丰富而常见的物种，由于砍伐树木、环境污染和人为干扰造成栖息生境的破坏，种群数量有明显减少。山东分布较广，数量多寡各地不同，有零星越冬个体，在南四湖芦苇丛中上千只越冬群体，未列入山东省重点保护野生动物名录。

物种保护：Ⅲ，无危/CSRL，中日，Lc/IUCN。

参考文献：H49，M547，Zja51；La316，Q21，Qm196，Z28，Zx14，Zgm13。

山东记录文献：郑光美2011，朱曦2008，赵正阶2001，钱燕文2001，范忠民1990，郑作新1987、1976，Shaw 1938a；赛道建2013、1994，张月侠2015，闫理钦2013，李久恩2012，吕磊2010，邢在秀2008，张培玉2000，田家怡1999，王元秀1999，杨月伟1999，赵延茂1995，纪加义1987a，李荣光1959，田丰翰1957。

● **32-01　黄斑苇鳽**
***Ixobrychus sinensis*（Gmelin）**

命名：Gmelin JF，1789，Syst. Nat.，1：642 base on "Chinese Heron" of Latham，1785，General Synop. Birds，3，p. 99（中国）

英文名：Yellow Bittern

同种异名：黄苇鳽，黄小鹭，小水骆驼；*Ixobrychus sinensis sinensis*（Gmelin）；Chinese Little Bittern

鉴别特征：头顶、飞羽和尾羽黑色。上体黄褐色、下体浅黄色，飞行时，背面两色对比明显。雌鸟头顶栗褐色，背胸有暗褐色纵纹。幼鸟上体有黑褐色纵纹，下体黄白色具褐色纵纹。

形态特征描述：嘴黄色而嘴峰黑褐色。虹膜黄色，眼先裸露部淡黄色。前额至枕部、冠羽黑色。颏和喉部淡近白色。头侧和颈侧黄白色沾棕色；后颈棕红色，颈基部有大型黑斑。肩羽黄棕褐色。翼上覆羽黄褐色；飞羽黑色，羽端略沾棕色。背、腰和尾上覆羽灰色。下体自颏至尾下覆羽淡黄色；胸侧羽缘栗红色。尾羽黑色。跗蹠和趾黄绿色，爪角

黄斑苇鳽（成素博20120809摄窝中成鸟及幼鸟于崮子河；赵连喜20140722摄于东平湖）

褐色。

雌鸟 似雄鸟，头顶栗褐色，具黑色纵纹。颏、喉部中央具黄白色纵纹。上体淡棕褐色，具暗褐色纵纹，下体颈至胸具淡褐色纵斑。

幼鸟 上体缀有黑褐色纵纹，下体黄白色具黑褐色或黄褐色纵纹。刚孵出时雏鸟除腹和下颔外，全身被有金黄色绒羽。

鸣叫声： 通常无声。飞行时，发出"kakak kakak"略微刺耳的断续轻声。

体尺衡量度（长度mm、体重g）：

标本号	时间	采集地	体重	体长	嘴峰长	翅长	跗蹠长	尾长	性别	现保存处
					52	134	48	50	♀	山东师范大学
B000059					55	126	41	34		山东博物馆
					52	122	42	53	♂	山东师范大学
	1958	微山湖	300		50	125	42	38	♂	济宁一中
					55	133	30	50		山东师范大学
					60	142	46	60		山东师范大学
830229	19831105	鲁桥	63	358	52	128	49	43	♀	济宁森保站
		济宁		229	50	126	38	38		济宁森保站

栖息地与习性： 喜栖息于平原、低山丘陵地带中富有水边植物的开阔水域，喜欢既有开阔明水面又有大片芦苇和蒲草等挺水植物的中小型湖泊、水库、水塘和沼泽，有时栖息活动于水田、沼泽及其附近的泽苇草丛与灌木丛中。活动多在清晨和傍晚，常单独或成对活动。常在沼泽地芦苇塘飞翔或水边浅水处漫步涉水觅食。性机警，遇干扰，立刻伫立不动，向上伸长头颈观望。4～5月迁到北方繁殖地，9月末10月初迁离繁殖地到南方越冬。

食性： 主要以小鱼、蛙、虾、水生昆虫等动物性食物为食。

繁殖习性： 繁殖期5～7月。营巢于浅水处芦苇丛和蒲草丛中，巢多置于距水面不高的芦苇秆或蒲草茎上，系弯折少许芦苇秆作依托，用芦苇叶编织而成盘巢状，结构简陋。每窝产卵多为7枚，每天产卵1枚。卵为白色，光滑无斑，卵圆形，卵径约25mm×33mm，卵重8～10g。第1枚卵产出后即开始孵卵。孵化期约20天。雏鸟晚成雏。

亚种分化： 单型种，无亚种分化。

分布： 滨州-滨州；滨城区-东海水库，北海水库，蒲城水库。德州-市区-长河公园（张立新20090713、20150726）；陵县-马颊河（张立新20140904）；乐陵-城区（李令东20100717），政府广场湿地（李令东20100721）。东营-(S)◎黄河三角洲；东营区-沙营（孙熙让20120527）；河口区（李在军20080823）。菏泽-(S)菏泽；牡丹区-市林业局（王海明20060913）。济南-(S)济南，黄河；历城区-●济南机场（20130907）；历下区-(S)大明湖（20120831、20140811，赛时20140628，陈忠华20140810）。济宁-●(S)南四湖（韩汝爱20090703）；任城区-太白湖（宋泽远20120609，张月侠20150620）；嘉祥县-●纸坊，赵新河（20040711）；曲阜-沂河公园（20140803）；微山县-●微山湖，高楼（陈保成20080706）。聊城-聊城。临沂-(S)沂河。莱芜-汶河（20140704）；莱城区-牟汶河（陈军20090604）。青岛-青岛。日照-东港区-阳光海岸（20140613），付疃河（20150703），崮子河（成素博20120809），国家森林公园（郑培宏20140625）。泰安-(S)泰安；岱岳区-大汶河（20160613）；东平县-(S)●东平湖（20120728，赵连喜20140722），稻屯洼（20150520）。潍坊-高密-姜庄北胶新河（宋肖萌20150613）。威海-(S)威海；荣成-八河，天鹅湖，海驴岛；文登-米山水库。烟台-海阳-凤城（刘子波20150613、20150820）；栖霞-长春湖（牟旭辉20120919）。淄博-张店（姚志诚20130820）。胶东半岛，鲁中山地，鲁西北平原，鲁西南平原湖区。

除青海、新疆、西藏外，各省份可见。

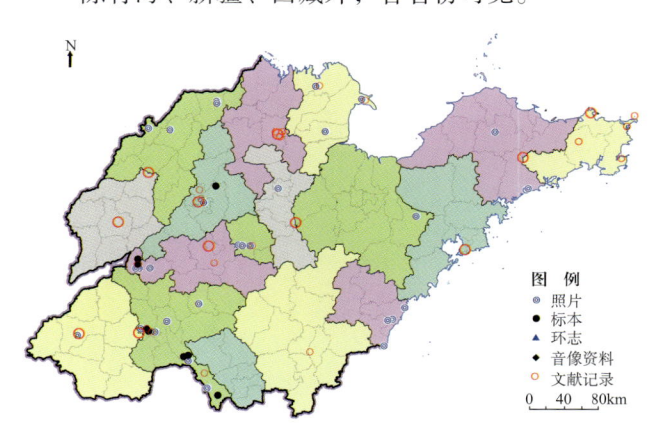

区系分布与居留类型：［广］(S)。

种群现状： 捕食害虫，对农业有利。该物种数量多，分布范围广，曾经是相当常见的夏候鸟。几十年来，湿地生态环境的破坏，种群数量有所减少，但种群数量趋势稳定，被评为无生存危机物种。山东分布数量并不普遍，在日照拍到成鸟守护幼鸟的照片，未列入山东省重点保护野生动物名录。

物种保护： Ⅲ，无危/CSRL，中日，中澳，Lc/IUCN。

参考文献： H54，M552，Zja56；La296，Q22，Qm195，Z31，Zx15，Zgm14。

山东记录文献： 郑光美 2011，朱曦 2008，钱燕文 2001，范忠民 1990，郑作新 1987、1976，Shaw 1938a；赛道建 2013、1999、1994，李久恩 2012，吕磊 2010，贾文泽 2002，王海明 2000，田家怡 1999，宋印刚 1998，闫理钦 1998a，赵延茂 1995，刘岱基 1994，纪加义 1987a，田丰翰 1957。

● 33-01 紫背苇鳽
Ixobrychus eurhythmus（Swinhoe）

紫背苇鳽（薛琳 20140803 摄于青岛中山公园；宋肖萌 20150615 摄于姜庄镇小辛河）

命名： Swinhoe R. 1873. Ibis，(3)3：74（上海及厦门）

英文名： Schrenck's Bittern

同种异名： 水骆驼，秋小鹭，秋鳽，黄鳝公，紫小水骆驼；*Ardetta eurhythma* Swinhoe；—

鉴别特征： 头顶暗栗褐色。上体紫栗色，下体皮黄色，喉胸有一条栗褐色纵线。飞羽黑色、覆羽灰黄色，飞行时明显。雌鸟紫栗色上体具白色小斑点。

形态特征描述： 上嘴黑色而嘴缘黄色、嘴峰黑褐色，下嘴黄白色。虹膜黄色。额、头顶黑栗色，颏、喉黄色，中央有一条黑褐色纵纹伸至前胸。枕、后颈、背、肩及内侧次级飞羽均呈暗紫栗色，腰、尾上覆羽色稍淡，翼上覆羽棕黄色；飞羽灰褐色。下体脂黄色。趾绿褐色。

雌鸟 额至后颈羽色似雄鸟。背、肩及翼上覆羽、内侧次级飞羽紫栗色，密布白色斑点。初级飞羽黑褐色，内侧数枚具白色端斑。腰及尾上覆羽暗褐色。颈侧及下体淡黄褐色而密布黑栗色纵斑点。腿覆羽黄褐色具褐色纵斑。

幼鸟 似雌鸟，体色深褐色，上体白斑和下体褐色纵纹均较显著。

鸣叫声： 暂无鸣叫声记录。

体尺衡量度（长度 mm、体重 g）：

标本号	时间	采集地	体重	体长	嘴峰长	翅长	跗蹠长	尾长	性别	现保存处
					49	133	43	45	♀	山东师范大学
					50	132	49	50		山东师范大学
					46	142	45	44	♂	山东师范大学
				201	69	140	43	72		山东师范大学
		济宁	230		55	150	41	62	♀	山东师范大学
		济南	268		70	153	49	75		山东师范大学
B000057					42	136	57	29		山东博物馆
840394	19840624	鲁桥	136	348	47	158	52	42	♂	济宁森保站
	1938*	青岛石臼	140			145			♂	不详
	1938	青岛石臼	143			139			♀	不详
	1938	青岛石臼	95			141			幼	不详

＊ Shaw（1938）记录♂重 140g，翅长 145mm；♀重 143g，翅长 139mm；幼重 95g，翅长 141mm

栖息地与习性： 喜栖息于稻田、河川、干湿草地、水塘和沼泽中。常结小群活动，黄昏和清晨在湖泊、河流和水塘边的芦苇及沼泽地上觅食。

食性： 主要捕食鱼、虾、蛙和昆虫等小动物，育雏中、后期食物种类还有较多的蛙、蝌蚪、泥鳅及其他水生昆虫。

繁殖习性： 繁殖期 5～7 月。营巢于河流两岸或湖泊、沼泽附近的苇丛或草丛中；巢简陋，浅盘状，用芦苇弯折构成巢基，铺垫少量枯萎苇叶。每年繁殖 1 窝，产卵 4～6 枚，卵椭圆形，白色。卵径约 26mm×33mm，卵重约 11.8g。孵化期 18～19 天。育雏期 30～40 天。

亚种分化： 单型种，无亚种分化。

分布： 东营-（P）◎黄河三角洲。菏泽-（S）菏泽。济南-（P）●济南；天桥区-五柳闸。●济宁-（S）南四湖。聊城-（S）聊城，东昌湖。青岛-●（Shaw 1938a）青岛；市南区-中山公园（薛琳 20140803）；李沧区-●（半岛网 20120718）李村。日照-●◆◎（王涛 20150813）日照机场；东港区-●（Shaw 1938a）石臼所。泰安-（S）泰安，●泰山；

岱岳区 - ●黄前水库，大汶河；东平县 - （S）●东平湖。**潍坊** - 高密 - 姜庄小辛河（宋肖萌 20150615）。**威海** - （S）威海；荣成 - 八河，天鹅湖；文登 - 米山水库。**烟台** - 招远 - 西山公园（蔡德万 20130522）；长岛县 - ▲（H03-7849）大黑山。胶东半岛，鲁中山地，鲁西北平原，鲁西南平原湖区。

黑龙江、吉林、辽宁、内蒙古、河北、北京、天津、山西、河南、陕西、宁夏、安徽、江苏、上海、浙江、江西、湖南、湖北、四川、重庆、云南、西藏、福建、台湾、广东、广西、海南、香港、澳门。

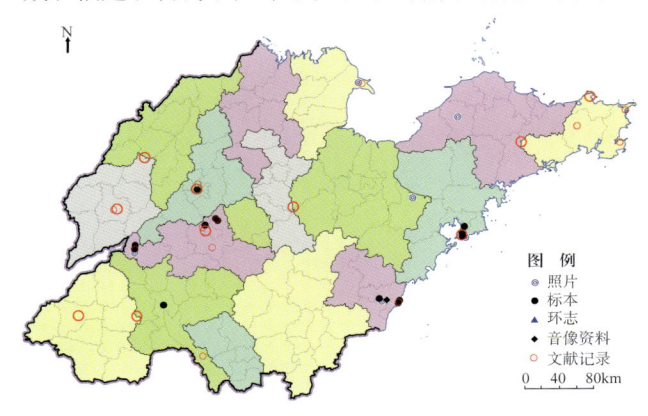

区系分布与居留类型：［古］（PS）。

种群现状：嗜食幼鱼，对养鱼业有一定影响；捕食水边害虫，有利于水稻及其他作物生长。山东分布数量并不普遍，未列入山东省重点保护野生动物名录。

物种保护：Ⅲ，无危/CSRL，中日，Lc/IUCN。

参考文献：H55，M553，Zja57；La300，Q22，Qm195，Z31，Zx15，Zgm15。

山东记录文献：郑光美 2011，朱曦 2008，赵正阶 2001，钱燕文 2001，范忠民 1990，郑作新 1987、1976，Shaw 1938a，赛道建 2013、1999、1994，贾文泽 2002，王海明 2000，田家怡 1999，闫理钦 1998a，宋印刚 1998，赵延茂 1995，刘岱基 1994，纪加义 1987a，田丰翰 1957。

● 34-01　栗苇鳽
Ixobrychus cinnamomeus（Gmelin）

命名：Gmelin JF，1789，Syst. Nat., ed. 13，1：643（中国）

英文名：Cinnamon Bittern

同种异名：栗小鹭，小水骆驼，独春鸟，葭鳽（jiājiān）；*Ardea cinnamomea* Gmelin；Chestnut Bittern

鉴别特征：嘴峰黑褐色。上体全为栗红色，下体红褐色，喉胸中央具黑色纵纹，胸侧具黑白斑纹。雌鸟头顶暗栗红色，背杂有白斑点；下体棕黄色，颈胸有黑褐色纵纹。脚黄绿色。

形态特征描述：嘴黄色而嘴峰黑褐色。虹膜黄色，眼先裸出部黄绿色。两颊、颔、喉、前颈和颈侧有一道由棕黄色与黑色斑点相杂构成的纵纹。头顶和背、肩部暗栗红色。上体从头到尾栗红色。下体胸和腹棕黄色，微杂黑褐色纵纹；胸侧杂有黑白两色斑点，肛周和尾下覆羽棕白色。脚黄绿色。

栗苇鳽（陈云江 20110820 摄于历城仲宫；宋泽远 20120609 摄于太白湖；赛道建 20140811 摄于大明湖）

雌鸟　头顶暗栗红色，肩部稍淡缀有数条黑褐色纵纹。

幼鸟　似雌鸟，上体斑点和斑纹更多，更多褐色而少栗色，下体暗褐色条纹显著。

鸣叫声：暂无鸣叫声记录。

体尺衡量度（长度mm、体重g）：

标本号	时间	采集地	体重	体长	嘴峰长	翅长	跗蹠长	尾长	性别	现保存处
					50	141	45	53		山东师范大学
B000058					49	152	45	32		山东博物馆
					48	145	45	56		山东师范大学
840410	19840704	鲁桥	118	321	46	134	55	43	♀	济宁森保站

栖息地与习性： 栖息于沼泽、水塘、溪流和水稻田中、芦苇中或草丛间。常单独活动，多在晨昏和夜间活动，白天多隐藏于蒲草苇丛中，也活动和觅食。春、秋两季均要在繁殖地和越冬地之间来回迁徙，迁离和到达时间随南北所处位置不同而异。春季4月末5月初迁来，秋季10月初至10月中下旬迁走。

食性： 主要捕食小鱼、黄鳝、蛙、小螃蟹、水蜘蛛，以及蝼蛄、龙虱幼虫和叶甲等昆虫，也食少量植物和种子。

繁殖习性： 繁殖期4~7月。巢筑于沼泽、稻田或池塘岸边的隐秘草丛里，呈盘形，以草叶、草茎衬垫，巢边有2~3条密道为亲鸟和雏鸟出入的通道。每窝产卵3~6枚，卵乳白色，卵径约32mm×27mm。雌雄鸟共同孵卵，孵化期15~17天，雌鸟夜间坐巢，雄鸟守候在附近。出壳雏鸟全身绒羽淡黄色。雌雄清晨及傍晚频繁共同喂食蛙类等小动物。雏鸟8天后即可借助巢边密道避敌，10天后即可攀爬到芦苇上练习觅食，借助体色及黑褐色纵纹进行伪装。亲子间通过声音联系进行喂食。

亚种分化： 单型种，无亚种分化。

分布： 滨州-滨州；滨城区-东海水库，北海水库，蒲城水库。东营-（S）◎黄河三角洲。菏泽-（S）菏泽。济南-历下区-大明湖（20140811，马明元20140626）；历城区-仲宫（陈云江20110820）。济宁-（S）南四湖；任城区-太白湖（宋泽远20120609）。日照-东港区-阳光海岸（20140623），付疃河（20150703）。泰安-（S）泰安；东平县-（S）●东平湖（20120725）；肥城（刘冰20120713）。鲁中山地，鲁西北平原，鲁西南平原湖区。

辽宁、河北、北京、山西、河南、陕西、安徽、江苏、上海、浙江、江西、湖南、湖北、四川、贵州、云南、福建、台湾、广东、广西、海南、香港、澳门。

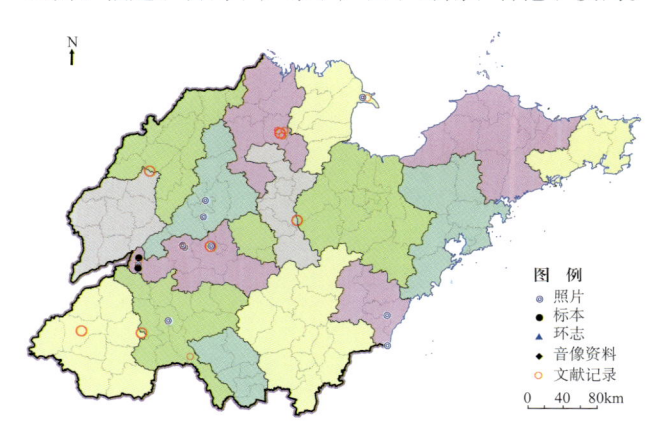

区系分布与居留类型： ［广］（S）。

种群现状： 捕食害虫，对农业有益；可供饲养观赏。由于单独活动、生性隐秘，一直没有较精确的估计和调查数量。Wetland International（2002）估计，亚洲数量达125 000多只，而水鸟调查的数量为209只（Li and Mundkur 2002）。山东分布数量并不多，列入山东重点保护野生动物名录。

物种保护： Ⅲ，无危/CSRL，中日，Lc/IUCN。

参考文献： H56，M554，Zja58；La302，Q22，Qm196，Z32，Zx15，Zgm15。

山东记录文献： 郑光美 2011，朱曦 2008，钱燕文 2001，郑作新 1987、1976；赛道建 2013、1999，吕磊 2010，贾文泽 2002，王海明 2000，宋印刚 1998，赵延茂 1995，纪加义 1987a。

34-21 黑苇鳽
Dupetor flavicollis（Latham）

命名： Latham，1790，Ind. Orn.，2：701（印度）

英文名： Black Bittern

同种异名： 黑鳽，黄颈黑鹭，乌鹭，黑长脚鹭鸶；*Ardea flavicollis* Latham，1790，*Ardea australis* Lesson，1831，*Ardetta gouldi* Bonaparte，1855，*Ardeirallus woodfordi* Ogilvie-Grant，1888，*Ardeirallus nesophilus* Sharpe，1894，*Ixobrychus flavicollis*（Latham，1979）；—

鉴别特征： 中型近黑色鳽。嘴长、黄褐色，形如匕首。通体青灰似黑色。喉具黑色、黄色纵纹。颈侧黄色。脚黑褐色。飞翔时，上体全黑色，下体前半部橙黄色，后半部黑色，站立时上体黑色，前颈、颈侧、胸橙黄色。雌鸟白色较多。幼体顶冠黑色。背、两翼羽尖具黄褐色或褐色鳞状纹。

形态特征描述： 嘴长、形如匕首，黄褐色，先端和下喙前半部黄色。虹膜红色或橙黄色。颊白色，喉淡皮黄色具黑色、黄色纵纹，向下较宽。整个上体石板黑色，头、后颈缀蓝色。颈侧黄色。前颈、上胸淡皮黄白色，黑色、棕色斑点纵纹向上下延伸与喉部条纹联结形成长形纵纹。胸褐色，羽缘黄白色，下体余部黑褐色，腹部中央具黄白色羽缘。脚黑褐色。

雌鸟 白色较多。头侧、眼下栗色。上体暗

黑苇鳽（王海明 20060811捕获并摄于菏泽开发区；王溪笙 20170509摄于环翠区里口山风景区）

褐色无光泽。颏、喉和前颈白色具棕色或黑褐色羽端斑。下体余部淡褐色具黄白色羽缘。

幼体　似雌鸟。顶冠黑色。背、两翼羽尖具黄褐色或褐色鳞状纹。下体暗褐色。

鸣叫声： 飞翔时发出似"guagua"粗哑响亮叫声。

体尺衡量度（长度mm、体重g）： 山东采到标本，但无测量数据。

栖息地与习性： 栖息于沼泽、苇塘、稻田、红树林和林边溪流畔等各种生境中。性胆怯而好奇，多于晨昏、夜间或阴暗的天气，单只或成对在多草水边活动，常站在地上不动，头颈垂直向上伸直注视四周。

食性： 主要捕食鱼、蛙、甲壳类、软体动物和昆虫。

繁殖习性： 繁殖期5～7月。在水域岸边沼泽地上、苇丛中或灌丛、柳树等树上营巢，盘状巢由枯枝、草茎等构成。每窝产卵4～6枚，卵淡绿色、淡蓝色或白色，卵径约48mm×33mm。

亚种分化： 全世界有6个亚种，中国2个亚种，山东分布为指名亚种 *Dupetor flavicollis flavicollis*（Latham）。

亚种命名　Latham，1790，Ind. Orn., 2：701（印度）

分布： 菏泽-开发区（王海明20060811）。威海-环翠区-里口山风景区（王溪笙20170509）。

河南、陕西、甘肃、安徽、江苏、上海、浙江、江西、湖南、湖北、四川、云南、福建、台湾、广东、广西、海南、香港、澳门。

区系分布与居留类型： [广] S。

种群现状： 东南沿海各省并不常见的繁殖鸟。数量尚称普遍，并无重大威胁。山东分布少见，应加强物种及栖息环境的监测研究与保护。

物种保护： Ⅲ。

参考文献： H57，M555，Zja59；La306，Q24，Qm195，Z33，Zgm15。

山东记录文献： 为新记录物种。

● **35-01　大麻鳽**
***Botaurus stellaris*（Linnaeus）**

命　名： Linnaeus C，1758，Syst. Nat., ed. 10，1：144（瑞典）

英文名： Eurasian Bittern

同种异名： 大麻鹭，大水骆驼，蒲鸡，水母鸡；*Ardea stellaris* Linnaeus；Great Bittern

鉴别特征： 褐黄色鹭。嘴粗尖、黄褐色，头冠黑褐色。背黄褐色具黑色斑纹，下体色淡具黑褐色纵纹。飞行时，黑褐色飞羽与金黄色覆羽、背部对比明显。

形态特征描述： 嘴粗而尖，黄绿色，上嘴色深带褐色、嘴峰暗褐色。虹膜黄色，眼上眉纹皮黄色。额、头顶和枕部黑褐色。颏、喉淡黄白色，由羽毛端部棕褐色羽干纹联结形成暗褐色纵纹，中央纹直达胸部，喉以下分为数条。头侧、颈侧和胸侧皮黄色，具黑褐色虫蠹状斑和横斑，羽毛分散成发丝状。后颈黑褐色，羽端具两条棕红白色横斑；肩、背黑色而羽缘有锯齿状皮黄色斑，从而使背部表现为皮黄色且具粗而显著黑色纵纹；上体余部及尾上覆羽等为皮黄色、具粗的黑褐色波浪状斑纹和黑斑；飞羽棕色，具显著的波浪状黑色端斑和横纹；小翼羽和初级覆羽棕红色，具有波浪状黑色横斑；初级覆羽有白色小端斑，中覆羽、小覆羽皮黄色，具有细小的波浪状黑褐色横斑；上述各羽具粗细不等的黑色横斑。下体淡黄褐色具黑褐色粗著纵纹，两胁和腋羽皮黄白色，具黑褐色横斑；覆腿羽皮黄色而具黑褐色细横纹。尾羽皮黄色，具黑色横斑。脚粗短，跗蹠和趾黄绿色。

幼鸟　似成鸟。但头顶羽色较褐，体羽色较淡、较褐。

鸣叫声： 活动时，会发出"huier，huier"的叫声。

大麻鳽（宋泽远20140309 摄于太白湖；赛道建20130125 摄于鹊山水库）

体尺衡量度（长度 mm、体重 g）：

标本号	时间	采集地	体重	体长	嘴峰长	翅长	跗蹠长	尾长	性别	现保存处
					67	310	88	119		山东师范大学
					150	486	150	230		山东师范大学
B000060					72	366	94	128		山东博物馆
	1958	微山湖		715	76	318	88	110	♂	济宁一中
840512	19841108	南阳湖	970	651	65	290	97	100	♀	济宁森保站

栖息地与习性： 栖息于山地丘陵和山脚平原地带的河流、湖泊、池塘边的芦苇丛、草丛和灌丛，以及水域附近的沼泽和湿草地上。除繁殖期外，单独活动，秋季迁徙集成小群。夜行性，多在黄昏和晚上活动，白天多隐蔽在水边芦苇丛和草丛中。性不畏人，受惊时常在草丛或芦苇丛中站立不动，头、颈向上伸直，嘴尖朝天，和四周枯草融为一体难以辨别，不得已时才起飞，两翅鼓动慢，常在芦苇或草地上空缓慢飞行，飞不多远又落入草丛中。在长江以北均为夏候鸟和旅鸟，通常3月中下旬开始，常单只或成对迁来繁殖地，10月中下旬迁到南方越冬，迁离时偶尔可见5～8只小群。

食性： 主要以鱼、虾、蛙、蟹、螺、水生昆虫等小动物为食。

繁殖习性： 繁殖期5～7月。常单独在沼泽和水边的芦苇丛、草丛中和灌木丛中、灌木下营巢。巢盘状、结构简单，由草茎和草叶构成。每窝产卵4～6枚，卵呈卵圆形，橄榄褐色，卵径约52mm×38mm。产卵期不同步，最早5月初，迟至6月初。产第1枚卵后即开始孵卵，主要由雌鸟承担，雄鸟有时参与孵卵活动，孵化期25～26天。雌鸟孵卵时警觉而恋巢。雏鸟晚成雏，雌雄亲鸟共同育雏，2～3周雏鸟能离巢，晚上回巢中由亲鸟喂养，约60天后，雏鸟能独立生活。

亚种分化： 全世界有2个亚种，中国1个亚种，山东分布为指名亚种 *B. s. stellaris*（Linnaeus）。

亚种命名 Linnaeus C,1758, Syst. Nat., ed. 10, 1：144（瑞典）

分布： 滨州-●（刘体应1987）滨州；滨城区-东海水库，北海水库，蒲城水库。**德州**-乐陵-城区（李令东20100212），政府广场东湿地（李令东20100212）。**东营**-●（王先生20130122）◎（P）黄河三角洲；自然保护区-黄河口，大汶流（20130417）；河口区-◎（李在军20090126），●河口苇场（王20130119）*，◎孤岛南大坝（孙劲松20091110）。**菏泽**-（P）菏泽。**济南**-（P）济南；槐荫区-鹊山水库（20130125）；天桥区-●（田丰翰1957）北园，鹊山沉沙池（陈云江20111218）。**济宁**-●（PS）南四湖（沈波20100218）；任城区-太白湖（宋泽远20140309）；微山县-●微山湖，马口（20151210），二级坝（20160223），昭阳（陈保成20090101）。**聊城**-聊城，环城湖。**青岛**-青岛；莱西-姜山湿地（薛琳20131224）。**日照**-东港区-崮子河（成素博20150319）。**泰安**-（P）泰安；泰山区-●虎山水库；岱岳区-●黄前水库，大汶河（刘冰20120713），牟汶河（刘兆瑞20151025）；东平县-东平湖。**威海**-◎威海；荣成-八河，天鹅湖；文登-五垒岛，米山水库。胶东半岛，鲁中山地，鲁西北平原，鲁西南平原湖区。

除青海、西藏外，各省份可见。

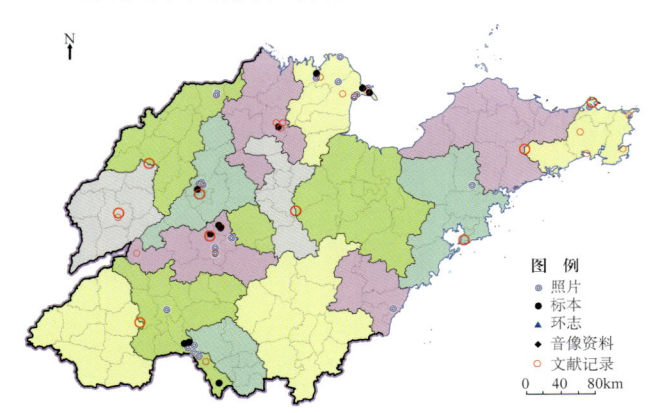

区系分布与居留类型： ［广］（PW）。

种群现状： 嗜食鱼类、蟹及水中害虫等，益害参半。分布广泛，物种及其栖息地未受明显威胁，种群数量较为丰富，种群数量趋势稳定，未被列入受威胁物种。20世纪70年代，在长白山山脚丘陵地带的河边沼泽常见，因为农田开发和环境破坏，在其他地方种群数量明显下降。据国际水禽研究局组织的亚洲隆冬水鸟调查，在中国，1990年有893只，1992年有230只，种群数量明显下降。在山东分布数量并不普遍，但未列入山东省重点保护野生动物名录。

物种保护： Ⅲ，中日，Lc/IUCN。

参考文献： H58，M556，Zja60；La294，Q24，Qm194，Z34，Zx16，Zgm15。

山东记录文献： 郑光美2011，朱曦2008，赵正阶2001，钱燕文2001，范忠民1990，郑作新1987、1976，

---

* 东营网20130122报道，王先生捡到受伤大麻鳽送黄河三角洲动物园饲养

Shaw 1938a；赛道建 2013、1999、1994，李久恩 2012，吕磊 2010，贾文泽 2002，王海明 2000，田家怡 1999，闫理钦 1998a，宋印刚 1998，赵延茂 1995，刘岱基 1994，刘体应 1987，纪加义 1987a，田丰翰 1957。

5.2 鹳科 Ciconiidae（Storks）

大型涉禽类水鸟。嘴长而粗壮，基部厚、尖端逐渐变细。鼻孔裂缝状。翅长而宽，次级飞羽比初级飞羽长。尾短，尾羽10枚。胫下部裸出，跗蹠网状鳞，前三趾基部有蹼相连。

遍布温带和热带地区，栖息于沼泽水域。在高树、岩石或电线杆上筑大型的巢。飞时头颈伸直。以鱼为主食，也捕食其他小动物。

全世界有5属19种；中国有4属6种，山东分布记录有1属2种。

鹳科分种检索表

头颈背白色 ··· 黑鹳 Ciconia nigra
头颈背黑褐色 ·· 东方白鹳 C. boyciana

● 36-01 黑鹳
Ciconia nigra（Linnaeus）

命名： Linnaeus C，1758，Syst. Nat.，ed. 10，1：142（瑞典）

英文名： Black Stork

同种异名： 乌鹳（guàn），锅鹳；*Ardea nigra* Linnaeus；—

鉴别特征： 嘴、脚红色。头、颈、背黑色具紫绿色光泽。下胸、腹部白色。飞行时翅下腋羽与腹部同白。

形态特征描述： 嘴长直而粗壮，先端逐渐变细，嘴红色，尖端较淡。虹膜褐色或黑色；眼、颊裸露皮肤红色。通体羽毛除下胸、腹、两胁和尾下覆羽纯白色外，余部包括翼羽黑色，在不同角度光线下映出变幻多种颜色的辉光。第2、第4枚初级飞羽外翈有缺刻。前颈下部羽毛延长形成蓬松的颈领，在求偶期间和四周温度较低时能竖直起来。尾较圆，尾羽12枚。脚红色，甚长，胫下部裸出，前趾基部间具蹼，爪钝而短。

幼鸟 头、颈和上胸褐色，颈和上胸具棕褐色斑点，上体包括背、两翅和尾黑褐色，具绿色和紫色光泽。肩羽、翼覆羽、次级飞羽、三级飞羽和尾羽具淡皮黄褐色斑点，下胸、腹、两胁和尾下覆羽白色，胸和腹部中央微沾棕色，嘴、脚褐灰色或橙红色。

鸣叫声： 从不鸣叫。

体尺衡量度（长度 mm、体重 g）：

黑鹳（薛琳 20130507 摄于姜山；赛道建 20160210 摄于玉清湖）

标本号	时间	采集地	体重	体长	嘴峰长	翅长	跗蹠长	尾长	性别	现保存处
				810	163	535	164	287		山东师范大学

栖息地与习性： 栖息于森林、草原和河流沿岸、沼泽山区溪流附近。繁殖期间栖息于偏僻无干扰的开阔森林及森林河谷、森林沼泽地带，也出现在荒原和荒山附近的湖泊、水库、水渠、溪流、水塘及其沼泽地带，冬季主要栖息于开阔的湖泊、河岸和沼泽，有时出现在农田和草地。春季迁徙多在3月到达繁殖地，9月下旬开始南迁至长江以南越冬，迁徙主要在白天，飞行主要靠两翼，有时也利用热气流在空中进行翱翔和盘旋；迁徙时，常组成10～20只的小群。在地面起飞时需先奔跑一段距离用力扇动双翅，待获得一定上升力后才能飞起，善飞行，飞翔时，头颈向前伸直，两脚并拢，远远伸出尾后。行走时，跨步较大，步履轻盈。休息时，单脚或双脚站立于水边沙滩上或草地上，缩脖成驼背状。在干扰较少的河渠、溪流、湖泊、水塘、农田、沼泽和草地上，多在水边浅水处觅食。遇到猎物时，急速将头伸出，利用锋利的嘴尖突然啄食，觅食地一般距巢在2～3km，早中晚觅食活动频繁，其他时间在巢中、觅食地休息，或在高空盘旋滑翔。

食性： 主要捕食中小型鱼类，也食虾、蟋蟀、金龟子、蜥蜴、蟹、蜗牛、软体动物、甲壳类和啮齿类、蛙、蜥蜴等小型爬行类、雏鸟和昆虫等其他动物性食物。

繁殖习性： 繁殖期4~7月。常在森林、荒原和荒山环境中营巢，选择偏僻而少人类干扰的岩隙或大树上筑大型巢；雌雄亲鸟共同筑巢，雄鸟主要寻找和运输巢材，雌鸟筑巢，晚上留巢中，巢甚隐蔽，3月初至4月中旬营巢，如果繁殖成功和未被干扰，第2年则继续利用旧巢，进行修补和增加新的巢材，从而使巢随使用年限的增加而变得越来越庞大。巢呈盘状，主要由干树枝筑成，内垫有苔藓、树叶、干草、树皮、芦苇、动物毛等。巢筑好后雌雄亲鸟在巢中交尾。3月中下旬开始产卵，迟至5月初产卵；每窝产卵4~5枚，卵椭圆形，白色、光滑无斑，卵径约67mm×50mm，卵重66~88g。第1枚卵产出后即开始孵卵，由雌雄亲鸟轮流孵卵，白天雌雄坐巢时间基本相同，晚上同在巢中过夜，负责孵卵或守卫。孵化后期整天由雌鸟孵卵，孵化期31天，孵化率为61%，若孵化期33~34天，孵化率为55%。雏鸟晚成雏，随着体温调节能力增强和食量增加，亲鸟外出觅食喂雏，但多有一亲鸟留在巢中警卫。受惊时雌雄亲鸟长时间地在巢上空飞翔、盘旋至危险消失。每日喂雏2~3次，亲鸟将食物贮存于食囊带回巢中后吐在巢内，由雏鸟自行啄食。雏鸟留巢70日龄至具飞翔能力，在巢附近练习飞行，至75日龄后可随亲鸟觅食，夜晚归巢栖息，100日龄后离巢。幼鸟3~4龄时达到性成熟，寿命可达31年。

亚种分化： 单型种，无亚种分化。

分布： 东营-◎黄河三角洲（单凯20050413）。**济南**-（S）●（纪加义1990a）灵岩寺；槐荫区-玉清湖（20160210）。**济宁**-泗水-●（纪加义1990a）下李庄。**青岛**-（P）青岛；莱西-姜山湿地（薛琳20130507）。**泰安**-泰山-（S）灵岩玉兰顶、桃花峪（任月恒20140428）。胶东半岛，鲁中山地。

除西藏外，各省份可见。

图例
- ◎ 照片
- ▲ 标本
- ▲ 环志
- ● 音像资料
- ○ 文献记录

0 40 80km

区系分布与居留类型： [古]（PS）。

种群现状： 体态优美，具有很高的观赏价值和经济价值。由于森林砍伐、沼泽湿地被开垦、环境污染和恶化，致使黑鹳的主要食物如鱼类和其他小型动物来源减少，以及人类干扰和非法狩猎，近年种群数量在全球范围内明显减少，在很多传统的繁殖地已经绝迹，专家多认为其种群数量还在下降，其珍稀程度不亚于大熊猫。据1990~1993年中国越冬水鸟的统计，1990年6个湿地和1991年4个湿地观察统计均为48只。山东分布柏玉昆（1985）记作繁殖鸟类新记录，纪加义（1987f）曾认为已经绝迹，但多地的历史标本和近年来的照片证实，其在山东仍有少量分布的现状与繁殖。

物种保护： Ⅰ，E/CRDB，无危/CSRL，中日，2/CITES，Lc/IUCN。

参考文献： H62，M568，Zja64；La254，Q24，Qm191，Z37，Zx17，Zgm16。

山东记录文献： 郑光美2011，朱曦2008；赛道建2013，王刚2007，贾文泽2002，王希明2001，张洪海2000，刘岱基1994，纪加义1990a、1987a、1987f，柏玉昆1982。

● 37-01　东方白鹳
Ciconia boyciana Swinhoe

命名： Swinhoe R，1873，Proc，Zool. Soc. London，1873：513（日本横滨）

英文名： Oriental White Stork

同种异名： 白鹳，老鹳；*Ciconia ciconia boyciana* Hachisuka *et* Udagawa；White Stork

鉴别特征： 白色鹳。嘴黑色，眼先皮肤粉红色。站立时尾部黑色，脚红色。飞行时黑色飞羽与白色体羽对比明显。

形态特征描述： 嘴长而直，微向上翘，黑色基部缀淡紫色或深红色。虹膜褐白色，眼周裸露皮肤、眼先和喉朱红色。体羽多白色。翼上小覆羽、大覆羽、初级覆羽黑色；初级飞羽黑色而基部白色；次级飞羽和次级覆羽黑色具绿色或紫色光泽，内侧初级飞羽和次级飞羽外侧羽缘和羽尖外银灰色，向内逐渐转为黑

东方白鹳（孙劲松20060323、20111115摄亲鸟叼草营巢于孤岛水库）

色。前颈下部和胸部羽毛成长披针形，在求偶期间能竖起来。脚红色。

幼鸟 似成鸟，嘴和喉部裸露，皮肤黑色。体羽黑色部分为褐色或缀有褐色金属光泽较弱。雏鸟绒羽全为白色。

鸣叫声： 求偶或遇敌时，上下嘴拍打发出急速"嗒嗒嗒……"响声。

体尺衡量度（长度 mm、体重 g）：

标本号	时间	采集地	体重	体长	嘴峰长	翅长	跗蹠长	尾长	性别	现保存处
					235	630	240	275		山东师范大学
B000064		济南			251	403	244			山东博物馆
B000071					225		249	238		山东博物馆
	1958	微山湖		1355	222	575	278	230	♂	济宁一中

栖息地与习性： 繁殖期，栖息于开阔而偏僻的平原、草地和沼泽地带，喜栖息于稀疏树木生长的河流、湖泊、水塘及水渠岸边和沼泽地带。冬季栖息于开阔的大型湖泊和沼泽地带。繁殖期成对活动，其他季节成群或单独活动。3月上中旬到达北方繁殖地，9～10月离开繁殖地，分批迁徙到南方越冬，迁徙季节常集成数十至上百只群体，多在白天10～15时气温最高时段迁徙，迁徙路线大多沿着平原、河岸及海岸线的上空，沿途选择适当的开阔草原、湖泊和芦苇沼泽地带停歇，有的地方可停歇月余。通常在巢附近500m范围内觅食，食物缺乏时也飞到离巢1～2km，甚至5～6km以外处觅食。觅食活动主要在早晨6～7时和下午16～18时，中午休息或在巢上空盘旋滑翔。成对或小群漫步水边草地与沼泽地边走边觅食。单腿或双腿站立休息，颈缩成"S"形。在地上起飞时，先奔跑一段距离用力扇动两翅获得一定升力后才能飞起；飞翔时，颈向前伸直，脚伸到尾后，喜欢在栖息地上空利用上升热气流在空中盘旋飞翔。

食性： 主要捕食鱼类，也捕食蛙、小型啮齿类、蛇、蜥蜴、蜗牛、甲壳类、环节动物、昆虫及雏鸟等动物，偶尔也取食少量叶、苔藓和种子等。

繁殖习性： 繁殖期3～6月。巢区多选择在没有干扰或干扰较小、食物丰富，而又有稀疏树木或小块丛林的开阔草原和农田沼泽地带，营巢于大树、建筑物和电线杆横架上，巢位于树顶部枝杈上，由干树枝堆集而成，内垫枯草、绒羽和苔藓或无任何内垫的。巢距地高度视环境和树高而不同。雌雄亲鸟共同营巢，通常由雄鸟外出寻找和运送巢材，雌鸟留在巢上筑巢。巢盘状，有利用旧巢的习性，但每年甚至雏鸟出飞前都要对旧巢进行修补和加高，巢随利用年限的增加而变得庞大。交配在巢上进行，且在整个营巢和产卵期间均有交配行为。多在4月中旬前产卵，每窝产卵多为4～6枚。卵白色，形状为卵圆形，卵径约76mm×57mm，卵重约129.7g。产出第1枚卵后即开始孵卵，雌雄亲鸟共同孵卵，以雌鸟为主，每天轮换2～4次，晚上全由雌鸟孵卵。孵化期31～34天。雏鸟晚成雏。刚孵出时全身被有白色绒羽，嘴为橙红色。雏鸟由雌雄亲鸟共同喂养。当雏鸟长到55日龄时即可在巢附近来回短距离飞翔。60～63日龄以后才随亲鸟飞离巢区觅食，不再回窝。

亚种分化： 单型种，无亚种分化。

本种与白鹳（*Ciconia ciconia*）在形态上相似，但两者形态上最明显的差异在于白鹳的喙红色，而本种为黑色。Swinhoe（1873）根据来自日本横滨的标本视本亚种为新种，命名为 *Ciconia boyciana*。但20世纪早期及中期，大部分分类学家将本种视为白鹳东亚亚种（*C. c. boyciana*）。白鹳分布于欧洲，而本种分布于东北亚，两者地理隔离清楚，因此，20世纪末期，多承认本种为独立种。

分布： 滨州-滨州，黄河（20160422）；滨城区-东海水库，北海水库，蒲城水库，引黄闸（刘腾腾20160423）；无棣县-贝壳堤保护区（20160420）。**东营**-（S）◎黄河三角洲，自然保护区（何鑫20071201）-大汶流（20130415，单凯20121111，20140512，20141112，胡友文20131110）；河口区-（李在军20120325），孤岛水库（孙劲松20111115），仙河镇（胡友文20081129）。**菏泽**-（P）菏泽。**济南**-●济南，黄河；天桥区-北园。**济宁**-●济宁。**聊城**-（P）聊城。**青岛**-青岛；莱西-姜山湿地（薛琳20130507）。**日照**-东港区-付疃河三岔口（成素博20130302）；前三岛岛群。**泰安**-（P）泰安；东平县-（P）●东平湖。**威海**-（P）荣成-八河，天鹅湖（20140115）；文登-坤龙水库，南海（于英海20150830）。**烟台**-长岛。**淄博**-高青县-花沟镇（赵俊杰20150303）。胶东半岛，鲁中山地，鲁西北平原，鲁西南平原湖区。

黑龙江、吉林、辽宁、内蒙古、河北、北京、天津、河南、陕西、安徽、江苏、上海、浙江、江西、湖南、湖北、四川、重庆、贵州、云南、福建、台湾、广东、香港。

区系分布与居留类型： [古] R（PS）。

种群现状： 具有很高的观赏和经济价值。由于非法狩猎、农药和化学毒物污染等，种群数量相当稀少，据2012年估计，全球数量约3000只，由于繁殖

分布区域狭窄，已处于全球濒危状态。位于三江平原腹地的农垦建三江被中国野生动物保护协会授予"中国东方白鹳之乡"。山东经多年的环境与物种保护，黄河三角洲已经成为重要的繁殖地，冬季也见有在山东湿地活动的个体，种群已经成为山东留鸟。

保护级别： Ⅲ，E/CRDB，无危/CSRL，中日，1/CITES，En/IUCN。

参考文献： H63，M570，Zja63；La257，Q24，Qm191，Z36，Zx17，Zgm17。

山东记录文献： 郑光美 2011，朱曦 2008，赵正阶 2001，范忠民 1990，赛道建 2013、1994，王立冬 2012，张绪良 2011，吕磊 2010，贾少波 2002，贾文泽 2002，王希明 2001，王海明 2000，张洪海 2000，田家怡 1999，赵延茂 1995，刘岱基 1994，纪加义 1990a、1987a、1987f，李荣光 1959，田丰翰 1957。

5.3 鹮科 Threskiornithidae

头颈部通常裸露。嘴强壮而向下曲，嘴峰两侧有长形鼻沟，鼻孔位于其基部。繁殖期，内侧次级飞羽形成散状羽，比初级飞羽长。尾羽12枚。胫上部被羽，趾长，基部相连之蹼延伸至趾旁。

栖息于沼泽、水田及附近的树林中，捕食鱼、虾蟹、软体动物。用树枝筑巢于高大树上。

全世界有31种；中国有5属6种，山东有3属4种（分布记录有4属5种）。

鹮科分属、种检索表

1. 嘴直而平扁，先端匙状 ·· 2 琵鹭属 *Platalea*
   嘴向下弯曲 ·· 3
2. 裸颊、喉黄色，喉下缘截状 ·· 白琵鹭 *P. leucorodia*
   裸颊、喉黑色，下喉中央羽毛呈三角形伸向颐部 ···················· 黑脸琵鹭 *P. minor*
3. 跗蹠前缘盾状鳞 ································ 彩鹮属 *Plegadis*，彩鹮 *P. falcinellus*
   跗蹠前缘网状鳞 ··· 4
4. 头颈裸出，羽几乎纯白色 ·················· 白鹮属 *Threskiornis*，黑头白鹮 *T. melanocephalus*
   仅头前部和两侧裸出；枕具羽冠，羽灰白二色 ············ 朱鹮属 *Nipponia*，朱鹮 *N. nippon*

○ 38-00 黑头白鹮
Threskiornis melanocephalus
（Latham）

命名： Latham J，1790，Index Ornith.，1：252（印度）
英文名： Black-headed Ibis
同种异名： 白鹮，圣鹮；*Threskiornis aethiopica melanocephalus*（Latham）；White Ibis, Oriental White Ibis, Sacred Ibis

鉴别特征： 白色鹮。嘴黑色向下弯曲，头颈黑色。颈下通体白色。脚黑色。

形态特征描述： 嘴长而下弯，嘴黑色。虹膜暗褐色。头、颈部裸出，裸出部黑色。通体羽白色；背及前颈下部饰羽延长灰色。肩羽长而羽尖、三级飞羽黑灰色，翼覆羽有一条棕红色带斑，腰与尾上覆羽具淡灰色丝状饰羽。脚和趾黑色。冬羽无灰色饰羽。

幼鸟 头颈被羽。头顶后部、头侧和上颈灰沾棕色，飞羽黑褐色，最长肩羽羽尖为灰褐色，其余体羽白色。翼下裸露，皮肤黑色。

鸣叫声： 有时会发出一些哇哇声。

体尺衡量度（长度mm、体重g）： 山东暂无标本及测量数据。

栖息地与习性： 栖息于开阔的沼泽湿地、苇塘、河口、湖泊边缘或海边等浅水水域。在树上筑巢，常与其他鹭类混群，具群聚性、成群活动，在我国繁殖的种群为迁徙鸟。

食性： 主要捕食鱼、蛙、昆虫、甲壳类、其他水中生物如软体动物等小动物，有时采食植物。

繁殖习性： 繁殖期5~8月。营巢于水边大树上或灌木丛中，以树枝筑巢。每窝产卵2~4枚。雏鸟晚成雏。

亚种分化： 单型种，无亚种分化。

分布：东营-黄河三角洲。**青岛**-（P）青岛。胶东半岛，山东东部。

黑龙江、吉林、辽宁、内蒙古、河北、天津、河南、江苏、浙江、江西、四川、贵州、云南、福建、

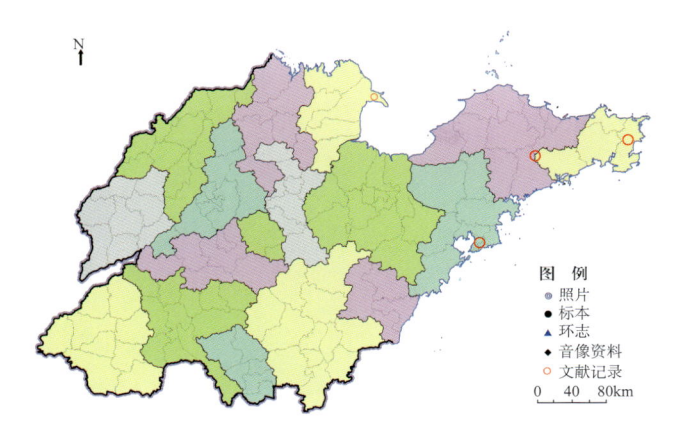

5 鹳形目 Ciconiiformes | 73

台湾、广东、广西、海南、香港。

区系分布与居留类型：[广]（P）。

种群现状： 可供观赏。人类活动如修建水库使水位上涨常将巢区淹没而损失严重，造成较大环境压力，使其在整个分布区的种群数量明显减少。我国的数量极为稀少，应加强物种保护，在修建水利工程时要充分考虑到白鹳等繁殖水禽的生存安全。山东虽有少量记录，但无标本，近年来也无照片记录，故分布现状应视为无分布。

保护级别： Ⅱ，R/CRDB，Nt/IUCN。

参考文献： H64，M559，Zja66；La270，Q26，Qm192，Z38，Zx18，Zgm17。

山东记录文献： 郑光美 2011，朱曦 2008，赵正阶 2001，钱燕文 2001，范忠民 1990，郑作新 1987、1976，Shaw 1938a；赛道建 2013，贾文泽 2002，纪加义 1990a、1987a、1987f。

○ 39-00 **朱鹮**
Nipponia nippon（Temminck）

命名： Temminck, 1835, Pl. Col. Ois., 93：pl. 551（日本）

Ibis sinensis David, 1872, Compt. Rend. Acad. Paris, 75：64（浙江）

英文名： Crested Ibis

同种异名： —；—；—

鉴别特征： 嘴黑向下弯曲，脸红色。头、冠、体羽白色，翅、尾缀粉红色，脚红色。婚羽头颈上背和翅缀有灰黑色。

体尺衡量度（长度mm、体重g）：

标本号	时间	采集地	体重	体长	嘴峰长	翅长	跗蹠长	尾长	性别	现保存处
*				550	160	380	98	140		青岛艺术学校

＊由陈忠胜提供

朱鹮（陈忠胜提供，现存于青岛艺术学校的抗日战争前青岛市立李村师范学校保留的标本）

分布： 鲁西南平原湖区。
陕西南部。

区系分布与居留类型：[古]（SP）。

种群现状： La Touche（1925）记载山东为繁殖鸟，此后无研究报道，新中国成立后山东分布的报道均为转录，无观察记录，柏玉昆（1982）、纪加义（1987）转载，郑作新（1976、1987）记录陕西、河北、河南、山东、山西、安徽等省有分布。山东鸟类志编写资料收集、调查期间，据原青岛师范教师陈忠胜介绍，新中国成立前青岛市立李村师范学校保留的鸟类标本，在当地都有分布，其中也有至今仍保存完好的朱鹮。由于当年的战乱和学校被日本侵略者作为兵营，档案丢失，无法考证朱鹮标本来源于何地。青岛市立李村师范学校保留的朱鹮标本至今保存完好，标本现存于青岛艺术学校；山东现无分布。

保护级别： Ⅰ，E/CRDB，1/CETS，En/IUCN。

参考文献： H68，M561，Zja68；La273，La273，Q26，Qm193，Z39，Zgm18。

山东记录文献： 赵正阶 2001，范忠民 1990，郑作新 1987、1976，La Touché 1925；赛道建 2013，张洪海 2000，纪加义 1987a、1987f，柏玉昆 1982。

40-11 彩鹮
Plegadis falcinellus（Linnaeus）

命名：Linnaeus C，1766，Syst. Nat.，ed. 12，1：241（奥地利与意大利）

英文名：Glossy Ibis

同种异名：—；*Tantalus falcinellus* Linnaeus，*Ibis peregrine* Bonaparte；—

鉴别特征：栗色鹮。嘴黑色、向下弯曲，婚羽眼周白色，脸部具明显白色线纹。背、翅、尾暗绿色，颈、下体暗栗红色。冬羽头颈黑褐色具银白色斑纹。

形态特征描述：中等体型涉禽。嘴细长向下弯曲，黑色或黑褐色。虹膜褐色，眼周白色、脸部具明显白色线纹。头被羽。体色艳丽，以栗紫色为主，带绿色金属闪光，背、翅、尾暗绿色，颈、下体暗栗红色。腿长，跗蹠前缘被盾状鳞片，脚绿褐色。

　　冬羽　头部、喉部和颈部为黑褐色，具白色斑点，眼周和脸部裸露皮肤为紫黑色。

鸣叫声：在巢区常发出咩咩及咕咕叫声。

体尺衡量度（长度mm、体重g）：山东仅见文献记录。

栖息地与习性：主要栖息于温暖河湖及沼泽附近，也会结小群栖居稻田及漫水草地。喜群居，常与其他鹮类、鹭类集聚在一起活动，白天活动和觅食，常单独或成小群一边在水边漫步行走，一边用细长而微微向下弯曲的喙伸进泥水里或浅水中探寻食物，甚至将整个头部完全浸入水中。夜晚成直线排列或编队飞回离觅食水域较远共栖处的树上栖息。飞行时头颈向前伸直，脚伸出到尾的后面，飞行时呈密集小群或呈拖长的"V"字队形飞翔。

食性：主要捕食水生昆虫、昆虫幼虫、虾、甲壳类、蜘蛛、软体动物等无脊椎动物。也捕食蛙、蝌蚪、小鱼和小蛇等小型脊椎动物。

繁殖习性：繁殖期因地域不同而有差异。巢筑在高大的树上，也营巢于低矮的树上、厚密的芦苇丛中的干地上或灌丛上；由雄雌鸟共同承担，通常雄鸟运送巢材，雌鸟留在巢上筑巢和看守巢，以防别的鸟类偷走巢材；巢的结构简单，用粗大树枝构筑搭成，里面铺上些草叶，常集体成群营巢，也常与其他鹭类、鹳类一起营巢。每窝产卵2~5枚，卵圆形、蓝色。第1枚卵产出后即开始孵卵，雄雌鸟共同孵卵，雄鸟主要在白天，晚上由雌鸟承担，孵化期为21天。雏鸟晚成雏，孵出后由亲鸟共同喂养，亲鸟反吐半消化的食物育雏，雏鸟在25~28日龄时离巢飞翔。

亚种分化：单型种，无亚种分化。

分布：东营-黄河三角洲。山东。河北、江苏、上海、浙江、四川、福建、台湾、广东、香港、澳门。

区系分布与居留类型：[广]（P）。

种群现状：身姿美丽，观赏价值较高。国际水禽研究局1992年组织的隆冬水鸟调查，亚洲共有8000~9000只。由于栖息地如沼泽不断消失和河湖面积日渐缩减和环境污染日益严重，彩鹮在中国数量不多，分布地区狭窄，已处于濒临绝迹。山东分布首见赵学敏（2006）报道，尚无标本与照片实证，多年来也无物种具体分布情况的研究报道，分布现状可能已无分布，需进一步确证。

保护级别：Ⅱ，中澳，Lc/IUCN。

参考文献：H69，M558，Zja69；La276，Q26，Qm193，Z40，Zgm18。

山东记录文献：赵学敏2006，郑光美2011；赛道建2013，张月侠2015。

41-01 白琵鹭
Platalea leucorodia Linnaeus

命名：Linnaeus C，1758，Syst. Nat.，ed.10：139（欧洲）

英文名：White Spoonbill

同种异名：琵鹭；*Platalea leucorodia major* Temminck et Schlegel；Common Spoonbill

白琵鹭（牟旭辉 20130514 摄于长春湖；赵连喜 20140520 摄于天桥区黄河北岸水源地）

鉴别特征： 体白色。琵琶状嘴黑色、端部黄色，嘴基至脸、眼、颏、喉裸露皮肤橙黄色。婚羽枕部丝状冠羽、前颈环带橙黄色，冬羽无冠羽与环带。

形态特征描述： 中型涉禽。嘴长直而扁平，黑色，前端扩大呈匙状，形如琵琶，端部黄色，基部铅黑色，上嘴有黑皱纹。虹膜红褐色。眼先、眼周、颏和上喉裸出部呈黄色。体羽全白色，枕部冠羽长发丝状、橙黄色，前颈下部颈环橙黄色；下体白色微染。脚较长、黑色，胫下部裸出，四趾位于同一平面上。

  冬羽 似夏羽，但无橙黄色冠羽和颈环。
  幼鸟 嘴全为黄色，杂以黑斑。全身白色，1~4枚初级飞羽具黑褐色端斑，内侧初级飞羽具灰褐色条纹；多数翅羽具黑色羽轴。

鸣叫声： 暂无鸣叫声记录。

体尺衡量度（长度 mm、体重 g）：

标本号	时间	采集地	体重	体长	嘴峰长	翅长	跗蹠长	尾长	性别	现保存处
					230	405	146	138		山东师范大学
B000049					303	374	139	79		山东博物馆
	1958	微山湖	860		178	405	135	125	♂	济宁一中
	1958	微山湖	855		178	370	130	140	♂	济宁一中

栖息地与习性： 栖息于开阔的沼泽地、浅水湖泊、河流滩地、河口三角洲等水域附近。喜成群活动，并可与其他水鸟混群，休息时，常在水边一字散开，性机警。常排成单列或成波浪式斜列飞翔，鼓翅频率较快。在浅水区、海边潮间带和河口处觅食，边行走，边张开匙状喙左右扫动觅食。常于3~4月、9~10月迁徙，途经山东。

食性： 主要捕食虾、蟹、水生昆虫，以及小鱼、蝌蚪、蛙和少量植物等。

繁殖习性： 繁殖期5~7月。成群在芦苇、蒲草或灌丛间、树丛中营巢，有时与其他鹭类组成群巢；巢简陋而大，雌雄共同用芦苇及枯枝、草叶筑成。每窝产卵2~4枚，卵白色，具细小红褐色斑点。产第1枚卵后即开始孵卵，雌雄孵卵，孵化期约25天。育雏期约50天。

亚种分化： 全世界有3个亚种，中国1个亚种，山东分布为指名亚种 *P. l. leucorodia* Linnaeus。

亚种命名 Linnaeus C，1758，Syst. Nat.，ed.10：139（欧洲）

分布： 德州-陵城区-丁东水库（张立新20081026、20110410）；陵城区-仙人湖（李令东20150427）。东营-◎黄河三角洲；河口区（李在军20120325）。济南-(P)济南，(P)黄河（20140124，赵连喜20140520）；天桥区-鹊山沉沙池（20141213，陈云江20140423）；槐荫区-黄河（20151205）。济宁-●济宁；任城区-太白湖（宋泽远20130305）；微山县-昭阳（陈保成20090506）。聊城-(P)聊城。青岛-青岛。日照-东港区-付疃河三岔口（成素博20141209）。泰安-岱岳区-牟汶河。威海-荣成-天鹅湖（20120219、20140606），桑沟湾湿地公园（20140104）；文登-南海（于英海20151128）。烟台-栖霞-长春湖（牟旭辉20130514）；莱州湾。胶东半岛，鲁中山地，鲁西北平原，鲁西南平原湖区。各省份可见。

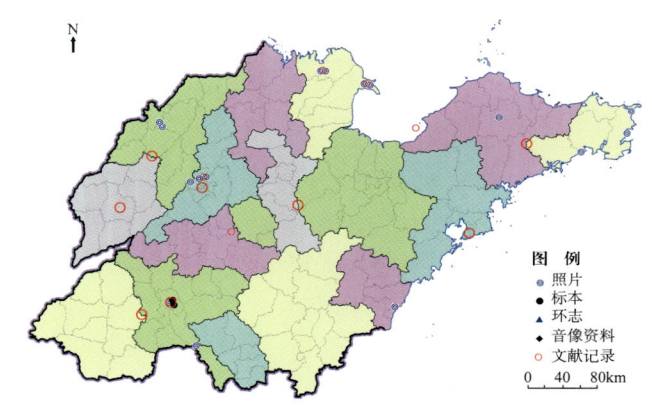

区系分布与居留类型： [古]PW（P）。

种群现状： 体态优美，嘴形奇特，具有观赏价值。繁殖于我国北方，山东各地迁徙期间可见。各地种群数量普遍不高，并有下降趋势。据亚洲冬季种群数量的调查，1990年为8005只，我国有763只；1992年为10 366只，我国892只，略有增加。物种分布范围广，种群数量趋势稳定，被评为无生存危机物种。山东分布数量并不普遍，除7~9月外均有照片记录；需要加强栖息环境与物种保护研究。

保护级别： II，V/CRDB，无危/CSRL，中日，2/CITES，Lc/IUCN。

参考文献： H70，M562，Zja70；La278，Q28，Qm193，Z40，Zx18，Zgm18。

山东记录文献： 郑光美2011，朱曦2008，范忠民1990，郑作新1987、1976；赛道建2013、1994，张绪良2011，王希明2001，贾少波2002，贾文泽2002，张洪海2000，纪加义1987a、1987f，田丰翰1957。

○ 42-01 黑脸琵鹭
Platalea minor（Temminck et Schlegel）

命名： Temminck CJ，Schlegel H，1849，Fauna Jap. Aves [Siebold]：120, pl.76（日本）

英文名：Black-faced Spoonbill
同种异名：黑面琵鹭；—；—

鉴别特征：体白色。嘴琵琶状、基部与脸部皮肤黑色。婚羽丝状冠羽和宽颈圈黄色。冬羽无冠羽、颈圈。

形态特征描述：中型涉禽。嘴黑色，长而直，上下扁平，先端匙状。虹膜深红色。嘴基、眼先、眼周、颊部裸露无羽，黑色与嘴色连为一体，后部裸区黄色。通体白色。婚羽头枕部冠羽长，发丝状、黄色。前颈下面和上胸有一条黄色宽颈环。跗蹠、趾黑色。

冬羽 飞羽羽轴黑褐色，初级飞羽外羽和羽端浅褐色，次级飞羽羽端深褐色，小翼羽羽轴黑色、羽端深棕色。

幼鸟 似冬羽，嘴暗红褐色，初级飞羽外缘端部黑色。

黑脸琵鹭（于英海 20150604 摄于乳山海湾新区）

鸣叫声：暂无鸣叫声记录。

体尺衡量度（长度mm、体重g）：

标本号	时间	采集地	体重	体长	嘴峰长	翅长	跗蹠长	尾长	性别	现保存处
					184	360	130	145		山东师范大学

栖息地与习性：栖息于内陆湖泊、水塘和沿海沼泽地带。多单独或小群在潮间带、内陆水域岸边浅水处活动。涉水前进时，半张嘴在水中划动寻找猎物。春季3~4月到达繁殖地，10~11月离开去越冬地。

食性：主要捕食小鱼、虾、蟹、昆虫等小动物。

繁殖习性：繁殖期5~7月。常2~3对一起营巢于水边悬崖或水中小岛上。每窝产卵4~6枚，卵长卵圆形，白色、具浅色斑点。

亚种分化：单型种，无亚种分化。

分布：东营 -（P）◎黄河三角洲；自然保护区 - 大汶流，黄河口，五号桩，黄河故道口；仙河镇（丁洪安 20050405）。**青岛** - 青岛；城阳区 - 墨水河（曾晓起 20150905）。**日照** - 东港区 - 刘家湾（成素博 20151121）。**威海** -（P）荣成 - 八河（20071028）；乳山 - 海湾新区（于英海 20150604）。胶东半岛，鲁中山地，鲁西北平原，鲁西南平原湖区。

辽宁、河北、江苏、上海、浙江、江西、湖南、福建、台湾、广东、广西、贵州、海南、香港、澳门。

区系分布与居留类型：[广]（P）。

种群现状：体态优美，嘴形奇特，具有观赏价值。在我国东南沿海曾较常见，近年来数量减少，1992年，国际水禽研究局统计为229只，中国228只。分布区狭窄，数量稀少，列入ICBP世界濒危鸟类红皮书，为全球濒危珍稀鸟类之一（Collar et al. 1994）。山东沿海各地、黄河三角洲、南四湖等地均有分布，但数量并不普遍。

物种保护：II，E/CRDB，中日，Lc/IUCN。

参考文献：H71，M563，Zja71；La281，Q28，Qm194，Z41，Zx18，Zgm18。

山东记录文献：郑光美 2011，朱曦 2008，赵正阶 2001，范忠民 1990，郑作新 1987、1976，Shaw 1938a；赛道建 2013，田贵全 2012，张绪良 2011，王广豪 2006，赵翠芳等 2003，贾文泽 2002，单凯等 2001，纪加义 1987a。

5.4 红鹳科 Phoenicopteridae（Flamingos）

鹳形目的红鹳科（郑作新 2002）即红鹳目（Phoenicopteriformes，郑光美 2011），仅有一红鹳科。

大型涉禽。喙侧扁而高，自中部起向下弯曲，喙边缘有栉板。颈、腿特长。翅长。尾短，尾羽14枚。趾较短，向前三趾间具蹼，后趾退化。

栖息于湖泊、沼泽水域，常成大群活动，在开阔水域浅水涉水行进。滤取水生生物如鱼、贝类、藻类等为食。在水边地上成群营巢。雏鸟早成雏。

5 鹳形目 Ciconiiformes

因与鹤形目和鸮形目都有一定的亲缘关系，分类地位争论较多。

全世界有1属5种；中国有1属1种，山东记录有1属1种。

42-21 大红鹳
Phoenicopterus ruber（Linnaeus）

命名： Pallas，1811
英文名： Greater Flamingo
同种异名： 大火烈鸟，火烈鸟，红鹳；—；Flamingo
鉴别特征： 体大而高偏粉红色水鸟。嘴粉红色而端黑色，侧扁而高，嘴形似靴。颈和腿极细长。羽红色，两翼偏红。

形态特征描述： 嘴粉红色而端黑色，侧扁而高、中部起向下弯曲形似靴状，边缘具有滤食作用的栉板。颈甚长。通身为洁白泛红的羽毛，两翼偏红，翅膀上有黑色部分，覆羽深红色。腿长，红色。荷兰莱顿大学的弗朗西斯科·布达等（2008）通过精确的量子计算手段发现，火烈鸟诱人的鲜红色并不是红鹳本来的羽色，而是来自其摄取的浮游生物，动物无法合成虾青素（astaxanthin），虾、蟹通过食用藻类和浮游生物等植物获取虾青素，火烈鸟通过食用小虾、小鱼、藻类、浮游生物等传递虾青素，而使洁白的羽毛透射出鲜艳红色；红色越鲜艳，红鹳体格越健壮，越吸引异性，对繁衍后代越有利。

幼鸟 浅褐色。嘴灰色，直而不弯曲。绒羽灰色丝状。腿灰色。一年后，体形似成鸟，但体色仍是灰色，到第3年才变为红色，达到性成熟。

体尺衡量度（长度mm、体重g）： 山东有分布照片，无标本。

栖息地与习性： 栖息于人迹罕至的宽阔浅水域，喜温热带盐湖水滨，性怯懦、温和，喜群栖，常结成大群生活，飞行慢而平稳、颈伸直。多在咸水湖泊，嘴往两边甩动以寻找食物。涉行浅滩，觅食时头往下浸，嘴倒转，将食物吮入口中，把多余的水和不能吃的渣滓排出，然后徐徐吞下。成百上千只集团式求偶繁殖，但婚配却主要是"一夫一妻"制。

食性： 主要以小虾、蛤蜊、昆虫、藻类等为食。

繁殖习性： 在三面环水的半岛形土墩或泥滩上营巢，或在水中用杂草建筑一个"小岛"巢，在浅滩用芦苇、杂草、泥灰营造圆锥形巢穴。每窝产卵1~2枚。卵壳厚，蓝绿色。孵卵由雄雌鸟共同担任，一只孵化时，另一只就守卫在巢的旁边。孵化期28~32天。雏鸟早成雏，初靠亲鸟嗉囊里分泌的乳状物饲育，逐渐自行生活。寿命为20~50年。

亚种分化： 全世界有5个亚种，中国1个亚种，山东分布应为指名亚种 *Phoenicopterus ruber roseus* Pallas, 1811。

大红鹳（胡友文20141122摄于黄河故道；成素博20150519摄于万宝养殖场；李宗丰20151127摄于付疃河口；宋泽远20151219摄于太白湖）

亚种命名 Pallas，1811
分布： 东营-河口区-黄河故道（胡友文20141122）。济宁-任城区-太白湖（宋泽远20151219）。日照-万宝养殖场（成素博20150519），两城河口（李宗丰20150429-0515）；东港区-刘家湾（成素博20151127），付疃河口（李宗丰20151127-1215）。威海-乳山-潮汐湖（于英海20161008）。

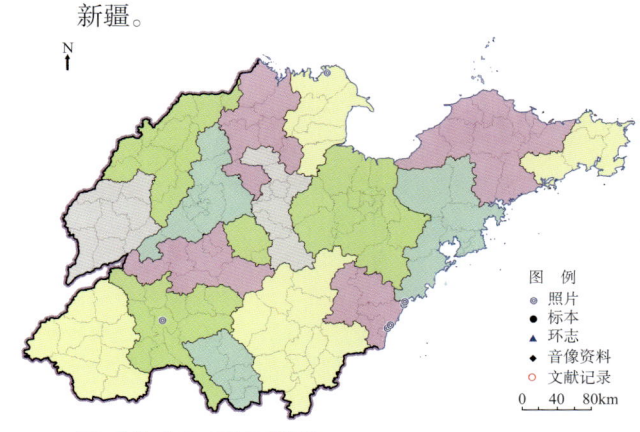

新疆。

区系分布与居留类型： V。

种群现状： 因羽色鲜丽，被引进饲为观赏鸟。近年来在中国新疆、青海、河北、江苏、浙江、陕西等地多次零星出现。山东多地拍到个体、2~3只，宋泽远甚至拍到7只的飞翔群体，中国水利网站（2014年11月24日）胡友文首次报道，日照媒体也予以报道。目前，该鸟来源有饲养逃匿和迁徙等不同观点之争，本书依照片记录，鸟类越冬期（12月）和繁殖期（5月）山东均有短时间光顾，故暂定为迁徙迷鸟，具体是哪个繁殖群体进入山东有待进一步环志研究确证。

物种保护： Ⅲ，Lc/IUCN，2/CITES。
参考文献： M557，Zja72；Qm189，Zgm19。
山东记录文献： 首次记录为山东新增加鸟种。

6 雁形目 Anseriformes

中至大型水鸟，体形似鸭，善游泳，为典型游禽。嘴多扁平、尖端具角质嘴甲，嘴两侧边缘具角质栉状突或锯齿状细齿。舌大多肉质。眼先裸露或被羽。颈较长。体羽稠密，羽色雄鸟较雌鸟艳丽。翅狭长，适于长途快速飞行；多具金属光泽翼镜；初级飞羽10~11枚。尾短，少数较长。脚短健，前趾具蹼或半蹼，爪钝而短，后趾小而不着地。绒羽和尾脂腺发达。

栖息于不同的水域中，常成群觅食活动，多为杂食性。繁殖期3~8月，实行一雌一雄制，每年繁殖一次，窝卵数2~14枚；多为雌鸟孵卵，孵化期20~43天。早成雏。

全世界有2科44属160种；中国仅有1科21属51种，山东分布记录有13属40种。

6.1 鸭科 Anatidae（Ducks，Geese，Swans）

体型大或中等。头大而颈细长。嘴宽阔扁平、外被一层角质皮。翅长短不一，有11枚初级飞羽，常具翼镜。尾中等长短或延长，尾羽12~24枚。尾脂腺发达被羽。

栖息于各种水域和沿岸，主要以水生植物、昆虫、甲壳类等为食，部分种类嗜食鱼虾。本科鸟类为极有经济价值的水鸟，有的种类被列为国家重点保护的珍禽。

全世界有3属157种；中国鸭科鸟类有20属51种，山东分布记录有13属40种。

鸭科分属、种检索表

1. 后趾不具瓣蹼	2
后趾仅具狭形瓣蹼	13
后趾具宽形瓣蹼	25
2. 颈较体长或等长	3 天鹅属 Cygnus
颈较体短	5
3. 头侧三角形块斑黑色，嘴赤红色、基部具黑色疣状突	疣鼻天鹅 C. olor
头侧三角形块斑橙黄色，嘴多黑色、基部无疣状突	4
4. 嘴基黄斑超过鼻孔，翅长超过560mm	大天鹅 C. cygnus
嘴基黄斑不超过鼻孔，翅长不及560mm	小天鹅 C. columbianus
5. 喉胸栗褐，头顶、后颈黑色，上嘴缘齿突不外露	黑雁属 Branta，黑雁 B. bernicla
喉胸白色、灰黑色或杂色，头顶、后颈非黑色，上嘴缘齿突明显	6 雁属 Anser
6. 嘴粗厚，基部厚度超过嘴长的一半，羽白色或沾青色，初级飞羽黑色	雪雁 A. caerulescens
嘴平扁，基部厚度不及嘴长的一半，羽毛不为纯白色	7
7. 头具2条黑色带斑	斑头雁 A. indicus
头无黑色带斑	8
8. 嘴甲黑色	9
嘴甲近白色	11
9. 嘴较头长，前额有白色羽	鸿雁 A. cygnoides
嘴不比头长，前额无白色羽	10 豆雁 A. fabalis
10. 嘴长多超过70mm，翅长440~562mm	豆雁西伯利亚亚种 A. f. middendorffi
嘴长多不及70mm，下嘴基厚，翅长420~525mm	豆雁普通亚种 A. f. serrirostris
11. 额基无白带，腰灰色	灰雁 A. anser
额基有宽阔白带，腰暗褐色	12
12. 翅长超过400mm	白额雁 A. albifrons
翅长不及400mm	小白额雁 A. erythropus
13. 嘴形短厚，头具羽冠，雄鸟翅上具帆状饰羽	鸳鸯属 Aix，鸳鸯 A. galericulata
嘴形广平，跗蹠具盾状鳞	14
14. 体型大，具栗红色体羽，翅长超过280mm	15 麻鸭属 Tadorna

	体型小，不具栗红色体羽，翅长不及 280mm ··· 16 鸭属 Anas
15.	体羽栗、黑、白三色，头颈黑色，脚红色，雄鸟鼻上有疣状突 ·· 翘鼻麻鸭 Tadorna tadorna
	除飞羽、颈环黑色外，余部栗黄色，脚面黑色 ··· 赤麻鸭 T. ferruginea
16.	嘴呈铲状 ··· 琵嘴鸭 Anas clypeata
	嘴不呈铲状 ··· 17
17.	嘴端较嘴基阔，翼上外覆羽呈蓝灰色，白色眉纹显著 ·· 白眉鸭 A. querquedula
	嘴两缘平行，翼上外覆羽非蓝灰色，无白色眉纹或不显著 ··· 18
18.	中央尾羽延长呈针状 ··· 针尾鸭 A. acuta
	中央尾羽正常 ··· 19
19.	嘴宽阔，与头等长 ·· 20
	嘴型小，较头短 ·· 21
20.	嘴端具黄斑，雌雄同色，翼镜蓝色 ··· 斑嘴鸭 A. poecilorhyncha
	嘴甲黑色、无黄斑，雌雄异色，翼镜蓝紫色 ··· 绿头鸭 A. platyrhynchos
21.	尾上覆羽较尾长 ··· 罗纹鸭 A. falcata
	尾上覆羽较尾短 ·· 22
22.	中央尾羽不伸出于外侧尾羽，嘴长超过 40mm ··· 赤膀鸭 A. strepera
	中央尾羽伸出于外侧尾羽，嘴长短于 40mm ··· 23
23.	嘴型小、两侧平行，翅长超过 220mm，头颈部栗红色、头顶棕白色 ··· 赤颈鸭 A. penelope
	嘴型适中、尖端变狭，翅长短于 220mm ··· 24
24.	雄鸟头侧棕黄色具黑纹，翅长超过 200mm ··· 花脸鸭 A. formosa
	雄鸟头侧部棕红色，眼后有绿色带斑，翅长短于 200mm ·· 绿翅鸭 A. crecca
25.	嘴形侧扁 ·· 26 秋沙鸭属 Mergus
	嘴形侧扁，上嘴基部不膨起 ··· 29
26.	翼镜暗色，嘴短于跗蹠，尾羽 16 枚 ··· 斑头秋沙鸭 M. albellus
	翼镜白色，嘴长于跗蹠，尾羽 18 枚 ·· 27
27.	嘴甲长大于 10mm，鼻孔前上嘴缘齿突小于 15 个，体型大，翅长大于 250mm ··············· 普通秋沙鸭 M. merganser
	嘴甲长不及 10mm，鼻孔前上嘴缘齿突超过 15 个 ··· 28
28.	上胸棕红色具黑纹，胁具虫蠹状黑色细斑 ··· 红胸秋沙鸭 M. serrator
	上胸非棕红色，胁具宽阔鳞状黑色斑 ··· 中华秋沙鸭 M. squamatus
29.	腋羽白色 ··· 30
	腋羽黑色或暗色 ··· 36
30.	雄鸟嘴脚红色，嘴缘栉突长而显著 ··· 赤嘴潜鸭属 Netta，赤嘴潜鸭 N. rufina
	嘴脚非红色，嘴缘栉突短而明显 ··· 31
31.	雄鸟头具硬羽 ··· 绒鸭属 Polysticta，小绒鸭 P. stelleri
	雄鸟头无硬羽，初级飞羽基部具白色 ··· 32 潜鸭属 Aythya
32.	头、颈栗红色，背和两翅浅灰色，翼镜灰色 ··· 红头潜鸭 A. ferina
	头、颈非栗红色，背和两翅暗褐色，翼镜白色 ·· 33
33.	嘴缘平行、等宽 ··· 34
	嘴端较嘴基宽阔 ··· 35
34.	头颈部栗褐色，初级飞羽内翈基部白色 ··· 白眼潜鸭 A. nyroca
	头颈黑色或暗褐色，初级飞羽内翈基部灰色 ··· 青头潜鸭 A. baeri
35.	头具羽冠，肩、背黑色而杂有棕色粉状细点 ··· 凤头潜鸭 A. fuligula
	头无羽冠，肩、下背白色杂有黑色波状横斑 ··· 斑背潜鸭 A. marila
36.	体羽几乎纯黑色（♂）、暗褐色（♀），雄鸟上嘴基部有疣状突 ··· 37 海番鸭属 Melanitta
	体羽不为纯黑色或暗褐色，嘴基部无疣状突 ·· 38
37.	翅具白色翼镜 ··· 斑脸海番鸭 M. fusca
	翅无翼镜 ··· 黑海番鸭 M. nigra
38.	嘴甲小仅占嘴端 1/4，鼻孔近嘴端，尾圆尾状 ··· 鹊鸭属 Bucephala，鹊鸭 B. clangula
	嘴甲占整个上嘴端，鼻孔近嘴基，尾楔尾状或尖尾状 ··· 39

39. 头具羽冠，腹、尾下覆羽白色，雄鸟中央尾羽特延长 ················ 长尾鸭属 Clangula，长尾鸭 C. hyemalis
    头无明显羽冠，腹、尾下覆羽暗色，尾羽楔尾状 ···················· 丑鸭属 Histrionicus，丑鸭 H. histrionicus

43-01 疣鼻天鹅
Cygnus olor（Gmelin）

命名：Gmelin JF，1788，Syst. Nat., ed. 13，1：501（西伯利亚）

英文名：Mute Swan

同种异名：瘤鹄，哑声天鹅，赤嘴天鹅，天鹅；—；—

鉴别特征：白色天鹅。嘴赤黄色、基部与脸部黑色，基部具疣突，雌鸟不明显。游泳时翅隆起而颈弯曲。幼鸟嘴灰色、无疣突，下体浅淡，呈棕红色。

形态特征描述：大型游禽。嘴红色，前端淡近肉桂色，嘴甲褐色。眼先、嘴基和嘴缘黑色。眼先裸露，虹膜棕褐色。前额有黑色疣状突起；头顶至枕部略沾淡棕色。颈修长，超过体长或与身躯等长。全省羽毛洁白。尾短而圆，尾羽20～24枚。腿短至中等，跗鳞网状；跗蹠、蹼、爪黑色，前趾有蹼，蹼大，但后趾不具蹼，拇指短而位高。

疣鼻天鹅（李在军20080130摄于河口；孙劲松20090312摄于孤岛南大坝）

雌鸟 似雄鸟，但体型较小，前额疣状突不明显。

幼鸟 嘴红灰色，基部高而前端缓平。虹膜褐色。头、颈淡棕灰色。前额和眼先裸露、黑色，不具疣状突。飞羽灰白色，尾羽较长而尖，淡棕灰色，具污白色端斑。下体浅淡、多呈淡棕灰色。爪和蹼、跗蹠绿褐色。

鸣叫声：鸣声嘶哑低沉。

体尺衡量度（长度mm、体重g）：山东暂无标本及测量数据。

栖息地与习性：栖息于开阔的湖泊、江河、水库、海湾、沼泽等地。性温顺而胆怯机警。常成对或家族成群活动，冬季和换羽期间亦集成大群。白天在开阔的湖心水面游泳和觅食，觅食时主要是用嘴撕裂植物，有时也能像一些鸭类一样头朝下、尾朝上，将头伸到水底挖掘水生植物的根为食，偶尔也到水边地面觅食青草；晚上多栖息于安静而少干扰的湖心岛上或水面漂浮物上，在水中游泳时，颈部弯曲、头向前低垂而略似"S"形，两翅隆起，不断张开扇动双翅，陆地上行动笨拙。起飞时，双翅拍打水面、在水面助跑约50m才能离水飞起，飞行时头颈向前伸直，脚伸向后，两翅扇动缓慢而有力，很少叫声，故又名"无声天鹅"。9月底10月初成小群或家族群迁往南方越冬，春季2月迁往繁殖地。多成小群和家族群沿湖泊、河流等水域进行迁飞，沿途不断停息，在繁殖地和越冬地之间作远距离来回迁徙。引种地方，疣鼻天鹅已变成了留鸟，不再迁徙。

食性：主要以水生植物的叶、根、茎、芽和果实、种子为食，也取食水藻，以及软体动物、昆虫及小鱼等小型水生动物。

繁殖习性：繁殖期3～5月。一旦第一繁殖季节求偶、配对形成，除非繁殖失败，终生不变。雌鸟单独或雌雄共同在僻静处的芦苇丛和水草中营造庞大而圆形的巢，巢用干芦苇等堆积而成，内铺杂草和绒羽，有主巢和辅巢之分，主巢和滩缘之间通常有进出两条宽"通道"，主巢供雌鸟产卵用；辅巢为雄鸟夜宿用，领域性极强，巢域面积大。每窝产卵5～6枚，乳白色或蓝绿色，卵径约117mm×75mm，卵重340～371g。雌鸟孵卵，雄鸟警戒，孵化期约35天。双亲共同喂育雏鸟，并让雏鸟爬到自己的背上，晚上多回到巢中过夜，雏鸟长大则不回巢；早成雏，3个月后具飞翔能力，3龄时，性成熟，少数雌体为2龄。

亚种分化：单型种，无亚种分化。

有时同窝会发生不同色型；在遗传上与南半球带黑色的 *C. atratus* 及 *C. melanocorypha* 亲缘关系较近，圈养疣鼻天鹅与 *C. atratus* 有杂交记录。

分布：东营 - ◎黄河三角洲（单凯20031205）；河口区 -（李在军20080130），孤岛南大坝（孙劲松20090312），五号桩（丁洪安20071118），黄河故道（胡友文20080101）；自然保护区（何鑫20071201）。济宁 -（W）南四湖。青岛 - 青岛。日照 - 东港区 - 付疃河（李宗丰20140215）。烟台 - 栖霞 - 长春湖（牟旭辉20150303）。胶东半岛。

黑龙江、辽宁、内蒙古、河北、北京、天津、江苏、浙江、四川、甘肃、青海、新疆、台湾。

6 雁形目 Anseriformes | 81

cygnus（Linnaeus）；—

鉴别特征：白色较大天鹅。嘴黑色，基部黄斑超过鼻孔且外侧呈尖形。脚黑色。游泳时翅紧贴身体而颈垂直向上，头平伸。幼体灰褐色，下体、尾、飞羽色淡。

形态特征描述：大型游禽。嘴黑色，从眼先到鼻孔之下有喇叭形黄斑。鼻孔椭圆形，眼先裸露，虹膜暗褐色。全身洁白，仅头部稍带棕黄色。颈长几乎与体长相等。跗蹠、蹼、爪黑色。

区系分布与居留类型：［古］（W）。

种群现状：姿态优美，具观赏价值。胆汁有药用功效。易于驯养，已被引种到动物园、湖泊驯养。由于狩猎、生境破坏，人为干扰，吞食人类废弃物引起毒性反应等，种群数量减少，虽然该物种分布范围广，种群数量趋势稳定但稀少，仍需要加强物种和生境保护，促进种群的繁衍发展。山东分布曾认为已经绝迹（纪加义1987f），近年来多人拍到照片证实其在野外有一定数量的分布。

物种保护：Ⅱ，近危/CSRL，V/CRDB，Lc/IUCN。

参考文献：H81，M66，Zja84；La116，Q32，Qm170，Z49，Zx19，Zgm19。

山东记录文献：郑光美2011，朱曦2008，赵正阶2001，范忠民1990，郑作新1987、1976，Shaw 1938a；赛道建2013，田贵全2012，张希画2012，张绪良2011，张洪海2000，冯质鲁1996，纪加义1987a、1987f。

● 44-01 大天鹅
Cygnus cygnus（Linnaeus）

命名：Linnaeus C，1758，Syst. Nat., ed. 10, 1: 122（瑞典）

英文名：Whooper Swan

同种异名：黄嘴天鹅，天鹅，白天鹅；*Cygnus cygnus*

大天鹅（赛道建 20130101、20141225 摄于烟墩角）

雌鸟 似雄鸟，略小。

幼鸟 嘴基部粉红色，端部黑色。全身灰褐色，头颈较暗，下体、尾和飞羽较淡。一年后，才长出相同于成鸟的羽毛。

鸣叫声：常边飞边鸣，鸣声响亮单调、粗哑似"ho-ho-"或"hour-"喇叭音。

体尺衡量度（长度mm、体重g）：

标本号	时间	采集地	体重	体长	嘴峰长	翅长	跗蹠长	尾长	性别	现保存处
B000165					110	584		156		山东博物馆
				1031	102	565	102	207		山东师范大学

栖息地与习性：繁殖期，喜栖息于开阔、食物丰富的浅水水域，如富有水生植物湖泊、水塘和流速缓慢的河流，特别是无林湖泊与水塘；冬季栖息于多草的海滩、沿海、潟湖和大型湖泊、库塘、河流、农田地带。繁殖期外性喜集群，取食或休息喜成双成对活动，水上活动警惕性极高，游泳时颈部多与水面垂直，体前部较后部沉入水中多，背部隆起；遇惊鹅群骚动，鸣叫者远离危险；起飞时两翅急速拍打水面，在水面上助跑一定距离后才能飞起来，飞翔时排成"一"、"人"或"V"字形队列，颈向前伸直，黑色脚伸至尾下，常边飞边鸣，降落时脚前伸需在水面滑行一段距离。9月中下旬开始迁离繁殖地，10月下旬

到达越冬地，常与绿头鸭、红头潜鸭、斑嘴鸭、灰鹤等混群而栖；2月末3月初离开越冬地，3月末4月初到达繁殖地，最高飞行高度可达9000m以上；迁徙沿途不断停息和觅食，持续时间较长。晨昏觅食，觅食时，体在水中倒立；觅食地和栖息地相距不远，栖息地较为固定。

食性： 主要以水生植物叶、茎、种子和根茎为食，如莲藕、胡颓子和水草等；冬季到农田觅食谷物和幼苗。也捕食少量软体动物、水生昆虫和其他水生无脊椎动物。

繁殖习性： 繁殖期5~6月，保持"终身伴侣制"。在越冬地双双有交颈、展翅、对鸣等行为，到达繁殖地2周内求偶、营巢，雌鸟独自营庞大的巢于岸边干燥地上或干芦苇上，巢圆帽状，底部直径约1m，巢高0.6~0.8m，由芦苇、三棱草等构成，内垫软干草、苔藓和羽毛及雌鸟从自己胸腹部拔下的绒羽。产卵多在5月上中旬，每窝产卵4~7枚，白色或微具黄灰色，卵径约113mm×73mm，卵重约330g。雌鸟单独孵卵，在每天最温暖的时候短时间离巢觅食，雄鸟担任警戒、御敌；孵化期31~40天。雏鸟早成雏，出壳后即能跟随亲鸟下水活动、觅食，如遇危险，双亲将它们藏入草丛中后飞走。4龄时性成熟。10月换好羽毛，具备了长途迁徙的能力，便分批陆续南迁。最早迁离的是亚成鸟，然后是携带幼鸟的成鸟，迁飞多在夜间进行，以免遭到猛禽等天敌的袭击，11月底全部迁离繁殖地。

亚种分化： 单型种，无亚种分化。

曾有学者将大天鹅分为 *cygnu*、*islandicus*、*buccinator* 3个亚种（Howared and Moore 1984），或分为2个亚种（Dementn' ev and Gladkov 1952，郑作新 1979、1987）。但因亚种间没有差异，尚需更多研究才能确认亚种是否成立，多数学者接受没有亚种分化（Johnsgard 1978，Medge and Burn 1988）的观点。

分布： 滨州 - 滨州，近岸海岛；滨城区 - 东海水库，北海水库，蒲城水库，西海水库（王景元20080324）；无棣县 - ●埕口盐场*。德州 - 减河（张立新20080221）；陵城区 - 丁东水库（张立新20111119）。东营 - (W) ◎黄河三角洲，黄河故道（张勇强20120220，胡友文20060219、20071124、20080101），广南水库；河口区 - (李在军20090222）；保护区（何鑫20071201，人民网东营20121106) - 大汶流（刘涛20151120▲蓝0104），一千二保护区（孙劲松20080114、20080127▲A29、A06）。菏泽 - (W) 菏泽；郓城 - 程屯镇冷庄湖（王海明20100428）。济南 - (P) 济南，黄河；天桥区 - 鹊山水库沉沙池（20140124、20141208，张月侠20141213），龙湖（20131211、20141007，赛时20141208），黄河（陈云江20131209）。济宁 - ●(W) 南四湖；微山县 - 微山湖，微山岛（陈保成20100101）。聊城 - 聊城。莱芜 - 莱城区 - 牟汶河（陈军20130220）。青岛 - (W) 青岛；胶州区 - 少海湿地（刘进清20120103），黄海大道池塘（20150212）。日照 - 日照；东港 - 两城河口（李宗丰20140122），国家森林公园（郑培宏20141218）；前三岛。泰安 - (W) 泰安；岱岳区 - 大汶河；东平县 - 东平，(W) ●东平湖。潍坊 - 寿光 - 弥河（马景山20100115）。威海 - (W) 威海，荣成 - ◎八河，●天鹅湖（20121222、20130101、20140111、20151230，韩京20091122，巩庆民20110208，孙涛20141227），朝阳港，林家流水库，马山港（20111221，王学进20101222），雀门港，曲家台，桑沟湾，湿地公园（20151230），烟墩角（1991冬、20130101、20141225▲环志号A97、20141221，孙涛20091218），斜口岛（王秀璞20150104）；乳山 - 龙角山水库；文登 - 米山水库。烟台 - 长岛岛群；莱阳 - 高格庄（刘子波20150110），莱州 - 河套水库；栖霞 - 白洋河（牟旭辉20111205）。枣庄 - 山亭区 - 紫云湖（尹旭飞20150302）。淄博 - 邹平 - ●八田南杨村**。渤海，东南沿海，胶东半岛，鲁中山地，鲁西北平原，鲁西南平原湖区。

黑龙江、吉林、辽宁、内蒙古、河北、北京、天津、山西、河南、陕西、宁夏、甘肃、青海、新疆、安徽、江苏、浙江、四川、贵州、云南、台湾。

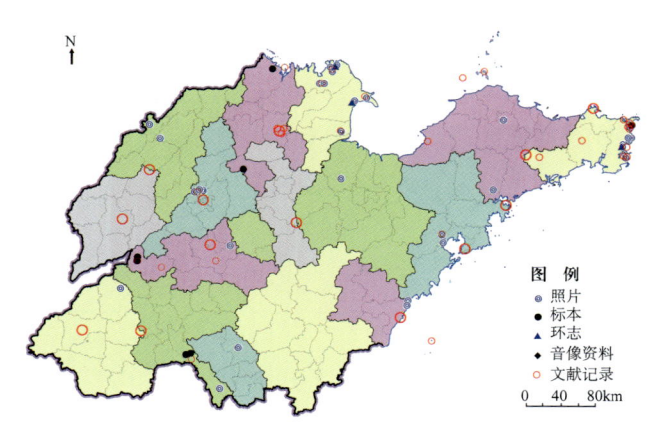

区系分布与居留类型： [古]（WP）。

种群现状： 体型巨大，羽毛洁白，姿态优美，为

---

* 此处是20世纪80年代以前的名称

** 于新建（1985年4月19日）山东科技报报道

重要珍禽观赏动物。曾作为重要药用狩猎鸟类，由于过度猎捕和湿地开垦，使大天鹅种群数量急剧减少；世界水禽研究局（IWRB）1990年组织的亚洲隆冬水鸟调查，在中国仅见到大天鹅474只。经世界各国多年的大力保护，大天鹅种群数量明显增加，估计全世界大天鹅总的种群数量有10万只，国内种群数量达20 000多只。在山东沿海，特别是荣成天鹅湖、黄河三角洲的越冬种群数量统计已超过10 000只；近年来，内陆地区的济南、南四湖等地又重新发现一定数量的越冬种群，这与物种保护、喂食和宣传执法等爱鸟护鸟活动的广泛开展密切相关，物种分布范围、种群规模呈扩大趋势。

物种保护： Ⅱ，近危 /CSRL，V/CRDB，中日，Lc/IUCN。

参考文献： H79，M67，Zja82；La121，Q32，Qm171，Z48，Zx19，Zgm19。

山东记录文献： 郑光美 2011，朱曦 2008，赵正阶 2001，范忠民 1990，Shaw 1938a；赛道建 2013、1994，闫理钦 2013、1998a，田贵全 2012，张希画 2012，李久恩 2012，吕磊 2010，于培潮 2007，贾文泽 2002，王希明 2001，王海明 2000，张洪海 2000，田家怡 1999，于新建 1997、1993，冯质鲁 1996，赵延茂 1995，田逢俊 1993b，陈伟 1991，纪加义 1987a、1987f，刘体应 1987，田丰翰 1957。

● 45-01　小天鹅
Cygnus columbianus（Ord）

命名： Ord G，1815，*in* Gutherie, Geog., 2nd Am., ed., 2：319（美国俄勒冈州）

英文名： Tundra Swan

同种异名： 鹄，啸声天鹅，天鹅，白天鹅；—；Whistling Swan

鉴别特征： 白色天鹅。嘴黑色，黄斑仅限嘴基部两侧。脚黑色。

形态特征描述： 大型水禽。似大天鹅而明显地小、颈、嘴稍短。嘴黑灰色，上嘴基部黄斑延伸不过鼻孔。虹膜棕色。全身羽毛洁白，头顶、枕部略沾有棕黄色。脚短健，位于体后部，跗蹠、蹼、爪均黑色。

小天鹅（李宗丰 20101210 摄于付疃河口；陈云江 20111106 摄于龙湖）

雌鸟　似雄鸟，略小。

幼鸟　淡灰褐色，嘴基粉红色，嘴端黑色。

鸣叫声： 鸣声清脆似 "kou、kou" 哨声。

体尺衡量度（长度mm、体重g）：

标本号	时间	采集地	体重	体长	嘴峰长	翅长	跗蹠长	尾长	性别	现保存处
					95	438	97	164	♀	山东师范大学
	1958	微山湖		1225	98	530	100	175	♂	济宁一中
				879	101	540	96	179		山东师范大学

栖息地与习性： 繁殖期，栖息于开阔的湖泊、沼泽、河流和苔原地带。冬季，喜栖息于多芦苇、蒲草等水生植物的大型水域，如湖泊、水库、池塘和河湾等地。喜集群，常成小群和家族群活动。游泳时，头颈伸直与水面垂直。鸣声高而清脆、嘈杂。8月底9月初迁向越冬地，3月成对迁回繁殖地，迁徙途中，常在食物丰富的湖泊停息觅食。

食性： 主要以水生植物、草类、谷物，以及蠕虫、昆虫和小鱼等为食。

繁殖习性： 繁殖期6~7月。3月，雌鸟单独筑巢于水域不远的苔原、土丘上，或河堤芦苇丛中；巢大型，由干芦苇和其他干草构成，有利用旧巢习性。每窝产卵2~5枚，白色。雌鸟担任孵卵，孵化期30~42天，雄鸟警戒。雏鸟50~70日龄获得飞翔能力。

亚种分化： 全世界可分为2~3个亚种，中国1个亚种，山东分布为乌苏里亚种 ***C. c. bewickii***，*Cygnus columbianus jankowskii*（Alphéraky），*Cygnus bewickii jankowskii*（Alpheraky）。

亚种命名　　Yarrell W，1830，Trans. Linn. Soc. Lond.，16：453

本亚种与 *C. buccinator* 和 *C. cygnus* 属于 *Olor*。俄罗斯亚种 *bewickii* 和东北亚亚种 *jankowskii* 因差别不明显而合并为 *bewicki*，故为2个亚种，此2亚种曾被认为是独立种。Johnsgard（1978）认为此2亚种应独立成种。

分布：德州-德城区-减河黄河涯村（张立新20110911）。东营-（P）◎黄河三角洲，四河（单凯20050321）；河口区（李在军20091020）。菏泽-（P）菏泽。济南-天桥区-龙湖（陈云江20111106）。济宁-（PW）南四湖；任城区-太白湖（宋泽远20120130）；微山县-●微山湖。莱芜-莱城区-牟汶河（陈军20130220）。日照-付疃河（李宗丰20101210）；东港区-两城河口（李宗丰20110201、20111212）。泰安-泰安；岱岳区-大汶河；泰山区-大河水库（孙桂玲20130326，刘兆瑞20151125）。淄博-淄博。胶东半岛，鲁中山地，鲁西北平原，鲁西南平原湖区。

黑龙江、吉林、辽宁、内蒙古、河北、北京、天津、山西、河南、宁夏、甘肃、新疆、安徽、江苏、上海、浙江、江西、湖南、湖北、四川、福建、台湾、广东。

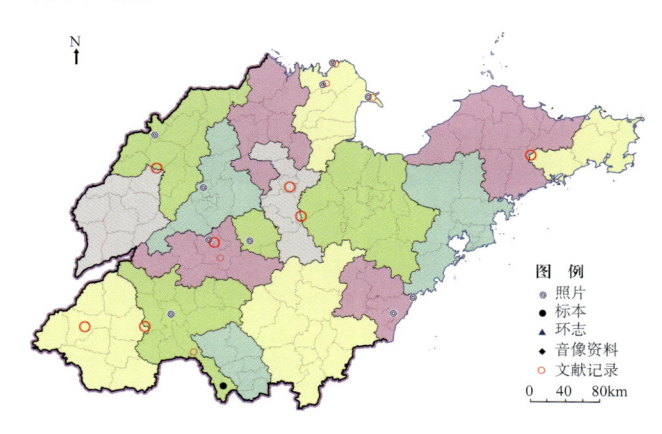

区系分布与居留类型：[古]（P）。

种群现状：珍禽观赏鸟类之一。由于环境污染、栖息地破坏和狩猎，持续干旱使湿地面积减少而失去觅食和繁殖场所，天敌威胁卵和幼鸟等，致使种群数量明显下降，繁殖力下降。国际水禽研究局1990年亚洲隆冬水鸟调查，在我国越冬的小天鹅种群数量为3032只。山东分布数量少而不普遍，纪加义（1985）为山东省内首次记录，近年来，有少量照片证实其在山东有一定数量的分布。

物种保护：Ⅱ，近危/CSRL，V/CRDB，中日，Lc/IUCN。

参考文献：H80，M68，Zja83；La118，Q32，Qm170，Z48，Zx19，Zgm20。

山东记录文献：郑光美2011，朱曦2008，范忠民1990，郑作新1987、1976，Shaw 1938a；赛道建2013，田贵全2012，张希画2012，贾文泽2002，王海明2000，张洪海2000，田家怡1999，冯质鲁1996，赵延茂1995，纪加义1985、1987a、1987f。

● **46-01 鸿雁**
Anser cygnoides（Linnaeus）

命名：Linnaeus C，1758，Syst. Nat.，ed. 10，1：122（亚洲）

英文名：Swan Goose

同种异名：大雁、洪雁、冠雁、原鹅、随鹅、奇鹅、黑嘴雁、沙雁、草雁；—；—

鉴别特征：嘴黑色而长且与额成一直线，基部有一白线。头顶及颈背棕褐色，前颈近白色，对比界线分明。体灰褐色、羽缘皮黄色。

形态特征描述：嘴黑色，嘴尖淡黄色，上嘴基部有一疣状突，额基与嘴之间有一条棕白色细纹，将嘴和额截然分开。虹膜淡黄色。从额基、头顶到后颈正中央暗棕褐色，头侧、颊和喉淡棕褐色，嘴裂基部有两条棕褐色颚纹。背、肩、腰、翼上覆羽和三级飞羽暗灰褐色，淡白色羽缘形成明显的白色斑纹或横纹。前颈和颈侧白色，前颈下部和胸肉桂色，向后逐渐变淡，到下腹全为白色。翼下覆羽及腋羽暗灰色。尾上覆羽暗灰褐色，但最长的尾上覆羽纯白色，尾羽灰褐色；尾下覆羽白色，两胁暗褐色，具棕白色羽端。附蹠橙黄色或肉红色。

鸿雁（单凯20050224摄于黄河三角洲）

雌鸟 似雄鸟，但略小，两翅较短，嘴基疣状突不明显。

幼鸟 雏鸟体被绒羽，上体黄灰褐色，下体淡黄色，额和两颊淡黄色，眼周及眼先灰褐色，上嘴额基无白纹。

鸣叫声：鸣声似"en—en—"，较长声洪亮、清晰、单声。

体尺衡量度（长度 mm、体重 g）：

标本号	时间	采集地	体重	体长	嘴峰长	翅长	跗蹠长	尾长	性别	现保存处
B000120					88	425	85	111		山东博物馆

栖息地与习性： 栖息于旷野平原和平原草地上的湖泊、水塘、河流、沼泽及其附近地区。冬季则多栖息于大型湖泊、水库、海滨、河口和海湾及其附近的草地和农田。集群生活。常在水中休息，在陆上觅食。9月初至10月从繁殖地迁往越冬地，春季3月中旬至4月末迁徙，迁徙时常分批集成数十、数百、甚至上千只大群，每批的迁离与迁来与气候的突然变冷有关。休息时，群中常有"哨鸟"站在高处引颈观望，如有危险则一声高叫，随即而飞，其他鸟跟飞，飞行时颈向前伸直，脚贴腹下，飞行时，常排成"V"、"一"字形等队形，边飞边叫，数里外亦可听见。觅食多在傍晚和夜间，通常天黑成群飞往觅食地，清晨返回湖泊或江河中游泳，在岸边草地上或沙滩上休息。

食性： 主要采食各种草本植物的叶、芽，包括陆生植物和水生植物、芦苇、藻类等植物，繁殖季节也食甲壳类和软体动物等动物性食物，冬季常到偏远的农田、麦地、豆地觅食农作物。

繁殖习性： 繁殖期4～6月。3月末4月初迁入繁殖地求偶交配，成对营巢，巢多筑在草原湖泊或靠近山地河流的岸边沼泽地上或芦苇丛中，巢材为干芦苇和干草，巢中心呈凹陷状，垫以细软的禾本科植物、干草和绒羽。每窝多产卵5～6枚；卵呈乳白色或淡黄色，卵径约80mm×55mm，平均卵重130.5g。雌鸟单独孵卵，雄鸟通常在巢附近警戒，常采用折翼行为将入侵者诱开；孵化期28～30天。雏鸟孵出后，由双亲带领游水、休息和觅食。换羽期开始后，成鸟离开幼鸟，集中在人迹罕至的湖泊、海滨、河岸深处换羽。6月中下旬至7月几乎同时换羽时丧失飞翔能力。幼鸟2～3年性成熟。

亚种分化： 单型种，无亚种分化。

有时被单独分类为 *Cygnopsis*。

分布： 东营 -（P）◎黄河三角洲；保护区（单凯 20141112）；河口区 - 孤岛南大坝（孙劲松 20110326）。菏泽 -（WP）菏泽。济南 -（P）济南；天桥区 - 北园。济宁 - ●济宁，（WP）南四湖；邹城 -（WP）西苇水库；微山县 - 微山湖。聊城 - 环城湖。青岛 -（P）青岛。日照 - 东港区 - 双庙山沟（成素博 20150214），夹仓口（成素博 20151122）；前三岛岛群。泰安 - 泰山区 - 大河水库（刘兆瑞 20151120）。威海 -（P）威海；◎荣成 - 八河，马山港，天鹅湖，石岛；乳山 - 乳山口，龙角山水库；文登 - 米山水库，五垒岛，母猪河。烟台 - 莱阳 - 高格庄（刘子波 20140101）；招远 - 张星下院（蔡德万 20120917）。胶东半岛，鲁中山地，鲁西北平原，鲁西南平原湖区。

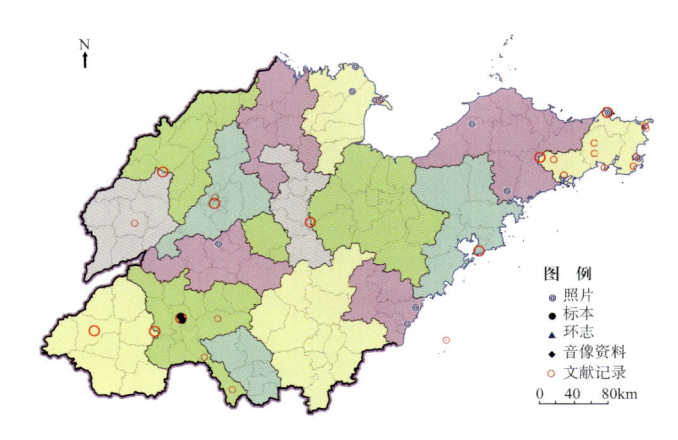

除陕西、贵州、西藏、海南外，各省份可见。

区系分布与居留类型：［古］（PW）。

种群现状： 鸿雁是家鹅祖先；羽翎及绒羽可被用作工艺品和填充材料，是重要的药用动物，是重要的传统狩猎对象。由于水域越冬、繁殖环境的丧失和过度狩猎所致种群数量呈下降趋势。据国际水禽研究局1990年组织的亚洲隆冬水鸟调查，鸿雁越冬种群数量为20 956只，中国20 942只。应加强对鸿雁种群和栖息环境的保护，使野生种群有较高的繁殖力，加强保护繁养研究、实现规模驯化饲养，促进种群发展、恢复发展到可适当利用的程度，满足日益提高的人们生活的需求。

物种保护： Ⅲ，易危/CSRL，中日，濒危/IRL，Vu/IUCN。

参考文献： H72，M69，Zja75；La106，Q28，Qm167，Z42，Zx20，Zgm20。

山东记录文献： 郑光美 2011，朱曦 2008，钱燕文 2001，赵正阶 2001，范忠民 1990，郑作新 1987、1976，Shaw1938a；赛道建 2013、1994，张希画 2012，李久恩 2012，贾文泽 2002，王希明 2001，朱书玉 2000，王海明 2000，田家怡 1999，闫理钦 1998a，冯质鲁 1996，赵延茂 1995，于新建 1993，纪加义 1987a，田丰翰 1957。

● **47-01 豆雁**
Anser fabalis（Latham）

命名： Latham J，1787，Gen. Syn. Bds., Suppl. 1：297（英国）

英文名： Bean Goose

同种异名： 大雁；—；—

鉴别特征： 灰褐色雁。嘴黑褐色具橘黄色斑。上体灰褐色或棕褐色，羽缘淡黄白色，下体污白色、尾下覆羽白色，尾黑色具白端斑。脚橘黄色。

形态特征描述： 豆雁属大型雁类，两性相似，外形大小似家鹅。喙扁平、边缘锯齿状，嘴甲和嘴基黑色，嘴甲和鼻孔间橙黄色横斑沿嘴的两侧边向后延伸到嘴角。虹膜暗棕色。头、颈棕褐色。肩背暗灰褐色，具淡黄白色羽缘，下背及腰黑褐色。翼上覆羽和三级飞羽灰褐色；初级覆羽黑褐色，具黄白色羽缘，初级和次级飞羽黑褐色，最外侧几枚飞羽外翈灰色。胸淡黄褐色，腹污白色，两胁具灰褐色横斑。尾羽黑褐色具白端斑，尾上、尾下覆羽白色。脚橙黄色，爪黑色。

鸣叫声： 栖息时发出似"hank"的低沉叫声。

豆雁（赛道建 20111221、20131227 摄于玉清湖）

体尺衡量度（长度 mm、体重 g）：

标本号	时间	采集地	体重	体长	嘴峰长	翅长	跗蹠长	尾长	性别	现保存处
					72	470	88	130		山东师范大学
B000163					68	490	69	104		山东博物馆
	1958	微山湖		860	70	470	74	140		济宁一中
				710	80	469	82	160		山东师范大学
				561	119	368	122	137		山东师范大学
840047	19841129	夏镇	3594	835	72	483	97	133	♂	济宁森保站

栖息地与习性： 繁殖季节栖息于湖泊、森林河谷和苔原地带，迁徙期间和冬季栖息于开阔平原草地、沼泽、江河、水库、湖泊及沿海海岸和附近农田。除繁殖期外，常成群活动。性机警，夜宿时，常有1至数只雁警卫，发现危险即发出报警鸣叫声，雁群闻声起飞，边飞边鸣，在栖息地上空盘旋，直到确定没有危险时才飞回原处；睡觉时常将头夹于胁间。白天多集大群于湖泊、海滩上，晚间到水间苇丛或其他高草丛中过夜。冬候鸟，到达时间最早在9月，最晚在11月初。白天多中午在湖中水面上或岸边沙滩上休息，早晨和下午在栖息地附近的农田、草地和沼泽地上觅食，有时飞到远处的觅食地；迁徙多在晚间进行，有时白天也迁徙，特别是天气变化的时候。迁徙时群体有几十至百余只不等，有时多达上千只。春季迁徙时间最早在3月初，最晚在4月末。春季迁徙群较秋季为小。飞行时成有序的队列，由一只有经验的头雁领队，队形不断变换，队形变换和领飞的头雁有关，当它快速飞时，队形呈"人"字形，减速飞行时队形变为"一"字形。栖息时常和鸿雁在一起，并有站岗放哨雁，发现危险，即报警成群飞离。

食性： 主要取食植物性食物。繁殖季节，采食苔藓、地衣、植物嫩芽、嫩叶、芦苇和一些小灌木，以及果实、种子和少量动物性食物。迁徙越冬季节，主要采食谷物种子、豆类、麦苗、马铃薯、红薯、植物芽和叶及少量软体动物。

繁殖习性： 繁殖期5～7月。一雄一雌制，配对较为固定。成对或成群营巢。巢在多湖泊的苔原沼泽地上或偏僻的泰加林附近的河岸与湖边，或在海边岸石、河中或湖心岛屿上，置于小丘、斜坡等较干燥的地方，在灌木中或灌木附近开阔地面上；雌雄鸟先将选择好的地方踩踏成凹坑，用干草和其他干植物作底垫，放以羽毛和雌鸟从自己身上拔下的绒羽。每年5月末至6月中旬产卵1窝，每窝产卵3～8枚，卵乳白色或淡黄白色，卵径约80mm×50mm。雌鸟单独孵卵，雄鸟警戒，孵化期25～29天。早成雏，雏鸟孵出后常在亲鸟带领下活动、躲避天敌；雌雄共同养育雏鸟。7月中旬至8月中旬成鸟换羽。幼鸟3年达到性成熟。

亚种分化： 全世界有6个亚种，中国4个亚种，山东分布2个亚种。

2007年，美国鸟类学家联盟依繁殖栖息地的偏好，将 *A. f. serrirostris* 另立为新种，*A. serrirostris* 称冻原豆雁（Tundra Bean Goose），豆雁则称为寒林豆雁（Taiga Bean Goose）。

● 普通亚种 ***Anser fabalis serrirostris*** Swinhoe。

亚种命名　　Swinhoe R，1871，Proc. Zool. Soc. London：417（厦门）

分布：滨州 - ●（刘体应 1987）滨州；滨城区 - 东海水库，北海水库，蒲城水库。德州 - 陵城区 - 丁东水库（张立新 20141216）。东营 -（W）◎黄河三角洲；自然保护区 - 大汶流；河口区（李在军 20080224）。菏泽 -（WP）菏泽。济南 -（W）济南；槐荫区 - 玉清湖（20111221、20131227，张月侠 20141213，孙涛 20150110）；天桥区 - 鹊山水库（20131227），北园。济宁 - ●（WP）南四湖（陈宝成 20071107）；邹城 -（WP）西苇水库，微山县 - ● 微山湖，夏镇（陈保成 20071103）。聊城 - 环城湖。青岛 - 青岛。日照 - 日照；五莲县 - 大绿汪水库（成素博 20120114、20131130）。泰安 -（W）● 泰安；岱岳区 - 大汶河；东平县 -（W）● 东平湖。威海 -（W）威海（王强 20110305）；荣成 - 八河，马山港，天鹅湖（20140115），石岛；乳山 - 乳山口，龙角山水库；文登 - 米山水库，五垒岛，母猪河。烟台 - 长岛；海阳 - 小纪（刘子波 20150301）；莱州 - 河套水库。淄博 - 淄博。胶东半岛，鲁中山地，鲁西北平原，鲁西南平原湖区（纪加义 1987a）。

辽宁、内蒙古、河北、北京、天津、山西、河南、陕西、宁夏、甘肃、青海、浙江、福建、台湾、广东、海南。

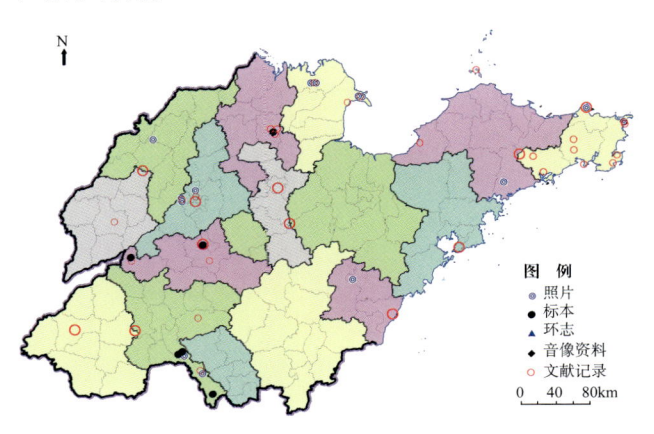

○ 西伯利亚亚种 ***Anser fabalis middendorffi*** CeBepuoB（Parton），1873，*Anser fabalis sibircus**（Alphéraky）。

---

* 郑光美（2011）无此亚种，郑作新（1987）分布记载为黑龙江南到长江，周边省份有 *A. f. middendorffi* 分布记录，故此亚种原记录更正为 *middendorffi*

亚种命名　　Severtzov N，1872，Vert. Gor. Ras. Tark. Zhiv.,（1873）：149（西伯利亚东部）

山东记录郑作新 1987，朱曦 2008；纪加义 1987a。

分布：济南 -（W）济南。济宁 - 南四湖。聊城 - 环城湖。胶东半岛，鲁中山地，鲁西北平原，鲁西南平原湖区（纪加义 1987a）。

黑龙江、内蒙古、河北、北京、天津、河南、新疆、江苏、上海、浙江、江西、湖南、湖北、福建、广东、广西、海南。

区系分布与居留类型：[古]（WP）。

种群现状：体大肉多，肉味鲜美，曾为主要狩猎禽鸟；羽毛分为雁绒、雁羽等为重要饰羽；绒羽质轻而软，是被褥的优良填充物；翼翎可制扇子；翼羽称为雁膀，可制毛翅帚供清扫蚕粪之用。该物种分布范围广，国际水禽研究局（IWRB）1990 年组织的亚洲隆冬水鸟调查，在东亚越冬的豆雁数量为 15 429 只，中国为 10 229 只。目前，估计在中国越冬的豆雁种群数量可达 20 000 多只，山东省黄河三角洲湿地和内陆较大湖泊种群数量较大，越冬迁徙种群数量趋势稳定。应加强教育，禁止乱捕乱猎，有计划地进行少量开发性研究，为持续发展和利用豆雁资源提供有用的技术资料。

物种保护：Ⅲ，无危 /CSRL，中日，Lc/IUCN。

参考文献：H73，M70，Zja76；La108 Q30，Qm167，Z43，Zx20，Zgm20。

山东记录文献：朱曦 2008，范忠民 1990，Shaw 1938a；赛道建 2013、1994、1992，张月侠 2015，闫理钦 2013、1998a，张希画 2012，吕磊 2010，于培潮 2007，贾文泽 2002，王希明 2001，朱书玉 2000，王海明 2000，田家怡 1999，宋印刚 1998，冯质鲁 1996，赵延茂 1995，于新建 1993，刘体应 1987，纪加义 1987a，田丰翰 1957。

● 48-01　白额雁
Anser albifrons（Scopoli）

命名：Scopoli GA，1789，Ann. I Hist. Nat.：69（意大利北部）

英文名：White-fronted Goose

同种异名：真雁，大雁；*Branta albifrons* Scopoli；Greater White-fronted Goose

鉴别特征：灰色雁。嘴粉红色、基部黄色，上嘴基部具宽阔白带斑。上体灰褐色，下体白色、杂有黑色块状斑。尾黑褐色具白端斑。

形态特征描述：大型雁类，雌雄相似。嘴肉红色，嘴甲灰白色，额与上嘴基部有一宽阔白色带斑，斑后缘黑色。虹膜褐色。头顶和后颈暗褐色，颏暗褐色、前端具一细小白斑。背、肩、腰灰褐色，羽缘灰白色或近白色。初级飞羽黑褐色，三级飞羽和翼上覆羽暗灰褐色，初级覆羽灰色，外侧次级覆羽灰褐色。前颈、上胸灰褐色，向后逐渐变淡至腹部为污白色，腹部散有不规则黑色斑块，两胁灰褐色。尾羽黑褐色，具白色端斑，覆羽白色。跗蹠橄榄黄色，爪灰白色。

幼鸟 似成鸟。额上白斑小或没有，腹部具小而黑色块斑。

鸣叫声： 发出嘈杂的"luo"声。

体尺衡量度（长度 mm、体重 g）：

白额雁（陈云江 20111014 摄于鹊山沉沙池）

标本号	时间	采集地	体重	体长	嘴峰长	翅长	跗蹠长	尾长	性别	现保存处
					42	378	54	134		山东师范大学
B000164					63	388	72	106		山东博物馆
	1958	微山湖		680	45	375	60	130		济宁一中
	1938	青岛	1950			417			♂	不详

注：Shaw（1938a）记录 1♂ 重 1950g，翅长 417mm

栖息地与习性： 在北极苔原带繁殖季节栖息，占据富有较矮植物的湖泊、河流、沼泽等生境，常小群多在陆地上活动、觅食或休息，善于行走和奔跑，亦善于游泳，遇到危险能潜水。在中国为冬候鸟，栖息于开阔的湖泊、水库、河湾、海岸及附近的平原、草地、沼泽、农田。每年 8 月末开始离开繁殖地，成群晚间迁徙、白天觅食和休息，常和豆雁、鸿雁在一起，迁飞时常单列飞行，队列多呈"一"字形或"人"字形，边飞边叫，叫声甚高。9 月末即迁到越冬地，最迟到 11 月初，分成小群或家族群活动。3 月初开始迁离中国，迁徙群多以对和家族群组成，4 月末 5 月初迁徙的多是不参加当年繁殖的亚成体。

食性： 主要采食植物性食物，随季节而有所变化。食各种湖草，也食谷类、种子、菱角的根茎及其他植物的嫩芽、根茎和农作物的幼苗。

繁殖习性： 繁殖期 6～7 月。配对在第 2 年或开始繁殖前的冬天形成，一旦形成不再变化。5 月中下旬到达繁殖地，成对或成家族群在河流与湖泊密布、且有小灌木生长的苔原地带上觅找适合的营巢地，在高河岸、低山岗顶部、土丘或斜坡等较为干燥的地方筑巢，巢简陋，凹坑内放些干草和绒羽而成。6 月中旬 1 天产 1 枚卵，每窝通常多产卵 4～5 枚，卵白色或淡黄色，卵径约 81mm×53mm。雌鸟孵卵，孵化期约 25 天。雏鸟早成雏，育雏期约 45 天。

亚种分化： 全世界有 5 个亚种，中国 2 个亚种，山东分布记录为太平洋亚种 *A. a. frontalis* Baird，*Anser albifrons albifrons*（Scopoli）。

亚种命名 Baird SF，1858，Rep. Expl. Surv. RR. Pac. 9 p.xlix，762

我国亚种分布 1 个（指名亚种 *albifrons*，郑作新 1987、1976）、2 个亚种（郑光美 2011，郑作新 2002），山东分布记录纪加义（1987a）记为 *albifrons*，郑光美（2011）认为此亚种国内仅分布于西藏，故本书采用郑光美（2011）的观点。

分布： 滨州 - 滨州；滨城区 - 东海水库，北海水库，蒲城水库。东营 -（P）◎黄河三角洲。菏泽 -（P）菏泽。济南 - 天桥区 - 沉沙池（陈云江 20111014）。济宁 -●（P）南四湖；微山县 -●微山湖；邹城 -（WP）西苇水库。青岛 -●（Shaw 1938a）青岛。日照 - 东港区 - 两城河（成素博 20140125、20131208）。威海 -（P）威海，荣成 - 八河，天鹅湖，石岛；乳山 - 乳山口，龙角山水库；文登 - 米山水库，五垒岛，母

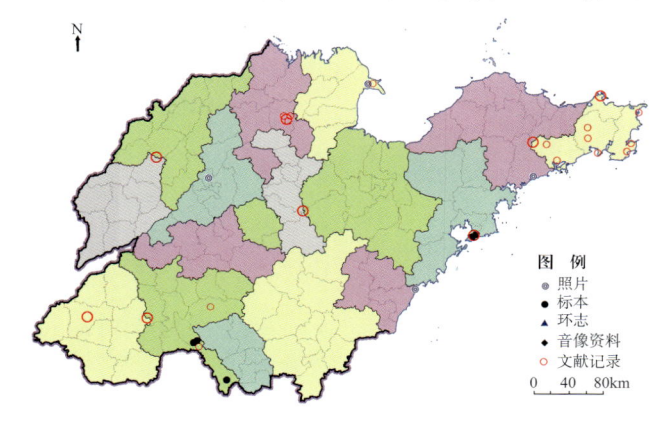

猪河。烟台 - 海阳 - 凤城（刘子波 20140420）。胶东半岛，鲁中山地，鲁西北平原，鲁西南平原湖区。

黑龙江、吉林、辽宁、内蒙古、河北、北京、天津、河南、新疆、安徽、江苏、上海、浙江、江西、湖南、湖北、台湾。

区系分布与居留类型：［古］（P）。

种群现状： 作为重要狩猎鸟类，曾有较大种群数量。由于环境恶化和过度狩猎，种群数量已急剧减少，迁徙越冬季节可见。1990 年，国际水禽研究局亚洲隆冬水鸟调查结果，中国越冬种群数量仅为 2170 只。应加强保护性研究和保护措施的实施，使种群数量趋势稳定。山东分布数量并不普遍。

物种保护： Ⅱ，无危 /CSRL，中日，Lc/IUCN。

参考文献： H74，M71，Zja77；La112，Q30，Qm168，Z45，Zx21，Zgm21。

山东记录文献： 郑光美 2011，朱曦 2008，钱燕文 2001，范忠民 1990，郑作新 1987，Shaw 1938a；赛道建 2013，闫理钦 2013、1998a，张希画 2012，吕磊 2010，于培潮 2007，贾文泽 2002，朱书玉 2000，王海明 2000，张洪海 2000，田家怡 1999，冯质鲁 1996，赵延茂 1995，纪加义 1987a、1987f。

49-01 小白额雁
Anser erythropus（Linnaeus）

命名： Linnaeus C, 1758, Syst. Nat., ed. 10, 1: 123（瑞典）

英文名： Lesser White-fronted Goose

同种异名： 弱雁；Anas erythropus Linnaeus；—

鉴别特征： 体型较小深灰色雁。粉红色嘴短，嘴基大白斑延伸至额顶部，眼周黄色。飞羽除外侧飞羽外翈灰褐色，余黑褐色。上体羽缘黄白色。尾羽暗褐色具白端斑。

形态特征描述： 外形似白额雁，但体型较小、体色较深。嘴短，肉色或玫瑰肉色，嘴甲淡白色。虹膜褐色，眼周有肿起金黄色圈。额部白斑较白额雁仅嘴基的窄斑为大，延伸到两眼间的头顶部，白斑后缘黑色。头顶、后颈和上体暗褐色，上体羽缘黄白色。翼上覆羽外侧灰褐色、内侧暗褐色，飞羽除外侧几枚初级飞羽外翈灰褐色，余为黑褐色。颏、喉灰褐色，颏前端具小白斑。前颈、上胸暗褐色，下胸灰褐色，具棕白色端缘；腹白色而杂以不规则斑块；两胁灰褐色，具黄白色羽缘。尾上覆羽白色，尾羽暗褐色、具白端斑。脚橄榄黄色。

幼鸟 体色较成鸟淡，嘴肉色，嘴甲黑色，额上无白斑，腹无黑色斑块。

鸣叫声： 繁殖期发出响亮"queque"声。

小白额雁（刘冰 20110403 摄于大汶河）

体尺衡量度（长度 mm、体重 g）： 山东暂无标本及测量数据。

栖息地与习性： 繁殖期主要栖息于北极苔原带，也栖息、繁殖于山地河流下部、山脚、湖泊中。冬季和迁徙期间栖息于开阔的湖泊、江河、水库、海湾、草原和半干旱草原地区。每年 9 月离开繁殖地迁往越冬地，10 月初可到达我国越冬地，春季 3 月中旬迁离越冬地，迁徙起飞和短距离飞行时队列有时杂乱。喜群居、成群活动，飞行时，呈"一"字形、"人"字形等有序队列，行动谨慎，遇危险常四处散开，或潜入水中仅头露出水面，飞向空中时，确信无危险才降落。晚上多在水中过夜，白天则成群飞至苔原、草地觅食，善行走、奔跑，亦善潜水和游泳。春、夏季多在海边或湖边草地上觅食，秋、冬季多在盐碱平原、半干旱草原、水边沼泽和农田区觅食。

食性： 以岸边附近生长的各种绿色草本植物茎叶、芽苞、嫩叶和嫩草及谷类、种子、农作物幼苗为食。

繁殖习性： 繁殖期 6~7 月。在亚北极苔原带繁殖。营巢在紧靠水边的苔原上或低矮灌木下，或水边山地岩石堆中。巢简陋，由干草和苔藓构成，内垫少许绒羽。6 月初开始产卵，每窝产卵 4~7 枚，卵淡黄色或赭色，卵径约 75mm×49mm。雌鸟孵卵，雄鸟警戒，孵化期 25 天。雌雄共同参与雏鸟的养育。

亚种分化： 单型种，尚无亚种分化。

有人将本种与 A. albifrons 合组成超种。

分布： 东营 -（P）◎黄河三角洲。济宁 -（W）南四湖。泰安 - 泰安；岱岳区 - 牟汶河（刘兆瑞 20110403）。鲁中山地，鲁西北平原。

黑龙江、吉林、辽宁、内蒙古、河北、北京、天津、河南、新疆、安徽、江苏、上海、浙江、江西、湖南、湖北、四川、云南、福建、台湾、广东、广西。

区系分布与居留类型：［古］（W）。

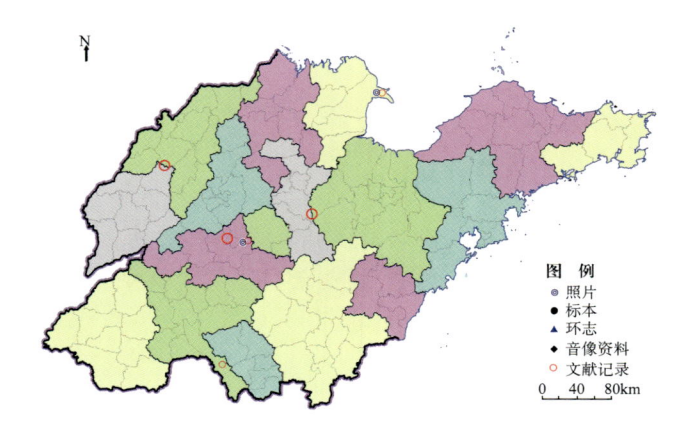

种群现状: 曾为狩猎鸟,采食农作物嫩苗,对农业有一定危害。受传染病的威胁,也受非法捕猎的威胁,本物种虽未列入保护名录,全球种群数量稀少,但实际上在中国境内已难得一见。在山东分布数量极少,卢浩泉和王玉志(2001)认为此种山东已无分布,需进一步研究确证(赛道建 2013)。近年来,有照片证实其分布的实况,列入山东省重点保护野生动物名录,需要加强物种和栖息环境的保护。

物种保护: Ⅲ,中日,Vu/IUCN。

参考文献: H75,M72,Zja78;La114,Q30,Qm168,Z45,Zx21,Zgm21。

山东记录文献: 郑光美 2011,朱曦 2008,赵正阶 2001,钱燕文 2001,范忠民 1990,郑作新 1976、1987;赛道建 2013,张希画 2012,贾文泽 2002,赵延茂 1995,田家怡 1999,冯质鲁 1996,纪加义 1987a,黄浙 1965。

50-01 灰雁
Anser anser (Linnaeus)

命名: Linnaeus C,1758,Syst. Nat., ed. 10,1:123(瑞典)

英文名: Graylag Goose

同种异名: —;*Anser cinereus* var. *rubrirostris* Swinhoe,1871;Greylag Goose

鉴别特征: 体大灰褐色雁。嘴肉红色,基部白纹不明显或为锈红色。上体灰褐色,羽缘白色呈扇状纹,下体污白色,褐色斑腹部增多。脚粉红色。

形态特征描述: 嘴肉色,嘴基有窄白纹,繁殖期呈锈黄色,有时白纹不明显。虹膜褐色。头顶和后颈褐色;背、肩灰褐色,具棕白色羽缘;腰灰色、两侧白色。飞羽黑褐色,翼上初级覆羽灰色,其余翼上覆羽灰褐色至暗褐色。头侧、颏和前颈灰色,胸、腹污白色,杂有不规则暗褐色斑由胸向腹部渐多。两胁淡灰褐色、羽端灰白色。尾羽褐色,具白色端斑和羽缘,最外侧两对尾羽全白色;尾上、尾下覆羽白色。跗蹠肉色。

幼鸟 上体暗灰褐色,胸和腹前部灰褐色,无黑斑,两胁缺少白色横斑。

鸣叫声: 鸣声洪亮、清脆。

体尺衡量度(长度 mm、体重 g): 山东暂无标本及测量数据。

栖息地与习性: 栖息于不同生境的植物丛生的湖泊、水库、河口、水边沼泽地和草地、河湾河中的沙洲上,或游荡在湖泊中。喜群居,非繁殖期喜成群活动,成群栖息时,常有1只或数只担当警卫,警惕性很高,观察发现敌人就首先起飞,其他成员跟着飞走。3月底前后,成群从南方越冬地迁到繁殖地,9月末开始迁往南方越冬,迁徙期间,常数十、数百、上千只组成群体,长距离迁飞时,呈"一"字形、"人"字形等有序队列,边飞边叫,鸣声宏亮、清脆而高;通常晚上迁徙,白天休息、觅食,常成家族群或由家族组成小群一起飞往觅食地,在富有植物的水域岸边、草原、农田、荒地和浅水处觅食后,飞到隐蔽水域休息,黄昏飞回夜栖地;冬季觅食和休息常在同一地方。

食性: 主要以各种水生和陆生植物的叶、根、茎、嫩芽、果实和种子等植物性食物为食,迁徙和越冬期间采食农作物幼苗,兼食小虾、螺和昆虫等动物性食物。

繁殖习性: 繁殖期4~6月。营巢环境为偏僻的水边草丛、芦苇丛或岛屿、草原和沼泽地上。成对或小群营巢,巢集中处,巢间距仅10m左右;雌雄共同营巢,由芦苇、蒲草和其他干草构成,四周和内部垫以绒羽。4月初开始产卵,1天1枚,每窝产卵4~8枚,卵白色缀有橙黄色斑点,卵径约87mm×62mm,卵重156~178g。卵满窝后,雌鸟单独孵卵,雄鸟警戒,孵化期27~29天。5月雏鸟陆续孵出,雌雄共同养育雏鸟,2~3龄性成熟,也有2龄开始形成配对的。

亚种分化: 全世界有2个亚种,中国1个亚种,山东分布为东方亚种 *A. a. rubrirostris* Swinhoe。

亚种命名　　Swinhoe R, 1871, Proc. Zool. Soc. London：416（上海）

郑作新（1979，1987）认为，Swinhoe（1871）根据在中国采到的标本定名的新亚种 *rubrirostris*，因特征不明显而不成立。但世界学者多倾向于分为2个亚种。

分布：东营-（W）◎黄河三角洲，自然保护区（单凯20140320、20141112）；河口区（李在军20090220）。**济宁**-南四湖；微山县-微山湖。**威海**-（P）威海。胶东半岛，山东全省。

各省份可见。

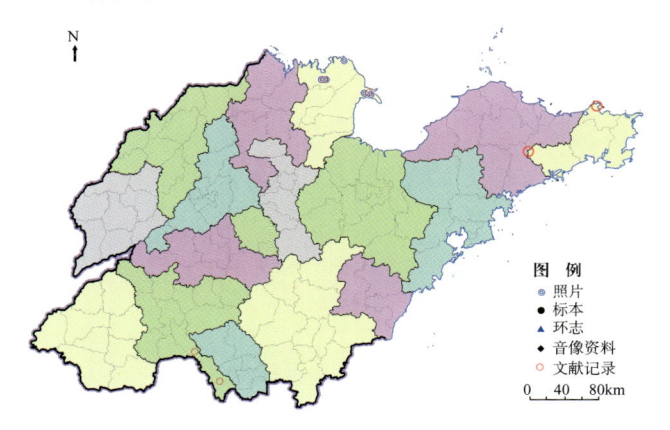

区系分布与居留类型：［古］（WP）。

种群现状：俗称上等野味；绒羽是良好填充物。采食作物对农业有一定危险。易于驯养，历史上曾和鸿雁、豆雁、白额雁一起是传统的主要狩猎鸟，由于过度狩猎和环境恶化，种群数量下降，世界水禽研究局（IWRB）1990年组织的亚洲隆冬水鸟调查，中国统计到4906只；目前，估计中国灰雁的种群数量已有所恢复。在山东数量少见，列入山东省重点保护野生动物名录。

物种保护：Ⅲ，无危/CSRL，Lc/IUCN。

参考文献：H76，M73，Zja79；La110，Q30，Qm168，Z45，Zx21，Zgm22。

山东记录文献：郑光美2011，朱曦2008，范忠民1990，郑作新1987、1976；赛道建2013，张希画2012，李久恩2012，贾文泽2002，田家怡1999，冯质鲁1996，赵延茂1995，纪加义1987a。

○ 51-01　斑头雁
Anser indicus（Latham）

命名：Latham, 1790, Ind. Orn., 2：839（印度及中国西藏）

英文名：Bar-headed Goose

同种异名：白头雁，黑纹头雁；—；—

鉴别特征：灰褐色雁。嘴黄色、嘴甲黑色，头白色具两道醒目黑色横斑，白色延伸至颈侧形成白色纵纹。尾灰褐色具白端斑。脚橙黄色。

形态特征描述：中型雁类，通体大都灰褐色。嘴橙黄色、嘴甲黑色，虹膜暗棕色。喉污白色。头顶污白色、羽缘具不明显棕黄色；眼先、额、颊部较深、头顶后部有两道醒目黑色横斑，前一道在头顶稍后，较长，延伸至两眼，呈马蹄铁形状；后一道位于枕部，较短。头部白色向下延伸，在颈两侧各形成一道白色纵纹。后颈暗褐色。背部淡灰褐色，羽端棕色形成鳞状斑；腰及尾上覆羽白色。翅灰色。前颈暗褐色，胸和上腹灰色，两胁暗灰具暗栗色端斑，下腹及尾下覆羽污白色。尾灰褐色、具白色端斑。脚和趾棕黄色。

斑头雁（李在军20090224摄于河口区）

雌鸟　　似雄鸟，略小。

幼鸟　　头顶污黑色，无横斑；颈灰褐色、两侧无白色纵纹；胸、腹灰白色，两胁淡灰色、无暗栗色端斑。

鸣叫声：鸣声高而洪亮，似"hang-hang-"；求偶追逐时发出轻微"gag-gag-"声。

体尺衡量度（长度mm、体重g）：山东暂无标本及测量数据。

栖息地与习性：栖息繁殖于高原湖泊，越冬于低地湖泊、河流和沼泽地等开阔地带。性喜集群，以陆栖为主，行走笨拙，但奔跑快捷，飞行能力强。可与棕头鸥、黑颈鹤、赤麻鸭等鸟类混群繁殖，甚至可与家禽混群活动。迁徙路线较为固定，多呈20~30只小群，通常排成"人"或"V"字形迁飞，边飞边鸣，9月初开始南迁，迁徙多在晚上进行，白天休息和觅食；觅食多在黄昏和晚上，到植物茂密、人迹罕至的湖边和浅滩多水草地方觅食，冬季可到农田觅食农作物。

食性： 主要以禾本科和莎草科青草及豆科植物种子等为食，也采食贝类等小型无脊椎动物。

繁殖习性： 4月从越冬地迁到繁殖地出现追逐行为，配对交配；以雌鸟为主、雄鸟协助保护，在人迹罕至的湖边、湖心岛上，或悬崖和矮树上营盘状巢，常呈密集群巢，营巢时，雌雄鸟将巢材运至巢地，雌鸟卧伏并以身体为中心，用两脚挖掘形成小圆坑，再铺以草茎和草叶。产第1枚卵后，雌鸟拔下腹部绒羽铺在窝内，雄鸟继续送巢材供雌鸟修整巢。巢筑好后10~12天产卵，每窝产2~10枚卵，每隔1天产1枚卵；卵白色，孵化后变为污白色，卵径约83mm×55mm，卵重约136g。如巢被干扰，则弃巢并将卵掩埋，时间允许则繁殖第2窝。第1枚卵产出后即开始孵卵，雌鸟单独孵卵，雄鸟警戒，孵化期28~30天。雏鸟早成雏，孵出后不久即能活动。

亚种分化： 单型种，无亚种分化。

分布： 东营-（P）黄河三角洲；河口区（李在军20090220）。济宁-（WP）南四湖；邹城-（WP）西苇水库。鲁西北平原，鲁西南平原湖区。

内蒙古、陕西、河北、湖北、湖南、江西、四川、重庆、贵州、云南、甘肃、宁夏、青海、新疆、西藏。

区系分布与居留类型： [古]（PW）。

种群现状： 体大肉美，肉、卵均可食用，绒羽丰厚，形态优美，被饲养展出以供观赏。由于狩猎和捡蛋等不法行为，繁殖率低、产蛋期短等原因，种群数量明显减少，已在青海湖鸟岛建立了专门保护这一鸟类资源的自然保护区。山东分布黄浙（1965）首次记录，数量不多，应加强物种与栖息环境的研究与保护，列入山东省重点保护野生动物名录。

物种保护： Ⅲ，无危/CSRL，Lc/IUCN。

参考文献： H77，M74，Zja80；Q30，Qm169，Z46，Zx21，Zgm22。

山东记录文献： 郑光美2011，朱曦2008，范忠民1990，郑作新1987、1976；赛道建2013，张希画2012，田家怡1999，冯质鲁1996，赵延茂1995，纪加义1987a，黄浙1965。

52-11 雪雁
Anser caerulescens（Linnaeus）

命名： Linnaeus，1758，Syet. Nat.，ed，10，1：124（加拿大；Hudson Bay）

英文名： Snow Goose

同种异名： 雪鹅，白雁；—；—

鉴别特征： 白色小型雁。嘴赤红色。初级飞羽黑色，站立时尾部、飞行翅尖呈黑色。脚紫红色。

形态特征描述： 嘴短厚，赤红色。虹膜暗褐色。通体白色（色型），头、颈部不同程度染有锈色。初级飞羽黑色，羽基淡灰色，初级覆羽灰色。脚淡紫色或红色，爪黑色。

雪雁（李在军20091019摄于河口区）

鸣叫声： 群飞时，发出悦耳高鼻音，似"la-luk"的幼狗吠声。

体尺衡量度（长度mm、体重g）： 山东暂无标本及测量数据。

栖息地与习性： 繁殖于北极苔原冻土带、西伯利亚Wrangel岛；非繁殖雁远离繁殖群体另寻安全区域换毛准备迁徙。越冬于亚热带及温带地区，偶见于日本及中国东部，一般选在沼泽地、沙洲、湿地草甸、沿海农作地及稻茬地。性喜结群，从数只至几千只不等。换羽时，飞羽一次性全部脱落而丧失飞翔能力，隐蔽于湖泊草丛中以防天敌捕食。

食性： 主要以植物的嫩叶、嫩芽、草茎、果实、种子、根、块茎、芦苇嫩芽和青草等植物性食物为食，冬季也到农田觅食谷物、稻米和农作物幼苗。

繁殖习性： 繁殖期6~7月。在北极离水域不远，位置较低的苔原草地、河汛平原、湖泊、河流和水塘岸边等苔原上，成千上万只集中成群营巢繁殖，巢用苔藓堆集而成，内放少许枯草茎和绒羽，四周有植物掩隐。在迁徙期间和到达繁殖地形成配对，一旦成对，除非配偶死亡，则基本上长年在一起生活。6月初开始产卵，1天1枚，每窝产卵3～6枚，卵呈黄白色，卵径约75mm×49mm，可补偿性产卵。营巢和产卵在整个种群中是相当同步的。第1枚卵产出后即抱窝，雌鸟孵卵，雄鸟警戒保卫；雌鸟仅短暂离巢觅食，常用枯草将巢盖住，孵卵后期恋巢极强，根本不离巢。孵化期22～25天。雏鸟早成雏。孵出后不久即能跟随亲鸟到食物丰富又利于成鸟换羽的安全地方，40多天后，幼鸟具有飞翔能力。

亚种分化： 全世界有2个亚种，中国1个亚种，山东分布为指名亚种 *A. c. caerulescens* Linnaeus，1758。

亚种命名 Linnaeus，1758，Syet. Nat.，ed，10，1：124（加拿大；Hudson Bay）

分布： 东营 - ◎黄河三角洲；自然保护区 - 大汶流；河口区（李在军 20091019）。（V）胶东半岛，（W）山东。

河北、天津、江苏、江西。

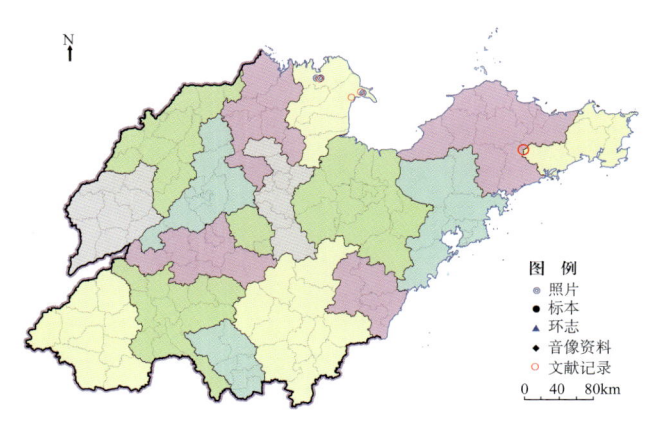

区系分布与居留类型： [古]（VW）。

种群现状： 物种分布与数量并不普遍。山东分布朱书玉（2000）首次记录；目前仅在黄河三角洲拍到分布照片；未列入山东省重点保护野生动物名录。

物种保护： Ⅲ，Lc/IUCN。

参考文献： H78，M75，Zja81；Q32，Qm169，Z47，Zx21，Zgm22。

山东记录文献： 郑光美 2011，朱曦 2008，范忠民 1990；赛道建 2013，张月侠 2015，张希画 2012，朱书玉 2000。

○ **53-01 黑雁**
Branta bernicla（Linnaeus）

命名： Linnaeus，1758，Syst. Nat.，ed. 10，1：124（瑞典）

英文名： Brent Goose
同种异名： 一；一；Brant Goose

鉴别特征： 深灰色雁。嘴黑色。头、颈、胸部黑色，颈侧具特征性白带斑，飞行时体后部白色"U"形斑明显。尾黑褐色。脚黑色。

形态特征描述： 中等大小雁。嘴黑色。虹膜褐色。头部黑色，通体深灰色。灰色颈部两侧具特征性白色带斑，甚至在前颈形成半领环。胸侧具近白色纹。尾下羽白色。脚黑色。

黑雁（亓学东 20161127 摄于黄岛区唐岛湾）

幼鸟 颈部无白斑，翅上多白色横纹。
鸣叫声： 发出低沉的"raunk，raunk"哢鸣声。
体尺衡量度（长度mm、体重g）： 山东暂无标本及测量数据。

栖息地与习性： 繁殖期栖息于北极海岸离潮汐带不远、被潮汐溪河分割的苔原平原上，非繁殖期迁至各种海湾、海港及河口、湖泊和水塘中。冬季多在有耐碱植物生长的湖泊和水库，以及周围地势低洼的咸水湖和沿海地区或农田地里。迁徙时常集成大群，白天飞翔，傍晚降落到湖泊等水域休息和觅食。善于游泳和潜水，飞翔速度快，很少与其他种类混群。黎明结群到草原上去觅食，中午回到水边休息、饮水和吞食沙粒，晚上栖息于水面上、水边浅水处或者沙滩上。

食性： 主要以青草、藻类、苔藓、地衣，或水生植物的嫩芽、叶、茎、根和植物种子等为食，冬季采食麦苗等农作物的幼苗。偶尔觅食少量水生昆虫、软体动物、小型甲壳类动物等水生无脊椎动物和鱼卵。

繁殖习性： 6月中旬前迁到繁殖地、中旬开始产卵。常2～3对一起营巢于水边悬崖或小岛凹坑，或雌鸟踏出小坑中，巢由干草等构成，放些苔藓、绒羽而成。每窝产3～6枚卵，长卵圆形，橄榄绿色和淡黄白色。雌鸟孵卵，雄鸟守候警戒，雌雁离巢觅食时，用绒羽和草将巢掩盖起来；孵化期约25天。幼鸟早成雏，雏雁孵出后，跟随亲雁到植物茂密的地方觅食，幼雁2～3年后达到性成熟。7月末，成雁用15～20天换羽。

亚种分化： 全世界有4个亚种，中国1个亚种（郑作新记为 *orientalis*，郑光美记为 *nigricans*），山东分布为东方亚种 ***B. b. nigricans***（Lawrence），*Branta bernicla orientalis* Tugarinow。

赵正阶（1995）认为东方亚种 *orientalis* 在西伯利亚、北极繁殖，在朝鲜、日本、中国海岸越冬，北美亚种 *nigricans* 在东西伯利亚、北美北部繁殖，在太平洋沿岸越冬。山东分布纪加义（1987a）、郑作新（1976、1987）记为亚种 *orientalis*；郑光美（2011）记为 *nigricans*；本书采用郑光美的观点。

分布： 东营-◎黄河三角洲；河口区（李在军20090220）。青岛-青岛；黄岛区-唐岛湾（亓学东20161127）。威海-（W）荣成-天鹅湖（199212xx）。胶东半岛，山东沿海。

辽宁、陕西、河北、浙江、福建、台湾。

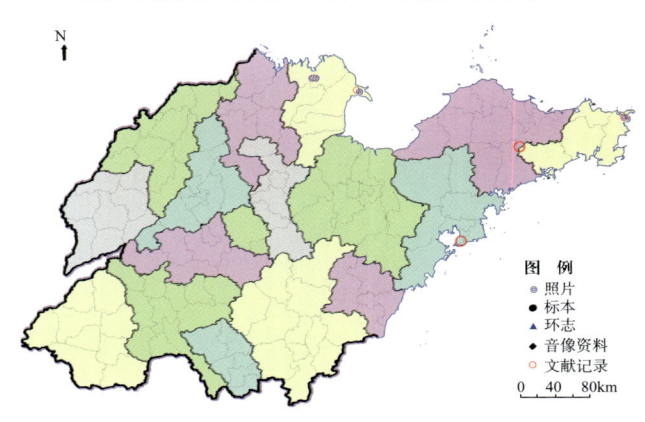

区系分布与居留类型： ［古］（W）。

种群现状： 越冬期间采食农作物。物种分布范围广，被评为无生存危机物种。山东分布数量并不普遍，遇见率很低，纪加义（1987a）报道有记录后，闫建国（1999）记作鸟类新记录。

物种保护： Ⅲ，中日，Lc/IUCN。

参考文献： H70，M77，Zja73；Q28，Qm169，Z42，Zx22，Zgm22。

山东记录文献： 郑光美2011，朱曦2008，范忠民1990，郑作新1987、1976，Shaw 1938a；赛道建2013，张希画2012，于培潮2007，贾文泽2002，王希明2001，闫建国1999，纪加义1987a。

● **54-01 赤麻鸭**
Tadorna ferruginea（Pallas）

命名： Pallas PS，1764，*in* Vroeg，Bered. Cat. Adumbr.：5（Tartary 介于欧亚之间）

英文名： Ruddy Shelduck

同种异名： 渎凫（dúfú），黄鸭，麻鸭；*Anas ferruginea* Pallas，1764，*Casarca ferruginea*（Pallas）；—

鉴别特征： 赤黄色鸭。颈具黑环。飞行时，黑色嘴、脚、尾、飞羽与棕黄色体羽、白色翼覆羽对比明显。

形态特征描述： 体型较其他鸭类大。嘴黑色，虹膜暗褐色。全身赤黄褐色。头顶棕黄白色；颊、喉、前颈及颈侧淡棕黄色；婚羽下颈基部有一黑色领环。上背、肩赤黄褐色，下背稍淡，腰棕褐色、具暗褐色虫蠹状斑。翼上覆羽白色微沾棕色；小翼羽、初级飞羽黑褐色，次级飞羽外翈辉绿色形成铜绿色翼镜，三级飞羽外侧3枚外翈棕褐色。下体棕黄褐色，上胸、下腹及尾下覆羽色深；腋羽和翼下覆羽白色。尾和尾上覆羽黑色。脚黑色。飞翔时，黑色飞羽、尾、嘴，脚黄褐色的体羽，白色翼上和翼下覆羽，三者形成鲜明对照，易于识别。

赤麻鸭（刘兆瑞20130430摄亲鸟育雏于泰安洸河；孙劲松20111103摄于孤岛水库）

雌鸟 似雄鸟，但体色稍淡，头顶和头侧几近白色，颈无黑色领环。

幼鸟 似雌鸟，但嘴黑色，虹膜暗褐色。体色稍暗，特别是头部和上体微沾灰褐色。跗蹠黑色。

鸣叫声： 暂无鸣叫声记录。

体尺衡量度（长度mm、体重g）：

标本号	时间	采集地	体重	体长	嘴峰长	翅长	跗蹠长	尾长	性别	现保存处
	1958	微山湖		625	42	350	58	128	♀	济宁一中
	1958	微山湖		590	49	310	54		♀	济宁一中

栖息地与习性： 栖息于江河、湖泊、河口、水塘及附近的草原、沼泽、农田等生境，以及沿海滩涂和咸水湖区。繁殖期成对生活，非繁殖期则以家族群和小群生活，有时集成数十、甚至百只大群。性机警，见人即飞。3月中旬，当冰雪开始融化时就成群从越冬地迁到繁殖地，10月末至11月初成群迁往越冬地；多成家族群或集大群迁飞，边飞边叫，多直线或横排队列飞行前进。沿途不断停息和觅食；觅食多在黄昏和清晨，特别是秋冬季节，常几只至20多只的小群在河流两岸耕地、水边浅水处和水面上觅食。

食性： 食性杂。主要采食水生植物芽、种子、农作物幼苗、谷物等，也捕食昆虫、甲壳动物、软体动物、虾、水蛙、蚯蚓、小蛙和小鱼等动物性食物。

繁殖习性： 繁殖期4～6月。在近水边的土岩或峭壁、草原和荒漠水域附近的洞穴中营巢，巢由少量枯草和大量绒羽构成。每年多繁殖1次，每天产1枚卵，每窝产卵6～10枚，卵径约66mm×46mm；重74～85g；卵椭圆形，淡黄色。卵产齐后由雌鸟单独孵卵，雌鸟用绒羽盖住卵后才随雄鸟一起外出觅食，觅食后雄雌鸟伴随飞回巢中，雄鸟到巢附近担任警戒，并可佯攻入侵者；孵化期27～30天，5月初即有雏鸟孵出。雏鸟早成雏，孵出后即长满绒羽，会游泳和潜水。约50天育雏期具飞翔能力。

亚种分化： 单型种，无亚种分化。

有时被置于 *Casarca*，或与 *T. cana* 组成超种，有作者认为 *T. tadornoides* 与 *T. variegata* 属于此超种。圈养时，可与同属的其他种及 *Alopochen aegyptiacus*，还与 *Anas* 大型鸟类杂交。

分布： 东营 -（W）◎黄河三角洲（单凯 20041125）；自然保护区 - 大汶流（单凯 20120720、20121207、20130512）；河口区 - 孤岛水库（孙劲松 20090306、20111103）。菏泽 -（W）菏泽。济南 -（W）济南；天桥区 - 北园；槐荫区 - 玉清湖（20120107）；历城区 - 仲宫（陈云江 20120221）。济宁 - ●（W）南四湖（陈宝成 20080217）；微山县 - ●微山湖，昭阳（20160222，陈保成 20080227）。聊城 -（W）聊城。莱芜 - 莱城区 - 牟汶河（陈军 20091101）。日照 - 东港区 - 两城河（成素博 20140104），付疃河口（成素博 20130323）。泰安 -（W）◎泰安；◆泰山区 - 泮河上游（石国祥 20120414、20130426）；岱岳区 - 大汶河（20130430），渐汶河（刘兆瑞 20120311），东平县 -（W）◎●东平湖。威海 - 荣成 - 马山港，天鹅湖（20091220、20131220、20140115），桑沟湾湿地公园（20111218）。烟台 - 莱阳 - 高格庄（刘子波 20150102）；栖霞 - 长春湖（牟旭辉 20120505）。淄博 - 淄博。胶东半岛，鲁中山地，鲁西北平原，鲁西南平原湖区。

除海南外，各省份可见。

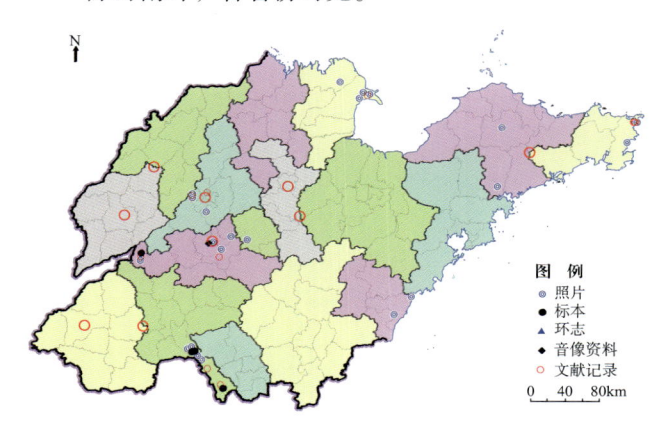

区系分布与居留类型： ［古］R（W）。

种群现状： 肉味肥美并具药用功效，彩色羽毛可作饰用，可驯养。种群数量在分布区内曾经相当丰富，是我国主要产业鸟类之一。20世纪60年代以来，由于过度狩猎和生境被破坏，种群数量日趋减少。据1990年国际水禽研究局组织的亚洲隆冬水鸟调查，赤麻鸭在中国的越冬种群数量为2834只，种群数量趋于稳定。山东迁徙、越冬种群数量较大，分布较广，2013年4～5月，刘兆瑞在泰山脚下的泮河流域首次拍到繁殖亲鸟带领10只幼雏游弋在水面上的照片，未列入山东省重点保护野生动物名录。

物种保护： Ⅲ，无危 /CSRL，中日，Lc/IUCN。

参考文献： H83，M79，Zja86；La126，Q34，Qm171，Z50，Zx22，Zgm23。

山东记录文献： 郑光美 2011，朱曦 2008，范忠民 1990，郑作新 1987、1976，Shaw 1938a；赛道建 2013、1994，张月侠 2015，闫理钦 2013，张希画 2012，李久恩 2012，贾少波 2002，王海明 2000，田家怡 1999，冯质鲁 1996，赵延茂 1995，于新建 1993，纪加义 1987a，柏玉昆 1982，田丰翰 1957。

● 55-01 翘鼻麻鸭
Tadorna tadorna（Linnaeus）

命名： Linnaeus C，1758，Syst. Nat., ed. 10，1：122（瑞典）

英文名： Common Shelduck

同种异名： 花凫（fú）；*Anas tadorna* Linnaeus 1758；Shelduck

鉴别特征： 黑白色分明鸭。嘴红色向上翘，头颈、飞羽黑色，胸具宽栗色环带，肩、尾羽末端黑色，腹中央具宽黑色纵带，余白色。飞行时色彩对比鲜明。

形态特征描述： 大型鸭类。嘴赤红色，上翘，繁殖期基部有冠状瘤。虹膜棕褐色。体羽多白色。头和颈黑褐色，具绿色光泽。从上背至胸有一条宽栗色环带。肩、初级飞羽、尾羽末端黑色，次级飞羽绿色形成翼镜。腹中央有一条宽黑色纵带。尾羽、尾上覆羽白色，尾下覆羽棕白色。跗蹠肉红色，爪黑色。飞翔时，翼上和翼下白色覆羽、绿色翼镜、黑色头部、飞羽，腹部纵带、棕栗色胸环、鲜红色嘴、脚形成鲜明对照。

雌鸟 似雄鸟，但嘴基无冠状瘤，前额有小的白色斑点。体色较浅，栗色胸环较窄，头颈部及翼镜绿辉色不明显，腹部黑色纵带不甚清晰，尾下覆羽近白色。

鸣叫声： 暂无鸣叫声记录。

翘鼻麻鸭（陈保成 20100101 摄于昭阳湖；赛道建 20121223、20140115 摄于天鹅湖）

体尺衡量度（长度 mm、体重 g）：

标本号	时间	采集地	体重	体长	嘴峰长	翅长	跗蹠长	尾长	性别	现保存处
					46	303	56	114	♀	山东师范大学
					43	314	52	112	♂	山东师范大学
					48	326	52	120	♂	山东师范大学
	1958	微山湖	635		51	270	42	84	♂	济宁一中
	1958	微山湖	560		48	285	46	86	♀	济宁一中
	1958	微山湖	595		50	325	51	105	♂	济宁一中
B000147					51	336	47	100	♂	山东博物馆
B000148					48	298	42	116	♀	山东博物馆
	1938	青岛	1100						♂	不详
	1938	青岛	750			307			♀	

注：Shaw（1938）记录 1♂ 重 1100g；1♀ 重 750g，翅长 307mm

栖息地与习性： 繁殖期栖息于开阔盐碱平原草地、淡水湖泊、河流、盐池、盐田、海岸及附近沼泽地带；迁徙、越冬期栖息于浅水海湾、水库、盐田和海边滩地，常数十至上百只结群活动，繁殖期成对生活；飞行急速，善游泳和潜水，性机警。3月初离开越冬地迁往繁殖地，4月中旬前后到达繁殖地；9月末离开繁殖地迁往越冬地，10月至11月初到达越冬地。迁徙时，多成家族群和小群，沿海岸与河流进行迁徙，荣成沿海常有数千只翘鼻麻鸭长时间停息，沿途不断停息和觅食。

食性： 性杂食。主要以藻类、水生昆虫及幼虫、蜗牛、牡蛎、海螺蛳等软体动物、沙蚕、水蛭、蜥蜴、蝗虫、甲壳类、陆栖昆虫、小鱼和鱼卵等为食，也吃植物叶片、嫩芽和种子等植物性食物。

繁殖习性： 繁殖期 5~7 月。常在越冬地、也在迁徙途中和到达繁殖地形成对。营巢于海岸和湖边沙丘或石壁间，或天然洞穴或狐、兔等动物的废弃洞穴中营巢；巢呈盘状，多由禾本科植物、芨芨草、鸟骨和鱼骨构成，内垫以大量绒羽。每窝多产卵 8~10 枚，卵椭圆形，浅黄色或奶白色，卵径约 66mm×48mm；重 69~78g。孵化期 27~29 天，卵满窝后雌鸟单独孵卵，雄鸟在巢附近警戒；雌鸟离巢觅食时，常用绒羽将卵盖住，孵卵最后两天，雌鸟不离巢。雏鸟早成雏，孵出后便能在亲鸟的带领下活动，一个多月后具飞翔能力，与亲鸟一起生活到第 2 年春天，2 龄时性成熟。

亚种分化： 单型种，无亚种分化。

本种被认为是 *Tadorna* 与 *Alopochen* 的中间型。圈养时，能与同属其他种及 *Alopochen aegyptiacus*、*Anas platyrhynchos* 及 *Somateria mollissima* 等杂交。

分布： 滨州 - ●（刘体应 1987）滨州，滨州港（20130418）；滨城区 - 北海水库（20160517，刘腾腾 20160517）；沾化 - 徒骇河（20130418）；无棣 - 龙王庙（20161021）。**东营** -（P）◎黄河三角洲，黄河故道；自然保护区 - 大汶流（单凯 20121207）；河口区 -（李在军 20090219），孤岛南大坝（孙劲松 20090303）。**菏泽** -（W）菏泽。**济南** - 济南。**济宁** - ●（WP）南四湖；微山县 - ●微山湖，昭阳（陈保成 20100101）；邹城 -（P）

西苇水库。**聊城** - 聊城。**莱芜** - 莱城区 - 牟汶河（陈军 20160205）。**青岛** - 青岛；城阳区 - ●（Shaw 1938a）红岛。**日照** - 东港区 - 付疃河口（20140306）。**泰安** - （W）泰安；◆（石国祥 20120414）泰山区 - 洋河上游；东平县 -（W）●东平湖。**威海** - 威海；◎荣成 - 八河（20160115），桑沟湾（20140114），天鹅湖（20121223、20140115，王秀璞 20131220，孙涛 20141227），湿地公园（20111218、20150104，王秀璞 20151230），斜口岛（20150104）。**烟台** - 海阳 - 凤城（刘子波 20151031）；栖霞 - 白洋河（牟旭辉 20110326）。胶东半岛，鲁西北平原，鲁西南平原湖区。

除海南外，各省份可见。

区系分布与居留类型：[古]（W）。
种群现状： 肉肥美，羽毛工艺价值极高，绒羽是上等的鸭绒。曾是我国主要狩猎对象之一。国际水禽研究局组织的亚洲水鸟调查，1990 年的种群数量，中国有 19 188 只。目前，种群数量趋势稳定但数量较少，已开始进行驯养和保护性利用，因未形成规模而经济利用价值不理想。山东分布广泛而数量不普遍，未列入山东省重点保护野生动物名录。
物种保护： Ⅲ，无危 /CSRL，中日，Lc/IUCN。
参考文献： H84，M81，Zja87；La123，Q34，Qm171，Z51，Zx22，Zgm23。
山东记录文献： 郑光美 2011，朱曦 2008，范忠民 1990，郑作新 1987、1976，Shaw 1938a；赛道建 2013，张月侠 2015，张希画 2012，王海明 2000，田家怡 1999，冯质鲁 1996，赵延茂 1995，刘体应 1987，纪加义 1987a。

● **56-01** 鸳鸯
Aix galericulata（Linnaeus）

命名： Linnaeus C，1758，Syst. Nat.，ed. 10，1：128（中国）
英文名： Mandarin Duck
同种异名： 匹鸟，官鸭；*Dendronessa galericulata*（Linnaeus）；—

鉴别特征： 小型雌雄异色鸭。嘴红色，头具艳丽冠羽、白眉纹。颈、背金黄色，具特有栗黄色直立帆羽，冬羽似雌鸟。雌鸟嘴灰黑色，眼周白色与醒目白眉纹相连。

形态特征描述： 小型游禽。嘴暗红色、尖端白色。额和头顶中央翠绿色、具金属光泽。虹膜褐色，眼先淡黄色，眼上方和耳羽棕白色。颊部具棕栗色斑。枕部铜赤色、后颈暗紫绿色长羽和宽而长的白色眉纹延长部分共同构成羽冠。颈侧领羽具长矛形辉栗色，羽轴黄白色。背和腰暗褐色、具铜绿色光泽。内侧肩羽蓝紫色。外侧飞羽白色、边缘绒黑色，翼上覆羽与背同色；初级飞羽暗褐色，外翈羽缘银白色、内翈先端具铜绿色光泽；次级飞羽褐色，羽端白色；次级飞羽外翈和三级飞羽共同组成蓝绿色翼镜；最后 1 枚三级飞羽外翈金属绿色，具栗黄色先端，内翈栗黄色，扩大为扇状直立帆羽，边缘前段为棕白色，后段为绒黑色，羽干黄色，奇特而醒目，野外极易辨认。颏和喉纯栗色。上胸及胸侧暗紫色，下胸乳白色、两侧绒黑色具两条白色斜带。两胁近腰处具黑白相间的横斑，其后紫赤色。腋羽褐色。尾羽暗褐色、带金属绿色，尾下覆羽乳白色。跗蹠橙黄色。

鸳鸯（单凯 20141112 摄于黄河三角洲自然保护区）

雌鸟 嘴褐色至粉红色，基部白色。眼周白圈与眼后白纹相连形成独特的白色眉纹。

头和后颈灰褐色，无冠羽。上体灰褐色。翅似雄鸟，但缺少金属光泽和直立帆羽状羽。颏、喉白色。胸、胸侧、两胁棕褐色杂以淡色斑点。腹和尾下覆羽白色。

鸣叫声： 遇惊时，可发出一种尖细的"o'er"声。

体尺衡量度（长度 mm、体重 g）：

标本号	时间	采集地	体重	体长	嘴峰长	翅长	跗蹠长	尾长	性别	现保存处
					27	198	26	72	♀	山东师范大学
					30	229	34	100	♂	山东师范大学
	1958	微山湖	425		27	185	32	48	♀	济宁一中
	1958	微山湖	448		28	250	33	60	♂	济宁一中
	1958	微山湖	265		46	135	34	38	♀	济宁一中
B000149					32	227	43	93	♀	山东博物馆
B000150					27	268	45	99	♂	山东博物馆
840005	19840417	鲁桥	614	445	33	234	42	92	♀	济宁森保站
	1938	青岛	560			238			♂	不详
	1938	青岛	540			238			♂	不详
	1938	青岛	520			238			♂	不详
	1938	青岛	550			227			♀	不详

栖息地与习性： 繁殖期主要栖息于山地森林区的河流、湖泊、水塘、芦苇沼泽和稻田地中，常成对生活于山谷水库中。冬季多栖息于开阔湖泊、江河、沼泽地带。常成群活动，善游泳和潜水，有时同其他野鸭混群。3～4月迁至繁殖地，9～10月南迁到越冬地。迁徙时，常呈小群迁飞。觅食活动主要在白天，天亮到日出前和下午最为频繁，晨雾时从夜栖丛林中聚集到水塘边，在水流平稳处和水边浅水水面上漂浮、取食，直接涉水、潜水和将头伸入水中边游泳边觅食，也到路边水塘和收获后的农田与耕地中觅食，然后，飞到树林中，1～2h后回到河滩或水塘附近的树枝或岩石上休息。

食性： 杂食性，食物的种类常随季节和栖息地的不同而变化。繁殖季节捕食小鱼、昆虫及其幼虫、虾、蜗牛、蜘蛛等动物；非繁殖季节主要采食青草、草叶、树叶、草根、草籽、苔藓，以及玉米、稻谷等农作物和忍冬、橡子等植物的果实与种子等。

繁殖习性： 繁殖期5～7月。3月末4月初迁到繁殖地，交配行为一直可持续到5月中旬，繁殖于山地森林中，营巢于紧靠水边老龄树的天然树洞、多树溪边或沼泽区高地上，巢材简陋，巢内除树木的木屑外，还有雌鸟从自己身上拔下的绒羽。5月初开始产卵，每窝产卵2～7枚，卵圆形，白色无斑，卵径约50mm×39mm，重约23g。雌鸟孵卵，在觅食时离巢；孵化期约30天，孵卵最后1～2天不离巢；早成雏，出壳第2天即在亲鸟鸣叫声指引下，爬出巢跟随亲鸟到水中游泳、觅食。

亚种分化： 单型种，无亚种分化。

本种与美洲 *A. sponsa* 的亲缘关系最近，两者非繁殖羽十分相似。本种有时被置于 *Dendronessa*。

分布： 东营-（P）◎黄河三角洲，自然保护区（单凯 20141112）。济宁-●（P）南四湖；微山县-●微山湖，韩庄（陈保成 20050327）。青岛-●（Shaw 1938a）（P）青岛；城阳区-●（Shaw 1938a）女姑口。日照-日照；东港区-国家森林公园（郑培宏 20141015）。泰安-（W）●泰安，大汶河（彭国胜 20151012）；泰山-青岗峪水库（刘兆瑞 20160703），鲁能蓄能电站（刘兆瑞 20120306）；泰山区-大河（刘华东 20151102、20160228），大河水库（刘华东 20160305）；东平县-（W）●东平湖。威海-（P）威海（王强 20110305）；荣成-八河；文登-抱龙河（于英海 20150704）。烟台-栖霞-白洋河（牟旭辉 20150622）。淄博-淄博。胶东半岛，鲁中山地，鲁西北平原，鲁西南平原湖区。

除青海、新疆、西藏外，各省份可见。

区系分布与居留类型： [古]（P）。

种群现状： 我国著名而观赏价值较高的鸟类，曾为重要出口鸟类。肉具有药用功效。各动物园有饲养，需总结养殖经验、扩大饲养规模，增加种群数

量、提高其经济价值。由于森林砍伐和长期捕猎，种群数量日趋减少，我国繁殖种群估计约有 2000 对。山东分布不普遍而数量稀少，已有养殖户开展并取得了人工饲养繁殖的经验。

物种保护： II，V/CRDB，Lc/IUCN。

参考文献： H107，M84，Zja110； La129，Q42，Qm172，Z67，Zx23，Zgm24。

山东记录文献： 郑光美 2011，朱曦 2008，钱燕文 2001，范忠民 1990，郑作新 1987、1976，付桐生 1987，Shaw 1938a；赛道建 2013，闫理钦 2013、1998a，张希画 2012，田贵全 2012，于培潮 2007，贾文泽 2002，张洪海 2000，冯质鲁 1996，赵延茂 1995，田逢俊 1993b，纪加义 1987a、1987f。

● 57-01 赤颈鸭
Anas penelope Linnaeus

命名： Linnaeus C，1758，Syst. Nat.，ed. 10，1：126（欧洲海岸）

英文名： Eurasian Wigeon

同种异名： 赤颈凫，鹤子鸭，红鸭，鹅子鸭，漈（jì）凫；*Anas penelope strepera* Linnaeus，*Mareca penelope*（Linnaeus）；—

鉴别特征： 嘴蓝绿色，先端黑色。头颈棕红色，头顶具乳黄色纵带。背、胁灰白色杂以褐色细纹，翼上覆羽、腹白色，游泳时在体侧形成明显白斑，飞行时与铜绿色翼镜对比明显。雌鸟上体黑褐色、上胸棕色，下体白色。

形态特征描述： 中型鸭类。嘴峰蓝灰色、先端黑色，繁殖期铅蓝色。虹膜棕褐色。头颈棕红色，额至头顶有乳黄色纵带。上体灰白色、杂以暗褐色波状细纹，肩部显著。翼上小覆羽灰褐色具白色虫蠹状斑，初级覆羽暗褐色，其余覆羽纯白色，大覆羽具黑色端斑；初级飞羽暗褐色，三级飞羽特形延长，第 1 枚暗褐色，外翈具宽阔的白色边缘，形成翼镜内侧宽阔的白边，其余三级飞羽外翈绒黑色，并具有白色狭边，内翈暗褐色。翼镜翠绿色，前后边缘衬以绒黑色宽边，纯白色翼上覆羽在水中时可见体侧形成显著白斑，飞翔时与绿色翼镜形成鲜明对照，容易和其他鸭类相区别。喉和颈暗褐色。胸及两侧棕灰色，胸前缀褐色斑点，两胁灰白色，腹纯白色。尾黑褐色，较长尾上覆羽和尾下覆羽绒黑色。跗蹠铅蓝色，蹼和爪黑褐色。非繁殖羽似雌鸟。

雌鸟 头顶和后颈黑褐色，满杂浅棕色细纹，头颈两侧棕色，缀细小褐色斑点。上体暗褐具淡褐色羽缘，肩羽缘棕色，腰羽缘灰白色。翼上覆羽大多淡褐色，飞羽黑褐具白色边缘三级飞羽白边最著，翼镜灰褐色，前后及内侧均具白边。喉和颈污白密布褐色斑点，胸及两胁棕色具不明显暗色斑，腹、腋白色。尾外侧羽缘白色，尾下覆羽白色，具褐色斑。

鸣叫声： 雄鸭发出"whee-oo"悦耳哨笛声，雌鸟为短急鸭叫声。

体尺衡量度（长度 mm、体重 g）：

标本号	时间	采集地	体重	体长	嘴峰长	翅长	跗蹠长	尾长	性别	现保存处
					32	246	36	110	♀	山东师范大学
	1958	微山湖	600		54	275	44	110	♀	济宁一中
	1958	微山湖	490		33	235	36	112	♂	济宁一中
					33	244	39	100	♀	山东师范大学
					35	264	38	124	♂	山东师范大学
					34	276	40	128	♂	山东师范大学
B000155					35	253	36	78	♀	山东博物馆
B000156					38	256	36	83	♂	山东博物馆

赤颈鸭（李在军 20081204 摄于河口；赛道建 20140306 摄于付疃河口）

栖息地与习性： 栖息于湖泊、水塘、江河、河口、海湾、沼泽等各类水域中。尤其是富有水生植物的开阔水域中。4 月中下旬到达东北北部后部分留下繁殖，部分继续北迁。10 月初从繁殖地南迁到华北以南地区越冬，迁徙时结群，常排成"一"字形，飞翔快而有力。遇到危险能直接从水中或地上飞起，并发出响亮清脆的叫声。除繁殖期外，常成群活动，也和其他鸭类混群，善游泳、潜水。常成群在水边浅水草丛中或沼泽地上、临水岸边觅食。

食性：主要以眼子菜、藻类及其他水生植物的根、茎、叶和果实，以及岸上或农田中的青草、杂草种子和农作物等植物性食物为食，也捕食少量动物性食物。

繁殖习性：繁殖期5~7月。在越冬期间形成配对，到达繁殖地后不久，即在富有水生植物的湖泊、水塘和小河等岸边地上的草丛或灌木丛中营巢。巢极简陋，多系地上一深凹坑内放少许枯草而成，有时根本无任何内垫物，巢四周常用大量绒羽围起来，离巢时用绒羽将卵盖住。每窝产卵7~11枚，1天产1枚卵，白色或乳白色、光滑无斑，卵径约55mm×37mm，卵重约45g。产第1枚卵后即开始孵卵，孵化期22~25天，雌鸟孵卵。雏鸟早成雏，跟随雌鸟活动40~45天即能飞翔。1龄时即可达性成熟。

亚种分化：单型种，无亚种分化。

本种与北美洲 *A. americana*、南美洲 *A. sibilatrix* 亲缘关系近，可合组成超种。本种有时被置于 *Mareca*。

分布：滨州-滨州；滨城区-东海水库，北海水库，蒲城水库。东营-（W）◎黄河三角洲；河口区（李在军20090219）。济南-历下区-大明湖（20130123，马明元20130119，陈云江20130117）；槐荫区-玉清湖。济宁-（WP）●南四湖；微山县-●南阳湖，●微山湖。聊城-电厂水库（20160109）。青岛-青岛。日照-东港区-付疃河口（20140306，赛时20150319，成素博20140311、20141202）。泰安-泰安；岱岳区-牟汶河。威海-威海；荣城-八河（20160115），天鹅湖（20121221、20140115），湿地公园（20151230）。烟台-海阳-凤城（刘子波20160327）；莱州-河套水库。胶东半岛，鲁中山地，鲁西北平原，鲁西南平原湖区。

各省份可见。

区系分布与居留类型：[古]（WP）。

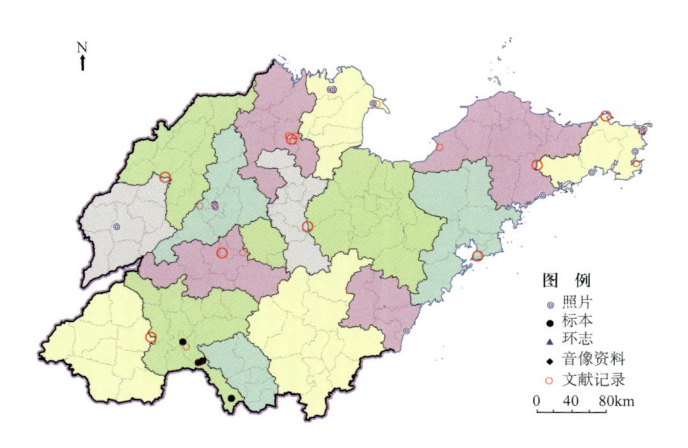

种群现状：肉肥美，营养价值高。羽可作饰羽，绒羽是良好填充材料。曾为国内重要产业鸟之一。1992年国际水禽研究局组织的亚洲隆冬水鸟调查，中国越冬种群数量为48 348只。虽然种群数量趋势稳定，被评价为无生存危机的物种，但由于过度狩猎，种群数量已明显下降，应加强种群的保护管理。山东越冬分布分布数量并不普遍，有的个体已经扩散到城市区中，未列入山东省重点保护野生动物名录。

物种保护：Ⅲ，无危/CSRL，3/CITES，中日，Lc/IUCN。

参考文献：H96，M87，Zja98；La139，Q38，Qm173，Z59，Zx23，Zgm24。

山东记录文献：郑光美2011，朱曦2008，钱燕文2001，范忠民1990，郑作新1987、1976，Shaw 1938a；赛道建2013，闫理钦2013、1998a，张希画2012，吕磊2010，于培潮2007，贾文泽2002，田家怡1999，冯质鲁1996，赵延茂1995，纪加义1987a。

● 58-01 罗纹鸭
Anas falcata Georgi

命名：Georgi JG，1775，Demerk. Reise Russ. Reichs，1：167（贝加尔湖）

英文名：Falcated Duck

同种异名：葭凫（jiāfú）、镰刀鸭、扁头鸭、早鸭、三鸭；—；Falcated Teal

鉴别特征：头顶栗色，头侧、颈侧和颈冠绿色，喉、嘴基白色，颈基处有一黑色横带。长镰刀状三级飞羽下垂，下体黑白波状细纹相间，尾下两侧具明显三角形乳黄色斑，明显区别其他鸭类，野外易鉴别。雌鸟上体黑褐色杂淡棕色"U"形斑，下体白色满布黑斑。

形态特征描述：中型鸭类。嘴黑褐色。虹膜褐色。眼后缘具小、白、新月形斑。额基有一白斑，头顶暗栗色，头与颈侧、颈冠羽铜绿色。上背及两胁灰白色，具暗褐色波状细纹，下背和腰暗褐色。两肩内侧灰白色具细窄、暗褐色横斑，外侧肩羽灰白色具黄白色羽缘，最外侧肩羽外翈具绒黑色端斑或近端斑。翼上覆羽淡灰褐色，大覆羽具白色端斑。初级覆羽、初级飞羽及最外侧次级飞羽褐色，初级飞羽先端较暗，次级飞羽先端较白；翼镜绿黑色，前后有细窄白边，三级飞羽细长、向下垂曲呈镰刀状，羽干白色，羽片绒黑色，外翈具白色或棕白色羽缘，内翈棕灰色而具不清晰褐色与白色相间波状细纹。颏、喉和前颈颏和喉白色，颈基有一黑色横带。其余下体白色，缀有棕灰色，胸密布新月形暗褐色斑，腹部满杂黑褐色波状横斑，呈黑白相间波浪状细纹。腋羽白色，两胁灰白色、具黑褐色波状细纹，在黑带前形成三角形白斑。尾短，灰褐色；尾上覆羽黑色、居中较短羽灰白色；尾下覆羽中部绒黑色，基部绒黑色，两侧乳黄色在尾下两侧形成鲜明三角形乳黄色斑。脚橄榄灰色。非繁殖羽类似于雌鸟。

雌鸟 头顶和后颈黑褐色，杂浅棕色条纹。头颈两侧黑褐色具浅棕色纵纹。肩背黑褐具"V"形棕色斑。翼上覆羽淡褐色，翼镜绿色、前后缘白色，飞羽黑褐色具棕白色狭边。颏、喉及前颈乳白色，密布暗褐色短纹。胸腹棕白色，腹部棕色较浓，密布暗褐色新月形和点滴状斑至腹部褐斑变稀。腋羽白色。两胁及尾下覆羽棕白色，具褐色斑；尾淡褐色，具淡色边缘。

幼鸟 似雌鸟。皮黄色多，飞羽短而钝，肩羽具淡黄色羽缘，缺少淡色亚端斑。

鸣叫声： 飞行常伴随着低沉而带颤音的叫声。

体尺衡量度（长度mm、体重g）：

罗纹鸭（成素博 20150617 摄于付疃河湿地）

标本号	时间	采集地	体重	体长	嘴峰长	翅长	跗蹠长	尾长	性别	现保存处
					42	257	36	77	♀	山东师范大学
B000146					42	229	38	95	♀	山东博物馆
					45	247	93	38	♂	山东师范大学
B000145					46	266	33	68	♂	山东博物馆
	1958	微山湖		490	40	245	38	60	♂	济宁一中
830258	19831204	鲁桥	785	490	42	256	40	85	♂	济宁森保站

栖息地与习性： 主要栖息于江河、湖泊、水库、河湾及沼泽地带，繁殖期喜欢在偏僻而又富有水生植物的中小型湖泊中栖息和繁殖，冬季也出现在农田和沿海沼泽地带。通常3月上中旬从越冬地向北迁徙到我国河北东北部和东北以北地区繁殖，9月中旬后南迁越冬地，迁徙时常呈几只到10多只小群，冬季集成数十只大群。常成对或小群活动，性胆怯而机警，飞行灵活迅速，白天多在开阔的湖面、江河、沙洲或湖心岛上休息和游泳，清晨和黄昏游至水边浅水处或飞到附近农田觅食。

食性： 主要采食水藻及水生植物的嫩叶、种子、草籽、草叶等，也到农田觅食稻谷和幼苗；偶尔食些软体动物、甲壳类和水生昆虫等小型无脊椎动物。

繁殖习性： 繁殖期5～7月。在越冬地已形成配对，通常成对或以对为单位形成小群到达繁殖地，营巢于湖边、河边等水域附近的草丛或小灌木丛中地上、沼泽灌木地带，也在湖中浅水处稀疏的三棱草和水边芦苇丛中营巢。每窝产卵6～10枚，卵淡黄色，卵径约56mm×40mm。孵卵主要由雌鸟承担，雄鸟警戒，当雌鸟离巢觅食时，代替雌鸟孵卵，孵化期24～29天。雏鸟早成雏，出壳后即能跟随亲鸟游泳和觅食。

亚种分化： 单型种，无亚种分化。

本种有时单独置于 *Eunetta*。

分布： 滨州-滨州；滨城区-东海水库，北海水库，蒲城水库。**东营**-(W)◎黄河三角洲。**菏泽**-(W)菏泽。**济南**-天桥区-龙湖（陈云江 20121110）。**济宁**-●(W)南四湖；微山县-●微山湖，●南阳湖。**聊城**-(W)聊城。**青岛**-青岛。**日照**-付疃河（成素博 20150617），日照水库（成素博 20111124）；东港区-刘家湾（成素博 20151127）；五莲县-墙夼水库（成素博 20150426）。**泰安**-岱岳区-◎大汶河。**威海**-(W)威海；荣成-八河（20160115），天鹅湖（20140115），石岛；乳山-龙角山水库；文登-米山水库，五垒岛。**烟台**-海阳-凤城（刘子波 20160327）。**淄博**-淄博；高青县-大芦

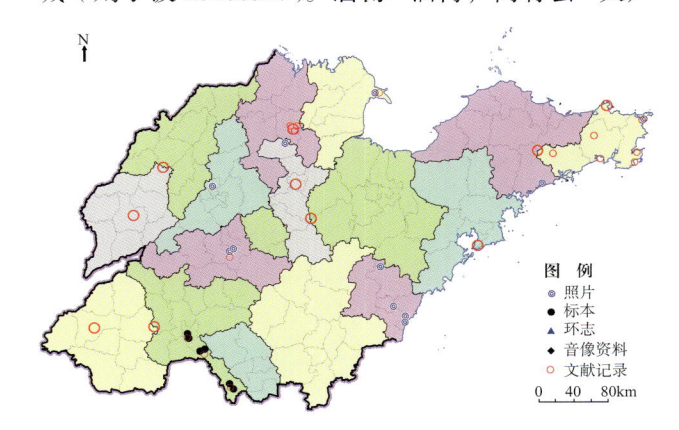

湖（赵俊杰 20160319）。胶东半岛，鲁中山地，鲁西北平原，鲁西南平原湖区。

除甘肃、新疆外，各省份可见。

区系分布与居留类型：［古］（W）。

种群现状： 肉味鲜美，艳丽羽毛可作饰羽。曾为我国主要狩猎鸟类之一。由于过度狩猎和环境恶化，国际水禽研究局1990年组织的亚洲隆冬水鸟调查，大陆地区仅统计到3879只，由于种群数量减少、较小，需要加强野生种群的保护，开展人工驯养研究，提高其产业鸟类的作用。山东分布较广，数量较少。未列入山东省重点保护野生动物名录。

物种保护： Ⅲ，中日，Nt/IUCN。

参考文献： H92，M86，Zja93；La137，Q36，Qm173，Z55，Zx24，Zgm24。

山东记录文献： 郑光美 2011，朱曦 2008，钱燕文 2001，范忠民 1990，郑作新 1987、1976，Shaw 1938a；赛道建 2013，闫理钦 2013，张希画 2012，吕磊 2010，于培潮 2007，贾文泽 2002，王海明 2000，王希明 2001，马金生 2000，田家怡 1999，宋印刚 1998，冯质鲁 1996，赵延茂 1995，纪加义 1987a。

● 59-01 赤膀鸭
Anas strepera Linnaeus

命名： Linnaeus C，1758，Syst. Nat.，ed. 10，1：125（瑞典）

英文名： Gadwall

同种异名： 青边仔，漈凫（jífú）；—；—

鉴别特征： 嘴灰黑色、头棕色。上体暗褐色、具白色波状细纹，翅具宽阔棕栗色横斑和黑白二色翼镜，胸暗褐色具新月形白斑，腹白色。尾黑色。冬羽嘴橘黄色而中部灰色。雌鸟嘴橙黄色、嘴峰黑色。上体暗褐色具白斑纹，翼镜白色。脚橘黄色。

形态特征描述： 中型鸭类。嘴黑色，虹膜暗棕色。前额棕色，头顶棕色杂有黑褐色斑纹；头侧及上部浅白色杂以褐色斑点；嘴基至耳区有一条暗褐色贯眼纹；颊棕色，喉及前颈上部棕白色，密杂褐色斑。颈部棕红色领圈在后颈中部断开。前颈下部及胸暗褐色，密杂星月形白斑呈鳞片状。后颈上部、背暗褐色；上背和两肩具波状白色细斑，下背纯暗褐色具浅色羽缘，较长肩羽边缘棕色。小覆羽和初级覆羽淡褐色，中覆羽棕栗色，外侧大覆羽棕褐色向内转为绒黑色；初级飞羽暗褐色，次级飞羽灰褐色，外侧数枚外翈绒黑色，内侧数枚外翈白色，形成宽阔棕栗色横带和黑白二色翼镜，飞翔时尤为明显，三级飞羽淡灰褐色，边缘和羽端较淡。腹白色，下腹微具褐色细斑。两胁同上背但褐色较浅。腋羽纯白色。腰、尾侧、尾上和尾下覆羽绒黑色，尾羽灰褐色、羽缘白色。跗蹠橙黄色或棕黄色，爪黑色。冬羽似雌鸟。

赤膀鸭（成素博 20141204 摄于付疃河；陈云江 20111210 摄于龙湖）

雌鸟 嘴橙黄色、嘴峰黑色。上背和腰羽色深暗近黑色；翼上覆羽和飞羽暗灰褐色，覆羽具白色羽缘，飞羽具棕色羽缘，黑白二色翼镜黑色不浓着，翅上无棕栗色斑。头和颈侧浅棕白色，密杂褐色细纹；颊和喉棕白色，无褐色细纹，下体白色或棕白色，除上腹外满具褐色斑，胸和胁明显，且缀有棕色。

幼鸟 似雌鸟。翼覆羽无棕栗色，翼镜黑色部分灰褐色，白色部分灰棕色，腹部满杂以褐色斑。

鸣叫声： 暂无鸣叫声记录。

体尺衡量度（长度mm、体重g）：

标本号	时间	采集地	体重	体长	嘴峰长	翅长	跗蹠长	尾长	性别	现保存处
840488	19841025	鲁桥	765	520	49	280	50	79	♂	济宁森保站

栖息地与习性： 栖息于江河、湖泊、水库、河湾、水塘等富有水生植物的开阔水域中，内陆沼泽和海边沼泽地带。常成小群活动，喜欢与其他野鸭混群，性机警。迁徙时，常成家族群或由家族群组成小群迁徙，春季迁徙3月中下旬到达华北地区，3月末见于东北地区，留在当地繁殖或继续北迁；秋季10月末可迁至华北地区，11月中下旬到达南方越冬地。白天多在开阔水面休息，清晨和黄昏常在水边水草丛中觅食，觅食时，常将头沉入水中，甚至头朝下、尾朝上倒栽在水中取食。

食性： 除主要采食水生植物外，常到农田地中觅食青草、草籽、浆果和谷粒。

繁殖习性： 繁殖期5～7月。迁到繁殖地时已成对在水边草丛或灌木丛中营巢，有时也在离水域较远的地方，或在营巢条件好的小岛上营巢，巢很隐蔽。每窝产卵8～12枚，每天产卵1枚。雌鸟孵卵，但孵卵前期，雄鸟常守候在巢附近，后期则到僻静地方换羽。孵化期约26天。雏鸟早成雏，雏鸟出壳后即跟随雌鸟到更深沼泽或大水域边缘地带活动，50～60天后雏鸟能飞翔。

亚种分化： 全世界原有2个亚种，中国1个亚种，山东分布亚种为 *A. s. strepera* Linnaeus。

亚种命名 Linnaeus C，1758，Syst. Nat.，ed. 10，1：125（瑞典）

本种原分为2个亚种，但是在Tabuaeran岛上的亚种 *couesi* 已灭绝；现存本种无亚种分化。本种有时被置于 *Chaulelasmus*。

分布： 滨州 - 滨州；滨城区 - 东海水库，北水库，蒲城水库。东营 -（P）◎黄河三角洲，自然保护区（单凯20140512）；东营区 - 广利镇（孙熙让20120315）；河口区（李在军20091019）。济南 - 天桥区 - 龙湖（陈云江20111210）。济宁 -（P）南四湖；任城区 - 太白湖（宋泽远20121124）；微山县 - ●微山岛（20151208）。日照 - 国家森林公园（郑培宏20141029），付疃河（成素博20141204），日照水库（成素博20111124）。泰安 -（P）◎泰安；东平县 -（P）●东平湖。威海 -（P）威海，荣成 - 八河（20160115），天鹅湖，石岛；乳山 - 龙角山水库；文登 - 米山水库，五垒岛。烟台 - 海阳 - 凤城（刘子波20151206）。枣庄 - 山亭区 - 城郭河（尹旭飞20150308）。淄博 - 高青县 - 大芦湖（赵俊杰20160319）。胶东半岛，鲁西北平原，鲁西南平原湖区。

各省份可见。

区系分布与居留类型： ［古］W（P）。

种群现状： 肉肥嫩味鲜美，为野味中的上品，羽毛为优良填充材料。收割后啄食农田剩谷，对农业危害不大。据国际水禽研究局1992年组织的亚洲隆冬水鸟调查，中国有5067只，分布极广，数量丰富，种群数量趋势稳定。在山东数量不多，但列入山东省重点保护野生动物名录。

物种保护： Ⅲ，无危/CSRL，中日，Lc/IUCN。

参考文献： H95，M85，Zja97； La135，Q38，Qm172，Z58，Zx24，Zgm24。

山东记录文献： 郑光美2011，朱曦2008，范忠民1990，郑作新1987、1976；赛道建2013，闫理钦2013、1998a，张希画2012，吕磊2010，于培潮2007，贾文泽2002，田家怡1999，冯质鲁1996，赵延茂1995，纪加义1987a。

● 60-01 花脸鸭
Anas formosa Georgi

命名： Georgi JG，1775，Demerk. Reise Russ. Reichs，1：168（西伯利亚贝加尔湖）

英文名： Baikal Teal

同种异名： 巴鸭，黑眶鸭，黄尖鸭，晃鸭，眼镜鸭，王鸭，元鸭；—；—

鉴别特征： 小型鸭。脸颊具黄、绿、黑、白多色醒目花彩斑。颏、喉和前颈上部黑褐色、胸淡棕色具垂直白带斑，腹、胁白色。尾下覆羽黑褐色、中部具棕白色端斑，尾基两侧具垂直白带斑。冬羽与雌鸟相似，嘴基有白圆点，脸侧具月牙形块斑。

形态特征描述： 小型鸭类。嘴黑色。虹膜棕色。额至枕部黑褐色，具淡棕色羽端，眼后翠绿色宽纹延至后颈下部合并，两色带之间有白色狭纹；颏、喉黑色，眼周黑色宽纹斜连黑色喉部，并镶以黑色狭边。头、颈余部淡黄色。上背和胁灰色，有黑褐色波状细纹；下背及腹褐色。内侧肩羽长而细，外翈黑色具棕红色宽边，内翈棕白色；翼上覆羽暗褐色，大覆羽具棕色宽端斑，形成翼镜前面棕色边缘，次级飞羽翼镜铜绿色，后缘黑色和白色，初级飞羽暗褐色。胸葡萄红色，杂黑褐色小圆斑。前颈上部黑褐色，胸淡棕色，满杂暗褐色点状斑，下胸两侧各具一宽阔白色横带。腹和腋羽白色。尾上覆羽和尾羽暗而且具浅灰色羽缘，

花脸鸭（李宗丰20140404摄于崮子河；陈云江20111208摄于龙湖）

尾下覆羽黑褐色，中部具棕白色端斑，两侧具暗棕色羽缘，尾下覆羽两侧前面各有一白色宽带。跗蹠灰蓝色，爪青黑色。冬羽似雌鸟。

雌鸟 眼先嘴基有棕白色圆斑，眼后上方有棕白色眉纹。头顶褐色浓，近黑色，密缀以棕色羽端；头侧和颈侧浅棕白色杂有暗棕色细纹。颏、喉棕白色至白色。上体暗褐色、羽端色浅。翅似雄鸟，但翼镜较小。胸似雄鸭，但黑褐色圆斑较少，腹白色，下腹中央微具淡褐色粗斑，两胁暗褐色具浅棕色色羽缘。尾下覆羽白色具羽干纹褐斑。脚石板蓝黑色。

幼鸟 似雌鸟，脸斑不明显，羽色暗褐少棕色；上体具淡灰褐色羽缘；下体中部斑杂状。

鸣叫声： 叫声嘈杂，洪亮而短，似"mog，mog"或"lok，lok"。

体尺衡量度（长度mm、体重g）：

标本号	时间	采集地	体重	体长	嘴峰长	翅长	跗蹠长	尾长	性别	现保存处
					34	202	88	32	♀	山东师范大学
B000084		青岛			37	163	37		♀	山东博物馆
					36	208	98	32	♂	山东师范大学
840050	19840404	昭阳湖	456	422	37	209	39	84	♀	济宁森保站

栖息地与习性： 繁殖期栖息于泰加林或苔原带的沼泽、河口三角洲、湖泊和水塘中，冬季栖息于湖泊、江河、水库、水塘、沼泽、河湾等各种水域，以及农田原野等各类生境。春季3月中下旬从越冬地北迁经华北和东北一带，4月离开中国到达繁殖地；秋季迁徙10月中下旬大量出现在东北和华北地区，秋季迁徙持续近2个月之久，常集成数十、数百只，甚至千余只大群。白天常成小群或与其他野鸭混群游泳或漂浮于开阔的水面，夜晚成群飞往田野、沟渠或湖边浅水处寻食。

食性： 主要采食轮叶藻、柳叶藻、菱角、水草等各类水生植物的芽、嫩叶、果实、种子和农田散落的稻谷和草籽，以及螺、软体动物、水生昆虫等小型无脊椎动物。

繁殖习性： 繁殖期6～7月。配对到达繁殖地后即开始营巢，营巢于岸边柳丛或灌木丛下地上和草丛中隐蔽处，或树林内水塘边地上和开阔冻原带苔原上；巢系地上挖出的凹坑，内垫以干芦苇、干草、苔藓和雌鸟从身上拔下的绒羽垫于巢内而成。每窝产卵6～10枚，卵淡绿灰色。卵径约47mm×35mm。孵化期21～25天。雌鸭孵化、照顾小鸭，幼鸟49天离巢。

亚种分化： 单型种，无亚种分化。

本种有时置于 *Nettion*。

分布： 东营-（W）◎黄河三角洲；河口区（李在军20090219）。菏泽-（P）菏泽。济南-天桥区-龙湖（陈云江20111208）。济宁-●（P）南四湖；曲阜-尼山水库；邹城-（P）西苇水库；微山县-夏镇（陈保成20090112）。青岛-●青岛。日照-东港区-崮子河（李宗丰20140404，成素博20140420），两城河（成素博20111113）。泰安-岱岳区-◎大汶河。威海-（S）荣成-天鹅湖（20090419）。胶东半岛，鲁中山地，鲁西北平原，鲁西南平原湖区。

除甘肃、新疆、西藏外，各省份可见。

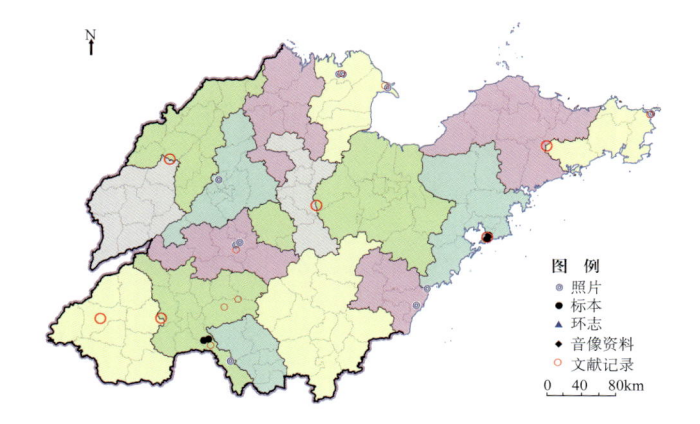

区系分布与居留类型：［古］（W）。

种群现状： 肉味鲜美食用，羽色艳丽可作饰用，曾是重要狩猎鸟之一。目前种群数量较小，国际水禽研究局1990年组织的亚洲隆冬水鸟调查，中国越冬种群数量仅为4384只，种群数量减少的主要原因是过度捕猎。急需扩增种群数量，加强驯养，提高开发价值。山东分布数量并不普遍，未列入山东省重点保护野生动物名录。

物种保护： Ⅲ，2/CITES，中日，Lc/IUCN，列入/ICBP。

参考文献： H91，M95，Zja92；La162，Q36，Qm175，Z55，Zx24，Zgm25。

山东记录文献： 郑光美2011，Shaw 1938a，郑作新1987、1976，朱曦2008；赛道建2013，闫理钦2013，张希画2012，贾文泽2002，王海明2000，马金生2000，田家怡1999，冯质鲁1996，赵延茂1995，纪加义1987a。

● 61-01 绿翅鸭
Anas crecca Linnaeus

命名： Linnaeus C，1758，Syst. Nat.，ed. 10，1：126

（瑞典）

英文名：Green-winged Teal

同种异名：小水鸭；—；Eurasian Teal

鉴别特征：小型鸭。嘴黑色，头颈深栗色，从眼延伸至颈侧宽阔绿带斑边缘有浅白细纹。肩有一条白色细纹，深色背、胁部有黑白相间细斑，下体棕白色、胸部满布黑圆点。尾下具醒目三角形黄斑。脚黑色。飞翔时，雌雄鸭翅上具金属光泽的翠绿色翼镜和翼镜前、后缘的白边非常醒目。

形态特征描述：小型鸭类。嘴黑色。虹膜淡褐色。头颈部深栗色，眼部有一条宽阔绿色带斑经耳区延伸至颈侧，具光泽左右绿带斑相连于后颈基部，嘴角至眼窄的浅棕白色细纹在眼前分别向眼后绿带斑上下缘延伸，在头侧栗色和绿色间形成一条醒目分界线。上背、肩的大部分具黑白相间虫蠹状细斑，下背和腰暗褐色，羽缘较淡；肩羽外侧乳白色或淡黄色，外翈羽缘绒黑色。两翅表面暗灰褐色，大覆羽具浅棕色或白色端斑，外侧数枚次级飞羽外翈绒黑色，内侧数枚外翈金属翠绿色形成显著绿色翼镜；最内1枚外翈灰白色、具宽阔绒黑色边缘；次级飞羽具白色或灰白色端斑，与大覆羽白端斑形成两道位于翼镜前、后缘的明显白色带。下体棕白色，胸部满杂黑色小圆点，胁具黑白相间的虫蠹状细斑，下腹微具暗褐色虫蠹状细斑。尾羽深暗黑褐色，尾上覆羽黑褐色，具浅棕色羽缘，尾下覆羽黑色，两侧各有一黄色三角形斑，在水中游泳时，极为醒目。跗蹠褐黑色，跗鳞盾状。非繁殖羽似雌鸟，但翼镜前缘白色较宽。

雌鸟 上体暗褐色，具棕色或棕白色羽缘。下体白色或棕白色，杂褐色斑点；下腹和胁具暗褐色斑点。翼镜较雄鸟为小，尾下覆羽白色，具黑色羽轴纹。

鸣叫声：暂无鸣叫声记录。

体尺衡量度（长度mm、体重g）：

绿翅鸭（牟旭辉 20141228 摄于白洋河；赛道建 20140306 摄于付瞳河）

标本号	时间	采集地	体重	体长	嘴峰长	翅长	跗蹠长	尾长	性别	现保存处
B000161					33	159	22	63	♀	山东博物馆
B000162					38	198	23	82	♂	山东博物馆
	1958	微山湖		360	26	185	26	68	♂	济宁一中
	1958	微山湖		375	32	195	28	68	♂	济宁一中
	1958	微山湖		355	36	175	30	70	♀	济宁一中
	1958	微山湖		435	35	190	34		♀	济宁一中
	1958	微山湖		360	36	185	26	68	♀	济宁一中
	1958	微山湖		375	32	195	28	68	♀	济宁一中
	1958	微山湖		355	36	175	30	70	♂	济宁一中
	1958	微山湖		435	35	190	34		♂	济宁一中
830291	19840402	鲁桥	325	346	34	162	31	61	♀	济宁森保站

栖息地与习性：繁殖期栖息在开阔、水生植物茂盛且少干扰的湖泊、水塘中，非繁殖期栖息于开阔的大型湖泊、江河、河口、港湾、沙洲、沼泽和沿海地带。善飞行、游泳，喜集群，迁徙季节和冬季常集成大群活动；在水面起飞，危急时冲天直上，有时则扇动两翅在水面掠过一段距离后才升起。3月初开始从越冬地北迁，4月中旬出现在东北繁殖地，秋季9月上中旬南迁，9月中下旬到达长江流域，高峰期在10月中上旬前后，迁徙时常成40～50只、甚至上百只大群。飞行疾速，两翅鼓动快而声响大，发出"呼呼"的鼓翼声，头向前伸直，排成"一"或"V"字形队形。觅食在水边浅水处，多在晨昏觅食时间较长，休息多在水边地上或沙洲、湖中小岛上。

食性：杂食性。冬季主要采食水生植物种子和嫩叶，到农田觅食谷粒。其他季节除植物外，捕食螺、甲壳类、软体动物、水生昆虫和其他小型无脊椎动物。

繁殖习性： 繁殖期 5~7 月。多在越冬期间或春季迁徙路上形成配对，到达繁殖地后不久营巢，营巢于湖泊、河流等水域岸边或附近草丛和灌木丛中的地上，巢极为隐蔽，通常为一凹坑，内垫有少许干草，四周围以绒羽，用芦苇、灯芯草和羽毛筑成简陋的巢。每窝产卵 8~11 枚，卵白色或淡黄白色，卵径约 45mm×33mm，卵重 25~30g。雌鸟孵卵，雄鸟到安静处换羽，孵化期 21~23 天。雏鸟早成雏，孵出后即在雌鸟带领下活动觅食，经过 30 多天能飞翔，1 龄时性成熟，但多不参与繁殖，2 龄时开始繁殖。

亚种分化： 全世界有 3 个亚种，中国 1 个亚种，山东分布亚种为 *A. c. crecca* Linnaeus。

亚种命名　　Linnaeus C，1758，Syst. Nat.，ed. 10，1：126（瑞典）

有学者认为，在美洲繁殖的亚种 *carolinensis* 应为独立种（Sangster et al. 2001）。本种与分布南美的 *A. flavirostris* 亲缘关系近形成超种，被置于 *Nettion*。

分布： 滨州 - 滨州；滨城区 - 东海水库，北海水库，蒲城水库，西海水库（刘腾腾 20160422）。东营 - (W) ◎ 黄河三角洲；河口区（李在军 20090219）。菏泽 - (W) 菏泽；曹县 - 戴老家水库（谢汉宾 20150324）。济南 - 黄河，(P) 小清河；历下区 - (P) 大明湖，槐荫区 - 玉清湖（20130222、20131226）；天桥区 - 鹊山水库。济宁 - ● ◎ (W) 南四湖；任城区 - 太白湖（20160224）；曲阜 - 泗河（马士胜 20141227）；微山县 - ● 微山湖（褚新 20080207），湿地公园（20160222），● 独山湾（19921128）。聊城 - (W) 聊城，环城湖。莱芜 - 莱城区 - 牟汶河（陈军 20110221）。青岛 - 青岛；李沧区 - ●（Shaw 1938a）四方。日照 - 付疃河（20140306，成素博 20130218）；东港区 - 东港区 - 付疃河口（20140307）。泰安 - (W) 泰安，泰山 - 低山；岱岳区 - ●黄前水库，●大汶河（刘兆瑞 20110324）；东平县 - (P) 东平湖。威海 - (W) 威海；荣成 - 八河，天鹅湖，石岛；乳山 - 龙角山水库；文登 - 米山水库，五垒岛。烟台 - 海阳 - 凤城（刘子波 20151206）；栖霞 - 长春湖（牟旭辉 20150118），白洋河（牟旭辉 20141228）。淄博 - 淄博；高青县 - 常家镇（赵俊杰 20160320）。胶东半岛，鲁中山地，鲁西北平原，鲁西南平原湖区。

各省份可见。

区系分布与居留类型： [古]（WP）。

种群现状： 肉味鲜美细嫩，为野味中佳品，具药效，羽可作饰羽和填充物，对农作物有一定危害。因分布广，数量大，曾为主要产业鸟。据世界水禽研究局 1990 年组织的亚洲隆冬水鸟调查，中国 37 967 只，种群数量明显减少，但种群数量趋势仍属较稳定物种，应加强保护性开发研究。山东分布数量尚属普遍，未列入山东省重点保护野生动物名录。

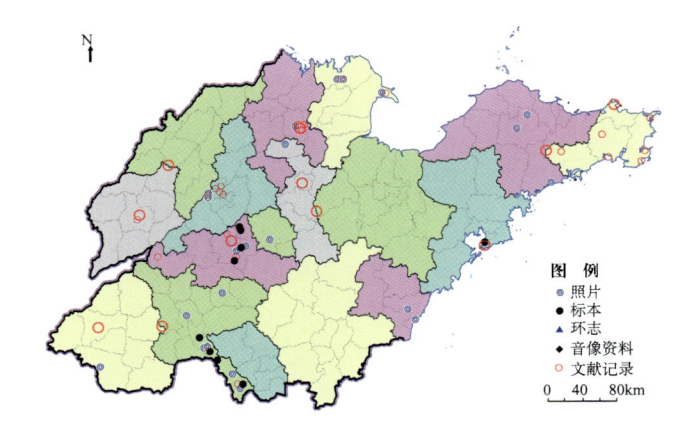

物种保护： Ⅲ，无危 /CSRL，3/CITES，中日，Lc/IUCN。

参考文献： H91，M96，Zja91；La165，Q34，Qm176，Z54，Zx25，Zgm25。

山东记录文献： 郑光美 2011，朱曦 2008，钱燕文 2001，范忠民 1990，郑作新 1987、1976，Shaw 1938a；赛道建 2013、1994，闫理钦 2013、1998a，张希画 2012，李久恩 2012，吕磊 2010，于培潮 2007，贾文泽 2002，王海明 2000，田家怡 1999，宋印刚 1998，冯质鲁 1996，赵延茂 1995，纪加义 1987a，杜恒勤 1985，田丰翰 1957。

● 62-01 绿头鸭
Anas platyrhynchos * Linnaeus

命名： Linnaeus C，1758，Syst. Nat.，ed. 10，1：125（欧洲）

英文名： Mallard

同种异名： 野鸭子；—；—

鉴别特征： 大型鸭。嘴黄绿色、嘴甲黑色，头颈辉绿色，具明显白色领环。上体黑褐色，胸栗色，翅、腰、腹灰白色，紫蓝色翼镜具白缘。两对中央尾羽黑色且向上卷曲成钩状，外侧尾羽白色。雌鸟嘴黑褐色端部棕黄色，体羽多褐色。

形态特征描述： 大型鸭类。嘴黄绿色，嘴甲黑褐色。虹膜棕褐色。头和颈辉绿色，具金属光泽。颈部有白领环。上背、肩褐色，密杂灰白色波状细斑，羽缘棕黄色；两翅灰褐色，翼镜紫蓝色，上下有宽白带，飞行时醒目；下背黑褐色；腰绒黑色。下体灰白

---

* 近年来的调查，发现绿头鸭与斑嘴鸭在山东越冬、繁殖，故种群应为留鸟

绿头鸭（赛道建 20130125 摄于鹊山水库）

色，杂暗褐色波纹，上胸栗色，具浅棕色羽缘；下胸和两胁灰白色，杂以细密的暗褐色波状纹。中央两对尾羽向上卷曲成钩状，外侧尾羽灰褐色；尾上、尾下覆羽绒黑色。跗蹠红色，爪黑色。

雌鸟 翼似雄鸟。嘴黑褐色，嘴端棕黄色。贯眼纹黑褐色。头顶和枕黑色、杂棕黄色羽缘纹，头侧、颈侧、后颈浅棕黄色、杂黑褐色细纹。上体黑褐色，具棕黄色羽缘形成"V"形斑。腹部浅棕色，具褐色条纹和斑块。跗蹠橙黄色。

幼鸟 似雌鸟。喉较淡，下体白色，具黑褐色斑纹和纵纹。

鸣叫声： 发出"ga-ga-ga-"的叫声，鸣声响亮清脆。

体尺衡量度（长度 mm、体重 g）：

标本号	时间	采集地	体重	体长	嘴峰长	翅长	跗蹠长	尾长	性别	现保存处
					48	252	42	108	♀	山东师范大学
B000151					54	261	41	80	♀	山东博物馆
	1958	微山湖	535		50	280	40	115	♂	济宁一中
	1958	微山湖	595		50	325	51	105	♂	济宁一中
					54	275	46	100	♂	山东师范大学
B000152					56	271	41	81	♂	山东博物馆

栖息地与习性： 常集群栖息于僻静、水生植物丰富的各种淡水湖畔、池塘、沼泽附近，亦成群活动于江河、湖泊、水库、海湾和沿海滩涂盐场等水域。除繁殖期外常成群活动，游泳时，尾露出水面，善于水中觅食、戏水和求偶交配，常在水中和陆地上梳理羽毛，睡觉或休息时互相照看；美国生物学家研究发现，绿头鸭能控制大脑部分保持睡眠、部分保持清醒状态。这是发现的动物可对睡眠状态进行控制的首例证据。绿头鸭具半睡半醒习性，可帮助它们防止被其他动物捕食。杂食性，迁徙和越冬期间常到农田觅食，觅食多在清晨和黄昏，白天在河湖沙滩或沙洲、小岛上休息，或在开阔水面上游泳。迁徙型鸟类，迁徙春季在 3 月，秋季在 9 月末至 10 月末，迟至 11 月初。迁徙系分批进行，秋季明显，常一批离开又飞来一批，集群也比春季大。

食性： 主要采食植物叶、芽、茎、水藻和种子，以及软体动物、甲壳类、水生昆虫等。

繁殖习性： 繁殖期 4～6 月。在越冬地时即配成对，营巢环境多样，如湖泊、河流、水库、池塘等岸边草丛中地上或倒木下凹坑处，蒲草和芦苇滩上、河岸岩石上、大树的树杈间等处营巢；巢用干草茎、蒲草和苔藓构成。每窝产卵 7～11 枚，卵白色或绿灰色，卵径约 58mm×42mm，卵重 48～59g。雌鸟孵卵，孵化期 24～27 天，6 月中旬幼鸟出现。雏鸟早成雏，出壳后即能跟随亲鸟活动和觅食。

亚种分化： 全世界有 7 个亚种，中国 1 个亚种，山东分布为指名亚种 *A. p. platyrhynchos* Linnaeus。

亚种命名 Linnaeus C, 1758, Syst. Nat., ed. 10, 1: 124（欧洲）

本亚种与普通亚种 *zonorhyncha* 及 *A. superciliosa*、*A. platyrhynchosy* 杂交可以产下具有繁殖能力的后代。

分布： 滨州 - 滨州；滨城区 - 东海水库，北海水库，蒲城水库。德州 - 陵城区 - 丁东水库（张立新 20110403）。东营 -（R）◎黄河三角洲，自然保护区（单凯 20141112）；河口区（李在军 20080316），黄河故道（胡友文 20080101）。菏泽 -（WP）菏泽；郓城 - 程屯镇冷庄湖（王海明 20100428）。济南 -（P）济南，黄河（20111215）；天桥区 - 鹊山水库（20130125、20131227，赛时 20141213，孙涛 20150110），龙湖（陈云江 20111208），北园；槐荫区 - 玉清湖（20120107、20131227，张月侠 20141213，孙涛 20150110）；历城区 - 绵绣川（20121120）。济宁 - ●（W）南四湖（张永 20090920）；任城区 - 太白湖（20160224，宋泽远 20120512）；曲阜 - 孔林（孙喜娇 20150506）；邹城 -（W）西苇水库；微山县 - ●微山湖；鱼台 - 梁岗（20160409）。聊城 - 聊城，电厂水库（20160109）。

莱芜-莱城区-牟汶河（陈军20140114）。青岛-●（Shaw 1938a）青岛；城阳区-棘洪滩水库（20150211）。日照-日照水库（20140305），付疃河（20140306，成素博20140327），国家森林公园（郑培宏20141223）；东港区-付疃河口（20140307，王秀璞20150421），两城河（成素博20121224）。泰安-（W）泰安；泰山区-大河水库（刘华东20160305）；岱岳区-黄前水库，大汶河（20140513、20150518），渐汶河（20140512，刘兆瑞20120311）；东平县-（W）东平湖。威海-（W）威海（王强20121204）；荣成-八河，马山港（20111223、20150618），马山海滩（20150506），天鹅湖（20121225、20141225，孙涛20141227），西北泊（20130609，王秀璞20150507），石岛，斜口岛（王秀璞20150104）；乳山-龙角山水库（20131221）；文登-米山水库，坤龙水库（20121221），五垒岛，●*东官道（20150614）。烟台-长岛，莱阳-高格庄（刘子波20140101）；牟平区-辛安河口（王宜艳20151012）；栖霞-白洋河（牟旭辉20150617）。淄博-淄博；高青县-大芦湖（赵俊杰20160319）。胶东半岛，鲁中山地，鲁西北平原，鲁西南平原湖区，山东全省。

各省份可见。

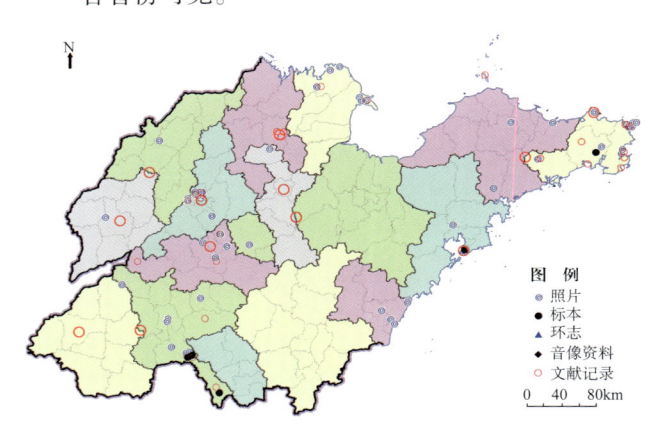

区系分布与居留类型：[古]R（RWP）。

种群现状：个体肥大，为野味上品，曾是我国主要狩猎鸟之一，年猎获量居野鸭首位。彩色羽毛可作饰用，绒羽可作填充物，具有解毒药效功能。可驯养为家鸭；在公元前475～公元前221年战国时期，我国就开始饲养并将驯化成现今广泛大量饲养的家鸭品种。由于长期大肆猎取，加之围湖造田，环境丧失，致使种群数量日趋减少；国际水禽研究局组织的亚洲隆冬水鸟调查，1990年中国绿头鸭越冬种群数量为55 567只，1992年为39 048只。种群数量趋势较稳定，但加强对种群的管理是很重要的。山东分布数量较普遍，未列入山东省重点保护野生动物名录。

物种保护：Ⅲ，无危/CSRL，中日，Lc/IUCN。

参考文献：H93，M89，Zja94；La144，Q36，Qm173，Z56，Zx25，Zgm25。

山东记录文献：郑光美2011，朱曦2008，钱燕文2001，范忠民1990，郑作新1987、1976，Shaw 1938a；赛道建2013、1994，张月侠2015，闫理钦2013、1998a，张希画2012，李久恩2012，吕磊2010，贾少波2002，贾文泽2002，王海明2000，于培潮2007，田家怡1999，宋印刚1998，冯质鲁1996，赵延茂1995，于新建1993，纪加义1987a，田丰翰1957。

● 63-01 斑嘴鸭
Anas poecilorhyncha Forster

命名：Forster JR，1781，Ind. Zool.：23版12（斯里兰卡）

英文名：Spot-billed Duck

同种异名：花嘴鸭，谷鸭，黄嘴尖鸭，火燎（liáo）鸭；—；—

鉴别特征：大型褐色鸭。嘴黑色、黄色嘴甲明显。淡黄白色颈、喉、眼前部与深色体后部反差明显。飞行时，白色三级飞羽醒目。翼镜金属蓝绿色，闪紫色光泽，翼镜后缘有黑白边。

形态特征描述：中大型鸭类。嘴蓝黑色，先端黄色。虹膜黑褐色，外圈橙黄色，眉纹黄白色，嘴基至耳区贯眼线黑褐色。头顶、额、枕部暗棕褐色；颊、上颈淡黄白色有暗褐色小点斑。颏喉颈淡黄白色，远看呈白色，与深体色呈明显反差。上背灰褐色沾棕色具棕白色羽缘，下背褐色。初级飞羽棕褐色，次级飞羽蓝绿色具紫色光泽，近端处黑色、端部白色在翅上形成明显的蓝绿色而闪紫色光泽的翼镜，翼镜后缘的

斑嘴鸭（赛道建20141213摄于玉清湖）

---
* 2015年5月下旬，居民迟进在自家菜园采到10枚卵，其中6枚卵人工孵化出4雏，喂养成活2只。种群在山东越冬、繁殖，故为山东分布为留鸟

黑边和白边，飞翔时极明显；三级飞羽暗褐色，外翈宽阔白缘形成明显白斑。翼上覆羽暗褐色，羽端近白色；大覆羽近端处白色、端部黑色，形成翼镜前缘的白色，翼下覆羽和腋羽白色。胸部淡棕白色杂褐色斑，具黑褐色羽缘；腹褐色，羽缘灰褐色至黑褐色。腰、尾上覆羽和尾羽黑褐色，尾羽羽缘较浅淡，尾下覆羽黑色。跗蹠和趾棕黄色，爪黑色。

雌鸟 似雄鸟。嘴端黄斑不明显，嘴甲尖端微具黑色。体后部较淡，下体自胸以下淡白色，杂暗褐色斑。

幼鸟 似雌鸟，上嘴大部棕黄色，中部开始变黑色，下嘴多黄色，开始变黑。体羽棕色边缘较宽，翼镜前后缘白纹较宽，尾羽中部和边缘棕白色，尾下覆羽淡棕白色。

鸣叫声： 鸣声洪亮且清脆，很远处即可听见。

体尺衡量度（长度mm、体重g）：

标本号	时间	采集地	体重	体长	嘴峰长	翅长	跗蹠长	尾长	性别	现保存处
					53	274	38	100	♀	山东师范大学
					56	296	46	107	♀	山东师范大学
B000143					55	269	36	84	♀	山东博物馆
	1958	微山湖	465		64	230	34	68	♂	济宁一中
B000144					55	295	35	87	♂	山东博物馆
840482	19841021	鲁桥	596	425	51	205	43	72	♀	济宁森保站

栖息地与习性： 通常栖息于开阔而沿岸滋生大量水草和芦苇的各类大小湖泊、水库、江河、水塘、河口、沙洲、海湾、沿海滩涂盐场等水域和沼泽地带。善游泳、行走，善于在水中觅食、戏水和求偶交配，游泳时尾露出水面。除繁殖外，常成群活动，也和其他鸭类混群，常在水中和陆地上梳理羽毛，活动时常成对或分散成小群游泳于水面，休息时多集中在岸边沙滩或水中小岛上，有时将头反于背上，将嘴插于翅下，漂浮于水面休息，睡觉或休息时常有警戒。每年迁徙高峰在4月上中旬，春季3月初从南方越冬地常呈小群北迁，部分到达华北、东北，留在当地繁殖，部分继续北迁；秋季9月末开始南迁，集群较大，常集成数只或上百只的大群，分批陆续向南迁徙，11月大批到达华北地区越冬或继续南迁。早晨和黄昏成群飞往附近农田、沟渠和沼泽地觅食。

食性： 主要以常见水生植物的叶、嫩芽、茎、根，以及松藻、浮藻等水生藻类，草籽和谷物种子等植物性食物为食，也采食鱼虾和水生昆虫、软体动物等动物性食物。

繁殖习性： 繁殖期5～7月。营巢于湖泊、河流等水域岸边草丛中或芦苇丛中、海岸岩石间或水边竹丛中，也在山区森林河流岸边岩壁隙缝中营巢，巢由草茎和草叶构成，开始产卵亲鸟从身上拔下绒羽垫于巢的四周。每窝产卵8～14枚，卵呈乳白色、光滑无斑，卵径约56mm×41mm，卵重约48g。雌鸟孵卵，孵化期约24天。雏鸟早成雏，孵出后即能跟随亲鸟游泳活动和取食。

亚种分化： 全世界有3个亚种，中国2个亚种，山东分布为普通亚种 *A. p. zonorhyncha* Swinhoe。

亚种命名 Swinhoe，1866，Ibis，(2) 2：394（浙江宁波）

特征介于指名亚种与 *A. superciliosa* 之间，本种与 *A. superciliosa* 及 *A. luzonica* 组成超种，驯养个体常可与上述两种及 *A. platyrhynchosy* 杂交，可产下具有繁殖能力的后代。

分布：滨州 - 滨州；滨城区 - 小开河引黄闸（20160516，刘腾腾20160516）；东海水库，北海水库（20160518），蒲城水库，西海水库（20160517、20160422，刘腾腾20160517、20160423）；无棣县 - 小开河沉砂池（20160519，刘腾腾20160519）。**德州** - 陵城区 - 丁东水库（张立新20070609、20141216、20110417）；齐河县 - 华店（20130410）。**东营** - (R) ◎黄河三角洲，胜利机场（20150413）；东营区 - 沙营（孙熙让20120527）；自然保护区 - 大汶流（单凯20120720、20130512）；河口区（李在军20090612）。**济南** - (SW) 济南，黄河（20120102，张月侠20131213，赛时20131227）；天桥区 - 鹊山水库（20141213，赛时20131227，孙涛20150110），龙湖（陈云江20140526）；槐荫区 - 玉清湖（20141213，赛时20120107，孙涛20150110）；章丘 - 黄河林场。**济宁** - ●(WP) 南四湖；任城区 - 太白湖（20140807、20160224、20160411，宋泽远20130316，张月侠20150501、20150620）；微山县 - ●微山湖，鲁山，●鲁桥，湿地公园（20160222），昭阳（陈保成20120125）；鱼台县 - 袁洼（张月侠20160405）。**聊城** - (W) 聊城，环城湖，电厂水库（20160109）。**临沂** - 临沂大学（20160405）。**莱芜** - 汶河，通天河（20130703），莱城区 - 孝义河（陈军20130429），雪野水库。**青岛** - 青岛；崂山区 - (W) 潮连岛，青岛科技大学（宋肖萌20140315）；城阳区 - 河套（20140527），棘洪滩水库（20150211），黄海大道傍池塘（20150212）。**日照** - 日照水库

（20140305），付疃河（20140306、20150828），国家森林公园（20150421，郑培宏20140819）；东港区-付疃河口（20140307、20150704，王秀璞20140307），两城河（成素博20111113），崮子河（成素博20120507）；岚山区-多岛海（成素博20121102）。**泰安**-●泰安，（RW）泰山；泰山区-大河（刘华东20151102）；岱岳区-●大汶河（20140513，刘冰20100126），瀛汶河（刘兆瑞20110424）；东平县-大清河（20140515），（R）●东平湖，稻屯洼（王秀璞20150520）。**潍坊**-（S）白浪河（20090823、20120410、20140904），潍坊机场（王羽20130530）。**威海**-威海（王强20110716）；荣成-八河（20140109），桑沟湾湿地公园（20140109），马山港海滩（20140520、20150506），天鹅湖（20120606，孙涛20141227），西北泊（20120606，赛时20150507）；乳山-龙角山水库（20131220）；文登-米山水库，坤龙水库（20121225、20140113）。**烟台**-海阳-凤城（刘子波20150503）；牟平区-鱼鸟河口（王宜艳20151119）；栖霞-白洋河（牟旭辉20150517）。**淄博**-高青县-大芦湖（赵俊杰20160319），常家镇（赵俊杰20160320）。胶东半岛，鲁中山地，鲁西北平原，鲁西南平原湖区，山东全省。

各省份可见。

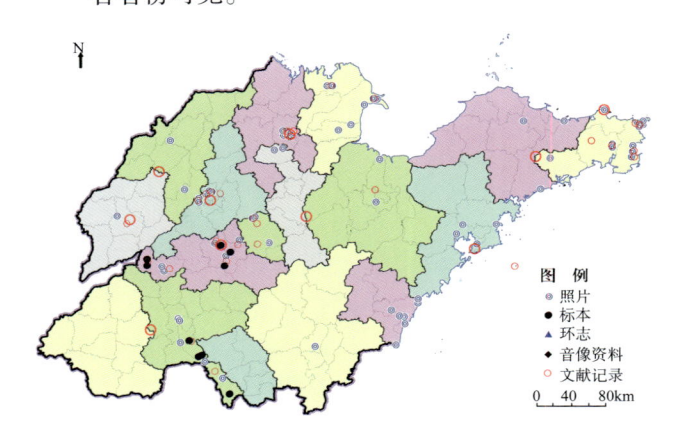

区系分布与居留类型：［广］R（RSW）。

种群现状：体大肉多、味鲜美，营养价值高、有药用功效，羽毛可作饰羽和鸭绒制品。啄食谷物，对农作物有一定危害。是家鸭祖先之一，野生种群丰富而常见，为我国传统重要产业鸟之一。因过度猎取、生境条件恶化，致使种群数量日趋减少；据国际水禽研究局组织的亚洲隆冬水鸟调查，1990年在中国越冬的斑嘴鸭种群数量为23 722只，1992年为21 038只。种群数量下降，应注意种群和生境的保护和管理。山东分布数量较普遍，未列入山东省重点保护野生动物名录。

物种保护：Ⅲ，无危/CSRL, Lc/IUCN。

参考文献：H94, M90, Zja95；La150, Q36, Qm174, Z57, Zx26, Zgm25。

山东记录文献：郑光美2011，朱曦2008，钱燕文2001，范忠民1990，郑作新1987、1976，Shaw 1938a；赛道建2013、1999、1994，张月侠2015，闫理钦2013、1998a，张希画2012，吕磊2010，于培潮2007，贾少波2002，贾文泽2002，朱书玉2000，田家怡1999，宋印刚1998，冯质鲁1996，赵延茂1995，纪加义1987a，田丰翰1957。

● 64-01 针尾鸭
Anas acuta Linnaeus

命名：Linnaeus C, 1758, Syst. Nat., ed. 10, 1: 126（欧洲）

英文名：Northern Pintail

同种异名：尖尾鸭；*Anas acuta acuta* Linnaeus；Pintail

鉴别特征：中型鸭。嘴黑色，头棕褐色。颈侧白色纵带斑与白色下体相连。背部满布淡褐色、白色相间横斑，翼镜铜绿色。尾黑色、中央尾羽特尖长。雌鸟较小，背黑褐色、杂以黄白色斑纹，无翼镜。

形态特征描述：大型鸭类。嘴黑色。虹膜褐色。头暗褐色。颈侧白色纵带与白色前颈、下体相连。较长肩羽绒黄色，具棕白色羽缘。翼上覆羽灰黑色，飞羽暗褐色，翼镜铜绿色，前缘砖红色、后缘白色，三级飞羽银白色至淡褐色，中部贯以宽阔黑褐色纵纹。腰褐色，微缀白色短斑。腹部白色有少量淡褐色波状细纹，胁布满暗褐色、灰白色相间的波状横纹。尾上覆羽与背同色，羽具黑色羽缘及白色羽缘，外侧尾羽灰褐色，2枚中央尾羽特别延长、绒黑色、具金属光泽，尾下覆羽黑色，前缘两侧具乳黄色带斑，外侧几枚有白色宽边。脚灰黑色。冬羽似雌鸟。

雌鸟 头棕色，密杂黑色细纹。上体暗褐色，上背和肩杂具棕白色"V"形斑；下背具灰白

针尾鸭（牟旭辉20100115摄于长春湖；赛道建20150104摄于桑沟湾湿地公园）

色横斑。无翼镜，翼上覆羽褐色有白色端斑，大覆羽白色宽端斑和次级飞羽白色端斑在翅上形成两条明显白色横带，飞翔时明显可见。下体白色，前颈具褐色细斑。胸和上腹微具淡褐色横斑，下腹褐斑较为明显和细密。尾下覆羽白色，中央尾羽不特别延长。

鸣叫声： 雌鸟发出 "kwuk-kwuk" 的低喉音。

体尺衡量度（长度 mm、体重 g）：

编号	时间	采集地	体重	体长	嘴峰长	翅长	跗蹠长	尾长	性别	现保存处
					48	242	34	112	♀	山东师范大学
					54	275	38	210	♂	山东师范大学
	1958	微山湖		580	56	265	38	208	♂	济宁一中
	1958	微山湖		565	48	265	34	105	♂	济宁一中
	1958	微山湖		490	45	215	32	90	♀	济宁一中
	1958	微山湖		545	46	238	34	128	♀	济宁一中
B000157					56	277	39	101	♂	山东博物馆
B000158					47	248	40	81	♀	山东博物馆
831617	19831004	鲁桥	647	494	41	240	41	80	♀	济宁森保站

栖息地与习性： 繁殖期栖息于大型湖泊、河流、沼泽和湿草地上，越冬期栖息于河流、湖泊、盐碱湿地及沿海地带等低洼湿地。2月底开始迁离越冬地，3月中下旬大量到达华北和东北地区。4月上中旬到达中国北部繁殖地，或继续北迁，9月中下旬开始南迁，迁徙越冬时在开阔沿海地带如空旷的海湾、海港等能够见到数十甚至数百只的集群。性机警，喜集群，善游泳和飞翔。白天多隐藏在水芦苇丛中或水面游荡休息，黄昏和夜晚到浅水处觅食，稍有动静即飞离。

食性： 主要采食浮萍、松藻、牵牛子、芦苇、菖蒲等植物嫩芽和种子，也到农田觅食谷粒。繁殖期间捕食软体动物和水生昆虫等水生无脊椎动物。

繁殖习性： 繁殖期4~7月。雌鸟在冬春季结束前结合成对，营巢于湖边、河岸的草丛中或有稀疏植物覆盖的低地上，每年4月末至6月产卵1窝，每窝产卵6~11枚，卵乳黄色，卵径约55mm×38mm，卵重约46g。雌鸟孵卵，雄鸟仅在孵化期开始时警戒，遇危险时，雄鸟在巢上空鸣叫直至雌鸟离巢，孵化期21~23天。雏鸟早成雏，孵出后即在雌鸟带领下，经过35~45天能飞翔，1龄时达性成熟，并可进行交配繁殖。

亚种分化： 单型种，无亚种分化。

本种与分布于中美洲的 A. eaton、南美的 A. grorgica 亲缘关系最近，可组成超种，有时置于 Dafila。

分布： **滨州**-滨州；滨城区-东海水库，北海水库，蒲城水库。**东营**-（P）◎黄河三角洲；自然保护区-大汶流。**济宁**-●（PW）南四湖；任城区-太白湖（20160224）；微山县-●鲁桥，●微山湖；邹城-（WP）西苇水库。**日照**-东港区-付疃河口（20140323）。**泰安**-泰安。**威海**-（P）威海；荣成-八河，天鹅湖（20140115、20141224），桑沟湾湿地公园（20150104、20151230）；乳山-龙角山水库；文登-米山水库。烟台-栖霞-长春湖（牟旭辉20100115）。**淄博**-淄博。胶东半岛，鲁中山地，鲁西北平原，鲁西南平原湖区。

各省份可见。

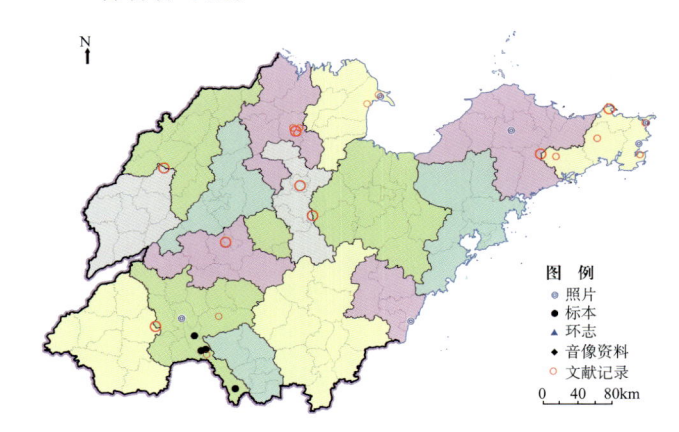

区系分布与居留类型： [广]（PW）。

种群现状： 肉味鲜美、细嫩，为野禽中上品，羽艳丽可作饰用，绒羽是良好填充材料。据史料记载，针尾鸭在中国不仅分布广，数量亦相当丰富，曾为冬季重要狩猎对象。由于长期乱捕乱猎和生态环境恶化，种群数量急剧减少，据世界水禽研究局1990年组织的亚洲隆冬水鸟调查，在中国越冬的针尾鸭25 277只。在山东数量不多，列入山东省重点保护野生动物名录；应注意对其环境和种群的保护，现已开始驯养。

物种保护： Ⅲ，无危/CSRL，3/CITES，中日，Lc/IUCN。

参考文献： H89，M93，Zja90；La157，Q34，Qm175，Z53，Zx26，Zgm26。

山东记录文献： 郑光美2011，朱曦2008，付桐生 1987，范忠民 1990，郑作新 1987、1976，Shaw 1938a；赛道建 2013，闫理钦 2013、1998a，张希画 2012，吕磊 2010，于培潮 2007，贾文泽 2002，朱书玉 2000，马金生 2000，田家怡 1999，宋印刚 1998，冯质鲁 1996，赵延茂 1995，纪加义 1987a。

● 65-01　白眉鸭
Anas querquedula Linnaeus

命名：Linnaeus C. 1758. Syst. Nat., ed. 10, 1：126（欧洲）

英文名：Garganey

同种异名：巡凫，小石鸭，溪鸭；*Querquedula circia*，*Querquedula querquedula*；—

鉴别特征：小型鸭。嘴黑色，头颈淡栗色具白细纹，醒目宽白眉纹伸达头后。上体暗褐色具棕色羽缘，绿色尖长肩羽具白色羽轴纹和狭边，呈黑白二色，翼镜绿色前后具宽阔白边，胸棕黄色杂暗褐色波状斑，两胁棕白色缀灰白色波状细斑，下体前后特征对比明显。雌鸟上体黑褐色、下体白色而带棕色，眉纹下有白纹呈双眉状。

形态特征描述：小型鸭类。嘴黑褐色、嘴甲黑色。虹膜黑褐色，眉纹白色、宽长延伸至后颈。头、额黑褐色，余部淡栗色具白色细纹，颏暗褐色。上体暗褐色、具淡棕色羽缘。内侧肩羽绿色，特别尖长，具显著白色中央羽轴纹和白色狭边；外侧肩羽短而稍宽，内翈灰褐色，外翈蓝灰色，具白缘，无白色中央纹。初级飞羽暗褐色，外侧 3～4 枚具棕色端斑，内侧染灰色，羽轴白色；次级飞羽外翈灰褐色闪金属绿色光泽形成绿色翼镜，白色端斑形成翼镜后缘白带斑；三级飞羽稍延长，内翈褐色，外翈黑褐色具白色狭边，最外侧 1 枚外翈蓝灰色具宽白羽缘，形成翼镜内侧边缘。翼上覆羽蓝灰色，飞行时明显，大覆羽具白色宽端斑；初级覆羽淡灰褐色，外翈具宽阔白边。胸棕黄色，密杂暗褐色波状斑纹，上腹棕白色，下腹和胁棕白色具暗褐色波状细纹，腋羽白色。尾下覆羽棕白色杂以褐色斑点。跗蹠灰黑色。冬羽似雌鸟。

白眉鸭（成素博 20130106 摄于崮子河）

雌鸟　头至后颈黑褐色，杂棕色细纹，眉纹棕白色、贯眼纹黑色，眼下棕白色纹自额基向后延伸至耳区。上体黑褐色、羽缘淡棕色。翅黑褐色，翼上覆羽灰色，大覆羽具白色宽端斑，翼镜灰褐色具绿色光泽，不明显。上胸棕色具褐色细斑，下胸棕白色，两胁暗褐色具淡棕色羽缘，腋羽白色。腹和尾下覆羽灰白色，微具褐色斑点。

幼鸟　似雌鸟。胸和胁多棕色，下体斑纹较多。

鸣叫声：雄鸭叫声"guagua"；雌鸟叫声如"kwak"。

体尺衡量度（长度 mm、体重 g）：

标本号	时间	采集地	体重	体长	嘴峰长	翅长	跗蹠长	尾长	性别	现保存处
					34	192	32	77	♀	山东师范大学
830179	19831005	鲁桥	320	388	40	195	30	100	♂	济宁森保站
	1958	微山湖	380		36	175	26	52	♀	济宁一中
	1958	微山湖	325		28	175	25	50	♂	济宁一中
					38	176	32	62	♀	山东师范大学
					38	190	27	98	♂	山东师范大学
					39	198	30	106	♂	山东师范大学
B000153					40	165		58	♀	山东博物馆
B000154					44	176	28	71	♂	山东博物馆

栖息地与习性：栖息于湖泊、河流、河口、沙洲、沼泽、池塘、水田、海滩等处。3 月中旬从越冬地北迁，4 月中下旬到达繁殖地；10 月初开始南迁，10 月中下旬到达越冬地。性机警，常成对、小群，迁徙和越冬期间集成大群活动。常在有水草隐蔽处活动和觅食，白天在开阔水面或水草丛中休息，多于夜间在浅水处或小型浅水湖泊和水塘中觅食。

食性：主要采食水生植物的叶、茎、种子和岸上青草和农田谷物，也食软体动物、甲壳类和昆虫等水生动物。

繁殖习性： 繁殖期5～7月。常以新形成的配对为单位结成小群于4月到达繁殖地建立各自的巢区。营巢于水边附近厚密高草丛中、地上或草地灌木丛下，巢隐蔽较好，巢多利用天然凹坑、洞穴，稍加修理和扩大，内放干草叶和草茎而成，产卵后雌鸟拔下绒羽围在巢的四周，离巢觅食时用绒羽将卵盖住。每窝多产卵8～12枚，卵长卵圆形，草黄色或黄褐色，卵径约46mm×33mm，卵重约27g。雌鸟孵卵，雄鸟仅在产卵期间和孵卵前几天留在巢附近，尔后同其他雄鸟一起到换羽地换羽，孵化期21～24天。雏鸟早成雏，孵出后即能跟随亲鸟活动，40多天后能飞翔。

亚种分化： 单型种，无亚种分化。

有的学者置于独立的 *Querquedula*。

分布： 滨州-滨州；滨城区-东海水库，北海水库，蒲城水库。德州-陵城区-仙人湖（李令东20150427）。东营-（P）◎黄河三角洲；河口区（李在军20090219）。菏泽-（P）菏泽。济南-天桥区-鹊山沉沙池（陈云江20130412）。济宁-济宁，●（P）南四湖；任城区-太白湖（宋泽远20130316）；微山县-●微山湖，●鲁桥。青岛-青岛。日照-东港区-付疃河（20150421，成素博20150322），崮子河（李宗丰20140404）。泰安-（W）泰安；岱岳区-牟汶河（刘冰20110411）；东平县-（W）●东平湖。威海-（P）威海；荣成-八河，天鹅湖；乳山-龙角山水库；文登-米山水库。烟台-莱州-河套水库。胶东半岛，鲁中山地，鲁西北平原，鲁西南平原湖区。

各省份可见。

山东各地水域分布，数量较少，未列入山东省重点保护野生动物名录。

物种保护： Ⅲ，无危/CSRL，中日，中澳，3/CITES，Lc/IUCN。

参考文献： H97，M94，Zja100；La160，Q38，Qm175，Z60，Zx27，Zgm26。

山东记录文献： 郑光美2011，朱曦2008，钱燕文2001，范忠民1990，郑作新1987、1976，Shaw 1938a；赛道建2013，闫理钦2013、1998a，张希画2012，李久恩2012，吕磊2010，贾文泽2002，王海明2000，马金生2000，田家怡1999，冯质鲁1996，赵延茂1995，田逢俊1993b，纪加义1987a。

● 66-01　琵嘴鸭
Anas clypeata Linnaeus

命名： Linnaeus C，1758，Syst. Nat.，ed. 10，1：124（欧洲海岸）

英文名： Northern Shoveler

同种异名： 汤匙仔，琵琶鸭；*Spatula clypeata* Linnaeus；—

鉴别特征： 中大型鸭。嘴黑色、长大，先端铲状，头、上颈绿色具光泽。颈基、肩和胸白色，腹、胁栗色，翼镜绿色。雌鸟胸具褐色斑，尾下近白色。飞行时，绿色翼镜、灰蓝色覆羽、白色翅斑对比明显。

形态特征描述： 中型鸭类。嘴黑色，末端扩大呈铲状，特征明显。虹膜金黄色。头、颈暗绿色具金属光泽；额、眼、头顶、颊和喉呈黑褐色。背暗褐色具淡棕色羽缘，背两侧、外侧肩羽和胸白色连为一体，除两根较长肩羽蓝灰色外，余黑褐色闪绿色光彩，中间有白色宽羽轴纹沿羽干直达羽尖。腰暗褐色具绿

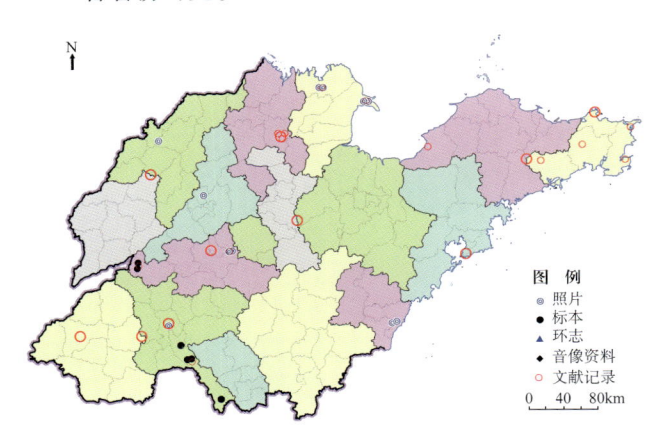

区系分布与居留类型： ［广］（WP）。

种群现状： 体小，肉味鲜美，体羽可作鸭绒、饰羽。采食谷物对农业有一定危害。曾为主要产业鸟之一。由于乱捕乱猎、环境污染等，数量已减少，分布区不常见，需加强物种与环境保护，促进种群发展。

琵嘴鸭（成素博20140223摄于夹仓口；赛道建20110226、20151230摄于天鹅湖）

色光泽，两侧白色。翼上小覆羽灰蓝色，大覆羽暗褐色具白端斑；初级飞羽暗褐色，翼镜绿色，由次级飞羽外翈形成，翼镜后缘白边由暗褐色内翈白色端斑形成、前缘白边由覆羽白端斑构成；三级飞羽黑褐色具绿色光泽、中央纹宽阔的白色。下颈和胸白色向上扩展与背侧白色相连为一体；胁和腹栗色，下腹微具褐色波状细斑。中央尾羽暗褐色，具白羽缘，外侧尾羽白色；尾上覆羽绿色，尾下覆羽基部白色有黑色细斑，端部黑色，较长者几乎纯黑色，羽端有细小白斑点。跗蹠橙红色，爪黑色。

雌鸟 外貌特征也不及雄鸭明显，较小。铲状嘴黄褐色。虹膜淡褐色。头顶、后颈有浅棕色纵纹，颏、喉蓝灰色。上体暗褐色，背、腰横斑淡红色、羽缘棕白色。翼上覆羽蓝灰色，具淡棕色羽缘，翼镜小，辉亮度差。下体淡棕色，前颈斑纹细小，胸部斑纹粗而多，两胁具淡棕色、暗褐色相间的"V"形斑。下腹和尾下覆羽具褐色纵纹；尾上覆羽和尾羽具棕白色横斑。

鸣叫声： 暂无鸣叫声记录。
体尺衡量度（长度mm、体重g）：

标本号	时间	采集地	体重	体长	嘴峰长	翅长	跗蹠长	尾长	性别	现保存处
					66	236	36	82	♀	山东师范大学
	1958	微山湖	470		60	225	30	58	♀	济宁一中
B000159					67	228	34	81	♂	山东博物馆
B000160					61	224		57	♀	山东博物馆
	1938	青岛大港	500			242				不详

栖息地与习性： 通常栖息并成群活动于江河、湖泊、水库、河口、海湾和沿海滩涂沼泽及盐场等水域地带。每年4月到达长白山以北地区繁殖。秋季于9~10月返回长江以南越冬。常成对、小群或单只活动，在迁徙季节可集成较大群体；游泳时，尾露出水面，嘴常常触到水面；善于在水中觅食、戏水和求偶交配，常在水中和陆地上梳理，在河岸边、沼泽间、污泥里等烂泥水塘浅水处用铲形的嘴掘泥觅食，或嘴在水表面左右摆动滤取食物。

食性： 主要以螺类等软体动物、甲壳类、水生昆虫、鱼、蛙等动物性食物为食，也食水藻、草籽等植物性食物。

繁殖习性： 越冬时已配成对后，4月中下旬以对为单位到达繁殖地，雄鸟占领巢域，雌鸟水域附近寻觅巢位，营巢于地上草丛中。巢简陋，修整天然凹坑放些干草茎和草叶而成，孵卵后加绒羽于巢内。每窝产卵7~13枚，卵淡黄色或淡绿色，卵径约53mm×37mm，卵重约40g。雌鸟孵卵，孵化期22~28天。雄鸭警戒护卫鸭巢和领域。雏鸟早成雏，出壳后跟随亲鸭活动觅食。

亚种分化： 单型种，无亚种分化。

曾被置于 *Spatula*，有些作者认为本种与大洋洲的 *A. rhynchotis* 合为超种。

分布：滨州 - 滨州；滨城区 - 东海水库，北海水库，蒲城水库。**东营** - (P)◎黄河三角洲；河口区（李在军20090219）。**济宁** - (P)南四湖；任城区 - 太白湖（宋泽远20121020）；微山县 - 微山湖、●南阳湖；邹城 - (P)西苇水库。**青岛** - 青岛；市北区 - ●（Shaw 1938a）大港；城阳区 - 棘洪滩水库（20150211）。**日照** - 东港区 - 付疃河口（20140306），两城河口（20140307，成素博20111219），崮子河（成素博20140419），夹仓口（成素博20140223）。**威海** - 荣城 - 天鹅湖（20110226、20151230），桑沟湾湿地公园（20150104）；八河。**烟台** - 海阳 - 凤城（刘子波20160327）；栖霞 - 长春湖（牟旭辉20150408）。**淄博** - 淄博。胶东半岛，鲁西北平原，鲁西南平原湖区。

各省份可见。

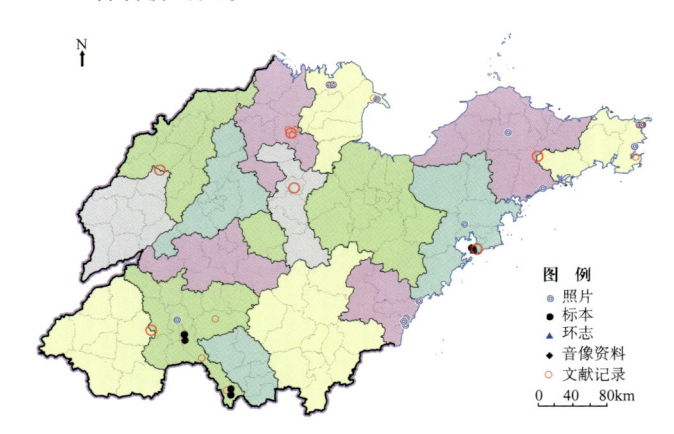

区系分布与居留类型： [古]（WP）。

种群现状： 肉味鲜美，羽可作饰羽，绒羽是良好填充材料，曾为主要传统狩猎鸟类。由于过度狩猎和环境条件恶化，据国际水禽研究局1992年组织的亚洲隆冬水鸟调查，中国种群数量为23 910只，目前，分布区内常见但种群数量很少，需要加强保护。山东分布数量并不普遍，未列入山东省重点保护野生动物名录。

物种保护： Ⅲ，无危/CSRL，中日，中澳，3/CITES，Lc/IUCN。

参考文献： H98，M92，Zja101；La154，Q38，

Qm175，Z61，Zx27，Zgm26。

山东记录文献： 郑光美 2011，朱曦 2008，钱燕文 2001，范忠民 1990，郑作新 1987、1976，Shaw 1938a；赛道建 2013，闫理钦 2013，张希画 2012，李久恩 2012，吕磊 2010，于培潮 2007，贾文泽 2002，田家怡 1999，冯质鲁 1996，赵延茂 1995，纪加义 1987a。

● 67-01 赤嘴潜鸭
Netta rufina（Pallas）

命名： Pallas PS，1773，Reise Versch. Prov. Russ. Reichs, 2：713（里海）

英文名： Red-crested Pochard

同种异名： 红嘴潜鸭；*Anas rufina* Pallas；—

鉴别特征： 大型潜鸭。赤红色嘴、锈色头、黄色冠羽与黑色体前部对比明显。上体暗褐色、下体黑色、两胁白色。雌鸟褐色，头颈两侧、喉部灰白色，飞行翼下大型白斑明显。

形态特征描述： 大型鸭类。嘴赤红色、前端较淡。虹膜红色或棕色。额、头侧、喉及上颈两侧深栗色，头顶至颈项具淡棕黄色冠羽。下颈至上背黑色，具淡棕色羽缘；下背褐色。两肩棕褐色，基部有一块显著白斑。外侧初级飞羽羽端及外翈褐色，内翈白色，第1枚飞羽褐色、仅羽缘白色，内侧初级飞羽除羽端外，白色；次级飞羽白色、羽端灰褐色形成宽阔白色翼镜和翼镜后缘褐边。翼上覆羽及三级飞羽土褐色，翼缘白色。下体黑色，胁白色形成大型明显白斑，野外极易辨别。腰和尾上覆羽黑褐色，具绿色光泽；尾羽灰褐色，具白色羽缘。跗蹠土黄色。

赤嘴潜鸭（李在军 20091024 摄于河口区）

雌鸟 嘴灰褐色、外缘粉红色。虹膜棕褐色。额、头顶至后颈暗棕褐色，羽冠不明显；头侧、颈侧、颊和喉灰白色。上体淡棕褐色，腰部较暗；翅同雄鸟，初级飞羽内翈和翼镜灰白色，飞翔时翼上和翼下大型白斑醒目。下体淡灰褐色，胸及胁较浓而微沾棕色。尾下覆羽污白色或淡褐色。非繁殖羽似雄鸟，羽色较暗，下体杂有浅棕褐色。跗蹠淡黄褐色。

幼雏 绒羽有明显花纹。

鸣叫声： 暂无鸣叫声记录。

体尺衡量度（长度mm、体重g）： 山东暂无标本及测量数据。

栖息地与习性： 栖息于水边植物而水较深的淡水湖泊、江河、河口、三角洲或盐碱湖等水域，也出现在公路两侧的水泡中，以及人类活动频繁的捕鱼区。4月从南方越冬地迁往繁殖地，9月末开始南迁越冬，常成群迁徙。常成对或小群活动，有时集成上百只大群。在有水草滩边沙洲和湖心岛上停息，也与其他野鸭混群。常潜入水中觅食，或尾朝上、头朝下在浅水处觅食。

食性： 主要采食水藻、眼子菜和水生植物的嫩芽、茎和种子，岸上青草、禾本科植物种子、草籽和农田谷粒。

繁殖习性： 繁殖期4～6月。4月中旬到达繁殖地，在多芦苇和蒲草的湖心岛上、水边草丛和芦苇丛中、干芦苇堆里营巢，巢由芦苇叶、三棱草构成，内垫柔软的细草和羽毛。每窝产卵6～12枚，卵浅灰色或苍绿色，卵径约56mm×41mm。孵化期26～28天，雌鸟孵卵，离巢取食时雄鸟代替孵卵，6月初孵出雏鸟。

亚种分化： 单型种，无亚种分化。

本种被认为是介于鸭属及潜鸭属的过渡型，在人工饲养条件下，能与 *Anas* 或 *Aythya* 鸭杂交繁育。

分布： 东营-◎黄河三角洲；河口区（李在军 20091024）。**济宁**-（P）南四湖；任城区-太白湖（马士胜 20141003）；微山县-南阳湖，●鲁桥。鲁西南平原湖区。

内蒙古、北京、河南、陕西、宁夏、甘肃、青海、新疆、湖北、四川、重庆、贵州、云南、西藏、福建、台湾。

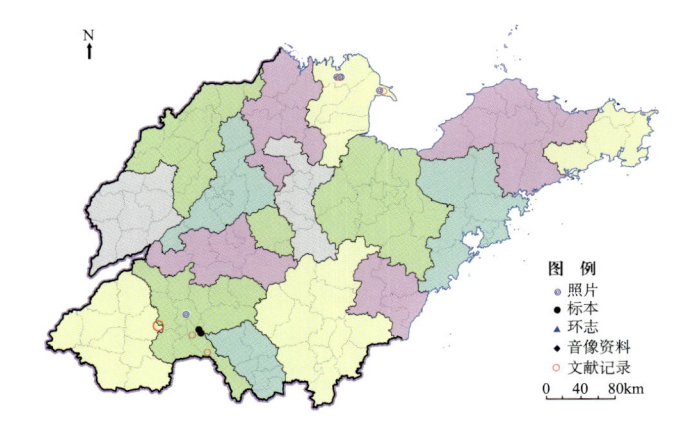

区系分布与居留类型：［古］（P）。

种群现状： 种群数量曾相当丰富，由于过度狩猎和栖息地环境的恶化和污染，现在却难得一见。据1992年世界水禽研究局组织的亚洲隆冬水鸟调查，中国仅2598只，种群数量已明显减少。1984年12月3日，首次在微山县鲁桥采到标本，为山东新记录（纪加义 1986），分布数量少，需要加强物种和栖息保护，促进种群的恢复发展。

物种保护： Ⅲ，无危 /CSRL，Lc/IUCN。

参考文献： H100，M98，Zja103；La170，Q38，Qm176，Z62，Zx28，Zgm26。

山东记录文献： 郑光美 2011，朱曦 2008，范忠民 1990；赛道建 2013，张希画 2012，冯质鲁 1996，田逢俊 1993b，纪加义 1987a、1986。

● 68-01 红头潜鸭 *Aythya ferina*（Linnaeus）

命名： Linnaeus C，1758，Syst. Nat.，ed. 10，1：126（欧洲）

英文名： Common Pochard

同种异名： 矶雁，红头鸭，矶凫；*Nyroca ferina*（Linne），*Anas ferina* Linnaeus，1758；—

鉴别特征： 中型潜鸭。嘴灰黑色、头颈栗红色。上体灰色具黑色波状纹，胸黑色，腹与胁白色。尾黑色。各部对比明显。雌鸟头颈棕褐色，胸暗黄色，腹、胁部灰褐色。

形态特征描述： 中型鸭类。嘴蓝黑色，先部和基部浅黑色。眼鲜红色或红棕色。头大，头、上颈栗红色，颏有小白斑。体圆，肩部、下背和三级飞羽、内侧覆羽、胁淡灰棕色，缀黑色波状细纹，初级飞羽灰褐色、外翈和羽端白色并有黑色细斑，翼镜大部白色。胸部和下颈黑色，具白色羽端，下胸腹部灰色，下腹具不规则黑色细斑，翼下覆羽、腋羽白色。腰和尾上、尾下覆羽黑色，尾羽灰褐色。跗蹠铅色。

红头潜鸭（李在军 20090301 摄于河口区）

雌鸟 头、颈棕褐色，翼灰色，腹部灰白色；余部与雄鸟相似。

幼鸟 雄鸭下部羽色较深，似雌鸟。雌鸭覆羽同雌鸟，但头颈部红色较浅些。脚青灰色或铅灰色。

鸣叫声： 暂无鸣叫声记录。

体尺衡量度（长度 mm、体重 g）：

标本号	时间	采集地	体重	体长	嘴峰长	翅长	跗蹠长	尾长	性别	现保存处
830250	19831128	鲁桥	936	457	47	218	40	59	♂	济宁森保站

栖息地与习性： 繁殖期栖息于开阔地区水生植物丰富的湖泊、池塘和沼泽地带，越冬期栖息于大型湖泊、水流缓慢的江河、河口、海湾和河口三角洲地带。常结成小群，或与凤头潜鸭、琵嘴鸭等混群活动。飞行常排成“V”字形队列，善于潜水，常潜入深水觅食。

食性： 杂食性。以水生植物和甲壳类为主食，主要潜水捕食鱼、虾、软体动物及甲壳类，采食马来眼子菜、谷粒等。

繁殖习性： 繁殖期4～6月。营巢于河岸植被丛或沼泽地面洞穴中，雌鸭用羽毛作衬里。雄鸭陪伴雌鸭到它产卵，每窝产卵6～12枚，卵灰黄色或淡黄色。雌鸟孵卵27～28天。孵出小鸭跟随雌鸭生活约8周。

亚种分化： 单型种，无亚种分化。

本种与 *A. valisineria* 合组为超种，在人工饲养条件下，与 *Aythya* 其他种及 *Amazonetta brasiliensis* 能产下杂交后代。

分布： **滨州** - 滨州；滨城区 - 东海水库，北海水库，蒲城水库。**东营** - ◎黄河三角洲，自然保护区 - 大汶流（单凯 20121110）；东营区 - 广利镇（孙熙让 20120315）；河口区（李在军 20090301）。**济南** - 天桥区 - 鹊山水库（20140124、20141213），龙湖湿地（20141208，孙涛 20150110）。**济宁** -（P）南四湖；任城区 - 太白湖（马士胜 20141003）；微山县 - 微山湖（20151208）；邹城 -（P）西苇水库。**青岛** - 青岛；崂山区 -（P）潮连岛；城阳区 - 棘洪滩水库（20150211）。**日照** - 东港区 - 付疃河口（20140306，赛时 20150319），崮子河（成素博 20130103），夹仓口（成素博 20140125），付疃河（成素博 20130115），国家森林公园（郑培宏 20141110）。**泰安** - 泰安；岱岳区 - 大河水库，牟汶河。**威海** -（W）荣成 - 湿地公园（20111213、20140104、20151230，李晓和韩京 20111213）；天鹅湖（20130101、20131220，孙涛 20141227，王秀璞 20150104），八河。**烟台** - 海阳 - 凤城（刘子波 20151227）；牟平 - 沁水河口（王宜艳 20151220）。**淄博** - 淄博。胶东半岛，鲁中山地，鲁

6 雁形目 Anseriformes | 117

鉴别特征：黑色中型潜鸭。嘴灰色两端黑色，头颈墨绿色，眼白色。上体黑褐色，胸暗褐色，腹与胁部、翼下白色，翅端黑色。雌鸟嘴基有一栗红色斑，眼褐色，上体、胸部淡棕色。

形态特征描述：中型潜鸭。嘴深灰色，嘴基、嘴甲黑色。虹膜白色。头大，头颈黑色具绿色光泽，颏有三角形小白斑。上体黑褐色，肩有褐色波状斑纹。次级飞羽白色、暗褐色羽端形成明显白色翼镜和暗褐色后缘；腰和尾上覆羽黑色。胸暗栗色，腹白色延伸到两胁前面，下腹杂有褐色斑，两胁淡栗褐色具白色端斑。翼下覆羽、腋羽、尾下覆羽白色。跗蹠铅灰色。

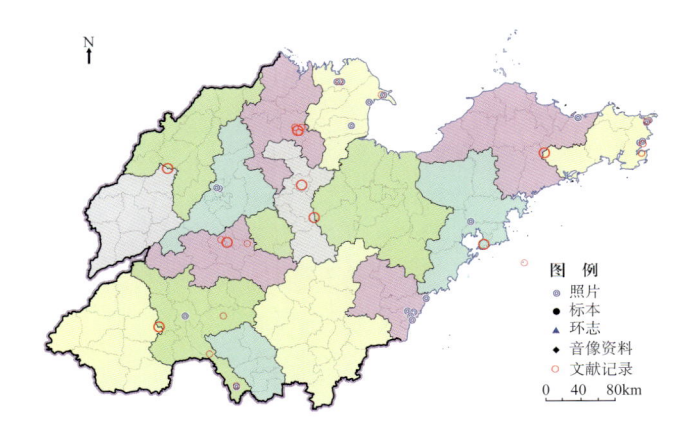

西北平原，鲁西南平原湖区。

除海南外，各省份可见。

区系分布与居留类型：[古]（WP）。

种群现状：个体较大，食用价值较高，羽毛可作填充材料，曾为狩猎鸟之一。目前，分布区常见但种群数量较少，需要加以保护，保护其生存环境，开展人工驯养工作，促进种群发展。山东各大水域分布较广泛，数量较多，未列入山东省重点保护野生动物名录。

物种保护：Ⅲ，无危/CSRL，中日，Lc/IUCN。

参考文献：H102，M99，Zja104；La174，Q40，Qm177，Z63，Zx28，Zgm27。

山东记录文献：郑光美2011，朱曦2008，赵正阶2001，范忠民1990，郑作新1987、1976，Shaw 1938a；赛道建2013，张月侠2015，闫理钦2013，张希画2012，吕磊2010，田家怡1999，冯质鲁1996，赵延茂1995，纪加义1987a。

● 69-01　青头潜鸭
Aythya baeri（Radde）

命名：Radde GFR，1863，Reise Sud, Ost-Sibir, 2：376（黑龙江中游）

英文名：Baer's Pochard

同种异名：青头鸭，白目凫，东方白眼鸭；*Anas baeri* Radde，1863，*Fuligula baeri* Radd，1863；—

青头潜鸭（陈云江20111210摄于龙湖）

雌鸟　眼先和嘴基间栗红色近圆斑。虹膜褐色或淡黄色。头颈黑褐色，头侧、颈侧棕褐色，颏有三角形小白斑，前颈和喉褐色杂白色斑点。上体暗褐色。翅、腰、尾上、尾下覆羽同雄鸟。胸淡棕褐色具淡色羽缘，腹白色、下腹杂褐色斑，胁棕色具白色端斑。

幼鸟　似雌鸟。体色较暗，头颈暗皮黄褐色，胸红褐色，腹白色缀褐色，胁前部白色明显。

鸣叫声：暂无鸣叫声记录。

体尺衡量度（长度mm、体重g）：

标本号	时间	采集地	体重	体长	嘴峰长	翅长	跗蹠长	尾长	性别	现保存处
					43	204	30	70	♂	山东师范大学
					41	196	29	60	♀	山东师范大学
	1958	微山湖		460	42	210	32	78	♂	济宁一中
830292	19840402	鲁桥	855	549	48	169	59	48	♂	济宁森保站

栖息地与习性：繁殖期栖息于富有芦苇和蒲草的湖中，或山区森林地带多水草的湖泊、水塘和沼泽地带，冬季常成小群栖息于大型湖泊、江河、河口、水库和沿海沼泽地带。每年3月中旬从越冬地迁往北方繁殖，10月中旬开始从繁殖地迁往南方越冬，迁徙时，集成10余只或数十只小群飞行。有时与其他潜鸭混群栖息，性胆怯，飞行和行走快速，善游泳和潜水，在从水面起飞灵活，潜水觅食。

食性： 杂食性。主要采食各种水草的根、叶、茎和种子，也捕食软体动物、水生昆虫、甲壳类、鱼、蛙等小动物。

繁殖习性： 繁殖期5～7月。在水边地上草丛中或水边浅立处芦苇丛和蒲草丛中营巢，在地面刨浅坑或集一堆苇草筑巢。每窝产卵6～9枚。卵淡黄色或淡褐色，卵径约35mm×52mm。雌鸟孵卵，雄鸟在雌鸟孵卵后到换羽地换羽；孵化期约27天。雏鸟早成雏，孵出后能跟随亲鸟活动和觅食约150多天。

亚种分化： 单型种，无亚种分化。

有学者将其与大洋洲的 A. australis，西亚、欧洲的 A. nyroca 及马达加斯加的 A. innotata 合为超种。

分布：滨州-滨州；滨城区-东海水库，北海水库，蒲城水库。**东营**-（P）◎黄河三角洲；河口区（李在军20091023）。**菏泽**-（P）菏泽；曹县-魏湾镇黄河故道（王海明20131026）。**济南**-（P）济南，小清河；天桥区-北园，龙湖（陈云江20111210）；槐荫区-玉清湖（20120219，赛时20120219）。**济宁**-●南四湖；任城区-太白湖（宋泽远20141214，李强20150131）；微山县-（P）南阳湖，●微山湖，●（19840402）鲁桥。**青岛**-青岛。**泰安**-东平-东平湖。**威海**-（P）威海；荣成-八河，靖海，马山港；乳山-龙角山水库，台依水库；文登-米山水库，坤龙水库，武林水库，五垒岛。鲁西北平原，鲁西南平原湖区。

除海南、新疆外，各省份可见。

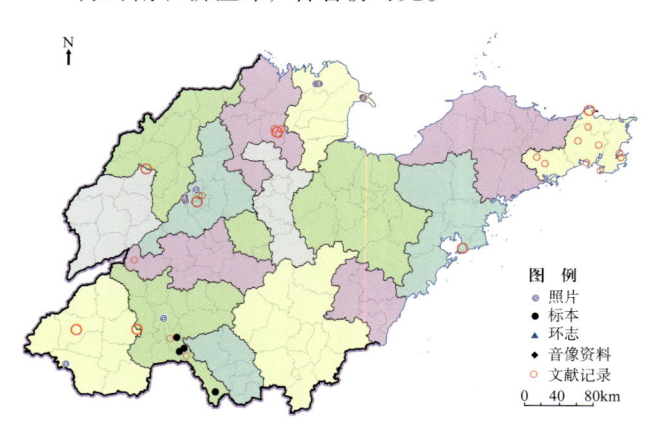

图 例
- 照片
- 标本
- 环志
- 音像资料
- 文献记录

0　40　80km

区系分布与居留类型：[古]W（P）。

种群现状： 曾为重要狩猎对象，羽毛可作很好填充材料。Wetland International（2002）估计亚洲地区有10 000～20 000只，而2001年亚洲水鸟调查是4 058只（Li and Mundkur 2002），狩猎和湿地生态环境破坏是影响种群生存的主要因素。山东多年来少见记录，近年来各地拍鸟者多有拍到照片；目前数量极少，急需要加强种群及湿地环境的保护，促进其种群的发展。

物种保护： Ⅲ，易危/CSRL，中日，En/IUCN，列于/CMSⅡ，列入/IRL。

参考文献： H104, M102, Zja107; La176, Q40, Qm177, Z65, Zx28, Zgm27。

山东记录文献： 郑光美2011，朱曦2008，钱燕文2001，范忠民1990，郑作新1987、1976；赛道建2013、1994，闫理钦2013、1998a，张希画2012，吕磊2010，贾文泽2002，田家怡1999，宋印刚1998，冯质鲁1996，赵延茂1995，纪加义1987a，田丰翰1957。

● 70-01　白眼潜鸭
Aythya nyroca（Güldenstädt）

命名： Güldenstädt JA, 1770, Nov. Comm. Sci. Petropol, 14: 403

英文名： Ferruginous Duck

同种异名： 白眼凫；*Aans nyroca* Güldenstädt, 1770；—

鉴别特征： 中型潜鸭。嘴黑色，颏具三角形白斑，眼白色。头颈、胸、胁暗栗色，颈基具黑褐色领环。上体暗褐色，翼镜、翼下、腹和尾下白色，肛侧黑色。雌鸟上胸棕褐色，下胸白色杂有棕色斑，胁褐色具棕色端斑。游泳时，头、颈、胸和胁暗栗色，肛侧黑色和尾下白色形成明显对照。飞翔时，腹中部、翅上、翅下白斑与暗色体羽形成明显对比，反差强烈。

形态特征描述： 中型潜鸭。嘴黑灰色或黑色。虹膜银白色。头、颈、胸浓栗色，颏有三角形小白斑。颈基部有一黑褐色领环。上体黑褐色，上背和肩羽具不明显棕色端边。次级飞羽和内侧初级飞羽白色和端部黑褐色形成宽阔白色翼镜和翼镜后缘黑褐色横带；外侧初级飞羽端部和羽缘暗褐色；三级飞羽黑褐色具绿色光泽。胸浓栗色而胁栗色，下腹淡棕褐色，肛区两侧黑色。上腹和尾下覆羽白色，腰和尾上覆羽黑色。跗蹠银灰色或黑色、橄榄绿色。

白眼潜鸭（薛琳20130409摄于姜山湿地；孙劲松20081014摄于孤岛故道）

雌鸟 似雄鸟，色较暗。虹膜灰褐色。头顶棕褐色，头顶和颈较暗，颏有三角形小白斑，喉杂有白色。上体暗褐色，背和肩具棕褐色羽缘。翅同雄鸟。上胸棕褐色，下胸灰白杂不明显棕色斑。上腹灰白色，下腹褐而羽缘白色。胁褐色具棕色端斑。尾上覆羽黑褐色，尾下覆羽白色。

幼鸟 似雌鸟。头侧和前颈色较淡，多皮黄色。胁和上体具淡色羽缘。

鸣叫声： 暂无鸣叫声记录。

体尺衡量度（长度 mm、体重 g）： 山东暂无标本及测量数据。

栖息地与习性： 繁殖期栖息于开阔地区、富有水生植物的湖泊、池塘和沼泽地带，冬季栖息于湖泊、河流、河口三角洲和海湾及沿海潟湖等水域附近。每年4月上中旬迁到繁殖地。10月上中旬开始南迁越冬地。性机警，善潜水，但在水下停留时间不长，常成对或小群在富有芦苇和水草的水面活动，多成十多只至几十只的小群，换羽期和迁徙期可集成较大群体，白天多在岸上休息或漂浮在开阔水面上睡觉，清晨和黄昏常在水边浅水处植物茂盛的地方潜水觅食，在水边浅水处将头伸入水中，或尾朝上扎入水中取食。

食性： 杂食性。主要采食水生植物的球茎、叶、芽、嫩枝和种子，以及甲壳类、软体动物、水生昆虫及其幼虫、蠕虫、蛙和小鱼等。

繁殖习性： 繁殖期4～6月。迁到繁殖地时已成对，在水边浅水处芦苇丛或蒲草丛中营浮巢，巢漂浮于水草丛间或半固定于水草上随水面涨落而起落，或营巢于水域附近草地上；巢由干植物茎叶构成，内垫绒羽。通常每窝产卵7～11枚，刚产卵淡绿色或乳白色，随孵化逐渐变为淡褐色，卵径约47mm×36mm。雌鸟孵卵，孵卵后雄鸟到换羽地换羽，孵化期25～28天。雏鸟早成雏，跟随雌鸟活动觅食50～60天。

亚种分化： 单型种，无亚种分化。

有学者认为与大洋洲 *A. australis*、东亚 *A. baeri*、马达加斯加 *A. innotata* 合组为超种，在圈养条件下能与 *Aythya*、*Anas*、*Netta* 等属和 *Bucephala clangula* 杂交产下后代。

分布： 德州-陵城区-丁东水库（张立新 20110619）。东营-◎黄河三角洲；河口区（李在军 20081214），孤岛故道（孙劲松 20081014）。济南-槐荫区-济西湿地（20160109）。济宁-任城区-太白湖（马士胜 20141003）。青岛-莱西-姜山湿地（21050621，薛琳 20130409）。（P）鲁西北平原，鲁西南平原湖区。

黑龙江、内蒙古、北京、天津、山西、陕西、宁夏、甘肃、青海、新疆、浙江、湖南、湖北、四川、重庆、贵州、云南、西藏、福建、台湾、广西、香港。

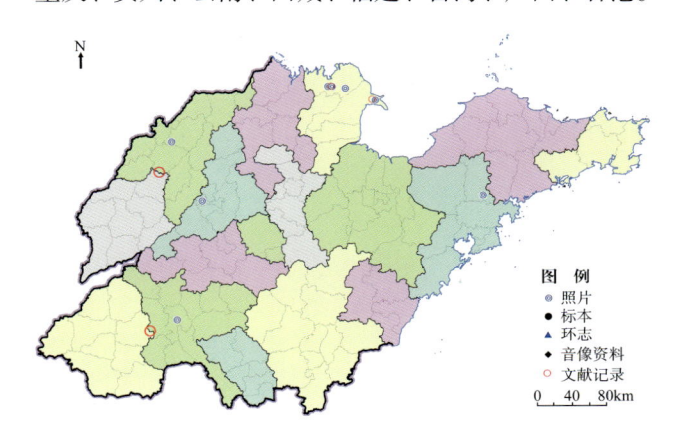

区系分布与居留类型： ［古］S（P）。

种群现状： 其肉味鲜美可食，绒羽可作羽绒制品填充料。在分布区曾是较常见潜鸭，据1992年国际水禽研究局组织的亚洲隆冬水鸟调查，中国仅见到1040只，现在种群数量已明显减少，分布区也不常见；山东分布较广，黄浙（1965）首次记录，2015年6月21日，赛道建、薛琳和任先生在莱西姜山湿地拍摄到成群白眼潜鸭在水边觅食活动；但数量较少，需加强物种与栖息地环境的保护。

物种保护： Ⅲ，无危/CSRL，3/CITES，Nt/IUCN。

参考文献： H103，M101，Zja106；La178，Q40，Qm178，Z64，Zx28，Zgm27。

山东记录文献： 郑光美2011，朱曦2008，赵正阶2001，范忠民1990，郑作新1987、1976；赛道建2013，张希画2012，纪加义1987a，黄浙1965。

● 71-01 凤头潜鸭
Aythya fuligula (Linnaeus)

命名： Linnaeus C，1758，Syst. Nat.，ed. 10，1：128（欧洲）

英文名： Tufted Duck

同种异名： 泽凫，凤头鸭子，黑头四鸭；*Anas fuligula* Linnaeus，1758，*Fuligula cristata*，*Fuligula fuligula*，*Nyroca fuligula*；—

鉴别特征： 中型黑色鸭。嘴灰色、嘴甲黑色，长冠羽黑色，眼黄色。腹、胁和翼镜白色。雌鸟羽冠短，头颈、胸、上体深褐色，额基具白斑，腹和胁具褐色横斑。

形态特征描述： 中型潜鸭。嘴蓝灰色或铅灰色，嘴甲黑色。虹膜金黄色。头颈黑色具紫色光泽，头顶特长形黑色冠羽披于头后明显。除腹、胁及翼镜为白色外，全身黑色。下背、肩和翼内侧覆羽杂有乳白色

凤头潜鸭（成素博 20130406 摄于付疃河；楚贵元 20090118 摄于南四湖）

细小斑点，外侧次级飞羽白色和宽阔黑色端斑形成白色翼镜和后部黑色边缘。跗蹠铅灰色，蹼黑色。非繁殖羽似雌鸟，头颈和上体羽色较暗，腹淡灰褐色，两胁斑纹淡色。

雌鸟 脸颊斑浅色。头颈、胸、上体黑褐色，羽冠黑褐色、较短、无光泽。额基白斑不明显。飞行时二级飞羽呈白色带状。尾下覆羽黑褐色。

幼鸟 羽色似雌鸟。眼为褐色。头形较平而眉突出。头和上体淡褐色，具皮黄色羽缘；头顶较暗。

鸣叫声： 飞行时发出"kuririr、kuririr"沙哑低沉鸣叫声；繁殖时发出低哨音。

体尺衡量度（长度mm、体重g）：

标本号	时间	采集地	体重	体长	嘴峰长	翅长	跗蹠长	尾长	性别	现保存处
					40	199	32	40	♀	山东师范大学

栖息地与习性： 主要栖息活动于湖泊、水库、池塘、沼泽、河流、河口等开阔水面，繁殖季节多栖息于岸边富有植物的开阔湖泊和河流。常成群活动，善于游泳，起飞时翅拍打水面，在水下数米深处的水底觅食游泳和潜水。白天多在岸上或漂浮在开阔的水面上休息，清晨和黄昏常在水边浅水处植物茂盛的地方觅食。

食性： 杂食性。主要捕食软体动物、虾、蟹、水生昆虫、小鱼、蝌蚪等，也采食少量水生植物。

繁殖习性： 繁殖期在5~6月。在嘈杂的簇拥游移群体中进行求偶交配，并用杂草和芦苇在湖边水泽附近隐蔽处或湖心岛上草丛中或灌丛中营建一个小平台式巢。每巢产6~11卵。孵化期23~28天。雏鸟早成雏，雌雄共同育雏，随雌鸭生活40~45天后飞行。

亚种分化： 单型种，无亚种分化。

因与新西兰 *A. novaeseelandiae* 及美洲 *A. collaris* 亲缘关系近可合组成超种。与 *Aythya* 的其他鸟种有杂交记录。

分布：滨州-滨州；滨城区-东海水库，北海水库，蒲城水库。**东营**-（P）◎黄河三角洲；河口区（李在军20090219）。**济宁**-南四湖（楚贵元20090118）；微山县-（P）南阳湖。莱芜-莱城区-牟汶河（陈军20160210）。**聊城**-（P）聊城。**日照**-东港区-付疃河（20150319、20140415，成素博20130406）。**威海**-（P）威海；荣成-八河，靖海，桑沟湾湿地（20140104）；马山港；乳山-龙角山水库，台依水库；文登-米山水库，坤龙水库，武林水库，五垒岛。**烟台**-海阳-凤城（刘子波20160327）。胶东半岛，鲁中山地，鲁西北平原，鲁西南平原湖区。

各省份可见。

区系分布与居留类型： ［古］（P）。

种群现状： 肉味鲜美，羽为很好填充材料，曾为狩猎对象之一；冬季。因其嗜食蛤子，对贝类养殖业有害。由于过度捕猎和栖息地环境破坏，现种群数量较少，需要加强对种群和栖息环境的保护。山东分布区狭窄，数量较少。

物种保护： Ⅲ，无危/CSRL，中日，Lc/IUCN。

参考文献： H105，M103，Zja108；La180，Q40，Qm178，Z65，Zx28，Zgm28。

山东记录文献： 郑光美2011，钱燕文2001，赵正阶2001，范忠民1990，郑作新1987、1976，付桐生1987，Shaw 1938a；赛道建2013，张希画2012，吕磊2010，贾文泽2002，田家怡1999，闫理钦1998a，冯质鲁1996，赵延茂1995，纪加义1987a。

● **72-01 斑背潜鸭**
Aythya marila（Linnaeus）

命名： Linnaeus C，1761，Faun. Svec., ed. 2：39（欧洲

Lapland）

英文名： Greater Scaup
同种异名： 铃鸭，铃凫，东方蚬（xiǎn）鸭，横画背鸭；*Anas marila* Linnaeus, 1761, *Fuligula mariloides* Vigors, 1839; Scaup Duck, Eastern Scaup

鉴别特征： 体矮中型鸭。嘴灰蓝色，眼金黄色，头颈黑色具光泽。背白色具黑褐色鳞状斑纹，胸、尾黑色，腹、胁和翼镜白色。雌鸟褐色，两胁浅褐色，嘴基具宽带状白斑。

形态特征描述： 中型潜鸭。嘴蓝灰色。虹膜亮黄色。头颈黑色具绿色光泽。上背黑色，下背和肩白色有黑色波浪状细纹。翼上覆羽淡黑褐色具白色波浪状细纹，次级飞羽形成白色翼镜及黑褐色后缘，飞行时，初级飞羽基部白色。胸黑色，腹、胁白色，下腹有稀疏暗褐色细斑，翼下覆羽和腋羽白色。尾羽淡黑褐色，尾上覆羽黑色，尾下覆羽黑色。跗蹠和趾铅蓝色，爪黑色。

雌鸟 嘴基有一白色宽环。头、颈、胸、上背褐色，不明显白色羽端形成鳞状斑。下背和肩褐色有不规则白色细斑。翼镜较小。腹灰白色，肛周杂乌褐色，两胁浅褐色、羽端具明显白斑。腋羽和小覆羽白色。尾下覆羽褐色。

鸣叫声： 求偶时雄鸟发出咕咕轻声及哨音；雌鸟回声粗哑。

体尺衡量度（长度mm、体重g）：

斑背潜鸭（成素博 20130307 摄于付疃河）

标本号	时间	采集地	体重	体长	嘴峰长	翅长	跗蹠长	尾长	性别	现保存处
					40	187	31	51	♂	山东师范大学
465*	19370408	青岛红岛		450	44	223	42	70	♂	中国科学院动物研究所
830163	19831003	鲁桥	559	410	28	189	39	58	♂	济宁森保站
	1938**	青岛	976			220				不详
	1938	青岛	911			208				不详

* 平台号为2111C0002200002041；** 寿振黄（1938）在青岛采到17只雄鸟、11只雌鸟标本，表中为平均量度

栖息地与习性： 繁殖期栖息于北极苔原带、苔原森林带等处。冬季栖息于沿海湾、河口、内陆湖泊、水库和沼泽地带。繁殖期成对活动，非繁殖期喜结群，多在沿海水域或河口，以及淡水湖泊活动。善游泳和潜水，起飞时两翅拍打水面，白天多在岸上或漂浮在开阔的水面上休息，清晨和黄昏主要通过潜水觅食。

食性： 杂食性。主要捕食软体动物、甲壳类、水生昆虫、小鱼等，也采食水藻、水生植物的叶、茎、种子，以及苜蓿种子等。

繁殖习性： 繁殖期5～6月。营巢于湖泊或河流岸边的干燥地上，隐藏在植被丛中，巢是一个简单的浅杯状，用杂草和雌鸭羽毛作衬里。每窝产卵6～11枚，孵化期持续26～28天。

亚种分化： 全世界有2个亚种，中国1个亚种，山东分布为指名亚种 *A. m. nearctica* Stejneger, *Nyroca marila mariloides*（Vigors）。

亚种命名 Stejneger, 1885, Kingsley, Standard Nat. Hist., 4: 141

有学者认为，本种与 *A. affinis* 形成超种。赵正阶（1995）、纪加义（1987b）认为中国和山东分布的是太平洋亚种 *mariloides*。

分布： 东营-(P)◎黄河三角洲。济宁-南四湖；微山县-(P)微山湖。青岛-(P)青岛；李沧区-●（Shaw 1938a）沧口；市北区-●（Shaw 1938a）大港；城阳区-●（Shaw 1938a）红岛；黄岛-●（Shaw 1938a）黄岛。日照-东港区-付疃河（成素博20130307），两城河（成素博20140111）。威海-(P)威海，双岛；荣成-八河，天鹅湖；乳山-白沙滩，海湾新区（于英海20151101）；文登-米山水库。烟台-(P)烟台。胶东半岛，鲁西北平原，鲁西南平原湖区。

黑龙江、吉林、辽宁、内蒙古、河北、北京、天津、河南、宁夏、江苏、上海、浙江、江西、湖南、湖北、四川、云南、福建、台湾、广东、广西、香港。

区系分布与居留类型：［古］(P)。

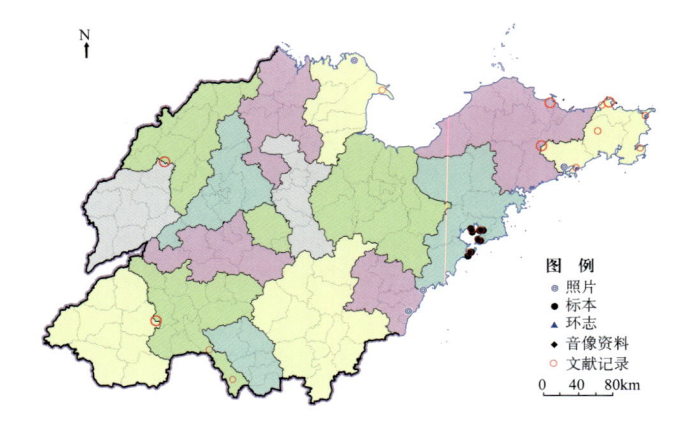

种群现状： 个大肉质好，食用价值高，羽可作填充材料，曾为冬季狩猎鸟之一。由于过度狩猎和环境污染与破坏，种群数量已较少，需要加强物种和栖息环境的保护。山东分布数量少，应加强调查研究。

物种保护： Ⅲ，中日，Lc/IUCN。

参考文献： H106，M104，Zja109；La183，Q40，Qm178，Z66，Zx29，Zgm28。

山东记录文献： 郑光美 2011，钱燕文 2001，赵正阶 2001，范忠民 1990，郑作新 1987、1976，付桐生 1987，Shaw 1938a；赛道建 2013，张希画 2012，吕磊 2010，贾文泽 2002，田家怡 1999，闫理钦 1998a，冯质鲁 1996，赵延茂 1995，纪加义 1987a。

73-00 小绒鸭
Polysticta stelleri（Pallas）

命名： Pallas，1769，Spic. Zool., 6：35（西伯利亚堪察加半岛）

英文名： Steller's Eider

同种异名： 绒鸭；—；—

鉴别特征： 头白色、额具绿色短羽，颈环、眼圈、颏及枕斑黑色。肩羽长、黑白二色，翼上覆羽白色、拢翼时成白色条纹，白色胸部两侧有一黑点。雌鸟深褐色，眼圈色浅。绿翼镜前后缘白色。形长的翅羽具光泽。飞行时翼下白色明显。

形态特征描述： 小型近黑色海鸭。嘴蓝灰色。虹膜红褐色。头白色，额具绿色短羽，颈环、眼圈、颏及枕斑黑色。胸部奶白色，两侧有一黑点。肩羽长、黑白二色；绿色翼镜前后有白色边缘，形长翅羽具光泽，翼上覆羽白色，拢翼时成一道白色条纹。翼下白色。脚蓝灰色。冬羽似雌鸟，头部和胸部有白色斑点。

雌鸟 深褐色。头上羽色清晰，眼圈色浅沿脖子向下略减淡。

鸣叫声： 求偶时，雄鸟发出低沉叫声及短吠声；雌鸟发出低沉吠叫、嗥叫及哨音。

体尺衡量度（长度 mm、体重 g）： 山东暂无标本及测量数据。

栖息地与习性： 栖息于北极苔原冻土带，靠近海岸的淡水区、岩石海湾，繁殖于淡水水塘附近，特别是四周被水环绕着岛屿，栖于沿海水域近溪流河口处。结群活动，游泳时尾上翘。喜欢借助捕猎绒鸭卵和幼雏的邻居海鸥将贼鸥、北极狐等天敌赶走。白天在潮汐下觅食。

食性： 杂食性，主要以藤壶、蛤、贻贝等软体动物，以及甲壳类、水生昆虫、蠕虫和小鱼等动物为食。

繁殖习性： 在岩石或草木隐蔽的地方用树枝、草叶、青草、海藻等筑巢底，内衬绒毛在巢中。每窝产卵 1～10 枚，卵有浅、褐和灰等不同橄榄油色。雌鸭孵卵，孵化期 25～30 天。幼雏由雌鸭带领，由多个雌鸭喂食，56 天后飞行。

亚种分化： 单型种，无亚种分化。

分布： 威海 -（P）（朱曦 2008）威海，荣成 -（闫理钦 1998）（P）八河。

黑龙江、河北。

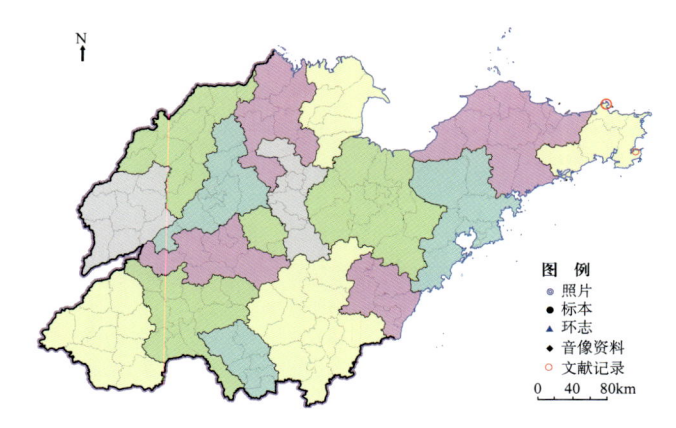

区系分布与居留类型： ［古］（P）。

种群现状： 山东分布仅有少量文献记录，但无标本、物种研究和照片等分布实证，其分布情况需要进一步研究确证（赛道建 2013），分布现状应视为无分布。

物种保护： Ⅲ，Vu/IUCN。

参考文献： H110，M105，Zja113；Q42，Qm178，Z69，Zx27，Zgm28

山东记录文献： 朱曦 2008；赛道建 2013，张月侠 2015，闫理钦 1998a。

74-11 丑鸭
Histrionicus histrionicus（Linnaeus）

命名： Linnaeus，1758，Syst. Nat., ed. 10, 1：127（北美洲 Newfoundland）

英文名： Harlequin Duck

同种异名： 晨凫；—；Stone Duck

鉴别特征： 中型深色海鸭，羽色丰富多彩。嘴小头高，脸具白斑，耳部有白圆斑和条纹。颈具白领，胸、翅有白条纹，肩羽长、黑白两色。雌鸟无白色肩羽和胸部条纹。

形态特征描述： 嘴深铅蓝色、嘴甲色较淡；嘴基到枕部黑色纵带两侧有到头顶白色带斑，白带斑至枕部为棕色带斑；嘴基至眼先大块白斑与白色带斑融为一体。虹膜红褐色。耳部有圆形白斑、后下方有长条白纹。上体石板蓝色，颈部较暗、基部两侧有镶黑边白色长条粗斑。肩羽暗褐色、羽端及较长肩羽外侧白色形成白色带斑。翅多暗石板灰色，外侧次级飞羽暗金属蓝色形成暗蓝色翼镜，内侧次级飞羽内翈灰褐色、外翈白色镶以黑边，大覆羽先端次端斑白色，几枚相间中覆羽的白色次端斑在翅上形成2～3个白色小圆点。翼下覆羽及腋羽暗灰色。胁栗红色。腹淡灰色。尾黑褐色、带石板灰色，尾上和尾下覆羽黑色，尾下覆羽两侧有白色圆形小斑。跗蹠灰褐色、蹼近黑色。

雌鸟 嘴暗灰色。虹膜褐色。眼前上方和眼先处各有白色斑。耳后方有白色圆斑。上体暗褐色沾橄榄色。翅、尾羽暗褐色。下体污白色、具淡褐色羽缘，形成斑杂状。胁、腋羽及尾下覆羽淡褐色。

鸣叫声： 求偶期，雄鸟发出高哨音，雌鸟以粗短叫声回应。

体尺衡量度（长度mm、体重g）： 山东暂无标本及测量数据。

栖息地与习性： 繁殖季节栖息于山区流速快的江河、溪流旁、岩石和灌丛间的深凹处，以及树洞中，冬季栖息于沿海水域和多岩石海湾、近海岛屿与河口。5～6月初迁到北方繁殖地，9月中下旬迁往越冬地，常成小群或家族群迁徙。成对或小群活动，非繁殖季节可集大群。飞行迅速而不高。白天常在水流湍急的江河、山区溪流和多岩礁的海岸附近潜水觅食。

食性： 潜水觅食底栖水生动物，如软体动物、甲壳动物、棘皮动物、水生昆虫和幼虫等，也能觅食附着于水中石头上的软体动物和昆虫。

繁殖习性： 繁殖期6～8月。在湍急的山涧溪流旁边、紧靠水边的灌木丛或岩石缝隙中，以及树洞或河心岛上草丛中营巢。每窝产卵4～8枚，卵乳白色，卵径约56mm×41mm，卵重53g。雌鸟孵卵，雄鸟离开雌鸟到别处换羽，孵化期28～30天。雏鸟早成雏，孵出后，由雌鸟带领约40天即能飞翔。

亚种分化： 单型种，无亚种分化。

有学者以体色暗淡、眉部栗色多少分为太平洋亚种（*H. h. pacificus*）和大西洋亚种（指名亚种 *H. h. histrionicus*）2亚种，多数学者认为变化太大，无亚种分化。

分布： 青岛-市南区-湛山湾（薛琳20130123），太平湾（陈云江20130112）。（P）胶东半岛，（P）山东。黑龙江、吉林、辽宁、河北、陕西、湖南。

区系分布与居留类型： [古]（P）。

种群现状： 由于石油泄露对海水污染、繁殖栖息地被破坏和过度捕猎等导致数量剧减而成为濒危物种，严格的保护措施已使其数量稳定或略有上升。丑鸭在中国种群数量极为稀少，仅冬季和迁徙季节偶见于中国东北和东部沿海。在山东分布数量极少，分布文献记录少，近年来，薛琳、陈云江等在青岛拍到照片确证分布现状，列入山东省级重点鸟类保护名录，应加强物种与栖息地保护研究。

物种保护： Ⅲ，中日，Lc/IUCN。

参考文献： H113，M106，Zja116；Q44，Qm179，Z71，Zx29，Zgm28。

山东记录文献： 郑光美2011，朱曦2008，赵正阶2001，范忠民1990，郑作新1987、1976，付桐生1987；张月侠2015，赛道建2013。

74-21 长尾鸭
Clangula hyemalis（Linnaeus）

命名： Linnaeus, 1758, Syst. Nat., ed. 10, 1：126（瑞典北部）

英文名： Long-tailed Duck

同种异名： —；—；American Wigeon

鉴别特征： 中型灰色、黑色、白色鸭。黑色中央尾羽特长，游泳时常直立。胸黑色，颈侧大块黑斑为特征。飞行时，黑色翼下与白色腹部特别明显。

形态特征描述： 上嘴中间橙黄色，两端黑色。虹膜暗黄色，眼圈白色。嘴基、眼区有一淡棕白色大脸斑。喉具少量细小淡棕色斑点。头和颈黑色。体黑褐色。上背和肩具棕黄色宽边，肩羽不明显延长；次级飞羽外侧栗色。腹、下胁及尾下覆羽白色。尾长而尖，中央一对尾羽黑褐色，特别长，羽端尖锐，第三对尾羽内侧淡黄色，羽干近外侧灰褐色、边缘淡黄色，其余尾羽淡黄色。跗蹠橙褐色，趾蓝灰色，蹼和爪黑褐色。

冬羽 头顶、后颈、颏、喉白色；眼周白色、

长尾鸭（赛道建 20121130、20121207，张月侠 20121130 摄于鹊山沉沙池）

外圈及颊淡棕褐色，颈侧黑褐色块斑大而显著；上背白色、有少量褐色羽毛；肩羽灰白色、有1枚特别长几乎达到翼端。翅黑褐色，次级飞羽外侧带棕色。下背、腰及尾上覆羽均黑褐色。胸黑褐色，胁、腹及尾下覆羽白色。中央一对尾羽外一对尾羽暗褐色而具白边，向外侧尾羽褐色越淡而白边越宽，最外侧尾羽纯白色。

雌鸟 冬羽前额、头顶黑褐色，头两侧有大黑斑，其余头、颈白色，额、喉较暗。上背、上胸黑褐色，具宽红褐色羽缘。下背、翅黑褐色，次级飞羽暗栗褐色，中覆羽皮黄色。中央尾羽黑褐色，外侧尾羽灰褐色。

鸣叫声： 求偶发出"ow-ow-ow-lee……caloo caloo"嘈杂声。雌鸟为多变低弱呱呱声。

体尺衡量度（长度mm、体重g）： 山东暂无标本及测量数据。

栖息地与习性： 繁殖期栖息于北极冻原湖泊和水塘中，以及流速缓慢的河流及河口地区，出没于草地和矮桦树林等生境。3月初开始迁往繁殖地，9月中下旬开始陆续离开繁殖地，常成小群迁徙，冬末常成对或成小群，越冬通常雌鸟和幼鸟更靠近繁殖地，雄鸟则离繁殖地远些。非繁殖期常集成数十大群在沿海水域、海湾、潟湖和近陆海岛四周海面上和内陆湖泊与江河中活动，常和秋沙鸭等混群游泳活动，善游泳和潜水，游泳时，尾可翘得很高，潜水寻食。

食性： 主要以软体动物和鱼类为食，食物包括昆虫的幼虫、虾、蟹等甲壳类、小鱼和软体动物，以及少量植物性食物。

繁殖习性： 繁殖期5~8月。在靠近湖泊、河流、水塘河岸植被和沼泽地边缘的草丛中营巢繁殖，巢利用地上的小凹坑放少许枯草和苔藓作衬里即成，产卵后，雌鸭拔下大量绒羽放于巢内。每窝产卵5~9枚，卵椭圆形或长椭圆形，橄榄褐色或橄榄皮黄色，光滑无斑，卵径约48mm×35mm，卵平均重约39g。雌鸟孵卵，雄鸟离开雌鸟去换羽，孵化期23~26天。雏鸟跟随亲鸟35~40天飞行，2龄时性成熟。

亚种分化： 单型种，无亚种分化。

分布： 滨洲-滨城-西海水库（20161224）。济南-天桥区-◎鹊山沉沙池（20121130、20121207，张月侠20121130，王秀璞20121203）。青岛-李沧区-李村河入海口（于涛20170202）。

黑龙江、吉林、辽宁、河北、北京、天津、河南、山西、甘肃、新疆、江苏、湖南、四川、福建。

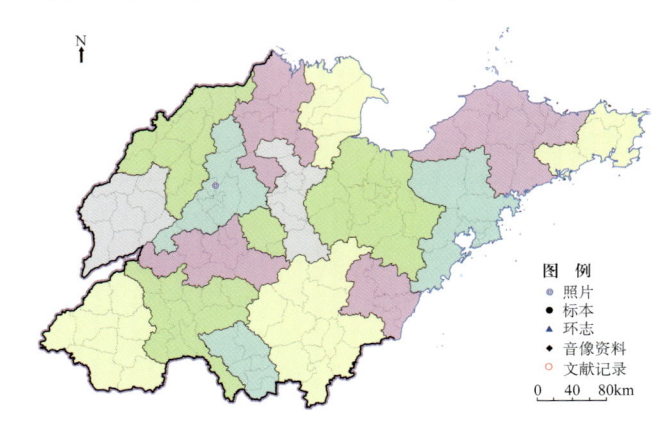

区系分布与居留类型： [北] WP。

种群现状： 20世纪90年代，对越冬种群的检测研究，发现其整体下降速率非常明显，可能导致该物种濒危。群体发展趋势不确定。近年来，山东济南首次发现极少量个体，并拍到照片（张月侠和赛道建2014），列入山东省重点保护野生动物名录，急需加强对物种与栖息环境的保护。

物种保护： Ⅲ，VU/IUCN。

参考文献： H114，M107，Zja117；Q44，Qm179，Z71，Zx29，Zgm28。

山东记录文献： —；张月侠2014，王皇2013。

75-01 黑海番鸭
Melanitta nigra (Linnaeus)

命名： Linnaeus，1758，Syst. Nat.，ed. 10，1：123（英国及Lapland）

英文名： Black Scoter

同种异名： 美洲黑鳧；—；Common Scoter

鉴别特征： 大型黑色鸭。嘴黑色、上嘴基具黄色肉瘤。雌鸟暗褐色，颏、喉、颈侧灰白色。尾黑色、长而尖。脚黑褐色。

形态特征描述： 矮胖型深色海鸭。嘴基有大块黄色肉瘤。通体全黑色，上体微具光泽。翼下覆羽黑褐色和银灰色。尾黑色，长而尖。

雌鸟 头顶和后颈黑色，脸和前颈皮灰黄色，头侧、颈侧、颏和喉灰白色，颈侧缀淡褐色细小斑点，上体暗灰褐色、具灰白色端斑。胸、胁具灰白色端斑。胸和腹淡灰褐色，腹灰白色斑纹少而不明显。腋羽、肛周及尾下覆羽暗褐色；翼下覆羽暗灰褐色、具灰白色狭缘。飞行时，两翼近黑色，翼下羽深色。

鸣叫声： 暂无鸣叫声记录。

体尺衡量度（长度mm、体重g）： 山东暂无标本及测量数据。

栖息地与习性： 繁殖期栖息于北极苔原带的湖泊、水塘与河流中。非繁殖期在沿海、海湾等水域，迁徙期偶尔到内陆湖泊，雌鸟越冬比雄鸟更靠北些。4～5月迁往繁殖地，迁徙中雌鸟和幼鸟加入，9～10月迁往越冬地；飞行时两翅扇动较快，常发出"呼呼"的声响。沿水域飞行较低，在陆地飞行很高，有时在内陆湖泊作短暂停留。飞行队列常紧密成团，或呈波浪式线形。性喜成群游泳，有时雌雄分别集群，偶尔见单只或成对活动，善游泳和潜水，潜水觅食。

食性： 主要采食水生昆虫、甲壳类、软体动物等小型动物，以及眼子菜和其他水生植物的根、叶等植物性食物。

繁殖习性： 在冬末和春季迁徙路上形成配对。营巢于北极和苔原森林带。巢位于湖泊、水塘、河流等淡水水域不远的草丛、灌木丛中，或多湖泊和水塘的苔原和岛屿，巢利用干植物构成，衬以雌鸟拔下的绒羽。每窝产卵6～10枚，淡绿褐色或淡黄色。卵径约65mm×43mm，卵重约67g。雌鸟孵卵。雄鸟成群飞到海上或去换羽。孵化期27～28天。雏鸟通常2龄时性成熟。

亚种分化： 全世界有2个亚种，中国1个亚种，山东分布为北美亚种 *M. n. americana*（Swainson）。

亚种命名 Swqinson, 1932, *in* Swainson and Richardson, Faun. Bor. Am., 2：450（加拿大Hudson Bay）

有学者将2个亚种独立成种（赵正阶1995）。

分布：东营 - 黄河三角洲。**济宁** -（P）南四湖；微山县 - ●鲁桥，（P）昭阳湖。鲁西南平原湖区，（P）山东。

黑龙江、江苏、上海、重庆、福建、广东、香港。

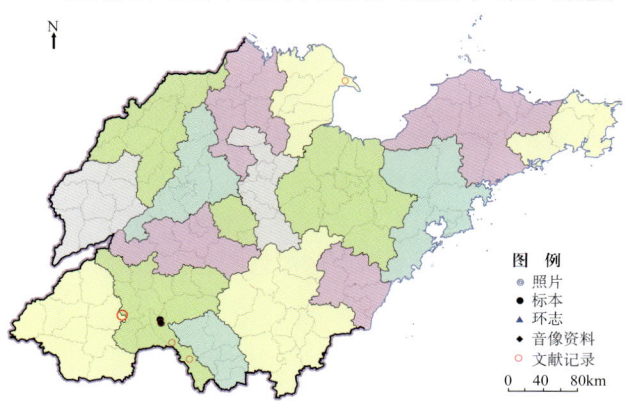

区系分布与居留类型： [古]（P）。

种群现状： 1984年12月2日，首次在微山县鲁桥采到雌鸟标本，为山东新记录（纪加义1986），分布数量少，需要加强物种和栖息保护，促进种群的恢复发展；近年来，未能征集到照片，分布现状需进一步研究确证。

物种保护： Ⅲ，Lc/IUCN。

参考文献： H111，M108，Zja114；Q42，Qm179，Z70，Zx29，Zgm29。

山东记录文献： 郑光美2011，朱曦2008，范忠民1990；赛道建2013，冯质鲁1996，田逢俊1993b，纪加义1987a、1986。

● 76-01　斑脸海番鸭
Melanitta fusca（Linnaeus）

命名： Linnaeus, 1758, Syst. Nat., ed. 10, 1：123（瑞典海岸）

英文名：Velvet Scoter

同种异名： 奇嘴鸭，海番鸭；—；—

鉴别特征： 大型黑色鸭。橙红色嘴基有黑色瘤，眼后有醒目半月形白斑，翼镜白色。雌鸟暗褐色，上嘴基和耳区各有一圆形白斑。

形态特征描述： 中型鸭。嘴灰色、端黄色、侧部带粉色，上嘴粉红色、黄色而基部有黑色肉瘤。虹膜白色，眼下后方有新月形白斑。全身黑褐色，具紫色光泽，翼镜白色；颏、喉、前颈和下体稍棕色。脚深红色。飞行时，次级飞羽白色明显。

雌鸟 嘴近灰色，嘴甲和上嘴淡紫色，嘴峰、上嘴边缘黑色，嘴基、耳部有淡白色块斑，无肉瘤。虹膜褐色。头、颈棕黑色。下体色泽较淡，胸部中央和腹侧白色。脚色浅。

斑脸海番鸭（于英海 20151121 摄于八河港）

鸣叫声： 求偶时，雄鸟为尖叫声大，雌鸟为粗重"karrr"声。

体尺衡量度（长度mm、体重g）： 山东暂无标本及测量数据。

栖息地与习性： 繁殖期栖息于有稀疏林木生长的北方冰川湖泊、沿海海滩、内陆淡水河湖和湖沼地区。迁徙期出现在内陆湖泊与河口；冬季主要栖息于沿海海域、湖泊。小群飞行作短距离的迁徙，飞行能力强，拍打翅膀速度缓慢。除繁殖期外常成群活动，潜水捕食。

食性： 主要采食鱼类、水生昆虫、甲壳类、贝类等小动物及眼子菜等绿色植物。

繁殖习性： 繁殖期5~6月。在离水域不远低矮树木或灌丛的草地上或岩石间空隙里营巢，用树叶和羽毛作衬里。每巢产卵约10枚，孵化期约29天。雏鸭早成雏，出壳后很快就能下水觅食。

亚种分化： 全世界有3个亚种，中国1个亚种，山东分布为西伯利亚亚种 *M. f. stejnegeri*（Ridgway）。

亚种命名　Ridgway，1887，Man. No. Amer. Bds.：112（西伯利亚堪察加半岛和日本）

分布： 东营 -（P）◎黄河三角洲；河口区 - 五号桩（刘涛20160113）。青岛 - 胶州湾。威海 - 荣成 - 八河港（于英海20151121）。胶东半岛、鲁西北平原。

黑龙江、吉林、辽宁、内蒙古、河北、北京、天津、山西、河南、新疆、江苏、上海、浙江、江西、湖南、四川、福建、香港。

区系分布与居留类型： [古]（P）。

种群现状： 物种分布范围广，种群数量趋势较稳定，被评为无生存危机物种。卢浩泉和王玉志（2001）认为山东已无分布，山东分布数量稀少，列入山东省重点保护野生动物名录。

物种保护： Ⅲ，中日，IUCN。

参考文献： H112，M109，Zja115；Q44，Qm179，Z70，Zx29，Zgm29。

山东记录文献： 郑光美2011，郑作新1987、1976，钱燕文2001，Shaw 1938a，朱曦2008；赛道建2013，张希画2012，田家怡1999，赵延茂1995，纪加义1987b。

● 77-01　鹊鸭
Bucephala clangula（Linnaeus）

命名： Linnaeus C，1758，Syst. Nat.，ed. 10，1：125（欧洲）

英文名： Common Goldeneye

同种异名： 喜鹊鸭子，金眼鸭（凫），白脸鸭，白颊凫；*Anas clangula* Linnaeus，1758；—

鉴别特征： 嘴黑色，眼黄色，头大高耸、黑色，颊具白色大圆斑。飞行时，上体黑色、下体白色，翅上大型白斑鉴别特征明显，泳时尾翘起。雌鸟头颈褐色、颈基有白环，上体羽缘白色，胸、胁灰色。

形态特征描述： 中型鸭类。嘴短粗，黑色。虹膜金黄色。头、上颈黑色具紫蓝色光泽，颊、嘴基处两侧各有一大型白圆斑。颈短，下颈、背、肩羽、腰、尾上覆羽和尾黑色。外侧肩羽白色，外翈羽缘黑色形成黑纹。翅黑褐色，次级飞羽和中覆羽白色，大覆羽白色具黑色端斑，在翅上形成大块白斑。下颈、胸、腹及胁白色，近腰处略杂黑色条纹。肛周灰褐色杂有白点。尾下覆羽灰色至黑褐色。跗蹠黄色，蹼黑色，爪褐色。

鹊鸭（李在军20090307 摄于河口区；赛道建20141224 摄于天鹅湖）

雌鸟　雌鸟略小，嘴黑褐色，端甲橙色。虹膜淡金黄色。头、上颈褐色，颈基颈环白色。上体淡褐色，羽端灰白色。初级飞羽暗褐色，次级飞羽外侧白色、内侧暗褐色。大覆羽白色，略杂灰褐色，中覆羽褐色、羽端白色，小覆羽暗褐色、羽端较淡。下体同雄鸟，胁暗灰色具白色边缘。尾灰褐色。跗蹠黄褐色，蹼暗黑色，爪橙褐色。

鸣叫声： 暂无鸣叫声记录。

体尺衡量度（长度 mm、体重 g）：

标本号	时间	采集地	体重	体长	嘴峰长	翅长	跗蹠长	尾长	性别	现保存处
					38	219	36	92	♂	山东师范大学
B000105					35	244	40	76	♂	山东博物馆
B000104					29	182	31	23	♀	山东博物馆
840522	19841125	昭阳湖	555	393	28	198	44	97	♀	济宁森保站

栖息地与习性： 繁殖期栖息于平原森林地带中的溪流、水塘和水渠中，除繁殖期外常成群活动于流速缓慢的江河、湖泊、水库、河口、海湾和沿海水域。3月初从越冬地迁往北方繁殖地，不参与繁殖的幼鸟可留在靠北的越冬地，10月从繁殖地南迁。常成小群沿河流或海岸多贴水面进行迁飞。除繁殖期外常成10~50只的中小群体活动，性机警，白天活动在水流缓慢的江河与沿海海面，游泳时尾翘起，起飞笨拙，需要两翅在水面不断拍打和助跑才能起飞，飞行快而有力，善潜水觅食。

食性： 主要捕食蠕虫、软体动物、甲壳类、昆虫及其幼虫、小鱼、蛙及蝌蚪等各种水生动物。

繁殖习性： 繁殖期5~7月。冬末、迁徙途中或到达繁殖地后形成配对，选择水域岸边天然树洞，特别是杨树、桦树、橡树等树洞中营巢，有利用旧巢习性，如无干扰常多年利用；巢由少许树木屑和树韧皮纤维构成，开始产卵后雌鸭拔下大量绒羽放于巢内。每窝产卵8~12枚，卵淡蓝绿色，卵径约61mm×44mm，卵重55g。雌鸭孵卵，雄鸭离开到湖中或海上换羽，孵化期约30天；孵卵初期雌鸭离巢觅食时用巢内绒羽盖住卵，孵卵后期不离巢。雏鸭早成雏，孵出第2天从树洞中跳下来进入水中游泳和潜水，跟随雌鸭50~70天后飞翔。2龄时性成熟。

亚种分化： 全世界有2个亚种，中国1个亚种，山东分布为指名亚种 *B. c. clangula* (Linnaeus)。

亚种命名 Linnaeus C, 1758, Syst. Nat., ed. 10, 1：125（欧洲）

亚种分化存在异议。本种有时置于 *Glaucionetta*，与 *B. islandica* 有杂交现象。

分布： 滨州 - 滨州；滨城区 - 东海水库、北海水库、蒲城水库。东营 - （W）◎黄河三角洲；河口区（李在军 20090307）。菏泽 - （P）菏泽。济南 - （W）济南；天桥区 - 北园；槐荫区 - 鹊山水库（20140124、20150109）。济宁 - （W）南四湖。青岛 - 青岛。泰安 - 泰安（张艳然 20101226）；泰山区 - 大河水库（彭国胜 20151219）。威海 - 荣成 - 天鹅湖（20140115、20141224、孙涛 20141227、王秀璞 20150104），八河（20160115）。烟台 - 牟平 - 鱼鸟河口（王宜艳 20151218）。胶东半岛，鲁中山地，鲁西北平原，鲁西南平原湖区。

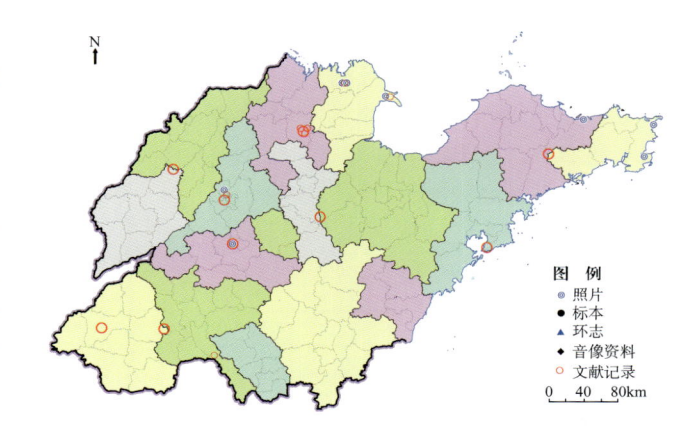

除海南外，各省份可见。

区系分布与居留类型： [古]（W）。

种群现状： 主食蛤类，对蛤类养殖业有危害，但对其益害和利用价值需做进一步研究。由于狩猎和生境恶化，种群数量明显减少，1990年和1992年国际水禽研究局组织的亚洲隆冬水鸟调查，中国分别见到1852只和277只。全球种群数量丰富被评价为无生存危机的物种。山东迁徙越冬期间可见，数量不普遍，未列入山东省重点保护野生动物名录。

物种保护： Ⅲ，无危/CSRL，中日，Lc/IUCN。

参考文献： H115，M110，Zja118；La186，Q44，Qm180，Z72，Zx30，Zgm29。

山东记录文献： 郑光美 2011，朱曦 2008，范忠民 1990，郑作新 1987、1976，Shaw 1938a；赛道建 2013、1994，闫理钦 2013，张希画 2012，吕磊 2010，王海明 2000，田家怡 1999，冯质鲁 1996，赵延茂 1995，纪加义 1987b，田丰翰 1957。

78-01 斑头秋沙鸭
Mergellus albellus Linnaeus

命名： Linnaeus C, 1758, Syst. Nat., ed. 10, 1：129（地中海 Smyrna 附近）

英文名： Smew

同种异名： 白秋沙鸭，小秋沙鸭，川秋沙鸭，鵀鳬（wúfú），小鱼鸭；*Mergellus albellus* (Linnaeus, 1758)；—

鉴别特征： 小型黑白秋沙鸭。嘴黑色，眼周、枕部、背中央黑色，体侧、胸侧黑线与白色体羽形成醒目斑纹。雌鸟头颈栗褐色，喉白色，上体黑褐色，翼斑与下体白色。

形态特征描述： 小型秋沙鸭。嘴铅灰色。虹膜红色。头颈白色，眼周和眼先黑色，在眼区形成一黑斑。枕部两侧黑色、中央白色，羽延长形成羽冠。背中央黑色，上背前部白色、黑色端斑形成两条半圆形黑色狭带伸到胸侧；背两侧白色。体侧有一黑色纵线，胸侧有两条黑色斜线；肩前部白色、后部暗褐色，翅灰黑色。下体白色，胁具灰褐色波浪状细纹。腰部尾上覆羽灰褐色，尾羽银灰色。跗蹠铅灰色。冬羽似雌鸟，眼先黑色部分较窄而明显。常换"蚀羽"及鲜艳的婚羽各1次。

雌鸟 嘴绿灰色。虹膜褐色。额、头顶、后颈栗色，眼先和脸黑色，颊、颈侧、颏和喉白色。背至尾上覆羽黑褐色。肩灰褐色。前颈基至胸灰白色，胁灰褐色。跗蹠绿灰色。

斑头秋沙鸭（成素博20140109 摄于付疃河口养殖池；孙劲松20090304 摄于孤岛南大坝）

幼鸟 绒羽有明显花纹。
鸣叫声： 雄鸟繁殖期发出低沉叫声。
体尺衡量度（长度mm、体重g）：

标本号	时间	采集地	体重	体长	嘴峰长	翅长	跗蹠长	尾长	性别	现保存处
					29	180	27	78	♀	山东师范大学
					34	203	29	86	♂	山东师范大学
	1958	微山湖	400		32	205	32	42	♀	济宁一中
B000072					31	192	28	68	♂	山东博物馆
B000075					30	184	28	70	♀	山东博物馆
830254	19831201	南阳湖	677	430	29	194	39	68	♂	济宁森保站

栖息地与习性： 繁殖季节栖息于森林或森林附近的湖泊、河流、水塘等水域中，非繁殖季节栖息于湖泊、江河、水塘、水库、河口、海湾和沿海沼泽地带，以及小而平静的水池中。3月中下旬从山东以南越冬地北迁，9月上中旬从繁殖地迁离，11月到达越冬地。迁徙时多成20～30只小群迁飞。喜在平静湖上常成中小群活动，甚至在城市公园湖泊中。休息时多在水中游荡，飞行快而直，翅扇动较快，常发出清晰的振翅声。起飞时需两翅拍打水面助跑起飞。日行性，善游泳和潜水，游泳时颈伸直，或将头浸入水中，频频潜水，一边游泳一边潜水觅食。

食性： 杂食性。主要捕食小型鱼类和甲壳类、贝类、水生昆虫等无脊椎动物，也采食水草、种子、树叶等植物。

繁殖习性： 繁殖期5～7月。配对的形成多在冬末和迁徙途中，到达繁殖地时配对已基本形成，2～5月一雄多雌求偶交配，营巢于绝壁上或林中河边、湖边老龄树如松树、橡树等乔木顶部的天然树洞中；每窝产卵6～10枚，卵淡黄色或白色，卵径约52mm×38mm，卵重约39g。雌鸟孵卵，孵化期26～28天。幼雏跟随雌鸭生活3～4个月后随群体南迁，1～2岁性成熟。

亚种分化： 单型种，无亚种分化。

本种有时被归为 *Mergus*。国外有与鹊鸭杂交的记录，显示两种间亲缘关系较近。

分布： 滨州 - 滨州；滨城区 - 东海水库，北海水库，蒲城水库。**东营** - （P）◎黄河三角洲；河口区 - （李在军 20081204），孤岛南大坝（孙劲松 20090304）。**济南** - （W）济南；天桥区 - 沉沙池（陈云江 20111218），鹊山水库（20141213，赛时 20120102），北园；槐荫区 - 玉清湖（20141213，赛时 20130125，孙涛 20150110）。**济宁** - （P）●济宁，（W）南四湖（楚贵元 20090128）；任城区 - 太白湖（宋泽远 20140129，20160224））；微山县 - 南阳湖，●微山湖（20151208）。**莱芜** - 莱城区 - 牟汶河（陈军 20160207）。**聊城** - （W）聊城，电厂水库（20160109）。**日照** - 东港区 - 两城河（成素博 20130106），付疃河（成素博 20130115），付疃河口（成素博 20140109）。**泰安** - 岱岳区 - 大河水库，黄前水库，大汶河；东平县 - 东平湖。**威海** - （W）威海；荣成 - 八河，天鹅湖（20121221、20140115），桑沟湾；乳山 - 龙角山水库（20131220）。**淄博** - 高青县 - 大芦湖（赵俊杰 20160319），常家镇（赵俊杰 20160320）。胶东半岛，鲁西北平原，鲁西南平原湖区。

除海南外，各省份可见。

区系分布与居留类型： [古]（W）。
种群现状： 具较高观赏价值，但人工繁殖极困难，幼雏存活率高，易于饲养；肉腥味膻，经济价值不高。种群数量曾经相当丰富，由于湿地环境日益破坏，对物

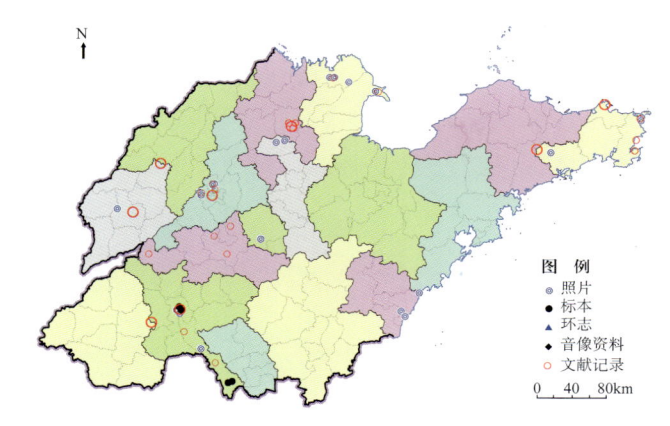

种的生存已构成威胁，使其数量明显减少，在分布区已不是十分常见物种，需要加强物种和栖息地保护工作。

物种保护： Ⅲ，无危/CSRL，中日，Lc/IUCN。

参考文献： H117，M111，Zja119；La189，Q46，Qm180，Z73，Zx31，Zgm29。

山东记录文献： 郑光美 2011，朱曦 2008，钱燕文 2001，范忠民 1990，郑作新 1987、1976，Shaw 1938a；赛道建 2013、1994，闫理钦 2013，张希画 2012，吕磊 2010，贾少波 2002，贾文泽 2002，田家怡 1999，冯质鲁 1996，赵延茂 1995，纪加义 1987b，田丰翰 1957。

● 79-01　红胸秋沙鸭
Mergus serrator Linnaeus

命名： Linnaeus C，1758，Syst. Nat.，ed. 10，1：129（欧洲）

英文名： Red-breasted Merganser

同种异名： 海秋沙；—；—

鉴别特征： 大型秋沙鸭。嘴尖长、红色。头、长丝状羽冠和上体黑色，上颈环、下体、体侧白色，体侧具斜行横斑，胁部、体侧具蠕虫状细波状纹，下颈和胸棕红色。雌鸟头棕褐色、颈灰褐色、上体灰褐色。与中华秋沙鸭的区别是胸部棕色、条纹色深；与普通秋沙鸭的区别是胸色深而冠羽更长。

形态特征描述： 嘴深红色，嘴峰、嘴甲黑色。虹膜红色。头黑色具绿色金属光泽，丝质冠羽长而尖、黑色。上颈具白色宽颈环，下颈、胸锈红色杂黑褐色斑纹。背黑色，下背暗褐色，腰和尾上覆羽灰褐色、具细密黑白相间细纹。外侧肩羽白色，内侧肩羽黑褐色。翅褐色，初级飞羽和覆羽暗褐色、外侧边缘色深，三级飞羽黑褐色，小覆羽褐灰色，外侧具黑色羽缘的白色次级飞羽、中覆羽、大覆羽形成白色翼镜和大而白的翅斑。下胸至尾下覆羽白色，胁具黑白相间波状细纹。尾羽黑褐色。跗蹠红色。非繁殖期色暗而褐，近红色头部渐变成颈部灰白色。

红胸秋沙鸭（成素博 20130316 摄于付疃河；孙劲松 20101116 摄于孤岛南大坝）

雌鸟 体色暗而褐。虹膜红褐色，眼先白色。头顶、后颈、枕棕褐色，头侧、颈侧淡棕色，羽冠棕褐色，喉、前颈淡棕白色。背、肩至尾灰褐色具灰色尖端。前胸污白色，胁灰褐色，其余下体白色。

幼鸟 似雌鸟。胸和下体中部多灰褐色，白色少。

鸣叫声： 求偶期间，雄鸟发出似猫的咪咪声，雌鸟发出似喘息的叫声。

体尺衡量度（长度 mm、体重 g）：

标本号	时间	采集地	体重	体长	嘴峰长	翅长	跗蹠长	尾长	性别	现保存处
					56	221	38	80	♀	山东师范大学
B000076		青岛			56	206	34	84		山东博物馆
518*		四方	485		58	245	50	95		中国科学院动物研究所

* 平台号为 2111C0002200002043

注：寿振黄（1938）采到雄鸟 2 成 1 幼、雌鸟 3 个标本；Shaw（1938a）记录 3♂ 重 910～990g，翅长 236～252mm；3♀ 重 730～780g，翅长 209～226mm。

栖息地与习性： 繁殖期栖息于森林区中的河流、湖泊等处，或无林苔原地带水域中，非繁殖期栖息于海边、江河、湖泊、水库及浅水海湾等处。3 月上中旬从越冬地往北迁徙，10 月下旬开始出现北部在越冬地。飞行快而直，起飞笨拙，性机警，常呈小群活动，善于潜水，潜水时，身体首先往上一跃、翻身潜入水中；休息时，漂浮在水面，头举起，颈伸直；游泳时，分散成 2～3 只或单只将头浸入水中探视水中食物，边游边潜水觅食。

食性： 主要捕食小型鱼类、水生昆虫及其幼虫、甲壳类、软体动物等水生动物，也取食少量植物性饵料。

繁殖习性： 繁殖期 5～7 月。多在冬末、春季迁徙路上或到达繁殖地后形成对，在湖泊、河流等水域岸边的地上灌丛、草丛中或岩石下、缝隙中，有时在树洞和地面凹坑中营巢，巢内垫有枯草和绒羽。每窝产卵8～12枚，卵径约65mm×44mm，卵重约69g，表面光滑无斑，淡橄榄色或深皮黄色。雌鸟孵卵，孵化期33天。雌鸟孵卵后雄鸟独自去换羽。雏鸟早成雏，跟随雌鸟活动觅食1个月左右能飞翔，2龄时性成熟。

亚种分化： 单型种，无亚种分化。

分布： 东营 - ◎黄河三角洲，河口区 - 孤岛南大坝（孙劲松20101116）。济宁 -（W）济宁，南四湖；微山县 -（W）微山湖。青岛 - ●（Shaw 1938a）（P）青岛，●四方；市北区 - ●（Shaw 1938a）大港；黄岛区 - ●（Shaw 1938a）薛家岛。日照 - 东港区 - 付疃河（成素博20130316），夹仓口（成素博20130213）。烟台 - 牟平 - 养马岛（王宜艳20151220）。胶东半岛，鲁西南平原湖区。

黑龙江、吉林、辽宁、内蒙古、河北、北京、天津、甘肃、新疆、江苏、上海、浙江、江西、四川、福建、广东、广西、香港。

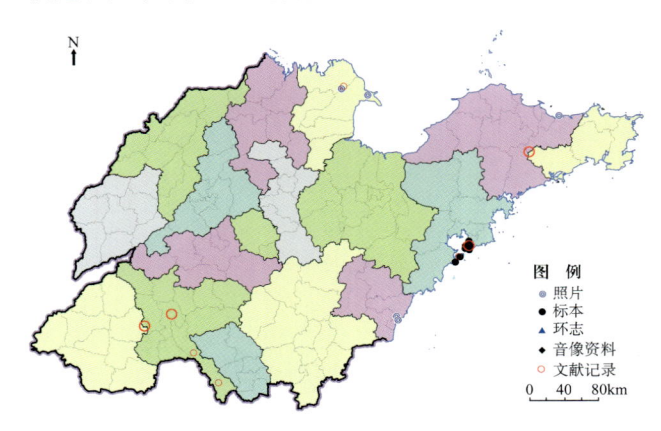

区系分布与居留类型： ［古］（W）。

种群现状： 肉味腥臊，食用价值低，绒羽是良好填充材料。捕食鱼虾，对渔业有一定害处。物种分布范围广，种群数量趋势稳定，被评价为无生存危机物种；曾是中国常见的一种秋沙鸭，特别是冬季在东南沿海相当丰富的，近年来，种群数量明显减少。山东越冬种群数量少，需要加强种群与栖息地环境保护工作。

物种保护： Ⅲ，中日，Lc/IUCN。

参考文献： H119，M112，Zja121；La193，Q46，Qm181，Z75，Zx30，Zgm29。

山东记录文献： 郑光美2011，朱曦2008，钱燕文2001，赵正阶2001，郑作新1987、1976，Shaw 1938a；赛道建2013，于培潮2007，冯质鲁1996，田逢俊1993b，纪加义1987b。

● **80-01 普通秋沙鸭**
Mergus merganser Linnaeus

命名： Linnaeus C，1758，Syst. Nat.，ed. 10，1：129（欧洲）

英文名： Common Merganser

同种异名： 川秋沙；*Mergus orientalis* Gould，*Mergus castor* Linnaeus；Goosander

鉴别特征： 大型秋沙鸭。嘴红色，短冠羽使头部显得粗大。头颈绿黑色、上体黑色，颈胸部与下体白色，翅具大白斑。腰、尾灰色。雌鸟头颈棕红色，上体灰褐色，喉、下体和翼镜白色。特征明显，容易鉴别。

形态特征描述： 个体最大的秋沙鸭。嘴暗褐色。虹膜暗褐色或褐色。头颈黑褐色、具绿色金属光泽，羽冠厚而短、黑褐色，使头颈显得粗大。背黑色。大覆羽和中覆羽白色，形成大型白色翼镜。下颈、胸及整个下体和体侧到尾下覆羽白色。腰和尾上覆羽灰色。尾羽灰褐色。跗蹠红色。

普通秋沙鸭（孙劲松20101116摄于孤岛南大坝）

雌鸟 似雄鸟。头顶、枕、后颈棕褐色，颊、喉白色，微缀棕色。颈侧、前颈淡棕色。上体灰色，肩羽灰褐色，翼上覆羽灰色。下体白色，体两侧灰色而具白斑。

幼鸟 似雌鸟，喉白色延伸至胸部，绒羽有明显花纹。

鸣叫声： 求偶时，雄鸟发出假嗓的"uig-a"叫声，雌鸟有几种粗哑叫声。

体尺衡量度（长度mm、体重g）：

标本号	时间	采集地	体重	体长	嘴峰长	翅长	跗蹠长	尾长	性别	现保存处
					59	271	52	134	♂	山东师范大学
B000139					67	286	49	113	♂	山东博物馆
	1958	微山湖		650	55	290	58	96	♂	济宁一中
	1958	微山湖		640	48	250	44	135	♀	济宁一中
	1958	微山湖		550	50	270	36	110	♀	济宁一中

栖息地与习性：繁殖期栖息于森林附近的江河、湖泊和河口地区，非繁殖期栖息于大型湖泊、江河、水库、池塘等水域，以及海湾和沿海潮间地带，甚至出现在城市公园、湖泊中。3月从越冬地迁飞，4月中旬前到达繁殖地，9月末开始离开繁殖地，10月末到达越冬地北部，11月中下旬到达南部越冬地。常成小群、偶见单只活动，迁徙期间和冬季常集成数十只甚至上百只的大群，一般沿河流迁徙，迁飞多紧靠水面飞行。起飞时需两翅在水面急速拍打、在水面助跑一段距离才能飞起；飞行快而直，两翅扇动较快常发出清晰的振翅声。休息时，多游荡在岸边或栖息于水边沙滩上；游泳时，头颈伸直，将头浸入水中并频频潜水，白天常在平静的湖面一边游泳一边频频潜水觅食。

食性：主要捕食小鱼及大量软体动物、甲壳类、石蚕等水生无脊椎动物，以及少量植物性食物。

繁殖习性：繁殖期5~7月。在冬季、迁徙路上甚至到达繁殖地后形成对，在紧靠水边的岩石绝壁上、乔木天然树洞中或地上有石头和藻丛隐蔽处或地穴内营巢，每窝产卵8~13枚，卵白色或乳白色，光滑无斑，卵径约61mm×45mm，卵重约85g。雌鸟孵卵，雌鸟孵卵后雄鸟到僻静处换羽，孵化期32~35天。雏鸟早成雏，孵出后2~3天即从巢洞中出来，到水中游泳和潜水。

亚种分化：全世界有3个亚种，中国2个亚种，山东分布为指名亚种 *M. m. merganser* Linnaeus, *Mergus merganser orientalis* Gould。

亚种命名 Linnaeus C, 1758, Syst. Nat., ed. 10, 1: 129（欧洲）

圈养条件下，本种有与 *Aythya americana* 杂交繁育的记录。

分布：滨州-滨州；滨城区-东海水库，北海水库，蒲城水库。德州-减河（张立新20110131），陵城区-丁东水库（张立新20080223、20110403、20141216）。东营-（P）◎黄河三角洲；东营区-清风湖（孙熙让20110102），东城南郊（孙熙让20110215）；河口区（李在军20091204）；自然保护区-大汶流。菏泽-（P）菏泽。济南-天桥区-（W）鹊山水库（20081204、20141213），沉沙池（陈云江20111109）；南龙湖（20141213）；槐荫区-玉清湖（20141213，赛时20121225，孙涛20150110）。济宁-●南四湖；任城区-太白湖（20151209、20160224），微山县-（W）南阳湖，●微山湖（20151208）。聊城-（W）聊城。莱芜-莱城区-牟汶河（陈军20110123）。青岛-青岛；城阳区-棘洪滩水库（20150211）。日照-东港区-两城河（成素博20121130），万宝水产养殖场（成素博20150201），付疃河（成素博20150130），五莲县大绿汪水库（成素博20131130）。泰安-大汶河；岱山区-大河水库，黄前水库；东平县-东平湖。威海-荣城-烟墩角，天鹅湖（20140115），湿地公园（20151230）；乳山-龙角山水库（20131220）。烟台-海阳-小纪（刘子波20150301）；栖霞-长春湖（牟旭辉20110118、20150119）。胶东半岛，鲁中山地，鲁西北平原，鲁西南平原湖区，（P）山东。

除青海、西藏、香港、海南外，各省份可见。

区系分布与居留类型：［古］（W）。

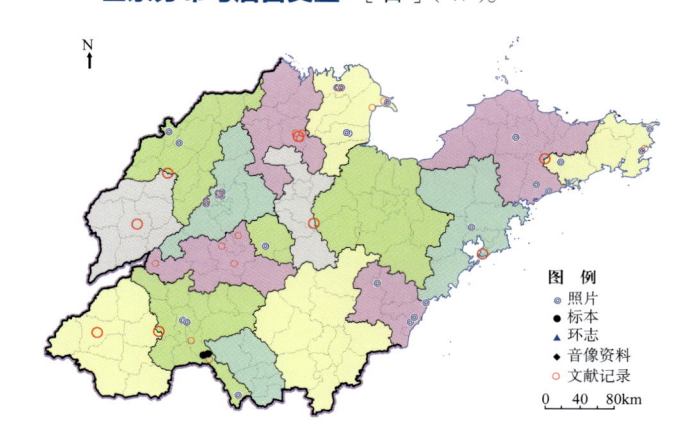

种群现状：肉有清热解毒功效，可治多种病症。捕食鱼类，对渔业有一定危害。数量多、分布广，冬季和迁徙期间曾在中国东部是较常见的；国际水禽研究局1990年和1992年组织的亚洲隆冬水鸟调查，中国分别记录到3466只和7256只，种群数量已很少。在山东数量不多，列入山东省重点保护野生动物名录。需要加强分布研究，促进物种与栖息地环境保护，使其种群数量趋势进一步稳定发展。

物种保护：Ⅲ，无危/CSRL，中日，Lc/IUCN。

参考文献：H120, M114, Zja122；La191, Q46, Qm180, Z75, Zx30, Zgm30。

山东记录文献：郑光美2011，朱曦2008，钱燕文2001，赵正阶2001，范忠民1990，郑作新1987、1976，Shaw 1938a；赛道建2013，张月侠2015，张希画2012，吕磊2010，贾少波2002，王海明2000，田家怡1999，宋印刚1998，冯质鲁1996，赵延茂1995，纪加义1987b。

● 81-01 中华秋沙鸭
Mergus squamatus Gould

命名：Gould J, 1864, Proc. Zool. Soc. London：184（中国）

英文名：Scaly-sided Merganser

同种异名：秋沙鸭，唐秋沙，鳞胁秋沙鸭；—；Chinese Merganser

鉴别特征： 大型黑白色秋沙鸭。嘴暗红色，头颈、双冠状长冠羽黑色。上背黑色，下体和下背、腰、体侧白色，羽端具黑色同心圆斑在体侧形成鳞状斑。雌鸟头颈棕褐色，后颈、上体灰褐色，胸与两胁鳞状斑纹明显。

形态特征描述： 大型秋沙鸭。嘴细长而尖，红色、尖端淡黄色。虹膜褐色。羽冠和上颈黑色具绿色金属光泽，冠羽长呈双冠状。上背和内侧肩羽黑色；下背和腰白色，羽端具黑灰同心横纹形成显着鳞状斑。初级飞羽和初级覆羽黑灰色，中覆羽和大覆羽具宽阔白色横斑和黑色尖端形成大型白斑和两条黑纹。白色次级飞羽和最外侧三级飞羽形成翼镜。前颈下部、颈侧、下体白色，两胁具黑灰色鳞状斑纹。尾灰色，尾上覆羽白色具粗黑灰色波状斑。跗蹠橙红色。

雌鸟 冠羽短、深棕褐色。上颈棕褐色，前颈

中华秋沙鸭（李宗丰 20111111 摄于两城河）

下部灰色，后颈下部、两侧及上背蓝灰褐色。初级飞羽和覆羽黑褐色和大覆羽、次级飞羽基部黑褐色、端部白色共同形成白色翼镜和翅白斑、黑纹。下背、腰、尾上覆羽灰褐色具白色横斑。体侧、胸腹部和尾下覆羽白色，胁和胸侧有黑灰色鳞状斑纹。尾羽灰褐色。

鸣叫声： 暂无鸣叫声记录。

体尺衡量度（长度 mm、体重 g）：

标本号	时间	采集地	体重	体长	嘴峰长	翅长	跗蹠长	尾长	性别	现保存处
					52	220	36	72	♀	山东师范大学
					58	226	37	67	♀	山东师范大学
13028*	19370320	大港		530	57	265	40	96	♂	中国科学院动物研究所

* 平台号为 2111C0002200002040

栖息地与习性： 繁殖期栖息于具有林区的多石河谷和溪流，非繁殖期栖息于开阔的江河、湖泊。单只、成对或小群活动在水上，边游泳边潜水，沿河流飞行；在岸边或水中石头上休息。觅食时，多逆河而上，潜水捕食。3月迁至繁殖地，9～10月迁往越冬地。

食性： 主要捕食鱼类、石蛾幼虫、蛾、甲虫、虾等水生生物。

繁殖习性： 繁殖期4～6月。在天然树洞中营巢，并有利用旧巢习性。每窝产卵8～12枚，白色。孵化期约35天，雌鸟孵卵，雄鸟独自到僻静处换羽。雏鸟早成雏，出壳后在亲鸟引导下离巢到水域中活动2个多月。

亚种分化： 单型种，无亚种分化。

分布： 东营 -（P）◎黄河三角洲。菏泽 -（P）菏泽。济宁 - 济宁，南四湖；任城区 - 太白湖（宋泽远 20151119）。聊城 -（P）聊城。青岛 - 青岛，●大港。日照 - 前三岛岛群；东港区 - 两城河（李宗丰 20111110），崮子河（李宗丰 20110102、20111123），付疃河（20100316）。威海 -（P）威海；荣成 -●（19841027）八河水库（范强东 1988）。淄博 - 淄博。胶东半岛。

黑龙江、吉林、辽宁、内蒙古、河北、北京、天津、陕西、宁夏、甘肃、青海、安徽、江苏、上海、浙江、江西、湖南、湖北、四川、贵州、云南、福建、台湾、广东、广西。

区系分布与居留类型：［古］（P）。

种群现状： 我国特产种珍稀动物。由于森林砍伐

图例
○ 照片
● 标本
▲ 环志
■ 音像资料
○ 文献记录
0　40　80km

和乱捕乱猎、环境破坏等，种群数量明显减少，为分布区域狭窄、数量稀少的濒危物种。在我国繁殖种群的数量估计约250对；1984年3月4日，山东在荣成八河采到雌鸟1只，近年来仅在日照拍到照片，其他地方很少记录，需要加强物种和环境保护方面的研究。

物种保护： Ⅰ，易危/CSRL；R/CRDB，易危/IRL，En/IUCN。

参考文献： H1180，M113，Zja120；La196，Q46，Qm181，Z74，Zx30，Zgm30。

山东记录文献： 郑光美2011，朱曦2008，钱燕文2001，赵正阶2001，范忠民1990；赛道建2013，张月侠2015，张希画2012，田贵全2012，张绪良2011，于培潮2007，贾少波2002，贾文泽2002，王希明2001，王海明2000，田家怡1999，闫理钦1998a，冯质鲁1996，赵延茂1995，范强东1988，纪加义1987b。

7 隼形目 Falconiformes

昼间活动猛禽，性凶猛，为大、中或小型食肉性鸟类。嘴强壮，上颌较下颌长、尖端向下弯曲成钩状，锋利，有利于撕裂捕获猎物。嘴基具蜡膜，鼻孔位于蜡膜上，且裸露无羽。体羽多为暗灰色或暗褐色。翅强健。尾羽多为12枚。脚强健有力，四趾，趾上具锐利而弯曲的爪。

栖息于高山、田野、森林、荒原、水域、沼泽等各类生境。飞翔力强，活动范围广，善飞翔及在空中翱翔和盘旋，常停栖于高大树木顶端或电线、岩石上休息。

喜食猎物为野兔和鼠类等中小型动物。多营巢于高大树上或崖缝间；晚成雏。

全世界有5科289种；中国有3科64种96种亚种，山东分布记录有3科35种38种亚种。

隼形目分科检索表

1. 外趾能反转，足底多刺穿；无副羽 ·· 鹗科 Pandionidae
   外趾不能反转，足底无刺穿；具副羽 ··· 2
2. 上嘴两侧各具单个齿突 ··· 隼科 Falconidae
   上嘴两侧无齿突，或具双齿突 ·· 鹰科 Accipitridae

7.1 鹗科 Pandionidae（Osprey）

为特化大型猛禽。体形稍纤瘦，翼窄长，尾短。羽色趋近黑白两色。鼻孔狭长形，可随意闭合。双眼较其他猛禽前视。外趾可后转，能使脚趾成为2前2后，脚底密布刺棘状鳞，4爪约等长适于捕猎。

广布于世界各大洲，栖息于水域周边。

本科为单属种，仅1属1种。

● 82-01 鹗
Pandion haliaetus（Linnaeus）

命名：Linnaeus C, 1758, Syst. Nat., ed. 10, 1: 91（瑞典）

英文名：Osprey

同种异名：鱼鹰，雎鸠（jūjiū）；*Pandion haliaetus haliaetus*（Linnaeus），*Falco haliaetus* Linnaeus；—

鉴别特征：中型褐色、黑色、白色鹰。头白色，具黑褐色纵纹和黑色带状贯眼纹。胸具赤褐色斑纹，下体白色，飞行时翼角黑斑与胸、飞羽、尾相同排列横斑明显。飞翔时，两翅狭长不能伸直，翼角呈角度向后弯曲。腹面观，白色下体、翼下覆羽同翼角呈黑斑状，胸部具暗色纵纹，飞羽、尾羽相间排列横斑，均极为醒目。

形态特征描述：中型猛禽。嘴黑色，蜡膜暗蓝色；虹膜淡黄色或橙黄色，眼周裸露皮肤黄绿色，眼眶深陷。前额、头顶、枕和头侧白微缀皮黄色，前额和头顶中央缀暗褐色纵纹，前额基部两侧宽阔黑色带斑经眼、耳到颈侧与后颈黑色融为一体。枕部羽毛延长呈披针状形成短羽冠。颔、喉部微具细的暗褐色羽干纹。上体深褐色，略微具有紫色光泽。翼上覆羽暗褐色、具黄褐色或棕

鹗（陈云江 20121003 摄于济西湿地；赵雅军 20081017 摄于电厂水库）

白色羽缘。下体除胸具暗红褐色纵纹外，其余下体、翼下覆羽均为白色具暗色斑点。尾黑褐色、具棕白色端斑，外侧尾羽内翈白色、具暗褐色横斑。趾黄色，爪黑色、强壮，趾底布满齿，外趾能前后反转。

幼鸟 头顶羽色较暗，下体有明显的白色羽缘。

鸣叫声：暂无鸣叫声记录。

体尺衡量度（长度 mm、体重 g）：

标本号	时间	采集地	体重	体长	嘴峰长	翅长	跗蹠长	尾长	性别	现保存处
16226*	19540928	微山西万		540	39	470	42	200	♀	中国科学院动物研究所

* 平台号为 2111C0002200000596

栖息地与习性： 栖息于湖泊、河流、海岸带等水域，尤喜山林中河谷或有树木的水域地带附近。冬季多活动在开阔地区的河流、水库、湖沼、海滨地区。性情机警，单独或成对活动。迁徙期间，常集成3~5只小群在水面缓慢低空飞行，或在高空翱翔和盘旋；停息时，多在于水域岸边枯树上或电线杆上。在水面上空缓慢扇动两翅成圆圈状飞行，两眼注视、发现猎物，两翅即折合急速俯冲水面，甚至潜入水中捕猎鱼类，逮住鱼后飞到水域附近的树上或岩石上用利嘴撕裂吞食。

食性： 主要以鱼为食，也捕食蛙、蜥蜴、小型鸟类等其他小型陆栖动物。

繁殖习性： 繁殖期2~8月，因栖息地而异。求偶交配时，雌雄常在水面上追逐或在空中翱翔，雌雄共同在海岸、岛屿的岩礁上，或在湖沼、河流附近的乔木树冠上营巢，如无干扰、繁殖成功，巢每年进行修理和补充巢材可重复使用多年，因此巢结构庞大；巢简陋，盆状，用树枝、灌木枝、枯草、藓类等搭成，内铺有杉皮、枯草、羽毛、碎纸等。每窝产卵2~3枚，卵椭圆形，灰白色具赤褐色粗斑。雌鸟孵卵，雄鸟参与，孵化期约35天。雏鸟晚成雏，孵出后全身密布稚羽，雄鸟捕猎食物，雌鸟用嘴将食物撕裂，喂养雏鸟，由亲鸟共同喂养约42天后离巢。

亚种分化： 单型种，无亚种分化。

有学者认为，本种分为4个亚种，除本种外，还有 *P. h. carolinensis*、*P. h. ridgwayi* 和 *P. h. cristatus*。1854年 Bonaparte 提出 Pandionidae（鹗科），将本种从鹰科中分出来，至今 *Handbook of the Birds of the World* 仍沿用；有的作者（Dickinson 2003）认为其特征尚达不到科，具备多数鹰科的特征。

分布： **滨州** - 西海（20160422，刘腾腾20160422）。**东营** - ◎ 黄河三角洲。**济南** - 槐荫区-济西湿地（陈云江20121003）。**济宁** - 微山县-微山湖（20151208），● 西万。**聊城** - 电厂水库（赵雅军20081017）。**青岛** - （P）青岛。**日照** - 东港区-崮子河（成素博20121026）。**泰安** - 大汶河（刘冰201200714）。**威海** - 荣成 - 八河（20141220），斜口岛（20150104）。**烟台** - ▲（范强东1993a）●（范鹏2006）长岛 - 大黑山岛，南长山岛。胶东半岛。

各省份可见。

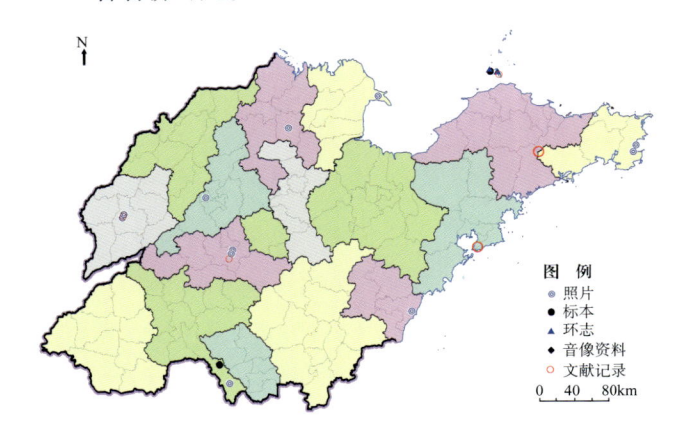

区系分布与居留类型： [广]（W）。

种群现状： 因常在水域附近活动捕捉鱼类，对养殖业有一定危害。当活鱼在渔民放置的渔网中挣扎时，吸引空中飞鹗俯冲下来捕抓而中网蒙难。环境毒物在水域及鱼类身上累积使鹗面临中毒的威胁远大于其他猛禽，有赖各地思考补救措施对该物种加以保护。1983~1986年山东省鸟类普查期间采到标本；分布区可见，但物种数量稀少。山东分布较广而数量稀少，应加强物种栖息环境的保护。

物种保护： Ⅱ，无危/CSRL，R/CRDB，2/CITES，Lc/IUCN。

参考文献： H167，M455，Zja172；La446，Q66，Qm205，Z113，Zx32，Zgm31。

山东记录文献： 郑光美2011，朱曦2008，范忠民1990，郑作新1987、1976，Shaw 1938a；赛道建2013，范鹏2006，王希明2001，张洪海2000，刘红1996，范强东1993a，纪加义1987b、1987f。

7.2 鹰科 Accipitridae

大至小型猛禽。嘴短而强健，嘴尖曲成钩状，上嘴两侧具弧状垂突，或双齿突。嘴基蜡膜、鼻孔裸露或被羽须。雌鸟体型较雄鸟大，体羽灰褐色或暗褐色。翅宽短而强，善疾飞和翱翔。尾形不一，尾羽为12枚，少数14枚。脚和趾强壮粗大，趾具锐利而钩曲的爪。

鹰科鸟类分布广泛。食肉性鸟类，以中小型动物为主要猎物，多以啮齿类动物为食，或腐肉、尸体，亦食昆虫、鸟类及其他小动物等，对农林业及生态环境平衡有益。

繁殖期多成对活动，营巢于大树上、岸边岩石上，常利用旧巢。每窝通常产卵1～5枚，大型猛禽多为1～2枚，小型猛禽多为3～5枚。孵化期小型猛禽通常为26～30天，大型猛禽多为44～50天，晚成雏。

全世界有63属239种，中国有21属50种，山东分布记录有13属31种，其中采到标本、拍到照片或环志的有25种，2种只见记录，分布现状应视为无分布，另有1种虽有标本，为新旧分类系统合用造成。

鹰科分属、种检索表

1. 头顶裸出，或仅被绒羽 ·· 2
   头顶被羽 ··· 3
2. 鼻孔圆形 ··· 秃鹫属 Aegypius，秃鹫 A. monachus
   鼻孔椭圆形 ·· 兀鹫属 Gyps，兀鹫 G. fulvus
3. 胫与跗蹠的长度差不及后爪长 ··· 4
   胫比跗蹠长超过后爪长 ·· 13
4. 跗蹠前缘具盾状鳞，后缘网状鳞 ··· 5 鹞属 Circus
   跗蹠前后缘均为盾状鳞 ··· 9 鹰属 Accipiter
5. 嘴峰（不计蜡膜）长超过20mm ·· 6
   嘴峰（不计蜡膜）长不及20mm ·· 7
6. 嘴黑色基部蓝灰色，上体栗褐色，下体棕黄色 ··· 白头鹞 Circus aeruginosus
   嘴灰黑色基部铅灰色，上体黑褐色具白斑纹，下体白具黑羽干纹 ···················· 白腹鹞 C. spilonotus
7. 第5枚初级飞羽外翈无切刻，初级飞羽第2枚较第4枚长，尾上覆羽无横斑 ····· 乌灰鹞 C. pygargus
   第5枚初级飞羽外翈有切刻 ·· 8
8. 初级飞羽第2枚较第5枚短，尾基白色 ·· 白尾鹞 C. cyaneus
   初级飞羽第2枚较第5枚长 ··· 鹊鹞 C. melanoleucos
9. 虹膜前嘴长不及中趾（不连爪）长之半 ·· 10
   虹膜前嘴长超过或与中趾（不连爪）之半等长 ·· 12
10. 喉布褐色细纹而无中央纹，第6枚初级飞羽外翈具缺刻 ····················· 雀鹰 Accipiter nisus
    喉白色具明显褐色中央纹，第6枚初级飞羽外翈无缺刻 ······························· 11
11. 喉中央纵纹狭窄，下体横斑细，雄鸟下体全具横细斑纹；初级飞羽Ⅱ长于Ⅵ、Ⅳ长于Ⅴ
    ··· 日本松雀鹰 A. gularis
    喉中央纵纹宽阔，下体横斑粗，雄鸟下体不全具横细斑纹；初级飞羽Ⅱ短于Ⅵ、Ⅳ等于Ⅴ ······ 松雀鹰 A. virgatus
12. 头无羽冠，第3枚初级飞羽最长 ·· 赤腹鹰 A. soloensis
    头无羽冠，初级飞羽第4枚最长、第6枚外翈具缺刻，喉布褐色细纹 ·············· 苍鹰 A. gentilis
13. 跗蹠后缘具盾状鳞 ·· 14 鵟属 Buteo
    跗蹠后缘具网状鳞，或前后缘被羽，鼻孔裸出，颏无须 ······························· 17
14. 跗蹠被羽至趾基 ··· 15
    跗蹠被羽不至趾基 ·· 16
15. 跗蹠后缘具网状鳞，尾端具宽阔黑带斑 ·· 毛脚鵟 B. lagopus
    跗蹠后缘具盾状鳞，尾端无宽阔黑带斑或纯色 ······································ 大鵟（部分）B. hemilasius
16. 鼻孔与嘴裂平行，翅长不及400mm（♂）或440mm（♀）·························· 普通鵟 B. buteo
    鼻孔与嘴裂成斜角，翅长超过440mm（♂）或480mm（♀），尾暗褐色横斑显著 ·······
    ·· 大鵟（部分）B. hemilasius
17. 嘴大而强，嘴缘具弧状垂，跗蹠被羽 ·· 18
    嘴大而弱，嘴缘弧状垂弱，或具双齿突，跗蹠裸露无羽 ·············· 27
18. 跗蹠全被羽 ··· 19
    跗蹠局部被羽 ··· 23
19. 头无冠羽或不显著，初级、次级飞羽长度相差超过跗蹠长后爪较内爪长 ·········· 20 雕属 Aquila
    头具冠羽 ·· 蛇雕属 Spilornis，蛇雕 S. cheela
20. 鼻孔圆形 ··· 乌雕 Aquila clanga
    鼻孔椭圆形 ··· 21

21. 后趾爪较蜡膜前上嘴长超过 50mm，第 7 枚飞羽正常，体大，枕部羽毛尖锐 ································· 金雕 *A. chrysaetos*
    后趾爪较蜡膜前上嘴长不及 50mm，第 7 枚飞羽外翈狭窄 ··· 22
22. 体形小，体背纯褐色，或仅翼上、尾上覆羽具淡色端斑 ································· 草原雕 *A. nipalensis*
    体形大，体背黑褐具白色肩羽或淡褐色具赭色横斑 ··· 白肩雕 *A. heliaca*
23. 跗蹠较嘴 1.5 倍长，前缘鳞片大，尾灰褐色具暗褐色横斑 ············· 鸢鹰属 *Butastur*，灰脸鸢鹰 *B. indicus*
    跗蹠较嘴 1.5 倍短，前后缘鳞片等大 ··· 24
24. 体形中等，跗蹠前缘盾状鳞、后缘鳞片六角形，背羽栗红色 ·············· 栗鸢属 *Haliastur*，栗鸢 *H. indus*
    体形大，跗蹠前缘盾状鳞、后缘鳞片网状或不规则 ······································· 25 海雕属 *Haliaeetus*
25. 尾羽 14 枚，全白，小翼羽白色 ··· 虎头海雕 *H. pelagicus*
    尾羽 12 枚 ·· 26
26. 尾纯白色 ·· 白尾海雕 *H. albicilla*
    尾杂以褐色与白色，嘴黄褐色 ·· 白尾海雕（幼鸟）
    尾褐色，具白色横斑 ··· 玉带海雕 *H. leucoryphus*
    尾纯暗灰褐色 ·· 玉带海雕（幼鸟）
27. 上嘴无齿突 ··· 28 鸢属 *Milvus*
    上嘴具双无齿突 ·· 鹃隼属 *Aviceda*，黑冠鹃隼 *A. Leuphotes*
28. 尾叉状 ··· 鸢属 *Milvus*，黑鸢 *M. migrans*
    尾呈圆尾或平尾状 ··· 29
29. 眼先具须状羽 ·· 黑翅鸢属 *Elanus*，黑翅鸢 *E. caeruleus*
    眼先无须，具鳞片状羽 ··· 蜂鹰属 *Pernis*，凤头蜂鹰 *P. ptilorhynchus*

● 83-01 凤头蜂鹰
Pernis ptilorhynchus（Temminck）

命名： Temminck CJ, 1821, Pl. Col. Ois., 8: pl. 44（印度尼西亚爪哇岛）

英文名： Oriental Honey Buzzard

同种异名： 蜂鹰，东方蜂鹰，鹃头鹰，八角鹰，蜜鹰；*Falco ptilorhynchus* Temminck，*Pernis apivorus orientalis* Taczanowski；Crested Honey Buzzard

鉴别特征： 体大深色鹰。枕部多具羽冠，喉灰白色具黑色中央纹。上体黑褐色，下体具白色与红褐色相间横带、粗著黑色中央纹。尾灰白色，具黑色 2 条基部横带与宽阔端斑。飞行时，特征为头相对小而颈显长，两翼及尾均狭长。凤头蜂鹰体色变化较大，通过头侧短而硬的鳞片状羽和尾羽数条暗色宽带斑，可与其他猛禽辨别。

形态特征描述： 中型猛禽，有淡色、深色、中间 3 种色型。嘴黑色，上喙边端具弧形垂突，基部具蜡膜或须状羽。蜡膜、虹膜金黄色。头顶暗褐色至黑褐色，头侧灰色具有短而硬的鳞片状厚密羽毛，头后枕部羽毛形成羽冠，喉部白色，具黑色中央斑纹。上体通常为黑褐色。翅强健，宽圆而钝，初级飞羽暗灰色，尖端黑色，翼下飞羽白色或灰色，具黑色横带。下体为棕褐色或栗褐色，具淡红褐色和白色相间排列的横带、粗著黑色中央纹。尾灰色或暗褐色，具 3～5 条暗色宽带斑及灰白色波状横斑。跗蹠部较长，约等于胫部长度，脚和趾黄

凤头蜂鹰（牟旭辉 20131004 摄于栖霞老树旺；赛道建 20140606 摄于成山头）

色，爪黑色。

雌鸟 显著大于雄鸟。通体暗褐色，上体深、下体淡，具黑色羽干纹，头顶暗栗褐色、羽基白色，头侧被圆而短的褐色鳞状羽，颔、喉具对比性浅色喉块，缘以浓密黑色纵纹，常具黑色中线。背及翼上覆羽羽端灰白色，外侧飞羽黑褐色，其余飞羽灰褐色、具淡灰色横斑。胸部具褐色条纹。尾灰褐色，具 3 条黑色横带和若干灰白色波状斑纹。

鸣叫声： 边飞边发出像吹哨一样短促叫声。沟通时发出"yi～，yi～"；繁殖雄鸟重复发出"huiyou～"鸣声，尾音下降略颤抖。

体尺衡量度（长度 mm、体重 g）：

标本号	时间	采集地	体重	体长	嘴峰长	翅长	跗蹠长	尾长	性别	现保存处
					25	415	60	24		山东师范大学
				570	25	465	60	235	♂	山东师范大学

栖息地与习性： 栖息于不同海拔的各种林区中，以疏林和林缘地带常见，也到村庄、农田和果园附近林内活动。4月迁到繁殖地，9月、10月迁往越冬地。平时单独活动，冬季偶尔集成小群。飞行多为鼓翅飞翔，常快速扇翅从一棵树飞到另一棵树，或振翼几次后长时间滑翔，两翼平伸翱翔空中；有时停息在高大乔木树梢上或林内树下部枝杈上。多在林中树上或地上觅食，用爪在地面上刨掘蜂窝，也可在飞行中捕食。

食性： 主要以各种蜂类如黄蜂、胡蜂、蜜蜂等，以及其他昆虫和幼虫为食，偶尔捕食蛇类、蜥蜴、蛙、鸟、鸟卵和幼鸟，以及鼠类等小型哺乳动物。

繁殖习性： 繁殖期4～6月。筑巢于大而多叶的高大乔木树上，以枯枝叶为巢材筑盘状巢，内放少许草茎和草叶，有时利用鸢或苍鹰等猛禽的旧巢。每窝产卵2～3枚，卵淡灰黄色，带红褐色斑点。孵化期30～35天，育雏期40～45天。

亚种分化： 全世界有6个亚种，中国2个亚种，山东分布为东方亚种 *P. p. orientalis* Taczanowski，*Pernis apivorus orientalis*、*P. p. ruficollis*、*P. p. torquatus*、*P. p. ptilorhynchus*、*P. p. palawanensis*、*P. p. philippensis*。

亚种命名 Taczanowski W，1891，Faun. Orn. Sib.-Orient，1：50（西伯利亚东部）

本种与分布欧亚的 *Pernis apivorus* 仅羽色、体型大小和冠羽有差异，地域范围相接、形态相似，曾被视为同一种，此种称为 *P. a. orientalis*（如 Weick and Brown 1980）。近年来，多将此两种视为2个独立物种（Gamauf and Haring，2005），线粒体DNA分析也判定为独立物种。中文名以往称为蜂鹰，因与 *Pernis apivorus* 有别，英文名称之为东方蜂鹰。刘小如等（2010）认为，本种形态多变，羽冠有无、长短不同，将中文"蜂鹰"名改用"东方蜂鹰"比较恰当。

分布： 东营 -（W）◎黄河三角洲。济宁 - 微山县 - 微山湖。青岛 -（P）▲（王希明1991）浮山。泰安 - 泰安。潍坊 - 青州 - 南部山区。威海 - 荣成 - 成山头（20140606）。烟台 - 长岛县 - ●▲（范鹏2006，范强东1993a）长岛，▲（L00-4348/20150921）大黑山岛（何鑫20131003）；栖霞 - 老树旺（牟旭辉 20131004）。淄博 - 淄博。胶东半岛，鲁中山地，鲁西北平原，鲁西南平原湖区。

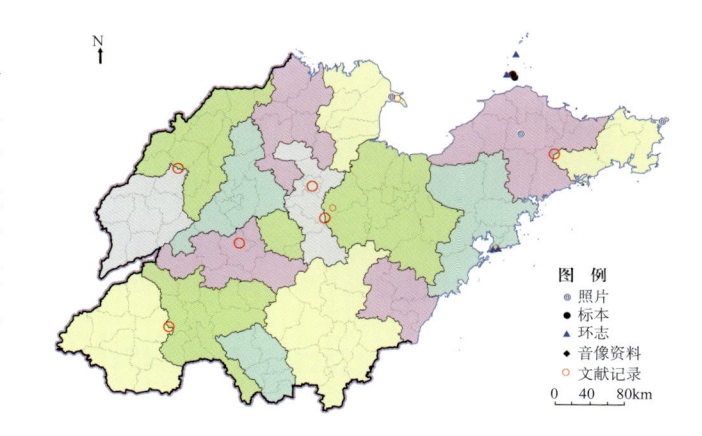

各省可见。

区系分布与居留类型：［广］（P）。

种群现状： 捕食各种蜂类、农林害虫、害兽等，为有益鸟类，也可给养蜂业造成少量损失。由于森林砍伐，破坏营巢环境，以及乱捕乱猎，致使种群数量减少。应加强物种与栖息生态环境保护，促进种群发展。迁徙期间山东可见，数量稀少，但可见一定数量的群体。

物种保护： Ⅱ，无危 /CSRL，V/CRDB，2/CITES，Lc/IUCN。

参考文献： H124，M458，Zja127；La453，Q48，Z80，Zx33，Zgm32。

山东记录文献： 郑光美2011，朱曦2008，赵正阶2001，郑作新1987、1976，付桐生1987，Shaw 1938a；赛道建2013，李久恩2012，张洪海2000，田家怡1999，刘红1996，赵延茂1995，丛建国1993，范强东1993a，王庆忠1992，纪加义1987b、1987f。

83-21 黑冠鹃隼
Aviceda leuphotes（Dumont）

命名： Dumont，1820，Dict. Sci. Nat.，16：217（印度 Pondicherry）

英文名： Black Baza

同种异名： 凤头鹃隼（误称）；*Falco leuphotes* Dumont，1820；—

鉴别特征： 小型黑白色鹃隼。嘴角质色，蜡膜灰

黑冠鹃隼（刘冰 20150713 摄于泰山桃花峪；陈云江 20110724 摄于药乡森林公园）

色，冠羽长而黑。体羽黑色，胸具半月形白宽纹，翼灰色而端黑色、具白斑，内侧次级飞羽边缘栗色，初级飞羽外侧银灰色（雌鸟黑色），滑翔时两翼平直，腹具深栗色横纹。尾羽内侧白色、外侧具栗色块斑。脚深灰色。

形态特征描述： 嘴铅色，嘴峰上有2个尖的齿突。虹膜紫褐色或红褐色。头顶具显著的长而垂直竖立蓝黑色冠羽。喉、颈部黑色。头部、颈部、背部和尾上覆羽和尾羽均呈黑褐色，在阳光下反射出蓝绿色金属光泽。上体通体黑色，肩部、次级飞羽有宽而显著的白色横带；飞翔时，翅阔而圆，黑色翼下覆羽和尾下覆羽与银灰色的飞羽、尾羽对比鲜明。下体、上胸具宽阔星月形黑色包围的白斑，下胸、腹侧具宽的白色和栗色横斑，腹部中央、腿上覆羽和尾下覆羽黑色。尾羽内侧白色，外侧具栗色块斑。腿铅色。

鸣叫声： 发出"mimi"似海鸥叫声。

体尺衡量度（长度mm、体重g）： 山东暂无标本及测量数据。

栖息地与习性： 栖息于平原低山丘陵、高山森林地带和疏林草坡、村庄和林缘田间水边林缘地带。性警觉而胆小，单独、有时呈3～5只小群活动，活动主要在白天，以清晨、黄昏活跃，常在森林上空翱翔、盘旋，间或鼓翼飞翔，头上羽冠常高高耸立或低低落下，对周围所发生的事情非常敏感，在林内和地上活动和捕食。

食性： 主要捕食蝗虫、蚱蜢、蝉、蚂蚁等昆虫，以及蝙蝠、鼠类、蜥蜴和蛙等小型脊椎动物。

繁殖习性： 繁殖期4～7月。在森林中河流岸边或邻近的高大树上营巢，巢由枯枝构成，内垫草茎、草叶和树皮纤维。每窝产卵2～3枚，卵灰白色缀茶黄色、钝卵圆形，卵径约39mm×32mm。

亚种分化： 全世界有4个亚种，中国3个亚种，山东分布应为南方亚种 *Aviceda leuphotes syama*（Hodgson）。

亚种命名 Hodgson，1836，Journ. As. Soc. Bengal，5：777（尼泊尔）

分布： 济南-历城区-药乡森林公园（陈云江 20110724）。泰安-泰山-桃花源（刘冰 20150713，刘国强 20160514）。

河南、江苏、上海、浙江、江西、湖北、贵州、云南、台湾、广东、广西、香港、澳门。

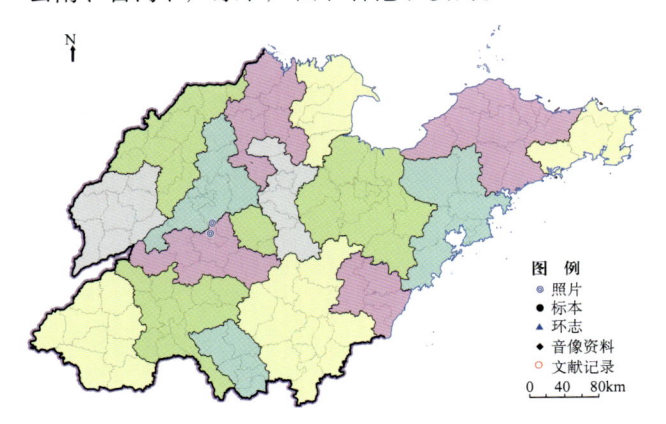

区系分布与居留类型： ［东］S。

种群现状： 物种分布范围广，尚未被评价为有生存危机物种。山东分布近几年才发现，照片记录均为鸟类繁殖期后期，可能是繁殖个体北扩的结果，故暂定为繁殖鸟，具体情况有待进一步研究确证；在本书定稿时，2016年5月14日，刘国强在泰山桃花源观察到成鸟在树林中求偶鸣叫活动，说明其确在泰山繁殖，并提供分布记录照片。

物种保护： Ⅱ，Lc/IUCN。

参考文献： H123，M457，Zja126；La451，Q48，Z79，Zx32，Zgm31。

山东记录文献： 山东分布首次记录。

84-11 黑翅鸢
Elanus caeruleus（Desfontaines）

命名： Desfontaines，1789，Hist.（Mem.）Acad. Roy. Sci. Paris：503（阿尔及利亚）

英文名： Black-winged Kite

同种异名： 灰鹞子；*Falco caeruleus* Desfontaines，1789，*Falco vociferus* Latham，1790；Black-shouldered Kite

鉴别特征： 全身醒目黑白两色鹰。嘴黑色、基部蜡膜黄色，眼红色、贯眼纹黑色。头、背蓝灰色，前额、头两侧和下体白色，亮黑色翼覆羽形成明显翅上大黑斑。飞行时，翼黑白对比明显。

形态特征描述： 嘴黑色，蜡膜黄色。眼红色，眼先羽须、过眼眉纹黑色。通体以灰色为主。头白色，头顶灰色。背面、翼及尾上覆羽淡蓝灰色，初级飞羽上面灰色、下面黑色，外侧7枚具黑色尖端；翼小覆羽、中覆羽黑色，大覆羽后缘、次级和初级覆羽蓝灰色，翼下覆羽白色。前额、头部两侧和整个腹面白色。平尾，呈浅叉状；中央尾羽灰色、尖端缀沙黄色，两侧尾羽灰白色、尖端缀皮黄色，其余具暗灰色羽轴。脚黄色，爪黑色，跗蹠前面一半被羽。

黑翅鸢（赵连喜20140521摄于龙湖；成素博20140104摄于两城河；郑培宏20140904摄于日照国家森林公园）

幼鸟 眼深褐色。头顶、颈侧及上胸具淡黄褐色纵纹，具宽白羽缘。上体深褐色具宽阔的白色羽缘。翼覆羽黑灰色、具白色羽缘；胸部具窄褐色羽轴纹，羽缘缀茶褐色或灰色。余似成鸟。

鸣叫声： 叫声细而尖，似"Kyuit"或"knee"声；繁殖期亲鸟间以"bi-ou"声呼应，警戒或索食声似"kree-uk"。

体尺衡量度（长度mm、体重g）： 山东暂无标本及测量数据。

栖息地与习性： 栖息于中、低山丘陵的荒草地、灌丛、稀树草地和林缘地带及芦苇荡等湿地环境。常单独在早晨和黄昏活动，飞行和滑翔能力高超，能振翅空中悬停；采用盘旋、翱翔等方式飞翔，将两翅向上举成"V"字形滑翔，发现地面上猎物时猛扑而下，白天常停息在树梢或电线杆上等候飞过的小鸟和昆虫俯冲捕食。

食性： 主要捕食鼠类，也捕食野兔、小鸟、爬行动物、蛙类和昆虫等小型动物。

繁殖习性： 营巢于平原或山地丘陵地区的高树顶部或高灌木上，巢松散而简陋，由枯树枝构成，内放细草根、草茎或无内垫物。每窝产卵3~5枚，卵圆形，白色或淡黄色，具深红色或红褐色斑，卵径约39mm×31mm。亲鸟轮流孵卵、育雏，孵化期25~28天。雏鸟晚成雏，由亲鸟共同喂养30~35天即可飞翔离巢。

亚种分化： 全世界有3个亚种，中国1个亚种，山东分布为南方亚种 *E. c. vociferous*（Latham）。

亚种命名 Latham J，1790，Ind. Orn.，1：46（印度Coromandel Coast）

本种与大洋洲特有的 *Elanus axillaries* 及美洲的 *Elanus leucurus* 形态相似，可视为超种（superspecies）或共种（conspecies）。

分布： 滨州-滨城区-西海水库（20160517，刘腾腾20160517）；无棣-小开河沉沙池（20160312）。**德州**-齐河县-华店（高文峰20140711）；陵城区-丁庄乡（张立新20110403）。**东营**-◎（S）黄河三角洲，河口区-孤岛（祝芳振20080826，20110604）。**济南**-黄河（20141213）；天桥区-（W）鹊山水库（20121221），沉沙池（陈云江20111029），龙湖（赛时20141006，赵连喜20140521）；槐荫区-玉清湖（20111215）。**济宁**-任城区-太白湖（20151209，宋泽远20140129）；微山县-马口（20151210）。**日照**-东港区-付疃河（20120322，成素博20150123），两城河（成素博20140104），●（20150910）山字河机场（20150904，徐奥杰20150910），国家森林公园（郑培宏20140904）。**潍坊**-●（王羽20130308）潍坊机场，白浪河（王羽20130308）；●奎文区；昌邑-潍河；●高密（20091103）。**威海**-●（韩京20150812）威海机场（韩京20150812）；荣成-成山西北泊（20150508）。

天津、江苏、上海、浙江、江西、云南、福建、台湾、广东、广西、海南、香港、澳门。

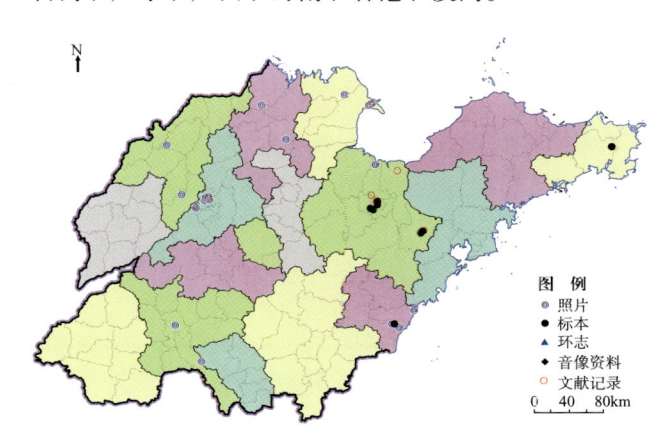

区系分布与居留类型： ［广］R。

种群现状： 天然状况下，可能是由外地迁入山东而新建立的种群，并有稳定扩大的趋势，因而近些年来多地拍到其活动的踪迹，有繁殖育雏（祝芳振观察并拍摄到孵卵、育雏过程）的，也有越冬的，分布较广而数量较少，有关人类各种活动对其栖息繁育活动影响的研究少。

物种保护： Ⅱ，无危/CSRL，V/CRDB，2/CITES，Lc/

IUCN。

参考文献： H121，M459，Zja124； La459，Q48，Qm205，Z78，Zx33，Zgm32。

山东记录文献： 郑光美 2011；赛道建 2013。

● 85-01 黑鸢
Milvus migrans（Boddaert）

命 名： Boddaert P，1783，Table Planches. Enlum.：28（法国）

英文名：Black Kite

同种异名： 鸢，老鹰，黑耳鸢，鹞鹰；*Milvus korschun*（Gmelin）；Black-eared Kite，Yellow-billed Kite

鉴别特征： 嘴黑色、基部黄绿色。上体暗褐色、下体棕褐色、具黑褐色羽干纹，外侧飞羽内翈基部白色形成大型白斑。尾棕褐色、浅叉状，具宽度相等的黑色、褐色相间横斑。脚黄色、爪黑色。飞翔时，翼下初级飞羽基部大型白斑极显著。

形态特征描述： 嘴黑色，基部沾棕黄色，蜡膜黄色。虹膜暗褐色。前额基部和眼先灰白色，头顶、后颈具明显黑褐色羽干纹，纹侧棕白色。耳羽黑褐色。颏、喉污白色具黑褐色羽干纹。上体及两翼表面暗褐色，微具紫色光泽和不明显暗色细横纹和淡色端缘。翼上覆羽先端缀棕白色，中覆羽和小覆羽淡褐色，具黑褐色羽干纹；初级覆羽和大覆羽黑褐色，初级飞羽黑褐色，外侧飞羽内翈基部白色形成翼下大型白斑，飞翔时极为醒目；次级飞羽暗褐色、具不明显暗色横斑。胸、腹和胁浓褐色，羽干黑色而两侧淡棕色呈粗著黑褐色羽干状；下体余部棕褐色、无或具黑褐色细纹。尾棕褐色、较长，叉状，具宽度相等黑色和褐色相间排列的横带斑，尾端具淡棕白色羽缘。趾棕黄色，爪黑色。

雌鸟 显著大于雄鸟。

幼鸟 全身栗褐色。头、颈多具棕白色羽干纹。翼上覆羽具白色端斑。胸、腹具宽阔棕白色纵纹。尾上横斑不明显。其余似成鸟。

鸣叫声： 边飞边鸣，鸣声尖锐似吹哨。

体尺衡量度（长度 mm、体重 g）：

黑鸢（牟旭辉 20140922 摄于栖霞长春湖；赛道建 20110517 摄于成山头）

标本号	时间	采集地	体重	体长	嘴峰长	翅长	跗蹠长	尾长	性别	现保存处
B000208					27	493	58	278		山东博物馆

栖息地与习性： 栖息于开阔平原、草地、荒原和低山丘陵地带、山谷林中或田野大树上，常在城郊、村屯、田野、港湾、湖泊上空活动。在天气晴朗时，常单独成大圈，两翅平伸，尾散开，长时间地盘旋翱翔于天空，春秋季节有时呈小群活动。性机警，视觉敏锐，在高空盘旋时发现地面活动的猎物，迅速俯冲直下捕获猎物，飞至树上或岩石上啄食。

食性： 主要捕食小鸟、鼠类、野兔、蛇、蜥蜴、蛙、鱼和昆虫等动物性食物，以及动物尸体腐肉及其残屑等。

繁殖习性： 繁殖期 4～7 月。营巢于山谷高大树上或悬岩峭壁缝隙间；雌雄共同营巢，通常雄鸟运送巢材，雌鸟筑巢，巢浅盘状，由干树枝构成，内垫枯草、纸屑、破布、羽毛等柔软物。每窝产卵 2～3 枚，钝椭圆形，污白色、微缀血红色点斑，或稍沾绿色，卵径约 61mm×45mm，卵重约 52g。亲鸟轮流孵卵，孵化期约 38 天。雏鸟晚成雏，由亲鸟共同抚育，育雏期约 42 天，雏鸟即可飞翔。

亚种分化： 全世界有 7 个亚种，中国 3 个亚种，山东分布为普通亚种 ***M. m. lineatus*** Gray J. E.，*Milvus korschun lineatus*（J. E. Gray）。

亚种命名 Gray J. E.，1830—32（=1831），*in* Hardwicje，Ⅲ. Ind, Zool. 1（8）：1（中国）

黑鸢（*Milvus migrans*），我国有 3 个亚种（郑光美，2011）。*M. m. lineatus* 亚种，马敬能（2000）称为黑耳鸢（*M. lineatus*），而称 *Milvus migrans* 为黑鸢，*M. m. govinda* 仅分布于云南西南部（郑光美 2011）。

分布：东营 -（R）◎黄河三角洲。**菏泽** -（R）菏泽。**济南** -（R）济南，黄河；天桥区 - 北园；历下区 - 大明湖。**济宁** - ●济宁；曲阜 - 孔林；微山县 - 微山湖。**青岛** - 青岛。**日照** - 前三岛 - 车牛山岛，达山岛，平山岛。**泰安** -（R）泰安，大汶河；◇（杜恒勤

1987）泰山 - 高山，中山，低山，●罗汉崖；东平县 - 东平，（R）东平湖。潍坊 - 青州 -（R）仰天山，南部山区。威海 - 荣成 - 成山头（20110517、20150509、王秀璞 20140606）。烟台 - 长岛县 - ▲●（范鹏 2006，范强东 1993a）长岛，大黑山岛（何鑫 20131003），栖霞 - 长春湖（牟旭辉 20140922）。淄博 - 淄博。胶东半岛，鲁中山地，鲁西北平原，鲁西南平原湖区。

各省份可见。

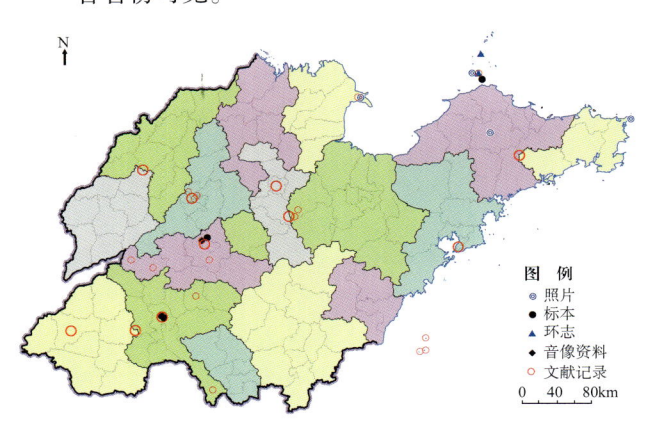

区系分布与居留类型：［广］（R）。

种群现状： 捕食林内及田间的鼠类，有益于农林，对清洁环境有作用。栖息环境破坏如森林砍伐致使营巢环境破坏，乱捕乱猎和食物减少等是其种群数量减少的主要原因，应该加强保护，禁止乱捕乱猎，保护好栖息地，加强物种保护生物学研究，促进繁衍生息。目前，尚无人工驯养繁殖成功的报道。分布遍及全省，以鲁中南山地、胶东丘陵和长岛、黄河三角洲自然保护区常见，第一次全省鸟类普查期间采到标本。近年来报道数量较少，尚无数量统计。

物种保护： Ⅱ，无危 /CSRL，易危 /CRDB，2/CITES，Lc/IUCN。

参考文献： H125，M461，Zja128； La463，Q48，Qm215，Z81，Zx33，Zgm32。

山东记录文献： 郑光美 2011，朱曦 2008，钱燕文 2001，郑作新 1987、1976，Shaw 1938a；赛道建 2013、1999、1994，李久恩 2012，王海明 2000，张洪海 2000，张培玉 .2000，田家怡 1999，杨月伟 1999，刘红 1996，王庆忠 1995，赵延茂 1995，丛建国 1993，范强东 1993a，王庆忠 1992，纪加义 1987b、1987f，杜恒勤 1985，李恒光 1960，田丰翰 1957。

● **86-10 栗鸢**
Haliastur indus（Boddaert）

命名： Boddaert P，1783，Tab. Pl. enlum. Hist. Nat.：25（印度 Pondicherry）

英文名： Brahminy Kite

同种异名： 红鹰，红老鹰；*Falco indus* Boddaert，1783；—

鉴别特征： 头、颈、胸和上背白色。体羽和翅膀均为栗红色，翅尖黑色。尾圆。飞行时翅膀向前倾斜并形成一定角度，背面观，翅膀栗色、尖端黑色、头颈部白色，其余为栗色；腹面观，翅膀内面栗色、尖端黑色，飞羽淡红褐色，头颈和胸部白色，其余为栗色。尾羽圆形，与鸢的叉尾不同，与其他鹰隼区别明显。

形态特征描述： 嘴黄色，沾绿色至嘴基沾暗蓝色，嘴峰和嘴尖较淡或为淡黄色；蜡膜黄色沾绿色。虹膜褐色或红褐色。头、颈、上背和胸及上腹白色，上背稍沾栗色，各羽具狭窄黑褐色羽干纹。除外侧 5 枚初级飞羽黑色外，其余体羽和翅膀均为栗褐色，肩部较暗，初级覆羽先端沾黑色，羽干大都近黑色。尾圆形，尾羽先端近皮黄色。趾黄色沾绿色，爪黑色。

幼鸟 亚成鸟通体近褐，胸具纵纹。第 2 年为灰白色，第 3 年具成鸟羽衣。

鸣叫声： 尖厉咪声高叫，似 "shee-ee-ee" 或 "kweeaa" 声。

体尺衡量度（长度 mm、体重 g）： 山东暂无标本及测量数据。

栖息地与习性： 栖息于江河、湖沼、水塘山区溪流附近，以及沿海海岸和邻近城镇与村庄。除繁殖期成对和成家族群外，白天通常单独活动，飞行时，两翅前举和身体呈一定角度，不像鸢那样平伸，但和鸢一样在空中长时间地多呈圆圈翱翔和滑翔，偶尔鼓动几下翅膀。3～4 月迁来繁殖地，10～11 月迁离繁殖地。停息在高而突出处观察，发现猎物则从空中直扑下去捕食，小鸟则从眼前飞过时捕食，在死鱼多处可见成群觅食。

食性： 主要捕食蟹、蛙、鱼等，以及昆虫、虾和爬行类、小鸟、啮齿类等小动物，也啄食腐肉、死鱼和臭肉。

繁殖习性： 繁殖期 4～7 月。常在水边、农田或渔村中高大而孤立的树上营巢，雄雌鸟共同营巢，雄鸟运送巢材和食物，雌鸟筑巢；巢粗糙，用枯树枝在树干枝杈上堆集而成，盘状，内放细软的干草、棉花、破布条、毛发和纸屑。每窝产卵 2～3 枚，卵的形状为卵圆形，白色或淡蓝色，有的具少许细褐色或红褐古色斑点或斑纹。雌鸟孵卵，雄鸟捕猎和运送食物，孵化期 26～27 天。雏鸟晚成雏，亲鸟共同觅食育雏，育雏期 50～55 天，雏鸟即离巢。

亚种分化： 全世界有 4 个亚种，中国 2 个亚种，山东分布为指名亚种 *H. i. indus*（Boddaert）。

亚种命名 Boddaert P，1783，Tab. Pl. Enlum. Hist. Nat.：25（印度 Pondicherry）

分布： 东营 -（R）黄河三角洲。胶东半岛，鲁

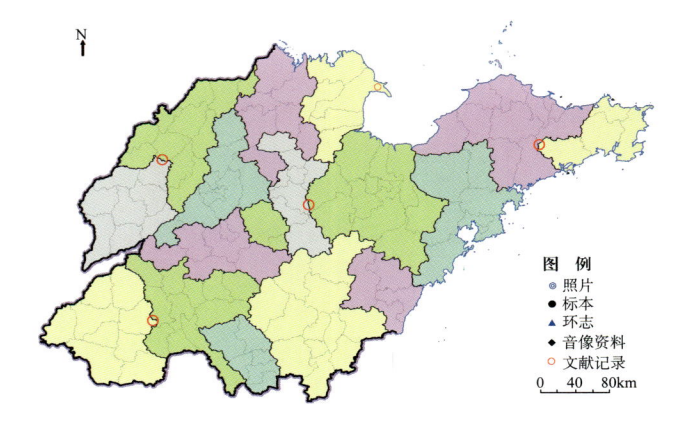

中山地，鲁西北平原，鲁西南平原湖区。

江苏、上海、浙江、江西、湖北、云南、西藏、福建、台湾、广东、广西。

区系分布与居留类型：［广］（R）。

种群现状： 数量稀少，应该加强严格的物种与栖息环境的保护措施。在山东，1983～1986年第一次全省鸟类普查期间采到标本，纪加义（1987b）、赵延茂（1995）记录，此后无任何专项研究报道，卢浩泉和王玉志（2003）认为栗鸢（*Haliastur indus*）山东已无分布，分布现状应视为无分布，需加强物种与栖息环境研究研究分布情况。

物种保护： Ⅱ，无危/CSRL，R/CRDB，2/CITES，Lc/IUCN。

参考文献： H126，M462，Zja129；La467，Q50，Qm216，Z82，Zx34，Zgm32。

山东记录文献： 范忠民1990；赛道建2013，张洪海2000，田家怡1999，刘红1996，赵延茂1995，纪加义1987b、1987f。

87-20 玉带海雕
Haliaeetus leucoryphus（Pallas）

命名： Pallas，1771，Reise Versch. Prov. Russ. Reichs，1：454（Ural江下游）

英文名： Pallas's Fish Eagle

同种异名： 黑鹰，腰玉；—；Pallas's Sea Eagle，Long-tailed Sea Eagle，Band-tailed Fish-eagle

鉴别特征： 大型海雕。头颈皮黄色，颈具披针状长羽，初级飞羽黑色，上体褐色、下体棕褐色，楔形尾宽阔，具白色横带。飞行时，黑色次级飞羽、翼下浅色中覆羽、黑色楔形尾与浅色基部对比明显。

形态特征描述： 大型猛禽。嘴暗黑色或铅色，蜡膜和嘴裂淡色。虹膜淡黄色。头顶赭褐色，羽毛矛纹状具淡棕色条纹。喉淡棕褐色，羽干黑色，具白色条纹。颈部的羽毛较长，呈披针形。上体暗褐色，肩羽具棕色条纹，下背和腰羽端棕黄色。下体棕褐色，具淡棕色羽端。尾羽圆形，暗褐色，中间具有一条宽阔约10cm的白色横带斑，并因此而得名。脚和趾白色或暗黄色，爪黑色。

雌鸟 似雄鸟，但体型稍大。

鸣叫声： 叫声响亮，翱翔时几公里外都能听到。

体尺衡量度（长度mm、体重g）： 山东暂无标本及测量数据。

栖息地与习性： 栖息于高海拔河谷、山岳、草原、沙漠或高原等开阔地带。常到荒漠、沼泽、草原、高山湖泊及河流附近上空飞翔、寻捕猎物，长时间站在树上或岸边，观察猎物活动，等待机会出击。在鱼类洄游产卵季节会成群到河流或湖泊浅水区附近捕食鱼类。

食性： 主要捕食鱼和水禽，常在水面捕捉大雁、天鹅幼雏和其他水禽及蛙和爬行类，以及死鱼和其他动物的尸体；在草原及荒漠地带以旱獭、黄鼠、鼠兔等啮齿动物为主要食物；也食羊羔、家禽等。

繁殖习性： 国内尚无繁殖的研究报道。通常3月开始，在湖泊、河流或沼泽岸边高大乔木树上营巢，偶尔在渔村或离水域较远的树上，或在芦苇堆上，或在高山崖缝内筑巢；结构较庞大的巢主要以树枝和芦苇搭成，内铺细枝、兽毛、马粪等。每窝产卵2～4枚，白色，壳具光泽，光滑无斑。雌鸟孵卵，孵化期30～40天。雏鸟晚成雏，由亲鸟共同抚育70～105天后离巢。

亚种分化： 单型种，无亚种分化。

分布： 东营-◎黄河三角洲。（P）山东。

黑龙江、吉林、辽宁、内蒙古、河北、天津、山西、河南、陕西、宁夏、甘肃、青海、新疆、江苏、上海、浙江、四川、云南、西藏。

区系分布与居留类型：［古］（P）。

种群现状： 玉带海雕的羽毛，特别是尾羽是珍贵羽饰，因此常遭捕杀，尤其是草原大面积灭鼠灭虫破坏其赖以生存的自然条件，种群数量已经很稀少，处于易危状态。1995年，国家林业系统启动的全国陆生野生动物资源调查，2004年公布的调查结果仅发现几只玉带海雕。急需加强生存环境和物种保护。山东分布记录极少，无标本也无照片记录和物种研究，分布现状需要进一步研究确证。

物种保护： Ⅰ，易危/CSRL，R/CRDB，2/CITES，Vu/IUCN。

参考文献： H150，M464，Zja155；Q58，Qm216，Z102，Zx34，Zgm33。

山东记录文献： 郑光美 2011；赛道建 2013，刘月良 2013，田贵全 2012。

● 88-01 白尾海雕
Haliaeetus albicilla（Linnaeus）

命名： Linnaeus C，1758，Syst. Nat.，ed. 10，1：89（瑞典）

英文名： White-tailed Sea Eagle

同种异名： —；*Falco albicilla* Linnaeus，1758；Common Sea Eagle

鉴别特征： 嘴和蜡膜为黄色，虹膜黄色。头、颈部的羽色较淡，体羽暗褐色，栗色翼下与黑色飞羽形成对比。尾白色，楔形。脚和趾为黄色，爪黑色。

形态特征： 大型猛禽。嘴粗大、黄褐色，蜡膜黄色。眼黄色。头及颈部淡褐色。全身大致褐色。背面与飞羽深褐色。尾白色、楔形，尾下覆羽暗褐色。脚黄色，爪黑色。

白尾海雕（宋泽远 20160225 摄于济宁动物园，20160209 汶上县救助）

幼鸟 嘴黑褐色，随着成长自喙尖逐渐变黄。前额基部色较淡，颔、喉淡黄褐色，头颈褐色，具暗褐色羽干纹。后颈羽毛长、披针形。肩间羽色稍浅淡，多为土褐色、具暗色斑点。上体背以下褐色，腰及尾上覆羽黄褐色、具暗褐色羽轴纹和横斑。下体胸、腹部羽毛淡黄褐色带纵纹，羽基白色呈白斑状，其余下体黄褐色。翼下覆羽与腋羽暗褐色。尾下覆羽淡棕色、具褐色斑，每根尾羽中央污白色，外缘及末端黑褐色。

鸣叫声： 发出响亮的"klee klee-klee-klee"声，似小狗吠叫。

体尺衡量度（长度 mm、体重 g）： 山东暂无标本及测量数据。

栖息地与生活习性： 栖息于湖泊、海岸、岛屿及河流、河口地区，繁殖期间喜欢栖息于高大树木的水域或森林地区的开阔湖泊与河流地带。白天活动，单独或成对在宽阔水面上空飞翔。

食性： 主要捕食鱼类，也捕食鸟类和中小型哺乳动物。

繁殖习性： 繁殖期4～6月。在河湖岸附近有高大乔木或悬崖岩石上营巢，因连年修缮加固使用而不断增大，盘状巢由树枝构成，内放枝叶和羽毛。每窝产卵1～3枚，卵白色，偶有不明显褐色斑。产第1枚卵后雌雄亲鸟即开始轮流孵卵，孵化期35～45天。雏鸟晚成雏，双亲共同喂养，育雏期约70天。

亚种分化： 全世界有2个亚种，中国有1个亚种，山东分布记录亚种为 *H. a. albicilla*（Linnaeus）。

亚种命名 Linnaeus C，1758，Syst. Nat.，ed. 10，1：89（瑞典）

分布： **东营** -（R）◎黄河三角洲。**济宁** -●济宁，●（20160209）汶上县（宋泽远 20160225）。**青岛** -青岛。**威海** -（P）威海。**烟台** - 长岛县 - ▲●（范鹏 2006，范强东 1993a）长岛 - 大黑山岛，南长山岛。**淄博** - 淄博。胶东半岛，鲁中山地，鲁西北平原，鲁西南平原湖区。

除海南外，各省份可见。

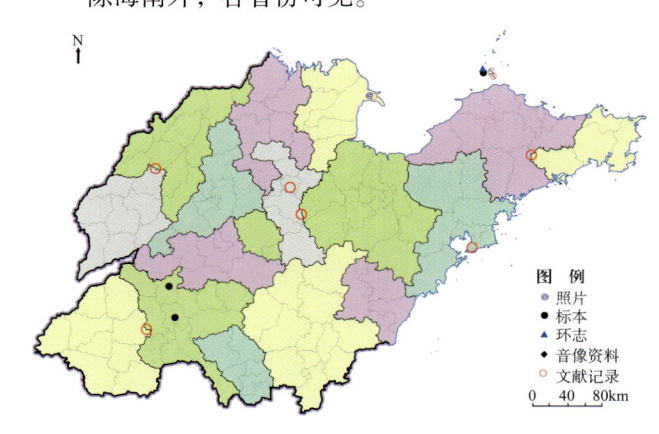

区系分布与居留类型： ［古］（R）。

种群现状： 由于栖息地破坏、环境污染、干扰等多种人为因素，种群数量缩减，长期以来被评估为受胁鸟种。但国际鸟盟最新的评估认为其分布范围广，族群已有成长趋势。1983～1986年，山东全省鸟类普查期间曾采到标本，种群分布数量极少，2016年2月9日，汶上县林业局在河边救助一只受伤个体，现饲养于济宁动物园。

物种保护：Ⅰ，近危、易危/CSRL，红/CRDB，1/CITES，Lc/IUCN，低危、近危/IRL。

参考文献：H151，M465，Zja156；La471，Q60，Qm216，Z103，Zx35，Zgm33。

山东记录文献：郑光美2011，朱曦2008，赵正阶2001，钱燕文2001，范忠民1990，郑作新1987、1976；赛道建2013，田贵全2012，张绪良2011，王希明2001，田家怡1999，刘红1996，赵延茂1995，范鹏2006，范强东1993a，纪加义1987b。

89-00 虎头海雕
Haliaeetus pelagicus（Pallas）

命名：Pallas，1811，Zoogr. Rosso-Asiat.,1：343（西伯利亚堪察加半岛）

英文名：Steller's Sea Eagle

同种异名：虎头雕，海雕，羌鹫（qiāngjiù）；—；—

鉴别特征：嘴特大、亮黄色。额、肩、腰、尾上下覆羽和楔形尾白色，体羽暗褐色。飞行时，体背面黑色翅与体羽对比差异明显，腹面白色翼缘、尾部与黑色下体对比明显。

形态特征描述：体型硕大海雕。嘴巨大，嘴和蜡膜黄色。虹膜黄色。头暗褐色具灰褐色纵羽干纹，似虎斑而得名。体羽主要为暗褐色，背暗褐色，羽缘色淡，羽干纹黑色。外侧飞羽黑色、内侧飞羽暗褐色。喉、上胸具淡色羽干纹，下体、内侧覆腿羽浓褐色，外侧覆腿羽白色。前额、肩、翼小覆羽、腰和尾上、尾下覆羽及呈楔形尾羽全部为白色。跗蹠和趾黄色，爪黑色。

幼鸟 嘴和蜡膜深黄色，嘴峰蓝灰色。虹膜褐色。耳、颊黑褐色具纤细褐色羽干纹。通体暗棕色，羽基白色。头顶、后颈、颈侧具灰褐色纵纹。飞羽外侧黑色、内侧暗褐色，最内侧三级飞羽及部分中覆羽具白斑。下体棕褐色。尾楔形、白色，尾下覆羽和覆腿羽暗褐色。跗蹠和趾淡黄色，爪黑褐色。

鸣叫声：叫声深沉嘶哑，"kyow-kyow-kyow"哑吠声或强烈"kra，kra，kra，kra"声。

体尺衡量度（长度mm、体重g）：山东暂无标本及测量数据。

栖息地与习性：主要栖息于海岸及河谷地带，有时沿河流进入内陆地区。常在海湾上空中滑翔、盘旋或长时间站在岩石岸边、乔木树枝上或岸边沙丘上。冬季成群活动。在捕食时，会在水面6～7m处盘旋，或在浅水处等待捕食时机。

食性：主要捕食大马哈鱼、鲑和鳟等鱼类，有时会捕猎野鸭、大雁、天鹅等大中型鸟类，以及野兔、羊、鼠类、松鼠、狐、年轻海豹等中小型哺乳动物，也食腐肉。

繁殖习性：繁殖期4～6月，2～3月为求偶季节，一夫一妻制。在河谷地带、海岸岩石上营巢，巢置于高大乔木顶部枝杈间或较粗侧枝上，较为固定、多年使用，但每年都要修补充新的巢材，巢会逐渐变得越来越庞大；巢盘状，主要由枯枝构成。每窝产卵1～3枚。卵白色微缀绿色。孵化期38～45天。雏鸟晚成雏，5～6月幼鸟孵出后，绒羽呈灰色或白色，随成长期转为棕色的羽毛，约70天后生出羽翼，离巢期8～9个月。4～5龄后进入性成熟的阶段，野外寿命为20～25年。

亚种分化：全世界有2个亚种，中国有1个亚种，山东分布记录亚种为指名亚种 *H. p. pelagicus*（Pallas）。

亚种命名 Pallas，1811，Zoogr. Rosso-Asiat.，1：343（西伯利亚堪察加半岛）

朝鲜亚种（*H. p. niger*）前额和翼小覆羽不为白色，体色亦较暗。尾有14枚，比其他海雕多2枚。背面观，白色腰部、尾羽和两翅前缘与黑色两翅及其余上体呈鲜明对比；腹面观，白色翼缘、尾下覆羽和尾羽与黑色下体的对比强烈。有人将 *H. p. niger* 看作指名亚种的一个色型。根据其分布与繁殖情况，有学者认为分为两个亚种（Howard and Moore 1991）。

分布：青岛-（W）青岛。胶东，山东。

黑龙江、吉林、辽宁、河北、台湾。

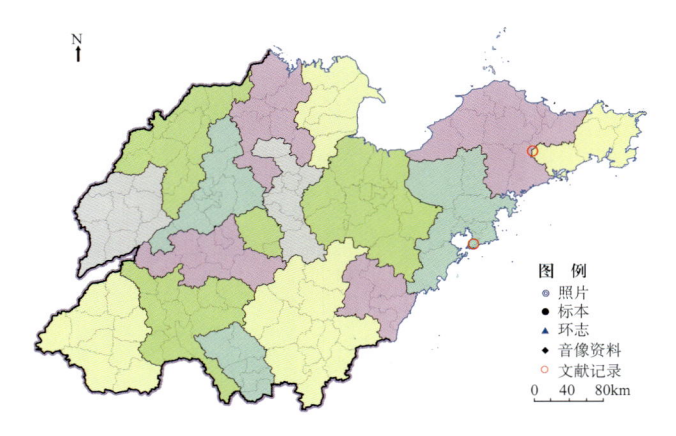

区系分布与居留类型：［古］（W）。

种群现状：由于分布区狭窄，栖息地改变，环境污染导致鱼类死亡及过度捕捞鱼类，致使其种群数量稀少并仍在下降。估计全世界仅有6000～7000只，中国更为少见，应严格执法，加强环境和物种保护。山东首见王希明（2001）记录，无标本和物种专项研究，近年来也无照片记录，其分布现状应视为无分布，具体情况需要研究确证。

物种保护： Ⅰ，红/CRDB，2/CITES，中日，Vu/IUCN。

参考文献： H152，M466，Zja157；Q60，Qm217，Z104，Zx34，Zgm33。

山东记录文献： 朱曦 2008；赛道建 2013，王希明 2001。

90-20 胡兀鹫
Gypaetus barbatus (Linnaeus)

命名： Linnaeus，1758，Syst. Nat.，ed. 10，1：87（阿尔及利亚）

英文名： Bearded Vulture

同种异名： 兀鹫；—；Lammergeier Vulture

类型及文献： ［广］H158，M468，Zja163；Ⅰ，Lc；Q62，Z107，Zgm34。

鉴别特征： 体大、皮黄色鹫。嘴灰色，具髭须，眼圈裸露红色，贯眼纹粗黑，头灰白色，二色对比明显。上体褐色具皮黄色纵纹，下体黄褐色。飞行时，两翼尖直、楔形长尾为本种鉴别特征。脚灰色。

Gypaetus barbatus aureus

分布： Y- 长岛县。

内蒙古、河北、山西、宁夏、甘肃、青海、新疆、湖北、四川、云南、西藏。

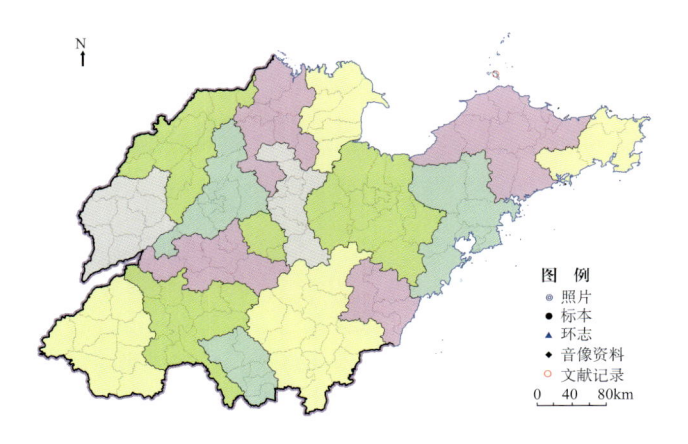

● 兀鹫 *Gyps fulvus* (Hablizl)

亚种命名 Hablizl，1783，Neue Nord. Beytr.，4：58（伊朗 Gilan）

英文名： Eurasian Griffon

拉丁文学名： *Gyps himalayensis*，*Gyps fulvus himalayensis*

鉴别特征： 体大褐色鹫，头颈黄白色，颈基具近白领颌，亚成体领颌褐色。

分布： 泰安 -（P）泰安（朱曦，2008）；● 宁阳。烟台 - 长岛县 - ●（198411xx）▲（范鹏 2006）长岛，●（范强东 1993a、1988）南长山岛。淄博 - 淄博 -

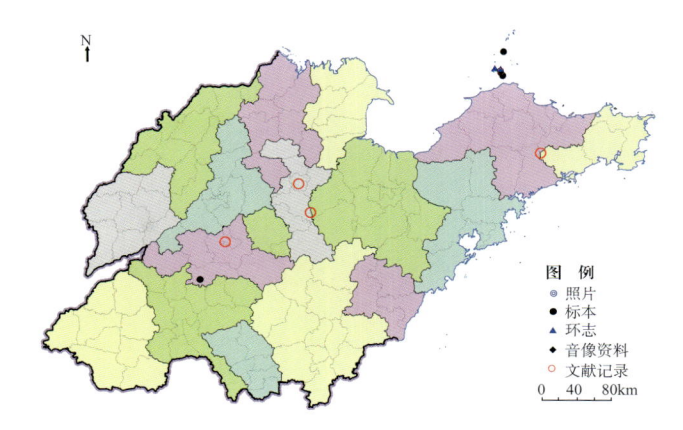

胶东半岛，鲁中山地（纪加义 1987b）。

新疆、西藏。

区系分布与居留类型： ［古］（P）。

种群现状： 纪加义（1987）、范强东（1988）记为 *Gyps fulvus*，朱曦等（2008）记为 *Gyps himalayensis*，郑作新（1976）记为 *Gyps fulvus himalayensis*，郑作新（1987）记为 *Gyps vulgaris*＝*Vultur fulvus*，而无 *Gyps fulvus* 记录（郑作新 2002）；郑光美（2011）认为此种分布于新疆、西藏，而 *Gyps himalayensis* 国内分布于西部。1984 年 10 月在长岛捕获后送青岛动物园饲养，山东分布纪加义（1985）记 *Gyps fulvus* 为新记录，虽有标本记录，但标本保存处不详，本志编写过程中也没有查到，故以郑光美（2011）为据，认为此记录应为周边省份有分布的 *Gypaetus barbatus*（赛道建 2013），应加强物种分布生存现状与栖息地环境研究确证。

物种保护： Ⅱ，2/CITES。

参考文献： H158，M471，Zja161；Qm206，Z106，Zx35，Zgm35。

山东记录文献： 朱曦等 2008，Shaw 1938a；赛道建 2013，纪加义 1987b。

● 91-01 秃鹫
Aegypius monachus (Linnaeus)

命名： Linnaeus C，1766，Syst. Nat.，ed. 12，1：122（阿拉伯）

英文名： Cinereous Vulture

同种异名： —；*Vultur monachus* Linnaeus 1766；European Black Vulture

鉴别特征： 大型黑褐色鹫。黑褐色钩形嘴强劲，头具褐色短绒羽。颈裸出、铅蓝色，颈基皱领褐白色或有一圈长羽毛。体羽深褐色，初级飞羽黑色。短尾黑褐色，楔形。脚灰白色、爪黑色。

形态特征描述： 大型鹰类猛禽。嘴强大，黑褐色，蜡膜暗褐色。鼻孔圆形。虹膜褐色，眼先被黑褐

秃鹫（宋泽远 20160117 摄于济宁市南郊动植物园，汶上县救助送来饲养）

色纤羽，眼圈带有粉红灰色。额至枕部被暗褐色绒羽，后头长而致密，羽色较淡；头侧、颊、耳区具稀疏黑褐色毛状短羽。喉、颈基部具长淡褐色羽蔟成的"领"，有的缀白色。后颈上部赤裸无羽，铅蓝色。上体自背至尾覆羽暗褐色。翼覆羽拟白斑。下体暗褐色，前胸密被黑褐色毛状绒羽，两侧各具一束蓬松矛状长羽，腹缀淡色纵纹，肛周及尾下覆羽淡灰褐色。尾楔形，暗褐色，羽轴黑色。覆腿羽暗褐色至黑褐色。跗蹠和趾灰色，爪黑色。

幼鸟 似成鸟。羽色更黑。喙黑色，随年龄增长由基部开始逐渐变淡。

鸣叫声： 一般不鸣叫。

体尺衡量度（长度 mm、体重 g）：

标本号	时间	采集地	体重	体长	嘴峰长	翅长	跗蹠长	尾长	性别	现保存处
B000207					54	675	262			山东博物馆
			963	88	677	125	400			山东师范大学

栖息地与生活习性： 栖息于低山丘陵与森林中的荒岩草地、山谷溪流和林缘地带，冬季偶尔到山脚草原地区、荒漠和半荒漠地区。通常单独活动或成对生活，活动范围可超过 30km，上午多停息，中午起飞盘旋于高空，夜栖于悬崖树上，不为其他猛禽、乌鸦等骚扰所动。

食性： 主要以大型动物的尸体为食，也主动捕食中小型兽类、两栖类、爬行类和鸟类，并可袭击家畜。

繁殖习性： 繁殖期 3～5 月。通常在森林上部及高山地区的山坡、悬崖岩石上营巢，巢盘状，主要由枯树枝构成，内垫杂草、树叶、树皮、棉花及兽毛等，巢域与巢位较固定，每年修补旧巢利用多年。每窝通常产卵 1 枚，卵污白色，具红褐色条纹和斑点；卵径约 90mm×67mm。亲鸟轮流孵卵，孵化期 52～55 天。雏鸟晚成雏，育雏期约为 150 天。

亚种分化： 单型种，无亚种分化。在东亚地区并无相似同类，分类地位明确。

分布： 德州 - 临邑 -●德平镇。东营 -◎黄河三角洲。菏泽 -（P）菏泽。济宁 - 汶上县 -●康驿镇（林业部门救助。宋泽远 20160117 拍于济宁市南郊动植物园，齐鲁晚报 2060107）。日照 -（W）牛顶山*。烟台 - 长岛县 -▲●（范鹏 2006，范强东 1993a）长岛 - 大黑山岛，南长山岛。山东，胶东半岛，鲁中山地，鲁西北平原，鲁西南平原湖区。

各省份可见。

---

* 此记录有误，日照没有牛顶山一名山

区系分布与居留类型： [古]（PW）。

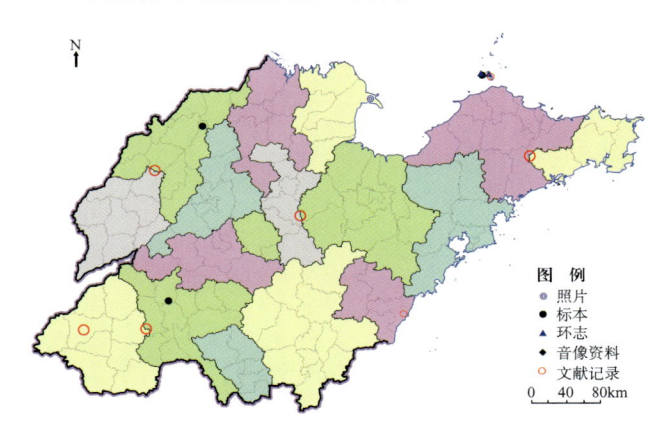

种群现状： 分布范围虽广，但由于栖息地被破坏、人为捕杀与干扰、误食毒药、食物不足等多种因素，致使种群数量减少，应加强提供食物、栖息地保护和法律措施，对物种实施有效保护。山东分布数量极少；2016 年元旦期间，济宁市南郊动植物园收住一只由汶上县林业局、当地派出所送来的疑似中毒的个体。经 4～5 天的救治后，已脱离危险能自主进食，进入了健康恢复阶段。

物种保护： Ⅱ，易危 /CSRL，V/CRDB，2/CITES，Nt/IUCN。

参考文献： H155，M472，Zja160；La473，Q62，Qm208，Z105，Zx35，Zgm35。

山东记录文献： 郑光美 2011，朱曦 2008，钱燕文 2001，赵正阶 2001，范忠民 1990，郑作新 1987、1976；赛道建 2013，田贵全 2012，范鹏 2006，王海明 2000，张洪海 2000，刘红 1996，高登选 1994，范

强东1993a，王庆忠1992，纪加义1987b、1987f。

91-21 蛇雕
Spilornis cheela（Latham）

命名：Latham，1790，Ind. Orn. 1：14（印度Lucknow）

英文名：Crested Serpent Eagle

同种异名：大冠鹫、蛇鹰、白腹蛇雕、冠蛇雕、凤头捕蛇雕；*Falco cheela* Latham，1790，*Spilornis hoya* Swinhoe，1866；—

鉴别特征：大中型鹰类，雌雄鸟同型。嘴灰褐色，眼、嘴间裸出部分黄色为本种特征。头顶扇形黑色羽冠具白色横斑。上体深褐色。翼圆而宽。下体褐色，腹、胁具白色斑。飞行时显露白色的尾部宽阔横斑与翼后缘。

形态特征描述：嘴灰蓝绿色、先端较暗，蜡膜铅灰色或黄色。虹膜黄色，眼先鲜黄色。全身以深褐色为主。前额白色，头顶黑色、羽基白色，后枕部具大而显著的黑白色相间冠羽，常扇形展开。颏、喉土黄色具灰褐色或黑色虫蠹状斑。上体灰褐色至暗褐色，具白色或淡棕黄色窄羽缘。飞羽黑褐色，羽端具白色羽缘呈白色端斑和淡褐色横斑，翼上小覆羽褐色具白色斑点。翼下覆羽、腋羽皮黄褐色具白色圆形细斑。下体土黄色或棕褐色，具丰富的黑白两色虫眼状斑。尾黑色，具宽阔白色或灰白色中央横带和白色窄尖端，尾上覆羽具白色尖端，尾下覆羽白色。跗蹠及趾黄色，跗蹠裸出、被网状鳞，爪黑色。

蛇雕（孙华生20171013摄于市南区中山公园太平山）

幼鸟　贯眼纹黑色。头顶、羽冠白色具黑色尖端。背暗褐色杂白色斑点。下体白色，喉和胸具暗色羽轴纹。覆腿羽具横斑。尾灰色具2道宽阔的黑色横斑和端斑。初龄至成熟期间有多种羽色变化。

鸣叫声：发出特征性"huliu…huliu"的鸣叫声。

体尺衡量度（长度mm、体重g）：山东采到活动标本并有照片。

标本号	时间	采集地	体重	体长	嘴峰长	翅长	跗蹠长	尾长	性别	现保存处
*	20160924	荣成俚岛	2026	557	47.8					已放飞

*活体标本数据由韩京于2016年9月26日测得

栖息地与习性：栖息于山地森林及林缘开阔地带。单独或成对活动，随上升气流旋至高空翱翔和盘旋，稍向前倾的宽长翼下有清晰明显一条白色横带，并发出嘹亮上扬的长鸣哨音，停飞时多栖于开阔地区枯树顶端枝杈上。

食性：捕食蛇、蜥蜴、蛙等爬行类、两栖类动物，也捕食鼠和鸟类、蟹及其他甲壳动物。

繁殖习性：繁殖期3～6月。在森林中高树顶部枝杈间营巢，盘状巢由枯枝、内铺绿叶构成。每窝产卵1枚，卵白色微具淡红色斑点，卵径约69mm×56mm。雌鸟孵卵，孵化期35天。雏鸟晚成雏，亲鸟抚养约60天能飞翔。

亚种分化：全世界有22个亚种，中国有4个亚种，山东分布拟定为东南亚种 *Spilornis cheela ricketti* Sclater。

亚种命名　Sclater，1919，Bull. Brit. Orn. Cl.，40：37（福建南平野猫坑）

分布：威海-荣成-俚岛（韩京20160924）；青岛-市南区-中山公园太平山（孙华生20171013）。

河南、陕西、安徽、江苏、浙江、江西、贵州、云南、福建、广东、广西、香港、澳门。

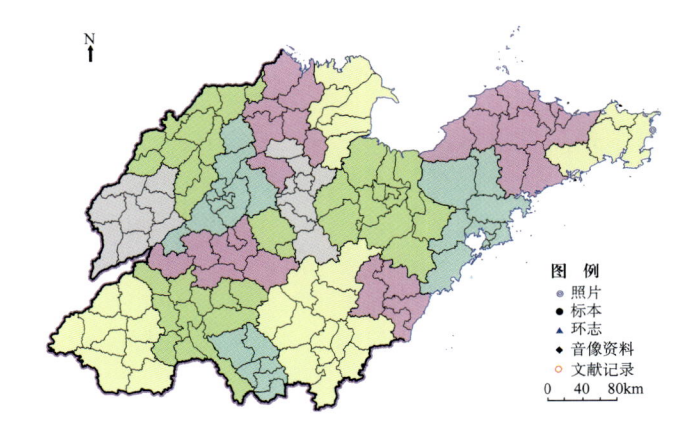

区系分布与居留类型：[东] V。

种群现状：物种分布范围广，种群数量不多。

2016年9月24日，山东荣成俚岛的村民在山上误捕到1只蛇雕，韩京首次将该鸟照片提供给山东鸟类志，并对活体进行了测量；因其他3个亚种的分布都远离山东，拟定为周边省份有分布的东南亚种；分布数量稀少，应特别加强物种分布与栖息地的保护研究。

物种保护： Ⅱ，LC/IUCN。

参考文献： H166，M475，Zja171；La475，Q66，Z112，Zgm35。

山东记录文献： 韩京关于蛇雕山东分布的首次记录文章另发。

● 92-01 白头鹞
Circus aeruginosus（Linnaeus）

白头鹞［赛道建20081014 摄于高密（标本）］

命名： Linnaeus，1758，Syst. Nat.，ed. 10，1：99（瑞典）
英文名： Western Marsh Harrier
同种异名： 西方泽鹞；—；Swamp Hawk，（Western）Marsh Harrier

鉴别特征： 中型深色鹞。嘴黑色、基部蓝灰色、蜡膜黄绿色，喉皮黄色。头部淡灰色有深色条纹；头、后颈棕黄色。上体栗褐色，翅灰色而翅尖黑色，胸棕色至皮黄色具锈色纵纹。尾长、灰色，尾基背面白色、腹栗色。雌鸟暗褐色。翅上举长时间低空滑翔呈浅"V"字形。

形态特征描述： 嘴黑色，嘴基蓝灰色，蜡膜黄绿色。虹膜橙黄色，眼先具黑色刚毛，眼周暗褐色缀刚毛。耳覆羽乳白色具黑褐色纵纹。头顶部、后颈黄白色或棕白色，具纤细黑褐色羽干纹。颈部一圈黑褐色羽毛、缀乳白色羽缘形成皱领。背、肩、腰栗褐色或锈色。翼上覆羽暗褐色缀棕色羽缘，小覆羽、内侧中覆羽皮黄色缀黑褐色纵纹，初级覆羽、外侧大覆羽银灰色；外侧初级飞羽黑褐色、内翈基部白色、外翈缀银灰色，内侧初级飞羽灰褐色，次级飞羽灰色、内翈基部白色。颏、喉、上胸黄色，具暗褐色纵纹，下体栗褐色，翼下覆羽白色，腋羽栗褐色具褐色斑纹。尾上覆羽近白色缀棕褐色斑纹，尾羽淡灰褐色，端缘浅淡，外侧尾羽基部和内翈边缘白色。脚黄色，爪黑色。

雌鸟 较大较重。深褐色，头的上部和喉部淡黄白色，头顶具黑色细纵纹，从眼到脑后有一道深色的条纹。飞羽内翈浅淡基部具白斑；飞羽、尾羽暗褐色，外侧尾羽内翈红褐色。

幼鸟 似雌鸟，棕褐色较深，头顶纵纹细而不明显。新孵出时，上喙黑色，下喙肉色或粉色，喙边缘红色。随着幼鸟长大，喙根由淡蓝灰色慢慢变黑，喙完全黑色，喙边缘和腿变成黄色，眼周皮肤成为黑灰色。

鸣叫声： 繁殖期，雄鸟发出"guig"鼻音叫声；雌鸟孵卵发出沙哑"psie"轻声。

体尺衡量度（长度mm、体重g）：

标本号	时间	采集地	体重	体长	嘴峰长	翅长	跗蹠长	尾长	性别	现保存处
				501	34	374	80	256	♀	山东师范大学
				505	29	430	100	291		山东师范大学

栖息地与习性： 栖息于低山平原区的河流、湖泊、沼泽、苇塘等开阔水域附近。8月底后迁往越冬地，3月中下旬返回繁殖地。飞行时，翅膀呈"V"字形低空飞翔，间或鼓翅几下长时间左右摇晃地滑翔寻找猎物，飞行袭击地面上猎物，在旷野或在树桩上就地取食。

食性： 主要捕食鸣禽和水禽，如鸭科、黑水鸡和骨顶鸡的幼鸟，以及大量田鼠、少量小型哺乳动物、鱼、蛙、蜥蜴和较大昆虫。

繁殖习性： 繁殖期4～6月。3～4月进行求偶飞行。雌雄共同筑巢，多在芦苇密集或沼泽地多植被的地面上筑巢；巢由树枝、芦苇和杂草等物组成。每窝多产卵4～5枚，卵椭球形，表面光滑无光泽，蓝白色，可被筑巢内物染成其他颜色。雌鸟孵卵，孵卵期31～36天，雄鸟在孵卵期间喂雌鸟。幼鸟孵出10天左右，幼鸟和雌鸟全部由雄鸟捕猎喂养，尔后雌鸟加入狩猎。21～28天幼鸟翼健全，35～40天后能够飞，但依然徘徊在巢附近，23个星期后才能完全自立生活。

亚种分化： 全世界有4个亚种，中国2个亚种，山东分布为指名亚种 *C. a. aeruginosus*（Linnaeus），*Circus aeruginosus spilonotus*（Kaup）（纪加义1987b）。

亚种命名 Linnaeus，1758，Syst. Nat.，ed. 10，1：91（瑞典）

分布：东营 - 黄河三角洲。**济宁** -（P）微山县 -（P）鲁桥，两城。**青岛** - ▲浮山。**泰安** -（P）泰安；东平县 -（P）东平湖。**潍坊** - ●（20081014）高密（20081014）；**烟台** - 长岛县 - ▲●（范鹏2006，范强东1993a）长岛。胶东半岛，鲁中山地，鲁西南平原湖区。

吉林、内蒙古、河北、北京、天津、山西、河南、新疆、上海、湖北、贵州、云南、西藏、澳门。

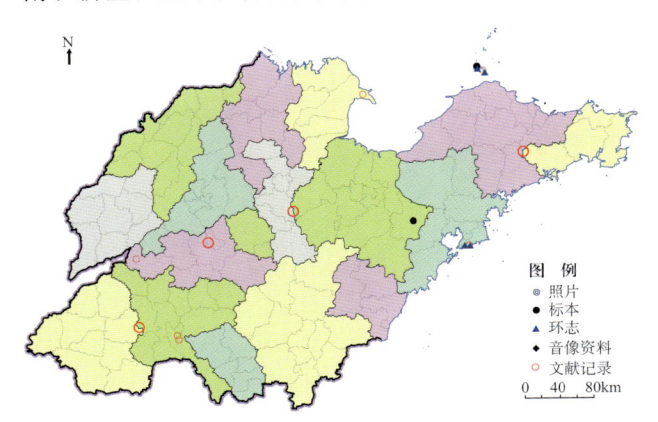

区系分布与居留类型：［古］（P）。

种群现状： 由于全球变暖使海平面上升，海水渗进芦苇丛中，盐分使芦苇丛枯死，少了栖息繁殖地，导致白头鹞种群数量锐减，处境岌岌可危。山东过境分布较广而数量极少，纪加义（1987b）将 *spilonotus* 记作白头鹞，因无对应标本而无法重新鉴定，需加强物种与栖息地保护研究。

物种保护： Ⅱ，无危/CSRL，中日，2/CITES，Lc/IUCN。

参考文献： H163，M 476，Zja168；Q64，Qm214，Z110，Zx36，Zgm36。

山东记录文献： 郑光美2011，郑作新1987，朱曦2008；赛道建2013，张洪海2000，刘红1996，范强东1993a，纪加义1987b、1987f。

● 93-01 白腹鹞
Circus spilonotus Kaup

命名： Kaup JJ，1847，Isis Von Oken：953（西伯利亚东部）

英文名：Eastern Marsh Harrier

同种异名： 泽鵟（kuáng），东方泽鵟，东方泽鹞（yào）；*Circus aeruginosus spilonotus* Hachisuka et Udagawa；—

鉴别特征： 中型深色鹞。头顶、上背白色，具宽阔黑褐色纵纹，喉、胸黑色具白色纵纹。上体黑褐色具污白色斑点，下体近白色。尾银灰色，尾上覆羽白色。雌鸟深褐色，喉及翼前缘皮黄色，头顶、颈背皮黄具深褐色纵纹，腹面观初级飞羽基部白斑具深色粗斑，胸具皮黄色块斑。尾上覆羽褐色或浅色，尾具横斑。脚黄色。

形态特征描述： 嘴灰黑色，基部铅灰色；蜡膜黄色。眼部黄色。头侧近黑色；颈侧与脸盘黑色缀白纹。上体及翼尖黑色。头、颈后部杂有白纹，羽基白色，肩和翼上内侧覆羽缘为灰白色，腰羽端白色。最内侧次级飞羽杂以褐斑；翼缘小羽近纯白色；初级飞羽黑褐沾灰色。下体白色具黑色羽干纹。腹部、胫羽、尾下覆羽及尾上覆羽白色。尾羽灰色，外侧尾羽白色有横斑。有黑灰两种色型。灰头型的头部灰色或灰褐色，脸色深，灰黑色，四周由细白斑围绕向外辐射褐色纵纹至头顶及颈部。背部及覆羽灰黑色杂有白斑。前颈至胸部有许多褐色细纵纹。黑头型的头部全黑。背部及覆羽灰黑色有许多白斑形成黑白斑驳状。颈部黑色，上胸部有许多粗黑纵纹。脚和趾黄色，爪黑色。

白腹鹞（刘冰20080929摄于牟汶河；李宗丰20150906摄于付瞳河）

雌鸟 全身斑驳褐色。眼褐色或黄色。脸灰褐色有辐射状细纹及颜盘轮廓。头顶及颈部羽色浅布满褐色纵纹。飞羽有数道横带。腹面及胫羽浅色密布红褐色纵纹。尾褐色，有6~8道深色横带，尾上覆羽淡褐色或淡皮黄色。

幼鸟 成鸟白色部分除尾上覆羽外，均沾棕色。上体黑褐色。飞羽和尾具黑褐色横斑。下体具纵纹，向后较疏而细。

鸣叫声： 通常不鸣叫。

体尺衡量度（长度mm、体重g）： 山东暂无标本及测量数据。

栖息地与习性： 通常栖息于长有大片高草的开阔沼泽低湿地带；越冬时也会短暂利用小面积湿地或废耕水田。喜成对，或三四只集群活动，晨昏最活跃，白天常静立于地面休息。在东北繁殖,到华南和黄海一带越冬;迁移时,常成3~5只小群迁飞。在条件好的越冬地有集群现象,2008年冬季,在台湾浊水溪口大城湿地调查到有17只与鹊鹞2只、灰鹞2只共域越冬(许志扬和吴志典2009)。以低空来回巡弋于猎场的方式觅食,灵敏听觉侦听鼠类的细微叫声后,靠视觉飞扑攫取猎物。

食性: 主要捕食鼠类、鸟类、蛇类、蜥蜴、蛙类、小鸟、蚱蜢、蝼蛄等小动物和动物尸体,也盗食其他鸟类的卵和幼雏。

繁殖习性: 繁殖期4~6月。4月中下旬在芦苇丛中或灌丛中营巢,巢由芦苇构成,盘状。每窝多数产卵4~5枚,卵青白色,卵径约38mm×30mm。主要由雌鸟孵卵,孵化期33~38天。雏鸟晚成雏,全身被有白色羽毛,育雏35~40天离巢。

亚种分化: 全世界有4个亚种,中国1个亚种,山东分布亚种为 *C. s. spilonotus* Kaup, *Circus aeruginosus spilonotus*[*](Kaup)。

亚种命名 Kaup JJ, 1847, Isis von Oken: 953(西伯利亚东部)

本种与分布于中北亚至欧洲的白头鹞(*Circus aeruginosus*)形态相似,可视为共种(conspecies)。因分布范围相接,有些学者视两者为同种的2个亚种(Weick and Brown 1980, Ferguson-Lees and Christie 2001)。但现多数作者视为2个独立种,但本种的形态非常多变,日本型的雌雄鸟近似。雄成鸟近似大陆型雌成鸟。全身大致为斑驳的褐色。飞羽有数道不明显横带。腹面浅褐色,有深褐色纵纹。尾褐色,有6~8道深色横带,但中央尾羽灰色,尾上覆羽白色带有暗褐色斑纹或浅褐色。有学者将此种归为白头鹞(*C. aeruginosus*)的一亚种。

分布: 东营-◎黄河三角洲。济宁-任城区-太白湖(宋泽远20131003)。青岛-青岛。日照-东港区-付疃河(李宗丰20150906)。**泰安**-岱岳区-●牟汶河(刘兆瑞20080929, 20121020)。**烟台**-长岛县-大黑山岛(何鑫20131003)。山东。

各省份可见。

区系分布与居留类型: [广](P)。

种群现状: 虽然人类猎捕或干扰状况少见,但由于沿海栖息湿地不断被开发,繁殖栖息地的破坏严重威胁其生存,数量极少,需要加强对大面积沿海湿地的保护,否则,本种的前景必不乐观。山东过境分布并不普遍,数量很少,需加强物种与栖息地保护。

保护等级: Ⅱ,无危/CSRL; 未列入/IRL, 2/CITES, Lc/IUCN。

参考文献: H164, M 477, Zja169; La482, Q64, Qm214, Z111, Zx35, Zgm36。

山东记录文献: 郑光美2011,钱燕文2001,范忠民1990,Shaw 1938a;赛道建2013,纪加义1987b。

● 94-01 白尾鹞
Circus cyaneus (Linnaeus)

命名: Linnaeus C, 1766, Syst. Nat., ed. 12, 1: 126(英国伦敦)

英文名: Hen Harrier

同种异名: 灰泽鵟,灰泽鹞,灰鹰,白抓,灰鹞,鸡鸟; *Falco cyaneus* Linnaeus 1766; Marsh Hawk, Northern Harrier

鉴别特征: 中型灰褐色鹞。背蓝灰色、翅尖黑色、尾上覆羽白色,腹、胁和翅下白色与暗色胸、翅尖对比明显,飞翔时,背面观蓝灰色上体、白色腰和黑色翅尖形成明显对比;腹面观,白色下体,暗色胸和黑色翅尖对比鲜明。雌鸟暗褐色、尾上覆羽白色,下体黄褐色具红褐色纵纹。常贴地面飞行,滑翔时,

白尾鹞(牟旭辉20101219摄于臧家庄镇义庄范家;成素博20130110摄于付疃河湿地)

---
[*] 见纪加义(1987b)

两翅上举成"V"字形并不时抖动。

形态特征描述： 中型猛禽。嘴黑色、基部沾蓝灰色，蜡膜黄绿色。虹膜黄色。前额污灰白色，头顶灰褐色、具暗色羽干纹，后头暗褐色、具棕黄色羽缘，耳羽至颌有一圈蓬松而稍卷曲的羽毛形成的皱领。后颈蓝灰色缀以褐色或黄褐色羽缘。背、肩、腰蓝灰色，有时微沾褐色。翼上覆羽银灰色，外侧1~6枚初级飞羽黑褐色、内翈基部白色、外翈羽缘和先端灰色，其余飞羽银灰色、内翈羽缘白色。颏、喉和上胸蓝灰色，其余下体白色。尾上覆羽白色；中央尾羽银灰色有不明显横斑，次两对蓝灰色具暗灰色横斑，外侧尾羽白色杂暗灰褐色横斑。脚和趾黄色，爪黑色。

雌鸟 上体暗褐色，头至后颈、颈侧和翼覆羽具棕黄色羽缘，耳后至颏有一圈卷曲淡色羽毛皱翎。下体棕白色或黄白色，具粗著纵纹红褐色，或棕黄色，或暗棕褐色。尾上覆羽白色，中央尾羽灰褐色，外侧尾羽棕黄色、具黑褐色横斑。

幼鸟 似雌鸟。下体较淡，纵纹更显著。

鸣叫声： 通常不鸣叫。

体尺衡量度（长度mm、体重g）：

标本号	时间	采集地	体重	体长	嘴峰长	翅长	跗跖长	尾长	性别	现保存处
					16	360	77	218	♂	山东师范大学
B000190					15	325	75	211		山东博物馆
					17	350	75	178	幼	山东师范大学
830217	19831022	马坡	459	20		331	65	229	♂	济宁森保站
			443	21		370	74	244		山东师范大学
			422	23		364	75	232		山东师范大学
	1938	青岛	360			345			♂	不详

栖息地与习性： 栖息于平原和低山丘陵地带，如平原湖泊、沼泽、河谷、草原、荒野，以及低山、林间沼泽和草地、农田耕地、海滨沼泽和芦苇塘等开阔地区。冬季也到村屯附近的水田、草坡和疏林地带活动。3月末至4月初迁到东北繁殖地，10~11月离开繁殖地到南方越冬。喜单独活动，晨昏觅食最为活跃。常沿低空飞行，频频鼓动两翼，飞行敏捷迅速，在草地上空滑翔两翅微向后弯曲，追击猎物时尾常展开，两翅上举成"V"字形；有时栖息于地上不动注视猎物的活动。

食性： 主要捕食小型鸟类、啮齿类、蜥蜴、蛙及昆虫等小动物。

繁殖习性： 繁殖期4~7月。繁殖前期成对在空中追逐求偶。在枯芦苇丛、草丛或灌丛间的地上营巢，巢由枯芦苇、蒲草、细枝构成，呈浅盘状。每窝多产卵4~5枚，刚产出卵淡绿色或白色，被肉桂色或红褐色斑，卵径约48mm×37mm，卵重约33g。产出第1枚卵后，雌鸟即开始孵卵，孵化期29~31天。雏鸟晚成雏，孵出时被短白色绒羽；雄鸟觅食喂雏，雌鸟在巢中暖雏两三天后参与育雏活动，育雏期35~42天后，雏鸟才能离巢。

亚种分化： 全世界有2个亚种，中国1个亚种，山东分布为指名亚种 ***C. c. cyaneus***（Linnaeus）。

亚种命名 Linnaeus C, 1766, Syst. Nat., ed. 12, 1: 126（英国伦敦）

分布： 滨州 - ●（刘体应1987）滨州。东营 - （P）◎黄河三角洲；自然保护区 - 大汶流，一千二管理站（丁洪安20091205）。菏泽 - （P）菏泽。济南 - （P）济南，黄河；章丘 - 黄河林场，大站水库（陈忠华20151004）。济宁 - ●济宁，南四湖；任城区 - 太白湖（马士胜20141003、20141206）；（P）微山县 - （P）鲁桥，微山湖；鱼台 - 鹿洼（20160409）。青岛 - ●（Shaw 1938a）青岛，▲浮山。日照 - 东港区 - 山字河机场（20150902，王秀璞20150906），付疃河（成素博20130110）；（W）前三岛 - 车牛山岛，达山岛，平山岛。泰安 - （P）泰安，大汶河，瀛汶河；东平县 - （S）东平湖。烟台 - 长岛县 - ▲●（范鹏2006，范强东1993a）长岛，▲（H04-9469）大黑山岛；栖霞 - 臧家庄镇范家（牟旭辉20101219）。山东，胶东半岛，鲁中山地，鲁西北平原，鲁西南平原湖区。

各省份可见。

区系分布与居留类型：［古］(PW)。

种群现状： 物种分布范围广，较常见，但数量不大。应注意物种保护工作的开展和栖息环境的保护。山东迁徙期间分布较广，而数量稀少，应加强对物种与栖息地的保护。

物种保护： Ⅱ，无危/CSRL，中日，2/CITES，Lc/IUCN。

参考文献： H159，M478，Zja164；La486，Q62，Qm214，Z108，Zx35，Zgm36。

山东记录文献： 郑光美 2011，朱曦 2008，赵正阶 2001，范忠民 1990，郑作新 1987、1976，Shaw 1938a；赛道建 2013、1999、1994，李久恩 2012，王海明 2000，朱书玉 2000，张洪海 2000，田家怡 1999，宋印刚 1998，刘红 1996，赵延茂 1995，范强东 1993a，刘体应 1987，纪加义 1987b、1987f。

● 95-01 鹊鹞
Circus melanoleucos（Pennant）

鹊鹞（赛道建 20150902 摄于日照山字河机场）

命名： Pennant T，1769，Ind. Zool.：2，pl. 2（斯里兰卡）

英文名： Pied Harrier

同种异名： 花泽鵟，喜鹊鹞，喜鹊鹰，黑白尾鹞；*Falco melanoleucos* Pennant，1769；—

鉴别特征： 外形似喜鹊。嘴黑色、基部黄绿色。飞行时，背面观翼尖和头、背黑色，翼上斑、尾上覆羽白色，余灰色；腹面观，黑色翼尖、头、颈部与白色体羽及灰白色翼下对比鲜明，特征醒目。

形态特征描述： 中型猛禽。嘴黑色或暗铅蓝灰色，下嘴基部、蜡膜黄绿色。虹膜黄色。头部、颈部，以及背、肩、外侧6枚初级飞羽、中覆羽和胸部均为黑色。翅尖长，飞羽，内侧初级和次级飞羽、大覆羽银灰色，内翈羽缘白色；翼小覆羽、腰、尾上覆羽白色。下胸、腹、胁、覆腿羽和尾下覆羽、翼下覆羽、腋羽白色。尾上覆羽具灰褐色斑；尾羽银灰色沾褐色，除中央一对，其余尾羽先端和内侧羽缘灰白色。脚和趾黄色或橙黄色。

雌鸟 上体暗褐色，头缀棕白色羽缘。背和肩具棕色窄羽缘。外侧飞羽暗褐色具黑褐色斑纹、内翈基部白色；内侧飞羽灰褐色具暗褐色横斑纹。下体污白色具黑褐色纵纹。胸棕褐色，羽缘棕黄色，腹、两胁和尾下覆羽及覆腿羽棕栗色，羽干纹栗色。尾羽灰褐色具黑褐色横斑。

幼鸟 头顶黑褐色，羽缘棕黄色。后颈项白色，缀有黑褐色纵纹，喉棕白色，具黑色羽干纹，上喉有棕色皱颈领羽。上体赤褐色，具黑色纵纹，羽缘棕色。背、肩、腰、翼覆羽暗褐色，具棕褐色或棕黄色羽缘。初级飞羽、次级飞羽黑褐色，先端灰白色或淡棕色。胸棕褐色，羽缘棕黄色，腹、胁和尾下覆羽及覆腿羽棕栗色，羽干纹栗色。尾上覆羽淡棕色，中央尾羽灰褐色，外侧尾羽棕黄色，具4～5条黑褐色横斑。

鸣叫声： 繁殖期才发出洪亮鸣声，似 "ki-ki"。

体尺衡量度（长度 mm、体重 g）：

标本号	时间	采集地	体重	体长	嘴峰长	翅长	跗蹠长	尾长	性别	现保存处
					23	392	96	239	♀	山东师范大学
				483	20	391	70	256	♀	山东师范大学

栖息地与习性： 通常栖息于开阔的低山丘陵和山脚的旷野河谷、平原草地、沼泽草地及山林边缘灌丛或疏林开阔地带，也到农田耕地和村庄附近的草地和丛林中活动。4月迁至繁殖地，10～11月迁离繁殖地，迁徙途经山东，4月上中旬到达东北繁殖地，10月末至11月初离开繁殖地。常单独活动，上午和黄昏为活动高峰期，多在林边草地、灌丛上空低飞觅食，飞行时，双翅常上举呈"V"字形，扇动几下后可长时间滑翔，两翅不动似漂浮空中。常在林缘和疏林中的灌丛、草地上空缓慢移动，常以兜圈子的方式重复固定的路线，注视和搜寻地面的猎物进行捕食。

食性： 主要捕食鼠类、小鸟、蜥蜴、蛙及昆虫等小型动物，食物会随季节而异。

繁殖习性： 繁殖期5～7月。在林地上空飞翔追逐求偶，在沼泽草地灌丛、塔头草地上用草茎、草叶营巢，巢浅盘状，如无干扰，巢可多年使用。每窝产卵4~5枚，乳白色或淡绿色卵，偶尔被褐色斑点。产出第1枚卵后雌雄即开始轮流孵卵，以雌鸟为主，雄鸟也可承担全部孵卵，孵化期约30天。晚成雏，雌雄共同抚育，育雏期约30天，雏鸟才能离巢。

亚种分化： 单型种，无亚种分化。

分布： 东营-（P）◎黄河三角洲，军马场，孤岛（祝芳振 20100626、20100726、20110619）。济宁-●济宁；微山县-微山湖。青岛-青岛，▲浮山。日照-东港区-山字河机场（20150902）。烟台-长岛县-●▲（范鹏 2006，范强东 1993a）长岛，大黑山岛（何鑫 20131003）。淄博-淄博。（P）山东，胶东半岛，鲁中山地，鲁西北平原，鲁西南平原湖区。

除宁夏、青海、新疆、西藏、海南外，各省份可见。

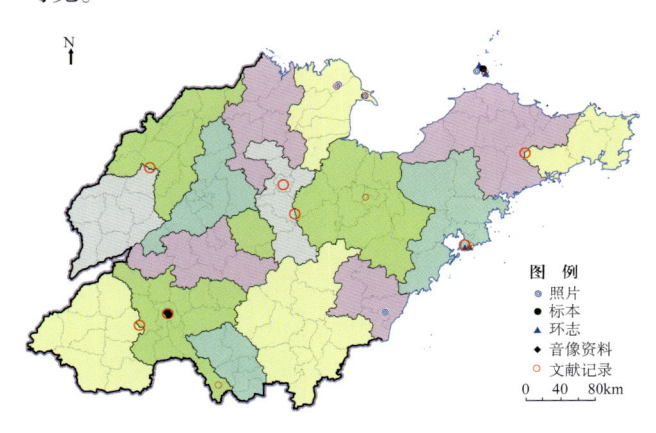

区系分布与居留类型： ［古］S（P）。

种群现状： 嗜食害虫和啮齿类，对农林有益，但捕食蛙类、鸟类等，故属益害参半鸟类。局部地区常见，但种群数量稀少，具体数量不详，需要加强栖息环境保护，促进种群的繁衍生息。山东迁徙过境分布数量并不普遍，东营祝芳振观察并拍摄到繁殖育雏照片，居留型应由旅鸟改为夏候鸟；卢浩泉（2003）将此鸟种记为乌灰鹞。

物种保护： Ⅱ，无危/CSRL，2/CITES，Lc/IUCN。

参考文献： H162，M 480，Zja167；La489，Q64，Qm215，Z109，Zx36，Zgm37。

山东记录文献： 郑光美 2011，朱曦 2008，钱燕文 2001，赵正阶 2001，范忠民 1990，郑作新 1987、1976，Shaw 1938a；赛道建 2013，李久恩 2012，张洪海 2000，田家怡 1999，刘红 1996，赵延茂 1995，范强东 1993a，纪加义 1987b、1987f。

● **96-20 乌灰鹞**
Circus pygargus（Linnaeus）

命名： Linnaeus, 1758, Syst. Nat., ed. 10, 1：89（英国）

英文名： Montagu's Harrier

同种异名： —；—；Meadow Harrier

鉴别特征： 中型灰色鹞，体形比白尾鹞略显细小而轻盈。嘴黑色、蜡膜黄绿色。上体暗灰色，翼尖黑色，下胸和腹白色具棕色纵纹。飞翔时，翅上1条、翅下2条黑色横带明显，是与白尾鹞及草原鹞的明显区别。雌鸟黄褐色，与白尾鹞及草原鹞的区别是无浅色领环，飞行时翼下次级飞羽两道暗色横纹间隔较宽。幼鸟褐色；比白尾鹞幼鸟翼显长而细，与草原鹞的区别是在飞行时翼尖全深色。

形态特征描述： 嘴黑色，蜡膜黄绿色。虹膜黄色，颈、喉蓝灰色。上体石板蓝灰色，腰部色浅。外侧6枚初级飞羽黑色，其余初级、次级飞羽灰色，次级飞羽背面1条、腹面2条黑色横带，翼下覆羽白具不明显红褐色纵纹。上胸暗蓝灰色，下胸、腹、胁白色具棕色纵纹。肛区、尾下覆羽、覆腿羽灰白色。跗蹠和趾黄色。

雌鸟 虹膜黄褐色。颈部皱领不明显。上体暗褐色，腰白色。下体黄白色具粗著暗红褐色纵纹。尾上覆羽白具暗色横斑。

幼鸟 虹膜褐色。颈部皱领极不明显。羽色暗而富棕色，下体无纵纹。

鸣叫声： 繁殖期发出尖厉"kek，kek，kek"声。告警发出快速"jick-jick-jick"声。

体尺衡量度（长度mm、体重g）： 山东暂无标本及测量数据。

栖息地与习性： 习性同其他鹞类。栖息于低山丘陵、山脚平原、草原或林缘灌丛，以及林区河流、湖泊、沼泽湿地等开阔地带。4月初前后迁徙到繁殖地，9~10月离开繁殖地迁往越冬地。单独或成对活动，常在草地、沼泽地上空滑翔、鼓翼飞翔，在地上或土堆上休息。低空缓慢飞翔巡猎，捕猎昆虫等小猎物当场吃掉，猎物较大则带到土堆山啄食。

食性： 主要捕食鼠类、小鸟及卵、蜥蜴、蛙类、大型昆虫等小动物。

繁殖习性： 繁殖期5~8月。在水域附近的地面上和草丛中，用细灌木枝、草茎、芦苇和灯芯草筑巢，雌鸟营巢，雄鸟采集材料。每窝产卵4~5枚，卵圆形，白蓝色，通常无斑，偶有少许红褐色点斑或条斑；多间隔1天产卵1枚，并可补卵，卵径约41mm×33mm。雌鸟孵化，孵化期27~30天；孵化时，雄鸟每天给雌鸟喂食5~6次。雏鸟晚成雏，由亲鸟喂养约40天出巢。

亚种分化： 单型种，无亚种分化。

分布： 威海-（P）威海。烟台-长岛县-▲（范

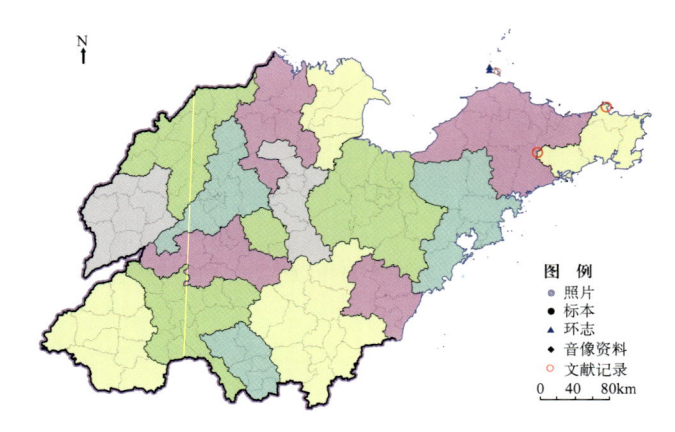

鹏 2006）长岛。胶东半岛。

新疆、福建、广东。

区系分布与居留类型：［古］（P）。

种群现状： 面临草原开发和草原干旱等环境压力，栖息地的破坏威胁种群生存，造成种群数量减少。应加强实施栖息地环境和物种保护措施，保证种群生存发展。山东过境分布数量稀少；卢浩泉和王玉志（2003）认为乌灰鹞（*Circus melanoleucos*）应为鹊鹞，在山东已无分布，近年来，未收集到分布照片，其分布现状需进一步研究确证。

物种保护： II，2/CITES，Lc/IUCN。

参考文献： H161，M481，Zja166；Q64，Qm215，Z109，Zx36，Zgm37。

山东记录文献： 郑光美 2011，赵正阶 2001，范忠民 1990，郑作新 1987、1976；赛道建 2013，张洪海 2000，刘红 1996，纪加义 1987b、1987f。

● 97-01 赤腹鹰
Accipiter soloensis（Horsfield）

命名： Horsfield T，1821，Trans. Linn. Soc. London，13：137（印度尼西亚爪哇岛 Solo）

英文名： Chinese Goshawk

同种异名： 鹅鹰，鸽子鹰，红鼻士排鲁鹞；*Falco soloensis* Horsfield，1821；Grey Frog Hawk

鉴别特征： 中型鹰。上体蓝灰色、羽尖稍白色，胸、胁红褐色，两胁与腿具不明显横斑。腹、尾基白色，外侧尾羽具 4～5 条暗色横斑。雌鸟胸深棕色，具灰色横斑。成鸟翼下特征除初级飞羽羽端黑色外，几乎全白色。幼鸟上体暗褐色、下体白色，胸具纵纹、腹具棕色横纹。

形态特征描述： 小型猛禽。嘴灰色端黑色，蜡膜橘黄色。虹膜红色或褐色，眼先基部白色。头侧淡灰色，头顶较暗；喉乳白色，具窄而不明显淡灰色羽轴纹。上体蓝灰色，枕、后颈基部白色。胸淡粉红色，腹淡粉黄色或白色，胁粉红色，腋羽白色微缀黄色，翼下覆羽乳白色。覆腿羽淡灰色。中央尾羽淡灰白色、尖端稍暗，其余尾羽灰色，具 4～5 道暗色横斑；尾羽下面淡灰色，除中央和最外侧尾羽外均具横斑。脚橘黄色。

赤腹鹰（刘冰、刘兆瑞 20110704 摄于泰山拔山沟、亲鸟孵卵）

雌鸟 上体较雄鸟暗灰色。喉、下腹、覆腿羽和翼下覆羽淡黄色。胸、上腹和胁暗红褐色；胸和腹具灰色横斑。尾具 5 道明显横斑。

幼鸟 喉白色具纵纹。上体暗褐色。下体白色；胸部、腿具褐色横斑。尾具深色横斑。

鸣叫声： 空中盘旋鸣叫，雄鸟发出一连串快速似"Keee-Keee"的笛音。

体尺衡量度（长度 mm、体重 g）：

标本号	时间	采集地	体重	体长	嘴峰长	翅长	跗蹠长	尾长	性别	现保存处
					9	198	43	124	♀	山东师范大学
B00020				310	10	202	45	129		山东博物馆

栖息地与习性： 栖息于山地森林、林缘、低山丘陵和山麓平原地带丛林、农田地缘和村庄附近。常单独或小群活动，休息时多停息在树木顶端或电线杆上，站在树顶等高处见到猎物时，俯冲到地面上捕食。

食性： 主要捕食蛙、蜥蜴，以及小型鸟类、鼠类和昆虫等小动物。

繁殖习性： 繁殖期 5～7 月。鹰巢筑于林中树丛上，用枯枝和绿叶构成。每窝产卵 2～5 枚，卵淡青白色具不明显褐色斑点。雌鹰单独孵卵，孵化期约30天，期间每天增加新鲜绿叶作为铺垫物以保持孵卵期间巢内的湿度。

亚种分化： 单型种，无亚种分化。

分布： 东营-（P）◎黄河三角洲；保护区-一千二管理站（丁洪安20090709）；河口区-孤岛（祝芳振20090721）。济南-●济南机场。青岛-（P）潮连岛，▲浮山。日照-（S）前三岛-车牛山岛，达山岛，平山岛。泰安-泰山-拔山沟（刘兆瑞20110630，刘冰20110704），药乡森林公园（陈云江20110724）。潍坊-高密-凤凰公园（王宏20150920）。威海-威海（王强20130604），●威海机场（韩京20120510）；（S）文登-口子后村（20120516），◎天沐温泉，昆嵛山无染寺（20160601）。烟台-长岛县-▲●（范鹏2006，范强东1993a）长岛；▲（G14-2124/20150921）大黑山岛（何鑫20131003）。胶东半岛，鲁西北平原。

河北、北京、天津、山西、河南、陕西、安徽、江苏、上海、浙江、江西、湖南、湖北、四川、重庆、贵州、云南、福建、台湾、广东、广西、海南、香港、澳门。

图例
- 照片
- 标本
- 环志
- 音像资料
- 文献记录

0　40　80km

区系分布与居留类型： ［东］（SP）。

种群现状： 主要在中国大陆繁殖。由于生态环境及栖息地的破坏，作为一种常见的夏候鸟，种群数量已明显减少而极为珍稀。需要加强栖息地和食物资源的保护，保护其成功繁殖，促进种群发展。山东分布较广，并有坐巢照片，但分布数量并不普遍。

物种保护： Ⅱ，2/CITES，Lc/IUCN。

参考文献： H129，M484，Zja132；La496，Q50，Qm212，Z85，Zx37，Zgm38。

山东记录文献： 郑光美2011，朱曦2008a，赵正阶2001，郑作新1987、1976，Shaw 1938a；赛道建2013，田家怡1999，刘红1996，赵延茂1995，范强东1993a，纪加义1987b、1987f。

98-01 日本松雀鹰
Accipiter gularis（Temminck et Schlegel）

命名： Temminck CJ, Schlegel H, 1844, in Siebold, Faun. Jap., Aves: 5, pl. 2.（日本）

英文名： Japanese Sparrow Hawk

同种异名： 松雀鹰（北方亚种）；*Astur gularis* Temminck *et* Schlegel, 1844, *Accipiter virgatus gularis* Hachisuka *et* Udagawa（1951）；—

鉴别特征： 小型鹰。嘴蓝灰色、尖端黑色，喉乳白色具窄细中央黑纹。上体深灰色，腋羽、翼下覆羽白色具灰色斑点。尾灰色具3条深色横带和端斑。雌鸟体色较褐色，下体白色具灰褐色细横斑。幼鸟喉、胸乳白色具褐色纵纹，腹、腿具横斑。外形、羽色似松雀鹰，但喉中央黑色纵纹较细窄而不是宽而粗著；翼下覆羽白色具灰色斑点，不为棕色；腋下白色具灰色横斑，不为棕色具黑色横斑。

形态特征描述： 小型猛禽。嘴石板蓝色，尖端黑色；蜡膜黄色。虹膜深红色。头两侧淡灰色，喉乳白色具黑灰色窄细中央纹。上体、翅石板蓝灰色。枕、后颈、肩部羽毛基部白色，但藏而不露。三级飞羽内翈大部白色，初级飞羽尖端黑色具黑灰色横斑，其内翈和次级飞羽淡灰色，基部白色；翼下覆羽白色具灰色斑点。胸、腹、胁白色或淡葡萄白色，具淡灰色或棕红色横斑；腋羽白色具灰色横斑。尾褐色，具黑色的3道横斑和1道宽端斑，尾下覆羽白色。覆腿羽淡灰色缀葡萄红色横斑。脚黄色，爪黑色。

日本松雀鹰（韩京20110522摄于文登天福山）

雌鸟 似雄鸟。虹膜黄色。上体较褐，下体白色具灰褐色窄细横斑。

幼鸟 似雌鸟。头顶黑褐色具栗褐色羽缘。后颈白色、羽端黑褐色。上体暗褐色，具赤褐色羽缘。喉白色具暗褐色纵纹。上胸乳白色具黄褐色纵纹；腹和腿覆羽具黄褐色横斑。尾下覆羽白色。

鸣叫声： 叫声高而尖锐。

体尺衡量度（长度 mm、体重 g）：

标本号	时间	采集地	体重	体长	嘴峰长	翅长	跗蹠长	尾长	性别	现保存处
					14	186	61	129	♀	山东师范大学
					13	186	52	131	♂	山东师范大学
					11	165	45	120	♂	山东师范大学
					9.6	167	45	125	♂	山东师范大学
					10	164	31	120	♂	山东师范大学
					11	168	43	128	♀	山东师范大学

注：Shaw（1938a）记录 1♂ 重107g，翅长189mm；1♀ 重150g，翅长193mm

栖息地与习性： 栖息于山地针叶林和混交林中、林缘和疏林地带，喜欢活动于林中溪流和沟谷地带。典型的森林猛禽。除少部分为留鸟外，一般在中国北方为夏候鸟，在南方为冬候鸟，4月末5月初迁到繁殖地，9月末10月初离开繁殖地。多在白天单独活动。常栖于林缘高大树木顶枝上，空中飞行两翅鼓动甚快，之后进行一段直线滑翔，有时伴有鸣叫。在大树顶端发现地面或路过的猎物时突然直飞而下捕猎。

食性： 主要捕食山雀、莺类等小型鸟类，以及昆虫、蜥蜴、石龙子等小型动物。

繁殖习性： 繁殖期5～7月。在茂密的山地森林和林缘地带，喜欢在针叶林或针叶阔叶混交林中的河谷、溪流附近的高大树上，以及林缘疏林中的红松、落叶松等高大树木上营巢；巢由细松树枝和其他细树枝构成，外缘编以带有绿叶的新鲜松树枝，内垫以松针和羽毛等；巢小而坚实，呈圆而厚的皿状或盘状。每窝产卵5～6枚，卵浅蓝白色被有少数小紫褐色斑点，以外端较密，孵化后卵变为灰白色。亲鸟在孵卵期间有强烈的护巢行为，孵化期约30天。育雏期23～32天。

亚种分化： 全世界有3个亚种，中国有1个亚种，山东分布亚种为 ***A. g. gularis***，*Accipiter virgatus gularis*（Temminck et Schlegel）。

亚种命名 Temminck CJ et Schlegel H, 1844, in Siebold, Faun. Jap., Aves: 5, pl. 2（日本）

本种分布于华中以北及日本，范围与分布于华南以南的松雀鹰相接，早期作者将本种视为松雀鹰的一个亚种（*Accipiter virgatus gularis*），即北方亚种（郑作新 1987、1976）。但本种与松雀鹰（*Accipiter virgatus*）的形态差异较大，腹面斑纹和喉中央纵纹本种淡疏、窄细，而松雀鹰浓密、粗著，雄鸟虹膜鲜红色，两性形态差异也远大于松雀鹰，等等。由于形态上和生物学上有很多显著的区别，20世纪80年代后的大多数学者将 *gularis* 视为独立种。

分布： **东营** -（P）◎黄河三角洲。**青岛** - 潮连岛，浮山；黄岛区 - ●（Shaw 1938a）灵山岛。**泰安** -（S）泰安；泰山区 - 大河水库（彭国胜 20151219）；东平县 -（S）东平湖，●州城。**威海** - 文登 - 大水泊（20140605），天福山（韩京 20110522）。**烟台** - 长岛县 - ▲（范鹏 2006）长岛。胶东半岛，鲁中山地，鲁西北平原，鲁西南平原湖区。

黑龙江、吉林、辽宁、河北、北京、天津、河南、宁夏、甘肃、新疆、安徽、江苏、上海、浙江、江西、湖南、湖北、四川、重庆、贵州、福建、台湾、广东、广西、海南、香港、澳门。

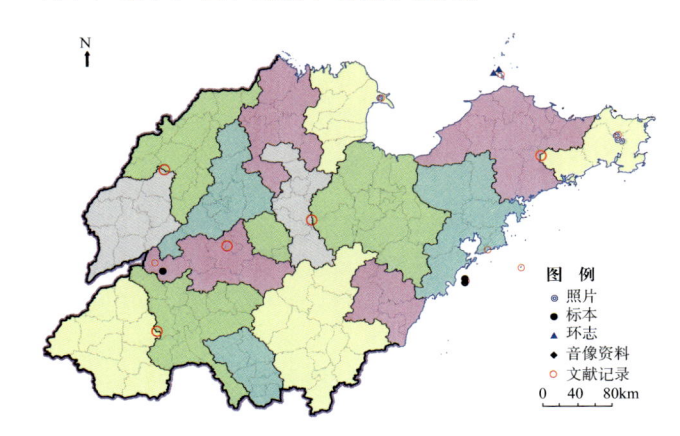

区系分布与居留类型：［广］（P）。

种群现状： 捕食害虫对农林业有益。分布曾经较普遍而常见，由于栖息环境破坏、环境污染，以及乱捕乱猎致使种群数量减少，至今仍很稀少，需要加强栖息生境的保护促进种群恢复发展，有少数动物园对松雀鹰进行驯养，尚未饲养繁殖成功。山东分布数量并不普遍。

物种保护： Ⅱ，2/CITES，中日，Lc/IUCN。

参考文献： H132，M485，Zja136；La502，Qm213，Z89，Zx37，Zgm。

山东记录文献： 郑光美 2011，Shaw 1938a，郑作新 1987、1976，朱曦 2008；赛道建 2013，田家怡 1999，赵延茂 1995，纪加义 1987b、1987f。

▲● 99-20 松雀鹰
Accipiter virgatus（Temminck）

命名： Temminck CJ，1822，Pl. Col. Ois.，19：pl. 109（印度尼西亚爪哇岛）

英文名： Besra Sparrow Hawk

同种异名： 雀鹰（雌），雀贼，鹰摆胸（雌），雀鹞；*Falco virgatus* Temminck，1822；—

鉴别特征： 中型深色鹰。嘴黑色、蜡膜灰色，喉具粗著黑色中央纹，有黑色髭纹。上体深灰色，下体灰白色具棕褐色斑，翼下覆羽棕色。尾具4条黑色横斑。雌鸟、幼鸟上体暗褐色，下体白色、腹和胁具棕褐色横斑。

形态特征描述： 中型深色鹰。嘴铅蓝色，尖端近黑色，蜡膜黄绿色。虹膜黄绿色，眼先白色。喉部白色、黑色中央纵纹宽阔而显著，有黑色髭纹。头顶暗褐色，后颈羽石板黄色稍淡。上体深灰色，翼上覆羽石板黑褐色，内翈白色缀褐色横斑纹。下体白色；胸亦具褐色纵纹，腹部和两胁具褐色横斑。尾羽灰褐色，具暗色粗横斑，并具宽阔的暗黑色次端横斑，尾上覆羽羽端通常为白色，尾下覆羽白色。脚和趾黄绿色，爪黑褐色。

雌鸟 似雄鸟。头暗褐色。上体深褐色。下体多具红褐色横斑，两胁棕色少。尾褐色而具深色横纹。

亚成鸟 似雌鸟。胸部具纵纹。

鸣叫声： 雏鸟饥饿时发出"shew-shew-shew"似哭叫声。

体尺衡量度（长度mm、体重g）：

标本号	时间	采集地	体重	体长	嘴峰长	翅长	跗蹠长	尾长	性别	现保存处
B000185		长山岛		288	7	167	42	123	♂	山东博物馆

栖息地与习性： 栖息于山区及丘陵地带的山地针叶林、阔叶林和混交林中，以及开阔的林缘疏林地带；冬季会到海拔较低的山区活动。性机警，不易接近，常单独生活，飞行迅速，善于滑翔。常站在林缘空旷地带的高大树顶上，等待和偷袭过往小鸟。

食性： 主要捕食鼠类、小鸟，以及蜥蜴、蝗虫、蚱蜢、甲虫及其他昆虫等小动物。

繁殖习性： 繁殖期4～6月。喜欢在森林内的大树上筑巢，以树枝编成皿状，巢本身不隐秘，但位于人迹罕至处。每窝产卵3～5枚，卵近圆形，卵浅蓝白色带明显不规则赤褐色斑点，卵径约36mm×31mm。主要由雌鸟孵卵，孵化期30天左右。育雏期23～32天，离巢前幼鸟有落巢死亡现象。

亚种分化： 全世界有10个亚种，中国3个亚种，山东分布记录为南方亚种为 *A. v. affinis* Hodgson。

亚种命名 Hodgson，1836，Bengal Sport mag.，new ser.，8：179（尼泊尔）；Mees，1970，Zool. Mededel.，44（20）：286-291（台湾）

本种10个亚种中，分布最广的是 *affinis* 亚种，即松雀鹰南方亚种（郑作新 1987、1976）。1970年荷兰鸟类分类学家Mees根据收购中国台湾的松雀鹰标本特征，将中国台湾的 *affinis* 亚种定为新亚种 *fuscipectus*，为台湾特有亚种；与 *affinis* 相比，*fuscipectus* 的喉中央线较细，腹部褐斑较细。此种山东无分布记录（郑光美 2011），长岛环志 *Accipiter virgatus*（范强东 1993a），疑即 *Accipiter virgatus gularis*。

分布： 东营-◎黄河三角洲。济宁-●济宁。青岛-（P）▲19871012H00-5494，19841030I0433，19850513F00-4113（刘岱基 1991），（王希明 1991）浮山；即墨。日照-（S）前三岛-车牛山岛，达山岛，平山岛。泰安-●（杜恒勤 1987）泰山。烟台-长岛县-●▲（环志号G00-4426范鹏 2006，范强东 1993a）长岛-▲（F09-9542/20150917，G11-3204/20140920）大黑山，南长山岛。淄博-淄博。

内蒙古、河南、陕西、甘肃、安徽、江苏、上海、江西、湖南、四川、重庆、贵州、云南、西藏、广西、海南。

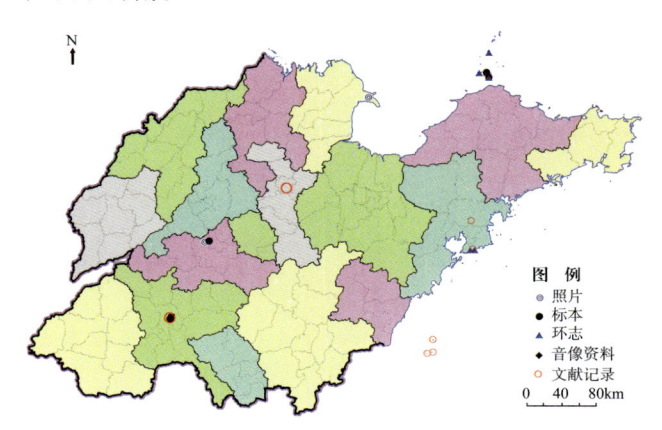

区系分布与居留类型： [广]（PS）。

种群现状： 分布广泛，但体型小、易受惊吓，不易驯服，因善抓小鸟常误入鸟网，冲撞玻璃门窗以致伤亡，而致使种群密度较低。取缔非法鸟网，加强玻璃门窗的防撞措施，有助于本种的保护。松雀鹰的 gularis 亚种独立为日本松雀鹰新种后，本种山东分布虽有环志记录，但未见标本、照片等实证，分布现状需要进一步研究确证。

物种保护： Ⅱ，无危 /CSRL，中日，2/CITES，Lc/IUCN。

参考文献： H131，M 486，Zja135；La506，Q52，Qm213，Z89，Zx37，Zgm38。

山东记录文献： 朱曦 2008，范忠民 1990，李悦民 1994；赛道建 2013，单凯 2013，张洪海 2000，刘红 1996，范强东 1993a，王庆忠 1992，王希明 1991。

● 100-01 雀鹰
Accipiter nisus（Linnaeus）

命名： Linnaeus C，1758，Syst. Nat.，ed. 10，1：92（瑞典）

英文名： Eurasian Sparrow Hawk

同种异名： —；*Falco nisus* Linnaeus, 1758, *Falco nisosimilis* Tickell, 1833; Northern Sparrow hawk, Sparrowhawk

鉴别特征： 中型鹰。嘴灰色、尖端黑色，眉纹白色，头后灰色杂有白色。上体暗灰褐色，下体白色具细密红褐色横斑，翅阔而圆，翼下具黑褐色横带。尾长、灰褐色，具白色端斑和宽黑次端斑及 4 或 5 道黑褐色横斑。雌鸟灰褐色，下体灰白色具褐色斑。飞翔时，翼后缘略突出，翼下具数道黑褐色横带，快速鼓动双翅后滑翔一会儿。

形态特征描述： 小型猛禽。嘴暗铅灰色、尖端黑色，基部黄绿色，蜡膜黄色或黄绿色。虹膜橙黄色，眼先灰色具黑色刚毛。头侧和脸棕色具暗色羽干纹。颏喉部白色无中央纹，满布褐色羽干细纹。上体暗灰色，头顶、枕和后颈较暗，前额微缀棕色，后颈羽基白色、常显露于外。翅阔而圆，初级飞羽暗褐色，内翈白色具黑褐色横斑；初级飞羽第 5 枚内翈具缺刻、第 6 枚外翈具缺刻；次级飞羽外翈青灰色，内翈白色具暗褐色横斑；翼上覆羽暗灰色。下体白色、具细密的红褐色横斑，胸、腹和胁具暗褐色细横纹。尾较长、灰褐色，具灰白色端斑和黑褐色较宽次端斑，由白色尾羽内翈黑褐色横斑构成，腹面亦具 4 或 5 道黑褐色横带斑；尾上覆羽暗灰色。脚和趾橙黄色，爪黑色。

雀鹰（牟旭辉 20110123 摄于栖霞翠屏公园；孙桂玲 20141220 摄于大河湿地）

雌鸟 似雄鸟而略大。颏喉部暗褐色纵纹较宽。上体灰褐色，枕部羽基白斑显露较多。下体乳白色，胸、腹和胁及覆腿羽均具暗褐色横斑。尾上覆羽常具白色羽尖。

幼鸟 似成鸟。喉黄白色、具黑褐色羽干纹。头顶、后颈栗褐色，枕、后颈羽基灰白色，背部、尾上覆羽暗褐色、羽缘赤褐色。翅和尾似雌鸟。胸具斑点状纵纹，腹具黄褐色或褐色横斑。

鸣叫声： 繁殖期雌鸟发出"jia-jia"、雄鸟发出"jiang-jiang"鸣声。

体尺衡量度（长度 mm、体重 g）：

标本号	时间	采集地	体重	体长	嘴峰长	翅长	跗蹠长	尾长	性别	现保存处
					13	213	55	172	♂	山东师范大学
					14	218	54	166	♀	山东师范大学
				355	14	220	55	173		山东师范大学
		泰安		370	13	257	68	150		刘冰测量数据
B000206					12	249	61	164		山东博物馆

注：Shaw（1938a）记录 5♂ 重 146（107～170）g，翅长 207～211mm。

栖息地与习性： 栖息于各种山地树林和边缘地带；冬季栖息于低山丘陵、山脚平原、田间、村庄附近，喜林缘、河谷、采伐迹地的次生林和农田附近的小块丛林地带活动。4～5 月迁到繁殖地，秋季于 10～11 月离开繁殖地迁往越冬地。昼行性，单独活动，或鼓翅与滑翔交互进行飞翔，能在树丛间穿梭飞翔，或栖于树上和电线杆上。发现地面猎物，急飞直下扑向猎物用利爪捕猎后飞回栖息树上，用爪按住猎获物，用嘴撕裂吞食。攻击较大猎物时，常反复进攻致使失去抵抗能力而成为"盘中餐"。

食性：主要捕食鸡形目、鸽形目、雀形目等中小型鸟类、鼠类和昆虫，以及野兔、蛇、昆虫幼虫等。

繁殖习性：繁殖期5~7月。完成求偶交配后，常在森林中的树上，如中等大小的椴树、红松树或落叶松等阔叶或针叶树靠近树干的枝杈上营巢，有时也补充和修理、利用其他鸟巢；巢碟形，由枯树枝构成，内垫云杉小枝和卫茅等新鲜树叶，常多年利用固定巢区和巢。每窝多产卵3~4枚，卵椭圆形或近圆形，鸭蛋清色、光滑无斑，卵径约30mm×39mm，卵重17~18g。雌鸟孵卵，雄鸟参与孵卵活动，孵化期32~35天。雏鸟晚成雏，育雏期24~30天，雏鸟具飞翔能力即离巢。

亚种分化：全世界有6个亚种，中国3个亚种，山东分布为北方亚种 *A. n. nisosimilis*（Tickell）。

亚种命名 Tickell, 1833, J. As. Soc. Bengal, 2: 571（印度 Borabhum）

分布：滨州-●（刘体应1987）滨州。东营-（P）◎黄河三角洲。菏泽-（P）菏泽。济南-（P）济南，黄河；章丘-黄河林场；天桥区-鹊山沉沙池（陈云江20101017）。济宁-●济宁。莱芜-莱城区-雪野山区（陈军20160202）。青岛-●（Shaw 1938a）青岛，▲19860917G00-2680（刘岱基1991），（王希明1990）浮山；崂山区-（P）潮连岛，大公岛（曾晓起20140430）；黄岛-●（Shaw 1938a）灵山岛；●（Shaw 1938a）胶州。日照-（W）前三岛。泰安-（S）泰安；泰山区-农大南校园；●（杜恒勤1987）泰山，大河湿地（孙桂玲20141220）；东平县-（S）东平湖，●东平，●州城。烟台-长岛县-●▲（19911008；19911001G01-8123，19911008H00-4788，侯韵秋1990；G01-8149，范鹏2006；F01-5235，范强东1993a）长岛，▲（19929429，H00-4754，侯韵秋1990）北隍城岛，▲（G14-2457/20150920）大黑山岛（何鑫20131003）；栖霞-翠屏公园（牟旭辉20110123）。淄博-淄博。胶东半岛，鲁中山地，鲁西北平原，鲁西南平原湖区。

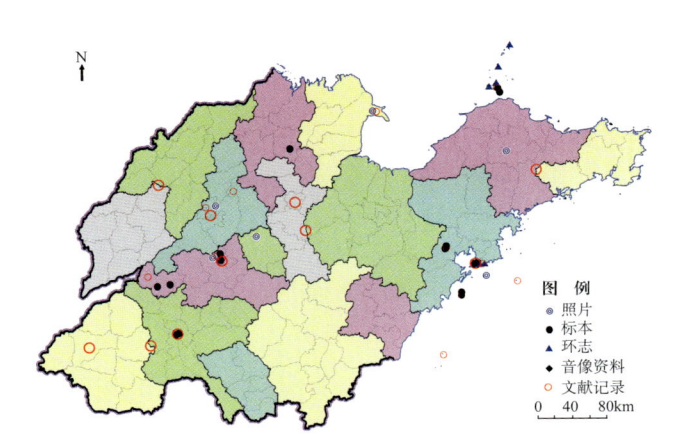

除青海、西藏外，各省份可见。

区系分布与居留类型：[古]（SP）。

种群现状：捕食大量鼠类和害虫，对于农业、林业和牧业有益，对维持生态平衡也起积极作用；雀鹰可驯养为狩猎禽，用于捕猎和机场驱鸟防止鸟撞的发生。该种分布范围广，分布区常见，种群数量趋势稳定，但需要加强栖息地环境质量和种群的生态保护。

物种保护：Ⅱ，无危/CSRL, 2/CITES, Lc/IUCN。

参考文献：H131, M487, Zja134; Q52, Qm213, Z87, Zx38, Zgm39。

山东记录文献：郑光美2011，朱曦2008，钱燕文2001，赵正阶2001，范忠民1990，郑作新1987、1976, Shaw 1938a；赛道建2013、1994，王海明2000，张洪海2000，田家怡1999，刘红1996，赵延茂1995，范强东1993a，王庆忠1992，刘岱基1991，王希明1990、1991，刘体应1987，纪加义1987b、1987f。

● 101-01 苍鹰
Accipiter gentilis（Linnaeus）

命名：Linnaeus C, 1758, Syst. Nat., ed. 10, 1: 89（瑞典）

英文名：Northern Goshawk

同种异名：鹰，牙鹰，黄鹰，鹞鹰，元鹰；*Falco gentilis* Linnaeus, 1758, *Astur gentilis fujiyamae* Swann et Hartert, 1923; Goshawk, Eurasian Goshawk

鉴别特征：体大鹰。嘴黑色、基部蓝灰色、蜡膜黄绿色，眉纹宽而白、羽干纹黑色。上体苍灰色，下体白色，颏喉具黑褐色细纵纹，胸腹满布灰褐色横斑。尾灰褐色、具4道宽黑褐色横带、羽缘灰白色。幼鸟上体褐色，下体棕黄色具黑褐色羽干纹，腋部具黑褐色矢状斑。飞行时，宽阔白色双翅腹面密布黑褐色横带。

形态特征描述：中型猛禽，鹰属鸟类中体型最大。嘴黑色、基部铅蓝灰色，蜡膜黄绿色。虹膜金黄色或黄色，眉纹白色杂有黑色羽干纹。耳羽黑色。前额、头顶至后颈暗石板灰色，羽基白色，枕后颈白色羽尖部分展露形成白色细斑，杂黑色羽干纹。颔、喉和前颈白色具黑褐色细纵纹及暗褐色斑。背部棕黑色；飞羽有暗褐色横斑，内翈基部有白色块斑，初级飞羽第4枚最长，第6枚外翈有缺刻，第1~5枚内翈有缺刻。下体污白色，胸、腹、胁和翼下覆羽、腋羽至覆腿羽密布黑褐色和白

苍鹰（赛道建 20110413 摄于诸城）

色相间横斑纹，肛周、尾下覆羽白色具稀疏褐色横斑。尾灰褐色，具4条宽阔黑色横斑，端部羽缘灰白色。脚和趾黄色，跗蹠被大型盾状鳞，爪黑褐色。

雌鸟 羽色似雄鸟，但较暗，体型显著大。

幼鸟 上体褐色，羽缘淡黄褐色；飞羽褐色具暗褐色横斑和污白色羽端；头侧、颊、喉、下体棕白色，有粗的暗褐羽干纹；尾羽灰褐色，4~5条暗褐色横斑比成鸟更显著。亚成体眉纹不明显。耳羽褐色。上体褐色具有不明显暗斑点。腹部淡黄褐色有黑褐色纵行点斑。

鸣叫声： 鸣声尖锐而响亮。

体尺衡量度（长度 mm、体重 g）：

标本号	时间	采集地	体重	体长	嘴峰长	翅长	跗蹠长	尾长	性别	现保存处
					27	276	65	245	♂	山东师范大学
B000201					19	345	76	235		山东博物馆
					22	309	71	230	♀	山东师范大学
				413	31	322	75	234		山东师范大学
				493	19	285	68	245		山东师范大学

栖息地与习性： 栖息于丘陵、山麓的针叶林、阔叶林或混交林等森林地带，以及山地平原和丘陵地带的疏林和小块林内。在中国北方为夏候鸟、南方为冬候鸟，中部和东部为旅鸟，春季在3~4月、秋季在10~11月迁徙；迁徙期间，常在空中翱翔时，两翅水平伸直或稍向上抬起，偶尔伴有两翅的扇动，有时在林缘开阔地上空飞行或沿直线滑翔；性机警、善隐藏和飞翔；常单独活动、觅食，隐蔽在树枝间或滑翔窥视猎物，能在树林中快速追捕猎物，速度快、杀伤力大，用利爪刺穿猎物胸膛、将腹部剖开，先吃掉鲜嫩内脏部分，再将尸体带回栖息的树上撕裂后啄食。

食性： 食肉性，主要捕食鼠类、野兔、雉类、鸠鸽类和其他中小型鸟类。雏鸟的食物以鼠类为主。

繁殖习性： 繁殖期4~7月。苍鹰成对在天空翻飞、相互追逐、不断鸣叫，表明配对已完成，在林密僻静处的高树上筑巢，常利用旧巢，巢材为新鲜桦树、椴及山榆的枝叶及少量羽毛。产卵后继续修缮巢，修巢速度随雏鸟增长而加快。每窝产卵3~4枚，卵椭圆形，浅鸭蛋青色，卵径约52mm×12mm，卵重约42g。孵化期30~33天，孵化由雌鸟担任，随卵数增加，离巢时间逐渐减少。雄鸟除捕食外，多在附近警戒；中期送枝次数增加，后期以送食为主。雏鸟晚成雏，雌雄共同育雏，以雌鸟为主；育雏期35~37天，前期喂食以小块、条为主，渐为撕大块自食至不撕喂，让雏鸟自食；雌鸟在育雏期暖雏随雏鸟生长而减少，随暖雏停止，修巢亦告结束；45日前后，雏鸟飞翔离巢。

亚种分化： 全世界有9个亚种，中国4个亚种，山东分布记录2个亚种。

● **普通亚种** *A. g. schvedowi*（Menzbier）
亚种命名 МенЗбир, 1882, Орн. Геогр.：439（Дарасун в Эабайкалье）

分布： 东营 -（P）◎黄河三角洲。菏泽 -（P）菏泽。济宁 -●济宁，南四湖；微山县 -（P）鲁山；曲阜 - 三孔。青岛 -▲青岛（郑光美 2012），（P）潮连岛，▲（王希明 1991）浮山；▲（郑光美 2012）胶南；诸城（20110413）。日照 - 付疃河（20140306），日照水库（20140305）；（P）前三岛 - 车牛山岛，达山岛，平山岛。泰安 -（P）泰安；●（杜恒勤 1987）泰山；● 东平县 -（W）东平湖。潍坊 - 诸城（20110413）。烟台 - 长岛县 -▲（范鹏 2006，郑光美 2012）● 长岛，▲（J08-6633/20150921, J08-6602/20140924）大黑山岛（何鑫 20131003）；海阳 - 东村（刘子波 20160505）；蓬莱 - 南邢家*。胶东半岛，鲁中山地，鲁西南平原湖区。

除台湾外，各省份可见。

黑龙江亚种 *Accipiter gentilis albidus*（Menzbier）
亚种命名 МенЗбир, 1882, Орн.Геогр.：438（西伯利亚堪察加半岛）

分布： Y-▲长岛县（范鹏 2006）。

---

* 蓬莱县小门家镇南邢家村的鹰把式，于永贵和王成喜等捕获并驯养过，山东电视台报道

7 隼形目 Falconiformes | 161

脸颊灰黑色，喉白色具宽黑褐色中央纵纹和髭纹。上体棕褐色，胸以下白色密布棕褐色黄斑。尾灰褐色具3道黑褐色横斑。尾羽灰褐色与其他鵟鹰棕色尾羽不同，而且上面具3道宽的黑褐色横斑，比白眼鵟鹰尾羽上横斑更明显。眼睛为黄色，与白眼鵟鹰不同。

形态特征描述： 中型猛禽。嘴黑色，基部和蜡膜橙黄色。眼黄色，眼先白色，白色眉线细或无。脸颊和耳羽灰褐色。颏喉白色，具宽而粗著的黑褐色中央纹，髭纹暗褐色。头顶、枕部暗褐色，后颈羽基白色显露在外。肩、背、腰灰褐色具褐色横细纹、羽缘微沾棕色，翼上小覆羽栗褐色，其余翼上覆羽褐色具棕色羽缘和黑褐色羽干细纹，内翈基部白色具黑褐色横斑。下体白色，上胸淡棕褐色具白色斑点，下胸、腹、胁和覆腿羽白色密布棕褐色横斑，但老熟个体胸部呈整片褐色。翼下覆羽和腋羽白色具稀疏棕褐色横斑。尾灰褐色，具3～4条宽阔的黑褐色横带，末端带最粗黑色，最外侧尾羽横带不明显，尾下覆羽白色。跗蹠和趾黄色，爪角黑色。

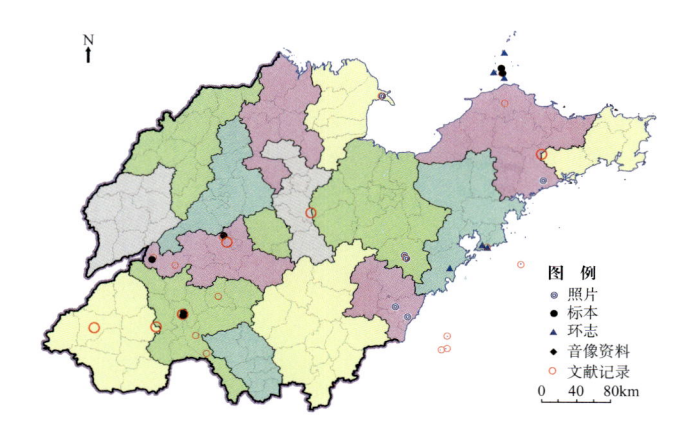

黑龙江、辽宁。

区系分布与居留类型： [古]（PW）。

种群现状： 由于卓越的生存能力和拼搏精神等生理特性，对其科学研究加深，社会中有很多人进行驯养，并在农业、航运和机场驱鸟中发挥其巨大作用。当今由于环境污染、生态破坏等，致使苍鹰的生存在很大程度上受到威胁，需要加强栖息环境与质量的保护，促其种群数量趋势稳定发展。

物种保护： Ⅱ，无危/CSRL，2/CITES，Lc/IUCN。

参考文献： H127，M488，Zja130；La513，Q50，Qm213，Z83，Zx38，Zgm39。

山东记录文献： 郑光美2011，朱曦2008，范忠民1990，钱燕文2001，Shaw 1938a；赛道建2013，王海明2000，张洪海2000，田家怡1999，宋印刚1998，刘红1996，赵延茂1995，王庆忠1992，王希明1991，纪加义1987b、1987f。

● **102-01 灰脸鵟鹰**
Butastur indicus（Gmelin）

命名： Gmelin JF, 1788, Syst. Nat., ed. 13, 1: 264（印度尼西亚爪哇岛）

英文名： Grey-faced Buzzard

同种异名： 灰脸鹰，灰面鵟，灰面鵟，南路鹰，清明鸟，扫墓鸟，山后鸟；*Falco indicus* Gmelin, 1788, *Falco poliogenys* Temminck, 1825；Hawk Buzzard

鉴别特征： 中型褐色鵟鹰。嘴黑色、蜡膜黄色，

灰脸鵟鹰（何鑫 20131003 摄于大黑山岛）

雌鸟 似雄鸟。白色眉线粗而明显，老熟个体胸部交杂较多鳞状白斑。

幼鸟 嘴黑色。眼暗褐色，眉线米黄色粗而明显。前额至头顶色淡具细纵纹。背部羽缘有较多浅色斑。腹面密布深色纵纹，胁部常有横斑。脚黄色。

鸣叫声： 发出"yiyi～"一短一长两声典型鸣声。

体尺衡量度（长度mm、体重g）：

标本号	时间	采集地	体重	体长	嘴峰长	翅长	跗蹠长	尾长	性别	现保存处
					22	266	76	204	♀	山东师范大学
					21	312	67	190	♂	山东师范大学
				375	20	260	80	246		山东师范大学

栖息地与习性： 栖息于阔叶林、针叶林及针叶阔叶混交林等山林地带，以及林缘、山地丘陵、草地、农田和村庄附近等开阔地区和河谷地带。常单独活动，迁徙期间成群。4月末5月初迁达繁殖地，9月末10月初离开繁殖地。白天在森林上空盘旋、低空飞行，或呈圆圈状翱翔，或栖于沼泽地和空旷地枯死

大树顶端枯枝上，或者在地面上活动；主要在晨昏觅食，发现猎物时突然扑向猎物，也会低空飞翔捕食，或在地上徘徊觅找和捕猎。

食性： 主要捕食小型蛇类、蜥蜴、蛙、小鸟和鼠类、松鼠、野兔、狐狸等中小动物，以及较大昆虫和动物尸体。

繁殖习性： 繁殖期5~7月。在阔叶林、落叶松林、混交林和靠河岸的疏林地带、林中沼泽草甸和林缘地带的高大树上，或林缘地边孤树的顶端枝杈上营巢，巢盘状，由枯树枝构成，内垫枯草茎、草叶、树皮和羽毛。每窝产卵3~4枚，卵白色，具锈色或红褐色斑。雌鸟孵卵，孵化期32~33天。亲鸟共同育雏，育雏期35~37日。

亚种分化： 单型种，无亚种分化。

鵟鹰属4个物种中唯一分布于我国的种类，其分类地位明确。

分布： 东营-（P）◎黄河三角洲。青岛-青岛。泰安-泰山；岱岳区-徂徕山。烟台-烟台浅海；长岛县-▲（范鹏2006，范强东1993a）长岛，▲（J08-6643/20151003）大黑山岛（何鑫20131003），南长山岛。胶东半岛，鲁中山地，鲁西北平原，鲁西南平原湖区。

黑龙江、吉林、辽宁、内蒙古、河北、北京、天津、河南、安徽、江苏、上海、浙江、江西、湖南、湖北、四川、重庆、贵州、云南、福建、台湾、广东、广西、海南。

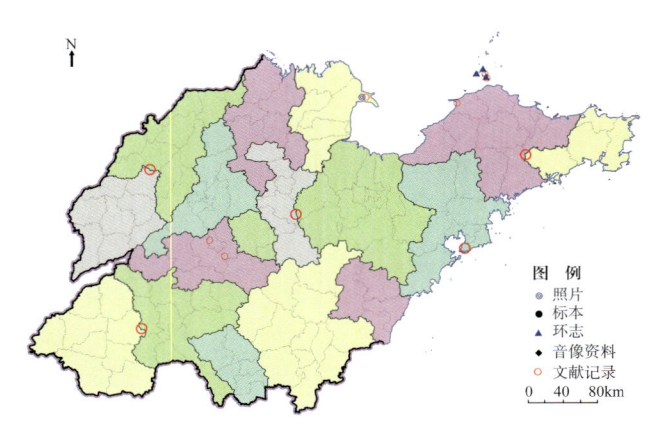

区系分布与居留类型： ［古］（P）。

种群现状： 由于迁徙期间夜栖地比较固定，常被当地居民视为上天赐予的猎物，并且20世纪70年代，曾因日本标本商人大量收购灰脸鵟鹰皮毛而农闲打猎变成大规模的杀戮，致使种群数量明显减少，后经环保人士的共同努力，标本贸易才终止。猎捕情形多年来已大为改善，但此项威胁仍需持续关注，加强对栖息环境的保护、防止猎捕。山东分布并不普遍，数量稀少。

物种保护： Ⅱ，红/CRDB，2/CITES，中日，Lc/IUCN。

参考文献： H138，M491，Zja142；La516，Q54，Qm218，Z94，Zx39，Zgm40。

山东记录文献： 郑光美2011，朱曦2008，赵正阶2001，范忠民1990，郑作新1987，Shaw 1938a；赛道建2013，张洪海2000，田家怡1999，刘红1996，赵延茂1995，范强东1993a，刘体应1987，纪加义1987b、1987f。

● **103-01　普通鵟**
Buteo buteo（Linnaeus）

命名： Linnaeus C, 1758, Syst. Nat., ed. 10, 1：90（英国Savoy）

英文名： Common Buzzard

同种异名： 老鹰，鵟，土豹；—；Eurasian Buzzard，Buzzard

鉴别特征： 体大棕褐色鵟。嘴灰色而嘴端黑色。上体色深，下体色淡具深色横斑或纵纹。尾灰褐色、具多道暗色横斑。飞翔时翼宽阔，翼下显特征性大白斑，翅上举呈"V"形。

形态特征描述： 中型猛禽。嘴黑褐色、基部沾蓝色，蜡膜棕黄色。跗蹠、趾淡棕黄色，爪黑色。体色变化较大，可分为3种色型。

普通鵟（陈云江20111106摄于龙湖；牟旭辉20130406摄于栖霞十八盘）

暗色型　眼先白色，颏、喉、颊沾棕黄色，髭纹黑褐色。全身黑褐色。两翅与肩较淡、羽缘灰褐色，外侧5枚初级飞羽羽端黑褐色、内翈乳黄色，其余飞羽内翈羽缘灰白色。整个下体黑褐色，翼下乳白色，覆腿羽黄白色。尾羽棕褐色、具暗褐色横斑和灰白色端斑，尾下覆羽乳白色。

棕色型　颏、喉乳黄色，具棕褐色羽干纹。整个上体，包括两翅棕褐色、羽端淡褐色或白色。小覆羽栗褐色，飞羽较暗色型稍淡。胸、胁具大型棕褐色粗斑，体侧明显，腹部乳黄色、具淡褐色细斑。尾棕褐色，羽端黄褐色、亚端斑深褐色，至尾基部横斑渐以灰白色斑纹代之；尾羽下面银灰色、有不清晰暗色横斑，尾下覆羽乳黄色。

淡色型 头灰褐色、具暗色窄羽缘；颏、喉黄白色具淡褐色纵纹。上体多呈灰褐色，羽缘白色，微缀紫色光泽。翼上覆羽浅黑褐色，羽缘灰褐色，外侧初级飞羽黑褐色，缀赭色斑，内翈基部、羽缘污白色或乳黄白色；内侧飞羽黑褐色，内翈基部、羽缘白色，展翅时形成显著的翼下大型白斑，飞羽内、外翈均具暗色或棕褐色横斑。下体乳黄白色，胸、胁具棕褐色粗横斑和斑纹，腹近乳白色，有时被淡褐色细斑纹，腿覆羽黄褐色、缀暗褐色斑纹，肛区和尾下覆羽乳黄白色、具褐色横斑。尾羽暗灰褐色，具数道不清晰黑褐色横斑和灰白色端斑，羽基白色沾棕色。

幼鸟 上体多为褐色、具淡色羽缘。喉白色，其余下体皮黄白色、具褐色宽纵纹。尾桂皮黄色，具约10道黑色窄横斑。

鸣叫声：求偶期发出似猫叫的"meaomeao"连续单音。

体尺衡量度（长度mm、体重g）：

标本号	时间	采集地	体重	体长	嘴峰长	翅长	跗蹠长	尾长	性别	现保存处
				470	31	363	232	215	♂	山东师范大学

栖息地与习性：栖息于海拔400～2000m的山脚阔叶林、混交林及针叶林和林缘地带，常见开阔平原、荒漠、旷野、农田、林缘草地和村庄上空盘旋翱翔；繁殖期间栖息于山地森林和林缘地带，甚至山顶苔原带上空，秋冬季多出现在低山丘陵和山脚平原地带。迁徙春季多在3～4月，秋季在10～11月。多单独生活，鸣声似猫，飞行姿势似鸢。视觉敏锐，尾散开呈扇形，两翅微向上举成浅"V"字形在空中盘旋飞翔，或栖息于树枝或电线杆上等高处，一旦发现猎物便快速俯冲而下用利爪抓捕。

食性：主要捕食森林啮齿类，以及鸟类、蜥蜴、蛇、蛙及大型昆虫等动物。有时到村庄附近捕食鸡等家禽。

繁殖习性：繁殖期5～7月。在林缘或森林中高大树上，尤其是针叶树树冠上部近主干的枝桠处营巢，也有营巢于悬岩上或侵占乌鸦巢，巢结构较简单，由枯树枝堆集而成，内垫松针及细枝条和枯叶，以及羽毛和兽毛。每窝产卵2～3枚，卵青白色、被栗褐色和紫褐色斑点和斑纹，卵径约55mm×45mm。第1枚卵产出后即开始雌雄亲鸟共同孵卵，以雌鸟为主，孵化期约28天。雏鸟晚成雏，雌雄亲鸟共同喂养，育雏期40～45天，雏鸟即能飞翔和离巢。

亚种分化：全世界有11个亚种，中国有3个亚种（郑光美2011），山东分布为普通亚种 *B. b. japonicus* Temminck et Schlegel，*Buteo buteo burmanicus* (Hume)，*Buteo burmaxicus burmanicus* (Hume)。

亚种命名 Temminck CJ, Schlegel H, 1844, in Siebold, Faun. Jap., Aves: 16, pl. 6（日本）

本种在中国的亚种分布：郑作新（1976、1987、2002）、赵正阶（1995、2001）认为两个亚种，即 *B. b. vulpinus* 和 *B. b. burmanicus*（此亚种分布于山东青岛、威海）。

分布：德州-陵城区-丁东水库（张立新20081122）；齐河县-●华店（20130319）。**东营**-◎黄河三角洲。**菏泽**-（P）菏泽；牡丹区-●（森保站200209）李村；东明-陆圈镇（●王海明20121226）。**济南**-济南机场（20130827）；槐荫区-玉清湖（20130125）；天桥区-鹊山水库（20150110，孙涛20150110），龙湖（陈云江20111106）。**济宁**-济宁；任城区-太白湖（20160224，宋泽远20121104）；微山县-（P）鲁山，独山，微山湖，爱湖（20160221），湿地公园（20160222，张月侠20160403），夏镇（陈保成20101204）；鱼台-梁岗（20160409）。**聊城**-聊城，东昌湖。**青岛**-（P）青岛，▲（王希明1991）浮山；崂山区-青岛科技大学（宋肖萌20141026）。**日照**-东港区-付疃河（成素博20151117）；（W）前三岛-车牛山岛，达山岛，平山岛。**泰安**-（P）泰安；岱岳区-大汶河；泰山区-农大南校园；●（杜恒勤1987）泰山；东平县-（P）东平湖。**潍坊**-青州-南部山区。**威海**-（P）威海，●威海机场（韩京20090613、20110608）。**烟台**-长岛县-▲●（范鹏2006，范强东1993a）长岛，▲（K01-3530/20151003）大黑山岛（何鑫20131003），南长山岛；海阳-凤城（刘子波20151114）；栖霞-白洋河（牟旭辉20150413），栖

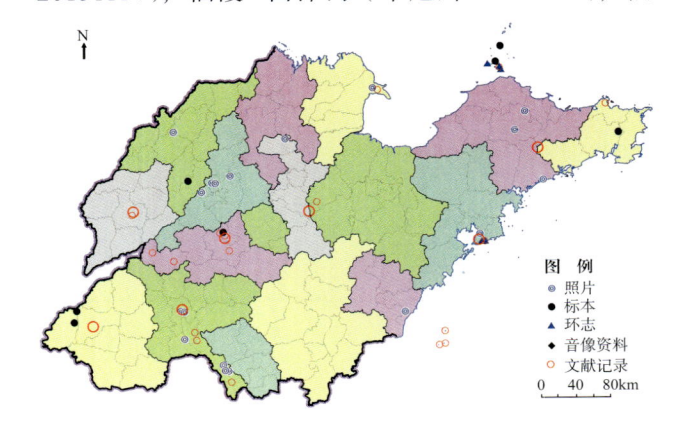

霞-十八盘（牟旭辉20130406）。**淄博**-高青县-大芦湖（赵俊杰20160319）。胶东半岛，鲁中山地。

各省份可见。

区系分布与居留类型：［古］（PW）。

种群现状： 大量捕食鼠类，为重要农林益鸟，在维持自然生态平衡方面发挥重要作用。虽然分布较广而常见，但数量不多。由于乱捕乱猎和栖息环境破坏等，种群数量有减少的趋势，应严加保护，禁止乱捕乱猎，保护好栖息地，加强物种保护生物学研究，促进繁衍生息。目前，仅在大城市个别动物园有饲养，但尚无人工繁殖成功的报道。山东分布数量并不普遍。

物种保护： Ⅱ，无危/CSRL，2/CITES，LC/IUCN。

参考文献： H135，M492，Zja139；La522，Q52，Qm219，Z91，Zx39，Zgm40。

山东记录文献： 郑光美2011，朱曦2008，钱燕文2001，赵正阶2001，范忠民1990，郑作新1987、1976，Shaw 1938a；赛道建2013，李久恩2012，王海明2000，张洪海2000，田家怡1999，刘红1996，丛建国1993，范强东1993a，王庆忠1992，王希明1991，纪加义1987b、1987f。

● 104-01　大鵟
Buteo hemilasius Temminck et Schlegel

命名： Temminck CJ，Schlegel H，1844，*in* Siebold，Faun. Jap.，Aves：18，pl. 7（日本）

英文名： Upland Buzzard

同种异名： 豪豹，白鹭豹，花豹，老鹰；—；—

鉴别特征： 多色型鵟。上体暗褐色，下体白色至棕黄色具暗色斑纹，翼下白斑较小。尾褐色具多条横斑，亚端斑宽，端斑白色。外形和普通鵟、毛脚鵟等鵟类相似，但体型大，跗蹠仅部分被羽，飞翔时，棕黄色翅膀下面具白色斑。毛脚鵟被羽直达到趾的基部。

形态特征描述： 大型猛禽，羽有淡、暗两种主要色型，淡色型常见。嘴黑褐色，蜡膜黄绿色。眼先灰黑色，虹膜黄褐色。跗蹠和趾黄色，跗蹠前面通常被羽，爪黑色。

淡色型 头顶至后颈白色微沾棕色、具褐色羽

大鵟（王强20110305摄于威海；韩京20111012摄于威海机场）

干纵纹。颔、喉白色具稀疏淡褐色纵纹。头侧白色，耳羽暗褐色，髭纹褐色。颈部褐色纵纹、后颈色深形成深色斑块。上体土灰褐色、具淡棕色或灰白色羽缘和淡褐色羽干纹。翼上覆羽灰褐色、具淡棕色羽缘形成白斑状，飞羽斑纹似暗色型，但羽色较淡。下体淡棕白色，胸、胁部具稀疏淡褐色纵纹。翼下覆羽和腋羽棕黄色、具褐色斑。覆腿羽棕褐色，下腹至尾下覆羽近白色。尾羽淡褐色、先端灰白色，7~9条暗褐色横斑渐向尾端深而明显；尾上覆羽淡褐色、具黑褐色横带，偶有白斑，尾下覆羽白色。中间型体羽主要为暗棕褐色。

暗色型 全身羽色大致为深褐色，尾部同淡色型。头、颈部羽色稍淡、羽缘棕黄色，眉纹黑色。上体暗褐色。肩和翼上覆羽羽缘淡褐色。翅暗褐色，飞羽内翈基部白色，次级飞羽、内侧覆羽具暗色横斑，内翈边缘白色具暗色点斑；翅下飞羽基部白色形成白斑。下体淡棕色、具暗色羽干纹及横纹。覆腿羽暗褐色。尾淡褐色，具6条淡褐色和白色横带斑，羽干及羽缘白色。

鸣叫声： 发出似"mimi"长而带鼻音叫声。

体尺衡量度（长度mm、体重g）：

标本号	时间	采集地	体重	体长	嘴峰长	翅长	跗蹠长	尾长	性别	现保存处
					24	394	87	260	♀	山东师范大学
					27	500	94	272	♂	山东师范大学
				567	27	390	75	330		山东师范大学

栖息地与习性： 栖息于山地和山脚平原与草原地区，以及高山林缘和开阔山地草原及荒漠地带。冬季常在低山丘陵、山脚平原地带的农田、芦苇、沼泽、村庄和城市附近活动。繁殖种群在中国主要为留鸟，

部分迁往南部越冬，3月底4月初到达繁殖地，10月开始离开繁殖地。单独或成小群活动。喜停息在地上、山顶、高树上或高凸物体上休息。飞翔时，两翼鼓动较慢，常在作圈状翱翔，或上下翻飞、直线低飞而转斜垂上树飞、树间飞，飞翔花样繁多。一旦发现猎物，突然俯冲而下用利爪抓捕，捕蛇时，飞到空中将蛇扔到地上、再抓起，等到蛇失去反抗能力才慢慢地吞食。

食性： 主要捕食啮齿动物，以及蛙、蜥蜴、野兔、蛇、雉鸡和昆虫等动物。

繁殖习性： 繁殖期为5～7月。在悬岩峭壁上或高大树上营巢，巢附近多有小灌木掩护，巢盘状，每年修补利用多年，巢主要由干树枝构成，内垫干草、兽毛、羽毛、碎片和破布等。每窝多产卵2～4枚，卵淡赭黄色被有红褐色和鼠灰色斑点，以钝端较多。孵化期约30天。雏鸟晚成雏，雌雄亲鸟共同育雏约45天，然后离巢进行独立生活。

亚种分化： 单型种，无亚种分化。

分布： 德州-齐河县-华店（赛时20130827）。东营-（W）◎黄河三角洲。菏泽-（W）菏泽。济南-（P）济南，济南机场（20130827）；天桥区-鹊山水库（20150110，孙涛20150110），（P）五柳闸。济宁-●济宁。聊城-东昌湖。青岛-▲（王希明1991）浮山，胶州湾。日照-东港区-付疃河（李宗丰20101210）。泰安-（W）泰安、●东平县-（W）东平湖；宁阳。威海-威海（王强20110305），●威海机场（韩京20111012）。烟台-长岛县-▲●（范鹏2006，范强东1993a）长岛，海阳-凤城（刘子波20151206）。胶东半岛，鲁中山地，鲁西北平原，鲁西南平原湖区。

黑龙江、吉林、辽宁、内蒙古、河北、北京、天津、山西、河南、陕西、宁夏、甘肃、青海、新疆、江苏、上海、浙江、湖北、四川、重庆、云南、西藏、台湾。

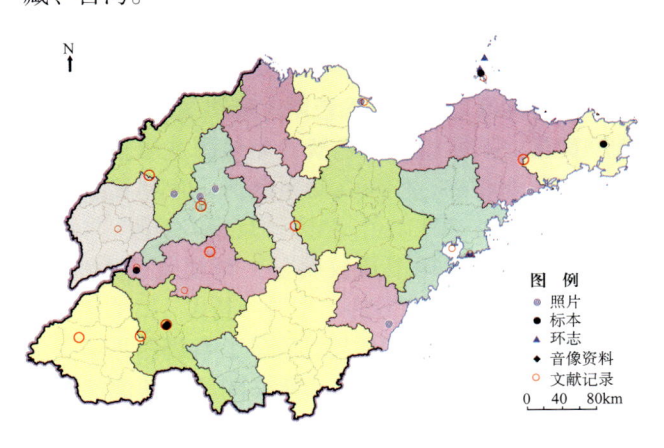

区系分布与居留类型： [古]（PW）。

种群现状： 以鼠类为主要食物，一只鵟平均日消耗1.62只鼠，在草原保护中具有重要作用。分布范围广，虽未面临生存危机，但由于栖息地破坏与环境污染，种群数量较少，应严加保护。禁止捕猎，保护并为大鵟创造良好的栖息环境，加强种群生物学研究，目前关于日活动的时间分配，食性，雏鸟发育、能量代谢等方面已有研究，尚无人工驯养繁殖的报道。山东分布数量稀少。

物种保护： Ⅱ，无危/CSRL，2/CITES，Lc/IUCN。

参考文献： H134，M494，Zja138；La526，Q52，Qm219，Z90，Zx40，Zgm41。

山东记录文献： 郑光美2011，朱曦2008，钱燕文2001，赵正阶2001，王希明1991，范忠民1990，郑作新1987，Shaw 1938a；赛道建2013、1994，王海明2000，张洪海2000，张培玉2000，田家怡1999，刘红1996，赵延茂1995，范强东1993a，王庆忠1992，纪加义1987b、1987f，田丰翰1957。

105-01 毛脚鵟
Buteo lagopus（Pontoppidan）

命名： Pontoppidan E, 1763, Danske Atl.: 616（丹麦）
英文名： Rough-legged Buzzard
同种异名： 毛足鵟，雪白豹，堪察加毛足鵟；*Falco lagopus* Pontoppidan, 1763；—

鉴别特征： 中型褐色鵟。嘴黑褐色、蜡膜黄色，眼黄色、贯眼纹黑褐色。背暗褐色、羽缘色淡，头胸乳白色具褐色纵纹，跗蹠被羽。飞行时，扇形白色尾与宽阔黑褐色亚端斑的尾与翼角具黑斑、飞羽基部白色与末端黑色的翅对比明显。

形态特征描述： 中等体型褐色鵟。嘴深灰色，

毛脚鵟（李宗丰20110123摄于付疃河）

部具褐色与污白色相间横斑；内侧初级飞羽、次级飞羽尖端具三角形棕白斑，翼下大覆羽露出浅色翼斑似幼鸟。下体暗土褐色，胸、上腹及胁杂棕色纵纹。尾平型；尾下覆羽淡棕色杂褐色斑。脚黄色，爪黑色。

雌鸟 似雄鸟而体型较大。

幼鸟 体色淡，咖啡奶色。飞羽黑色，翼下具白色横纹，翼上具两道皮黄色横纹。尾黑色，尾端及翼后缘白色带与黑色飞羽成对比。尾上覆羽具"V"字形皮黄色斑。

鸣叫声： 发出粗哑声及"gaga"叫声。

体尺衡量度（长度 mm、体重 g）：

标本号	时间	采集地	体重	体长	嘴峰长	翅长	跗蹠长	尾长	性别	现保存处
					38	529	95	329	♂	山东师范大学

栖息地与习性： 栖息于开阔平原、荒漠和低山丘陵地带的荒原草地，以及低山及开阔的荒野或耕地等处。白天活动，翱翔于草原和荒地上空飞翔观察、觅找猎物，或长时间栖息于电线杆上、孤立的高树顶端和地面高处，等待啮齿动物从洞口出现时捕获猎物，猎食时间与啮齿类活动的规律一致。

食性： 主要捕食啮齿类动物如黄鼠、跳鼠、田鼠、沙土鼠、鼠兔、旱獭等，以及野兔、沙蜥、草蜥、蛇和貂类、鸟类和昆虫等小动物，兼食动物尸体和腐肉。在沙漠地带主要以大沙地鼠为食。

繁殖习性： 繁殖期4～7月。在森林中松树、槲树等高大乔木树上、悬崖上或山顶岩石堆中营巢，巢结构简陋而庞大，平盘状，主要由枯树枝构成，内垫细枝和新鲜小枝叶、枯草茎、草叶、羊毛和羽毛。每窝产卵1～3枚，卵白色，表面无斑或具黄褐色斑点，卵径约68mm×54mm。产完第1枚卵后，孵卵由雌鸟单独承担，或由亲鸟轮流孵卵，孵化期约45天。雏鸟晚成雏，亲鸟共同喂养，经55～60天育雏期后离巢。

亚种分化： 全世界有3个亚种，中国有1个亚种，山东分布为指名亚种 *A. n. nipalensis*（Hodgson）。

亚种命名 Hodgson BH，1836，J. As. Soc. Bengal，5：229，pl. 7（尼泊尔）

本种3个亚种，*Spizaetus nipalensis nipalensis* 分布于喜马拉雅山脉至华南、台湾。*S. n. kelaarti* 分布于斯里兰卡。*S. n. orientalis* 分布于日本。Haring 等（2007）用分子生物学技术重新检视本属（鹰鵰属）鸟类的亲缘关系后，倡议将东南亚的鹰鵰置于 *Nisaetus*，此属名即1836年 Hodgson 首度命名本种时所用的原属名，采用此观点，学名回复为 Hodgson 最初命名的 *Nisaetus nipalensis*。在分类上，曾经和茶色鵰（*Aquila rapax*）划为同一物种的不同亚种。但根据形态、生态和行为上的差异，两个物种各自独立。

分布： 东营-◎黄河三角洲。烟台-长岛县-▲●（范鹏2006，范强东1993ab）长岛-大黑山岛，南长山岛。（P）胶东半岛。

辽宁、内蒙古、河北、北京、天津、山西、宁夏、甘肃、青海、新疆、江苏、上海、浙江、湖南、湖北、四川、贵州、云南、福建、广东、广西、海南。

区系分布与居留类型：［广］（P）。

种群现状： 捕食啮齿类动物对草原生态保护和农业生产有意义，但种群数量少，经济意义不明显。需要加强物种与栖息环境保护促进种群发展。山东迁徙过境分布数量稀少，近年来，未能征集到照片。

物种保护： Ⅱ，无危/CSRL，V/CRDB，2/CIT ES，Lc/IUCN。

参考文献： H143，M498，Zja148；Q56，Qm 210，Z98，Zx40，Zgm42。

山东记录文献： 郑光美2011，朱曦2008，范忠民1990；赛道建2013，范鹏2006，刘红1996，范强东1993a、1993b。

● 108-01　白肩鵰
Aquila heliaca Savigny

命名： Savigny，1809，Descr. Egypte, Ois.：82，pl. 12（埃及）

英文名： Imperial Eagle

同种异名： 白肩皂鵰；*Aquila heliaca heliaca* Savigny；Eastern Imperial Eagle

鉴别特征： 大型深褐色鵰。头颈部色淡。体黑褐色，长形白色肩羽形成醒目白斑，滑翔飞行时两翅平直、尾收紧而显得修长。幼鸟皮黄色，背具黄色斑点，翼具白色横纹，尾黑色，白色尾端、翼后缘与黑色飞羽对比明显。

形态特征描述： 大型猛禽。嘴黑褐色基部铅蓝灰色，蜡膜黄色。虹膜红褐色。前额、头顶黑褐色，头顶后部、枕、后颈和头侧棕褐色，后颈缀黑褐色细羽干纹。上体至背、腰和尾上覆羽黑褐色，缀紫色光泽，长形肩羽纯白色形成显著白色肩斑。

翼上覆羽黑褐色、斑缘缀棕白色，初级飞羽黑褐色、内翈基部有白斑，次级飞羽暗褐色、内翈杂淡黄白色斑。下体自颊、喉、胸、腹、胁和覆腿羽黑褐色，下腹至尾下覆羽转淡棕色，胸、腹、胁棕色纵纹宽阔而显著。翼下覆羽和腋羽棕色具褐色羽缘。尾灰褐色具不规则黑褐色横斑和斑纹及黑色宽阔端斑；尾下覆羽淡黄褐色、缀暗褐色纵纹。跗蹠被羽，脚黄色，爪黑色。

幼鸟 虹膜暗褐色。头部、后颈矛状羽褐色，具棕白色细羽干纹延伸至上背，下背至尾上覆羽淡棕皮黄色，各羽具宽阔褐色羽缘；飞羽黑褐色、尖端淡黄白色，内翈基部具不规则灰白色横斑；翼上覆羽暗土褐色，内侧色淡，棕白色羽缘在翅上形成淡色细横带，飞翔时极明显。翼下覆羽和腋羽棕色具褐色羽缘。下体棕褐色，颊和喉较浅淡；胸、腹、胁缀棕色纵纹，下腹和尾下覆羽淡棕色。尾土灰褐色具皮黄色宽阔端斑。

鸣叫声： 发出快速似"owk"吠声。

体尺衡量度（长度mm、体重g）： 山东暂无标本及测量数据。

栖息地与习性： 栖息于山地混交林和阔叶林等森林地带和草原、丘陵地区的开阔原野，以及低山丘陵、森林平原、小块丛林或林缘地带，也见于荒漠、草原、沼泽及河谷地带。在中国中东部为冬候鸟和旅鸟，迁来、离开中国的时间因地区而异。常单独活动，或翱翔于空中在低空和高空飞翔巡猎，或长时间停息在空旷地区的孤树上或岩石、地面上等待猎物出现时突袭捕获。

食性： 主要捕食啮齿类及野兔、雉鸡、石鸡、鹌鹑、野鸭、斑鸠等中小型哺乳动物和鸟类，以及爬行类和动物尸体。

繁殖习性： 繁殖期4~6月。通常在森林中高大松树、槲树和杨树的顶端枝杈上营巢，在稀疏树木的空旷地区多营巢于孤树上，以及悬崖岩石上；巢盘状，由枯树枝构成，内垫细枝、兽毛、枯草茎和草叶。有修理、补充利用旧巢的习性。每窝产卵2~3枚，卵白色，卵径约75mm×60mm。产出第1枚卵后即由亲鸟轮流孵卵，孵化期43~45天。雏鸟晚成雏，刚孵出雏鸟被白色绒羽，雌雄亲鸟共同抚育，育雏期55~60天，雏鸟即可离巢。

亚种分化： 单型种，无亚种分化。

本种以往分类为2个亚种，即分布于欧亚大陆指名亚种（*A. h. heliaca*）和伊比利半岛的西班牙亚种（*A. h.adalberti*），后者特征明显且与指名亚种分布隔离，晚近学者将两者视为不同种（Dickinson 2003）。并用英文名 Eastern Imperial Eagle 与西班牙白肩雕英文名 Spanish Imperial Eagle 相对应。

分布： 东营-◎黄河三角洲。烟台-长岛县-（P）

●▲（范鹏 2006，范强东 1988）长岛。胶东半岛。

吉林、辽宁、内蒙古、河北、北京、天津、河南、陕西、甘肃、青海、新疆、江苏、上海、浙江、湖北、四川、重庆、贵州、云南、福建、台湾、广东、广西、香港。

区系分布与居留类型： [古]（P）。

种群现状： 捕食啮齿类动物对草原生态保护和农业生产有意义。非法砍伐树木和农业扩张，导致生存生境丧失和改变，人为干扰如毁坏鸟巢和狩猎捕捉进行非法贸易，以及其他死亡因素可能构成它们的迁徙路线和越冬区威胁，致使种群数量稀少，并仍在下降且已濒危。急需加强物种与栖息环境保护促进种群发展，提高公众意识，参与保护活动。山东分布数量极少，未能征集到分布照片。

物种保护： Ⅱ，易危/CSRL，V/CRDB，1/CITES，2/CITES Vu/IUCN。

参考文献： H142，M499，Zja147；La537，La537，Q56，Qm211，Z97，Zx41，Zgm42。

山东记录文献： 郑光美 2011，朱曦 2008，赵正阶 2001；赛道建 2013，田贵全 2012，范鹏 2006，范强东 1988，刘红 1996，纪加义 1987b。

● **109-01 金雕**
Aquila chrysaetos（Linnaeus）

命名： Linnaeus, 1758, Syst. Nat., ed. 10, 1: 88（瑞典）

英文名： Golden Eagle

同种异名： 鹫雕，红头雕；*Falco chrysaetos* Linnaeus；—

金雕（陈云江 20110404 摄于张夏镇）

鉴别特征： 大型褐色鹛。巨大嘴灰黑色、基部蓝色。枕部、后颈披针状羽毛金黄色。尾长圆灰褐色、具黑色横斑与端斑。幼鸟尾白色、具宽阔黑端斑，飞羽基部白色在翼下形成大白斑。

形态特征描述： 大型猛禽。嘴端部黑色、基部蓝灰色，蜡膜黄色。虹膜栗褐色。耳羽黑褐色。头顶黑褐色。后头、枕部和后颈羽毛呈柳叶状，羽基暗赤褐色，羽端金黄棕色，羽轴纵黑褐色、尖端近黑褐色。上体暗褐色、肩部较淡。翼上覆羽暗赤褐色，羽端淡赤褐色；翼下覆羽及腋羽暗褐色。下体颔、喉和前颈黑褐色，羽基白色；腹黑褐色，羽轴色较淡。尾灰褐色具不规则暗灰褐色斑纹和黑褐色宽阔端斑；尾上覆羽淡褐色、尖端近黑褐色，尾下覆羽和覆腿羽具赤色纵纹。趾黄色，爪黑色。

幼鸟 1龄幼鸟尾羽白色具黑色宽端斑，飞羽内翈基部白色，在翼下形成白斑；2龄后，尾部白色和翼下白斑减少，尾下覆羽由棕褐色变为赤褐色、暗赤褐色。

鸣叫声： 响亮似"piou-yi"或"pao-yiao"声。

体尺衡量度（长度mm、体重g）：

标本号	时间	采集地	体重	体长	嘴峰长	翅长	跗蹠长	尾长	性别	现保存处
B000202					26	494	60	232		山东博物馆

栖息地与生活习性： 栖息于高山平原、荒漠、河谷和森林地带。冬季常到山地丘陵和山脚平原地带活动。白天活动，单独或成对活动，飞行迅速，常两翅上举呈"V"字形直线或圈状翱翔于高空；短暂停息时，多栖息于高山岩石顶部、山脊制高点和旷野高大树顶，冬天有时成小群活动觅食。

食性： 主要捕食大型鸟兽，如雉鹑类、鸭类、野兔、狍、山羊、狐等，以及动物死尸；耐饥性甚强，15天不吃任何食物，活动如常。

繁殖习性： 有使用旧巢习性，在高大乔木或悬崖上筑巢。2月中下旬多在巢内进行交尾，3月中上旬产卵；每窝产卵1～3枚，卵重约150g，污白色，具少量赤褐色斑纹或无斑；产卵期2～3天。孵化期50～55天。雏鸟晚成雏，出壳早晚不一，食物匮乏时，同巢幼鸟间互相残杀；育雏期75～80天。

亚种分化： 全世界有5个亚种，中国2个亚种，山东分布为中亚（华西）亚种 A. c. daphanea Menziber, 1888, Orn. Turkest. 1: 75("High Asia")。

亚种命名 Schauensee（1984）认为，canadensis（加拿大亚种）在黑龙江北部繁殖，在黑龙江东部、吉林越冬；其同种异名 kamtschatica 亚种，赵正阶（1995）捕捉驯养过雏鸟，并认为是留鸟，郑作新（1976，1987）认为其在呼伦贝尔、巴林繁殖，越冬迁徙经过东北。

分布： 东营-（P）◎黄河三角洲。济南-长清区-张夏（陈云江20110404，宋泽远20140501）。青岛-青岛。潍坊-临朐县-●（19831109）冶源平安峪。威海-●（范强东1988）昆嵛山。烟台-长岛县-▲（范鹏2006，范强东1993a）长岛，●（范强东1988）大黑山岛，●（198409xx）南长山岛。淄博-淄博。东南沿海，胶东半岛，鲁中山地，鲁西南平原湖区。

除黑龙江、吉林、台湾、广西、海南外，各省份可见。

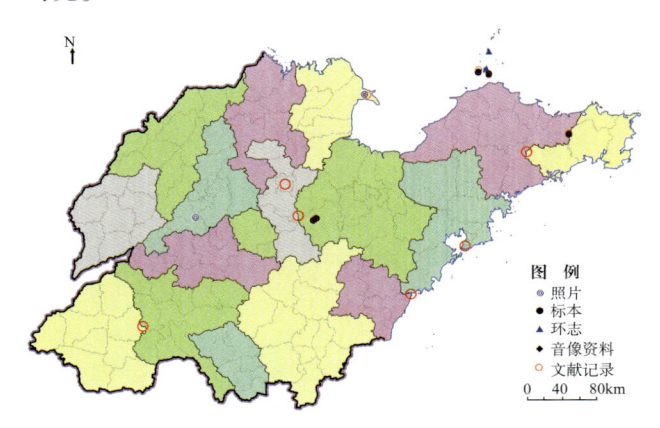

区系分布与居留类型： ［古］S（P）。

种群现状： 捕食鸟兽，对畜牧业有一定影响。山东繁殖数量极少，1983年11月9日在临朐冶源平安峪采到雌鸟1只，1984年9月在长岛采到标本，纪加义（1985）记为山东省内新记录，人为干扰影响其繁殖成功，需要加强对物种与栖息环境的保护，甚至建立专门繁殖生境保护区，实行严格保护措施，促进种群的繁衍生息。

保护等级： Ⅰ，无危/CSRL，未列入/IRL，V/CRDB，2/CITES，Lc/IUCN。

参考文献： H141，M500，Zja146；Q56，Qm211，Z96，Zx41，Zgm43。

山东记录文献： 郑光美2011，朱曦2008，范忠民1990；赛道建2013，张绪良2011，王希明2001，张洪海2000，田家怡1999，刘红1996，赵延茂1995，范强东1993a，韩云池1992，王庆忠1992，纪加义1987b、1987f、1985。

7.3 隼科 Falconidae

体型为小至中大型，呈流线型，雌鸟大于雄鸟，雌雄鸟同形或稍异，以灰黑色、红褐色或褐色为主。颈短，具短而强健钩形喙，上喙多数有1齿突，嘴基具蜡膜。鼻孔多为圆形、中间有柱状突。眼下多有黑髭斑。初级飞羽11枚（第1枚退化）、次级飞羽11枚，翼形窄尖、翼宽长，善飞行。尾羽12枚，圆尾状或凸尾状。脚短壮、趾3前1后，具锐利钩状爪。

栖息地包括北极苔原、森林、草原、半沙漠、湿地、海岛、城镇等。单独或成对生活，领域性明显，滑翔、悬停等飞行技能高超多样化，瞬间速度为鸟类之冠。完全肉食性、食谱多样化。本科鸟类的婚配为一雌一雄制，一年一窝，窝卵数在2~4枚。追逐、俯冲进行求偶，雄鸟会供食给雌鸟。巢简陋，筑于悬崖凹处、利用其他鸟类旧巢、树洞或建筑物等。雌鸟孵卵喂雏，雄鸟打猎供食。雌鸟体内累积DDT等毒物会产下薄壳卵致孵卵失败。雏鸟晚成雏。本科鸟类因位居食物链高层，许多民族有猎捕或利用的习俗，加上栖息地遭破坏、环境污染等威胁因素，多数种类数量大为减少，有5种已被列为受胁鸟种，1种（*Caracara lutosa*）于20世纪初灭绝。

广布于全世界，除南极洲之外，各大洲陆域及岛屿有本科鸟类。低纬度地带多为留鸟，中、高纬度部分迁徙或全部迁徙。

全世界共有11属64种；中国有2属13种，山东分布记录有1属7种。

隼科分属、种检索表

1. 爪黄色 ·· 2
   爪黑色 ·· 3
2. 背棕黑黄色，尾具宽阔黑色次端斑 ··· 黄爪隼 *Falco naumanni*
   背灰黑色，尾无宽阔黑色次端斑，翼下覆羽白色 ·· 红脚隼 *F. amurensis*
3. 体型较大；翅长超过300mm；中趾（不连爪）超过40mm ··· 7
   体型较小；翅长不及300mm；中趾（不连爪）不及40mm ··· 4
4. 尾呈凸尾状 ·· 红隼 *F. tinnunculus*
   尾呈圆尾状 ··· 5
5. 第2、3枚初级飞羽几乎等长；第1、4枚也几乎等长；第2枚内翈有切刻 ······· 灰背隼 *F. columbarius*
   第2枚初级飞羽几乎最长；第1枚较第4枚长甚；第2枚内翈无切刻，胸白色或棕白色具褐纹 ··········
   ··· 6 燕隼 *F. subbuteo*
6. 体型较小，头顶灰黑色，髭斑黑色 ··· *F. s. subbuteo*
   体型较大，头顶蓝灰色，髭斑蓝灰色 ··· *F. s. streichi*
7. 髭纹不显著或无；第2枚初级飞羽最长，第1枚较第3枚稍短或几乎等长；外趾与内趾约等长；中趾较跗蹠为短，跗蹠被羽部分为其总长的一半或稍短些 ·· 猎隼 *F. cherrug*
   髭纹宽阔；第2枚初级飞羽最长，第1枚与第3枚几乎等长而显较第3枚长；外趾较内趾长，中趾较跗蹠长 ······
   ··· 8 游隼 *F. peregrinus*
8. 颊纹宽，头顶较灰蓝，上体较淡，下体几乎纯白色，体型较大，翅长（♂）310mm或（♀）350mm ······ *F. p. calidus*
   颊纹宽，头顶较暗灰，上体较暗，下体较浓，体形似calidus ····························· *F. p. japonensis*
   颊纹宽，头顶较暗灰，上体最暗，黑色耳羽与颧纹间无白色间隔，下体赤褐色，体型小，翅长（♂）300mm或（♀）340mm以下 ··· *F. p. peregrinator*

● 110-01 黄爪隼
Falco naumanni Fleischer

命名： Fleischer, 1818, *in* Laurop et Fisher, Sylvan für 1817-1818: 114（德国南部）
英文名： Lesser Kestrel
同种异名： 黄脚鹰；—；—

鉴别特征： 嘴灰色、端黑色，蜡膜黄色，颊、喉白色。头、翼上覆羽蓝灰色。上体赤褐色无斑纹，下体棕黄色、具圆形黑点，尾蓝灰色、黑宽阔次端斑和白端斑。雌鸟上体具黑色横斑，下体具黑色纵纹，腰灰色，尾栗色具9~10条黑横斑和黑宽次端斑、白端斑。

形态特征描述： 小型猛禽。嘴蓝灰色、基部和蜡膜黄色。虹膜暗褐色，眼周裸露皮肤橙黄色。前额、眼先棕黄色。头顶、后颈、颈侧、头侧淡蓝灰色，耳羽具棕黄色羽干纹。颏、喉粉红白色或皮黄色。背、肩砖红色或棕黄色。翼上覆羽铅灰色，大覆羽蓝灰色具细窄棕褐色羽缘，小翼羽黑褐色，初级和外侧次级飞羽黑褐色、内翈基部和羽缘污白色；翼下覆羽和腋羽白色。胸、腹、胁棕黄色，胸和腹中部无斑而两侧具圆形黑褐色斑点。腰和尾上覆羽淡蓝灰色。尾淡蓝灰色、具宽阔黑色次端斑和窄白色端斑各一条，尾下覆羽淡黄色。跗蹠和趾淡黄色、爪淡白色。

雌鸟 前额污白色、具纤细黑色羽干纹。眉纹细、白色。头、颈、肩、背及翼上覆羽棕黄色或淡栗色，头顶、后颈羽干纹黑褐色，而肩、背具黑褐色横斑。颏、喉白色，下体淡棕黄色，胸具黑色纵纹，腹、胁具黑色点状或矢状斑。腰、尾上覆羽淡蓝灰色，具细而不明显灰褐色横斑，覆腿羽棕白色、具暗褐色细羽干纹。尾淡栗色、具9～10条黑色窄横斑和宽黑色次端斑及白色端斑，尾下覆羽淡黄白色。

幼鸟 似雌鸟。上体具粗著纵纹、横斑。腰、尾上覆羽淡棕色；中央尾羽蓝灰色、仅具宽阔黑色次端斑；外侧尾羽棕色、具黑褐色横斑。

鸣叫声： 叫声尖锐。

体尺衡量度（长度mm、体重g）： 山东暂无标本及测量数据。

栖息地与习性： 栖息于开阔的荒山旷野、荒漠、草地、林缘、河谷、村庄附近和农田傍丛林地带，以及高山地区，喜欢在荒山岩石地带和有稀疏树木的荒原地区活动。3月末至4月中旬迁到北方繁殖地，10月末11月初离开繁殖地，迁徙到遥远的南方越冬。性情活跃，多成对和成小群活动，在空中飞行时，频繁滑翔。通常在空中捕食，或在地上捕食。

食性： 主要捕食直翅目如蝗虫、蚱蜢、蟋蟀，鞘翅目如甲虫、叩头虫、金龟子等大型昆虫，以及啮齿动物、蜥蜴、蛙、鸟类等小型脊椎动物。

繁殖习性： 繁殖期5～7月。营巢于山区河谷悬崖峭壁上的凹陷处、岩石顶端岩洞或碎石中，或在大树洞中营巢。每窝产卵4～5枚，卵为白色或浅黄色，被砖红色或红褐色斑点。雌雄鸟轮流孵卵，以雌鸟为主，孵化期28～29天。雏鸟晚成雏，主要由雄鸟觅食饲喂，育雏期26～28天，雏鸟飞翔离巢。

亚种分化： 单型种，无亚种分化。

分布：东营 - ◎黄河三角洲。**烟台** - 长岛县 - ▲（范鹏2006）长岛，▲（G10-7857/20101012）大黑山。（S）胶东半岛，鲁中山地，鲁西北平原，鲁西南平原湖区。

吉林、辽宁、内蒙古、河北、北京、天津、山西、甘肃、新疆、湖北、四川、云南。

区系分布与居留类型： [古]（S）。

种群现状： 嗜食昆虫和鼠类，对农林业有益。种群数量稀少，需要加强对栖息地与物种的保护。山东分布数量稀少，无标本也未能征集到照片，需加强对物种和栖息环境地的研究，以确证其分布现状。

物种保护： Ⅱ，2/CITES，Lc/IUCN。

参考文献： H177，M507，Zja184；Q70，Z122，Zx42，Zgm44。

山东记录文献： 郑光美2011，朱曦2008，范忠民1990，郑作新1987、1976；赛道建2013，田贵全2012，田家怡1999，刘红1996，纪加义1987b、1987f。

● 111-01　红隼
Falco tinnunculus Linnaeus

命名： Linnaeus C，1758，Syst. Nat.，ed. 10，1：90（瑞典）

英文名： Common Kestrel

同种异名： 茶隼（*interstinctus*），红鹰，黄鹰，红鹞子，东方茶隼（*japonensis*），东方红隼；*Falco interstinctus* McClelland，1840；Kestrel

鉴别特征： 赤褐色隼。嘴蓝灰色先端黑色，蜡膜黄色，垂直于眼下的口角髭纹黑色，喉部棕白色。头顶、颈背蓝灰色，上体赤褐色具三角形黑斑，下体黄色具黑褐色纵纹和斑点。腰、尾蓝灰色，尾具黑色宽次端斑和白端斑。雌鸟上体棕红色、下体乳黄色，具黑褐色纵纹和横斑。呈现两性色型差异。

形态特征描述： 小型猛禽。嘴短、蓝灰色，两侧具齿突，尖端黑色，基部黄色、不被蜡膜或须状羽。虹膜暗褐色，眼睑黄色。鼻孔圆形，鼻孔内可见一柱状骨棍。头顶、头侧、后颈、颈侧蓝灰色，具纤细黑色羽干纹。前额、眼先、细窄眉纹棕白色，眼下黑色宽纵纹沿口角下垂。颔、喉棕白色。背、肩和翼上覆羽砖红色具近似三角形黑色斑点。腰、尾上覆羽蓝灰色具纤细暗灰褐色羽干纹。初级飞羽、覆羽黑褐色具淡灰褐色端缘，三级飞羽砖红色，飞羽下面白色密被黑色横斑。翼下覆羽、腋羽黄白色具褐色点状横斑。胸、腹、两胁棕黄色，胸、上腹缀黑褐色细纵纹，下腹、两胁具黑褐色矢状斑或滴状斑。覆腿羽和尾下覆羽棕白色。尾蓝灰色具宽阔黑色端斑和窄白端斑，尾羽下面银灰色。脚和趾深黄色，爪黑色。

雌鸟 脸颊、眼下口角髭纹黑褐色。上体棕红色，头顶至后颈、颈侧具粗著黑褐色羽干纹，从背到尾上覆羽具粗著黑褐色横斑。翼上覆羽与背同色，初级覆羽、飞羽黑褐色具砖红色窄端斑。翼下覆羽和腋羽淡棕黄色密被黑褐色斑点，飞羽和尾羽下面灰白色密被黑褐色横斑。下体乳黄微沾棕色，胸、腹两胁具黑褐色纵纹。覆腿羽和尾下覆羽乳白色。尾棕红色，具9~12条黑色横斑和宽黑色次端斑、棕白黄色尖端。

幼鸟 似雌鸟。上体斑纹粗著。

鸣叫声： 发出刺耳"yak yak yak yak yak"高叫声。

体尺衡量度（长度mm、体重g）：

红隼（牟旭辉20150417摄于栖霞长春湖；赛道建20030611摄于坤龙水库）

标本号	时间	采集地	体重	体长	嘴峰长	翅长	跗跖长	尾长	性别	现保存处
					13	215	42	171	♂	山东师范大学
B000213					13	242	43	170		山东博物馆
					14	250	42	182	♂	山东师范大学
830295	19840404	两城	246	347	19	230	41	84	♂	济宁森保站

栖息地与习性： 栖息于具有森林的山地、苔原、低山丘陵、草原旷野、灌丛草地、平原、农田、村庄附近等各类生境中，以及林缘、林间空地、疏林和疏树旷野、河谷和农田地区。繁殖季节生活在次生阔叶林内，其他季节分布广泛，领域性明显，巢区面积大。北部种群为夏候鸟，南部种群为留鸟；4月中旬迁到北方繁殖地，10月末迁离繁殖地；迁徙时常集成小群。多单个或成对活动，尤以傍晚最为活跃，飞行较高，栖息时常栖于空旷地区孤立高树梢上或电线杆上等候猎物出现，白天猎食时有翱翔习性，锁定目标后收拢双翅俯冲直扑猎物，然后从地面上突然飞起，迅速升上高空。

食性： 主要捕食蝗虫、蚱蜢、蟋蟀等昆虫，以及鼠类、雀形目鸟类、蛙、蜥蜴、蛇等小型脊椎动物。

繁殖习性： 繁殖期5~7月。营巢于悬崖、山坡岩石缝隙、土洞、树洞中，或利用喜鹊、乌鸦及其他鸟类在树上的旧巢；巢简陋，由枯枝构成，内垫草茎、落叶和羽毛。每窝产卵4~5枚，每隔1天或2天产1枚卵，补偿性产卵一窝2~3枚；卵白色或赭色密被红褐色斑点，或仅钝端被少许红褐色斑；卵径约39mm×31mm，卵重16~23g。孵卵主要由雌鸟承担，孵化期28~30天。雏鸟晚成雏，刚孵出雏鸟全身被细薄白色绒羽，10天后变为淡灰色绒羽；雌雄亲鸟共同喂养，育雏期约30天后，雏鸟离巢。

亚种分化： 全世界有12个亚种，中国2个亚种，山东分布为普通亚种 *F. t. interstinctus* McClelland，*F. t. japonensis* Ticehurst，*Cercheis tinnunculus japonensis* Ticehurst。

亚种命名 McClelland，1840，Proc. 2001. Soc. London 7：154（印度阿萨姆）

分布： 德州-齐河县-华店（20130907）。东营-（P）◎黄河三角洲；东营区-沙营（孙熙让20120527）。菏泽-（P）菏泽。济南-（R）济南，●济南机场（20130907）；天桥区-鹊山水库（20140124），龙湖（20141007），新铁路桥（张月侠20160521），黄河（陈云江20111210）；历下区-浆水泉（20121111）；历城区-汪家场（赵连喜20131209）；章丘-黄河林场；●长青区（张淑芬20141222）。济宁-●（R）济宁；任城区-太白湖（宋泽远20130316）；（R）微山县-鲁山，育种场（20151211）；曲阜-●尼山水库。聊城-聊城，东昌湖。临沂-（R）沂河。莱芜-莱城区-体育馆（陈军20110326），雪野镇九龙山（陈军20141007）。青岛-（R）青岛；崂山区-潮连岛，青岛科技大学（宋肖萌20140316）。日照-东港区-国家森林公园（20140307，郑培宏20140924），付疃河（20150830，成素博20140105），●（20150829）山字河（20150701、20150828，王秀璞20150906）；（R）前三岛-车牛山岛，达山岛，平山岛。泰安-岱岳区-●（杜恒勤1987）徂徕山，黄前水库；泰山区-农大南校园；（R）●（杜恒勤1987）泰山-高山，中山，低山，玉泉寺（刘冰20110114）。潍坊-潍坊；青州-（R）仰天山，南部山区；●高密（20081014）；临朐县-柳山镇（王志鹏20120715）。**威海 - 威海**；荣城 - 天鹅湖（20160619，韩京20091122），湿地公园（20151230）；文登 - 文城（20120528），山后孙家（20130614），●北邢家，坤龙水库（20030611，赛时20140113）。**烟台 - 长岛县 -** ▲●（环志号H00-0773 范鹏2006，范强东1993a）长岛，▲（H03-7850/20150919）大黑山岛（何鑫20131003），南长山岛；海阳 - 东村（刘子波20151025）；栖霞 - 长春湖（牟旭辉20150417、20120312）；牟平区 - 沁水河（王宜艳20160402）。**淄博 - 淄博**，张店区 - 沣水镇（赵俊杰20141011）；高青县 - 花沟镇（赵俊杰20141022）。胶东半岛，鲁中山地，鲁西北平原，鲁西南平原湖区。

各省份可见。

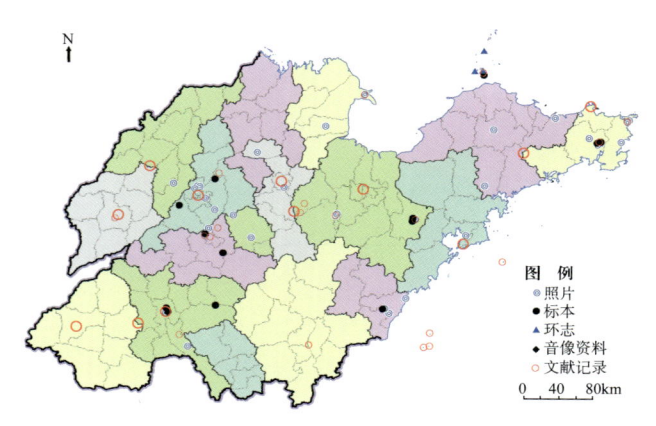

区系分布与居留类型：[广]（R）。

种群现状：嗜食害虫、鼠类，对农林业有益。种群数量趋势稳定，局部地区分布普遍而常见，但种群数量较少，应注意对栖息环境和物种的保护。山东分布较广，数量不多。

物种保护：Ⅱ，无危/CSRL，2/CITES，Lc/IUCN。

参考文献：H178，M508，Zja185；La424，Q70，Z122，Zx42，Zgm45。

山东记录文献：郑光美2011，朱曦2008，钱燕文2001，赵正阶2001，范忠民1990，郑作新1987、1976，Shaw 1938a；赛道建2013、1999、1994，邢在秀2008，范鹏2006，王海明2000，张洪海2000，王元秀1999，田家怡1999，刘红1996，王庆忠1995，赵延茂1995，丛建国1993，范强东1993a，纪加义1987b、1987f，杜恒勤1987、1985，李荣光1960、1959，田丰翰1957。

● 112-01　红脚隼
***Falco amurensis* Radde**

命名：Radde，1863，Reise Süd Ost-Sibir. 2：102，pl. 1（俄罗斯Zeya河）

英文名：Amur Falcon

同种异名：阿穆尔隼，青鹰，青燕子，黑花鹞，红腿鹞子；*Falco vespertinus* Radde，*Falco vespertinus amurensis* Radde，*Erythropus amurensis* Radde；Eastern Red-footed Falcon

鉴别特征：灰色隼。腿、腹及臀棕色。飞行时，白色翼下覆羽明显。雌鸟额白色，头顶灰色具黑色纵纹。背灰色，下体乳白色，胸纵纹、腹横斑黑色，翼下白色具黑色点斑及横斑。尾灰具黑色横斑。亚成鸟下体斑纹棕褐色。

形态特征描述：嘴灰色，蜡膜橙红色。虹膜褐色。颏、喉灰白色。上体头至背石板灰黑色。飞羽外翈灰褐色、内翈银灰色、尖端黑褐色，翼上覆羽灰褐色，小覆羽黑褐色。颈侧、胸、腹部淡石板灰色，胸羽轴纹黑色、羽缘色淡。腰和尾上覆羽石板灰色、具黑褐色细羽干纹。尾灰色具黑色羽轴纹和淡色羽缘；尾下覆羽和覆腿羽棕红色。脚橙红色。

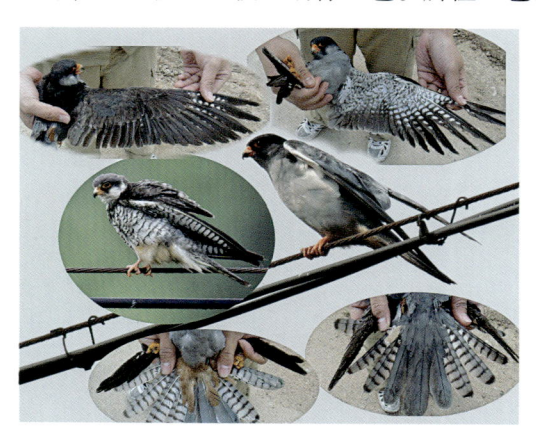

红脚隼（陈云江20110607摄于张夏镇；赛道建20091010摄于白浪河）

雌鸟　颏、喉、颈侧乳白色。上体石板灰色、具黑褐色羽干纹，下背、肩具黑褐色横斑。下体淡黄白色或棕白色，胸部具黑褐色纵纹，腹中部具点状或矢状斑，腹侧和两胁具黑色横斑。

幼鸟　似雌鸟。嘴黄色、先端石板灰色。虹膜暗褐色。上体较褐、具淡棕褐色宽端缘和显著黑褐色横斑。初级、次级飞羽黑褐色具棕白色缘。下体棕白色，胸和腹纵纹粗而明显。肛周、尾下覆羽、覆腿羽淡皮黄色。跗跖和趾橙黄色，爪淡白黄色。

鸣叫声：高音叫声如"ki-ki-ki"；尖厉声如"keewi-keewi"。

体尺衡量度（长度mm、体重g）：

标本号	时间	采集地	体重	体长	嘴峰长	翅长	跗蹠长	尾长	性别	现保存处
					14	245	27	136	♂	山东师范大学
					16	252	30	136	♀	山东师范大学

栖息地与习性： 栖息于低山疏林、林缘、山脚平原、丘陵地区的沼泽、草地、河流、山谷和农田等开阔地区，喜欢在有稀疏树木的平原、低山和丘陵地区活动。4月末至5月初迁到北方繁殖地，10月末至11月初离开繁殖地。多白天单独活动，两翅快速扇动飞翔或作短暂悬停，间或进行一阵滑翔。

食性： 主要捕食蝗虫、蚱蜢、蝼蛄、蠹斯、蟋蟀、金龟子、叩头虫等昆虫，以及小型鸟类、蜥蜴、石龙子、蛙和鼠类等小型脊椎动物。

繁殖习性： 繁殖期5～7月。营巢于疏林中高大乔木树的顶枝上。巢近似球形，由落叶松、柞树、刺槐等树木的干树枝构成，有两个出口。每窝产卵4～5枚，卵椭圆形、白色，密布红褐色斑点表面似红褐色，卵径约37mm×30mm，卵重约17g。亲鸟轮流孵卵，孵化期22～23天。雏鸟晚成雏，亲鸟共同育雏，育雏期27～30天。

亚种分化： 单型种，无亚种分化。

马敬能（2000）认为共有分布于中北亚至东欧的红脚隼（*Falco vespertinus*, Red-footed Falcon）和分布于东北亚的阿穆尔隼（*Falco amurensis*, Amur Falcon）两种，郑作新（1987、1976）将两者视为同一种的2个亚种，指名亚种 *vespertinus* 和普通亚种 *amurensis*。

现分为红脚隼（*F. amurensis*）和西红脚隼（*F. vespertinus*）（郑光美2011），或称阿穆尔隼（*F. amurensis*）和红脚隼（*F. vespertinus*）（马敬能2000）两种，二者的主要区别是前者翼下覆羽白色，后者翼下覆羽暗灰色。本种与西红脚隼（*F. vespertinus*）形态很相似，可视为共种（conspecies）。两者分布范围相接，一度在西边者为指名亚种 *vespertinus*，东边者为 *amurensis* 亚种，如 Weick 和 Brown（1980）。但近年来的作者皆视为2个独立种，因此，本种学名称为 *F. amurensis*，无亚种分化；本种英文名也常称为 Eastern Red-footed Falcon，以与西红脚隼的英文名 Western Red-footed Falcon 相对应（郑光美2011）。

分布： 德州 - 齐河县 - ●华店（20130502）。**东营** - （S）◎黄河三角洲。**菏泽** - （P）菏泽。**济南** - （S）济南，●济南机场（20130504）；历下区 - 千佛山；天桥区 - 龙湖（20141007）；章丘 - 黄河林场；长清区 - 张夏（陈云江 20110607）。**济宁** - 任城区 - 太白湖（马士胜 20141003）；（PS）曲阜 - 三孔；（PS）邹城。**莱芜** - 钢城区 - 里辛镇（陈军 20010521）。**青岛** - （S）青岛，▲浮山。**日照** - 东港区 - 付疃河口（成素博 20131110）。**泰安** - 岱岳区 - ●（杜恒勤 1987）徂徕山；泰山区 - 农大南校园；（S）●（杜恒勤 1987）泰山 - 高山、中山、低山。**潍坊** - ●白浪河（20091010，王羽 20120511）；青州 - （S）仰天山；诸城（赛时 20121012）。**威海** - （S）文登 - ●天福山，●大水泊（20120519）。**烟台** - 芝罘区 - ●（Shaw 1930）芝罘山；长岛县 - ▲●（范鹏 2006，范强东 1993a）长岛，▲（G11-3180/20110923）大黑山岛（何鑫 20131005），南长山岛；栖霞 - 白洋河（牟旭辉 20111004）。**淄博** - 淄博；张店区 - 沣水镇（赵俊杰 20160312）；高青县 - 千乘湖（赵俊杰 20141007）。胶东半岛，鲁中山地，鲁西北平原，鲁西南平原湖区。

除新疆、西藏、海南外，各省份可见。

区系分布与居留类型： ［广］（S）。

种群现状： 食物中90%以上是农林害虫，在消灭农林害虫方面发挥重要作用。由于栖息生境的破坏与环境污染，以及乱捕乱猎，种群数量较少，需要加强对栖息环境和物种的保护。在山东，迁徙季节分布较广，然而种群分布数量并不普遍。

物种保护： II，无危/CSRL，2/CITES，Lc/IUCN。

参考文献： H176，M510，Zja182；La429，Q70，Qm222，Z121，Zx43，Zgm45。

山东记录文献： 郑光美2011，朱曦2008，钱燕文2001，赵正阶2001，范忠民1990，郑作新1987、1976，Shaw 1938a；赛道建2013、1994，王海明2000，田家怡1999，刘红1996，王庆忠1995，赵延茂1995，范鹏2006，王元秀1999，范强东1993a，王庆忠1992，纪加义1987b、1987f，杜恒勤1987、1985，田丰翰1957。

● 113-01 灰背隼
Falco columbarius Linnaeus

命名： Linnaeus C，1758，Syst. Nat.，ed. 10，1：90（美国南卡罗来纳州）

英文名： Merlin

同种异名： 灰鹞子，朵子；*Aesalon lithofalco* Gurney（1872），*Aesalon regulus insignis* Clark，1907；Pigeon Hawk

鉴别特征： 眉纹白色。独有特点是蓝灰色后颈有棕褐色领圈并杂有黑斑。头及上体蓝灰色具黑纵纹，颈背棕色，下体黄褐色具黑纵纹。尾蓝灰色具黑次端斑和白端斑。雌鸟眉纹及喉白色。上体灰褐色，腰灰色，下体白色而胸、腹具褐色斑纹。尾具白横斑。

形态特征描述： 嘴铅蓝灰色，尖端黑色、基部黄绿色。虹膜暗褐色，眼周和蜡膜黄色。前额、眼先、眉纹、头侧、颊和耳羽污白色微缀皮黄色。颊、喉部白色。上体浅淡呈淡蓝灰色，具黑色羽轴纹。后颈蓝灰色具棕褐色领圈杂黑斑是其独有特点。初级飞羽黑褐色，第1枚外翈羽缘白色、其余灰褐色，内翈具灰白色横斑；次级飞羽石板灰色而内翈羽缘灰白色，初级覆羽黑褐色，其余覆羽蓝灰色。翼下覆羽、腋羽黄白色。下体胸、腹淡棕色具粗著棕褐色羽干纹。尾羽具宽阔黑色次端斑和较窄白色端斑。脚和趾橙黄色，爪黑褐色。

雌鸟 似雄鸟。前额、眼先、眉纹、头侧、颊和耳羽黄白色具黑色羽干纹。颊、喉灰白色。背部暗褐色沾石板灰色具棕色端缘。翼上覆羽同背，飞羽黑褐色具棕褐色端斑。翼下覆羽、腋羽污白色具棕褐色横斑。尾上覆羽暗褐色具灰白色羽缘，尾棕灰褐色具5条黑色横带和白端斑。

灰背隼（雌）（李宗丰 20111018 摄于付疃河）

幼鸟 似雌鸟。棕色更浓。头顶羽缘浓棕栗色。飞羽具棕色端斑。下体胸以下具粗著暗栗色纵纹。

鸣叫声： 报警时发出尖厉刺耳叫声。幼鸟乞食时发出"yeee-yeee"叫声。

体尺衡量度（长度 mm、体重 g）：

标本号	时间	采集地	体重	体长	嘴峰长	翅长	跗蹠长	尾长	性别	现保存处
					15	226	37	146	♂	山东师范大学

栖息地与习性： 栖息于开阔的低山丘陵、山脚平原、森林平原、海岸和森林苔原地带，喜欢在林缘、林中空地、山岩和荒山河谷、平原旷野、草原灌丛和开阔的农田草坡地活动。常单独活动，在地面上或树上休息，飞翔迅捷，快速鼓翼后作短暂滑翔，善飞行俯冲捕食。

食性： 主要捕食小型鸟类、鼠类和昆虫，以及蜥蜴、蛙和小型蛇类。常追捕鸽子。

繁殖习性： 繁殖期5～7月。通常在树上、悬崖岩石上及地上营巢，喜欢占用乌鸦、喜鹊等鸟类的旧巢，巢浅盘状，结构简陋，由枯枝构成。每窝产卵3～4枚，卵砖红色被暗红褐色斑点。亲鸟轮流孵卵，孵化期28～32天。雏鸟晚成雏，由亲鸟轮流喂养，育雏期25～30天。长大幼鸟喜欢追逐飘舞的物体，练习捕猎等生存本领。

亚种分化： 全世界有8～9个亚种，中国4个亚种，山东分布为普通亚种 *F. c. insignis*（Clark）。

亚种命名 Clark，1907，Proc. U.S. Nat. Mus. 32：470（韩国釜山）

分布： 东营 - ◎黄河三角洲。济南 -（P）济南；天桥区 -(P)北园。聊城 - 聊城。青岛 -(P)潮连岛，浮山。日照 - 东港区 - 付疃河（李宗丰20111018）；（W）前三岛。潍坊 - 青州 - 南部山区。烟台 - 长岛县 - ▲●（范强东1993a）长岛 - 大黑山岛，南长山岛。淄博 - 淄博。胶东半岛，鲁中山地。

黑龙江、吉林、辽宁、内蒙古、河北、北京、甘肃、青海、新疆、安徽、江苏、上海、浙江、江西、湖南、湖北、四川、重庆、贵州、云南、福建、广东、广西。

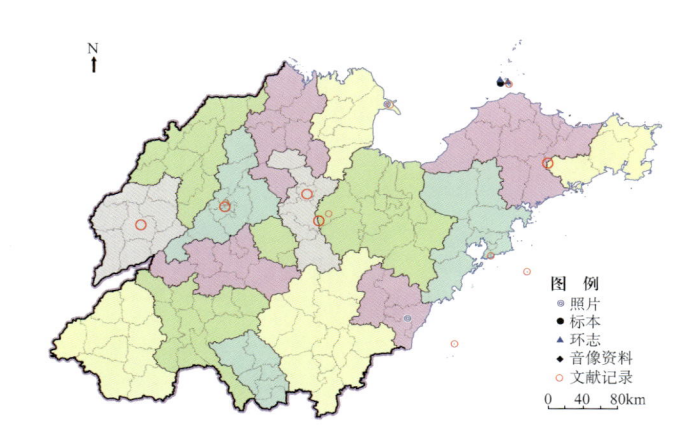

区系分布与居留类型：［古］(PW)。

种群现状： 捕食鼠类和昆虫，为农林有益鸟类。分布区较常见，但因栖息地质量下降，种群数量减少，需要加强对栖息生境与物种的保护，促进种群的发展。山东分布数量并不普遍。

物种保护： Ⅱ，无危/CSRL，中日，2/CITES，Lc/IUCN。

参考文献： H175，M511，Zja181；La431，Q70，Qm222，Z120，Zx43，Zgm45。

山东记录文献： 郑光美2011，朱曦2008，钱燕文2001，赵正阶2001，范忠民1990，Shaw 1938a；赛道建2013、1994，田家怡1999，范鹏2006，刘红1996，丛建国1993，范强东1993a，王庆忠1992，

纪加义1987b、1987f，柏玉昆1982，田丰翰1957。

● 114-01 燕隼
Falco subbuteo Linnaeus

命名： Linnaeus C, 1758, Syst. Nat., ed. 10, 1: 89（瑞典）
英文名： Eurasian Hobby
同种异名： 青条子，土鹘，儿隼，蚂蚱鹰，虫鹞；—；—

鉴别特征： 黑白色隼。上体深灰黑色，胸白色具黑纵纹，腿及臀棕色。雌鸟褐色，胸偏白色，腿及尾下覆羽细纹较多。

形态特征描述： 小型猛禽，体型比猎隼、游隼小。嘴蓝灰色、尖端黑色，蜡膜黄色。虹膜黑褐色，眼周黄色。眼上眉纹细呈白色。前额白色，头顶至后颈灰黑色。头侧、眼下和嘴角有垂直向下的黑色髭纹。颈侧、颔、喉白色，微沾棕色。后颈羽基白色。上体肩、背、腰和尾上覆羽深蓝褐色或暗石板灰色，具黑褐色羽干纹。翼上覆羽蓝灰色，初级飞羽和次级飞羽黑褐色，内㶚具淡棕黄色不规则横斑。飞翔时，翅膀狭长而尖，呈镰刀样，翼下白色，密布黑褐色横斑。翅膀折合时，翅尖几乎到达尾羽端部，翅下和腋羽白色，密被黑褐色横斑和斑点。下体喉部、颈侧面、胸腹部均为白色或黄白色，胸、腹有黑色纵纹，下腹部至尾下覆羽和覆腿羽为棕栗色。尾羽灰色或石板褐色，除中央尾羽外，尾羽内㶚具皮黄色、棕色或黑褐色横斑和淡棕黄色羽端。脚和趾黄色，爪黑色。

燕隼（韩京 20150806 摄于威海机场）

雌鸟 似雄鸟而体型较大。上体较褐色，下腹和尾下覆羽淡棕色或淡棕黄色，缀黑褐色纵纹或矢状斑。

幼鸟 似雌鸟，上体较暗褐色，下体胸部以后浅黄色具黑色纵纹。

鸣叫声： 重复尖厉"kick"叫声。

体尺衡量度（长度mm、体重g）：

标本号	时间	采集地	体重	体长	嘴峰长	翅长	跗蹠长	尾长	性别	现保存处
				307	17	262	40	161	♀	山东师范大学
				290	13	271	41	157	♂	山东师范大学

栖息地与习性： 栖息于长有稀疏树木的开阔平原、旷野、耕地、海岸，以及疏林、林缘地带和村庄附近。迁徙时多组成小群，4月中下旬迁到北方繁殖地，9月末至10月初离开繁殖地。单独或成对活动，飞行快速敏捷而多样，短暂鼓翼飞翔后滑翔，并能作短暂悬停。停息时多在高大树上或电线杆顶上。黄昏时捕食活动最为频繁，常在田边、林缘和沼泽地上空飞翔捕食。

食性： 主要捕食麻雀、山雀等雀形目小鸟，以及蝙蝠和蜻蜓、蟋蟀、蝗虫、天牛、金电子等有害昆虫。

繁殖习性： 繁殖期5~7月。配对后，雄鸟常衔着食物，走近雌鸟，以特有的鞠躬仪式将食物交给雌鸟后，双双飞舞、鸣叫完成求偶活动，常侵占、利用乌鸦和喜鹊在疏林或林缘和田间的高大乔木树上的巢，自己很少营巢。每窝产卵2~4枚，卵白色、密布红褐色的斑点，卵径约40mm×31mm。亲鸟轮流孵卵，但以雌鸟为主，孵化期约28天。雏鸟晚成雏，亲鸟共同育雏，育雏期28~32天，雏鸟离巢开始独立生活。

亚种分化： 全世界有2个亚种，中国2个亚种，山东分布记录2个亚种。

本种分2个亚种，*subbuteo*是分布于欧亚大陆北方的亚种，*streichi*是分布于华南至中南半岛的亚种。山东所记录2个亚种，前者（*subbuteo*）在山东采到标本，后者（*streichi*）至今仅有文献记录，其存在性尚待进一步确认。

● 指名亚种：*F. s. subbuteo* Linnaeus

亚种命名 Linnaeus C, 1758, Syst. Nat., ed. 10, 1: 89（瑞典）

分布： 滨州-滨城区-北海水库（20160517，刘腾腾20160517）。东营-（P）◎黄河三角洲，河口区-孤岛水库北（孙劲松20101028）。济南-黄河；天桥区-北园；章丘-黄河林场。济宁-南四湖；微山县-（PS）鲁桥，两城。聊城-马家河林场（赵雅军20090715）。青岛-青岛，▲（王希明1991）浮山。日照-东港区-山字河（王涛20150824）；（W）前三岛。泰安-新泰-果庄（王展飞20130511）。潍坊-潍坊；高密-凤凰公园（王宏20150920）。威海-●威海机场（韩京20150806）。烟台-长岛县-▲●（范鹏2006，范强东1993a）长岛，▲（G14-2139/20150918，G11-3222/20140921）大黑山岛，南长山岛；招远-纪山纪家（蔡德万20080918）；栖霞-白洋河（牟旭辉20140527）。淄博-淄博。胶东半岛，鲁中山地，鲁西北平原，鲁西南平原湖区。

黑龙江、吉林、辽宁、内蒙古、河北、北京、天津、山西、河南、陕西、宁夏、甘肃、青海、新疆、西藏。

○ 南方亚种 *Falco subbuteo streichi* Hartert et Neumann

亚种命名　　Hartert et Neumann, 1907, Journ. Orn., 55: 592（广东汕头）

燕隼此亚种在山东的分布有待研究，以便确证山东分布是1个亚种还是2个亚种。

朱曦2008, 李悦民1994; 刘红1996, 纪加义1987b、1987f。

分布: 日照-（S）前三岛-车牛山岛，达山岛，平山岛。鲁西北平原，鲁西南平原湖区。

安徽、江苏、上海、浙江、江西、湖南、湖北、四川、重庆、贵州、云南、福建、台湾、广东、广西、香港。

区系分布与居留类型: [古]（P）。

种群现状: 嗜食害虫，对农林业有益。分布区较常见，但栖息地破坏、环境污染，以及乱捕乱猎，致使其种群发展受到一定影响，需要加强对栖息生态环境和物种的保护。山东分布数量并不普遍，应加强对物种与栖息地的保护。

物种保护: Ⅱ，无危/CSRL，中日，2/CITES, Lc/IUCN。

参考文献: H173, M512, Zja179; La433, Q68, Qm222, Z118, Zx43, Zgm46。

山东记录文献: 郑光美2011, 朱曦2008, 钱燕文2001, 赵正阶2001, 范忠民1990, 郑作新1987、1976, Shaw 1938a; 赛道建2013、1994, 邢在秀2008, 范鹏2006, 张洪海2000, 田家怡1999, 王元秀1999, 宋印刚1998, 刘红1996, 赵延茂1995, 范强东1993a, 王庆忠1992, 王希明1991, 纪加义1987b、1987f, 田丰翰1957。

○ 115-20　猎隼
Falco cherrug Gray

命名: Gray JE, 1834, *in* Hardwicke, Ⅲ. Ind. Zool. 2: bantu 25（印度）

英文名: Saker Falcon

同种异名: 猎鹰、兔鹰、鹞子; 一; Shanghar Falcom

鉴别特征: 体大浅色隼。头顶浅褐具眼下黑线，眉纹白色。颈背偏白色，浅褐色具横斑。上体与深褐色翼尖对比明显。下体偏白色，翼尖深、翼下大覆羽具黑色细纹。尾褐色具窄白羽端。幼鸟上体深褐色，下体满布黑色纵纹。

形态特征描述: 嘴灰色，蜡膜浅黄色。虹膜褐色。头部对比色少，眼下方黑条纹不明显，眉纹白色。头顶砖红色具暗褐色纵纹。颊部白色。后颈色淡具较窄斑纹。上体背、肩、腰暗褐色具砖红色点斑和横斑，与深褐色翼尖成对比。翼形钝而色浅，黑褐色，飞羽内翈、覆羽具砖红色横斑和淡色羽端; 狭窄翼尖腹面深色，翼下大覆羽具黑色细纹。下体偏白色，下腹、尾下覆羽和覆腿羽棕白色具较细暗褐色纵纹。尾黑褐色，具砖红色横斑和狭窄白色羽端。脚浅黄色。

幼鸟　　上体褐色深沉，下体满布黑色纵纹。

鸣叫声: 似游隼但较沙哑。

体尺衡量度（长度mm、体重g）: 山东暂无标本及测量数据。

栖息地与习性: 栖息于山区开阔地带、河谷、沙漠和草地，常在无林或疏木旷野和多岩石山丘地带活动。凶猛，可攻击、驱逐大型猛禽。发现猎物时，飞到猎物上方，收拢双翅使翅膀和身体纵轴平行以减少阻力，猛冲过去用趾爪打击或抓住猎物; 先用翅膀袭击空中飞行的山雀、百灵等小鸟，使其失去飞行能力，从空中下坠时俯冲捕获。

食性: 主要捕食中小型鸟类、野兔、鼠类等动物。

繁殖习性: 繁殖期4~6月。多在悬崖峭壁的缝隙中或高大树上营巢，有时利用其他鸟类的旧巢。巢由枯枝构成，内垫兽毛、羽毛等。每窝产卵3~5枚，卵赭黄色或红褐色，卵径约54mm×40mm。亲鸟轮流孵卵，孵化期28~30天。雏鸟晚成雏，由雄雌亲鸟共同喂养，育雏期40~50天后离巢。

亚种分化: 全世界有2个亚种，中国2个亚种，山东分布为北方亚种 *F. c. milvipes* Jerdon。

亚种命名　　Jerdon, 1871, Ibis（3）1: 240（印度Umballa）

分布: 东营-◎黄河三角洲。烟台-长岛县-（P）▲●（范鹏2006, 范强东1993a）长岛-大黑山岛，南长山岛。胶东半岛，鲁中山区。

北京、辽宁、内蒙古、山西、河北、天津、浙江、四川、甘肃、青海、新疆、西藏。

区系分布与居留类型: [古]（P）。

种群现状: 由于猎隼易于驯养，历史上猎手常驯

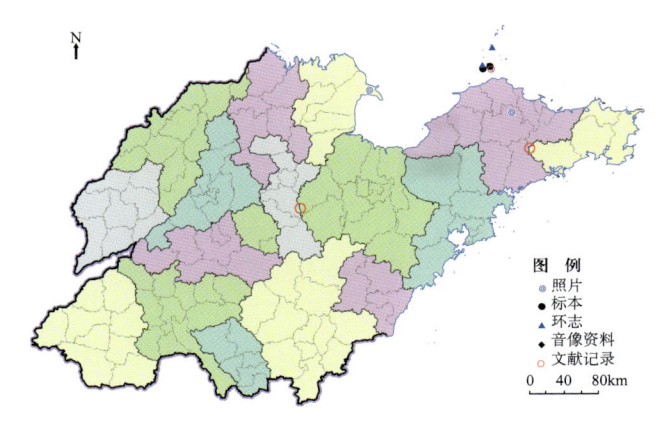

养做狩猎工具，驯养猎隼也是一种时尚、财富和身份的象征。不法分子非法捕捉从事走私活动，据蒙古国官方统计，2000~2013年出口猎隼约3000只，隼类贸易驱使人们捕捉而导致种群数量下降，给该物种造成较大威胁。2012年，蒙古政府决定将猎隼确定为"国鸟"，1月12日宣布未来五年内禁止出口"国鸟"，并加大打击非法偷猎行为力度。此举被认为对保护猎隼种群的生存、繁衍有积极意义。山东记录分布区狭窄，数量稀少，应加强对物种确证与栖息环境的研究保护。

物种保护： II，无危/CSRL，V/CRDB，2/CITES，Vu/IUCN。

参考文献： H170，M514，Zja175；Q66，Qm223，Z116，Zx44，Zgm47。

山东记录文献： 郑光美2011，范忠民1990；赛道建2013，范鹏2006，刘红1996，范强东1993a，纪加义1987b。

● 116-01 游隼
Falco peregrinus Tunstall

命名： Tunstall，1771，Orn. Brit.：1（英国Northamptonshire）

英文名： Peregrine Falcon

同种异名： 隼花梨鹰，鸭虎，青燕，花梨隼，赤胸隼；*Falco calidus* Latham，1790，*Falco peregrinator* Sundevall，1837，*Falco japonensis* Gmelin，1788；Duck Hawk

鉴别特征： 体大隼。脸颊白色、髭纹黑色。上体蓝灰色具黑色点斑及横纹。下体白色，胸具黑纵纹，腹、腿及尾下具黑横斑。幼鸟暗褐色、羽缘棕色，下体具黑褐色纵纹。翅长而尖，飞翔时露出翼下和尾下白色密布白色横带，常在鼓翼时穿插滑翔或在空中翱翔，野外容易识别。

形态特征描述： 中型猛禽。嘴铅蓝灰色、基部黄而嘴尖黑色，蜡膜黄色。虹膜暗褐色，眼睑、眼周黄色。脸颊部具宽阔而粗著下垂髭纹黑褐色。头顶、后颈暗石板蓝灰色至黑色或缀有棕色。其余上体蓝灰色，背、肩蓝灰色具黑褐色羽干纹和横斑。翼上覆羽淡蓝灰色、具黑褐色羽干纹和横斑，飞羽黑褐色、具污白色端斑和微缀棕色斑纹，内翈具灰白色横斑；翼下覆羽、腋羽和覆腿羽白色具密集黑褐色横斑。喉和髭纹的前后白色，其余下体白色或皮黄白色，上胸、颈侧具黑褐色细羽干纹，下胸至尾下覆羽密被黑褐色横斑。腰和尾上覆羽蓝灰色稍浅、黑褐色横斑较窄。尾暗蓝灰色、具数条黑褐色横斑和淡色尖端。脚和趾橙黄色，爪黄色，跗蹠短而粗壮，抓握猎物的脚趾细而长。

游隼（丁洪安20111123摄于一千二保护区；王强20130629摄于威海）

幼鸟 上体暗褐色或灰褐色，具皮黄色或棕色羽缘。下体淡黄褐色或皮黄白色，胸、腹具粗著的黑褐色纵纹。尾蓝灰色、具肉桂色或棕色横斑。

鸣叫声： 叫声尖锐。

体尺衡量度（长度mm、体重g）：

标本号	时间	采集地	体重	体长	嘴峰长	翅长	跗蹠长	尾长	性别	现保存处
16227*	19541030	微山葫芦头		440	29	360	50	170	♀	中国科学院动物研究所
				357	24	196	56	169		山东师范大学
				497	27	380	61	224	♀	山东师范大学
				461	24	375	48	210		山东师范大学

* 平台号为2111C0002200002248

栖息地与习性： 栖息活动于山地、丘陵、荒漠、半荒漠、海岸、旷野、草原、河流、沼泽和湖泊沿岸地带，以及开阔农田、耕地和村庄附近。分布广泛，几乎遍布于世界各地。部分为留鸟、部分为候鸟。多单独活动。因狭窄翅膀和较短尾羽减少阻力而飞行迅速，快速鼓翼伴随着滑翔及空中翱翔。在空中飞翔巡猎捕食，发现猎物先快速升空，然后折起双翅使飞羽和身体纵轴平行，以极快的速度猛扑猎物，用锐利的嘴咬穿猎物后枕要害部位，并用趾爪击打使猎物失去飞翔能力，待猎物下坠时，快速冲向猎物，用利爪抓住猎物带到隐蔽的地方，剥除羽毛后撕成小块吞食。

食性： 主要捕食鸭类、鸥类、鸠鸽类、鸡类和鸦类等中小型鸟类，以及鼠类和野兔等小型哺乳动物。

繁殖习性： 繁殖期4～6月。在林间空地、河谷悬岩、地边丛林和峭壁悬崖上，以及土丘或沼泽地上营巢，有时利用乌鸦等鸟类的旧巢，或在树洞与建筑物上筑巢，巢由枯枝构成，内垫少许草茎、草叶和羽毛。每窝产卵2～4枚，卵红褐色，卵径约54mm×41mm。雌雄亲鸟轮流孵卵，孵卵期间领域性极强，孵卵期28～29天。雏鸟晚成雏，亲鸟共同育雏，育雏期35～42天，离巢独立生活。

亚种分化： 全世界有18个亚种，中国4个亚种（郑作新1987）或5个亚种（郑光美2011），山东分布记录3个亚种，亚种peregrinator采到标本（纪加义1987b）。

亚种形态上的差异大致是：calidus与japonensis的体型较大，胸腹颜色较白；calidus背蓝色而japonensis背黑色；peregrinator体型较小，背黑色而胸腹部带赤褐色。

普通亚种 *F. p. calidus* Latham

亚种命名　　Latham J, 1790, Ind. Orn. 1：41（印度）

鉴别特征： 迁徙途经东北及华东的鸟，俗称花梨隼。

分布： 东营 - ◎黄河三角洲，保护区 - 一千二管理站（丁洪安20111123）。济宁 - ●济宁；微山县 - （P）南阳湖，●葫芦头，微山湖。青岛 - （PR）青岛。泰安 - 岱岳区 - 大汶河。威海 - 威海（王强20130629）。烟台 - 长岛县 - （P）▲●（范鹏2006，范强东1993a）长岛，▲（J08-6650/20151013）大黑山岛，南长山岛。淄博 - 淄博。

黑龙江、吉林、辽宁、内蒙古、河北、北京、天津、山西、陕西、宁夏、甘肃、安徽、江苏、上海、浙江、湖北、台湾、海南。

东方亚种 *F. p. japonensis* Gemlin

亚种命名　　Gmelin JF, 1788, Syst. Nat., ed. 13, 1：257（日本）

鉴别特征： 冬候鸟。

分布： 青岛 - （R）青岛。

江苏、浙江、福建。

● 南方亚种 *F. p. peregrinator* Sundevall

亚种命名　　Sundevall, 1837, Physiogr. Sällskapets Tidskr.1（2）：117, pl. 4（印度洋，斯里兰卡与苏门答腊之间）

鉴别特征： 眼具垂直斑块，下体横纹较细。长江以南为留鸟，称赤胸隼。

分布： 青岛 - （R）青岛。烟台 - 长岛县。胶东半岛，鲁西北平原，鲁西南平原湖区。

安徽、江苏、上海、浙江、江西、湖南、湖北、四川、重庆、贵州、云南、福建、台湾、广东、广西、香港、澳门。

区系分布与居留类型： [广]（PR）。

种群现状： 由于种子肥料的使用便使剧毒的氯化物在动物体内积累，毒害游隼等猛禽，使卵壳变薄孵化易碎，导致它们的不育、雏鸟畸形、成鸟和雏鸟的死亡。重要的是许多猛禽脑部血液中检测出微量农药，一旦脑部农药量达到中毒水平，对高度发达的神经调节系统无疑是一个潜在威胁。在美国，游隼被认为已濒临绝迹，科学家正全力以赴投入拯救和保护的工作之中。在山东，游隼数量极少，各地都难得一见，未能收集到照片。

物种保护： Ⅱ，无危/CSRL，1/CITES，Lc/IUCN。

参考文献： H172，M516，Zja178；La435，Q68，Qm224，Z117，Zx44，Zgm47。

山东记录文献： 郑光美2011，朱曦2008，赵正阶2001，范忠民1990，郑作新1987、1976，Shaw 1938a；赛道建2013，李久恩2012，范鹏2006，张洪海2000，田家怡1999，刘红1996，范强东1993a，王庆忠1992，纪加义1987b、1987f。

8 鸡形目 Galliformes

8.1 雉科 Phasianidae

形似鸡，种间差异大。雄鸟多亮丽、有距或无距，雌雄同色或异色，多有冠或肉垂。喙短而厚，适合地面啄食；翼短而圆，初级飞羽10枚；尾羽发达，有12～20枚，长短不一；脚强有力，善奔走；跗蹠裸露无毛或被羽。

陆栖性鸟类，一般生活于丘陵地和低平原地带的树林底层，地表植被不多，但有腐殖层的郁蔽空间。性甚机警，群聚或单独活动。遇见人时，如距离尚远会跑入草丛里，距离甚近会跃飞逃离、发出连续短音鸣警。夜间栖于树枝上过夜。杂食性。觅食时，在地上行走时，常抬头观望。以喙啄食地表植物的叶、芽、花、浆果、种子等，或用喙、脚爪拨开地面落叶或腐殖土，啄食土中的蚯蚓、蚂蚁、毛虫、蛙类及其他昆虫。单配制或一雄多雌制，雄鸟有特殊的求偶炫耀行为，巢多设在隐秘、可避风雨和防日晒的岩石下、石隙间或倒木下的地面。雏鸟早成雏，孵出时身上绒毛干后就能自由活动，雌鸟单独或双亲共同育雏。

自古以来，雉科鸟类就是人们的狩猎对象，自由猎捕是季节性活动，不会致使雉类消失灭绝；但商业性猎捕因需求量大而持续不断，会使其有灭绝的危机。除面临强大的狩猎压力，另一种环境压力就是适宜的栖息地面积急剧缩小，因工业化、都市化和森林砍伐造成。由外地引进不同亚种释放于野外，与本土种类产生杂交，如不采取严格的隔离措施防止这种现象的扩散，将导致本土原生种完全消失，令人担忧。雉科鸟类在野生动物保护法颁布实施以来，因已受到法令保护，加强取缔违法猎捕，野生种群的数量已有逐渐增多的迹象。

全世界共有49属180种（Dickinson 2003）；中国有21属55种（郑光美 2005、2011），山东分布记录有5属5种。

雉科分属、种检索表

1. 翼长<200mm；尾羽较翼短 ··· 2 鹑亚科
   翼长>200mm；尾羽较翼长；尾羽换羽从最外1对开始 ·· 4 雉亚科
2. 初级飞羽第1≥10枚，体型小，翅长<120mm，尾羽12～14枚，颏非黑色 ··
   ·· 鹌鹑属 Coturnix，日本鹌鹑 C. japonica
   初级飞羽第1≥10枚，体型居中，翅长<120mm ··· 3
3. 尾羽14枚，跗蹠裸出，尾长于1/2翅长，胁具黑色宽横斑，与下体不同 ········· 石鸡属 Alectoris，石鸡 A. chukar
   尾羽14枚，跗蹠裸出，胁部无黄斑而满布卵形白斑点，有斑时与下体同 ···
   ·· 鹧鸪属 Francolinus，中华鹧鸪 F. pintadeanus
4. 尾稍呈凸尾状，尾较翅雄鸟稍长、雌鸟稍短，头侧被羽，翕具4条黑纹 ······ 勺鸡属 Pucrasia，勺鸡 P. macrolopha
   眉纹与颈圈白色，无枕冠，颈项无披肩羽，第1初级飞羽长于10枚，腰羽呈矛状 ·····································
   ··· 5 雉属 Phasianus，环颈雉 P. colchicus
5. 羽色暗淡，尾羽羽缘不呈分离状 ·· ♀ 环颈雉 P. colchicus
   羽色具金属反光，尾羽羽缘呈分离状 ·· 6 ♂ 环颈雉 P. colchicus
6. 白色颈环在前颈处中断 ·· ♂ 华东亚种 P. c. torquatus
   白色颈环完整且宽，翕、胸、胁底色较淡，翅长240～260mm ······················ ♂ 河北亚种 P. c. karpowi

● **117-01 石鸡**
Alectoris chukar（Meisner）

命名：Meisner, 1804, Syst. Verz. Vog. 41（希腊）
英文名：Chukar Partridge
同种异名：红腿鸡，嘎（gā）嘎鸡，朵拉鸡，美国鹧鸪（zhègū）；—；Chukar

鉴别特征：体形似家鸡。嘴、头裸出部及脚、趾等珊瑚红色，眉纹棕黄色，黑色贯眼纹自额至颈侧后转至喉部，喉白色。上体粉灰色，下体棕黄色、两胁棕白色具黑斑。雌鸟色淡。

形态特征描述：中型雉类。嘴珊瑚红色。虹膜栗褐色。头顶、后颈红褐色，额部呈灰色，头两侧浅灰色，眼上宽眉纹棕白色。眼先、颊和喉皮黄白色、黄

石鸡（刘国强 20130505 摄于泰山摸鱼沟）

棕色至深棕色，随亚种而不同；耳羽栗褐色。后颈两侧灰橄榄色。从额基经眼、后枕，沿颈侧而下围绕头侧和黄棕色的喉部有完整的黑环带。颏黑色，下颌后端两侧各具一簇黑羽。上体紫棕褐色，上背紫棕褐色或棕红色，延至内侧肩羽和胸侧；外侧肩羽肉桂色，羽片中央蓝灰色。翼上覆羽、内侧飞羽与上背相似；初级飞羽浅黑褐色、羽轴浅棕色，外翈近末端有棕色条纹或皮黄白色羽缘，第1枚长度介于第5、6枚之间，或与第6枚等长；第3枚最长；外侧次级飞羽外翈近末端有浅棕色宽缘；三级飞羽外翈略带肉桂色。上胸灰微沾棕褐色；下胸深棕色，腹浅棕色；两胁浅棕色或皮黄色，具10多条黑色和栗色并列的显著横斑。下背、腰、尾上覆羽和中央尾羽灰橄榄色。尾圆，长约为2/3翅长；尾羽14枚，外侧尾羽栗棕色，尾下覆羽深棕色。雄鸟具微小瘤状距，脚珊瑚红色，爪乌褐色。

鸣叫声：似"gaga……"或"galagala"声。

体尺衡量度（长度mm、体重g）：

标本号	时间	采集地	体重	体长	嘴峰长	翅长	跗蹠长	尾长	性别	现保存处
B000225				350	16	158	42	91		山东博物馆
	1958	微山湖		415	22	145	46	88	♂	济宁一中
	1958	微山湖		340	18	140	37	82	♀	济宁一中
840365	19840511	鲁桥	610	315	22	170	45	107	♂	济宁森保站

栖息地与习性：栖息于低山丘陵地带的岩石坡和沙石坡上，以及平原、草原、荒漠等地区，少见于空旷原野，不见于森林地带。白天喜集群活动。群窜到近山坡农田中觅食，遇惊后径直朝山上奔跑；紧急情况下迅速飞翔到不远处，落入草丛或灌丛中。晨昏时，雄鸡常站在裸岩上或高处，由缓慢到逐渐加快，引颈高声鸣叫。

食性：主要采食草本植物和灌木嫩芽、嫩叶、浆果、种子、农田谷物、苔藓、地衣和昆虫等。

繁殖习性：繁殖期4~6月。4月中下旬开始发情、鸣叫和争斗。在悬岩基部、山边石板下或山和沟谷间、山坡的灌丛与草丛中营巢，巢简陋而隐蔽，主要为地面凹坑，内垫枯草而成。每窝产卵7~20枚，日产卵1枚，卵棕白色或皮黄色、具大小不等暗红色斑点，卵径约40mm×31mm，卵重约20g。雏鸟早成雏，孵出后不久即跟随亲鸟活动觅食。

亚种分化：全世界有14个亚种，中国有6个亚种，山东分布为华北亚种 *A. c. pubescens*（Swinhoe）。

亚种命名 Swinhoe，1871，Proc. Zool. Soc London：400（华北至长江上游北岸）

分布：济宁-●济宁；微山县-（R）两城，●微山湖。**青岛**-青岛。**泰安**-泰山区-摸鱼沟（刘国强 20130505）；（R）●泰山-中山；岱岳区-徂徕山；东平县-（R）东平湖。**潍坊**-（R）青州-仰天山，南部山区。**烟台**-●（Shaw 1930）芝罘山。**淄博**-淄博。胶东半岛，鲁西北平原，鲁西南平原湖区。

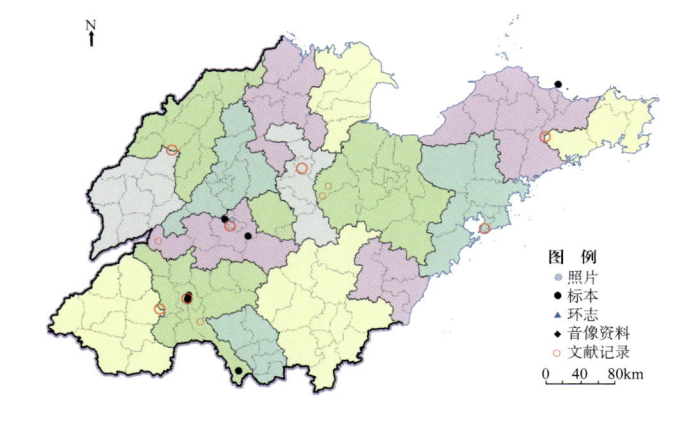

辽宁、内蒙古、河北、北京、天津、山西、河南、陕西、宁夏、甘肃、青海。

区系分布与居留类型：［古］（R）。

种群现状：肉蛋是高蛋白、低脂肪的高级营养滋补品和野味，具有补脏、益心、生津助气等药用功效，石鸡因味道鲜美，骨软肉厚，屠宰率达82%，是重要的食品原料。生长发育快，饲养周期短，抗病力强，适应性广，生产性能好，饲料报酬高，经济效益好，是适合于不同养殖方式的特禽，各地均有驯养。分布区常见，但野外生存数量不多。在山东数量稀少，列入山东省重点保护野生动物名录。应加强对野生种群和栖息环境的保护。

物种保护： Ⅲ，无危/CSRL，Lc/IUCN。

参考文献： H193，M7，Zja200；Q78，Qm154，Z135，Zx45，Zgm52。

山东记录文献： 郑光美2011，朱曦2008，钱燕文2001，范忠民1990，郑作新1987、1976，Shaw 1938a；赛道建2013，王庆忠1995，丛建国1993，王庆忠1992，纪加义1987b，杜恒勤1985，李荣光1960。

118-00 中华鹧鸪
Francolinus pintadeanus（Scopoli）

命名： Scopoli，1786，Del. *et* Faun. Insubr. 2：93（中国）
英文名： Chinese Francolin

同种异名： 鹧鸪，中国鹧鸪，越雉，怀南；—；Burmese Francolin

鉴别特征： 嘴近黑色，头黑色、眉纹栗色，颏、喉白色，眼下至耳羽有白色带状斑纹。体羽黑褐色，枕、上背、下体及两翼白斑醒目。背、尾具白横斑。雌鸟下体皮黄色带黑斑，上体多棕褐色。

形态特征描述： 嘴黑色。虹膜暗褐色。头顶黑褐色，四周有棕栗色。脸部从眼下前方延伸至耳部有一条宽阔的白带，白带上、下镶浓黑色边儿。颏、喉部白色。黑色体羽上点缀着醒目卵圆形白斑且上体较小、下体稍大。下背、腰部布满细窄波浪状白色横斑。尾羽黑色、上面有白横斑，色彩对比十分鲜明。腿和脚为橙黄色。

雌鸟 似雄鸟。下体皮黄色具黑斑，上体多棕褐色。

鸣叫声： 鸣叫时，常一鸟高唱，群鸟响应，此起彼落。

体尺衡量度（长度mm、体重g）：

标本号	时间	采集地	体重	体长	嘴峰长	翅长	跗蹠长	尾长	性别	现保存处
B000274				330	16	135	50	82		山东博物馆
					25	160	40	80		山东师范大学
					23	150	40	81	♂	山东师范大学

栖息地与习性： 栖息生活于低山间干燥的山谷内及丘陵的岩坡和砂坡上，多在灌丛、草地、荒山等环境中及农田附近的小块丛林和竹林中活动。脚爪强健，善于地上行走，飞行速度快、常作直线飞行。性强悍善斗，保护巢区使营巢个体在巢区均匀分布，保证繁殖期中成鸟和雏鸟有充足的食物供应。晨昏在山谷间觅食，警惕性极高，遇惊时很快匿藏在灌丛深处，晚上在草丛或灌丛中过夜，且常更换夜栖地点。

食性： 杂食性，主要捕食蚱蜢、蝗虫、蟋蟀、蚂蚁等昆虫，采食各种草本植物及灌木的嫩芽、叶、浆果、种子和农田中散落的粮食颗粒，如谷粒、稻粒、花生、甘薯、半夏、槐树果、油菜花等。

繁殖习性： 繁殖期3~6月。3~4月鸣叫求偶、交配，在山坡草丛或灌丛中营巢，巢简陋而粗糙，由干草、树枝构成，内垫有少许羽毛。每窝产卵3~6枚，卵椭圆形或梨形、淡皮黄色至黄褐色，卵径约36mm×28mm。雌鸟孵卵，恋巢性强，孵化期约为21天。雏鸟早成雏，出壳后不久即跟随亲鸟活动；遇到天敌袭击，立即钻入草丛中隐匿，雄鸟则将敌害引开。

亚种分化： 全世界有2个亚种，中国1个亚种，山东分布为指名亚种 *F. p. pintadeanus*（Scopoli）

亚种分化有两种不同意见：单型种（郑作新1987）；另一种意见分为2个亚种，即指名亚种 *F. p. pintadeanus* 主要分布于我国东南部，南亚亚种 *F. p. phayrei* 分布于印度、印度尼西亚及我国的云南、广东（Howard and Moore 1984、1991）。

分布： 济宁 - ●济宁；曲阜 - (S) 石门寺。烟台 - 烟台。胶东半岛。

浙江、江西、湖北、四川、贵州、云南、广东、广西、海南、香港、澳门。

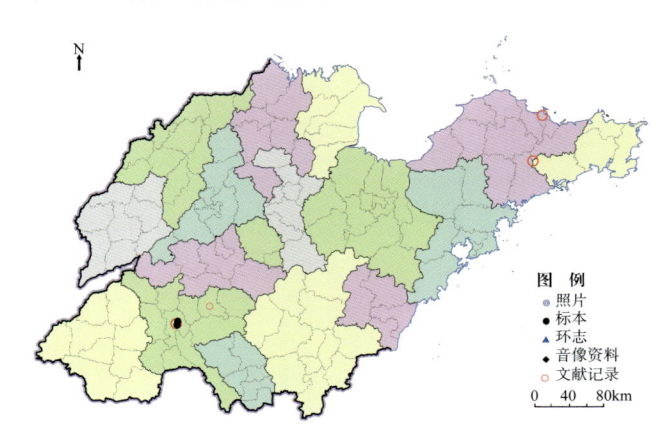

区系分布与居留类型： [东]（S）。

种群现状： 鹧鸪因产量甚多，是中国传统狩猎鸟之一。但随着自然环境破坏和乱捕乱猎，加上大量狩猎以供出口，使得种群数量下降，有关单位应该严格控制猎取量，对数量下降快的地区加强有力的保护工作。山东分布数量稀少，未列入山东省重点保护野生动物名录，纪加义（1987）认为 F. p. pintadeanus 分布于胶东，卢浩泉和王玉志（2001）认为山东已无分布，多年来无标本也无照片实证，分布现状应视为无分布。

物种保护： Ⅲ，无危 /CSRL，Lc/IUCN。

参考文献： H195，M9，Zja203；Q78，Qm155，Z137，Zx45，Zgm53。

山东记录文献： 赵正阶 2001、1995，范忠民 1990，付桐生 1987，郑作新 1987、1976；赛道建 2013，纪加义 1987b。

● 119-01 日本鹌鹑
Coturnix japonica Temminck et Schlegel

日本鹌鹑（李在军 20080309 摄于河口区；赛道建 20160518 摄于北海水库）

命名： Temminck CJ, Schlegel H, 1849, *in* Siebold, Faun. Jap. Aves：103，pl. 61（日本）

英文名： Japanese Quail

同种异名： 鹌鹑；*Coturnix ussuriensis* Bogdanov，1884，*Coturnix coturnix japonica* Temminck et Schlegel；Common Quail

鉴别特征： 体型小而圆。嘴灰色，皮黄色长眉纹与褐色头顶、贯眼纹对比明显，上体红褐色杂黑褐色横斑，具黄色矛状长条纹，下体皮黄色，胸、胁具黑色条纹。

形态特征描述： 小型鹑类。嘴角蓝色。虹膜红褐色。额栗黄色，头顶至后颈黑褐色具深栗黄色羽端，头顶中央有 1 条白色狭窄冠纹，白色眉纹从前额达颈部，耳羽栗褐色。眼圈、眼先和颊、喉和前颈赤褐色连成一体。上背浅黄栗色具黄白色羽干纹，下背、肩、腰和尾上覆羽黑褐色具两头尖浅黄色羽干纹，内外翈具黄褐色波浪状细横斑。翅淡黄橄榄色杂黄白色横斑；第 1 枚初级飞羽外翈窄缘淡黄色，其余初级飞羽外翈具浅赤褐色波状横斑；次级飞羽具浅赤褐色横斑。上胸灰白沾栗色、羽干白色，颈侧、胸侧黑褐色杂栗褐色具明显白色羽干纹；胁栗褐色杂黑色，白色羽干纹宽而明显。下胸至尾下覆羽灰白色。尾羽黑褐色具赤褐色横斑，羽干纹和羽缘浅黄白色。跗蹠淡黄色。

冬羽 头顶、后颈栗黄色，羽缘较宽，掩盖基部黑褐色。须和喉上方羽片变长变尖、白色杂栗色，喉有不明显黑色锚状纹，喉下部白色，前颈和上胸间有一浅栗黄色圈。前背浅黄褐色，后背大多黑褐色，黄白色羽干纹宽而明显。上胸浅黄色具白色羽干纹；胁白色杂栗黄色宽阔纵纹，具黑褐色、浅黄色相间横斑；腹白色。

雌鸟 似雄鸟冬。颊、喉羽浅黄色，羽不变长变尖，颈侧浅灰黄色具黑色端斑。上胸黄褐色具黑色斑纹或纵斑。冬羽似雄鸟夏羽。颊、喉浅黄色，羽毛变长变尖。背黄褐色较深。上胸斑点黑褐色沾栗，胸侧、胁黄褐色具白色宽阔羽干纹。

鸣叫声： 叫声为 "gwa kuro" 或 "guku kr-r-r-r-r" 哨音。

体尺衡量度（长度 mm、体重 g）：

标本号	时间	采集地	体重	体长	嘴峰长	翅长	跗蹠长	尾长	性别	现保存处
B000275					11	91	22	41		山东博物馆
16253*	19541026	微山葫芦头	142	7	10	28	25		♂	中国科学院动物研究所
	1958	微山湖	150	6	107	26			♀	济宁一中
	1958	微山湖	155	8	116	28			♂	济宁一中

* 平台号为 2111C0002200002854

栖息地与习性： 栖息于平原、低山丘陵、山脚平原、溪流岸边及疏林空地的干燥草地和农田、树丛与灌丛中，在沼泽、溪流或湖泊岸边的草地与灌丛地带成 3~5 只小群活动，繁殖期成对活动。雄鸟繁殖期间好斗，因一雄多雌制配偶关系，常为争夺雌鸟而发生激烈的争斗。性善隐匿，遇敌时，伏于草地不动，待敌趋近则跃起，短距离飞翔后没入草丛中，或在草丛中奔窜。常在草地和农田中觅食。

食性： 主要采食植物嫩枝、嫩叶、嫩芽、浆果、种子、草籽等食物，以及谷粒、豆类等农作物和昆虫及其幼虫等小动物。

繁殖习性： 繁殖期5～7月。在低山草坡地、平原草地、农田地边和荒坡草丛与灌木丛中筑巢，利用地上天然凹坑或雌鸟在地上挖掘浅坑而成，内垫干枯细草茎、草根和草叶。每窝产卵7～14枚，卵淡黄褐色、浅褐色、黄白色或深灰白色，具不同大小的黑褐色、橄榄色或黄褐色与红褐色斑点；卵径约23mm×29mm，卵重5～7g。雌鸟孵卵，恋巢性强，孵化期约17天。雏鸟早成雏，孵出当天即跟随亲鸟活动和觅食。

亚种分化： 单型种，无亚种分化。

鹌鹑 *Coturnix coturnix* 曾分为 *C. c. japonica* 和 *C. c. coturnix* 亚种（郑作新1987）；本种原归鹌鹑（*C. coturnix*）下的普通亚种（*C. c. japanica*，郑作新1987、1976）。由于此二种在蒙古有同域分布现象，故Dickinson（2003）等将其列为独立种，并被视作独立种，无亚种分化（McGowan 1994）。现行分类系统 *japonica* 独立为 *C. japonica*，保留 *C. coturnix*，山东广泛分布而较多数量的是 *C. japonica*。

分布： 滨州-北海水库（20160518）。东营-(R)◎黄河三角洲；河口区（李在军20080309、20120416）。菏泽-(R)菏泽。济南-(P)济南，济南机场（20130908）。济宁-●济宁；曲阜-(P)石门寺，(P)曲阜；微山县-(P)鲁山，微山湖。青岛-(P)青岛；崂山区-(R)潮连岛。日照-东港区-付疃河（李宗丰20140426），●山字河机场（20150831、20151220）；(R)前三岛-车牛山岛，达山岛，平山岛。泰安-(P)泰安，渐汶河（张培栋20160416）；泰山-中山，低山；东平县-(P)东平湖。潍坊-潍坊；奎文区-●潍坊机场（20140624）；●高密（20060504）；青州-(P)仰天山。威海-荣成-天鹅湖。烟台-长岛县-●长岛，▲（E08-3322）大黑山岛。淄博-淄博。胶东半岛，鲁中山地，鲁西北平原，鲁西南平原湖区。

除新疆、西藏外，各省份可见。

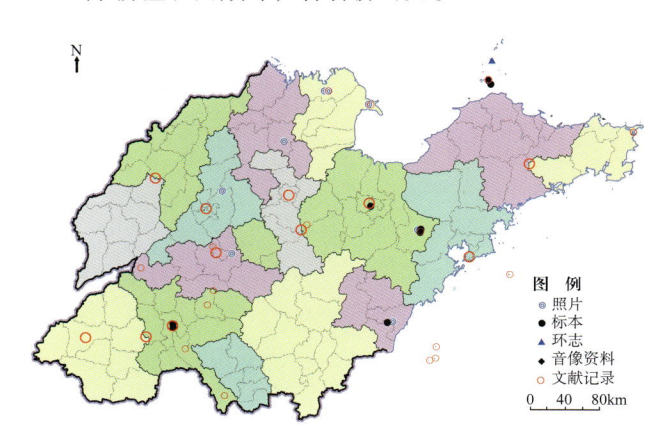

区系分布与居留类型： [广]（RP）。

种群现状： 肉质鲜嫩，是一种传统狩猎鸟。产卵量多，人工饲养后，量产的鹌鹑蛋已在市面上容易买到。种群数量普遍，为地区常见物种。统计显示，因农业化使其失去栖息地及偷猎行为致使总数呈下降趋势。

物种保护： Ⅲ，无危/CSRL，中日，Nt/IUCN。

参考文献： H199，M14，Zja207；La75，Q80，Qm156，Z141，Zx45，Zgm54。

山东记录文献： 郑光美2011，朱曦2008，钱燕文2001，范忠民1990，郑作新1987、1976，Shaw 1938a；赛道建2013、1999、1994，李久恩2012，邢在秀2008，田家怡1999，王庆忠1995，赵延茂1995，王庆忠1992，纪加义1987b，杜恒勤1985，柏玉昆1982，李荣光1960，田丰翰1957。

120-00　勺鸡
***Pucrasia macrolopha*（Lesson）**

命名： Lesson，1829，Dict. Sci. Nat. 59：196（印度Almorak Hill Kumaon）

英文名： Koklass Pheasant

同种异名： 柳叶鸡，刁鸡；*Satyra macrolopha*；—

鉴别特征： 头金属绿色，具棕褐色与黑色长冠羽。体肥大，颈背金黄色、颈侧有白斑。上背皮黄灰色、羽毛披针状、具黑色纵纹，下体中央栗色。尾短、楔形。雌鸟较小，羽色深而黑斑纹少。

形态特征描述： 嘴黑色。虹膜褐色，下眼睑具小白斑。头完全被羽，头部金属暗绿色，枕冠羽长呈棕褐色或黑色。头余部黑色带暗绿色金属反光，喉部反光较差。颈侧耳羽后面下方有大型白色块斑，白斑后面及背部前端淡棕黄色形成领环状，羽片中央贯以乳白色纵纹。上体羽毛呈披针形、紫灰色，内、外翈黑色沾栗阔纵条，合成"V"字形，纵条间虫蠹状黑斑沿着白色羽干两侧形成一对纵条；肩羽棕褐色贯以白色或皮黄色羽干纹、羽端近处杂以绒黑色块斑。翼上覆羽黑褐色，羽干白色，轴纹灰色杂黑褐色细点、羽缘纯灰色；初级飞羽黑褐具棕白色羽端，第2～6枚外翈具棕白色宽边；次级飞羽黑褐杂棕褐色虫蠹状细斑、具同色羽缘和羽端。初级飞羽第1枚较第2枚甚短，第2枚与第6枚等长，第4较第3枚稍长、也是最长的。体侧似上体相，但灰色较浅淡、黑纹较窄。下体中央自黑喉至下腹栗色，下腹羽基黑褐色，端部浅栗棕色。尾羽16枚，楔尾状，中央尾羽较外侧约长一倍；尾上覆羽及中央尾羽中部为褐灰色，再外为"V"形栗色纵带，栗带的内外两侧缘黑色，羽缘灰色；外侧尾羽灰色，具3道黑色横斑，近端黑斑较宽，其余2道黑斑较窄，并在羽缘处前后相连，各羽末端均为白色；尾下覆羽暗栗色，具黑色次端斑和白色端斑。脚暗红色，跗蹠较中趾连爪稍长，雄鸟具有一长度适中的钝形距。

雌鸟 额、头顶及冠羽羽基黑、羽端棕褐色、外侧较长冠羽棕色杂黑斑、羽缘黑色。眼后宽阔眉纹棕白色、密缀黑点，向后延伸至后颈。头侧棕褐、颈侧栗褐色，均杂黑斑。颔喉及耳羽下大块斑白沾棕色；颔喉、耳羽与块斑之间黑色颧纹向后伸至颈基各扩大为三角形黑色块斑，左右几乎相连围着白色喉部。上体棕褐色，各羽密布黑褐色虫蠹状斑，羽干色浅淡；上背黑斑大而显著，羽干纹粗著，多沾葡萄粉红色。肩羽绒黑色、羽缘棕褐色而具黑斑，羽干棕白色。翼覆羽同背但棕褐色较淡、黑斑较少，羽干纯白色；飞羽与雄鸟相同。下体自喉至下腹、两胁淡栗黄色，近羽基处具一对黑块斑，二黑块斑之间杂黑色细斑两行，羽干棕白色；下腹中央白沾棕色，羽具两块宽阔而显著黑色细斑，羽干棕白色。尾上覆羽与下背同色、中央具粗著黑斑或"V"形黑纹，羽干纹浅栗色；较长尾上覆羽和中央尾羽棕褐色、具钝栗近黑色斑点和横斑，羽端棕白色。外侧尾羽与雄鸟相同。尾下覆羽栗红色、羽端洁白色以黑色细线为界。体羽以棕褐色为主。

雏鸟 密被绒羽。头顶皮黄色，后头有狭窄栗带，眼前方、上方及耳羽具栗色纹，头后部有一条栗色横带。后颈皮黄色。上体栗色，肩和翅棕褐色，肩羽及内侧翼羽有小栗点，翼上大覆羽末端皮黄色；下体淡皮黄色，胸羽污黄色。

鸣叫声： 发出响亮、震耳粗犷声，如"khwa-kha-kaak"，或"kok-kok-kok…ko-kras"。倒数第二音高、重音在最后。

体尺衡量度（长度 mm、体重 g）：

标本号	时间	采集地	体重	体长	嘴峰长	翅长	跗蹠长	尾长	性别	现保存处
B000282					16	220	53	211	♂	山东博物馆
B000283					12	210	68	161	♀	山东博物馆

栖息地与习性： 栖息于针阔混交林、密生灌丛的多岩坡地、山脚和开阔多岩林地。栖息高度随季节变化而上下迁移。单独或成对活动，性机警、很少结群，在树枝上过夜。雄鸟晨晚喜欢鸣叫，声音沙哑。秋冬季结成家族小群，遇警时深伏不动。雄鸟炫耀时耳羽竖起。

食性： 主要采食木本、草本和蕨类植物的嫩芽、嫩叶、花及果实和种子等，以及少量昆虫、蜗牛等动物。

繁殖习性： 繁殖期4～7月。在林缘附近，坡度适中，坡向南或东南、下坡位、视野开阔、离水源近并有巢材的地面营巢，以树叶、杂草于灌丛间的地面上筑巢，巢呈碗状。巢周围有栖材、沙浴场等。每窝产卵5～7枚，卵白色或乳黄色，有不规则浅红或茶褐色粗斑点。雌鸟孵卵为主，孵化期26～27天。雏鸟早成雏，出壳后能独立活动。

亚种分化： 全世界有10个亚种，中国5个亚种，山东分布为东南亚种 Pucrasia macrolopha darwini Swinhoe。

亚种命名 Swinhoe，1872，Proc. Zool. Soc. London：552（浙江山地）

分布： 鲁南，（R）山东。

安徽、浙江、江西、湖南、湖北、四川、重庆、贵州、福建、广东。

区系分布与居留类型： [广]（R）。

种群现状： 分布范围广，曾被描述为普遍和相当常见种，但分布区不连续，栖息地被破坏、人口密集和捕猎、农林业开发等人类行为对勺鸡的生存构成威胁。数量不多，应加强对栖息环境和物种的保护。我国分布有5个亚种；纪加义（1987b）、郑光美（2011）认为山东无分布；赛道建（2013）认为需进一步研究确证。至今未能征集到标本、照片确认其分布地与时间，也未见其专项研究报道，故此记录（钱燕文 2001）山东分布现状应属无分布。

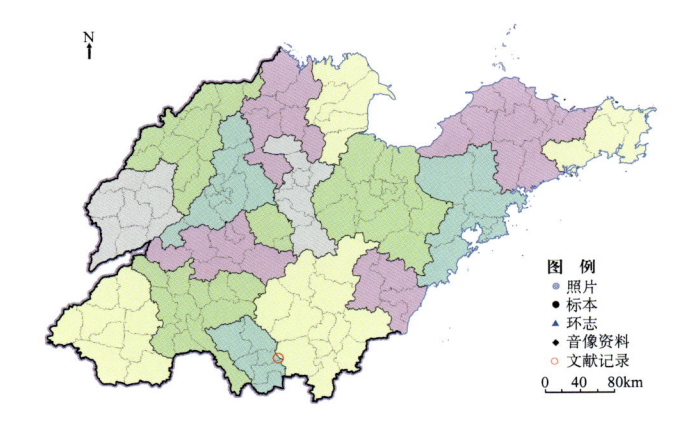

物种保护： Ⅱ，易危/CSRL，Lc/IUCN。

参考文献： H231，M34，Zja239；Q96，Qm161，Z160，Zx47，Zgm60。

山东记录文献： 钱燕文2001，朱曦2008；赛道建2013。

● **121-01　环颈雉**
Phasianus colchicus Linnaeus

命名： Linnaeus C，1758，Syst. Nat.，ed. 10，1：158（苏联外高加索西部）

英文名： Ring-necked Pheasant

同种异名： 雉鸡，野鸡，山鸡，项圈野鸡；—；Common Pheasant

鉴别特征： 羽色艳丽，有光泽。裸出脸部红色，头顶具 2 束耸起耳羽簇。颈部白色颈圈与金属绿色颈部形成显著对比。体羽墨绿色、铜色至金黄色，两翼灰色。尾长而尖，褐色具黑横纹。雌鸟小而色暗淡，周身密布浅褐色斑纹。

形态特征描述： 羽色华丽。嘴暗白色、基部灰色，上嘴基部、前额黑色富蓝绿色光泽。虹膜栗红色，眉纹白色，眼先、眼周裸出皮肤绯红色；眼后裸皮上方、白色眉纹下方有小块短羽、对应眼下有更大块蓝黑色短羽。头顶棕褐色。耳羽丛蓝黑色。颏、喉黑色具蓝绿色金属光泽。颈部黑色横带与颈侧、喉部黑色相连且具绿色金属光泽。完整白色颈环前颈白带比后颈更为宽阔。上背羽毛基部紫褐色，羽干纹白色、端部黑色，两侧金黄色。背和肩栗红色。下背和腰两侧蓝灰色、中部灰绿色，具黄、黑相间排列的波浪形横斑。飞羽褐色，初级飞羽具锯齿形白色横斑；次级飞羽外翈具白色虫蠹斑和横斑；三级飞羽棕褐色具波浪形白横斑，羽缘外翈栗色、内翈棕红色。小覆羽、中覆羽灰色，大覆羽灰褐色栗色羽缘。胸部紫铜红色，具金属光泽，羽端具倒置锚状黑斑或羽干纹。两胁淡黄色，近腹部栗红色，羽端具大型黑斑。腹黑色。尾羽长而有横斑；尾上覆羽黄绿色，部分末梢沾有土红色；尾羽黄灰色，除最外侧两对外，具交错排列黑色横斑，且两端连接栗色横斑；尾下腹羽棕栗色。跗蹠黄绿色、有短距。

环颈雉（雌、雄）（陈云江 20120512 摄于张夏镇；孙劲松 20110427 摄于孤岛南大坝）

雌鸟 较雄鸟小，羽色暗淡为褐和棕黄色、杂以黑斑。嘴端部绿黄色、基部灰褐色。虹膜淡红褐色。颏、喉棕白色。头顶、后颈棕白色、具黑色横斑。肩、背栗色有粗著黑纹和宽淡红白色羽缘。下背、腰和尾上覆羽羽色逐渐变淡呈棕红色和淡棕色，具黑色中央纹和窄灰白色羽缘。下体沙黄色，胸、胁具黑色沾棕斑纹。尾较雄鸟短、呈灰棕褐色。跗蹠红绿色、无距。

鸣叫声： 繁殖期或遇惊时，雄鸟常发出"ge-gegege"声，清脆响亮，求偶鸣叫清晨最频繁。

体尺衡量度（长度 mm、体重 g）：

标本号	时间	采集地	体重	体长	嘴峰长	翅长	跗蹠长	尾长	性别	现保存处
B000285					21	255	70	576	♂	山东博物馆
B000286					20	203	63	241	♀	山东博物馆
	1958	微山湖	778		24	245	74	395	♂	济宁一中
	1958	微山湖	893		22	256	73	560	♂	济宁一中
	1958	微山湖	841		23	248	75	490	♂	济宁一中
	1958	微山湖	695		23	235	76	366	♂	济宁一中
	1958	微山湖	510		18	225	64	245	♀	济宁一中

栖息地与习性： 栖息于低山丘陵、农田地边、沼泽草地，以及林缘灌丛和公路两边的灌丛、草地。脚强健，善于在灌丛中奔跑、藏匿，迫不得已时才起飞呈抛物线式飞行，飞行距离不远，滑翔落地后急速在灌、草丛中奔跑或藏匿，边飞边发出"咯咯咯"叫声和两翅"扑扑扑"的鼓动声。秋季常集成小群到农田、林缘活动觅食，也到耕地扒食谷种和禾苗。

食性： 杂食性，食物随地区和季节而不同。秋季主要采食各种植物的果实种子、浆果、嫩芽、嫩枝、草、茎叶、草籽、谷物等，也捕食昆虫。

繁殖习性： 繁殖期 3~7 月。一雄多雌制，发情期间，雄鸟占据领域，并鸣叫宣示"主权"，攻击入侵雄雉；在雌鸟旁，边走边叫，接近雌鸟头侧时，内侧翅下垂，外侧翅上伸，尾羽竖直，头部冠羽竖起，进行典型的侧面型求偶炫耀。在草丛、芦苇丛或灌丛地上，以及隐蔽树根旁或麦地里营巢，巢碗状或盘状、简陋，亲鸟在地面刨挖浅坑，内垫枯草、树叶和羽毛即成。每年繁殖1窝、产卵6～22枚，卵为橄榄黄色、土黄色、黄褐色、青灰色、灰白色等不同色型。雌鸟孵卵，孵化期约21天。雏鸟早成雏，孵出后即可跟随雌鸟觅食。

亚种分化：全世界有31个亚种，中国有19个亚种（郑光美2011），山东分布2个亚种，其中华东亚种在第1次全省鸟类普查时采到标本，河北亚种尚未采到标本。

● 华东亚种 *P. c. torquatus* Gmelin

亚种命名　　Gemlin，1788，Syst. Nat.，ed. 13，1：742（中国东南部）

山东记录文献：郑光美2011，朱曦2008，郑作新1987、1976，付桐生1987，Shaw 1938a；赛道建2013，李久恩2012，邢在秀2008，王海明2000，纪加义1987b。

分布：滨州-滨城区-小开河村（刘腾腾20160516），西海水库（20160517）；无棣县-小开河沉沙池（王景元20141126）。**德州**-陵城区-顺河路垃圾处理厂（张立新20100530）；乐陵-朱集镇（李令东20100216）；齐河县-华店（20130314）；陵县-丁庄乡薛庄村（张立新2010042）。**东营**-◎黄河三角洲，广利河口；自然保护区-大汶流（20130415），黄河口（孙劲松20140610）；河口区-孤岛南大坝（孙劲松20110427）；东营区-东四路（孙熙让20110605），辛安水库（孙熙让20101023）。**菏泽**-（R）菏泽，开发区（王海明20080518）。**济南**-槐荫区-玉清湖（20130125）；天桥区-黄河（孙涛20150110），鹊山水库（20160507）；历城区-黄巢水库（20150405），红叶谷（20131121）；长清区-张夏（陈云江20120512）。**济宁**-●（R）济宁，大运河（聂成林20091104），南四湖（李强2009122）-●龟山岛；任城区-太白湖（宋泽远20120915），袁洼（张月侠20150620）；（R）嘉祥县-纸坊；曲阜-沂河公园（20140803），孔林（20140803，孙喜娇20150430）；微山县-（R）鲁山，●微山湖，国家湿地公园，微山岛（张月侠20160404），昭阳（陈保成20101218）。**莱芜**-●莱芜；莱城区-牟汶河（陈军20100424）。**青岛**-（R）青岛。**日照**-日照，日照水库（20140305），付疃河（20140306），国家森林公园（20140307，郑培宏20140822、20141101）；（R）前三岛-车牛山岛，达山岛，平山岛。**泰安**-泰安-农田（刘兆瑞20120109）；泰山区-农大南校园；岱岳区-◎大汶河，牟汶河（刘冰20120623）；东平县-东平湖（20130511），大清河（20140515）。**潍坊**-潍坊，白浪河湿地公园；高密-姜庄小辛河（宋肖萌20150420）；◎奎文区。**威海**-荣成-天鹅湖（20130609）；文登-高村，坤龙水库。**烟台**-烟台；海阳-凤城（刘子波20140629）；●莱阳；●招远；

栖霞-白洋河（牟旭辉20130609），龙门口水库（牟旭辉20150510）。**淄博**-高青县-花沟镇（赵俊杰20141022）；高新区-四宝山（姚志诚20130607）。胶东半岛，鲁西北平原，鲁西南平原湖区。

吉林、辽宁、内蒙古、河北、北京、天津。

河北亚种 *P. c. karpowi*[*] Buturlin

亚种命名　　Buturlin，1904，Orn. Monatsh. 12：3（铁岭）

山东记录文献：郑光美2011，朱曦2008，钱燕文2001，范忠民1990，郑作新1987、1976，LevFevre1962；赛道建2013。

分布：滨州-●（刘体应1987）滨州；滨城区-东海水库，北海水库，蒲城水库。**德州**-齐河县-●华店（20130908）。**东营**-（S）◎黄河三角洲；河口区（李在军20110612）。**济南**-●济南机场（20130908）。**济宁**-（SP）任城东郊。**青岛**-青岛；崂山区-（P）潮连岛；黄岛-●（Shaw 1938a）灵山岛。**日照**-东港区-●（Shaw 1938a）石臼所，（S）前三岛-车牛山岛，达山岛，平山岛。**烟台**-烟台。**淄博**-淄博。胶东半岛，鲁中山地，鲁西北平原，鲁西南平原湖区，山东。

河北、河南、陕西、宁夏、安徽、江苏、上海、浙江、江西、湖南、湖北、贵州、福建、广东。

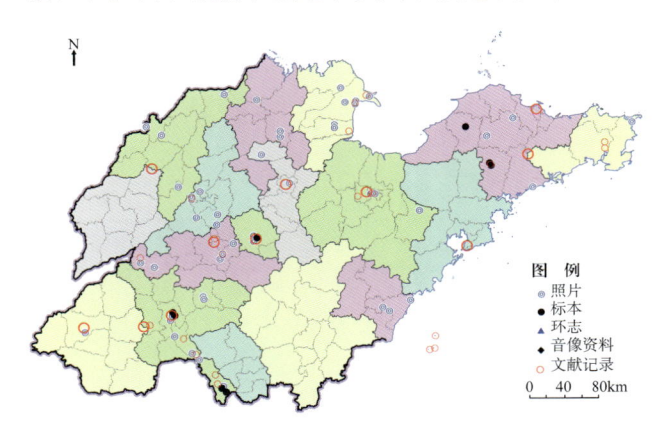

区系分布与居留类型：［古］（R）。

种群现状：羽色艳丽，肉味鲜美，具药效，为传统狩猎鸟之一。分布区常见，曾因栖息环境的破坏与过度捕猎使种群数量大减，近年来通过禁止乱捕乱猎和对栖息生境的保护，种群数量呈明显恢复态势。在山东，其种群数量也呈相应趋势，列入山东省重点保护野生动物名录。

物种保护：Ⅲ，无危/CSRL，Lc/IUCN。

参考文献：H232，M50，Zja240；La94，Q96，Qm165，Z162，Zx49，Zgm66。

山东记录文献：见各亚种。

---

[*] LevFevre（1962）报道本亚种见于烟台、青岛等地

9 鹤形目 Gruiformes

体型小到大型。颈、脚长，有的嘴长。胫常裸露无羽，具3~4趾，具微蹼或无，后趾退化或缺失，存在时与前三趾不在同一平面上。

栖息于沼泽、草原和草地，营巢于水域附近的地面上，雏鸟早成雏。主要捕食昆虫、鱼类等小动物，以及植物的叶、芽、果实。飞翔时，头颈前伸、脚后拽，呈"一"字形。鸣声清脆、响亮，野外比较容易识别。

Mornoy et al.（1975）、Archibald 和 Meine（1996）将鹤形目分为8亚目，Sibley 和 Monroe（1990）根据DNA-DNA 杂交的研究与其他类群的比较，将秧鸡科提升为秧鸡亚目（Ralli），与鹤亚目（Grui）、拟鹑亚目（Mesitornithi）并列在鹤形目之下，即鹤形目分为3亚目。然而，Taylor（1996）和郑光美（2005，2011）并不支持此观点，仍将秧鸡科置于鹤形目，与鹤科（Gruidae）、秧鹤科（Aramidae）和喇叭鸟科（Psophiidae）并列。

全世界共有12科190种；中国有4科34种，山东分布记录有4科11属18种。

9.1 三趾鹑科 Turnicidae（Buttonquails）

体型小、似鹌鹑而稍小。翼短而尖，初级飞羽10枚，第1枚最长。尾短小，尾羽12枚。脚三趾，后趾退化。雌雄异型，雌鸟较大。

栖息于草地、灌丛及林缘。多在地面活动隐秘，善于奔跑，受惊吓作短距离直线飞行。以植物种子及小型无脊椎动物为食。一雌多雄制，营巢于地面隐秘处，每窝产卵4~5枚，孵化期12~15天，雄鸟负责抱卵及育雏。雏鸟早成雏，半年后可达到性成熟。主要面临人类乱捕乱猎的生存压力。

20世纪前三趾鹑科曾被置入鸡形目（Galliformes）。20世纪初，因内部构造与鸡形目差异很大，而被置入鹤形目。Sibley 和 Ahlquist（1990）用核酸杂合（DNA-DNA hybridization）研究后，认为三趾鹑鸟类的演化速度很快，而自成一个三趾鹑目（Turniciformes），国内刘逎发（2013）采用此目。

全世界共有2属16种；中国有1属3种，山东分布记录有1属1种。

● 122-01　黄脚三趾鹑
Turnix tanki Blyth

命名： Blyth，1843，Jurn. As. Soc. Bengal 12：180
英文名： Yellow-legged Buttonquail
同种异名： 地闷子，三爪爬，水鹌鹑，水鸡，田鸡，地牤牛；—；Indian Buttonquail

鉴别特征： 小型棕褐色鹑。嘴黄色，上体黑褐色具棕栗色斑纹，胸、两胁棕黄色具明显黑点斑。飞行时，翼覆羽淡皮黄色与深褐色飞羽成对比。腿黄色。雌鸟枕及背部较雄鸟多栗色。

形态特征描述： 嘴黄色、端部黑色。虹膜淡黄色。眼先、眼周和颊部、耳羽棕黄色，颊具黑色羽端。头顶、后枕黑褐色、羽缘棕黄色，额至后颈具淡茶褐色或棕黄色中央冠纹。后颈、颈侧具棕红色块斑、缀淡黄色和黑色细小斑点。背、肩、腰和尾上覆羽灰褐色具黑色和棕色细斑纹。初级、次级飞羽暗褐色、羽缘棕色；三级飞羽、翼上覆羽沙棕色，具黑色大圆斑。颏、喉棕白色或淡黄色，胸橙栗色，下胸、胁浅黄色，胸、胁具显著圆形黑斑点；腹淡黄色或黄白色。尾灰褐色，甚小，尾下覆羽淡棕色。脚黄色，只有3个朝前脚趾，爪黑色。

黄脚三趾鹑（李在军20110612摄于河口区）

雌鸟　似雄鸟，体型大而体色艳丽，枕及上背部具栗色块斑。

鸣叫声： 雌鸟发出"guo、guo、guo"声吸引雄鸟，发出"bu—wu"声求偶,雄鹑以柔和"zhizhi"声呼应。

体尺衡量度（长度 mm、体重 g）：

标本号	时间	采集地	体重	体长	嘴峰长	翅长	跗蹠长	尾长	性别	现保存处
830215	19831019	鲁桥	113	166	18	98	28	35	♀	济宁森保站
	1938	青岛*	80			96			♀	不详
	1938	青岛	60			93			♀	不详

* Shaw（1938a）采到标本,保存处不详

栖息地与习性： 以小群活动于灌木丛、草地、沼泽地及耕作地,尤其喜欢稻茬地。雌鹑吸引雄鹑并与入侵雌鹑搏斗,一旦交配、产卵,雌鹑就离开,留下雄鹑承担起孵卵、育雏任务,一只雌鹑占有几只雄鹑,能多产卵多留后代,这是长期进化过程中发展起来的对捕食者的一种适应。

食性： 主要采食植物嫩芽、浆果、草籽、谷粒,以及昆虫等小型无脊椎动物。

繁殖习性： 一雌多雄。在农田、草丛和灌木丛中营简陋巢,在浅土坑里垫几根干草而成。每窝产4枚梨形卵,浅灰色,密布红棕色、紫黑色和暗黄色的小斑点。雄鹑承担全部孵卵、育雏任务。一个繁殖季节,雌鹑可重复婚配产卵多次,占有几只雄鹑。

亚种分化： 全世界有2个亚种,中国1个亚种,山东分布为南方亚种 *T. t. blanfordii* Blyth。

亚种命名 Blyth, 1843, Journ. As. Soc. Bengal 32 : 80（缅甸南部 Thayetmyo）

分布： 滨州-●（刘体应1987）滨州；滨城区-东海水库,北海水库,蒲城水库。德州-齐河县-●华店（20130908）。东营-（S）◎黄河三角洲；河口区（李在军20110612）。济南-●济南机场（20130908）。济宁-（SP）任城东郊。青岛-青岛；崂山区-（P）潮连岛；黄岛-●（Shaw 1938a）灵山岛。日照-东港区-●（Shaw 1938a）石臼所,（S）前三岛-车牛山岛,达山岛,平山岛。烟台-烟台。淄博-淄博。胶东半岛,鲁中山地,鲁西北平原,鲁西南平原湖区,山东。

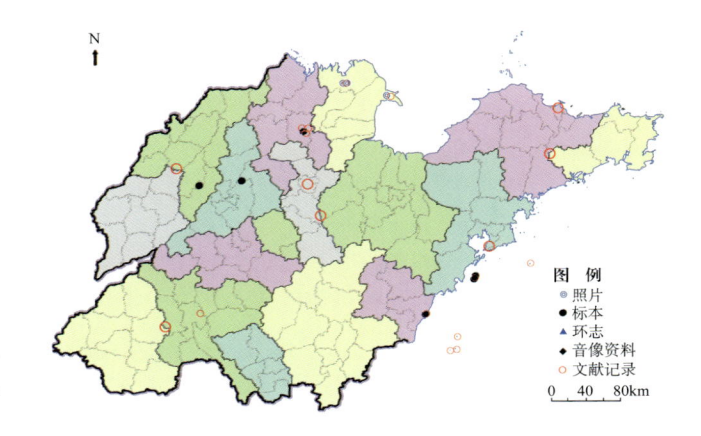

除宁夏、青海、新疆、西藏外,各省份可见。

区系分布与居留类型： ［广］（P）。

种群现状： 有补中健脾、解毒消肿等药用功效（《中国药用动物志》）。物种分布范围广,活动隐秘而不常见。山东分布较广而种群数量稀少,未列入山东省重点保护野生动物名录。

物种保护： 无危/CSRL,Lc/IUCN。

参考文献： H242,M 116,Zja250；La610,Q102,Qm234,Z171,Zx50,Zgm68。

山东记录文献： 郑光美2011,朱曦2008,钱燕文2001,赵正阶2001、1995,范忠民1990,郑作新1987、1976,Shaw 1938a；赛道建2013,吕磊2010,田家怡1999,赵延茂1995,刘体应1987,纪加义1987b。

9.2 鹤科 Gruidae（Cranes）

大型涉禽。嘴、颈、脚长。气管长、在双层结构的胸骨龙骨突起内盘旋,甚至伸达龙骨突末端。初级飞羽10枚,丹顶鹤白色,其他鹤类均黑色或深灰色；次级飞羽18～25枚,许多鹤内侧飞羽延长,折翅时形成明显的假尾,如丹顶鹤、白枕鹤、蓑羽鹤,或腰垫如白头鹤、灰鹤。飞翔时,颈部伸直、两脚后曳,身体呈"一"字形。头上红色裸皮有重要的通讯作用。长气管可引起共鸣,故《诗经·小雅》有"鹤鸣于九皋,声闻于天"之说,各种鸣声有不同的作用,"对鸣"有维持配对关系和宣示领域应付威胁两种作用。

为满足对食物和营巢的需求,鹤类成群游牧觅食和寻找栖息地,喜欢开阔沼泽地,在浅水湿地栖息,在湿地和农田觅食,以各种动物和植物为食。终生一雌一雄制,直至一方死亡。2～3龄开始配对,4～5龄后成功繁殖。雌雄共同筑巢,每窝产2枚卵,卵的色泽因地而异。产下第1枚卵开始孵卵,白天雌雄轮流孵卵,夜间雌鸟孵卵,雄鸟守卫；孵化期28～32天。雏鸟出壳后由亲鸟轮流喂养,育雏期2～3月。幼鸟跟随亲鸟至来年春天返回繁殖区后,自动离开或被亲鸟驱离。未配对幼鸟一起生活至下年繁殖期开始配对。幼鸟长出飞羽后,

9 鹤形目 Gruiformes

以家庭为单位向迁飞集结地聚集，直到鹤越聚越多，严寒天气迫使它们向南迁飞。栖息地缩小、丧失，水体污染造成栖息地退化和食物中毒，人类的捕猎、拾卵和生产活动干扰等威胁鹤类的生存，致使许多鹤类成为重点保护鸟类。

全世界有 4 属 15 种（Archibald and Meine 1996，Dickinson 2003）；中国有 2 属 9 种，山东分布记录有 2 属 7 种。

鹤科分属、种检索表

1. 头部被羽，无裸露皮肤，耳羽披发状向后延伸，下颈羽柳叶状向下延长，内侧次级飞羽延长，但不呈披散呈发状 ················· 蓑羽鹤属 Anthropoides，蓑羽鹤 A. virgo
   头部裸出呈红色，头两侧和颈部有羽，翼宽大，内侧次级飞羽延长超过初级飞羽，尾短，腿下部裸出，趾短而有力 ················· 2 鹤属 Grus
2. 头侧和颈侧裸出呈红色，耳区有一丛灰羽，颈侧被羽 ················· 白枕鹤 G. vipio
   头侧和颈侧披羽 ················· 3
3. 体羽白色 ················· 5
   体羽灰色 ················· 4
4. 头及后颈上部近黑色；喉灰色；眼后有白色宽阔带斑，延伸至颈侧 ················· 灰鹤 G. grus
   头、喉及后颈上部均白色；额、眼先及头顶均黑色 ················· 白头鹤 G. monacha
   前额、头顶红色，颊、喉白色，体羽缀褐色 ················· 沙丘鹤 G. canadensis
5. 颈侧具长条黑羽 ················· 丹顶鹤 G. japonensis
   颈侧纯白无黑纹 ················· 白鹤 G. leucogeranus

123-01 蓑羽鹤
Anthropoides virgo（Linnaeus）

命名：Linnaeus C，1758，Syst. Nat.，ed. 10，1：141（印度）
英文名：Demoiselle Crane
同种异名：闺秀鹤；*Ardea virgo* Linnaeus，1758；—

鉴别特征：虹膜红（雌鸟橘黄）色，嘴黄绿色。体较其他鹤类小，蓝灰色鹤，白色头顶、长丝状耳羽与偏黑色头、后颈及修长胸羽对比明显，胸具黑色长垂羽。飞翔时翅尖呈黑色，颈伸直，常呈"V"字形编队。

形态特征描述：大型涉禽。嘴黄绿色。虹膜红色或紫红色。头顶珍珠灰色。眼先、头侧、喉和前颈黑色，眼后有白色醒目耳簇羽，垂于头侧。前颈黑色羽极度延长，悬垂于胸前。头、颈和体羽蓝灰色。大覆羽、初级飞羽灰黑色，内侧次级飞羽和三级飞羽延长，覆盖于尾上，石板灰色、羽端黑色。脚和趾黑色。

鸣叫声：叫声如号角，但较尖而声平。
体尺衡量度（长度 mm、体重 g）：山东暂无标本及测量数据。

栖息地与习性：栖息于开阔平原草地、草甸沼泽、芦苇沼泽、苇塘、湖泊、河谷、半荒漠和高原湖泊草甸等生境中，秋冬季节也到农田地活动。除繁殖期成对活动外，多成家族性小群或单只在水边浅水处或水域附近地势较高的草甸上活动。性胆小而机警，善奔走，常远离人类，不与其他鹤类合群。3 月中旬至 4 月初先后到达繁殖地，10 月中下旬成家族群或小群南迁。

食性：杂食性；主要取食小鱼、虾、蛙、蝌蚪、水生昆虫和植物嫩芽、叶、草籽，以及玉米、小麦等农作物。

繁殖习性：繁殖期 4～6 月。一雄一雌制。迁到繁殖地后逐渐分散成对，占领巢区。直接产卵于草甸中裸露而干燥的盐碱地上，外周生长羊草、芦苇、茵陈蒿等植物；也有的营巢于水边草丛中和沼泽内。每年繁殖 1 窝，每窝产卵 1~3 枚，卵椭圆形，淡紫色或粉白色，具深紫褐色斑，卵径约 85mm×56mm。卵产齐后由雌雄亲鸟共同孵卵，孵化期 30 天。雏鸟早成雏，孵出后不久即能站立或行走。

亚种分化：单型种，无亚种分化。
分布：滨州 - ○无棣县 - 滨海湿地。东营 -（P）◎黄河三角洲。菏泽 -（P）○菏泽。青岛 - 青岛；●（纪加义 1990a）胶南。胶东半岛。

蓑羽鹤（丁洪安 20090819 摄于黄河三角洲保护区）

黑龙江、吉林、辽宁、内蒙古、河北、北京、天津、河南、青海、新疆、安徽、江苏、上海、浙江、江西、湖南、湖北。

区系分布与居留类型：［古］（P）。

种群现状： Wetlands International（2006）估计全球种群数 230 000～280 000 只。在中国种群数量较少，非常见珍稀鸟类，中国有 100～10 000 繁殖对；迁徙旅鸟 50～1 000 只（Brazil 2009）。山东首次报道采到标本（纪加义 1990a、1988e），过境分布数量极少，近年来未征集到照片，应加强对物种和栖息环境的保护与研究。

物种保护： Ⅱ，无危 /CSRL，未定 /CRDB，2/CITES，Lc/IUCN。

参考文献： H252，M 301，Zja260；La595，Q106，Qm232，Z179，Zx50，Zgm68。

山东记录文献： 郑光美 2011，朱曦 2008，范忠民 1990；张月侠 2015，赛道建 2013，王希明 2001，王海明 2000，田家怡 1999，赵延茂 1995，纪加义 1990a、1988e。

● **124-01　白鹤**
Grus leucogeranus Pallas

命名： Pallas，1773，Reise Versch. Prov. Russ. Reichs 2：714（西伯利亚 Ischin, Irtysh and Ob 河）

英文名： Siberian Crane

同种异名： 修女鹤，雪鹤，西伯利亚鹤，黑袖鹤；—；Greate White Crane

鉴别特征： 体大白色鹤。嘴橘黄色、脸红色。站立时通体白色，胸和前额鲜红色。飞行时，翅尖黑色，其余白色。幼鸟金棕色。腿粉红色。

形态特征描述： 大型涉禽。嘴暗红色。虹膜棕黄色。头顶、脸裸露无羽、鲜红色。体羽白色。初级飞羽黑色，次级飞羽和三级飞羽白色，三级飞羽延长呈镰刀状盖于尾上，盖住黑色初级飞羽，故站立时通体白色。

幼鸟　嘴暗红色，3 龄嘴变为红色。头被羽，上体赤褐色。肩石板灰色，基部色淡、羽缘桂红褐色。初

白鹤（丁洪安 20061111 摄于黄河三角洲保护区）

级飞羽黑色。下背、腰和尾上覆羽亮赤褐色、具白色羽缘。下体、两胁白色缀赤褐色。中央尾羽石板灰色，基部白色、羽端赤褐色。脚暗红色，2 龄脚变红色。

鸣叫声： 暂无鸣叫声记录。

体尺衡量度（长度 mm、体重 g）： 山东采到标本但保存处不详，测量数据遗失。

栖息地与习性： 栖息于开阔平原沼泽草地、苔原沼泽、大型湖泊岩边和浅水沼泽地带，对浅水湿地依恋性强。单独、成对和成家族群活动，迁徙季节和冬季在停息、越冬地常集成数十只至上百只大群。在中国主要为冬候鸟和旅鸟，在俄罗斯雅库特繁殖的东部种群，环志证明途经俄罗斯的雅纳河、印迪吉尔卡河和科雷马河流域，以及中国的扎龙、林甸、莫莫格、双台河口、滦河口、黄河故道和升金湖等地向南迁飞 5100km，90% 以上的种群到鄱阳湖越冬；11 月上中旬迁来南方越冬，3 月末至 4 月初离开越冬地，飞行时呈"一"字或"人"字队形。在富有植物的水边浅水处边走边觅食，采食时常将嘴和头沉浸在水中，并不时抬头观望四周。性胆小而机警，稍有动静立刻起飞。

食性： 食物因季节和栖息地不同而异。主要取食苦草、眼子菜、苔草、荸荠等植物的茎和块根及水生植物的叶、嫩芽、种子、浆果，以及少量蚌、螺等软体动物和昆虫、甲壳动物、鱼、蛙、鼠类等小型动物。

繁殖习性： 单配制。5 月下旬到达营巢地，在开阔沼泽岸边或周围水深有草的土墩上用枯草筑巢，巢简陋、扁平形，中央略凹陷，高出水面 12～15cm。产卵期常与冰雪融化期一致，从 5 月下旬到 6 月中旬，每窝产卵 2 枚，卵暗橄榄色，钝端有大小不等的深褐色斑点。雌雄交替孵卵，以雌鹤为主，孵化期约 27 天。雏鹤孵出后，多数只有 1 只能活到飞翔，较弱幼鹤常被强者攻击而死亡，70～75 日龄长出飞羽，

90日龄能够飞翔。

亚种分化： 单型种，无亚种分化。

分布： **滨州** - 近岸海岛。**东营** - (P) ◎黄河三角洲（丁洪安 20061111）；黄河口（李秀兰 2011）；保护区（鲁网东营 20151123）- 大汶流（刘涛 20151113）。**青岛** - 青岛。**烟台** - 长岛。胶东半岛，鲁中山地。

黑龙江、吉林、辽宁、内蒙古、河北、天津、河南、青海、新疆、安徽、江苏、上海、浙江、江西、湖南、湖北。

区系分布与居留类型： [古]（P）。

种群现状： 内蒙古达赉湖、黑龙江齐齐哈尔和辽东一带曾有白鹤的繁殖记载，但据多年调查未发现在中国有繁殖，仅发现繁殖在俄罗斯西伯利亚，数量稀少，在江西鄱阳湖越冬种群数量仅数千只。现为世界性濒危物种，由多方面因素导致，例如石油开采和森林砍伐致使包括越冬地在内的栖息地被破坏、改变，人类肆意捕杀，亲鹤不在巢边时，贼鸥、北极鸥和银鸥等偷吃卵，外来引入种群竞争、自身繁殖成活率低、国际性的环境污染等。北京动物园人工授精经人工孵化繁殖成功；合肥动物园在圈养条件下自然繁殖成功。山东分布数量稀少，第一次全国鸟类普查采到标本（1987b），但标本保存处不详。

物种保护： Ⅰ，E/CRDB，1/CITES，Ce/IUCN。

参考文献： H251，M 297，Zja258；Q104，Qm231，Z178，Zx50，Zgm69。

山东记录文献： 郑光美 2011，朱曦 2008，赵正阶 2001；赛道建 2013，田贵全 2012，张绪良 2011，王希明 2001，单凯 2001，张洪海 2000，纪加义 1990、1987b、1987f。

125-20 沙丘鹤
Grus canadensis（Linnaeus）

命名： Linnaeus, 1758, Syst. Nat., ed.10, 1: 141 (Hudson Bay, North America)

英文名： **Sandhill Crane**

同种异名： 棕鹤，加拿大鹤；—；Canadian Crane

鉴别特征： 高大灰色鹤。嘴灰色，脸偏白色，额及顶冠红色，颏、喉白色。飞行时，展现深灰色飞羽。

形态特征描述： 大型涉禽。嘴灰色。虹膜黄色。脸偏白色，额及顶冠红色。眼先、前额和头顶前部皮肤裸露呈鲜红色，被稀疏似头发样刚毛。通体羽色为灰色缀有褐色，下体稍淡，颏部和喉部为白色。初级飞羽11枚，第3枚最长，飞羽内翈黑褐色，三级飞羽延长成弓状，羽端羽枝分离，覆盖在尾羽上。尾羽12枚，短而直。长腿几乎全黑色，脚灰色。

鸣叫声： 起飞时发出高声鸣叫。

体尺衡量度（长度mm、体重g）： 山东暂无标本及测量数据。

栖息地与习性： 栖息于有丰富灌丛和水草的平原沼泽、湖边草地、水塘及河岸沼泽地带，以及有树木和草本植物的高原地带。性机警而胆小，常成家族群活动、匿藏在灌木和较高草丛中，仅将头颈部露出，稍有危险便立刻起飞，需在地上奔跑一段距离才能飞起，同时发出高声鸣叫。

食性： 主要以各种灌木和草本植物的叶、芽、草籽和谷粒等，以及部分昆虫为食。

繁殖习性： 繁殖期5～7月。一雄一雌到达繁殖地后便开始配对和求偶，雄雌鸟不断地相对鸣叫、跳跃和舞蹈，一起飞向空中又落到地面上。在紧靠水边的灌丛中或沙地上营巢，亲鸟在地面上刨一个浅坑，铺垫些枯草和羽毛即成。每窝产卵1～2枚，卵圆形，从肉桂褐色到橄榄褐色。

亚种分化： 全世界有6个亚种，中国1个亚种，山东分布为指名亚种 *G. c. canadensis*（Linnaeus）。

亚种命名 Linnaeus, 1758, Syst. Nat., ed. 10, 1: 141（印度）

分布： **东营** - ◎黄河三角洲。山东。河北、江苏、上海、浙江。

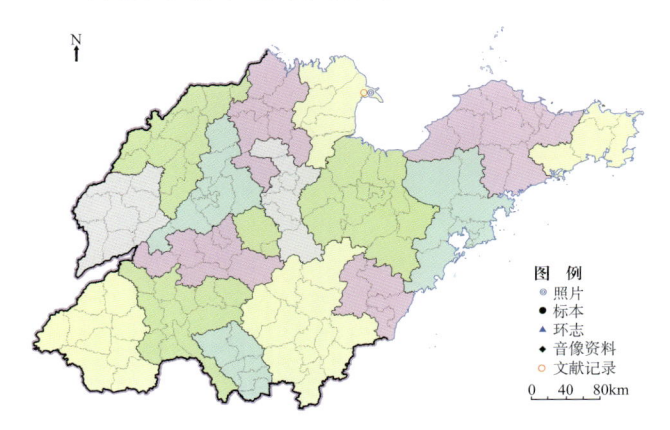

区系分布与居留类型： [古]（V）。

种群现状： 由于工业、水利、捕鱼、放牧、开荒、放水养苇与割苇等破坏其栖息地，以及被天敌吃掉其卵和幼雏等，致使其处于濒危状态。美国佛罗里达州的格列湖沼泽是沙丘鹤典型的集中营巢地，已有多年未获得有价值的分布资料。应加强对栖息地环境的保护，恢复最适宜的栖息条件；保护种群遗传性，激发其遗传变异，改变保守性的趋向，恢复和加强种群的生活力；消除、减少人为的不利影响，促进种群的结构和大小的合理发展。山东分布区狭窄而数量极少，《黄河三角洲鸟类》（刘月良 2013）收录无具体时间、地点的照片，因未能征集到分布照片证据，需进一步研究确认其分布现状及栖息生境选择。

物种保护： Ⅱ，2/CITES，Lc/IUCN。
参考文献： H247，M 300，Zja256；Q104，Qm231，Z177，Zx51，Zgm69。
山东记录文献： 郑光美 2011；张月侠 2015，赛道建 2013，刘月良 2013。

● 126-01 白枕鹤
Grus vipio Pallas

命名： Pallas PS，1811，Zoogro. Rosso-As.，2：111（Nertchinsk，Transbaikalia）
英文名： **White-naped Crane**
同种异名： 红面鹤，白顶鹤，土鹤；*Grus leucauchen* Temminck，1838；Japanese White-naped Crane
鉴别特征： 高大灰白色鹤。嘴黄色，红色脸侧边缘及斑纹黑色。头、喉、枕、颈背白色。胸及颈前灰色延至颈侧成狭尖线条。飞羽黑色，其余体羽灰色。飞至一定高度时，飞行轻快，颈和脚向前后伸直，两翅扇动有力。
形态特征描述： 大型涉禽。嘴黄绿色。虹膜暗褐色。眼先、眼睛周围及前额、头顶前部、头侧部皮肤裸出、鲜红色，着生稀疏黑色绒毛状羽。耳羽烟灰色。颊部和喉部为白色。枕部、后颈、颈侧和前颈上部形成一条暗灰色条纹。上体为石板灰色。颈侧和前颈下部及下体呈暗石板灰色。初级飞羽黑褐色、具白色羽干纹；次级飞羽黑褐色、基部白色，三级飞羽淡灰白色、延长成弓状，覆羽灰白色；初级覆羽黑色、末端白色。尾暗灰色、末端具宽阔黑色横斑。脚红色。

白枕鹤（丁洪安 20061029 摄于黄河三角洲保护区）

鸣叫声： 求偶时，雄鸟发出"kou-kou-kou"的高声鸣叫。
体尺衡量度（长度 mm、体重 g）：

标本号	时间	采集地	体重	体长	嘴峰长	翅长	跗蹠长	尾长	性别	现保存处
	1958	微山湖		1270	138	645	225	195	♂	济宁一中
	1958	微山湖		1330	155	635	250	188	♂	济宁一中
	195811	南阳湖		890	132	679	213	226		山东师范大学

栖息地与习性： 栖息于开阔的平原芦苇沼泽和水草沼泽地带，以及河流和湖泊岸边邻近的沼泽草地，迁徙季节出现于农田和海湾地区。除繁殖期成对活动外，多成家族群或小群活动，迁徙越冬期间由数个家庭群组成大群活动。3月下旬开始陆续迁到繁殖地，9月末开始离开繁殖地迁往越冬地。行动机警，很远见人就飞，起飞时先在地面快跑几步，然后腾空而起。白天多数时间用于觅食，用喙啄食或用喙先拨开表层土壤，啄食埋藏的种子和根茎，边走边啄食，常在啄食几次后抬头观望四周，一有惊扰，立刻避开或飞走。
食性： 主要采食植物种子、草根、嫩叶、嫩芽、谷粒，以及捕食鱼、蛙、蜥蜴、蝌蚪、虾、软体动物和昆虫等。
繁殖习性： 繁殖期5～7月。一雌一雄制，3月末到达黑龙江、吉林以北繁殖地时，多成对或成家族群活动。求偶时，雄鸟在雌鸟身边来回奔走和跳跃，两翅半张或完全张开，雌鸟跟着对鸣和起舞，然后展开双翅，身体下蹲，允许雄鸟进行交尾。雌雄鸟共同、以雌鸟为主在芦苇沼泽或水草沼泽中营巢，巢浅盘状，由枯芦三棱草、苔草、莎草、芦苇花和叶等构成，巢露出水面高度为7～16cm；领域性极强，亲鸟在巢域内采用鸣叫、巡飞和追逐飞行等方式来表示对巢域的占有和保卫。种群4月上旬至5月下旬产卵，每年产1窝，每窝产卵2枚，卵椭圆形，灰色或淡紫色、密布紫褐色斑点、钝端较显著，卵径约93mm×61mm，卵重约167g。第1枚卵产出后，雌雄亲鸟即开始共同孵卵，以雌鸟为主，另一亲鸟负责警戒，孵卵期29～30天。雏鸟早成雏，孵出当日即能站立和行走。
亚种分化： 单型种，无亚种分化。
分布： 东营-（W）◎黄河三角洲（单凯

20051031，丁洪安20061029）。**济宁** - ●南四湖；邹城；微山县 - ●微山湖。**聊城** - 聊城（20141111环志放飞）。**临沂** - 苍山县。**淄博** - 淄博。胶东半岛，鲁中山地，鲁西南平原湖区。

黑龙江、吉林、辽宁、内蒙古、河北、北京、天津、河南、安徽、江苏、上海、浙江、江西、湖南、福建、台湾。

区系分布与居留类型：［古］（W）。
种群现状： 稀有笼养观赏鸟类。数量稀少，总数量估计在7000~8000只。江西鄱阳湖为主要越冬地，应加强对栖息地生态环境与种群的保护，加强人工驯养繁殖研究，促进种群的恢复与发展。山东少见群体，偶见1~2只活动。
物种保护： Ⅱ，V/CRDB，1/CITES，中日，Vu/IUCN。
参考文献： H249，M299，Zja257；La597，Q104，Qm231，Z177，Zx51，Zgm69。
山东记录文献： 郑光美2011，朱曦2008，赵正阶2001；赛道建2013，李久恩2012，田贵全2012，田家怡1999，赵延茂1995，纪加义1990、1987b、1987f。

● **127-01 灰鹤**
***Grus grus*（Linnaeus）**

命名： Linnaeus C，1758，Syst. Nat.，ed. 10，1：141（瑞典）
英文名： Common Crane

同种异名： 玄鹤，番薯鹤，千岁鹤；*Ardea grus* Linnaeus，1758，*Grus lilfordi* Sharpe，1894；Grey Crane
鉴别特征： 中等灰色鹤。嘴黑绿色、端部偏黄色，头顶冠黑色，中心红色，头及颈深青灰色。眼后至颈侧有一道白色纵带。背羽及三级飞羽略沾褐色。脚黑色。
形态特征描述： 大型涉禽。嘴黑绿色、端部沾黄色。虹膜红褐色。前额、眼先黑色，被稀疏黑色毛状短羽，头顶裸出皮肤红色。眼后白色宽纹穿过耳羽至后枕、沿颈部向下至上背。喉、前颈和后颈灰黑色。全身羽毛大都灰色，背、腰灰色较深，胸、翅灰色较淡，背常沾褐色。初级飞羽、次级飞羽端部黑色；三级飞羽灰色、先端略黑，延长弯曲成弓状，羽端羽枝分离成毛发状。尾羽端部和尾上覆羽为黑色。腿和脚灰黑色。

灰鹤（胡友文20091121摄于自然保护区飞雁滩；孙劲松20111205摄成鹤与幼鹤于孤岛黄河故道）

幼鸟 嘴基肉红色、尖端灰肉色。虹膜浅灰色。体羽呈灰色，但羽端部棕褐色，冠部被羽，无下垂的内侧飞羽。2龄时，头顶开始裸露，被有毛状短羽，上体留有棕褐色旧羽。脚灰黑色。
鸣叫声： 繁殖期发出似"kaw"，迁徙集群活动似"krraw"持久清亮声。
体尺衡量度（长度mm、体重g）：

标本号	时间	采集地	体重	体长	嘴峰长	翅长	跗蹠长	尾长	性别	现保存处
B000301					101		224	182		山东博物馆
B000308					101	590	215	203		山东博物馆
	1958	微山湖		1235	90	540	205	260	♀	济宁一中
	1958	微山湖		1140	98	645	215	145	♂	济宁一中
	1938	青岛	4780			523			♂	不详

栖息地与习性： 栖息于开阔平原、草地、沼泽、河滩、旷野、湖泊及农田地带，尤喜富有水边植物的开阔湖泊和沼泽地带。在迁徙停歇地和越冬地主要栖息于河流、湖泊、水库或海岸附近，白天常到花生地等农田中觅食休息，夜间到河漫滩、沼泽地环水小岛或海滩夜宿。3月中下旬开始迁往繁殖地；9月末10

月初迁往越冬地，在中国东北和西伯利亚中部繁殖的灰鹤沿渤海湾迁到黄河三角洲、荣成天鹅湖等山东沿海及长江下游越冬；迁徙时常数个家族群组成群体迁飞。性机警、怕人。活动觅食时常有一只鹤警戒，发现危险立刻长鸣一声，并与其他鹤齐声长鸣，振翅而飞。飞行时排成"V"字或"人"字形队列，头、颈向前伸直，脚向后直伸。栖息时常一只脚站立，另一只脚收于腹下。能利用并适应不同生境中的不同食物，在越冬地主要以家庭为单位到农田觅食，在黄河三角洲野外观察，灰鹤觅食场所主要集中在有农作物残留的地带、草场内和沼泽地带。

食性： 杂食性。主要以植物的叶、茎、嫩芽、根和块茎，以及草籽、玉米、花生、豆类、麦苗、水草、谷粒、马铃薯和白菜为食，夏季也捕食蚯蚓、软体动物、昆虫、鱼类、蛙、蜥蜴、蛇、鼠等小动物。

繁殖习性： 单配制，到达繁殖地发情配对后开始营巢，一旦丧失配偶会另找新的配偶。在深水沼泽区的草台子上或岛状草丛中营巢，巢材多为干苔草，巢高出水面约14cm，周围植被高达40cm。4月下旬至6月产卵，但5月较集中，每窝产卵2枚，间隔常为2天，卵灰褐色，布满大小不等深褐色斑点及斑块，钝端较密集，卵径约97mm×61mm，卵重约174g。产下第1枚卵开始雌雄鹤轮流换孵，孵化期约为30天，出壳雏鸟3日龄可啄食和饮水，3月龄可飞翔，然后跟随亲鸟迁徙。

亚种分化： 全世界有2个亚种，中国1个亚种，山东分布为普通亚种 *G. g. lilfordi* Sharpe。

亚种命名 Sharpe，1894，Cat. Bds. Vrit. Mus. 23：250，252（西伯利亚东部）

分布： 滨州 - 近岸海岛；无棣县。东营 -（W）◎黄河三角洲（丁洪安20111119），黄河农场，渤海农场，八吕，广南水库；自然保护区 - 大汶流（单凯20121110，胡友文20150307，刘涛20151120），飞雁滩（胡友文20091121）；河口区 - ◎（李在军20081122），黄河故道口，孤东，◎孤岛故道（孙劲松20111205），军马场，一千二保护区；垦利县 - 垦东水库；利津县 - 盐窝，永安 – 西宋。菏泽 -（WP）菏泽，●（森保站200003）吕陵。济宁 - ●南四湖；微山县 - ●微山湖；夏镇（陈保成20110102）。临沂 - 苍山。青岛 - ●（Shaw 1938a）（W）青岛，胶州湾；城阳区 - 大沽河口；（纪加义1990a）即墨区 - 沿海。日照 - 日照；东港区 - 夹仓口（成素博20140311）；前三岛岛群；岚山区 - 丁家皋陆（20140303），汉高山庄（20140305）。泰安 -（P）泰安；宁阳县。东平县。潍坊 - 坊子 - 峡山水库。威海 - 威海（王强20121208）；（W）荣成 - 天鹅湖（20140115、20141224，孙涛20141227，王秀璞20150104）。烟台 - 烟台；长岛县。淄博 - 淄博。胶东半岛，鲁中山地，鲁西北平原，鲁西南平原湖区。

除西藏外，各省份可见。

区系分布与居留类型： ［古］（WP）。

种群现状： 物种分布范围广，为鹤类数量较多而常见的一种，为重要观赏鸟类。全国有山西南部、贵州草海、云南个旧、湖南洞庭湖、江西鄱阳湖等多个数百只以上的集中越冬地。由于干旱，人类对湿地的经济开发破坏了灰鹤赖以生存的湿地生态环境，造成湿地大面积退缩，灰鹤栖息地面积缩小，以及乱捕乱猎等，致使种群数量减少。各地动物园多有驯化饲养，供观赏和繁殖生物学研究。应加强对栖息地环境的保护，促进种群的繁衍。近年来随着枪支的严格控制和人们环保意识的提高，种群数量有所提高。山东分布数量较普遍，在黄河三角洲及沿海、南四湖等地均有一定数量的越冬种群；1983～1986年全省鸟类普查期间遇见率较高，但种群数量减少；黄河三角洲自然保护区鹤类专项研究中记录1998年341只，1999年294只，2000年382只，近年来黄河三角洲经常观察到较大越冬群体，应加强对种群分布变化的监测研究，为探讨湿地保护与生态建设提供科学依据。

物种保护： Ⅱ，无危/CSRL，中日，2/CITES，Lc/IUCN。

参考文献： H244，M302，Zja252；La599，Q102，Qm232，Z173，Zx51，Zgm70。

山东记录文献： 郑光美2011，朱曦2008，赵正阶2001，范忠民1990，郑作新1987、1976，Shaw 1938a，赛道建2013、1991，李久恩2012，于培潮2007，王希明2001，王海明2000，张洪海2000，田家怡1999，赵延茂1995，纪加义1990、1987b、1987f。

● **128-01 白头鹤**
Grus monacha Temminck

命名： Temminck CJ，1835，*in* Temminck *et* Laugier，Pl. col. Ois.，94：555（日本北海道及朝鲜半岛）

英文名： Hooded Crane
同种异名： 锅鹤、玄鹤、修女鹤；—；—
鉴别特征： 深灰色鹤。嘴偏绿色，头颈白色，前额黑色、头顶红色。飞羽黑色。幼鸟头、颈沾皮黄色，眼斑黑色。
形态特征描述： 大型涉禽。嘴长、黄绿色。虹膜深褐色。眼先和额部密被黑色刚毛。头顶皮肤裸露无羽，鲜红色，其余头部和上颈部白色。除头颈雪白，其余体羽石板灰色。翼圆短，翅灰黑色，次级和三级飞羽延长、弯曲成弓状、覆盖尾上，羽枝松散似毛发状。尾短。腿长，胫下部裸露，蹼不发达，后趾细小，着生位较高，胫裸出部、跗蹠和趾为黑色。
鸣叫声： 鸣管能在胸骨和胸肌间构成复杂的卷曲，有利于发声共鸣。求偶雄鹤叫声为两声一度，雌鹤为一长一短。

白头鹤（丁洪安20060131 摄于黄河三角洲保护区）

体尺衡量度（长度 mm、体重 g）：

标本号	时间	采集地	体重	体长	嘴峰长	翅长	跗蹠长	尾长	性别	现保存处
	1958	微山湖		1250	148	575	235	165	♀	济宁一中
	1958	微山湖		1240	134	605	240	180	♂	济宁一中

栖息地与习性： 栖息于河流、湖泊的岸边泥滩、沼泽和芦苇沼泽及湿草地，以及泰加林林缘和林中开阔沼泽地。多在3月末至4月末迁徙，4月末5月初到达繁殖地内蒙古、乌苏里江流域，8月下旬至9月底开始离开繁殖地，10月中旬至11月上旬集中南迁，11月末到达越冬地长江下游，飞翔时常排成"人"字形或"一"字形队列。成对或家族群活动，也有单独活动的，每天用大量时间梳理羽毛。性情机警，活动觅食时不断抬头观望，发现危险就鼓翼起飞，在空中盘旋并不停鸣叫。常边走边在泥地上或到栖息地附近的农田挖掘觅食，夜栖地和觅食地均较为固定。
食性： 主要捕食蛙、小鱼、甲壳类、软体动物、多足类，以及直翅目、鳞翅目、蜻蜓目等昆虫和幼虫，以采食苔草、苗蓼、眼子菜等植物的嫩叶、块根，以及小麦、稻谷等植物和农作物。
繁殖习性： 繁殖期5～7月。通过婚舞与对唱进行求偶，配偶关系十分稳定，几乎终年形影不离，故白头鹤国际援助（GMIA）负责人在举办各种活动时，把白头鹤誉为"爱情鸟"，赠送友人结婚纪念品上印有"以鹤为媒、白头偕老"。在生长有稀疏落叶松和灌木的沼泽地上营巢，由枯草和苔藓等构成。4月下旬到5月上旬产卵，每窝产卵2枚，绿红色，被有暗色大斑点。孵卵主要由雌鹤担任，雄鹤在早晚短时替换，孵化期约31天。5月下旬雏鹤孵出，3天雏鹤可离巢30m左右跟随雄鹤活动，雌鹤照看巢内一直至第5天，两只雏鹤可跟随双亲离巢，到更大范围内觅食。4～5岁达到性成熟。

亚种分化： 单型种，无亚种分化。
分布： 滨州-无棣县-埕口。东营-（P）◎黄河三角洲（20041023，丁洪安20060131），大汶流（刘涛20160119）。济宁-●南四湖；微山县-●微山湖。威海-荣成-天鹅湖（20140115，赛时20140115）。胶东半岛，鲁西北平原。

黑龙江、吉林、辽宁、内蒙古、河北、北京、天津、河南、安徽、江苏、上海、江西、湖南、湖北、贵州、云南、福建、台湾。

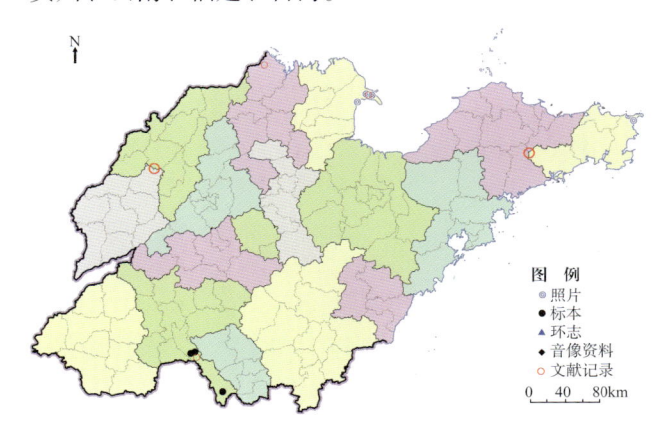

图例
- ◎ 照片
- ● 标本
- ▲ 环志
- ▪ 音像资料
- ○ 文献记录

0　40　80km

区系分布与居留类型： [古]（P）。
种群现状： 文献记载我国满洲里和松花江流域有少量白头鹤繁殖，2008年黑龙江省伊春市新青区共记录到白头鹤18个繁殖对，90只个体，并发现有多个繁殖地，被中国野生动物保护协会授予"中国白头鹤之乡"。由于栖息地面积小、围垦及捕鳗等造成栖息地毁灭性破坏，数量少的白头鹤种群在越冬地的多数区域中已呈下降趋势，被列为易危；可在越冬地与灰鹤交配产生杂交后代。保护好已知繁殖地、迁徙途经地和越冬地的沼泽湖滩，加大保护科普宣传力度，减少人类活动干扰，使稻田积水保持一定深度，严禁施放农药污染土壤和白头鹤的食物，促进种群的生存发展。秋冬季节，山东沿海见有少量个体。

物种保护： Ⅰ，E/CRDB，1/CITES，中日，Vu/IUCN。

参考文献： H246，M303，Zja254；La601，Q102，Qm232，Z175，Zx52，Zgm70。

山东记录文献： 郑光美 2011，朱曦 2008，赵正阶 2001，范忠民 1990；赛道建 2013，田贵全 2012，张绪良 2011，田家怡 1999，赵延茂 1995，纪加义 1990、1987b、1987f。

● 129-01 丹顶鹤
Grus japonensis Müller

命名： Müller PLS，1776，Natursyst. Suppl.：110（日本）
英文名： Red-crowned Crane
同种异名： 仙鹤，红冠鹤；—；Manchurian Crane，Japanese Crane

鉴别特征： 白色高大鹤。嘴绿灰色，头顶鲜红色，脸、喉、颈侧黑色，耳至枕部羽白色。飞行时，次级飞羽、三级飞羽及颈、脚黑色。站立时颈、脚和尾部因飞羽覆盖呈黑色，飞翔特征也明显，极易识别。

形态特征描述： 大型涉禽。嘴长、淡绿灰色，尖端黄色。虹膜褐色。头顶裸露无羽、朱红色。额

丹顶鹤（孙劲松 20110302 摄于孤岛南大坝）

和眼先微具黑羽、眼后方耳羽至枕白色。颊、喉和颈黑色。通体几乎纯白色。次级飞羽和三级飞羽黑色，三级飞羽长而弯曲，弓状覆盖于尾上，常被误认为是黑色的"尾羽"。胫裸露部分和跗蹠及趾灰黑色，爪灰色。

幼鸟 头、颈棕褐色，体羽白色缀栗色。雏鸟被有黄褐色绒羽，背部颜色浅、腹部较深，肩部乳白色，嘴和腿均肉红色。3～4个月后体羽逐渐变成洁白色，10个月后头顶裸露部分才出现红色。

鸣叫声： 受惊时，发出响亮"ko-lo-lo-"叫声。

体尺衡量度（长度mm、体重g）：

标本号	时间	采集地	体重	体长	嘴峰长	翅长	跗蹠长	尾长	性别	现保存处
B000302		青岛			158	287	409			山东博物馆
B000304					165	320				山东博物馆

栖息地与习性： 栖息于开阔平原、沼泽、湖泊、草地、海边滩涂、芦苇、沼泽及河岸沼泽地带，迁徙、越冬季节也出现于农田和耕地中。成对或家族群和小群活动，常有1只成鸟特别警觉，不断抬头张望，发现危险时则头颈向上伸直，仰天鸣叫，当危险迫近时则腾空飞翔，头脚前后伸直，两翅鼓动缓慢，排成"一"字或"V"字形队列，以便后面个体利用前面个体扇翅产生的气流，进行快速、省力、持久的飞行和迁徙，能够边飞边鸣。叫声是配偶间和群体成员之间的联络，也表示骚动和对危险的警戒，更是求偶舞蹈的伴奏曲，在破晓前，只要一只启鸣，第二只立即应答，而后群体中彼此呼应，直至日出，因长气管与鸣管强烈的共鸣作用，声音可以传到3～5km以外，而有"鹤鸣九皋"之说。迁徙季节和冬季常多个家族群结成较大群体，2月末3月初离开越冬地，4月上中旬到达东北繁殖地，9月末10月初开始离开繁殖地，10月中下旬至11月到达越冬地。夜间多按家族群分散栖息于四周环水的浅滩上或苇塘边，觅食地和夜栖地较固定。

食性： 主要捕食鱼、虾、水生昆虫、软体动物、蝌蚪、沙蚕、蛤蜊、钉螺等小动物，以及水生植物的茎、叶、块根、球茎和果实等。

繁殖习性： 繁殖期4～6月。一雌一雄制，每年3月末4月初到达繁殖地后开始配对，雄雌鸟彼此通过不断鸣叫来宣布占领的巢域，首先雄鸟鸣叫，雌鸟高声应和，然后彼此对鸣、跳跃和优美舞姿促使性行为的同步，以保证繁殖的成功。在开阔的大片芦苇沼泽地上或水草地上营造简陋浮巢，巢置于一定水深的芦苇丛中或

高水草丛中，巢浅盘状，由芦苇、乌拉草、三棱草和芦花构成。每窝多产卵 2 枚，卵椭圆形，苍灰色或灰白色，钝端被有锈褐色或紫灰色斑，越往尖端斑越稀越淡，卵径约 110mm×690mm，卵重 222～282g。卵产齐后孵卵，由雌雄亲鸟轮流孵卵，孵化期 30～33 天。雏鸟早成雏，出壳 4～5 天后即能随亲鸟离巢活动于浅水中。2 龄性成熟，寿命可达 50～60 年。

亚种分化： 单型种，无亚种分化。

分布： 滨州 - 河口（陈保成 20110102）。东营 -（W）◎黄河三角洲（丁洪安 20110307），自然保护区 - 黄河口（孙劲松 20081118、王志红 2011 春），大汶流（单凯 20121109，胡友文 20131211、20110304），围海大堤（宋树军 20151109）；河口区（李在军 20080316），孤岛南大坝（孙劲松 20090302），东营海港（胡友文 20081107）。临沂 -（P）费县；平邑。青岛 - ●青岛；（W）即墨。日照 - 日照沿海。泰安 - 汶上。潍坊 - 昌邑 - 下营；寿光 - 羊口；坊子区 - 峡山水库。威海 -（W）荣成。烟台 - 长岛县 - 长岛。胶东半岛，鲁中山地，鲁西北平原，鲁西南平原湖区。

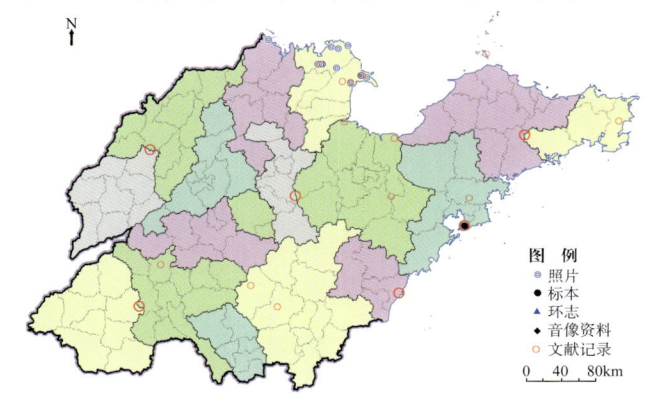

黑龙江、吉林、辽宁、内蒙古、河北、北京、天津、河南、陕西、安徽、江苏、江西、湖北、云南、台湾。

区系分布与居留类型： ［古］（WP）。

种群现状： 是对湿地环境变化最为敏感的指示生物之一。为深受人们喜爱的观赏鸟类，各地动物园多有饲养观赏。由于人口增长及捡卵、长期乱捕乱猎、干旱、环境污染和栖息地变为农田等，有的繁殖地绝迹，越冬地丹顶鹤的数量也急剧减少而成为濒危鸟类。应加强对种群和栖息地的保护生物学研究，中国建立的以保护丹顶鹤为主的自然保护区已经超过 18 个，促进生存环境和种群的保护与繁衍壮大。山东越冬种群估计有 80 只；黄河三角洲统计，1987 年 11 只，1990 年 27 只，1993 年 43 只，1994 年 37 只，1996 年 42 只，1997 年 35 只，黄河三角洲鹤类专项调查发现的数量是 1998 年 29 只，1999 年 35 只，2000 年 52 只；近年来，可见多个越冬群体或与其他鹤类混群的群体。

物种保护： Ⅰ，E/CRDB，1/CITES，En/IUCN。

参考文献： H248，M 305，Zja255；La603，Q104，Qm232，Z176，Zx52，Zgm70。

山东记录文献： 郑光美 2011，朱曦 2008，赵正阶 2001，范忠民 1990；赛道建 2013，田贵全 2012，张绪良 2011，田家怡 1999，舒莹等 2004，王希明 2001，张洪海 2000，赵延茂 1995，纪加义 1990、1987b、1987f。

9.3 秧鸡科 Rallidae

中小型鸟类，雄鸟略大于雌鸟。喙细而长，大于头长，略向下弯曲或喙短而侧扁，或粗大呈圆锥形。水鸡属（*Gallinula*）、骨顶属（*Fulica*）前额具角质额板（额甲），小型秧鸡喙峰基部有小瘤板。颈短或适中，翼短而宽，初级飞羽 10 枚，次级飞羽 10～20 枚；多短距离低飞，迁徙时能做长距离飞行。体羽多为褐色、栗色、黑色、灰色、绿色或蓝紫色，两胁常具条纹，肛周色彩鲜明。背面常有条纹和斑点，或为单色。尾短呈方形或圆形，常竖起尾羽显示尾下覆羽信号色。脚细长或短，趾通常细长，有的短而厚有后趾。

对不同栖息地类型适应能力强，选择面广。栖息于低平原地区的湿地及岸边草丛，以及沿海滨岸和开阔的水域。冬季群聚于水面上，夏季董鸡隐藏于水田中。常在陆地上昂首行走，头自然前移，尾羽向上翘起，随步伐呈有节奏地翘动。如受惊扰快步钻入并隐没于丛薮中。白胸苦恶鸟在繁殖期也会彻夜鸣叫；黑水鸡和白骨顶也会在有明月的夜里活动。有全年或季节性的领域行为，善于鸣叫，鸣叫方式多样。杂食性，随机而食，能适应新的食物。配对复杂，共同照顾幼鸟，亚成鸟会协助父母喂养弟妹。巢址选择多由雄鸟或雌鸟或雌雄鸟共同决定。每年可产 1～2 窝，还可补充产卵。孵化期 14～24 天，随种类不同而异。雏鸟 1～3 天离巢，但晚上到雌鸟翼下过夜。通常 1 龄达到性成熟。

除人类肆意猎食秧鸡外，还有意或无意地引进猫、鼬等多种哺乳动物，导致物种被掠夺或栖息地被破坏殆尽，公元 1600 年至今，全球已有 17 种和 5 亚种秧鸡惨遭灭绝（Taylor and Perlo 1998），现存的 142 种秧鸡中，也有 33 种的生存受到威胁（Taylor and Perlo 1998，Stattersfield and Capper 2000），还有 7 种接近受胁程度和 5 种资料短缺。

全世界共有 34 属 142 种（Sibley and Ahlquist 1990，Sibley and Monroe 1990）；中国有 11 属 19 种（MacKinnon and Phillipps 2000，郑光美 2011），山东分布记录有 7 属 9 种。

秧鸡科分属、种检索表

1. 嘴峰长度等于或长于跗蹠，喙较细；背上无白斑 ⋯⋯⋯⋯⋯⋯⋯⋯⋯⋯⋯⋯⋯⋯⋯⋯⋯⋯⋯⋯⋯⋯⋯⋯ 秧鸡属 Rallus，普通秧鸡 R. aquaticus
   嘴峰长度远短于跗蹠 ⋯⋯⋯ 2
2. 头无额甲 ⋯⋯⋯ 3
   头有额甲 ⋯⋯⋯ 7
3. 上嘴基部隆起 ⋯⋯⋯⋯⋯⋯⋯⋯⋯⋯⋯⋯⋯⋯⋯⋯⋯⋯⋯⋯⋯⋯⋯⋯⋯⋯⋯⋯⋯⋯⋯⋯ 苦恶鸟属 Amaurornis，白胸苦恶鸟 A. phoenicurus
   上喙基部不隆起 ⋯⋯⋯ 4
4. 头侧、颈侧具斑纹，次级飞羽端部白色 ⋯⋯⋯⋯⋯⋯⋯⋯⋯⋯⋯⋯⋯⋯⋯⋯⋯⋯ 花田鸡属 Coturnicops，花田鸡 C. exquisitus
   头侧、颈侧无斑纹，次级飞羽端部无白色 ⋯⋯⋯⋯⋯⋯⋯⋯⋯⋯⋯⋯⋯⋯⋯⋯⋯⋯⋯⋯⋯⋯⋯⋯⋯⋯⋯⋯⋯⋯ 5 田鸡属 Porzana
5. 初级飞羽第 2 枚最长，第 1 枚外缘白色，翅长＜94mm，胸部无白色斑点 ⋯⋯⋯⋯⋯⋯⋯⋯⋯⋯⋯⋯⋯ 小田鸡 P. pusilla
   第 3 枚飞羽最长，胸棕栗色 ⋯⋯ 6
6. 喉白色，翼上覆羽有白色细纹 ⋯⋯⋯⋯⋯⋯⋯⋯⋯⋯⋯⋯⋯⋯⋯⋯⋯⋯⋯⋯⋯⋯⋯⋯⋯⋯⋯⋯⋯⋯⋯⋯⋯ 斑胁田鸡 P. paykullii
   喉淡色，翼上覆羽无白色细纹 ⋯⋯⋯⋯⋯⋯⋯⋯⋯⋯⋯⋯⋯⋯⋯⋯⋯⋯⋯⋯⋯⋯⋯⋯⋯⋯⋯⋯⋯⋯⋯⋯⋯⋯ 红胸田鸡 P. fusca
7. 趾具瓣蹼，通体灰黑色，额甲白色 ⋯⋯⋯⋯⋯⋯⋯⋯⋯⋯⋯⋯⋯⋯⋯⋯⋯⋯⋯⋯⋯⋯⋯⋯ 骨顶属 Fulica，白骨顶 F. atra
   趾无瓣蹼，通体非纯灰黑色，额甲红色 ⋯⋯⋯⋯⋯⋯⋯⋯⋯⋯⋯⋯⋯⋯⋯⋯⋯⋯⋯⋯⋯⋯⋯⋯⋯⋯⋯⋯⋯⋯⋯⋯⋯⋯⋯⋯⋯⋯⋯ 8
8. 额甲后端圆钝，趾有侧膜缘，两性羽色相同 ⋯⋯⋯⋯⋯⋯⋯⋯⋯⋯⋯⋯⋯⋯⋯⋯ 水鸡属 Gallinula，黑水鸡 G. chloropus
   额甲后端突出，趾无侧膜缘，两性羽色不同 ⋯⋯⋯⋯⋯⋯⋯⋯⋯⋯⋯⋯⋯⋯⋯⋯⋯⋯ 董鸡属 Gallicrex，董鸡 G. cinerea

● 130-01 花田鸡
*Coturnicops exquisitus** （Swinhoe）

命名：Swinhoe, 1873, Ann. Mag. Nat. Hist（4）12：376（烟台）

英文名：Swinhoe's Rail

同种异名：—；Coturnicops noveboracensis, Coturnicops noveboracensis exquisitus Swinhoe; Button Crake, Yellow Rail, Asian Yellow Rail

鉴别特征：具斑点小田鸡。嘴黄色，颏、喉及腹白色。上体褐色具黑纵纹及细白横斑，胸黄褐色，两胁及尾下具深褐、白横斑。尾短而上翘。飞行时，白色次级飞羽与黑色初级飞羽明显。

形态特征描述：嘴深褐色，下嘴基部黄绿色。虹膜褐色，贯眼纹为暗褐色。前额、眼眉、头侧和后颈上部淡橄榄褐色，具细小白色斑点。颏、喉部白色。上体包括翼上覆羽、内侧飞羽和尾羽，褐色或橄榄褐色，具黑色条纹和细窄白色横斑。初级飞羽淡褐色，次级飞羽白色，在翅膀上形成显著白斑，飞翔时明显可见。胸部白具淡橄榄褐色横斑，腹部淡皮黄白色，两胁、尾下橄榄褐色具白色横斑，翼下覆羽和腋羽白色。尾短而上翘。脚肉褐色或黄褐色。

鸣叫声：叫声似轻敲石头声。

体尺衡量度（长度 mm、体重 g）：山东采到标本但保存处不详，测量数据遗失。

栖息地与习性：栖息于低山丘陵和林缘地带，在水稻田、溪流、沼泽、草地、苇塘及其附近草丛与灌丛中，以及林中草地和河流两岸的沼泽及草地上活动。4 月中旬迁来东北繁殖地，9 月中下旬迁离。早晨、傍晚到开阔草地上活动，在水边草丛中活动和觅食，白天藏匿在草丛中。遇到危险常压低头部和尾部在地面上奔跑，急速跑到水边后进入水中游泳，或飞到水域的对岸，或躲藏于草丛或灌丛中，性甚隐蔽。

食性：主要捕食水生昆虫和其他小型无脊椎动物，也采食水藻等。

繁殖习性：繁殖期 5~7 月。在近水的草丛中营巢。每窝一般产 6 枚卵，两枚卵的产卵间隔时间不甚相同，卵粉红黄色具红棕色和淡紫色斑点。孵化多由雌鸟担任，雄鸟在巢区内守卫。幼鸟出雏后不久，即能跟随亲鸟离巢觅食，此后不再回巢。

亚种分化：单型种，无亚种分化。

分布：东营 - ◎黄河三角洲。青岛 - 青岛。烟台 -（P）烟台。胶东半岛。

黑龙江、吉林、辽宁、内蒙古、河北、安徽、江苏、上海、江西、湖南、湖北、四川、云南、福建、广东。

---

* 或作 *Coturnicops noveboracensis*，见杭馥兰和常家传（1997）、郑作新（1987）

区系分布与居留类型：［古］(P)。

种群现状： 由于分布区狭窄，天敌种类较多，工农业生产造成栖息地破坏，乱捕乱猎，致使其数量极为稀少。山东分布数量稀少，未列入山东省重点保护野生动物名录，有少量记录，曾采到标本，多年来无相关研究，近年来未能征集到分布照片等实证，分布现状需进一步研究。

物种保护： Ⅱ，中日，Vu/IUCN。

参考文献： H264，M306，Zja273；Q110，Qm225，Z188，Zx52，Zgm70。

山东记录文献： 郑光美 2011，朱曦 2008，赵正阶 2001，范忠民 1990，郑作新 1987、1976，付桐生 1987；赛道建 2013，田贵全 2012，纪加义 1987b。

● 131-01　普通秧鸡
Rallus aquaticus Linnaeus

命名： Linnaeus C，1758，Syst. Nat.，ed. 10，1：153（英国）

英文名： Water Rail

同种异名： 秧鸡；*Rallus indicus* Linnaeus；European Water Rail，Brown-cheeked Rail

鉴别特征： 中型深色秧鸡。嘴长、红色，头顶褐色。脸、前颈、胸灰色。上体褐色具黑色纵纹，两胁、尾下覆羽具黑白色横斑，脚红色。幼鸟翼上覆羽具不明晰的白斑。

形态特征描述： 中型涉禽，是暗深色秧鸡。嘴近红色而嘴峰角褐色、先端灰绿色，长直而侧扁稍弯曲；鼻孔缝状、位于鼻沟内。虹膜红褐色，眉纹浅灰色而贯眼纹暗褐色。额羽较硬，额、头顶至后颈黑褐色，羽缘橄榄褐色，脸灰色，颏白色。上体多纵纹，背、肩、腰、尾上覆羽橄榄褐色，缀黑色纵纹。翅短、不超过尾长，第 2 枚初级飞羽最长、第 1 枚长度介于第 6 枚和第 8 枚之间；飞羽暗褐色，初级飞羽上无白色横纹。外侧翼上覆羽橄榄褐色，羽端微具白色斑纹或端斑。颈、胸灰色，两胁和尾下覆羽黑褐色具白色横斑；腹中央灰黑色，具淡褐色的羽端斑纹。尾羽短而圆。脚肉褐色，跗蹠短于中趾或中趾连爪的长度，趾细长。

雌鸟　体羽颜色较暗，颏、喉白色，头侧和颈侧的灰色面积较小。

亚成鸟　翼上覆羽具不明晰白斑。

幼鸟　上体较暗，头和下体皮黄色或白色，具褐色至黑色条纹。两胁皮黄色具暗褐色至黑色条纹。尾下覆羽皮黄色。

鸣叫声： 发出"chip chip chip"或猪样叫声。

体尺衡量度（长度 mm、体重 g）： 山东采到标本但保存处不详，测量数据遗失。

栖息地与习性： 栖息于开阔平原、低山丘陵和山脚平原地带的沼泽、水塘、河流、湖泊等水域附近，以及灌丛、草地、林缘和稻田等湿地环境中。性隐秘，在水草中行动灵活自如，善快速奔跑、游泳和潜水，适应于稠密芦苇沼泽地和半水生的生活环境；被迫飞行时，两脚悬垂于身体下面，紧贴地面低空飞不多远落入草丛中。白天匿藏在茂密草丛或灌丛中，夜间或晨昏常单独或小群到开阔、空旷的水边烂泥地觅食活动，在浅水中涉水取食水面和水中的食物，有时边游泳边取食。

食性： 杂食性。捕食小鱼、虾等甲壳类动物、软体动物、蚯蚓、蚂蟥、蜘蛛，以及革翅目、蜻蜓目、襀翅目、半翅目、鞘翅目、双翅目、鳞翅目和直翅目等昆虫及其幼虫，或腐烂小型脊椎动物；采食嫩枝、根、种子、浆果和果实，秋冬季节植物性食物较多。

繁殖习性： 繁殖期 5～7 月。一雌一雄制。在湖泊、水塘或河流岸边地上草丛、芦苇丛中或沼泽地上，特别是芦苇、沼泽地上营巢，由枯草茎和草叶构成，巢盘状，甚为隐蔽。每窝产卵 6～9 枚，卵淡赭色或淡棕色、被红褐色斑，卵径约 35mm×26mm。卵产齐后，雌雄亲鸟开始轮流孵卵，孵化期 19～20 天。

亚种分化： 全世界有 4 个亚种，中国 2 个亚种，山东分布为东北亚种 *R. a. indicus* Blyth。

亚种命名　Blyth，1849，Journ. As. Soc. Bengal 18：820（孟加拉国国和印度）

分布： 德州 - 市区 - 长河公园（张立新 20140513）。东营 - ◎黄河三角洲；河口区（李在军 20081227）。菏泽 -（P）菏泽。济宁 -（P）●济宁，南四湖（楚贵元 20120407）；曲阜 - 泗河（马士胜 20141110）；微山县 -（P）南阳湖，（P）微山湖。青岛 - 青岛。泰安 - 岱岳区 - 泉林坝（彭国胜 20151124）。烟台 - 招远 - 毕郭（蔡德万 20080915）。胶东半岛，鲁西南平原湖区。

除海南、新疆、西藏外，各省份可见。

普通秧鸡（张立新 20140513 摄于长河公园）

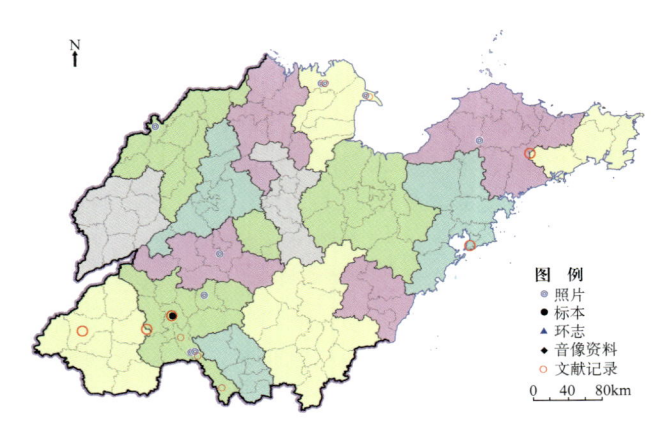

区系分布与居留类型：〔古〕（P）。

种群现状： 采食农作物也食昆虫，益害兼有。分布范围广，种群数量趋势稳定，但数量不多，应予以保护。山东分布并不广泛，数量较少，列入山东省重点保护野生动物名录，应对其分布现状进行深入的监测研究。

物种保护： Ⅲ，无危/CSRL，日。

参考文献： H253，M310，Zja261；La558，Q106，Qm227，Z180，Zx53，Zgm72。

山东记录文献： 郑光美2011，朱曦2008，钱燕文2001，赵正阶2001，范忠民1990，郑作新1987、1976，Shaw 1938a；赛道建2013，王海明2000，纪加义1987b。

● 132-01　白胸苦恶鸟
Amaurornis phoenicurus (Pennant)

命名： Pennant T，1769，Ind. Zool. 10（斯里兰卡）
英文名： White-breasted Waterhen
同种异名： 白胸秧鸡，白面鸡，白腹秧鸡；*Gallinula phoenicurus* Pennant，1769，*Fulica chinensis* Boddaert，1783；—

鉴别特征： 嘴黄绿色、上嘴基部红色。头顶及上体灰色，脸、额、胸腹部白色，腹红色，体羽上黑下白分明。尾下棕色。脚黄绿色。

形态特征描述： 中型涉禽，两性相似，雌鸟稍小。嘴黄绿色，上嘴基部红色；嘴基稍隆起，但不形成额甲。虹膜红色。上体暗石板灰色，两颊、喉至胸、腹白色，上、下体形成黑白分明的对照。头顶、枕、后颈、背和肩暗石板灰色，沾橄榄褐色，并微着绿色光辉。翅短圆，两翅和尾羽橄榄褐色，第1枚初级飞羽外翈具白缘。额、眼先、两颊、颏、喉、前颈、胸至上腹中央白色，下腹中央白色稍沾红褐色，下腹两侧、肛周和尾下覆羽红棕色。腿、脚黄褐色；跗骨较中趾（连爪）短。

白胸苦恶鸟（牟旭辉 20140518 摄于栖霞栾家沟）

幼鸟　面部有模糊灰色羽尖，上体橄榄褐色多石板灰色。雏鸟绒羽、嘴及腿均黑色。

鸣叫声： 晨昏常伴清脆鸣叫声，繁殖期间雄鸟鸣叫声"kue，kue，kue"音似"苦恶"。

体尺衡量度（长度mm、体重g）：

标本号	时间	采集地	体重	体长	嘴峰长	翅长	跗蹠长	尾长	性别	现保存处
B000312					37	181	58	66		山东博物馆
830223	19831103	鲁桥	206	290	27	190	26	57	♀	济宁森保站
	1938	青岛	196			159				不详

栖息地与习性： 栖息于芦苇杂草沼泽地和有灌木的高草丛、稻田、河流、湖泊、灌渠和池塘边，以及人类住地附近如公园等，湖泊周围村落附近水域的水草中普遍有其活动的身影。性机警、隐蔽，白天常藏于芦苇丛或草丛中，多在晨昏和夜间单独、成对或3~5只小群活动；善在芦苇或水草丛中潜行奔走，行走时头颈前后伸缩，尾上下摆动；能游泳，迫不得已时，作短距离飞翔落入草丛中，飞时头颈伸直，两腿悬垂，起飞笨拙，急速扇翅。

食性： 杂食性。捕食昆虫及其幼虫、蜗牛、螺等软体动物，蠕虫、蜘蛛、小鱼和鼠等；植物性食物有草籽和水生植物的嫩茎、根，以及谷、大麦、小麦农作物。

繁殖习性： 繁殖期4~7月。单配制，有明显的领域性。在水域附近的灌木丛、草丛或灌水的水稻田中营巢，巢浅盘状或杯状，用芦苇、茭白、菖蒲或稻叶缠成，内垫细草、植物纤维及羽毛等，有的远离水边，偶尔在树上以细枝、水草和竹叶等编成简陋的盘状巢。每窝产卵 4～10 枚，卵椭圆形，淡黄褐色，密布深黄褐色或紫色斑点，钝端较为密集。卵径约 42mm×38mm，卵重约 23.5g，雌雄亲鸟轮流孵卵，孵卵期 16～18 天。雌雄亲鸟喂养和照顾幼鸟并带领其活动。

亚种分化： 全世界有 4 个亚种，中国 1 个亚种，山东分布为指名亚种 *A. p. phoenicurus*（Pennant），*Amaurornis phoenicurus chinensis* Boddaert。

亚种命名 Pennant, 1769, Indian Zool., 10, pl. 9（Ceylon）; Boddaert, 1783, Table. Enlum. Hist. Nat.: 54（香港，by Stresemann）

郑作新（1976、1987）认为中国分布为普通亚种。赵正阶（2001）、郑光美（2011）则称为指名亚种。

分布： 东营 - ◎黄河三角洲。济宁 - 南四湖（楚贵元 20130407）; 微山县 - 微山湖。莱芜 - 莱城区 - 牟汶河（陈军 20090524）。青岛 - 青岛; 崂山区 - ●（Shaw 1938a）大公岛。日照 - 东港区 - 付疃河 204 桥（成素博 20111109），董家滩湿地（成素博 20120528）;（S）前三岛 - 车牛山岛，达山岛，平山岛。泰安 - ◎泰安; 岱岳区 - 大汶河，梳洗河（刘兆瑞 20110925），石汶河（彭国胜 20150517）。潍坊 - 高密 - 姜庄小辛河（宋肖萌 20150703）。烟台 - 栖霞 - 栾家沟（牟旭辉 20140518）。（S）胶东半岛，山东全省。

吉林、河北、北京、天津、山西、河南、陕西、宁夏、甘肃、安徽、江苏、上海、浙江、江西、湖南、湖北、四川、重庆、贵州、云南、西藏、福建、台湾、广东、广西、海南、香港、澳门。

区系分布与居留类型：［东］（S）。

种群现状： 捕食有害昆虫，对农作物有益，但也取食作物。分布范围广，种群数量趋势稳定，但数量不多，应予以保护，促进种群繁衍发展。山东分布较广，但数量较少，应加强对物种和栖息地的监测性研究与保护。

物种保护： Ⅲ，无危 /CSRL, Lc/IUCN。

参考文献： H267，M 313，Zja275；La561，Q112，Qm228，Z190，Zx53，Zgm72。

山东记录文献： 郑光美 2011，朱曦 2008，赵正阶 2001，郑作新 1987，Shaw 1938a；赛道建 2013，李久恩 2012，纪加义 1987b。

● 133-20 小田鸡
Porzana pusilla（Pallas）

命名： Pallas, 1776, Reise Versch. Russ. Reichs 3: 700（西伯利亚达乌尔）

英文名： Baillon's Crake

同种异名： 小秧鸡；—；—

鉴别特征： 体小，灰褐色田鸡。嘴短、暗绿色。头顶、上体红褐色具黑纵纹和白斑点。翼上覆羽具白条纹。脸及胸部灰色，两胁、尾下具黑白相间横斑纹。幼鸟颏白色，上体具圆圈状白点斑。与姬田鸡区别在于上体褐色较浓且多白点斑，两胁多横斑，嘴基无红色，腿偏粉色。

形态特征描述： 小型涉禽。嘴短，嘴角绿色，嘴峰、端部色深。虹膜红色，眉纹蓝灰色，贯眼纹棕褐色。颏、喉棕灰色。头顶、枕、后颈橄榄褐色、具黑色中央纵纹，后颈条纹不清晰。上体橄榄褐或棕褐色，具黑白色纵纹，肩羽、背、腰、尾上覆羽和内侧覆羽具白色斑点。翼覆羽橄榄褐色，内侧覆羽具宽黑色纵纹和白斑。飞羽黑褐色，第 1 枚初级飞羽外翈羽缘白色，次级飞羽羽端具白色小斑点。颊、颈侧和胸蓝灰色，胸羽羽端沾棕色。腹、两胁和尾下覆羽黑褐色具白色细横斑纹。腋羽和翅下覆羽灰褐色，腋羽具少量白斑。尾羽黑褐色，羽缘棕褐色；尾下覆羽有黑白两色横斑纹。腿和脚绿色。爪角褐色。

雌鸟 色暗，耳羽褐色，喉白色，下体羽色较淡。

幼鸟 虹膜红褐色。上体具圆圈状白点斑。颏偏白色，下体棕白色，颈侧、胸和两胁淡红褐色，面部至胸具斑点，两胁杂白纹。雏鸟全黑色，绒羽尖端染有绿色。

鸣叫声： 鸣声柔和而低似吹哨声。

体尺衡量度（长度 mm、体重 g）：

标本号	时间	采集地	体重	体长	嘴峰长	翅长	跗蹠长	尾长	性别	现保存处
840450	19840929	鲁桥	46	159	16	82	27	41	♂	济宁森保站
	1938	青岛	133			84				不详

栖息地与习性： 栖息于中或低山地森林、平原草地、河流湖泊、沼泽芦苇荡和稻田等湿地生境，特别是

富有芦苇等水边植物和开阔水面的湖沼及邻近草地灌丛中。繁殖季节栖息地以低而密的草丛为特征，非繁殖季节栖息地较广泛。性胆怯，清晨和傍晚到夜间最活跃，受惊即迅速窜入植物中；遇险时通过奔跑和匿藏，被迫飞起时飞行慢而迟缓，飞不远很快落入草丛。常一边在植物茂密及其附近处活动，单独奔跑穿行、极少飞行，一边在浅水即将干涸的泥坑中、地面上落叶堆中或浅水中探食，偶尔在较深的水中潜水捕捉食物。4月上中旬迁到东北、内蒙古地区繁殖，9～10月南迁越冬；在河北和河南为夏候鸟，山东尚无繁殖的记录报道。

食性： 杂食性。主要捕食各种水生昆虫及其幼虫、环节动物、软体动物、小型甲壳类、小鱼，有时采集绿色植物和种子。

繁殖习性： 繁殖期因各地纬度不同而略有差异。繁殖期5～6月，有领域性，仅繁殖季节维持配偶关系。雌雄鸟在水边密集的植物丛中或沼泽地中较高的丘地上、芦苇堆上营巢；巢材以芦苇为主，杂以其他草的茎、叶等，圆盘状巢浅而疏松。5月下旬开始产卵，隔日产1枚，每窝常见产卵6～9枚；卵椭圆形，土黄色、布有暗红色小斑块，卵径约20mm×28mm。孵卵以雌鸟为主。孵化期19～21天。雏鸟早成雏，孵出后不久即可离巢，由雌雄亲鸟喂养几天后自行觅食，35～45日龄长出飞羽前可独立生活，1龄后开始繁殖。

亚种分化： 全世界有7个亚种（Dickinson 2003），中国1个亚种，山东分布为指名亚种 *P. p. pusilla*（Pallas）。

亚种命名 Pallas, 1776, Reise Versch. Russ. Reichs 3：700（西伯利亚达乌尔）

分布： 滨州 - ●（刘体应1987）滨州。东营 -（P）◎黄河三角洲。菏泽 -（P）菏泽。济宁 - 济宁，南四湖；微山县 - 微山湖。青岛 - 青岛；城阳区 - 大沽河口；黄岛区 - ●（Shaw 1938a）灵山岛。日照 -（W）前三岛 - 车牛山岛，达山岛，平山岛。泰安 -（P）泰安；东平县 -（S）●东平湖。烟台 - 烟台。淄博 - 淄博。胶东半岛，鲁中山地，鲁西北平原，鲁西南平原湖区。

除海南、西藏外，各省份可见。

区系分布与居留类型： ［广］（SP）。

种群现状： 物种分布范围广，种群数量趋势稳定，但因冬季数量多曾作为捕猎对象，以及生态环境的破坏，数量有所减少且不常见，需要加强对栖息地环境与物种的保护，促进种群发展。山东分布数量稀少，未能征集到分布照片，应加强对物种和栖息环境地的监测与保护。

物种保护： Ⅲ，无危/CSRL，中日，Lc/IUCN。

参考文献： H261，M 316，Zja268；La567，Q108，Qm228，Z184，Zx54，Zgm73。

山东记录文献： 郑光美2011，朱曦2008，赵正阶2001，钱燕文2001，范忠民1990，郑作新1987，1976，付桐生1987，Shaw 1938a；赛道建2013，李久恩2012，王海明2000，田家怡1999，赵延茂1995，刘体应1987，纪加义1987b。

● 134-01 红胸田鸡
Porzana fusca（Linnaeus）

命名： Linnaeus C, 1766, Syst. Nat., ed. 12, 1：262（菲律宾）

英文名： Ruddy-breasted Crake

同种异名： 绯红秧鸡；*Gallinula erythrothorax* Temminck et Schlegel, 1849, *Porzana phaeopyga* Stejneger, 1887；—

鉴别特征： 嘴短，颏、喉白色。体小红褐田鸡。上体褐色，头侧、胸部棕红色。腹、尾下灰黑具白横斑。脚红色。

形态特征描述： 小型涉禽。嘴粗短、暗褐色，下嘴基部带紫色。虹膜红褐色。额、头顶、头侧栗红色。颏、喉白色，沾棕红色，随年龄增长栗色增多。上体枕、背至尾上覆羽深褐色或暗橄榄褐色。飞羽暗褐色，初级飞羽第2枚最长且与第3枚几等长、第1枚约与第6枚或第7枚等长。胸和上腹红栗色，下腹灰褐色具白色横斑和点斑，两胁暗橄榄灰褐色，不具

红胸田鸡（牟旭辉20110702摄亲鸟及雏鸟于栖霞龙门口水库；郑培宏20140716摄于日照海滨国家森林公园）

白横斑或具不明显白横斑。腋羽暗褐色具白色羽端。尾羽暗褐色，尾下覆羽黑褐色具白色横斑纹。跗跖短于中趾、爪的长度；脚红色。

雌鸟 似雄鸟，但胸部栗红色较淡，喉白色。

幼鸟 上体较成鸟色深，头侧、胸和上腹栗红色，染有灰白色，下腹和两胁淡灰褐色，微具稀疏白点斑，腿和脚橘红色，爪褐色。雏鸟绒羽亮黑色，下体较褐，体色随日龄增长而变褐。

鸣叫声： 繁殖期发出尖厉颤音。

体尺衡量度（长度mm、体重g）： 山东采到标本但保存处不详，测量数据遗失。

栖息地与习性： 栖息于湖滨与河岸草灌丛、水塘、水稻田、沿海滩涂和沼泽地带，以及低山丘陵、林缘和林中沼泽。性胆小，善奔跑和藏匿，快而直紧贴水面或地面飞行，飞行时两脚悬垂于腹下，飞不多远又落入芦苇草丛中，善游泳。常在黎明、黄昏和夜间活动，白天隐藏在灌草丛中，多在隐蔽处觅食，偶尔也到芦苇边觅食。部分夏候鸟，部分留鸟；4月迁到繁殖地、10月迁离繁殖地。

食性： 杂食性。主要捕食水生昆虫及其幼虫、软体动物和水生植物的叶、芽、种子，以及稻秧等。

繁殖习性： 繁殖期3~7月。在水边草丛和灌丛中地上，或水稻田田埂草丛中营巢，巢隐蔽于芦苇或高草中。每窝产卵5~9枚，卵淡粉红色或乳白色，被褐色或红褐色斑点，卵径约31mm×23mm。卵满窝后，雌雄亲鸟轮流孵卵。出壳1~2天离巢开始由双亲共同喂食。

亚种分化： 全世界有4个亚种，中国3个亚种，山东分布为普通亚种 *P. f. erythrothorax*（Temminck et Schlegel）。

亚种命名 Temminck et Schlegel，1849，*in* Siebold，Faun. Jap.，Aves：121

分布： 东营-◎黄河三角洲。菏泽-（S）菏泽。济南-（S）济南，北园。济宁-济宁；微山县-（S）南阳湖。日照-东港区-国家森林公园（郑培宏20140716），崮子河（成素博20110711）。泰安-（S）泰安；东平县-（S）●东平湖。潍坊-（S）青州-仰天山，南部山区。烟台-烟台；栖霞-龙门口水库（牟旭辉20110702）。淄博-淄博。胶东半岛，鲁中山地，鲁西南平原湖区。

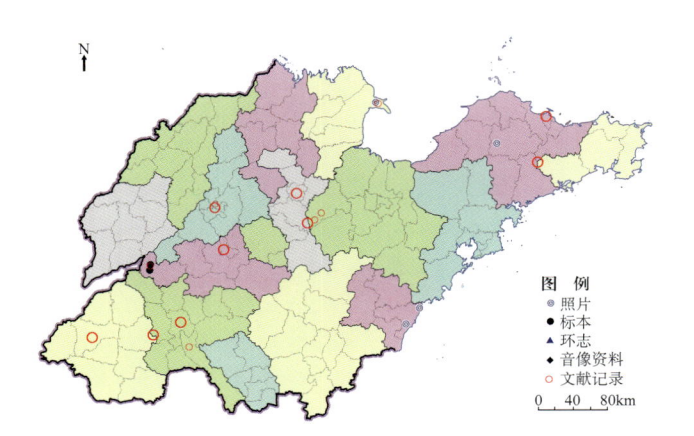

黑龙江、吉林、辽宁、内蒙古、河北、北京、天津、山西、河南、陕西、甘肃、安徽、江苏、上海、浙江、江西、湖南、湖北、四川、重庆、贵州、福建、广东、广西、海南、香港、澳门。

区系分布与居留类型： [广]（S）。

种群现状： 捕食害虫，对农业有益。分布范围广，数量较少，但种群趋势稳定，应加强对环境污染治理与栖息地的恢复，促进种群规模发展。山东分布数量稀少。

物种保护： Ⅲ，无危/CSRL，中日，Lc/IUCN。

参考文献： H263，M318，Zja270；La571，Q110，Qm229，Z186，Zx54，Zgm7。

山东记录文献： 郑光美2011，朱曦2008，钱燕文2001，赵正阶2001，范忠民1990，郑作新1987、1976；赛道建2013、1994，王海明2000，王庆忠1995，丛建国1993，王庆忠1992，纪加义1987b，田丰翰1957。

● 135-01 斑胁田鸡
Porzana paykullii（Ljungh）

命名： Ljungh，1813，Kur gl. Svenska Vet. Akad. Handl.，34：258（印度尼西亚爪哇岛和加里曼丹）

英文名： Band-bellied Crake

同种异名： 斑胁鸡，红胸斑秧鸡，栗胸田鸡；*Porzana porzana*（Linnaeus），*Rallina paykullii*（Ljungh）；Chestunt-breasted Crake

鉴别特征： 嘴黄基部红色、头侧栗色、颏白色。中等红褐色田鸡，上体深褐色具大黑斑和小白点，翼上具细白横斑，胸栗色。两胁及尾下灰黑色具白横斑。腿红色。

形态特征描述： 小型涉禽。嘴粗短、蓝灰色，嘴峰和端部黑色、基部黄绿色。虹膜暗红色，眼、脸红色。额锈棕色，颏、喉几近白色。头侧、颈侧锈棕色。头顶、颈、背、腰至尾上覆羽橄榄褐色。飞羽暗褐色，最外侧小覆羽外翈和第1枚初级飞羽外翈白色，内侧飞羽和翼覆羽橄榄褐色，覆羽白色横斑纹由不明显白色近端斑形成，飞行时可见翅前缘白色；初级飞羽第2枚最长、与第3枚几乎等长，第1枚约与第6枚或第7枚等长。胸锈棕色，腹、两胁和腋羽暗褐色有白色粗横纹，呈黑白相间横斑纹状。尾羽暗褐色，羽缘橄榄褐色；尾下覆羽暗褐色有白横斑。腿和脚橙红色。

斑胁田鸡（刘兆瑞 20120524 摄于泰安泮河）

幼鸟 与成鸟相比，上体色较暗，翼覆羽白斑较多。颊、颈和胸皮黄色，胸部条纹不明显。

鸣叫声： 发出短的"urrrr"声音。

体尺衡量度（长度mm、体重g）： 山东采到标本但保存处不详，测量数据遗失。

栖息地与习性： 栖息于低山丘陵和草原地带的湖泊、溪流、水塘岸边及其附近沼泽、草地上，以及疏林沼泽、林缘灌丛沼泽地带，迁徙季节见于沿海和农田地带的灌丛与草丛中。4月中下旬迁到东北繁殖，9月末10月初迁离繁殖地。常单独或小群活动，善鸣叫，特别是晚上。多在晚上和晨昏活动，白天多匿藏于灌草丛中。善行走、奔跑、少飞翔，危急时飞不多远落入灌草丛中，飞行时两脚悬垂下。

食性： 主要捕食鳞翅目、鞘翅目的昆虫及幼虫、软体动物等小型无脊椎动物，以及水草和植物的果实、种子。

繁殖习性： 繁殖期5～7月。雌雄成对在地势高而干燥或隐蔽在草丛或灌木间的地面凹陷中营巢，巢浅盘状，由细树枝和草茎为衬里。每窝产卵6～9枚，卵近椭圆形，淡土褐色具白色斑点，尤以钝端较密。卵径约35mm×26mm。卵产齐后，雌雄亲鸟轮流孵卵，孵化期20～21天。

亚种分化： 单型种，无亚种分化。

分布： 东营-◎黄河三角洲。济宁-（S）南四湖。青岛-青岛。泰安-泰山区-（P）泮河（任月恒 20120524，刘兆瑞 20120524）。烟台-（P）烟台。（P）胶东半岛，（P）鲁中山地，鲁西南平原湖区。

黑龙江、吉林、辽宁、内蒙古、河北、北京、天津、河南、安徽、江苏、上海、浙江、江西、湖南、湖北、四川、重庆、贵州、福建、台湾、广东、广西、香港、澳门。

区系分布与居留类型：［古］（SP）。

种群现状： 数十年来，由于适宜营巢的沼泽湿地开垦、森林砍伐，致使栖息地丧失，加上过度乱捕滥猎，致使种群数量急剧下降，处于濒临灭绝的境地。

山东种群数量稀少，应加强对物种和栖息环境的研究与保护，列入山东省重点保护野生动物名录。

物种保护： Ⅲ，无危/CSRL，2/CITES，Nt/IUCN。

参考文献： H257，M319，Zja269；La569，Q110，Qm229，Z187，Zx54，Zgm74。

山东记录文献： 郑光美 2011，朱曦 2008，赵正阶 2001，范忠民 1990，郑作新 1987、1976，Shaw 1938a；赛道建 2013，纪加义 1987b。

● 136-01 董鸡
Gallicrex cinerea（Gmelin）

命名： Gmelin，1789，Syst. Nat.，1：702（中国）
英文名： Watercock
同种异名： 凫翁，鹤秧鸡，水鸡，鱼冻鸟；*Gallicrex cinerea cinerea*（Gmelin）；Kora

鉴别特征： 嘴黄绿色，嘴基有醒目的尖形红色额甲突出于头顶。体较大、灰黑色。雌鸟褐色，下体具细密横纹。脚绿色，繁殖雄鸟红色。

形态特征描述： 中型涉禽。嘴黄绿色，额甲红色。虹膜红色。繁殖期雄鸟前额长形红色额甲向后上方一直伸到头顶，末端游离呈尖形。全体灰黑色，下体较浅。头、颈、上背灰黑色，头侧、后颈浅淡；下背、肩、翼上覆羽、三级飞羽黑褐色，向后渐显褐

董鸡（成素博 20150526 摄于崮子河滚水桥；李在军 20120605 摄于河口区）

色，各羽宽阔灰色至棕黄色羽缘形成宽羽斑纹；翼下覆羽和腋羽黑褐色、羽端灰白色。初级飞羽、次级飞羽黑褐色，第1枚初级飞羽外翈除末端外均白色，翼缘白色；翼上覆羽、内侧飞羽橄榄黑褐色具棕色宽羽缘。下体灰黑色、羽端苍白色形成狭小弧状纹，腹部中央色较浅，满布苍白色横斑纹。尾羽黑褐色、羽缘浅淡，尾下覆羽棕黄色、具黑褐色横斑。脚和趾黄绿色。冬羽与雌鸟相似。

雌鸟 体较小，额甲黄褐色、较小而不向上突起。虹膜淡褐色。头侧和颈侧棕黄色。上体灰褐色、宽棕褐色羽缘形成斑纹。飞羽暗褐色，第1枚初级飞羽外翈和翅缘白色。颏、喉及腹中央黄白色，下体余部土黄色、具黑褐色波状细纹。尾羽暗褐色。

幼鸟 似成鸟。头侧淡棕色杂黑羽，颏、喉白色杂灰黑色羽。

鸣叫声： 发情期在晨昏鸣叫，鸣声清脆嘹亮、单调低沉似"luo-tong"音，数声连鸣。

体尺衡量度（长度mm、体重g）：

标本号	时间	采集地	体重	体长	嘴峰长	翅长	跗蹠长	尾长	性别	现保存处
B000294					29	211	71	77		山东博物馆
840412	19840705	鲁桥	475	376	29	217	76	87	♂	济宁森保站

栖息地与习性： 栖息于稻田、池塘、芦苇沼泽、湖边草丛和富有水生植物的浅水渠中。4月末至5月迁来繁殖地，10～11月迁离。性机警，常单独或成对在晨昏活动，白天常藏匿在稻田或水草丛深处，晚上出来活动。善涉水行走和游泳，常在浅水中涉水取食，行走时尾翘起，头前后点动，有时在水面游泳；站姿挺拔，极少起飞，飞行时颈部伸直。

食性： 杂食性，主要采食种子和绿色植物的嫩枝，如眼子菜叶、莎草种子、麦粒、稻谷、荸荠种子及稗粒，以及蠕虫和软体动物、水生昆虫及其幼虫，如鞘翅目的夜行虫、象鼻虫、龙虱幼虫、步行虫，鳞翅目的螟蛾、螟蛾蛹，直翅目的稻蝗、蝼蛄，缨尾目的稻蓟马，半翅目的稻椿象，膜翅目的黄蜂，双翅目的蝇类，以及蜘蛛、水螺，特别爱食龙虱幼虫。

繁殖习性： 繁殖期5～9月。单配制，繁殖期雄鸟善斗以保护领域，在芦苇丛、水草丛或稻田中用芦苇、杂草或稻叶筑巢，巢碗形，多置于草丛或芦苇丛上，略高出水面。每窝产卵3～8枚，卵椭圆形、淡粉红色至皮黄色，被红褐色或紫色斑，卵径约43mm×31mm。雏鸟早成雏，由雌鸟带领涉水、游泳和觅食，育雏期约20天，每年繁殖1～2次。

亚种分化： 单型种，无亚种分化。

分布： 滨州 - ●（刘体应1987）滨州。东营 -（S）◎黄河三角洲；河口区（李在军20120605）。菏泽 -（P）菏泽，（森保站200010）于洼。济南 - ●大明湖。济宁 - 南四湖。临沂 -（S）沂河。青岛 - 青岛。日照 - 东港区 - 崮子河滚水桥（成素博20150526）。泰安 -（S）泰安，（S）●东平湖。威海 -（S）威海；荣成 - 八河、天鹅湖、石岛、靖海；乳山 - 龙角山水库；文登 - 米山水库、五垒岛。淄博 - 淄博。胶东半岛、鲁中山地、鲁西北平原、鲁西南平原湖区。

除黑龙江、宁夏、青海、新疆、西藏外，各省份可见。

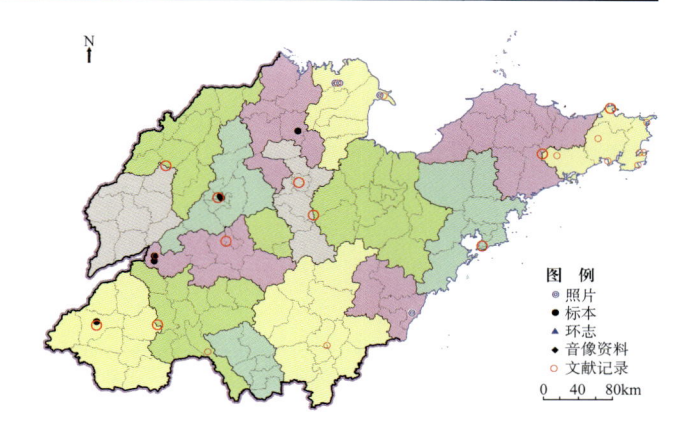

区系分布与居留类型：［东］（S）。

种群现状： 嗜食昆虫，对农业有益，肉可食用。但种群数量不多，以及生境破坏和乱捕乱猎现象，影响其种群数量趋势稳定发展，需要加强对其栖息生境和物种的研究与保护工作，促进种群发展。山东分布数量并不普遍，列入山东省重点保护野生动物名录。

物种保护： Ⅲ，无危/CSRL，中日，Lc/IUCN。

参考文献： H268，M321，Zja276；La579，Q112，Qm229，Z191，Zx55，Zgm74。

山东记录文献： 郑光美2011，郑作新1987、1976，钱燕文2001，朱曦2008；赛道建2013、1999，于培潮2007，王海明2000，田家怡1999，闫理钦1998a，宋印刚1998，赵延茂1995，刘体应1987，纪加义1987b。

● **137-01 黑水鸡**
Gallinula chloropus（Linnaeus）

命名： Linnaeus C，1758，Syst. Nat.，ed. 10，1：152（英国）
英文名： Common Moorhen
同种异名： 红骨顶，红冠水鸡，䴌（fán），江鸡；*Fulica chloropus* Linnaeus，1758；Moorhen，Common Gallinule

鉴别特征： 体中型、黑白色。嘴黄绿色、嘴基红色，额甲亮红色。体羽青黑色，两胁有白色纵纹，臀、尾下两侧有白斑。脚绿色。游泳时，身体露出水面较高，尾向上翘，露出并抖动体后，两团白斑非常显著。相似种白骨顶额甲白色，体羽无白色斑纹。

形态特征描述： 中型涉禽。嘴长度适中，黄色，嘴基与额甲红色，下嘴基部黄色，鼻孔狭长。虹膜红色。头具鲜艳红色额甲，后缘钝圆。通体黑褐色。头、颈、上背灰黑色，下背、腰、尾上覆羽和两翼覆羽暗橄榄褐色。翅圆形，飞羽黑褐色，初级飞羽第 2 枚最长，或与第 3 枚等长，第 1 枚外翈及翅缘白色、约与第 5 枚或第 6 枚等长。下体灰黑色向后渐浅，羽端微缀白色，下腹羽端白色形成黑白相杂块斑；两胁具宽阔白色纵纹，翼下覆羽和腋羽暗褐色，羽端白色。尾下覆羽两侧白色，中间黑色，黑白分明、醒目。脚黄绿色，胫裸出部前方和两侧橙红色，后面暗红褐色，上部具宽阔红色醒目环带；趾长，约与跗蹠等长，具狭窄直缘膜或蹼。

幼鸟 头侧、颈侧棕黄色，颏、喉灰白色。上体棕褐色。飞羽黑褐色。前胸棕褐色，后胸及腹灰白色。雏鸟早成雏。刚孵出的雏鸟通体被黑色绒羽，嘴尖白色，其后至额甲为红色。孵出当天即能下水游泳。

黑水鸡（张立新 20150726、20140904 摄于长河公园、四女寺）

鸣叫声： 发出 "ge" 或连续的 "pruuk" 声。

体尺衡量度（长度 mm、体重 g）：

标本号	时间	采集地	体重	体长	嘴峰长	翅长	跗蹠长	尾长	性别	现保存处
B000309					21	171	48	79		山东博物馆
	1958	微山湖		305	23	145	47	62	♂	济宁一中
840416	19840814	鲁桥	251	321	39	154	60	73	♂	济宁森保站

栖息地与习性： 栖息于富有芦苇和挺水植物的沼泽、湖泊、水库、苇塘、水渠和水稻田，以及林缘、路边水渠与疏林中的湖泊沼泽地带等各类淡水湿地中。习惯认为长江以北主要为夏候鸟、以南多为留鸟，在山东不同季节均有分布。4 月中下旬迁到北方繁殖地，10 月初开始南迁离开繁殖地。常成对或小群活动，善游泳、潜水于近芦苇和水草的开阔水面上，见人即游进苇丛或草丛中，或潜水到远处。一般情况下不起飞，飞行时速度缓慢，紧贴水面飞不多远落入水面或水草丛中。

食性： 主要采食水生植物的嫩叶、幼芽、根茎，以及水生昆虫及幼虫、蠕虫、蜘蛛、软体动物、蜗牛等，其中以动物性食物为主。白天活动和觅食水生植物上或落入水中的昆虫，也在浅水处涉水觅食。

繁殖习性： 繁殖期 4~7 月。成对或松散小群集中在苇塘中繁殖，在浅水芦苇丛中或水草丛中营巢，紧贴于水面，弯折芦苇作为巢基、上面用枯草堆集而成，有时在水边草丛中地上或水中小柳树上营巢，巢碗状，由枯芦苇和杂草构成，内垫芦苇叶和草叶。通常每窝产卵 6~10 枚，卵为卵圆形和长卵圆形，浅灰白色、乳白色或赭褐色，被红褐色斑点。卵径约 41mm×30mm，卵重约 17.4g。雌雄亲鸟轮流孵卵，孵化期 19~22 天。

亚种分化： 全世界有 12 个亚种，中国有 1 个亚种（郑光美 2011）或 2 个亚种（郑作新 1987），山东分布郑光美（2011）记为指名亚种 *G. c. chloropus*（Linnaeus），纪加义（1987b）记为普通亚种 *Gallinula chloropus indica* Blyth。

亚种命名 Blyth E, 1843, Journ. As. Soc. Bengal, 12：180

分布： 滨州 - 滨州；滨城区 - 东海水库，北海水库，蒲城水库。德州 - 市区 - 锦绣川公园（张立新 20100510），金荷园（张立新 20070609）；武城县 - 四女寺（张立新 20140904）；乐陵 - 杨安镇水库（李令东 20110729、20110731）。东营 -（S）◎黄河三角洲，广南水库（20130415）；东营区 - 沙营（孙熙让 20120531、20110613）；河口区 - ◎孤岛荷塘（孙劲松 20110516）。菏泽 -（S）菏泽；曹县 - 司庙（谢汉宾 20151018）。济南 -（SW）济南；历下区 - ●（田丰翰 1957）大明湖（20120512、20130514*、20140208），泉城公园（20130505）；历城区 - 卧虎山水库（20130320）；槐荫区 - 玉清湖（20130125、20150110，赛时 20100110）；天桥区 - 龙湖（20141007，赛时 20141208），金牛公园（陈云江 20110409）。济宁 - ●（S）南四湖（楚贵元 20080609）；任城区 - 太白湖（20151209，宋泽远 20140129，张月侠 20150501、20150502）；邹城 -（S）

---

* 成鸟正带领幼鸟觅食

西苇水库；曲阜 - 沂河（20140803、20141220）；微山县 - ●微山湖，国家湿地公园（20151208），爱湖苇场（20151208）；昭阳（陈保成 20080608）；鱼台 - 王鲁（张月侠 20150618）。**聊城** - （S）聊城，东昌湖，植物园（赵雅军 20090715）。**临沂** - （S）沂河；费县 - 温凉河（20150907）。**莱芜** - 汶河（20130702），通天河（20130703）；莱城区 - 红石公园（20130704，陈军 20100619）。**青岛** - 崂山区 - 潮连岛，科技大学（宋肖萌 20140322）。**日照** - 东港区 - 皋陆河（20150312），付疃河（20140306、20150704，王秀璞 20150828），国家森林公园（20140321，郑培宏 20140909），滨河公园（20150626），山字河（20150828）。**泰安** - （S）泰安，●（刘冰 20100427）岱岳区 - 大汶河（20160613）；东平县 - 大清河（20130728、20140612），（S）●东平湖（20120627，许水广 20120622）。**潍坊** - 高密 - 南湖植物园（20140627）。**威海** - （S）威海；◎（W）荣成 - 八河，桑沟湾，烟墩角（20130607）。**烟台** - 招远 - 罗峰东观村（蔡德万 20140302）；栖霞 - 白洋河（牟旭辉 20150121）；莱阳 - 中荆（刘子波 20160501）；莱山区 - 辛安河（王宜艳 20160323）；**枣庄** - 山亭区 - 城郭河（尹旭飞 20120719、20150923），西伽河（尹旭飞 20160409）。**淄博** - 淄博 - 高青县 - 常家镇（赵俊杰 20141220）。胶东半岛，鲁中山地，鲁西北平原，鲁西南平原湖区。

各省份可见。

区系分布与居留类型：［广］R（RS）。

种群现状： 捕食昆虫，对湿地农业有益，肉可食用。分布范围广，较常见，曾因乱捕乱猎而种群数量急剧下降，现种群数量趋势稳定，但需要加强对其栖息地质量和种群规模的恢复与保护。山东分布普遍而数量较多，2010～2015 年的 12 月至翌年 1 月，在全省多处湿地观察到较多个体、群体，并拍到其越冬、繁殖照片；不同季节的观鸟照片显示，此鸟为山东留鸟，未列入山东省重点保护野生动物名录。

物种保护： Ⅲ，无危 /CSRL，中日，Lc/IUCN。

参考文献： H269，M 323，Zja277；La583，Q112，Qm230，Z192，Zx55，Zgm75。

山东记录文献： 郑光美 2011，朱曦 2008，钱燕文 2001，赵正阶 2001，范忠民 1990，郑作新 1987、1976；张月侠 2015，赛道建 2013、1999、1994，李久恩 2012，于培潮 2007，贾少波 2002，王海明 2000，田家怡 1999，闫理钦 1998a，宋印刚 1998，赵延茂 1995，纪加义 1987b，田丰翰 1957。

● **138-01 白骨顶**
Fulica atra Linnaeus

命名： Linnaeus C, 1758, Syst. Nat., ed. 10, 1：152（瑞典）
英文名： Common Coot
同种异名： 骨顶鸡，白冠鸡，水骨顶；—；Black Coot, Eurasian Coot, Coot

鉴别特征： 嘴、额甲白色而醒目。体中型、黑色。初级飞羽白色，羽端形成明显翼斑。常摇摆或翘起尾羽显示尾下覆羽的信号色；能在漂浮植物上行走、游泳。相似种黑水鸡额甲鲜红色、无白色翼斑，体侧具白色条纹。

形态特征描述： 中型游禽。嘴端灰色、基部淡肉红色，长度适中，高而侧扁。虹膜红褐色。头小，具白色额甲，端部钝圆。颈短而适中。通体灰黑色或暗灰黑色。上体有条纹，翅宽、短圆，初级飞羽第 2 枚最长，第 1 枚较短，但与第 5 枚或第 6 枚初级飞羽等长。第 1 枚初级飞羽较第 2 枚为短。初级飞羽黑褐色，第 1 枚外翈边缘白色，内侧飞羽羽端白色，形成明显白色翼斑。下体浅石板灰黑色，胸、腹中央羽色较浅，羽端苍白色。尾下覆羽黑色，尾短，方尾或圆尾，尾羽 6～16 枚，通常 12 枚。腿、脚、趾及瓣蹼橄榄绿色，爪黑褐色；通常腿、趾均细长，有后趾，跗蹠短于中趾，趾间具宽而分离的瓣蹼。

骨顶鸡（赛道建 20150211 摄于棘洪滩水库；张立新 20150606 摄于长河公园）

雌鸟 额甲较小。
幼鸟 头侧、颊、喉及前颈灰白色杂黑色小斑点，头顶黑褐色杂白色细纹，上体余部黑色稍沾棕褐色。刚出壳时全身被有黑色绒羽，头部具橘黄色绒羽，头顶及眼后有稀疏毛状纤羽，上眼眶呈淡紫蓝色，跗蹠黑色，嘴和额红色，出壳后当天即能游泳。

鸣叫声： 鸣声短促而单调、嘈杂，似"gagaga"声。

体尺衡量度（长度mm、体重g）：

标本号	时间	采集地	体重	体长	嘴峰长	翅长	跗蹠长	尾长	性别	现保存处
				270	28	195	49	65		山东师范大学
					33	197	50	72		山东师范大学
					27	218	60	65		山东师范大学
	1958	微山湖		360	25	212	48	50		济宁一中
	1958	微山湖		365	38	216	68	66		济宁一中
	1958	微山湖		395	30	215	54	76		济宁一中
B000310					34	203	53	54		山东博物馆
830078	19830908	鲁桥	720	420	32	215	60	60	♂	济宁森保站

注：Shaw（1938a）记录2♂重600g、690g，翅长208mm；2♀重450g、510g，翅长215mm

栖息地与习性： 栖息于低山丘陵、平原草地的各类水域中，如富有芦苇、三棱草等挺水植物的湖泊、水库、苇塘、河湾和深水沼泽地带。除繁殖期外，常成群活动，特别是迁徙季节有上百只大群，有时与其他鸭类混群栖息和活动。善游泳和潜水，穿梭于稀疏芦苇丛间或附近开阔水面上，不时晃动身体、点头，尾下垂到水面；见人时潜入水中，或是进入芦苇丛，危急时在水面助跑后迅速起飞，多贴着水面或苇丛低空飞行，迅速扇动两翅发出呼呼声响，飞不多远落下。3月下旬开始迁来北方繁殖地，10月中下旬迁离繁殖地。在软土中或枯叶中探食，也能频繁潜水捕食。

食性： 杂食性，主要捕食小鱼、虾、水生昆虫、蠕虫、蜘蛛、马陆、软体动物等，甚至小鸟及其卵和雏鸟，以及水生植物嫩叶、幼芽、果实、蔷薇果和其他各种灌木浆果与种子等。

繁殖习性： 繁殖期5~7月，单配制配对关系仅在繁殖季节发生。在开阔水面的水边或水中的茂密植物丛中及稻田里的秧丛中和谷茬上雌雄共同营巢栖息，在距水面不高的草丛中弯折芦苇或蒲草互搭作为基础，堆上一些截成小段的芦苇和蒲草而成，可随水面而升降，但不是漂浮在水面。每窝产卵5~10枚，每年可产1~2窝；卵为尖卵圆形或梨形，青灰色、灰黄色或浅灰白色略带绿色光泽，被棕褐色斑点，卵径平均约52mm×35mm，卵重30~45g。雌雄鸟轮流孵卵；孵卵期14~24天。雏鸟早成雏，由双亲喂食和照顾。1龄或不足1龄便可开始繁殖。

亚种分化： 全世界有4个亚种，中国1个亚种，山东分布为指名亚种 *F. a. atra* Linnaeus。

亚种命名 Linnaeus C, 1758, Syst. Nat., ed. 10, 1: 152（瑞典）

分布： 滨州-滨州；滨城区-东海水库，北海水库，蒲城水库。德州-市区-长河公园（张立新20150606）。东营-（P）◎黄河三角洲，广南水库（20130414）；东营区-沙营（孙熙让20120531），明海闸北水库（孙熙让20101031），广利镇（孙熙让20120315）；自然保护区-一千二保护区（20151025）；东营港开发区-海三联（20151025）。菏泽-（P）菏泽，●森保站（200209）高庄。济南-（P）济南，黄河（20141006）；历下区-大明湖（20130305）；天桥区-北园，鹊山水库（20140124、20141006，孙涛20150110），龙湖（20141006、20141208）；市中区-南郊宾馆（陈云江20131116）；槐荫区-玉清湖（20141213，孙涛20150110）。济宁-●南四湖；任城区-太白湖（20160223、20160411，宋泽远20140726）；微山县-微山湖，●微山岛（20151208），●鲁桥。聊城-（P）聊城，东昌湖；阳谷县-金堤河（赵雅军20110515）。莱芜-莱城区-牟汶河（陈军20131229）。青岛-●（Shaw 1938a）青岛；城阳区-棘洪滩水库（20150211）；崂山区-（P）潮连岛；●（Shaw 1938a）胶州。日照-东港区-付疃河（20150703，成素博20141126）。泰安-泰安；泰山-低山；岱岳区-角峪纸坊（刘兆瑞20120104），●大汶河；东平县-东平，（S）●东平湖（20120728）。威海-（P）威海（王强20110305）；（W）荣成-八河（20111217、20141224），湿地公园（20140109、

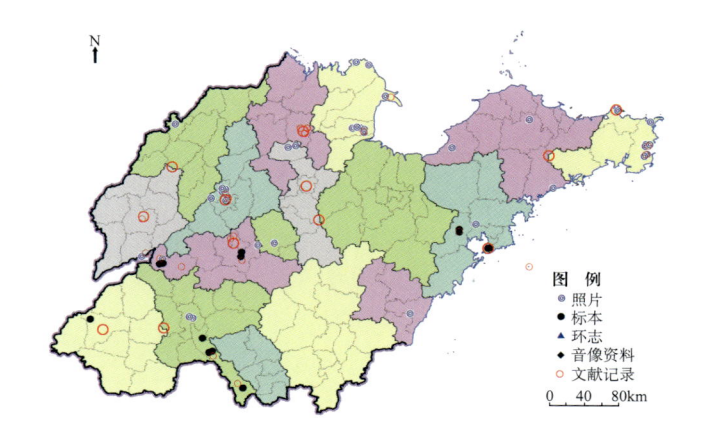

20131221），桑沟湾湿地（赛时 20140115），成山西北泊（20130619、王秀璞 20150507）。**烟台** - 莱州（张锡贤 20080615）；海阳 - 凤城（刘子波 20141126）；栖霞 - 白洋河（牟旭辉 20150214）；长岛 - ▲（I01-4975）大黑山岛。**淄博** - 淄博；高青县 - 常家镇（赵俊杰 20141220、20160320），大芦湖（赵俊杰 20160319）。胶东半岛，鲁中山地，鲁西北平原，鲁西南平原湖区。各省份可见。

区系分布与居留类型：［广］R（SWP）。

种群现状： 曾是产地重要狩猎鸟，具观赏价值。分布范围广，数量丰富，是我国常见水鸟。种群数量趋势较稳定，被评价为无生存危机的物种。山东分布较广而数量普遍，2012~2013 年的 12 月至翌年 1 月，作者在荣成八河与桑沟湾等湿地见到数百只群体，并拍到成群越冬和繁殖照片，此鸟为山东留鸟。

物种保护： Ⅲ，无危 /CSRL，Lc/IUCN。

参考文献： H271，M 324，Zja279；La589，Q114，Qm230，Z193，Zx56，Zgm75。

山东记录文献： 郑光美 2011，朱曦 2008，钱燕文 2001，范忠民 1990，郑作新 1987、1976，付桐生 1987，Shaw 1938a；张月侠 2015，赛道建 2013、1999、1994，李久恩 2012，吕磊 2010，贾少波 2002，王海明 2000，马金生 2000，田家怡 1999，闫理钦 1998a，赵延茂 1995，纪加义 1987b，杜恒勤 1985，田丰翰 1957。

9.4 鸨科 Otididae

中型、大型陆栖鸟类。体粗壮，向后渐细。嘴粗壮，端部侧扁、基部宽，嘴峰有脊、略下弯，嘴长于头长。鼻孔裸露。头平扁，颈长，颈椎 16~18 节。站立、行走时，颈垂直于身体向上，而嘴呈水平状。雄鸟的颈有特殊的皮下膨胀组织。翅长而宽，初级飞羽 10 枚，次级飞羽 16~24 枚。尾宽、尾端呈方形或稍圆，尾羽 18~20 枚。腿长而粗壮，胫裸出部和跗蹠被网状鳞，仅有前 3 趾，后趾消失，趾基联合处宽形成圆厚的足垫，爪钝而平扁。飞行有力持久，仅降落时滑翔。

全世界共有 11 属 25 种；中国有 3 属 3 种，山东分布记录有 1 属 1 种。

● 139-01 大鸨
Otis tarda Linnaeus

命名： Linnaeus，1758，Syst. Nat.，ed. 10，1：154（波兰）

英文名： Great Bustard

同种异名： 地鵏（bū），老鸨，独豹，鸡鵏，野雁，石鸨（♀）；—；—

鉴别特征： 头颈灰色，丝状羽、颏侧白色、颈侧棕色。体大之鸨。上体棕色具黑横斑，棕栗色颈、胸侧成半领圈状，白覆羽形成翼斑，次级飞羽黑色，初级飞羽羽尖深色，下体灰白色。飞翔时，白色翼斑明显。

形态特征描述： 大型地栖草原鸟类，翅长超过 400mm。嘴短，铅灰色、端部黑色。虹膜暗褐色。头长、基部宽大于高；嘴基到枕部有黑褐色中央纵纹，无冠羽或皱领。颏和上喉灰白色沾淡锈色，颏、喉、嘴角有向两侧伸出的细长白色须状纤羽，须状羽上有少量羽瓣。后颈基部栗棕色，上体栗棕色满布黑色粗横斑和虫蠹状细横斑。翅大而圆，第 3 枚初级飞羽最长；初级飞羽和次级飞羽黑褐色具白色羽基；大覆羽和部分三级飞羽白色，中、小覆羽灰色，具白色端斑在翅上形成大白斑。下体灰棕白色，有黑色宽横斑，前胸两侧具宽阔栗棕色横带。中央尾羽栗棕色、先端

大鸨（丁洪安 20070107 摄于一千二保护区）

白色具稀疏黑色横斑；尾羽白色部分向两侧依次扩展，最外侧尾羽几乎纯白色，仅具黑色端斑。腿和趾灰褐色或绿褐色，爪黑色，跗蹠等于 1/4 翅长。非繁殖期须状羽较短，颏下须状羽消失，前胸栗色横带不明显。

雌鸟 羽色似雄鸟而体型较小，喉侧无须状羽。

幼鸟 似雌鸟，但颜色较淡，头、颈有较多皮黄色，翅白色部分多有黑色斑纹，大覆羽有棕色斑点。

鸣叫声： 一般不鸣叫，雄鸟求偶发出似呻吟声音。

体尺衡量度（长度 mm、体重 g）：

标本号	时间	采集地	体重	体长	嘴峰长	翅长	跗蹠长	尾长	性别	现保存处
	1958	微山湖	860		38	460	107	240	♂	济宁一中

栖息地与习性： 栖息于开阔的平原、干旱草原、稀树草原和半荒漠地区，常在农田附近觅食活动，冬季和迁徙季节常出现于河流、湖泊邻近的干湿草地，如开阔河漫滩、枯水期湖滩周围和草洲、人烟稀少的麦田。性耐寒、机警，常成群形成由同性别和同年龄个体组成的群体活动，同一社群中，雌雄群体相隔一定距离。善于奔跑，需要助跑起飞，飞行时颈、腿伸直，两腿伸于尾下，翅平展、扇动缓慢而有力，飞行能力强，迁徙途中常采用翱翔方式。具有较强领域性，受惊时低头、弓背，尾羽呈扇状展开，双翅半张开，腕关节向下，发出"哈哈"喘气声恐吓来犯者。饮水时，身体微蹲或跗蹠跪于地面，嘴插入水中微微张开，头抬起使嘴尖向斜上方约呈45°角，咽部快速运动将水咽下好像用匙取水。觅食时，头后部抬起，嘴尖向下，转动头部两眼注视地面，观察地面猎物；吃草时用嘴咬住草，颈向后缩，抬头将草拔断、吞下。

食性： 杂食性。主要采食植物的嫩叶、嫩芽、嫩草、种子和散落在农田中的谷物，捕食昆虫如蚱蜢等农田害虫和蛙类。幼鸟主要捕食直翅目、鞘翅目和鳞翅目的昆虫，以及小蛙、小虾、小鱼等；随年龄增长和季节变化植物性食物逐渐增多。

繁殖习性： 4月中旬进入繁殖期，求偶交配成功后，雌鸟选择巢址，寻找长有低草和低作物的地面营巢挖一浅坑，无巢材或把草踩倒用作铺垫。每年产1窝卵，产卵间隔1~2天，卵若丢失能再补产卵，每窝产卵2~4枚，光滑有光泽，呈暗绿色或橄榄色，有浅褐色或深褐色斑点。卵径约77mm×55mm，卵重约103.5g。当产下第1枚卵后，雌鸟开始孵卵，孵化期31~32天。雏鸟出壳不同步，为早成雏，出壳不久即离巢，由亲鸟照顾，30~35日龄长出飞羽，第1年冬独立生活。雌雄性比约为2.5:1，雌鸟4龄性成熟，雄鸟5龄性成熟。交配体系为多配和混配。

亚种分化： 全世界有2个亚种，中国有2个亚种，山东分布为普通亚种 *O. t. dybowskii* Taczanowski。

亚种命名 Taczanowski, 1874, Journ. Orn., 22: 331（西伯利亚 Darasun）

分布： 滨州 - 近岸海岛。德州 - 市区 - 长河公园（张立新 20150726）。东营 - （P）●◎黄河三角洲*；河口区 - 仙河镇（丁洪安 20071118）、自然保护区（丁洪安 20070107）- 黄河口（孙劲松 20150108），孤岛林场（孙劲松 20150108）。菏泽 - （WP）菏泽。济宁 - ●济宁，（W）南四湖；微山县 - ●微山湖。青岛 - （W）青岛。泰安 - （W）泰安；岱岳区 - 大汶河；东平县 - （W）东平湖。潍坊 - 潍坊。烟台 - 莱州湾；长岛县 - ●黑山大浩村*。胶东半岛，鲁中山地，鲁西北平原，鲁西南平原湖区。

黑龙江、吉林、辽宁、内蒙古、河北、北京、天津、山西、河南、陕西、宁夏、甘肃、青海、安徽、江苏、上海、江西、湖北、四川、贵州。

区系分布与居留类型： ［古］（WP）。

种群现状： 分布很广，种群数量曾经相当丰富，可见到数十只大群，但由于草原过度开垦和放牧而使适宜栖息地丧失，人类现代化生产活动间接影响大鸨的繁殖，大量使用农业机械和农药直接威胁大鸨的繁殖，大鸨撞到架设的电线上而死亡；过度偷猎捕猎，甚至作为医药被利用，加上地面营巢，使大鸨卵、雏极易受到破坏，增加了卵的巢内损失，引起数量减少，现今在世界范围内的种群数量普遍处于下降趋势，在欧洲和非洲北部的许多国家已经消失，东欧各国也几近绝灭，种群总数有300~400只，已经相当稀少。应该加强保护的宣传教育力度，限制栖息地的农牧业生产和杀虫剂的使用，减少人类活动的干扰；就地建立保护区，迁地建立人工饲养场，促进其成功繁殖并有计划地将大鸨成功放归自然。山东分布较广，但数量稀少，难得一见，急需加强保护。

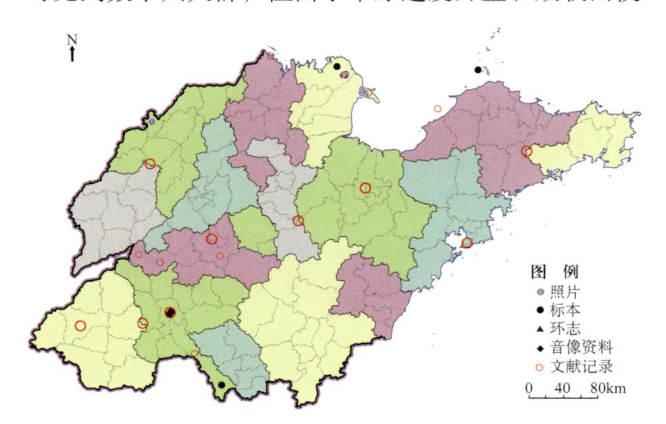

物种保护： I，易危 /CSRL，R/CRDB，2/CITES，Vu/IUCN。

参考文献： H273，M 295，Zja281；Q114，Qm224，Z195，Zx56，Zgm75。

山东记录文献： 郑光美 2011，朱曦 2008，赵正阶 2001，钱燕文 2001，郑作新 1987、1976，Shaw 1938a；赛道建 2013，田贵全 2012，张绪良 2011，王希明 2001，王海明 2000，张洪海 2000，田家怡 1999，赵延茂 1995，田逢俊 1993b，纪加义 1987b、1987f。

---

* 于新建（1985年4月19日）山东科技报道；2013年5月2日，曾在东营救助过一只大鸨

10 鸻形目 Charadriiformes

小、中体型鸟类。嘴形较长。翅长而尖，初级飞羽8枚，三级飞羽特长。尾圆而短，尾羽多为12枚。脚较长、胫裸露、中趾最长，后趾通常不发达、高于前三趾；趾间具蹼或无蹼而基部具蹼。雌雄体色相同。雏鸟早成雏。

栖息于海、河、沼泽地，或沿海滩涂。迁徙时喜集群，善于跋涉泥涂、长途飞行。在水边繁殖，在植物茎叶上营漂浮性巢，以及滨海附近草丛地面营巢，巢较简单。以沼泽地草丛、泥涂中昆虫和其他无脊椎动物为食，如软体动物、甲壳类、蠕虫，某些种类也食鱼、蛙和小型爬行动物。

全世界有224种（不包括鸥形目的123种）；中国有9科63种，山东分布记录有8科40种。

鸻形目分科检索表

1. 鼻孔卵圆形，无鼻孔；嘴形宽阔，中爪具栉缘 ·· 燕鸻科
    鼻孔直裂，有鼻孔；嘴形窄狭，中爪无栉缘 ·· 2
2. 脚趾均延长；后爪长于后趾 ·· 水雉科（雉鸻科）
    脚趾正常；后爪不长于后趾 ·· 3
3. 趾具瓣蹼 ·· 瓣蹼鹬科
    趾不具瓣蹼 ·· 4
4. 跗蹠后缘具盾状鳞（*Numenius* 除外），前缘具盾状鳞 ··· 5
    跗蹠后缘具网状鳞，前缘具网状鳞 ·· 6
5. 鼻沟长不及嘴长之半，嘴近先端外突下曲，雌鸟较大而艳丽 ·· 彩鹬科
    鼻沟长远超过嘴长之半，嘴形直或下曲或微上曲，雌雄大小、羽色相同 ·· 鹬科
6. 嘴端具隆起 ·· 鸻科
    嘴端不具隆起 ·· 7
7. 跗蹠较中趾长数倍 ·· 反嘴鹬科
    跗蹠较中趾仅稍长些 ··· 蛎鹬科

10.1 水雉科 Jacanidae

体背面红棕色、绿褐色或黑色，腹面黑绿色、棕色或白色。有头顶白色的、腰部白色的，也有数种颈部有黄色。双翼展开时，数种可见鲜明的白色或黄色区块。喙相当直，长度中等；翅膀很宽，腕部有尖锐的距（3种）或角化的突起。尾羽10枚，尾短且弱。脚、趾长，爪非常长。

栖息于宽阔而隐秘度高的淡水湿地，如有浮水植物的湖泊、水塘、沼泽、河边等水深较浅处，喜欢低矮的浮水植物和掺杂挺水植物的环境。有时会长时间隐藏在植物中或潜水逃避天敌，仅喙尖端露出水面呼吸；短距离飞行时双脚下挂，落地时两翼高举片刻后放下。常在水面浮叶上走动觅食、繁殖、育幼，占有特殊的生态栖位。主要捕食水生昆虫、螺类、小鱼等动物，以及少量植物性食物。有繁殖领域及竞争行为。在干湿季节地区，常在雨季繁殖，全年有水也可全年繁殖。巢通常筑在浮叶上。每窝通常产3～6枚卵，卵壳棕色，无斑点或有深棕色、黑色斑块。雄鸟负责孵蛋。幼鸟早成雏，由雄鸟照顾。本科鸟类整体压力不明显，但水雉因栖息地消失而族群数量减少。

全世界共有6属8种；中国有2属2种，山东分布记录有1属1种。

● 140-01 水雉
Hydrophasianus chirurgus（Scopoli）

命名： Scopoli, 1786, Del. Flor. *et* Faun. Insubr., 2: 92（菲律宾吕宋岛）
英文名： Pheasant-tailed Jacana
同种异名： 鸡尾水雉，长尾水雉；*Tringa chirurgus* Scopoli, 1786, *Parra sinensis* Gmelin, 1788; Water Pheasant

鉴别特征： 黑色贯眼纹延至颈侧。头、前颈白色，头顶、背及胸具灰褐色横斑，后颈金黄色。体部羽黑色、两翼白斑明显，初级飞羽尖端黑色。尾特长。

形态特征描述： 嘴蓝灰色、尖端缀绿色。虹膜褐色。头、颏、喉和前颈白色。枕黑色向后延伸成黑线

水雉（刘冰 20100714、赛道建 20120725 摄于东平湖）

沿颈两侧而下与胸部黑色相连，将前颈白色和后颈金黄色截然分开。背、肩棕褐色具紫色光泽，腰黑色。翼上覆羽白色，第1～3枚初级飞羽黑色，第2枚内翈基部有小白点，第3枚内翈大部白色，向内白色越来越大，仅羽尖残留黑色，到内侧次级飞羽全白色。腋羽和翼下覆羽白色。下体棕褐色。尾上覆羽和尾黑色，第4枚中央尾羽特形、延长且向下弯曲。跗蹠和趾淡绿色。

冬羽 嘴黄色、尖端褐色。虹膜淡黄色。头顶、后颈黑褐色具白眉纹，颈侧具黄色纵带，粗黑褐色贯眼纹沿颈侧黄色纵带前缘下沿与宽阔黑褐色胸带相连。上体较夏羽淡、呈褐色或灰褐色。翅外侧、内侧覆羽白色，中间覆羽具淡褐色横斑。下体白色。尾短。脚、趾暗绿色至暗铅色。

幼鸟 似冬羽。头顶黄红色，颈后无黄色纵纹，胸部黑色不明显。

鸣叫声： 联络时发出"miaomiao"或"gougou"声，间杂短促细碎"gegegege"颤音；雄鸟求偶声为连续急促"jijiji……"声；警戒时发出高频尖厉"dù"短哨音。

体尺衡量度（长度mm、体重g）：

标本号	时间	采集地	体重	体长	嘴峰长	翅长	跗蹠长	尾长	性别	现保存处
B000330					29	231	59	266		山东博物馆
	1958	微山湖	505	24	200	55	316	♂	济宁一中
					25	278	50	218		山东师范大学
					25	180	50	223		山东师范大学

栖息地与习性： 栖息于富有挺水植物和漂浮植物的淡水湖泊、池塘和沼泽等开放性地带。换羽时飞羽一次脱落。单独或小群活动，冬季有时也集成大群。性活泼，善游泳和潜水，游泳时头尾上扬露出水面甚高，有时潜行于水底或沿水面飞行。危险临近时会发出急促的警戒声，甚至故意将入侵者引开，让雏鸟乘机躲藏起来。3月末至4月上旬迁到繁殖地，9月末至10月上旬迁离繁殖地。脚爪细长能轻步行走和停息于浮叶植物上，挑拣找食或短距离跃飞到新的取食点。

食性： 主要捕食昆虫、虾、软体动物、甲壳类等小型无脊椎动物，以及水生植物。

繁殖习性： 繁殖期4～9月。一雌多雄制，在莲叶、百合叶、水仙花叶及大型浮草上营巢，巢小而薄、盘状，由干草叶和草茎构成。每窝产卵4枚，卵梨形，极富光泽，颜色有绿褐色、黄铜色、橄榄褐色到深紫栗色的变化，卵径约36mm×27mm。雄鸟孵卵，一个繁殖季节雌鸟可产卵10窝以上，分别由雄鸟孵化，卵化期22～26天。破壳而出的雏鸟为早成雏，出生后半小时即可行走，跟随雄鸟觅食活动。在晨昏气温较低时，出壳至2周的雏鸟需要藏于亲鸟翼下取暖；3～4周在恶劣暴雨大风天气时才拢至亲鸟身边；6周长成亚成鸟形状；7周后便能飞行，除少数外大部分会飞离另寻栖息地。

亚种分化： 单型种，无亚种分化。

分布： 滨州-无棣县-小开河沉沙池（20160519，刘腾腾 20160519）。东营-（S）黄河三角洲。菏泽-（S）菏泽。济南-（S）济南；历下区-●（田丰翰 1957）（S）大明湖。济宁-任城区-太白湖（高晓冬 20140810）；（S）南四湖（陈宝成 20080627）；微山县-（S）●◎微山湖，湿地公园（20160724）昭阳（陈保成 20080609）。青岛-市南区-中山公园（宋肖萌 20140608）。日照-国家森林公园（郑培宏 20140606）。泰安-岱岳区-（S）◎大汶河，旧县汶河大桥（20150530，刘兆瑞 20150530，刘华东 20150530），牟汶河（刘兆瑞 20110629）；东平县-（S）东平湖（20120725，陈忠华 20160723，刘冰 20100714，赵连喜 20140604，彭国胜 20140618）。潍坊-坊子-峡山水库（马林 20110702）。威海-威海（王强 20110609）。鲁中山地，鲁西北平原，鲁西南平原湖区。

河北、北京、山西、河南、安徽、江苏、上海、浙江、江西、湖南、湖北、四川、云南、福建、台湾、广东、广西、海南、香港、澳门。

蛇、鼠类的威胁，只有芡实生境因表面布满锐刺的芡实叶使卵和雏鸟较少面临天敌的威胁。在大明湖观察到繁殖并采到4枚茶褐色卵（田丰翰和李荣光1957、1959），柏玉昆和纪加义（1982）则记作山东繁殖鸟类分布新记录；1983年鸟类普查采到标本，近年来，5~8月，多地拍到成鸟及孵卵或幼鸟照片，说明其在山东繁殖、分布较广，但数量不多，列入山东省重点保护野生动物名录。应该加强对适宜栖息地和物种繁殖生态与保育生物学的研究，促进种群的生存繁衍。

物种保护：Ⅲ，中澳，Lc/IUCN。

参考文献：H276，M 380，Zja284；La644，Q116，Qm241，Z197，Zx57，Zgm76。

山东记录文献：朱曦2008；赛道建2013、1994，李久恩2012，王海明2000，田家怡1999，赵延茂1995，纪加义1987b，柏玉昆1982，田凤翰1957。

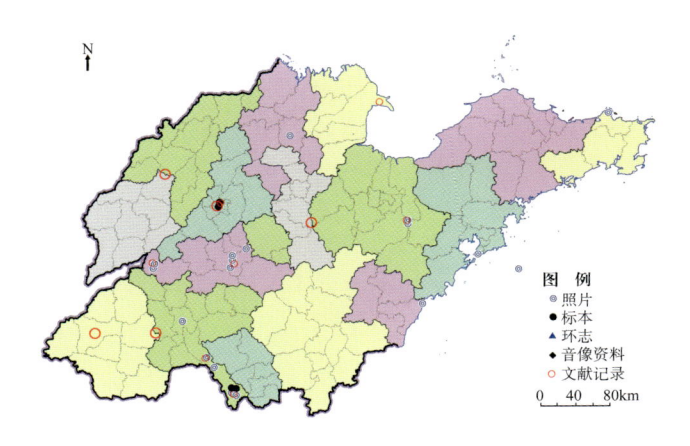

区系分布与居留类型：［东］（S）。

种群现状：历史上曾广泛分布，栖息地适宜生态环境破坏使其分布范围正在缩小，种群数量减少。在睡莲、荷花、菱角等生境上的鸟卵和雏鸟面临龟、

10.2 彩鹬科 Rostratulidae

喙长、尖端向下弯且粗。颈部短。体棕色、橄榄棕色、灰色、黑色及白色，背面花纹形成很好的保护色。翅膀宽。喉、胸部颜色深，腹部乳白色。尾短圆形，尾羽12枚或14枚。跗蹠中等长度，部分胫骨无羽毛，趾长，雄鸟体型较雌鸟为小。

栖息于多种类型的中、低海拔天然或人工浅水湿地。活动以晨昏为主，夜间也活动。繁殖期有领域性和竞争行为。主要以昆虫、贝类及种子等为食。繁殖一雌多雄制。在地面上用草、枝叶编织成巢，通常相当隐秘。每窝产卵2~5枚，乳黄色被众多深褐色及黑色斑纹。雄鸟负责孵卵。本科鸟类因栖息地受到破坏，人类活动区域过近，严重影响其繁殖成功率。在国际上是近危的物种，需要加强关注与保护。

全世界有2属2种；中国有1属1种，山东分布记录有1属1种。

● 141-01 彩鹬
Rostratula benghalensis（Linnaeus）

命名：Linnaeus, 1758, Syst. Nat., ed. 10, 1: 153（亚洲）

英文名：Greater Painted Snipe
同种异名：—；—；—

鉴别特征：羽色艳丽。嘴细长而黄色、先端膨大，向下弯曲，头具淡黄色中央纹，眼斑淡黄色向后延伸成特殊柄状。背具横斑、两侧纵带黄色，翼具黄色眼镜斑，胸腹白色，胸至背有白色宽带。雌鸟羽色更艳丽，头胸深栗色，眼周斑白色，背上"V"形白带斑绕过肩边于白色下体。

形态特征描述：嘴黄褐色或红褐色、基部绿褐色。虹膜褐色。眼先、头顶、枕部黑褐色，头顶暗黄色形成中央冠纹。眼周黄白色或黄色圈纹向眼后延伸形成柄状，白色眼圈外缘以黑色。耳覆羽黑色。颏、喉和上胸棕栗红色。后颈和肩淡褐色，肩羽外缘暗黄色，肩间和内侧三级飞羽羽色似肩羽而无黄色羽缘，其余背部为暗黄色、棕黄色、黑色和灰色相杂状。飞羽灰褐色具黑色细纹和白色端斑，翼上

彩鹬（张培栋 210150808 摄于汶河泉林坝）

覆羽金属铜绿色；初级覆羽灰色具细窄波状斑和暗黄色眼状斑，内侧小覆羽与背同色，翼上覆羽和三级飞羽外露部分橄榄黄色具细窄黑色横纹和宽着暗黄色横斑，初级和次级飞羽外侧基部黑色，余部灰色具白色横斑、暗黄色眼状斑和黑色波状纹。下胸栗黑色横带后有一白色环带向两侧延伸至上背，两胁白色，腹淡棕白色。尾上覆羽和尾羽灰色具细窄

的黑色波状纹和暗黄色眼状斑，尾下覆羽白色，羽端沾棕色，外侧中部黑色，具圆形棕色斑，内侧缀白色横斑。脚橄榄绿褐色或灰绿色。

雌鸟 头顶暗褐色具皮黄色或红棕色中央冠纹，头侧栗红色；眼周白色圈环延伸形成短柄状。圈外围以窄黑圈。颈部棕红色。上背橄榄褐色具金属铜绿色光泽，肩橄榄褐色，各羽外侧具宽金黄色纵纹在背两侧形成纵带，下背、腰和尾上覆羽蓝灰色杂以黑褐色虫蠹状斑。尾羽灰褐色、外侧近黑褐色，尾羽、尾上覆羽具暗黄色眼状斑。

鸣叫声： 通常不鸣叫，求偶时雌鸟叫声深沉。

体尺衡量度（长度mm、体重g）：

标本号	时间	采集地	体重	体长	嘴峰长	翅长	跗蹠长	尾长	性别	现保存处
					44	130	40	45		山东师范大学
					48	125	42	54		山东师范大学
					44	135	40	50		山东师范大学
					45	140	53	53		山东师范大学

栖息地与习性： 栖息于平原、丘陵和山地中的芦苇水塘、沼泽、河渠、河滩草地，以及水稻田中。长江以北为夏候鸟，3月末4月初迁徙到达北部繁殖地，10月初迁离繁殖地。性胆小，行为隐秘，能游泳和潜水，多在晨昏和夜间活动，白天多隐藏在草丛中，受惊时常隐伏不动，不得已才突然飞起，边飞边叫；飞行慢，两脚下垂，不远又落下。在开阔地则快速奔跑避敌。通常单独或松散小群活动觅食。

食性： 主要捕食蝗虫等昆虫、蟹、虾等甲壳类、蛙类、蚯蚓、螺类软体动物等各种小型无脊椎动物，以及叶、芽、种子和谷物等植物性食物。

繁殖习性： 繁殖期5～7月。在浅水处芦苇丛、水草丛中和水稻田中的草堆上或土台上营巢或营浮巢，巢主要由枯草构成。每窝产卵3～6枚，卵为卵圆形和梨形，棕黄色和黄色，被红褐色、黑褐色或血红色斑点，卵径约36mm×26mm。一雌多雄制，一个雌鸟可与数个雄鸟交配并产数窝卵，分别由不同雄鸟孵化，孵化期约19天。

亚种分化： 全世界有2个亚种，中国1个亚种，山东分布为指名亚种 *R. b. benghalensis*（Linnaeus）。

亚种命名 Linnaeus, 1758, Syst. Nat., ed. 10, 1: 153（亚洲）

分布： 滨州 - 滨州；滨城区 - 东海水库，北海水库，蒲城水库。东营 -（S）◎黄河三角洲。济宁 -（P）南四湖；微山县 - 西万乡。聊城 - 聊城。临沂 -（S）郯城县。泰安 -（S）泰安；岱岳区 -●大汶河（任月恒 20121013），汶河泉林坝（张培栋 201508），牟汶河（彭国胜 20150808）；东平县 -（S）●东平湖。渤海海峡，鲁中山地，鲁西南平原湖区。

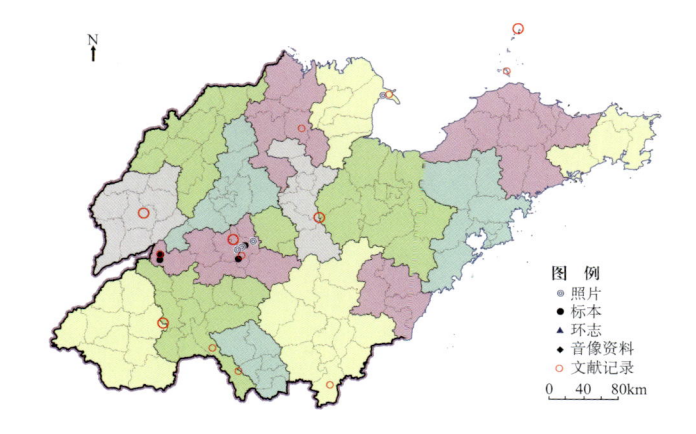

除黑龙江、宁夏、新疆外，各省份可见。

区系分布与居留类型：［广］（S）。

种群现状： 体羽美丽、鲜艳，可供驯养观赏。种群数量曾经较为丰富，后来因沼泽地被开垦、环境污染和狩猎已不常见，数量明显下降。山东分布并不普遍，柏玉昆（1982）首次记录并采到卵（1964年卵标本保存在中国科学院动物研究所标本馆），分布数量不多，列入山东省重点保护野生动物名录。需要加强对物种与生态环境的保护。

物种保护： Ⅲ，中日，中澳，Lc/IUCN。

参考文献： H277，M379，Zja285；La636，Q116，Qm241，Z198，Zx57，Zgm77。

山东记录文献： 郑光美 2011，朱曦 2008，钱燕文 2001，郑作新 1987、1976；赛道建 2013，吕磊 2010，贾少波 2002，宋印刚 1998，纪加义 1987b，柏玉昆 1982。

10.3 蛎鹬科 Haematopodidae

喙细而强壮、末端稍弯曲、尖端侧扁。体形粗胖，体羽黑白二色或全黑色。翼长而尖，第1枚初级飞羽最长。尾羽短。跗蹠短而强，被网状鳞；3趾，后趾退化，趾间有微瓣。

栖息于海岸和河口、河岸地带；多在沿海潮间带出现。以软体动物为主食，以喙敲击牡蛎及贝类外壳。平时少鸣叫，繁殖期发出洪亮叫声。每窝产卵2～4枚，筑巢于水滨沙地、砾石或岩石上。雌雄鸟轮流孵卵，孵化期24～27天，雏鸟为早成雏。

在构造上，本科鸟类与鸻科（Charadriidae）鸟类非常接近，Sibley和Ahlquist（1990）的核酸杂合（DNA-DNA hybridization）研究显示，本科与反嘴鹬科（Recurvirostridae）最为接近，其次是鸻科。

全世界共有1属11种；中国有1属1种，山东分布记录有1属1种。

● 142-01 蛎鹬
Haematopus ostralegus Linnaeus

命名：Linnaeus, 1758, Syst. Nat., ed. 10, 1: 152（波罗的海）

英文名：Eurasian Oystercatcher

同种异名：蛎鸻；—；Oystercatcher, Palaearctic Oystercatcher, European Oystercatcher

鉴别特征：嘴长直而粗、橙红色。体羽黑色、白色相间，上背、头颈及胸黑色，下背、尾上覆羽和胸以下白色，且在肩区向上突起明显。翼上黑色、次级飞羽基部有白色宽带。翼下白色具黑色窄后缘。

形态特征描述：中型涉禽。嘴红色（成体）或暗红色（亚成体），嘴形长而强，适于开启贝壳。鼻孔线状，鼻沟长度达上嘴一半。虹膜红色（成体）或棕红色（亚成体），具鲜红色眼环。头、颈、上胸、上背和肩黑色而辉亮，下背、腰白色。飞羽黑褐色，内

蛎鹬（赛道建 20130414 摄于大汶流）

侧初级飞羽中部白色，内侧次级飞羽先端白色，翼上大覆羽白色，形成明显的白翼斑。翼下覆羽白色。胸以下腹部及两侧和尾下白色。尾上覆羽和尾羽基部白色，尾羽余部黑色。脚粉红色，足仅具前3趾，后趾退化。冬羽喉颈部具白色横带。

鸣叫声：发出"kleep"、"kle-eap"的尖厉声。

体尺衡量度（长度mm、体重g）：

标本号	时间	采集地	体重	体长	嘴峰长	翅长	跗蹠长	尾长	性别	现保存处
					80	260	52	115		山东师范大学

栖息地与习性：栖息于海滨、沼泽、沙洲、岛屿与江河、河口三角洲地带，也出现于湖泊、水库、农田地带、内陆湖岸、苇田、河谷浅滩等。冬季集大群在海湾、入海口及开阔海岸沙滩上活动。多单独活动，或结成小群在海滩上觅食活动。常站立在海滨等待退潮后到贝类丰富的海滨地带觅食，或在潮间带用嘴尖翻转石头探觅食物。

食性：主要捕食甲壳类、软体动物、蠕虫、沙蚕、昆虫及其幼虫，以及小鱼等。

繁殖习性：繁殖期5～7月。在海边盐碱沼泽、沙滩、海滨岩石、草丛等生境中，以及水中岛屿、沙石河滩、湖泊、水库边缘草地上和农田地中营巢。亲鸟用脚在地上刨挖成凹坑，内垫干草茎，甚至是小圆石、贝壳和各种废弃物即巢。每窝产卵2～4枚，卵梨形，灰黄色、乳白色，被有黑褐色斑点。卵径约57mm×43mm，卵重37～54g。日产1枚，雌雄亲鸟轮流孵卵，以雌鸟为主。孵化期22～24天。雏鸟早成雏，出壳当日即能行走，6～7周后便可独立觅食。

亚种分化：全世界有4个亚种，中国1个亚种，山东分布为普通亚种 *H. o. osculans* Swinhoe。

亚种命名 Swinhoe, 1871, Proc. Zool. Soc. London: 405（辽宁大连海湾）

分布：滨州 - ●（刘体应1987）滨州，◎滨州港（20130417）；滨城区 - 北海水库（20160517，刘腾腾20160516），北海盐场（20160518），王鄙水库（20160519）；无棣县 - 埕口盐场（20160518，刘腾腾20160518），小开河沉沙池（20160519，刘腾腾20160519），沙头堡村（刘腾腾20160518）。东营 -（S）◎黄河三角洲，一千二保护区，五号桩，广利支脉河口（20130414）；自然保护区 - 大汶流（20130414）；河口区 - 新挑河（20130415），草桥沟（20130415），沾利河（20130416），马新河（20130417），飞雁滩（孙劲松20090818）。济南 - 济南。临沂 -（S）沂河。青岛 - 青岛，胶州湾（20150621）。日照 - 东港区 - 刘家湾（成素博20151122）。潍坊 - 昌邑 - 潍河口（20130415）。威海 - 荣成 - 天鹅湖（20160115）；文登 - 南海湿地（韩京20100418）。烟台 - 莱阳 - 姜疃（刘子波20160501），

羊郡（刘子波 20150501）。胶东半岛，鲁中山地，鲁西北平原，鲁西南平原湖区。

黑龙江、吉林、辽宁、内蒙古、河北、北京、天津、新疆、江苏、上海、浙江、江西、湖北、西藏、福建、台湾、广东、广西。

区系分布与居留类型：［广］（SP）。

种群现状： 物种分布范围广，种群数量趋势稳定，但数量不大。在山东分布数量并不多，列入山东省重点保护野生动物名录；需要加强对物种栖息特点的研究，确定物种保护措施。

物种保护： Ⅲ，中日，Lc/IUCN。

参考文献： H278，M384，Zja286；La618，Q118，Qm235，Z199，Zx58，Zgm77。

山东记录文献： 郑光美 2011，朱曦 2008，赵正阶 2001，钱燕文 2001，范忠民 1990，付桐生、郑作新 1987、1976，付桐生 1987，Shaw 1938a；赛道建 2013、1999，马金生 2000，田家怡 1999，赵延茂 2001、1995，吕卷章 2000，刘体应 1987，纪加义 1987b。

10.4 反嘴鹬科 Recurvirostridae

喙细长上弯或笔直。雌雄同色，羽色以黑白为主。体形纤细，有长喙、长颈及更长的脚。繁殖与非繁殖羽差异不大。

栖息于开阔无树的浅水湿地。日行性，善于浅水涉行湿地、水中游泳，飞行能力强，喜群栖。在繁殖及飞行时爱鸣叫以互相联系及警戒。利用视觉及触觉取食以水生甲壳类及昆虫等无脊椎动物、小鱼为食。聚集繁殖于开阔荒地，在地面压成浅凹为巢，每窝通常3～4枚卵，雏鸟为早成雏，孵化后一天内即离巢。除南、北极外的全球均有分布，部分为长程迁移者，部分为留鸟。近数十年来，山东经济发展迅速，将滨海地带开发成养殖区或是其他功能区，使适合本科鸟类生活的湿地面积大为缩小。

本科鸟类隶属于鸻形目，包括长脚鹬、反嘴长脚鹬等岸鸟。由外形、分子、行为及DNA的分析发现，本科与蛎鹬科（Haematopodidae）、鹮嘴鹬科（Ibidorhynchidae）、鸻科（Charadriidae）及石鸻科（Burhinidae）等最为接近。也有作者将本科并入鸻科成为一个亚科（Sibley and Monroe 1990）。

全世界有3属7种；中国有2属2种，山东分布记录有2属2种。

● 143-01 黑翅长脚鹬
Himantopus himantopus（Linnaeus）

命名： Linnaeus，1758，Syst. Nat.，ed. 10，1：151（欧洲南部）

英文名： Black-winged Stilt

同种异名： 高跷鸻，黑翅高跷，长脚鹬（yù）；*Charadrius himantopus* Linnaeus，1758；—

鉴别特征： 嘴细而长。嘴、头顶及两翼黑色。体羽白色、颈背具黑色斑块。腿特长、红色。雌鸟头顶、后颈多为白色。幼鸟褐色较浓，头顶及颈背沾灰色。腿和脚淡红色。

形态特征描述： 嘴细长、黑色。虹膜红色。额白色，头顶至后颈黑色或白色而杂黑色。前头及两颊自眼下缘、前颈、颈侧、胸和下体均白色。翕（xī）、肩、背和翼上覆羽黑色具绿色光泽，腰白色。两翼黑色、微具绿色金属光泽，飞羽内侧黑褐色、下面黑色。腋羽白色。尾羽淡灰色或灰白色，外侧尾羽近白色；尾上覆羽白色，有的沾有污灰色。脚细长、红色。冬羽头颈均白色，头顶至后颈有时缀有灰色。

雌鸟 雄鸟冬羽，头、颈白色，上背、肩和三级飞羽褐色。

黑翅长脚鹬（赛道建 20130414 摄于小岛河海滩；刘涛 20160618 摄卵与雏于孤东油区）

幼鸟 似冬羽。褐色较浓，头顶至颈背灰色或黑色。翕、肩和三级飞羽褐色，具皮黄色或暗红皮黄色羽缘和暗褐色亚端斑。内侧初级飞羽和次级飞羽尖端白色。

鸣叫声： 惊飞时，连续发出刺耳的"qü、qü、qü"声。

体尺衡量度（长度mm、体重g）：

标本号	时间	采集地	体重	体长	嘴峰长	翅长	跗蹠长	尾长	性别	现保存处
					63	217	113	83		山东师范大学
					66	252	120	113		山东师范大学

栖息地与习性： 栖息于开阔平原草地中的湖泊、浅水塘和沼泽地带，非繁殖期出现于河流浅滩、水稻田、鱼塘和海岸附近的淡水或盐水水塘和沼泽地带。4~5月初迁来北方繁殖地，9~10月离开繁殖地，常成群迁往越冬地。性胆小而机警，当干扰者接近时，常不断点头然后飞走。常单独、成对或成小群在浅水中或沼泽地上活动，非繁殖期常集成较大群体。常在浅水处及水边泥地上觅食，觅食时边走边啄食或疾速奔跑追捕食物。

食性： 主要捕食软体动物、甲壳类、环节动物、昆虫及其幼虫，以及小鱼和蝌蚪等动物性食物。

繁殖习性： 繁殖期5~7月。常成群在开阔湖边沼泽、草地或湖中露出水面的浅滩及沼泽地上营巢，也与其他水禽混群营巢，碟状巢由芦苇茎、叶和杂草构成。每窝产卵4枚，卵为梨形或卵圆形，黄绿色或橄榄褐色具黑褐色斑点。卵径约44mm×31mm，卵重约22g。雌雄亲鸟轮流孵卵，孵化期16~18天。孵化期间遇到干扰，所有亲鸟成群起飞引诱干扰者离开。

亚种分化： 全世界有4个亚种，中国1个亚种，山东分布为指名亚种 ***H. h. himantopus***（Linnaeus）。

亚种命名 Linnaeus, 1758, Syst. Nat., ed. 10, 1: 151（欧洲南部）

分布： 滨州-滨州；滨城区-西海（20160422），东海水库，北海水库，蒲城水库；无棣县-岔尖（20130416），小开河沉沙（王景元20150906），王干水库（刘腾腾20160423），贝壳岛保护区（20160501）；北海新区-埕口盐场（刘腾腾20160423）。德州-陵城区-丁东水库（张立新20110420），仙人湖（李令东20150427）；武城县-四女寺（张立新20150501）；乐陵-杨安镇水库（李令东20110730）。东营-（S）◎黄河三角洲，胜利机场（20150413）；东营区-沙营（孙熙让20120531），广利河口（20130414），小岛河海滩（20130414）；自然保护区-大汶流（单凯20120923）；垦利县-孤东油区（刘涛20160618）；河口区（李在军20080609）-孤岛水库（孙劲松20090422），草桥沟（20130417），黄河故道口。菏泽-曹县-魏湾镇黄河故道（王海明20120811）。济南-（P）济南，黄河；天桥区-北园；历城区-仲宫（陈云江20110426）。济宁-南四湖（楚贵元20100403）；任城区-太白湖（20160411，宋泽远20140407）；微山县-◎微山湖（于德金）；昭阳（陈保成20090521）；鱼台-梁岗（20160409，张月侠20160409），夏家（20160409，张月侠20150502）。聊城-（P）聊城，东昌湖，环城湖。莱芜-莱城区-牟汶河（陈军20090425）。青岛-青岛；城阳区-河套（20140527），胶州湾（20150622）。日照-东港区-付疃河（20150423、20150704、20150828，孙涛20150903，成素博20130404），崮子河（20150319，李宗丰20140503，成素博20120704），国家森林公园（郑培宏20140630、20140912），阳光海岸（20140613）。泰安-（P）泰安，瀛汶河，渐汶河（刘兆瑞20110522，刘国强20120506、20120607）；东平县-王台（20130509），大清河（20140515），（P）●东平湖（陈忠华20160609）。潍坊-潍河口（20130412）；昌邑-丰产河（20130412），小清河口。威海-荣成-八河，靖海，马山港，西北泊；乳山-乳山口；文登-五垒岛。烟台-莱山区-辛安河口（王宜艳20160401）；栖霞-长春湖（牟旭辉20130501）。淄博-高青县-常家镇（赵俊杰20160423）。胶东半岛，鲁中山地，鲁西北平原，鲁西南平原湖区。

各省份可见。

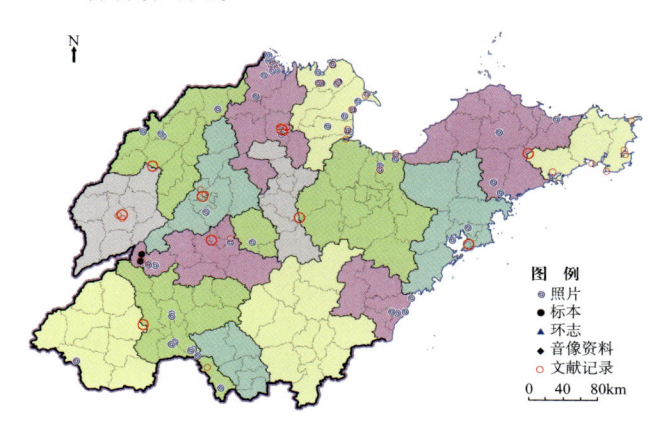

区系分布与居留类型： [广]（S）。

种群现状： Wetland International（2002）估计，亚洲有125 000~1 100 000只，2001年亚洲水鸟普查的数量为21 628只（Li and Mundkur 2002），物种分布范围广，被评价为无生存危机的物种，但滨海湿地的大规模开发将对其生存环境构成潜在威胁。山东沿海湿地，如黄河三角洲和胶州湾等湿地分布数量较多，甚至有繁殖群体（4~7月均拍到照片）；2009年以来，刘涛在垦利县孤东油区观察到其繁殖活动；2016年拍到巢卵及成鸟孵卵、出壳和雏鸟的照片，确证其在山东的繁殖活动。

物种保护： Ⅲ，中日，Lc/IUCN。

参考文献： H342，M386，Zja350；La618，Q144，Qm236，Z345，Zx58，Zgm77。

山东记录文献： 郑光美2011，朱曦2008，钱燕文2001，赵正阶2001，范忠民1990，郑作新1987、1976，付桐生1987；张月侠2015，赛道建2013、1999、1994，李久恩2012，吕磊2010，贾少波2002，吕卷章2000，马金生2000，田家怡1999，赵延茂

2001、1995，纪加义 1987c，田丰翰 1957。

144-01 反嘴鹬
Recurvirostra avosetta Linnaeus

命名： Linnaeus，1758，Syst. Nat.，ed. 10，1：151（意大利）

英文名： Pied Avocet

同种异名： 反嘴鸻，翘嘴娘子；—；Avocet

鉴别特征： 腿长，黑、白色鹬。嘴黑色，长而上翘。体羽全白色，头额顶、后颈、翼尖及翼上、肩等部带斑黑色，在背部呈醒目的黑、白色标志。

形态特征描述： 嘴细长、黑色，显著向上翘。虹膜褐色或红褐色。眼先、前额、头顶、枕和颈上部黑褐色，形成经眼下到后枕、后颈的黑色帽状斑。其余颈部、背、腰、尾上覆羽和整个下体白色，有的上背缀有灰色。肩和翕两侧黑色。内肩、翼上中覆羽和外侧小覆羽黑色。最长肩羽黑色。初级飞羽黑色，内侧和次级飞羽白色。三级飞羽黑色、外侧白色，并缀有褐色。尾白色、末端灰色，中央尾羽常缀灰色。脚蓝灰色，少数呈粉红色或橙色。

反嘴鹬（陈云江 20120426 摄于黄河滩；郑培宏 20141218 摄于日照国家森林公园；赛道建 20140527 摄于河套）

幼鸟 似成鸟，黑色部分变为暗褐色或灰褐色，上体白色部分缀有暗褐色、灰褐色或皮黄色斑点和羽缘。

鸣叫声： 发出清晰似"kluit"的笛音。

体尺衡量度（长度 mm、体重 g）：

标本号	时间	采集地	体重	体长	嘴峰长	翅长	跗蹠长	尾长	性别	现保存处
					86	227	88	98	♀	山东师范大学
					85	223	83	98		山东师范大学
	1958	微山湖		440	88	225	78	122	♂	济宁一中

栖息地与习性： 栖息于平原的湖泊、水塘、河口和沼泽地带，以及海边水塘和盐碱沼泽地。迁徙期间常出现于水稻田和鱼塘。单独或成对活动觅食，栖息时喜成群，在越冬地和迁徙季节有时集成大群，飞翔时脚远远超出尾外。常在水边浅水处活动，边走边啄食，常将长而上翘的嘴伸入水中或稀泥里面，左右来回扫动觅食。

食性： 主要捕食小型甲壳类、水生昆虫及幼虫、蠕虫和软体动物等小型无脊椎动物，以及小鱼。

繁殖习性： 繁殖期为 5～7 月。在湖泊岸边、盐碱地上或沙滩上，以及沿海沼泽边的裸露地上营巢，巢内无任何内垫物，或仅垫有小圆石或少许枯草。常成群繁殖。每窝产卵 3～5 枚。卵黄褐色或赭色，被有黑褐色斑点。卵径约 49mm×33mm。雌雄亲鸟轮流孵卵，如遇入侵者，群体会全部飞至干扰者上空不断鸣叫，直到干扰者离开。孵化期 22～24 天。

亚种分化： 单型种，无亚种分化。

分布： 滨州 - 滨州；滨州港（20130417）；滨城区 - 东海水库，北海水库，西海水库（20160312），清城水库；无棣县 - 贝壳岛保护区（20160501），沙头堡村（刘腾腾 20160518）。德州 -（P）德州；陵城区 - 丁东水库（张立新 20110420）。东营 - 东营，（P）◎ 黄河三角洲，广利河口（20130414），小岛河海滩（20130415）；自然保护区 - 大汶流（单凯 20110917、20120923）；河口区 - 孤岛故道（孙劲松 20090807），一千二保护区。济南 - 历下区 - 大明湖（20140410）；天桥区 - 黄河滩（陈云江 20120426）。济宁 - ● 济宁，南四湖（楚贵元 20090403）；微山县 - ● 微山湖。青岛 - 青岛；城阳区 - 河套（20140527），

胶州湾（20150621），棘洪滩（20150315）。**日照-东港区**-付疃河口（20140323、20150828，王秀璞20150421），夹仓口（成素博 20140125、20151122），国家森林公园（郑培宏 20141218）；岚山区-绣针河（成素博 20120119）。**潍坊**-小清河口。**烟台**-海阳-凤城（刘子波 20150904）。鲁西北平原，鲁西南平原湖区。

除海南外，各省份可见。

区系分布与居留类型： ［古］S（P）。

种群现状： 卢浩泉和王玉志（2001）曾认为反嘴鹬在山东已无分布；但近年来，各地野外观察和拍鸟照片证实，该物种在山东沿海湿地分布较广，而且进行繁殖，数量各地多少不同，在青岛胶州湾、日照付疃河、黄河三角洲可见到上百只较大群体觅食活动；列入山东省重点保护野生动物名录。

物种保护： Ⅲ，中日，Lc/IUCN。

参考文献： H343，M387，Zja351；La630，Q144，Qm236，Z246，Zx58，Zgm78。

山东记录文献： 郑光美 2011，朱曦 2008，赵正阶 2001，范忠民 1990，郑作新 1987、1976，付桐生 1987；赛道建 2013，吕磊 2010，卢浩泉 2001，田家怡 1999，赵延茂 1995，纪加义 1987c。

10.5 燕鸻科 Glareolidae

体形似燕而略大。喙短而阔扁，口裂大。鼻孔被膜，位于喙基凹沟中。翼狭长，折合时达到或超过尾端。最末初级飞羽最长。尾呈叉尾状或平尾状。跗蹠短、具盾状鳞，中爪具栉缘，后趾发达，位置高于前趾，外趾与中趾间有小蹼。雌雄鸟同色。

栖息于旱田、草地、河床、田野、荒漠草原等开阔环境中。飞翔姿态如家燕，具高度的社会性行为，常与其他水鸟混群活动，活动多在晨昏。在空中捕食飞行的昆虫，也能在地上觅食。结群繁殖，筑巢在地面上，挖浅洼为窝。每窝产卵 2~4 枚，群体合作鸣叫驱逐天敌，保护卵和雏鸟，用拟伤行为欺骗天敌。

Sibley 和 Monroe（1990）将燕鸻科置放于鹳形目鸻亚目的观点并没有被广为接受。Piersma（1996）仍将燕鸻科放于鸻形目鸻亚目，郑光美（2002、2011）和 Dickinson（2003）也持相同看法。

全世界有 5 属 18 种（Dickinson 2003）；中国有 1 属 4 种，山东分布记录有 1 属 1 种。

● 145-01 普通燕鸻
Glareola maldivarum Forster

命名： Forster JR，1795，Faun. Ind.，ed. 2：11（Open sea, in the latitude of the Maldive Isles）

英文名： Oriental Pratincole

同种异名： 燕鸻，土燕子；*Glareola pratincola maldivarum* Ali *et* Ripley，1969，*Glareola maldivarus* Howard *et* Moore，1984；Eastern Collared Pratincole，Swallow-plover，Large Indian Pratincole

鉴别特征： 嘴黑色、基部猩红色，喉黄色具明显黑色边缘。上体棕褐色，两翼长、近黑色，翼下覆羽棕褐色，颈胸黄褐色，腹部灰白色。叉形尾黑色，基部及外缘白色，尾上、尾下覆羽白色。

形态特征描述： 嘴黑色、嘴角红色。虹膜暗褐色。头顶褐灰色沾棕色。耳羽微缀棕栗色。颏、喉棕白色或桂红皮黄色，眼先经眼下缘沿头侧向下有一条黑色细线形成围着棕白色的喉环形圈，圈内缘有窄的白色圈。后颈、颈侧、肩、背、翼内侧覆羽橄榄褐色或棕灰褐色。后颈基处具棕色半圈状领。上体褐灰色，腰橄榄灰褐色。外侧飞羽和覆羽黑褐色，内侧飞羽和覆羽灰褐色。第 1 枚初级飞羽羽干近白色。翅形狭长，折合时长度超过尾端。下体前棕色后白色，胸和两胁棕褐色，腹淡褐色，下腹至尾下覆羽白色，腋羽和翼下覆羽栗红色。尾叉状，黑褐色；中央尾羽较短、基部白色而外侧尾羽较尖长、白色，仅尖端具一斜形黑色条状斑；尾上覆羽白色。脚黑褐色。冬羽嘴基无红色，喉斑淡褐色，外缘黑圈不明显并无白圈。

普通燕鸻（单凯 20110602 摄于保护区大汶流）

幼鸟 头顶暗褐色，羽缘沾棕色；颏、喉棕白色、无黑色环圈。背橄榄灰色具黑褐色和棕白色尖端。肩羽具窄的皮黄白色尖端。尾上覆羽白色具棕色羽端。胸具暗褐色纵纹；下胸淡棕色，腹以下白色。

鸣叫声： 边飞边发出尖锐似"gi—i—gi—i"叫声。

体尺衡量度（长度 mm、体重 g）：

标本号	时间	采集地	体重	体长	嘴峰长	翅长	跗蹠长	尾长	性别	现保存处
B000375					12	174	30	66		山东博物馆
	1958	微山湖		290	14	195	32	88	♂	济宁一中
840377	19840513	鲁桥	84	215	17	189	35	92	♂	济宁森保站
					14	168	34	80	♀	山东师范大学
					14	174	35	82		山东师范大学

栖息地与习性： 栖息于开阔平原地区的湖泊、河流、水塘、农田、耕地和沼泽地带。繁殖期单独或成对活动，非繁殖期则成群。体色和周围环境很相似，不易被发现。飞行迅速，长时间在河流、湖泊和沼泽等水域上空飞翔，落地迅速有时几乎成垂直状，落地面后常作短距离奔跑。多在河流两岸或湖边离水域不远的潮湿沙滩、砾石堆、泥地及草地上活动觅食和休息。

食性： 主要捕食蝗虫、蚱蜢等昆虫，以及蟹、甲壳类等小型无脊椎动物。

繁殖习性： 繁殖期5～7月。在河流、湖泊岸边或水域附近沙土地上，以及河心小岛、溪旁和稻田地边筑巢。常成群营巢，在沙土地上稍微扒一浅坑，内垫少许枯草即可，但多数直接产卵于沙土窝中。每窝产卵2～5枚。卵椭圆形，黄灰色、土灰色或乳白色，被有暗褐色、灰色或棕黑色斑点，以钝端较密，卵径约31mm×23mm。

亚种分化： 单型种，无亚种分化。

分布： 滨州 - ●（刘体应1987）滨州；滨城区 - 东海水库，北海水库，蒲城水库。**德州** - 乐陵 - 杨安镇水库（李令东20110803）；齐河县 - 华店（高文峰20140811）。**东营** -（S）◎黄河三角洲（单凯20110602），◎黄河湿地（尹娜200106xx），广南水库；自然保护区 - 大汶流（单凯20110602）；河口区 - ◎（李在军20080627），河口苇场，◎孤岛南大坝（孙劲松20110709），一千二保护区。**菏泽** -（P）菏泽。**济宁** - ●南四湖；任城区 - 太白湖（宋泽远20130505）；微山县 -（S）●微山湖。**临沂** -（S）沂河。**青岛** - 青岛。**日照** - 东港区 - 付疃河（成素博20150430）。**泰安** -（S）泰安，泰山；岱岳区 - ●大汶河；东平县 -（S）●东平湖（20100713）。**潍坊** - ●白浪河（王羽20100428、20120517）。**威海** -（S）威海，双岛，荣成 - 八河；乳山 - 白沙滩；文登 - 五垒岛。**烟台** - 牟栖霞 - 西山庄水库（牟旭辉20151026），白洋河（牟旭辉20140510）。**淄博** - 淄博。胶东半岛，鲁中山地，鲁西北平原，鲁西南平原湖区。

除贵州、西藏、新疆外，各省份可见。

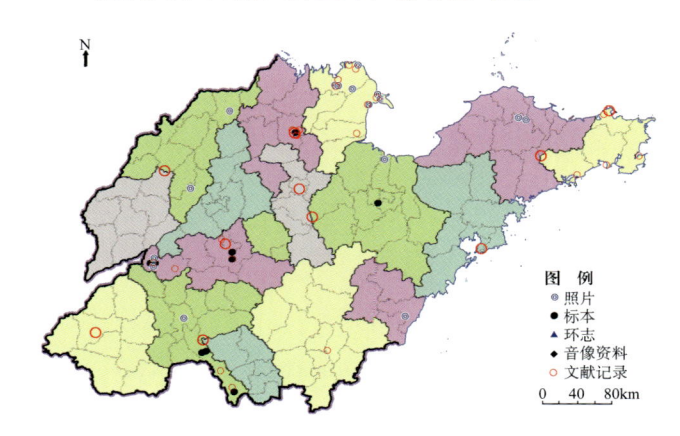

区系分布与居留类型：［广］（S）。

种群现状： 大量捕食蝗虫等害虫，对农业有益。地区性常见鸟，数量不多。山东分布数量并不普遍，未列入山东省重点保护野生动物名录。

物种保护： Ⅲ，中日，Lc/IUCN。

参考文献： H349，M405，Zja356；La652，Q148，Qm256，Z249，Zx59，Zgm78。

山东记录文献： 郑光美2011，朱曦2008，钱燕文2001，赵正阶2001，范忠民1990，付桐生、郑作新1987、1976，付桐生1987，Shaw 1938a；赛道建2013、1999，李久恩2012，吕磊2010，赵延茂2001、1995，王海明2000，马金生2000，吕卷章2000，田家怡1999，闫理钦1998a，宋印刚1998，侯端环1990，刘体应1987，纪加义1987c。

10.6 鸻科 Charadriidae

小至中型涉禽，喙短而直尖，头圆、眼大，颈粗短，脚强壮。具有羽冠、脸部肉垂或翼距等1～2个特征，翼端呈圆形，或者翼尖长。雌雄鸟同型，但雄鸟色泽较鲜明。羽色具明显季节性变化，繁殖羽较为鲜艳。

栖息生活于干燥及潮湿的各种环境，如海岸带、草地、冻原、高地及半沙漠开阔地带。多营巢于地面，雏鸟的脚颇大，早成雏。善于地面行走、在浅水涉行奔跑，长距离飞行能力强，喜群栖，群体或大或小。觅食时进行小跑步，间隔着短暂的停顿，视觉发达，能在夜间弱光下进行觅食，以地表小型无脊椎动物为主要食物。

数十年来，由于经济快速发展，将河口、滨海湿地开发为养殖区或是其他功能区，适合本科鸟类生活的湿地面积大为缩小，海口河川的污染造成许多重要湿地的度冬族群日益减少，使得本科鸟类有多种生存受到威胁，自公元1600年以来已有1种灭绝。

全世界有10属66种；中国有3属17种，山东分布记录有3属12种。

鸻科分属、种检索表

1. 背面有许多明显斑点 ·· 2 斑鸻属 *Pluvialis*
   背面羽色较为一致 ·· 3
2. 有小型带爪的后趾 ··· 灰鸻 *P. squatarola*
   无后趾 ·· 金鸻 *P. fulva*
3. 体长大于270mm ··· 4 麦鸡属 *Vanellus*
   体长小于260mm ··· 5 鸻属 *Charadrius*
4. 跗蹠前具盾状鳞，其他部分为网状鳞，头后无饰羽 ·· 灰头麦鸡 *Vanellus cinereus*
   跗蹠前后为网状鳞，头后有细长饰羽 ·· 凤头麦鸡 *V. vanellus*
5. 颈部有完整白色颈轮 ··· 6
   颈部无白色颈轮或不完整 ··· 9
6. 脚黑色 ·· 环颈鸻 *Charadrius alexandrinus*
   脚橙黄色 ··· 7
7. 眼周围有金黄色圈 ·· 金眶鸻 *C. dubius*
   眼周围无金黄色圈 ··· 8
8. 喙全黑色 ··· 长嘴剑鸻 *C. placidus*
   喙基部黄色 ·· 剑鸻 *C. hiaticula*
9. 胸橙红色，有黑色过眼带 ··· 10
   胸橙红色，无黑色过眼带 ··· 11
10. 脚灰绿色 ··· 蒙古沙鸻 *C. mongolus*
    脚黄褐色 ·· 铁嘴沙鸻 *C. leschenaultii*
11. 栗色胸带后缘具宽的黑色横带 ··· 东方鸻 *C. veredus*
    栗色胸带后缘具窄的黑色横带 ··· 红胸鸻 *C. asiaticas*

● 146-01 凤头麦鸡
Vanellus vanellus (Linnaeus)

命名： Linnaeus C, 1758, Syst. Nat., ed. 10, 1: 148（瑞典）
英文名： Northern Lapwing
同种异名： 田凫，小辫鸻；*Tringa vanellus* Linnaeus 1758；Lapwing, Common Lapwing

鉴别特征： 黑白色麦鸡。嘴黑色，头顶色深，具黑色反曲长冠羽，耳羽黑色，头侧及喉部污白色。上体绿黑色具金属光泽，胸近黑色、腹白色。尾白色、具黑色宽次端带。脚红色。

形态特征描述： 中型涉禽。嘴黑色。虹膜暗褐色。眼先、眼上及眼后灰白色和白色杂有白色斑纹，眼下黑色，少数个体形成黑纹，耳羽和颈侧白色杂有黑斑。鼻孔线形，位于鼻沟里，鼻沟长度超过嘴长的一半。额、头顶和枕黑褐色，头上有细长、黑色反曲的醒目长形羽冠。颔、喉黑色。背、肩和三级飞羽暗绿色或辉绿色、具棕色羽缘和金属光泽。翅形圆尖飞羽黑色，最外侧3枚初级飞羽末端有斜行白斑，肩羽末

凤头麦鸡（王强 20110327 摄于威海；陈云江 20111011 摄于鹊山沉沙池）

端沾紫色，第1枚初级飞羽退化，形狭窄，甚短小；初级飞羽第2枚较第3枚长或等长；三级飞羽长。胸部具宽阔黑色横带，前颈中部黑色纵带将黑色喉和黑色胸带连接起来，下胸和腹白色。腋羽和翼下覆羽纯

白色。尾形短圆，尾羽12枚，基部白色，端部黑色具棕白色或灰白色羽缘，外侧1对尾羽纯白色，尾下覆羽淡棕色，尾上覆羽棕色。脚肉红色或暗橙栗色；跗蹠修长，胫下部裸出；中趾最长，趾间具蹼或不具蹼，后趾型小或退化。冬羽头淡黑色或皮黄色，羽冠黑色。颏、喉白色，肩和翼覆羽具皮黄色宽羽缘，余同夏羽。

雌鸟 似雄鸟，但头部羽冠稍短，喉部常有白斑。

幼鸟 似成鸟冬羽，但冠羽短，上体具皮黄色羽缘。

鸣叫声： 发出似 "pee-wet" 长鼻音。

体尺衡量度（长度mm、体重g）：

标本号	时间	采集地	体重	体长	嘴峰长	翅长	跗蹠长	尾长	性别	现保存处
B000373					25	220	48	97		山东博物馆
830283	19840316	鲁桥	239	305	24	211	52	105	♀	济宁森保站
	1938	青岛	230			234				不详
					24	215	45	115		山东师范大学
					22	225	45	115		山东师范大学

注：Shaw（1938a）记录1♂重230g，翅长234mm

栖息地与习性： 栖息于低山丘陵、山脚平原和草原地带的湖泊、水塘、沼泽、溪流等水边或草地和农田地带，有时到远离水域的农田、旱草地和高原区。河北以南、长江以北多为旅鸟。3月初至中旬迁到繁殖地，9月中下旬迁离繁殖地。常成群活动，冬季常集成数十至数百只群体。善飞行，两翅扇动迟缓，能在空中上下翻飞，飞行速度较慢而高度不高。栖息时，伸颈注视接近人员，发现危险立即飞离。

食性： 主要捕食鞘翅目、鳞翅目、膜翅目、蝼蛄等的昆虫及其幼虫，以及虾、蜗牛、螺、蚯蚓等小型无脊椎动物和蛙类；采食杂草种子及植物嫩叶等。

繁殖习性： 繁殖期5～7月。一雌一雄制，成对或成松散小群一起在草地或沼泽草甸边的盐碱地上营巢，利用地上凹坑或将地上泥土扒成一圆形凹坑，内无铺垫或垫少许苔草茎和草叶。5月初开始产卵，每窝产卵3～5枚；卵梨形或尖卵圆形，灰绿色或米灰色被有不规则的褐色斑点，钝端较多。卵产齐后雌雄鸟轮流孵卵，以雌鸟为主，孵化期25～28天。雏鸟早成雏，出壳后第2天即能离巢行走、奔跑，遇到危险后急速奔跑隐藏在杂草根部不动，亲鸟则在空中飞行鸣叫吸引天敌。

亚种分化： 单型种，无亚种分化。

分布： 滨州-滨州；滨城区-东海水库，西海水库（20160312），北海水库，蒲城水库。德州-陵县-边镇马颊河（张立新20140904）。东营-（P）◎黄河三角洲（199209xx）；河口-◎孤岛水库。菏泽-（P）菏泽。济南-（P）济南，黄河；天桥区-鹊山沉沙池（陈云江20111011、20111014）；北园；槐荫区-玉清湖（20130321）。济宁-南四湖（楚贵元20091205）；（P）金乡县；微山县-（P）微山湖，昭阳（陈保成20071103）；（P）鱼台县。聊城-环城湖。莱城区-雪野湖（陈军20160303）。青岛-（P）●（Shaw 1938a）青岛。日照-东港区-国家森林公园（郑培宏20141218），付疃河三岔口（成素博20151117），两城河（成素博20111113）。泰安-（P）泰安；岱岳区-黄前水库（刘兆瑞20110311），●大汶河；泰山区-大河水库（刘兆瑞20151125）；东平县-（P）●◎东平湖。潍坊-●白浪河（王羽20130308、20130324）。威海-环翠区（王强20110327）；烟台-莱州；海阳-凤城（刘子波20140325）；栖霞-长春湖（牟旭辉20120320）。淄博-淄博；高青县-大芦湖（赵俊杰20160319）。胶东半岛，鲁中山地，鲁西北平原，鲁西南平原湖区。各省份可见。

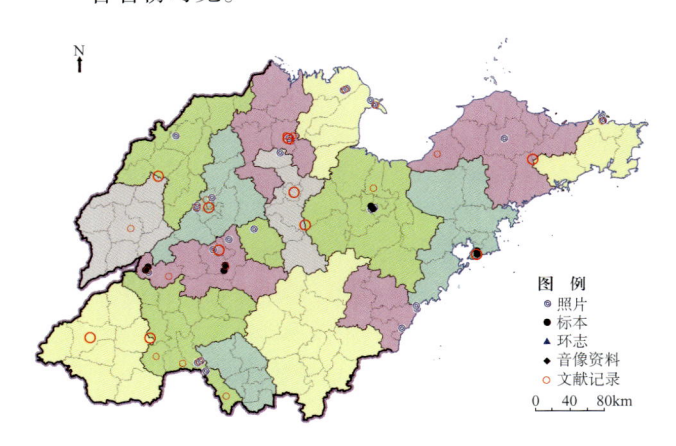

区系分布与居留类型：［古］（P）。

种群现状： 捕食害虫，对农业有利。物种分布范围广，种群数量不大，但较稳定，被评价为无生存危机的物种。山东分布数量并不普遍，未列入山东省重点保护野生动物名录。

物种保护： Ⅲ，中日，Lc/IUCN。

参考文献： H279，M400，Zja287；Lb14，Q118，Qm236，Z200，Zx59，Zgm79。

山东记录文献：郑光美 2011，朱曦 2008，范忠民 1990，郑作新 1987、1976，付桐生 1987，Shaw 1938a；赛道建 2013、1994，张月侠 2015，吕磊 2010，王希明 2001，王海明 2000，田家怡 1999，宋印刚 1998，赵延茂 1995，王庆忠 1992，纪加义 1987b。

● 147-01　灰头麦鸡
Vanellus cinereus（Blyth）

命名： Blyth E，1842，Journ. As. Soc. Bengal 11：587（印度加尔各答）

英文名： Grey-headed Lapwing

同种异名： 跳鸻；*Microsarcops cinereus*（Blyth），*Pluvianus cinereus* Blyth；—

鉴别特征： 黑、白、灰色麦鸡。嘴黄色、先端黑色。头、颈及胸灰色，背褐色，下体白色、胸带黑色。尾白色具黑色端斑，最外侧尾羽全白色。飞翔时，翅上黑白分明，下体白色而翼尖、尾端黑色。幼鸟无黑色胸带。

形态特征描述： 中型涉禽。嘴黄色、端部黑色。虹膜红色；眼周裸出部及眼先小肉垂黄色。头顶两侧、喉及后颈灰褐色。颏、喉灰白色。上体肩、背及翼覆羽棕褐色。两翼翼尖初级飞羽黑色，内侧次级飞羽白色，小覆羽色淡，大覆羽端部白色。上胸部褐灰色，其下缘黑色形成半圆形胸宽带斑，下腹及腹部白色。尾羽白色，具宽阔黑色次端斑，次端斑由内向外渐小，中央尾羽黑色、次端斑前缘和羽端渲染淡褐色，最外侧 1 对尾羽几纯白色。胫部裸露部、跗蹠及趾黄色，爪黑色。翅角有突起。有后趾。

灰头麦鸡（孙劲松 20090429 摄于孤岛水库北；赛道建 20140408 摄于锦绣川）

冬羽　似夏羽，但头、后颈、肩、背及翼覆羽淡褐色，颏、喉淡白色，具模糊褐色纵纹，头及胸带褐色。

鸣叫声： 为重复"qiyi、qiyi"声，警戒声为粗哑"qiahayi"及尖锐"pin"声。

体尺衡量度（长度 mm、体重 g）：

标本号	时间	采集地	体重	体长	嘴峰长	翅长	跗蹠长	尾长	性别	现保存处
					37	240	78	110		山东师范大学
B000371					36	246	79	98		山东博物馆

注：Shaw（1938a）记录 7♂ 重 234（215～260）g，翅长 165～206mm；14♀ 重 230（216～250）g，翅长 199～210mm

栖息地与习性： 栖息活动于近水的开阔地带，如沼泽、水田、耕地、草地、河畔或山中池塘畔。繁殖于中国东北地区及江苏、福建一带，越冬于广东和云南等地。迁飞、冬季时，常集成 10 余只至数百只群体。

食性： 主要捕食鞘翅目、鳞翅目、膜翅目和直翅目等昆虫，以及虾、蜗牛、螺、蚯蚓等小型无脊椎动物和植物嫩叶、种子等。

繁殖习性： 繁殖期 3～7 月。在离水不远的草地上营巢，巢甚简陋。每窝产卵 3～4 枚，卵梨形，土黄色杂有灰褐色斑点。卵产齐后，雌雄鸟轮流孵卵，以雌鸟为主，孵化期 25～28 天。雏鸟早成雏，出壳第 2 天即能离巢行走、奔跑，遇到天敌后先急速奔跑后隐藏在杂草根部不动，亲鸟则在空中来回飞行鸣叫吸引天敌注意。

亚种分化： 单型种，无亚种分化。

分布： 滨州 - 滨州；滨城区 - 东海水库，北海水库，蒲城水库。德州 - 乐陵 - 杨安镇水库（李令东 20110729）。东营 -（P）◎黄河三角洲；河口区（李在军 20080403），河口 - 孤岛水库（孙劲松 20090429）。济南 - 历城区 - 锦绣川(20140408)。济宁 - 任城区 - 太白湖（宋泽远 20130316）。莱芜 - 莱城区 - 牟汶河（陈军 20140510）。青岛 - 青岛；城阳区 - 流亭机场（20140523）。日照 - 东港区 - 付疃河（成素博 20130414），崮子河（成素博 20130501），国家森林公园（郑培宏 20140926）。泰安 - 瀛汶河。潍坊 - ●潍坊机场（20090413，王羽 20130324）。烟台 - 栖霞 - 白洋河（牟旭辉 20150508）；莱州。淄博 - 淄博。（P）渤海湾，胶东半岛，鲁中山地，鲁西北平原。

除西藏、新疆外，各省份可见。

区系分布与居留类型：［古］(P)。

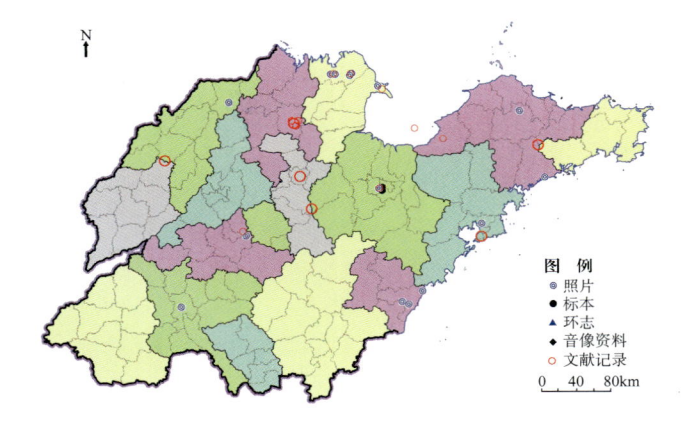

种群现状： Wetland International（2002）估计，亚洲地区有 25 000～100 000 只，2001 年亚洲水鸟普查的最高数量为 908 只（Li and Mundkur 2002）。山东分布数量并不普遍，尚未见其繁殖的报道，未列入山东省重点保护野生动物名录。

物种保护： Ⅲ，Lc/IUCN。

参考文献： H280，M402，Zja288；Lb18，Q118，Qm237，Z201，Zx60，Zgm79。

山东记录文献： 郑光美 2011，朱曦 2008，赵正阶 2001，范忠民 1990，郑作新 1987、1976，Shaw 1938a；赛道建 2013，吕磊 2010，田家怡 1999，赵延茂 1995，纪加义 1987b。

● 148-01 金鸻
Pluvialis fulva（Gmelin）

命名： Gmelin JF，1789，Syst. Nat.，ed. 13. 1：687（太平洋大溪地）

英文名： Pacific Golden Plover

同种异名： 金斑鸻，太平洋金斑鸻，金背子；*Pluvialis dominica*（Müller），*Charadrius fulvus* Gmelin 1879，*Pluvialis dominica fulva*（Gmelin）；Pacific Golden Plover，Eastern Golden Plover，Lesser Golden Plover

鉴别特征： 嘴短黑，脸周、眉纹黄白色。上体黑色，满布金黄色斑点，脸、喉、胸及腹部深黑色，胸侧白色，颈胸两侧有一条"Z"形白带。雌鸟下体黑色较浅。飞行时，翅尖而窄，尾呈扇形展开。

形态特征描述： 中型涉禽。嘴形直、黑色，端部膨大呈矛状。虹膜暗褐色。额基棕白色，向两侧与宽阔的眼上白色眉纹相连，向下与胸侧相连。颊、颔、喉黑色。全身羽毛大都黑色。背上淡黑褐色密杂金黄色点斑。头、后颈、背黑褐色，满布浅棕白色点斑和浓着的金黄色点斑。翅形尖长，第 1 枚初级飞羽退化，甚短小；第 2 枚初级飞羽较第 3 枚长或等长，三级飞羽特长；初级和次级飞羽黑褐色，大覆羽黑褐色、羽端缀白色，小覆羽和三级飞羽与背同色。下胸和腹部中央黑色，两胁、肛周羽和尾下覆羽淡棕白色、具黑色及灰褐色杂斑，腋羽褐灰色、羽端缀白色，翼下覆羽浅褐色。尾形短圆，尾羽 12 枚，尾上覆羽黑褐色，尾羽具黑褐色与淡棕白色相间的横斑。胫、跗蹠与趾浅灰黑色，爪黑褐色，跗蹠修长，胫下部裸出。中趾最长，趾间具蹼或不具蹼，无后趾。

金鸻（刘冰 20120704 摄于大汶河；赛道建 20150828 摄于付疃河）

冬羽 似繁殖羽，颊侧、喉及胸黄色杂有浅灰褐色斑纹。上体满布褐色、白色和金黄色杂斑。下体具褐色、灰色和黄色斑点，下胸和腹部中央变成灰黄色，不呈黑色。

鸣叫声： 突然发出一系列快速的音符和各种不同声音，包括似"tuu-u-ee"吹哨声。

体尺衡量度（长度 mm、体重 g）：

标本号	时间	采集地	体重	体长	嘴峰长	翅长	跗蹠长	尾长	性别	现保存处
	1938	青岛	112			167				不详
	1938	青岛	133			167				不详
	1938	青岛	140			163				不详
B000333					25	156	39	58		山东博物馆
					22	172	40	65	♂	山东师范大学
					22	165	42	75	♀	山东师范大学
					23	162	42	74	♂	山东师范大学

注：Shaw（1938a）记录 ♂ 重 215～264g，均重 234g，翅长 165～206mm；♀ 重 216～250g，均重 239g，翅长 199～210mm

栖息地与习性： 栖息活动于海岸线、盐田、河口、湖滨、河滩、稻田、草地等与湿地有关的生态环境，善疾走。在甘肃和内蒙古根河地区偶有繁殖。春秋出现在内陆或大洋上的迁徙路线至少在局部地区会有一些变化，迁徙时途经中国，通常沿海岸线、河道迁徙。

食性： 主食捕食鞘翅目、直翅目、鳞翅目等昆虫，以及软体动物、甲壳动物等。

繁殖习性： 繁殖期5～7月。雄鸟在沼泽地干燥地面上以苔原刮起的植物筑巢，以干草、地衣和叶作为筑巢的原材料。每窝产卵4～5枚，卵白色或灰白色，布满深褐色和黑色斑点。雌雄亲鸟共同孵卵，一般雌鸟白天、雄鸟夜间孵卵，孵化期27～28天。幼鸟孵出后22～23天能飞，但迁徙途中明显落后于成鸟。

亚种分化： 单型种，无亚种分化。

分布： 滨州-无棣县-贝壳岛保护区（20160501）。德州-乐陵-杨安镇水库（李令东20110803）；齐河-●郭店（20130514）。东营-东营，（P）◎黄河三角洲（199104xx）；垦利县。济南-●济南机场（20130908）。济宁-南四湖（颜景勇20080507）；微山县-微山湖。青岛-青岛；李沧区-●（Shaw 1938a）沧口；市北区-●（Shaw 1938a）小港。日照-东港区-付疃河（20150828，孙涛20150903，成素博20150505），国家森林公园（郑培宏20141001），崮子河（成素博20130501）。泰安-（P）泰安，泰山-低山；岱岳区-●大汶河（刘冰20120704，刘兆瑞20120925）；东平县-（P）●东平湖。威海-荣成-成山西北泊（20150507）。烟台-栖霞-白洋河（牟旭辉20150508）；海阳-凤城（刘子波20150420）。淄博-淄博。胶东半岛，鲁中山地，鲁西北平原。

各省份可见。

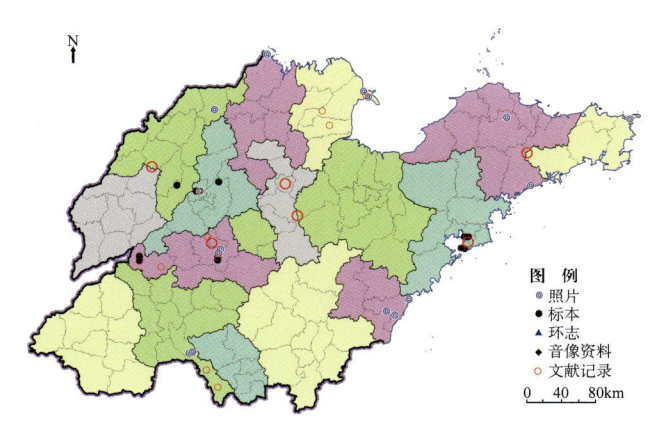

区系分布与居留类型： ［古］（P）。

种群现状： Wetland International（2002）估计东亚地区的总数约为100 000只，2001年亚洲普查的最高数量为23 150只（Li and Mundkur 2004）；分布广泛，物种本身及其栖息环境未遭受重大威胁，但栖息环境面临土地开发的潜在威胁。山东分布数量并不普遍，未列入山东省重点保护野生动物名录。

物种保护： Ⅲ，中日，中澳，Lc/IUCN。

参考文献： H284，M388，Zja292；Lb21，Q120，Qm238，Z204，Zx60，Zgm80。

山东记录文献： 郑光美2011，朱曦2008，赵正阶2001，范忠民1990，郑作新1987、1976，Shaw 1938a；赛道建2013，赵延茂2001、1995，吕卷章2000，马金生2000，田家怡1999，杜恒勤1985，纪加义1987b。

● 149-01 灰鸻
Pluvialis squatarola（Linnaeus）

命名： Linnaeus C，1758，Syst. Nat., ed. 10, 1: 149（瑞典）

英文名： Grey Plover

同种异名： 灰斑鸻，斑鸻；*Squatarola squatarola*（Linné），*Tringa squatarola* Linnaeus，1758；Black-bellied Polver, Silver Polver

鉴别特征： 小型涉禽。嘴短、黑色。上体褐灰色、黑白斑驳状，下体近白色，两色间白色将上下体分开，腰尾白色、尾有黑横斑。飞翔时，下体、腋羽与白色翼下对比明显。

形态特征描述： 嘴黑色，嘴峰与头等长，端部稍隆起。鼻孔线形，位于鼻沟内，鼻沟约等于嘴长的2/3。虹膜褐色，眉纹灰白色。额白色或灰白色，头顶淡黑褐色至黑褐色、羽端浅白色；颏、喉白色。后颈灰褐色，背、腰浅黑褐色至黑褐色、羽端白色。翅形尖长、黑色，第1枚初级飞羽退化，形狭窄，甚短小；第2枚初级飞羽较第3枚长或者等长。三级飞羽特长。内侧数枚初级飞羽具窄的白色端缘和外翈；覆

灰鸻（成素博20120507 摄于夹仓口）

羽黑褐色具暗色纤细羽干纹、端部白色至灰白色。下喉、胸部密布浅褐色斑点和纵纹；下胸、腹、两胁和尾下覆羽纯白色。腋羽黑色。尾形短圆，尾羽12枚；尾上覆羽和尾羽白色、具黑褐色横斑，尾上覆羽横斑较疏，尾羽横斑较密。跗跖和趾暗灰色；后趾细小或退化缺如，跗跖修长，胫下部裸出，中趾最长，趾间具蹼或不具蹼。雌雄鸟繁殖期两颊、颏、喉及整个下体变为黑色。

鸣叫声：发出"chee-woo-ee"哨音。

体尺衡量度（长度mm、体重g）：

标本号	时间	采集地	体重	体长	嘴峰长	翅长	跗蹠长	尾长	性别	现保存处
B000332					22	206	41	82		山东博物馆
2001*	19370401	青岛女姑	295		31	198	41	92	♂	中国科学院动物研究所
					31	185	43	90	♀	山东师范大学

* 平台号为2111C0002200002146；寿振黄（1938）在青岛采到雄鸟7只、雌鸟4只标本

栖息地与习性：栖息于海岸潮间带、河口、水田、沼泽、河漫滩、湖岸、草地等，以及内陆和干旱地区的草原和湿地。在中国主要为旅鸟，春季数量多，秋季比较少，生活环境多与湿地有关，出现在黄河口及沿海滩涂，常与其他斑鸻混群迁徙，飞行速度较快。觅食时采用"快跑-停顿-搜索-吞食"的行为模式。

食性：主要捕食昆虫、小鱼、虾、蟹、牡蛎及其他软体动物。

繁殖习性：繁殖期5～8月。在苔原与森林北限的低洼潮湿地区营巢，在地面上的凹陷处用小石块垒成，内衬苔藓和地衣。每巢产4枚卵。双亲共同孵化和育雏，孵化期26～27天。雏鸟上体呈硫黄色和黑色，下体白色，脸颊有一条白色与黑色条纹领带；2～3龄性成熟。

亚种分化：全世界有3个亚种，中国有1个亚种，山东分布为指名亚种 *P. s. squatarola*（Linnaeus）（刘小如2010，郑光美2011）。

亚种命名 Linnaeus C，1758，Syst. Nat., ed. 10, 1：149（瑞典）

另一种观点认为为单型种，无亚种分化（赵正阶1995、2001）。

分布：东营-东营，（S）◎黄河三角洲（单凯20041015），黄河口、一千二保护区、五号桩、广利支脉河口、盐场；自然保护区-大汶流；垦利县。青岛-青岛，城阳区-●（Shaw 1938a）红岛，●（Shaw 1938a）女姑口，●（Shaw 1938a）红岛；四方区-●（Shaw 1938a）四方。日照-东港区-●（Shaw 1938a）王家滩、付瞳河（20150903，成素博20120821），夹仓口（成素博20120507），两城河（成素博20111113），国家森林公园（郑培宏20140812）。潍坊-小清河口。威海-（S）威海（王强20120918）；荣成-八河、天鹅湖、石岛；乳山-白沙滩、龙角山水库、乳山口；文登-米山水库、五垒岛。烟台-牟平区-辛安河口（王宜艳20151012）；海阳-凤城（刘子波20150411、20150523）。淄博-淄博。胶东半岛，鲁中山地，鲁西北平原。各省份可见。

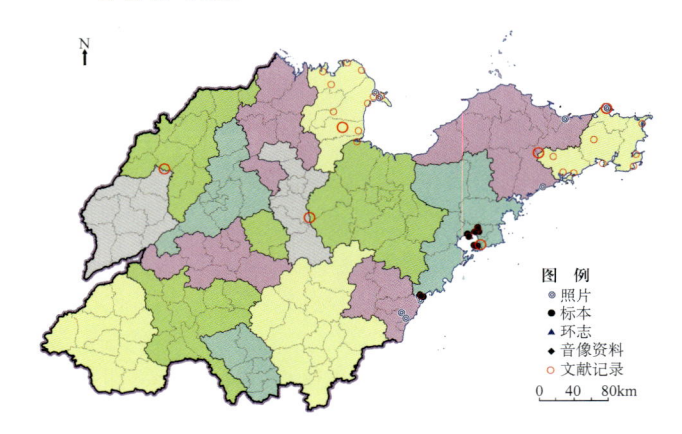

区系分布与居留类型：[古]（S）。

种群现状：种分布范围广，种群数量少而趋势稳定，被评价为无生存危机的物种。山东分布数量并不普遍，沿海湿地可见小群体活动，未列入山东省重点保护野生动物名录。

物种保护：Ⅲ，中澳，Lc/IUCN。

参考文献：H283，M389，Zja291；L26b，Q120，Qm239，Z203，Zx60，Zgm 80。

山东记录文献：郑光美2011，朱曦2008，赵正阶2001，范忠民1990，郑作新1987、1976，Shaw 1938a；赛道建2013，闫理钦2013、1998a，赵延茂2001、1995，吕卷章2000，马金生2000，田家怡1999，纪加义1987b。

150-00 剑鸻
Charadrius hiaticula Linnaeus

命名：Linnaeus C, 1758, Syst. Nat., ed. 10, 1：150（瑞典）
英文名：Common Ringed Plover
同种异名：环颈鸻，普通环鸻，北环颈鸻，—；Ringed Plover

鉴别特征：中型黑、褐、白色鸻。嘴橙黄色、先端黑色，前顶冠深黑色，额白色，额基与头顶前有2

条黑色横带，贯眼纹宽、黑色，眼后有一白眉斑。上体褐色、下体白色，颈环黑白二色，白颈环宽与白喉相连，黑颈环与黑色胸部相连。飞行时，白翼斑明显。腿橘黄色。

形态特征描述：中小型涉禽。嘴黑色，（繁殖期）基部2/3橙黄色，（非繁殖期）基部有点橙黄色。虹膜暗褐色，黄色眼圈狭细而黯淡；眼先、前额基部黑色，额前有一白色横带。耳羽黑色或黑褐色，眉纹白色延伸至眼后。额基黑色，头上部黑色条带与灰褐色间无白色条纹相隔。完整颈圈白色与颏喉白色相连，具较宽完整黑色或黑褐色胸带环绕至颈后。头顶、肩羽、背部、翼上覆羽及三级飞羽灰褐色。翅形尖长，第1枚初级飞羽退化，形狭窄，甚短小；第2枚初级飞羽较第3枚长或者等长，三级飞羽特长。初级、次级飞羽黑褐色，飞羽羽干和羽根（翮）白色，大覆羽端白色，形成较大白色翼斑。翼下覆羽与腋羽白色（飞行时明显）。胸带以下腹部、两胁、尾下概白色。尾形短圆，尾羽12枚；尾羽黑褐色，外侧尾羽白色，尾上覆羽灰褐色。跗蹠修长，胫下部裸出，胫节、跗蹠和趾为鲜亮橙黄色，爪黑色，中趾最长，趾间具蹼或不具蹼，后趾型小或退化。似繁殖羽，黑色部分转为暗褐色。

亚成体 同成鸟冬羽，上体羽缘黄色形成闪亮鳞片状斑纹。

鸣叫声：发出似"tu-weep"笛音。

体尺衡量度（长度mm、体重g）：山东暂无标本及测量数据。

栖息地与习性：栖息于岛屿、海岸滩涂、江河、河口、湖泊、水库、农田、湖泊滩地、沼泽草甸和草地等地。长江以北为夏候鸟、以南为冬候鸟。最早在3月上旬迁到繁殖地，9月上旬开始迁往越冬地，飞行能力强。性情机警，不易接近；单独或小群活动，常见3~5只小群，疾走几步，停下来，在泥滩觅食，又疾走，边走边鸣叫。

食性：主要捕食龙虱、步行甲等鞘翅目昆虫及其幼虫、甲壳动物、蚯蚓等小型无脊椎动物，以及植物嫩芽和杂草种子。

繁殖习性：繁殖期5~7月。在海岸、湖泊、河流等水域岸边沙石地上或河漫滩沙石间的凹地上营巢。雌雄到达繁殖地后求偶成对或在迁徙途中即已成对。每窝产卵3~4枚，卵为梨形，卵径约35mm×25mm。雌雄亲鸟共同孵卵，孵化期23~27天。

亚种分化：全世界有2个亚种（3个亚种，刘小如 2012），中国有1个亚种，山东分布记录为苔原亚种 *Charadrius hiaticula tundrae*（Lowe 1915）。

亚种命名 Lowe PR，1915，Bull. Br. Orni. Cl. 36：7

分布：东营-S）◎黄河三角洲；广饶。济南-（P）济南。聊城-（S）聊城，环城湖。青岛-青岛。泰安-（PS）泰安，泰山；岱岳区-黄前水库，大汶河；东平县-东平湖。潍坊-白浪河。胶东半岛，鲁中山地，鲁西北平原。

黑龙江、内蒙古、河北、青海、新疆、上海、台湾、广东、香港。

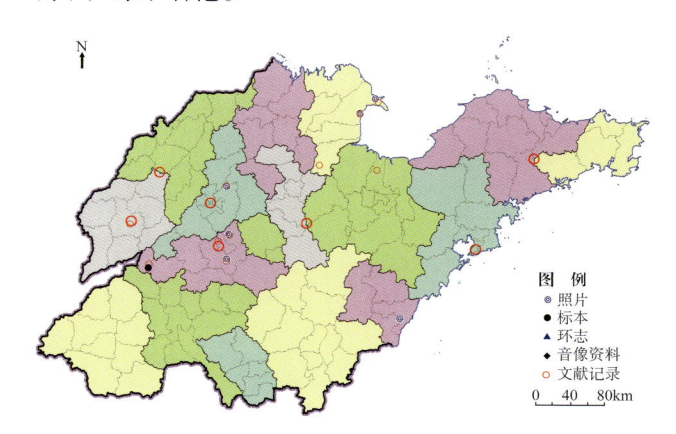

区系分布与居留类型：[古]（SP）。

种群现状：有关研究较少，种群数量少而不详，国际上列为低危物种，应加强对物种与生存环境的保护，郑作新（1987）认为中国有剑鸻 *Charadrius hiaticula placidus* 亚种，钱燕文（1991）认为无亚种记述。此种山东分布，纪加义（1987）和郑作新（1987）等记作 *C. hiaticula* 的 *placidus* 亚种，朱曦（2008）记录为 *C. hiaticula*、*C. placidus* 两亚种，钱燕文（2001）*C. hiaticula* 无亚种记述；故山东分布记录应为长嘴剑鸻，此种分布需加强研究证实，山东现状应视为无分布。

物种保护：Ⅲ，中澳，Lc/IUCN。

参考文献：H285，M390，Zja294；Lb29，Q120，Qm239，Z205，Zx61，Zgm81。

山东记录文献：朱曦 2008，钱燕文 2001，范忠民 1990；赛道建 2013、1999、1994，张月侠 2015，贾少波 2002，田家怡 1999，赵延茂 1995。

● 151-01 长嘴剑鸻
Charadrius placidus Gray J E *et* Gray G R

命名：Gray JE *et* Gray GR，1863，Cat. Mamm. Bds. Nepal Thibet Brit. Mus.，ed. 2：70（尼泊尔）

英文名：Long-billed Ringed Plover

同种异名：剑鸻，长嘴鸻；*Charadrius placidus hiaticula*，*Charadrius hiaticula placidus* J. E. et G. R. Gray；—

鉴别特征：黑色、褐色、白色体略大鸻。嘴长、黑色，眼上眉纹白色，额白色、头顶前部黑色。上体灰褐色、下体白色，颈基具黑白2道颈环，宽白环与白色前颈、喉相连，黑环在胸部变宽，白翼斑不明显。腿和脚暗黄色。比剑鸻体型明显较大，嘴峰较长，上喙无黄色；前额基部白色而非黑色。

形态特征描述： 小型涉禽。嘴黑色，下喙基部略黄。虹膜黑褐色；眼睑黄色形成细黄色眼圈；眉纹白色向后延伸，眼先、眼下暗褐色窄带向后延至耳羽。头顶前部具黑色宽带斑，后部灰褐色。嘴基、颏、喉、前颈白色，耳羽黑褐色。上体背、肩、两翼覆羽及腰灰褐色。飞羽黑褐色，内侧初级飞羽和外侧次级飞羽有白色或灰白色边缘，与大覆羽白色羽端形成翼斑。翅尖长，形狭窄，第1枚初级飞羽退化、甚短小，羽干淡褐色，近梢一段转为白色，第2枚初级飞羽较第3枚长，三级飞羽特长。后颈白色狭窄领环伸至颈侧与颏、喉白色相连，其下部有狭窄黑色胸带并且胸部稍微宽阔。下体余部胸、腹及翅下覆羽、腋羽纯白色。尾形短圆，尾羽12枚；尾羽近端染黑褐色，外侧尾羽羽端白色，尾上覆羽、尾羽灰褐色，尾下覆羽纯白色。胫、跗蹠和趾土黄色，爪黑色。冬羽胸带和其他黑色部分常灰褐色。换羽期间，羽色灰暗。背羽和两翼覆羽具棕黄色羽缘。

长嘴剑鸻（刘冰 20120713 摄于大汶河）

亚成鸟 似非繁殖期成鸟，缺少黑色头斑，胸带不黑。眼纹黄褐色。上体羽毛密布棕黄色羽缘。

鸣叫声： 清晰尖锐"piyi、piyi"声，繁殖时发出柔美"tudulu"声。

体尺衡量度（长度mm、体重g）： 山东采到标本但保存处不详，测量数据遗失。

栖息地与习性： 栖息活动于海滨、岛屿、河滩、湖泊、池塘、沼泽、水田、盐湖等湿地附近，生活环境多与湿地有关，离不开水。迁徙性鸟类，飞行能力强，通常沿海岸线、河道迁徙，河北为夏候鸟，有少数可留下越冬，在甘肃为留鸟。多单个或3~5只结群活动觅食。

食性： 主要捕食半翅目、鞘翅目、鳞翅目、蜘蛛、植物碎片和细根，以及小虾、淡水螺等。

繁殖习性： 5月中旬开始，在河岸平滩上营巢，巢位于石滩凹陷处，无任何铺垫物。每窝产卵3~4枚，卵圆锥形，黄色沾红色具不规则黑色斑点。

亚种分化： 单型种，无亚种分化。

曾被认为是 *C. hiaticula* 的一个亚种。目前，确认为独立种，但仍有作者认为二者形成超种，中文名"剑鸻"被混用二种之间；英文译名显示本种特色而被采用。

分布： 滨州 - 滨州；滨城区 - 东海水库，北海水库，蒲城水库。德州 - 广饶。东营 - ◎黄河三角洲，小岛河海滩（20130415）；广饶。济南 - 济南，黄河，济南机场（20120927）。济宁 - 微山县 - 微山湖。聊城 - 聊城，环城湖。青岛 - （S）青岛。日照 - 东港区 - 付疃河（20120322）。泰安 - 泰安，泰山；岱岳区 - 大汶河（刘冰20120713）；东平县 - 王台（20130511），（P）● 东平湖。潍坊 - 小清河口。烟台 - 海阳 - 凤城（刘子波20150329）。胶东半岛，鲁中山地，鲁西北平原。

除新疆外，各省份可见。

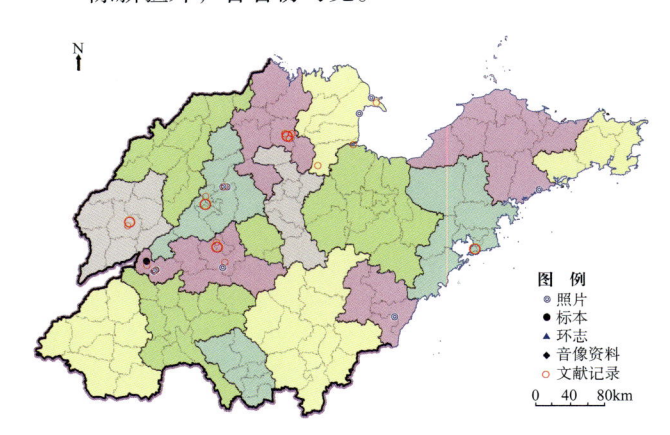

区系分布与居留类型： ［古］(S)。

种群现状： 山东分布区狭窄而数量少，未列入山东省重点保护野生动物名录。

物种保护： Ⅲ，Lc/IUCN。

参考文献： H286，M391，Zja293；Lb31，Qm239，Z205，Zx61，Zgm81。

山东记录文献： 郑光美 2011，朱曦 2008，赵正阶 2001，郑作新 1987、1976，Shaw 1938a；赛道建 2013，李久恩 2012，吕磊 2010，纪加义 1987b，田丰翰 1957。

● **152-01 金眶鸻**
Charadrius dubius Scopoli

命名： Scopoli GA，1786，Del Flor. *et* Faun. Insubr. 2:

99（菲律宾吕宋岛）

英文名：Little Ringed Plover

同种异名：黑领鸻，小环颈鸻；*Charadrius curonicus* Gmelin，1788；—

鉴别特征：黑、灰、白色体小鸻。嘴短，额横带黑色而宽阔，头顶沙褐色，两色间有一白细横带，眼周金黄色，贯眼纹宽而黑色，后上方眉纹白色。上体沙褐色，后颈领环与白喉相连，其后黑领环窄至前胸变宽，具黑色或褐色全胸带。腿黄色。

形态特征描述：小型鸻科鸟。嘴黑色。虹膜暗褐色，眼睑金黄色，眼先、眼周和眼后耳区黑色，与额基、头顶前部绒黑色相连。前额和眉纹白色。头顶后部和枕灰褐色。后颈白领圈向下与颏、喉部白色相连，白环带之后有黑领圈围绕上背和上胸。上体灰褐色或沙褐色。初级飞羽黑褐色，第 1 枚初级飞羽羽轴白色。下体除黑色胸带外为白色。中央尾羽灰褐色、末端黑褐色，外侧 1 对尾羽白色，内翈具黑褐色斑块。脚和趾橙黄色。

冬羽 额顶、额基黑色变为褐色，额棕白色或皮黄白色，头顶至上体沙褐色，眼先、眼后至耳覆羽及胸带暗褐色。

鸣叫声：发出似"pee-oo"长降调哨音。

体尺衡量度（长度 mm、体重 g）：

金眶鸻（刘兆瑞 20140420 摄于泰安渐汶河；于英海 20160609 摄卵于文登米山水库）

标本号	时间	采集地	体重	体长	嘴峰长	翅长	跗蹠长	尾长	性别	现保存处
	1958	微山湖		180	12	150	28	66	♂	济宁一中
850011	19850418	南阳湖	39	166	13	116	26	59	♂	济宁森保站
					17	110	22	55	♂	山东师范大学
					16	114	20	63		山东师范大学

注：Shaw（1938a）记录 5♂ 重 36（34～37）g；5♀ 重 36（30～38）g，翅长 113mm

栖息地与习性：栖息于开阔平原和低山丘陵地带的湖泊、河岸及附近沼泽、草地和农田地带，以及海滨、河口沙洲、盐田和沼泽地带。3月末4月初即可迁到繁殖地，9月末10月初离开繁殖地往南迁徙。常单只或成对活动，迁徙季节和冬季常集成小群，活动在水边沙滩或沙石地上，急速奔走一段距离后停停再向前走，行走速度快，边走边觅食，伴有单调而细弱的叫声。

食性：主要捕食鳞翅目、鞘翅目等的昆虫及其幼虫，以及蠕虫、蜘蛛、甲壳类、软体动物等小型无脊椎动物。

繁殖习性：繁殖期 5～7月。在河流、湖泊岸边或河心小岛、沙洲，以及海滨沙石地或水稻田间地上营巢，由亲鸟刨一个圆形凹坑或利用自然凹窝，巢内多无内垫物。5月中下旬开始产卵，每窝产卵 3～5 枚，卵梨形，沙黄色或鸭蛋绿色被褐色斑点，以钝端较多，卵径约 31mm×23mm，卵重 7～9g。卵产齐后雌鸟孵卵，雄鸟在巢附近警戒，孵化期 24～26 天。雏鸟早成雏，出壳后不久即能行走，1 个月后随亲鸟飞行。

亚种分化：全世界有 3 个亚种，中国有 2 个亚种，山东分布为普通亚种 *C. d. curonicus* Gmelin。

亚种命名 Gmelin JF, 1788, Syst. Nat., ed. 13, 1: 692（拉脱维亚）

分布：滨州 - ●（刘体应 1987）滨州；滨城区 - 东海水库，西海水库（20160312，刘腾腾 20160517、20160422），北海水库，蒲城水库；无棣县 - 贝壳岛保护区（20160501），埕口盐场（20160518，刘腾腾 20160518）。**德州** - 市区 - 锦绣川（张立新 20150518）；陵城区 - 丁东水库（张立新 20110424）；乐陵 - 杨安镇水库（李令东 20110801）。**东营** - （S）◎ 黄河三角洲；东营区 - 沙营（孙熙让 20120527）。**菏泽** - （S）菏泽。**济南** - 历城区 - 仲宫（陈云江 20120714）；章丘 - 大站水库（陈忠华 20160424）。**济宁** - ●（S）南四湖（李强 20090403）；任城区 - 太白湖（宋泽远 20120707）；曲阜 - （S）石门寺；微山县 - 鲁桥，昭阳（陈保成 20080413），● 微山湖；鱼台 - 夏家（20160409，张月侠 20160409）。**聊城** - （S）聊城，东昌湖，环城湖。**临沂** - （S）沂台湾、广东、广西、海南、香港、澳门。

区系分布与居留类型: [广] (SP)。

种群现状: 取食昆虫,为农业益虫。由于居民毁巢捡蛋、田鼠和黄鼬偷食鸟蛋和雏鸟,以及自然灾害(如大雨、洪水等)对鸟巢和卵产生危害,威胁种群的生存发展。物种分布范围广,种群数量趋势较稳定,为无生存危机的物种。山东分布广而数量不多,在日照拍到成鸟孵卵照片,未列入山东省重点保护野生动物名录。

物种保护: Ⅲ, Lc/IUCN。

参考文献: H288, M393, Zja296; Lb37, Q122, Qm239, Z207, Zx62, Zgm81。

山东记录文献: 郑光美 2011,朱曦 2008,钱燕文 2001,范忠民 1990,郑作新 1987、1976,Shaw 1938a;张月侠 2015,赛道建 2013、1999,闫理钦 2013、1998a,吕磊 2010,邢在秀 2008,贾少波 2002,吕卷章 2000,田家怡 1999,赵延茂 2001、1995,马金生 2000,刘体应 1987,纪加义 1987c,杜恒勤 1985。

○ 154-01 蒙古沙鸻
Charadrius mongolus Pallas

命名: Pallas PS, 1776, Reise Versch. Prov. Russ. Reichs 3: 700(西伯利亚)

英文名: Lesser Sand Plover

同种异名: 蒙古鸻;—;Mongolian Plover, Mongolian Dotterel

鉴别特征: 灰、褐、白色鸻。嘴短细、黑色,额具黑带、眉纹白色、贯眼纹褐色、颏喉白色、有一黑线介于棕红色胸部之间。上体灰褐色,胸颈棕红色,下体白色。雌鸟额无黑斑。飞翔时白翼带明显。

形态特征描述: 小型涉禽。嘴黑色。虹膜黑褐色,眼先、贯眼纹和耳羽黑色、上后方有白色眉斑。头顶部灰褐色沾棕色,头顶前部黑色横带连于两眼之间,将白色额部和头顶分开。颏、喉白色。后颈棕红色延伸至上胸两侧与胸部棕红色相连,形成完整棕红色颈环。背及其余上体灰褐色或沙褐色,腰两侧白色。翼覆羽和内侧飞羽同背,大覆羽具白色羽端,次级飞羽基部、内侧初级飞羽外部白色,其余初级飞羽白色羽轴在翅上形成明显白翼斑。下体除与栗棕红色颈环相连外,其余下体包括颏、喉、前颈、腹部、翼下覆羽和腋羽白色。尾灰褐色,外侧两对尾羽外䎃白色,其余尾羽具黑褐色亚端斑和窄白尖端。脚暗灰绿色;跗蹠修长,胫下部裸出,中趾最长,趾间具蹼,后趾型小。冬羽黑色和栗红色部分为褐色。前额白色向后扩展与白色眉纹相连。眼先淡灰褐色,头顶、后颈和上体灰褐色,翼覆羽羽缘窄,暗白色,下体白色,上胸具断裂灰褐色胸带,或仅为上胸两侧灰褐色块斑。

蒙古沙鸻(成素博 20120827 摄于刘家湾;郑培宏 20140808 摄于日照国家森林公园)

幼鸟 似非繁殖羽。上体和翼下覆羽具沙皮黄色羽缘,胸斑皮黄色。

鸣叫声: 发出短促尖颤音似 "kip" 声。

体尺衡量度(长度mm、体重g): 山东采到标本但保存处不详。

Shaw(1938): 5♀重 64~78g,翅长 131~135mm

栖息地与习性: 栖息于海边沙滩、河口三角洲、岛屿、河滩、湖泊、池塘、沼泽、水田、盐湖等湿地。繁殖季节见于内陆高原的河流、沼泽、湖泊附近的耕地、沙滩、戈壁荒漠、半荒漠和草原等。具有极强飞行能力的迁徙性鸟类,常沿海岸线、河道迁徙。单独、成对或小群活动,冬季常集成大群。性大胆,在水边沙滩上走走停停,边走边觅食。有时到离水域较远的草原、田野活动和觅食。

食性: 主要捕食蚱蜢等直翅目、膜翅目及鞘翅目昆虫,以及螺类软体动物、蠕虫等小型动物。

繁殖习性: 繁殖期 5~8 月。在高山林线以上的高原或苔原地带的苔原地上和水域岸边营巢,也在沿海和岛屿海边砾石滩或沙地上营巢。每窝产卵数多为 3 枚,卵为卵圆形,赭褐色或皮黄色,被黑褐色斑点,卵径约 35mm×26mm。孵化期 22~24 天。

亚种分化: 全世界有 5 个亚种,中国 5 个亚种,山东分布为指名亚种 *C. m. mongolus* Pallas。

亚种命名 Pallas PS, 1776, Reise Versch. Prov. Russ. Reichs 3: 700(西伯利亚)

分布: 东营-(P)◎黄河三角洲,广利支脉河口;自然保护区-黄河口,大汶流。青岛-李沧区-●(Shaw 1938a)沧口;城阳区-●红岛(Shaw 1938a)。日照-东港区-国家森林公园(郑培宏 20140808),刘家湾(成素博 20120827)。烟台-海阳-凤城（刘子波 20150524）。胶东半岛、鲁中山地、鲁西北平原、鲁西南平原湖区。

黑龙江、吉林、辽宁、河北、北京、天津、山西、江苏、上海、浙江、福建、广东、广西、海南、香港、澳门。

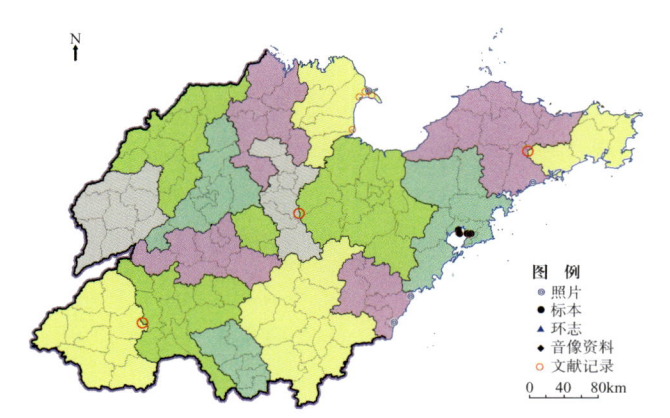

区系分布与居留类型：［古］（P）。

种群现状： 物种分布范围广，亚洲东部种群数量约 60 000 只，未被评价为有生存危机的物种。山东分布数量并不普遍，未列入山东省重点保护野生动物名录。

物种保护： Ⅲ，中日，中澳，Lc/IUCN。

参考文献： H289，M395，Zja297；Lb44，Q122，Qm240，Z209，Zx63，Zgm82。

山东记录文献： 郑光美 2011，朱曦 2008，郑作新 1987、1976；赛道建 2013，吕卷章 2000，田家怡 1999，赵延茂 2001、1995，马金生 2000，纪加义 1987c。

155-01 铁嘴沙鸻
Charadrius leschenaultii Lesson

命名： Lesson RP, 1826, Dict. Sci. Nat., ed. Levrault 42: 36（印度 Pondicherry）

英文名： Greater Sand Plover

同种异名： 铁嘴鸻；—；Large Sand Plover, Largebilled Dottered

鉴别特征： 灰、褐、白色鸻。嘴黑色而长厚，前额白色、有一黑横带达两眼，贯眼纹黑色。颈后部棕栗色连接胸部棕赤色，上体沙褐色，下体白色，胸具棕色横纹。飞行时翼上有白带。腿黄灰色。

形态特征描述： 中小型涉禽。嘴短、黑色。虹膜暗褐色。羽色随季节和年龄而变化，为灰色、褐色及白色。前额白色，额上部、两眼间黑色横带与眼先经眼至耳羽的黑色贯眼纹连为一体。头顶、枕部灰褐色、羽缘淡栗色。后颈栗棕色，上体灰褐色，上背和肩羽缘带棕色。翅形尖长，第 2 枚初级飞羽较第 3 枚长或者等长，内侧次级飞羽外翈白色，三级飞羽特长、有时具棕色羽缘；白色翅斑短而窄，翼下覆羽黑褐色。颏、喉白色，上胸具棕红色胸带，其余下体白色。尾形短圆、沙褐色，尾羽 12 枚，外侧尾羽白色。腿和脚灰色、常带有肉色或淡绿色，跗蹠修长，胫下部裸出，中趾最长，趾间具蹼或不具蹼，后趾形小或退化。

铁嘴沙鸻（李令东 20110803 摄于杨安镇水库）

冬羽 似夏羽。缺少黑色和栗棕红色，眼先、眼下及耳羽灰褐色。前头及眉斑白色，头顶和后头灰褐色，羽轴黑褐色，边缘浅灰色。上体余部灰褐色，羽干黑褐色，羽缘浅灰色。飞羽黑褐色、羽干白色，内侧初级飞羽外翈有白斑，三级飞羽同上体，大覆羽黑褐色、边缘白色。胸带短，上胸两侧灰褐色，下体余部白色。尾上覆羽灰色较浅、羽缘白色，尾羽暗褐色、末端白色，外侧尾羽白色。

雌鸟 似冬羽。头部缺少黑色；胸部棕栗色较淡，胸带有时中部断开、不完整。

幼鸟 似冬羽。眉纹皮黄白色或白色。上体及翼上覆羽淡褐色、具皮黄色羽缘。胸斑狭窄或断开，泛黄色。

鸣叫声： 起飞时发出低颤音似 "krrrt"。

体尺衡量度（长度 mm、体重 g）：

标本号	时间	采集地	体重	体长	嘴峰长	翅长	跗蹠长	尾长	性别	现保存处
B000353		青岛	209		23	135	34	56		山东博物馆
					23	155	45	70	♂	山东师范大学

注：Shaw（1938a）记录 14♂ 重 90（73～125）g，翅长 140mm；27♀ 重 92（75～126）g，翅长 143（135～151）mm

栖息地与习性： 栖息于海滨、河口、内陆湖畔、江岸、滩地、水田、沼泽及其附近的荒漠草地、砾石和盐碱滩等湿地，生活环境多与湿地有关，喜沿海泥滩及沙滩。是迁徙性鸟类，具极强飞行能力，与其他涉禽如蒙古沙鸻混群，常成2～3只小群，偶尔成大群活动。喜欢在水边沙滩特别是在海岸沙滩或泥泞地上边跑边觅食，且奔跑迅速，常跑跑停停，行动谨慎小心。

食性： 主要捕食软体动物、小虾、昆虫、淡水螺类等，也采食杂草。

繁殖习性： 营巢于内陆植被稀少、离水源较近的低洼沙石地上。4～5月产卵，每巢产卵3～4枚，卵橄榄褐色，密布黑褐色斑。双亲共同孵育。

亚种分化： 全世界有3个亚种，中国1个亚种，山东分布为指名亚种 *C. l. leschenaultii* Lesson。

亚种命名 Lesson RP, 1826, Dict. Sci. Nat., ed. Levrault 42: 36（印度 Pondicherry）

分布： 滨州-滨州；滨城区-东海水库，北海水库，蒲城水库。德州-乐陵-杨安镇水库（李令东20110803）。东营-东营，（S）◎黄河三角洲，广利河口，广利支脉河口，盐场；自然保护区-黄河口，大汶流；河口区（李在军20100430）-五号桩，一千二保护区。青岛-（S）●青岛；城阳区-●（Shaw 1938a）红岛，●（Shaw 1938a）女姑口；李沧区-●（Shaw 1938a）沧口。日照-东港区-●（Shaw 1938a）石臼所，国家森林公园（郑培宏20140814）。潍坊-小清河口；昌邑-◎潍河口。烟台-长岛县-长岛；海阳-凤城（刘子波20140908）。胶东丘陵。

除黑龙江、云南、西藏外，各省份可见。

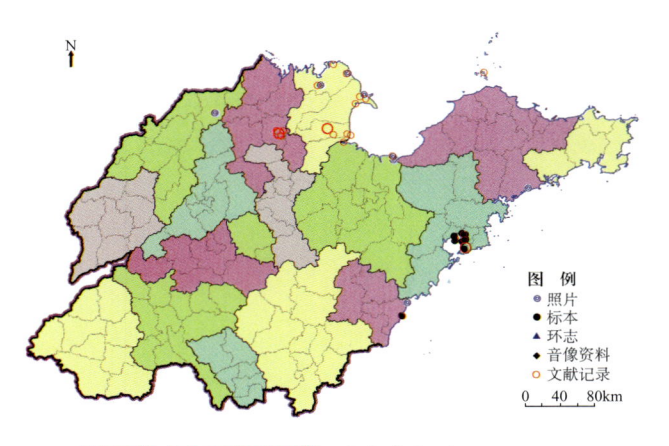

区系分布与居留类型：[古](S)。

种群现状： Wetland International（2002）估计，东亚大洋洲地区有10万只左右，2001年亚洲水鸟普查的最高数量为17 444只（Li and Mundkur 2002）。每年的4月、8月前后迁徙途经山东湿地，数量不详。虽然本身及其栖息环境未受重大威胁，但栖息环境依然面临着湿地开发的潜在威胁。山东分布数量并不普遍，未列入山东省重点保护野生动物名录。

物种保护： Ⅲ，中日，中澳，2/CMS，Lc/IUCN。

参考文献： H290，M396，Zja298；Lb47，Q124，Qm240，Z210，Zx63，Zgm82。

山东记录文献： 郑光美 2011，朱曦 2008，赵正阶 2001，郑作新 1987、1976，Shaw 1938a；赛道建 2013，吕磊 2010，田家怡 1999，赵延茂 2001、1995，马金生 2000，纪加义 1987c。

○ 156-00 红胸鸻
Charadrius asiaticus Pallas

命名： Pallas, 1773, Reise Versch. Prov. Reichs, 2: 715（西伯利亚 South tartar 草原）

英文名： Caspian Plover

同种异名： —；*Charadrius asiaticus asiaticus* Pallas 1773, *Charadrius asiaticus veredus* Gould 1848；Sand Plover, Lesser Oriental Plover

鉴别特征： 褐、白色鸻。嘴近黑色，额、眉纹、头侧及喉白色。头顶及上体灰褐色具红棕色羽缘，腰两侧白色，胸栗红色、后缘具黑色横带，下体白色，翼斑白色。尾褐色、末端具白羽缘。腿黄灰色。冬羽胸黄褐色且无黑色横带。

分布： 东营-（P）黄河三角洲，一千二保护区。聊城-（P）聊城，东昌湖。胶东半岛，鲁西北，鲁西南。

新疆。

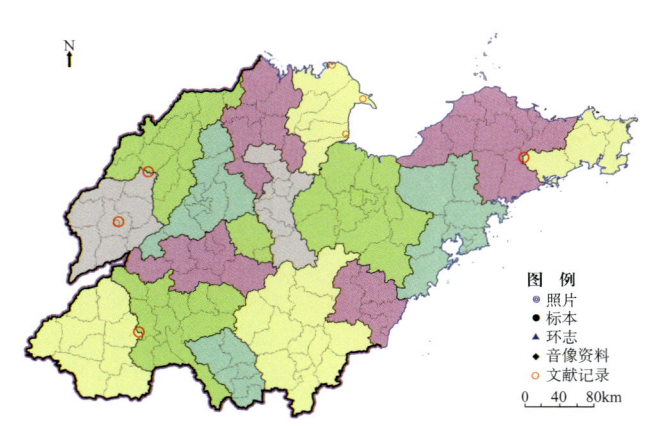

区系分布与居留类型：[古](P)。

种群现状： 纪加义（1988）、赵延茂（1995）、贾少波（2001）和朱曦（2008）等记录山东有分布；郑作新（1987）记录红胸鸻（*Charadrius asiaticus*）有 *asiaticus*、*veredus* 2个亚种；郑光美（2011）认为红胸鸻仅分布于新疆；卢浩泉和王玉志（2001）认为山东已无分布，此种实为近年来山东各地有照片记录的东方鸻。

物种保护： Ⅲ，中澳，Lc/IUCN。

参考文献： H291，M397，Zja299；Q124，Qm240，Z211，Zx63，Zgm83。

山东记录文献： 朱曦2008；赛道建2013，纪加义1987c，贾少波2002、2003，赵延茂1995。

157-01 东方鸻
Charadrius veredus Gould

命名： Gould J，1848，Proc. Zool. Soc. London：38（澳大利亚北部）

英文名： Oriental Plover

同种异名： 红胸鸻，东方红胸鸻；*Eupoda veredus*（Gould），*Charadrius asiaticus veredus* Gould，*Charadrius asiaticus veredus* Gould，1848；Eastern Sand Plover，Oriental Dotterel

鉴别特征： 褐、白色鸻。嘴细、橄榄棕色，脸无黑纹，前额、眉纹、头侧、颏及喉白色。头顶、背褐色，前颈棕色，胸棕栗后缘有黑色胸带（冬羽褐色、胸带消失），下体白色，翼下浅褐色。飞行时翼下、腋羽浅褐色。

形态特征描述： 中小型涉禽，褐、白色鸻。嘴短狭、黑色，脸偏白。虹膜褐色。额、眉纹、面颊、喉、颏及颈白色。头顶、枕部、上体全灰褐色。翅形尖长，第1枚初级飞羽退化，形狭窄、短小；初级飞羽第2枚较第3枚长或者等长，三级飞羽特长；飞羽、初级覆羽黑褐色，无翼上横纹。翼下覆羽烟褐色。颈下淡黄褐色至胸部为宽栗红色带斑，其下缘具明显黑色环带斑。腹部白色。腋羽褐色具狭细白色羽缘。尾形短圆，尾羽12枚；尾羽褐色向端部逐渐变深，外侧尾羽外翈和所有尾羽末梢白色。腿黄色或橙黄色。跗蹠修长，胫下部裸出。中趾最长，趾间具蹼或不具蹼，后趾型小或退化。

东方鸻（成素博20130320 摄于付瞳河夹仓口）

非繁殖羽 头顶、眼先及耳羽褐色沾黄色。额、眉纹、喉及颊淡黄色。后颈、上体和翼上覆羽灰褐色具灰白色或米黄色羽缘，呈鳞状斑。外侧初级飞羽羽干白色。下体除胸带为黄褐色外余部白色。

雌鸟 面颊污棕色，眉纹不显；胸带沾黄褐色、其下沿无黑带斑。

幼鸟 似非繁殖羽。上体、翼上覆羽羽缘沾宽阔灰白色或黄色。胸部黄色具灰褐斑。

鸣叫声： 叫声似"kwink"尖哨音，上飞时重复响亮"chip-chip-chip"。

体尺衡量度（长度 mm、体重 g）：

标本号	时间	采集地	体重	体长	嘴峰长	翅长	跗蹠长	尾长	性别	现保存处
	1958	微山湖		240	23	150	34	78	♂	济宁一中

栖息地与习性： 栖息于海滩、河口、河滩、湖泊、池塘、沼泽、水田、盐湖等湿地和远离水源的岩石山谷、干旱草原、耕地和砾石平原，以及海湾、滩涂和海岛。繁殖在内蒙古东部和东北荒瘠无树草原及沙漠中的泥石滩，迁徙途经中国东部但不常见。在多草地区、河流两岸及沼泽地带取食。

食性： 主要捕食甲壳类、昆虫等。

繁殖习性： 繁殖期4～5月。返回迁移地开始形成对，通常在地面牛蹄凹印中筑一个浅杯形巢，巢内充满了植物和植物碎片。每窝产卵2枚，夜间由雌鸟孵卵。在繁殖季节，成鸟飞出觅食时，巢内留下卵。

亚种分化： 单型种，无亚种分化。

本种是曾与 *C. asiaticus* 归为同一种的不同亚种，目前分为两个独立种，但两种仍被认为是超种关系。本种有时被置于 *Eupoda*。郑作新（1987）认为 *veredus* 作为红胸鸻（*C. asiaticus*）的亚种；卢浩泉和王玉志（2001）认为红胸鸻在山东已无分布；郑光美（2011）认为红胸鸻仅分布于新疆；纪加义（1988）、赵延茂（1995）、贾少波（2001）、朱曦（2008）认为山东有分布；郑作新（1987）认为 *C. asiaticus* 有 *asiaticus*、*veredus* 2个亚种。*C. a. veredus* 实为郑光美（2011）新分类系统东方鸻的同种异名。

分布： 东营 - ◎黄河三角洲。济宁 - ●济宁；微山县 - ●微山湖。聊城 - 聊城。青岛 - 青岛。日照 - 东港区 - 付瞳河（成素博20130320）。泰安 - 新泰 - ●果庄（王展飞20130403）。潍坊 - ●白浪河（王羽20130324）。烟台 - 长岛县 - (P)长岛。

除宁夏、云南、西藏外，各省份可见。

种群现状：Wetland International（2002）估计亚洲地区总数约为 70 000 只，2000 年亚洲水鸟普查的最高数量为 4 679 只（Li and Mundkur 2002），一般认为在全球范围内其栖息地及本身生存未受到威胁。2013 年 3~4 月迁徙期间，在山东机场采到标本，在日照湿地拍到照片，但分布数量未进行系统调查。

物种保护：Ⅲ，Lc/IUCN。

参考文献：H292，M398，Zja300；Lb50，Qm240，Z212，Zx63，Zgm83。

山东记录文献：郑光美 2011，朱曦 2008，郑作新 1987、1976，Shaw 1938a；赛道建 2013，田家怡 1999，纪加义 1987c。

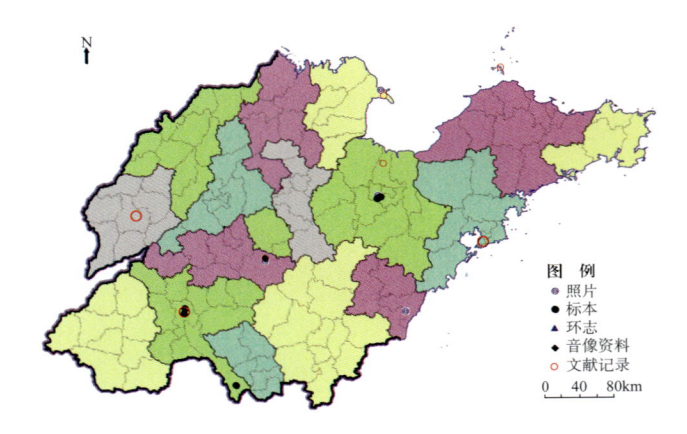

区系分布与居留类型：［古］（PS）。

10.7 鹬科 Scolopacidae

小至中型水鸟，脚有短有长。眼较小，适合用喙来探索猎物。体型大小及形态适应于生态栖位。沙锥类喙长、脚长；瓣蹼鹬类羽色较鲜明，脚短，趾瓣蹼状；鹬类背面以褐色及灰色为主，腹面淡色，体型大小及脚、喙的长短变化大，与取食方式有关，喙与头长比从最长 3 到最短 0.45，喙形或直或下弯，也有上曲。同种间在不同地理区域的族群显示出体型大小的差异，较高纬度寒冷环境繁殖的翼展较长。雌雄鸟同型，少数羽色相异，雄雌鸟体型大小与分享照顾雏鸟的责任有关；尾短，尾羽多为 12 枚，沙锥有 14~26 枚不等。成鸟每年换飞羽及尾羽一次，非繁殖羽通常较暗淡。

生活于各种海岸或内陆的湿地环境，以及山区森林、草原环境，栖息地潮湿，善于行走，在浅水涉行奔跑，能在水中游泳，长距离飞行能力强，冬季喜群栖。分散或群体觅食，遇到威胁时，伏下身体融入环境或惊飞并以曲折飞行路线逃逸。常单足站立将喙埋于翼下保暖。在潮间带觅食的岸鸟，常于退潮时觅食、满潮时睡眠理羽，越冬时发出短音节叫声互相联系或发出警告，繁殖期发出悦耳的鸣唱。数十年来，经济的快速发展将河口滨海地带开发为养殖区或工业园区，加上海口河流污染，使适合鹬科生活的湿地面积大为缩小，造成许多鹬科鸟类大量减少。本科有 10 种鸟类的生存受到威胁，如山东有分布的小青脚鹬、勺嘴鹬等鸟种；自公元 1600 年以来，已有 2 种及 1 个亚种灭绝。

本科可分为丘鹬亚科（Scolopacinae）、沙锥亚科（Gallinagininae）、鹬亚科（Tringinae）、翻石鹬亚科（Arenariinae）、滨鹬亚科（Calidridinae）、瓣蹼鹬亚科（Phalaropodinae）等，按核酸杂交方式，本科被分为丘鹬亚科（丘鹬和沙锥）及鹬亚科（鹬、翻石鹬、滨鹬及瓣蹼鹬）两个亚科（Sibley & Monroe 1990）。瓣蹼鹬也被单设一科（郑作新 2002、1987、1976，赵正阶 2001），或作为鹬科的一属（刘小如 2012，郑光美 2011）。

全世界有 23 属 92 种（Dickinson 2003），中国有 18 属 49 种，山东记录有 16 属 41 种。

鹬科分属、种检索表

1. 趾具瓣蹼 ··· 2 瓣蹼鹬属 *Phalaropus*
   趾不具瓣蹼 ·· 3
2. 喙细长成尖锥状，黑色 ··· 红颈瓣蹼鹬 *P. lobatus*
   喙较粗短，基部橙黄色 ··· 灰瓣蹼鹬 *P. fulicarius*
3. 前趾间具蹼膜 ·· 4
   前趾间不具蹼膜 ··· 21
4. 喙向下呈长弓形弯曲 ··· 5 杓鹬属 *Numenius*
   喙直或稍向上或向下弯 ·· 8
5. 跗蹠前后具蛇腹状鳞 ··· 小杓鹬 *N. minutus*
   跗蹠前端蛇腹状鳞，后端网状鳞 ·· 6
6. 嘴峰长 100mm 以下 ··· 中杓鹬 *N. phaeopus*
   嘴峰长 199mm 以上 ··· 7
7. 腰白色 ·· 白腰杓鹬 *N. arquata*
   腰红褐色有黑斑 ··· 大杓鹬 *N. madagascariensis*

8.	喙长大于尾长	9
	喙长小于或等于尾长	11
9.	体长＜36cm	半蹼鹬属 Limnodromus，半蹼鹬 L. semipalmatus
	体长＞36cm	10 塍鹬属 Limosa
10.	喙细长而直	黑尾塍鹬 L. limosa
	喙细长而略向上弯	斑尾塍鹬 L. lapponica
11.	喙长大于跗蹠长，喙明显向上翘	翘嘴鹬属 Xenus，翘嘴鹬 X. cinereus
	喙长小于跗蹠长，喙不明显向上翘	12
12.	第 2 趾与第 3 趾之间无蹼膜	流苏鹬属 Philomachus，流苏鹬 P. pugnax
	第 2 趾与第 3 趾之间具蹼膜	13
13.	翼角前端具明显白色带斑	矶鹬属 Actitis，矶鹬 A. hypoleucos
	翼角前端无明显白色带斑	14
14.	腰羽及尾上覆羽与背面同为灰色	漂鹬属 Heteroscelus，灰尾漂鹬 H. brevipes
	腰羽及尾上覆羽全部或一部分为白色	15 鹬属 Tringa
15.	翼长 150mm 以上	16
	翼长 150mm 以下	19
16.	次级飞羽部分为纯白色	红脚鹬 T. totanus
	次级飞羽不为白色	17
17.	喙粗，长于跗蹠	小青脚鹬 T. guttifer
	喙细，短于或等于跗蹠	18
18.	脚暗红色	鹤鹬 T. erythropus
	脚绿色	青脚鹬 T. nebularia
19.	嘴峰较跗蹠略长	白腰草鹬 T. ochropus
	嘴峰较跗蹠短	20
20.	翼黑褐色有白斑	林鹬 T. glareola
	翼灰褐色有黑色斑，脚橄榄绿色非角黄色	泽鹬 T. stagnatilis
21.	眼位于头侧偏后方，耳孔位于眼眶后缘下方	22
	眼位于头侧不偏后，耳孔远位于眼眶后方	28
22.	头顶具明显黑色横斑	丘鹬属 Scolopax，丘鹬 S. rusticola
	头顶无横斑而具纵斑	23
23.	尾羽灰褐色，无白色羽端	姬鹬属 Lymnocryptes，姬鹬 L. minimus
	尾羽后段红褐色，具白色羽端	24 沙锥属 Gallinago
24.	下胸和腹具横斑	林沙锥 G. nemoricola
	下胸和腹不具横斑	25
25.	尾羽 26 枚，外侧尾羽甚狭，不及 2 mm	针尾沙锥 G. stenura
	尾羽 20 枚以下，外侧尾羽较宽	26
26.	尾羽 16 枚以下	扇尾沙锥 G. gallinago
	尾羽 16 枚以上	27
27.	翼长 150mm 以下	大沙锥 G. megala
	翼长 150 mm 以上，体型较大，尾羽 18 枚，上体黑褐色	孤沙锥 G. solitaria
	上体满杂白色和栗色斑纹，尾上覆羽淡栗色	G. s. japonica
	上体各羽具棕黄色横斑和浅棕白色羽缘，尾羽黑色具栗棕色次端斑和浅棕白色端缘	G. s. solitaria
28.	喙形直，呈长锥状	翻石鹬属 Arenaria，翻石鹬 A. interpres
	喙细长，不呈长锥状	29
29.	喙先端扩张成勺状	勺嘴鹬属 Eurynorhynchus，勺嘴鹬 E. pygmeus
	喙先端不扩张成勺状	30
30.	喙平行宽阔状至先端变尖	阔嘴鹬属 Limicola，阔嘴鹬 L. falcinellus
	喙不呈宽阔状，初级覆羽无黑色月牙状斑块	31 滨鹬属 Calidris
31.	无后趾	三趾滨鹬 C. alba
	有后趾	32

32. 嘴峰 32 mm 以上		33
嘴峰 32 mm 以下		36
33. 喙于尖端逐渐尖细，略向下弯，跗蹠<33mm	弯嘴滨鹬	*C. ferruginea*
喙直或尖端微弯		34
34. 尾凸尾形，中央一对尾羽长而凸出	黑腹滨鹬	*C. alpina*
尾平尾形，尾开时平整		35
35. 体型较大，全长 260～280mm	大滨鹬	*C. tenuirostris*
体型较小，全长 230～250mm	红腹滨鹬	*C. canutus*
36. 翼长＞120mm；跗蹠较中趾连爪略长		37
翼长＜110 mm；跗蹠与中趾连爪等长		38
37. 胸部密布纵纹，形成完整饰胸与白色腹部分界明显	斑胸滨鹬	*C. melanotos*
繁殖羽胸、胁部有矢状纹，但不形成完整饰胸	尖尾滨鹬	*C. acuminata*
38. 脚黑色		39
脚不为黑色		40
39. 嘴峰较跗蹠短，翼长与跗蹠长比＞5	红颈滨鹬	*C. ruficollis*
嘴峰较跗蹠短，翼长与跗蹠长比＜5	小滨鹬	*C. minuta*
40. 外侧尾羽 4～6 枚，全为白色	青脚滨鹬	*C. temminckii*
外侧尾羽 4～6 枚，不全为白色	长趾滨鹬	*C. subminuta*

● 158-01 丘鹬
Scolopax rusticola Linnaeus

命名： Linnaeus C，1758，Syst. Nat.，ed. 10，1：146（瑞典）

英文名： Eurasian Woodcock

同种异名： 山鹬，大水行，山沙锥；*Scolopax rusticola rusticola* Linnaeus；Woodcock

鉴别特征： 嘴长直、偏粉色，端部黑褐色，头侧灰白色具黑褐斑点和嘴眼黑线，头枕具 3 或 4 道黑横带。体粗胖，肩背红褐色具黑白斑和灰白纵纹，腰、尾上覆羽锈红色具黑细横纹，下体淡黄色具黑褐色横斑。尾具黑亚端斑和灰端斑。脚黄灰色。

形态特征描述： 体型比沙锥大、肥胖。嘴长而直，蜡黄色、尖端黑褐色。虹膜深褐色。头顶及颈背具斑纹。前额灰褐色、有淡黑褐色及赭黄色斑。头顶和枕绒黑色、具 3～4 道不规则灰白色或棕白色横斑，缀有棕红色。头两侧灰白色或淡黄白色、有黑褐色斑点；嘴基至眼有一黑褐色条纹。颔、喉白色。后颈灰褐色、有黑褐色窄横斑，少数缀淡棕红色、杂黑色。上体锈红色，有黑色、黑褐色及灰褐色横斑和斑纹；上背和肩具大型黑斑块，下背、腰具黑褐色横斑。飞羽及覆羽黑褐色、具锈红色横斑和淡灰黄色端斑，颜色外侧较深、内侧较淡，土黄色仅限于内侧羽缘，第 1 枚初级飞羽外侧羽缘淡乳黄色。下体和腋羽灰白色、密被黑褐色横斑，下体略沾棕色。尾羽黑褐色、内外侧具锈红色锯齿形横斑，羽端表面淡灰褐色，下面白色，尾上覆羽具黑褐色横斑。腿短，脚灰黄色或蜡黄色。

丘鹬（赛道建 20150307 摄于鹊山水库）

幼鸟 似成鸟。前额乳黄白色、羽端沾黑色。颔裸露，仅具绒羽。上体棕红色、较成体鲜艳。黑斑较成体少。尾上覆羽棕色无横斑。

鸣叫声： 惊飞时发出"a、a"叫声，繁殖飞行发出"qizi"间杂"bu、bu"声。

体尺衡量度（长度 mm、体重 g）：

标本号	时间	采集地	体重	体长	嘴峰长	翅长	跗蹠长	尾长	性别	现保存处
					79	196	38	96		山东师范大学
	1958	微山湖	350		80	180	36	120	♂	济宁一中

栖息地与习性： 栖息于阴暗潮湿、植被发达、落叶层较厚的阔叶林和混交林中，以及林间沼泽、湿草地和林缘灌丛地带；迁徙期间和冬季见于开阔平原和低山丘陵地带的山坡灌丛和农田地带。3 月末 4 月初迁到东北繁殖，9 月初 10 月末南迁越冬。性孤独，常单独生活，白天隐伏在森林草丛中，除繁殖期在黄昏时能在森林上空看到它们求偶飞行外，白天很难见，遇到危险被迫惊飞短距离又落入草灌丛中隐伏不出，起飞时振翅嗖嗖作响，飞行时嘴朝下，显得笨重，身子摇晃，但能在飞行中不断变换方向穿梭于林中。夜晚、黎明和黄昏到湖畔、河边、稻田和沼泽地上活动觅食，觅食时用长嘴插入潮湿泥土中，摆动头部探觅猎物，或直接在地面啄食。

食性： 主要捕食鞘翅目、双翅目、鳞翅目昆虫及其幼虫，以及蠕虫、蚯蚓、蜗牛等小型无脊椎动物，有时也食植物根、浆果和种子。

繁殖习性： 繁殖期 5~7 月。晨昏雄鸟在森林上空振翅飞翔，鸣叫求偶，交配后即和雌鸟待在一起，直到雌鸟开始孵卵。雌鸟在阔叶林和针阔叶混交林中、林下灌木或草本植物发达或有小块沼泽湿地、有灌木覆盖的潮湿悬岩边上筑巢，巢置于灌木、树桩及倒木下或草丛中，常利用枯枝落叶作巢基，扒圆形小坑，铺垫干草和树叶而成。通常每窝产卵 4 枚，卵为梨形和卵圆形，赭色或暗沙粉红色，被锈色或暗棕红色斑点，卵径约 43mm×33mm。雌鸟孵卵，孵化期约 23 天。

亚种分化： 单型种，无亚种分化。

分布： 滨州 - ●（刘体应 1987）滨州。东营 -（P）◎黄河三角洲；河口区（李在军 20090418）。菏泽 -（P）菏泽；牡丹区 - 环城公园（王海明 20060920）。济南 - ●济南（20131021）；天桥区 - 鹊山水库（20150307）。济宁 - ●（P）任城区 - 十里营；微山县 - ●微山湖。聊城 -（P）聊城。青岛 - ▲青岛；崂山区 -（P）潮连岛。泰安 - 泰安；泰山 - 三合村（刘兆瑞 20110210）。潍坊 - 小清河口，●潍坊机场，白浪河，●高密（20121013）。威海 -（P）威海，双岛；荣成 - 八河，天鹅湖；乳山 - 白沙滩；文登 - 五垒岛。**烟台 - 长岛 -** ▲（H03-7853）大黑山岛。**淄博 -** 淄博。渤海海峡，胶东半岛，鲁中山地，鲁西北平原，鲁西南平原湖区。

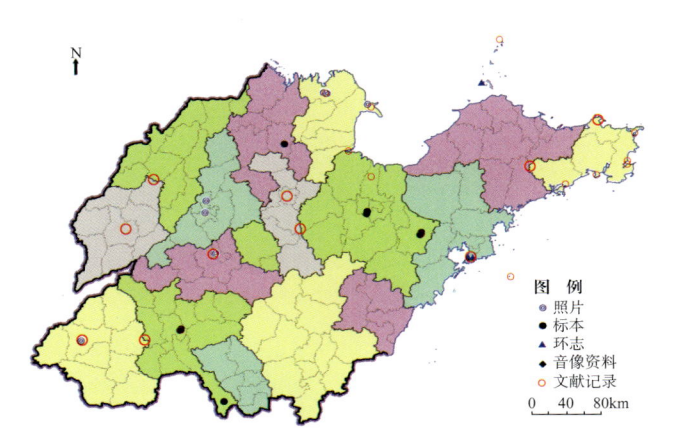

各省份可见。

区系分布与居留类型： ［古］（P）。

种群现状： Wetland International（2002）估计东亚地区有 2.5 万～100 万只，2001 年亚洲水鸟普查的最高数量为 2 只（Li and Mundkur 2002）。由于其栖息地不是典型湿地及隐秘的夜行习性，使其发现记录偏低。一般认为其本身及栖息地未受到严重威胁，种群数量趋势稳定，被评价为无生存危机的物种。山东分布数量并不普遍，近年来各地时有拍到照片的记录。

物种保护： Ⅲ，Lc/IUCN。

参考文献： H321，M328，Zja329；Lb60，Q136，Qm242，Z232，Zx64，Zgm83。

山东记录文献： 郑光美 2011，朱曦 2008，范忠民 1990，郑作新 1987，付桐生 1987，Shaw 1938a；赛道建 2013，贾少波 2002，王海明 2000，田家怡 1999，闫理钦 1998a，赵延茂 1995，刘体应 1987，纪加义 1987c。

159-20 姬鹬
Lymnocryptes minimus（Brünnich）

命名： Brünnich MT，1764，Orn. Boreal.：49（丹麦 Christianso Is）

英文名： Jack Snipe

同种异名： 小鹬，小田鹬，*Scolopax minima* Brunnich，1764；—

鉴别特征： 嘴短直而黄色、端黑色，粗眉纹黄白色、中间有一条黑线，贯眼纹黑褐色。上体具绿色、紫色光泽，具 4 条明显黄白色纵带，胸、两胁具褐色纵纹，腹白色。尾楔形、色暗无横斑。与相似种阔嘴鹬的区别在于嘴较直，肩部多明显条纹。

形态特征描述： 嘴较直而短、黄色，尖端黑色。虹膜暗褐色，宽阔黄色和皮黄色的眉纹中央有一条黑线将眉纹分隔成两端相连、中部分开的双眉。眼先白色，粗黑纹从嘴基到眼后变窄，并与耳覆羽黑色斑和横跨颊部的黑纹相连。头顶黑褐色、具金属光泽和淡色斑点，中心无纵纹。其余脸部、头侧、颏、喉皮黄白色。后颈褐色和灰褐色斑杂状、具淡色斑点。上体具绿色及紫色光泽，翕、上肩、腰和尾黑褐色富有光泽和相当多的紫色和绿色，与 4 条平行淡金黄皮黄色纵纹对比鲜明；下肩暗褐色具红皮黄色和淡皮黄色斑纹。翼上覆羽褐色、羽缘皮黄色，飞羽黑褐色，次级飞羽和内侧初级飞羽具白色窄尖端，翼下覆羽和腋羽暗灰白色、具褐色条纹。前颈和胸鸽灰色、具褐色纵纹，两胁具褐色纵纹，其余下体白色。尾楔形，由12枚尾羽组成，尾黑褐色无横斑，中央尾羽最暗、长而尖，尾下覆羽微缀褐色纵纹。脚淡绿色、暗黄绿色和粉红褐色。

鸣叫声： 惊飞时，偶会发出较小的"ga"声。

体尺衡量度（长度mm、体重g）： 山东暂无标本及测量数据。

栖息地与习性： 繁殖期间栖息于森林地带的沼泽、湖泊与河流岸边富有苔藓、芦苇和水生植物的水域岸边及其沼泽地上。迁徙期间和冬季多栖息于水边沙滩、沼泽、水中小岛和农田地带。4～5月和9～10月迁徙途经中国。性孤僻。繁殖期常作"之"字形飞行表演。白天极少飞行，静止不动或步行至安全地带，危险迫近时才突然从行人脚下飞逃，飞行时脚不伸及尾后，翼前缘无白色。在水边沙岸或泥地上觅食，将长嘴插入土中，有节律地上下活动取食或在地面啄食，进食时头不停地点动。

食性： 主要捕食蠕虫、昆虫、昆虫幼虫和软体动物。

繁殖习性： 繁殖期6～8月。在富有芦苇和植物的溪流附近的沼泽地土丘上营巢，每窝产卵4枚。卵为鸽灰色或橄榄褐色，被锈色斑点。卵径约38mm×28mm。雌鸟孵卵。

亚种分化： 单型种，无亚种分化。

分布： 东营 - ◎黄河三角洲。泰安 - 东平县 - 大清河口。潍坊 - （S）白浪河。胶东半岛，鲁中山地，鲁西北平原，鲁西南平原湖区。

内蒙古、河北、北京、天津、甘肃、新疆、江苏、上海、浙江、台湾、广东、广西、澳门。

区系分布与居留类型： [古]（S）。

种群现状： Wetland International（2002）估计东亚地区总数少于10 000只，1997年亚洲水鸟普查的最高数量为63只（Li and Mundkur 2002）。一般认为本种及其栖息地未受到生存威胁，种群数量趋势稳定，被评价为无生存危机的物种，但迁徙途中湿地的大量开发会影响其迁徙活动。本种在山东记录为繁殖鸟，但尚无繁殖实证，极少见，近年来也没有其活动的照片，其分布现状需进一步研究确证。

物种保护： Ⅲ，Lc/IUCN。

参考文献： H322，M335，Zja330；Lb63，Q138，Qm242，Z233，Zx64，Zgm83。

山东记录文献： 郑光美2011，朱曦2008；赛道建2013，张月侠2015。

● 160-01 孤沙锥
Gallinago solitaria（Hodgson）

命名： Hodgson, 1831, Gleanings in Sci., 3：238（尼泊尔）

英文名： Solitary Snipe

同种异名： 青鹬；*Capella solitaria*（Hodgson）；Eastern Solitary Snipe

鉴别特征： 细斑纹暗色沙锥。嘴长直而橄榄褐色、端部色深，头具中央冠纹，眼靠后、眉纹白色。上体赤褐色具4条白纵带，肩部羽缘白色，胸姜棕色，腹白色，两胁、腋、翼下白色具密集黑褐色横斑。脚黄绿色。

形态特征描述： 中型或小型涉禽。体色暗淡而富于条纹。嘴形长而直，微向上或向下弯曲；鼻沟长、超过上嘴长度之半。嘴基到眼有一条黑褐色纵纹，眉纹白色。头顶黑褐色，中央冠纹白色、具淡栗色斑点。头侧、颈侧白色具暗褐色斑点。颏、喉白色。颈部略长，后颈栗色具黑、白斑点，翕黑褐色具白斑点。上体黑褐色杂白色和栗色斑纹、横斑，背部横斑较窄；肩外缘白色；腰具窄栗色横斑。翅稍尖而短，

孤沙锥（成素博20150207摄于双庙山沟；李宗丰20140429摄于东港区丝山）

---

* 沙锥属 *Gallinago* 曾用 *Capella*

初级覆羽和飞羽深灰褐色具灰白色尖端，第1~2枚初级飞羽具窄白羽缘，栗色翼上覆羽具黑褐色横斑和白色羽端，翼下覆羽和腋羽具窄的黑褐色和白色相间的横斑。前颈和上胸栗褐色具白色细斑纹，下胸具淡色横斑。两胁具黑褐色横斑，下体白色。尾短圆，尾羽18枚，3对中央尾羽黑色具棕色或淡栗色亚端斑和皮黄白色端斑，其间有细黑线将二者隔开；外侧尾羽较窄狭而短，最外侧2对2~3mm宽，邻近2对约6mm宽，基部黑褐色、羽端皮黄白色或白色，具黑白相间横斑；尾上覆羽淡栗色、尖端逐渐变为灰色。脚细长，跗蹠前缘被盾状鳞，多数4趾间无蹼，或趾基微具蹼膜。

雌雄羽色及大小大都相同。

鸣叫声： 发出特有粗哑"pench"叫声，求偶时发出似"chock-a chock-a"声。

体尺衡量度（长度mm、体重g）： 山东采到标本但保存处不详，测量数据遗失。

栖息地与习性： 栖息于山地森林中的河流与水塘岸边及沼泽地上。迁徙、冬季常出现在水稻田和海岸地区。多黄昏和晚上单独活动，不与其他鹬类和沙锥混群。有干扰时常蹲伏地上，危急时才起飞，飞行时颈与脚均伸直。

食性： 主要捕食昆虫及其幼虫、蠕虫、软体动物、甲壳类等无脊椎动物，也采食部分植物种子。

繁殖习性： 繁殖期5~7月。繁殖初期，雄鸟在空中求偶飞行，敏捷上升至空中小圈飞行后，双翅半折叠，尾撒开如扇垂直从高空降落，中途多次停止，分段向下降落，伴随发出尖厉的叫声；快降落到地面时，又高飞到一定高度，再次分段垂直落下，反复重复。营巢于山区溪流、湖泊、水塘岸边草地上和沼泽地上，以及芦苇塘和生长低矮桦树的水中小岛上，巢隐蔽甚好、简陋，为地表干燥的凹坑，或由亲鸟在落叶地上挖掘而成，内垫杂草。每窝产卵约4枚，卵梨形、黄褐色或乳黄色，被褐色大斑点，卵径约43mm×31mm。

亚种分化： 全世界有2个亚种，中国有2个亚种，山东分布2个亚种。

东北亚种 *Gallinag solitaria japonica*，*Capella solitaria japonica*（Bonaparte）

亚种命名 Bonaparte，1856, Compt. Rend. Acad. Sci. Pwris, 43：579（日本）

鉴别特征： 个体小，上体浓着赤褐色，白羽缘窄。

分布：东营 - ◎黄河三角洲。**青岛** - （P）青岛。**日照** - 东港区 - 丝山（李宗丰 20140429），双庙山沟（成素博 20150207）。**威海** - 威海。胶东半岛。

黑龙江、吉林、辽宁、内蒙古、河北、北京、天津、山西、陕西、宁夏、甘肃、安徽、江苏、上海、江西、湖南、四川、重庆、贵州、福建、广东、广西。

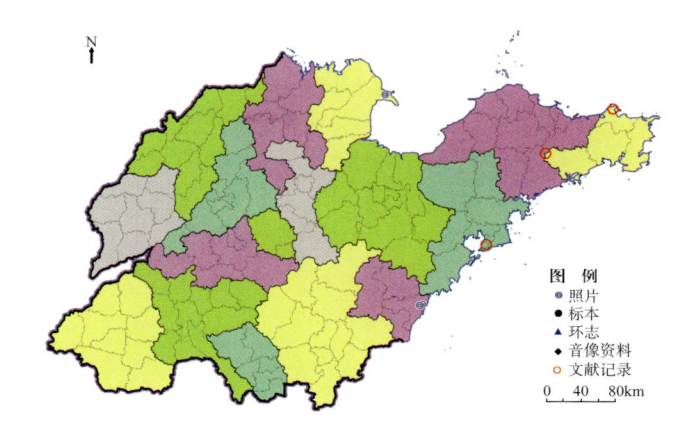

● 指名亚种 *Gallinag solitaria solitaria*，*Capella solitaria solitaria*（Hodgson）

亚种命名 Hodgson，1831, Gleanings in Sci., 3：238（尼泊尔）

鉴别特征： 个体较大，上体浅赤褐色，白羽缘宽。

分布： 胶东半岛（纪加义 1987c）。

甘肃、青海、新疆、四川、云南、西藏。

区系分布与居留类型： [古]（P）。

种群现状： 山东分布区窄而数量稀少，应加强对物种与栖息地的保护研究。

物种保护： Ⅲ，中日，Lc/IUCN。

参考文献： H315，M329，Zja323；Q134，Qm243，Z227，Zx64，Zgm84。

山东记录文献： 朱曦 2008，赵正阶 2001，范忠民 1990，郑作新 1987、1976，Shaw 1938a；赛道建 2013，单凯 2013，纪加义 1987c。

161-00 林沙锥
Gallinago nemoricola Hodgson

命名： Hodgson，1836, Proc. Zool. Soc. London：8（尼泊尔）

英文名： Wood Snipe

同种异名： —；—；—

鉴别特征： 体大、暗色沙锥。嘴黑褐色、端部色深，眉纹白色、头侧白色具褐色斑点、中央冠纹浅棕色。背部色暗具灰色羽缘、两条棕黄色宽纵纹，下体白色具褐色细斑，胸黄白色具褐色横斑。尾末端棕黄色。脚灰绿色。比其他沙锥色彩较深，比孤沙锥体大，斑纹粗，顶侧条纹黑色，嘴基灰色较少。

形态特征描述： 眼先、眼和耳羽下面至枕部有一黑褐色带斑。前额褐色，头顶及后颈黑色，棕色中央细冠纹有时不明显。眉纹和头侧白色、暗黄白色或淡黄色具褐色斑点。颏白色无斑。上背和肩绒黑色、近后颈处具棕色斑纹，肩具棕色宽羽缘；下背和腰黑色具棕色横斑、缀有白色。翼上覆羽暗褐色具淡皮黄色横斑和羽缘；飞羽暗褐色，初级飞羽和初级覆羽具淡灰色窄端缘，内侧次级飞羽具暗黄色或暗黄棕色横斑及淡灰色窄端缘。胸暗黄色或黄白色具褐色横斑，下体余部白色具褐色细密横斑。尾羽16枚或18枚，中央尾羽黑色、具两道棕色横斑和尖端，宽阔亚端横斑棕色，外侧尾羽具黑、白色横斑和灰白色尖端，最外侧尾羽宽仅3～4mm；尾上覆羽具棕色和黑褐色横斑，尾下覆羽缀棕色。

鸣叫声：飞行时，发出低声似"tok-tok"音。

体尺衡量度（长度mm、体重g）：山东暂无分布记录。

栖息地与习性：夏季栖息于中海拔以上山地森林地带，冬季栖息于低山和山脚平原地带，常在林中河流和水塘岸边及其附近沼泽与草地上活动。性胆小而孤僻，常单独活动。飞行缓慢而笨重，嘴朝下，受惊后突然飞起，波浪式飞行，方向变换不定，飞不多远落入草丛中。

食性：主要捕食昆虫及其幼虫等小型动物。

繁殖习性：繁殖期5～7月。善求偶飞行表演，在森林中河流两岸草地上营巢，巢置于岸边有蕨类植物覆盖的凹坑内，垫有细软枯草。每窝产卵4枚，卵淡黄色被褐色斑点，卵径约38mm×27mm。

亚种分化：单型种，无亚种分化。或置于 Capella。

分布：威海-（P）威海；荣成-八河。
四川、云南。

区系分布与居留类型：[东]（P）。

种群现状：种群数量稀少，全球性易危。其相关资料较少。山东分布为闫理钦（1998a）首次记录，因远离分布区、周边省份又无记录，其分布有待进一步研究确证（赛道建2013）；至今无标本、照片及物种专项研究等实证，又远离分布区，分布现状应视为无分布。

物种保护：Ⅲ，红/CRDB，Vu/IUCN。

参考文献：H317，M331，Zja325；Q134，Qm243，Z229，Zx65，Zgm84。

山东记录文献：朱曦2008；赛道建2013，张月侠2015，闫理钦1998a。

● 162-01　针尾沙锥
Gallinago stenura（Bonaparte）

命名：Bonaparte C L，1830，Ann. Stor. Nat. Bologna，4：335（印度尼西亚巽他群岛）

英文名：Pintail Snipe

同种异名：针尾鹬，中沙雉，针尾水札；*Capella stenura*（Bonaparte）；Pin-tailed Snipe

鉴别特征：体小腿短沙锥。嘴短而褐色、端部深色，冠纹、眉纹白色，贯眼纹色暗较眉纹窄。上体褐色具白色、黄色及黑色纵纹及蠕虫状斑纹，下体白色具褐黑色纵纹和横斑。外侧尾羽窄而硬。"S"形飞行路线，黄色脚伸出尾后较多。

形态特征描述：嘴细长而直，尖端稍弯曲；嘴尖端黑褐色、基部黄绿色或角黄色。虹膜黑褐色。从嘴基、眼上缘到后颈的长眉纹黄白色，眼先白色，嘴基经眼先具黑色贯眼纹；嘴角至眼下有一黑褐色纵纹。头绒黑色、羽端缀少许棕红色。额基到枕部的中央纹白色或棕白色。颏、喉灰白色。后颈、背、肩羽及三级飞羽黑色或黑褐色杂红棕色、绒黑色和黄棕白色斑纹及纵纹。肩羽外侧黄棕白色边缘在体背两侧形成宽阔纵纹。翼上外侧覆羽和飞羽黑褐色，末端具灰白色窄端缘；翼内侧覆羽、飞羽与肩相似。下体污白色，前颈和胸具棕黄色、黑褐色纵纹或斑纹；腋羽和翼下覆羽白色、密被黑褐色斑纹。尾羽24～28枚，中央5对尾羽绒黑色，具棕栗红色宽阔次端斑和棕白色窄端斑；其间黑色窄横斑将宽次端斑和窄端斑截然分开；外侧7～9对尾羽窄而硬挺、短小，宽度1～2mm，最外侧尾羽仅为羽轴、形如针状，灰褐色具白

针尾沙锥（陈保成20100426摄于昭阳湖；赛道建20150829摄于山字河机场）

色横斑和端斑。尾上覆羽淡栗红色、杂黑褐色斑纹；尾下覆羽沾棕具黑褐色横斑。跗蹠和趾黄绿色或灰绿色，爪黑色。

幼鸟 似成鸟。上体羽缘窄、淡色，有时具虫囊状斑；翼覆羽羽缘窄、淡皮黄色。

鸣叫声： 报警时，发出带鼻音的"squak-squak"粗喘息声。

体尺衡量度（长度 mm、体重 g）：

标本号	时间	采集地	体重	体长	嘴峰长	翅长	跗蹠长	尾长	性别	现保存处
B000341					69	123	38	68		山东博物馆
	1958	微山湖	285		59	135	29	72	♂	济宁一中
					52	125	30	57	♀	山东师范大学

注：Shaw（1938a）记录 1♀ 重150g，翅长132mm。

栖息地与习性： 繁殖期栖息于山地、高原、泰加林和森林冻原地带沼泽湿地，非繁殖期栖息于开阔低山丘陵和平原地带的河湖边缘、库塘、沼泽、草地和农田等湿地。春季4～5月、秋季9～10月迁徙途经山东。性胆怯而机警，单独或成松散小群活动；借助保护色蹲伏不动、躲避危险，不得已时发出"gayi"鸣叫声突然冲出，飞行方向变换不定，飞行路线呈"S"形或锯齿状，飞10多米后降下，静立几分钟，机警地观察四周，无危险才跳跃式疾速前进几步再停一会，或钻入草丛中；白天潜伏在沟渠、草丛下，晨昏时在开阔水边、沼泽和稻田漫步觅食，借助植被的掩护，将嘴插入潮湿泥中取食后，快步走到另一隐蔽处继续取食。

食性： 主要捕食昆虫及其幼虫、甲壳类和软体动物等小型无脊椎动物，也食部分农作物种子和草籽。

繁殖习性： 繁殖期5～7月。求偶时，雄鸟高空飞翔忽而急剧下降，尾扇形散开并发出一种特殊的声音。在山地苔原草地、沼泽地上和湖边、河谷和水淹火烧林地中富有草本植物的干燥地上或沼泽湿地中的土丘上营巢，在地上刨成近似碗状的圆形凹坑，内垫枯草、松针和落叶。每窝产卵4枚，卵梨形，灰白色、黄色或绿色，被褐色或赭色大斑点，卵径约41mm×29mm。

亚种分化： 单型种，无亚种分化。

分布： 德州-乐陵-杨安镇水库（李令东20110803）。东营-（P）◎黄河三角洲。济宁-●济宁，（P）南四湖；微山县-●微山湖，昭阳（陈保成20100426）。青岛-崂山区-●（Shaw 1938a）崂山。日照-东港区-国家森林公园（郑培宏20140814），●山字河机场（20150829）；（P）前三岛-车牛山岛，达山岛，平山岛。泰安-（P）●泰安，泰山-低山；岱岳区-●大汶河；●东平县-（P）东平湖。威海-（P）威海，威海机场（20110120）；荣成-八河，马山海滩（20150506）。烟台-海阳-凤城（刘子波20150320）。淄博-淄博。胶东半岛，鲁中山地，鲁西北平原，鲁西南平原湖区。

各省份可见。

区系分布与居留类型： ［古］（P）。

种群现状： Wetland International（2002）估计亚洲地区有2万～100万只，2001年亚洲水鸟普查的数量为1074只（Li and Mundkur 2004）。虽然未列入受胁及保育鸟种，本身及栖息环境并未受到重大威胁，但湿地的规模开发已构成潜在的生态分布威胁。山东尚未见有迁徙种群的数量统计，野外观察时与扇尾沙锥常很难区别，也影响识别与计数，各地机场因保障飞行安全而有过捕获记录。

物种保护： Ⅲ，中澳，2/CMS，Lc/IUCN。

参考文献： H318，M332，Zja326；Lb67，Q136，Qm243，Z229，Zx64，Zgm84。

山东记录文献： 郑光美2011，朱曦2008，钱燕文2001，范忠民1990，郑作新1987、1976，Shaw 1938a；赛道建2013，李久恩2012，田家怡1999，闫理钦1998a，宋印刚1998，赵延茂1995，杜恒勤1985，纪加义1987c。

● 163-01 大沙锥
Gallinago megala Swinhoe

命名： Swinhoe R，1861，Ibis：343（天津塘沽至北京）

英文名： Swinhoe's Snipe

同种异名： 中地鹬；*Scolopax stenura* Bonaparte，1830，*Capella megala*（Swinhoe）；Forest Snipe

鉴别特征： 体大多彩沙锥。嘴长而褐色基部灰绿色，头形大而方。上体黑色具棕白色、深棕色斑纹，下体白色、两侧具黑褐色横斑，两翼长而尖。站立时，尾远超翅尖，外侧尾羽窄而短小。腿粗多黄色，直线飞行、脚露出尾外较少。

形态特征描述： 嘴长、褐色，或基部灰绿色、尖端暗褐色。虹膜暗褐色；眉纹苍白色，眼先污白色，两条黑褐色纵纹一条从嘴基到眼，另一条在眼下方，眼后缀红棕色。头顶苍白色中央纵纹从嘴基达枕部、枕后转为淡红棕色，两侧绒黑色具细小淡红棕色斑点。后颈杂有淡黄棕色和白色。上体黑褐色杂棕黄色纵纹和红棕色横斑与斑纹；肩、背、三级飞羽、翼上大覆羽和中覆羽具黄棕白色羽缘和红棕色横斑与斜纹，在背部形成4道纵形带斑。初级飞羽、次级飞羽和初级覆羽暗灰褐色，初级覆羽和次级飞羽端部微

大沙锥（赛道建 20150829 摄于付疃河）

白。腋羽和翼下覆羽白色具黑褐色横斑。下体近白色；喉及上胸土黄白色缀灰棕色和黑褐色斑，两胁白色缀黑褐色横斑；颏和腹白色。尾羽18～26枚、多为20枚；中央尾羽基部黑褐色，宽栗红色近端斑和窄淡黄白色羽端间有灰褐色横斑；外侧尾羽暗灰褐色缀白色斑点、内侧具白色斑缘。外侧6对尾羽窄硬、较中央尾羽短，宽度为2～4mm。

幼鸟 似成鸟。翼上覆羽和三级飞羽具皮黄白色羽缘。

鸣叫声： 惊飞时，发出微弱的"ga"声，音高不清晰，通常只叫一声。

体尺衡量度（长度mm、体重g）：

标本号	时间	采集地	体重	体长	嘴峰长	翅长	跗蹠长	尾长	性别	现保存处
277*	19290817	青岛崂山		261	62	132	35	59		中国科学院动物研究所
					64	138	34	72	♀	山东师范大学
					64	130	34	59		
					63	132	35	66		

* 平台号为2111C0002200003002
注：Shaw（1938a）记录1♂重130g，翅长136mm；1♀重160g，翅长137mm

栖息地与习性： 繁殖期栖息于针叶林或落叶阔叶林中的河谷、草地和沼泽地带，非繁殖期栖息于开阔湖泊、河流、水塘、芦苇沼泽和水稻田地带。3～5月、8～10月迁徙途经山东。常单独、成对或小群活动。在晚上、黎明和黄昏活动觅食，白天多匿藏在草丛中，危险临近时突然飞起，通常呈直线飞行；觅食时常将细长而易弯曲的长嘴插入泥地中搜觅食物。

食性： 主要捕食昆虫及其幼虫、环节动物、蚯蚓、甲壳类等小型无脊椎动物。

繁殖习性： 繁殖期5～7月。繁殖期间雄鸟在空中来回盘旋飞翔进行空中求偶飞行表演，然后收紧两翅、尾扇形展开，从高空突然急剧垂直冲下使尾羽和空气摩擦发出一种特殊声音。在开阔森林中的草地、河谷、芦苇沼泽和林间空地、林缘草地、沼泽及开阔平原的水域附近营巢，巢置于草丛、灌木或芦苇丛下的干燥地和土堆上，巢为一浅坑，内垫枯草和落叶而成。每窝多产卵4枚，卵钝卵圆形，乳黄色、污白色或淡绿色，被褐色或赤褐色斑点，钝端较密。卵径约41mm×30mm。

亚种分化： 单型种，无亚种分化。

分布： 东营-（P）◎黄河三角洲。菏泽-（P）菏泽。济南-济南机场（20060513）。济宁-南四湖（贾东梅20100405）；鱼台县-梁岗（20160409，张月侠20160409）。聊城-环城湖。青岛-崂山区-●（Shaw 1938a）崂山。日照-●山字河机场（20150829）。泰安-（P）泰安；岱岳区-●黄前水库；东平县-（P）●东平湖。潍坊-潍坊。威海-（P）威海；荣成-八号沟。胶东半岛，鲁中山地，鲁西北平原。

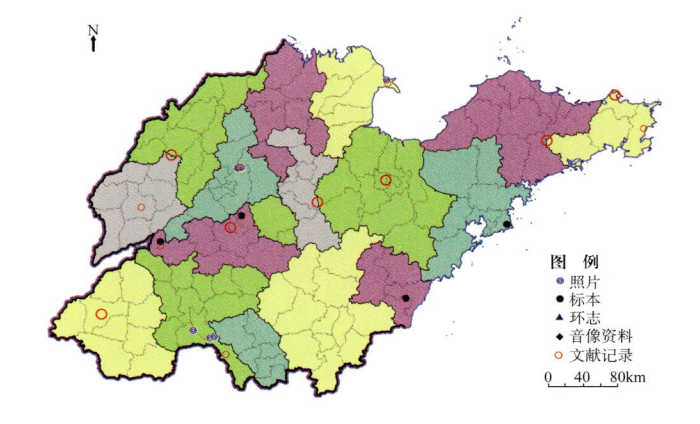

除云南外，各省份可见。

区系分布与居留类型： [古]（P）。

种群现状： Wetland International（2002）估计亚洲有2500～100 000只；1998年亚洲水鸟普查的数量为9只（Li and Mundkur 2004）。物种本身及其栖息地未受到威胁，但湿地的大规模开发会构成潜在的威胁。由于习性隐秘，而且不易与其他种群数量较多的沙锥鸟种区分，山东分布数量较少。

物种保护： Ⅲ，中日，中澳，2/CMS，Lc/IUCN。

参考文献： H319，M333，Zja327；Lb69，Q136，Qm244，Z23，Zx65，Zgm84。

山东记录文献： 郑光美2011，朱曦2008，钱燕文2001，赵正阶2001，范忠民1990，郑作新1987、

1976，Shaw 1938a；赛道建 2013，邢在秀 2008，王海明 2000，田家怡 1999，闫理钦 1998a，赵延茂 1995，纪加义 1987c。

● 164-01 扇尾沙锥
Gallinago gallinago（Linnaeus）

命名： Linnaeus C，1758，Syst. Nat., ed. 10, 1: 147（瑞典）

英文名： Common Snipe

同种异名： 田鹬；*Scolopax gallinago* Linnaeus, 1758; Fantail Snipe

鉴别特征： 中小型色彩沙锥。嘴粗长而直、褐色，脸皮黄色，上下眉纹及贯眼纹色深，头顶乳黄色、冠纹黄白色。上体深褐色具白、黑色细纹及蠹斑，黄色羽缘形成4条纵带，翼细而尖具白翼斑，颈、上胸黄褐色具黑色纵纹，下体后部白色。尾宽阔亚端斑棕色、端斑白色，外侧尾羽扇形。脚橄榄色。

形态特征描述： 嘴长而直，端部黑褐色、基部黄褐色。虹膜黑褐色。中央冠纹两侧的白色或淡黄白色眉纹从嘴基至眼后，眼先淡黄白色或白色，黑褐色贯眼纹从嘴基到眼并延伸至眼后，嘴基处的眼纹较眉纹宽度明显较宽。头顶黑褐色，后颈棕红褐色，具黑色羽干纹，中央冠纹自额基至后枕棕红色或淡皮黄色。两颊黑褐色纵纹不明显。颏灰白色。背、肩、三级飞羽绒黑色具红栗色和淡棕红色斑纹及羽缘，肩羽外侧具较宽的棕红色或淡棕红白色羽缘形成4道宽阔而明显的肩纵带。第1枚初级飞羽羽轴白色；大覆羽、初级覆羽、初级飞羽和次级飞羽黑褐色，初级覆羽、大覆羽和次级飞羽白色羽端较宽、在翅上形成相互平行的白色翅带和翅后缘，翼下具有白色宽横纹。腋羽白色、微缀灰黑色斑纹。前颈和胸棕黄色或皮黄褐色，具黑褐色纵纹；下胸、腹和两胁白色，两胁密被黑褐色横斑。尾羽12～18枚，通常为14枚，黑色，具宽阔栗红色亚端斑和白色窄端斑，其间有黑褐色窄横纹将栗红近端斑和白色端斑分隔开。外侧尾羽不变窄，宽度为7～12mm。最外侧2枚尾羽外翈白色，杂以灰色斑，内侧近端淡黄褐色，缀黑褐色斑纹。尾上覆羽基部灰黑色，端部淡棕红色，具灰黑色横斑。脚和趾橄榄绿色，爪黑色。

扇尾沙锥（陈云江 20110901 摄于黄河滩）

幼鸟 似成鸟，但翼上覆羽微缀皮黄白色羽缘。上体纵带较窄。

鸣叫声： 发出响亮有节律"tick-a"声，报警声似"jett……jett"上扬声。

体尺衡量度（长度mm、体重g）：

标本号	时间	采集地	体重	体长	嘴峰长	翅长	跗蹠长	尾长	性别	现保存处
B000331					62	139	28	61		山东博物馆
830024	19830903	鲁桥	115	235	67	157	30	50	♀	济宁森保站
					59	126	27	71	♂	山东师范大学
					68	125	30	63		山东师范大学

注：Shaw（1938a）记录2♂重127g、120g；2♀重103g、130g

栖息地与习性： 喜欢富有植物和灌丛的开阔沼泽、湿地和林间沼泽。非繁殖期除水域生境外，也活动于水田、鱼塘、溪沟、水洼地、沙洲和林缘水塘等生境。3月至5月上旬迁至繁殖地，8～9月（少数迟至10月）离开繁殖地，成松散小群迁徙到长江以南越冬。单独或成3～5只小群活动，迁徙期间有时集成大群；有干扰时就地蹲下不动或疾速跑至草丛中隐蔽，头颈紧缩、嘴紧贴胸前，危险临近时突然发出"gayi"鸣叫声飞逃，飞行中多呈"S"形曲折几次急转弯飞行后，升入高空盘旋一圈又急速冲入地上草丛中。白天多隐藏在植物丛中，晚上和晨昏时活动觅食，将嘴垂直地插入泥中，有节律地探觅食物。

食性： 主要捕食膜翅目和鞘翅目等昆虫及其幼虫、蠕虫、蜘蛛、蚯蚓和软体动物，也食小鱼和杂草种子。

繁殖习性： 繁殖期5～7月。求偶飞行时，雄鸟在巢上空快速扇动双翅成圈状飞翔后，急速下降，尾羽展开并发出特殊声音，或站在巢区树上或电杆上鸣叫。在苔原和平原地带富有芦苇、水草和灌木的湖泊、水塘、溪流岸边和沼泽地、林间沼泽、水漫草地上营巢，巢置于草丛下或土丘上、干芦苇丛中的地上，地面凹坑内垫枯草茎和草叶。每窝产卵4枚，卵梨形，黄绿色或橄榄褐色，被褐色或紫色斑点，卵径约39mm×28mm。雌鸟孵卵，孵化期19～20天。雏鸟早成雏，孵出不久即可行走。

亚种分化： 全世界有3个亚种，中国1个亚种，山东分布为指名亚种 *G. g. gallinago*（Linnaeus, 1758），*Capella gallinago gallinago*（Linnaeus）。

亚种命名 Linnaeus C, 1758, Syst. Nat., ed. 10, 1：147（瑞典）

分布： 滨州 - ●（刘体应1987）滨州；滨城区 - 东海水库，北海水库，蒲城水库。东营 - （P）◎黄河三角洲；河口区（李在军20070902）。菏泽 - （P）菏泽。济南 - （P）济南；天桥区 - 黄河滩（陈云江20110901）。济宁 - 济宁，（P）南四湖；任城区 - 太白湖（宋泽远20140323）；微山县 - 微山湖。聊城 - 聊城。莱芜 - 莱城区 - 牟汶河（陈军20131221）。青岛 - 青岛；崂山区 - 潮连岛，●（Shaw 1938a）崂山湾；四方区 - ●（Shaw 1938a）四方。日照 - 东港区 - 国家森林公园（郑培宏20140919），（P）前三岛 - 车牛山岛，达山岛，平山岛。泰安 - （P）●泰安，泰山；泰山区 - 农大南校园；岱岳区 - ●大汶河；●东平县 - （P）东平湖。潍坊 - 小清河口。威海 - （P）威海；荣成 - 八河；文登 - 五垒岛。烟台 - 栖霞 - 白洋河（牟旭辉20140822）；海阳 - 凤城（刘子波20140309）；莱州。淄博 - 淄博。渤海海峡，胶东半岛，鲁中山地，鲁西北平原，鲁西南平原湖区。各省份可见。

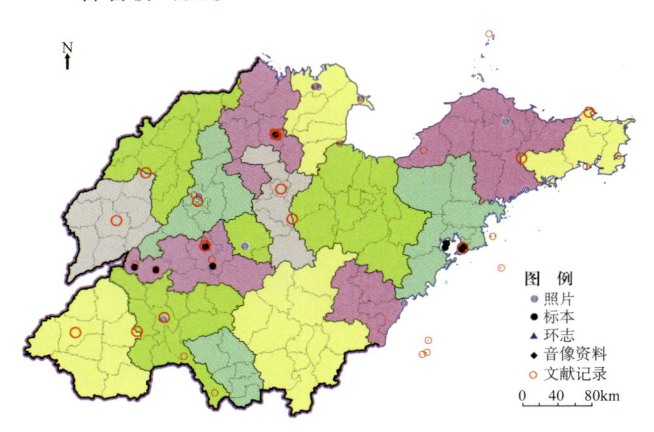

区系分布与居留类型：［古］（P）。

种群现状： Wetland International（2002）估计东亚地区有10万～100万只，2001年亚洲水鸟普查的数量为5 259只（Li and Mundkur 2002）。山东由于没有进行经常性调查，本种又常出现在水田等环境，种群数量不详，本种及其栖息地未受到威胁，但湿地的大规模开发会构成潜在的威胁。

物种保护： Ⅲ，中日，2/CMS，Lc/IUCN。

参考文献： H320, M334, Zja328; Lb72, Q136, Qm244, Z231, Zx65, Zgm85。

山东记录文献： 郑光美2011，朱曦2008，钱燕文2001，范忠民1990，郑作新1987、1976，付桐生1987，Shaw 1938a；赛道建2013、1994，李久恩2012，吕磊2010，贾少波2002，王海明2000，田家怡1999，闫理钦1998a，赵延茂1995，刘体应1987，纪加义1987c，李荣光1959。

165-01 半蹼鹬
Limnodromus semipalmatus（Blyth）

命名： "Jerdon" Blyth E, 1848, Journ. As. Soc. Bengal, 11：587（印度加尔各答）

英文名： Asian Dowitcher

同种异名： 半蹼沙锥；*Macrorhamphus semipalmatus* "Jerdon" Blyth；Snipe-bellied Godwit

鉴别特征： 体大灰色鹬。嘴长直、黑色。头顶、后颈具黑色细纵纹。上体棕灰色，下背、腰具黑褐"V"形斑纹，下体白色，胸、胁黄褐色具淡色斑纹。尾白色具黑褐横斑，尾覆羽为"V"形斑。腿黑色。

形态特征描述： 嘴黑色，尖端稍膨大。虹膜黑褐色，头顶两侧有棕红色眉纹；贯眼纹黑色、延伸到眼先。头、颈棕红色，前额至头顶有密集的黑色中央纵纹。后颈具黑色纵纹；翕棕红色，羽毛具黑色宽中央纵斑。肩羽、内侧次级飞羽和小覆羽具灰色羽缘；下背和腰白色，具黑色中央纹。翼上小覆羽黑褐色，其余覆羽灰褐色具白色羽缘；飞羽褐色、羽轴白色，外侧5枚初级飞羽内侧具长白色楔形斑，其内侧的飞羽则两侧皆有；外侧次级飞羽灰褐色具宽白色羽缘。下体棕红色，两胁前部微具黑色横斑；腋羽和翼下覆羽白色具少许黑褐色横斑。尾、尾上覆羽具黑褐色和白色相间的横斑；较长尾上覆羽缀棕色，尾末端褐色横斑宽而模糊。脚、趾黑褐色，前三趾间基部具蹼、中趾和外趾间蹼较大。跗蹠前缘盾状鳞、后面网状鳞。

半蹼鹬（李令东20110803 摄于杨安镇水库；赛道建199304XX 于黄河三角洲捕获受伤个体）

冬羽 上体暗灰褐色，具白色羽缘；尤以中覆羽和大覆羽上较明显。下体白色。头侧、颏、喉、颈、胸和两胁具黑褐色斑点、下胸、两胁和尾下覆羽具黑褐色横斑。

鸣叫声： 发出似"chep"叫声。

体尺衡量度（长度mm、体重g）： 山东采到标本但保存处不详，测量数据遗失。

栖息地与习性： 栖息于湖泊、河流及沿海岸边草地和沼泽地上，以及海滩潮间带和河口沙洲。3～5月和8～10月常小群迁徙途经山东，在泥滩和沙洲上结群成密集队形飞行，降落后稍停片刻才散开觅食。性胆小而机警，常单独或成小群活动，常频繁将嘴插入泥中直至嘴基在水边沼泽和海边潮间带沙滩和泥地上觅食。

食性： 主要捕食昆虫及其幼虫、蠕虫、软体动物。

繁殖习性： 繁殖期5～7月。一雌一雄配偶制，呈小群营巢；通常在水边或离水不远的草丛中、沼泽中的小土丘上营巢，利用地面凹坑，内垫草叶和草茎。每窝通常产卵3枚，卵梨形，沙黄色、土色、橄榄色、沙褐色或棕色，被褐色或红褐色斑，卵径约48mm×32mm，卵重22～33g。雌雄轮流孵卵，孵化期19～24天。

亚种分化： 单型种，无亚种分化。

分布： 德州-乐陵-杨安镇水库（李令东20110803）。东营-（P）东营，◎●黄河三角洲（199304xx），一千二保护区；垦利县。济南-（P）济南，北园。日照-东港区-崮子河（成素博20111109）。潍坊-小清河口。鲁中山地，鲁西北平原，鲁西南平原湖区。

内蒙古、河北、北京、天津、青海、新疆、江苏、上海、湖北、福建、台湾、广东、广西、香港、澳门。

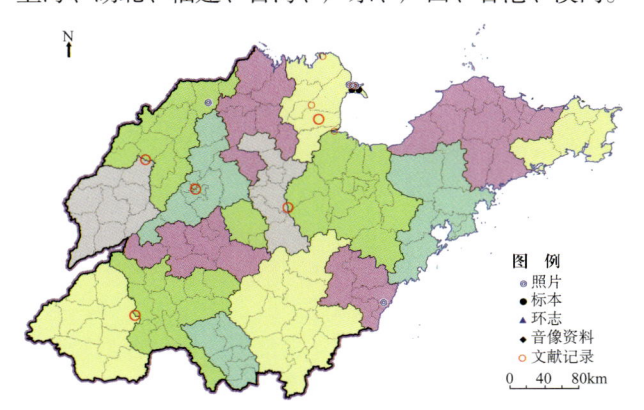

图例
- ⓒ 照片
- ● 标本
- ▲ 环志
- ■ 音像资料
- ○ 文献记录

0 40 80km

区系分布与居留类型： ［古］（P）。

种群现状： 在我国东北北部及西伯利亚、蒙古繁殖。野外种群数量稀少，最大种群数量估计为数千只。湿地开发时应充分保护其迁徙中转栖息地，避免进一步危及种群的生存发展。山东分布数量稀少。

物种保护： Ⅲ，R/CRDB，中澳，Nt/IUCN。

参考文献： H314，M356，Zja321；Lb79，Q134，Qm245，Z226，Zx66，Zgm85。

山东记录文献： 郑光美2011，钱燕文2001，朱曦2008；赛道建2013、1994，马金生2000，田家怡1999，赵延茂1995，纪加义1987c，李荣光1959，田丰翰1957。

● 166-01 黑尾塍鹬
Limosa limosa（Linnaeus）

命名： Linnaeus C，1758，Syst. Nat.，ed. 10，1：147（瑞典）

英文名： Black-tailed Godwit

同种异名： 黑尾鹬，塍鹬，东方黑尾鹬；*Scolopax limosa* Linnaeus，1758，*Limosa melanuroides* Gould，1848；Eastern Black-tailed Godwit

鉴别特征： 嘴长直而黑色、基部肉色，眉纹白色、贯眼线纹黑色。头、颈、上胸栗红色，头、后颈细纵纹黑色，体灰褐色，背具黑、褐、白色斑点，腰及尾基白色，腹白色，胸、胁具黑褐色横斑，翼上横斑白色明显。尾白色具显著黑色端斑。脚绿灰色。

形态特征描述： 嘴细长、近直形，尖端微向上弯曲，基部橙黄色或粉红肉色（非繁殖期），尖端黑色。虹膜暗褐色，眉纹乳白色、眼后变为栗色，贯眼纹黑褐色、细窄而长延伸到眼后，眼先黑褐色。头、颈部红棕色，头具暗色细条纹，后颈具黑褐色细条纹。翕、肩、背和三级飞羽黑色杂淡肉桂色和栗色斑。两翼覆羽灰褐色、羽缘色淡，初级飞羽黑色、羽轴白色，内侧初级飞羽外侧基部具宽阔白色，次级飞羽白色、仅末端黑色，在翅上形成宽阔白翅斑。颏白色，喉、前颈和胸栗红色，下颈两侧和胸具黑褐色星月形横斑；上腹白色、具栗色斑点和褐色横斑，其余下体包括翼下覆羽和腋羽白色。腰和尾上覆羽白色，尾白色、具黑色宽阔端斑。脚细长、黑灰色或蓝灰色。

黑尾塍鹬（赛道建20130415摄于广利河口；孙劲松20090329摄于孤岛）

冬羽 似夏羽。眉纹白色在眼前极明显，上体灰褐色，翼覆羽具白色羽缘，前颈和胸灰色，其余下体白色，两胁缀灰色斑点。

幼鸟 似冬羽。头顶具肉桂色和褐色纵纹；颈和胸缀暗皮黄红色。背、肩羽缘暗栗色，肩和翼覆羽暗灰褐色，翼覆羽羽缘肉桂皮黄色。

鸣叫声： 通常不发声，偶尔发出似"wikka"或"kip"声。

体尺衡量度（长度mm、体重g）：

标本号	时间	采集地	体重	体长	嘴峰长	翅长	跗蹠长	尾长	性别	现保存处
					35	140	32	69		山东师范大学

栖息地与习性： 栖息于平原草地和森林平原地带的沼泽、湿地、湖边附近的草地与湿地上，以及沿海海滨、泥地平原、河口沙洲及其附近的农田和沼泽地带、内陆淡水和盐水湖泊湿地。3~4月、9~10月迁徙途经山东，并不常见；2015年6月29日在日照付瞳河夹仓段拍到其与黑翅长脚鹬混群活动的照片，是否是落伍的非繁殖个体尚需要进一步研究证实。单独或小群，偶尔成大群活动觅食，遇危险则立刻起飞，在入侵者头上面飞翔鸣叫，然后站在附近树上、地上，直至入侵者离开；常在水边泥地或沼泽湿地上边走边不断地将长长的嘴插入泥中探觅食物。

食性： 主要捕食水生和陆生昆虫及其幼虫、甲壳类、蠕虫、软体动物、环节动物、蜘蛛，以及植物种子及谷粒。

繁殖习性： 繁殖期5~7月。常数只小群在一起营巢，通常营巢于水域附近稀疏草地上或草丛与灌木间，或沼泽湿地土丘上，在松软地上扒小凹坑内垫枯草而成。每窝产卵4枚，卵橄榄绿色被褐色斑点，卵径约50mm×36mm。雌雄亲鸟轮流孵卵，孵化期约24天。

亚种分化： 全世界有3个亚种，中国1个亚种，山东分布为指名亚种 *L. l. melanuroides* Gould。

亚种命名 Gould J，1846，Proc. Zool. Soc. London：84（澳大利亚 Port Essington）

分布： 滨州 - ●（刘体应1987）滨州，滨州港（20130416）；滨城区 - 东海水库，北海水库，北海盐场（20160518），蒲城水库；无棣县 - 贝壳堤岛保护区（20160501）。德州 - 减河（张立新 20120323）。东营 - 东营，（P）◎黄河三角洲，广利河口（20130415），盐场，广利支脉河口，自然保护区 - 大汶流，黄河口（20130415），垦利县；河口 - 孤岛（孙劲松 20090329），五号桩，一千二保护区。济南 - (P) 济南。聊城 - 环城湖。青岛 - 青岛。潍坊 - ◎小清河口；昌邑 - 潍河口（20130417）。日照 - 东港区 - 付瞳河（20150702、20150828，王秀璞 20150830），崮子河（成素博 20120828），加仓口（成素博 20151112）。威海 - 文登 - 万家寨（20120507），南海湿地。烟台 - 海阳 - 行村（刘子波 20150428）。胶东，鲁西北，鲁西南，鲁中山地。

除西藏外，各省份可见。

区系分布与居留类型： [古]（P）。

种群现状： 分布数量并不普遍。山东沿海湿地分布较广，数量并不多，未列入山东省重点保护野生动物名录。

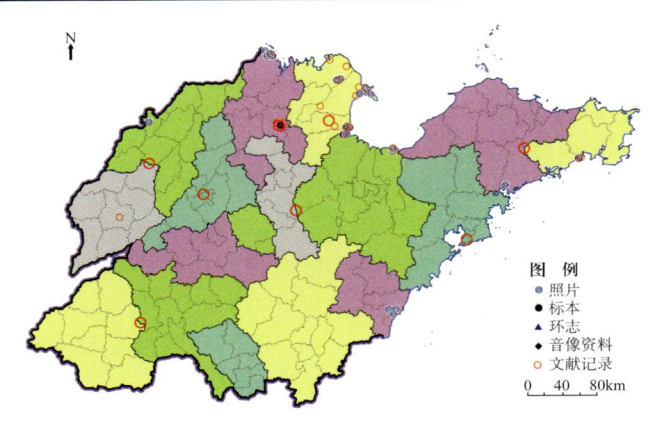

物种保护： Ⅲ，未定/CRDB，中日，中澳，Nt/IUCN。

参考文献： H298，M336，Zja306；Lb81，Q126，Qm245，Z215，Zx66，Zgm85。

山东记录文献： 郑光美2011，朱曦2008，钱燕文2001，郑作新1987，付桐生1987，Shaw 1938a；赛道建2013、1994、吕磊2010，赵延茂2001、1995，马金生2000，吕卷章2000，田家怡1999，刘体应1987，纪加义1987c，李荣光1959。

● 167-01 斑尾塍鹬
Limosa lapponica（Linnaeus）

命名： Linnaeus C，1758，Syst. Nat.，ed. 10，1：147（瑞典 Lapland）

英文名： Bar-tailed Godwit

同种异名： 斑尾鹬，钽（chú）鹬；*Limosa baueri* Naumann，1836；—

鉴别特征： 嘴细长微上翘，突出于头部，头黑褐色而眉纹白色显著。体栗红色，上体白色羽缘呈斑驳状，下体胸部沾灰色。冬羽灰褐色，头颈有黑色纵纹，上体和胁具黑褐色斑。飞翔时，白色腰部、白尾上黑色横斑与暗色上体对比明显，翼下白色。

形态特征描述： 嘴长而微上弯，基部肉色、端部黑色。雌雄鸟同型，繁殖羽与非繁殖季羽色稍异。头、后颈红褐色带黑褐色纵纹。背、肩羽暗褐色具栗色斑纹，下背、腰白色具少许褐色斑点；翼上覆羽、初级飞羽和次级飞羽黑褐色，翼上覆羽、次级飞羽具白色羽缘。脸、喉、颈、胸及腹部红褐色，腋羽白色

斑尾塍鹬（韩京 20120519 摄于南海湿地；成素博 20131004 摄于付疃河）

具黑褐色矢状斑。尾上覆羽白色具黑褐色斑，尾羽淡红褐色具暗褐色横斑纹。脚部跗蹠及趾黑褐色。

冬羽 头顶灰白色、具黑褐色纵纹。眉纹棕白色明显。颏、喉白色。头、颈灰棕色具淡褐色斑，肩、上背黑褐色，羽缘浅棕色，下背、腰、尾上覆羽白色沾棕色，具灰褐色羽干纹，胸灰棕色具淡褐色斑，前胸浅褐色，其余下体淡棕色。尾羽棕色、具灰褐色横斑。

雌鸟 棕色较淡。

鸣叫声： 偶尔发出深沉鼻音"jiwu"或清晰双音节吠声"kakkak"，飞行时发出轻柔高音"kit-kit-kit-kit"或"kaka"声。

体尺衡量度（长度mm、体重g）：

标本号	时间	采集地	体重	体长	嘴峰长	翅长	跗蹠长	尾长	性别	现保存处
B000322		青岛		255	33	154	28	82		山东博物馆

注：Shaw（1938a）记录6♂重248（220~280）g，翅长212（208~214）mm；8♀重273（250~300）g，翅长222（207~235）mm

栖息地与习性： 栖息于河口、盐田、海岸沼泽湿地及水域周围的湿草甸，活动于开阔潮间带泥滩、沙地浅水区，常成群沿潮水线，将喙深入泥中仅露出喙基以啄食及探取的方式觅食。

食性： 主要捕食昆虫及其幼虫、甲壳类和软体动物，以及小鱼及草籽。

繁殖习性： 繁殖期为5~7月。在苔原草丛间营巢，内垫少许地衣或桦叶，有时加硬草而成。每窝产卵3~5枚，卵梨形，橄榄色或绿色缀有暗褐色斑。白天雌鸟孵卵，雄鸟则在旁边保卫，孵化期约21天，孵出幼雏后由雌雄亲鸟共同抚养。

亚种分化： 全世界有4个亚种，中国1个亚种，山东分布为普通亚种 *L. l. baueri* Naumann，*Limosa lapponica novaezealandiae* G. R. Gray。

亚种命名 Naumann JF, 1836, Naturg. Vog. Deutschl. 8：429（澳大利亚 New Holland）

分布： 滨州-滨州港（20130418）；无棣县-贝壳堤岛保护区（20160501）。**东营**-东营，（P）◎黄河三角洲，广利河；自然保护区-◎黄河口，大汶流；河口区-五号桩，一千二保护区。**济宁**-鱼台-鹿洼（张月侠 20150503）。**莱芜**-莱城区-牟汶河（陈军 20081011）。**青岛**-●青岛；李沧区-●（Shaw 1938a）沧口；城阳区-●（Shaw 1938a）红岛；四方区-●（Shaw 1938a）四方。**日照**-东港区-国家森林公园（郑培宏 20140808、20141001），付疃河（成素博 20131004），付疃河口（成素博 20150528）。**泰安**-东平县-◎王台（20130508）。**潍坊**-小清河口，昌邑-◎潍河口。**威海**-（P）威海；荣成-八河；文登-五垒岛，万家寨（20130506），南海湿地（20140418，韩京 20120519）。**烟台**-海阳-凤城（刘子波 20150503）；栖霞-长春湖（牟旭辉 20120320）。渤海海峡，胶东半岛，鲁中山地。

黑龙江、辽宁、内蒙古、河北、北京、天津、新疆、江苏、上海、浙江、四川、福建、台湾、广东、广西、海南、香港、澳门。

图例
○ 照片
● 标本
▲ 环志
● 音像资料
○ 文献记录
0 40 80km

区系分布与居留类型：[古]（P）。

种群现状： Wetland International（2002）估计亚洲地区有42万~47万只，1999年亚洲水鸟普查的数量为51 643只（Li and Mundkur 2004），在山东沿海湿地以黄河三角洲分布较广，数量多而常见，种群数量趋势稳定，但沿海湿地的规模化开发会对其迁徙觅食产生影响，其栖息环境依然面临土地开发的潜在威胁，应该划定湿地红线保护区。

物种保护： Ⅲ，未定/CRDB，中日，中澳，2/CMS，Lc/IUCN。

参考文献： H299，M337，Zja307；Lb85，Q128，Qm245，Z216，Zx66，Zgm85。

山东记录文献： 郑光美 2011，Shaw 1938a，郑作新 1987、1976，朱曦 2008；赛道建 2013，赵延茂 2001、1995，吕卷章 2000，马金生 2000，田家怡 1999，闫理钦 1998a，纪加义 1987c。

168-01 小杓鹬
Numenius minutus Gould

命名： Gould J，1841，Proc. Zool. Soc. London：176（澳大利亚新南韦尔斯）

英文名： Little Curlew

同种异名： 一；*Numenius borealis minutus* Gould，1841；Little Whimbrel

鉴别特征： 体小杓鹬。嘴褐色、基部粉红色，嘴、头长比例小，略向下弯，头冠纹中间黄色、两侧黑色，眉纹粗重皮黄色。上体黑褐色具黄白色羽缘，胸、颈皮黄色具黑褐细条纹，腹白色、胁具黑褐色横斑。落地时两翼上举。脚蓝灰色。

形态特征描述： 嘴长而向下弯，嘴端黑色、下喙基部肉红色。虹膜黑褐色，贯眼纹黑褐色，粗著眉纹淡黄色。头顶部黑褐色、中央冠纹较细、淡黄色。颏和喉白色或沾土黄色。头侧和颈黄灰色、散布暗褐色条纹。上体背、肩黑褐色，密布淡黄色羽缘斑（沙黄色缺刻）。下背、腰和尾上覆羽黑褐色具灰白色横斑。飞羽、初级覆羽、小覆羽黑褐色；翼下覆羽、腋羽黄色，密布黑褐色细斑纹。前颈、胸皮黄色，具黑褐色细斑纹。腹白色，两胁具黑褐色斑。尾羽灰褐色具黑褐色横斑，尾下覆羽奶白色或略沾黄色。腿黄色或染灰蓝色，跗蹠具盾状鳞。

雌鸟 羽色相同雄鸟。体型略大。

幼鸟 通体更多土黄色杂斑。胸前褐色条纹和胁暗斑不显著或者消失。

鸣叫声： 飞行、进食时发出叽喳"te-te-te"声；告警时发出嘶哑"chay-chay-chay"声。

体尺衡量度（长度 mm、体重 g）：

标本号	时间	采集地	体重	体长	嘴峰长	翅长	跗蹠长	尾长	性别	现保存处
B000316		青岛		390	71	225	55	97		山东博物馆
B000327					32	199	48	86		山东博物馆
					87	235	63	103		山东师范大学
					40	180	47	80	♂	山东师范大学

栖息地与习性： 栖息于沼泽、水田、荒地及海岸附近地带的湿地。繁殖期多在亚高山森林及矮树丛地带附近的湖边、河岸、沼泽及草地的湿地上，以及开阔火烧迹地和砍伐后落叶松林地上活动、觅食；迁徙期间和冬季主要在沿海沼泽、湖泊、河流等湿地及附近的农田、耕地和草原上活动。单独或小群活动，迁徙、越冬时同其他鹬类集成较大的群体；到被潮水淹没过滩涂的浅滩淤泥处涉水觅食。

食性： 主要捕食昆虫及其幼虫、小虾等甲壳类、软体动物和小鱼等，有时也食藻类、草籽和植物种子。

繁殖习性： 繁殖期6~7月。在西伯利亚亚高山森林、灌丛地带的林缘或火烧过后的开阔林地中集群营巢，巢置于地上水边或沼泽地边干芦苇地上的凹陷处或树旁，内垫枯草。每窝产卵3~4枚，卵绿色或橄榄皮黄色，被褐色或石板灰色斑点。

亚种分化： 单型种，无亚种分化。

分布： 滨州-北海盐场（20160518）；无棣县-贝壳岛保护区（20160501）。**东营**-东营，(P)◎黄河三角洲；河口区（李在军20120421）-草桥沟（20130417）。**菏泽**-(P)菏泽。**济宁**-(P)南四湖；微山县-微山湖。**莱芜**-莱城区-牟汶河（陈军20130426）。**青岛**-●青岛，胶州湾；崂山区-(P)潮连岛，崂山湾。**日照**-东港区-崮子河（20150828，李宗丰20100513）；(P)前三岛-车牛山岛，达山岛，平山岛。**潍坊**-●白浪河（王羽20110427），小清河口。**威海**-威海（王强20120918），环翠区；荣成-天鹅湖（于英海20140502）；文登-南海。**烟台**-海阳-大闾家（刘子波20150419）；长岛县-长岛。胶东半岛，鲁西北，鲁西南。

小杓鹬（李宗丰 20100513 摄于崮子河）

---
* 郑作新（1987）、纪加义（1987）记为 *Numenius borealis* 的 *minutus* 亚种

10 鸻形目 Charadriiformes | 253

黑龙江、吉林、辽宁、内蒙古、河北、北京、天津、青海、新疆、江苏、上海、浙江、湖北、福建、台湾、广东、广西、香港、澳门。

区系分布与居留类型：[古](P)。

种群现状： Wetland International（2002）估计亚洲地区约有18万只，1997年亚洲水鸟调查的数量为449只（Li and Mundkur 2004）。小杓鹬在山东为旅鸟，数量不多，于4~5月和9月前后出现，记录偏少的原因可能与本种偏好旱田草地、沿海环境有关，虽未列入山东省重点保护野生动物名录，但沿海湿地的大规模开发已对其生存环境构成潜在威胁。

物种保护： Ⅱ，1/CITES，中澳，2/CMS，Lc/IUCN。

参考文献： H294，M338，Zja302；Lb88，Q124，Qm245，Z212，Zx66，Zgm86。

山东记录文献： 郑光美2011，朱曦2008，钱燕文2001，赵正阶2001，郑作新1987，Shaw1938a；赛道建2013，王海明2000，朱书玉2000，马金生2000，张洪海2000，田家怡1999，宋印刚1998，赵延茂1995，纪加义1987c、1987f。

● **169-01 中杓鹬**
Numenius phaeopus（Scopoli）

命名： Linnaeus C, 1758, Syst. Nat., ed. 10, 1：146（瑞典）
英文名： Whimbrel
同种异名： —；*Scolopax phaeopus* Linnaeus, 1758, *Tantalus variegates* Scopoli, 1786, *Numenius uropygialis* Gould, 1841；—

鉴别特征： 中型杓鹬。嘴长而下弯、黑色，头中央冠纹黄色、侧冠纹黑色，眉纹黄白色。背黑褐色具黄、白色斑纹，下体淡褐色，胸纵纹、胁横斑黑褐色。飞翔可见白色的腰和尾上覆羽。脚蓝灰色。似白腰杓鹬而体型小，嘴也短。

形态特征描述： 嘴长而下弯曲、黑褐色，下喙基部淡褐色或肉色。虹膜黑褐色，眉纹浅白色，贯眼纹黑褐色。头顶暗褐色，中央冠纹白色。颏、喉白色。上背、肩、背暗褐色、羽缘淡色具黑色细窄中央纹；下背和腰白色微缀黑色横斑。飞羽黑色，初级飞羽内侧具锯齿状白色横斑；外侧3枚初级飞羽羽轴白色，内侧初级飞羽与次级飞羽具白色横斑。颈、胸灰白色、具黑褐色纵纹；腹中部白色。体侧和尾下覆羽白色具黑褐色横斑。尾上覆羽和尾灰色具黑色横斑。脚蓝灰色或青灰色。

中杓鹬（李宗丰 20100417 摄于付疃河）

幼鸟 似成鸟。胸更多皮黄色、微具细窄纵纹，肩和三级飞羽皮黄色斑显著。

鸣叫声： 飞行时，发出连续清脆的"didididi"叫声。

体尺衡量度（长度mm、体重g）：

标本号	时间	采集地	体长	嘴峰长	翅长	跗蹠长	尾长	性别	现保存处
16264*	19540929	微山西万	390	86	255	57	92	♀	中国科学院动物研究所
				116	270	73	110		山东师范大学
				80	235	52	102		山东师范大学

*平台号为2111C0002200003029
注：Shaw（1938a）记录5♂重325（305~345）g，翅长227~238mm；4♀重379（310~460）g，翅长235~238mm

栖息地与习性： 栖息于北极附近苔原森林和泰加林地带离林线不远的沼泽、苔原、湖泊与河岸草地；繁殖期多出现在沿海沙滩、岩岸及河流、河口、沙洲、水塘、湖泊、内陆草原、湿地、沼泽、农田等各类生境中。4～5月或9～10月迁徙途经中国，如沿海河口，飞行时两翅扇动快而有力。常单独或结小至大群或与其他涉禽混群活动觅食，行走时步履轻盈，步伐大而缓慢，将向下弯曲的嘴插入泥地探觅食物。

食性： 主要捕食昆虫及其幼虫、蟹类、甲壳类和螺类软体动物等小型无脊椎动物。

繁殖习性： 繁殖期5～7月。繁殖于北极冻原森林带和泰加森林地带及无树平原；在湖泊、河流岸边及附近沼泽湿地离水不远的土丘或草丛下面干燥地上营巢，地上浅坑内垫苔藓、草茎和树叶而成。每窝多产卵4枚，卵长卵圆形，蓝绿色或橄榄褐色，被黑褐色或灰色斑点，卵径约59mm×41mm。雌雄亲鸟轮流孵卵，孵化期约24天。

亚种分化： 全世界有6个亚种，中国2个亚种，山东分布为华东亚种 *N. p. variegatus*（Scopoli），亚种 *variegatus* 腰部偏褐色，有些个体腰及翼下为白色。

亚种命名 Scopoli GA，1786，Del. Flor. et Faun. Insubr.，2：92（菲律宾吕宋岛）

分布： 滨州-北海盐场（20160518）；无棣县-沙头堡村（20160518，刘腾腾20160518）。**东营**-东营，（P）◎黄河三角洲（丁洪安20060520），盐场，广利河，自然保护区-大汶流，黄河口，河口区-马新河（20130417），五号桩，一千二保护区；垦利县。**菏泽**-（P）菏泽。**济宁**-南四湖；微山县-（P）南阳湖，●西万。**青岛**-青岛；市南区-●（Shaw 1938a）团岛；城阳区-●（Shaw 1938a）城阳，●（Shaw 1938a）女姑口；崂山区-（P）潮连岛，崂山湾；四方区-●（Shaw 1938a）四方；黄岛区-●（Shaw 1938a）黄岛；李沧区-●（Shaw 1938a）沧口。**日照**-东港区-付疃河（20150704、20150828，李宗丰20100417，孙涛20150903），国家森林公园（郑培宏20140911），刘家湾（成素博20141103）；（P）前三岛-车牛山岛，达山岛，平山岛。**潍坊**-小清河口。**威海**-（P）威海，双岛；荣成-八河，天鹅湖；乳山-白沙滩；文登-五垒岛（20120519），南海湿地（韩京20120519）。**烟台**-牟平区-鱼鸟河口（王宜艳20150909）；长岛县-长岛；海阳-凤城（刘子波2010510）；莱州-河套水库。**淄博**-淄博。胶东半岛，鲁西北，鲁西南，鲁中山地。

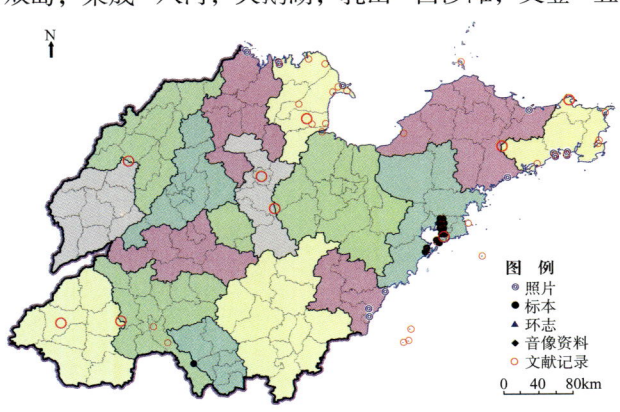

除新疆、湖北、贵州、云南外，各省份可见。

区系分布与居留类型：［古］(P)。

种群现状： Wetland International（2002）估计亚洲太平洋地区约有55 000只，2001年亚洲水鸟调查的数量为4596只（Li and Mundkur 2002）。山东数量统计缺乏相关数据，但2015年7月4日在日照付疃河夹含段拍到26只的活动群体，占种群数量的0.05%，是否是首批迁徙旅鸟需要进一步研究证实，作为中杓鹬迁移的重要中转站，山东数量对种群的生存发展有一定影响，本种在山东未受到明显的生存威胁，但湿地的规模化开发已构成潜在的环境威胁。

物种保护： Ⅲ，中日，中澳，2/CMS，Lc/IUCN。

参考文献： H295，M339，Zja303；Lb91，Q126，Z212，Zx67，Zgm86。

山东记录文献： 郑光美2011，朱曦2008，赵正阶2001，郑作新1987、1976，Shaw 1938a；赛道建2013，闫理钦2013，赵延茂2001、1995，王海明2000，吕卷章2000，马金生2000，田家怡1999，纪加义1987c。

● 170-01 白腰杓鹬
Numenius arquata（Linnaeus）

命名： Linnaeus C，1758，Syst. Nat.，ed. 10，1：145（瑞典）

英文名： Eurasian Curlew

同种异名： 大杓鹬；*Scolopax arquata* Linnaeus，1758，*Numenius orientalis* Brehm，1831；Curlew

鉴别特征： 体大杓鹬。嘴褐色、特长而下弯。上体淡褐色具黑褐色纵纹，飞行时腰白斑呈楔形向后延伸至尾，颈胸淡黄色具黑褐色纵纹，下体、腋、翼下白色。尾白色具黑褐色横斑。脚青灰色。

形态特征描述： 嘴长而下弯、褐色、下嘴基部肉红色。眼暗褐色。脸淡褐色具褐色细纵纹，颏、喉灰白色，颊部污白色具黑褐色细纵纹。头、颈、上背淡褐色具黑褐色羽轴纵纹，后颈至上背羽干纹增宽至呈块斑状；下背、腰白色，下背具灰褐色细羽干纹。翼上覆羽具黑褐色锯齿形羽轴斑，初级飞羽、次级飞羽黑褐色具淡色横斑，外侧5枚初级飞羽内翈、其余飞羽内外翈均具锯齿状白色羽缘，

白腰杓鹬（刘兆瑞 20150329 摄于大河湿地；成素博 20151109 摄于刘家湾；赛道建 20130416 摄于大汶流）

第1枚初级飞羽羽干白色，三级飞羽具黑褐色长形斑，飞羽呈黑褐色与淡褐色相间横斑。腋羽和翼下覆羽白色。前颈、颈侧、胸、腹棕白色或淡褐色具褐色细纵纹，腹、胁白色具粗重黑褐色斑点组成的纵向带状斑纹，下腹白色。尾羽白色或灰褐色具黑褐色细窄横斑纹，尾上覆羽白色变为较粗黑褐色羽干纹。尾下覆羽白色具褐色细轴纹。跗蹠及趾青灰色。

幼鸟　　羽缘沾棕红色，前颈和胸部褐色较淡，沾皮黄色，胸侧具褐色细长纵纹。腹部斑点较轻微或没有，嘴也较成鸟短。其余似成鸟。

鸣叫声： 起飞时伴随"go-ee"鸣叫声。

体尺衡量度（长度 mm、体重 g）：

标本号	时间	采集地	体重	体长	嘴峰长	翅长	跗蹠长	尾长	性别	现保存处
B000374					127	304	78	112		山东博物馆

注：Shaw（1938a）记录1♀重970g，翅长292mm

栖息地与习性： 栖息于森林、平原中的湖泊、河流岸边和附近沼泽、草地、农田地带，以及海滨、河口沙洲和沼泽湿地。4月迁到东北繁殖地，10月离开繁殖地。性机警，常成小群活动，步履缓慢稳重并不时抬头张望，发现危险即飞走并伴随鸣叫，两翅扇动缓慢有力，边行走边将嘴插入泥中探觅食物。

食性： 捕食甲壳类、软体动物、蠕虫、昆虫及其幼虫，也啄食鱼、蛙和植物种子。

繁殖习性： 繁殖期5～7月。4月末配对进行求偶飞行，5月初开始营巢；在林中开阔沼泽湿地、湖泊和溪流附近2～3km范围内的干燥地上或沼泽土丘上等干燥地方营巢，利用地上凹坑内垫枯草而成。每窝通常产卵4枚，卵绿色或橄榄黄色被褐色斑点。卵径约68mm×48mm。雌雄亲鸟轮流孵卵，孵化期28～30天；孵卵时若遇惊扰，亲鸟弯背压低身体偷偷行走离巢，一般不起飞。山东分布广而数量并不普遍，未见有繁殖的报道。

亚种分化： 全世界有3个亚种，中国1个亚种，山东分布为普通（东方）亚种 *N. a. orientalis* Brehm。

亚种命名　　Brehm CL, 1831, Handb. naturg. Vog. Deutschl. 610（印度尼西亚）

分布： 滨州 - 滨州港（20130418），徒骇河（20130414）；无棣县 - 贝壳岛保护区（20160501）。**东营** - 东营，（P）◎黄河三角洲，广利支脉河，盐场；自然保护区 - 大汶流（20130416），◎黄河口，河口区 - 黄河故道，◎五号桩，一千二保护区，河口 - 孤岛南大坝（孙劲松 20101030）；垦利县；东营港开发区（20151025）。**济南** - （P）济南，北园。**济宁** - （P）南四湖；任城区 - 太白湖（宋泽远 20121007）；邹城 - （P）西苇水库；微山县 - 微山湖。**莱芜** - 莱城区 - 牟汶河（陈军 20131107）。**青岛** - 大沽河，胶州湾（20150622）；城阳区 - ●（Shaw 1938a）红岛。**日照** - 东港区 - 付疃河口（20140306、20150830，孙涛 20150903，成素博 20130123），刘家湾（成素博 20151109），两城河口（20140307）。**泰安** - 泰山区 - 农大南校园；岱岳区 - 牟汶河（孙桂玲 20130306）。**泰安** - 泰山区 - 农大南校园，大河湿地（刘兆瑞 20150329）●**潍坊** - 小清河口；昌邑 - ◎潍河口。**威海** - （P）威海，双岛，荣成 - 八河，天鹅湖，斜口岛（20150104）；乳山 - 白沙滩；文登 - 五垒岛。**烟台** - 长岛县 - 长岛；海阳 - 凤城（刘子波 20140907、20141006）；牟平区 - 养马岛（王宜艳 20151120）。**淄博** - 淄博；张店区 - 人民公园（赵俊杰 20141216）。胶东半岛，鲁西北平原，鲁西南平原湖区。

除贵州外，各省份可见。

区系分布与居留类型： ［古］（P）。

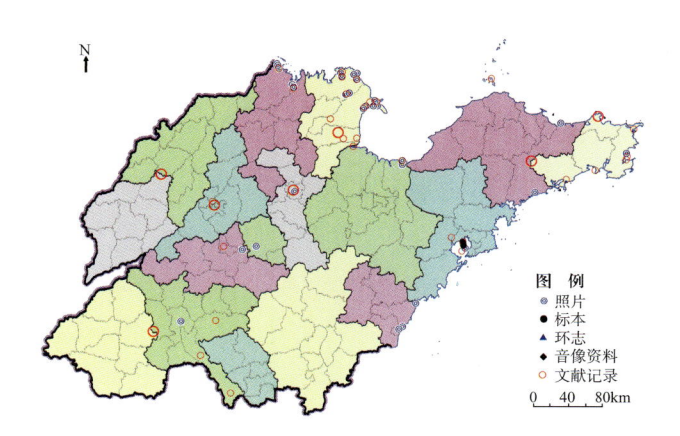

种群现状： Wetland International（2002）估计亚洲地区有 45 000～135 000 只，2001 年亚洲水鸟普查的数量为 8 446 只（Li and Mundkur 2004）。数量稀少而不普遍，集中于局部地区，但几个重点的群落和整体在全球适度快速下降。在山东分布数量不多，除 2 月、7 月均照片记录，据此推断其可能在山东繁殖，而不是过境鸟；列入山东省重点保护野生动物名录，应注意加强对物种与栖息地保护研究，确证其山东繁殖与分布现状。

物种保护： Ⅲ，中日，中澳，2/CMS，Nt/IUCN。

参考文献： H296，M340，Zja304； Lb95，Q126，Qm246，Z213，Zx67，Zgm86。

山东记录文献： 郑光美 2011，朱曦 2008，钱燕文 2001，赵正阶 2001，范忠民 1990，郑作新 1987、1976，Shaw 1938a；赛道建 2013，闫理钦 2013、1998a，李久恩 2012，赵延茂 2001、1995，吕卷章 2000，马金生 2000，田家怡 1999，宋印刚 1998，纪加义 1987c。

● 171-01　大杓鹬 *Numenius madagascariensis*（Linnaeus）

命名： Linnaeus C，1766，Syst. Nat.，ed. 12，1：242（马达加斯加，苏拉威西的 Makassar）

英文名： Far Eastern Curlew

同种异名： 红腰杓鹬，红背大勺鹬，鹬（yuè）鹬，彰鸡；*Scolopax madagascariensis* Linnaeus, 1766, *Numensis cyanopus* Vieillot, 1817; Red Rumped Curlew, Eastern Curlew, Australian Curlew

鉴别特征： 大型杓鹬。嘴黑色、基部粉红色，特长而下弯。体茶褐色，下背及尾红褐色，下体皮黄色，翼下、腋羽及尾覆羽淡褐色具黑褐色纵纹。脚灰色。比白腰杓鹬色深而褐色重，下背及尾褐色，下体皮黄色，飞行时腰尾部、翼下横纹不是白色。

形态特征描述： 嘴细长向下弯曲呈弧形、黑色，下嘴基部角黄色、上嘴基部褐色。虹膜暗褐色，眼周灰白色，眼先蓝灰色。雌雄鸟同型。颊、喉白色，喉黑褐色斑纹细而密。颊、颈部皮黄白色羽缘较宽显得较白而使黑褐色变为更细纵纹。上体黑褐色、羽缘白色和棕白色呈黑白色而沾棕色花斑状。腰具较宽棕红褐色羽缘。翼呈黑色，初级飞羽羽轴白色、外侧黑褐色、内侧灰褐色，外翈具多道锯齿状白色横斑；第 1、第 2 枚初级飞羽羽干几乎全白、仅先端淡褐色，从第 3 枚起白色羽干不明显；自第 4、第 5 枚起外侧具白色横斑且越往内越显著。翼覆羽、翼羽羽轴及接近羽轴部分黑褐色羽斑较大，外侧翼上大覆羽灰黑色具白色端缘，内侧大覆羽、中覆羽和小覆羽与背同色。腋羽和翼下覆羽白色具灰褐色或黑褐色横斑。下体皮黄白色具黑褐色羽干纹、胸部较密较细；腹至尾下覆羽灰白色具稀疏灰褐色羽干纹。尾羽浅灰沾黄色具棕褐色或灰褐色横斑；尾上覆羽同腰、具较宽棕红褐色羽缘。脚灰褐色或黑褐色。

大杓鹬（成素博 20120507 摄于夹仓口；赛道建 20130416 摄于大汶流）

鸣叫声： 飞行时发出 "ka-li" 鸣叫声；惊飞时发出 "huier-huier" 声。

体尺衡量度（长度 mm、体重 g）：

标本号	时间	采集地	体长	嘴峰长	翅长	跗蹠长	尾长	性别	现保存处
2341*	19730504	青岛女姑	610	168	330	95	125	♀	中国科学院动物研究所
				168	315	91	123		山东师范大学

* 平台号为 2111C0002200003024

注：Shaw（1938a）记录 5♂ 重 650（550～750）g，翅长 290～310mm；3♀ 重 627（480～820）g，翅长 315mm

栖息地与习性： 栖息于低山丘陵和平原地带的河流、湖泊、水塘、芦苇沼泽及附近的稻田等湿地，以及林中溪边和附近开阔湿地；迁徙季节出现于沿海沼泽、海滨、河口沙洲、湖边草地及农田；冬季在海滨沙滩、泥地、河口沙洲活动。4 月上中旬可到达东北繁殖地，9 月迁离繁殖地往南迁徙，常成小群迁徙；4～5 月迁徙途经山东沿海湿地。单独或小群活动觅食，休息时或夜间栖息常集成群性胆怯，活动时常抬头伸颈观望，如有危险立刻起飞，成群飞行时常排成"V"字队形，降落时常滑翔。在水边沙地或泥地及浅水处觅食，将长而弯曲的嘴插入沙地或淤泥中探觅隐藏的猎物，也啄食地表猎物。

食性： 主要捕食甲壳类、软体动物、蠕形动物、昆虫及其幼虫，以及鱼类、爬行类和无尾两栖类等脊椎动物。

繁殖习性： 繁殖期4~7月。4月中下旬成对进行求偶飞行，在低山丘陵溪流附近的沼泽湿地、山脚平原湖边沼泽的土丘和盐碱地上的凹坑营巢，周边和底部垫以枯草而成。每窝产卵4枚，卵为梨形，橄榄褐色或橄榄绿色被褐色或绿褐色斑点。卵径约69mm×52mm。

亚种分化： 单型种，无亚种分化。

分布： 滨州-●（刘体应1987）滨州，滨州港（20130418、20160518，刘腾腾20160518）；无棣县-贝壳岛保护区（20160501）。东营-（P）◎黄河三角洲（单凯20060514），小岛河海滩（20130416），广利支脉河口，盐场，河口区-五号桩（199204），一千二保护区；自然保护区-◎黄河口，大汶流（20130416）。青岛-青岛；崂山区-（P）●潮连岛；城阳区-●（Shaw 1938a）红岛，●（Shaw 1938a）女姑口。日照-东港区-付疃河（20150830，孙涛20150903），加仓口（成素博20120507）；（P）前三岛-车牛山岛，达山岛，平山岛。潍坊-小清河口；昌邑-◎潍河口。威海-（P）威海（王强20100913），双岛；荣成-八河，马山海滩（20150507），天鹅湖（20150507）；文登-五垒岛，南海湿地（韩京20100403）；乳山-白沙滩。烟台-海阳-大闫家（刘子波20150419）；牟平区-沁水东河（王宜艳20150920）。胶东，鲁西北，鲁西南。

除新疆、贵州、云南、西藏外，各省份可见。

区系分布与居留类型： [古]（P）。

种群现状： Wetland International（2002）估计亚洲地区的数量约38 000只，1999年亚洲水鸟普查的数量为7288只（Li and Mundkur 2002）。在全球范围内，物种被列为易危的情况下，正经历一个数量快速下降的过程，栖息地丧失和退化带来的影响，以及人类进一步的开发计划，预计将在未来对物种造成更大的生存威胁。在山东，黄河三角洲等滨海湿地具有较大群体，但沿海经济开发致使环境恶化和觅食栖息地减少，从而导致群落数量减少。

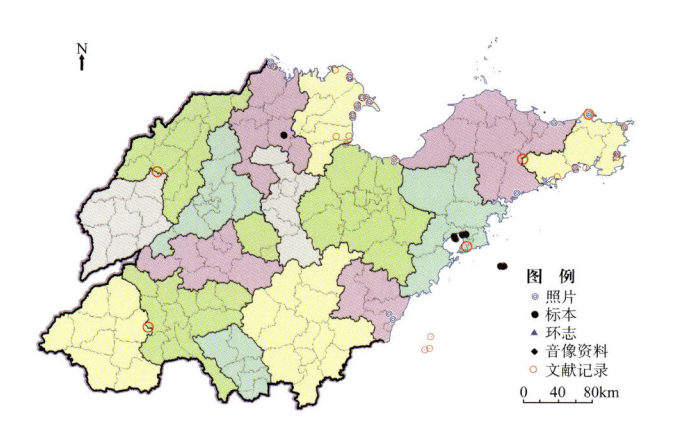

物种保护： Ⅲ，中日，中澳，2/CMS，Vu/IUCN。

参考文献： H297，M341，Zja305；Lb99，Q126，Qm246，Z214，Zx68，Zgm87。

山东记录文献： 郑光美2011，朱曦2008，钱燕文2001，赵正阶2001，范忠民1990，郑作新1987、1976，付桐生1987，Shaw 1938a；赛道建2013，王希明2001，赵延茂2001、1995，马金生2000，吕卷章2000，田家怡1999，闫理钦1998a，刘体应1987，纪加义1987c。

● 172-01 鹤鹬
Tringa erythropus（Pallas）

命名： Pallas PS, 1764, in Vroeg, Cat. Verz. Vog. Adumbr.: 6（荷兰）

英文名： Spotted Redshank

同种异名： 红脚鹬鹬；*Scolopax erythropus* Pallas, 1764；Dusky Redshank

鉴别特征： 中型红腿灰色鹬。嘴黑色而长直、基部红色，眼圈白色而醒目。通体黑色，背羽缘白色呈黑白斑驳新月状，胁具白鳞斑。腿细长暗红色。冬羽背灰褐色、腹白色，腰、尾白色具褐色横斑，过眼纹明显。飞行时，脚伸出尾后较长。

鹤鹬婚羽（李宗丰20140502摄于崮子河；郑培宏20140629摄于国家森林公园；赛道建20130418摄于岔尖堡；成素博20120419摄于崮子河）

形态特征描述： 嘴细长而尖直、黑色，下嘴基部繁殖期深红色、非繁殖期橙红色。眼周具白色窄眼圈。翕、背、肩、翼上覆羽和三级飞羽黑色，具白色斑点和羽缘。下背和上腰白色，下腰及尾上覆羽具黑灰色和白色相间横斑。飞羽黑色，内侧初级飞羽和次级飞羽具白色横斑。腋羽和翼下覆羽白色。头、颈和整个下体黑色，胸侧、两胁和腹具白色羽缘。尾暗灰色具白色窄横斑，尾下覆羽具暗灰色和白色横斑。脚繁殖期红色，非繁殖期橙红色。

冬羽 白色长眉纹自嘴基到眼后，其下黑褐色纹自嘴基到眼。颏、喉白色。前额、头顶至后颈灰褐色，上背灰褐色、羽缘白色，下背和腰白色。肩、飞羽和翼上覆羽黑褐色，除初级飞羽外，均具白色横斑。下体白色，前颈下部和胸缀灰色斑点，胸侧、两胁或胸腹具灰褐色横斑。腋羽、翼下覆羽白色。尾上覆羽白色具较密黑褐色横斑，中央尾羽灰褐色具黑褐色横斑，外侧尾羽具黑白相间横斑。尾下覆羽白色具褐色横斑。

幼鸟 上体似冬羽而较褐色，翼上覆羽、肩和三级飞羽灰褐色具白斑点。颏、喉白色，下体余部淡灰色具灰褐色横斑。

鸣叫声： 飞行时发出上扬"qiuyi"声，警戒时发出小的"yi"声。

体尺衡量度（长度mm、体重g）：

标本号	时间	采集地	体重	体长	嘴峰长	翅长	跗蹠长	尾长	性别	现保存处
B000323					58	153	55	64		山东博物馆

栖息地与习性： 繁殖期栖息于北极冻原和森林带的湖泊、水塘、河流岸边及附近沼泽地带，以及低矮疏林和林缘沼泽地带。越冬迁徙期间，栖息活动于海滨、湖泊、河流沿岸、河口沙洲和附近沼泽及农田。在中国为旅鸟和冬候鸟，迁徙时，3~5月和10~11月可见途经山东湿地觅食活动、补充能量的个体。单独或分散小群活动，在水边沙滩、泥地、海边潮间带、浅水处，甚至进到齐腹深的水中边走边觅食。

食性： 主要捕食甲壳类、软体动物、蠕形动物、水生昆虫及其幼虫。

繁殖习性： 繁殖期5~8月。在北极苔原带附近繁殖，以及湖边草地或苔原、沼泽地带的高土丘上、岩石下、倒木下或树下，在松软地上压出的凹坑内营巢，巢简陋，多由苔原构成，内垫枯草和树叶。每窝产卵4枚，梨形卵淡绿色或黄绿色，被黑褐色或红褐色斑点，卵径约47mm×32mm。雌雄亲鸟轮流孵卵，以雄鸟为主。

亚种分化： 单型种，无亚种分化。

分布： 滨州-●（刘体应1987）滨州，滨州港；滨城区-东海水库，北海水库，蒲城水库；北海新区-埕口盐场（刘腾腾20160423）；无棣县-岔尖堡（20130418），沙头堡村（刘腾腾20160518），贝壳岛保护区（20160501）。东营-（P）东营，（P）◎黄河三角洲，广利支脉河口（19920909），盐场；自然保护区-大汶流（单凯20120923），黄河口，大汶流；河口区-五号桩，一千二保护区；垦利县。济南-天桥区-黄河滩（陈云江20130416）。济宁-（P）南四湖（楚贵元20090430）；微山县-昭阳（陈保成20080516）；鱼台县-夏家（张月侠20160409）。青岛-青岛，胶州湾。日照-东港区-付瞳河（20150423，20150828），崮子河（李宗丰20140502，成素博20120419、20130405），国家森林公园（郑培宏20140629）。泰安-（P）泰安，渐汶河（刘兆瑞20111011）；东平县-（P）●东平湖。潍坊-小清河口。威海-（P）威海，双岛；荣成-八河，马山港，靖海；文登-五垒岛，南海湿地（韩京20100410）；乳山-白沙滩。烟台-莱阳-羊郡（刘子波20150425）。淄博-淄博。胶东半岛，鲁中山地，鲁西北平原，鲁西南湖区。

各省份可见。

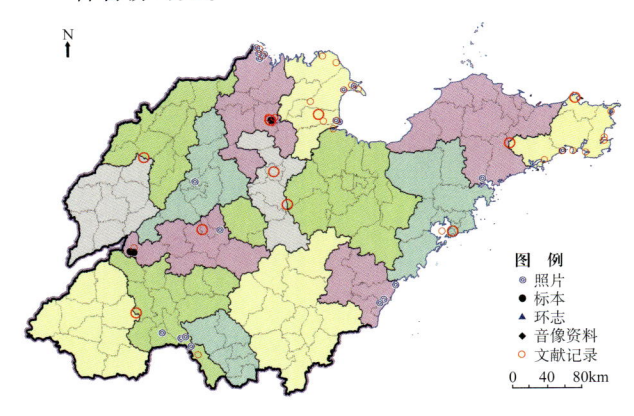

区系分布与居留类型：［古］（P）。

种群现状： Wetland International（2002）估计亚洲地区的数量有25 000~100 000只，2000年亚洲水鸟调查的数量2370只（Li and Mundkur 2004）。本种在全球内未受到生存威胁，但各地规模化的湿地开展，致使湿地面积大为减少，已对迁徙觅食生境构成潜在威胁，需要加强湿地红线的制订与保护。山东尚无总数量的调查统计，主要见于沿海湿地环境，从照片记录看可能为繁殖鸟，应加强调查进行确证，未列入山东省重点保护野生动物名录。

物种保护：Ⅲ，中日，Lc/IUCN。

参考文献：H300，M342，Zja308；Lb102，Q128，Qm246，Z217，Zx68，Zgm87。

山东记录文献：郑光美2011，朱曦2008，郑作新1987、1976，Shaw 1938a；赛道建2013，吕磊2010，赵延茂2001、1995，吕卷章2000，马金生2000，田家怡1999，闫理钦1998a，刘体应1987，纪加义1987c。

● 173-01 红脚鹬
Tringa totanus（Linnaeus）

红脚鹬（王强20110305 摄于威海；孙劲松20090310 摄于孤岛水库）

命名：Linnaeus C，1758，Syst. Nat., ed. 10, 1: 145（瑞典）

英文名：Common Redshank

同种异名：赤足鹬，东方红腿；*Scolopax totanus* Linnaeus, 1758; Redshank

鉴别特征：嘴基部红色、端部黑色。上体褐灰色、下体白色，胸具褐色纵纹，胁具横斑。飞行时白腰明显，次级飞羽外缘白色。尾上具黑白色细斑。腿长、橙红色。飞行时，腰部白色和次级飞羽白色外缘明显，尾上具黑白色细斑。

形态特征描述：嘴长直而尖，基部橙红色、尖端黑褐色。虹膜黑褐色。上嘴基部至眼上前缘有一白斑。后头沾棕色。头、上体灰褐色具黑褐色羽干纹。背及两翼覆羽具黑色斑点和横斑，下背和腰白色。初级飞羽黑色，内侧边缘和第1枚羽轴白色，大覆羽羽端、次级飞羽、腋羽和翼下覆羽白色。额基、颊、颈、喉、前颈和上胸白色具细密黑褐色纵纹；下胸、两胁、腹和尾下覆羽白色，两胁和尾下覆羽具灰褐色横斑。尾上覆羽和尾白色具窄的黑褐色横斑。脚较细长、亮橙红色。

冬羽　头、上体灰褐色、无黑色羽干纹，头侧、颈侧及胸侧羽干纹淡褐色，下体白色。

幼鸟　似冬羽，上体具皮黄色斑或羽缘。胸沾皮黄褐色，胸、两胁和尾下覆羽暗色纵纹微细。中央尾羽缀桂红色。幼鸟橙黄色。

鸣叫声：飞翔时发出悦耳降调似"teu hu hu"哨音，地面时发出"teyuu"音。

体尺衡量度（长度mm、体重g）：

标本号	时间	采集地	体重	体长	嘴峰长	翅长	跗蹠长	尾长	性别	现保存处
	1958	微山湖		305	56	150	56	48	♂	济宁一中
					42	147	45	66		山东师范大学

栖息地与习性：栖息于河流、河口沙洲、湖泊、水塘、沿海海滨等水域及附近沼泽、草地湿地等各种生境中。3~4月迁到东北繁殖地，9~10月迁离繁殖地。单独或小群活动，休息时成群。性机警，受惊后起飞从低至高成弧状飞行，边飞边叫。在沿海沙滩、盐碱沼泽地，以及湖泊、河流沼泽与湿草地上活动和觅食。

食性：主要捕食螺类软体动物、甲壳类、环节动物、昆虫及其幼虫等小型陆栖和水生无脊椎动物。

繁殖习性：繁殖期5~7月。到达繁殖地的由小群活动分散成对进入营巢繁殖活动，雄鸟两翅上举在雌鸟周围不断抖动，头上下晃动，细声鸣叫进行求偶；在水边、沼泽地的草丛中干燥地或地势较高土丘上，利用地面凹坑或在地上扒一圆形浅坑营巢，内垫枯草和树叶而成。每窝产卵3~5枚，卵梨形，淡绿色或淡赭色被黑褐色斑点，卵径约45mm×30mm。雌雄亲鸟轮流孵卵，以雌鸟为主，孵化期23~25天。山东分布数量较常见，虽无繁殖记录，但5月中下旬在山东仍可见到。

亚种分化：全世界有6个亚种，中国4个亚种（郑光美2011）；郑作新（1976、1987）认为有3个亚种，中国分布的是东亚亚种。山东分布记录为1个亚种（纪加义1987c）或2个亚种（郑光美2011，朱曦2008）。

●指名亚种 ***T. t. terrignotae***[*] Meinerzhagen, *Tringa totanus totanus*（Linnaeus），*Tringa totanus eurhinus*

---

[*] 郑作新（1987）、纪加义（1987）记为 *Tringa totanus totanus*

（Oberholser）

亚种命名 Meinertzhagen RA，1926，Bull. Br. Orn. Cl.，46：85（青海）

分布：滨州 - ●（刘体应1987）滨州；滨城区 - 东海水库，北海水库，蒲城水库。**东营** - （P）◎黄河三角洲，一千二保护区，五号桩，黄河口，广利支脉河口，盐场；河口 - 草桥沟（20130417），孤岛水库（孙劲松20090310）。**菏泽** - 东明 - 黄河滩（王海明20081129）。**济南** - 天桥区 - 龙湖（20141007）。**济宁** - 济宁；微山县 - ●微山湖，夏镇（陈保成20071216）；鱼台 - 鹿洼（张月侠20150503）。**聊城** - 环城湖。**莱芜** - 莱城区 - 牟汶河（陈军20091101）。**青岛** - 青岛，胶州湾。**日照** - 东港区 - 付疃河（20150319、20150828，孙涛20150903，成素博20120821），国家森林公园（郑培宏20140814），崮子河（成素博20120523）。**泰安** - 泰安；东平县 - ●东平湖。**潍坊** - 小清河口；寿光。**威海** - （P）威海（王强20110305），双岛；荣成 - 八河，马山港，靖海；文登 - ◎五垒岛，南海湿地（韩京20120519）；乳山 - 白沙滩。**烟台** - 莱州湾；栖霞 - 长春湖（牟旭辉20120320）。胶东半岛，鲁中山地，鲁西北平原。

黑龙江、吉林、辽宁、河北、北京、天津、河南、安徽、江苏、上海、浙江、江西、福建、台湾、广东、广西、海南、香港、澳门。

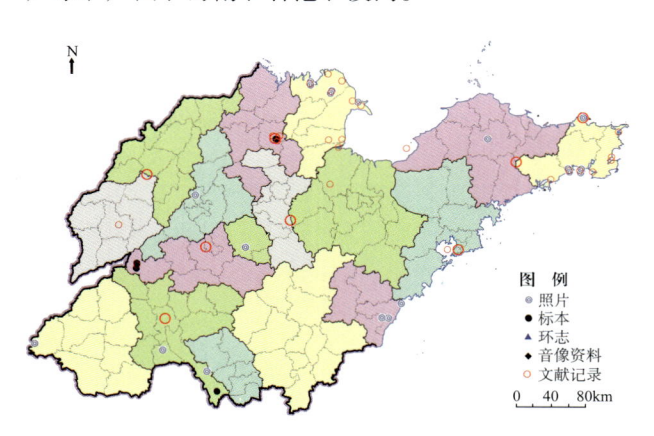

乌苏里亚种 *T. t. ussuriensis* Buturlin

亚种命名 Buturlin SA，1934，Opredelitel Promyslovkh Ptitsl：88

分布： W - （P）威海。L - 环城湖。山东。

黑龙江、吉林、辽宁、内蒙古、河北、北京、天津、江苏。

郑光美2011，朱曦等2008

区系分布与居留类型：［古］（P）。

种群现状：Wetland International（2002）估计亚洲地区的数量为14.5万～130万只，2001年亚洲水鸟调查的数量为11 120只（Li and Mundkur 2004），山东各湿地环境均分布，3～5月、10～11月有途经山东河流和沿海湿地的记录，尚无总数量的调查报道。虽然分布广泛，物种本身及其栖息环境未受到重大威胁，但栖息环境面临湿地规模化开发的潜在威胁；ussuriensis亚种的分布需进一步确证。

物种保护：Ⅲ，中日，中澳，2/CMS，Lc/IUCN。

参考文献：H301，M343，Zja309；Lb105，Q128，Qm247，Z218，Zx68，Zgm87。

山东记录文献：郑光美2011，钱燕文2001，范忠民1990，Shaw 1938a；赛道建2013，吕磊2010，赵延茂2001、1995，吕卷章2000，马金生2000，田家怡1999，闫理钦1998a，刘体应1987，纪加义1987c。

● **174-01 泽鹬**
Tringa stagnatilis（Bechstein）

命名：Bechstein JM，1803，Orn. Taschenb. Deutschl.，2：292, pl. 29（德国）

英文名：Marsh Sandpiper

同种异名：小青足鹬；*Totanus stagnatilis* Bechstein，1803；—

鉴别特征：嘴黑色而细直，额浅白色。上体灰褐色具黑斑，腰、下背白色，下体白色，颈、胸具细斑，飞翔时白色下背、腰、尾与褐背、黑翼对比明显，偏绿色长腿远伸出尾外。

形态特征描述：嘴细长、直而尖，黑色、基部绿灰色。虹膜暗褐色、贯眼纹暗褐色，眼先、颊、眼后和颈侧灰白色具暗色纵纹或矢状斑。颏、喉白色。额、头顶、后颈淡灰白色具暗色纵纹。上体灰褐色，上背沙黄或沙褐色具浓着黑色中央纹，下背和腰纯白色；肩和三级飞羽灰褐色缀皮黄色，具黑色斑纹或横

泽鹬（郑培宏20140830摄于日照国家森林公园）

斑。飞羽淡黑褐色，第1枚初级飞羽羽轴白色，次级飞羽羽端白色；翼上覆羽灰褐色，大覆羽和中覆羽羽缘灰白色。下体白色，前颈和胸白色具黑褐色细纵纹，两胁具黑褐色横斑或矢状斑。尾上覆羽白色具黑褐色斑纹或横斑，中央尾羽灰褐色具黑褐色横斑，外侧尾羽纯白色或具黑褐色横斑。脚细长，暗灰绿色或黄绿色。

冬羽 似夏羽。额、眼先和眉纹白色。头顶和上体淡灰褐色或沙灰色、具暗色纵纹和白色羽缘。翼上小覆羽暗灰色。下体白色，颈侧和胸侧微具黑褐色条纹，腋羽白色。

幼鸟 似冬羽。上体深褐色缀有皮黄色斑或羽缘。

鸣叫声： 叫声尖细似"ji-ji"声或为重复"tu-ee-u"声；冬季重复"kiu"声似青脚鹬但声调高。

体尺衡量度（长度mm、体重g）： 山东采到标本但保存处不详，测量数据遗失。

栖息地与习性： 栖息于沿海沼泽、湖泊、河流、河口、芦苇沼泽、水塘与邻近水域和水田、沼泽草地。4～5月迁到东北繁殖，9～10月离开繁殖地迁往越冬地。性胆小、机警，单独或小群在水边沙滩、泥地和浅水处及较深水中活动，特别是在富有浮游动物的地方，常边走边将嘴插入沙地或泥中探觅和啄取食物，或嘴在水中前后摆动搜觅食物。

食性： 主要捕食水生昆虫及其幼虫、蠕虫、软体动物和甲壳类动物，以及小鱼。

繁殖习性： 繁殖期5～7月。迁徙到达繁殖地后成对，雄鸟进行求偶飞行，在开阔平原和平原森林地带的湖泊、河流、水塘岸边不远的草丛中或沼泽和湿草地中的土丘上营巢，在地上做一浅坑内垫枯草而成。每窝多产卵4枚，卵乳白色、淡黄色或绿色，被褐色或红褐色斑点，卵径约38mm×27mm。雌雄亲鸟轮流孵卵，如干扰者入侵，亲鸟从巢中飞出并不断围绕干扰者飞翔高声鸣叫直至干扰者离开。

亚种分化： 单型种，无亚种分化。

分布： 滨州-●（刘体应1987）滨州；滨城区-东海水库，北海水库，蒲城水库。德州-乐陵-杨安镇水库（李令东20110729、20110803）。东营-(P) ◎黄河三角洲，广利支脉河口，盐场；自然保护区-黄河口，大汶流；河口区-一千二保护区，五号桩。济宁-鱼台县-夏家（张月侠20160409）。聊城-(P)聊城。青岛-沿海浅滩。日照-东港区-国家森林公园（郑培宏20140830）。泰安-(P)泰安；岱岳区-●大汶河；泰山；东平县-(P)东平湖。潍坊-小清河口。烟台-海阳-凤城（刘子波20150913）。淄博-高青县-常家镇（赵俊杰20160423）。胶东半岛，鲁中山地，鲁西北平原。

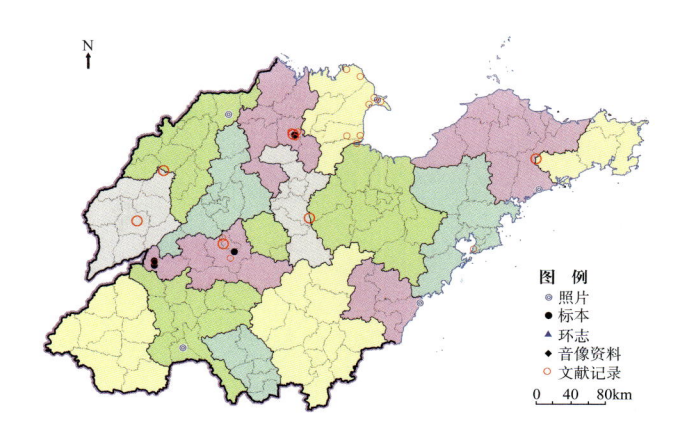

除贵州、云南、西藏外，各省份可见。

区系分布与居留类型： ［古］（P）。

种群现状： Wetland International（2002）估计本种在亚洲地区约有90 000只，1997年亚洲水鸟调查的数量为7485只（Li and Mundkur 2004）。物种本身及其栖息环境未受到重大威胁，但湿地的规模化开发利用已对物种的生存环境构成潜在威胁，需要加大生态环境红线的保护力度。山东分布数量并不普遍，在亚洲种群中所占比例不显著。

物种保护： Ⅲ，中日，中澳，2/CMS，Lc/IUCN。

参考文献： H302, M344, Zja310；Lb108, Q128, Qm247, Z219, Zx69, Zgm88。

山东记录文献： 郑光美2011，朱曦2008，赵正阶2001，范忠民1990，郑作新1987、1976，Shaw 1938a；赛道建2013，吕磊2010，贾少波2002，赵延茂2001、1995，吕卷章2000，马金生2000，田家怡1999，刘体应1987，纪加义1987c。

● 175-01 青脚鹬
Tringa nebularia（Gunnerus）

命名： Gunnerus JE，1767，*in* Leem，Beskr. Finm. Lappl：251（挪威 Trondhjem）

英文名： Common Greenshank

同种异名： 青足鹬；*Scolopax nebularia* Gunnerus, 1767；Greenshank

鉴别特征： 中型腿长灰色鹬。嘴长粗灰色、端黑色，微向上翘。上体灰褐色具杂色斑纹，腰、尾白色具黑褐横斑，下体白色，喉、胸及胁具黑褐色纵纹。冬羽仅胸部具不明显纵纹。脚长黄绿色。飞行时，背部长条状白色明显，翼下具深色细纹，脚伸出尾端甚长。

形态特征描述： 嘴长、基部粗、尖端逐渐变细向上倾斜，基部蓝灰色或绿灰色、尖端黑色。虹膜黑褐色；眼先、颊白色缀黑褐色羽干纹。头顶至后颈灰褐色，羽缘白色。上体灰黑色具黑色轴斑和白色羽缘，背、肩灰褐色或黑褐色具黑色羽干纹和白色窄羽缘，下背、腰及尾上覆羽白色，翼上大覆羽黑褐色，中覆羽和小覆羽灰褐色；大覆羽和三级飞羽具白色锯齿状斑。初级飞羽黑色、第1枚初级飞羽羽轴白色，次级飞羽和三级飞羽黑褐色、羽缘白色或棕白色。翼下覆羽和腋羽白色具黑褐色斑点。下体白色，前颈和上胸白色缀黑褐色羽干纵纹；下胸、腹和尾下覆羽白色。尾白色具灰褐色细窄横斑，外侧3对尾羽近纯白色，或具不连续灰褐色横斑。尾上覆羽长、白色，具少量灰褐色横斑。脚长呈淡灰绿色、草绿色或青绿色、黄绿色或暗黄色。

冬羽 似夏羽。头、颈白色微具暗灰色条纹。上体淡褐灰色、羽缘白色；三级飞羽灰褐色、羽缘色暗。下体白色，下颈和上胸两侧具淡灰色纵纹。

幼鸟 似冬羽。较褐色具皮黄白色羽缘和暗色亚端斑。下体白色，颈和胸具细的褐色纵纹；两胁具淡褐色横斑。

鸣叫声： 飞行时，发出响亮连续的"kuikuikui"哨音，鸣叫声清晰可辨。

青脚鹬（孙劲松 20090722 摄于孤岛公园）

体尺衡量度（长度mm、体重g）：

标本号	时间	采集地	体重	体长	嘴峰长	翅长	跗蹠长	尾长	性别	现保存处
B000321		青岛		293	25	202	45	85		山东博物馆
B000329					55	189	52	81		山东博物馆
	1958	微山湖		350	52	190	60	78	♂	济宁一中
840041	19841108	鲁桥	140	247	59	166	54	65	♂	济宁森保站
					51	195	60	90		山东师范大学
					53	180	63	84		山东师范大学

注：Shaw（1938a）记录1♂重135g，翅长192mm；1♀重165g，翅长177mm

栖息地与习性： 栖息于泰加林、苔原森林和亚高山杨桦林地带，特别是有稀疏树木的湖泊、河流、水塘和沼泽地带，以及河口和海岸地带、内陆水湖泊和沼泽地带。在黑龙江下游繁殖种群4～5月、9～11月初前后迁徙途经中国。单独、成对或小群活动。在水边浅水处走走停停，或急速奔跑冲向鱼群和突然停止，在河口沙洲、沿海沙滩、泥泞地和潮间带活动和涉水觅食，也善于成群围捕鱼群。

食性： 主要捕食虾、蟹等甲壳类，水生昆虫及其幼虫，螺类软体动物和小鱼等。

繁殖习性： 繁殖期5～7月。雄鸟先到达繁殖地等待原配偶与之配对，在林中或林缘地带有稀疏树木的湖泊、溪流岸边和沼泽地上活动，在靠近枯树脚下和沼泽中的土丘上营巢，于地上凹坑内铺垫少许苔藓和枯草而成。每窝通常产卵4枚，卵灰色、淡皮黄色或赭红色，被黑褐色斑点，卵径约50mm×34mm。雌雄亲鸟轮流孵卵，以雌鸟为主，雄鸟在巢附近树上负责警卫，孵化期24～25天。雏鸟早成雏，出壳不久即能行走奔跑，30天左右能飞行。

亚种分化： 单型种，无亚种分化。

刘小如（2012）认为东方种群个体大，非繁殖羽有差异，应分为不同亚种。

分布：滨州 - 滨州；滨城区 - 东海水库，北海水库，蒲城水库，西海水库（刘腾腾 20160422）；无棣县 - 贝壳岛保护区（20160501）。**德州** - 陵城区 - 仙人湖（李令东 20150427）；乐陵 - 杨安镇水库（李令东 20110729）。**东营** - ◎黄河三角洲，胜利机场（20150413），小岛河海滩，广利支脉河口，盐场；自然保护区 - 黄河口，大汶流（单凯 20121108、20140412）；河口区 - 五号桩，一千二保护区；垦利县；河口区（李在军 20090430），河口 - 孤岛公园（孙劲松 20090722）。**菏泽** -（P）菏泽。**济南** -（P）

济南，黄河；天桥区 - 鹊山沉沙池（20141208）。济宁 - ●南四湖；微山县 -（P）南阳湖，●微山湖；鱼台 - 夏家（20160409）。聊城 - 环城湖。莱芜 - 莱城区 - 牟汶河（陈军 20130221）。青岛 - 城阳区 - ●（Shaw 1938a）城阳，墨水河（曾晓起 20110911）。日照 - 付疃河（20150423，20150828，孙涛 20150903），国家森林公园（郑培宏 20140909）。泰安 -（P）泰安，泰山 - 低山；岱岳区 - 大汶河；东平县 -（P）●东平湖。潍坊 - 小清河口。威海 -（P）威海（王强 20120919），双岛；荣成 - 八河，成山西北泊（20150507），马山港，南盐滩（20150507），靖海；文登 - 五垒岛，南海湿地（韩京 20120519）；乳山 - 白沙滩。烟台 - 莱州；栖霞 - 长春湖（牟旭辉 20120429）。海阳 - 凤城（刘子波 20141006）。淄博 - 淄博；高青县 - 常家镇（赵俊杰 20160423）。胶东半岛，鲁中山地，鲁西北平原。

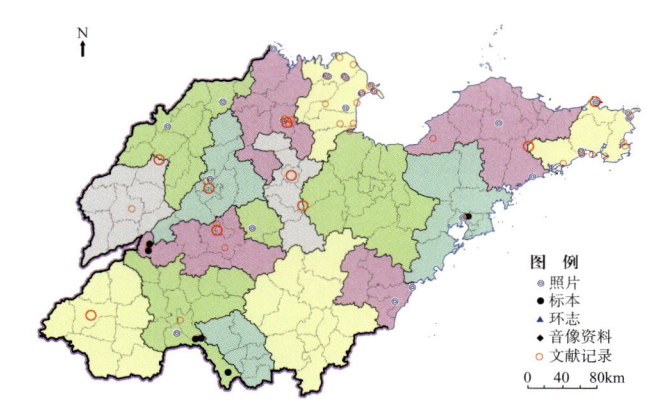

各省份可见。

区系分布与居留类型：［古］（P）。

种群现状： Wetland International（2002）估计亚洲地区的数量约 55 000 只，2001 年亚洲水鸟调查的数量为 12 117 只（Li and Mundkur 2002）。物种本身及其栖息地未受到严重威胁，被评价为无生存危机的物种，但海岸栖息地环境正面临土地开发的潜在威胁。山东湿地特别是沿海分布广泛，除 1 月、3 月、6 月、10 月外均有照片记录，尚无繁殖记录，也无总数量的调查统计。

物种保护： Ⅲ，中日，中澳，Lc/IUCN。

参考文献： H303，M345，Zja311；Lb111，Q130，Qm247，Z220，Zx69，Zgm88。

山东记录文献： 郑光美 2011，朱曦 2008，范忠民 1990，Shaw 1938a；赛道建 2013、1994，张月侠 2015，吕磊 2010，赵延茂 2001、1995，吕卷章 2000，王海明 2000，马金生 2000，田家怡 1999，闫理钦 1998a，杜恒勤 1985，纪加义 1987c。

176-01 小青脚鹬
Tringa guttifer（Nordmann）

命名： Nordmann AD，1835，*in* Ermann，Reise Erde. Naturh. Atl.：17（西伯利亚鄂霍次克）

英文名： Nordmann's Greenshank

同种异名： 诺氏鹬，诺曼氏青足鹬，*Totanus guttifer* Nordmann，1835；Spotted Greenshank，Armstrong's Sandpiper

鉴别特征： 中型灰色鹬。嘴粗钝而黑色、基部黄色，头、后颈赤褐色具黑褐色纵纹，背黑褐色具白斑点。尾部横纹色浅。腿较短、黄色，三趾间连蹼。飞翔时，尾羽端部黑褐色横斑极为醒目，脚不伸出尾羽后面。飞翔时，翼鼓动不快但幅度大。

形态特征描述： 中型涉禽。嘴粗而微向上翘，基部淡黄褐色、尖端黑色。虹膜暗褐色。额、头侧白色，头顶至后颈赤褐色具黑褐色纵纹。上体黑褐色具白色斑点，羽缘灰色；腰部白色呈楔形向下背部延伸。次级飞羽灰色。整个下体白色，前颈、胸部和两胁具黑色圆形斑点。尾羽为白色，尾上覆羽白色具少许黑色窄横斑。脚较短呈黄色、绿色或黄褐色，趾间局部具蹼。

小青脚鹬（李宗丰 20110822 摄于付疃河）

冬羽 背部灰褐色，羽缘白色，细纹较少。下体、腋羽及翼下覆羽纯白色。

鸣叫声： 发出粗哑似"gwark"声，与青脚鹬明显不同。

体尺衡量度（长度 mm、体重 g）： 山东暂无标本及测量数据。

栖息地与习性： 栖息于稀疏落叶松林中的沼泽、水塘和湿地上，非繁殖期在海边沙滩、开阔而平坦的泥地、河口沙洲和沿海沼泽地带活动。性胆小而机警，稍有惊动即起飞。多于3~4月、9~10月迁徙时途经中国。常单独在水边沙滩或泥地上低着头、嘴朝下在浅水地带来回奔跑，潮退后，在淤泥或沙滩上涉水到齐腹深的水中去用嘴搜索食物。

食性： 主要捕食水生小型无脊椎动物和小型鱼类。

繁殖习性： 繁殖期6~8月。在落叶松疏林中的沼泽、水塘或林缘湿地的松树上或其他树上营巢，巢由落叶松树枝、苔藓和地衣构成。

亚种分化： 单型种，无亚种分化。

曾被分类为单种属 *Pseudototanus*。

分布： 东营-（P）◎黄河三角洲，广利支脉河口。日照-东港区-付疃河（李宗丰20110822）。青岛-（P）青岛。潍坊-小清河口。胶东半岛。

辽宁、河北、江苏、上海、浙江、福建、台湾、广东、海南、香港、澳门。

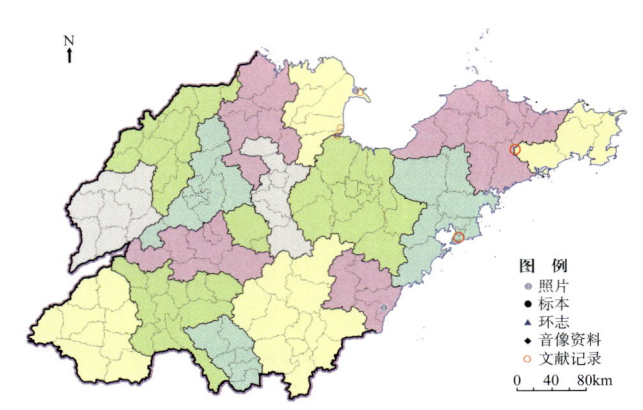

区系分布与居留类型： [古]（P）。

种群现状： Wetland International（2002）估计亚洲地区有250~1000只，1989~1990年冬季在青岛见到2只，2001年亚洲水鸟调查的数量为4只（Li and Mundkur 2002）。由于分布区域狭窄，数量稀少，整个生活区的海岸湿地因工业开发、基础建设及水产养殖的开发，造成栖息地大量被破坏，栖息范围缩小，种群数量日渐下降，受到法律的保护，需要加强对物种与栖息环境的保护。山东记录极少，1989~1990年冬季在青岛见到2只，已有记录是在春秋迁徙之间的8月，需要进行更加深入地观察研究与保护。

物种保护： Ⅱ，未定/CRDB，中日，1/CITES，1/CMS，En/IUCN。

参考文献： H306，M346，Zja315；Lb115，Q130，Qm248，Z222，Zx69，Zgm88。

山东记录文献： 郑光美2011，朱曦2008，付桐生1987；赛道建2013，张月侠2015，田贵全2012，马金生2000，田家怡1999，赵延茂1995。

● **177-01　白腰草鹬**
Tringa ochropus Linnaeus

命名： Linnaeus C，1758，Syst. Nat.，ed. 10，1：149（瑞典）

英文名： Green Sandpiper

同种异名： 草鹬；—；—

鉴别特征： 中型绿褐色与白色二色鹬。嘴橄榄色，头暗色，眼先白纹与白色眼周相连而明显。上体绿褐色具白点，腰白色和尾横斑显著，下体白色，胸具黑褐色纵纹。尾端白色、具黑横斑。脚橄榄绿色。飞行时，黑翼与腰、腹白色对比明显。

形态特征描述： 嘴灰褐色或暗绿色、尖端黑色。虹膜暗褐色，嘴基至眼周眉纹白色在暗色的头上极为醒目，眼先黑褐色。颏白色。颊、耳羽、颈侧白色具细密黑褐色纵纹；前额、头顶、后颈黑褐色具白色纵纹。上背、肩、翼覆羽和三级飞羽黑褐色，羽缘具白色斑点，下背和腰黑褐色具白羽缘而呈白色；初级飞羽和次级飞羽黑褐色，腋羽和翼下覆羽黑褐色具细窄白色波状横纹。下体白色，喉和上胸密被黑褐色纵纹；胸、腹和尾下覆羽白色，胸侧和两胁白色具黑色斑点。尾羽和尾上覆羽白色，除外侧1对尾羽全白外，其余尾羽具黑褐色宽横斑，横斑数目自中央尾羽向两侧逐渐递减。脚橄榄绿色或灰绿色。

白腰草鹬（王宜艳20150909摄于鱼鸟河口；赛道建20140306摄于付疃河）

冬羽　似夏羽，体色较淡。上体灰褐色，背和肩具不明显皮黄色斑点。胸部淡褐色，纵纹不明显。

鸣叫声： 飞行时发出尖锐"qiuli、qiuli"声，受惊时发出尖锐"ji、ji、ji"声。

体尺衡量度（长度 mm、体重 g）：

标本号	时间	采集地	体重	体长	嘴峰长	翅长	跗蹠长	尾长	性别	现保存处
B000326					37	140	35	56		山东博物馆
	1958	微山湖		235	48	125	32	74	♂	济宁一中
					36	113	32	62		山东师范大学
					35	138	35	66		山东师范大学
					32	140	34	72		山东师范大学

栖息地与习性： 栖息于山地或平原森林中的湖泊、河流、沼泽和水塘附近，以及沿海、河口、湖泊、水塘、农田与沼泽地带。4月初即可迁到东北繁殖地，9月中下旬迁离繁殖地，两翅扇动甚快而飞翔疾速。单独或成对活动在水边浅水处、砾石河岸、泥地、沙滩、水田和沼泽地上，常集小群在放水翻耕的旱地上觅食，尾上下晃动，边走边觅食。

食性： 主要捕食蠕虫、虾类、蜘蛛、蚌螺类、昆虫及其幼虫等小型无脊椎动物，以及小鱼和稻谷类。

繁殖习性： 繁殖期5～7月。在森林中及林缘的河流、湖泊岸边或林间沼泽地带、河边小岛草丛中地上或疏林树根间、树上营巢，或利用鸦、鸽等鸟类废弃的旧巢。每窝产卵3～4枚，卵梨形，桂红色、污白色、灰色或灰绿色，被红褐色斑点，卵径约38mm×32mm。雌雄亲鸟轮流孵卵，孵化期20～23天。

亚种分化： 单型种，无亚种分化。

分布： 滨州 - 滨州；滨城区 - 东海水库，北海水库，蒲城水库，西海水库（20160423，刘腾腾20160422）。德州 - 乐陵 - 马颊河（李令东20100807），杨安镇水库（李令东20110729）。东营 -（P）◎黄河三角洲；自然保护区 - 黄河口；垦利县。菏泽 -（P）菏泽。济南 -（P）济南，黄河；历下区 - 泉城公园（20140208）；槐荫区 - 玉清湖（20150110）；章丘，历城区 - 仲宫（陈云江20101209）。济宁 - 南四湖（颜景勇20080902）；曲阜 - 孔林（孙喜娇20150426）；微山县 -（P）南阳湖，●微山湖，夏镇（陈保成20091205）；鱼台 - 鹿洼（张月侠20150503），夏家（20160409）。聊城 - 环城湖。莱芜 - 莱城区 - 牟汶河（陈军20131107）。青岛 - 胶州湾；崂山区 - 青岛科技大学（宋肖萌20140309）。日照 - 东港区 - 付疃河（20140306、20150423），国家森林公园（郑培宏20140709），两城河口（20140307），崮子河滚水桥（成素博20130103）。泰安 -（P）●泰安，泰山 - 低山；岱岳区 - 梳洗河（刘兆瑞20111009），大汶河（刘冰20121013），牟汶河（彭国胜20150702），宁阳县 - 大汶口；东平县 - 东平，(P)●东平湖。潍坊 - 小清河口。威海 -（P）威海，双岛；荣成 - 八河，马山港，靖海；文登 - 五垒岛；乳山 - 白沙滩。烟台 - 牟平区 - 鱼鸟河口（王宜艳20150909）；莱州。胶东半岛，鲁中山地，鲁西北平原，鲁西南平原湖区。

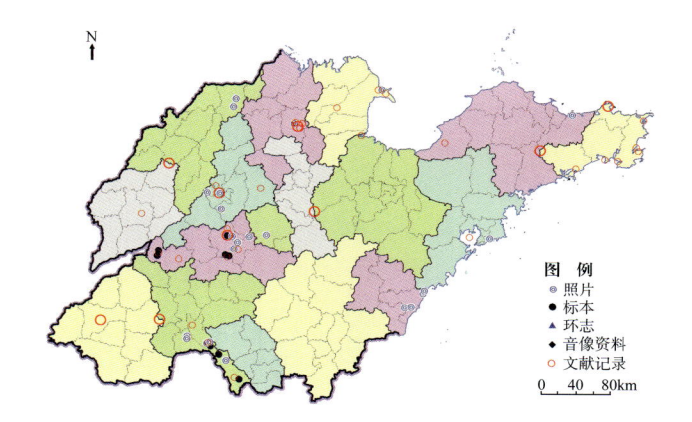

各省份可见。

区系分布与居留类型：［古］(P)。

种群现状： 全球尚称普遍，种群数量趋势稳定，由于本种散布在各淡水湿地，物种本身及其栖息环境未受到重大威胁，被评价为无生存危机的物种。Wetland International（2002）估计亚洲地区有5万～110万只，2001年亚洲水鸟调查的数量为2411只（Li and Mundkur 2004），分布广泛。山东分布较广，除6月外各月份均有照片记录，数量并不普遍，尚无繁殖的研究报道。

物种保护： Ⅲ，中日，2/CMS，Lc/IUCN。

参考文献： H304，M348，Zja313；Lb119，Q130，Qm248，Z221，Zx70，Zgm88。

山东记录文献： 郑光美2011，朱曦2008，钱燕文2001，范忠民1990，郑作新1987、1976，付桐生1987，Shaw 1938a；赛道建2013、1994，李久恩2012，吕磊2010，王海明2000，田家怡1999，闫理钦1998a，赵延茂1995，杜恒勤1985，纪加义1987c。

● **178-01 林鹬**
Tringa glareola Linnaeus

命名： LinnaeusC, 1758, Syst. Nat., ed. 10, 1:

149（瑞典）
英文名： Wood Sandpiper
同种异名： 鹰斑鹬，鹰鹬；*Rhyacophilus glareola* Sharpe，*Totanus glareola*；—

鉴别特征： 体型略小、纤细褐灰色鹬。嘴黑色，眉纹长而白色、贯眼纹黑色。上体黑褐色具白斑点，头颈具白色纵纹，腰、下体、翼下白色，胸具黑褐纵纹。尾白色、具黑褐色横斑。飞行时，白腰、翼无横纹、尾部横斑为其特征，脚远伸于尾后，降落时两翅上举。脚淡黄色至橄榄绿色。与白腰草鹬的区别是腿较长，黄色较深，翼下色浅，眉纹长而纤细。

形态特征描述： 嘴短而直，尖端黑色、基部橄榄绿或黄绿色。虹膜暗褐色，眼先黑褐色，眉纹长、白色。头和后颈黑褐色、具白色细纵纹；头侧、颈侧灰白色具淡褐色纵纹。颏、喉白色。上体背、肩黑褐色具白色或棕黄白色斑点。下背和腰暗褐色具白色羽缘。初级飞羽、次级飞羽和翼上覆羽黑褐色，第1枚初级飞羽羽轴白色，内侧初级飞羽、次级飞羽羽缘白色，三级飞羽具白色或淡棕白色斑点。翼下覆羽白色具褐色横斑。前颈、上胸灰白色杂黑褐色纵纹；下体白色，腋羽、两胁具黑褐色横斑。中央尾羽黑褐色、具白色和淡灰黄色横斑，外侧尾羽白色、具黑褐色横斑；尾上覆羽白色、最长者具黑褐色横斑，尾下覆羽白色、具黑褐色横斑。脚橄榄绿色、黄褐色、暗黄色和绿黑色。

林鹬（牟旭辉20150825摄于栖霞西山庄水库；宋泽远20130505摄于太白湖）

冬羽 似夏羽。上体浓灰褐色、具白色斑点。胸缀灰褐色、具不清晰褐色纵纹；两胁横斑消失或不明显。

幼鸟 嘴深褐色。上体暗褐色、具皮黄褐色斑点和羽缘，胸沾灰褐色、具淡色斑点。尾缀皮黄色、具淡色横斑，两胁无横斑。

鸣叫声： 遇险时立即起飞，边飞边叫，发出叫声似"piti-piti"。

体尺衡量度（长度mm、体重g）：

标本号	时间	采集地	体重	体长	嘴峰长	翅长	跗蹠长	尾长	性别	现保存处
840322	19840501	南阳湖	53	189	25	120	34	46	♂	济宁森保站
					29	125	37	52	♀	山东师范大学
					29	122	37	47		山东师范大学
					28	122	38	52		山东师范大学

栖息地与习性： 栖息于林中或林缘开阔的沼泽、湖泊、水塘与溪流岸边，以及有稀疏矮树或灌丛的平原水域和沼泽、水田地带，常栖于灌丛或树上。3~4月、9~10月迁徙途经我国，在山东4月、5月、7月仍有活动个体。性胆怯而机警，单独或小群、迁徙时可集大群活动，在浅滩和沙石地上沿水边走边觅食，时而疾走，时而站立不动，或缓步前进，将嘴插入泥中探觅或在水中左右来回扫动觅食。

食性： 主要捕食直翅目和鳞翅目等昆虫及其幼虫、蠕虫、蜘蛛、软体动物和甲壳类等小型无脊椎动物，偶尔食少量植物种子。

繁殖习性： 繁殖期5~7月。到达繁殖地后逐渐成对，进行求偶飞行，成对在空中翻飞，或雄鸟在地上半张开双翅跟着雌鸟走动；在森林中开阔的沼泽地和有稀疏矮小桦树、柳树或灌木平原草地的水边或附近草丛与灌丛中的地面上、沼泽中土丘上营巢，利用浅坑或扒出一个小坑，内垫苔藓、枯草和树叶，或在树上营巢、利用其他鸟类树上的弃巢。每窝通常产卵4枚，卵梨形，淡绿色或皮黄色，被褐色或红褐色斑点，卵径约40mm×27mm。雌雄亲鸟轮流孵卵。山东无繁殖记录。

亚种分化： 单型种，无亚种分化。

分布： 滨州-滨州；滨城区-东海水库，北海水库，蒲城水库；无棣县-沙头堡（刘腾腾20160518）。德州-乐陵-杨安镇水库（李令东20110729）；武城县-四女寺（张立新20090823）。东营-（P）◎黄河三角洲；河口区-五号桩；垦利县。济南-（P）济南，北园；历城区-仲宫（陈云江20110814）。济宁-（P）

南四湖；任城区-太白湖（宋泽远20130505）；微山县-微山湖，昭阳（陈保成20100427）；鱼台-夏家（20160409，张月侠20150503）。**聊城**-（P）聊城，东昌湖。**莱芜**-莱城区-牟汶河（陈军20130422）。**青岛**-青岛。**日照**-东港区-付疃河（20150704），东港区-国家森林公园（郑培宏20140719），崮子河（成素博20110430）；（P）前三岛-车牛山岛，达山岛，平山岛。**泰安**-（P）泰安；岱岳区-大汶河；东平县-王台（20120505），（P）●东平湖（刘冰20100508）。**潍坊**-潍坊，小清河口；高密-柏城镇胶河（宋肖萌20150426），姜庄北胶新河（宋肖萌20150801）。**烟台**-莱阳-羊郡（刘子波20150501）；莱州；栖霞-西山庄水库（牟旭辉20150825），龙门口水库（牟旭辉20150426）。胶东半岛，鲁中山地，鲁西北平原，鲁西南平原湖区。

各省份可见。

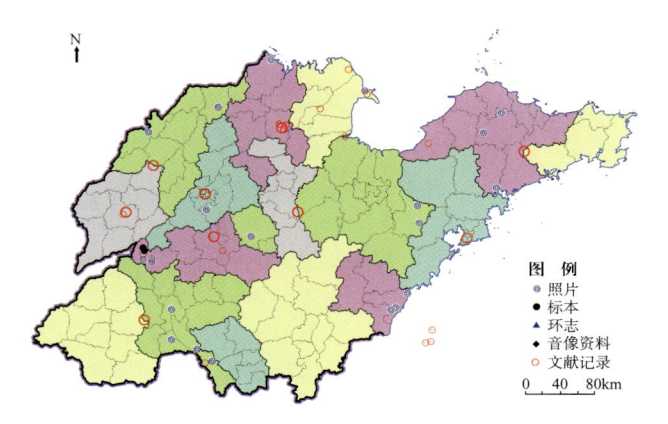

区系分布与居留类型：［古］（P）。

种群现状： Wetland International（2002）估计亚洲地区有20万～110万只，2001年亚洲水鸟调查的数量为6105只（Li and Mundkur 2004）。物种本身及其栖息环境未受重大威胁，但面临湿地资源开发的潜在威胁。山东湿地分布较广泛，但无数量统计，估计数量不多。

物种保护： Ⅲ，中日，中澳，2/CMS，Lc/IUCN。

参考文献： H305，M349，Zja314；Lb122，Q130，Qm，Z221，Zx70，Zgm88。

山东记录文献： 郑光美2011，朱曦2008，赵正阶2001，范忠民1990，Shaw 1938a；赛道建2013、1994，李久恩2012，吕磊2010，邢在秀2008，贾少波2002，田家怡1999，赵延茂2001、1995，吕卷章2000，马金生2000，纪加义1987c，李荣光1959。

● **179-01 翘嘴鹬**
Xenus cinereus（Güldenstädt）

命名： Güldenstädt JA, 1775, Nov. Comm. Sci. Petropol., 19：473（里海）

英文名： Terek Sandpiper

同种异名： 反嘴鹬；*Xenus cinereus cinereus*（Güldenstädt），*Scolopax cinereus* Güldenstädt, 1775；Avocet Sandpiper

鉴别特征： 中型低矮灰色鹬。嘴长而上翘、基部黄色而端黑色，眉纹短白色、贯眼纹黑色。上体灰褐色，肩具显著黑条纵，下体白色，颈胸具褐色纵纹。飞行时翼上白色形成翅斑。脚橘黄色。

形态特征描述： 嘴橙黄色、尖端黑色，明显上翘。虹膜褐色，眉纹白色，贯眼纹黑色。上体灰褐色具黑色细窄羽干纹；灰褐色肩部有较宽黑色羽轴纹形成显著黑色的分枝纵带。初级飞羽灰褐色，内侧初级飞羽和覆羽黑色、内侧4枚具窄的白色尖端。次级飞羽白色、基部褐色，黑褐色宽阔白色尖端在翅上形成明显白翅斑，三级飞羽灰褐色，具黑色粗轴斑；翼上中覆羽灰褐色杂白色斑点、小覆羽黑褐色，翼下覆羽白色、小覆羽中部灰褐色。头、颈、上胸淡灰褐色具黑褐色纵纹；下体白色，胸和胸两侧具褐色细纵纹。腰、尾上覆羽和尾较背和肩部淡，淡灰色具白色尖端，外侧尾羽白色，最长尾上覆羽具黑色横斑，尾下覆羽白色。脚较短、橙黄色。

翘嘴鹬（李宗丰20140501摄于付疃河）

冬羽 头上黑色纵纹不明显，上体淡褐色或沙灰色具暗色细羽干纹。肩部黑色纵带消失，胸斑较淡具不明显纵纹，其余似夏羽。

幼鸟 似冬羽。具淡黄色羽缘，黑肩带不明显。

鸣叫声： 发出似"hu hu"的轻柔哨音。

体尺衡量度（长度mm、体重g）： 山东采到标本但保存处不详。

Shaw（1938a）：3个雄鸟标本体重59g、66g、73g，翅长124～130mm；2个雌鸟70g、72g，翅长134mm。

栖息地与习性： 栖息于北极冻原和森林地带的

河流、湖泊和水塘岸边，以及海岸海滩、岛屿、河口沙滩、泥地和内陆湖泊、大河和邻近沼泽地上。3～4月、9～10月迁徙途经我国，4～5月山东湿地有少量活动。单独或成小群活动，休息时常聚集在一起。行走迅速，不时改变方向，在浅水处或沙滩、泥地上边走边追捕动物觅食，或将嘴伸到水下左右来回扫动探觅猎物。

食性： 主要捕食甲壳类、软体动物、蠕虫、昆虫及其幼虫等小型无脊椎动物。

繁殖习性： 繁殖期5～7月。在河岸、湖泊、水塘岸边或开阔湖滨沙滩和小岛上的干燥地方营巢，利用地上浅坑，内垫枯草、松针和少许树皮或无内垫物而成。每窝产卵4枚，卵灰色或桂黄色，被黑褐色斑点，卵径约38mm×26mm。山东无繁殖记录。

亚种分化： 单型种，无亚种分化。

有时被置于 Tringa。曾分为2个亚种，然而至大洋洲度冬者分出的 australis 亚种与指名亚种之间，却没有能理清的差异。

分布： 东营-（P）◎黄河三角洲，广利支脉河口，盐场；自然保护区-黄河口（丁洪安20060517），大汶流；河口区（李在军20090426）-五号桩，一千二保护区。**青岛**-李沧区-●（Shaw 1938a）沧口；城阳区-●（Shaw 1938a）女姑口。**日照**-东港区-付疃河（李宗丰20140501）。**泰安**-泰山-低山。**潍坊**-小清河口。**威海**-（P）威海；荣成-八河。**烟台**-海阳-凤城（刘子波20150520）。胶东半岛，鲁西北平原，鲁西南平原湖区。

各省份可见。

区系分布与居留类型：［古］（P）。

种群现状： Wetland International（2002）估计亚洲地区约有50 000只，1999年亚洲水鸟调查的数量为2745只（Li and Mundkur 2002）。野外数量不普遍，应该加强对物种的迁徙研究与栖息地保护。山东分布记录的数量少而不普遍，作为旅鸟，物种本身及其栖息地未受到严重威胁。

物种保护： Ⅲ，中日，中澳，2/CMS，Lc/IUCN。

参考文献： H311，M350，Zja319；Lb125，Q132，Qm249，Z225，Zx71，Zgm89。

山东记录文献： 郑光美2011，朱曦2008，钱燕文2001，郑作新1987，Shaw 1938a；赛道建2013，闫理钦2013、1998a，赵延茂2001、1995，吕卷章2000，马金生2000，田家怡1999，杜恒勤1985，纪加义1987c。

● **180-01 矶鹬**
Actitis hypoleucos（Linnaeus）

命名： Linnaeus C，1758，Syst. Nat.，ed. 10，1：149（瑞典）

英文名： Common Sandpiper

同种异名： —；*Tringa hypoleucos* Linnaeus，1758；Eurasian Sandpiper

鉴别特征： 体小褐白色鹬。嘴短、暗褐色，眉纹白色而贯眼纹黑色。上体褐色，下体白色、胸侧向背延伸在翼角前成显著白斑，飞羽近黑色，翼不及尾端。飞行时，翼上宽阔白带和尾两侧白横斑明显，翼下具黑白横纹；身体呈弓状，站立时不停地点头、摆尾。脚较短、橄榄绿色。

形态特征描述： 嘴短而直、黑褐色，下嘴基部淡绿褐色。虹膜褐色，眉纹白色，贯眼纹黑色，眼先黑褐色。头侧灰白色具黑褐色细纵纹。颏、喉白色。上体黑褐色，头、颈、背、翼覆羽和肩羽橄榄绿褐色具绿灰色光泽。各羽具细而闪亮的黑褐色羽干纹和端斑，以翼覆羽、三级飞羽、肩羽、下背和尾上覆羽最为明显。飞羽黑褐色，除第1枚初级飞羽外，其他飞羽内翈具白色斑且越往内白色斑越大，到最后2枚次级飞羽几乎全白色。翼缘、大覆羽和初级覆羽尖端有

矶鹬（孙劲松20090728摄于孤岛南大坝）

少许白色。腋羽和翼下覆羽白色，翼下2道暗色横带显著。颈和胸侧灰褐色，前胸微具褐色纵纹，下体白色沿胸侧向背部延伸在翼角前成显著白斑。中央尾羽橄榄褐色，端部黑褐色横斑不明显，外侧尾羽灰褐色具白端斑和白色与黑褐色横斑。跗蹠和趾灰绿色，爪黑色。

冬羽 似夏羽。上体较淡，羽轴纹和横斑不明显，颈、胸微具或不具纵纹，翼覆羽具皮黄色窄尖端。

幼鸟 似冬羽。羽缘多缀皮黄色，翼上覆羽和尾上覆羽尖端皮黄褐色横斑显著。

鸣叫声： 边飞边发出似"ji-ji-ji"的哨音，容易与其他种类区分。

体尺衡量度（长度mm、体重g）：

标本号	时间	采集地	体重	体长	嘴峰长	翅长	跗蹠长	尾长	性别	现保存处
B000339					25	112	22	56		山东博物馆
					23	107	26	57		山东师范大学

注：Shaw（1938a）记录1♂重40g，翅长111mm。

栖息地与习性： 栖息于低山丘陵、山脚平原湖泊、水库水塘和江河沿岸，以及海岸、河口和附近沼泽湿地。3~4月迁徙到达东北繁殖地，9~10月迁离繁殖地。性机警，单独或成对、小群活动在多沙石浅水河滩和水中沙滩、小岛上；受惊后起飞沿水面低飞，停息时，栖于水边岩石、河中石头、水边树和其他突出物上，尾不断上下摆动，同时频频上下点头。沿水边跑跑停停，多在浅水处觅食。

食性： 主要捕食鞘翅目、直翅目、鳞翅目等的昆虫，以及螺类、蠕虫等无脊椎动物和小鱼、蝌蚪等小型脊椎动物。

繁殖习性： 繁殖期5~7月。晨昏雄鸟求偶飞翔频繁，张开两翅，蓬松羽毛绕着雌鸟奔跑，雌鸟则蹲在地上展翅翘尾进行交配。雌雄共同在岸边沙滩草丛中地上、江心或湖心小岛和河漫滩上营巢，在隐蔽草丛或灌丛中或裸露河边沙滩上活动，利用河边凹坑或亲鸟在地上扒坑，内垫少许草茎和草叶或铺些豆粒大小的砂砾做成。每窝产卵4~5枚，卵梨形，肉红色或土红色，被暗红褐色斑点，钝端较密，随着孵卵颜色逐渐变暗。卵产齐后由雌鸟单独孵卵，雄鸟在巢附近警戒，孵化期20~22天。雏鸟早成雏，亲鸟在巢边"gi-gi-gi-"鸣叫，把幼鸟引离巢区进入水边觅食，约经过1个月时间雏鸟即能飞翔独立生活。

亚种分化： 单型种，无亚种分化。

本种与美洲 A. macularius 亲缘关系最近，为同一属，有时并入 Tringa（Sibley and Monroe1991）。

分布： 滨州-滨州；滨城区-东海水库，北海水库，蒲城水库，西海水库（刘腾腾20160422）。德州-陵城区-仙人湖（李令东20150427）；乐陵-杨安镇水库（李令东20110729）。东营-（P）◎黄河三角洲，广利支脉河口；自然保护区-黄河口，大汶流；河口区（李在军20080802），河口-孤岛南大坝（孙劲松20090728）。济南-（P）济南，黄河；天桥区-北园；历城区-仲宫镇（陈云江20120430）。济宁-南四湖；任城区-太白湖（宋泽远20120503）；微山县-（P）南阳湖；鱼台-鹿洼（张月侠20150503）。聊城-环城湖。临沂-（S）沂沭平原。莱芜-莱城区-牟汶河（陈军20080729、20140510）。青岛-李沧区-●（Shaw 1938a）沧口。日照-东港区-皋陆河（20150313），廒头盐场（成素博20110124），崮子河（成素博20120427），国家森林公园（郑培宏20140627、20140812）；（P）前三岛-车牛山岛，达山岛，平山岛。泰安-（P）泰安；岱岳区-大汶河；东平县-●州城，大清河口（20130511），（P）东平湖（20120728）。潍坊-（S）白浪河（20090415），小清河口。威海-（P）威海（王强20110817），双岛；荣成-八河，马山港，靖海；文登-五垒岛；乳山-白沙滩。烟台-海阳-凤城（刘子波20140429、20141116）。淄博-淄博；高青县-常家镇（赵俊杰20160423）。胶东半岛，鲁中山地，鲁西北平原，鲁西南平原湖区。各省份可见。

区系分布与居留类型： [古] S（P）。

种群现状： Wetland International（2002）估计亚洲地区的数量为5.5万~103万只，2001年亚洲水鸟调查的数量为8400只（Li and Mundkur 2004）。由于本种散布在各种湿地环境中，无种群实际数量的统计。物种分布范围广，数量较普遍，种群数量趋势稳定，被评价为无生存危机的物种，本身及其栖息环境虽未受到重大威胁，但规模化的湿地开发对物种栖息环境构成潜在威胁，应加强对栖息环境的保护。山东分布尚属普遍，在李荣光（1959）记录后，柏玉昆（1982）记为山东繁殖鸟类分布新记录，近年来的月份照片记录也说明其在山东繁殖。

物种保护： Ⅲ，中日，中澳，2/CMS，Lc/IUCN。

参考文献： H308，M351，Zja316；Lb128，Q132，Qm249，Z223，Zx71，Zgm89。

山东记录文献： 郑光美 2011，朱曦 2008，钱燕文 2001，范忠民 1990，郑作新 1987、1976，Shaw 1938a；赛道建 2013、1999、1994，吕磊 2010，赵延茂 2001、1995，吕卷章 2000，马金生 2000，田家怡 1999，闫理钦 1998a，纪加义 1987c，柏玉昆 1982，李荣光 1959。

● 181-01 灰尾漂鹬
Heteroscelus brevipes（Vieillot）

命名： Vieillot LJP，1816，Nouv. Dict. Hist. Nat.，6：410（亚洲 Timor）

英文名： Grey-tailed Tattler

同种异名： 灰鹬，灰尾鹬，黄足鹬；*Totanus brevipes* Vieillot，1816，*Totanus griseopygius* Gould，1848，*Tringa incana brevipes*（Vieillot），*Tringa brevipes*；Grey-rumped Sandpiper

鉴别特征： 低矮、暗灰色小鹬。嘴黑色、粗而直，眉纹白色而贯眼纹黑色，额白色。上体灰色，下体白色，密布灰色横斑。冬羽无横斑而颈胸缀以浅灰色。腿短、黄色。

形态特征描述： 嘴黑色、下嘴基部黄色。鼻沟仅及嘴长之半。虹膜暗褐色，眉纹白色几与白色额基相连，眼先和窄贯眼纹黑灰色。耳区、颊、头侧、前颈和颈侧白色具灰色纵纹。头顶、后颈、翅和尾等整个上体淡石板灰色微缀褐色。初级覆羽和外侧 5 枚初级飞羽暗灰色或黑色，外侧大覆羽和内侧初级覆羽具白色窄尖端，飞羽下表面较翼下覆羽淡而褐色，腋羽和翼下覆羽暗灰色具白色窄尖端。胸和两胁前部白色具清晰灰色细窄"V"形斑或波浪形横斑，腹、下胁、肛周和尾下表面纯白色。尾上覆羽具模糊白色横斑，有时尾下覆羽两侧具少许灰色横斑。脚短而粗、黄色，跗蹠后面被盾状鳞。

灰尾漂鹬（韩京 20120519 摄于南海湿地）

冬羽 似夏羽。下体无横斑。颈侧和胸缀灰色或石板灰色，颏、喉、前颈、下腹、肛周和尾下覆羽白色。

幼鸟 下体似成鸟冬羽。肩、翼覆羽及三级飞羽具皮黄色羽缘、白色斑点和尖端。胸及两胁污白色微缀横斑。中央尾羽末端具横斑。

鸣叫声： 发出连续"tuyituyi"的哨音。

体尺衡量度（长度 mm、体重 g）：

标本号	时间	采集地	体重	体长	嘴峰长	翅长	跗蹠长	尾长	性别	现保存处
2644*	19370507	青岛沧口							♀	中国科学院动物研究所
2653**	19370507			265	31	165	28	74	♂	中国科学院动物研究所

*平台号为 2111C0002200003025，原记为矶鹬，未测量；**平台号为 2111C0002200003026
注：Shaw（1938a）记录 6♂ 重 96（82～105）g，翅长 165（161～168）mm；17♀ 重 110（90～135）g，翅长 167（161～171）mm

栖息地与习性： 主要栖息活动于山地沙石河流沿岸、岩石海岸、海滨沙滩、泥地及河口。行走时常点头和上下摆尾。遇危险时常蹲伏隐蔽来逃避敌害，危急时才起飞，休息时多栖息于潮间带上部、防潮堤上甚至树上，在水边浅水处和潮间带单独或小群活动觅食。

食性： 主要捕食各种毛虫、水生昆虫、甲壳类和软体动物，以及小鱼。

繁殖习性： 繁殖期 6～7 月。在东西伯利亚的山区河谷地带具有石质河底、流速快的山地河流两岸繁殖。到达繁殖地后求偶配对。在河边石头间地上凹坑或洞穴中营巢。每窝产卵 4 枚，卵淡蓝色或淡皮黄色被有黑色斑点。雌雄亲鸟轮流孵卵。

亚种分化： 单型种，无亚种分化。

有时被置于 *Tringa*，与 *Heleroscelus incanus* 合称为超种，或被认为是同种的不同亚种。

分布：东营-（P）◎黄河三角洲，广利支脉河口。**青岛**-青岛；四方区-●（Shaw 1938a）四方；市南区-●（Shaw 1938a）团岛；李沧区-●（Shaw 1938a）沧口；黄岛区-●（Shaw 1938a）灵山岛；●（Shaw 1938a）薛家岛。**潍坊**-小清河口。**威海**-威海；荣成-八河；文登-南海湿地（韩京 20120519）。**烟台**-烟台；海阳-凤城（刘子波 20150503）；牟平区-●（Shaw 1930）海滩。胶东半岛，鲁中山地，鲁西北平原，鲁西南平原湖区。

黑龙江、吉林、辽宁、内蒙古、河北、北京、天津、山西、河南、陕西、宁夏、甘肃、青海、安徽、江苏、上海、浙江、江西、湖南、湖北、福建、台湾、广东、广西、海南、香港、澳门。

区系分布与居留类型：［古］（SP）。
种群现状： Wetland International（2002）估计亚洲地区约有 40 000 只，1999 年亚洲水鸟普查的数量为 4461 只（Li and Mundkur 2004）。物种本身及其栖息环境未受到重大威胁，但栖息环境面临沿海湿地规模开发的潜在威胁。迁徙季节在山东沿海湿地环境有分布，但分布数量不普遍。

物种保护： Ⅲ，中日，中澳，Lc/IUCN。
参考文献： H309，M352，Zja318；Lb132，Q132，Qm249，Z224，Zx71，Zgm89。
山东记录文献： 郑光美 2011，朱曦 2008，范忠民 1990，郑作新 1987、1976，Shaw 1938a；赛道建 2013，赵延茂 2001、1995，吕卷章 2000，马金生 2000，田家怡 1999，闫理钦 1998a，纪加义 1987c。

● **182-01 翻石鹬**
Arenaria interpres（Linnaeus）

命名： Linnaeus C，1758，Syst. Nat.，ed. 10，1：148（瑞典）
英文名： Ruddy Turnstone
同种异名： 鸰鸰；—；Turnstone

鉴别特征： 中小体型。嘴黑色，头白色具黑色纵斑。背棕红色具黑白色斑，下体白色，前颈、胸黑色而颈侧具黑花斑。腿脚短、亮橘黄色。特征为头胸部具黑色、棕色及白色复杂图案，飞行时呈醒目的黑白色图案。

形态特征描述： 体色由栗色、白色和黑色交杂而成，非常醒目。嘴短、黑色。前额白色，横跨两眼之间的一条黑色横带经两眼垂直向下与黑色颚纹相交，头颈白色，头顶与枕具黑色细纵纹；眼先、耳覆羽和喉白色。背、肩橙红色具黑、白色斑；下背白色，腰具黑色横带。初级飞羽黑褐色、羽轴白色，内侧初级飞羽基部白色；大覆羽黑色具白端斑，外侧次级飞羽基部白色，端部黑色，内侧次级飞羽白色具黑端斑，在翅上形成明显白带；三级飞羽橙栗色具黑斑纹；小翼羽、初级覆羽黑色，中覆羽赤褐色，内侧覆羽和三级飞羽基部白色在翅基部形成三角形白斑。胸和前颈具宽黑带斑呈鹿角分叉向颈侧延伸至眼、喙基前端与黑色颚纹相连使喉仅中部为白色。其余下体纯白色。尾黑色，外侧 5 对尾羽具白色窄尖端，尾上覆羽白色。脚橙红色。

冬羽 似雌鸟。橙栗色消失，羽毛变为暗褐色，背部、胸部黑色变为黑褐色，黑白斑驳不明显。

雌鸟 似雄鸟，上体较暗，暗赤褐色，头部黑色纵纹较多。

幼鸟 似成鸟冬羽。上体体色更暗，褐色具皮黄白色羽缘。

鸣叫声： 发出断续似金属晃动的"trik tuk tuk"音。

翻石鹬（薛琳 20130912、20150516、20150515 摄于城阳区河套、胶南凤河大桥；李令东 20110803 摄于杨安镇水库）

体尺衡量度（长度 mm、体重 g）： 山东采到标本但保存处不详。

Shaw（1938）：4♂均重 106（95～123）g，翅长 145～152mm；7♀重 121（80～159）g，翅长 147～155mm。

栖息地与习性： 栖息于海滨岩石、沙滩、泥地沼泽和潮间带及河口沙洲等湿地环境。迁徙期间偶尔出现于内陆湖泊、河流、沼泽及附近荒原和沙石地上。在中国为旅鸟和冬候鸟，4～5月、9～10月进行迁徙。单独或小群活动觅食，迁徙期间也可集成大群。用微向上翘的嘴翻转水边地上、浅水处海草或小石，觅食下面隐藏的食物。

食性： 主要捕食甲壳类、软体动物、蜘蛛、蚯蚓、昆虫及其幼虫，以及禾本科植物种子、浆果和腐尸等。

繁殖习性： 繁殖期6～8月。在北极海岸的浅滩或岛屿、沙地及灌丛与岩石下营巢，利用地面凹坑，内垫草茎、草叶和苔藓等。每窝产卵约4枚，卵梨形，淡灰色、灰褐色或橄榄绿色，具褐色斑点；卵径约41mm×29mm。雌雄亲鸟轮流孵卵，以雌鸟为主。

亚种分化： 全世界有2个亚种，中国1个亚种，山东分布为指名亚种 *A. i. interpres*（Linnaeus）。

亚种命名 Linnaeus C，1758，Syst. Nat.，ed. 10，1：148（瑞典）

分布： 滨州 - 北海水库（20160518）。德州 - 乐陵 - 杨安镇水库（李令东 20110803、20110808）。东营 - (P) ◎黄河三角洲。青岛 - (P) 青岛；四方区 - ●（Shaw 1938a）四方；市北区 - ●（Shaw 1938a）小港；李沧区 - ●（Shaw 1938a）沧口；黄岛区 - ●（Shaw 1938a）薛家岛，●（Shaw 1938a）竹岔岛；城阳区 - 河套（薛琳 20130912、20150516）；胶南 - 凤河大桥（薛琳 20150515）。日照 - 日照；东港区 - ●（Shaw 1938a）石臼所，崴头盐场（成素博 20130831），加仓口（成素博 20120925）。泰安 - 泰安。潍坊 - 小清河口。威海 - 文登 - 五垒岛，万家寨（20120519），南海湿地（韩京 20110904）。烟台 - 海阳 - 凤城（刘子波 20150523）。胶东半岛。

除四川、贵州、云南外，各省份可见。

区系分布与居留类型：［古］(P)。

种群现状： Wetland International（2002）估计亚洲地区有2.5万～10万只，1999年亚洲水鸟普查的数量为6262只（Li and Mundkur 2002）。种群在全球范围内未受到生存威胁，但其沿海湿地迁移中转栖息地受到规模化开发的影响。山东沿海时有发现，但数量不多。

物种保护： Ⅲ，中日，中澳，Lc/IUCN。

参考文献： H312，M354，Zja320；Lb137，Q132，Qm250，Z225，Zx72，Zgm89。

山东记录文献： 郑光美 2011，朱曦 2008，钱燕文 2001，范忠民 1990，付桐生 1987，Shaw 1938a；赛道建 2013，赵延茂 2001、1995，吕卷章 2000，马金生 2000，田家怡 1999，纪加义 1987c。

● 183-01 大滨鹬
Calidris tenuirostris（Horsfield）

命名： Horsfield T，1821，Trans. Linn. Soc. London 13（1）：192（印度尼西亚爪哇岛）

英文名： Great Knot

同种异名： 细嘴滨鹬，姥鹬；*Totanus tenuirostris* Horsfield，1821，*Anteliotringa tenuirostris* Horsfield；Eastern Knot

鉴别特征： 略大长嘴近灰色鹬，滨鹬属体型最大者。嘴黑色、长厚，嘴端微下弯，头顶具褐色纵纹。上体色深具黄白宽羽缘，肩、翼具栗红色斑纹。下体白色，胸部黑点斑密集呈胸带状。冬羽胸具黑点斑，腰、两翼具白横斑。尾基白色。脚绿灰色。

形态特征描述： 嘴黑色、长而厚，嘴端微下弯。虹膜褐色，眉纹不明显，眼先染淡褐色。头顶具纵

大滨鹬（韩京 20120519 摄于南海湿地）

纹；头、颈密布白色和黑褐色相间细条纹。上体深灰褐色，各羽黑色、边缘灰白色呈模糊纵纹状，肩部及翼上具栗红色羽斑杂黑斑；腰和尾上覆羽白色、具稀疏斑纹。飞羽黑褐色、羽干白色，具赤褐色横斑；大覆羽与内侧初级覆羽末梢白色形成白色翼线斑；翅折合时常超出尾尖。下体包括颏、喉白色，颈、胸密布黑褐色斑形成黑色宽胸带；腋、翼下覆羽白色沾淡棕色。尾羽暗灰色。脚绿灰色。

冬羽 头、颈密布黑色纤细纵纹。上体包括翼面纯灰色具暗色羽干纹。胸部斑纹较弱，胁部条纹稀少。

幼鸟 上体近黑色，淡色羽缘呈鳞片状。下体白色，胸部染淡褐色具黑褐色斑点。

鸣叫声：发出"na-na"或"nyut-nyut"声，警戒时为"zha-zha-zha"声。

体尺衡量度（长度mm、体重g）：山东采到标本但保存处不详。

Shaw（1938a）：10♂重163（135～220）g，翅长182（178～187）mm；9♀重171（91～282）g，翅长189（181～193）mm。

栖息地与习性：喜栖于潮间滩涂及沙滩，迁徙季节集群分布于河口三角洲、海岸滩涂及潮间带、盐田和潟湖等。春秋迁徙季节山东沿海湿地常见，不怕人，受干扰飞到稍远处停栖，常结大群随日夜潮汐活动，以嘴在泥滩间探索觅食。

食性：主要捕食贝类、螺、虾蟹、蠕虫及海参和昆虫等。

繁殖习性：繁殖期6～8月。在西伯利亚多苔藓和植物的冻原高原及岩石地带水域附近草丛中或灌丛下的地面凹坑内营巢，内垫枯草和苔藓。每窝产卵4枚，卵灰黄色被红褐色和青灰色细小斑点，钝端有暗褐色线状纹，卵径约43mm×31mm。

亚种分化：单型种，无亚种分化。

Calidris 曾只包括本种和 *C. canutus* 两种。

分布：东营-（P）◎黄河三角洲，胜利机场（20150413），广利支脉河口（20130416），盐场，自然保护区-黄河口，大汶流；河口区-五号桩，一千二保护区。**青岛**-青岛；四方区-●（Shaw 1938a）四方；李沧区-●（Shaw 1938a）沧口；城阳区-●（Shaw 1938a）红岛，●（Shaw 1938a）女姑口；黄岛区-●（Shaw 1938a）灵山岛。**日照**-东港区-加仓口（成素博20120510）。**潍坊**-小清河口。**威海**-（P）威海；荣成-八河，马山港，石岛；乳山-白沙滩，乳山口；文登-五垒岛，南海湿地（韩京20120519）。**烟台**-海阳-凤城（刘子波20141006）；牟平区-●（Shaw 1930）养马岛。胶东半岛，鲁中山

地，鲁西北平原，鲁西南平原湖区。

辽宁、河北、天津、江苏、上海、浙江、福建、台湾、广东、海南、香港、澳门。

区系分布与居留类型：［古］（PS）。

种群现状：Wetland International（2002）估计亚洲约有38万只，1997年亚洲水鸟普查的数量为24 509只（Li and Mundkur 2004）。虽然物种本身及其栖息环境并未受到重大威胁，但湿地的大规模开发将构成潜在的威胁。在山东沿海湿地，主要是4～5月、9～10月的迁徙期间会分散出现，从拍鸟资料看数量不多。

物种保护：Ⅲ，中日，中澳，Vu/IUCN。

参考文献：H324，M357，Zja332；Lb141，Q138，Qm250，Z234，Zx72，Zgm90。

山东记录文献：郑光美2011，朱曦2008，钱燕文2001，赵正阶2001，郑作新1987、1976，Shaw 1938a；赛道建2013，闫理钦2013、1998a，赵延茂2001、1995，吕卷章2000，马金生2000，田家怡1999，纪加义1987c。

● 184-01 红腹滨鹬
Calidris canutus（Linnaeus）

命名：Linnaeus C，1758，Syst. Nat., ed. 10, 1: 149（瑞典）

英文名：Red Knot

同种异名：漂鹬；*Tringa canutus* Linnaeus，1758，*Canutus canutus rogersi* Mathews；—

鉴别特征：中等、腿短、灰色滨鹬。嘴黑色、短厚，眉纹色浅。上体灰色，具棕色、白色鳞状斑纹，头侧、下体棕红色，冬羽下体近白色，颊至胸具灰褐色纵纹。飞行时，翼上白色带斑、翼下浅白色，腰浅灰色明显可见。脚黄绿色。

形态特征描述：嘴深黑色、短厚近直形微向下弯。虹膜深褐色，眉纹浅色。头顶至后颈锈棕红色缀白色、具细密黑色纵纹，背、肩黑色具棕色斑纹和白羽缘，腰、尾上覆羽白色具黑色横斑微缀棕色。初级

红腹滨鹬（丁洪安 20060520 摄于黄河口）

飞羽黑褐色、羽干纹白色，次级飞羽灰褐色、边缘白色，三级飞羽黑褐色、羽缘淡褐色；翼上覆羽暗灰褐色、白色羽缘微杂棕红色。腋羽、翼下覆羽灰色或灰白色。头侧和整个下体栗红色、下腹中央和尾下覆羽白色而有栗红色。尾灰褐色、具白色窄端缘，尾下覆羽具黑色边缘。脚短、暗橄榄绿色或黄绿色。

冬羽 棕栗红色消失。上体头顶、后颈、背和肩淡灰褐色，具黑色细条纹和亚端黑斑与白色羽缘，呈鳞状斑。腰和尾上覆羽白色具黑色横斑。下体近白色，前颈、胸和两胁淡皮黄色具暗灰色纵纹和横斑。

幼鸟 似冬羽。翕、肩和翼上覆羽缀褐色。胸缀粉红皮黄色。

鸣叫声： 发出"knutt……"低喉音，进食、飞翔时发出"jizha"或"na、na"声。

体尺衡量度（长度 mm、体重 g）：

标本号	时间	采集地	体重	体长	嘴峰长	翅长	跗蹠长	尾长	性别	现保存处
2829*	19370421	青岛沧口		267	35	172	27	67	♀	中国科学院动物研究所

* 平台号为 2111C0002200003023
注：Shaw（1938a）记录 1♀ 重 120g，翅长 69mm

栖息地与习性： 栖息繁殖于环北极地区，为长距离迁徙鸟类，黄渤海湿地是其在东亚-澳大利亚迁徙路线上的重要停歇地，2003~2004 年渤海湾北部双龙河口及附近地区的种群调查表明，迁徙高峰期在 4 月底至 6 月初。性胆小，单独或成小群活动，在沿海滩涂、沙滩及河口结大群并与其他涉禽混群活动，在浅水处或潮间带泥地上边走边快速啄食或将嘴插入泥中探觅猎物。

食性： 主要捕食软体动物、甲壳类、昆虫及其幼虫等小型无脊椎动物，以及部分植物嫩芽、种子和果实。

繁殖习性： 繁殖期 6~8 月。繁殖于环北极苔原地带。在冻原山地和低山丘陵及其海边、覆有苔藓和草的岩石地区营巢，由地面上浅坑内垫枯草和苔藓而成。每窝通常产卵 4 枚，橄榄绿色或橄榄皮黄色，被褐色或黑褐色斑点，卵径约 43mm×29mm。雌雄亲鸟轮流孵卵。

亚种分化： 全世界有 2 个亚种，中国 2 个亚种，山东分布记录为 2 个亚种。

● 普通亚种 *C. c. rogersi*（Mathews）

亚种命名 Mathews GM，1913，Bds. Austr.，3：270（上海）

分布：滨州 - ●（刘体应 1987）滨州，北海水库（20160518）。**东营** - ◎黄河三角洲，（P）东营，广利支脉河口；自然保护区 - 黄河口（丁洪安 20060520），大汶流。**青岛** - (P) 青岛；李沧区 - ●（Shaw 1938a）沧口。**泰安** - 东平县 - 王台（20130511）。**潍坊** - 小清河口；寿光。**烟台** - 烟台；海阳 - 凤城（刘子波 20150521）。胶东半岛。

吉林、辽宁、河北、北京、天津、青海、江苏、上海、浙江、福建、台湾、广东、广西、海南、香港、澳门。

图例
- ◎ 照片
- ● 标本
- ▲ 环志
- 音像资料
- ○ 文献记录

0 40 80km

C. c. piersmai Tomkovich

亚种命名 Tomkovich PS，2001，Bull. Brit. Orni. Club，121：259（新西伯利亚群岛）

分布： 山东。

辽宁、河北、天津、江苏、上海。

区系分布与居留类型：［古］(P)。

种群现状： Wetland International（2002）估计亚洲地区约有 22 万只，2000 年亚洲水鸟调查的数量为 15 109 只（Li and Mundkur 2004），2004 年北迁时期记录到 17 只次佩戴脚旗的个体证实，在澳大利亚西北部、东南部及新西兰 3 个地区越冬的 2 个亚种在北迁时利用渤海湾作为停歇地。由于鲎因人类捕杀而数量大减，近年来以鲎卵为主要食物的红腹滨鹬数量急剧下降，在北极剑桥湾已看不到以前成群的繁殖景象。因此，急需加强繁殖地、物种与迁徙越冬湿地环境的保护。山东为过境旅鸟，种群数量并不普遍。

物种保护： Ⅲ，中日，中澳，Lc/IUCN。
参考文献： H323，M358，Zja331；Lb144，Q138，Qm250，Z234，Zx72，Zgm90。
山东记录文献： 郑光美 2011，朱曦 2008，钱燕文 2001，赵正阶 2001，范忠民 1990，郑作新 1987、1976，Shaw 1938a；赛道建 2013，赵延茂 2001、1995，吕卷章 2000，马金生 2000，田家怡 1999，闫理钦 1998a，刘体应 1987，纪加义 1987c。

○ 185-01 三趾滨鹬
Calidris alba (Pallas)

命名： Pallas PS，1764，*in* Vroeg, Cat. Verz. Vog. Adumbr.：7（荷兰）
英文名： Sanderling
同种异名： 三趾鹬；*Crocethia alba* (Pallas)，*Tringa alba* Pallas，*Crocethia alba* Billerg，1828；—

鉴别特征： 体小灰色鹬。嘴黑色、粗短。头、颈及上体赤褐色具黑色纵纹，肩羽明显深黑色具灰白羽缘，下体白色，胸棕红色具细黑纵纹。比其他滨鹬白，飞行时翼上白斑明显，腰与尾两侧白色。脚黑、无后趾。

形态特征描述： 嘴黑色、尖端微向下弯。虹膜暗褐色。额基、颏和喉白色，头余部、颈和上胸深栗红色具黑褐色纵纹。翕、肩和三级飞羽黑色具棕色和灰色羽缘、白色"V"形斑及白色尖端。飞羽黑色具宽阔白色翼带，内侧初级飞羽外侧具白色羽缘；中覆羽和大覆羽灰色具淡灰色或白色羽缘，小覆羽和初级覆羽黑色。下胸、腹和翼下覆羽白色。腰和尾上覆羽中央黑色、两侧白色。中央尾羽黑褐色、两侧淡灰色。脚黑色，无后趾。

冬羽 前额和眼先白色。头顶、枕、翕、肩和三级飞羽淡灰白色。翼上小覆羽黑色形成显着黑色纵纹。下体白色、胸侧缀有灰色。

幼鸟 眉纹皮黄白色；眼先和耳区具黑褐色斑。头顶黑褐色具皮黄色羽缘。翕和肩黑色具成对大的皮黄白色斑。三级飞羽黑色具皮黄色宽羽轴纹，翼覆羽褐色具黑色亚端斑和皮黄白色羽缘。下体白色，上胸缀皮黄色，两侧具褐色纵纹。

鸣叫声： 飞行时发出微弱的"keli、keli"声，起飞时伴随"twick，twick"的尖厉叫声。

体尺衡量度（长度mm、体重g）： 山东暂无标本及测量数据。

Shaw（1938a）：2♂重57g、50g，翅长117mm、123mm。

栖息地与习性： 栖息于北极冻原苔藓草地、海岸和湖泊沼泽地带，以及海岸、河口沙洲和海边沼泽地带。4～5月、9～10月迁徙途经我国。成群或与其他鹬混群活动在滨海沙滩，常沿水面低空快而直地飞行。常随落潮在水边疾速奔跑，啄食海潮冲刷出来的食物，或将嘴插入泥中探觅食物。

食性： 主要捕食甲壳类、软体动物、蚊类等昆虫及其幼虫、蜘蛛等小型无脊椎动物，以及少量植物种子。

繁殖习性： 繁殖期6～8月。在苔原、芦苇沼泽和湖泊与海岸边多碎石而有隐蔽的干燥苔藓地凹坑内营巢，内垫苔藓、地衣、枯草和柳叶。每窝通常产卵4枚，卵为卵圆形或梨形，橄榄黄色与淡黄色或黄褐色与淡绿褐色，被黄褐色、灰褐色或黑褐色斑点，卵径约35mm×25mm。雌鸟产两窝卵中的一窝由雄鸟孵化，孵化期23～24天。雏鸟早成雏，孵出后不久即能行走，大约14天后飞翔。山东无繁殖记录，为过境旅鸟。

亚种分化： 全世界有2个亚种，中国2个亚种（刘小如 2012）、1个亚种（郑光美 2011），山东分布为 *C. a. rubida* (Gmelin)。

亚种命名 Pallas PS，1764，Vroeg, Cat. Verz. Vog. Adumbr.：7（荷兰）

单型种，无亚种分化（郑作新 2002、1987、1976，赵正阶 2001），置于单种属 *Crocethiai* 2个亚种中国均有分布，台湾为 *C. a. alba*，东亚为 *C. a. rubida*（刘小如 2012）；山东分布依郑光美（2011）记为 *C. a. rubida*。

分布： 东营-◎黄河三角洲。**聊城**-聊城；（P）东昌湖。**青岛**-（P）青岛；胶南-龙湾（曾晓起 20160111）；黄岛区-●薛家岛。**日照**-东港区-●

三趾滨鹬（曾晓起 20160111 摄于胶南-龙湾）

（Shaw 1938a）石臼所。胶东半岛，鲁中山地，鲁西北平原。

除黑龙江、内蒙古、云南、四川外，各省份可见。

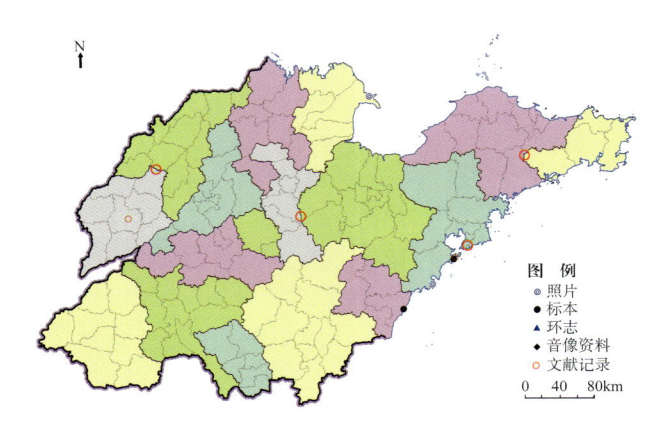

区系分布与居留类型：［古］（P）。

种群现状： Wetland International（2002）估计亚洲约有 22 000 只，2001 年亚洲水鸟调查的数量为 5303 只（Li and Mundkur 2004），物种分布范围广，种群数量趋势稳定，本身及其栖息环境未受到重大威胁，被评价为无生存危机的物种，但湿地的规模开发对其分布构成潜在威胁。山东分布数量少而不普遍。

物种保护： Ⅲ，中日，中澳，2/CMS，Lc/IUCN。

参考文献： H335，M359，Zja343；Lb147，Q142，Qm250，Z240，Zx75，Zgm90。

山东记录文献： 郑光美 2011，朱曦 2008，钱燕文 2001，赵正阶 2001，范忠民 1990，郑作新 1987、1976，付桐生 1987，Shaw 1938a；赛道建 2013，贾少波 2002，纪加义 1987c。

● 186-01 红颈滨鹬
Calidris ruficollis（Pallas）

命名： Pallas PS，1776，Reise Versch. Prov. Russ. Reichs, 3：700（西伯利亚达乌尔）

英文名： Red-necked Stint

同种异名： 红胸滨鹬，穉（zhì）鹬，稚鹬；*Erolia ruficollis*（Pallas），*Tringa ruficollis* Pallas，1776，*Pisobia minuta ruficollis*；Rufous-necked Stint，Eastern Little Stint

鉴别特征： 体小灰褐色滨鹬。嘴黑色、短直，眉线白色。上体红褐色，头颈具黑褐色细纵纹，背具黑褐色中央斑和白色羽缘，脸与上胸红褐色，下胸至尾下白色。冬羽上体灰褐色，具杂斑及纵纹，下体白色。腿黑色。飞行时翼上覆羽端斑形成白色翼带。腿黑色。

相似种小滨鹬嘴长、端部较钝，颏、喉白色，上背具"V"字形白带斑，胸部多深色点斑。长趾滨鹬灰色较浅而羽色较多，嘴比小滨鹬较粗厚，腿较短而两翼较长。

形态特征描述： 嘴黑色，嘴基和颏白色。虹膜暗褐色，眉纹红褐色，黑褐色贯眼纹不甚明显。额白色。头顶和后颈具黑褐色细羽轴纹。头、颈、背、肩红褐色，背和肩黑色具黑褐色中央斑与灰白色或深锈红色羽缘；腰中部黑褐色，羽缘锈红色带灰白色。初级飞羽黑褐色、内翈白色，各羽外缘有白色细边；次级飞羽黑褐色、内缘及羽端白色，三级飞羽暗褐色、羽缘深锈红色；内侧初级飞羽基部白色和大覆羽、初级覆羽白色宽端斑共同形成翅上显著白斑。翼上覆羽黑褐色，轴纹黑色具红褐色羽缘和白色端斑，翼下覆羽白色。脸、颊、颈和上胸红褐色；胸和胸侧缀少许褐色斑点。下胸、腹部至尾下覆羽白色。尾上覆羽和尾羽黑褐色，两侧尾上覆羽白色或锈红色、尾羽淡灰色，尾羽中央 1 对黑褐色带深锈红色边缘，余淡灰褐色、羽轴白色。腿黑色。

红颈滨鹬（孙劲松 20090727 摄于孤岛水库）

冬羽 赤褐色消失。眉线白色。上体灰褐色、多具杂斑及暗色羽轴纵纹，腰中部深褐色，翼上覆羽有黑色轴线。下体白色，颈及上胸淡灰色具暗褐色纵斑，胸部淡灰色具暗褐色纵斑。尾深褐色、尾侧白色，尾上覆羽中央黑色，羽缘灰褐色。

幼鸟 眉纹白色。头顶淡灰黄色具褐色纵纹；后颈淡灰色。翕黑褐色具棕色羽缘、翕侧羽毛外缘白色形成白色细翕线。肩部上列羽毛中部黑色具棕色和白色羽缘；肩部下排羽毛较灰具暗色亚端斑和白色羽缘。翼上覆羽灰褐色具淡皮黄色羽缘。下体白色，胸缀灰皮黄色，胸两侧具细纵纹。

体尺衡量度（长度 mm、体重 g）：

标本号	时间	采集地	体长	嘴峰长	翅长	跗蹠长	尾长	性别	现保存处
3029*	19370526	青岛薛家岛	171	19	107	20	48	♀	中国科学院动物研究所

* 平台号为 2111C0002200003027
注：Shaw（1938a）记录 3♂ 重 25g、25g、32g，翅长 97～99mm；8♀ 重 24～42g，翅长 99～108mm。

栖息地与习性： 栖息于冻原地带芦苇沼泽、海岸、湖滨和苔原地带，以及海边、河口，以及附近盐水、淡水湖泊和沼泽地带。4～5月、9～10月迁徙途经我国。常成群在浅水处和海边潮间带活动，行动敏捷迅速，常边走边啄食或将嘴插入泥中探觅食物。

食性： 主要捕食昆虫及其幼虫、蠕虫、虾蟹等甲壳类和软体动物等。

繁殖习性： 繁殖期 6～8月。在西伯利亚冻原地带芦苇沼泽和苔藓岩石地草本植物丛中营巢。每窝通常产卵 4 枚，赭色或黄色被砖红色或棕红色小斑点，钝端较密。卵径约 28mm×20mm。

亚种分化： 单型种，无亚种分化。曾被置于 Erolia，与 C. minuta 合成超种。

分布： 滨州-北海水库（20160518）；无棣县-贝壳岛保护区（20160501），沙头堡村（刘腾腾 20160518），埕口盐场（20160518，刘腾腾 20160518）。德州-乐陵-杨安镇水库（李令东 20110803）。东营-（P）◎黄河三角洲、广利支脉河口，盐场；自然保护区-黄河口、大汶流；河口区-孤岛水库（孙劲松 20090727），五号桩、一千二保护区。青岛-胶州湾（20150622）；李沧区-●（Shaw 1938a）沧口；城阳区-●（Shaw 1938a）城阳；黄岛区-●（Shaw 1938a）薛家岛。日照-东港区-●（Shaw 1938a）石臼所，付疃河（李宗丰 20140501，成素博 20120828、20110925）。潍坊-小清河口。威海-（P）威海；荣成-八河，马山港；文登-五垒岛，南海湿地（韩京 20120519）。烟台-莱阳-羊郡（刘子波 20190904）；栖霞-长春湖（牟旭辉 20120429）。胶东半岛，鲁中山地，鲁西北平原，鲁西南平原湖区。

各省份可见。

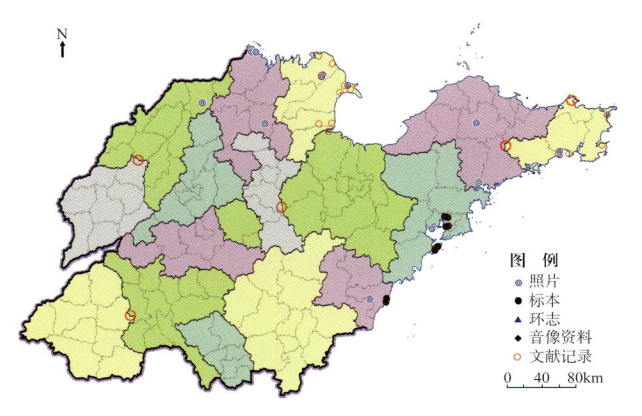

区系分布与居留类型： [古]（P）。

种群现状： Wetland International（2002）估计亚洲约有 315 000 只，2000 年亚洲水鸟调查的数量为 129 242 只（Li and Mundkur 2004）；物种分布范围广，种群数量趋势稳定，被评价为无生存危机的物种，但面临着沿海湿地的规模开发对其生存环境构成的潜在威胁。在山东分布普遍数量不多，但无繁殖记录和数量统计，列入山东省重点保护野生动物名录。

物种保护： Ⅲ、Ⅳ，中日，中澳，Lc/IUCN。

参考文献： H325，M363，Zja333；Lb153，Lb 153，Q138，Qm251，Z235，Zx73，Zgm91。

山东记录文献： 郑光美 2011，朱曦 2008，赵正阶 2001，郑作新 1987，Shaw 1938a；赛道建 2013，赵延茂 2001、1995，吕卷章 2000，田家怡 1999，纪加义 1987c。

186-21 小滨鹬
Calidris minuta Leisler

命名： Leisler JPA，1812，Nachtr. Bechstein，Naturg. Deutschl. Pt1：74（德国 Hanau am Main）

英文名： Little Stint

同种异名： —；*Tringa minuta* Leisler，1812，*Erolia minuta*；—

鉴别特征： 体小偏灰色鹬。嘴粗短。眉纹白色，暗色过眼纹模糊。颏、喉白色。上背具"V"字形白带斑。上体栗色。下体白色，上胸灰色具深色斑点。

相似种红胸滨鹬腿和嘴略短、粗厚，嘴端较尖。颏、喉非白色。胸部少深色点斑。

形态特征描述： 嘴短而粗、黑色。虹膜暗褐色。眉纹白色有时杂淡栗色，眼先暗色、过眼纹模糊；耳羽级淡栗色。头顶淡栗色具黑褐色纵纹，头侧、后颈淡栗色，具褐色纵纹。颏、喉白色。翕黑色、羽缘栗色，翕两侧各有一条乳白色线。肩部羽毛中央黑色、外缘栗色、边缘灰白色；腰中央黑褐色、两侧白色。三级飞羽褐色、羽缘淡栗色。翼上覆羽和内侧初级覆羽淡褐色、尖端白色，内侧初级飞羽基部白色，共同形成翅上白带斑。上胸和颈侧淡栗色，具暗褐色条纹或斑点，其余下体白色。尾上覆羽和尾黑褐色，尾两侧灰色。腿深灰色。

冬羽 上体和胸褐灰色，其余下体白色。

小滨鹬（于英海 20150501 摄于乳山潮汐湖）

幼鸟 头顶淡栗色具褐色纵纹。眉纹白色、眼先暗色，耳羽缀淡栗色。后颈灰色和浅栗色。翕部羽毛中心黑色、外缘棕红色，两侧羽毛边缘白色在翕背上形成显著"V"形白斑。肩黑色、羽缘栗色，尖端白色在肩背形成平行白线。三级飞羽暗褐色、羽缘栗色，翼上覆羽褐色、具皮黄色或栗色羽缘。下体白色，胸侧缀橙皮黄色、具黑褐色纵纹。

鸣叫声： 暂无鸣叫声记录。

体尺衡量度（长度mm、体重g）： 山东暂无标本及测量数据。

栖息地与习性： 栖息于开阔平原地带的河流、湖泊、水塘、沼泽等水边和邻近开阔湿地。成群活动，迁徙期间有时集成大群，在水边浅水处涉水啄食。

食性： 主要捕食水生昆虫及其幼虫、小型软体动物和甲壳动物。

繁殖习性： 繁殖期6～8月。在北极冻原和冻原森林地带繁殖，在湖泊、河流等水域岸边、沼泽边缘有草丛或灌木隐蔽下的地上营巢，巢简陋，为一浅坑，内垫柳叶、枯草等。每窝产卵3～4枚，卵橄榄绿色或黄色，被红褐色斑点，卵径约29mm×20mm。雌雄亲鸟轮流孵卵。

亚种分化： 单型种，无亚种分化。

本种常与靠近亚洲东部的 *C. ruficollis* 合成超种。

分布： 日照-开发区-崮子河（李宗丰2011 0429）。威海-乳山-潮汐湖（于英海20150501）。烟台-◎莱州湾。

内蒙古、河北、天津、青海、新疆、江苏、上海、浙江、香港、澳门。

图例
- 照片
- 标本
- 环志
- 音像资料
- 文献记录

0 40 80km

区系分布与居留类型： [古] P。

种群现状： 物种分布范围较广，被评价为无生存危机物种。山东分布依据于英海和李宗丰所拍照片鉴定为小滨鹬，为山东鸟类分布新记录种；分布区狭窄而数量稀少，我国偶见于香港（赵正阶2001），这次发现对研究山东及全国鸟类区系有一定意义，需要进一步深入研究其栖息环境与种群变化。

物种保护： Lc/IUCN。

参考文献： H328，M362，Zjb334； Lb157，Qm251，Zgm91。

山东记录文献： 山东首次记录。

● 187-01 青脚滨鹬
Calidris temminckii（Leisler）

命名： Leisler JPA，1812，Nachtr. Bechstein，Naturg. Deutschl. Pt1：64（德国）

英文名： Temminck's Stint

同种异名： 乌脚滨鹬，丹氏滨鹬，丹氏穄鹬；*Erolia temminckii*（Leisler），*Tringa temminckii* Leisler，1812；—

鉴别特征： 体小矮壮、灰色鹬。嘴黑色，眉纹白色。上体灰黄褐色，头顶、后颈具黑褐色纵纹，背、肩羽中心斑黑褐色、具栗红色羽缘和灰色尖端，颊至胸黄褐色具黑褐色纵纹，下体白色。外侧尾羽纯白色。冬羽上体灰褐色，胸灰色，下体白色。腿偏绿色或近黄色。飞行时，最外侧尾羽显露纯白色。与其他滨鹬的区别在于外侧尾羽纯白色，落地时极易见到，且叫声独特，腿偏绿色或近黄色。飞行时白色翼带明显，翼下覆羽白色。

形态特征描述： 嘴黑色、下嘴基部褐色、绿灰色或暗黄色。虹膜暗褐色，眉纹白色窄而不明显；眼先、颊、耳区、颈侧褐色缀淡棕色和黑褐色纵纹。颊、喉白色。前额淡白色具浅褐色纵纹，头顶至后颈淡灰褐色具黑褐色细纵纹，头顶缀棕栗色。翕、肩多数羽毛和三级飞羽中央黑色、边缘栗棕色、尖端淡灰色。初级飞羽暗褐色，羽端黑色，基部白色，次级飞羽暗褐色，基部白色羽端白边，三级飞羽灰褐色；大覆羽暗褐色，先端白色，中、小覆羽灰褐色。颈、胸白色带锈红斑纹、羽缘锈红色。腹、腋白色。尾羽中央1对黑褐色、两侧灰褐色、外侧3对白色。尾上覆羽大部分黑褐色，尾下覆羽白色。脚灰绿色、褐黄色，趾橄榄黄绿色。

青脚滨鹬（刘冰 20100430 摄于东平湖）

冬羽 眼先、颊灰白色具褐色窄纵纹。喉白色。体背暗灰色，羽轴黑色、羽缘灰色。翅似夏羽、无棕色着染，颈至上胸暗灰色可在胸侧形成灰褐色块斑，下胸至腹部白色。

幼鸟 似冬羽，较暗褐色。翕、肩、三级飞羽及翼上覆羽具皮黄色或棕黄色羽缘和黑色细亚端纹。

鸣叫声： 短快而似蝉鸣的独特颤音，飞行时发出快速重复的"tererererreri"声。

体尺衡量度（长度mm、体重g）： 山东采到标本但保存处不详。

Shaw（1938a）：1♀ 重23g，翅长93mm。

栖息地与习性： 繁殖期栖息于离水较远的山地冻原地带，冬季、迁徙季节多结群栖息于淡水湖泊浅滩、水田、河流附近的沼泽地和沙洲。4～5月、9～10月迁徙途经我国。性胆小而机警，惊起时紧密成群盘旋快速飞行；沿海滩涂及沼泽地带，主要为淡水鸟，也出现于潮间港湾。成小群或大群在浅水中或草地上同其他滨鹬混群觅食。

食性： 主要捕食昆虫及其幼虫、小甲壳动物、蠕虫和环节动物等。

繁殖习性： 繁殖期6～7月。在水域附近、沼泽地土丘和地势较高的干燥地上草丛中、灌木下地面凹坑内营巢，内垫枯草、树叶。每窝通常产卵4枚，卵梨形、灰绿色或黄绿色，被暗褐色斑点和少量蓝灰色斑点，卵径约29mm×20mm。雄鸟孵卵，孵化期约21天。

亚种分化： 单型种，无亚种分化。曾被置于 *Erolia*。

分布： 滨州 - ●（刘体应1987）滨州。德州 - 乐陵 - 杨安镇水库（李令东 20110730）。东营 -（P）◎ 黄河三角洲，盐场。济宁 - 微山县 - 微山湖。青岛 - 李沧区 - ●（Shaw 1938a）沧口。泰安 - 岱岳区 - 大汶河（刘冰 20120713）；东平县 - 东平湖（刘冰 20100430）。潍坊 - 小清河口。淄博 - 高青县 - 常家镇（赵俊杰 20160423）。胶东半岛，鲁西北平原。

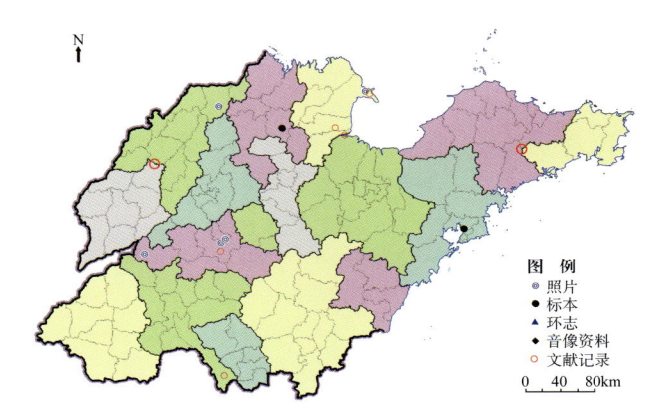

各省份可见。

区系分布与居留类型：［古］(P)。

种群现状： Wetland International（2002）估计亚洲有 25 000～100 000 只，2001年亚洲水鸟调查的数量为 3803 只（Li and Mundkur 2002），物种本身及其栖息地未受严重威胁，但湿地开发已经对其生存环境构成潜在威胁，需要划定湿地红线，加强栖息环境保护，促进种群发展。山东分布并不广泛，为数量不多的过境鸟种。

物种保护： Ⅲ，中日，2/CMS，Lc/IUCN。

参考文献： H329，M364，Zja336；Lb159，Q140，Qm251，Z237，Zx73，Zgm91。

山东记录文献： 郑光美2011，朱曦2008，钱燕文2001，范忠民1990，Shaw 1938a，赛道建2013，李久恩2012，赵延茂2001、1995，吕卷章2000，马金生2000，田家怡1999，刘体应1987，纪加义1987c。

● **188-01 长趾滨鹬**
Calidris subminuta（Middendorff）

命名： Middendorff AT, 1853, Reise Nord. Ost.

Siber., 2：222（西伯利亚）
英文名： Long-toed Stint
同种异名： 云雀鹬；*Tringa subminuta* Middendorff, 1853；—

鉴别特征： 小型灰褐色滨鹬。嘴黑色、细短，眉纹白色而明显。头顶、后颈棕褐色具黑褐色细纵纹，上体具黑斑和棕、白色羽缘，下体白色，颈、胸棕褐色具黑色纵纹。腰中央及尾深褐色，外侧尾羽浅褐色。飞行时白色的背上"V"形斑、翅带和尾外侧明显。

形态特征描述： 嘴细长而尖、黑色，下嘴基部常缀褐色或黄绿色。虹膜暗褐色，眼先暗褐色，眉纹白色清晰，嘴基、眼先到眼前有不清晰贯眼纹，折向眼下到眼后与暗色耳羽相连。颏、喉白色。头顶棕色具黑褐色纵纹，后颈淡褐色具暗色细纵纹，头顶至颈后染栗黄色。翕、背、肩羽中央黑色具栗棕色、白色宽羽缘，翕边缘不清晰白色在背上形成"V"形斑。腰部暗灰褐色，羽缘沾灰色。初级飞羽黑褐色，第1枚初级飞羽具白色羽干，其余的灰褐色、基部白色；次级飞羽暗褐色，基部白色、羽端略具白缘；三级飞羽黑褐色具浅棕色外缘；翼上覆羽褐色具皮黄色和淡栗色羽缘，翼上大覆羽、内侧初级覆羽白色窄端斑形成一条白色翼斑。腋羽、翼下覆羽白色。下体白色，胸缀皮黄灰色、两侧具显著黑褐色纵纹。尾长超过拢翼；中央尾羽暗褐色，外侧尾羽灰白色，最外侧2~3对尾羽纯白色，尾上覆羽两侧白色窄。腿及脚偏绿色或近黄色，趾明显比较长，中趾长度常明显超过嘴长。

长趾滨鹬（刘冰 20110505 摄于大汶河）

冬羽 眉纹白色不明显。上体全暗灰色，肩暗褐色具淡灰色羽缘；下体胸部褐灰色纵纹渐变为白色腹部。

幼鸟 白色眉纹宽。头顶暗褐色具棕色纵纹；翕、肩、三级飞羽黑色具栗色、白色羽缘，翼上覆羽褐色具淡皮黄色羽缘。下体白色，胸缀皮黄色、两侧具显著褐色纵纹。

鸣叫声： 轻柔"prit"及"chirrup"的叫声；飞行时发出"koli"及短"pi"声。

体尺衡量度（长度 mm、体重 g）： 山东采到标本但保存处不详，测量数据遗失。

栖息地与习性： 栖息于沿海或内陆湖泊、河流、水塘和沼泽地带，喜欢有草本植物的水域岸边和沼泽地。4~5月，9~10月迁徙途经我国。性胆小而机警。受惊时常站立不动，伸颈观察动静，飞行快而敏捷，能转弯变换方向；或蹲伏于地或匿藏于附近草丛中，直至危险临近突然冲出，几乎垂直向上升高。单独、小群或集成大觅食群在富有植物的水边泥地、沙滩及浅水处活动觅食。

食性： 主要捕食昆虫及其幼虫、软体动物等小型无脊椎动物，以及小鱼和植物种子。

繁殖习性： 繁殖期6~8月。在水域附近、沼泽地土丘和地势较高干燥地上的草丛中、灌木下地面凹坑内营巢，内垫枯草、树叶。每窝通常产卵4枚，卵灰绿色被褐色斑点，卵径约30mm×22mm。山东没有繁殖记录。

亚种分化： 单型种，无亚种分化。

曾被置于 *Erolia*。本种与分布于美洲的 *C. minutilla* 组成超种，曾被认为是同种。

分布： 德州 - 乐陵 - 杨安镇水库（李令东20110729）。东营 - ◎黄河三角洲；自然保护区 -（P）黄河口，黄河故道口。济南 - 天桥区 - 黄河滩（陈云江20110904）。济宁 - 任城区 - 太白湖（宋泽远20130505）。泰安 - 泰安；岱岳区 - 大汶河（刘冰20110505）。烟台 - 栖霞 - 西山庄水库（牟旭辉20150825）。胶东半岛，（P）鲁东南。

各省份可见。

区系分布与居留类型： [古]（P）。

种群现状： Wetland International（2002）估计亚洲有25 000~100 000只，2000年亚洲水鸟调查的数量为1142只（Li and Mundkur 2004），虽然物种本身及其栖息环境并未受到重大威胁，但物种种群不普遍，栖息环境面临着土地规模开发的潜在威胁，应加强对栖息环境的研究保护，促进种群发展。山东分布范围内观察研究少与种群数量较少有关。

物种保护： Ⅲ，中日，中澳，2/CMS，Lc/IUCN。

参考文献： H327，M365，Zja335；Lb162，Q140，Qm252，Z236，Zx73，Zgm91。

山东记录文献： 郑光美 2011，朱曦 2008，钱燕文 2001，范忠民 1990，郑作新 1987、1976；赛道建 2013，纪加义 1987c。

188-21 斑胸滨鹬
Calidris melanotos（Vieillot）

命名： Vieillot LJP，1819，Nouv. Dict. Hist. Nat.，34：462

英文名： Pectoral Sandpiper

同种异名： 美洲尖尾鹬，美洲尖尾滨鹬；*Tringa melanotos* Vieillot，1819；—

鉴别特征： 嘴下弯、黑褐色、基部黄色而端黑色，眉纹白色且模糊，顶冠近褐色。中型具杂斑褐色滨鹬，胸部纵纹密布与腹部白色分界明显，雄鸟婚羽胸部偏黑色。冬羽赤褐色较少。飞行时，两翼暗、具白色横纹，腰及尾上具宽黑中心部位。幼鸟胸部纵纹沾皮黄色。脚黄色。

形态特征描述： 嘴黑褐色，基部黄褐色。眼暗褐色，眉斑白色，但不明显。头褐色具黑褐色细纵纹。后颈、背部、三级飞羽黑褐色，具褐色及白色羽缘，翕侧有时形成明显纵纹。飞羽黑色，次级飞羽具窄白端形成翅后白缘；翼上覆羽灰褐色具淡色羽缘，大覆羽白色窄尖端形成白色翼带。颊、颈至胸淡黄褐色、有黑褐色纵斑。腹部、胁部、尾下覆羽白色。腰、尾上覆羽中央黑色、两侧白色。中央尾羽黑色、两侧暗灰色，外侧3对尾羽等长、尖端圆。跗蹠及趾暗褐色、暗黄色或暗绿色。

鸣叫声： 飞行时，发出急促似"tututu"声。

体尺衡量度（长度mm、体重g）： 山东暂无标本及测量数据，但在野外拍到照片。

栖息地与习性： 繁殖期栖息于北极冻原地带，越冬于澳大利亚等地。非繁殖期栖息于沿海、河流、湖泊及附近的沼泽地上。常单独或小群活动，受惊时常快速飞离并发出鸣叫声，或静伏不动，等危险临近时才突然飞起。在沼泽、河边草地、泥地上觅食。

食性： 主要捕食昆虫、螺贝、虾蟹、藻类及种子等。

繁殖习性： 繁殖期6~7月。通常在苔原带的沼泽边缘干燥地面和土丘上的草丛、灌木下营巢，亲鸟先刨一个圆形凹坑，内垫枯草、苔藓和柳叶。每窝产卵约4枚，卵淡黄色或淡绿色，被褐色或黄褐色斑点，卵径约36mm×25mm。雌鸟孵卵，孵化期21~23天。雏鸟早成雏，出壳后不久即能行走，约21天后随亲鸟飞行。

亚种分化： 单型种，无亚种分化。

分布： 日照-东港区-崮子河（李宗丰 2011 0505）。
（P）鲁东南。

河北、天津、上海、台湾、香港、澳门。

区系分布与居留类型： ［古］VP

种群现状： Wetland International（2002）估计全球总数为2.5万~10万只，在全球未受到生存威胁。亚洲地区多为迷鸟，1998年亚洲水鸟调查数量为11只（Li and Mundkur 2004）。2001年台湾海岸主要湿地水鸟调查数量为4月2只、7月1只（刘小如和李钦国 2002）。我国台湾与香港曾有记录（王嘉雄 1991，Viney and Phillipps 1989）。山东迁徙过境数量极其稀少，这次依李宗丰提供的照片鉴定为山东新记录，对研究中国及山东鸟类区系有一定意义，需要加强对栖息环境与物种的研究保护。

物种保护： Ⅲ，Lc/IUCN。

参考文献： H330，M368，Za341；Lb165，Qm 253，Zx73，Zgm91。

山东记录文献： 山东分布首次收录、记录。

斑胸滨鹬（李宗丰 20110505 摄于日照崮子河）

● 189-01 尖尾滨鹬
Calidris acuminata（Horsfield）

命名： Horsfield T，1821，Trans. Linn. Soc. London，13

(1)：192（印度尼西亚爪哇岛）

英文名： Sharp-tailed Sandpiper

同种异名： 尖尾鹬；*Erolia acuminata*（Horsfield），*Totanus acuminata* Horsfield，1821；Asiatic Pectoral Sandpiper，Siberian Pectroal Sandpiper

鉴别特征： 体小嘴短滨鹬。嘴黑色，基部黄绿色，头顶部棕黑色，眉纹色浅，耳后有暗色斑，背、肩部黑色而羽缘栗黄色，下体白色具黑褐色纵纹，下胸常连成块斑。尾中央黑色，两侧白色。冬羽上体灰色，羽缘白色，胸、胁白色具黑斑点。脚偏黄色至绿色。飞翔时脚微超出尾端。

形态特征描述： 嘴黑褐色，下嘴基部淡灰色或黄褐色，微向下弯。虹膜暗褐色，眉纹白色；眼先、颊、耳区白色具黑色窄条纹。头顶泛栗色具黑色纵纹。颏、喉白色具淡黑褐色点斑。后颈和颈侧缀皮黄白色具黑褐色纵纹；上背、肩和三级飞羽黑褐色具皮黄色和棕栗色宽羽缘；下背、腰黑褐色。初级飞羽黑褐色、羽轴白色，次级飞羽灰褐色、近尖端羽缘白色；小覆羽黑褐色，中覆羽褐色具黑色羽轴纹、灰黄色或棕色羽缘，大覆羽暗褐色具白色尖端，形成翅上白色横带。翼下覆羽和腋羽白色缀污灰色。脸、颈和上胸白色缀皮黄色或棕色、具黑褐色密纵纹；下胸和两胁白色具黑褐色粗著"V"形箭头斑；腹白色。尾羽较尖，尾褐色、楔形，中央尾羽黑褐色具棕皮黄色或灰黄褐色羽缘；外侧尾羽较短、灰黄色具白色羽缘；尾上覆羽中央黑褐色、两侧白色具黑褐色横斑。尾下覆羽白色具褐色纵纹。脚有绿色、褐色或黄色不同颜色。

尖尾滨鹬（李宗丰 20110505 摄于日照崮子河）

冬羽 似夏羽。眉纹较明显，耳区有一暗色斑。头顶棕色较淡。翕褐色，皮黄褐色羽缘扁褐色或为皮黄白色羽缘。下体白色，颈和胸缀灰色具不明显褐色纵纹，有的呈黑色胸带状。

幼鸟 眉纹长、乳黄白色；眼先和耳覆羽暗红色。头顶亮棕色。后颈皮黄色具皮黄色细纵纹。翕、肩和三级飞羽黑褐色具栗色、白色和皮黄色羽缘。翼上覆羽褐色具皮黄栗色羽缘。下体白色，胸和前颈缀橙皮黄色具黑褐色细纵纹。

鸣叫声： 飞行时发出连续"wuyi"声，或"tititete"声。

体尺衡量度（长度 mm、体重 g）： 山东采到标本但保存处不详，测量数据遗失。

栖息地与习性： 繁殖期主要栖息于西伯利亚冻原平原地带有稀疏小柳树和苔原植物的湖泊、水塘、溪流岸边及附近的沼泽地带。非繁殖活动于海岸、河口及附近的低草地和农田地带。4~5月、9~10月迁徙途经我国，4月、5月、7月、9月在山东均有发现。单独或成小群活动，在食物丰富的觅食地常集成大群；遇惊时采取就地蹲伏不动的方法逃避危险，危险迫近时才突然飞起，很快形成密集群并快速而协调地飞翔。在有低矮草本植物的水边干草地上、浅水处或开阔海边潮间带常边走边活动觅食。

食性： 主要捕食蚊类和其他昆虫的幼虫，以及甲壳类、螺类软体动物等小型无脊椎动物，也食植物种子。

繁殖习性： 繁殖期6~8月。在富有苔藓和草本植物的湿地及长有柳树灌丛地区的地面凹坑内营巢，内垫柳树叶。每窝产卵4枚，卵橄榄褐色或绿色被黑褐色斑点，卵径约39mm×27mm。在山东有繁殖期活动照片资料，但是否有繁殖需要进一步研究证实。

亚种分化： 单型种，无亚种。

曾被置于 *Erolia*；刘小如（2010）认为，近年来发现的 *C.*（*Pisobia*）*cooperi* 极有可能是本种与 *C. ferruginea* 的杂交后代。

分布： **滨州** - ●（刘体应1987）滨州，滨州港（20130417）。**德州** - 乐陵 - 杨安镇水库（李令东 20110729）。**东营** -（P）◎黄河三角洲，广利支脉河口；河口区 - 孤岛公园（孙劲松 20090501），一千二保护区。**日照** - 东港区 - 付疃河（成素博 20140505），崮子河（李宗丰 20110505，成素博 20130414），国家森林公园（郑培宏 20140813）。**泰安** - 泰安。**潍坊** - 小清河口；昌邑 - ◎潍河口。**威海** - 荣成 - 成山西北泊（20150507），马山海滩（20150506）；文登 - 南海湿地（韩京 20110904）。**烟台** - 莱阳 - 羊郡（刘子波 20150501）。胶东半岛，鲁中山地。

黑龙江、吉林、辽宁、河北、北京、天津、山西、河南、甘肃、青海、新疆、江苏、上海、浙江、湖南、湖北、云南、福建、台湾、广东、广西、香港、澳门。

区系分布与居留类型： [古]（P）。

种群现状： Wetland International（2002）估计亚洲约有16万只，2000年亚洲水鸟调查的数量为34 805只（Li and Mundkur 2002），山东分布并不普

图例
● 照片
● 标本
▲ 环志
■ 音像资料
○ 文献记录
0 40 80km

弯嘴滨鹬（李宗丰 20140502 摄于付疃河）

遍，数量较少，目前过境期尚无数量统计。该物种分布范围较广，物种本身及其栖息地未受到严重威胁，被评价为无生存危机物种，但湿地的大规模开发将对其栖息环境构成潜在威胁。

物种保护：Ⅲ，中日，中澳，Lc/IUCN。

参考文献：H331，M369，Zja337；Lb167，Q140，Qm253，Z238，Zx73，Zgm92。

山东记录文献：郑光美 2011，朱曦 2008，钱燕文 2001，范忠民 1990，Shaw 1938a；赛道建 2013，闫理钦 2013，赵延茂 2001、1995，吕卷章 2000，马金生 2000，田家怡 1999，刘体应 1987，纪加义 1987c。

● 190-01 弯嘴滨鹬
Calidris ferruginea（Pontoppidan）

命名：Pontoppidan E，1763，Danske Atl.，1：624（丹麦）

英文名：Curlew Sandpiper

同种异名：浒鹬；*Erolia testacea*，*Scolopax testacea** Pallas，1764，*Tringa ferruginea* Pontoppidan，1763；Curlew Stnit

鉴别特征：体小滨鹬。嘴黑色、长而下弯，眉纹白色。上体暗灰色，羽缘暗栗色或白色，腰白色明显，头部、下体栗红色。冬羽上体无纵纹。下体白色。脚黑色。飞翔时，翼上及尾上覆羽白斑明显。

形态特征描述：嘴黑色，长而向下弯。虹膜褐色。嘴基羽毛或有白色；头顶黑褐色、羽缘栗色。颏白色。通体体羽深棕色。肩和上背暗褐色、羽缘染栗红色或羽端白色。腰部白色不明显，下腰、尾上覆羽白色或有少量黑褐色斑纹。翼上覆羽灰褐色、羽干纹黑褐色。飞羽黑色，大覆羽和内侧初级覆羽羽端白色形成翼面上白色翼带。腋羽、翼下覆羽白色。下体包括头、颈、胸、腹部深栗红色，下腹和胁具白色斑纹，尾下白色。尾羽灰褐色，中央较暗。脚黑色。

冬羽　眉纹白色，头与上体灰色，羽具狭窄暗色羽干纹。下体白色，胸侧略沾污色。

鸣叫声：有"chew"或"wheep"和尖声"whit-whit"、"whit-it-it"不同叫声；飞行时偶发出轻柔的"pulii"声。

体尺衡量度（长度mm、体重g）：

标本号	时间	采集地	体重	体长	嘴峰长	翅长	跗蹠长	尾长	性别	现保存处
B000335					38	121	31	56		山东博物馆

栖息地与习性：栖息活动于沿海滩涂、河口、近海水田等湿地及盐田和鱼塘、内陆湖岸、河滩、沼泽等环境中。小群或大群与他种鹬类混群在浅水间活动，休息时单脚站在沙坑，飞行迅速，成密集群出现在海岸沼泽地。潮落时跑至泥里翻找食物，以喙啄取泥沙表面，或探索软泥中的猎物，捕获后清洗食用。

食性：主要采食螺贝软体动物、虾蟹甲壳类、昆虫和沙蚕类环节动物。

繁殖习性：繁殖期6～7月。亲鸟在冻原地带的干燥土丘、山坡草丛中的地上挖圆形小坑或利用旧坑营巢，内垫干草、干苔藓、地衣和柳树叶而成。每窝通常产卵4枚，卵为卵圆形或梨形，橄榄绿色被褐色或黑褐色斑点，卵径约36mm×26mm。雌雄亲鸟轮流孵卵。

亚种分化：单型种，无亚种分化。

曾被置于*Erolia*。刘小如（2010）认为近年来在大洋洲及其他度冬区发现的*C.*（*Pisobia*）*cooperi* 可能是本种与*C. acuminata*的杂交后代。而*C. paramelanotos* 可能是本种与*C. melanotos* 的杂交后代。

分布：滨州-滨州；滨城区-东海水库，北海水库，蒲城水库。德州-乐陵-杨安镇水库（李令东 20110729、20110803、20140628）。东营-（P）◎黄河三角洲；自然保护区-黄河口，大汶流；河口区-

---
* 见 Shaw（1938a）

孤岛公园（孙劲松 20111124）。**济南** - 历城区 - 仲宫（陈云江 20110716）。**青岛** -（P）青岛；即墨。**日照** - 东港区 - 付疃河（李宗丰 20140502）。**泰安** - 泰安；东平县 - 东平湖（20130510）。**潍坊** - 小清河口；寿光。**烟台** - 海阳 - 凤城（刘子波 20150419）。胶东丘陵，鲁中山地，鲁西北平原。

除贵州、云南外，各省份可见。

区系分布与居留类型：［古］（P）。

种群现状： Wetland International（2002）估计亚洲地区约有 28 万只，2000 年亚洲水鸟普查的数量为 33 305 只（Li and Mundkur 2004）。近年来，山东多地有照片记录，但尚无数量的统计，估计未达 2800 只区域 1% 的数量，作为过境族群，本身及其栖息环境并未受到重大威胁，但面临湿地规模开发的潜在威胁。

物种保护： Ⅲ，中日，中澳，2/CMS，Lc/IUCN。

参考文献： H334，M372，Zja340；Lb170，Q142，Qm253，Z240，Zx74，Zgm92。

山东记录文献： 郑光美 2011，朱曦 2008，钱燕文 2001，郑作新 1987，Shaw 1938a；赛道建 2013，吕磊 2010，赵延茂 2001、1995，马金生 2000，田家怡 1999，纪加义 1987c。

● 191-01 黑腹滨鹬
Calidris alpina Linnaeus

命名： Linnaeus C，1758，Syst. Nat.，ed. 10，1：149（北欧 Lapland）

英文名：Dunlin

同种异名： 滨鹬，库页小扎；*Erolia alpina sakhalina*（Vieillot）*，*Tringa alpina* Linnaeus，1758，*Scolopax sakhalina* Vieillot，1816；—

鉴别特征： 体小灰色滨鹬。嘴黑色略长而下弯，眉纹白色。上体棕色，羽缘白色而中央斑黑色，下体白色，颊胸具黑褐纵纹，胸腹中央黑块斑状。尾中央黑色

---

* 见田丰翰（1957）

而两侧白色。脚绿灰色。冬羽灰褐色，下体白胸缀灰褐色。飞翔时，白翅斑、腰尾中黑色而两侧白色明显。

形态特征描述： 嘴长、黑色，尖端明显向下弯曲。虹膜暗褐色，眉纹白色，眼先暗褐色。耳覆羽淡白色具暗色纵纹。头灰褐色，头顶棕栗色具黑褐色纵纹。颏、喉白色。后颈淡褐灰色具黑褐色纵纹，前颈白色微具黑褐色纵纹。上体棕色，背、肩、三级飞羽黑色具栗色宽羽缘而呈明显栗色，有时栗色羽缘外缀有窄的灰色或白色边缘和尖端。翼上覆羽灰褐色具淡灰色或白色羽缘，大覆羽和初级覆羽具白色尖端。飞羽黑色，内侧初级飞羽和次级飞羽基部白色，与翼上大覆羽和内侧初级飞羽的白色形成翼上白带斑。腋羽和翼下覆羽白色。下体白色，胸和胸侧黑褐色纵纹显着，腹白色、腹中央有大型黑斑。腰和尾上覆羽中间黑褐色、两边白色。中央尾羽黑褐色、两侧尾羽灰白色；肛区、尾下覆羽白色。脚绿灰色。

黑腹滨鹬（成素博 20120507 摄于付疃河）

冬羽 上体灰色，下体白色，颈和胸侧具灰褐色纵纹。

幼鸟 眼先和耳区褐色。后颈皮黄褐色。肩、背黑褐色具栗色和皮黄白色羽缘。翼上覆羽褐色具皮黄色或栗色羽缘。下体白色缀皮黄色；前颈和胸具褐色纵纹；腹白色，两胁具黑褐色斑点。

鸣叫声： 飞行时发出粗而带鼻音的"dwee"哨声，或"lülülü"声。

体尺衡量度（长度 mm、体重 g）： 山东采到标本但保存处不详。

Shaw（1938a）：55♂均重 54（44～70）g，翅长 118（113～128）mm；45♀重 58（45～75）g，翅长 121（114～129）mm。

栖息地与习性： 栖息于冻原、高原和平原地区的湖泊、河流、水塘、河口等水域岸边和附近沼泽与草地上。4～5 月、9～10 月迁徙途经我国，过境山东时在各种湿地生境中活动觅食。性活跃、善奔跑，飞行

快而直。单独或成群活动于水边沙滩、泥地或浅水处，常沿水边跑跑停停，边走边觅食，有时将嘴插入泥地和沙土中探觅食物。

食性：主要捕食甲壳类、软体动物、蠕虫、昆虫及其幼虫等小型无脊椎动物。

繁殖习性：繁殖期5～8月。在苔原沼泽和湖泊岸边的苔藓地上、草丛中的浅坑内营巢，内垫柳树叶。每窝通常产卵4枚，卵绿色或黄橄榄色，被红褐色或橄榄褐色斑点，卵径约35mm×25mm。雌雄亲鸟轮流孵卵，孵化期21～22天。雏鸟早成雏，育雏期约25天，即能飞翔生活。

亚种分化：不同作者认为，全世界有5～13个亚种，中国有2（郑作新1987、1976，赵正阶2001）、5（余劲攻2009）个亚种，郑光美（2011）认为东部4个亚种的分布有待研究，未分亚种记录。山东分布记录为2个亚种。

● 东方亚种 Calidris alpina sakhalina，Erolia alpina sakhalina（Vieillot）

亚种命名　　Vieillot LJP，1816，Nouv. Dict. Hist. Nat.，3：359[西伯利亚萨哈林岛（库页岛）]

分布：滨州-滨州，滨州港（20130418）；滨城区-东海水库，北海水库，蒲城水库；沾化县-◎徒骇河口；无棣县-贝壳岛保护区（20160501）。**东营**-（P）◎黄河三角洲，小岛河海滩，◎广利支脉河口，盐场；自然保护区-黄河口，大汶流；河口区-孤岛黄河故道（孙劲松20090728），孤岛荷塘（孙劲松20110925），五号桩，一千二保护区。**济南**-（P）济南。**济宁**-微山县-微山湖。**青岛**-青岛；城阳区-●（Shaw 1938a）城阳，●（Shaw 1938a）女姑口，●（Shaw 1938a）红岛；李沧区-●（Shaw 1938a）沧口；市北区-●（Shaw 1938a）大港；黄岛区-●（Shaw 1938a）灵山岛，●（Shaw 1938a）薛家岛；胶州。**日照**-东港区-付疃河（20150423，成素博20120507），夹仓口（成素博20120428），国家森林公园（郑培宏20140909）。**泰安**-泰安，马庄（刘冰20121025）。**潍坊**-昌邑-潍河口（20130415）。**威海**-（P）威海；荣成-天鹅湖（20160115）；文登-五垒岛（20120519）。**烟台**-海阳-凤城（刘子波20150521）；牟平-养马岛（王宜艳20160102）。（P）胶东半岛，鲁中山地，鲁西北平原，鲁西南平原湖区。

北方亚种 Calidris alpina centralis（Buturlin）

亚种命名　　Buturlin，1932，Alauda（2）4：265（西伯利亚东部Yakutsk）

分布：**东营**-（P）黄河三角洲。**济南**-（P）济南，黄河。**青岛**-（P）青岛。**潍坊**-小清河口。**威海**-（P）威海，荣成-八河，马山港。胶东半岛，鲁中山地，鲁西北平原，鲁西南平原湖区，鲁东南。

黑龙江、辽宁、内蒙古、河北、北京、天津、新疆、安徽、江苏、上海、浙江、江西、湖南、湖北、四川、重庆、云南、福建、台湾、广东、广西、海南、香港、澳门。

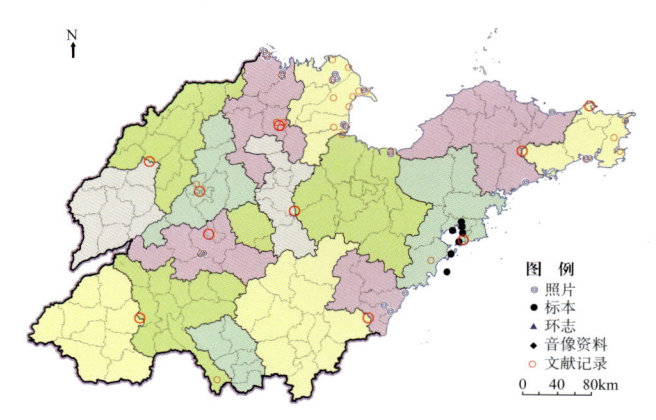

区系分布与居留类型：[古]（P）。

种群现状：Wetland International（2002）估计亚洲地区有97.5万～285万只，2000年亚洲水鸟普查的数量为91 608只（Li and Mundkur 2004），本身及其栖息环境未受到重大威胁，但栖息环境面临大规模海岸土地开发的潜在威胁，应加强湿地保护红线的划定与管理。山东亚种，纪加义（1987）和赵延茂（1995）记为sakhalina亚种；朱曦（2008）记为2个亚种；余劲攻（2009）认为centrialis是西部亚种；郑光美（2011）仅记为在山东有种的分布。山东此centrialis亚种分布首见于朱曦（2008）记录，需进一步研究确证；山东4月、5月、7月、9月、10月拍到照片，其在湿地活动较多，但仅东方亚种采到标本，无数量的系统统计，尚难确定其占亚洲族群的比例及重要性。

物种保护：Ⅲ，中日，中澳，2/CMS，Lc/IUCN。

参考文献：H333，M371，Zja339；Lb173，Q140，Qm254，Z238，Zx74，Zgm92。

山东记录文献：郑光美2011，朱曦2008，钱燕文2001，郑作新1987，Shaw 1938a；赛道建2013、1994，张月侠2015，李久恩2012，吕磊2010，赵延茂2001，吕卷章2000，马金生2000，田家怡1999，闫理钦1998a，纪加义1987c，田丰翰1957。

192-11　勺嘴鹬
Eurynorhynchus pygmeus（Linnaeus）

命名：Linnaeus C，1758，Syst. Nat.，ed. 10，1：140（亚洲东部）

英文名：Spoon-billed Sandpiper

同种异名：琵嘴鹬，匙嘴鹬；*Platalea pygmeus* Linnaeus，1758；—

鉴别特征： 体小、腿短、灰褐色滨鹬。嘴黑色、先端铲形，眉纹白色而显著。上体棕黑色、羽缘棕红色呈纵纹状，头、颈、胸棕红色具黑斑点，下体白色，胸侧具黄褐色纵纹。飞行时，白翼斑窄、腰尾两侧白色而中央黑色，觅食时，嘴左右旋转。脚黑色。

形态特征描述： 嘴黑色，基部宽厚而平扁、先端扩大成铲形，嘴基和颏白色。虹膜暗褐色，眼先较暗，黑色贯眼纹在眼后较细。前额、头顶和后颈栗红色具黑褐色纵纹。翕、肩和三级飞羽中部黑色、羽缘栗色使红栗色背部呈现黑斑，翕部羽缘白色形成"V"字形白线。飞羽黑色；大覆羽具宽白色尖端，次级飞羽和内侧初级飞羽基部白色，共同组成翅上宽阔白色带斑。翼下覆羽和腋羽白色。眉区、头侧、脸、前颈、颈侧和上胸栗红色具褐色细纵纹。下胸淡栗色具褐色纵纹和斑点，有时在两侧形成纵带；其余下体白色。腰和尾上覆羽两侧白色，中间黑色；中央尾羽黑色、两侧尾羽淡灰色。脚黑色。

勺嘴鹬（周志浩 20170518 摄于无棣县贝壳堤岛保护区）

冬羽 前额、眉纹亮白色。头顶和上体灰褐色具暗色羽轴纹，后颈较淡。翼覆羽灰色具白色窄羽缘。下体辉亮白色。颈侧和上胸两侧微具褐灰色纵纹。

幼鸟 前额和眉纹乳白色，眼先和耳区有暗色斑纹。头顶黑褐色具栗皮黄色羽缘。翕、肩和三级飞羽黑褐色具皮黄色和白色羽缘，白羽缘形成"V"形白带斑。翼覆羽褐色具淡皮黄色和皮黄红色羽缘。下体白色，胸两侧缀皮黄色具褐色细纵纹。

鸣叫声： 起飞时发出尖细滚动的"preep preep"声，以及尖厉的"wheet"声。

体尺衡量度（长度mm、体重g）： 山东暂无标本及测量数据。

栖息地与习性： 繁殖期栖息于北极海岸冻原沼泽、草地和湖泊、溪流、水塘等水域岸边；非繁殖期栖息于海岸与河口地区及附近的水体边上、海滩、泥地上。4～5月、9～10月迁徙途经我国。常单独活动，行走时低头不断将嘴伸入水中或烂泥里，边走边用嘴在水中或泥里左右来回扫动前进觅食。

食性： 主要捕食昆虫及其幼虫、甲壳类和其他小型无脊椎动物。

繁殖习性： 繁殖期6～7月。在海岸冻原地带的沼泽、湖泊、水塘、溪流岸边和海岸苔原与草地上营巢，巢简陋，由亲鸟在苔原地上挖掘圆形凹坑，内垫苔藓、枯草和柳叶而成。每窝产卵3～4枚，卵淡褐色被细小褐色斑点，卵径约30mm×22mm。山东无繁殖记录。

亚种分化： 单型种，无亚种分化。有时被置于 *Calidris*。

分布： 东营-河口区-五号桩。青岛-青岛，胶州湾；城阳区-大沽河。

黑龙江、河北、北京、天津、江苏、上海、浙江、湖北、福建、台湾、广东、海南、香港、澳门。

区系分布与居留类型： [古]（P）。

种群现状： 有资料显示，1970年有2000～2800对，2000年下降至1000对，2005年少于400对，2007年国际鸟盟进行的统计中其数目少于100对，由于繁育生境及迁徙中转站特别是重要驿站的破坏，如韩国新万金防潮堤因近 40 000hm² 的大型填海计划所破坏，以及本种在各地被捕猎，全球变暖导致繁殖地减少，影响了它们繁殖后代的机会等，物种每年的个体数目急速减少，分布区域狭窄，数量稀少，国际鸟盟预计，如整体情况没有改善，物种在未来数年将踏上灭绝之路，IUCN红色名录将其提升到极危程度。山东仅有少量观察记录，尚无标本与照片等实证，其分布现状需要进一步研究确证，以便加强对迁徙中转站地点的物种与生境研究以保护这种鸟类。

物种保护： Ⅲ，中日，Ce/IUCN。

参考文献： H336，M361，Zja344；Lb179，Q142，Qm254，Z241，Zx75，Zgm93。

山东记录文献： 郑光美2011，朱曦2008；赛道建2013，张月侠2015。

193-01 阔嘴鹬
Limicola falcinellus (Pontoppidan)

命名： Pontoppidan E，1763，Danske Atl. 1：623，pl. 25（可能为丹麦）

英文名： Broad-billed Sandpiper

同种异名： 宽嘴鹬；*Scolopax falcinellus* Pontoppidan，1763，*Limicola sibirica* Dresser，1876；—

鉴别特征： 显著特征是具白色双眉纹，翼角具明显黑色块斑。嘴黑色、基部粗直而先端下弯。上体棕褐色，羽具中央黑斑，白羽缘形成"V"形白斑。下体白色，胸具褐色细斑纹，腰及尾中央黑色而两侧白色，飞行时特征明显。冬羽上体灰褐色、羽缘白色，下体斑纹不明显。脚短、绿褐色。与相似种黑腹滨鹬的区别在于眉纹叉开，腿短，与姬鹬在于肩部条纹明显。

形态特征描述： 嘴黑色，有时缀褐色或绿色、基部缀黄色，尖端向下弯曲，嘴具小纽结看似破裂。虹膜暗褐色，贯眼纹黑褐色、眼后不明显，眼上具上细、下粗2道白眉纹，二者在眼前合二为一沿眼先延伸到嘴基。头顶黑褐色。颊和喉淡褐白色、微具褐色纵纹。翕、肩和三级飞羽黑褐色具白色、淡栗色羽缘和灰白色宽尖端，翕、肩白色羽缘在背部形成"V"形斑。飞羽黑色，翼上覆羽褐色，小覆羽和初级覆羽黑色，中覆羽具白色羽缘，初级覆羽、大覆羽具白色窄尖端形成白色窄翅带。腰和尾上覆羽两边白色、中间黑褐色。下体白色，前颈、胸缀灰褐色、具显著褐色纵纹而与白色腹面明显分开。两胁前部具纵纹。腰及尾的中心部位黑色而两侧白色。尾羽中央一对黑褐色，其余淡灰色。脚短，灰黑色缀绿色、黄色或褐色。

冬羽 较长眉纹白色，从嘴基到后枕、从眼前缘开始分为上细、下宽2道。贯眼纹黑褐色、横跨眼先经眼到耳覆羽。头顶、上体淡灰褐色具黑色中央纹和白色细羽缘。下体白色。胸具灰褐色纵纹。

幼鸟 似夏羽。翕、肩和三级飞羽具淡栗皮黄色和白色羽缘。翼上覆羽具宽阔皮黄色羽缘。胸缀皮黄褐色、具暗色细纵纹，两侧不延伸至胁。

鸣叫声： 叫声短似"tirr-tirr-tirr"声。

体尺衡量度（长度mm、体重g）： 山东暂无标本及测量数据。

栖息地与习性： 繁殖期栖息于冻原地带的湖泊、河流、水塘和芦苇沼泽岸边与草地，冬季栖息于海岸、河口及附近的沼泽和湿地，迁徙期间有时到内陆湖泊与河流地带。4~5月、9~10月迁徙途经我国。性孤僻，常单只、成对或成小群活动于沿海泥滩、沙滩及沼泽地区，遇险时蹲伏不动，直至危险逼近才冲出飞走。在松软的泥地上活动和觅食，觅食时将头颈远远向前伸出，嘴几乎与地面垂直插入泥中探觅食物。

食性： 主要捕食甲壳类、软体动物、蠕虫、环节动物、昆虫及其幼虫等小型无脊椎动物，偶尔采食植物种子等。

繁殖习性： 繁殖期6~7月。在近水域苔原草地上或沼泽草地土丘上草丛中的凹坑内营巢，内垫树叶和苔藓等。每窝产卵4枚，卵梨形，淡褐色或黄灰色密被淡红褐色小斑点，钝端较密，卵径约32mm×23mm。雌雄亲鸟轮流孵卵。

亚种分化： 全世界有2个亚种，中国有2个亚种，山东分布为普通亚种 *L. f. sibirica* Dresser。

亚种命名 Dresser HE，1876，Proc. Zool. Soc. London：674（西伯利亚及中国）

分布： 德州-乐陵-杨安镇水库（李令东20110803）。东营-(P)◎黄河三角洲；自然保护区-大汶流。济宁-南四湖（楚贵元20090430）。日照-东港区-付疃河口（李宗丰20110502）。泰安-(P)泰安，泰山-低山。潍坊-小清河口。烟台-莱州湾。淄博-淄博。胶东半岛。

黑龙江、吉林、辽宁、内蒙古、河北、北京、天津、青海、江苏、上海、浙江、福建、台湾、广东、广西、海南、香港、澳门。

阔嘴鹬（李宗丰20110502 摄于付疃河口）

区系分布与居留类型：［古］（P）。

种群现状： Wetland International（2002）估计亚洲地区有6100~64 000只，1997年亚洲水鸟普查的数量449只（Li and Mundkur 2004）。物种本身及其栖息环境未受到重大威胁，分布范围广，被评价为无生存危机物种，但栖息环境面临土地规模开发的潜在威胁，应加强对栖息环境的研究保护，促进种群发展。山东分布记录较少。

物种保护： Ⅲ，中日，中澳，2/CMS，Lc/IUCN。

参考文献： H337，M375，Zja345；Lb181，Q142，Qm254，Z242，Zx75，Zgm93。

山东记录文献： 郑光美2011，朱曦2008，钱燕文2001，赵正阶2001，范忠民1990，郑作新1987、1976；赛道建2013，马金生2000，田家怡1999，赵延茂1995，纪加义1987c。

194-01　流苏鹬
Philomachus pugnax（Linnaeus）

命名： Linnaeus C，1758，Syst. Nat.，ed. 10，1：148（瑞典）

英文名： Ruff

同种异名： —；*Tringa pugnax* Linnaeus，1758；Reeve

鉴别特征： 嘴褐色、基部近黄色，头小，耳状簇羽可竖起。前颈、胸部具明显而蓬松饰羽，颜色多变。雌鸟上体黑色具浅色羽缘，下体白色，胸、两胁具横斑。冬羽上体深褐色具鳞状斑纹，喉浅黄色，头、颈皮黄色。飞行时，翼上窄白横纹、尾基两侧椭圆形白块斑明显。

形态特征描述： 体型较大、两性异形。嘴黑色；繁殖期为黄色、橘黄色或粉红色。虹膜暗褐色。面部裸区呈黄色、橘红色或红色具细疣斑和褶皱。头侧耳状簇羽扇状伸展至枕侧，颈、胸部夸张的流苏状饰羽，个体间饰羽有栗褐色、栗红色、灰白色、白色、浅黄色、黑色泛紫色光泽等颜色变化。上体羽色通常与饰羽的颜色相吻合、密布杂斑；腰黑褐色。飞羽黑褐色，翼上覆羽灰褐色具灰白色羽缘，大覆羽端部白色形成一条翼线；腋羽和翼下覆羽白色。腹部白色，下胸和两胁具暗色斑纹。尾羽灰色，尾上覆羽中央为褐色、两侧白色且特长，形成几乎伸达尾端的两条明显白色椭圆形长条。腿红色或橘黄色。

雌鸟　　如同普通鹬类。体型小于雄鸟，面部无裸区，头和颈无饰羽；上体黑褐色、羽缘黄色或白色；颈胸部多黑褐色斑，腹部白色，两胁有褐色斑。

冬羽　　同雌鸟，羽色素淡。上体灰褐色、羽轴区暗黑色。下体白色，前颈、胸、两胁沾灰色。

亚成鸟　　脚灰绿色。

鸣叫声： 安静而少鸣叫，飞行时偶发出小声"ka"音。

体尺衡量度（长度mm、体重g）： 山东暂无标本及测量数据，但拍到野外活动照片。

栖息地与习性： 繁殖期栖息于冻原和平原草地上的湖泊与河流、海岸水塘岸边及附近的沼泽和湿草地上。喜集群，成群活动和栖息，有时与其他涉禽混合成群。常边走边啄食，涉入水中啄取食物时将整个嘴伸入水里，甚至把头浸在水里。

食性： 主要捕食软体动物、昆虫、甲壳类、蚯蚓、蠕虫等无脊椎动物，也食水草、杂草籽、水稻和浆果。

繁殖习性： 繁殖期5~8月。雌雄鸟之间无固定的配偶关系；繁殖交配期间，雄鸟聚集在求偶场进行复杂的求偶表演、争斗，特别是雌鸟到来时，这种活动更为活跃，雌鸟来到求偶场和一个或多个雄鸟交配后离开求偶场独自营巢繁殖。在沼泽湿地和水域岸边，特别是有草的湖泊与河流岸边，于草丛中或有其他植物隐蔽的地上营巢；雌鸟在地上挖一小坑，内垫枯草和树叶。每窝产卵4枚，卵橄榄褐色、黄褐色、淡绿色或淡蓝色被褐色或灰色斑。卵径约43mm×31mm。雌鸟孵卵，孵化期20~21天。

亚种分化： 单型种，无亚种分化。曾有作者将本种归于 *Calidris*。

分布： 滨州-北海盐场（20160518）。**东营**-东营，◎黄河三角洲。**青岛**-（P）青岛。**日照**-东港区-付疃河（20150319，成素博20140418），崮子河（李宗丰20140419，成素博20140419），国家森林公园（郑培宏20140814）。**烟台**-海阳-凤城（刘子波20150422）。胶东半岛

流苏鹬（李宗丰20140419摄于崮子河）

黑龙江、吉林、内蒙古、河北、北京、天津、宁夏、甘肃、青海、新疆、江苏、上海、浙江、湖南、湖北、贵州、云南、西藏、福建、台湾、广东、广西、海南、香港。

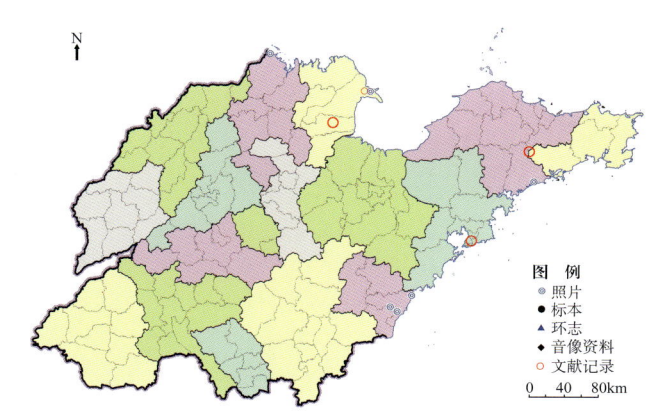

区系分布与居留类型：[古]（P）。

种群现状： Wetland International（2002）估计全球有 25 000～100 000 只，2001 年亚洲水鸟普查的数量为 6510 只（Li and Mundkur 2004）。物种分布范围广，被评价为无生存危机物种，本身及其栖息环境未受到重大威胁，但栖息环境面临大规模湿地开发的潜在威胁，应加强对其栖息环境的保护研究。山东调查研究较少，种群数量无调查数据，未列入山东省重点保护野生动物名录。

物种保护： Ⅲ，中日，中澳，2/CMS，Lc/IUCN。

参考文献： H340，M376，Zja348；Lb185，Q243，Qm255，Z243，Zx75，Zgm94。

山东记录文献： 郑光美 2011，朱曦 2008，钱燕文 2001，赵正阶 2001，范忠民 1990，郑作新 1987、1976，付桐生 1987，Shaw 1938a；赛道建 2013，纪加义 1987c。

○ 195-01　红颈瓣蹼鹬
Phalaropus lobatus（Linnaeus）

命名： Linnaeus C，1758，Syst. Nat.，ed. 10，1：148（加拿大 Hudson Bay）

英文名： Red-necked Phalarope

同种异名： 红领瓣足鹬，红颈瓣蹼鹬；*Tringa lobata* Linnaeus，1758；Northern Phalarope

鉴别特征： 嘴细长、黑色，头顶及眼周黑色。雌鸟眼上有小块斑，前颈栗红色延伸至眼后形成环带状，背有 4 条橙黄色纵带，颏、喉、下体白色，胸胁灰色。飞行时，腰深色及翼宽白横纹明显。脚灰色，趾具瓣蹼。

形态特征描述： 嘴细尖、黑色。虹膜褐色。雌鸟眼上有白色斑。颏和喉白色。头和颈暗灰色，前颈栗红色沿颈两侧向上延伸直到眼后形成栗红色环带。翕、上背和腰暗灰色，翕侧、肩部具金皮黄色纵带；下背和腰中间暗灰色、腰两侧白色。初级飞羽黑色、羽轴白色，翼上覆羽、三级飞羽及大的肩羽具棕皮黄色羽缘，翼上大覆羽尖端白色形成显著白色翅带，翼下覆羽白色、中覆羽具黑色横斑。胸和两胁灰色，胸以下腹和尾下覆羽白色；后胁白色微沾暗色。尾暗灰色。脚短，趾具瓣蹼。

红颈瓣蹼鹬（薛琳 20160912 摄冬羽于东营村虾池，孙桂玲 20170526 摄夏羽于渐汶河）

雄鸟 眼上白斑较雌鸟大、形成短的白色眼眉。脸、头顶和胸暗灰褐色、少灰色。前颈带斑呈锈褐色或棕红色。上体淡褐色具更多皮黄色羽缘，特别是翕部。

冬羽 眼至眼后有显著黑色斑。头主要为白色，头顶后部有暗色斑。后颈和上体灰色，翕侧和肩部有不显著白色纵带。胸侧和两胁上部缀灰色。

幼鸟 头顶、后枕、后颈和上体暗褐色。翕具橙皮黄色纵带。三级飞羽、大覆羽和肩羽具橙皮黄色羽缘。下体白色，前颈和上胸缀粉红皮黄色，上胸两侧暗褐色。

鸣叫声： 发出尖锐的"puli、puli"声。

体尺衡量度（长度 mm、体重 g）： 山东暂无标本及测量数据。

栖息地与习性： 繁殖期栖息于北极苔原、森林苔原地带的淡水湖泊和水塘岸边及沼泽地带；非繁殖期在近海浅水处，以及内陆湖泊、河流、水库、沼泽与河口地带栖息和活动；海洋性鹬类。4～5 月、9～10 月迁徙途经我国。常成大群活动，善游泳，因下体羽毛厚密、不透水，能很好地漂浮在水面上，身体露出水面部分较多，几乎总在水面上游泳。常在浅水处水面旋转打圈，捕食被激起的浮游生物和昆虫。

食性： 主要捕食水生昆虫、昆虫幼虫、甲壳类和软体动物等小型无脊椎动物。

繁殖习性： 繁殖期 6～8 月。通常一雌一雄或一雌连续与多个雄鸟交配，特别喜欢在富有挺水植物和芦苇的湖泊、水塘和沼泽地的草地上或土丘上活动，雌雄亲鸟共同营巢，亲鸟在地上踩踏深窝、内垫干草和柳树叶，巢简陋粗糙。每窝通常产卵4枚，卵淡黄褐色或赭橄榄色被褐色或黑褐色斑点。卵径约31mm×20mm，卵重5～6g。雌鸟产完卵后即离开繁殖地，雄鸟承担孵卵、照护幼鸟，也有部分雌鸟孵卵。孵化期18～20天。雏鸟早成雏。孵出后20天左右即能飞翔。

亚种分化： 单型种，无亚种分化。

瓣蹼鹬属全世界有3种，中国有2种，山东分布2种。外形与鹬类近似，仅因其具瓣蹼足，也是唯一会游泳的鹬，分类学家将本属视为独立的瓣蹼鹬科（郑作新1987、2002，赵正阶2001）（Phalaropodidae），也有作者将其视为鹬科的一员。

分布： 东营-（P）黄河三角洲。青岛-胶州-东营村虾池（薛琳20160912）。泰安-岱岳区-浙汶河（孙桂玲20170526）。**潍坊**-小清河口。**烟台**-莱州湾。胶东半岛。

黑龙江、吉林、辽宁、河北、北京、天津、青海、新疆、江苏、上海、浙江、贵州、云南、福建、台湾、广东、广西、海南、香港、澳门。

区系分布与居留类型： [古]（P）。

种群现状： Wetland International（2006）估计全球总数有360万～460万只，2000年亚洲水鸟普查的数量为16只（Li and Mundkur 2004），在中国为稀少迁徙鸟类，数量不普遍。国外种群数量较多，尚无特别的保育措施。在山东，虽未采集到标本，更无数量统计，但近年来有照片作为实证，确认其现状是有极少量分布，列入山东省重点保护野生动物名录，需进一步加强对物种与环境的保护研究。

物种保护： Ⅲ，中日，中澳，Lc/IUCN。

参考文献： H344，M377，Zja352；Lb188，Q146，Qm255，Z247，Zx75，Zgm94。

山东记录文献： 郑光美2011，朱曦2008，钱燕文2001，赵正阶2001，范忠民1990，郑作新1987、1976；赛道建2013，赵延茂2001、1995，吕卷章2000，马金生2000，田家怡1999，纪加义1987c。

196-00 灰瓣蹼鹬
Phalaropus fulicarius（Linnaeus）

命名： Linnaeus C，1758，Syst. Nat.，ed.10，1：148（加拿大Hudson Bay）

英文名： Grey Phalarope

同种异名： 灰瓣足鹬；*Tringa fulicaria* Linnaeus，1758；Red Phalarope

鉴别特征： 嘴直、灰黄色而先端黑色，头黑色、眼周白色连成明显大块斑。背黑褐色、羽缘色淡，肩部带斑棕栗色、翼上白斑醒目，下体栗红色。雄鸟下体两侧、腹部缀白色，头侧白斑大。冬羽上体淡灰色、头、下体白色，眼黑带斑与头顶黑斑明显。脚灰色。

形态特征描述： 嘴粗短，基部黄色、先端黑色。虹膜褐色。眼周和眼后头侧具卵圆形白斑。颏、嘴基、额、头顶和后颈黑褐色，头余部栗红色。翕、肩和三级飞羽黑褐色具棕色和皮黄色羽缘，腰灰色两侧缀棕色。飞羽石板灰色具白色羽轴纹。翼上覆羽灰色，大覆羽白色尖端形成翅上白带斑；翼下覆羽和腋羽白色。整个下体栗红色。尾灰色，中央1对尾羽黑色。脚灰色或黄褐色，趾具大而较圆黄色瓣膜。

冬羽 嘴粗短，黑色。眼后耳区经眼到眼前缘黑色带斑在白色头上极为醒目。头白色，头顶具灰黑色斑，局限在头顶后部或头顶后枕部，有时扩展到后颈。后颈、翕、肩和翼上覆羽淡灰色具细窄白色羽缘，腰中间灰色、两侧白色。下体白色，胸侧和两胁缀灰色。尾灰色。

雄鸟 体型较小，头顶缀皮黄色或皮黄白色条纹，羽色淡。下体两侧和腹微缀白色。

幼鸟 似冬羽。眼后经眼到眼前有黑色带斑；脸、颈侧沾粉红皮黄色。头顶、后颈、翕、肩、翼上覆羽和三级飞羽黑褐色，具宽阔皮黄褐色羽缘和端缘。头侧、颈侧和下体白色，上胸沾粉红皮黄色。

鸣叫声： 发出似"pi、pi、pi、pi"声。

体尺衡量度（长度mm、体重g）： 山东暂无标本及测量数据。

栖息地与习性： 繁殖期栖息于北冰洋海岸苔原沼泽地带的湖泊、水塘和溪流附近的苔原沼泽地。繁殖期外，几乎成天游弋在富有浮游生物的海洋洋面上，由于下体羽毛厚密不透水，漂浮力强，身体常露出水面很高，善游泳，游泳时常不断点头，通过水面急速打转的奇特办法啄食被引到水面上的猎物，通过宽阔嘴在水面表层捕捉随海流不断上涌的浮游生物，也在鲸背上啄食寄生虫。

食性： 主要捕食水生昆虫、甲壳类、软体动物和浮游生物，以及小鱼和少量海藻。

繁殖习性： 繁殖期6～8月。在北极海岸苔原的内陆湖泊、水塘和沼泽地上的凹坑内垫以枯草和苔藓营巢。每窝通常产卵4枚，卵梨形，卵淡黄褐色常缀绿色，被黑褐色或栗褐色斑，卵径约31mm×23mm。雌鸟建立领域并与雄鸟完成交配、产完卵后即离开，雄鸟承担全部孵卵和育雏任务，孵化期14～16天。

亚种分化： 单型种，无亚种分化。

本种与红颈瓣蹼鹬形态相近、亲缘极近，可视为姊妹物种（sibling species）。因其具有独特的瓣蹼足，被分类学家视为独立的瓣蹼鹬科（Phalaropodidae），也有作者视为鹬科的一员。

分布： 胶东半岛，（P）山东（朱曦2008）。

黑龙江、天津、山西、上海、浙江、新疆、台湾、香港。

区系分布与居留类型： ［古］（P）。

种群现状： Wetland International（2006）估计全球总数有110万～160万只，而亚洲水鸟普查无本种记录（Li and Mundkur 2004），国际数量较大，无特别的保育措施。山东分布首见于浙江朱曦（2008）的记录，无实证，分布现状应视为无分布，需进一步调查确证。

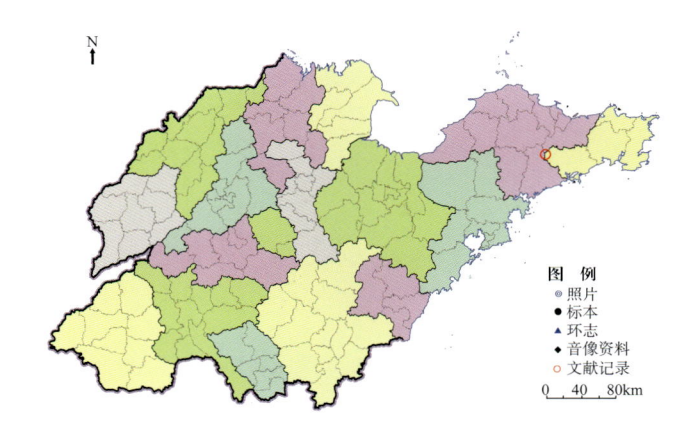

物种保护： Ⅲ，中日，中澳，Lc/IUCN。

参考文献： H345，M378，Zja353；Lb192，Q146，Qm255，Z248，Zx76，Zgm94

山东记录文献： 朱曦2008；赛道建2013，张月侠2015。

10.8 鸥科 Laridae（Gulls）

鸥科（Laridae）在传统动物分类学上是鸟纲鸥形目（Lariformes）的一个科，有17属95种，其中鸥50种，燕鸥45种，我国10属40种，其中鸥20种，燕鸥20种。新鸟类DNA分类系统将鸥形目合并到鹳形目下为一个科，包括鸥亚科（Larinae）和燕鸥亚科（Sterninae）两大类，常被进一步分为鸥科和燕鸥科两科，本书采用此两科分类法。

虽然鸥和燕鸥均翅长，善于飞行，脚上具蹼，雌雄同色以灰色、褐色为主，腹部多为白色，有些种类不易区分，但鸥和燕鸥之间的区别是很明显的，鸥嘴端具钩，尾圆形，体型通常较大，擅长在水面游泳而不能潜水，具掠夺习性、攻击性；燕鸥嘴端不具钩，尾常为叉形似燕，体型通常较小，擅长俯冲潜水、不常游泳。

嘴形粗而直，稍粗健。雌雄体色相同，但有季节差异。鼻孔裸出呈线状或椭圆形。翅长而尖，折合时超出尾尖端。尾羽12枚，通常呈圆方形。前趾间具全蹼，后趾形小而位高。

海洋性鸟类，少数栖息于淡水水域。营巢于荒岛悬崖岩石上，或筑于沼泽地不能被水淹的凹陷处。以虾、昆虫、鱼类、爬行动物和两栖动物，以及其他水生动物为食，兼食鱼的内脏、动物尸体等。

全世界有8属53种；中国有4属20种，山东分布记录有2属12种。

鸥科分属、种检索表

1. 上嘴较下嘴为长，先端曲成钩状；后趾缺 ························· 三趾鸥属 Rissa，三趾鸥 R. tridactyla
   上嘴较下嘴为长，先端曲成钩状；后趾发达 ··· 2 鸥属 Larus
2. 背暗灰色或近黑色 ··· 灰背鸥 L. schistisagus
   背面非暗灰色或近黑色 ··· 3
3. 初级飞羽白色或近白沾灰色，无黑色或呈明显二色 ·································· 北极鸥 L. hyperboreus
   初级飞羽白色杂黑色，或呈明显二色 ··· 4
4. 头为黑色，灰褐色或暗色 ··· 5
   头为其他羽色，白色；嘴黄色或橙黄色 ··· 8
5. 头黑色 ··· 6
   头褐色 ··· 7
6. 体型较大，嘴近端处具黑色斑，翅长于450mm ·· 渔鸥 L. ichthyaetus
   体型较小，嘴黑色、短于30mm，翅短于350mm，眼上下具半月形白斑 ············· 黑嘴鸥 L. saundersi

体型适中，嘴红色，眼半月形斑宽 ··· 遗鸥 L. relictus
7. 翅长于310mm，第1枚初级飞羽黑褐色、具一近端白斑 ·· 棕头鸥 L. brunnicephalus
   翅短于310mm，第1枚初级飞羽白色、边缘和先端黑色 ··· 红嘴鸥 L. ridibundus
8. 尾白色，近尾端具黑色带斑；初级飞羽近黑色，几无白色 ··· 黑尾鸥 L. crassirostris
   尾纯白色；初级飞羽显著杂有白色 ·· 9
9. 下嘴无红斑；翅短于400mm ··· 普通海鸥 L. canus
   下嘴具红斑；翅长于400mm ·· 10 银鸥 L. argentatus
10. 上背、肩、翼内侧覆羽暗色浓，脚淡肉红色 ·· 西伯利亚银鸥 L. vegae
    翕部蓝灰色，脚辉黄色 ·· 黄脚银鸥 L. cachinnans
    翕部色暗，脚淡灰色或淡黄色 ·· 蒙古银鸥 L. c. mongolicus

● 197-01 黑尾鸥
Larus crassirostris Vieillot

命名：Vieillot LJP，1818，Nouv. Dict. Hist. Nat.，21：508（日本长崎）
英文名：**Black-tailed Gull**
同种异名：钓鱼郎，海猫子；—；Japanese Gull

鉴别特征：中型鸥。嘴黄色、先端红色。二色间有一黑环带。上体深灰色，腰、下体白色。尾白色具宽大次端黑斑。两翼长窄，合拢翼尖具4个白斑点，飞翔时翼、前后缘白色。冬羽头顶、颈背具深色斑。1龄体褐色具灰色羽缘，嘴粉红色端黑色，尾黑褐色、尾上覆羽白色。2龄头颈白色沾灰色，翼尖褐色，褐色尾具黑次端斑。脚绿黄色。

形态特征描述：嘴黄色，先端红色、次端斑黑色。虹膜淡黄色，眼睑朱红色。背和两翅暗灰色；翼上初级覆羽黑色，其余覆羽暗灰色、大覆羽先端灰白色。外侧初级飞羽黑色，从第3枚起先端微白色，内侧初级飞羽灰黑色、先端白色，次级飞羽暗灰色、尖端白色形成翅上白色后缘。头、颈、腰和尾上覆羽及整个下体白色。尾基部白色，端部黑色具白色端缘。脚绿黄色，爪黑色。

冬羽 似夏羽。头顶至后颈有灰褐色斑。

黑尾鸥（赛道建 20140607、20150523 摄于海驴岛）

幼鸟 雏鸟孵出后全身被灰褐色绒羽，嘴先端具红斑。第1年通体褐色具灰色羽缘，尾羽黑褐色。第2年头、颈白色沾灰色，从第6枚飞羽起至三级飞羽灰褐色、先端白色，翼上覆羽灰褐色。尾近端黑斑宽，最外侧尾羽仅基部两侧白色。第3年变为成鸟羽毛。

鸣叫声：发出似"er- er-"、"aaaa"的粗厉叫声。
体尺衡量度（长度 mm、体重 g）：

标本号	时间	采集地	体重	体长	嘴峰长	翅长	跗蹠长	尾长	性别	现保存处
B000370					52	362	54	125		山东博物馆
					42	351	49	115		山东师范大学
				431	34	297	42	95		山东师范大学
3258*	19370401	青岛大港	512		37	380	57	143	♂	中国科学院动物研究所

* 平台号为 2111C0002200002403
注：Shaw（1938a）记录13♂重569（420~690）g，翅长383（369~398）mm；12♀重553（450~930）g，翅长365（340~376）mm

栖息地与习性：栖息于沿海海岸沙滩、悬岩、草地及邻近的湖泊、河流和沼泽地带。成群在海面上空飞翔或伴随船只觅食，或群集于沿海渔场、河口、江河下游和附近水库与沼泽地带活动觅食。

食性：主要在海面捕食上层鱼类，以及虾、软体动物和水生昆虫等。

繁殖习性：繁殖期4~7月。常成小群集群在人迹罕至的海岸悬崖峭壁的岩石平台上、海边小岛和海岸附近内陆湖泊、沼泽地中的土丘上营巢，巢浅碟状，由枯草构成。4月下旬开始产卵，每窝通常产卵2枚，卵梨形或卵圆形，蓝灰色、灰褐色或赭绿色并密被大小黑褐色斑点；卵径约65mm×44mm，卵重57~68g。雌雄轮流孵卵，孵化期25~27天。晚成雏，雌雄亲鸟共同育雏，由亲鸟半消化后再吐出喂养，30~45天喂养后幼鸟即能飞翔。在青岛长门岩岛、荣成海驴岛及长岛的海岛等岛屿上均有繁殖群体。

亚种分化：单型种，无亚种分化。

分布：东营-（S）●◎黄河三角洲；自然保护区-大汶流（单凯20121013）。**济宁**-（S）南四湖；微山县-微山湖，韩庄（陈保成20050310）。**莱芜**-莱城区-雪野湖（陈军20160303）。**青岛**-近海海岛；崂山区-（S）●（19920720）长门岩岛；市北区-●（Shaw 1938a）大港；黄岛区-●（Shaw 1938a）沐官岛；市南区-●（Shaw 1938a）团岛。**日照**-国家森林公园（郑培宏20140820），付疃河口（20140306、20150704）；东港区-日照水库（20140305），崮子河（成素博20120828），两城河口（20140307）；（W）前三岛-车牛山岛，达山岛，平山岛。**威海**-（SR）◎威海（王强20110605），环翠区-远遥港（20121227、20140113），◎双岛；◎荣成-八河，西霞口（20090419），成山仙人桥（20120602），马道港（20130102、20141224）；海驴岛（20140607、20150523，陈勇20060600，韩京20100605，夏斌20120506，张景国2012），靖海，石岛，马山港，烟墩角（20121222）；乳山-白沙滩，乳山口；文登-五垒岛，抱龙河（王秀璞20150103），坤龙水库（20121210）。**烟台**-金沙滩海滨公园（牟旭辉20120306），●（Shaw 1930）烟台浅海；牟平区-鱼鸟河口（王宜艳20150909）；长岛县-长岛，大黑山岛（何鑫20131004）；海阳-凤城（刘子波20150224）；龙口市-龙口港（陈忠华20160109）；栖霞-长春湖（牟旭辉20150121）。胶东半岛，鲁西北平原，鲁西南平原湖区。

黑龙江、吉林、辽宁、内蒙古、河北、北京、天津、山西、宁夏、甘肃、江苏、上海、浙江、江西、湖南、湖北、四川、云南、福建、台湾、广东、广西、海南、香港、澳门。

区系分布与居留类型：［古］R*（SW）。

种群现状：种群数量较多，普遍易见。山东沿海岛屿分布较广，种群数量较大，海驴岛繁殖族群因海岛旅游已经受到一定的保护，但其他海岛受附近渔民上岛捡拾鸟蛋的干扰而造成较大的生存压力。

物种保护：Ⅲ，Lc/IUCN。

参考文献：H355，M413，Zja363；Lb202，Q148，Qm261，Z251，Zx76，Zgm95。

山东记录文献：郑光美2011，朱曦2008，钱燕文2001，赵正阶2001，范忠民1990，付桐生、郑作新1987、1976，付桐生1987，Shaw 1938a，赛道建2013、1999，李久恩2012，于培潮2007，张世伟2000，马金生2000，田家怡1999，闫理钦1998a，赵延茂1995，纪加义1987c，柏玉昆1982。

○ **198-01 普通海鸥**
Larus canus Linnaeus

命名：Linnaeus C，1758，Syst. Nat.，ed. 10，1：136（瑞典）

英文名：Mew Gull

同种异名：海鸥，灰鸥；*Larus niveus* Pallas，1811，*Larus kamtschatschensis* Bonaparte，1857；Common Gull，Eastern Common Gull

鉴别特征：中型鸥。嘴、腿绿黄色，上体背、肩、翅灰色，头、颈、下体白色，初级飞羽末端黑色具白次端斑。冬羽头、颈有褐斑点。1龄上体灰白色具灰褐色斑点，头、颈、胸及两胁具浓密褐纵纹。尾和尾上覆羽白色。2龄头深褐色，翼尖黑色、具白斑，尾基部杂白斑点。脚绿黄色。

形态特征描述：嘴亮橙黄色，虹膜淡黄色。全身体羽白色，肩、背部青灰色。最外侧2枚初级飞

普通海鸥（李宗丰20150303 摄于付疃河）

---

* 黑尾鸥不仅在荣成沿海的海驴岛上繁殖，而且冬季在沿海不同地方拍到该鸟照片，故为留鸟

羽黑色、先端白斑宽大，第 3 枚以下灰色、先端黑色而部分端尖白色，次级、三级飞羽灰色先端白色。脚橙黄色。

冬羽 头、颈部白色，有灰褐色小纵斑；背部灰蓝色；腹面及尾羽纯白色。

幼鸟 嘴粉红色或淡褐色具黑色亚端斑。头、颈部白色具淡褐斑及黑色羽干纹。背、腰灰色具淡褐羽缘斑。飞羽黑褐色，内侧初级飞羽及次级飞羽黑褐色、先端白色。下体白色，前胸具淡褐色斑。尾羽白色具宽阔黑褐色近端斑、先端缘白色。脚肉红色。

鸣叫声： 叫声高而细似"kaka……"或尖厉"klee-e"声。

体尺衡量度（长度 mm、体重 g）：

标本号	时间	采集地	体重	体长	嘴峰长	翅长	跗蹠长	尾长	性别	现保存处
B000369				589	64	383	53	125		山东博物馆
				443	33	340	40	112		山东师范大学

栖息地与习性： 栖息于苔原、草原及半沙漠等开阔地带的河流、湖沼和水塘区，冬季见于沿海港湾、河口、荒岛及内陆湖泊、江河、水库等处。常群体活动，低空掠过水面或在水面游荡；单独或与其他鸥类结群在潮间带的泥滩附近觅食。

食性： 主要捕食小鱼、甲壳类、昆虫及软体动物等，也食植物性食物。

繁殖习性： 繁殖期 4～7 月。成小群在内陆淡水、咸水湖泊、沼泽地、河岸边及海边小岛的地上、芦苇堆的土丘上营巢，巢由枯草和少量芦苇构成。每窝产卵 2～3 枚，卵橄榄褐色或绿色；卵径约 59mm×44mm。雌雄亲鸟轮流孵卵，孵化期 22～28 天。

亚种分化： 全世界有 4 个亚种，中国 2 个亚种，山东分布记录为 2 个亚种。

普通亚种　　*L. c. kamtschatschensis*（Bonaparte）

亚种命名　　Bonaparte CLJ，1857，Consp. Av.，2：224（西伯利亚堪察加半岛）

分布： 滨州 - 滨州；滨城区 - 东海水库，北海水库，蒲城水库。**东营 -**（S）◎黄河三角洲，东营区 - 南郊（孙熙让 20110214）。**聊城 -**（W）聊城。**青岛 -**（S）青岛；城阳区 - 棘洪滩水库（20150211），少海湿地（20150212）。**日照 -** 付疃河（李宗丰 20150303）；东港区 - 桃花岛（20130624）。**泰安 -** 岱岳区 - 黄前水库。**威海 -**（S）◎威海，双岛；荣成 - 八河，烟墩角（20121102），靖海，石岛，马山港；乳山（白沙滩，乳山口）；文登 - 五垒岛。**烟、台 -** 金沙滩海滨公园（牟旭辉 20120306）；长岛县 - 长岛。胶东半岛，鲁西北平原。

区系分布与居留类型： [古]（WP）。

○ *Larus canus heinei* Homeyer

亚种命名　　Homeyer，1853，Naumannia：129（希腊）

L. c. heinei 在俄罗斯境内繁殖，到欧洲东南部、黑海及里海越冬。胶东分布仅见记录，尚无实证。

分布：（W）胶东丘陵区。

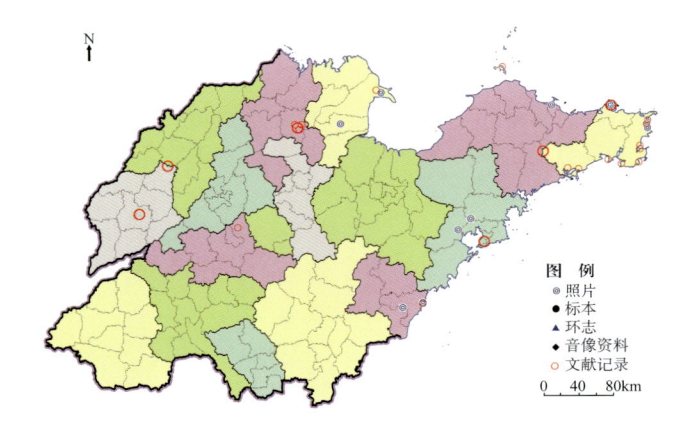

上海、香港。

区系分布与居留类型： [古]（W）。

种群现状： 世界各地种群数量相当普遍，物种分布范围广，目前没有数量减少，种群数量趋势稳定，被评价为无生存危机物种，不存在濒危问题。山东分布数量并不普遍。

物种保护： Ⅲ，中日，Lc/IUCN。

参考文献： H356，M414，Zja364；Lb202，Q150，Qm261，Z252，Zx77，Zgm95。

山东记录文献： 郑光美 2011，朱曦 2008，钱燕文 2001，赵正阶 2001，范忠民 1990，郑作新 1987、1976，Shaw 1938a；赛道建 2013，吕磊 2010，于培潮 2007，贾少波 2002，王希明 2001，田家怡 1999，闫理钦 1998a，赵延茂 1995，纪加义 1987c。

○ **199-01　北极鸥**
***Larus hyperboreus* Gunnerus**

命名： Gunnerus JE，1767，Beskr. Finm. Lapper [Leem] p. 226，note（挪威北部）

英文名： Glaucous Gull

同种异名： 白鸥；—；—

鉴别特征： 体大翼白鸥。嘴黄色、下嘴先端具红斑。头、颈、腰、尾和下体白色。背、翼浅灰色，飞羽尖端具宽白斑。冬羽头、颈背及颈侧具褐纵纹。幼鸟嘴粉红色、端部黑色，背、翼近白色。比中国其他鸥类色浅、近白色。

形态特征描述： 嘴黄色、下嘴先端具红斑。虹膜草黄色。后头、后颈至上体、肩和翼上覆羽淡珠灰白色。飞羽端部白色宽阔；初级飞羽淡灰色而最外侧飞羽外翈白色，次级和三级飞羽淡灰色而端部白色。头、颈和下体全白色。尾上覆羽和尾羽白色。脚粉红色。

北极鸥（于涛20150116摄于墨水河）

冬羽 似夏羽。头颈部具淡橙褐色斑点和纵纹，纵纹可扩展至上胸。

幼鸟 嘴粉红色、先端黑色。虹膜褐色。头具褐色羽轴纹；喉白色。上体淡褐色，上体和翅有赭褐色横斑。初级飞羽淡灰色、端部较暗、羽轴皮黄色，有时具不明显褐色次端斑，其余飞羽具白色尖端。下体淡灰褐色微具斑纹。尾羽灰褐色具白斑；脚呈粉红色。第1冬浅咖啡奶色，逐年变淡，4龄始为成鸟。

鸣叫声： 发出响亮似"kleow"或"klaow klaow klaow"的叫声。

体尺衡量度（长度mm、体重g）： 山东暂无标本及测量数据，但有拍到照片。

栖息地与习性： 单独或结群繁殖于北极地区；非繁殖期栖息于海岸附近、沿海各地海湾、港湾、河口、荒岛及内陆大型湖泊、江河、外海小岛等处，迁徙期间内陆湖泊偶见。在北极地区生儿育女后8月便飞到南方、12月到达南极附近，逗留至翌年3月返回繁殖，每年远飞40 000多公里，迁徙期间过境山东。常结群或成对活动，飞翔能力强、善游泳，并能在地上快速行走，沿海岸线低空掠过水面或在水面游荡取食，也单独在潮间带泥滩觅食，或与其他鸥类结群觅食。

食性： 主要捕食小鱼及甲壳类、软体动物、昆虫、雏鸟、卵、啮齿类及腐尸等，也采食植物。

繁殖习性： 繁殖期5～8月。在临近海岸的河流、湖泊岸边和苔原地上、悬崖上或平地上，雌雄亲鸟共同营巢。每窝产卵2～3枚，卵橄榄褐色被暗色斑点，卵径约80mm×55mm。雌雄亲鸟轮流孵卵，孵化期27～28天，雏鸟3龄达性成熟。

亚种分化： 全世界有4个亚种，中国2个亚种（*L. h. hyperboreus* Gunnerus 分布于台湾，刘小如2010），山东分布为华东亚种 ***L. h. barrovianus*** Ridgway。

亚种命名 Ridgway，1886，Auk：330（北美阿拉斯加 Point Barrow）

分布： 威海-（P）威海。青岛-城阳区-墨水河（于涛20160116）。（P）胶东半岛。

黑龙江、吉林、辽宁、河北、北京、天津、江苏、上海、浙江、福建、台湾、广东、香港。

区系分布与居留类型：［古］（P）。

种群现状： 北极鸥在世界各地的种群数量相当普遍，物种分布范围非常大，种群数量趋势稳定，目前不存在减少或濒危的问题。其不接近生存濒危临界值标准，被评价为无生存危机物种。山东分布有少量记录，无标本及专项研究，近年来极少征集到照片记录。

物种保护： Ⅲ，Lc/IUCN。

参考文献： H360，M416，Zja368；Lb208，Q150，Qm262，Z255，Zx77，Zgm96。

山东记录文献： 郑光美2011，朱曦2008，钱燕文2001，赵正阶2001，范忠民1990，郑作新1987、1976；赛道建2013，纪加义1987c。

200-10 银鸥
*Larus argentatus** Pontoppidan

命名： Pontoppidan E，1763，Danske Atl. 1：622（丹麦）

英文名： Herring Gull

同种异名： 黑背鸥，淡红脚鸥，黄腿鸥，鱼鹰子，叼

---
* 由于银鸥作为一个复合体，由多种类型的大型鸥组成，且不同年龄的羽衣特征有变化，需仔细辨认、区分。山东此记录应为 *Larus vegae*，因曾作为 *Larus argentatus* 的 vegae 亚种而误记为本种

鱼狼；*Larus cachinnans* Pallas，1811，*Larus michahellis* Naumann，1840，*Larus smithsonianus* Coues，1862，*Larus heuglini* Bree，1876，*Larus thayeri* Brooks，1915，*Larus fuscus atlantis* Dwight，1922；—

鉴别特征： 大型鸥类。嘴厚、黄色具红点，头顶平坦、前额长缓。上体浅灰色，三级飞羽月牙形白色宽，肩部较窄，飞行时，初级飞羽外侧羽具小块翼镜，翼合拢时至少可见6枚白色羽尖。冬羽头、颈具纵纹，1龄冬羽具褐杂斑，嘴黑色，2龄冬羽色淡而多灰色，嘴黄色而端黑色。腿淡粉红色。

形态特征描述： 嘴黄色、下嘴先端具红斑点。虹膜黄色。头、颈和下体纯白色。背、肩、翼上覆羽和内侧飞羽银灰色，肩羽具宽阔白端斑，腰白色。初级飞羽黑褐色，羽端具白色斑点，第1、第2枚初级飞羽具宽阔白色次端斑和白色端斑，内䎃基部具灰白色楔状斑，初级飞羽基部灰白色楔状斑变为蓝灰色且扩展到内外䎃，越往内灰色范围越大、黑色越小，最内1枚初级飞羽全为灰色，仅具黑色次端斑和白端斑。次级和三级飞羽灰色具白色端斑。整个下体、翼下覆羽和腋羽白色。尾上覆羽和尾羽纯白色。脚粉红色或淡红色。

银鸥（赛道建20150104摄于荣成烟墩角）

冬羽 似夏羽。头和颈具褐色细纵纹。
幼鸟 第1年冬主要为黑褐色，头、颈、上体和下体具灰褐色斑点或羽缘。第2年尾基、前额和下体白色。

栖息地与习性： 栖息于苔原、荒漠和草地的河流、湖泊、沼泽，以及海岸与海岛上；迁徙期间出现于内陆湖泊等开阔水域，冬季主要栖息于海岸及河口。成对或小群活动，善游泳，在地上行走，休息时多栖于悬岩或地上；在水面上空飞翔轻快敏捷，能利用气流在空中翱翔和滑翔，飞翔时脚向后伸直或悬垂于下，俯冲捕食猎物。

食性： 主要捕食鱼和水生无脊椎动物，以及鼠类、蜥蜴、动物尸体，也偷食鸟卵和雏鸟，伴随海上航行船只捡食废弃物品。

繁殖习性： 繁殖期4～7月。成对分散或成群一起在海岸和海岛陡峻的悬岩上、湖边沙滩、湖心或河心小岛地上、开阔沼泽地中的土丘上营巢。巢由枯草构成，内垫少许羽毛。每窝通常产卵2～3枚，卵淡绿褐色、橄榄褐色或蓝色被暗色斑点，卵径约67mm×49mm。雌雄亲鸟轮流孵卵，孵化期25～27天。

亚种分化： 全世界有11个亚种，中国3个亚种（包括 *cachinnans*、*mongolicus* 和 *vegae*，郑作新1987、1994），或1个亚种（*smithsonianus*，*vegae* 独立为种，郑光美2011），山东分布亚种为 *L. a. vegae*。

银鸥（*L. argentatus* Herring Gull）类群下鸟种的分类关系复杂，随研究进展不断地变动，西伯利亚银鸥（*L. vegae*）曾被作为银鸥 *L. argentatus* 的一个亚种（郑作新1987、1994），或作为灰林银鸥的一个亚种（Stepanyan 1990，Beaman 1994）。

Dickinson（2003）将 *Larus argentatus* 分为4个亚种，*L. a. smithsonianus* 分布于北美地区，到中美洲越冬；*L. a. argenteus* 分布于冰岛，到英国、法国和德国西部越冬；*L. a. argentatus* 分布于欧洲西北部，到地中海越冬；*L. a. vegae* 分布于西伯利亚东北部，到中国越冬。或将 *L. cachinnans* Pallas 分为5个亚种，*L. c. atlantis* 分布于大西洋中部至马地里（Madeira）和加那利（Canary）群岛；*L. c. michahellis* 分布于欧洲西部和南部、非洲西北部和地中海；*L. c. cachinnans* 分布于黑海、里海和哈萨克东部，到亚洲、非洲东北部、中东和亚洲西南部越冬；*L. c. barabensis* 分布于亚洲中部高原，到亚洲西南部越冬；*L. c. mongolicus* 分布于阿尔泰东南部和贝加尔湖至蒙古，到亚洲南部越冬。

MacKinnon 和 Phillipps（2000）与 Olsen 和 Larsson（2004）将 *vegae* 亚种视为一个独立种 *L. vegae*（西伯利亚银鸥，Vega Gull）。Olsen 和 Larsson（2004）把 *atlantis* 及 *michahellis* 两亚种合并提升为种 *L. michahellis*，并将 *L. michahellis* 称作黄脚银鸥（Yellow-legged Gull），*Larus cachinnans*（包括 *L. c. cachinnans*、*L. c. barabensis* 及 *L. c. mogolicus*）称作"里海银鸥"（Caspian-Gull）；将分布在北美洲的 *L. a. smithsonianus* 视为独立种（美洲银鸥，American Herring Gull）。有研究认为蒙古银鸥与织女银鸥亲缘关系较近，Clements（2007）甚至将蒙古银鸥与织女银鸥视为同一种（*L. vegae*）下的两个亚种。

Clements（2007）则将西伯利亚银鸥（*L. a. vegae*）与蒙古银鸥（*L. c. mongolicus*，黄脚银鸥的亚种）合并为一种。Dickinson（2003）、Olsen 和 Larsson（2004）

及Clements（2007）均不认为美洲银鸥的越冬区包含东亚。刘小如（2011）采用Dickinson（2003）的分类观点，将织女银鸥视为银鸥的一个亚种；将 *L. c. mongolicus* 称为蒙古银鸥（Mongolian Gull）。

本书采用郑光美（2011）的分类观点，西伯利亚银鸥（*L. vegae*）独立为种，蒙古银鸥为黄脚银鸥（*Larus cachinnans* Pallas）的一个亚种。

吉林、辽宁、内蒙古、河北、北京、天津、新疆、江苏、浙江、江西、福建、台湾、广东、广西、海南、香港、澳门。

区系分布与居留类型：[北]（P）。

种群现状： 捕食鱼类，对渔业生产有一定危害，但对海洋生态环境的平衡发展有益。物种分布范围非常大，被评价为无生存危机物种。山东银鸥亚种分布记录为 *L. a. vegae*，当此亚种提升为种，山东银鸥记录赛道建（2013）认为是西伯利亚银鸥，银鸥及亚种的分类尚需深入地研究证实。

物种保护： Ⅲ，中日，Lc/IUCN。

参考文献： H357，M418，Zja365；Lb210，Q150，Z253，Zx77，Zgm96

山东记录文献： 朱曦2008，赵正阶2001，郑作新1987、1976，Shaw 1938；赛道建2013，赵延茂1995，纪加义1987c。

200-01 西伯利亚银鸥
Larus vegae Palmen

命名： Palmen JA，1887，*in* Nordenskiold，Vega ex Ped. Vetensk. Arb., 5：370（西伯利亚东北海岸的Piddin）

英文名： Siberian Gull

同种异名： 织女银鸥，银鸥，红脚银鸥，鱼鹰；*Larus argentatus vegae* Palmen；Siberian Gull, Herring Gull, Pind-legged Herring Gull, Pacific Herring Gull, Yellow-legged Gull, Vega Gull

鉴别特征： 体大灰色鸥。嘴黄、下嘴端具红点斑。冬羽白色，头、颈、背具深色纵纹，可及胸部。上体羽色变化大，偏蓝色，下体、腰、尾白色。三级飞羽及肩部具月牙形白斑，翅合拢时翼尖可见5个相等白斑。飞行时，翼后缘白色，翅尖黑色具白端斑，翼下对比明显。脚粉红色。1龄黑褐色，头、颈、体具灰褐色斑点或羽缘。2龄尾基、前额、下体白色。

形态特征描述： 上嘴较下嘴长，先端曲成钩状、下嘴具红点斑。虹膜浅黄色至偏褐色。头白色。上体非黑色，体羽变化灰至深灰色、偏蓝色，背、肩、翼内侧覆羽暗色较浓。翅长于400mm，初级飞羽白杂黑色，黑、白二色明显，浅色初级飞羽、次级飞羽内边与白色翼覆羽对比不明显，三级飞羽及肩部具白色宽月牙形斑，合拢翼上可见5枚大小相等而突出白色翼尖。飞行时于第10枚初级飞羽上可见中等大小白翼镜，第9枚具较小翼镜。下体白色。尾纯白色。脚淡肉红色，后趾发达。

西伯利亚银鸥（赛道建20121222摄于烟墩角）

冬羽 头及颈背具深色纵纹，纵纹并及胸部。

鸣叫声： 叫声响亮似"kleow"或"klaow klaow klaow"的大叫声和短促的"ge-ge-ge"声。

体尺衡量度（长度mm、体重g）：

标本号	时间	采集地	体重	体长	嘴峰长	翅长	跗蹠长	尾长	性别	现保存处
B000384					58	446	69	162		山东博物馆
				60	49	425	62	184		山东师范大学
				61	49	454	69	168		山东师范大学

注：Shaw（1938a）记录雌雄及幼体标本共30只，♂重1216（1000～1350）g，翅长456（428～468）mm；♀重985（870～1150）g，翅长437（425～450）mm

栖息地与习性： 栖息于沿海港湾、海岸、岩礁与岛屿，及内陆较宽阔河流、湖泊、水库等处。喜结群活动在水面上空，或近水面滑翔，善游泳，常停于水边突出物上。喜展翅在空中圆形盘旋飞舞，群飞时多呈直线形，头左右顾盼寻觅水中食物，发现猎物降飞时其他鸟群随之而下，常尾随渔船捡拾抛弃的残食，或在泥泞潮间带缓步啄食遇到的滩地底栖动物，或衔贝壳类至空中抛到礁岩上使之破碎而食之。常食漂浮水面的动物尸体。

食性： 杂食性。主要捕食鱼类等小动物，也取食植物种子、果实。

繁殖习性： 同银鸥。

亚种分化： 近年来，由银鸥 L. argentatus 的 vegae 普通亚种独立成种。

L. a. vegae 分布于西伯利亚东北部，在中国越冬（Dickinson 2003）。西伯利亚银鸥（L. vegae）曾被作为银鸥 L. argentatus 的普通亚种（郑作新 1987、1994），或灰林银鸥的一亚种（Stepanyan 1990；Beaman 1994）。MacKinnon 和 Phillipps（2000）及 Olsen 和 Larsson（2004）将 vegae 亚种视为一个独立种 L. vegae（西伯利亚银鸥，Vega Gull）。Clements（2007）则将西伯利亚银鸥与蒙古银鸥（L. c. mongolicus，黄脚银鸥的亚种）合并为一种。有研究认为蒙古银鸥与织女银鸥亲缘关系较近，Clements（2007）甚至将蒙古银鸥与织女银鸥视为同一种（L. vegae）下的两个亚种。

刘小如（2011）采用 Dickinson（2003）的分类观点，将织女银鸥视为银鸥（L. argentatus）的一个亚种（郑作新 1987、1994）；本书采用郑光美（2011）的分类观点，西伯利亚银鸥（L. vegae）独立为种。

分布： 滨州 -（刘体应 1987）滨州，徒骇河口（20130417）。东营 -（R）◎黄河三角洲（单凯 20041027），●南海铺；自然保护区 -（S）黄河口；河口区（李在军 20080930）。菏泽 -（R）菏泽。济宁 -（R）南四湖。青岛 -（P）青岛。李沧区 -（Shaw 1938a）沧口；市北区 - ●（Shaw 1938a）大港；城阳区 - ●（Shaw 1938a）红岛；胶南。日照 -（W）前三岛 - 车牛山岛，达山岛，平山岛。泰安 - 东平湖。潍坊 - 潍坊。威海 -（P）威海；环翠区 - 双岛，幸福海岸公园（20150103）；荣成 - 八河，靖海，石岛，天鹅湖（20121222）；马山港，◎西霞口，烟墩角（赛时 20121222）；乳山 - 白沙滩，乳山口；文登 - 五垒岛，坤龙水库（20131221）。烟台 - 长岛县 - 长岛，大黑山岛（何鑫 20131004）；栖霞 - 长春湖（牟旭辉 20150121）；牟平；栖霞 - 长春湖（牟旭辉 20120204）。淄博 - 高青县 - 大芦湖（赵俊杰 20160319）。胶东半岛，鲁中山地，鲁西北平原，鲁西南平原湖区。

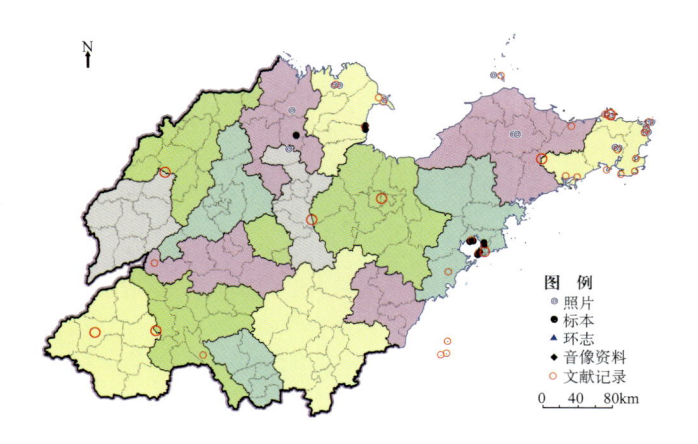

除宁夏、青海、西藏外，各省份可见。

区系分布与居留类型：［古］（RPW）。

种群现状： 捕食鱼类，对渔业养殖有一定影响。分布数量不太普遍，物种与生存环境尚无生存危机的威胁。山东湿地分布数量较普遍，需要加强对物种生态学的研究。

物种保护： Ⅲ，中日。

参考文献： H357，M420，Zja365；Lb210，Q150，Qm262，Z254，Zx77，Zgm96。

山东记录文献： 郑光美 2011，朱曦 2008，钱燕文 2001，赵正阶 2001，郑作新 1987、1976，Shaw 1938a；赛道建 2013、1999，于培潮 2007，王海明 2000，田家怡 1999，闫理钦 1998a，宋印刚 1998，赵延茂 1995，刘体应 1987，纪加义 1987c。

● 201-01 灰背鸥
Larus schistisagus Stejneger

命名： Stejneger LH，1884，Auk，1：231（堪察加群岛的白令岛 Bering Island）

英文名： Slaty-backed Gull

同种异名： 大黑脊鸥；*Tringa hypoleucos* Linnaeus，1758；Pacific Gull，Kamchatka Gull

鉴别特征： 体大背部深灰色鸥。嘴黄色、具红点。上体黑灰色，头、颈、腰、尾、下体白色。腿粉红色。冬羽头、上胸具褐色纵纹，且眼周及枕后密集。飞翔时，翅前、后缘白色。幼鸟喉白色，上体褐色具暗色羽轴、淡色羽缘，下体灰褐色，翅横斑明显。尾完全深褐色。

形态特征描述： 嘴黄色、下嘴先端具红斑。虹膜黄色。肩、背黑灰色。背部灰黑色。初级飞羽黑色

灰背鸥（于涛 20151219、20160228 摄于五四广场、海洋极地世界）

而外侧飞羽先端有白斑；次级飞羽青灰色、羽端具白色宽缘；肩羽和次级飞羽具更宽白色尖端。头、颈、腰、尾及整个下体白色。尾上覆羽、尾羽均白色。脚粉红色。

冬羽 似夏羽。头、颈和上胸灰白色具灰褐色羽干纵纹，眼周和后枕较密。肩、背至尾上覆羽、翼上覆羽灰白色缀棕褐色横斑和块斑。飞羽黑褐色，次级飞羽末端灰白色；喉灰白色有棕褐色羽干纹，胸至尾下覆羽灰白色具棕褐色斑块；尾羽黑褐色具灰白色羽端。

幼鸟 嘴黑色。上体淡褐色具暗色羽轴纹和淡色羽缘。翅有显著的淡色横斑，初级飞羽暗褐色，次级飞羽、三级飞羽及覆羽褐色具淡色羽缘。颏、喉白色，其余下体灰褐色。尾羽褐色、先端白色。

鸣叫声： 响亮似"kleow"或"klaow klaow klaow"大叫声和短促"ge-ge-ge"声。

体尺衡量度（长度mm、体重g）： 山东采到标本但保存处不详，测量数据遗失。

栖息地与习性： 栖息于海滨沙滩、岩石海岸、岛屿及河口地带，迁徙期间内陆河流与湖泊活动。成对、小群或集成大群活动。在西伯利亚东北部、日本北海道等地繁殖，9～10月迁到山东沿海越冬，3～4月离开返回繁殖地。

食性： 主要捕食鼠类、蜥蜴、小鱼、甲壳类、软体动物、昆虫等小型动物，也食动物尸体。

繁殖习性： 繁殖期5～7月。成松散小群在海岛和海岸悬岩边上营巢，巢由枯草构成，内垫羽毛。每窝产卵2～3枚，卵橄榄绿色或赭色被褐色或黑褐色斑点，卵径约74mm×51mm。

亚种分化： 单型种，无亚种分化。

分布： 东营 - ◎黄河三角洲。青岛 -（W）青岛；市南区 - 五四广场（于涛20151219），海洋极地世界（于涛20160228）。威海 - 威海。烟台 - 烟台。（W）胶东半岛。

黑龙江、吉林、辽宁、内蒙古、河北、北京、天津、江苏、上海、浙江、江西、云南、福建、台湾、广东、广西、香港。

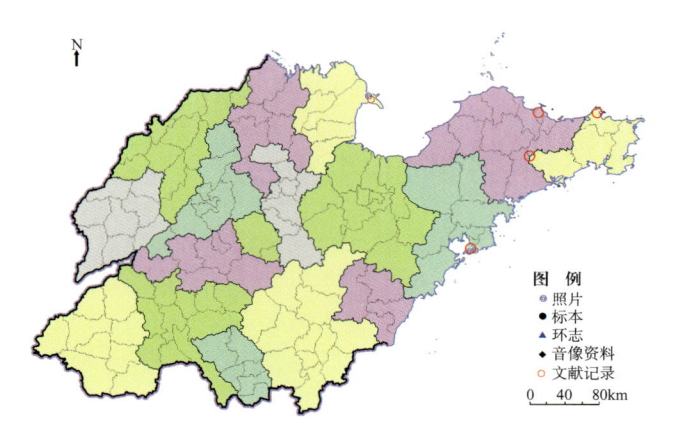

区系分布与居留类型：［古］（W）。

种群现状： 捕食鼠类，对农业有益，也捕食鱼类。山东分布数量极少，近年来，极少数观鸟者拍到照片，应该注意加强对物种和栖息生境的研究与保护。

物种保护： Ⅲ，中日，Lc/IUCN。

参考文献： H358，M417，Zja366；Lb216，Q151，Qm262，Z254，Zx78，Zgm97。

山东记录文献： 郑光美2011，朱曦2008，钱燕文2001，赵正阶2001，范忠民1990，郑作新1987、1976；赛道建2013，于培潮2007，刘岱基1994，纪加义1987c。

202-11 渔鸥
Larus ichthyaetus Pallas

命名： Pallas PS，1773，Reise. Verch. Prov. Russ. Reichs，2：713（里海）

英文名： Great Black-headed Gull

同种异名： 大海鸥，大黑头鸥；—；Pallas's Gull

鉴别特征： 背灰色大鸥。粗大嘴黄色、具黑亚端斑及红端斑，头黑色、眼周白色。背、肩灰色具白端，余部白色。翅尖长超过尾端。脚绿黄色。冬羽头白色，眼周具暗色半月形斑，头顶有深色纵纹，嘴尖仅具黑斑。飞行时翼下全白色，翼尖有小黑斑并具翼镜。幼鸟头白色，头、背具灰色杂斑，嘴黄色而端黑色，尾白色具黑亚端斑。

形态特征描述： 嘴粗壮、黄色具黑色亚端斑和红色尖端。虹膜暗褐色，眼上下具星月形白斑。头黑

渔鸥（李在军20120302 摄于河口五号水库；韩其喜20160227 摄于冶源水库）

色。背、肩、翼上覆羽淡灰色，肩羽具白色尖端。初级飞羽白色具黑色亚端斑，第1~2枚初级飞羽外侧黑色，内侧3枚初级飞羽灰色；次级飞羽灰色具白色端斑，后颈、腰、尾上覆羽和尾白色。下体白色。脚和趾黄绿色。

冬羽 似夏羽。眼上眼下有星月形暗色斑。头白色具暗色纵纹。

幼鸟 嘴黑色。上体呈暗褐色和白色斑杂状，腰和下体白色，尾白色具黑色亚端斑。脚和趾褐色。

鸣叫声： 叫声粗哑似乌鸦。

体尺衡量度（长度mm、体重g）： 山东暂无标本及测量数据。

栖息地与习性： 栖息于海岸、海岛、较大湖泊和河流。春季3~4月迁来中国，秋季9~11月迁离中国，为夏候鸟和旅鸟。越冬期单独或成小群活动于开阔海边盐碱地和沼泽地，特别是长有矮小盐碱植物的泥滩上，在附近水域上空飞翔觅食。

食性： 主要捕食鱼类，以及鸟卵、雏鸟、蜥蜴、昆虫、甲壳类和其他动物内脏等废弃物。

繁殖习性： 繁殖期4~6月。4月中旬后到达繁殖地，占据巢域、选择巢位后，成对互相追逐求偶交尾并可持续整个卵期；在海岸、湖边和岛屿的悬岩或平地及沙地上营巢，雄雌鸟轮流用前爪和嘴在地面挖掘小圆坑，内垫水生植物、枯草和草根和羽毛。4月下旬至6月底为产卵期，5月中旬为产卵盛期，每窝产卵1~5枚，卵椭圆形，浅灰色、浅绿色和浅褐色布有茶褐色斑点，钝部密集；卵径约83mm×53mm，卵重约126g。产一枚卵后开始孵化，雌雄亲鸟轮流孵卵，孵化期28~30天。雏鸟早成雏，出壳第2天开始索食，雌雄亲鸟共同承担育雏，出壳7天后可啄食地上食物。

亚种分化： 单型种，无亚种分化。

分布： 东营-（W）◎黄河三角洲；河口区-五号水库（李在军20120302）。青岛-（PW）青岛。潍坊-临朐-冶源水库（韩其喜20160227）。威海-（P）荣成-天鹅湖（20140116）。鲁西北。

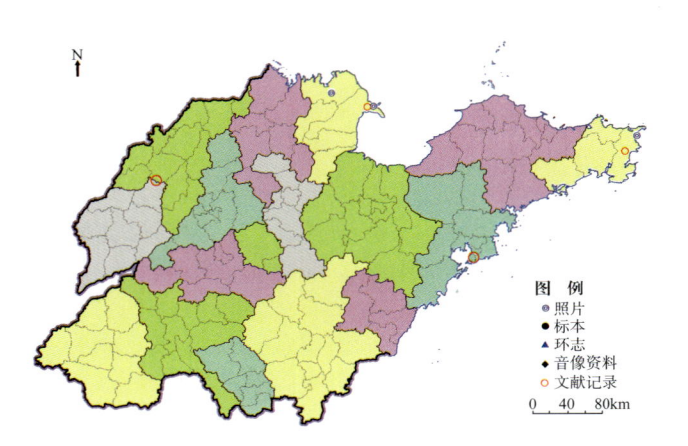

内蒙古、河北、北京、天津、山西、河南、陕西、宁夏、甘肃、青海、新疆、江苏、上海、江西、湖南、湖北、四川、云南、西藏、福建、台湾、广东、香港。

区系分布与居留类型： ［古］（PW）。

种群现状： 物种分布范围广，种群数量趋势稳定，被评价为无生存危机的物种。山东分布于东营与胶东地区，数量少，应注意加强对物种分布的研究与保护。

物种保护： Ⅲ，Lc/IUCN。

参考文献： H361，M422，Zja369；Lb220，Q152，Qm261，Z255，Zx78，Zgm98。

山东记录文献： 郑光美2011，朱曦2008；赛道建2013，张月侠2015，闫建国1999，刘岱基1994。

203-20 棕头鸥
Larus brunnicephalus Jerdon

命名： Jerdon，1840，Madras Journ. Lit. and Sci.，12：225（印度西岸）

英文名： Brown-headed Gull

同种异名： —，；—；Indian Black-headed Gull

鉴别特征： 中型白色鸥。嘴深红色。头、颈褐色，背灰色，黑色翼尖具大白斑，鉴别特征明显。腰、尾、下体白色。冬羽头、颈白色，眼后具深褐色块斑。脚朱红色。幼鸟翼尖无白斑，尾尖具黑色横带。与红嘴鸥的区别是翅膀上有特别醒目的白斑。

形态特征描述： 嘴深红色。虹膜暗褐色或黄褐色，眼后缘具窄的白边。头淡褐色，在与白色颈接合处黑色羽缘形成黑色领圈，后颈和喉部明显。肩、背、翼上内侧覆羽和内侧飞羽淡灰色。初级飞羽基部白色、末端黑色，外侧2枚初级飞羽黑色具显著的卵圆形白色亚端斑，形成白色翼镜斑，其余初级飞羽基部白色具黑色端斑，飞翔时极明显；内侧飞羽白色、尖端黑色；翼上外侧覆羽白色。腰、尾和下体白色。脚深红色。

冬羽 似夏羽。头、颈白色，眼后具一暗色斑，头顶缀淡灰色、耳覆羽具暗色斑点。

幼鸟 似冬羽。嘴黄色或橙色、尖端暗色。虹膜几乎白色。外侧初级飞羽末端无白色翼镜斑，尾具黑色亚端斑和窄白色尖端。

鸣叫声： 发出沙哑似"gek"或响亮的"ko-yak ko-yak"声。

体尺衡量度（长度mm、体重g）： 山东暂无标本及测量数据。

栖息地与习性： 繁殖期栖息于高山和高原湖泊、水塘、河流和沼泽地带，非繁殖期栖息于海岸、港湾、河口及山脚平原湖泊、水库和大河中。4~5月迁到繁殖地、9~10月迁离繁殖地。常成群活动，具有较强的飞行能力，常追随鸥鹳、渔鸥之后寻找食物。

食性： 主要捕食鱼、虾、软体动物、甲壳类和水生昆虫等小型动物。

繁殖习性： 有固定巢区，青海湖鸟岛是其重要繁殖地，每年3月中下旬迁来，然后进入求偶期。巢简陋，为地上凹坑，内垫少许苔藓或枯草，常偷取斑头雁的筑巢材料为己用。5月中旬产卵，每窝通常产卵3~4枚，卵赭色或淡绿色被黑褐色斑点或条状斑纹，卵径约62mm×42mm，卵重约46g。雄雌鸟交替孵卵觅食，孵化期24~26天，雏鸥出壳就会取食，10多天后可随亲鸟活动，飞羽长齐后才随亲鸟离去。

亚种分化： 单型种，无亚种分化。

分布： 东营 - ◎黄河三角洲。济宁 - 微山县 - 微山湖。（P）山东。

内蒙古、河北、北京、天津、陕西、甘肃、青海、新疆、四川、云南、西藏、香港。

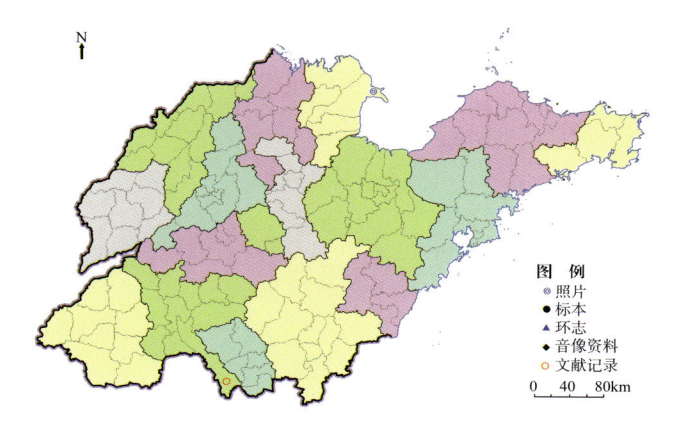

区系分布与居留类型：［古］（P）。

种群现状： 物种分布范围广，种群数量较大，被评价为无生存危机物种。山东首见于马金生（2000）的记录，赛道建（2013）认为可能是误记。此后，查黄河三角洲鸟类的图谱（刘月良 2013，单凯 2013、2015）、微山湖鸟类有名录性（李久恩 2012）分布记录；山东鸟类志编写过程中未能征集到照片确证其分布情况，其分布现状需进一步确证。

物种保护： Ⅲ，Lc/IUCN。

参考文献： H364，M423，Zja372；Q152，Qm 259，Z258，Zgm98。

山东记录文献： —；赛道建 2013，张月侠 2015，刘月良 2013，单凯 2013、2015，李久恩 2012，马金生 2000，刘岱基 1994。

● **204-01** 红嘴鸥
Larus ridibundus Linnaeus

命名： Linnaeus C，1766，Syst. Nat.，ed 12，1：225（欧洲海域）

英文名： Black-headed Gull

同种异名： 笑鸥，钓鱼郎，普通海鸥，赤嘴鸥；*Chroicocephalus ridibundus* Swinhoe，1863，*Larus slesvicensis* Brinckmann，1917；Laughing Gull，Common Black-headed Gull

鉴别特征： 中型灰、白色鸥。嘴暗红色、先端黑色，眼周白色呈半月形斑。头、颈上部咖啡褐色与灰色肩背、白色体羽对比明显，翼前缘白色、翼尖黑色。冬羽头颈白色，眼后具半月形黑斑。脚红色。幼鸟尾白色、尖端具黑横斑，次级飞羽横斑黑色，体羽杂褐色斑。比棕头鸥体型小，翼前缘白色明显，翼尖黑色，几乎无白点斑。

形态特征描述： 嘴暗红色、先端黑色。虹膜褐色，眼后缘白斑半月形。颏中央白色。头至颈上部咖啡褐色、羽缘微沾黑色。体羽大部分偏白色，颈下部、上背、肩白色，下背、腰及翼上覆羽淡灰色。翅前、后缘和初级飞羽白色；第1枚初级飞羽外翈黑色、近端转为白色、内翈灰白色具灰色羽缘、先端黑色，第2~4枚初级飞羽外翈白色、内翈灰白色具黑色端斑，其余飞羽灰色、先端白色。尾上覆羽和尾白色。脚鲜红色，爪黑色。

红嘴鸥（牟旭辉 20150811 摄于栖霞西山庄水库；赛道建 20140307 摄于两城河口）

冬羽 嘴鲜红色、先端稍暗。眼周有白色羽圈；眼前缘、耳区具灰黑色斑。头白色、头顶、后头沾灰色，深巧克力褐色头罩延伸至顶后。上背、外侧大覆羽和初级覆羽白色，肩、下背、腰及两翼内侧覆羽和次级飞羽珠灰色，飞羽先端近白色。翼前缘白色，翼尖黑色不长、无或微具白色点斑；第1枚初级飞羽白色，内外翈边缘及先端黑色，第2~5枚飞羽黑色外缘逐渐减小、内翈转为深灰色，内缘及羽端黑色；第8枚飞羽深灰色具黑色内缘、白色羽端；其余初级飞羽纯灰色；体上余羽白色。脚和趾橙黄色。

幼鸟　　第 1 冬体羽杂褐色斑。翼后缘黑色。尾近尖端处具黑色横带。

鸣叫声： 叫声沙哑似"kwar"声。

体尺衡量度（长度 mm、体重 g）：

标本号	时间	采集地	体重	体长	嘴峰长	翅长	跗蹠长	尾长	性别	现保存处
B000359					33	227		98		山东博物馆
B000364					68	360	45	135		山东博物馆
B000385					31	284	35	105		山东博物馆
	1958	微山湖		455	33	295	40	120	♂	济宁一中
	1958	微山湖		435	32	305	40	92	♂	济宁一中
830236	19830501	鲁桥	291	417	36	324	43	129	♀	济宁森保站
				438	31	292	42	95		山东师范大学
				455	38	312	44	116		山东师范大学

注：Shaw（1938a）记录 11♂重 286（250～280）g，翅长 302（290～313）mm；13♀重 260（220～395）g，翅长 288（281～299）mm

栖息地与习性： 栖息于平原和低山丘陵地带的湖泊、河流、水库、河口、鱼塘、海滨和沿海沼泽地带。在越冬水域上常集成大群，或在水面上飞翔或荡漾于水面上，休息时多站在水边岩石或沙滩上或漂浮于水面上，也出现于城市公园的湖泊，接受人们的投食。3～4 月迁到东北繁殖地、9～10 月离开繁殖地往南迁徙到越冬地。常 3～5 只成群活动，或与其他海洋鸟类混群在鱼类上空盘旋飞行捕食。

食性： 主要捕食小鱼、虾、水生昆虫、甲壳类、软体动物等水生无脊椎动物，以及鼠类、蜥蜴等小型陆栖动物和死鱼、其他小型动物的尸体、人类丢弃的食物残渣。

繁殖习性： 繁殖期 4～6 月。常成群一起在湖泊、水塘、河流等水域岸边或水中小岛的岸边草丛、芦苇丛中、水中漂浮芦苇堆、沙石滩、沼泽中的土丘上营巢，浅碗状巢由枯草构成。每窝通常产卵 3 枚，卵绿褐色、淡蓝橄榄色或灰褐色被黑褐色斑，卵径约 42mm×30mm。雌雄亲鸟轮流孵卵，孵化期 20～26 天。

亚种分化： 单型种，无亚种分化。

分布： 滨州 - ●（刘体应 1987）滨州；滨城区 - 东海水库，北海水库（20160517，刘腾腾 20160517），王鄘水库（20160519，刘腾腾 20160517），蒲城水库；无棣县 - 贝壳岛保护区（20160501）。**德州** - 陵城区 - 丁东水库（张立新 20110403）。**东营** -（S）◎黄河三角洲，广南水库（19910924）；东营区 - 明潭公园（孙熙让 20101014），安兴南（孙熙让 20101015）；自然保护区 - 大汶流（单凯 20120923）；河口区（李在军 20080809）- 孤岛水库（孙劲松 20080807），四河（20130416）。**济南** -（W）济南，黄河；天桥区 - 鹊山水库（20131227）。**济宁** - ●（S）南四湖（楚贵元 20100313）；任城区 - 太白湖（20160224，宋泽远 20121104）；微山县 - ●微山湖，两城（陈保成 20100324），●鲁桥。**青岛** -（P）●（Shaw 1938a）青岛，胶州湾（20150625）；李沧区 - ●（Shaw 1938a）沧口；市北区 - ●（Shaw 1938a）大港；市南区 - ●（Shaw 1938a）团岛；城阳区 - 棘洪滩水库（20150211）。**日照** - 日照水库（20140305），付疃河（20140306、20150420，王秀璞 20150312），国家森林公园（郑培宏 20140828）；东港区 - 两城河口（20140307），银河公园（20150417）；（W）前三岛 - 车牛山岛，达山岛，平山岛。**泰安** -（S）泰安；东平县 - ●种鱼场，（W）东平湖。**潍坊** - 昌邑 - 潍河口（20130412）。**威海** -（W）威海；环翠区 - 幸福海岸公园（20150103）；荣成 - 八河（20150104），马山港，斜口岛海滩（王秀璞 20150104），石岛，湿地公园（20131209、20151230）；乳山 - 白沙滩；文登 - 五垒岛。**烟台** - 海阳 - 凤城（刘子波 20140323、20160320）；牟平区 - 鱼鸟河口（王宜艳 20150909）；龙口市 - 龙口港（陈忠华 20160110）；栖霞 - 西山庄水库（牟旭辉 20150811），白洋河（牟旭辉 20110326）。**淄博** - 高青县 - 常家镇（赵俊杰 20160320），大芦湖（赵俊杰

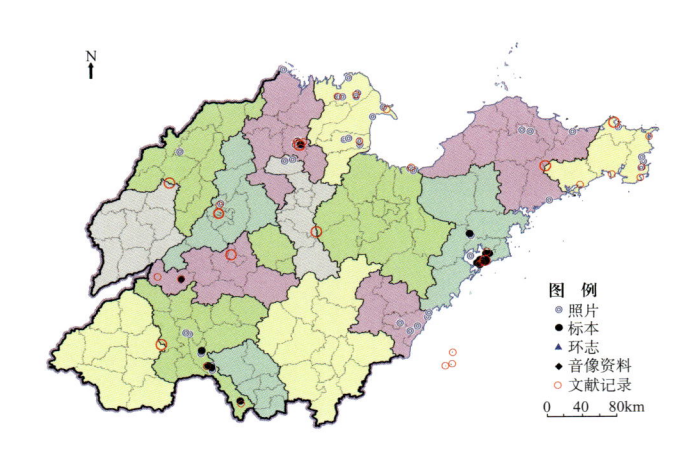

20160319）。胶东半岛，鲁中山地，鲁西北平原，鲁西南平原湖区。

各省份可见。

区系分布与居留类型：［古］R（SWP）。

种群现状： 物种分布范围广，种群数量较大而稳定，被评价为无生存危机物种。在山东除5～7月外，其他月份均有照片记录，沿海湿地迁徙与越冬期间有较大数量的群体分布。

物种保护： Ⅲ，中日，Lc/IUCN。

参考文献： H363，M424，Zja371；Lb222，Q152，Qm259，Z257，Zx78，Zgm98。

山东记录文献： 郑光美2011，朱曦2008，钱燕文2001，赵正阶2001，范忠民1990，郑作新1987、1976，Shaw 1938a；赛道建2013、1999、1994，庄艳美2014，李久恩2012，吕磊2010，田家怡1999，闫理钦1998a，宋印刚1998，赵延茂1995，刘体应1987，纪加义1987c。

○ 205-01　黑嘴鸥
Larus saundersi（Swinhoe）

命　名： Swinhoe R，1871，Proc. Zool. Soc. London：273 pl. 22（福建厦门）

英文名： Saunder's Gull

同种异名： 桑氏鸥，黑头鸥；*Chroicocephalus saundersi*（Swinhoe 1871），*Chroicocephalus kittlitzii* Swinhoe，1863；Chinese Black-headed Gull

鉴别特征： 嘴粗短、黑色。头、颈后黑色，眼上、下半月形白斑醒目。颈肩部、腰、尾和下体白色。初级飞羽合拢时呈斑马样黑白图纹，飞行时翼后缘白色，翼下部分与白色翼表面和下体对比明显。脚深红色。幼鸟头顶具暗褐色斑，初级飞羽具黑端斑和羽缘，尾末端黑色。

形态特征描述： 嘴黑色。虹膜暗褐色，眼上下缘在眼后连成半月形白斑。头和上颈黑色。颈下部、上背和肩白色；背、腰、三级飞羽和翼上覆羽灰色。初级飞羽第1～3枚外翈白色，内翈黑色，第1～5枚端斑白色，次级飞羽及翼下覆羽灰色。翅前缘、外侧边缘白色；第1～3枚初级飞羽外翈白色、内翈灰色或灰白色具宽阔黑色边缘和尖端，内侧初级飞羽灰色、尖端黑斑点，次级飞羽灰色具宽阔白色先端。下体和尾上覆羽、尾羽白色与颈部连为一体。脚棕黄色，爪黑褐色。

黑嘴鸥（孙劲松20110306摄于孤岛南大坝；赛道建20120322摄于付瞳河口）

冬羽　似夏羽。头白色，眼后耳区具黑斑点，头顶缀淡褐色。

幼鸟　似冬羽。头顶具暗褐色斑。背微沾褐色。初级飞羽和小覆羽具黑色端斑和羽缘。尾末端黑色。脚褐色。

鸣叫声： 发出尖厉的似"eek eek"声。

体尺衡量度（长度mm、体重g）：

标本号	时间	采集地	体重	体长	嘴峰长	翅长	跗蹠长	尾长	性别	现保存处
B000370					52	362	54	125		山东博物馆
				380	27	290	40	100		山东师范大学

注：Shaw（1938a）记录重180g，翅长278mm

栖息地与习性： 栖息于沿海、河川、湖泊、沼泽地区的芦苇和碱蓬湿地，辽宁盘锦、双台河口至江苏东台海岸湿地是黑嘴鸥理想的繁殖地。3月末迁来繁殖地。与其他鸥类不同，有蹼而不下水游弋，飞行能力强，常成小群活动于开阔海边盐碱地和沼泽地及附近水域、内陆湖泊。

食性： 主要捕食鱼类，以及昆虫及其幼虫、甲壳类、蠕虫等水生无脊椎动物。

繁殖习性： 繁殖期5～6月。常成小群在不受潮水影响的开阔沿海滩涂地带，特别是长有碱蓬獐茅、补血草等的滩地上，用枯碱蓬、獐茅和茵陈蒿等盐碱地植物筑皿状巢。每窝通常产卵3枚。卵梨形，沙黄色沾绿色被暗褐色斑和斑点，卵径约50mm×36mm，卵均重32.6g。雌雄亲鸟轮流孵卵，孵化期约21天，幼鸟孵出后留巢待哺。

亚种分化： 单型种，无亚种分化。

分布： 滨州 - 滨州港（20130418）；无棣县 - 贝壳岛保护区（20160501），徒骇河口（20161020）；

沾化县 - ◎徒骇河。**东营** - (S) ◎黄河三角洲；自然保护区 - 大汶流（单凯 20121013），黄河口，一千二管理站（单凯 20130511）；河口区（李在军 20090421）- 孤岛南大坝（孙劲松 20110306），四河（20130416）；垦利县。**聊城** - (P) 聊城。**青岛** - (P) ●(Shaw 1938a) 青岛，(S) 胶河，胶州湾（20150622）。**日照** - 东港区 - 付疃河口（20120322），两城河口（20140307），国家森林公园（郑培宏 20141002），刘家湾（成素博 20151114）。**潍坊** - (S) 潍坊；昌邑 - 潍河口（20130417）。胶东半岛，鲁西北。

黑龙江、吉林、辽宁、内蒙古、河北、天津、安徽、江苏、上海、浙江、江西、云南、福建、台湾、广东、广西、海南、香港、澳门。

区系分布与居留类型：[古]（SP）。

种群现状： 嗜食各种昆虫，对农作物生长有益，清除滩涂上人类的弃物及动物尸骸等。全球总种群数量估计约 2000 只；1990 年国际水禽研究局组织的亚洲湿地鸟类冬季调查，中国见到 1559 只（包括香港 92 只和台湾 27 只），1993 年 6 月在渤海沿海岸的调查，繁殖种群数量约 634 只。分布区域狭窄，数量稀少，加上沿海滩涂湿地的大规模开发、水质污染及巢卵被破坏等因素，物种已经面临生存威胁，而人们对其生活习性又了解不多，应加强对物种和栖息环境的研究与保护。在渤海湾黄河三角洲繁殖，月份照片记录显示其活动个体可能在山东越冬。

物种保护： III，V/CRDB，列入/ICBP，Vu/IUCN。

参考文献： H367，M426，Zja374；Lb225，Q154，Qm259，Z259，Zx79，Zgm99。

山东记录文献： 郑光美 2011，朱曦 2008，赵正阶 2001，钱燕文 2001，钱法文 2000，郑作新 1987、1976，Shaw 1938a；赛道建 2013、1999，贾少波 2002，王希明 2001，马金生 2000，田家怡 1999，Wang and Sai（王会和赛道建）1996，赵延茂 1995、1994，纪加义 1987c。

206-11 遗鸥
Larus relictus Lönnberg

命名： Lönnberg，1931
英文名： Relict Gull
同种异名： 钓鱼郎；*Larus melanocephalus relictus* Lönnberg，1931；Central Asian Gull

鉴别特征： 嘴暗红色，头黑色，眼具半月形白斑。背、肩灰色，颈、腰、尾和下体白色，胫下被羽。冬羽耳区暗色斑与白色头部对比醒目，头顶、后颈缀暗色纵纹。翼合拢时翼尖具数个白点，飞行时初级飞羽黑色具白斑。幼鸟嘴、翼尖及尾端横带黑色，颈及两翼具褐色杂斑，飞行时翼后缘色浅。

形态特征描述： 嘴暗红色。虹膜棕褐色，眼后缘上、下各具一个半月形白斑。前额扁平，头部纯黑色。背、肩淡灰色，腰白色。外侧初级飞羽白色具黑色次端斑，次端斑自外向内逐渐扩大至第 6 枚初级飞羽缩小为小黑斑，第 1 枚外翈黑色，第 2~3 枚外翈前部黑色，第 1~2 枚前部黑色次端斑后方各具大白斑，内侧初级飞羽和次级飞羽淡灰色具白色先端。体侧、下体和尾羽纯白色。脚暗红色或珊瑚红色。

遗鸥（赛道建 20160501 摄于贝壳岛保护区；单凯 20071204 摄于黄河三角洲）

冬羽 头白色，头侧耳覆羽具醒目暗黑色斑。后颈暗黑色形成横向带斑达颈侧基部。肩、翼上覆羽淡灰色与背同。

幼鸟 嘴黑色或灰褐色。第 1 冬似冬羽。眼前半月形斑暗黑色。耳覆羽无暗色斑。后颈纵纹暗色。三级飞羽和部分翼覆羽暗褐色。尾羽白色末端具宽阔黑色横带。脚黑色或灰褐色。

鸣叫声： 发出似笑声"ka-kak，ka-ka kee-a"。
体尺衡量度（长度 mm、体重 g）： 山东暂无标本及测量数据。
栖息地与习性： 栖息于开阔平原、荒漠与半荒漠地带的湖泊中，非繁殖结群生活于其他湖泊中。3月北迁到繁殖地、10月南迁。黄昏时，觅食遗鸥归来，在岛屿及附近水面上嬉戏、欢娱形成喧闹壮观场面。孵化、育雏期间有集体护巢行为。

食性： 杂食性，主要捕食水生昆虫等小型动物。

繁殖习性： 繁殖期5～6月。在干旱荒漠湖泊的湖心岛上生育后代，5月初开始在沙岛上营巢，常与燕鸥、噪鸥、巨鸥等混群营巢，先用嘴和脚在地面上掘出浅坑，然后摆放灌木细枝，内铺禾草类、绒草和羽毛，在巢外围加固一圈小石子，或浅穴内垫灌木枝叶和杂草而成。每窝通常产卵2～3枚，卵白色被褐色或黑色斑点。刚出壳雏鸟全身被浅灰色绒羽，嘴、脚黑色，趾间有蹼。出壳第2天就可行走，在亲鸟嘴里啄食。

亚种分化： 单型种，无亚种分化。

分布： 滨州 - 无棣县 - 贝壳岛保护区（20160501）。东营 - ◎黄河三角洲（单凯20071204）。青岛 - 青岛。日照 - 日照。烟台 - 莱州湾。

吉林、辽宁、内蒙古、河北、北京、天津、山西、陕西、甘肃、青海、新疆、江苏、上海、云南、福建、香港。

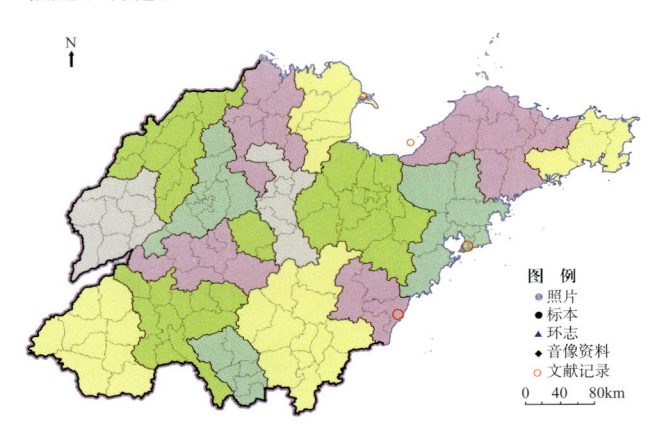

区系分布与居留类型：［古］PW。

种群现状： 1971年，Auezov发现其繁殖群才被作为独立种。由于内蒙古、陕西的沙漠淡水湖周边生态环境改善，吸引了世界濒临灭绝的遗鸥来繁殖；2006年，红碱淖繁殖成鸟近3000对，筑巢产卵2985巢；2007年，万余只有筑巢产卵5036巢，数量约占全球90%以上；在近十几年来，旅游开发、气候变暖变干旱，已使6667ha湖泊的重要渔业产地、世界濒危鸟类遗鸥等珍稀动物栖息地面积缩小约30%，加上水质不断恶化、天敌动物、偷捡鸟卵及种内繁殖习性，遗鸥出现了栖息地水危机和生存危机，急需加强全面的保护研究。2006年1月4日，山东省林业局（国家林业局站）首次报道黄河三角洲是其迁徙的重要停息地，目前山东尚无分布数量变化的统计监测，分布数量极少，常与其他鸥类混群活动。

物种保护： Ⅰ，V/CRDB，1/CITES，Vu/IUCN。

参考文献： H362，M427，Zja370；Q152，Qm260，Z256，Zx79，Zgm99。

山东记录文献： 郑光美2011；赛道建2013，张月侠2015，山东省林业局2006。

207-11 三趾鸥
Rissa tridactyla（Linnaeus）

命名： Linnaeus C，1758，Syst. Nat.，ed.10，1：136（英国）

英文名： Black-legged Kittiwake

同种异名： —；*Larus tridactyla* Linnaeus，1758；Kittiwate，Pacific Kittiwake

鉴别特征： 叉形尾中型鸥。嘴黄色。头、颈、尾和下体白色，肩、背和翅灰色，翼尖全黑色，内侧飞羽尖端白色。腿和脚黑色。飞翔时，灰、黑、白色对比明显。冬羽头及颈背具灰色杂斑。幼鸟嘴黑色，顶冠及枕斑灰色。体色除背部、翅膀灰白色和翅尖黑色外，全身羽毛白色，飞行时上体呈现不完整"W"形深色斑，尾端斑黑色。

形态特征描述： 嘴黄色或黄绿色，口裂橙红色。虹膜暗褐色，眼睑橙红色。头、颈和翕前部白色。背、翼上覆羽和腰灰色。肩灰色、羽缘和尖端白色。初级飞羽灰色，第1～2枚具黑色羽缘和尖端，第3～5枚具黑色尖端，第5枚有时具白色亚端斑，第6～7枚具黑色亚端斑；次级飞羽暗灰色具白色尖端。尾上覆羽和尾白色，尾端具黑色横带。腿和爪黑色。

冬羽 似夏羽。头顶、枕部淡灰色，头顶具不明显灰色纵纹。后颈和翕前部灰色、羽尖暗色。

幼鸟 眼后具黑色小斑点。头顶和枕颈部具灰色斑。后颈具半月形黑横带。翅上具斜行黑带斑，外侧初级飞羽黑色。尾具黑色端斑。脚黑色。

鸣叫声： 发出声调高的"Keet、Keet、Wake、Wake"声。

体尺衡量度（长度mm、体重g）： 山东暂无标本及测量数据。

栖息地与习性： 群栖于岩礁悬崖顶端及洞穴中，为完全海洋性鸟、真正海鸥。10月后迁来我国东部沿海越冬，4～5月迁离返回繁殖地。只有在沟壑纵横的悬崖上筑巢时才能在靠近陆地的地方看见它。

食性： 主要捕食鱼类、软体动物、浮游生物，以及渔船废弃的垃圾。

繁殖习性： 繁殖期6～7月。雌雄在人类难以到达的海岸、海岛悬崖处营巢，由枯草、枯枝构成，内垫羽毛。每窝通常产卵2～3枚，赭色被暗色斑点，卵径约 54mm×39mm，卵重 40～47g。雌雄亲鸟轮流孵卵，孵化期 21～25 天。

亚种分化： 全世界有 2 个亚种，中国 1 个亚种，山东分布记录为北方亚种 ***R. t. pollocaris*** Ridgway。

亚种命名　　Ridgway，1884，*in* Baird，Brewer and Ridgway，1884，Water Bds. No. Amer.，2：202（北美阿拉斯加）

Dickinson（2003）采纳 Vaurie（1965）和 Stepanyan（1990）的意见认为，本种为单型种，无亚种分化。

分布： 青岛 -（W）青岛。胶东，山东。

辽宁、河北、北京、天津、甘肃、江苏、上海、浙江、四川、贵州、云南、台湾、广东、广西、海南、香港。

区系分布与居留类型：[古]（W）。

种群现状： Burger 和 Gochfeld（1996）认为，三趾鸥可能是目前鸥类数量最多的物种，全球性无生存威胁。山东有分布记录，未见其他相关专题研究报道，近年来也未能征集到照片记录，已知记录分布区狭窄、数量不详，可能与调查、野外识别及其极少靠近陆地活动有关，有待进一步确证。

物种保护： Ⅲ，中日，Lc/IUCN。

参考文献： H369，M431，Zja377；Lb232，Q154，Qm258，Z260，Zx79，Zgm100。

山东记录文献： 朱曦 2008，赵正阶 2001；赛道建 2013，张月侠 2015，刘岱基 1994。

10.9　燕鸥科 Sternidae (Terns)

曾作为鸥科的亚科被编入燕鸥属中，但依现代 DNA 序列分析可分为几个小属，故为燕鸥科，因尾形与家燕相似而得名。

海洋性小型鸟类。雌雄体色相同，有季节差异。嘴形直而细，先端尖，上下嘴几乎等长。鼻孔裸出呈线状或椭圆形。翅长而尖，折合时超出尾尖端。尾羽 12 枚，外侧尾羽长，超过翅长 1/2，呈深叉尾状。脚短而细弱，前趾间具全蹼，后趾型小。

常结群在海滨活动，或栖息于淡水水域。巢多筑于沼泽地不能被水淹的凹陷处。每窝产卵 2～3 枚，淡灰色或淡黄色。孵化期 21 天。有些物种生存可达 25～30 年甚至超过 30 年。主要捕食鱼类，春秋季节嗜食蝗虫、草地螟等，为草原和农业地区性益鸟。

全世界共有 10 属 44 种；中国有 7 属 20 种，山东分布记录有 5 属 9 种。

燕鸥科分属、种检索表

1. 尾长适中，约为 1/3 翅长；趾间蹼不呈深凹状 ·················· 巨鸥属 Hydroprogne，红嘴巨燕鸥 *H. caspia*
   尾较短，开叉较浅，不及翅长之半；趾间蹼呈深凹状 ························· 2 浮鸥属 *Chlidonias*
   尾较长，开叉较深，超过翅长之半；趾间蹼不呈深凹状 ··· 4
2. 翼下覆羽灰色，喉具灰褐色斑 ··· 黑浮鸥 *C. niger*
   翼下覆羽白色，喉不具斑 ··· 3
3. 翅灰色，短于 225mm；嘴长于 25mm ·· 灰翅浮鸥 *C. hybrida*
   翅白色，长于 225mm；嘴短于 25mm ··· 白翅浮鸥 *C. leucopterus*
4. 嘴形粗厚，嘴峰微弯成弧状 ··· 噪鸥属 *Gelochelidon*，鸥嘴噪鸥 *G. nilotica*
   嘴形细巧，嘴峰形直不成弧状 ··· 5 燕鸥属 *Sterna*
   嘴形适中，上嘴甚曲，嘴黄色而端部黑色，额黑色，翅长超过 300mm ··
   ·· 凤头燕鸥属 *Thalasseus*，中华凤头燕鸥 *T. bernsteini*
5. 翕灰色，头顶终年白色 ··· 黑枕燕鸥 *S. sumatrana*
   头顶黑色（婚羽）··· 6
6. 翅长<200mm，初级飞羽羽干第 1 枚纯白色、第 2 和第 3 枚淡褐色 ····················· 白额燕鸥 *S. albifrons*
   翅长>200mm，下体淡灰色或白色；外侧尾羽外暗灰色，嘴纯黑色，脚乌褐色 ············· 普通燕鸥 *S. hirundo*

208-01 鸥嘴噪鸥
Gelochelidon nilotica（Gmelin）

命名： Gmelin JF，1789，Syst. Nat.，ed. 13，1：606（埃及）
英文名：Gull-billed Tern
同种异名： 鸥嘴燕鸥；*Gelochelidon nilotica* Mathews（1912），*Sterna nilotica* Gmelin，1789；Chinese Gullbillied Tern

鉴别特征： 中型浅色燕鸥。嘴黑色，头顶黑色、余部白色。背灰色，下体白色。尾白色而深叉状，中央淡灰色。冬羽头白色，黑色块斑过眼，上体灰白色，颈背具杂斑，下体白色。飞行时头顶黑色而翅尖色暗。脚黑色。幼鸟头顶及上体具褐色杂斑。

形态特征描述： 嘴黑色。虹膜褐色，眼先、眼以下头侧白色。额、头顶、枕和头侧部眼、耳羽以上黑色。上体背、肩、腰和翼上覆羽珠灰色。初级飞羽银灰色，羽轴白色、内侧沿羽轴暗灰色、尖端较暗。次级飞羽灰色、尖端白色。下体白色与颈、头侧连为一体。后颈、尾上覆羽和尾白色。尾深叉状、中央1对尾羽珠灰色。脚黑色。

鸥嘴噪鸥（成素博 20150421 摄于付疃河）

冬羽 头白色，头顶和枕缀灰色具不明显灰褐色纵纹。眼有贯眼黑色条纹；耳区有烟灰色黑斑。后颈白色。背和内侧飞羽淡灰色，几近白色，外侧飞羽黑色，中央尾羽同背，外侧尾羽和整个下体白色。

幼鸟 似成鸟冬羽。后头和后颈赭褐色。背、肩、翼覆羽灰色，具赭色尖端。有些在肩后部具褐色亚端斑。初级飞羽似成鸟，但较暗。内侧初级飞羽具白色羽缘和尖端，次级飞羽灰色具白色尖端，有时具褐色亚端斑。

鸣叫声： 发出重复似"kuwk wik"、"kik-hik hik hik hik"声。

体尺衡量度（长度mm、体重g）： 山东曾采到标本。
Shaw（1938a）：1♂重210g，翅长303mm；1♀重200g，翅长285mm。

栖息地与习性： 繁殖期栖息于湖泊、河流与沼泽地带，非繁殖期栖息于海岸及河口地区。3~4月迁到繁殖地、9~10月迁离繁殖地，迁徙时过境山东湿地。单独或小群活动于海滨、河口及湖边沙滩和泥地。飞行快而灵敏、翅振动缓慢，在水面低空飞翔发现水中食物时，垂直插入水中捕食后直线升起。

食性： 主要捕食昆虫及其幼虫、蜥蜴和小鱼，以及甲壳类和软体动物。

繁殖习性： 繁殖期5~7月。巢多位于土丘或河流与湖泊岸边的裸露沙滩上，在沙地或泥地上扒浅坑，内垫枯草即成。每窝通常产卵3枚，卵梨形，沙黄色或土黄沾绿色被褐色或紫褐色斑点，卵径约49mm×35mm，卵重约32g。雌雄亲鸟轮流孵卵，孵化期22~23天，亲鸟育雏期28~35天，幼鸟即可飞翔。

亚种分化： 全世界有6个亚种，中国有2个亚种，山东分布为华东亚种 *G. n. affinis*（Horsfield），*Gelochelidon nilotica addenda* Mathews。

亚种命名 Horsfield T，1821，Trans. Linn. Soc. London，(1) 13：199（印度尼西亚爪哇岛）

分布： 德州-乐陵-杨安镇水库（李令东20110803）。东营-（W）◎黄河三角洲。青岛-青岛。日照-东港区-●（Shaw 1938a）石臼所，付疃河（成素博 20150421）。泰安-（P）泰安；岱岳区-大汶河（刘兆瑞 20160424）；东平县-（P）●东平湖。胶东半岛，鲁中山地，鲁西北平原。

河北、北京、天津、河南、江苏、上海、浙江、云南、福建、台湾、广东、广西、海南、香港、澳门。

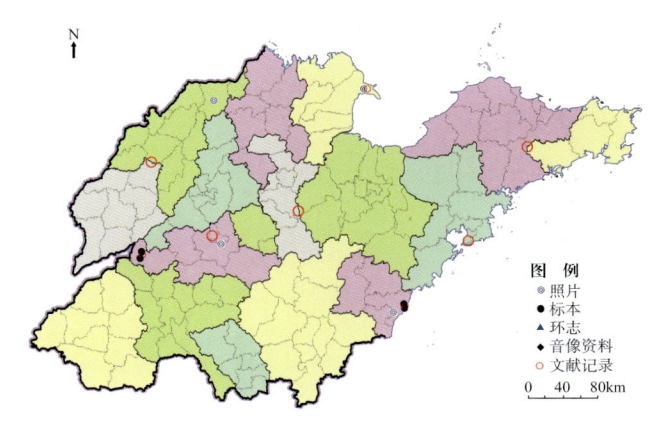

区系分布与居留类型：［广］（P）。
种群现状： 分布范围广，种群数量较稳定，被评价为无生存危机物种。山东数量较少，分布不普遍，研究资料较少，列入山东省重点保护野生动物名录。
物种保护： Ⅲ，Lc/IUCN。
参考文献： H373，M432，Zja381；Lb234，Q156，Qm263，Z262，Zx80，Zgm100。
山东记录文献： 郑光美 2011，朱曦 2008，钱燕文 2001，赵正阶 2001，范忠民 1990，付桐生，郑作新 1976、1987，付桐生 1987，Shaw 1938a；赛道建 2013，马金生 2000，田家怡 1999，赵延茂 1995，纪加义 1987c。

209-01 红嘴巨燕鸥
*Hydroprogne caspia** (Pallas)

命 名：Pallas PS，1770，Novi. Comm. Acad. Sci. Imp. Petrop.：14. pt1. p.582. pl.22. fig.2（里海）

英文名：Caspian Tern

同种异名：红嘴巨鸥，里海燕鸥；*Hydroprogne caspia caspia*（Pallas），*Hydroprogne tschegrava tschegrava* Lepechin，1770，*Sternae caspiae* Swinhoe，1859；—

鉴别特征：体大燕鸥。嘴大而红色，先端黑色，头与冠羽黑色。头侧、喉、颈白色。背灰白色，下体白色，初级飞羽腹面黑色。尾白色、叉状。脚黑色。冬羽头顶具黑白纵纹，背面羽色淡。亚成鸟上体具褐色横斑。1龄鸟两翼具褐色杂点，顶冠深黑色。

形态特征描述：嘴粗厚长直、鲜红色。虹膜暗褐色。前额、头顶、枕和冠羽黑色。背、肩和翼上覆羽银灰色。初级飞羽银灰色、腹面黑色，羽轴白色，内侧在靠羽轴处微缀褐色，羽缘暗灰色、尖端黑色。眼先、眼及耳羽以下头侧、颊、喉和整个下体白色。后颈、尾上覆羽和尾白色，尾呈叉状。脚和爪黑色。

冬羽 似夏羽。额、头顶白色具黑色纵纹，或

红嘴巨燕鸥（于涛 20140622 摄于黄岛河套；李在军 20120715 摄于河口区）

头全白色仅耳区有黑色斑。上体羽色较淡。

幼鸟 似冬羽。嘴橙色。第1冬两翼具褐色杂点，顶冠深黑色。眼前后具黑色斑。头顶白色具黑色纵纹。后颈白色具灰色纵纹。翕灰色具赭色羽缘和黑褐色"V"形亚端斑，下背和腰暗灰色具褐色羽缘。尾具褐色亚端斑和赭色尖端。

鸣叫声：叫声"kraaah"似沙哑喘息声。

体尺衡量度（长度 mm、体重 g）：

标本号	时间	采集地	体重	体长	嘴峰长	翅长	跗蹠长	尾长	性别	现保存处
				512	62	365	37	155		山东师范大学
				572	63	400	41	130		山东师范大学

注：Shaw（1938a）记录 1♂ 重 710g

栖息地与习性：栖息于海岸沙滩、泥地、岛屿与沼泽地带，以及湖泊、河口。3~4月迁到北温带地区繁殖、9~10月迁离繁殖地到南方海滨越冬。单独或成群活动，水面低空飞翔发现猎物时，嘴朝下俯冲潜入水中捕猎小鱼。

食性：喜食昆虫，主要捕食小型鱼类和甲壳动物。

繁殖习性：繁殖期 5~7月。小群或单独在海岛、湖泊、河流岸边长有稀疏植物的盐碱地上营巢，巢为亲鸟沙土地上扒的凹坑，内无或有枯草等内垫物。每窝通常产卵 2~3 枚，卵绿白色、赭色、灰褐色或赭白色被淡褐色或黑色斑点；卵径约 63mm×44mm，卵重 57~68g。产第1枚卵后即开始孵卵，雌雄亲鸟轮流孵卵，孵化期 20~22 天。晚成雏，雌雄亲鸟共同育雏 28~35 天后，幼鸟即能飞翔。

亚种分化：单型种，无亚种分化（郑光美 2011，刘小如 2012）。

赵正阶（2001）将其分为指名亚种 *H. c. caspia* 和澳洲亚种 *H. c. strenus* 2个亚种，我国分布为指名亚种。

分布：滨州-滨城区-北海水库（刘腾腾 20160517），北海盐场（20160518，刘腾腾 20160517）。东营-（S）◎ 黄河三角洲，◎ 河口区（李在军 20120715）。青岛-青岛；李沧区-●（Shaw 1938a）沧口；城阳区-河套（于涛 20140622）。日照-东港区-付疃河口（李宗丰 20110427，成素博 20150323），崮子河（李宗丰 20150323）。威海-（W）威海；（P）荣成-八河。胶东半岛，鲁西北平原。

吉林、辽宁、内蒙古、河北、北京、天津、新疆、江苏、上海、浙江、江西、云南、福建、台湾、

---

* 郑作新（1976）、纪加义（1987c）记作 *Hydroprogne tschegrava tschegrava*（Lepechin）

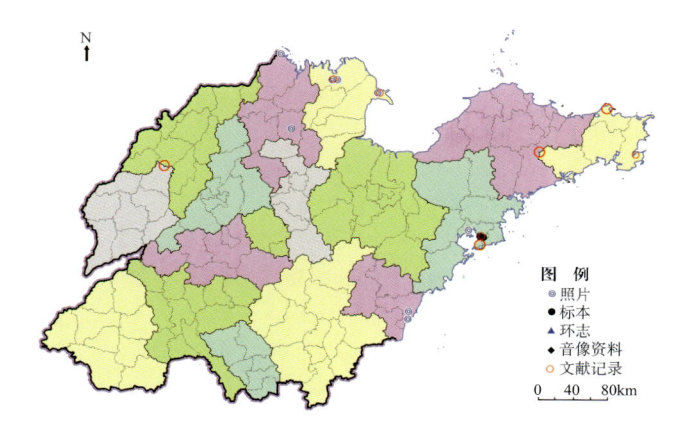

10 鸻形目 Charadriiformes | 309

广东、广西、海南、香港、澳门。

区系分布与居留类型：[广]（WP）。

种群现状： 未被国际鸟盟纳入需要特别关照或加强保育等级的鸟类。山东分布区狭窄而遇见率较低，列入山东省重点保护野生动物名录。

物种保护： Ⅲ，中澳，Lc/IUCN。

参考文献： H374，M433，Zja382；Lb236，Q156，Qm264，Z264，Zx80，Zgm100。

山东记录文献： 郑光美 2011，朱曦 2008，钱燕文 2001，赵正阶 2001，范忠民 1990，付桐生、郑作新 1987、1976，付桐生 1987，Shaw 1938a；赛道建 2013、1999，马金生 2000，田家怡 1999，闫理钦 1998a，赵延茂 1995，纪加义 1987c。

○ 210-20 中华凤头燕鸥
Thalasseus bernsteini Schlegel

命名： Schlegel H，1863，Mus. Hist. Pays-Bas Rev. Meth. Crit. Coll. Livr. 5 no. 24 Sternae p. 9（印度尼西亚 Halmahera 东岸 Kaou）

英文名： Chinese Crested Tern

同种异名： 黑嘴端凤头燕鸥；*Thalasseus zimmermanni*（Reichenow），*Sterna zimmermanni*（Reichenow），*Thalasseus bergii cristatus* Stephens，1826，*Thalasseus zimmermanni*（Reichenow，1903）Peters（1934），*Sterna zimmermanni* Reichenow 1903，Cheng（1987）；Chinese Lesser Crested Tern

鉴别特征： 中型凤头燕鸥。嘴黄色而尖端黑色，头侧与冠羽黑色。上体淡灰色，外侧初级飞羽黑色，下体白色。尾白色、深叉状。冬羽额白色，顶冠黑色具白顶纹，呈"U"形黑斑块。亚成鸟深褐色，翼内侧色浅具2道横纹，背、腰、尾近白色具褐色杂斑，尾尖色暗。脚黑色。与大、小凤头燕鸥的区别是黄色嘴端部三分之一为黑色。与黄嘴河燕鸥不同，羽色较浅，冬季嘴黄色，脚和趾黑色。

形态特征描述： 嘴比燕鸥类略粗而稍微弯曲、黄色至橙黄色，尖端白色具黑色亚端斑。虹膜褐色。前额、头顶白色，经眼到枕部的头顶部分及冠羽黑色。背、肩部和翼上覆羽淡灰色、几乎白色。初级飞羽褐黑色、内翈具楔形白斑。翼下覆羽、腋羽淡灰色。颊、颔、喉部、颈侧、后颈和下体均为白色。尾深叉状，外侧尾羽逐渐变尖，尾上覆羽和尾羽白色。脚和趾黑色。

中华凤头燕鸥（于涛 20160819、20160822 摄于胶州大沽河口；薛琳 20160820 摄于洋河）

冬羽 似夏羽。嘴完全黄色。前额和头顶白色、头顶具黑色纵纹。

幼鸟 褐色较重，翼内侧色浅具2道深色横纹，背及尾近白色具褐色杂斑。

鸣叫声： 沙哑声高，繁殖期见到人会边飞边发出尖锐的"kakaka"声。

体尺衡量度（长度 mm、体重 g）：

标本号	时间	采集地	体重	体长	嘴峰	翅长	跗蹠长	尾长	性别	现保存处
	1938*	沐官岛	282（240～310）			315～340			♂	不详
	1938	沐官岛	290（270～320）			315			♀	不详
03587	19370612	沐官岛			56.51	321.2	25.89	172.8	♂	中国科学院动物研究所
03588	19370612	青岛			59.78	333.9	22.48	160.5		中国科学院动物研究所

* Shaw（1938a）记录15♂重282（240～310）g，翅长315～340mm；6♀重290（270～320）g，翅长315mm。中国科学院动物研究所标本数据由宋刚提供

栖息地与习性： 栖息繁殖于海岸岛屿上及河口附近，常与其他凤头燕鸥类混群栖息。目前所知甚少。

食性： 不详。

繁殖习性： 近年来，发现其在浙江和台湾沿海岛

屿上与其他燕鸥集群繁殖；并已经开始进行详细的观察研究。

亚种分化： 单型种，无亚种分化。
Peters（1934）曾以为本种是凤头燕鸥。

分布： 青岛-（S）青岛，胶州湾；李沧区-●（Shaw 1938a）沧口；黄岛区-●（Shaw 1938a）沐官岛；胶州-大沽河口（于涛20160819、20160822），洋河（薛琳20160820）。烟台-烟台。胶东半岛。

河北、天津、上海、浙江、福建、台湾、广东、海南。

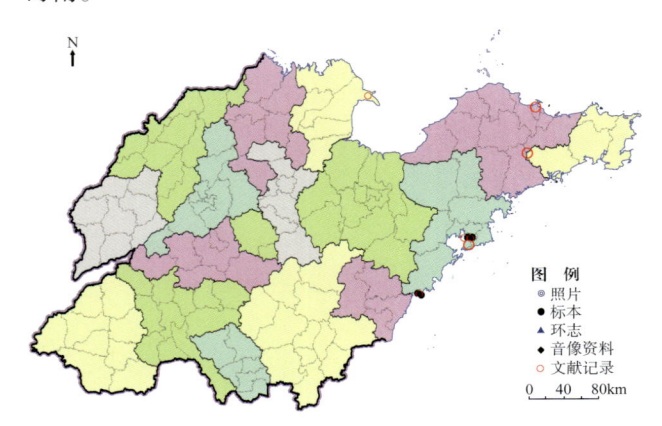

图例
● 照片
● 标本
▲ 环志
▲ 音像资料
○ 文献记录
0　40　80km

区系分布与居留类型： ［古］（S）。

种群现状： 1861年首次被发现并记录，一直非常罕见，以前被认为已经绝种。1978年和1980年在河北、泰国见到（Melville 1984，Boswall 1986，赵正阶 1995）；2000年成、幼各4只鸟在福建沿海的马祖列岛被再次发现，2004年在浙江沿海的韭山列岛发现了另一个繁殖群，世界上共2个残存繁殖群，是中国最珍稀的鸟类。2008年11月，《国家人文地理》报道："荒诞的是，沿海大排档的兴盛，竟然造成了神话之鸟的新的危难。黑嘴端凤头燕鸥新的危险——却是因为捡蛋的渔民和大排档的食客，不知道这种鸟蛋的珍惜。"栖息环境污染和破坏是主要的致危因素，物种已经处于极端接近绝种危险的最严重等级。可见，急需进行深入的种群研究，提升生态环境和物种保护的人文环境。在山东，自寿振黄（1938）在青岛沿海采到21只标本（其中有2个标本至今仍保存在中国科学院动物研究所鸟类标本馆）后，20世纪80年代全省鸟类普查时没有采到标本，山东师范大学1991年在黄河三角洲湿地发现3只（OBC1992，赵正阶 1995），之后再无发现，分布现状有学者视为无分布，马敬能（2000）认为可能已近绝种；现证实其在台湾、浙江海岛上有繁殖，韩国也有繁殖，正当人们认为急需加强对山东物种与繁殖、栖息环境的保护性研究时，2016年8月19日，青岛观鸟爱好者于涛等拍到4只群体照片，确证了其在山东仍有分布的现状，这次发现说明，目前该物种分布共有3~4个群体。

物种保护： II，V/CRDB，Ce/IUCN。
参考文献： H385，M437，Zja394；Lb242，Q160，Qm265，Z271，Zx80，Zgm101。
山东记录文献： 郑光美 2011，朱曦 2008，钱燕文 2001，赵正阶 2001，马敬能 2000，范忠民 1990，郑作新 1987、1976，Shaw 1938a；赛道建 2013，王希明 2001，马金生 2000，张洪海 2000，纪加义 1987c。

211-10 黑枕燕鸥
Sterna sumatrana Raffles

命名： Raffles TS，1822，Transactions of the Linnean Soceity，13：329（印度尼西亚苏门答腊）
英文名： Black-naped Tern
同种异名： 苍燕鸥；—；—

鉴别特征： 体小而白燕鸥。嘴黑色、先端黄色，头白色，眼前具黑点斑，枕具特征性黑带。上体及翅浅灰色，腰、下体白色。尾白色而长，深叉状。冬羽枕部黑斑少而窄。幼鸟头顶具黑褐杂斑，黑带斑不完整，上体近褐色、具横斑，翼覆羽灰褐色具黄羽缘，腰近白色，尾圆。

形态特征描述： 嘴黑色。虹膜褐色。头部白色，近嘴基处开始有一条黑带穿过眼到后枕相连，并在枕和后颈扩展形成特征性大块黑斑。后颈基部、后枕黑色和上背灰色之间有一条白色领圈。上体浅灰色，背、肩和翼上覆羽淡葡萄珠灰色，腰与尾白色。第1枚初级飞羽外侧黑灰色、内侧淡灰色，其余飞羽淡灰白色、内侧羽缘白色。前额、头顶、眼以下头侧和颈侧及整个下体白色，下体缀有玫瑰色。尾深叉状、外侧尾羽逐渐变尖，尾上覆羽和尾白色。脚黑色。

冬羽 似夏羽。枕部黑色带斑少而窄。

黑枕燕鸥（刘子波 20140906 摄于凤城）

幼鸟 枕部黑色星月形带斑不完整，头顶具黑色纵纹。头侧、颈背灰褐色。上体近褐色具皮黄色及灰色扇贝形斑，腰近白色，翼上覆羽暗灰褐色具皮黄色羽缘，初级飞羽暗灰色。尾圆形。1龄冬鸟头顶具褐色杂斑，颈背具近黑色斑。

鸣叫声： 暂无鸣叫声记录。

体尺衡量度（长度mm、体重g）： 山东暂无标本及测量数据。

栖息地与习性： 典型海洋性鸟类，极少到泥滩，从不到内陆。喜群栖于沙滩及珊瑚海滩，与其他燕鸥混群，在海面上空频繁飞翔，休息时多栖息于岩石或沙滩上。

食性： 主要捕食小鱼及甲壳类、浮游生物和软体动物等海洋动物。

繁殖习性： 繁殖期5~6月。常成群在一起营巢。通常营巢于海岛和海岸岩石上，有时也在海滨沙滩营巢。每窝通常产卵2枚。卵的颜色为灰石色，被有赭色或暗灰色斑点。卵径约39mm×28mm。

亚种分化： 全世界有2个亚种，中国有1个亚种，山东分布为指名亚种 *S. s. sumatrana* Raffles。

亚种命名 Raffles TS，1822，Transactions of the Linnean Soceity，13：329（印度尼西亚苏门答腊）

分布：东营 - 黄河三角洲。**青岛** -（P）青岛。**烟台** - 海阳 - 凤城（刘子波20140906）。胶东半岛，山东沿海。

河北、江苏、上海、浙江、福建、台湾、广东、海南、香港。

区系分布与居留类型：［广］（P）。

种群现状： 物种分布范围广，种群数量稳定，被评价为无生存危机物种。在山东仅有少量记录，尚无标本、照片与物种的研究文章，应加强此物种分布的确证调研工作。

物种保护： Ⅲ，中日，中澳，Lc/IUCN。

参考文献： H378，M439，Zja386；Lb255，Q158，Z267，Zx81，Zgm102。

山东记录文献： 郑光美2011，朱曦2008，赵正阶2001，范忠民1990，郑作新1987、1976；赛道建2013，纪加义1987c。

● 212-01　普通燕鸥
Sterna hirundo Linnaeus

命名： Linnaeus C，1758，Syst. Nat.，ed.，10：137（瑞典）
英文名： Common Tern
同种异名： 燕鸥；*Sterna Longipennis*；Nordmann's Tern，Tibetan Tern

鉴别特征： 体小燕鸥。嘴黑色、夏季嘴基红色，头顶黑色。背蓝灰色，初级飞羽黑色，下体白色，胸灰色。腰、尾白色，尾深叉形。冬羽额白色，头顶具黑、白杂斑，上翼及背灰色，颈背最黑，下体白色。脚偏红色。翅折合时与尾尖等长。飞行时，冬羽及幼体前翼横纹、外侧尾羽缘近黑色。1龄鸟上体褐色深，上背具鳞状斑。

形态特征描述： 嘴基红色。虹膜褐色。前额经眼到后枕以上的整个头顶部黑色。背、肩和翼上覆羽鼠灰色或蓝灰色。颈、腰白色。初级飞羽暗灰色，外侧羽缘沾银灰黑色、羽轴白色、内侧具宽阔白缘，由外向内渐次变小，第1枚初级飞羽外侧黑色。次级飞羽灰色、内侧和羽端白色。在翅折合时长度达到尾尖。眼以下颊部、嘴基、颈侧、颏、喉和下体白色，胸、腹沾葡萄灰褐色。尾呈深叉状，尾上覆羽和尾白色，外侧尾羽延长、外侧黑色。脚偏红色。

普通燕鸥（成素博20150829摄于崂头盐场；李在军20080809摄于河口区，卵及雏）

冬羽　似夏羽。嘴黑色。前额白色。头顶前部白色具黑色纵纹。上翼及背灰色，颈背最黑。下体白色。尾上覆羽、腰及尾白色。脚较暗。

幼鸟　似冬羽。下嘴基部红色。翅及上体具白色羽缘和黑色亚端斑。第1年冬上体褐色浓重，上背具鳞状斑。

鸣叫声： 发出似"keerar"降调声。

体尺衡量度（长度 mm、体重 g）：

标本号	时间	采集地	体重	体长	嘴峰长	翅长	跗蹠长	尾长	性别	现保存处
3477	19370503	青岛团岛		360	37	280	22	143	♂	中国科学院动物研究所
	1958	微山湖		280	24	190	16	98	♂	济宁一中

注：平台号 2111C0002200002404；Shaw（1938a）记录 24♂ 重 138（116～170）g，翅长 271（265～279）mm；13♀ 重 142（115～175）g，翅长 270（265～277）mm

栖息地与习性： 栖息于平原、草地、荒漠中的湖泊、河流河口、水塘和沼泽，以及海岸和沿海地带。4～5月迁来、9～10月迁离繁殖地。小群活动。在水域和沼泽上空飞翔，并在翱翔和滑翔时窥视水中猎物，发现猎物则冲下捕获后返回空中，有时漂浮于水面。

食性： 主要捕食小鱼、甲壳类、昆虫等小型动物。

繁殖习性： 繁殖期5～7月。单独、成群或与其他鸥类在一起繁殖，通常在岸边及沼泽地与草地的平坦沙地和沙石地上、土堆上或漂浮芦苇或其他植物堆上营巢，巢为沙石地上浅坑，内垫少许枯草和羽毛或无任何内垫物。每窝通常产卵2～5枚，卵赭褐色、灰绿色或橄榄绿色，被大小不等的褐色或黑色斑点和斑纹，卵径约40mm×30mm，卵重16～20g。第1枚卵产出后开始孵卵，雌雄亲鸟轮流孵卵，孵化期20～24天。雏鸟早成雏，孵出当天即能行走离巢隐蔽于草丛中，由亲鸟喂食大约1个月后能飞翔。

亚种分化： 全世界有3个亚种，中国有3个亚种，山东分布为东北亚种 *S. h. longipennis* Nordmann。

亚种命名 von Nordmann A, 1835, Reise Erde [Erman], Naturhist. Atlas：17（鄂霍次克海 Kutchui 河口，海参崴附近）

分布： 滨州 - 滨州，滨州港（刘腾腾 20160518）；滨城区 - 东海水库（20160423），蒲城水库；北海新区 - 北海水库（20160517，刘腾腾 20160517、20160424）；无棣县 - 小开河沉沙池（王景元 20140710），王鄑水库（刘腾腾 20160423），贝壳岛保护区（20160501）。东营 -（S）◎黄河三角洲；东营区 - 沙营（孙熙让 20120527）；河口区 -（李在军 20080809），孤岛南大坝（孙劲松 20090502），马新河（199104），郭局村河（20130417）。济宁 - ●济宁；任城区 - 太白湖（20140807，宋泽远 20130505，张月侠 20150502、20150620）；微山县 - 马坡，●微山湖，昭阳（陈保成 20080913）；嘉祥 - 洙赵新河（20140816）。聊城 - 环城湖。青岛 - 李沧区 -（P）●（Shaw 1938a）沧口；市北区 - ●（Shaw 1938a）大港；四方区 -（Shaw 1938a）四方；市南区 - ●（Shaw 1938a）团岛。日照 - 东港区 - 国家森林公园（郑培宏 20140820），碕头盐场（成素博 20150829）；崮子河（成素博 20120903）。泰安 -（S）泰安；岱岳区 - 大汶河；泰山；东平县 -（S）●东平湖。潍坊 - 潍坊。威海 -（S）威海，双岛；荣成 - 八河，石岛；乳山 - 白沙滩，乳山口；文登 - 五垒岛。烟台 - 长岛县 - 长岛；海阳 - 凤城（刘子波 20140323、20160320）；牟平区 - ●（Shaw 1930）海滩。胶东半岛，鲁中山地，鲁西北平原。

黑龙江、吉林、辽宁、内蒙古、河北、北京、天津、山西、河南、陕西、江苏、上海、浙江、福建、台湾、广东、广西、海南、香港。

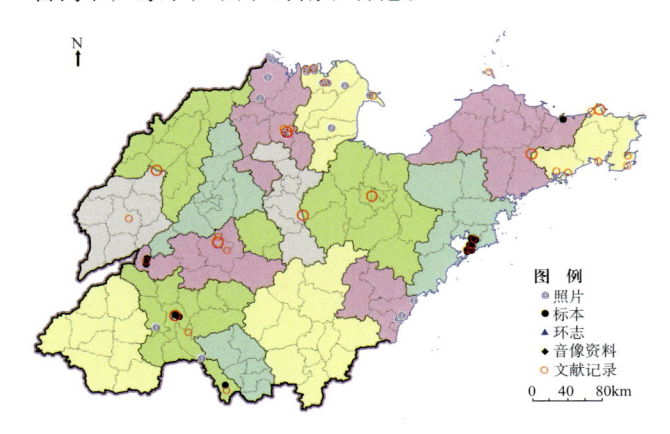

区系分布与居留类型：［古］（S）。

种群现状： 数量尚普遍，在国际鸟盟保育等级中属不需要特别关照的鸟类。山东分布范围较广，但各地提供拍到的照片并不多，可能与分布数量较少而不普遍有关。

物种保护： Ⅲ，中日，中澳，1/CITES，Lc/IUCN。

参考文献： H376，M440，Zja384；Lb260，Q156，Qm267，Z265，Zx 81，Zgm102。

山东记录文献： 郑光美 2011，朱曦 2008，钱燕文 2001，赵正阶 2001，范忠民 1990，郑作新 1987、1976，付桐生 1987，Shaw 1938a；赛道建 2013、1999，李久恩 2012，邢在秀 2008，马金生 2000，田家怡 1999，闫理钦 1998a，赵延茂 1995，纪加义 1987c。

● 213-01　白额燕鸥
Sterna albifrons Pallas

命名： Pallas PS, 1764, *in* Vroeg, Cat., Adumbr.:（荷兰）

英文名： Little Tern

同种异名： 小燕鸥，小海燕；*Sterna sinensis* Gmelin,

1789（Ogilvie-Grant，LaTouche 1907），*Sternula sinensis*（Swinhoe 1863），*Sterna minuta* Linnaeus，1758（Cassin 1862）；Chinese Little Leas Tern，Saunder's Tern，Eastern Little Tern

鉴别特征： 体小浅色燕鸥。嘴黄色端黑色，额白色，黑色贯眼纹及头顶、后颈月牙形斑连为一体，额白色、头顶、颈背及贯眼纹黑色特征明显。上体淡灰色，下体白色，初级飞羽、翼前缘黑色而后缘白色。尾白色而尾端褐色，深叉状。冬羽嘴黑色，枕黑色，顶部白色杂有黑色。脚黄色。幼鸟嘴暗淡，头顶、上背具褐色杂斑。

形态特征描述： 夏季嘴黄色、尖端黑色。虹膜褐色。上嘴基沿眼先上方达眼和额部白色，头顶至枕及后颈黑色；眼先、贯眼纹黑色、在眼后与头枕部黑色相连；眼以下头侧、颈侧白色。背、肩、腰淡灰色。翼上覆羽灰色与背同色；第1~2枚初级飞羽黑褐色、第1枚羽干白色、内翈羽缘有宽阔楔形白斑至羽端逐渐消失，第2~3枚羽干淡褐色，第3~5枚银灰色、内翈先端稍沾黑灰色而羽缘白色，其余飞羽灰色。颏、喉及整个下体包括腋羽和翼下覆羽全白色。尾上覆羽和尾羽白色。脚橙黄色。

冬羽 似夏羽。嘴黑色、基部黄色。头顶白

白额燕鸥（成素博 20140421 摄于付瞳河）

色向后扩大、黑色变淡变窄向后退缩，头顶及颈背黑色减少至月牙形。脚黄褐色或暗红色。

幼鸟 头顶部褐白斑驳，后枕黑褐色，上体灰色，因各羽具有褐色羽缘或大片褐色而使上体缀有褐色横斑和皮黄色或白色羽缘。头顶及上背具褐色杂斑。尾较短、白色而端部褐色。

鸣叫声： 叫声尖厉。

体尺衡量度（长度 mm、体重 g）：

标本号	时间	采集地	体重	体长	嘴峰长	翅长	跗蹠长	尾长	性别	现保存处
B000381					28	176	18	80		山东博物馆
				263	32	185	16	95		山东师范大学
				240	30	185	14	115		山东师范大学

注：Shaw（1938a）记录17♂重55（51~61）g，翅长185（178~190）mm；12♀重56（45~66）g，翅长181（173~185）mm

栖息地与习性： 栖息于沿海、岛屿、河口和沿海沼泽，以及湖泊、河流、水库、水塘、沼泽等咸、淡水水域附近和近海无人岛礁等处，内陆沿海均有繁殖。成群与其他燕鸥混群活动，振翼快速飞行、潜水方式独特，觅食飞翔时嘴垂直朝下，头不断左右摆动，发现猎物则停于原位频繁鼓动两翼，找准机会立刻垂直下降到水面捕捉或潜入水中追捕，捕到鱼后从水中垂直上升至空中。

食性： 主要捕食鱼、虾、水生昆虫和水生无脊椎动物。

繁殖习性： 繁殖期5~7月。成对或成小群繁殖，在海岸、岛屿、河流与湖泊岸边裸露的沙地、沙石地或河漫滩上或水域附近盐碱沼泽地上营巢。巢为沙砾地上的浅坑、内无任何内垫物或垫有少量枯草。每窝产卵2~3枚，卵梨形，赭色或淡石色被黑色或紫褐色小斑点，卵径约32mm×25mm，卵重8~11g。雌雄亲鸟轮流孵卵，孵化期20~22天。

亚种分化： 全世界有6个亚种，中国有2个亚种，山东分布为普通亚种 *S. a. sinensis* Gmelin。

亚种命名 Gmelin JF, 1789, Syst. Nat., ed. 13, 1: 608（中国）

分布： 滨州-滨州港（刘腾腾20160518），北海盐场（20160518）；无棣县-贝壳堤岛保护区（20160501）。**东营**-（S）◎黄河三角洲；河口区（李在军20090530）-孤北水库（198705xx）。**菏泽**-（S）菏泽。**济南**-（P）济南，黄河；天桥区-北园；槐荫区-玉清湖（20130904）。**济宁**-任城区-太白湖（20140807）；微山县-（P）南阳湖，微山湖。**聊城**-环城湖。**青岛**-（P）青岛，胶州湾（20150622）；城阳区-●（Shaw 1938a）城阳，河套（20140527）；四方区-●（Shaw 1938a）四方。**日照**-东港区-●（Shaw 1938a）石臼所，国家森林公园（郑培宏20140924），付瞳河（20150830，成素博20140421）；（S）前三岛-车牛山岛，达山岛，平山岛。**泰安**-（P）泰安，泰山；东平县-（S）●东平湖（20120728）。**威海**-威海，双岛；荣成-八河；乳

山-白沙滩；文登-五垒岛。**烟台**-长岛县-（P）长岛；栖霞-白洋河（牟旭辉 20100518）；海阳-●行村，凤城（刘子波 20140907）。胶东半岛，鲁中山地，鲁西北平原，鲁西南平原湖区。

除新疆、西藏、广西外，各省份可见。

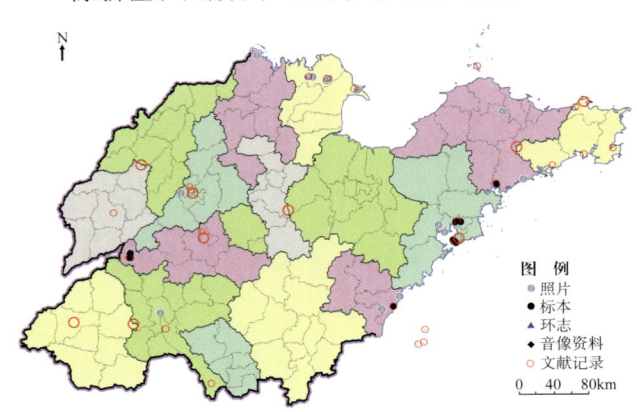

区系分布与居留类型：〔广〕（SP）。
种群现状： 物种分布范围较广，种群数量稳定，被评价为无生存危机物种。山东沿海、内陆湿地均见有分布，刘涛拍到亲鸟孵卵照片；缺乏数量的监测统计，未列入山东省重点保护野生动物名录。
物种保护： Ⅲ，中日，中澳，Lc/IUCN。
参考文献： H382，M441，Zja390；Lb263，Q160，Qm265，Z269，Zx81，Zgm102。
山东记录文献： 郑光美 2011，朱曦 2008，钱燕文 2001，范忠民 1990，付桐生，郑作新 1987、1976，Shaw 1938a；赛道建 2013、1999、1994，庄艳美 2014，李久恩 2012，王海明 2000，田家怡 1999，闫理钦 1998a，赵延茂 1995，纪加义 1987c，田丰翰 1957。

● 214-01 灰翅浮鸥
Chlidonias hybrida（Pallas）

命名： Pallas PS，1811，Zoogr. Rosso-Asiat.，2：338（俄罗斯东南方 Volga 南部 Sarpa 湖）
英文名： Whiskered Tern
同种异名： 须浮鸥，黑腹燕鸥，黑腹浮鸥；*Sterna hybrida* Pallas，1811，*Hydrochelidon hybrida*（Pallas 1811）Ogilvie-Grant *et* La Touche（1907），*Hydrochelidon indica*（Stephens 1826）Swinhoe（1863），*Hydrochelidon fluviatilis* Gould，1843，*Hydrochelidon leucopareia* Mathews，1912，*Viralva indica* Stephens，1826；Swinhoe's Whiskered Tern
鉴别特征： 浅色小燕鸥。嘴红色而尖端黑色，额、头顶黑色，喉及颈侧白色。上体灰色，胸灰色至腹、胁变为黑色。尾灰色、下覆羽白色，浅叉状。冬羽额白色，头顶白色具黑褐细纹，贯眼纹黑色，上体浅灰色，下体白色。脚红色。飞翔时，黑头、白喉、淡翼和暗色下体特征醒目。幼鸟具褐色杂斑。翅比其他燕鸥略圆短，尾分叉浅。

形态特征描述： 喙淡紫红色。眼睛的虹膜深褐色。自嘴基沿眼下缘经耳区至后枕整个头顶部黑色，与颏、喉和眼下缘整个颊部白色形成鲜明对比。喉部及颈侧白色。肩灰黑色，背、腰、尾上覆羽和尾鸽灰色。飞羽灰黑色、外侧珠白色、内侧具灰白色楔状羽缘，外侧飞羽羽轴白色，翼上覆羽淡灰色。腋羽和翼下覆羽灰白色。体腹面灰色，腹部深色。前颈和上胸暗灰色，下胸、腹和两胁黑色。尾羽短呈浅叉状，尾下覆羽白色。外侧一对尾羽外翈灰白色。跗蹠与趾红色，爪黑色。

灰翅浮鸥（牟旭辉 20150731 摄于栖霞长春湖；赛道建 20120728 摄于东平湖）

冬羽 喙黑色。前额白色，头顶至后颈黑色具白色纵纹。眼前经眼和耳覆羽至头后有一半环状黑斑。上体灰色。下体白色。
雌鸟 体型较雄鸟小。
幼鸟 似冬羽。背、肩黑褐色具棕褐色宽横斑。翼下覆羽和尾下覆羽具暗色斑。
亚成鸟 头部似冬羽，脸部浅肉色，颈后羽毛具暗灰色羽尖，背、肩和三级飞羽颜色较深具浅黄褐色羽缘。
鸣叫声： 叫声似急促的"qi-yi"声。
体尺衡量度（长度mm、体重g）：

标本号	时间	采集地	体重	体长	嘴峰长	翅长	跗蹠长	尾长	性别	现保存处
B000380					22	208	19	72		山东博物馆
				290	24	210	15	80		山东师范大学

栖息地与习性： 栖息于开阔平原湖泊、水库、河口、海岸和附近沼泽地带，在海边、河口、湿地、水田或池塘和农田地上觅食。结小群、偶成大群活动，觅食时会在水域上空边飞边寻找水下的猎物，发现猎物会在短暂定点鼓翼后俯冲扎入浅水中低掠水面捕食。

食性： 主要捕食小鱼、虾、水生昆虫、螺贝类、蝌蚪、青蛙等小型动物，以及部分水生植物。

繁殖习性： 繁殖期 5～7 月。数十只至上百只一起在开阔浅水湖泊和附近芦苇沼泽地上营群巢，巢为浮巢，在芦苇、蒲草等水生植物作底垫的上方用金鱼藻、眼子菜、轮藻等水生植物巢材筑巢。每窝通常产卵 3 枚，卵梨形、绿色、天蓝色或浅土黄色被浅褐色至深褐色斑点，以钝端斑点较大，尖端较小。卵径约 28mm×39mm，卵重 12～15g。雌雄亲鸟轮流孵卵。

亚种分化： 全世界有 6 个亚种，中国有 1 个亚种，山东分布为普通亚种 *C. h. hybrida* Mathews, *Chlidonias hybrida swinhoei* (Mathews)。

亚种命名　Pallas PS, 1811, Zoogr. Rosso-Asiat., 2: 338（俄罗斯东南方 Volga 南部 Sarpa 湖）; Mathews, 1912, Bds. Autr. 2: 320（福州）

分布： 滨州 - 滨州；滨城区 - 东海水库，北海水库，蒲城水库。东营 -（S）◎黄河三角洲；河口区（李在军 20080626）。济南 - 槐荫区 - 玉清湖（20130904）；历下区 - 大明湖（马明元 20120609）。济宁 - 南四湖 - 龟山岛（20150730）；任城区 - 太白湖（20140807，宋泽远 20130505）；微山县 - ◎微山湖。青岛 - ●（19850529）青岛。日照 -（S）前三岛 - 车牛山岛，达山岛，平山岛。泰安 -（S）泰安；岱岳区 - ◎大汶河；东平县（S）●东平湖（20120728、20140515，赵连喜 20140722）。潍坊 - 白浪河湿地公园（20140623）。烟台 - 栖霞 - 长春湖（牟旭辉 20150731、20130911，陈忠华 20160609）。胶东半岛，鲁中山地，鲁西北平原，鲁西南平原湖区。

各省份可见。

区系分布与居留类型： [广] S (SP)。

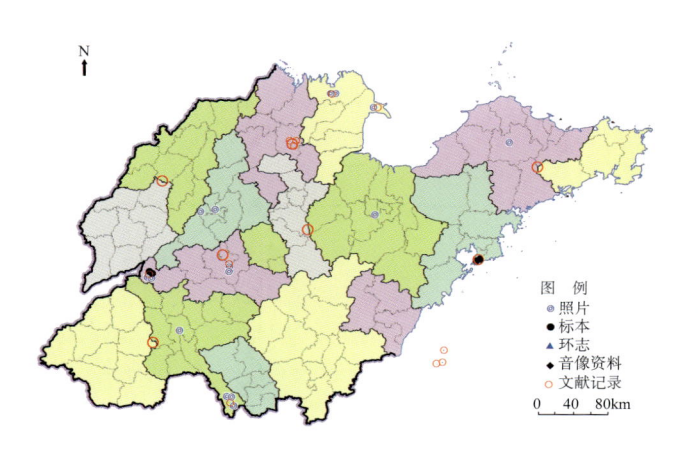

种群现状： 物种分布范围广，种群数量较稳定，被评价为无生存危机物种。山东沿海及内陆湖泊均有一定数量分布，繁殖季节有时会集成上百只群体活动觅食，尚未进行分布数量的统计。

物种保护： Ⅲ，Lc/IUCN。

参考文献： H370，M446，Zja378；Lb277，Q154，Qm267，Z260，Zx82，Zgm103。

山东记录文献： 郑光美 2011，朱曦 2008，钱燕文 2001，范忠民 1990，郑作新 1987、1976；赛道建 2013，李久恩 2012，吕磊 2010，王希明 2001，田家怡 1999，赵延茂 1995，纪加义 1987c。

● 215-01　白翅浮鸥
Chlidonias leucopterus (Temminck)

命名： Temminck CJ, 1815, Man.Orn. [Temminck] ed. 1 ["1814"] p. 483（瑞士 Lake of Geneva）

英文名： White-winged Tern

同种异名： 白翅黑燕鸥，白翅黑浮鸥；*Sterna leucoptera* Temminck，1815，*Hydrochelidon leucoptera belli* Mathews，1916；White-winged Black Tern

鉴别特征： 体小黑白两色燕鸥。嘴红色。头颈、背及下体黑色，翼上灰白色，下覆羽黑色而明显。腰、尾白色，尾浅叉状。脚橙红色。飞翔时，尾白色、翼灰与体黑色反差明显。冬羽嘴黑色，枕与眼后黑斑相连，上体浅灰色，头后具灰褐色杂斑，下体白色。

形态特征描述： 喙深红色。虹膜暗褐色。头、颈、背、肩羽和下体黑色，腰白色。双翼背面灰色，小覆羽和中覆羽白色；初级飞羽黑褐色，羽干白色、内侧羽缘具楔状白斑，第 2～4 枚外侧及其以内的初级飞羽内外侧均沾珠白色；次级飞羽和三级飞羽鸽灰色；翼腹面浅灰色、覆羽均黑色。尾银灰色、浅叉状，尾上和尾下覆羽白色。跗蹠与趾暗红色，爪黑色。

白翅浮鸥（赛道建 20160518 摄于沙头堡村）

冬羽 头顶和耳羽深灰褐色，头顶黑色杂有白点。眼至耳区具黑色带斑常和头顶黑斑相连。额、前头和颈侧白色。颏、喉白色杂有黑色斑点。体背、腰灰黑色。下体白色、沾灰黑色。中央尾羽鸽灰色。

幼鸟 似冬羽。嘴黑色。头顶黑褐色；眼前缘和眼后耳区有黑斑点。背、肩及翼上小覆羽灰褐色。腰白色，翼上中覆羽色浅具黑褐色羽干纹，在翅上形成淡色斑。下体白色。尾上覆羽和尾羽污白色，尾羽羽干白色、外侧2对尾羽内侧白色。脚暗紫红色。

鸣叫声： 发出尖锐的"qiqi"或"qi-a"声。

体尺衡量度（长度mm、体重g）：

标本号	时间	采集地	体重	体长	嘴峰长	翅长	跗蹠长	尾长	性别	现保存处
B000382					21	211	21	63		山东博物馆
				290	24	210	80	15		山东师范大学

栖息地与习性： 栖息于河流、湖泊、沼泽、河口和附近沼泽与水塘中，以及沿海沼泽地带。成群活动，常在水面低空飞行，飞行能力极佳。休息时，多停栖于水中石头、电柱、木桩上或地上。在海边、河口、湿地、水田或池塘上觅食，觅食时通过频频鼓动两翼使身体停浮于空中观察，发现猎物即冲下捕食。

食性： 主要捕食小鱼、虾、昆虫及其幼虫等水生动物，以及地上蝗虫和其他昆虫。

繁殖习性： 繁殖期6~8月。数对、数十对一起在湖泊和沼泽中的干枯水生植物堆上营群巢，巢为浮巢、用芦苇和水草堆集而成。每窝通常产卵3枚，卵赭色或褐色被深灰色或黑色斑点，卵径约34mm×24mm。雌雄亲鸟轮流孵卵。

亚种分化： 单型种，无亚种分化。

分布： 滨州-●（刘体应1987）滨州，北海盐场（20160518）；滨城区-东海水库，北海水库，蒲城水库；无棣县-沙头堡村（20160518，刘腾腾20160518），埕口盐场（20160518）。东营-（P）◎黄河三角洲。济宁-南四湖；任城区-太白湖（宋泽远20120707）；微山县-微山湖。青岛-青岛，沿海浅滩。日照-（P）前三岛-车牛山岛，达山岛，平山岛。泰安-（P）泰安；东平县-（P）●东平湖（陈忠华20160609）。胶东半岛，鲁中山地，鲁西北平原，鲁西南平原湖区。

各省份可见。

区系分布与居留类型：［古］（P）。

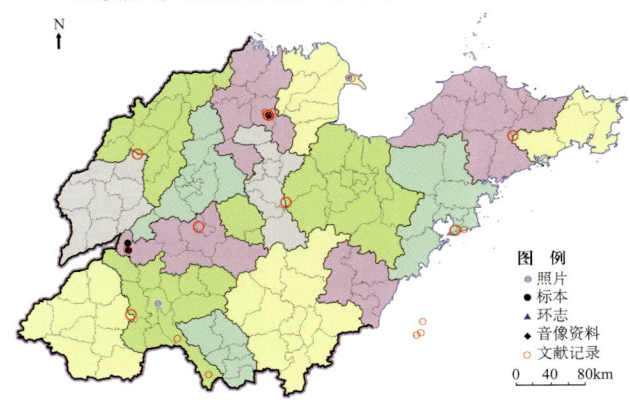

种群现状： 在国际鸟盟保育等级中属于不需要特别关照的鸟类。在山东虽有标本和照片记录，但记录数量频次较少，可能与分布数量少有关。

物种保护： Ⅲ，中澳，Lc/IUCN。

参考文献： H371，M447，Zja379；Lb282，Q154，Qm268，Z261，Zx82，Zgm104。

山东记录文献： 郑光美2011，朱曦2008，钱燕文2001，赵正阶2001，范忠民1990，郑作新1987、1976，Shaw 1938a；赛道建2013、1999，吕磊2010，马金生2000，田家怡1999，宋印刚1998，赵延茂1995，刘体应1987，纪加义1987c。

216-11 黑浮鸥
Chlidonias niger（Linnaeus）

命名： Linnaeus C, 1758, Syst. Nat., ed. 10, 1: 137（瑞典Upsala附近）

英文名： **Black Tern**

同种异名： —；*Sterna nigra* Linnaeus, 1758；—

鉴别特征： 体小近黑色燕鸥。嘴黑色而尖长。头颈、下体黑色，背、尾灰色，尾下、翼下覆羽白色。冬羽头、胸白色，头顶黑斑延伸至眼后，眼先具小黑点，翼前胸侧小黑斑飞行时明显。脚暗红色。

形态特征描述： 体型小，身体暗色。嘴长而尖黑色。虹膜黑色。头黑色，背部和腹部由黑色逐渐转为深铅灰色，两翼背面及腹面灰色，初级飞羽和次级飞羽向端部渐呈灰黑色，外侧初级飞羽基部白色。头、颈和胸部下体黑色。腰和尾羽灰色，尾呈叉状；肛周和尾下覆羽白色。跗蹠和趾黑红色。

雌鸟 颜色较灰，仅头顶黑色但颜色灰暗。

冬羽 头前额白色，头顶中央和枕棕灰黑色与眼后耳区黑色块斑相连，向下延伸至眼下。眼前方有一暗色斑块。体背面和翅浅灰色，翼下覆羽白色。额、颏、喉和后颈窄环及下体腹面白色，胸部两侧具粗著黑色斑。

幼鸟 似冬羽。前额浅褐色，背和肩羽棕灰色具黑色和浅褐色羽缘。腰深灰色，下体白色，胸侧具灰褐色斑点。脚灰黑色或肉色。

鸣叫声： 飞行时，发出微弱尖细的"ji"声及带鼻音的"keya"声。

体尺衡量度（长度mm、体重g）： 山东暂无标本及测量数据。

栖息地与习性： 栖息于湖泊、河流和沼泽地带，尤其是生长水生植物的内陆浅水湖泊，以及海岸和沿岸沼泽地带。迁移过程中，在水中的枝干上休息，在海边、河口、湿地及面积不大的池塘上觅食。觅食方法多种多样，可在水面上啄食、潜入水下捕猎，或将头颈部伸入水中捕食。

食性： 主要捕食昆虫、螺贝类等小型无脊椎动物，以及小鱼、蝌蚪、青蛙等。

繁殖习性： 繁殖期5～7月。常成群或与其他鸥类混群营巢繁殖，在生长有芦苇和水生植物的开阔湖泊、河流岸边及沼泽地上营浮巢，由芦苇叶和草茎构成，位于漂浮水面的芦苇堆或其他植物团上。每窝通常产卵3枚，卵赭色或暗褐色被黑色斑点。雄雌亲鸟轮流孵卵，孵化期14～17天。

亚种分化： 全世界有2个亚种，中国有1个亚种，山东分布为指名亚种 *C. n. niger* (Linnaeus)。

亚种命名 Linnaeus C, 1758, Syst. Nat., ed. 10, 1: 137（瑞典Upsala附近）

分布： 东营-(P) 黄河三角洲。泰安-东平县-东平湖。(P) 胶东半岛。

内蒙古、北京、天津、宁夏、新疆、台湾、香港。

区系分布与居留类型： [古] (P)。

种群现状： 在国际鸟盟保育等级中，列入不需要特别关照的种类。山东记录分布区狭窄，较为罕见，未列入山东省重点保护野生动物名录，其分布现状需进一步确证。

物种保护： Ⅱ，中澳，Lc/IUCN。

参考文献： H372，M448，Zja380；Lb286，Q156，Qm268，Z262，Zx83，Zgm104。

山东记录文献： 朱曦 2008；赛道建 2013，张月侠 2015，田家怡 1999，赵延茂 1995。

10.10 海雀科 Alcidae (Auks)

小中型鸟类。头大颈短，体肥壮。嘴大小、形状变化大，颜色鲜明。鼻孔被毛。体羽背面黑色或暗灰色。翼短、窄而尖，初级飞羽11枚，第11枚退化、第10枚最长，次级飞羽15～19枚。腹面白色。尾短，尾羽12枚，圆形或楔形。脚短，长于身体后方，跗跖有盾鳞纹。第1趾萎缩退化，第2～4趾间具蹼，爪发育良好。雌雄鸟同色。

生活于北极寒冷地带的滨海和亚热带水域。在海岸、海湾、岛屿活动繁殖，仅少数进入内陆。群聚或单独生殖，求偶配对、维持配偶完成生殖行为，炫耀或打斗，雌雄鸟有共同防卫领域和竞争巢位与空间的行为。在近海岛屿和海岸峭壁上、地洞或洞穴中营巢繁殖，每窝产卵1～2枚，雌雄鸟共同孵卵。雏鸟早成雏或半早成雏。在沿岸水面捕食桡脚类、磷虾类和异足类等浮游动物，或到外海潜水捕食鱼类，从远处带食物返巢喂雏。

山东沿海岛屿的开发与旅游对物种及其繁殖生存环境构成严重威胁，需要加强对栖息地和物种的保护。

Sibley 和 Monroe（1990）将海雀科并入海鸥科中，隶属于鹳形目鸻亚目海鸥科；Nettleship（1996）和郑光美（2002）将海雀科归属于鸻形目海雀亚目之下，成为独立的一科，有11属22种，Dickinson（2003）列为11属24种。

全世界共有11属24种（Dickinson 2003）；中国有4属5种（郑光美 2011），山东分布记录有2属2种，扁嘴海雀冬季在沿海岛屿上繁殖，斑海雀只有记录。

海雀科分属、种检索表

喙短、圆锥状，跗跖前缘被盾状鳞 ·········· 扁嘴海雀属 Synthliboramphus，扁嘴海雀 S. antiquus
喙细长，跗跖被网状鳞 ·········· 斑海雀属 Brachyramphus，斑海雀 B. marmoratus

○ 217-00　斑海雀
Brachyramphus marmoratus Gmelin

命名： Gemlin, 1789, Syst. Nat., ed. 13, 1: 583（北美阿拉斯加）

英文名： Marbled Murrelet

同种异名： —；*Brachyramphus marmoratus perdix* (Pallas); Partricdge Auk

鉴别特征： 体小黑褐色、白色海雀。嘴褐色而细长，眼圈白色。上体暗褐色，肩、腰缀有棕色、黄褐色横斑，下体白色具灰黑色横斑。尾黑色而短小。冬羽头顶黑色、上体黑灰色、下体白色。脚近粉红色。

形态特征描述： 嘴细短、褐色。虹膜褐色，眼周围有不显著白圈。头黑色、羽具狭窄白色羽缘。眼下黑灰色具淡白色斑点。上体黑色，颈、背、肩、腰和尾上覆羽具赭褐色或淡黄褐色羽尖，形成黄褐色或赭褐色横斑，肩羽缀纵向白色条纹。飞羽黑褐色，翼上覆羽黑褐色具淡灰色羽缘，翼下覆羽灰褐色。喉至上胸偏奶黄色，下体白色、杂暗灰褐色横斑。尾羽非常短、黑色，外侧一对尾羽具白色大理石样斑纹。脚近粉色。

冬羽 头顶暗呈黑色。颈具明显白色领圈或羽簇。上体黑灰色、羽基部较淡，肩羽缀白色。颏、喉、眼以下头侧、颈及下体白色。

幼鸟 似冬羽。背具窄狭白色羽缘；下喉和胸具褐灰色羽缘。

鸣叫声： 发出"meer-meer-meer"叫声。

体尺衡量度（长度mm、体重g）： 山东暂无标本及测量数据。

栖息地与习性： 斑海雀在中国内极其罕见，为冬候鸟和游荡鸟。栖息于海洋和沿海及海岸附近，性漂泊，也会进入内陆淡水水域，如大型湖泊、鱼场等。繁殖期主要栖息于沿海海岸、岛屿等处。飞翔时能直接从海面上起飞。栖息于海岸附近。游泳时嘴和尾均上翘。以小型鱼类和无脊椎动物为食。

食性： 主要捕食小鱼、虾、甲壳动物和软体动物。

繁殖习性： 资料匮乏。

亚种分化： 全世界有2个亚种，中国有1个亚种，山东分布记录为东北亚种 *B. m. perdix*（Pallas）（郑作新1987），郑光美（2011）认为无亚种分化。

亚种命名 Pallas，1811，200gr. Rosso-Asiat. 2：351. pl. 80（西伯利亚白令海）

分布： 东营-（P）黄河三角洲。青岛-（P）青岛（P）胶东半岛。

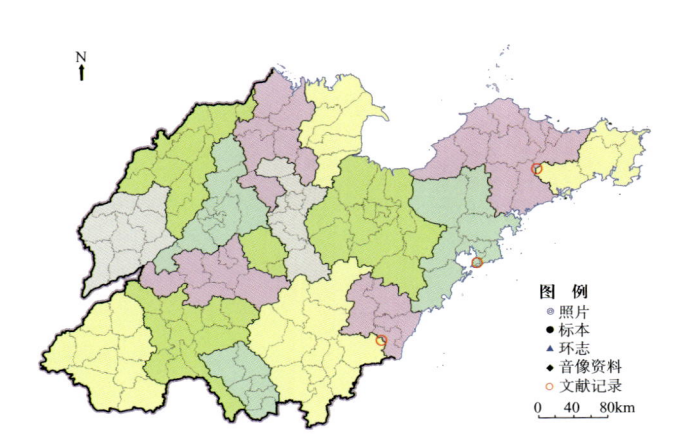

黑龙江、辽宁。

区系分布与居留类型： [古]（P）。

种群现状： 在中国，1984年5月18日在吉林的松花湖发现1只雌鸟个体，标本保存在永吉县旺起林场。到目前为止，山东有青岛罕见旅鸟的记录，至今无物种的专项研究报道，也无标本、照片等实证，物种分布现状应属无分布，尚待进一步研究确证。

物种保护： Ⅲ，中日，Nt/IUCN。

参考文献： H389，M451，Zja398；Q162，Qm 270，Z273，Zx83，Zgm105。

山东记录文献： 郑光美2011，朱曦2008，钱燕文2001，范忠民1990，郑作新1987、1976，Shaw 1938a；赛道建2013，纪加义1987c。

● 218-01 扁嘴海雀
Synthliboramphus antiquus

命名： Gmelin JF，1789，Syst. Nat., ed.13，1：554（西伯利亚堪察加半岛）

英文名： Ancient Murrelet

同种异名： 海雀，短嘴海鸠，古海鸟，海鹎䳋；*Alca antiqua* Gmelin，1789；—

鉴别特征： 体小黑、白色海雀。嘴锥形而白色、端深色，头、喉黑色，白色眉纹延伸至枕部。背蓝灰色，下体白色，肩部延伸呈白带斑。冬羽眉纹及喉部黑色消失。脚灰色。

形态特征描述： 嘴短、圆锥状，乳黄色。虹膜褐色。体羽黑白二色。眼上头侧杂有白条纹，眼周白色，眼上后方由细小白色羽毛形成一条白色带斑向后

扁嘴海雀（薛琳20160126、赛道建19920205摄卵、雏于大公岛）

延伸至枕。前额、头顶至后颈、颏、喉和头侧等整个头部黑色。背石板灰色，上背两侧具白色纵纹，腰暗灰色。背及翼羽具白纵纹。翅窄而短小，飞羽和翼上覆羽灰褐色，羽轴白色，外侧初级飞羽内侧基部白色。胁部具长黑羽。颈侧、颈以下大部、胸、腹和尾下覆羽白色。尾短、尾羽黑色。脚灰黑色，前趾间有蹼膜，后趾缺如。

冬羽 似夏羽。嘴淡红色。喉白色，眼后上方头部和翕两侧无白纹。颊、颏灰色，喉及颈侧白色。上体较褐、体侧暗灰色。跗蹠淡灰色。

幼鸟 头顶和头侧黑色，背灰色，颏、喉和下体白色。翅和尾黑色。

鸣叫声： 叫声似低沉笛音或金属碰撞音。

体尺衡量度（长度 mm、体重 g）：

标本号	时间	采集地	体重	体长	嘴峰长	翅长	跗蹠长	尾长	性别	现保存处
3602*	19370425	青岛大公岛		230	13	139	30	41	♂	中国科学院动物研究所

* 平台号为 2111C0002200002013

注：Shaw（1938a）记录 22♂ 重 224（200~260）g，翅长 137（132~144、178~187）mm；24♀ 重 234（185~280）g，翅长 139（130~144）mm；还有 4 只幼体

栖息地与习性： 栖息于沿岸和近海岛屿上。单只或小群活动，善于游泳和潜水，贴近海面飞行短距离后又落到海面，上岸时状如企鹅呈直立式，遇到危险时，会潜入海中避难。冬季在山东沿海岛屿灌丛、草丛坡地上繁殖，在海面上游泳或潜入海中捕食。

食性： 主要捕食小型鱼类和浮游甲壳类。

繁殖习性： 繁殖期 12 月至翌年 4 月。通常在海岸和海岛悬岩、岩石上或岩石缝隙间营巢，或不筑巢将卵产于地上，每窝通常产卵 2 枚、有时 1 枚，卵赭色、淡黄色或黄褐色被暗褐色或红色斑点。卵径约 61mm×38mm。雌雄亲鸟轮流孵卵，雏鸟出壳后 30h 离巢入海。

亚种分化： 全世界有 2 个亚种，中国有 1 个亚种，山东分布为指名亚种 *S. a. antiquus*（Gmelin）。

亚种命名 Gmelin JF, 1789, Syst. Nat., ed. 13, 1: 554（西伯利亚堪察加半岛）

分布： 青岛 -（S）潮连岛；崂山区 - 长门岩岛，(R)●（Shaw 1938a）▲大公岛（19920205, 曾晓起 20120228）；市北区 -●（Shaw 1938a）大港，●（Shaw 1938a）红岛；黄岛区 -●（Shaw 1938a）薛家岛，●（Shaw 1938a）竹岔岛。日照 -（S）前三岛 - 车牛山岛，达山岛，平山岛。烟台 -（P）烟台*；长岛县 -（R）长岛，大黑山岛。（P）胶东半岛。

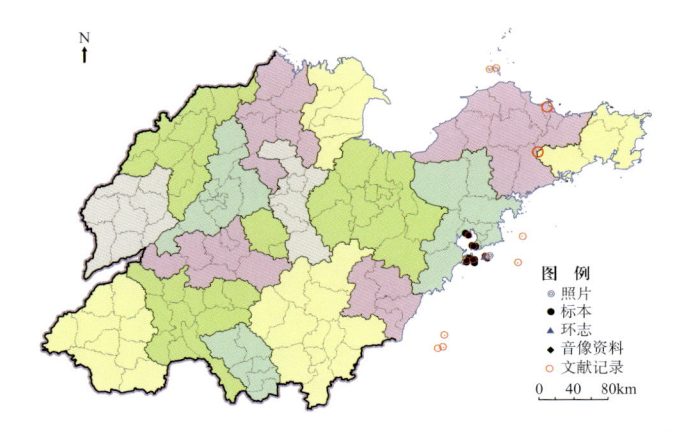

黑龙江、吉林、辽宁、上海、浙江、台湾、广东、海南、香港。

区系分布与居留类型：［古］(S)。

种群现状： 寿振黄（1938）报道在青岛沿海的大公岛上有过扁嘴海雀的繁殖后，直到20世纪90年代，崔志军（1993）报道1991年在一面积为 260m² 的岩崖区内有扁嘴海雀巢130只；赛道建（1996b）于1992年采到成鸟、幼鸟和卵（现保存于山东师范大学标本室）并拍照，做过卵壳的超微结构研究。与夏季繁殖鸟不同，扁嘴海雀是1月、2月前后在山东沿海海岛洞穴中繁殖的，每窝产卵2枚；烟台分布多年未见研究报道，据 David Melville（2013）介绍，Duncan（1937）鉴定的卵标本经重新鉴定为蛎鹬卵。由于海岛旅游养殖开发、近海地区石油污染及渔民到岛上掏窝取蛋等，就整个沿海地区而论，分布区比较狭窄，数量不多，列入山东省重点保护野生动物名录。环志扁嘴海雀曾在俄罗斯千岛群岛回收，应加强与国际的合作，加强海岛与周边海洋环境保护，禁止渔民和游人上岛掏窝取蛋，保护促进种群的恢复发展。

物种保护： Ⅲ，V/CRDB，中日，Lc/IUCN。

参考文献： H390, M452, Zja399; Lb307, Q162, Qm270, Z273, Zx83, Zgm105。

山东记录文献： 郑光美 2011，朱曦 2008，钱燕文 2001，赵正阶 2001，范忠民 1990，郑作新 1987、1976，付桐生 1987，Shaw 1938a；赛道建 2013、1997、1996b，王希明 2011，于培潮 2007，崔志军 1993，马金生 1990，纪加义 1987c，柏玉昆 1982。

---

* 烟台分布多年未见研究报道，也未能征集到照片。2013年，David Melvill 在审阅《山东鸟类分布名录》时介绍，Duncan（1939）鉴定保存在英国博物馆中的卵标本，经重新鉴定为蛎鹬的卵

11 沙鸡目 Pterocliformes

曾作为鸽形目的沙鸡科，新的分类系统将其提升为目。

11.1 沙鸡科 Pteroclidae（Sandgrouse）

大小似鸽。嘴小而弱，嘴基无软膜。翅尖长，初级飞羽11枚，第1枚特别长。尾羽12~14枚，中央1对特别延长且羽端尖细。脚短，后趾缺，仅具3趾，跗蹠、趾全被羽。

栖息于草原、荒漠与半荒漠地区。非繁殖期成群活动。营巢于灌丛沙地上，每窝产卵2~4枚。以植物种子、嫩芽和昆虫为食。

全世界有2属16种；中国有2属3种，山东分布记录有1属1种。

○ 219-20 毛腿沙鸡 *Syrrhaptes paradoxus*（Pallas）

命名：Pallas, 1773, Reise Versch. Pro. Russ. Reichs 2: 712（亚洲西部 Tartarian Dedert 南部）

英文名：Pallas's Sandgrouse

同种异名：沙鸡，突厥雀，寇雉；—；—

鉴别特征：沙褐色鸟。嘴蓝灰色，额、头顶、脸部橙黄色，颏棕色、喉红色。枕、后颈棕灰色，颈侧灰色，沙棕色上体密布黑斑，胸棕灰色，下胸棕白色形成宽带斑，其间有黑细胸带斑，腹部特征性黑块斑扩至两胁。雌鸟颈基具黑细横纹，颈侧具细斑点。脚偏蓝色，腿被羽。飞行时翼形尖，翼下白色、次级飞羽具狭窄黑色缘。

形态特征描述：嘴蓝灰色，被短羽。虹膜暗褐色。眼周浅蓝色。冬羽额、头顶前部和眉纹沾黄色，头侧纯黄色。头顶及头后部和后颈暗棕黑色具灰黑色羽轴纹；颏淡棕色，喉和后颈基两侧块斑棕红色。颈侧灰色。上体砂棕色布满黑色斑，背部黑斑较粗、向后细而密；肩羽、覆羽和三级飞羽与背相同；初级飞羽蓝灰色具黑色羽干，第1枚尖长，外翈黑色，其内侧初级飞羽砂棕色，羽缘向内渐阔至最内的3枚则棕缘显著，且中央蓝灰部较黑褐色；次级飞羽棕色、外翈具褐色纵纹；三级飞羽杂不规则蓝灰色至黑色斑纹；中覆羽先端缀黑色圆斑；大覆羽外先端深色形成带斑斜贯翅上；初级覆羽棕色较内侧覆羽淡而中央纵贯宽阔黑纹；翼缘砂棕色缀黑斑，小翼羽外翈砂棕色、内翈黑褐色。腋羽白色缀黑端；翼下覆羽棕黄色、近缘处杂黑点。胸棕灰色、下胸贯以棕白色横带、带中杂数条黑色细斑；腹淡砂棕色，中央具一大形黑块，延伸至两胁；尾羽的羽干悉为黑褐色；中央尾羽延长砂棕色、沿羽干两侧灰色横斑向边缘转为黑褐色，蓝灰部分前后骈连使羽毛中央部悉成此色；外侧尾羽外翈蓝灰色、内翈砂棕色与黑褐色横斑相杂，羽缘砂棕色，羽端棕白色。覆腿羽、尾下覆羽棕白色，较长尾下覆羽近基部羽干具黑斑呈羽毛状。脚偏蓝色，腿被羽。

雌鸟 似雄鸟。喉具狭窄黑色横纹，颈侧具细点斑。头顶、后颈同背；额、喉、眉纹与块斑棕黄色。背上黑斑狭短呈波状。翅上小、中覆羽茶色缀黑斑。前胸有黑褐色细环，胸侧缀黑色圆点，腹部斑巧克力色。

鸣叫声：群鸟发出嘈杂"kirik"或"cu-ruu, cu-ruu, cu-ou-ruu"声，或快速重复"kukerik"叫声及生硬"cho-ho-ho-ho"声。

体尺衡量度（长度mm、体重g）：山东暂无标本及测量数据。

栖息地与习性：栖息于开阔、贫瘠的荒漠原野、草原及半荒漠地带和耕地。远离其通常的分布区时会出现数量爆发。多成小群或成上百只大群活动，飞行快而距离不长，常发出较大啸声。

毛腿沙鸡（丁洪安 20061103 摄于国家级自然保护区大汶流）

食性： 主要采食各种植物的种子和幼芽。

繁殖习性： 繁殖期4~7月。在地面或灌木下的沙土凹处筑巢。每窝通常产卵3枚，卵椭圆形，土灰色或土黄色被褐色或灰色斑点，卵径约43mm×31mm。雌雄亲鸟轮流孵卵，孵化期约25天。

亚种分化： 单型种，无亚种分化。

分布： 东营-（W）◎黄河三角洲；国家级自然保护区-大汶流（丁洪安20061103）。（W）胶东半岛。

黑龙江、吉林、辽宁、内蒙古、河北、北京、山西、甘肃、青海、新疆、四川、广西。

区系分布与居留类型： ［古］（W）。

种群现状： 肉嫩味美可供食用；尾羽长而尖，可作装饰品；繁殖区数量尚普遍。山东分布数量稀少，一直无标本及其专项研究，虽然《黄河三角洲鸟类》中有丁洪安等拍摄的照片，但近年来本书未能再征集到照片，列入山东省重点保护野生动物名录，需进一步加强对物种与栖息环境的保护研究。

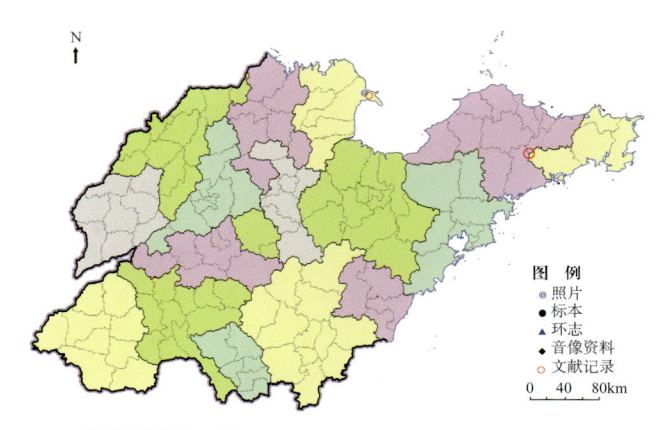

保护级别： Ⅲ，Lc/IUCN。

参考文献： H393，M326，Zja402；Q164，Qm271，Z275，Zx84，Zgm106。

山东记录文献： 郑光美2011，朱曦2008，钱燕文2001，赵正阶2001，范忠民1990，付桐生、郑作新1987、1976，付桐生1987；赛道建2013，田家怡1999，纪加义1987d。

12 鸽形目 Columbiformes

12.1 鸠鸽科 Columbidae（Doves，Pigeons）

小型至较大型鸟，头部小、短喙及短腿，飞行肌肉发达。跗蹠比中趾长，尾羽12枚，尾比翼短或几乎等长，稍呈凸尾状。

生活于从浓密丛林至沙漠环境、从热带至冷的温带地区的各种地面栖息地，完全独居或成群生活，活动间隙用较多时间清理羽毛，包括理羽、水浴、日光浴及沙浴等。发出"咕咕"笛状音用以宣示领域。食性多数种类为全植食性，有的会摄食昆虫、蠕虫及小型螺类。一雌一雄进行繁殖，有求偶飞行行为，但森林性及地栖性种类没有求偶飞行。每窝产卵1～2枚，雌雄鸟共同分担孵卵及育雏的工作，以消化道分泌的"鸽乳"喂养雏鸟。

本科鸟类受人类活动的影响，随着人类生活区域的扩张，有58种生存受胁，其中有2种几乎可确定灭绝。自公元1600年以来，已有生活在海岛上的8种及3个亚种已确定灭绝。

全世界鸽形目鸟种众多，分为5个亚科，共有42属308种；中国有7属31种，山东分布记录有3属6种。

鸠鸽科分属、种检索表

1. 体型较大，翼长20cm以上，跗蹠较中趾短 ······ 2 鸽属 *Columba*
   体型较小，翼长20cm以下，跗蹠较中趾长或等长 ······ 4
2. 体羽为一致黑灰色 ······ 黑林鸽 *C. janthina*
   体羽为灰色、黑色、白色 ······ 3
3. 尾具一道明显白色宽阔横斑 ······ 岩鸽 *C. rupestris*
   尾灰蓝色，无白色横斑 ······ 原鸽 *C. livia*
4. 两性异形；第1和第2枚飞羽最长 ······ 火斑鸠属 *Oenopopelia*，火斑鸠 *S. tranquebarica*
   两性相似；第2和第3枚飞羽最长 ······ 5 斑鸠属 *Streptopelia*
5. 尾羽和翼上覆羽无羽缘斑，颈有半月状黑领、无黑色细斑 ······ 灰斑鸠 *S. decaocto*
   尾羽和翼上覆羽具羽缘斑，雌雄鸟异形，第1～2枚飞羽最长 ······ 6
6. 颈后黑羽具珍珠状白色斑点 ······ 珠颈斑鸠 *S. chinensis*
   颈后黑羽不具珍珠状白色斑点 ······ 山斑鸠 *S. orientalis*

● 220-01 岩鸽
Columba rupestris Pallas

命名： Pallas，1811，Zoogr. Rosso. As. 1：560（西伯利亚达乌尔）

英文名： Hill Pigeon

同种异名： 野鸽子；—；Blue Hill Pigeon，Eastern Rock Pigeon

鉴别特征： 灰色鸽。嘴黑色、蜡膜肉红色。头、上颈暗灰色。下颈、背和胸上部闪亮绿色和紫色，下背和腹部白色，翼上2道黑色横斑不完整。尾石板灰色、先端黑色，宽阔白次端带斑与浅色腰背部、灰色尾基对比明显。脚红色。

形态特征描述： 嘴黑色，嘴基部柔软被蜡膜、嘴端膨大。虹膜橙黄色。头、颈和上胸石板蓝灰色，颏、喉暗石板灰色。颈和上胸缀金属铜绿色、极富光泽，颈后缘和胸上部具紫红色光泽形成颈圈状。上背和肩大部呈灰色，下背白色，腰和尾上覆羽暗灰色。翼上覆羽浅石板灰色，内侧飞羽、大覆羽具2道不完全黑横带，初级飞羽黑褐色，内侧中部浅灰色、外侧和羽端褐色，次级飞羽末端褐色。腋羽白色。胸以下灰色至腹部变为白色。尾石板灰黑色，先端黑色、近尾端处横贯一道宽阔白带斑。脚较短，胫全被羽，跗蹠及趾暗红朱红色，爪黑褐色。

岩鸽（陈云江 20130628 摄于张夏镇；刘子波 20160605 摄于凤城）

雌鸟 似雄鸟。羽色略暗,特别是尾上覆羽,胸少紫色,光泽不如雄鸟鲜艳。

鸣叫声: 叫声"gugu"似家鸽。

体尺衡量度(长度mm、体重g):

标本号	时间	采集地	体重	体长	嘴峰长	翅长	跗蹠长	尾长	性别	现保存处
				291	15	222	28	136		山东师范大学
*	1938	青岛	275			225			♂	不详
*	1938	青岛	265			225			♂	不详
*	1938	青岛	270			213			♀	不详

* shaw(1938a)采集到的标本

栖息地与习性: 栖息于山地岩石和悬岩峭壁处。性较温顺,常成群活动,结群到山谷和平原田野上觅食。

食性: 主要采食种子、果实、球茎、块根等植物性食物,以及麦粒、青稞、谷粒、玉米、稻谷、豌豆等农作物种子。

繁殖习性: 繁殖期4~7月。在山地岩石缝隙、悬崖峭壁洞穴中或在平原地区的古塔顶部和高建筑物上营巢,盘状巢由细枯枝、枯草和羽毛构成。每窝通常产卵2枚,一年可繁殖2窝,卵白色,卵径约37mm×27mm,卵重12~13g。雌雄亲鸟轮流孵卵,孵化期18天。雏鸟晚成雏。

亚种分化: 全世界有2个亚种,中国有2个亚种,山东分布为指名亚种 *C. r. rupestris* Pallas。

亚种命名 Pallas,1811,Zoogr. Rosso-Asiat.,1:560(西伯利亚达乌尔)

分布: 滨州 - ●(刘体应1987)滨州。东营 -(R)◎黄河三角洲。济南 -(R)济南;历下区 - 大佛头、千佛山;长清区 - 灵岩寺、张夏(陈云江20130628)。青岛 - 青岛;黄岛区 - ●(Shaw 1938a)灵山岛。泰安 -(R)泰安、泰山 - 中山、低山;岱岳区 - 徂徕山;东平县 -(R)东平湖。潍坊 - 潍坊;(R)青州 - 仰天山、南部山区。淄博 - 淄博。胶东半岛、鲁中山地、鲁西北平原。

黑龙江、吉林、辽宁、内蒙古、河北、北京、天津、山西、河南、陕西、宁夏、甘肃、青海、新疆、湖北、四川、重庆、贵州、云南、西藏。

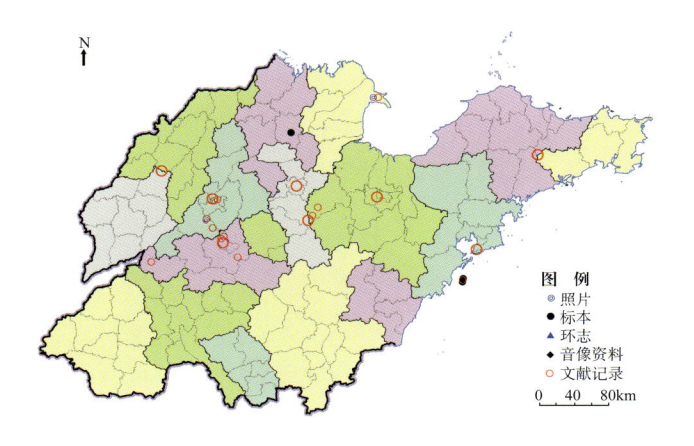

区系分布与居留类型:[古](R)。

种群现状: 物种分布范围广,数量稳定,被评价为无生存危机物种。美国犹他大学(The University of Utah)、深圳华大基因研究院(BGI)和丹麦哥本哈根大学(University of Copenhagen)等机构的研究人员分析了多种鸽的基因组序列,从分子层面揭示了家鸽起源史,并发现基因"EphB2"为鸽子羽冠形成提供了遗传依据,用于解析不同鸽子品种特征的遗传学基础。山东分布广泛,较为常见,但尚无具体数量的统计。

物种保护: Ⅲ、Lc/IUCN。

参考文献: H408,M264,Zja417;Q170,Qm 272,Z284,Zx85,Zgm107。

山东记录文献: 郑光美2011,朱曦2008,钱燕文2001,范忠民1990,郑作新1987、1976,Shaw 1938a,赛道建2013、1999、1994,邢在秀2008,王元秀1999,田家怡1999,王庆忠1995、1992,赵延茂1995,丛建国1993,刘体应1987,纪加义1985、1987d,杜恒勤1985,李荣光1960、1959,田丰翰1957。

○ 221-01 黑林鸽
Columba janthina Temminck

命名: Temminck CJ,1830,*in* Temminck *et* Laugier,Pl. Col. Ois.,86:pl. 503(日本)

英文名: Japanese Wood Pigeon

同种异名: 黑果鸽,乌鸠;—;Black Wood Pigeon,Fruit Pigeon

鉴别特征: 中大型鸽。嘴深蓝色。体黑色,头顶、背和腰具紫色光泽,后颈胸具绿色光泽。脚红色。

形态特征描述: 喙及喙基灰黑色。虹膜红褐色。体羽大致黑色,头顶、背、腰及翼上覆羽随光线不同而常呈紫色或绿色光泽。后颈具金属绿色光泽。脚和趾红色。

雌鸟 似雄鸟。羽色不如雄鸟鲜艳。

鸣叫声: 发出深沉的"wuwu、wuwu"声。

体尺衡量度(长度mm、体重g): 山东暂无标本及测量数据。

324 | 山东鸟类志

黑林鸽（刘子波 20140830 摄于凤城）

栖息地与习性： 栖息于常绿阔叶林，特别偏好无人为干扰的老熟森林。多单独出现，偶尔会成小群出现，在树上或地上觅食。

食性： 以植物的果实、种子及芽苞为食。

繁殖习性： 有关研究资料少。繁殖期 2~9 月，筑巢于树上或石砾中，每窝产卵 1 枚。

亚种分化： 全世界有 3 个亚种，中国有 1 个亚种，山东分布记录为指名亚种 *C. j. janthina* Temminck。

亚种命名 Temminck CJ，1830，*in* Temminck *et* Laugier，Pl. Col. Ois. 86：pl. 503（日本）

Dickinson（2003）认为本种分为 3 个亚种，分别为分布于琉球群岛及外海小岛的指名亚种 *C. j. janthina* 和 *C. j. nitens* 和 *C. j. stejnegeri*。*stejnegeri* 仅分布于琉球群岛的八重山岛；*nitens* 仅分布于日本的小笠原群岛，已接近绝种。指名亚种与 *stejnegeri* 亚种在外形上很难分辨。

分布： 青岛-青岛。威海-（S）威海。烟台-海阳-凤城（刘子波 20140830、20150613、20151018）。胶东半岛。

台湾。

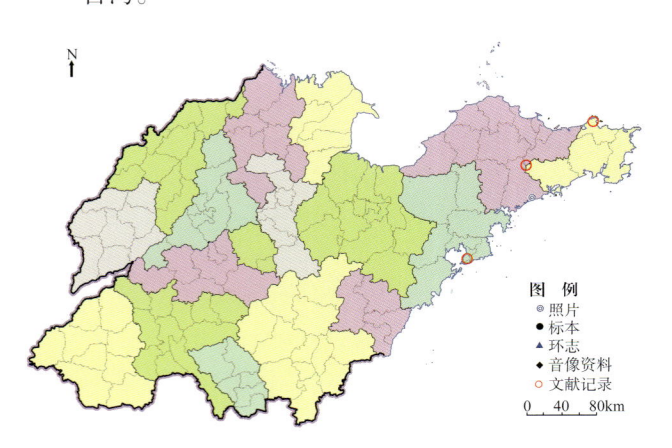

区系分布与居留类型：［东］S（SW）。

种群现状： 分布范围狭窄，许多族群近几十年有大量减少的趋势，小笠原群岛的 *C. j. nitens* 于 20 世纪 80 年代之后便没有任何发现记录，可能已近绝种。老熟林遭到严重破坏也严重威胁着物种赖以生存的环境。台湾有记录并采到标本。山东有繁殖记录，20 世纪 80 年代山东鸟类普查时未能采到标本且长时间无有关物种的具体研究报道，山东是否有分布被人们所怀疑。刘子波于 2014 年 8 月 30 日在海边废弃烂尾楼中发现有几只栖息，附近是广阔海滩、草地；如照片鉴定无误则证实其在胶东地区仍有少量分布，应该严格加强对物种和栖息环境的保护与研究。

物种保护： Ⅲ，Nt/IUCN。

参考文献： H416，M272，Zja425；Lb316，Q172，Qm274，Z289，Zx85，Zgm108。

山东记录文献： 郑光美 2011，朱曦 2008，钱燕文 2001，赵正阶 2001，范忠民 1990，郑作新 1987、1976；赛道建 2013，纪加义 1987d，柏玉昆 1982。

● **222-01** 山斑鸠
Streptopelia orientalis（Latham）

命名： Latham J，1790，Ind. Orn.，2：606（中国）

英文名： Oriental Turtle Dove

同种异名： 金背鸠，金背斑鸠，斑鸠；*Columba orientalis* Latham，1790；Rufous Dove，Rufous Turtle Dove

鉴别特征： 嘴蓝灰色。上体褐色，羽缘棕色呈斑纹状，颈斑呈明显黑白条纹块状斑，腰灰色，下体偏粉色。尾近黑色具白端斑，飞行时呈明显完整弧形。脚粉红色。

形态特征描述： 嘴平直、铅蓝灰色，基部柔软被蜡膜，嘴端稍膨大。虹膜黄色或橙色。前额和头

山斑鸠（赛道建 20130907 摄于济南机场；王宜艳 20160304 摄于南山公园）

顶前部蓝灰色，头后部至后颈沾栗棕灰色，颏、喉棕色染粉红色。颈基有一块羽缘蓝灰色的黑羽形成显著黑灰色颈斑。上背褐色、羽缘红褐色形成似扇贝斑纹，下背和腰蓝灰色。肩、内侧飞羽黑褐色具红褐色羽缘，外侧中覆羽和大覆羽深石板灰色、羽端色淡。飞羽黑褐色、羽缘色淡。下体葡萄酒红褐色。胸沾灰色、腹淡灰色，两胁、腑羽及尾下覆羽蓝灰色。尾羽褐黑色、尾梢浅灰白色；尾上覆羽同尾羽色具蓝灰色羽端，越向外侧蓝灰色羽端越宽阔。最外侧尾羽外翈灰白色。脚较短、粉红色，爪角褐色，胫全被羽。

鸣叫声： 鸣声低沉，典型声似"kuku-kuku"4声反复重复。

体尺衡量度（长度 mm、体重 g）：

标本号	时间	采集地	体重	体长	嘴峰长	翅长	跗蹠长	尾长	性别	现保存处
B000404					14	172	25	130		山东博物馆
	1958	微山湖		335	20	215	22	145	♂	济宁一中
830133	19830927	鲁桥	217	283	18	195	23	133	♂	济宁森保站
				300	17	185	20	165		山东师范大学
				298	20	198	25	130		山东师范大学

注：Shaw（1938a）记录1♂重230g，翅长197mm；1♀重280g，翅长183mm

栖息地与习性： 栖息于低山丘陵、平原地带和山地阔叶林、混交林、次生林、果园和农田耕地及宅旁竹林和树上。迁徙或秋冬季节集群活动，繁殖期单独活动，或成对栖息于树上，一起飞行和觅食。在地面活动十分活跃，常小步迅速前进，边走边觅食，头前后摆动；起飞时常带有"扑棱"声，飞翔时两翅鼓动频繁，直而迅速，有时滑翔。

食性： 主要采食各种植物的果实、种子、草籽、嫩叶、幼芽和农作物如稻谷、玉米、高粱、小米、黄豆、绿豆、油菜籽等，以及鳞翅目幼虫、甲虫等昆虫。

繁殖习性： 繁殖期4~7月。在森林中的树上、宅旁竹林、孤树或灌木丛中营简陋的巢，巢在靠主干的枝桠处，由枯细树枝交错堆集而成，盘状巢内无内垫或仅垫有少许树叶、苔藓和羽毛，从下面可看到巢中卵或雏鸟。一般每年产卵2窝，卵白色，椭圆形，光滑无斑，卵径约33mm×24mm，卵重7~12g。雌雄亲鸟轮流孵卵，恋巢性强，孵卵期18~19天。雏鸟晚成雏，刚出壳雏鸟裸露无羽，仅有稀疏几根黄色毛状绒羽，雌雄亲鸟共同抚育，雏鸟嘴伸入亲鸟口中取食从嗉囊中吐出的半消化乳状食物"鸽乳"，育雏期18~20天，幼鸟离巢飞翔。

亚种分化： 全世界有6个亚种，中国4个亚种，山东分布为指名亚种 *S. o. orientalis*（Latham）。

亚种命名 Latham, 1790, Ind. Orn., 2: 606（中国）

分布： 滨州-●（刘体应1987）滨州；滨城区-徒骇河（刘腾腾20160517）；无棣县-埕口盐场（20160518，刘腾腾20160518），小开河村（刘腾腾20160516）。德州-市区-长河公园（张立新20080505）；乐陵-城区（李令东20100723），宋哲元陵墓（李令东20100724）；●齐河县-华店（20130907）。东营-（R）◎黄河三角洲，河口区。菏泽-（R）菏泽。济南-（R）济南，●济南机场（20130907）；天桥区-北园；历下区-大明湖（20130305、20120609），千佛山（20100626）；槐荫区-睦里闸（20130125）；市中区-南郊宾馆；长清区-灵岩寺，张夏（陈云江20140514）；章丘-（R）黄河林场；历城区-虎门（20121115），西营（20140408），绵绣川（20121120），红叶谷（20121201），大门牙景区（陈忠华20140525）。济宁-●济宁；任城区-太白湖（20140806），嘉祥-纸坊（20140806）；曲阜-（R）曲阜，孔林（孙喜娇20150506），（R）石门寺；微山县-（R）鲁山，张楼（20151207），●微山湖，国家湿地公园（20151208），韩庄苇场（20151208），夏镇（陈保成20081207）。聊城-东昌湖。临沂-（R）沂河，临沂大学（20160405）；费县-温凉河（20150907）。莱芜-莱城区-牟汶河（陈军20090910）。青岛-近海海岛；市南区-浮山；崂山区-（R）潮连岛；黄岛区-●灵山岛。日照-日照水库（20140304），国家森林公园（郑培宏20141009）；五莲县-五莲山（20140324）；（R）前三岛-车牛山岛，达山岛，平山岛。泰安-（R）●泰安；泰山区-农大南校园，泰山-低山，斗母宫（刘冰20121230），大津口，极顶（刘兆瑞20120207）；东平县-（R）●东平湖（20130509）；●宁阳。潍坊-潍坊，白浪河湿地公园（20140828）；（R）青州-仰天山，南部山区；诸城（20051226）。威海-荣成-成山林场（20120612），西霞口（20090419），西北泊（20140605），海驴岛（20140607），文登-五里顶（20130612）。烟台-芝罘区-南山公园（王宜艳20160304）；长岛县-●长岛，海阳-凤城（刘子波20141214），栖霞-白洋河（牟旭辉20150614）。淄博-淄博；张店区-沣水镇（赵俊杰 20160312）；高青县-常家镇（赵俊杰 20141220）。胶东半岛，鲁中山地，鲁西北平原，鲁西南平原湖区，山东全省。

除新疆、台湾外，各省份可见。

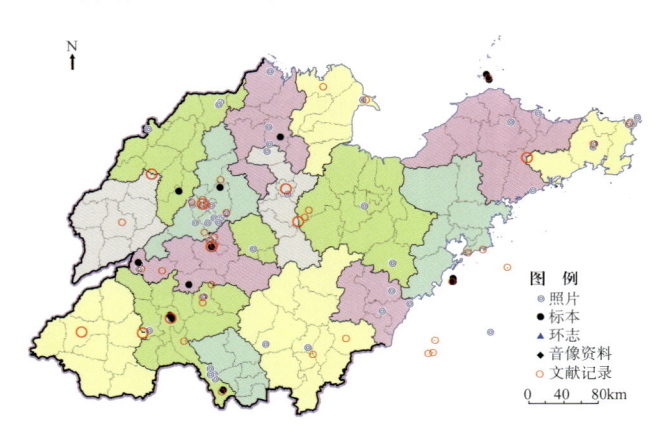

区系分布与居留类型：［广］（R）。

种群现状： 曾是秋冬迁徙季节的重要狩猎鸟。由于大量捕猎及环境、污染等的影响，导致种群数量下降；近年来因保护措施得力，种群数量有所恢复。山东分布广泛而数量普遍，未列入山东省重点保护野生动物名录。

物种保护： Ⅲ，Lc/IUCN。

参考文献： H421，M274，Zja430；Lb318，Q174，Qm275，Z292，Zx85，Zgm109。

山东记录文献： 郑光美 2011，朱曦 2008，钱燕文 2001，赵正阶 2001，范忠民 1990，郑作新 1987、1976，付桐生 1987，Shaw 1938a；赛道建 2013、1999、1994、1989，庄艳美 2014，李久恩 2012，邢在秀 2008，王海明 2000，张培玉 2000，王元秀 1999，田家怡 1999，杨月伟 1999，王庆忠 1995，赵延茂 1995，丛建国 1993，王庆忠 1992，刘体应 1987，纪加义 1987d，杜恒勤 1985，李荣光 1960，田丰翰 1957。

● 223-01 灰斑鸠
Streptopelia decaocto（Frivaldszky）

命名： Frivaldszky，1838，K. Magyar Tudòs Târsasâg Evkönyvi，3：183（土耳其）

英文名： Eurasian Collared Dove

同种异名： —；—；Ring Dove，Collared Turtle Dove

鉴别特征： 中型褐灰色斑鸠。嘴灰黑色。上体葡萄褐色，后颈具醒目黑白色半领环，下体鸽灰色，胸缀粉红色。尾长而黑色，具宽阔白端斑。脚粉红色。

形态特征描述： 嘴灰黑色。虹膜、眼睑红色，眼周裸露皮肤白色或浅灰色。额和头顶前部灰色向后逐渐转为浅粉红灰色。颏、喉白色。后颈基部半月形黑色颈环前后缘灰白色或白色，使黑色颈环更为醒目。全身灰褐色。背、腰、两肩和翼上小覆羽淡葡萄色，其余翼上覆羽淡灰色或蓝灰色，翅上具蓝灰色斑块；飞羽黑褐色，内侧初级飞羽呈灰色。翼下覆羽白色。下体淡粉红灰色，胸带粉红色，两胁蓝灰色。尾上覆羽淡葡萄灰褐色，较长的数枚尾上覆羽沾染灰色，尾下覆羽和两胁蓝灰色；中央尾羽葡萄灰褐色，外侧尾羽灰白色或白色、羽基黑色，尾羽尖端白色。脚和趾暗粉红色。

灰斑鸠（王海明 20090505 摄于市林业局）

鸣叫声： 叫声"gugu — gu"，第二声较重，重复多次。

体尺衡量度（长度 mm、体重 g）： 山东采到标本，但保存处不详，测量数据遗失。

栖息地与习性： 栖息于平原、山麓和低山丘陵地带的树林中，以及农田、果园、灌丛、城镇和村屯附近。在人类居住区周围经常能发现它们，对人类并不十分戒备。群居物种，在谷类等食物充足的地方会形成较大群体。

食性： 主要采食各种谷物。

繁殖习性： 繁殖期 4～8 月。一年可繁殖 2 窝。在小树上或灌丛中及房舍和庭园果树上营建简陋巢，巢由细枯枝堆集而成。每窝产卵 2 枚，卵圆形，乳白色，卵径约 32mm×25mm，卵重 7～9g。孵化期 14～16 天，主要由雌鸟孵卵，雄鸟在巢附近警戒。雏鸟晚成雏，孵出后由雌雄亲鸟共同喂养 15～18 天，幼鸟羽翼丰满即可飞翔离巢。

亚种分化： 全世界有 3 个亚种，中国有 2 个亚种，山东分布为指名亚种 *S. d. decaocto*（Frivaldszky）。

亚种命名 Frivaldszky，1838，Târsasâg Evkönyvi，3：183（土耳其）

分布： 德州-● 齐河县-华店（20130907）。东营-（S）◎黄河三角洲；河口区（李在军 20071118）。菏泽-（R）菏泽；牡丹区-市林业局（王海明 20090505）。济南-● 济南机场（20130908）。济宁-（R）济宁。聊城-（R）聊城，东昌湖。临沂-（R）

沂河。**青岛** - 青岛。**日照** - 岚山区 - 皋陆河，汉高陆。**烟台** - 芝罘区 - 南山公园（王宜艳 20160304）；海阳 - 凤城（刘子波 20140322）。**淄博** - 淄博。胶东半岛，鲁中山地，鲁西北平原，鲁西南平原湖区。

黑龙江、吉林、辽宁、内蒙古、河北、北京、天津、山西、河南、陕西、宁夏、甘肃、新疆。

区系分布与居留类型：［广］（R）。

种群现状： 分布广泛，但种群数量密度稀少。被认为是家养环鸽（Streptopelia risoria）的野生祖先，并可以与环鸽交配、繁殖。山东分布种群数量不多，列入山东省重点保护野生动物名录。

物种保护： Ⅲ，Lc/IUCN。

参考文献： H422，M278，Zja431；Q176，Qm 275，Z293，Zx86，Zgm109。

山东记录文献： 郑光美 2011，朱曦 2008，钱燕文 2001，范忠民 1990，郑作新 1987、1976，Shaw 1938a；赛道建 2013，王海明 2000，田家怡 1999，赵延茂 1995，纪加义 1987d。

● 224-01 火斑鸠
Streptopelia tranquebarica（Hermann）

命名： Hermann J，1804，Obs. Zool.：200（印度 Tranquebaria）

英文名： Red Turtle Dove

同种异名： 红鸠，红斑鸠，火鸪鹪（jiāo）；*Columba humilis* Temminck，1824，*Columba tranquebarica* Hermann，1804，*Oenopopopelia tranquebarica*（Hermann）；Red-collared Dove

鉴别特征： 嘴灰黑色。头、颈蓝灰色。背、胸、上腹葡萄红色，后颈部具醒目而宽黑半领环，前端白色，下体粉红色，飞羽黑色，翼覆羽棕黄色。中央尾羽深灰色，外侧尾羽具宽阔白端斑，飞行时明显。雌鸟色较浅，头暗棕色，体羽红色较少。

形态特征描述： 喙黑色、基部及蜡膜灰色。虹膜褐色至褐黑色，眼圈裸露处灰色。颏白色至喉部转为淡粉红色。颏和喉上部白色或蓝灰白色。前额、头顶、耳羽至颈淡蓝灰色，后颈有黑色宽颈斑横跨后颈基部延伸至颈侧。背、翼上覆羽及三级飞羽葡萄红色，初级飞羽及其覆羽黑褐色；翼下淡灰色，内覆羽白色，飞羽黑褐色。喉至胸及腹为葡萄红色至粉红色。两胁、覆腿羽、肛周、翼下覆羽和腋羽蓝灰色。腰背至尾上覆羽、中央尾羽深蓝灰色，其余尾羽灰黑色具宽阔白端斑，外侧尾羽黑色，最外侧 3 对尾羽外翈、羽尖白色，其余尾羽羽尖灰色；尾下覆羽白色，白色外侧羽基部黑色。脚褐红色，爪黑褐色。

火斑鸠（孙桂玲 20150806 摄于牟汶河；赛道建 20160725 摄于湿地公园）

雌鸟 似雄鸟。后颈黑色，颈斑细窄、缘以不明显白边，尾下黑色。额和头顶部淡褐灰色，颏及喉淡灰皮黄色近白色。背面土褐色，腰缀有蓝灰色。飞羽褐色更深，翼下灰白色。胸、腹部褐灰色略带粉红色。下腹、肛周和尾下覆羽淡灰色或蓝白色。

幼鸟 体色似雌鸟，无黑色颈斑，体羽及覆羽多有淡皮黄色羽缘，初级覆羽有宽栗色羽尖。

鸣叫声： 连续数次发出轻声快速"gu — lulu"声，求偶时为系列快速"gulu"声。

体尺衡量度（长度 mm、体重 g）：

标本号	时间	采集地	体重	体长	嘴峰长	翅长	跗蹠长	尾长	性别	现保存处
B000407				225	13	137	21	73		山东博物馆
	1958	微山湖		250	14	145	17	96	♂	济宁一中
830090	19830918	鲁桥	101	220	8	140	15	95	♂	济宁森保站
				234	16	138	16	103		山东师范大学
				216	11	150	15	111		山东师范大学

注：Shaw（1938a）记录 5♂ 重 103～110g，翅长 141～145mm；3♀ 重 144g、94g、104g，翅长 134～138mm

栖息地与习性：栖息于开阔的平原、低山丘陵、田野、村庄、果园和山麓疏林、林缘及宅旁竹林地带。常成对、成群或与山斑鸠和珠颈斑鸠混群活动。喜栖息于电线或高大枯枝、旱作地上。快速直线飞行时常发出"呼呼"的振翅声。通常在清晨或黄昏时在地面上觅食，白天其他时间大部分休息。

食性：主要采食植物浆果、种子和果实，以及稻谷、玉米、荞麦、小麦、高粱、油菜籽等农作物种子，还有白蚁、蛹和昆虫等小型动物。

繁殖习性：繁殖期4~8月。成对在低山、山脚丛林和疏林中乔木树上隐蔽较好的低枝上营巢，巢盘状，结构简单、粗糙，由少许枯树枝交错堆集而成。每窝产卵2枚，卵圆形，乳白色，卵径约27mm×22mm。雌雄亲鸟共同育雏。

亚种分化：全世界有2个亚种，中国有1个亚种，山东分布为普通亚种 *S. t. humilis* (Temminck)。

亚种命名 Temminck，1824，*in* Temminck *et* Laugier, Pl. Col. Ois. 44: pl. 259（孟加拉国及菲律宾吕宋岛）

分布：滨州-●（刘体应1987）滨州。东营-（S）◎黄河三角洲。菏泽-（S）菏泽。济南-（S）济南；槐荫区-济西湿地（王琳20150825）；章丘-●（1989）（S）黄河林场。济宁-●济宁；任城区-太白湖（宋泽远20120819）；曲阜-（S）孔林（马士胜20150514）；微山县-●微山湖，湿地公园（20160724）；邹城-（S）峄山。日照-东港区-●（Shaw 1938a）石臼所，付疃河（成素博20120607），●（Shaw 1938a）王家滩；（S）前三岛-车牛山岛，达山岛，平山岛。泰安-（S）●泰安；岱岳区-牟汶河（孙桂玲20150806），泉林坝（孙桂玲20150806）；泰山-低山；●东平县-（S）东平湖；●宁阳。潍坊-青州-（R）仰天山。淄博-淄博。胶东半岛，鲁中山地，鲁西北平原，鲁西南平原湖区。

除新疆外，各省份可见。

区系分布与居留类型：[广]（S）。

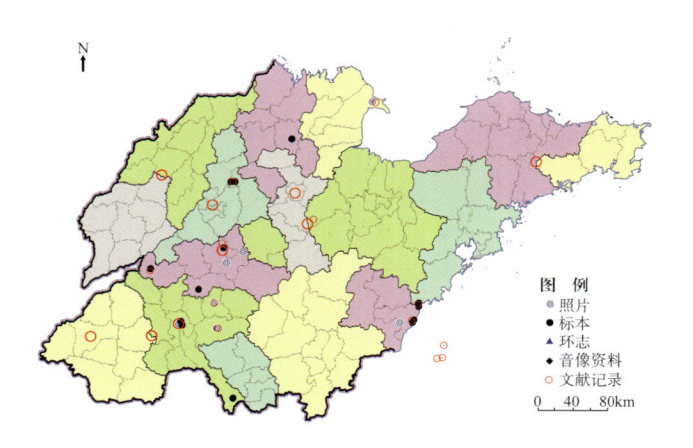

种群现状：分布相当普遍，分布随着山地农业开发而有向高海拔山区扩张的趋势。栖息地环境未遭受重大生存威胁，但面临猎捕压力。山东数量较少，分布并不普遍，未列入山东省重点保护野生动物名录。

物种保护：Ⅲ，Lc/IUCN。

参考文献：H425，M277，Zja434；Lb324，Q176，Qm275，Z297，Zx86，Zgm110。

山东记录文献：郑光美2011，朱曦2008，钱燕文2001，赵正阶2001，范忠民1990，郑作新1987、1976，付桐生1987，Shaw 1938a；赛道建2013、1994、1989，王海明2000，王元秀1999，田家怡1999，王庆忠1995、1992，赵延茂1995，刘体应1987，纪加义1987d，杜恒勤1985。

● **225-01** 珠颈斑鸠
Streptopelia chinensis (Scopoli)

命名：Scopoli GA，1786，Del. Flor. *et* Faun. Insubr.，2：94（广东广州）

英文名：Spotted Dove

同种异名：花脖斑鸠，鹁鹀，鹁鸟，花斑鸠，珍珠鸠，斑颈鸠，珠颈鸽，斑鸽；*Columba chinensis* Scopoli，1786；—

鉴别特征：嘴暗褐色，前额蓝灰色，渐变至枕部粉褐色。上体褐色，颈部黑色块斑满布白斑点形成醒目珠状颈斑，下体粉红色。尾长，黑褐色外侧尾羽白端斑宽，飞行时呈断开弧形白斑。脚红色。

形态特征描述：喙暗褐色。虹膜红褐色。前额淡蓝灰色至头顶逐渐变为淡粉红灰色，头后枕部淡褐色。颏白色，头侧、喉、胸淡褐色。头侧和颈粉红色，颈侧至后颈大块黑色颈斑上布满白色或黄白色珠状小斑点形成的颈斑，在淡粉红色颈部极为醒目。上体余部褐色，羽缘色淡。背、腰及翼上覆羽褐色、羽

珠颈斑鸠（赛道建20130914摄于华店；张月侠20160404摄于夏镇）

缘色淡，飞羽深褐色、羽缘较淡，翼缘、外侧小覆羽和中覆羽蓝灰色，其余覆羽较背淡。翼下覆羽、两胁、腋羽和尾下覆羽灰色。下体腹部淡褐色至粉红色。尾长，尾羽褐色，中央尾羽与背同色、较深，外侧尾羽黑褐色具宽阔白色末端斑，飞翔时极明显，尾下覆羽灰色，脚和趾紫红色，爪角褐色。雌雄鸟外形相似。

雌鸟 似雄鸟，不如雄鸟辉亮而具较少光泽。
幼鸟 颈部无珍珠状斑点。
鸣叫声： 有多种叫声，常发出三声一度的"gugu — gu"末声高音。

体尺衡量度（长度 mm、体重 g）：

标本号	时间	采集地	体重	体长	嘴峰长	翅长	跗蹠长	尾长	性别	现保存处
B000406					9	164	26	130		山东博物馆
	1958	微山湖		335	14	170	18	140	♂	济宁一中
				305	23	156	28	163		山东师范大学
				270	22	159	22	163		山东师范大学
				280	13	156	24	156		山东师范大学

注：Shaw（1938a）记录 2♂ 重 180g、185g，翅长 158mm；2♀ 重 170g、210g，翅长 157mm；还有无法辨认雌雄的 2 只标本。

栖息地与习性： 栖息于生长有稀疏树木的平原、草地、低山丘陵和农田地带，以及城市、村庄及其周围的开阔原野和林地里、杂木林、竹林、地边树上或住宅附近，栖息环境较固定，可长时间不变。常成小群或与其他斑鸠混群活动，分散栖于相邻树枝头。受惊后快速飞到附近树上，飞行时两翅扇动较快。通常在离开栖息地前鸣叫一阵，天亮后离开栖息树到地上边走边觅食活动，以 7～9 时和 15～17 时最为活跃。

食性： 主要采食植物种子特别是稻谷、玉米、小麦、豌豆、黄豆、菜豆、油菜、芝麻、高粱、绿豆等农作物种子，以及蝇蛆、蜗牛、昆虫等小型动物性食物。

繁殖习性： 繁殖期 4～7 月，各地有所差异，每年繁殖 2～3 次。一雌一雄共同用小树枝在树杈间或矮树丛、灌木丛间、山边岩石缝隙中搭建简单的平台巢。每窝产卵 2 枚，卵白色，椭圆形，光滑无斑，卵径约 28mm×21mm。雌雄亲鸟轮流孵卵，孵化期 15～18 天。幼鸟孵出后，雌雄亲鸟嗉囊能将食物消化成食糜，并分泌一些特殊成分形成"鸽乳"，用于喂养幼鸟。亲鸟用"鸽乳"育雏约 14 天，之后小斑鸠就必须离巢自行觅食。

亚种分化： 全世界有 4 个亚种（Dickinson 2003），中国有 3 个亚种，山东分布为指名亚种 *S. c. chinensis*（Scopoli）。

亚种命名 Scopoli GA，1786，Del. Flor. *et* Faun. Insubr，2：94（广东广州）

S. c. frigoris Stresemann，1924，Abh. Ber. Mus. Tierk. Völkerk. Dresden，16（2）：67（山东青州）

分布： 滨州 - 小开河沉沙池（20160312）；阳信县 - 东支流（刘腾腾 20160519）。德州 - 乐陵 - 城区（李令东 20100212）；齐河县 - 华店（20130914）。东营 -（S）◎黄河三角洲；自然保护区 - 大汶流（单凯 20110522）；东营区 - 东营职业学院（孙熙让 20120221、20110527），安泰南（孙熙让 20120103）；河口区 -（李在军 20090523），孤岛东区（孙劲松 20090908），维修大队（仇基建 20131005）。菏泽 -（R）菏泽；曹县 - 谢庄（谢汉宾 20151017）。济南 -（R）济南，●济南机场（20130912）；历下区 - 师大校院（20050525），大明湖（20120904），泉城公园（20131122），千佛山（20061101、20130506）；市中区 - 南郊宾馆（陈云江 20121011）；槐荫区 - 睦里闸，玉清湖（20140429）；历城 - 四门塔，罗伽（20140518），大门牙景区（陈忠华 20140525、20141002）。济宁 -●（R）济宁；任城区 - 洸府河（宋泽远 20120603）；嘉祥 - 洙赵新河（20140806）；曲阜 -（R）曲阜，孔林（孙喜娇 20150412），沂河（20140803、20141220）；微山县 -●微山湖，尹家河（20151207），夏镇（张月侠 20160404）；鱼台 - 梁岗（20160409），鹿洼（20160409）。聊城 - 聊城，东昌湖。莱芜 - 莱城区 - 红石公园（20130704，陈军 20130305）。青岛 - 崂山区 -●（Shaw 1938a）崂山，青岛科技大学（宋肖萌 20140322）；城阳区 - 棘洪滩水库（20150211）；黄岛区 -●（Shaw 1938a）灵山岛。日照 - 东港区 - 付疃河（20150423），皋陆河，银河公园（20140303），森林公园（20140321，郑培宏 20140919），●（Shaw 1938a）石臼所，阳光海岸（20140623）；前三岛。泰安 -（R）●泰安；泰山区 - 农大南校园，大河水库（20150919）；泰山 - 低山，黑龙潭（20120514），韩家岭（刘冰 20110221）；●东平县 - 王台（20130511），（R）东平湖；宁阳。潍坊 - 潍坊；青州；高密 - 姜庄镇（宋肖萌 20150422）；奎文区。威海 - 环翠公园（20121231）；荣城 - 西霞口（20090411）；文登 - 天福山（韩京 20110522）。烟台 - 芝罘区 - 夹河口（王宜艳 20160404）；海阳 - 凤城（刘子波 20150503）；招远 - 凤凰岭公园（蔡德万

20100609），东观村（蔡德万 20130323）。**枣庄** - 山亭区 - 莲青湖（尹旭飞 20150516），西伽河（尹旭飞 20160409）。**淄博** - 淄博，理工大学（20150912）；张店区 - 沣水镇（赵俊杰 20141003，20160312），人民公园（赵俊杰 20141216）；高青县 - 花沟镇（赵俊杰 20141007）。胶东半岛，鲁中山地，鲁西北平原，鲁西南平原湖区，山东全省。

内蒙古、河北、北京、天津、山西、河南、陕西、宁夏、甘肃、青海、安徽、江苏、上海、浙江、江西、湖南、湖北、四川、重庆、云南、福建、台湾、广东、广西、香港、澳门。

区系分布与居留类型：［东］（R）。

种群现状： 曾是秋冬季节的重要狩猎鸟。种群分布广泛，数量相当普遍，族群数量及其栖息地未遭受重大威胁。山东分布普遍，数量较多，未列入山东省重点保护野生动物名录。

物种保护： Ⅲ，Lc/IUCN。

参考文献： H423，M276，Zja432；Lb321，Q176，Qm275，Z294，Zx87，Zgm110。

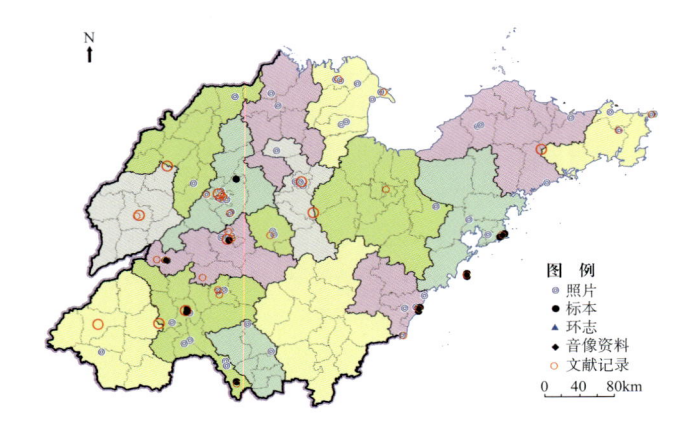

山东记录文献： 郑光美 2011，朱曦 2008，钱燕文 2001，赵正阶 2001，范忠民 1990，郑作新 1987、1976，Shaw 1938a；赛道建 2013、1999、1994，庄艳美 2014，李久恩 2012，邢在秀 2008，王海明 2000，张培玉 2000，田家怡 1999，杨月伟 1999，赵延茂 1995，杜恒勤 1985，纪加义 1987d，李荣光 1960，田丰翰 1957。

13　鹃形目 Cuculiformes

13.1　杜鹃科 Cuculidae（Cuckoos）

喙叉大而有弹性，喙略下弯，上喙拱曲，基部有红块。体修长。多有裸露鲜艳眼圈，有的有头冠。羽色变化多，具横纹、纵纹、纯色或具闪亮金属光泽者。翼尖长或圆短，初级飞羽10枚、次级飞羽9~13枚。尾长多成突尾，尾羽8~10枚，尾脂腺裸露。足为对趾足，地栖者强健，树栖者较弱，跗蹠短具盾状鳞。

栖息于热带与亚热带、温带，适应多样化的森林型态及灌丛到高度开垦的农地，栖息地除食物（毛虫、昆虫等）丰富外，所需寄主鸟类也要丰富。独居，多为树栖者，善鸣且鸣声独特，行踪隐秘，体型虽大，经常闻其声不见其影，鸣声是不同种间区隔的重要机制。停栖时常前倾、双翼下垂、翘尾，姿态独特。捕食多种毛虫及多类其他昆虫，甚至捕食其他雏鸟与鸟卵、蜥蜴与蛇等多类小动物。少数植食性种类以树籽、果实为主食。树栖食虫的种类以静立守候的方式觅食。具有鸟类世界中极罕见的卵寄生繁殖方式，雌杜鹃侦察到寄主，多数杜鹃发现可托卵于小型雀形目鸟类巢位后，趁寄主不在的空档入侵并迅速产下与寄主相似的卵后吃掉或叼走寄主的卵，以免寄主察觉，最先孵出的杜鹃雏鸟会用背将其他所有卵或雏鸟顶出巢外，独享养父母的食物与照顾。本科已有10种被列为受威胁鸟种，人们相信分布于马达加斯加Sainte-Marie岛的白胸马岛鹃（*Coua delalandei*）已于19世纪前叶绝种。

本科传统上隶属于鹃形目（Cuculiformes），再分成杜鹃亚科（Cuculinae）、地鹃亚科（Phaenicophaeinae）、鸦鹃亚科（Centropodinae）、犀鹃亚科（Crotophaginae）、鸡鹃亚科（Neomorphinae）5个亚科。

全世界共有35属138种；中国有8属20种，山东分布记录有2属8种。

杜鹃科分属、种检索表

1. 头有冠羽，翅栗色，跗蹠仅上部被羽···凤头鹃属 Clamator，红翅凤头鹃 *C. coromandus*
   头无冠羽，跗蹠前缘全被羽，喙不侧扁···2 杜鹃属 *Cuculus*
2. 折翅时，次级飞羽超过初级飞羽2/3长度··3
   折翅时，次级飞羽达初级飞羽1/2长度··4
3. 腹部有横纹，翅长>200mm··大鹰鹃 *C. sparverioides*
   腹部无横纹，翅长<200mm··8
4. 尾次末端具宽黑带···四声杜鹃 *C. micropterus*
   尾次末端无宽黑带··5
5. 翼长<170mm，翼缘灰色，腹部横斑粗阔···小杜鹃 *C. poliocephalus*
   翼长>170mm···6
6. 翼缘白有褐细横斑，腹部横纹较细而淡，尾下覆羽斑纹稀疏·······················7 大杜鹃 *C. canorus*
   翼缘纯白无褐斑，腹部横纹较粗而黑，尾下覆羽斑纹明显···9
7. 上体较淡，下体黑细横斑<1mm，色浅淡···*C. c. canorus*
   上体较暗，下体黑细横斑约2mm，色较深··*C. c. bakeri*
8. 翅长192~206mm··北棕腹杜鹃 *C. hyperythrus*
   翅长171~175mm，>183mm···棕腹杜鹃 *C. nisicolor*
9. 上体褐色较淡，翅长♂177~217mm，♀175~210mm，腹沾棕色，横斑细约2mm············中杜鹃 *C. saturates*
   上体褐色较浓，翅长♂179~197mm，♀174~185mm，腹横斑粗约3mm················东方中杜鹃 *C. optatus*

226-11　红翅凤头鹃
Clamator coromandus（Linnaeus）

命名：Linnaeus C, 1766, Syst. Nat., ed. 12, 1: 171（印度 Coromandel）

英文名：Chestnut-winged Cuckoo

同种异名：冠郭公，栗翅凤鹃；*Cuculus coromandus* Linnaeus, 1766; Red-winged Crested Cuckoo

鉴别特征：黑色、白色、棕色杜鹃。嘴黑色而弯曲，头及长凤冠黑色。上体黑色具白色颈环，翼栗色，喉胸部橙褐色，下胸、腹部白色。尾黑色带蓝色光泽。脚黑色。幼鸟上体具棕色鳞状纹，喉及胸偏白色。

形态特征描述：嘴黑色、侧扁，嘴峰弯度较大，下嘴基部淡土黄色、嘴角肉红色。虹膜淡红色，眼红褐色。头、枕部黑色，头顶具明显而直立黑色羽冠，头侧、枕部具蓝色光泽。颏、喉淡红褐色。背、肩及翼上覆羽，最内侧次级飞羽黑色带金属蓝绿色光彩，腰黑色具深蓝色光泽。翅栗红色，飞羽尖端苍绿色。腋羽淡棕色，翼下覆羽淡红褐色。上胸似喉呈橙褐色，下胸及腹近白色。尾甚长、凸尾状，黑色具深蓝色光泽，外侧尾羽末端白色，中央尾羽具窄白色端斑，尾下覆羽黑色。脚铅黑色，跗蹠基部被羽，覆腿羽灰色。

幼鸟 上体褐色具棕色端缘，下体白色。

鸣叫声： 重复"hua、hua"、"ku-kuk-ku"鸣叫声，繁殖期彻夜鸣叫，鸣声清脆。

体尺衡量度（长度mm、体重g）：

标本号	时间	采集地	体重	体长	嘴峰长	翅长	跗蹠长	尾长	性别	现保存处
B000433					21	171	33	221		山东博物馆

栖息地与习性： 栖息于多林木而开阔的低山丘陵、山坡、山脚、平原的多灌丛、阔叶疏林的低矮植被地区，以及园林和宅旁树上。4月初迁来，8月末迁走。多单独或成对活动于高而暴露的树枝间，飞行快速，但不持久。

食性： 主要捕食白蚁、毛虫、甲虫等昆虫和蜘蛛，以及少量植物果实。

繁殖习性： 繁殖期5~7月。4月进行求偶活动，雄鸟尾羽略张、两翅半张，围绕雌鸟碎步追逐，自己不营巢，将卵产于鸟巢中，卵蓝色、近圆形，卵径约28mm×22mm。

亚种分化： 单型种，无亚种分化。

分布： 青岛-（S）青岛。潍坊-●◎高密（2007）。（S）胶东半岛，（S）鲁南。

北京、山西、河南、陕西、甘肃、安徽、江苏、上海、江西、湖南、湖北、四川、重庆、贵州、云南、福建、台湾、广东、广西、海南、香港、澳门。

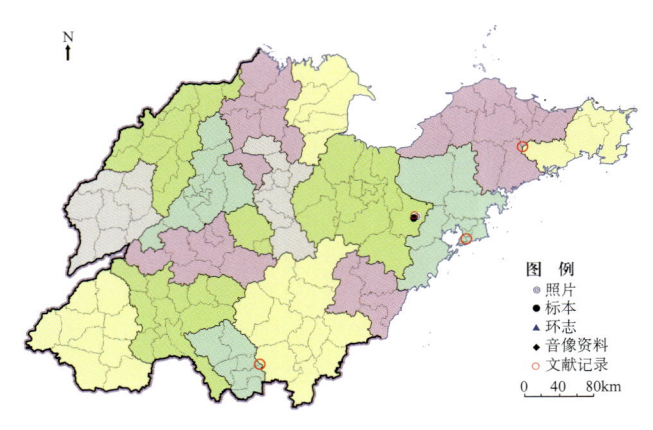

区系分布与居留类型： ［东］（S）。

种群现状： 物种分布范围广，被评价为无生存危机物种，在国际上没有特别的保育措施。刘岱基（1998）首次报道在山东青岛有分布，在高密曾采到标本，分布区狭窄而少见，不存在明显的受威胁或相关保护问题，未列入山东省重点保护野生动物名录。

物种保护： III，Lc/IUCN。

参考文献： H433，M188，Zja443；Lb354，Q182，Qm283，Z303，Zx90，Zgm 116。

山东记录文献： 郑光美 2011，朱曦 2008；赛道建 2013，刘岱基 1998。

227-11 大鹰鹃
Cuculus sparverioides Vigors

命名： Vigors NA, 1832, Proc. Zool. Soc. London., 1832: 173（喜马拉雅）

英文名： Large Hawk-cuckoo

同种异名： 鹰鹃；*Hierococcyx sparverioides*；—

鉴别特征： 似鹰样杜鹃。上嘴黑色、下嘴黄绿色，头灰色，颏近黑色，髭纹白色。背褐色，胸棕色具白、灰色斑纹，腹具白色及褐色横斑、染有棕色。尾上覆羽次端斑棕红色，羽端白色。尾灰褐色具5道暗色、3道棕色带斑。脚浅黄色。幼鸟上体具褐带棕色横斑。下体皮黄色具近黑色纵纹。

形态特征描述： 嘴强、暗褐色，嘴峰稍向下曲，上喙黑褐色、下喙黄色、下嘴端部和嘴裂淡角绿色。虹膜黄褐色至橙色，眼睑橙色具黄色眼圈，眼先近白色。头鼠灰色，两侧黑色呈"八"字形。颏暗灰色至近黑色具灰白色髭纹。颈侧和后枕略灰色带栗红色及白斑。上体和两翅表面暗褐色具不明显褐色横斑。翅具10枚初级飞羽、内侧具多道白色横斑。喉、颈侧及上胸红褐色具栗色和黑褐色粗纵斑，下胸及腹部白色具较宽黑褐色横斑，其余下体白色。尾长阔、凸尾状，8~10枚尾羽褐色具5道暗褐色和3道淡灰棕色横带斑，末端白色；尾下覆羽白色杂有小斑。尾上覆羽较暗具宽阔次端斑和近灰白色或棕白色窄端斑，尾基部有一条覆羽下隐掩着的白色带斑。脚橙黄色、短弱，具4趾，第1、第4趾向后对趾型。

幼鸟 虹膜褐色。上体褐色具棕色横斑，下体除颏黑色外全为淡棕黄色。各羽中央具黑色纵纹或斑点，胸侧具宽横斑，两胁和覆腿羽具浓黑色横斑。

鸣叫声： 重复"kugoule、kugoule"鸣叫声，音调不断由低音重新开始越叫越高。

体尺衡量度（长度mm、体重g）： 山东采到标本，但保存处不详。

栖息地与习性： 栖息于山地森林地带，停栖于林冠层贴近枝干处利用保护色来隐藏自己，性隐匿，常单独活动，但繁殖期4～7月非常好鸣，多隐藏于树顶部枝叶间鸣叫。飞行时快速拍翅，飞翔后滑翔，飞行姿势像雀鹰。有巢寄生的习性，由寄主喂养长大。在树林上层的枝叶间觅食。

食性： 主要捕食鳞翅目幼虫、直翅目蝗虫、蚂蚁和鞘翅目等昆虫，也食用果实。

繁殖习性： 繁殖期4～7月。本身不孵卵育雏，将卵产于其他鸟类巢中，让义亲代为养育。每次产卵1～2枚，卵橄榄灰色、密布褐色细斑，卵径约19mm×26mm，卵重约4.6g。

亚种分化： 全世界有2个亚种，中国有1个亚种，山东分布为指名亚种 *C. s. sparverioides* Vigors。

亚种命名 Vigors NA, 1832, Proc. Zool. Soc. London., 1832: 173（喜马拉雅）

曾将本种置于 *Hierococcyx*（鹰鹃属），现在多数学者已将其并入 *Cuculus*（杜鹃属）。

分布： 东营 - ◎黄河三角洲。青岛 - 市南区 - 浮山。泰安 - 泰山 - ◆（任月恒20130523）桃花峪彩石溪。烟台 - 长岛县 - ●（P）长岛，▲●（范强东1993b、1988b）大黑山岛。（S）胶东半岛。

内蒙古、河北、北京、山西、河南、陕西、甘肃、安徽、江苏、上海、浙江、江西、湖南、湖北、四川、重庆、贵州、云南、西藏、台湾、广东、广西、海南、香港、澳门。

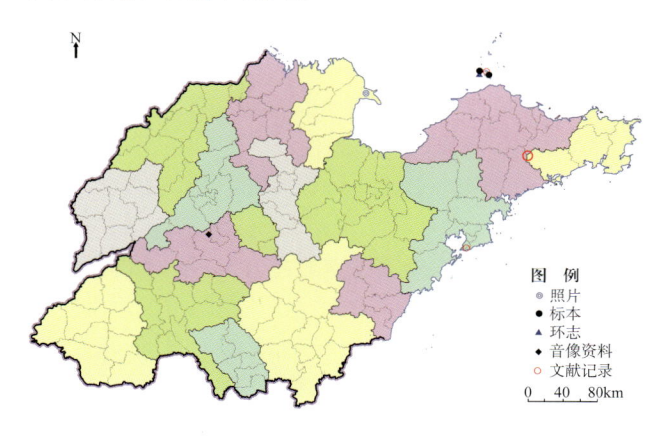

区系分布与居留类型： ［东］（S）。

种群现状： 大鹰鹃在分布区域普遍，被评为无生存危机物种，并无受胁或相关保育问题。山东分布自范强东（1988b）首次报道以来，有关观察报道很少，应注意加强对物种和栖息地环境的研究与保护，虽有录音，但近年来未能征集到照片记录，分布现状需进一步研究确证。

物种保护： Ⅲ，Lc/IUCN。

参考文献： H435, M189, Zja445; Lb356, Q182, Qm285, Z304, Zx90, Zgm116。

山东记录文献： 郑光美2011，朱曦2008，赵正阶2001；赛道建2013，范强东1993b、1988b。

228-00 棕腹杜鹃
Cuculus nisicolor Blyth

命名： Blyth, 1843, Journ. As. Soc. Bengal., 12: 943（尼泊尔）

英文名： Hodgson's Hawk Cuckoo

同种异名： 霍氏鹰鹃，棕腹鹰鹃，小鹰鹃；*Cuculus fugax nisicolor* Blyth, *Hierococcyx nisicolor*; Lesser Hawk Cuckoo

鉴别特征： 似 *Cuculus hyperythrus* 而体型较小，叫声也有异。枕无白色条带纹。棕色胸具白纵纹。尾上无棕色狭边。

形态特征描述： 上嘴角黑色、基部及下嘴角绿色。虹膜橙色至朱红色，眼周黄色。额灰褐色；颊、眼周和耳羽亮灰色。颏污灰色，喉灰白色。头顶、后颈、头侧、背和两翅表面石板灰色；腰和尾上覆羽深灰色，基部灰褐色。初级飞羽和次级飞羽黑褐色、内侧具白色横斑，三级飞羽黑褐色、外侧微沾灰色，翼上覆羽暗灰色。下体胸、上腹和两胁棕红色，下腹和尾下覆羽白色。尾淡灰褐色，具数道黑褐色、浅棕色横斑及宽阔黑色次端斑和棕红色端斑。脚亮黄色。

鸣叫声： 鸣声尖锐似"zhi-wi"声，不断反复，夜晚也鸣叫。

体尺衡量度（长度mm、体重g）： 山东暂无标本及测量数据。

栖息地与习性： 栖息于山地森林和林缘灌丛地带。春季5月迁来繁殖地，秋季9～10月迁离。性机警而胆怯，分布活动范围较大，常躲在乔木树上枝叶间鸣叫，没有固定的栖息地，常在一个地方活动1～2天又移至他处。

食性： 主要捕食松毛虫、毛虫、尺蠖等昆虫。

繁殖习性： 繁殖期5～6月。不营巢，通常产卵于鹟类和鸫类巢中。卵橄榄褐色，卵径约22.6mm×16.3mm。

亚种分化： 单型种，无亚种分化。

本种曾作为棕腹杜鹃（*Cuculus fugax*）（郑作新1987、1976）的亚种之一，分布于长江以南的广大地区（郑作新1987、1976）。King（2002）根据鸣声与形态上的区别认为，本种的3个亚种都可提升为独立种，Dickinson（2003）、Clements（2007）和郑光美（2011）都采纳此观点。

分布： （P）山东（朱曦2008）。

安徽、江苏、上海、浙江、江西、湖南、四川、重庆、贵州、云南、福建、广东、广西、海南、香港。

区系分布与居留类型：［东］（P）。

种群现状： nisicolor 与 hyperythrus 曾作为棕腹杜鹃分布于我国的 2 个亚种（郑作新 1987），hyperythrus 分布于山东等北方地区，nisicolor 分布于长江以南（郑作新 1987、1976）；郑光美（2011）将 Cuculus hyperythrus 与 C. nisicolor 作为 2 个独立种，C. nisicolor 分布于长江以南，前者分布较广。由于人们仅用种名棕腹杜鹃代表（纪加义等 1987d），当 hyperythrus 亚种提升为种（北棕腹杜鹃）后，朱曦（2008）首次将 nisicolor 记录为山东分布，综合已有的山东鸟类研究资料分析，此种应为 C. hyperythrus，山东现无 nisicolor 分布（赛道建 2013），收录于此，以便今后研究工作确证。

物种保护： Ⅲ，中日，Lc/IUCN。

参考文献： H436，M191，Zja446；Q182，Qm 286，Z306，Zx90，Zgm117。

山东记录文献： 朱曦 2008；赛道建 2013。

● 229-01　北棕腹杜鹃
Cuculus hyperythrus Gould

命名： Gould J，1856，Proc. Zool. Soc. London.，24：96（上海）

英文名： Northern Hawk-cuckoo

同种异名： 棕腹杜鹃，北鹰鹃，棕腹鹰鹃，小鹰鹃；*Cuculus fugax hyperythrus*（陈兼善和于名振 1984），*Cuculus fugax*，*Cuculus fugax hyperythrus* Gould，*Hierococcyx hyperythrus*，*Hierococcyx fugax hyperythrus* MacKinnon *et* Phillipps（2000）；—

鉴别特征： 青灰色杜鹃。嘴黑色、基部和嘴端黄色，头侧灰色，颏黑色、喉白色、枕具白带斑。头、上体蓝灰色，飞羽黑色、胸腹棕栗色、腹白色。尾灰褐色具黑褐色横斑和棕色狭边。脚黄色。

形态特征描述： 上嘴角黑色，基部、下嘴角绿色。虹膜橙色至黄红色，具黄色眼圈。额灰褐色，颊、眼周、耳羽亮灰色，颏灰黑色，喉白色。颈侧及后枕具白色颈环。头顶、后颈、头侧、背和翼表面石板灰色，腰深灰色。初级飞羽和次级飞羽黑褐色、内侧具白色横斑，三级飞羽黑褐色、外侧沾有灰色，翼上覆羽暗灰色。胸、上腹和两胁棕红色，或具白色细纵纹，腹部白色。尾灰褐色，具 5 道黑褐色和浅棕色横带、宽阔黑色次端斑和棕红色端斑；尾上覆羽深灰色、基部灰褐色，尾下覆羽白色。脚亮黄色。

北棕腹杜鹃（薛琳 20140517 摄于姜山湿地）

幼鸟 上喙黑色、下喙黄色。胸部白色、具细纵纹。脚黄色。

鸣叫声： 发出三音节"ji-uwei"声，带嘶音、不断重复鸣叫，且越叫越高越快。

体尺衡量度（长度 mm、体重 g）： 山东暂无标本及测量数据。

栖息地与习性： 繁殖期栖息于多种形态的常绿林或茂密的山地森林、灌木丛。迁移期间可出现于包括海岸地带、岛屿在内的多种栖息地，5 月迁来、9～10 月迁走。性机警而胆怯，活动范围较大而不固定，常活动 1～2 天移至他处，躲在乔木树上枝叶间鸣叫。

食性： 主要捕食松毛虫、毛虫、尺蠖等昆虫和鳞翅目幼虫，以及采食果实。

繁殖习性： 繁殖期 5～6 月。不营巢，产卵于鹟类和鸫类巢中，由义亲孵卵育雏。卵橄榄褐色，卵径约 23mm×16mm。

亚种分化： 单型种，无亚种分化。

本种曾作为棕腹杜鹃（*Cuculus fugax*）的华北亚种，分布最北方的亚种之一（郑作新 1987、1976）。另 2 个亚种是分布于喜马拉雅至华南的 *nisicolor* 和分布于马来半岛与印度尼西亚的 *fugax*。King（2002）

根据鸣声与形态上的区别认为3个亚种都可提升为独立种，Dickinson（2003）、Clements（2007）和郑光美（2011）都采纳此观点。本种与 nisicolor 的区别在于体型较大、后枕有白带、鸣声不同。

分布：济南-历下区-大明湖。青岛-市南区-浮山；莱西-姜山湿地（薛琳20140517）。烟台-烟台。淄博-淄博。（P）胶东半岛，鲁中山地。

黑龙江、吉林、辽宁、河北、北京、天津、安徽、江苏、上海、福建、台湾、广东。

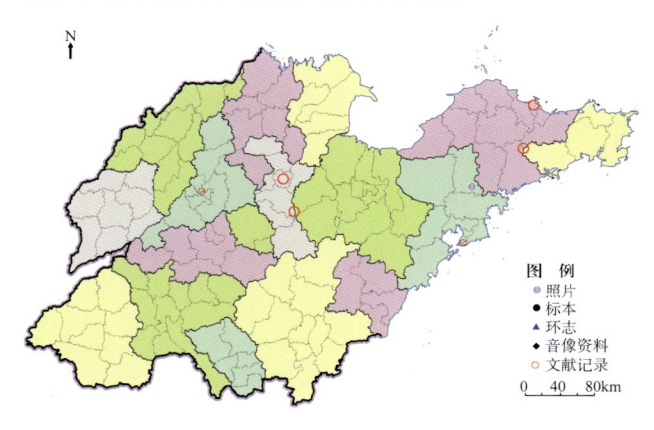

区系分布与居留类型：[东]（P）。

种群现状：物种分布范围广，种群数量稳定，国际上无特别保育措施，被评价为无生存危机物种。在山东第一次全省鸟类普查时采到标本，纪加义（1987d）等记作 Cuculus fugax hyperythrus，为棕腹杜鹃 Cuculus fugax 的亚种 hyperythrus（郑作新1987、1976）。少有鸟友拍到照片，可能与物种的生活习性隐匿有关，山东数量不多，列入山东省重点保护野生动物名录。

物种保护：Ⅲ，Lc/IUCN。

参考文献：H436，M191，Zja446；Lb359，Q182，Qm286，Z306，Zx91，Zgm117。

山东记录文献：郑光美2011，朱曦2008，钱燕文2001，范忠民1990，郑作新1987、1976；赛道建2013，纪加义1987d。

● **230-01 四声杜鹃**
Cuculus micropterus Gould

命名：Gould J，1838，Proc. Zool. Soc. London.：137（喜马拉雅）

英文名：Indian Cuckoo
同种异名：割麦打谷；—；Short-winged Cuckoo
鉴别特征：中型偏灰色杜鹃。上嘴黑色、下嘴黄绿色。头、颈灰色，上体褐色，翅尖长，翼缘白色，喉、前颈和上胸淡灰色，下胸、两胁和腹白色、具宽阔黑褐色横斑。尾灰色具白点和黑色次端斑。雌鸟多褐色。幼鸟头、上背具偏白皮黄色鳞状斑纹。似大杜鹃而腹部横黑斑较宽而间距大。脚黄色。

形态特征描述：上嘴黑色，下嘴黄绿色。眼暗色，眼先淡灰色具暗黄色眼圈。额、头顶和后颈暗灰色沾棕色，头侧浅灰色显褐。颏、喉淡灰色。后颈、背、腰、翼上覆羽和次级、三级飞羽浓褐色。初级飞羽浅黑褐色、内侧具白横斑；翼缘白色。前颈和上胸淡灰色。胸和颈基两侧浅灰色，羽端浓褐色具棕褐色斑点，形成不明显的半圆形胸环。下胸、两胁和腹白色具黑褐色宽横斑，黑斑宽度达3~4mm，横斑间距较大，斑距6~8mm。下腹至尾下覆羽污白色，羽干两侧具黑褐色斑块。尾与背同色、近端处具一道宽黑斑。中央尾羽棕褐色具宽阔黑色近端斑，先端棕白色，羽干及两侧具棕白色斑块、羽缘微具棕色。其余尾羽褐色具黄白色横斑、羽干及两侧尾端和羽缘白色，羽干斑块较中央尾羽大而显著。脚黄色。

四声杜鹃（孙劲松20110618摄于孤岛槐林）

雌鸟 上胸赤褐色。胸腹部白色具多道黑褐色横带。尾下覆羽白色杂稀疏黑横斑。

鸣叫声：轻快清脆"gu-gu-gu-gu"的4连笛音，4~6月好于夜晚和清晨鸣叫。

体尺衡量度（长度mm、体重g）：

标本号	时间	采集地	体重	体长	嘴峰长	翅长	跗蹠长	尾长	性别	现保存处
B000428					20	203	21	150		山东博物馆
	1958	微山湖	340		20	205	34	120	♂	济宁一中
	1958	微山湖	295		13	185	28	111	♂	济宁一中

注：Shaw（1938a）记录1♂重115g，翅长208mm；2♀重123g、121g，翅长197mm

栖息地与习性： 栖息于山地和山麓平原的混交林、阔叶林和林缘疏林地带，活动多出现于农田地边树上。性机警，游动性较大而不固定，受惊后起飞迅速，飞行速度较快、飞得较远。4～5月迁到繁殖地，8～9月离开繁殖地迁徙到越冬地，不营巢，常在苇莺、黑卷尾等巢中产卵，卵与寄主卵的外形相似。

食性： 主要捕食松毛虫、粉蝶幼虫、蛾类等鳞翅目幼虫和金龟甲及其他昆虫，以及植物种子等少量植物性食物。

繁殖习性： 繁殖期5～7月。通常将卵产于大苇莺、灰喜鹊、黑卷尾等鸟巢中，由义亲代孵代育。

亚种分化： 全世界有2个亚种，中国1个亚种，山东分布为指名亚种 *C. m. micropterus* Gould。

亚种命名 Gould J，1838，Proc. Zool. Soc. London.：137（喜马拉雅）

分布： 滨州 - ●（刘体应1987）滨州。东营 -（S）◎黄河三角洲；东营区 - 沙营（孙熙让20110613、20120527）；河口区 - ◎孤岛槐林（孙劲松20110618）。菏泽 -（S）菏泽。济南 -（S）济南，黄河；历下区 -（S）千佛山；章丘 -（S）黄河林场。济宁 - ●济宁，南四湖（陈宝成20090905）；金乡县；曲阜 - 孔林；微山县 - ●微山湖。聊城 -（S）聊城，东昌湖。临沂 -（S）沂河。青岛 - ●青岛；市南区 - 浮山。日照 - 前三岛岛群；东港区 - ●（Shaw 1938a）石臼所。泰安 -（S）泰安；泰山区 - 农大南校园；●泰山 - 中山，低山；●东平县 -（S）东平湖；宁阳县 - 蒋集。潍坊 -（S）青州 - 仰天山。烟台 - 烟台；长岛县 - ▲（F09-9539）大黑山岛；海阳 - 凤城（刘子波20160514）。淄博 - 淄博。胶东半岛，鲁中山地，鲁西北平原，鲁西南平原湖区。

除青海、新疆、西藏外，各省份可见。

区系分布与居留类型： [广]（S）。

种群现状： 嗜食毛虫，为农业益鸟。国际上并无特别保育措施。1983～1986年，山东省鸟类普查时采到标本，各地有记录也拍了照片，表明分布较广，但尚无数量的系统统计，也无生存环境的威胁；山东分布较广，但数量不多，列入山东省重点保护野生动物名录。

物种保护： Ⅲ、Lc/IUCN。

参考文献： H437，M192，Zja447；Lb361，Q184，Qm286，Z306，Zx91，Zgm117。

山东记录文献： 郑光美2011，朱曦2008，钱燕文2001，赵正阶2001，范忠民1990，郑作新1987、1976，Shaw 1938a；赛道建2013、1999、1994、1989，贾少波2002，王海明2000，张培玉2000，田家怡1999，王元秀1999，杨月伟1999，王庆忠1995、1992，赵延茂1995，刘体应1987，纪加义1987d，杜恒勤1985，李荣光1960，田丰翰1957。

● 231-01 大杜鹃
Cuculus canorus Linnaeus

命名： Linnaeus C，1758，Syst. Nat.，ed. 10，1：110（瑞典）

英文名：Common Cuckoo

同种异名： 杜鹃，布谷鸟，郭公，喀咕（kāgū），鸤鸠；*Cuculus canorus telephonus* Heine；Cuckoo

鉴别特征： 嘴黑褐色、下嘴基部黄色。头、上体灰色，飞羽黑色、翅缘白色杂有褐色细纹，喉至上胸灰色，胸腹白色具细密黑褐横斑。尾偏黑色。脚黄色。雌鸟棕色，背部具黑色横斑。幼鸟枕部有白块斑。

形态特征描述： 嘴黑褐色、下嘴基部近黄色。眼黄色具黄色眼圈。额浅灰褐色，头顶、枕至后颈暗银灰色；颔、喉、头侧淡灰色。背部灰色、腰蓝灰色。翼灰褐色，两翼内侧覆羽暗灰色，外侧覆羽

大杜鹃（牟旭辉20120509 摄于栖霞长春湖；王强20110514 摄于威海）

和飞羽暗褐色，飞羽羽干黑褐色，初级飞羽内侧近羽缘处具白横斑；翅缘白色具暗褐色细斑纹。下体前颈和颈侧、上胸淡灰色，下胸及腹部白色具多道黑暗褐色细窄横斑，宽度1～2mm，横斑间距4～5mm，胸及两胁横斑较宽、向腹和尾下覆羽渐细而疏。尾灰黑色，羽轴缀白斑、末端白色。中央尾羽黑褐色、羽轴纹褐色、羽轴两侧白色细斑点多且成对分布、末端具白色端斑，两侧尾羽浅黑褐色，羽干两侧白色斑点较大、内侧边缘具一系列白斑和白色端斑。尾上覆羽蓝灰色，尾下覆羽白色具稀疏横纹。脚黄色。

雌鸟 灰色型似雄鸟，胸侧略带棕色。赤色型头部、背暗红褐色具许多细黑横斑。

幼鸟 头顶、后颈、背及翅黑褐色，各羽白色端缘形成鳞状斑，头、颈、上背细密、下背和两翅较疏阔。飞羽内侧具白色横斑。颏、喉、头侧及上胸黑褐色杂白色块斑和横斑，其余下体白色杂黑褐色横斑。腰和尾上覆羽暗灰褐色具白色端缘；尾羽黑色具白端斑，羽轴及两侧具白色斑块，外侧尾羽白色块斑较大。

鸣叫声： 夜晚和清晨好鸣叫，发出单调清脆的"gugu-"叫声。

体尺衡量度（长度mm、体重g）：

标本号	时间	采集地	体重	体长	嘴峰长	翅长	跗蹠长	尾长	性别	现保存处
B000431					12	196	15	144		山东博物馆
	1958	微山湖		335	22	205	30	155	♂	济宁一中
	1958	微山湖		295	16	215	22	145	♂	济宁一中
	1958	微山湖		310	16	205	21	125	♂	济宁一中
	1958	微山湖		285	16	195	26	130	♂	济宁一中
840386	19840518	两城	124	331	19	228	22	172	♂	济宁森保站

栖息地与习性： 栖息于山地、丘陵和平原多种类型的森林地带，尤其是开阔而接近湿地的疏林，以及农田和居民点附近高乔木树上。性孤独、单独活动。飞行循直线前进、快速而有力，两翅振动幅度较大而无声响。繁殖期间喜欢站在乔木顶枝上鸣叫不息，晚上也鸣叫或边飞边鸣叫，洪亮的"布谷—布谷"叫声很远便能听到，故名布谷鸟。

食性： 主要捕食鳞翅目幼虫，以及蝗虫、步行甲、叩头虫、蜂类、蜘蛛、蜗牛、小型鸟的卵与雏鸟、植物的果实等。

繁殖习性： 繁殖期5～7月。求偶时，雌雄鸟在树枝间跳来跳去，飞翔追逐并发出"呼-呼-"的低叫声，无固定配偶，曾有3只大杜鹃在一起追逐争偶现象。自己不营巢孵卵，将卵产于大苇莺、麻雀、灰喜鹊、伯劳、棕头鸦雀、北红尾鸲、棕扇尾莺等雀形目鸟类巢中，由义亲代孵代育。

亚种分化： 全世界有4个亚种，中国有3个亚种，山东分布2个（朱曦2008）、1个（纪加义1987，郑光美2011）亚种。

山东大杜鹃亚种，郑作新（1987）记为 *fallax*，纪加义（1987d）记为 *canorus* 并采到标本，朱曦（2008）记为2个亚种，郑光美（2011）记为 *bakeri* 亚种，但也有 *canorus* 亚种。山东分布纪加义（1987d）记录采到标本，郑光美（2011）认为山东无此亚种分布记录。具体亚种分布需进一步研究确证。

● 指名亚种 ***Cuculus canorus canorus*** Linnaeus

亚种命名 Linnaeus, 1758, Syst. Nat., ed. 10, 1: 110（瑞典）；Heine, 1863, Journ. Orn., 11: 352（日本）

分布： 滨州-滨城区-西海水库（20160517，刘腾腾20160517）。德州-市区-锦绣川公园（张立新20090613、20130530）；乐陵-城区（李令东20100717）。东营-（S）◎黄河三角洲；自然保护区-大汶流（单凯20120223）。济南-济南；天桥区-北园，龙湖（陈云江20140607）；历下区-千佛山。济宁-南四湖；任城区-太白湖（宋泽远20140622）；微山县-●微山湖，昭阳（陈保成20090905）。聊城-聊城。临沂-沂河。莱芜-汶河（20130702），华山；莱城区-牟汶河（陈军20130601）。青岛-崂山区-潮连岛。日照-东港区-付疃河（成素博20120521），林前村（成素博20140531）；五莲县-九仙山（成素博20150526）；前三岛岛群。泰安-泰安；泰山区-大河湿地（孙桂玲20150505，张艳然20150522，刘华东20150520）；●泰山-中山，低山；●东平县-东平湖，大清河（20140613），稻屯洼（20150520）；肥城（刘冰20080704）。潍坊-潍坊；奎文区-●潍坊机场；青州-（S）仰天山。威海-威海（王强20110514）；荣成-成山头（20120526），湿地公园（20140608）；文登-五里顶（20130620）。烟台-海阳-凤城（刘子波20150517、20150820）；栖霞-长春湖（牟旭辉20120509）。胶东半岛，鲁中山地，鲁西北平原，鲁西南平原湖区。

黑龙江、吉林、辽宁、河北、北京、天津、陕西、宁夏、甘肃、新疆、台湾。

华西亚种 ***C. c. bakeri*** Hartert, *Cuculus canorus fallax*

Stresemann

亚种命名 Hartert，1912，Vög. Pal. Faun.，2：948（印度阿萨姆 Shillong）

Stresemann，1930，Orn. Monatsb，38：47（广西瑞山）

分布： 济南-（S）济南，北园，千佛山。济宁-南四湖。临沂-（S）沂河流域。青岛-（S）潮连岛。泰安-泰安，泰山，东平湖。潍坊-青州-（S）仰天山。胶东半岛。

黑龙江、吉林、辽宁、河北、北京、天津、陕西、宁夏、甘肃、新疆、台湾。

区系分布与居留类型：［广］（S）。

种群现状： 嗜食毛虫，如松尺蠖、松毛虫等，为农林业有益鸟类。国际上无特别保育措施。山东分布广泛，种群数量较稳定，生存环境并未受到威胁或无相关保育问题，作为夏候鸟，但单凯却在 2012 年 2 月 23 日拍到其野外活动的照片，究其原因，需要进行深入的调查研究。

物种保护： Ⅲ，中日，Lc/IUCN。

参考文献： H438，M193，Zja448；Lb363，Q184，Qm287，Z307，Zx91，Zgm117。

山东记录文献： 郑光美 2011，朱曦 2008，钱燕文 2001，赵正阶 2001，范忠民 1990，付桐生，郑作新 1987、1976，付桐生 1987，Shaw 1938a；赛道建 2013、1999、1994，李久恩 2012，邢在秀 2008，徐敬明 2003，贾少波 2002，王海明 2000，王元秀 1999，田家怡 1999，王元秀 1999，宋印刚 1998，王庆忠 1995、1992，赵延茂 1995，田逢俊 1991，张天印 1989，纪加义 1987d，杜恒勤 1985，李荣光 1960，田丰翰 1957。

● **232-01 东方中杜鹃**
Cuculus optatus Gould

命名： Gould，1845，Proc. Zool. Soc. London，13：18（澳大利亚 Port Essington）

Moore，1857，*in* Moore and Horsfield，Cat. Bads. Mus Hon. East Ind. Co.，2：703（Java，Indonesia）

英文名：Oriental Cuckoo

同种异名： 中杜鹃；*Cuculus horsfieldi* F. Moore，1857，*Cuculus saturatus horsfieldi* Moore，*Cuculus kelungensis* Swinhoe，1863，*Cuculus saturatus* Blyth；Himalayan Cuckoo

鉴别特征： 嘴暗灰色，眼黄绿色，喉灰色。上体褐灰色，初级飞羽具白色横斑，上胸灰色，胸腹及两胁黄白色具黑褐色宽横斑。尾黑灰色。雌鸟上体棕褐色密布黑色横斑，下体白黑色横斑达颏部。脚橘黄色。

形态特征描述： 喙黑色，下喙基部及嘴裂黄白色。眼暗褐色或黄色具黄眼圈。额、头顶至后颈灰褐色，颏、喉浅灰色。背、腰部深灰色，腰有横纹。翅暗褐色、羽缘褐色，翼缘无斑纹，翼上小覆羽沾染蓝色，飞羽灰褐色、羽干黑褐色，初级外侧飞羽内翈具白斑或呈斑点状、基部白色，内侧飞羽仅内翈基部白色。前颈、颈侧至上胸浅灰沾棕色，下胸、腹和两胁灰白沾浅棕色具多道宽黑褐色横斑，宽度大于大杜鹃。尾黑褐色，中央尾羽黑褐色，羽轴辉褐色、两侧具成对排列而不整齐小白斑，端缘白斑较大，外侧尾羽褐色，尾上覆羽蓝灰褐色有横纹。尾下覆羽浅棕白色，基部有黑宽横纹、远端稀疏。脚橘黄色，爪黄褐色。

东方中杜鹃（牟旭辉 20140524 摄于栖霞白洋河）

雌鸟 有不同色型。灰色型似雄鸟，颈侧及胸侧略带棕色，背部及翼褐色较重。赤色型头部及背面暗红褐色，有细黑横斑。肝色型上体包括翼和尾羽呈栗色，腰和尾上覆羽更浓密布不规则横纹；飞羽末端黑褐色。下体具黑褐色横纹；尾羽黑褐色、羽干两侧有长形白斑，尾下覆羽横纹较稀疏。

幼鸟 头、颈、背至尾上覆羽及飞羽褐色具白色羽端细纹。颏、喉灰色而具褐色纵纹，羽端棕色。胸、腹褐色，下体色纹似肝色型雌鸟。尾羽末端白色，沿羽干两侧有长形白斑。

鸣叫声： 繁殖期发出似"bubu、bubu……"2声，略停顿再2声鸣叫声，鸣叫前常有急促较高的"kou、kou、kou、kou……"4~8声作前奏。

体尺衡量度（长度 mm、体重 g）：

标本号	时间	采集地	体重	体长	嘴峰长	翅长	跗蹠长	尾长	性别	现保存处
B000430					16	199	15	145		山东博物馆
840390	19840521	鲁桥	84	283	20	192	21	154	♀	济宁森保站

栖息地与习性： 栖息于山地针叶林、混交林和阔叶林等茂密森林中，偏好山坡地林缘、疏林地带或遭到开发的森林过渡地带，以及山麓平原人工林和林缘地带。4~5月迁来，9~10月迁离繁殖地。常单独活动，站在高大树顶不断地鸣叫，性较隐匿，常常仅闻其声，停栖时常做将双翼下垂的特殊姿态，飞行迅捷，拟态鹰隼吓走巢中孵卵鸟类以便行其寄托卵目的。

食性： 主要捕食鳞翅目幼虫和鞘翅目昆虫，以及其他目昆虫、蜘蛛、蚂蚁等小型动物，也取食果实。

繁殖习性： 繁殖期5~7月。无固定配偶，自己不营巢孵卵，常将卵产于树莺、柳莺、鹪莺、缝叶莺、黄喉鹀、树鹨等雀形目鸟类巢中，由义亲代孵代育。每窝产卵1枚，卵的颜色随寄主卵色而变化，大小明显不同，卵径约23mm×15mm。孵化期较寄主短，雏鸟孵出后用背将其他卵、雏顶出巢外，索食强烈、成长迅速，很快将其他幼雏淘汰。

亚种分化： 单型种，无亚种分化。

本种曾作为中杜鹃（*Cuculus saturatus*）的 *horsfieldi* 和 *saturatus* 2个亚种之一（郑作新2002、1987、1976，赵正阶2001）。1983~1986年，在山东全省鸟类普查工作中采到标本，纪加义（1987d）记作 *Cuculus saturatus horsfieldi*（郑作新1987、1976），霍氏中杜鹃（*C. horsfieldi*）依 Panye（2005）应为 *C. optatus*；郑作新（1987、1976）认为 *C. Saturatus* 有 *horsfieldi* 和 *saturatus* 2亚种；郑光美（2011、2002）将 *optatus* 独立为种。郑光美（2011）认为中国无 *horsfieldi*、山东东部有 *optatus* 的分布，本书按郑光美（2011）分类系统记述。

分布： 东营-（S）◎黄河三角洲。菏泽-（S）菏泽。济宁-微山县-微山湖。临沂-（S）沂河。青岛-青岛；市南区-浮山；黄岛区-●（Shaw 1938a）灵山岛。烟台-栖霞-白洋河（牟旭辉20140524）。淄博-淄博。胶东半岛，鲁中山地，鲁西北平原，鲁西南平原湖区，山东东部。

黑龙江、吉林、辽宁、内蒙古、河北、北京、天津、山西、陕西、新疆、安徽、江苏、上海、浙江、江西、湖北、福建、广西、海南。

区系分布与居留类型： [广]（S）。

种群现状： 嗜食毛虫，为农业益鸟。物种分布范围广，被评价为无生存危机物种，国际上无特别保育措施。在山东的数量不普遍，但其生存环境并无受威胁或相关保育问题；1983~1986年在山东全省鸟类普查工作中采到标本，纪加义（1987d）记作 *C. s. horsfiedi*。

物种保护： Ⅲ，中日，中澳，Lc/IUCN。

参考文献： H439，M194，Zja449；Q184，Qm 287，Z308，Zx92，Zgm 118。

山东记录文献： 郑光美2011，朱曦2008，钱燕文2001，赵正阶2001，范忠民1990，郑作新1987、1976，Shaw 1938a；赛道建2013，王海明2000，田家怡1999，赵延茂1995，纪加义1987d。

● 233-01 小杜鹃
Cuculus poliocephalus Latham

命名： Latham J，1790，Ind. Orn.，1：214（印度）

英文名： Lesser Cuckoo

同种异名： 催归，阳雀；*Cuculus tamsuicus* Swinhoe，1865；Little Cuckoo

鉴别特征： 体小灰色杜鹃。嘴黄色而端黑色，喉灰色。上体灰色，头、颈及上背浅灰色，下背和腰尾蓝灰色，飞羽黑色、初级飞羽具白斑，上胸棕灰色，胸腹部白色具清晰黑色横斑，臀羽皮黄色有黑横斑。尾灰黑色，羽干两侧具白点斑，末端具白色窄边。脚黄色。雌鸟全身具黑色条纹，眼圈黄色。脚黄色。似大杜鹃而体型较小，叫声最易区分。

形态特征描述： 嘴黄色、端部黑色。虹膜褐色具黄眼圈。上体灰色，头、颈及上胸浅灰色。下胸、腹部白色具多道清晰的灰黑色横纹，但较中杜鹃稀疏。臀部沾皮黄色。尾灰黑色，无横斑，羽轴缀白斑、末端具白色窄边。脚黄色。

小杜鹃（李宗丰 20140521 摄于五莲山）

鸣叫声：发出音调前低、中高、后低"pot-pot-chip-chip-to-yon"6音节的脆亮杂哨音，每次多重复3次。

体尺衡量度（长度mm、体重g）：山东采到标本，但保存处不详，测量数据遗失。

栖息地与习性：栖息于低山丘陵、河谷、平原区和地边，以及村庄附近的阔叶林、针叶林或次生林中，性孤独，多单独栖居，4～5月迁来、8～9月迁离繁殖地，5月迁到繁殖地后，隐藏于茂密的丛林或树冠丛中频繁鸣叫，尤其是晨昏或阴雨天。低空飞翔距离较远，栖息不固定。

食性：主要捕食鳞翅目幼虫、松毛虫、毒蛾和金龟子等农林害虫。

繁殖习性：繁殖期5～7月。有巢寄生习性。自己不筑巢孵卵，趁巢主双双外出活动潜入巢内将卵产于雀形目小鸟的巢中。由于杜鹃身躯庞大而巢的体积较小，根本容纳不下它，有人认为杜鹃是将卵产于地上衔入他鸟巢中的。卵白色，卵径约21mm×24mm。

亚种分化：单型种，无亚种分化。

郑作新（1991）分为多个亚种（赵正阶2001），Howard and Moore（1991）对杜鹃科进行归纳分类，*Cuculus poliocephalus* 独立为种，无亚种分化。

分布：东营 - ◎黄河三角洲。济南 - 章丘 - (S) 黄河林场。济宁 - 微山县 - 微山湖。青岛 - 市南区 - 浮山。日照 - 五莲县 - 五莲山（李宗丰20140521）。泰安 - 泰山 - ◆（任月恒 20130604）泰山顶。烟台 - 长岛县 - ▲（F09-9540）大黑山岛。淄博 - 淄博。胶东半岛，鲁中山地。

除宁夏、青海、新疆外，各省份可见。

区系分布与居留类型：[广]（S）。

种群现状：啄食大量农林害虫的益鸟。栖息环境未受到明显的威胁。山东分布区比其他杜鹃小，而且数量较少，虽有录音但没有征集到照片，列入山东省重点保护野生动物名录。

物种保护：Ⅲ，中日，Lc/IUCN。

参考文献：H440，M195，Zja450；Lb371，Q184，Qm286，Z309，Zx93，Zgm119。

山东记录文献：郑光美2011，钱燕文2001，赵正阶2001，范忠民1990，郑作新1987、1976；赛道建2013、1989，李久恩2012，纪加义1987d。

233-21 噪鹃
Eudynamys scolopacea Linnaeus

命名：Linnaeus C. 1758. Syst. Nat., ed. 10, 1:111.（印度 Malabar）

英文名：Common Koel

同种异名：鬼郭公；*Cuculus scolopacea* Linnaeus, 1758，*Eudynamis honorata* 黑田长礼（1916），*Eudynamis orientalis* 黑田长礼和堀川安市（1921）；—

鉴别特征：嘴脚较粗壮，跗蹠裸露。雄鸟通体蓝黑色具光泽，雌鸟上体褐色具白色斑点，下体白杂以黑色横斑。

形态特征描述：喙淡绿色。虹膜深红色。全身蓝黑色具蓝绿色光泽，下体沾绿色。尾长。脚蓝灰色。

雌鸟 嘴黄褐色基部较灰暗。头部白色斑点小而细密略沾皮黄色，呈纵纹头状。上体暗褐略具金属绿色光泽，密布整齐白色斑点；翅上覆羽及飞羽、尾羽呈横斑状排列。颏至上胸黑色密被粗白色斑点、纵纹，下胸、腹部白具黑色横斑。尾长、褐色有多道淡褐色横斑，尾上覆羽有白色横纹。脚淡绿色。

幼鸟 暗褐色。上体具蓝色光泽，下体后部

噪鹃（胡晓坤 20130511 摄于潍坊潍北农场；陈云江 20140523 摄于张夏；刘国强 20130601 摄雌雄鸟于经石峪）

有白色横斑。翅、尾上覆羽具白斑点。

鸣叫声： 雄鸟发出重复"wu-o"声，多达 12 次，重音在第二音节，音速越叫越快。雌鸟发出类似"kuil，kuil，kuil，kuil"声。

体尺衡量度（长度 mm、体重 g）： 山东分布无标本及测量数据记录，但近年来野外拍到照片。

栖息地与习性： 栖息于山地丘陵、山脚平原地带林木茂盛的地方，园林及人工林中，以及村寨和耕地附近的高大树上。常隐蔽于树顶层茂盛枝叶丛中，日夜发出嘹亮的声音，半夜及清晨好鸣，常听其声而不见其影，很难发现。多于 3 月迁入繁殖地，10 月迁往越冬地。多单独活动，常在树冠层觅食。

食性： 主要植物果实、种子（尤喜榕果）为食物；也捕食少数昆虫。

繁殖习性： 繁殖期 3~8 月。巢寄生，自己不营巢、孵卵，通常将卵产在黑领椋鸟、八哥、喜鹊和红嘴蓝鹊等鸟巢中，由其它鸟代孵代育。

亚种分化： 全世界有 11 个亚种，中国 2 个亚种，山东分布为华南亚种 Eudynamys scolopacea chinensis Cabnis & Heine。

亚种命名 Cabnis & Heine 1863. Mus. Heine 4（1）：52，note.（中国广州）

亚种分化有不同的意见。我国 2 个亚种（郑光美 2011），郑作新等（1991）比较 2 个亚种标本后，认为海南亚种（harterti）是华南亚种的同物异名（赵正阶 2001）

分布： 济南 - 长清区 - 张夏镇（陈云江 20140523）。**泰安** - 泰山 - 经石峪（刘国强 20130601），◆（任月恒 20130523）桃花峪彩石溪。**潍坊** - 潍北农场（胡晓坤 20130511）

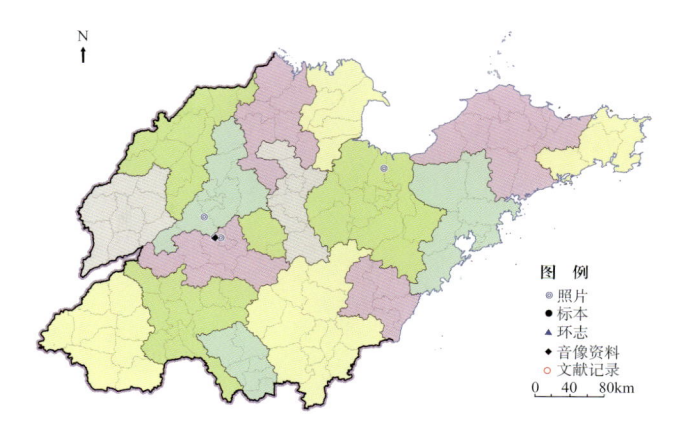

北京、河南、陕西、安徽、江苏、上海、浙江、江西、湖南、湖北、四川、重庆、贵州、福建、台湾、广东、广西、香港、澳门。

区系分布与居留类型： [广] S

种群现状： 数量尚算普遍，在国际上无特别保育措施。山东分布因缺乏照片等相关研究资料而为需要确证的物种（赛道建 2013），现依多地鸟友的雌雄鸟照片和拍摄时间，将此亚种作为山东夏候鸟新记录收录。

物种保护： Ⅲ；LC/IUCN。

参考文献： H446，M201，Zja456；Lb375，Q186，Qm284，Z314，Zx93，Zgm120。

山东记录文献： —；赛道建 2013，山东新增记录物种。

233-22 小鸦鹃
Centropus bengalensis P. L. S. Müller

命名： P. L. S. Müller, 1776, Natursyst., Suppl. 90（Madagascar）Gmelin JF. 1788. Syst. Nat., ed. 13, 1:412.（孟加拉国）

英文名： Lesser Coucal

同种异名： 中；*Cuculus toulou* P. L. S. Müller, 1776, *Cuculus bengalensis* Gmelin，1788, *Centropus lignator* Swinhoe，1861, *Centropus javanicus* Ogilvie-Grant & La Touche（1907），*Centropus toulou* 郑作新（1987）；Lesser Crow Pheasant

鉴别特征： 通体黑色，肩、翅栗色，翅下覆羽红褐色或栗色。相似种褐翅鸦鹃体形略大，翅下覆羽黑色，飞翔时区别明显。

形态特征描述： 嘴黑色。虹膜深红色。头、颈、上背黑色具深蓝色光彩和亮黑色羽干纹，下背淡黑色具蓝色光泽。肩、翅栗色，翅端和内侧次级飞羽较褐显露淡栗色羽干，覆羽羽轴白色呈纵斑状，翅下覆羽

小鸦鹃（胡晓坤 20120811 摄于峡山湿地；陈保成 20090814 摄于昭阳；孙祥涛 20160603 摄于微山湖湿地公园）

红褐色或栗色。下体黑色具深蓝色光彩和亮黑色羽干纹。尾黑色具绿色金属光泽和黄白色窄尖端，尾上覆羽淡黑具蓝色光泽。脚铅黑色，后内趾爪甚长。

冬羽 全身栗褐色，羽轴黄白色呈放射状纵斑。下胸、腹部淡黄色，腹侧有褐色细横斑。尾上覆羽及中央尾羽褐色具黑色横斑，外侧尾羽黑色。

幼鸟 嘴角黄色，嘴基和尖端较黑。头颈、上背暗褐色具白色羽干纹和棕色羽缘，腰棕、黑色横斑相间。翅栗色，翼下覆羽淡栗色杂暗色细纹。下体淡棕白色、羽干白色，胸、胁具暗褐色横斑。尾淡黑色具棕色端斑，中央尾羽具棕白色横斑，尾上覆羽棕、黑色横斑相间。

鸣叫声： 鸣叫声尖锐而清脆，发出快速"hoop"声，或一连串"logokok, logokok, logokok"声。

体尺衡量度（长度 mm、体重 g）： 山东分布无标本及测量数据记录，但近年来野外拍到照片。

栖息地与习性： 栖息于低山丘陵和开阔山脚河谷平原地带，喜灌丛、草丛、果园和次生林。地栖性，常单独或成对活动，隐身于浓密灌丛间地面潜行或跳跃觅食，稍有惊动即奔入茂密灌木丛或草丛中，变换位置低飞或停栖于较高灌丛时才会被发现；夏季羽色鲜明、活动频繁，容易被发现；冬季羽色黯淡、活动隐密，不容易被发现。

食性： 主要捕食蝗虫、蚱蜢、螳螂等大型昆虫和鳞翅目幼虫，以及蜥蜴、蛙类、巢内小鸟卵与雏鸟等小型动物，也采食少量植物果实与种子。

繁殖习性： 是杜鹃科鸟类中自己筑巢、育雏的鸟种。繁殖期3~8月。在浓密灌丛或长草区内高处营巢，巢球形或椭圆形，通常置于灌木或小树枝杈上，以菖蒲、芒草和其他干草构成。每窝产卵3~5枚，卵为卵圆形、白色无斑，卵径约为31x26mm。

亚种分化： 全世界有4个亚种（赵正阶2001），中国1个亚种，山东分布为指名亚种 Centropus bengalensis lignator（郑光美2011）

亚种命名： Swinhoe, 1861, Ibis 3: 48（台湾基隆）

亚种分化有不同意见。3个种作为同一种的不同亚种而合并，郑作新（1976、1987）将 Centropus bengalensis 视作 Centropus toulou 的 bengalensis 亚种。或作独立的种，我国分布的是 Centropus bengalensis 的指名亚种 C. b. bengalensis（赵正阶2001）。

分布： 济宁 - 微山县 - 昭阳（陈保成20090814），微山湖湿地公园（孙祥涛20160603）。潍坊 - 坊子区 - 峡山湿地（胡晓坤20120811）。

河北、河南、安徽、江苏、上海、浙江、江西、湖南、湖北、贵州、云南、福建、台湾、广东、广西、海南、香港、澳门。

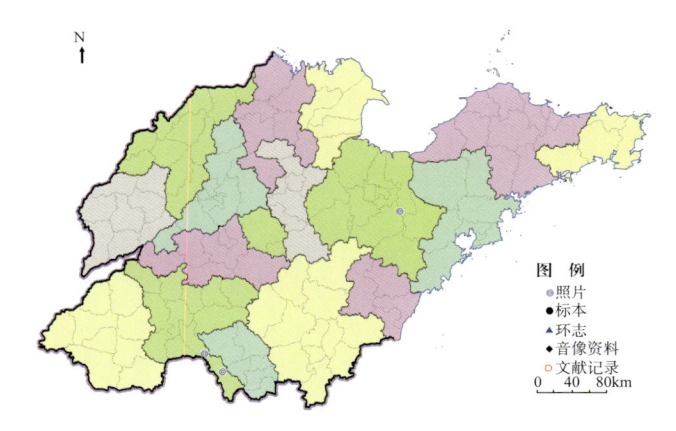

区系分布与居留类型： [广] S

种群现状： 在国际上并无特别的保育措施，因作为药物成分和毛鸡酒原料而被群众竞相非法捕猎，已导致野外种群数量锐减。山东分布因分布照片少、缺乏相关研究资料而为需要确认的物种（赛道建2013），现有多人多地不同年份的繁殖季节野外照片，且河北、河南、江苏等邻近省份均有分布，作为繁殖鸟类新增记录种收录，但物种是扩散或是逃匿以及种群野外状况均需做进一步深入研究。

物种保护： II。

参考文献： H449，M204，Zja459；La378，Q188，Qm283，Z317，Zx94，Zgm121。

山东记录文献： —；赛道建2013，山东新增记录物种。

14 鸮形目 Strigiformes

14.1 草鸮科 Tytonidae（Barn Owls）

小、中型鸟类。雌鸟体型大于雄鸟。体壮头大，颈短，脸部扁平、周边斑纹围成似心形完整面盘。面盘两侧耳孔左高右低、可强化听力。喙钩形、略长。眼较小、近黑色。鼻孔椭圆形。背部深红棕色，翼窄长、羽毛柔软，初级飞羽11枚，最外侧飞羽外边缘梳状具消音功能。腹面白色或浅褐色有稀疏斑纹。胸骨下缘具2个凹陷。尾羽短而方、尾羽12枚。跗蹠长，后缘刚毛向上翘或全部被羽；外趾（第4趾）可前可后，第2、第3趾约等长，钩状爪强，第3趾爪上有梳状缘。

栖息于雨林或山地森林，少数生活于疏林草原、农地、湿地。夜行性，单独或成对生活，定居后终年固守领域。天黑后觅食活动，白天栖于隐秘处静立休息。发现入侵者会将身体伸长站高、双翼微张，以示警戒，入侵者继续靠近则将头部低伏，翼及尾皆张开，显示准备攻击的姿态。本科多种鸟种的研究资料少。完全肉食性，配对关系可维持多年。多数利用树洞、岩穴、人工巢箱、建筑凹处营巢。卵近圆形，纯白色。窝卵数随种类与食物多寡而异。雌鸟抱卵与育雏，雄鸟负责供食。雏鸟晚成雏。因居食物链高层，多数种类的密度、数量原本较低，易受各种威胁而濒危。

本科与鸱鸮科共同构成人类习称的"猫头鹰"，因头骨形状、面盘形状、胸骨结构等与典型鸮有异，而另立本科。有5种因分布范围狭窄或岛屿种类数量少而被列为受胁鸟种。

全世界共有2属15种；中国有2属3种，山东分布记录有1属1种。

● 234-01 东方草鸮 *Tyto longimembris*（Jerdon）

命名：Smith A，1834，S. Afr. Quart. J.,（2）：317（南非好望角）

英文名：Eastern Grass Owl

同种异名：草鸮，猴面鹰，白胸草鸮；*Tyto capensis*（Smith），*Strix capensis* Smith，1834，*Strix pithecops* Swinhoe，1866，*Strix candida* Ogilvie-Grant et La Touche（1907），*Tyto longimembris albifrons* H. R. et J. C. Caldwell，1931；Eastern Grass-owl，Grass Owl，Australasian Grass Owl

鉴别特征：嘴黄白色，心形面盘明显，周边有暗栗色皱领，眼先有黑褐色斑。上体深褐色具皮黄色斑和小白点，翼栗褐色有暗色斑，下体黄白色，胸腹具暗褐细斑。尾黄栗色，具4道暗褐横斑。似仓鸮，但脸及胸部皮黄色甚深，上体深褐色。

形态特征描述：嘴强壮而钩曲、米黄白色，嘴基蜡膜为硬须掩盖。虹膜褐色，眼深褐色、比例甚小，眼先暗褐色。面盘心形。脸部扁平如盘，面盘灰白色、灰棕色，边缘细黑纹连成深色轮廓，上宽下窄呈心形。耳孔周缘具耳羽，有助于夜间分辨声响与定位。头顶、背面、翼上面大致暗褐色有不均匀深浅变化，其上密布细小白斑。上体暗褐色具棕黄色斑纹，近羽端处有白色小斑点。飞羽黄褐色具黑褐色横纹斑。翅的外形不一，第5枚次级飞羽缺。下体淡棕白色，喉及胸部淡黄褐色，腹部、胫羽及翼下覆羽米白色，有许多深褐色细圆斑。尾短圆、浅褐色，有4道黑色横带，尾羽12枚或10枚；尾上覆羽白色，尾脂腺裸出。跗蹠被羽，脚强健有力、全被羽，第4趾能向后反转，裸露部分及趾黄色，爪大而锐、黑褐色。

东方草鸮（祝芳振 20120528、20070624 摄于孤岛）

雌鸟 比雄鸟大。
幼鸟 脸部及腹面羽色较深、棕褐色。
鸣叫声：似虫鸣，连续细微颤抖长音。
体尺衡量度（长度mm、体重g）：

标本号	时间	采集地	体重	体长	嘴峰长	翅长	跗蹠长	尾长	性别	现保存处
B000442	196305	青岛		375	21	310	83	116		山东博物馆
				305	19	346	85	165		山东师范大学

栖息地与习性： 栖息于山麓草灌丛、森林中，活动于茂密草原、沼泽地、芦苇荡边，偏好丘陵地形中崎岖贫瘠、高茎草本与灌丛杂乱丛生，视野开阔，但人迹罕至之处。夜行性，白天隐藏于高草丛底部空间休息，从草丛底部会钻出条条隧道作为猎食、进出或紧急逃生之用。单独或成对生活，食物（鼠类）数量丰富时会小群共域生活。警戒时，身体先伸长挺立，入侵者接近时将头部低伏、双翼张开，摆出威吓姿态。全身羽毛柔软蓬松，飞行时无声无息，有助于百发百中捕杀鼠类。

食性： 主要捕食鼠类，兼食野兔、蝙蝠、鸟类和鸟卵、蛇、蜥蜴、蛙类、昆虫等小动物。

繁殖习性： 条件有利可在一年不同时间繁殖。在高茎草丛或灌丛植被的底部利用浅凹处营巢，在巢周围密草丛钻隧道进出，出入口由白茅组成，连接由较高大的甜根子草、五节芒等禾本科植物所组成的巢室。每窝产卵3~8枚，窝卵数取决于鼠类的多寡程度，鼠多每窝就产较多的卵，反之则产较少的卵；卵乳白色，卵径约40mm×30mm，孵化期30~42天，雏鸟白色羽绒先变成金黄色，再变成成鸟羽毛；2个月后离巢自营生活，母鸟继续喂养，幼鸟在高草丛间活动，到了晚上回到巢中领取食物。

亚种分化： 全世界有6个亚种，中国有2个亚种，山东分布为华南亚种 *T. l. chinensis* Hartert, *Tyto capensis chinensis* (Hartert)。

亚种命名 Hartert, 1929, Nov. Zool., 35：104（福建水口）

在形态差异上，*chinensis* 颜盘棕色、边缘镶暗栗色翎领，背部暗褐色；*pithecops* 面盘黄灰白色，边缘有细小黑点，背部土色。

分布： 东营-◎黄河三角洲；河口区（李在军20100621）-孤岛（祝芳振20120528、20070624、20120615、20120701、20121022、20121115）。青岛-●青岛。日照-（S）日照；东港区-●（柏玉昆1986）◎陈疃水库。烟台-●（19860614）沿海；长岛县-（S）▲（范鹏2006，范强东1993a）长岛，●（19860507）（范强东1988）北隍城岛。淄博-淄博。胶东半岛。

河北、安徽、上海、浙江、湖南、湖北、重庆、贵州、云南、福建、广东、广西、海南、香港、澳门。

区系分布与居留类型： [广]（S）。

种群现状： 具匀称S2mc型核型，染色体数目为$2n=50$，包括18对中等长度的m型染色体、1对小m型和5对小点状染色体及1对性染色体。饲喂试验表明每天食量135g，等于4只鼠类，据此推算，一年能捕食野鼠近千只，为有益鸟类。物种分布范围广，被评价为世界无生存危机物种。山东分布，柏玉昆（1986）首次记录报道，尔后环志并拍到该鸟野外照片（东营祝芳振观察并拍摄到孵卵、育雏全过程），但数量极少，应加强对栖息环境与物种的保护。柏玉昆和张天印报道：1984年11月23日，在山东省日照市东港区陈疃水库岸边的荻草丛中发现1对鸮，正在巢中喂食4只全身披白色绒羽、似绒球的幼鸟。巢由荻草压伏而成，巢底沙质地清晰可见，巢呈圆盆形，直径约1m，这是在山东首次发现的草鸮科鸟类，且为留鸟。尔后在长岛县北隍城岛捕获时发现（范强东1988），表明此鸟在国内的分布区到达北纬36°30'。

物种保护： Ⅱ，2/CITES，Lc/IUCN。

参考文献： H451, M225, Zja 461; Lb386, Q188, Qm288, Z319, Zx95, Zgm121。

山东记录文献： 郑光美2011，朱曦2008，钱燕文2001，范忠民1990；赛道建2013，刘红1996，范强东1993a、1988、1987，张天印1988，纪加义1987d、1987f，柏玉昆1986，张守富1986。

14.2　鸱鸮科 Strigidae（Typical Owls）

小型至大型，雌鸟大于雄鸟。头大颈短。喙短而有力、钩形、喙基有蜡膜、周围有刚毛，嘴裂宽。眼大。脸部扁平、周边有斑纹围成大致圆形面盘。头顶有或无耳状簇羽。耳孔位于面盘两侧，高低不一。背部暗淡似树皮纹或虫蠹纹，翼宽圆、羽毛柔软，最外侧飞羽外缘梳状，初级飞羽11枚。腹面淡具纵斑或横纹，胸骨下缘具4个凹陷。尾羽多短圆，尾羽10或12枚。脚短壮，异趾型，外趾可前可后，第3趾比第2趾长，钩状爪坚而强。

除高山及沙漠外，栖息于北极苔原、森林、草原、半沙漠、湿地、溪流、农地、城镇公园等多种环境，只要有小动物栖息的陆地环境都有本科鸟种存在。除繁殖期外，单独生活、夜间觅食与活动。雌雄配对关系可维持多年。多营穴巢，每年繁殖一窝，依赖食物的丰寡窝卵数有很大变化；卵近圆形、纯白色。雌鸟抱卵育雏，雄鸟负责供食。雏鸟晚成雏，攀缘树上，亲鸟会在巢外继续养育至长大。多为留鸟，幼鸟会进行扩散移动，食物不稳定时进行不规则迁移，少数种如东方角鸮夜间迁移，但白天偶尔可见。

近年来，本科仍有新种被发现。Sibley 等使用分子生物学技术检验，支持本科近亲是夜鹰（Sibley and Monroe 1990），然而其他科学家所做研究仍认为是日猛禽。本科分类仍有歧见，以属、种而言，Dickinson（2003）为 27 属 180 种，König 等（1999）为 24 属 194 种，Marks 等（1999）为 25 属 189 种，彼此相差较大。因居食物链高层，易受各种威胁而处于濒危，本科有 21 种被列为受胁鸟种，笑鸮（*Sceloglaux albifacies*）已于 20 世纪中叶绝种。

全世界共有 27 属 180 种；中国有 11 属 28 种，山东分布记录有 7 属 9 种。

鸱鸮科分属、种检索表

1. 有耳羽，头顶非圆形 ··· 2
   无耳羽，头顶近圆形 ··· 6
2. 趾底不具刺棘，体型小，翼长 <250mm ·· 3 角鸮属 Otus
   趾底不具刺棘，体型大，翼长 >250mm ·· 4
3. 喙灰黑色，后颈有明显淡色颈圈 ·· 领角鸮 O. lettia
   喙灰黑色，后颈无明显淡色颈圈，体型较小，翼长小于 160mm ·· 红角鸮 O. sunia
4. 跗蹠被羽，翼长 >300mm ··· 雕鸮属 Bubo，雕鸮 B. bubo
   翼长 <300mm 第 2 或第 3 枚初级飞羽最长 ·· 5 耳鸮属 Asio
5. 腹部具纵斑尚延伸出横斑，耳羽长而明显 ·· 长耳鸮 A. otus
   腹部具纵斑而无横斑，耳羽短而不明显 ·· 短耳鸮 A. flammeus
6. 体型大，翼长 >250mm ··· 林鸮属 Strix，灰林鸮 S. aluco
   体型小，翼长 <250mm ·· 7
7. 背部纯色，无斑点 ··· 鹰鸮属 Ninox，日本鹰鸮 N. japonica
   背部有许多斑点 ·· 8
8. 鼻孔呈管状 ·· 鸺鹠属 Glaucidium，斑头鸺鹠 G. cuculoides
   鼻孔不呈管状 ·· 小鸮属 Athene，纵纹腹小鸮 A. noctua

● **235-01** 领角鸮
Otus lettia（Hodgson）

命名： Pennant T，1769，Ind. Zool.：3（斯里兰卡）
英文名： Collared Scops Owl
同种异名： —；*Otus bakkamoena* Pennant，*Ephialtes glabripes* Swinhoe，1870，*Scops glabripes* Ogilvie-Grant *et* La Touche（1907）；Scops Owl

鉴别特征： 嘴黄色，面盘白色、缀以黑褐色细点，前额和眉纹黄白色，耳羽簇斑点明显。上体沙褐色具特征性颈环，杂有暗色虫蠹状斑和羽干纹，下体黄白色具黑色条纹。脚污黄色。

形态特征描述： 嘴灰黑色沾绿色、基部稍黄色。虹膜黄色，眼暗红色，具粉红色细眼圈。额和面盘白色或灰白色缀黑褐色细点斑，边缘黑褐色；两眼前缘黑褐色，眼端刚毛白色具黑色羽端，眼上方羽毛白色。眉至耳羽灰白色有细斑，耳羽外翈黑褐色具棕褐色斑、内翈棕白色杂黑褐色斑点。头顶至后枕有不明显粗黑色纵斑，后枕有白斑。颏、喉米白色有细横纹，上喉有一圈皱领微沾棕色，干纹黑色羽，两侧有细横斑纹。上体包括两翅表面灰褐色具黑褐色羽干纹和深褐色虫蠹状细斑，杂有棕白色斑点，这些棕白色斑点在后颈处大而多形成一道不完整的半领圈；肩和翼上外侧覆羽端具有棕色或白色大型斑点。初级飞羽黑褐色，外翈杂宽阔棕白色横斑。下体腹面淡灰褐色，密布细褐色虫蠹状斑及粗著黑褐色羽干纵纹。尾灰褐色横贯约 7 道棕色杂有黑色斑点的横斑。尾下覆羽纯白色，覆腿羽棕白色微具褐色斑点，跗蹠被羽，趾裸露黄褐色，爪角黄色。

领角鸮（刘国强 20130525 摄于梨枣峪）

幼鸟 通体污褐色杂棕白色细斑点。除飞羽和尾羽外均呈绒羽状。初级飞羽黑褐色，内翈具灰黑色横斑、外翈具棕白色大斑，其余飞羽浅黑褐色具污灰色和棕色斑。腹面色淡呈灰褐色。尾黑褐色具浅棕色虫蠹状斑。覆腿羽白色。

鸣叫声： 发出浑厚"ao"单音或频率较高"miao-ao"声，可定点鸣叫数分钟，飞行中发出"gugugu"声。

体尺衡量度（长度mm、体重g）：

标本号	时间	采集地	体重	体长	嘴峰长	翅长	跗蹠长	尾长	性别	现保存处
					18	171	40	76	♂	山东师范大学
					23	186	40	102	♀	山东师范大学
				225	18	171	40	76		山东师范大学
				245	20	185	45	94		山东师范大学

栖息地与习性： 栖息于低海拔各种林型，如山地阔叶林、混交林和山麓林缘、村寨附近树林中，以及都市内树木不多的公园或校园。除繁殖期成对活动外，通常单独活动，夜行性，夜间停栖或猎食时会选择较突出的位置，白天躲藏于树洞、树叶稍密的树丛或树干横枝上休息时，会使其他小鸟群围绕叫嚣骚扰。警戒时，身体拉长、耳羽竖高、双眼微张，长时间保持姿势不动，常在住家附近或道路旁捕食被灯光吸引的小动物，因此常发生撞车而毙命。

食性： 主要捕食鼠类、中小型鸟类、蜥蜴、蛙类及鞘翅目和直翅目等昆虫。

繁殖习性： 繁殖期3~6月。利用天然树洞、啄木鸟废弃的旧洞，筑巢洞内无内垫物；在缺乏树洞地区利用树分叉处、断裂树干、人工巢箱、墙上管洞或凹陷处等营巢，甚至利用喜鹊的旧巢。每窝产卵3~5枚，卵径约37mm×30mm，卵白色呈卵圆形、光滑无斑，卵重17~19g。雌雄亲鸟轮流孵卵，孵化期约28天。幼鸟不会飞离巢，在巢外由亲鸟继续喂养，幼鸟易落巢而遭苍鹰、食肉目动物等天敌攻击。

亚种分化： 全世界有15个亚种，中国有5个亚种，山东分布记录有1个（纪加义1987d，郑光美2011）或2个（朱曦2008）亚种。

本种有不同分类意见，*Otus bakkamoena*（郑作新1987）在喜马拉雅东部至东亚的所有族群用学名 *Otus lettia*（Howard and Moore 1991，郑光美2011）。山东分布 *erythrocampe* 首次由刘红（1996）记录，若依有无标本、照片、文献和分布区等情况综合看，疑 *erythrocampe* 亚种为 *ussuriensis* 在山东分布的误记，需要进一步研究确证。

● 东北亚种 *O. l. ussuriensis*，*Otus bakkamoena ussuriensis*（Buturlin）

亚种命名 Вутурлин，1910，Oph.Вести.，1：119（东北兴凯湖）

分布： 滨州-●（刘体应1987）滨州。德州-德州。东营-（R）◎黄河三角洲。济南-长清区-梨枣峪（刘国强20130525）。青岛-市南区-▲浮山。泰安-（R）泰安；岱岳区-●（杜恒勤1987）徂徕山；●（杜恒勤1993b）泰山-低山；东平县-（R）●东平湖。潍坊-（R）青州（仰天山）。烟台-长岛县-▲●（范鹏2006，范强东1993a）长岛，▲（J08-8503/20111019）大黑山岛，南长山岛。淄博-淄博。胶东半岛，鲁西北平原。

黑龙江、吉林、辽宁、内蒙古、河北、北京、天津、山西、陕西、甘肃。

华南亚种 *Otus lettia erythrocampe*，*Otus bakkamoena erythrocampe* Swinhoe

亚种命名 Swinhoe，1874，Ibis，(3) 4：269（广州）

分布： 德州-德州。泰安-（R）泰安，泰山。潍坊-（R）青州-仰天山。

山西、安徽、江苏、上海、浙江、江西、湖南、湖北、四川、重庆、贵州、云南、福建、广东、广西、香港、澳门。

区系分布与居留类型： [广]（R）。

种群现状： 染色体数目 $2n=82$，包括5对大常染色体，35对微小染色体和1对性染色体，比红角鸮多6对t型染色体而少3对m型染色体，此差异可认为是6对t型染色体两两融合为3对m型染色体，或是由其相反过程造成的。因繁殖期幼鸟落巢，栖息于人类居住区周围常遭人捕抓，以及误撞鸟网、撞车等人为因素造成的伤亡，必然对本种的保护产生影响，全球种群未量化，但广泛分布，中国有 10 000～100 000 繁殖对。山东分布较广，但数量稀少，应加强对物种与环境的保护性研究。

物种保护： Ⅱ，2/CITES。

参考文献： H457，M23，Zja467；Lb399，Q190，Qm289，Z324，Zx96，Zgm122。

山东记录文献： 郑光美 2011，朱曦 2008，钱燕文 2001，赵正阶 2001，范忠民 1990，Shaw 1938a；赛道建 2013，田家怡 1999，范鹏 2006，张洪海 2000，刘红 1996，王庆忠 1995、1992，赵延茂 1995，范强东 1993a，杜恒勤 1993b、1991c、1985、1987，纪加义 1987d、1987f，刘体应 1987。

● **236-01　红角鸮**
Otus sunia（Hodgson）

命名： Hodgson BH，1836，As. Res.，19：175（尼泊尔）
英文名： Oriental Scops Owl
同种异名： 东方角鸮，普通角鸮，角鸮，夜猫子，欧亚角鸮，猫头鹰，欧洲角鸮，日本角鸮，黑龙江角鸮；*Otus scops**（Linnaeus），*Scops sunia* Hodgson，1836，*Scops stictonotus* Sharpe，1836，*Otus scops japonicus* Temminck et Schlegel，1850，*Otus scops stictonotus*（颜重威 1979）；Scops Owl，Eurasian Scops Owl，European Scops Owl

鉴别特征： 小型鸮。嘴暗色，面盘灰褐色具棕褐色和黑色皱领，耳羽簇明显。体色有灰色、棕栗色不同色型，具细密黑褐色虫蠹状斑和纵纹，缀棕白色斑点。脚褐灰色。

形态特征描述： 嘴近黑色，先端近黄色。喙眼黄色。面盘褐色、边缘黑褐色，密布纤细黑纹。耳羽内侧淡黄褐色、外侧黑褐色。眉至耳羽淡黄褐色、基部棕色。领圈淡棕色。飞羽大部黑褐色。下体大部红褐色至灰褐色，有暗褐色纤细横斑和黑褐色羽干纹。尾羽灰褐色。跗蹠被羽，趾裸露黄褐色，爪灰褐色。有 2 种色型。

灰褐色型 全身大致褐色，头顶及背面有深褐色细虫蠹斑，散布米白色小斑。肩部有 3 个白斑。后颈有一道不明显淡色横带。尾深浅交替的横带对比不明显。腹面密布虫蠹斑，胸部色深，腹部色较淡白、有黑色纵纹。尾下覆羽及跗蹠羽米白色有细斑。

棕栗色型 全身红棕色，斑纹分布同褐色型，但背面无虫蠹斑，布有黑色细纵纹。

鸣叫声： 繁殖期雄鸟鸣声为 3 音节，东北亚种似 "wanggangge"、日本亚种似 "fofaseng"。

红角鸮（成素博 20120702 摄于九仙山）

体尺衡量度（长度 mm、体重 g）：

标本号	时间	采集地	体重	体长	嘴峰长	翅长	跗蹠长	尾长	性别	现保存处
灰褐色型				190	10	150	24	70		山东师范大学
				180	12	140	15	60		山东师范大学
				175	11	135	21	74		山东师范大学
				175	11	134	23	69		山东师范大学
棕栗色型				175	11	150	25	70		山东师范大学
				174	13	110	22	62		山东师范大学
	1958	微山湖		235	12	165	28	76	♂	济宁一中
B000450				188	7	148	29	65		山东博物馆
B000457				199	8	147	21	61		山东博物馆
840489	19841005	鲁桥	110	185	15	145	28	72	♂	济宁森保站
	197910	青岛		165	15	145	29	88		山东师范大学

栖息地与习性： 栖息于平原开阔地区和山地的阔叶林、混交林、山麓林缘和村寨附近、近河域及湿地的树林内，以及城镇公园、庙宇及庭园周边。除繁殖期成对活动外，单独活动，鸣声深沉单调；夜行性，

---

* 山东亚种，郑光美（2011）记为 *O. s. stictonotus*，而 *O. s. japonicus* 分布于台湾；纪加义（1987）记为 *O. s. japonicus* 和 *O. s. stictonotus*；朱曦（2008）记为 *O. s. malayanus* 和 *O. s. stictonotus*，有待进一步研究

白天隐匿于树洞或躲藏于树上浓密枝叶间休息，晚上活动鸣叫，夜间行为及迁移细节不详。受惊时将身躯竖直、耳羽竖起，眼半张呈警戒姿态。

食性： 主要捕食各种昆虫、蜘蛛，以及小型鼠类、鸟类等。

繁殖习性： 繁殖期5~8月。在树洞、岩缝和人工巢箱中营巢，由枯草和枯叶构成，内垫苔藓、少许羽毛。每窝通常产卵4枚，卵白色、卵圆形，光滑无斑，卵径约31mm×27mm，卵重12g。雌鸟孵卵，孵化期24~25天。雏鸟晚成雏。

亚种分化： 全世界有7个亚种，中国有3个亚种，山东分布记录有2个亚种。

本种曾属于广布于欧亚大陆的角鸮（*Otus scops*）（郑作新1987、1976）的亚种，20世纪中叶后多数作者将该角鸮拆成2种：*O. scops* 是指分布于欧洲至中亚的红角鸮（马敬能2000），也称西红红角鸮（郑光美2011）；印度至东亚的角鸮则称为 *O. sunia*，因分布于东方故称为"东方角鸮"（刘小如2012，马敬能2000），即红角鸮（郑光美2011）。

● 东北亚种 ***O. s. stictonotus***，*Otus scops stictonotus*（Sharpe）

亚种命名 Sharpe RB，1875，Cat. Bds. Brit. Mus. 2：54，pl. 3（中国）

分布： 东营-（S）◎黄河三角洲。菏泽-牡丹区-环城公园（王海明20080414）。济南-（P）济南，南郊；长清区-●灵岩寺。济宁-●济宁；微山县-两城，鲁桥，●微山湖，昭阳（陈保成20240920）。临沂-（S）沂河。青岛-（P）潮连岛，▲浮山；崂山-（S）●北九水（20040709）。日照-五莲县-九仙山（成素博20120702）；前三岛（成素博20111005）。泰安-岱岳区-●（杜恒勤1987）徂徕山；（S）●（杜恒勤1987）泰山（刘国强20130525）-低山；泰山区-大河湿地（刘国强20130705）。潍坊-青州-（R）仰天山。威海-威海（王强20110502）；文登-大水泊（韩京20120430）。烟台-长岛县-●（1983~1986年的4月、9月）▲（范鹏2006，范强东1993a）长岛，▲（G14-2119/20150917，G11-3207/20140920）大黑山岛（何鑫20131009）。淄博-淄博。胶东半岛，鲁中山地，鲁西北平原，鲁西南平原湖区。

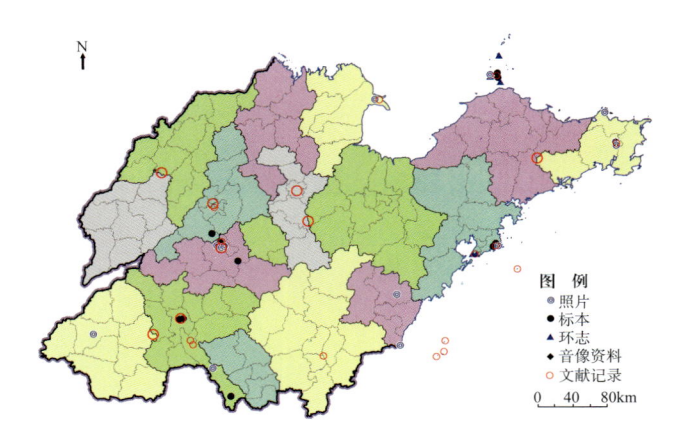

黑龙江、吉林、辽宁、内蒙古、河北、北京、天津、山西、河南、陕西、四川、重庆。

○ 日本亚种 *Otus scops japonicus*（Temminck et Schlegel），*Otus scops malayanus* Hay，*Otus japonicus*（Temminck et Schlegel）

亚种命名 Temminck et Schlegel，1850，in Siebold, Faun. Jap., Aves：27，pl. 9（日本）

山东记录文献： 朱曦2008，Shaw 1938a；赛道建2013，刘红1996，范强东1988，纪加义1987d、1987f。

分布： 济南-（P）济南。临沂-（S）沂河。青岛-（P）潮连岛。泰安-（S）泰安，泰山。胶东半岛。

江苏、上海、浙江、江西、湖南、湖北、四川、重庆、贵州、云南、福建、广东、广西、海南、香港。

区系分布与居留类型： [广]（SP）。

种群现状： 捕食鼠类和昆虫，对农林业有益。染色体数目2n=76。线粒体DNA片段长度多态性分析；基因组长度多态性为17.65kb。物种分布范围广，被评价为无生存危机物种。2001~2002年，长岛国家级保护区猛禽环志放飞了3000余只（包括隼形目与鸮形目），其中本种2401只，数量最多，因夜间迁移不易察觉，山东的实际过境数量可能比此纪录高，1957年即有"夜猫子"的记录（田丰翰1957），纪加义（1985）记作 *Otus scops japonicus* 为省内新记录。

物种保护： Ⅱ，2/CITES，Lc/IUCN。

参考文献： H456，M230，Zja465；Lb404，Q190，Qm290，Z322，Zx96，Zgm123。

山东记录文献： 郑光美2011，朱曦2008，钱燕文2001，赵正阶2001，范忠民1990，郑作新1987、1976；赛道建2013、1994，张洪海2000，田家怡1999，刘红1996，王庆忠1995、1992，赵延茂1995，范鹏2006，范强东1993a、1988，纪加义1987d、1987f，杜恒勤1987、1985，田丰翰1957。

● **237-01 雕鸮**
Bubo bubo（Linnaeus）

命名： Linnaeus，1758，Syst. Nat., ed. 10, 1：92（瑞典）

英文名： Eurasian Eagle-owl

同种异名： 猫头鹰，鹫兔，怪鸱（chī），角鸱，鹠枭（xiāo）；—；Great Eagle Owl，Northern Eagle Owl

鉴别特征： 大型鸮。嘴灰黑色，面盘棕黄色杂有褐色细斑，耳羽簇长而明显，眼大、橘黄色，喉白色。体羽黄褐色具黑色斑点和纵纹。胸、腹黄色具深褐色纵纹，羽毛具褐色横斑。脚黄色被羽。

形态特征描述： 嘴铅灰黑色，强而钩曲，嘴基蜡膜为硬须掩盖。虹膜金黄色。眼先和眼前缘密被白色刚毛状羽、具黑色端斑。头顶黑褐色、羽缘棕白色杂以黑色波状细斑。耳羽显著突出于头顶两侧，外侧黑色、内侧棕色。面盘显著，眼上方有大型黑斑，面盘余部淡棕白色或栗棕色杂褐色细斑。皱领黑褐色，两翈羽缘棕色。颏、喉除皱领外白色。后颈和上背棕色具粗著黑褐色羽干纹，端部两翈缀黑褐色细斑点；肩、下背和翼上覆羽棕色至灰棕色杂黑褐色斑纹或横斑，具粗阔黑褐色羽干纹，羽端大都呈黑褐色块斑状。飞羽棕色具宽阔黑褐色横斑和褐色斑点，第5枚次级飞羽缺如。腰及尾上覆羽棕灰色具黑褐色波状细斑。下体胸棕色具粗著黑褐色羽干纹，两翈具黑褐色波状细斑，上腹、两胁羽干纹变细而两翈黑褐色波状横斑增多而显著。腋羽白色或棕色具褐色横斑。下腹中央近纯棕白色，尾短圆，尾羽12枚，中央尾羽暗褐色具6道不规整棕色横斑，外侧尾羽棕色具暗褐色横斑和黑褐色斑点；覆腿羽和尾下覆羽微杂褐色细横斑。爪铅灰黑色，强健有力，常全部被羽，第4趾能向后反转，爪大而锐以利攀缘。

鸣叫声： 夜间联络时，常发出"henhu、henhu"叫声，不安时会发出响亮"tata"声。

体尺衡量度（长度mm、体重g）：

标本号	时间	采集地	体重	体长	嘴峰长	翅长	跗蹠长	尾长	性别	现保存处
		济南	2360	650	36	395	82	250		山东师范大学
				660	33	470	67	230		山东师范大学
		青岛浮山	2559	650	34	440	80	275		山东师范大学
B000443				568	19	465	75	196		山东博物馆

栖息地与习性： 栖息于山地林区、平原荒野、林缘灌丛、疏林，以及裸露高山峭壁等环境中。除繁殖期外，单独活动，夜行性，白天躲藏在密林中，缩颈闭目栖于树上，吐出不能消化的鼠毛和骨头称为食团。听到声响即伸颈睁眼，转动身体，观察四周动静，如发现有人即飞走，低空飞行慢而无声。夜间听觉和视觉异常敏锐。

食性： 主要捕食各种鼠类，以及兔类、蛙、刺猬、昆虫、雉鸡和其他鸟类。

繁殖习性： 繁殖期4~7月。雌雄成对栖息，晨昏时相互追逐求偶并不时发出召唤鸣声，交配后雌鸟开始筑巢。在树洞、悬崖峭壁下的凹处雌鸟用爪刨出一小坑营巢，或直接产卵于地上，产卵后垫以稀疏绒羽。每窝产卵2~5枚，卵白色呈椭圆形，卵径约51mm×46mm，卵重50~60g。雌鸟孵卵，孵化期约35天。雏鸟晚成雏。

亚种分化： 全世界有17个亚种，中国有5个亚种，山东分布记录为2个亚种（郑光美2011），或1个亚种 kiautschensis（郑作新1987、1976，纪加义1987d）。

华南亚种 ***B. b. kiautschensis*** Reichenow

亚种命名 Reichenow, 1903, Orn. Monatsb., 11: 85（山东胶州）

Reichenow, 1903, Orn. Monatsb., 11: 86（四川）

分布： 东营-（R）◎黄河三角洲。菏泽-（R）菏泽。济南-（R）济南，●（1994）南部山区（20100507）。济宁-曲阜-石门寺。聊城-东昌湖。青岛-●（Shaw 1938a）青岛，●浮山。日照-日照。泰安-（R）泰安,（S）泰山-●药山，西御道（20160302，刘兆瑞20120326、20160227、20160302）。潍坊-（R）青州-仰天山，南部山区。烟台-招远-东肇家沟（蔡德万20030101）；长岛◆（于水20151012）。淄博-淄博。胶东半岛，鲁中山地，鲁西北平原，鲁西南平原湖区。

河南、陕西、甘肃、安徽、江苏、上海、浙江、江西、湖南、湖北、四川、重庆、贵州、云南、福建、广东、广西、香港、澳门。

● 东北亚种 ***B. b. ussuriensis*** Poljakov

亚种命名 Подяков, 1915, Oph. Becth.: 44

分布： 济南-（R）济南。聊城-东昌湖。青岛-青岛。泰安-（R）泰安,（S）泰山。潍坊-（R）青州-仰天山。

黑龙江、吉林、辽宁、内蒙古、河北、北京、天津、山西。

区系分布与居留类型：［古］(RS)。

种群现状： 捕食鼠类，对农业有益。物种分布范

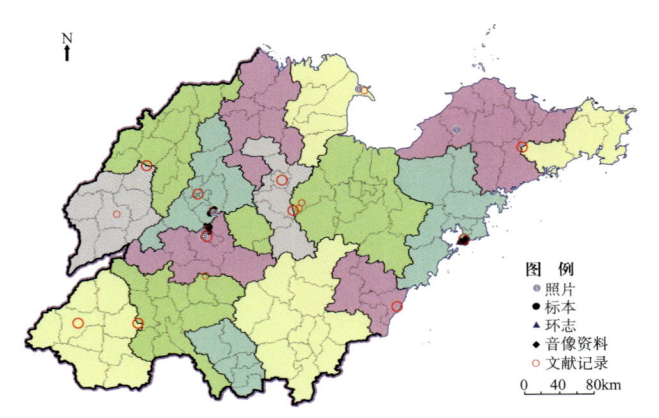

围广，但数量较少。卵壳超微结构观察内壳膜同纵纹腹小鸮，说明繁殖于同一生境。由于夜行性，研究资料较少。在山东，刘光瑞等对其繁殖活动进行了多年观察，需要加强对物种和栖息环境的研究与保护。

物种保护：Ⅱ，2/CITES，R/CRDB，Lc/IUCN。

参考文献：H458，M 233，Zja470；Q190，Qm 290，Z325，Zx97，Zgm124。

山东记录文献：郑光美 2011，朱曦 2008，钱燕文 2001，范忠民 1990，郑作新 1987、1976，Shaw 1938a；赛道建 2013、1994，王海明 2000，田家怡 1999，刘红 1996，王庆忠 1995、1992，赵延茂 1995，丛建国 1993，张守富等 1991，范强东 1988，纪加义 1987d、1987f，田丰翰 1957。

238-00 灰林鸮
Strix aluco Linnaeus

命名：Linnaeus C，1758，Syst. Nat.，ed. 10，1：93（瑞典）
英文名：Tawny Owl
同种异名：—；*Syrnium nivicola* Ogilvie-Grant（1908）；Wood Owl，Eurasian Tawny Owl，Tawny Owl

鉴别特征：中型褐色鸮。嘴褐色、先端蜡黄色，头圆，面盘橙棕色或褐色，眼先、眉纹白色呈"V"形。上体暗灰色，肩羽外翈黄白色形成明显肩斑，下体黄白色，胸具细密条纹与虫蠹状斑，通体具红褐色斑及棕纹，羽毛具复杂纵纹及横斑。尾暗褐色具6道棕色斑和白端斑，脚黄色。

形态特征描述：嘴黄色。虹膜深褐色，眼具粉红色细眼圈。头大而圆、无耳羽。主要有上体红褐色或灰褐色两种不同形态，每片羽毛具复杂的纵纹及横斑。面盘灰褐色杂有暗褐色羽毛、边缘黑褐色，围绕双眼面盘较扁平，面盘之上有"V"形白色纹。头顶至后枕有黄褐色斑点。上体褐色或灰色有细虫蠹斑，呈棕色、褐色相杂状，有些许白斑。肩羽有黄白色斑点。翼有黄褐色横带。飞羽暗褐色、外翈缀淡棕色斑点，翼上外侧覆羽外翈棕色近白色形成翼斑；下体淡白色或皮黄色，胸部沾黄色有深褐色纵横交错浓密条纹及细小虫蠹纹。尾羽有黄褐色横带。脚黄褐色，跗跖被羽至趾。

指名亚种有上体呈红褐色或呈灰褐色两个不同色型，下体都呈白色布有褐色斑纹。

雌鸟 比雄鸟长5%、重25%。

鸣叫声 响亮浑厚而急促的"hu-hu"或"hu-hu-hu"声，不时重复"nivicola"。

体尺衡量度（长度mm、体重g）：山东暂无标本及测量数据。

栖息地与习性：栖息于近水源的落叶疏林地带，以及城市、花园和公园等，与其他较小的鸮生活在不同的环境。终年成对共同生活，在较高地方飞行并可长时间滑翔，有高度的区域性，白天多停栖于森林深处休息，不理会小型鸣禽的骚扰围攻，夜行性，夜间到林隙边缘觅食，发现猎物从高处俯冲下来，捕捉猎物并整个吞下，并吐出不能消化的毛及骨头等。

食性：主要捕食鼠类、雀形目小鸟类和兔子、蚯蚓及甲虫等不同种类的猎物，甚至小型鸮类。

繁殖习性：繁殖期2~6月。营巢于树洞，也会利用喜鹊旧巢、松鼠巢、建筑物的孔洞或人工巢箱，或其他鸟类旧巢。每窝通常产卵2~4枚，卵光白色，卵径约48mm×39mm，卵重约39g。雌鸟孵卵，孵化期约30天，孵出的雏鸟35~39天长出羽毛，10天后离开鸟巢躲在附近的树枝上，由双亲继续照顾2~3个月，然后雏鸟自动离开并寻找自己的领地，若未占有领地就会挨饿。一般认为寿命约为5年，曾发现超过18龄和27龄的野生个体及饲养个体。

亚种分化：全世界有11个亚种，中国3个亚种，山东分布应为河北亚种 *S. a. ma**（Clark）（郑光美 2001）。

亚种命名 Clark，1907，Proc. U. S. Nat. Mus.，32：471（朝鲜釜山）

分布：济南-（R）济南。（R）鲁西北平原，（R）山东。

黑龙江、吉林、辽宁、河北、北京。

区系分布与居留类型：[古]（R）。

种群现状：物种分布范围广，BirdLife International（2009）估计全球族群数量有200万~600万只。山东分布黄浙（1965）首次记录，由于生活于偏远森林、夜行性，多年来山东种群分布仅见目录性记录，而无标本和物种研究，近年来也未征集到照片，分布现状应视为无分布，需要加强对物种和栖息环境的深入调查确证。

物种保护：Ⅱ，2/CITES。

参考文献：H473，M 241，Zja484；Lb419，

---

* 朱曦（2008）记为 *Strix aluco nivicola*（Blyth）

Q196，Qm292，Z337，Zx98，Zgm126

山东记录文献： 郑光美 2011，朱曦 2008，钱燕文 2001，赵正阶 2001，范忠民 1990，郑作新 1987、1976；赛道建 2013，刘红 1996，纪加义 1987d、1987f。

● 239-01　斑头鸺鹠
Glaucidium cuculoides Vigors

命名： Vigors，1831，Proc. Comm. Zool Soc. London：8

标本号	时间	采集地	体重	体长	嘴峰长	翅长	跗蹠长	尾长	性别	现保存处
				237	12	168	36	92		山东师范大学
				220	15	181	30	123		山东师范大学
850001*	19850105	金乡兴隆	64	213	14	163	23	81	♀	济宁森保站

* 此标本获得照片后，经赛道建重新鉴定为纵纹腹小鸮，而不是原鉴定标签中的斑头鸺鹠

栖息地与习性： 栖息于平原、低山丘陵至中山地带的阔叶林、混交林、次生林和林缘灌丛中，常光顾庭园、村庄、农田附近的疏林和树上。主要为夜行性，白天也活动，多单独或成对活动，多在夜间和清晨鸣叫，在白天活动觅食。

食性： 主要捕食地面上的鼠类、蜥蜴和蛙类，也能像鹰隼那样追捕空中飞鸟和昆虫，如蝗虫、甲虫、螳螂、蝉、蟋蟀、蚂蚁、蜻蜓。

繁殖习性： 繁殖期 3～6 月。在高大乔木的树洞或天然洞穴、古建筑墙隙中营巢。每窝产卵 3～5 枚，卵白色。雌鸟孵卵，孵化期 28～29 天。

亚种分化： 全世界有 10（Howard and Moore 1980）个亚种，中国 5 个（郑光美 2011）、4 个（赵正阶 2001）亚种，山东分布为华南亚种 *G. c. whitelyi*（Blyth）。

亚种命名　Blyth，1867，Ibis（2）3：313（中国）

分布： 滨州 - ●（刘体应 1987）滨州；滨城区 - 东海水库，北海水库，蒲城水库；惠民。**东营 -**（P）黄河三角洲。**济南 -** 平阴县 - ● 大寨山。**泰安 -** 泰安；岱岳区 - ●（杜恒勤 1987）徂徕山；●（杜恒勤 1987）（R）泰山 - 低山；东平县 -（R）东平湖。**潍坊 -** 潍县。胶东半岛，鲁中山地，鲁西北平原。

（喜马拉雅山脉）

英文名： Asian Barred Owlet

同种异名： 横纹鸺鹠（xiūliú），（北方）猫王鸟，训狐；—；Cuckoo Owlet，Barred Owlet

鉴别特征： 棕褐色横斑鸮。嘴绿黄色、蜡膜暗褐色，眉纹白色，喉具显著白斑。头、上体棕栗色密被白色细横斑，肩部有白线状纵条纹，下体白色，两胁栗褐色，胸横斑、腹纵纹赭色。尾黑褐色具 6 道白横斑和端斑。跗蹠被羽，脚绿黄色。

形态特征描述： 嘴黄绿色、基部较暗色，蜡膜暗褐色。虹膜黄色。面盘不明显，头侧无直立簇状耳羽。喉部具两个显著白斑。头、胸和整个背面暗褐色，头部、全身羽毛均具白色细横斑。腹部白色，下腹部和肛周具宽阔褐色纵纹。尾羽具 6 道鲜明白色横纹和白端缘。趾黄绿色、具刚毛状羽，爪近黑色。

鸣叫声： 鸣声嘹亮，快速颤音调降而音量增高，双哨音似犬叫，音量增高且速度加快，重复鸣叫。

体尺衡量度（长度 mm、体重 g）：

河南、安徽、江苏、上海、浙江、江西、湖南、湖北、四川、重庆、贵州、云南、福建、广东、广西、香港、澳门。

区系分布与居留类型： [东]（R*）。

种群现状： 捕食鼠类和昆虫，对农林业有益。线粒体 DNA 片段长度多态性分析；基因组长度多态性为 18.62kb。因具有医药成分而被捕猎利用，加上物种栖息的生态环境受到经济开发的威胁，种群数量较少，应加强物种与生态环境的保护。山东分布区狭窄而数量稀少，虽然山东多地有标本记录，但原标本未查到保留的

---
* 山东泰山为留鸟（杜恒勤 1988）

实证，济宁森保站保存的标本，在本书核证标本时，标本照片经重新鉴定为纵纹腹小鸮，而不是原标签鉴定的斑头鸺鹠；近年来未能征集到野外活动照片，应注意加强对物种分布现状与栖息环境的保护研究。

物种保护： Ⅱ，2/CITES，Lc/IUCN。

参考文献： H468，M 248，Zja479；Q194，Qm294，Z331，Zx98，Zgm128。

山东记录文献： 郑光美2011，朱曦2008，范忠民1990，郑作新1987、1976；赛道建2013，田家怡1999，刘红1996，赵延茂1995，杜恒勤1988a、1985，刘体应1987，纪加义1987d、1987f。

● 240-01　纵纹腹小鸮
Athene noctua (Scopoli)

命名： Scopoli GA，1783，Ann. I. Nat., Hist.：22（斯洛维尼亚 Carniolia Krain）

英文名： Little Owl

同种异名： 东方小鸮；*Strix noctua* Scopoli，1769，*Athene plumipes* Swinhoe，1870；—

鉴别特征： 小型鸮。嘴黄绿色，面盘、皱领不明显，头顶平，眼上白纹连成"V"形斑，髭纹白色，喉具白斑。上体褐色、具白色纵纹及斑点，肩有2道黄白色斑，下体白色具褐色杂斑及纵纹。尾褐色有5道棕白横斑和灰白端斑。脚被羽、白色。

形态特征描述： 嘴灰黑色具钩。眼亮黄色。面盘浅褐色，眉线白色，面盘下缘有白色须羽形成白色宽髭纹。头顶平、浅褐色，布有细白斑，无耳羽。头顶至背面大致为浅褐色，背面布有大而不规则黄白色斑。肩上有2道白色或皮黄色横斑。下体浅白色具褐色杂斑及纵纹，下腹及尾下覆羽白色。尾羽褐色有数道浅黄色窄横带。脚白色、跗蹠被羽，趾裸露淡黄色，爪黑褐色。

纵纹腹小鸮（孙劲松 20140607 摄于河口区黄河岸边）

鸣叫声： 发出拖长而上扬的"goooek"声。

体尺衡量度（长度mm、体重g）：

标本号	时间	采集地	体重	体长	嘴峰长	翅长	跗蹠长	尾长	性别	现保存处
				220	16	166	25	82		山东师范大学
B000456				198	14	148	20	65		山东博物馆
	1958	微山湖		310	12	155	26	65	♂	济宁一中
830206	19830216	两城	140	206	18	151	29	65	♂	济宁森保站
				211	91	167	33	95		山东师范大学

栖息地与习性： 栖息于低山丘陵、林缘灌丛、平原森林和草原地带，以及农田、疏林、村镇周边等开阔丛林环境中。白天栖息于树丛、墙壁裂缝、岩洞等隐秘处，晨昏、夜晚到开阔处活动觅食，有时停栖于电线、屋顶上。从空中袭击追捕或利用双腿奔跑追击猎物。

食性： 主要捕食小型鼠类、昆虫，以及蛙类、蜥蜴、小鸟。

繁殖习性： 繁殖期5～7月。晨昏鸣叫、相互追逐求偶，雄鸟用伸颈耸羽、左右摆动等方式进行炫耀。在悬崖缝隙、岩洞、废弃建筑物的洞穴或树洞中营巢或自己挖洞。每窝通常产卵3～5枚，卵白色。雌鸟孵卵，孵化期28～29天。雏鸟晚成雏，全身具黄白色的绒羽，育雏期45～50天。

亚种分化： 全世界有13个亚种，中国有4个亚种，山东分布为普通亚种 *A. n. plumipes* Swinhoe。

亚种命名　Swinhoe，1870，Proc. Zool. Soc. London：448（河北南口）

分布： 东营-（R）◎黄河三角洲；自然保护区-黄河口（孙劲松20140610）；东营区-安泰南（孙熙让20110707、20110814）；河口区-黄河岸边（孙劲松20140607）。德州-市区-岔河（张立新20100123）。菏泽-（R）菏泽。济南-（R）济南，●济南机场（20130908），黄河；历下区-千佛山；济阳县-崔寨（陈云江20140614）。济宁-●济宁；嘉祥县-●纸坊（20040627、20140806）；曲阜-孔林；微山县-鲁桥，●微山湖。聊城-东昌湖，电厂水库（赵雅军20090715）。青岛-●青岛，▲浮山。日照-●山字河机场（20150829、20151220）；（R）前三岛-车牛山岛，达山岛，平山岛。泰安-（R）泰安，●泰山；泰山区-泰城（刘兆瑞20110531），农大南校园；东平县-（R）东平湖；肥城。潍坊-潍坊。威海-文登-大水泊（20060715），坤龙水库

(20140604)。**烟台 -** 长岛县 - ▲● (范鹏 2006, 范强东 1993a) 长岛, 大黑山岛, 南长山岛; 招远 (蔡德万 20130323)。**淄博 -** 淄博。胶东半岛, 鲁中山地, 鲁西北平原, 鲁西南平原湖区。

黑龙江、吉林、辽宁、内蒙古、河北、北京、天津、山西、河南、陕西、甘肃、新疆、江苏、台湾。

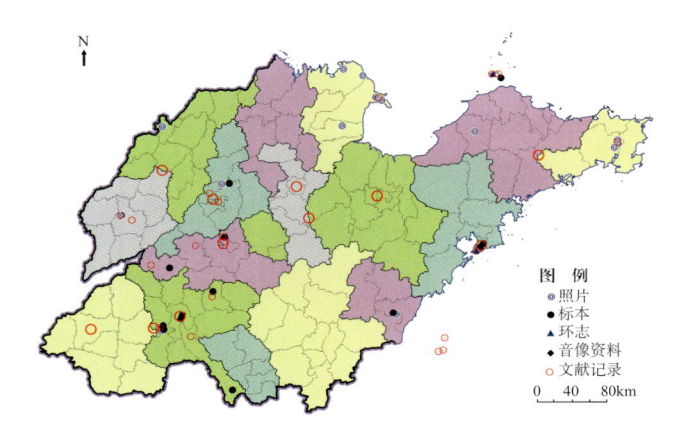

区系分布与居留类型: [古](R)。

种群现状: 捕食鼠类, 对农业有益。染色体数目 $2n=80$, 核型较特殊, 第1对染色体特别长, m型, 有卵壳超微结构观察。2001~2003年, 北京猛禽救助中心救伤鸮形目猛禽共7种341只, 其中纵纹腹小鸮数量高达143只, 而且多数是幼鸟。山东一些机场防撞鸟网上捕获的也主要是本种, 数量较少, 需要进行物种与栖息环境的保护。

物种保护: Ⅱ, 2/CITES, Lc/IUCN。

参考文献: H470, M 249, Zja481; Lb426, Q196, Qm294, Z334, Zx99, Zgm129。

山东记录文献: 郑光美 2011, 朱曦 2008, 范忠民 1990, 郑作新 1987、1976; 赛道建 2013、1994, 邢在秀 2008, 王海明 2000, 张培玉 2000, 田家怡 1999, 杨月伟 1999, 刘红 1996, 高登选 1993, 赵延茂 1995, 范鹏 2006, 范强东 1993a, 纪加义 1987d、1987f, 田丰翰 1957。

241-01 日本鹰鸮
*Ninox japonica*** Temminck CJ *et* Schlegel H

命名: Temminck CJ, Schlegel H, 1845, *in* Siebold, Faun. Jap. (日本)

英文名: Northern Boobook

同种异名: 鹰鸮; *Ninox scutulata* (Raffles 1822), *Ctenoglaux scutulata*; Brown Hawk Owl, Northern Boobook

鉴别特征: 中型似鹰深色鸮。嘴灰黑色、先端黑褐色, 蜡膜绿色, 前额、颏及嘴基点斑白色。上体深褐色, 肩有白斑, 下体黄白色具宽阔红褐色纵纹, 臀白色。尾具黑横斑与端斑。脚黄色。

形态特征描述: 形似鹰, 故名。嘴灰黑色、先端黑褐色, 强而钩曲, 嘴基蜡膜为硬须掩盖。眼大, 虹膜黄色。前额为白色。无显著的面盘、翎领和耳羽簇, 眼先具黑须。耳孔周缘具耳羽。喉部和前颈皮黄色具褐色条纹。上体暗棕褐色, 肩部有白色斑, 翅形不一, 第5枚次级飞羽缺如。下体白色有水滴状红褐色斑点。尾短圆, 尾羽12枚、具黑色横斑和端斑。脚强健有力。跗蹠被羽, 趾裸出肉红色, 具稀疏的浅黄色刚毛, 第4趾能向后反转, 爪黑色大而锐, 以利攀缘。

日本鹰鸮 (赛道建 20150831 摄于山字河机场)

鸣叫声: 繁殖期常在黄昏和晚上鸣叫, 鸣声多变似 "bengbeng-bengbeng" 或 "wanggange-wanggange"。

体尺衡量度 (长度 mm、体重 g): 山东采到标本, 但保存处不详。

标本号	时间	采集地	体重	体长	嘴峰长	翅长	跗蹠长	尾长	性别	现保存处
*			230			236				不详

* 寿振黄 (1938) 1个标本测量数据

栖息地与习性: 栖息于低山丘陵、山脚和河谷平原地带的针阔混交林和阔叶林中, 以及林缘灌丛、果园和农田地区的高大树上。除繁殖期成对外, 其他季节单独活动, 雏鸟离巢后多成家族群活动; 白天多在树冠层栖息休息, 黄昏、晚上活动觅食, 常从栖息处突然飞出捕猎猎物, 有时竟会闯入居民家中。

食性: 主要捕食昆虫、小鼠和小鸟等。

繁殖习性: 繁殖期5~7月。在树木上的天然洞穴包括啄木鸟等利用过的树洞中营巢, 树洞宽阔, 深浅变化较大, 巢内仅有树洞中腐朽的木屑或少量遗留绒羽。每窝通常产卵3枚, 卵乳白色、近球形, 表面光滑无斑。雌鸟孵卵, 雄鸟警戒, 护巢时凶猛, 雄鸟和雌鸟会轮流猛烈攻击入侵者直到将其赶出领域。孵卵期25~26天。雏鸟晚成雏, 育雏期约30天, 雏鸟陆续离巢。

** 由 *Ninox scutulata* (Raffles) 亚种分出的物种, 见 King (2002)

亚种分化： 全世界 Ninox scutulata 有 12 个亚种，中国 2 个亚种，山东分布为日本亚种 ***N. j. japonica***, Ninox scutulata（Raffles），Ninox scutulata ussuriensis Buturlin, Ninox scutulata scutulata（Raffles）。

亚种命名 Temminck CJ, Schlegel H, 1845, in Siebold, Faun. Jap.（日本）

King（2002）根据鸣声差异建议将这 12 个亚种拆分为 3 种：分布于南亚与东南亚的亚种沿用学名 Ninox scutulata；分布于东北亚、日本、中国台湾的 3 个亚种提升为 N. japonica（英名为 Northern Boobook）；分布于菲律宾群岛的亚种提升为 N. randi。近年来采用 King（2002）分类法（郑光美 2011）。

分布：东营 - ◎黄河三角洲。**青岛** -（S）青岛，▲浮山，潮连岛，●（Shaw 1938a）灵山岛。**日照** - ●山字河机场（20150831）。**泰安** -（S）泰安，岱岳区 - 徂徕山光华寺；泰山 - 中山。**烟台** - 长岛县 - ▲●（范鹏 2006，范强东 1993a）长岛，▲（J08-6031/20150924）大黑山岛，南长山岛。**淄博** - 淄博。鲁中南。

黑龙江、吉林、辽宁、河北、北京、天津、河南、江苏、上海、浙江、湖北、福建。

区系分布与居留类型：［东］（S）。

种群现状： 物种分布范围广，但数量较少，在山东观察情况少，青岛和烟台均有环志记录，应加强对物种生态学与栖息环境的保护性研究。

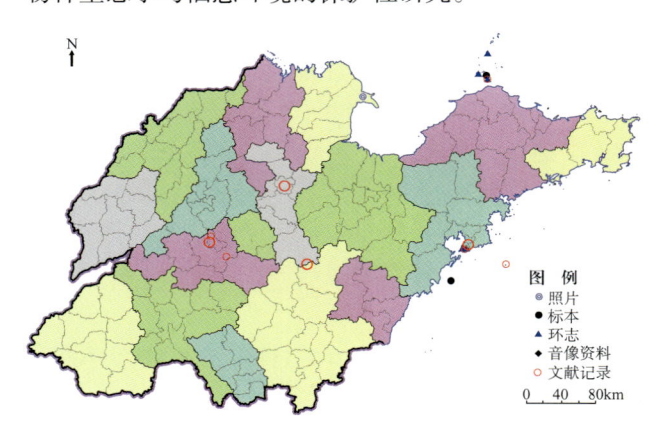

物种保护： Ⅱ，2/CITES，Lc/IUCN。

参考文献： H469，M 252，Zja480；Q196，Qm295，Z334，Zx99，Zgm131。

山东记录文献： 郑光美 2011，朱曦 2008，钱燕文 2001，赵正阶 2001，郑作新 1987、1976，Shaw 1938a；赛道建 2013，范鹏 2006，张洪海 2000，刘红 1996，范强东 1993a，杜恒勤 1987、1985，纪加义 1987d、1987f。

● 242-01 长耳鸮
Asio otus（Linnaeus）

命名： Linnaeus C，1758，Syst. Nat.，ed. 10，1：92（瑞典）

英文名： Long-eared Owl

同种异名： 虎鵵（tù），长耳虎斑鸮；Strix otus Linnaeus，1758；Northern Long-eared Owl

鉴别特征： 嘴铅灰色、尖端黑色，面盘显著、棕黄色，中央略显白色"X"图形，皱领完整缀黑褐色，耳羽簇发达、竖立如耳。上体棕褐色具暗色块斑及皮黄色、白色点斑，下体黄白色具棕色杂纹及褐色纵纹、斑块，腹部具树枝状横枝。飞行时翼端褐色较浓，翼下白色较少。

形态特征描述： 嘴铅灰色、尖端黑色。虹膜橙红色，眼内侧和上下缘具黑斑。喙基至眉线白色。面盘黄褐色、显著，两侧棕黄色而羽干白色。头顶黑褐色，两侧有发达黑褐色耳羽，显著突出状如两耳。颌、颏白色。上体棕黄色具粗著羽干纹，上背棕色较淡，有暗褐色纵斑及灰褐色虫蠹斑。初级飞羽、次级飞羽黑褐色有暗褐色横带。下体淡棕黄色，有许多暗褐色纵横交错斑，胸具宽阔黑褐色羽干纹、羽端两侧具白斑。尾羽有数道暗褐色横带，尾下覆羽及胫羽淡黄褐色。跗蹠至趾被羽，棕黄色，爪暗铅色。

长耳鸮（孙劲松 20090511 摄于孤岛槐林）

鸣叫声： 夜间鸣叫，声低沉而长，发出重复"hu、hu、hu……"单音。

体尺衡量度（长度 mm、体重 g）：

标本号	时间	采集地	体重	体长	嘴峰长	翅长	跗蹠长	尾长	性别	现保存处
				405	19	302	76	167		山东师范大学
B000445				359	12	350	38	131		山东博物馆
	1958	微山湖		510	34	285	52	155	♂	济宁一中
	1958	微山湖		435	29	270	42	125	♂	济宁一中

栖息地与习性： 栖息于溪河或空旷草地旁的各种森林类型中，越冬时选择的栖地较多样化，常选择树木茂密的公园、庙宇，会长年造访同一适宜越冬地。德州储运公司、曲阜孔林曾有集体越冬现象。成对或单独活动，迁徙期间和冬季常结成小群，夜行性，白天躲藏在树林中，平时多栖息于地上、林中草丛中或树干近旁侧枝上，多贴地面飞行，鼓翼飞翔与滑翔常交替进行。黄昏和夜间低空飞行活动觅食。

食性： 主要捕食鼠类等啮齿动物，以及小型鸟类、蜥蜴、哺乳类和昆虫，偶尔食植物果实和种子。

繁殖习性： 繁殖期4～6月。营巢于森林中，常利用喜鹊等其他鸟类的旧巢营巢。每窝产卵4～6枚，卵白色。

亚种分化： 全世界有4个亚种，中国1个亚种，山东分布为指名亚种 *A. o. otus*（Linnaeus）。

亚种命名 Linnaeus C，1758，Syst. Nat.，ed. 10，1：92（瑞典）

分布： 滨州-●（刘体应1987）滨州。**德州**-商业储运公司；陵县；乐陵-城区（李令东20100130、20110121），宋哲元陵墓（李令东20110124）；齐河县-桑梓店林场。**东营**-（W）◎黄河三角洲；河口区-（李在军20081227），孤岛（孙劲松20090511）。**菏泽**-（W）菏泽。**济南**-济南，槐荫区-北店子黄河（20140125）；天桥区-药山黄河（张月侠20141213）；历城区-华山；济阳区-济阳林场。**济宁**-●济宁，南四湖；曲阜-（W）曲阜，石门寺，三孔，（W）孔庙；微山县-鲁山，●微山湖。**青岛**-青岛，（P）潮连岛，▲19841030J00-0298（刘岱基1991）浮山。**日照**-日照；东港区-日照机场（20151220）；（W）前三岛-车牛山岛，达山岛，平山岛。**泰安**-（W）泰安，泰山，东平县-（W）●东平湖。**潍坊**-●◎奎文区，潍坊机场（20111027）；青州-南部山区。**烟台**-●（Shaw 1930）烟台；长岛县-▲●（环志号J00-1902，范鹏2006，范强东1993a）长岛，▲（J08-6651/20151013）大黑山岛，南长山岛。**淄博**-淄博。胶东半岛，鲁中山地，鲁西北平原，鲁西南平原湖区。

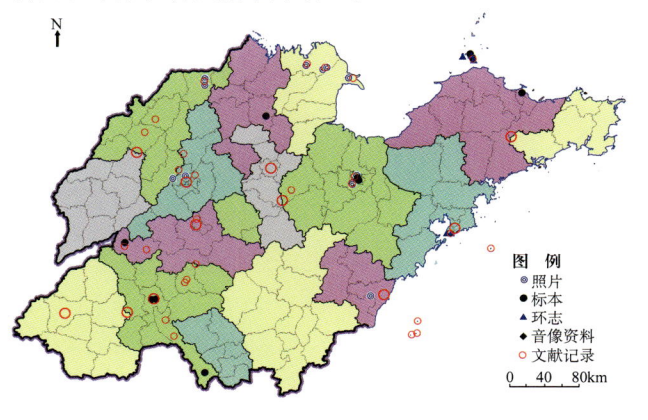

除海南外，各省份可见。

区系分布与居留类型：[古]（W）。

种群现状： 捕食鼠类和昆虫，对农林有益。在山东曲阜、德州等地进行了越冬习性方面的观察研究，分布较广，但数量不多，需要加强对物种与栖息环境的保护。

物种保护： Ⅱ，2/CITES，中日，Lc/IUCN。

参考文献： H 476，M 253，Zja487；Lb432，Q198，Qm296，Z339，Zx99，Zgm131。

山东记录文献： 郑光美2011，刘小如2012，朱曦2008，钱燕文2001，范忠民1990，郑作新1987、1976，付桐生1987，Shaw 1938a；赛道建2013、1994，范鹏2006，王海明2000，张培玉2000，张洪海2000，田家怡1999，闫理钦1998b，刘红1996，赵延茂1995，丛建国1993，范强东1993a，王庆忠1992，田逢俊1993b，毕宁1988，刘体应1987，纪加义1987d、1987f，赵建国1986，田丰翰1957。

● 243-01　短耳鸮
Asio flammeus（Pontoppidan）

命名： Pontoppidan E，1763，Danske Atl.：617，pl. 25（瑞典）

英文名： Short-eared Owl

同种异名： 短耳虎斑鸮；*Strix flammeus* Pontoppidan，1763，*Brachyotus accipitrinu* Gurney（1872）；—

鉴别特征： 黄褐色鸮。嘴黑色，棕黄色面盘显著，眼圈黑色、内侧眉斑和皱领白色。上体黄褐色，满布黑色、皮黄色纵纹和斑点，下体棕黄色具深褐色不分支纵纹。飞行时，翼下黑色腕斑显而易见。脚偏白色。

形态特征描述： 嘴黑色。喙周至眉线白色。虹膜金黄色。面盘显著、黄褐色杂深褐色细放射状纹，边

短耳鸮（赛道建20151015摄于山字河机场）

缘有白色及细黑斑环绕。眼周暗黑色，眼先及内侧眉斑白色，面盘余部棕黄色杂黑色羽干纹。皱领白色、羽端微具黑褐色细斑。耳短，耳羽黑褐色具棕色羽缘，短小而不外露、野外不可见。颏白色，喉具褐色斑。头顶黑褐色。上体包括翅和尾表面棕黄色，满缀黑褐色宽阔羽干纹，呈黑色和皮黄色纵纹交错状。肩及三级飞羽较粗纵纹两侧生出枝纹状横斑、羽外翈缀白斑；翼长有黄白色斑。飞羽有数道暗褐色横带；外侧初级飞羽棕色，羽端微具褐色斑点杂黑褐色横斑，最外侧3枚初级飞羽先端黑褐色，次级飞羽外翈呈黑褐色与棕黄色横斑相杂状、内翈近纯白色仅近羽端处具黑褐色细斑；翼上小覆羽黑褐色缀棕红色斑点；中覆羽、大覆羽黑褐色外翈有大型白色眼状斑；初级覆羽近纯黑褐色，有时缀棕色斑。腰和尾上覆羽近纯棕黄色；下体皮黄白色具深褐色纵纹，胸部较多棕色满布黑褐色纵纹。下腹中央和尾下覆羽、覆腿羽及胫羽黄白色无杂斑。尾羽棕黄色具数道黑褐色横斑和棕白色端斑。跗蹠至趾被羽，棕黄色，爪黑色。

鸣叫声：发出"kee-aw"的吠声。

体尺衡量度（长度mm、体重g）：

标本号	时间	采集地	体重	体长	嘴峰长	翅长	跗蹠长	尾长	性别	现保存处
				372	25	312	38	148		山东师范大学
				412	27	318	43	164		山东师范大学
B000461					13	288	49	164		山东博物馆
				345	15	314	42	190		山东师范大学
				376	22	330	47	186		山东师范大学

栖息地与习性：栖息于开阔草地、河床、农地、海岸潮间带等有低矮植被的环境。多单独或小群活动，夜行性，白天蹲伏隐匿于地面植被中或停栖于矮树、地面短桩上，夜间或晨昏在旷野低空飞行觅食时侦得猎物即俯冲抓取。

食性：主要捕食各种鼠类，其次鸟类，偶尔捕食昆虫和蛙类、爬虫类等。

繁殖习性：繁殖期4~6月。在沼泽附近地上草丛中、次生阔叶林内朽木洞中营巢，由枯草构成。每窝产卵4~6枚，卵圆形，白色，卵径约40mm×32mm。雌鸟孵卵，孵化期24~28天。雏鸟晚成雏，育雏期24~27天。

亚种分化：全世界有10个亚种，中国1个亚种，山东分布为指名亚种 *A. f. flammeus* (Pontoppidan)。

亚种命名 Pontoppidan E，1763，Danske Atl.：617，pl. 25（瑞典）

分布：滨州-●（刘体应1987）滨州。东营-（P）◎黄河三角洲。菏泽-（W）菏泽。济宁-●济宁；（P）曲阜-石门寺；微山县-鲁山。青岛-（P）潮连岛，▲浮山。日照-●山字河机场（20151015）。烟台-长岛县-▲●（范鹏2006，范强东1993a）长岛，▲（J08-6652/20151013）大黑山岛，南长山岛。淄博-淄博。胶东半岛，鲁中山地，鲁西北平原，鲁西南平原湖区。各省份可见。

区系分布与居留类型：[广]（P）。

种群现状：捕食鼠类，对农业有益。染色体数目2*n*=82，包括6对大的常染色体，34对微小染色体和1对性染色体；其核型与领角鸮相似，差别在于其W染色体长度约为Z染色体的2倍，t型，而后者的W染色体与Z染色体几乎等长，m型。因偏好开阔草地，有些个体被机场环境所吸引在国内机场有网捕或被猎杀的案例，如何保护鸮类珍稀鸟、兼顾夜航飞行安全与保育尚待思量研究。山东分布数量并不普遍，物种数量不多，应注意加强对物种与生存环境的保护。

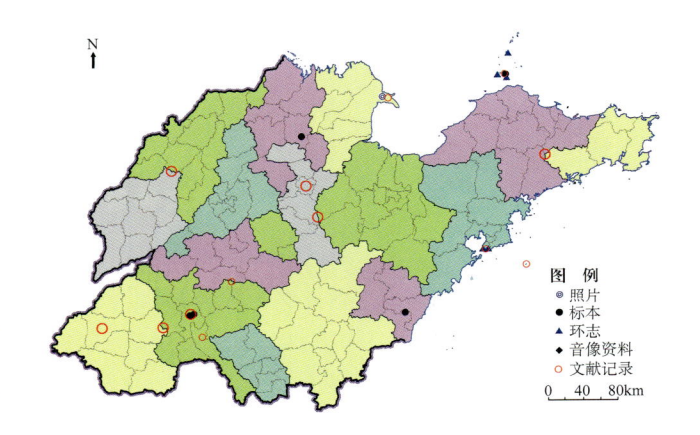

物种保护：Ⅱ，2/CITES，中日，Lc/IUCN。

参考文献：H477，M254，Zja488；Lb435，Q198，Qm296，Z340，Zx100，Zgm131。

山东记录文献：郑光美2011，朱曦2008，钱燕文2001，范忠民1990，郑作新1987、1976，Shaw 1938a；赛道建2013，范鹏2006，王海明2000，田家怡1999，刘红1996，赵延茂1995，范强东1993a，王庆忠1992，刘体应1987，纪加义1987d、1987f。

15 夜鹰目 Caprimulgiformes

15.1 夜鹰科 Caprimulgidae（Nightjars）

喙短而弱，嘴裂宽大，喙基四周及眼先具发达刚毛。鼻孔呈圆管狭缝状。眼大、夜间视力极佳。头大颈短。翼窄长、末端尖，初级飞羽10枚，次级飞羽缺第5枚，羽毛柔软。尾长，尾脂腺裸出。尾羽10枚。全身羽色斑驳灰褐色具虫蠹纹，呈现落叶或树皮迷彩状，雄鸟翼上或尾上有醒目白斑。脚短而弱，趾三前一后，前三趾基部有狭蹼，中爪具栉状缘。

栖息地形态多样化，但偏好栖于开阔空间与疏林交错的地带。夜行性，白天停栖时善用环境迷彩掩护，隐匿于地面或停栖于树枝上休息。除繁殖期外单独生活，成松散小群迁移，繁殖期间常彻夜鸣叫，非繁殖期多不鸣叫。多产卵于地上有杂乱的枯草掩护处或树上。每窝产卵1~2枚。雌雄鸟共同孵卵与育雏。雏鸟半晚熟雏。夜行性迁移过程难以观察研究，迁移状况尚不清楚。栖地破坏、杀虫剂滥用等因素造成昆虫减少，对本科鸟类造成不利影响，本科鸟类有6种被列为受胁鸟种。晨昏活动张口直接吞入空中飞行的各种昆虫。

Sibley 和 Ahlquist 通过分子生物学技术所做的检验，认为夜鹰目所有成员都是鸮形目的近亲，主张将原夜鹰目各科都置入鸮形目，但尚未获得完全的认同。

全世界共有16属89种；中国有2属7种，山东分布记录有1属1种。

● 244-01 普通夜鹰
***Caprimulgus indicus* Latham**

命名： Latham J，1790，Ind. Orn.，2：588（印度）
英文名： Indian Jungle Nightjar
同种异名： 夜鹰，蚊母鸟，贴树皮，鬼鸟，夜燕；*Caprimulgus jotaka* Temminck et Schlegel, 1845; Grey Nightjar, Jungle Nightjar

鉴别特征： 嘴黑色、嘴裂宽，喉具大型白斑。全身暗褐斑杂状。上体灰褐色，密布黑褐色、灰白色虫蠹状斑，胸灰白色密杂黑褐色虫蠹状斑和横斑，腹、两胁棕黄色具黑褐横斑。中央尾羽灰白色，外侧4对尾羽黑色具白斑。雌鸟无白色腮线，块斑呈皮黄色。

形态特征描述： 嘴偏黑色。虹膜褐色，眼下自喙基部向后有一道白纹。头黑褐色，额、头顶和枕具宽阔绒黑色中央纹。颏、喉黑褐色，羽端具棕白色细纹；下喉部具被粗黑喉中央线隔开的2块白斑。上体背部及翼灰褐色、密杂黑褐色和灰白色虫蠹斑并有赤色斑点；肩羽羽端具绒黑色块斑和棕色细斑点，黑色块斑前有白色斑纹，肩羽及翼上覆羽各有一道不明显淡色带。两翼覆羽和飞羽黑褐色有锈红色横斑和眼状斑；最外侧3枚飞羽黑褐色、内外翈近端处有大型醒目棕白色或棕红色块斑。胸灰白色满杂黑褐色虫蠹斑和横斑。腹、胁红棕色具黑褐色密横斑。尾灰褐色，有多道不规则深浅交错横带；

普通夜鹰（赛道建 20150829 摄于山字河机场）

中央尾羽灰白色具宽阔黑色横斑，横斑间杂黑色虫蠹斑，最外侧4对尾羽黑色具宽阔灰白色和棕白色横斑，横斑上杂黑褐色虫蠹斑，尾下覆羽棕白色杂黑褐色横斑。脚褐色。

雌鸟 喉部白斑小而不明显。外侧飞羽中央有醒目的米黄色斑。胸灰黑色。腹部米黄色密布深褐色横纹。尾羽无醒目大白斑、下面灰褐色，尾下覆羽米黄色。

鸣叫声： 繁殖期发出单调急促"koukoukoukou……"声，晚上和黄昏鸣叫不息。

体尺衡量度（长度 mm、体重 g）：

标本号	时间	采集地	体重	体长	嘴峰长	翅长	跗蹠长	尾长	性别	现保存处
	1958	微山湖		285	8	210	28	100	♂	济宁一中

注：Shaw（1938a）记录2♀重88g、83g、翅长211mm

栖息地与习性： 栖息于森林间隙、林缘周边、疏林开阔地、农田果园、灌丛地带。单独或成对活动，晨昏夜行性，多数白天伏栖休息于林中草地上或阴面树干上，故名"贴树皮"。晚间在空中回旋飞行直接张嘴吞食飞蛾等空中飞虫。

食性： 主要捕食天牛、金龟子、甲虫、夜蛾、蚊、蚋等各种飞行性昆虫。

繁殖习性： 繁殖期5~8月。在林中树下或灌木旁边地上营简陋巢，或直接产卵于地面上。每窝产卵2枚，卵圆形，白色或灰白色，被大小不等、形状不规则褐色斑，钝端较多，卵径约31mm×22mm，卵重约6.5g。雌雄亲鸟轮流孵卵。孵化期16~17天。

亚种分化： 全世界有5个亚种，中国有2个亚种，山东分布为普通亚种 *C. i. jotaka* Temminck et Schlegel。

亚种命名 Temminck CJ *et* Schlegel H，1845，*in* Siebold，Faun. Jap.，Aves：37，pl. 12，13（日本）

分布：滨州-●（刘体应1987）滨州。**德州**-济河-●（20130912）华店（20130912）。**东营**-（S）◎黄河三角洲；河口区（李在军20070828）。**济南**-（S）济南，●济南机场（20130912）；天桥区-（P）五柳闸。**济宁**-●济宁；曲阜-石门寺；微山县-鲁桥，●微山湖。**青岛**-（S）潮连岛，●（Shaw 1938a）灵山岛；崂山-●（Shaw 1938a）李村。**日照**-●山字河机场（20150829）。**泰安**-（S）●◎泰安，泰山-韩家岭（20111014）；东平-(S)东平湖，●州城。**潍坊**-潍坊。**威海**-荣成-●（1987秋）苏山岛。**烟台**-长岛-▲（H03-7853）大黑山岛。**淄博**-淄博；高青县-●花沟镇（赵俊杰20150601）。胶东半岛，鲁中山地，鲁西北平原，鲁西南平原湖区。

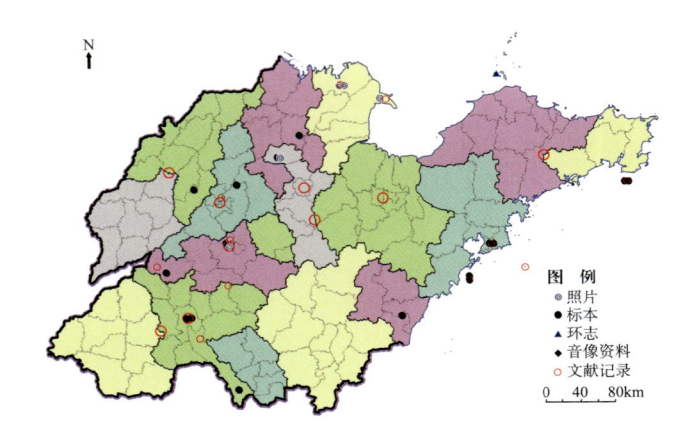

除新疆、青海外，各省份可见。

区系分布与居留类型：［广］（S）。

种群现状： 捕食害虫，为农林益鸟。常因误撞各种防鸟网而丧命，农户应该及时将被捕获个体放飞以保护物种。山东分布较广，但种群数量稀少，列入山东省重点保护野生动物名录。

物种保护： Ⅲ，中日，Lc/IUCN。

参考文献： H481，M257，Zja492；Lb441，Q200，Qm297，Z344，Zx101，Zgm132。

山东记录文献： 郑光美2011，朱曦2008，钱燕文2001，赵正阶2001，范忠民1990，郑作新1987、1976，Shaw 1938a；赛道建2013、1994，邢在秀2008，田家怡1999，赵延茂1995，王希明1994，王庆忠1992，刘体应1987。

16 雨燕目 Apodiformes

16.1 雨燕科 Apodidae（Swifts）

中小型鸟，雌雄鸟同型。喙短阔而扁平。翼长而窄。脚短细、脚趾强健、爪尖锐。羽色通常暗淡。多在空中活动。

生活在各种环境中，休息时以爪挂在岩壁上。喜鸣叫，特别是繁殖季节边飞边发出"jilili"的叫声。飞行快速，在空中捕食昆虫。唾腺发达，以唾液混合不同植物材料营巢，雌雄鸟共同孵卵及育雏。雏鸟晚成雏。部分为远程迁移的候鸟，部分为留鸟。全世界有6种生存受到威胁。

全世界共有19属94种；中国有4属10种，山东分布记录有2属4种。

雨燕科分属、种检索表

1. 跗蹠全裸无羽，喉白斑分界明显，尾羽羽干刺状 ············· 针尾雨燕属 Hirundapus，白喉针尾雨燕 H. caudacutus
   跗蹠被有羽毛 ············· 2 雨燕属 Apus
2. 四趾向前，腰无白色 ············· 普通雨燕 A. apus
   四趾向前分二对，腰具白斑 ············· 3
3. 尾呈深叉状 ············· 白腰雨燕 A. pacificus
   尾呈平尾状 ············· 小白腰雨燕 A. nipalensis

● 245-20 白喉针尾雨燕
Hirundapus caudacutus（Latham）

命名： Latham J，1802，Ind. Orn. Suppl.：57（澳大利亚新南韦尔斯）

英文名： White-throated Needletail

同种异名： 针尾雨燕；*Hirundo caudacuta* Latham，1802；White-fronted Spine-cailed Needletail

鉴别特征： 黑、白色雨燕。嘴黑色，额白色，头顶、后颈黑褐色，颏、喉白色。背黑褐色，下体暗褐色，尾缘黑色，尾覆羽及两胁白色呈银白色马蹄形斑块，飞行时明显。脚黑色。

形态特征描述： 嘴黑色。虹膜暗褐色，眼先白色。额灰白色。脸、头顶至后颈黑褐色具蓝绿色金属光泽。颏、喉白色与脸部及胸部之间具有截然分界。背、肩、腰丝光灰褐色。双翼形状狭长，翼覆羽和飞羽黑色具紫蓝色、绿色金属光彩，飞羽内侧边缘较淡呈烟色，最内侧飞羽内侧白色。胸、腹烟棕色或灰褐色。两胁白色。尾羽及尾上覆羽黑色具蓝绿色金属光泽，尾羽羽轴末端延长，尖端突出呈针状；尾下覆羽白色。脚短红褐色、趾肉色。

鸣叫声： 飞行时，发出"qiqiqiqi……"如虫叫般柔弱叫声。

体尺衡量度（长度mm、体重g）： 山东采到标本，但保存处不详，测量数据遗失。

栖息地与习性： 栖息于山地森林、河谷等山区或海岸开阔地带，空中快速飞行，可出现于各种栖地类型。4～5月迁来，9～10月迁离繁殖地。单只或成对飞翔，有时与其他雨燕或燕子混群活动，近地面或水面低空飞行，在空中边飞边捕食。

食性： 主要捕食双翅目、蚂蚁、鞘翅目等飞行性昆虫。

繁殖习性： 繁殖期5～7月。在悬岩石缝和树洞中营巢。每窝产卵2～6枚。卵白色，卵径约30mm×18.5mm。

亚种分化： 全世界有4个亚种，中国有2个亚种，山东分布为指名亚种 *H. c. caudacutus*（Latham）。

亚种命名 Latham J，1802，Ind. Orn. Suppl.：57（澳大利亚新南韦尔斯）

分布： 东营 -（S）◎黄河三角洲。威海 - 威海。淄博 - 淄博。（S）胶东，鲁西北。

黑龙江、吉林、辽宁、内蒙古、河北、北京、甘肃、青海、安徽、江苏、上海、浙江、江西、湖

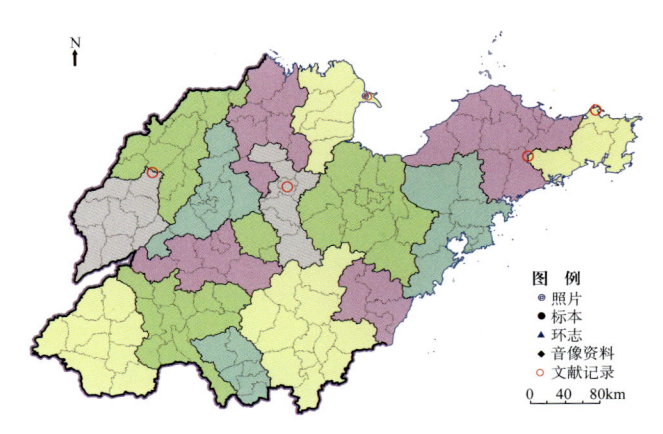

北、贵州、福建、台湾、广东、广西、香港。

区系分布与居留类型：［广］（SP）。

种群现状： 捕食昆虫，对控制农林害虫有益。目前没有明显的生存压力。在山东分布数量稀少，列入山东省重点保护野生动物名录，但较长时间无标本和专项研究，也无分布照片，其分布现状需要进一步研究确证。

物种保护： Ⅲ，中日，中澳，Lc/IUCN。

参考文献： H490，M216，Zja501；Lb450，Q204，Qm299，Z349，Zx102，Zgm134。

山东记录文献： 郑光美 2011，朱曦 2008，钱燕文 2001，赵正阶 2001，范忠民 1990，郑作新 1987、1976；赛道建 2013，田家怡 1999，赵延茂 1995，纪加义 1987d，柏玉昆 1982。

● 246-01 普通雨燕
Apus apus Linnaeus

普通雨燕（刘冰 20120713 摄于聊城光月楼；赛道建 20150515、20160620 摄于海驴岛）

命名： Linaeus，1758，Syst. Nat.，ed. 10，1：192（瑞典）

英文名： Common Swift

同种异名： 楼燕，雨燕，北京雨燕；—；Eurasian Swift

鉴别特征： 嘴黑色。除喉白色外，通体黑褐色。翼宽而尖、镰刀状。尾叉状。脚黑色。

形态特征描述： 嘴纯黑色、短阔而平扁。虹膜暗褐色。颏、喉灰白色具淡褐色纤细羽干纹。头黑褐色、头顶深暗略具光泽。上体黑褐色，背羽色较深暗略具光泽。两翅狭长、镰刀状，两翅初级飞羽外侧微具铜绿色光泽。胸、腹黑褐色而腹微具窄灰白色羽缘。尾叉状，尾表面微具铜绿色光泽、尾下覆羽黑褐色。脚黑褐色。

幼鸟 额污灰白色。颏、喉灰白色扩展至上胸。通体烟褐色无光泽、微具细窄灰白色羽缘。

鸣叫声： 飞行时，边飞边发出"zhi-zhi-"的鸣叫声。

体尺衡量度（长度 mm、体重 g）：

标本号	时间	采集地	体重	体长	嘴峰长	翅长	跗蹠长	尾长	性别	现保存处
	1958	微山湖		185	5	195	12	88	♂	济宁一中
					6	180	10	74		山东师范大学
					6	165	9	75		山东师范大学

栖息地与习性： 栖息于森林、平原、荒漠、海岸、城镇等各类生境中，多在宝塔、庙宇等高大古建筑物和岩壁、城墙缝隙中栖居，起飞时必须先从悬崖或高楼上跌落俯冲下来才能飞起，一旦栽到地上就不能飞起来。4～5月迁来、9月前后迁离繁殖地。晨昏、阴天和雨前最活跃，白天常成群在空中边飞边捕食飞行性昆虫。

食性： 主要捕食蚊类、蝇类、金龟甲、蜷象等飞行性昆虫。

繁殖习性： 繁殖期6～7月。集群营巢于海岛悬崖峭壁或高大古建筑物的天花板、横梁和墙壁的洞穴中，巢呈圆杯状，由枯草茎、枯叶、须根、羽和毛、麻、破布、纤维、纸屑和泥土混合而成，亲鸟用唾液粘贴于岩壁上，可多年利用。每窝产卵2～4枚，卵纯白色、椭圆形，卵径约26mm×17mm。雌雄亲鸟轮流孵卵，孵化期20～23天。雏鸟晚成雏，育雏期约30天。

亚种分化： 全世界有2个亚种，中国有1个亚种，山东分布为北京亚种 *A. a. pekinensis*（Swinhoe）。

亚种命名 Swinhoe，1870，Proc. Zool. Soc. London：435（北京）

分布： 滨州 -●（刘体应1987）滨州；阳信县 - 东支流（刘腾腾20160519）。**东营** -（S）◎黄河三角洲。**菏泽** -（S）菏泽；牡丹区 - 菏泽市林业局（●王海明20060714）。**济南** -（S）济南，南郊；天桥区 -（S）北园；历下区 - 大佛头，开元寺，大明湖（20120611，王秀璞20150515），五龙潭（20120612）；长清区 - 灵岩寺。**济宁** -●济宁；微山县 - ◎鲁山，●微山湖；曲阜 - 三孔；邹城。**聊城** - 东昌湖；东昌府区 - 光月楼

（20120713）。**泰安**-（S）泰安；泰山区-●岱庙、红门（20150517），农大南校园；泰山-低山、碧霞祠、●岱顶；东平县-（S）东平湖；肥城（刘冰20120713）。**潍坊**-青州-仰天山；潍县。**威海**-荣成-海驴岛（20150515、20160620）。**烟台**-●（Shaw 1930）烟台；海阳-凤城（刘子波20140720）。胶东半岛，鲁中山地，鲁西北平原，鲁西南平原湖区。

黑龙江、吉林、辽宁、内蒙古、河北、北京、天津、山西、河南、陕西、宁夏、甘肃、青海、新疆、江苏、湖北、四川、西藏。

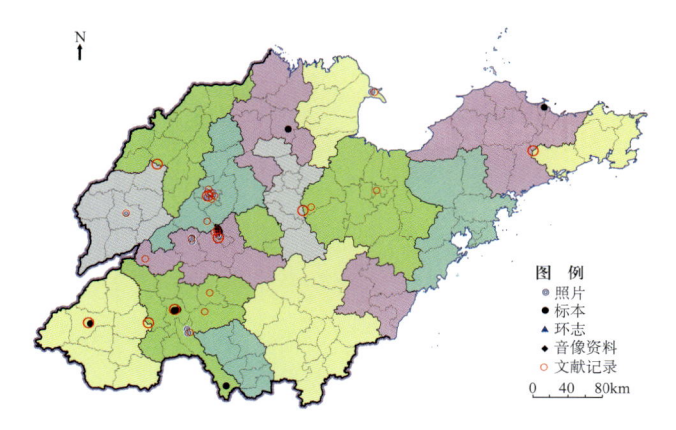

区系分布与居留类型：[古]（S）。
种群现状： 捕食昆虫，为农林益鸟，应加以保护。种群数量趋势稳定，为无生存危机物种。山东分布范围大，但尚无具体数量的统计，物种与栖息环境的研究较少。
物种保护： Ⅲ，Lc/IUCN。
参考文献： H492，M220，Zja503；Q204，Qm300，Z351，Zx102，Zgm135。
山东记录文献： 郑光美2011，朱曦2008，钱燕文2001，赵正阶2001，范忠民1990，郑作新1987、1976；赛道建2013、1994，庄艳美2014，李洪志2004、1998，王海明2000，张培玉2000，田家怡1999，杨月伟1999，王庆忠1995、1992，赵延茂1995，刘体应1987，纪加义1987d，杜恒勤1985，李荣光1959，田丰翰1957。

● **247-01 白腰雨燕**
Apus pacificus（Latham）

命 名： Latham J，1802，Ind. Orn. Suppl.：57（澳大利亚新南韦尔斯）
英文名： Fork-tailed Swift
同种异名： 叉尾雨燕；*Hirundo pacifica* Latham，1802，*Micropus pacificus kanoi* Yamashina，1942；Large White-rumped Swift，Northern White-rumped Swift
鉴别特征： 嘴黑色，喉白色。通体黑褐色，腰具显著白斑，翼狭长。尾深叉状。脚紫色。
形态特征描述： 嘴黑色。虹膜棕褐色。颏、喉白色具黑褐色细羽干纹。头顶黑褐色具淡色羽缘。后颈、背及双翼黑褐色，上背具淡色羽缘、下背和两翅表面微具光泽、具近白色羽缘；双翼形状狭长。腰白色具暗褐色细羽干纹。下体黑褐色，胸、腹及尾下覆羽黑褐色，羽端白色呈细横斑状。尾羽黑色且分叉，尾上覆羽黑褐色微具光泽和近白色羽缘。脚短、黑褐色，爪紫黑色。

白腰雨燕（刘冰 20130312 摄于泰山大河水库）

鸣叫声： 边飞边叫，发出"ji-ji-ji-"尖细的单音节声音。

体尺衡量度（长度mm、体重g）：

标本号	时间	采集地	体重	体长	嘴峰长	翅长	跗跖长	尾长	性别	现保存处
*			43～51			174			♂	不详
*			47～50			188			♀	不详
					7	188	11	85		山东师范大学
					6	171	9	76		山东师范大学
					6	176	7	80		山东师范大学

*寿振黄（1938）记录采集6个标本的数据

栖息地与习性： 栖息于靠近河流、湖泊水库、沿海等水源附近的陡峻山坡、悬岩峭壁上。4～5月迁来、9～10月迁离繁殖地。喜成群在栖息地附近飞翔活动。阴天多低空飞翔，晴朗天常在高空飞翔，或在森林上空成圈飞行，速度甚快并在飞行中捕食。有时与其他种类雨燕或燕子混群觅食，混群时多为飞得最高的鸟种。

食性： 主要捕食叶蝉、小蜂、姬蜂、蝽象、食蚜蝇、寄生蝇、蝇、蚊、蜘蛛、蜉蝣等各种飞行性昆虫。

繁殖习性： 繁殖期5～7月。以雌鸟为主，雌雄亲鸟参与，成群在临近河边和山区悬崖峭壁裂缝中筑巢，巢由灯心草、早熟禾、小灌木叶、树皮、苔藓和羽毛等构成，亲鸟用唾液将巢材胶结、黏附于岩壁上。每窝产卵2～3枚，卵长椭圆形，白色光滑无斑，卵径约26mm×16mm，卵重3～4g。产第1枚卵后，雌鸟开始孵卵，雄鸟衔食喂雌鸟。孵化期20～23天。雏鸟晚成雏，刚孵出雏鸟全身赤裸无羽，体色灰黑色，仅背、胁和腹侧被有少许绒羽，育雏期33天，幼鸟离巢飞翔。

亚种分化： 全世界有4个亚种，中国有1个亚种，山东分布为指名亚种 *A. p. pacificus*（Latham）。

亚种命名 Latham J，1802，Ind. Orn. Suppl.：57（澳大利亚新南威尔士）

分布： 东营-（S）◎黄河三角洲。菏泽-（S）菏泽。济南-（S）济南、黄河；历下区-大佛头，千佛山；长清区-灵岩寺，张夏镇（陈云江20110704）。青岛-浮山（薛琳20140914）；崂山区-（S）潮连岛、（S）●（Shaw 1938a）大公岛（19920725），长门岩岛，青岛科技大学（宋肖萌20140525）；黄岛区-●（Shaw 1938a）灵山岛。日照-前三岛-●（程兆勤1987）车牛山。泰安-（S）泰安；●泰山-中山，傲徕峰；泰山区-大河水库（刘冰20130312）。潍坊-青州-仰天山。威海-荣成-成山头。烟台-芝罘区-●（Shaw 1930）崆峒岛；海阳-●（Shaw 1938a）行村。淄博-淄博。胶东半岛，鲁中山地，鲁西北平原，鲁西南平原湖区。

黑龙江、吉林、辽宁、内蒙古、河北、北京、天津、山西、河南、宁夏、甘肃、青海、新疆、江苏、上海、贵州、云南、西藏、台湾、广东、广西、海南、香港、澳门。

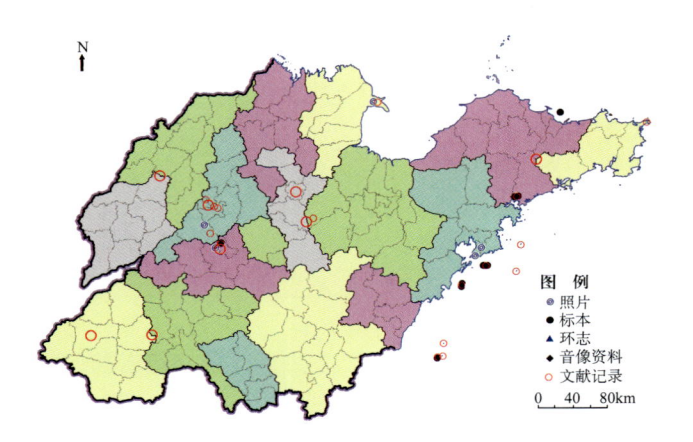

区系分布与居留类型： ［广］（S）。

种群现状： 繁殖期捕食大量昆虫，为农林有益鸟类。物种分布范围大，没有明显的生存压力。在山东的数量尚属普遍，目前尚无数量的具体统计，应加强对物种和栖息环境的研究与保护。

物种保护： Ⅲ，中日，中澳，Lc/IUCN。

参考文献： H493，M 221，Zja504；Lb454，Q204，Qm301，Z352，Zx102，Zgm135。

山东记录文献： 郑光美2011，钱燕文2001，赵正阶2001，范忠民1990，付桐生，程兆勤1987，高育仁1985，郑作新1987、1976；赛道建2013、1994，王海明2000，田家怡1999，王元秀1999，赵延茂1995，王庆忠1992，杜恒勤1985，纪加义1987d，李荣光1959。

○ 248-00 小白腰雨燕
Apus nipalensis（Hodgson）

命名： Hodgson BH，1837，J. Asiatic Soc. Bengal，5：779-780（尼泊尔中部）

英文名： House Swift

同种异名： 小雨燕，姬雨燕；*Apus affinis*（Gray JE），*Cypselus nipalensis* Hodgson，1837，*Apus affinis subfurcatus* Blyth，1849，*Cypselus subfurcatus* Swinhoe，1863；—

鉴别特征： 雌雄同色。嘴黑色，头灰褐色，喉灰白色。通体黑褐色，腰白色。尾近平尾状。跗蹠被羽，脚黑褐色。飞行时白腰十分明显。

形态特征描述： 嘴黑褐色。虹膜暗褐色，眼周黑色。耳羽黑褐色至枕及颈侧颜色转深。前额、眼先及贯眼线褐色，与黑色头顶稍成对比。颏和喉灰白色，白色喉斑达下嘴角及耳羽且与胸部界线分明，颊淡褐色。头顶、枕、背均黑褐色，背带蓝绿色光泽，新换羽有很窄羽缘；肩灰褐色，腰白色带斑与周围对比显著，羽轴褐色呈矢状纵纹。两翼较宽阔、灰褐色；初级飞羽和次级飞羽黑褐色，羽外侧较黑，外侧初级飞羽颜色比其他部分较深，次级飞羽羽尖颜色较淡，三级飞羽微带光泽；覆羽颜色比飞羽深黑、前缘黑褐色有淡灰色羽缘。大覆羽比上方羽色淡而灰色，中、小覆羽黑色，大、中覆羽常有白色羽缘及较深色近末端带斑。下体暗灰褐色似背部，腹面新换羽毛有很窄灰白色羽缘。尾平尾形，中间微凹。尾羽黑褐色带蓝绿色光泽，张开时外侧羽轴较中央尾羽色淡；尾上覆羽暗褐色具铜色光泽，尾下覆羽灰褐色。脚小、脚趾黑褐色，跗蹠前面被灰褐色羽。

幼鸟 与成鸟新换羽类似，但带有羽缘。头部灰褐色稍淡具淡灰褐色羽缘，颏、喉羽干纹不明显。体暗褐色，具灰白色羽缘。

鸣叫声： 发出重复"ji-lilili"似铃声的鸣叫声，成群鸣叫声嘈杂。

体尺衡量度（长度mm、体重g）： 山东暂无标本及测量数据。

栖息地与习性： 成群栖息活动于城镇、悬岩、海岛和开阔林区等各类生境中。常在都市、乡村、农田上空及高海拔山谷成群盘旋，有时与家燕混群，高速飞行时双翼平伸不内收，身体左右偏斜可连续飞行很久；快速振翅飞行与滑翔交替进行。脚细小而软弱无力，用爪吊挂墙壁或岩壁上"滑翔起飞"，落地后无法起飞，饮水时低空快速轻点水面，求偶交配也在空中进行，夜晚回到巢中栖息。下雨前空气湿度增加、昆虫飞得低且密集时，雨燕常群聚在飞行中捕食。

食性： 常在空中张开宽大口捕食蚊蚋等膜翅目和其他目飞行性昆虫。

繁殖习性： 繁殖期4～7月。成对或成群在岩壁、洞穴和城镇建筑物的房屋墙壁、天花板上营巢，用木棉花絮、羽毛、芦苇花絮等和泥土或用唾液黏结而成，内垫有细草茎和羽毛，巢有碟状、杯状、球状等不同形状类型，随营巢环境而变化，甚至紧邻多巢在一起形成聚落巢。每年可育2窝，每窝产卵2～4枚，卵白色无斑，卵径平均约22mm×15mm。雌雄亲鸟轮流孵卵，孵卵期18～26天，育雏期36～51天。

亚种分化： 全世界有6个亚种，中国有2个亚种，山东分布记录为华南亚种 ***A. n. subfurcatus* Blyth**，*Apus affinis subfurcatus*（Blyth）。

亚种命名 Blyth，1849，Journ. As. Soc. Bengal，18（2）：807（马来亚 Penang）

本种与 *A. affinis* 合组为超种，曾被列为其亚种，然而两种生活区在喜玛拉雅山重叠，没有杂交情形发生（Snow 1978），Sibley 和 Monroe（1990）建议两者为异代种（allospecies）。

分布：威海 - 威海。胶东半岛，(P) 山东。

江苏、上海、浙江、四川、贵州、云南、福建、广东、广西、海南、香港、澳门。

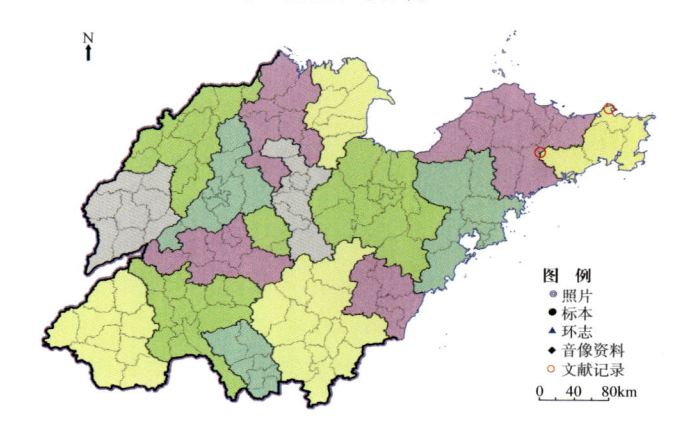

区系分布与居留类型： [广] (P)。

种群现状： 全球分布数量多，物种及其栖息环境未受到重大威胁，为无生存危机物种。山东种群数量稀少，曾有少量文献记录为旅鸟，卢浩泉和王玉志（2001）认为小白腰雨燕（*Apus affinis*）在山东已无分布，近年来各地观鸟爱好者也未能拍到照片证明有其分布，分布现状应视为无分布，今后应加强物种与栖息环境的研究进行确证。

物种保护： Ⅲ，中日，Lc/IUCN。

参考文献： H494，M 222，Zja505；Lb457，Q206，Qm301，Z353，Zx103，Zgm136。

山东记录文献： 郑光美2011，朱曦2008，范忠民1990，郑作新1987、1976；赛道建2013，纪加义1987d。

17 佛法僧目 Coraciiformes

个体中型或较小型。嘴形直而粗。脚短，趾三前一后，前三趾基部有合并。两性羽色相似，晚成鸟。栖息生活于森林、水边或原野。营巢于树洞或土洞中。捕食鱼、虾及昆虫等活动物。主要分布在热带和亚热带地区，中国有5科，山东有2科。

佛法僧目分科检索表

嘴短，翅长圆 ··· 佛法僧科
嘴长，翅短圆 ·· 翠鸟科

17.1 翠鸟科 Alcedinidae（Kingfishers）

雌雄相似。嘴形粗大而直，鼻孔小、被额羽所盖。头大，初级飞羽11枚，第1枚小。尾羽16枚、呈圆尾状。跗蹠短弱，外趾和中趾在基部合并超过全长之半，中趾与内趾仅于基部相并。

本科分林栖和水栖两种类型。林栖种类活动于山林中，主要以昆虫为食，对农林有益；水栖种类活动于水域边，主要捕食鱼虾，对养殖业有一定危害。繁殖期在自己挖掘的土洞产卵。

全世界共有17属91种；中国有7属11种，山东分布记录有3属5种，或4属，Howard and Moore（1991）将冠鱼狗从 Ceryle 中出，列为 Megaceryle。

翠鸟科分属、种检索表

1. 羽色仅黑白两色，斑驳状 ··· 2
   羽色非黑色或白色 ·· 3
2. 背具横斑，翅长＞160mm ··· 冠鱼狗属 Megaceryle，冠鱼狗 M. lugubris
   背无横斑，翅长＜150mm ··· 鱼狗属 Ceryle，斑鱼狗 C. rudis
3. 翅尖而长，嘴较尾长，体型较小，腹面深棕色、不沾绿色 ············· 翠鸟属 Alcedo，普通翠鸟 A. atthis
   翅短圆，嘴较尾短，体型较大 ·· 4
4. 头顶黑色 ·· 翡翠属 Halcyon，蓝翡翠 H. pileata
   头顶赤栗色、胸红色 ·· 翡翠属 Halcyon，赤翡翠 H. coromanda

● 249-01　普通翠鸟
Alcedo atthis（Linnaeus）

命名： Linnaeus C, 1758, Syst. Nat., ed. 10, 1：109（埃及）
英文名： Common Kingfisher
同种异名： 翠鸟，鱼狗，钓鱼翁，鱼虎，金鸟仔，大翠鸟，蓝翡翠，秦椒嘴；*Alcedo bengalensis* Gmelin, 1788, *Alcedo atthis formosana* Laubmann, 1918（1920），*Alcedo atthis gotzii* Laubmann, 1923, *Alcedo japonica* Bonaparte, 1854, *Alcedo margelanica* Madarasz 1904, *Alcedo pallasii* Reichenbach, 1851, *Gracula atthis* Linnaeus, 1758; River Kingfisher, Little Blue Kingfisher, European Kingfisher, Kingfisher
鉴别特征： 体小粗短，背蓝色、腹棕色翠鸟。嘴长直尖、黑色（雌鸟下颚橘黄色），头、后颈深绿色具翠蓝色细横斑，贯眼纹黑褐色，额侧、颊、耳覆羽栗红色，颏白色，耳后具白斑。上体金属蓝绿色，肩蓝绿色，下体橙棕色。尾短。幼鸟色暗淡，具深色胸带。脚红色。橘黄色条带横贯眼部及耳羽是与其他翠鸟的区别特征。

形态特征描述： 嘴黑色、嘴角红色，粗直而长尖，

普通翠鸟（刘冰 20101203 摄于泰山虎山水库）

嘴峰圆钝。鼻沟不显著。虹膜深褐色，眼先烟灰色，上端有很窄红棕色前缘线。头大颈短，前额、头顶、后颈布满暗蓝绿色和艳翠蓝色细斑纹。眼下和耳后颈侧、喉部白色，颊、喉及颈部染有皮黄色。颊及耳羽淡红棕色延伸到后方为白色斑块。颈侧具白色点斑。上体金属浅蓝绿色、艳丽而具光辉，体背灰翠蓝色，背腰闪亮宝石蓝色。肩和翅暗绿蓝色，肩羽及翼上覆羽有亮蓝色羽尖；翼短圆、尖长，翅上杂有翠蓝色斑，第1枚初级飞羽稍短，第3、第4枚最长。下体橙黄色，胸部以下呈鲜明栗棕色，翼下及尾下的部分渐淡。胸骨后缘有4个缺刻。尾短圆而小，尾上深蓝色，尾上覆羽深亮蓝色。脚短，胫及跗蹠红色，趾细弱，第4趾与第3趾大部分并连而与第2趾仅基部并连。

雌鸟　似雄鸟。下喙橙红色、尖端黑色。
幼鸟　似成鸟。喙尖端呈白色。背面色泽较暗、较绿，腹面色泽较淡，胸部羽毛有烟灰色窄边缘。胫与跗蹠黑色渐变为红色。
鸣叫声： 飞行时，常发出"ji-"或发出急促而连续的"jijiji"鸣叫声。
体尺衡量度（长度 mm、体重 g）：

标本号	时间	采集地	体重	体长	嘴峰长	翅长	跗蹠长	尾长	性别	现保存处
B000467	195712			148	33	68		16		山东博物馆
	1958	微山湖		180	35	72	11	32	♂	济宁一中
	1958	微山湖		190	33	70	10	28	♂	济宁一中
840429	19840806	鲁桥	36	149	38	69	9	33	♂	济宁森保站
					35	70	9	32	♂	山东师范大学

注：Shaw（1938a）记录1♂重32g，翅长71mm。

栖息地与习性： 栖息于林区水清澈而缓流的溪涧、河川、平原河谷、水库、池塘、渠道甚至水田的岸边。性孤独，常单独活动或成对活动，边飞边叫；领域性强，飞行时发出领域宣示的鸣叫，或在领域中央宣示领域，先静静正直身体，翼下垂，颈前伸，喙半张，接着就会驱赶侵入者。有时沿水面低空直线飞行，飞行速度快；常独栖在河边树桩、岩石和临近河边小树的低枝上，长时间注视水面伺机猎食，一见水中鱼虾即极迅速扎入水中捕取，有时可鼓动两翼悬停于空中，低头注视水面，见有食物即扎入水中捕获，将猎物带回栖息处摔打待鱼死后吞食。

食性： 主要捕食浅水中的小鱼，兼食虾和水生昆虫及其幼虫，也啄食小型蛙类和少量水生植物。可吐出无法消化的鱼骨等。

繁殖习性： 繁殖期3~7月，雌雄鸟合力在岸边用喙啄掘隧道式洞穴为巢。每年1~2窝，每窝产卵5~7枚，卵纯白色，卵径约24mm×20mm。雌雄亲鸟轮流孵卵，孵化期19~21天。雏鸟破壳而出为晚成雏，雌鸟喂雏，育雏期24~25天。幼鸟离巢4天后，第一次冲入水中捕食会因全身浸水而溺毙，为其存亡关头的试练。

亚种分化： 全世界有7个亚种，中国有2个亚种，山东分布为普通亚种 *A. a. bengalensis* Gmelin，*Alcedo ispida bengalensis*（Gmelin）。

亚种命名　Gmelin JF, 1788, Syst. Nat., ed. 13, 1: 450（孟加拉国）

分布：滨州 - ●（刘体应1987）滨州；滨城区 - 东海水库，北海水库，蒲城水库；无棣县 - 小开河沉沙池（王景元20090826）。**德州** - 减河（张立新20070822）；市区 - 新湖风景区（张立新20090430）；乐陵 - 城区（李令东20100723），马颊河（李令东20100807，张立新20070830）；齐河县 - ●华店（20130908）。**东营** -（R）◎黄河三角洲，黄河故道（丁洪安20090713），一千二保护区；河口 - 孤岛公园（孙劲松20080713），渤南水库（仇基建20140720、20140803）。**菏泽** -（R）菏泽。**济南** -（R）济南，济南机场（20130907），黄河；天桥区 - 北园；历下区 - 大明湖（20130307），泉城公园（20131018、20130517、20140211、20141014，陈忠华20140111、20141209，陈云江20131110）；槐荫区 - 睦里闸；章丘 -（R）黄河林场大站水库（陈忠华20161009），历城 - 南部山区（陈忠华20140816）。**济宁** - ●（R）南四湖；任城区 - 太白湖（宋泽远20121202）；嘉祥 - 珠赵新河（20140806）；曲阜 - 孔林（孙喜娇20150412）；微山县 - ●微山湖，昭阳（陈保成20150901）；鱼台 - 梁岗（张月侠20160409），夏家（张月侠20150618）。**聊城** -（R）聊城，东昌湖（贾少波20110921），徒骇河（贾少波20060824，赵雅军20130127）。**临沂** -（R）沂河。**莱芜** - 莱城区 - 红石公园（陈军20090828）。**青岛** - 崂山区 -（R）潮连岛，●（20050626）崂山（20050626）；黄岛区 - ●（Shaw 1938a）灵山卫。**日照** - 东港区 - 森林公园（20140321，成素博 20150718），董家滩（成素博 20120514），付瞳河（20150830，成素博 20141106），碧海路（成素博 20140904），林前村（成素博 20140531）；（R）前三岛-车牛山岛，达山岛，平山岛。**泰安**-（R）●泰安；岱岳区-大汶河；泰山区-虎山水库（刘冰 2010123），农大南校园，大河湿地（孙桂玲 20130601）；泰山-低山；东平县-州城，（R）东平湖（20130511）。**潍坊**-潍坊，白浪河（20100411）；●高密-姜庄北胶新河（宋肖萌 20150503），姜庄小辛河（宋肖萌 20150616），凤凰公园（宋肖萌 20150204）。**威海**-威海（王强 20110824、20130713）。**烟台**-蓬莱-艾山；栖霞-十八盘（牟旭辉 20150719），长春湖（牟旭辉 20150731），白洋河（牟旭辉 20140817）；招远（蔡德万 20120727）；牟平区-沁水东河（王宜艳 20150920）。**枣庄**-枣庄（闫理钦 20121210）。**淄博**-淄博。胶东半岛，鲁中山地，鲁西北平原，鲁西南平原湖区。

除新疆外，各省份可见。

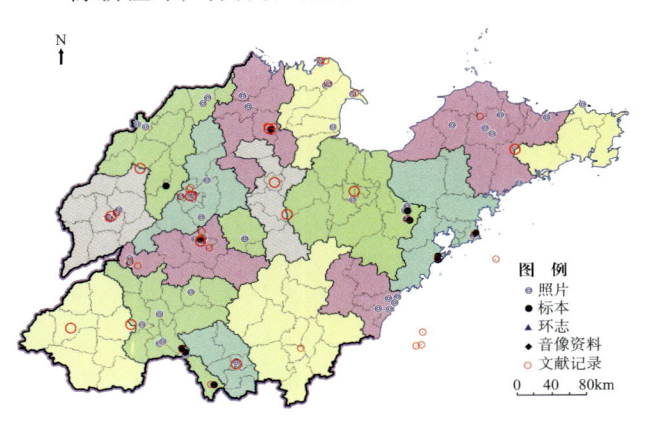

区系分布与居留类型：［广］（R）。

种群现状：全球分布地广泛而普遍，但对于河流污染及河流整治工程所造成的环境改变相当敏感，如将自然土堤变成混凝土堤或水泥护岸，严重影响到翠鸟的筑巢与繁殖。山东也面临同样的环境问题，需要加强对物种栖息环境的保护研究。

物种保护：Ⅲ，Lc/IUCN。

参考文献：H503，M171，Zja514；Lb484，Q210，Qm305，Z360，Zx105，Zgm138。

山东记录文献：郑光美 2011，朱曦 2008，钱燕文 2001，赵正阶 2001，范忠民 1990，郑作新 1987、1976，付桐生 1987，Shaw 1938a；赛道建 2013、1999、1994、1989，张月侠 2015，李久恩 2012，吕磊 2010，邢在秀 2008，贾少波 2002，王海明 2000，田家怡 1999，赵延茂 1995，刘体应 1987，纪加义 1987d，杜恒勤 1985，李荣光 1960、1959，田丰翰 1957。

250-11 赤翡翠
Halcyon coromanda（Latham）

命名：Latham J，1790，Ind. Orn.，1：252（印度 Coromanda）

英文名：Ruddy Kingfisher

同种异名：红翡翠；*Alcedo coromanda* Latham，1790，*Entomothera coromanda* Oberholser（1915）；—

鉴别特征：嘴长尖而粗直、红色，喉黄白色。上体棕紫红色，腰浅蓝色，下体棕红色，胸带色深，腹、尾下色淡。脚橙红色。

形态特征描述：嘴粗壮，紫红色、端部更加鲜艳，两侧无鼻沟。虹膜深褐色。颏、喉白色，从嘴下延至后颈两侧有一粗黄白色纹。全身包括头、颈、背、腰、尾上覆羽、尾羽棕赤色带紫色光泽。背部下方、腰中央和尾上覆羽基部中央翠蓝色，羽毛基部灰白色、中部灰褐色、端部翠蓝色。身体腹面颜色较浅，前颈、胸、腹和尾下覆羽赤黄色，前颈和胸较深，腹部较浅、中线近白色。尾赤栗色。跗跖和趾紫红色，向前三趾的外趾、中趾基部并连。

幼鸟　颜色较暗淡，前胸有弧状斑。

鸣叫声：叫声快速圆润，2或3音节。

体尺衡量度（长度mm、体重g）：

标本号	时间	采集地*	体重	体长	嘴峰长	翅长	跗蹠长	尾长	性别	现保存处
	2007	日照石臼	265	52	125	20	70		不详	

* 见张守富（2008）

栖息地与习性：栖息分布于沼泽森林、溪流水塘、湿地和平原各种环境中，多年生活在相同的地方。独居或雌雄同栖，完全食肉性，捕食方式与其他翠鸟一样，将鱼带到并在树上摔死后吞食。

食性：主要捕食昆虫如甲虫、蝗虫、蚱蜢及其幼虫和其他小型节肢动物，以及小蜗牛和蜥蜴、小龙虾、鱼、青蛙、蝌蚪、蟹等动物。

繁殖习性：在河岸地面打洞筑巢或树洞营巢。通常产4~6枚卵，双亲轮流孵卵，共同照顾雏鸟。

亚种分化：全世界有10个亚种，中国3个亚种，山东分布为东北亚种 *H. c. major* Temminck & Schlegel。

亚种命名　Temminck CJ *et* Schlegel H，1848，*In* Siebold's Fauna Jap. Aves: 75, pl. 39（日本）

分布：日照-东港区-●石臼城区。（P）山东。黑龙江、吉林、辽宁、河北、天津、河南、江

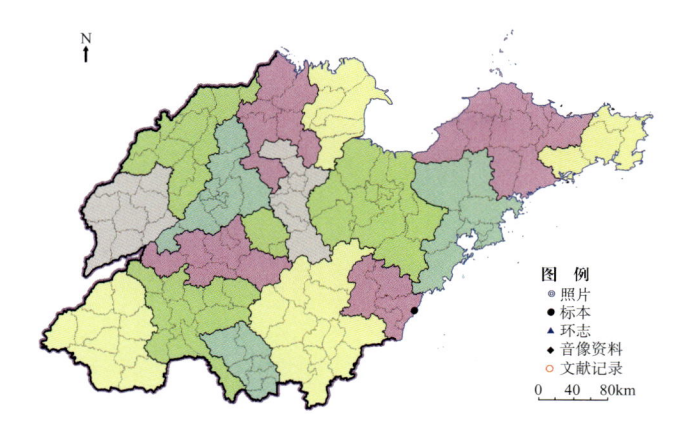

苏、上海、江西、福建、台湾、广东。

区系分布与居留类型：［东］（P）。

种群现状： 赤翡翠在国际鸟盟的保育等级中不属于需要关照的等级。山东分布为张守富（2008）首次记录，但未定亚种，应为我国广泛分布的 *H. c. major*（郑光美 2011），自 2007 年 10 月 9 日在山东省日照市石臼城区发现后，未有新的研究报道，近年来未能征集到照片，应加强对物种和栖息地的研究与保护。

物种保护： 中日，Lc/IUCN。

参考文献： H507，M175，Zja518；Lb470，Q212，Qm304，Z363，Zx106，Zgm139。

山东记录文献： 郑光美 2011，朱曦 2008；赛道建 2013，张守富 2008。

● 251-01　蓝翡翠
Halcyon pileata（Boddaert）

命名： Boddaert P, 1783, Tableau des Planches Enluminees d'Histoire naturelle de M. Daubenton, Avecles Enominations de MM. de Buffon, *et* Utrecht: 41（广州）

英文名： Black-capped Kingfisher

同种异名： 黑头翡翠；*Alcedo pileata* Boddaert, 1783, *Halcyon pileata palawanensis* Hachisuka, 1934；—

鉴别特征： 蓝、白、黑色为主的翡翠鸟。嘴红色，头黑色。白色喉、颈相连形成宽阔白领环，上体亮蓝紫色，翼上覆羽黑色呈大块黑斑，次级飞羽基部白色，飞行时白翼斑显著可见，下体棕黄色。脚红色。

蓝翡翠（丁洪安 20120719 摄于黄河故道；赛道建 20130502 摄于大明湖）

形态特征描述： 嘴珊瑚红色，粗长似凿、基部较宽，嘴峰直、脊圆、两侧无鼻沟。虹膜暗褐色，眼下有一白色斑。额、头顶、头侧和枕部黑色。后颈白色向两侧延伸与喉胸部白色相连形成宽阔白色领环。颏、喉、颈侧、颊白色。上体亮丽蓝紫色，背、腰钴蓝色。翼圆，初级飞羽黑褐色具蓝色羽缘，外侧基部白色、内侧基部有大块白斑，对应的外侧具淡紫蓝色斑，第1枚与第7枚等长或稍短，第2～4枚几近等长；次级飞羽内侧黑褐色、外侧钴蓝色。翼上覆羽黑色形成大块黑斑。下体上胸白色，胸以下包括腋羽和翼下覆羽橙棕色。两胁及臀沾棕色。尾圆形，尾羽钴蓝色、羽轴黑色，尾上覆羽钴蓝色。脚和趾红色，爪褐色。

幼鸟 后颈白领沾棕色，喉、胸部具淡褐色端缘，腹侧具黑色羽缘。

鸣叫声： 受惊时叫声尖厉。

体尺衡量度（长度 mm、体重 g）：

标本号	时间	采集地	体重	体长	嘴峰长	翅长	跗蹠长	尾长	性别	现保存处
B000469					58	127		73		山东博物馆
	1958	微山湖	310		52	136	16	82	♂	济宁一中
					60	136	15	90		山东师范大学
					48	125	15	80		山东师范大学
				250	56	135	15	80		山东师范大学

栖息地与习性： 栖息于林中、山脚与平原地带的河流、水塘和沼泽地带。常单独活动，沿水面低空快速直线飞行，晚间到林中栖息；白天多停息于水域附近的树桩和岩石上、电线杆顶端、稀疏树枝桠上，注

视水面伺机猎取食物,有时鼓动两翼悬停空中,低头注视水面搜寻猎物,见到水中鱼虾即迅速扎入水中捕取,将猎物带回栖息树枝上摔死后整条吞食。

食性: 主要捕食蛙类、鱼、虾、蟹和水生昆虫及其幼虫等各种水栖小动物。

繁殖习性: 繁殖期5~7月。在土崖壁上、河流堤坝上,雌雄鸟用嘴挖掘隧道式洞穴营巢,隧道末端扩大为巢室,洞穴巢无内垫物。卵直接产在巢穴地上,每窝产卵4~6枚,卵纯白色,卵径约28mm×23mm。雌雄亲鸟轮流孵化,孵化期19~21天。雏鸟晚成雏,育雏期23~30天。

亚种分化: 单型种,无亚种分化。

分布: 滨州-●(刘体应1987)滨州;滨城区-北海水库(20160517,刘腾腾20160517);阳信县-东支流(刘腾腾20160519)。德州-武城县-四女寺镇(张立新20090831);陵县-马颊河(张立新20140904)。东营-(S)◎黄河三角洲(单凯20060518);河口区(李在军20091027),黄河故道(丁洪安20120719,孙劲松20130714)。济南-历下区-大明湖(20130502,马明元20130503);历城区-西营云河村(陈忠华20160611)。济宁-●济宁;微山县-●微山湖,昭阳(陈保成20140920)。临沂-(S)沂河。青岛-胶州湾、崂山区-(P)潮连岛。日照-东港区-国家森林公园(郑培宏20140919),碧海路(成素博20110909);五莲县-九仙山(成素博20130731);前三岛。泰安-(S)泰安;泰山,韩家岭(刘国强20150613);东平县-(S)●东平湖。潍坊-潍坊。威海-威海(王强20120616)。淄博-淄博。胶东半岛,鲁中山地。

除青海、新疆、西藏外,各省份可见。

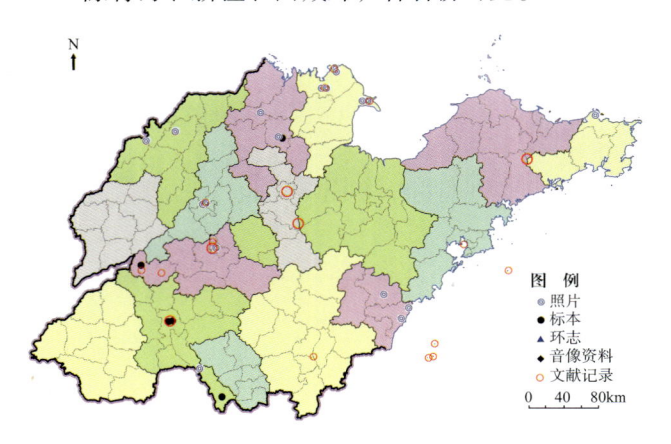

区系分布与居留类型: [东](S)。

种群现状: 物种分布范围较广,被评价为无生存危机物种。山东分布并不普遍,数量也不多,孙劲松等鸟友拍到其求偶活动;应加强对物种和栖息环境的研究与保护。

物种保护: Ⅲ,Lc/IUCN。

参考文献: H509,M177,Zja520;Lb477,Q212,Qm304,Z365,Zx106,Zgm139。

山东记录文献: 郑光美2011,朱曦2008,钱燕文2001,赵正阶2001,范忠民1990,郑作新1987、1976,Shaw 1938a;赛道建2013,邢在秀2008,田家怡1999,陈玉泉1995,赵延茂1995,刘体应1987,纪加义1987d。

252-01 冠鱼狗
Megaceryle lugubris(Temminck)

命名: Temminck,1834,in Temminck et Laugier,Pl. Cpl. Ois. 92,pl. 548(日本长崎)

英文名: Crested Kingfisher

同种异名: 花斑钓鱼郎,冠翠鸟;*Ceryle lugubris*(Temminck),*Ceryle rudis*,*Ceryle lugubris pallida*;Pied Kingfisher,Greater Pied Kingfisher

鉴别特征: 中等体型。嘴尖直而黑色,头具发达黑白色冠羽。上体青黑色具白色横斑和点斑,后颈宽大白领环延至嘴基,下体白色,具宽的黑色胸带,腹侧两胁具皮黄色横斑,腋部覆羽白色、雌鸟黄棕色。尾黑色具白色横斑。脚黑色。

形态特征描述: 嘴暗褐色、尖端和下嘴基部蜡黄色,粗厚直长而尖,嘴脊圆形;鼻沟不显著。虹膜褐色。头大颈短,冠羽发达显著,黑色具白色椭圆形大斑点,羽冠中部基本全白色有少许白色圆斑点;头侧白色,颊区大块白斑延至颈侧,下有黑色髭纹。颏、喉白色,嘴下有黑色粗线延至前胸。上体青黑色具较多白色横斑和点斑。翼短圆、黑色,翼线白色;初级飞羽第1枚稍短、第3、第4枚最长,各羽具近圆形白色斑,次级飞羽各羽具整齐白色横斑。下体白色,前胸部具黑

冠鱼狗(薛琳 20140816 摄于青岛小珠山)

斑，两胁具皮黄色横斑，腹中央纯白色，腹侧具疏密不同黑色横斑。尾圆短小、黑色缀白色横斑；尾下覆羽黑白相间。脚褐色，短而趾细弱，第4趾与第3趾大部分并连、与第2趾仅基部并连，爪呈黑色。

雌鸟 似雄鸟。翼线黄棕色。

鸣叫声： 飞行时，发出尖厉刺耳的"aeek"叫声。

体尺衡量度（长度 mm、体重 g）：

标本号	时间	采集地	体重	体长	嘴峰长	翅长	跗蹠长	尾长	性别	现保存处
B000475					62	198		118		山东博物馆
					58	170	10	106		山东师范大学
	1958	微山湖		340	48	175	12	92	♂	济宁一中

栖息地与习性： 栖息于山麓、山丘或平原森林中流速快、多砾石的清澈河流及溪流中。常在江河、小溪、池塘及沼泽地上空飞翔俯视觅食，有时站在电线杆顶或树枝顶，伺机猎捕，一旦发现食物迅速俯冲捕食。

食性： 主要捕猎鱼类、食虾、蟹、水生昆虫及蝌蚪等。

繁殖习性： 繁殖期2～8月。在河流、小溪的堤岸、田坎上用嘴挖掘隧道式洞穴作巢，巢内无铺垫物。每年1～2窝，每窝产卵5～6枚。卵椭圆形、白色具小斑点。孵化期22～24天。雏鸟晚成雏。

亚种分化： 全世界有4个亚种，中国2个亚种，山东分布为普通亚种 *M. l. guttulata* Stejneger，*Ceryle lugubris guttulata* Stejneger。

亚种命名 Stejneger, 1892, Proc. U. S. Nat. Mus., 15：294（中国及埃及）

区系分布与居留类型： [广]（SR）。

郑作新（1976、1987、2002）、赵正阶（2001）将本种列入 *Ceryle* 属，郑光美（2011）列入 *Megaceryle*，本书采用郑光美的观点。

分布： 滨州-滨州；滨城区-东海水库、北海水库，蒲城水库。东营-◎黄河三角洲。济宁-微山县-●微山湖。青岛-（S）青岛-小珠山（薛琳 20140816）。泰安-泰山；岱岳区-大汶河，牟汶河；东平县-东平湖。胶东半岛。

吉林、辽宁、河北、北京、天津、山西、河南、陕西、宁夏、甘肃、安徽、江苏、浙江、江西、湖南、湖北、四川、重庆、贵州、云南、福建、广东、广西、海南、香港。

种群现状： 捕食鱼类，对渔业有一定危害。山东分布仅见有少量文献记录，未采到标本，本书仅收集到少数证实其分布的照片，可见山东分布数量稀少，列入山东省重点保护野生动物名录。

物种保护： Lc/IUCN。

参考文献： H500，M179，Zja512；Q208，Qm 306，Z358，Zx107，Zgm140。

山东记录文献： 郑光美 2011，钱燕文 2001，Shaw 1938a；赛道建 2013，吕磊 2010，纪加义 1987d。

252-21 斑鱼狗
Ceryle rudis（Linnnaeus）

命名： Linnareus, 1758, Syst. Nat., ed. 10, 1：116（埃及）

英文名： Lesser Pied Kingfisher

同种异名： 小花鱼狗；—；—

鉴别特征： 嘴黑色，眉纹白色而明显，冠羽小，颏具明显白斑，下体及尾下覆羽白色，上胸具黑宽横带斑及狭窄黑斑。脚黑色。常悬停空中飞翔，俯冲潜水捕食。比冠鱼狗体型小、冠羽小，具显眼白色眉

斑鱼狗（陈军 20160217 摄于牟汶河；刘兆瑞 20110724 摄于泰安牟汶河；李宗丰 20110707 摄于崮子河）

纹。上体黑色多白点。

形态特征描述： 嘴粗尖直、长大而坚，脊圆形黑色；鼻沟不显著。虹膜褐色。喉白色具黑点斑。头大颈短。体羽以黑白二色为主。上体黑色具白斑点。翼短圆，初级飞羽基部白色、端部黑色，初级飞羽第1枚稍短、第3和第4枚最长。下体白色，上胸具黑色宽条带、其下具狭窄黑斑。胸骨后缘有4个缺刻。尾短小，尾羽基白色而稍黑。脚短、黑色，并趾形；脚趾细弱，第4趾与第3、第2趾基部并连。

雌鸟 胸带不如雄鸟宽。

鸣叫声： 极少鸣叫。

体尺衡量度（长度mm、体重g）：

标本号	时间	采集地	体重	体长	嘴峰长	翅长	跗蹠长	尾长	性别	现保存处
B000470					63	133	12	73		山东博物馆
	1958	微山湖		300	54	140	11	94	♂	济宁一中

栖息地与习性： 栖息生活在不同栖息地和湿地，如大型水库和湖泊、缓慢河流、稻田、淹没区和沼泽区。繁殖季节用持续鸣叫声捍卫巢区，喜嘈杂。成对或结群活动，是唯一盘桓悬停在水面上方寻找食物的鱼狗，发现猎物迅速俯冲潜入水中后，眼睛能迅速调整水中光线造成视角反差，保持极佳视力精准捕鱼，捕食后到岸边树上休息、吞食。

食性： 主要捕食小型鱼类，兼食甲壳类、水生昆虫及其幼虫、小型蛙类和少量水生植物等。

繁殖习性： 繁殖期各地有所不同。通常雌雄用1个多月的时间，共同在水域岸边、堤岸上挖地洞营巢。巢洞挖掘完成3天后雌鸟产卵；产卵期北方多在9月至翌年3月、南方多在4~8月。雌雄亲鸟共同孵卵，雏鸟孵出5天后就可长出绒羽。

亚种分化： 全世界有4个亚种，中国有2个亚种，山东分布为普通亚种 *C. r. insignis* Hartert。

亚种命名 Hartert，1910，Nov. Zool. 17：216（海南岛海口）

分布： 德州-岔河（张立新20100116）。济宁-南四湖（陈保成20140821）；曲阜-泗河（马士胜20141227）；微山县-●微山湖。日照-东港区-付疃河（20150420、20150704、李宗丰20130809、王秀璞20150420、成素博20141010），崮子河（李宗丰20110707、成素博20140901）。泰安-岱岳区-大汶河（20160514、聂圣鸿20150724），牟汶河（刘兆瑞20110724），瀛汶河（刘兆瑞20100712、20110807、20150102）。烟台-莱阳-高格庄（刘子波20150404）；栖霞-白洋河（牟旭辉20140601）。

北京、天津、河南、江苏、上海、浙江、江西、湖南、湖北、福建、广东、广西、海南、香港、澳门。

区系分布与居留类型： [广] R。

种群现状： 捕食鱼类，对渔业养殖的利弊尚需研究。山东分布较广而数量少，近几年泰安、日照等多地观鸟爱好者先后拍到照片，照片时间不仅证明其在山东一定数量的分布，而且可能是留鸟，从标本采集时间来看，长期以来人们可能误将它作为冠鱼狗。

物种保护： Lc/IUCN。

参考文献： H501，M180；Q208，Qm306，Z359，Zx107，Zgm140。

山东记录文献： 首次记录物种。

17.2 佛法僧科 Coraciidae（Rollers）

喙黄色、红色或黑色，粗壮、尖端微下弯。头大、颈短。羽色艳丽，常由蓝紫色、紫色与红棕色组合，胸腹部无斑纹。翼长。尾羽长。跗蹠及趾黄色、红色或黑色，跗蹠、趾短，第2与第3趾并连至最末关节、与第4趾在基部相连。

栖息于森林和疏林及与多树木环境距离不远的环境。多单独活动；树栖性，静栖在没有遮蔽的高枝上等待猎物接近，飞捕猎物再回到树枝上取食。以小型动物尤其是昆虫为食。在树洞或土洞中繁殖，或利用喜鹊旧巢。每窝通常产卵3~6枚，卵圆形，白色。孵化不同步。雌雄亲鸟共同育雏。由于砍伐森林、栖地丧失及大量被猎捕，本科有些鸟种的族群数量近年已逐年下降，翠蓝三宝鸟（*Eurystomus azureus*）已被国际鸟盟列为濒危。

全世界共有2属12种；中国有2属3种，山东分布记录有1属1种。

● 253-01　三宝鸟
Eurystomus orientalis（Linnaeus）

命名： Linnaeus C，1766，Syst. Nat.，ed. 12，1：159（印度尼西亚爪哇岛）

英文名：Dollarbird

同种异名： 佛法僧，老鸹（guā）翠，东方宽嘴鸟，阔嘴鸟；*Coracias orientalis* Linnaeus，1766，*Eurystomus laetior* Sharpe，1890，*Eurystomus calornyx* Hodgson，1844；Eastern Broad-billed Roller，Broad-billed Roller，Oriental Dollarbird

鉴别特征： 嘴宽阔而红色、端部黑色。通体暗蓝绿色，头、翅黑褐色，初级飞羽基部具浅蓝色斑，飞行时两翼中心呈明显对称块斑。脚橘红色。

形态特征描述： 嘴朱红色、粗厚、基部宽、先端黑色有钩。虹膜暗褐色。头大而宽阔，头顶扁平。颏黑色，喉和胸黑色沾蓝色具钴蓝色羽干纹。头至颈黑褐色。通体蓝绿色。头和翅较暗、呈黑褐色。后颈、上背、肩、下背、腰暗铜绿色。翼覆羽与背相似而较背鲜亮、多蓝色，背、腹面有鲜明大型浅蓝色斑块。初级飞羽黑褐色、基部具宽的天蓝色斑，飞翔时明显；次级飞羽黑褐色、外䎃具深蓝色光泽；三级飞羽基部蓝绿色。腋羽和翼下覆羽淡蓝绿色。下体蓝绿色。尾方形，黑色缀有蓝色，基部与背相同，有时沾暗蓝紫色。尾上覆羽暗铜绿色。脚、趾暗红色，爪黑色。

雌鸟　羽色较雄鸟暗淡，不如雄鸟鲜亮。

幼鸟　似成鸟。喙黑色。喉无蓝色。羽色较暗淡，背面近绿褐色。

鸣叫声： 飞行或停于枝头时，发出粗声"kreck…kreck"的叫声。

三宝鸟（牟旭辉 20130626 摄于十八盘；韩京 20110522 摄于天福山；马士胜 20150617 摄于九仙山）

体尺衡量度（长度 mm、体重 g）：

标本号	时间	采集地	体重	体长	嘴峰长	翅长	跗蹠长	尾长	性别	现保存处
B000471					23	188	15	92		山东博物馆
					20	190	15	96	♂	山东师范大学
					20	145	13			山东师范大学
	1958	微山湖		295	18	198	22	84	♂	济宁一中

注：Shaw（1938a）记录 2♂ 重 123g、137g，翅长 190mm；1♀ 重 141g，翅长 188mm

栖息地与习性： 常栖于针阔叶混交林和阔叶密林中的乔木上，以及近林开阔地的大树梢处或枯树上。早、晚活动频繁，多单独活动，也有成鸟与亚成鸟组成的鸟群或数只亚成鸟组成的鸟群活动。常站在高大乔木顶端，或在空中成圈上下飞翔，发现飞虫即追捕，猎获后复返原来枝桠，发现地上蜥蜴或昆虫，则跳跃步行捕食。

食性： 主要捕食鞘翅目、螳螂目、直翅目、同翅目等目的金龟子、天牛、蝗虫、金花虫、石蚕、叩头虫等大型昆虫，也有捕食蜂类和小型蜥蜴的记录。

繁殖习性： 繁殖期 5～8 月。在树洞、崖壁或岩石窟窿营巢，洞中垫有木屑、苔藓或干树枝、树叶，或利用啄木鸟等的旧巢。每窝通常产卵 3～4 枚，卵白色具有光泽，卵圆形，卵径约 35mm×28mm，卵重约 14g。雌雄亲鸟轮流孵卵，共同育雏，雏鸟晚成雏，育雏期约 30 天，3 龄达到性成熟并开始繁殖。

亚种分化： 全世界有 10 个亚种，中国有 1 个亚种，山东分布为普通亚种 *E. o. calonyx* Sharpe。

亚种命名　Sharpe RB，1890，Ibis（Ser. 6）2：1-24，133-149，273-292（喜马拉雅 Kumaon 至阿萨姆、大吉岭一带）

分布： 东营 - ◎ 黄河三角洲。菏泽 -（S）菏泽。济南 - 市中区 -（S）青龙山，历下区 - 大明湖（马明元 20140529）；平阴县 - ● 大寨山。济宁 - ● 济宁；曲阜 - 九仙山（马士胜 20150617）；微山县 - 鲁山，● 微山湖。青岛 - ● 青岛，浮山（封少林 2011 秋）；崂山区 -（P）潮连岛。日照 - 东港区 - ●（20050626）石臼所，国家森林公园（郑培宏 20140915）；（S）前三岛-车牛山岛，达山岛，平山岛。**泰安**-（S）泰安；泰山区-泰安林校树木园（20120516）；●泰山-中、低山，地震台，摩天岭（刘兆瑞 20110830）。**威海**-威海（王强 20110710）；文登-天福山（韩京 20110522）。**烟台**-海阳-凤城（刘子波 20140518）；栖霞-十八盘（牟旭辉 20130626）。胶东半岛，鲁中山地，鲁西北平原，鲁西南平原湖区。

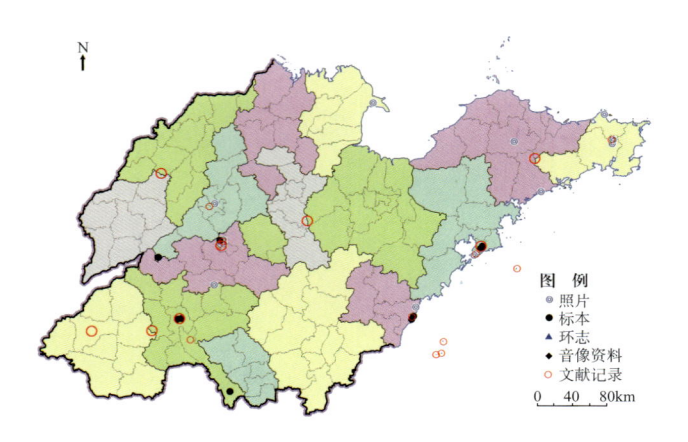

除新疆、青海、西藏外，各省份可见。

区系分布与居留类型：［广］（SP）。

种群现状： 因羽毛鲜艳，是价值较高的笼养观赏鸟。物种分布范围广，在国际鸟盟保育等级中未列入需要关照的等级。我国种群数量估计有100～10 000对成鸟及少于1000只旅鸟。在山东繁殖，但尚未进行其数量的系统统计，因数量不多，列入山东省重点保护野生动物名录。

物种保护： Ⅲ，中日，Lc/CSRL，Lc/IUCN。

参考文献： H519，M169，Zja530；Lb463，Q218，Qm303，Z371，Zx108，Zgm143。

山东记录文献： 郑光美 2011，朱曦 2008，钱燕文 2001，范忠民 1990，郑作新 1987、1976，Shaw 1938a；赛道建 2013，王海明 2000，杜恒勤 1985，纪加义 1987d。

18 戴胜目 Upupiformes

18.1 戴胜科 Upupidae（Hoopoes）

喙细长下弯。头部长羽冠放松时羽冠竖起，兴奋时展开成扇状。通体橘黄色具黑白相间宽带。飞羽、尾羽均10枚。第3、第4趾基部相连。繁殖期，雌鸟与幼鸟的油脂腺会产生一种棕黑色有恶臭的分泌物用于抗菌、驱敌，理羽时涂在羽毛上增加防水性与柔软度。

喜栖于温暖干燥地区的农田、果园、开阔地、植物低矮的沙土地等环境，在树洞、岩缝或墙洞中产卵繁殖，在开阔矮草环境中觅食。多单独觅食、活动，偶见小群活动。用细长喙探测、挖掘土中猎物觅食，育幼时将大型猎物弄成小块喂给幼鸟。

本目是近年来从䴕形目独立成的目。戴胜科的分类自Linnaeus（1758）描述以来没有改变，曾被认为与云雀、杜鹃等关系相近，由于羽毛结构、羽区的分布、喙形状、舌头结构、蛋白质、脊椎结构细节等与犀鸟相近，近年利用分子技术分析DNA组成的结果，判断戴胜是由犀鸟分化出来。因戴胜与其他佛法僧目鸟种有许多结构上的差异，Sibley和Monroe（1990）将戴胜独立为戴胜目（Upupiformes）。

本目仅有戴胜科戴胜属1种，即戴胜。中国有1属1种，山东分布记录有1属1种。

● 254-01 戴胜
Upupa epops Linnaeus

命名：Linnaeus C，1758，Syst. Nat., ed. 10：117（欧洲）
英文名：**Eurasian Hoopoe**
同种异名：鸡冠鸟，呼哱（bō）哱，花蒲扇，山和尚，鸡冠鸟，臭姑鸪；—；Hoopoe

鉴别特征：嘴长而下弯、黑色，头部可耸立醒目棕色扇形冠羽有黑端斑和白次端斑。全身橘褐色。头、上背、肩粉棕色，腰白色，两翼及尾具黑白相间条纹，腹白色具褐色纵纹。尾黑色具白横斑。脚黑色。飞行时，两翼接近身体黑白相间宽带明显。

形态特征描述：喙细长下弯，黑色，下喙基部铅灰色。虹膜红褐色。全身橘褐色。头顶长羽冠黑色羽端下有1节白色。头、颈、胸淡棕栗色。上背和翼上小覆羽棕褐色，下背和肩羽黑褐色杂棕白色羽端和羽缘；上、下背间有黑色、棕白色、黑褐色3道带斑及1道不完整白带斑连成宽带，向两侧围绕至翼弯下方。腰白色。两翼宽圆，外侧黑色、向内转为黑褐色，中、大覆羽具棕白色近端横斑，初级飞羽近端处具一列白横斑，次级飞羽有4列白横斑，三级飞羽杂以棕白色斜纹和羽缘。胸部沾淡葡萄红色，腹及两胁由淡葡萄棕色转为白色杂褐色纵纹。尾羽黑色，各羽中部向两侧至近端部有白斑连成一弧形横带；尾上覆羽基部白色、端部黑色，部分羽端缘白色，尾下覆羽全为白色。脚短，跗跖与趾棕黑色，第3与第4趾在基部相连。

幼鸟 上体色较苍淡、下体较呈褐色。
鸣叫声：发出低柔的"huhuhu-"鸣叫声。
体尺衡量度（长度mm、体重g）：

戴胜（陈忠华20140510摄于南部山区；赵雅军20110513摄于四河头）

标本号	时间	采集地	体重	体长	嘴峰长	翅长	跗跖长	尾长	性别	现保存处
B000479					51	148	26	193		山东博物馆
	1958	微山湖	345		44	170	32	102	♂	济宁一中
					50	150	20			山东师范大学
					57	150	20			山东师范大学

注：Shaw（1938a）记录1♀重75g，翅长155mm

栖息地与习性： 栖息于山地、平原、森林、河谷、农田、草地、村屯和果园等开阔地方，尤其是林缘耕地生境。多单独或成对活动。飞行时扇翅缓慢成波浪式前进。停歇、觅食时，羽冠张开形如扇，遇惊后即收贴于头上。常在地面上边走边觅食，受惊时飞到树枝上或不远处落地。

食性： 主要捕食大型和土壤中的襀翅目、直翅目、膜翅目、鞘翅目和鳞翅目等的昆虫及其幼虫和蚯蚓、蜘蛛等。

繁殖习性： 繁殖期4～6月。在天然树洞、啄木鸟巢洞和岩石缝隙、堤岸洼坑、断壁残垣的窟窿中营巢，由植物茎叶杂有植物根、羽毛和毛发构成。每年可繁殖1～2窝，每窝通常产卵5～9枚，卵浅鸭蛋青色或淡灰褐色，长卵圆形。产第1枚卵后即开始雌鸟孵卵，孵化期约18天。雏鸟晚成雏，雌雄亲鸟共同育雏，育雏期26～29天，雏鸟飞翔离巢。

亚种分化： 全世界有9个亚种，中国2个亚种，山东分布为普通亚种 *U. e. epops*（郑光美2011、刘小如2012），*U. e. saturata* Lönnberg（郑作新1987、1976，纪加义1987d）。

亚种命名 Linnaeus C，1758，Syst. Nat., ed. 10：117（欧洲）；Lönnberg，1909，Ark. Zool., 5（9）（西伯利亚 Kjachta）

分布： 滨州-●（刘体应1987）滨州；滨城区-西海水库（20160517，刘腾腾20160517）。德州-市区-锦绣川公园（张立新20090603），运河卢庄段（张立新20110622）；乐陵-城区（李令东20100212），杨安镇水库（李令东20110803）；齐河县-华店（20130907）。东营-（R）◎黄河三角洲；河口区（李在军20090504）-孤岛东（孙劲松20090911），渤南油区（仇基建20130606）；东营区-东营职业学院（孙熙让20110609），东营交警院西（孙熙让20100612），安泰南（孙熙让20100502、20110131），广利镇（孙熙让20120315）；广饶县-大王庄（孙熙让20120521）。菏泽-（R）菏泽；曹县-康庄（谢汉宾20151018）。济南-（S）济南，●济南机场（20130912），南郊，黄河（20150307）；历下区-大明湖（20120612，马明元20110604），大佛头；市中区-南郊宾馆；天桥区-龙湖（孙涛20150110）；章丘-（S）黄河林场；历城区-锦绣川水库（赵连喜20140506），南部山区（陈忠华20140510）；济阳-崔寨（陈云江20140613）；平阴-城北（陈忠华20140329）。济宁-●济宁，（R）南四湖；任城区-太白湖（宋泽远20120915）；嘉祥-纸坊（20140805、20140806），微山县-●微山湖（楚贵元20071201），昭阳（陈保成20140510），微山岛（20160218），二级坝（20151211）；曲阜-（S）曲阜，孔林（孙喜娇20150426），沂河（20140803、20141220）；兖州-西北店（20160614）；鱼台-田庄（张月侠20150503），鹿洼（20160409，张月侠20150503）。聊城-聊城大学（贾少波20061029），东昌湖，四河头（赵雅军20110513）。临沂-（S）沂河，蒙山（20150908）；（R）郯城县。莱芜-莱城区-红石公园（陈军20091023）。青岛-近海海岛；崂山区-潮连岛；城阳区-●（Shaw 1938a）女姑口，棘洪滩水库（20150211）。日照-日照，国家森林公园（20150627，郑培宏20141115），付疃河（成素博20111219），日照水库（20150627）；东港区-丁家皋陆（20140303），刘家湾（成素博20120708），银河公园（20130702），河套村（成素博20130525）；（S）前三岛-车牛山岛，达山岛，平山岛。泰安-（S）●泰安；泰山区-岱庙（刘兆瑞20110322，刘冰20120502），农大南校园；泰山-低山（刘冰20100203），罗汉崖，大津口；东平县-（S）东平湖（20130511）。潍坊-◎奎文区-白浪河湿地公园（20140623、20140905），七山森林公园（马林201107）；（S）青州-仰天山；临朐县-柳山镇（王志鹏20120505）；高密-柏城镇胶河（宋肖萌20150426）。烟台-招远-齐山镇西肇家（蔡德万20090824）；栖霞-白洋河（牟旭辉20150614）。枣庄-山亭区-城头村（尹旭飞-20120717）。淄博-淄博，理工大学（20150912）；高青县-花沟镇（赵俊杰20141022、20141116）；桓台县-马踏湖（姚志诚20141031）。胶东半岛，鲁中山地，鲁西北平原，鲁西南平原湖区。

除海南外，各省份可见。

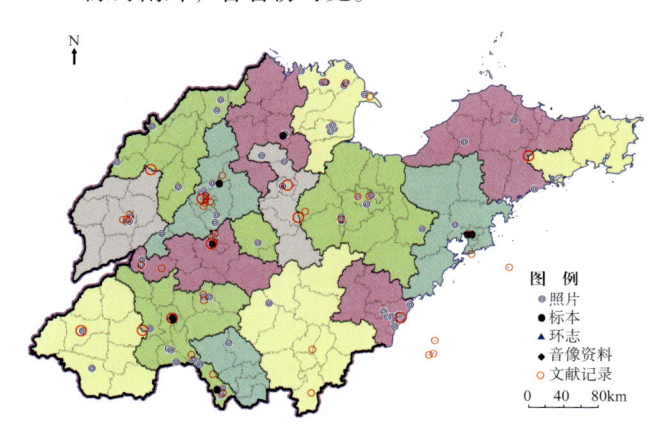

区系分布与居留类型： [广]（RS）。

种群现状： 外形优美，捕食昆虫。多被视为益鸟。分布区域数量普遍，生存尚未遭受威胁，目前未被列入野生动物重点保护鸟种名录中，在国际鸟盟的鸟种名录中列于不需要特殊关照的等级。但农耕模式的改变带来负面影响，人为捕捉带来进一步的压力，整体数量有缓缓减少的趋势。在山东为分布广而常见的物种，数量并不多。

物种保护：Ⅲ，Lc/IUCN。

参考文献：H520，M163，Zja531；Lb496，Q218，Qm308，Z372，Zx110，Zgm143。

山东记录文献：郑光美 2011，朱曦 2008，钱燕文 2001，赵正阶 2001，范忠民 1990，郑作新 1987、1976，付桐生 1987，Shaw 1938a；赛道建 2013、1999、1994、1989，李久恩 2012，王海明 2000，张培玉 2000，田家怡 1999，杨月伟 1999，宋印刚 1998，王庆忠 1995、1992，赵延茂 1995，刘体应 1987，纪加义 1987d，柏玉昆 1982，李荣光 1960、1959，田丰翰 1957。

19　䴕形目 Piciformes

19.1　啄木鸟科 Picidae（Woodpeckers）

喙直而强、先端尖细有倒钩与黏液，舌细长可伸缩自如，用以钩取树干中的昆虫及其幼虫。尾羽羽轴粗硬坚挺，脚短而粗壮、多为对趾形，二趾向前、二趾向后，啄木时用于缘木、支撑身体。

栖息生活于森林环境，多数种类善于攀木及凿木。单独或成对活动，觅食在树上，主要啄食树皮间与树干内的昆虫。雌雄鸟凿树洞营巢，共同孵卵育雏。雏鸟晚成雏。

啄木鸟科可分成3个亚科，蚁䴕亚科（Jynginae）不会凿啄树木，姬啄木亚科（Picumninae）体型小而尾短粗，啄木鸟亚科（Picinae），大部分物种为典型啄木鸟。形态与分子生物学的研究说明，本科与响蜜䴕科（Indicatoridae）、须䴕科（Rhamphastidae）亲缘关系最为接近。虽然大部分种类未遭受重大生存威胁，1600年以来没有确定为灭绝的物种。但本科鸟类有11种生存受到威胁，象牙嘴啄木鸟（*Campephilus principalis*）及帝啄木鸟（*Campephilus imperialis*）近几十年只有很少数的目击记录。

全世界共有29属210种；中国有13属32种，山东分布记录有4属7种。

啄木鸟科分属、种检索表

1. 尾羽羽干柔软 ··· 6
   尾羽羽干强硬 ··· 2
2. 背部、体羽大致为绿色 ·· 绿啄木属 *Picus*，灰头绿啄木鸟 *P. canus*
   背部为黑白二色 ··· 3 斑啄木鸟属 *Dendrocopos*
3. 飞羽第2枚较第6枚长 ··· 4
   飞羽第2枚较第6枚短 ··· 5
4. 翅长于95mm，背中部无横斑，腹及尾下覆羽灰褐色、细纹不明显 ····················· 星头啄木鸟 *D. canicapillus*
   翅短于95mm，背中部有整齐黑白相间横斑，下体灰白色具黑褐色纵纹 ··················· 小星头啄木鸟 *D. kizuki*
5. 腹部棕红色 ··· 棕腹啄木鸟 *D. hyperythrus*
   腹部棕白色至砂褐色 ·· 大斑啄木鸟 *D. major*
6. 鼻孔被膜，尾长超过翅长的3/4 ··· 蚁䴕属 *Jynx*，蚁䴕 *J. torquilla*
   鼻孔、眼周被羽，尾长不及翅长的3/5 ······································· 姬啄木鸟 *Picumnus*，斑姬啄木鸟 *P. innominatus*

● 255-01　蚁䴕
***Jynx torquilla* Linnaeus**

命名： Linnaeus C，1758，Syst. Nat.，ed. 10，1：112（瑞典）

英文名： Eurasian Wryneck

同种异名： 蛇皮鸟，歪脖，地啄木，蛇头鸟；*Jynx torquilla japonica*；Wryneck，Northern Wryneck

鉴别特征： 体羽斑驳灰褐色啄木鸟。嘴细小、铅灰色，头顶灰色，具黑褐色细横斑和灰白色端斑。上体浅灰色，具虫蠹状黑斑，翅锈红色具黑色、灰色横斑和斑点，下体灰白色具小横斑。尾长、灰褐色，具3~4条黑横斑。脚褐色。

形态特征描述： 嘴形细而直、铅灰色。虹膜黄褐色，贯眼纹明显、暗褐色。全身体羽黑褐色，斑驳杂乱。额和头污灰色杂黑褐色细横斑、具灰白色端斑。耳羽栗褐色杂黑褐色细斑纹。颏灰白色。上体棕灰褐色，后颈及背灰褐色，头至背中央有一条粗阔黑色纵纹线，自后枕至下背杂褐灰色形成姜形大块斑。翼淡棕色缀褐

蚁䴕（马明元 20140831 摄于大明湖）

色虫蠹状斑，肩羽、三级飞羽具黑色纵纹、羽缘具白色斑点，外侧飞羽淡黑褐色，翼外侧具淡栗色方形块斑、内侧具灰棕色三角形斑块。下体喉、前颈及胸棕黄色密杂黑褐色矢形细斑，向后渐变为灰白色密杂黑褐色细小横斑，在腹和下胁斑疏变为矢状。尾较长、末端圆形，灰褐色，有3～4条黑褐色横斑缀以虫蠹状斑；尾下覆羽棕黄色具稀疏黑褐色横斑。脚铅灰色。

幼鸟 似成鸟。体色更暗，尾羽淡灰色具黑色宽端斑，尾下覆羽黄灰色。

鸣叫声： 发出8～15声"qiaqiaqia……"短促而尖锐的连续重复鸣叫声。

体尺衡量度（长度mm、体重g）：

标本号	时间	采集地	体重	体长	嘴峰长	翅长	跗蹠长	尾长	性别	现保存处
	1958	微山湖		185	11	92	22	74	♂	济宁一中
850185	19850421	鲁桥	37	175	14	83	23	69	♂	济宁森保站

栖息地与习性： 栖息于低山和开阔平原的疏林地带，如阔叶林和针阔混交林、针叶林、林缘灌丛、河谷、田边和果园等处。长江以北多为夏候鸟、以南为冬候鸟或旅鸟，4～5月迁到繁殖地，9～10月迁离繁殖地。多于地面单独活动，跳跃式行走，受惊时头颈部能向各个方向扭转，俗称"歪脖"。与其他啄木鸟不同，不善于攀树、不会啄树干，以舌粘食地面或朽木树洞或蚁巢中的昆虫。舌非常长并有刺毛，唾液腺分泌胶状黏液覆盖舌面，适于粘住猎物。

食性： 主要捕食蚂蚁、白蚁、蚁卵及蚁蛹和小昆虫等。

繁殖习性： 繁殖期5～7月。在树洞或啄木鸟废弃洞、腐朽树木和树桩上的自然洞穴中，甚至在建筑物墙壁和空心水泥电柱顶端营巢。每窝产卵5～14枚，卵白色，卵圆形或长卵圆形，卵径约23mm×16mm，卵重3～4g。雌雄亲鸟轮流孵卵，孵化期12～14天。雏鸟晚成型雏，雌雄亲鸟共同育雏，育雏期19～21天。

亚种分化： 全世界有4个亚种，中国有2个亚种，山东分布为指名亚种 *J. t. torquilla* Linnaeus，*J. t. chinensis* Hesse，*J. t. japonica* Bonaparte。

亚种命名 Linnaeus，1758，Syst. Nat.，ed. 10，1：112（瑞典）；Hesse，1911，Orn. Monatsb.，19：181（青岛）

郑作新（1987、1976）将 *J. t. torquilla* 和 *J. t. chinensis* 视作2个亚种，纪加义（1987d）、赵延茂（1995）和郑作新（1987）等将山东亚种记为 *J. t. chinensis* Hesse，田丰翰（1957）记为 *J. t. japonica* Bonaparte；Howard 和 Moore（1991）认为 *chinensis* 是指名亚种的同物异名；郑光美（2011）按此观点将中国3个（郑作新1987、1976）亚种改为2个亚种，本书采用 *J. t. torquilla*。

分布： 滨州-●（刘体应1987）滨州。东营-（P）◎黄河三角洲；河口区（李在军20091024）。济南-（P）济南，南郊，●济南机场（20130907）；历下区-大明湖（马明元20140831，陈忠华20140830）。济宁-● 济宁；曲阜-泗河（马士胜20150409）；（P）微山县-南阳湖，●微山湖，鲁桥。青岛-●（Hesse1911）青岛；崂山区-（P）潮连岛。日照-（P）前三岛-车牛山岛，达山岛，平山岛。泰安-（P）泰安，●泰山；东平县-（P）东平湖。潍坊-（P）青州-仰天山。淄博-●淄博。胶东半岛，鲁中山地，鲁西北平原，鲁西南平原湖区。

各省份可见。

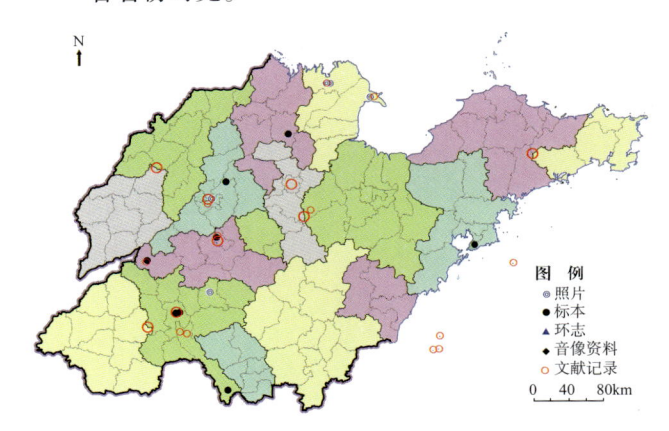

区系分布与居留类型： [古]（P）。

种群现状： 目前，全球的族群数量与栖息地并没有受到明显的重大威胁，但有研究证实从1970～2010年总数呈下降趋势。在山东出现的数量不详，但发现数量稀少，应列入山东省重点保护野生动物名录，以便加强对物种及其栖息环境的保护与研究。

物种保护： Ⅲ，Lc/IUCN。

参考文献： H533，M119，Zja546；Lb509，Q224，Qm313，Z379，Zx111，Zgm147。

山东记录文献： 郑光美2011，朱曦2008，赵正阶2001，钱燕文2001，赵正阶2001，范忠民1990，郑作新1987、1976，Shaw 1938a；赛道建2013、1994，田家怡1999，王庆忠1995、1992，赵延茂1995，刘体应1987，纪加义1987d，李荣光1960，田丰翰1957。

255-21 斑姬啄木鸟
Picumnus innominatus Burton

命名： Burton, 1836, Proc. Zool. Soc. London: 154（锡金）
英文名： Speckled Piculet
同种异名： —；—；—

鉴别特征： 野外特征明显。头顶橙红色，头侧2条白色纵纹在暗色头部明显。上体橄榄绿色，下体白色具粗著黑斑点。

形态特征描述： 嘴黑褐色。虹膜褐色或红褐色。白纹自眼先沿眼的上下方延伸至颈侧。耳羽栗褐色。颏、喉近白色缀圆形黑褐色斑点。额至后颈灰褐色，头顶前部橙红色、羽基黑色。背至尾上覆羽橄榄绿色。两翅暗褐色，外缘沾黄绿色、翼缘近白色，覆羽和内侧飞羽与背同色。下体皮黄白色，胸、上腹、两胁布满圆形大黑斑，至后胁和尾下覆羽呈横斑状，腹中部黑色斑点不明显或无斑点。尾黑色，中央1对尾羽内侧白色，外侧3对尾羽有宽阔的斜行白色次端斑。脚灰黑色。

斑姬啄木鸟（张培栋 20151106 摄于黑龙潭）

雌鸟 似雄鸟。头顶前部为单一栗色或烟褐色。
鸣叫声： 暂无鸣叫声记录。
体尺衡量度（长度mm、体重g）： 山东暂无标本及测量数据。
栖息地与习性： 栖息于低山丘陵、山脚平原的阔叶林、中山混交林和林缘地带。常单独活动，多在地上或树枝上觅食，较少像其他啄木鸟那样在树干上攀缘。
食性： 主要捕食蚂蚁、甲虫等各种昆虫。
繁殖习性： 繁殖期4~7月。在树洞中营巢。每窝产卵3~4枚，卵白色，圆形或近圆形，卵径约15mm×12mm。雌雄亲鸟轮流孵卵。
亚种分化： 全世界有3个亚种，中国3个亚种，山东分布定为我国分布较广泛且周边省份有分布的华南亚种 *Picumnus innominatus chinensis*（Hargitt）。

亚种命名 Hargitt, 1881, Ibis: 228, pl. 7（浙江梅溪）
分布： 泰安-泰山-桃花源（刘兆瑞 20150719），黑龙潭（张培栋 20151106）。

山西、河南、陕西、甘肃、安徽、江苏、上海、浙江、江西、湖南、湖北、四川、重庆、贵州、云南、福建、广东、广西、香港。

区系分布与居留类型： [东] R。
种群现状： 留鸟。虽然被评价为无生存危机物种，但种群数量稀少，应该严格保护。国内分布于长江以南各省，北抵河南南部；山东分布一直无报道，近年来的鸟类繁殖与越冬季节，多位观鸟爱好者在泰山拍到照片，根据照片拍摄季节似乎可看作隐匿深山的留鸟。
物种保护： Ⅲ，LC/IUCN。
参考文献： H534，M120，Zja547；Q224，Qm 313，Z381，Zx112，Zgm147。
山东记录文献： 山东首次记录。

● 256-01 星头啄木鸟
Dendrocopos canicapillus（Blyth）

命名： Blyth E, 1845, J. Asiatic Soc. Bengal, 14: 192-193, 195-197（Ramree Island, Arakan, Myanmar）
英文名： Grey-capped Woodpecker
同种异名： 小啄木，星点啄木鸟；*Dendrocopos nanus*，*Dryobates canicapillus*，*Iyngipicus kaleensis*，*Iyngipicus pygmaeus*，*Picoides canicapillus*（Swinhoe），*Picus canicapillus* Blyth, 1845，*Picus kaleensis* Swinhoe, 1863；Grey-capped Pygmy Woodpecker，Grey Headed Woodpecker

鉴别特征： 体小具黑白条纹啄木鸟。嘴和头部灰褐色，枕部具深红色斑，耳后有黑斑，宽阔白眉纹伸达颈侧。上体黑色，下背、腰和翅具大型黑白斑，下体灰白色具显著黑纵纹。尾中央黑色、两侧白色具深色横斑。脚绿灰色。

形态特征描述： 嘴铅灰色或铅褐色。虹膜棕红色或红褐色。额、头顶鼠灰色或灰褐色。鼻羽和眼先污灰白色。宽阔白眉纹自眼后延伸至颈侧并形成白色块斑。头侧、耳覆羽和颈侧淡棕褐色，耳覆羽后有一块黑斑。颊、喉白色或灰白色。枕部两侧有深红色斑，领纹白色或暗灰褐色。上体枕、后颈、上背和肩黑色，下背至腰和两翅呈杂状黑白斑；翼上覆羽、飞羽黑色，中覆羽、大覆羽具宽阔白色端斑，飞羽内外翈具白色斑点。下体污白色或淡棕白色和淡棕黄色，满布粗著黑褐色纵纹，下腹中部至尾下覆羽纵纹细弱而不明显。尾上覆羽、中央尾羽黑色，外侧尾羽污白色或棕白色，具黑色横斑，有的横斑模糊而不明显。脚灰黑色或淡绿褐色。

雌鸟 似雄鸟。枕侧无红斑。

星头啄木鸟（刘冰 20101231 摄于斗母宫；赛道建 20121213 摄于泉城公园）

鸣叫声： 冬季觅食时发出细弱的"ji-"声。

体尺衡量度（长度mm、体重g）：

标本号	时间	采集地	体重	体长	嘴峰长	翅长	跗蹠长	尾长	性别	现保存处
841313	19840602	鲁桥	28	160	19	98	18	65	♀	济宁森保站

栖息地与习性： 栖息于山地和平原阔叶林、针阔叶混交林、针叶林，以及杂木林和次生林、乡村城市和耕地中的零星乔木树上。常单独或成对活动，仅带雏期间出现家族群，少长距离飞翔，飞行迅速，成波浪式前进。多在树的中上部树枝上活动和取食，攀爬时呈螺旋状贴近树皮快速跳跃前进，偶尔也到地面倒木和树桩上取食。常以尾羽抵住树干，快速敲击树干搜索树干内或树皮间的昆虫。

食性： 主要捕食鞘翅目、鳞翅目和膜翅目昆虫，如天牛、蠹虫、蜻象、甲虫、蚂蚁等，也采食植物的果实与种子。

繁殖习性： 繁殖期4～6月。3月后完成追逐求偶活动形成配对，在心材腐朽的树干较高位置上，雌雄亲鸟共同啄巢洞，洞口呈圆形，直径4.2～4.5cm，洞内无内垫物。每窝产卵4～5枚，卵白色，圆形，卵径约20mm×14mm。雌雄亲鸟轮流孵卵，孵化期12～13天。雏鸟晚成雏。

亚种分化： 全世界有15个（Dickinson 2003）、16个（赵正阶 1995）亚种，中国8个亚种，山东分布为华北亚种 *D. c. scintilliceps*（Swinhoe），*Picoides canicapillus scintilliceps*（Swinhoe）。

亚种命名 Swinhoe R, 1863, Ibis, 1863: 390-392

分布： 滨州-●（刘体应1987）滨州。东营-（R）◎黄河三角洲。菏泽-（R）菏泽；曹县-康庄（谢汉宾 20151018）。济南-济南；市中区-梁庄（陈忠华 20140913）；历下区-大明湖（20141222，陈云江 20141222），泉城公园（20121213，王秀璞 20131202，马明元 20131113），山东师范大学（20150204）；（R）章丘-黄河林场。济宁-任城区-太白湖（宋泽远 20140402）；曲阜-泗河（马士胜 20141110）；微山县-微山湖，夏镇（20160222），湿地公园（20151211）。聊城-东昌湖。临沂-（R）沂河。莱芜-莱城区-红石公园（陈军 20130308）。青岛-青岛；诸城-积沟镇潍河。日照-东港区-森林公园（20140320）。泰安-（R）●泰安；泰山区-树木园（20160302，刘华东 20160227）；岱岳区-徂徕山；泰山-低山，斗母宫（刘冰 20101231）；东平县-（R）东平湖（20130511）。潍坊-（R）青州-仰天山，南部山区；诸城-积沟镇潍河。淄博-淄博；张店区-人民公园（赵俊杰 20141216）；高青县-花沟镇（赵俊杰 20141021）。胶东半岛，鲁中山地，鲁西北平原，鲁西南平原湖区。

辽宁、河北、北京、天津、山西、河南、宁夏、

甘肃、安徽、江苏、上海、浙江、湖北、福建。

区系分布与居留类型：［东］（R）。

种群现状： 因种群数量少，捕食害虫的作用不明显。山东分布数量并不普遍，列入山东省重点保护野生动物名录；应加强对物种和栖息环境的保护与研究。

物种保护： Ⅲ，Lc/IUCN。

参考文献： H557，M122，Zja570；Lb512，Q236，Qm314，Z402，Zx112，Zgm148。

山东记录文献： 郑光美 2011，朱曦 2008，钱燕文 2001，赵正阶 1995、2001，范忠民 1990，郑作新 1987、1976；赛道建 2013、1994，李久恩 2012，孙明荣 2002，王海明 2000，王元秀 1999，田家怡 1999，王庆忠 1995、1992，赵延茂 1995，丛建国 1993，刘体应 1987，纪加义 1987d，杜恒勤 1985。

● 257-01　小星头啄木鸟
Dendrocopos kizuki（Temminck）

命名： Temminck，1836，*in* Temminck *et* Laugier，Pl. Col. Ois.，99：pl. 585（日本九州）

英文名： Pygmy Woodpecker

同种异名： —；*Picoides kizuki*（Temminck）；Japanese Pygmy Woodpecker，Japanese Spotted Woodpecker

鉴别特征： 体小黑白色啄木鸟。嘴铅灰色，头、枕部灰褐色具深红小纵纹，颊纹、眉纹、颏喉白色。上体黑色，背具白横斑，翼上点斑成行，下体皮黄色具黑条纹，胸具灰横斑，上胸白色。雌鸟眼后无红色条纹。脚灰色。相似种星头啄木鸟体型稍大，上体下背和腰具白斑，上背无白色横斑。区别明显，野外不难辨别。

形态特征描述： 嘴铅灰色。虹膜红色，眉纹白色向后延伸至后颈与颈侧白斑相连，后枕两侧紧接白色眉纹之后有不明显朱红色细条纹。额纹白色，前额至头顶灰褐色。颊、耳覆羽至颈侧棕褐色或缀有棕白色羽端；颊线白色，耳羽后具白色块斑。须、喉和上胸白色。上体黑色，背、肩和两翼内侧飞羽黑褐色杂白色横斑或斑纹，以背中部白色横斑较整齐。下背白斑较密集，腰至尾上覆羽黑色。两翼白色点斑成行呈黑白相杂状；飞羽黑色，除初级飞羽内侧端部外均杂白斑，以三级飞羽白斑较大；小覆羽黑褐色，中覆羽和大覆羽中部白色、余黑褐色。腋羽和翼下覆羽白色杂灰黑色斑点。下体皮黄白色具黑色条纹，近灰色横斑过胸。尾黑色，外侧尾羽具白色横斑、边缘白色。脚黑色。

雌鸟　似雄鸟，但枕两侧无红色纵纹。

鸣叫声： 低沉单调似"zhā—"声，或尖声"khit"或"khit-khit-khit"和不停顿的"kzz-kzz"声及敲击声。

体尺衡量度（长度mm、体重g）： 山东采到标本，但保存处不详，测量数据遗失。

栖息地与习性： 栖息于山地针叶林、针阔混交林和阔叶林内，常到林缘和次生林觅食。除繁殖期外，常单独活动，繁殖后期见有家族群活动。飞行时，两翅扇动幅度较大，常从一棵树飞到另一棵树下部，然后沿树干往上攀缘觅食。

食性： 主要捕食金花虫、天牛、小蠹虫、梨虎等鞘翅目各类昆虫及其幼虫。

繁殖习性： 繁殖期4～6月。3月下旬成对、出现求偶行为，频繁在树冠层间飞翔追逐，边飞边叫。雌雄鸟共同啄凿杨树、水曲柳等心材腐朽的树洞而营巢，巢内无内垫物，仅残留有少许木屑。5月上旬产卵，每窝产卵4～7枚，卵白色、光滑无斑，卵径约19mm×15mm。雌雄亲鸟轮流孵卵。雏鸟晚成雏，雌雄亲鸟共同喂养。

亚种分化： 全世界有12个亚种（Dement've and Gladkov 1951），9个亚种（Vaurie 1965），13个亚种（Howard and Moore 1984），Howard 和Moore（1991）将本种归并为4个亚种。中国2个亚种（郑光美 2011）、2个亚种（郑作新 1987、1975）；山东分布为东陵亚种 *D. k. kizuki*（Kuroda），纪加义（1988）、赵延茂（1995）和朱曦（2008）记为 *Picoides kizuki wilderi*（Kuroda），*P. k. wilderi*（Kuroda），Le Fever（1962）鉴定为 *Dendrocopos kizuki seebohmi*，应为 *D. k. kizuki*。

亚种命名　Kuroda，1926，China Journ. Sci. Arts，5：261（河北东陵）

分布： 德州-德州（德县）。**东营-**（R）◎黄河三角洲；河口区（李在军20081227）。**济南-**（R）济南；章丘-（R）黄河林场。**泰安-**泰山-彩石溪（20130223）。鲁中山地，（S）鲁西北平原，鲁西南平原湖区。

黑龙江、吉林、辽宁、内蒙古、河北、新疆。

区系分布与居留类型：［古］（R）。

种群现状： 啄食害虫，对林业有益。物种分布范

小星头啄木鸟（李在军 20081227 摄于河口区）

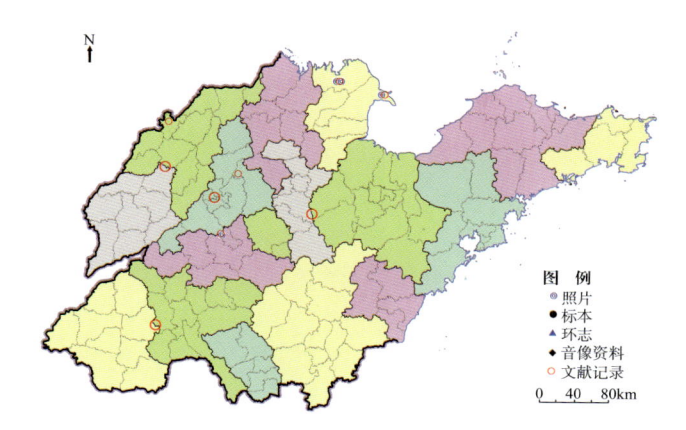

围广，种群数量趋势稳定，被评价为无生存危机的物种。山东分布地较少，数量不多，需要加强物种保护促进种群繁衍。

物种保护： Ⅲ，Lc/IUCN。

参考文献： H558，M123，Zja571，Zja；Q236，Qm314，Z404，Zx112，Zgm149。

山东记录文献： 郑光美2011，朱曦2008，赵正阶1995、2001，范忠民1990，郑作新1987、1976；赛道建2013、1989，田家怡1999，赵延茂1995，纪加义1987d，柏玉昆1982。

● 258-01 棕腹啄木鸟
Dendrocopos hyperythrus（Vigors）

命名： Vigors，1831，Proc. Cpmm. Zool. Soc. London.: 23（喜马拉雅山脉）

英文名： Rufous-bellied Woodpecker

同种异名： —；—；—

鉴别特征： 嘴灰色而端黑色，头、颈棕红色，脸、眉纹白色。背、腰、两翼黑色具白横斑，头侧和下体赤褐色为本种鉴别特征。尾黑色、外侧2对尾羽具白横斑。脚灰色。雌鸟头冠黑色、具白点。

形态特征描述： 嘴强直如凿，上嘴黑色，下嘴淡角黄色且沾绿色。舌细长能伸缩自如，先端列生短钩。虹膜暗褐色，贯眼纹及颊白色。头冠及枕具红色斑带。背黑色具成排白点呈黑、白横斑相间状，两翼、翼上小覆羽黑色，余部黑色缀白色点斑，内侧三级飞羽具白横斑。头侧及下体浓赤褐色；臀红色、尾下覆羽粉红色。腰至中央尾羽黑色，外侧一对尾羽白色具黑横斑，尾羽羽干刚硬如棘，能以其尖端撑在树干上助脚支持体重攀木。跗蹠和趾暗铅色，爪暗褐色；脚强健，有趾4个，2个向前，2个向后，各趾趾端具锐利的爪，便于攀登树木。

雌鸟 虹膜酒红色。顶冠黑色具白点呈黑、白相杂状。

鸣叫声： 似拉长"kii-i-i-i-i-i"的断音节连叫，越来越弱至结束。

体尺衡量度（长度mm、体重g）：

标本号	时间	采集地	体重	体长	嘴峰长	翅长	跗蹠长	尾长	性别	现保存处
	1958	微山湖		190	17	115	18	78	♂	济宁一中
	1958	微山湖		225	25	135	24	80	♂	济宁一中
	1958	微山湖		220	22	122	22	82	♂	济宁一中

棕腹啄木鸟（陈云江 20141230 摄于大明湖）

栖息地与习性： 栖息于不同林相中，喜栖于针叶林和混交林。普通亚种在黑龙江中海拔地带繁殖，到华南地区越冬，性隐怯，迁徙时常单独飞行，单个和成对活动。能绕着树干旋转着攀登，在攀登过程中用强直如凿的嘴急速地叩木发出"笃、笃、笃"的声音，发现昆虫即用嘴将树皮啄破、用细长先端有钩的舌头将虫钩出来吃掉。

食性： 主要捕食昆虫，如蚂蚁、蜡象、象甲、步行虫和鳞翅目幼虫等。

繁殖习性： 繁殖期4～6月。在腐朽或半腐朽的树干洞里营巢，凿洞常耗费1个月的时间，洞口呈椭圆形而不似其他啄木鸟的圆形。每窝通常产卵3枚，卵径约22mm×17mm。雌雄亲鸟轮流孵卵，雏鸟晚成雏。

亚种分化： 全世界有4个亚种，中国3个亚种，山东分布为普通亚种 *D. h. subrufinus* Cabanis et Heine, *Picoides hyperythrus subrufinus*（Cabanis *et* Heine）。

亚种命名 Cabanis *et* Heine, 1863, Mus. Hein.,

4：50，note（大连湾及天津）

分布：东营 -（S）◎黄河三角洲；河口区 - 河口（李在军 20091027）。**菏泽** -（S）菏泽。**济南** -（S）济南，黄河；历下区 - 大明湖（20141222，陈云江 20141230，陈忠华 20141230，马明元 20141221）；天桥区 -（P）北园；章丘 - 黄河林场。**济宁** - ●（S）济宁（聂成林 20090529）；微山县 - ● 微山湖。**青岛** - 青岛。**泰安** -（P）泰安；岱岳区 - 道朗镇（刘华东 20130426）；●泰山。**淄博** - 淄博。胶东半岛，鲁中山地，鲁西北平原，鲁西南平原湖区。

黑龙江、吉林、辽宁、河北、北京、天津、山西、河南、陕西、安徽、江苏、上海、浙江、江西、湖南、湖北、四川、贵州、云南、广西、香港。

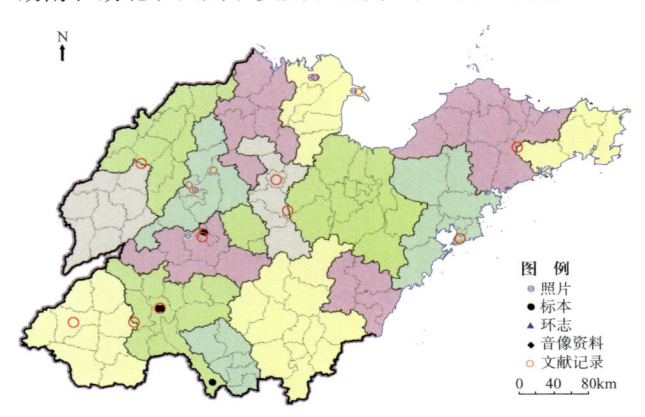

图例
● 照片
● 标本
▲ 环志
◆ 音像资料
○ 文献记录
0　40　80km

区系分布与居留类型：［广］（PS）。

种群现状： 捕食昆虫，对防治林木害虫起到重要的作用，被称为"森林医生"。分布广泛，为无生存危机物种。山东为迁徙过境种群，遇见率较低，列入山东省重点保护野生动物名录。

物种保护： Ⅲ，Lc/IUCN。

参考文献： H554，M127，Zja567；Q234，Qm 313，Z399，Zx113，Zgm150。

山东记录文献： 郑光美 2011，朱曦 2008，范忠民 1990，郑作新 1987、1976；赛道建 2013、1994，王海明 2000，田家怡 1999，王元秀 1999，赵延茂 1995，纪加义 1987d，李荣光 1959。

● 259-01　大斑啄木鸟
Dendrocopos major（Linnaeus）

命名： Linnaeus, 1758, Syst. Nat., ed. 10, 1：114（瑞典）
英文名： Great Spotted Woodpecker
同种异名： 斑啄木鸟，花啄木鸟，白花啄木鸟，啄木冠，赤䴕（liè）；*Picoides major*（Linnaeus）；Great Pied Woodpecker

鉴别特征： 中型黑白相间啄木鸟。嘴黑色，额、颊、耳羽白色，头顶黑色，枕具红色斑及黑色横带。颈白色形成领环，上体黑色，肩、翅具大块白斑，飞羽具黑白相间斑纹，下体灰白色无斑，臀部红色。中央尾羽黑色，外侧白色具黑色横斑。脚灰色。雌鸟枕部无红色斑。

形态特征描述： 嘴铅黑色或蓝黑色。虹膜暗红色，眼先、眉、颊和耳羽白色。额棕白色，头顶黑色具蓝色光泽，枕具辉红色块斑，后枕具黑色窄横带。宽阔颧纹黑色，向后上支延伸至头后部、另一支向下延伸至胸侧。颏、喉、前颈至胸及两胁污白色。后颈及颈侧白色形成白色领圈。上体以黑色为主，肩具白色大块斑，背辉黑色，腰黑褐色具白色端斑。翅黑色、翼缘白色，飞羽内翈具方形或近方形白色块斑，翼内侧中覆羽和大覆羽白色形成近圆形大白斑。下体和腹部污白色略沾桃红色、无斑，下腹中央至尾下覆羽辉红色。尾黑色，中央尾羽黑褐色，外侧尾羽具黑白相间横斑。跗蹠和趾褐色，足对趾型。

大斑啄木鸟（孙劲松 20080615 摄于孤岛金岛宾馆）

雌鸟　似雄鸟。头顶、枕至后颈辉黑色具蓝色光泽，耳羽棕白色。

幼鸟　头顶暗红色。枕、后颈、背、腰、尾上覆羽和翅黑褐色，较成鸟浅淡。前颈、胸、胁和上腹棕白色，下腹至尾下覆羽浅桃红色。

鸣叫声： 偶尔发出"jen-"叫声。活动时常伴有响亮啄木声。

体尺衡量度（长度 mm、体重 g）：

标本号	时间	采集地	体重	体长	嘴峰长	翅长	跗蹠长	尾长	性别	现保存处
	1958	微山湖		240	25	125	24	74	♂	济宁一中
	1958	微山湖		260	24	125	25	86	♂	济宁一中
	1958	微山湖		245	24	125	27	74	♂	济宁一中
	1958	微山湖		230	20	115	24	72	♂	济宁一中

注：Shaw（1938a）记录1♂重68g，翅长126mm；1♀重65g

栖息地与习性： 栖息于山地和平原的各种林相中，以及林缘次生林和农田地边疏林及灌丛地带。常单独或成对活动，飞翔时两翅一开一闭成大波浪式前进，繁殖后期成松散家族群活动。多在树干和粗枝上活动觅食，常从树干的中下部跳跃式地向上攀缘，搜索完一棵树后飞到另一棵树上继续，发现昆虫就迅速啄木并用舌头探入树皮缝隙，或从啄出的树洞内钩取害虫；有时在地上倒木和枝叶间取食。

食性： 主要捕食甲虫、小蠹虫、蝗虫、天牛幼虫等鞘翅目和蚁科、蚊科、胡蜂科等鳞翅目昆虫及其幼虫，以及蜗牛、蜘蛛等小型无脊椎动物，偶尔取食草籽等植物性食物。

繁殖习性： 繁殖期4～6月。3月末开始发情，常用嘴猛烈敲击树干发出"咣咣咣……"连续声响引诱异性。雌雄鸟选择心材腐朽阔叶树的树干或粗侧枝共同啄凿新洞营巢，巢内无内垫物，仅有少许木屑，不利用旧巢。每窝多产卵4～6枚，卵椭圆形、白色，光滑无斑，卵径约25mm×18mm，卵重约4.4g，可进行补产卵。雌雄亲鸟轮流孵卵，孵化期13～16天。雏鸟晚成雏，雌雄亲鸟共同育雏，育雏期20～23天，雏鸟即可离巢。

亚种分化： 全世界有14个亚种，中国9个亚种，山东分布为华北亚种 **D. m. cabanisi**，Picoides major cabanisi（Malherbe），Dryobates cabanisi cabanisi（Malherbe），Dendrocopos major tscherskii（Buturlin）。

亚种命名 Malherbe, 1854, Journ. Orn., 2: 172（山东潍县）

分布： 滨州 - ●（刘体应1987）滨州。德州 - 市区 - 锦绣川公园（张立新20090507）；乐陵 - 城区（李令东20100130、20110121），宋哲元陵墓（李令东20100131），杨安镇水库（李令东20110124）。东营 -（R）◎黄河三角洲；河口区 - 孤岛宾馆（孙劲松20080615）。菏泽 -（R）菏泽；曹县 - 康庄（谢汉宾20151018）。济南 -（R）济南，黄河滩（20130306）；历下区 - 大明湖（20130503），师大校院（20140618），千佛山（20130124），泉城公园（20121210，陈忠华20140108、20141213）；市中区 - 南郊宾馆，槐荫区 - 玉清湖；天桥区 - 新公路桥（张月侠20160521），历城区 - 锦绣川（20130308）；章丘 -（R）黄林场，济南植物园（20140406），百丈崖（陈云江20130529）。济宁 - ●济宁，南四湖（楚贵元20090528），泗河（马士胜20141110）；任城区 - 太白湖（宋泽远20131003）；曲阜 - 孔林；微山县 - ●微山湖，微山岛（20160218）；鱼台 - 袁洼（张月侠2016040）。聊城 - 聊城，东昌湖。临沂 - 沂河。莱芜 - 莱城区 - 红石公园（20130704，陈军20130429），雪野镇九龙山（陈军20141007）。青岛 - 青岛。日照 - 东港区 - ●（Shaw 1938a）石臼所，付瞳河（成素博20140517），●（Shaw 1938a）王家滩，汉皋陆（20150312），森林公园（20140322，郑培宏20140924）；岚山区 - 皋陆河（20140303）。泰安 -（R）●泰安；泰山区 - 农大南校园，树木园（20160302，刘华东20160221、20160227）；泰山 - 低山，桃花峪（20130223）；东平县 -（R）东平湖（20130626）。潍坊 - 潍坊，●（Malherbe1854）潍县；高密 - 柳沟河（宋肖萌20150404）；奎文区 - 白浪河湿地公园（20140623）；（R）青州 - 仰天山，南部山区；诸城 - 积沟镇潍河。烟台 - 芝罘区 - ●（Shaw 1930）芝罘山；海阳 - 凤城（刘子波20131216）；招远 - 大秦家庞家（蔡德万20090708）；栖霞 - 十八盘（牟旭辉20131019）。淄博 - 淄博；张店区 - 人民公园（赵俊杰20141216）；高青县 - 花沟镇（赵俊杰20141120）。胶东半岛，鲁中山地，鲁西北平原，鲁西南平原湖区。

辽宁、河北、山西、河南、安徽、江苏、上海。

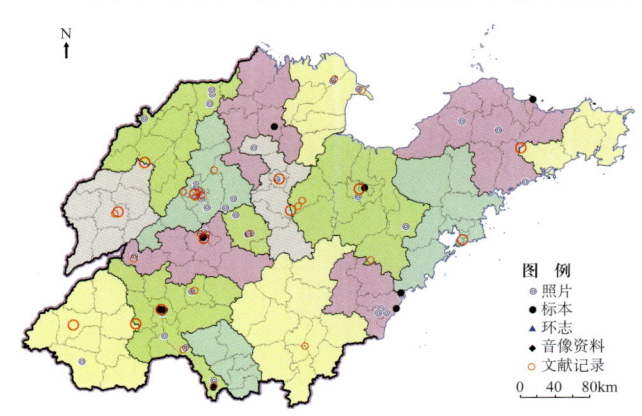

区系分布与居留类型：[古]（R）。

种群现状： 传统中医认为本种有药用功效；大量捕食蛀干害虫，对林业有益，故有"森林医生"的美誉。数量较常见，物种分布范围大，被评价为无生存危机物种，但受到非法捕猎的威胁。山东城乡林区均有分布，目前尚无数量的系统统计；孙明荣（2002）对分布于山东 3 种啄木鸟的食性研究表明，捕食的昆虫有 6 目 21 科 39 种，在研究本物种的人工饲养和招引方面取得了一定的进展。

物种保护： Ⅲ，Lc/IUCN。

参考文献： H549，M131，Zja562；Q232，Qm 316，Z393，Zx113，Zgm151。

山东记录文献： 郑光美 2011，朱曦 2008，钱燕文 2001，赵正阶 2001，范忠民 1990，郑作新 1987、1976，付桐生 1987，Shaw 1938a，Malherbe 1854；庄艳美 2014，赛道建 2013、1999、1994、1989，李久恩 2012，邢在秀 2008，孙明荣 2002，王海明 2000，张培玉 2000，王元秀 1999，田家怡 1999，杨月伟 1999，宋印刚 1998，王庆忠 1995、1992，赵延茂 1995，丛建国 1993，刘体应 1987，纪加义 1987d，杜恒勤 1985，山东省泰安林科所 1972，李荣光 1960、1959，田丰翰 1957。

● 260-01　灰头绿啄木鸟
Picus canus Gmelin

命名： Gmelin JF，1788，Syst. Nat.，ed. 13，1：434. Location：Norway（挪威）

英文名： Grey-headed Woodpecker

同种异名： 黑枕绿啄木鸟，绿啄木鸟，山啄木，黑枕绿啄木；*Gecinus tancolo* Gould，1863；Ashy Woodpecker，Black-naped Green Woodpecker，Grey-faced Woodpecker

鉴别特征： 中型绿色啄木鸟。嘴灰黑色、短而钝，头灰色具朱红色顶斑，眼黑色、眉纹白色，颊纹与枕部黑色。上体橄榄绿色，飞羽黑色具方形白斑，下体全灰绿色。中央尾羽褐色具半圆形白斑，外侧黑褐色具暗色横斑。脚蓝灰色。雌鸟无猩红顶冠，羽暗灰色具黑羽干纹和端斑。

形态特征描述： 嘴灰黑色、下喙基黄绿色，嘴峰稍弯；鼻孔被粗羽毛所掩盖。虹膜粉红色，眼先黑色，眉纹灰白色。额部和顶部红色，头顶至后颈灰色带黑色羽干轴斑，脸及颊喉灰色，喉侧有黑色髭纹。

灰头绿啄木鸟（陈云江 20121007 摄于南郊宾馆；郑培宏 20140913 摄于日照国家森林公园）

背、肩羽、腰及翼羽黄绿色，翼羽褐绿色，初级飞羽黑色，外翈具白色方形横斑、内翈基部具白色横斑，次级飞羽外翈沾橄榄黄色、白斑不明显。下体胸、腹和两胁黄绿色。尾短于 2/3 翼长，强凸尾，最外侧尾羽较尾下覆羽为短；尾黑色，中央尾羽橄榄绿色，两翈具灰白色半圆形斑、端部黑色、羽轴辉亮黑色，外侧尾羽黑褐色具暗色横斑；尾上覆羽黄绿色，尾下覆羽黄绿色带黑褐色斑纹，羽端草绿色。脚铅灰色，具 4 趾，外前趾较外后趾长。

雌鸟 似雄鸟。额至头顶暗灰色，具黑色羽干纹和端斑。

幼鸟 似成鸟。嘴基灰褐色。额红色呈近圆形斑、具橙黄色羽缘。头顶暗灰绿色具淡黑色羽轴点斑，头侧至后颈暗灰色。两胁、下腹至尾下覆羽灰白色杂淡黑色斑点和横斑。

鸣叫声： 繁殖期间，频繁发出洪亮单音节似"ga-ga-"鸣叫声，平时很少鸣叫；觅食时伴有啄击树木的声音。

体尺衡量度（长度 mm、体重 g）：

标本号	时间	采集地	体重	体长	嘴峰长	翅长	跗蹠长	尾长	性别	现保存处
	1958	微山湖		285	29	155	32	105	♂	济宁一中
	1958	微山湖		325	33	155	32	101	♂	济宁一中
840400	19840626	马坡	138	283	38	140	35	106	♂	济宁森保站

注：Shaw（1938a）记录 ♂ 重 146g、118g

栖息地与习性： 栖息于阔叶林及针叶林等山林间，秋冬季节常出现于路旁、农田边疏林和村庄、城市林地内。性胆怯，多单独或成对活动，多在树与树之间作短程飞行呈"大波浪式"飞翔轨迹。喜攀缘于树干或树枝上，觅食由树干基部螺旋上攀到树杈时，飞到另一棵树的基部再往上搜索树干或树皮内昆虫，发现害虫用长舌粘钩出来。

食性： 主要捕食藏身于树干的昆虫，包括小蠹虫、天牛幼虫等鞘翅目和鳞翅目、膜翅目等昆虫，秋冬季节会到地面上觅食倒木及落叶中的蚂蚁、白蚁及其他昆虫，或捡食植物种子。

繁殖习性： 繁殖期4～6月。4月初即成对活动，相互追逐求偶，鸣声增多并发出"嘎嘎"的鸣叫声。多选择混交林、阔叶林、次生林或林缘木材腐朽的阔叶树，雌雄亲鸟每年共同啄凿新树洞为巢，不利用旧巢。每年繁殖1窝，5月初开始产卵，可进行补产卵（孙明荣2002），每窝产卵8～11枚，卵乳白色、卵圆形，光滑无斑，卵径平均约30mm×22mm，卵重约6.5g。卵产齐后雌雄亲鸟轮流孵卵，孵化期14～17天。雏鸟晚成雏，雌雄亲鸟共同育雏。初期暖雏且进入巢内喂雏，后期不暖雏且站在洞口将头伸入洞内喂雏，育雏期23～24天，雏鸟即可离巢。

亚种分化： 全世界有11个亚种，中国有10个亚种，山东分布记录1个亚种 *P. c. zimmermanni*（郑光美2011，纪加义1987d），或2个亚种（朱曦2008，徐敬明2003），本书采用1个亚种的观点。

- 河北亚种 *P. c. zimmermanni* Reichenow

亚种命名　　Reichenow, 1903, Orn. Monatsb. 11: 86（青岛）

分布： 滨州-●（刘体应1987）滨州。德州-运河北厂段（张立新20110614）。东营-(R)◎黄河三角洲。菏泽-(R)菏泽；曹县-康庄（谢汉宾20151018）。济南-(R)济南，黄河（20130326）；历下区-师大校院（20110330），泉城公园（20121210；市中区-南郊宾馆（陈云江20121007，赵连喜20140221）；章丘-(R)黄河林场。济宁-●济宁，南四湖；任城区-太白湖（宋泽远20131003），泗河（马士胜20141227）；曲阜-孔林；微山县-●微山湖。聊城-聊城，东昌湖。临沂-(R)沂河。莱芜-莱城区-红石公园（陈军20130521）。青岛-●（Reichenow 1903）青岛。日照-岚山区-皋陆河；东港区-付疃河（成素博20120528），林泉村（成素博20140531），国家森林公园（郑培宏20140913）。泰安-●泰安）；泰山区-农大南校园，树木园（20160302，刘华东20160221）；(R)泰山-低山；岱岳区-徂徕山光华寺。潍坊-潍坊；青州-南部山区；诸城-积沟镇潍河。烟台-海阳-凤城（刘子波20140709），●（Shaw 1938a）行村。胶东半岛，鲁中山地，鲁西北平原，鲁西南平原湖区。

河北、北京、天津、山西、河南。

华东亚种 *Picus canus guerini*（Malherbe）

亚种命名　　Malherbe, 1849, Rev. Mag. Zool.: 539（上海及浙江宁波）

分布： 济南-济南。济宁-南四湖。聊城-聊城，东昌湖。临沂-(R)沂河。青岛-青岛。泰安-(R)泰安，泰山，(R)东平湖；东平县。

山西、陕西、安徽、江苏、上海、浙江、江西、湖北、甘肃。

区系分布与居留类型： [广]（R）。

种群现状： 啄食蛀干害虫，为森林的重要益鸟。灰头绿啄木鸟在全世界分布广泛，部分地区由于森林的过度砍伐及林相改变，数量有下降趋势，但是整体而言并没有重大的威胁，为无生存危机物种。山东常见而分布较广的啄木鸟，但数量并不多，应加强对物种与栖息环境保护性研究，*guerini* 亚种分布仅见于朱曦（2008）、徐敬明（2003）记录，尚无标本分布等实证，从地理位置上看似有可能，需要进一步确证。

物种保护： Ⅲ，Lc/IUCN。

参考文献： H540, M143, Zja553; Lb519, Q228, Qm316, Z384, Zx114, Zgm155。

山东记录文献： 郑光美2011，朱曦2008，钱燕文2001，赵正阶2001，范忠民1990，郑作新1987、1976，付桐生1987，Shaw 1938a；赛道建2013、1999、1994、1989，李久恩2012，邢在秀2008，孙明荣2002，王海明2000，张培玉2000，田家怡1999，王元秀1999，杨月伟1999，宋印刚1998，赵延茂1995，丛建国1993，刘体应1987，纪加义1987d，杜恒勤1987c、1985，李荣光1960、1959，田丰翰1957。

20　雀形目 Passeriformes

雀形目鸟类虽然出现较晚，但比其他鸟类群分化强烈，形态特征变化大，是鸟纲中种类、数量最多的一个目，也是鸟类中进化程度最高的类群。外形似雀，多为中小型陆栖、树栖鸟类。嘴小而强壮。雌雄同色或异色；异色者雄鸟艳丽。初级飞羽9～10枚，尾羽多为12枚。腿短而弱，4趾，常态足、离趾型，不具蹼；跗蹠前缘多被盾状鳞、后缘棱状被靴状鳞。

栖息于森林、草原、田园、居民区等多种生境类型。善跳跃、鸣叫，雄鸟繁殖季节尤其善于鸣叫，甚至善于模仿其他鸟类鸣唱。繁殖多为一雌一雄单配制，单独甚至集群在树上、地面、草丛、灌丛或树洞、建筑物上、天然洞穴中营巢。杂食性，以动物性食物或植物性食物为主，繁殖期以动物性食物如昆虫及其幼虫为食。分布于世界各地。

全世界计有74科5300种，我国约有28科713种。

20.1　八色鸫科 Pittidae（Pittas）

喙强壮，微向下弯，两侧略扁。有耸起的耳羽或羽冠或无。颈短、体壮。羽毛松散，有对比鲜艳的颜色，如鲜红色、鲜蓝色、棕色、米黄色或黑色等。翅膀及腰亮丽如玉蓝色，被肩羽及双翼覆盖，少数鸟种暗淡。翅多圆短，初级飞羽10枚，第1枚超过2/3翅长；迁移性鸟种翅膀较尖。身体腹面有横纹或有白色翼斑。尾较双翼短，尾羽12枚。跗蹠长而有力，上部无羽毛、前方光滑，脚大、鳞片不明显。双脚有力，后趾爪最长。雌雄鸟相似或不同。

多栖息于与流动水源相距不远的低海拔常绿阔叶林中层及下方灌木草丛或竹林。常单独活动，有很强的领域性及领域忠实性，常会数年使用相同的领域。飞行能力强，在地上受到干扰时，多以跳跃方式移动躲入林下浓密的灌丛中。捕食蚯蚓、昆虫及其他无脊椎动物、小型脊椎动物及果实；可以靠嗅觉发现猎物，会使用石头来打碎蜗牛的壳。巢位于地面或树干分叉处、有藤蔓或草与落叶遮蔽，巢口在圆球巢侧边，结构松散。每窝产卵2～7枚，雌雄鸟共同负责孵卵、育雏，幼鸟晚熟性，孵化期与育雏期14～18天。面临森林砍伐或破坏与相当大的捕捉压力，已有2种在国际鸟盟的名录中属于濒危，其他种类也受到生存威胁。

Vieillot（1816）最早提出采用属名 *Pitta*，Elliot（1863）命名为八色鸫科，科下分为3属，Sclater（1878）将本科归为1属，近年学者认为本科鸟种都属于八色鸫属。全世界共有1属30种，其中26种分布于东南亚，中国有1属9种，山东分布记录有1属1种。

八色鸫科八色鸫属 *Pitta* 分种检索表

喙尖细、眉线较细，翅白斑位于初级飞羽第2至第6枚之间 ························ 仙八色鸫 *Pitta nympha*

○ 261-01　仙八色鸫
Pitta nympha Temminck et Schlegel

命名：Temminck CJ *et* Schlegel H, 1850, in Siebold's Fauna Japonica, Aves, Pt. 5. p. 135, Suppl. pl. A（朝鲜）

英文名：Fairy Pitta

同种异名：蓝翅八色鸫；*Pitta oreas* Swinhoe, 1864, *Pitta berate* Salvadori, 1868, *Pitta brachyura nympha* 陈兼善、于名振, 1984, *Pitta brachyura* 卢浩泉, 2001; Blue-winged Pitta

鉴别特征：色彩艳丽的八色鸫。嘴黑色，额、颈中央冠纹黑色，两侧棕褐色，眼先、颊部、耳羽及颈侧上部亮黑色，与冠纹形成黑色领圈，喉白色。上体草绿色。腰和尾基亮紫蓝色，初级飞羽基部黑色、外侧有5～6枚大白斑、羽端黑色，余羽端白色，颈下部白色，胸、腹侧和两胁皮黄色，腹中央和尾基猩红色。尾羽黑色、端缘蓝绿色。

形态特征描述：喙黑色。虹膜褐色，眉线黄色。头棕色，头顶自前额至颈后有黑色线条，脸部黑色延伸到头后与头顶黑线相连。下颚与喉部白色。背部深橄榄绿色。翼上小覆羽，腰亮银蓝色，双翅其余覆羽与背部颜色相同，初级飞羽黑色，中段有白斑形成翼带，雄鸟白斑自第1至第2枚初级飞羽内羽片延伸到第7枚飞羽外羽片。胸部与体侧浅棕黄色，下腹中线及尾下覆羽鲜红色。尾羽黑色，有浅蓝色羽尖；尾上覆羽似腰，亮银蓝色。跗蹠及趾浅棕色。

雌鸟 似雄鸟。翼上白斑只到第 6 枚飞羽，白斑面积较雄鸟小，白斑大者与雄鸟白斑较小者不易分辨；初级飞羽雄鸟第 1~6 枚的白斑长度比雌鸟长，以第 4 枚差异最明显；第 1~3 枚的白斑宽度较雌鸟宽，以第 3 枚差异最明显。

鸣叫声： 似拖长的 "xiuyu-，xiuyu-" 哨音，第二声加强。

体尺衡量度（长度 mm、体重 g）： 标本保存地不详，未查到标本测量数量。

栖息地与习性： 在中低海拔浓密潮湿森林或接近海岸的阔叶林中栖息繁殖，在森林底层落叶中觅食。

食性： 主要捕食蚯蚓、蜈蚣及鳞翅目幼虫、大型昆虫，如蝉、蝼蛄、蟋蟀等。

繁殖习性： 在林中坡地的凹槽里、树洞中或在树干分叉处营巢，以细枝叶、草及苔藓编织而成，巢口朝向侧边，巢组织松散，随着幼鸟长大有助于幼鸟挤在巢口等待亲鸟喂食。每窝产卵 5~7 枚，卵米黄色，有褐色斑点。雌雄轮流孵卵，孵化期约 13 天，亲鸟共同育雏，同时叼着数只猎物回巢，很少携回单只猎物；育雏期约 13 天，离巢初期幼鸟依赖亲鸟提供食物。

亚种分化： Dickinson（2003）认为本种为单型种，无亚种分化。

Clements（2007）将本种分为 2 个亚种，东南亚种 *P. n. nympha* 在日本南方、韩国及中国北部繁殖，在东南亚、婆罗洲等地过冬；两广亚种 *P. n. melli* 出现在广西与广东。依郑光美（2011）的观点，山东分布为东南亚种 ***P. n. nympha*** Temminck et Schlegel，*Pitta brachyura nympha* Temminck et Schlegel。

亚种命名 Temminck CJ et Schlegel H, 1850, in Siebold's Fauna Japonica, Aves, Pt. 5. p. 135, Suppl. pl. A（朝鲜）

分布： 青岛 -（P）青岛。烟台 - 烟台；长岛县 -●（19980916）陀矶岛。胶东半岛。

河北、天津、河南、甘肃、安徽、江苏、上海、浙江、江西、湖北、贵州、云南、福建、台湾、广东、广西、海南、香港、澳门。

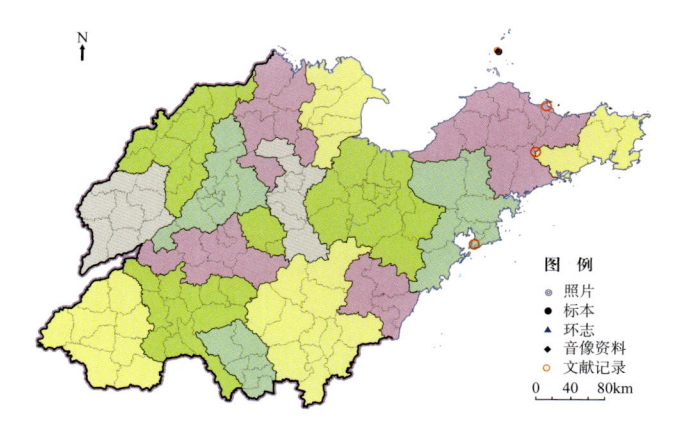

区系分布与居留类型：［东］（P）。

种群现状： 中国有 100~1000 繁殖对及 50~1000 只迁徙个体，稀少，被评为易危物种，但为八色鸫科中较为常见的一种。山东分布：Aylmer（1931a）首次记录，极少见到；纪加义（1985、1987）记作 *Pitta brachyura nymphayl*，称省内新记录；卢浩泉（2003）认为 *Pitta brachyura* 在山东已无分布；郑作新（1976）记烟台为"笼鸟"，尔后（1987 年）未收录，有 *Pitta nympha*、无 *brachyura* 记载。郑光美（2011）记载 *Pitta brachyura* 仅分布于云南南部，山东记录分布种应是 *Pitta nympha*（仙八色鸫），而非蓝翅八色鸫；1998 年 9 月 16 日在长岛采到 1 只标本（范强东 1999）。需加强物种与栖息环境的研究。

物种保护： Ⅱ，红，2/CITES，中日，Vu/IUCN。

参考文献： H566，M602，Zjb6；Lb525，Q240，Z412，Zx116，Zgm160。

山东记录文献： 郑光美 2011，范忠民 1990，郑作新 1976，Aylmer 1931a，赛道建 2013，范强东 1999，纪加义 1987d、1987f、1985。

20.2 百灵科 Alaudidae（Larks）

喙大小及形态变异大。有羽冠或羽角。通常体色多有黑褐色斑点。翼尖，初级飞羽 9~10 枚，第 1 枚极小；三级飞羽很长。尾羽 12 枚。跗蹠长，前后端圆滑有盾状鳞片，后趾爪特别长而直。

栖息在开阔地带，偏好植物单纯、低矮的环境，如干燥或半干燥的砾石地或短草地。非繁殖季多成群活动，有些种类终年有领域行为。夜栖于地面。喜欢用沙浴清洁羽毛。常在飞行中鸣唱，音质高而复杂。在地面觅食植物种子、嫩芽和果实及无脊椎动物。雌雄占领繁殖领域，雌鸟在地面筑巢，窝卵数各有不同，由雌鸟孵卵，雌雄鸟共同育雏，幼鸟长成后仍需亲鸟照顾。迁移行为有常规迁徙、部分迁徙、游荡性或留鸟。由于栖息地丧失及破坏严重已威胁到物种生存，目前全球 8 种生存受威胁物种中 7 种与此有关。

全世界共有 19 属 92 种，中国有 6 属 14 种，山东分布记录有 4 属 6 种。

百灵科分属种检索表

1. 初级飞羽 9 枚，第 1 枚几乎达到翼端，头两侧无突出羽 ·················· 2 沙百灵属 *Calandrella*

初级飞羽 10 枚，第一枚非常短小、不长于初级覆羽 ·· 3
2. 翼折合时，三级飞羽与翼端距离超过或等于跗蹠长度 ··································· 大短趾百灵 C. brachydactyla
   翼折合时，三级飞羽与翼端的距离小于跗蹠长度 ··· 短趾百灵 C. cheleensis
3. 羽冠由头顶中央少数长羽形成 ····································· 凤头百灵属 Galerida，凤头百灵 G. cristata
   羽冠短或缺 ··· 4
4. 翼长几抵尾端，尾羽除中央 1 对外，具白端斑 ················ 百灵属 Melanocorypha，蒙古百灵 M. mongolica
   翼长不达尾端，尾羽白色限于外侧 2 对，且不具白端斑 ·· 5 云雀属 Alauda
5. 雄鸟翼长在 100mm 以下，嘴较长为 12～14mm ··· 小云雀 A. gulgula
   雄鸟翼长在 100mm 以上，嘴较短为 12～12mm ·· 6 云雀 A. arvensis
6. 上体黑纹多而细，羽缘较多棕色 ··· 北方亚种 A. a. kiborti
   上体黑纹多而粗著，较暗近黑色，头顶纵纹明显 ·· 东亚亚种 A. a. intermedia
   上体更明显，黑色最深，羽缘棕色最深，在背部呈红棕色 ·· 7
7. 体形较大，上体较暗近黑色，头顶纵纹明显，翅长 ♂110～124mm ··················· 北京亚种 A. a. pekinensis
   体形中等，翅长 108～110mm ·· 萨哈林亚种 A. a. lonnbergi

262-11 蒙古百灵
Melanocorypha mongolica（Pallas）

命名： Pallas, 1776, Relse Versch. Prov. Russ. Reichs, 3: 697（西伯利亚 Onon 和 Argun 两河之间）
英文名： Mongolian Lark
同种异名： 百灵；一；Mongolian Skylark

鉴别特征： 嘴尖细呈圆锥状，略弯曲，顶冠浅黄褐色、外缘栗色，白眉纹伸至颈背在颈环上相接。上体黄褐色，具棕黄色羽缘，翼覆羽栗色，初级飞羽黑色，白色次级飞羽形成翼斑，下体白色，前胸具宽阔黑横带。尾深褐色，外侧 1 对尾羽白色。跗蹠后缘具盾状鳞，后爪长稍曲。

形态特征描述： 嘴黑色，较尖细而呈圆锥状，嘴尖处略有弯曲。鼻孔上悬羽掩盖。虹膜褐色或灰褐色。头顶周围栗色，中央浅棕色。两条眉纹白色、长而显著在枕部相接。颊部皮黄色。颏、喉白色。上体背、腰栗褐色浓着、具棕黄色或棕灰色、黄褐色羽缘，背、肩、腰部黑色中央纹更显著。翼上小覆羽和中覆羽栗红色、羽端棕黄色，大覆羽栗红色、中部转为黑褐色，初级覆羽黑褐色、羽缘棕色，翼缘白色。初级飞羽第 1 枚退化、白色，其余大都黑褐色，第 2 枚外侧白色，第 3、第 4 枚外侧具白色窄羽缘，先端微缀棕色，内侧几乎纯白色，次级飞羽亦为白色、仅基部稍缀黑褐色，二者共同形成白色翼斑，三级飞羽淡栗褐色、具棕黄色狭缘。下体白色，胸侧两块黑斑间由黑色横带相连，两胁杂以栗纹。尾羽深褐色，最外侧 1 对白色。脚肉色，跗蹠后缘较钝，具有盾状鳞，后爪长直而稍弯曲。

冬羽 头顶中央棕黄色、四周栗红色，形成围绕头顶棕黄色的一个栗红色顶圈，前端栗红色扩至额部，后面延至后颈，使栗红色顶圈前后较厚。眼周、眉纹棕白色。颊和耳区棕黄或棕红色。胸沾棕色、上胸两侧各有一块黑色斑，其余下体棕白色，两胁微缀栗色斑纹。尾较翅为短，尾上覆羽栗红色、具棕色或灰白色狭缘；中央尾羽栗褐色、羽缘棕红色、具不明显暗色横斑，最外侧尾羽主要白色、仅内侧基部有一楔状褐色斑，次 1 对外侧尾羽黑褐色、仅外侧有较宽白色缘，其余尾羽黑褐色、先端缀有白色，内外均具窄白边。

雌鸟 似雄鸟。羽色暗淡，上胸两侧黑斑小。
鸣叫声： 叫声婉转多变。
体尺衡量度（长度 mm、体重 g）：

标本号	时间	采集地	体重	体长	嘴峰长	翅长	跗蹠长	尾长	性别	现保存处
				198	12	118	24	68	♂	济宁一中
	1958			215	11	120	24	80	♂	济宁一中

栖息地与习性： 栖息于草原、半荒漠等开阔地区，喜欢草本植物生长茂密的湿草原地区，如河流、湖泊岸边草地或水域附近盐碱草地上，冬季有时到公路或人类居住地附近活动。因有保护色，受惊扰时常藏匿不动而不易被发觉。繁殖期单独或成对活动，非繁殖期喜成群，迁徙期间常集成大群，越冬前期常与小沙百灵组成混合群活动。脚强健，善奔跑，亦善飞翔，从地面直冲而上飞入高空，似云雀在空中边飞边鸣，常站高土岗或沙丘上鸣啭不休，鸣声清脆婉转、动听。越冬期间的食物几乎全部是

禾本科植物的种子。

食性： 主要采食草籽、植物嫩芽，也捕食少量昆虫，如蚱蜢、蝗虫等。

繁殖习性： 繁殖期5~7月。在空中鸣唱求偶，在土坎、草丛根部的地面稍凹处或草丛间营巢，浅杯形巢用杂草构成。每窝产卵3~5枚，卵白或近黄色，表面光滑具褐色细斑点，卵径约为23mm×18mm。雌雄轮流孵卵，孵化期11~15天。雏鸟晚成雏，出壳7天后睁开双眼，由双亲共同用昆虫的幼虫哺育，育雏期14~15天。

亚种分化： 单型种，无亚种分化。

郑作新（1975、1987）将其分为指名亚种 *Melanocorypha mongolica mongolica*（Pallas）和青海亚种 *Melanocorypha mongolica emancipata* Meise。

分布： 聊城 -（W）聊城。烟台 - ●（Shaw 1930）烟台。鲁西北。

黑龙江、吉林、内蒙古、河北、北京、天津、陕西、宁夏、甘肃、青海。

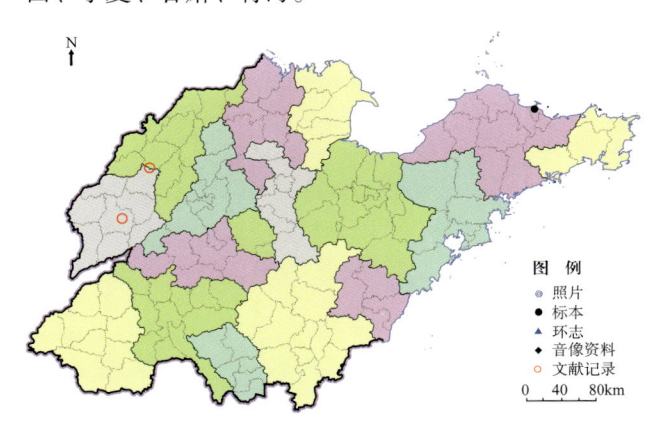

区系分布与居留类型： [古]（W）。

种群现状： 种群数量曾经较为丰富，被评为无生存危机物种。因叫声美妙动听而为传统名贵笼鸟，鸟贩子在繁殖季节常到产区大肆收购，使物种资源遭到破坏，加上人口增加、草原开发和过量放牧、环境质量下降都影响种群数量的增长，使其种群数量大量减少，应注意加强物种与生态环境的保护。山东（Shaw 1930）早有记录，多为笼鸟，贾少波（2002）首次报道野外生存，但至今未有繁殖种群的实证；逃匿个体是在野外形成种群还是自然扩散所致，以及野生种群现状需做进一步研究（赛道建 2013）。

物种保护： Ⅲ，Lc/IUCN。

参考文献： H575，M1165，Zjb15；Q244，Z417，Zx116，Zgm162。

山东记录文献： 朱曦 2008，Shaw 1930；赛道建 2013，贾少波 2002。

263-11　大短趾百灵
Calandrella brachydactyla（Leisler）

命名： Leisler JPA, 1814, Ann. Wetterau. Ges. Gesammte Naturk., 3（2）: 357（Aves）. Op. 411（法国 Montpellier）

英文名： Greater Short-toed Lark

同种异名： 短趾沙百灵，短趾百灵；*Alauda dukhunensis* Sykes, 1832, *Calandrella cinerea**（Gmelin），*Calandrella cinerea dukhunensis*；Short-toed Lark

鉴别特征： 沙褐色的百灵，小型鸣禽。嘴粗短、角质色，白而宽眉纹下有黑线，喉细纹少。上体褐色、具黑纵纹，三级、初级飞羽几乎等长，下体灰白色，上胸深色细小纵纹连成粗横纹。尾较翅短。跗蹠具盾状鳞，后爪长而直。似云雀而色稍淡，体型略小。

形态特征描述： 嘴细、黄褐色，鼻孔有悬羽掩盖。虹膜褐色，眉纹不显著，眼周淡黄白色。耳羽沙棕色。冠羽较短，头顶及颈后沙棕褐色、具黑褐色细纵纹。颏、喉污白色，喉侧具黑色粗纵斑。上体背面沙棕褐色、具黑褐色较宽粗纵纹。翅稍尖长，三级飞羽几乎与初级飞羽等长，翼上覆羽灰棕色，飞羽黑褐色、羽缘淡棕色。胸白色具栗褐色纵纹，形成1道粗横纹，腹、胁及尾下覆羽污白色。尾上覆羽棕黄色，尾羽黑褐色具白色大块端斑，最外侧1对尾羽白色。脚肉色，跗蹠后缘较钝，具有盾状鳞，后爪长而直。

大短趾百灵（陈云江 20100828 摄于仲宫）

鸣叫声： 繁殖季节在空中飞行发出婉转动听的歌

---

* *C. cinerea* is now regarded as an entirely African species.

声，也在地面突出物上鸣唱。

体尺衡量度（长度 mm、体重 g）：

标本号	时间	采集地	体重	体长	嘴峰长	翅长	跗蹠长	尾长	性别	现保存处
		泰安	152	10	88	20	63	2♂	泰安林业科技

栖息地与习性： 栖息生活于开阔的草原或农田地中和相对干燥的草原、牧场、堤防、荒地和飞机场等空旷地区。单独活动，高飞时直冲云霄，在空中振翼同时缓慢垂直下降时鸣唱，常站高处鸣啭不休，善地面奔跑行走或振翼做柔弱的波状飞行，不甚畏人，受惊扰时常藏匿不动。

食性： 主要捕食各种昆虫，多为鞘翅目昆虫及蚱蜢、蝗虫等，非繁殖季节采食谷物的种子、草籽、嫩芽等。

繁殖习性： 繁殖期5～7月。在空中鸣唱或在高空拍动翅膀求偶，在地面土坎上或灌木丛中的地面凹坑内营浅杯形巢，由杂草构成，有垂草掩蔽，免受风和太阳伤害。每窝产卵多为4～5枚，卵白或近黄色，光滑具褐色细斑，卵径约为23mm×18mm。雌雄轮流孵卵，孵化期12天。雏鸟破壳7天后睁开双眼，由双亲共同抚育，育雏期14～15天。

亚种分化： 全世界有9个亚种，中国有3个亚种，山东分布为普通亚种 *Calandrella brachydactyla dukhunensis*，*Calandrella cinerea dukhunensis**（Sykes）。

亚种命名 Sykes WH，1832，Proc. Zool. Soc. London，1832：93

分布： 东营 - ◎黄河三角洲。济南 - 历城区 - 仲宫（陈云江 20100828）。聊城 - 聊城。泰安 - （P）● 泰安，泰山；岱岳区 - ●大汶河；东平县 - （P）东平湖。

内蒙古、河北、北京、天津、山西、河南、陕西、宁夏、甘肃、青海、江苏、上海、四川、云南、西藏、台湾。

区系分布与居留类型：［古］（PS）。

种群现状： 有很高的观赏价值，为笼鸟之一。世界范围内未遭受重大威胁，种群数量尚称稳定。山东分布情况：卢浩泉（2003）记为山东鸟类新记录，数量尚无统计数据，野外鉴别常与短趾百灵相混，未列入山东省重点保护野生动物名录。

物种保护： Lc/IUCN。

参考文献： H578，M1168，Zjb18；Lc59，Q244，Z418，Zx116，Zgm162。

山东记录文献： 朱曦2008，郑作新1987、1976；赛道建2013，卢浩泉2003，贾少波2002，杜恒勤1995。

红顶短趾百灵

英文名：**Red-capped Lark**

拉丁文学名：*Calandrella cinerea dukhunensis***（Sykes）

分布：**泰安** -（P）泰安，泰山，东平湖。**聊城** - 聊城（朱曦2008）。

264-01 短趾百灵
Calandrella cheleensis（Swinhoe）

命名： Swinhoe，1871，Proc. Zool. Soc. London：390（辽宁大连湾）

英文名： Asian Short-toed Lark

同种异名： 亚洲短趾百灵，小短趾百灵，小沙百灵；*Calandrella rufescens*（Vieillot），*Calandrella minor rufescens*（Swinhoe）；Mongolian Short-toed lark，Lesser Short-toed Lark

鉴别特征： 体型小而具褐色杂斑的百灵。嘴粗短、角质灰色，眼先、眉纹、眼周白色，颊、耳羽棕褐色，颏、喉部灰白色。上体棕褐色、密布黑褐色纵纹，飞羽暗褐色，覆羽淡棕褐色，胸部纵纹散布。尾羽黑褐色，外侧一对尾羽白色。脚肉棕色。似大短趾百灵而体型较小，颈无黑块斑，上体满布纵纹，尾具白色宽边而有别于其他小型百灵。站势甚直。

形态特征描述： 嘴较粗短，灰褐色，下嘴基部淡黄色，鼻孔有悬羽掩盖。虹膜暗褐色，眼先和眉纹棕白色，耳羽淡棕栗色。无羽冠，头顶和后颈黑纹较细

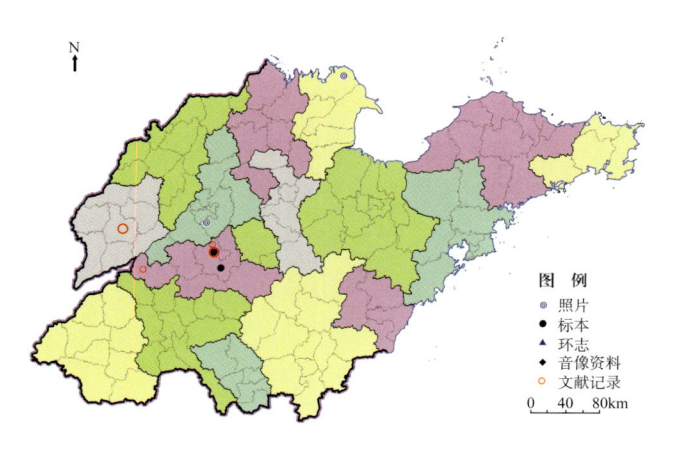

* 朱曦（2008）单列为种，称红顶短趾百灵 Red-capped Lark，*Calandrella cinerea dukhunensis*，二者应为同一亚种。

** 应是浙江学者（朱曦2008）对山东分布大短趾百灵的误记（赛道建2013）。

亚洲短趾百灵（李在军20090502摄于河口区）

密。上体灰棕色、各羽具显著黑褐色纵纹。翅膀稍尖长。下体白色，胸部棕白色、密布黑褐色羽干纹。尾较翅为短。跗蹠后缘较钝、具盾状鳞，后爪长而直。脚肉棕色。

鸣叫声： 飞行时发出"prrrt"或"prrr-rrr-rrr"典型特征性轻音，盘旋下飞时鸣声多变而悦耳。

体尺衡量度（长度mm、体重g）： 寿振黄（Shaw 1938a）记录采得雄鸟15只、雌鸟1只标本，但标本保存地不详，仅有不完整数据记录。

标本号	时间	采集地	体重	体长	嘴峰长	翅长	跗蹠长	尾长	性别	现保存处
		泰安		166	11	101	24	68	3♂	泰安林业科技
		泰安		149	8	89	19	64	3♀	泰安林业科技

栖息地与习性： 栖息于温带草原、热带沙漠、温带疏灌丛和亚热带或干旱平原、草地及干燥疏灌丛、荒地和飞机场等空旷地区。善地面奔走，受惊扰时常藏匿不动，在空中振翼做波状飞行，高飞时直冲入云，振翼同时缓慢垂直下降时鸣唱；常站高土岗或沙丘上鸣啭不休，鸣声尖细而优美。

食性： 主要采食草籽、嫩芽等，也捕食昆虫。

繁殖习性： 繁殖期5~7月，常闻其鸣声而不易窥见。在草丛凹坑中营巢，巢形简单置于地面呈杯形，以枯枝、草秆铺垫。每窝通常产卵4枚，卵灰白色、被黑褐色斑点，钝端较密，卵径为14mm×19mm，卵重2g。雏鸟晚成雏，由雌雄亲鸟共同抚育。

亚种分化： 全世界有16个亚种，中国6个亚种，山东分布为普通亚种 *C. c. cheleensis*（Swinhoe），*Calandrella rufescens cheleensis*（Swinhoe），*Calandrella minor cheleensis*（Swinhoe）。

亚种命名 Swinhoe，1871，Proc. Zool. Soc. London：390（辽宁大连湾）

郑作新（1987）、纪加义（1987d）等称作小短趾百灵，小沙百灵 Lesser Short-toed Lark，即 *Calandrella rufescens* 的 *cheleensis* 亚种，郑光美（2011）记载有 *C. cheleensis*、无 *C. rufescens*，二者应为同一亚种。

分布： 滨州-●（刘体应1987）滨州。东营-（R）◎黄河三角洲；河口区（李在军20090502）。菏泽-（R）菏泽。聊城-（P）聊城，东昌湖。临沂-（R）沂河。青岛-沧口区-●（Shaw 1938a）沧口，崂山区-●（Shaw 1938a）大麦岛，城阳区-●（Shaw 1938a）红岛，黄岛区-●（Shaw 1938a）灵山卫。日照-东港区-●（Shaw 1938a）石臼所。泰安-（R）●泰安、泰山；岱岳区-黄前水库；东平县-●东平，（R）东平湖。潍坊-青州-仰天山。烟台-海阳-●行村，凤城（刘子波20150418）；莱州-◎莱州，河套水库。淄博-淄博。（S）山东。

黑龙江、吉林、辽宁、内蒙古、河北、北京、天津、山西、陕西、宁夏、江苏、四川、台湾。

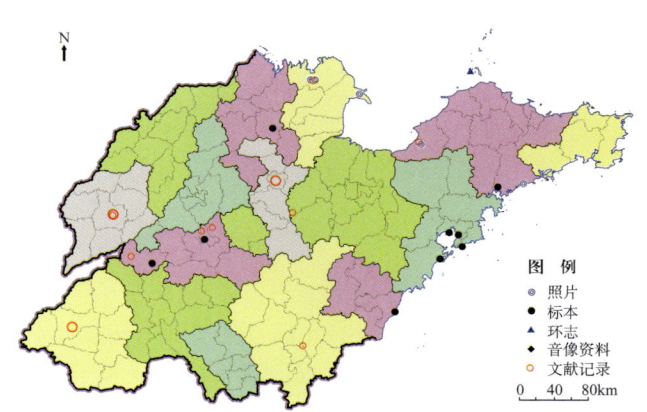

区系分布与居留类型： [古]（RSP）。

种群现状： 亚种分化较多，是重要草地鸟类、著名笼鸟之一，供观赏用。野外与大短趾百灵不易区分，山东种群数量尚未系统统计，20世纪80年代全省鸟类普查采到标本，卢浩泉（2003）记为山东鸟类新记录，由于环境的改观变化及捕捉贩买等因素的影响，野生种群数量可能已并不普遍多。

物种保护： Lc/IUCN。

参考文献： H580，M1170，Zjb20；Lc61，Q244，Z421，Zx117，Zgm164。

山东记录文献： 郑光美2011，朱曦2008，钱燕文2001，范忠民1990，郑作新1987、1976，Shaw 1938a；赛道建2013，庞云祥2008，卢浩泉2003，贾少波2002，王海明2000，赵延茂1995，刘体应

1987，纪加义 1987d。

● 265-01　凤头百灵
Galerida cristata（Linnaeus）

命名： Linnaeus，1758，Syst. Nat.，ed. 10，1：166（奥地利 Vienna）

英文名： Crested Lark

同种异名： 凤头阿兰；—；—

鉴别特征： 体型略大具褐色纵纹的百灵。嘴长而下弯、粉红、端部色深，冠羽长而窄，耳羽浅棕色。上体沙褐色，具黑褐色纵纹，下体皮黄色，翼宽，翼下锈色，胸密布褐黑色纵纹。尾深褐色而两侧黄褐色。脚肉红色。与云雀相比，侧影显大而羽冠尖，嘴长且弯，耳羽少棕色且无白色后翼缘。升空时鸣声不断重复且间杂颤音。

形态特征描述： 嘴略长而稍弯近锥形，黄粉色、喙端深色。虹膜深褐色。头具长而窄羽冠。上体沙褐色、具近黑色纵纹。翅尖而长，飞羽黑褐色，外翈羽缘棕色、内翈基部有棕色宽羽缘，三级飞羽较长，翼上覆羽浅褐色或沙褐色；飞行时两翼宽，翼下锈色。下体浅皮黄色，胸部密布近黑色纵纹。尾短具浅叉，深褐色而两侧黄褐色，中央 1 对尾羽浅褐色，最外侧 1 对尾羽大部分皮黄色或棕色、仅内翈羽缘黑褐色。外侧第 2 对尾羽仅外翈有棕色宽羽缘，尾覆羽皮黄色。腿、脚强健有力，后趾爪长而直；跗蹠后缘具盾状鳞，脚爪偏粉色。

凤头百灵（孙劲松 20090311 摄于孤岛南大坝）

鸣叫声： 升空时，发出清晰"du-ee"及"ee"或"uu"4~6 音节鸣声，间杂着颤音不断重复。较云雀鸣声慢、短而清晰。

体尺衡量度（长度 mm、体重 g）： 寿振黄（Shaw 1938a）记录采得雄鸟 2 只标本，但标本保存地不详，有不完整标本测量数据记录。

标本号	时间	采集地	体重	体长	嘴峰长	翅长	跗蹠长	尾长	性别	现保存处
830222	19831102	鲁桥	29	173	9	105	24	66	♂	济宁森保站
	1989	泰安		170	15	106	24	72	5♂	泰安林业科技
	1989	泰安		167	16	101	23	69	3♀	泰安林业科技

栖息地与习性： 栖息于干燥开阔平原、沿海平原、旷野、半荒漠、沙漠边缘、草地、低山平地、荒地、河边、草丛、荒山坡、农田及弃耕地。善于地面行走，常振翼做波状飞行，高飞时直冲入云，在空中振翼同时缓慢垂直下降时鸣唱，受惊扰时常藏匿不动而不易被发觉。

食性： 杂食性。主要采食禾本科、莎草科、蓼科、茜草科和胡枝子等植物及麦粒、豆类等农作物，也捕食甲虫、蚱蜢、蝗虫等昆虫。

繁殖习性： 繁殖期 5~7 月。在荒漠草地或草丛基部的地面凹坑处营浅杯状巢，用杂草、毛发、鸟羽、须根等构成。每窝通常产卵 4~5 枚，卵浅褐色或近白色，密缀褐色细斑。雌雄轮流孵卵，孵化期 12~13 天。雏鸟留巢期约 11 天，双亲共同哺育、喂食昆虫幼虫。

亚种分化： 全世界有 37 个亚种，中国 2 个亚种，山东分布为东北亚种 ***G. c. leautungensis***（Swinhoe）。

亚种命名　　Swinhoe，1861，Ibis 3：256（辽宁大连湾）

分布： **滨州** - ●（刘体应 1987）滨州。**东营** -（R）◎黄河三角洲；河口 - 孤岛南大坝（孙劲松 20090311）。**菏泽** -（R）菏泽。**济南** -（R）济南，黄河，（R）南郊；历城区 - 绵绣川水库；章丘 - 黄河林场。**济宁** - 南四湖，微山县 -（R）微山湖；（R）金乡县；（R）曲阜；嘉祥县 - 纸坊；（R）鱼台县。**聊城** - 聊城，东昌湖。**临沂** -（R）沂河。**莱芜** - 莱城区 - 张家洼（陈军 20140502）。**青岛** - 青岛；黄岛区 - ●（Shaw 1938a）灵山卫。**日照** - 前三岛岛群。**泰安** -（R）●泰安；岱岳区 - 大汶河（刘冰 20090410）；泰山 - 低山；东平县 - 东平，（R）东平湖；新泰 - 果庄（20130527）。**潍坊** - 潍坊；（R）青州 - 仰天山。**烟台** - ◎莱州；海阳 - 凤城（刘子波 20140216）；牟平区 - ●（Shaw 1930）养马岛；招远 - 阜山镇上刘家村（蔡德万 20110430），夏甸镇勾山（蔡德万 20110430）。**淄博** - 淄博。胶东半岛，鲁中山地，鲁西北平原，鲁西南平原湖区。

辽宁、内蒙古、河北、北京、山西、河南、陕西、甘肃、青海、江苏、湖北、四川、西藏。

鉴别特征： 灰褐色杂斑百灵。嘴细小、圆锥形、角质色，头顶及耸起羽冠具细纹。后翼缘白色，飞行时明显。尾叉形，羽缘白色。脚肉色。

形态特征描述： 嘴细、黄褐色。头顶黄褐色、具延长羽形成短羽冠和较细黑褐色羽轴纹、羽缘淡棕色，脸、耳羽淡棕色杂黑色细纹。上体黄褐色，具黑褐色羽轴纹和淡棕色羽缘，背部黑褐色纵纹较宽粗。翼黑褐色或暗灰褐色，翼上覆羽黑褐色，具显著棕色羽缘及羽端，飞羽黑褐色，具棕色羽缘。胁黄褐色。下体胸腹部白色，胸部棕白色、缀细密黑褐色斑点。尾羽黑褐色，具淡棕色羽缘，最外侧1对尾羽近纯白色，紧挨着1对外羽瓣白色，尾上覆羽沙棕色，具黑褐色细羽轴纹，尾下覆羽白色。脚肉色，腿、脚强健有力，后趾具长而直的爪；跗蹠后缘具盾状鳞。

云雀（李在军20081221摄于河口区）

鸣叫声： 发出成串颤音及颤鸣，鸣声婉转，歌声嘹亮，素有"南灵"之称。报警时发出多变的吱吱声。

体尺衡量度（长度mm、体重g）：

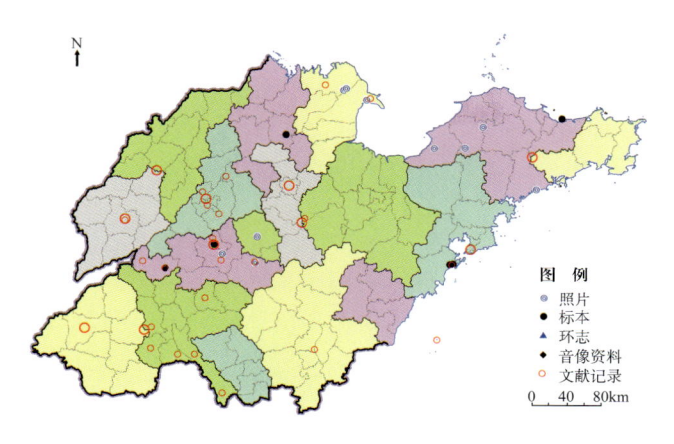

区系分布与居留类型： [广]（R）。

种群现状： 重要笼鸟，具观赏价值。物种分布范围广，种群数量趋势稳定，被评为无生存危机物种。在山东分布数量并不多，列入山东省重点保护野生动物名录，需加强物种与栖息环境的研究保护。

物种保护： Ⅲ，Lc/IUCN。

参考文献： H581，M1171，Zjb21；Q246，Z422，Zx117，Zgm164。

山东记录文献： 郑光美2011，朱曦2008，钱燕文2001，范忠民1990，郑作新1987、1976，Shaw 1938a；赛道建2013、1999、1994，邢在秀2008，贾少波2002，王海明2000，王元秀1999，田家怡1999，宋印刚1998，王庆忠1995、1992，赵延茂1995，刘体应1987，纪加义1987d，杜恒勤1985，李荣光1959，田丰翰1957。

● 266-01 云雀
Alauda arvensis Linnaeus

命名： Linnaeus C，1758，Syst. Nat.，ed. 10，1：165（瑞典）

英文名： Eurasian Skylark

同种异名： 大鹨（*pekinensis*），阿鹨（*intermedia*），欧亚云雀、告天子、告天鸟、阿兰、天鹨、朝天子；*Alauda intermedia* Swinhoe，1863；Skylark

标本号	时间	采集地	体重	体长	嘴峰长	翅长	跗蹠长	尾长	性别	现保存处
	1958	微山湖		180	10	108	22	74	♂	济宁一中
850003	19850319	鱼台李阁	33	151	11	101	23	63	♀	济宁森保站
	1989	泰安		165	13	113	23	73	2♂	泰安林业科技
	1989	泰安		170	13	115	25	75	♀	泰安林业科技

栖息地与习性： 栖息于草地、干旱平原、泥沼及沼泽，多出现于海岸附近的草地、树林或草丛。多单独或成小群活动。繁殖季节求偶时，雄鸟常在空中持续鸣唱，歌声嘹亮婉转、活泼悦耳，接着俯冲回到地面。

食性： 主要采食植物种子或果实，繁殖季节会大量捕食昆虫。

繁殖习性： 繁殖期4～8月。雄鸟在整个繁殖季节会不停地鸣叫。在植被间隐藏条件非常好的地面上营巢，以草茎、根编成碗状巢。每窝产卵3~5枚。孵化期10~12天。幼鸟离巢期是8~10天，仍需父母再喂养1~2周才能独立生活。

亚种分化：全世界有11个亚种（Dickinson 2003），中国6个亚种，山东分布记录有1个亚种（郑光美2011）或2个亚种（纪加义1987d），朱曦（2008）、李悦民（1994）还有kiborti和lonnbergi亚种的记录。

A. a. kiborti、A. a. intermedia与A. a. pekinensis都在西伯利亚、蒙古，以及我国内蒙古、东北、华北与西北地区繁殖，而且有长距离季节迁移现象。A. a. kiborti在我国长江流域越冬，A. a. intermedia的越冬地区包括长江流域、福建省及广东省，A. a. pekinensis在华北越冬。

● 东亚亚种 *A. a. intermedia* Swinhoe

亚种命名 Swinhoe, 1863, Proc. Zool. Soc. London：89（上海）

分布：东营-（W）◎黄河三角洲，胜利机场（20150413）；东营区-广利镇（孙熙让20120315）；自然保护区-大汶流；河口区（李在军20081221）。菏泽-（W）菏泽。济南-（W）济南，●济南机场（20130503、20130907），（W）南郊，黄河（张月侠20140521）；历下区-千佛山；章丘-（R）黄河林场。济宁-●济宁，南四湖；微山县-（R）微山湖；嘉祥县-纸坊（20030625）；（R）金乡县；（R）鱼台县；微山县-微山湖。聊城-聊城。青岛-青岛。日照-东港区-付疃河，●山字河机场（20150829、20151018）；（W）前三岛-车牛山岛，达山岛，平山岛。潍坊-潍坊；奎文区。泰安-岱岳区-大汶河；泰山-低山；东平-东平湖。烟台-◎莱州。淄博-淄博。胶东半岛，鲁中山地，鲁西北平原，鲁西南平原湖区。

黑龙江、吉林、辽宁、内蒙古、河北、北京、天津、山西、河南、陕西、宁夏、甘肃、安徽、江苏、上海、浙江、江西、湖南、湖北、福建、台湾、广东、香港、澳门。

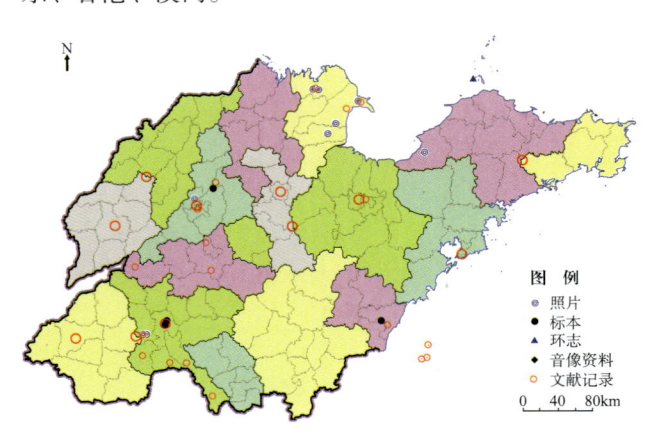

山东记录文献：—；纪加义1987d，赵延茂1995，田丰翰1957。

北京亚种 *Alauda arvensis pekinensis* Swinhoe

亚种命名 Swinhoe, 1863, Proc. Zool. Soc. London：89（上海）

分布：东营-（W）黄河三角洲。鲁中山地，鲁西北平原。

黑龙江、辽宁、内蒙古、河北、北京、天津。

北方亚种 *Alauda arvensis kiborti* Saleskij

亚种命名 Saleskij, 1917, Mess. Orn.：125（西伯利亚 Kansk District）

分布：泰安-（W）泰安，泰山，（W）东平湖；东平县（朱曦2008）。

黑龙江、吉林、辽宁、内蒙古、河北、北京、福建。

山东记录文献：—；纪加义1987d，赵延茂1995，田丰翰1957。

萨哈林亚种 *Alauda arvensis lonnbergi* Hachisuka

亚种命名 Hachisuka, 1926, Bull. Brit. Orn. Cl. 47：（库页岛 Chepigani）

分布：日照-（W）前三岛（李悦民1994，朱曦2008）-车牛山岛，达山岛，平山岛。

区系分布与居留类型：[古]（RW）。

种群现状：捕食昆虫对农林业有益；是著名笼鸟，深受国内外养鸟者欢迎。种群数量尚稳定，目前未遭受重大生存威胁，但环境破坏与贩买对其种群具有不良影响。山东分布记录有4个亚种，以各亚种的已知越冬地和标本等有关资料判断，山东亚种应为intermedia、pekinensis，其他亚种需进一步研究后确证；尚未进行系统的数量统计，未列入受威胁及保育鸟种。

物种保护：Ⅲ，Lc/IUCN。

参考文献：H582，M1172，Zjb22；Lc63，Q246，Z423，Zx117，Zgm164。

山东记录文献：郑光美2011，朱曦2008，钱燕文2001，范忠民1990，郑作新1987、1976，Shaw 1938a；孙玉刚2015，赛道建2013、1999、1994，李久恩2012，邢在秀2008，贾少波2002，王海明2000，朱书玉2000，王元秀1999，田家怡1999，宋印刚1998，赵延茂1995，王庆忠1992，纪加义1987d，杜恒勤1985，李荣光1960，田丰翰1957。

● **267-01 小云雀**
Alauda gulgula Franklin

命名：Franklin J, 1831, Proc. Zool. Soc. London, 1831：119（印度 Calcutta 和 Benares 间）

英文名：Oriental Skylark

同种异名：阿兰，天鹨，告天鸟；*Alauda wattersi*

Swinhoe, 1871, *Alauda coelivox* Swinhoe, 1859; Lesser Skylark

鉴别特征： 具褐色斑驳似鹨百灵。嘴厚重、角质色，头上有短羽冠，眉纹及短羽冠浅色。上体有黄棕色纵条纹，飞羽色深而覆羽浅，羽缘色浅，下体棕白色，胸具暗褐色纵纹，腹灰白色。尾羽白色。飞行时白色翼后缘窄，展翅快速冲入天空高歌之后落地，停在空中歌唱。相似种云雀体型较大，胸棕白色，上体棕色亦较淡。

形态特征描述： 嘴细短而高，上喙褐色、下喙红色、基部淡黄色。虹膜暗褐色或褐色。眼先和眉纹棕白色，耳羽淡棕栗色。头顶黄褐色、有3条黑褐色纵带，具小而上耸羽冠。上体棕褐色，满布浓密黑褐色羽干纵纹；后颈黑褐色纵纹较细、棕色羽缘较宽，羽色较淡，背部黑色纵纹较粗著。翼黑褐色或暗灰褐色，初级飞羽外翈具淡棕色窄羽缘，次级飞羽外翈棕色、羽缘较宽，三级飞羽外翈棕色、羽缘较淡。翼上覆羽及三级飞羽羽尖及边缘皮黄色。下体浅棕黄色，胸部棕色较深、有浓密黑褐色羽干纵纹延伸至胁部。尾短，灰褐色，微具棕白色窄羽缘，中央尾羽有褐色羽缘，外侧尾羽淡棕黄色，最外侧1对尾羽几乎纯白色、仅内翈基部具一暗褐色楔状斑，次1对外侧尾羽仅外翈白色。脚黄褐色。

小云雀（孙熙让 20120315 摄于东营广利镇南）

鸣叫声： 常飞在空中鸣唱，鸣声尖细嘹亮、婉转且富变化。

体尺衡量度（长度 mm、体重 g）：

标本号	时间	采集地	体重	体长	嘴峰长	翅长	跗蹠长	尾长	性别	现保存处
	1989	泰安		154	10	94	19	68	2♂	泰安林业科技
	1989	泰安		152	8	95	16	67	3♀	泰安林业科技

栖息地与习性： 栖息于开阔平原、草地、低山平地、河边、沙滩、荒山坡、农田荒地、沿海平原及机场草坪。除繁殖期成对外，常单独或有时成群活动，善在地上活动奔跑，常从地面垂直飞起，边飞边鸣直上高空，扇翅悬停空中片刻，再拍翅高飞，有时高得仅闻鸣叫声，鸣声清脆悦耳。降落时急速下坠或缓慢滑翔。个体行为包括休息、警戒、觅食、沐浴、理羽等。在地面行走时觅食种子或昆虫。

食性： 杂食性。主要采食禾本科、莎草科、蓼科、茜草科和胡枝子等及麦粒、豆类等植物性食物。繁殖期则主要捕食蚱蜢、蚂蚁和蛾及蛾的幼虫、象鼻甲等鳞翅目、鞘翅目昆虫和昆虫幼虫。

繁殖习性： 繁殖期4～7月。繁殖期间雄鸟负责警戒、保卫，求偶时在空中飞翔、鸣唱，或响亮地拍动翅膀吸引雌鸟。雌鸟独立选择、完成在短草丛中地面凹处筑巢，以细草茎、叶编织成碗状巢，内衬草类花穗、细草茎和须根。每窝产卵3～5枚，卵短椭圆形，淡灰色或灰白色，被深浅不一褐色、紫色或近绿色杂色斑点，集中在钝端，卵径约为22mm×16mm，卵重约3g。雌鸟单独孵化10～12天。雌雄鸟共同育雏，亲鸟接近巢时雏鸟张嘴、振动口内舌瓣、拍动双翅发出乞食声，喂食后雏鸟将尾部放到巢缘排出粪囊，由亲鸟携至远处抛弃；幼鸟10天后离巢由亲鸟喂食。15天后幼鸟有极佳飞翔能力。

亚种分化： 全世界有12个亚种，中国7个亚种，山东分布为长江亚种 *A. g. weigoldi* Hartert。

亚种命名　　Swinhoe R, 1871, Proc. Zool. Soc. London, 1871: 389（台湾南部）

Hartert, 1922, Ahh. Ber. Zool. u. Ant 菏泽 -Ethn. Mus. Dresden 15（3）：20（湖北汉口）

Dickinson（2003）列有13个亚种，Alstrom（2004）列有8个亚种，将其中 *sala* 并入 *A. g. coelivox*，*wolfei* 并至 *A. g.wattersi*。*A. g. coelivox* 由 La Touche（1922）首先发现并命名 *A. g. pescadoresi*，稍后更正为 *A. g. pescadoresiana*（La Touche 1930），后来本亚种被认为与分布于中国东南、华南、海南岛及越南北部者为同一亚种。

分布： 东营 -（R）◎黄河三角洲。菏泽 -（R）菏泽。济宁 - 南四湖；微山县 -（R）微山湖；（R）金乡县；（R）鱼台县。泰安 -（R）●泰安，泰山；东平县 -●东平。淄博 - 淄博。胶东半岛、鲁中山地、鲁西北平原、鲁西南平原湖区。

陕西、安徽、上海、湖北、四川、甘肃。

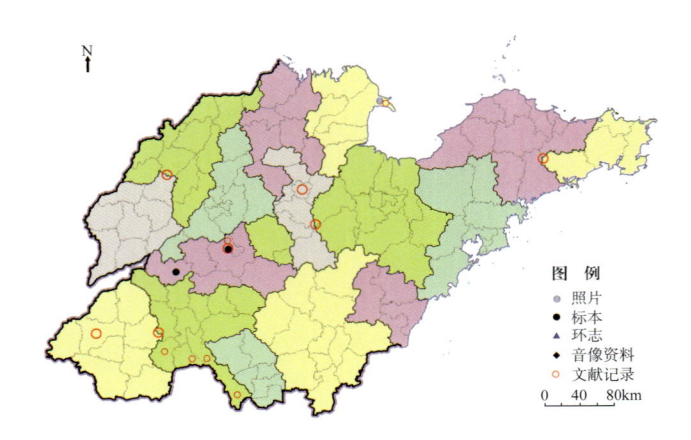

区系分布与居留类型：［广］（R）。

种群现状： 重要笼养观赏鸟。分布广泛，数量普遍，物种及栖息环境未遭受重大生存威胁，被评为无生存危机物种。山东分布范围较广，但尚无系统的数量统计，野外易与云雀相混而估计数量并不多，未列入山东省重点保护野生动物名录。

物种保护： Ⅲ，Lc/IUCN。

参考文献： H583，M1174，Zjb23；Lc66，Q246，Z425，Zx118，Zgm165。

山东记录文献： 郑光美 2011，朱曦 2008，范忠民 1990；赛道建 2013，王海明 2000，田家怡 1999，纪加义 1987d。

20.3 燕科 Hirundinidae（Swallows and Martins）

喙短小而阔扁，外观呈三角形，嘴裂阔、利于在飞行中捞捕飞虫，嘴峰直，先端稍曲，喙须短弱。鼻孔裸出。颈粗短，翼狭长而尖，初级飞羽9枚，第1、2枚几乎等长，次级飞羽短，最长者约为1/2翼长、形成狭长翼形，利于长时间飞行觅食。尾羽12枚，呈叉状、深叉状的燕尾。跗蹠细弱，短小无力，很少下地行走，除少数种类外，通常不被羽，前缘具盾状鳞。雌雄鸟外形相似，仅雄鸟尾羽略长。

栖息于各种适应人类聚居的生态环境，常在平原田野、湿地或山区林缘、谷地等空旷地上空盘旋飞翔。多喜群栖电线上，好近水面或贴地面飞行，发出"啾啁"鸣叫声，在飞虫大量聚集的地方成群于空中盘旋捕食。在屋檐下、墙壁、横梁或岩石上、河岸土峭壁上掘洞穴，多用苔藓、泥土、草茎筑成半碗形或曲颈瓶状巢。卵白色或白色缀以玫瑰色斑点。多数为迁徙性鸟类，每年多回到同一地点繁殖。作为依人鸟类，人们因历来对燕子有好感而加以爱护，不会刻意的猎捕。数量庞大，尚无种群生存压力。

全世界共有20属79种（Peters 1960）、18属83种（Clements 2007）或20属84种（Dickinson 2003），中国有4属12种，山东分布记录有4属5种。

燕科分属种检索表

1. 跗蹠及趾均被羽 ·· 5 毛脚燕属 Delichon
   跗蹠及趾均裸出，或仅于跗蹠后侧具一羽簇 ··· 2
2. 背羽褐色而无辉亮光泽，跗蹠有一束纤羽，喉部白色 ··········· 沙燕属 Riparia，崖沙燕 R. riparia
   背羽大多有辉蓝黑色光泽 ·· 3
3. 腰蓝黑色，腹面无深色纵纹，停栖时翼长不及尾端；前颈具黑色横带 ······ 4 燕属 Hirundo，家燕 H. rustica
   腰栗色，腹面具深色纵纹，脸颊栗色向后延伸成颈环 ··············· 金腰燕属 Cecropis，金腰燕 C. daurica
4. 腹部白色，有时沾棕色，翅长<120mm ························· 家燕普通亚种 Hirundo rustica gutturalis
   腹部非白色，为淡赭色，颏和喉栗红色 ··· 家燕北方亚种 H. r. tytleri
5. 下体白，尾深叉状，尾上覆羽短的白、长的黑 ·································· 毛脚燕 Delichon urbica
   下体烟灰或灰白色，尾叉状较浅 ··· 烟腹毛脚燕 D. dasypus

● 268-01　崖沙燕
Riparia riparia（Linnaeus）

命名： Linnaeus C，1758，Syst. Nat.，ed. 10，1：192（瑞典）

英文名： Sand Martin

同种异名： 灰沙燕；*Hirundo riparia* Linnaeus, 1758，*Clivicola riparia ijimae* Lönnberg, 1908；Bank Swallow, Collared Sand Martin

鉴别特征： 褐色燕。嘴与眼先黑褐色，耳羽灰褐色。颈侧灰白色，背砂灰褐色，下体白色，胸具灰褐色特征性完整横带，外侧飞羽和覆羽黑褐色。尾黑褐色沾棕色。脚黑色、爪褐色。幼鸟喉皮黄色。

形态特征描述： 嘴黑褐色。虹膜深褐色，眼先黑褐色。耳羽灰褐色或黑褐色。颏、喉白色或灰白色，有时扩延到颈侧。上体从头顶、肩至上背和翼上覆羽深灰褐色，下背和腰淡灰褐色、具白色不明显羽缘。两翅内侧飞羽和覆羽与背同色，外侧覆羽黑褐色，飞羽黑褐色、内侧羽缘较淡，外侧2～3枚初级飞羽羽轴亮黑褐色、其余羽轴亮栗褐色，反面白色。两胁灰白色而沾褐色，腋羽和翼下覆羽灰褐色。胸具完整灰褐色横带，中央杂有灰白色或中部向下延伸至上腹中央。腹与尾下覆羽白色。尾上覆羽淡灰褐色、白色羽缘不明显。尾浅叉状，颜色同背但较暗，除中夹两对尾羽外，其余尾羽均具不明显白色羽缘。跗蹠、趾灰褐色或黑褐色，爪褐色。

崖沙燕（刘兆瑞20170430 摄于大汶河汶阳段）

幼鸟 似成鸟。颏和喉黄褐色。背部淡色羽缘较宽。

鸣叫声： 常发出"jijia"的尖叫声。

体尺衡量度（长度mm、体重g）： 寿振黄（Shaw 1938a）记录采得雄鸟5只标本，但标本保存地不详，有不完整测量数据；近年来征集到少量分布照片。

栖息地与习性： 栖息于湖泊、江河的泥质沙滩或附近的土崖、沟壑陡壁、山地岩石带。个别需做迁徙者，4月末5月初始迁来，9月末10月初南迁。成群生活在水域附近，常成群在水面或沼泽地上空甚至与家燕、金腰燕混群飞翔，飞行快捷，边飞边叫；休息时成群停栖在沙丘或沙滩上，或路边电线上和水田中。

食性： 主要捕食在空中活动的鳞翅目、鞘翅目、膜翅目、同翅目、双翅目、半翅目及蜉蝣目等昆虫，如蚊、蝇、虻、蚁、叶蝉、小甲虫和蜉蝣等。

繁殖习性： 繁殖期5~7月。通常在河流或湖泊岸边沙质悬崖上成群在一起营群巢，雌雄鸟在沙质悬崖峭壁上用嘴凿洞为巢，呈水平坑道状，洞道有些弯曲，洞口扁圆或椭圆形，巢洞彼此挨得很近；巢洞末端扩大成巢室，室内筑浅盆状巢，由芦苇茎和叶、枯羊草和鸟类羽毛构成。每窝产卵4~6枚，卵白色，光滑无斑，卵径约为15mm×13mm，卵重约1.5g。孵化期12~13天，育雏期约19天。

亚种分化： 全世界有8个亚种，中国1个亚种，山东分布为东北亚种 *R. r. ijimae*（Lönnberg）。

亚种命名 Lönnberg AJE，1908，Journ. Coll. Sci. Imp. Univ. Tokyo，23，Art. 14：38（库页岛）

分布： 东营-（P）◎黄河三角洲。青岛-李沧区-●（Shaw 1938a）沧口。泰安-东平县-东平湖；肥城-大汶河汶阳段(刘兆瑞20170430)。威海-荣城-桑沟湾湿地公园（韩京20120428）。胶东半岛，鲁西北，鲁中山地。

黑龙江、吉林、辽宁、内蒙古、河北、北京、天津、山西、青海、新疆、江苏、上海、四川、台湾、广东、广西、海南。

图 例
- 照片
- 标本
- 环志
- 音像资料
- 文献记录

0 40 80km

区系分布与居留类型：［古］S（P）。

种群现状： 物种分布范围广，种群数量趋势稳定，被评为无生存危机物种。山东分布不普遍，种群数量尚无系统统计，估计数量较少，2017年4月底5月初，刘兆瑞在肥城市大汶河汶阳段崖边观察到70只左右的繁殖群体，故旅鸟改为夏候鸟；需要加强物种与栖息环境的保护性研究。

物种保护： Ⅲ，中日，Lc/IUCN。

参考文献： H586, M878, Zjb26；Lb629, Q248, Z430, Zx118, Zgm167。

山东记录文献： 郑光美2011，朱曦2008，钱燕文2001，范忠民1990，郑作新1987、1976，Shaw 1938a；赛道建2013，田家怡1999，赵延茂1995，纪加义1987d。

● **269-01 家燕**
Hirundo rustica Linnaeus

命名： Linnaeus C，1758，Syst. Nat.，ed. 10，1：191（瑞典）

英文名：Barn Swallow

同种异名： 燕子，拙燕；*Hirundo gutturalis* Scopoli, 1786, *Hirundo tytleri* Jerdon, 1864, *Hirundo rustica afghanica* Koelz, 1939；House Swallow

鉴别特征： 嘴短，具嘴须，呈倒三角形；喉栗红色。上体蓝黑色具光泽，翅狭长而尖，前胸具蓝色胸带，腹面白色。尾长，叉状，近端具白点斑。相似种金腰燕腰具栗斑、腹有纵纹、喉无栗红斑。

形态特征描述： 嘴黑褐色、短而宽扁、基部宽大呈三角形，上喙近先端有一缺刻，口裂极深，嘴须不发达。虹膜暗褐色。额红褐色，前额深栗色，喉具栗红色斑。上体从头顶到背、尾上覆羽蓝黑色而富有金属光泽。翅黑色，狭长而尖似镰刀，翼小覆羽、内侧覆羽和内侧飞羽与背羽色相同，初级飞羽、次级飞羽黑褐色且微具蓝色光泽，飞行时，翼下覆羽白色或淡黄褐色。下体颏、喉和上胸栗色或棕栗色后有一黑色环带，有的中段被栗色侵入而中断；下胸、腹和尾下覆羽白色或棕白色、淡棕色和淡赭桂色，随亚种而不同，但无斑纹。尾羽黑色，除中央一对外各羽内侧近末端均有白斑，飞行时尾羽平展白斑连成"V"字形，最外一对尾羽特长，其余尾羽由两侧向中央依次递减形成深叉状燕尾。跗蹠及趾黑色，脚短而细弱，典型三前一后常态足。

幼鸟 似成鸟。尾较短，羽色较暗淡。

鸣叫声： 为高音"twit、twit"及"qiqi、chacha"声。

家燕（陈忠华 20150622 摄于历城区门牙风景区，刘冰 2008 年摄于大汶河）

体尺衡量度（长度 mm、体重 g）： 寿振黄（Shaw 1938a）记录采得雄鸟 2 只、雌鸟 1 只标本，但标本保存地不详。

标本号	时间	采集地	体重	体长	嘴峰长	翅长	跗蹠长	尾长	性别	现保存处
	1958	微山湖		160	5	115	8	58	♂	济宁一中
		泰安		155	5	110	7	77	♂	泰安林业科技
		泰安		141	7	112	10	67	3♀	泰安林业科技

栖息地与习性： 栖息于中低海拔的开阔地带，多见于农地、沼泽、鱼塘附近、机场草坪上，常成群停落在村落附近的田野和河岸的树枝、电线上，或结队在田野、河滩飞行；飞行迅速如箭，急速变换方向，早晚最为活跃，在空中飞翔或紧贴水面一闪而过，张嘴捕食蝇、蚊等各种昆虫。

食性： 主要捕食双翅目、鳞翅目、膜翅目、同翅目、鞘翅目、蜻蜓目的昆虫，以蚊类为主。

繁殖习性： 繁殖期 4～7 月。到达繁殖地后常成对活动在居民点，在空中飞翔或栖于房檐下、横梁上，以清脆婉转的声音反复鸣叫进行求偶表演。亲鸟轮流从各种水域岸边衔取泥、麻、线和枯草等，混以唾液形成小泥丸，用嘴从巢的基部逐渐向上整齐而紧密地堆砌，形成坚固的外壳，然后用唾液将细草茎和草根黏铺于巢底，再垫以柔软的植物纤维、头发和鸟类羽毛。每年多繁殖 2 窝，每窝产卵 4～5 枚，卵呈椭圆形，白色，散布大小不等的赤褐色斑点，卵径约为 18mm×14mm。孵卵期 14～15 天。雏鸟晚成雏，育雏期约 20 天，离巢后幼燕常与亲鸟一起活动。

亚种分化： 全世界有 8 个亚种，中国有 4 个亚种，山东分布记录有 2 个亚种。

● 普通亚种 *H. r. gutturalis* Scopoli

亚种命名 Scopoli GA，1786，Del. Flor. et Faun. Insubr.，2：96（菲律宾）

分布： **滨州** -（刘体应 1987）滨州；无棣县 - 小开河村（刘腾腾 20160516）；滨城区 - 引黄闸（刘腾腾 20160423）。**德州** - 市区 - 锦绣川（张立新 20090704）；齐河县 - 华店（20130908）。**东营** -（S）◎黄河三角洲，广利河口；自然保护区 - 大汶流（单凯 20130512）。**菏泽** -（S）菏泽。**济南** -（S）济南，●济南机场（20130908）；历下区 - 千佛山；槐荫区 - 睦里闸，玉清湖；天桥区 -（S）北园，鹊山水库（20131207，张月侠 20131130）；章丘 -（S）黄河林场；历城区 - 仲宫（陈云江 20110423），大门牙（陈忠华 20150622）。**济宁** - ●（R）济宁，（S）南四湖 - 南阳岛（张月侠 20150501、20150502）；任城区 - 洸府河（宋泽远 20120603），太白湖（张月侠 20150620）；曲阜 - 曲阜，孔林（孙喜娇 20150415）；兖州 - 河南村（20160614），前邾村（20160722）；微山县 - 微山湖（20160725，种晓晴 20120623），微山岛（20160218，张月侠 20160404），南阳岛（张月侠 20160406），泗水河（20160724），张北庄（20160724）；嘉祥 - 洙赵新河（20140806）。**聊城** - 聊城，东昌湖，铁塔公园（贾少波 20100704）。**临沂** -（S）沂河；费县 - 许家崖水库（20150907）。**莱芜** - 汶河；莱城区 - 牟汶河（陈军 20130602）。**青岛** -（S）●

（Shaw 1938a）青岛；城阳区-●（Shaw 1938a）城阳，崂山区-潮连岛，青岛科技大学（宋肖萌 20140510），●（Shaw 1938a）崂山。**日照**-东港区-●山字河机场（20150829），▲（张天印 1988）苗家村，国家森林公园（郑培宏 20140802）；（S）前三岛-车牛山岛，达山岛，平山岛。**泰安**-（S）●泰安；泰山区-农大南校园（刘兆瑞 20110503），白马石村（刘国强 20120707），大河湿地（刘国强 20130615，刘华东 20150602，张艳然 20150522）；泰山-中山，低山，普照寺（张艳然 20150517）；岱岳区-徂徕山；东平县-●东平，王台（20130510），（S）东平湖（20130511）。**潍坊**-潍坊，白浪河湿地公园（20080626）；奎文区-●潍坊机场（20140624）；（S）青州-仰天山。**威海**-文登-口子后村（20120521），高村北邢家（20120607），坤龙水库（20130613）；荣成-赤山北窑（20160625）。**烟台**-（Shaw 1930）烟台；海阳-东村（刘子波 20150418）；◎莱州。**枣庄**-山亭区-西伽河（尹旭飞 20160409）。**淄博**-淄博；高青县-常家镇（赵俊杰 20160423）。胶东半岛，鲁中山地，鲁西北平原，鲁西南平原湖区，山东全省。

各省份可见。

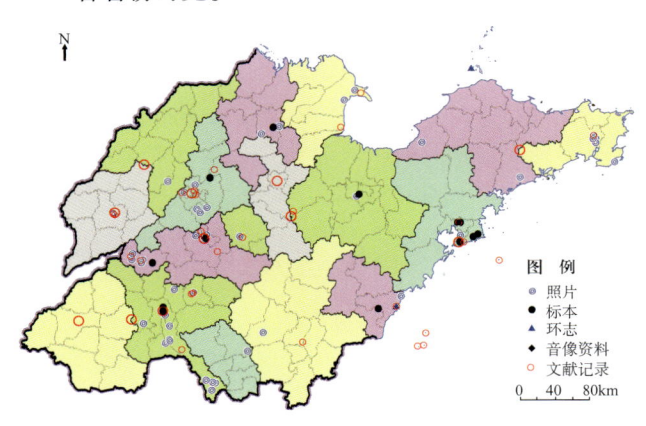

北方亚种 *Hirundo rustica tytleri* Jerdon

亚种命名 Jerdon，1864，Bds. Ind.，3：870（孟加拉国 Dacca）

分布：**日照**-（S）前三岛（李悦民 1994，朱曦 2008）-车牛山岛，达山岛，平山岛。

黑龙江、内蒙古、河北、北京、江苏、上海、四川、贵州、云南、福建、台湾。

区系分布与居留类型：[古]（S）。

种群现状：捕食农林害虫，著名益鸟。中国人民自古以来就有保护家燕的习俗和传统，从而使家燕得到繁衍，种群不断壮大，分布广，数量大。但随着经济社会的快速发展和人们思想观念的变化，城市化使家燕失去营巢环境，一些人怕弄脏屋子不让家燕在房上营巢甚至捕食家燕，从而使家燕种群数量受到影响，历史上分布较多的地区也很少见到家燕了。山东家燕分布以城市化显著的地区影响明显，在农村尚不明显；前三岛记录亚种 *tytleri* 的分布需要进一步确证。

物种保护：Ⅲ，中日，中澳，Lc/IUCN。

参考文献：H589，M882，Zjb29；Lb631，Q248，Z433，Zx119，Zgm169。

山东记录文献：郑光美 2011，朱曦 2008，钱燕文 2001，范忠民 1990，郑作新 1987、1976，傅桐生 1987，Shaw 1938a；孙玉刚 2015，赛道建 2013、1999、1994、1989，李久恩 2012，邢在秀 2008，贾少波 2002，王海明 2000，张培玉 2000，王元秀 1999，田家怡 1999，杨月伟 1999，宋印刚 1998，王庆忠 1995、1992，赵延茂 1995，张天印 1988b，刘体应 1987，纪加义 1987d，杜恒勤 1985、1958，李荣光 1960、1959，田丰翰 1957。

● **270-01 金腰燕**
Cecropis daurica（Laxmann）

命名：Laxmann E，1769，Kongl. Vet-Acad. Nya Handl.，30：209（俄罗斯阿尔泰 Schlangen 山）

英文名：**Red-rumped Swallow**

同种异名：赤腰燕，巧燕，黄腰燕；*Hirundo daurica* Laxmann，*Hirundo daurica* Linnaeus，1771，*Hirundo alpestris japonica* Temminck et Schlegel，1845；Golden-rumped Swallow

鉴别特征：嘴黑，喉棕白色、具褐色纵纹，颊部棕色。上体黑色、具辉蓝色光泽，腰部栗斑与深蓝色上体对比明显，为最显著标志，下体棕白色、具黑细纵纹。尾长而深叉状。相似种家燕腰无栗斑、腹无纵纹、喉具栗红斑。

形态特征描述：喙黑褐色，短而宽扁，基部宽大呈倒三角形，上喙近先端有一缺刻；口裂深，嘴须不发达。虹膜褐色，眼先棕灰色、羽端略黑，耳羽暗棕黄色、具黑色羽干纹。自眼后上方至颈侧栗

金腰燕（韩京 20131015 摄于威海机场）

黄色、与枕部栗色相接。上体自额至尾上覆羽黑色、具辉蓝色光泽，腰部具显著栗黄色腰带。翅狭长而尖，中、小覆羽与背同色，其余似尾羽，但羽内缘稍淡、外缘有光泽。下体棕白色、多具明显黑色羽干纵纹。尾长、深叉状，尾羽黑褐色，除最外侧1对外，各羽外瓣带金属光泽、羽端稍黑；尾下覆羽羽干纹较细而疏、羽端辉蓝黑色。跗蹠及趾黑色，短而细弱，趾三前一后。

鸣叫声：飞行时，常发出似"jiji"的尖叫声。

体尺衡量度（长度mm、体重g）：寿振黄（Shaw 1938a）记录采得雄鸟5只、雌鸟2只标本，但标本保存地不详，测量数据记录不完整。

标本号	时间	采集地	体重	体长	嘴峰长	翅长	跗蹠长	尾长	性别	现保存处
	1958	微山湖		175	4	145	13	60	♂	济宁一中
		泰安		168	8	118	12	88	4♂	泰安林业科技
		泰安		157	7	113	13	80	5♀	泰安林业科技

栖息地与习性：栖息于低山及平原农村附近的空旷地区，多见于乡间村镇附近的树枝或电线、机场草坪上。喜群居，有时和家燕混飞，但不如家燕迅速，鸣声稍响亮，常停翔在高空，比其他燕更喜高空翱翔，常成松散小群停栖于电线上，或一起飞翔觅食。

食性：捕食双翅目、鳞翅目、膜翅目、鞘翅目、同翅目、蜻蜓目等飞翔昆虫。

繁殖习性：繁殖期4~9月。多在山地村落间筑巢，筑巢精巧，用泥丸混以草茎筑长颈瓶状巢于建筑物隐蔽处。每年可繁殖2次，每窝产卵4~6枚，卵近白色具黑棕色斑点。卵产齐后孵卵，孵化期约17天，育雏期26~28天。

亚种分化：全世界有10个亚种（Dickinson 2003，Clements 2007）或12个亚种（郑宝赉等1985），中国有4个亚种，山东分布记录有3个亚种。

● 普通亚种 *C. d. japonica* Temminck et Schlegel

亚种命名　　Temminck CJ et Schlegel H, 1845, Faun. Jap., Aves 33：pl.11（日本）

分布：滨州-●（刘体应1987）滨州。德州-乐陵-城区（李令东20100717）；齐河县-华店（20130907）。东营-（S）◎黄河三角洲，广利河口；自然保护区-大汶流（单凯20110528）；河口区（李在军20070914）-孤岛东区（孙劲松20100627）。菏泽-（S）菏泽。济南-济南，●济南机场（20130907），黄河（20131107）；天桥区-（S）北园；槐荫区-睦里闸，玉清湖；历下区-千佛山；历城区-四门塔；章丘-（S）黄河林场；长清区-张夏（陈云江20110708）。济宁-●济宁，南四湖-南阳岛（张月侠20150501、20150502）；曲阜；微山县-微山湖，马口（20151210），张北庄（20160724）。聊城-聊城，东昌湖（贾少波20030730）。临沂-（S）沂河；费县-温冷河（20150908）。莱芜-莱城区-张家洼（陈军20130605）。青岛-（S）青岛；崂山区-潮连岛，●（Shaw 1938a）崂山；黄岛区-●（Shaw 1938a）灵山卫。日照-东港区-苗家村；前三岛。泰安-（S）●泰安，瀛汶河（刘兆瑞20110803）；泰山-低山；泰山区-农大南校园，白马石村（刘国强20120608），大河湿地（张艳然20150502）；东平县-大清河（20140515），（S）东平湖（20140514）。潍坊-潍坊，白浪河湿地公园；奎文区-●潍坊机场（20140624）；（S）青州-仰天山。威海-荣成-成山林场（20150508），落龙湾（李令东20150508）；文登-后村（20120521）。烟台-福山区-门楼水库（王宜艳20160409）；海阳-●（Shaw 1938a）行村，凤城（刘子波20140627）；◎莱州。淄博-淄博。胶东半岛，鲁中山地，鲁西北平原，鲁西南平原湖区，山东全省。

黑龙江、吉林、辽宁、内蒙古、河北、北京、天津、山西、河南、陕西、甘肃、安徽、江苏、上海、浙江、江西、湖南、湖北、四川、贵州、云南、福建、台湾、广东、广西、香港、澳门。

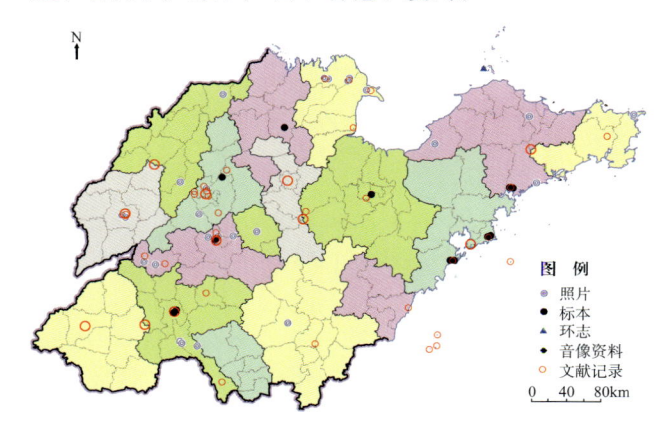

青藏亚种 *Cecropis daurica gephrya* Meise

亚种命名　　Meise, 1934, Abh. Ber. Mus. Tierk. U. Völkerk. Dresden, 18（2）：48（四川松潘）

分布：日照-（S）前三岛（李悦民1994，朱曦2008）-车牛山岛，达山岛，平山岛。

宁夏、甘肃、青海、江苏、四川、云南、西藏、福建。

西南亚种 *Cecropis daurica nipalensis*（Hodgson）

亚种命名　Hodgson, 1836, Journ. As. Soc. Bengal 5：780（尼泊尔）

分布： 青岛-（S）●灵山卫，●崂山。烟台-（S）海阳（●行村）。（P）胶东丘陵。

广西、云南、西藏。

山东记录文献： Shaw 1938a；纪加义 1987d。

区系分布与居留类型：［广］（S）。

种群现状： 大量捕食农林害虫，著名益鸟。nipalensis 亚种（Shaw 1938a）自报道以来未再有研究报道，20 世纪 80 年代，山东省鸟类普查期间未采到 nipalensis 亚种标本，gephrya 亚种仅有前三岛分布的报道；结合文献、标本与分布区分析，山东分布亚种应是 japonica，其他亚种需进一步研究确证；金腰燕在山东分布广泛而数量较多，未列入山东省重点保护野生动物名录。

物种保护： Ⅲ，中日，Lc/IUCN。

参考文献： H591, M884, Zjb31； Lb644, Q250, Z435, Zx120, Zgm169。

山东记录文献： 郑光美 2011，朱曦 2008，钱燕文 2001，范忠民 1990，郑作新 1987、1976；孙玉刚 2015，赛道建 2013、1999、1994、1989，李久恩 2012，邢在秀 2008，贾少波 2002，王海明 2000，王元秀 1999，田家怡 1999，王庆忠 1995、1992，赵延茂 1995，刘体应 1987，纪加义 1987d、杜恒勤 1985、1959，李荣光 1960、1959，田丰翰 1957。

● 271-01　毛脚燕
Delichon urbica（Linnaeus）

命名： Linnaeus, 1758, Syst. Nat., ed. 10,1：192（瑞典）

英文名： Common House Martin

同种异名： 白腹毛脚燕，小石燕；—；Northern House-martin, Common House-martin, Common House Martin, House Martin, House martin

鉴别特征： 体型小、蓝黑色及白色的燕。嘴三角形、黑褐色。上体蓝黑色富金属光泽，腰部白色，翅狭长而尖，下体纯白色。尾黑色叉形。腿、脚粉红色、被白羽，爪黄色。与烟腹毛脚燕的区别是胸纯白而非烟白色，腰白色区较大，尾深叉状。

形态特征描述： 嘴黑褐色、扁平而宽阔。虹膜灰褐色或深褐色。额基、眼先绒黑色，额、头顶、背、肩黑色、具蓝黑色金属光泽。后颈羽基白色、常显露于外形成不明显领环。上体黑色富蓝黑色金属光泽，腰和尾上覆羽白色，具黑褐色细羽干纹。翼黑褐色，飞羽内侧羽缘色淡，小覆羽边缘有蓝色光泽。下体自颏、喉直到尾下覆羽纯白色，有时较短的下覆羽白色，而较长尾下覆羽灰白色具黑褐色羽细纹。尾黑褐色、深叉状。跗蹠和趾橙色或粉红色，腿、脚均被白色绒羽，爪黄色。

幼鸟　上体较褐色，下体常缀有褐色、胸侧较明显，看似一条暗色胸带。

鸣叫声： 发出"prreet"似卷舌摩擦音，或"seerr"或"jeet"惊叫高音。

体尺衡量度（长度 mm、体重 g）： 山东暂无标本及测量数据。

栖息地与习性： 栖息于山地、森林、草坡、河谷等生境，喜临近水域的岩石山坡和悬崖，以及海岸和城镇居民点。常成小群活动，迁徙期间常集成数百只大群。常在栖息地或水域上空飞翔，边飞边叫，休息时栖于电线或停落在地上。常与其他燕及雨燕混群觅食。

食性： 主要捕食飞翔的蚊、蝇、蜉蝣、甲虫等双翅目、半翅目和鞘翅目昆虫。

繁殖习性： 结群在岩石缝隙或屋檐下、横梁上、桥下等建筑物上筑巢，到溪边叼泥土用嘴黏在房檐上，再用茅草，然后重复叼泥土继续往上黏至收口，巢由泥丸混以羽毛堆积成半球形，内垫细软杂草、羽毛、青蒿叶等。5 月初开始产卵，每窝产卵 4～8 枚，卵纯白色。雌雄共同孵化，孵化期 15～19 天。育雏期约 20 天。

亚种分化： 全世界有 3 个亚种，中国有 2 个亚种，山东分布为东北亚种 *D. u. lagopodum*（Pallas），*Delichon urbica nigrimetalis*（Hartert）。

亚种命名　Pallas, 1811, Zoogr. Ross.-As., 1：532（西伯利亚）

分布： 东营-（P）◎黄河三角洲。临沂-（S）蒙山。青岛-青岛。日照-前三岛。泰安-泰山。威海-威海。淄博-淄博。胶东半岛，鲁中山地，鲁西北平原。

黑龙江、吉林、辽宁、河北、北京、天津、山

西、河南、江苏、上海、湖北、四川、广东。

区系分布与居留类型：［古］（SP）。

种群现状： 物种分布范围广，种群数量稳定，被评为无生存危机物种。山东分布数量并不普遍，多年无相关研究报道，近年来也未能征集到照片，未列入山东省重点保护野生动物名录，其分布现状需进一步研究确证。

物种保护： Ⅲ，中日，Lc/IUCN。

参考文献： H593，M886，Zjb33；Q250，Z438，Zx120，Zgm171。

山东记录文献： 郑光美 2011，朱曦 2008，钱燕文 2001，范忠民 1990，郑作新 1987、1976，傅桐生 1987；赛道建 2013，田家怡 1999，赵延茂 1995，纪加义 1987d，李荣光 1960。

○ 272-20 烟腹毛脚燕
Delichon dasypus（Bonaparte）

命名： Bonaparte CL，1850，Consp. Gen. Av.，1：343（印度尼西亚加里曼丹）

英文名： Asian House Martin

同种异名： 毛脚燕，东方毛脚燕；*Chelidon cashmeriensis* Gould，1858，*Chelidon dasypus* Bonaparte，1850，*Chelidon urbica* 黑田长礼，1916，*Delichon urbica* 蜂须贺正氏、宇田川龙男，1951，*Hirundo urbica* Linnaeus，1758，*Hirundo urbica nigrimentalis* Hartert，1910；—

鉴别特征： 体小、矮壮、黑、白色的燕。嘴黑而短、呈倒三角形。上体蓝黑色，腰白色，翅狭长而尖，衬黑色，下体灰色，胸烟白色。尾黑色、浅叉状。脚粉红色被白羽。与毛脚燕的区别在于翼衬黑色、下体白色。

形态特征描述： 嘴黑色，短而宽扁，基部宽大呈倒三角形，上喙近先端有一缺刻；口裂极深，嘴须不发达。虹膜暗褐色。后颈羽毛基部白色、有时显露于外。上体自额、头顶、头侧、背、肩黑色，头顶、耳覆羽、上背和翕具蓝黑色金属光泽；下背、腰和短尾上覆羽白色、具细的褐色羽干纹、使腰呈白色。下体自颏、喉到胸、腹、尾下覆羽烟灰白色，胸、胁缀有更多烟灰色。双翼及尾羽黑色，翅狭长而尖，飞羽和覆羽黑褐色具蓝色金属光泽；尾浅叉状，长尾上覆羽黑褐色，羽端微具金属光泽，长尾下覆羽灰色、具白色宽边缘。脚短而细弱，趾三前一后。跗蹠和趾淡肉色、被白色绒羽。

鸣叫声： 发出干涩"prreet、prreet"摩擦音，惊叫声为"seerr"或"jeet"高音。

体尺衡量度（长度mm、体重g）： 山东暂无标本及测量数据。

栖息地与习性： 栖息于中高海拔的山谷、山地悬崖峭壁处。喜欢在人迹罕至的荒凉山谷地带，以及房屋、桥梁等人类建筑物上栖息、活动。多在5月初迁来和迁经中国，9~10月南迁越冬。单独、小群或与其他燕类混群，体型轻小，活动敏捷，通常低飞，也能在空中盘旋俯冲，在云雾天及下雨前常大量聚集、群飞脊棱与山谷上空，常伴随着粗哑喉音，不断盘旋飞翔，捕食飞虫。

食性： 主要在空中捕食飞行中的膜翅目、鞘翅目、半翅目、双翅目等小型昆虫。

繁殖习性： 繁殖期4~8月。集群峭壁凹陷处、突出石壁下方石隙间，或在山区隧道内、桥梁、废弃房屋墙壁上筑巢，亲鸟共同用小泥丸混以干草枝、茎、羽毛堆砌而成侧扁长球形或半球状巢，顶端为出、入口，内垫枯草茎、叶、须根、苔藓和羽毛等。每窝产卵3~4枚，白色无斑，卵径约为19mm×13mm，卵重1~1.2g。雌雄共同孵卵，孵化期15~19天，育雏期约20天，幼鸟离巢数天内仍回巢休息。

亚种分化： 全世界有3个亚种，中国有3个亚种，山东分布记录为福建亚种 *Delichon dasypus nigrimentalis*，*Delichon urbica nigrimentalis*（Hartert）。

亚种命名 Hartert E，1910，Vog. pal. Faun.，1：810（中国福建）

本种与毛脚燕（*D. urbica*）极为相似，曾被视为同一种（郑作新 1987、1976）的不同亚种；因分布区重叠，而巢形、生殖行为及食性不同，无杂交现象，被认为两个独立种（Dyrnev 1983）；郑光美（2011）将其列为 *Delichon dasypus*。

分布： 东营-（P）◎黄河三角洲。日照-（S）前三岛-车牛山岛，达山岛，平山岛。泰安-（P）泰安，泰山。胶东半岛。

安徽、浙江、江西、湖南、福建、台湾、广东、广西、香港。

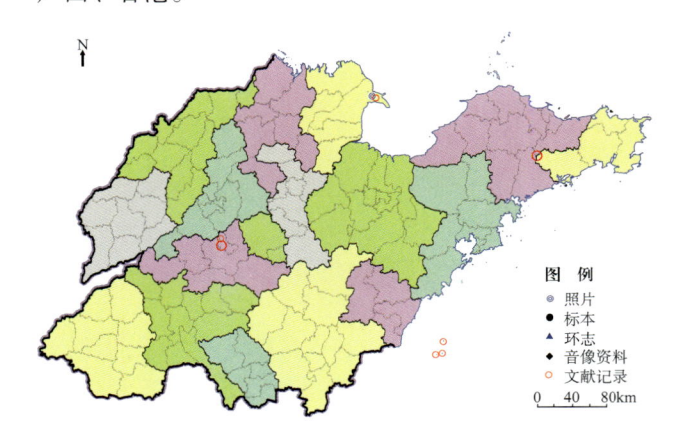

区系分布与居留类型：［广］（PS）。

种群现状： 物种分布范围广，估计种群数量趋势稳定，被评为无生存危机物种。山东分布：Aylmer（1931）首次记录，至今未见分布标本，多年来没有相关研究报道，近年来也无照片等实证，山东分布现状需进一步研究确证。

物种保护： Ⅲ，Lc/IUCN。

参考文献： H594，M887，Zjb34；Lb640，Z439，Zx121，Zgm171。

山东记录文献： 李悦民 1994，Aylmer 1931；赛道建 2013，田家怡 1999，赵延茂 1995，纪加义 1987d。

20.4　鹡鸰科 Motacillidae（Wagtails and Pipits）

体型纤小。嘴形细直；上嘴先端微缺刻；嘴须相当发达；鼻孔裸露。翅尖长，有9枚初级飞羽，第1、2枚几乎等长；最长的次级飞羽几达翼端。尾羽12枚，有的较翅为长；最外侧尾羽几乎纯白色。脚细长；跗蹠前缘微具盾状鳞；后趾与爪均延长，爪形稍曲。

常栖草地，尤其喜欢在沼泽、溪河岸边活动，少数种有时栖于树上。善于在地面奔跑，栖止时尾部不停上下或左右摆动。于地面上觅食昆虫，有益于农林业生产。筑巢于地面石间或穴隙中，卵色呈斑杂状。

鹡鸰科共有48种，分鹡鸰类和鹨类；前者分布主要限于东半球，后者遍布全球。中国有3属20种，山东分布记录有3属14种。

鹡鸰科分属种检索表

1. 背羽色纯而无纵纹 ··· 2
   背羽具纵纹 ··· 11 鹨属 *Anthus*
2. 尾呈凹尾状，中央尾羽较外侧尾羽短 ·························· 山鹡鸰属 *Dendronanthus*，山鹡鸰 *D. indicus*
   尾呈圆尾状，中央尾羽较侧尾羽长或等长 ··· 3 鹡鸰属 *Motacilla*
3. 后爪稍弯曲，较后趾更长 ··· 4
   后爪显著弯曲，较后趾为短 ·· 7
4. 额和眉纹均黄色，第3枚飞羽外翈变窄达第7枚飞羽末端 ····························· 黄头鹡鸰 *M. citreola*
   头顶无黄色，如眉纹黄色则额不为黄色，第3枚飞羽外翈变窄达第6枚飞羽末端 ········· 黄鹡鸰 *M. flava*
5. 头顶与背橄榄绿色，眉纹鲜黄或近白色 ·· 台湾亚种 *M. f. taivana*
   头顶灰色，眉纹有或无，非黄色 ··· 6
6. 无眉纹，耳羽暗灰色 ··· 东北亚种 *M. f. macronyx*
   眉纹宽白色，耳羽乌灰褐色 ··· 堪察加亚种 *M. f. simillima*
7. 下体大都黄色 ·· 灰鹡鸰 *M. cinerea*
   下体大都白或灰白色 ·· 8 白鹡鸰 *M. alba*
8. 头顶至颈项黑色，背部灰色 ··· 9
   头顶至腰部全为黑色 ··· 10
9. 有贯眼黑纹 ·· 灰背眼纹亚种 *M. a. ocularis*
   无贯眼黑纹，喉白色 ·· 东北亚种 *M. a. baicalensis*
10. 无贯眼黑纹，颏、喉、头和颈两侧白色，无眉纹 ·························· 普通亚种 *M. a. leucopsis*
    有贯眼黑纹 ·· 黑背眼纹亚种 *M. a. lugens*
11. 尾羽端部狭尖；下体除颏、喉和下腹中央外具黑褐色狭细纵纹 ········· 山鹨 *Anthus sylvanus*
    尾羽端部圆形 ·· 12
12. 后爪稍弯曲，较后趾长或等长 ··· 14
    后爪显著弯曲，较后趾为短，背羽橄榄绿色，纵纹较细 ·························· 13 树鹨 *A. hodgsoni*
13. 上体浓橄榄绿色，纵纹不明显 ··· 东北亚种 *A. h. yunnanensis*
    上体暗灰褐色，纵纹明显 ··· 指名亚种 *A. h. hodgsoni*
14. 体侧几乎纯色，纵纹不显著或无 ··· 15
    体侧具粗形暗色纵纹 ··· 18
15. 胸部纯白色，繁殖期为淡葡萄红色，后爪黑色 ··· 16
    胸部砂棕色，斑点或条纹有或无，后爪淡褐色 ··· 17
16. 上体灰褐或沙褐色，黑纹显著，胸斑不明显 ··· 水鹨 *A. spinoletta*
    上体橄榄褐色，黑纹较微，胸部黑斑粗而明显 ·· 黄腹鹨 *A. rubescens*
17. 胸无斑纹，跗蹠长25～27mm，后爪<12mm，约与后趾等长或稍长 ··················· 布氏鹨 *A. godlewskii*

胸具斑点或条纹，跗蹠长29～33mm，后爪12＞mm ·· 20 田鹨 *A. richardi*
18. 背羽或多或少具白缘 ··· 北鹨 *A. gustavi*
背羽无白缘 ·· 19
19. 腰具黑斑，腋羽褐或近白色 ··· 红喉鹨 *A. cervinus*
腰纯色，腋羽黄色 ·· 粉红胸鹨 *A. roseatus*
20. 上体色较棕，下体近白色，胸部棕色具粗著黑纹；后爪＞15mm ··································· 东北亚种 *A. richardi richardi*
上体棕色较暗，下体棕色较淡，胸部黑纹较细；后爪约15mm ··· 华南亚种 *A. r. sinensis*

● 273-01　山鹡鸰
Dendronanthus indicus（Gmelin）

命名： Gmelin JF，1789，Syst. Nat.，ed. 13，1：962（印度）

英文名： Forest Wagtail

同种异名： 树鹡鸰，林鹡鸰；*Motacilla indica* Gmelin；—

鉴别特征： 褐色及黑白色的鹡鸰。嘴角质褐色，上喙细长，先端具缺刻，头橄榄褐色，白眉纹从嘴基达耳羽上方。上体灰褐色，翼黑褐色具2条白翼斑，下体白色，胸具两道黑色横斑纹且较下横纹不完整。尾褐色、最外侧1对尾羽白色。腿细长，后趾具长爪。

形态特征描述： 嘴角质褐色、下嘴色淡，上喙较细长、先端具缺刻。虹膜灰色，眉斑白色，从嘴基直达耳羽上方，眼先至耳羽暗褐色。喉至上胸白色。头部和上体橄榄褐色。翅尖长、黑褐色、具2条白色粗显翼斑；飞羽及大、中覆羽黑色、羽端白色，小覆羽暗褐色，三级飞羽长、几乎与翅尖平齐。腋部黄褐色、下体白色，胸部具2道黑色横带斑，前带呈"T"字形、后带中间有时切断、不完整。腹及尾下覆羽白色。尾细长、褐色，最外侧1对尾羽白色。脚

山鹡鸰（孙劲松 20080618 摄于孤岛槐林；赛道建 20080626 摄于白浪河湿地公园）

细长，淡肉色，后趾具长爪。

鸣叫声： 常发出"gazhi-、gazhi……"响亮鸣叫声，飞行时会发出短促"tsep"声。

体尺衡量度（长度mm、体重g）： 寿振黄（Shaw 1938a）记录采得雄鸟4只、雌鸟1只标本，但标本保存地不详，标本无完整测量数据。

标本号	时间	采集地	体重	体长	嘴峰长	翅长	跗蹠长	尾长	性别	现保存处
	1989	泰安		149	12	78	21	62	3♂	泰安林业科技
	1989	泰安		154	12	81	20	70	3♀	泰安林业科技

栖息地与习性： 单独或成对栖息在开阔森林里。非繁殖期多单独行动，有时成对或成小群活动，停栖横枝杈时，尾左右两侧摆动，其他鹡鸰尾上下摆动。飞行为典型鹡鸰类波浪式飞行；受惊时，波状低飞仅至前方几米处停下。在林间捕食昆虫。

食性： 主要捕食直翅目、鳞翅目、双翅目、膜翅目、鞘翅目的昆虫及其幼虫，以及小蜗牛等。

繁殖习性： 繁殖期5～6月。在树水平枝芽上以细树根、苔藓、草茎营巢，巢编入大量羽毛和兽毛，巢外缠以蛛丝，极为柔软而富有弹性。每窝产卵4～5枚，卵壳绿色，有稀疏紫灰色斑点，平均卵径约为18mm×14.6mm。

亚种分化： 单型种，无亚种分化。

有学者将其独成一属（Dickinson 2003，Clements 2007）。

分布： 滨州-●（刘体应1987）滨州。东营-（S）◎黄河三角洲；河口区-河口（李在军20090611，仇基建20110527），孤岛（孙劲松20080618）。菏泽-（S）菏泽。济南-（S）济南；长清区-灵岩寺，张夏镇（陈云江20110624）；历下区-千佛山；历城区-四门塔；章丘-（S）黄河林场。济宁-曲阜-石门寺；微山县-微山湖。聊城-聊城。临沂-（S）沂河。莱芜-●莱芜；钢城区-寄母山林场（陈军20140604）。青岛-（S）●（Shaw 1938a）青岛；市南区-鱼山（曾

晓起 20151021）；崂山区 - 崂山；黄岛区 - 灵山岛；李沧区 - ●（Shaw 1938a）沧口。**日照** - 东港区 - ●（Shaw 1938a）王家滩；（S）前三岛 - 车牛山岛，达山岛，平山岛。**泰安** -（S）泰安，●泰山 - 中山，韩家岭（孙桂玲 20150601，刘国强 20130525），拔山沟（刘兆瑞 20110630）；东平县 -（S）东平湖。**潍坊** - 潍坊；高密（20130524）；（S）青州 - 仰天山。**威海** - 威海；荣成 - 赤山北窑（20160625）。**烟台** - ◎莱州；海阳 - 凤城（刘子波 20160521）；栖霞 - 白洋河（牟旭辉 20140817）。胶东半岛，鲁中山地，鲁西北平原，鲁西南平原湖区。

除西藏外，各省份可见。

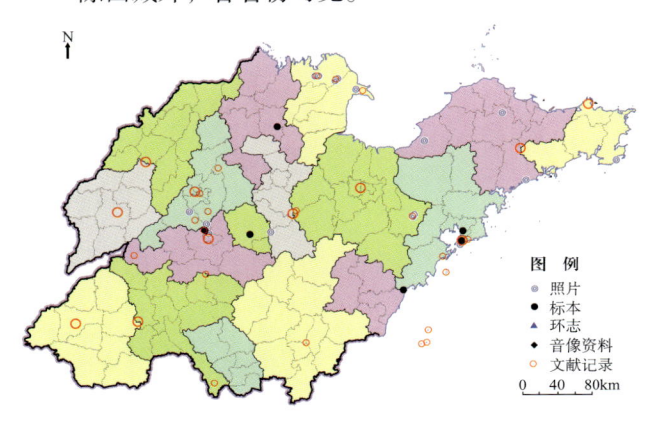

区系分布与居留类型：［广］（S）。

种群现状： 消灭大量害虫，是森林益鸟。抓获后会绝食身亡而无法人工饲养。在其主要分布区域内并没有遭受重大威胁，属一般类别。山东分布数量稀少，未列入受威胁及保育鸟种。

物种保护： Ⅲ，中日，Lc/IUCN。

参考文献： 596，M1206，Zjb36；Lc517，Q252，Z440，Zx121，Zgm172。

山东记录文献： 郑光美 2011，朱曦 2008，钱燕文 2001，范忠民 1990，郑作新 1987、1976，傅桐生 1987，Shaw 1938a；赛道建 2013、1999、1994，李久恩 2012，邢在秀 2008，贾少波 2002，王海明 2000，王元秀 1999，田家怡 1999，王庆忠 1995、1992，赵延茂 1995，刘岱基 1989，纪加义 1988a，刘体应 1987，杜恒勤 1985，李荣光 1959。

● **274-01 白鹡鸰**
Motacilla alba **Linnaeus**

命名： Linnaeus C，1758，Syst. Nat.，ed. 10，1：185（瑞典）

英文名： White Wagtail

同种异名： 白面鹡鸰，白颤儿，马兰花儿；*Motacilla leucopsis* Gould，1837，*Motacilla ocularis* Swinhoe，1860，*Motacilla lugens* Gloger，1829；Pied Wagtail

鉴别特征： 中型，黑、白、灰色鹡鸰。嘴黑色。上体灰黑色，下体白色，两翼及尾黑白相间。冬羽头后、颈背及胸黑斑纹较婚羽小。雌鸟色较暗。幼鸟灰色取代成鸟黑色。脚黑色。

形态特征描述： 嘴黑色。虹膜黑褐色。前额、颊部白色，头顶后部、枕和后颈黑色。颏、喉白色或黑色，背、肩黑或灰色。飞羽黑色，翼上小覆羽灰色或黑色，中覆羽、大覆羽白色，在翅上形成明显白色翼斑。胸黑色，下体余部白色。尾长而窄、黑色，最外2对尾羽白色。跗蹠黑色。

白鹡鸰（陈忠华 20131228 摄于大明湖，20141213 摄于泉城公园）

白鹡鸰（仇基建 20100419 摄于河口区）

鸣叫声： 边飞边鸣，发出似"jilin-jilin-"清脆响亮的声音。

体尺衡量度（长度 mm、体重 g）： 寿振黄（Shaw 1938a）记录采得 2 亚种雌鸟 4 只标本，但标本保存地不详。

标本号	时间	采集地	体重	体长	嘴峰长	翅长	跗蹠长	尾长	性别	现保存处
830315	19840429	鲁桥	26	185	11	90	22	41	♂	济宁森保站
	1989	泰安		174	13	89	22	83	6♂	泰安林业科技
	1989	泰安		181	12	89	22	71	2♀	泰安林业科技

栖息地与习性： 栖息于河流、湖泊、水塘等水域岸边，农田、草原、沼泽等湿地，以及水域附近的居民点和公园。单独、成对或结成小群活动，迁徙期间成10～20只的群体。波浪式飞翔，很容易识别，停息时尾部不停地上下摆动。常在地上行走觅食，或在空中捕食昆虫。

食性： 主要捕食鞘翅目、双翅目、鳞翅目、膜翅目、直翅目等的昆虫，如象甲、蝼蛄、叩头甲、金龟子、步行虫、蝉、螽斯、蛾、毛虫、蚂蚁、蜂类、蝇、蚜虫、蝗虫、蛆、蛹和昆虫幼虫等，以及蜘蛛、植物种子、浆果等。

繁殖习性： 繁殖期3～7月。雌雄亲鸟共同在水域附近的岩洞、岩壁缝隙、土坎、田边石隙及灌丛与草丛中，房顶和墙壁缝隙中营巢，巢杯状，外层粗糙，由枯草茎、枯草叶和草根构成，内层紧密，由树皮纤维、麻、细草根等编织而成，内垫有兽毛、绒羽、麻等柔软物。通常每窝产卵5～6枚，卵径约为21mm×15mm，卵重2～2.6g，灰白色被淡褐色斑。雌雄亲鸟轮流孵卵，以雌鸟为主，孵化期12天。雏鸟晚成雏，雌雄共同育雏，育雏期约14天。

亚种分化： 本种是鹡鸰科分类中最有争议的部分，全世界有11个亚种（Dickinson 2003），9个亚种（Alström and Mild 2003），或分成10～11个亚种（Mayr and Greenway 1960，Cramp 1988，Sibley and Monroe 1990，Clements 2007）；Sibley和Monroe（1990）将lugens视为一个独立种黑背鹡鸰（*Motacilla lugens*）时，将leucopsis与alboides视为M. lugens的亚种。通过线粒体DNA研究（Ödeen and Alström 2001）证实白鹡鸰各亚种间的遗传距离相当小（0～0.78%），因此仍是*Motacilla alba*亚种。中国共有7个亚种，山东分布记录有4个亚种。

● 东北亚种 *M. a. baicalensis* Swinhoe

亚种命名 Swinhoe, 1871, Proc. Zool. Soc. London：363（亚洲东部）

鉴别特征： 中型、黑、白、灰色鹡鸰。嘴黑色，颏、喉灰色。上体灰黑色，下体白色，两翼及尾黑白相间。冬羽头后、颈背及胸黑斑纹较婚羽小。

分布： 滨州-●（刘体应1987）滨州；滨城区-西海水库（刘腾腾20160422），徒骇河渡槽（刘腾腾20160517）；阳信县-东支流（刘腾腾20160519）；无棣县-小开河沉沙池（20160312）。德州-市区-长河公园（张立新20080302、20091113）。乐陵-杨安镇水库（李令东20110808）。东营-（S）◎黄河三角洲，广南水库；东营区-广利镇（孙熙让20120315）；自然保护区-大汶流（单凯20120327、20141112）；河口区-河口（李在军20080523，仇基建20100419、20100503），孤岛东区（孙劲松20091003）。菏泽-（P）菏泽。济南-（WR）济南；天桥区-北园；历下区-大明湖（20140126），◎千佛山，泉城公园（陈忠华20141213，陈云江20110403）；槐荫区-睦里闸；历城区-绵绣川（赛时20130308），四门塔，西营汪家（赵连喜20131231），门牙风景区（陈忠华20140531）。济宁-南四湖；任城区-袁洼（张月侠20150620）；微山县-（P）鲁山，微山湖，马口村（孔令强20151210），南阳湖（张月侠20150501、20150502），夏镇（陈保成20091122），微山岛（张月侠20160404），湿地公园（张月侠20160403）；（S）嘉祥县-纸坊；曲阜-孔林（孙喜娇20150506）；邹城；（P）鱼台-梁岗（20160409，张月侠20160409），鹿洼（张月侠20160409）。聊城-（P）聊城，东昌湖。临沂-（P）沂河，祊河（20160405），蒙山（20150908）。莱芜-汶河（20130703），华山林场；莱城区-红石公园（陈军20091023）。青岛-崂山区-潮连岛，青岛科技大学（宋肖萌20140525）。日照-日照水库（20140304），国家森林公园（郑培宏20140730），付疃河（20140322）；东港区-丁皋陆河（20150312），山字河机场（20140322），崮子河（20150423），崮子河口（成素博20110618、20130106）；五莲县-五莲山（20140324）；前三岛。泰安-（P）●泰安，泰山区-大河水库（刘兆瑞20120520，张艳然20150502），农大南校园，岱岳区-徂徕山；●（杜恒勤1993b）泰山-泰山（刘国强20120909），中山，低山；东平县-（P）东平湖（20140515）。潍坊-（P）青州-仰天山；高密-醴泉凤凰公园（宋肖萌20150204），姜庄北胶新河（宋肖萌20150513）。威海-威海（王强20110825）；环翠区-幸福海岸公园（20150103）；文登-天沐温泉（20120519）。烟台-芝罘区-夹河（王宜艳20160326、20160507）；海阳-凤城（刘子波20150829）；◎莱州；栖霞-西山庄水库（牟旭辉20150814）；招远-凤凰岭公园（蔡德万20110620、20130502），牟平区-沁水河（王宜艳20160805）。枣庄-山亭区-西伽河（尹旭飞20160409）。淄博-淄博；高青县-常家镇（赵俊杰20160320）。胶东半岛，鲁中山地，鲁西北平原，鲁西南平原湖区，山东全省。

黑龙江、吉林、辽宁、内蒙古、河北、北京、天津、山西、陕西、宁夏、甘肃、青海、江苏、上海、湖北、四川、重庆、贵州、云南、西藏、广东、广西、香港、澳门。

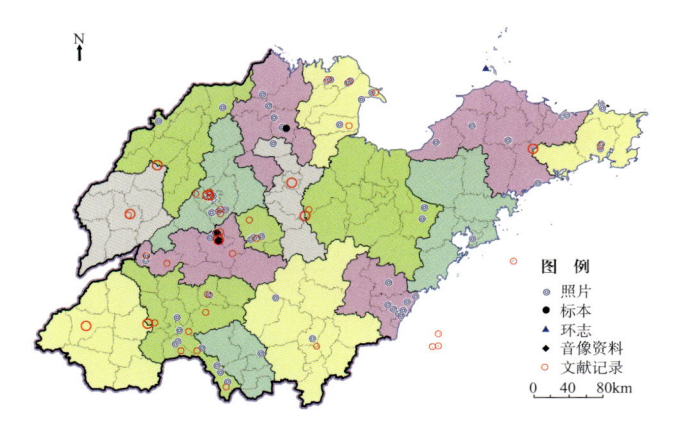

山东记录文献： 郑光美 2011，朱曦 2008，钱燕文 2001，范忠民 1990，郑作新 1987、1976；田家怡 1999，赛道建 2013、1999、1994，李久恩 2012，贾少波 2002，王海明 2000，朱书玉 2000，张培玉 2000，杨月伟 1999，宋印刚 1998，王庆忠 1995、1992，赵延茂 1995，杜恒勤 1993b、1991a、1985，纪加义 1988a，刘体应 1987，李荣光 1960、1959，田丰翰 1957。

● 灰背眼纹亚种 *M. a. ocularis* Swinhoe

亚种命名 Swinhoe R，1860，Ibis，2：55（福建厦门）

鉴别特征： 颏及喉黑色，有黑色贯眼纹。

分布： 东营 -（S）黄河三角洲。青岛 - 城阳[*]。日照 -（P）前三岛 - 车牛山岛，达山岛，平山岛。胶东半岛，鲁中山地，鲁西北平原，鲁西南平原湖区。

黑龙江、吉林、辽宁、内蒙古、河北、北京、天津、山西、河南、陕西、宁夏、青海、新疆、江苏、上海、浙江、四川、西藏、福建、台湾、海南。

山东记录文献： 郑光美 2011，朱曦 2008，郑作新 1987、1976，Shaw 1938a；赛道建 2013，田家怡 1999，赵延茂 1995，纪加义 1988a。

● 普通亚种 *M. a. leucopsis*[**] Gould

亚种命名 Gould J，1837，Proceedings of Zoological Society of London，1837：78（印度）

鉴别特征： 颏及喉白色。

分布： 东营 - 黄河三角洲。济南 -（S）济南。聊城 -（S）聊城，东昌湖。青岛 - 青岛，●沧口，●灵山岛，●竹岔岛。泰安 -（S）泰山。胶东半岛，鲁中山地，鲁西北平原，鲁西南平原湖区。

各省份可见。

山东记录文献： 郑光美 2011，Shaw 1938a，郑作新 1987、1976，朱曦 2008；赛道建 2013，田家怡 1999，赵延茂 1995，纪加义 1988a。

● 黑背眼纹亚种 *M. a. lugens* Gloger，黑背鹡鸰 *Motacilla lugens*

亚种命名 Gloger CWL，1829，Isis von Oken 22：col. 771（俄罗斯堪察加半岛）

居留类型：（SP）。

鉴别特征： 黑白色鹡鸰。嘴黑色，颏、喉白色，有黑色贯眼纹。背全黑色，飞行时翼白而翼尖黑色，前胸黑色而腹白色。黑尾外侧尾白。脚黑色。

分布： 济宁 - 南四湖。聊城 -（S）聊城，东昌湖。青岛 - 青岛，（S）潮连岛。日照 -（S）前三岛 - 车牛山岛，达山岛，平山岛。泰安 -（S）泰山。潍坊 -（S）青州 - 仰天山。威海 -（P）威海。胶东半岛。

黑龙江、吉林、辽宁、河北、北京、山西、江苏、上海、福建、台湾、广东。

山东记录文献： 郑光美 2011，朱曦 2008，郑作新 1987、1976，Shaw 1938a；赛道建 2013，卢浩泉 2003，纪加义 1988a。

区系分布与居留类型：［广］（RPS）。

种群现状： 因捕食昆虫有益于植物保护。物种分布范围广，被评为无生存危机物种，是我国常见夏候鸟之一。在山东分布数量丰富，且 4 个亚种均采到标本（纪加义 1988a），而卢浩泉（2003）记黑背鹡鸰为山东鸟类新记录种，但标本保存处不详，也无测量数据；白鹡鸰未被列入山东省重点保护野生动物名录。

物种保护： Ⅲ，中日，中澳，Lc/IUCN。

参考文献： H600，M1207，Zjb40；Lc530，Q254，Z446，Zx122，Zgm172。

山东记录文献： 见各亚种。—；孙玉刚 2015。

○ **275-01 黄头鹡鸰**
Motacilla citreola Pallas

命名： Pallas PS，1776，Reise Versch. Prov. Russ. Reichs，3：p.696（西伯利亚东部）

英文名： Citrine Wagtail

同种异名： —；*Budytes citreola*；Yellow-headed Wagtail

鉴别特征： 体型纤细。嘴黑色，头部艳黄色。背及两翼淡灰至黑色，肩黑色，具 2 道白翼斑，下体艳黄色。雌鸟头顶、脸颊灰色。脚近黑色。幼鸟暗淡白色取代成鸟黄色。

形态特征描述： 嘴黑色、细长，先端具缺刻。虹

---

[*] 原文为 Tengyao。
[**] 与 *M. a. lugens* 两个亚种有人将其独立成种，称黑背鹡鸰 *M. lugens* (GLoger), Black-backed Wagtail，见朱曦（2008）、马敬能（2000）。

黄头鹡鸰（成素博 20150410 摄于东港区崮子河）

膜暗褐色或黑褐色。头鲜黄色。背黑色或灰色，有的后颈黄色后面有黑色窄领环；腰暗灰色。翅黑褐色、尖长，三级飞羽长、几乎与翅尖平齐，翼上大覆羽、中覆羽和内侧飞羽具白色宽羽缘。下体鲜黄色。尾细长，圆尾状，尾上覆羽和尾羽黑褐色，尾羽中央较外侧长、外侧2对具大型楔状白斑。跗蹠乌黑色。

雌鸟 眉纹黄色。额和头侧辉黄色，头顶黄色、羽端杂少许灰褐色，其余上体黑灰色或灰色。

鸣叫声： 发出似"tsweep"的喘息声，在栖处或飞行时发出为重复而有颤音的鸣叫声。

体尺衡量度（长度 mm、体重 g）：

标本号	时间	采集地	体重	体长	嘴峰长	翅长	跗蹠长	尾长	性别	现保存处
	1959	微山湖		150	11	98	24		♂	济宁一中
	1989	东平		185					♀	泰安林业科技

栖息地与习性： 地栖鸟类，喜栖息于湖畔、河边、农田、草地、沼泽及柳树丛等各类生境中。常成对、成群或单独活动，迁徙和冬季有时集成大群，4月中下旬迁来北方繁殖地。晚上多成群栖息，白天常沿水边小跑追捕食物。栖息时尾常上下摆动，飞行时呈波浪状起伏。在中国为夏候鸟，部分在中国南部沿海省区及云南南部和西藏南部越冬。

食性： 主要以鳞翅目、鞘翅目、双翅目、膜翅目、半翅目等昆虫为食，偶尔也吃少量植物性食物。夏季食物主要是昆虫，秋季兼食些草籽。

繁殖习性： 繁殖期5～7月。在土丘下面地上或草丛中、树洞、岩缝中筑巢；巢杯状，由枯草叶、草茎、草根、苔藓、树皮等材料构成，内垫有毛发、羽毛等柔软物质。每窝产卵4～6枚，卵椭圆形，苍蓝灰白色或赭色，被淡褐色斑，卵径约为20mm×15mm。

亚种分化： 全世界有3个亚种，中国有3个亚种，山东分布为指名亚种 *M. c. citreola* Pallas。

Pallas PS, 1776, Reise Versch. Prov. Russ. Reichs, 3: p 696（西伯利亚东部）

分布： 东营 - ◎黄河三角洲；河口区（李在军 20090509）。济宁 - ●济宁。聊城 - (SP)聊城，东昌湖。青岛 - 胶州湾。日照 - 东港区 - 崮子河（成素博 20150410）。泰安 - (P)泰安；东平县 - ●东平，(P)东平湖。胶东半岛，鲁中山地，鲁西北平原。

黑龙江、吉林、辽宁、内蒙古、河北、北京、山西、河南、陕西、宁夏、甘肃、青海、安徽、江苏、上海、湖北、四川、贵州、云南、西藏、福建、台湾、广东、广西、香港。

区系分布与居留类型： [广]（PS）。

种群现状： 捕食害虫，对农业有益。物种分布范围广，数量趋势稳定，被评为无生存危机物种，已有白化个体出现。山东多为旅鸟，分布并不普遍，应加强物种与生存环境的研究与保护，未列入山东省重点保护野生动物名录。

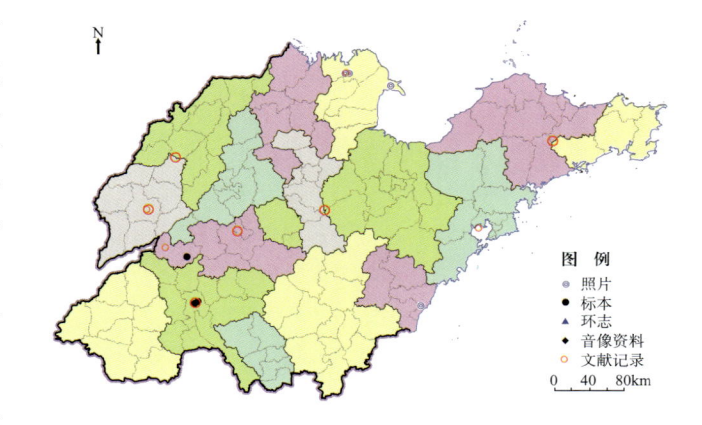

物种保护： III，中日、中澳，Lc/IUCN。

参考文献： H598, M1210, Zjb38；Lc523, Q252, Z444, Zx123, Zgm173。

山东记录文献： 郑光美2011，朱曦2008，钱燕文2001，范忠民1990，郑作新1987、1976，Shaw 1938a，赛道建2013，贾少波2002，纪加义1988a。

● 276-01 黄鹡鸰
Motacilla flava Linnaeus

命名： Linnaeus C, 1758, Syst. Nat., ed. 10, 1: 185（瑞典南部）

英文名： Yellow Wagtail

同种异名： 黄马兰花儿，黄颤儿；*Budytes taivana*，*Motacilla taivana*；—

鉴别特征： 中型，褐色或橄榄色鹡鸰。嘴褐黑色，颏白色。上体橄榄绿褐色，翼黑褐色，下体黄色。尾黑褐色、外侧2对尾羽白色。脚褐黑色。雌鸟及幼鸟无黄色臀部。幼鸟腹部白色。

形态特征描述： 嘴黑色。虹膜褐色。额稍淡，眉纹白色、黄色或无眉纹。头顶和后颈多为灰色、蓝灰色、暗灰色或绿色。头顶蓝灰色或暗色。上体橄榄绿色或灰色，具白色、黄色或黄白色眉纹。上体主要为橄榄绿色或草绿色，有的较灰，有的腰部较黄，翼上覆羽具淡色羽缘。飞羽黑褐色，具2道白色或黄白色横斑。两翅黑褐色，中覆羽和大覆羽具黄白色端斑，在翅上形成2道翼斑。下体鲜黄色，胸侧和两胁有的沾橄榄绿色，有的颏为白色。尾较长、黑褐色，最外侧2对尾羽主要为白色。跗蹠黑色。但各亚种羽色有不同程度差异。

鸣叫声： 边飞边叫，发出似"ji、ji"的鸣叫声。

体尺衡量度（长度mm、体重g）：

黄鹡鸰（孙劲松 20090506 摄于孤岛林场）

标本号	时间	采集地	体重	体长	嘴峰长	翅长	跗蹠长	尾长	性别	现保存处
10064*	19370520	青岛灵山岛							♀	中国科学院动物研究所
	1959	微山湖		140	9	80	26	40	♂	济宁一中
840344	19840517	鲁桥	20	168	13	83	26	72	♂	济宁森保站
	1989	泰安		171	13	83	21	75	2♂	泰安林业科技
	1989	泰安		150	12	73	21	75	♀	泰安林业科技

* 平台号为2111C0002200002429

栖息地与习性： 栖息于低山丘陵、平原和山地，常在林缘、林中溪流、平原河谷、村野、湖畔和居民点附近成对、小群活动；迁徙期大群活动，4月初迁来、10~11月迁离繁殖地。喜欢停栖在河边或河心石头上，尾不停地上下摆动，有时沿着水边来回不停走动。飞行时呈波浪式前进。

食性： 主要在地上捕食蚁、蚋及鞘翅目和鳞翅目等昆虫，有时在空中飞行捕食昆虫。

繁殖习性： 繁殖期5~7月。雌雄亲鸟共同在河边岩坡草丛和潮湿塔头墩边上，或村边柴垛中营巢，巢隐蔽甚好，碗状，由枯草茎、叶构成，内垫羊毛、牛毛和鸟类羽毛。最早5月初即见有产卵，每窝产卵5~6枚，卵灰白色、被褐色斑点和斑纹，卵径约为15mm×20mm，卵重1.9~2.2g。主要由雌鸟孵卵，孵化期约14天。雏鸟晚成雏，雌雄亲鸟共同育雏，每日有两个喂食高峰，雏鸟留巢期为13~15天。

亚种分化： 全世界有18个亚种、17个亚种（Dickinson 2003）或13个亚种（Alström and Mild 2003），中国10个亚种（郑光美 2011）或9个亚种（郑作新 1987、1976），山东分布记录有3个亚种，2个有标本。

● 东北亚种 *M. f. macronyx* (Stresemann)

亚种命名 Stresemann E, 1920, Avif. Macedon.:

p.76（Vladivostok，Russian Far East）

鉴别特征： 头灰色，无眉纹，颏白色而喉黄色。

分布： 滨州 - 北海水库（20160518）；无棣县 - 沙头堡村（刘腾腾 20160518）。东营 -（P）◎黄河三角洲；河口区（李在军 20081122）- 孤岛林场（孙劲松 20090506）。济南 - 天桥区 -（P）北园，黄河滩（陈云江 20120423）。济宁 - ●济宁，南四湖；曲阜 - 孔林，微山县 - 鲁桥，(SP) 南阳湖。聊城 -（P）聊城，东昌湖。莱芜 - 莱城区 - 牟汶河（陈军 20091014）。青岛 - 青岛；崂山区 -（P）潮连岛。日照 - 东港区 - 崮子河（20150423，成素博 20151110）。泰安 -（P）泰安；泰

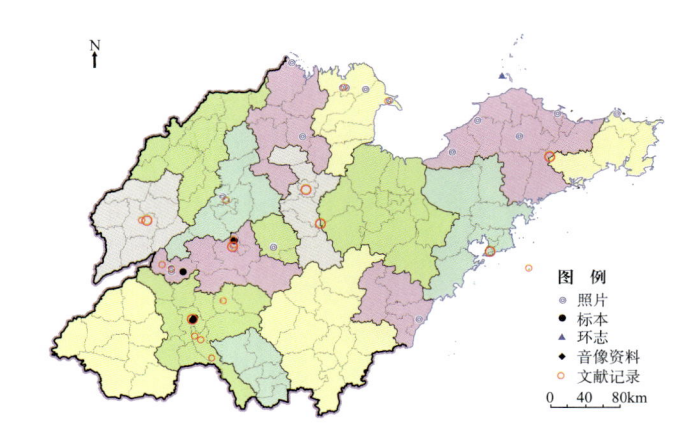

图 例
- ● 照片
- ◆ 标本
- ▲ 环志
- ◆ 音像资料
- ○ 文献记录

0 40 80km

山区-农大南校园；●泰山-低山；东平县-●东平，王台（20130509），（P）东平湖。**威海**-威海（王强20110824）。**烟台**-◎莱州；招远-辛庄镇后康村（蔡德万20120517）；栖霞-长春湖（牟旭辉20120505）。**淄博**-淄博。胶东半岛，鲁中山地。

黑龙江、吉林、辽宁、内蒙古、河北、北京、河南、陕西、宁夏、甘肃、江苏、上海、浙江、湖北、四川、云南、西藏、福建、台湾、广东、海南、香港、澳门。

山东记录文献： 郑光美2011，朱曦2008，钱燕文2001，范忠民1990，郑作新1987、1976，Shaw 1938a；赛道建2013、1994，贾少波2002，张培玉2000，杨月伟1999，宋印刚1998，纪加义1988a，杜恒勤1985，李荣光1959，田丰翰1957。

● 堪察加亚种 *M. f. simillima* Hartert

亚种命名 Hartert, 1905, Vög. Pal. Faun., 1：289（西伯利亚堪察加）

鉴别特征： 雄鸟头顶灰色，眉纹及喉白色。

分布：东营-（P）黄河三角洲。**济南**-（P）济南。**济宁**-济宁，南四湖。**聊城**-聊城，东昌湖。**青岛**-（P）潮连岛。**泰安**-东平湖。胶东半岛，鲁中山地，鲁西北平原。

黑龙江、吉林、辽宁、内蒙古、河北、北京、山西、江苏、上海、浙江、江西、湖北、云南、西藏、福建、台湾、广东、香港。

山东记录文献： 郑光美2011，朱曦2008，郑作新1987、1976；赛道建2013，田家怡1999，赵延茂1995，纪加义1988a。

台湾亚种 *M. f. taivana*（Swinhoe）

亚种命名 Swinhoe, 1863, Proc. Zool. Soc. London：274（台湾）

鉴别特征： 头顶橄榄色与背相同，眉纹、喉黄色。

分布：东营-黄河三角洲。**济南**-济南。**济宁**-济宁，南四湖。**聊城**-聊城，东昌湖。**青岛**-（P）青岛，潮连岛。**日照**-（P）前三岛-车牛山岛，达山岛，平山岛。**泰安**-◎（S）东平湖；东平县。胶东半岛，鲁中山地，鲁西北平原。

黑龙江、吉林、辽宁、内蒙古、河北、北京、山西、陕西、青海、江苏、上海、浙江、四川、云南、福建、台湾、广东、广西、海南、香港。

山东记录文献： 郑光美2011，朱曦2008，郑作新1987、1976，Shaw 1938a；赛道建2013，田家怡1999，赵延茂1995，纪加义1988a。

区系分布与居留类型：［古］（P）。

种群现状： 捕食昆虫，对农林业有益。在中国，种群数量部分地区较普遍；在山东分布广泛，但迁徙种群数量尚无实际统计，未列入山东省重点保护野生动物名录。

物种保护： Ⅲ，中日，中澳，Lc/IUCN。

参考文献： H597，M1211，Zjb37；Lc519，Q252，Z441，Zx123，Zgm174。

山东记录文献： 见各亚种。—；孙玉刚2015。

● **277-01 灰鹡鸰**
Motacilla cinerea Tunstall

命名： Tunstall M, 1771, Orn. Brit. p2（英格兰）
英文名： Grey Wagtail
同种异名： 马兰花；*Motacilla boarula*, *Motacilla melanope*, *Pallenura robusta* Brehm, 1857；—

鉴别特征： 体形纤细，偏灰色，中型鹡鸰。嘴黑褐色，头灰色，眉纹白色，喉黑色。上体灰色，腰黄绿色，翼灰黑色具白翼斑，飞行时白翼斑和黄腰明显，下体黄色。尾长而黑，外侧尾羽白色，常有规律地上下摆动。脚粉灰色。幼鸟下体偏白色。与黄鹡鸰的区别是上背灰色，飞行时白翼斑和黄色腰显现，尾较长。

形态特征描述： 嘴黑褐色或黑色，细长、先端具缺刻。虹膜褐色，眉纹和颧纹白色，眼先、耳羽灰黑色。前额、头顶、枕和后颈灰色或深灰色。颏、喉黑色。肩、背、腰灰色沾暗绿褐色或暗灰褐色。翅尖长，三级飞羽长、几乎与翅尖平齐；覆羽和飞羽黑褐色，初级飞羽除第1～3对外，其余内翈具白色羽缘，与次级飞羽基部白色形成明显白色翼斑，三级飞羽外翈具白色或黄白色宽阔羽缘。胸、腹和尾下覆羽亮黄色。尾细长，中央尾羽黑色或黑褐色、具黄绿色羽缘，外侧第1对尾羽白色，第2、3对外翈黑色或大部分黑色、内翈白色；尾上覆羽鲜黄色、部分沾褐色。腿细长，跗蹠和趾暗绿色或角褐色，后趾具长爪。

冬羽 颏、喉白色，其余下体鲜黄色。

灰鹡鸰（陈云江20120516摄于药乡森林公园；孙劲松20080826摄于孤岛荷塘；成素博20120625摄于五莲山）

雌鸟 似雄鸟。颏、喉白色。上体绿灰色较浓。

鸣叫声： 飞行时不断发出"ja-ja-ja-ja……"的鸣叫声。

体尺衡量度（长度mm、体重g）： 寿振黄（Shaw 1938a）记录采得雌鸟2只标本，一只保存在中国科学院动物研究所标本馆，另一只保存地不详。

标本号	时间	采集地	体长	嘴峰长	翅长	跗蹠长	尾长	性别	现保存处
10064*	19370520	青岛灵山岛	190	13	76	19	86	♀	中国科学院动物研究所
	1958	微山湖	150	10	100	18		♂	济宁一中
	1989	泰安	167	12	79	22	67	2♂	泰安林业科技
	1989	泰安	170	14	95	24	67	♀	泰安林业科技

* 平台号为2111C0002200002429

栖息地与习性： 常单独、成对、集成小群或与其他鹡鸰混群活动。栖息于水边、岩石等生境，常停于电线杆、屋顶、小树顶端枝头和水中露出水面的石头等突出物上，尾不断上下摆动。沿着河谷上下飞行时，翅一展一收呈波浪式前进。常沿水边行走或跑步捕食，或在空中捕食昆虫。

食性： 主要捕食鞘翅目、鳞翅目、直翅目、半翅目、双翅目、膜翅目等目的昆虫，也食蜘蛛等小型无脊椎动物。

繁殖习性： 繁殖期5～7月。巢域选定后，雌雄鸟成对沿河谷活动，范围比较固定，鸣叫追逐，在空中上下翻滚飞舞求偶。在河流两岸的屋顶、洞穴、倒木树洞、石缝等各式生境筑巢，杯状巢由草茎、细根、树皮和枯叶构成，内垫物随营巢环境不同而有所变化。每窝产卵4～5枚，卵为尖卵圆形和卵圆形、钝卵圆形，白色沾黄，光滑无斑，或灰白色、染黄色，钝端较暗，呈褐灰色，或棕灰色、带褐色斑，卵径约为18mm×14mm，卵重约1.52g。卵产齐后开始孵卵，主要由雌鸟孵卵，孵化期约12天。雏鸟晚成雏，留巢期约14天，雌雄亲鸟共同育雏。

亚种分化： 全世界有6个亚种（Dickinson 2003），中国有1个亚种，山东分布为普通亚种 *M. c. robusta*（Brehm），*Motacilla cinerea caspica*（Gmelin）。

亚种命名 Brehm CL, 1857, Journ. Orn., 5：32（日本）

分布： 东营-(S)◎黄河三角洲；河口-孤岛公园（孙劲松20080826）。菏泽-(P)菏泽。济南-历城区-药乡森林公园（陈云江20120516）。济宁-济宁；曲阜-孔林（孙喜娇20150426）；(P)微山县；(P)鱼台县。聊城-(P)聊城、东昌湖。莱芜-莱城区-雪野水库（陈军20140502）。青岛-青岛；黄岛区-●（Shaw 1938a）灵山岛，●（Shaw 1938a）灵山卫。日照-五莲山（成素博20120625）；东港区-付疃河（成素博20140502）；(P)前三岛-车牛山岛、达山岛、平山岛。泰安-(P)泰安，泰山区-农大南校园；●泰山-中山，低山、樱桃园（孙桂玲20130501），龙潭水库（20130516）；东平县-(P)东平湖，●东平。潍坊-高密-姜庄北胶新河（宋肖萌20150513）。烟台-◎莱州；海阳-东村（刘子波20150411）；招远-辛庄镇后康村（蔡德万20120517）；栖霞-白洋河（牟旭辉20150510）。淄博-淄博。胶东半岛，鲁中山地，鲁西北平原，鲁西南平原湖区。

各省份可见。

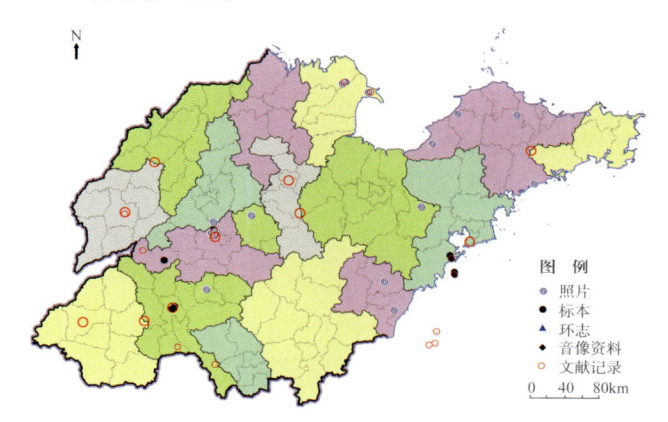

区系分布与居留类型： [广]（P）。

种群现状： 主要捕食有害昆虫，是一种重要的农林益鸟。种分布范围广，种群数量较普遍，被评为无生存危机物种。山东分布较普遍，尚无系统的数量统计，未列入山东省重点保护野生动物名录。

物种保护： Ⅲ，中澳，Lc/IUCN。

参考文献： H599，M1212，Zjb39；Lc526，Q252，Z445，Zx124，Zgm176。

山东记录文献： 郑光美2011，朱曦2008，钱燕文2001，范忠民1990，郑作新1987、1976，傅桐生1987，Shaw 1938a；孙玉刚2015，赛道建2013，贾少波2002，王海明2000，田家怡1999，赵延茂1995，杜恒勤1985，纪加义1988a。

● **278-01** 田鹨
Anthus richardi Vieillot

命名： Vieillot LJP, 1818, Nouv. Dict. Hist. Nat., nouv.

éd. 26, p. 491（法国）

英文名： Richard's Pipit

同种异名： 花鹨，理氏鹨，大花鹨；*Anthus novaeseelandiae*（Gmelin）；Paddy-field Pipit

鉴别特征： 腿长而具纵纹，褐色鹨。嘴红褐色，眉纹宽而棕白色，颏喉乳白色。上体沙褐色具黑褐色纵纹，翼黑褐色，羽缘浅棕白色形成翼斑，下体皮黄色，胸具深色纵纹。尾黑而短，外侧尾羽白色，次一对尾羽具楔形白斑。脚粉红色。

形态特征描述： 嘴细长、先端具缺刻，角褐色、上嘴基部和下嘴较淡黄色。虹膜褐色，眼先和眉纹黄白色或沙黄色。头顶具暗褐色纵纹。颏、喉白沾棕色，两侧有一暗色纵纹。上体黄褐色或棕黄色，头顶、肩和背具暗褐色纵纹，后颈和腰纵纹不显著或无纵纹。翅尖长；翼上覆羽黑褐色，小覆羽具淡黄棕色羽缘，中覆羽、大覆羽具棕黄色较宽羽缘。初级飞羽、次级飞羽暗褐色具棕白色窄羽缘，三级飞羽黑褐色具淡棕色宽羽缘、长几乎与翅尖平齐。下体白色或皮黄白色；胸、胁皮黄色或棕黄色，胸具暗褐色纵纹，下胸和腹皮黄白色或白沾棕色。尾细长，尾羽暗褐色具沙黄色或黄褐色羽缘，中央一对尾羽羽缘较宽，最外侧1对尾羽白色、仅内翈近羽基处羽缘灰褐色，次1对外侧尾羽外翈白色、内翈羽端具较窄条楔状白斑，羽轴暗褐色；尾上

田鹨（陈云江 20100606 摄于仲宫）

覆羽较棕、无纵纹。腿角质褐色、细长，后趾具长爪。

鸣叫声： 飞行时重复发出"cheh-ii, cheh-ii"或"chip-chip-chip"的叫声。

体尺衡量度（长度mm、体重g）： 寿振黄（Shaw 1938a）记录采得雄鸟1只标本，但标本保存地不详。

标本号	时间	采集地	体重	体长	嘴峰长	翅长	跗蹠长	尾长	性别	现保存处
	1958	微山湖		140	9	88	18		♀	济宁一中
	1989	泰安		168	14	95	24	67	♂	泰安林业科技

栖息地与习性： 栖息于开阔平原、草地、河滩、林缘灌丛、林间空地及农田和沼泽地带，喜欢针叶、阔叶、杂木等树林或附近草地。4月中下旬迁来北方繁殖地，10月中下旬南迁越冬。单独或成对，迁徙季节成群活动，多贴近地面呈波浪式飞行，站立时多呈垂直姿势，尾做有规律的上下摆动，多在地上奔跑觅食。

食性： 主要捕食鞘翅目、直翅目、膜翅目及鳞翅目等目的成虫和幼虫，秋冬季节也食草籽。

繁殖习性： 繁殖期5～7月。在河边或湖畔、沼泽或水域附近草地上和农田地边营巢，巢置于草丛旁或草丛中地上凹坑内，不易被发现，巢杯状，由枯草叶、茎等构成。每窝产卵4～6枚，多为灰白色或绿灰色，被黑褐色或紫灰色斑点，卵径约为16mm×20mm，卵重约2.6g。主要由雌鸟孵卵，孵化期约13天。雏鸟晚成雏，雌雄共同育雏。

亚种分化： 全世界有5个亚种，中国有3个亚种，山东分布记录为2亚种。

马敬能（2000）称其为理氏鹨，而称 *Anthus rufulus* 为田鹨，郑作新（1976、1987）将 *richardi*（纪加义 1988a）和 *rufulus* 作为田鹨（*A. novaeseelandiae*）的亚种，郑光美（2011）等将它作为田鹨（*Anthus richardi*）的亚种，称 *Anthus rufulus* 为东方田鹨，仅分布于四川、云南、广东和广西。

● 东北亚种 **A. r. richardi**, *Anthus novaeseelandiae richardi* Vieillot

亚种命名 Vieillot, 1818, Nouv. Dict. Hist. Nat., nouv. éd. 26：491（法国）

分布： 滨州 - 滨城区 - 西海水库（20160517），北海水库（20160518）。**东营** -（P）◎黄河三角洲。**菏泽** -（P）菏泽。**济南** -（P）济南，黄河；天桥区 - 北园；章丘 - 白云湖；历城区 - 仲宫（陈云江 20100606）。**济宁** - ●济宁；微山县 - 鲁桥，微山湖。**聊城** - 聊城。**青岛** - ●（Shaw 1938a）大公岛。**日照** - 东港区 - 付疃河（成素博 20130430）；前三岛。**泰安** -（P）泰安，泰山区 - 农大南校园；●泰山 - 低山；东

平县 -（P）东平湖。**潍坊** - 潍坊。**烟台** - 海阳 - 凤城（刘子波 20151031）。**淄博** - 淄博。胶东半岛，鲁中山地，鲁西北平原，鲁西南平原湖区。

除西藏、台湾外，各省份可见。

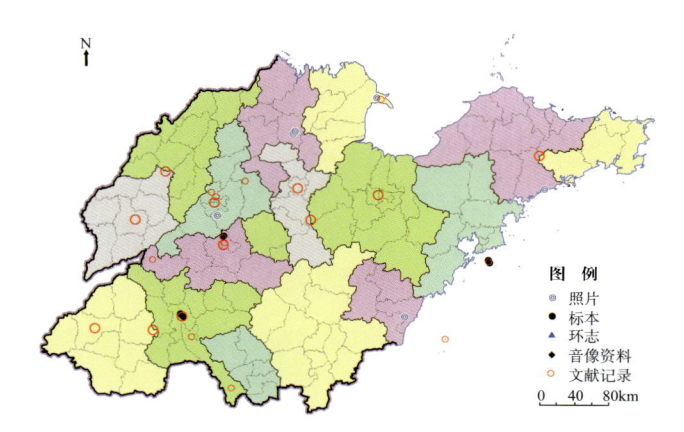

山东记录文献： 郑光美 2011，朱曦 2008，钱燕文 2001，范忠民 1990，郑作新 1987、1976，Shaw 1938a；赛道建 2013、1994，李久恩 2012，邢在秀 2008，卢浩泉 2003，贾少波 2002，王海明 2000，田家怡 1999，赵延茂 1995，王庆忠 1992，纪加义 1988a，杜恒勤 1985，李荣光 1959。

华南亚种 *A. r. sinensis*（Bonaparte）

亚种命名　Bonaparte, 1850, Consp. Gen. Av., 1: 247（福州）

分布： 日照 -（S）前三岛 - 车牛山岛、达山岛、平山岛。

陕西、甘肃、安徽、江苏、上海、浙江、江西、湖南、四川、云南、福建、广东、广西、海南、香港。

山东记录文献： 朱曦 2008，李悦民 1994；赛道建 2013。

区系分布与居留类型：［广］（P）。

种群现状： 在蝗虫分布区是消灭蝗虫能手。物种分布范围广，种群数量普遍，被评为无生存危机物种。山东陆地分布的东北亚种数量并不普遍，卢浩泉（2003）以理氏鹨中文名记为山东鸟类新记录种，显然是同种异名误记，未列入山东省重点保护野生动物名录。

物种保护： Ⅲ，中日，Lc/IUCN。

参考文献： H603，M1213，Zjb43；Lc539，Q254，Z449，Zx125，Zgm176

山东记录文献： 见各亚种。

279-00　布氏鹨
Anthus godlewskii（Taczanowski）

命名： Taczanowski W, 1876, Bull. Soc. Zool. France, 1: 158（中俄边境之额尔古纳河）

英文名： Blyth's Pipit

同种异名： 平原鹨，布莱氏鹨；*Agrodoma godlewskii* Taczanowski, 1876，*Anthus campestris godlewski*，*Anthus striolatus*，*Anthus richardi striolatus* Hartert；Godlewski's Pipit

鉴别特征： 体型较大的鹨。嘴短而尖利、肉色。上体沙褐色、纵纹较多，中覆羽缘宽而成清晰翼斑，下体皮黄色、前胸具暗色纵纹。尾较短。脚偏黄，后爪弯曲。形似田鹨而叫声响亮嘈杂，体型较大，中覆羽斑纹不同且上体多纵纹。

形态特征描述： 嘴肉色，较短而尖利。虹膜深褐色。颏、喉皮黄色、两侧具黑褐色纵纹。上体暗褐色具棕黄色宽羽缘使呈棕黄色、具黑色羽干纹。腰和尾上覆羽沙褐色。翅羽暗褐色、边缘沙黄色，中覆羽羽端较宽而成清晰翼斑。胸部深棕色具暗褐色纵纹，其余下体淡棕黄色。尾黑褐色，中央 1 对尾羽具赭色宽羽缘，最外侧 1 对白色、内翈基部具黑褐色羽缘，次 1 对外翈白色、内翈具白色端斑，白斑呈三角形，羽轴暗褐色。脚偏黄色。

鸣叫声： 发出特征性响亮的 "spzeeu" 喊喳声。

体尺衡量度（长度 mm、体重 g）： 山东暂无标本及测量数据。

栖息地与习性： 栖息于平原、旷野、丘陵山地，多活动于草地、荒坡。4～5 月迁来北方繁殖地，9 月南迁越冬。单独、成对或小群活动，近似垂直姿势站立于地面，或栖于小灌木枝上，地面奔跑觅食。

食性： 主要捕食昆虫。食物组成研究很少。

繁殖习性： 繁殖期 5～7 月。营巢于草丛或灌木旁的凹坑内，通常每窝产卵 3～4 枚，卵径约为 20mm×16mm，卵白色被灰褐色斑点。

亚种分化： 单型种，无亚种分化。

本种曾作为田鹨或平原鹨的亚种，由于共域繁殖没有中间型个体，行为差别大，通过粒线体 DNA 研究（Voelker1999）证实是一个有效种（Dickinson 2003，Clements 2007）。郑作新（1987）将其作为平原鹨（*Anthus campestris*）的一亚种，而 *A. campestris* 仅分布于新疆（郑光美 2011）。

分布：（S）鲁北，（S）山东。

辽宁、内蒙古、河北、北京、天津、山西、宁夏、甘肃、青海、新疆、四川、贵州、云南、西藏、台湾。

区系分布与居留类型：［古］（S）。

种群现状： 山东分布卢浩泉（2003）记为山东鸟类新记录种，无相关专项研究，也未采到标本，可能为田鹨误记；近年来也没有征集到照片证实其存在，

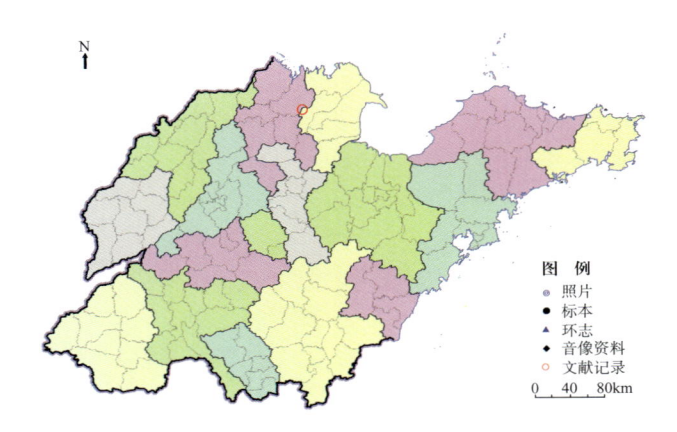

其分布现状应视为无分布。

物种保护： Lc/IUCN。

参考文献： H605，M1216，Zjb45；Lc543，Q254，Z451，Zx125，Zgm177。

山东记录文献： 朱曦 2008；赛道建 2013，卢浩泉 2003。

● 280-01 树鹨
Anthus hodgsoni Richmond

命名： Richmond CW，1907，in Blackwelder，Publ. Carneigie Inst. Washington，no. 54，1，pt. 2，p. 493（陕西南部）

英文名： Olive-backed Pipit

同种异名： 木鹨，麦加蓝儿，树鲁；*Anthus agilis*，*Anthus maculatus* Jerdon，1864，*Anthus trivialis hodgsoni* Richmond，1907；Tree Pipit，Indian Tree Pipit，Oriental Tree Pipit，Earstern Tree Pipit

鉴别特征： 中等，橄榄色鹨。下嘴粉红色、上嘴角质色，头具黑褐色纵纹，眉纹棕白色、粗而明显，喉皮黄色。上体橄榄绿色、纵纹较少，下体白色，胸、两胁具粗黑浓密纵纹。尾黑褐色，外侧尾羽端部白色。脚粉红色。

形态特征描述： 嘴细长、先端具缺刻，上嘴黑色，下嘴肉黄色。虹膜红褐色，眼先黄白色或棕色，眉纹嘴基棕黄色向后转为白色或棕白色，贯眼纹黑褐色，耳后有白斑。颏、喉白色或棕白色，颧纹黑褐色。上体橄榄绿色或绿褐色，头顶具明显的黑褐色细密纵纹，到背部纵纹逐渐不明显。下背、腰至尾上覆羽几乎纯橄榄绿色、无纵纹或纵纹极不明显。翅尖长、黑褐色具橄榄黄绿色羽缘，中覆羽和大覆羽具白色或棕白色端斑，三级飞羽长、几乎与翅尖平齐。下体灰白色，胸皮黄白色或棕白色、胸和两胁具粗著黑色纵纹。尾细长、黑褐色具橄榄绿色羽缘，最外侧 1 对尾羽具大型楔状白斑，次 1 对仅尖端白色。腿细长、肉色或肉褐色，后趾具长爪。

树鹨（李在军 20080409 摄于河口区）

鸣叫声： 边飞边发出"chi-chi-chi"的尖细叫声。

体尺衡量度（长度mm、体重g）： 寿振黄（Shaw 1938a）记录采得雄鸟 3 只、雌鸟 1 只标本，但标本保存地不详。

标本号	时间	采集地	体重	体长	嘴峰长	翅长	跗蹠长	尾长	性别	现保存处
	1958	微山湖		160	6	76	18	52	♀	济宁一中
840456	19841006	鲁桥	9	112	10	52	20	44	♂	济宁森保站
	1989	泰安		156	12	83	22	66	7♂	泰安林业科技
	1989	泰安		153	11	83	19	63	3♀	泰安林业科技

栖息地与习性： 栖息于阔叶林、混交林和针叶林等山地森林中，迁徙期和冬季多栖于低山丘陵和山脚平原草地，在林缘、路边、河谷、林间空地、草地、居民点和社区等各类生境活动。性机警，成对或成小群活动，迁徙期间集较大群，受惊后立刻飞到附近树上，站立时尾常上下摆动。多在地上奔跑觅食。

食性： 主要捕食鳞翅目、鞘翅目、直翅目、双翅目、膜翅目等昆虫，如蝶蛾幼虫、毛虫、步行虫、象甲、蝗虫、蝇、蚊、蚂蚁和蜘蛛、蜗牛等小型无脊椎动物，以及苔藓、谷粒、杂草种子。

繁殖习性： 繁殖期6～7月。雌雄亲鸟共同在林缘、路边或林中空地等开阔地区地上草丛或灌木旁凹坑内营巢，巢由枯草茎、草叶、松针和苔藓构成。每窝产卵4～6枚，卵椭圆形，鸭蛋青色被有紫红色斑点，钝端较密，卵径约为16mm×22mm，卵重1.8～2.0g。主要由雌鸟孵卵，孵化期13～15天。

亚种分化： 全世界有2个亚种，中国有2个亚种，山东分布有2个亚种。

● 东北亚种 *A. h. yunnanensis* Uchida et Kuroda

亚种命名 Uchida S et Kuroda N, 1916, Annot. Zool. Japon, 9：134（中国云南南部及台湾）

鉴别特征： 上背及腹部纵纹较稀疏。

分布： 德州-市区-新湖公园（张立新20130418）；乐陵-城区（李令东20110123）。东营-（P）◎黄河三角洲；河口区（李在军20080409）。菏泽-（P）菏泽；曹县-岳庄（谢汉宾20151018）。济宁-●济宁，南四湖；（P）微山县-（P）鲁山，微山湖，刘庄村（张月侠20160403）。聊城-聊城。莱芜-莱城区-牟汶河（陈军20130325）。青岛-●（Shaw 1938a）青岛，浮山；黄岛区-●（Shaw 1938a）大公岛，●（Shaw 1938a）灵山岛，崂山区-（P）潮连岛，青岛科技大学（宋肖萌20141019）。日照-东港区-付疃河（20140322）；（P）前三岛-车牛山岛，达山岛，平山岛。泰安-（P）●泰安；泰山区-农大南校园；泰山-低山；东平县-（P）东平湖。烟台-栖霞-十八盘（牟旭辉20130422；20150305）；海阳-凤城（刘子波20151007）。淄博-淄博；高青县-千乘湖（赵俊杰20160313），常家镇（赵俊杰20141220）。胶东半岛，鲁中山地，鲁西北平原，鲁西南平原湖区。

除山西、西藏外，各省份可见。

山东记录文献： 郑光美2011，朱曦2008，钱燕文2001，范忠民1990，傅桐生1987；赛道建2013，李久恩2012，贾少波2002，王海明2000，田家怡1999，宋印刚1998，赵延茂1995，王庆忠1992，王希明1991，纪加义1987d，杜恒勤1985。

● 指名亚种 *A. h. hodgsoni* Richmond

亚种命名 Richmond CW, 1907, in Blackwelder, Publ.Carneigie Inst. Washington, no. 54, 1, pt. 2, p.493（陕西南部）

鉴别特征： 上体灰褐色而纵纹显著。

分布： 青岛-青岛，●大公岛，●灵山岛。胶东半岛，鲁中山地，鲁西北平原。

山西、陕西、宁夏、甘肃、青海、上海、浙江、江西、四川、贵州、云南、西藏、台湾、广东。

山东记录文献： Shaw 1938a；纪加义1987d。

区系分布与居留类型： [古]（PW）。

种群现状： 捕食害虫，对农林业有益。物种分布范围广，数量普遍，被评为无生存危机物种。山东2个亚种分布均采到标本，但分布情况有所不同，尚无系统的数量统计，未列入山东省重点保护野生动物名录。

物种保护： Ⅲ，中日，Lc/IUCN。

参考文献： H607，M1218，Zjb47；Lc545，Q254，Z453，Zx126，Zgm177。

山东记录文献： 见各亚种。

○ 281-01 北鹨
Anthus gustavi Swinhoe

命名： Swinhoe R, 1863, Proc. Zool. Soc. London, p. 90（福建厦门）

英文名： Pechora Pipit

同种异名： 白背鹨；—；—

鉴别特征： 中型，褐色鹨。嘴暗褐色、下嘴基粉红色，髭纹黑色而显著。上体棕褐色、具黑褐色宽纵纹，羽缘白色，白色纵纹呈两个"V"字形，翼具白斑，下体灰白色，颈基、胸、胁具粗形暗色纵纹。外侧一对尾羽具楔形褐白斑。脚粉红色。与相似种树鹨的区别是背部白色纵纹呈两个"V"字形，褐色较重，黑色髭纹显著；与红喉鹨的区别是背、翼具白色横斑，腹部较白、尾无白色边缘。

形态特征描述： 嘴细长、先端具缺刻，上嘴角质色、下嘴粉红色。虹膜褐色，眉纹淡棕色，耳羽栗褐色。上体棕褐色，具黑褐色纵纹及白色羽缘，呈现左、右各2道黄白色纵纹。翅尖长、三级飞羽长、几乎与翅尖平齐，翼上覆羽色似背羽，羽端白缘在翼上形成2条明显翼斑。下体灰白色，颈侧、胸、胁有黑褐色纵纹。尾细长，尾羽暗褐色具棕色羽缘，最外侧尾羽具白端斑。腿趾粉红色、细长，后趾具长爪。

鸣叫声： 发出似"pwit"的生硬叫声。

体尺衡量度（长度mm、体重g）： 寿振黄

（Shaw 1938a）记录采得雌鸟1只标本，但标本保存地不详。

栖息地与习性： 栖息于河滩、海滨、灌木丛及田野、林缘地区。多成对在地面行走活动，受惊动即飞向树枝或岩石，尾常有规律地上下摆动，在地上行走觅食。

食性： 主要捕食鞘翅目、膜翅目、双翅目昆虫及其幼虫，食物缺乏时采食少量植物。

繁殖习性： 繁殖期6～7月。在草丛凹陷处营巢，杯状巢由草茎、枯叶构成，内垫软草、兽毛等。通常产卵4～6枚，卵白色或淡绿色具暗褐色斑点，卵径约为15mm×22mm。雌雄轮流孵卵育雏，孵化期10天。雏鸟晚成雏，留巢期13天。

亚种分化： 全世界有3个亚种，中国2个亚种，山东分布为指名亚种 *A. g. gustavi* Swinhoe。

亚种命名 Swinhoe R, 1863, Proc. Zool. Soc. London：90（中国厦门）

分布： 东营-◎黄河三角洲。青岛-黄岛区-●（Shaw 1938a）灵山岛。日照-（P）前三岛-车牛山岛、达山岛、平山岛。胶东半岛，鲁中山地，鲁西北平原，鲁西南平原湖区。

黑龙江、吉林、辽宁、河北、天津、甘肃、新疆、江苏、上海、浙江、江西、福建、台湾、广东、香港、澳门。

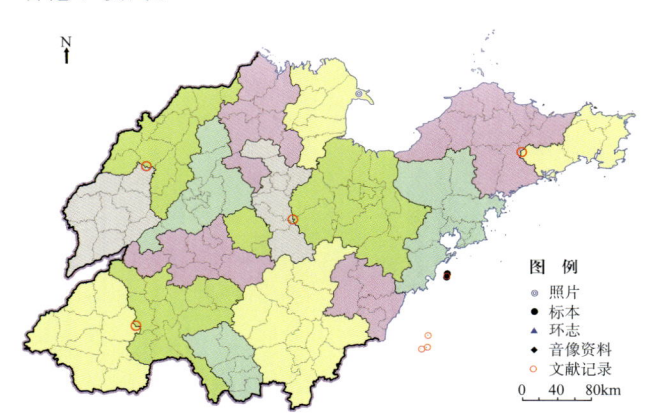

区系分布与居留类型： ［古］（P）。

种群现状： 物种分布范围广，种群数量普遍，被评为无生存危机物种。山东分布不普遍，数量少，所采标本保存处不详，第一次全省鸟类普查未采到标本，本书也未能征集到标本和照片，山东分布现状需进一步研究确证。

物种保护： Ⅲ，中日，Lc/IUCN。

参考文献： H608，M1219，Zjb48；Lc548，Q256，Z455，Zx126，Zgm178。

山东记录文献： 郑光美2011，朱曦2008，钱燕文2001，范忠民1990，郑作新1987、1976，Shaw 1938a；赛道建2013，纪加义1987d。

● 282-01 红喉鹨
Anthus cervinus (Pallas)

命名： Pallas PS, 1811, Zoogr. Rosso-Asiat., 1：151（西伯利亚堪察加）

英文名： Red-throated Pipit

同种异名： 赤喉鹨；—；—

鉴别特征： 中型，褐色鹨。嘴褐色、基部黄色，头红褐色、具黑褐色中央纹，眉纹、脸、喉与胸砖红色。上体黑褐色、具棕白羽缘，腰具纵纹和黑斑块，翼覆羽缘沾黄，胸具较少粗黑色纵纹，体侧具暗色粗纵纹，腹皮黄色。脚肉红色。

形态特征描述： 嘴细长、先端具缺刻，黑色、基部肉色或角褐色。虹膜褐色或暗褐色。耳羽棕褐色或暗黄褐色。颏、喉棕红色。上体灰褐色或橄榄灰褐色、具黑褐色羽干纹，头顶和背部黑褐色羽干纹粗著，腰和尾上覆羽稍窄。翅尖长，三级飞羽长、几乎与翅尖平齐，飞羽黑褐色，外侧具橄榄灰褐色窄羽缘，内侧飞羽具橄榄淡黄褐色羽缘；翼上覆羽暗褐色、小覆羽具灰褐色羽缘，中覆羽和大覆羽具乳白色宽阔羽缘。下体胸棕红色、余部棕黄色或黄褐色，下胸、腹和胁具黑褐色纵纹。尾细长、暗褐色，羽缘淡灰褐色，中央尾羽黑褐色、具橄榄灰褐色羽缘，最外侧1对尾羽端部具大型灰白色楔状斑，次1对仅具白端斑。腿细长，脚淡褐色或黑褐色，后趾具长爪。

红喉鹨（陈云江 20110426 摄于仲宫）

冬羽 第一年冬羽，喉部污白色到淡皮黄色，胸部具黑色纵纹。上体黄褐色或棕褐色、具黑色羽干纹。

雌鸟 似雄鸟。喉暗粉红色。下体皮黄白色，纵纹粗著。

鸣叫声： 发出短促"ji、ji"的单音声，飞行时发出"pseeoo"的尖细悦耳声。

体尺衡量度（长度 mm、体重 g）： 山东有采到标本的记录，但保存处不详，测量数据遗失。

标本号	时间	采集地	体重	体长	嘴峰长	翅长	跗蹠长	尾长	性别	现保存处
	1989	泰安		142	11	80	18	58	♀	泰安林业科技

栖息地与习性： 栖息于灌丛、草甸带、开阔平原和低山山脚地带，以及林缘、林中草地、河滩、沼泽、草地、林间空地及居民点附近。多成对在地面行走活动，尾常做规律的上下摆动，在地上行走觅食。

食性： 主要捕食鞘翅目、膜翅目、双翅目等目的昆虫及其幼虫，食物缺乏时采食少量植物。

繁殖习性： 繁殖期6～7月。在苔原草地或沼泽地带土丘上凹陷处或草丛根旁营巢，巢杯状，由草茎、枯叶构成，内垫软草、兽毛等。通常产卵4～6枚，卵灰色、淡蓝色或橄榄灰色，布满暗色。雌雄轮流孵卵，孵化期约10天。雏鸟晚成雏，雌雄共同育雏，育雏期约13天。

亚种分化： 单型种，无亚种分化。

通过线粒体DNA研究（Voelker 1999）认为，本种与黄腹鹨（*A. rubescens*）、水鹨（*A. spinoletta*）、平原鹨（*A. pratensis*）及粉红鹨（*A. roseatus*）亲缘关系较近。

分布： 东营 - ◎黄河三角洲。济南 - 济南；历城区 - 仲宫（陈云江20110426）；章丘 - 白云湖。济宁 - 济宁；微山县 -（P）南阳湖。日照 - 东港区 - 崮子河（成素博20150426）。泰安 -（P）泰安，浙汶河（刘兆瑞20140420），瀛河（刘兆瑞20160417）；东平县 -（P）●东平湖。烟台 - 栖霞 - 长春湖（牟旭辉20130429）。胶东半岛，鲁中山地，鲁西北平原，鲁西南平原湖区。

除宁夏、青海、西藏外，各省份可见。

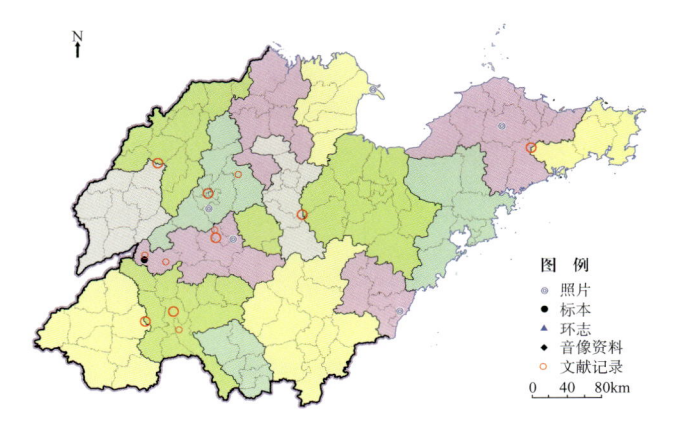

区系分布与居留类型：［古］P（PR）。

种群现状： 捕食昆虫，对农林业有益。物种分布广泛，种群数量较稳定，被评为无生存危机物种。山东分布数量并不普遍，未列入山东省重点保护野生动物名录。

物种保护： Ⅲ，中日，Lc/IUCN。

参考文献： H610，M1221，Zjb50； Lc550，Q256，Z456，Zx126，Zgm178。

山东记录文献： 郑光美2011，朱曦2008，钱燕文2001，范忠民1990，郑作新1987、1976；孙玉刚2015，赛道建2013、1994，纪加义1987d，李荣光1960、1959。

283-01 粉红胸鹨
***Anthus roseatus* Blyth**

命名： Blyth，1847，Journ. As. Soc. Bengal，16：437（尼泊尔）

英文名： Rosy Pipit

同种异名： 一；一；Hodgson's Pipit，Roseate Pipit

鉴别特征： 中型，偏灰具纵纹鹨。嘴灰色，眉纹粉红色而显著。背灰而具黑色粗纵纹，小翼羽呈特征柠檬黄色，下体粉红色。冬羽具褐灰色羽缘，腹白色，胸、腹及两胁具黑色点斑或纵纹。脚偏粉红色。相似种树鹨喉、胸非葡萄红色；红喉鹨喉、胸棕红色，腰具纵纹。

形态特征描述： 嘴黑褐色，下嘴基部色淡、角褐色，上喙细长、先端具缺刻。虹膜暗褐色，眉纹白沾粉红色。头侧暗灰色。上体橄榄灰色或绿褐色，头顶具明显黑褐色细窄纵纹，背具明显黑褐色宽粗纵纹，腰和尾上覆羽无纵纹。肩羽具显著褐白色狭缘；两翼暗褐色，羽具灰白色或橄榄绿色羽缘，初级飞羽明显，大覆羽和中覆羽橄榄灰白色羽端形成2道翼斑，小覆羽橄榄灰绿色。腋羽柠檬黄色。下体颏至胸部淡葡萄红色、余部乳白色或棕白色、黄色，胸、胁具深色纵纹。尾细长，最外侧1对尾羽端部具较大楔状白斑。腿细长，跗蹠和趾褐红色，后趾长爪较直、长约12mm。

冬羽 与婚羽下体粉红色、几无纵纹、眉纹粉红色不同。粗眉纹皮黄色明显。背部灰色，具黑色粗纵纹，胸、胁具浓密黑色点斑或纵纹。

幼鸟 似成鸟。体色淡，胸部纵纹淡而细密。

鸣叫声： 发出弱的似"seep seep"的叫声，求偶鸣叫似"tit-tit-tit-tit teedle teedle"声。

体尺衡量度（长度mm、体重g）： 山东分布见有文献记录，但暂无标本及测量数据。

栖息地与习性： 栖息于山地、林缘、灌丛、草原、草甸、河谷地带，藏隐于近溪流处。姿势比多数鹨较平。4月中下旬北迁到繁殖地，9月开始南迁越冬。成对或小群活动，停栖时尾常有规律上下摆动，性活跃，不停地在地上或灌丛中觅食。

食性： 主要捕食鞘翅目、鳞翅目及膜翅目等昆虫及其幼虫，兼食植物性种子。

繁殖习性： 繁殖期5～7月。雌雄亲鸟在林缘及林间空地、河边、湖畔、沼泽或水域附近草地和农田地边营巢。雌雄共同在草丛地上凹坑处或石穴中营巢，巢杯状，内垫兽毛、羽毛、枯草叶、枯草茎。主要由雌鸟孵卵，孵化期13天。雏鸟晚成雏，雌雄亲鸟共同育雏。

亚种分化： 单型种，无亚种分化。

分布： 日照-（P）前三岛-车牛山岛，达山岛，平山岛。胶东半岛。

河北、北京、山西、陕西、宁夏、甘肃、青海、新疆、江西、湖北、四川、重庆、贵州、云南、西藏、福建、海南。

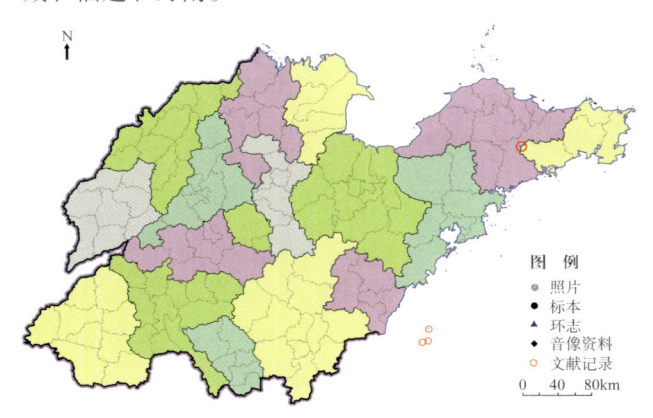

区系分布与居留类型： ［古］（P）。

种群现状： 捕食昆虫，对农林业有益。分布广，数量普遍。山东分布数量仅见少量记录，未有标本及照片等实证，其分布状况需进一步研究确证。

物种保护： Ⅲ，Lc/IUCN。

参考文献： H611，M1222，Zjb51；Q256，Z457，Zx127，Zgm178。

山东记录文献： 朱曦2008，范忠民1990，李悦民1994；赛道建2013，纪加义1987d。

● 284-01　**水鹨**
Anthus spinoletta **Linnaeus**

命名： Linnaeus C，1758，Syst. Nat.，ed. 10，1：166.（意大利）

英文名： Water Pipit

同种异名： 褐色鹨，小水鹨，布氏冰鸡儿，日本冰鸡儿；—；Rock Pipit，Buff-bellied Pipit

鉴别特征： 中型，偏灰具纵纹鹨。嘴暗灰色，眉纹粉红而显著。上体灰褐色具暗褐色纵纹，下体粉红色，胸部葡萄红色，具暗色纵纹（雌鸟无）。冬羽背部灰色，具粗黑纵纹，胸、两胁具浓密黑色点斑或纵纹。脚深褐色。

形态特征描述： 嘴暗褐色，上喙先端具缺刻。虹膜褐色或暗褐色，眉纹乳白色或棕黄色，耳后有白斑。上体橄榄绿色具暗褐色纵纹，头部明显、背部纵纹不明显。两翼尖长、暗褐色，具2道白色翼斑，三级飞羽长、几乎与翅尖平齐。下体浅棕色或橙黄色，胸部色深沾葡萄红色，胸、胁具不明显暗色细纵纹或斑点。尾细长、暗褐色，最外侧1对尾羽外翈具大型白斑。腿细长、肉色或暗褐色，后趾具长爪。

水鹨（李在军20090314摄于河口区）

冬羽　下体暗皮黄色，胸、胁具明显暗褐色纵纹。

鸣叫声： 受惊时发出"tsu-pi"或"chu-i"的尖叫声，声细而尖。

体尺衡量度（长度mm、体重g）：

标本号	时间	采集地	体重	体长	嘴峰长	翅长	跗蹠长	尾长	性别	现保存处
	1989	东平湖		175	11	95	23	70	♂	泰安林业科技
	1989	东平湖		173	10	90	23	65	♀	泰安林业科技

栖息地与习性：栖息于中高山草原、阔叶林、混交林和针叶林等山地，迁徙期和冬季多栖于低山丘陵和山脚平原草地，在林缘、林间空地、路边、沼泽、草地和河谷、溪流、湖泊、水塘等水域岸边及附近农田、居民区等各类生境中活动，常藏隐于近溪流处。单个、成对、迁徙期间成大群在地上活动，性机警，受惊后立刻飞到附近树上，站立时尾常上下摆动。不停地在地上奔跑或在灌丛中觅食。

食性：主要捕食鞘翅目、鳞翅目及膜翅目等昆虫及其幼虫，也吃蜘蛛、蜗牛等其他小型无脊椎动物，兼食苔藓和植物性种子、谷粒。

繁殖习性：繁殖期4～7月。在林缘及林间空地、河边或湖畔、沼泽或水域附近草地和农田地边营巢，杯状巢置于草丛地上凹坑内，垫以兽毛、羽毛、枯草叶、枯草茎。营巢由雌雄亲鸟共同承担。每窝产卵4～5枚，卵灰绿色被黑褐色斑点。主要由雌鸟孵卵，孵化期14天。雏鸟晚成雏，雌雄亲鸟共同育雏，育雏期约15天。

亚种分化：全世界亚种的分化有分歧，如7亚种（Vaurie 1959）、5亚种（赵正阶2001）或9亚种（Howard and Moore 1990）。Howard 和 Moore（1991）将9亚种分属于 *A. rubescens*、*A. spinoletta* 和 *A. pwtrosus* 3个独立的种，目前多数学者支持这一观点，并有研究证实 *rubescens*、*spinoletta* 的繁殖区重叠而互不交配。中国2个亚种（郑作新1987、1976，赵正阶2001），郑光美（2011）赞同3个独立种观点，认为中国1个亚种，山东亚种分布采用郑光美观点，为中亚亚种 ***A. s. coutellii*** Audouin、*Anthus spinoletta blakistoni* Swinhoe。

亚种命名　　*Anthus coutellii* Audouin，1828，in Savigny, Deser, Egypte 23：360（埃及）

Anthus blakistoni Swinhoe，1863，Proc. Zool. Soc. London：90（长江下游）

分布：东营-（P）◎黄河三角洲；河口区（李在军20090314）。济南-（P）济南、黄河；天桥区-北园。济宁-微山县-（P）南阳湖、鱼台-夏家（20160409）。莱芜-莱城区-牟汶河（陈军20131229）。青岛-黄岛区-（P）潮连岛。泰安-（P）泰安、泰山、农大南校园；东平县-（P）●东平湖。烟台-◎莱州；海阳-凤城（刘子波20141123）。淄博-淄博；张店区-人民公园（赵俊杰20141216）。胶东半岛、鲁中山地、鲁西北平原、鲁西南平原湖区。

辽宁、河北、北京、山西、河南、陕西、宁夏、甘肃、青海、新疆、安徽、江苏、上海、江西、湖南、湖北、四川、云南、福建、台湾。

区系分布与居留类型：[古]（P）。

种群现状：物种分布范围广，为无生存危机的物种。山东分布数量并不普遍，未列入山东省重点保护野生动物名录。

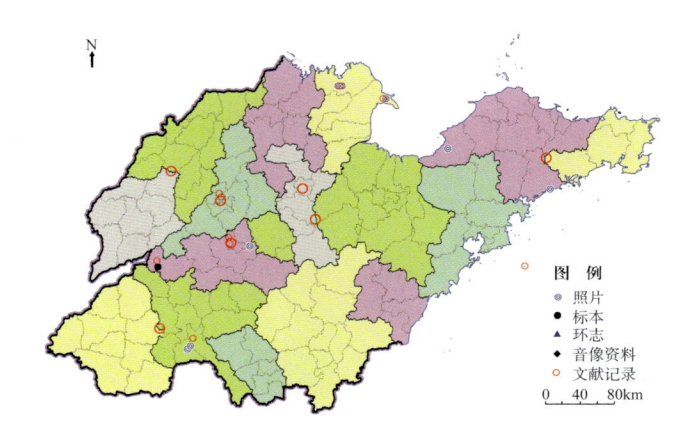

物种保护：Ⅲ，中日，Lc/IUCN。

参考文献：H612，M1223，Zjb 52；Lc557，Q256，Z458，Zx127，Zgm179。

山东记录文献：郑光美2011，朱曦2008，赵正阶200，钱燕文2001，范忠民1990，郑作新1987、1976；赛道建2013、1994，田家怡1999，赵延茂1995，纪加义1987d，李荣光1959，田丰翰1957。

285-01 黄腹鹨
*Anthus rubescens** (Tunstall)

命名：Tunstall M，1771，Orn. Brit. p2. Ex Pennant's Brit. Zool., p. 239（美国宾夕法尼亚州）

英文名：Buff-belled Pipit

同种异名：—；*Anthus pratensis japonicus* Temminck & Schlegel；American Pipit

鉴别特征：上嘴角质色、下嘴偏粉色，眉纹前部棕黄色、后部棕白色，贯眼纹、颧纹黑褐色。上体浓褐色，头顶细密黑褐色纵纹延伸到背部消失，下背至尾上覆羽几乎纯褐色，三级飞羽几与翅尖齐，下体白色，胸具粗著色黑纵纹，颈侧块斑近黑色。尾黑褐色，外侧尾羽具白斑。脚暗黄色。上体体羽比相似种树鹨的褐色浓重。

形态特征描述：嘴细长，上嘴角质色、先端具缺刻，下嘴偏粉色。虹膜褐色，贯眼纹黑褐色，眼先黄白色或棕色，眉纹嘴基棕黄色后转为白色或棕白色。颏、喉白色或棕白色，喉侧颧纹黑褐色。颈侧具近黑色块斑。上体浓褐色，头顶具细密黑褐色纵纹、到背部纵纹逐渐不明显，下背、腰至尾上覆羽几乎纯褐色、无纵纹或纵纹极不明显。两翅尖长、黑褐色具橄榄黄绿色羽缘，中覆羽和大覆羽具白色或棕白色端

---

* 纪加义（1987d）、郑作新（1987）记为 *Anthus spinoletta japonicus* 亚种；现独立为物种。

斑，初级、次级飞羽羽缘白色，三级飞羽长、与翅尖几乎平齐。胸、胁皮黄白色或棕白色，具粗著而浓密黑色纵纹，其余下体白色。尾细长，尾羽黑褐色具橄榄绿色羽缘，最外侧1对尾羽具大型白色楔状斑，次1对仅尖端白色。腿细长、暗黄色，后趾具长爪。

黄腹鹨（刘兆瑞20110312摄于黄前水库；李令东20100212摄于乐陵城区）

鸣叫声： 飞行时发出偏高的"jeet-eet"叫声，鸣声为一连串快速"chee"或"cheedle"声。

体尺衡量度（长度mm、体重g）： 山东暂无标本及测量数据，但近年来拍到照片。

栖息地与习性： 栖息于阔叶林、混交林和针叶林等山地森林及山矮曲林和疏林灌丛。迁徙期间和冬季多栖于低山丘陵和山脚平原草地，活动在林缘、林间空地、路边、河谷、草地及稻田、居民区等各类生境。成对或小群活动，性活跃，不停地在地上或灌丛中觅食。

食性： 主要捕食鞘翅目、鳞翅目及膜翅目等目的昆虫及其幼虫，兼食植物种子。

繁殖习性： 繁殖期5～7月。雌雄亲鸟共同在林缘及林间空地、河边、湖畔、沼泽或水域附近草地和农田地边营巢，杯状巢置于草丛地面上凹坑内，垫以兽毛、羽毛、枯草叶、枯草茎。主要由雌鸟孵卵，孵化期13天。雏鸟晚成雏，雌雄鸟共同育雏。

亚种分化： 全世界有4个亚种，中国1个亚种，山东分布为东北亚种 ***A. r. japonicus*** * Temminck et Schlegel，Anthus spinoletta japonicus Temminck et Schlegel。

―――――――
* 或作水鹨的一亚种（郑作新1976、1987，纪加义1988a）。

亚种命名 Temminck CJ *et* Schlegel H, 1847, in Siebold, Fauna Japonica, Aves. p. 59 版图54（日本）

曾将其与Rock Pipit（*A. petrosus*）、水鹨（*A. spinoletta*）合并为一个种，*A. spinoletta*（Mayr and Greenway 1960, Cramp 1988）。因三种鹨形态、鸣声及生态需求不相同，黄腹鹨、水鹨在西伯利亚共域繁殖、生态需求不同，并具有生殖隔离，20世纪80年代有学者认为应该将三个种类分开，大部分学者（Sibley and Monroe 1990, Howard and Moore 1994, Dickinson 2003, Tyler 2004, Clements 2007）接受这种观点，*A.rubescens* 称为黄腹鹨。

分布： 德州-乐陵-城区（李令东20100212）。东营-◎黄河三角洲。济南-历城区-仲宫（陈云江20110417）。日照-东港区-付瞳河（成素博20130404）；（P）前三岛-车牛山岛，达山岛，平山岛。泰安-岱岳区-黄前水库（刘冰20110312，刘兆瑞20110312）。鲁中山地，鲁西北平原。

除宁夏、青海、西藏外，各省份可见。

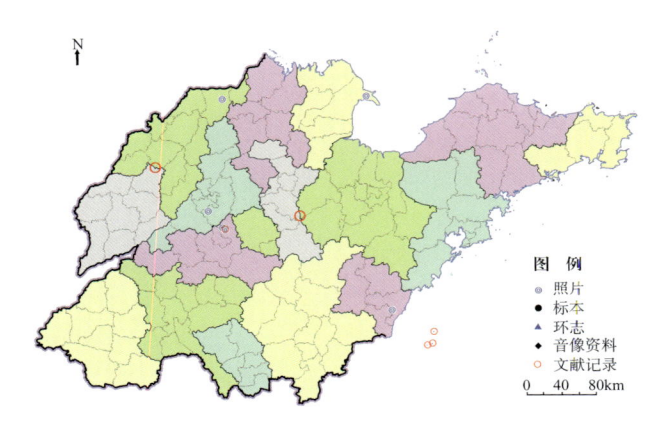

区系分布与居留类型： [古]（P）。

种群现状： 物种分布范围有限，由于当地原始森林被栽培作物取代，栖息地被破坏及疾病传播对其构成威胁，数量正在减少。山东迁徙过境分布数量少，对种群生存贡献不大，未列入山东省重点保护野生动物名录。

物种保护： Lc/IUCN。

参考文献： H612, M1224, Zjb52；Lc553, Q256, Z458, Zx127, Zgm179。

山东记录文献： 郑光美2011，朱曦2008，李悦民1994，郑作新1987、1976；赛道建2013，纪加义1987d。

○ **286-01** 山鹨
Anthus sylvanus (Hodgson)

命名： Hodgson，1845，Journ. As. Soc. Bengal 14：556（尼泊尔）

英文名： Upland Pipit
同种异名： —；—；—

鉴别特征： 棕黄色具褐色纵纹鹨。嘴暗褐色、而粗短，眉纹白色。上体棕褐色、具黑褐色纵纹，小翼羽浅黄色，下体除喉、下腹中央外满布狭细黑褐色纵纹。尾羽窄而尖。脚肉红色。体羽褐色比相似种理氏鹨及田鹨浓。

形态特征描述： 嘴短而粗、暗褐色，上喙细而先端具缺刻、下嘴基部色淡。虹膜褐色。眉纹乳白色或棕白色不明显。耳覆羽暗棕色。喉棕白沾灰色。上体棕色或棕褐色，从头顶至尾上覆羽具粗著黑褐色纵纹。两翅尖长、黑褐色具褐白色窄羽缘，中覆羽、大覆羽和内侧次级飞羽外侧具棕褐色宽羽缘，小翼羽浅黄色，三级飞羽长、与翅尖几乎平齐。腋羽淡黄色。下体棕白色或褐白色微沾灰色，除下腹中央无纵纹外，均具黑褐色纵纹，胸、腹纵纹细窄如发丝，而体侧纵纹宽阔而粗著。尾细长，尾羽黑褐色具淡棕白色狭缘，中央1对尾羽细尖呈箭状，其余尾羽仅末端尖细呈尖形，最外侧1对除基部黑褐色外，余部呈棕白色或褐白色，次1对外侧端部具棕白色或褐白色楔状斑，外侧第3对仅羽端具小白斑。腿细长，后趾爪约10mm、长、弯曲明显，脚、爪淡肉色。

鸣叫声： 发出似高音麻雀叫声，悠扬"weeeee tch、weeeee tch"声似鹞而不似鹨。

体尺衡量度（长度mm、体重g）： 山东见有文献记录，但无标本及测量数据。

栖息地与习性： 栖息于山地林缘、灌丛、草地、岩石草坡和农田地带，喜在峻峭山坡草地、灌丛和岩石区活动。通常不迁徙，繁殖后期游荡或作垂直迁移活动。单独、成对活动，冬季集群活动。遇干扰则飞至树上鸣叫，多在地上快速奔跑觅食。

食性： 主要捕食鞘翅目、鳞翅目及膜翅目等昆虫及其幼虫，兼食植物种子。

繁殖习性： 繁殖期5～8月。在林缘及林间空地、河边或湖畔、沼泽或水域附近草地上和农田地边营巢，杯状巢筑于草丛地上凹坑内，垫以兽毛、羽毛、枯草叶、枯草茎。每窝产卵4～5枚，卵淡灰色、灰白色被黑褐色、红褐色斑点，卵径约为22mm×17mm。主要由雌鸟孵卵，孵化期14天。雏鸟晚成雏，雌雄亲鸟共同育雏，育雏期约15天。

亚种分化： 单型种，无亚种分化。

分布： 济宁 - 微山县 - 两城。日照 -（S）前三岛 - 车牛山岛，达山岛，平山岛。胶东半岛，鲁中山地，鲁西北平原，山东。

陕西、上海、浙江、江西、湖南、湖北、四川、重庆、贵州、云南、福建、广东、广西、香港、澳门。

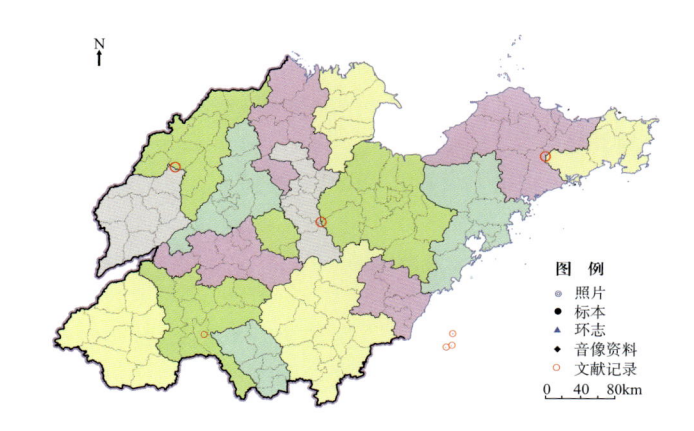

区系分布与居留类型： [东]（S）。

种群现状： 物种分布区域不广，数量稀少。山东见有分布记录，尚无专项研究，也无标本与照片等分布实证，需要加强分布现状的研究。

物种保护： Ⅲ，Lc/IUCN。

参考文献： H613, M1225, Zjb53；Q258, Z459, Zx127, Zgm179。

山东记录文献： 朱曦2008，范忠民1990，李悦民1994；赛道建2013，纪加义1988a。

20.5 山椒鸟科 Campephagidae（Cuckoo-shrikes）

嘴短而粗壮，基部宽阔，上喙尖端向下弯成钩状。鼻孔前有短刚毛。体羽柔软，下背部羽毛多而致密，羽轴坚硬易脱落。脚细弱，跗蹠具盾状鳞。

栖息于山区的树林，多为树栖性，主要活动在树冠层。多单独或成对活动，冬季有群栖习性，常成群出现。主要以昆虫及其幼虫为食。在树上营杯状巢，以枯草等植物茎叶构成。每窝产卵2～5枚，孵化期约14天，由雌雄鸟共同孵卵与育雏。温带鸟种有季节迁移现象。主要生存威胁为栖息地破坏及人为猎捕，目前已有5种受到生存威胁。

Sibley和Ahlquist（1990）进行核酸杂合（DNA- DNA hybridization）研究认为，山椒鸟科与黄鹂科鸟类的亲缘关系最近。将其与黄鹂类放入鸦科（Corvidae）。Howard和Moore系统（Dickinson 2003）仍将山椒鸟自成一科。

全世界共有7属81种，中国有3属10种，山东分布记录有2属5种。

山椒鸟科分属种检索表

1. 尾浅凸状，最外侧尾羽>尾长之3/4 ·· 鹃鵙属 Coracina，暗灰鹃鵙 C. melaschistos
   尾深凸状，最外侧尾羽<尾长之半 ··· 山椒鸟属 Pericrocotus
2. 尾黑色和黄色，尾上覆羽黄色 ·· 3
   尾黑色和红色，尾上覆羽红色 ·· 4
   尾黑色和白色，尾上覆羽灰褐色或黑色 ··· 5
3. 内侧次级飞羽无圆黄斑，上、下背同色，下体浅黄色、黄白色 ·· ♀ 粉红山椒鸟 P. roseus
   喉灰白色，飞羽无黄斑，头顶、上背暗褐色而下背、腰鲜黄色，下体艳黄色 ················ ♀ 长尾山椒鸟 P. ethologus
4. 喉黑色，次级飞羽无红斑具红色羽缘 ·· ♂ 长尾山椒鸟 P. ethologus
   喉非黑色，腹部粉红色 ··· ♂ 粉红山椒鸟 P. roseus
5. 腰、背均灰色，体型较大，翅长 93~100mm ··· 灰山椒鸟 P. divaricatus
   腰较背色淡，呈沙褐色，体型较小，翅长 86~93mm ··· 小灰山椒鸟 P. cantonensis

○ 287-01 暗灰鹃鵙（jú）
Coracina melaschistos（Hodgson）

命名：Hodgson BH，1836, Ind. Rev., 1：328（尼泊尔）
英文名：Black-winged Cuckoo Shrike
同种异名：黑翅山椒鸟；*Coracina melaschistos avensis*, *Volvocivora intermedia* Hume, 1877, *Volvocivora melaschistos* Hodgson, 1836; Dark-grey Cuckoo Shrike, Lesser Cuckoo Shrike

鉴别特征：小型鸣禽，体型较纤细。嘴黑色。通体青灰色、两翼亮黑色。尾黑色、外侧尾羽具白端斑，尾下覆羽灰白色。雌鸟色浅，下体具白横斑，翼下具小块白斑。脚蓝黑色。

形态特征描述：嘴黑色，短宽、先端下弯、微具缺刻。虹膜红褐色，具有不明显白色窄眼圈。头、颈、背羽及肩羽青灰色，腰部较淡。两翼中等、稍尖长、亮黑色富有光泽、具白色或灰色窄羽缘。下体胸蓝灰色，腹灰白色。尾细长、黑色，3枚外侧尾羽，具大型白色端斑，尾上覆羽蓝灰色，尾下覆羽白色。脚铅蓝色，较短弱。

雌鸟　似雄鸟。色浅。眼圈白色、不完整。翼下通常具小块白斑，飞羽及尾羽为灰黑色。下体胸、腹及耳羽具深浅相间横斑纹。

暗灰鹃鵙（王宜艳 20150510 摄于夹河）

鸣叫声：发出 3、4 个缓慢而有节奏音节的下降笛音 "wii wii jeeow jeeow"。

体尺衡量度（长度 mm、体重 g）：

标本号	时间	采集地	体重	体长	嘴峰长	翅长	跗蹠长	尾长	性别	现保存处
	1989	泰山	220	15	125	20	110	♀	泰安林业科技

栖息地与习性：栖息生活于平原、山区的落叶混交林、阔叶林缘、松林、针竹混交林及山坡灌丛、开阔林地及竹林中，冬季常从山区森林下移越冬。有迁徙行为，4~5月和9~10月在我国南北迁徙。

食性：杂食性，主要捕食鞘翅目、直翅目、双翅目等昆虫，也吃蜘蛛、蜗牛及少量植物种子。

繁殖习性：繁殖期5~7月。在乔木树冠层筑碗状巢。每窝产卵2~5枚，卵椭圆形，蓝色或绿色被暗灰色斑点和斑纹，卵径约为 23.5mm×17.5mm。雌雄亲鸟轮流孵卵。雏鸟晚成雏。

亚种分化：全世界有4个亚种，中国有4个亚种，山东分布为普通亚种 *Coracina melaschistos intermedia*（Hume）。

亚种命名　Hume AO, 1877, Str. Feath., 5：205

（Tenasserim，Burma）

分布：东营 - 黄河三角洲。**泰安** - （P）泰安，● 泰山。**烟台** - 芝罘区 - 夹河（王宜艳20150510）。鲁西北平原，鲁西南平原湖区。

河北、北京、山西、河南、陕西、甘肃、安徽、江苏、上海、浙江、江西、湖北、四川、重庆、贵州、云南、台湾、广东、广西、香港、澳门。

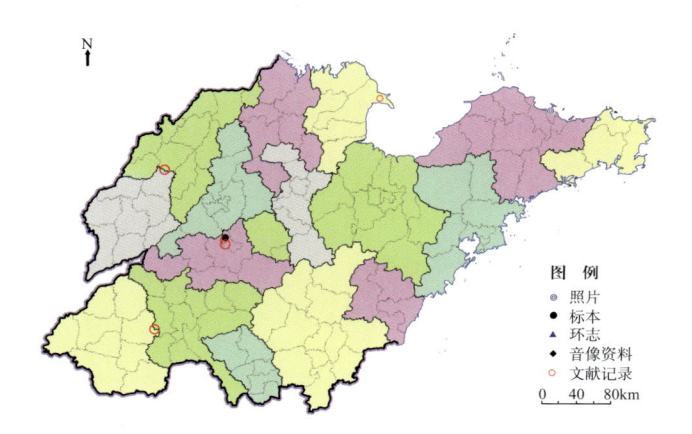

区系分布与居留类型：［东］（P）。

种群现状： 捕食昆虫，对农林业有益。分布广泛，但种群数量不多，其栖地也有日渐减少的趋势。在山东为稀有过境鸟，纪加义（1985）以标本定为省内新记录；山东多年无研究报道，卢浩泉（2003）认为山东已无分布，近年来征集到少量照片确证其现状是仍有一定数量分布，需要加强物种与栖息地的研究与保护。

物种保护： Ⅲ，Lc/IUCN。

参考文献： H615，M660，Zjb55；Lb538，Q258，Z461，Zx128，Zgm180。

山东记录文献： 朱曦2008，范忠民1990；赛道建2013，田家怡1999，卢浩泉2001，纪加义1985、1988a。

○ 288-01 粉红山椒鸟
Pericrocotus roseus（Vieillot）

命名： Vieillot, 1818, Nouv. Dict. Hist. Nat., 21：486（孟加拉国）

英文名：Rosy Minivet

同种异名： 一；*Pericrocotus roseus roseus*（Vieillot）；一

鉴别特征： 具红色或黄色斑纹的山椒鸟。嘴黑色，头灰色，颏、喉白色。上体灰褐色或灰色，胸玫瑰红色，翅灰褐色具红斑或白斑，下体粉红色。腰、尾上覆羽赤红色，尾黑色、红色或黑白色。雌鸟腰、尾上覆羽色浅染黄色，下体浅黄色。脚黑色。与其他山椒鸟的区别是雄鸟头灰色、胸玫瑰红色，雌鸟腰部及尾上覆羽羽色比背部略浅染黄色，下体为甚浅黄色。

形态特征描述： 嘴黑色。虹膜褐色，眼先灰黑色，耳羽浅灰色。前额白色沾粉红色，头顶灰褐色。颏及喉白色。背灰色。腰、尾上覆羽橙红色。翅暗褐色，除最外侧初级飞羽外，飞羽基部、内侧初级飞羽外翈橙红色，与大覆羽红色端斑共同形成显著橙红色翼斑，翼缘粉红色。下体粉红色。尾凸状，中央尾羽黑褐色，两侧尾羽橙红色楔状斑依次扩大到最外侧尾羽，仅基部暗褐色、全为橙红色。脚黑色。

雌鸟 似雄鸟。颏及喉黄白色。上体淡灰色，腰、尾上覆羽橄榄黄色。翼斑黄色。尾黄色。下体浅黄色。翼下鲜黄色。

鸣叫声： 发出特有的"pi-ru"双声笛音。

体尺衡量度（长度mm、体重g）： 山东见有文献记录，但暂无标本及测量数据。

栖息地与习性： 栖息于低山丘陵和山脚平原的次生阔叶林、针阔混交林、针叶林、稀树草坡和地边树丛。3~4月迁到繁殖地，9月迁离繁殖地，飞行时红色、黄色互相辉映，结群活动于树顶，在空中捕捉飞虫后返回原栖息枝头，或集群活动在树枝间啄食昆虫。

食性： 主要捕食鳞翅目、膜翅目、鞘翅目、直翅目等昆虫及其幼虫，如毛虫、蜡象、金龟甲等农林害虫。

繁殖习性： 繁殖期4~7月。在茂密森林中的乔木、小树上营巢。浅杯状巢用细草茎、细草根、松针等材料构成，巢外披些苔藓和地衣使巢看上去像是枝干上的一些苔藓。每窝产卵2~4枚，卵天蓝色或海绿色被暗褐色斑点，卵径约为21mm×17mm。

亚种分化： 单型种，无亚种分化（郑光美2011）。此种分类曾包含 *roseus* 和 *cantonensis* 2个亚种（郑作新1987、1976），后者独立为种，此种仅有 *roseus* 指名亚种。

分布： 胶东半岛，鲁西北平原。

浙江、四川、贵州、云南、广东、广西。

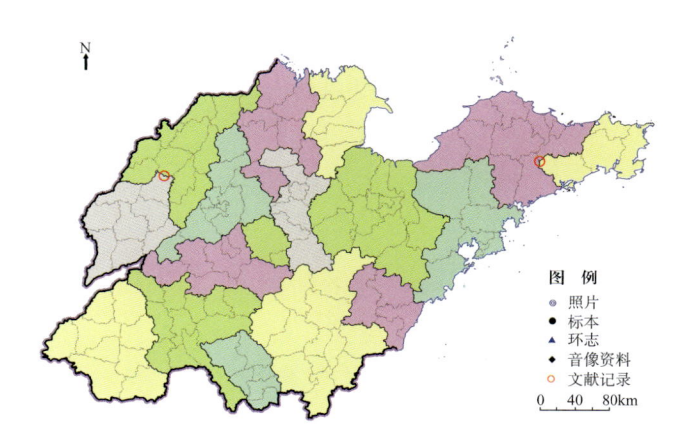

区系分布与居留类型：[东]（P）。

种群现状： 是捕食农林害虫的益鸟。分布区范围狭窄，数量不多。山东分布纪加义（1988a）记录 cantonensis 亚种为胶东旅鸟，卢浩泉（2001）认为山东已无分布；尚无标本、照片等实证证明山东有分布，但拍到小灰山椒鸟照片，由于 cantonensis 曾作为本种的亚种之一，此种可能为当今分类系统的小灰山椒鸟的误记，需进一步研究确证是二者的一种或两种有分布。

物种保护： Ⅲ，中日，Lc/IUCN。

参考文献： H616，M661，Zjb56；Q258，Z462，Zx128，Zgm180。

山东记录文献： —；赛道建 2013，卢浩泉 2003，纪加义 1988a。

288-21　小灰山椒鸟
Pericrocotus cantonensis Swinhoe

命名： Swinhoe，1861，Ibis，3：42（广州）

英文名： Swinhoe's Minivet

同种异名： —；*Pericrocotus roseus cantonensis* Swinhoe，1861；—

鉴别特征： 体小，黑色、灰色及白色山椒鸟。额、头前部白色。上体灰黑色。腰、尾上覆羽沙褐色。翅具白色或黄白色翼斑。下体白色。尾羽除中央黑褐色外其余白色。相似种粉红山椒鸟额白色、头前部非白色，腰、尾上覆羽雄鸟红色、雌鸟黄色，外侧尾羽雄鸟橙红色、雌鸟黄色，颏、喉白色，下体粉红色；灰山椒鸟腰、尾上覆羽与背同为灰色。

形态特征描述： 嘴黑色。虹膜暗褐色。额和头顶前部明显白色。鼻羽、嘴基处额羽、眼先、头顶后部、枕、耳羽亮黑色。上体后颈、背石板灰色，腰、尾上覆羽浅皮黄色。翅内侧覆羽和最内侧次级飞羽外翈与背同色、飞羽具灰白色窄缘，其余飞羽黑褐色，近羽基处具灰白色横翼斑，展翅时呈显著"∧"字形，醒目斜带状，翼下覆羽白色杂以黑斑。腋羽黑色具白色端斑。下体自颏至尾下覆羽，包括颈侧及耳羽前部概为白色，胸侧和两胁略呈灰白色。2 对中央尾羽黑褐色，其余尾羽基部黑色、先端白色。脚、爪黑色。

雌鸟　似雄鸟。前额白缀灰色。鼻羽、嘴基处额羽及眼先黑褐色。上体几乎纯灰色，头顶至背、肩、内侧翼上覆羽灰色，翅、尾黑褐色较雄鸟淡而沾灰色。

鸣叫声： 发出似"gi-lili，gi-hi，gi-lili"的颤音鸣叫声。

体尺衡量度： 山东暂无标本及测量数据，但近年来拍到照片。

小灰山椒鸟（李宗丰 20110630、20120702 摄于灵公山；张培栋 20150713 摄于沙岭村天龙水库）

栖息地与习性： 栖息于海拔高至 1500m 的落叶阔叶林地带；在山东发现于沟谷纵横的山坡阴面次生槐树林、近溪流的栗子树林中，喜林荫茂密、树下少灌木的生态环境，与寿带鸟、卷尾选择相似的生境。常单独或成对栖于大树顶层侧枝或枯枝上，飞翔呈波状形，5 月初迁来繁殖地，秋季多在 9 月末 10 月初南迁越冬，迁徙期间有时集成大群呈松散队形边飞边鸣叫，或分散在树上活动捕食。

食性： 主要捕食毛虫、叩头虫、甲虫、瓢虫、蜷象等鞘翅目、鳞翅目和同翅目昆虫及其幼虫，以及植物的果实、种子和麦粒等。

繁殖习性： 繁殖期 5~7 月。在落叶阔叶林和红松阔叶混交林中高大树木的侧枝上营巢，碗状巢由枯草、细枝、树皮、苔藓、地衣等材料构成，周围有浓密枝叶掩盖。每窝产卵 4~5 枚，卵灰白色或蓝灰色被暗褐色或黄褐色斑点，卵径约为 16mm×21mm，卵重 2.5~3.5g。

亚种分化： 单型种，无亚种分化。

曾作为 *Pericrocotus roseus* 的 cantonensis 亚种（郑作新 1987、1976），现独立为种（Peeers 1960，郑作新 2000、1994，马敬能 2000，赵正阶 2001b，郑光美 2011）。

分布： 日照 - 五莲县 - 灵公山（李宗丰 20110630、20120702）。泰安 - 泰山 - 沙岭村天龙水库（张培栋 20150713）。威海 - 威海卫。胶东半岛。

河南、陕西、甘肃、安徽、江苏、上海、浙江、湖北、四川、重庆、贵州、云南、广东、广西、香港。

甚窄，上体较暗，下体胸和体侧沾褐灰色。相似种小灰山椒体型小，腰和尾上覆羽沙褐色、与背不同色，眼先非黑色。

形态特征描述： 嘴黑色。虹膜暗褐色，贯眼纹黑色。额和头顶前部白色，额基与眼先黑色相连形成"⌒"形，鼻羽、头顶后部至后颈、耳羽黑色。背、腰至尾上覆羽等整个上体石板灰色。翅内侧覆羽与背同色，最内侧次级飞羽外翈也与背同色、具灰白色窄羽缘，其余飞羽黑褐色、近羽基处具灰白色翼斑、连缀成斜带，展翅时呈显著"∧"字形，翼下覆羽白色杂以黑斑。颈侧、耳羽前部和下体均白色，胸侧、胁略呈灰白色，腋羽黑色具白色端斑。尾黑色、外侧尾羽先端白色。脚、爪黑色。

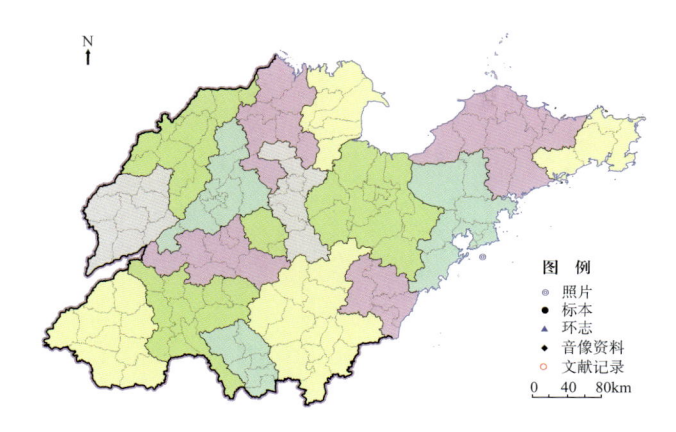

区系分布与居留类型： [东] S。

种群现状： 物种虽然分布广泛，但全球性近危（Collar 1994），需要加强保护性研究。在山东分布区狭窄，数量极少；据日照观鸟爱好者李宗丰介绍，在鸟类繁殖期5~7月野外观察到成对活动，有叼草、叼虫现象，并拍到照片，但未能监测发现鸟巢及育雏行为，需进一步研究确证，未列入山东省重点保护野生动物名录。

物种保护： 全球性近危（Collar 1994）。

参考文献： H617，M662，Zjb57；Z463，Zx129，Zgm180；Qm073/326。

山东记录文献： 为山东首次记录。

● 289-01 灰山椒鸟
Pericrocotus divaricatus（Raffles）

命名： Raffles TS，1822，Trans. Linn. Soc., London，13：205（新加坡、苏门答腊）

英文名： Ashy Minivet

同种异名： 宾灰燕，十字鸟，呆鸟；*Pericrocotus cinereus* Lafresnaye，*Lanius divaricatus* Raffles，1822，*Pericrocotus roseus divaricatus*，*Pericrocotus tegimae* Stejneger，1887；Gray Minivet

鉴别特征： 黑色、灰色及白色山椒鸟。嘴黑色，额白色，眼先、头枕部黑色。上体灰色，翅黑褐色具白翼斑，下体和颈侧白色。尾黑褐色，外侧尾羽先端白色。脚黑色。雌鸟色浅而多灰色。相似种小灰山椒嘴基黑色细窄、不与眼先黑色相连或连接处

灰山椒鸟（单凯 20111002 摄于大汶流）

雌鸟 似雄鸟。前额灰白色，鼻羽、嘴基处额羽及眼先黑褐色。上体头顶至背、肩、内侧翼上覆羽几乎纯灰色。翅、尾黑褐色较雄鸟淡而沾灰色。

鸣叫声： 飞行时发出似"gi-lili"的金属般颤音。

体尺衡量度（长度mm、体重g）： 寿振黄（Shaw 1938a）记录采得雄鸟2只，雌鸟1只标本，但标本保存地不详。

标本号	时间	采集地	体重	体长	嘴峰长	翅长	跗跖长	尾长	性别	现保存处
	1958	微山湖		194	10	98	12	86		济宁一中
840484	19841016	鲁桥	28	197	12	94	17	98	♂	济宁森保站

栖息地与习性： 栖息于较中低海拔的落叶林地及林缘。成群在树冠层上空呈波状形飞翔，迁徙时可集成数十只大群、呈松散队形、边飞边鸣叫，或单独、成对栖息于大树顶层侧枝或枯枝上，分散在树上活动捕食。

食性： 主要捕食鞘翅目、鳞翅目和同翅目昆虫及其幼虫。

繁殖习性： 繁殖期5~7月。在高大树木侧枝上营碗状巢，由枯草、细枝、树皮、苔藓、地衣等材料构成，巢由浓密枝叶掩盖隐蔽得很好。每窝产卵4~5枚，卵灰白色或蓝灰色被暗褐色或黄褐色斑点，卵径约为16mm×21mm，卵重2.5~3.5g。

亚种分化： 全世界有2个亚种，中国1个亚种，山东分布为指名亚种 *P. d. divaricatus*（Raffles）。

亚种命名 Raffles TS，1822，Trans. Linn. Soc. London，13：205（新加坡、苏门答腊）

曾作为 *Pericrocotus roseus* 的 *divaricatus* 亚种。

分布： 滨州 -●（刘体应1987）滨州。东营 -（P）◎黄河三角洲；自然保护区 - 大汶流（单凯20111002）；河口区（李在军20090427）。菏泽 -（P）菏泽。济南 -（P）济南，黄河。济宁 -●济宁，古流水；曲阜 - 尼山（马士胜20150914）；（P）微山县 -（P）两城。青岛 -●（Shaw 1938a）青岛；李沧区 -●（Shaw 1938a）李村。日照 -（P）前三岛 - 车牛山岛，达山岛，平山岛。泰安 -（P）泰安；泰山（刘冰20110528）- 低山。威海 - 文登 - 大水泊（20130523）。烟台 - 芝罘区 - 鲁东大学（王宜艳20160514）；◎莱州；莱阳 - 姜疃（刘子波20160505）；栖霞 - 长春湖（牟旭辉20120428）。淄博 - 淄博。胶东半岛，鲁中山地，鲁西北平原，鲁西南平原湖区。

黑龙江、吉林、辽宁、内蒙古、河北、北京、山西、河南、甘肃、江苏、上海、浙江、江西、湖南、湖北、四川、贵州、云南、福建、台湾、广东、香港。

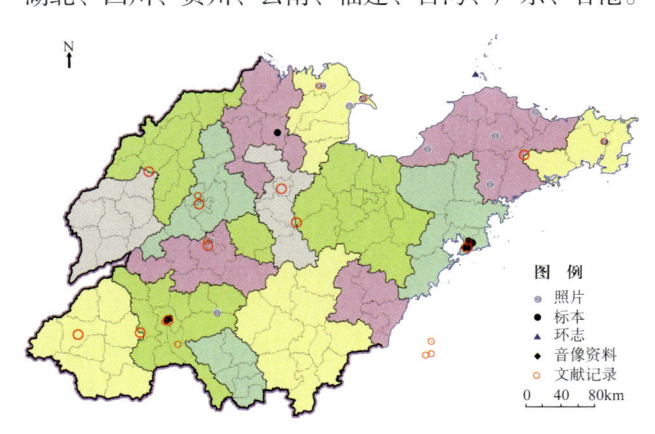

区系分布与居留类型：［古］（P）。

种群现状： 全世界种群数量相当丰富，目前未列入受威胁物种，但面临栖息地日渐减少趋势的影响。在山东分布情况一般，未列入山东省重点保护野生动物名录。

物种保护： Ⅲ，中日，Lc/IUCN。

参考文献： H618，M663，Zjb58；Lb540，Q258，Z463，Zx129，Zgm181。

山东记录文献： 郑光美2011，朱曦2008，钱燕文2001，范忠民1990，郑作新1987、1976，Shaw 1938a；孙玉刚2015，赛道建2013、1994，王海明2000，田家怡1999，赵延茂1995，王庆忠1992，纪加义1988a，刘体应1987，杜恒勤1985，李荣光1959，田丰翰1957。

●290-01 长尾山椒鸟
Pericrocotus ethologus Bangs et Phillips

命名： Bangs O et Phillips JC，1914，Bull. Mus. Comp. Zool.，58：282（湖北省兴山县）

英文名： Long-tailed Minivet

同种异名： 宾红燕，短嘴山椒鸟；*Pericrocotus brevirostris*（Vigors）；Flame-colored Minivet

鉴别特征： 尾长具红、黄斑纹，黑色山椒鸟。嘴黑色。头至背黑色，下背、翼上覆羽（翼斑）、下体赤红色。尾黑褐色，外侧尾羽赤红色。雌鸟额部、眼先微黄色，腰、尾上覆羽橄榄黄色，尾黑色外侧黄色。脚黑色。

形态特征描述： 嘴黑色。虹膜暗褐色。头侧、颈侧、颏、喉黑色。整个头、颈、背、肩亮黑色具金属光泽，下背、腰和尾上覆羽赤红色。翅黑色、具红色翼斑，第1枚初级飞羽外缘粉红色，除第1~4枚初级飞羽外，其余飞羽中段、大覆羽先端红色，最内侧第3、4枚飞羽红斑沿外缘延伸至近端处。翼缘和翼下覆羽淡橙红色。下体赤红色。尾黑色、具红色端斑，中央尾羽全黑色，次1对黑色，外翈先端赤红色，最外侧1对尾羽几全红色，其余尾羽红色、基部黑色。脚黑色。

雌鸟 似雄鸟，但红色被黄色替代。额基、眼先黄色。头顶、枕、后颈黑灰色或暗褐灰色。颊、耳羽浅灰色，颏灰白或黄白色。背稍浅而沾绿色，下背、腰和尾上覆羽绿黄色。翅黑色，第5枚初级飞羽至内侧第3枚飞羽中部具黄色宽斑。下体柠檬黄色。中央尾羽黑色，次1对黑色、外翈中段黄色，其余尾羽先端黄色、基部具黑色斜斑。

鸣叫声： 鸣叫声为特有的"qu-qu"双笛音；边飞边发出似"tsi-tsi-tsi"的鸣叫声。

体尺衡量度（长度mm、体重g）： 山东分布见有文献记录，但暂无标本及测量数据。

栖息地与习性： 栖息于山地阔叶林、针阔叶混交林、针叶林，以及林缘次生林和杂木林中，喜欢栖于乔木树顶上。3月末4月初迁往繁殖地，9~10月南迁越冬。单独、3~5只小群或十多只群体活动，在树冠上空盘旋降落，一只飞到另一棵树上，群鸟随之跟去，主要在树上觅食，偶尔在空中捕捉昆虫。

食性： 主要捕食鳞翅目、鞘翅目、半翅目、直翅目和膜翅目等昆虫，如金龟子、蝽象、甲虫、石蚕蛾、毛虫、凤蝶幼虫等。

繁殖习性： 繁殖期 5~7 月。雌雄亲鸟共同在森林中乔木水平枝杈上营巢，巢杯状，结构精致，由细草茎、草根、植物纤维等柔软物质构成，巢外壁糊苔藓和地衣等使巢和树枝颜色一致。每窝产卵 2~4 枚，卵乳白色或淡绿色被褐色和淡灰色斑点和斑纹。雌鸟孵卵，雄鸟在巢域附近警戒。雏鸟晚成雏，雌雄共同育雏。

亚种分化： 全世界有 7 个亚种，中国 3 个亚种，山东分布记录为指名亚种 *Pericrocotus ethologus ethologus* Bangs *et* Phillips，*Pericrocotus brevirostris ethologus*。

亚种命名 Bangs O *et* Phillips JC，1914，Bull. Mus. Comp. Zool.，58：282（湖北兴山县）

分布： 济南-（P）南郊。鲁中山地，鲁西北平原，鲁西南平原湖区。

河北、北京、山西、河南、陕西、宁夏、甘肃、青海、湖北、四川、贵州、云南、台湾、广西。

区系分布与居留类型：［东］（P）。

种群现状： 捕食林业昆虫，为林区益鸟；体色艳丽，经驯化成笼鸟供观赏。其分布范围广，没有受到重大生存威胁。20 世纪 50 年代，山东省内即有记录，80 年代第一次全省鸟类普查采到标本，但相关观察研究极少，近年来没有征集到观鸟爱好者拍到的照片，需要加强物种与生态环境的保护研究。

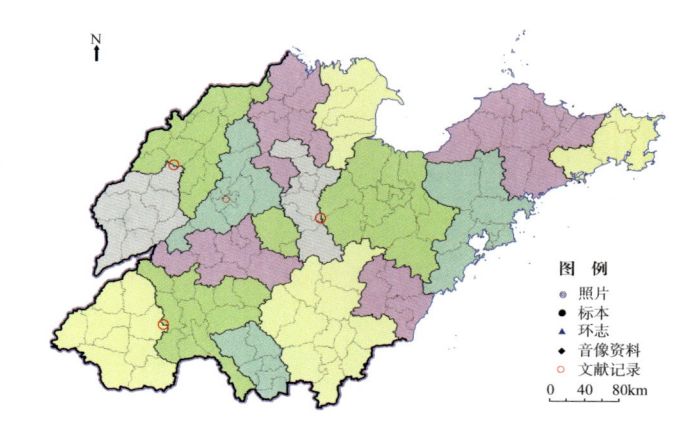

物种保护： Ⅲ，Lc/IUCN。

参考文献： H620，M665，Zjb60；Lb547，Q260，Z465，Zgm181。

山东记录文献： 范忠民 1990；赛道建 2013，纪加义 1988a，李荣光 1959，田丰翰 1957。

20.6 鹎科 Pycnonotidae（Brachypodidae，Bulbuls）

喙短或中等长度，形状粗壮或修长，微下弯，甚至喙尖有钩或有钩及凹痕。有些种类有羽冠。颈短，常有发状羽毛。多数种类为橄榄绿色、棕色、黄色或黑色，少数种类有鲜艳色彩；羽毛软而长，下背部柔软丰厚明显。翼圆，短或中等长度；初级飞羽 10 枚，第 1 枚长度约为第 2 枚的一半长。尾长中等或较长，呈方形或圆形或分叉呈鱼尾状。跗跖多短。雌雄外形相似，但有些种类雄鸟较大。

多栖息在中低海拔的森林、林缘、灌丛、公园、果园或庭园中，是都市、乡村中较常见的鸟种。多成群、常和其他鸟种组成混合鸟群在树冠层活动。性好动，行动敏捷，飞行距离不长，多为留鸟，少数有迁移性。常鸣唱，声音富于变化，有短音、嘹亮的音节或哨音等，圆润悦耳或聒噪，有些鸟种有模仿的能力。以浆果、果实、昆虫、小型蜥蜴等为食。在灌丛、小树直到乔木中层的枝桠间筑浅盘形、碗形、杯状，或半垂挂形状的巢。每巢产卵 2~5 枚，卵粉红、乳白或白色，有斑点或色块。幼鸟晚熟性，雌雄亲鸟多共同育雏。多数种类适应人类活动环境，没有明显的生存压力，个别种处于红皮书中"易危"。

全世界有 22 属 118 种，中国有 7 属 22 种，山东分布记录有 2 属 4 种。

鹎科分属种检索表

1. 喙型特别短厚如雀喙，鼻孔几乎全被羽毛遮盖 ·················· 鹦嘴鹎属 *Spizixos*，领雀嘴鹎 *S. semitorques*
   喙型适中，鼻孔裸露，尾非鱼尾状 ·· 2
2. 跗跖比嘴峰短，<2mm ··· 短脚鹎属 *Hypsipetes*，黑短脚鹎 *H. leucocephalus*
   跗跖比嘴峰长，>2mm 以上 ··· 3 鹎属 *Pycnonotus*
3. 尾下覆羽、耳部羽簇红色 ··· 红耳鹎 *P. jocosus*
   头顶白色，脸部灰至黑色 ··· 白头鹎 *P. sinensis*

291-11 红耳鹎
Pycnonotus jocosus（Linnaeus）

命名： Linnaeus，1758，Syst. Nat.，ed. 10，1：95（广州）
英文名： Red-whiskered Bulbul
同种异名： 红颊鹎，高髻冠，高鸡冠，高冠鸟，黑头公；—；Chinese Bulbul

鉴别特征： 嘴黑色，头顶部黑色具长窄羽冠，耳斑红色，喉与耳后斑白色。上体栗褐色，胸具黑带斑，下体皮黄色，臀红色。尾暗褐色具白端。脚黑色。幼鸟无红耳斑，臀粉红色。

形态特征描述： 嘴黑色。虹膜棕色、褐色、棕红色或深棕色。前额至头顶黑色，头顶具黑色长羽冠。眼后下方深红色羽簇形成红斑；耳羽和颊、喉白色紧连于红斑下方，白色间黑色细线从嘴基沿颊部白斑一直延伸到耳羽后侧。上体后颈、背至尾上覆羽棕褐色或土褐色，有的具棕红色羽缘。翼覆羽与背同色，飞羽暗褐色或黑褐色，外翈缀土黄色或淡土褐色。下体白色或近白色，两胁沾浅褐色或淡烟棕色，胸侧宽暗褐色或黑色横带自下颈经胸侧向胸中部延伸、渐细狭中断于胸部中央形成不完整胸带。尾暗褐色或黑褐色，除中央1~2对尾羽外，尾羽内翈白色端斑越向外侧外翈越大，白斑直至整个端部；尾下覆羽鲜红色或橙红色。脚黑色。

红耳鹎（刘兆瑞 20111119 摄于泰山韩家岭）

鸣叫声： 鸣声轻快悦耳似"bupi-bupi-bupi-"或"wei-ti-wa"声。

体尺衡量度（长度mm、体重g）： 山东暂无标本及测量数据，但近年来拍到照片。

栖息地与习性： 栖息于低山和山脚丘陵地带的森林，以及林缘、路旁、溪边和农田地边等开阔地带的灌丛与稀树草坡地带。性活泼，常小群活动或与其他鹎类混群活动，有时集成20~30只的大群，在树冠层或灌丛中活动觅食。

食性： 杂食性。以植物性食物为主，主要啄食树木和灌木种子、果实、花和草籽。动物性食物主要为鞘翅目、鳞翅目、直翅目和膜翅目等昆虫及其幼虫。

繁殖习性： 繁殖期4~8月。雌雄在树冠间追逐、飞舞和嬉戏求偶后，将杯状巢筑在在灌丛、竹丛和果树等低矮树、灌木或竹丛枝杈间，巢由细枯枝、枯草、树叶等材料构成，内垫细枯草茎、草根、兽毛、鸟羽等柔软材料。每窝产卵2~4枚，卵粉红色布满暗红色和淡紫色斑点，钝端显著并密集形成一道暗紫红色环带。卵径约为22mm×17mm。孵化期12~14天。

亚种分化： 全世界有9个亚种，中国有3个（赵正阶 2001）或2个（郑作新 1987，郑光美 2011）亚种，山东分布亚种为 ***Pycnonotus jocosus jocosus*** (Linnaeus)，背部暗褐棕色，胁多灰棕色。

亚种命名 Linnaeus, 1758, Syst. Nat., ed. 10, 1：95（广州）

分布： 济南 - （P）济南；历下区 - 泉城公园（20121205，马明元 20121208）。泰安 - 泰山 - 韩家岭（刘兆瑞 20111119）。

河南、陕西、甘肃、安徽、江苏、上海、浙江、江西、湖南、湖北、四川、重庆、贵州、云南、福建、广东、广西、澳门。

区系分布与居留类型： [东] V。

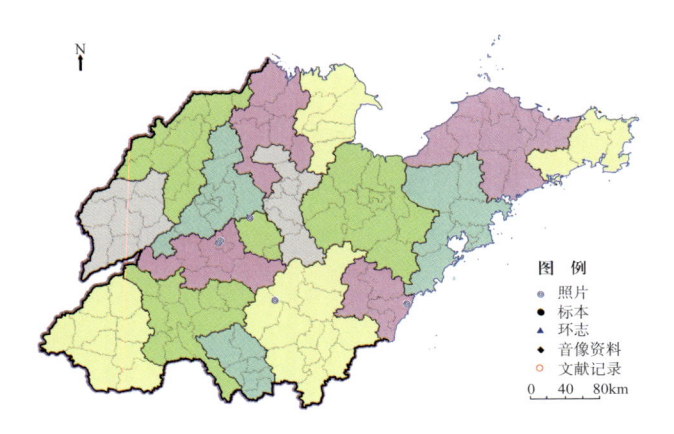

种群现状： 嗜食果实及害虫，对农业益害参半。曾经较为丰富，分布范围大，由于人口增加、森林砍伐、环境污染，特别是鸟羽色艳丽，善于鸣叫，易于饲养，可作笼养鸟而遭捕猎，野生种群数量呈下降趋势。山东分布首次记录（赛道建 2013），自2010年以来，观鸟爱好者在野外拍到该鸟及与其他鸟混群活动的照片，但无物种相关具体的研究报道，是属于笼养逃匿？还是物种自然扩散？甚至野外生存状况均需要进一步深入研究确证。

物种保护： Ⅲ，Lc/IUCN。

参考文献： H630，M896，Zjb70；Q264，Z474，Zx132，Zgm185。

山东记录文献： —；赛道建 2013。

291-21 领雀嘴鹎
Spizixos semitorques Swinhoe

命名： Swinhoe R, 1861, Ibis,（1）3：266（福州）

英文名： Collared Finchbill

同种异名： 绿鹦嘴鹎，白环鹦嘴鹎，青冠雀；*Spizixus*

cinereicapillus Swinhoe, 1871; Collared Finch-billed Bulbul, Swinhoe's Finch-billed Bulbul

鉴别特征： 嘴浅黄色，头及喉黑色，具短羽冠，特征性白喉，嘴基周围近白色，脸颊具白细纹。体大偏绿色，颈背灰色。尾绿色而端黑色。脚偏粉色。

形态特征描述： 喙型粗厚而短，嘴峰下弯，近尖端有缺刻，黄白色；下喙与喉部黑灰色，下喙基有白斑。虹膜灰褐色或红褐色。鼻孔几乎完全被紧密的羽毛覆盖。前额白色，额、头黑色，冠羽浓密而长。脸黑色，脸颊、耳羽有数条白色细纹。头顶与颈后石板灰色。额基近鼻孔处和下嘴基部各有一束白羽。颏、喉黑色。上体背、肩、腰和尾上覆羽橄榄绿色，腰部及尾上覆羽带有黄色。翼覆羽橄榄绿色似背，外表呈褐绿色或暗橄榄黄色，飞羽暗褐色，外翈橄榄黄绿色。白色颈环将黑色喉部与下体橄榄黄色分开，有的下胸两侧和腹侧有不明显纵纹。尾方形，尾羽黄绿色具暗褐色或黑褐色端斑，尾上覆羽稍浅淡。跗蹠短且弱，肉褐色。

鸣叫声： 发出"guli-guli-""pa-de，pa-de"的鸣叫声。

领雀嘴鹎（刘兆瑞 20111130 摄于韩家岭；刘冰 20121224 摄于韩家岭；李宗丰 20120515 摄于丝山）

体尺衡量度（长度 mm、体重 g）： 山东暂无标本及测量数据，但近年来拍到照片。

栖息地与习性： 栖息于低山丘陵和山脚平原地区的山地森林和林缘地带，喜溪边沟谷灌丛、稀树草坡、林缘疏林、阔叶林、次生林、栎林等不同生境，以及庭园、果园和村舍附近的丛林与灌丛。常成群活动，也见单独或成对活动的，鸣声婉转悦耳。

食性： 杂食性。主要以果实、种子及嫩叶等植物性食物为主，捕食鞘翅目、鳞翅目、蜻蜓目、双翅目、膜翅目等昆虫及其幼虫。

繁殖习性： 繁殖期 3~7 月。在溪边或路边小树侧枝梢处、灌丛上营巢，巢碗状，由细干枝、细藤条、草茎、草穗等构成，内垫细草茎、草叶、细树根、草穗、棕丝等。每窝产卵 3~4 枚，卵浅棕白色、灰白色或淡黄色被红褐色和淡紫色斑点，钝端较密，卵径约为 25.5mm×18.5mm。

亚种分化： 全世界有 2 个亚种，中国 2 个亚种，山东分布为指名亚种 *Spizixos semitorques semitorques*。

亚种命名 Swinhoe，1861，Ibis，3：266（福州北岭）

分布： 济南-历下区-大明湖（陈忠华 20141230，马明元 20130902），大佛头（20160608）。临沂-蒙阴-蒙山（20150809）；费县-塔山（20160404）。莱芜-莱城区-雪野镇九龙山（陈军 20141007）。日照-东港区-丝山（李宗丰 20120515），双庙山沟（成素博 20151113）。泰安-泰山-韩家岭（刘兆瑞 20111130，刘冰 20121224，刘华东 20150531）；泰山区-树木园（20160302，孙桂玲 20140528）。

河南、陕西、甘肃、安徽、上海、浙江、江西、湖南、湖北、四川、重庆、贵州、云南、福建、广东、广西。

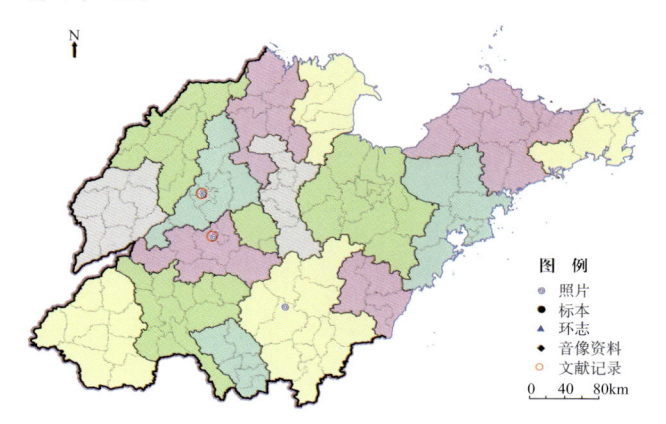

区系分布与居留类型： [东] SW。

种群现状： 我国特有鸟类，羽色艳丽，为笼养观赏鸟。种群数量较丰富，是山区常见鸟类之一，虽被评价为无生存危机物种，但应严格控制猎取。近年来，4月、5月、8~12月在山东多地野外拍到照片，栖息环境为中低海拔的有水山谷，有松树、槐树、淡竹林等林场或混交林，有关繁殖与分布情况需要进一步研究。

物种保护： Ⅲ，Lc/IUCN。

参考文献： H626，M892；Lc97，Q262，Z471，Zx130，Zgm183。

山东记录文献： 为山东首次记录。

● 292-01 白头鹎
Pycnonotus sinensis (Gmelin)

命名：Gmelin JF，1789，Syst Nat.，ed. 13，1：942（广东）
英文名：Light-vented Bulbul
同种异名：白头翁；*Muscicapa sinensis* Gmelin，1789，*Ixos sinensis* Swinhoe，1863；Chinese Bulbul

鉴别特征：橄榄绿色鹎。嘴近黑色，髭纹黑色，眼后枕部宽斑、喉白色。上体灰色具浅黄绿色纹，胸具浅灰色横斑，腹白色具棕黄纹。尾黑褐色，羽缘棕黄色。脚黑色。幼鸟头橄榄色。

形态特征描述：嘴黑色。虹膜褐色。额至头顶黑色富光泽，两眼上方至后枕白色形成白色枕环，耳羽后部有白斑，白环与白斑在黑色头部极为醒目，老鸟更洁白。颏、喉白色。上体背和腰褐灰色或橄榄灰色，具黄绿色羽缘形成不明显暗色纵纹。翼稍带黄绿色。胸部灰色较深，形成不明显宽阔胸带，腹白色或灰白色具黄绿色纵纹。尾暗褐色具黄绿色羽缘。脚黑色。

雌鸟 似雄鸟。胸部浅淡灰色，枕部白色不如雄鸟清晰醒目。

幼鸟 头灰褐色。背橄榄色。胸部浅灰褐色，腹及尾下覆羽灰白色。

鸣叫声：善叫，鸣声婉转多变似"jijizhazha"声。

白头鹎（赛道建 20140806 摄于洙赵新河）

体尺衡量度（长度 mm、体重 g）：

标本号	时间	采集地	体重	体长	嘴峰长	翅长	跗蹠长	尾长	性别	现保存处
	1958	微山湖		185	12	100	26	84		济宁一中
840381	19840516	鲁桥	32	170	15	83	18	80	♂	济宁森保站
	1989	泰安		181	12	90	21	83	7♂	泰安林业科技
	1989	东平		181	14	90	20	81	5♀	泰安林业科技

栖息地与习性：栖息于低山丘陵和平原地区的林区及林缘地带、灌丛、草地、疏林荒坡、果园、村落、农田地边和城市公园。性活泼，善鸣叫，鸣声多变，常小群活动，冬季可集成大群，在灌木和树枝间跳跃，飞翔活动，不做长距离飞行。

食性：杂食性。主要捕食鞘翅目、鳞翅目、直翅目、半翅目、双翅目、膜翅目等昆虫及其幼虫，以及蜘蛛、壁虱等无脊椎动物；植物性食物有果实与种子。

繁殖习性：繁殖期4~8月，一季可繁殖1~2次。在灌木或阔叶树、竹林和针叶树上营深杯状或碗状巢，由枯草茎、草叶、细树、芦苇、茅草、树叶、花序、竹叶等材料构成。每窝通常产卵3~5枚，卵粉红色被紫色斑点，或白色被赭色、深灰色斑点或赭紫色斑点。卵径约为23mm，卵重2.6~3.3g。孵化期约14天，雌雄共同育雏，育雏期约14天。

亚种分化：全世界有4个亚种，中国有3个亚种，山东分布为指名亚种 *P. s. sinensis* (Gmelin)。

亚种命名 Gmelin，1789，Syst. Nat.，ed. 13，1：942（中国）

分布：滨州-滨城区-小开河村（刘腾腾20160516）；无棣县-小开河沉砂池（20160519，刘腾腾20160519）。德州-人民公园（张立新20100515）；陵城区-丁东水库（张立新20090404）；齐河县-华店（20130812，李令东20130812）。东营-(S)◎黄河三角洲；东营区-安泰南（孙熙让20101216、20100515、20110825）；河口区（李在军20080605，胡友文20150622）-孤岛宾馆（孙劲松20090406），仙河镇（丁洪安20060517）。菏泽-(R)菏泽；曹县-康庄（谢汉宾20151018）。济南-(R)济南，济南机场（20130811）；历下区-大明湖（20120612，20141207，赛时20141222），龙洞（20121107），千佛山（20121122），泉城公园（20120804，20130209，赛时20141109，记录中心

8883）；市中区-南郊宾馆（陈云江20131108），五龙潭（陈忠华20140122）；槐荫区-睦里闸、玉清湖（李令东20141213）；历城区-绵绣川（20131023），门牙风景区（陈忠华20141125）；章丘-（R）黄河林场，济南植物园（20140406）。**济宁**-●（R）济宁，南四湖-龟山岛（20150730）；任城区-太白湖（20160723）；曲阜-孔林（孙喜娇20150415），孔庙（20140802），沂河公园（20140803、20141220）；嘉祥-洙赵新河（20140806）；微山县-鲁山（20110924），微山湖，湿地公园（20151208、20160222、20160725），昭阳（陈保成20150711），南阳岛（张月侠20160406）；兖州-光河（20160614），西北店（20160614），前邴村（20160722），人民乐园（20160723），鱼台-王鲁（张月侠20150503），夏家（张月侠20150503）。**聊城**-聊城，东昌湖。**临沂**-（R）沂河，园博园（杜庆栋20140507）；临沂大学（20160405）；费县-塔山（20160404）；（S）郯城县。**莱芜**-汶河（20130702），莱城区-红石公园（20130704，陈军20130322）。**青岛**-城阳区-河套（20140527），崂山区-（S）潮连岛，崂山，青岛科技大学（宋肖萌20140419、20150204）。**日照**-付疃河，付疃河204桥西（成素博20130106），森林公园（20140321、20150424，李令东20150628，郑培宏20140611），日照水库（20150627）；东港区-汉皋陆，阳光海岸（20140623），银湖公园（20140303），滨河公园（20150626）；（R）前三岛-车牛山岛，达山岛，平山岛。**泰安**-（R）●泰安，泰山区-农大南校园，树木园（20140513），南湖公园（20150919），东湖公园（刘冰20120708）；岱岳区-旧县大汶河（20150518）；●（杜恒勤1993b）泰山-低山；东平县-●东平，东平湖（20150519）；宁阳县-东旭家园（20110719）。**潍坊**-奎文区-白浪河湿地公园（20140625）；青州-（R）仰天山；诸城（20121012）。**威海**-环翠区-幸福海岸公园（20121228），环翠公园（20121231）；荣成-成山头（20150509），赤山北窑（20160625），海驴岛（20140607），文登-抱龙河公园（李令东20150103），坤龙水库（20140605、20150510）。**烟台**-芝罘区-鲁东大学（王宜艳20150422）；◎莱州；海阳-凤城（刘子波20140505）；栖霞-主格庄（牟旭辉20120519）；招远-凤凰岭公园（蔡德万20100614），齐山镇（蔡德万20130609），岔河（蔡德万20140309）。**枣庄**-枣庄（20121210）；山亭区-城郭（河尹旭飞20120719），西伽河（尹旭飞20160409）。**淄博**-理工大学（20150912）；张店区-沣水镇（赵俊杰20141003、20160312）；高青县-花沟镇（赵俊杰20141007）；

胶东半岛，鲁中山地，鲁西北平原，鲁西南平原湖区。

辽宁、河北、北京、天津、山西、河南、陕西、甘肃、青海、安徽、江苏、上海、浙江、江西、湖南、湖北、四川、重庆、贵州、云南、福建、广东、广西、海南、香港、澳门。

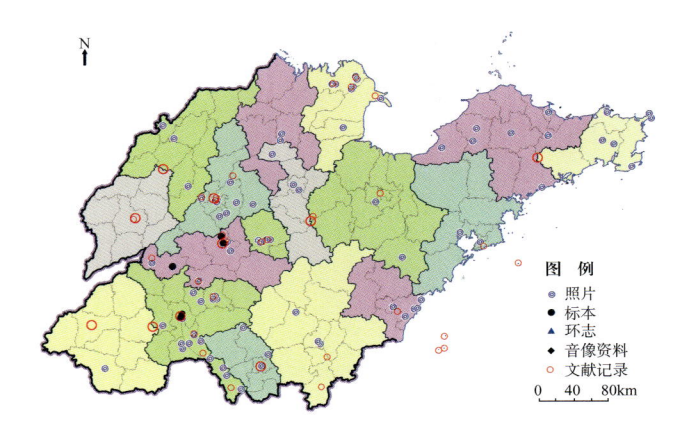

区系分布与居留类型：［东］R（RS）。
种群现状： 捕食大量农林业害虫，为农林益鸟。是中国特有、长江以南分布区常见鸟类。分布范围大，已经有报道"白头鹎分布区进一步北扩至沈阳"（李东来2013），种群数量趋势稳定，被评为无生存危机物种。山东首次报道于1965年（柏玉昆1965），为山东鸟类分布新记录（柏玉昆1982），大部分地市均有分布且常见，数量普遍，未列入山东省重点保护野生动物名录，也被人工驯化饲养。
物种保护： Ⅲ，Lc/IUCN。
参考文献： H632，M898，Zjb72；Lc101，Q264，Z477，Zx131，Zgm185。
山东记录文献： 郑光美2011，朱曦2008，郑作新1987、1976；孙玉刚2015，赛道建2013、1999、1994、1989，李久恩2012，贾少波2002，王海明2000，张培玉2000，田家怡1999，杨月伟1999，宋印刚1998，王庆忠1995、1992，赵延茂1995，杜恒勤1993b，朱献恩1991，纪加义1988a，杜恒勤1985，柏玉昆1980、1965。

● **293-10 黑短脚鹎**
Hypsipetes leucocephalus（Gmelin）

命名： Gmelin JF，1789，Systema Naturae per Regna Tria Naturae, Secundum Classes, Ordines, Genera, Species, Cum Characteribus, Differentiis, Synonymis, Locis. 1（2）：829（广州）
英文名： Black Bulbul
同种异名： 黑鹎，红嘴黑鹎；*Haringtonia leucocephalus*

Bangs *et* Penard，1923，*Haringtonia perniger* La Touche，1922，*Hypsipetes madagascariensis*（Müller），*Hypsipetes holtii* Swinhoe，1861，*Hypsipetes nigerrima* Gould，1863，*Ixocincla madagascariensis* Friedmann，1929，*Microscelis leucocephalus* Mayr，1942，*Turdus leucocephalus* Gmelin，1789；Chinese Bulbul

鉴别特征： 中型，黑色鹎。嘴红色。通体黑色或头颈白色（因亚种而异），其余体羽黑色或灰黑色。脚红色。幼鸟偏灰色，略具羽冠。

形态特征描述： 嘴鲜红色。虹膜黑褐色。羽色变化大、可以分为两种基本类型。前额、头顶、头侧、颈、颏、喉等整个头、颈部白色。上体从背至尾上覆羽黑色，羽缘具蓝绿色光泽。翼上覆羽与背同色，飞羽黑褐色。下体自胸或腹以后黑褐色或黑色。尾羽黑褐色，尾下覆羽暗褐色具灰白色羽缘。另一种通体全黑色或黑褐色，上体羽缘具蓝绿色光泽，背和下体较灰。尾呈浅叉状。脚橙红色。

黑短脚鹎（赛道建20121017摄于临沂）

鸣叫声： 鸣声粗厉，单调而多变。

体尺衡量度（长度mm、体重g）： 山东分布有采到标本记录，但标本保存处不详，测量数据遗失。

栖息地与习性： 栖息于低山丘陵和山脚平原地带的森林中及林缘地带，冬季可出现在疏林荒坡、路边或田间树上。长江以北地区的繁殖种群为夏候鸟，冬季到南方越冬，有垂直迁移现象。单独或小群、冬季有时集成大群活动，性活泼，善鸣叫，在树冠层不停飞翔或在树枝间跳跃，或站于枝头、栖立于电线上。

食性： 主要捕食鞘翅目、膜翅目、直翅目、鳞翅目等昆虫及其幼虫，以及植物果实、种子等。

繁殖习性： 繁殖期4～7月。在山地森林中的乔木水平枝上营巢，杯状巢由细枝、枯草、树皮、树叶、苔藓等材料构成，内垫松针和细草茎叶，巢外有蛛网。每窝产卵2～4枚，卵圆形，白色、淡红色到粉红色被紫色、褐色或红褐色斑点。

亚种分化： 全世界有16个亚种（Howard and Moore 1991）或12亚种（刘小如2012），中国有9个亚种（郑作新1987，1976，赵正阶2001，郑光美2011），山东分布为东南亚种 **Hypsipetes leucocephalus leucocephalus**（Gmelin），*Hypsipetes madagascariensis leucocephalus*（Gmelin）。

亚种命名　　Gmelin，1789，Syst. Nat., ed. 13, 2：829（广州）

山东亚种原文未定（纪加义1988a），依据我国9个亚种中只有 *leucocephalus* 分布区离得较近，笔者认为山东分布应该是亚种 *H. l. leucocephalus*。

分布： 临沂-●（198404月底）临沂。鲁南，鲁中山地。

河南、安徽、江苏、上海、浙江、江西、湖北、湖南、福建、广东、广西、贵州、云南、香港、澳门。

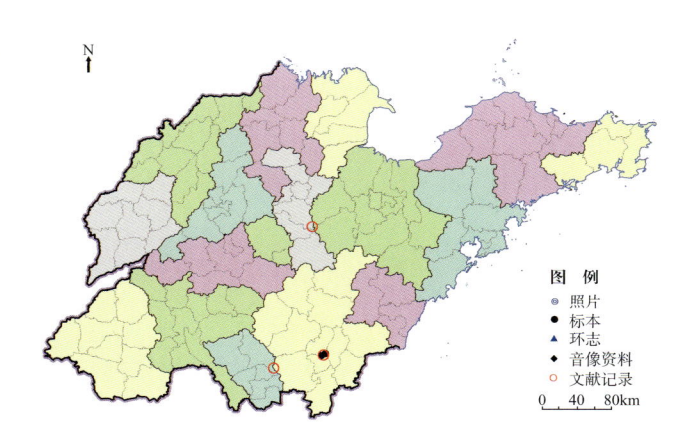

区系分布与居留类型： [东]S。

种群现状： 1984年4月下旬5月上旬首次在临沂发现并采到标本（山东鸟类资源普查技术报告，纪加义1988a），但标本保存何处不详，本次调查未见到标本，也无物种的其他研究报道，也未能征集到鸟友拍到的照片，其分布、繁殖等相关情况需要进一步研究确证。

物种保护： Ⅲ，Lc/IUCN。

参考文献： H644，M898，Zjb85；Lc113，Q270，Z486，Zx133，Zgm189。

山东记录文献： 朱曦2008，范忠民1990；赛道建2013，纪加义1988a。

20.7 太平鸟科 Bombycillidae（Waxwings）

嘴形短厚，基部宽阔，尖端微曲。头顶具长而尖形羽冠。体羽松软呈淡褐色或葡萄灰色。翅尖长，初级飞羽10枚，第1枚短小，次级飞羽羽轴延长具红色小斑点。尾短圆，末端有红色或黄色端斑。跗蹠短健。幼鸟体羽具纵纹。

树栖，喜结群活动。杂食性，在地上或树上捕食昆虫，采食果实、种子。繁殖期5～7月，在树上用树枝、草丝等营巢，内垫羽毛等；每窝产卵3～7枚，卵灰白或蓝灰色具斑点。雏鸟晚成雏。

全世界有5属8种，中国有1属2种，山东分布记录有1属2种。

太平鸟科太平鸟属 Bombycilla 分种检索表

次级飞羽羽干具红色斑点，尾羽具黄色端斑 ··· 太平鸟 B. garrulus
次级飞羽羽干无红色斑点，尾羽具红色端斑 ··· 小太平鸟 B. japonica

● 294-01 太平鸟
Bombycilla garrulus（Linnaeus）

命名： Linnaeus, 1758, Syst. Nat., ed. 10, 1: 95（瑞典）

英文名： Bohemian Waxwing

同种异名： 十二黄，连雀；*Lanius garrulus* Linnaeus，*Bombycilla garrulus garrulus*；Waxwing

鉴别特征： 嘴褐黑色，嘴基黑色经眼延伸至枕部，羽冠发达，喉黑色。通体灰褐色，初级飞羽羽端黄色形成翼上带斑，三级飞羽及覆羽白羽端形成横纹，次级飞羽羽端具蜡红斑。尾下覆羽栗色，尾尖端黄色。脚褐色。相似种小太平鸟尾端绯红色显著；次级飞羽端部羽尖绯红色。

形态特征描述： 嘴黑色。虹膜暗红色。通体基本上葡萄灰褐色。头部前部栗褐色，越向后色越淡，头顶后部有细长簇状灰栗褐色羽冠。羽冠两侧黑色贯眼纹从上嘴基部经眼到后枕相连构成环带，在栗褐色头部极为醒目，枕部宽黑带常被羽冠所盖。颏、喉黑色。背、肩羽灰褐色。腰及尾上覆羽褐灰色至灰色，越向后灰色越浓。翼覆羽灰褐色；初级覆羽黑色、白端形成翼斑；初级飞羽黑色、第2枚以内外翈端部和内翈端缘有明显黄色斑，次级飞羽外翈黑色具白色端斑、内翈黑褐色、羽轴延伸出羽端形成红色滴状斑。颊与黑色喉部交汇处淡栗色、前下缘近白色形成不清晰颊纹；胸与背同色，腹以下褐灰色。尾特征极明显，尾羽黑褐色具黑色次端斑和黄色宽端斑；尾羽中央2对羽轴端部红色、向外伸出红色针状蜡质突起（旧羽常因磨损而不明显）；尾下覆羽栗色。脚、爪黑色。

太平鸟（赵雅军 20090315 摄于东昌湖）

雌性 似雄鸟。颏、喉黑斑较小、微杂褐色。初级飞羽黄色羽端斑较小，有的淡黄色或近白色；次级飞羽端部红色蜡突极小。尾端黄色较淡。

鸣叫声： 发出特有的清亮似"buzzing sirr"的成串叫声。

体尺衡量度（长度mm、体重g）： 寿振黄（Shaw 1938a）记录采得雌鸟1只标本，但标本保存地不详。

标本号	时间	采集地	体重	体长	嘴峰长	翅长	跗蹠长	尾长	性别	现保存处
B000663				169	9	115		57		山东博物馆
	1958	微山湖		205	10	120	13	68	♂	济宁一中

栖息地与习性： 栖息于各种森林和林缘地带，以及果园、城市公园等人类居住环境的树上。山东地区多见于冬季和春、秋迁徙季节。繁殖期成对、其他时候多成群活动，除繁殖期外，没有固定的活动区，常

到处游荡，喜在树顶端和树冠层跳跃、飞翔，秋冬季节在济南特别喜欢在大叶女贞树上活动觅食，也到林边灌木上或路上觅食。

食性：繁殖期主要捕食昆虫，秋后则主要以各种浆果为食。

繁殖习性：繁殖期5～7月。在混交林中喜选择溪流和湖泊附近的针叶树不同高度的侧枝上营巢。杯状巢用细干松枝、枯草茎、苔藓和地衣等构成，内垫苔藓、桦树皮、松针和羽毛等。每窝产卵4～7枚，卵灰色或蓝灰色被黑色小斑点，卵径约为4mm×16mm，卵重3.5～4.0g。雌鸟孵卵，孵化期约14天。

亚种分化：全世界有3个亚种，中国有1个亚种，山东分布为普通亚种 *B. g. centralasiae* Poliakov, *Bombycilla garrulus ussuriensis*。

亚种命名 Поляков, 1915, Орн. Вестн. 6: 137（阿尔泰山脉）

分布：德州-市区-新湖公园（张立新20090404），希森欢乐岛（张立新20090401）。东营-（PW）东营-◎黄河三角洲；河口区-河口（李在军20090111），黄河广场（仇基建20090317、20101224），河口广场（丁洪安2009冬），孤岛公园（孙劲松20090112）。菏泽-（P）菏泽。济南-济南；历下区-大明湖（201501120），泉城公园（20121203，陈云江20121201，陈忠华20131203、20150226，记录中心8883）；历城区-◎绵绣川。济宁-●济宁；曲阜-蓼河（马士胜20150123）；微山县-（P）鲁山。聊城-东昌湖（赵雅军20090315）。莱芜-莱城区-莲荷公园（陈军20130303）。青岛-●（Shaw 1938a）青岛。泰安-◎泰安，泰山，泰山区-农大南校园。潍坊-人民公园。威海-威海（王强2010416）。烟台-烟台；◎莱州。淄博-淄博。胶东半岛，鲁中山地，鲁西南平原湖区。

黑龙江、吉林、辽宁、内蒙古、河北、北京、天津、山西、河南、陕西、甘肃、新疆、安徽、江苏、上海、浙江、江西、湖北、四川、福建、台湾。

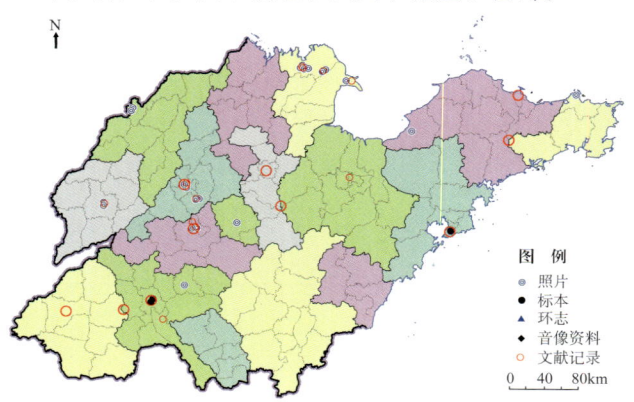

区系分布与居留类型：[古]（PW）。

种群现状：传统笼养鸟种，经训练可完成杂要节目。物种分布范围广，被评为无生存危机物种。直接野外捕捉、非法鸟类贸易造成了该物种种群数量的下降；外来种入侵也是造成数量减少的原因。在山东数量不多，被列入山东省重点保护野生动物名录，应加强物种与栖息环境的保护研究。

物种保护：Ⅲ，中日，Lc/IUCN。

参考文献：H651，M685，Zjb92；Q272，Z492，Zx134，Zgm191。

山东记录文献：郑光美2011，朱曦2008，赵正阶2001，钱燕文2001，范忠民1990，郑作新1987、1976，Shaw 1938a；赛道建2013，王海明2000，王庆忠1992，纪加义1988a。

● 295-01 小太平鸟
Bombycilla japonica（Siebold）

命名：Siebold, 1824, Hist. Nat. Japon.: 13（日本：Higo and Chikuzen）

英文名：Japanese Waxwing

同种异名：十二红，朱连雀；—；—

鉴别特征：嘴近黑色，嘴基黑色经眼伸达头后，羽冠发达、后缘黑色。体羽灰褐色，翅端黑色具绯红斑和白纹。尾尖端红色，次端斑黑色，尾下覆羽绯红色。脚褐色。相似种太平鸟黑色贯眼纹绕过冠羽延伸至头后，具黄色翼带和尾端斑。

形态特征描述：嘴黑色。虹膜紫红色。额、头顶前部栗色，向后色淡、头顶灰褐色。枕部后方黑褐色，大部为伸出的长冠羽所掩盖。上嘴基部、眼先及眼上黑色细纹带与头后黑色枕带相连接。颏、喉黑色，颊下部与黑喉交界处淡栗色。背、肩羽灰褐色，腰至尾上覆羽褐灰色、向后灰色渐浓。翅覆

小太平鸟（赛道建20121205 摄于泉城公园）

羽灰褐色，初级覆羽灰褐色具长 7~10mm 的玫瑰色鲜明外翈端；初级飞羽近黑色，第 2 枚以内灰色外翈缘越向内越宽，第 3~8 枚端部具细白缘，第 5 枚以内各羽外翈端部有朱红色点斑；次级飞羽褐灰色具黑色端斑。胸、胁及腹侧与背羽同色，腹中部淡灰色。尾端绯红色显著，尾羽褐灰色、近端部渐为黑色，黑色区与玫瑰红色羽端相连接。尾下覆羽淡栗色。脚、爪黑色。

雌鸟 似雄鸟。颏、喉黑色斑小、染褐色，冠羽较短。上体更暗褐，初级飞羽白色端斑小而不鲜明，外翈红斑仅少数羽片上有痕迹。尾上覆羽不显灰色；尾端玫瑰红色斑较小，黑色次端斑不显著。

鸣叫声： 发出高音叫声。

体尺衡量度（长度 mm、体重 g）：

标本号	时间	采集地	体重	体长	嘴峰长	翅长	跗蹠长	尾长	性别	现保存处
					9	105	20	60		山东师范大学
					8	105	15	55	♂	山东师范大学

栖息地与习性： 栖息于低山、丘陵和平原地区的森林中。迁徙及越冬期间小群在树上活动觅食，常与太平鸟混群活动。性情活跃，除饮水外很少下地，不停地在树上跳跃、飞翔。

食性： 主要采食植物如卫矛、鼠李、女贞等的果实及种子，兼食少量昆虫。

繁殖习性： 有关繁殖资料较少。6 月开始繁殖，多在针叶树枝间营巢，以树枝、苔藓、枯草等为巢材构筑碗状巢，内垫羽毛、草茎等。每窝产卵 4~6 枚。孵化期约 14 天。

亚种分化： 单型种，无亚种分化。

分布： 德州 - 市区 - 人民公园（张立新 20121203），和谐园（张立新 20121128）。东营 - ◎黄河三角洲；河口区 - 河口（李在军 20090110），孤岛公园（孙劲松 20090112）。济南 - 济南；历下区 - 泉城公园（20121205、20131128、陈忠华 20141201，记录中心 8883），大明湖（20141222，赛时 20150120，陈忠华 20150103，陈云江 20131205）。济宁 - 任城区 - 太白湖（宋泽远 20130316）；曲阜 - 蓼河（马士胜 20150123）。莱芜 - 莱城区 - 莲荷公园（陈军 20130303）。青岛 - (P) 青岛。日照 - (P) 前三岛 - 车牛山岛，达山岛，平山岛。泰安 - 泰安，泰山区 - 农大南校园，泰山 - 摩天岭，蓄能电站（刘国强 20121118、20130224），韩家岭（刘兆瑞 20110225），樱桃园（孙桂玲 20130102）。潍坊 - 人民公园。烟台 - ◎莱州；海阳 - 凤城（刘子波 20140323）；栖霞 - 太虚宫（牟旭辉 20150425），太虚宫（牟旭辉 20140111）。淄博 - 淄博。胶东半岛，鲁中山地。

黑龙江、吉林、辽宁、河北、北京、天津、山西、安徽、江苏、上海、浙江、江西、湖南、湖北、四川、重庆、贵州、云南、福建、台湾、广东、香港。

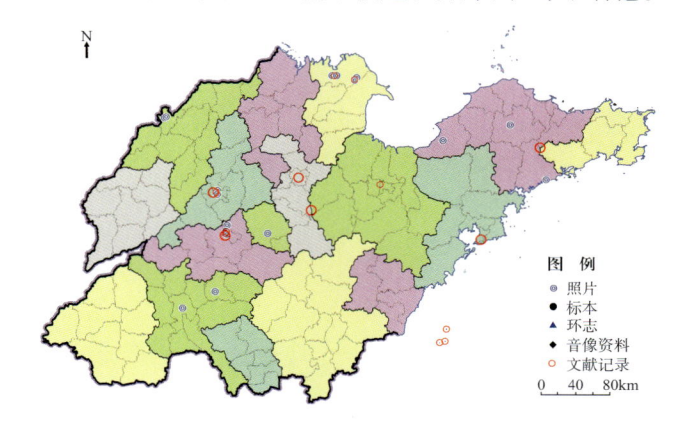

区系分布与居留类型： [古] (P)。

种群现状： 重要笼养观赏鸟。因易于饲养、羽色艳丽，常被捕捉，对野外种群影响较大，应限制捕猎，注意保护，促进种群发展。山东分布数量并不普遍，未列入山东省重点保护野生动物名录。

物种保护： Nt/IUCN。

参考文献： H652，M686，Zjb93；Ⅲ，中日，Nt；Q274，Z493，Zx134，Zgm192。

山东记录文献： 郑光美 2011，朱曦 2008，赵正阶 2001，钱燕文 2001，范忠民 1990，郑作新 1987、1976，Shaw 1938a；赛道建 2013，纪加义 1988a。

20.8 伯劳科 Laniidae (Shrikes)

体型中小型。喙强壮有力，尖端带钩或齿状。头部大，脸部多有明显粗大黑白色块斑。身体背面灰色或棕色。腹面白色。少数身上带有纵斑或横纹。两翼中等。尾长而窄。跗蹠强壮有力，趾爪尖锐。

利用开阔或半开阔生态环境，有时利用森林边缘。多单独活动，停栖在暴露的枝上搜寻猎物，发现后飞行捕食，有储食习性，多数鸟种会将猎物固定在植物刺上再取食。捕食昆虫及小型爬行类、鸟类，甚至哺乳动物。在树上或灌丛中筑巢。每巢产卵 2~8 枚，卵壳有斑点。雌鸟孵卵，雄鸟协助。幼鸟晚熟雏，雌雄亲鸟共同育雏。本科鸟类分布广泛，数量较多，多数物种无需特殊关注。

全世界共有 4 属 30 种，中国有 1 属 12 种，山东分布记录有 1 属 6 种。

伯劳科伯劳属 Lanius 分种检索表

1. 尾上覆羽与中央尾羽异色 ··· 2
   尾上覆羽与中央尾羽同色 ··· 5
2. 尾上覆羽红棕色，上背灰色，下背棕色，前额黑色，下体棕色显著 ·· 棕背伯劳 L. schach
   尾上覆羽灰色或褐色 ·· 3
3. 尾呈楔状，尾长＞13cm，上体淡灰色，眉纹、额基白色 ··· 楔尾伯劳 L. sphenocercus
   尾不呈楔状，尾短＜12.5cm ·· 4
4. 体羽以灰色为主，翅长＞10cm，下体较棕，细斑较多 ·· 灰伯劳 L. excubitor
   体羽以棕色为主，翅长＜9cm ·· 牛头伯劳 L. bucephalus
5. 背红棕色具黑色横斑 ··· 虎纹伯劳 L. tigrinus
   背浅棕色至红棕色，无黑色横斑，翼无白斑，尾上覆羽与中央尾羽同色 ······································ 6 红尾伯劳 L. cristatus
6. 头顶灰色，额带不显，白色眉纹狭窄 ·· 普通亚种 L. c. lucionensis
   头顶、背浓棕褐色，白色额带显著，白色眉纹宽 ·· 7
7. 眉纹和额带均较宽 ·· 日本亚种 L. c. superciliosus
   眉纹和额带均较狭 ·· 指名亚种 L. c. cristatus

● 296-01　虎纹伯劳
***Lanius tigrinus* Drapiez**

命名：Drapiez PAJ，1828，Dict. Class. Hist. Nat. ed. Boryde St.-Vincent，13：p.523（印度尼西亚爪哇）

英文名：Tiger Shrike

同种异名：牛头虎伯劳，虎鹎，粗嘴伯劳，厚嘴伯劳，虎花伯劳，三色虎伯劳，花伯劳、虎伯劳；—；Thick-billed Shrike

　　鉴别特征：棕白色伯劳。嘴蓝黑色，顶冠及颈背灰色，贯眼纹长宽而黑。上体浓栗色具黑横斑，下体白色，两胁具褐横斑。尾栗褐色。雌鸟眉纹色浅。脚灰色。幼鸟暗褐色，眉纹色浅具模糊横斑，下体皮黄色，腹部及两胁有横斑。

　　形态特征描述：嘴厚、蓝色而端部黑色。虹膜褐色，黑色宽阔贯眼纹自前额基部、眼先经头侧过眼达于耳区。头顶、颈至上背灰色；肩、背、内侧翼覆羽至尾上覆羽栗褐色，羽具数条鳞状黑斑使整体显现密集黑色横斑。飞羽暗褐色、羽外缘染棕红色，内侧飞羽显著，最内侧数枚三级飞羽内、外翈染棕红色、具类似尾羽暗褐色隐横纹。腋羽白色。下体白色，胁部有暗灰色泽及稀疏、零散不清晰鳞状斑；覆腿羽白沾淡棕色、具黑褐色横斑。尾羽棕褐色，羽具宽约1.5mm 暗褐色隐横纹，纹间隔 1.5～2mm；外侧尾羽具浅淡色端斑。脚灰色。

虎纹伯劳（韩京 20110522 摄于天福山林场；刘兆瑞 20111130 摄于鹁鸽崖）

　　雌性　似雄鸟。前额基部黑色较小，眼先及贯眼黑纹沾褐色，色浅。头顶灰色及背部栗褐色不如雄鸟鲜艳。胁部缀黑褐色鳞状横斑。

　　幼鸟　为较暗褐色。贯眼纹褐色或不显著、眉纹色浅。头顶与背羽栗褐色满布黑褐色横斑。下体皮黄色，胸、胁部满布黑褐色鳞状横斑。

　　鸣叫声：发出似喘息的"zhizhi"粗哑叫声。

　　体尺衡量度（长度 mm、体重 g）：寿振黄（Shaw 1938a）记录采得雄鸟 2 只、雌鸟 1 只标本，但标本保存地不详。

标本号	时间	采集地	体重	体长	嘴峰长	翅长	跗蹠长	尾长	性别	现保存处
					12	80	20	80	♂	山东师范大学
					12	85	27	86	♀	山东师范大学
	1989	泰山		198	15	89	21	85	♀	泰安林业科技

栖息地与习性： 林栖鸟类，喜栖息于平原至丘陵、山地疏林边缘，多藏身于林中。性格凶猛，常停栖在固定场所，寻觅和抓捕猎物。

食性： 主要捕食鞘翅目、直翅目、膜翅目、鳞翅目等昆虫，也袭击小鸟和鼠类。

繁殖习性： 繁殖期5~7月。在带荆棘灌木及洋槐等阔叶树上营巢。每窝产卵4~7枚，卵淡青色至淡粉红色被淡灰蓝色及暗褐色斑点，斑点钝端集中。卵重3.0~3.8g。雌鸟孵卵，孵化期13~15天；雄鸟警戒并常衔虫饲喂雌鸟。雌雄共同育雏，雏鸟留巢期13~15天。

亚种分化： 单型种，无亚种分化。

分布： 东营-（S）◎黄河三角洲；河口区-河口（李在军20120421），飞雁滩（仇基建20130902），孤岛公园（孙劲松20090908）。菏泽-（S）菏泽。济南-（S）济南，（P）南郊。济宁-●济宁。临沂-（S）沂河。聊城-聊城，东昌湖。青岛-青岛；崂山区-（S）潮连岛；黄岛区-●（Shaw 1938a）灵山岛，●（Shaw 1938a）灵山卫。日照-东港区-付疃河（成素博20120702）。泰安-（S）泰安，●泰山区-地震台；泰山-低山，罗汉崖，大津口，鹁鸽崖（刘兆瑞20111130）；东平县-（S）东平湖。威海-威海-威海（王强20110528）；文登-天福山（韩京20110522），昆嵛山。烟台-海阳-凤城（刘子波20140517）；莱州-河套水库，◎莱州。淄博-淄博。

除青海、新疆、海南外，各省份可见。

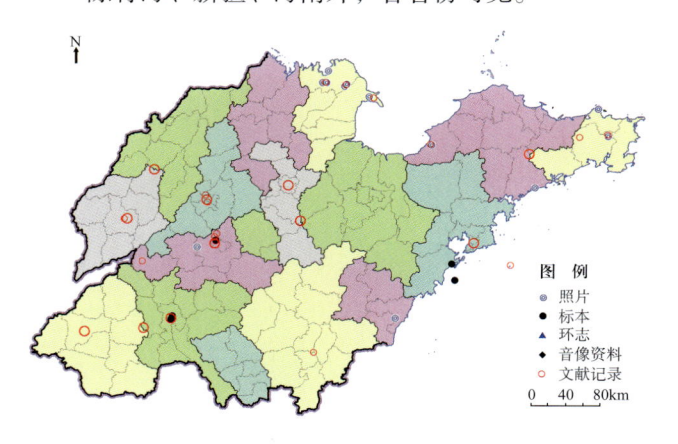

区系分布与居留类型： [古]（S）。

种群现状： 食物中绝大部分是害虫，为农林益鸟。分布广泛，多分布在红尾伯劳较少地区并受后者排挤，因而种群密度较低，应注意物种与栖息环境的研究与保护。山东分布较广，但数量较少，应注意加强保护性研究，未列入山东省重点保护野生动物名录。

物种保护： Ⅲ，中日，Lc/IUCN。

参考文献： H653，M610，Zjb94；Lb552，Q274，Z494，Zx135，Zgm192。

山东记录文献： 郑光美2011，朱曦2008，杨岚2004，赵正阶2001，钱燕文2001，范忠民1990，郑作新1987、1976，Shaw 1938a；赛道建2013、1994，贾少波2002，王海明2000，田家怡1999，赵延茂1995，纪加义1988a，杜恒勤1985，田丰翰1957。

● 297-01 牛头伯劳
Lanius bucephalus
Temminck *et* Schlegel

命名： Temminck CJ *et* Schlegel H，1845，in Siebold's Fauna Jap.，Aves（1850），p.39，pl.14（日本）

英文名： Bull-headed Shrike

同种异名： 红头伯劳；—；—

鉴别特征： 嘴灰黑色，眉纹白色，贯眼纹黑色，颊喉白色，头顶、颈部红褐色。背灰褐色，飞羽黑色，飞行时基部白翼斑明显，下体偏白色具黑色横斑，两胁沾棕色。中央1对尾羽黑色、尾端白色。雌鸟深褐色，下体具棕色细斑。脚铅灰色。与雌红尾伯劳的区别为耳羽棕褐色，夏季色淡而较少赤褐色。

形态特征描述： 嘴黑褐色、下嘴基部黄褐色。虹膜褐色；眼先、眼周及耳羽黑褐色，贯眼纹黑色，眉纹白色。额、头顶栗色。颏、喉污白色，喉侧棕黄色。上背栗色；背、腰、尾上覆羽及肩羽灰褐色。内侧飞羽、覆羽的外沿及羽端羽缘淡棕色，初级飞羽第4枚以内基部白色、构成鲜明翼斑。下体偏白色，胸、胁、腹侧及覆腿羽棕黄色，腹中至尾下覆羽污白色；颈侧、胸及胁部有黑褐色细小而模糊鳞纹。中央尾羽及相邻数枚尾羽外缘黑褐色，其余尾羽灰褐色，各羽淡灰褐色端缘宽达3mm，尾羽有间隔及宽度约2mm不明显横斑。脚铅灰色。

雌鸟 似雄鸟。上体羽色更沾棕褐色。白色眼纹窄而不显著；眼先至耳羽的贯眼纹黑褐色。翅羽

牛头伯劳（刘兆瑞20111130 摄于鹁鸽崖）

无白色翼斑。颏、喉白色，胸、胁、腹侧及覆腿羽染黄棕色；颈侧、下喉、胸、腹侧有细密黑褐色鳞纹。

幼鸟 眼先至耳羽贯眼纹黑褐色，无白色眉纹。额、头顶至上背棕栗色，至尾上覆羽棕栗色稍淡；整个上体满布黑褐色横斑。翼覆羽、飞羽黑褐色，内侧飞羽具淡棕色缘及黑色端缘。下体污白色，颏、喉至尾下覆羽具黑褐色鳞纹；胸、胁部横纹较粗重，各羽染灰色及淡棕黄色。尾羽黑褐具淡棕色羽端，尾下覆羽沾淡棕黄色。

鸣叫声： 发出似粗哑喘息声，或"jujuju"、"gigigi"声及模仿其他鸟叫声。

体尺衡量度（长度mm、体重g）： 寿振黄（Shaw 1938a）记录采得雄鸟1只标本，但标本保存地不详。

标本号	时间	采集地	体重	体长	嘴峰长	翅长	跗蹠长	尾长	性别	现保存处
					13	80	21	73		山东师范大学
					14	90	24	90	♂	山东师范大学

栖息地与习性： 栖息于山地阔叶林及针阔混交林的林缘地带，喜在次生植被及耕地活动，迁徙期间平原可见。

食性： 主要捕食蝗虫、蝼蛄、蝇及鞘翅目、鳞翅目和膜翅目昆虫。

繁殖习性： 繁殖期5～7月，在树杈上以草茎、细根等编成碗状巢；每窝产卵4～6枚，孵化期14～15天；雏鸟留巢期约13天。

亚种分化： 全世界有2个亚种，中国有2个亚种，山东分布为指名亚种 *L. b. bucephalus* Temminck *et* Schlegel。

亚种命名 Temminck CJ *et* Schlegel H, 1845, in Siebold's Fauna Jap., Aves (1850), p.39, pl. 14（日本）

分布： 东营 -（S）◎黄河三角洲，河口区 - 河口（仇基建 20110513）。菏泽 -（S）菏泽。济南 - 济南；历下区 - 大明湖（马明元 20141002）；历城区 - 仲宫（陈云江 20110820）；章丘 - 植物园。济宁 - 微山县 - 微山湖，韩庄（陈保成 20140816）。青岛 -（S）●（Shaw 1938a）青岛；崂山区 - 潮连岛。日照 - 东港区 - 国家森林公园（郑培宏 20141028），滚水桥（成素博 20111015）；（W）前三岛 - 车牛山岛，达山岛，平山岛。泰安 -（S）泰安；泰山 - 低山，东麓（刘冰 20101224），鹁鸽崖（刘兆瑞 20111130）；东平县 - 东平湖。潍坊 -（S）青州 - 仰天山。烟台 - ◎莱州。淄博 - 淄博。胶东半岛，鲁中山地，鲁西北平原。

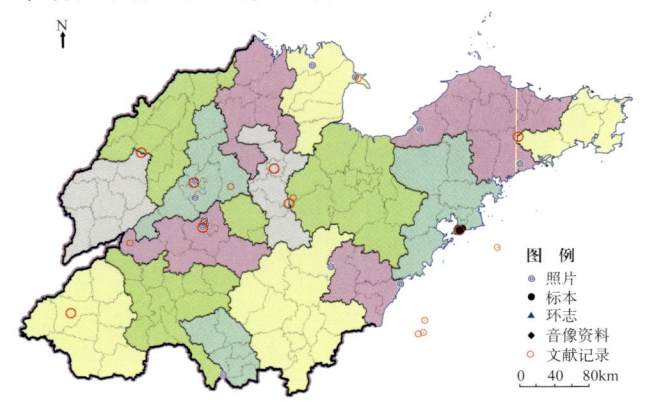

黑龙江、吉林、辽宁、河北、北京、天津、山西、河南、陕西、宁夏、安徽、江苏、上海、浙江、江西、湖南、湖北、四川、福建、台湾、广东、香港、澳门。

区系分布与居留类型： ［古］（S）。

种群现状： 在北方繁殖、南方越冬，分布区域不广，种群数量不普遍，在国际鸟盟保育等级中属不需要特别关照的类群。在山东分布记录尚属较广，但各地照片分布实证较少，未被列入山东省重点保护野生动物名录。

物种保护： Ⅲ，红R，Lc/IUCN。牛头伯劳（中国亚种 *sicarius*）在《中国濒危动物红皮书·鸟类》中被列为稀有种。

参考文献： H654，M611，Zjb95；Lb555，Q274，Z495，Zx135，Zgm191。

山东记录文献： 郑光美 2011，朱曦 2008，钱燕文 2001，范忠民 1990，郑作新 1987、1976，Shaw 1938a；赛道建 2013，李久恩 2012，王海明 2000，田家怡 1999，王庆忠 1995、1992，赵延茂 1995，纪加义 1988a，杜恒勤 1985。

● 298-01 红尾伯劳
Lanius cristatus Linnaeus

命名： Linnaeus C, 1758, Systema Naturae per Regna Tria Naturae, Secundum Classes, Ordines, Genera, Species, Cum Characteribus, Differentiis, Synonymis, Locis. Tomus I. Editio decima, reformata. pp.［1-4］, 1-824（孟加拉国）

英文名： Brown Shrike

同种异名： 褐伯劳，土伯劳，虎伯劳；*Lanius lucionensis* Linnaeus, 1766，*Lanius superciliosus* Latham, 1801；Red-tailed Shrike

鉴别特征： 嘴黑色，喉白色，额灰色，眉纹白色，贯眼纹宽而黑。头顶及上体灰褐色，腰背棕褐色，下体黄白色。尾棕褐色。雌鸟胁部具淡波状纹。幼鸟背及体侧具深褐色鳞状斑纹，眉黑色。脚灰黑色。

形态特征描述： 嘴黑色、嘴钩曲锐利。虹膜暗褐色，黑色贯眼纹粗著，从嘴基经眼先、眼周直至耳区连成一体，眼上方至耳羽上方有白色眉纹。头顶至后颈灰褐色、灰色或红棕色。颏、喉和颊白色。上体棕褐色或灰褐色，下背、腰棕褐色。翅黑褐色、翅缘白色，覆羽内侧暗灰褐色、外侧黑褐色，中覆羽、大覆羽和内侧飞羽外䎃具棕白色羽缘和先端。腋羽棕白色。下体棕白色，两胁较多棕色。尾羽棕褐色、楔形具不明显暗褐色横斑；尾上覆羽棕红色。脚铅灰色。

雌鸟 似雄鸟。羽色苍淡，贯眼纹黑褐色。

幼鸟 上体棕褐色，羽缀黑褐色横斑和棕色羽缘。下体棕白色，胸和胁满杂黑褐色波状细横斑。

鸣叫声： 鸣声粗犷、响亮、有力，有时边鸣唱边飞向上空，快速扇翅原地飞翔一阵后落回枝头继续鸣唱。

体尺衡量度（长度mm、体重g）： 寿振黄

红尾伯劳（张月侠 20150620 摄于袁洼）

（Shaw 1938a）记录采得雄鸟3只、幼鸟2只标本，但标本保存地不详。

标本号	时间	采集地	体重	体长	嘴峰长	翅长	跗蹠长	尾长	性别	现保存处
					13	70	25	80		山东师范大学
	1982				14	85	22	85		山东师范大学
	1965	济南五柳闸			14	90	20	85		山东师范大学
	1958	微山湖		235	10	100	24	80		济宁一中
840415	19840812	两城	26	174	14	89	26	87	♀	济宁森保站
	1989	泰山		198	16	93	24	92	3♂	泰安林业科技
	1989	东平		189	15	88	23	89	3♀	泰安林业科技

栖息地与习性： 栖息于低山丘陵和山脚平原地带的灌丛、疏林和林缘地带，以及草甸灌丛、山地林缘灌丛及附近小块次生林区内，以在低山丘陵地村落附近数量更高。单独或成对活动，性凶猛，站立小树顶端或电线上注视四周，待有猎物出现时，捕猎后飞回原栖木上栖息，常将猎物穿挂于树的尖枝杈上，撕食其内脏和肌肉等柔软部分后，剩余物则挂在树上。幼鸟具有将食物挂钩在尖刺物上撕食的本能。

食性： 主要捕食直翅目、鞘翅目、半翅目和鳞翅目等昆虫及其幼虫，也捕捉蜥蜴，偶尔吃少量草籽。

繁殖习性： 繁殖期5～7月。领域性强，占区后驱赶入侵者。雌雄鸟共同在低山丘陵小块次生林、林缘灌丛中营巢，杯状巢多位于枝叶茂密中上部，紧靠树干侧枝基部，用莎草、苔草、蒿草等枯草茎叶、混杂细小树枝构成，内垫细草茎、植物韧皮纤维和羽毛等。每窝通常产卵5～7枚，卵椭圆形，乳白色或灰色，密被大小不一黄褐色斑点。卵径约为17mm×23mm，卵重3.1～3.5g。卵产齐后，雌鸟孵卵，雄鸟承担警戒和觅食饲喂任务，孵化期14～16天。幼鸟晚成雏，14～18日龄开始离巢，由双亲继续抚育至30日龄后，当幼鸟能够自己觅食后，才随同亲鸟离开巢区游荡，40～55日龄换羽成为幼鸟。

亚种分化： 全世界有4个亚种，中国有4个亚种（郑作新1987，赵正阶2001，郑光美2011），山东分布记录为3亚种。

● 指名亚种 *L. c. cristatus* Linnaeus

亚种命名 Linnaeus, 1758, Syst. Nat., ed. 10, 1：93（孟加拉国）

鉴别特征： 额和头顶红棕色。上背、肩棕褐色。

分布： 滨州 - ●（刘体应1987）滨州、北海盐场（20160518），滨州港（刘腾腾20160518）；无棣县 - 沙头堡村（刘腾腾20160518），埕口盐

场（20160518，刘腾腾 20160518），无棣县-岔尖（朱星辉 20160910）。德州-乐陵-城区（李令东 20100723），宋哲元陵墓（李令东 20110729）。东营-（S）◎黄河三角洲；河口区（李在军 20080706）。菏泽-（S）菏泽。济南-济南；槐荫区-睦里闸；市中区-南郊宾馆；历下区-大明湖（马明元 20140822，陈忠华 20140829），泉城公园（20130405）；天桥区-黄河滩（陈云江 20140515）；历城区-罗伽（20140517）；章丘-（S）黄河林场。济宁-●（SP）济宁；任城区-袁洼（张月侠 20150620），嘉祥县-纸坊；微山县-微山湖，昭阳（陈保成 20090725），岗头（20160724）。聊城-东昌湖。莱芜-莱城区-牟汶河（陈军 20140512）。日照-东港区-国家森林公园（郑培宏 20140828），付疃河（成素博 20120528），●山字河机场（20150829）。泰安-泰山区-农大南校园，大河湿地（孙桂玲 20150506，刘国强 20120909）；泰山-低山。潍坊-●高密（20060721）-姜庄北胶新河（宋肖萌 20150513、20150829）；临朐县-柳山镇（王志鹏 20120715）。威海-文登-金滩（韩京 20120519）。烟台-芝罘区-夹河（王宜艳 20160510）；◎莱州；海阳-凤城（刘子波 20150523、20100827），栖霞-白洋河（牟旭辉 20140817）。淄博-淄博；高青县-花沟镇（赵俊杰 20150601）。胶东半岛，鲁中山地，鲁西北平原，鲁西南平原湖区。

黑龙江、吉林、辽宁、内蒙古、河北、北京、天津、山西、河南、陕西、甘肃、青海、江苏、上海、湖北、贵州、云南、福建、台湾、广东、广西、海南、香港、澳门。

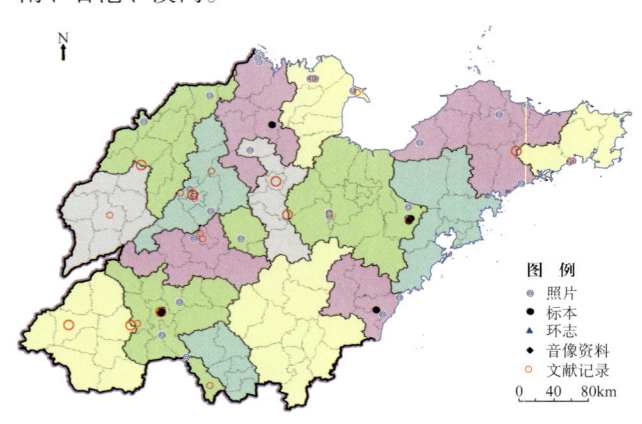

山东记录文献：郑光美 2011，赵正阶 2001，范忠民 1990，郑作新 1987、1976；赛道建 2013、1999、1994、1989，李久恩 2012，贾少波 2002，王海明 2000，田家怡 1999，王元秀 1999，宋印刚 1998，王庆忠 1995、1992，赵延茂 1995，纪加义 1988a，刘

体应 1987，杜恒勤 1985。

● 普通亚种 *L. c. lucionensis* Linnaeus

亚种命名　　Linnaeus, 1766, Syst. Nat., ed. 12, 1: 135（菲律宾）

鉴别特征：额和头顶前部淡灰色，上背、肩暗灰褐色。

分布：东营-（S）黄河三角洲。济南-（S）济南，千佛山；章丘-黄河林场。济宁-南四湖。聊城-聊城，东昌湖。临沂-（S）沂河。青岛-青岛，●沧口，（S）潮连岛，●红岛*，●灵山岛，●崂山。日照-（S）前三岛-车牛山岛，达山岛，平山岛。泰安-（S）泰安，泰山，（S）东平湖。潍坊-（S）青州-仰天山。胶东半岛，鲁中山地，鲁西北平原。

黑龙江、吉林、辽宁、内蒙古、河北、北京、天津、山西、河南、陕西、甘肃、安徽、江苏、上海、浙江、江西、湖南、湖北、四川、贵州、云南、福建、台湾、广东、广西、海南、香港。

山东记录文献：郑光美 2011，朱曦 2008，赵正阶 2001，郑作新 1987、1976，Shaw 1938a；赛道建 2013，田家怡 1999，赵延茂 1995，纪加义 1988a。

日本亚种 *L. c. superciliosus* Latham

亚种命名　　Latham, 1801, Ind. Orn. Suppl. 20（印度尼西亚爪哇的 Batania）

分布：济南-（S）济南，千佛山。济宁-济宁，南四湖。聊城-聊城，东昌湖。临沂-（S）沂河。青岛-青岛，（S）潮连岛。泰安-（S）泰安，泰山。潍坊-潍县；（S）青州-仰天山。鲁中山地，鲁西北平原。

内蒙古、河北、北京、天津、河南、江苏、上海、浙江、四川、重庆、云南、福建、台湾、广东、广西、海南、香港。

山东记录文献：郑光美 2011，朱曦 2008，赵正阶 2001，郑作新 1987、1976；赛道建 2013，纪加义 1988a。

区系分布与居留类型：［古］（SP）。

种群现状：捕食害虫，为农林益鸟，已有驯化笼养。物种分布范围广，种群数量普遍，被评为无生存危机物种。山东分布记录为 3 个亚种，但各亚种分布与种群变化的具体情况研究甚少，应该加强物种与亚种的保护性监测研究。

物种保护：Ⅲ，中日，Lc/IUCN。

参考文献：H656, M614, Zjb98; Lb558, Q274, Z497, Zx135, Zgm191。

山东记录文献：见各亚种。—；孙玉刚 2015。

---

* 此岛现已经与大陆连为一体。

● 299-01　棕背伯劳
Lanius schach Linnaeus

命名： Linnaeus C, 1758, Syst. Nat., ed. 10, 1: 94（中国）
英文名： Long-tailed Shrike
同种异名： 海南䴗（jú），大红背伯劳；—；Rufous-backed Shrike, Black-headed Shrike

鉴别特征： 中型鸣禽。尾长而棕色、黑色、白色的伯劳。嘴黑色，额、贯眼纹黑色，颏、喉白色。头顶、颈背灰色或灰黑色，背腰、体侧红褐色，翼黑色具白斑，下体浅棕色，胸及腹中央白色。尾黑色。幼鸟色暗，两胁及背具横斑。脚黑色。

形态特征描述： 喙粗壮而侧扁、先端具利钩和齿突，嘴须发达。虹膜暗褐色，眼先、眼周和耳羽黑色形成一条宽阔黑色贯眼纹。头大、前额、头顶至后颈黑灰色；颏、喉白色。背棕红色，下背、肩、腰棕色。翅短圆；飞羽黑色，内侧飞羽外翈羽缘棕色，初级飞羽基部棕白色形成白色翼斑显露于覆羽外；翼上覆羽黑色，大覆羽具棕色窄羽缘。下体棕白色，腹中部白色，两胁棕红色或浅棕色。尾圆形或楔形；尾长、黑色，外侧尾羽皮黄褐色，外翈具棕色羽缘和端斑；尾上覆羽棕色，尾下覆羽棕红色或浅棕色。脚黑色，跗蹠强健，趾具钩爪。

棕背伯劳（张立新 20080621 摄于长河公园；赛道建 20130904 摄于玉清湖）

鸣叫声： 繁殖期间，站在树顶枝发出声似"zhigia-zhigia-zhigia-zhiga"的重复鸣叫声。

体尺衡量度（长度 mm、体重 g）：

标本号	时间	采集地	体重	体长	嘴峰长	翅长	跗蹠长	尾长	性别	现保存处
					16	100	27	140	♀	山东师范大学
					16	105	30	130		山东师范大学
					17	105	30	135		山东师范大学

栖息地与习性： 栖息于低山丘陵和山脚平原地区的阔叶林和混交林的林缘地带，以及园林、农田、村宅河流附近。除繁殖期成对活动外，多单独活动；领域性强，常驱赶入侵者，见人或情绪激动时尾常向两边不停摆动；常见在乔木上与灌丛中活动，在电线上张望发现猎物即追捕，然后返回原处吞食。

食性： 主要捕食鞘翅目、半翅目、直翅目、革翅目、蜻蜓目、膜翅目等目的昆虫，也捕食小鸟、青蛙、蜥蜴和鼠类，偶尔采食少量植物种子。

繁殖习性： 繁殖期4～7月。4月初，雄鸟每天早上站在巢域中树的顶枝上鸣叫占领巢域，驱赶入侵者。雌雄鸟共同在树上或高灌木上营碗状或杯状巢，巢由细枝、枯草茎、枯草叶、树叶、竹叶及其他植物纤维构成，内垫棕丝和细软草茎、须根等。每窝通常产卵3～6枚，卵有淡青色、乳白色、粉红色或淡绿灰色不同颜色，被大小不一褐色或红褐色斑点，卵径约为23mm×29mm，卵重约7.3g。雌鸟孵卵，雄鸟负责警戒和觅食喂雌鸟，孵化期12～15天。雏鸟晚成雏，雌雄共同育雏，留巢期13～18天，幼鸟离巢后仍需亲鸟喂食，并在领域内活动1～2个月后离开。

亚种分化： 全世界有11个亚种，中国5个亚种，山东分布为指名亚种 *L. s. schach* Linnaeus。

亚种命名 Linnaeus, 1758, Syst. Nat., ed. 10, 1: 94（中国）

分布： 滨州-滨城区-引黄闸（刘腾腾20160423），西海水库（刘腾腾20160422）；无棣县-车王镇（朱星辉160714）。**东营**-(P) ◎黄河三角洲；河口区（李在军20090124）。**德州**-市区-长河公园（张立新20080621、20080823），锦绣川（张立新20150612）；运河卢庄段（张立新20130329）；乐陵-城区（李令东20110731）。**菏泽**-(P)菏泽。**济南**-济南，●济南机场（20130912）；历下区-大明湖（20140811，赵连喜20140811，陈忠华20140904）；槐荫区-玉清湖（20130904）；天桥区-龙湖（20150110）；历城-龙洞（20121119）。**济宁**-（R）济宁，南四湖（陈宝成20081214）-龟山岛（20150730）；任城区-太白湖（20140807）；嘉祥县-◎纸坊；曲阜-沂河公园（20140803、20141220），泗河（马士胜20141110）；微山县-微山湖（20151208），鱼种场（孔令强20151211），付村（陈保成20081214），微山岛（20160218）；鱼台-鹿洼（张月侠20150619）。**聊城**-聊城，东昌湖。**临沂**-费县-中华奇石城（20150907），温凉河（20150907）。**莱芜**-莱城区-红石公园（20130704，陈军20140502）。**青岛**-市南区-中山公园（20150316）。**日照**-（R）日照，森林公园（20140305，郑培宏20140816、20141218），日照水库（20150627）；东港区-两城河（成素博20111101），阳光海岸（20140623）。**泰安**-泰安；岱岳区-大汶河，牟汶河（刘兆瑞20151011）；旧县大汶河（20150519）；泰山区-农大新校园（20120510、20140615），大河（刘华东20151102），南湖公园（20150919）；东平县-稻洼屯（20120728、20150520），王台（20140613），大清河（20120728、20140613），东平湖（20120725、20140613）；新泰（20130527）。**潍坊**-白浪河湿地公园（20140828）；高密-南湖公园（20140627）。**威海**-威海（王强20110528）。**烟台**-海阳-凤城（刘子波20151212）；栖霞-白洋河（牟旭辉20150121）。**淄博**-张店区-沣水镇（赵俊杰20141003），人民公园（赵俊杰20141216）；高青县-千乘湖（赵俊杰20160313），常家镇（赵俊杰20141220）。鲁西北平原，鲁西南平原湖区。

天津、河南、陕西、新疆、安徽、江苏、上海、浙江、江西、湖南、湖北、四川、重庆、贵州、云南、福建、广东、广西、香港、澳门。

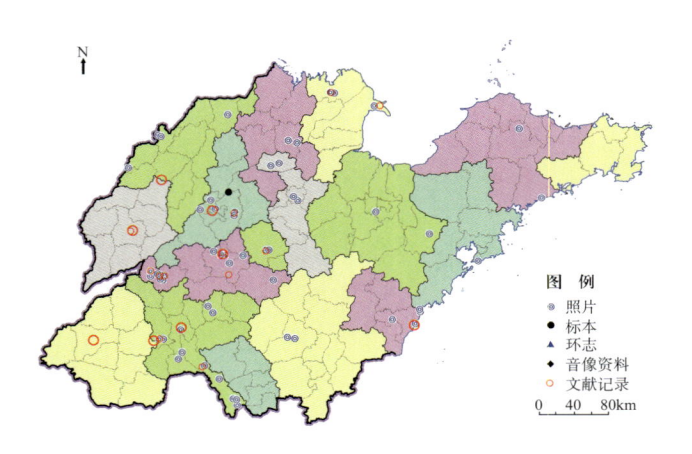

区系分布与居留类型：［东］R（SR）。

种群现状： 为食虫益鸟。物种分布范围广，种群数量较普遍，被评价为无生存危机物种。山东分布区较常见伯劳，叫声洪亮，易引起注意，未列入山东省重点保护野生动物名录。

物种保护： Ⅲ，Lc/IUCN。

参考文献： H658，M616，Zjb102；Lb563，Q276，Z499，Zx137，Zgm194。

山东记录文献： 郑光美2011，朱曦2008，郑作新1987、1976；孙玉刚2015，赛道建2013，贾少波2002，王海明2000，田家怡1999，赵延茂1995，纪加义1988a。

● **300-01 灰伯劳**
Lanius excubitor **Linnaeus**

命名： Linnaeus，1758. Nat.，ed. 10，1：94（瑞典）

英文名：Great Grey Shrike

同种异名： 寒露儿，北寒露；—；—

鉴别特征： 灰黑色伯劳。嘴黑色，黑色粗大贯眼纹上方具白眉纹。上体灰色，下体近白色，翼黑色具白色横纹。尾黑色而边缘白色。雌鸟及幼鸟色较暗淡，下体具皮黄色鳞状斑纹。

形态特征描述： 嘴黑色、基部暗黑色。虹膜暗褐色，眼周、贯眼纹至耳羽黑褐色。前额基部、眉纹、眼先嘴基部为乳黄色，眼先有一近圆形黑褐色斑。上体自头顶至尾上覆羽烟灰色，肩羽同背羽但具淡羽缘。翼覆羽及飞羽黑褐色，大覆羽具淡棕白色端缘，第3～9枚初级飞羽基部白色形成翼斑，内侧飞羽有白色染淡棕色端缘。下体灰白色，颈侧、喉、胸、胁及腹羽具细密暗褐色鳞纹，胸、胁、腹羽微染棕色。尾上覆羽具淡色羽缘染淡棕色，尾下覆羽淡灰白色；中央2对尾羽纯黑色具白色端缘，此白色端缘向外依次越来越大而黑色区相应缩小，至最外侧尾羽外翈为纯白色，内翈端部1/2为白色，羽轴中段黑色。脚黑色。

雌性 似雄鸟。羽棕色调更浓。眼先、贯眼纹、耳羽褐色。翅羽及尾羽黑沾褐色。下体土褐色，

灰伯劳（仇基建20110513摄于河口区）

满布暗褐色鳞斑。

幼鸟 上体灰褐色，腰至尾上覆羽淡灰白色。下体土灰色满布褐色密鳞斑。

鸣叫声： 发出尖而清晰或拖长带鼻音叫声，以及"ga-ga-ga"叫声。

体尺衡量度（长度 mm、体重 g）：

标本号	时间	采集地	体重	体长	嘴峰长	翅长	跗蹠长	尾长	性别	现保存处
	1989	泰山		197	12	91	19	93	♂	泰安林业科技
	1989	泰山		191	16	94	21	90	♀	泰安林业科技

栖息地与习性： 栖息于平原到山地的疏林或林间空地附近。春、秋季节迁徙途经中国北方各省份，少数个体在中国越冬。性凶猛，栖于树顶到地面捕食后飞回树枝，将猎获物挂在带刺的树上，将猎物杀死、撕碎食之。

食性： 喜捕捉、嗜吃小型兽类、鸟类、蜥蜴、各种昆虫及其他活动物。

繁殖习性： 除准噶尔亚种 funereus 和宁夏亚种 pallidirostris 外，其余不在中国繁殖。在有棘树木或灌丛间杯状营巢。每窝产卵 4~7 枚，淡青色具淡灰色斑。雌雄共同孵卵，孵化期 20 天。

亚种分化： 全世界有 7 个亚种，中国 5 个亚种，山东分布为东北亚种 **L. e. mollis**[*] Eversmann, *Lanius excubitor sibiricus* Bogdanov。

亚种命名 Eversmann, 1853, Bull. Soc. Imp. Nat. Moscou 26：498（阿尔泰山 Tschuja）

分布： **德州** - 乐陵市 - 杨安镇水库（李令东 20100202）。**东营** -（W）◎黄河三角洲，河口区（仇基建 20110513），飞雁滩（仇基建 20130902）。**济南** -（P）济南，（P）南郊；章丘 - 黄河林场。**泰安** -（W）泰安，●泰山；泰山区 - 旧县（刘华东 20160109）。**淄博** - 淄博。鲁中山地，鲁西北平原，鲁西南平原湖区。

黑龙江、吉林、辽宁、内蒙古、河北、北京、天津、山西。

区系分布与居留类型： ［古］（PW）。

种群现状： 物种分布范围广，种群数量趋势稳定，不接近物种生存脆弱濒危临界值标准。在山东有标本记录，但分布不普遍，数量尚无系统统计，需加强物种与栖息环境的保护研究。

物种保护： Ⅲ，中日，Lc/IUCN。

参考文献： H661，M619，Zjb104； Q278，Z502，Zx137，Zgm195。

山东记录文献： 朱曦 2008，范忠民 1990；赛道建 2013、1994，单凯 2013，庞云祥 2008，田家怡 1999，王元秀 1999，赵延茂 1995，纪加义 1988a，田丰翰 1957。

● **301-01 楔尾伯劳**
Lanius sphenocercus Cabanis

命名： Cabanis JL，1873，Journ. F. Orn.，21，p. 76（广东）

英文名： Chinese grey shrike

同种异名： 长尾灰伯劳；—；Long-tailed Gray Shrike

鉴别特征： 大型，灰色伯劳。嘴灰色，额白色，眼先、耳羽、颊黑色，眉纹白色。上体灰色、下体白色。翼黑色具粗大白色横斑纹。中央尾羽黑色具狭窄白羽端，外侧尾羽白色。脚黑色。

形态特征描述： 嘴灰色。虹膜褐色，眼先黑色杂有灰褐色羽，眼周、惯眼纹及耳羽黑色，眉纹白色、鲜明而宽。额基白色、染淡棕色。颊、

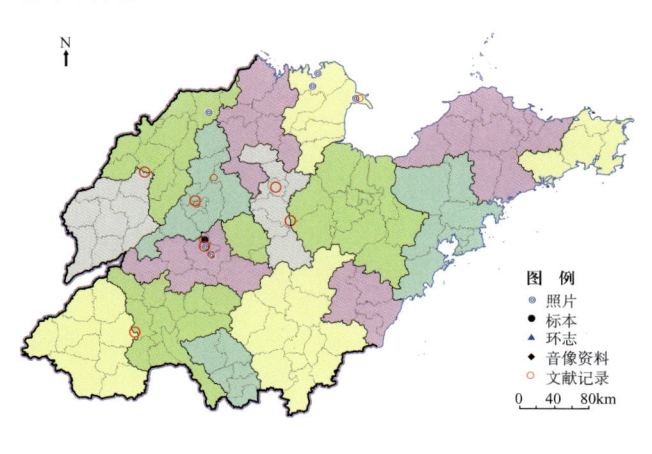

[*] 灰伯劳山东分布亚种，朱曦（2008）记为 *L. e. sibiricus*，有待进一步确证。

楔尾伯劳（赛道建 20130908 摄于济南机场）

喉白色。上体自头顶至尾上覆羽灰色，肩与背同色。翅黑色，翼覆羽黑色，初级覆羽具淡白色羽缘和羽端；初级飞羽黑色，第 2 枚以内超过羽长之半羽基白色构成鲜明大型白色翼斑；次级飞羽黑色具宽白色端缘，羽基部大半白色，在翅上构成 2 个鲜明翼斑。下体胸以下灰白沾淡粉棕色。尾长呈凸形尾；尾羽 12 枚，中央尾羽黑色具狭窄白色端斑；外侧一对大部黑色，羽基外及羽端白色；第 3 对外白色具较明显白色内基部和大型白色端斑；最外 3 对尾羽纯白色，羽轴的中段黑色。脚黑色。

幼鸟 颏、喉白沾棕色。上体灰褐色，头顶至上背羽端部淡棕色形成不清晰细碎鳞纹。下体胸、胁灰白色沾粉褐色，鳞纹不显著。尾羽黑色部分沾褐色，尾上覆羽与背羽同色，尾下覆羽淡白色染乳黄色。

鸣叫声： 发出"ga-ga-ga"的粗哑叫声。

体尺衡量度（长度 mm、体重 g）：

标本号	时间	采集地	体重	体长	嘴峰长	翅长	跗蹠长	尾长	性别	现保存处
	1958	微山湖		270	14	125	24	95		济宁一中
830244	19830414	鲁桥	83	288	19	122	31	144	♀	济宁森保站

栖息地与习性： 栖息于开阔原野到山地、河谷的林缘及疏林地带，以及农场或村庄附近，以草地林地和半荒漠疏林地带为多。秋季家族群逐渐形成混合群自高山向低山移动，9 月以后分散、渐成单只活动越冬，越冬个体有领域性。在突出树干、灌丛或电线上或停在空中振翼并捕食猎物，能长时间追捕小鸟，抓捕就地撕食或刺挂于树的尖桩上撕食。

食性： 主要捕食昆虫，也捕食蜥蜴、小鸟及鼠类等小型脊椎动物。

繁殖习性： 繁殖期 5～7 月。在疏林林间、柳树及榆树等乔木或灌木上筑巢，结构粗糙，外壁为树枝、草茎编成，中层由兽毛、羽及植物纤维编成，内衬细根、兽毛与羽编成的薄壁。每窝产卵 5～6 枚，淡青色有灰褐色及灰色斑，卵径约为 21mm×29mm。孵化期 15～16 天。育雏期约 20 天，幼鸟离巢后在亲鸟的照顾下于巢区附近觅食。

亚种分化： 全世界有 2 个亚种，中国有 1 个亚种，山东分布为指名亚种 *L. s. sphenocercus* Cabanis。

亚种命名 Cabanis JL, 1873, Journ. F. Orn., 21, p.76（广东）

L. s. giganteus 亚种比指名亚种色暗且缺少白色眉纹。

分布： 滨州 - 无棣县 - 岔尖（朱星辉 20160910）。东营 -（W）◎黄河三角洲；河口区 - 河口（李在军 20080101），孤岛林场（孙劲松 20090206），孤岛水库（孙劲松 20090909）；垦利 - 建林（20151025）；东营港开发区（20151025）。德州 - 乐陵 - 杨安镇水库（李令东 20100202）。济南 - ●济南机场（20130908）；槐荫区 - 玉清湖（20130219）；天桥区 - 龙湖（陈忠华 20141207）。济宁 - ●济宁；曲阜 - 大沂河（马士胜 20141202）；（WP）微山县 - 微山湖，昭阳（陈保成 20151213），●鲁桥。青岛 - 青岛。日照 - 东港区 - ●山字河机场（20150904、20151018）。泰安 - 泰安；岱岳区 - 牟汶河（刘兆瑞 20151011）。潍坊 - 潍坊，●白浪河；奎文区。烟台 - ◎莱州；海阳 - 小纪（刘子波 20150301）；栖霞 - 白洋河（牟旭辉 20120315）。淄博 - 淄博。胶东半岛，鲁中山地，鲁西北平原。

黑龙江、吉林、辽宁、内蒙古、河北、北京、天津、山西、河南、陕西、宁夏、甘肃、青海、安徽、江苏、上海、浙江、江西、湖南、湖北、福建、台湾、广东。

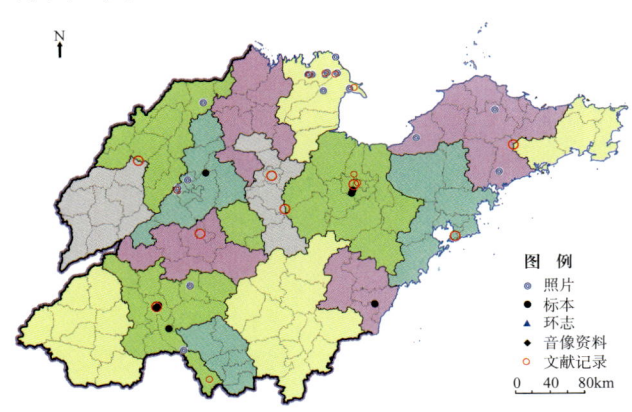

区系分布与居留类型：［古］(W)。

种群现状： 捕食昆虫，对农林业有益。在山东越冬期间呈零散分布，虽然多见，但数量较少，尚未列入山东省重点保护野生动物名录。

物种保护： Ⅲ，无危 /CSRL，Lc/IUCN。

参考文献： H662, M620, Zjb105；Lb567, Q278, Z504, Zx138, Zgm196。

山东记录文献： 郑光美 2011，朱曦 2008，钱燕文 2001，范忠民 1990，郑作新 1987、1976；赛道建 2013，李久恩 2012，邢在秀 2008，田家怡 1999，赵延茂 1995，纪加义 1988a。

20.9　黄鹂科 Oriolidae（Old World Orioles, Forest Orioles）

中小体型。喙粗厚，嘴峰稍弯或平滑。嘴须短细。鼻孔裸出，被薄膜。初级飞羽10枚，第1枚长超过第2枚之半。尾短圆，具12枚尾羽。跗蹠较短，前缘为盾状鳞，爪甚弯曲。雌雄鸟羽色相似，或略有差异，雌鸟羽色较暗淡。幼鸟的胸腹部具纵纹。

栖息于阔叶树林中。单独或成对在树上活动，飞翔呈波浪状，鸣声悦耳而多变。在枝叶间觅食昆虫与果实。多在树上水平枝干的基部用细长植物纤维或草茎筑巢。每窝产卵2~5枚，卵粉红色具疏斑。雌鸟孵卵，孵化期13~15天。雏鸟晚成雏，雌雄鸟共同育雏，14~15天离巢后尚需亲鸟继续照料约15天才能自立生活。具有长距离季节迁移行为。栖地破坏及人为猎捕是主要的生存威胁，目前约有3种黄鹂科鸟类受到威胁。

传统上本科鸟类自成一科，Sibley 和 Ahlquist（1990）的核酸杂合（DNA-DNA hybridization）研究将黄鹂类与山椒鸟类合成为一个黄鹂族（Tribe Oriolini）。Howard 和 Moore 系统（Dickinson 2003）仍依传统将黄鹂类自成一科。

全世界共有2属29种。中国有1属6种，山东分布记录有1属2种。

黄鹂科黄鹂属 *Oriolus* 分种检索表

体羽主要为黄色和黑色 ··· 黑枕黄鹂 *O. chinensis*
体羽主要为红色和黑色 ··· 朱鹂 *O. traillii*

● 302-01　黑枕黄鹂
Oriolus chinensis Linnaeus

命名：Linnaeus C, 1766, Syst. Nat., ed. 12, 1: 160（菲律宾）

英文名：Black-naped Oriole

同种异名：黄鹂，黄莺，黄鸟；—；—

鉴别特征：嘴粉红色，贯眼纹至枕后成宽黑带斑。体羽艳黄色，背沾辉绿色，两翅黑色。尾黑色。雌鸟色淡，背橄榄黄色。幼鸟背橄榄色，下体近白色具黑纵纹。脚近黑色。相似种金黄鹂枕部不为黑色，黑色贯眼纹不延伸到枕部，分布区也不同。

形态特征描述：嘴较粗壮、嘴峰略呈弧形下曲，上嘴尖端微具缺刻，嘴缘平滑；嘴须细短，鼻孔裸出、盖以薄膜。头枕部宽阔黑色带斑经耳羽区向两侧延伸和黑色贯眼纹相连，在金黄色头部形成围绕头顶的醒目黑带。头和上、下体羽通体大都金黄色，下背稍沾绿呈绿黄色，腰和尾上覆羽柠檬黄色。翅尖长、黑色，翼上覆羽外翈金黄色、内翈黑色，大覆羽内翈大都黑色、外翈和羽端黄色，初级覆羽黑色、羽端黄色；初级飞羽10枚、黑色，第1枚长于第2枚之半，除第1枚外其余外翈具黄白色或黄色羽缘和尖端，次级飞羽黑色、外翈具黄色宽羽缘，三级飞羽外翈几乎全为黄色。尾短圆、黑色，尾羽12枚，除中央1对

黑枕黄鹂（李在军 20120702 摄于河口区；刘冰 20120714 摄于泰山）

外、其余的具宽阔黄色端斑，且越向外侧尾羽黄色端斑越大。跗蹠短而弱，前缘具盾状鳞，爪细而钩曲。

雌鸟　近似雄鸟羽色。羽色较暗淡，背面较绿呈黄绿色。

幼鸟　似雌鸟。上体黄绿色。下体淡绿黄色，下胸、腹中央黄白色，整个下体具黑色羽干纹。

鸣叫声：叫声似"lwee wee wee-leeow"的笛音，或似猫叫声，变化较多。

体尺衡量度（长度mm、体重g）：寿振黄（Shaw 1938a）记录采得雄鸟5只、雌鸟6只标本，但标本保存地不详。

标本号	时间	采集地	体重	体长	嘴峰长	翅长	跗蹠长	尾长	性别	现保存处
B000530				237	22	153	21	86		山东博物馆
	1958	微山湖		248	26	142	16	68	♂	济宁一中
	1958	微山湖		280	25	74	14	40		济宁一中
830129	19830919	马坡		260	32	152	28	100	♀	济宁森保站
	1989	泰安		251	30	160	24	98	3♂	泰安林业科技
	1989	泰安		248	29	152	24	100	4♀	泰安林业科技

栖息地与习性： 栖息于低山丘陵和山脚平原地带的天然次生林，以及农田、原野、村寨附近和城市公园的树上。通常4~5月迁来中国北方繁殖，9~10月南迁越冬。单独、成对或松散小群活动，主要在高大乔木的树冠层活动。巢位选定后，雌雄分别站在巢区内不同的树上对鸣或在空中飞翔，或同栖于一处，领域性强，攻击并赶出侵入巢区者，繁殖期间隐藏在树冠层中鸣叫，以清晨鸣叫最为频繁。

食性： 主要捕食鞘翅目、鳞翅目、直翅目等昆虫及其幼虫，也吃少量植物果实与种子。

繁殖习性： 繁殖期5~7月。多在阔叶林内高大乔木水平枝末端枝杈处营巢，吊篮状巢由枯草、树皮纤维、麻等材料构成。每窝产卵3~5枚，卵椭圆形，粉红色被有深浅两层、大小不等的红褐色或灰紫褐色斑点或条形斑纹，卵径约为21mm×33mm，卵重6.6~7.5g。卵产齐后，雌鸟开始孵卵，孵化期14~16天。雏鸟晚成雏，雌雄亲鸟共同育雏，约16天离巢，离巢后的最初几天亲鸟继续喂食，晚上雌鸟与雏鸟同住巢中，雄鸟在附近小树上歇息。

亚种分化： 全世界有20个（赵正阶2001）或18个（刘小如2010）亚种，中国有2个（赵正阶2001，郑作新1987）或1个（郑光美2011）亚种，山东分布为普通亚种 *O. c. diffusus* Sharpe。

亚种命名 Sharpe RB, 1877, Cat. Bds. Brit. Mus., 3：197（印度 Malabar）

分布： 滨州 - ●（刘体应1987）滨州。东营 -（S）◎黄河三角洲；河口区（李在军20120702）-河口区 - 孤岛（祝芳振20140703）；自然保护区 - 飞雁滩（胡友文20080905）。菏泽 -（S）菏泽。济南 -（S）济南；槐荫区 - 睦里闸；历下区 - 千佛山；天桥区 -（P）五柳闸；历城区 - 枣园村（赵连喜20140624）；章丘 - ●（S）黄河林场，百丈崖（陈云江20130529）。济宁 - ●（S）济宁，南四湖；曲阜 -（S）曲阜，孔林；微山县 - 微山湖。聊城 - 聊城，东昌湖。临沂 -（S）沂河。莱芜 - 莱城区 - 张家洼（陈军20130523）。青岛 - 近海海岛；●（Shaw 1938a）青岛，浮山；李沧区 - ●（Shaw 1938a）沧口；崂山区 -（S）潮连岛；黄岛区 - ●（Shaw 1938a）灵山岛。日照 - 新市区（成素博20110909）；东城区 -●（Shaw 1938a）石臼所，●（Shaw 1938a）王家滩，付疃河（成素博20120523），碧海路（成素博20110909），国家森林公园（郑培宏20140709）；五莲县 - 灵公山（成素博20110702）；（S）前三岛 - 车牛山岛，达山岛，平山岛。泰安 -（S）●泰安；岱岳区 - 徂徕山；泰山（刘冰20120714）- 高山，中山，低山，韩家岭（孙桂玲20150601），罗汉崖（20130513），大津口，药乡，桃花源（刘兆瑞20150719）；东平县 -（S）东平湖。潍坊 - 潍坊；（S）青州 - 仰天山。威海 - 文登 - 五里顶。烟台 - 长岛县 - ●长岛；海阳 - 凤城（刘子波20140627）；◎莱州；栖霞 - 长春湖（牟旭辉20130513）。淄博 - 淄博。胶东半岛，鲁中山地，鲁西北平原，鲁西南平原湖区。

除青海、新疆、西藏外，各省份可见。

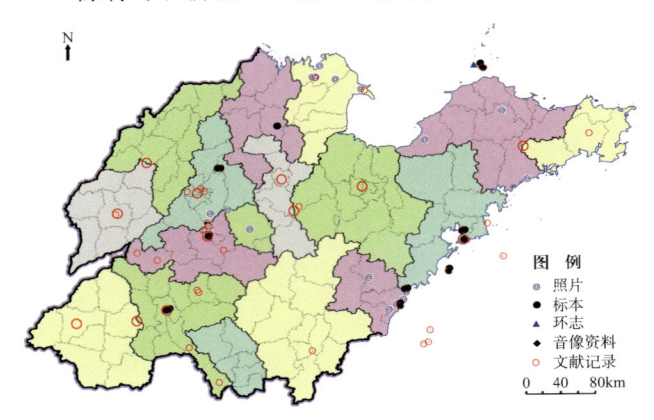

图例
- 照片
- 标本
- 环志
- 音像记录
- 文献记录

0 40 80km

区系分布与居留类型：[东]（S）。

种群现状： 嗜食昆虫，为农林有益鸟类；羽色艳丽，鸣声婉转，为重要笼养观赏鸟。物种分布范围较广，种群数量亦较丰富，被评为无生存危机物种，由于在植物保护中意义大，应注意保护。在山东分布较广，但各地数量较少，已列入山东省重点保护野生动物名录。

物种保护： Ⅲ，中日，Lc/IUCN。

参考文献： H664，M654，Zjb107；Lb571，Q278，Z505，Zx138，Zgm197。

山东记录文献： 郑光美2011，朱曦2008，钱燕文2001，范忠民1990，郑作新1987、1976，Shaw 1938a；孙玉刚2015，赛道建2013、1999、1994，贾少波2002，李久恩2012，邢在秀2008，王海明2000，张培玉2000，王元秀1999，田家怡1999，杨月伟1999，宋印刚1998，王庆忠1995、1992，赵延茂1995，刘体应1987，纪加义1988a，杜恒勤1985，李荣光1960、1959，田丰翰1957。

303-11 朱鹂
Oriolus traillii（Vigors）

命名： Vigors NA, 1832, Proc. Comm. Sci. Corr. Zool. Soc. London：175（喜马拉雅山）

英文名： Maroon Oriole

同种异名： 栗色黄鹂，大绯鸟，朱黄鹂；*Oriolus ardens*，*Pastor traillii* Vigors，*Psaropholus ardens* Swinhoe, 1862；—

鉴别特征： 黑色及绛紫红色的黄鹂。嘴蓝灰色。

头颈、前胸及翼黑色，余部绛紫红色。尾羽褐色，外缘褐色。雌鸟背部深灰，胸、腹部白色而密布黑色纵斑纹，尾覆羽及尾绛紫红色。幼鸟喉白色。

形态特征描述： 嘴铅蓝灰色。虹膜黄白色。头、颈、上胸及翼黑色，其余部分皆为鲜朱红色。脚铅色。

雌鸟 似雄鸟。上背及背部深灰色，尾覆羽及尾绛紫红色，下胸、腹部杂有白色而密布黑色纵斑纹。

幼鸟 雄鸟（依范强东描述）嘴紫黑色。虹膜黄褐色。头、颈黑褐色，头顶黑色较深。背石板灰色，各羽具黑色羽干；腰浅灰色。两翅黑褐色，中覆羽羽端淡棕色；腋羽灰黑色。下体自颏到腹白色，各羽具较粗黑色羽干纹；尾上覆羽和中央1对尾羽栗褐色，其余尾羽外䄂和内䄂边缘栗褐色，内䄂羽干部浅栗红色；尾下覆羽淡栗红色。脚灰色。

朱鹂（丁洪安20091003 摄于一千二管理站）

鸣叫声： 发出"pi-lo-i-lo"圆润笛音，或粗哑"ga、ga"音。

体尺衡量度（长度mm、体重g）：

标本号	时间	采集地	体重	体长	嘴峰长	翅长	跗蹠长	尾长	性别	现保存处
	19840903	庙岛	98	260	27	152	23	100	♂	长岛环志中心

栖息地与习性： 多栖息于低海拔丘陵和山区的落叶林、混交林及常绿林等类型的森林中，冬季南迁或到低海拔较多落叶林处越冬。单独或成对在树层活动，有时加入混合鸟群栖息活动。

食性： 杂食性。主要以昆虫、浆果、果实为食。

繁殖习性： 繁殖期4～6月。碗状巢筑于较高树枝上，雌鸟负责筑巢、孵卵，雄鸟负责警戒。雏鸟孵出后由雌雄亲鸟共同育雏。

亚种分化： 全世界有4个亚种，中国3个亚种，山东分布为台湾亚种 *Oriolus traillii ardens** (Swinhoe)。

亚种命名 Swinhoe R, 1862, Ibis, 1862: 363-365（台湾）

分布： 东营-◎黄河三角洲；保护区-一千二管理站（丁洪安20091003）。**烟台-长岛县-▲●**（♂19840903，范强东1989、1993b）长岛。鲁西南，山东。

台湾。

区系分布与居留类型： ［东］(V)。

种群现状： 在我国种群数量并不丰富，为森林益鸟与重要观赏鸟，应加强物种与栖息地保护。范强东（1989）首次报道，卢浩泉（2003）记为山东鸟类新记录，1984年9月3日在山东烟台的庙岛群岛（37°58′N，120°36′E）获得栗色黄鹂台湾亚种（*Oriolus traillii ardens*）雄性幼鸟标本1只（标本存于山东省长岛候鸟保护环志中心站），目前山东暂无其他方面的研究报道。

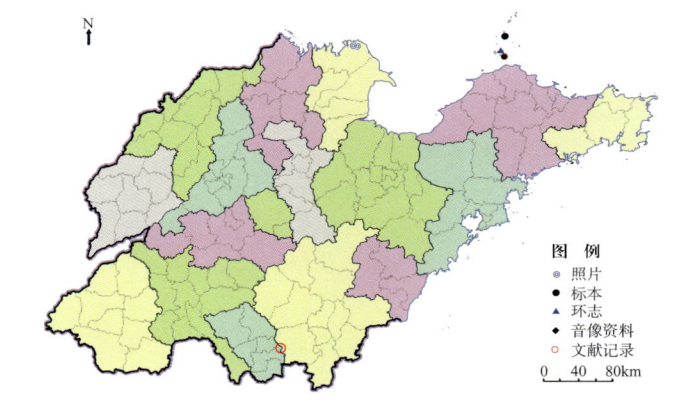

物种保护： Ⅲ，Lc/IUCN。

参考文献： H666, M657, Zjb109; Lb575, Q280, Z507, Zgm198。

山东记录文献： —; 赛道建2013，卢浩泉2003，范强东1993b、1989c。

20.10 卷尾科 Dicruridae (Drongos)

喙强健有力，上喙尖端略下钩，基部有刚毛。鼻孔被垂羽遮掩。眼红色或红褐色。羽色单纯无斑纹，黑色或灰色，有的具蓝色、绿色或紫色闪亮光泽。幼鸟羽色同成鸟，杂有白斑。额上羽毛耸立或成为冠羽。翼形中

---

* *Oriolus traillii* 为台湾留鸟，范强东（1989）在庙岛群岛（37°58′N，120°36′E）发现一只幼鸟，需进一步研究。

等略尖，初级飞羽10枚。尾长，尾羽12枚或10枚，末端呈叉尾，有的末端略上卷或延长呈球拍状。跗蹠短而强健，前缘具盾状鳞。趾小，爪甚钩状。

树栖性，多栖息于昆虫丰富地区的森林或栖息于疏林平原。单独或小群活动于森林的中上层，多停栖于枝头，性凶猛，飞行技巧高，会驱赶接近的猛禽。性喧闹，会发出响亮而聒噪鸣声或悦耳啭鸣。肉食性，以昆虫为主食，主要在空中猎食。雌雄在树冠层或高枝上以细嫩草叶编织碗状巢。每窝产卵2~4枚。雄鸟协助雌鸟孵卵。雏鸟晚熟性，雌雄亲鸟共同育雏。除自然环境变化的影响外，人类甚少捕捉利用，受威胁状况较少。

全世界共有2属22种，中国有1属7种，山东分布记录有1属3种。

卷尾科卷尾属 *Dicrurus* 分种检索表

1. 额部具冠羽 ·· 发冠卷尾 *D. hottentottus*
   额部无冠羽 ·· 2
2. 体色为灰色 ··· 灰卷尾 *D. leucophaeus*
   体色为黑色，翼长＞135mm ·· 黑卷尾 *D. macrocercus*

● 304-01 黑卷尾
Dicrurus macrocercus Vieillot

命 名： Vieillot LJP, 1817, Nouv. Dict. Hist. Nat. 9：588（印度）

英文名： Black Drongo

同种异名： 鹡（jì）鸠，黑黎鸡，篱鸡，铁炼甲，铁燕子，黑乌秋，黑鱼尾燕，龙尾燕，笠鸠，大卷尾；—；—

鉴别特征： 嘴小而黑。体羽蓝黑色，上体、胸具暗蓝色辉光，翅具铜绿色反光。尾长、深叉状，外侧向上弯曲。脚黑色。幼鸟下体具近白色横纹。

形态特征描述： 嘴暗黑色，有的嘴角具不明显污白色斑点。虹膜棕红色。通体辉黑色。前额、眼先绒黑色。颏、喉黑褐色。上体自头、背、腰部及尾上覆羽深黑色缀铜绿色金属光泽。翅黑褐色，飞羽外翈及翼上覆羽具铜绿色金属光泽；翼下覆羽及腋羽黑褐色。下体及尾下覆羽均黑褐色、胸部铜绿色金属光泽较显著。尾羽长、末端呈深叉状；尾羽深黑色、表面沾铜绿色光泽；尾羽中央1对最短、向外依次增长至最外侧1对最长，末端向外上方卷曲。脚暗黑色，爪暗角黑色。

雌性 似雄鸟。仅铜绿色金属光泽稍差。

幼鸟 体羽黑褐色，背、肩部羽端微具金属光泽；上腰至尾上覆羽黑褐色、后者具污灰白色羽端呈鳞状斑缘。翅角污灰白色。下体腹、胁和尾下覆羽黑褐色具污灰白色羽缘。尾羽黑褐色，有的尾下覆羽基部黑褐色具长达11mm灰白色羽端、外观呈污灰白色。

黑卷尾（张月侠 20150620 摄于吴村渡口）

鸣叫声： 鸣声噪杂粗糙似 "chiben-chaben" 或 "ga-jiu-"，并连续鸣叫，特别是黎明时，故有 "黎鸡" 美称。有时边飞边叫。

体尺衡量度（长度mm、体重g）：

标本号	时间	采集地	体重	体长	嘴峰长	翅长	跗蹠长	尾长	性别	现保存处
B000660					18	148	20	149		山东博物馆
	1958	微山湖		260	18	144	19	120	♂	济宁一中
840432	19840916	鲁桥	53	255	22	146	22	156	♂	济宁森保站
	1989	泰安		264	20	142	19	138	8♂	泰安林业科技
	1989	泰安		258	22	139	20	131	6♀	泰安林业科技

栖息地与习性： 栖息活动于城郊村庄附近、山坡、平原丘陵地带阔叶林等开阔地区，繁殖期多成对活动，动作敏捷，性凶猛，领域行为强，非繁殖期喜结群打斗；繁殖期间甚至奋起冲击入侵的隼类、乌鸦、喜鹊等鸟类。平时栖息在树顶上或开阔地的电线上，见有昆虫时，由栖枝向下呈"U"字形飞行，直扑猎物后复回高处停栖。

食性： 主要捕食蜻蜓目、膜翅目、直翅目、鞘翅目及鳞翅目类的有害昆虫。

繁殖习性： 繁殖期6～7月。在榆、柳等树细枝梢端的分叉处，用高粱秆、草穗、枯草等各种细纤维交织加固而成，织成浅杯状巢。每窝通常产卵3～4枚，卵乳白色被褐色细斑点，钝端有红褐色粗点斑。卵径约为24mm×19mm。雌雄亲鸟轮流孵卵，孵化期12～17天。雏鸟晚成雏，留巢期20～24天，雌雄亲鸟共同育雏。

亚种分化： 全世界有7个亚种，中国有3个亚种，山东分布为普通亚种 ***D. m. cathoecus*** Swinhoe。

亚种命名 Swinhoe，1871，Proc. Zool. Soc. London：377（海南岛）

分布： 滨州-●（刘体应1987）滨州，水库（20160517）。德州-齐河县-●华店（20130908）。东营-（S）◎黄河三角洲，六干苗圃（20130605）；自然保护区（单凯20110604）；河口-孤岛林场（孙劲松20110709）。菏泽-（S）菏泽。济南-（P）济南，●济南机场（20130627），南郊；历下区-大明湖；槐荫区-睦里闸，历城-西营罗伽（20140517），南部山区（陈忠华20140517），仲宫（陈云江20100828）；章丘-（S）黄河林场。济宁-（S）济宁，●前辛庄，南四湖（楚贵元20080628）-龟山岛（20150730），南阳湖-吴村渡口（张月侠20150620）；任城区-太白湖（20140807、20160723）；曲阜-（S）曲阜，孔林，沂河公园（20140803）；兖州-河南村（20160614），光河（20160614）；微山县-鲁山，吴村（张月侠20150618），微山湖，昭阳（陈保成20090820），岗头（20160724）。聊城-聊城。临沂-（S）沂河；费县-中华奇石城（20150907）。莱芜-汶河（20130702）；莱城区-红石公园（陈军20130522）。日照-●山字河机场（20150829）；东港区-付疃河（成素博20120525），国家森林公园（郑培宏20140608）。泰安-（S）●泰安；泰山区-农大南校区，大河湿地（孙桂玲20150505，张艳然20150606）；岱岳区-徂徕山，大汶河，旧县大汶河（20150518）；泰山-中山，低山，罗汉崖，大津口，东平县-（S）东平湖（20120515）。潍坊-潍坊；（S）青州-仰天山。威海-荣成-成山（20110522）。烟台-◎莱州；海阳-凤城（刘子波20140529）；栖霞-白洋河（牟旭辉20140527）；莱山区-繁荣庄（王宜艳20160513）。胶东半岛，鲁中山地，鲁西北平原，鲁西南平原湖区。

除青海、新疆、台湾外，各省份可见。

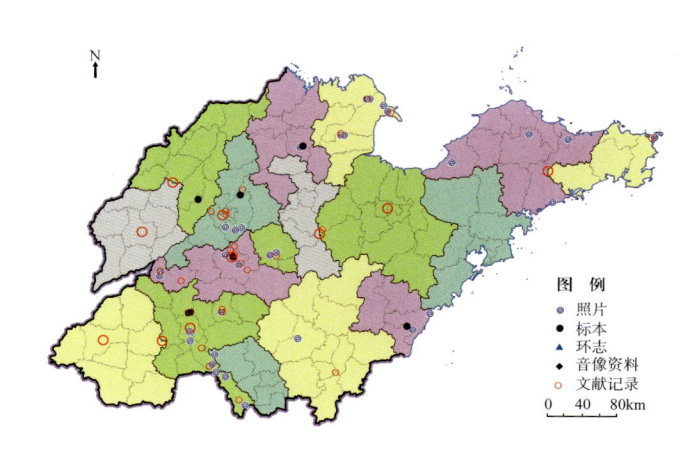

区系分布与居留类型： ［东］（S）。

种群现状： 物种分布范围广，种群数量普遍，被评为无生存危机物种。山东各地分布普遍而不多见，无受威胁及相关保育问题，未被列入山东省重点保护野生动物名录。

物种保护： Ⅲ，Lc/IUCN。

参考文献： H668，M672，Zjb111；Lb581，Q280，Z508，Zx139，Zgm199。

山东记录文献： 郑光美2011，朱曦2008，赵正阶2001，钱燕文2001，范忠民1990，郑作新1987、1976，傅桐生1987；孙玉刚2015，赛道建2013、1999、1994、1989，贾少波2002，李久恩2012，邢在秀2008，王海明2000，张培玉2000，王元秀1999，田家怡1999，杨月伟1999，宋印刚1998，王庆忠1995、1992，赵延茂1995，纪加义1988a，刘体应1987，杜恒勤1989、1985，李荣光1959，田丰翰1957。

304-21 灰卷尾
Dicrurus leucophaeus Vieillot

命名： Vieillot LJP，1817，Nouv. Dict. Hist. Nat.，9：587（爪哇）

英名： Ashy Drongo

同种异名： 山黎鸡；*Buchanga leucogenys* Walden，1870；—

鉴别特征： 中型，灰色，卷尾。嘴灰黑色。虹膜橙红色。脸偏白色；体羽大致灰色。尾长、深叉状。

形态特征描述： 嘴形强健侧扁，嘴峰稍曲，先端具钩，黑色、基部有刚毛。鼻孔处的宽度、厚度几乎相等，为垂羽掩盖。脸颊及眼四周近白色。全身暗灰色。翅形长而稍尖，初级飞羽10枚，飞羽灰黑色。尾长呈叉状，尾羽10枚，具不明显浅黑色横纹。脚黑色，跗蹠短而强健，前缘具盾状鳞。

鸣叫声： 发出似"huur-uur-cheluu"或"wee-peet, wed-peet"的鸣叫声及鸟鸣模仿声。

体尺衡量度（长度mm、体重g）：

灰卷尾（李宗丰 20120511 摄于碧霞湖）

标本号	时间	采集地	体重	体长	嘴峰长	翅长	跗蹠长	尾长	性别	现保存处
B000514					18	142	16	130		山东博物馆
	1958	微山湖		250	30	125	24	110	♂	济宁一中

栖息地与习性： 栖息于较开阔的森林或林缘地带。单独活动，常停栖于乔木顶端或礁岩高处，常从树林上层突出的枝头出击，掠食飞过附近的昆虫。

食性： 主要捕食各种昆虫，偶尔采食杂草种子。

繁殖习性： 繁殖期4～7月。多在乔木冠层顶部侧枝杈处营巢，巢浅杯状，由细枝、草茎、草根构成，外壁杂有地衣、苔藓和蛛网等，内层为细草茎和须根。通常每窝产卵3～4枚，卵粉红或乳白色，被灰色、棕黄色和黑褐色斑点，卵径约为19mm×24mm。雌雄轮流孵卵。

亚种分化： 全世界有15个亚种，中国4个亚种，山东分布暂定为分布广而周边省有分布的普通亚种 ***Dicrurus leucophaeus leucophaeus***（Walden）。

亚种命名 Walden，1870，Ann. Mag. Nat. Hist.（4）5：219（湖北宜昌）

分布： 东营 - ◎黄河三角洲。济宁 - 微山县 - 微山湖。日照 - 东港区 - 碧霞湖（李宗丰 20120511）。河北、北京、山西、河南、陕西、甘肃、安徽、江苏、上海、浙江、江西、湖北、四川、重庆、贵州、云南、台湾、广东。

区系分布与居留类型： [东]（P）。

种群现状： 灰卷尾在国际上并无特别的保育措施，除东北外全国大部分省份有分布。李宗丰在日照首次拍到照片，本书首次正式报道为稀有过境鸟，过境时间短暂，并未受威胁相关保育问题，未被列入山东省重点保护野生动物名录。

物种保护： Ⅲ。

参考文献： H669，M673，Zjb112；Lb585，Q281，Z510，Zx139，Zgm199。

山东记录文献： 首次正式作为山东新增加的记录物种。

● **305-01 发冠卷尾**
***Dicrurus hottentottus*（Linnaeus）**

命名： Linnaeus C，1766，Syst. Nat.，ed. 12，1：155（印度锡金）

英文名： Hair-crested Drongo

同种异名： 卷尾燕，山黎鸡，黑铁练甲，大鱼尾燕；*Corvus hottentottus* Linnaeus，1766，*Trichometopus brevirostris* Cabanis，1851；Spangled Drongo

鉴别特征： 嘴黑色，头具细长发状羽冠。体绒黑色，上体蓝灰色，斑点闪烁。尾黑褐色，长而分叉，外侧羽端明显上翘。脚黑色。

形态特征描述： 嘴强健，黑色，嘴峰稍曲、先端具钩，具嘴须。鼻孔为垂羽掩盖。虹膜暗红褐色。通体绒黑色缀蓝绿色金属光泽。额部中央具十多条发丝状冠羽向后颈伸延，基部约1/3处发羽具细小丝状分支；头顶前部两侧羽稍延长成侧冠羽。前额、眼先和眼后被绒黑色毛状羽；耳羽绒黑色。颔部羽呈绒毛状、喉部具紫蓝色金属光泽滴状斑。颈侧部羽披针状具蓝紫色金属光泽。枕、后颈、背、肩和腰纯黑色稍沾金属光泽。翅飞羽及翼上覆羽纯黑色具铜绿色光泽，初级飞羽10枚，翅形长而稍尖。下体纯黑色，腹及尾下覆羽微具光泽。尾叉状，最外侧1对末端稍外曲并向内上方卷曲；尾上覆羽和尾羽纯黑色，尾羽具铜绿色光泽。跗蹠黑色，爪角黑色。

雌性 似雄鸟，但铜绿色金属光泽不如雄鸟鲜艳；额顶基部的发状羽冠亦较雄鸟短小。

幼鸟 体形似成鸟。全身黑褐色或黑色微沾金属光泽。额顶基部具发状羽。翅黑色，翅角缘污灰白色，翼下覆羽、腋羽黑褐色具白色端斑。下体黑色，喉、胸前端和颈侧有数枚披针状滴状斑羽，略具铜绿色闪光。尾黑色沾金属光泽，最外侧1对尾羽端外曲上卷。

鸣叫声： 发出单调而多变的嘹亮鸣叫声。

发冠卷尾（刘国强20160703摄于泰山玉泉寺）

体尺衡量度（长度mm、体重g）：

标本号	时间	采集地	体重	体长	嘴峰长	翅长	跗蹠长	尾长	性别	现保存处
B000659					28	176	25	139		山东博物馆
	1989	泰安	293		30	171	25	145	♀	泰安林业科技

栖息地与习性： 林栖鸟类。栖息于低山丘陵和山脚沟谷地带的森林中或林缘疏林、村落和农田附近。4月末5月初迁到繁殖地，9月末10月初南迁越冬。领域性甚强，站在巢区中树顶枝上鸣叫，或边飞边叫，鸣声粗犷而嘈杂，对进入巢区的同种或其他威胁性鸟类如乌鸦、喜鹊、红隼等驱赶，逐出巢区一定距离后才返回。单独或成对活动，主要在树冠层活动和觅食。

食性： 主要捕食蜻蜓目、鞘翅目、直翅目、膜翅目、异翅目、同翅目等各种昆虫和蛇类，也吃少量植物果实、种子、叶芽等。

繁殖习性： 繁殖期5～7月。成对迁到繁殖地后占区、求偶，雌雄亲鸟共同在高大乔木顶端枝杈上筑巢。浅杯状巢由枯草茎、枯草叶、须根、树叶、细枝、松针、植物纤维、兽毛等材料构成，少数垫有羽毛和兽毛。每窝产卵3～4枚，卵长卵圆形和尖卵圆形，纯白色、乳白色或淡粉白色被橙色、赭红色、淡紫灰色、灰褐色或淡红色等不同颜色的斑点，以钝端较密集，卵径约为30mm×21mm，卵重6～8g。卵产齐后，雌雄亲鸟轮流孵卵，孵化期15～17天。雏鸟晚成雏，雌雄共同育雏，留巢期20～24天。

亚种分化： 全世界有20个（刘小如 2010）或12个（赵正阶 2001）亚种，中国有2个亚种，山东分布为普通亚种 *D. h. brevirostris*（Cabanis）。

亚种命名 Cabanis JL，1851，Mus. Hein.，1:112（中国）

分布： 东营 - ◎黄河三角洲；河口区（李在军20121101）。菏泽 -（S）菏泽。济宁 - ●济宁，（P）东郊。青岛 - 崂山区 -（P）潮连岛。日照 - 东港 - 河山（李宗丰20150717），河山葫芦套（成素博20150705）；（S）前三岛 - 车牛山岛，达山岛，平山岛。泰安 -（S）●泰安，泰山（刘冰20120618）- 玉泉寺（刘国强20160703）。潍坊 -（S）青州 - 仰天山。威海 - 威海（王强20120617）。胶东半岛，鲁中山地，鲁西南平原湖区。

黑龙江、河北、北京、山西、河南、陕西、宁夏、甘肃、安徽、江苏、上海、浙江、江西、湖南、湖北、四川、重庆、贵州、云南、西藏、福建、台湾、广东、广西、海南、香港、澳门。

区系分布与居留类型： [东]（SP）。

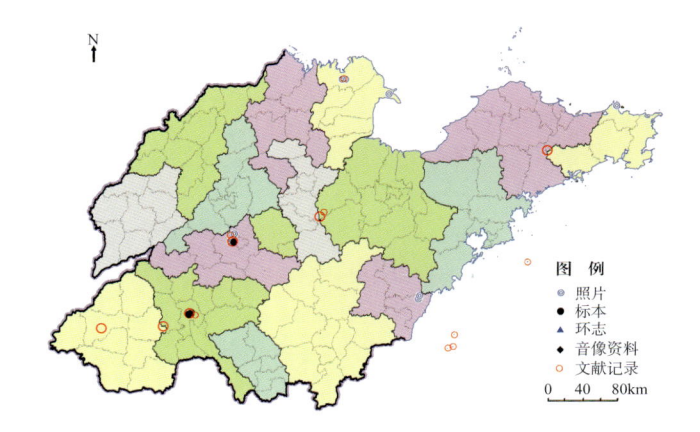

种群现状： 物种分布范围广，种群数量稳定，被评为无生存危机物种。山东主要分布于中西部，2016年7月3日刘国强在泰山玉泉寺附近拍到亲鸟育雏照片，数量不如黑卷尾普遍，其栖息环境虽未受到明显的严重威胁，但需要加强物种与生态环境的保护性研究；未列入山东省重点保护野生动物名录。

物种保护： Ⅲ，Lc/IUCN。

参考文献： H672，M677，Zjb115；Lb590，Q282，Z513，Zx140，Zgm200。

山东记录文献： 郑光美2011，朱曦2008，钱燕文2001，范忠民1990；赛道建2013，王海明2000，王庆忠1995、1992，纪加义1988a。

20.11 椋鸟科 Sturnidae（Starlings）

喙直，锥状，喙基刚毛有或无。鼻孔裸露或被垂羽。八哥属具额丛冠羽。雌雄鸟同型，单调而无斑纹，全身羽色以黑色、深蓝绿色、褐色、白色等为主，深色者常具金属光泽，翼展开时常具白色或橙色区块。翼中等长，形圆或略尖，初级飞羽10枚，第1枚特小。尾短，平尾，尾羽12枚。脚长而强健，跗蹠前缘具盾状鳞。

栖息地范围广，包括山地、低海拔至平地的森林及林缘、具疏林的开阔草地与农田、城市公园绿地。树栖性，觅食、栖息、夜栖成群居性，繁殖期呈集体性各自营巢，常集体于固定的夜栖地如大树上、竹林中过夜，不同种类有时可混群共同夜栖；食果种类很少到地面活动，食虫种类则常在地面觅食。鸣声嘹亮多变，有的种类经人类驯养训练后可"模仿"人语而成为特殊类型的宠物鸟。适应性强，常成为许多地区常见的外来种鸟类。多寻找现成的洞穴如天然树洞、其他鸟类使用过的巢洞、岩穴、土壁、建筑物的屋角缝隙、巢箱等处营巢，通常每窝产卵3～4枚，有的种类具有合作繁殖的现象。易遭人类捕捉利用当作宠物鸟驯养与贸易，对分布狭窄、族群小的种类有严重的生存威胁。

本科的分类仍有争议，如Feare和Craig（1999）分29属114种；Dickinson（2003）则分为25属115种，但基本共识是本科可分为亚洲椋鸟与非洲椋鸟两大系统。

全世界共有25属115种，中国有10属21种，山东分布记录有2属5种。

椋鸟科分属种检索表

1. 具额丛冠羽，尾下覆羽黑具白纹 ············· 八哥属 *Acridotheres*，八哥 *A. cristellus*
   无额丛冠羽 ············· 2 椋鸟属 *Sturnus*
2. 翅方形，头部浅色，后枕有深色斑块 ············· 北椋鸟 *S. sturninus*
   翅尖形 ············· 3
3. 喙红色 ············· 丝光椋鸟 *S. sericeus*
   喙非红色 ············· 4
4. 头深褐色具白色脸颊，背褐灰色 ············· 灰椋鸟 *S. cineraceus*
   头与背黑色，具紫或绿金属反光 ············· 紫翅椋鸟 *S. vulgaris*

306-11 八哥
Acridotheres cristatellus（Linnaeus）

命名： Linnaeus C, 1766, Syst. Nat., ed. 12, 1: 165（中国）

英文名： Crested Myna

同种异名： 普通八哥，鸲鹆（qúyù），了哥，鹦鹆，寒皋，鸜鹆（qúyù），驾鸰，加令，凤头八哥；—；Chinese Jungle Myna

鉴别特征： 嘴浅黄色，基部红色或粉红色，冠羽突出。体黑色，飞羽具白块斑，飞行时呈"八"字形，为明显重要辨识特征。尾端有窄白斑纹，尾下覆羽具黑、白横纹。脚暗黄色。

形态特征描述： 喙鲜黄色。虹膜橙黄色。全身几为纯黑色。喙与头部交接处额羽甚多，延长耸立于喙基上，与头顶尖长羽毛形成羽帻如冠羽。头顶、

八哥（成素博20111023摄于东港区城西；赛道建20140623摄于白浪河湿地）

20.12 鸦科 Corvidae（Crows and Jays）

雀形目是鸟类中体型最大类群。喙强壮。鼻孔圆形被向前生长的羽毛遮盖。多为黑色、黑白两色，松鸦类羽色有大片鲜艳蓝色、绿色、黄色、紫色或褐色。有的翅膀及尾羽有横纹，有的有羽冠，有的尾羽极长。强而有力的翼与尾形状不一，跗蹠大而强壮，前方有盾形鳞片，后方由整片鳞片覆盖。

在树林及附近地区活动，适应都市环境或乡野、郊区或自然山林。多成群活动，飞行能力强，胆大，甚至集体攻击猛禽。在地面移动时"走路"或跳跃前进。有的有储食习性。鸣叫声大、粗哑，或鸣叫声圆润，甚至是悦耳的歌声。杂食性。在树上或岩壁上筑浅碗形巢，或在树洞、地洞中繁殖，雌雄共同筑巢，由雌鸟孵卵，有些鸟种亚成鸟会留在家族中进行合作繁殖。通常每巢产卵3~10枚，卵壳上有斑点。幼鸟晚熟性，由亲鸟及帮手共同养育、照顾。许多种类进行季节性迁移。有些鸟种因栖息地被破坏或丧失，入侵掠食者，以及环境破坏导致的种间竞争而濒临绝种，或处于近危或易危状况。鸦科自Hartert（1903）命名以来无变革。

全世界共有24属117种，中国有13属29种，山东分布记录有7属12种。

鸦科分属种检索表

1. 鼻孔距前额为嘴长的1/3，鼻须硬直，达嘴中部 ··· 6
   鼻孔距前额不及嘴长的1/4，鼻须短，不达嘴中部 ·· 2
2. 尾突显著，外侧尾羽<1/2尾长 ·· 3
   尾不突显著，外侧尾羽>1/2尾长 ·· 4
3. 喙红色，体羽蓝色 ··· 蓝鹊属 Urocissa，红嘴蓝鹊 U. erythrorhyncha
   喙黑色，体羽蓝灰色 ··· 灰喜鹊属 Cyanopica，灰喜鹊 C. cyanus
4. 嘴鲜红色 ··· 山鸦属 Pyrrhocorax，红嘴山鸦 P. pyrrhocorax
   嘴暗色或黑色 ··· 5
5. 体羽鲜艳，大多呈葡萄褐色 ··· 松鸦属 Garrulus，松鸦 G. glandarius
   体羽以黑色为主具白斑，外侧尾羽白色 ··· 星鸦属 Nucifraga，星鸦 N. caryocatactes
6. 尾羽黑色远较翅长，体羽为黑色与白色 ··· 鹊属 pica，喜鹊 P. pica
   尾羽黑色远较翅短，体羽不具白斑（或有白色区块）··· 7 鸦属 Corvus
7. 脸和喙的基部裸露无羽毛，体羽带有鲜明的金属光泽 ··· 秃鼻乌鸦 C. frugilegus
   脸和喙的基部有羽毛覆盖，体羽金属光泽少 ··· 8
8. 颈部无白色颈环，翼>300mm以上，颈后与头顶黑色 ·· 9
   颈部有白色或银灰色颈环 ·· 10
9. 喙型粗大，嘴峰较宽，羽轴不明显 ··· 大嘴乌鸦 C. macrorhynchos
   喙型较细，嘴峰较窄，羽轴发亮 ·· 小嘴乌鸦 C. corone
10. 翼长<250mm，喙长<35mm，腹部白色 ··· 达乌里寒鸦 C. dauuricus
    翼长>300mm，喙长>50mm，腹部黑色 ··· 白颈鸦 C. pectoralis

○ 311-00 **松鸦**
***Garrulus glandarius*（Linnaeus）**

命名： Linnaeus C，1758，Syst. Nat., ed., 10, 1: 106（瑞典）
英文名： Eurasian Jay
同种异名： —；—；Common Jay

鉴别特征： 嘴灰黑色，髭纹黑色。体粉红灰色，翼具黑色、白色及蓝色镶嵌图案，腰白色。尾黑色。脚肉棕色。

形态特征描述： 嘴黑色，下嘴基部、喉侧有前端卵圆形粗著黑色颊纹。虹膜灰色或淡褐色。头顶羽冠遇刺激时能够竖直起来；前额、头顶、枕、头侧、后颈、颈侧红褐色或棕褐色，头顶后颈具黑色纵纹，前额基部和覆嘴羽尖端黑色。颏、喉灰白色。上体整体葡萄棕色，背、肩、腰灰沾棕色，上背和肩较为棕褐或红褐色。翅黑色，翅上有极为醒目的辉亮黑、白、蓝三色相间横斑；小覆羽栗色，中覆羽基部深褐色、先端栗色具黑褐色纵纹，大覆羽、初级覆羽和次级飞羽外翈基部具黑、白、蓝三色相间横斑。初级飞羽黑褐色、外翈灰白色，次级飞羽余部黑色、外翈靠基部一半白色形成明显白色翼斑，内侧三级飞羽内翈暗栗色、端部绒黑色。胸、腹、两胁葡萄红色或淡棕褐色。尾长、黑色微具蓝色光泽，羽毛蓬松呈绒毛状，尾羽最外侧1对和基部浅褐色；尾上覆羽白色，肛周和尾下覆羽灰白色至白色。跗蹠肉色，爪黑褐色。

鸣叫声： 发出似"gar-gar-ar"粗犷而单调的叫声。

体尺衡量度（长度mm、体重g）： 山东分布见有文献记录，但暂无标本及测量数据。

栖息地与习性： 森林鸟类，常年栖息在森林中及林缘疏林和天然次生林内。冬季偶尔到林区居民点附近耕地或丛林活动和觅食。多为留鸟，常在一定范围内游荡，除繁殖期多见成对活动外，其他季节多3～5只小群游荡，栖息、躲藏在树顶树叶丛中，在树枝间跳来跳去或飞到另一棵树。

食性： 杂食性，食物组成随季节和环境而变化，有贮藏食物的习性。繁殖期主要捕食鞘翅目、鳞翅目等昆虫及其幼虫，也捕食蜘蛛、鸟卵、雏鸟等小动物。秋季、冬季和早春季节则主要采食植物果实与种子、谷物等。

繁殖习性： 繁殖期4～7月。在山地溪流和河岸附近林中的高大乔木顶端隐蔽枝杈处营巢，杯状巢由枯枝、枯草、细根和苔藓等构成，内垫细草根和羽毛。通常每窝产卵3～10枚，卵灰蓝色、绿色或灰黄色被紫褐色、灰褐色或黄褐色斑点，钝端较密。卵径约为30mm×23mm。雌鸟孵卵，孵化期16～18天。雏鸟晚成雏，亲鸟共同育雏，留巢期19～20天。

亚种分化： 全世界有34个亚种，中国有7个亚种，山东分布为北京亚种 *Garrulus glandarius pekingensis** Reichenow。

亚种命名 Reichenow，1905，Journ. f. Orn.，53：425（北京）。

分布：（R）胶东半岛，鲁南，（R）山东。

内蒙古、河北、北京、山西、陕西、宁夏、甘肃。

区系分布与居留类型：［古］（R）。

种群现状： 捕食大量森林害虫，传播种子，对森林有益。分布广，亚种分化较多，总的种群数量丰富，是山地森林中常见鸟类，被评为无生存危机物种。此种在山东周边省份辽宁、河北、河南（赵正阶2001，郑光美2011）等均有分布，但在山东分布由Swinhoe（1874）首次记载（纪加义1988a），卢浩泉（2003）记为山东分布鸟类新记录，至今未采到标本，没有其他相关研究报道，近年来也没有征集到照片记录，山东分布现状属已无分布的物种。需要加强物种的调查研究进一步确证其分布现状。

物种保护： Lc/IUCN。

参考文献： H696，M621，Zjb139；Lc26，Q292，Z530，Zx144，Zgm206。

山东记录文献： 朱曦2008，钱燕文2001，马敬能2000，范忠民1990，傅桐生1987，Swinhoe 1874；赛道建2013，卢浩泉2003，纪加义1988a。

● 312-01　灰喜鹊
Cyanopica cyanus（Pallas）

命名： Pallas，1776，Reise Versch. Prov. Russ. Reichs（西伯利亚达乌尔）

英文名： Azure-winged Magpie

同种异名： 山喜鹊，蓝鹊，蓝膀香鹊，长尾鹊，鸢喜鹊，长尾巴郎，兰鹊；—；—

鉴别特征： 灰色喜鹊。顶冠、耳羽及后枕黑色。背灰色，翼天蓝色，下体灰白色。尾长、蓝色。脚黑色。

形态特征描述： 嘴黑色。虹膜暗褐色到淡褐黑色。前额到颈项和颊部黑色，闪淡蓝色或淡紫蓝色光辉。翕部和背部淡银灰色到淡黄灰色，腰部和尾上覆羽逐渐转浅淡。翅淡天蓝色，初级飞羽最外侧2枚淡

灰喜鹊（赛时 20141001 摄于大明湖；刘子波 20131123 摄于凤城；王宜艳 20160107 摄于养马岛）

---

* 纪加义（1988a）转Swinhoe（1874）记载。山东分布未见有其他研究报道，可能已经消失。

黑色,其他 6 枚外翈变为白色,在翅膀折合时形成长形近末端的白斑,飞羽羽轴淡黑色。下体灰白色;喉白色向颈侧、胸和腹部的羽色逐渐由淡黄白转为淡灰色。尾长、凸状,灰蓝色具白端,中央 2 枚尾羽具宽形白色端斑,其余末端具白色边缘,外侧尾羽较短不及中央尾羽之半;尾羽下面淡蓝灰色。跗蹠和趾黑色。

幼鸟 体色多较暗和较褐而有淡羽缘。头顶暗黑色、淡牛皮黄色羽缘使头顶具鱼鳞状斑;翼上覆羽和最内侧次级飞羽淡灰褐色到淡褐蓝色,具淡黄色端斑;外侧尾羽狭窄具白色端斑,中央两枚尾羽较狭窄柔软而短,随着生长超过外侧尾羽长度。

鸣叫声: 发出"zha、zha"的鸣叫声;与周围个体相呼应的叫声显现出警告、联络等不同信息。

体尺衡量度(长度 mm、体重 g): 寿振黄(Shaw 1938a)记录采得雄鸟 2 只标本,但标本保存地不详。

标本号	时间	采集地	体重	体长	嘴峰长	翅长	跗蹠长	尾长	性别	现保存处
B000674					21	142	42	223		山东博物馆
	1958	微山湖		405	22	155	30	215	♂	济宁一中
	1958	微山湖		385	19	135	29	218	♂	济宁一中
	1958	微山湖		370	17	130	28	200	♂	济宁一中
830251	19831224	鲁桥	98	386	26	144	42	228	♂	济宁森保站
	1989	泰安		358	25	142	34	221	7♂	泰安林业科技
	1989	泰安		331	25	142	35	199	9♀	泰安林业科技

栖息地与习性: 栖息于低山丘陵和山脚平原地带的各种开阔林地,以及田边地头、村屯附近和城市公园的树上。繁殖期成对,其他季节成小群、数十只大群活动,四处游荡,飞行迅速,不做长距离飞行,遇惊迅速散开,然后聚集在一起,鸣声单调嘈杂,不停鸣叫,在不同生境中觅食,甚至"登堂入室"在住房内盗食,无"危险"时,会轮流"享受"与在外警戒;性凶猛,极具攻击性,常盗食其他鸟的小鸟及卵。

食性: 杂食性。主要捕食半翅目、鞘翅目、鳞翅目、膜翅目、双翅目昆虫及其幼虫,兼食乔灌木的果实及种子。

繁殖习性: 繁殖期 5 ～ 7 月。雌雄亲鸟共同在各种生境的林中包括村镇、路边的中等高度乔木树枝杈上营巢,有利用旧巢的习性,巢简单,浅盘状,由堆集细枯枝,间杂草茎、草叶而成,内垫苔草、树叶、麻、树皮纤维和兽毛。每窝通常产卵 4 ～ 9 枚,卵椭圆形,灰色、灰白色、浅绿色或灰绿色布满褐色斑点。卵径约为 20mm×26mm,卵重 5.5 ～ 7g。雌鸟孵卵,孵化期 14 ～ 16 天。雏鸟晚成雏,雌雄亲鸟共同育雏,留巢期约 20 天。

亚种分化: 全世界有 10 个亚种,中国有 6 个亚种,山东分布为华北亚种 *C. c. interposita*(Hartert)。

亚种命名 Hartert,1917,Nov. Zool.,24:493(陕西秦岭)

分布: 滨州 -●(刘体应 1987)滨州。德州 - 乐陵 - 城区(李令东 20100717、20110723)。东营 -(R)◎黄河三角洲;自然保护区 - 大汶流(单凯 20110409);河口 - 孤岛宾馆(孙劲松 20090322)。菏泽 -(R)菏泽;曹县 - 康庄(谢汉宾 20151018)。济南 -(R)济南;历下区 - 千佛山(20130218),师大校园(20120613),泉城公园(记录中心 8883),大明湖(赛时 20141001),五龙潭(陈忠华 20140111);市中区 - 南郊宾馆(陈云江 20141207);历城 - 四门塔,门牙风景区(陈忠华 20141117);章丘 -(R)黄河林场。济宁 -●(R)济宁,南四湖;兖州 - 人民乐园(20160723);曲阜 -(R)曲阜,孔林(孙喜娇 20150430),孔庙(20140803),沂河公园(20140804、20141220);微山县 - 微山湖,顺航公园(20160222),昭阳(陈保成 20151213)。聊城 - 聊城,东昌湖,徒骇河(贾少波 20080515)。临沂 -(R)沂河;费县 - 丛柏庵(20150907),塔山(20160404)。莱芜 - 汶河;莱城区 - 红石公园(20130703,陈军 20130304)。青岛 - 青岛;市南区 - 中山公园(20150316)。日照 - 日照,●山字河机场(20150829);东港区 -●(Shaw 1938a)石臼所,刘家湾(成素博 20120202 东港区),森林公园(20140322)。泰安 -(R)●泰安,梳洗河;泰山区 - 岱庙,林校树木园,农大南校园;泰山 - 低山,烈士陵园,普照寺,泰山林场,大津口;东平县 -(R)东平湖。潍坊 - 奎文区 - 潍坊机场;高密(20060503);(R)青州 - 仰天山,南部山区。威海 - 荣成 - 成山林场(20150508)。烟台 -◎莱州;海阳 - 凤城(刘子波 20131123);招远 - 辛庄镇老店海防林(蔡德万 20040521);牟平 - 养马岛(王宜艳 20160107)。枣庄 - 山亭区 - 城区(尹旭飞 20160408)。淄博 - 淄博,理工大学(20150912);张店区 - 南定镇(赵俊杰 20160312),沣水镇(赵俊杰 20141011),人民公园(赵俊杰 2014121)。胶东半岛,鲁中山地,鲁西北平原，鲁西南平原湖区，山东全省。

内蒙古、河北、北京、天津、山西、河南、陕西、宁夏、甘肃。

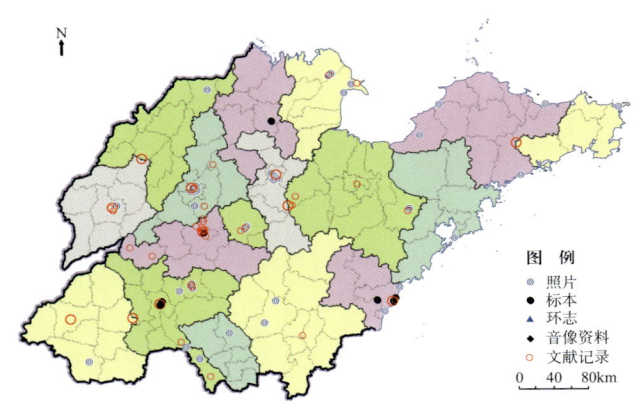

区系分布与居留类型：［古］（R）。

种群现状： 著名有益鸟类。物种分布范围广，为无生存危机物种。山东分布广泛，种群数量普遍，20世纪70年代，日照开展人工训练灰喜鹊捕食森林害虫，取得良好生物防治效果（张天印 1979），成为全国有名的人工饲养灰喜鹊用来成功保护经济林的例子；一般保护状况，未列入山东省重点保护野生动物名录。

物种保护： Ⅲ，Lc/IUCN。

参考文献： H703，M630，Zjb146；Q294，Z537，Zx144，Zgm207。

山东记录文献： 郑光美 2011，朱曦 2008，赵正阶 2001，钱燕文 2001，范忠民 1990，郑作新 1987、1976，Shaw 1938a；孙玉刚 2015，赛道建 2013、1999、1994、1989，庄艳美 2014，李久恩 2012，贾少波 2002，王海明 2000，张培玉 2000，王元秀 1999，田家怡 1999，杨月伟 1999，宋印刚 1998，王庆忠 1995、1992，赵延茂 1995，丛建国 1993，纪加义 1988a，刘体应 1987，杜恒勤 1987b、1985，鲁开宏 1984，张天印 1979，李荣光 1960、1959，田丰翰 1957。

313-11　红嘴蓝鹊
Urocissa erythrorhyncha（Boddaert）

命名： Boddaert，1783，Tabl. Pl. Enlum. Hist. Nat.：38（中国）

英文名： Red-billed Blue Magpie

同种异名： 赤尾山鸦，长尾山鹊，长尾巴练，长山鹊，山鹛；—；—

鉴别特征： 嘴猩红色，头黑色，顶斑白色。背紫灰色，飞羽褐色、外缘灰蓝色、内侧端缘白色，颈、胸黑色，腹、臀白色。尾楔形，外侧尾羽具次端黑带和白端。脚红色。

形态特征描述： 嘴红色。虹膜橘红色。前额、头顶、后颈、头侧、颈侧、颏、喉和上胸黑色，头顶至后颈羽白色、蓝白色或紫灰色羽端形成块斑，此端斑从头顶向后扩大至后颈、甚至上背中央形成大型黑色块斑。头颈部黑色。上体紫蓝灰色或淡蓝灰褐色，背、肩、腰紫蓝灰色或灰蓝沾褐色。翅黑褐色，初级飞羽外翈基部紫蓝色、末端白色，次级飞羽内、外翈具白色端斑，外翈羽缘紫蓝色。下体喉、胸黑色，其余下体白色、沾蓝或沾黄色。尾长呈凸状具黑色亚端斑和白色端斑，中央两枚尾羽较长、蓝灰色具白色端斑，其余紫蓝色或蓝灰色、具白色端斑和黑色次端斑。尾上覆羽淡紫蓝色或淡蓝灰色，具黑色端斑和白色次端斑。脚红色。

红嘴蓝鹊（张培栋 20160426 摄于泰山韩家岭）

鸣叫声： 发出似"zha-zha-"的尖锐叫声。

体尺衡量度（长度 mm、体重 g）： 山东暂无标本及测量数据，但近年来拍到少量照片。

栖息地与习性： 栖息于山脚平原、低山丘陵到山地，广泛分布于林缘地带、灌丛甚至村庄。性活泼，喜群栖，常成对或成小群活动，常在树枝间跳跃或飞行，飞翔时多呈滑翔姿势，两翅平伸，尾羽展开；繁殖期间，亲鸟护巢性极强，甚至攻击人，会凶悍地侵入其他鸟类的巢内，攻击残食幼雏和鸟卵。

食性： 食性较杂。主要捕食鞘翅目、直翅目、双翅目、鳞翅目等昆虫及其幼虫，以及蜘蛛、蜗牛、蠕虫、蛙、蜥蜴、雏鸟、鸟卵等，也采食果实、种子和玉米、小麦等农作物。

繁殖习性： 繁殖期 5～7 月。在高大竹林、树木侧枝上营巢，碗状巢由枯枝、枯草、须根、苔藓等构成，通常外层为粗的枯草、藤条、细树根，内垫细草茎和须根等。通常每窝产卵 3～6 枚，卵为卵圆形，土黄色、淡褐色或绿褐色被紫色、红褐色或深褐色斑。卵径约为33mm×23mm，卵重7~8g。雌雄亲鸟轮流孵卵，雏鸟晚成雏。

亚种分化： 全世界有5个亚种，中国有2个（郑光美2011）或3个（郑作新1987，赵正阶2001）亚种，山东分布为华北亚种 *U. e. brevivexilla*（Swinhoe），*Urocissa erythrorhyncha erythrorhyncha*（Boddaert）。

亚种命名　　Swinhoe，1873，Proc. Zool. Soc. London：688（北京西山）

分布： 东营 - ◎黄河三角洲。泰安 - 泰山 - 韩家岭（张培栋 20160426）。鲁中，鲁西南，（R）山东。

辽宁、内蒙古、河北、北京、山西、宁夏、甘肃。

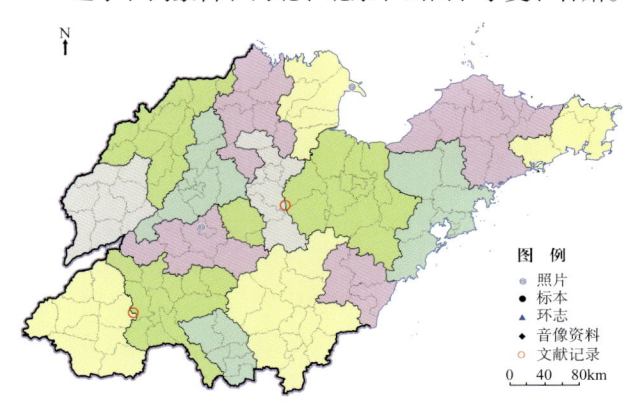

区系分布与居留类型： ［东］（R）。

种群现状： 体态美丽，易于饲养，是重要的观赏鸟；捕食大量害虫，为农林益鸟。物种分布范围广，种群数量稳定，被评为无生存危机物种。山东分布记录首见于钱燕文（2001），卢浩泉（2003）记为山东鸟类新记录，郑光美（2011）记为 brevivexilla 亚种，朱曦（2008）的 erythrorhyncha 亚种记录可能有误，有待进一步研究确证；长期没有相关研究报道与标本等实证，照片记录说明山东分布区狭窄，数量稀少。

物种保护： Ⅲ，Lc/IUCN。

参考文献： H701, M626, Zjb144；Q294, Z536, Zx144, Zgm208。

山东记录文献： 郑光美2011，朱曦2008，钱燕文2001，马敬能2000，范忠民1990；赛道建2013，卢浩泉2003。

● **314-01　喜鹊**
Pica pica (Linnaeus)

命名： Linnaeus C，1758，Syst. Nat.，ed. 10：106（瑞典）
英文名： Common Magpie
同种异名： 鸦鹊；*Corvus pica* Linnaeus，1758，*Pica serica* Gould，1845，*Pica media* Swinhoe，1863；Black-billed Magpie，Magpie

鉴别特征： 嘴黑色。头、颈、胸、背黑色而具辉蓝色光泽；腰和两翼具大型白斑，飞行时明显；腹白色。尾长而黑色。脚黑色。

形态特征描述： 嘴黑色。虹膜褐色。额、头顶、颈、背部中间和尾上覆羽黑色有光泽。后头及后颈映紫辉色，背部稍沾蓝绿色。腰部有白色斑块。肩羽白色，初级飞羽外翈及羽端黑色而具金属蓝绿色辉光，内翈除先端外均白色、形成大型白斑；次级飞羽黑色，外翈缘具深蓝色和蓝绿色亮辉；翼的覆羽及次级飞羽暗蓝色有光泽。下体自胸以上黑色，腹、两胁纯白色。尾长、中央长两侧短呈凸形，尾羽黑色而带金属绿色光泽，末端有红紫色和深蓝绿色的辉光宽带；尾下覆羽黑色。跗蹠、趾黑色。

喜鹊（赛道建 20110408 摄于诸城）

鸣叫声： 发出粗哑的"gaga-，gaga-"鸣叫声。
体尺衡量度（长度mm、体重g）： 寿振黄（Shaw 1938a）记录采得雄鸟1只、雌鸟2只标本，但标本保存地不详。

标本号	时间	采集地	体重	体长	嘴峰长	翅长	跗蹠长	尾长	性别	现保存处
B000675				458	32	212	52	227		山东博物馆
	1958	微山湖		465	27	230	39	265	♂	济宁一中
	1958	微山湖		470	25	235	35	285	♀	济宁一中
	1958	微山湖		530	15	215	40	250	♂	济宁一中
	1958	微山湖		440	28	230	42	220	♂	济宁一中
830156	19831002	鲁桥	193	440	33	193	50	220	♂	济宁森保站
	1989	泰安		442	28	209	48	254	3♂	泰安林业科技
	1989	泰安		407	34	204	47	226	6♀	泰安林业科技

栖息地与习性： 栖息于平原、丘陵至中低海拔山丘的城市、村落附近疏林环境。繁殖期成对、其他季节单独或成小群活动，也与其他鸦类混群活动，夜栖高大树上，白天出现在树上、空旷地上或农耕地中觅食，地面活动跳跃前进，觅食时轮流警戒、觅食，遇险时惊叫着与觅食者飞离，飞行时，尾微张，翅缓慢鼓动，露出明显大白斑。

食性： 杂食性。主要捕食各种昆虫及其幼虫、小型鸟类、鸟蛋、爬虫类、鼠类等，亦食谷粒、豆子、植物茎叶、果实、种子等。

繁殖习性： 繁殖期3~8月。多在高大的树上筑巢，常在高压电线杆上营巢，秋季修补旧巢或在巢边活动，使用数年的巢经过逐年修补累积，体型通常庞大。每窝产卵4~5枚，卵淡青色或橄榄色有褐色斑点，卵长圆形，卵径24~35mm，卵重9~13g。卵产齐后雌鸟孵卵，孵化期16~18天。雏鸟晚成雏，亲鸟共同育雏，育雏期约30天。

亚种分化： 全世界有11个亚种，中国有4个亚种，山东分布为普通亚种 *P. p. sericea* Gould。

亚种命名 Gould J，1845，Proc. Zool. Soc.: p. 2（厦门）。

分布： 滨州 - ●（刘体应1987）滨州；滨城区 - 小开河村（刘腾腾20160516）；无棣县 - 小开河沉沙池（20160312），贝壳岛保护区（20160501）。德州 - 减河（张立新20130105）；市区 - 锦绣川（张立新20090611）；乐陵 - 城区（李令东20100212；齐河县 - ●华店（20100507）。东营 -（R）◎黄河三角洲，胜利机场（20150413），◎六干苗圃（20130617）。菏泽 -（R）菏泽；牡丹区 - 菏泽学院（王海明20110323）；曹县 - 康庄（谢汉宾20151018）。济南 - 济南，●济南机场（20130907），黄河（20110501、20141213，孙涛20150110）；天桥区 - 北园，鹊山水库（20150307）；历下区 - 大明湖（20120831、20141003），千佛山（20121122），泉城公园（20130122、20150224，陈忠华20140108，记录中心8883）；槐荫区 - 睦里闸（20120718），玉清湖（孙涛20150110）；历城区 - 四门塔，大门牙（陈忠华20150416）；章丘 -（R）黄河林场。济宁 - ●（R）济宁，南四湖；任城区 - 太白湖（20140807）；曲阜 -（R）曲阜，泗河（马士胜20141110），孔林（孙喜娇20150506）；嘉祥 - 洙赵新河（20140806）；微山县 - 鲁山，微山湖，鲁桥（20160724），高楼（孔令强20151208），昭阳（陈保成20110329），湿地公园（20151208，孔令强20151211），微山岛（20160218），夏镇（张月侠20160404）；兖州 - 河南村（20160614），光河（20160614）；鱼台 - 夏家（张月侠20150503）。聊城 - 聊城，东昌湖，聊城大学（贾少波20061029）。临沂 -（R）沂河；费县 - 许家崖水库（20150907），塔山（20160404）。莱芜 - 汶河；莱城区 - 红石公园（20130705，陈军20130316），通天河（20130703），华山林场（20130704）。青岛 - ●（Shaw 1938a）青岛（何鑫20131007）；市南区 - 中山公园，城阳区 - 流亭机场（20140523）；黄岛区 - ●（Shaw 1938a）竹岔岛。日照 - 东港区 - 付疃河（20140305）；岚山区 - 丁皋陆（20140303）。泰安 -（R）●泰安（刘兆瑞20111101）；泰山区 - 农大南校园，大河水库（20150919）；泰山 - 中、低山，罗汉崖，大津口，桃花峪（20121129），地震台，西御道（刘兆瑞20120403）；东平县 - 东平，（R）◎东平湖。潍坊 - 潍坊，白浪河湿地公园（20100415、20140904）；奎文区 - 潍坊机场（20140623）；（R）青州 - 仰天山，南部山区；诸城（20110408）。威海 - 威海，威海机场（20100905，韩京20111013）；环翠区 - 海滨公园（20121228），环翠公园（20130103），刘公岛（20100416）；荣成 - 天鹅湖（20130607），车道河（20160622），马山港（20120522），成山林场（20090117），西北泊（20120524），赤山北窑（20160625），海驴岛（20140607）；文登 - 坤龙水库（20120611），●大水泊（20060125）。烟台 - ◎莱州；芝罘区 -（Shaw 1930）芝罘山，鲁东大学（王宜艳20150908）；海阳 - 东村（刘子波20151024）；栖霞 - 长春湖（牟旭辉20150119）；招远 - 第一中学（蔡德万20100609）；莱州 - 黄水河湿地（姜登岳20110424）。枣庄 - 枣庄（20121210），山亭区 - 城郭河（尹旭飞20120719），西伽河（尹旭飞20160409）。淄博 - 淄博，理工大学（20150912）；桓台 - 马踏湖（姚志诚20130220）；高青县 - 花沟镇（赵俊杰20141007、20141022），千乘湖（赵俊杰20160313）。胶东半岛，鲁中山地，鲁西北平原，鲁西南平原湖区，山东全省。

除新疆、西藏外，各省份可见。

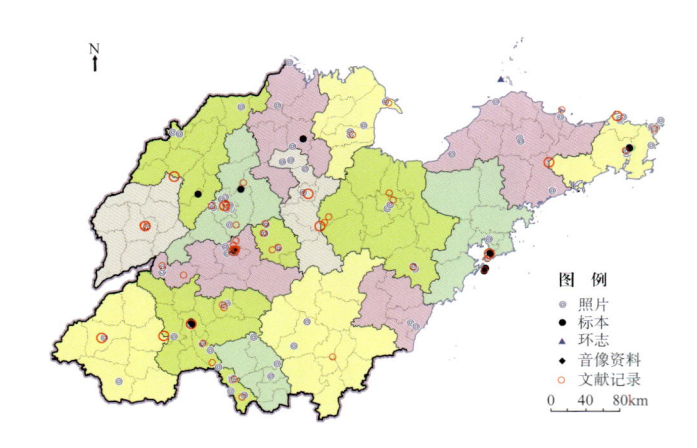

区系分布与居留类型：［古］(R)。

种群现状： 啄食害虫及城市垃圾，为重要农林益鸟，有时啄食少量谷物。山东各地均有分布，数量普遍而常见，未列入山东省重点保护野生动物名录。

物种保护： Ⅲ，Lc/IUCN。

参考文献： H704，M636，Zjb147；Lc37，Q294，Z539，Zx145，Zgm211。

山东记录文献： 郑光美2011，朱曦2008，钱燕文2001，范忠民1990，郑作新1987、1976，傅桐生1987，Shaw 1938a；孙玉刚2015，赛道建2013、1999、1994、1989，庄艳美2014，李久恩2012，贾少波2002，吕艳等2008，邢在秀2008，王海明2000，张培玉2000，田家怡1999，王元秀1999，杨月伟1999，宋印刚1998，王庆忠1995、1992，赵延茂1995，丛建国1993，纪加义1988a，刘体应1987，杜恒勤1985、1965，柏玉昆1982，李荣光1960、1959，田丰翰1957。

315-00　星鸦
Nucifraga caryocatactes（Linnaeus）

命名： Linnaeus，1758，Syst. Nat.，ed. 10，1：105（瑞典）

英文名： Spotted Nutcracker

同种异名： —；—；Nutcracker

鉴别特征： 嘴黑色而强直，头侧纵纹白色。体深褐色，头侧、胸及上背密布白点斑。尾下覆羽白色，中央尾羽黑褐色，外侧羽端白色，最外侧尾羽近白色。脚黑色。飞翔时翅黑色、白色尾下覆羽和尾羽端醒目。

形态特征描述： 嘴黑色。虹膜暗褐色。体羽咖啡褐色具众多白色斑点。鼻羽污白色、基部不显著暗褐色、羽缘暗褐色。眼先污白色或乳白色。颊、喉和颈部羽毛具纵长白色尖端。额前部暗啡褐色到淡黑褐色，头顶和颈项渐变为稍亮暗咖啡褐色。翕、背和肩部羽端具白色点状斑、斑周缘淡褐黑色。下腰淡褐黑色。翅黑具淡蓝灰或淡绿色闪光，小覆羽尖端白色，有时中覆羽和大覆羽亦有白色尖端；初级飞羽和次级飞羽有时具细小白色尖端、后者常因磨损消失；初级飞羽第6、7枚内翈基部具新月形白斑，有时第5枚有小白斑。翼下覆羽淡黑色、尖端白色。下体与背相同。尾羽亮黑色，中央尾羽狭窄，最外侧尾羽具白色宽端斑；尾上覆羽淡褐黑色，尾下覆羽白色。跗蹠和足黑色。

幼鸟 体羽色淡，成鸟白色点斑和条纹位置变为淡棕色，分布至头部。

鸣叫声： 常发出干哑的"kraaaak"叫声，有时不停重复。

体尺衡量度（长度mm、体重g）： 山东分布仅见极少量文献记录，暂无标本及测量数据。

栖息地与习性： 栖息于山地针叶林，以及果园、花园、树林和公园草地。单独、成对活动，偶成小群。飞行起伏而有节律，到处寻找松子，储藏在树洞里和树根底下，准备冬天的食粮。冬天常从一片森林飞到另一片森林，在不同地方游荡，扒开树洞，刨开灌木丛，在树根底下翻检，找到自己或同类藏下的松子进食。

食性： 主要以松子为食。有储藏食物的习性。

繁殖习性： 繁殖期4~6月。雌雄星鸦配对占领巢域后，在针叶树上用树枝、地苔筑巢，内衬苔藓、干草。每窝产卵3~4枚，淡绿色或浅蓝色具暗黄色斑点，卵径约为33mm×25mm。雌雄鸟轮流卧巢孵卵，孵化期16~18天。幼鸟3~4周离巢。

亚种分化： 全世界有9个（刘小如2012）或10个（赵正阶2001）亚种，中国8个（赵正阶2001）或6个（郑光美2011）亚种，山东分布记录为东北亚种 *Nucifraga caryocatactes macrorhynchos* Brehm（朱曦2008）。

分布：（PW）胶东半岛，鲁中，鲁西北。
黑龙江、吉林、辽宁、内蒙古、北京、新疆。

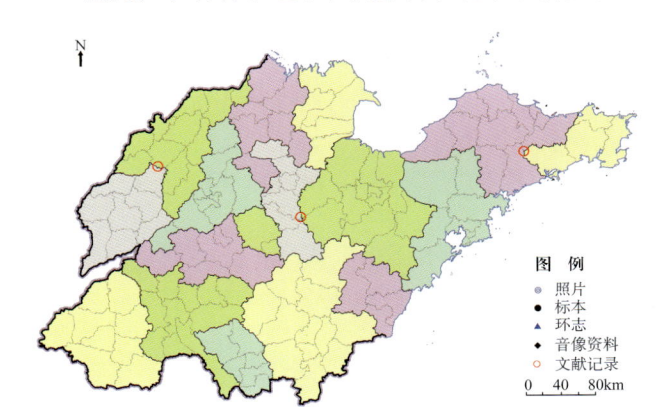

区系分布与居留类型：［古］(WP)。

种群现状： 物种分布范围广，被评为无生存危机物种。山东分布记录首见朱曦（2008），山东研究及其他文献未见有记录，也未有与报道相关的标本、照片实证，赛道建（2013）认为需进一步研究确认，分布现状应属无分布。

物种保护： Lc/IUCN。

参考文献： H713，M640，Zjb156；Lc40，Q298，Z546，Zx146，Zgm212。

山东记录文献： 朱曦2008；赛道建2013。

● 316-01　红嘴山鸦
Pyrrhocorax pyrrhocorax（Linnaeus）

命名： Linnaeus，1758，Syst. Nat.，ed 10，1：118（英国）

英文名： Red-billed Chough

同种异名： 红嘴鸦，山乌，红嘴乌鸦，红嘴老鸦，山老鸦，红嘴燕；—；—

鉴别特征： 嘴鲜红色而下弯。通体辉黑色，翼、尾具绿光泽。脚红色。幼鸟嘴黑色。

形态特征描述： 嘴鲜红色，长而微向下弯曲。虹膜暗褐色。通体羽毛纯黑色，具蓝紫色金属光泽；双翅和尾羽纯黑色、闪蓝绿色光泽。脚朱红色。

雌鸟 似雄鸟。体羽蓝色金属光泽暗淡。

幼鸟 嘴污褐色，嘴端和嘴缘淡、近角质色。虹膜偏红色。全身黑褐色而无辉亮，翅和尾闪烁金属光。脚污褐色。

鸣叫声： 叫声为粗犷尖厉的"keeach"声。

体尺衡量度（长度 mm、体重 g）：

红嘴山鸦（刘华东 20160305 摄于道朗耿庄）

标本号	时间	采集地	体重	体长	嘴峰长	翅长	跗蹠长	尾长	性别	现保存处
B000670					41	291	52	131		山东博物馆
	1989	泰山		390	50	300	40	170	♂	泰安林业科技

栖息地与习性： 栖息于山地，常到山边平原、沟壑土崖活动。成对或成小群在地上活动和觅食，非繁殖期喜欢成群在山头上空和山谷间飞翔。飞行轻快，并在鼓翼飞翔之后伴随一阵滑翔，滑翔时短宽的两翼及显见的初级飞羽"翼指"张开；常和喜鹊、寒鸦混群活动，结群边飞边叫时，未见其鸟已听到其响亮叫声。善鸣叫，似嘈杂吵闹声。有时散见于近山平原的田地或园圃间觅食。

食性： 杂食性。主要捕食鞘翅目、直翅目、半翅目、膜翅目等昆虫，也采食植物的果实、种子、草子、嫩芽等。

繁殖习性： 繁殖期 3～7 月。结群在中高海拔山地、沟谷、河谷等开阔地带的悬崖绝壁凹处或裂隙、岩洞内营巢，也有在屋檐下、梁上和枯井壁凹陷处筑巢的，碗状巢由枯枝、草茎、草叶、麦秸等构成，内垫兽毛、须根、棉花和枯草等。每窝产卵 3～6 枚，卵灰绿色、灰黄色或黄白色被黄褐色浅紫色或灰蓝色斑点，卵径约为 39mm×28mm，卵重 12～14g。雌鸟孵卵，孵化期 17～18 天。雏鸟晚成雏，留巢期约 38 天，雌雄亲鸟共同育雏。

亚种分化： 全世界有 8 个亚种，中国有 3 个亚种，山东分布为北方亚种 *P. p. brachypus*（Swinhoe）。

亚种命名 Swinhoe, 1871, Proc. Zool. Soc. London: 383（北京）

分布： 滨州 - ●（刘体应 1987）滨州。东营 - 黄河三角洲。济南 - (R) 济南；长清区 - 灵岩寺（198105xx）；历城区 - 四门塔；平阴县 - 大寨山（陈云江 20100530）。泰安 - (R) ◎泰安；泰山区 - 道朗耿庄（刘华东 20160305）；●泰山（刘冰 20110114）- 日观峰（孙桂玲 20140430），天街（张培栋 20160206）；东平县 - (R) 东平湖。潍坊 - (R) 青州 - 仰天山。淄博 - 淄博。胶东半岛，鲁中山地，鲁西北平原。

辽宁、内蒙古、河北、北京、山西、河南、陕西、宁夏、甘肃、新疆。

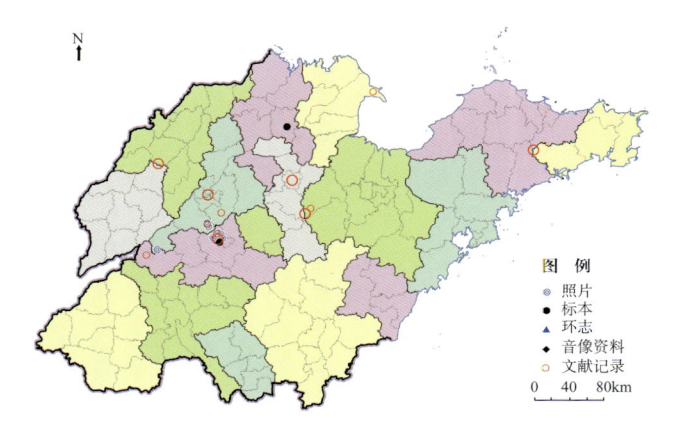

区系分布与居留类型： [古]（R）。

种群现状： 为益多害少的益鸟。在中国分布较广，种群数量较丰富而相对稳定，被评为无生存危机物种。山东主要分布于泰山鲁中山地，数量不普遍，近年来拍到照片的概率不大，说明需要加强栖息环境与物种的深入研究。

物种保护： 中日，Lc/IUCN。

参考文献： H714，M641，Zjb157；Q298，Z547，Zx146，Zgm212。

山东记录文献： 郑光美 2011，朱曦 2008，赵正阶 2001，钱燕文 2001，范忠民 1990，郑作新 1987、1976；赛道建 2013、1994，田家怡 1999，王庆忠 1995、1992，纪加义 1988a，刘体应 1987，李荣光 1960。

● 317-01　达乌里寒鸦
Corvus dauuricus Pallas

命名： Pallas, 1776, Reise Versch. Prov. Russ. Reichs. Dritter Theil vom Jahr 1772, und 1773.［Reise im ostlichen Sibirien und bis inDauurien. 1772 stes Jahr. Dritter Theil.］. - pp.［1-20］, 3-454, 2 maps. St. Petersburg (Kayserliche Academieder Wissenschaften)（贝加尔湖地区）

英文名： Daurian Jackdaw

同种异名： 寒鸦，东方寒鸦，慈乌，慈鸦，燕乌，孝鸟，小山老鸹（guā），侉（kuǎ）老鸹，麦鸦，白脖寒鸦，白腹寒鸦；*Corvus monedula dauuricus* Pallas，*Coloeus neglectus*（Schlegel），*Corvus monedula dauuricus* Pallas, 1776，*Corvus neglectus* Schlegel, 1859，*Coloeus dauricus khamensis* Bianchi, 1906；—

鉴别特征： 嘴细小而黑，头侧具白细纹。体羽黑色具紫色光泽，颈环、胸和腹白色或污白色。脚黑色。相似种寒鸦颈领银灰色，颈侧具白块斑，胸、腹黑色；比白颈鸦体型小，嘴较细，胸部白色部分较大。

形态特征描述： 嘴黑色，喙基须近黑色带浅色羽轴显得花白。虹膜暗褐色。耳羽处有灰白色羽毛，以眼为中心呈放射状分布，形成一块不明显的斑驳灰色区域。通体主要为黑色。宽阔领圈与胸、腹部等白色，极为醒目。后颈、颈侧、上背、胸、腹、两胁灰白色或白色，其余体羽黑色具紫蓝色金属光泽，以前额、头顶、头侧、颊、喉、次级飞羽及小覆羽光泽最为明显。肛羽具白色羽缘。脚黑色。

达乌里寒鸦（赛道建 20121111 摄于浆水泉）

雌鸟 羽毛的光泽度较低，白色羽区中混有灰色。

幼鸟 色彩反差小。1 龄时冬羽与成鸟差异较大，成鸟白色区域皆为近黑色的深灰色。前额、头顶褐色具紫色光泽。后颈、颈侧黑褐色。领圈苍白色。背、肩、翅、尾深褐色至黑褐色。下体褐色至浅褐色，羽端缀白色羽缘，直到第 2 年秋季换羽全黑色。虹膜深褐色；喙与足黑色。

鸣叫声： 飞行叫声似"chak"或"garp-garp"。

体尺衡量度（长度 mm、体重 g）：

标本号	时间	采集地	体重	体长	嘴峰长	翅长	跗蹠长	尾长	性别	现保存处
B000600					30	208	46			山东博物馆
	1958	微山湖	385		26	235	38	130	♂	济宁一中
	1989	泰山	353		31	244	42	147	5♂	泰安林业科技
	1989	汶河	326		30	228	41	134	5♀	泰安林业科技

栖息地与习性： 栖息于山地丘陵、平原、农田旷野等各类生境，夏季多见于中高山中，秋冬季见于低山丘陵、山脚平原及城市中。喜成群或与其他鸦类混群活动，常在林缘、农田、河谷、牧场活动，晚上多栖于树上和悬崖岩石上。常边飞边叫，叫声短促、尖锐、单调而嘈杂。主要在地上觅食。

食性： 杂食性。主要捕食各种昆虫、鸟卵、雏鸟，也取食腐肉、动物尸体、垃圾，以及植物果实、草籽和农作物幼苗与种子等。食性随季节变化，以植物性食物为主。

繁殖习性： 繁殖期 4～6 月。雌雄共同在天然岩洞、树洞中营巢，也营巢于烟囱、屋檐等建筑物上，巢由树枝搭建而成，内衬棉花、大麻、羊毛、人发、鸟羽、软草等柔软材料。每窝产卵 4～7 枚，卵蓝绿色、淡青白色或淡蓝色被大小不等、形状不一的紫色或暗褐色斑点，卵径约为 33mm×24mm。雌鸟孵卵，孵化期 20 天左右。

亚种分化： 单型种，无亚种分化。
曾认为是寒鸦（*Corvus monedula*）的一个亚种（*C. m. daurica*）（郑作新 1987、1976，Amadon 1994），

因二者羽色明显不同，近年来多数学者（Howard and Moore 1991，郑作新 1995，赵正阶 2001，郑光美 2011）支持将其独立为种。

分布：滨州 - ●（刘体应 1987）滨州。**东营** - ◎ 黄河三角洲。**菏泽** -（R）菏泽。**济南** -（R）济南，黄河（20141213）；历下区 - ◎ 大佛头，开元寺，浆水泉（20121111）；长清区 - 灵岩寺；历城区 - 四门塔，佛峪（陈云江 20110608）；章丘 - 黄河林场；济阳区 - ◆（齐鲁台 20150221）太平镇王炉村。**济宁** - ● 济宁；微山县 -（R）鲁山。**青岛** - 青岛。**日照** - 东港区 - 崮子河（成素博 20141218）。**泰安** -（R）泰安；● 泰山 - 中山；岱岳区 - 大汶河；东平县 -（R）东平湖。**潍坊** -（R）青州 - 仰天山，南部山区。**淄博** - 淄博。胶东半岛，鲁中山地，鲁西北平原，鲁西南平原湖区。

除海南外，各省份可见。

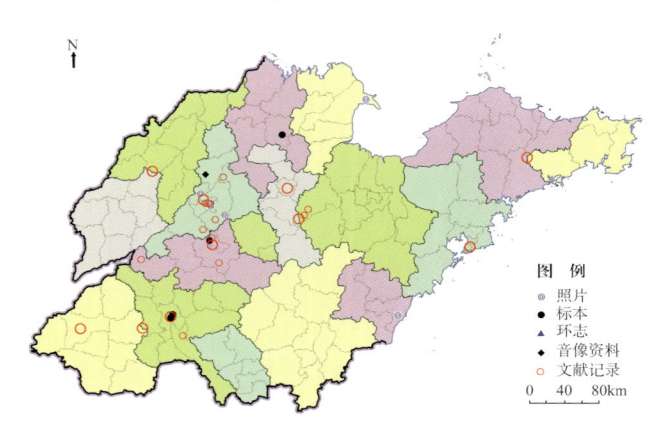

区系分布与居留类型：［古］（R）。

种群现状： 食腐肉和有害昆虫，有益生态环境。在中国分布较广，种群数量较丰富。由于农药的大量使用，引起环境的污染，生态环境的破坏，致使其种群数量明显下降，原来常见的地方如今也很少见。在山东数量并不普遍，但越冬有时会见到集群活动的较大群体，需要加强物种栖息分布的观察研究。

物种保护： Ⅲ，中日，Lc/IUCN。

参考文献： H719，M644，Zjb162；Lc43，Q300，Z552，Zx147，Zgm213。

山东记录文献： 郑光美 2011，朱曦 2008，赵正阶 2001，钱燕文 2001，范忠民 1990，郑作新 1987、1976，Shaw 1938a；赛道建 2013、1994，王海明 2000，王元秀 1999，田家怡 1999，王庆忠 1995、1992，丛建国 1993，纪加义 1988a，刘体应 1987，杜恒勤 1985，柏玉昆 1982，李荣光 1960、1959，田丰翰 1957。

● 318-01 秃鼻乌鸦
Corvus frugilegus Linnaeus

命名： Lannaeus C，1758，Syst. Nat.，ed. 10，1. p. 105（瑞典）

英文名： Rook

同种异名： 风鸦，老鸹，山老公，山乌；*Corvus pastinator* Gould，1845，*Trypanocorax pastinator* Tugarinov（1929）；—

鉴别特征： 嘴黑色、圆锥形且尖端下弯，基部皮肤裸露不被羽，灰白色，特征明显。头顶拱圆形。通体黑色具暗紫光泽，翼长窄，飞行翼尖呈显著指状。尾具铜绿色光泽，飞行时呈楔形。脚黑色。相似种小嘴乌鸦嘴基部被黑色羽毛。

形态特征描述： 嘴黑色、尖端尖细，基部裸露不被羽，覆灰白色鳞状外皮。虹膜褐色。头显突出、拱圆形。羽毛松散、丝质，通体黑漆色、除腹部外均具绿蓝色或紫蓝色光泽。两翼较长窄，翼尖"手指"显著。尾端楔形。脚黑色。

秃鼻乌鸦（李在军 20071230 摄于河口区）

幼鸟 似成鸟而颜色较暗淡。嘴基部全被羽，无裸露区，下喙基部有时具一撮白羽。眼睛灰蓝色。

鸣叫声： 鸣叫时伴有伸头动作，发出粗厉似"kaak"等难听叫声。

体尺衡量度（长度 mm、体重 g）：

标本号	时间	采集地	体重	体长	嘴峰长	翅长	跗蹠长	尾长	性别	现保存处
	1958	微山湖		485	55	295	44	180	♂	济宁一中

栖息地与习性： 常栖息于平原、丘陵低山地带耕作区的阔叶林内，以及人群密集的居住区，喜在城市及村落聚集。喜结群，冬季常结成庞大群体活动，常与寒鸦混合结群，早出晚归，夜间居住于树林中，白天成群活动在农田、草滩、道路、垃圾堆上觅食，为进食及营巢都结群的社群性鸟种。

食性： 杂食性，繁殖季节以动物、非繁殖季节以植物性食物为主。主要捕食农业害虫如蝼蛄、蝗虫、蜡象等，也取食腐尸、植物种子，甚至青蛙、蟾蜍，经常出没于郊区垃圾场和城市垃圾桶、垃圾站等场所啄食垃圾。

繁殖习性： 繁殖期3~8月。在高树上或在城镇内筑成大群鸟巢，碗状巢以枯枝搭成，内衬羽毛、枯草等柔软材料。每窝产卵3~6枚。雌鸟孵卵，雄鸟运送饵料，雌鸟有时也觅食，孵化期为16~18天。雏鸟孵出后，雌雄亲鸟用颏下囊带回食物共同育雏，食物大部分是农业害虫，育雏期约30天。

亚种分化： 全世界有2个亚种，中国有2个亚种，山东分布为普通亚种 *C. f. pastinator* Gould。

亚种命名 Gould，1845，Proc. Zool. Soc. London，13：1（舟山）

分布： 东营-（R）◎黄河三角洲；河口区（李在军20071230）。菏泽-（R）菏泽。济南-（R）济南，黄河；章丘-黄河林场。济宁-●济宁；曲阜-（R）三孔；微山县-（R）鲁桥，马坡。聊城-聊城。青岛-（P）沿海。泰安-（R）泰安；岱岳区-牟汶河（张培栋20151010）；泰山-低山，大津口；东平县-（R）东平湖。潍坊-（R）青州-仰天山，南部山区。胶东半岛，鲁中山地，鲁西北平原，鲁西南平原湖区。

黑龙江、吉林、辽宁、内蒙古、河北、北京、天津、山西、河南、陕西、宁夏、甘肃、青海、安徽、江苏、上海、浙江、江西、湖南、湖北、四川、重庆、福建、台湾、广东、广西、海南。

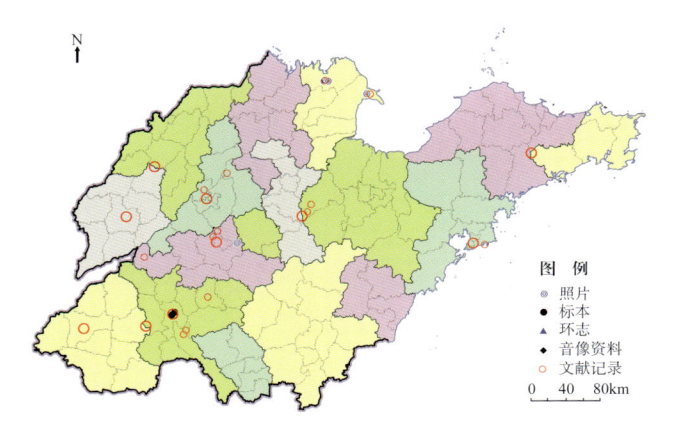

区系分布与居留类型： [古]（R）。

种群现状： 中医传统理论认为其具药效，啄食农作物和农业害虫及腐尸、垃圾，益害兼有。有的城市环境本物种数量暴增，成为困扰城市环境的问题，但有的本物种近几年内数量急剧下降，城乡难觅踪影，需要加强导致这一现象原因的研究。在山东，近年来收集到其分布的照片很少，说明山东的物种数量并不多，需要深入观察研究。

物种保护： Ⅲ，中日，Lc/IUCN。

参考文献： H717，M646，Zjb160；Lc47，Q300，Z551，Zx146，Zgm213。

山东记录文献： 郑光美2011，朱曦2008，赵正阶2001，钱燕文2001，范忠民1990，郑作新1987、1976，Shaw 1938a；赛道建2013、1999、1994，贾少波2002，王海明2000，田家怡1999，王庆忠1995、1992，赵延茂1995，丛建国1993，纪加义1988a，杜恒勤1985，李荣光1960、1959，田丰翰1957。

● 319-01 小嘴乌鸦
Corvus corone Linnaeus

命名： Linnaeus C，1758，Syst. Nat.，ed.10：p.105（英国）

英文名： Carrion Crow

同种异名： 细嘴乌鸦；*Corvus orientalis* Eversmann，1841；—

鉴别特征： 嘴黑色而型小，嘴基被黑羽，额弓低。体黑色具紫蓝光泽。脚黑色。区别于秃鼻乌鸦的是嘴基部被黑色羽毛，区别于大嘴乌鸦的是额弓低而嘴形细小。

形态特征描述： 嘴黑色、长不及头长，稍短而细弱；嘴基部被黑色羽毛。虹膜暗褐色。额弓较低。喉、

小嘴乌鸦（赛道建20130307、20110609摄于韩辛村、成山头）

胸部羽呈矛尖状。除头顶、后颈和颈侧之外，全身体羽灰黑色缀紫蓝黑色金属光泽，繁殖期雄性光泽特别显著；下体的光泽较暗淡。翅短于380mm；翅飞羽和尾羽暗黑褐色或多或少沾蓝绿色金属光泽。脚浓黑色。

鸣叫声：发出粗哑的似"ga-ga-"叫声。

体尺衡量度（长度mm、体重g）：寿振黄（Shaw 1938a）记录采得雄鸟2只、雌鸟2只标本，但标本保存地不详。

标本号	时间	采集地	体重	体长	嘴峰长	翅长	跗蹠长	尾长	性别	现保存处
840415	19840812	两城	26	174	14	89	26	87	♀	济宁森保站

栖息地与习性：栖息于平原田野和村落附近较高大的树上。喜结大群栖息，但不像秃鼻乌鸦那样结群营巢；在低山区繁殖，冬季游荡到平原和居民点附近寻找食物、越冬，常与其他鸦科鸟类如大嘴乌鸦、达乌里寒鸦等结成大群活动。在矮草地及农耕地取食；冬季城市乌鸦群会在市区栖息，到市郊垃圾场觅食，每天往返于觅食场和栖息地之间。

食性：杂食性。以无脊椎动物为主要食物，但喜吃腐尸、垃圾等杂物，也取食植物种子和果实。

繁殖习性：繁殖期4～7月。选择在较高大的树上或悬崖凹处筑巢，巢用枯枝搭建而成，内垫柔软材料。每窝产卵4～7枚，卵蓝绿色被近褐色线状或点斑密集的块状斑。雌鸟孵卵，孵化期16～20天。留巢期26～35天。

亚种分化：全世界有6个亚种，中国有1个（郑光美2011）或2个（郑作新1976）亚种，山东分布为普通亚种 *Corvus corone orientalis* Eversmann。

亚种命名　　Eversmann EF, 1841, Addenda ad celeberrimi Pallasi Zoographiam Rosso-Asiaticam. 2. p.7（西伯利亚西部 Upper Bukhtarma 近 Narym 河）

分布：德州 - 齐河县 - 韩辛村（20130307）。东营 - (P) ◎黄河三角洲。菏泽 - (P) 菏泽。济南 - 黄河（20141213）；● 济南机场（20130307）；历下区 - 浆水泉（20121111），玉清湖（20121205）；济阳区 - ◆（齐鲁台20150221）太平镇王炉村。青岛 - (P) 青岛。日照 - 东港区 - ●（Shaw 1938a）石臼所。潍坊 - (PR) 青州 - 仰天山。威海 - 荣成 - 成山头（20110609）。淄博 - 淄博。胶东半岛，鲁中山地，鲁西北平原，鲁西南平原湖区。

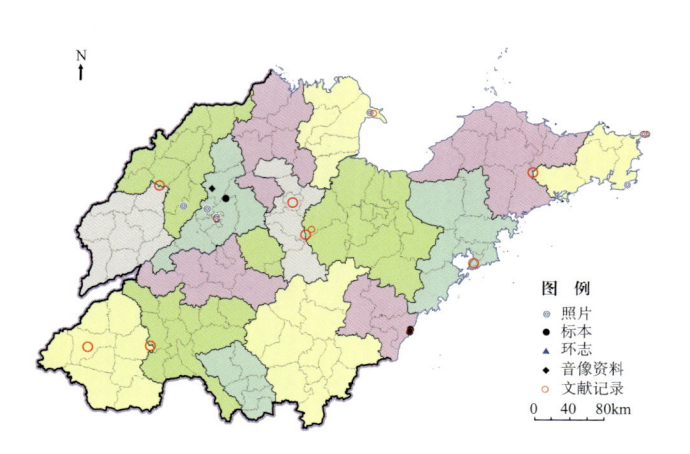

黑龙江、吉林、辽宁、内蒙古、河北、北京、天津、山西、河南、陕西、宁夏、甘肃、青海、新疆、上海、浙江、江西、湖南、湖北、四川、云南、福建、台湾、广东、海南、香港。

区系分布与居留类型：[古]（P）。

种群现状：取食腐尸、垃圾等杂物，为自然界清洁工，为益多害少的益鸟。冬季常聚集到气温较高的城市区活动，已经成为鸟类困扰城市的环境问题；常在道路上觅食而被车辆碾压致死。山东分布较广，但集群活动群数并不太多，未列入山东省重点保护野生动物名录。

物种保护：中日，Lc/IUCN。

参考文献：H721, M647, Zjb164; Lc50, Q300, Z555, Zx147, Zgm214。

山东记录文献：郑光美2011，朱曦2008，赵正阶2001，钱燕文2001，范忠民1990，郑作新1987、1976，Shaw 1938a；赛道建2013，单凯2013，王海明2000，王庆忠1995、1992，赵延茂1995，纪加义1988a。

● **320-01**　**大嘴乌鸦**
Corvus macrorhynchos Wagler

命名：Wagler JG, 1827, Corvus, Systema Avium [p. 313] sp. 3（印度尼西亚爪哇）

英文名：Large-billed Crow

同种异名：巨嘴鸦，老鸦，老鸹；*Corvus sinensis* Swinhoe, 1863, *Corvus colonorum* Swinhoe, 1864, *Corvus coronoides* Stresemann, 1916; Jungle Crow

鉴别特征：嘴黑色、大而粗厚，头顶显著拱圆形，是辨识本物种的重要依据。体黑色、闪绿辉光，翅与尾具暗蓝紫光泽，尾圆。脚黑色。与小嘴乌鸦的区别在于喙粗厚且尾圆，头顶更显拱圆形。

形态特征描述：嘴黑色，粗大，嘴峰弯曲、峰嵴明显，上喙前缘与前额几成直角；鼻孔距前额约为嘴长的1/3，嘴基鼻须硬直，伸至嘴中部鼻孔处。虹膜暗褐色。额陡突。喉部羽毛呈披针形，具强烈绿蓝色或暗蓝色金属光泽。后颈羽毛柔软松散如发状，羽干不明显。通身羽毛纯黑色；上体除头顶、后颈和颈侧外，背、肩、腰、翼上覆羽和内侧飞羽均渲染显著蓝色、紫色和绿色金属光泽，初级覆羽、初级飞羽具暗蓝绿色光泽。下体黑色具紫蓝色或蓝绿色光泽，但明显较上体弱。尾长，呈楔状；尾羽表面缀紫蓝色亮辉光泽，尾下覆羽尖端染蓝绿色光泽。脚黑色，三前一后离趾型足，后趾与中趾等长；腿细弱，跗蹠后缘鳞片常愈合为整块鳞板。

鸣叫声： 叫声单调粗犷，似"wa, awa, awa"声。

体尺衡量度（长度mm、体重g）：

大嘴乌鸦（牟旭辉 20120315 摄于唐家泊钓鱼台）

标本号	时间	采集地	体重	体长	嘴峰长	翅长	跗蹠长	尾长	性别	现保存处
830247	19831117	鲁桥	422	449	45	324	68	168	♂	济宁森保站
	1989	泰安		335	29	228	37	139	♂	泰安林业科技
	1989	泰山		316	27	220	38	133	♀	泰安林业科技

栖息地与习性： 栖息于低山、平原和山地的各种森林类型中，对生活环境不挑剔，以疏林和林缘地带常见；冬季多到低山丘陵和山脚平原地带的农田、村庄等附近活动，出入于具有"热岛效应"和"垃圾围城"的城镇公园和城区树上，喜欢在林间路旁、河谷、海岸、农田、沼泽和草地上活动，除繁殖期成对活动外，多成小群或和其他乌鸦混群活动觅食，性机警，常伸颈张望，观察四周动静，一旦发现人立即发出警叫声，全群一哄而散；中午多在食场附近树上休息，早晨和下午较为活跃，觅食频繁。

食性： 杂食性。主要捕食蝗虫、蟋蟀、金龟子、蛴螬等直翅目、鞘翅目的昆虫、幼虫和蛹，以及雏鸟、鸟卵、鼠类、动物尸体和植物叶、芽、果实、种子和农作物种子等。

繁殖习性： 繁殖期3~6月。在高大乔木顶部枝杈处营巢，碗状巢由枯枝构成，内垫枯草、植物纤维、树皮、草根、毛发、苔藓、羽毛等柔软物。每窝产卵3~5枚，卵天蓝色或深蓝绿色被褐色和灰褐色斑点，以钝端较密，卵径约为44mm×29mm。雌雄鸟轮流孵卵，孵化期17~19天。雏鸟晚成雏，雌雄亲鸟共同育雏，留巢期26~30天。

亚种分化： 全世界有11个亚种，中国5个亚种，山东分布为普通亚种 *C. m. colonorum* Swinhoe，*Corvus coronoides hassi*[*] Reichenow。

亚种命名　　Swinhoe, 1864, Ibis 6：427（台湾）
Corvus hassi Reichenow, 1907, Orn. Monatsb.
15：51（青岛）

分布： 滨州-●（刘体应1987）滨州。**东营**-（R）◎黄河三角洲。**菏泽**-（R）菏泽。**济南**-章丘-（R）黄河林场。**济宁**-南四湖；曲阜-（R）三孔；微山县-微山湖。**青岛**-黄岛区-●（Shaw 1938a）灵山岛。**泰安**-（R）泰安；●泰山-低山；东平县-（R）东平湖（刘兆瑞20110411）。**烟台**-◎莱州；栖霞-唐家泊钓鱼台（牟旭辉20120315）；芝罘区-鲁东大学（王宜艳20160324）。**淄博**-淄博。胶东半岛，鲁中山地，鲁西北平原，鲁西南平原湖区。

内蒙古、河北、北京、天津、山西、河南、陕西、宁夏、甘肃、安徽、江苏、上海、浙江、江西、湖南、湖北、四川、重庆、贵州、云南、福建、台湾、广东、广西、海南、香港、澳门。

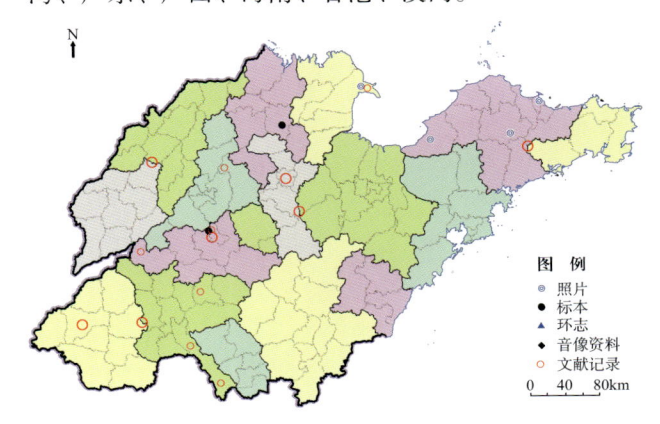

图 例
○ 照片
● 标本
▲ 环志
■ 音像资料
○ 文献记录
0　40　80km

区系分布与居留类型： [古]（R）。

种群现状： 啄食害虫，也在春播和秋收季节啄食农作物。分布较广，种群数量较丰富，被评为无生存危机物种，但种群数量呈明显下降趋势。在山东数量分布并不普遍，需要关注种群变化趋势与环境关系的

---

[*] 由于 *Corvus coronoides* 是澳洲渡鸦，此亚种记录见于寿振黄（Shaw 1938a），疑即 *Corvus macrorhynchus colonorum*。郑光美（2011）无此亚种记录。

研究，未列入山东省重点保护野生动物名录。

物种保护：Lc/IUCN。

参考文献：H720，M648，Zjb163；Lc54，Q300，Z554，Zx147，Zgm215。

山东记录文献：郑光美2011，朱曦2008，钱燕文2001，范忠民1990，郑作新1987、1976，Reichenow, 1907；孙玉刚2015，赛道建2013、1999、1989，李久恩2012，王海明2000，田家怡1999，宋印刚1998，赵延茂1995，纪加义1988a，刘体应1987，杜恒勤1985。

○ 321-01 白颈鸦
Corvus pectoralis Lesson

命名：Lesson，1831，Traite Orn.：328（中国）
Gould J，1836，Proc. Zool. Soc. Lond. Pt4. no.38p.18（中国）

英文名：**Collared Crow**

同种异名：玉颈鸦，白脖乌鸦；*Corvus torquatus** Lesson；—

鉴别特征：嘴粗厚而黑。颈背、上胸具宽白项圈，体羽黑色具紫蓝光泽。尾黑色具铜绿光泽。脚黑色。

形态特征描述：嘴黑色。虹膜褐色。后颈、上背、颈侧白色向下延伸至前胸形成颈环、白羽基部灰色、羽轴灰色，身体其他部分黑色。喉羽披针状，初级飞羽外翈闪淡绿色光泽，头、喉、肩、背、两翼和尾羽带紫蓝色光泽。腹部至尾下覆羽黑色，不如上体辉亮。跗蹠、趾、爪黑色。

幼鸟 似成鸟。全身黑色，白色部分土黄色或浅褐色；黑色部分暗纯，无紫绿色闪光。

鸣叫声：常边飞边叫，声似"kaar-kaar"。

体尺衡量度（长度mm、体重g）：寿振黄（Shaw 1938a）记录采得雄鸟2只标本，但标本保存地不详，测量数据记录不完整。

白颈鸦（刘冰 20120430 摄于东平湖）

标本号	时间	采集地	体重	体长	嘴峰长	翅长	跗蹠长	尾长	性别	现保存处
B000671					57	324	56	157		山东博物馆
	1958	微山湖		520	50	325	58	190	♂	济宁一中

栖息地与习性：栖息于平原、丘陵和低山、耕地、河滩和河湾、城镇及村庄附近。性机警而难接近，觅食时缓步向前移动，不时扭头四处张望，很远见人就飞走，清晨常和大嘴乌鸦、秃鼻乌鸦或寒鸦等混群到田间、河滩、垃圾堆等处觅食，晚上很晚飞回树上栖息过夜。栖止时，多伸颈鸣叫。

食性：杂食性。主要捕食鞘翅目、直翅目、半翅目、鳞翅目昆虫及其幼虫，以及蜗牛、泥鳅、小鸟等，啄食废弃物、腐尸和玉米、土豆、黄豆、小麦及草籽。

繁殖习性：繁殖期3～6月。秋冬季节开始配偶，冬天双双择地营巢，巢筑于高大乔木上、悬崖崖壁洞穴中和高大建筑物屋檐下，巢由枯枝构成，内衬树皮、棉花、纤维、羊毛、麻、人发、兽毛、羽毛等材料。每窝产卵2～6枚，卵淡蓝绿色被橄榄褐色条纹及块斑，卵径约为33mm×24mm。

亚种分化：单型种，无亚种分化。

分布：东营-（R）◎黄河三角洲。菏泽-（R）菏泽。济南-（R）济南；天桥区-（R）北园；历下区-大佛头；长清区-灵岩寺；章丘-（R）黄河林场；济阳区-◆（齐鲁台20150221）太平镇王炉村。济宁-●济宁；曲阜-泗河（马士胜20141110）；微山县-（R）鲁山。聊城-聊城。泰安-（R）泰安；泰山-高山，中山；东平县-（R）东平，东平湖（刘冰20120430）。潍坊-（R）青州-仰天山，南部山区。烟台-海阳-●（Shaw 1938a）行村。胶东半岛。鲁中山地，鲁西北平原，鲁西南平原湖区。

内蒙古、河北、北京、天津、山西、河南、陕西、甘肃、安徽、江苏、上海、浙江、江西、湖南、

---

* del Hoyo等（2009）认为 *Corvus torquatus* 为无效种。

湖北、四川、重庆、贵州、云南、福建、台湾、广东、广西、海南、香港、澳门。

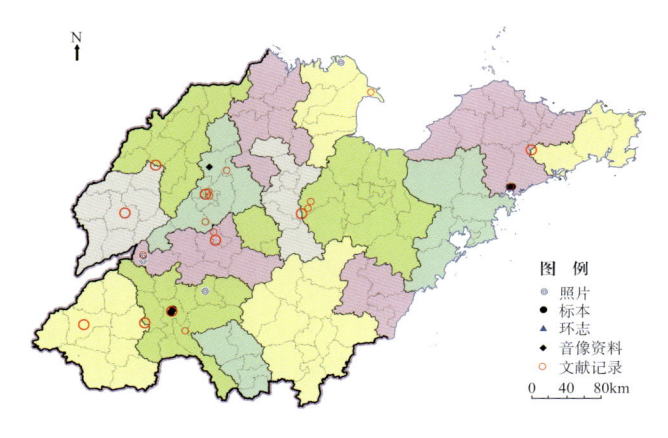

区系分布与居留类型：[东]（R）。

种群现状： 中国特产鸟类，由于农业集约化和农药、化肥环境污染及猎食食物枯竭等，使其生存受到了威胁，种群数量在减少并且可能是持续的，结果该物种会进一步下降，该物种被列为近危。在山东，作为留鸟，多地曾采到标本，但第一次鸟类资源普查没有采到标本，近年来也极少有人拍到照片，说明白颈鸦山东种群也面临严重的生存威胁，需要加强物种保护与生存环境的调查研究，未列入山东省重点保护野生动物名录。

物种保护： Nt/IUCN。

参考文献： H722，M650，Zjb165；Lc52，Q302，Z556，Zx148，Zgm215。

山东记录文献： 郑光美2011，朱曦2008，赵正阶2001，钱燕文2001，范忠民1990，郑作新1987、1976，Shaw 1938a；赛道建2013、1999、1994、1989，贾少波2002，王海明2000，田家怡1999，王庆忠1995、1992，丛建国1993，纪加义1988a，杜恒勤1985，李荣光1959，田丰翰1957。

20.13 河乌科 Cinclidae（Dippers）

体型小。喙细窄而直，尖端微下曲，喙与头同长，口角具绒状短羽。鼻孔长，有盖膜。背面体色黑褐色或暗褐色，体羽致密且紧实。翼短圆，初级飞羽10枚。尾较短，平尾或末端稍凹，尾羽12枚。跗蹠长而强健，前缘具靴状鳞，趾及爪均较强。幼鸟体羽具斑纹。

多在山区溪流沿岸活动，是雀形目鸟类中最适应水域生活的鸟类，能潜入水中，在水面上游泳或是在水底行走。主要在水中觅食水栖昆虫、甲壳类、软体动物、小鱼、蝌蚪等。在水边岩石洞穴或树根下用苔藓等营巢、产卵。河流污染、水土流失、水坝工程等都会使河乌科鸟类丧失栖地。

在传统分类与现代分类系统中，河乌科只有一个河乌属（Cinclus）。Sibley和Ahlquist（1990）的核酸杂合（DNA-DNA hybridization）研究指出，河乌科与其他雀形目鸟类的关系都相当远。

全世界共有1属5种，中国有1属2种，山东分布记录有1属1种。

322-00 褐河乌
Cinclus pallasii Temminck

命名： Temminck CJ, 1820, Man. Orn., 1: 177

英文名： Brown Dipper

同种异名： 水乌鸦，水老鸹，水黑老婆；*Cinclus pallasi*，*Cinclus marila*，*Hydrobata marila* Swinhoe，1859；—

鉴别特征： 嘴黑褐色，眼周白斑明显，常为黑羽所盖。通体深褐色。翅短圆。尾短。脚短壮、黑褐色。

形态特征描述： 嘴窄而直、黑褐色，嘴长与头几等长；上嘴端部微下曲或具缺刻；口角有短绒绢状羽。鼻孔被膜遮盖。虹膜褐色，眼圈白色、为眼周羽毛遮盖而不明显。全身纯黑褐色或深咖啡色，绒羽发达。上体羽缘沾棕红色。翅短而圆，初级飞羽10枚，飞羽黑褐色，外翈具咖啡褐色狭缘，部分腿圈白色。下体腹中央色较浅淡。尾较短、黑褐色，尾羽12枚；尾上覆羽具棕红色羽缘，尾下覆羽色较暗。腿短壮、黑褐色，跗蹠长而强，前缘具靴状鳞，趾、爪较强。

幼鸟 似成鸟。体羽较短而稠密。全身羽毛呈浅咖啡色、密布棕黄褐色鳞状斑纹，腹部中央羽缘色更浅淡呈棕白色羽端。上体黑褐色，羽缘黑色形成鳞状斑纹，具浅棕色近端斑。翅羽暗褐色，小覆羽具棕白色羽缘；内侧飞羽和内侧中、小覆羽具棕白色羽端。颊、喉、颈侧、胸、胁和尾下覆羽及覆腿羽均具锈棕色羽端。腋羽和翼下覆羽黑褐色具灰白色弧形斑。

鸣叫声： 鸣声单调而清脆，似"zhi-，zhi-"或"zhina-，zhina-"声。

体尺衡量度（长度mm、体重g）： 山东分布见有文献记录，但暂无标本及测量数据。

栖息地与习性： 栖息于中低海拔的山涧河谷溪流。终年活动于河流中露出的大石上或河岸崖壁突出部。单个或成对活动，幼鸟离巢后成"家族"集群活动；停落溪流岩石上时，腿部稍曲，尾部上举，头、尾常上下摆动，姿势特殊；飞行时始终沿溪流，贴近水面，遇河流转弯处取捷径飞，能在水面短距离游弋，也能在急流水底潜走。主要在水中取食水生昆虫及其他水生小型无脊椎动物。

食性： 全年捕食鳞翅目、蜉蝣目等水生昆虫及其幼虫，以及小鱼、小虾、螺类等。

繁殖习性： 繁殖期4～7月。雌雄共同在悬岩裂缝、水边树根下、山间小桥下等处筑巢，碗状巢外层由苔藓、内层由干草和树叶编织而成，洞口开在坝前方，进洞后是巢。每窝产卵3～6枚，卵梨形，尖端较细，淡黄色。雌鸟孵卵，孵化期15～16天；雌雄共同育雏，育雏期21～23天。

亚种分化： 全世界有3个亚种，中国有3个亚种，山东分布记录为指名亚种 *C. p. pallasii* Temminck。

亚种命名 Temminck CJ, 1820, Man. Om., 1：177

分布： 东营 - 黄河三角洲。济宁 - 微山县 - 微山湖。临沂 - （R）沂河。胶东半岛，鲁中山地。

除西藏、海南外，各省份可见。

区系分布与居留类型： ［广］（R）。

种群现状： 物种分布范围广，被评为无生存危机物种。山东分布曾有少量记录，但卢浩泉（2001）认为已无分布，至今无标本及照片等分布实证，也无专项研究，山东分布现状应视为无分布。

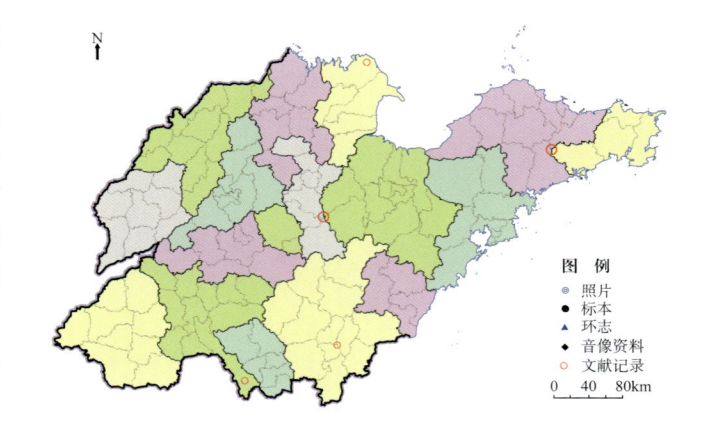

物种保护： Lc/IUCN。

参考文献： H725，M688，Zjb168； Lc469，Q302，Z560，Zx148，Zgm216。

山东记录文献： 郑光美 2011，朱曦 2008，钱燕文 2001，范忠民 1990，郑作新 1987、1976；赛道建 2013，李久恩 2012，纪加义 1988a。

20.14 鹪鹩科 Troglodytidae（Wrens）

喙长，直或略下弯，喙基刚毛或有或无。鼻孔细裂形。脸颊及喉、胸或具斑纹。全身羽毛柔软，羽色暗淡，以褐色为主，少数为灰色，缀以黑白斑纹，翼短圆，具横纹，初级飞羽10枚，最外1枚甚短。尾圆尾型，具横纹，尾羽12枚，极少种10枚，长短皆有。跗蹠长，足强健，前缘具盾状鳞，趾3前1后，爪长。

喜栖具丰富底层植被的各种林地、湿地、灌丛草原、公园、庭园等，多数地栖性，善在浓密底层植被内步行与跳跃。善隐匿与潜行，于植被间短距离飞行，安全时会停栖在明显的植被顶或岩石上，尾经常上翘。喜夜栖于洞穴中，单独或成对生活。善鸣，鸣声婉转多变，以小型节肢动物为主食，还会取食少量植物等。繁殖初期雄鸟会筑多个巢，由雌鸟选定繁殖用巢，多数种类用草叶筑巢于植株上，巢为椭圆球状，侧面开口。少数种类筑穴巢，采用天然洞穴、其他鸟类的旧巢或人造巢箱。每窝产卵2～5枚。雌鸟抱卵。幼鸟离巢后仍与亲鸟共同生活并担任巢边帮手协助养育弟妹。本科遭受的主要威胁是栖息地被破坏，有8种被列为受威胁鸟种，2种已达极危程度。

全世界共有16属76种，中国有1属1种，山东分布记录有1属1种。

● 323-01　**鹪鹩**
Troglodytes troglodytes（Linnaeus）

命名： Linnaeus C, 1758, Syst. Nat., ed. 10, 1：188（瑞典）

英文名： Eurasian Wren

同种异名： 山蛐蛐儿，巧妇；*Anorthura fumigata* Ogilvie-Grant et La Touche（1907），*Motacilla troglodytes* Linnaeus, 1758，*Troglodytes fumigatus* 内田清之助，1915；—

鉴别特征： 嘴褐而细，先端稍曲，眉纹皮黄色而模糊。体羽黄褐色，背部及尾具很多狭窄黑横斑。尾小常上翘。脚褐色。

形态特征描述： 嘴暗褐色、下嘴黄褐色。虹膜暗褐色，眉纹狭窄、浅棕白色。头顶和后颈深暗赤褐色，头侧眼先和耳羽褐色混杂淡黄白色条纹。颏、喉部污乳白色、羽缘浅黄色。上体自背肩部、腰和尾上覆羽赤褐色杂黑褐色横斑。翅膀短而圆，飞羽黑褐色，外侧飞羽外翈赤褐色满布黑褐色横斑。下体浅棕色，胸部灰黄褐色、缀褐暗色不明显细横斑纹。腹部、胁和尾下覆羽尖端乳白色缀黑褐色或黄褐色横斑纹。尾巴短小而翘，赤褐色缀较细黑褐色横斑纹。脚暗褐色。

幼鸟 上体黄褐色，下体较浅淡，黑褐色横斑狭窄而多。

鸣叫声： 鸣声清脆响亮。

体尺衡量度（长度mm、体重g）：

标本号	时间	采集地	体重	体长	嘴峰长	翅长	跗蹠长	尾长	性别	现保存处
	1989	泰安东平	92		10	48	17	31	2♂	泰安林业科技

鹪鹩（牟旭辉 20140309 摄于十八盘）

栖息地与习性： 栖息于灌丛中，夏天见于中高山顶，冬季迁到平原和丘陵地带，在缝隙内拥挤群栖。栖息时常从低枝逐渐跃向高枝，尾不停地轻弹而高举在背上，飞行低，振翅做短距离直线飞行就落下而潜入灌木丛。

食性： 主要捕食鳞翅目、双翅目、直翅目、鞘翅目及半翅目等农林害虫，以及蜘蛛、水边甲壳类及植物性食物。

繁殖习性： 繁殖期7~8月。在潮湿的森林中或中山的灌木丛、枯枝堆、树根间、岩石裂缝中或树洞中筑巢；雄鹪鹩常同时建几个巢供雌鸟选择，深碗状或圆屋顶状巢以细枝、草叶、苔藓、羽毛等交织而成。每窝产卵4~6枚，卵白色杂褐色和红褐色细斑。孵化期14~15天，育雏期16~17天。

亚种分化： 全世界有41个亚种，中国有7个亚种，山东分布为普通亚种 *T. t. idius*（Richmond）。

亚种命名 Richmond, 1907, in Blankwelder, Res. China, Carnegie Inst. Publ. No. 54, 1(2): 498（河北王快镇）

分布： 东营-◎黄河三角洲；河口区（李在军 20090101）。菏泽-（W）菏泽。济南-（P）济南；天桥区-北园；历下区-泉城公园（陈忠华 20140211）；市中区-五龙潭公园（赵连喜 20131227）；历城区-红叶谷（20131121），佛峪（陈云江 20121014）。**济宁**-曲阜-（PW）石门寺；微山县-微山湖。**莱芜**-莱城区-牟汶河（陈军 20130221）。**青岛**-崂山区-（P）潮连岛。**日照**-东港区-双庙山沟（成素博 20150310）；前三岛。**泰安**-（P）●泰安；泰山-高山，中山，低山，桃花峪（20120721），雁群沟（刘兆瑞 20120714）；东平县-●东平，（P）东平湖。**潍坊**-（P）青州-仰天山；高密-醴泉凤凰公园（宋肖萌 20150204）。**烟台**-◎莱州；栖霞-十八盘（牟旭辉 20140309）。**淄博**-淄博。胶东半岛，鲁中山地，鲁西南平原湖区。

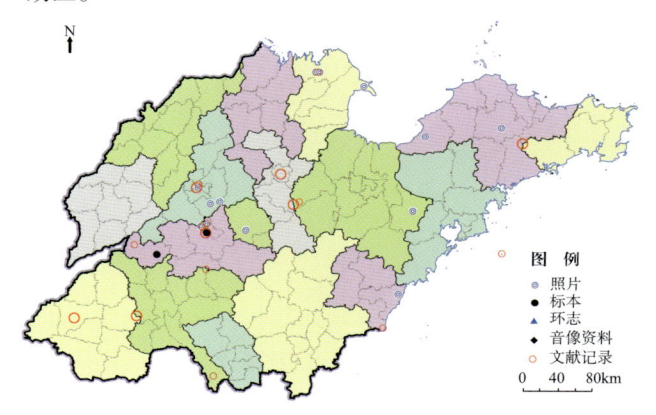

内蒙古、河北、北京、天津、山西、河南、陕西、宁夏、甘肃、青海、江苏、上海、浙江、江西、福建、广东。

区系分布与居留类型： [古]（P）。

种群现状： 捕食农林害虫，为农林益鸟，具有药用价值。种群数量稀少，现已濒临绝迹。在山东分布范围较广，但比较少见，未列入山东省重点保护野生动物名录。

物种保护： Lc/IUCN。

参考文献： H726, M848, Zjb168; Lc280, Q302, Z561, Zx149, Zgm217。

山东记录文献： 郑光美 2011，朱曦 2008，范忠民 1990，郑作新 1987、1976；赛道建 2013、1994，李久恩 2012，王海明 2000，王庆忠 1995，纪加义 1988a，杜恒勤 1985，李荣光 1960、1959，田丰翰 1957。

20.15 岩鹨科 Prunellidae（Accentors）

喙尖细，基部较宽，中间紧缩，喙须少而软。鼻孔大而斜向且覆皮膜。前额羽松散。体背灰褐色，具各式纵纹。体态结实。腹面色调单一，或胸、胁有棕红色斑块。尾短为方尾或稍凹，尾羽12枚。跗蹠前缘具盾状鳞，后缘光滑，后爪最长。

栖息于高纬度或高海拔地区的裸岩、荒漠或干燥的灌丛、草丛地区，以及林间空旷处及林缘灌丛。以跳跃方式前进，在裸岩及短小植被区活动，觅食各种昆虫，冬季采食大量植物种子。多繁殖于高纬度或高山环境，雌鸟于岩隙或密丛基部用细草、苔类、细根，内衬细毛等柔软材料筑杯状巢。每窝产卵2~5枚，卵蓝色或蓝绿色，亲鸟共同孵卵、育雏。多栖息于偏远山区，种类族群数量不明，并无全球性受威胁鸟种。分类地位一向比较明确，但其亲缘关系卵蛋白的分析与 DNA 研究存在分歧。

全世界共有 1 属 13 种，中国有 1 属 9 种，山东分布记录有 1 属 2 种。

岩鹨科岩鹨属 Prunella 分种检索表

体型较大，翼长超过 88mm，不具眉线 ··· 领岩鹨 P. collaris
体型较小，翼长小于 88mm，具明显棕色眉线 ·· 棕眉山岩鹨 P. montanella

● 324-01 领岩鹨
Prunella collaris（Scopoli）

命名： Scopoli GA，1769，Ann. I, Hist. Nat., 131
英文名： Alpine Accentor
同种异名： 岩鹨（㓖），大麻雀，红腰岩鹨；*Accentor collaris* 黑田长礼，1916；Collared Accentor

鉴别特征： 嘴近黑色，下嘴基黄色，喉灰白色具黑点状横斑。头、颈灰褐色，背黄褐色，腰赤褐色，黑色大覆羽羽端白形成两道翼斑，下体中央烟褐色，两胁浓栗色具纵纹。尾黑色而端白色，中央尾羽具栗端缘，尾下覆羽黑色而羽缘白色。脚红褐色。幼鸟下体褐灰色，具黑纵纹。

形态特征描述： 嘴黑色、下嘴基黄褐色，嘴细尖，嘴基较宽、中间部位有明显紧缩；嘴须少而柔软。鼻孔大而斜向，有皮膜覆盖。虹膜暗褐色。前额羽松散、不彼此紧贴覆盖，头部、后颈及胸部灰褐色。颏、喉白色缀"V"字形黑、灰相间密横斑。上背黄褐色杂以黑纹，下背至尾上覆羽栗褐色，腰部栗色。翼上覆羽似背羽，多数羽片具白端，在翼侧形成两列白纹，飞羽暗褐色。上腹及两胁栗色、有较宽白色羽缘，下腹淡黄褐色，具显著栗色横斑纹。尾为方尾或稍凹，尾羽黑褐色具淡白色端缘，中央尾羽有宽栗色端缘，外侧尾羽末端有白色缘斑，尾下覆羽基部灰色、次端黑栗色、末端白色。脚肉褐色，跗蹠前缘具盾状鳞。

领岩鹨（刘国强 20121201 摄于泰山山顶）

幼鸟 嘴裂橙红色显著。下体褐灰色，有淡黑色条纹。

鸣叫声： 发出似"chu-chu-chu"或尖声"tchurt"等刺耳叫声或颤音的清脆悦耳叫声。

体尺衡量度（长度 mm、体重 g）： 山东暂无标本及测量数据，但近年来拍到照片。

栖息地与习性： 栖息于中高山针叶林带及多岩地带或灌木丛中，冬天下降至溪谷中栖息。繁殖期成对或单独活动，其他季节呈家族群或小群活动，在灌木丛中或冬天雪地上跳跃，常由一个岩石飞向另一个岩石。性较羞怯，见人常藏匿在灌木丛中，常在岩石附近或灌木丛中、地面上活动和觅食。

食性： 主要捕食甲虫、蚂蚁、尺蠖、步行虫等昆虫，以及取食蜗牛等小型无脊椎动物和植物果实、种子与草籽等。

繁殖习性： 繁殖期 6～7 月。于高山裸露的岩石裂隙中、灌丛中或树上营巢，碗形巢以禾本科的穗、枯茎、枯叶、细草根、细枝及苔藓等制成，内垫残羽、兽毛或纤维状细茎等。每窝产卵 3～4 枚，青色。孵化期约 15 天，雌雄共同育雏。

亚种分化： 全世界有 6 个亚种，中国 6 个亚种，山东分布为东北亚种 ***P. c. erythropygia***（Swinhoe）。

亚种命名 Swinhoe，1870，Proc. Zool. Soc. London：124（北京与张家口间）

分布： 东营 - ◎ 黄河三角洲。青岛 - 崂山区 -（P）潮连岛。泰安 - 泰山 - 瞻鲁台（任月恒 20130313、20140430），极顶（刘兆瑞 20120207、20160216，刘国强 20120205、20121201、20130214）。威海 - 威海。胶东半岛。

黑龙江、吉林、辽宁、内蒙古、河北、北京、山西、陕西、四川、重庆。

区系分布与居留类型：［古］W（P）。

种群现状： 捕食害虫，为益鸟。分布范围广，种群数量趋势稳定，为无生存危机物种。山东分布区狭窄，迁徙过境，越冬数量稀少，未列入山东省重点保护野生动物名录。

物种保护： 中日，Lc/IUCN。

参考文献： H727，M1226，Zjb170；Lc509，Q304，Z563，Zx149，Zgm218。

山东记录文献： 郑光美 2011，朱曦 2008，赵正

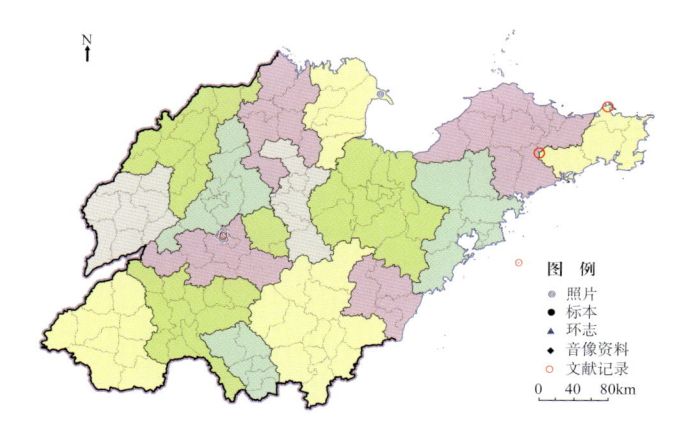

膜栗褐黄色。头部图纹醒目，额、头部和枕部黑褐色；宽阔棕黄色眉纹自嘴基经眼上达于后枕为黑褐色，余部赭黄色。颏、喉橙皮黄色。背羽棕褐色具暗褐色纵纹，腰、尾上覆羽灰褐色。胸棕黄色，腹以下淡黄色具黑褐色纵纹。尾羽灰褐色具棕色羽缘。脚暗黄色。

阶2001，钱燕文2001，范忠民1990，郑作新1987、1976，Herklots 1935；赛道建2013，纪加义1988a。

● 325-01　棕眉山岩鹨
Prunella montanella（Pallas）

命名： Pallas PS，1776，Reise Versch. Prov. Russ. Reichs 3：695（西伯利亚达乌里地区）

英文名： **Siberian Accentor**，Mountain Accentor

同种异名： 篱笆雀；*Motacilla montanella* Pallas，1776；—

鉴别特征： 嘴暗褐色，头顶、头侧黑色，余赭黄色，眉纹及喉橙皮黄色，头部图纹醒目。背栗褐色、具暗褐色纵纹，喉、胸棕黄色，羽基黑色，具鳞状斑，腹淡黄色、具黑褐色纵纹。腰、尾灰褐色，尾缘棕色。脚暗黄色。

形态特征描述： 嘴暗褐色、下嘴基缘黄褐色。虹

棕眉山岩鹨（李在军 20080930 摄于河口区）

鸣叫声： 发出似"seereesee"或"si-si-si-si"清脆的尖颤鸣声。

体尺衡量度（长度 mm、体重 g）：

标本号	时间	采集地	体重	体长	嘴峰长	翅长	跗蹠长	尾长	性别	现保存处
	1989	泰山	143	12	71	19	70	2 ♂	泰安林业科技
	1989	泰山	125	8	65	15	60	♀	泰安林业科技

栖息地与习性： 栖息于平原至低山丘陵的阔叶林、疏林地区及近溪流的灌丛。喜近溪流的柳树、云杉等丛林或坡地、林地等环境。

食性： 杂食性。繁殖期主要捕食鞘翅目等昆虫及幼虫，非繁殖期亦食用植物种子。

繁殖习性： 繁殖期6~7月。雄鸟在树上、灌木顶端鸣叫求偶后，在林中小树、灌木上或灌木丛地上营巢，巢由细枝、枯草茎、草根、苔藓等构成，内垫细草茎、毛发等。每窝产卵3~6枚，卵淡蓝绿色或蓝色，卵径约为19mm×13mm。

亚种分化： 全世界有2个亚种（单型种，郑作新1994、1987、1976），中国有1个亚种，山东分布为指名亚种 ***P. m. montanella***（Pallas）。

亚种命名　Pallas PS，1776，Reise Versch. Prov. Russ. Reichs, 3：695（西伯利亚达乌里地区）

分布： 东营 -（W）◎黄河三角洲；河口区（李在军20080930）。济宁 - 济宁；微山县 - 鲁山。泰安 -（W）泰安；●泰山 - 极顶（刘兆瑞20141113）。胶东半岛，鲁中山地，鲁西北平原，鲁西南平原湖区。

黑龙江、吉林、辽宁、内蒙古、河北、北京、天

津、山西、河南、陕西、宁夏、甘肃、青海、新疆、安徽、上海、四川。

区系分布与居留类型：［古］（W）。

种群现状： 捕食害虫，为有益鸟类。山东分布区窄而数量少，全省鸟类普查时采到标本（纪加义 1988a），未列入山东省重点保护野生动物名录，需加强物种与栖息环境的保护研究。

物种保护： Ⅲ，Lc/IUCN。

参考文献： H731，M1230，Zjb174；Lc512，Q306，Z568，Zx149，Zgm219。

山东记录文献： 郑光美 2011，朱曦 2008，赵正阶 2001，钱燕文 2001，郑作新 1987、1976；赛道建 2013，田家怡 1999，赵延茂 1995，泰安鸟调组 1989，纪加义 1988a。

20.16 鸫科 Turdidae（Thrushes and Chats）

体型中等，身体壮硕。嘴喙长，喙基覆毛。头部圆形。雌雄鸟羽色略有差异，多为黑色、灰色或褐色。初级飞羽 10 枚，第 1 枚甚短，翼形长而尖。腹面有较多斑纹，少数鲜艳橙色。通常方尾，尾羽 12 枚、10 枚或 14 枚。跗蹠长而强壮，脚趾发达，后趾与前三趾相对。

栖息于以森林为主的多样生境。性机警，越冬期成大群活动。能发出悦耳的鸣唱声。在树上或地面觅食植物果实和昆虫等小动物。巢大多稳固结实，杯状巢筑于树上、灌丛或地面、树洞或岩缝中；卵通常淡色具斑点。每繁殖期常可育 2 窝幼雏，雌雄亲鸟共同抚育。温带及热带地区分布种类较多。飞行能力强，具迁移性。多数繁殖族群的生态习性并不清楚，需要加强调查与研究。

鸫科（Turdidae）曾为旧鹟科（Muscicapidae）中之鸫亚科（Turdinae）；Voous（1977）提出应提升为一独立的鸫科，近代学者的研究认为鸫科为真正的鸫（鸫 *Turdus* 属、啸鸫属 *Myiophoneus*、地鸫属 *Zoothera*、短翅鸫属 *Brachypteryx* 等 24 属）。Dickinson（2003）在世界鸟类名录将鸫独立成科（Turdidae）。

全世界共有 24 属 165 种（Dickinson 2003）或 176 种（Clements 2007），中国有 20 属 94 种，山东分布记录有 12 属 32 种。

鸫科分属种检索表

1. 翅短圆，不及 2.5 倍跗蹠长，尾与翅几乎等长 ·················· 短翅鸫属 *Hodgsonius*，白腹短翅鸫 *H. phaenicuroide*
   翅形尖长，可超过 3 倍跗蹠长 ·················· 2
2. 体型较大，翼长＞120mm ·················· 3
   体型较小，翼长＜110mm，第 1 枚飞羽短窄 ·················· 17
3. 次级飞羽基部下面具明显白色带斑 ·················· 4 地鸫属 *Zoothera*
   次级飞羽基部下面无白色带斑 ·················· 5
4. 下体斑杂状，体背羽具黑色端斑呈明显鳞斑，黄褐色较深 ·················· 虎斑地鸫 *Z. dauma*
   下体非斑杂状，无栗色，体背不具斑纹 ·················· 白眉地鸫 *Z. sibirica*
   下体非斑杂状，几乎纯栗色 ·················· 橙头地鸫 *Z. citrina*
5. 体羽呈蓝黑色，嘴黑色，翅中覆羽具白端 ·················· 啸鸫属 *Myophonus*，紫啸鸫 *M. caeruleus*
   体羽非蓝黑色，腋羽、翼下覆羽雄鸟纯蓝色，雌鸟两色相杂状，翼长＞110mm ·················· 6 矶鸫属 *Monticola*
   体羽不呈蓝黑色，腋羽、翼下覆羽纯色 ·················· 7 鸫属 *Turdus*
6. 喉部具蓝色块斑，上体、颏和胸蓝色，胸以下栗红色 ·················· 蓝矶鸫 *Monticola solitarius*
   喉部具白色块状斑，下体两种羽色，翅长＜100mm ·················· ♂ 白喉矶鸫 *M. gularis*
   下体纯色具褐色横斑或点斑，翅长＜100mm ·················· ♀ 白喉矶鸫 *M. gularis*
7. 体羽黑色或暗褐色，上体黑褐色，下体灰乌褐沾锈色，颈无白翎 ·················· 乌鸫 *Turdus merula*
   体羽非全为黑色或暗褐色 ·················· 8
8. 后颈与背不同色，头灰色 ·················· 灰头鸫 *T. rubrocanus*
   后颈与背同色 ·················· 9
9. 头、颈、胸纯黑色 ·················· 乌灰鸫 *T. cardis*
   头、颈、胸非纯黑色 ·················· 10
10. 翼下覆羽、腋羽完全或局部栗色或橙黄色 ·················· 11
    翼下覆羽、腋羽灰色 ·················· 14
11. 胁具斑点 ·················· 12
    胁无斑点 ·················· 13

12.	耳羽前棕色后黑色形成显著黑色块斑	宝兴歌鸫 T. mupinensis
	耳羽纯灰褐色或暗褐色	15
13.	胸及腹侧斑点黑色，尾上覆羽浅褐色	斑鸫 T. eunomus
	胸及腹侧斑点红褐色，尾上覆羽红褐色	红尾鸫 T. naumanni
14.	腹侧白色（♂前胸红褐色）杂灰色，喉胸栗红色	赤颈鸫 T. ruficollis
	腹侧红褐色（♂前胸灰色），喉近白色杂灰色，下喉、胸灰色，仅两胁橙棕色	灰背鸫 T. hortulorum
15.	具白色眉纹	16
	不具眉纹	17
16.	胁灰白色	褐头鸫 T. feae
	胸和胁纯橙黄色	白眉鸫 T. obscurus
17.	胸和胁浅褐灰色	白腹鸫 T. pallidus
	胸和胁深橙红色	赤胸鸫 T. chrysolaus
18.	脚黑色或黑褐色，尾叉状	19
	脚非黑色或黑褐色，尾非叉状	27
19.	尾有栗红色	20
	尾无栗红色，黑色或具白色羽缘，翼比尾长约10mm	23 石䳭属 Saxicola
20.	尾较短，约为跗蹠长度的2倍，雌雄异色	水鸲属 Rhyacornis，红尾水鸲 R. fuliginosa
	尾较长，远超过跗蹠长度的2倍，雌雄色同或异	21
21.	尾圆形，雌雄同色，习性近水	溪鸲属 Chaimarrornis，白顶溪鸲 C. leucocephalus
	尾圆形，雌雄同色，习性陆栖	21 红尾鸲属 Phoenicurus
22.	尾棕栗色，无黑色端斑，喉无白斑，头顶无白色，翅长＜100mm	23
	尾棕栗色，无黑色端斑，喉无白斑，头顶白色，翅长＞100mm	红腹红尾鸲 P. erythrogastrus
23.	次级飞羽内、外翈具白斑	北红尾鸲 P. auroreus
	次级飞羽不具白斑，具棕色外缘，喉胸黑色	赭红尾鸲 P. ochruros
24.	翅、尾几乎等长，上体、翅、尾非全黑色，具明显眉纹	25 灰林䳭 Saxicola ferreus
	翅比尾长达10mm，体羽非完全为黑色和白色，喉黑色	24 黑喉石䳭 S. torquata
25.	喉部黑色	♂ 黑喉石䳭 S. torquata
	喉部灰褐色	♀ 黑喉石䳭 S. torquata
26.	上体灰色和黑色，尾羽具白缘	♂ 灰林䳭 S. ferreus
	上体棕褐色，具眉纹	♀ 灰林䳭 S. ferreus
27.	跗蹠细短，长度＜26mm	鸲属 Tarsiger，红胁蓝尾鸲 T. cyanurus
	跗蹠粗长，长度＞26mm	27 歌鸲属 Luscinia
28.	体背为红褐色，喉、上胸橘红色	日本歌鸲 L.（Erithacus）akahige
	体背非红褐色	29
29.	体背为蓝色（至少尾上覆羽及尾羽蓝色♀）	30
	体背为非蓝色	31
30.	两胁红褐色	红胁蓝尾鸲 L.（Tarsiger）cyanurus*
	两胁非红褐色	蓝歌鸲 L. cyane
31.	眉斑不明显	红尾歌鸲 L. sibilans
	眉斑明显，体背非黑色，喉具鲜明色斑	32
32.	喉胸有蓝色横带，尾羽基红褐色	蓝喉歌鸲 L. svecica
	喉红色或白色，尾羽基部非红褐色	红喉歌鸲 L. calliope

326-11 日本歌鸲
Erithacus akahige (Temminck)**

命名： Temminck CJ, 1835, in Temminck et Laugier, Pl. Col. Ois., 96: pl.571（琉球群岛）

英文名： Japanese Robin

同种异名： 歌鸲，鸲乌；*Erithacus akahige* Dementilev, 1980, *Luscinia akahige*（Temminck），*Sylvia akahige*

---

* 属鸲属（*Tarsiger*），依 Dickinson（2003）并入歌鸲属（*Luscinia*）（刘小如 2012）。
** 郑作新（1987、2002）、刘小如（2012）记为 *Luscinia*，本书依郑光美（2011）记为 *Erithacus*。

Temminck, 1835；—

鉴别特征： 体型小似麻雀。嘴黑色，头顶红褐色，与橘黄色脸、前颈分界明显。上体橙褐色，狭窄灰黑项纹环绕橘黄胸斑，下胸、两胁灰黑色，腹中央污白色。尾赤褐色。雌鸟色较暗淡。幼鸟褐色、下体具鳞状斑纹。

形态特征描述： 嘴暗褐色，嘴细长，嘴须不发达。虹膜近黑色。额、头和颈侧、颏、喉及上胸等为深醒目橙棕色，颏部中央有一条黑色细纹。上体及两翅表面草黄褐色，此色在头顶上与额的橙棕色相混。翅短圆，第1枚初级飞羽短狭。下胸、胁灰色；上胸、下胸间有道狭窄黑带；腹和尾下覆羽白色，使下体呈前部橙棕色、后部中央白色而两胁灰色，彼此相衬益彰。尾栗红色，约为2倍跗蹠长度。跗蹠粗长而健，脚和趾黑褐色。

雌性 上体似雄而稍淡。雄鸟橙棕色变为淡橙黄色，胸无黑带。喉部淡橙黄色。尾淡红褐色。两胁褐色。

鸣叫声： 单个高音接颤音如"peen-karararararara"，鸣声独特，嘹亮动听，传得远。

体尺衡量度（长度mm、体重g）： 山东分布见有少量文献记录，但暂无标本及测量数据。

栖息地与习性： 栖息于山地混交林和阔叶林中林木稀疏和林下灌木密集的地方，在地上和接近地面的灌木或树桩上活动。栖止鸣叫时，头部仰起，尾上下摆动，姿态活跃，走似跳并不时停下抬头、闪尾，站姿直，飞行快速，性机警，稍受惊就飞上树枝，常到地面上觅食。

食性： 主要捕食昆虫及蠕虫、蜘蛛、蜗牛等无脊椎动物，有时也啄食浆果和水果。

繁殖习性： 繁殖期5～7月。雌鸟在林中或河岸岩坡洞穴中营巢，用枯草掩盖，巢极为隐蔽。碗状巢外壁由枯草茎、草叶、树叶、枯枝及苔藓等构成，内壁由叶柄和细草等编织而成，内垫干草叶和须根。每窝产卵5～6枚，卵为卵圆形，天蓝色或蓝绿色，钝端有一淡色环带。雌鸟孵卵，孵化期12～15天。

亚种分化： 全世界有2个亚种，中国有1个亚种，山东分布为指名亚种 *Erithacus akahige akahige* (Temminck)。

亚种命名 Temminck CJ, 1835, in Temminck et Laugier, Pl. Col. Ois., 96； pl.571（日本琉球群岛）

分布： 日照 -（P）前三岛 - 车牛山岛，达山岛，平山岛。（SP）山东。

河北、北京、新疆、江苏、上海、浙江、福建、台湾、广东、广西、香港。

区系分布与居留类型：［古］(SP)。

种群现状： 物种分布范围广，种群数量尚属稳定，被评为无生存危机物种。山东分布报道极少，见有日照的前三岛（李悦民1994），卢浩泉（2003）记为山东鸟类新记录，近年来，未能征集到分布的照片证据，其分布现状需要进一步研究确证。

物种保护： Ⅲ，中日，Lc/IUCN。

参考文献： H741, M761, Zjb184； Lc379, Q310, Z575, Zx150, Zgm222。

山东记录文献： 朱曦2008，李悦民1994；赛道建2013，卢浩泉2003。

● **327-01 红尾歌鸲**
Luscinia sibilans * (Swinhoe)

命名： Swinhoe R, 1863, Proc. Zool. Soc. London： 292（澳门）

英文名： Rufous-tailed Robin

同种异名： 红腿欧鸲；*Luscinia sibilans sibilans* (Swinhoe)，*Larvivora sibilans* (Swinhoe)；Red-tailed Robin

鉴别特征： 嘴黑色。上体橄榄褐色，翅暗褐色，飞羽棕褐色，下体近白色、具橄榄褐色斑纹。尾棕红色、尾羽外翈橄榄色。脚粉褐色。与其他歌鸲及鸫类的区别在尾棕色。

形态特征描述： 嘴黑色。虹膜褐色，眼周淡黄褐色。眼先和颊黄褐色。颏、喉灰白色微沾皮黄色。上体橄榄褐色。下体近白色，胸皮黄白色具橄榄色扇贝形纹。胁橄榄灰白色。腹部和尾下覆羽灰白微沾皮黄色。尾羽棕栗色。脚粉红褐色。

鸣叫声： 鸣声短促，如"ji～a"。

体尺衡量度（长度mm、体重g）： 寿振黄（Shaw 1938a）记录采得雌鸟2只标本，但标本保存地不详，测量数据记录不完整。

栖息地与习性： 栖息于森林茂密多荫、林木稀

---

* *Luscinia* 亦有用 *Erithacus*。

红尾歌鸲（李在军 20081003 摄于河口区）

疏而林下灌丛密集处，性隐匿而羞怯，多单个在地上和接近地面的灌木或树桩上活动，很少到开阔或明亮处。在地面走动时常将尾羽上举，尾颤动有力。占域性甚强。

食性： 主要捕食昆虫，如卷叶蛾等多种害虫，以及蜘蛛等无脊椎动物。

繁殖习性： 繁殖期6～7月。选择树干上天然树洞营巢，巢杯状，由枯草、树叶和苔藓等构成，内垫细草茎或须根。每窝产卵4～6枚，卵淡蓝色被褐色斑点，卵径约为19.5mm×15mm。雌鸟孵卵，雄鸟警戒，孵化期约为15天。雏鸟晚成雏，雌雄共同育雏，育雏期约14天。

亚种分化： 单型种，无亚种分化。

本种有时被置于 Erithacus 属，在中国称本种为指名亚种 L. s. sibilans（郑作新1987），另有 L. s. swistun（Portenko 1954），但此亚种被认为是本种的同种异名，Dickinson（2003）认为本种为单型种，无亚种分化。

分布： 东营 - ◎黄河三角洲；河口区（李在军 20081003）。济南 - 历下区 - 大明湖（马明元 20141102）；长清区 - 张夏镇（陈云江 20141004）。济宁 - 微山县 - 独山湾（20061003）。临沂 - 郯城县。青岛 - 青岛；崂山区 - (P) 潮连岛；黄岛区 - ●（Shaw 1938a）灵山岛。日照 - 东港区 - 国家森林公园（郑培宏 20140708）；前三岛（成素博 20111005）。淄博 - 淄博。胶东半岛、鲁中山地。

黑龙江、吉林、辽宁、内蒙古、河北、北京、天津、河南、江苏、上海、浙江、江西、湖北、贵州、云南、西藏、福建、台湾、广东、广西、海南、香港、澳门。

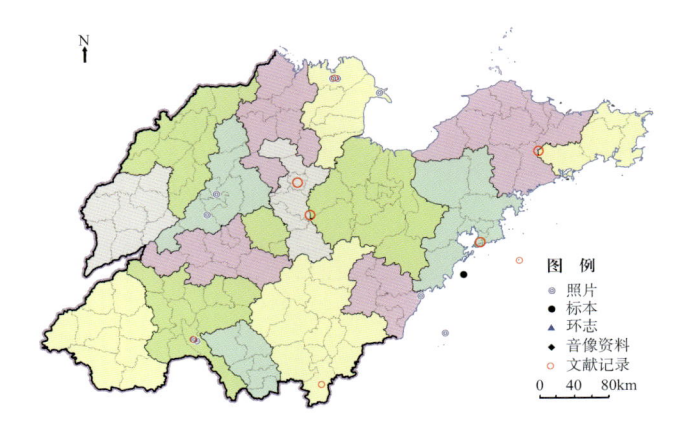

区系分布与居留类型： [古]（P）。
种群现状： 捕食害虫，对农林业有益。山东分布数量并不普遍，未列入山东省重点保护野生动物名录。
物种保护： Ⅲ，中日，Lc/IUCN。
参考文献： H743，M763，Zjb186；Lc403，Q310，Z576，Zx150，Zgm222。
山东记录文献： 郑光美 2011，朱曦 2008，赵正阶 2001，范忠民 1990，郑作新 1987、1976，Shaw 1938a；赛道建 2013，纪加义 1988a。

● **328-01 红喉歌鸲**
Luscinia calliope（Pallas）

命名： Pallas PS，1776，Reise Versch. Prov. Russ. Reichs 3 Anhng： 697（西伯利亚 Yenesei-Lena 河）
英文名： Siberian Rubythroat
同种异名： 红点颏，野鸲，红颏，点颏，红脖；*Motacilla calliope* Pallas，1776，*Turdus camtschatkensis* Gmelin，1789，*Calliope kamtschatkensis* Swinhoe，1863，*Calliope calliope* 大岛和黑田，1916，*Erithacus calliope* 张万福，1980；Siberian Rubythroat Robin

鉴别特征： 嘴黑褐色，头顶棕褐色，眉纹、颊纹白而醒目，颏、喉赤红色而周缘黑色。上体橄榄褐色，胸带暗褐色，两胁皮黄色，腹部皮黄白色。尾褐色。雌鸟喉灰白色，胸带近褐色。脚褐白色。

形态特征描述： 喙铅黑色、基部稍淡。眉斑及颚线白色，眼先、颊具黑色条纹。耳羽与背同色、带沙褐色羽干纹。颏、喉赤红色、羽缘微白，周边框以黑色狭纹。头顶及额略带棕色。体背羽纯橄榄褐色，羽中央略现深暗。两胁及胸部灰褐色，腹中央及尾下覆羽白色。两翼和尾羽转为暗褐色，飞羽、外侧覆羽及尾羽羽缘棕褐色。跗蹠黄褐色，趾及爪色较暗。

雌鸟 似雄鸟。颏及喉部白色，眼先及颊线暗褐色。

幼鸟 颏羽色较深，翅复羽端有棕色点或边缘。

鸣叫声： 发出似"ee-uk"响亮降调双哨音，报

红喉歌鸲（仇基建 20101006 摄于飞雁滩）

警时发出"tschuck"轻柔声。

体尺衡量度（长度mm、体重g）： 寿振黄（Shaw 1938a）记录采得雄鸟1只标本，但标本保存地不详，无完整测量数据。

栖息地与习性： 地栖性。栖息于距水不远的地面，常在平原繁茂的草丛、树丛中飞跃，或在芦苇丛间跳跃，或在附近地面、农田、菜地里奔驰，疾驰时常稍停将尾向上展如扇状。善鸣叫，模仿昆虫鸣叫，鸣声多韵而婉转悦耳，清晨、黄昏、月夜歌唱。爱洗澡，每次洗澡5～7分钟。在地面上随走随啄食，也在灌木丛低枝上觅食。

食性： 食虫鸟类，主要捕食直翅目、半翅目、膜翅目的昆虫。

繁殖习性： 繁殖期5～7月。在灌木或草丛掩蔽的树丛地面上营巢。椭圆形巢由杂草、嫩根、枯叶等组成，巢上面封盖成圆顶，巢侧面开进出口，周围有茂密的灌木或杂草等掩护。每窝产卵4～5枚，卵蓝绿色有光泽，孵化期约为14天。

亚种分化： 单型种，无亚种分化（郑作新 1987、1976，郑光美 2011）。

Dickinson（2003）依 Kistchinski（1988）、Eck（1996）研究，认为繁殖地隔离而将本种分为3个亚种。各亚种的分布情况：*L. c. calliope* 繁殖于西伯利亚、中国东北、朝鲜半岛及蒙古北部，至亚洲南部及东南亚度冬；*L. c. camtschatkensis* 繁殖于堪察加半岛至日本北部，在中国台湾、东南亚及菲律宾度冬；*L. c. beicki* 分布于中国青海东北、甘肃西南及四川北部一带。

分布： 东营 -（P）◎黄河三角洲；河口区（李在军 20080930）- 孤岛公园（孙劲松 20110921），飞雁滩（仇基建 20090925、20101006）。济南 -（P）济南，南郊；历下区 - 大明湖（陈云江 20140918，马明元 20140918）；市中区 - 梁庄（陈忠华 20141017）；章丘 - 黄河林场。济宁 -（P）济宁；微山县 - 微山湖。聊城 - 聊城，东昌湖。青岛 - 崂山区 -（P）潮连岛；市南区 - 鱼山（曾晓起 20151021）；黄岛区 - ●（Shaw 1938a）灵山岛。日照 - 东港区 - 付瞳河（成素博 20141106）；（P）前三岛（成素博 20111005）- 车牛山岛，达山岛，平山岛。烟台 - 莱州 - 河套水库，◎莱州。胶东半岛，鲁中山地，鲁西北平原，鲁西南平原湖区。

除西藏外，各省份可见。

图例
- 照片
- 标本
- 环志
- 音像资料
- 文献记录

0 40 80km

区系分布与居留类型：［古］（P）。

种群现状： 为重要笼养观赏鸟。迁徙期间在山东数量分布并不普遍，列入山东省重点保护野生动物名录，需加强物种与栖息环境的保护研究。

物种保护： Ⅲ，中日，Lc/IUCN。

参考文献： H745，M765，Zjb189，Zjb188；Lc387，Q312，Z577，Zx150，Zgm223。

山东记录文献： 郑光美 2011，朱曦 2008，赵正阶 2001，钱燕文 2001，范忠民 1990，郑作新 1987、1976，Shaw 1938a；孙玉刚 2015，赛道建 2013、1994，贾少波 2002，李久恩 2012，田家怡 1999，赵延茂 1995，王庆忠 1992，纪加义 1988a，田丰翰 1957。

● **329-01 蓝喉歌鸲**
Luscinia svecica（Linnaeus）

命名： Linnaeus C，1758，Syst. Nat.，ed. 10，1：187（北欧拉普兰）

英文名：Bluethroat

同种异名： 蓝点颏（ke），蓝喉鸲，蓝秸芦犒鸟，蓝颏，点颏，蓝靛杠，蓝靛颏儿；*Motacilla svecica* Linnaeus，1758，*Cyanecula svecica* Baker，1924，*Luscinia svecica weigoldi* Kleinschmidt，1924，*Erithacus svecicus* Ripley，1964，*Erithacus*（*Luscinia*）*svocicus* Étchécopar *et* Hüe，1983；Bluethroat Robin

鉴别特征： 嘴深褐色，眉纹近白色，喉栗斑围以辉蓝色及黑白特征性图案。上体灰褐色，下体白色。尾深褐色，飞行可见外侧尾羽基部棕色。雌鸟喉白色，黑细颊纹与黑点斑胸带相连。依喉红斑大小、蓝度深浅及蓝、栗胸带间有无黑带分不同亚种。脚粉褐色。幼鸟暖褐色具锈黄点斑。

形态特征描述： 嘴黑色。虹膜暗褐色，眉纹白色。颏、喉部辉蓝色、中央有栗色块斑，使蓝色形成紧挨栗色的胸带，其后是黑色和栗色胸带及二者间醒目的白色窄横带。头部、上体土褐色，头顶羽色较深衬黑色纵纹，腰淡棕色。下体白色。胸部下面有黑色和淡栗色2道宽带，腹部白色。胁、尾下覆羽棕白色。尾上覆羽橄榄褐色，尾羽黑褐色、基部栗红色，中央1对黑褐色。脚肉褐色。

雌鸟 似雄鸟。颏、喉部为白色、无栗色块斑，喉白色而无橘黄色及蓝色。由黑色点斑组成的细颊纹与胸带相连。

幼鸟 喉部暖褐色、具锈黄色点斑。翼上覆羽有淡栗色块斑和淡色点斑。

鸣叫声： 发出节拍快似铃声的鸣叫声，警告声似"heet"。

蓝喉歌鸲（李在军 20120421 摄于河口区）

体尺衡量度（长度 mm、体重 g）：

标本号	时间	采集地	体重	体长	嘴峰长	翅长	跗蹠长	尾长	性别	现保存处
	1989	东平		142	11	77	28	57	♂	泰安林业科技

栖息地与习性： 栖息于灌丛或芦苇丛、森林、沼泽及荒漠边缘的各类灌丛。性隐怯，喜潜匿于芦苇或矮灌丛下，常在地面跳跃，做短距离快速奔驰，稍停，并不时扭动尾羽或展开尾羽。鸣叫声嘹亮优美，能仿效昆虫鸣声。

食性： 主要捕食鳞翅目、鞘翅目等昆虫、蠕虫，特别是鳞翅目幼虫，也采食植物种子等。

繁殖习性： 繁殖期5~7月。在灌丛、草丛中的地面凹坑内、灌丛中、树根和河岸崖壁洞穴中营巢，巢用杂草、根、叶等构成，巢底再垫细草茎和草叶、兽毛、羽毛。每窝产卵4~6枚。卵淡绿色或灰绿色被褐色点斑、块斑或渍斑，钝端斑点较密和较大，尖端斑点或块斑小而稀疏，卵径约为19mm×14mm。雌鸟孵卵，孵化期13~15天。雏鸟晚成雏，雌雄共同喂养，育雏期14~15天。

亚种分化： 全世界有10个亚种（Dickinson 2003）或9个、8个、7个亚种，观点不同，中国5（郑作新 1994、郑光美 2011）个亚种，山东分布为指名亚种 ***L. s. svecica*** （Linnaeus）。

亚种命名 Linnaeus C, 1758, Syst. Nat., ed. 10, 1: 187（北欧拉普兰）

分布： 东营-（P）◎黄河三角洲；河口区（李在军 20120421）。济南-（P）济南，南郊。济宁-（P）曲阜-（P）石门寺；邹城-峄山。聊城-聊城，东昌湖。青岛-（P）青岛；崂山区-潮连岛。日照-（P）前三岛-车牛山岛，达山岛，平山岛。泰安-（P）泰安，泰山区-农大南校园；泰山-低山；东平县-（P）东平湖，东平。胶东半岛，鲁中山地，鲁西北平原，鲁西南平原湖区。

除海南、新疆外，各省份可见。

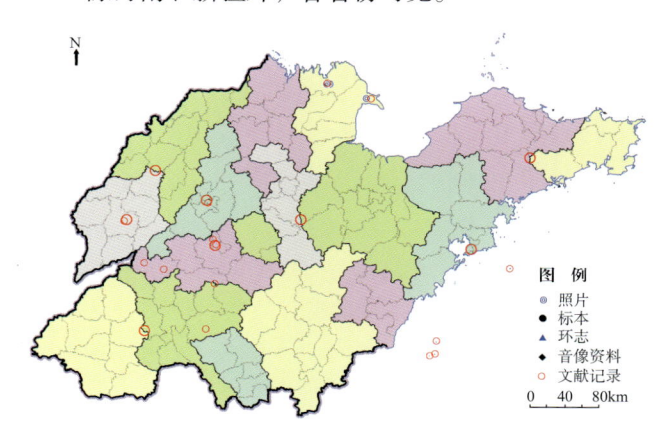

区系分布与居留类型： ［古］（P）。

种群现状： 食虫益鸟。物种分布范围广，种群数量稳定，被评为无生存危机物种。山东大部分地市均有分布记录，但近年来各地拍到照片较少，未列入山东省重点保护野生动物名录。

物种保护： Ⅲ，Lc/IUCN。

参考文献： H746, M767; Lc384, Q312, Z579, Zx150, Zgm223。

山东记录文献： 郑光美 2011，朱曦 2008，赵正阶 2001，钱燕文 2001，范忠民 1990，郑作新 1987、1976，Shaw 1938a；赛道建 2013、1994，贾少波 2002，田家怡 1999，赵延茂 1995，泰安鸟调组 1989，纪加义 1988a，杜恒勤 1985，田丰翰 1957。

● 330-01　蓝歌鸲
Luscinia cyane（Pallas）

命名： Pallas PS，1776，Reise Versch. Prov. Russ. Rreichs 3：220（西伯利亚达乌里地区）

英文名： Siberian Blue Robin

同种异名： 蓝喉鸲，黑老婆，蓝靛杠，蓝尾巴根子，青鸲，轻尾儿，小琉璃；*Larivora cyane*（Pallas），*Larivora cyane bochaiensis* Shulpin，1928，*Motacilla cyane* Pallas，1776；—

鉴别特征： 蓝色及白色的歌鸲。嘴黑褐色，宽黑贯眼纹延至颈、胸侧。上体青蓝色，下体白色，两胁、覆腿羽沾黄色，腰及尾上覆羽沾蓝色。雌鸟上体橄榄褐色，喉、胸褐色具皮黄鳞状斑纹。脚淡肉红色。

形态特征描述： 嘴黑色。虹膜褐色，眼先黑色。上体头顶至尾羽青石蓝色。双翼暗褐色，翼上覆羽与背同色。下体喉至尾下覆羽白色，喉及上胸蓝色有黑色宽边。两胁略沾蓝色。跗蹠及趾淡褐粉白色。

雌鸟　上体橄榄褐色。腰及尾上覆羽暗蓝色。

蓝歌鸲（孙劲松 20090928 摄于孤岛公园）

翼大覆羽具棕黄色末端。喉、胸污白色具皮黄色鳞状斑纹。腹部中央及尾下覆羽白色。

幼鸟　尾及腰具些许蓝色。

鸣叫声： 发出"tak"或响亮的"se-ic"等声，婉转动听。

体尺衡量度（长度 mm、体重 g）： 寿振黄（Shaw 1938a）记录采得雄鸟 2 只、雌鸟 5 只标本，但标本保存地不详。

标本号	时间	采集地	体重	体长	嘴峰长	翅长	跗蹠长	尾长	性别	现保存处
		济宁			15	72	25	41		山东师范大学
					10	74	25			山东师范大学
					12	69	24	50		山东师范大学
	1989	泰山	130		9	70	18	65	♂	泰安林业科技

栖息地与习性： 栖息于河谷沿岸密林地面附近的灌木丛底层、荆棘间和林缘地带；非繁殖期到丘陵、山脚地带的森林、灌木丛活动。4～5 月迁往繁殖区，10 月后南迁越冬。单独或成对活动，地栖性鸟，停栖时姿态较水平，奔走时尾上下扭动，平时隐藏于林下灌木或草丛中，常只闻其声不见其鸟，在枝头上鸣叫，见人即陷于灌丛中，在林下地面或灌丛中觅食。

食性： 主要捕食鞘翅目、鳞翅目、膜翅目等昆虫及其幼虫，以及蜘蛛、小蚌类等小型无脊椎动物。

繁殖习性： 繁殖期 5～7 月。在暗湿而多苔藓的林下草丛、灌丛中的凹坑内营巢，杯状巢由枯草茎、草叶、枯枝和苔藓等构成，内垫干草、须根和毛、羽等物。每窝产卵 5～6 枚，卵长卵形或卵圆形，蓝绿色或天蓝色，无斑，仅钝端有 1 淡色环带，卵径约为 19mm×15mm，卵重约 2g。雌鸟孵化，雄鸟警戒，孵化期约 13 天。雏鸟晚成雏。

亚种分化： 全世界有 2 个亚种，中国有 2 个亚种，山东分布为指名亚种 *L. c. cyane*（Pallas）。

亚种命名　Pallas PS，1776，Reise Versch. Prov. Russ. Rreichs，3：220（西伯利亚达乌里地区）

分布： 滨州 - ●（刘体应 1987）滨州。东营 -（P）◎ 黄河三角洲；河口区 - 孤岛公园（孙劲松 20090928）。**济宁** - 济宁。**青岛** - 黄岛区 - ●（Shaw 1938a）灵山岛。**泰安** -（P）泰安；● 泰山 - 低山。**潍坊** - 青州 -（S）仰天山。**烟台** - ◎ 莱州。胶东半岛，鲁中山地，鲁西北平原。

除青海、新疆外，各省份可见。

区系分布与居留类型：［古］（P）。

种群现状： 捕食昆虫，对农林业有益，为重要笼养观赏鸣禽。在山东为过境旅鸟，分布不普遍，而且数量较少，观鸟爱好者照片也少，应重视物种与栖息环境的研究与保护，未列入山东省重点保护野生动物名录。

20 雀形目 Passeriformes

淡褐色斑纹。上体从头顶至尾上覆羽、两翅内侧覆羽表面蓝色。翼上小覆羽和中覆羽鲜亮辉蓝色，其余覆羽暗褐色、羽缘沾灰蓝色；飞羽暗褐色或黑褐色，最内侧 2 或 3 枚飞羽外翈沾蓝色，其余飞羽具暗棕色或淡黄褐色狭缘。下体颏、喉、胸棕白色，胸侧灰蓝色，两胁特征性橙红色或橙棕色。腹至尾下覆羽白色。尾上覆羽呈鲜亮辉蓝色；尾黑褐色，中央 1 对尾羽具蓝色羽缘，其余尾羽外翈羽缘稍沾蓝色且越向外侧蓝色越淡。脚淡红褐色或淡紫褐色。

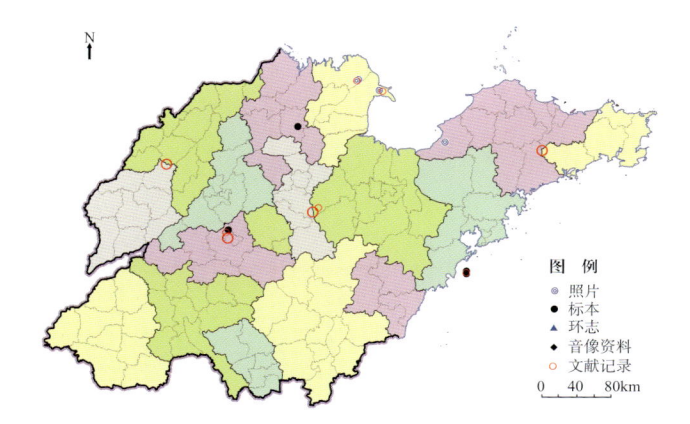

物种保护：Ⅲ，中日，Lc/IUCN。
参考文献：H752，M772，Zjb195；Lc390，Q316，Z584，Zx151，Zgm224。
山东记录文献：郑光美 2011，朱曦 2008，赵正阶 2001，钱燕文 2001，范忠民 1990，郑作新 1987、1976，Shaw 1938a；赛道建 2013，田家怡 1999，王庆忠 1995、1992，赵延茂 1995，泰安鸟调组 1989，纪加义 1988a，刘体应 1987，杜恒勤 1985。

● **331-01 红胁蓝尾鸲**
Tarsiger cyanurus（Pallas）

命名：Pallas PS, 1773, Reise Versch. Prov. Russ. Reichs，2：709（西伯利亚 Yenesei 河）
英文名：Red-flanked Bush Robin
同种异名：蓝尾鸲，蓝尾歌鸲，蓝点冈子，蓝尾巴根子，蓝尾杰，蓝尾欧鸲；*Lanthia cyanura* Swinhoe, 1863, *Motacilla cyanurus* Pallas, 1773, *Tarsiger cyanurus* 曾由黑田和堀川，1921；Red-flanked Bluetail
鉴别特征：嘴黑色，眉纹白色显著，眼先与颊黑色，颏喉白色。上体灰蓝色。两胁具特征性橘黄色，与白色腹部、臀部对比明显。雌鸟褐色，喉褐色具白中线。尾蓝色。脚灰色。特征明显，野外容易识别。
形态特征描述：嘴黑色。虹膜褐色或暗褐色。眉纹白色，自前额延伸至眼上方转为蓝色。头顶两侧亮辉蓝色。眼先、颊部黑色，耳羽暗灰褐色或黑褐色杂

红胁蓝尾鸲（陈忠华 2011227 摄于泉城公园）

雌鸟 似雄鸟，褐色，尾蓝色。头侧橄榄褐色。前额、眼先、眼周淡棕色或棕白色。耳羽杂棕白色羽缘。上体橄榄褐色。下体胸部沾橄榄褐色，胸侧无灰蓝色。腰和尾上覆羽灰蓝色，尾黑褐色沾灰蓝色。
幼鸟 似雌鸟。
鸣叫声：发出似"chuck"或"churr-chee"等不同叫声
体尺衡量度（长度 mm、体重 g）：寿振黄（Shaw 1938a）记录采得雄鸟 3 只、雌鸟 3 只标本，但标本保存地不详。

标本号	时间	采集地	体重	体长	嘴峰长	翅长	跗蹠长	尾长	性别	现保存处
	1995	济宁			10	77	21	62		
		济宁			11	79	23	52		
					10	78	23	60	♂	
	1989	泰山	130		10	78	21	62	2♂	泰安林业科技
	1989	泰山	125		10	76	21	57	2♀	泰安林业科技
840542	19841213	石门山	134		8	76	24	61	♂	济宁森保站

栖息地与习性： 栖息于较高海拔山地的林地和林缘疏林灌丛地带，潮湿的林下常见。迁徙期和冬季见于低山丘陵和山脚平原地带的林区、林缘疏林、道旁和溪边疏林灌丛，以及果园、村寨附近和城市公园。单独、成对或成3~5只活动小群。性隐匿，多在林下地上奔跑或在灌木低枝间跳跃活动，停歇时常上下摆尾，多在林下灌丛间活动和觅食。

食性： 主要捕食鞘翅目、鳞翅目、同翅目、膜翅目等昆虫及其幼虫，也采食少量植物果实与种子。

繁殖习性： 繁殖期5~7月。雌雄共同选择巢址，在山地中阴暗、潮湿、地势起伏不平，特别是地面土坎、突出树根和土崖洞穴中，以及树洞穴中营巢，筑巢以雌鸟为主，雄鸟继续在巢区树丛间鸣唱，杯状巢由苔藓构成，内垫兽毛和松针。通常每窝产卵4~7枚，卵白色，钝端被红褐色细小斑点，密集呈环状，卵椭圆形，卵径约为18mm×14mm，卵重2.0~2.5g。卵产齐后，雌鸟孵卵，孵化期14~15天。雏鸟晚成雏，雌雄共同育雏，雏鸟留巢期12~14天。

亚种分化： 全世界有3个亚种，但同种异名描述多达7种（赵正阶2001），中国有2个亚种，山东分布为指名亚种 *T. c. cyanurus*（Pallas）。

亚种命名 Pallas PS, 1773, Reise. Versch. Prov. Russ. Reichs 2：709（西伯利亚Yenesei河）

分布： 东营-（P）◎黄河三角洲；河口区（李在军20080927）。菏泽-（P）菏泽。济南-（P）●济南，黄河（20090113）；市中区-趵突泉（20130116）；历下区-泉城公园（20131218、20150223、赛时20140123，赵连喜20140206，陈忠华2011227、20140104、20150208）；长清区-张夏梨枣峪（陈云江20141005）；历城区-百花公园（马明元20120404）。济宁-曲阜-（P）石门寺；微山县-（P）鲁桥。聊城-聊城，东昌湖（赵雅军20110405）。莱芜-莱城区-莲荷公园（陈军20130302），雪野镇九龙山（陈军20141007）。青岛-●（Shaw 1938a）青岛，浮山；崂山区-（P）潮连岛，●（Shaw 1938a）大公岛。日照-东港区-双庙山沟（成素博20121103）；（P）前三岛-（P）车牛山岛，达山岛，平山岛。泰安-（P）泰安；泰山区-农大南校园，树木园（刘华东20160227）；●泰山-中山，低山，王母池（刘兆瑞20110214）；东平县-（P）东平湖。潍坊-高密-姜庄镇（宋肖萌20150422）。威海-威海（王强20120403）。烟台-芝罘区-夹河（王宜艳20160404）；◎莱州；长岛县-长岛；海阳-凤城（刘子波20140406、20151011）；栖霞-白洋河（牟旭辉20110420）。胶东半岛，鲁中山地，鲁西北平原，鲁西南平原湖区。

除西藏外，各省份可见。

区系分布与居留类型： [古]WP（P）。

种群现状： 食虫鸟类，多捕食一些重要森林害虫，为益鸟，为重要观赏笼养鸟。种群数量较普遍，但多有人捕捉出售，应注意保护，控制猎捕。过境山东时分布较广，数量普遍，未列入山东省重点保护野生动物名录。

物种保护： Ⅲ，中日，Lc/IUCN。

参考文献： H753，M773，Zjb196；Lc400，Q316，Z585，Zx151，Zgm225。

山东记录文献： 郑光美2011，钱燕文2001，赵正阶2001，范忠民1990，郑作新1987、1976，傅桐生1987，Shaw 1938a；赛道建2013、1994，贾少波2002，王海明2000，田家怡1999，赵延茂1995，王庆忠1992，王希明1991，泰安鸟调组1989，纪加义1988a，杜恒勤1985。

332-00 赭红尾鸲
Phoenicurus ochruros（Gmelin）

命名： Gmelin SG, 1774, Reise Russ. 3：101, pl. 19, fig. 3（伊朗Gilan）

英文名： Black Redstart

同种异名： —；*Motacilla ochruros* Gmelin, 1774, *Oenanthe rufilventris* Vieillot, 1818；—

鉴别特征： 嘴、喉颊黑色。头顶、枕、下背和腰灰色。颈侧、上胸、肩背、两翼黑色，下胸、腹、尾下覆羽、外侧尾羽棕色。中央尾羽褐黑色。雌鸟眼先皮黄色，下体污褐色。脚黑色。

形态特征描述： 嘴黑褐色或黑色。虹膜暗褐色。前额、头顶、头侧、颈侧、颏、喉至胸部深灰色或黑色。飞羽暗褐色，翼上覆羽黑色或暗灰色。腰、腹部和尾上覆羽、尾下覆羽、外侧尾羽栗棕色。中央尾羽褐色。脚黑褐色或黑色。

雌鸟 前额和眼周浅色。颏至胸灰褐色。上体灰褐沾棕色。两翅褐色或浅褐色。下体腹部浅棕色。腰、尾上覆羽和外侧尾羽淡栗棕色。中央尾羽淡褐色，尾下覆羽浅棕褐色或乳白色。

鸣叫声：夜晚或清晨在突出栖木上鸣叫，发出"seep"声后常发出"tititic"的警报声。

体尺衡量度（长度 mm、体重 g）：山东分布仅见少量文献记录，但暂无标本及测量数据，近年来也未能征集到照片。

栖息地与习性：栖息于高山灌丛草地、河谷、灌丛及有稀疏灌木生长的岩石草坡、荒漠和农田村庄附近的林地内。冬季到低山和山脚平原地带的林地、果园和河谷灌丛中活动。繁殖期成对、平时单独活动，在林下岩石、灌丛和溪谷、悬岩灌丛及林缘灌丛中活动和觅食，栖停灌木或低枝上时发现地上食物突然飞下捕食。

食性：主要捕食鞘翅目、鳞翅目、膜翅目等昆虫，以及甲壳类、蜘蛛和节肢动物等小型无脊椎动物，偶尔采食植物种子、果实和草籽。

繁殖习性：繁殖期5~7月。主要由雌鸟在林下灌丛或岩边洞穴中、河谷或路边悬岩缝穴及树洞中或树杈上营巢，杯状巢粗糙、松散，由草根、草茎、草叶和苔藓编织而成，内垫细草茎、草叶、兽毛和羽毛。每窝产卵4~6枚，卵淡绿蓝色或天蓝色，光滑无斑，或仅钝端具稀疏黑褐色斑点。卵径约为20mm×14mm。孵卵由雌鸟承担，孵化期12~14天。雏鸟晚成雏，雌雄亲鸟共同育雏，育雏期16~19天。

亚种分化：全世界有7个亚种，中国有3个亚种（郑作新1995、1976，郑光美2011），山东分布为普通亚种 *P. o. rufiventris*（Vieillot）。

亚种命名　　Vieillot LJP, 1818, Nouv. Dict. Hist. Nat., 21: 431（西藏 Gyangze）

分布：东营-◎黄河三角洲。鲁西北平原，（V）山东。

内蒙古、河北、北京、山西、陕西、宁夏、甘肃、青海、湖北、四川、贵州、云南、西藏、台湾、广东、海南、香港。

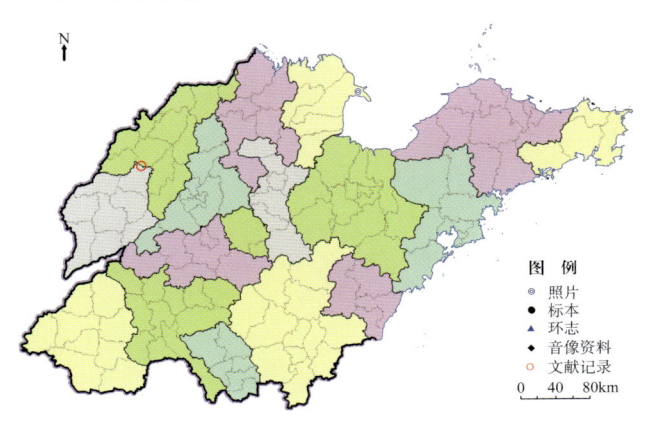

区系分布与居留类型：[古]（V）。

种群现状：嗜食有害昆虫，对农林业有益。物种分布范围广，种群数量较丰富，是较常见的森林灌丛鸟类，被评为无生存危机物种。在山东分布虽有记录，但偶见，数量稀少，卢浩泉（2001）认为山东已无分布，近年来未能征集到照片，也无相关研究，分布现状应视为无分布。

物种保护：Lc/IUCN。

参考文献：H763, M783, Zjb297; Lc405, Q322, Z594, Zx152, Zgm227。

山东记录文献：刘小如2012，郑光美2011，朱曦2008，赵正阶2001，范忠民1990，郑作新1987、1976；赛道建2013，卢浩泉2003、2001，纪加义1988a。

● 333-01　北红尾鸲
Phoenicurus auroreus（Pallas）

命名：Pallas PS, 1776, Reise. Versch. Prov. Russ. Reichs, 3: 695（俄罗斯南部 Selenga 河）

英文名：**Daurian Redstart**

同种异名：黄尾鸲，红尾鸲，花红燕，灰顶茶鸲，红尾溜，火燕；*Motacilla aurorea* Pallas, 1776, *Phoenicurus auroreus* 黑田和堀川, 1921, *Phoenicurus auroreus orientalis* Domaniewski, 1933; *Ruticilla aurorea* Swinhoe, 1863; —

鉴别特征：嘴黑色，头侧、喉褐黑色。头顶及颈背石板灰色具银色羽缘，上背及两翼褐黑色，翼白斑大而明显，体羽栗褐色，中央尾羽黑褐色，外侧尾羽棕黄色。雌鸟黯褐色，白翼斑显著。脚黑色。

形态特征描述：嘴黑色。虹膜暗褐色。前额基部、头侧、颈侧、颏、喉黑色。额、头顶、后颈至上背灰色、深灰色或灰白色，下背黑色，腰橙棕色。翼覆羽、飞羽黑色或黑褐色，次级飞羽、三级飞羽基部白色形成1道明显的白色翼斑。上胸黑色，其余下体

北红尾鸲（陈忠华 20140405 摄于医科大学院内）

橙棕色。尾上覆羽橙棕色；尾羽中央 1 对黑色，最外侧 1 对外翈具黑褐色羽缘，其余橙棕色。脚黑色。

新冬羽 颏、喉、上胸等黑色部分具窄的灰色羽缘。上体灰色、黑色部分具暗棕色或棕色羽缘。飞羽、覆羽缀淡棕色羽缘。

雌鸟 较雄鸟小。眼圈微白。额、头顶、头侧、颈、背、肩及翅内侧覆羽橄榄褐色，其余翼上覆羽和飞羽黑褐色具白色翼斑。腰、尾上覆羽和尾淡棕色。中央尾羽暗褐色，外侧尾羽淡棕色。下体黄褐色，胸沾棕色，腹中部近白色。

鸣叫声： 运动时，常伴有"di-di-di"的鸣叫声。

体尺衡量度（长度 mm、体重 g）：

标本号	时间	采集地	体重	体长	嘴峰长	翅长	跗蹠长	尾长	性别	现保存处
	1981				13	72	21	63	♂	山东师范大学
	1958	微山湖		155	7	88	18	68	♂	济宁一中
	1958	微山湖		140	8	76	19	68	♀	济宁一中
840475	19850323	石门山	48	132	9	69	23	63	♂	济宁森保站
	1989	泰安		142	9	76	20	67	8♂	泰安林业科技

栖息地与习性： 栖息于山地、森林、河谷、林缘和居民点附近的灌丛与低矮树丛中，多在路边林缘地带活动，居民点和附近的丛林、花园、地边树丛常见。单独或成对活动。有强烈的领域行为。性胆怯，停歇时常不断上下摆尾和点头，在林间短距离飞翔，见人即藏匿于丛林内，频繁在地上和灌丛间跳来跳去啄食虫子，偶尔在空中飞翔捕食。

食性： 主要捕食鞘翅目、鳞翅目、直翅目、半翅目、双翅目和膜翅目等昆虫及其幼虫，多为农作物和树木害虫。

繁殖习性： 繁殖期 4～7 月。4 月中下旬求偶时，雌雄相互追逐，或雄鸟站在树枝上对雌鸟点头翘尾、鸣叫，雌鸟应声飞至跟前两翅半举和下垂，脚持续动一会儿后起飞，雄鸟立刻追上，在低空追逐。雌雄鸟共同在墙壁破洞、缝隙、屋檐、顶棚、牌楼等建筑物上和邻近柴垛等堆集物缝隙中，以及树洞、岩洞、树根下和土坎坑穴中营巢，杯状巢由苔藓、树皮、细草茎、草根、草叶等构成，内垫各种兽毛、羽毛、细草茎、须根等。每窝产卵 6～8 枚，卵鸭蛋青色、绿色和白色，有不同色型，均被红褐色斑点，以钝端较多，卵为钝卵圆形或尖卵圆形，卵径约为 19mm×15mm，卵重 1.8～2.2g。产完最后 1 枚卵，雌鸟即开始孵卵，雄鸟在巢附近警戒，孵化期约 13 天，每年繁殖 2～3 窝。雏鸟晚成雏，雌雄亲鸟共同育雏，留巢期 13～15 天。

亚种分化： 全世界有 2 个亚种，中国有 2 个亚种，山东分布为指名亚种 *P. a. auroreus*（Pallas）。

亚种命名 Pallas PS，1776，Reise. Versch. Prov. Russ. Reichs，3：695（俄罗斯 Selenga 河）

分布： 滨州 - ●（刘体应 1987）滨州；无棣县 - 小开河沉沙池（20160312）。德州 - 德城区 - 抬头寺（张立新 20130327）；乐陵 - 城区（李令东 20100212、20110125）。东营 - (R)◎黄河三角洲，胜利机场（20150413）；东营区 - 安泰南（孙熙让 20120307）；河口区（李在军 20090317）- 河口湿地（孙常刚 20111013），孤岛公园（孙劲松 20091012），飞雁滩（仇基建 20111006），钻前大队（仇基建 20141025）；自然保护区 - 一千二管理站（20151025）。菏泽 - (R)菏泽。济南 - (R)济南，南郊；历下区 - 大佛头（20131006），泉城公园（赵连喜 20140330），医科大学（陈忠华 20140405）；槐荫区 - 玉符河（20130320）；历城区 - 红叶谷（20121201），锦绣川（20121201），西营（20140408），罗伽（20140518），黄巢水库（20150405）；长清区 - 张夏（陈云江 20140911）；章丘 - 黄河林场。济宁 - 济宁，小杨河（聂成林 20090404、20100310）；任城区 - ●廿里堡，太白湖（宋泽远 20130316，张月侠 20160405）；曲阜 - (P)石门寺；兖州 - 西北店（20160614）；微山县 - 湿地公园（20151211），(P)鲁山，刘庄村（张月侠 20160403），南阳岛（张月侠 20160406），微山岛（张月侠 20160404），夏镇（陈保成 20130410），韩庄苇场（20151208），高楼湿地（孔令强 20151208）。聊城 - 聊城，东昌湖。临沂 - 费县 - 塔山（20160404）。莱芜 - 莱城区 - 红石公园（陈军 20130316）。青岛 - 青岛；崂山区 - (P)潮连岛，青岛科技大学（宋肖萌 20140315），大公岛（曾晓起 20140430）。日照 - 日照水库（20140304），国家森林公园（20140321），付疃河（成素博 20111021），郑培宏 20140713、20141128），●山字河机场（20150829）；东港区 - 碧海路（成素博 20141213），汉皋陆（20150312），汉高山庄（20140305）；五莲县 - 五莲山（20140324）；(W)前三岛 - (W)车牛山岛，达山岛，平山岛。泰安 - (R)●泰安；岱岳区 - (S)●（杜恒勤 1988）徂徕山，下港勤村（20150405）；泰山区 - 农大南校园，树木园（20150530）；●（杜恒勤 1993b）泰山 - 桃花峪（20121129、20130223，刘兆瑞 20150719），韩家岭（刘兆瑞 20110401，孙桂玲 20120409）；东平县 -（R）东平湖。**潍坊** - 潍坊 - 白浪河（20120410）；高密 - 姜庄镇（宋肖萌 20151016）；（R）青州 - 仰天山，南部山区；●寿光。**威海** - 威海（王强 20111112）；环翠区 - 半壁山村（徐波 20140505）；（W）荣成 - 桑沟湾；文登 - 天福山（韩京 20100403），昆嵛山无染寺（20160601）。**烟台** - ◎莱州；海阳 - 东村（刘子波 20151024），凤城（刘子波 20151025）；招远（蔡德万 20110620）；牟平区 - 鱼鸟河（王宜艳 20151119）；栖霞 - 长春湖（牟旭辉 20130524）。**枣庄** - 山亭区 - 西伽河（尹旭飞 20160409）。**淄博** - 高青县 - 常家镇（赵俊杰 20141220）；博山区 - 池上镇（赵俊杰 20160326）。胶东半岛，鲁中山地，鲁西北平原，鲁西南平原湖区。

除青海、新疆、西藏外，各省份可见。

区系分布与居留类型：［古］R（RPW）。

种群现状： 常被捕捉驯养、观赏。物种分布范围广，被评为无生存危机物种。山东分布广泛且数量较普遍，未列入山东省重点保护野生动物名录。

物种保护： Ⅲ，中日，Lc/IUCN。

参考文献： H768，M787，Zjb212；Lc407，Q324，Z598，Zx152，Zgm229。

山东记录文献： 郑光美 2011，朱曦 2008，钱燕文 2001，范忠民 1990，郑作新 1987、1976，傅桐生 1987，Shaw 1938a；赛道建 2013、1994，贾少波 2002，李久恩 2012，邢在秀 2008，王海明 2000，田家怡 1999，王庆忠 1995、1992，赵延茂 1995，丛建国 1993，杜恒勤 1993b，泰安鸟调组 1989，纪加义 1988a，杜恒勤 1988、1985，刘体应 1987，柏玉昆 1982，李荣光 1960、1959，田丰翰 1957。

334-11　红腹红尾鸲
Phoenicurus erythrogastrus
（Güuldenstädt）

命名： Güuldenstädt，1775，Nov. Comm. Acad. Petrop., 19：469 图版 16，17（高加索）

英文名： White-winged Redstart

同种异名： 一；*Motacilla erythrogastrus* Güuldenstädt；Red-bellied Redstart

鉴别特征： 体大、色彩醒目的红尾鸲。嘴黑色，头侧、喉深黑色。头顶、颈背灰白色。前胸、背及翼覆羽深黑色，飞羽具宽大白翼斑，下体锈红色。尾羽栗色。雌鸟棕褐色，翼灰黑色。幼鸟具点斑羽衣和白翼斑。脚黑色。

形态特征描述： 嘴黑色。虹膜褐色。头顶及颈背白沾灰色。额、头侧、颏、喉黑色。背、肩和翼上覆羽黑色。飞羽黑褐色或黑色，初级飞羽、次级飞羽基部白色，在翅上形成非常醒目的大型白色翼斑。下体上胸黑色，下胸和腹等其余部分锈红色。尾羽和尾上下覆羽栗棕色，中央尾羽黑褐色，尖端色暗。脚黑色。

红腹红尾鸲（丁洪安 20101028 摄于一千二管理站；郑培宏 20141109 国家森林公园）

冬羽 头胸黑色部位具烟灰色缘饰。1龄雄鸟似雌鸟，但有白色翼斑。

雌鸟 眼圈白色。头顶、枕部灰色。上体橄榄褐色，腰栗棕色。飞羽褐色，翼上无白斑。下体浅棕灰色，下胸、胁和尾下覆羽赭黄色，腹中部近白色。尾上覆羽、尾下覆羽和尾橙棕色，中央尾羽较外侧尾羽暗而褐，与棕色尾羽对比不强烈。

幼鸟 具点斑羽衣；头顶、后颈和背暗色横斑，胸具淡色斑点。具明显白色翼斑。

鸣叫声： 发出"lik""tek""tit-tit-titer"声。

体尺衡量度（长度mm、体重g）： 山东分布有采到标本与环志记录，但标本保存处不详，测量数据遗失。

栖息地与习性： 栖息于较高海拔的高原、山地、灌丛、河谷溪流和荒坡。有季节性垂直和短距离迁徙现象。生性孤僻，多单独活动，停息于树上、灌木枝头和岩石上，炫耀时，雄鸟从突出的栖处做高空翱翔，两翼颤抖显示其醒目白色翼斑。在地上觅食，有时在雪中找食。

食性：主要捕食甲虫类鞘翅目昆虫及蠕虫类无脊椎动物，也采食少量果实和种子。

繁殖习性：繁殖期6~7月。多在高山苔原与岩石森林交界附近营巢，杯状巢由枯草和苔藓构成，内垫羽毛与兽毛。通常每窝产卵3~5枚，卵白色被淡棕色或红色斑点，卵径约为18mm×14mm。

亚种分化：全世界有2个亚种，中国1个亚种，山东分布为普通亚种 *P. e. grandis*（赵正阶2001）；郑光美（2011）列为单型种。

分布：东营 - ◎黄河三角洲；保护区 - 一千二管理站（丁洪安20101028）。日照 - 东港区 - 国家森林公园（郑培宏20141109）。烟台 - 长岛县 - ▲●（范强东1993b）长岛。（W）胶东半岛。

黑龙江、吉林、内蒙古、河北、山西、陕西、宁夏、甘肃、青海、新疆、四川、云南、西藏。

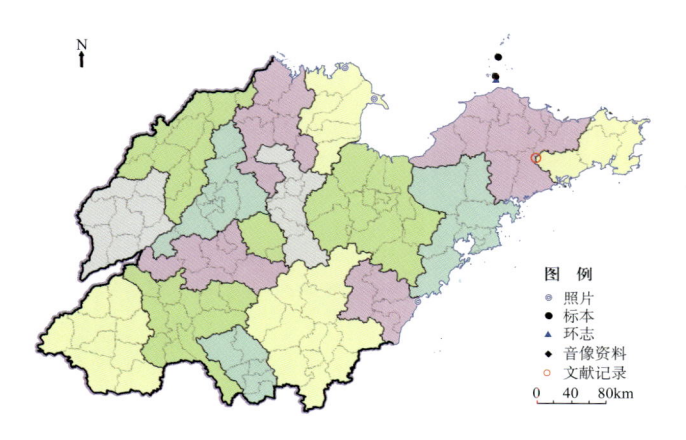

区系分布与居留类型：［古］（W）。

种群现状：我国繁殖种群数量估计丰富。在山东记录到的分布区狭窄而数量稀少，范强东（1989）记录，卢浩泉（2003）记为山东鸟类新记录，未列入山东省重点保护野生动物名录，需加强物种与栖息环境的保护研究。

物种保护：Lc/IUCN。

参考文献：H769，M788，Zjb213；Q326，Z599，Zx153，Zgm229。

山东记录文献：郑光美2011，朱曦2008，赵正阶2001，范忠民1990；赛道建2013，卢浩泉2003，范强东1993b、1989a。

● **335-01 红尾水鸲**
Rhyacornis fuliginosa（Vigors）

命名：Vigors，1830，Proc. Comm. Sci. Corr. Zool. Soc. London：35（喜马拉雅山）

英文名：Plumbeous Water Redstart

同种异名：铅色水鸲，铅色水鸲，蓝石青儿，溪红尾鸲，石燕，溪红色鸲，铅色红尾鸲，燕石青；*Chaimarrornis fuliginosus* Stresemann，1923，*Phoenicura fuliginosa* Vigors，1831，*Phoenicurus fuliginosus* 王嘉雄等，1991，*Ruticilla fuliginosa* Swinhoe，1863，*Xantopygia affinis* Ogilvie-Grant，1906；—

鉴别特征：嘴黑色。体羽蓝灰色，翼端灰黑色，腰、臀及尾栗褐色。雌鸟上体灰色，翼黑色、羽端具白斑，下体白色，羽缘成鳞状斑纹，臀、腰白色。尾基白色，端部黑。幼鸟灰色，上体具白色点斑。脚褐色。

形态特征描述：嘴黑色。虹膜褐色。通体暗灰蓝色。翼黑褐色。尾及尾上覆羽、尾下覆羽栗红色。脚黑色。

红尾水鸲（赛道建20121120、20130308 摄于绵绣川；陈忠华20140212、20140510 摄于西营）

雌鸟 头顶多褐色。颏沾黄褐色延伸至颊、眼先和额基等处。上体灰褐色。翼上覆羽和飞羽黑褐色或褐色；内侧次级飞羽和覆羽具淡棕色羽缘，尖端白色或黄白色斑点在翅上形成两排斑点；大覆羽、初级飞羽和外侧次级飞羽具褐色或淡色羽缘。下体灰白色杂不规则淡蓝灰色羽缘，形成"V"字形鳞状斑。臀、腰、外侧尾羽基部白色。尾羽白色，端部及羽缘褐色，尾上覆羽、尾下覆羽白色。脚暗褐色。

鸣叫声：雄鸟鸣唱声悦耳动听，雌鸟常边飞边发出"zhi-zhi"的鸣叫声。

体尺衡量度（长度mm、体重g）：

标本号	时间	采集地	体重	体长	嘴峰长	翅长	跗蹠长	尾长	性别	现保存处
					10	77	23	51	♂	山东师范大学
					11	74	25	61	♂	山东师范大学
					10	74	22	39	♀	山东师范大学

栖息地与习性： 栖息于山地、平原溪流与河谷沿岸，以多石林间或林缘地带的溪流沿岸常见，偶尔也见于湖泊、水库、水塘岸边。单独或成对活动，多站立在水边或水中石头上或公路旁岩壁上，停立时尾常上下摆动，间或尾散成扇状左右来回摆动，有人干扰时紧贴水面沿河飞行。领域性强，每对以溪流之一段为领域。当发现水面或地上有虫子时急速飞去捕猎，取食后飞回原处，有时在地上快速奔跑啄食昆虫。

食性： 主要捕食鞘翅目、鳞翅目、膜翅目、双翅目、半翅目和直翅目和蜻蜓目等昆虫及其幼虫，也采食少量植物果实和种子。

繁殖习性： 繁殖期 3~7 月。主要由雌鸟在河谷、溪流岸边的悬岩洞隙、岩石或土坎下凹陷处和树洞中营巢，碗状巢由枯草茎、枯草叶、草根、细的枯枝、树叶、苔藓和地衣等构成，内垫细草茎、草根、羊毛、纤维和羽毛。每窝产卵 3~6 枚，卵长卵圆形或卵圆形，白色、黄白色或淡绿色、蓝绿色被褐色或淡赭色斑点，卵径约为 19mm×14mm。雌鸟孵卵，孵卵期 14~15 天。雏鸟晚成雏，雌雄亲鸟共同育雏，幼鸟离巢后，亲鸟仍继续喂食，2~3 周后独立觅食。

亚种分化： 全世界有 2 个亚种，中国有 2 个亚种，山东分布为指名亚种 *R. f. fuliginosa*（Vigors）。

亚种命名 Vigors，1830，Proc. Comm. Sci. Corr. Zool. Soc. London：35（喜马拉雅山）

分布： 东营 -（R）◎ 黄河三角洲；河口区 - 黄河故道（李在军 20120707）。济南 -（W）济南；历城区 - 绵绣川（20121120、20130308），汪家场（赵连喜 20140428），西营（陈忠华 20140212、20140510）。青岛 - ▲（20081020B118-5616）青岛。泰安 - 岱岳区 -（P）◎ 大汶河，奈河（20130510）；泰山区 - 天外村（陈敬琛 20150307）；泰山 - 彩石溪（刘冰 20101213），玉泉寺（刘兆瑞 20110826），樱桃园（张艳然 20150426），桃花源（刘兆瑞 20150719）。潍坊 - 潍坊、潍县。威海 - 荣成 - 赤山北窑（20160625）。烟台 - 栖霞 - 唐家泊镇钓鱼台（牟旭辉 20120311）；长岛县 - ▲（20081020B118-5616）长岛。胶东半岛、鲁中山地。

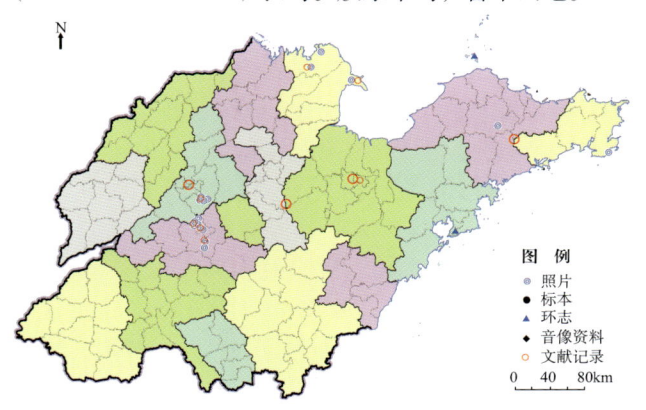

除黑龙江、吉林、辽宁、新疆、台湾外，各省份可见。

区系分布与居留类型： [广]（WR）。

种群现状： 捕食害虫，为益鸟。在山东呈散布状分布，数量并不普遍，研究记录较少，未列入山东省重点保护野生动物名录。

物种保护： Ⅲ，Lc/IUCN。

参考文献： H770，M791，Zjb215；Lc410，Q326，Z600，Zx153，Zgm229。

山东记录文献： 郑光美 2011，赵正阶 2001，钱燕文 2001，郑作新 1987、1976，傅桐生 1987；赛道建 2013，纪加义 1988a

336-11 白顶溪鸲
Chaimarrornis leucocephalus
（Vigors）

命名： Vigors，1830，Proc. Comm. Sci. Corr. Zool. Soc. London，1：35（喜马拉雅山）

英文名： White-capped Water Redstart

同种异名： —；—；White-caped Redstart

鉴别特征： 黑色、栗色溪鸲。嘴黑色，头侧、喉浓黑色。头顶及枕部白色，腰、腹和尾基部栗色，颈、上胸、翅和尾端浓黑色。脚黑色。

形态特征描述： 嘴黑色。虹膜暗褐色。整个上体头顶、枕部白色，前额、眼先、眼上、头侧至背部深黑色具辉亮。飞羽黑色。颏至胸部深黑色具辉亮，腰、腹及尾羽、尾上覆羽和尾下覆羽深栗红色，尾羽具宽阔黑色端斑。跗蹠、趾及爪黑色。

白顶溪鸲（赛道建 20121129 摄于泰山彩石溪）

雌鸟 似雄鸟，羽色泽稍暗淡且少辉亮。

幼鸟 色暗而近褐色，头顶具黑色鳞状斑纹。

鸣叫声： 发出尖亮上升似"tseeit-tseeit"或细弱高低哨音，边飞边发出"ji-"的叫声。

体尺衡量度（长度 mm、体重 g）： 山东暂无标本及测量数据，但近年来拍到照片。

栖息地与习性： 栖息于山区河谷、山间溪流、河川岸边和河中露出水面的岩石上，也见于山谷或干涸河床上、城市公园附近。有垂直迁徙的习性，繁殖季节栖息在较高山地，秋冬季下到较低地带，多单个或成对活动，下午及阴天不太活动，在岩石上站立活动时特征性行为是尾部竖举、呈扇形散开上下不停地弹动。当受惊时，快速起飞顺河川近水面高飞去，飞不多远就落下，边飞边叫。

食性： 主要捕食直翅目、鞘翅目、膜翅目、半翅目和鳞翅目等昆虫中的水生种类，兼食少量盲蛛、软体动物、野果和草籽等。

繁殖习性： 繁殖期4～6月，6～7月有第2窝。在山间急流岩岸的裂缝间、石头下、天然岩洞、树洞、树根间，或水边或离水较远的树干上筑巢，杯状巢由苔藓混杂细树根、落叶、蕨叶构成，内垫细根、似毛发的纤维和兽毛等。通常每窝产卵3～5枚，卵淡绿色或蓝绿色杂淡紫色粗斑，卵径约为23mm×17mm。雌鸟孵卵。雏鸟晚成雏，双亲共同育雏。

亚种分化： 单型种，无亚种分化。溪鸲属（*Chaimarrornis*）仅1种。

分布： 济南-历下区-五龙潭（赵连喜20140317，马明元20131224，陈忠华20140316）。泰安-（W）泰山-彩石溪（20121129、20130213，刘华东20121102），玉泉寺（刘兆瑞20141214），◆桃花峪（石国祥20121104）。烟台-栖霞-唐家泊镇钓鱼台（牟旭辉20120303）。（V）鲁西北。

内蒙古、河北、北京、山西、河南、陕西、宁夏、甘肃、青海、新疆、安徽、江苏、上海、浙江、江西、湖南、湖北、四川、重庆、贵州、云南、西藏、广东、广西、海南。

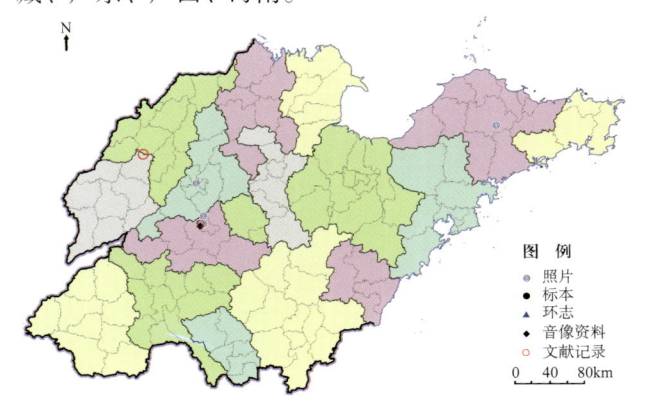

区系分布与居留类型： [古]（W）。

种群现状： 物种分布范围广，被评价为无生存危机物种。山东分布依据所拍照片首次记录报道（赛道建2013），期间在济南、泰安等地有多人拍到照片，分区狭窄而数量稀少，应加强物种与栖息地的保护研究，未列入山东省重点保护野生动物名录。

物种保护： Ⅲ，Lc/IUCN。

参考文献： H790，M790，Zjb214；Q336，Z618，Zx154，Zgm230。

山东记录文献： —；赛道建2013。

337-11 白腹短翅鸲
Hodgsonius phaenicuroides
（G. R. Gray）

命名： G. R. Gray，1846，Cat. Mamm. Bds. Nepal *et* Thibet：70，App.：153（Nepal）

英文名： White-bellied Redstart

同种异名： 短翅鸲；—；White-bellied Shortwing，Chinese Shortwing

鉴别特征： 嘴角褐色，头、喉青石蓝色。胸及上体铅蓝色，翼灰黑色且短不及尾基，小翼羽具明显白端，腹白色。尾长，楔形，外侧尾羽基部棕色，尾下覆羽黑色具白端。雌鸟橄榄褐色，眼圈皮黄色，下体较淡。脚黑色。

形态特征描述： 嘴黑色。虹膜褐色。头部、上体颈、背、肩至尾上覆羽和喉、胸部青石蓝色。翼短不及尾基部，两翼灰黑色具灰蓝色羽缘，初级飞羽的覆羽具两明显白色小点斑，小翼羽黑色具白色宽端斑。腹白色，胁灰蓝色或灰褐色，胁后部黄褐色。尾长、楔形，中央尾羽蓝黑色，外侧尾羽基部棕栗色，端部蓝黑色，尾下覆羽黑色具白色端斑。脚黑色。

白腹短翅鸲（刘兆瑞 20160602 摄于泰山丈人峰）

雌鸟 眼圈皮黄色。上体橄榄褐色，下体较淡。

鸣叫声： 在灌丛发出"zhi-zhi-zhi"声。

体尺衡量度（长度mm、体重g）： 山东暂无标本及测量数据，但近年来有观鸟记录，并拍到照片。

栖息地与习性： 栖息于中海拔以上的高山灌丛、林缘或茂密的竹林中。性机警，常单独在浓密灌丛或在近地面活动，常隐藏在灌木低枝上鸣叫，只闻其声不见其影，仅在栖处鸣叫且尾立起并扇开时可见到。繁殖期，雄鸟长时间在灌丛中鸣叫，领域性强。

食性： 主要捕食鞘翅目、鳞翅目昆虫及其幼虫，也采食少量果实和种子。

繁殖习性： 繁殖期6～8月。雌雄共同在灌木低枝上、高草丛中营巢，杯状巢由枯草茎、叶和根构成，内垫草茎和兽毛、羽毛。通常每窝产卵2～4枚，卵钝卵圆形，天蓝色无斑，卵径约为22mm×16mm。雌鸟孵卵，雏鸟晚成雏，雌雄共同育雏。

亚种分化： 全世界有2个亚种，中国有1个亚种，山东分布为普通亚种 *Hodgsonius phaenicuroides ichangensis* Baker，*Hodgsonius phoenicuroides phoenicuroides* (G. R. Gray)。

亚种命名 Baker, 1922, Bull. Brit. Cl., 43: 18 (宜昌)

分布： 泰安-(S)泰安; (S)泰山-低山，天街 (余日东8月10日，见2007年中国观鸟年报0792#)，丈人峰 (刘兆瑞20160602)。鲁中。

河北、北京、山西、陕西、宁夏、甘肃、青海、湖北、四川、重庆、贵州、云南、西藏。

区系分布与居留类型： [古](S)。

种群现状： 分布于我国西南山区，种群数量并不丰富。山东分布首次报道为偶见(杜恒勤1985)，山东鸟类调查名录因未有标本等实证而未予收录，据香港观鸟者余日东介绍，2007年8月10日他在泰山顶部见到一只雌鸟，近日征集到照片确证其在泰山地区确有分布，未列入山东省重点保护野生动物名录，需要进行相关方面地深入研究。

物种保护： Lc/IUCN。

参考文献： H771, M792, Zjb216; Q326, Z602, Zx154, Zgm230。

山东记录文献： 朱曦2008; 赛道建2013，泰安鸟调组1989，杜恒勤1985。

● 338-01 黑喉石䳭
Saxicola torquata (Linnaeus)

命名： Linnaeus C, 1766, Syst. Nat., ed. 12, 1: 328 (南非好望角)

英文名： Common Stonechat

同种异名： 黑喉鸲，野鸲，谷尾鸟，石栖鸟; *Saxicola maura* (Pallas), *Motacilla torquata* Linnaeus, 1766, *Pratincola indica* Swinhoe, 1863, *Pratincola rubicola stejnegeri* Parrot, 1908, *Saxicola torquata* 黑田长礼和堀川安市, 1921; Siberia Stonechat

鉴别特征： 体黑色、白色及赤褐色鸲。嘴、头黑色。背深褐色，飞羽黑色，颈及翼上具粗大白斑，腰、尾基白色，胸腹棕色。脚近黑色。雌鸟色暗，翼上具白斑，下体皮黄色。

形态特征描述： 嘴黑色。虹膜深褐色。颏、喉黑色。头部及背、肩、上腰黑色、羽具棕色羽缘。外侧翼上覆羽黑褐色、内侧的白色，飞羽黑色、外翈羽缘棕色，内侧次级飞羽与三级飞羽基部白色、与白色翼上覆羽形成大而明显的白色翼斑。腋羽和翼下覆羽黑色、羽端缀白色。颈侧、上胸两侧白色形成半领环，胸栗棕色，腹、胁淡棕色，腹中部和尾下覆羽白色。下腰及尾上覆羽白羽缘沾棕色。尾羽黑色、基部白色。脚近黑色。

黑喉石䳭 (刘冰20120607 摄于泰安; 赛道建20130505 摄于泉城公园)

雌鸟 似雄鸟。色较暗而无黑色。翼上具白斑。下体皮黄色。

鸣叫声： 发出"tsack-tsack"的似两块石头的敲击声，鸣声尖细、响亮。

体尺衡量度（长度mm、体重g）：

标本号	时间	采集地	体重	体长	嘴峰长	翅长	跗蹠长	尾长	性别	现保存处
	1981				10	73	23	53		山东师范大学
	1981				8	65	20	50	♂	山东师范大学
					9	65	18	51	♂	山东师范大学
850104	19850405	曲阜董庄	55	124	11	63	23	45	♀	济宁森保站
	1989	东平西关		126	11	66	23	50	♀	泰安林业科技

栖息地与习性： 栖息于低山丘陵、平原、草地、沼泽、田间灌丛及湖泊与流岸附近灌丛草地，常见于林缘灌丛、疏林草地、林间沼泽和低洼潮湿的道旁灌丛、草地。3月末4月初迁至繁殖地，9月末10月初飞往越冬地。单独或成对活动，能鼓动翅膀停在空中或做上下垂直飞翔，喜欢站在枝头、树顶或田间或路边电线上和农作物梢端，不断扭动尾羽，注视四周，见有昆虫活动，疾速飞往，捕之后返回原处。

食性： 主要捕食直翅目、鞘翅目、鳞翅目和膜翅目等昆虫及其幼虫，以及蚯蚓、蜘蛛等无脊椎动物，也采食果实和种子。

繁殖习性： 繁殖期4～7月。繁殖期间，雄鸟站在巢区中较高树枝头上鸣唱，雌鸟则在土坎或塔头墩下、岩坡石缝、土洞、倒木树洞和灌丛隐蔽地上凹坑内筑巢，杯状巢由枯草、细根、苔藓、灌木叶等构成，内垫不同兽毛、羽毛。每窝产卵5～8枚，卵椭圆形，淡绿色、蓝绿色或鸭蛋青色被红褐色或锈红色斑点，卵径约为18mm×14mm，卵重1.5～2.1g。雌鸟孵卵，孵化期11～13天。雏鸟晚成雏，雌雄亲鸟共同育雏，12～13天后幼鸟离巢。

亚种分化： 全世界有23个（Dickinson 2003）或25个（郑作新等 1995）亚种，中国有3个亚种，山东分布为东北亚种 *S. t. stejnegeri*（Parrot），*Saxicola maura stejnegeri*（Parrot），*Pratincola torquata stejnegeri*（Parrot）。

亚种命名 Parrot C，1908. Verh. Orn. Gesell. Bayern，8：124（日本北部 Yetorofu and hakodate）

分布： 滨州-滨城区-西海水库（20160422，刘腾腾 20160422）；无棣县-岔尖（朱星辉 20160910）。东营-（P）◎黄河三角洲，自然保护区（单凯 20141112）-一千二管理站（单凯 20130511）。菏泽-（P）菏泽。济南-历下区-大明湖（马明元 20130906），泉城公园（20130505）；槐荫区-济西湿地（陈云江 20120922）。济宁-曲阜-（P）石门寺；金乡县-（P）肖云；微山县-昭阳（陈保成 20100507），湿地公园（20160414）。聊城-聊城。临沂-临沂大学（杜庆栋 20140507）。莱芜-莱城区-牟汶河（陈军 20130502）。青岛-崂山区-（P）潮连岛，大公岛（曾晓起 20140430）。日照-东港区-付疃河（20120322、20150423，成素博 20130501、20130826），国家森林公园（郑培宏 20140814）；（P）前三岛（成素博 20111005）-车牛山岛，达山岛，平山岛。泰安-（P）泰安（刘冰 20120607），牟汶河（刘兆瑞 20110403）；泰山区-农大南校园，泰山·摩天岭；东平县-东平湖，●城西关。威海-威海（王强 20110915）。烟台-◎莱州；海阳-凤城（刘子波 20150912）；栖霞-龙门口水库（牟旭辉 20150510）。胶东半岛，鲁中山地，鲁西北平原，鲁西南平原湖区。

黑龙江、吉林、辽宁、内蒙古、河北、北京、天津、山西、河南、陕西、安徽、江苏、上海、浙江、江西、湖南、湖北、重庆、贵州、云南、福建、台湾、广东、广西、海南、香港、澳门。

区系分布与居留类型： ［广］S（P）。

种群现状： 捕食害虫，对农林有益。是一种分布广、适应性强的灌丛草地鸟类。迁徙过境时山东分布较广，数量并不普遍；3～6月、8月、9月的照片说明，其在山东可能为繁殖鸟类，尚需进一步确证，未列入山东省重点保护野生动物名录。

物种保护： Ⅲ，中日，Lc/IUCN。

参考文献： H782，M804，Zjb227；Lc421，Q332，Z610，Zx155，Zgm233。

山东记录文献： 郑光美 2011，朱曦 2008，郑作新 1976，钱燕文 2001，Shaw 1938a；赛道建 2013，贾少波 2002，王海明 2000，田家怡 1999，赵延茂 1995，泰安鸟调组 1989，纪加义 1988a。

338-21 灰林䳭
Saxicola ferreus G. R. Gray

命名： G. R. Gray，1846，Cat. Mamm. Bds. Nepal *et* Tibet，71：153（尼泊尔）

英文名： Grey Bushchat

同种异名： 灰丛䳭；*Oreicola ferrea haringtoni* Hartert，1910；—

鉴别特征： 偏灰色，中型䳭。长而醒目的宽黑贯眼纹与白色眉纹、颏喉对比显著。上体暗灰色具黑褐色纵纹。翅黑褐色具白色斑纹（飞行时可见）。下体近白色，胸带烟灰色及至两胁。尾黑色。雌鸟褐色取代灰色，腰栗褐色。幼鸟似雌鸟，下体褐色具鳞状斑。

形态特征描述： 喙黑色。虹膜褐色。眉斑白色，眼先、颊及耳羽黑色。喉白色。上体自头至尾上覆羽石板灰色，各羽中央黑斑形成不规则黑色纵纹，纵纹头部密集，向后逐渐稀疏，腰及尾上覆羽为纯石板灰色；新羽具橄榄褐色羽缘。飞羽黑褐色，外翈具棕白色狭羽缘，最内侧覆羽白色，形成明显白色翼斑，余为黑褐色具灰色外缘。下体灰白色，胸、胁淡灰色，具棕褐色窄羽缘。尾羽黑褐色具灰色狭羽缘，外侧尾羽羽色较淡、尖端灰色。跗蹠及趾黑褐色。

灰林䳭（曾晓起 20140430 摄于青岛沿海的大公岛）

雌鸟 似雄鸟，棕褐色取代灰色，颊及腰栗褐色。眉纹淡灰白色。颏、喉白色。上体暗棕褐色，羽中部黑色形成不明显黑褐色纵纹；腰栗棕色。翅暗棕褐色，飞羽外翈具淡色羽缘。下体棕白色，胸、胁棕色较多。

幼鸟 似雌鸟。上体灰褐色具栗棕色羽缘，形成鳞状斑。灰白色眉纹不明显。

鸣叫声： 灌丛间觅食时，不时发出"zhi-zhi-zhi"声。

体尺衡量度（长度mm、体重g）： 山东暂无标本及测量数据，但近年来拍到照片。

栖息地与习性： 栖息于中低海拔的开阔林缘、灌丛或农田、林间空地。多单独或成对活动，常长时间停栖在电线、篱笆或灌木上，摆动尾羽，发现昆虫时，擅长于飞行中捕食地面或空中飞虫。

食性： 主要捕食鞘翅目、鳞翅目、双翅目、膜翅目和直翅目等昆虫，兼食少量野果及草籽。

繁殖习性： 繁殖期5～7月。在地面草丛、灌丛中及岸边、草坡的岩洞、石头下营巢，巢杯状，由苔藓、细草茎、草根编织而成，内垫须根、细草茎和兽毛、羽毛等；雌鸟营巢，雄鸟在附近枝头上鸣叫。通常每窝产卵4～5枚，卵淡蓝色、绿色或蓝白色被红褐色斑点，卵径约为18mm×14mm。雌鸟孵卵，孵化期约12天。雏鸟晚成雏，雌雄共同育雏，育雏期约15天。

亚种分化： 全世界有2个亚种，中国2个亚种，山东分布定为普通亚种 *S. f. haringtoni*（Hartert，1910）。

亚种命名 Hartert E，1910，Vog. pal. Faun.，1：711（福建连江）

Ripley（1964）、Clements（2007）及 Dickinson（2003）认为本种为单型种，无亚种分化。郑作新（1976、1987）及 Vaurie（1959）等认为本种分为2个亚种，*S. f. ferrea* 和 *S. f. haringtoni*，前者背面多黑纹，体色较暗，腹面白色带灰；雌鸟背面灰褐色，颏、喉及胸近白色，腹部带棕色；后者背面黑纹少而不明显，具较多棕褐色，腹面灰白带棕色；雌鸟背面多棕色，腹面棕褐色。吴至康（1986）、彭燕章（1987）等认为 *S. f. ferrea* 体型较大，郑作新（1973、1983）、昆明动物研究所（1983）及李桂恒（1985）等测量雄 *S. f. ferrea* 标本40号、雄 *S. f. haringtoni* 标本50号发现，两亚种翼长度重叠多，平均长度差异不显著，翼长不宜作为区别亚种的主要特征。罕见出现于山东者应为分布于我国东部的 *S. f. haringtoni*。

分布：青岛 - 大公岛（曾晓起 20140430）。

内蒙古、北京、陕西、甘肃、安徽、江苏、上海、浙江、江西、湖南、湖北、四川、重庆、贵州、云南、台湾、广东、广西、香港。

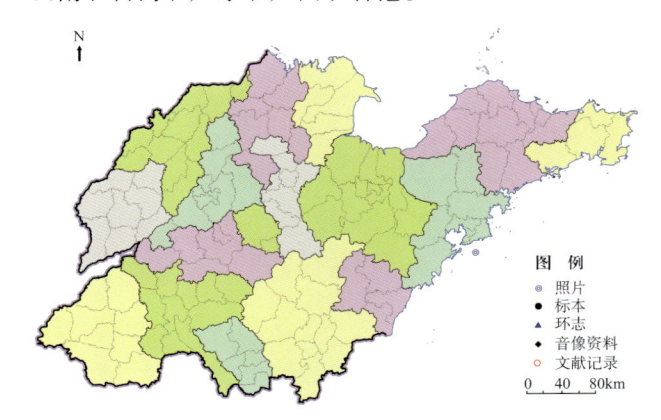

区系分布与居留类型：［东］V。

种群现状： 本种为长江流域以南常见灌丛鸟类，数量较丰富。主要捕食昆虫，有益于植物保护。山东分布由中国海洋大学曾晓起教授首次在海岛臭椿树上拍到照片，周边环境为杂有疏树的灌草区，推测可能为迷鸟，或是由物种北扩造成；本书首次公开报道，分布区狭小而数量稀少，应加强物种与栖息地的监测性研究，未列入山东省重点保护野生动物名录。

物种保护： Lc/IUCN。

参考文献： H785，M807，Zjb230；Lc424，Z613/571，Zgm234。

山东记录文献： 为山东分布首次记录。

● 339-01 白喉矶鸫
*Monticola gularis** (Swinhoe)

命名： Swinhoe R，1862，Proc. Zool. Soc. London：318.（北京）

英文名： White-throated Rock Thrush

同种异名： 蓝头矶鸫，蓝头矶鹟；*Monticola cincolrhynchus gularis* (Swinhoe)；Blue-headed Rock Thrush

鉴别特征： 两性异色。嘴黑褐色，头侧黑色，喉白色。头顶、颈背及肩钴蓝色，背黑色，具白翼斑，下体橙栗色。尾黑色。雌鸟具黑色粗鳞状斑纹。脚橘黄色。区别于其他矶鸫的特征是雄鸟喉具白色块斑、翼纹白色；雌鸟是上体具粗鳞状黑斑纹。

形态特征描述： 嘴近黑色。虹膜褐色。眼先与颊栗色、上缘黑纹延伸至眼后方，眼周棕栗色。前额、头顶、颈背钴蓝色。耳羽、颈侧黑色杂有棕色细纹。颏、喉、胸浓栗色，喉中央具白色大块斑。背和肩部黑色，有棕白色羽缘形成鳞状斑纹，以肩和下背部明显。腰、尾上覆羽浓栗色。翅黑褐色，小覆羽钴蓝色、中覆羽、大覆羽黑色，外翈具棕白色羽缘，大覆羽端部白色；飞羽外翈沾灰蓝色、内翈基部淡褐色，内侧次级飞羽外翈基部白色，形成显著白翼斑，三级飞羽具棕白色狭缘。腋羽、翼下覆羽栗色。下体橙栗色，腹中央和尾下覆羽棕黄色。尾羽黑褐色、先端浓黑色，除中央1对外，外翈沾灰蓝色。脚暗橘黄色。

白喉矶鸫（刘子波20150510摄于海阳凤城；李在军20080426摄于河口区）

雌鸟 雌雄异色。羽色暗淡。上体橄榄褐色具暗褐色细纹，背部黑色羽缘形成鳞状斑。腰、尾上覆羽棕白色，具2道黑褐色横斑。下体斑杂状，喉两侧、胸、胁黑褐色端斑形成鳞状斑纹。

幼鸟 额至尾上复羽褐色或黑褐色杂以棕色，头顶成点斑状，背部形成横斑。幼雄鸟上体橄榄褐沾棕色，头上有棕色斑，内侧次级飞羽显出棕白色斑；幼雌鸟上体橄榄褐色，黑色斑点显著，内侧次级飞羽带锈棕色。

鸣叫声： 报警时发出粗哑叫声，夜晚发出忧伤鸣声。

体尺衡量度（长度mm、体重g）： 寿振黄（Shaw 1938a）记录采得雄鸟7只、雌鸟7只标本，但标本保存地不详，标本测量数据不完整。

标本号	时间	采集地	体重	体长	嘴峰长	翅长	跗蹠长	尾长	性别	现保存处
	1958	微山湖		205	12	105	22	55	♂	济宁一中

栖息地与习性： 栖息于中低海拔多岩山地的针阔混交林和针叶林间，常站在树顶或岩巅处长时间静立不动。4月下旬迁来东北繁殖地，9～10月迁离繁殖地到华南越冬，冬季结群。清晨在低处鸣叫，随着太阳升起而向高处移动，歌声徐缓而悠扬，似吹奏笛箫声，故称"山地歌手"。多在林下地面或灌丛间活动觅食。

食性： 主要捕食甲虫、蝼蛄和鳞翅目等各种昆虫及其幼虫。

繁殖习性： 繁殖期5～7月。在临近河谷的大树根茎部洞穴或崖壁天然洞中营巢，碗状巢由松针、草根、草茎、草叶等编成。每窝产卵6～8枚，卵椭圆形，淡白色带清晰棕色斑点或块斑，钝端较密，卵径约为17mm×22mm，卵重3～3.5g。雌鸟孵卵，孵化期13～15天。雌雄亲鸟共同育雏，育雏期14～15天。

亚种分化： 单型种，无亚种分化。

曾将本种与分布在巴勒斯坦的相似种作为*Monticola cincolrhynchus*种的不同亚种（郑作新1987、1994），但二者形态差异明显，且相距遥远而有生殖隔离，Viney（1996）等主张各自为独立种（郑光美2011，赵正阶2001）。

分布： **东营** -（P）◎黄河三角洲；河口区（李在军20080426）。**济宁** -●济宁；微山县；邹城。**青岛** -

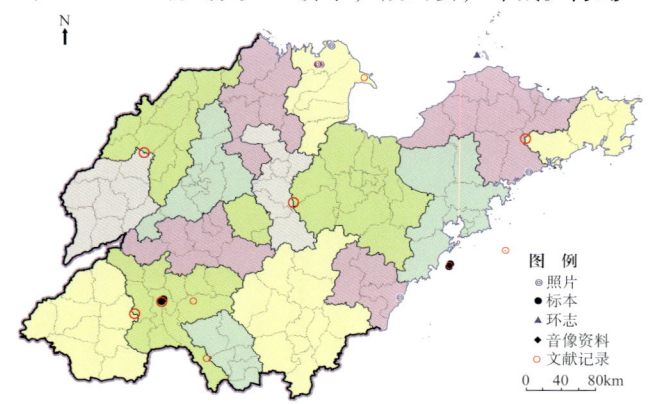

---

* 曾作为蓝头矶鸫 [*Monticola cincolrhynchus*（Vigors）] (Blue-capped Rock Thrush) 的*gularis*（Swinhoe）亚种。

崂山区 -（P）潮连岛；黄岛区 - ●（Shaw 1938a）灵山岛。**日照** - 东港区 - 沿海林带（成素博 20111005）。**烟台** - 海阳 - 凤城（刘子波 20150510）。胶东半岛，鲁中山地，鲁西北平原，鲁西南平原湖区。

黑龙江、吉林、辽宁、内蒙古、河北、北京、山西、河南、陕西、甘肃、安徽、江苏、上海、浙江、江西、湖北、云南、福建、台湾、广东、广西。

区系分布与居留类型：［古］（P）。

种群现状： 捕食昆虫，对农林业有益；羽色艳丽，歌声优美，为重要食虫笼鸟。山东种群分布数量稀少，应注意加强栖息环境的管理与保护，未列入山东省重点保护野生动物名录。

物种保护： Lc/IUCN。

参考文献： H792，M691，Zjb237；Lc435，Q336，Z620，Zx157，Zgm236。

山东记录文献： 郑光美 2011，钱燕文 2001，郑作新 1987、1976，傅桐生 1987，Shaw 1938a；赛道建 2013，田家怡 1999，赵延茂 1995，纪加义 1988b。

● **340-01 蓝矶鸫**
Monticola solitarius（Linnaeus）

命名： Linnaeus C，1758，Syst. Nat.，ed. 10，1：170（意大利）

英文名： Blue Rock Thrush

同种异名： 麻石青，红腹石青；*Monticola manilla* Ogilvie-Granat，1863，*Monticola philippensis taivanensis* Momiyama，1930，*Petrocincla pandoo* Sykes，1832，*Petrophila solitaria magna* La Touche，1920，*Turdus solitarius* Linnaeus，1758，*Turdus philippensis* Muller，1776，*Petrocincla manilensis* Swinhoe，1863；—

鉴别特征： 中等体型，青石灰色矶鸫。嘴近黑色。上体暗蓝灰色，具鳞状斑纹，翼黑色，下体浅蓝色、后部与翼基栗红色，尾近黑色。雌鸟上体灰蓝色，下体皮黄色具黑鳞状斑纹。脚黑色。

形态特征描述： 嘴黑色。虹膜暗褐色，眼先近黑色。上体额至尾上覆羽、头和颈两侧几乎纯蓝色，上背隐约具黑斑；下背至尾上覆羽具白端及黑褐色次端斑。翅近黑色，翼上小覆羽蓝色，余黑褐色、外狭缘蓝色，大覆羽、次级飞羽多微具白端。下体自颏至胸部辉蓝色，后部与腋羽栗红色。尾近黑色，外䎃羽缘蓝色。脚和趾黑褐色。

蓝矶鸫（李在军 20080907 摄于河口区）

雄性幼鸟 嘴暗褐色。上体淡蓝色，额至上背羽端部具棕白色点斑、具黑端；下背和腰羽具白端、贯以黑斑。翼上羽、尾上覆羽及尾羽具棕色或棕白色羽端。下体似雌鸟秋羽，下腹或全部或仅中央为棕白色微具黑斑。

冬羽 头顶至上背黑褐色端斑形成横斑状。翅内侧覆羽、飞羽同下背，其余羽具白色端斑。下背、尾上覆羽和下体具黑褐色次端斑和棕白色端斑。

雌鸟 嘴暗褐色。眼周、耳羽黑褐色杂棕白色纵纹。颏和喉白色或棕白色、羽缘黑斑圈呈鳞状。上体蓝灰色具不明显黑色横斑，背部横斑明显，下背、尾上覆羽灰蓝色，具黑褐色次端斑。翅、小覆羽灰蓝色，其余覆羽黑褐色具灰蓝色羽缘，初级覆羽具白端。头侧、颈、下体灰色或棕白色，各羽缀黑色波状横斑，尾下覆羽棕白色横斑显著。尾黑色，外䎃羽缘灰蓝色。

鸣叫声： 鸣声多变、悦耳。

体尺衡量度（长度 mm、体重 g）:

标本号	时间	采集地	体重	体长	嘴峰长	翅长	跗蹠长	尾长	性别	现保存处
835104	19830911	鲁桥	55	205	16	118	28	75	♂	济宁森保站
	1989	泰山		213	21	120	25	81	♂	泰安林业科技

栖息地与习性： 栖息于多岩石的低山峡谷及山溪、湖泊等水域附近的岩石山地、石滩灌丛、海滨岩石和附近的山林中，冬季多到山脚平原地带，以及城镇、村庄、公园和果园。单独或成对活动，繁殖期间，雄鸟站在岩石顶端或小树枝头昂首翘尾，将尾呈扇形散开翘到背上，长时间鸣叫求偶，能模仿其他鸟鸣；常停息在路边枝头或突出岩石上、电线、屋顶、古塔和城墙巅处，从高处直落地面或在空中捕猎活动的昆虫，然后飞回原栖息处。

食性： 主要捕食鞘翅目、直翅目、鳞翅目、蜻蜓目和膜翅目等昆虫及其幼虫。

繁殖习性： 繁殖期 4～7 月。主要由雌鸟在沟谷山腰岩隙间或岩石营巢，雄鸟协助运送巢材，碗状巢由苔藓、枝条、树皮等构成，内垫细草、须根等。每窝产卵3～6枚，卵淡蓝色或淡蓝绿色，钝端被少许红褐色斑点，卵径约为26mm×20mm。卵产齐后由雌鸟孵卵，雄鸟担任警戒，孵化期12～13天。雏鸟晚成雏，雌雄鸟共同育雏，留巢期17～18天。

亚种分化： 全世界有5个（刘小如2012）或4个（赵正阶2001）亚种，中国有3个亚种，山东分布为华北亚种 *M. s. philippensis*（Müller），*Monticola philippensis philippensis*（Müller），*Monticola solitarius pandoo*（Sykes）。

亚种命名 Müller PLS, 1776, Naturesyst. Suppl. Registerbk: 145（菲律宾）

Sykes, 1832, Proc. Zool. Soc., London.: 87（Ghat）

分布： 滨州 - ●（刘体应1987）滨州。东营 -（S）◎黄河三角洲；河口区（李在军20080907）。菏泽 -（S）菏泽。济南 -（S）济南；历下区 - 大佛头；历城区 - 四门塔；历城区 - 阎家水库（陈云江20120819）；长清区 - 灵岩寺，张夏。济宁 - 济宁；(P) 曲阜；(P) 微山县；鱼台 - 鹿洼（张月侠20160505）。聊城 - 聊城。临沂 -（S）沂河。莱芜 - 莱城区 - 张家洼（陈军20130515）。青岛 - 青岛，浮山；崂山区 -（S）潮连岛，●（Shaw 1938a）大公岛，●（Shaw 1938a）崂山。日照 - 东港区 - 崮子河（成素博20110514）；前三岛。泰安 -（S）泰安；泰山区 - 农大南校园，摸鱼沟（刘国强20130501）；●泰山 - 中山，泰山（宋泽远20130519）。潍坊 -（S）青州 - 仰天山。威海 - 威海（王强20130613）；荣成 - 成山头（20140606）。烟台 - 栖霞 - 长春湖（牟旭辉20140922）。淄博 - 淄博。胶东半岛，鲁中山地，鲁西北平原，鲁西南平原湖区。

黑龙江、吉林、辽宁、河北、北京、山西、河南、陕西、安徽、江苏、上海、浙江、江西、四川、重庆、贵州、云南、福建、台湾、广东、广西、海南、香港。

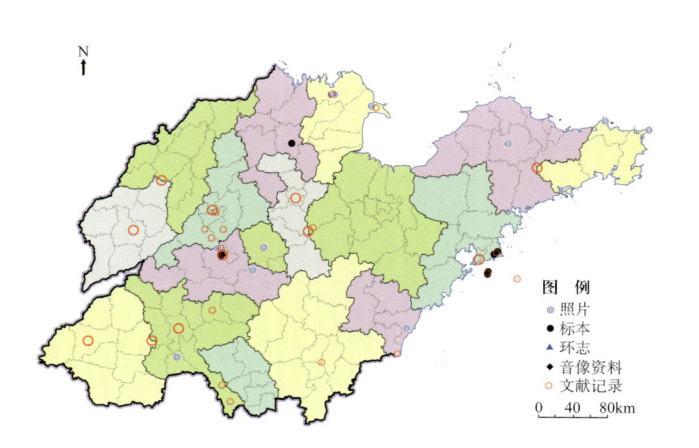

区系分布与居留类型： [广]（S）。

种群现状： 物种分布范围广，被评为无生存危机物种。山东分布较普遍，但数量不多，未列入山东省重点保护野生动物名录。

物种保护： Lc/IUCN。

参考文献： H794，M693，Zjb239；Lc431，Q338，Z621，Zx157，Zgm236。

山东记录文献： 郑光美2011，朱曦2008，钱燕文2001，范忠民1990，郑作新1987、1976，Shaw 1938a；赛道建2013、1994，贾少波2002，王海明2000，田家怡1999，王庆忠1995、1992，赵延茂1995，王希明1991，泰安鸟调组1989，纪加义1988b，刘体应1987，杜恒勤1985，李荣光1960。

341-11 紫啸鸫
Myophonus caeruleus（Scopoli）

命名： Scopoli, 1786, Del. Flor. *et* Faun. Insubr., 2: 88, no.42（中国）

英文名： Blue Whistling Thrush

同种异名： 鸣鸡，乌精；—；—

鉴别特征： 远观黑色、近看紫色。嘴黄色或黑色。通体蓝黑色具紫色闪辉，翼覆羽具浅色点斑。脚黑色。

形态特征描述： 嘴黑色，短健，上嘴前端有缺刻或小钩。虹膜暗褐色或黑褐色。前额基部和眼先黑色。头部和全身羽深紫蓝色，羽先端具辉亮淡紫色滴状斑，头顶和后颈滴状斑较小、肩和背部较大、腰和尾上覆羽较小而稀疏。翅黑褐色，翼上覆羽外翈深紫蓝色、内翈黑褐色，小覆羽辉紫蓝色，中覆羽具白色或紫白色端斑；飞羽黑褐色，除第1枚初级飞羽外、其余飞羽缀紫蓝色。头侧、颈侧、颏喉、胸、上腹和

紫啸鸫（陈云江20110709摄于药乡森林公园；刘兆瑞20120704摄于泰山桃花源）

胁具辉亮淡紫色滴状斑且比背，肩部滴状斑大而显著，特别是喉、胸部滴状斑更大。腹、后胁和尾下覆羽黑褐色微沾紫蓝色。尾羽内翈黑褐色、外翈深紫蓝色，外表深紫蓝色。脚黑色；后趾与中趾等长，腿细弱，跗蹠后缘鳞片为整块鳞板。

幼鸟 似成鸟。喉侧有紫白色短纹。全身紫蓝色无滴状斑，中覆羽先端缀白点。下体乌棕褐色，胸和上腹杂有细白羽干纹。

鸣叫声： 鸣声清脆高亢、多变而富音韵似哨声，报警时发出尖厉高音"eer-ee-ee"。

体尺衡量度（长度mm、体重g）： 山东分布有采到标本记录，但标本保存处不详，测量数据遗失。

栖息地与习性： 栖息于中海拔以下的山地森林溪流沿岸，喜栖阔叶林和混交林中多岩石的山涧溪流沿岸。4月迁往北方繁殖地，10月迁到南方繁殖地越冬。性活泼而机警，单独或成对活动，地面活动多跳跃前进，停息时将尾羽散开，上下有时左右摆动，受惊时逃至覆盖物下发出尖厉警叫声。

食性： 主要捕食直翅目、鞘翅目、半翅目、双翅目和膜翅目昆虫，以及蛙和小蟹等小动物，兼食浆果及果实、种子。

繁殖习性： 繁殖期4～7月。雌雄鸟共同在山脚到中高海拔山涧溪流岸边突出岩石上、岩缝间、瀑布后岩洞中和树根间的洞穴中营巢，巢旁有草丛或灌丛隐蔽，杯状巢由苔藓、苇茎、泥、枯草等构成，内垫细草茎、须根等柔软物。每窝产卵3～5枚，卵红色或淡绿色被红色、暗色、淡色斑点或无斑，卵径约为34mm×24mm。雌雄亲鸟轮流孵卵，共同育雏，雏鸟晚成雏。

亚种分化： 全世界有6个亚种，中国有3个亚种，山东分布为指名亚种 *Myophonus caeruleus caeruleus* (Scopoli)。

亚种命名 Scopoli, 1786, Del. Flor. *et* Faun. Insubr., 2：88, no.42（中国）

分布： 东营 - ◎黄河三角洲。泰安 - 泰安，泰山 - 天烛峰（任月恒20120602），桃花峪（任月恒20130523），桃花源（刘兆瑞20120704、20150719），◎锦绣峪，药乡森林公园（陈云江20110709）。烟台 -（R）长岛县 - ▲●（范强东1993）大黑山岛。胶东半岛，山东。

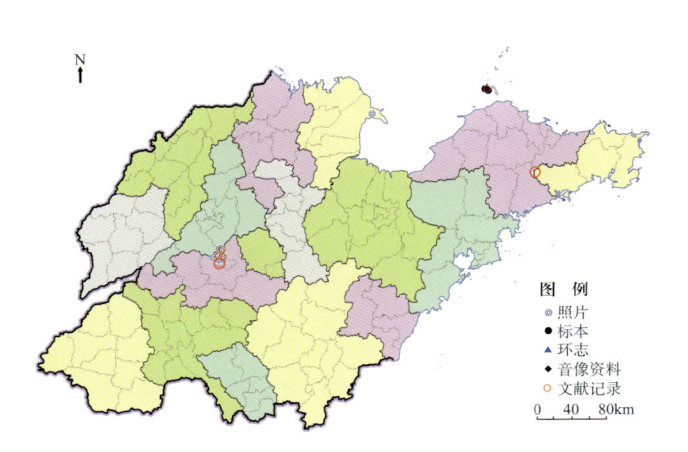

内蒙古、河北、北京、山西、河南、陕西、宁夏、甘肃、安徽、江苏、上海、浙江、江西、湖南、湖北、四川、贵州、云南、福建、广东、广西、香港、澳门。

区系分布与居留类型： [东] S (R)。

种群现状： 物种分布范围广，被评为无生存危机物种。山东分布区域狭窄，数量很少，应加强物种与栖息环境的研究保护；范强东（1993）首次报道在长岛县的大黑山岛采到标本，未列入山东省重点保护野生动物名录。

物种保护： Lc/IUCN。

参考文献： H795，M694，Zjb241；Q338，Z624，Zx157，Zgm237。

山东记录文献： 钱燕文2001，朱曦2008；赛道建2013，单凯2013，卢浩泉2003，范强东1993b、1994。

341-21 橙头地鸫
Zoothera citrina Latham

命名： Latham, 1790, Ind. Orn., 1：350（印度Cachar）
英文名： Orange-headed Thrush
同种异名： 黑耳地鸫，天鸣鸟，桔鸟；—；—

鉴别特征： 中等体型，头橙黄色地鸫。头、颈、下体橙栗色，上体、两翅和尾橄榄灰色，翅上具白色翼斑。特征明显，无相似种类，容易识别。

形态特征描述： 嘴黑褐色。虹膜褐色。颏、喉淡鲜橙栗色，颊上具2道深色垂直斑纹。头、颈背橙栗色，头顶羽色较深。上体蓝灰色，翼黑褐色，覆羽和飞羽外翈蓝灰色，中覆羽、大覆羽具白色端斑形成明显白色横斑，下体胸、上腹、胁深橙栗色，下腹、肛周、尾下覆羽白色。尾暗褐色，中央尾羽、尾上覆羽

橙头地鸫（胡晓坤20170723摄于临朐县沂山；成素博20110703摄于五莲县灵公山）

蓝灰色，外侧尾羽内翈褐色有黑褐色横斑，外翈蓝灰色或仅羽缘蓝灰色，尖端白色。脚肉色。

雌鸟 似雄鸟。上体橄榄灰色。翅大覆羽先端白色、中覆羽先端灰白色。下体橙棕色较雄鸟浅淡。

幼鸟 似雌鸟，但背具细纹及鳞状纹。

鸣叫声： 鸣声甜美清晰。告警时发出似"teer-teer-teerrr"的高声刺耳哨音。

体尺衡量度（长度mm、体重g）： 山东暂无标本及测量数据，但近年来拍到照片。

栖息地与习性： 栖息于低山丘陵和山脚地带的森林中，喜多荫森林，常躲藏在浓密草丛覆盖下的地面。性羞怯，多单独或成对活动，于树上栖处鸣叫，在地上活动觅食。

食性： 主要捕食昆虫及其幼虫，也采食果实和种子。

繁殖习性： 繁殖期5～7月。雌雄共同在灌木或小树上营巢，巢杯状，由细枝、枯草茎和草叶构成，外被苔藓。每窝产卵3～4枚，卵长卵圆形，米灰色被粉红色和紫色斑点，卵径约为27.5mm×21.5mm。雌雄亲鸟轮流孵卵。雏鸟晚成雏，雌雄共同育雏。

亚种分化： 全世界有12个亚种，中国有4个亚种，山东分布为安徽亚种 *Zoothera citrina courtoisi*(Hartert)。

亚种命名 Hartert，1919，Bull. Brit. Orn. Cl.，40：52（安徽霍山）

分布： 济南-长清-张夏（孙桂玲20140603）。济宁-微山县-湿地公园（孙祥涛20170530）。日照-五莲县-灵公山（成素博20110703，李宗丰20110602）。潍坊-临朐县-沂山（胡晓坤20170723）。

河南、安徽、浙江。

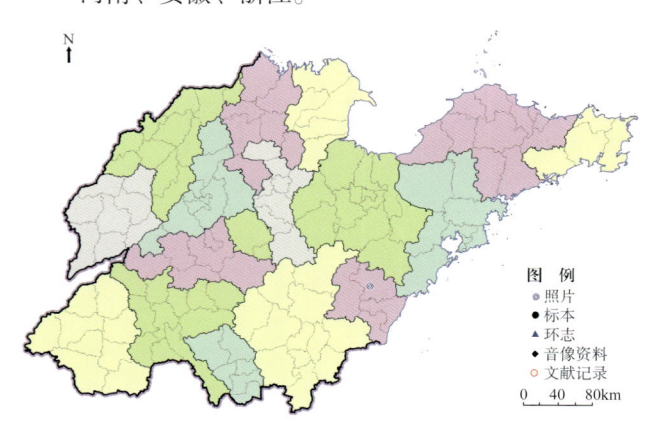

图例
- 照片
- 标本
- 环志
- 音像资料
- 文献记录

0 40 80km

区系分布与居留类型： [东]V。

种群现状： courtoisi亚种在安徽（霍山）繁殖，我国特有种，为不常见留鸟及候鸟。山东分布近年来在野外拍到成鸟育雏照片（胡晓坤），数量稀少，应加强物种分布与栖息环境的调查与保护。

物种保护： 尚无特别保护措施，由于数量稀少，应注意物种与栖息环境的保护。

参考文献： H797，M696，Zjb243；Q338，Z625，Zx158，Zgm237。

山东记录文献： 为山东首次记录。

● 342-01 白眉地鸫
Zoothera sibirica（Pallas）

命名： Pallas PS，1776，Reise. Versch. Prov. Russ. Reichs3：694（西伯利亚达乌里地区）

英文名： Siberian Thrush

同种异名： 白眉地鸫，白眉麦鸡，西伯利亚地鸫，地穿草鸫，阿南鸡；—；Siberian Ground Thrush

鉴别特征： 近黑色（♂）、褐色（♀）地鸫。嘴黑色，眉纹白色而显著。上体蓝灰黑色，颈、胸蓝灰色，胸、腹白色具蓝褐色横斑，腹中部、尾下覆羽白色，翼下黑白斑飞行明显。脚黄色。雌鸟橄榄褐色，下体黄白色，胸胁具赤褐横纹，眉纹黄白色。

形态特征描述： 嘴黑色、下嘴基部黄色。虹膜褐色，眼先黑色，眉纹粗长、白而显著。耳羽黑褐色具细白羽干纹。颏污黄色。上体额、头顶至尾上覆羽深蓝灰黑色。翼上小覆羽同背，其余覆羽黑褐色，中覆羽具小白端斑，大覆羽具不明显棕褐色端斑；飞羽黑褐色、外翈羽缘橄榄褐色、内翈中部白色。下体前部、胸石板灰黑色，下胸、腹侧白色具蓝褐色横斑。腹中部、尾羽羽端及臀白色。中央1对尾羽深蓝灰黑色具浅暗色横斑，外侧尾羽黑褐色、外翈绿灰色具白色端斑。脚黄色。

白眉地鸫（刘子波20140517摄于凤城）

雌鸟 眉纹皮黄白色。上体橄榄褐色。暗褐色翅上有赫褐色斑点。下体皮黄白色，各羽棕褐色端斑形成鳞状横斑。尾黑褐色具隐约暗色横斑，外侧尾羽具白色端斑。

鸣叫声： 发出似笛音，或两个短促音节的"chooeloot"音。

体尺衡量度（长度mm、体重g）： 寿振黄（Shaw 1938a）记录采得雌鸟1只标本，但标本保存地不详，测量数据不完整。

标本号	时间	采集地	体重	体长	嘴峰长	翅长	跗蹠长	尾长	性别	现保存处
	1984				16	120	28	83		山东师范大学
	1958	微山湖	300		15	130	23	84	♂	济宁一中

栖息地与习性： 栖息于林下植物发达的森林地面及树间，喜栖河流水域附近的林地；迁徙期间活动于林缘、路旁、田边、村庄附近丛林地带。性活泼而隐蔽，单独可成对，有时结群活动，善行走奔跑，平日多隐藏于植物茂密处，遇惊迅速飞到附近树上，主要在地上活动觅食。

食性： 主要捕食鞘翅目等各种昆虫及其幼虫、蠕虫等动物，以及果实、种子等。

繁殖习性： 繁殖期5～7月。在林下灌木层发达的河流、沟谷沿岸的灌木小树杈上营巢，碗状巢由枯草茎、叶和纤维、苔藓、泥土构成，内垫细草茎、草叶、松针等物。每窝产卵4～5枚，卵淡蓝色被棕褐色大小不一斑点，卵径约为20mm×30mm。

亚种分化： 全世界有2个亚种，中国2个亚种，山东分布为指名亚种 **Z. s. sibirica**（Pallas），*Geokichla sibirica sibirica, Turdus sibiricus*（Pallas）。

亚种命名 Pallas，1776，Reise Versch. Prov. Russ. Reichs 3：694（西伯利亚达乌尔）

分布： 东营-（P）◎黄河三角洲，东营区-职业学院（孙熙让20110402）。**济宁**-●济宁，南四湖（颜景勇20080517）。**青岛**-青岛，浮山；黄岛区-●（Shaw 1938a）灵山卫。**烟台**-海阳-凤城（刘子波20140517）；◎莱州。**枣庄**-枣庄（闫理钦转鸟友20130122）。**淄博**-淄博。（P）胶东半岛，（P）鲁中山地，鲁西北平原，鲁西南平原湖区。

除宁夏、青海、新疆、西藏外，各省份可见。

区系分布与居留类型： [古]（P）。

种群现状： 仅在我国东北繁殖，种群数量稀少。山东分布数量少，未列入山东省重点保护野生动物名录，需加强物种与栖息环境的保护研究。

物种保护： Ⅲ，中日，Lc/IUCN。

参考文献： H798，M697，Zjb244；Lc334，Q340，Z626，Zx158，Zgm238。

山东记录文献： 郑光美2011，朱曦2008，赵正阶2001，钱燕文2001，范忠民1990，郑作新1987、1976，Shaw 1938a；赛道建2013，田家怡1999，赵延茂1995，王希明1991，纪加义1988b。

● **343-01 虎斑地鸫**
Zoothera dauma（Latham）

命名： Latham，1790，Ind. Orn.，1：362（印度）
英文名： Golden Mountain Thrush
同种异名： 虎鸫，虎斑地鸫，顿鸫，虎斑山鸫；—；White's Thrush, Scaly Thrush

鉴别特征： 上嘴褐黑色、下嘴暗色。上体褐黄色，下体黄白色，通体黑及金黄色羽缘呈粗大褐色鳞状斑纹，翼下次级飞羽及前缘具明显白斑。脚粉红色。

形态特征描述： 嘴褐色、下嘴基肉黄色。虹膜暗色或暗褐色，眼先棕白色微具黑色羽端，眼周棕白色。耳羽、颊、头侧、颧纹白色微具黑端斑，耳羽后缘有黑色块斑。颏、喉白色微具黑色端斑。额至尾上覆羽鲜亮橄榄褐色，羽具亮棕白色羽干纹、绒黑色端斑和金棕色次端斑在上体形成明显黑色鳞状斑，使金橄榄褐色上体满布鳞状黑斑。翅与背同色，中覆羽、大覆羽黑色具暗橄榄褐色羽缘和棕白色端斑，初级覆羽绒黑色、外翈中部羽缘橄榄色；飞羽黑褐色、外翈羽缘淡棕黄色，次级飞羽先端棕黄色、内翈基部棕白色，在翼下形成棕白色带斑，飞翔时明显。腋羽黑色、羽基白色；翼下覆羽黑色、尖端白色，与白色次级飞羽共同形成翼下白色带斑。下体浅棕白色，胸、上腹和两胁白色具黑色端斑和浅棕色次端斑、形成明

虎斑地鸫（刘冰20110308摄于泰山经石峪）

显黑色鳞状斑；下腹的中央和尾下覆羽为浅棕白色。中央尾羽为橄榄褐色，外侧尾羽逐渐转为黑色具白色端斑。脚肉色或橙肉色。

鸣叫声： 叫声似轻柔单调哨音及短促单薄"zeet"声，或多变如"chirrup…chwee chup"声。

体尺衡量度（长度 mm、体重 g）：

标本号	时间	采集地	体重	体长	嘴峰长	翅长	跗蹠长	尾长	性别	现保存处
					22	161	30			山东师范大学
					22	165	33	115		山东师范大学
	1958	微山湖		310	19	160	30	110	♂	济宁一中
	1989	泰山		283	24	165	35	115	♀	泰安林业科技

栖息地与习性： 栖息于溪谷、河流两岸和地势低洼的密林中，迁徙季节出没于林缘疏林、田边和村庄附近的树丛和灌丛中。性胆怯，单独或成对活动，多在林下贴地面飞行不远即降落灌丛中，有时飞到附近树上，起飞时常发出"噶"的鸣叫声，多在林下灌丛中或地上活动觅食。

食性： 主要捕食鞘翅目、鳞翅目和直翅目等昆虫及其幼虫，也采食少量果实、种子和植物嫩叶。

繁殖习性： 繁殖期5~8月。多在溪流两岸林内树干枝权处营巢，碗状巢由细树枝、枯草茎、草叶、苔藓、树叶和泥土构成，内垫松针、细草茎、细树枝和草根等。每窝产卵4~5枚，卵灰绿色或淡绿色，散布稀疏褐色斑点，钝端较多，卵径约为34mm×24mm，卵重约9g。孵化期11~12天。雏鸟晚成雏，雌雄亲鸟共同育雏，留巢期12~13天。

亚种分化： 全世界有16个亚种（Howard and Moore 1980），中国5个亚种，山东分布为普通亚种 *Z. d. aurea*（Holandre），*Oreocincla aurea aurea*（Holandre）。

亚种命名 Holandre, 1825, Paun. Moselle Ois., 2：48（法国）

分布： 滨州 - 滨州港（20130418）。东营 - (P) ◎黄河三角洲。菏泽 - (S) 菏泽。济南 - (P) 济南，黄河；历下区 - 南郊宾馆；长清区 - 张夏（陈云江 20151009）。济宁 - ●济宁；曲阜 - 石门寺。聊城 - 聊城。青岛 - (P) 潮连岛，浮山；崂山区 - 大公岛（曾晓起 20140430）。日照 - 东港 - 河山（李宗丰 20150717），双庙山沟（成素博 20120517）；(P) 前三岛（成素博 20111005）- 车牛山岛，达山岛，平山岛。泰安 - (P) 泰安；●泰山 - 中山，低山，经石峪（刘冰 20110308，刘国强 20130505）。淄博 - 淄博。胶东半岛，鲁中山地，鲁西北平原，鲁西南平原湖区。

除西藏外，各省份可见。

区系分布与居留类型： [广] (P)。

种群现状： 几乎遍布全国，分布较广，种群数量局部地区较丰富。山东分布较广，数量不普遍，未列入山东省重点保护野生动物名录，应加强物种与栖息环境的保护研究。

物种保护： Ⅲ，日。

参考文献： H801，M700，Zjb247；Lc339，Q340，Z629，Zx158，Zgm239。

山东记录文献： 郑光美 2011，朱曦 2008，赵正阶 2001，钱燕文 2001，范忠民 1990，傅桐生 1987，Shaw 1938a；孙玉刚 2015，赛道建 2013、1994，贾少波 2002，王海明 2000，田家怡 1999，赵延茂 1995，王庆忠 1992，王希明 1991，泰安鸟调组 1989，纪加义 1988b，杜恒勤 1985。

● **344-01 灰背鸫**
Turdus hortulorum Sclater

命名： Sclater PL, 1863, Ibis 5：196（广东珠海）
英文名： Grey-backed Thrush
同种异名： 灰背鸫，灰背赤腹鸫；—；—

鉴别特征： 嘴黄褐色，颏、喉灰白色，羽干纹黑色。上体蓝灰色，胸灰色，两胁及翼下覆羽棕黄色，胸腹中部白色。雌鸟上体褐色，喉及胸白色，胸侧两胁具黑点斑。脚肉色。

形态特征描述： 嘴黄褐色，上嘴前端有缺刻。虹膜褐色，眼先黑色。头部石板灰微沾橄榄色、两侧缀橙棕色，耳羽褐色具白色细羽干纹。颏、喉淡白色缀赭色、具黑褐色羽干纹，两侧具黑斑点。上体从头至尾、两翅石板灰色，飞羽黑褐色，外翈缀蓝灰色。胸淡灰色具黑褐色三角形羽干斑，下胸中部和腹中央污白色，下胸两侧、两胁、腋羽和翼下覆羽亮橙栗色。尾黑色，尾羽中央1对蓝灰色，其余尾羽黑褐色、外翙缀蓝灰色。尾下覆羽白色缀淡皮黄色。脚黄褐色，后趾与中趾等长，腿细弱，跗蹠后缘具整块鳞片。

雌鸟 似雄鸟。嘴褐色。颏、喉呈淡棕黄色具黑褐色长条形或三角形端斑，尤以两侧斑点较稠密，胸淡黄白色具三角形羽干斑。

幼鸟 上体橄榄褐色，头和翕具淡色条纹，翼上覆羽具棕色端斑。下体污白色具暗色纵纹，胸或多或少具斑点。

鸣叫声： 鸣声悦耳，报警时发出似"chuck chuck"的叫声或喘息声。

体尺衡量度（长度mm、体重g）： 寿振黄（Shaw 1938a）记录采得雌鸟2只标本，但标本保存地不详，测量数据不完整。

灰背鸫（成素博20140419摄于崮子河）

标本号	时间	采集地	体重	体长	嘴峰长	翅长	跗蹠长	尾长	性别	现保存处
					17	118	30	77	♂	山东师范大学
	1989	泰山		283	24	165	35	115	♂	泰安林业科技

栖息地与习性： 栖息于低山丘陵地带的茂密森林中，以河谷等水域附近混交林常见，迁徙、越冬期间也见于林缘、疏林草坡、果园和农田地带。4月末5月初迁来东北繁殖地，9月末10月初南迁越冬。单独或成对活动，迁徙季节集成小群或与其他鸫类结成松散的混合群。繁殖期间，常固定在一处，多站在树枝头上不停鸣叫，晨晚时最为频繁，鸣声清脆响亮。地栖性，善在地上跳跃行走，多在地上活动和觅食。

食性： 主要捕食鞘翅目、鳞翅目、双翅目等昆虫及其幼虫，以及蚯蚓等动物和植物的果实、种子。

繁殖习性： 繁殖期5~8月。常在林下幼树枝杈上筑巢，雌雄亲鸟共同营巢时追逐交尾，雄鸟有时站在巢附近小树上鸣叫，巢由树枝、枯草茎、枯草叶、树叶、苔藓和泥土构成，结构精致，内垫草根和松针。每窝产卵3~5枚，卵鸭蛋绿色被红褐色和紫色深浅两层斑点，表层红斑点较大，深层紫色斑点较小，卵长椭圆形或卵圆形，卵径约为26mm×19m，卵重4.4~6.0g。卵产齐后雌鸟孵卵，孵化期约14天。雏鸟晚成雏，雌雄亲鸟共同育雏，育雏期约11天，此后即可离巢。

亚种分化： 单型种，无亚种分化。

分布： 东营-（P）◎黄河三角洲；河口区-（李在军20081003），飞雁滩（仇基建20111006、20131005），维修大队（仇基建20131006）。济南-历下区-泉城公园（马明元20121208）。济宁-曲阜-（P）石门寺。青岛-崂山区-（P）潮连岛，●（Shaw 1938a）大公岛，浮山。日照-东港区-崮子河（成素博20140419）；（P）前三岛-车牛山岛，达山岛，平山岛。泰安-（P）泰安，●泰山。烟台-◎莱州；长岛县-▲（E03-3320）大黑山岛。淄博-淄博。胶东半岛，鲁中山地，鲁西北平原，鲁西南平原湖区。

除宁夏、青海、西藏外，各省份可见。

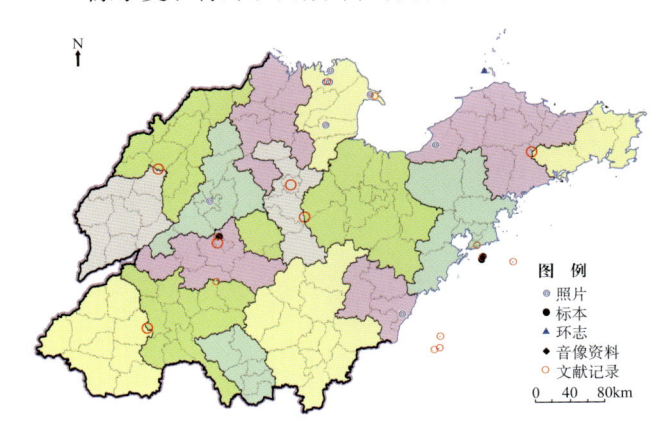

区系分布与居留类型： [古]（P）。

种群现状： 物种分布范围广，种群数量较为丰富，被评为无生存危机物种。山东分布数量并不普遍，未列入山东省重点保护野生动物名录，需加强物种与栖息环境的保护研究。

物种保护： Ⅲ，中日，Lc/IUCN。

参考文献： H804，M702，Zjb250；Lc343，Q342，Z631，Zx159，Zgm240。

山东记录文献： 郑光美2011，朱曦2008，钱燕文2001，范忠民1990，郑作新1987、1976，Shaw 1938a；赛道建2013，田家怡1999，赵延茂1995，王希明1991，泰安鸟调组1989，纪加义1988b。

344-21 乌灰鸫
Turdus cardis Temminck

命名：Temminck CJ, 1831, Pl. Col, Ois., 87, pl.518 and Note（日本）

英文名：Japanese Thrush

同种异名：日本乌鸫，黑鸫；—；Japanese Thrush, Japanese Grey Thrush

鉴别特征：雌雄异体色。头、颈、胸深黑色，上体纯黑灰色，下体白色，腹和胁具黑色点斑。雌鸟上体灰褐色，颏、喉灰白色具褐色斑点、两侧连成线状，胸灰色具黑褐色斑点，胸侧、胁、腋和翼下橙棕色，飞翔时醒目。

形态特征描述：喙黄色。虹膜褐色，眼圈黄色。头、颈、颏、喉及胸深黑色。体背面纯黑灰色。飞羽内翈黑褐色。两胁及腿羽灰色。腹部及两胁具疏松黑色斑点；下腹、尾下覆羽白色。跗蹠及趾肉色。

乌灰鸫（李宗丰20111119摄于山海天渡假区）

雌鸟 喙近黑色。耳羽橄榄褐色具白色羽干纹。颏、喉灰白色具褐色斑点、两侧斑点较密、连成线状。背灰褐色。飞羽内翈暗褐色；腋羽鲜栗色。胸部灰色具大型黑褐色斑点，上胸呈横斑状；胸侧及两胁沾赤褐色；腹部中央及尾下覆羽白色。两胁及腿羽橄榄灰微带栗色。

幼雄鸟 上体黑灰色、羽端沾橄榄棕色。翅黑色，大覆羽具棕白色端斑。两胁灰色。胸棕白色、羽端白色，后胸黑色、羽端棕白色。腹棕白色具黑色端斑，下腹、尾下覆羽白色。

幼雌鸟 颏、喉皮黄色，两侧黑色斑点连成线状。上体棕褐色具淡黄色细羽干纹。飞羽内翈暗褐色。腋羽皮黄色。胸、腹、尾下覆羽黄白色、羽端棕褐色。覆腿羽栗黄色。

鸣叫声：受惊吓时发出"gagaga"或"zi-"的叫声。

体尺衡量度（长度mm、体重g）：山东暂无标本及测量数据，但近年来拍到照片。

栖息地与习性：栖息于平原至低海拔山区的树林地带。性羞怯、胆小，常藏身于浓密植物丛中，多单独活动，迁移期偶结成小群，在地面觅食。

食性：主要采食植物果实，也捕食部分昆虫。

繁殖习性：繁殖期5~7月。通常在林下小树枝杈上营巢，巢杯状，由苔藓、枯草茎、草根和泥土等构成，内垫细草茎、兽毛和羽毛。每窝通常产卵3~5枚，卵呈不同蓝色被淡褐色或紫罗兰色斑点，卵径约为26mm×19mm。

亚种分化：单型种，无亚种分化。

分布：东营-◎黄河三角洲；河口区（李在军20081003）。日照-山海天度假区（李宗丰20111119）。

河南、安徽、江苏、上海、浙江、江西、湖南、湖北、四川、贵州、云南、福建、台湾、广东、广西、海南、香港、澳门。

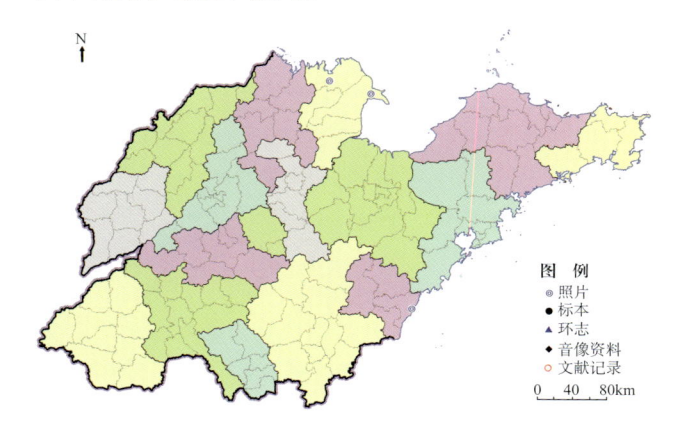

区系分布与居留类型：[古] W。

种群现状：虽有笼养驯化，但不常见。已知繁殖于河南南部、湖北、安徽及贵州，冬季南迁至海南岛、广西及广东越冬；中国鸟类观察（2014年2月）珍稀鸟种报告栏中，有邢超和胡若成（2013年10月）"北大绿协参与鸟调过程中发现的2种新记录鸟类乌灰鸫与角百灵"的记录。上述情况说明山东有分布的可能；冬季拍到个体，为山东分布首次记录，但与物种的迁徙活动规律相背，是逃匿个体还是其他原因引起分布的扩散，以及野外生存状况需要研究证实。

物种保护：Ⅲ。

参考文献：H805，M704，Zjb251；Lc345，Z590/632，Zx159，Zgm240。

山东记录文献：山东分布首次记录。

● **345-01 乌鸫**
Turdus merula Linnaeus

命名：Linnaeus C, 1758, Syst. Nat., ed. 10, 1: 170（瑞典）
英文名：Eurasian Blackbird
同种异名：黑鸫，乌鹠，春鸟，百舌，反舌，中国黑鸫，乌鸪；*Turdus mandarinus* Bonaparte, 1850, *Turdus wulsini* Riley, 1925, *Turdus maxima* Seebohm, 1881; Common Blackbird, Blackbird

鉴别特征：嘴橘黄色，体黑色。雌鸟嘴绿黄色至黑色，上体黑褐色、下体褐色，脚褐色。

形态特征描述：嘴橙黄色或黄色。虹膜褐色，眼橘黄色。嘴及眼周橙黄色。全身大致黑色、黑褐色或乌褐色，有的沾锈色或灰色。上体包括两翅和尾羽是黑色。下体黑褐色稍淡，胸有暗色纵纹。颏缀以棕色羽缘，喉亦微染棕色微具黑褐色纵纹。脚近黑色。

雌性 较雄鸟色淡。颏、喉浅栗褐色缀暗纹。上体包括翅、尾黑褐色，背部色稍淡。下体黑褐色稍沾栗色。

幼鸟 雌雄难区分。雄性初级飞羽有明显金属光泽，雌幼鸟无此光泽。

乌鸫（赛道建20110327、20120613山东师大校园、大明湖）

鸣叫声：歌声嘹亮动听，善仿其他鸟鸣；警告声急促如"jia、jia…""zhi、zhi"。

体尺衡量度（长度mm、体重g）：

标本号	时间	采集地	体重	体长	嘴峰长	翅长	跗蹠长	尾长	性别	现保存处
					22	173	32	106		山东师范大学
					19	109	27	78	♀	山东师范大学
	1989	徂徕山	238		10	129	32	92	♀	泰安林业科技

栖息地与习性：栖息于各种不同类型的森林中，喜栖林区外围、林缘疏林、田边树林、果园和村镇边缘及城市绿地。性胆怯，眼尖，对外界反应灵敏，夜间受到惊吓时会飞离原栖地，栖落树枝前常发出急促短叫声。常结小群在地面上奔驰，在垃圾堆等处觅食。

食性：主要捕食有鳞翅目、双翅目、鞘翅目和直翅目等昆虫及其幼虫，也采食植物的果实、杂草种子等。

繁殖习性：繁殖期4~7月。在高大乔木的枝梢上或树干分支处营巢，巢深碗状，由枝条、枯草、松针等混泥筑成。每窝产卵4~6枚，卵为卵圆形，淡蓝灰色或近白色缀赭褐色斑点，卵径为30~22mm。卵产齐后由雌鸟孵卵，雄鸟担任警戒，孵化期14~15天，见人靠近发出急促警告声。雌雄共同育雏。

亚种分化：全世界有14个亚种，中国4个亚种，山东分布为普通亚种 *T. m. mandarinus* Bonaparte。

亚种命名 Bonaparte C L Jr, 1850, Consp. Gen. Av., 1: 275（中国南部）

分布：滨州 - 无棣县 - 小开河沉沙池（20160519）。**东营** - ◎黄河三角洲，六干苗圃（20130605）。**菏泽** - 曹县 - 宋炉庙（谢汉宾 20151017）。**济南** - (R)济南；历下区 - 大明湖（20121207），千佛山（20121122），师大校园（20110327、20120613），泉城公园（20120915、20141014，记录中心8883）；市中区 - 趵突泉（20080601），南郊宾馆（陈云江 20101218），五龙潭（陈忠华 20131229）；槐荫区 - 玉清湖（20130320）。**济宁** - 任城区 - 太白湖（聂成林 20090509），吴村（张月侠 20160405）；曲阜 - 沂河公园（20140803、20141220），孔林（孙喜娇 20150423）；嘉祥 - 洙赵新河（20140806）；微山县 - 微山湖，种鱼场（20151211），昭阳（陈保成 20091206），龟山岛（20151207），渭河村（20151208），刘庄村（张月侠 20160403），湿地公园（张月侠 20160404），顺航公园（20160222）；兖州 - 前邴村（20160614），人民乐园（20160723）；鱼台 - 王鲁（张月侠 20150618），袁洼（张月侠 20160405）。**莱芜** - 莱城区 - 红石公园（20130704，陈军 20130430）。**日照** - 前三岛；东港区 - 国家森林公园（郑培宏 20140220）。**泰安** - (P)泰安；泰山区 - 农大南校园，树木园（20140513）；岱岳区 - ●徂徕山；泰山；东平县 - 大清河（20130509、20140612），(P)东平湖（20130519）。**潍坊** - 奎文区；诸城（20121012）；◎高密。**威海** - 环翠公园（20130103），(R)荣成 - ◎成山。**烟台** - 海阳 - 东村（刘子波 20140318）；◎莱州。**枣庄** -

枣庄（20121210）。淄博 - 张店区 - 人民公园（赵俊杰 20141216）。

内蒙古、河北、北京、山西、陕西、甘肃、安徽、江苏、上海、浙江、江西、湖南、湖北、四川、重庆、贵州、云南、福建、台湾、广东、广西、海南、香港、澳门。

区系分布与居留类型：[广] R（S）。

种群现状：为笼养鸣禽之一。物种分布范围广，我国种群数量丰富，被评为无生存危机物种。山东分布较广，数量较普遍，可能主要由分布区北扩造成，未列入山东省重点保护野生动物名录。

物种保护：Lc/IUCN。

参考文献：H808，M707，Zjb254；Lc347，Q344，Z635，Zx159，Zgm241。

山东记录文献：郑光美 2011，朱曦 2008；孙玉刚 2015，赛道建 2013，李久恩 2012，泰安鸟调组 1989，纪加义 1988b。

● 346-10 灰头鸫
Turdus rubrocanus G. R. Gray

命名：G. R. Gray，1846，Cat. Bds. Nepal：81（尼泊尔）

英文名：Chestnut Thrush

同种异名：灰头鶲；—；Grey-headed Thrush

鉴别特征：嘴黄色，眼圈黄色。头颈至上胸灰黑色，翼和尾黑色，臀部、尾下覆羽黑色具白羽干纹，余部栗色。脚黄色。

形态特征描述：嘴黄色。虹膜褐色，眼先黑色。头部褐灰色微沾橄榄色、两侧缀橙棕色，耳羽褐色具白色细羽干纹。颏、喉淡白微缀赭色，具黑褐色羽干纹、两侧具黑色斑点。上体石板灰色，后颈、颈侧、上背烟灰褐色，背、肩、腰和尾上覆羽暗栗棕色，翅和尾黑色。飞羽黑褐色，外翈缀蓝灰色，胁、腋羽亮橙栗色。胸淡灰色，有的具黑褐色三角形羽干斑，上胸烟灰色或暗褐色、下胸中部和腹中央污白色，下胸、腹两侧、翼下覆羽亮橙栗色。尾羽中央 1 对蓝灰色，其余黑褐色、外翈缀蓝灰色，尾下覆羽黑褐色杂灰白色羽干纹和端斑。脚黄色。

雌鸟　似雄鸟，羽色较淡。颏、喉白色具暗色纵纹。

幼鸟　额、后颈、头侧和颈侧橄榄褐色，羽端烟灰色。颏、喉污白色，两侧暗褐色斑点彼此连接呈线状。上背栗色具淡棕色羽干纹和黑色端斑，下背、尾上覆羽栗色。翅黑褐色，翼上覆羽具栗色羽干纹和端斑，飞羽外翈沾橄榄褐色。胁和腋羽栗色具黑色端斑。胸、腹栗色具淡黄白色羽干纹和黑色羽端，胸部羽干纹粗而显著。尾羽黑褐色，尾下覆羽黑沾栗色具粗著淡黄白色羽干纹。

鸣叫声：善鸣叫，鸣声清脆响亮可传到远处。

体尺衡量度（长度 mm、体重 g）：山东分布见有少量文献记录，但暂无标本及测量数据。

栖息地与习性：栖息于较高海拔的山地林区，以茂密的针叶林和针阔叶混交林常见，冬季多下到低山林缘灌丛和山脚平原等开阔地带的树丛、村寨附近和农田活动。性胆怯，常单独或成对活动，迁徙季节集成小群或和其他鸫类结成松散混合群。繁殖期间常固定在一处地方不停鸣叫，鸣叫时站在小树枝头，发现人即飞到地面急速跳跃逃离。

食性：主要捕食昆虫，冬季兼食植物种子。

繁殖习性：繁殖于 5～7 月。通常在林下幼树枝杈上筑巢，雌鸟筑巢，雄鸟站在巢附近小树上鸣叫，或边参与营巢边追逐交尾；巢由树枝、枯草茎、枯草叶、树叶、苔藓和泥土等构成，结构精致，内垫草根和松针。每窝产卵 6～8 枚，卵鸭蛋绿色被红褐色和紫色深浅两层斑点，表层红色斑点较大，深层紫色斑点较小，卵长椭圆形或卵圆形。卵产齐后由雌鸟孵卵，孵化期约 14 天。雌雄亲鸟共同育雏，育雏期约 11 天。

亚种分化：全世界有 2 个亚种，中国有 2 个亚种，山东分布为西南亚种 *Turdus rubrocanus gouldii*（Verreaux）。

亚种命名　Verreaux，1870，Bull. Nouv. Arch. Mus. Hist. Nat. Paris，6：34（四川宝兴）

分布：济南 - 济南。鲁西北平原。

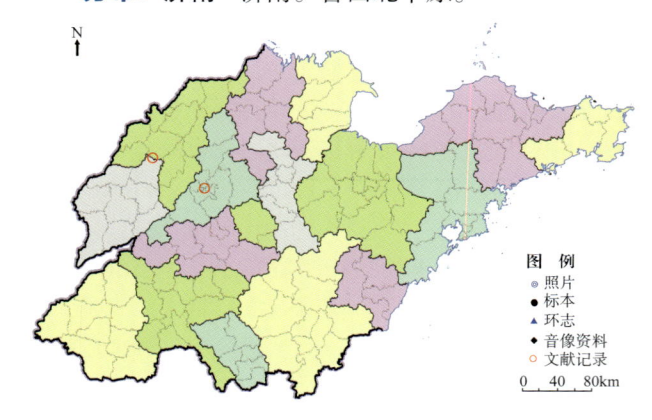

陕西、湖北、四川、重庆、贵州、云南、甘肃、宁夏、青海、西藏。

区系分布与居留类型：［古］（P）。
种群现状： 数量并不丰富。山东分布偶见（郑作新1987、1976），纪加义（1988b）记录采到标本，但分布区狭窄，数量极少，无相关研究，近年来也无分布照片记录，未列入山东省重点保护野生动物名录，其分布现状需进一步研究确证。
物种保护： Ⅲ，Lc/IUCN。
参考文献： H810，M709，Zjb256；Q344，Z636，Zgm242。
山东记录文献： 赵正阶2001，郑作新1987、1976；赛道建2013，纪加义1988b。

347-11 褐头鸫
Turdus feae（Salvadori）

命名： Salvdori, 1887, Ann. Mus. Civ. Stor, Nat. Genova（2）5：54（缅甸Mt. Mooleyit, Tenasserim）；Zheng Zuoxin, Long Zeyu and Lu Taichun, 1995.—. FAUNA SINICA AVES Vol. 10：Passeriformes（Muscicapidae Ⅰ. Turdinae）Science Press, Beijing；Zheng Zuoxin, 1989

英文名： Grey-sided Thrush
同种异名： 费氏穿草鸫；—；Fea's Thrush
鉴别特征： 中等体型的浓褐色鸫。嘴黑褐色，下喙基黄色，眉纹白而短。头顶、后颈橄榄褐色，上体土褐色，下体污白沾灰色，胸、两胁灰色，腹、臀部白色，翼下覆羽和腋羽灰色。脚棕黄色。
形态特征描述： 嘴黑褐色，嘴裂及下颌基部黄色。虹膜暗褐色，眼先黑褐色，眉纹窄而短、白色，眼眶上下缘污白色。耳覆羽具污灰白色羽干纹。额、头顶、头侧、颈后侧暗橄榄褐色。颏、喉中央白色。背、肩、腰同颈后或草黄褐色。翅黑褐色，外侧飞羽外翈缘灰橄榄褐色，内翈橄榄褐色，翼上覆羽具皮黄色尖端。腋羽和翼下覆羽灰色。胸、胁暗石板灰色，腹中央、尾下覆羽白色。尾暗橄榄褐色，外翈浅淡，可见细的暗褐色横斑，外侧尾羽羽端无白色，尾上覆羽色同腰、背，尾下覆羽基部或羽缘灰褐色。脚棕黄色。
雌鸟 似雄鸟。羽色较暗淡。眉纹不明显。颏、喉白微沾褐色斑点。胸、胁灰褐色。
幼鸟 上体暗橄榄褐色具棕黄色羽干纹。下体污白色。喉侧、胸、腹具暗褐色圆斑和横斑，羽端浅棕黄色。
鸣叫声： 叫声似"zeee""sieee"，短促、嘹亮而富颤音。
体尺衡量度（长度mm、体重g）： 山东分布仅见少量文献记录，但暂无标本及测量数据。

栖息地与习性： 多栖息生活于高处阴暗、潮湿的混交林缘，喜在小山溪空地上活动，常隐匿在溪流或树丛间。单独或成对活动，冬季常与白眉鸫混群活动，繁殖季常在枝头上鸣叫，在树枝间做短距离飞翔。
食性： 捕食各种昆虫及其幼虫，也采食植物的果实和种子。
繁殖习性： 繁殖期5～7月。雌雄共同在低矮、茂密灌丛、草丛和溪边采集巢材，于树杈处用泥土黏牢营巢，隐蔽性好很难被发现；巢碗状，由枯草茎、须根和纤维构成。每窝产卵4枚，卵鸭蛋绿色被棕褐色、淡灰褐色、咖啡色小斑点，钝端密集，卵径约为29mm×20mm。雌雄轮流孵卵，孵化期约14天。雏鸟晚成雏，育雏期12～14天，7月初可见离巢幼鸟。
亚种分化： 单型种，无亚种分化。
分布： 鲁西北，（R）山东。
内蒙古、河北、北京、山西。

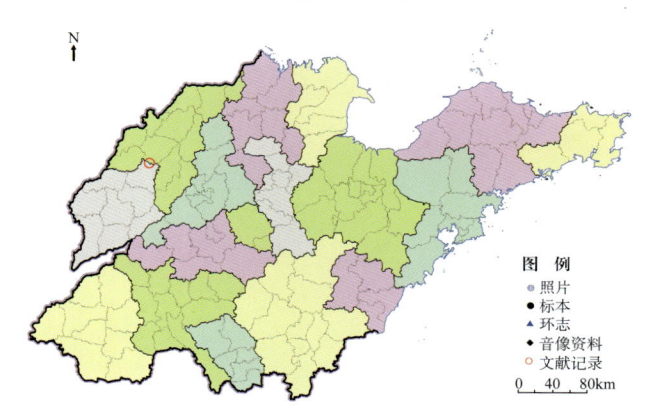

区系分布与居留类型：［古］（R）。
种群现状： 分布区狭窄而数量稀少，列入国际鸟盟全球濒危鸟类名录。山东分布区狭窄而数量少，仅有少量分布报道，尚无标本及照片等实证及有关该物种生态研究的专门报道，分布现状需加强研究确证。
物种保护： Ⅲ，Vu/IUCN。
参考文献： H812，M711，Zjb258；Q346，Z638，Zx160，Zgm242。
山东记录文献： 郑光美2011，朱曦2008；赛道建2013。

● 348-01 白眉鸫
Turdus obscurus Gemlin

命名： Gemlin JF, 1789, Syst. Nat., ed. 13, 1：816（西伯利亚贝加尔湖）
英文名： White-browed Thrush
同种异名： 灰头鸫，白腹鸫；*Turdus pallidus obscurus* Gemlin, 1789, *Turdus seyffertitzii* Brehm, 1824,

Turdus obscurus obscurus Gmelin; Eyebrowed Thrush, Dark Thrush

鉴别特征： 嘴基黄色，端部黑色，头深灰色，贯眼纹白色且明显。上体橄榄褐色，胸带褐色，胸腹部白色而两侧赤褐色。尾褐色。脚黄色至肉棕色。相似种白腹鸫无白眉纹，胸、两肋橙黄色；赤胸鸫无眉纹。

形态特征描述： 上嘴褐色、下嘴黄色。虹膜褐色，眼先黑褐色，白色眉纹长而显著，眼下有一白斑。额、头顶、枕、后颈灰褐色而头顶略沾橄榄褐色。头侧和颈侧灰沾褐色，耳羽灰褐色具白色细羽干纹。颊白色，喉羽基白色，羽端灰色或灰褐色具少许斑点。上体肩、背、腰、尾上覆羽及两翅内侧表面橄榄褐色。飞羽和覆羽内翈黑褐色，外翈淡橄榄褐色。腋羽和翼下覆羽灰色。胸、胁橙棕色或橙黄色，腹白色。尾羽暗褐色，尾下覆羽白色，羽基边缘缀橄榄褐色。脚褐红色。

白眉鸫（仇基建20090925摄于飞雁滩）

雌鸟 似雄鸟而羽色稍暗。头和上体橄榄褐色。喉白色具褐色条纹。胸、胁橙棕色或橙黄色，腋羽和翼下覆羽浅橙黄沾灰色。脚黄绿色。

鸣叫声： 发出似"zeee""sieee"的叫声。

体尺衡量度（长度mm、体重g）： 寿振黄（Shaw 1938a）记录采得雄鸟2只、雌鸟3只标本，但标本保存地不详，测量数据不完整。

栖息地与习性： 繁殖期栖息于中海拔以上针阔叶混交林、针叶林中，常见于河谷水域附近的茂密混交林，迁徙和越冬期间见于林缘、疏林草坡、果园和农田地带。单独或成对活动，性胆怯，常藏匿，4月末5月初迁到东北繁殖地，9月末10月初南迁越冬。

食性： 主要捕食鞘翅目和鳞翅目等昆虫及其幼虫，以及其他小型无脊椎动物，也采食植物的果实和种子。

繁殖习性： 繁殖期5～7月。常在林下小树或高灌木枝杈上营巢，杯状巢由细树枝、枯草茎、须根和泥土等构成。每窝产卵4～6枚，卵径约为27mm×20mm。

亚种分化： 单型种，无亚种分化。

曾与赤胸鸫（*Turdus chrysolaus*）作为白腹鸫（*Turdus pallidus*）的不同亚种（Dementiev and Gladkov 1954，郑作新1987）；郑作新（1987）认为白腹鸫（*Turdus pallidus*）包含 obscurus、pallidus、chrysolaus 3个亚种。Riply（1964）、Vaurie（1959）等将 *T. pallidus*、*T. obscurus*、*T. chrysolaus* 视为3个独立种；因与白腹鸫有形态差异、繁殖区重叠而无中间类型，郑作新（1994）、郑光美（2011）将其作为独立的种。

分布： 东营-（P）◎黄河三角洲；自然保护区-大汶流（单凯20130513）；河口区-飞雁滩（仇基建20090925）。济宁-●济宁。青岛-崂山区-潮连岛；黄岛区-（P）●（Shaw 1938a）灵山岛。日照-前三岛（成素博20111005）。泰安-泰安，泰山；东平县-东平湖。烟台-海阳-凤城（刘子波20140503）；◎莱州。胶东半岛，鲁中山地，鲁西北平原，（SP）山东。

除西藏外，各省份可见。

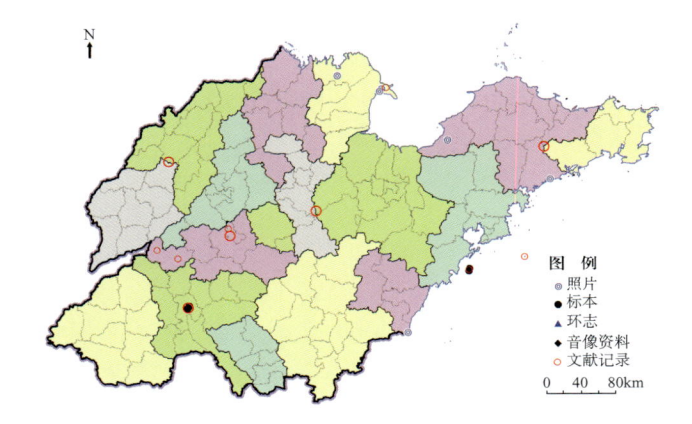

区系分布与居留类型： ［古］（SP）。

种群现状： 中国的种群数量不丰富。山东分布区域窄，迁徙过境数量不普遍，全省鸟类普查时采到标本（纪加义1988b），卢浩泉（2003）记为山东鸟类新记录，未列入山东省重点保护野生动物名录。

物种保护： Lc/IUCN。

参考文献： H814，M712，Zjb260；Lc354，Q346，Z639，Zx160，Zgm242。

山东记录文献： 郑光美2011，朱曦2008，赵正阶2001，郑作新1987、1976，Shaw 1938a；赛道建2013，卢浩泉2003，田家怡1999，赵延茂1995，纪加义1988b。

● **349-01 白腹鸫**
Turdus pallidus Gmelin

命名： Gmelin JF，1789，Syst. Nat.，ed. 13，1：815（西伯利亚贝加尔湖）

英文名： Pale Thrush

同种异名： 白腹鸫；*Turdus pallidus pallidus* Gmelin, *Turdus daulias* Temminck, 1831；—

鉴别特征： 中等体型的褐色鸫。上嘴灰色、下嘴黄色，头及喉灰褐色，颏乳白色，羽干延长成须状，黑色。上体橄榄褐色，翼衬灰色或白色，胸、两胁褐灰色，腹、臀部白色。外侧两对尾羽具宽白端斑。雌鸟头褐色而喉白色、具细纹。脚浅褐色。相似种白眉鸫白色眉纹显著，胸及两胁黄褐色；褐头鸫有短、窄浅白色眉纹。

形态特征描述： 上嘴褐灰色、前端有缺刻，下嘴黄色，尖端淡褐色。虹膜褐色，眼先、颊、耳羽黑褐色，耳羽具浅黄白色细纹。额、头顶、枕灰褐色。颏白色，羽干延长呈须状，黑色，上喉白色、羽端缀灰褐色而呈褐灰色。上体肩、背、腰和翅内侧表面橄榄褐色。初级飞羽、覆羽灰褐色，外翈羽缘缀灰色，次级飞羽、三级飞羽外翈橄榄褐色、内翈黑褐色。下喉、胸和两胁灰褐色，腹中部的尾下覆羽白沾灰色。尾灰褐色，最外侧2～3枚尾羽具宽阔白色端斑，尾上覆羽橄榄褐色，尾下覆羽常具灰色斑点。脚浅褐色，后趾与中趾等长，离趾型足；腿细弱，跗蹠后缘具整块鳞板。

白腹鸫（孙劲松20090916摄于孤岛公园）

雌鸟 似雄鸟。头褐色较浓。喉偏白色略具灰色细纹。初级飞羽、覆羽和尾羽褐色。

鸣叫声： 发出似"chuck-chuck"的鸣声。

体尺衡量度（长度mm、体重g）：

标本号	时间	采集地	体重	体长	嘴峰长	翅长	跗蹠长	尾长	性别	现保存处
					21	123	29	95		山东师范大学
					19	116	29	81		山东师范大学
	1958	微山湖		209	12	124	27	82	♂	济宁一中
	1989	泰山		214	18	126	30	85	♂	泰安林业科技

栖息地与习性： 繁殖期间，栖息于中海拔针阔叶混交林、针叶林等林中，以河谷等水域附近茂密的混交林较常见，迁徙越冬期间阔叶林、松林、林缘疏林草坡、果园和农田地带也可见。4月末5月初来东北繁殖地，9月末10月初迁到南方越冬。性羞怯，常藏匿于林下，单独或成对活动，迁徙季节集成小群，或和其他鸫类结成松散的混合群。极善鸣叫，叫声多变悦耳，常固定在一处不停鸣叫，鸣声清脆响亮。地栖性鸟类，善在地上跳跃行走，多在地上活动和觅食。

食性： 主要捕食鞘翅目、鳞翅目等昆虫及其幼虫，以及蚯蚓等其他小型无脊椎动物，也采食植物的果实和种子。

繁殖习性： 繁殖期5～7月。在林下小树或高灌木枝杈上营巢，杯状巢由细树枝、枯草茎、须根和泥土等构成。每窝产卵4～6枚，卵径约为27mm×20mm。

亚种分化： 单型种，无亚种分化。

本种与白眉鸫（*T. obscurus*）、赤胸鸫（*T. chrysolaus*）曾被视为同一种的不同亚种（郑作新1987），我国均有分布。因形态与生物学上有显著差异而独立为3个种（Riply1964，Howard and Moore 1995，赵正阶2001，郑光美2011）。

分布： 东营-（P）◎黄河三角洲；河口区-河口（李在军20080411），孤岛公园（孙劲松20090916）。济南-历下区-泉城公园（记录中心8883）。济宁-●济宁。青岛-崂山区-（P）潮连岛，浮山。日照-东港区-碧海路（成素博20121125、20130106）；（P）前三岛-车牛山岛，达山岛，平山岛。泰安-●泰山；东平县-●东平。烟台-海阳-凤城（刘子波

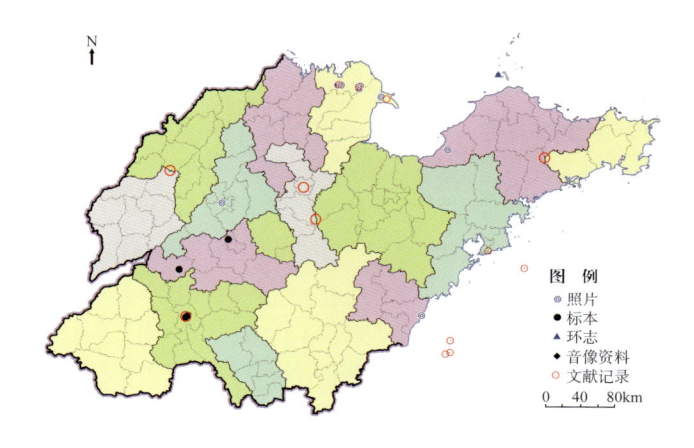

20150406）。**淄博** - 淄博。胶东半岛，鲁中山地，鲁西北平原。

各省份可见。

区系分布与居留类型：［古］（P）。

种群现状： 物种分布范围不广，数量也不丰富。迁徙期间山东可见，分布数量并不普遍，相关研究少，未列入山东省重点保护野生动物名录，需加强物种与栖息环境相关方面的研究。

物种保护： Ⅲ，中日，Lc/IUCN。

参考文献： H813，M714，Zjb259；Lc357，Q346，Z638，Zx160，Zgm243。

山东记录文献： 郑光美2011，朱曦2008，赵正阶2001，钱燕文2001，范忠民1990，郑作新1987、1976；赛道建2013，田家怡1999，赵延茂1995，王希明1991，泰安鸟调组1989，纪加义1988b。

● 350-20 赤胸鸫
Turdus chrysolaus Temminck

命名： Temminck CJ，1838，in Temminck *et* Laugier，Pl，Col. Ois.，87：pl.537（日本）

英文名：Brown-headed Thrush

同种异名： 赤腹鸫，日本褐色鸫，白腹鸫（日本亚种）；*Turdus pallidus chrysolaus* Temminck，1832；Rufous-breasted Thrush，Japanese Brown Thrush

鉴别特征： 嘴铅灰色，头、喉灰黑色。上体、翼灰褐色，翼下覆羽色浅，胸、两胁黄褐色，腹、臀部白色。雌鸟头褐色而喉白色。尾褐色。脚黄褐色。

形态特征描述： 上嘴暗褐色，下喙除尖端外黄色。虹膜褐色。喉近灰色。头部至前胸黑褐色。上体背橄榄褐色带锈赤色。初级飞羽、次级飞羽及初级覆羽暗褐色，外缘橄榄褐色，三级飞羽和大覆羽、中覆羽、小覆羽橄榄褐色。胸、腹侧红色，腹中央及尾下覆羽白色。尾羽暗褐色，中央1对及其他尾羽外瓣灰橄榄褐色。跗蹠及趾淡黄褐色。

雌鸟 似雄鸟。头部色泽较淡，褐色。喉部白色，有暗橄褐色细斑，两侧斑较宽。

鸣叫声： 发出一连串似"chuck-chuck"粗哑声或三音节"keen-keen-zee"声。

体尺衡量度（长度mm、体重g）： 寿振黄（Shaw 1938a）记录采得雌鸟1只标本，但标本保存地不详，测量数据不完整。

栖息地与习性： 栖息于中低海拔的山地森林、混合型灌丛、林地及有稀疏林木的开阔地带，水域附近的土地常见。单独或成对活动，迁徙季节成群，4～5月和9～10月迁徙时过境我国东部地区。有时到城镇附近的果园、林地觅食、活动，多在林下地上觅食，有时在树顶上注视四周，发现猎物即飞下捕食。

食性： 主要捕食各种昆虫，冬季采食部分植物果实和种子。

繁殖习性： 繁殖期5～7月。在林下幼树、灌木上营巢，杯状巢由枯枝、草叶和松针构成。每窝产卵3～4枚，卵灰绿色或灰褐色被些许绣褐色或紫灰色斑点，卵径约为28mm×21mm。

亚种分化： 全世界有2个亚种，中国有1个亚种，山东分布为指名亚种 *T. c. chrysolaus*，*Turdus pallidus chrysolaus* Temminck。

亚种命名 Temminck CJ，1832，in Temminck *et* Laugier，Pl，col. Ois. 87：pl.537（日本）

有的学者认为本种是单型种，无亚种分化（Vaurie 1955，郑作新1994，Clement 2007），而 Clements（2000）及 Dickinson（2003）将本种分成2个亚种，郑作新（1987）将 *pallidus*、*chrysolaus*、*obscurus* 作为白腹鸫（*Turdus pallidus*）的3个亚种。

分布：东营 - ◎黄河三角洲。**青岛** - 崂山区 -（P）●（Shaw 1938a）大公岛。鲁西北平原，鲁中山地。

河北、天津、江苏、上海、浙江、福建、台湾、广东、海南。

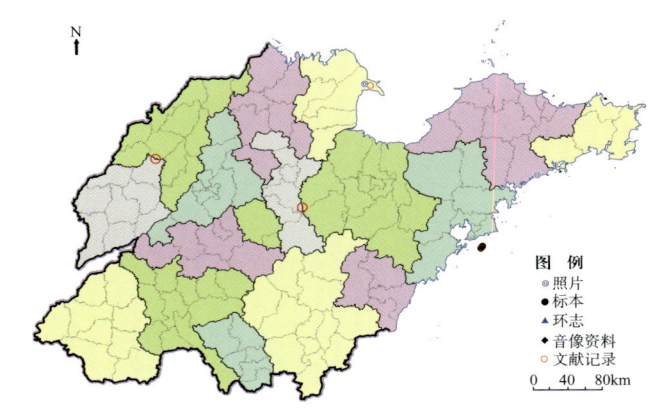

区系分布与居留类型：［古］（P）。

种群现状： 种群数量并不丰富，但受威胁程度较低，被评为无生存危机物种。在山东迁徙过境时，分布数量极少，虽有4月采到标本记录，LeFevre（1962）记为留鸟，但未见有繁殖记录，多年无相关研究，近年来未能征集到照片记录，其分布现状有待进一步研究确证，未列入山东省重点保护野生动物名录。

物种保护： Lc/IUCN。

参考文献： H815，M715，Zjb261；Lc357，Q346，Z640，Zx161，Zgm243。

山东记录文献： 郑光美2011，赵正阶2001，钱燕文2001，郑作新1987、1976，LeFevre1962，Shaw 1938a；赛道建2013，田家怡1999，赵延茂1995，纪加义1988b。

● 351-01　赤颈鸫
Turdus ruficollis Pallas

命名： Pallas PS, 1776, Reise. Versch. Prov. Russ. Reichs, 3: p.694（西伯利亚达乌里地区）

英文名： Red-throated Thrush

同种异名： 赤颈鹟，红脖鸫，红脖穿草鸫；*Turdus ruficollis ruficollis* Pallas; Red-necked Thrush, Black-throated Thrush

鉴别特征： 嘴黄色、尖端黑色，头顶灰褐色，眉纹栗色，脸、喉棕色，喉侧具黑斑。上体灰褐色，腹、臀部纯白色，翼下内前部赤褐色，上胸棕色。冬季多白斑，尾羽色浅，羽缘棕色。脚近褐色。雌鸟喉白色具纵纹，颈基有黑褐带。

形态特征描述： 嘴黄色、尖端黑色。虹膜褐色，眉纹、颊红褐色，眼先黑色，耳羽灰色。上体头顶至尾上覆羽灰褐色，头顶具矛状黑褐色羽干纹。翼暗灰褐色，羽缘银灰色。腋羽及翼下覆羽棕栗色；胸侧、两胁杂暗灰色。颏、喉、颈及胸红褐色，颏、喉两侧有黑色斑点；腹至臀白色。尾下覆羽白色缀棕栗色；尾羽栗红色，中央1对褐黑色，或中央尾羽具宽褐色羽缘、其余具窄的暗褐色羽缘。脚近褐色。

冬羽　具较多白斑，尾羽色浅、羽缘棕色。

雌鸟　似雄鸟，尤其是老龄个体。眉纹色浅呈皮黄色。栗红色部分较浅，喉部具黑色纵纹。下体多纵纹，胸灰褐色具栗色横斑，有时喉、胸相连处横斑成领环状。

幼鸟　似雌鸟。

鸣叫声： 飞行时发出似"seep"声，报警时发出带喉音的"gege"或"gaga"声。

体尺衡量度（长度mm、体重g）：

赤颈鸫（成素博20110309摄于五莲县大青山）

标本号	时间	采集地	体重	体长	嘴峰长	翅长	跗蹠长	尾长	性别	现保存处
1989		汶上	220	17	132	31	98	♀	泰安林业科技

栖息地与习性： 栖息于山坡草地或丘陵疏林、平原灌丛中，常见于中低山常绿林。多成松散的群体活动，有时与其他鸫类混群，在地面活动时，常并足跳跃式行进。在林中、灌丛中、农田果园活动、觅食。

食性： 主要捕食昆虫及小动物，也采食草籽和浆果。

繁殖习性： 繁殖期5～7月。在林下小树的枝杈上营巢，或直接将卵产于地上。每窝产卵4～5枚，卵淡蓝色或蓝绿色具淡红褐色斑点，卵径为29～22mm。雌鸟孵卵，雏鸟晚成雏。

亚种分化： 单型种，无亚种分化（Dickinson 2003）。

本种原分为 *T. r. ruficollis* 及 *T. r. atrogularis* 2个亚种，中国有2个亚种（郑作新1987）。由于地理分布、鸣声及外形上的差异，将后者提升为独立种（Stepanyan 1983、1900, Portenko 1981），学名为 *Turdus atrogularis*（Black-Throated Thrush）；但两者在许多地区有中间型存在，需要进一步研究。

分布： 东营-(P)◎黄河三角洲。济南-(P)济南，黄河。济宁-(P)曲阜；微山县-微山湖。日照-五莲县大青山（成素博20110309）。泰安-(P)泰安；泰山-(W)泰山，山顶（刘国强20121205），极顶丈人峰（刘兆瑞20160216）；●汶上县。烟台-◎莱州；海阳-凤城（刘子波20140310）；◎莱州。鲁西北平原，鲁中山地。

黑龙江、吉林、辽宁、内蒙古、河北、北京、山西、陕西、宁夏、甘肃、青海、新疆、上海、浙江、

湖北、四川、重庆、云南、台湾。

区系分布与居留类型：［古］（P）。

种群现状： 部分省份种群数量颇多。有研究根据腔上囊的颜色、大小、颈部羽色变化、跗蹠鳞片明显粗糙程度，以及头骨坚硬和突显程度，将个体发育分为幼体、亚成体、成体和老年阶段4个年龄组。山东分布数量并不普遍，部分地市有少量照片记录，未列入山东省重点保护野生动物名录。

物种保护： Lc/IUCN。

参考文献： H816，M716，Zjb262；Lc363，Q346，Z640，Zx161，Zgm243。

山东记录文献： 郑光美2011，朱曦2008，范忠民1990；赛道建2013、1994，李久恩2012，田家怡1999，赵延茂1995，泰安鸟调组1989，纪加义1988b，田丰翰1957。

○ **352-01　红尾鸫**
Turdus naumanni Temminck

命名： Temminck CJ, 1820, Man. Orn. 1：170（东欧Silesie）

英文名： Naumann's Thrush

同种异名： 斑鸫，斑点鸫，红尾穿草鸡；*Turdus naumanni naumanni* Temminck；Dusky Thrush

鉴别特征： 嘴黑色、下嘴基黄，眉纹白。上体前黑后棕，具浅棕翼线和宽阔棕翼斑，下体白色，胸具黑领环。尾偏红色，起飞时尾羽展开棕红色明显。脚褐色。

形态特征描述： 嘴黑褐色、下喙基黄色。白色眉纹清晰。眼先黑色。颏、喉栗色具灰白色羽缘，喉侧部具黑色斑点。前额、头顶、后颈及耳羽橄榄褐色，具黑色羽干纹。体背颜色以棕褐色为主，背、肩橄榄褐色带有锈色。腰棕红色、有时具栗色斑。翼、大覆羽黑褐色，外翈羽缘棕白色或棕红色。下体白色，胸部有棕褐色斑纹围成一圈，胸、两胁栗色，羽缘白色呈鳞斑状，腹中央淡栗色。中央1对尾羽黑褐色，外侧尾羽棕红色，尾上覆羽橄榄褐色或棕红色，尾下覆羽栗色。跗蹠及趾黄褐色。

红尾鸫（刘冰20110108摄于泰山韩家岭；赛道建20111221摄于大水泊）

雌鸟　似雄鸟。喉部黑斑较多，体色浅，胸部棕色斑点不如雄鸟密集，髭纹更清晰。

鸣叫声： 发出轻柔尖细的"chuck-chuck"叫声。

体尺衡量度（长度mm、体重g）： 寿振黄（Shaw 1938a）记录采得雄鸟5只、雌鸟1只标本，但标本保存地不详。

标本号	时间	采集地	体重	体长	嘴峰长	翅长	跗蹠长	尾长	性别	现保存处
					11	130	30	112		山东师范大学
	1958	微山湖	210	12	120	28	90		♂	济宁一中
	1989	泰安	218	18	11	32	95	11♂		泰安林业科技
	1989	泰安	210	17	129	31	89	9♀		泰安林业科技

栖息地与习性： 栖息于平原开阔的农耕地及林地附近。常单独或混于其他鸫群中，停栖时上半身挺立，双翼垂于体侧，在地面上走走跳跳进行觅食活动。

食性： 主要捕食昆虫，包括蝗虫、金针虫、地老虎、玉米螟幼虫等。越冬期亦采食植物果实与种子。

繁殖习性： 繁殖期5～8月。在树杈上营巢，碗状巢以嫩枝编成，混有草茎及苔藓等物，巢壁用泥土加固。每窝产卵4～5枚，卵淡蓝色杂红褐色细斑，卵径约为28mm×21mm。

亚种分化： 单型种，无亚种分化。

本种在原分类系统分为*T. n. naumanni*（红尾鸫）、*T. n. eunomus*（斑点鸫）2个亚种（郑作新1987，郑作新等1995），俄罗斯鸟类学者研究认为2个亚种应为独立种（Stepanyan 1983、1990），Dickinson（2003）据此将2个亚种独立为种。但在许多地区有中间型存在，亚种分化需要做更进一步的研究。

分布： 德州-减河（张立新20130122）；市区-人民公园（张立新20090308）；乐陵-城区（李令东20110121）。东营-◎黄河三角洲；东营区-安泰南（孙熙让20101216、20110131）；河口区-河口（李在军20081214），孤岛林场（孙劲松20110327）。济南-（P）济南；历下区-大明湖（赛时20140126），泉城公园（20131211，赛时20150223，记录中心8883），龙洞（20121107）；槐荫区-玉清湖

（20130321）；天桥区-龙湖（20141208）；历城区-绵绣川（20121201），虎门（20121115），红叶谷（20121201）；章丘-黄河林场；长清-梨枣峪（陈忠华 20141109）。济宁-●（P）济宁；曲阜-沂河公园（20141220、20141220）；微山县-微山湖，湿地公园（20151211），夏镇（陈保成 20101218）。莱芜-莱城区-牟汶河（陈军 20130325）。青岛-（P）●（Shaw 1938a）青岛，●浮山；崂山区-(P)潮连岛，青岛科技大学（宋肖萌 20140322）；黄岛区-●（Shaw 1938a）灵山岛。日照-山字河机场（20151220）；东港区-付疃河（20150312，成素博 20130309），碧海路（成素博 20120508），国家森林公园（郑培宏 20141125），银河公园（20140303）；岚山区-皋陆河（20140303）；（P）前三岛-车牛山岛，达山岛，平山岛。泰安-（P）●泰安；泰山区-农大南校园，泰山-中山，低山，韩家岭（刘冰 20110108），东麓（刘冰 20110224），斗母宫（刘冰 20120713），极顶（刘兆瑞 20120207）；东平县-东平，（P）东平湖。威海-环翠区-◎环翠公园；文登-大水泊（20111221）。烟台-芝罘区-鲁东大学（王宜艳 20160324、20160329）；◎莱州；长岛县-●长岛；海阳-凤城（刘子波 20150406）；栖霞-十八盘（牟旭辉 20150321）。淄博-高青县-常家镇（赵俊杰 20141220）。胶东半岛，鲁中山地，鲁西北平原，鲁西南平原湖区。

除海南、西藏外，各省份可见。

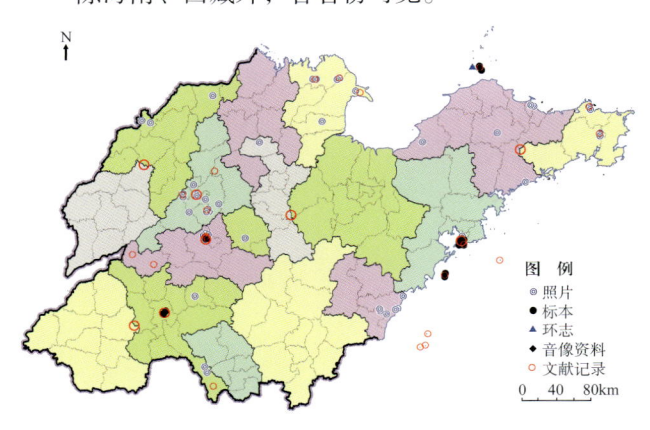

区系分布与居留类型：［古］WP（P）。

种群现状： 捕食农林害虫，对农林业有益。山东分布较广，数量并不多，相关研究少，未列入山东省重点保护野生动物名录，应加强物种与栖息环境的保护研究。

物种保护： Ⅲ，中日，Lc/IUCN。

参考文献： H817，M717，Zjb264；Lc365，Q348，Z641，Zx161，Zgm244。

山东记录文献： 郑光美 2011，朱曦 2008，赵正阶 2001，钱燕文 2001，范忠民 1990，Shaw 1938a；赛道建 2013，李久恩 2012，贾少波 2002，王希明 1991，泰安鸟调组 1989，纪加义 1988b，杜恒勤 1985，李荣光 1960、1959，田丰翰 1957。

● 353-01 斑鸫
*Turdus eunomus** Temminck

命名： Temminck CJ, 1831, in temminck *et* Laugier, Pl.col. Ois. 87：pl.514（日本）

英文名： Dusky Thrush

同种异名： 斑点鸫，穿草鸡，乌斑鸫，斑鹟，窜儿鸡，红麦鸫（miè），傻画眉；*Turdus naumanni eunomus* Temminck，*Turdus fuscatus* Pallas, 1811；—

鉴别特征： 中型，具明显黑白图纹鸫。上嘴黑色，下嘴黄色，头、耳羽褐黑色，眉纹、喉白色。具棕色翼线和宽阔翼斑，胸上横纹黑色，臀白色，下腹黑具白色鳞状斑纹。雌鸟黄褐色暗淡，下胸黑点斑较小。脚褐色。

形态特征描述： 上喙偏黑色，下喙黄色。虹膜褐色，宽大眉纹和髭纹白色。耳羽褐色。额、头顶、枕、后颈黑褐色密布深色纵纹，色彩斑驳状。上背及肩部黑色具宽阔红褐色羽缘，下背和腰由上背黑色逐渐过渡到浅褐色。翅黑褐色，羽外翈缘棕白色，翅大覆羽和中覆羽多䋲棕色具白色端斑，飞羽黑褐色，除第1枚初级飞羽外翈无棕色渲染、内翈基部缀淡棕色外，其余飞羽内翈和外翈缀棕栗色且越往内棕栗色面积越大，形成明显的棕栗色翼斑。下体基色白，喉、颈侧、两胁和胸密布粗大月牙状黑斑点，胸部、上腹交接处黑斑分布密疏不均，远看似2条相间的"宽大黑纹"，腹白色。尾羽黑褐色，除最外侧1~2对外，其余尾羽基部羽缘缀棕栗色，尾上覆羽浅褐色，尾下覆羽棕褐色具白色羽端。跗蹠、足褐色。

斑鸫（李在军 20080424 摄于河口区；刘冰 20110224 摄于泰山东麓）

---

* 郑作新（1987）、杭馥兰和常家传（1997）、纪加义（1988）等将其作为斑鸫（*Turdus naumanni*）2个亚种中的 *eunomus* 亚种。

雌鸟 似雄鸟。但上体较少棕色，腋羽和翼下覆羽棕栗色。

鸣叫声： 发出似"ji-ji-ji"的尖细叫声。

体尺衡量度（长度mm、体重g）： 寿振黄（Shaw 1938a）记录采得雌鸟2只标本，但标本保存地不详。

标本号	时间	采集地	体重	体长	嘴峰长	翅长	跗蹠长	尾长	性别	现保存处
	20150706	高密		250	200	35		100		山东师范大学
830241	19831113	鲁桥	71	218	16	129	31	79	♂	济宁森保站
	1989	泰山		273	25	159	37	122	♂	泰安林业科技
	1989	东平		242	17	130	27	96	♀	泰安林业科技

栖息地与习性： 栖息于各种类型森林和林缘灌丛地带，也出现于农田、地边、果园和村镇附近疏林灌丛草地和树上。春季迁来时间3月末至5月初，此后一般难以见到。除繁殖期成对活动外，其他季节多集成数十只或上百只大群活动，个体间保持一定距离，朝一定方向协同前进。性活跃胆大，活动时伴随尖细叫声。多在地上活动和觅食，边跳跃觅食边鸣叫。

食性： 主要捕食鳞翅目、鞘翅目、直翅目和双翅目等昆虫及其幼虫，以及蜘蛛，也采食槐、枣、松柏等的果实和种子。

繁殖习性： 繁殖期5～8月。常在树干水平枝杈上、树桩或地上营巢，巢杯状，由细树枝、枯草茎叶、苔藓等构成，内壁糊有泥土。每窝产卵4～7枚，卵淡蓝绿色被褐色斑点，卵径约为22mm×20mm。

亚种分化： 单型种，无亚种分化。

因 T. naumanni 及 T. ruficollis 在西伯利亚繁殖区有部分重叠，并有少数杂交现象，Portenko（1981）认为 T. n. eunomus 及 T. n. naumanni 是同种，是赤颈鸫（Dark-throated Thrush，T. ruficollis）下的另外2个亚种。另一看法有将本种置于 T. naumanni 之下的亚种，学名为 T. n. eunomus（郑作新1994，Clement 2000、2007），俄罗斯鸟类学者Stepanyan（1983、1990）研究后认为2个亚种均是独立种，Dickinson（2003）名录依此见解，认为无亚种分化。

分布： 滨州-●（刘体应1987）滨州。东营-（P）◎黄河三角洲；东营区-职业学院（孙熙让20120228）；河口区（李在军20080424）。菏泽-（P）菏泽。济南-（P）济南；槐荫区-玉清湖；历城-虎门（20121115）；长清-梨枣峪（陈忠华20141109）。济宁-（P）济宁；任城区-太白湖（孔令强20151209）。聊城-聊城。莱芜-莱城区-牟汶河（陈军20130220）。青岛-崂山区-●（Shaw 1938a）大公岛；黄岛区-●（Shaw 1938a）灵山岛。日照-日照水库（20150419）；东港区-崮子河（成素博20121129）；(P)前三岛-车牛山岛、达山岛、平山岛。泰安-（W）泰安；●泰山-低山，泰山-东麓（刘冰20110224），韩家岭（刘冰20121120）；东平县-●东平，（W）东平湖。潍坊-高密-凤凰公园（王宏）。威海-文登-●大水泊。烟台-栖霞-十八盘（牟旭辉-20150307）。淄博-高青县-常家镇（赵俊杰20141220）。胶东半岛，鲁中山地，鲁西北平原，鲁西南平原湖区。

除西藏外，各省份可见。

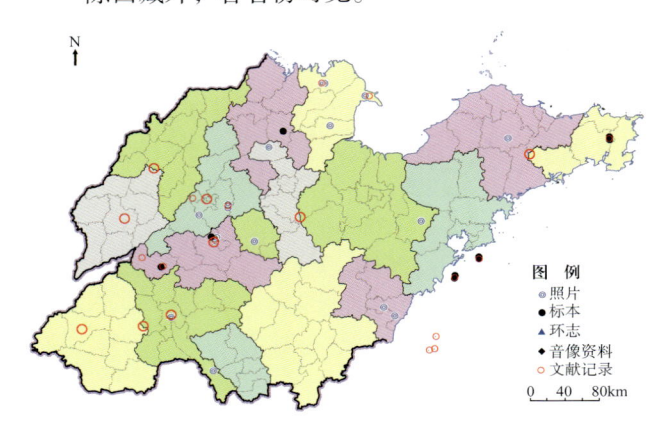

区系分布与居留类型：［古］（WP）。

种群现状： 捕食昆虫，对农林业有益；体内多有寄生虫，无科学证据表明其有医学价值。是我国常见的冬候鸟和旅鸟，迁徙期间几乎遍及全国，种群数量丰富。山东分布记录数量并不普遍，未列入山东省重点保护野生动物名录。

物种保护： Ⅲ，日。

参考文献： H817，M717，Zjb264；Lc367，Q346，Z642，Zx162，Zgm244。

山东记录文献： 郑光美2011a，朱曦2008，赵正阶2001，钱燕文2001，Shaw 1938a；赛道建2013、1994，王海明2000，田家怡1999，赵延茂1995，泰安鸟调组1989，纪加义1988b，刘体应1987，杜恒勤1985。

○ 354-01 宝兴歌鸫
Turdus mupinensis Laubmann

命名： Laubmann, 1920, Orn, Monatsh., 28：27；nom. nov. for：*Turdus auritus* Verreaus, 1870, Bull. Nuuv. Arch. Mus. Mus. Paris, 6：34（四川宝兴）

英文名： Chinese Thrush
同种异名： 宝兴歌鸫，歌鸫，花穿草鸡；—；—

鉴别特征： 嘴暗褐色、下嘴基淡黄色、耳羽淡棕黄色、后侧具黑块斑。上体橄榄褐色，白翼斑醒目，下体皮黄色具黑斑点。脚暗黄色。相似种斑鸫耳羽无黑斑，尾上覆羽和尾下覆羽棕色，区别明显，野外不难鉴别。

形态特征描述： 嘴暗褐色、下嘴基淡黄褐色。虹膜褐色。眉纹棕白色，眼先淡棕白色杂黑色羽端，眼周、颊和颈侧淡棕白色沾皮黄色，下部有黑色斑颚纹，耳羽淡黄色具黑端、在耳区后部形成显著黑色块斑。颏、喉棕白色、喉具黑色小斑。上体自额、头顶、枕、后颈、背到尾上覆羽橄榄褐色。翼上覆羽橄榄褐色，中覆羽、大覆羽污白色或皮黄色端斑形成2道淡色翼斑，飞羽暗褐色、外䴙羽缘淡棕色或橄榄褐色。下体白色密布黑色圆斑点，胸部沾黄色、羽具扇形黑斑。尾羽暗褐色，外䴙羽缘缀橄榄褐色或淡棕褐色，尾下覆羽皮黄色具稀疏淡褐色斑点。脚肉色。

宝兴歌鸫（刘兆瑞20130103摄于泰山韩家岭）

雌鸟 似雄鸟。羽色较暗淡而少光泽。
幼鸟 似成鸟。上体棕褐色而鲜亮，后颈、上背具浅棕色羽轴纹，小覆羽和中覆羽具鲜亮皮黄色端斑，大覆羽黑色端斑形成明显黑色块斑。

鸣叫声： 常发出一连串有节律的悦耳叫声。
体尺衡量度（长度mm、体重g）： 山东暂无标本及测量数据，但近年来拍到照片。
栖息地与习性： 栖息于山地针阔叶混交林，喜欢在河流附近潮湿茂密栎树和松树混交林中活动。多为留鸟，但北部繁殖种群多于4~5月迁到繁殖地，9~10月迁徙到南方越冬。单独或成对活动，在林下灌丛中或地上寻食。

食性： 主要捕食直翅目、鳞翅目和鞘翅目的蝗虫、蝶蛾、金龟甲、蜡象等昆虫及其幼虫，嗜食鳞翅目幼虫。

繁殖习性： 繁殖期5~7月，5月下旬前后进入繁殖期。多在针阔叶混交林林缘地带树上、距主干不远的侧枝枝杈上营巢。巢底用直径粗枯枝作为支架，用枯草茎、枯草根、苔藓和黏土混合筑巢，牢牢地固定在树杈上，甚为坚固，内壁用细草茎和纤维编织和铺垫。每窝产卵约4枚，卵淡蓝灰绿色被玫瑰红褐色和灰蓝褐色点斑、块斑或渍斑，钝端斑点较尖端密而大，卵径约为19.5mm×29mm，卵重约5.5g。

亚种分化： 单型种，无亚种分化。

分布： 东营-◎黄河三角洲。济南-长清区-张夏（陈云江20151009）。莱芜-莱城区-雪野镇九龙山（陈军20141007）。青岛-开发区-海韵景园（于涛20160428）。泰安-泰山-韩家岭（刘兆瑞20130103）。威海-（S）威海。胶东半岛，山东。

内蒙古、河北、北京、山西、陕西、甘肃、青海、浙江、湖南、湖北、四川、重庆、贵州、云南、广西。

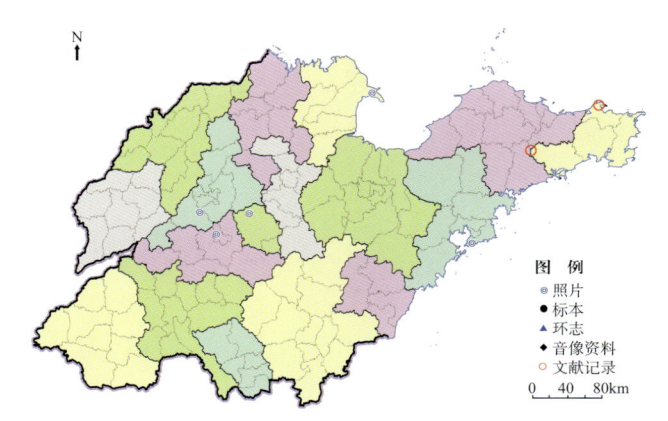

区系分布与居留类型： [古]（S）。
种群现状： 中国特有鸟类，分布于中国部分山区，种群数量稀少。被国际鸟盟列入全球濒危鸟类名录，未列入国家重点保护野生动物名录。山东由Herklots（1935）首次记录于威海（郑作新1976），黄河三角洲的记录（单凯2013）是山东鸟类的新记录值得商榷，在山东丘陵平原呈零散分布，未列入山东省重点保护野生动物名录，应加强对这一特有珍稀濒危鸟类的保护与研究。

物种保护： Ⅲ，Lc/IUCN。
参考文献： H820，M721，Zjb266；Q348，Z643，Zx162，Zgm244。
山东记录文献： 朱曦2008，赵正阶2001，范忠民1990，郑作新1987、1976，Herklots1935；赛道建2013，单凯2013，纪加义1988b。

20.17 鹟科 Muscicapidae（Old World Flycatchers）

头圆，喙略宽而扁，近末端有刻痕，喙基部常有刚毛。树栖性，脚短而无力。羽色变化多样，羽色灰褐色者，雌雄鸟多相似，羽色黑白色或黄色、蓝色及橙色等者，雌雄鸟羽色则不同。幼鸟体羽常有杂斑。

鹟科鸟类分布广泛，能适应各种各样的栖息地、以森林性为主。鹟类常"蹲坐"枝头，追捕经过的飞虫；鸫类尾部常间歇性上翘。繁殖期，鹟类鸣叫声一般不如鸫类悦耳。常飞捕空中或叶面的飞虫，兼食果实。精致的杯状巢以树叶、青苔及地衣组成，用蜘蛛丝衬之，筑在树杈上，少数种类的巢筑于树洞中，巢筑于树洞的种类每窝产卵数较多。每窝产卵2～7枚，卵白色、绿色至褐色，有大量斑点。孵化期12～14天，雌雄鸟共同育雏。在高纬度地区繁殖的种类繁殖后向低纬度地区迁移。

由于鹟科鸟类在亲缘关系上与鸫科及莺科、画眉科等鸟类相近，不易明确区分，长期曾全部归为鸫科的不同亚科（Hartert 1910）；Wetmore（1960）把鹟科仅限在旧大陆的鹟，包含鹟（Muscicapinae）、王鹟（Monarchinae）及啸鹟（Pachycephalianae）等5个亚科；Voous（1977）把Wetmore（1960）的鹟亚科提升为鹟科，Peters（1986）及Watson、Traylor和Mayr等接受此观点。分子生物学研究发现，鹟科与鸫科在演化上是同源的，但鸫科中的鸲类与旧大陆鹟的关系更近（Sibley and Monroe 1990, Sibley and Ahlquist 1990），Dickinson（2003）依据这个观点将旧大陆的鹟列为单独一个科（Muscicapidae）。

全世界共有48属275种（Dickinson 2003），中国有10属37种（郑光美2011），山东分布记录有4属9种。

鹟科分属种检索表

1. 嘴扁平基部宽，喙须多而长，几达喙端 ······ 方尾鹟属 Culicicapa，方尾鹟 C. ceylonensis
   嘴扁平基部宽，喙须较少，长度适中 ······ 2
2. 跗蹠短弱，长度<15mm，雌雄鸟体色相似 ······ 3
   跗蹠细长，长度>15mm，雌雄鸟体色相异 ······ 6
3. 体羽铜蓝色，胸无纵纹 ······ 铜蓝鹟属 Eumyias，铜蓝鹟 E. thalassinus
   体羽灰暗，胸具纵纹 ······ 4鹟属 Muscicapa
4. 初级飞羽第2枚较第5枚短 ······ 北灰鹟 M. dauurica
   初级飞羽第2枚较第5枚长或等长 ······ 5
5. 胸部纵纹粗阔，初级飞羽内缘棕褐色 ······ 乌鹟 M. sibirica
   胸部纵纹较细，呈明显纵列；初级飞羽内缘灰白色 ······ 灰纹鹟 M. griseisticta
6. 体型较大，体长达160mm，腹部白色 ······ 13 白腹鹟属 Cyanoptila，白腹蓝姬鹟 C. cyanomelana
   体型较小，体长<140mm ······ 7 姬鹟属 Ficedula
7. 上体橄榄褐色至橄榄绿色，具眉斑，喉及胸黄色 ······ 8
   上体灰褐色至棕褐色，外侧尾羽基部白色 ······ 11
8. 腰辉黄色 ······ 9 白眉姬鹟 F. zanthopygia
   腰橙黄色到橄榄绿色 ······ 10 黄眉姬鹟 F. narcissina
9. 眉斑白色 ······ ♂白眉姬鹟 F. zanthopygia
   尾基腰部黄色 ······ ♀白眉姬鹟 F. zanthopygia
10. 眉斑黄色 ······ ♂黄眉姬鹟 F. narcissina
    不具眉斑，喉、胸灰褐色 ······ ♀黄眉姬鹟 F. narcissina
11. 尾羽基部白色，背淡灰褐色，喉白色，胸淡褐色沾棕色 ······ 红喉姬鹟 F. albicilla
    尾羽基部非白色 ······ 12
12. 翅长<80mm，颏、喉、胸淡橙棕色，初级飞羽长度第2枚介于第5和第6枚之间 ······ 鸲姬鹟 F. mugimaki
13. 脸、喉及上胸黑色与白色腹部二色截然分开 ······ 白腹蓝姬鹟指名亚种 Cyanoptila cyanomelana cyanomelana
    青绿色、深绿蓝色的脸、喉及上胸部与白色腹部二色截然分开 ······ 白腹蓝姬鹟东北亚种 C. c. cumatilis

● 355-01 灰纹鹟
Muscicapa griseisticta（Swinhoe）

命名： Swinhoe R, 1861, Ibis, 3：330（福建厦门）
英文名： Grey-streaked Flycatcher

同种异名： 斑胸鹟，灰斑鹟，斑鹟；*Hemichelidon griseisticta* Swinhoe, 1861; Grey-spotted Flycatcher, Spot-brested Flycatcher

鉴别特征： 嘴黑色，额具狭窄白横带，眼圈白色。上体褐灰色，翼长几至尾端，具狭窄白翼斑，下体白色，胸、两胁满布灰黑色纵纹。脚黑色。相似种北灰鹟下体无纵纹，乌鹟下体色暗，纵纹不明显。

形态特征描述： 嘴黑色、下嘴基部较淡。虹膜褐色。眼先及眼圈白色。前额基部、两侧白色形成狭窄白色横带。颊、脸暗灰褐色，颧纹黑色。上体头至尾灰褐色；头顶羽中央色暗形成中央斑纹，背具不明显暗色羽轴纹。翼长几至尾端，翅暗褐色，大覆羽端、三级飞羽羽缘淡白色形成淡色翼斑。纹鹟体型略小（14cm）、褐灰色。下体白色，胸、腹及两胁满布深灰色纵纹或斑点，胸部纵纹较细。脚黑色。

灰纹鹟（牟旭辉20130516摄于长春湖）

鸣叫声： 发出似"chipee tee-tee"的响亮悦耳叫声。

体尺衡量度（长度mm、体重g）： 山东分布有采到标本记录，但标本保存处不详，测量数据遗失。

栖息地与习性： 栖息于各种森林及林缘，以及城市公园溪流附近。5月迁至东北繁殖地，9月南迁越冬地。性惧生，常单独活动，"蹲坐"在视野良好而突出的枝头上，四周张望搜寻经过的飞虫，飞出捕捉后飞回原栖枝上。

食性： 主要捕食鳞翅目和鞘翅目的昆虫及其幼虫。

繁殖习性： 繁殖期6～7月。雌雄多共同在针叶林树的侧枝枝杈处营巢，杯状巢由苔藓、细草茎、草根、松针和树皮等纺织而成，结构精致而隐蔽条件好。每窝通常产卵4～5枚，卵淡绿色微具光泽，无斑，卵径约为17mm×14mm。主要由雌鸟孵卵。雏鸟晚成雏，雌雄亲鸟共同育雏，育雏期15～16天。

亚种分化： 单型种，无亚种分化。

分布： 滨州 - 阳信县 - 东支流（刘腾腾20160519）。东营 - （P）◎黄河三角洲。济南 - 历下区 - 大明湖（20130516）；天桥区 - 黄河（张月侠20160521）；历城 - 西营（陈忠华20140510）。莱芜 - 莱城区 - 红石公园（陈军20140517）。青岛 - 崂山区 - (P)潮连岛，青岛科技大学（宋肖萌20140518）。日照 - 东港区 - 国家森林公园（郑培宏20140817），刘家湾（成素博20120428），双庙山沟（成素博20120516）；(P)前三岛 - 车牛山岛，达山岛，平山岛。烟台 - ◎莱州；牟平区 - 养马岛（王宜艳20160511）；海阳 - 凤城（刘子波20160504）；栖霞 - 长春湖（牟旭辉-20130516）。胶东半岛，鲁中山地，鲁西北平原，鲁西南平原湖区。

黑龙江、吉林、辽宁、内蒙古、河北、北京、天津、河南、江苏、上海、浙江、江西、湖南、云南、福建、台湾、广东、广西、香港、澳门。

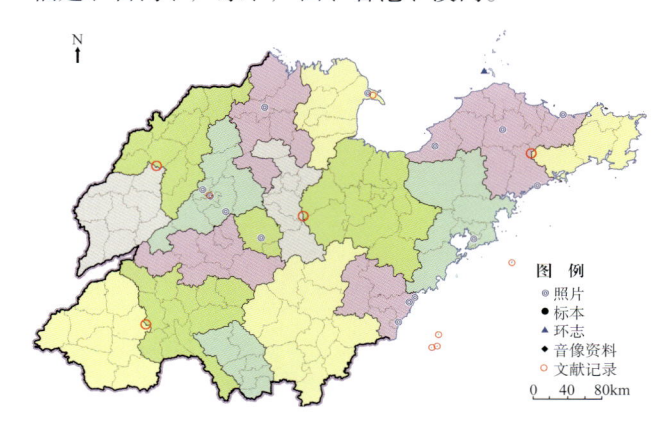

区系分布与居留类型： [古]（P）。

种群现状： 在大小兴安岭和长白山繁殖，种群数量并不丰富，列入吉林省重点保护野生动物名录。迁徙期间过境山东，分布数量并不普遍，需要加强物种与栖息生境的研究与保护。

物种保护： Ⅲ，中日，Lc/IUCN。

参考文献： H1081，M728，Zjb532；Lc437，Q464，Z866，Zx162，Zgm245。

山东记录文献： 郑光美2011，朱曦2008，赵正阶2011，范忠民1990；赛道建2013，田家怡1999，赵延茂1995，纪加义1988c。

● **356-01　乌鹟**
***Muscicapa sibirica* Gmelin**

命名： Gmelin JF，1789，Syst. Nat.，ed. 13，1：936（贝加尔湖）

英文名： Dark-sided Flycatcher

同种异名： 鲜卑鹟；*Hemichelidon sibirica* La Touche，1898，*Hemichelidon fuliginosa* Hodgson，1845；Sooty Flycatcher，Siberian Flycatcher

鉴别特征： 体型略小，烟灰色鹟。嘴黑色，下脸颊具黑细纹，眼圈白色，喉白色延伸至颈形成半颈环。头顶、上体深灰色，翼具皮黄色斑纹，翼达尾2/3处，下体白色、两胁深灰色，上胸具灰褐色浅带斑。脚黑色。幼鸟脸、背部具白点斑。

形态特征描述： 嘴黑褐色、下嘴基部肉红色。虹膜深褐色。眼先及眼圈白色。颊部颜色较淡，下脸颊具黑色细纹。喉白色延伸到颈侧形成不完全颈环。头顶部及体背为一致的灰褐色。两翼黑褐色，初级飞羽、次级飞羽有淡褐色窄羽缘，三级飞羽、大覆羽有白色宽羽缘，中覆羽、小覆羽羽端缘棕褐色，翼上具一不明显皮黄色横斑，翼长至尾的2/3。下体胸密布灰褐色粗斑纵延伸到两胁，上胸呈模糊带斑状，两胁呈杂斑状；余部白色。诸亚种的下体灰色程度不同。尾羽黑褐色，尾下覆羽白色。跗蹠及趾黑褐色。

幼鸟 脸及背部具白色点斑。

鸣叫声： 发出似"chi-up, chi-up, chi-up"的金属声。

体尺衡量度（长度mm、体重g）： 寿振黄（Shaw 1938a）记录采得雄鸟1只、幼鸟1只标本，但标本保存地不详。

乌鹟（李在军20080519摄于河口区）

标本号	时间	采集地	体重	体长	嘴峰长	翅长	跗蹠长	尾长	性别	现保存处
830319	19840430	两城	11	119	10	68	13	43	♀	济宁森保站
	1989	泰山南天门		115	9	74	9	49	♀	泰安林业科技

栖息地与习性： 栖息于山麓林间。成对或单独生活，日出后是活动高峰期，常站立于突出的干树枝上，突然冲出飞捕往昆虫。为较常见旅鸟。

食性： 主要捕食鳞翅目、鞘翅目和膜翅目等的昆虫及其幼虫。

繁殖习性： 营巢于树上，杯状巢由枯草编织而成，每窝产卵3~4枚。

亚种分化： 全世界有4个亚种，中国有3个亚种，山东分布为指名亚种 *Muscicapa sibirica sibirica* Gmelin。

亚种命名 Gmelin JF, 1789, Syst. Nat., ed. 13, 1：936（贝加尔湖）

本种分为4个亚种，除了繁殖区域不同外，外形上主要的差异在于胸部条纹的色调深浅、粗细及界限清楚与否等。山东分布的指名亚种是下腹较白、胸部纵纹较细且界限明显的种类。

分布： 滨州-●（刘体应1987）滨州；滨城区-小开河村（刘腾腾20160516）。东营-(P)◎黄河三角洲，◎河口区。济南-历城区-仲宫（陈云江20120512）。济宁-(P)济宁。聊城-东昌湖。青岛-青岛，浮山；崂山区-●（Shaw 1938a）大麦岛，●（Shaw 1938a）崂山；黄岛区-●（Shaw 1938a）灵山岛。日照-(P)前三岛-车牛山岛，达山岛，平山岛。泰安-(P)泰安；泰山-中山，低山，●南天门。烟台-海阳-凤城（刘子波20150503）；◎莱州。胶东半岛，鲁中山地，鲁西北平原，鲁西南平原湖区。

黑龙江、吉林、辽宁、内蒙古、河北、北京、天津、山西、陕西、上海、浙江、四川、云南、福建、台湾、广东、广西、海南、香港、澳门。

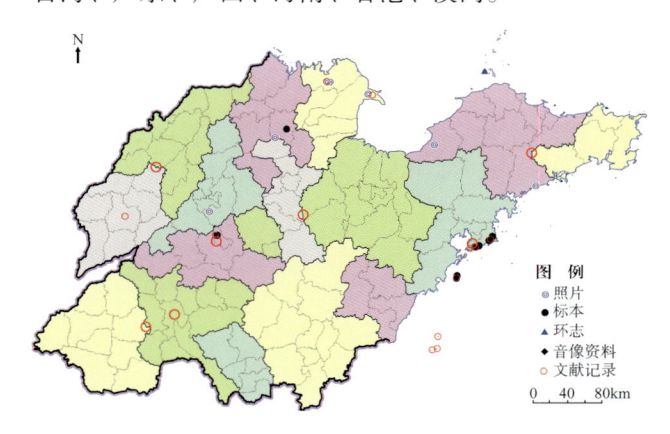

图例
- ◎ 照片
- ● 标本
- ▲ 环志
- ◆ 音像资料
- ○ 文献记录

0 40 80km

区系分布与居留类型： [古]（P）。

种群现状： 分布较广，在繁殖地数量较丰富。在山东分布数量并不普遍，未列入山东省重点保护野生动物名录。

物种保护： Ⅲ，中日，Lc/IUCN。

参考文献： H1080, M729, Zjb531；Lc439, Q464, Z864, Zx163, Zgm246。

山东记录文献： Shaw 1938a，朱曦2008；赛道建2013，贾少波2002，田家怡1999，赵延茂1995，王希明1991，泰安鸟调组1989，纪加义1988c，刘体应1987，杜恒勤1985。

○ 357-01 北灰鹟
Muscicapa dauurica Pallas

命名：Pallas PS，1811, Zoogr. Rosso-Asiat. 1：461（西伯利亚达乌里）

英文名：Asian Brown Flycatcher

同种异名：宽嘴鹟，灰鹟；*Hemichelidon latirostris* Swinhoe，1863，*Muscicapa cinereo-alba* Temminck et Schlegel，1844，*Muscicapa grisola* var. *davurica* Pallas，1811，*Muscicapa latirostris* Raffles，1822，*Muscicapa poonensis* Sykes，1832；Brown Flycatcher

鉴别特征：嘴长而黑、下嘴基部黄色、眼圈白色。上体灰褐色，腰羽近白色，下体偏白色，胸侧及两胁褐灰色。冬羽眼先偏白色。新羽具狭窄白翼斑，翼尖可达尾中部。脚黑色。相似种乌鹟嘴较短且有半颈环。

形态特征描述：嘴黑色，下嘴端部暗褐色、基部黄褐色。虹膜褐色。眼先及眼圈污白色。额基污白色，腮、喉、颊淡灰白色。上体头顶、后颈、背、腰及尾上覆羽灰褐色，羽轴暗色。覆羽灰褐色，飞羽黑褐色羽缘棕白色，三级飞羽棕白色羽缘宽而明显。下体偏白色，胸及两胁淡灰褐色，腹部、尾下覆羽白色。尾羽黑褐色。脚黑色，跗蹠及趾黑褐色。

北灰鹟（李在军20080915摄于河口区）

冬羽　眼先偏白色。新羽具狭窄白色翼斑，翼尖延至尾的中部。

鸣叫声：发出短促干涩尖颤音似"tit-tit-tit-tit"，间杂短哨音。

体尺衡量度（长度mm、体重g）：寿振黄（Shaw 1938a）记录采得雄鸟1只标本，但标本保存地不详，测量数据不完整。

标本号	时间	采集地	体重	体长	嘴峰长	翅长	跗蹠长	尾长	性别	现保存处
	1958	微山湖		126	7	78	22	38	♂	济宁一中
	1989	泰山		126	11	73	11	55	♂	泰安林业科技
	1989	泰山		125	11	69	18	70	♀	泰安林业科技

栖息地与习性：栖息于林缘或森林的中、下层，常见于各种高度的林地及园林，冬季在低地越冬，常安静不鸣叫。多单独活动，常静栖枝头，见有飞虫迅速起飞捕捉，再衔虫停落原处后尾做独特的颤动状。

食性：主要捕食鳞翅目、鞘翅目、直翅目、双翅目等森林中的种种飞虫，以及蜘蛛和少量植物。

繁殖习性：繁殖期5～7月。多选择乔木的水平侧枝枝杈处营巢，巢碗状，由枯草茎、草叶韧皮纤维和苔藓、地衣编织构成，内垫兽毛、细草茎，伪装良好。每窝通常产卵4～6枚，卵灰白色缀灰绿色，或呈橄榄灰色、淡蓝绿色，钝端具不明显褐红色斑点，卵径约为17mm×13mm。孵卵主要是雌鸟，雏鸟晚成雏。

亚种分化：全世界有4个亚种（Dickinson2003），中国2个亚种，山东分布亚种为 *Muscicapa dauurica dauurica* Pallas, *Alseonax latirostris poonents* Sykes*。

亚种命名　*Muscicapa latirostris* Paffles, 1822, Trans. Linn. Soc. London, 13：312（印度尼西亚苏门答腊）

Muscicapa poonents Sykes, 1832, Proc. Comm. Sci. Corr. Zool. Soc. London, 2：85（印度Dukhun）

关于本种分类地位及学名，学者间有不同看法，曾被称为 *M. latirostris*，Deignan（1957）认为 *M. dauurica* 是单型种，无亚种分化，将 *williamsoni* 族群视为另一独立种；Wells（1982）则视为同一种中的亚种。*M. d. dauurica* 繁殖于西伯利亚中南部至蒙古北部、中国东北部、朝鲜半岛北部、日本、萨哈林岛（库页岛）及喜马拉雅山麓至中国四川西部，冬季迁移至印度、东南亚、菲律宾、苏拉威西及大巽他群岛度冬。

分布：**东营**-（P）◎黄河三角洲；自然保护区-大汶流（单凯20130516）；东营区-英华园（孙熙让20110519），职业学院（孙熙让20100511）；河口区（李在军20080915）。**济南**-（P）济南；历下区-大明湖（20120619）；市中区-梁庄（陈忠华20150521）；章丘-百丈崖（陈云江20130529）。**济宁**-●济宁；任

---

* 国内文献曾用之，1832年，西凯斯（Sykes）描述此种为 *Muscicapa Poonensis*。

城区 - 太白湖（宋泽远 20140726）。**聊城** - 聊城。**莱芜** - 莱城区 - 红石公园（陈军 20130513）。**青岛** - 崂山区 -（P）潮连岛；李沧区 - ●（Shaw 1938a）李村，浮山。**日照** - 东港区 - 碧海路（成素博 20111109），付疃河（成素博 20120521），国家森林公园（郑培宏 20140819），双庙山沟（成素博 21020518），刘家湾（成素博 20121101）；（P）前三岛 - 车牛山岛，达山岛，平山岛。**泰安** -（P）泰安，●泰山 - 韩家岭。**潍坊** - 高密 - 姜庄镇（宋肖萌 20150513）。**烟台** - 莱山区 - 繁荣庄（王宜艳 20160513）；海阳 - 凤城（刘子波 20150510）；栖霞 - 长春湖（牟旭辉 20120509）。胶东半岛，鲁中山地，鲁西北平原，鲁西南平原湖区。

黑龙江、吉林、辽宁、内蒙古、河北、北京、天津、山西、河南、陕西、宁夏、甘肃、新疆、江苏、上海、浙江、江西、湖南、湖北、贵州、云南、西藏、台湾、广东、广西、海南、香港、澳门。

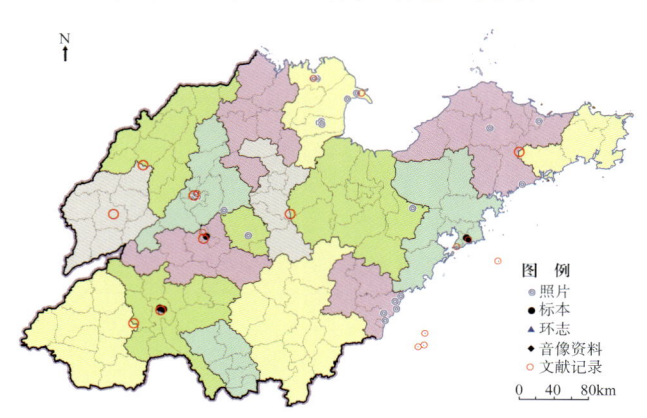

区系分布与居留类型：［广］S（P）。
种群现状：在繁殖区较为常见，一般无保护措施。在迁徙过境山东时，分布数量并不普遍，未列入山东省重点保护野生动物名录。
物种保护：Ⅲ，中日，Lc/IUCN。
参考文献：H1082，M730，Zjb533；Lc441，Q464，Z867，Zx163，Zgm246。
山东记录文献：朱曦 2008，范忠民 1990，郑作新 1987、1976，傅桐生 1987，Shaw 1938a；赛道建 2013、1994，贾少波 2002，田家怡 1999，赵延茂 1995，李悦民 1994，王希明 1991，泰安鸟调组 1989，纪加义 1988c，李荣光 1960、1959，田丰翰 1957。

● 358-01 白眉姬鹟
Ficedula zanthopygia (Hay)

命名：Hay LA, 1845, Madras. Journ. Lit. Sci., 13（2）: 162（马来西亚马六甲）
英文名：Yellow-rumped Flycatcher
同种异名：白眉鹟，鸭蛋黄儿；*Zanthopygia narcissina zanthopygia*（Hay），*Muscicapa zanthopygia* Hay，1845；Tricoloured Flycatcher，Korean Flycatcher
鉴别特征：具黄、白、黑三色鹟。嘴黑色，眉纹白色而明显。上体黑色，翼斑白色，喉、胸、上腹及腰部鲜黄色，下腹、尾下覆羽灰白色。尾黑色。雌鸟上体暗褐色，下体色淡，喉、胸具暗色横纹。脚黑色。
形态特征描述：嘴黑色。虹膜暗褐色，眉纹白色、在黑色头部极醒目。喉黄色。上体前额、头顶、枕、后颈、颈侧、上背、肩等大部分为黑色，下背和腰鲜黄色。两翅主要为黑色，内侧中覆羽、大覆羽白色，最内侧第3、第4枚三级飞羽外翈白色，共同形成明显白翼斑。下体鲜黄色，有的胸部沾橙色。尾羽黑褐色，尾上覆羽黄色至黑色，尾下覆羽白色。跗跖及趾黑色。

白眉姬鹟（牟旭辉 20130506 摄于栖霞长春湖）

雌鸟 上嘴褐色、下嘴铅蓝色。无眉纹，眼先和眼周污白色。上体从额、头顶、头侧、后颈、颈侧到背橄榄褐色，下背渐变为橄榄绿色，腰黄色。翼似雄鸟，翅橄榄褐色、羽缘橄榄绿色，外侧覆羽、飞羽暗褐色，内侧中、大覆羽白色，内侧第3枚三级飞羽外翈白色，形成明显白翼斑。下体颏、喉、胸白色或淡黄绿色具灰色羽缘、形成不明显鳞状斑，下胸、上腹和胁橄榄灰黄色，下腹和尾下覆羽浅黄白色。尾和尾上覆羽黑色、羽缘沾橄榄绿色。
幼鸟 似雌鸟。雄幼鸟头顶微具黑色羽缘。下体污白色。尾上覆羽和尾黑色。
鸣叫声：叫声似"xi，xi，xi"；繁殖期雄鸟鸣声清脆，悠扬似"cikucikuao-xi"。
体尺衡量度（长度mm、体重g）：

标本号	时间	采集地	体重	体长	嘴峰长	翅长	跗跖长	尾长	性别	现保存处
840387	19840520	马坡	13	127	10	70	1	48	♂	济宁森保站

栖息地与习性： 栖息于低山丘陵和山脚地带的阔叶林和针阔叶混交林中，喜河谷与林缘地带有老龄树木的疏林、次生林和人工林；迁徙过境期间多出现于沿海、平地的森林环境，有时见于居民点附近的小树丛和果园中。4月末5月初迁到繁殖地，9月中旬南迁越冬，长江以北多为夏候鸟，长江以南多为旅鸟。常单独或成对活动，多在树冠下层低枝处活动和觅食，或飞到空中捕食飞行昆虫。

食性： 主要捕食鞘翅目、鳞翅目等昆虫及其幼虫，雏鸟几乎全部以昆虫幼虫为食。

繁殖习性： 繁殖期5～7月。5月初迁到东北繁殖地求偶，主要由雌鸟在阔叶疏林和林缘地带、次生林、混交林、果园和住宅附近的天然树洞、啄木鸟废弃巢洞中和柴垛缝隙中筑巢，洞内垫有草根、草叶和树皮，巢碗状，由枯草叶、草茎、细根、树皮、苔藓、树叶、树皮等构成。每窝多产卵5～6枚，卵椭圆形，污白色、粉黄色或乳白色，具红褐色或橘红色斑点，钝端较密常形成一圆环状。卵径约为17.8mm×13.5mm，卵重1.5～2g。满窝开始孵卵，雌鸟孵卵，雄鸟在巢附近警戒或偶尔参与孵卵，孵化期13天。雏鸟晚成雏，亲鸟共同育雏，留巢期12～15天。

亚种分化： 单型种，无亚种分化。

曾有学者认为，该物种应是黄眉姬鹟（*Ficedula narcissina*）的亚种之一。世界自然保护联盟（IUCN）将其列为独立种。

分布： 东营 -（S）◎黄河三角洲；东营区 - 安泰南（孙熙让 20110827），英华园（孙熙让 20110519）；河口区（李在军 20080513）。菏泽 -（S）菏泽。济南 -（S）济南，南郊；历下区 - 珍珠泉（马明元 20120513）；章丘 - 百丈崖（陈云江 20110605）；历城 - 西营（陈忠华 20150620）。济宁 - 曲阜 -（P）石门寺；微山县 - 微山湖。聊城 - 聊城。莱芜 - 莱城区 - 红石公园（陈军 20130520）。青岛 - 崂山区 -（S）潮连岛。日照 - 东港区 - 丝山（李宗丰 20140430），秦楼双庙山沟（成素博 20120517）；（S）前三岛 - 车牛山岛，达山岛，平山岛。泰安 -（S）泰安；泰山区 - 农大南校园，大河湿地（孙桂玲 20140423）；泰山 - 低山，红门（20120712）。威海 - 文登 - 坤龙水库。烟台 - 牟平区 - 养马岛（王宜艳 20160511）；海阳 - 凤城（刘子波 20150510）；◎莱州；栖霞 - 长春湖（牟旭辉 20130506）。胶东半岛，鲁中山地，鲁西北平原，鲁西南平原湖区。

除宁夏、新疆、西藏外，各省份可见。

区系分布与居留类型：［古］（S）。

种群现状： 夏季常见森林鸟类，以昆虫为主食，是重要的森林益鸟，在森林保护中具有重要意义。物种分布范围广，数量趋势稳定，被评价为无生存危机物种。山东分布广泛而不普遍，数量尚无系统统计，照片数量不多，未列入山东省重点保护野生动物名录。

物种保护： Ⅲ，中日，Lc/IUCN。

参考文献： H1054，M733，Zjb505；Lc446，Q452，Z842，Zx163，Zgm247。

山东记录文献： 郑光美 2011，朱曦 2008，钱燕文 2001，范忠民 1990，郑作新 1987、1976；赛道建 2013、1994，贾少波 2002，李久恩 2012，王海明 2000，田家怡 1999，赵延茂 1995，泰安鸟调组 1989，纪加义 1988c，杜恒勤 1985，田丰翰 1957。

● 359-01 黄眉姬鹟
Ficedula narcissina（Temminck）

命名： Temminck，1835，in Temminck *et* Lau gier, Pl. Col. Ois., 5：图版 557（日本）

英文名： Narcissus Flycatcher

同种异名： 黄眉黄鹟；—；Yellow-backed Flycatcher

鉴别特征： 黑色和黄色鹟。嘴蓝黑色，具特征黄色眉纹，颏喉黄色。上体黑色，腰黄色，翼具白块斑，下体橘黄色，腹臀部白色。尾黑色。雌鸟上体橄榄灰色，下体褐色沾黄色。尾棕色。脚铅蓝色。相似种白眉姬鹟腰黄色。

形态特征描述： 嘴蓝黑色。虹膜深褐色，眉纹黄色、长而显著，是种的特征性特征。上体黑色，下背和腰黄色。内侧翼上小覆羽、中覆羽、大覆羽白色，形成明显白色翼块斑，外侧翼上覆羽和飞羽黑色；翼下覆羽白色具黑色横斑，腋羽白色、基部黑色。下体多为橘黄色，颏至上腹部鲜黄色（老年雄鸟喉、胸亮橙黄色），胸侧黑色，下腹、尾下覆羽白色。尾羽黑色。脚铅蓝色。

雌鸟 眼圈黄白色，眼先淡黄绿色，颊、耳羽羽轴白色。上体橄榄灰色。下背、腰橄榄绿色。翅淡橄榄褐色，翼覆羽、内侧三级飞羽尖端色淡。下体浅褐色沾黄色，胸缀褐色斑点。尾棕褐色，基部栗褐色沾橄榄

黄眉姬鹟（刘子波20150505摄于海阳凤城）

绿色，尾上覆羽橄榄绿色，最长尾上覆羽红褐色。

幼鸟 似雌鸟。

鸣叫声： 鸣声悦耳如"o-shin-tsuk-tsuk"的三音节哨音，能模仿其他鸟叫声。

体尺衡量度（长度mm、体重g）： 寿振黄（Shaw 1938a）记录采得雄鸟1只标本，但标本保存地不详，测量数据不完整。

栖息地与习性： 栖息于山地森林与林缘地带，以及次生林、灌丛、果园和小树林中。多于3～4月、9～10月迁徙途经山东，单独或成对活动，在树冠层及树间觅食、活动，也能捕食飞翔昆虫。

食性： 主要捕食昆虫及其幼虫。

繁殖习性： 繁殖期5～7月。选择老龄树上的树洞、小枝堆中营巢，巢碗状，用草茎、草叶、草根和树叶等构成。通常每窝产卵3～5枚，卵淡绿色被淡褐色斑点，卵径约为18mm×15mm。

亚种分化： 全世界有3个亚种，中国有2个亚种，山东分布为指名亚种 *F. n. narcissina*，*Zanthopygia narcissina narcissina*（Temminck）。

亚种命名 Temminck, 1835, in Temminck et Laugier, Pl. Col. Ois., 5：图版 557（日本）

关于亚种分化，赵正阶（2011）认为值得进一步研究。

分布： 东营 -（P）◎黄河三角洲。青岛 - 青岛；崂山区 -●（Shaw 1938a）崂山。烟台 - 海阳 - 凤城（刘子波20140505）。（P）胶东半岛，鲁中山地，鲁西北平原，鲁西南平原湖区。

江苏、上海、浙江、江西、福建、台湾、广东、广西、海南、香港、澳门。

区系分布与居留类型：［古］（P）。

种群现状： 分布范围较广，但种群数量并不丰富。山东分布数量并不普遍，近年来，征集到少量照片记录，未列入山东省重点保护野生动物名录，需加强物种与栖息环境的保护研究。

物种保护： Ⅲ，日。

参考文献： H1055，M734，Zjb506；Q454，Z844，Zx164，Zgm247。

山东记录文献： 郑光美 2011，朱曦 2008，赵正阶 2001，钱燕文 2001，范忠民 1990，郑作新 1987、1976，Shaw 1938a；赛道建 2013，田家怡 1999，赵延茂 1995，纪加义 1988c，李荣光 1959，田丰翰 1957。

● 360-01 鸲姬鹟
Ficedula mugimaki（Temminck）

命名： Temminck CJ, 1836, in Temminck et Laugier, Pl. Col. Ois., 5：pl. 577（日本）

英文名： Mugimaki Flycatcher

同种异名： 斑眉姬鹟，白眉黄鹟，白眉赭胸，白眉紫砂来，郊鹟，麦鹟；*Poliomyias mugimaki*（Temminck），*Muscicapa mugimaki* Temminck, 1836，*Muscicapa luteola* Swinhoe, 1866；Robin Flycatcher, Flycatcher, Mugimaki, Black and Orange Flycatcher

鉴别特征： 橘黄色及黑色、白色鹟。嘴黑色，眼后有狭窄白眉纹。喉、胸及腹侧部橘黄色。上体灰黑色，翼具明显白斑，腹、尾基白色。雌鸟上体栗褐色，下体色淡。幼鸟上体全褐色，下体、翼纹皮黄色，腹白色。脚深褐色。

形态特征描述： 喙黑色。虹膜深褐色，短小狭窄白色眉斑位于眼后。上体灰黑色，额、头顶、背、肩羽、腰及尾上覆羽一致无光泽。翼羽黑色，大覆羽白色、中覆羽羽端白色形成白色显著翼斑，三级飞羽外翈羽缘白色较宽。下体喉、胸至上腹赤黄褐色，下腹中部及尾下覆羽白色。尾羽黑褐色，中央

20 雀形目 Passeriformes | 523

鸲姬鹟（孙劲松20090929摄于孤岛公园；刘子波20140510摄于海阳凤城）

1对尾羽全黑色，其他尾羽外瓣基部羽缘白色。跗蹠及趾暗褐色。

雌鸟 喙暗褐色。无眉斑。上体全橄榄褐色。翼羽石板褐色，三级飞羽外翈灰白色，大覆羽、中覆羽羽端灰白色，翼斑不明显。下体土黄色。尾羽橄榄褐色，尾无白色。跗蹠及趾暗橄榄褐色。

幼鸟 上体褐色，下体及翼纹皮黄色，腹白色。

鸣叫声： 发出似"turrr"的叫声。

体尺衡量度（长度mm、体重g）： 寿振黄（Shaw 1938a）记录采得雌鸟1只标本，但标本保存地不详，测量数据记录不完整。

标本号	时间	采集地	体重	体长	嘴峰长	翅长	跗蹠长	尾长	性别	现保存处
	1958	微山湖		130	5	75	18		♂	济宁一中
	1958	微山湖		125	6	70	13	50	♀	济宁一中
	1989	东平		124	9	74	17	50	♀	泰安林业科技

栖息地与习性： 栖息于山地森林和平原小树林、林缘及林间空地，喜林缘地带、林间空地。5月迁到东北繁殖地，9月末南迁越冬。多单独活动，常在林间做短距离快速飞行，停栖时挺直似鸲，尾羽常抽动并开张。多在树干或枯木上觅食。

食性： 主要捕食鞘翅目、鳞翅目和膜翅目等的昆虫及其幼虫、虫卵。

繁殖习性： 繁殖期5～7月。在针叶树近树干侧枝枝杈处营巢，碗状巢由松枝、地衣、干草叶、茎构成，内垫兽毛等。通常每窝产卵4～8枚，卵橄榄绿色或淡绿色被红褐色斑点，钝端较密，卵径约为16mm×13mm。

亚种分化： 单型种，无亚种分化。

分布： 滨州-●（刘体应1987）滨州。东营-(P)◎黄河三角洲；河口区-河口（李在军20080513），孤岛公园（孙劲松20090929）。菏泽-(P)菏泽。济宁-●济宁；(P)曲阜-(P)石门寺。青岛-崂山区-(S)潮连岛；李沧区-●（Shaw 1938a）李村、浮山。日照-前三岛。泰安-(S)泰安；东平县-●东平，(S)东平湖。威海-文登-天沐温泉（20120519）。烟台-海阳-凤城（刘子波20140510、20150517）；◎莱州；栖霞-老树旺（牟旭辉20131006）。胶东半岛，鲁中山地，鲁西北平原，鲁西南平原湖区。

黑龙江、吉林、辽宁、内蒙古、河北、北京、山西、河南、甘肃、江苏、上海、浙江、江西、湖南、湖北、四川、云南、福建、台湾、广东、广西、海南、香港、澳门。

区系分布与居留类型： ［古］（P）。

种群现状： 仅在我国东北繁殖，种群数量并不丰富。迁徙期间过境山东，分布较广而数量普遍少，未列入山东省重点保护野生动物名录。

物种保护： Ⅲ，中日，Lc/IUCN。

参考文献： H1056，M735，Zjb507；Lc450，Q454，Z845，Zx164，Zgm248。

山东记录文献： 郑光美2011，朱曦2008，赵正阶2001，钱燕文2001，范忠民1990，郑作新1987、1976，Shaw 1938a；赛道建2013，王海明2000，田家怡1999，赵延茂1995，王庆忠1992，王希明1991，泰安鸟调组1989，纪加义1988c，刘体应1987。

●361-01 红喉姬鹟
Ficedula albicilla*（Bechstein）

命名： Bechstein JM, 1792, Kurz. Gem. Naturgesch. In-Ausl., 1: 531（德国的Thüringerwald）

* 由 *Ficedula parva* 分出的物种（李伟和张雁云，2004）。

英文名： Taiga Flycatcher
同种异名： 黄点颏，红喉鹟，白点颏，黑尾杰，红胸翁，黄点颏；*Ficedula parva*（Bechstein），*Ficedula parva albicilla*（Pallas），*Muscicapa parva* Bechstein, 1792，*Muscicapa albicilla* Pallas, 1811，*Motacilla luteola* Pallas, 1811；Red-breasted Flycatcher

鉴别特征： 嘴黑色，喉红色。上体黄褐色，初级飞羽灰黑色，胸红沾灰色，后腹部污白色。尾灰褐色、基部外侧白色。冬羽与雌鸟暗灰褐色，颏、喉白色，眼圈白而窄。脚黑色。相似种鸲姬鹟雄鸟上体黑色具白眉斑和翼斑，下体颏、喉、胸和上腹橙棕色。雌鸟上体灰褐色沾绿色，下体颏、喉、胸和上腹淡棕黄色。

形态特征描述： 上喙黑褐色，下喙偏黄色尖端深色。虹膜暗褐色或褐色。眼先和眼周白色，耳羽灰黄褐色杂棕白色细纵纹。颏、喉橙红色。上体前额、头顶、头侧、背、肩到腰单纯灰褐色或灰黄褐色。翼黑褐色，翼上覆羽和飞羽暗灰褐色，羽缘较淡，有不明显翼带。颧区、喉侧和胸、腹部淡灰褐色，两胁灰色或微沾橙红色。腹中央和尾下覆羽白色。尾上覆羽黑褐色或黑色，尾羽黑色，除1对中央尾羽外，其余尾羽基部约一半白色。脚黑色。

冬羽 颏、喉橙红色，部分变为白色。

红喉姬鹟（仇基建20131005维修大队；张立新20100510摄于德州锦绣川）

雌鸟 似雄鸟冬羽。

幼鸟 似雌鸟。胸、胁赭色或黄褐色，大覆羽和三级飞羽尖端皮黄白色。

鸣叫声： 发出似"hu～lee""qi～qi"单调声。繁殖期间鸣声婉转声似"piyopipi, piyopipi'"或"kiyu, kiyu, qi～qi"。

体尺衡量度（长度mm、体重g）：

标本号	时间	采集地	体重	体长	嘴峰长	翅长	跗蹠长	尾长	性别	现保存处
	1989	东平		119	4	66	15	54	♀	泰安林业科技

栖息地与习性： 栖息于低山丘陵和山脚平原地带的林缘、河流两岸的较小树上，非繁殖季节多见于林缘疏林灌丛、次生林和庭园与农田小林内。性胆怯而活泼，常单独或成对活动，偶尔也成小群不停地在树枝间跳跃或飞来飞去，常常从树枝上飞到空中捕食飞行昆虫，也在林下灌丛中或地上觅食。喜欢将尾散开显露基部的白色，轻轻上下摆动。

食性： 主要捕食鞘翅目、鳞翅目、双翅目和其他昆虫及其幼虫。

繁殖习性： 繁殖期5～7月。在森林中沿河老龄树洞中，或在树的裂缝中营巢。巢杯状，由枯草茎和草叶、苔藓、兽毛等编织而成，结构粗糙。通常每窝产卵4～7枚，卵粉黄色或淡绿色被锈粉黄色斑点，卵径约为17mm×13mm。

亚种分化： 单型种，无亚种分化。

Dickinson（2003）等认为 *F. parva* 分为2个亚种。
F. p. albicilla Pallas, 1811 分布于东方。

亚种命名 Pallas PS, 1811, Zoogr. Rosso-As., 1：462（西伯利亚 Onon 河）。

F. p. parva Bechstein, 1792 分布于西方。

亚种命名 Bechstein JM, 1792, Kurz. Gem. Naturgesch. In-Ausl., 1：531（德国 Thüringerwald）。

但两者外形有喉斑大小、形状及色斑下有无灰色横带，繁殖重叠区域有无混交现象等细微差异，还有雄鸟换成繁殖羽年龄及繁殖后喉斑褪除的时间、求偶鸣唱（Cederroth 1999）、粒线体DNA的研究显示两者间差别明显（李伟和张雁云2004），将2个亚种均视为独立种（郑光美2011），即 *Ficedula parva*（Red-breasted Flycatcher，红胸姬鹟）及 *Ficedula albicilla*（Taiga Flycatcher，红喉姬鹟）。

分布： 德州-市区-锦绣川（张立新20100510）。东营-（P）黄河三角洲；河口区-维修大队（仇基建

20131005）。**济南**-济南；天桥区-华山；历下区-大明湖（陈云江20140918，马明元20140916）。**青岛**-崂山区-（P）潮连岛。**日照**-（P）前三岛-车牛山岛，达山岛，平山岛。**泰安**-（P）泰安；东平县-（P）东平湖，●东平；肥城。**烟台**-海阳-凤城（刘子波20140505）。胶东半岛，鲁中山地，鲁西北平原，鲁西南平原湖区。

除西藏外，各省份可见。

区系分布与居留类型：［古］（P）。

种群现状： 在原产地为常见物种（del Hoyo 2006）。在中国繁殖分布区较窄，繁殖种群不丰富。在山东有迁徙过境记录，分布数量并不普遍，未列入山东省重点保护野生动物名录。

物种保护： Ⅲ，Lc/IUCN。

参考文献： H1057，M738，Zjb508；Lc452，Q454，Z846，Zx164，Zgm248。

山东记录文献： 郑光美2011，朱曦2008，赵正阶2001，范忠民1990，郑作新1987、1976；赛道建2013，田家怡1999，赵延茂1995，泰安鸟调组1989，纪加义1988c。

● 362-01 白腹蓝姬鹟
Cyanoptila cyanomelana（Temminck）

命名： Temminck CJ，1829，in Temminck et Laugier，Pl. Col. Ois.，4：pl. 470（日本）

英文名： Blue-and-white Flycatcher

同种异名： 白腹蓝鹟，白腹姬鹟，蓝燕，青扁头，石青；*Ficedula cyanomelana*（Temminck）；Eastern White-browed Blue Flycatcher

鉴别特征： 蓝色、黑色、白色鹟。嘴黑色。上体青蓝色，飞羽及覆羽黑褐色，各羽外翈蓝紫色，下胸、腹及尾下覆羽白色。外侧尾羽基部白色。雌鸟上体灰褐色，两翼及尾褐色，喉中心及腹部白色。雄幼鸟头、颈背及胸烟褐色，两翼、尾及尾上覆羽蓝色。脚黑色。

形态特征描述： 喙黑褐色。虹膜暗褐色。额基、眼先、耳羽、喉黑色。上体头顶、后颈钴蓝色，肩、背腰和尾上覆羽一致艳蓝色。翅内侧覆羽同背，外侧覆羽内翈黑褐色、外翈青蓝色；小翼羽黑色，飞羽黑褐、外翈绿蓝色。下体喉、颈侧及胸部黑色，腹部及尾下覆羽白色，与胸、两侧暗灰色对比明显。尾羽中央1对蓝色、基部黑色，其余外翈青蓝色、内翈黑褐色，基部白色。跗蹠及趾黑色。

白腹蓝姬鹟（成素博20120427摄于碧海路临海林带；牟旭辉20120501摄于栖霞老树旺）

雌鸟 上体橄榄褐色，腰至尾转为浅赤褐色。下体颈侧、喉、胸及两胁沾橄榄褐色，腹、尾下覆羽白色。飞羽及尾羽褐色、羽缘橄榄褐色，尾羽基部无白色。

鸣叫声： 发出似"tchk tchk"的粗哑叫声。

体尺衡量度（长度mm、体重g）： 寿振黄（Shaw 1938a）记录采得雄鸟4只、雌鸟1只标本，但标本保存地不详，测量数据记录不完整。

标本号	时间	采集地	体重	体长	嘴峰长	翅长	跗蹠长	尾长	性别	现保存处
840327	19840504	鲁桥	21	149	11	92	18	64	♂	济宁森保站

栖息地与习性： 栖息于中海拔以上的针阔混交林及林缘灌丛，常见于林缘及溪流沿岸有陡峭坡坎的林地，有垂直分布现象。4月下旬迁来繁殖地，9月迁往越冬地。单独或成对活动，隐藏于林下灌丛中鸣唱和活动。

食性： 主要从树冠取食鳞翅目和鞘翅目等昆虫的幼虫，蜻蜓目、膜翅目、双翅目等的昆虫和蜘蛛、蜉蝣等。

繁殖习性： 繁殖期5～7月。到达繁殖地后求偶占领巢区，雌雄共同在溪流、河谷岸边的岩缝、洞穴中筑巢，巢杯状，由苔藓构成，内垫少许植物纤维、根须和兽毛、羽毛。每窝产卵4～6枚，卵白色，钝端具不明显褐色斑环，卵径约为20mm×15mm，卵重约2g。由雌鸟孵卵，孵化期约12天。雏鸟晚成雏，育雏期约12天。

亚种分化： 全世界有2个亚种，中国有2个亚种，山东分布记录有2个亚种。

本种的分类地位，Temminck（1829）命名时置于鹟属（*Muscicapa*），LaTouche（1898）则改置于仙鹟属（*Niltava*），郑作新（1987）将本种置于姬鹟属（*Ficedula*），近年来，Clements（2007）及Dickinson（2003）名录则将本种另立为新的白腹鹟属（*Cyanoptila*）。

● 指名亚种 **C. c. cyanomelana**（Temminck），*Muscicapa cyanomelana intermedia**Weigold，*Ficedula cyanomelana cyanomelana*（Temminck）

亚种命名 Temminck CJ, 1829, in Temminck et Laugier, Pl. Col. Ois., 4：pl.470（日本）

鉴别特征： 脸、喉及上胸黑色与白色腹部两色截然分开。

分布： 东营-◎黄河三角洲。济宁-曲阜；微山县。青岛-（P）●（Shaw 1938a）青岛；崂山区-潮连岛，●（Shaw 1938a）大公岛；李沧区-●（Shaw 1938a）李村。日照-东港区-碧海路（成素博20120427）；（P）前三岛-车牛山岛，达山岛，平山岛。烟台-烟台；海阳-凤城（刘子波20140429，20140510）；栖霞-老树旺（牟旭辉20120501）。胶东半岛，鲁中山地，鲁西北平原，鲁西南平原湖区。

黑龙江、吉林、辽宁、河北、江苏、浙江、湖北、贵州、福建、台湾、广东、广西、海南、香港。

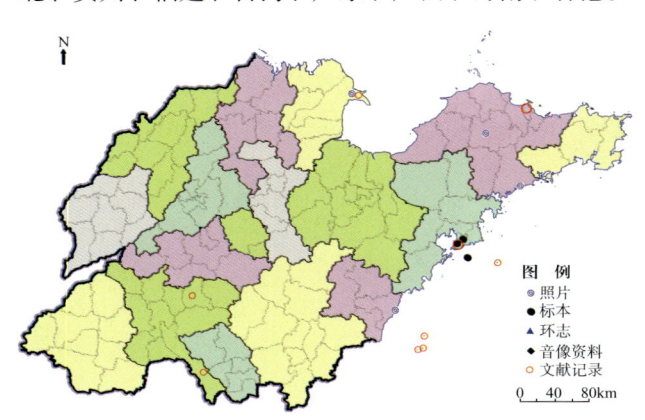

山东记录文献： 郑光美2011，朱曦2008，赵正阶2001，钱燕文2001，范忠民1990，郑作新1987、1976，Shaw 1938a；赛道建2013，田家怡1999，赵延茂1995，纪加义1988c。

东北亚种 **C. c. cumatilis**，*Ficedula cyanomelana cumatilis*（Thayer et Bangs）

亚种命名 Thayer et Bangs，1909，Bull. Mus. Comp. Zool., Harvard Coll., 52（8）：141（湖北）

鉴别特征： 青绿色、深绿蓝色的脸、喉及上胸部与白色腹部两色截然分开。

——————
* *intermidia* 为 *cumatilis* 的同义词（Shaw 1938a）。

分布： 东营-（P）黄河三角洲。济宁-曲阜；微山县。日照-（P）前三岛-车牛山岛，达山岛，平山岛。

黑龙江、吉林、辽宁、河北、北京、天津、山西、河南、陕西、宁夏、甘肃、青海、安徽、江苏、上海、浙江、江西、湖南、湖北、四川、重庆、贵州、云南、福建、广东、广西、香港、澳门。

山东记录文献： 郑光美2011，朱曦2008，郑作新1987、1976；赛道建2013，纪加义1988c。

区系分布与居留类型： ［古］（P）。

种群现状： 捕食昆虫，对农林有益。据繁殖地样线调查，种群数量较丰富，暂时不存在有关保育问题。迁徙期间过境山东，分布数量并不普遍，未列入山东省重点保护野生动物名录。

物种保护： 中日；种群无特别保护措施。

参考文献： H1066，M745，Zjb517；Lc458，Q458，Z854，Zx165，Zgm251。

山东记录文献： 见各亚种。

363-11 铜蓝鹟
***Eumyias thalassinus*（Swainson）**

命名： Swainson W, 1838, in Jardine, Nat. Libr., 13 Flycatchers：252（印度）

英文名： Verditer Flycatcher

同种异名： —；*Muscicapa melanops* Vigors，1830，*Muscicapa thalassinus* Swainson，1838，*Stoparola melanops* Blyth，1845；Asian Verditer Flycatcher

鉴别特征： 全身铜蓝色的鹟。嘴黑色，额基、眼先黑色。通体铜蓝色，飞羽内翈、尾羽缘黑褐色，尾下覆羽白色，羽缘呈鳞状斑纹。雌鸟眼先暗黑色，体羽灰蓝色，颏灰白色。幼鸟灰褐沾绿色，具皮黄色及近黑色的鳞状纹及点斑。脚近黑色。

形态特征描述： 嘴黑色。虹膜褐色或栗褐色，额基和眼先黑色延伸到眼下方和颏部。通体呈鲜艳的辉铜蓝色，以额、头侧、喉、胸较鲜亮。翅和尾表面颜

铜蓝鹟（赵兴20091023摄于大黑山岛）

色同背或辉绿蓝色，被蓝色盖覆的翅和外侧尾羽褐色或暗褐色，外翈羽缘深蓝色。尾下覆羽色深且具白色羽缘，形成鳞状斑纹。跗蹠及趾黑色。

雌鸟 似雄鸟。羽色不如雄鸟鲜艳。眼先黑色较淡呈灰白色，颏灰白色，眼先和颏具灰色斑点。下体灰蓝色，少铜蓝色。

幼鸟 灰褐沾绿色，具皮黄色及近黑色鳞状纹和点斑。

鸣叫声： 发出似"tze-ju-jui"急促而持久、音调逐渐下降的鸣唱声。

体尺衡量度（长度 mm、体重 g）： 山东分布有采到标本记录，但标本保存处不详，测量数据遗失。

栖息地与习性： 喜栖息于中低海拔的开阔山地森林、林缘地带或溪流附近的灌丛，非繁殖季节也到山脚和平原地带的林地、林缘疏林灌丛、果园、农田地边及住宅附近的小树丛和树上活动。性胆大，常单独或成对在高大乔木冠层、林下灌木和小树上活动。鸣声悦耳，晨昏常鸣叫不息。常由空旷的停栖处频繁地飞到空中捕食飞行性昆虫，像山雀般在细枝或叶片上搜寻食物。

食性： 主要捕食鳞翅目、鞘翅目、直翅目等昆虫及其幼虫，也食植物果实和种子。

繁殖习性： 繁殖期5～7月。在岸边、岩坡、树根下的洞中或石隙间及树洞、废弃房舍墙壁洞穴中营巢，巢杯状，由苔藓掺杂细根和草茎构成，内垫更细的须根和苔藓。每窝通常产卵3～5枚，卵白色或粉红白色，钝端有的被暗色斑点，卵径约为19mm×15mm。

亚种分化： 全世界有2个亚种，中国1个亚种，山东分布为指名亚种 *E. t. thalassinus*，*Muscicapa thalassinus thalassinus** Swainson。

亚种命名 Swainson W，1838，in Jardine，Nat. Libr.，13 Flycatchers：252（印度）

分布： 青岛 - 崂山区 - （P）潮连岛。泰安 - 泰山 - 岱顶（任月恒 20130604）。烟台 - 长岛县 - ●大黑山岛（赵兴 20091023）。胶东。

陕西、上海、浙江、江西、湖南、湖北、四川、重庆、贵州、云南、西藏、福建、台湾、广东、广西、香港、澳门。

区系分布与居留类型： [东]（P）。

种群现状： 羽色艳丽，鸣声婉转，常被捕捉笼养用于观赏；虽然局部地区较常见，种群数量较丰富，但种群数量未知，捕猎致使种群数量遭致一定程度的破坏，应加强有利保护措施。山东分布：刘岱基（1998）记录后，范强军（2010）记录为山东新发现，需加强物种分布确证（郑光美 2011），近年来有照片记录，确证其在山东分区狭窄而数量稀少，未列入山东省重点保护野生动物名录，应加强栖息地环境的保护研究。

物种保护： Lc/IUCN。

参考文献： H1085，M746，Zjb536；Lc460，Q466，Z870，Zx164，Zgm251。

山东记录文献： 郑光美 2011，朱曦 2008；赛道建 2013，范强军 2010，刘岱基 1998。

363-21 方尾鹟
Culicicapa ceylonensis（Swainson）

命名： Swainson W，1820，Zool. Illus.，ser. 1：13（斯里兰卡）

英文名： Grey-headed Canary-flycatcher

同种异名： —；*Platyrhynchus ceylonensis* Swainson，1820，*Cryptolopha poiocephala* Swainson，1838；—

鉴别特征： 体小而特点明显的鹟。头颈偏灰略有羽冠。上体橄榄绿色。翅、尾黑灰色。下体偏黄色。

形态特征描述： 上嘴黑褐色、下嘴角褐色。虹膜暗褐色。整个头部、枕、后颈深灰色，头顶略沾褐色并具小羽冠，头侧、颈侧及颏、喉灰色。背部橄榄绿色，腰黄色。飞羽暗褐色、外翈羽缘黄色，前2枚初级飞羽黄色羽缘较窄，覆羽橄榄绿黄色。喉、胸均灰色，下体黄色。尾羽褐色，外瓣具橄榄绿色羽缘；尾

方尾鹟（刘兆瑞 20160602 摄于泰山大天烛峰）

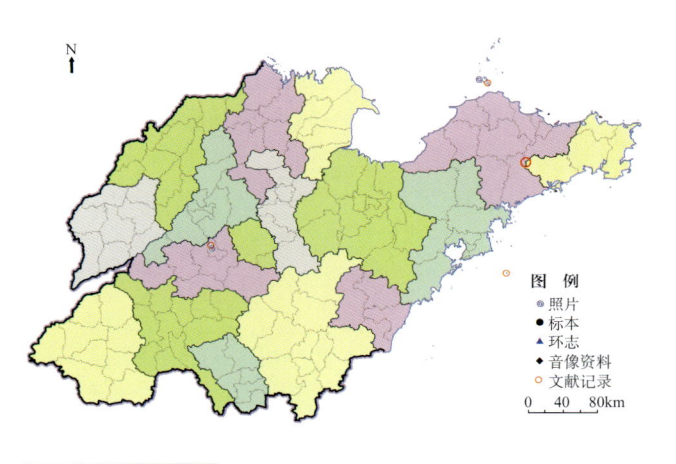

* 范强军，钟海波. 2010. 山东长岛发现铜蓝鹟. 野生动物，31（4）：3.

上覆羽黄绿色，尾下覆羽黄色。跗蹠及趾棕褐色。

鸣叫声： 发出似"kuaipaokuaili"婉啭多变的叫声。

体尺衡量度（长度mm、体重g）： 山东暂无标本及测量数据，但近年来拍到照片。

栖息地与习性： 栖息于常绿阔叶林或次生林，活动于林缘或林间空地及溪流边灌丛。树栖，单独或成2~3只小群活动，停栖时姿态挺立，多在树上、林下和林缘灌丛中活动觅食、追捕飞虫。

食性： 主要捕食各种昆虫及其幼虫。

繁殖习性： 繁殖期5~8月。在岩石处用苔藓筑巢，杂有少量兽毛。每窝产卵约3枚，卵淡黄杂有棕褐色、蓝紫色斑点。卵径约为15.0mm×12.5mm，卵重约1.3g。

亚种分化： 全世界有5个亚种，中国有1个亚种，山东分布为西南亚种 Culicicapa ceylonensis calochrysea。

亚种命名 Oberholser, 1923, Smiths. Misc. Coll., 76（6）：8（缅甸 Thaungyin河）

分布： 东营-◎黄河三角洲。泰安-泰山-大天烛峰（刘兆瑞 20160602）。

河南、陕西、甘肃、江苏、上海、湖南、湖北、四川、重庆、贵州、云南、西藏、台湾、广东、广西、海南、香港、澳门。

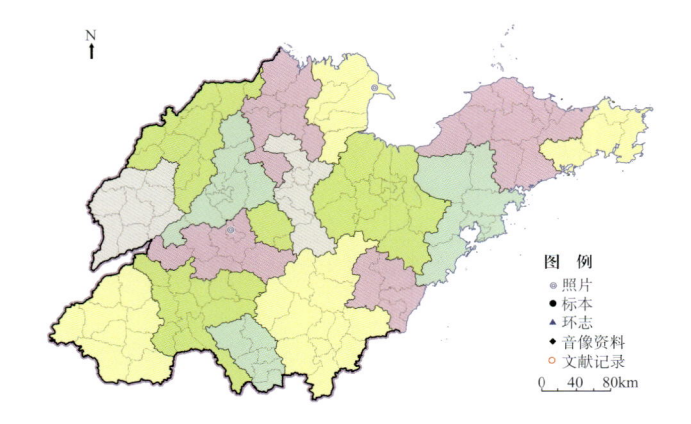

区系分布与居留类型： [东] V。

种群现状： 原产地种群数量尚属丰富。山东分布：单凯（2013）首次报道，分布区狭窄而数量少；近年来仅征集到在泰山野外拍到的照片，需要加强有关栖息环境等物种生态学方面的研究。

物种保护： 尚无明确保育问题。

参考文献： H1086, M759, Zjb537；Lc465, Q466, Z871, Zx165, Zgm254。

山东记录文献： —；单凯 2013。

20.18　王鹟科 Monarchinae（Monarch Flycatchers）

喙较宽，甚至喙大、宽扁或厚重。身体纤长。尾较长，寿带属的雄鸟尾羽更长。雄鸟色型不止一种。

栖息于树林、疏林等不同林地中，树栖性，生存于开阔环境中的鸟种多在树上层活动，栖息于浓密树林中的鸟种，多在森林中下层活动。领域性强。以昆虫为主食。多一雌一雄，少数成群繁殖，在树上筑精致杯形巢，巢外层多有苔藓装饰，分布广泛，多为留鸟，少数是候鸟或部分迁移候鸟。分布范围广，数量普遍，多没有严重生存压力，但仅少数鸟种因栖地破坏或丧失而被定为濒危、近危或易危的状况。

虽然Sibley和Ahlquist（1990）在利用DNA-DNA进行杂交反应后，将本科归属于Dicrurinae亚科，为其中一个独立的族（Monarchini），但国际学者依然多采用其为独立一科的分类方法。

全世界共有15属87种，中国有2属3种，山东分布记录有1属2种。

王鹟科寿带属 Terpsiphone 分种检索表

尾羽棕黄色或白色，栗型具黑色喉 ··· 寿带鸟 T. paradisi
尾羽黑色或褐色，尾下覆羽白色 ··· 紫寿带 T. atrocaudata

● 364-01　紫寿带
Terpsiphone atrocaudata（Eyton）

命名： Eyton TC, 1839, Proceedings of the Committee of Science and Correspondence of the Zoological Society of London., 7（78）：102（马来西亚）

英文名： Japanese Paradise Flycatcher

同种异名： 绶带鸟、日本寿带鸟、黑绶带鸟；*Muscipeta atrocaudata* Eyton, 1839, *Tchitrea principalis* Swinhoe, 1863, *Callaeops periophthalmica* Ogilvie-Grant, 1895, *Terpsiphone nigra* McGregor, 1907, *Terpsiphone princeps* Ogilvie-Grant, La Touche, 1907; Black Paradise Flycatcher

鉴别特征： 嘴蓝褐色，头具冠羽。头、喉、颈、上胸黑褐色具光泽。背部紫赤色，胸腹部白色。翼及尾黑色，尾长约20cm。雌鸟头顶色彩暗，尾羽不延长。脚偏蓝色。相似种色淡，有白色变种。

形态特征描述： 嘴蓝色，基部宽阔、强健，上喙具棱脊、先端稍下弯具锐钩，口须发达；鼻孔被羽掩盖。虹膜深褐色，眼周裸露皮肤蓝色。具冠羽。翼、背部及臀部黑栗色。翅尖。头、颈、胸部羽毛黑灰色有紫蓝色光泽，下身白色。尾叉形，黑色尾羽极长，外侧尾羽极度延长且中段仅具羽干，飞时犹如飘舞的蝴蝶。腿、脚强健偏蓝色，爪钩状。

雌鸟 似雄鸟。胸部深褐色，尾无特别延长尾羽。

鸣叫声： 善鸣叫，发出笛声及甚响亮"chee-tew"声。

体尺衡量度（长度mm、体重g）： 山东分布见有少量文献记录，但暂无标本及测量数据。

栖息地与习性： 栖息于低山丘陵、山脚平原地带的阔叶林和次生阔叶林、林缘疏林和竹林，尤喜沟谷和溪流附近的阔叶林。性格凶猛，领域性强。单独或成对活动，也见有3～5只成群，性羞怯，常在林中下层茂密的树枝间活动，在枝间时而跳跃、时而飞翔，或飞向另一棵树。飞行缓慢，长尾摇曳，优雅悦目。常从栖息树枝上飞到空中捕食昆虫。

食性： 杂食性。主要捕食鞘翅目、鳞翅目、直翅目、双翅目和同翅目等昆虫及其幼虫，兼食少量植物。

繁殖习性： 繁殖期5～7月。雌雄鸟共同在靠近溪流附近的阔叶林树枝杈上营巢，倒圆锥形巢结构精致，外壁用草茎、树叶、树皮、苔藓、羽毛、棉花和蛛网等编织而成，内壁由细草根、草叶、草茎、树皮纤维和苔藓构成。每窝产卵2～5枚，卵椭圆形或梨形，有乳白色或白色等颜色变化，被细小的红褐色、赤白色或青灰色斑点。雌鸟孵卵，雄鸟在雌鸟离巢期间参与孵卵活动，孵化期14～16天。雏鸟晚成雏，雌雄亲鸟育雏，育雏期11～12天，幼鸟可离巢。

亚种分化： 全世界有3个亚种，中国有2个亚种，山东分布为指名亚种 *T. a. atrocaudata*（Eyton）。

亚种命名 Eyton TC，1839，Proceedings of the Committee of Science and Correspondence of the Zoological Society of London.，7(78)：102（马来西亚）

分布： 东营 - ◎黄河三角洲。青岛 - 青岛；崂山区 -（P）潮连岛。胶东半岛，鲁中山地。

辽宁、河北、江苏、上海、浙江、湖南、贵州、云南、福建、台湾、广东、广西、海南、香港、澳门。

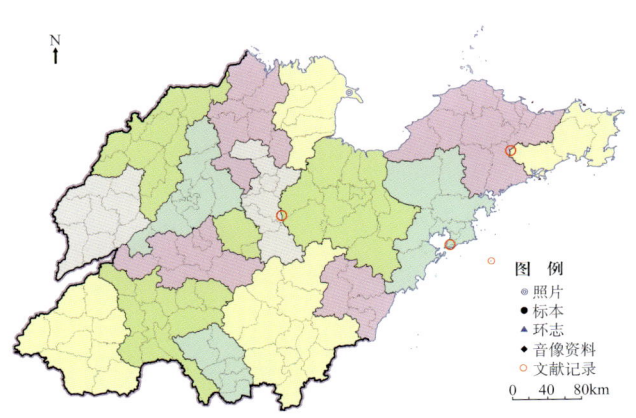

区系分布与居留类型：［广］（P）。

种群现状： 由于越冬地退化和丧失，物种数量被怀疑在适度快速下滑，被列为近危物种，应加强栖息环境监测与保护。山东分布数量并不普遍，近年来未能征集到照片，需要加强物种与栖息环境的研究保护，未列入山东省重点保护野生动物名录。

物种保护： Ⅲ，中日，Nt/IUCN。

参考文献： H1089，M680，Zjb540；Lc18，Q468，Z874，Zx166，Zgm256。

山东记录文献： 郑光美2011，朱曦2008，赵正阶2001，钱燕文2001，范忠民1990，郑作新1987、1976；赛道建2013，纪加义1988c。

● 365-01 寿带鸟
Terpsiphone paradisi（Linnaeus）

命名： Linnaeus C，1758，Systema Naturae per Regna Tria Naturae，Secundum Classes，Ordines，Genera，Species，Cum Characteribus，Differentiis，Synonymis，Locis.，ed. 10，1，p.107（印度）

英文名： Asian Paradise Flycatcher

同种异名： 绶带鸟，亚洲绶带，亚洲寿带，练鹊，长尾鹟，一枝花，三光鸟，赭练鹊；*Corvus paradisi* Linnaeus，1758，*Muscipeta incei* Gould，1852，*Tchitrea affinis* Blyth，1846；—

鉴别特征： 嘴蓝色而端黑色，头蓝黑色具明显冠羽，眼周皮肤蓝色。上体赤褐色，下体灰白色，胸部苍灰色。中央尾羽延长达25cm。白色型上体具黑色纵纹。雌鸟棕褐色，头闪辉黑色，尾羽不延长。相似种紫寿带翼及尾黑色，背近紫色。没有白色的变种。

形态特征描述： 嘴钴蓝色或蓝色，口裂大，喙宽阔扁平呈三角形，上喙正中有棱嵴，先端微有缺刻；

寿带鸟（陈云江20130703摄于张夏镇）

鼻孔覆羽。虹膜暗褐色。翅短圆。脚钴蓝色或铅蓝色。有两种色型。白色多为老年个体。

栗色型 前额、头顶、枕、羽冠直到后颈、颈侧、头侧等整个头部及额、喉和上胸蓝黑色，富有金属光泽。眼圈辉钴蓝色。上体背、肩、腰和尾上覆羽等紫深栗红色。外侧飞羽黑褐色、外翈羽缘栗红色，最外侧初级飞羽无栗红色羽缘；最内侧次级飞羽、三级飞羽和内侧覆羽与背同色，小翼羽、外侧初级覆羽黑褐色，其余覆羽黑褐色、外翈羽缘栗红色。胸和两胁灰色逐渐变淡至腹和尾下覆羽全白色。尾栗色或栗红色，2枚中央尾羽特别延长，羽干暗褐色。

白色型 眼圈辉钴蓝色。头、颈、颏、喉似栗色型，亮蓝黑色。背白色，各羽具细窄黑色羽干纹。翅白色；翼上覆羽白色具细窄羽干纹，小翼羽黑色，外侧初级覆羽黑褐色、羽缘白色；最内侧次级飞羽具粗黑色羽干纹、内翈具楔状黑斑或黑色羽缘，其余飞羽黑褐色，除最外侧1或2枚均具白色羽缘。胸至尾下覆羽纯白色。中央1对尾羽亦特别延长，尾羽白色、具窄的黑色羽干纹。

雌鸟 整个头、颈、颏、喉似雄鸟。眼圈淡蓝色。辉亮较差，羽冠稍短，后颈暗紫灰色，上体余部包括两翅和尾表面栗色。内侧覆羽、飞羽与背同色，外侧覆羽和飞羽黑褐色、外翈羽缘栗色。下体尾下覆羽微沾淡栗色。中央尾羽不延长。

鸣叫声： 鸣声高吭、洪亮。

体尺衡量度（长度mm、体重g）： 寿振黄（Shaw 1938a）记录采得雄鸟2只、雌鸟1只标本，但标本保存地不详。

标本号	时间	采集地	体重	体长	嘴峰长	翅长	跗蹠长	尾长	性别	现保存处
B000680					16	100	17	365	♂	山东博物馆
B000681					16	92	15	94	♀	山东博物馆
	1958	微山湖		380	15	105	13	285	♂	济宁一中
	1958	微山湖		320	12	98	13	227	♂	济宁一中
	1958	微山湖		185	14	98	14	80	♀	济宁一中

栖息地与习性： 栖息于低山丘陵和山脚平原的阔叶林、林缘和竹林中，喜沟谷溪流附近的阔叶林。常单独、成对或3～5只成群活动。性羞怯，领域性甚强，常在林中下层茂密的树枝间活动，在树枝间跳跃飞翔，飞行缓慢，长尾摇曳如绶带，常从栖息树枝上飞到空中捕食昆虫，或降落到地上捕食。

食性： 主要捕食鞘翅目、鳞翅目、直翅目、双翅目和同翅目等活的昆虫及其幼虫，也捕食飞行中的蛾类和蝇类。

繁殖习性： 繁殖期5～7月，多在5～6月。雌雄鸟共同在靠近溪流附近的阔叶林中小树枝杈上和竹上，或林下幼树枝杈上营巢，自己取材或拆毁其他鸟的巢材筑结构精致的倒圆锥形巢，外壁以植物花序、苔藓、羽毛、棉花等编织而成，内壁由细草根、草叶、草茎、树皮纤维和苔藓构成。每窝产卵2～4枚，卵椭圆形或梨形，有不同颜色，乳白色或灰黄白色被红褐色斑点，驼灰色具栗色斑点，卵径约为23mm×17mm，卵重2～2.5g。雌鸟孵卵，雄鸟在雌鸟离巢期间参与孵卵活动，孵化期14～16天。雏鸟晚成雏，雌雄亲鸟共同育雏，育雏期11～12天。

亚种分化： 全世界有14个亚种，中国有3个亚种，山东分布为普通亚种 *T. p. incei*（Gould）。

亚种命名 Gould J, 1852, The Birds of Asia. Pt. 4, pl and text（上海）

分布： 滨州-●（刘体应1987）滨州。东营-（S）◎黄河三角洲；河口区（李在军20080823）。济南-长清区-张夏（陈云江20130703，宋泽远20140711），梨枣峪（陈忠华20160625）；历城区-西营（陈忠华20160706）。济宁-●济宁；曲阜-孔林。青岛-青岛。日照-东港区-●（Shaw 1938a）石臼所；（S）前三岛-车牛山岛，达山岛，平山岛。泰安-（S）泰安；岱岳区-徂徕山；泰山-中山，低山。潍坊-（S）青州-仰天山。胶东半岛，鲁中山地，鲁西北平原，鲁西南平原湖区。

除内蒙古、青海、新疆、西藏外，各省份可见。

区系分布与居留类型： [东]（S）。

种群现状： 森林灭虫能手。物种分布范围广，被评为无生存危机物种。在山东分布数量并不多，已有鸟友拍到野外繁殖的照片，列入山东省重点保护野生动物名录。

物种保护：Ⅲ，Lc/IUCN。

参考文献：H1088，M681，Zjb539；Lc16，Q468，Z873，Zx166，Zgm256

山东记录文献：郑光美 2011，朱曦 2008，钱燕文 2001，范忠民 1990，郑作新 1987、1976，Shaw 1938a；赛道建 2013，张培玉 2000，田家怡 1999，杨月伟 1999，王庆忠 1995、1992，赵延茂 1995，陈玉泉 1992，泰安鸟调组 1989，纪加义 1988c，刘体应 1987，杜恒勤 1985，李荣光 1960。

20.19 画眉科 Timaliidae（Babblers）

体形如笼养画眉。雌雄同色。喙大，多直而侧扁。鼻孔被羽须或不被羽，有薄膜覆盖。翼短圆。尾羽长度大于翼长，或小于翼长。两脚强健，并拢跳跃前进。幼鸟体羽无斑点。

栖息于山区林木中，多活动于浓密树林底层、灌丛和草丛中或地面上。日行性。多小群活动。多在丛薮间做短距离的飞翔。善鸣唱或鸣叫，常久鸣不息，鸣声嘈杂或婉转动听、悦耳。杂食性。主要捕食昆虫及其幼虫，兼食植物的果实、种子、幼芽和花蜜。繁殖期3～7月，繁殖的早晚与栖于低海拔或高海拔有关，多营巢于枝桠上或灌木丛间、地面或草丛中，雌雄共同营巢，合力抚育下一代。卵颜色种间差异很大，纯白色或蓝色，有的具有色斑。雏鸟晚熟性，刚孵出时或全裸露，或被少数绒毛。本科鸟类分布普遍，因善鸣唱，为民众喜爱的笼鸟，狩猎压力大，且有与外来种杂交的隐忧，且面临栖地面积缩小的压力。有的被列为珍稀鸟类。

全世界有 50 属 273 种（Dickinson 2003），在中国境内有 29 属 131 种（郑作新等 1987）、24 属 116 种（郑光美 2005）或 26 属 126 种（郑光美 2011），山东分布记录有 1 属 3 种

画眉科画眉属 *Garrulax* 分种检索表

1. 鼻孔完全裸露，上嘴近端微具齿突 ······ 画眉 *G. canorus*
   鼻孔完全为须所盖 ······ 2
2. 嘴形稍下曲，鼻孔处厚度稍大于宽度 ······ 山噪鹛 *G. davidi*
   嘴形厚而直，鼻孔处厚度远大于宽度，颏、喉橄榄褐灰色 ······ 黑脸噪鹛 *G. perspicillatus*

● 366-01 黑脸噪鹛
Garrulax perspicillatus（Gmelin）

命名：Gmelin，1789，Syst. Nat., ed. 13, 1：830（福建厦门）

英文名：Masked Laughing Thrush

同种异名：土画眉；*Dryonastes perspicillatus*[*] Kothe；Spectacled Laughing Thrush, Black-faced Laughing Thrush

鉴别特征：嘴黑褐色，额、脸、耳羽黑色似眼罩，野外特征为脸部特有宽阔黑斑极明显。上体暗褐色，下体前褐灰色而腹部转白。尾下覆羽黄褐色，外侧尾羽具宽的深褐色羽端。脚红褐色。

形态特征描述：嘴黑褐色。虹膜棕褐色或褐色。额、眼先、眼周、颊、耳羽黑色，形成醒目宽阔黑带。颏、喉至上胸褐灰色。头顶至后颈褐灰色，背暗灰褐色至尾上覆羽变为土褐色。翼上覆羽、内侧飞羽与背同色，其余飞羽褐色、外翈羽缘黄褐色。下胸和腹棕白色或灰白色沾棕色，两胁棕白色沾灰色。腋羽和翼下覆羽浅黄褐色。尾羽暗棕褐色，外侧尾羽先端

黑脸噪鹛（刘华东20160221摄于树木园）

黑褐色；有时仅中央一对尾羽深褐色，外侧尾羽栗褐色，端部具黑色横斑，越向外侧越逐渐融合为一块黑色端斑；尾下覆羽棕黄色。脚淡褐色。

鸣叫声：鸣叫声似"diu-diu"或"ju-diao, ji-dia"声。

---
[*] 此记载可能有误。

体尺衡量度（长度 mm、体重 g）：

标本号	时间	采集地	体重	体长	嘴峰长	翅长	跗蹠长	尾长	性别	现保存处
	1980				22	124	40	138		山东师范大学

栖息地与习性： 栖息于平原和低山丘陵地带，常结小群活动于灌丛、竹丛、芦苇地、城镇公园，以及庭园、人工林、农田和村寨附近的疏林和灌丛，甚至茂密森林。秋冬季节集较大群体活动，有时和其他噪鹛混群，常在荆棘丛或灌丛下层跳跃穿梭，飞来飞去，在地面或灌丛间跳跃前进。性活跃，鸣叫声响亮嘈杂，常一只鸟鸣叫引起整群鸣叫不息。多在地面取食。

食性： 杂食性，主要以捕食昆虫为主，以及其他无脊椎动物、植物果实、种子和部分农作物。

繁殖习性： 繁殖期4～7月。在低山丘陵和村寨附近小块丛林和竹林内的灌木、幼树或竹类枝桠上营巢。巢杯状，由细树枝、枯草茎、草叶、草根、树叶、叶柄、植物卷须、树皮纤维、纸片等材料构成，内垫细草根、卷须、松叶等柔软物。每窝产卵3～5枚，卵灰蓝色或具青白色光泽，光滑无斑，或微呈绿白缀赭褐色块斑，以钝端较多，卵圆形，卵径为28mm×20mm。

亚种分化： 单型种，无亚种分化。

分布： 青岛-青岛。泰安-泰山区-树木园（20140512、20150517，刘兆瑞20110301，任月恒20120625，李令东20150517，孙桂玲20150512，刘华东20160221）；（S）泰山（刘冰20110205）。胶东半岛，鲁中山地。

山西、河南、陕西、安徽、江苏、上海、浙江、江西、湖南、湖北、四川、重庆、贵州、云南、福建、广东、广西、香港、澳门。

区系分布与居留类型：［东］（S）。

种群现状： 物种分布范围广，被评价为无生存危机物种。在山东分布范围狭窄，数量并不普遍，需加强物种与生存环境的研究与保护。

物种保护： Ⅲ，Lc/IUCN。

参考文献： H853，M1013，Zjb301；Q364，Z670，Zx166，Zgm256。

山东记录文献： 郑作新1987、1976，Shaw 1938a；赛道建2013，纪加义1988b。

367-11 山噪鹛
Garrulax davidi（Swinhoe）

命名： Swinhoe，1868，Ibis（2），4：61（北京）
英文名： Plain Laughing Thrush
同种异名： —；—；David's Laughing Thrush
鉴别特征： 嘴黄色、端部绿色，微下弯，眉纹色浅，颏近黑色。上体全灰褐色，下体较浅无明显斑纹。脚浅褐色。

形态特征描述： 嘴黄色、嘴峰沾褐色，稍向下曲；嘴在鼻孔处厚度与其宽度几乎相等。鼻孔被须羽掩盖。眼先灰白色，羽端缀黑色，眉纹、耳羽沙褐色。头顶具暗色羽缘而较背色暗。颏黑色。全身黑褐色，上体包括背、翅、尾上覆羽灰沙褐色。飞羽暗褐色，外翈羽缘灰白色。喉、胸灰褐色，腹、尾下覆羽淡褐色。尾黑褐色具不明显暗色横斑，中央尾羽灰褐色具暗褐色羽端。脚肉色或脚浅褐色。

鸣叫声： 鸣叫声多变而动听。

体尺衡量度（长度 mm、体重 g）： 山东分布见有少量文献记录，但暂无标本及测量数据。

栖息地与习性： 栖息于山地斜坡上及山脚、平原和溪流岸边的灌丛中。常成对活动，在树枝间跳上跳下，非常活跃，鸣叫时常振翅展尾。善于地面刨食。

食性： 繁殖季节主要捕食昆虫，采食少量种子和果实；冬季以植物种子为主。

繁殖习性： 繁殖期5～7月。在茂密灌丛中营巢，浅杯状巢用干草、嫩枝等构成，内垫残羽和细根、纤维等。每窝产卵3～6枚，卵淡宝石蓝色，卵壳鲜亮而光滑。卵径约为25mm×19mm。

亚种分化： 全世界有4亚种，但亚种分化有不同意见，中国有4个亚种（郑光美2011），山东分布为指名亚种 *G. d. chinganicus*（Meise）。

亚种命名 Meise，1934，Abh. Ber. Mus. Tierk. Völkerk. Dresden，18（2）：41（大兴安岭阿尔滚江）

分布：（S）鲁西北平原，胶东半岛，（R）山东。辽宁、内蒙古、河北、北京、天津。

区系分布与居留类型：［古］（SR）。

种群现状： 中国特产鸟类，捕食害虫，对农林业有益，因是人们喜爱的笼养鸟而遭受过度捕猎，目前种群数量有所减少，应该注意保护，严控捕猎。山东

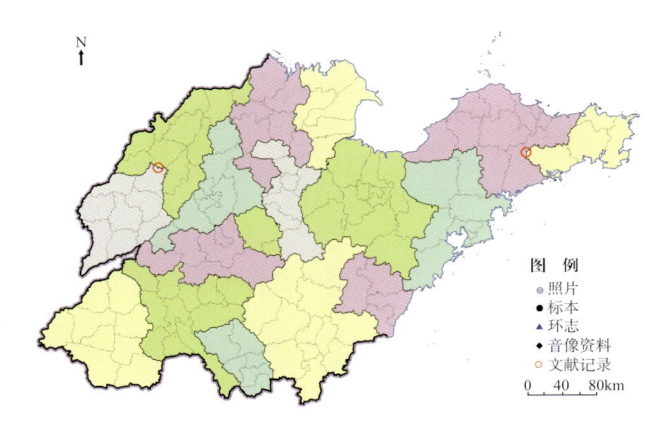

分布见有少量文献记录，卢浩泉（2003）记为山东鸟类新记录，无标本及专项研究，近年来也未能征集到照片，其分布现状有待进一步研究。

物种保护： Ⅲ，Lc/IUCN。

参考文献： H864，M1025，Zjb312；Q369，Z680，Zx168，Zgm261。

山东记录文献： 郑光美 2011，朱曦 2008；赛道建 2013，卢浩泉 2003。

367-21 画眉
Garrulax canorus（Linnaeus）

命名： Linnaeus，1758，Syst. Nat.，ed. 10，1：169（福建厦门）

英文名： Huamei

同种异名： —；—；—

鉴别特征： 嘴黄色，额棕色，眼圈白色向眼后延伸成窄眉纹。体小棕褐色。头顶至背、尾上覆羽橄榄褐色，顶冠及颈背具宽而黑褐色羽干纹。喉、胸棕黄色具黑褐色羽干纹，腹棕黄色、中央污灰色。尾羽浓褐具黑横斑。脚偏黄。亚种 *owstoni* 具白色眼纹，下体淡、多橄榄色，亚种 *canorus* 下体少橄榄色。

形态特征描述： 上嘴偏黄色、下嘴橄榄黄色。虹膜橙黄色或黄色；眼圈白色，上缘白色向后延伸至颈侧，状如眉纹。近额部长有较长黑色髭毛，头侧包括眼先和耳羽暗棕褐色，颏、喉棕黄色杂黑褐色纵纹。额棕色，头顶至上背棕褐色，自额至上背具宽阔的黑褐色纵纹，纵纹前段色深后段色淡。飞羽暗褐色，外侧飞羽外䍁羽缘缀棕色、内䍁基部具宽阔棕缘。内侧飞羽外䍁和翼上覆羽棕橄榄褐色，翼下覆羽棕黄色。上胸和胸侧棕黄色杂黑褐色纵纹，其余下体棕黄色，两胁较暗无纵纹，下腹羽毛呈绿褐色或黄褐色，下腹部中央小部分羽毛呈灰白色，肛周沾棕色，尾羽浓褐色或暗褐色、具多道不明显黑褐色横斑，尾末端较暗褐。跗蹠和趾黄褐色或浅角色。

幼鸟 上体淡棕褐色无纵纹，下体绒羽棕白色无纵纹或横斑，尾无横斑。或似成鸟，羽色稍暗，头顶至上背、喉至胸有黑褐色纵纹。

鸣叫声： 善鸣啭，声音洪亮，尾音似"mo-gi-yiu-"。

体尺衡量度（长度mm、体重g）： 山东暂无标本及测量数据，但近年来在多地野外拍到照片。

栖息地与习性： 栖息于海拔低山、丘陵和山脚平原地带的矮树丛和灌木丛，以及林缘、农田、旷野、村落城镇附近的小树丛、竹林及庭园等有水和树林的地方。产地留鸟，多终年较固定地生活在一个区域内。单独、有时结小群活动。爱清洁，几乎每天都要洗浴，机灵胆怯，好隐匿，常在密林中飞行觅食，或立于茂密的树梢枝杈间鸣叫。

食性： 杂食性。主要捕食直翅目、鞘翅目和鳞翅目的农林害虫，采食种子、果实、草籽、野果、草莓和幼苗等，并有贮藏果实和种子的习性。

繁殖习性： 每年可繁殖1～2次。繁殖季节，雄鸟擅长持久不断地引吭高歌，婉转多变，非常悦耳动听。择偶配对后，寻找适合筑巢的地方并能在原栖息地居住数年。在山丘茂密的草丛、灌木丛中地面或背北向南、上有大树、下有灌木丛的灌木枝上筑巢，巢以干草叶、枯草根和茎等编织而成。杯状或椭圆形的碟状巢，外壁松散粗糙以树叶、竹叶、草茎、嫩枝等为巢材，内壁纯以细草茎编成，内衬以细草、松枝、细根等。每窝产卵3～5枚，卵椭圆形，浅蓝色或天蓝色具褐色斑点。卵径约为27mm×22mm，卵重5～7g。雌鸟孵卵，雄鸟警戒，孵化期14～15天，孵化期间恋巢性强。雏鸟晚成雏，25天左右离巢，在亲鸟带领下寻食，喂食3周左右后离巢跟随亲鸟活动。

亚种分化： 全世界有3个亚种，中国有3个亚种，山东分布为指名亚种 *Garrulax canorus canorus*。

亚种命名 Linnaeus，1758，Syst. Nat.，ed. 10，1：169（福建厦门）

画眉（陈忠华20141115摄于南部山区门牙风景区；刘冰20110114摄于泰山）

由于其他2个亚种周边省份没有分布，故定为此亚种，在邻近省份有分布。

分布：济南 - ◎济南；历下区 - 开元寺（2013 1007）；历城 - 门牙景区（陈忠华20141115、20150530）；长清区 - 张夏（陈云江20140509）。**济宁** - 微山县 - 微山湖（20160223）。**莱芜** - 莱城区 - 雪野镇九龙山（陈军20141007）。**日照** - 东港区 - 崮子河（成素博20150813），碧海路（成素博20131117、20140314）；五莲县 - 九仙山（成素博20140613，李宗丰20110625）。**泰安** - ◎泰山（刘冰20110114），桃花源（刘兆瑞20150719）。

河南、陕西、甘肃、安徽、江苏、浙江、江西、湖南、湖北、四川、重庆、贵州、云南、福建、广东、广西、香港、澳门。

区系分布与居留类型：［东］R。

种群现状： 中国特产鸟类，不仅是重要农林益鸟，而且鸣声悠扬悦耳，能仿效其他鸟类鸣叫，为常见笼养观赏鸟。因此，虽然物种分布范围广，不接近物种生存的脆弱濒危临界值标准，但每年不仅大量被民间捕捉饲养观赏，而且出口国外，致使野生种群数量明显减少，应加强保护，严格控制捕捉猎取。山东本无画眉分布，可能是笼养逃匿者在野外多地形成一定数量群体，3月、5~8月、10月、11月均在野外拍到照片；画眉有多个亚种，是何亚种逃匿个体、是否形成野生种群，其野外营巢、育雏等繁殖活动需要进一步加强野外监测研究确证。

物种保护： Ⅲ，Lc/IUCN。

参考文献： H875，M1036，Zjb323；Q374，Z690，Zgm264。

山东记录文献： 为山东野生鸟类新增记录。

20.20 鸦雀科 Paradoxornithidae（Parrotbills）

体型小巧，有的雄鸟体型略大于雌鸟。嘴峰厚，上喙近尖端边缘有深凹，方便固定与撕咬坚韧植物。头圆大。翼圆形。尾扇形。跗蹠长。

活动时多形成一定数量鸟群，动作灵活，善于倒吊，飞行能力弱，多在浓密的枝桠间跳跃前进。

全世界有3属20种，中国有3属20种，山东分布记录有2属3种。

鸦雀科分属种检索表

1. 鼻孔完全为羽所盖，初级飞羽长第1枚不及第2枚的1/2 ············ 文须雀属 *Panurus*，文须雀 *P. biarmicus*
   鼻孔不完全为羽所盖，嘴形短厚，尾较翅长，翅长＜100mm ············ 2 鸦雀属 *Paradoxornis*
2. 眉纹显著，喉非黑色，胸非红色，腰、胁纯深棕色 ············ 震旦鸦雀 *P. heudei*
   眉纹不显著，眼周无白眶，喉非黑色，头顶棕褐色，背橄榄褐色 ············ 3 棕头鸦雀 *P. webbianus*
3. 飞羽外缘栗红色，胸部粉红色较浓并延伸至腹部 ············ 河北亚种 *P. w. fulvicauda*
   飞羽外缘栗红色，胸部粉红色淡不延伸至腹部，头顶深红棕色 ············ 长江亚种 *P. w. suffusus*

368-11 文须雀
Panurus biarmicus (Linnaeus)

命名： Linnaeus，1758，Syst. Nat.，ed. 10，1：190（欧洲：Holstein）

英文名： Bearded Tit

同种异名： —；—；Eastern Bearded Tit，Bearded Readling

鉴别特征： 黄褐色、细长鸦雀。嘴橘黄色而细，头灰色，具特征性黑色锥形髭纹。体羽黄褐色，翼具黑白斑纹。尾甚长，尾下覆羽黑色。雌鸟上嘴褐色、下嘴黄色，头无黑色。幼鸟眼先黑色。脚黑色。

形态特征描述： 嘴橙黄色或黄褐色、直而尖。虹膜橙黄色。眼先、眼周黑色与黑色髭纹相连形成头部极为醒目的黑斑。前额、头顶、头侧灰色，前额、头侧和耳羽色淡呈灰白色。颏、喉灰白色。上体棕黄色，背、肩、腰等上体淡棕色或赭黄色，肩棕褐色较深。翅黑色具白色翼斑；初级飞羽黑褐色，外侧初级飞羽的外翈羽缘银灰色、内翈羽缘淡棕色或浅黄白色，其余外翈羽缘和羽端淡棕黄色，次级飞羽黑褐色、外翈羽缘棕色而内翈羽缘和羽端淡黄白色；翼上覆羽和三级飞羽黑色、羽缘茶黄色，最内侧1枚三级飞羽白色。下体白色，前胸淡黄白色或灰白色，颈侧和胸侧灰沾紫色，胁淡棕黄色，腹黄白色，腹中部乳白色或乳黄沾紫色。尾长、凸状，中央1对尾羽最长，赭黄色或棕黄色，外侧尾羽依次缩短、红棕色或红赭黄色、具灰色或灰白色端斑，最外侧1对尾羽先端和外翈白色、基部和内翈黑色；外侧尾羽白色，尾上覆羽粉黄色，尾下覆羽黑色。脚黑色。

雌鸟 似雄鸟，头灰色，眼先均为灰棕色，眼下、颊区无黑色髭状斑。

鸣叫声： 发出"zhizhizhi"叫声，繁殖期间站在芦苇顶端鸣叫，声似"huwen-huwen"。

体尺衡量度（长度 mm、体重 g）： 山东分布见有少量文献记录，但暂无标本及测量数据。

栖息地与习性： 栖息于湖泊及河流沿岸芦苇沼泽中。常成对或小群活动，性活泼，在芦苇丛间跳跃或在芦苇秆上攀爬，喜在芦苇下部活动，因而常常只闻其声而鸟难见，在芦苇上面飞翔，边飞边发出"ling…ling"声。

食性： 主要捕食昆虫、蜘蛛和芦苇种子与草子等，繁殖期以昆虫为主。

繁殖习性： 繁殖期4～7月，每年可繁殖2～3窝。雌雄亲鸟共同在芦苇或灌木下部、倒伏芦苇堆上或旧芦苇茬上面，成对或成群在一起营群巢。巢深杯状，由干芦苇茎和叶、灌木叶构成，垫有少量杂草和羽毛。每窝通常产卵5～6枚，卵白色被暗色斑点，卵径约为17mm×14mm。雌雄亲鸟轮流孵卵，孵化期12～16天，雏鸟晚成雏，雌雄亲鸟共同育雏，育雏期10～12天。

亚种分化： 全世界有3个亚种，中国1个亚种，山东分布记录为北亚亚种 *Panurus biarmicus russicus* (Brehm)。

亚种命名 Brehm, 1831, Handb. Naturg. Vög. Deutschl.: 472（苏联）

分布： 东营 - ◎黄河三角洲。聊城 -（W）聊城，东昌湖；阳谷县 - 寿张黄河岸。（W）鲁西北平原，鲁北。

黑龙江、辽宁、内蒙古、河北、北京、宁夏、甘肃、青海、新疆、上海。

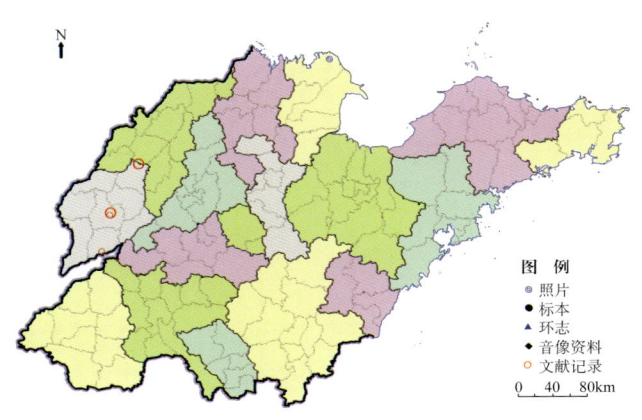

区系分布与居留类型： [古]（W）。

种群现状： 主要分布于我国北部地区，种群数量局部地区较普遍，分布范围较大，被评为无生存危机物种。山东分布：贾少波（2002）首次记录，卢浩泉（2003）记为山东鸟类新记录，数量稀少，近年来未能征集到照片，未列入山东省重点保护野生动物名录，需要加强分布现状的确证研究。

物种保护： Lc/IUCN。

参考文献： H939, M1137, Zjb387; Q408, Z745, Zx174, Zgm295。

山东记录文献： 朱曦2008；赛道建2013，单凯2013，卢浩泉2003，贾少波2002a、2002b。

● 369-01 棕头鸦雀
Paradoxornis webbianus (Gould)

命名： Gould J, 1852, The Birds of Asia., 3 pt4 pl.72（上海）

英文名： Vinous-throated Parrotbill

同种异名： 相思鸟，金丝猴；—；Rufous-headed Crowtit, Webb's Parrotbill

鉴别特征： 嘴灰褐色、嘴端色浅，喉具细纹。头顶、翼棕栗色，后体褐色。尾暗褐色。脚铅灰色。

形态特征描述： 嘴黑褐色。虹膜暗褐色。眼先、颊、耳羽和颏侧棕栗色或暗灰色。额、头顶、后颈到上背红棕色或棕色，头顶羽色稍深；上体背、肩、腰和尾上覆羽橄榄褐色，有的微沾灰呈橄榄灰褐色。翼覆羽棕红色，飞羽褐色或暗褐色，除小覆羽、第1枚飞羽外，各羽外翈缀深淡不一栗色或栗红色，先端变淡，内翈羽缘淡棕色。颏、喉、胸粉红棕色具细微暗红棕色纵纹，下体余部淡黄褐色，腹、胁和尾下覆羽

棕头鸦雀（赛道建20121229、20130609摄于桃花峪、天鹅湖）

灰褐色，腹中部淡棕黄色或棕白色。尾暗褐色，基部外䎃羽缘橄榄褐色，中央 1 对尾羽橄榄褐色具隐约可见暗色横斑。脚铅褐色。

鸣叫声： 边飞边叫或边跳边叫，鸣声似 "dz-dz-dz-dzek…"。

体尺衡量度（长度 mm、体重 g）：

标本号	时间	采集地	体重	体长	嘴峰长	翅长	跗蹠长	尾长	性别	现保存处
	1985				7	48	21	59		山东师范大学
	1985				8	56	23	63		山东师范大学
	1989	泰山	114		6	69	19	66	4♂	泰安林业科技
	1989	东平	119		6	72	19	63	4♀	泰安林业科技

栖息地与习性： 栖息于中低山阔叶林和混交林林缘灌丛地带、疏林草坡、竹丛、矮树丛和高草丛中，冬季到山脚平原地带的灌丛、果园、庭园、苗圃和芦苇沼泽、城镇公园中活动。成对或成小群、秋冬季节集成较大群体活动。性活泼、胆大，在灌木、树枝叶间跳跃，或做短距离低空飞翔。

食性： 主要捕食鞘翅目和鳞翅目等昆虫及蜘蛛等无脊椎动物，也采食植物果实和种子等。

繁殖习性： 繁殖期 4～8 月。在灌木或竹丛、茶树、柑橘等小树上营巢，巢杯状，用草茎、草叶、竹叶、树叶、须根、树皮等材料构成，外敷苔藓和蛛网，内垫细草茎、棕丝和须根及兽毛、羽毛。通常每窝产卵 4～5 枚，卵白色或淡蓝色、亮蓝色、蓝绿色、粉绿色，光滑无斑，卵为卵圆形、长卵圆形或阔卵圆形。

亚种分化： 全世界有 9 个亚种，中国有 9 个亚种，山东分布记录有 2 个亚种。

● 河北亚种 *Paradoxornis webbianus fulvicauda*（Campbell），*Suthora webbianus fulvicauda*（Campbell）

分布： 滨州 - 滨城区 - 徒骇河渡槽（刘腾腾 20160425），西海水库（刘腾腾 20160422）。德州 - 减河（张立新 20131214）；市区 - 长河公园（张立新 20090421），锦绣川公园（张立新 20090613）；乐陵 - 城区（李令东 20100212）。东营 -（S）◎黄河三角洲，自然保护区（单凯 20121215）；东城区 - 居民区（单凯 20121215）；东营区 - 英华园（孙熙让 20120229），六干苗圃；河口区 - 河口（李在军 20081108，仇基建 20100424），孤岛林场（孙劲松 20110611）。济南 -（R）济南；历下区 - 大明湖（20120902），◎千佛山，泉城公园（20131122），龙洞水库（20121107）；天桥区 - 北园，龙湖（陈忠华 20141207），槐荫区 - 睦里闸，济西湿地（陈云江 20130605）；历城区 - 绵绣川（20131023）；长清区 - 灵岩寺。济宁 - 任城区 - 太白湖（聂成林 20090429，张月侠 20160405）；嘉祥县 - 洙赵新河；曲阜 - 蓼河（马士胜 20150123）；微山县 - 微山湖，昭阳（陈保成 20120415）；鱼台 - 梁岗（20160409）。临沂 -（R）郯城县。莱芜 - 汶河；莱城区 - 红石公园（陈军 20130424）。日照 - 日照水库（20140304、20150318），国家森林公园（郑培宏 20141025）；东港区 - 阳光海岸（20140624）。泰安 -（R）泰安；岱岳区 - 徂徕山，旧县大汶河（20140513）；泰山区 - 农大南校园，◆普照寺路六号（石国祥 20110521～0621）；●（杜恒勤 1993b）泰山 - 低山，桃花峪（20121229），玉泉寺（刘兆瑞 20111102）；东平县 -●东平，（R）东平湖（20120627）。潍坊 - 潍坊。威海 - 荣成 - 成山（20120521），天鹅湖（20130609）；文登 - 五里顶（20130612）。烟台 - 芝罘区 - ◆鲁东大学（王宜艳 20150602）；海阳 - 凤城（刘子波 20150523）；栖霞 - ◎牙山，长春湖（牟旭辉 20150104），蓬莱 - 艾山（20050616）；招远 - 东观村（蔡德万 20130323）。淄博 - 淄博，理工大学（20150912）；张店区 - 沣水镇（赵俊杰 20160311）；高青县 - 花沟镇（赵俊杰 20141022）。

河北、天津、北京、河南。

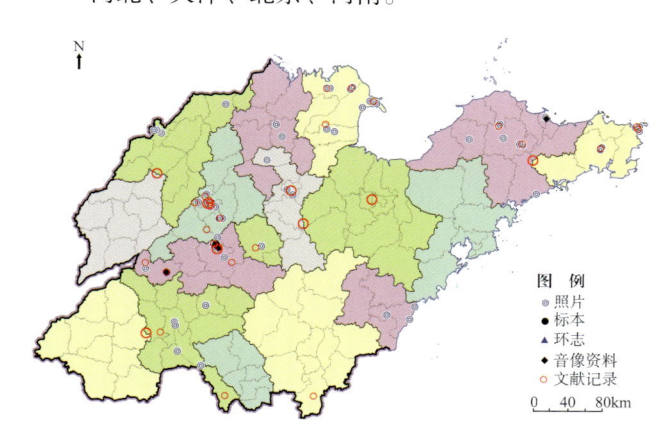

图例
- 照片
- 标本
- 环志
- 音像资料
- 文献记录

0　40　80km

山东记录文献： 朱曦 2008，赵正阶 2001，钱燕文 2001，范忠民 1990；赛道建 2013、1999、1994，单凯 2013，李久恩 2012，邢在秀 2008，田家怡 1999，赵延茂 1995，杜恒勤 1993b，杜恒勤 1990a，泰安鸟调组 1989，纪加义 1988b，杜恒勤 1985，柏玉昆 1982，李荣光 1960，田丰翰 1957。

长江亚种 *Paradoxornis webbianus suffusus*（Swinhoe）

分布： 济南 -（R）济南。泰安 -（R）泰安。山西、陕西、甘肃、浙江、江西、湖南、湖北、四川、重庆、贵州、云南、广东、广西、香港。
山东记录文献： 朱曦2008；—。
区系分布与居留类型：［广］（R）。
种群现状： 主要分布于中国，种群数量较丰富，被评为无生存危机物种。山东分布数量较普遍，田丰翰（1957）记录后，柏玉昆（1982）作为山东鸟类分布新记录，未列入山东省重点保护野生动物名录；山东亚种，纪加义（1988b）记为 *fulvicauda*，朱曦（2008）记为 *fulvicauda* 和 *suffusus*，后者有待研究确证。
物种保护： Lc/IUCN。
参考文献： H946，M1145，Zjb394；Lc253，Q412，Z751，Zx174，Zgm297。
山东记录文献： 见各亚种。

370-11 震旦鸦雀
Paradoxornis heudei David

命名： David，1872，Compt. Red. Acad. Sci. Pris，74：1450（南京）
英文名： Reed Parrotbill
同种异名： —；—；Chinese Crowtit, Heude's Parrotbill
鉴别特征： 嘴灰黄色、粗锥状具钩，眼圈白色，眉纹黑色而显著且上缘黄褐色、下缘白色，额、头顶灰色，颊、喉白色。颈背灰色，上背黄褐色具黑纵纹，翼、肩浓黄褐色、飞羽较淡，三级飞羽黑色，下背黄褐色。腹中心近白色，两胁黄褐色。尾长，中央尾羽沙褐色、外侧尾羽黑色而羽端白色。脚粉黄色。

形态特征描述： 嘴黄色具大嘴钩，鹦鹉喙状。虹膜红褐色，黑色眉纹显著、上缘黄褐色而下缘白色，有狭窄白色眼圈。额、头顶及颈背灰色。颊、喉白色。整体灰黄色。上背黄褐具黑色纵纹；下背黄褐色。中央尾羽沙褐色，其余黑色而羽端白色。翼上肩部浓黄褐色，飞羽较淡，三级飞羽近黑色。腹中心近白色，两胁黄褐色。尾长，尾羽背面观灰黄色，外侧黑色具白斑；腹面观基部黑色、端部白色。脚粉黄色。

震旦鸦雀（赛道建20121208、20141208、20150110摄于龙湖）

鸣叫声： 发出短促似"jiji"的叫声。
体尺衡量度（长度 mm、体重 g）：

标本号*	时间	采集地	体重	体长	嘴峰长	翅长	跗蹠长	尾长	性别	现保存处
	1993		15-18	192-193	16	69-70	25	117-118		文献数据

*标本测量数据见柏亮（1993）

栖息地与习性： 栖息活动于沼泽芦苇丛区域中。为了觅食，常在芦苇秆之间跳来跳去，到了芦苇最上端，芦苇上端细因承受不了它的体重而被压倒在地上，会再跃到别的芦苇上觅食。
食性： 主要捕食芦苇茎内、茎表、叶表上面移动能力较差的小虫及蚧壳虫等昆虫，也啄食植物种子。
繁殖习性： 4月开始，雌雄共同筑巢，用坚硬喙撕裂芦苇叶，以叶片中纤维丝缠绕在2～5根芦苇上，然后一圈一圈地绕成巢样，窝极隐蔽，敌害不易察觉，更难以接近。每窝产卵2～5枚。雌雄共同育雏，育雏期9～11天，离巢后需由亲鸟喂养十多天，由亲鸟递食变成搜寻食物，雏鸟啄取。
亚种分化： 全世界有2个亚种，中国有2个亚种，山东分布为指名亚种 *P. h. polivanovi* David。
亚种命名 David，1872，Compt. Rend. Acad. Sci. Paris，74：1450（南京）

分布： 滨州-无棣县-◎柳堡镇（20120815）。德州-减河（张立新20130810、20150526）；市区-锦绣川（张立新20100509）；乐陵-城区（李令东20100212、20100717）。东营-◎黄河三角洲；东营区-沙营（孙熙让20120529、20110613），交警院北（孙熙让20100525）；河口区（李在军20090613）。济南-历下区-大明湖（20160507、陈忠华20160404）；槐荫区-玉清湖（20090502，陈忠华20140629），济西湿地（陈云江20130420）；天桥区-龙湖（20121208、20141208、20150110，李令东20150110，宋广兴201303），黄河森林公园；章丘-白云湖（20140430）。济宁-石佛（聂成林20100221）；任城区-太白湖（张月侠20150223，宋泽远20120915、20160215）；微山县-◎薛河（20140406），昭阳（陈保成20140726），微山湖湿地公园（20151211）；鱼台-张庙（张月侠20150618）。临沂-临沭县-●（柏亮1993）芦庄。青

岛-城阳区-大沽河；即墨区-温泉湿地。**日照**-东港区-付疃河（20150423，李宗丰 20140419）。**泰安**-◎（S）泰安；东平县-王台大桥（20130510），东平湖（刘华东 201600110），稻屯洼（20150520）；肥城。**烟台**-海阳-凤城（刘子波 20151213）；◎莱州。**枣庄**-滕州-荆河。

黑龙江、辽宁、内蒙古、河北、天津。

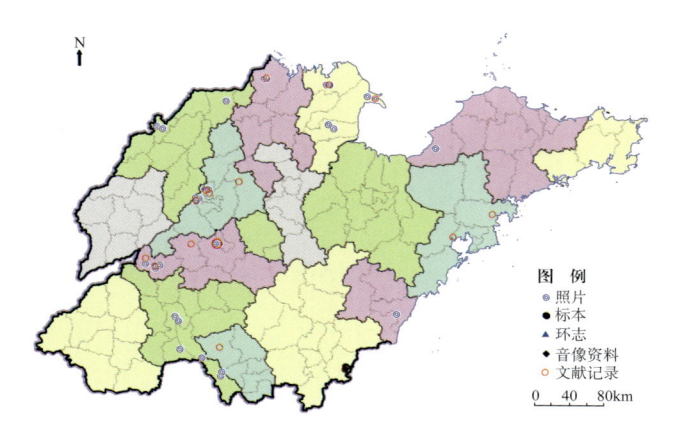

区系分布与居留类型：[广] R（RS）。
种群现状： 中国特有鸟种，被誉为"芦苇中的啄木鸟"，被列入国际鸟类红皮书，为全球性濒危鸟类。在模式标本产地南京，20 世纪 80 年代有过记录后 20 多年再也没有见过，消失在人们的视线中。山东分布：柏亮（1993）首次记录，由于震旦鸦雀飞行能力很差，必须依赖芦苇荡的环境生存，一直过着"与世隔绝"的隐居生活而很少被人们发现，因此，被媒体称为"鸟类中的大熊猫"。近年来，各地爱鸟护鸟和拍摄鸟类人员大增，几乎各地有芦苇荡的地方都有拍到照片，并且除 10 月外，各月均有照片记录说明该鸟在山东应属留鸟。

种群保护： Ⅲ，红，Nt/IUCN。
参考文献： H956，M1156，Zjb404；Q416，Z759，Zx176，Zgm301。
山东记录文献： 郑光美 2011，Xiang 2013；孙玉刚 2015，赛道建 2013，朱书玉 2001，柏亮 1993。

20.21 扇尾莺科 Cisticolidae（Cisticoas）

小型鸟类。雌雄羽色相似，以灰褐色为主。翼圆短。尾羽变化大，部分种类甚长，约占体长之半，不善长距离飞行。

多栖息于草地环境及在附近活动，干燥至潮湿栖地均可适应。性隐匿，多数种类从外观亦不易区分，鸣唱声与栖地环境是判别种类的重要方式之一。扇尾莺科多不善于鸣唱，求偶时常会有各式的展示飞行。以昆虫等无脊椎动物为食。巢杯状或袋状或圆顶状，以须根、树叶及棉絮组成，外表以蜘蛛丝装饰，筑于地面或近地面，有时草茎拉近将巢筑在其中。栖息环境多为草原性荒地，栖息地稳定。全世界有 10 种列入受威胁鸟种名单。

过去的分类系统中，本科列在鹟科（Muscicapidae）下的莺亚科 Sylviinae（Hartert 1910），经生物化学的研究比对，Sibley 和 Ahlquist 认为应将莺亚科中的扇尾莺属（Cisticola）、鹪莺属（Prinia）等独立为扇尾莺科（Cisticolidae）（Sibley and Ahlquist 1990）。

全世界共有 21 属 110 种（Dickinson 2003），中国有 3 属 10 种，山东分布记录有 3 属 3 种。

扇尾莺科分属种检索表

1. 嘴粗健，跗蹠短而粗健，尾羽具尖形羽端，头无羽冠 ·················· 山鹛属 Rhopophilus，山鹛 R. pekinensis
   嘴细小，跗蹠短细而弱 ·· 2
2. 尾羽 12 枚，初级飞羽第 1 枚短于第 2 枚之半 ···················· 扇尾莺属 Cisticola，棕扇尾莺 C. juncidis
   尾羽 10 枚，尾较翅长，甚显著凸状 ······························· 鹪莺属 Prinia，纯色山鹪莺 P. inornata

● **371-01 棕扇尾莺**
Cisticola juncidis（Rafinesque）

命名： Rafinesque，1810，Carrat. Nov. Gen. Esp. Anim. Sicilia：6（意大利西西里岛）
英文名： Zitting Cisticola
同种异名： 锦鸲；*Sylvia juncidis* Rafinesque，1810，*Calamanthella tinnabulans* Swinhoe R，1859，*Cisticola schoenicola* Swinhoe R，1863，*Cisticola cisticola* O-Grant et La Touche，1907；Rufous Fantail Warbler，Streaked Fantail Warbler

鉴别特征： 嘴褐色，头顶黑褐色具沙黄色羽缘，颏、喉棕黄色，头侧、后颈栗棕色而羽干纹褐色。上背黑色具棕羽缘纵纹，翼黑色具栗棕色羽缘，下背、腰栗棕色，胸棕黄色，腹白色。尾扇形，中央褐色而外侧黑色，白端斑明显且具黑褐色次端斑。

形态特征描述： 上嘴红褐色、下嘴粉红色。虹膜红褐色，眼先棕白色，眉纹棕白色。头顶和枕黑褐色具宽的皮黄色或栗棕色羽缘，在头顶和枕形成黑褐色纵纹；额栗色或栗棕色、具黑褐色羽干纹，颊和耳羽淡棕色或栗色，头侧、后颈淡栗棕色，后颈具褐色

棕扇尾莺（孙劲松20080802摄于孤岛水库北；赛时20131107摄于龙洞）

羽干纹。上体栗棕色具粗着黑褐色羽干纹，上背和肩黑色，上背羽缘栗棕色，肩外翈羽缘灰色、内翈羽缘栗棕色；下背细弱不明显，腰和尾上覆羽几乎纯棕色。两翅暗褐色、羽缘栗棕色；翼上覆羽和三级飞羽黑色、羽缘栗棕色；初级飞羽和次级飞羽暗褐色、外翈羽缘栗棕色。腋羽白色，翼下覆羽白色沾棕色。下体白色，胁和覆腿羽棕黄色。尾凸状，尾羽基部黑色、渐变为浅棕褐色具白色端斑和黑色次端斑，中央尾羽最长、暗褐色具棕色羽缘、黑色次端斑和灰色端斑，外侧尾羽暗褐色具棕色羽缘、黑色次端斑和白色端斑，内翈中部具大型棕斑。脚肉红色。

冬羽 额栗色具黑色斑纹，头顶、枕黑色，羽缘沙黄色。下体白色沾棕黄色。尾长而暗。

鸣叫声： 持续发出单调、规则、重复的"zhi-zhi-zhi-""dzeep～dzeep"或"zit～zit～zit～"尖高音。

体尺衡量度（长度mm、体重g）：

标本号	时间	采集地	体重	体长	嘴峰长	翅长	跗蹠长	尾长	性别	现保存处
	1989	泰山		89	7	49	17	37	♂	泰安林业科技
	1989	东平		110	9	48	20	38	♀	泰安林业科技

栖息地与习性： 栖息于低海拔山脚、丘陵和平原低地灌丛与开阔草地、农田、沼泽、低矮的芦苇塘地带，单独或成对活动，领域性强，冬季多成松散小群。繁殖期间，雄鸟常在领域内做特有的飞行表演，起飞时冲天直上并发出尖锐而连续的"ji～ji～ji"叫声，在空中翱翔和做圈状飞行，然后两翅收拢，急速直下并发出"dza～dza～"声，当接近地面时又转为水平飞行，或钻入草丛中或栖于突起的草茎上，飞行时尾常呈扇形散开，并上下摆动。性活泼，整天不停地活动或觅食。

食性： 主要捕食昆虫及其幼虫，以及蜘蛛、蚂蚁等小型无脊椎动物，也采食杂草种子等。

繁殖习性： 繁殖期4～7月。雌鸟在草丛中营巢，雄鸟协助搬运巢材，巢梨形、椭圆形或吊囊状，开口于上面或上侧方，巢由草叶、植物纤维等编织而成，内垫绒毛和柔软植物。每窝通常产卵4～5枚，卵白色或淡蓝白色被红褐色或紫红色斑点，卵径约为15mm×11mm。雌雄亲鸟轮流孵卵，共同育雏，雏鸟晚成雏。

亚种分化： 全世界有18个亚种，中国有2个亚种，山东分布为普通亚种 *C. j. tinnabulans*（Swinhoe）。

亚种命名 Swinhoe R，1859，Jour. N. China Br. Roy. As. Soc.，1（2）：225-226（台湾香山）。

分布： 滨州 - ●（刘体应1987）滨州；无棣县 - 车王镇（朱星辉20160730）。**德州** - 减河（张立新20070804）；乐陵 - 杨安镇水库（李令东20110729）。**东营** -（S）黄河三角洲；河口区 - 河口（李在军20080809），孤岛水库（孙劲松20080802、20090429）。**菏泽** -（S）菏泽。**济南** - 济南，黄河（20120617）；历下区 - 龙洞（赛时20131107）；槐荫区 - 睦里闸，玉清湖（20130904），济西湿地（陈忠华20140629，陈云江20121004）；天桥区 - 龙湖（陈忠华20160731）。**济宁** - 济宁；任城区 - 太白湖（宋泽远20120707）；微山县 -（P）南阳湖；（S）嘉祥县 - ●纸坊。**临沂** - 沂河，（S）沂沭平原。**莱芜** - 莱城区 - 牟汶河（陈军20140510）。**日照** -（P）前三岛 - 车牛山岛，达山岛，平山岛。**泰安** -（S）泰安；岱岳区 - 大汶河，瀛汶河；泰山区 - 农大南校园，农大试验田（孙桂玲20140601）；●泰山；东平县 - ●东平，（S）◎东平湖。**潍坊** - 潍坊。**威海** - 威海；荣城 - 天鹅湖（20130609）。**烟台** - 海阳 - 凤城（刘子波20151031、20160617）；栖霞 - 长春湖（牟旭辉

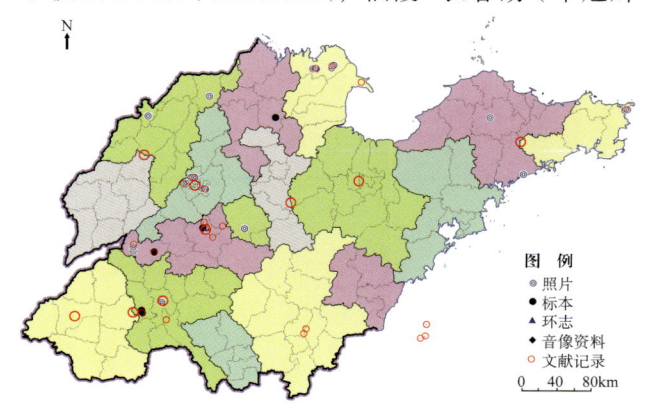

20150706）。胶东半岛，鲁中山地，鲁西北平原，鲁西南平原湖区。

辽宁、河北、北京、天津、山西、河南、陕西、甘肃、安徽、江苏、上海、浙江、江西、湖南、湖北、四川、重庆、贵州、云南、福建、台湾、广东、广西、海南、香港、澳门。

区系分布与居留类型：［广］S（SR）。

种群现状： 国际鸟盟（2004）估计在欧洲成年个体有 690 000～3 300 000 只，占全球种群的比例小于5%。中国大陆有 10 000～100 000 繁殖对；韩国有10 000～100 000 繁殖对；日本有 10 000～100 000 繁殖对（Brazil 2009）。中国有些地方已难见到。山东鸟类分布记录柏玉昆（1982）首次报道，分布较广，但数量并不普遍多。

物种保护： Lc/IUCN。

参考文献： H1043, M913, Zjb494；Lc74, Q448, Z833, Zx176, Zgm301。

山东记录文献： 郑光美 2011，朱曦 2008，赵正阶 2001，范忠民 1990，郑作新 1987、1976；孙玉刚 2015，赛道建 2013，邢在秀 2008，王海明 2000，田家怡 1999，赵延茂 1995，泰安鸟调组 1989，纪加义 1988c，刘体应 1987，柏玉昆 1985、1982。

372-11 山鹛
Rhopophilus pekinensis（Swinhoe）

命名： Swinhoe, 1868, Ibis（2）4：62（北京）
英文名： Chinese Hill Warbler
同种异名： 山莺，华北山莺，北京山鹛，小背串，长尾巴狼；—；White-browed Bush Dweller

鉴别特征： 嘴铅褐色，眉纹灰色，髭纹黑色，颏、喉白色。上体灰褐色密布黑褐色纵纹。下体白色，胁、腹具醒目栗褐色纵纹。外侧尾羽缘白色。脚黄褐色。

形态特征描述： 嘴灰褐色。虹膜褐色。眉纹淡色、不明显，眼周有一圈细的亮白色羽毛。颊纹黑色、显著。整个上体以灰色为基色，头、颊、背、翅灰色中夹带纵向褐色斑纹。颊纹以下喉部和整个下体浅色，胸以下开始出现长而直的栗色纵纹，与腹部污白底色对比鲜明，从前向后逐渐变粗、颜色变深到尾下覆羽全部为栗色。尾羽端部污白色。脚黄褐色。

鸣叫声： 叫声颇具特色，似"qiu-qiu""dear, dear, dear""chee-anh"对应叫声，开始音高然后下降，又开始叫第 2 遍。

体尺衡量度（长度 mm、体重 g）： 山东暂无标本及测量数据，但近年来拍到照片。

栖息地与习性： 栖息于山区中灌丛、低矮树木间

山鹛（张艳然20140215于大河湿地）

及芦苇丛，性羞怯，常在灌丛的基部钻来钻去，快速飞行，喜结成小群活动，善在地面奔跑，繁殖期外结群活动。

食性： 典型食虫鸟类，偶尔取食草籽等。

繁殖习性： 繁殖期 5～7 月。一年孵化 2 巢，当第 1 巢刚出巢，雄山鹛已经开始筑建好第 2 个巢，在灌丛枝上营巢。每窝产卵 4～6 枚。

亚种分化： 全世界有 3 个亚种，中国有 3 个亚种，山东分布为指名亚种 *R. p. pekinensis*（Swinhoe）。

亚种命名 Swinhoe, 1868, Ibis,（2）4：62（北京）
郑作新等（1987）和 Alström 等（2006）将此种归入画眉科，Dikinson（2003）和 Clements（2007）等认为应归入扇尾莺科。本书采用郑光美（2011）的观点，归入扇尾莺科。

分布：东营 - ◎黄河三角洲。**济南** - 济南；历下区 - 泉城公园（马明元 20131225）；历城区 - 绵绣川（20121201），虎门（20130122），门牙风景区（陈忠华 20141121）。**莱芜** - 莱城区 - 孝义河（陈军 20140502）。**泰安** - 泰山区 - 大河湿地（张艳然

20140215）；泰山 - 极顶（刘兆瑞 20120207），西御道（20160302，刘兆瑞 20160302）。

辽宁、内蒙古、河北、北京、天津、山西、河南、宁夏。

区系分布与居留类型：[古] W（R）。

种群现状：中国特有鸟。由于人类活动，适宜栖息的低矮灌丛呈减少趋势，非法鸟类贸易常涉及本鸟种，受到栖息地破坏和非法鸟类贸易的威胁。山东分布区狭窄，数量较少，应注意物种栖息地的研究与保护。

物种保护：Ⅲ，Lc/IUCN。

参考文献：H957，M915，Zjb449；Q416，Z761，Zgm302。

山东记录文献：郑光美 2011；赛道建 2013。

373-11　纯色山鹪莺
Prinia inornata Sykes

命名：Sykes WH，1832，Proc. Zool. Soc. London：89（印度 Decan）

英文名：Plain Prinia

同种异名：褐头鹪莺，纯色鹪莺；*Prinia subflava*，*Motacilla subflava* Gmelin，1789，*Drymoica extensicauda* Swinhoe，1860，*Drymoica flavirostris* Swinhoe，1863，*Prinia extensicauda* O-Grant et La Touche，1907，*Prinia subflava* 颜重威，1979；Greater Brown Hill Prinia，Tawny-flanked Prinia，Tawny Prinia

鉴别特征：体型略大而尾长，偏棕色鹪莺。嘴黑或（冬）褐色，眉纹浅白色，头顶褐灰色具轴纹。上体棕灰褐色，下体淡皮黄色至偏红色。尾长。脚粉红色。

形态特征描述：嘴近黑色。虹膜浅褐色，眼先、眉纹、眼周色浅、黄白色。颊、耳羽黄褐色或浅棕白色。全身褐色，体下较淡。头顶羽色深、额显棕色，具暗色羽干纹、棕色羽缘。上体灰褐色色或沾棕色，背、腰沾橄榄色。翼上覆羽浅褐色，外翈羽缘浅棕色；飞羽褐色、外翈红棕色。下体淡皮黄色至偏红色，背景色较浅且较单纯。尾长、凸状，占身长一半以上，灰褐色，横斑隐约可见，外侧尾羽模糊但具不明显黑色亚端斑和白色窄端斑。脚粉红色。

鸣叫声：似"ze-ze-"的单调昆虫吟叫声，或快速重复"chip"或"chi-up"声。

体尺衡量度（长度mm、体重g）：山东暂无标本及测量数据，但近年来拍到照片。

栖息地与习性：栖息于低山丘陵、山脚平原及沿岸沼泽边的草地、灌丛中，性活泼，常单独或成对活动，很少飞翔，特别是长距离飞翔；受惊后从草丛中飞起呈波浪式飞翔不远又落入草丛中。多于灌木下层与草丛中活动觅食。

食性：主要捕食鞘翅目、膜翅目和鳞翅目昆虫及其幼虫，以及少量蜘蛛，也采食草籽。

繁殖习性：繁殖期5～7月。通常在茅草丛、小麦丛中营巢，巢多呈囊状，由纤维、植物叶片和蛛丝构成。通常每窝产卵4～6枚，卵白色、绿色、亮蓝色沾黄色，被稀疏红褐色斑点，钝端密，卵径约为14mm×11mm。雌雄鸟轮流孵卵，孵化期约12天。

亚种分化：全世界有9个亚种，中国有2个亚种，山东分布为华南亚种 ***P. i. extensicauda***（Swinhoe），*Prinia subflava extensicauda*。

亚种命名　　Swinhoe，1860，Ibis，2：50（福建厦门）

有时被视为（纯色）褐头鹪莺 *P. subflava* 的亚种（郑作新 1987、1994）。

分布：济宁 - 任城区 - 太白湖（刘兆普 20150704）。日照 - 东港区 - 付疃河（李宗丰 20140501，成素博

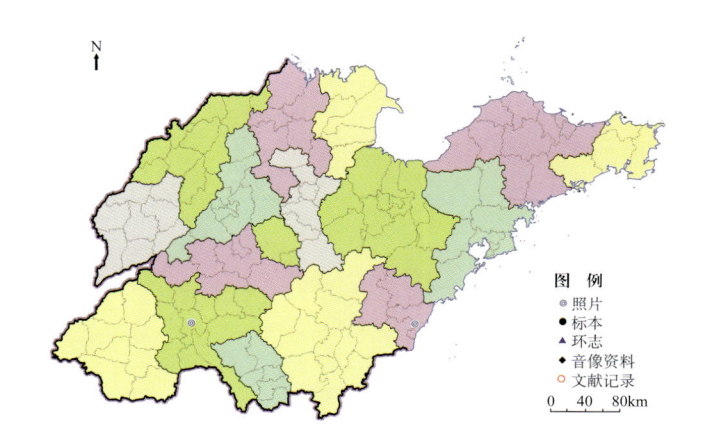

纯色山鹪莺（成素博20140904摄于付疃河湿地）

20140904）。山东。

安徽、江苏、上海、浙江、江西、湖南、湖北、四川、重庆、贵州、云南、福建、广东、广西、海南、香港、澳门。

区系分布与居留类型：［东］S。

种群现状： 田园间常见的一种鸟类，以昆虫为食，是益鸟。山东分布区狭窄，数量较少，应注意物种与栖息地的研究与保护。

物种保护： Lc/IUCN。

参考文献： H1048，M922，Zjb499； Lc90，Q450，Z837，Zx178，Zgm305。

山东记录文献： 郑光美 2011；赛道建 2013。

20.22 莺科 Sylviinae（Old World Warblers）

喙尖细且边缘光滑，上喙或具缺刻。雌雄鸟羽色相似，羽色多为灰色、褐色或绿色，野外不易辨认。两翼短圆，初级飞羽多为 10 枚。体型纤小，体长一般小于 15cm。尾羽数 10 枚或 12 枚。

栖息于森林、沼泽湿地、荒地草原至公园、果园等各种环境。性怯隐匿。繁殖季鸣唱具独特旋律，非繁殖季多为重复单音。多为一夫一妻制，筑巢于密林丛中，巢呈精致杯状。每窝产卵 2~7 枚；白色、灰绿色至黄褐色有褐色斑点。雌雄亲鸟共同抚育幼鸟。主要捕食昆虫，偶尔会吃果实、利用花蜜。种类多，栖息地广且多样。全世界有 32 种受到生存威胁；山东除少数的种类如东方大苇莺繁殖种群数量较稳定外，其他种类多为短暂过境，其种群现况与生存压力情况不明。

本科曾被列入鹟科 Muscicapidae 的莺亚科 Sylviinae（Hartert 1910）；Sibley 和 Monroe（1990）经分子生物学研究，排除扇尾莺、鹪莺及戴菊等，将其提升为独立的科 Sylviinae。

全世界共有 48 属 265 种（Dickinson 2003），中国有 16 属 104 种，山东分布记录有 7 属 33 种。

莺科分属种检索表

1. 尾正常具 10 枚尾羽，喙型尖短，腰背同色 ··· 5
   尾正常具 12 枚尾羽 ··· 2
2. 额羽松散，羽干延伸，喙须前尚具副须 ··· 8 柳莺属 Phylloscopus
   额羽短钝，羽干不延伸，除喙须外不具副须 ··· 3
3. 第 1 枚初级飞羽的长度约为第 2 枚的 1/2，喙须短 ···················· 短翅莺属 Bradypterus，斑胸短翅莺 B. thoracicus
   初级飞羽第 1 枚的长度不及第 2 枚的 1/3 ··· 4
4. 喙须发达，嘴短于头，初级飞羽第 1 枚长于第 2 枚的 1/2，第 3 枚达翼端···· 大尾莺属 Megalurus，斑背大尾莺 M. pryeri
   喙须发达，尾呈凸形不显著，外侧尾羽超过尾长 3/4 ·································· 20 苇莺属 Acrocephalus
   喙须甚小，尾凸形甚显著，外侧尾羽不及尾长 3/4 ····································· 25 蝗莺属 Locustella
5. 翅约为 2 倍尾长，头顶具鳞状斑纹 ························· 短尾莺属 Urosphena，鳞头树莺 U. squnmeiceps
   翅、尾约等长，头顶无鳞状斑纹 ·· 6 树莺属 Cettia
6. 鼻孔为长须所盖，喉、胸近灰色，胸无带斑，上体较多绿色，胁色淡 ·································· 异色树莺 C. flavolivacea
   鼻孔不为长须所盖，喉、胸近黄色，胸具带斑，跗蹠长度 23mm 或以上 ··· 7
7. 上体灰褐色，头顶前部沾棕褐色 ··· 短翅树莺 C. diphone
   上体棕褐色，下体较为暗黄 ··· 远东树莺 C. canturians
8. 体背暗褐色 ··· 9
   体背橄榄绿色 ··
9. 有翼带斑 ·· 10
   无翼带斑 ·· 15
10. 腰具黄带斑，尾无白色 ··· 黄腰柳莺 Phylloscopus proregulus
    腰具黄带斑，外侧 3 对尾羽内翈白色 ··· 11
11. 尾下覆羽辉黄色，腹面余部白色 ·· 冕柳莺 P. coronatus
    不具上列特征 ··· 12
12. 下体或仅喉、上胸纯辉黄色 ··· 黑眉柳莺 P. ricketti
    下体不呈纯黄色 ··· 13
13. 腹面丝亮白色，脚淡肉红色 ·· 淡脚柳莺 P. tenellipes 或库页岛柳莺 P. borealoides
    腹面不呈丝亮白色，脚较暗色 ··· 14
14. 翅>63mm，嘴长、先端下曲，下嘴黑褐色 ······································· 乌嘴柳莺 P. magnirostris
    翅<61mm，嘴短、先端不曲，下嘴除嘴基外黑褐色 ····················· 黄眉柳莺 P. inornatus

20 雀形目 Passeriformes

	翅上有2道横带，飞羽式2较8长，上体较绿、下体较淡 ········· 双斑绿柳莺 *P. plumbeitarsus*
15.	第6枚初级飞羽不具削边，颏、喉黄色与白色胸部差别明显，眉纹宽达枕部 ········· 16 极北柳莺 *P. borealis*
	第6枚初级飞羽具削边，颏、喉黄色与白色胸部差别明显 ········· 17
16.	上体灰橄榄绿色，头、背同色；下体纯白沾黄色，第1枚初级飞羽狭而尖、短小，长度不超过翼上覆羽，第3枚初级飞羽不最长 ········· 指名亚种 *P. b. borealis*
	上体鲜绿色，头顶较背色暗，具不显著淡绿色冠纹；第3枚初级飞羽最长 ········· 堪察加亚种 *P. b. xanthodryas*
17.	下体纯草黄色或棕黄色，下嘴黑褐色仅基部黄色 ········· 棕腹柳莺 *P. subaffinis*
	下体不呈纯黄色 ········· 18
18.	嘴形厚，鼻孔处>3mm，下嘴黄褐色 ········· 巨嘴柳莺 *P. schwarzi*
	嘴形细，厚度<3mm，翼下覆羽、腋羽黄色或棕白色 ········· 19
19.	下嘴基黄褐色，腹面淡绿白色具黄色纵纹，腋羽、尾下覆羽橙棕色 ········· 棕眉柳莺 *P. armandii*
	下嘴基黄褐色，先端暗褐色，腹面淡棕白色无黄色纵纹，腋羽、尾下覆羽棕白色 ········· 褐柳莺 *P. fuscatus*
20.	体型较大，翼长>75mm，初级飞羽第3、4枚等长，第2枚较第4枚长，白色，下体白色沾褐色 ········· 东方大苇莺 *Acrocephalus orientalis*
	体型较小，翼长<65mm ········· 21
21.	眉纹上有黑纹 ········· 22
	眉纹上无黑纹 ········· 23
22.	第2枚飞羽较第6枚短，头顶上无纵纹 ········· 黑眉苇莺 *A. bistrigiceps*
	第2枚飞羽较第6枚短，头顶有黑褐色纵纹 ········· 细纹苇莺 *A. sorghophilus*
	第2枚飞羽较第5枚短，上体橄榄褐色，具黑色双眉纹 ········· 远东苇莺 *A. tangorum*
23.	第2枚飞羽较短，介于第8、10枚 ········· 钝翅苇莺 *A. concinens*
	第2枚飞羽较第5枚长，上体棕褐色，眼圈淡白色，下体白色，胁暗棕褐色 ········· 24 厚嘴苇莺 *A. aedon*
24.	体色较淡，较多橄榄褐色；翅较长，♂81~86mm ········· 指名亚种 *A. a. aedon*
	体色较暗，较多棕褐色；翅较短，♂71.5~78.1mm ········· 东北亚种 *A. a. rufescens*
25.	背几乎纯色，尾羽下面几乎纯色 ········· 苍眉蝗莺 *Locustella fasciolata*
	体背具斑点，若无，尾羽下面具近端黑斑及淡色先端 ········· 26
26.	尾羽无白色先端，胸、胁具纵纹 ········· 矛斑蝗莺 *L. lanceolata*
	尾羽具淡色先端，胸、胁不具纵纹 ········· 27
27.	头顶与背具暗色纵纹 ········· 28 小蝗莺 *L. certhiola*
	头顶与背斑纹不显著或缺如 ········· 30
28.	体色深，背棕褐色有不明显条纹，腹面、尾下覆羽红褐色 ········· 北方亚种 *L. c. rubescens*
	体色淡，背灰黄色，纵纹较多 ········· 29
29.	背部有界限清晰粗黑条纹，前额、尾下覆羽有黑色条纹 ········· 指名亚种 *L. c. certhiola*
	背上纵纹明显，宽达3~4mm ········· 东北亚种 *L. c. minor*
30.	喙细短，乳白色眉斑与粗黑过眼线对比鲜明 ········· 北蝗莺 *L. ochotensis*
	喙粗长，灰褐色眉斑与细过眼线对比不明显，尾具不明显横斑及暗色次端斑，上体暗褐色，下体白色 ········· 东亚蝗莺 *L. pleskei*

○ 374-01 鳞头树莺
Urosphena squnmeiceps (Swinhoe)

命名： Swinhoe R, 1863, Proc. Zool. Soc. London: 292（广州）

英文名： Asian Stubtail

同种异名： 短尾莺；*Cettia squameiceps* (Swinhoe), *Tribura squameiceps* Swinhoe, 1863；Scaly-headed Bush Warbler, Short-tailed Bush Warbler

鉴别特征： 嘴上深、下浅且尖细，顶冠褐色具明显鳞状斑纹，贯眼纹色深、眉纹色浅且明显。上体橄榄褐色，翼宽，下体近白色，胁、臀皮黄色。尾极短，脚粉红色。

形态特征描述： 上嘴褐色、下嘴肉色。虹膜黑褐色，眉纹明显、淡皮黄色；贯眼纹黑褐色，自鼻孔向后延伸至枕部。头顶深棕褐色或橄榄褐色具黑褐色鳞状斑纹。颊和颈侧污白色杂暗褐色。上体棕褐色或橄榄褐色。飞羽黑褐色，外翈棕黄色。下体污白色、胁和胸缀以褐色。肛周和尾下覆羽皮黄色。尾羽短小，与背同色。脚淡粉红白色。

鸣叫声： 发出似"see-see-see-see…"的虫鸣声，或"chip-chip-chip"的低叫声。

体尺衡量度（长度mm、体重g）： 寿振黄（Shaw 1938a）记录采得雄鸟2只、雌鸟1只标本，但标本保存地不详，测量数据不完整。

栖息地与习性： 栖息于溪流两岸的阔叶林、混交林中。4月末5月初迁来北方繁殖地，9月南迁越冬。繁殖期间几乎整天鸣唱不停，声音尖细清脆。单个或成对在林下灌丛、草丛、地面、倒木和腐木堆、树根和堆集在地面的枯枝间活动，以及在溪岸岩石间活动、觅食。

食性： 主要捕食鳞翅目、膜翅目、双翅目和鞘翅目昆虫，整个繁殖季节以动物性食物为食。

繁殖习性： 繁殖期5～8月。在山区森林地面的凹陷处，如树根、倒木下地面的凹陷处，以及倒木树洞中营巢。碗状巢由苔藓掺杂少量树叶构成，内垫细草根、兽毛等。每窝产卵5～6枚，卵椭圆形，灰色缀赤褐色斑纹，卵径约为17mm×13mm，卵重约1.78g。

亚种分化： 单型种，无亚种分化。

有些学者将本种置于树莺属（Cettia）（郑作新1987、2002, Baker 1997, del Hoyo 2006），因尾羽特别短而独立成属（Watson 1986, 郑光美2011, 刘小如2012）。

分布： 东营 - ◎黄河三角洲。青岛 -（P）青岛；崂山区 - ●（Shaw 1938a）大公岛；黄岛区 - ●（Shaw 1938a）灵山岛。日照 -（P）前三岛 - 车牛山岛，达山岛，平山岛。胶东半岛，鲁中山地。

黑龙江、吉林、辽宁、河北、北京、天津、河南、江苏、上海、浙江、湖北、四川、贵州、云南、福建、台湾、广东、海南、澳门。

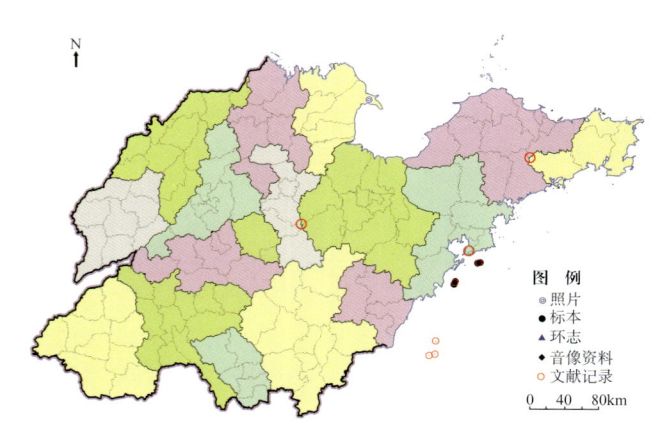

区系分布与居留类型：［古］（P）。

种群现状： 捕食昆虫，为农林益鸟，具有保护生物学意义。由于繁殖地生态环境变化，其种群数量呈下降趋势，需要加强物种与栖息环境的保护性研究。山东为少见迁徙过境鸟类，分布区狭窄，数量并不普遍，近年来未能征集到照片，未列入山东省重点保护野生动物名录。

物种保护： Ⅲ，中日，Lc/IUCN。

参考文献： H961, M929, Zjb408; Lc122, Q418, Z765, Zx178, Zgm306。

山东记录文献： 郑光美2011，朱曦2008，赵正阶2001，钱燕文2001，范忠民1990，郑作新1987、1976, Shaw 1938a；赛道建2013，纪加义1988b。

375-01 远东树莺
Cettia canturians（Swinhoe）

命名： Swinhoe, 1860, Ibis, 2: 52（福建厦门）

英文名： Manchurian Bush Warbler

同种异名： 短翅树莺，日本树莺，树莺；*Cettia diphone canturianus*（Swinhoe）; —

鉴别特征： 通体棕色树莺，体型较小。上嘴褐色、下嘴色浅，眉纹黄而显著。通体棕色。脚粉红色。相似种厚嘴苇莺眉纹色深，头顶淡红色，下体皮黄色较多；日本树莺棕色较少，下体两胁及尾下覆羽淡皮黄色。

形态特征描述： 嘴较小而细，上嘴褐色、下嘴色浅。虹膜褐色，眉纹皮黄色、显著，眼纹深褐色。头顶偏红色，无顶纹。体多棕色，无翼斑。下体皮黄色较少，两胁及尾下覆羽多为暗皮黄色。脚粉红色。

远东树莺（刘兆普20150628摄于龙门山）

雌鸟 比雄鸟小。

鸣叫声： 发出以低颤音开始、以"tu-u-u-teedle-ee-tee"结尾的叫声。

体尺衡量度（长度mm、体重g）： 山东暂无标本及测量数据，但近年来拍到照片。

栖息地与习性： 栖息于中低海拔丘陵、山脚平原的林缘和次生林、灌丛中，以及宅旁丛林、草丛中。性胆怯，单独或成对活动，善藏匿，多躲藏在枝叶间鸣叫，仅闻其声不见其影；繁殖期常在顶枝间鸣叫，通常尾略上翘，受惊潜入灌丛，长时间不再鸣叫。在灌草丛下部活动觅食。

食性： 主要捕食鞘翅目、鳞翅目和直翅目的昆虫及其幼虫。

繁殖习性： 繁殖期5~7月。雌鸟在林缘地边、道旁灌丛中营巢，雄鸟在附近顶枝上鸣叫，负责警戒；巢开口于上部，球形或椭圆形，由枯草叶、草茎、细草根与树叶构成，内垫纤维、兽毛、羽毛等。通常每窝产卵3~6枚，卵锈红色或粉红色被乌褐色块状斑，钝端密集，卵径约为22mm×17mm，卵重约2.6g。雌鸟抱窝孵卵，雄鸟警戒，受惊时雌鸟离巢跟随雄鸟鸣叫直到危险消失。孵化期约为15天。

亚种分化： 单型种，无亚种分化。

曾作为短翅树莺（郑作新1976）、日本树莺（*Cettia diphone*）的*canturianus*普通亚种（郑作新1987、2002，赵正阶2001），但二者在体羽及鸣声上均有差异，Deignan（1963）、Sibley和Monroe（1990）、郑光美（2011）视其为独立物种。

分布： 东营 - ◎黄河三角洲。济南 - 历下区 - 泉城公园（陈忠华20150114）；长清区 - 张夏镇（陈云江20130628）。济宁 - 泗水 - 龙门山（刘兆普20150628）。青岛 - 崂山区 - 大河东（曾晓起20150501）。日照 - 东港区 - 袁家山（20150627）。泰安 - 泰安；泰山 - 西麓拔山沟（刘冰20110622）。威海 - 文登 - 坤龙水库（20140603）；荣成 - 赤山（20160620），北窑（20160625）。烟台 - 海阳 - 凤城（刘子波20140429）；栖霞 - 白洋河（牟旭辉20130423、20130818）。（S）胶东半岛，（S）鲁南。

北京、山西、河南、陕西、甘肃、安徽、江苏、上海、浙江、江西、湖南、湖北、四川、重庆、贵州、云南、福建、台湾、广东、广西。

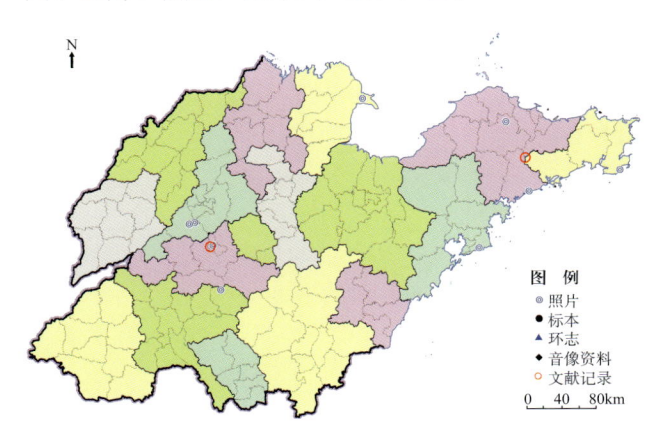

区系分布与居留类型： [广]（S）。

种群现状： 北方繁殖分布区数量较多。山东分布数量并不普遍，卢浩泉（2003）记为山东鸟类新记录，未列入山东省重点保护野生动物名录，应加强物种与栖息环境的保护研究。

物种保护： Lc/IUCN。

参考文献： H963，M931，Zjb410；Q418，Z766，Zx178，Zgm306。

山东记录文献： 赵正阶2001；赛道建2013，单凯2013，卢浩泉2003，纪加义1988b。

● **376-01 短翅树莺**
Cettia diphone（Kittlitz）

命名： Kittlitz H，1830，Mem. Acad. Imp. Sci. St. Petersb：237（太平洋Bonin岛）

英文名： Japanese Bush Warbler

同种异名： 日本树莺，树莺，告春鸟；—；Singing Bush Warbler

鉴别特征： 上嘴褐色、下嘴粉色，贯眼纹近黑色、眉纹黄白而明显。上体橄榄褐色，下体乳白有淡皮黄色胸带，两胁褐色。尾橄榄褐色。脚粉红色。相似种芦莺体型稍大，眉纹不明显，嘴粗壮。

形态特征描述： 上嘴褐色、下嘴淡灰褐色。虹膜褐色。暗褐色的贯眼纹与苍白色的眉纹甚明显。眉纹自嘴基沿眼上方伸至颈侧，呈淡皮黄色；自眼先穿过眼睛向后延伸至枕的贯眼纹呈深褐色；额头褐色明显，颊及耳羽呈淡褐色和黄白色相混杂。颏、喉污白色。上体灰褐色或草黄褐色，前额和头顶鲜亮。两翼褐色，羽缘草黄色，飞羽暗棕褐色，各羽外翈与背同为棕褐色。下体污白色，体侧及胸部沾棕黄色，胸、腹、胁皮黄色。尾羽棕褐色明显、平尾状，尾上覆羽色泽较浅，尾下覆羽沾皮黄色。脚灰角色。

短翅树莺（陈云江20110610摄于张夏镇）

鸣叫声： 繁殖鸣叫似"gulu-gulu-lu-fenqiu"声。

体尺衡量度（长度mm、体重g）： 寿振黄（Shaw 1938a）记录采得雌鸟2只标本，但标本保存地不详，测量数据不完整。

标本号	时间	采集地	体重	体长	嘴峰长	翅长	跗蹠长	尾长	性别	现保存处
	1989	泰山		156	11	76	29	68	♀	泰安林业科技

栖息地与习性： 栖息于中低海拔稀疏的阔叶林和灌丛、林缘道旁幼林和灌丛、地边宅旁小块丛林、灌丛和高草丛中。单独或成对活动，性胆怯，多在树木及草丛下层枝间跳动，常只闻其声不见其影。

食性： 捕食鳞翅目、同翅目、直翅目、膜翅目、鞘翅目、双翅目等昆虫及蜘蛛。

繁殖习性： 繁殖期5～7月。雌鸟通常在林缘地边、道边灌丛稠密地带的灌木下部低枝间用草缠绕于树枝上营巢，巢杯形、椭圆形，外壁由叶和细茎及玉米外皮、内壁由细草根和树叶组成，巢内垫树木韧皮纤维、兽毛、鸟羽。每窝产卵4～6枚，卵椭圆形，砖红色缀紫褐色块状斑，钝端密集，个别卵在钝端形成环状斑，卵径约为19mm×15mm，卵重1.6～2.5g。雌鸟孵卵，雄鸟警戒，若遇危险即发出惊叫声，雌鸟即从巢中飞出，待危险过后，回巢继续孵卵，孵化期15～16天，雌鸟恋巢性较强。

亚种分化： 全世界有8个亚种，中国5个亚种，山东分布为东北亚种 *C. d. borealis*, *Cettia minuta borealis*, *Horeites cantans borealis**（Campbell）。

亚种命名 Campbell CW, 1892, Ibis（6）4：235（中国及朝鲜半岛东北部）

Dickinson（1991）、Inskipp（1996）将 *seebohmi* 从本种分出来作为独立种，Deignan（1963）将 *canturians* 从本种分出为独立种。多数学者将它们作为本种的亚种，将本种分为8个亚种（Baker 1997），或分为6个亚种（Clements2007），Clements（2011）已将 *C. d. canturians* 提升为独立种 *Cettia canturians*（Manchurian Bush-Warbler）。

分布： 东营-◎黄河三角洲。济南-长清区-张夏（陈云江 20110610）。济宁-（P）微山县-（P）鲁桥。青岛-黄岛区-●（Shaw 1938a）灵山岛。泰安-（P）泰安，●泰山。烟台-栖霞-庙顶山（牟旭辉 20150510）。黑龙江、吉林、辽宁、河北、北京、天津、江苏、上海、福建、台湾。

区系分布与居留类型： ［广］（P）。

种群现状： 捕食昆虫，为农林益鸟。山东分布数量并不普遍，偶见。

物种保护： Lc/IUCN。

参考文献： H963, M932, Zjb410；Lc124, Q418, Z766, Zx178, Zgm306。

山东记录文献： 郑光美2011，朱曦2008，赵正阶2001，钱燕文2001，范忠民1990，郑作新1987、1976，Shaw 1938a；孙玉刚2015，赛道建2013，泰安鸟调组1989，纪加义1988b。

377-01 异色树莺
Cettia flavolivacea（Blyth）

命名： Blyth, 1845, Journ. As. Soc. Bengal 14：590（尼泊尔）

英文名： Aberrant Bush Warbler

同种异名： 告春鸟；—；—

鉴别特征： 嘴端黑色而嘴基粉红色，贯眼纹黑色、眉纹淡黄色而明显，颏喉淡白色。上体橄榄褐色，翅黑褐色、羽缘棕褐色，下体污黄色，胸、胁沾棕色，腹近白色。尾黑褐色，尾下覆羽棕色。脚黄色。

形态特征描述： 嘴端部黑褐色、下嘴基部色淡，鼻孔被长须所掩盖。虹膜褐色。眉纹狭细，淡绿黄色、眉纹淡绿黄色、细而不显、自鼻孔向后延伸至枕部；贯眼纹黑褐色自眼先起。颏、喉污白色。上体橄榄绿褐色，腰羽绿色显著。翅黑褐色，外翈羽缘橄榄绿褐色，与背同色。下体腹中央污白色，胸、两胁缀淡棕色。尾黑褐色，外翈羽缘橄榄绿褐色，与背同色；尾下覆羽淡棕色。脚暗黄褐色。

鸣叫声： 发出似"dir dit-tee tee-wee"由短促到长的转调哨音。

体尺衡量度（长度mm、体重g）： 寿振黄（Shaw 1938a）记录采得雄鸟1只标本，但标本保存地不详，测量数据记录不完整。

栖息地与习性： 栖息于中低海拔稠密的灌丛、竹丛、常绿阔叶林和针叶林中。性胆怯，常在稠密林下灌丛或草丛中跳来跳去，常只听到叫声，难觅其影，有季节性垂直迁徙的习性。

食性： 主要捕食昆虫。

---
* 此名称见于寿振黄（1938）。

繁殖习性： 繁殖期5～8月。在茂密高草丛或灌丛中筑巢，巢锥形，开口侧面，由草和竹叶编织而成，内垫以干树叶、羽毛。通常每窝产卵3～4枚，卵长卵形，淡色至土白色缀栗色斑点。卵径约为17mm×13mm。

亚种分化： 全世界有7个亚种，中国有3个亚种，山东分布记录为秦岭亚种 *Cettia flavolivacea intricata*，*Horeites flavolivacea intricatus*（Hartert）。

亚种命名 Hartert, 1910, Vög. Pal. Faun., 1：533（陕西秦岭）

分布： 青岛-青岛；崂山区-●（Shaw 1938a）大公岛。胶东半岛。

陕西、山西、云南、四川。

区系分布与居留类型：［东］（P）。

种群现状： 数量并不丰富，源记录地区多年来进行鸟类考察已很少遇见未能采到标本。山东分布虽有标本记录，但标本保存地不详，无测量数据，多年无相关研究，卢浩泉（2003）认为山东已无分布，近年来未能征集到照片，其分布现状需要加强调查。

物种保护： Lc/IUCN。

参考文献： H966，M935，Zjb413；Q420，Z769，Zgm308。

山东记录文献： 钱燕文2001，赵正阶2001，范忠民1990，郑作新1987、1976，Shaw 1938a；赛道建2013，纪加义1988b。

○ 378-00 斑胸短翅莺
Bradypterus thoracicus（Blyth）

命名： Blyth, 1845, Journ. As. Soc. Bengal, 14：584（尼泊尔）

英文名： Spotted Bush Water

同种异名： 短翅，短翅草莺，草莺；*Bradypterus thoracicus davidi*（La Touche）；—

鉴别特征： 嘴黑褐色而短直，顶冠沾棕色，眉纹白色，喉具点斑。上体赭褐色，翼短而宽，下体灰白色，胸具黑褐色斑纹构成完整醒目项纹，两胁偏褐色。尾下覆羽褐色，白羽端呈锯齿形斑。冬羽项纹淡。脚肉红色。

形态特征描述： 嘴黑色。虹膜褐色，眼先近黑色，眉纹灰白色、前显后微、狭窄而长、自鼻孔向后延伸至颈部。颊、耳羽灰褐色和白色混杂。颔、喉纯白色。体色淡，上体包括翅和尾的表面暗赭褐色，两胁与背同色。飞羽式：2=7。下体白色，下喉至上胸具显著灰褐色斑点，胸部灰白色、各羽中央灰黑色形成显著斑点，腹中央白色。尾羽具不明显但隐约可见的暗色横斑。尾上覆羽尖端白色形成数道宽白色显著横斑。脚淡灰角色，爪角褐色。

鸣叫声： 发出"tzee-eenk""chacking"的沙哑声或"pwit"的爆破音，或似似蝉鸣声。

体尺衡量度（长度mm、体重g）： 山东分布见有少量文献记录，但暂无标本及测量数据。

栖息地与习性： 栖息于中低海拔山地丘陵、高山地区的森林和林缘疏林灌丛，以及草、灌丛和芦苇丛中。性活泼，单独或成对活动，冬时成小群活动，多活动于灌丛中、林间沼泽、林缘、道旁灌丛、草丛中，善于隐蔽自己，频繁在灌丛低枝间跳来跳去寻觅食物。

食性： 主要捕食鞘翅目和双翅目等昆虫，以及蜗牛、蜘蛛等。

繁殖习性： 繁殖期5～7月。在灌丛低枝或草丛中筑巢，巢半球形或深杯形，外壁由粗糙草茎、内壁由细草茎编成，有时内垫1～2根羽毛。通常每窝产卵3～4枚，卵白色具粉红色或浅砖红色斑点，钝端斑点密集形成圈形或帽形斑。卵径约为18mm×13mm。

亚种分化： 全世界有6个亚种，中国有3个亚种，山东分布为东北亚种 *Bradypterus thoracicus davidi*（La Touche）。

亚种命名 La Touche, 1923, Bull. Brit. Orn. Cl., 43：168（秦皇岛）

Altsröm等认为，此亚种应与其他亚种分开，提升为独立种 *Bradypterus davidi*。

分布： 威海-（P）威海。（P）胶东半岛（纪加

义1988c）。

黑龙江、吉林、辽宁、内蒙古、河北、北京、陕西、香港。

区系分布与居留类型：［广］（P）。

种群现状： 分布较广而数量稀少。山东分布仅威海有迁徙记录，未采到标本；卢浩泉（2001、2003）认为山东已无分布，近年来也未能征集到分布照片，其分布现状应视为无分布。

物种保护： Lc/IUCN。

参考文献： H970，M939，Zjb417；Q420，Z773，Zx180，Zgm309。

山东记录文献： 赵正阶2001，郑作新1987、1976，范忠民1990；赛道建2013，卢浩泉2001、2003，纪加义1988b。

● 379-01 矛斑蝗莺
Locustella lanceolata（Temminck）

命名： Temminck CJ, 1840, Man. Orn., 4：614（俄罗斯南部 Russie meridionale）

英文名： Lanceolated Warbler

同种异名： 黑纹蝗莺；—；Grasshopper Warbler

鉴别特征： 具褐色纵纹的小型莺。嘴黑褐色而下嘴染黄色，顶冠黑色，眉纹皮黄色。上体橄榄褐色具粗黑色纵纹，下体黄白色，胸、胁具黑纵纹。尾下覆羽具黑细纵纹。脚肉黄色。

形态特征描述： 嘴黑褐色、下嘴基黄褐色。虹膜暗褐色，眉纹细而不显，淡黄褐色，眼先、颊部和耳羽暗褐色，耳羽羽干纵纹黄褐色，颊部具细小暗斑。喉白色，中央微具淡褐色细点斑。全身密布黑褐色纵纹。上体、两翼内侧覆羽橄榄褐色至黄褐色，羽中央黑褐色纵纹前端较细、往后较粗。翅外侧覆羽和三级飞羽黑褐色、边缘淡黄褐色；初级飞羽、次级飞羽橄榄褐色。下体乳白色，微沾黄褐色；胸、胁具显著黑褐色羽干纵纹，沾黄褐色；腹中央白色，尾羽暗褐色具隐约暗色横纹，尾下覆羽棕褐色杂黑褐色羽干纵纹。脚肉色。

雌鸟 上体似雄鸟动而羽色较暗淡。下体黑褐色羽干纵纹稀疏。

幼鸟 上体暗橄榄褐色，斑纹较少。下体皮黄色。羽干纹较成鸟淡而宽。体侧赭色带橄榄色细斑，纵纹较少。

鸣叫声： 叫声似"gie-zi"或"gizi-gizi"，飞翔时叫声为"gie-ie"，叫声时低时高，与蟊蜥叫声相似。

体尺衡量度（长度mm、体重g）： 寿振黄（Shaw 1938a）记录采得雄鸟4只、雌鸟3只标本，但标本保存地不详，标本测量数据记录不完整。

栖息地与习性： 栖息于近水域或沼泽的苇塘、灌丛间。性胆怯，单独或成对在茂密苇草间或灌丛下活动。受惊时站在地上急晃其尾或钻进草丛中隐匿。迁徙期发现于农田和草地。

食性： 主要捕食直翅目、鞘翅目和膜翅目等的昆虫及其幼虫。

繁殖习性： 繁殖期5~7月。在沿溪流地面上筑巢，巢由禾本科草编成，外壁较松，内壁较紧。通常每窝产卵约4枚，卵玫瑰色表面布满红褐色斑点和斑纹，钝端集中。卵径约为18mm×13mm。雌鸟孵卵。

亚种分化： 全世界有2个亚种，中国有1个亚种，山东分布亚种为 *L. l. lanceolata*（Temminck）。

亚种命名 Temminck CJ, 1840, Man. Orn., 4：614（俄罗斯南部 Russie Meridionale）

Johansen, 1954, Journ. Orn., 95：92（江苏沙卫岛）

L. lanceolata 曾被认为是单型种，无亚种分化。后将欧亚大陆族群与东部族群分为两个亚种（Loskot and Sokolov 1993），两者度冬区部分重叠。

分布： 东营-◎黄河三角洲；河口区（李在军20080920）。济南-历下区-大明湖（马明元20141004）；长清区-济西湿地（陈云江20121001）。

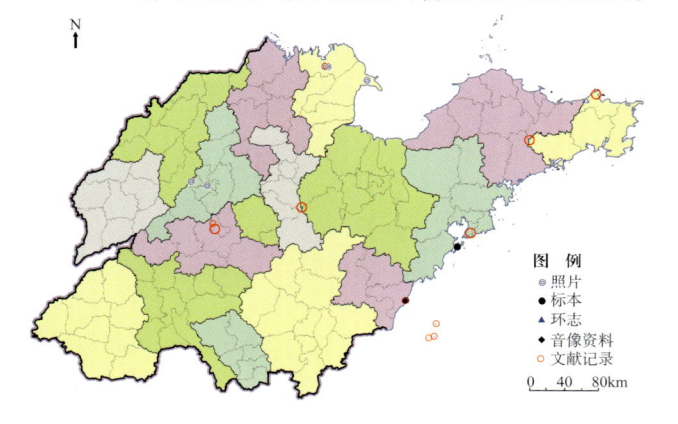

矛斑蝗莺（李在军20080920摄于河口区）

青岛-青岛，●（Shaw 1938a）薛家岛。日照-东港区-石臼所；（P）前三岛-车牛山岛，达山岛，平山岛。泰安-（P）泰安；泰山-低山。威海-（P）威海。胶东半岛，鲁中山地。

黑龙江、吉林、辽宁、内蒙古、河北、北京、天津、新疆、江苏、上海、浙江、湖北、四川、云南、台湾、广东、海南、澳门。

区系分布与居留类型：［古］（P）。

种群现状： 种群数量并不普遍。山东迁徙过境分布较广，各地少见，未列入山东省重点保护野生动物名录，应加强物种与栖息环境的保护与研究。

物种保护： Ⅲ，中日，Lc/IUCN。

参考文献： H982，M944，Zjb429；Lc140，Q424，Z783，Zx180，Zgm311。

山东记录文献： 郑光美2011，朱曦2008，赵正阶2001，钱燕文2001，郑作新1987、1976，Shaw 1938a；赛道建2013，泰安鸟调组1989，纪加义1988b，杜恒勤1985。

● **380-01 小蝗莺**
Locustella certhiola（Pallas）

命名： Pallas，1811，Zoogr. Rosso-As.，1：509（西伯利亚 Lake Baikal）

英文名： Rusty-rumped Warbler

同种异名： 蝗虫莺，柳串儿，扇尾莺，花头扇尾；*Motacilla certhiola* Pallas，1811，*Locustella rubescens* Blyth，1845，*Locustella minor* David et Oustalet，1877；Pallas's Warbler，Pallas's Grass-hopper-warbler，Pallas's Grasshopper Warbler

鉴别特征： 嘴黑褐色、下嘴黄色，头顶具黑斑纹，眼纹黄白色，贯眼纹黑而不明显。上体橄榄褐色具灰、黑纵纹，两翼红褐色，下体近白色，胸、胁皮黄色。尾棕色而端白色具近黑次端斑。脚肉黄色。幼鸟沾黄色，胸具三角形黑点斑。

形态特征描述： 嘴暗褐色、下嘴基部黄褐色。虹膜暗褐色，贯眼纹暗褐色，眉纹淡棕色。眼先、耳羽棕褐色。前额橄榄褐色。喉、颏白色。颈项边缘灰白色。上体橙褐色至橄榄褐色，白色头顶至背部黑褐色纵纹显著，腰部色泽略淡。飞羽和翼上覆羽黑褐色，第2枚飞羽外翈缘泛白色，覆羽外缘淡灰褐色。下体胸部淡棕褐色，有的具黑褐色斑点；腹近白色。胁及尾下覆羽橄榄褐色至淡黄褐色，后者先端泛白色。尾羽暗棕褐色，近端较黑、先端缀显著灰白色端斑，中央两枚尾羽无近端黑斑且端白呈棕褐色；尾羽表面暗色横纹隐约现。脚暗褐色。

幼鸟 上喙较成鸟突出。喉中央纯白色。上体

小蝗莺（朱星辉20160910摄于无棣岔尖）

橄榄褐色较鲜淡，斑纹边缘模糊微沾棕色羽缘。下体皮黄色，颈和胸带黑褐色纵纹显著。腋橄榄黄褐色具暗褐色纵纹。尾羽端部白斑暗淡，表面暗色横纹不显。

鸣叫声： 偶尔发出类似"ji-ji"的叫声，或沙哑颤音"chirr-chirr"，尖细"tik tik tik"的示警声。

体尺衡量度（长度mm、体重g）： 寿振黄（Shaw 1938a）记录采得雄鸟2只、雌鸟3只标本，但标本保存地不详，测量数据不完整。

栖息地与习性： 栖息于湖泊、河流等水域附近的沼泽地带、低矮树木、灌丛、芦苇丛中及草地。繁殖季节，雄鸟站在芦苇、灌木顶端鸣叫，飞入空中边飞边叫，然后滑翔而降。单独或成对活动，性怯，活动隐蔽，善藏匿，潜行在茂密的草灌丛地面上觅食，难以发现。

食性： 主要捕食各种昆虫及其幼虫，偶尔采食少量植物性食物。

繁殖习性： 繁殖期5~7月。在芦苇丛中及茂密草丛地面上营巢，巢深杯状，由枯草构成，内垫细草茎。通常每窝产卵4~6枚，卵粉红色缀红褐色、深紫色、玫瑰粉红色斑点，以及少许黑褐色或红色斑点。卵径约为18.5mm×13.5mm。

亚种分化： 全世界有4个（郑作新2002）或3个（郑光美2011）亚种，中国有3个亚种，山东分布记录为3个（纪加义1988b）或1个（郑光美2011）亚种。

本种与北蝗莺、史氏蝗莺曾被视为一个超种或同一种，与北蝗莺有杂交现象，在中国黑龙江流域东北部与库页岛北部有中间型族群，分子生物学研究显示上述3种与苍眉蝗莺（*L. fasciolata*）血缘关系亲近，甚至包括 *Megalurus pryeri*（Japanese Swamp Warbler），Morioka 和 Shigeta（1993）建议将其移入 *Locustella*。雷富民等（1998）利用数值分类研究发现，小蝗莺、北蝗莺和史氏蝗莺首先聚合在一起，再

依次与矛斑蝗莺和苍眉蝗莺聚合，说明前3种在表型特征上亲缘关系较近。因本种和北蝗莺在印度尼西亚有中间类型，Meise（1938）、Vaurie（1959）认为是同一个种。此后，Beaman（1994）报道两者在鄂霍次克海北部有中间类型出现，且两者鸣声相似，也同意将两种合并。但是，Dementiev和Gladkov（1954、1968）因它们在东西伯利亚边缘地区繁殖区域重叠，几乎没有发生相互杂交现象，而认为是两个独立的物种。这一观点后来得到多数学者（Waston 1986，Sibley and Monroe 1990，Howard and Moore 1980、1991，Inskipp 1996，郑作新 1987、1994、2000、2002，赵正阶 2000）的采纳；该种与北蝗莺（L. ochotensis）、史氏蝗莺（L. pleskei）构成了超种（Cramp 1992）。

● 指名亚种 L. c. certhiola（Pallas）

亚种命名　Pallas PS，1811，Zoogr. Rosso-As.，1：509（西伯利亚贝加尔湖）

分布： 滨州-无棣县-岔尖（朱星辉 20160910）。东营-(P)◎黄河三角洲。菏泽-(P)菏泽。济宁-曲阜（孔林）；微山县-微山湖。青岛-青岛。崂山区-(P)潮连岛；黄岛区-●（Shaw 1938a）灵山岛，●（Shaw 1938a）薛家岛。日照-东港区-●（Shaw 1938a）石臼所。威海-威海。胶东半岛，鲁中山地。

黑龙江、吉林、辽宁、内蒙古、河北、北京、天津、山西、河南、江苏、上海、浙江、湖北、云南、福建、台湾、广东、广西、香港、澳门。

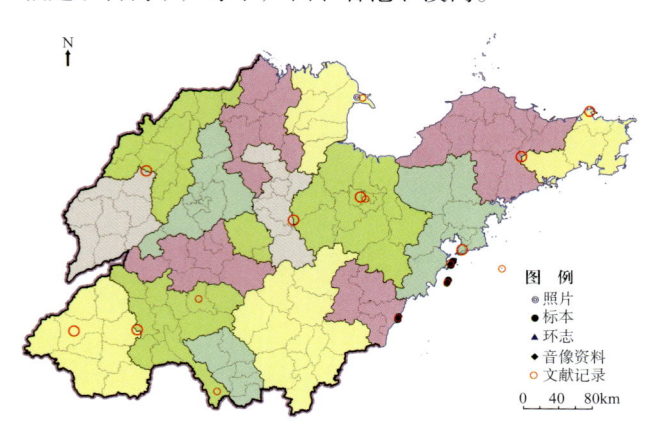

山东记录文献： 郑光美 2011，朱曦 2008，赵正阶 2001，钱燕文 2001，范忠民 1990；赛道建 2013，李久恩 2012，王海明 2000，张培玉 2000，杨月伟 1999，纪加义 1988b。

● 东北亚种 Locustella certhiola minor David et Oustalet

亚种命名　David et Oustalet，1877，Ois. Chine：250（北京）

指名亚种 L. c. certhiola 包含 L. c. sparsimstriata 且分出 L. c. minor（郑作新 1987），但 Dickinson（2003）将 L. c. minor 并入指名亚种，依 Stepanyan（1990）的观点将 L. c. sparsimstriata 分为独立亚种；郑光美（2011）认为中国无此亚种。

分布： 青岛-(P)青岛。威海-威海。潍坊-潍坊。(P)胶东半岛，鲁中南山地，鲁西北平原（纪加义 1988c，郑作新 1987）。

山东记录文献： 郑作新 1987、1976；赛道建 2013，田家怡 1999，赵延茂 1995，纪加义 1988b。

○ 北方亚种 Locustella certhiola rubescens Blyth

亚种命名　Blyth，1845，Journ. As. Soc. Bengal，14：582（印度 Calcutra）

分布： 东营-黄河三角洲。潍坊-(P)潍坊。胶东半岛，鲁中南山地，鲁西北平原，鲁西南平原湖区。

黑龙江、内蒙古、北京、江苏、上海、福建。

山东记录文献： 郑作新 1987、1976，Shaw 1938a；赛道建 2013，田家怡 1999，赵延茂 1995，纪加义 1988b。

区系分布与居留类型：［古］(P)。

种群现状： 分布较广，数量不多。山东分布早年记录采到标本，近年来无相关研究，也未能征集到照片，可见其迁徙过境，分布数量少，需加强物种与栖息环境的研究。

物种保护： Lc/IUCN。

参考文献： H977，M946，Zjb424；Lc142，Q424，Z780，Zx180，Zgm311。

山东记录文献： 见各亚种。

○ 381-01 北蝗莺
Locustella ochotensis（Middendorff）

命名： Middendorff A，1853，Sibir. Reis.，2：185（西伯利亚 Udskoj, Ostrog）

英文名： Middendorff's Warbler

同种异名： 柳串儿；Locustella ochotensis ochotensis（Middendorff），Sylvia ochotensis Middendorff，1853；Middendorff's Grasshopper Warbler

鉴别特征： 上嘴暗红褐色、下嘴色浅，缀紫罗兰色。上体橄榄褐色，两胁黄褐色，腹白色。脚粉红或暗肉色。

形态特征描述： 上嘴暗红褐色，下嘴和上嘴缘粉红色微染紫色。虹膜淡褐色，眉纹淡灰黄色，眼先和贯眼纹橄榄褐色。颊、耳羽褐色，前者具细小黑斑。头顶和颈黑褐色，具不明显黑褐色羽干纹，至肩部羽干纹转淡而不明显。喉白色。上体橄榄褐色至黄褐色；翼褐色，外缘颜色略浅，退化飞羽短于初级覆

北蜢莺（赛道建20120628摄于东平湖）

标本号	时间	采集地	体长	嘴峰长	翅长	跗蹠长	尾长	性别	现保存处
8720*	19370609	日照石臼所	147	12	63	21	44	♀	中国科学院动物研究所
	1989	东平	131	11	54	22	56	3♂	泰安林业科技

* 平台号：2111C0002200002509；Shaw（1938a）采到2雄3雌标本

栖息地与习性： 栖息于低山丘陵和山脚平原的河谷两岸、沼泽湿地和岸边茂密的灌丛和高草丛及路边灌丛和草丛中。行动隐蔽，有时站在草丛枝头鸣唱，见人钻入草丛中。繁殖季节，常站在灌木、芦苇顶端或飞到空中鸣唱，有时晚上也鸣唱不息。

食性： 主要捕食昆虫及其幼虫，以鞘翅目和鳞翅目昆虫为多。

繁殖习性： 繁殖期5~8月。在草丛中的地上营巢，巢杯状，由各种草叶和草茎构成，内垫细草茎和羽毛。通常每窝产卵5~6枚。卵粉红色、暗粉红色或灰粉红色，缀形状不一褐色斑点，卵径约为21mm×14mm。

亚种分化： 单型种，无亚种分化。

Kalyakin（1993）将本种作为单型种，或与小蝗莺（*L. certhiola*）、史氏蝗莺（*L. pleskei*）曾被视作一个超种或同一种刘小如（2012），也曾被认为是与小蝗莺的杂交种（Williamson 1968），有时称为 *L. o. subcethiola* 亚种。全世界有2个亚种，中国有1个亚种，即 *Locustella ochotensis ochotensis*（Middendorff）

分布： 东营 - 黄河三角洲。青岛 - 青岛。日照 - 东港区 - ●（Shaw 1938a）石臼所。泰安 -（P）泰安；泰山；东平县 - ●东平，（P）东平湖（20120628）。潍坊 -（P）潍坊，潍县。胶东半岛，鲁中南山地，鲁西北平原，鲁西南平原湖区。

辽宁、内蒙古、山西、江苏、上海、湖北、福建、台湾、广东、澳门。

区系分布与居留类型：［古］（P）。

种群现状： 在中国主要为旅鸟，数量稀少。山东迁徙过境有采到标本的记录，但多年无研究报道，近年来也未能征集到照片，其分布现状需要进一步研究确证。

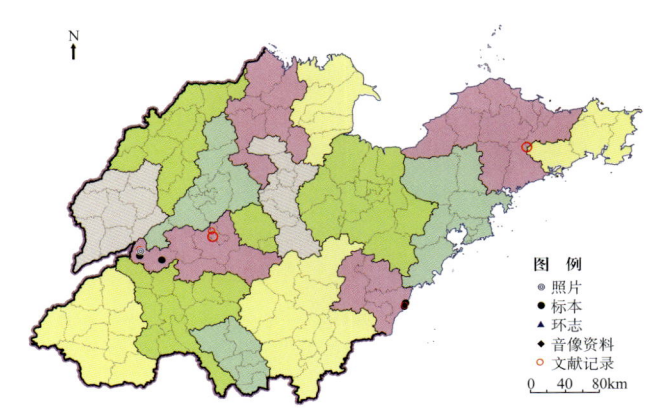

羽。下体乳白色，胸淡黄褐色至淡橄榄褐色，或具褐色斑点。尾羽褐色，腹面具近端黑斑和淡色先端，外侧尾羽明显，中央转淡至不显，尾羽表面隐约显现黑褐色纵纹。脚灰粉红色或肉色。

鸣叫声： 繁殖季节发出似"weiqi-weiqi-weiqi"不断重复的尖锐叫声。

体尺衡量度（长度mm、体重g）： 寿振黄（Shaw 1938a）记录采得雄鸟2只、雌鸟1只标本，标本1只保存在中国科学院动物研究所标本馆，另一只标本保存地不详。

物种保护： Ⅲ，中日，Lc/IUCN。

参考文献： H978, M947, Zjb425；Lc145, Q424, Z782, Zx181, Zgm312。

山东记录文献： 郑光美2011，朱曦2008，赵正阶2001，钱燕文2001，范忠民1990，郑作新1987、1976，Shaw 1938a；赛道建2013，泰安鸟调组1989，纪加义1988b。

382-11 东亚蝗莺
Locustella pleskei Taczanovski

命名： Taczanovski W, 1889, Proc. Zool. Soc. London：62（韩国 Tchimulpo）

英文名： Pleske's Warbler

同种异名： 史氏蝗莺；*Locustella ochotensis pleskei* Taczanowski, 1889, *Locustella styani* La Touche, 1905; Styan's Warbler

鉴别特征： 体大，灰褐色莺。上嘴色深、下嘴粉红色，眉纹短、皮黄色。顶冠、上背具深色点斑，翼覆羽具银色羽缘，下体白色，胸侧两胁沾灰色。外侧尾羽羽端近白色。1龄冬羽喉部沾黄色。脚粉红色。

似北蝗莺，但灰色较重，喉、胸、腹污白色不若后者偏黄色；腰无棕色，眉纹模糊，喙、脚及尾略长。

形态特征描述： 雌雄同型。嘴暗黄褐色，下喙浅黄色。眉斑皮黄色、较短仅及眼后，眼圈明显乳白色，细而不显著过眼线与眼先暗褐色。头顶有不明显斑点，颏、喉白色。体背灰褐色，腰及尾上覆羽色泽略淡。飞羽橄榄褐色，覆羽暗灰褐色、有细窄淡色羽缘。下体胸部浅灰褐色，胸侧及胁色深，腹部白色。尾羽灰褐色，外侧4对尾羽有淡色羽端斑，内侧2对则无；尾下覆羽黄褐色。跗蹠及趾淡粉红色。

鸣叫声： 叫声似北蝗莺，但差别明显。

体尺衡量度（长度mm、体重g）： 山东分布见有少量文献记录，但暂无标本及测量数据。

栖息地与习性： 栖息于海岸、河口、海岛、潮间带、沼泽的灌丛、草丛中，性胆怯，常单独活动，善隐藏，多在草丛和林中活动觅食。

食性： 尚无研究资料。

繁殖习性： 尚无研究资料。

亚种分化： 单型种，无亚种分化。

本种曾被认为是北蝗莺的亚种 *L. o. pleskei*（郑作新1987），与北蝗莺及小蝗莺形成一超种，或为其一的亚种。因鸣声、形态及生态习性不同，而将本种作为独立种，无亚种分化（郑光美2011）。

分布： 鲁南，山东。

江苏、上海、福建、台湾、广东、广西、香港。

图例
- 照片
- 标本
- 环志
- 音像资料
- 文献记录

0 40 80km

区系分布与居留类型： [古]。

种群现状： 分布区狭小，数量稀少。山东分布见有记录，但尚无具体的分布地记录与相关研究，近年来未能征集到照片，分布现状需进一步研究确证。

物种保护： Ⅲ。

参考文献： H979，M948，Zjb426；Lc148，Z782，Zx181，Zgm312。

山东记录文献： 郑光美2011，朱曦2008；赛道建2013。

● 383-01　苍眉蝗莺
Locustella fasciolata (Gray)

命名： Gray GR，1860，Proc. Zool. Soc. London，28：349（印度尼西亚 Batchian）

英文名： Gray's Warbler

同种异名： —；*Acrocephalus fasciolatus* Gray，1860，*Calamoherpe subflavenscens* Elliot，1870；Gray's Grasshopper Warbler

鉴别特征： 体型略大而色淡莺。上嘴黑色、下嘴粉红色，脸颊灰色，眉纹白色、贯眼纹色深。上体橄榄褐色，腰、尾上覆羽具红色细纹，下体白色，胸淡灰色，羽缘微白色，两胁棕黄色。尾下覆羽皮黄色。脚粉褐色。

形态特征描述： 上嘴黑色、下嘴粉红色，缀铅色。虹膜褐色，眉纹灰白色，眼圈灰色不完整，眼纹色深而脸颊灰暗，眼先和耳羽上面呈橄榄色。颊和喉淡灰色。上体橄榄褐色，头顶、两肩和背有更多橄榄色。腰和尾上覆羽缀更多红色。翅褐色。下体白色，胸淡灰色，胸、胁具灰色或棕黄色条带，羽缘近白色，腹淡黄白色。胁、尾下覆羽橄榄褐色。尾黄褐色，尾下覆羽皮黄色。脚粉褐色。

幼鸟　下体偏黄色，喉具纵纹。嘴大，体型较蝗莺属（*Locustella*）其他种类大，尽管其尾为凸形，头较小，体多灰色，但可与大苇莺混淆。

鸣叫声： 发出似 "cherr-cherr…cherr" 的颤音，或 "tschrrok、tschrrok" 的响亮吵吵声。

体尺衡量度（长度mm、体重g）： 寿振黄（Shaw 1938a）记录采得雄鸟7只、雌鸟10只标本，但标本保存地不详，测量数据记录不完整。

栖息地与习性： 栖息于低山河谷草地及沿海的林地、棘丛、丘陵草地及灌丛，以及沼泽湿地、苇塘湖岸边的草丛和灌木丛。每年5月迁来繁殖地，9月前后迁离，迁徙期间常成群活动，在林下植被中潜行、奔跑及齐足跳动。

食性： 主要捕食各种昆虫为食。

繁殖习性： 繁殖期6～8月。通常在距近水域浓密草丛、灌木丛中，或在沼泽和湿草地中的高地上营巢，巢通常筑在有树枝、灌木和草丛掩盖的地上，巢杯状，由枯叶和枯草茎构成，内垫细草茎和草根。通常每窝产卵4枚，污白色，卵径约为22.6mm×16.4mm。

亚种分化： 全世界有2个亚种，中国有1个亚种（郑光美2011，郑作新1987、1976），山东分布记录亚种为 *L. f. fasciolata*（Gray）。

亚种命名　Gray GR，1860，Proc. Zool. Soc.

London, 28: 349（印度尼西亚 Batchian）。

一种意见认为本种是单型种，Stepanyan（1972）描述的新种 *Locustella amnicola*（库页岛蝗莺）为独立的种（Howard and Moore 1991）。但 *amnicola* 因与苍眉蝗莺形态难分、分布区重叠而合为一种（Neufeldt and Netschajew 1977），Cramp（1992）将繁殖于东北亚地区的族群分为不同亚种 *L. f. amnicola*；分子生物学研究显示两个族群为不同亚种，其分布情况是 *L. f. fasciolata* 繁殖于西伯利亚中南部和东部、贝加尔湖区及中国东北，在东南亚至新几内亚越冬；*L. f. amnicola* 繁殖于库页岛、千岛群岛、北海道，在印度尼西亚及菲律宾一带越冬。威海观鸟者李晓 2014 年 6 月 5 日在威海拍到一张照片，定为中国大陆新记录——库页岛蝗莺（*Locustella amnicola*）[见李晓，等. 2015. 中国鸟类观察，（3）：52]，文中以介绍 *L. f. fasciolata* 特征为主；山东分布 *fasciolata* 有标本（Shaw 1938a），数量稀少，而 *amnicola* 仅是照片，由于二者形态差异太小，分类专家尚且很难将其分开，仅凭一张照片就能从翅式将二者区分值得商榷，故中国与山东分布仍为一个种、亚种（郑光美 2011）。

分布：东营 - ◎黄河三角洲。**青岛** - 青岛；黄岛区 - ●（Shaw 1938a）薛家岛。**日照** - 东港区 - ●（Shaw 1938a）石臼所。**烟台** - 烟台。胶东半岛，（P）山东。

黑龙江、吉林、辽宁、内蒙古、河北、江苏、上海、浙江、福建、台湾。

区系分布与居留类型：[古]（P）。

种群现状：在我国繁殖于东北北部，并不常见，以昆虫为食，在植物保护方面有一定意义。山东分布数量稀少而不普遍，采到标本，但多年无相关研究报道，近年来未能征集到照片，未列入山东省重点保护野生动物名录。

物种保护：Ⅲ，中日，Lc/IUCN。

参考文献： H983，M950，Zjb430；Lc150，Q426，Z784，Zx181，Zgm312。

山东记录文献：郑光美 2011，朱曦 2008，赵正阶 2001，钱燕文 2001，郑作新 1987、1976，Shaw 1938a；赛道建 2013，纪加义 1988b。

384-20　细纹苇莺
Acrocephalus sorghophilus（Swinhoe）

命名：Swinhoe R，1863，Proc. Zool. Soc. London：92（福建厦门）

英文名：Streaked Reed Warbler

同种异名：点斑苇莺；—；Specked Reed Warbler

鉴别特征：嘴粗而长，上嘴黑褐色、下嘴黄色，头具细褐纵纹，脸颊近黄色，喉黄白色，贯眼纹黑色、眉纹皮黄色，眉上纹宽而黑。上体赭褐色，上背具纵纹，下体皮黄色。脚粉红色。

形态特征描述：嘴粗而长，上嘴黑色、下嘴偏黄色，虹膜褐色，眉斑乳黄色、宽长，上方有黑色线斑形成黑白双眉，过眼线灰褐色。耳羽及颊淡黄褐色。额、头顶至体背黄褐色，头顶有黑色细纵纹。颊、喉黄白色。上体腰、尾上覆羽赤褐色稍亮。飞羽黑褐色，外翈外缘黄褐色，中覆羽深灰色形成略深翼斑。尾羽黄褐色，各羽外缘有细窄淡色羽缘。胸、腹侧、胁及尾下覆羽黄褐色，腹中央为乳白色。跗蹠及趾黄褐色。

鸣叫声：发出似"tack""churr"响亮刺耳而不连贯的声音。

体尺衡量度（长度mm、体重g）：山东分布仅见少量文献记录，但暂无标本及测量数据。

栖息地与习性：栖息于低山带近水灌丛、沼泽、湿地及附近的芦苇等高草丛或稻田中，夏季取食于芦苇地，迁徙时见于黍米地。性机警，常单独栖匿于苇丛间，或飞至附近树上。繁殖期，常在芦苇顶端及树枝上高声鸣唱。觅食时偶尔会停栖在草茎上。

食性：主要捕食湿地草丛间的昆虫，如蚊、蝇、鳞翅目幼虫等无脊椎动物。

繁殖习性：繁殖期 5～7 月。每窝通常产卵约 5 枚。孵化期为 13～14 天。雌、雄鸟育雏，育雏期 11～12 天。

亚种分化：单型种，无亚种分化。

曾将本种分到与 *A. melanopogon*（Moustached Warbler）、*A. paludicola*（Aquatic Warbler）及 *A. schoenobaenus*（Sedge Warbler）属于血缘相近的 striped reed-warbler 组，遗传学研究认为，黑眉苇莺 *A. bistrigiceps*（Black-browed Reed-warbler）也包括在内。

分布：（P）山东。

辽宁、河北、北京、河南、甘肃、江苏、上海、湖北、福建、台湾。

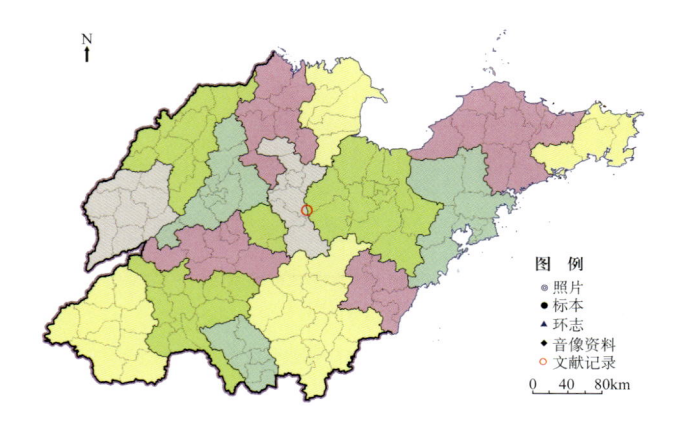

区系分布与居留类型：［古］（SP）。

种群现状： 中国东部特有种，可消灭大量害虫。全球性易危（Collar 1994）。栖息地局限，族群稀少，生态及生息状况不清楚，由于越冬适宜湿地草泽的丧失导致族群数量下降，面临繁殖栖息地的丧失。在山东分布记录数量稀少，卢浩泉（2003）记为山东鸟类新记录，无具体的分布地与专项研究，种群分布现状需进一步研究确证。

物种保护： Ⅲ，Vu/IUCN。

参考文献： H993，M953，Zjb440；Lc158，Q428，Z789，Zx181，Zgm312。

山东记录文献： 朱曦 2008；赛道建 2013，卢浩泉 2003。

● 385-01 黑眉苇莺
Acrocephalus bistrigiceps（Swinhoe）

命名： Swinhoe R，1860，Ibis，2：51（福建厦门）
英文名： Black-browed Reed Warbler
同种异名： 柳叶儿，口子喇子；—；Schrenk's Reed Warbler

鉴别特征： 上嘴黑色、下嘴肉色，嘴基至枕具清晰黑纵纹。上体暗褐色，下体偏白色，两胁暗棕色。脚粉褐色。

形态特征描述： 雌雄鸟同型。喙暗褐色、下喙较淡。虹膜暗褐色，贯眼纹线状自眼先至眼后、淡棕褐色，眉纹淡黄褐色，上缘黑褐色，形成黑、黄白双眉，延伸至枕部甚显著；颊部和耳羽褐色；耳羽及颊淡灰褐色。自额、头上至体背榄褐色带锈赤色，羽缘沾棕褐色；腰和尾上覆羽转为暗棕褐色。翼暗褐色，羽缘带锈赤褐色，飞羽和翼上覆羽黑褐色，飞羽外缘淡棕色，第 2 枚初级飞羽较第 6 枚短，第 1 枚飞羽稍宽、较翼上覆羽长；覆羽缀宽阔橄榄棕褐色羽端缘。下体羽污白沾棕色；胸、胁缀深棕褐色；喉、胸、腹乳白色，胸、腹侧及胁带灰褐色，尾暗褐色，各羽羽缘带锈赤褐色、羽端淡棕色，尾下覆羽灰褐色。跗蹠及

黑眉苇莺（李在军20081003摄于河口区； 刘冰20120805摄于旧县大汶河）

趾褐色。

幼鸟 似成鸟。上体羽缘多呈绒状，淡棕色较显著。

鸣叫声： 鸣声多变，发出似"chur""tuc""zit"等沙哑的尖叫声。

体尺衡量度（长度mm、体重g）： 山东分布有采到标本记录，但标本保存处不详，测量数据遗失。

栖息地与习性： 栖息于低山、山脚平原地带，以及道边、湖边和沼泽地的灌丛中。繁殖期常在开阔草地上的小灌木或蒿草梢上鸣叫，鸣声短促而急，嘈杂。

食性： 主要捕食鞘翅目、直翅目、鳞翅目和膜翅目等的昆虫及其幼虫。

繁殖习性： 繁殖期 5～7 月。在灌丛和芦苇、较高草丛和灌木上营巢，巢杯状，由干草叶、草茎构成，内垫兽毛和羽毛，以及一些细软植物的根、茎。通常每窝产卵 4～5 枚，卵椭圆形，灰绿色被不规则灰褐色或暗绿色斑，卵径约为 16mm×13mm，卵重 1.2～1.4g。产完卵后开始孵卵，雌鸟孵卵，孵化期约 14 天。雌雄亲鸟育雏，育雏期 11～12 天，雏鸟即可离巢。

亚种分化： 单型种，无亚种分化。

在过去的分类资料中，与 *A. melanopogon*（Moustached Warbler）、*A. paludicola*（Aquatic Warbler）和 *A. schoenobaenus*（Sedge Warbler）为血缘关系相近的同一演化支系，细纹苇莺 *A. sorghophilus*（Streaked Reed-warbler）也包括在内；Williams（1960）、Howard 和 Moore（1991）将 *A. tangorum*（Manchrian Reed-warbler）视为同种，使本种分成 2 个亚种，但是 Vaurie（1959）、郑作新（2000、1994、1987、1976）将 *tangorum* 归入稻田苇莺 *A. agricola*，近年遗传及形态的研究也认为

应分开为独立种，从而本种为单型种。

分布：东营 -（P）◎黄河三角洲；河口区（李在军 20081003）；保护区 - 一千二管理站（丁洪安 20091010）。**济南** - 历城区 - 仲宫（陈云江 20110514）；历下区 - 大明湖（马明元 20140523）；槐荫区 - 济西湿地（陈云江 20121001）。**济宁** - 曲阜 - 泗河（马士胜 20151029）；微山县 - 微山湖。**聊城** - 聊城。**莱芜** - 莱城区 - 牟汶河（陈军 20080528）。**青岛** - 崂山区 -（P）潮连岛。**日照** - 东港区 - 付疃河（成素博 20151110），董家滩（成素博 20130523）；（P）前三岛 - 车牛山岛、达山岛、平山岛。**泰安** - 泰安；岱岳区 - 旧县大汶河（刘冰 20120805），牟汶河（刘兆瑞 20121014）。**烟台** - 栖霞 - 白洋河（牟旭辉 20100526）。胶东半岛，鲁中山地，鲁西北平原。

黑龙江、吉林、辽宁、内蒙古、河北、北京、天津、山西、河南、陕西、安徽、江苏、上海、浙江、江西、湖南、湖北、福建、台湾、广东、广西、海南、澳门。

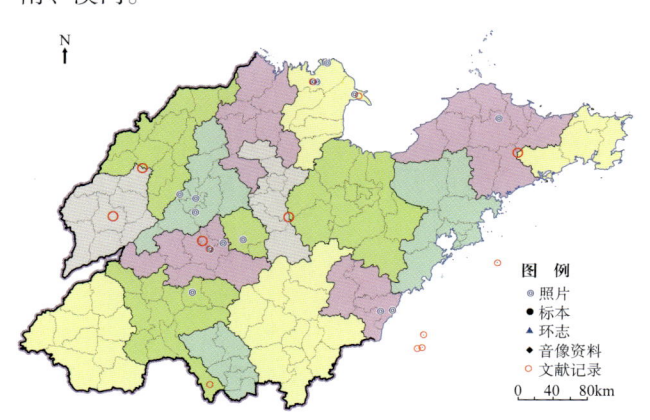

区系分布与居留类型：[古]（P）。

种群现状： 在中国东北和东部地区繁殖，数量较常见。在山东迁徙过境期间可见，分布数量并不普遍，未列入山东省重点保护野生动物名录，需加强栖息环境与物种地的保护研究。

物种保护： Ⅲ，中日，Lc/IUCN。

参考文献： H988，M954，Zjb435；Lc156，Q426，Z787，Zx181，Zgm313。

山东记录文献： 郑光美 2011，朱曦 2008，赵正阶 2001，钱燕文 2001，郑作新 1987、1976；孙玉刚 2015，赛道建 2013，贾少波 2002，李久恩 2012，田家怡 1999，赵延茂 1995，纪加义 1988b。

386-11 远东苇莺
Acrocephalus tangorum La Touche

命名： La Touche，1912，Bull. Brit. Orn. Cl.，31：10（秦皇岛）

英文名： Manchurian Reed Warbler

同种异名： 稻田苇莺；*Acrocephalus agricola tangorum* La Touche；—

鉴别特征： 中型，单调灰褐色苇莺。嘴宽白而长大，上嘴色深、下嘴粉红色，贯眼纹深色，眉纹上醒目黑条纹与顶纹对比不明显。体灰褐色，胸、两胁及尾下覆羽沾棕色。脚橙褐色。较稻田苇莺嘴长，较钝翅苇莺嘴长、尾长，第2道黑眉纹与顶纹对比不强烈。

形态特征描述： 嘴长大而宽白，上嘴色深、下嘴粉红色。虹膜褐色，贯眼纹深色，眉纹上具醒目黑色条纹，从鼻孔到耳覆羽后。颏、喉白色。上体头至尾、两翅橄榄棕褐色，头顶色暗，腰及尾上覆羽呈鲜亮淡棕褐色。飞羽和翼覆羽黑褐色，外翈羽缘淡棕色，初级飞羽第1枚尖短，与初级覆羽等长或稍长、第2枚等于第5或第6、第7枚。下体胸、腹白沾皮黄色，胁、尾下覆羽棕黄色。尾羽窄、羽端形尖，暗褐色具不明显暗色横斑，羽缘淡棕褐色。脚橙褐色。新冬羽多棕色，胸、两胁及尾下覆羽沾棕色。

鸣叫声： 发出似"chi chi"的尖叫声，可模仿其他鸟叫声。

体尺衡量度（长度mm、体重g）： 山东分布见有少量文献记录，但暂无标本及测量数据。

栖息地与习性： 栖息于湖泊、水库等水域岸边灌丛和草丛中。单独或成对活动，迁徙期间成群。行动敏捷，常在灌木与草丛间上下跳跃活动或隐藏。繁殖期间在灌木、草丛顶部鸣叫，常将尾羽竖起快速摆动，甚至将头顶羽毛竖起。

食性： 主要捕食昆虫及其幼虫。

繁殖习性： 尚无繁殖资料。

亚种分化： 单型种，无亚种分化。

本种曾被视作稻田苇莺（*Acrocephalus agricola*）的 *tangorum* 亚种（Alstrom 1991，郑作新 1994、1976，Inskipp 1996，纪加义 1988），或作为黑眉苇莺（*Acrocephalus bistrigiceps*）的一个亚种（Howard and Moore 1980），或为独立种（Viney 1994），而 *A. agricola* 仅分布于新疆（郑光美 2011），故山东往年的稻田苇莺记录应是远东苇莺。

分布： 鲁中南，鲁东南，（P）山东。

黑龙江、吉林、辽宁、内蒙古、河北、北京、天津、上海、香港。

区系分布与居留类型：[古]（P）。

种群现状： 山东分布仅有少量文献记录，但没有采到标本，也无专项研究，近年来也未能征集到照片记录，且其曾作为稻田苇莺记录，故分布现状需进一步确证。

物种保护： Vu/IUCN。

形态特征描述： 上嘴色深、下嘴色浅。虹膜褐色。白色的短眉纹几不及眼后。具深褐色贯眼纹、眉纹上无深色条带。耳羽、颈侧棕褐色。上体深橄榄褐色，腰及尾上覆羽棕色。翼短圆、黑褐色，外翈羽缘淡棕褐色。初级飞羽第1枚12mm，第2枚位于第8、第9和第10之间。下体颏、喉和上胸白色，下胸、两胁及尾下覆羽缀沾皮黄色。脚偏粉色，脚底蓝色。

钝翅苇莺（于英海20150622摄于乳山潮汐湖）

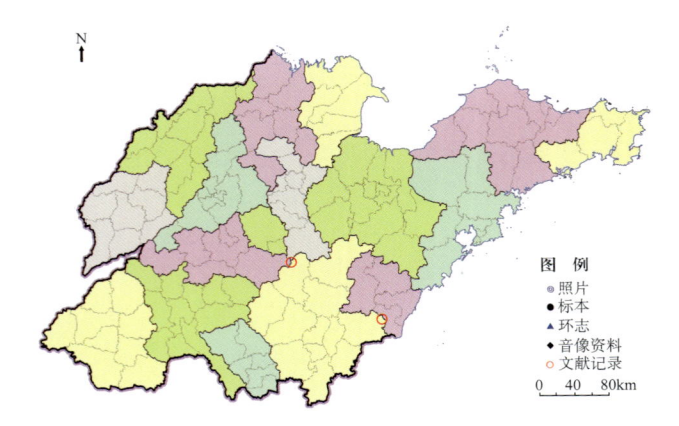

参考文献： H989，M956，Zjb436；Q428，Z788，Zx181，Zgm313。

山东记录文献： 郑光美2011，朱曦2008；赛道建2013。

● 387-01 钝翅苇莺
Acrocephalus concinens（Swinhoe）

命名： Swinhoe，1870，Proc. Zool. Soc. London：432（北京）

英文名： Blunt-winged Warbler

同种异名： 稻田苇莺；—；Paddyfield Warbler

鉴别特征： 单调淡棕褐色苇莺。上嘴黑色、下嘴粉红色，眉纹短而白，眉纹上方具黑纹，贯眼纹及耳羽褐色。上体、背、腰棕色，下体白色，两胁棕黄褐色。尾上覆羽棕色、下覆羽沾棕黄褐色。脚粉红色。与相似种稻田苇莺、远东苇莺的区别是眉纹较短、无第2道上眉纹。

冬羽 下体更白，更多土褐色或灰褐色。

鸣叫声： 发出"thrrak"或"tschak"的刺耳震颤声。

体尺衡量度（长度mm、体重g）：

标本号	时间	采集地	体重	体长	嘴峰长	翅长	跗蹠长	尾长	性别	现保存处
	1989	泰山		115	8	93	20	90	♂	泰安林业科技

栖息地与习性： 栖息于低山丘陵、山脚平原开阔地带的灌草丛，喜水域边附近的灌丛、草丛等芦苇地和高草地。性隐秘，单独或成对活动，隐匿芦苇草丛中，在直立草茎上攀爬、跳跃、飞跃，只在繁殖季节到草茎顶端鸣叫。5月迁来我国繁殖，10月南迁越冬。

食性： 主要捕食鳞翅目和鞘翅目等的昆虫及其幼虫。

繁殖习性： 繁殖期6～8月。在水边苇丛、灌丛和草丛中固定几根草茎用于营巢，巢深杯状，由枯草茎叶构成，内垫细草茎和兽毛、苔藓等。通常每窝产卵3～4枚，卵淡绿色被黄褐色或淡紫灰色斑点，卵径约为17mm×12mm。

亚种分化： 全世界有3个亚种，中国有1个亚种，山东分布为普通亚种 *Acrocephalus concinens concinens*，*Acrocephalus agricola concinens*（Swinhoe）。

郑作新（1987）将稻田苇莺（*Acrocephalus agricola*）分为 brevipennis、concinens、tangorum 3个亚种，朱曦（2008）将 tangorum、agricola、concinens 作为3个独立的种；而稻田苇莺 *A. agricola* 仅分布新疆（郑光美2011），且山东有分布。故纪加义（1988b）记录山东分布的稻田苇莺（*Acrocephalus agricola*）的 concinens 亚种提升为种后，*A. agricola* 在山东应无分布。

亚种命名 Swinhoe，1870，Proc. Zool. Soc. London：432（北京）

分布： 东营-◎黄河三角洲。青岛-（PW）青岛。泰安-（S）泰安，泰山；东平县-（S）东平湖。威海-乳山-潮汐湖（于英海20150622）。胶东半岛，鲁中山地（纪加义1988c）。

河北、山西、陕西、甘肃、安徽、上海、浙江、部前段偏白色、后段皮黄色、贯眼纹暗褐色、自眼先经眼向后伸至枕侧。颊和耳覆羽褐色杂浅棕色。颏、喉白沾皮黄色。上体由额、头上至背、肩羽、腰、尾上覆羽橄榄褐色，腰与尾上覆羽带锈赤色。翅内侧覆羽颜色同背，其余覆羽暗褐色，外䍃羽缘较淡呈淡褐色，内䍃羽缘浅灰褐色；飞羽暗褐色，外缘褐色，内䍃灰白色带锈赤色。腋羽和翼下覆羽皮黄色。胸淡棕褐色，腹白色沾皮黄色或灰色，胁棕褐色。尾暗褐色，上面微沾淡棕色，羽缘较淡具明显橄榄褐色，尾下覆羽乳白色有时微沾褐色。脚淡褐色。

幼鸟　似成鸟。眉纹淡灰白色。上体较暗。下体淡棕黄色。

鸣叫声：发出似"chett…chett"的尖锐叫声，在树枝间跳跃时不断发出近似"gaba、gaba"的叫声。

体尺衡量度（长度mm、体重g）：

标本号	时间	采集地	体重	体长	嘴峰长	翅长	跗蹠长	尾长	性别	现保存处
	1989	泰山		130	7	62	27	55	♂	泰安林业科技

栖息地与习性：栖息于山脚平原到中高山灌丛地带，喜稀疏而开阔的林地、林缘及溪流沿岸的疏林与灌丛，非繁殖期间见于农田、果园和宅旁小树林内。5月初开始迁来繁殖地，9月末10月初迁往越冬地。单独、成对活动，多在林下、林缘和溪边灌丛、草丛中活动，繁殖期间站在灌木枝头鸣唱。

食性：主要捕食鞘翅目等昆虫。

繁殖习性：繁殖期5～7月。常在林下或林缘与溪边灌木丛中或灌丛中地上营巢，巢球形，巢口开在侧面近顶端处。通常每窝产卵4～6枚，卵白色，卵径约为17mm×12.5mm。

亚种分化：全世界有3个亚种，中国有3个亚种，山东分布为指名亚种 *P. f. fuscatus*（Blyth）。

亚种命名　Blyth E，1842，Journ. As. Soc. Bengal，11：113（印度加尔各答）

本种曾与烟柳莺 *P. fuligiventer*（Smoky Warbler）被视为同种，亚种分化观点有变动；郑作新（1987）列4个亚种，*P. f. fuscatus*、*P. f. weigoldi*、*P. f. fuligiventer* 及 *P. f. tibetanus*，又将后两者提为独立种烟柳莺 *P. fuligiventer*（Smoky Warbler）下的两个亚种（郑作新1994）。Dickinson（2003）把指名亚种中繁殖于甘肃及四川的族群提升为另一亚种 *P. f. robustus*（或为单独物种 *P. robustus*）。

分布：东营-（P）◎黄河三角洲（单凯20041015），河口区（李在军20080926）；保护区-一千二管理站（丁洪安20080930）。菏泽-（P）菏泽。济南-（P）济南，黄河；历城-门牙风景区（陈忠华20150515）。济宁-（P）运河林场；曲阜-曲阜师大校院（张晓东20141002）。青岛-崂山区-（P）潮连岛。日照-东港区-双庙山沟（成素博20121029）。泰安-（P）泰安，泰山区-农大南校院；●泰山-低山；东平县-东平湖。烟台-◎莱州；栖霞-白洋河（牟旭辉20110501）；长岛县-▲（B161-5148）大黑山岛。淄博-高青县-花沟镇（赵俊杰20141021）。

各省份可见。

区系分布与居留类型：[古]（P）。

种群现状：在中国分布较广，种群数量较丰富，在原产地属常见物种（Baker 1997）。山东分布较广，数量并不普遍，需加强物种与栖息环境的保护研究。

物种保护：Ⅲ，Lc/IUCN。

参考文献：H1008，M975，Zjb456；Lc160，Q434，Z801，Zx183，Zgm 317。

山东记录文献：郑光美2011，朱曦2008，赵正阶2001，钱燕文2001，范忠民1990，郑作新1987、1976；赛道建2013、1994，王海明2000，田家怡1999，赵延茂1995，王庆忠1992，泰安鸟调组1989，纪加义1988b，杜恒勤1985，李荣光1959。

391-00　棕腹柳莺
Phylloscopus subaffinis Ogilvie-Grant

命名：Ogilvi-Grant，1900，Bull. Brit. Orn. Cl.，10：37（贵州普安）

英文名：**Buff-throated Warbler**

同种异名：柳串儿；*Phylloscopus subaffinis subaffinis* Ogilvie-Grant，*Phylloscopus affinis subaffinis* Ogilvie-Grant；Buff-bellied Willow Warbler，Chinese Willow Warbler

鉴别特征：嘴褐色具偏黄色嘴线、下嘴基黄色，眉纹暗黄色、贯眼纹暗绿褐色，耳羽较暗。上体橄榄绿色，飞羽黑褐色，下体棕黄色。外侧3枚尾羽具狭白羽缘。脚褐色。

形态特征描述： 两性羽色相似。上嘴黑褐色，下嘴淡褐色、基部黄色。虹膜褐色。眉纹皮黄色。上体自额至尾上覆羽，包括翼上内侧覆羽概呈橄榄褐色；腰和尾上覆羽稍淡；飞羽、尾羽及翼上外侧覆羽黑褐色，外缘黄绿色。下体概呈棕黄色，但颏、喉较淡，两胁较深暗。跗蹠暗褐色。

鸣叫声： 鸣声轻缓且细弱似"tuee-tuee-tuee…"或似蟋蟀振翅"chrrup"或"chrrip"声。

体尺衡量度（长度mm、体重g）： 山东分布见有少量文献记录，但暂无标本及测量数据。

栖息地与习性： 栖息于中低海拔的阔叶林、针叶林缘的灌丛、低山丘陵和山脚的针叶林，或阔叶疏林和灌丛草甸。单独或成对、成小群活跃于树枝间，性情活泼。

食性： 主要捕食鞘翅目、膜翅目、半翅目、双翅目、鳞翅目和直翅目等昆虫。

繁殖习性： 繁殖期5～9月。在幼龄杉树的中、下层枝桠上用藤本植物系于枝桠末端，或于耕地间草丛上用数根草秆作支架营巢，巢杯形，巢口开于侧面，用细草叶、根、茎或杂以苔藓筑成，内垫羽毛。每窝约产卵4枚，卵白色，卵径约为15mm×12mm，卵均重约1.25g。

亚种分化： 全世界有2个亚种，中国有1个亚种（郑作新1987、赵正阶2001）；郑光美（2011）认为无亚种分化，本书采用此观点。

分布： 济宁-微山县-（P）鲁桥，微山湖。潍坊-（P）潍坊，（W）潍县。胶东半岛，鲁中山地。

陕西、甘肃、青海、新疆、安徽、江苏、上海、浙江、江西、湖南、湖北、四川、重庆、贵州、云南、福建、广东、广西。

区系分布与居留类型： [广]（P）。

种群现状： 分布较广，数量较多。山东分布见有少量记录，全省鸟类普查未能采到标本，也无专项研究，卢浩泉（2003）认为山东已无分布，近年来未能征集到照片，其分布现状应视为无分布，需进一步研究。

物种保护： Ⅲ，Lc/IUCN。

参考文献： H1006，M978，Zjb454；Q432，Z799，Zx183，Zgm318。

山东记录文献： 赵正阶2001，范忠民1990，郑作新1987、1976；赛道建2013，李久恩2012，纪加义1988b。

392-01 棕眉柳莺
Phylloscopus armandii（Milne-Edwards）

命名： Milne-Edwards, 1865, Bull. Nouv. Arch. Mus Paris, 1：22（北京以西西北山地）

英文名： Yellow-streaked Warbler

同种异名： 柳串儿；—；Buff-browed Willow Warbler

鉴别特征： 嘴短尖而黑、基部黄褐色，脸侧具深色杂斑，眼先皮黄色、眉纹长而棕白色、贯眼纹色暗、眼圈米黄色，眉纹前端皮黄色，喉部黄色纵纹隐约延至腹部。上体橄榄绿褐色，翅黑褐色，下体污白具黄纵纹，胸侧及两胁沾橄榄色。尾黑褐具浅色羽缘、略分叉。脚黄褐色。

形态特征描述： 两性羽色相似。嘴黑褐色，下嘴较淡、基部黄褐色。虹膜暗褐色，眉纹棕白色、长而显著，暗褐色贯眼纹自眼先伸至耳羽。额羽松散沾棕色；颊与耳羽棕褐色。颈侧黄褐色。上体包括头顶、颈、背、腰和尾上覆羽橄榄褐色沾灰色，腰沾黄绿色。翅暗褐色、无翼斑，飞羽外翈羽缘淡棕褐色。腋羽黄色。下体近白色微沾绿黄色细纹。尾羽黑褐色具浅绿褐色羽缘，尾下覆羽淡黄皮色。脚铅褐色。

鸣叫声： 发出"zic-zic-zic…"独特尖叫声或似巨嘴柳莺"tyeee-tyeee-tyeee…"鸣声。

体尺衡量度（长度mm、体重g）： 山东分布见有少量文献记录，但暂无标本及测量数据。

栖息地与习性： 栖息于中海拔以下林缘及河谷灌丛和林下灌丛环境。繁殖仅限于我国境内，越冬于中国云南南部及缅甸、泰国和老挝。单独或成对活动，在灌木、树枝间跳跃觅食。

食性： 主要捕食双翅目等昆虫。

繁殖习性： 繁殖期5～6月，可至7月、8月。在混交林缘筑巢，每窝产卵4～5枚，卵白色被红斑点，卵径约为15.5mm×13mm。雏鸟晚成雏，需亲鸟带领觅食。

亚种分化： 全世界有2个亚种，中国有2个亚种，山东分布为指名亚种*Phylloscopus armandii armandii*（Milne-Edwards）。

亚种命名 Milne-Edwards, 1865, Bull. Nouv. Arch. Mus Paris, 1：22（北京以西西北山地）

分布：济宁-微山县-（P）鲁桥。烟台-（P）烟台。胶东半岛，鲁中山地。

辽宁、内蒙古、河北、北京、天津、山西、陕西、宁夏、甘肃、青海、四川、重庆、云南、西藏、香港。

区系分布与居留类型：[古]（P）。

种群现状：我国特产鸟类。虽然鸣唱音节间的间隔时间差异较大，但鸣唱地理变异分析发现越是邻近分布的个体其鸣唱越相似。山东见有分布记录，卢浩泉（2003）认为山东已无分布，近年来未能征集到其分布照片，确证其分布现状需要进一步研究。

物种保护：Ⅲ，Lc/IUCN。

参考文献：H1010，M980，Zjb458；Q434，Z803，Zx183，Zgm319。

山东记录文献：范忠民 1990，郑作新 1987、1976；赛道建 2013，卢浩泉 2003，纪加义 1988b。

● **393-01　巨嘴柳莺**
***Phylloscopus schwarzi*（Radde）**

命名：Radde L，1863，Reise Süd-Ost. Sib.，2：260，pl.9（西伯利亚达乌里地区）

英文名：Radde's Warbler

同种异名：厚嘴树莺，大眉草串儿，健嘴丛树莺，拉氏树莺；*Sylvia schwarzi* Radde，1863；Thick-billed Willow Warbler

鉴别特征：嘴绿褐色、下嘴基黄褐色，脸、耳区具深色斑点，贯眼纹深褐色，眉纹前端皮黄色、眼后乳白色，颏、喉近白色。上体橄榄褐色，下体污白色，胸、胁棕黄色，腹鲜黄色。尾大而略分叉，尾下覆羽黄褐色。脚黄褐色。

形态特征描述：嘴较厚短，上嘴黑色，下嘴基部黄褐色、先端与上嘴同色。虹膜褐色。眉斑前段为较模糊的淡黄褐色，后段偏细、色调较白，贯眼纹暗褐色。眉纹及眼圈的上、下部均为棕色；自眼先有一暗褐色的贯眼纹，伸至耳羽的上方，两颊与耳羽均为棕色与褐色相混杂。颏、喉近白色。上体包括头顶至背部、两翅内侧飞羽橄榄褐色，两翅外侧覆羽及飞羽暗褐色，外翈羽缘棕褐色，无翼斑。下体大部为黄色或棕黄色，腹部鲜黄色；胸、两胁及腋羽、尾下覆羽均呈浓淡不等的棕黄色。尾羽暗褐色，边缘微棕褐色，尾上覆羽棕褐色，尾下覆羽黄白色。跗蹠及趾黄褐色。

巨嘴柳莺（马明元20140920摄于大明湖）

鸣叫声：鸣声单调，雄鸟发出似"jiao-jiao-jiao…"鸣叫时，雌鸟在附近灌丛中发出"zha-zha-zha…"回鸣。

体尺衡量度（长度mm、体重g）：山东分布有采到标本记录，但标本保存处不详，测量数据遗失。

栖息地与习性：栖息于中海拔以下乔木阔叶林下灌丛、矮树枝上或林缘草地，在低矮树上深处匿栖，在密枝上跳跃不定，有时亦见于河谷灌丛中活动。胆小机警，繁殖季节，雄鸟垂直站在灌丛或小树顶端嘴伸向上、喉突出，两翅轻微抖动鸣叫不停，尤其早晨、上午鸣叫频繁。

食性：主要捕食鞘翅目、鳞翅目、同翅目昆虫和双翅目昆虫及虻等昆虫，以蚕蟥及卵最多。

繁殖习性：繁殖期5～7月。雌鸟在森林及林缘灌丛或沼泽地草丛中或灌木上营巢，雄鸟在附近警戒。巢球形，侧面开口，外壁由松、木栓层、植物茎叶构成，而内壁细致，由细草茎、须根和树皮纤维构成，内垫细长麻纤维。通常每窝产卵5枚，卵乳白色有淡黄色斑点，钝端密集，卵径约为17mm×14mm，卵均重2.1g。卵产齐后，雌鸟孵卵，孵化期1～14天。

亚种分化：单型种，无亚种分化。

分布：东营-（P）◎黄河三角洲；河口区（李在军20080920）；保护区-一千二管理站（丁洪安20070420）。济南-历下区-大明湖（马明元20140920）；长清区-张夏（陈云江20110924）。济宁-（P）济宁，（P）南四湖。青岛-崂山区-大公岛（曾晓起20140430）。日照-东港区-付疃河（成素博

20151116）。**泰安** - 肥城。**烟台** - ◎莱州。鲁西北平原，鲁西南平原湖区。

除宁夏、青海、西藏外，各省份可见。

区系分布与居留类型：［古］（P）。
种群现状： 种群在东北繁殖区尚属丰富。迁徙过境山东分布数量并不普遍，未列入山东省重点保护野生动物名录，需加强物种与栖息环境的研究保护。
物种保护： Ⅲ，Lc/IUCN。
参考文献： H1011，M981，Zjb459；Lc162，Q434，Z804，Zx183，Zgm319。
山东记录文献： 郑光美 2011，朱曦 2008，赵正阶 2001，范忠民 1990，郑作新 1987、1976；孙玉刚 2015，赛道建 2013，田家怡 1999，宋印刚 1998，赵延茂 1995，纪加义 1988c。

● 394-01 黄腰柳莺
Phylloscopus proregulus（Pallas）

命名： Pallas PS，1811，Zoogr. Rosso-As.，1：499（西伯利亚贝加尔湖东南部）
英文名： Pallas's Leaf Warbler
同种异名： 柳串儿，串树铃儿，树串儿，绿豆雀，淡黄腰柳莺，甘肃黄腰柳莺，柠檬柳莺，巴氏柳莺，黄尾根柳莺；*Montacilla proregulus* Pallas，1811，*Phylloscopus proregulus proregulus*（Pallas）；Yellow-rumped Willow Warbler

鉴别特征： 嘴黑色、嘴基部淡黄色，中央冠纹、眉纹黄绿色。上体橄榄绿色，两道翼斑黄绿色，腰具宽阔黄色横带，体腹面黄绿色。脚粉红色。
形态特征描述： 嘴近黑色、下嘴基部淡黄色。虹膜黑褐色，眉纹显著、从喙基延伸至头后部，黄绿色、前段色深、眼后转淡，贯眼纹暗绿色，自眼先沿眉纹下面向后延伸至枕部。头侧黄绿带褐色。颊和耳上覆羽暗绿杂绿黄色。上体包括翼内侧覆羽橄榄绿色，头部较浓、向后渐淡。前额稍黄绿色，头顶中央冠纹达后颈、淡绿黄色；腰黄色形成宽阔而明显横带。翼外侧覆羽、飞羽黑褐色，外翈羽缘黄绿色，中覆羽和大覆羽、最内侧三级飞羽先端黄白色形成两条明显翼带斑。两胁、腋羽和翼下覆羽黄绿色。腹面近白略带黄绿色。尾羽黑褐色，外瓣羽缘黄绿色。跗蹠及趾淡褐色。

黄腰柳莺（陈忠华20141024摄于大明湖；赛道建20130424摄于大家洼新渔港）

鸣叫声： 发出"ga-zhi，ga-zhi，ga-zhi"或"jiniu，jiniu，jiniu"的响亮叫声。

体尺衡量度（长度mm、体重g）：

标本号	时间	采集地	体重	体长	嘴峰长	翅长	跗蹠长	尾长	性别	现保存处
	1989	泰山		88	7	50	15	41	2♀	泰安林业科技

栖息地与习性： 栖息于中低海拔树林的中上层。单独或成对活动在树冠层，迁徙期间常小群活动于林缘次生林、柳丛、道旁疏林灌丛。性活泼，常在树冠层跳来跳去寻觅食物。
食性： 主要捕食双翅目蝇类、鞘翅目、同翅目、鳞翅目和膜翅目等昆虫及幼虫。
繁殖习性： 繁殖期5～7月。5月下旬6月初开始配对，配对时互相追逐，有时站在枝头。配对后，雌雄共同选择营巢地点，在松树干上的缝隙中营巢，巢球形，巢口在侧壁，外壁由草根、树皮韧皮部、苔藓、细树枝、羊毛和牛毛等构成，内垫兽毛、羽毛；巢很隐蔽，极难发现。每窝产卵4～5枚，卵呈卵圆形，白玉色缀红棕色或紫色斑点，卵径约为12mm×15mm，雌鸟孵卵，孵化期10～11天。雏鸟出壳后雄鸟参加育雏，暖雏对提高雏鸟成活率极为重要，随着雏龄增长，暖雏的次数逐渐减少，7日龄后白天不再暖雏；孵卵期未见雄鸟有护域行为，而育雏亲鸟护域行为明显。

亚种分化： 单型种，无亚种分化。

分类和亚种分化各家意见分歧较大，有人将其分为4亚种，即指名亚种（*P. p. proregulus*）、甘肃亚种（*P. p. kansunensis*）、青藏亚种（*P. p. chloronotus*）和喜马拉雅亚种（*P. p. simlaensis*）(de Schauensee 1984，Dementiev and Glakov 1954)。郑作新（2000、1987、1976）和Vaurie（1950）则将甘肃亚种作为青藏亚种的同种异名而分为3个亚种。Vaurie（1959）和郑作新（2000、1987、1976）认为本种全世界有3个亚种，我国境内有2个亚种，即指名亚种和青藏亚种。指名亚种（*P. p. proregulus*）眼先、眉纹较黄；冠纹淡琥珀黄色，上体较绿；下体白色沾黄绿色，第2枚飞羽较长；飞羽式大都为2=7/8或8；青藏亚种（*P. p. chlorontus*）眼先、眉纹的黄色较浅；冠纹较淡黄而不显著；上体较橄榄褐色；下体污灰黄色；第2枚飞羽较短；飞羽式大都为2=9/10或10。本文依现行分类系统和郑光美（2001）认为其为单型种。

分布： 滨州-滨城区-徒骇河渡槽（刘腾腾20160425）。东营-（P）◎黄河三角洲；东城区-居民区（单凯20130501）。菏泽-（P）菏泽。济南-（P）济南，黄河；历下区-大明湖（陈忠华20141024），五龙潭公园（陈忠华20131229）。济宁-曲阜-孔林，泗河（马士胜20141227）。聊城-聊城。临沂-祊河（20160405）。莱芜-莱城区-红石公园（陈军20130323），雪野镇九龙山（陈军20141007）。青岛-崂山区-（P）潮连岛。日照-日照市植物园（成素博20150210）；（P）前三岛-车牛山岛，达山岛，平山岛。泰安-（P）泰安；●泰山；泰山区-农大南校园，大河湿地（孙桂玲20130401）。潍坊-寿光-大家洼港（20130413）。烟台-莱山区-繁荣庄（王宜艳20160403）；海阳-凤城（刘子波20140326）；◎莱州。淄博-淄博。胶东半岛，鲁中山地，鲁西北平原，鲁西南平原湖区。

除西藏外，各省份可见。

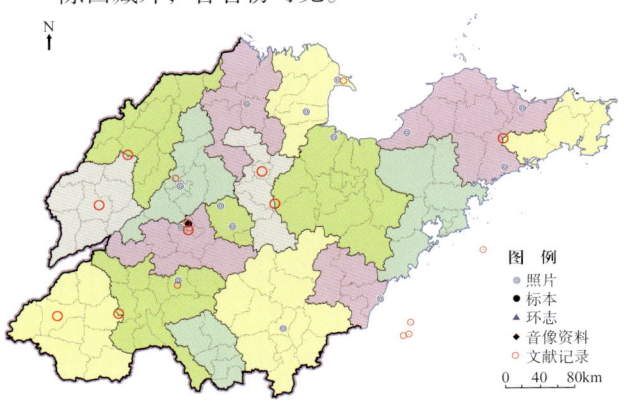

区系分布与居留类型：［古］(P)。

种群现状： 分布较广而种群数量较丰富，为长白山混交林中的优势鸟种。迁徙过境山东分布较广，数量并不普遍。

物种保护： Ⅲ，Lc/IUCN。

参考文献： H1014，M984，Zjb463；Lc164，Q436，Z807，Zx184，Zgm320。

山东记录文献： 郑光美2011，朱曦2008，钱燕文2001，范忠民1990，郑作新1987、1976，傅桐生1987；孙玉刚2015，赛道建2013、1994，贾少波2002，王海明2000，张培玉2000，田家怡1999，杨月伟1999，赵延茂1995，泰安鸟调组1989，纪加义1988c。

● **395-01 黄眉柳莺**
Phylloscopus inornatus (Blyth)

命名： Blyth，1842，Journ. As. Soc. Bengal.，11：191（印度加尔各答）

英文名： Yellow-browed Warbler

同种异名： 槐串儿，树串儿；*Motacilla supercillosa* Gmelin，1788，*Regulus inornatus* Blyth，1842，*Regulus superciliosus* Swinhoe，1863，*Phylloscopus superciliosus* Ogilvie-Grant *et* LaTouche，1907，*Acanthopneuste nitidus saturatus* Baker，1924，*Phylloscopus inornatus inornatus* (Blyth)，*Acanthopheuts* (*Phylloscopus*) *nitidus plumbeitarsus* (Swinhoe)，*Phylloscopus humei praemium* Mathews *et* Iredale；Willow Warbler

鉴别特征： 嘴细尖而褐、下嘴基部黄色，眉纹淡黄色，贯眼纹暗褐色、伸达枕部。上体橄榄绿色，两道翼斑白色而明显，下体白色，腹部带黄绿色。尾褐色，羽内缘灰白色、外缘边橄榄绿色。脚粉褐色。

形态特征描述： 嘴角黑色、下嘴基部淡黄色。虹膜暗褐色。眉纹淡黄绿色，贯眼纹暗褐色、自眼先穿过眼直达枕部；头的余部黄色与绿褐色混杂，

黄眉柳莺（曾晓起20140430摄于大公岛；牟旭辉20130422摄于栖霞十八盘）

头顶中央黄绿色纵纹若隐若现。上体包括翅内侧覆羽橄榄绿色。翼上覆羽、飞羽黑褐色，飞羽外翈狭缘黄绿色，除最外侧几枚飞羽外，羽端缀白色；大、中覆羽尖端淡黄白色形成翅上两道翼斑。腋羽绿黄色。下体黄白色，胸、胁、尾下覆羽沾绿黄色。尾羽黑褐色、外缘具橄榄绿色狭缘，内缘白色。跗蹠淡棕褐色。

鸣叫声：发出脆软的单声"ju"、三声"ju-ju-yi"或四声"ju-ju-yi-zhi"等具有不同功能的鸣叫声。

体尺衡量度（长度mm、体重g）：寿振黄（Shaw 1938a）记录采得雌鸟1只标本，但标本保存地不详，测量数据不完整。

标本号	时间	采集地	体重	体长	嘴峰长	翅长	跗蹠长	尾长	性别	现保存处
	1989	泰山		101	8	55	17	44	4♂	泰安林业科技
	1989	东平		105	8	60	17	40	1♀	泰安林业科技

栖息地与习性：栖息于高原、山地和平原地带的不同种森林、柳树丛和林缘灌丛，以及园林、田野、村落、庭园等处。在树上树枝间窜上窜下觅食时，发出食物引起的具有召唤作用的鸣声，阴天、雨过天晴时，觅食活动频繁；特殊动作是在树上以两足为中心摆动身体，不断变动身体的角度以便在更大视野范围内寻得食物，离去时高飞。

食性：主要捕食鞘翅目、鳞翅目、膜翅目和双翅目等昆虫及蜘蛛。

繁殖习性：繁殖期5～8月。配对后，雌雄鸟共同选择巢址。在林缘缓枝、林间旷地的向阳草坡、路边两侧枯枝落叶间营巢，雌鸟衔材筑巢，雄鸟多为伴随；巢球形，由苔藓、早熟禾和一些纤维状枯树皮等构成，内垫植物须根、兽毛、鸟羽等。每窝产卵2～5枚，卵椭圆形或球形，粉白色或白色，钝端缀暗褐红色斑点；卵径约为12mm×10mm，卵均重0.9g。雌鸟孵卵，孵化期10～13天。雌鸟承担育雏任务，育雏期8～10天；离巢后，亲鸟在巢外育雏8～10天后，幼鸟才能独立生活。

亚种分化：单型种，无亚种分化。

亚种分化有争议，Vaurie（1959）首次将黄眉柳莺（*Phylloscopus inornatus*）分为指名亚种（*P. i. inornatus*）、新疆亚种（*P. i. humei*）和西北亚种（*P. i. mandellii*）3个亚种，曾被许多学者所接纳（郑光美2002，郑作新2000、1994、1987、1976，Howard and Moore 1991、1980, de Schauensee 1984, Walters 1980, Ali 1973）；基于 *P. i. humei*、*P. i. mandellii* 与 *P. i. inornatus* 在繁殖区域、鸣唱声及羽色方面的差异，目前多数学者认为淡眉柳莺 *P. humei*（Hume's Leaf Warbler）为独立种，有 *P. h. humei* 及 *P. h. mandellii* 两个亚种。

亚种分类检索表

1. 头顶无冠纹；眉纹宽，呈淡黄绿色 ················· 指名亚种 *P. i. inornatus*
   头顶具冠纹；眉纹狭，非黄绿色 ················· 2
2. 上体暗褐色；头顶冠纹甚淡；眉纹狭呈绿白色；内侧飞羽尖端白缘不显；飞羽式 2＜8 ········ 西北亚种 *P. i. mandellii*
   上体淡橄榄绿色；头顶微具冠纹；眉纹狭，近白色；内侧飞羽具甚狭白端；飞羽式 2＝7/8，8 或 8/9 ················· 新疆亚种 *P. i. humei*

分布：东营 - （P）◎黄河三角洲；河口区（李在军20080920）。菏泽 - （P）菏泽。济南 - （P）济南，南郊；长清区 - 张夏（陈云江20140911）；历下区 - 师大校园（赛时20130407）。济宁 - （P）济宁，（P）南四湖。青岛 - 崂山区 - 大公岛（曾晓起20140430）；黄岛区 - ●（Shaw 1938a）灵山岛；浮山。日照 - 东港区 - 国家森林公园（郑培宏20141115），双庙山沟（成素博20121029），付疃河（成素博20120427）；（P）前三岛 - 车牛山岛，达山岛，平山岛。泰安 - （P）泰安；泰山区 - 农大南校园；●泰山 - 低山，罗汉崖；东平县 - （P）东平湖，●东平。烟台 - 长岛县 - 大黑山岛（何鑫20131003）；海阳 - 凤城（刘子波20151004、20140507、20150422）；◎莱州；栖霞 - 十八盘（牟旭辉20130422）。淄博 - 淄博；张店区 - 沣水镇（赵俊杰20141011）。胶东半岛，鲁中山地，鲁西北平原，鲁西南平原湖区。

除新疆外，各省份可见。

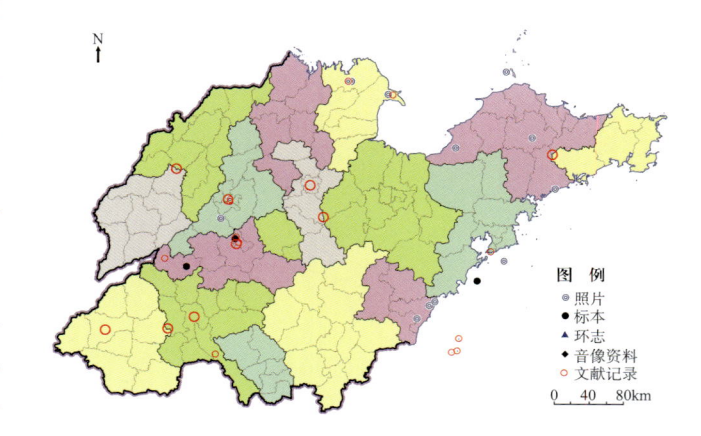

区系分布与居留类型：［古］（P）。

种群现状： 分布数量较普遍，为常见鸟类。山东分布数量还算普遍，应加强物种与栖息环境的研究。

物种保护： Ⅲ，中日，Lc/IUCN。

参考文献： H1013，M988，Zjb461；Lc166，Q436，Z806，Zx184，Zgm321。

山东记录文献： 郑光美 2011，朱曦 2008，赵正阶 2001，范忠民 1990，郑作新 1987、1976，Shaw 1938a；孙玉刚 2015，赛道建 2013、1994，王海明 2000，田家怡 1999，宋印刚 1998，赵延茂 1995，王庆忠 1992，王希明 1991，泰安鸟调组 1989，纪加义 1988c，杜恒勤 1985，李荣光 1960、1959，田丰翰 1957。

● 396-01　极北柳莺
Phylloscopus borealis（Blasius）

命名： Blasius JH，1858，Naumannia：313（西伯利亚 Lchotsk 湖）

英文名： Arctic Warbler

同种异名： 柳串儿，柳叶儿，绿豆雀，铃铛雀，北寒带柳；*Acanthopneuste borealis*（Blasius）；Arctic Willow Warbler

鉴别特征： 上嘴深褐色、下嘴黄色，长眉纹黄白色而明显，近黑贯眼纹自嘴基达枕部，颊、耳羽淡黄色。上体深橄榄色，翼斑浅白色，下体黄白色，两胁褐绿色。尾黑褐色。脚褐色。较相似种黄眉柳莺嘴较粗大且上弯，头上图纹较醒目，尾短；较淡脚柳莺色彩鲜亮且绿色较重，顶冠色较淡；较乌嘴柳莺下嘴基部色浅。

形态特征描述： 嘴暗褐色，下嘴黄褐色、先端黑色。虹膜暗褐色，眉纹黄白色、长而明显；贯眼纹黑褐色、自鼻孔延伸至枕部。颊部和耳上覆羽淡黄绿色杂黑褐色。上体额、头顶至背橄榄绿色，腰羽稍淡偏绿色。翼暗褐色与背同色，飞羽外缘橄榄绿色、内翈具灰黄白色羽缘，覆羽羽缘橄榄绿色，大、中覆羽羽端黄白色形成一道翅上翼斑；第 6 枚初级飞羽的外翈不具切刻；下体黄白色，胁部缀橄榄绿色。尾羽暗褐色，外翈羽缘灰橄榄绿色、内翈具窄灰白色羽缘（换羽时内缘羽端呈白色），以外侧几对尾羽明显；尾上覆羽偏绿色，尾下覆羽浓黄白色。跗蹠及趾淡黄绿褐色。

极北柳莺（陈忠华 20140916 摄于梁庄；　单凯 20130505 保护区大汶流；赛道建 20130514 摄于大明湖）

鸣叫声： 发出似"tze-tze-tze…"或"tzi-tzi-tzi…"一连串颤音叫声，初时慢，越来越快且越响亮。

体尺衡量度（长度 mm、体重 g）： 寿振黄（Shaw 1938a）记录采得雄鸟 4 只、雌鸟 2 只标本，但标本保存地不详，测量数据记录不完整。

标本号	时间	采集地	体重	体长	嘴峰长	翅长	跗蹠长	尾长	性别	现保存处
	1989	泰安		109	10	61	17	48	♂	泰安林业科技

栖息地与习性： 栖息于稀疏阔叶林、针阔混交林及其林缘灌丛地带。迁徙期间见于林缘次生林、人工林、果园、庭园及道旁小林内。单只、成对或成小群活动，有时和其他柳莺活动于乔木顶端，动作敏捷。繁殖期间常站在顶枝上鸣叫，不断重复单调洪亮声。迁徙期 4～5 月，9～10 月途经我国。

食性： 主要捕食鳞翅目的蛾类，还有鞘翅目、双翅目和同翅目等昆虫及其幼虫和虫卵，以及蜘蛛。

繁殖习性： 繁殖期 6～8 月。在山区潮湿林区地面上营巢，或在树桩和倒木上筑巢，巢球形，由草茎、针叶、问荆、细根、地衣、苔藓编织而成，内垫细草茎、兽毛等。每窝产卵 3～6 枚，卵白色，钝端有暗红褐色小斑点，卵径为 16mm×12mm。

亚种分化： 全世界有 3 个亚种 [或将 *borealis* 亚种细分为 *borealis*、*talovka*、*hylebata* 及 *transbaicalicus* 4 个亚种，共计 6 个亚种（Stepanyan 1990）]，中国有 3 个亚种，山东分布记录为 2 个亚种。

● 指名亚种 ***P. b. borealis***（Blasius），*Acanthopneuste borealis borealis*（Blasius）

亚种命名 Blasius JH，1858，Naumannia：313（西伯利亚 Lchotsk 湖）

分布： 滨州-●（刘体应 1987）滨州；无棣县-沙头堡（20160518，刘腾腾 20160518）。东营-（P）◎黄河三角洲；自然保护区-大汶流（单凯 20130505）；河口区（李在军 20080831）。菏泽-（P）菏泽。济南-历下区-大明湖（20130614），中心医院（马明元20140827）；市中区-梁庄（陈忠华20140916）。**济宁**-（P）运河林场；微山县-（P）鲁桥。**青岛**-（P）潮连岛，●（Shaw 1938a）崂山；黄岛区-●（Shaw 1938a）灵山卫；●李沧区-李村。**日照**-东港区-双庙山沟（成素博20120529）；（P）前三岛-车牛山岛，达山岛，平山岛。**泰安**-（P）●泰安，泰山；泰山区-农大南校园。**烟台**-海阳-凤城（刘子波20150523）；◎**莱州**。**淄博**-淄博。胶东半岛，鲁中山地，鲁西北平原，鲁西南平原湖区。

除海南外，各省份可见。

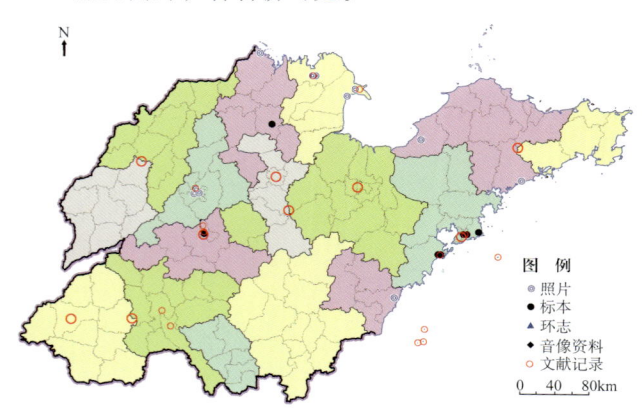

山东记录文献：郑光美2011，朱曦2008，赵正阶2001，范忠民1990，郑作新1987、1976，Shaw 1938a；赛道建2013，贾少波2002，王海明2000，田家怡1999，赵延茂1995，王庆忠1992，泰安鸟调组1989，纪加义1988c，刘体应1987。

○ 堪察加亚种 ***P. b. xanthodryas***（Swinhoe）

亚种命名　　Swinhoe R, 1863, Proc. Zool. Soc. London：296（福建厦门）

分布：**青岛**-青岛。**潍坊**-潍坊。（P）胶东半岛，（P）鲁中山地。

江西、福建、台湾、广东、广西、香港。

山东记录文献：郑光美2011，郑作新1987、1976；赛道建2013，纪加义1988c。

区系分布与居留类型：［古］（P）。

种群现状：种群数量较丰富。迁徙期间途经山东各地，数量较多但尚无系统统计，需加强物种与栖息环境的保护研究。

物种保护：Ⅲ，中日，中澳，Lc/IUCN。

参考文献：H1017，M990，Zjb467；Lc169，Q436，Z810，Zx185，Zgm321。

山东记录文献：见各亚种。

---

* Alström等（2011）认为此亚种应提升为种 *Phylloscopus xanthodryas*。

397-01　双斑绿柳莺
Phylloscopus plumbeitarsus Swinhoe

命名：Swinhoe，1861，Ibis 3：330（天津大沽与北京之间）

英文名：Two-barred Warbler

同种异名：暗绿柳莺，柳串儿，柳串叶；*Phylloscopus trochiloides plumbeitarsus*（Swinhoe）；Two-barred Greenish Willow Warbler，Eastern Green Willow Warbler

鉴别特征：深绿色、无顶纹柳莺。上嘴色深、下嘴粉红色，长眉纹白而明显。上体深绿色，腰绿色，两道翼斑，大翼斑宽而明显、小翼斑黄白色，下体白色。脚蓝灰色。与暗绿柳莺的区别在于大翼斑较宽而明显并具黄白色小翼斑，上体色较深、绿色较重，下体更白，头及颈略沾黄色。较极北柳莺体小而圆。与黄眉柳莺的区别在于嘴较长、下嘴基部粉红色，三级飞羽无浅色羽端。

形态特征描述：上嘴黑褐色、下嘴淡黄褐色。虹膜暗褐色，眉纹长而显著、淡黄色，贯眼纹暗褐色、自鼻孔向后延伸至枕部。头顶羽色稍暗而无顶纹；颊褐色，耳羽黄色、褐色混杂。上体呈橄榄绿色而腰绿色。飞羽和翼上覆羽黑褐色，飞羽、各羽外翈羽缘黄绿色；中覆羽和大覆羽先端淡黄白色，形成两道明显的翅上翼斑；翼下覆羽和腋羽白沾黄色。下体包括尾下覆羽污灰白沾黄色，两胁缀橄榄绿灰色。尾羽黑褐色，外翈羽缘暗绿色。跗蹠暗褐色。雌雄两性羽色相似。

双斑绿柳莺（孙劲松20101030摄于孤岛公园）

鸣叫声：发出似"chi-wi-ri"的三音节叫声。飞行时发出"si-si-"叫声。

体尺衡量度（长度mm、体重g）：

标本号	时间	采集地	体重	体长	嘴峰长	翅长	跗蹠长	尾长	性别	现保存处
	1989	泰山		112	10	65	19	51	♂	泰安林业科技

栖息地与习性：栖息于中低海拔的树林，迁徙期间和冬季集小群在林缘、道旁次生林及灌丛中活动；

繁殖季节在树冠层活动。性活跃，常在树枝间、次生林或灌丛中活动。

食性： 主要搏食膜翅目、双翅目、鞘翅目、同翅目和半翅目等昆虫，以及蜘蛛等小动物，也采食杂草种子。

繁殖习性： 繁殖期4～8月。主要由雌鸟在苔藓岩缝中、枯枝落叶层中，或在地面凹窝中地面上营巢，巢球形，侧面开口，由苔藓、树皮纤维及草茎等编成，巢壁内常混有大量苔藓和蕨类及羽毛、兽毛等。每窝产卵5～6枚，卵白色，卵径约为15mm×11.5mm，卵重约0.9g。雌鸟孵卵，雏鸟晚成雏，由双亲共同育雏。

亚种分化： 单型种，无亚种分化。

曾把本种作为暗绿柳莺的东北亚种 *P. t. plumbeitarsus*（Baker 1997，郑作新 1987、1976，Howard and Moore 1980，Vaurie 1959，Dementiev and Gladkov 1954）。Willamson（1967）提出本种和暗绿柳莺的繁殖区在阿尔泰地区重叠且未发现中间类型，在自然状况下产生生殖隔离的应作为独立种，首次将 plumbeitarsus 从暗绿柳莺中分出来作为独立种，*Phylloscopus plumbeitarsus* 得到学者的支持（郑作新 2000、1994，马敬能 2000，Howard and Moore 1991）。山东分布记作 *Phylloscopus trochiloides plumbeitarsus*（朱曦 2008，纪加义 1988c）和 *Phylloscopus plumbeitarsus*（郑光美 2011，朱曦 2008），郑光美（2011）、杭馥兰和常家传（1997）认为无 *P. t. plumbeitarsus* 亚种，郑光美（2011）将 *Phylloscopus plumbeitarsus* 和 *Phylloscopus trochiloides* 分别称作双斑绿柳莺和暗绿柳莺，郑作新（1987）则将二者作为不同亚种，故山东分布应为双斑绿柳莺。

分布： 东营 -（P）◎黄河三角洲；河口区 - 孤岛公园（孙劲松 20101030）；东营区 - 安泰南（孙熙让 20100501、20120517）。菏泽 -（P）菏泽。聊城 -（S）聊城，东昌湖。青岛 - 崂山区 - 潮连岛；黄岛区 - ● 灵山岛。泰安 - 泰安；●泰山。胶东半岛，鲁中山地，鲁西北平原，鲁西南平原湖区。

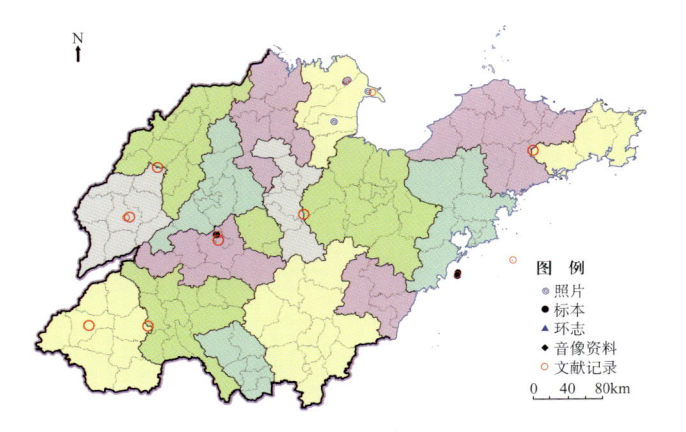

除新疆、西藏、台湾外，各省份可见。

区系分布与居留类型：［古］（S）。

种群现状： 迁徙时几乎遍及全国，在消灭害虫方面有较大的作用，应大力保护。山东分布记录采到标本（纪加义 1988c），卢浩泉（2003）记为山东鸟类新记录；近年来极少拍到照片，可能与其迁徙活动隐匿有关，未列入山东省重点保护野生动物名录。

物种保护： Ⅲ。

参考文献： H1020，M992，Zjb470；Q438，Z812，Zx186，Zgm322。

山东记录文献： 郑光美 2011，朱曦 2008，钱燕文 2001，范忠民 1990，郑作新 1987、1976；赛道建 2013，卢浩泉 2003，贾少波 2002，王海明 2000，田家怡 1999，赵延茂 1995，泰安鸟调组 1989，纪加义 1988c。

● 398-01　淡脚柳莺
Phylloscopus tenellipes Swinhoe

命名： Swinhoe R，1860，Ibis，2：53（福建厦门）
英文名： Pale-legged Leaf Warbler
同种异名： 灰脚柳莺；—；Warbler, Pale-legged Willow Warbler

鉴别特征： 体型略小，橄榄褐色树莺。嘴大，上嘴褐色、边缘与下嘴肉色，头橄榄绿色，眉纹黄白色而细长，贯眼纹橄榄绿色。上体橄榄褐色，两道翼斑皮黄色，下体白色，两胁沾皮黄灰色。尾上覆羽及腰浓橄榄褐色。脚浅粉红色。与褐柳莺的区别是眉纹、两胁不沾棕色；与鳞头树莺的区别是尾较长而冠羽无深色羽缘。

形态特征描述： 上嘴暗褐色，下嘴褐色、基部肉色。虹膜褐色，有白色眼圈，眉纹长而明显，自鼻孔至枕部呈鲜皮黄白色，前段皮黄色、后段较白；贯眼

淡脚柳莺（孙劲松20050528孤岛公园；成素博20120518摄于双庙山沟）

纹黑褐色；头侧、耳上覆羽皮黄和黑褐两色相掺杂。上体头、肩、背至尾上覆羽橄榄褐色，腰部染更多锈红色，腰和头顶较暗。翅黑褐色，覆羽外翈羽缘较淡，中、大覆羽羽尖浓皮黄色在翅上形成两道翼斑；翼下及腋羽淡黄色。下体污白色，两胁染黑褐色。尾羽暗褐色，尾下覆羽皮黄色；腰、尾上覆羽、尾羽等羽缘黄褐色。跗蹠及趾粉红色。

鸣叫声： 发出一连串尖高似"tic-tic…"、短而高的金属"tink"啾啾声。

体尺衡量度（长度 mm、体重 g）：

标本号	时间	采集地	体长	嘴峰长	翅长	跗蹠长	尾长	性别	现保存处
43753*	19640510	栖霞牙山	115	11	61	17	43	♂	中国科学院动物研究所

* 平台号：2111C0002200002715

栖息地与习性： 栖息于中海拔以下森林、平原园林及丘陵灌丛，多生活于密林深处尤其是沿河两岸森林中，常沿林中河谷和溪流分布。5月初迁到繁殖地，9月末10月初南迁越冬。单独、成对或结小群活动，性活泼、行动敏捷，在树枝间活动，常于地面觅食。

食性： 主要捕食鳞翅目、鞘翅目、直翅目昆虫及其幼虫。

繁殖习性： 繁殖期5～7月。在森林中河谷和溪流沿岸土崖或树根下、倒木洞穴和岸边沿坡洞坑中，多在阴暗、潮湿和有苔藓的溪边土崖洞中营巢，雌鸟营巢，雄鸟在附近树上鸣叫，偶尔参与营巢活动，巢呈球形或杯形，侧面开口，巢由苔藓混杂草本植物的根、茎、枝和叶构成，内垫兽毛。通常每窝产卵4～6枚，卵椭圆形，乳白色，光滑无斑，卵重1.5～2.3g，卵径约为16mm×12mm。卵产满窝后由雌鸟孵卵，孵卵期14～16天。雏鸟晚成雏，双亲共同育雏，留巢期13～15天。

亚种分化： 单型种，尚无亚种分化。

繁殖于库页岛及其附近岛屿的库页岛柳莺（*P. borealoides*）曾被认为是淡脚柳莺的一个亚种（*P. t. borealoides*），Howard 和 Moore（1980）将日本的 *Hylloscopus borelcides* 归并于本种，而分为2个亚种。因 *borealoides* 繁殖区仅局限在库页岛及附近岛屿，而本种繁殖区在东北亚大陆，且两者鸣唱声差异甚大，两者翼式、翼长、尾长及行为与栖息环境皆有差异，Portenko（1950）提出作为两个独立种，现普遍认同分成两独立种（Martens 1988, Weprincew 1989、1990）。

分布： 东营 -（P）◎黄河三角洲；河口区 - 孤岛公园（孙劲松 20101030）；东营区 - 安泰南（孙熙让 20100501、20120517）。**菏泽 -**（P）菏泽。**聊城 -**（S）聊城、东昌湖。**青岛 -** 崂山区 - 潮连岛；黄岛区 -● 灵山岛。**泰安 -** 泰安；●泰山。胶东半岛、鲁中山地、鲁西北平原、鲁西南平原湖区。

黑龙江、吉林、辽宁、内蒙古、河北、北京、天津、安徽、江苏、上海、浙江、江西、云南、福建、台湾、广东、广西、海南、香港、澳门。

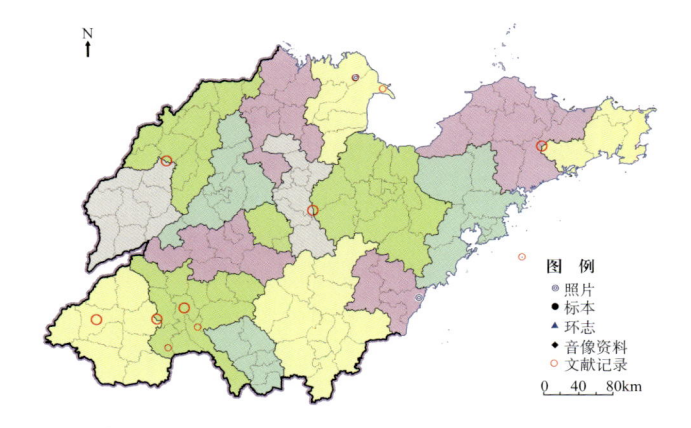

区系分布与居留类型： [古]（PS）。

种群现状： 种群数量局部地区较多。山东分布数量并不普遍，尚无系统数量统计，未列入山东省重点保护野生动物名录。

物种保护： Ⅲ，中日，Lc/IUCN。

参考文献： H1021, M993, Zjb471; Lc173, Q438, Z813, Zx185, Zgm322。

山东记录文献： 郑光美 2011，朱曦 2008，钱燕文 2001，范忠民 1990，郑作新 1987、1976；赛道建 2013，王海明 2000，田家怡 1999，赵延茂 1995，纪加义 1988c。

399-11 乌嘴柳莺
Phylloscopus magnirostris Blyth

命名： Blyth, 1843, Journ. As. Soc. Bengal, 12: 966（印度 Calcutta）

英文名： Large-billed Leaf Warbler

同种异名： 柳串儿，绿豆雀；—；Large-billed Willow Warbler

鉴别特征： 嘴大而色深、下嘴基粉红色，嘴端具钩，脸颊多黄色，眉纹长、前黄后白，贯眼纹深褐色，耳羽具杂斑。上体橄榄褐色，1或2道翼斑黄色，下体黄白色，喉、胸灰色，两胁近灰色染淡黄色。尾无白色。脚绿灰色。

形态特征描述： 嘴暗褐色、下嘴基角黄色。虹膜暗褐色，眉纹显黄色，长宽而明显，具暗褐色贯眼纹。头顶较暗；颊和耳羽褐色和黄色混杂。上体概呈橄榄褐色。两翅暗褐色，外翈羽缘沾黄绿色，中、大覆羽具黄白色羽端形成2道翼斑，但中覆羽羽端黄白色常不明显或缺如，常在换羽后不久就消失了，因而常常只看到1道明显翼斑。腋羽和尾下覆羽黄色。下体污黄色，喉和胸较灰。尾羽暗褐色，各羽外翈羽缘黄绿色而内翈羽缘渐趋白色。雌雄两性羽色相似。跗蹠角褐色，爪褐色。

乌嘴柳莺（赛道建20130516摄于大明湖）

鸣叫声： 叫声似"dir-tee"或"wee-chi"声，第2音节较第1音节高。雄鸟占区时站在巢区树上发出似"tee-ti-ti-tu-tu"鸣唱声。

体尺衡量度（长度mm、体重g）： 山东暂无标本及测量数据，但近年来拍到照片。

栖息地与习性： 栖息于中低海拔的山地和高原的针阔叶混交林、灌丛或落叶林，以及峡谷两岸的杜鹃丛和绿林中。繁殖期间领域性强烈，雄鸟鸣叫声较高而短，由连续5个音节组成，其音节第1音节最高，第2和第3音节稍降低和缩短间隙，最后2个音节较低、拖长，鸣叫5～6次后常有较长的停息时间。

食性： 主要捕食各种昆虫及其幼虫。

繁殖习性： 繁殖期6～8月。在河流岸边杂乱倒木中、河岸洞穴中或岩石和圆木中营巢，巢球形或钟形，由草茎、枯叶、蕨类和地衣等构成，内垫细草茎和毛。通常每窝产卵4枚，卵白色，无斑点，卵径约为8mm×13mm。

亚种分化： 单型种，无亚种分化。

乌嘴柳莺（*Phylloscopus magnirostris*）、暗绿柳莺（*Phylloscopus trochiloides*）、极北柳莺（*Phylloscopus borealis*）非常相似，在野外不易区别，但乌嘴柳莺、暗绿柳莺不在一起活动，叫声有别。乌嘴柳莺翅上具2道黄白色翼斑，后一条特别明显；黄色眉纹特别显著；下体沾黄色，喉和胸较灰；第1枚初级飞羽较初级覆羽长，第2枚初级飞羽与第7枚初级飞羽等长或稍长。极北柳莺的初级飞羽第1枚与初级覆羽几乎等长，第2枚与第6枚等长或稍短。暗绿柳莺的初级飞羽第1枚明显长于初级覆羽，第2枚与第9枚等长或稍短，标本易于区分。

分布： 济南-大明湖（20130516）。日照-东港区-双庙山沟（成素博20120518）；（P）前三岛-车牛山岛，达山岛，平山岛。

陕西、甘肃、青海、湖北、四川、重庆、云南、西藏。

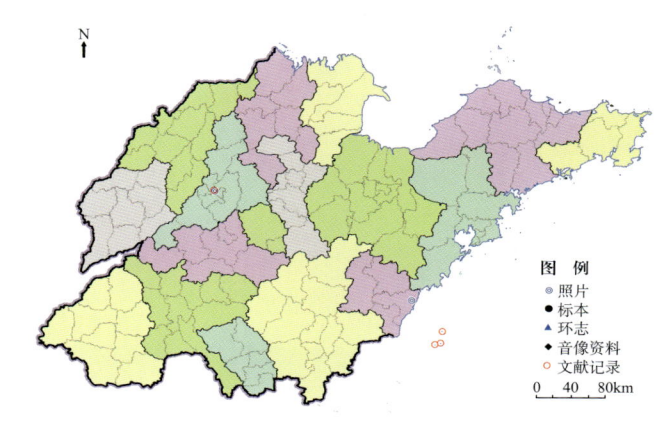

区系分布与居留类型： ［古］（P）。

种群现状： 种群数量并不丰富；已经成功人工饲养，产卵期和幼鸟对钙、磷等矿物质的需求量很大。迁徙过境山东期间分布数量并不普遍，未列入山东省重点保护野生动物名录。

物种保护： Lc/IUCN。

参考文献： H1018，M994，Zjb468；Q438，Z811，Zx185，Zgm322。

山东记录文献： 朱曦2008，李悦民1994；赛道建2013。

● 400-01 冕柳莺
Phylloscopus coronatus（Temminck et Schlegel）

命名： Temminck CJ et Schlegel H，1847，in Siebold，Faun. Jap. Av.：48（日本）

英文名： Eastern Crowned Warbler

同种异名： 冠羽柳莺，柳莺，柳串儿；*Ficedula coronata* Temminck et Schlegel，1850，In Siebold，Faun. Jap.，Av.：48（Japan），*Ficedula coronata*：Howard et Moore，1980：446；Mayr et Cottrell，1986，11：246；Cheng Tso-Hsin，1987：814-815；1994：145；Peng Yan-Zhang et al.，1987：360-361；Yang Lan et al.，2004：586，*Acanthopneuste coronatus*（Temminck et Schlegel），*Ficedula coronata* Temminck et Schlegel，1847，*Phyllopneuste coronate* Swinhoe，1863；Temmink's

Crowened Warbler, Eastern Crowned Willow Warbler

鉴别特征： 黄橄榄绿色柳莺。嘴大而褐、下嘴色浅，头暗绿色具淡黄白色中央冠纹，眉纹前黄后白，贯眼纹褐黑色。上体橄榄绿具黄色羽缘，暗色翅具1道黄白翼斑，下体近白色，臀柠檬黄色。脚灰色。

形态特征描述： 上嘴褐色、下嘴苍黄色。虹膜褐色。额、头、后头带灰暗绿色，头部中央有一条淡黄色冠纹、部分个体不显著。眉斑黄白色，前端黄色、后端淡黄色或黄白色，贯眼纹暗褐色、自鼻孔经眼部延伸至枕部。耳羽、颊、喉侧带淡灰乳白色。上体包括后颈、背、肩羽、腰、尾上覆羽橄榄绿色，向后逐渐变淡至腰及尾上覆羽转为淡黄绿色。两翼暗褐色，外翈羽缘黄绿色，大覆羽、中覆羽先端有较宽黄绿色边形成明显的2条翼带。下体喉、胸、腹、腋乳白色，上胸胁部沾灰色，腹部中央略带淡黄色。尾羽暗褐色，2对最外侧尾羽内翈具狭窄白色羽缘，尾下覆羽辉黄色或呈淡绿黄色。跗蹠和爪墨绿褐色。

冕柳莺（成素博20120518摄于双庙山沟；刘子波20150418摄于海阳东村）

鸣叫声： 发出似"gio-gio-yio-yio-jii"或似"qio-qio-qio-bi-，qio-qio-bi-，yao-qi-bi-"或"qi-qi-yao-，qi-qi-yao-，bi-qi-qi-bu-，ji-qi-qi-bu-，qi-qi-bu-，jiu-yi"等的响亮鸣声。

体尺衡量度（长度mm、体重g）： 山东分布有采到标本记录，但标本保存处不详，测量数据遗失。

栖息地与习性： 栖息于中低海拔的开阔林区及林缘地带。性活泼，单独或成对活动，迁徙时成群或与其他柳莺混群。多在阔叶树的树冠层不停跳跃觅食，或到林下灌丛觅食。

食性： 主要捕食鳞翅目、半翅目、鞘翅目、膜翅目和蜉蝣目等昆虫及其幼虫。

繁殖习性： 繁殖期6~7月。多在山地次生林或阔叶、针叶混交林林缘地面上、山边低矮树杈上筑巢，巢球形或杯形，侧面开口，由枯草茎、枯草叶、苔藓等构成。每窝产卵4~7枚，卵纯白色，光滑无斑。卵径约为16mm×12mm。

亚种分化： 单型种，无亚种分化。

曾将艾氏柳莺（*Phylloscopus ijimae*，Ijima's Leaf-Warbler，饭岛柳莺）作为本种的1个亚种，冕柳莺分为指名亚种 *P. c. coronatus* 和艾氏亚种 *P. c. ijimae*（Ticehurst 1938，Dementiev and Gladkov 1954，郑作新 1978、1987）2个亚种。依据鸣声和行为的不同，学者将它们分作2个独立种（Austin and Kuroda 1953，Vaurie 1954，郑作新 1994，郑光美 2011）。

分布： 东营-（P）◎黄河三角洲。菏泽-（P）菏泽。济南-（P）济南，五柳闸。日照-东港区-双庙山沟（成素博20120518）；前三岛。泰安-（P）泰安，泰山；泰山-梨枣峪（张培栋20170513）。烟台-海阳-东村（刘子波20150418、20150818）；◎莱州；栖霞-白洋河（牟旭辉-20100507）。胶东半岛，鲁中山地，鲁西北平原，鲁西南平原湖区。

除宁夏、青海、新疆、西藏外，各省份可见。

区系分布与居留类型： ［古］（P）。

种群现状： 局部地区数量尚属丰富。迁徙过境山东分布数量并不普遍，需加强物种与栖息环境的保护研究。

物种保护： Ⅲ，中日，Lc/IUCN。

参考文献： H1022，M995，Zjb472；Lc177，Q438，Z814，Zx186，Zgm323。

山东记录文献： 郑光美 2011，朱曦 2008，赵正阶 2001，钱燕文 2001，郑作新 1987、1976；赛道建 2013、1994，王海明 2000，田家怡 1999，赵延茂 1995，泰安鸟调组 1989，纪加义 1988c，李荣光 1960，李荣光 1959，田丰翰 1957。

401-11 黑眉柳莺
Phylloscopus ricketti（Slater）

命名：Slater，1897，Ibis，（7）3：174（福建挂墩）
英文名：**Sulphur-breasted Warbler**
同种异名：黄胸柳莺；*Phylloscopus cantator ricketti*（Slater）；Black-browed Willow Warbler

鉴别特征：上嘴黑褐色、下嘴黄色，中央冠纹淡绿黄色，侧冠纹黑色，眉纹鲜黄色，贯眼纹淡黑色。上体亮绿色，颈背具灰色细纹，2道翼斑前短后长、黄绿色，下体鲜黄而胁沾绿色。脚黄粉沾绿色。

形态特征描述：上嘴褐色或黑褐色，下嘴黄色或橙黄色。虹膜暗褐色，眉纹黄色紧邻侧冠纹，贯眼纹黑色，从眼先经眼到眼后，颊和耳覆羽淡黄沾绿色。头顶中央冠纹自额基至后颈淡绿黄色极为显著，从额基沿中央冠纹两侧到后颈黑色或灰黑色，形成2条宽阔黑色侧冠纹。上体橄榄绿色，背、肩、腰和尾上覆羽橄榄绿色或亮绿色。翅暗褐色、外缘黄绿色，中、大覆羽尖端淡黄色或淡黄绿色形成2道黄色翼斑。腋羽和翼下覆羽白色沾黄色。下体鲜黄色，胁沾绿色。尾暗褐色，最外侧1对尾羽内翈羽缘黄白色。脚淡绿褐色或紫绿色。

黑眉柳莺（赛道建20130413摄于大家注）

鸣叫声：发出似"piqiu piqiu"的叫声。
体尺衡量度（长度mm、体重g）：山东暂无标本及测量数据，但近年来拍到照片。
栖息地与习性：栖息于低山山地阔叶林、次生林、混交林、针叶林、林缘灌丛和果园。性活泼，常在树上枝叶间跳来飞去，除繁殖期间单独或成对活动外，多成群或与其他小鸟混群活动和觅食，也在林下灌丛中活动觅食。
食性：捕食各种昆虫及其幼虫。
繁殖习性：繁殖期4～7月。在林下或森林边土岸洞穴中营巢，巢球形，由苔藓构成。通常每窝产卵6枚，卵白色，光滑无斑，卵径约为16mm×12mm。
亚种分化：单型种，无亚种分化。

郑作新（1976、1987、2002）将本种，即黄胸柳莺（*Phylloscopus cantator*）分为 *ricketti* 和 *googsoni* 亚种，更名为黑眉柳莺；郑作新（1994）在《中国鸟类种和亚种分类名录大全》中将此种作为独立种，郑光美（2011）将 *cantator* 与 *ricketti* 分为2个独立种。

分布：东营-河口区（李在军20081003）。日照-（P）前三岛（车牛山岛，达山岛，平山岛）。

甘肃、浙江、江西、湖南、湖北、四川、重庆、云南、福建、广东、广西、香港。

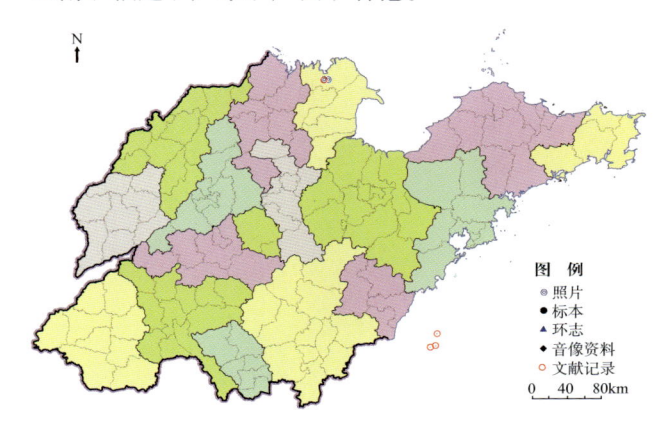

区系分布与居留类型：［东］（P）。
种群现状：物种分布范围广，种群数量趋势稳定，被评价为无生存危机物种。在南方曾经相当丰富，迁徙期间大群飞翔，由于人口增长、环境变化，种群数量明显减少，目前尚无特别保护措施。山东过境数量稀少，未列入山东省重点保护野生动物名录，应加强物种与栖息环境的保护与研究。
物种保护：Ⅲ，Lc/IUCN。
参考文献：H1026，M1001，Zjb476；Q440，Z818，Zx186，Zgm325。
山东记录文献：李悦民1994，朱曦2008；赛道建2013。

402-11 斑背大尾莺
Megalurus pryeri（Seebohm）

命名：Seebohm，1884，Ibis：40（日本横滨）
英文名：**Marsh Grassbird**
同种异名：—；—；Streak-backed Marsh Warbler

鉴别特征：上嘴辉黑色、缘与下嘴粉红色，头顶黑色，眉纹近白色。上体棕褐色而满布黑纵纹，肩背具黑羽干纹和黑斑，下体偏白色，胸侧两胁浅棕色。尾宽长、楔形，尾下覆羽皮黄色。脚粉红色。

形态特征描述：上嘴亮黑色、下嘴粉红色。虹膜褐色。眉纹白色、有时不明显，眼先白色。头顶黑色，中央纹宽着、羽缘皮黄褐色。颊、耳上覆羽和颈侧皮黄褐色。上体淡皮黄褐色，除前额和腰外，均具黑色羽轴纹；黑色纵纹背部粗显、肩部细弱，下背和尾上覆羽具窄的中央纵纹。翅与背同色，除最内侧3枚三级飞羽黑色、羽缘呈皮黄色外，其余各飞羽呈淡灰褐色。翼下覆羽和腋羽白微染皮黄色。下体颏、喉、胸、腹白色，两胁和尾下覆羽淡皮黄褐色。尾羽外䏞与背同为皮黄褐色，中央尾羽具黑色窄羽轴纹，两侧尾羽内䏞淡灰褐色。脚粉红色。

斑背大尾莺（丁洪安20081012、20090727摄于一千二管理站）

鸣叫声： 发出低音似"djuk-djuk-djuk"的鸣声和"chuck"的叫声。

体尺衡量度（长度mm、体重g）： 山东分布无标本及测量数据记录，但环志有记录，近年来拍到照片。

栖息地与习性： 栖息于江、河、湖、泊、溪流和海岸等有水源的芦苇和草地。成对或单独活动，喜栖于灌丛或草丛顶端，善跳跃；遇惊吓起飞几米远即落入芦苇丛或草丛中。繁殖季节多栖于芦苇丛顶端，不时边飞边鸣唱地飞向空中，然后落到原来栖枝上。

食性： 主要捕食各种昆虫及其幼虫。

繁殖习性： 繁殖期6~8月。用海岸沼泽芦苇丛或高草丛中弯曲芦苇或草茎作巢基营巢，用枯芦苇叶、草茎或草叶编织而成，内垫有细草茎和羽毛。每窝产卵5~6枚，卵白色，钝端有细微浅黄褐色斑点，卵径约18.5mm×14mm。孵化期约11天，育雏期约10天；雌鸟担任筑巢、孵卵、育雏任务，雄鸟担任保卫及警戒任务。

亚种分化： 全世界有2个亚种，中国有1个亚种，山东分布为汉口亚种 *M. p. sinensis*（Witherby）。

亚种命名 Witherby，1912，Bull. Brit. Orn. Cl.，31：11（湖北汉口）

分布：东营 - ◎黄河三角洲；保护区 - 一千二管理站（丁洪安20081012、20090727）。**烟台** - 长岛县 - ▲（B161-5252）大黑山岛。鲁西北，山东。

黑龙江、辽宁、河北、天津、江苏、上海、江西、湖南、湖北、香港。

区系分布与居留类型：［古］P。

种群现状： 此亚种为中国特有鸟类，世界濒危鸟类红皮书列为濒危物种；分布区狭窄而种群数量不均、稀少，应尽快出台保护区鸟类管理办法；建立长效湿地生态补水机制，科学地对湿地进行补水；改变芦苇收割方式；严格限制放牧，促进种群增长。山东过境分布数量罕见，需加强物种与栖息环境的保护，研究全省的分布现状。

物种保护： Ⅲ，Lc/IUCN。

参考文献： H976，M951，Zjb423；Q424，Z779，Zx188，Zgm329。

山东记录文献： 郑光美2011；赛道建2013。

20.23 戴菊科 Regulidae（Kinglets）

喙黑色，短而尖细；鼻孔被单枚纤羽。最大特色是头顶具红黄色羽冠，头冠外圈有黑色条带，雄鸟羽冠颜色比雌鸟鲜艳。背部橄榄色至灰绿色。初级飞羽10枚，羽毛柔软蓬松。腹面灰白色至黄色。尾羽12枚，中央尾羽略短呈短叉状。脚黑色。

栖息地偏好林地环境。好活动，在树中、上层和灌丛中寻找小型昆虫，除繁殖期外，聚成小群，或与其他山雀科鸟类混群。叫声多音调高而短促。以昆虫为主食，采食小型种子。巢小型深杯状，以青苔、地衣、蜘蛛丝及植物纤维组成，筑在树中、上层的树枝分叉上，卵白色有褐色细纹，孵化期14~17天，雌雄鸟共同育雏。族群数量稳定，尚无特别的压力与威胁。

在旧的分类系统中，本科列于鹟科（Muscicapidae）、莺亚科（Sylviinae）戴菊属（Regulus）（Hartert 1910），分子生物学的研究显示，在血缘上与山雀科和莺科较近，而独立为戴菊科 Regulidae（Sibley and Ahlquist 1990），此观点已广被接受。

全世界共有 1 属 5 种，中国有 1 属 2 种，山东分布记录有 1 属 1 种。

● 403-01　戴菊
Regulus regulus（Linnaeus）

命名： Linnaeus C, 1758, Syst. Nat., ed. 10, 1：188（欧洲瑞典）

英文名： Goldcrest

同种异名： 金头莺；*Motacilla regulus* Linnaeus, 1758, *Regulus japonensis* Blakiston, 1862, *Regulus cristatus coatsi* Sushkin, 1904；—

鉴别特征： 小型鸟类。嘴黑色，头中央冠纹橙黄红色、宽而明显，侧冠纹黑色，眼周灰白色。上体橄榄绿色至黄绿色，颈背浓灰色，翼具黑白图案，白翼斑纹宽，下体淡黄白色或偏灰色，两胁黄绿色。尾褐色具黄绿色外缘、灰白色内缘。脚偏褐色。幼鸟无头顶冠纹、贯眼纹或眉纹。

形态特征描述： 嘴黑色。虹膜褐色，眼周、眼后上方灰白色。前额基部灰白色、额灰黑色或灰橄榄绿色，头顶中央具前窄后宽似锥状橙黄色羽冠斑，其先端、两侧柠檬黄色、两侧有明显黑色侧冠纹。头侧、后颈和颈侧灰橄榄绿色。上体背、肩、腰等橄榄绿色，腰和尾上覆羽黄绿色。飞羽黑褐色，除第 1、2 枚初级飞羽外，外翈羽缘黄绿色，内侧初级飞羽、次级飞羽近基部外缘黑色形成椭圆形黑斑，最内侧 4 枚飞羽先端淡黄白色；覆羽黑褐色，三级飞羽尖端与中覆羽、大覆羽先端的淡黄白色在翅上形成明显淡黄白色翼斑。下体白色，羽端沾黄色，两胁沾橄榄灰色。尾黑褐色，尾外翈羽缘橄榄黄绿色。脚淡褐色。

戴菊（陈云江20131107摄于大明湖；赛道建20121102摄于荣成成山头）

雌鸟　似雄鸟。羽色较暗淡，头顶中央斑柠檬黄色，不为橙红色。

鸣叫声： 发出似"sree～sree～sree"的尖细高音或"tseet"的报警音。

体尺衡量度（长度 mm、体重 g）：

标本号	时间	采集地	体重	体长	嘴峰长	翅长	跗蹠长	尾长	性别	现保存处
84002	19841229	石门山	8	19	9	57	19	43	♂	济宁森保站
	1989	泰山		89	7	54	16	40	2♂	泰安林业科技
	1989	泰山		85	7	50	18	38	♀	泰安林业科技

栖息地与习性： 栖息于中低海拔山区，通常独栖于林冠下层，迁徙季节和冬季多下到低山和山脚林缘灌丛地带活动。繁殖期单独或成对，其他时间多成群活动。性活泼，行动敏捷，不停在树枝间跳来跳去或飞飞停停地边觅食边前进，并不断发出尖细"zi～zi～zi"的叫声。

食性： 主要捕食各种昆虫，尤喜捕食鞘翅目的昆虫及其幼虫，也吃蜘蛛和其他小型无脊椎动物，冬季吃少量植物种子。

繁殖习性： 繁殖期 5～7 月。雌雄鸟共同在针叶树侧枝上或细枝丛上巢筑，先将蛛丝和巢材放在侧枝细枝间，然后卧伏在巢材上用身体压挤并用蛛丝等丝状物反复缠沾而成，极隐蔽，巢碗状，由松萝和苔藓混杂少量细草、松针、细枝和树木韧皮纤维构成，内垫兽毛和羽毛。通常每窝产卵 7～12 枚，卵白玫瑰色被褐色细斑点，钝端较多，卵径约 13mm×11mm。雌雄轮流孵卵，孵化期 14～16 天。由雌雄亲鸟共同觅食喂雏，育雏期 16～18 天。

亚种分化： 全世界有 14 个亚种，或 13 个亚种（Dickinson 2003）、12 个亚种[Clements（2007）将仅分布于迦纳利群岛、Dickinson（2003）称为 *R. r. teneriffae* 的亚种提升为独立种 *R. teneriffae*]。中国 4 个（郑作新 1987）或 5 个（郑光美 2011）亚种，山东分布为东北亚种 ***R. r. japonensis*** Blakiston。

亚种命名 Blakiston T, 1862, Ibis, 4：320（日本北海道）

分布：东营-（W）◎黄河三角洲；自然保护区-大汶流（单凯20110115）；河口区-河口（李在军20080316），孤岛公园（孙劲松20090402）。济南-（P）济南；历下区-大明湖（20130216，马明元20141220，陈云江20131107），泉城公园（20120207）。济宁-任城区-南郊动植物园（高晓东20130316）；曲阜-（P）石门寺；微山县-（P）鲁山。莱芜-莱城区-红石公园（陈军20130305）。青岛-（P）青岛；崂山区-潮连岛。日照-东港区-银湖公园（20140304），碧海路（成素博20121125）；前三岛。泰安-（P）泰安；●泰山-低山。威海-威海；荣成-成山头（20121102）。烟台-◎莱州；海阳-凤城（刘子波20150320）；栖霞-翠屏公园（牟旭辉20110116）。胶东半岛，鲁中山地，鲁西北平原，鲁西南平原湖区。

黑龙江、吉林、辽宁、内蒙古、河北、北京、天津、山西、河南、陕西、宁夏、甘肃、安徽、江苏、上海、浙江、福建、台湾。

区系分布与居留类型：[古]（PW）。
种群现状：欧洲种群数量有10 000～20 000繁殖对（Bird Life International 2004）。在中国分布较广，种群数量丰富。在山东迁徙过境时，因个体小，且多栖于灌木丛中而较难发现，各地数量分布不均，应对物种与栖息环境进行深入研究。
物种保护：Ⅲ，Lc/IUCN。
参考文献：H1027，M889，Zjb478；Lc276，Q440，Z819，Zx188，Zgm331。
山东记录文献：郑光美2011，朱曦2008，赵正阶2001，钱燕文2001，范忠民1990，郑作新1987、1976；赛道建2013、1994，田家怡1999，赵延茂1995，泰安鸟调组1989，纪加义1988c，杜恒勤1985，柏玉昆1982，李荣光1960、1959。

20.24 绣眼鸟科 Zosteropidae（White-eyes）

小型鸟类。喙尖细，末端稍下弯。眼周有白圈。体羽以墨绿色为主，无斑纹。翼短圆，初级飞羽10枚，第1枚退化。尾短，末端呈平尾。跗蹠中等长，前缘具盾状鳞，足强健，中外2趾基部相并，善于攀附与跳跃。

树栖性，栖息于海滨、岛屿至高山的森林边缘、村落周遭的树丛及公园绿地带。繁殖期成对生活，其余季节集群生活，在树林中上层及灌丛中跳跃穿梭觅食；不做长距离飞行。好鸣，鸣声旋律单调，活动时个体会不断发出鸣声，互相联络。以树梢枝叶间的昆虫及其幼虫为食，也取食花蜜、浆果、花苞等。一夫一妻制，在树上或灌丛的细枝分叉处筑巢，以细草梗编织成悬垂碗状小巢，内部深而外壁薄。亲鸟共同筑巢、抱卵、育雏。雏鸟为晚熟性。多数种类为留鸟，分布至较北方的种类会向南迁移度冬。

有些种类常被人类捕捉作为鸣禽饲养，由于是种群普遍的种类，整体尚无严重威胁。但已有2种及2亚种于20世纪灭绝，本科分布范围甚小的岛屿物种有21种被列为受威胁鸟种。在传统分类学，本科曾被散置于鹟鸫、莺、啄花等类群。Vigors和Horsfield（1827）设绣眼属（Zosterops）后，由于具吸蜜结构的舌，本科曾被认为是太阳鸟科（Nectariniidae）与吸蜜鸟科（Meliphagidae）的近亲，分子生物技术检验认为本科是莺类的一支，近亲为莺科与扇尾莺科，或与画眉科相近。

全世界有14属95种，中国有1属4种，山东分布记录有1属2种。

绣眼鸟科绣眼鸟属 Zosterops 分种检索表

胁红色···红胁绣眼鸟 Z. erythropleurus
胁非红色，颏、喉淡黄色，腹白胁沾灰色···暗绿绣眼鸟 Z. japonica

● **404-01 红胁绣眼鸟**
Zosterops erythropleurus Swinhoe

命名：Swinhoe, 1863, Proc. Zool. Soc. London：204（上海）

英文名：Chestnut-flanked White-eye
同种异名：白眼儿，粉眼儿，褐色胁绣眼，红胁白目眶，红胁粉眼；*Zosterops erythropleurus erythropleurus* Swinhoe；Red-flanked White-eye
鉴别特征：上嘴褐色、下嘴蓝色（春），下嘴肉色而先端红色（夏秋）。似暗绿绣眼鸟，区别在于上体灰色较多，两胁栗红色。脚（冬春）铅蓝色、（夏秋）红褐色。

形态特征描述： 嘴橄榄色。虹膜红褐色。额、头顶、颊、耳羽和后颈黄绿色，颏、喉、颈侧鲜硫黄色，黄色喉斑较小。眼先、眼下方有黑色细纹，眼周白色绒状短羽构成眼圈。上体灰色较多，背、腰和尾上覆羽黄绿色，其中肩、上背、翼上小覆羽暗绿少黄色。飞羽和其余覆羽黑褐色，除小翼羽、第1、第2枚初级飞羽外，其余飞羽、覆羽外翈羽缘暗绿色。腋羽、翼下覆羽白色。下体上胸硫黄色，下胸、腹中央乳白色，下胸两侧苍灰色，两胁栗红色。尾暗褐色，外翈羽缘黄绿色，尾下覆羽鲜硫黄色。脚灰色，随季节有变化。

鸣叫声： 发出似"dze-dze"特有的喊喳叫声。

红胁绣眼鸟（李在军20080926摄于河口）

体尺衡量度（长度mm、体重g）： 寿振黄（Shaw 1938a）记录采得雄鸟2只、雌鸟1只标本，但标本保存地不详，测量数据记录不完整。

标本号	时间	采集地	体重	体长	嘴峰长	翅长	跗蹠长	尾长	性别	现保存处
	1958	微山湖		120	6	64	15	40		济宁一中
	1958	微山湖		125	8	74	14	40		济宁一中
	1989	东平		111	11	62	18	41	♂	泰安林业科技
	1989	东平		111	11	63	17	40	♀	泰安林业科技

栖息地与习性： 栖息于阔叶树、针叶树及园庭、高大行道树及竹林间。性活泼，单独或成对活动，飞翔姿势略呈波浪式，有时与暗绿绣眼鸟混群，4月迁到中国东北繁殖，9月南迁到华中、华东以南地区越冬。在树顶枝叶间、灌丛跳跃活动觅食。

食性： 主要捕食各种小昆虫。

繁殖习性： 繁殖期5～8月。在树枝杈间、灌木丛中营杯状巢，巢由细枝、细草、苔藓和蛛网构成，内垫兽毛。通常每窝产卵4枚，卵椭圆形，乳白色沾淡青色，卵径约12.5mm×16mm，卵重约1.1g。

亚种分化： 单型种，无亚种分化。

分布： 滨州-●（刘体应1987）滨州。东营-（P）◎黄河三角洲；东营区-安泰南（孙熙让20120517）；河口区-河口（李在军20080926），孤岛公园（孙劲松20110921）；自然保护区-飞雁滩（仇基建20090928、胡友文20081011、20090929）。菏泽-（P）菏泽；曹县-康庄（谢汉宾20151018）。济南-济南；长清区-张夏（陈云江20140507）；历下区-山大新校区，大明湖（马明元20131021），泉城公园（20130516）。济宁-●济宁；（P）曲阜-（P）孔林。聊城-聊城。青岛-●（Shaw 1938a）青岛，浮山；黄岛区-●（Shaw 1938a）灵山岛。日照-东港区-双庙山沟（成素博20120528）。泰安-（P）泰安；泰山区-农大南校园，泰山-麻塔；东平县-（P）东平湖，●东平。烟台-长岛县-（P）●长岛，▲（B161-5146）大黑山岛。胶东半岛，鲁中山地，鲁西北平原，鲁西南平原湖区。

除青海、新疆、台湾、海南外，各省份可见。

区系分布与居留类型： ［古］（P）。

种群现状： 种群数量较为普遍，但数量有所下降。在山东迁徙过境时分布较广，但数量较少，应加强物种与栖息环境的研究与保护。

物种保护： Ⅲ，Lc/IUCN。

参考文献： H1150，M923，Zjb605；Q500，Z932，Zx188，Zgm332。

山东记录文献： 郑光美2011，朱曦2008，赵正阶2001，钱燕文2001，范忠民1990，郑作新1987、1976，傅桐生1987，Shaw 1938a；赛道建2013，贾少波2002，李声林2001，王海明2000，田家怡1999，赵延茂1995，王希明1991，泰安鸟调组1989，纪加义1988c，刘体应1987，李荣光1960。

● 405-01 暗绿绣眼鸟
Zosterops japonica Temminck et Schlegel

命名： Temminck CJ *et* Schlegel H，1844，in Siebold，Fauna Japonica，Aves：57（日本）。

英文名： Japanese White-eye

同种异名： 绿绣眼，绣眼儿，粉眼儿，白眼儿，白日䁂；*Zosterops simplex* Swinhoe，1861；Dark Green White-eye

鉴别特征： 嘴灰黑色，眼圈白色而明显，喉黄色。上体鲜亮橄榄绿色，胸及两胁灰色，腹白色而臀黄色。脚铅灰色。相似种红胁绣眼鸟两胁红色。

形态特征描述： 嘴黑色，下嘴基稍淡。虹膜红褐色或橙褐色。眼周有白色绒状短羽构成醒目的白色眼圈，眼先和眼圈下方有细黑色纹，耳羽、脸颊黄绿色。颔、喉、颈侧鲜柠檬黄色。上体从额基至尾上覆羽概为草绿色或暗黄绿色，前额黄色较多且鲜亮。翅内侧覆羽与背同色，外侧覆羽和飞羽暗褐色或黑褐色，除小翼羽和第1枚初级飞羽外，其余覆羽和飞羽外翈具草绿色羽缘，大覆羽、三级飞羽草绿色羽缘较宽。腋羽、翼下覆羽白色，腋羽微沾淡黄色。下体上胸鲜柠檬黄色，下胸和两胁苍灰色，腹中央白色。尾暗褐色，外翈羽缘草绿色或黄绿色。尾下覆羽淡黄色。脚暗铅色或灰黑色。

暗绿绣眼鸟（刘冰20110704摄于虎山公园）

鸣叫声： 发出似"jiyi"、"dediyou"、"jiqiu jiqiu"等多变婉转的鸣叫声。

体尺衡量度（长度mm、体重g）： 寿振黄（Shaw 1938a）记录采得雄鸟6只、雌鸟3只标本，但标本保存地不详，测量数据记录不完整。

标本号	时间	采集地	体重	体长	嘴峰长	翅长	跗蹠长	尾长	性别	现保存处
830308	19840428	两城	9	102	10	55	16	40	♀	济宁森保站
	1989	泰山		100	10	56	16	40	7♂	泰安林业科技
	1989	肥城		100	11	56	14	41	2♀	泰安林业科技

栖息地与习性： 栖息于阔叶林和以阔叶树为主的各种类型森林中，以及果园、林缘、村寨和地边高大的树上。夏季迁往北部和高海拔温凉地区，冬季迁到南方和下到低山、山脚平原地带的阔叶林、疏林灌丛中。单独、成对或小群活动，迁徙和冬季成群。在次生林和灌丛枝叶间穿梭跳跃，或在树间飞跃，有时围绕着枝叶转或两翅急速振动而悬浮于花上，活动时发出"嗞嗞"的细弱声音。

食性： 主要捕食鳞翅目、鞘翅目、半翅目、膜翅目和直翅目等昆虫及其幼虫，也取食蜘蛛、螺等小型无脊椎动物及植物果实和种子。夏季以昆虫为主，冬季以植物性食物为主。

繁殖习性： 繁殖期4～8月，一年可繁殖2窝。在分叉较多的小树或灌木细枝上编织精致巢，巢吊篮式碗状，以花梗、细叶筑成，外壁用苔藓、蜘蛛丝伪装，隐藏在浓密的枝叶间。每窝产卵2～8枚，卵淡青色，无斑，卵径约15mm×12mm。雌雄亲鸟共同育雏。雏鸟晚成雏，育雏期10～11天。雏鸟离巢后随亲鸟一起活动觅食，不同家族集结为鸟群，幼鸟在鸟群间很快学会觅食。

亚种分化： 全世界有9个亚种，中国2个亚种，山东分布为普通亚种 *Z. j. simplex* Swinhoe，*Zosterops simplex simplex* Swinhoe。

亚种命名 Swinhoe R，1861，Ibis，1861：331（华南）。

分布： 德州-德州。东营-（S）◎黄河三角洲；河口区（李在军20090927，胡友文20150622）。菏泽-（S）菏泽。济南-（S）济南；长清区-张夏（陈云江20140808）；章丘-（S）黄河林场。济宁-（SP）济宁，南四湖；曲阜-孔林（孙喜娇20150430）；微山县-鲁山，微山湖。聊城-◎聊城，东昌湖（赵雅军20090315）。临沂-（S）沂河。莱芜-莱城区-香山（陈军20140920）。青岛-青岛，浮山；崂山区-（S）潮连岛，崂山（20070625）；黄岛区-●（Shaw 1938a）灵山岛。日照-东港区-森林公园（20150704），204国道桥西（成素博20120613）；五莲县-九仙山（成素博20120629）；（S）前三岛-车牛山岛，达山岛，平山岛。泰安-（S）泰安，泰山区-农大南校园，大河（20160302）；●泰山-虎山公园（刘冰20110704），低山，麻塔（孙桂玲20150506）；东平县-（S）东平湖；●肥城。**潍坊**-潍坊。**威海**-文登（大水泊20130521）。**烟台**-海阳-东村（刘子波20160628）；招远（蔡德万20100711）；◎莱州；栖霞-白洋河（牟旭辉20100601）；长岛县-▲（B189-7071）大黑山岛。胶东半岛，鲁中山地，鲁西北平原，鲁西南平原湖区。

辽宁、内蒙古、河北、北京、天津、山西、河南、陕西、甘肃、安徽、江苏、上海、浙江、江西、湖南、湖北、四川、重庆、贵州、云南、福建、台湾、广东、广西、海南、香港、澳门。

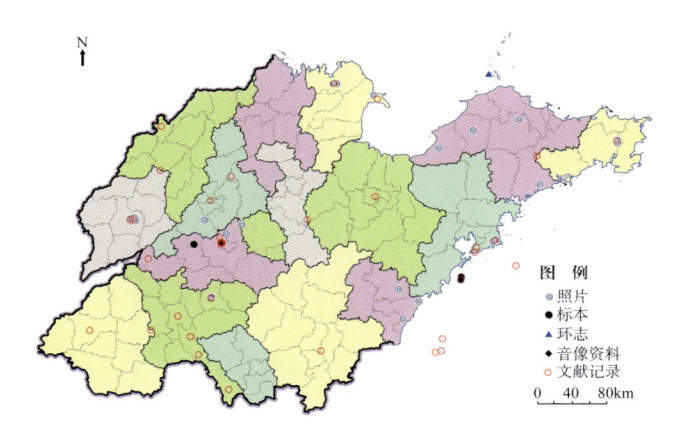

区系分布与居留类型：［东］（SR）。

种群现状：嗜食昆虫，在植物保护中有意义，并是很好的笼养观赏鸟。在山东分布数量不多，列入山东省重点保护野生动物名录，应加强物种与栖息环境的保护研究。

物种保护：Ⅲ，Lc/IUCN。

参考文献：H1149，M925，Zjb604；Lc264，Q499，Z931，Zx188，Zgm332。

山东记录文献：郑光美2011，朱曦2008，赵正阶2001，钱燕文2001，郑作新1987、1976，Shaw 1938a；赛道建2013、1999、1994、1989，贾少波2002，李久恩2012，邢在秀2008，李声林2001，王海明2000，张培玉2000，田家怡1999，杨月伟1999，宋印刚1998，赵延茂1995，王希明1991，泰安鸟调组1989，纪加义1988c，杜恒勤1985。

20.25 攀雀科 Remizidae（Penduline Tits）

体型小。喙尖锥形。初级飞羽10枚，第1枚短小，不及第2枚的一半。尾为方尾或稍凹。雌雄鸟羽色类似。

栖息于有树木的开阔地区。树栖，善于攀缘，常倒悬于树枝上。繁殖季节单独或成对活动，其他季节则成群活动。巢半球形囊状，悬吊于树枝末梢。每窝产卵4～9枚，卵白色有红色斑点，孵化期13～14天，育雏期约18天。以昆虫为主食。无重大生存威胁。

本科常被置于山雀科内，为攀雀亚科（Remizinae）。Howard 和 Moore 系统（Dickinson 2003）将攀雀类自成一科。

全世界有5属10种，中国有2属3种，山东分布记录有1属1种。

● 406-01 中华攀雀
Remiz consobrinus（Swinhoe）

命名：Swinhoe，1870，Proc. Zool. Soc. London：133（湖北沙市）

英文名：Chinese Penduline Tit

同种异名：攀雀；*Remiz pendulinus consobrinus*（Swinhoe），Penduline Tit，*Motacilla pendulinus* Linnaeus，1758，*Aegithalus consobrinus* Swinhoe，1870，*Remiz consobrinus*；—

鉴别特征：嘴灰黑色，顶冠灰色，额基、颊、耳黑色，颊下、眉纹白色。后颈栗、上背棕褐色，腰、尾基沙褐色，下体皮黄色。尾暗褐色、羽缘皮黄色，凹形。脚蓝灰色。雌鸟及幼鸟头顶暗灰白色，羽干褐，额、颊、耳棕栗色。

形态特征描述：嘴灰黑色、下嘴色淡。虹膜深褐色；眼先、前额黑色沿眼中部与颊上部延伸至耳羽，形成1条黑色宽带斑，因上有白眉纹、下有白色颊纹而十分醒目。头顶冠灰具褐色羽干纹。颏、喉淡皮黄色近白色。后颈、颈侧有栗色半圆形领圈。背棕色，下背、腰和尾上覆羽色淡。飞羽暗褐色，外翈具黄色羽缘，内侧三级飞羽羽缘浅栗色；小覆羽、中覆羽棕褐色，大覆羽沙褐色，羽缘淡皮黄色。颏、喉、胸、腹和尾下覆羽整个下体皮黄色。尾凹形，尾羽暗褐色具窄皮黄色羽缘。脚蓝灰色。

中华攀雀（仇基建20100531摄于黄河故道）

雌鸟 似雄鸟，羽色淡而少光泽。脸罩包括额、眼先、颊下、耳羽呈深棕栗色。上体沙褐色，头顶灰色稍具褐色羽干纹。

鸣叫声： 发出"tsee""piu""siu"及"tea-cher"和"si-si-tiu"等不同叫声。

体尺衡量度（长度 mm、体重 g）： 山东分布有采到标本记录，但标本保存处不详，测量数据遗失。

栖息地与习性： 栖息于针叶林或混交林间，以及低山开阔的村庄和平原地区，喜欢芦苇地栖息环境。捕猎方式和一般的山雀相同。

食性： 主要捕食昆虫，也采食植物的叶、花、芽、花粉和汁液。

繁殖习性： 繁殖期4～6月。雄鸟每次衔着兽毛来到巢枝，围绕着树枝转圈，将嘴中兽毛裹缠在树枝上。然后在缠绕的两根粗树杈间拉起丝丝缕缕的纤维，织成一个像小箩筐样的巢。通常每窝产卵4枚，卵蓝色或暗绿色。雌雄亲鸟共同育雏，雌鸟单独维护并保持巢的整洁。

亚种分化： 单型种，无亚种分化。

有时作为攀雀 *R. pendulinus*（Eurasian Penduline Tit）的一个亚种 *R. p. consobrinus*（Swinhoe, 1870, Proc. Zoo. Soc. London：133），但多数学者认为 *consobrinus* 可以独自成一个有效种，即中华攀雀（*R. consobrinus*）（郑光美2011，Clements 2007，赵正阶2001，郑作新1987、1976，Harrap and Quinn 1996）。

分布： 德州-武城县-武城镇（张立新20150525、20150716、20150827）。东营-（SP）◎黄河三角洲；自然保护区-大汶流（单凯20120305、20130501）；东营区-职院（孙熙让20110408）；河口区-河口（李在军20080712），黄河故道（仇基建20100531、20110629），孤岛林场（孙劲松20110616），渤南（仇基建20100531、20140816），黄河故道（胡友文20080615）。济宁-微山县-鲁山，马坡。莱芜-莱城区-牟汶河（陈军20091014）。泰安-岱岳区-牟汶河（刘兆瑞20151011）；东平县-东平湖。潍坊-（P）安邱。威海-威海（王强20120625）；荣成-西北泊海滩（20140521）；文登-大水泊（20140605），米山水库（韩京20110522）。烟台-海阳-东村（刘子波20150622）；蓬莱-平山河（周志强20150608）；莱州-河套水库，◎莱州；长岛县-▲（B160-8906）大黑山岛；栖霞-白洋河（牟旭辉20150622）。鲁中山地，鲁西北平原，鲁西南平原湖区。

黑龙江、吉林、辽宁、内蒙古、河北、北京、天津、河南、宁夏、安徽、江苏、上海、浙江、湖南、湖北、云南、台湾、广东、香港、澳门。

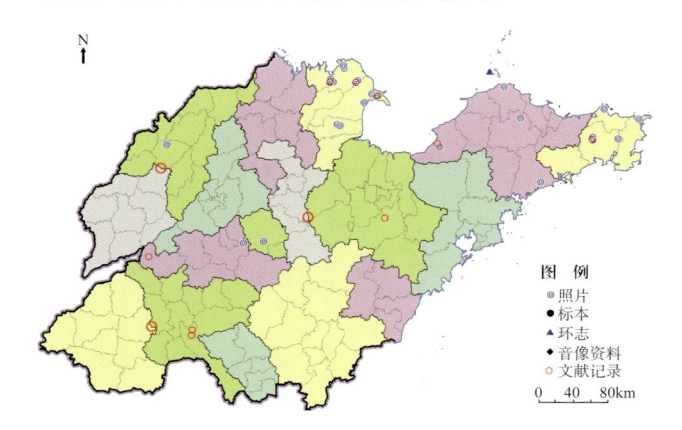

区系分布与居留类型： [古] S（P）。

种群现状： 分布数量并不丰富。山东分布较广，尚无数量的系统统计，过去认为是旅鸟，但孙劲松于2011年6月拍到亲鸟育雏照片，广大鸟友的照片说明此鸟在山东多地繁殖。

物种保护： Ⅲ，Lc/IUCN。

参考文献： H1097，M850，Zjb583；Lb619，Q488，Z914，Zx189，Zgm333。

山东记录文献： 郑光美2011，朱曦2008，赵正阶2001，郑作新1987、1976；孙玉刚2015，赛道建2013，田家怡1999，赵延茂1995，纪加义1988c。

20.26 长尾山雀科 Aegithalidae（Long-tailed Tits）

体型小。嘴短而粗厚，有的鼻孔有羽毛遮盖。全身深浅褐色，或有紫色斑块，无特殊羽色。翅短圆。尾羽长。跗蹠、趾细长。

栖息于山区的森林、竹林、芦苇丛中和庭园或公园灌丛中，常组成紧密群体在树上活动，通常会成群，活泼好动，多在树木之间做短距离飞行，常发出吱吱喳喳的叫声或清脆哨音互相联络。以昆虫、小型无脊椎动物、植物种子等为主要食物。在树上筑悬挂式卵状巢，开口在侧边。雌鸟孵卵，雄鸟提供食物。多是留鸟，少数候鸟。物种分布范围广，数量尚属普遍，无严重生存压力，国际保育组织未认为是需要采取保育措施的鸟种，少数鸟种仅出现在亚洲内陆山地，中国鸟类学者认为数量稀少，需要保护。

本科鸟种曾被归于 Paridae、Sylviidae、Aegithalidae 及 Remizidae 不同的科。Hachisuka 和 Udagawa（1951）将红头长尾山雀归于山雀科，Snow（1967）将之归于长尾山雀科。近年来分子生物学技术研究确定应归于长尾山雀科（Harrap 2008）。

全世界共有4属11种，中国有1属5种，山东分布记录有1属2种。

长尾山雀科长尾山雀属 Aegithalos 分种检索表

头呈红色··红头长尾山雀 A. concinnus
头非红色，喉具灰色块斑，下体纯白色或淡灰棕色····················银喉长尾山雀 A. caudatus

○ 407-01 银喉长尾山雀
Aegithalos caudatus (Linnaeus)

命名：Linnaeus, 1758, Syst. Nat., ed. 10, 1: 190（瑞典）
英文名：Long-tailed Tit
同种异名：—；—；—

鉴别特征：小型山雀。嘴细小而黑，头侧黑色、头顶灰白色，颏喉淡棕色而中部具黑块斑，上体灰黑色，翼具黑色与褐色图纹，下体粉灰白色。尾长而黑、边白色，羽端具楔形白斑。脚深褐色。

形态特征描述：嘴黑色。虹膜暗褐色。头和颈侧白呈葡萄棕色，头顶两侧、枕侧黑色，形成2条宽阔黑色侧冠纹和白色中央冠纹。颏、喉白色，喉部中央具银灰色黑斑。上体背至尾上覆羽蓝灰色，下背、腰沾粉红色。翅黑褐色，内侧飞羽具淡褐色羽缘。腋羽、翼下覆羽白色。下体胸淡棕黄色，腹、胁和尾下覆羽淡葡萄红色。尾长超过头体长，黑色、最外侧3对尾羽具白色楔状端斑。脚棕黑色。

银喉长尾山雀（陈云江20140507摄于张夏）

鸣叫声：发出连续的"jie-jie-jing-jing-jing"或单纯"jing jing…"叫声。
体尺衡量度（长度mm、体重g）：山东暂无标本及测量数据，但近年来拍到照片。
栖息地与习性：栖息于山地各种树林中，也进入平原与城市公园。除繁殖期成对外，常结小群、大群活动于树冠或灌丛顶部，性活泼，在树冠枝桠间、灌木丛顶部活动觅食。
食性：主要捕食各种昆虫，以及蜘蛛、蜗牛等小动物。
繁殖习性：繁殖期3~4月。多在落叶松枝杈间营巢。每窝产卵6~10枚，卵白色缀淡红褐色小斑点，钝端密集。雌鸟孵卵。雏鸟离巢后由亲鸟带领在巢区活动后才随亲鸟离开巢区。
亚种分化：全世界有19个亚种，中国有3个亚种，山东分布为华北亚种 ***A. c. vinaceus***（Verreaux）。

亚种命名：Verreaux, 1870, Bull. Nouv. Arch. Mus. Paris, 6: 39（呼和浩特）
分布：东营 -（R）◎黄河三角洲；河口区（李在军20080112）。济南 - 历下区 - 泉城公园（20121204、20150223，陈忠华20150226、20150315）；天桥区 - 药山黄河（20141213）；历城区 - 锦绣川（20130308），红叶谷（20130308）；长清区 - 张夏（陈云江20140507）。济宁 - 任城区 - 太白湖（20160411）；微山县 - 韩庄苇场（20151208），高楼湿地（孔令强20151208），吴村渡口（张月侠20150620），微山岛（20160218），湿地公园（20160222）；曲阜 - 孔林（孙喜娇20150430）。聊城 - 东昌湖（赵雅军20100514）。莱芜 - 莱城区 - 牟汶河（陈军20130222）。青岛 -（R）青岛；市南区 - 中山公园（曾晓起20160505）。日照 - 东港区 - 国家森林公园（郑培宏20140915）。泰安 -（R）泰山 - 桃花峪（20121129，龙泉峰）。烟台 - 海阳 - 东村（刘子波20160505）。（S）鲁西北平原，鲁西南平原湖区。

内蒙古、河北、北京、天津、山西、陕西、宁夏、甘肃、青海、新疆、四川、云南。

图例
- 照片
- 标本
- 环志
- 音像资料
- 文献记录

0 40 80km

区系分布与居留类型：[古]（R）。
种群现状：银喉长尾山雀是分布广而常见的森林有益鸟类，数量较丰富。山东分布较广，遇见率较高，曾晓起（20160505）在青岛中山公园拍到亲鸟育雏照片，应加强物种繁殖与栖息环境的保护与研究，未列入山东省重点保护野生动物名录。
物种保护：Ⅲ。
参考文献：H1093, M872, Zjb562; Q478, Z897, Zx190, Zgm334。
山东记录文献：郑光美2011，朱曦2008，赵正阶2001，钱燕文2001，郑作新1987、1976，傅桐生1987；赛道建2013，田家怡1999，赵延茂1995，纪加义1988c，柏玉昆1982。

408-11 红头长尾山雀
*Aegithalos concinnus**（Gould）

命名： Gould，1855，Bds. As.，2：图版65（浙江舟山）
英文名： Black-throated Tit
同种异名： 红头山雀；—；Black-throated Bushtit, Red-headed Tit

鉴别特征： 嘴黑色，贯眼纹宽而黑。头顶、颈背棕红色，颏、喉白与围黑椭圆胸兜白色相连，背及两翼蓝灰色，下体白色而具不同程度栗色，两胁深栗色且胸部左右连成胸带。尾近黑色而缘白色。幼鸟头顶色浅，喉白，具狭窄的黑色项纹。脚橘黄色。

形态特征描述： 嘴蓝黑色。虹膜橘黄色。眼先、头侧和颈侧黑色；额、头顶和后颈栗红色。颏、喉白色、喉中部具黑色块斑。上体背暗蓝灰色，腰部羽端浅棕色。飞羽黑褐色，除第1、第2枚外，翈具蓝灰色羽缘，内侧次级飞羽内翈沾玫瑰红色，初级覆羽黑褐色。腋羽和翼下覆羽白色。下体胸、腹白色或淡棕黄色，胸腹白色者胸部有宽栗红色胸带。两胁和尾下覆羽栗红色。尾长呈凸状、黑褐色，中央尾羽微沾蓝灰色，尾羽最外侧3对具楔状白端斑、最外侧1对外翈白色，其余尾羽外翈羽缘蓝灰色。脚棕褐色。

红头长尾山雀（刘兆瑞20120518泰山韩家岭；刘华东20160221树木园）

鸣叫声： 叫声低弱似"zhi-zhi-zhi"。
体尺衡量度（长度mm、体重g）： 山东暂无标本及测量数据，但近年来拍到照片。
栖息地与习性： 栖息于山地森林和灌木林间，果园、茶园等居民点附近的小林内。红头长尾山雀是一种山林留鸟，性活泼，常成群活动，不停地于树与树间的在枝叶间跳跃飞翔觅食，边取食边不停鸣叫。

食性： 主要捕食鞘翅目和鳞翅目等昆虫。
繁殖习性： 繁殖期2～6月。在柏树上营巢，巢椭圆形，用苔藓、细草、鸡毛和蜘蛛网等材料构成，内垫羽毛，巢口开在近顶端一侧或顶端，巢口还可用羽毛作檐，产卵期间亲鸟继续衔羽毛垫巢、盖卵。每窝产卵5～8枚，卵白色，钝端微具晕带，卵径约14mm×11mm，卵均重0.75g。卵产齐后，以雌鸟为主亲鸟轮流孵卵，孵化期约16天。雏鸟晚成雏，雌雄亲鸟共同育雏，雏鸟出巢后先随亲鸟在巢区树枝间练习飞行和觅食，逐渐远离巢区飞走。
亚种分化： 全世界有6个亚种，中国有3个亚种，山东分布暂定为指名亚种*Aegithalos concinnus concinnus*（Gould）。

亚种命名 Gould，1855，Bds. As.，2：图版65（浙江舟山）

分布： 泰安 - 泰山，泰山 - 罗汉崖（20130511），韩家岭（刘兆瑞20120518）；泰山区 - 树木园（刘华东20160221）。威海 - 威海（王强20120418）。

河南、陕西、甘肃、安徽、江苏、上海、浙江、江西、湖南、湖北、四川、重庆、贵州、福建、台湾、广东、广西。

区系分布与居留类型： [东]（P）。
种群现状： 捕食昆虫，在植物保护中很有意义。物种分布范围广，被评为无生存危机物种。山东分布：赛道建（2013）依据野外照片首次报道，分布区狭窄而数量并不普遍，需加强物种与栖息环境的研究保护，未列入山东省重点保护野生动物名录。
物种保护： Ⅲ，Lc/IUCN。
参考文献： H1094，M873，Zjb563；Lb654，Q478，Z898，Zx190，Zgm334。
山东记录文献： —；赛道建2013。

20.27 山雀科 Paridae（Tits）

小型鸟类。喙小多为黑色，嘴角须少或无须。羽色部分鸟种雌雄相同，其他鸟种相似但雌鸟色泽较雄鸟

---

* 2010～2013年泰山观鸟者多人拍到照片，亚种待定

暗淡；羽色有灰色、棕色、黄色、橘色、橄榄绿色、灰蓝色、红棕色、黑色与白色的不同组合，少数几乎全身黑色或白色，多数在头上或腹部有鲜明黑色区斑。部分有羽冠。双翼圆形，中等长度或较短，初级飞羽10枚，第1枚长度为第2枚的一半。尾短，方形或稍圆，尾羽12枚。脚前缘有盾状鳞片，跗蹠有力，可以在枝叶上倒挂觅食。幼鸟似成鸟，羽色较暗淡。

栖息分布于浓密树林到沙漠中的灌丛。活泼好动，多在树间做短距离的飞行，体型较大者会在地面活动，体型小者多在树上活动；部分时期成群活动或与其他鸟种形成混合鸟群。群体中常发出叫声以互相沟通。捕食昆虫等小型无脊椎动物、植物种子等。繁殖季有领域性；雌雄鸟羽色相同者多形成稳定配偶关系，全年共同防御领域；外形有别者通常每年重新配对，建立新的繁殖领域。自行挖洞或利用既有的树洞、墙洞、石洞或土洞营巢繁殖，也有的会成群合作生殖。在各地为留鸟，有些会随季节在不同海拔高度间做垂直性迁移。因分布范围广，数量较普遍，尚无严重生存压力，少数鸟种因栖地破坏、丧失而被列为易危的鸟种。

本科最早被命名（Linnaeus 1758），是鸟种数量最多的山雀属。学术界对山雀科应分几属、某些族群是否应为亚种等还有争议，如 Gosler 和 Clement（2007）参考 Gill 等（2005）的论述，将本科分成6属，赤腹山雀被归于 *Peocile*，煤山雀归于 *Periparus*；Päckert 和 Martens（2008）对 Gosler 和 Clement 的论述提出众多批评，故多以 Dickinsen（2003）为依据做介绍。

全世界共有54种，中国有4属22种，山东分布记录有1属6种。

山雀科山雀属 *Parus* 分种检索表

1. 圆尾形 ·· 2
   尾方形或略呈叉形 ··· 5
2. 头顶辉蓝黑色，背、腰灰色（上背或沾绿色）··· 3 大山雀 *P. major*
   不具上述特征 ·· 4
3. 体型小，翅长68～74mm，尾羽上面纯蓝灰色，第2对外侧尾羽白斑小 ············· 华北亚种 *P. m. minor*
   体型更小，翅长较前者短，尾羽上面蓝灰色，第2对外侧尾羽白斑更小 ·········· 华南亚种 *P. m. commixtus*
4. 头顶、后颈辉黑色或褐黑色，头部黑白分界线较为水平，面部对比图案明显，颊喉部白斑延伸至颈后，背浅棕褐色至橄榄褐色 ·· 沼泽山雀 *P. palustris*
   头顶、后颈沾粉红浓褐色，头部黑白分界线有弧度，面部无明显比图案，背粉红褐色 ······ 褐头山雀 *P. songarus*
5. 头具羽冠，翼上覆羽具双行白斑，腹部灰白色 ··· 煤山雀 *P. ater*
   头无羽冠 ··· 6
6. 腹部纯黄色 ··· 黄腹山雀 *P. venustulus*
   腹部红棕色，背栗棕色 ··· 杂色山雀 *P. varius*

● **409-01　沼泽山雀**
Parus palustris Linnaeus

命名： Linnaeus, 1758, Syst. Nat., ed. 10, 1: 190（瑞典）
英文名： Marsh Tit
同种异名： 仔仔红，红子，小仔伯，小豆雀，唧唧鬼；—；—

鉴别特征： 雄雌同形同色。嘴黑色，头顶辉黑色，头侧白色，颏黑色。上体深橄榄褐色，下体灰白色后部沾黄色，两胁皮黄色。脚铅黑色。体型明显小于大山雀；头顶延伸到颈后黑色区域的宽度是与褐头山雀的一个鉴别特征；后者具浅色翼纹，黑色顶冠大而少光泽，头比例较大。

形态特征描述： 嘴黑色，下嘴基部有黑色羽毛，看似山羊胡子。虹膜深褐色。颏、喉黑色；眼下脸颊、喉、耳羽白斑延伸至颈后。头顶、后颈和上背黑色富有蓝色光泽，肩、背、翅及腰和尾上覆羽灰褐色。覆羽与背同色，大覆羽外翈羽缘色淡，飞羽灰褐色具黑褐色羽干纹，外侧飞羽外翈羽缘灰白色、其余灰褐色。腋羽和翼下覆羽白色。下体胸、腹部白色，两胁沾棕褐色。尾灰褐色，除中央尾羽外，外翈具白

沼泽山雀（王宜艳20160511摄于养马岛）

色羽缘。脚铅黑色。

鸣叫声： 发出似"zi-zi-zi-her-her"的叫声，似大山雀，音调高而尖锐。鸣声是本种与褐头山雀的重要鉴别依据。

体尺衡量度（长度 mm、体重 g）： 寿振黄（Shaw 1938a）记录采得雄鸟3只、雌鸟2只标本，但标本保存地不详。

体尺衡量度（长度 mm、体重 g）：

标本号	时间	采集地	体重	体长	嘴峰长	翅长	跗跖长	尾长	性别	现保存处
	1989	东平		112	6	62	19	60	♂	泰安林业科技
	1989	泰山		105	10	56	15	52	♀	泰安林业科技

栖息地与习性： 常栖息于林中，高大乔木树冠层活动，偶尔到低矮灌丛中觅食，喜欢近水源林地及果园等生境。单独或成对活动，有时加入混合群。是典型食虫鸟类。

食性： 主要捕食鳞翅目、直翅目、同翅目、膜翅目、双翅目的昆虫及其幼虫、卵和蛹，也吃少量植物种子。

繁殖习性： 繁殖期3～5月。在天然树洞和墙壁缝隙中营巢，巢精致杯状，外壁用苔藓、草茎等筑成，内垫羊毛、棉花、鬃毛、羽毛等。每窝产卵4～6枚，卵乳白色，钝端有棕红色斑环。雌雄亲鸟轮流孵卵，孵化期14～16天。雏鸟晚成雏，育雏期14～16天。

亚种分化： 全世界有7个亚种，中国4个亚种，山东分布为华北亚种 *P. p. hellmayri* Bianchi。

亚种命名 Вианси，1902，Ежег. Зоол. Муз. зкад. Наук，7：236（北京）

hellmeyeri 上体褐色较重，而 *hypermelaena* 上体沾橄榄绿色，有时显露蓬松短冠羽；*dejeani* 相似，但顶冠少光泽；*brevirostris* 上体灰色较重而下体色浅，翼纹较淡。

分布： 东营-(R)◎黄河三角洲。菏泽-(R)菏泽。济南-(R)济南；长清区-灵岩寺。济宁-(R)南四湖；邹县-(R)西苇水库。聊城-聊城。青岛-●青岛。日照-东港区-●石臼所。泰安-(R)●泰安；泰山-中山，低山；东平县-●东平，(R)东平湖。烟台-牟平区-养马岛（王宜艳20160511）。淄博-淄博。胶东半岛，鲁中山地，鲁西北平原，鲁西南平原湖区。

河北、北京、天津、山西、河南、安徽、江苏、上海。

区系分布与居留类型： [古]（R）。

种群现状： 作为笼鸟受非法鸟类贸易的严重威胁。山东分布记录较广，多地有采到标本记录，但标本保存地不详，近年来未能征集到照片，有关专项研究也少见，其分布现状需进一步深入研究。

物种保护： Ⅲ，Lc/IUCN。

参考文献： H1109，M852，Zjb555；Q474，Z889，Zx191，Zgm335。

山东记录文献： 郑光美2011，朱曦2008，赵正阶2001，钱燕文2001，郑作新1987、1976，Shaw 1938a；孙玉刚2015，赛道建2013、1994，贾少波2002，王海明2000，田家怡1999，宋印刚1998，赵延茂1995，泰安鸟调组1989，纪加义1988c，杜恒勤1985，田丰翰1957。

410-10 褐头山雀
Parus songarus Severtzov Baldenstein

命名： Baldenstein，1827，Neue Alp.，2：31（瑞士）
英文名： Songar Tit
同种异名： —；*Parus montanus** Baldenstein；—

鉴别特征： 体小山雀。嘴褐黑色，头顶冠褐黑色而大，头侧白色，颏、喉黑色。上体赭褐色具浅色翼纹。下体近白色，腹部棕色，两胁黄褐色。脚深蓝灰色。

形态特征描述： 嘴黑褐色。虹膜暗褐色，眼先、耳羽、颊和颈侧白色。额、头顶及颏、喉褐黑色。头顶和后颈栗褐色。上体褐灰色。背部、腰、尾上覆羽暗褐色。翅暗褐色，无翼斑，初级羽外具褐白色狭缘，次级飞羽具较宽的同色羽缘，覆羽褐色，外侧羽片具较宽的赭褐色羽缘。腋羽乳黄沾棕色。下体近白色，胁皮黄色，腹部中央色较淡。尾羽暗褐色，羽缘稍淡。跗跖暗褐色。

鸣叫声： 发出似"dzee"及"tchay"的鼻音声，前有尖细"si-si"声，常由响而尖的"tzit"或"tzit-tzit"导出，与沼泽山雀的爆破音"pitchou"成对比。

---

* 见《中国鸟类名称手册》（杭馥兰和常家传1997），应该为 *Parus montanus songarus* Sewertzow 1873

鸣声随分布区域而异，基本为相同音调长音似"duu-duu-duu-duu"及"s'pee-s'pee-s'pee-s'pee"。

体尺衡量度（长度mm、体重g）： 山东分布见有少量文献记录，但暂无标本及测量数据。

栖息地与习性： 栖息于中低海拔的针叶林或针阔混交林。性活泼，单独、成对或结小群、大群活动，在林内枝叶间来回穿梭活动，很少停息。

食性： 主要捕食半翅目、鞘翅目、膜翅目、双翅目及鳞翅目等昆虫及其幼虫。

繁殖习性： 繁殖期4～8月。雌雄在树洞中筑巢，用植物纤维、羽毛和兽毛等衬垫。每巢产卵7～9枚，卵白色具浅红色或红褐色斑点，钝端较多。雌鸟孵卵，孵化期12～16天。雏鸟晚成雏，育雏期15～16天。

亚种分化： 全世界有5个亚种，中国有3个亚种，山东如有分布应为华北亚种 Parus songarus stotzneri Kleinxchmidt。

亚种命名 Kleinxchmidt, 1921, Berajah, Parus Salicarius: 20（河北承德）

分布：（R）鲁西南，（R）山东。
内蒙古、河北、北京、山西、河南。

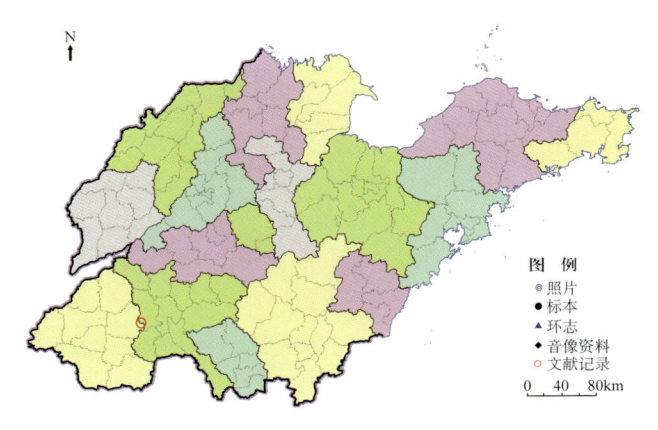

区系分布与居留类型：［古］(R)。

种群现状： 是重要森林益鸟，数量较多，分布较广。繁殖生态和食性等方面的研究仅见国外零星报道。山东分布仅见有少量记录，卢浩泉（2003）记为山东鸟类新记录，无标本与专项研究，近年来也未征集到照片，有待进一步确证（赛道建2013）。

物种保护： Ⅲ，Lc/IUCN。

参考文献： H1110，M853，Zjb556；Q476，Z890，Zx192，Zgm336。

山东记录文献： 朱曦2008；赛道建2013，卢浩泉2003。

● **411-01 煤山雀**
Parus ater Linnaeus

命名： Linnaeus, 1758, Syst. Nat., ed. 10, 1：190（瑞典）

英文名： Coal Tit
同种异名： —；—；—

鉴别特征： 嘴黑色，头顶、喉黑色具尖状适中黑冠羽。上体橄榄灰色，颈侧、颈背具大块白斑，飞羽黑褐色，翼具2道白翼斑，腰蓝灰沾棕色，下体黄褐色，前胸黑色。尾黑色而外缘灰白色。脚铅黑色。相似大山雀及绿背山雀有黑色纵纹；褐头山雀及沼泽山雀无白色翼斑、颈背部无大块白斑。

形态特征描述： 嘴黑色、边缘灰色，短钝略呈锥状。鼻孔略被羽覆盖。虹膜褐色。头顶、颈侧黑色，多具尖状黑色冠羽，颈背部具大块白斑。背灰色或橄榄灰色。翅短圆、具2道白色翼斑。喉、上胸黑色，胸中部无黑色纵纹。腹部白色或有或无皮黄色。尾适中，方形或稍圆形。腿、脚健壮，爪钝，青灰色。

煤山雀（孙劲松20080309摄于孤岛公园；牟旭辉20151219栖霞十八盘）

鸣叫声： 发出"zi-zi-zi"声，繁殖期鸣声洪亮、急促多变。

体尺衡量度（长度mm、体重g）： 山东分布有采到标本记录，但标本保存处不详，测量数据遗失。

栖息地与习性： 栖息于低山和山麓地带的森林、竹林、人工林中，以及果园、道旁和地边树丛、庭园的树上；冬季也到山脚和邻近平原地带的小树丛和灌木丛活动和觅食。性活跃，非繁殖期喜集群，有时和其他山雀混群，常在枝头跳跃，或在树间做短距离飞行，在树皮剥啄昆虫，偶尔飞到空中和下到地上捕捉昆虫，有储藏食物以备冬季之需的习惯。

食性： 主要捕食鳞翅目、双翅目、鞘翅目、半翅目、直翅目、同翅目和膜翅目等昆虫及其幼虫，也取食少量蜘蛛、蜗牛等小型无脊椎动物和植物的草籽、花等。

繁殖习性： 繁殖期3～5月。以雌鸟为主、雌雄鸟共同在天然树洞或土崖、岩缝和石隙中筑巢，有时边筑巢边产卵，巢杯状，外壁由苔藓、松萝混杂地衣和细草茎，内壁由细纤维和兽类绒毛构成，内垫兽毛和羽毛。每年可产2窝，每窝产卵5～12枚，卵卵圆形或椭圆形，卵白色密布红褐色斑点，以钝端较多，卵径约15mm×12mm，卵均重0.93g。由雌鸟孵卵，孵化期12～14天。雏鸟晚成雏，双亲育雏期约3周，幼鸟离巢后常结群在巢附近活动，亲鸟仍给以喂食。

亚种分化： 全世界有21个亚种，中国有7个亚种，山东分布为北京亚种 *P. a. pekinensis* David。

亚种命名 David, 1870, Ibis, (2) 6：155（北京）

分布：东营 - ◎黄河三角洲；自然保护区 - 大汶流（单凯20110327）；河口区 - 河口（李在军20080412），孤岛公园（孙劲松20080309）。**青岛** - （R）青岛。**日照** - 东港区 - 碧海路（成素博20121130）；（R）前三岛 - 车牛山岛，达山岛，平山岛。**威海** - 荣成 - 石岛（于英海20160403）。**烟台** - （R）烟台；海阳 - 东村（刘子波20160528）；◎莱州；栖霞 - 十八盘（牟旭辉20151219）；牟平 - 养马岛（王宜艳20160107）。山东东部，胶东半岛，鲁中山地，鲁西北平原，鲁西南平原湖区。

辽宁、河北、北京、天津、山西。

区系分布与居留类型：［古］（R）。

种群现状： 作为重要观赏笼养鸟被饲养。物种分布范围广，虽被评为无生存危机物种，但面临乱捕乱猎的生存压力，种群数量有所减少。山东分布较广，但数量并不普遍，未列入山东省重点保护野生动物名录。

物种保护： Ⅲ，Lc/IUCN。

参考文献： H1106，M859，Zjb551；Lb610，Q474，Z885，Zx191，Zgm337。

山东记录文献： 郑光美2011，朱曦2008，赵正阶2001，钱燕文2001，范忠民1990，郑作新1987、1976；赛道建2013，纪加义1988c。

● **412-01 黄腹山雀**
Parus venustulus Swinhoe

命名： Swinhoe, 1870, Proc. Zool. Soc. London：133（四川奉节，湖北宜昌）

英文名： Yellow-bellied Tit

同种异名： —；—；—

鉴别特征： 嘴蓝黑色而短，头、喉胸斑黑色，颊斑、颈后斑白色。上体蓝灰色，腰银白色，翼具两排白点斑，下胸、腹鲜黄色。尾黑色，最外侧尾羽基部、其余尾羽中部外翈和羽端白色。雌鸟头部浓灰色，白喉与颊斑之间有灰色下颊纹，眉具浅点。幼鸟似雌鸟但色暗，上体多橄榄色。脚蓝灰色。相似种绿背山雀体型较大，腹有宽黑色纵带。

形态特征描述： 嘴蓝黑色或灰蓝黑色。虹膜褐色或暗褐色。头黑色，后颈具白微沾黄色块斑，脸颊、耳羽和颈侧白色在头侧形成大块白斑，在暗色头部极为醒目。额、喉黑色具蓝色金属光泽。额、眼先、头顶、枕、后颈到上背黑色具蓝色光泽，下背、腰、肩亮蓝灰色，腰较浅淡。翼上覆羽黑褐色，中覆羽、大覆羽具黄白色端斑在翅上形成2道翼斑，飞羽暗褐色，羽缘灰绿色；除外侧2枚初级飞羽外，其余飞羽外翈羽缘灰绿色，三级飞羽先端黄白色。腋羽和翼下覆羽白微沾黄色。下体上胸黑色微具蓝色金属光泽，下胸、腹和尾下覆羽鲜黄色，两胁黄绿色。尾上覆羽和尾羽黑色，最外侧1对尾羽外翈近基处大部白色，其余外侧尾羽外翈中部白色，尾下覆羽黄色。脚铅灰色或灰黑色。

黄腹山雀（赛道建20130404摄于泉城公园）

雌鸟 脸颊、耳羽及颏喉白色。额、眼先、头顶、枕和背、腰灰绿色，后颈具淡黄色斑，腰部羽色稍淡。两翼覆羽、飞羽黑褐色而外翈羽缘绿色，中覆羽、大覆羽和三级飞羽具淡黄白色端斑。下体淡黄沾绿色。

幼鸟 似雌鸟。头侧和喉沾黄色。

鸣叫声： 发出"zi、zi、zi"的叫声。

体尺衡量度（长度mm、体重g）： 山东分布有采到标本记录，但标本保存处不详，测量数据遗失。

栖息地与习性： 栖息于中低海拔山地各种林型中，冬季下到低山和山脚平原地带的次生林、人工林和林缘疏林灌丛地带。除繁殖期成对或单独活动外，成群或与其他种类混群活动，多在树枝间跳跃或在树冠间飞来飞去觅食。

食性： 主要捕食直翅目、半翅目、鳞翅目和鞘翅目等昆虫，也采食植物果实和种子。

繁殖习性： 繁殖期4～6月。营巢于天然树洞中，巢杯状，由苔藓、细软的草叶、草茎等材料构成，内垫兽毛等。每窝产卵5～7枚，卵白色被红色或褐色斑点，卵径约为17mm×13mm。

亚种分化： 单型种，无亚种分化。

分布： 东营 - ◎黄河三角洲；东营区 - 揽翠湖（宋树军20150415），安泰南（孙熙让20120309）。**菏泽** -（R）菏泽。**济南** -（P）济南；历下区 - 大佛头，泉城公园（20130404，马明元20121209）；长清区 - 梨枣峪（陈忠华20141109，陈云江20141004），张夏（陈云江20130607）；章丘 - 济南植物园（20140406）。**济宁** -（S）●（198303xx-12xx）济宁；曲阜 -（S）石门寺。**临沂** - ●（198303xx-12xx）临沂。**青岛** - ●（198303xx-12xx）青岛；崂山区 - 大公岛（曾晓起20140430）。**日照** - 东港区 - 碧海路（成素博20121125）。**泰安** - 泰安；泰山 - 桃花峪，红门（刘冰20120805），玉泉寺（刘兆瑞20110114），刘冰20110114，龙泉峰。**潍坊** -（R）青州 - 仰天山，南部山区。**烟台** - ◎莱州；长岛县 - ▲（B189-7196）大黑山岛。山东省东部，胶东半岛，鲁中山地，鲁西北平原，鲁西南平原湖区。

黑龙江、河北、北京、山西、河南、陕西、宁夏、甘肃、安徽、江苏、上海、浙江、江西、湖南、湖北、四川、贵州、云南、福建、广东、广西、香港。

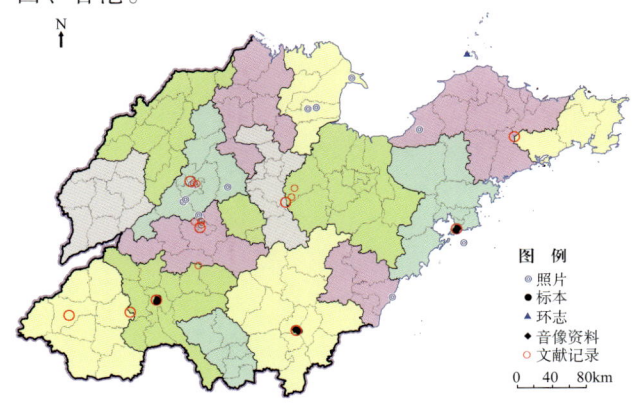

图例
- ◎ 照片
- ■ 标本
- ▲ 环志
- ◆ 音像资料
- ○ 文献记录

0　40　80km

区系分布与居留类型： ［东］（RP）。

种群现状： 在中国分布广泛，种群数量局部地区较丰富，Brazil（2009）估计中国有10 000～100 000繁殖对。在山东分布较广，数量尚多，未列入山东省重点保护野生动物名录，应加强物种繁殖与栖息环境的保护研究。

物种保护： Ⅲ，Lc/IUCN。

参考文献： H1104，M860，Zjb549；Q472，Z883，Zx191，Zgm338。

山东记录文献： 郑光美2011，朱曦2008，范忠民1990；赛道建2013、1994，王海明2000，王庆忠1995、1992，丛建国1993，纪加义1988c，于新建1988。

● 413-01　大山雀
Parus major Linnaeus

命名： Linnaeus，1758，Syst. Nat.，ed. 10，1：189（瑞典）
英文名： Great Tit
同种异名： 白颊山雀，呼呼黑；*Parus commixtus* Swinhoe，1868，*Parus major makii* Momiyama，1927；—

鉴别特征： 嘴黑色，整个头部黑具大型白脸斑，喉辉黑色。枕、颈背具白块斑，上体灰蓝沾绿色，翼具1道醒目白条纹，下体黄白色，中央具贯纵带黑斑。脚褐色。

形态特征描述： 嘴黑褐色或黑色。虹膜褐色或暗褐色。前额、眼先、头顶、枕和后颈上部辉蓝黑色，眼下整个脸颊、耳羽和颈侧白色呈近似三角形大型白斑。颏、喉和前胸辉蓝黑色。后颈上部黑色沿白斑向左右颈侧延伸形成黑带与颏、喉和前胸之黑色相连。上体蓝灰色，上背和两肩黄绿色，与后颈黑色之间有细窄白色横带；下背至尾上覆羽蓝灰色。飞羽黑褐色，羽缘蓝灰色，初级飞羽除最外侧2枚外外翈具灰白色羽缘；次级飞羽外翈羽缘蓝灰色，仅羽端微缀灰白色；三级飞羽外翈具较宽灰白色羽缘；翼上覆羽黑褐色、外翈具蓝灰色羽缘，大覆羽宽阔灰白色羽端形成显著灰白色翼带斑。腋羽白色。下体白色，胸、腹中部宽阔黑色纵带前端与前胸黑色相连，往后延伸至尾下覆羽，有时扩大成三角形。中央一对尾羽蓝灰色，羽干黑色，其余尾羽内翈黑褐色、外翈蓝灰色，最外侧1对尾羽白色、内翈具宽阔黑褐色羽缘，次1对外侧尾羽末端具楔形白斑。脚暗褐色或紫褐色。

雌鸟 似雄鸟。体色稍暗淡、缺少光泽，腹部黑色纵纹较细。

大山雀（张月侠20160403摄于刘庄村）

幼鸟 似成鸟。黑色部分较浅淡沾褐色、缺少光泽,喉部黑斑较小,腹灰色和白色部分沾黄绿色,无黑色纵纹或纵纹不明显。

鸣叫声: 发出急促多变的"zihe、zihe、zizihe、zizihehe"鸣声,为连续双音节或多音节声音。

体尺衡量度(长度mm、体重g): 寿振黄(Shaw 1938a)记录采得雄鸟8只、雌鸟1只标本,但标本保存地不详,测量数据记录不完整。

标本号	时间	采集地	体重	体长	嘴峰长	翅长	跗蹠长	尾长	性别	现保存处
	1958	微山湖		128	6	74	18	54		济宁一中
830277	19840309	鲁桥	17	122	8	62	17	56	♂	济宁森保站
	1989	泰安		132	9	70	17	65	4♂	泰安林业科技
	1989	泰安		142	11	74	20	70	6♀	泰安林业科技

栖息地与习性: 栖息于低山和山麓地带各种林型、人工林和针叶林中,以及山麓和邻近平原地带的阔叶林和林缘疏林灌丛、果园、道旁树丛和庭园中的树上。大山雀在各地为留鸟,但秋冬季节可在一定范围内游荡。性活泼、胆大,行动敏捷,常在树枝间穿梭跳跃,边飞边叫,略呈波浪状飞行。繁殖期成对活动,秋冬季节成小群,有时单独活动。频繁在枝间跳跃觅食,或在悬垂枝叶下面觅食,飞到空中、下到地上捕捉昆虫。

食性: 主要捕食鳞翅目、双翅目、鞘翅目、半翅目、直翅目、同翅目和膜翅目等昆虫及其幼虫,采食少量蜘蛛、蜗牛、草籽和花等。

繁殖习性: 繁殖期4～8月。以雌鸟为主、雌雄鸟共同在天然树洞、啄木鸟废弃巢洞和人工巢箱中,或在土崖和石隙中营巢;巢杯状,外壁由苔藓混杂地衣和细草茎构成,内壁为细纤维和兽毛,内垫兽毛和羽毛。有时边筑巢边产卵,通常每窝产卵6～13枚,卵椭圆形或卵圆形,乳白色、淡红白色密布红褐色斑点,钝端较多,卵径约17mm×13mm,卵重平均1.4g左右。卵产齐后,雌鸟开始孵卵,白天离巢觅食时用毛将卵盖住,有时雄鸟衔虫饲喂正在孵卵的雌鸟。雏鸟晚成雏,雌雄亲鸟共同育雏,育雏期15～17天,幼鸟离巢后结群在巢附近活动几天,亲鸟辅以喂食,随后幼鸟自行啄食。

亚种分化: 全世界有34个亚种,中国有6个亚种,山东分布记录为1个或2个亚种。

大山雀亚种,郑作新(1987)有 *Parus major artatus*、无 *P. m. minor* 亚种,郑光美(2011)有 *minor*、无 *artatus* 亚种,山东亚种田丰翰(1957)、纪加义(1988c)等记为 *P. m. artatus*,朱曦(2008)记为 *artatus* 与 *P. m. commixtus* 2个亚种(仅此见记录),故山东分布亚种依郑光美(2011)应为 *P. m. minor*。

华北亚种 ***P. m. minor*** Temminck et Schlegel, *Parus major artatus* Thayer et Bangs

亚种命名 Thayer et Bangs, 1909, Bull. Mus. Comp. Zool. Harvard Coll., 52:140(湖北宜昌)

分布: 滨州 - ●(刘体应1987)滨州;滨城区 - 引黄闸(刘腾腾20160423),西海水库(20160422);无棣县 - 小开河沉沙池(20160312)。**德州** - 市区 - 运河卢庄(张立新20130512);乐陵 - 城区(李令东20110121)。**东营** -(R)◎黄河三角洲;东营区 - 安泰(孙熙让20110202、20120229);自然保护区 - 大汶流(单凯20090906);河口区(李在军20090513)。**菏泽** -(R)菏泽;曹县 - 康庄(谢汉宾20151018)。**济南** -(R)济南,南郊;历下区 - 大明湖(赛时20130206),千佛山,泉城公园(记录中心8883);槐荫区 - 睦里闸(20130219);历城区 - 红叶谷(20131121);长清区 - 灵岩寺,梨枣峪(陈忠华20141109),张夏(陈云江20150916);章丘 -(R)黄河林场,济南植物园(20140406)。**济宁** - ●(R)济宁,南四湖;任城区 - 太白湖(宋泽远20140407,聂成林20100310);曲阜 -(R)曲阜,孔林(孙喜娇20150423),沂河公园(20141220);微山县 - 微山湖,韩庄苇场(20151208),昭阳(陈保成20091122),夏镇(张月侠20160404),刘庄村(张月侠20160403),微山岛(20160218,张月侠20160404);鱼台县 - 袁洼(张月侠20160405)。**聊城** - 聊城,东昌湖。**临沂** -(R)沂河;费县 - 塔山(20160404)。**莱芜** - 莱城区 - 红石公园(陈军20130322),通天河,华山林场。**青岛** - ●(Shaw 1938a)青岛,浮山;崂山区 - ●(Shaw 1938a)崂山。**日照** - 日照;东港区 - 阳光海岸(20140623),付疃河(成素博20120613),崮子河(成素博20131110),海滨森林公园(20120321、20150704),丁皋陆河(20150312)。**泰安** -(R)●泰安;泰山区 - 农大南校园,大河湿地(刘华东20150602);岱岳区 - 下港勤村(20150405);泰山 - 中山,低山(刘冰20120805),罗汉崖,斗母宫(刘冰20101231),韩家岭(刘兆瑞20110220),桃花峪(20121129),赤鳞溪(20130223),大津口,地震台;东平县 - 王台(20130511),(R)东平湖(20130511)。**潍坊** - 潍坊,白浪河湿地公园;高密 - 醴泉烈士陵园(宋肖萌20150103);(R)青州 - 仰天山,南部山区;临朐县 - 柳山镇(王志鹏20120715),诸城(20121012)。**威海** - 环翠区 - 环翠公园(20121231、20150103);荣成-成山头（20140606，赛时20130608）。**烟台**-芝罘区-●（Shaw 1930）芝罘山；牟平区-养马岛（王宜艳20160328）；海阳-凤城（刘子波20141026）；◎莱州；栖霞-十八盘（牟旭辉20150329）；招远-罗峰办东观村（蔡德万20140323），温泉办岔河（蔡德万20140309）；长岛县-▲（B160-6747）大黑山岛。**枣庄**-枣庄（20121210）。**淄博**-淄博，理工大学（20150912）；张店区-沣水镇（赵俊杰20141011）；高青县-花沟镇（赵俊杰20141007、20141022），千乘湖（赵俊杰20160313），常家镇（赵俊杰20141220）。胶东半岛，鲁中山地，鲁西北平原，鲁西南平原湖区，山东全省。

黑龙江、吉林、辽宁、内蒙古、河北、北京、天津、山西、陕西、宁夏、甘肃、青海、安徽、江苏、上海、浙江、湖北、四川、重庆。

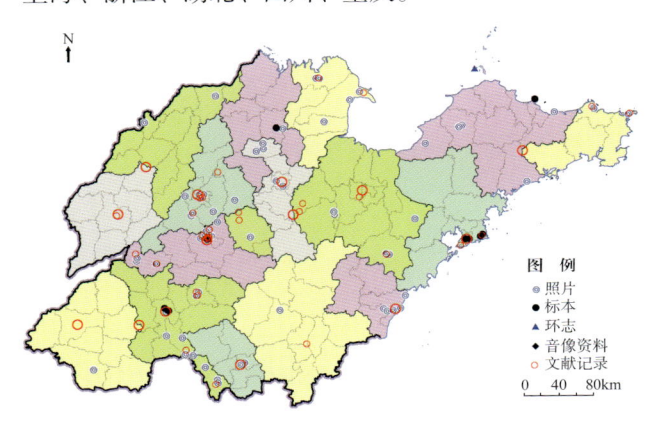

山东记录文献： 郑光美2011，Shaw 1938a，郑作新1976、1987，钱燕文2001，朱曦2008；纪加义1988c。

华南亚种 *Parus major commixtus* Swinhoe

亚种命名　　Swinhoe，1868，Ibis（2）4：63（福建长汀）

分布： 济南-济南，千佛山。济宁-南四湖；曲阜。聊城-聊城，东昌湖。临沂-沂河。青岛-青岛。泰安-泰山。

江苏、上海、浙江、江西、湖南、四川、贵州、云南、福建、台湾、广东、广西、香港。

山东记录文献： 朱曦2008；—。

区系分布与居留类型： ［广］（R）。

种群现状： 大山雀是有名而常见的森林食虫益鸟，在控制森林虫害发生方面意义大，因而有些省份已将其列为地方保护鸟类。物种分布范围广，种群数量较丰富，被评为无生存危机物种。山东分布广，数量分布较普遍，未列入山东省重点保护野生动物名录；山东仅有朱曦（2008）记述的 *commixtus* 亚种的分布，现状应为无分布。

物种保护： Ⅲ，Lc/IUCN。

参考文献： H1099，M862，Zjb544；Lb601，Q470，Z879，Zx192，Zgm339。

山东记录文献： 郑光美2011，朱曦2008，钱燕文2001，范忠民1990，郑作新1987、1976，Shaw 1938a、1930；孙玉刚2015，赛道建2013、1999、1994、1989，贾少波2002，李久恩2012，邢在秀2008，王海明2000，张培玉2000，王元秀1999，田家怡1999，杨月伟1999，宋印刚1998，王庆忠1995、1992，赵延茂1995，丛建国1993，王希明1991，泰安鸟调组1989，纪加义1988c，刘体应1987，杜恒勤1985，山东林业研究所1974，李荣光1960、1959，田丰翰1957。

414-11 杂色山雀
Parus varius Temminck *et* Schlegel

命名： Temminck *et* Schlegel，1848，in Siebold，Faun. Jap.，Aves：71（日本本州岛）

英文名： Varied Tit

同种异名： 赤腹山雀；—；—

鉴别特征： 体小、具特征性山雀。嘴黑色，头顶纹色浅白色，额、眼先、颊斑皮黄色至棕色。颏、喉、前胸黑色。头顶、后颈暗黑色。上体蓝灰色，颈圈栗棕色，下体栗红色，胸腹中央浅黄色，臀线皮黄色。脚灰色。幼鸟色暗淡。

形态特征描述： 嘴黑色。虹膜褐色。额、眼先、颊斑至颈侧浅皮黄色至棕色。胸兜、头顶至后颈黑色，后头中央有白斑。颏、喉黑色。颈圈棕色。上背栗色，上体余部、翼蓝灰色。下体栗褐色，喉、上胸间有乳黄色横斑，胸、腹及两胁栗红色，胸、腹部中央至尾下覆羽淡黄褐色，具皮黄色臀线。脚灰色。

幼鸟　色较暗淡。

杂色山雀（司继跃20130329摄于莱州）

鸣叫声： 发出"pit""spit-spit-see-see""chi-chi-chi""chick-a-dee""peee"等丰富多变的鸣声。

体尺衡量度（长度mm、体重g）： 山东分布有采到标本记录，但标本保存处不详，测量数据遗失。

栖息地与习性： 栖息于低海拔的各种林型中，以郁闭度较小的林中常见。性活泼，除繁殖期单独或成对活动外，多成小群或与大山雀混群活动，在树冠下层、灌木丛中及地面上活动觅食。

食性： 主要捕食昆虫及其幼虫，也采食植物果实与种子。

繁殖习性： 繁殖期5～7月。在树洞中营巢，碗状巢主要由苔藓构成，内垫兽毛和羽毛。通常每窝产卵约5枚，卵白色被淡紫色和赤褐色斑点，卵径约为18mm×14.5mm，卵重约1.5g。

亚种分化： 全世界有8个亚种，中国有2个亚种，山东分布为指名亚种 *P. v. varius* Temminck et Schlegel。

亚种命名 Temminck et Schlegel, 1848, in Siebold, Paun. Jap., Aves：71（日本本州岛）

分布： 烟台 - ◎ 莱州；长岛县 - ▲●（范强东1990、1993b）长岛。（R）胶东半岛。

吉林、辽宁、江西。

区系分布与居留类型：［广］（P）。

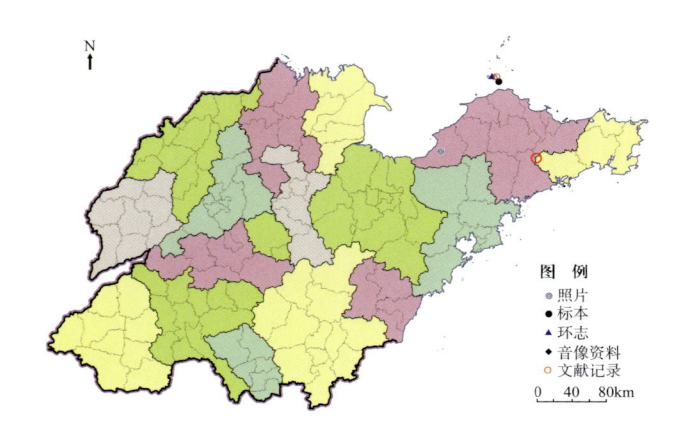

种群现状： 分布区狭小，数量稀少，被列入辽宁省重点保护野生动物名录。山东分布记录为范强东等（1990）首次报道，1987年10月25日在长岛进行鸟类环志时采到雄性标本，卢浩泉（2003）记为山东鸟类新记录，应加强物种与栖息环境的研究保护，未列入山东省重点保护野生动物名录。

物种保护： Ⅲ，Lc/IUCN。

参考文献： H1113，M869，Zjb559；Lb614，Q476，Z893，Zx192，Zgm341。

山东记录文献： 郑光美2011，朱曦2008；赛道建2013，卢浩泉2003，范强东1993b、1990。

20.28　䴓科 Sittidae（Nuthatches）

嘴多强健、锥状，长直约与头等长，略上翘。鼻孔多覆以鼻羽或悬垂有鼻须。跗蹠短，后缘具2片盾状鳞；趾和长爪强壮，后趾发达，适于攀爬。翼形尖，第1枚初级飞羽不及第2枚的一半。尾羽12枚，短而柔软，方尾或略圆。

多为树栖性，栖息于不同森林环境，少数栖息于开阔山地的裸岩及悬崖环境。具领域性，通常成对生活，可在垂直树干或岩石表面觅食活动，并可头下脚上进退，双脚一上一下支撑身体保持平衡。捕食昆虫、蜘蛛等无脊椎动物，也采食植物的种子及核果，并有储藏食物行为。配偶可维系终年，营穴巢，部分种类会用黏土等将洞口封小，以防天敌。作为森林鸟类，加上天然分布区极为狭窄，森林的砍伐与破坏是构成威胁的主因，本科已有4种被列为受威胁鸟种。

全世界共有2属25种，中国有1属11种，山东分布记录有1属1种。

415-11　普通䴓
Sitta europaea Linnaeus

命名： Linnaeus, 1758, Syst. Nat., ed.10, 1：115（瑞典）
英文名： Eurasian Nuthatch
同种异名： 茶腹䴓，穿树皮，松枝儿，贴树皮；—；—

鉴别特征： 嘴黑色、下嘴蓝白色，嘴基、贯眼纹至颈黑色，喉白色。头顶、上体蓝灰色。下喉、颈侧至胸、腹肉红色，两胁栗色。尾下覆羽白色、羽缘栗色。脚肉褐色。

形态特征描述： 嘴长而尖、嘴黑色，下颚基部带粉色。虹膜深褐色，贯眼纹黑色、从嘴角到颈侧，眼上方白色。眼下、颊、颏和喉白色。上体与翼覆羽蓝灰色。飞羽黑色，外翈羽缘灰蓝色。颈侧、下体皮黄褐色，两胁浓栗色。尾羽短，中央尾羽与背同色，外侧尾羽黑色具灰黑色次端斑，最外侧2～3枚具白色次端斑。脚短爪硬，深灰色。

鸣叫声： 发出"seet、seet"或"twet-twet, twet""der-der"及似笛音的鸣声。

体尺衡量度（长度mm、体重g）： 山东分布见有少量文献记录，但暂无标本及测量数据。

栖息地与习性： 栖息分布中低海拔的山林，以及村落附近的树丛中。性活泼，成对或结小群不停地在树间活动，飞行起伏呈波浪状；善攀援树木，能在树干向上或向下攀行，有时以螺旋形沿树干攀缘活动，并能头朝下在树干上向下爬，寻找啄食树皮下的昆虫，偶尔于地面取食活动。

食性： 主要啄食树上昆虫，也采食植物种子及坚果。

繁殖习性： 繁殖期4～6月。4月下旬开始，雌雄在溪流沿岸等有老龄树的树洞中营巢，洞口用泥抹成圆形，内垫树叶和软树皮。通常每窝产卵8～9枚，卵粉白色被紫褐色斑，或肉红色被不规则锈褐色斑点，钝端斑点大而密，卵径为20mm×15mm，卵重约2g。雌鸟孵卵，雄鸟给孵卵雌鸟喂食，并修补巢洞口，孵化期约17天。雏鸟晚成雏，雌雄亲鸟共同育雏约19天，雏鸟离巢由亲鸟带领活动。

亚种分化： 全世界有27个（Dement'ev et Gladkov 1954）或18个（Vaurie 1959）亚种，中国有5个（郑作新2002、1976、赵正阶2001）或4个（郑光美2011）亚种，山东分布为华东亚种 *S. e. sinensis* Verreaux。

亚种命名 Verreaux, 1870, Bull. Nouv. Arch. Mus. Paris, 6：34（江西九江）

与其他亚种的区别是颈侧、下体皮黄褐色，眼下、颊、颏和喉白色。

分布： 东营-◎黄河三角洲。济宁-微山湖。（R）山东。

河北、北京、山西、河南、陕西、甘肃、安徽、江苏、浙江、江西、湖南、湖北、四川、贵州、云南、福建、台湾、广东、广西。

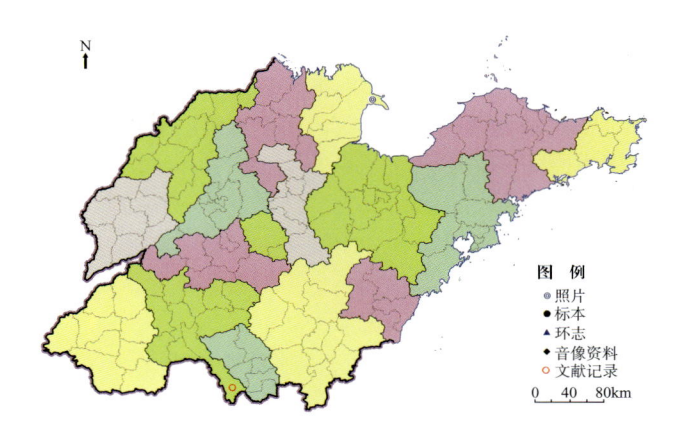

区系分布与居留类型： [古]（R）。

种群现状： 捕食害虫，采食松籽时散布树种子，是森林益鸟。山东分布首见于范忠民（1990）记录，卢浩泉（2003）记为山东鸟类新记录，但尚无专项研究和标本实证，近年来也未能征集到分布照片，其分布现状应进一步研究确证。

特种保护： Lc。

参考文献： H1124, M832, Zjb575；Q484, Z907, Zx193, Zgm343。

山东记录文献： 郑光美2011，朱曦2008，范忠民1990，钱燕文2001；赛道建2013，李久恩2012，卢浩泉2003。

20.29 旋壁雀科 Tichidromidae（Wallcreeper）

喙细长而略下弯，长于头。鼻孔细长如缝。翼长而圆，具初级飞羽10枚，最外枚甚短，次级飞羽9枚，翼上有鲜艳的红色与白斑。尾羽12枚，短而柔软，方尾或略成圆尾。跗蹠短，后缘具2片盾状鳞；有强壮的趾和长爪，后趾特别发达，适于攀爬。

本科曾作为鸭科的旋壁雀属（*Tichidroma*）（郑作新2002、1987、1976），分子生物学兴起后，该类群中的许多属成为独立的科，旋壁雀属也被视为独立的科（郑光美2011）。

中国有1属1种，山东分布记录有1属1种。

416-11 红翅旋壁雀
Tichodroma muraria（Linnaeus）

命名： Linnaeus, 1766, Syst. Nat., ed. 12, 1：184（欧洲南部）

英文名： Wallcreeper

同种异名： 爬树鸟，石花儿，爬岩树；—；Red-winged Wallcreeper

鉴别特征： 体小，红黑醒目灰色鸟。嘴黑而长、稍曲，脸、喉黑色。体羽灰色，翼具醒目绯红色斑，飞羽黑具显著白点斑，飞行时呈带状，臀具白横纹。尾短，外侧尾羽白端斑显著。脚棕黑色。

形态特征描述： 嘴黑色，长而稍向下曲。虹膜深褐色，眼周微白色，眼先灰黑色。冬羽额、头顶、枕及脸、颊灰黑沾棕色。颏、喉白色。背、肩灰色，腰、尾上覆羽深灰色。飞羽黑色、羽端白色，初级飞羽除外侧3枚外，各羽外翈基部红色，第2～5枚内翈具2个、第6枚具1个椭圆形白斑，飞行时两排显著白点斑呈带状；小覆羽、中覆羽和初级覆羽、外侧大覆羽外翈胭脂红色形成翼上醒目绯红色斑，内翈与内侧大覆羽黑褐色。翼下覆羽灰黑色沾红色，腋羽红色。下体深灰色，尾下覆羽先端白色呈横纹状。尾短，尾基部沾粉红色，中央尾羽黑色具灰色端斑，外侧尾羽黑色、内翈具显著白色次端斑且由内向外扩大至最外侧尾羽，可达外翈的一半。脚棕黑色。

雌鸟 脸及喉黑色较少。

鸣叫声： 发出一连串多变似"ti-tiu-tree"的尖细笛音及哨音。

体尺衡量度（长度mm、体重g）： 山东分布见有少量文献记录，但暂无标本及测量数据。

栖息地与习性： 栖息于高山悬崖和陡坡壁上，也见于平原山地，常在陡峭岩崖峭壁或林地中的山坡壁上攀爬、飞舞。繁殖期成对、其他季节单独活动，短距离飞翔，展开双翅、身体紧贴崖壁活动觅食。

食性： 主要捕食鞘翅目、鳞翅目和膜翅目等昆虫及其幼虫，以及少量蜘蛛等。

繁殖习性： 繁殖期5～7月。雌鸟在悬崖峭壁缝隙中营巢，雄鸟协助寻觅巢材，巢由苔藓和草茎、草根等构成，内垫兽毛和羽毛。通常每窝产卵4～5枚，卵白色被红褐色斑点，钝端较密，卵径约21mm×15mm。雌鸟孵卵。

亚种分化： 全世界有2个亚种，中国有1个亚种，山东分布记录为普通亚种 *T. m. nepalensis* Bonaparte。

亚种命名 Bonaparte，1850，Consp. Gen. Av.，1：225（亚洲中部）

分布：（W）山东。

辽宁、内蒙古、河北、北京、天津、山西、河南、陕西、宁夏、甘肃、青海、新疆、安徽、江苏、上海、湖北、四川、重庆、贵州、云南、西藏、福建、广东。

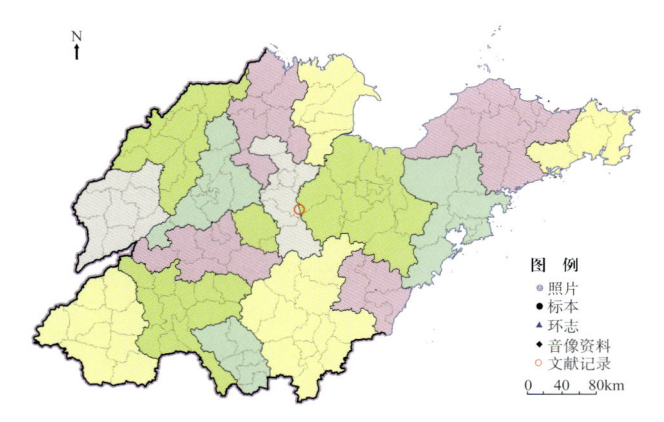

区系分布与居留类型：[古]（W）。

种群现状： 分布广而数量普遍，嗜食昆虫，为益鸟。山东分布见有少量记录，尚无专项研究，也无标本采集实证，近年来也未能征集到照片，其分布现状需进一步研究确认。

物种保护： Lc/IUCN。

参考文献： H1126，M843，Zjb578；Q484，Z910，Zx194，Zgm345。

山东记录文献： 郑光美2011，朱曦2008，钱燕文2001；赛道建2013。

20.30　旋木雀科 Certhiidae（Treecreepers）

体型较小，嘴细长而向下弯曲，鼻孔裸露呈裂缝状。翅较圆，初级飞羽10枚，第1枚短于第2枚的一半。尾长尖而坚挺，尾羽12枚，羽轴硬，羽端尖呈楔形。跗蹠后缘侧扁呈棱状，无鳞，攀缘足后爪较后趾长、弯曲而尖。

栖息于山地森林中，善在树上攀缘觅食昆虫。

全世界有2属7种，中国有1属5种，山东分布记录有1属1种。

● **417-01　欧亚旋木雀**
Certhia familiaris Linnaeus

命名： Linnaeus，1758，Syst. Nat.，ed. 10，1：118（瑞典）

英文名： Eurasian Treecreeper

同种异名： 旋木雀；—；Treecreeper，Common Treecreeper

鉴别特征： 褐色斑驳旋木雀。嘴褐色、下嘴粉红色，眉纹白色，贯眼纹黑而宽，头顶、后颈黑褐色，喉浅白色。上体棕褐色，因具白羽干纹而呈褐色斑驳状，腰棕色，下体白色，胸、两胁沾棕色。尾褐黑色，外翈具淡棕色带斑。脚褐色。

形态特征描述： 嘴细长而下弯，上嘴褐色、下嘴色浅。虹膜暗褐色，眉纹白色，眼先黑褐色。耳羽棕褐色。颏、喉乳白色。额、头顶、上背暗褐色，羽具淡白色羽轴纹，下背、腰和尾上覆羽棕红色。飞羽和覆羽黑褐色、羽端棕白色，内侧初级飞羽、次级覆羽中部具2道淡棕黄色带斑。下体近白色或皮黄色，胸、腹乳白色，下腹、胁和尾下覆羽沾灰色或沾皮黄色。尾羽长而尖、富有弹性、黑褐色，外翈羽缘、羽

欧亚旋木雀（李在军20080219摄于河口区）

干淡棕色，覆羽棕色。脚褐色。

鸣叫声： 发出"zit"的联络叫声和响亮刺耳似卷舌音的"zrreeht"叫声。

体尺衡量度（长度mm、体重g）： 山东分布有采到标本记录，但标本保存处不详，测量数据遗失。

栖息地与习性： 栖息于各地高山密林有老树分布

的地方，常加入混合鸟群。典型森林鸟类，能沿直立的树干自下而上螺旋形环绕树干攀爬，边爬边用尖嘴啄食隐藏在树皮下的昆虫，为其独特的取食方式。

食性： 主要捕食鞘翅目及各种昆虫的幼虫。

繁殖习性： 在枯裂树皮的缝隙中筑巢，巢杯状，用枯枝及树皮、羽毛等编成，巢缘用蜘蛛丝加固。通常每窝产卵4枚，卵白色有细密红褐色斑，卵径约16mm×12mm，卵重0.8g。

亚种分化： 全世界有12个亚种，中国有4个亚种，山东分布为北方亚种 *Certhia familiaris daurica* Domaniewski, *Certhia familiaris orientalis* Domaniewski。

亚种命名 Domaniewski, 1922, Disc. Biol. Arch. Soc. Sic. Varsaviensis, 1（10）：4（西伯利亚东南部海边 Sidemi）

旋木雀有多个亚种，郑作新（1987）认为 *orientalis* 为东北亚种；郑光美（2011）认为无此亚种，而有 *daurica*［郑作新（1976、1987、2002）称作北方亚种］，可能是将前者并入后者。故山东分布亚种应为 *Certhia familiaris daurica*。

分布： 东营-◎黄河三角洲；河口区（李在军20080219）。济宁-微山县-（P）鲁山。青岛-（P）青岛。胶东半岛。

区系分布与居留类型：［古］（W）。

种群现状： 以各种害虫为食，是重要森林益鸟。分布较广但数量并不丰富。山东近年来仅征集到1张分布照片，可见分布区狭窄而数量稀少，未列入山东省重点保护野生动物名录，应加强物种与栖息环境的研究与保护。

特种保护： Lc。

参考文献： H1127，M844，Zjb579；Q486，Z911，Zgm346。

山东记录文献： 郑作新1987、1976，范忠民1990；赛道建2013，纪加义1988c。

20.31 雀科 Passeridae（Old World Sparrows）

雌雄羽色相似。喙粗短、圆锥状，喙缘平滑。体型小，跗蹠有盾状鳞。

栖息于树林、灌丛、草原、农田或人类居住地，多成群活动，发出吱吱喳喳叫声。主要采食谷粒、草籽与植物种子，繁殖季捕食昆虫。在树洞、屋檐或树上营巢，雌雄鸟共同筑巢、孵卵及育雏，孵化期12～15天。分布范围广泛，种群数量大多丰富，并无重大生存压力，并未列入受威胁鸟种。

曾被列入文鸟科（郑作新1987、2002），Sibley 和 Ahlquist（1990）的核酸杂合（DNA-DNA hybridization）研究认为，麻雀属与鹈鸹属和梅花雀属、岩鹨属、织布鸟属的亲缘关系最近，而将它们置于一科。近年则自成一科（Dickinson 2003，郑光美 2011）。

全世界共有11属40种，中国有5属13种，山东分布记录有1属2种。

雀科麻雀属 *Passer* 分种检索表

1. 无眉纹，头顶红褐色，胸非黑色 ·· 2
   有眉纹 ·· 3
2. 耳羽处有黑色块斑 ·· 麻雀 *P. montanus*
   耳羽处无黑色块斑 ··· ♂山麻雀 *P. rutilans*
3. 眉纹土黄色或近白色，上体灰褐色，腰棕褐色，胸及体侧无纵纹、沾黄色 ·························· ♀山麻雀 *P. rutilans*

● **418-01 山麻雀**
Passer rutilans（Temminck）

命名： Temminck CJ, 1836, Pl. Col., Livr., 99：pl. 588（日本）

英文名： Russet Sparrow

同种异名： 黄雀，红雀，桂色雀；*Fringilla rutilans* Temminck, 1836，*Passer russatus*，*Passer rutilans kikuchii*；Cinnamon Sparrow

鉴别特征： 嘴黑色，顶冠栗红色，脸颊污白色，喉黑色。上体栗红色，背具纯黑色纵纹，下体黄白色。雌鸟嘴暗褐色，色暗，贯眼纹色深而宽，眉纹长、奶油色。脚粉褐色。相似种树麻雀耳羽处有黑斑。

形态特征描述： 嘴黑色。虹膜红栗褐色或褐色。眼先、眼后黑色，颊、耳羽、头侧白色或淡灰白色。颏和喉部中央黑色，喉侧、颈侧灰白色。上体从额、头顶、后颈到背、腰栗红色，上背中央具黑色纵条纹，背、腰外翈具窄土黄色羽缘和羽端。两翅暗褐色，外翈羽缘棕白色；初级飞羽、次级飞羽黑色具宽阔栗黄色羽缘，初级飞羽外䍀基部有2道棕白色横斑；翼上小覆羽栗红色，中覆羽黑栗色、羽片中央具栗色楔状斑，而两侧黑栗色具宽阔白色端斑，大覆羽黑栗色具宽阔栗红色、栗黄色羽缘，小翼羽和初级覆羽黑褐色。腋羽灰白沾黄色。下体灰白色有时微沾黄色；覆腿羽栗色。尾暗褐色或褐色具土黄色羽缘，中央尾羽边缘稍红，尾上覆羽黄褐色。跗蹠和趾黄褐色。

山麻雀（刘兆瑞20150719摄于泰山桃花源）

雌鸟 翅和尾似雄鸟。眼先、贯眼纹褐色向后延伸至颈侧，眉纹长而宽阔、皮黄白色或土黄色。颊、头侧、颏、喉皮黄色或黄白色。上体褐色，上背满杂棕褐色与黑色斑纹，腰栗红色。下体淡灰棕色，腹部中央白色。

鸣叫声： 发出似"cheep""chit-chit-chit"的快速鸣叫声。

体尺衡量度（长度mm、体重g）： 山东分布有采到标本记录，但标本保存处不详，测量数据遗失。

栖息地与习性： 栖息于低山丘陵和山脚平原地带的森林和灌丛。繁殖期单独或成对、其他季节小群活动，多于林缘疏林树枝、灌丛和草丛间活动，到村镇和居民点附近的农田、河谷、果园、岩石草坡、房屋前后和路边树上活动和觅食。

食性： 杂食性。主要捕食蜻蜓目、鞘翅目、鳞翅目、膜翅目和半翅目等昆虫及其幼虫；植物性食物主要有麦、稻谷、荞麦、小麦、玉米及禾本科、莎草科等植物的果实和种子。

繁殖习性： 繁殖期4～8月。雌雄鸟共同在山坡岩壁天然洞穴、堤坝和桥梁洞穴或房檐下和墙壁洞穴中营巢，巢用枯草叶、草茎和细枝构成，内垫棕丝、羊毛、羽毛等。通常每窝产卵4～6枚，每年可繁殖2～3窝。卵白色或浅灰色被茶褐色或褐色斑点，钝端较密常形成圈状，卵径约19mm×14mm，卵重7.9～8g。

亚种分化： 全世界有4个亚种，中国有4个亚种，山东分布为指名亚种 *P. r. rutilans*（Temminck）。

亚种命名 Temminck CJ，1836，Pl. Col.，Livr.，99：pl. 588（日本）

分布： 东营-（R）◎黄河三角洲。菏泽-（R）菏泽。济南-历城-下罗伽（20140518），西营（陈忠华20140517）；章丘-百丈崖（陈云江20130529）。济宁-任城区-济宁公园（聂成林20090904）；（R）微山县；（R）邹城，曲阜-九仙山（马士胜20150617），孔林（孙喜娇20150430）。莱芜-莱城区-雪野水库（陈军20140502）。泰安-（R）泰安，岱岳区-徂徕山；●（杜恒勤1993b）泰山-高山，中山，朝阳洞，桃花源（刘兆瑞20150719），玉皇顶，三岔林区，后石坞，松棚，黑龙潭（20120514），桃花峪，摩天岭（刘兆瑞20120526）。潍坊-（R）青州-仰天山，南部山区。威海-文登-天福山（韩京20110522），昆嵛山-无染寺（20160531）。烟台-海阳-东村（刘子波20140419）；◎莱州；栖霞-十八盘（牟旭辉20130413）。淄博-淄博；高青县-常家镇（赵俊杰20160423）。胶东半岛，鲁中山地，鲁西北平原，鲁西南平原湖区。

河北、北京、天津、山西、河南、陕西、宁夏、甘肃、青海、安徽、江苏、上海、浙江、江西、湖南、湖北、四川、重庆、云南、福建、台湾、广东、广西、香港。

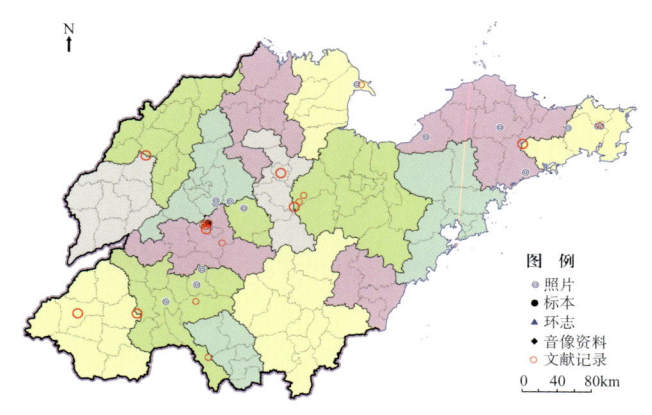

区系分布与居留类型： ［广］（R）。

种群现状： 山麻雀在中国分布较广，种群数量较丰富。山东分布广泛，而数量并不普遍，需加强物种与栖息环境的研究，未列入山东省重点保护野生动物名录。

物种保护： Ⅲ，中日，Lc/IUCN。

参考文献： H1156，M1197，Zjb611；Lc482，Q504，Z939，Zx195，Zgm353。

山东记录文献： 郑光美2011，朱曦2008，赵正阶2001，钱燕文2001，傅桐生1998，范忠民1990，郑作新1987、1976；孙玉刚2015，赛道建2013，王海明2000，田家怡1999，王庆忠1995、1992，赵延茂1995，丛建国1993，杜恒勤1993b，泰安鸟调组1989，纪加义1988c，杜恒勤1993b、1985。

● 419-01 麻雀
Passer montanus (Linnaeus)

命名： Linnaeus，1758，Syst. Nat.，ed. 10，1：183（意大利北部）

英文名： Eurasian Tree Sparrow

同种异名： 树麻雀，禾雀，宾雀，厝鸟，家巧儿，霍雀，嘉宾，瓦雀，琉雀，家雀，老家子，老家贼，照夜，麻谷，南麻雀，禾雀，宾雀，厝鸟，家雀儿；—；Tree Sparrow

鉴别特征： 嘴黑色，顶冠栗褐色，耳、喉具显著黑块斑，贯眼纹暗色。颈背褐具完整灰白领环，上体近褐色，下体皮黄灰色。幼鸟色暗淡，嘴基黄色。脚粉褐色。

形态特征描述： 嘴短而强健，黑色，圆锥形。虹膜暗褐色，眼先、眼下缘黑色。头顶、后颈栗色较深；颊、颈侧白色在头侧形成大白斑，脸颊部具一特征性黑色大块斑。颏、喉中央黑色。背部栗色较浅具粗著黑色条纹，肩羽褐红色有2条白色带状纹；腰、尾上覆羽褐色。翅黑褐色，小覆羽栗色，中覆羽、大覆羽白色端斑在翅上形成2道白色横斑；初级飞羽9枚，初级飞羽、次级飞羽外翈和端部具宽窄不一的栗色和棕褐色羽缘，形成2道淡色横斑。下体胸、腹近白微沾沙褐色，胁和尾下覆羽灰褐沾淡黄色。尾微叉状，暗褐色，羽缘褐色。跗蹠浅褐色。

雌鸟 似雄鸟。肩羽橄榄褐色而非褐红色。

幼鸟 喉部灰色，随年龄增大颜色越来越深直到黑色。

鸣叫声： 发出"jiajiajia…"的嘈杂叫声。

体尺衡量度（长度mm、体重g）： 寿振黄（Shaw 1938a）记录采得2只标本，但标本保存地不详。

麻雀（张月侠 20140406 摄于南阳岛）

标本号	时间	采集地	体重	体长	嘴峰长	翅长	跗蹠长	尾长	性别	现保存处
	1958	微山湖	140	8	82	18	48			济宁一中
	1989	泰安	159	10	69	16	56	10♂	泰安林业科技
	1989	泰安	135	11	69	17	57	4♀	泰安林业科技

栖息地与习性： 栖息活动于有人类居住的居民点和田野附近。性活泼，胆大而警惕性高。在地面活动时双脚跳跃前进，不能远飞，当谷物成熟时结大群飞向农田采食。

食性： 杂食性。主要采食禾本科植物种子及人类扔弃的各种食物，育雏期则捕食鳞翅目害虫。

繁殖习性： 除冬季外，几乎总处在繁殖期，3~4月开始繁殖，每年至少可繁殖2窝。在建筑物、屋檐下和墙洞、树洞等各种缝隙和洞中营巢，巢简陋，由草茎、羽毛等构成。通常每窝产卵4~6枚，卵灰白色满布褐色斑点。雌雄轮流孵卵，孵化期11~14天。雏鸟晚成雏，幼鸟大约30天离巢。

亚种分化： 全世界有19个亚种，中国5个亚种，山东分布为普通亚种 *P. m. saturatus* Stejneger，*Passer montanus iubilarus*（赵正阶 2001）。

亚种命名 Stejneger，1885，Proc. U. S. Nat. Mus.，8：19（日本琉球群岛）

Reichenow，1907，Journ. Orn.，55：470（青岛）

分布： 滨州-●（刘体应1987）滨州；滨城区-引黄闸（刘腾腾20160423），西海水库（刘腾腾20160517），小开河村（刘腾腾20160516）；北海新区-埕口盐场（刘腾腾20160423）；阳信县-东支流（刘腾腾20160519）；无棣县-贝壳岛保护区（20160501）。德州-齐河县-●（20130907）华店。东营-（R）◎黄河三角洲；自然保护区-大汶流（单凯20120209）。菏泽-（R）菏泽；曹县-康庄（谢汉宾20151018）。济南-（R）济南，●◆（邵增珍2013）济南机场（20130907）；天桥区-北园，龙湖（陈云江20140517）；历下区-大明湖（20120612，陈忠华20140101），千佛山，泉城公园（陈忠华20140618）；槐荫区-◎玉清湖，睦里闸，历城区-虎门（20121115）；章丘-（R）黄河林场。济宁-●济宁，南四湖-龟山岛（20150730）；曲阜-（R）曲阜，孔林（孙喜娇20150426）；微山县-鲁山，微山湖，昭阳（陈保成20140204），夏镇（张月侠20160404），南阳岛（20160218，张月侠20140406），刘庄村（张月侠 20160403）。**聊城** - 聊城，东昌湖。**临沂** - （R）沂河；费县 - 中华奇石城（20150907）。**莱芜** - 汶河；莱城区 - 红石公园（陈军 20130606），雪野水库，通天河，华山林场。**青岛** - 青岛，近海海岛；李沧口 - ●（Shaw 1938a）沧口；四方区 - ●（Shaw 1938a）四方。**日照** - 东港区 - 阳光海岸（20140623），●山字河机场（20150829）；前三岛。**泰安** - （R）●泰安；泰山区 - 农大南校园；泰山 - 中山，低山，罗汉崖，大津口，地震台；东平县 - （R）东平湖。**潍坊** - 潍坊；奎文区；（R）青州 - 仰天山，南部山区。**威海** - ◎环翠公园；荣成 - 天鹅湖（孙剑江 20070102）。**烟台** - ●（Shaw 1930）烟台；芝罘区 - ●（Shaw 1930）芝罘山，鲁东大学（王宜艳 20150908），海阳 - 小纪（刘子波 20160102）；◎莱州。**枣庄** - 山亭区 - 城郭河（尹旭飞 20120719），西伽河（尹旭飞 20160409）。**淄博** - 淄博；理工大学（20150912）；张店区 - 沣水镇（赵俊杰 20141003），人民公园（赵俊杰 20141216），南定镇（赵俊杰 20160312）；高青县 - 花沟镇（赵俊杰 20141007）。胶东半岛，鲁中山地，鲁西北平原，鲁西南平原湖区，山东全省。

黑龙江、吉林、辽宁、内蒙古、河北、北京、天津、山西、河南、陕西、宁夏、甘肃、青海、安徽、江苏、上海、浙江、江西、湖南、湖北、四川、重庆、贵州、云南、福建、台湾、广东、广西、香港、澳门。

区系分布与居留类型：［广］（R）。

种群现状： 古人曾作药用，但实际药用价值甚微。亚种分化极多，且广布于欧亚大陆，是一种最常见的雀类。1958年，人们曾因其取食谷物而将其列为四害（苍蝇、蚊子、老鼠、麻雀）之一（现被臭虫取代），动员全民欲消灭之，一年以后，发现园林植物出现虫灾，甚至是毁灭性的；郑作新等的调查研究发现，麻雀因其种群数量巨大对有害昆虫的控制起到了非常大的作用，才从生态认识上从四害中删除麻雀。山东分布广泛而数量普遍较多，无严重生存压力，但在城市化程度较高的地方，由于现代建筑物上没有其营巢环境而数量有明显减少。

物种保护： Ⅲ，Lc/IUCN。

参考文献： H1155，M1198，Zjb610；Lc486，Q502，Z937，Zx196，Zgm344。

山东记录文献： 郑光美 2011，朱曦 2008，赵正阶 2001，钱燕文 2001，傅桐生 1998，范忠民 1990，郑作新 1987、1976，Shaw 1938a、1930；孙玉刚 2015，赛道建 2013、1999、1994、1989，庄艳美 2014，李久恩 2012，贾少波 2002，邢在秀 2008，王海明 2000，张培玉 2000，王元秀 1999，田家怡 1999，杨月伟 1999，宋印刚 1998，王庆忠 1995、1992，赵延茂 1995，丛建国 1993，泰安鸟调组 1989，纪加义 1988c，刘体应 1987，杜恒勤 1985，柏玉昆 1982，李荣光 1960、1959，田丰翰 1957。

20.32 梅花雀科 Estrildidae（Waxbills and Allies）

喙圆锥形，多有鲜明色彩。体羽多鲜明且有白斑。尾尖而长。部分鸟种雌雄鸟异型。

多群居生活于树林、草原或灌丛等地。有成群营巢行为。高音鸣声多为哨音。主要以种子、草籽或谷物为食。一夫一妻制，求偶行为繁复。巢大，出入口在侧面，由草叶及草茎构成。雏鸟口中特殊斑块引发亲鸟喂食。因羽色艳丽而被捕捉作为笼鸟，采食谷物被当成是害鸟而加以防治，野外种群降低，目前有9种梅花雀科鸟类列入IUCN红皮书的受威胁名录。

本科曾被置于麻雀科，或列为文鸟科，因外形差异、梅花雀科鸟类体羽鲜明，近年多自麻雀科分出。Sibley 和 Ahlquist（1990）的核酸杂合（DNA-DNA hybridization）研究认为，梅花雀与文鸟的亲缘关系十分接近，其次是织布鸟属与岩鹨属。Howard 和 Moore 系统（Dickinson 2003）将文鸟类放入梅花雀科。

全世界有26属130种，中国有4属7种，山东分布记录有1属1种。

420-11 白腰文鸟
Lonchura striata（Linnaeus）

命名： Linnaeus, 1766, Syst. Nat., ed. 12, 1: 396（斯里兰卡）

英文名： White-rumped Munia

同种异名： 十姐妹，十姊妹，白丽鸟，禾谷，算命鸟，衔珠鸟，观音鸟；*Loxia striata* Linnaeus, 1766, *Munia acuticauda* Swinhoe, 1863, *Uroloncha acuticauda*, *Lonchura striata phaethontoptila*, *Lonchura striata* *swinhoei*；—

鉴别特征： 嘴灰黑色、下嘴染蓝色，额、眼周、颊、喉黑褐色。上体灰褐色具白色羽干纹，腰白色，腹黄白具皮黄色鳞状斑纹。尾黑褐色。幼体色淡而腰皮黄色。脚灰色。

形态特征描述： 上嘴黑色、下嘴蓝灰色。虹膜红褐色或淡红褐色。额、头顶前部、眼先、眼周、颊、颏、喉和嘴基黑褐色。耳羽和颈侧淡褐色或红褐色具细白色条纹或斑点。头顶后部、背和肩暗沙褐色或灰褐色具白色或皮黄白色羽干纹。上体红褐色或暗沙褐色具白色羽干纹，腰白色。翅黑褐色，覆羽和三级飞羽羽色同背但较深具棕白色羽干纹。颈侧和上胸栗色具浅黄色羽干纹和淡棕色羽缘，上胸栗色、各羽具浅黄色羽干纹和羽缘，下胸、腹和胁白色且各羽具不明显"U"形淡褐色斑或鳞状斑；肛周、尾下覆羽和覆腿羽栗褐色具棕白色细纹或斑点。尾黑色、楔状，尾上覆羽栗褐色具棕白色羽干纹和红褐色羽端。跗蹠蓝褐色或深灰色。

白腰文鸟（张月侠20150824摄于鱼台书香宾舍）

幼鸟 似成鸟。颏、喉淡灰褐或灰色具浅褐色弧状纹。上体淡褐色或灰褐色具白色或棕白色羽干纹，腰灰白色。下体胸、尾下覆羽和覆腿羽淡黄褐色具浅褐色和灰褐色相间弧状纹，腹、两胁灰褐沾黄色。尾上覆羽浅黄褐色具褐色弧状纹和近白色羽干纹。

鸣叫声： 发出似"xu、xu、xu、xu"4～5声一度的急速促短叫声，声声分开。

体尺衡量度（长度mm、体重g）： 山东暂无标本及测量数据，但近年来野外拍到照片。

栖息地与习性： 栖息于低山丘陵和山脚平原地带，以溪流、苇塘、农田、耕地和村落附近的林缘、次生灌丛、田园常见。繁殖期间成对活动，其他季节好结群，飞翔或停息常成群，在矮树丛、灌丛、竹丛、草丛和庭园、田间地头和地上活动，常在树枝、竹枝等高处鸣叫，也边飞边鸣，鸣声单调低弱而清晰，晚上成群栖息在树上或竹林中。

食性： 主要采食稻谷、谷粒和植物草籽、种子、果实、叶、芽等，也捕食少量昆虫。

繁殖习性： 每年可繁殖2～3窝。雌雄亲鸟共同在田边和村庄附近或山边、溪旁和庭园中树上或灌丛与竹丛中营巢，巢曲颈瓶状，开口于曲颈端部，或椭圆状、圆球形，开口于顶端侧面，巢用杂草、竹叶、稻穗、麦穗等构成，内垫细草。通常每窝产卵4～6枚，卵椭圆形或尖卵圆形，白色，光滑无斑，卵径约5mm×11mm，卵重约1g。雌雄亲鸟轮流孵卵，具有搬运卵的本能，孵卵期约14天。雏鸟晚成雏，雌雄亲鸟轮流哺育，育雏期约19天，幼鸟即可离巢出飞。

亚种分化： 全世界有6个亚种，中国有2个亚种，山东分布为华南亚种 *Lonchura striata swinhoei*（Cabanis）。

亚种命名 Cabanis，1882，Journ. F. Orn.，30：462（中国）

分布： 济宁-任城区-太白湖（聂圣鸿20170408）；鱼台-书香宾舍（张月侠20150824）。日照-东港区-国家森林公园（郑培宏20140711）。泰安-（P）泰山-桃花峪（20121129），金山水坝（刘兆瑞20120906）。

河南、陕西、安徽、江苏、上海、浙江、江西、湖南、湖北、四川、重庆、贵州、云南、福建、台湾、广东、广西、香港、澳门。

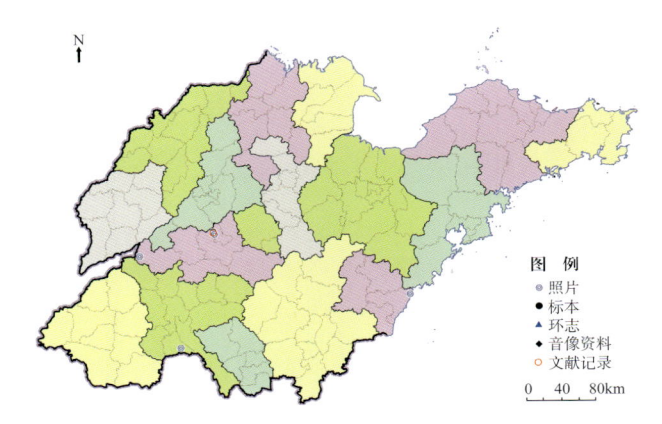

区系分布与居留类型： ［东］（P）。

种群现状： 白腰文鸟为易饲养繁殖的笼养观赏鸟。成群飞到农田啄食谷物造成一定危害。物种分布范围广，种群数量丰富，被评为无生存危机物种。山东分布赛道建（2012）首次在野外观察到群体活动并拍到照片记录，近年来不同地方也有野外照片记录，野外种群现状需进一步研究。

物种保护： Lc/IUCN。

参考文献： H1168，M1239，Zjb624；Lc496，Q508，Z951，Zx197，Zgm358。

山东记录文献： —；赛道建2013。

20.33 燕雀科 Fringillidae（Old World Finches）

体型小。喙粗厚而短，喙缘平滑。雌雄羽色常有差异。初级飞羽10枚，第1枚初级飞羽多退化或缺。尾羽12枚，跗蹠前缘被盾状鳞，后缘为单一长鳞片。

栖息于森林、灌丛、草原、农田或是人类居住地等各类栖地。常成群活动。主要采食谷粒、种子、果实、花及叶芽等植物性食物，繁殖期也捕食昆虫。在树上、地上或灌丛中营杯状巢，雏鸟晚熟性。部分种类有长途季节性迁徙行为。自1600年以来，已有12种灭绝，目前因栖地破坏、掠食者及人为猎捕和外来种影响，有30种受到生存威胁。

全世界共有42属168种，中国有16属57种，山东分布记录有11属15种。

燕雀科分属种检索表

1. 嘴基强厚，上喙延伸至骨质眼眶前缘之后 ·· 2
   嘴基不强厚，上喙不延伸至骨质眼眶前缘之后 ·· 7
2. 上嘴缘近嘴角处具缺刻或波状曲 ·· 拟蜡嘴雀属 *Mycerobas*，黄颈拟蜡嘴雀 *M. affinis*
   上嘴缘近嘴角处无缺刻或波状曲 ·· 3
3. 内侧初级飞羽及外侧次级飞羽羽端呈波状或方形 ······················· 嘴雀属 *Coccothraustes*，锡嘴雀 *C. coccothraustes*
   内侧初级飞羽及外侧次级飞羽羽端不呈波状或方形 ·· 4 蜡嘴雀属 *Eophona*
4. 初级飞羽先端白色，最前几枚具白色近端斑，腋羽与翼下覆羽暗色 ······························· 5 黑尾蜡嘴雀 *E. migratoria*
   初级飞羽先端无白色，但羽中段具白斑，腋羽与翼下覆羽白色 ······································ 6 黑头蜡嘴雀 *E. personata*
5. 嘴较大，长>20mm，上下体色较暗，翅长多长于100mm ································· 黑尾蜡嘴雀长江亚种 *E. m. sowerbyi*
   嘴较小，长<20mm，上下体色较淡，翅长多短于100mm ······························· 黑尾蜡嘴雀指名亚种 *E. m. migratoria*
6. 体型较小，翅长短于115mm ··· 黑头蜡嘴雀指名亚种 *E. p. personata*
   体型较大，翅长长于115mm ·· 黑头蜡嘴雀东北亚种 *E. p. magnirostris*
7. 上下嘴先端交叉 ·· 交嘴雀属 *Loxia*，红交嘴雀 *L. curvirostra*
   上下嘴先端不交叉 ·· 8
8. 腰白色 ··· 9
   腰非白色 ·· 11
9. 背灰色或褐灰色 ··· 10 灰雀属 *Pyrrhula*
   背黑色或褐色 ··· 燕雀属 *Fringilla*，燕雀 *F. montifringilla*
10. 嘴基羽毛、头顶黑色，腹灰色（♂），暗灰色沾葡萄红色（♀），大覆羽端灰色 ··· 灰腹灰雀 *Pyrrhula griseiventris*
    嘴基羽毛、头顶黑色，腹红色（♂），淡葡萄灰色（♀），大覆羽白端显著 ······················ 红腹灰雀 *P. pyrrhula*
11. 喙型直而尖 ··· 13 金翅雀属 *Carduelis*
    嘴稍呈膨胀状，嘴峰稍曲 ·· 15
12. 嘴短尖，体羽多条纹，翼覆羽棕白色羽端形成2道翼斑，喉黑色，胸玫瑰红色 ···················· 白腰朱顶雀 *C. flammea*
    嘴长而直，体羽绿色或黄色 ··· 13
13. 胸灰褐色，头顶灰沾绿色（♂），具褐灰杂黑褐色条纹（♀），翅长<85mm ····························· 14 金翅雀 *C. sinica*
    胸黄色或污黄色，头顶黑色（♂），尾基黄色（♀） ··· 黄雀 *C. spinus*
14. 嘴基膨厚，头顶灰色浓，背浓栗褐色，翅长<80mm ··· 金翅雀指名亚种 *C. s. sinica*
    嘴基不膨厚，头顶灰色淡，背淡褐色、多灰色，翅长>80mm，三级飞羽白缘较宽 ···· 金翅雀东北南部亚种 *C. s. ussuriensis*
15. 体羽沙褐色或黄色，外侧尾羽具白缘或全白 ······································ 岭雀属 *Leucosticte*，粉红腹岭雀 *L. arctoa*
    体羽主要为红色（♂），褐色或绿色（♀），外侧尾羽无白色 ··· 16
16. 尾较翅长 ··· 长尾雀属 *Uragus*，长尾雀 *U. sibiricus*
    翅短，与尾端相距超过跗蹠长度 ··· 17 朱雀属 *Carpodacus*
17. 额、喉具珠白色鳞状羽，体羽主要粉红色，翅上具2道横斑 ··· ♂北朱雀 *C. roseus*
    额、喉无珠白色鳞状羽，上体暗褐色，额、头顶、腰及喉、胸赤红色 ································· ♂普通朱雀 *C. erythrinus*
    腰、背异色，腰玫瑰红色 ·· ♀北朱雀 *C. roseus*
    腰、背同色，上体橄榄褐色 ·· ♀普通朱雀 *C. erythrinus*

● 421-01 燕雀
Fringilla montifringilla Linnaeus

命名： Linnaeus C，1758，Syst. Nat.，ed. 10，1：179（瑞典）

英文名： Brambling

同种异名： 花雀，华鸡；—；—

鉴别特征： 嘴黄色而尖黑褐色，颏喉棕黄色。头、后颈、上背亮黑色，下背、腰及尾上覆羽白色，翼黑色有醒目白肩斑和棕翼斑，初级飞羽基部具白点斑，飞行时白斑明显，胸黄棕色，腹白色。尾黑色，叉形。冬羽头部图纹明显为褐色、灰色及近黑色，雌鸟褐色。脚深褐色。

形态特征描述： 嘴粗壮圆锥状，黄色，尖端黑色。虹膜褐色。体羽额、头顶、头侧、枕、后颈、背、内侧次级飞羽和三级飞羽及最长尾上覆羽灰黑色，或多或少缀蓝色。头及脸黑色。颏、喉橘棕色。颈后、背羽辉黑色带红褐色羽缘。肩锈色，肩、翼上中、大覆羽尖端、腰和尾上覆羽白色，翅上白色构成白斑，翼上小覆羽锈棕色，初级飞羽黑褐色、羽基较淡，次级飞羽及三级飞羽黑色，大覆羽尖端赭色，飞羽和尾羽外翈具淡色羽缘。上胸橘棕色，下胸、腹及尾下覆羽白色，两胁淡棕色具黑色斑点。尾黑色，外侧尾羽具不明显淡色斑。脚暗褐色。

冬羽 上体刚换上的新羽黑色部分多被锈色羽端。头部黑色羽带棕黄色羽缘，颈后、背羽黑色、羽基灰白色带红棕色羽缘。胁淡棕色具黑色斑点。

雌鸟 似雄鸟。体色浅淡。头侧和颈侧灰色，头顶和枕具黑色窄羽缘。上体黑色部分被褐色取代且具黑色斑点、淡色羽缘，头及背具不明显纵纹。

冬羽 似雄鸟冬羽。羽色较暗。头顶至上背黑褐色、羽缘暗红棕色，下背至腰灰白色。颏、喉沙棕色，上胸暗橙棕色、羽端灰棕色，下胸、腹和尾下覆羽灰白色。尾浅黑色具白色狭羽缘。幼鸟和雌鸟相似。

鸣叫声： 发出"si-sisisi""chuee"等高叫声及吱叫声。

体尺衡量度（长度mm、体重g）： 寿振黄（Shaw 1938a）记录采得雄鸟4只、雌鸟3只标本，但标本保存地不详。

燕雀（赛道建 20130301 摄于泉城公园）

标本号	时间	采集地	体重	体长	嘴峰长	翅长	跗蹠长	尾长	性别	现保存处
B000554					11	86	12	50	♀	山东博物馆
					10	91	12	58	♂	山东博物馆
830275	19840307	鲁桥	25	146	12	89	20	62	♂	济宁森保站
	1989	泰安		144	12	89	20	63	15♂	泰安林业科技
	1989	泰安		142	12	88	20	62	5♀	泰安林业科技

栖息地与习性： 繁殖期间栖息于各类森林中，迁徙期间和冬季栖息于林缘疏林、田野、果园和村庄附近的小树林内。繁殖期间成对、其他季节成群活动，迁徙期间常集成百上千只大群，晚上多在树上过夜，多在树上活动，常到地上活动及觅食。

食性： 主要采食草籽、果实、种子、嫩叶及小米、稻谷、高粱、玉米、向日葵等，繁殖期间则主要捕食昆虫。

繁殖习性： 繁殖期5～7月。多在各种树上紧靠主干的分枝处营巢，巢杯状，由枯草、树皮等构成，外掺苔藓，内垫兽毛或羽毛。通常每窝产卵5～7枚，卵绿色被红紫色斑点，卵径约19mm×14mm。

亚种分化： 单型种，无亚种分化（Dickinson 2003，Clements 2007）。

分布： 滨州-●（刘体应1987）滨州。东营-（P）◎黄河三角洲；东城区-居民区（单凯 20130102）；东营区-揽翠湖（宋树军 20150415），安泰（孙熙让 20110124、20110225）；河口区-河口（李在军 20090425，仇基建 20100422），孤岛南大坝（孙劲松 20090406）。菏泽-（R）菏泽。济南-（P）济南，南郊，黄河；历下区-大明湖（20130123、20141207），师大校园（20090320），千佛山（20100401），泉城公园（20130301）；市中区-南郊宾馆（陈云江20131108）；历城区-虎门（20121125），绵绣川（20121120）；长清-梨枣峪（陈忠华20141109）。济宁-（W）济宁，石佛（聂成林20100407）；曲阜-沂河公园（20141220），孔林（孙喜娇20150417）；微山县-夏镇（陈保成20091122）；鱼台县-袁洼（张月侠20160405）。聊城-聊城。临沂-祊河（20160405）。莱芜-莱城区-牟汶河（陈军20130302）。青岛-●（Shaw 1938a）青岛，浮山；崂山区-（P）潮连岛，青岛科技大学（宋肖萌20140322）。日照-东港区-国家森林公园（郑培宏20141024），丁皋陆河（20150312）；（W）前三岛-车牛山岛，达山岛，平山岛。泰安-（PW）●泰安；泰山区-树木园（刘华东20160227），农大南校园；泰山-低山，后石坞（孙桂玲20120102），韩家岭（刘冰20121205），普照寺（刘兆瑞20110324）；东平县-东平湖。潍坊-高密-醴泉烈士陵园（宋肖萌20150103）。威海-环翠公园（20140114）。烟台-芝罘区-鲁东大学（王宜艳20160402）；海阳-凤城（刘子波20151114）；◎莱州；栖霞-长春湖（牟旭辉20150119）；长岛县-▲（B161-5003）大黑山岛。枣庄-枣庄。淄博-淄博；张店区-沣水镇（赵俊杰20160312），人民公园（赵俊杰20141216）。胶东半岛，鲁中山地，鲁西北平原，鲁西南平原湖区，山东全省。

除宁夏、青海、海南、西藏外，各省份可见。

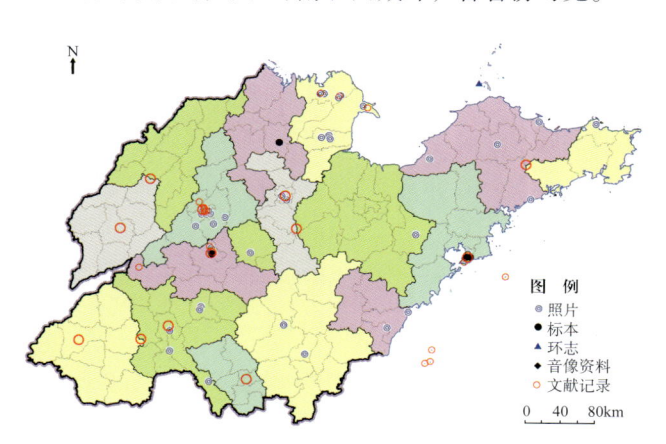

区系分布与居留类型：[古]（PWR）。

种群现状： 啄食农作物，对农业有害，繁殖季节吃昆虫，对森林有益，易于驯养作为观赏鸟。物种分布范围广，种群数量趋势稳定，被评为无生存危机物种。山东分布普遍而数量较多，冬季常有上千只群体在城市公园和乡村活动，繁殖季节未能征集到照片，表明需加强物种与栖息环境的保护研究以确认居留类型。

物种保护： Ⅲ，中日，Lc/IUCN。

参考文献： H1171，M1244，Zjb628；Lc562，Q510，Z954，Zx198，Zgm359。

山东记录文献： 郑光美2011，朱曦2008，钱燕文2001，傅桐生1987、1998，范忠民1990，郑作新1987、1976，Shaw 1938a；孙玉刚2015，赛道建2013、1994，贾少波2002，李声林等2001，王海明2000，田家怡1999，王希明1991，泰安鸟调组1989，纪加义1988d，刘体应1987，杜恒勤1985，李荣光1960、1959，田丰翰1957。

422-11 粉红腹岭雀
Leucosticte arctoa (Pallas)

命名： Pallas, 1811, Zool. Rosso-Asiat., 2: 21（阿尔泰山脉）

英文名： Asian Rosy Finch

同种异名： 白翅岭雀，北岭雀；—；Rosy Finch, White-winged Mountain Finch, Pink-abdomened Mountain Finch

鉴别特征： 中等体型，深色岭雀。嘴直、乳白色而端黑色，额、顶冠及脸、喉灰黑色。上体深褐色，沙色羽缘呈鳞状斑，上背黄褐色，翼近黑色而羽缘粉红色，腰、尾上覆羽暗褐色沾玫瑰红，下体褐色、羽片中心粉红色，颈、胸黑褐色沾银灰色。尾近黑色而羽缘白色。冬羽头顶、颈背及颈圈皮黄褐色。雌鸟色暗，翼粉红色限于覆羽。脚黑色。

形态特征描述： 嘴黄色、嘴端黑色。虹膜褐色。额、顶冠、眼先、颊、耳黑色，次端斑银灰色形成灰黑色鳞状斑，头顶后部、眼后缘头两侧、枕颈灰白色具棕褐色宽羽缘使之呈棕褐色；颔、喉灰黑色具银灰色端斑。上体背、肩深褐色具粗黑褐色纵纹，腰、尾上覆羽灰褐色、末端玫瑰红色成鳞状斑纹。飞羽、覆羽黑褐色，翼上覆羽羽缘粉红色。下体胸灰黑色具银灰色端斑，斑点显著沾粉红色，腹、胁灰褐色，次端斑银灰玫瑰红色显著。尾黑褐色而羽缘棕白色，尾下覆羽暗灰褐色具宽白色羽端且染粉红色。脚黑色。

冬羽 嘴橙黄色或黄白色，尖端黑褐色。头顶、颈背及颈圈皮黄褐色。

雌鸟 较雄鸟色暗，两翼的粉红色仅限于覆羽。指名亚种有异：成年雄鸟翼羽具宽阔羽缘而在合翼时看似为白色；体羽无粉红色且腰及臀为浅色。与朱雀的区别在黄色的嘴较厚且头无粉红色。

鸣叫声： 发出一连串缓慢下降似"chew"的鸣声。

体尺衡量度（长度mm、体重g）： 山东分布有采到标本记录，但标本保存处不详，测量数据遗失。

栖息地与习性： 栖息于中高海拔的岩壁、石砾堆、盆地、丛林高地、砂地港口及灌木丛中。在有稀疏树木的裸露山坡越冬。从地面起飞或螺旋形下降飞行时发出鸣叫声。成对或结群于荒芜及低矮植被下的地面觅食。

食性：主要采食植物的种子、果实，也取食昆虫等。

繁殖习性：有关繁殖报道较少。繁殖期6~7月。在崖壁缝隙间营巢。通常每窝产卵3~4枚，卵白色。

亚种分化：全世界有14个亚种，中国有2个亚种，山东分布为东北亚种 Leucosticte arctoa brunneonucha（Brandt）。

亚种命名　Brandt，1842，Bull. Acad. Imp. Sci. St. Pétersburg，10：252（堪察加）

分布：烟台-长岛县-▲●（范强东1993b）大黑山岛。（W）胶东半岛，山东。

黑龙江、吉林、辽宁、内蒙古、河北、北京。

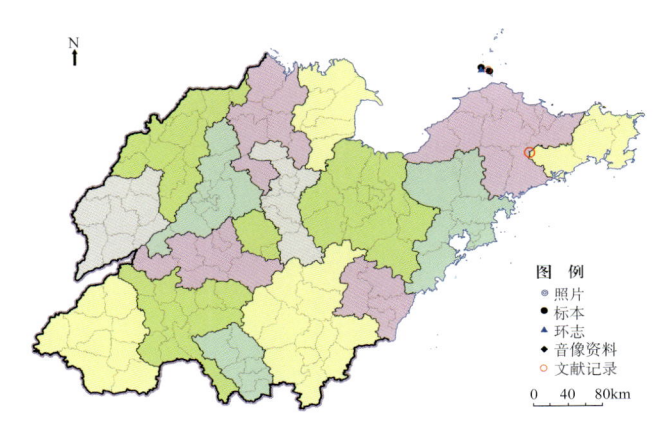

区系分布与居留类型：［古］（W）。

种群现状：种群数量并不普遍丰富。山东分布范强东（1993）首次报道采到标本并对该种鸟进行过环志，卢浩泉（2003）记为山东鸟类新记录，可能与种群数量稀少有关，未见有其他研究报道，需加强物种与环境的研究，调查清楚物种分布现状。

物种保护：Ⅲ，中日，Lc/IUCN。

参考文献：H1186，M1259，Zjb644；Q518，Z968，Zx199，Zgm361。

山东记录文献：朱曦2008；赛道建2013，卢浩泉2003，范强东1994、1993b。

● **423-01　普通朱雀**
Carpodacus erythrinus（Pallas）

命名：Pallas PS，1770，Nov. Comm. Acad. Sci. Petersb.，14：587，pl. 23，fig. 1（Volga region，southern U.S.S.R.）

英文名：Common Rosefinch

同种异名：朱雀，红麻料，青麻料；*Loxia erythrina* Pallas，1770；Scarlet Grosbesk

鉴别特征：嘴黄褐色，脸颊及耳羽色深。头、胸、腰及翼斑鲜亮红色。上体褐色，腹白色。雌鸟色暗淡。幼鸟似雌鸟，但褐色浓且有纵纹。脚近黑色。雄鸟与北朱雀等区别在于头、颏、喉、胸纯鲜红色，无斑纹。

形态特征描述：嘴角褐色、下嘴较淡。虹膜暗褐色，眼先暗褐色、有时微染白色，耳羽褐色杂有粉红色。额、头顶、枕和颊、颏、喉深朱红色或深洋红色。后颈、背、肩暗褐色或橄榄褐色、羽缘染深朱红色或红色，具不明显暗褐色羽干纹，腰和尾上覆羽玫瑰红色或深红色。两翅黑褐色，翼上覆羽具洋红色宽羽缘，飞羽外翈具土红色窄羽缘。腋羽和翼下覆羽灰色。上胸朱红色或洋红色，下胸至腹和胁转淡呈淡洋红色，腹中央至尾下覆羽白色或灰白色沾粉红色。尾羽黑褐色、羽缘沾棕红色。脚褐色。

普通朱雀（丁洪安20100419摄于保护区一千二管理站）

雌鸟　似雄鸟。上体灰褐色或橄榄褐色，头顶至背具暗褐色纵纹，两翅黑褐色、外翈具橄榄黄色窄羽缘，中覆羽、大覆羽端斑近白色。下体灰白色或皮黄白色，颏、喉、胸和两胁具暗褐色纵纹。

鸣叫声：发出有特色的清晰上扬哨音，或"weeja-wu-weeeja"单调重复缓慢上升哨音，示警叫声似"chay-eeee"。

体尺衡量度（长度mm、体重g）：寿振黄（Shaw 1938a）记录采得雌鸟2只标本，但标本保存地不详，测量数据记录不完整。

标本号	时间	采集地	体重	体长	嘴峰长	翅长	跗蹠长	尾长	性别	现保存处
	1958	微山湖		120	7	74	14	40		济宁一中
	1989	徂徕山		138	11	80	17	60	♂	泰安林业科技

栖息地与习性： 栖息于中低海拔的森林及其林缘地带，以林缘、溪边和农田边的小块树丛和灌丛中较常见，也到村寨附近的果园、竹林和树上活动。在中国主要为留鸟，部分为冬候鸟和旅鸟。单独或成对，非繁殖期则多成小群活动和觅食。性活泼，频繁在树木或灌丛间飞跃，飞行时两翅扇动迅速，多呈波浪式前进，有时停息在树梢或灌木枝头。

食性： 主要采食植物的果实、种子、花序、芽苞和嫩叶等，繁殖期间以捕食鞘翅目昆虫为主，秋季以浆果、种子和昆虫为食。

繁殖习性： 繁殖期5~7月。雌鸟单独在蔷薇等有刺灌木丛中和小树枝杈上营巢，雄鸟在巢附近鸣唱和警戒，巢杯状，用枯草茎、草叶和须根等构成，内垫细的须根和兽毛。每窝产卵3~6枚，卵淡蓝绿色被褐色斑点，或被黑色或紫黑色斑点，卵径约20mm×14mm。雌鸟孵卵，雄鸟在雌鸟孵卵期间寻食喂雌鸟，孵化期13~14天。雏鸟晚成雏，雌雄亲鸟共同育雏，经过15~17天的育雏，幼鸟可离巢。

亚种分化： 全世界有5个亚种，中国有2个亚种，山东分布记录有 roseatus 1个亚种（纪加义1988d，郑作新1987、1976）或2个亚种（郑光美2011）。

● 普通亚种 *C. e. roseatus* (Blyth)

亚种命名 Blyth *ex* Tickell, 1842, Journ. As. Soc. Bengal, 11: 461（印度 Calcutta）

鉴别特征： 体羽几乎全红。

分布： 滨州 - ●（刘体应1987）滨州。东营 - 河口区 - 孤岛公园（孙劲松20080320），保护区一千二管理站（丁洪安20100419）。济宁 - ●济宁。泰安 - ●泰山 - 低山，韩家岭；岱岳区 - ●徂徕山；东平县 - (P)东平湖。烟台 - 长岛县 - ▲(B161-5212) 大黑山岛。山东。

内蒙古、河北、北京、河南、陕西、宁夏、甘肃、青海、新疆、湖北、四川、重庆、贵州、云南、西藏、广东、广西、香港。

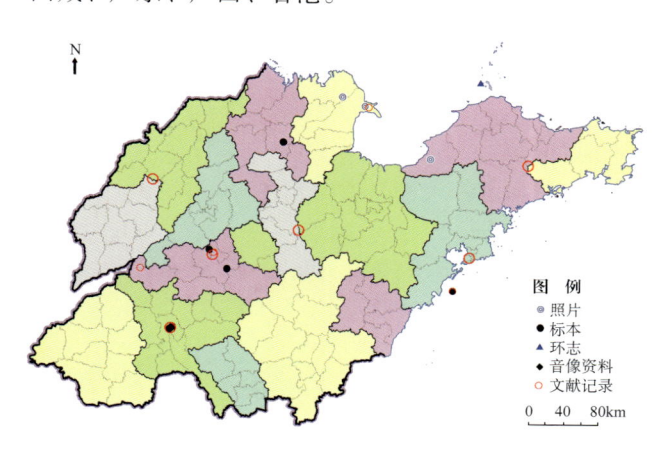

山东记录文献： 郑光美2011，郑作新1987、1976，范忠民1990，Shaw 1938a；赛道建2013，赵延茂1995，纪加义1988d。

东北亚种 *C. e. grebnitskii* Stejneger

亚种命名 Stejneger LH, 1885, Bulletin of the United States National Museum, 29: 265（西伯利亚堪察加）

鉴别特征： 下体淡粉红色。雌鸟上体清灰褐色，下体近白色，无粉红色。

分布： 山东。

黑龙江、吉林、辽宁、内蒙古、河北、北京、天津、山西、河南、安徽、江苏、上海、浙江、江西、湖南、贵州、福建、台湾、广东、香港。

山东记录文献： 郑光美2011，朱曦2008，赵正阶2001，钱燕文2001；赛道建2013，田家怡1999，泰安鸟调组1989，刘体应1987，杜恒勤1985。

区系分布与居留类型：［古］(P)。

种群现状： 羽色艳丽、鸣声悦耳且易于饲养，为笼养观赏鸟。分布广而种群数量较丰富，被评为无生存危机物种，但应严格控制猎取贸易。在山东分布数量并不普遍，被列入山东省重点保护野生动物名录。

物种保护： Ⅲ，中日，Lc/IUCN。

参考文献： H1204，M1267，Zjb663；Lc573，Q526，Z986，Zx199，Zgm362。

山东记录文献： 见各亚种。

● **424-01 北朱雀**
Carpodacus roseus (Pallas)

命名： Pallas, 1776, Reise Versch. Prov. Russ. Reichs, 3: 699（西伯利亚）

英文名： Pallas's Rosefinch

同种异名： 靠山红；—；Siberian Rosefinch

鉴别特征： 中型而体形矮胖的朱雀。嘴褐灰色，额、颏银白色。头、下背及下体绯红色，头顶色浅。上体及覆羽深褐色、边缘粉白色，具2道浅色翼斑，腹部粉红色。尾略长。雌鸟色暗，上体具褐色纵纹，腰粉色，下体皮黄具纵纹，胸沾粉色，臀白色。脚灰褐色。相似种普通朱雀头顶、喉、胸红色无白色鳞状斑，雌鸟腰非玫瑰红色。

形态特征描述： 嘴近灰褐色。虹膜褐色，无对比性眉纹。体羽大都粉红色。头顶、额、颊、颏、喉银白色具粉红色窄羽缘形成明显白色鳞状斑，头顶后部、头侧和后颈粉红色。上体背、肩灰褐色具黑褐色羽干纹和粉红白色羽缘，腰、尾上覆羽鲜亮粉红色。翼黑褐色，飞羽具棕红色羽缘，小覆羽外缘羽缘粉红色，中、大覆羽具白沾粉红色端斑，在翅上形成2道翼斑。腋羽、翼下覆羽白沾粉红色。下体绯红色，腹中央粉白色。尾略长，深褐色镶粉红色边缘。脚褐色。

北朱雀（丁洪安 20091103 摄于保护区一千二管理站）

雌鸟 色暗，上体具褐色纵纹，额、腰粉色。头顶及下体皮黄色具黑色纵纹，胸沾粉色，臀白色。

鸣叫声： 有时发出短促低哨音叫声；通常无声。

体尺衡量度（长度mm、体重g）： 山东分布有采到标本记录，但标本保存处不详，测量数据遗失。

栖息地与习性： 栖息于低海拔山区、丘陵地带的林地中，以及村庄农田、城镇公园。喜集群，多以家族群迁徙，10月迁来我国越冬，3月、4月迁离。性机警，善藏匿，多站在顶枝或灌木上，到草丛、灌丛中觅食。

食性： 主要采食各种野生植物的果实、种子和幼芽及谷物种子等。

繁殖习性： 不在我国繁殖。

亚种分化： 单型种，无亚种分化。郑作新（1976、1987、2002）认为无亚种分化，郑光美（2011）、赵正阶（2001）认为中国有1个亚种，故山东分布亚种为 ***C. r. roseus***（Pallas）。

分布： 东营-（W）◎黄河三角洲；保护区-一千二管理站（丁洪安20091103）。济南-长清-梨枣峪（陈忠华20141109）。聊城-（W）聊城。日照-（W）前三岛-车牛山岛，达山岛，平山岛。烟台-◎莱州；栖霞-白洋河（牟旭辉20130325）。淄博-淄博。胶东半岛，鲁中山地，鲁西北平原，鲁西南平原湖区。

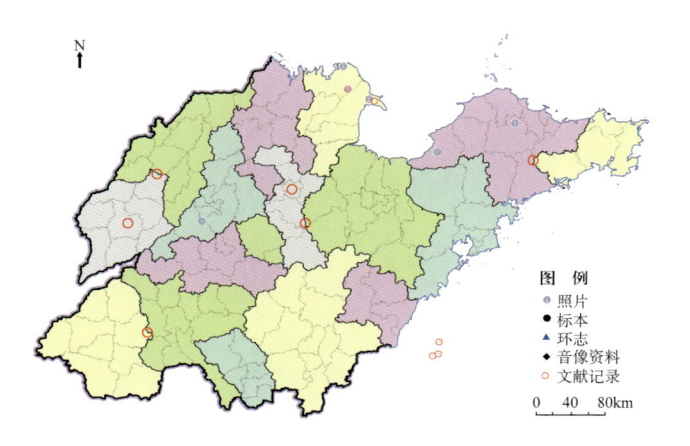

黑龙江、吉林、辽宁、内蒙古、河北、北京、天津、山西、河南、陕西、宁夏、甘肃、新疆、安徽、江苏、浙江、湖北、四川、重庆。

区系分布与居留类型： [古]（W）。

种群现状： 羽色美丽，鸣声悦耳，容易驯养，是普通笼鸟之一，应控制猎捕。山东分布数量并不普遍，未列入山东省重点保护野生动物名录，应加强物种与栖息环境的保护研究。

物种保护： Ⅲ，中日，Lc/IUCN。

参考文献： H1205，M1274，Zjb664；Q528，Z987，Zx199，Zgm364。

山东记录文献： 郑光美2011，朱曦2008，赵正阶2001，钱燕文2001，傅桐生1998，郑作新1987、1976；赛道建2013，纪加义1988d。

425-01 红交嘴雀
Loxia curvirostra Linnaeus

命名： Linnaeus，1758，Syst. Nat.，ed. 10，1：171（瑞典）

英文名： Red Crossbill

同种异名： 交喙鸟，青交嘴，交嘴；—；—

鉴别特征： 嘴曲、黑褐色，上下嘴相侧交。体羽砖红而色彩鲜艳，翼斑浅白色，浅色臀近白色。雌鸟暗橄榄绿色。幼鸟具纵纹。脚近黑色。

形态特征描述： 嘴近黑色、粗大而先端交叉，方向有"左搭雄、右搭雌"之说。虹膜深褐色。通体朱红色。额、头顶、后颈羽基褐色或橄榄褐色部分显露于外呈灰褐色斑点状，头侧眼先、眼周、耳整个脸部暗褐色，耳前至嘴基有朱红色斑。颏、喉朱红色，颏色淡近白色。上体背、肩、颈侧灰褐色，羽缘、羽端朱红色沾橄榄绿色，腰亮鲜红色。飞羽黑褐色具棕红色羽缘，覆羽暗褐色具浅红褐色宽羽端，无明显白色

红交嘴雀（马明元 20150217 摄于泉城公园）

翼斑。腋羽、翼下覆羽灰褐色或灰白色，腋羽具浅红褐色羽缘。胸、上腹、胁朱红色，两胁沾黄褐色，下腹污白色。尾近黑色具红褐色羽缘，末端凹形，尾上覆羽长羽黑褐色、短羽亮朱红色，尾下覆羽灰褐色具灰白色宽阔羽缘。脚近黑色。

雌鸟 暗橄榄绿色或染灰色，腰较淡或鲜绿色；头侧灰色。两性均具尖端相交叉的嘴。

鸣叫声： 发出似"jio-jio-jio"的叫声。

体尺衡量度（长度mm、体重g）： 山东分布有采到标本记录，但标本保存处不详，测量数据遗失。

栖息地与习性： 栖息于寒温针叶带的各种林型中。常结成数量不同的小群游荡，结群迁徙，飞行迅速而呈波浪状，边飞边鸣叫。常倒悬进食，用交嘴嗑开落叶松等的种子。

食性： 主要采食带壳的种子，如松籽、柏籽等。

繁殖习性： 繁殖期5~8月。成对后雌雄寻找巢地，在高大树木侧枝上营巢，巢碗状，由细枝苔藓、地衣等编织而成。通常每窝产卵3~5枚，卵污白色带浅绿色缀紫灰色底斑及红褐色和黑色斑点。雌鸟孵卵，雄鸟饲喂雌鸟，孵化期约17天。双亲共同以落叶松籽育雏，育雏期14~18天，秋天幼鸟与老鸟结群离开繁殖地往越冬地迁徙。

亚种分化： 全世界有18个亚种，中国有4个亚种，山东分布为东北亚种 *L. c. japonica* Ridgway。

亚种命名 Ridgway, 1885, Proc. Biol. Soc. Wash. 2: 103（日本）

分布：东营 - ◎黄河三角洲。**济南** - 历下区 - 泉城公园（马明元 20150217），南郊宾馆（陈云江 20101218）。**青岛** - 青岛；市南区 - 鱼山（曾晓起 20120415）；崂山区 - ●（杜恒勤 1998）崂山。**泰安** - （P）泰安，泰山。**威海** - （P）荣成 - 成山林场。**烟台** - 烟台。**枣庄** - ●（杜恒勤 1998）山亭区。胶东半岛，鲁中山地。

黑龙江、吉林、辽宁、内蒙古、河北、北京、天津、山西、河南、陕西、宁夏、甘肃、江苏、上海。

区系分布与居留类型：［古］（P）。

种群现状： 因嘴上下交叉、姿态优美而被人们饲养玩赏。山东分布较广而数量少，仅征集到少量分布照片，应加强物种与栖息地环境的保护研究。

物种保护： Ⅲ，中日，Lc/IUCN。

参考文献： H1210, M1286, Zjb669; Q530, Z991, Zx199, Zgm367。

山东记录文献： 郑光美 2011，朱曦 2008，赵正阶 2001，钱燕文 2001，傅桐生 1998，范忠民 1990，郑作新 1987、1976，Shaw 1938a；赛道建 2013，泰安鸟调组 1989，纪加义 1988d，李荣光 1960。

● **426-01 白腰朱顶雀**
Carduelis flammea (Linnaeus)

命名： Linnaeus, 1758, Syst. Nat., ed. 10, 1: 182（瑞典）

英文名： Common Redpoll

同种异名： 朱点，朱顶红，苏雀；*Acanthis flammea* Linnaeus), *Carduelis hornemanni*; Rodpoll, Mealy Rodpoll

鉴别特征： 嘴黄色而嘴端、脊黑褐色，头顶具红点斑，眉纹黄白色。体羽深褐多纵纹，上体羽具黑色羽干纹，腰浅灰色沾褐色具黑纵纹，胸粉红色延至脸侧。尾叉形。冬羽胸具粉红色鳞斑。雌鸟胸无粉红。脚黑色。

形态特征描述： 嘴黄褐色，嘴峰黑褐色。虹膜褐色，眉纹黄白色。额和头顶朱红色。额基、眼先黑色，耳、颊淡褐色具灰白色染玫瑰红色羽尖，颏黑色。头后部、枕、后颈、背、肩棕褐色具黑褐色羽干纹。下背和腰灰白色沾粉红色具黑褐色条纹。飞羽黑褐色、羽缘淡褐色而尖端白色，三级飞羽外翈尖端白色，覆羽黑褐色，大覆羽尖端白色，白色在翼上形成2条横带斑。腋羽和翼下覆羽白色。下体喉、胸、颈

白腰朱顶雀（李在军 20090205 摄于河口区）

侧玫瑰红色,余部白色。胸侧、胁皮黄色具黑褐色纵纹。尾上覆羽暗褐色、羽缘灰白色,尾羽黑褐色具细白色羽缘。脚黑褐色。

雌鸟　似雄鸟。无红色胸部。
幼鸟　似雌鸟。下体沾黄色。

鸣叫声: 鸣叫声尚不清楚。

体尺衡量度(长度mm、体重g): 山东分布有采到标本记录,但标本保存处不详,测量数据遗失。

栖息地与习性: 栖息于低山和山脚地带的溪边或沼泽化多草林地及乔木林和林缘的农田与果园中。性温顺,冬季喜群栖,活动在荒山、灌木、林缘和田间,在食物集中地常形成紧密群体。

食性: 主要采食草籽、谷子等,常在草棵上、蒿类的花穗上或到打谷场取食,喜食苏子故称苏雀。

繁殖习性: 繁殖期5~7月。在树的低枝或灌木丛中营巢,巢杯状,由枯草茎、草叶等构成,内垫羽毛、柳絮等。每窝产卵4~6枚,卵淡蓝色或绿色被褐色斑点,卵径17.5mm×12mm。雌鸟孵卵,孵化期约11天,雏鸟晚成雏,育雏期约13天。

亚种分化: 全世界有4个亚种,中国1个亚种,山东分布为指名亚种 *C. f. flammea*(Linnaeus)。

亚种命名　Linnaeus,1758,Syst. Nat.,ed. 10,1:182(瑞典)

分布: 东营-◎黄河三角洲;河口区(李在军20090205)。青岛-(P)青岛。淄博-淄博。胶东半岛,鲁中山地,山东。

黑龙江、吉林、辽宁、内蒙古、河北、北京、天津、山西、宁夏、甘肃、新疆、江苏、台湾。

图例
- ◎ 照片
- ▲ 标本
- ▲ 环志
- ● 音像资料
- ○ 文献记录

0　40　80km

区系分布与居留类型: [古] W(P)。

种群现状: 我国东部常见冬候鸟,数量较丰富,因羽色艳丽、易于驯养而被捕捉进行笼养贸易,致使种群数量有所减少,应严格控制捕猎。山东分布数量并不普遍,文献记录为旅鸟,从活动照片时间看应为冬候鸟,未列入山东省重点保护野生动物名录。

物种保护: Ⅲ,中日,Lc/IUCN。

参考文献: H1180,M1253,Zjb638;Lc571,Q514,Z961,Zx199,Zgm368。

山东记录文献: 郑光美2011,朱曦2008,赵正阶2001,傅桐生1998,钱燕文2001,郑作新1987、1976;赛道建2013,纪加义1988d。

● **427-01　黄雀**
***Carduelis spinus*(Linnaeus)**

命名: Linnaeus C,1758,Syst. Nat.,ed. 10,1:181(瑞典)

英文名: Eurasian Siskin

同种异名: 黄鸟,金雀,芦花黄雀,碧鸟,麻鸟(幼鸟);*Fringilla spinus* Linnaeus,1758,*Spinus spinus*;Siskin,Spruce Siskin

鉴别特征: 嘴短而褐,头侧黄色,顶冠、喉黑色。背暗绿色,腰及尾基亮黄色,翼具醒目黑色、黄色条斑,飞翔时可显示出鲜黄的翼斑、腰和尾基两侧。下体前金黄而后灰白,具黑褐斑。雌鸟色暗而多纵纹,顶冠、颏无黑色。幼鸟褐色较重,翼斑多橘黄色。脚近黑色。

形态特征描述: 嘴暗褐色,下嘴较淡。虹膜近黑色。眼先灰色,眉纹鲜黄色,贯眼纹短、黑色。耳羽暗绿色。额、头顶和枕部黑色,枕带灰黄色。颊黄色。颏和喉黑色,中央羽尖沾黄色。后颈和肩部绿色、羽缘黄色;腰亮黄色,羽尖色深,近背部羽干纹褐色。飞羽基段亮黄色、末段黑褐色、外缘黄绿色,羽端灰褐色;小、中覆羽褐色带亮黄绿宽羽缘形成黄色翼斑;大覆羽黑褐色、羽端亮绿色;小翼羽黑色、羽缘黄色尖端白色;初级覆羽暗黑色、羽缘绿黄色。翼下覆羽和腋羽淡黄色且前者羽基黑色。下体胸亮黄色;腹灰白色微沾黄色,两

黄雀(孙劲松20110502摄于孤岛公园;陈军20140330摄于红石公园)

胁及尾下覆羽灰白色、羽干纹黑褐色。尾基两侧鲜黄色，中央1对尾羽黑褐色具亮黄色狭边，最外侧1对尾羽外翈基段及内翈亮黄色，外翈末段及内翈羽端褐色；其余基段亮黄色、末段黑褐色带黄色羽缘；尾上覆羽褐色具亮黄色宽羽缘。腿和脚暗褐色。

秋羽 体羽黄、绿和黑等色泽不如春羽鲜明，但羽干纹较明显。

雌鸟 似雄鸟。头顶与颏无黑色，具浓重的灰绿色斑纹，额、头顶、头侧和翕褐色沾绿色，羽干纹黑褐色；腰部绿黄色具条纹；下体淡绿黄色或黄白色具较粗褐色羽干纹，胁部明显。

幼鸟 似雌鸟。体色较褐、少黄色，眉纹和颊侧淡皮黄色；上体条纹粗著，下体白色具黑色点斑；翼斑带皮黄色。

鸣叫声： 发出似"toolee""tsuu—ee"的铃声，或"tet"或"tet—tet"的单调声；飞翔时发出"tirrillilit"或"twillit""tittereee"的颤音。

体尺衡量度（长度mm、体重g）：

标本号	时间	采集地	体重	体长	嘴峰长	翅长	跗蹠长	尾长	性别	现保存处
	1958	微山湖		120	7	74	14	40		济宁一中
850025	19850426	石门山	56	117	11	74	17	48	♀	济宁森保站
	1989	泰山		113	9	73	12	48	♂	泰安林业科技
	1989	泰山		111	10	70	13	44	4♀	泰安林业科技

栖息地与习性： 栖息山区的多在针阔混交林和针叶林、平原的多在杂木林和河漫滩的丛林，以及公园和苗圃中，栖息环境比较广泛。繁殖期成对、其他季节常集结群活动，迁徙时常集成大群，喜落于茂密树顶上，常一鸟先飞，而后群体跟进，飞行快速，直线前进。冬季在南方各地越冬。

食性： 食物随季节和地区的不同变化。主要采食野生植物的果实、种子和嫩芽、浆果及少量谷物，能啄食大量鞘翅目等害虫。

繁殖习性： 繁殖期5~7月。筑巢以雌鸟为主，雌雄在松树平枝或林下小树上营巢，巢深杯形，由蛛网、苔藓、蚕茧、细根和纤维等构成，内垫细纤维、兽毛、羽毛和花絮等。每年可产2窝，通常每窝产卵4~6枚，卵鲜蓝色至蓝白色，缀红褐色线条和斑点，卵径约16mm×12mm。雌鸟孵卵。雌雄共同育雏，以雌鸟为主。

亚种分化： 单型种，无亚种分化。

分布： 东营-（W）◎黄河三角洲；东营区-明潭湖（宋树军20150424）；河口区-孤岛公园（孙劲松20110502）。菏泽-（W）菏泽。济南-（P）◎济南，黄河，●南郊（20090502）；历下区-千佛山、趵突泉（马明元20130404），大明湖（陈忠华20141104）；市中区-南郊宾馆（陈云江20141208）；长清区-梨枣峪（陈忠华20141109）；章丘-黄河林场。济宁-●济宁；任城区-太白湖（宋泽远20140407）；曲阜-（P）石门寺，孔林（孙喜娇20150417）；微山县-（P）鲁山，微山湖。聊城-聊城。青岛-崂山区-（P）潮连岛，浮山；崂山区-青岛科技大学（宋肖萌20140315）；日照-东港区-碧海路（成素博20121125）；（W）前三岛-车牛山岛，达山岛，平山岛。泰安-（P）泰安；泰山区-树木园（刘华东20160227）；●（李荣光1960）泰山-低山，罗汉崖，桃花峪（20130223），普照寺（张艳然20121020），大津口，地震台。潍坊-高密-醴泉烈士陵园（宋肖萌20150103）。烟台-◎莱州；海阳-凤城（刘子波20141214）；栖霞-太虚宫（牟旭辉20150119）；长岛县-▲（B160-3094）大黑山岛。淄博-淄博；张店区-人民公园（赵俊杰20141216）。胶东半岛，鲁中山地，鲁西北平原，鲁西南平原湖区。

除宁夏、云南、西藏外，各省份可见。

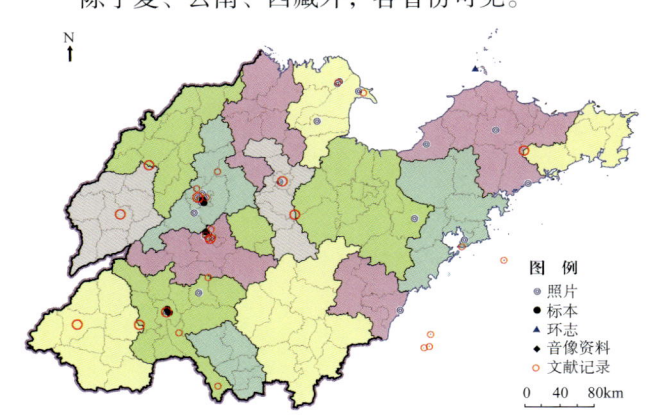

图例
○ 照片
● 标本
▲ 环志
■ 音像资料
○ 文献记录

区系分布与居留类型：[古]（PW）。

种群现状： 采食野生草籽，捕食害虫，有益于农林业。因羽色鲜丽，姿态优美，歌声委婉动听且持续时间长，易于驯养，羽色和脚的颜色可有季节性或与食物有关的颜色变化，是人们喜爱的笼鸟。在山东分布较广而数量不多，列入山东省重点保护野生动物名录。

物种级别： Ⅲ，中日，Lc/IUCN。

参考文献： H1178, M1249, Zjb636；Lc568, Q514, Z960, Zx200, Zgm369。

山东记录文献： 郑光美2011，朱曦2008，赵正阶2001，钱燕文2001，傅桐生1998，范忠民1990，郑作新 1987、1976；孙玉刚 2015，赛道建 2013、1994，贾少波 2002，李久恩 2012，王海明 2000，王元秀 1999，田家怡 1999，赵延茂 1995，王希明 1991，泰安鸟调组 1989，纪加义 1988d，杜恒勤 1985，李荣光 1960，田丰翰 1957。

● 428-01 金翅雀
Carduelis sinica (linnaeus)

命名： Linnaeus C，1766，Syst. Nat.，ed. 12，1：321（中国）

英文名： Oriental Greenfinch

同种异名： 金翅，东方金翅雀，绿雀，芦花黄雀，黄弹鸟，黄楠鸟，碛弱，谷雀；*Fringilla sinica* Linnaeus，1766，*Fringilla kawarahiba* Temminck，1836，*Chloris sinica*；Greenfinch，Chinese Greenfinch

鉴别特征： 嘴肉黄色。顶冠、后颈灰色。背橄榄褐色，腰黄色，翅具醒目宽阔金黄翼斑，下体暗黄色。尾黑色、叉形，外侧尾羽基、臀部黄色。脚粉褐色。雌鸟色暗，幼鸟色淡且多纵纹。

形态特征描述： 嘴黄褐色或肉黄色。虹膜栗褐色，眼先、眼周灰黑色。前额、颊、耳覆羽、眉区、头侧褐灰色沾草黄色，头顶、枕至后颈灰褐色，羽尖沾黄绿色。颏、喉橄榄黄色。背、肩和翼上内侧覆羽暗栗褐色、羽缘沾黄绿色，腰金黄绿色。翼上小覆羽、中覆羽与背同色，大覆羽羽色似背但稍淡，小翼羽黑色、羽基和外翈绿黄色、翅角鲜黄色；初级覆羽黑色，初级飞羽黑褐色，尖端灰白色、基部鲜黄色在翅上形成黄色大翼斑，其余飞羽黑褐色、羽缘和尖端灰白色。翼下覆羽和腋羽鲜黄色。下体胸、胁栗褐色沾绿黄色或污褐色沾灰色，下胸和腹中央鲜黄色，下腹至肛周灰白色。短的尾上覆羽绿黄色，长的尾上覆羽灰缀黄绿色，尾下覆羽鲜黄色；中央尾羽黑褐色，羽基沾黄色、羽缘和尖端灰白色，其余尾羽基段鲜黄色、末段黑褐色、外翈羽缘灰白色。脚淡棕黄色或淡灰红色。

金翅雀（孙劲松 20110419 摄于孤岛南大坝）

雌鸟 似雄鸟。羽色较暗淡，头顶至后颈灰褐色具暗色纵纹。上体少金黄色而多褐色，腰淡褐色沾黄绿色。下体黄色较少，微沾黄色，且不如雄鸟鲜艳。

幼鸟 似雌鸟。羽色较淡。上体淡褐色具明显暗色纵纹。下体黄色具褐色纵纹。

鸣叫声： 鸣声单调清晰而尖锐，声似"dzi-i-di-i"，带颤音。

体尺衡量度（长度mm、体重g）： 寿振黄（Shaw 1938a）记录采得雄鸟 9 只、雌鸟 14 只标本，但标本保存地不详。

标本号	时间	采集地	体重	体长	嘴峰长	翅长	跗蹠长	尾长	性别	现保存处
	1989	泰安		127	11	77	16	51	11♂	泰安林业科技
	1989	泰安		131	11	82	14	51	4♀	泰安林业科技

栖息地与习性： 栖息于低山、丘陵、山脚和平原等开阔地带的疏林中，喜林缘疏林和长有零星大树的山脚平原，以及城镇公园、果园、苗圃、田边和村寨附近的树丛中或树上。留鸟，冬季游荡，常单独或成对活动，飞翔迅速，两翅扇动甚快；秋冬季节成群，休息时多停栖在树上、电线上，长时间不动。多在树冠层枝叶间跳跃、飞翔，到低矮灌丛和地面活动觅食。

食性： 主要采食植物果实、种子、草子和谷粒等农作物。

繁殖习性： 繁殖期 3~8 月，每年可繁殖 2~3 窝。求偶配对后，在低山丘陵和山脚地带针叶、阔叶林树枝杈上和竹丛中营巢，雌鸟营巢，雄鸟协助搬运巢材，巢杯状，由细枝、草茎、草叶、植物纤维、须根掺杂有棉、麻、羽毛等构成，内垫毛发、兽毛和羽毛。通常每窝产卵 4~5 枚，卵椭圆形，灰绿色或淡绿色被锈褐色或褐色斑点，钝端较密常形成环状，或绿色、绿白色、鸭蛋青色或淡红色被褐色、黑褐色或紫色斑点，卵径约 18mm×13mm，卵重约 1.6g。卵产齐后由雌鸟承孵卵，孵化期约 13 天。雏鸟晚成雏，亲鸟共同觅食喂雏，育雏期约 15 天。

亚种分化： 全世界有 6 个亚种，中国有 4 个亚种，山东分布记录为 2 个亚种。

● 指名亚种 *C. s. sinica*（Linnaeus）*Chloris sinica sinica*（Linnaeus）

亚种命名 Linnaeus，1766，Syst. Nat.，ed. 12，1：321（中国）

分布： 滨州 - ●（刘体应1987）滨州；滨城区 - 小开河村（刘腾腾20160516）。**德州** - 市区 - 长河公园（张立新20080404）；乐陵 - 城区（李令东20100723），宋哲元陵墓（李令东20100724）。**东营** -（P）◎黄河三角洲；东营区 - 安泰南（孙熙让20101216），英华园（孙熙让20110512、20120221）；自然保护区 - 大汶流（单凯20111019）；河口区（李在军20090518）- 孤岛南大坝（孙劲松20110419），维修大队（仇基建20120417、20120502）。**菏泽** -（W）菏泽。**济南** -（R）济南，◎南郊，济南机场（赛时20121023），黄河（20141213，张月侠20150614）；天桥区 - 北园，药山黄河（张月侠20141213）；历下区 - 千佛山（20121122）；历城区 - 龙洞（20121107），虎门（20121115），龙洞（20121107）；长清区 - 张夏（陈云江20120516）；章丘 -（R）黄河林场，济南植物园（20140406），圣井香草园（赵连喜20140708）。**济宁** - ●（R）济宁，南四湖；任城区 - 太白湖（20160224，张月侠20150620）；曲阜 -（R）曲阜，孔林（孙喜娇20150430），孔庙（20140803）；嘉祥县 - ●纸坊；微山县 - 微山湖，湿地公园（20151211），南阳岛（张月侠20150501、20150502、20160406），昭阳（陈保成20081207），微山岛（20160218，张月侠20160404），夏镇（20160222，张月侠20160404）。**聊城** - 聊城，东昌湖。**临沂** -（R）沂河；费县 - 饮虎泉（20150906）。**莱芜** - 莱城区 - 红石公园（陈军20100402）。**青岛** - ●（Shaw 1938a）青岛；崂山区 -（R）潮连岛，浮山。**日照** - 付疃河（20120322），日照水库（20140304），森林公园（20140322，郑培宏20140624）；东港区 - 董家滩（成素博20120514），苗木基地（成素博20120612）；五莲县 - 九仙山（成素博20120702）；（R）前三岛 - 车牛山岛，达山岛，平山岛。**泰安** -（R）●泰安；岱岳区 - 大汶河（刘冰201105）；泰山区 - 农大南校园，大河湿地（20160302，张艳然20150502）；泰山 - 中山、低山，普照寺（孙桂玲20141007）；东平县 - 东平，稻屯洼（20150520），（R）东平湖（20120627）；◎新泰。**潍坊** - 潍坊，白浪河湿地公园（20140625）；（R）青州 - 仰天山，南部山区；临朐县 - 柳山镇（王志鹏20121005）；◎诸城；高密 - 南湖公园（20140626），醴泉烈士陵园（宋肖萌20150103）。**威海** - 荣成 - 成山头（20130608）；文登 - 五里顶（20130612），天沐温泉（20120519）。**烟台** - ◎莱州；芝罘区 - 鲁东大学（王宜艳20151227）；海阳 - ●（Shaw 1938a）行村，凤城（刘子波20141225）；栖霞 - 长春湖（牟旭辉20150316），翠屏公园（牟旭辉20110116）；蓬莱 - 平山河（周志强20150608）；招远 - 凤凰岭公园（蔡德万20100614），招远一中（蔡德万20100714），齐山镇东肇家水库（蔡德万20100714）；长岛县 - ▲（B161-5001）大黑山岛。**淄博** - 淄博；张店区 - 沣水镇（赵俊杰20141003），人民公园（赵俊杰20141216）；高青县 - 大芦湖（赵俊杰20160319）。胶东半岛，鲁中山地，鲁西北平原，鲁西南平原湖区，山东全省。

内蒙古、河北、北京、天津、山西、河南、陕西、宁夏、甘肃、青海、安徽、江苏、上海、浙江、江西、湖南、湖北、四川、重庆、贵州、云南、福建、广东、广西、香港、澳门。

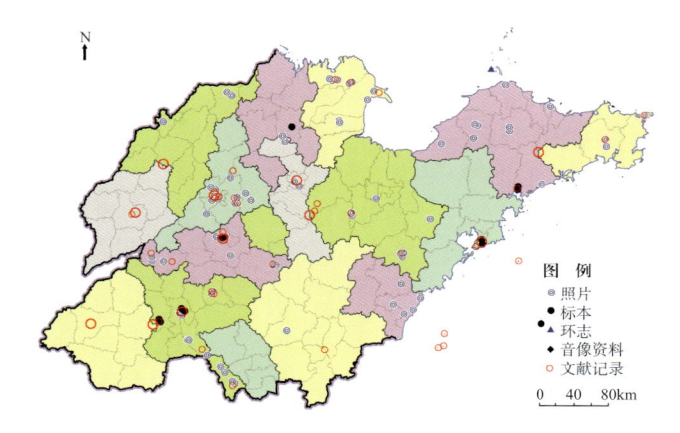

● 东北南部亚种 *Carduelis sinica ussuriensis* (Hartert)

亚种命名 Hartert, 1910, Vög. Pal. Faun., 1: 64（西伯利亚东南部沿海 Sidemi）

分布： 胶东半岛，鲁中山地，鲁西北平原，鲁西南平原湖区。

黑龙江、吉林、辽宁、内蒙古、河北。

山东记录文献： 纪加义1988d。

区系分布与居留类型：［古］（R）。

种群现状： 为人们喜爱的重要笼鸟。全球种群数量尚属稳定，栖息地也无重大威胁，但面临猎捕、贸易压力。在山东分布数量较广泛而普遍，尚无重大的生存威胁。

物种保护： Ⅲ，Lc/IUCN。

参考文献： H1174，M1246，Zjb631；Lc565，Q512，Z956，Zx199，Zgm369。

山东记录文献： 郑光美2011，朱曦2008，赵正阶2001，钱燕文2001，傅桐生1998，范忠民1990，郑作新1987、1976，Shaw 1938a；孙玉刚2015，赛道建2013、1999、1994、1989，贾少波2002，李久恩2012，邢在秀2008，王海明2000，张培玉2000，王元秀1999，田家怡1999，杨月伟1999，宋印刚1998，王庆忠1995、1992，赵延茂1995，丛建国1993，王希明

1991，泰安鸟调组 1989，纪加义 1988d，刘体应 1987，杜恒勤 1985，李荣光 1960、1959，田丰翰 1957。

● 429-01　红腹灰雀
Pyrrhula pyrrhula（Linnaeus）

命名： Linnaeus, 1758, Syst. Nat., Trans. Chicago Acad. Sci., 1：316（北美阿拉斯加）

英文名： Common Bullfinch

同种异名： 一；一；Eurasian Bullfinch, Northern Bullfinch

鉴别特征： 嘴黑色、厚具钩，眼上顶冠区辉黑色。背灰色，腰白色，翼黑具醒目近白翼斑，下体灰带粉色，脸颊、喉、胸及腹部粉红色，臀白色。雌鸟暖褐色取代粉色。幼鸟无黑顶冠及眼罩斑，翼斑皮黄。脚黑褐色。

形态特征描述： 嘴厚略带钩、嘴黑色。虹膜褐色。顶冠及眼罩包括额、头顶、枕、后颈和眼先、眼周、前颊部辉黑色具蓝色光泽，颏、上喉绒黑色。上背、肩和翅小覆羽灰色，腰白色。飞羽黑色、内侧具蓝黑色光泽，中覆羽、大覆羽基部黑色具蓝黑色光泽，大覆羽端部白色在黑色翅上形成醒目白色翼斑。下体基调灰色具不同量粉色，脸颊、喉、胸及腹、胁部粉红色。尾羽黑色、中央尾羽、其余的外翈和尾上长覆羽具蓝紫色光泽，最外侧 1 对尾羽内翈中段具楔形白斑；尾上短覆羽、尾下覆羽白色。脚暗黑褐色。

红腹灰雀（李在军 20131025 摄于河口区）

雌鸟　似雄鸟。暖褐色取代粉红色。

幼鸟　似雌鸟。无黑色顶冠及眼罩，翼斑皮黄色。

鸣叫声： 发出具特色的"teu"叫声，偶尔间杂尖叫声。

体尺衡量度（长度mm、体重g）： 山东分布有采到标本记录，但标本保存处不详，测量数据遗失。

栖息地与习性： 栖息于山区终年常青而林下有茂密植物的树林、灌木丛中。繁殖期单独或成对活动，冬季通常结小群到低山、山脚和公园、果园活动，性安静，在树冠层短距离飞翔，在树枝、灌丛和地面上觅食，并能悬垂在枝头上啄食。

食性： 主要采食树木的种子和草籽。

繁殖习性： 在北极泰加林带，我国无繁殖记录。繁殖期 4～7 月。在针叶树侧枝茂密处营巢，巢杯状，由细枝、草茎等构成，内垫兽毛、羽毛。每窝产卵 4～6 枚，卵淡蓝色被褐色斑点，卵径约 21mm×15mm。雌鸟孵卵，孵化期约 14 天。雏鸟晚成雏，雌雄共同育雏，育雏期约 15 天。

亚种分化： 全世界有 8 个亚种，中国有 2 个亚种，山东分布为指名亚种 *Pyrrhula pyrrhula pyrrhula*（Linnaeus）。

亚种命名　　Linnaeus, 1758, Syst. Nat., ed. 10, 1：171（瑞典）

分布： 东营-（P）黄河三角洲。济南-济南；历下区-泉城公园（20121203，马明元 20121208）。济宁-（W）微山县、●（1984 冬）鲁山林场。青岛-（W）●（1984 冬）青岛。日照-（W）前三岛-车牛山岛，达山岛，平山岛。威海-文登-●大水泊（20130520）。淄博-（W）淄博，●（1984 冬）华沟。胶东半岛，鲁中山地，鲁西北平原。

黑龙江、吉林、辽宁、河北。

区系分布与居留类型：［古］（PW）。

种群现状： 因叫声委婉动听，是人们喜欢的笼鸟，中国不常见，有的国家将其列为濒危动物。山东分布采到标本，近年来征集到极少量照片，说明数量并不普遍，应注意加强物种与栖息环境的研究保护。

物种级别： Ⅲ，中日，Lc。

参考文献： H1218，M1291，Zjb678；Q534，Z999，Zx199，Zgm372。

山东记录文献： 朱曦 2008，范忠民 1990；赛道建 2013，单凯 2013，田家怡 1999，赵延茂 1995，纪加义 1988d。

● 430-01　灰腹灰雀
Pyrrhula griseiventris Lafresnaye

命名： Lafresnaye, 1841, Rev. Zool., 4：241（日本）

英文名： Oriental Bullfinch
同种异名： —；—；—

鉴别特征： 嘴黑色，额、眼周、头顶和枕部黑色。背灰色腰白色，腹灰色而沾红色。尾黑色、尾下覆羽白色。雌鸟褐色沾红色，背部灰褐色，腹部淡褐色。脚暗褐色。

形态特征描述： 嘴黑色、嘴基具蓝色光泽。虹膜褐色。眼先、眼周和额、头顶、枕颈黑色具蓝色光泽。耳羽灰白色。颊、喉暗红色。上体背、肩青灰稍沾红色，腰白色。翅黑褐色，飞羽黑色，三级飞羽外翈具蓝紫色光泽；中覆羽、小覆羽灰色，大覆羽黑褐色具白色宽端斑。下体浅灰色，腹中央浅白色，胸、上腹、胁葡萄灰色。尾羽黑色、外翈具蓝紫色光泽，中央尾羽、尾上覆羽蓝黑色具光泽，尾下覆羽白色。脚黑褐色。

灰腹灰雀（牟旭辉 20130323 摄于栖霞十八盘；王强 20121128 摄于威海）

雌鸟 黑色部分同雄鸟。后颈暗灰色，背暗灰褐色。颊、喉红色不显，腹淡褐色。

鸣叫声： 很少鸣叫。

体尺衡量度（长度mm、体重g）： 山东分布有采到标本记录，但标本保存处不详，测量数据遗失。

栖息地与习性： 栖息于丘陵和平原及松林和针阔混交林中。10月迁往越冬地，3月、4月迁往繁殖地，性活泼，善藏匿，单独或成对、非繁殖期成小群活动，在林下灌丛、草丛、树上和地面上，也在果园、公园和林内宅旁活动觅食。

食性： 主要采食植物的种子、树冬芽、果实，夏季也捕食鳞翅目、膜翅目和鞘翅目昆虫及其幼虫。

繁殖习性： 国内尚缺乏研究资料。
亚种分化： 全世界有2个亚种，中国有2个亚种，山东分布为指名亚种 *Pyrrhula griseiventris griseiventris*[*] Lafresnaye。

亚种命名 Lafresnaye，1841，Rev. Zool.，4：241（日本）

本种分类存在争议。或与红腹灰雀作为一种的不同亚种（Inskipp 1996, Howard and Moore 1991、1980, Vaurie 1959、1956, Dement'ev and Gladov 1954），或为不同种（郑作新 2002、1987、1976，赵正阶 2001，Stepanyan 1990，郑光美 2011）。本书按国内常见分类作为独立种。

分布： 济宁-南四湖；●（108401xx）曲阜-（P）石门寺。青岛-市南区-海大校园（曾晓起 20121107）。威海-威海（王强 20121128）；●（范强东 198401）环翠公园；文登-大水泊（20130520）。烟台-芝罘区-南山公园；长岛县-●（范强东 1988）长岛；栖霞-十八盘（牟旭辉 20130323）。鲁中山地。

黑龙江、吉林、辽宁、河北、新疆。

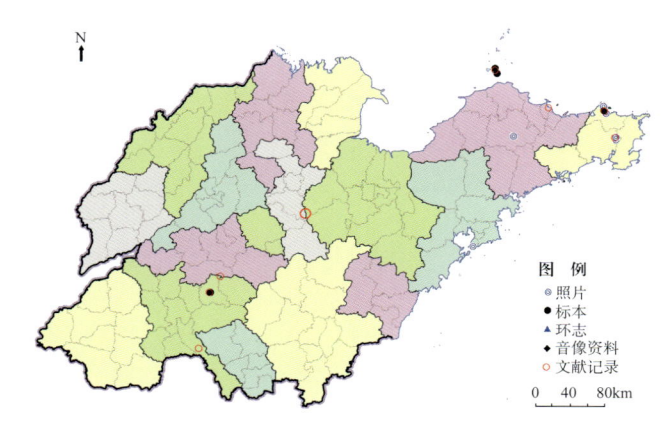

区系分布与居留类型： ［古］（W）。
种群现状： 1984年首次在微山县鲁桥采到雌鸟标本，为山东新记录（纪加义 1986），分布数量少，需要加强物种和栖息的研究保护，促进种群的恢复发展，未列入山东省重点保护野生动物名录。

物种保护： Ⅲ。
参考文献： H1219，M1291，Zjb677；Q534，Z998，Zx199，Zgm372。

山东记录文献： 郑光美 2011，朱曦 2008，赵正阶 2001，钱燕文 2001，范忠民 1990，郑作新 1987、1976，Shaw 1938a；赛道建 2013、1994，贾少波 2002，王海明 2000，田家怡 1999，赵延茂 1995，丛建国 1993，泰安鸟调组 1989，纪加义 1988d，刘体

---

[*] Topfer 等（2011）主张将此种并入红腹灰雀（*Pyrrhula Pyrrhula*），尚具备独立物种标准

应 1987，杜恒勤 1985，李荣光 1960，田丰翰 1957。

● 431-01 锡嘴雀
Coccothraustes coccothraustes
(Linnaeus)

命名：Linnaeus, 1758, Syst. Nat., ed. 10, 1: 171（欧洲南部）

英文名：Hawfinch

同种异名：腊嘴雀，锡嘴，蜡嘴雀，老西子，老酰儿，铁嘴蜡子；*Loxia coccothraustes* Linnaeus,；—

鉴别特征：嘴特大、角质色近黑色。眼罩斑黑色。肩斑粗白，两翼闪辉蓝黑色，翼上下具黑白色图纹，初级飞羽上端弯而尖。尾短而褐、窄端斑白色，外侧尾羽具黑色次端斑。

形态特征描述：嘴铅蓝色，下嘴基部近白色，嘴冬季可为黄色。虹膜褐色。嘴基、眼先、颏和喉中部黑色；额、头顶、头侧、颊、耳羽棕黄色或淡皮黄色，额浅淡常呈棕白色，头顶至后颈多为棕褐色或棕色，后颈灰色形成宽带向两侧延伸至喉侧。背、肩褐色，腰淡皮黄色或橄榄褐色、基部亮灰色。初级飞羽内翈中部具大型白斑，三级飞羽棕褐色。小覆羽黑褐色，中覆羽灰白色，大覆羽、初级飞羽和次级飞羽绒黑色、端部具蓝绿色光泽。下体胸、腹、两胁和覆腿羽葡萄红色，下腹中央沾棕红色。中央尾羽基段黑色、末段暗栗色、端斑白色，或基段灰褐色、中段外翈深棕色而内翈浅灰黑色、端部白色，其余尾羽黑色、末端白色；尾上覆羽棕色，尾下覆羽白色。脚褐色，爪黄褐色。

锡嘴雀（赛道建 20121203、20130321 摄于泉城公园、玉清湖）

雌鸟 似雄鸟。羽色浅淡不及雄鸟鲜亮、有光彩。额、头顶乌灰色有时沾灰绿色，枕至后颈浅棕褐色。次级飞羽外翈、部分内侧初级飞羽外翈淡灰色。

幼鸟 似雌鸟。羽色更浅，额、头顶污灰褐色；颏、喉和下颈白色。后颈至背暗褐色、羽基灰色，腰和尾上覆羽淡橘黄色。下体上胸灰白色、羽端棕褐色，下胸、两胁和上腹白色密布黑色块斑，下腹和尾下覆羽棕白色。

鸣叫声：发出单调而低的"si-sisi"声。

体尺衡量度（长度 mm、体重 g）：

标本号	时间	采集地	体重	体长	嘴峰长	翅长	跗蹠长	尾长	性别	现保存处
B000555					20	97		51	♀	山东博物馆
B000556					21	104		62	♂	山东博物馆
	1958	微山湖	180		17	115	14	56		济宁一中
840530	19841208	石门山	176		19	102	22	37	♂	济宁森保站
	1989	东平泰山	170		20	103	20	58	5♂	泰安林业科技
	1989	泰山东平	184		20	105	20	64	7♀	泰安林业科技

栖息地与习性：栖息于低山、丘陵和平原地带的森林。性胆大，单独、成对、非繁殖期则喜成群活动，常频繁在树枝间飞跃或到地上活动。秋冬季节常到林缘、溪边、果园、农田地带的小树林和灌丛和城市公园和屋旁树上活动和觅食。

食性：主要采食植物的果实和种子，也捕食鳞翅目、鞘翅目、膜翅目和双翅目等昆虫及其幼虫。

繁殖习性：繁殖期 5~7 月。在阔叶树枝叶茂密的侧枝上营巢，巢杯状极为隐蔽，由细树枝、枯草茎、草叶、苔藓和地衣等构成，内垫少量兽毛和羽毛。通常每窝产卵 4~5 枚，卵长卵圆形或卵圆形，卵淡黄绿色或灰绿色被紫灰色或褐色斑点，钝端较密常形成一圈，卵径约 24mm×16mm。主要由雌鸟孵卵，孵化期约 14 天。雏鸟晚成雏，雌雄亲鸟共同育雏，育雏期 11~14 天。

亚种分化：全世界有 2 个亚种，中国有 2 个亚种，山东分布为指名亚种 *C. c. coccothraustes*（Linnaeus），*Coccothraustes coccothraustes japonicus* Temminck et Schlegel。

亚种命名 Linnaeus, 1758, Syst. Nat., ed. 10, 1: 171（欧洲南部）

分布：滨州 - ●（刘体应 1987）滨州。东营 -（P）

◎黄河三角洲；河口区-河口（仇基建20130417）。**菏泽**-（P）菏泽。**济南**-（P）◎济南，黄河；历下区-泉城公园（20121203，陈忠华20131227），师大校园，护城河五莲泉（马明元20130222）；槐荫区-玉清湖（20130321）；市中区-南郊宾馆（陈云江20121030）；章丘-植物园。**济宁**-●济宁；曲阜-（P）三孔；微山县-（P）鲁山。**聊城**-聊城。**青岛**-青岛*。**泰安**-（P）泰安；泰山区-大河（刘华东20151102）；（W）●（李荣光1960）泰山-低山，玉泉寺（刘冰20130201）；东平县-（W）东平湖，●东平。**潍坊**-青州-南部山区。**烟台**-海阳-凤城（刘子波20140302）；◎莱州。**淄博**-博山区-池上镇（赵俊杰20160326）。胶东半岛，鲁中山地，鲁西北平原，鲁西南平原湖区。

除云南、西藏、海南外，各省份可见。

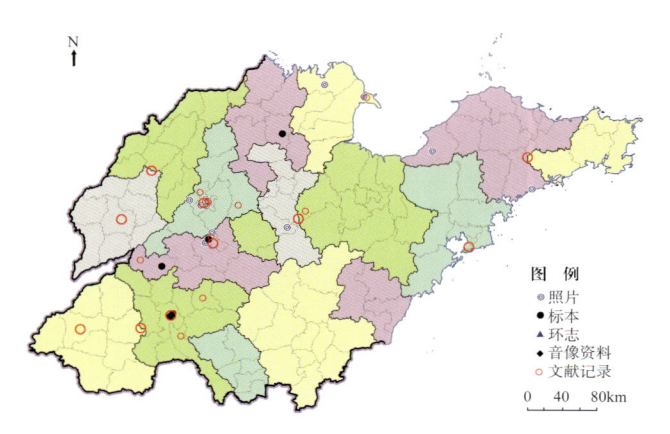

区系分布与居留类型：［古］（PW）。

种群现状： 种群数量局部地区较丰富，常被捕捉作为笼鸟驯养，应控制乱捕乱猎。山东分布数量并不普遍，尚无系统的数量统计，未列入山东省重点保护野生动物名录。

物种保护： Ⅲ，中日，Lc/IUCN。

参考文献： H1223, M1292, Zjb681; Lc584, Q536, Z1003, Zx201, Zgm372。

山东记录文献： 郑光美2011，朱曦2008，赵正阶2001，钱燕文2001，傅桐生1998，范忠民1990，郑作新1987、1976，Shaw 1938a，赛道建2013、1994，贾少波2002，王海明2000，田家怡1999，赵延茂1995，丛建国1993，泰安鸟调组1989，纪加义1988d，刘体应1987，杜恒勤1985，李荣光1960，田丰翰1957。

●432-01 黑尾蜡嘴雀
***Eophona migratoria* Hartert**

命名： Hartert EJO, 1910, Vög. Pal. Faun., 1：59（Sidemi Riv., southern Ussuriland, Siberia）

英文名：Yellow-billed Grosbeak

同种异名： 蜡嘴，小桑鳭，小黄嘴雀，铜嘴蜡子，蜡嘴，小桑嘴，皂儿（雄性），灰儿（雌性）；*Eophona inelanura migratoria* Hartert, 1910，*Coccothraustes migratoria*；Black-tailed Hawfinch, Chinese Hawfinch。

鉴别特征： 黄嘴硕大而端黑色，头部黑色。体灰色，两翼近黑色，初级、三级飞羽及初级覆羽羽端白色，臀部黄褐色。雌鸟头部黑色较少。

形态特征描述： 嘴粗硕、黄色。头辉黑色，颏和上喉黑色。背和肩灰褐色，有的背微沾棕色，腰浅灰色，翅黑色具蓝紫色金属光泽，初级覆羽和外侧飞羽具白色端斑，初级飞羽白色端斑宽阔。下喉、颈侧、胸、腹和两胁灰褐色沾棕黄色，有时胁沾储棕色或橙棕色，腋羽和翼下覆羽黑色、羽缘白色。尾黑色，尾上覆羽浅灰色或灰白色，尾下覆羽白色。跗蹠和趾肉黄色，爪黄色尖端黑色。

黑尾蜡嘴雀（孙劲松20101023摄于孤岛槐林；陈军20130322摄于红石公园）

雌鸟 头灰褐色，头侧、喉银灰色。背灰黄褐色，腰银灰色。飞羽黑褐色，外翈辉黑色，初级飞羽和外侧次级飞羽具白色端斑，内侧次级飞羽灰黄褐色，内翈羽缘和端斑黑褐色，翼上覆羽和三级飞羽灰褐色、羽端稍暗，初级覆羽黑色、羽端白色。下体淡灰褐色，腹和两胁沾橙黄色。尾上覆羽近银灰色，尾羽灰褐色、端部黑褐色，中央两对尾羽灰褐色。余同雄鸟。

幼鸟 似雌鸟。羽色较浅淡，下体近白色不沾橙黄色。

鸣叫声： 繁殖期间鸣叫频繁，单调"tek、tek"声，鸣声悠扬婉转。

体尺衡量度（长度mm、体重g）： 寿振黄（Shaw 1938a）记录采得雄鸟1只标本，但标本保存地不详，测量数据记录不完整。

---

* Shaw（1938a）记作 *Coccothraustes coccothraustes japonicus*

标本号	时间	采集地	体重	体长	嘴峰长	翅长	跗蹠长	尾长	性别	现保存处
B000546					12	98	19	75	♀	山东博物馆
B000547					12	96	21	77	♂	山东博物馆
840324	19840502	鲁桥	60	188	22	105	26	72	♀	济宁森保站
	1989				194	18	103	18	81	3♂	泰安林业科技
	1989				194	17	103	22	72	♀	泰安林业科技

栖息地与习性：栖息生活于低山、平原地带的阔叶林、针阔叶混交林、次生林和人工林中，以及林缘疏林、河谷、果园、城市公园及农田地边和庭园中。4月迁来北方繁殖，10月中下旬开始迁回。繁殖期间单独或成对、非繁殖期成群活动。树栖性，频繁地在树冠层活动，性活泼，不甚怕人。

食性：主要以种子、果实、草籽、嫩叶和嫩芽等植物性食物为食，如蔷薇种子、高粱、槐树种子、豆类、红花子、嫩芽、大叶女贞的浆果等，也捕食甲虫、膜翅目、鞘翅目等昆虫小螺蛳等小型无脊椎动物。

繁殖习性：繁殖期5～7月。雄鸟站在树枝上求偶鸣唱，配对后，4月末5月上中旬在柞树、杨树、皂角或其他乔木树的侧枝枝杈上营巢，巢杯状或碗状，由枯草叶、草茎、须根、细枝等材料构成。每窝产卵3～7枚，椭圆形和长卵圆形，卵径约17mm×24mm，重约3.5g；卵的颜色变化大，米黄色被淡红色斑点，灰色或灰白色卵被黑褐色斑点和斑纹，鸭蛋青色或深灰色卵被黑褐色斑纹。每天产卵1枚，满窝后孵卵。雏鸟晚成雏，雌雄共同育雏，育雏期约11天。

亚种分化：全世界有2个亚种（Dickinson 2003，Clements 2007），中国有2个亚种，山东分布：纪加义（1988d）记录2个亚种，但未说明 sowerbyi 是否采到标本，列于此处以待日后研究确证；1个亚种（郑光美2011，郑作新1987、1976）。

● **指名亚种 *E. m. migratoria*（Hartert）**

亚种命名　Hartert EJO, 1910, Vög. Pal. Faun., 1：59（Sidemi Riv., southern Ussuriland, Siberia）

分布：滨州 - ●（刘体应1987）滨州。德州 - 乐陵 - 城区（李令东20100723），宋哲元陵墓（李令东20100724）。东营 - （P）◎黄河三角洲；东营区 - 六干苗圃（20130605），河口区 - 河口（李在军20090127），孤岛林场（孙劲松20101023）。菏泽 - （P）菏泽；曹县 - 康庄（谢汉宾20151018）。济南 - （PW）济南，黄河；天桥区 - 北园；历下区 - 千佛山（20121122）；泉城公园（20110319、20140208，赛时20121203、20141014，陈忠华20141222、20150112）；市中区 - 趵突泉（20130124），五龙潭（陈云江20111213），南郊宾馆；章丘 - 黄河林场；历城 - 红叶谷（20121201），西营罗伽（20140518）。济宁 - 济宁（●北辛庄），微山湖 - 南阳湖（张月侠20150501、20150502），昭阳（陈保成20091121）；（P）曲阜 - 三孔，孔林（孙喜娇20150506），孟府，沂河公园（20141220）；兖州 - 漕河（20160615）；鱼台 - 王鲁（张月侠20150618）。聊城 - 聊城。莱芜 - 莱城区 - 红石公园（陈军20130322）。青岛 - 浮山；市南区 - 中山公园（20150316）；崂山区 - ●（Shaw 1938a）崂山。日照 - 东港区 - 付疃河（成素博20130203），汉皋陆（20150312）；（P）前三岛 - 车牛山岛，达山岛，平山岛。泰安 - （P）●泰安，泰山区 - 大河湿地（张艳然20150426），树木园（20140513、20150530，刘华东20160221），农大南校园；泰山 - 低山，彩石溪（孙桂玲20130920），桃花源（刘兆瑞20150719）；东平县 - （P）东平湖，王台（20140612），● 东平。潍坊 - 潍坊。威海 - 荣成 - 成山林场（20150508）。烟台 - 海阳 - 凤城（刘子波20150320）；◎莱州；栖霞 - 老树旺（牟旭辉20120527）。淄博 - 张店区 - 人民公园（赵俊杰20141216）。胶东半岛，鲁中山地，鲁西北平原，鲁西南平原湖区，山东全省。

除宁夏、青海、新疆、西藏、海南外，各省份可见。

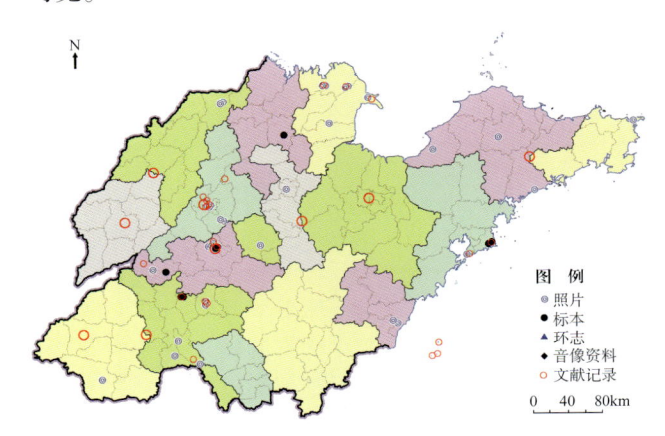

○ **长江亚种 *Eophona migratoria sowerbyi*（Riley）**

亚种命名　Riley, 1915, Proc. Biol. Soc. Wash., 28：163（湖北）

分布：(S) 胶东半岛。

江西、湖南、湖北、四川、重庆、贵州、云南、福建、广东、广西、香港。

山东记录文献：纪加义 1988d。

区系分布与居留类型：［古］RS（PW）。

种群现状：物种分布范围广，种群数量丰富、趋势稳定，被评为无生存危机物种。常被驯养作为笼养观赏鸟，是中国传统笼养鸟种。研究表明，由于大量南方种被放生，东北种群物种的纯正性正遭严重破坏。山东分布范围广而数量较大，迁徙季节常有较大群体在公园、林地活动；在泰安树木园（20150530）曾拍到其在水平枝杈处营巢繁殖现象，说明其在山东繁殖，并有越冬照片，说明此鸟应是山东留鸟。

物种保护：Ⅲ，中日，Lc/IUCN。

参考文献：H1222，M1293，Zjb680；Lc586，Q536，Z1001，Zx201，Zgm373。

山东记录文献：郑光美 2011，朱曦 2008，赵正阶 2001，钱燕文 2001，傅桐生 1998，范忠民 1990，郑作新 1987、1976，Shaw 1938a；孙玉刚 2015，赛道建 2013、1994，贾少波 2002，邢在秀 2008，王海明 2000，王元秀 1999，田家怡 1999，宋印刚 1998，赵延茂 1995，王庆忠 1992，王希明 1991，泰安鸟调组 1989，纪加义 1988d，刘体应 1987，杜恒勤 1985，田丰翰 1957。

● **433-01 黑头蜡嘴雀**
Eophona personata（Temminck et Schlegel）

命名：Temminck CJ et Schlegel H，1850，in Siebold，Faun. Jap.，Aves：91（日本）

英文名：Japanese Grosbeak

同种异名：蜡嘴，桑鳲（shī），铜嘴蜡子，铜嘴，梧桐，大蜡嘴；*Coccothraustes personata* Temminck et Schlegel，1848；Marsked Grosbeak

鉴别特征：嘴硕大全黄色。臀近灰色，初级飞羽近端具小的白块斑，但初级飞羽羽端及三级飞羽、初级覆羽无白色。幼鸟褐色重，头部黑色减少至狭窄眼罩，2 道翼斑皮黄色。相似种黑尾蜡嘴雀嘴尖黑色，三级飞羽翼尖白色。相似种黑尾蜡嘴体型较小而飞羽具白端斑。

形态特征描述：嘴黄色、粗大圆锥形、弯曲状。虹膜红色。全身羽毛灰褐色，头部黑色范围小。额、头顶、嘴基、眼先、眼周、颊前部、颏、喉黑色，额、头顶具蓝色光泽，耳羽棕灰色。后颈、颈侧、背、肩灰色沾葡萄灰色，腰浅灰色。翅黑色，初级飞羽中段具白斑，内侧三级飞羽棕灰色，内侧飞羽、覆羽具蓝色光泽，最内侧大覆羽羽色同背。腋羽、翼下覆羽和翼缘白色。下体上胸淡灰色，下胸、胁葡萄灰色，腹淡灰色；腹中央白色。尾、长尾上覆羽黑色具蓝色光泽，短尾上覆羽浅灰色，尾下覆羽白色。

黑头蜡嘴雀（马明元 20150201 摄于泉城公园）

雌鸟 似雄鸟。头部黑色呈鸡蛋状而不是杏仁状。

幼鸟 上嘴黑色面积越大、颜色越深，年龄越小。

鸣叫声：飞行时发出"tak-tak"4～5 音节的似笛哨音。

体尺衡量度（长度 mm、体重 g）：

标本号	时间	采集地	体重	体长	嘴峰长	翅长	跗蹠长	尾长	性别	现保存处
	1958	微山湖		235	22	130	25	100		济宁一中
	1989	泰山		217	23	114	28	78	♀	泰安林业科技

栖息地与习性：栖息于平原和丘陵、山区的溪边灌丛、草丛和林中。性惧生而安静，繁殖期外多集小群活动，春秋季节常在各种地形环境中结群飞行，秋季大量从北方向南方迁徙，多地都会出现，快速时可听到翅膀振颤的声音。

食性：主要采食植物的种子、果实和嫩芽等，繁殖期也捕食昆虫。

繁殖习性：繁殖期 5～6 月。在林缘或林下的蔷薇科植物丛中或小树上营巢。每窝产卵 4～5 枚，卵蓝色具黑色点斑和斑纹。雌雄共同孵卵。

亚种分化：全世界有 2 个亚种，中国有 2 个亚种，山东分布记录为 1 个（纪加义 1988d，郑光美 2011）或 2 个（朱曦 2008）亚种。

东北亚种 *E. p. magnirostris* Hartert

亚种命名 Hartert，1896，Bull. Brit. Orn. Cl.，5：38（黑龙江口）

分布：东营 -（P）◎黄河三角洲；河口区（李在军 20090505）。菏泽 -（P）菏泽。济南 -（PW）济南，黄河；历下区-泉城公园（20121203，陈忠华 20140104，马明元 20150201），南郊宾馆；长清区-张夏（陈云江 20131107）。**济宁**-●济宁；任城区-太白湖（20160224）；微山县-（P）鲁山。**聊城**-聊城，东昌湖。**青岛**-（P）青岛。**日照**-东港区-双庙山沟（成素博 20151021）；（P）前三岛-车牛山岛，达山岛，平山岛。**泰安**-（P）泰安，泰山区-农大南校园，岱宗坊（刘国强 20121205）；●泰山-低山；东平县-（P）东平湖（20130625）。**威海**-（P）荣成-◎成山头（20120524）。**烟台**-◎莱州。胶东半岛，鲁中山地，鲁西北平原，鲁西南平原湖区。

黑龙江、吉林、辽宁、内蒙古、河北、北京、天津、山西、河南、陕西、甘肃、安徽、江苏、上海、浙江、江西、湖南、湖北、四川、重庆、贵州、云南、福建、广东、广西、香港。

指名亚种 *Eophona personata personata*（Tem-minck et Schlegel）

亚种命名 Temminck et Schlegel, 1850, in Siebold, Faun. Jap., Aves（日本）

分布：济南-（P）济南。聊城-东昌湖。青岛-（P）青岛，潮连岛。日照-（P）前三岛-车牛山岛，达山岛，平山岛。泰安-（P）泰山（朱曦 2008）。

福建、台湾。

山东记录文献：朱曦 2008；赛道建 2013。
区系分布与居留类型：[古]（PW）。
种群现状：局部地区种群数量尚属丰富；较易驯熟、调教，体形、翅膀、脚和肛门特点是人们挑选本属笼养观赏鸟类的标准，应控制猎捕，加强物种保护。山东分布各地情况各异，亚种记录有不同意见；*personata* 亚种分布于福建、台湾（郑光美 2011），朱曦（2008）关于山东分布的记录名录因无相关研究及标本、照片等证据，疑为误记（赛道建 2013）。
物种保护：Ⅲ，Lc/IUCN。
参考文献：H1221，M1294，Zjb679；Lc589，Q534，Z1000，Zx201，Zgm373。

山东记录文献：郑光美 2011，朱曦 2008，赵正阶 2001，钱燕文 2001，傅桐生 1998，范忠民 1990，郑作新 1987、1976，Shaw 1938a；赛道建 2013、1994，贾少波 2002，王海明 2000，田家怡 1999，赵延茂 1995，王庆忠 1992，泰安鸟调组 1989，纪加义 1988d，杜恒勤 1985，李荣光 1960、1959，田丰翰 1957。

434-10 黄颈拟蜡嘴雀
Mycerobas affinis（Blyth）

命名：Blyth, 1855, Journ. As. Soc. Bengal, 24: 179（喜马拉雅山脉东部）
英文名：Collared Grosbeak
同种异名：黑翅拟蜡嘴雀；—；Allied Grosbeak
鉴别特征：嘴大，绿黄色。头、喉、两翼及尾黑色，颈背、领环及其余部位黄色。雌鸟头及喉灰色，覆羽、肩及上背暗灰黄。脚橘黄色。
形态特征描述：嘴粗大、黑色。虹膜深褐色。头部从额至头顶、枕、头侧和颈、颏、喉和上胸辉黑色，富有光泽，向后延伸至上胸中部。上体余部橙黄色，羽毛先端缀棕色；后颈、颈侧、胸侧橙黄色形成橙黄色宽翎环。两翼黑色，腋羽和翼下覆羽黑色。除颏、喉和上胸中部黑色外，下体鲜黄色。尾黑色。脚橘黄色。

雌鸟 头、颈、颏、喉和上胸中央灰色或暗灰色，背、肩和两侧覆羽橄榄绿色，腰黄色较亮。翼覆羽和内侧三级飞羽橄榄绿色。下体橄榄黄色。两翅和尾黑色。

鸣叫声：常发出似"ti-di-li-ti-di-li-um" 5～7个音节的叫声，飞翔时发出单调而尖锐似"kurr"的叫声。
体尺衡量度（长度mm、体重g）：山东分布见有少量文献记录，但暂无标本及测量数据。
栖息地与习性：常栖息于较高海拔的森林、林线以上的灌丛和矮树丛中，冬季常下到低山山脚和沟谷地带。单独、成对、秋冬季节成群在灌木或树上活动。
食性：主要采食种子、果实、浆果、幼芽和嫩叶等，也捕食昆虫及其幼虫。
繁殖习性：不详。
亚种分化：单型种，无亚种分化。
分布：济宁-曲阜-（P）石门寺；微山县-（P）鲁山。烟台-◎（张锡贤 2009）莱州。

四川、甘肃、云南、西藏。
区系分布与居留类型：[古]。
种群现状：分布区域狭窄，是种群数量稀少的稀有种。分布于我国西南地区（郑作新 1987、1976，傅桐生 1998，郑光美 2011）及其毗邻外国的留鸟

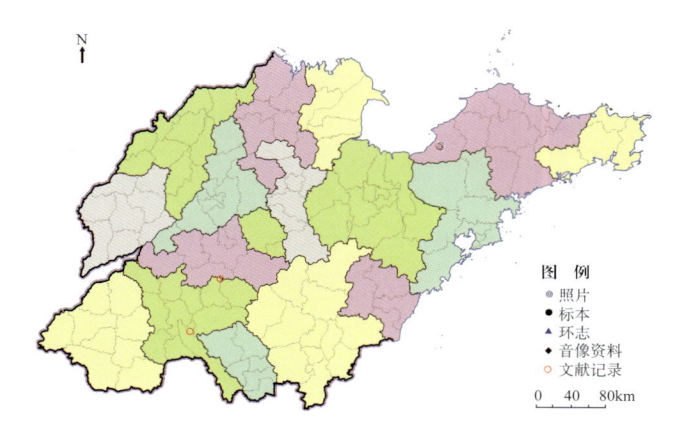

（杨岚2004，云南鸟类志，云南科技出版社）。山东分布张锡贤（2009）记为新记录，济宁林木保护站（1985）内部资料《济宁市鸟类调查研究》报告中有记录；由于远离分布区，虽然有文献，但在山东至今未能征集到照片，山东分布仍需要进一步确证（郑光美2011，赛道建2013）。

物种保护：Lc/IUCN。

参考文献：H1226，M1295，Zjb684；Q538，Z1006，Zgm373。

山东记录文献：郑光美2011；赛道建2013，张锡贤2009。

● 435-01　长尾雀
Uragus sibiricus（Pallas）

命名：Pallas，1773，Reise Versch. Prov. Russ. Reichs 2，Anhang：711（西伯利亚西部）

英文名：Long-tailed Rosefinch

同种异名：—；—；—

鉴别特征：粉红色长尾雀。锥形嘴粗厚而黄、下嘴稍白，脸沾红色，额白色，眉纹淡白色。上背褐具黑而边缘粉红纵纹，颈背苍白色，翼具白斑纹，腰及胸粉红色。尾长，外侧尾羽白色。雌鸟上体黑褐色具灰色纵纹，下体灰白色具黑褐纵纹，腰、胸棕。脚灰褐色。

形态特征描述：嘴粗厚，嘴浅黄色、嘴基暗红色。虹膜褐色，眉纹浅淡霜白色，眼先暗红色，眼后灰褐色。额、头顶、耳、颊、颔、喉银灰色染淡粉红色。枕蓝灰色具红色近端斑。后颈桃红色。肩灰棕色、羽端暗红色，背黑褐色、羽缘粉红色，呈黑色边缘粉红色纵纹状，腰、尾上覆羽玫瑰红色。翅黑褐色，初级飞羽、次级飞羽外翈白色羽缘、端缘窄而三级飞羽外翈宽，大覆羽、中覆羽具白色宽端斑，白色在翅上形成2道明显白色翼斑，小覆羽具粉红色端斑。下体上胸银灰色染淡粉红色呈玫瑰红色，腹中央粉红色。尾羽长、黑褐色，中央尾羽羽缘粉白色，最外侧3对几乎全白色，仅羽轴、部分内翈黑色。脚暗褐色。

长尾雀（李在军 20110103 摄于河口区）

冬羽　背部色彩较淡呈沙灰褐色具黑褐色纵纹，羽缘染暗玫瑰红色；腰、尾上覆羽棕褐色染玫瑰红色。

雌鸟　耳羽淡棕色。颔、喉暗灰色。头顶、后颈暗灰色、羽干纹黑色，背黑褐色、羽缘灰色，腰棕黄色。翅上2道白斑明显。下颈、胸棕黄色具暗褐色纵纹，腹、尾下覆羽棕白色，尾上覆羽棕黄色。

幼鸟　似雌鸟。额、眼先、头顶和背沾淡红色，上下体几乎无纵纹。

鸣叫声：发出低沉似"cha"或"pee-you-een"的流水音颤鸣声。

体尺衡量度（长度mm、体重g）：

标本号	时间	采集地	体重	体长	嘴峰长	翅长	跗蹠长	尾长	性别	现保存处
	1989			125	8	65	15	70	♂	泰安林业科技
	1989			140	8	68	17	75	♀	泰安林业科技

栖息地与习性：栖息于山区低矮灌丛、绿阔叶林和针阔混交林，或平原丘陵沿溪小柳丛、蒿草丛和次生林及公园和苗圃中。性活泼，单独、成对或家族结群活动，飞翔时而低飞，早春即返回繁殖地，常在枝头上频繁鸣唱不息，在枝间跳跃、在枝梢和草穗攀缘，或到地面觅食。

食性：主要采食植物种子和果实，繁殖期捕食昆虫。

繁殖习性：繁殖期5～7月。雌雄共同在灌木丛或茂密林缘的小树上营巢，巢杯状，用细枝、草叶、草茎、纤维和线麻等构成，内垫细草茎和兽毛、羽毛等。每窝产卵4～6枚，卵椭圆形，草绿色或蓝绿色被黑色斑点、斑纹，卵径约18mm×13mm。雌雄轮流孵卵，孵化期14～15天。雏鸟晚成雏，雌雄共同育雏。

亚种分化： 全世界有5个亚种，中国有4个亚种，山东分布为东北亚种 *U. s. ussuriensis* Buturlin。

亚种命名 Buturlin, 1915, Oph. Becth., 6(2): 128（兴凯湖）

分布： 东营-（P）◎黄河三角洲。泰安-（P）泰安，●泰山。烟台-长岛县-●（19851101）（范强东1988）大黑山岛。淄博-●淄博。胶东半岛，鲁中山地，鲁西北平原。

黑龙江、吉林、辽宁、内蒙古、河北、北京。

区系分布与居留类型： [古]（P）。

种群现状： 分布较广。山东分布并不普遍，文献记录多地采到标本，但标本保存地不详，近年来未能征集到照片，其分布现状需要进一步深入调查研究。

物种保护： Ⅲ, Lc/IUCN。

参考文献： H1212, M1264, Zjb671；Q531, Z993, Zgm375。

山东记录文献： 郑光美2011，朱曦2008，范忠民1990；赛道建2013，田家怡1999，赵延茂1995，泰安鸟调组1989，纪加义1988d。

20.34 鹀科 Emberizidae（Buntings）

小型鸟类。喙多粗短而结实，圆锥形；鼻孔有须半遮。翼短圆，初级飞羽9枚；次级飞羽约为3/4翼长。羽色多为砂褐色而有羽干纹，雌雄鸟羽色相似或相异，部分种类具美丽的黄色、赤色泽并有繁殖羽与非繁殖羽之分。尾较长，尾羽12枚，中央尾羽不延长；跗蹠发达，前面具盾状鳞、后面具纵状长形鳞片。

通常栖息于开阔的环境。单独或成群活动。主要采食植物的种子，繁殖期以昆虫及其幼虫为食。在树上、灌丛或是地面上筑巢，巢通常杯状。每窝产卵2～7枚，卵白色、淡褐色或淡蓝色常有红色、褐色和黑色斑点。雌鸟孵卵，或雄鸟参与孵卵。孵化期10～14天，雌雄鸟共同育雏，育雏期8～15天。分布广泛，北方繁殖种类多迁移。

旧分类学如《中国动物志·鸟纲》将鹀科当成鹀亚科（Emberizinae），与雀亚科（Fringillinae）、锡嘴雀亚科（Coccothraustinae）同列雀科（Fringillidae）之下。近代分类学者认为鹀科（Emberizidae）与雀科的起源关系不同，雀科为旧大陆起源的鸟类，而鹀科为发源于新大陆的鸟种，与9枚初级飞羽的类群相近，由雀科（Fringillidae）下的鹀亚科（Emberizinae）分出并入鹀科。本科种类的生存与栖息环境尚未受到严重威胁。

全世界共有73属308种（Dickinson 2003）或70属329种（Clements 2007），中国有6属31种，山东分布记录有2属17种。

鹀科分属种检索表

1. 头无长羽冠，后爪较后趾长或等长 ················· 铁爪鹀属 *Calcarius*，铁爪鹀 *C. lapponicus*
   头无长羽冠，后爪较后趾长，与尾几等长或较长但不超过嘴峰长度 ················· 2 鹀属 *Emberiza*
2. 体侧无黑色纵纹，或与腹部同色 ················· 22
   体侧有黑色纵纹，或与腹部同色 ················· 3
3. 外侧尾羽无白斑或不明显，腹部黄色，头顶锈红色（♂），飞羽羽缘红褐色 ················· 栗鹀 *E. rutila*
   外侧尾羽有明显白斑 ················· 4
4. 具短羽冠 ················· 5
   不具羽冠 ················· 7
5. 眉斑及喉部黄色 ················· 6 黄喉鹀 *E. elegans*
   眉斑及喉部白色 ················· 田鹀 *E. rustica*
6. 头顶黑色，眉纹黄色 ················· ♂ 黄喉鹀 *E. elegans*
   头顶红褐具黑色细纹，眉纹棕白色 ················· ♀ 黄喉鹀 *E. elegans*
7. 腹面多少有些黄色 ················· 8
   腹面无黄色 ················· 12

颊、耳覆羽、枕到后颈蓝灰色；头顶两侧从额基开始各有1条带状栗色宽侧贯纹，其下眉纹蓝灰色，眼先和经过眼有1条宽贯眼纹，眼前段黑色，经眼后变为栗色，颧纹黑色。上背沙褐色或棕褐色，两肩栗红色，肩、背羽毛具黑色中央纵纹，下背、腰和尾上覆羽栗红色、无纵纹或纵纹不明显，有时具淡色羽缘。翼上小覆羽蓝灰色，中覆羽、大覆羽黑褐色，中覆羽尖端白色，大覆羽尖端棕白色、皮黄色或红褐色在翅上形成2道淡色翼斑。飞羽黑褐色，羽缘棕白色，内侧飞羽具宽的皮黄栗色或淡棕褐色羽缘和端斑。腋羽和翼下覆羽灰白色。颏、喉、胸和颈侧蓝灰色；下胸、腹等下体红棕色，腹中央较浅淡。中央1对尾羽棕褐色、羽缘淡棕红色，外侧尾羽黑褐色，最外侧两对尾羽内翈具楔状白斑，外侧1对大、次1对小。脚肉色。

雌鸟 似雄鸟。头顶至后颈淡灰褐色具较多黑色纵纹，下体羽色较浅，胸以下淡肉桂红色。

鸣叫声： 啄食时常发出"jier、jier"的叫声。

体尺衡量度（长度mm、体重g）：

标本号	时间	采集地	体重	体长	嘴峰长	翅长	跗蹠长	尾长	性别	现保存处
	1989	泰山红门		165	10	78	20	75	♂	泰安林业科技

栖息地与习性： 栖息于低山丘陵、高山等开阔地带的岩石荒坡、草地和灌丛中，喜栖具零星树木的灌丛、草丛和岩石地面，以及林缘、河谷、农田、路边及村旁树上和灌木上。常成对或单独活动，非繁殖季节成小至大群，秋冬季多活动在向阳河谷两侧，繁殖期间常在树、灌枝顶、突出岩石或电线上鸣叫，常边鸣唱边抖动着身体和扇动尾羽。

食性： 杂食性。主要采食草籽、果实、种子和农作物等，也捕食鞘翅目、半翅目、鳞翅目和直翅目昆虫及其幼虫。

繁殖习性： 繁殖期4～7月，繁殖期开始的早晚除与海拔、纬度和气候条件有关外，与个体年龄或许也有一定关系。主要由雌鸟营巢，在草丛或灌丛中地上浅坑内、小树或灌木丛基部地上、地边土埂上或石隙间营巢。巢杯状，由枯草茎和叶、苔藓和蕨类植物叶子和细草茎、棕丝、羊毛、马毛等构成，有的内层全为羊毛或牛毛，垫有少许羽毛。每窝产卵3～5枚，卵颜色变化大，有白色、灰白色、浅绿色、灰蓝色或土黄色等，被紫黑色或暗红褐色点状、棒状或发丝状深浅两层不同的斑点和斑纹，钝端较密常形成圈状，卵经约21mm×15mm，卵重约2.5g。雌鸟孵卵，孵化期11～12天。雏鸟晚成雏，雌雄共同觅食喂雏，育雏期约12天。

亚种分化： 全世界有12个亚种，中国有5个亚种，山东分布为华北亚种 *Emberiza godlewskii omissa*，*Emberiza cia omissa* Rothschild，*Emberiza godlewskii bangsi* Sushkin。

亚种命名 Rothschild, 1921, Nov. Zool., 28: 60（陕西秦岭）

本种通常称 *Emberiza cia*。山东亚种，纪加义（1988）、田丰翰（1957）等记为 *Emberiza cia omissa*，朱曦（2008）记为 *Emberiza cia*；郑作新（1987）记为 *E. c. omissa*。郑光美（2011）记 *E. cia*（淡灰眉岩鹀）仅分布于新疆、西藏，*E. godlewskii* 有多个亚种分布广泛，而马敬能（2000）分别称为灰眉岩鹀、戈氏岩鹀。*Emberiza cia* 国际上多用于欧洲和中亚物种，故山东分布记录应为 *Emberiza godlewskii*。

分布： 东营-◎黄河三角洲。济南-（P）济南；天桥区-北园。泰安-（P）泰安，（S）泰山-●红门。鲁中山地，鲁西北平原。

辽宁、内蒙古、河北、北京、山西、陕西、宁夏、甘肃、湖北、四川、重庆、贵州。

图例
- 照片
● 标本
▲ 环志
♦ 音像资料
○ 文献记录

0 40 80km

区系分布与居留类型：［古］（PS）。

种群现状： 分布较广，数量丰富。山东分布区狭窄，文献记录采到标本，标本保存地不详，卢浩泉（2001、2003）认为山东无分布；近年来无专项研究，也未能征集到分布照片，其分布现状需进一步研究确证。

物种保护： Ⅲ，Lc/IUCN。

参考文献： H1240，M1305，Zjb698；Q546，Z1017，Zx203，Zgm377。

山东记录文献： 朱曦2008，范忠民1990；赛道建2013、1994，单凯2013，卢浩全2001、2003，泰安鸟调组1989，纪加义1988d，李荣光1960，田丰翰1957。

● **438-01 三道眉草鹀**
Emberiza cioides Brandt

命名： Brandt JF, 1843, Bull. Sci. Acad. Imp. St.

草茎、纤维和线麻等构成，内垫细草茎和兽毛、羽毛等。每窝产卵4~6枚，卵椭圆形，草绿色或蓝绿色被黑色斑点、斑纹，卵径约18mm×13mm。雌雄轮流孵卵，孵化期14~15天。雏鸟晚成雏，雌雄共同育雏。

亚种分化： 全世界有5个亚种，中国有4个亚种，山东分布为东北亚种 *U. s. ussuriensis* Buturlin。

亚种命名 Buturlin, 1915, Oph. Becth., 6(2): 128（兴凯湖）

分布： 东营-（P）◎黄河三角洲。泰安-（P）泰安，●泰山。烟台-长岛县-●（19851101）（范强东1988）大黑山岛。淄博-●淄博。胶东半岛，鲁中山地，鲁西北平原。

黑龙江、吉林、辽宁、内蒙古、河北、北京。

区系分布与居留类型： [古]（P）。

种群现状： 分布较广。山东分布并不普遍，文献记录多地采到标本，但标本保存地不详，近年来未能征集到照片，其分布现状需要进一步深入调查研究。

物种保护： Ⅲ，Lc/IUCN。

参考文献： H1212，M1264，Zjb671；Q531，Z993，Zgm375。

山东记录文献： 郑光美2011，朱曦2008，范忠民1990；赛道建2013，田家怡1999，赵延茂1995，泰安鸟调组1989，纪加义1988d。

20.34 鹀科 Emberizidae（Buntings）

小型鸟类。喙多粗短而结实，圆锥形；鼻孔有须半遮。翼短圆，初级飞羽9枚；次级飞羽约为3/4翼长。羽色多为砂褐色而有羽干纹，雌雄鸟羽色相似或相异，部分种类具美丽的黄色、赤色泽并有繁殖羽与非繁殖羽之分。尾较长，尾羽12枚，中央尾羽不延长；跗蹠发达，前面具盾状鳞、后面具纵状长形鳞片。

通常栖息于开阔的环境。单独或成群活动。主要采食植物的种子，繁殖期以昆虫及其幼虫为食。在树上、灌丛或是地面上筑巢，巢通常杯状。每窝产卵2~7枚，卵白色、淡褐色或淡蓝色常有红色、褐色和黑色斑点。雌鸟孵卵，或雄鸟参与孵卵。孵化期10~14天，雌雄鸟共同育雏，育雏期8~15天。分布广泛，北方繁殖种类多迁移。

旧分类学如《中国动物志·鸟纲》将鹀科当成鹀亚科（Emberizinae），与雀亚科（Fringillinae）、锡嘴雀亚科（Coccothraustinae）同列雀科（Fringillidae）之下。近代分类学者认为鹀科（Emberizidae）与雀科的起源关系不同，雀科为旧大陆起源的鸟类，而鹀科为发源于新大陆的鸟种，与9枚初级飞羽的类群相近，由雀科（Fringillidae）下的鹀亚科（Emberizinae）分出并入鹀科。本科种类的生存与栖息环境尚未受到严重威胁。

全世界共有73属308种（Dickinson 2003）或70属329种（Clements 2007），中国有6属31种，山东分布记录有2属17种。

鹀科分属种检索表

1. 头无长羽冠，后爪较后趾或等长 ·· 铁爪鹀属 *Calcarius*，铁爪鹀 *C. lapponicus*
   头无长羽冠，后爪较后趾长，与尾几等长或较长但不超过嘴峰长度 ································· 2 鹀属 *Emberiza*
2. 体侧无黑色纵纹，或与腹部同色 ··· 22
   体侧有黑色纵纹，或与腹部同色 ··· 3
3. 外侧尾羽无白斑或不明显，腹部黄色，头顶锈红色（♂），飞羽羽缘红褐色 ···································· 栗鹀 *E. rutila*
   外侧尾羽有明显白斑 ··· 4
4. 具短羽冠 ·· 5
   不具羽冠 ·· 7
5. 眉斑及喉部黄色 ··· 6 黄喉鹀 *E. elegans*
   眉斑及喉部白色 ·· 田鹀 *E. rustica*
6. 头顶黑色，眉纹黄色 ·· ♂ 黄喉鹀 *E. elegans*
   头顶红褐具黑色细纹，眉纹棕白色 ··· ♀ 黄喉鹀 *E. elegans*
7. 腹面多少有些黄色 ··· 8
   腹面无黄色 ··· 12

8. 腰呈栗色 9 黄胸鹀 E. aureola
   腰非栗色 10
9. 上体栗褐色，头顶黑斑小，背上黑纹较少，下体黄色淡而辉亮 指名亚种 E. a. aureola
   上体暗栗褐色，头顶黑斑大，近头顶之半，背上黑纹较多，下体黄沾绿色 东北亚种 E. a. ornata
   背腰栗色，下喉具完整栗色横带 ♂黄胸鹀 E. aureola
   头顶栗褐色杂黑纹，喉胸无黑褐色纵纹 ♀黄胸鹀 E. aureola
10. 眼周白色 硫黄鹀 E. sulphurata
    眼周非白色 11 灰头鹀 E. spodocephala
11. 头、胸灰绿色，腹白沾黄色 指名亚种 E. s. spodocephala
    头、胸橄榄绿色，腹黄色 西北亚种 E. s. sordida
    喉和胸具黑褐色细纹 ♂灰头鹀 E. spodocephala
    喉和胸具黑褐色细纹，头顶、喉灰绿色，颏基近黑色 ♀灰头鹀 E. spodocephala
12. 腰非栗色 13
    腰呈栗色 18
13. 耳羽栗红色，体长<13cm 小鹀 E. pusilla
    耳羽非栗色，体长>14cm 14
14. 翼上小覆羽栗色，体型小，嘴形细直，禽部纵纹多而浓着 15 芦鹀 E. schoeniclus
    翼上小覆羽灰色，后颈有白领，腰、尾上覆羽灰色，肩羽黑色外啣白色 17 苇鹀 E. pallasi
15. 胸无栗色 ♀芦鹀 E. schoeniclus
    翼上小覆羽栗色 16 ♂芦鹀 E. schoeniclus
16. 翅长 ♂70~79mm 东北亚种 E. s. minor
    翅长 ♂74~82mm 疆西亚种 E. s. pallidior
17. 无眉纹，前颏黑色 ♂苇鹀 E. pallasi
    有眉纹，前颏白色 ♀苇鹀 E. pallasi
18. 胸具显著黑色纵纹 19
    胸不具黑色纵纹 21
19. 耳羽栗红色，无眉斑 栗耳鹀 E. fucata
    耳羽黑色（♂）或灰褐色（♀），具明显眉斑 20
20. 眉斑黄色 黄眉鹀 E. chrysophrys
    眉斑白色 白眉鹀 E. tristrami
21. 具白色的眉斑及颚线，喉白色 三道眉草鹀 E. cioides
    无白色的眉斑及颚线，喉栗褐色 白头鹀 E. leucocephala
22. 嘴非红色，腹无大型栗色块斑，头顶、喉和胸蓝灰，头侧有暗色纵带 灰眉岩鹀 E. godlewskii
    嘴非红色，腹无大型栗色块斑，头顶棕黄色有栗色纵纹 23 红颈苇鹀 E. yessoensis
23. 后颈有棕领，肩、腰和尾上覆羽沙棕色 ♂红颈苇鹀 E. yessoensis
    头顶棕黄色有栗色纵纹，喉乳黄色 ♀红颈苇鹀 E. yessoensis

● 436-01 白头鹀
Emberiza leucocephala Gmelin

命名： Gmelin SG, 1771, Nov. Comm. Acad. Sci. Imp. Petrop., 15: 480（俄罗斯 Astrakhan）
英文名： Pine Bunting
同种异名： 稻雀；—；—

鉴别特征： 具独特的头部图纹和小型羽冠。嘴灰蓝色，中线褐色、下嘴角黄色，头部图纹和小型羽冠独特，顶冠纹白色、两侧有黑侧冠纹，耳羽中间白色、周边黑色，具髭下纹。栗色头、喉部与白胸带对比明显，胸腹部栗红。雌鸟色淡而具斑纹，耳羽黑褐色。脚褐色而爪黑色。

形态特征描述： 嘴角褐色，下嘴较淡、上嘴中线褐色。虹膜暗褐色，眼先和眼周暗栗褐色杂黄褐色羽端缘；眉纹土黄色，耳羽灰白色沾土褐色具黑色边缘环。头土黄色、头顶正中有一圆形显著白色块斑，其两侧有黑色侧冠纹；前额、头顶侧部、头后枕部杂以黑褐色羽干纵纹，羽缘端灰褐色。颏、喉部深栗色、羽端缘土黄褐色，喉中央具白色块斑，羽缘具灰褐色点斑。头部、喉栗色与白色胸带对比明显。体色较淡略沾粉色，黄褐色杂以栗褐色羽干纹，上体背、肩部红褐色具黑褐色羽轴纵纹、羽缘黄褐色；腰和尾上覆羽深栗红色、羽缘灰黄白色。飞羽黑褐色，外侧飞羽具狭细灰白色羽缘、内侧羽缘土黄色，三级飞羽红褐色；翼上覆羽黑褐色、羽缘红褐色。胸、上腹部栗色杂褐色羽缘呈显著纵纹，下体余部白色，胁部缀红栗色纵纹。尾羽黑褐色，中央1对具红褐色羽缘、最外侧2对内翈羽端具大型白色楔状斑，外侧尾羽外翈羽缘白色；尾下覆羽纯白色具纤细暗褐色羽干纵纹。脚粉褐色。

白头鹀（李在军 20091103 摄于河口区）

雌鸟 羽色淡而沾粉色。嘴具双色，髭下纹较白。

幼鸟 似雌鸟。头顶条纹浓着，喉部栗色，喉、胸部具浓密暗褐色条纹。

鸣叫声： 发出"chi-chi-chi"的鸣叫声。

体尺衡量度（长度mm、体重g）： 山东分布有采到标本记录，但标本保存处不详，测量数据遗失。

栖息地与习性： 栖息于低山平原至亚高山草甸带，冬季在平原十分普遍。村旁、公园、河边树上、稀疏灌木上、篱笆上都可见到。多成家族群活动，多在起飞和隐伏时鸣叫。每年4月迁往繁殖地，10月迁往越冬地。

食性： 以植物性食物为主，多是杂草种子和一些谷、粟、燕麦等。繁殖季节捕食大量鞘翅目、双翅目、直翅目、半翅目等昆虫及其幼虫和蜘蛛育雏。

繁殖习性： 繁殖期5~8月。在靠近小树、灌丛的枯草地凹陷处营巢，巢杯状，由枯草茎、叶和草根、少量鲜草编织而成，内垫兽毛。通常每窝产卵4~6枚，卵白色被锈褐色或红褐色斑点，或白色沾紫色、绿色被发丝状红褐色或紫或黑褐色斑点，卵径约21mm×15mm。雌鸟孵卵，孵化期约14天。

亚种分化： 全世界有2个亚种，中国有2个亚种，山东分布为指名亚种 *Emberiza leucocephala leucocephala* Gmelin。

亚种命名 Gmelin SG, 1771, Nov. Comm. Acad. Sci. Imp. Petrop., 15：480（俄罗斯 Astrakhan）

分布： 东营 -（P）◎黄河三角洲，河口区（李在军 20091103）。菏泽 -（P）菏泽。济南 -（P）●济南，南郊。聊城 - 聊城。青岛 - 崂山区 - ●（Shaw 1938a）大公岛；浮山。日照 -（P）前三岛 - 车牛山岛，达山岛，平山岛。烟台 - 长岛县 - ▲（B189-7120，B160-8431）大黑山岛。鲁中山地，鲁西北平原，鲁西南平原湖区。

黑龙江、吉林、辽宁、内蒙古、河北、北京、山西、河南、陕西、宁夏、甘肃、青海、江苏、湖南、台湾。

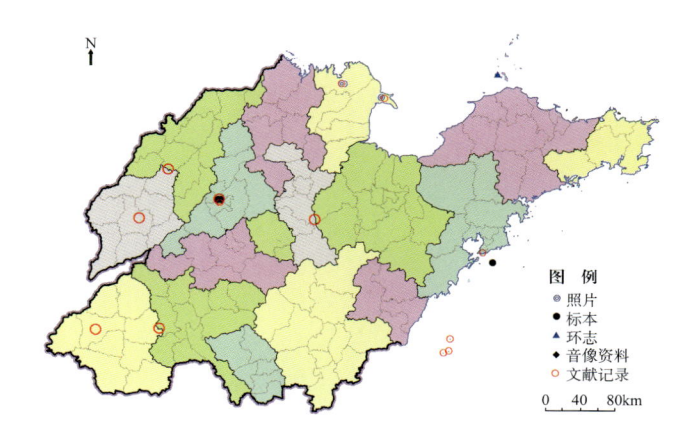

图例
● 照片
● 标本
▲ 环志
◆ 音像资料
○ 文献记录
0　40　80km

区系分布与居留类型：［古］（P）。

种群现状： 局部地区数量较多。山东分布数量并不普遍，近年来仅有少量照片，需要加强物种与栖息环境分布的调查研究。

物种保护： Ⅲ，中日，Lc/IUCN。

参考文献： H1229，M1303，Zjb687；Lc597，Q540，Z1008，Zx203，Zgm376。

山东记录文献： 朱曦2008，范忠民1990；赛道建2013、1994，贾少波2002，单凯2013，王海明2000，田家怡1999，赵延茂1995，李悦民1994，纪加义1988d，田丰翰1957。

○ **437-01　灰眉岩鹀**
Emberiza godlewskii Taczanowski

命名： Taczanovski, 1874, Journ. Orn., 22：330（西伯利亚 Lake Baikal）

英文名： Godlewski's Bunting

同种异名： 戈氏岩鹀，灰眉子，灰眉雀；*Emberizacia* Linnaeus；Rock Bunting，European Rock Bunting

鉴别特征： 嘴灰黑色、下嘴基黄色，头及喉蓝灰白色，头侧具黑栗色条纹。上背沙褐色、羽缘沾棕色，具黑褐色条纹，肩栗红色，下体暖褐色，胸蓝灰色，腹栗红色。脚橙褐色。

形态特征描述： 嘴圆锥形，黑褐色，下嘴较淡。虹膜褐色或暗褐色，眉纹蓝灰色。额、头顶、头侧、颊、耳覆羽、枕到后颈蓝灰色；头顶两侧从额基开始各有1条带状栗色宽侧贯纹，其下眉纹蓝灰色，眼先和经过眼有1条宽贯眼纹、眼前段黑色，经眼后变为栗色，颧纹黑色。上背沙褐色或棕褐色，两肩栗红色，肩、背羽毛具黑色中央纵纹，下背、腰和尾上覆羽栗红色、无纵纹或纵纹不明显，有时具淡色羽缘。翼上小覆羽蓝灰色，中覆羽、大覆羽黑褐色，中覆羽尖端白色，大覆羽尖端棕白色、皮黄色或红褐色在翅上形成2道淡色翼斑。飞羽黑褐色，羽缘棕白色，内侧飞羽具宽的皮黄栗色或淡棕褐色羽缘和端斑。腋羽和翼下覆羽黄白色。颏、喉、胸和颈侧蓝灰色；下胸、腹等下体红棕色，腹中央较浅淡。中央1对尾羽棕褐色、羽缘淡棕红色，外侧尾羽黑褐色，最外侧两对尾羽内翈具楔状白斑，外侧1对大，次1对小。脚肉色。

雌鸟 似雄鸟。头顶至后颈淡灰褐色具较多黑色纵纹，下体羽色较浅，胸以下淡肉桂红色。

鸣叫声： 啄食时常发出"jier、jier"的叫声。

体尺衡量度（长度mm、体重g）：

标本号	时间	采集地	体重	体长	嘴峰长	翅长	跗蹠长	尾长	性别	现保存处
	1989	泰山红门		165	10	78	20	75	♂	泰安林业科技

栖息地与习性： 栖息于低山丘陵、高山等开阔地带的岩石荒坡、草地和灌丛中，喜栖具零星树木的灌丛、草丛和岩石地面，以及林缘、河谷、农田、路边及村旁树上和灌木上。常成对或单独活动，非繁殖季节成小至大群，秋冬季多活动在向阳河谷两侧，繁殖期间常在树、灌枝顶、突出岩石或电线上鸣叫，常边鸣唱边抖动着身体和扇动尾羽。

食性： 杂食性。主要采食草籽、果实、种子和农作物等，也捕食鞘翅目、半翅目、鳞翅目和直翅目昆虫及其幼虫。

繁殖习性： 繁殖期4~7月，繁殖期开始的早晚除与海拔、纬度和气候条件有关外，与个体年龄或许也有一定关系。主要由雌鸟营巢，在草丛或灌丛中地上浅坑内、小树或灌木丛基部地上、地边土埂上或石隙间营巢。巢杯状，由枯草茎和叶、苔藓和蕨类植物叶子和细草茎、棕丝、羊毛、马毛等构成，有的内层全为羊毛或牛毛，垫有少许羽毛。每窝产卵3~5枚，卵颜色变化大，有白色、灰白色、浅绿色、灰蓝色或土黄色等，被紫黑色或暗红褐色点状、棒状或发丝状深浅两层不同的斑点和斑纹，钝端较密常形成圈状，卵经约21mm×15mm，卵重约2.5g。雌鸟孵卵，孵化期11~12天。雏鸟晚成雏，雌雄共同觅食喂雏，育雏期约12天。

亚种分化： 全世界有12个亚种，中国有5个亚种，山东分布为华北亚种 *Emberiza godlewskii omissa*，*Emberiza cia omissa* Rothschild，*Emberiza godlewskii bangsi* Sushkin。

亚种命名 Rothschild, 1921, Nov. Zool., 28: 60（陕西秦岭）

本种通常称 *Emberiza cia*。山东亚种，纪加义（1988）、田丰翰（1957）等记为 *Emberiza cia omissa*，朱曦（2008）记为 *Emberiza cia*；郑作新（1987）记为 *E. c. omissa*。郑光美（2011）记 *E. cia*（淡灰眉岩鹀）仅分布于新疆、西藏，*E. godlewskii* 有多个亚种分布广泛，而马敬能（2000）分别称为灰眉岩鹀、戈氏岩鹀。*Emberiza cia* 国际上多用于欧洲和中亚物种，故山东分布记录应为 *Emberiza godlewskii*。

分布： 东营-◎黄河三角洲。济南-（P）济南；天桥区-北园。泰安-（P）泰安，（S）泰山-●红门。鲁中山地，鲁西北平原。

辽宁、内蒙古、河北、北京、山西、陕西、宁夏、甘肃、湖北、四川、重庆、贵州。

区系分布与居留类型： [古]（PS）。

种群现状： 分布较广，数量丰富。山东分布区狭窄，文献记录采到标本，标本保存地不详，卢浩泉（2001、2003）认为山东无分布；近年来无专项研究，也未能征集到分布照片，其分布现状需进一步研究确证。

物种保护： Ⅲ，Lc/IUCN。

参考文献： H1240，M1305，Zjb698；Q546，Z1017，Zx203，Zgm377。

山东记录文献： 朱曦2008，范忠民1990；赛道建2013、1994，单凯2013，卢浩全2001、2003，泰安鸟调组1989，纪加义1988d，李荣光1960，田丰翰1957。

● **438-01 三道眉草鹀**
Emberiza cioides **Brandt**

命名： Brandt JF, 1843, Bull. Sci. Acad. Imp. St.

Petersburg，1：363（西伯利亚）
英文名：Meadow Bunting
同种异名：草鹀，大白眉，三道眉，山带子，犁雀儿，山麻雀；—；Siberian Meadow Bunting, Long-tailed Bunting

鉴别特征：上嘴色深，下嘴蓝灰色。头部图纹醒目，头顶、耳羽褐栗色，眼先、颧纹黑色，眉纹、颊、喉灰白色。上体栗具黑褐羽干纹，翼黑褐色、翼纹黄白色，腰棕色，胸带、两胁栗色，腹部浅栗色。中央尾羽浅栗色具棕色羽缘，外侧尾羽具楔形白斑。雌鸟浅褐色沾棕色具黑褐纵纹，胸无栗横带，下体土黄色。脚粉褐色。幼鸟色淡、多细纵纹。

形态特征描述：嘴灰黑色、下嘴色浅。虹膜栗褐色，眉纹白色，自嘴基伸至颈侧；眼先及下部各有1条黑纹。耳羽深栗色。额黑褐杂灰白色，头顶及枕部深栗红色，羽缘淡黄色。颏及喉淡灰色。上体栗红色向后渐淡，各羽缘土黄色具黑色羽干纹。飞羽暗褐色，初级飞羽外缘灰白色、次级飞羽的羽缘淡红褐色，初级飞羽、小翼羽暗褐色、羽缘淡棕色，小覆羽灰褐色、羽缘浅白色，中覆羽内翈褐色、外翈栗红色、羽端土黄色，大覆羽、三级飞羽中央黑褐色、羽缘黄白色。腋羽和翼下覆羽灰白色、羽基微黑色。上胸栗红色呈明显横带状；两胁栗红色至栗黄色，越向后越淡，至尾下覆羽及腹部的砂黄色。尾上覆羽纯色；中央1对尾羽栗红色具黑褐色羽干纹，其余尾羽黑褐色，外翈边缘土黄色，最外1对有一白色带斑从内翈端部直达外翈基部，外侧第2对末端中央有一楔状白斑。腿脚肉色。

雌性 羽色较雄鸟淡。眼先和颊纹污黄色。眉纹、耳羽及喉土黄色。头顶、后颈和背部浅褐沾棕色，布黑褐色条纹。胸部栗色横带不明显。

幼鸟 上体黄褐色，有的腰部微沾黄色。下体砂黄色。除腹和尾下覆羽外，通体满布黑褐色条纹或斑点。

鸣叫声：叫声似"jê-ji-ji"或似"jiji-bu-，jiji-bu-"。

体尺衡量度（长度mm、体重g）：寿振黄（Shaw 1938a）记录采得雄鸟4只标本，但标本保存地不详，测量数据记录不完整。

三道眉草鹀（牟旭辉 20120408 栖霞十八盘）

标本号	时间	采集地	体重	体长	嘴峰长	翅长	跗蹠长	尾长	性别	现保存处
	1958	微山湖		155	10	94	18	66	♂	济宁一中
	1958	微山湖		130	7	80	16		♂	济宁一中
830284	19840317	两城	20	156	10	72	19	73	♂	济宁森保站
	1989	泰安		148	10	78	18	80	3♂	泰安林业科技
	1989	泰安		146	9	76	22	64	4♀	泰安林业科技

栖息地与习性：喜栖于开阔地带、丘陵地带和半山区稀疏阔叶林地、山麓平原或山沟的灌丛和草丛、远离村庄的树丛和农田。夏季丘陵及山上多见，冬季山脚或山谷及平原多见。繁殖时成对、冬季常见成群活动，常栖息在草丛中、灌木间、岩石上、树枝上、电线或电杆上。雄鸟歌声美妙动听，繁殖时期，从清晨起长时间在小树尖端或电线上鸣唱不已。

食性：杂食性。夏季主要捕食鳞翅目、鞘翅目、双翅目、膜翅目昆虫及其幼虫及蜘蛛等，也采食杂草种子；冬季主要以各种野生草籽、树木种子、各种谷粒和冬菜等为食。

繁殖习性：繁殖期4~7月，每年可繁殖2窝。一般在山坡草丛地面、极少数在灌丛小树上筑巢，仅雌鸟筑巢，4~5天完成；巢碗状，主要由草茎、松针、蒿草和植物须根、细草茎等构成，内垫少量兽毛等。每窝产卵4~5枚，卵壳色泽同窝相似，异窝间变化大；卵椭圆形，白色、乳白色，或乳白浅蓝色，钝端蝌蚪状黑斑连成环状，其他部位少斑点，或多丝发状斑，底层浅紫色，表层黑褐色及浓黑色，钝端绕成宽环，余部偶有零星棒状或点状斑。雌鸟孵卵，孵化期12~13天。雏鸟晚成雏，雌雄育雏，育雏期10~12天。幼鸟离巢后在亲鸟带领下在巢区附近游荡3~5天，8月末形成同种群活动。

亚种分化：全世界有5个亚种，中国有4个亚种，山东分布为普通亚种 *E. c. castaneiceps* Moore。

亚种命名 Moore, 1855, Proc. Zool. Soc. London,

23：215（四川金堂）

分布：滨州 - ●（刘体应 1987）滨州；滨城区 - 引黄闸（刘腾腾 20160423），徒骇河渡槽（刘腾腾 20160425）；无棣县 - 贝壳岛保护区（20160501），车王镇（朱星辉 160716）。**德州 -** 市区 - 长河公园（张立新 20110405）；陵城区 - 丁东水库（张立新 2008031）。**东营 -**（R）◎黄河三角洲；河口 - 孤岛林场（孙劲松 2009042）。**菏泽 -**（R）菏泽。**济南 -**（R）济南；天桥区 - 北园，鹊山水库（20150307）；历下区 - 大佛头；槐荫区 - 睦里闸，玉清湖（20140429）；历城 - 虎门（20121115），黄巢水库（20150405），门牙风景区（陈忠华 20140601、20141005）；长清区 - 灵岩寺；章丘 -（R）黄河林场。**济宁 -** ●济宁，南四湖，微山县 - 微山湖，微山岛（20160218），泗水河（20160724）。**聊城 -** 聊城，东昌湖。**临沂 -**（R）沂河。**莱芜 -** 通天河，华山林场；莱城区 - 红石公园（陈军 20130304）。**青岛 -**（R）●（Shaw 1938a）青岛，浮山；李沧区 - ●（Shaw 1938a）沧口；崂山区 -（R）潮连岛，青岛科技大学（宋肖萌 20140329），●（Shaw 1938a）崂山；黄岛区 - ●（Shaw 1938a）灵山卫。**日照 -** 日照水库（20140304），国家森林公园（20140321）；东港区 - 两城河口（20140307），阳光海岸（20140623）；岚山区 - 丁家沟（20140308）（R）；前三岛 - 车牛山岛，达山岛，平山岛。**泰安 -**（R）●泰安，岱岳区 - 徂徕山，旧县大汶河（20140513、20140615，李令东 20150520），下港勤村（20150405）；泰山区 - 农大南校园；泰山 - 高山，中山，低山，桃花峪（20121129），摩天岭（刘兆瑞 20110612）；东平县 -（R）东平湖；新泰 - 果庄（20130527）。**潍坊 -** 潍坊，白浪河湿地（20140625）；高密 - 姜庄镇小辛河（宋肖萌 20150801）；（R）青州 - 仰天山，南部山区。**威海 -** 荣成 - 成山头（20110604），天鹅湖（20130608），烟墩角（20140608，赛时 20130607），文登 - 五里顶（赛时 20130613），口子（赛时 20130614），坤龙水库（20140530、20150510），天福山（韩京 20110522）。**烟台 -** 莱阳 - 高格庄（刘子波 20150404）；◎莱州；芝罘区 - ●（Shaw 1930）芝罘山，乳子山（王宜艳 20160313）；栖霞 - 十八盘（牟旭辉 20120408）；招远（蔡德万）；长岛县 - ▲（B189-7194）大黑山岛。**淄博 -** 淄博；高青县 - 花沟镇（赵俊杰 20141007，20141116），千乘湖（赵俊杰 20160313）。胶东半岛，鲁中山地，鲁西北平原，鲁西南平原湖区，山东全省。

河北、北京、山西、河南、陕西、宁夏、甘肃、安徽、江苏、上海、浙江、江西、湖南、湖北、四川、重庆、贵州、云南、福建、台湾、广东、广西。

区系分布与居留类型：[古]（R）。

种群现状：易于饲养，为食谷笼鸟。山东各地均有分布，但数量较少，未列入山东省重点保护野生动物名录，应加强物种与栖息环境的研究。

物种保护：Ⅲ，Lc/IUCN。

参考文献：H1241，M1307，Zjb699；Lc599，Q546，Z1019，Zx203，Zgm378。

山东记录文献：郑光美 2011，朱曦 2008，赵正阶 2001，钱燕文 2001，傅桐生 1998，范忠民 1990，郑作新 1987、1976，Shaw 1938a、1930；孙玉刚 2015，赛道建 2013、1999、1994、1989，贾少波 2002，李久恩 2012，邢在秀 2008，王海明 2000，王元秀 1999，田家怡 1999，宋印刚 1998，王庆忠 1995、1992，赵延茂 1995，杜恒勤 1994、1985，丛建国 1993，泰安鸟调组 1989，纪加义 1988d，刘体应 1987，李荣光 1960、1959，田丰翰 1957。

● **439-01 红颈苇鹀**
Emberiza yessoensis（Swinhoe）

命名：Swinhoe, 1874, Ibis: 161
英文名：Ochre-rumped Bunting
同种异名：黑头；—；Chinese Reed Bunting, Far-eastern Reed Bunting

鉴别特征：嘴近黑色。头和喉部黑色，颈和翕栗红色。腰棕色，下体棕白色。雌鸟头顶及耳羽色深，颈背粉棕色，下体较少纵纹且色淡。脚偏粉色。相似种苇鹀雄鸟后颈具白色横带，前颊黑，雌鸟有眉纹，前颊白色。

形态特征描述：嘴黑褐色，圆锥形，下喙边缘切合线中有缝隙。虹膜褐色，具不明显棕白色眉纹。头部、颏和喉黑色。喉与颈侧间杂白色，后颈和上背栗红色。背和肩羽栗褐色具黑色和锈色斑纹；腰栗红色。小覆羽灰褐色具栗色羽缘，中覆羽、大覆羽黑褐色具宽阔栗色羽缘及大型黑色羽干斑，小翼羽、初级覆羽暗褐色；羽角褐色，初级飞羽具窄棕栗色羽缘，其余飞羽具宽栗红色羽缘，内侧次级飞羽具大型黑色羽干斑。翼下覆羽和腋羽白色。下体棕白色，胸沾栗色，两胁有锈褐色纵斑。尾羽中央1对栗红色、羽轴褐色，其余尾羽黑褐色具栗色窄缘，最外1对尾羽楔状白斑由内翈先端斜贯外翈基部；次1对尾羽白斑狭长从内翈先端羽轴延至尾羽的1/3～1/2处；尾上覆羽栗红色，尾下覆羽白色。脚赤褐色。

红颈苇鹀（于英海 20141227 摄于乳山海湾新城）

冬羽 头、上体栗色羽缘发达，遮盖头、背黑色使上体呈浅栗色。颏和喉黑色部分具棕灰色羽缘。

雌鸟 似雄鸟。上嘴角褐色，下嘴肉黄色。头部黑褐色具锈栗色斑纹。眉纹宽、黄白色。颏和喉黄白色，颧纹黑色。

鸣叫声： 叫声短促似 "tick" "zi zi"，飞行时似 "chet"。

体尺衡量度（长度mm、体重g）： 山东分布有采到标本记录，但标本保存处不详，测量数据遗失。

栖息地与习性： 栖息于芦苇地、沼泽地及高地的湿润草甸，越冬在沿海沼泽地带。性机警，非繁殖期常集群活动，多做短距离飞行，停息在较高的枯菱蒿秆上鸣叫。求偶期间雄鸟在固定巢区鸣叫，早晨鸣唱最烈，在远处能听到尖锐、单调而重复鸣声。

食性： 主要采食禾本科植物种子、米粒、豆科植物种子，以及捕食大量的鳞翅目、鞘翅目昆虫及其幼虫和淡水螺。

繁殖习性： 繁殖期5～6月。在塔头草甸的水蒿和苔草基部筑巢，巢碗状，底部呈半卧地式，由小叶草茎或蒿秆及马尾构成。每窝约产卵5枚，卵椭圆形，石板青色具紫褐色点斑和细纹，卵经约为17mm×13mm，卵重约1.7g。雌鸟孵卵时，雄鸟在附近鸣叫。孵卵期约15天。育雏留巢期约16天。

亚种分化： 全世界有2个亚种，中国有1个亚种，山东分布为东北亚种 *E. y. continetalis* Witherby。

亚种命名 Witherby, 1913, Bull. Brit. Orn. Cl., 31：74（江苏南京）

分布： 东营 - ◎黄河三角洲。泰安 - 岱岳区 - 牟汶河泉林（彭国胜 20151028）。威海 - 乳山 - 海湾新城（于英海 20141227）。（P）胶东半岛，（P）山东。

黑龙江、吉林、辽宁、内蒙古、河北、北京、天津、江苏、上海、浙江、福建、广东、香港。

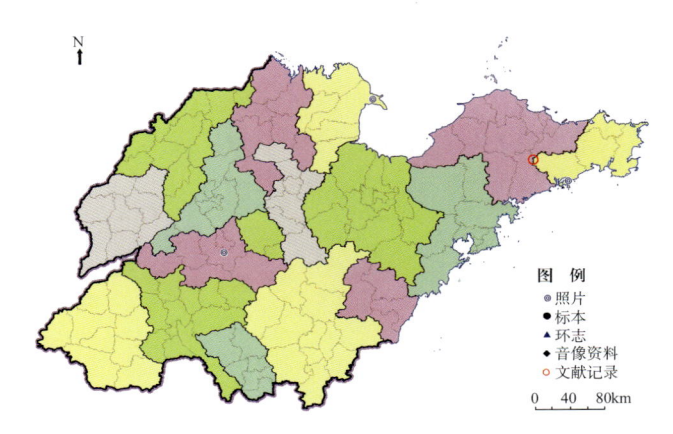

图例
- ◎ 照片
- ● 标本
- ▲ 环志
- ■ 音像资料
- ○ 文献记录

区系分布与居留类型： [古]（P）。

种群现状： 分布区狭窄而数量稀少，不仅被列入国际自然与自然资源保护联盟世界濒危物种红皮书，而且被国际鸟盟列入全球濒危鸟类名录。山东分布记录区狭窄，数量稀少，应加强物种与栖息地的保护与研究。

物种保护： Ⅲ，Nt/IUCN。

参考文献： H1250，M1326，Zjb708；Q552，Z1027，Zx203，Zgm379。

山东记录文献： 郑光美 2011，朱曦 2008，赵正阶 2001，钱燕文 2001，傅桐生 1998，范忠民 1990，郑作新 1987、1976；赛道建 2013，纪加义 1988d。

● 440-01 白眉鹀
Emberiza tristrami Swinhoe

命名： Swinhoe, 1870, Proc. Zool. Soc. London：441（福建厦门）

英文名： Tristram's Bunting

同种异名： 三道眉，白三道儿，五道眉，小白眉；—；—

鉴别特征： 喙圆锥形，嘴蓝灰色、下嘴偏粉色，头部图纹显著，头、颏喉黑色，眉纹白色。后颈栗红色，背褐具黑色羽干纹，腰棕色，下体白而胸、胁纵纹较少。尾色淡、黄褐色多。雌鸟及冬羽色暗，头部对比度小，颏色浅。脚浅褐色。相似种黄眉鹀具黄色眉纹，尾黄褐色较多，胸及两胁纵纹较多且喉色较浅；田鹀具红色颈背。

形态特征描述： 嘴褐色或角褐色，下嘴基部肉色或肉黄色。虹膜褐色或暗褐色。头部黑色，白色中央冠纹、眉纹和从嘴基到颈侧的宽阔颚纹在黑色头部极为醒目。颏和喉黑色、下喉有白斑。后颈沾栗红色。上体背、肩栗褐沾橄榄灰色具显著黑色中央纹。腰和尾上覆羽栗色或栗红色，有的具灰白色羽缘。翅上小覆羽灰色或灰褐色，中、大覆羽黑褐色具皮黄色或沙皮黄色羽缘，有的尖端棕白色；飞羽黑褐色，外侧飞羽具白色窄羽缘，内侧飞羽具红褐色或栗红色羽缘。下体白色，胸和两胁棕褐色具深栗色或暗色纵纹。尾羽黑褐色，中央1对尾羽具宽的栗红色或栗褐色羽缘，最外侧2对尾羽具长的楔状白斑。脚肉色。

白眉鹀（陈云江 20151009 摄于张夏镇；赛道建 20150509 摄于海驴岛）

冬羽 头上白带沾皮黄色或棕色，颏、喉皮黄色或淡褐色宽的端使颏、喉部黑色常被掩盖。上体栗黄色羽缘显著。

雌鸟 似雄鸟。眼先、眼周皮黄色，耳羽棕褐色。头部黑色变为褐黑色，中央冠纹、眉纹和颊纹污白色微沾黄褐色，颊纹下方有黑色点斑组成的黑颚纹。颏、喉白沾黄褐色，喉侧具暗褐色条纹。下喉、胸和两胁淡栗色具不明显的暗色纵纹。

幼鸟 似雌鸟。较暗较褐。喉、胸、两胁具显著暗色纵纹。

鸣叫声：繁殖期鸣叫强烈，在巢周林下层侧枝上发出音似"zi-da-da-zi"的鸣唱。

体尺衡量度（长度mm、体重g）：寿振黄（Shaw 1938a）记录采得雌鸟3只标本，但标本保存地不详，测量数据记录不完整。

栖息地与习性：栖息于低山各种林地、林缘、林间空地、溪流沿岸森林，喜林下植物发达的针阔叶混交林，迁徙、越冬也与针叶林联系密切。单个或成对活动，迁徙时集结成小群活动。性怯疑，见人立刻起飞，隐藏于远处树间或草下。繁殖期善隐蔽，整天躲藏在林下灌丛和草丛中活动和觅食，如遇惊扰，或在灌丛间低飞逃窜，或飞到附近树上、飞走，飞翔颇快而呈直线状。在树上、地面活动，喜在倒树处寻食。

食性：主要捕食鳞翅目等昆虫及其幼虫，还有少数蠕虫和蜘蛛、螨类，也采食草籽和浆果等。

繁殖习性：繁殖期5～7月，每年多繁殖1窝。雌雄鸟选择林下灌丛和草丛，尤其是溪边和沟谷附近的林下灌丛营巢，巢碗状，外层用禾本科草叶和草茎，内层用细软莎草科草茎、细草根、松针等构成，内垫少量兽毛。通常每窝产卵4～6枚，卵椭圆形，灰色或浅蓝绿色被黑色或褐色片状、线状或点状斑纹，卵径约为16mm×20mm，卵重约2.0g。孵化期13～14天，留巢期11～12天。

亚种分化：单型种，无亚种分化。

分布：**东营**-（P）◎黄河三角洲；河口区-河口（李在军20090427），维修大队（仇基建20090427、20120503）。**菏泽**-（P）菏泽；曹县-岳庄（谢汉宾20151018）。**济南**-（P）济南，南郊；历下区-大明湖（马明元20121006）；长清区-张夏（陈云江20151009）。**济宁**-曲阜-（P）石门寺；微山县-（P）鲁山。**青岛**-（P）●（Shaw 1938a）青岛；崂山区-（P）潮连岛；黄岛区-●（Shaw 1938a）灵山岛。**日照**-东港区-丝山（李宗丰20140430），双庙山沟（成素博20140430）。**威海**-文登-大水泊（20140605）；荣成-海驴岛（20150509）。**烟台**-◎莱州；栖霞-长春湖（牟旭辉20130501）。胶东半岛，鲁中山地，鲁西北平原，鲁西南平原湖区。

除宁夏、青海、新疆、西藏、海南外，各省份可见。

区系分布与居留类型：[古]（P）。

种群现状：物种分布范围广，种群数量稳定，被评为无生存危机物种。山东分布照片数量并不普遍，未列入山东省重点保护野生动物名录。

物种保护：Ⅲ，Lc/IUCN。

参考文献：H1248，M1311，Zjb706；Lc601，Q550，Z1026，Zx204，Zgm379。

山东记录文献： 郑光美 2011，朱曦 2008，赵正阶 2001，钱燕文 2001，傅桐生 1998，范忠民 1990，郑作新 1987、1976，Shaw 1938a；孙玉刚 2015，赛道建 2013、1994，王海明 2000，田家怡 1999，赵延茂 1995，纪加义 1988d，田丰翰 1957。

● 441-01 栗耳鹀
Emberiza fucata Pallas

命名： Pallas PS，1776，Reise Versch. Prov. Russ. Reichs，3：237，698（西伯利亚东南部 Onon and Ingoda 河）

英文名： Chestnut-eared Bunting

同种异名： 赤胸鹀；—；Grey-hooded Bunting

鉴别特征： 上嘴黑边缘灰、下嘴蓝灰色、基部粉红色，头灰色具黑色羽干纹，耳羽栗色，喉颈白色。颈部图纹独特，灰顶冠及颈侧对比明显，下颊纹黑色、延伸至胸部与纵纹样黑项纹相连，上体栗褐色，腰棕色，胸带棕，下体余部白。尾侧多白色。脚粉红色。

形态特征描述： 上嘴黑色具灰色边缘，下嘴蓝灰色、基部粉红色。虹膜深褐色，眼先、眼周白色，眉纹白色不明显。额、头顶至后颈灰色具黑色羽干纹。耳羽栗色与灰色顶冠及颈侧对比明显。颊纹皮黄白色，颚纹黑色。颈部图纹独特，黑色下颊纹延至胸部与黑色纵纹相接形成项纹，与喉等部位白色及棕色胸带白色形成对比。背、肩栗褐色具宽阔黑色羽干纹、背部显著，下背和腰淡栗色。初级飞羽、次级飞羽黑褐色具栗色羽缘、第1、第2枚具窄白羽缘，小覆羽栗色，中覆羽、大覆羽和三级飞羽黑色具宽栗褐色羽缘，小翼羽、初级覆羽黑褐色。腋羽、翼下覆羽白色。胸部淡皮黄色，上胸黑色斑点组成胸带，两端与颚纹相连形成"U"形斑，其后有栗色横带，下体余部黄白色，胁皮黄色或砖红色。尾羽黑褐色，中央1对羽缘内翈淡褐灰色宽、外翈皮黄色窄，最外侧1对具长楔状白斑、次1对羽端具狭小白斑；尾上覆羽橄榄褐色而羽干纹黑色。脚粉红色。

栗耳鹀（成素博 20150425 摄于付疃河湿地；赛道建 20150509 摄于荣成海驴岛）

冬羽 羽缘皮黄褐色，胸部黑色斑点黑色而小，不与颚纹相连，甚至无此胸带斑，仅有栗色胸带斑且不明显。

雌鸟 似雄鸟。色彩较淡而少特征性栗色，耳羽及腰多棕色，尾侧多白色。

幼鸟 非繁殖期鸟色较淡，顶冠、胸及两胁具黑色纵纹。

鸣叫声： 由断续"zwee"音节加速而成一片"qizha"声，以"triip triip"两声收尾。

体尺衡量度（长度mm、体重g）： 寿振黄（Shaw 1938a）记录采得雄鸟1只标本，但标本保存地不详，测量数据记录不完整。

标本号	时间	采集地	体重	体长	嘴峰长	翅长	跗蹠长	尾长	性别	现保存处
	1989	泰山		148	10	68	18	60	♀	泰安林业科技

栖息地与习性： 喜栖于低山或半山区的河谷沿岸草甸、森林迹地形成的湿草甸或草甸加稀疏灌丛。4月迁来繁殖地，10迁离繁殖地，但11月还有个体留在繁殖地。常于矮灌丛顶枝上鸣叫，具该属的典型特性。繁殖期成对或单独、冬季成群活动，多在灌草丛中做短距离飞翔。

食性： 主要捕食鳞翅目、鞘翅目、直翅目和膜翅目昆虫及其幼虫，也采食谷物、草籽、果实等。

繁殖习性： 繁殖期5～7月。在林缘、路边有稀疏灌木的沼泽草甸中塔头营巢，巢由雌鸟承担，杯状巢外壁由草叶、草茎、须根，内壁由草茎、苔藓等构成，内垫兽毛、羽毛。每窝通常产卵4～6枚，卵椭圆形，淡灰色、灰白色或灰青色，密被褐色小斑点，钝端较密，卵径19.8～15.7mm，卵重约2.5g。雌鸟孵卵，孵化期约12天。雏鸟晚成雏，雌雄共同育雏，育雏期约10天。

亚种分化： 全世界有3个亚种，中国有3个亚种，山东分布为指名亚种 *E. f. fucata* Pallas。

亚种命名 Pallas PS，1776，Reise Versch. Prov. Russ. Reichs，3：237，698（西伯利亚东南部的 Onon 河和 Ingoda 河）

本种3个亚种除繁殖区域不同外，还有体型大小及羽色浓淡的差异。指名亚种 E. f. fucata 体型最大，背部栗红色最淡；繁殖于福建的挂墩亚种 E. f. kuatunensis 体型最小，色泽在两者之间；E. f. arcuata 体型居其中，背部栗红褐色最暗浓。E. f. fucata 繁殖于贝加尔山区、蒙古东北、库页岛、中国东北至朝鲜半岛及日本，越冬区在中国的东南部及东南亚北部。

分布：东营 -（P）◎黄河三角洲。**济南** -（P）济南。**济宁** - 微山县 -（P）两城。**青岛** - 崂山区 -（P）潮连岛；黄岛区 - ●（Shaw 1938a）灵山岛。**日照** - 东港区 - 付疃河（成素博 20150425）；前三岛。**泰安** -（P）●泰安；●泰山 - 低山；岱岳区 - 北望村（张培栋 20151005）。**威海** - 荣成 - 海驴岛（20150509）。**烟台** - 福山区 - 夹河（王宜艳 20160507）；◎莱州；长岛县 - 大黑山岛（何鑫 20131005）。胶东半岛、鲁中山地。

除青海、新疆、西藏外，各省份可见。

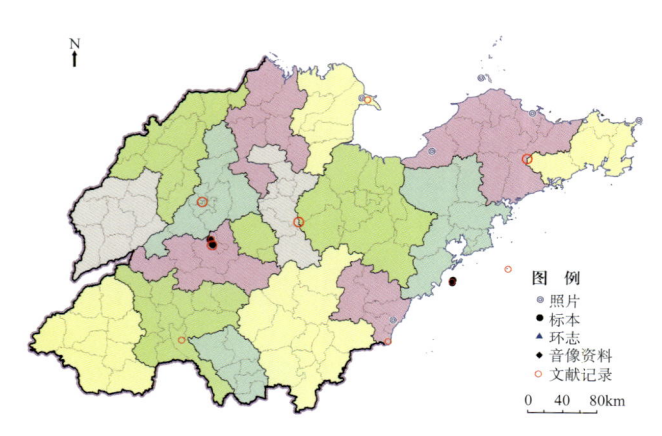

图例
- 照片
- 标本
- 环志
- 音像资料
- 文献记录

0　40　80km

区系分布与居留类型：［广］（P）。
种群现状： 繁殖区分布数量较丰富，尚无生存危机。山东分布数量并不普遍，对物种与栖息环境尚无特别措施。
物种保护： Ⅲ，中日，Lc/IUCN。
参考文献： H1243，M1312，Zjb701；Lc603，Q548，Z1022，Zx204，Zgm379。
山东记录文献： 郑光美 2011，朱曦 2008，赵正阶 2001，钱燕文 2001，傅桐生 1998，范忠民 1990，郑作新 1987、1976，Shaw 1938a；赛道建 2013、1994，田家怡 1999，赵延茂 1995，泰安鸟调组 1989，纪加义 1988d，杜恒勤 1985，李荣光 1960、1959。

● **442-01　小鹀**
Emberiza pusilla Pallas

命名： Pallas PS，1776, Reise Versch. Prov. Russ. Reichs, 3：697（西伯利亚达乌里地区）

英文名： Little Bunting
同种异名： 高粱头，虎头儿，铁脸儿，花椒子儿，麦寂寂；—；—
鉴别特征： 嘴褐色，头黑色、具宽栗色条纹，眼圈色浅。冬羽耳羽及顶冠纹暗栗色，颊纹、耳羽边缘灰黑色，眉纹、第2道下颊纹暗皮黄褐色。上体褐色而带深色纵纹，下体偏白色，胸、胁土黄色有黑色纵纹。雌鸟头部浅黑色、栗色，下体黑纵纹明显。脚红褐色。
形态特征描述： 喙为圆锥形，上嘴近黑色、下嘴灰褐色。虹膜褐色，眉纹红褐色。耳羽暗栗色，后缘沾黑色。头部头顶、头侧、眼先和颊侧赤栗色，头顶两侧的头侧线宽、黑色。颈灰褐色沾土黄色。上体肩、背砂褐色，背部有黑褐色羽干纹；腰和尾上覆羽灰褐色。飞羽暗褐色，内侧者缘为赭黄色、外侧者外缘转为白色；翼上覆羽黑褐色、羽缘赭黄色，初级覆羽羽缘较淡；小覆羽土黄褐色；中覆羽、大覆羽黑褐色，前者羽尖土黄色、后者沾赤褐色而羽端土黄色；小翼羽和初级覆羽暗褐色、羽缘浅灰色。翼下覆羽和腋羽白色、后者中央染黑色。下体白色，喉侧、胸、胁黄白色具黑色条纹。尾羽褐色具不明显白色羽缘，外侧尾羽有较多白色；最外侧1对尾羽有白色楔状斑，从内翈羽尖直插到外翈基部；次1对尾羽仅在羽轴处有白色窄纹。脚肉褐色。

小鹀（单凯 20111019 摄于保护区大汶流）

冬羽 似夏羽。头顶羽端赤栗色，和两侧黑色头侧带有些混杂，界限不明显。翼羽外缘近赭色。
雌鸟 较雄鸟冬羽羽色较淡。头顶中央红褐色、杂狭小黑色纵纹和赭土色羽尖，头侧线黑褐色。
冬羽 头顶两侧黑色带转为红褐色。
鸣叫声： 常发出单调而低弱的叫声，声似"chi、chi-"。

体尺衡量度（长度 mm、体重 g）：

标本号	时间	采集地	体重	体长	嘴峰长	翅长	跗蹠长	尾长	性别	现保存处
	1958	微山湖		145	11	78	20	50	♂	济宁一中
	1989	泰山东平		139	10	74	17	61	4♂	泰安林业科技
	1989	东平泰山		145	8	70	15	67	♀	泰安林业科技

栖息地与习性： 繁殖期栖息于泰加林北部开阔的苔原和苔原森林地带；迁徙和越冬季节栖息于低山、丘陵和山脚平原地带的灌丛、草地和树丛、农田、旷野中的灌丛与树上、林缘地带。多结群生活，春季多为小群、秋季结大群、冬季分散或单个活动。性怯疑，频繁在草丛间穿梭飞跃或在灌木低枝间跳跃，繁殖期多站在灌木顶枝上鸣叫，其他时间隐伏在灌木荆棘丛中或草丛中鸣叫。飞翔时，尾羽有规律地散开和收拢，频繁露出外侧白色尾羽。

食性： 主要采食草籽、种子、果实等植物性食物，也捕食鞘翅目、膜翅目、半翅目、鳞翅目等昆虫及其幼虫和卵。

繁殖习性： 繁殖期6～7月。在迁徙途中求偶配对，5月中下旬到达繁殖地即开始占区，在草丛或灌丛中，特别是在有低矮的杨树丛、桦树丛和玫瑰丛、柳树丛地区营巢，巢杯状，用枯草叶和枯草茎构成，内垫细茎叶和兽毛。每窝产卵4～6枚，卵白色或绿色被小的褐色或紫褐色斑点。雌雄鸟共同孵卵，孵化期11～12天。

亚种分化： 单型种，无亚种分化。

分布： 东营-（W）◎黄河三角洲（单凯20111019）；自然保护区-大汶流（单凯20111019）；河口区-孤岛林场（孙劲松20101030）。菏泽-（WP）菏泽。济南-（P）济南，黄河；天桥区-（P）北园，龙湖（陈忠华20141221，陈云江20111130）；章丘-●黄河林场。济宁-●济宁，微山县-昭阳（陈保成20081102）。聊城-聊城，东昌湖。莱芜-莱城区-牟汶河（陈军20130426）。青岛-崂山区-（P）潮连岛，浮山。日照-东港区-付疃河（20150420），崮子河（20150418）；（W）前三岛-车牛山岛，达山岛，平山岛。泰安-（P）泰安，●泰山-低山；东平县-（P）东平湖，●东平。潍坊-青州-南部山区。烟台-芝罘区-鲁东大学（王宜艳20160329）；◎莱州，栖霞-十八盘（牟旭辉20150413），长春湖（牟旭辉20130513）；招远-罗峰镇东观村（蔡德万20140323）；长岛县-▲（B160-7332）大黑山岛。淄博-张店区-沣水镇（赵俊杰20160312）；高青县-常家镇（赵俊杰20141220）。胶东半岛，鲁中山地，鲁西北平原，鲁西南平原湖区。

除西藏外，各省份可见。

区系分布与居留类型： [古]（PW）。

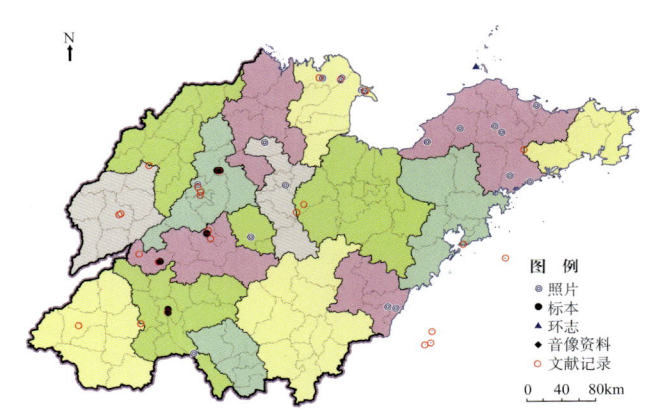

种群现状： 分布较广，数量较多。山东迁徙期间各地有分布，各地数量不同，尚无系统的数量统计，应加强迁徙规律的研究。

物种保护： Ⅲ，中日，Lc/IUCN。

参考文献： H1245，M1313，Zjb703；Lc606，Q548，Z1024，Zx204，Zgm380。

山东记录文献： 郑光美2011，朱曦2008，赵正阶2001，钱燕文2001，范忠民1990，郑作新1987、1976；赛道建2013、1994，贾少波2002，王海明2000，田家怡1999，赵延茂1995，丛建国1993，王庆忠1992，王希明1991，泰安鸟调组1989，纪加义1988d，杜恒勤1985，李荣光1959，田丰翰1957。

● 443-01 黄眉鹀
Emberiza chrysophrys Pallas

命名： Pallas PS，1776，Reise Versch. Prov. Russ. Reichs 3：698（西伯利亚达乌里地区）

英文名： Yellow-browed Bunting

同种异名： 大眉子，黄三道，五道眉儿，金眉子；—；—

鉴别特征： 嘴粉色、嘴峰及下嘴端灰色，头部条纹多而反差明显，头顶黑具白冠纹，眉纹前半部鲜黄色，颊黑色，下颊纹黑而明显且融入胸部纵纹。上体棕褐具黑色羽干纹，腰棕色。下体白而多纵纹，翼斑白色，腰部斑驳明显。尾色浓。脚粉红色。相似种白眉鹀的黑色下颊纹不明显。冬羽与灰头鹀的区别在于腰棕色，头部多条纹且反差明显。

形态特征描述： 上嘴褐色、下嘴灰白色。虹膜暗褐色，眉纹显著鲜黄色、耳羽后转为白色。额、头顶、枕部、头侧和颊、颧纹黑色，额至枕有狭窄白色冠纹。

黄眉鹀（孙劲松20111122摄于孤岛公园；成素博20120428摄于董家滩）

上体褐色，后颈具栗褐色细纹，翕部具黑褐色羽干纹，后背、腰和尾上覆羽栗红色较重。飞羽褐色，初级飞羽外缘灰白色，次级飞羽羽缘暗褐色；翼上覆羽和内侧次级飞羽褐色具黑边；中覆羽、大覆羽尖端白色，小翼羽暗褐色，翼缘棕色，初级覆羽暗褐色、外缘沾灰色。下体白色而多纵纹，翼斑白色，腰显斑驳且尾部色重。翼下覆羽和腋羽白色、羽基灰色。胸侧、胁栗褐色具暗褐色条纹；腹中央和尾下覆羽白色、后者基段黑色。尾羽中央1对褐色、中轴暗、外翈栗色，其余黑褐色、外侧2对有白色楔状斑，最外侧白斑长而宽，次1对白斑细小、居中央。脚肉褐色。

冬羽 眼先和头侧黑褐色，眉纹宽、黄色。耳羽褐色、下缘近黑色，后颈有白点。头黑色具赭色羽缘，冠纹较宽。颈侧灰色具暗色羽干纹。腋羽和翼下覆羽白色，羽基发灰。

雌鸟 似雄鸟。体型略小，不同处在于头部褐色，头侧、耳羽淡褐色；下体条纹稀少。

幼鸟 似雌鸟。腰、腹带黄色。大覆羽、中覆羽黑色、先端白色。8月和9月部分换羽，新羽和成鸟有区别。

鸣叫声： 惊飞时发出"jiji"声；联络声为短促的"ziit"声。

体尺衡量度（长度mm、体重g）：

标本号	时间	采集地	体重	体长	嘴峰长	翅长	跗蹠长	尾长	性别	现保存处
	1989	东平		145	12	76	14	63	♀	泰安林业科技

栖息地与习性： 栖息于山区混交林、平原杂木林和灌丛中有稀疏矮丛的开阔地带、沼泽地和开阔田野，小群或单个活动或与其他鹀类混杂，性怯疑，多隐藏于地面灌丛或草丛中。4～5月、9月前后迁徙路经我国北方，到南方越冬。

食性： 杂食性，主要采食杂草种子、叶芽、谷类，以及少量昆虫和浆果等。

繁殖习性： 繁殖期6～7月。在树上营巢，巢杯状，由枯草茎叶构成，内垫大量兽毛。通常每窝产卵4枚，卵灰白色被铅灰色和黑褐色斑点。

亚种分化： 单型种，无亚种分化。

分布： 德州-乐陵-城区（李令东20100212）。东营-（P）◎黄河三角洲；东城区-八分场（单凯20130504）；河口区-河口（李在军20040427），孤岛公园（孙劲松20111122）。菏泽-（P）菏泽。济南-（P）济南，黄河（20150317）；天桥区-北园，鹊山水库（20150307）；市中区-南郊宾馆；章丘-黄河林场；历城区-门牙风景区（陈忠华20141026）。济宁-曲阜-孔林（孙喜娇20150423）；微山县-（P）鲁山，两城，微山岛（20160218）。莱芜-莱城区-莲荷公园（陈军20130303）。青岛-崂山区-（P）潮连岛，浮山。日照-东港区-董家滩（成素博20120428），丝山（李宗丰20140430），双庙山沟（成素博20150425），付疃河（20150319）；（W）前三岛-车牛山岛，达山岛，平山岛。泰安-（P）泰安，泰山-泰山，韩家岭（刘兆瑞20111208）；泰山区-农大南校园；东平县-（P）东平湖，●东平。烟台-◎莱州；栖霞-北七里庄（牟旭辉20130427）；长岛县-▲（B160-7332）大黑山岛。淄博-淄博。胶东半岛，鲁中山地，鲁西北平原，鲁西南平原湖区。

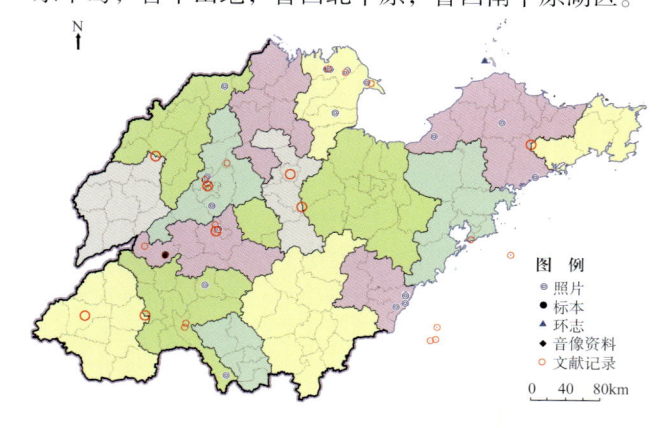

图例
- ⊙ 照片
- ● 标本
- ◎ 环志
- ▲ 音像资料
- ○ 文献记录

黑龙江、吉林、辽宁、河北、北京、天津、山西、河南、陕西、安徽、江苏、上海、浙江、江西、湖南、湖北、四川、重庆、贵州、福建、台湾、广东、广西、香港、澳门。

区系分布与居留类型：［古］（PW）。

种群现状： 种群数量并不丰富。在山东，春季迁徙过境时分布较广，但数量不普遍，物种与栖息环境未受到威胁。

物种保护： Ⅲ，Lc/IUCN。

参考文献： H1246，M1314，Zjb704；Lc609，Q548，Z1025，Zx205，Zgm380。

山东记录文献： 郑光美 2011，朱曦 2008，赵正阶 2001，钱燕文 2001，傅桐生 1998，范忠民 1990，郑作新 1987、1976；赛道建 2013、1994，王海明 2000，王元秀 1999，田家怡 1999，赵延茂 1995，泰安鸟调组 1989，纪加义 1988d，李荣光 1959。

● 444-01　田鹀
Emberiza rustica Pallas

命名： Pallas PS，1776，Reise Versch. Prov. Russ. Reichs 3：698（西伯利亚达乌里）

英文名： Rustic Bunting

同种异名： 田雀，花眉子，白眉儿，花嗉儿；—；—

鉴别特征： 嘴灰黑色、基部粉灰色，头部黑白条纹明显，羽冠、宽贯眼斑黑色、上眉纹、颊纵纹白色，颔喉污白色，下颊纹黑沾栗色。上体栗红，翅具2条白翼斑，胸带、胁纵纹及腰棕色，腹白色。雌鸟和冬羽白色部位暗，皮黄颊斑边缘黑色、后方具白点斑。幼鸟纵纹密布。脚偏粉色。

形态特征描述： 上嘴和嘴尖角褐色，下嘴肉色。虹膜暗褐色，眉纹白色。耳羽后方有白色块斑。头部及短羽冠黑色、部分羽端有栗黄色。颔、喉白色。背部至尾上覆羽为栗红色，背羽中央有黑褐色纵纹、羽缘土黄色，其余有黄色狭缘。体背栗红色具黑色纵纹，翼及尾灰褐色。翼羽褐色有淡色羽缘，小覆羽栗褐色、羽缘土黄色、中覆羽、大覆羽黑褐色、羽端白色形成2条翼带斑，小翼羽、初级覆羽和飞羽角褐色、羽缘栗黄色；腋羽和翼下覆羽白色。颈侧、下体腹部及尾下覆羽白色，上胸胸带栗红色，胁部栗色，形成栗红色胸带及体侧栗色斑。尾羽黑褐色，中央尾羽中央黑褐色、两侧渐浅、渐显栗色，最外侧2对尾羽有斜长形白斑。脚肉黄色。

田鹀（李在军 20071026 摄于河口）

冬羽　除后胸和腹部外，各羽具栗黄色羽缘。

雌鸟　喙角褐色、下喙基部肉色。羽色较雄鸟暗淡。头部黑褐色、枕部浅色斑显著。面部黄褐色；胸栗红色带杂白色而呈栗白色。跗蹠及趾肉黄色。

雌鸟冬羽　栗黄色羽缘发达使全体显黄色。头部转黄褐色，眉纹沾黄棕色。胸部栗红色带多杂土黄色。

鸣叫声： 春季在灌木上、冬季在植物掩蔽地上发出似"chiu，chiu"的单调声。

体尺衡量度（长度mm、体重g）： 寿振黄（Shaw 1938a）记录采得雄鸟1只标本，但标本保存地不详，测量数据记录不完整。

标本号	时间	采集地	体重	体长	嘴峰长	翅长	跗蹠长	尾长	性别	现保存处
	1989	泰山东平		147	11	78	17	64	2♂	泰安林业科技

栖息地与习性： 栖息于低山区、山麓和开阔田野、平原林地、灌丛和沼泽草甸中。迁徙时集结成群，或与灰头鹀和黄胸鹀等组成大群，越冬多在平原和山麓草丛、农田中，分散或单独活动。胆大，不甚畏人，常到打谷场、城市里林荫道及庭院树上觅食，栖息时常竖起头上羽毛，性耐寒，寒冬仍十分活跃。

食性： 在地面采食杂草种子、松籽，以及捕食越冬所需的昆虫和蜘蛛等。

繁殖习性： 繁殖期5～7月。在草丛中、树丛中营巢，巢杯状，由小叶草干茎或蒿秆构成。每窝产卵4～6枚，卵椭圆形，灰色、灰褐色或石板青色具小暗斑点。雌鸟孵卵，孵化期12～13天。幼鸟留巢期14天。

亚种分化： 全世界有2个亚种，中国有1个亚种，山东分布为指名亚种 *E. r. rustica* Pallas。

亚种命名　Pallas PS，1776，Reise Versch. Prov. Russ. Reichs，3：698（西伯利亚达乌里）

有学者认为，Portenko（1930）发表的堪察加亚种（*E. r. latilfascia*）为田鹀的同种异名；Dickinson（2003）的世界鸟类名录依据Stepanyan（1990）的看法将田鹀视为单型种，无亚种分化。《中国鸟类分布名录》（郑作新1976）、《中国鸟类区系纲要》（郑作新1987）将田鹀分为2个亚种，中国有1个亚种（郑光美2011）。

分布： 德州-乐陵-城区（李令东20110121）。东营-（W）◎黄河三角洲；河口区-河口（李在军20071026）。菏泽-（W）菏泽。济宁-（W）金乡县；（W）鱼台县；微山县-微山湖。聊城-聊城。青岛-●（Shaw 1938a）青岛，浮山。日照-东港区-国家森林公园（郑培宏20141127）；（W）前三岛-车牛山岛，达山岛，平山岛。泰安-（W）泰安；●泰山-高山，中山，低山，肥城；东平县-东平湖，●东平。烟台-◎莱州；长岛县-▲（B161-1015）大黑山岛。胶东半岛，鲁中山地，鲁西北平原，鲁西南平原湖区。

黑龙江、吉林、辽宁、内蒙古、河北、北京、天津、山西、河南、陕西、宁夏、甘肃、新疆、安徽、江苏、上海、浙江、江西、湖南、湖北、四川、重庆、云南、福建、台湾、广东、香港、澳门。

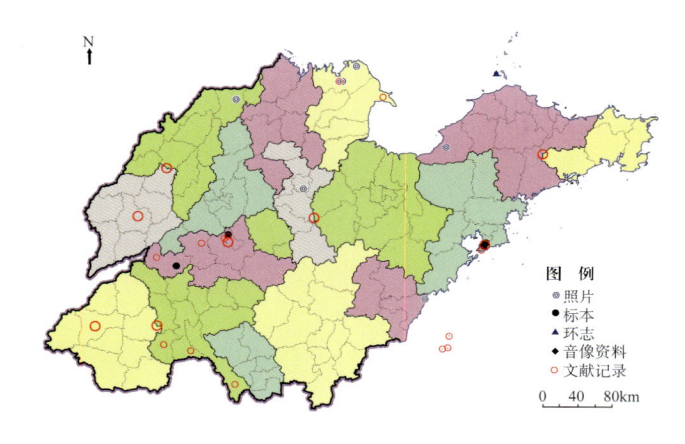

图例
● 照片
● 标本
▲ 环志
◆ 音像资料
○ 文献记录
0 40 80km

区系分布与居留类型： [古]（W）。

种群现状： 田鹀数量很多、分布广，成为各地饲养笼鸟之一，对作物有益，应予以保护。山东分布数量并不普遍，未列入山东省重点保护野生动物名录。

物种保护： Ⅲ，中日，Lc/IUCN。

参考文献： H1244，M1315，Zjb702；Lc612，Q548、Z1023、Zx205、Zgm380。

山东记录文献： 郑光美2011、朱曦2008、赵正阶2001、钱燕文2001、傅桐生1998、范忠民1990a、郑作新1987、1976、Shaw 1938a；赛道建2013、贾少波2002、李久恩2012、王海明2000、田家怡1999、赵延茂1995、丛建国1993、王庆忠1992、王希明1991、泰安鸟调组1989、纪加义1988d、杜恒勤1985。

● **445-01 黄喉鹀**
Emberiza elegans Temminck

命名： Temminck CJ, 1836, in Temminck *et* Laugier, Pl.col. Ois., 98：pl. 583, fig.1（日本）

英文名： Yellow-throated Bunting

同种异名： 黄眉子，春暖儿，探春，黄豆瓣，黑月子，黄凤儿；—；Yellow-headed Bunting, Elegant Bunting

鉴别特征： 嘴近黑色，头部黑色、黄色图纹清晰，喉鲜黄色，眉纹黄白两色，宽颊斑褐色，羽冠短。背栗红具纵纹，翅具2条白翼斑，胸具半月形黑斑，腹白色，两胁纵纹粗且深。雌鸟色暗，褐色、皮黄色分别取代黑色、黄色。脚浅灰褐色。

形态特征描述： 嘴黑褐色，圆锥形，上下喙边缘切合线中有缝隙。虹膜褐色或暗褐色。前额、头顶、头侧和短冠羽黑色，自额基至枕侧长而宽阔的眉纹前段白色或黄白色、后段较前段宽粗呈鲜黄色。颏黑色，上喉黄色，下喉白色。后颈黑褐色具灰色羽缘或为灰色。背、肩栗红色或栗褐色、具粗著黑色羽干纹、皮黄色或棕灰色羽缘。腰和尾上覆羽淡棕灰色或灰褐色，有时微沾棕栗色。飞羽黑褐色或黑色，外翈羽缘皮黄色或棕灰色，内侧飞羽内翈羽缘白色。覆羽黑褐色，中覆羽、大覆羽具棕白色端斑在翅上形成2道翼斑。腋羽和翼下覆羽白色。胸有一半月形黑斑，其余下体白色。两胁具栗色或栗黑色纵纹。尾羽黑褐色，羽缘浅灰褐色，中央1对尾羽灰褐色或棕褐色，最外侧2对尾羽具大形楔状白斑。

黄喉鹀（成素博 20120314 摄于五莲山）

冬羽 黑色部分具沙皮黄色羽缘，其余部分似夏羽。脚肉色。

雌鸟 似雄鸟。羽色较淡。眼先、颊、耳羽、头侧棕褐色，眉纹、后枕皮黄色或沙黄色。头部黑色转为褐色。颏和上喉皮黄色或污沙黄色。下体白色或灰白色，前胸黑色半月形斑不明显或消失，有时具少许栗棕色或黑栗色纵纹，两胁具栗褐色纵纹。

幼鸟 似雌鸟。眉纹淡棕色。颏淡黄色。头、颈和肩棕褐色，背棕红褐色具黑色羽干纹，腰灰褐色。翅黑褐色，翼上覆羽具白色羽缘，飞羽具棕色羽缘。喉、胸红褐色具细的棕褐色纵纹，下体白色，两胁具黑色羽干纹。

鸣叫声：叫声似"zik"的重复流水声。

体尺衡量度（长度 mm、体重 g）：寿振黄（Shaw 1938a）记录采得雄鸟 2 只标本，但标本保存地不详，测量数据记录不完整。

标本号	时间	采集地	体重	体长	嘴峰长	翅长	跗蹠长	尾长	性别	现保存处
	1958	微山湖		170	6	74	18	66	♂	济宁一中
	1958	微山湖		155	5	72	16	64	♀	济宁一中
	1989	泰安		143	10	74	19	68	6♂	泰安林业科技
	1989	泰安		144	8	78	15	71	3♀	泰安林业科技

栖息地与习性：栖息于低山丘陵地带树林的林缘灌丛中，喜河谷与溪流沿岸疏林灌丛，以及有疏树或灌木的山边草坡、农田和居民点附近的小块次生林。性活泼而胆小，繁殖期单独或成对活动，非繁殖期、迁徙期间常成小群活动，频繁在灌丛、草丛中跳跃或飞翔，有时栖息于枝头上，见人立刻飞到灌丛中。多在林下层灌丛与草丛中或地上觅食。

食性：主要捕食鳞翅目、膜翅目、双翅目等昆虫及其幼虫。

繁殖习性：繁殖期 5～7 月，每年可繁殖 2 窝。雌雄亲鸟共同在林缘、河谷和路旁次生林与灌丛的草丛中或树根旁、幼树或灌木上筑巢，巢杯状，由树韧皮纤维和枯草茎、草叶、较粗草根，以及细的枯草茎、草根构成，内垫兽毛等柔软物质。每窝产卵约 6 枚，卵钝卵圆形和长卵圆形，灰白色、白色或乳白色被不规则黑褐色、紫褐色和黑色斑点与斑纹。卵产齐后雌雄鸟轮流孵卵，孵卵期间恋巢性强，孵化期 11～12 天。雏鸟晚成雏，雌雄亲鸟共同育雏，育雏期 10～11 天，离巢后幼鸟先在亲鸟带领下于巢区附近活动。

亚种分化：全世界有 3 个亚种，中国有 3 个亚种，山东分布为东北亚种 *E. e. ticehursti* Sushkin, *Emberiza elegans sirbirica* Sushkin。

亚种命名 Sushkin, 1925, Proc. Boston Soc. Nat. Hist., 38：29（西伯利亚东南沿海 Sidemi）

分布：滨州 - ●（刘体应 1987）滨州；滨城区 - 徒骇河渡槽（刘腾腾 20160425）。德州 - 乐陵 - 城区农田（李令东 20110121、20121112）。东营 -（W）◎ 黄河三角洲；东营区 - 职业学院（孙熙让 20110403）；河口区 - 河口（李在军 20090315），孤岛南大坝（孙劲松 20090329）。济南 -（P）济南，黄河；历下区 - 千佛山，大明湖（马明元 20141027）；历城区 - 绵绣川（20130308）；章丘 - 黄河林场；长清区 - 张夏镇（陈云江 20140317），梨枣峪（陈忠华 20141109）。济宁 - ● 济宁；微山县 - 微山湖，微山岛（20160218）。莱芜 - 莱城区 - 莲荷公园（陈军 20130303）。青岛 - ●（Shaw 1938a）青岛，浮山；崂山区 - 青岛科技大学（宋肖萌 20140322）。日照 - 东港区 - 付瞳河（20140304、20150312，成素博 20121123），国家森林公园（郑培宏 20141128）；（W）前三岛 - 车牛山岛，达山岛，平山岛。泰安 -（W）● 泰安，泰山区 - 农大南校园；泰山 - 中山，低山，桃花峪（20121129），韩家岭（刘兆瑞 20110224，孙桂玲 20120109）；东平县 - 东平湖（刘华东 201600110）。潍坊 - 高密 - 凤凰宾馆（宋肖萌 20151119）；（P）青州 - 仰天山，南部山区。烟台 - ◎ 莱州；芝罘区 - 鲁东大学（王宜艳 20151227）；招远 - 凤凰岭公园（蔡德万 20140309）；莱州 - 河套水库；栖霞 - 十八盘（牟旭辉 20150307）；长岛县 - ▲（B160-3195）大黑山岛。淄博 - 高青县 - 花沟镇（赵俊杰 20141120），千乘湖（赵俊杰 20160313）。胶东半岛，鲁中山地，鲁西北平原，鲁西南平原湖区。

黑龙江、吉林、辽宁、内蒙古、河北、北京、天津、山西、河南、陕西、宁夏、甘肃、江苏、上海、浙江、江西、湖北、四川、重庆、福建、广东、香港。

图 例
● 照片
● 标本
● 环志
◆ 音像资料
○ 文献记录
0　40　80km

区系分布与居留类型：[古]（PW）。

种群现状：常被捕作为笼鸟饲养。在山东，迁徙过境分布数量尚属普遍的旅鸟，田丰翰（1957）即有记录，范强东（1989b）仍记作新记录；未列入山东省重点保护野生动物名录，应加强物种与栖息环境的保护研究。

物种保护： Ⅲ，中日，Lc/IUCN。

参考文献： H1234，M1316，Zjb692；Lc615，Q542，Z1013，Zx 205，Zgm380。

山东记录文献： 郑光美 2011，朱曦 2008，赵正阶 2001，钱燕文 2001，傅桐生 1998，范忠民 1990，郑作新 1987、1976，Shaw 1938a；孙玉刚 2015，赛道建 2013、1994，李久恩 2012，田家怡 1999，王庆忠 1995、1992，赵延茂 1995，丛建国 1993，王希明 1991，范强东 1989b，泰安鸟调组 1989，纪加义 1988d，刘体应 1987，杜恒勤 1985，李荣光 1960、1959，田丰翰 1957。

● **446-01 黄胸鹀**
Emberiza aureola Pallas

命名： Pallas，1773，Reise Versch. Prov. Reichs，2：464，711（西伯利亚 Irtysh 河）

英文名： Yellow-breasted Bunting

同种异名： 金鹀，黄鹀（jū）；—；Golden Bunting

鉴别特征： 色彩鲜亮鹀。上嘴灰色、下嘴粉褐色，顶冠栗色，脸、喉黑色。上体栗红色，翼具显著的特征性白肩纹或斑块、狭窄白翼斑，翼上白斑飞行时明显。下体黄领环与胸腹部间有栗胸带。冬羽色淡，颏、喉黄色，耳羽黑色具杂斑。雌鸟及幼鸟浅沙色，顶纹两侧有深色侧冠纹，下颊纹不明显，长眉纹浅淡皮黄色。脚淡褐色。腰、尾上覆羽栗红色；外侧 2 对尾羽外侧具楔状斑。飞行时翼上白斑明显可见，配合体色，是辨识的主要特征。

形态特征描述： 嘴圆锥形，较细弱，上喙灰色、下喙粉褐色；上下喙边缘不紧密切合而微向内弯，切合线中略有缝隙。额、头顶、头侧、颏、喉黑色。翕及尾上覆羽栗褐色；上体余部栗色。两翅黑褐色具白色窄横带和白色中覆羽形成的非常明显的宽翼斑。下体鲜黄色，颈胸部横贯深栗色横带。尾黑褐色，外侧 2 对尾羽具长的楔状白斑；尾下覆羽几乎纯白色。脚淡褐色。

黄胸鹀（李在军 20090913 摄于河口区）

雌鸟 似雄鸟。眉纹皮黄白色。顶纹沙色，两侧冠纹略深。上体棕褐色或黄褐色，具粗著黑褐色中央纵纹，较雄鸟的略浅；腰和尾上覆羽栗红色。两翅黑褐色，中覆羽具宽阔白色端斑，大覆羽窄灰褐色端斑形成 2 道淡色翼斑，较雄鸟的灰暗。下体淡黄色较暗淡，无横带，两胁具栗褐色纵纹。尾黑褐色。

幼鸟 似雌鸟。

鸣叫声： 发出似 "ti-ti" "di di" 或似 "lalalili，lalalili" 的叫声。

体尺衡量度（长度mm、体重g）： 寿振黄（Shaw 1938a）记录采得雄鸟 3 只、雌鸟 6 只标本，但标本保存地不详，测量数据记录不完整。

标本号	时间	采集地	体重	体长	嘴峰长	翅长	跗蹠长	尾长	性别	现保存处
	1958	微山湖		160	9	84	19	67	♂	济宁一中
830284	19840317	两城	20	156	10	72	19	73	♂	济宁森保站
	1989	泰山东平		149	12	79	23	64	2♂	泰安林业科技

栖息地与习性： 栖息于低山丘陵、开阔平原地带的灌丛、草甸、草地和林缘地带，喜溪流、湖泊和沼泽附近或有稀疏柳树、桦树、杨树的灌丛草地和田间、地头，典型河谷草甸灌丛草地鸟类。性胆怯，繁殖期常单独或成对活动，其他季节喜成群甚至成数百数千只大群。繁殖期雄鸟站在枝头上鸣叫，声多变而悦耳。晚上栖于草丛中，白天在地上、草茎或灌木枝上活动觅食。

食性： 繁殖季节主要捕食昆虫及其幼虫，以及其他小型无脊椎动物，也采食草籽、种子和果实等，迁徙期间主要采食谷物、草籽和果实与种子等。

繁殖习性： 繁殖期 5～7 月。在草原、沼泽和河流、湖泊岸边草丛中或灌木与草丛下的浅坑内营巢，巢碗状，外层由枯草叶和草茎、内层由更细草茎和草叶构成，内垫兽毛等。每窝通常产卵 3～6 枚，卵圆形，绿灰色被灰褐色或褐色斑纹。雌雄鸟共同孵卵，孵化期 12～14 天。雏鸟晚成雏，雌雄亲鸟共同育雏，留巢期 13～14 天。

亚种分化： 全世界有 2 个亚种，中国有 2 个亚种，山东分布记录为 2 个亚种。

● 指名亚种 *E. a. aureola* Pallas

亚种命名 Pallas，1773，Reise Versch. Prov. Reichs，

2：464，711（西伯利亚 Irtysh 河）

分布：东营 -（P）◎黄河三角洲；河口区（李在军 20090913）。**菏泽** -（P）菏泽。**济南** -（P）济南，北园；历城区 - 仲宫（陈云江 20120430）；章丘 - 黄河林场。**济宁** -●济宁；微山县 - 微山湖。**临沂** - 郯城县。**青岛** -（P）潮连岛，浮山；黄岛区 -●（Shaw 1938a）灵山岛，●（Shaw 1938a）灵山卫，●（Shaw 1938a）薛家岛。**日照** - 前三岛。**泰安** -（P）泰安；岱岳区 - 渐汶河（孙桂玲 20140930）；泰山区 - 农大南校园；●泰山 - 低山；东平县 -（P）东平湖，●东平。**烟台** - 长岛县 -▲（B160-3770）大黑山岛；海阳 - 凤城（刘子波 20140516）。胶东半岛，鲁中山地，鲁西北平原，鲁西南平原湖区。

除西藏、海南外，各省份可见。

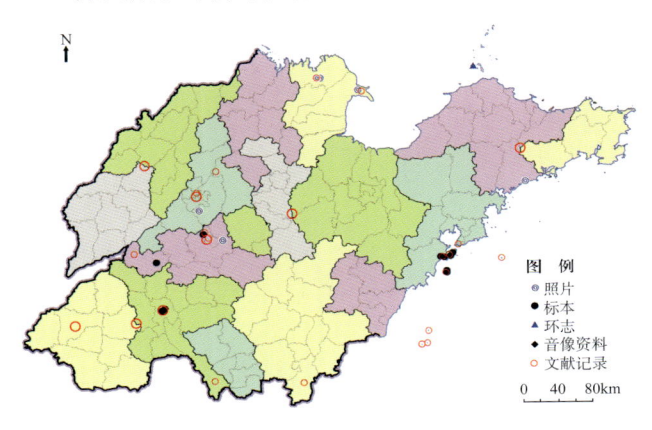

山东记录文献：郑光美 2011，Shaw 1938a，郑作新 1987、1976，钱燕文 2001，朱曦 2008；赛道建 2013，纪加义 1988d。

○ **东北亚种** *E. a. ornata* Shulpin

亚种命名 Шудьпин，1927，Ежег. Зоод. Муэ. Акад. Наук 28：406（西伯利亚乌苏里边区）

鉴别特征：额部多黑色且较深。

分布：日照 -（P）前三岛 - 车牛山岛，达山岛，平山岛。鲁中山地，（P）山东。

除青海、新疆、云南、西藏外，各省份可见。

山东记录文献：郑光美 2011，朱曦 2008；纪加义 1988d。

区系分布与居留类型：[古]（P）。

种群现状：羽色漂亮的观赏鸟；分布广，数量多。山东分布记录 2 个亚种，柏玉昆（1982）报道为山东鸟类分布新记录，只有指名亚种在全省鸟类普查时采到标本，分布数量并不普遍，未列入山东省重点保护野生动物名录。

物种保护：Ⅲ，中日，Vu/IUCN。

参考文献：H1233，M1317，Zjb691；Lc618，Q542，Z1012，Zx206，Zgm381。

山东记录文献：见各亚种。

● **447-01 栗鹀**
Emberiza rutila Pallas

命名：Pallas PS，1776，Reise Versch. Prov. Russ. Reichs，3：210，698（蒙古 Onon 河）
英文名：Chestnut Bunting
同种异名：锈鹀，白眉子，红金钟，紫背儿，大红袍；—；Ruddy Bunting
鉴别特征：栗色、黄色鹀。特征是头、上体及颈、喉胸深栗色，腰棕色，腹黄色，胁具褐色纵纹。尾黑灰褐色。冬羽色暗，头、胸散洒黄色。雌鸟顶冠、上背、胸及两胁具深色纵纹。幼鸟体纵纹浓密。脚淡褐色。

形态特征描述：上嘴棕褐色、下嘴淡褐色。虹膜褐色。整体特征为头、上体及胸栗色而腹部黄色。包括头部、喉、颈、上体、翼覆羽、内侧飞羽外翈和上胸栗红色，腰和尾上覆羽较浅淡，各羽微染灰绿色。飞羽暗褐色、羽缘橄榄绿色，初级飞羽羽缘淡绿黄色，内侧次级飞羽表面栗红色；小翼羽黑色；初级覆羽暗褐色、羽缘青绿色。腋羽、翼下覆羽白色，微沾淡黄色、羽基污暗色。下体自后胸以下的胸、腹部包括覆腿羽和尾下覆羽深硫黄色；体侧和两胁橄榄绿色具暗黑色条纹。尾黑褐色，羽缘青绿色，外侧 2 对尾羽外翈具小形白色端斑。脚淡肉褐色。

栗鹀（陈云江 20120508 摄于张夏镇）

冬羽 似夏羽。栗红色部分色较深暗，呈锈褐色具橄榄黄色羽缘；颏、喉和上胸羽端常呈白色；其他部分色泽较深。

雌鸟 眼先、眼周、模糊眉纹淡灰色。耳羽淡灰褐色、上缘有细黑纹。头上部栗褐色、中央黄褐色，各羽具黑色条纹。颊、颏和喉牛皮黄色、颧纹黑色。上背、肩羽栗褐色具黑色宽条纹；下背、腰淡栗红色。翼覆羽黑褐色、羽缘橄榄灰色而羽端黄白色；

小翼羽、初级覆羽、飞羽暗褐色、羽缘橄榄褐色，次级飞羽缘以红色。下体浅硫黄色，胸部具暗色轴纹；体侧两胁灰绿色具亮黑褐色纵纹。尾羽较雄者色淡，长形尾上覆羽无栗红色而具灰色缘、中央色暗。

冬羽 绿黄色部分被淡褐色代替，黑色条纵纹不显著。

幼鸟 似雌鸟。上体棕褐色具黑色纵纹，下背和腰更棕并具黑色纵纹。下体条纹更淡黄，喉、胸和体侧具带黑色条纹。冬羽，翕、背部灰色显著，羽端具黑色点斑。似小鹀，但下体呈黄色，容易识别区分。

鸣叫声： 发出声低似"ji"的单音鸣叫，或似"liao-liao-li"3 音节鸣啭音。

体尺衡量度（长度mm、体重g）： 寿振黄（Shaw 1938a）记录采得雄鸟 4 只、雌鸟 3 只标本，但标本保存地不详。

标本号	时间	采集地	体重	体长	嘴峰长	翅长	跗蹠长	尾长	性别	现保存处
	1958	微山湖		142	6	74	16	52	♂	济宁一中
	1958	微山湖		135	7	78	17	54	♀	济宁一中
	1989	平阴大寨山		127	11	72	20	55	♂	泰安林业科技

栖息地与习性： 栖息于山麓或田间树上，以及湖畔或沼泽地的柳林、灌丛或草甸。多成小群活动，性不怯疑，鸣叫时多停于树顶或枝梢上，鸣声洪亮而带金属声。9 月南迁，在云南、福建和江西等地越冬。

食性： 主要采食杂草种子、栗、稻、高粱等谷物和植物嫩芽，兼食昆虫。

繁殖习性： 繁殖期 5~7 月。在落叶松林下灌丛和草丛的地面上筑巢，巢用细干草构成，内垫羽毛和细根。每窝多产卵 4 枚，卵砂黄色具灰褐色壳斑，表斑淡橄榄色，散有黑色点斑和线纹，卵径约 18mm×16mm。

亚种分化： 单型种，无亚种分化。
帕米尔地区的族群曾被描述为 E. r. parmirensis。

分布： 滨州 - ●（刘体应 1987）滨州。东营 -（P）◎黄河三角洲；河口区（李在军 20090513）。菏泽 -（P）菏泽。济南 -（P）济南；平阴县 - 大寨山；长清区 - 张夏（陈云江 20120508）。济宁 - ●济宁。青岛 -（P）青岛，浮山；市南区 - 海大校园（曾晓起 20121011）；崂山区 -（P）潮连岛；黄岛区 - ●（Shaw 1938a）灵山岛，●（Shaw 1938a）灵山卫，●（Shaw 1938a）薛家岛。日照 - 东港区 - 付疃河（成素博 20111022）；五莲县 - 五莲山（成素博 20120314）；（P）前三岛 - 车牛山岛，达山岛，平山岛。泰安 -（P）泰安，泰山 - 低山。烟台 - 牟平区 - 养马岛（王宜艳 20160511）；长岛县 - ▲（B161-5006）大黑山岛；海阳 - 凤城（刘子波 20140507）；◎莱州。淄博 - 高青县 - 花沟镇（赵俊杰 20141011、20141021）。胶东半岛，鲁中山地。

除青海、新疆、西藏、海南外，各省份可见。

区系分布与居留类型： [古]（P）。

种群现状： 常见迁徙越冬鹀类。山东分布种群数量并不普遍，应加强物种迁徙规律与栖息环境的研究，未列入山东省重点保护野生动物名录。

物种保护： Ⅲ，Lc/IUCN。

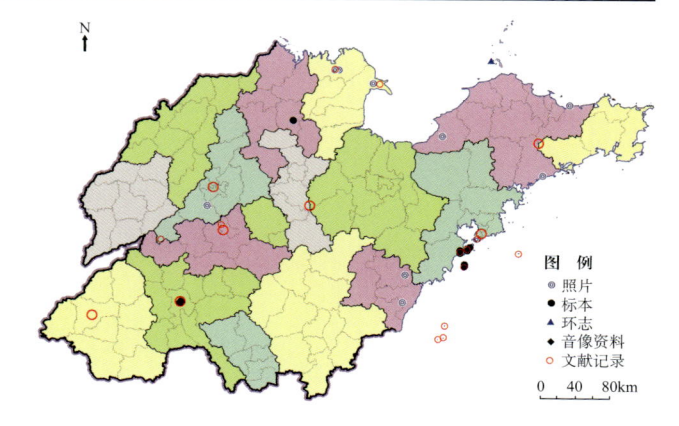

参考文献： H1232，M1318，Zjb690；Lc620，Q540，Z1011，Zx206，Zgm381。

山东记录文献： 郑光美 2011，朱曦 2008，赵正阶 2001，钱燕文 2001，傅桐生 1998，范忠民 1990，郑作新 1987、1976，Shaw 1938a；赛道建 2013、1994，王海明 2000，田家怡 1999，赵延茂 1995，王希明 1991，泰安鸟调组 1989，纪加义 1988d，刘体应 1987，杜恒勤 1985，田丰翰 1957。

448-11 硫黄鹀
Emberiza sulphurata Temminck et Schlegel

命名： Temminck CJ et Schlegel H，1848，in Siebold，Faun. Jap. Aves：100（日本）

英文名： Yellow Bunting

同种异名： 野鹀，绣眼鹀；—；Japanese Yellow Bunting

鉴别特征： 嘴暗褐色、上嘴基黑色，头灰绿色，眼先、颏黑色，眼圈白色。上体灰绿色，背具褐色纵纹，腰色暗，下体淡黄色，两胁有浅黑色纵纹。尾长而外侧尾羽白色，尾下覆羽淡黄色。脚粉褐色。

形态特征描述： 嘴红褐色、下嘴色淡，短圆锥形，上下喙边缘不紧密切合而微向内曲、切合线中略有缝隙。短额须半遮鼻孔。虹膜褐色，眼圈白色、眉纹黄色。额基、眼先近黑色，头顶、头侧、后颈偏灰绿色。颏、喉暗绿色。上背、肩橄榄绿色具黑色宽中央纹，下背、腰和尾上覆羽橄榄灰色。翅发达，第1枚初级飞羽退化，第2~5枚近乎等长；翅与尾几等长或较尾长；飞羽暗褐色、羽缘橄榄灰色，中覆羽、大覆羽和三级飞羽黑色、羽缘栗色，中覆羽、大覆羽尖端白色形成2道粗显翼斑，翼上小覆羽褐色、羽缘绿色。下体柠檬黄色，胸较绿而暗，胁橄榄绿色有模糊轩褐色纵纹。尾羽黑褐色，中央尾羽灰褐色、羽缘色淡，最外侧1对尾羽白色，次1对尾羽内䍃具楔形白斑。

冬羽 额基、眼先无黑色。头和上体羽色较深而浓。翕与下背黄橄榄绿色具黑色纵纹。翼上覆羽尖端茶绿黄色。腹、尾下覆羽呈鲜亮黄色。

雌鸟 似冬羽。具绿黄色颧纹，下缘暗褐色细纹窄而小。

鸣叫声： 常安静无声，偶尔发出似"tsip，tsip"的清柔短音。

体尺衡量度（长度mm、体重g）： 山东分布仅见少量文献记录，但暂无标本及测量数据。

栖息地与习性： 栖息于山麓地带的落叶林或混交林及次生植被地带，以及河边草地、农耕地及低山地带的灌木丛。常单独活动，有时与其他鹀混杂栖息，于地面觅食，受惊即躲入草丛中。

食性： 主要采食草本植物的种子，捕食部分昆虫。

繁殖习性： 国内尚无繁殖记录。主要在日本繁殖，在地面或灌丛内筑碗状巢。通常每窝产卵3~5枚，卵灰白色被黑褐色斑点，卵径18mm×14mm。

亚种分化： 单型种，无亚种分化。

分布： 日照-（P）前三岛-车牛山岛，达山岛，平山岛。

江苏、上海、浙江、江西、福建、台湾、广东、香港。

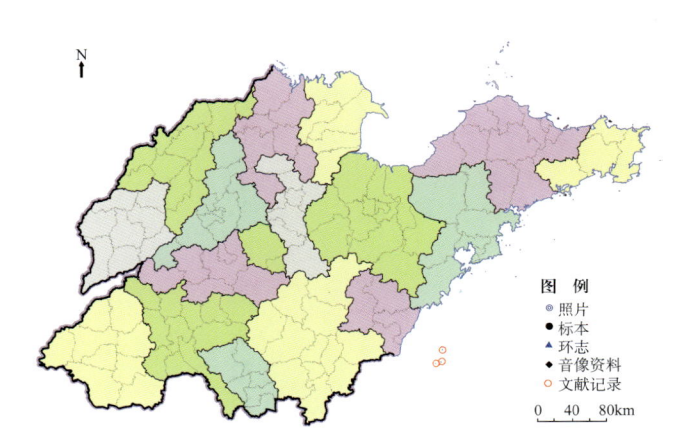

区系分布与居留类型： [古]（P）。

种群现状： 分布区狭窄，数量稀少，被评为易危物种；多年来，国内很少有关此鸟的研究报道。山东分布首见于日照前三岛分布的报道（李悦民1994），尚未采到标本，近年来也未能征集到照片，其分布现状还需要进一步研究确认。

物种保护： Ⅲ，中日，Vu/IUCN。

参考文献： H1237，M1321，Zjb695；Lc624，Q544，Z1016，Zx207，Zgm382。

山东记录文献： 李悦民1994，朱曦2008；赛道建2013。

● 449-01 灰头鹀
Emberiza spodocephala Pallas

命名： Pallas PS，1776，Reise Versch. Prov. Russ. Reichs，3：698（西伯利亚达乌里地区）

英文名： Black-faced Bunting

同种异名： 黑脸鹀，青头雀，青头楞，青头鬼儿，蓬鹀；*E. s. spodocephala* Pallas，1776，*E. s. sordida* Blyth，1844，*E. s. personata* Temminck，1836；Grey-headed Bunting，Masked Bunting

鉴别特征： 黑色、黄色鹀。上嘴、下嘴基近黑色、下嘴粉黄色，头、颈背及喉灰色沾绿色，眼先及颏黑色。上体橄榄栗色具黑色纵纹，肩具白斑，下体浅黄色。尾色深而外侧尾羽白色。雌鸟与冬羽头橄榄色，贯眼纹及耳下月牙形斑黄色。脚粉褐色。

形态特征描述： 嘴圆锥形、棕褐色，下嘴除先端外色浅，上下喙边缘不紧密切合而微向内弯、切合线中有缝隙。虹膜褐色。嘴基、眼先、颊和颏斑灰黑色。头部、颈周和胸绿灰微沾黄色、有时具黑点。上背、肩橄榄绿色沾赤褐色，羽中央具宽阔黑色条纹、羽缘黄褐色；下背、腰浅橄榄褐色。飞羽暗褐色、外

灰头鹀（李在军20090414摄于河口；赛道建20110413摄于桃花峪）

缘淡赤褐色；小覆羽淡红褐色，中覆羽、大覆羽黑褐色、外表沙褐色而羽缘色浅、羽端呈牛皮白色；内侧大覆羽、内侧次级飞羽褐黑色、外翈羽缘赤褐色；小翼羽和初级覆羽褐色。腋羽淡黄色；翼下覆羽黄白色、羽基暗色。胸淡硫黄色至肛周、尾下覆羽转为黄白色；胸侧、胁淡褐具黑褐色条纹。尾羽黑褐色，中央尾羽具黄褐色羽缘、其余绿亮褐色，外侧第2对内翈具白色楔状斑，最外侧1对几乎全白，仅内侧有一斜黑斑、外翈羽端具褐斑；尾上覆羽同腰部为浅橄榄褐色。脚淡黄褐色。

冬羽 似夏羽。头、颈橄榄绿色较明显，头顶、颈部各羽有部分尖端黑褐色。前颈、胸部黑点不明显。

雌鸟 似雄鸟但较浅淡。眼先、眼周和眉纹牛皮黄色。颊纹淡黄色伸达颈侧；由暗黑色点斑形成的颧纹明显。耳羽褐具黄色轴纹。头色较雄者褐而颊、颏不黑；喉和下体淡硫黄色，喉和上胸微沾橄榄绿色。侧、两胁棕褐色具黑色条纹。下腹和尾下覆羽黄白色。

冬羽 似夏羽。头部褐色沾棕褐色具黑色条纹；喉淡橄榄黄色。上体淡褐色具粗著黑色轴纹，背、肩明显。下体白色，胸部较褐常具暗色点斑；胸侧、腋部沾黄色。

鸣叫声： 活动时发出单调似"zi zi"声，繁殖期频繁发出"chi-chi-chi-chi"或"tee-tee-tee"的鸣唱声。

体尺衡量度（长度mm、体重g）： 寿振黄（Shaw 1938a）记录采得雄鸟2只标本，但标本保存地不详，测量数据记录不完整。

标本号	时间	采集地	体重	体长	嘴峰长	翅长	跗蹠长	尾长	性别	现保存处
	1989	泰山东平		133	11	68	20	61	♂	泰安林业科技
	1989	东平泰山		135	10	69	17	61	♀	泰安林业科技

栖息地与习性： 栖息于平原至高山的河谷溪流、平原沼泽地的疏林和灌丛及山边杂木林、草甸灌丛、耕地及公园、苗圃等环境中。常结小群活动，繁殖季节成对活动，6月成家族群、8月形成混合群开始南迁越冬，10月末左右迁徙结束，3~4月迁回繁殖地。

食性： 杂食性。主要采食杂草子、果实和各种谷物；繁殖期大量啄食鳞翅目幼虫及其他昆虫。

繁殖习性： 繁殖期5~7月。雌鸟在低矮灌木丛中的地面或离地不高的树枝间营巢，巢杯形，由干草茎、叶、细根构成，内垫薄层马毛、细根、草茎等。每年可产2窝卵，每窝产卵4~6枚，卵椭圆形，乳白色、淡绿色或浅蓝色带红褐色表层斑、褐紫色点斑或黑色条纹，钝端较密集，卵径约20mm×14mm，卵重约1.9g。卵产齐后雌雄轮流孵卵，孵化期12~13天。两性共同育雏，育雏期10~11天。

亚种分化： 全世界有3个亚种，中国有3个亚种，山东分布记录为2个亚种，sordida至今无具体地点的记录，没有标本和照片等实证。

● **指名亚种** *E. s. spodocephala* Pallas

亚种命名 Pallas, 1776, Reise Versch. Prov. Russ. Reichs, 3：698（西伯利亚达乌尔）

分布： 东营-（W）◎黄河三角洲；河口区-河口（李在军20090414）。菏泽-（P）菏泽。济南-（P）济南，北园；长清区-张夏（陈云江20140507）；章丘-●黄河林场。济宁-微山县-韩庄苇场（20151208）；鱼台-梁岗（20160409、张月侠220160409）。临沂-郯城县。青岛-浮山；崂山区-●大公岛，青岛科技大学（宋肖萌20140412）。日照-东港区-付疃河（20150420，成素博20151116），汉皋陆（20150312）；（W）前三岛-车牛山岛，达山岛，平山岛。泰安-（P）泰安；泰山区-农大南校园；●泰山-桃花峪（20110413、20121210）；东平县-东平湖，●东平。烟台-海阳-东村（刘子波20140413），凤城（刘子波20140505）；莱阳-姜疃（刘子波20160501）；莱州；栖霞-太虚宫（牟旭辉20140422）。淄博-张店区-沣水镇（赵俊杰20141011）；高青县-常家镇（赵俊杰20160320、20141220）。胶东半岛，鲁中山地，鲁西北平原，鲁西南平原湖区。

除新疆、西藏外，各省份可见。

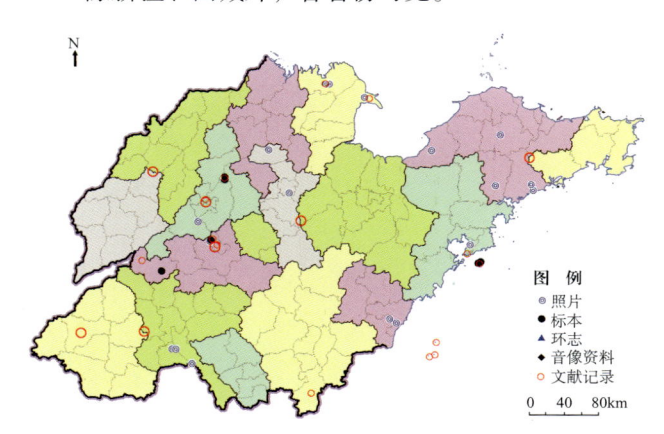

山东记录文献： 郑光美2011，朱曦2008，赵正阶2001，钱燕文2001，傅桐生1987、1998，范忠民1990，郑作新1987、1976，Shaw 1938a；赛道建2013、1994，王海明2000，田家怡1999，赵延茂1995，泰安鸟调组1989，纪加义1988d，柏玉昆1982，李荣光1959，田丰翰1957。

○ **西北亚种** *Emberiza spodocephala sordida* Blyth

亚种命名 Blyth，1844，Journ. As. Soc. Bengal，13：958（尼泊尔）

分布：鲁中山地。

陕西、宁夏、甘肃、青海、安徽、江苏、上海、浙江、湖北、四川、重庆、云南、台湾、广东、广西、香港。

山东记录文献：—；赛道建2013，纪加义1988d。

区系分布与居留类型：[古]（PW）。

种群现状：数量多，啄食大量杂草种子，有防莠作用；也啄食昆虫，有益于农林。山东鸟类分布新记录（柏玉昆1982），记录有2个亚种，指名亚种采到标本，分布数量较为普遍，而西北亚种仅有记录，其分布现状需进一步研究；未列入山东省重点保护野生动物名录。

物种保护：Ⅲ，中日，Lc/IUCN。

参考文献：H1236，M1322，Zjb694；Lc626，Q544，Z1014，Zx207，Zgm382。

山东记录文献：见各亚种。—；孙玉刚2015。

450-01 苇鹀
Emberiza pallasi（Cabanis）

命名：Cabanis，1851，Mus. Hein.，1：130（西伯利亚：Transbai kal Region）

英文名：Pallas's Bunting

同种异名：巴氏苇鹐，山家雀儿，山苇鹐；—；Pallas's Reed Bunting

鉴别特征：嘴灰黑色、下嘴粉褐而嘴形直，白色下髭纹与黑色头、喉对比明显。颈环白色，上体具灰色、黑色斑，小覆羽蓝灰色，翼斑明显，下体灰白色。尾上覆羽白色。冬羽、雌鸟及幼鸟浅沙皮黄色，头顶、上背、胸及两胁具纵纹。脚粉褐色。相似种红颈苇鹀雄鸟后颈无白领，雌鸟眉纹宽白明显；芦鹀耳羽色深，小覆羽非灰色，上嘴凸形非直，尾较短。相似种芦鹀体型较大且小覆羽棕栗色，而不是灰色。

形态特征描述：上嘴黑褐色、下嘴带黄色。虹膜褐色。头顶黑色、羽缘黄色。颊和耳羽黑色。颏、喉黑色有白色羽端。后颈具白色横带连接颈侧和颊部形成颈圈。背、肩羽黑色、羽缘白色，羽端沾牛皮黄色；腰浅灰色具黑色羽干纹。飞羽暗褐色、外缘赤褐色；翼上覆羽黑褐色，而小覆羽灰褐色具淡黄褐色羽缘，中覆羽、大覆羽、内侧次级飞羽羽缘栗黄色、外翈沙黄色；小翼羽和初级覆羽暗褐色、羽缘灰白色。腋羽和翼下覆羽白色。下体上胸中央黑色，余部白色，胸侧沾淡栗灰色而两胁沾赤褐色，纵纹不显著。尾羽黑褐色具褐白色羽缘，中央1对羽缘具黄白外缘，最外1对具楔形白斑、从内翈先端斜贯外翈中部达近基部；次1对白斑仅限内翈先端和外翈先端1/2处，部分标本外翈白色部分较小。尾上覆羽浅灰色具褐色羽干纹。脚肉色，爪黑色。

苇鹀（刘华东20160110摄于东平湖）

冬羽 通体具宽阔的沙黄色羽缘和羽端，故头、颊和喉呈沙褐色，白色颈圈则被沙黄色所掩盖；背和肩栗黄色，杂以栗褐色羽干斑；腰和尾上覆羽浅沙黄色，有时杂有不显明的黑色羽干斑；小覆羽褐灰色，羽端稍沾沙黄色；飞羽暗褐色，羽缘沙黄色；尾羽黑褐色，羽缘沾栗黄色；下体白沾沙褐色。

雌鸟 似雄鸟。眉纹黄白色。额、头顶黑褐色、羽缘沙黄色，头侧栗褐色。喉围绕暗褐色条纹。背、肩羽暗褐色、羽缘栗色；腰和尾上覆羽浅沙黄色。胸、胁和尾下覆羽沾沙黄色，胁有褐色条纹；腹中央白色。

冬羽 眉纹棕白色。头顶、颊和耳羽栗黄色、羽基黑褐色，颏棕白色、颊侧有滴状黑褐色斑纹。颈圈不明显。背、肩羽栗褐色杂以黑色羽干纹；腰和尾上覆羽棕灰色杂锈褐色斑纹。下体污白色、羽缘沾棕色，喉侧、前胸有锈褐色斑纹，体侧具褐色纵纹。

鸣叫声：发出似"jie，jie"两音节叫声，起飞时常发出单音节叫声。

体尺衡量度（长度mm、体重g）：山东暂无标本及测量数据，但有环志，近年来拍到照片。

栖息地与习性：栖息环境广泛，有季节差异，栖息于平原沼泽及溪流旁的柳丛和芦苇、丘陵和平原的灌丛中；秋冬季节多在丘陵、低山区散有密集灌丛的平坦台地和平原荒地的稀疏小树林。北方和沿海常见的旅鸟、冬候鸟，10月迁来、5月迁离越冬地。性活泼、不畏人，常成小群活动，反复起落飞翔，常在地面或在树枝上觅食。

食性：主要采食芦苇种子、杂草种子，以及捕食越冬所需的昆虫、虫卵及采食少量谷物。

繁殖习性：繁殖期5~7月。在地上草丛、灌木低枝上营碗状巢，由枯草构成。每窝产卵4~5枚，卵粉红色被暗色斑点，或白色被黑色斑点，钝端常见，卵径 18mm×14mm。

亚种分化： 全世界有3个亚种，中国有2个亚种，山东分布为东北亚种 *E. p. polaris* Middendorff。

亚种命名 Middendorff A，1851，Sibir. Reis.，2：146（西伯利亚 Boganida）

分布： 东营-（W）◎黄河三角洲；河口区（李在军20080211）。菏泽-（W）菏泽。济南-（W）济南；天桥区-龙湖（陈云江 20120408、20141009）。青岛-青岛。潍坊-潍坊。威海-威海。烟台-长岛县-▲（B161-8023）大黑山岛。淄博-高青县-常家镇（赵俊杰-20141220）。胶东半岛，鲁中山地，鲁西北平原，鲁西南平原湖区。

黑龙江、吉林、辽宁、内蒙古、河北、北京、天津、山西、河南、陕西、安徽、江苏、上海、湖南、湖北、福建、台湾、香港。

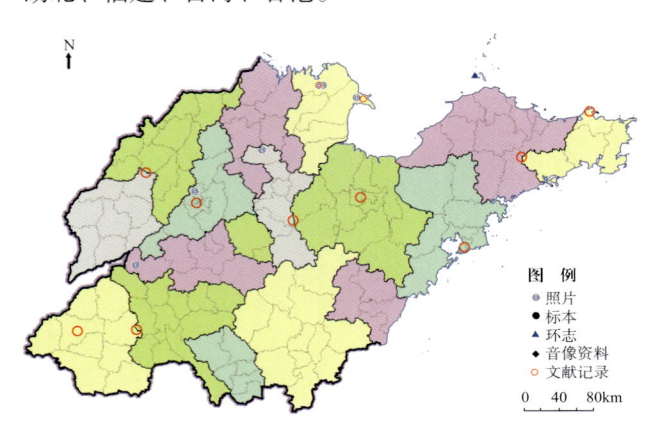

区系分布与居留类型： ［古］（W）。

种群现状： 分布较广而数量普遍。山东分布数量并不普遍，未列入山东省重点保护野生动物名录，需要加强栖息环境与物种的深入研究。

物种保护： Ⅲ，中日，Lc/IUCN。

参考文献： H1251，M1324，Zjb709；Lc632，Q552，Z1029，Zx208，Zgm383。

山东记录文献： 郑光美2011，朱曦2008，钱燕文2001，赵正阶2001，傅桐生1998，郑作新1987、1976；赛道建2013、1994，王海明2000，田家怡1999，赵延茂1995，纪加义1988d，田丰翰1957。

● **451-01 芦鹀**
Emberiza schoeniclus（Linnaeus）

命名： Linnaeus C，1758，Syst. Nat.，ed. 10，1：182（瑞典）

英文名： Reed Bunting

同种异名： 大苇蓉，大山家雀儿；*Fringilla schoeniclus* Linnaeus，1758，*Emberiza passerine* Pallas，1771，*Emberiza pyrrhuloides* Pallas，1811，*Cynchramus schoeniclus* Zarudny，1917；Common Reed Bunting

鉴别特征： 嘴黑色。头黑色，下髭纹白色而显著并与白颈环相连。上体黑色多棕色，小覆羽棕色，下体胁、下胸具栗色纵纹。雌鸟与冬羽头部黑色褪去，头顶及耳羽具杂斑，眉纹皮黄色。脚褐色。相似种苇鹀体型较小，上嘴圆凸形，上体多棕色且小覆羽灰色而不是棕栗色。

形态特征描述： 喙圆锥形，较细弱，上下喙切合线因边缘微向内弯而略有缝隙；上嘴褐色，下嘴黄色基部淡。虹膜褐色，无眉纹。头黑色、头侧羽尖黄白色。颧纹白色从嘴角延伸到颈侧。颏、喉黑色缀白色羽缘。颈圈白色、羽缘灰色，与颧纹相连。上体背、肩淡黄栗色具黑色纵羽干斑纹，下背、腰灰沾皮黄色具淡褐色羽干纹。飞羽褐色，初级飞羽具淡栗色窄羽缘、次级飞羽缘亮栗色；三级飞羽和大覆羽黑色、羽缘栗色或黄白色，中覆羽、小覆羽栗色，中覆羽基部黑色。翼羽、腋羽白色，下体胸黑色具白色羽缘，余部淡白色，胁、胸侧具栗色纵纹。尾黑色、羽缘灰色，尾羽中央1对皮黄灰色、羽缘黑褐色，最外侧1对白色仅基部、端部有窄黑色条纹，次1对具大的楔形白斑；尾上覆羽淡沙褐色缀灰色羽缘。脚淡黄褐色。

芦鹀（成素博 20131026 摄于付瞳河）

冬羽 头部黑色褪去呈赤褐色，头顶及耳羽具杂斑。白色颈环因灰褐色羽缘而不明显。

雌鸟 似雄鸟冬羽。具皮黄色眉线。耳羽黑褐色具棕色斑点。颊纹白色、颧纹黑色。颏、喉白沾黄色。头具黑色纵纹，无白色颈环。上体栗色具黑褐色羽干纹。

鸣叫声： 发出粗而不响亮以多变颤音结尾的"seeoo"，联络声似"brzee"。

体尺衡量度（长度 mm、体重 g）:

标本号	时间	采集地	体重	体长	嘴峰长	翅长	跗蹠长	尾长	性别	现保存处
830318	19840429	鲁桥	15	121	9	72	20	50	♂	济宁森保站

栖息地与习性： 栖息于平原沼泽地和湖沼沿岸的草丛和灌丛、丘陵和山区，不到高山森林。除繁殖期成对外，结群生活或单独活动。性活泼、怯疑，见人即隐匿于植物丛下部。受惊时飞翔极快，多做短距离飞行；活动时伴随着鸣叫，常在矮树丛或芦苇秆上鸣叫，音程为短系列音。

食性： 杂食性。采食水生草本植物苇实、草籽和植物碎片等，捕食鳞翅目、蜻蜓目等各种昆虫及其幼虫、蜘蛛、软体动物、甲壳类。

繁殖习性： 繁殖期5～7月。在地面沼泽草丛、芦苇丛或接近水生植物的地面上或灌丛内筑碗状巢，巢底部衬柔软植物材料、毛发和马鬃等。每窝产卵4～5枚，卵橄榄灰色到紫土色，具分散暗紫褐色点斑和曲纹，钝端较多。雌鸟孵卵，孵化期约14天。

亚种分化： 全世界有20个亚种，中国有7个亚种，山东分布记录为2个亚种。亚种间有细微差异。

● 东北亚种 *Emberiza schoeniclus minor* Middendorff

亚种命名 Middendorff, 1851, Sibir. Reise Reis., 2：144（西伯利亚：Stanovei 山脉）

分布： 东营-（P）◎黄河三角洲。日照-东港区-付疃河（成素博20131026）；(W) 前三岛-车牛山岛，达山岛，平山岛。威海-文登-坤龙水库（20160115）。烟台-栖霞-白洋河（牟旭辉20150510），海阳-凤城（刘子波20141123）。胶东半岛，鲁中山地，鲁西北平原，鲁西南平原湖区。

黑龙江、吉林、辽宁、内蒙古、河北、北京、天津、山西、江苏。

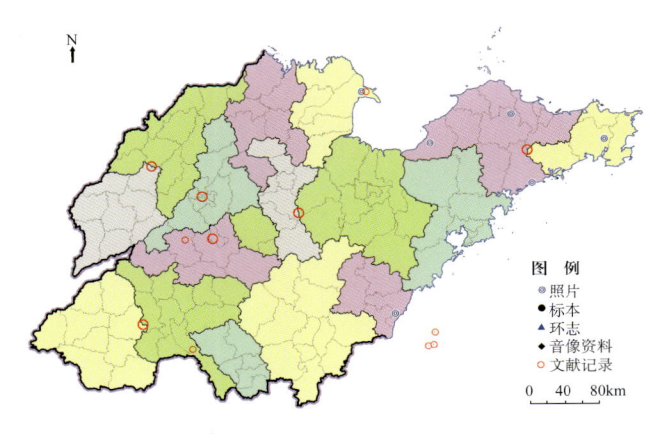

○ 疆西亚种 *Emberiza schoeniclus pallidior* Hartert

亚种命名 Hartert E, 1904, Vog. Pal. Faun., 1：197（俄国 Aiderli, Turkestan）

分布： 东营-（P）黄河三角洲。济南-（P）济南。济宁-南四湖。日照-（W）前三岛-车牛山岛，达山岛，平山岛。泰安-泰安；肥城。烟台-◎莱州。胶东半岛。

内蒙古、陕西、甘肃、新疆、江苏、上海、浙江、湖南、福建、台湾、广东、香港、澳门。

山东记录文献： —；赛道建2013，纪加义1988d。

区系分布与居留类型： [古]（PW）。

种群现状： 分布广泛而亚种较多，种群数量却不丰富。山东分布数量并不普遍，*minor* 亚种曾采到标本，近年来仅征集到少量照片，未列入山东省重点保护野生动物名录。

物种保护： Ⅲ，中日，Lc/IUCN。

参考文献： H1252，M1325，Zjb710；Lc635，Q552，Z1030，Zx208，Zgm383。

山东记录文献： 朱曦2008，钱燕文20011，李悦民1994，范忠民1990；孙玉刚2015，赛道建2013、1994，田家怡1999，宋印刚1998，赵延茂1995，纪加义1988d，田丰翰1957。

○ 452-01　铁爪鹀
Calcarius lapponicus（Linnaeus）

命名： Linnaeus C, 1758, Syst. Nat., ed. 10, 1：180（欧洲北部拉普兰地区）

英文名： Lapland Longspur Bunting

同种异名： 铁雀，铁爪子，雪眉子；*Fringilla lapponica* Linnaeus, 1758；Lapland Bunting

鉴别特征： 嘴黄色而嘴端色深。头顶、脸及胸黑色，头、颈侧"之"字形白纹明显。颈、背棕色具褐黑色斑纹，下体白色，胁具黑纵纹。尾短。雌鸟侧冠纹黑色，眉纹及耳羽中心部位色浅，颈背及大覆羽边缘棕色。冬羽、幼鸟顶冠具细纹，眉纹皮黄色，大覆羽、次级飞羽及三级飞羽的羽缘棕色。脚深褐色。

形态特征描述： 嘴黑色、尖端褐色，圆锥形。虹膜褐色。眉纹及颈侧白色。头、喉、前颈至上胸黑色微被黄白色羽尖所掩盖。下颈及翕浓栗赤色，背部锈赤色具黑色纵斑。翅长而尖，前3枚初级飞羽约相等并最长，翅式：2=3>4；翼覆羽黑色，大覆羽具栗褐色宽缘，中覆羽黄白色沾栗色，小覆羽尖端和羽缘黄白色；内侧次级飞羽与大覆羽同色、羽尖白色；小翼羽、初级覆羽黑褐色有黄白色镶边，羽尖白色，外翈羽缘褐色，最外侧飞羽羽缘近白色；腋羽和翼下覆羽白色。上胸黑色；下体胸、腹和尾下覆羽黄白色；两肋具黑色和栗褐色纵斑纹。尾长约等于2/3翅长；尾羽黑褐色具黄白色羽缘，最外1对尾羽的外䍃和部分内䍃具有一黄白色楔形斑，次1对尾羽仅在内䍃有一小黄白色楔形斑。脚褐色，爪黑色；跗蹠长于中趾和爪，后爪特长而细、近乎直，约等于或长于后趾；前三趾爪平扁。

冬羽 眉纹沙黄色，眼先乳白色。头黑色、羽尖多黄白色和栗色。耳羽前半沙黄色、后部黑色，其后有白色块斑。颈侧栗赤色、羽端黄白色。肩、背、腰和尾上覆羽杂栗色、黄色和黑色，各羽中央黑色、羽缘栗色或黄白色。

雌鸟（冬羽） 似雄鸟，但较淡。头部黑色部分呈褐色；各羽羽缘具宽的淡色缘；颏棕白色；颊侧有黑色斑；颧纹黑色；后颈棕色，前颈微具黑色条纹，喉和胸带棕褐色，下体乳白色，胁部条纹黑色，且宽而浓。

鸣叫声： 飞行时发出似"prrt"的嘟声，接"teu"的短促清晰哨音。

体尺衡量度（长度mm、体重g）：

标本号	时间	采集地	体重	体长	嘴峰长	翅长	跗蹠长	尾长	性别	现保存处
840286	19840318	鲁桥	16	145	8	73	18	64	♂	济宁森保站
	1989	泰安		152	9	75	19	75	4♂	泰安林业科技
	1989	泰安		146	10	97	18	75	3♀	泰安林业科技

栖息地与习性： 栖息于草地、沼泽地、平原、丘陵稀疏山林中。善在地面行走，结群活动，由20～30只组成，有时多达百余只；飞翔时呈弧形，起飞时发出短促叫声，能像云雀一样在空中鸣啭。10月下旬后迁来，2～3月离去，气候和食物条件有关，各地区每年迁来的时间、数量等均有不同。喜在露出雪面植物枝上觅食，或到打谷场附近、草垛上寻食。

食性： 主要采食禾本科、莎草科、蒿科、蓼科等野生植物的种子，偶尔采食昆虫卵和谷粒等。

繁殖习性： 繁殖于北极苔原冻土带。雌鸟用草类的叶、根、苔在地面上伪装营巢，内衬羽毛和细草。每窝产卵5～6枚，孵卵期约2周。

亚种分化： 全世界有3个亚种，中国有1个亚种，山东分布为东北亚种 *C. l. coloratus* Ridgway。

亚种命名 Ridgway，1898，Auk，15：320（西伯利亚堪察加）

分布：东营 - ◎黄河三角洲。**济宁** - 微山县 - （W）●鲁桥，马坡。**泰安** - （PW）●泰安，泰山 - 低山；东平县 - （PW）东平湖。胶东半岛，鲁中山地。

黑龙江、吉林、辽宁、内蒙古、河北、北京、天津、山西、陕西、甘肃、新疆、江苏、上海、湖南、湖北、四川、台湾。

区系分布与居留类型：［古］（PW）。

种群现状： 因冬季喜食谷粒而被人们大量诱捕，影响其种群发展，应严格控制捕猎。山东分布并不普遍，采到标本但保存地不详，近年来未能征集到照片，其分布现状需要进一步调查研究。

物种保护： Ⅲ，中日，Lc/IUCN。

参考文献： H1255，M1328，Zjb713；Lc637，Q554，Z1034，Zx208，Zgm384。

山东记录文献： 郑光美2011，朱曦2008，赵正阶2001，钱燕文2001，范忠民1990；赛道建2013，王庆忠1992，泰安鸟调组1989，纪加义1988d，杜恒勤1985。

参 考 文 献

柏亮，柏玉昆. 1991. 山东鸟类调查. 北京：科学出版社.

柏亮，柏玉昆. 1993. 山东发现震旦鸦雀. 动物学杂志，（3）：44.

柏玉昆. 1962. 郯城县马头镇及其附近的鸟类调查报告. 山东省动物学会1962年学术年会论文摘要集：42-46.

柏玉昆. 1965. 白头鹎在山东郯城繁殖情况的观察. 动物学杂志，7（2）：封三.

柏玉昆. 1980. 山东的鸟类（摘要）. 中国脊椎动物（鸟、兽）学术讨论会交流资料.

柏玉昆. 1985. 棕扇尾莺繁殖的初步观察. 动物学杂志，（5）：29.

柏玉昆，柏亮. 1992. 山东省鸟类研究. 临沂师专学报，（5，6）：44-46.

柏玉昆，纪加义. 1982. 山东省鸟类调查报告. 山东大学学报（自然科学版），（4）：104-108.

柏玉昆，张天印. 1986. 在山东发现的草鸮. 自然杂志，9（2）：封一.

鲍连艳. 2005. 空军某机场及其周围鸟类群落生态与鸟撞相关性研究. 济南：山东师范大学硕士学位论文.

毕宁. 1988. 长耳鸮的越冬习性、食性及鸣声分析. 野生动物，（2）：23.

蔡德万，隋士凤. 2009. 人工饲养下燕隼雏鸟的行为观察. 山东林业科技，39（2）：136.

蔡同芝. 2012. 湖风荷韵 - 风光卷、综合卷. 济南：山东画报社.

陈服官，罗时有，郑光美. 1998. 中国动物志，鸟纲，第9卷. 北京：科学出版社.

陈克林. 2006. 黄渤海湿地与迁徙水鸟研究. 北京：中国林业出版社.

陈伟，李经武，张起信. 1991. 大天鹅的越冬栖息地——荣成天鹅湖调查补报. 海洋湖沼通报，（2）：57-60.

陈玉泉，赵涛. 1992. 寿带鸟繁殖习性研究. 山东林业科技，（1）：27-28.

陈玉泉，赵涛，张志玲. 1995. 蓝翡翠繁殖习性研究. 山东林业科技，30（4）：45-47.

陈振东. 1990. 东平县的鸟类资源. 山东林业科技，（1）：16.

陈振东，徐玉国. 1989. 东平县鸟类资源调查研究技术报告. 泰安林业科技，（2）：49-53.

程兆勤，周本湘. 1987. 黄海车牛山岛白腰雨燕的食性分析及其在巢区活动的雷达测定. 动物学报，33（2）：180-186.

楚国忠. 1998. 山东沂南农区小块林地鸟类群落组成的季节性变化. 第三届海峡两岸鸟类学术研讨会论文集：53-62.

丛建国. 1993. 青州南部山区冬季鸟类群落生态的初步研究. 生态学杂志，（5）：52-55.

崔志军. 1993. 扁嘴海雀繁殖及迁徙的研究. 动物学杂志，28（4）：27-30.

崔志军. 1994. 白额鹱生态及迁徙的研究. 动物学杂志，29（3）：29-32.

董翠玲，齐晓丽，刘建. 2007. 荣成天鹅湖湿地越冬大天鹅食性分析. 动物学杂志，42（6）：53-56.

杜恒勤. 1958. 家燕. 生物学通报，（4）：27.

杜恒勤. 1959a. 金腰燕繁殖习性的初步观察. 动物学杂志，（5）：214.

杜恒勤. 1959b. 泰山常见鸟类的初步调查. 动物学杂志，3（12）：551-554.

杜恒勤. 1965. 喜鹊在泰山地区繁殖习性的初步研究. 动物学杂志，7（1）：14-16.

杜恒勤. 1982. 泰山夏季鸟类生态的分布研究. 动物学杂志，（3）：8-10.

杜恒勤. 1985. 泰山鸟类垂直分布的研究. 四川动物，4（4）：5-9.

杜恒勤. 1987a. 池鹭的生态. 野生动物，（5）：17，22-23.

杜恒勤. 1987b. 灰喜鹊越冬习性的观察. 四川动物，6（1）：33-34.

杜恒勤. 1987c. 绿啄木鸟繁殖的资料. 动物学杂志，（5）：49-50.

杜恒勤. 1987d. 泰山徂徕山隼形目、鸮形目鸟类的研究. 山东林业科技，（1）：37-39.

杜恒勤. 1988a. 斑头鸺鹠在泰山等地为留鸟. 动物学杂志，23（5）：47.

杜恒勤. 1989. 泰山两种伯劳的生态习性. 山东林业科技，（1）：22-24.

杜恒勤. 1991b. 泰山鸟类资源 // 泰山研究论丛（三）. 青岛：青岛海洋大学出版社.

杜恒勤. 1994. 三道眉草鹀繁殖的研究. 动物学杂志，29（6）：28-29.

杜恒勤. 1995. 泰山鸟类调查续报. 四川动物，14（1）：35.

杜恒勤. 1998. 泰山鸟类分布规律的研究. 岱宗学刊，（4）：1-3.

杜恒勤，陈玉泉，朱卫国. 1991c. 领角鸮繁殖习性研究. 动物学研究，12（2）：186-208.

杜恒勤，陈玉泉，朱卫国. 1993a. 白鹡鸰繁殖及食性研究. 动物学杂志，28（1）：23-26.

杜恒勤，韩云池. 1992. 泰山鸟类集群行为的研究. 山东林业科技，（1）：17-19.

杜恒勤，韩云池，王瑞利. 1992. 山东白头鹎的一些生态观察. 四川动物，（3）：34-35.

杜恒勤，刘玉. 1993b. 山麻雀在泰山分布繁殖研究初报. 山东动物学研究文集. 济南：山东大学出版社.

杜恒勤，刘玉，刘涌涛. 1997. 泰山不同生境的鸟类研究. 岱宗学刊，（4）：8-12.

杜恒勤, 王雨祥, 王成法, 等. 1990a. 棕头鸦雀繁殖研究初报. 山东林业科技, (1): 40-43.
杜恒勤, 闫理钦, 杜鸣, 等. 1999. 泰山鸟类分布规律研究 // 中国动物学会. 中国动物科学研究. 北京: 中国林业出版社: 528-530.
杜恒勤, 于新建. 1992. 泰山鸟类的研究. 山东林业科技, (1): 19-21.
杜恒勤, 于新建. 1994. 泰山鸟类的研究. 山东林业科技, (1): 19-21.
杜恒勤, 赵飞, 陈玉泉. 1989. 黑卷尾的习性观察. 野生动物, (3): 6-8.
杜恒勤, 朱卫国, 陈玉泉, 等. 1991a. 白鹡鸰育雏及雏鸟生长的研究. 山东林业科技, (1): 12-16.
杜恒勤, 朱卫国, 杜祖铭, 等. 1988b. 北红尾鸲育雏习性观察. 山东林业科技, 66 (1): 40-43.
杜恒勤, 朱卫国, 杜祖铭, 等. 1990b. 北红尾鸲繁殖习性研究. 动物学杂志, 24 (1): 16-18.
杜恒勤, 朱卫国, 杜祖铭, 等. 1998. 北红尾鸲育雏习性观察. 山东林业科技, (1): 40-43.
杜庆栋. 2007. 临沂市鸟类多样性研究与城市生态环境评价. 济南: 山东师范大学硕士学位论文.
范鹏. 2006. 山东半岛珍稀鸟类研究. 野生动物, (3): 54-56.
范鹏, 钟海波, 赵方, 等. 2006. 长山列岛猛禽的环志研究. 山东林业科技, (3): 43-45.
范强东. 1987. 庙岛群岛首次发现草鸮. 四川动物, 6 (4): 43.
范强东. 1988a. 庙岛群岛猛禽迁徙观察. 野生动物, (3): 4-6, 13.
范强东. 1988b. 山东长岛发现鹰鹃. 野生动物, (4): 47.
范强东. 1989a. 山东长岛发现红腹红尾鸲. 动物学杂志, (1): 45.
范强东. 1993b. 长岛近几年发现9种山东鸟类新记录 // 山东动物学会研究论文集. 济南: 山东大学出版社: 101-102.
范强东. 2001. 胶东半岛鸟类资源的研究. 山东林业科技, (5): 31-33.
范强东, 范鹏. 2005. 山东半岛鸟类资源的研究. 第八届中国动物学会鸟类分会代表大会暨第六届海峡两岸鸟类学研讨会论文集: 58-62.
范强东, 孙为连, 孟祥春, 等. 1996a. 渤海海峡养殖业扩展与越冬水禽关系的研究. 中国鸟类学研究, (3): 100.
范强东, 孙为连, 袁燕婷, 等. 1992. 山东长岛猛禽的环志研究. 四川动物, (4): 16-19.
范强东, 孙为连, 赵云, 等. 1999. 山东长岛发现蓝翅八色. 野生动物, (5): 47.
范强东, 徐建民. 1996b. 渤海海峡湿地鸟类. 野生动物, (1): 11-14.
范强东, 袁燕婷. 1989b. 黄喉鸦的环志. 山东林业科技, (1): 27-28.
范强东, 袁燕婷, 孙为连. 1990a. 猫头鹰的环志. 动物学杂志, (6): 22-24.
范强东, 袁燕婷, 孙为连. 1990b. 山东发现杂色山雀. 动物学杂志, (3): 54.
范强东, 袁燕婷, 孙为连. 1993a. 长岛猛禽资源、生态环境影响调查 // 山东动物学会研究论文集. 济南: 山东大学出版社: 103-106.
范强东, 张金勇, 朱世华, 等. 1988. 烟台的11种山东鸟类新记录. 山东林业科技, (1): 39.
范强东, 赵方. 1994. 山东发现紫啸鸫和白翅岭雀. 动物学杂志, 29 (3): 57-58.
范强东, 朱世华. 1989c. 山东发现栗色黄鹂. 四川动物, 8 (2): 11.
范强军, 钟海波. 2010. 山东长岛发现铜蓝鹟. 野生动物, 31 (4): 3.
范书义. 1988. 山东省长岛县首次发现珍贵猛禽——猴面鹰. 野生动物, (2) 4: 40.
范忠民. 1990. 中国鸟类种别概要. 沈阳: 辽宁科学技术出版社.
冯质鲁, 王友振, 高祖晗, 等. 1996. 山东南四湖雁形目鸟类越冬数量调查. 野生动物, (1): 15-17.
付守强, 张承惠. 2010. 黄河三角洲水鸟年度动态变化及其规律分析. 山东林业科技, (4): 20-24.
傅念南. 1987. 保护曲阜"三孔"的鸟类资源. 大自然, (1): 14-15.
傅桐生, 高玮, 宋榆钧. 1987. 鸟类分类及生态学. 北京: 高等教育出版社.
高登选, 陈拥军, 焦安林. 1993. 纵纹腹小鸮的繁殖生态初报. 山东林业科技, (2): 51-53.
高登选, 焦安林. 1994. 山东发现秃鹫越冬. 山东林业科技, (4): 25.
高育仁. 1984. 黄海黑叉尾海燕生态的初步观察. 动物杂志, (5): 26-29.
高育仁, 周本湘. 1985. 黄海车牛山岛白腰雨燕的繁殖习性及种群动态. 动物学报, 31 (1): 84-92.
耿以龙, 王希明, 陈庆道, 等. 2006. 青岛胶州湾湿地水鸟资源现状及保护对策. 湿地科学与管理, (2): 45-48.
韩云池, 冯质鲁, 王友振, 等. 1985. 南四湖雁形目鸟类越冬数量调查. 山东林业科技, (1): 37-39.
韩云池, 李家茂, 张仲彬. 1992a. 现代建筑对家燕繁殖生境的影响. 野生动物, (1): 12-13.
韩云池, 孟凡玉, 许佃永. 1992b. 金雕繁殖习性的初步研究. 野生动物, (3): 42-43.
杭馥兰, 常家传. 1997. 中国鸟类名称手册. 北京: 中国林业出版社.
郝树林, 王友振. 1992. 大苇莺繁殖生态研究. 山东林业科技, (1): 20-22.
郝迎东. 2012. 黄河三角洲水鸟动态监测. 山东林业科技, (4): 21-24.
侯端环. 1990. 普通燕鸻生活及繁殖习性的观察. 山东林业科技, (1): 11.
侯韵秋, 杨若莉, 刘岱基. 1990. 中国东部沿海地区猛禽迁徙规律研究. 林业科技, (3): 207-214.
黄浙. 1965. 山东的鸭科鸟类 // 中国动物学会三十周年学术讨论会论文摘要汇编第二分册. 北京: 科学出版社: 226-227.
黄浙, 柏玉昆, 纪加义, 等. 1960. 山东省南四湖鸭科鸟类的初步报告. 山东大学学报, (4): 1-11.
黄浙, 纪加义, 柏玉昆, 等. 1965. 济南及其近郊的鸟类调查 // 中国动物学会三十周年学术讨论会论文摘要汇编第二分册. 北京: 科学出版社: 225.

纪加义. 1965. 泰山鸟类生态分布 // 中国动物学会三十周年学术讨论会论文摘要汇编第二分册. 北京: 科学出版社: 225-226.
纪加义. 1981. 山东鸟类初步调查. 山东大学建校五十五周年科学报告会论文摘要 (理科): 56-57.
纪加义. 1985. 山东省鸟类珍稀鸟类调查研究. 山东大学学报 (自然科学版), (4): 79-89.
纪加义, 柏玉昆. 1985a. 山东省鸟类区系名录. 山东农业科学, (1-3): 52-54, 46-47, 51-55.
纪加义, 柏玉昆. 1985b. 山东省鸟类区系调查. 自然资源研究, (2): 52-64.
纪加义, 田逢俊, 侯端环, 等. 1986. 山东及济宁鸟类新记录. 山东林业科技, (1): 51-52.
纪加义, 于新建. 1987e. 山东省鹤类调查研究. 国际鹤类学术讨论会论文摘要: 36.
纪加义, 于新建. 1988e. 山东省鹤类的分布与数量. 山东大学学报, (4): 106-108.
纪加义, 于新建. 1990a. 鹳类、鹤类在山东省的分布与数量. 动物学研究, 11 (1): 46.
纪加义, 于新建. 1990b. 山东鹤类调查研究 // 黑龙江林业厅. 国际鹤类保护与研究. 北京: 中国林业出版社: 25-26.
纪加义, 于新建, 姜广源, 等. 1987a. 山东省鸟类调查名录. 山东林业科技, (1): 32-36.
纪加义, 于新建, 姜广源, 等. 1987b. 山东省鸟类调查名录. 山东林业科技, (2): 60-64.
纪加义, 于新建, 姜广源, 等. 1987c. 山东省鸟类调查名录. 山东林业科技, (3): 19-23.
纪加义, 于新建, 姜广源, 等. 1987d. 山东省鸟类调查名录. 山东林业科技, (4): 60-64.
纪加义, 于新建, 姜广源, 等. 1988a. 山东省鸟类调查名录. 山东林业科技, (1): 49-53.
纪加义, 于新建, 姜广源, 等. 1988b. 山东省鸟类调查名录. 山东林业科技, (2): 68-70.
纪加义, 于新建, 姜广源, 等. 1988c. 山东省鸟类调查名录. 山东林业科技, (3): 46-48.
纪加义, 于新建, 姜广源, 等. 1988d. 山东省鸟类调查名录. 山东林业科技, (4): 65-67.
纪加义, 于新建, 张树舜. 1987f. 山东省珍稀野生动物调查研究. 山东林业科技, (1): 22-31.
济宁市科学技术委员会. 1987. 南四湖自然资源及开发利用研究. 济南: 山东科学技术出版社.
贾建华, 田家怡. 2003. 黄河三角洲湿地鸟类名录. 海洋湖沼通报, (1): 77-81.
贾少波. 2002a. 山东发现文须雀. 动物学研究, 22 (4): 279.
贾少波, 贾鲁, 陈建秀. 2002b. 山东聊城雀形目鸟类及其生态分布. 动物学杂志, 37 (3): 37-41.
贾少波, 贾鲁, 陈建秀. 2003. 山东聊城水鸟组成及其生态分布. 动物学杂志, 38 (5): 91-94.
贾少波, 马文贤, 方业明. 1996. 聊城环城湖水鸟的生态分布. 山东林业科技, (1): 21-24.
贾少波, 任冬, 任科. 2000. 山东聊城湿地脊椎动物分布. 聊城师院学报 (自然科学版), 13 (1): 76-81.
贾少波, 赛道建, 朱江. 2001. 东昌湖春季群落多样性初步研究. 动物学杂志, 36 (4): 40-44.
贾少波, 孙小明. 2005. 灰椋鸟的巢址选择. 第八届中国动物学会鸟类学分会全国代表大会暨第六届海峡两岸鸟类学研讨会论文集: 356.
贾文泽, 田家怡, 王秀凤, 等. 2002. 黄河三角洲浅海滩涂湿地鸟类多样性调查研究. 黄勃海海洋, (2): 53-59.
莱州市林业志编纂办公室. 2013. 莱州市林业志. 北京: 方志出版社.
李东来, 丁振军, 殷江霞, 等. 2013. 白头鸭分布区进一步北扩至沈阳. 动物学杂志, 48 (1): 74.
李洪志. 2004. 山东青州楼燕繁殖生态的续观察. 潍坊教育学院学报, 17 (1): 38.
李洪志, 陈世华, 赛道建, 等. 1998. 山东青州地区楼燕繁殖生态初步观察. 第三届海峡两岸鸟类学术研讨会论文集: 309-313.
李久恩. 2012. 微山湖鸟类群落多样性及其影响因子. 曲阜: 曲阜师范大学硕士学位论文.
李久恩, 杨月伟. 2012. 喜鹊和池鹭巢址选择及其影响因子. 山东林业科技, (2): 43.
李荣光, 田丰翰. 1959. 济南近郊春末夏初的鸟类. 山东师范学院, (2): 33-45.
李荣光, 刘鹏昌, 田丰翰, 等. 1960. 泰山鸟类初步调查. 山东师范学院学报, (1): 78-84.
李瑞胜, 张建民, 范振祥. 2001. 曲阜"三孔"鸟类资源的价值和对策. 特种经济动植物, (4): 2.
李声林. 2001. 两种绣眼鸟迁徙规律研究初报. 山东林业科技, (2): 26-28.
李声林, 王希明, 朱晓华, 等. 2001. 青岛市燕雀迁徙规律研究. 山东林业科技, (2): 26-28.
李文娟, 赵祥, 于明华. 2006. 滨州湿地现状与保护措施. 山东林业科技, (4): 47.
李悦民, 孙江, 邓仲浩, 等. 1994. 江苏省前三岛鸟类调查报告. 南京师大学报, 17 (2): 79-87.
林圣富. 1986. 猫头鹰集群德州越冬的观察. 生物学通报, (2): 7.
刘岱基. 1989. 山斑鸠雏鸟环志的基本做法. 山东林业科技, (1): 28-29.
刘岱基. 1994. 青岛地区暗绿绣眼鸟繁殖生态研究. 动物学杂志, 29 (1): 29.
刘岱基, 李声林, 辛美云. 1996. 山东潮连岛鸟类考查报告. 四川动物, 15 (2): 75-76.
刘岱基, 王希明, 辛美云. 1991b. 青岛地区鸫类迁徙规律研究. 林业实用技术, 15 (2): 75-76.
刘岱基, 王希明, 辛美云. 1992a. 暗绿绣眼繁殖生态研究. 山东林业科技, (1): 23-25.
刘岱基, 王希明, 辛美云. 1994. 青岛沿海湿地鸟类调查简报 // 中国鸟类学会水鸟组. 中国水鸟研究. 上海: 华东师范大学出版社: 174-177.
刘岱基, 王元亮, 王希明. 1991a. 青岛猛禽迁徙规律研究. 山东林业科技, (1): 1-4.
刘岱基, 辛美云. 1998. 山东鸟类新纪录——红翅凤头鹃. 四川动物, 17 (1): 42.
刘岱基, 辛美云, 王希明. 1992b. 青岛地区鸻形目鸟类迁徙规律及食性研究. 山东林业科技, (1): 25-26.
刘岱基, 徐春清, 王为文. 1990. 山斑鸠的繁殖生态. 山东林业科技, (1): 9-10.
刘红, 袁兴中. 1996. 山东猛禽资源及其保护利用初探. 资源开发与市场 - 生物资源, 12 (3): 131-133.

刘建，赛道建．2001．笼养东方白鹳春季行为和时间的研究．动物学报（专刊），47：144-147．
刘体应，吕方．1987．惠民地区主要鸟类食性分析．山东林业科技，（1）：40-45．
刘体应，张文东．1987．山东渤海湾大天鹅越冬习性的观察．野生动物，（6）：24．
刘小如，丁宗苏，方宏伟，等．2010．台湾鸟类志（上、中、下）．台北：行政院农业委员会林务局．
刘月良．2013．黄河三角洲鸟类．北京：中国林业出版社．
刘志纯．1991．淄博生物资源．北京：中国广播电视出版社．
卢浩泉，纪加义．1962．昆嵛山陆栖脊椎动物初步综合调查．山东省动物学会1962年学术年会论文摘要集：30-36．
卢浩泉，王玉志．2003．山东鸟类名录的补充修订与鸟类保护．山东林业科技，（1）：29-31．
卢秀新，张天印，郭成元．1985．淡竹林生境及其招引鸟类效益调查．山东林业科技，（1）：52-60．
鲁开宏，苗明升，牛其文，等．1984．济南地区灰喜鹊、麻雀冬季夜栖场所的评价．山东林业科技，（3）：30-36．
鲁长虎，雷铭，章鳞，等．2010．江苏省发现长尾鸭．动物学杂志，45（1）：58．
吕卷章，朱书玉，单凯．1998．黄河三角洲鹤类现状扩保护．中国鹤类通讯，2（2）：7-9．
吕卷章，朱书玉，赵长征，等．2000．黄河三角洲国家级自然保护区鸻形目鸟类群落组成研究．山东林业科技，（5）：1-5．
吕磊，贾少波．2010．山东省滨州市湿地水鸟的多样性调查．动物学杂志，45（3）：133-138．
吕艳，赛道建，鲍连艳，等．2008a．潍坊机场鸟类群落与鸟撞相关性研究．山东师大学报，23（4）：119-121．
吕艳，张月侠，赛道建，等．2008b．喜鹊巢位选择对城市环境的适应．四川动物，27（5）：892-893．
马金生．1990a．中国扁嘴海雀繁殖生态的一些资料．四川动物，（4）：36．
马金生．1990b．中国扁嘴海雀第二繁殖地的发现．动物学研究，12，（3）：248，276．
马金生，荣萍．2000．黄河三角洲水鸟资源及其保护．中国人口资源与环境，10（专刊）：31-32．
马金生，贾志云，侯庆亭．1999．黄河三角洲的水鸟资源//中国动物学会．中国动物科学研究．北京：中国林业出版社：502-506．
马敬能，菲利普斯，何芬奇．2000．中国鸟类野外手册．长沙：湖南教育出版社．
苗秀莲，程波，贾少波，等．2005．聊城市春季鸟类分布的边缘效应．聊城大学学报（自然科学版），（1）：49-51．
庞云祥．2007．淄博鸟类多样性与植被恢复研究．济南：山东师范大学硕士学位论文．
庞云祥．2012．淄博鸟类资源的调查与分析．考试周刊，（27）：193-195．
钱法文，楚国忠，李迪强，等．2000．山东沿海繁殖黑嘴鸥调查//中国鸟类会．中国鸟类学研究．北京：中国林业出版社：219-223．
钱燕文．2001．中国鸟类图鉴．郑州：河南科学技术出版社．
任月恒，高爽，康明江．2013．山东农业大学南校区校园鸟类多样性初步研究．山东农业大学学报（自然科学版），44（2）：225-230．
任月恒，杨立，张睿，等．2016．30年泰山繁殖鸟类种类变化．动物学杂志，51（5）：761-770．
荣生道，王义星，迟玉东，等．2003．鲁东南沿海鸟类资源调查．山东林业科技，（2）：40-41．
赛道建．1988．济南近郊鸟类群落多样性和均匀性的研究．山东师范大学学报（自然科学版），2（3）：89-97．
赛道建．1989．不同人工林型鸟类组成与物种多样性的初步研究．山东师范大学学报（理增），4（4）：98-104．
赛道建．1993a．白额鹱繁殖生态初报．动物学研究，14（2）：117-142．
赛道建．1993b．禽鸟类//华夫．中国古代名物大典．济南：济南出版社：1501-1577．
赛道建．1994a．济南自然景观变迁对鸟类群落的影响．山东师范大学学报（自然科学版），9（2）：70-76．
赛道建．1994b．寻觅白额鹱．大自然，（3）：37．
赛道建．2000．珍稀鹤类在黄河三角洲湿地生态环境评价中的作用//中国鸟类学研究．北京：中国林业出版社：263-266．
赛道建．2005．动物学野外实习教程．北京：科学出版社．
赛道建，曹善东．1994b．黑叉尾海燕繁殖行为观察//纪念陈桢教授诞辰100周年论文集．北京：中国科技出版社：349-353．
赛道建，胡堃，刘建．2005．济南城市繁殖鸟类生境选择研究．第八届中国动物学会鸟类学分会全国代表大会暨第六届海峡两岸鸟类学研讨会论文集．
赛道建，李六文，刘林英，等．1996a．白额鹱卵壳的扫描电镜观察．动物学研究，17（1）：23-26．
赛道建，李六文，孙京田，等．1996c．黑叉尾海燕卵壳的扫描电镜观察及元素组分分析．野生动物，94（6）：36-38．
赛道建，李六文，孙京田．1996b．扁嘴海雀卵壳的超微结构观察．山东师范大学学报（自然科学版），11（4）：92-95．
赛道建，刘建．1999．湿地生境变化对黄河三角洲越冬鹤类分布的影响//中国动物学会．中国动物学研究．北京：中国林业出版社：513-516．
赛道建，刘相甫，于新建，等．1991．黄河三角洲越冬灰鹤分布调查．山东林业科技，（1）：5-8．
赛道建，吕福然，王禄东，等．1996e．黄河三角洲鹤类的分布与数量变动//中国鸟类学会，台湾市野鸟学会，中国野生动物保护协会．中国鸟类学研究．北京：中国林业出版社：286-288．
赛道建，孙海基，史瑞芳，等．1997．济南城市绿地鸟类群落生态研究．山东林业科技，（1）：1-4．
赛道建，孙涛．2008．机场鸟类的识别//鸟撞防范概论．北京：科学出版社：73-112．
赛道建，孙涛，卫伟，等．2011．华东13机场鸟撞鸟情规律相关性研究//中国鸟类学研究．兰州：第11届全国鸟类学学术研讨会论文集：246-251．
赛道建，孙涛，张永强，等．2015．机场喜鹊行为的鸟撞风险评估与防范．天津师范大学学报（自然科学版），35（3）：152-154．
赛道建，孙玉刚．2013．山东鸟类分布名录．北京：科学出版社．
赛道建，王禄东，刘相甫，等．1992．黄河三角洲鸟类研究．山东林业科技，84（1）：59-64．
赛道建，王禄东，刘相甫．1993．在黄河三角洲越冬的鹤类．动物学杂志，28（6）：34．
赛道建，徐成刚，张永艳，等．1994a．黄河林场3种啄木鸟繁殖期生态位的研究．山东林业科技，（1）：22-25．

赛道建, 闫理钦. 1999. 黄河三角洲繁殖鸟类群落特征的初步研究. 山东师范大学学报（自然科学版）, 14（3）: 305-310.
赛道建, 闫理钦, 王金秀, 等. 1998. 东平湖及其附近地区的鸟类. 第三届海峡两岸鸟类学术研讨会论文集: 337-341.
赛道建, 闫理钦, 张月侠. 2013. 山东水鸟区系分布研究. 东营第三届中国湿地文化节暨东营国际湿地保护交流会议山东论文集: 14-29.
赛道建, 于荣, 孙妮, 等. 1996d. 黄河三角洲夏季鸟类生态的初步研究. 河北大学学报, 16（5）: 41-44.
赛道建, 张月侠. 2010. 白额鹱的繁殖行为. 北京: 第六届全国野生动物生态与资源保护学术研讨会暨中国动物学会兽类学分会和鸟类学分会成立三十周年纪念会论文摘要集: 194.
桑新华. 2011. 山东野生鸟类. 济南: 山东友谊出版社.
单凯. 2015. 黄河口野鸟识别. 东营: 中国石油大学出版社.
单凯, 刘月良, 朱书玉, 等. 2013. 刁口河尾闾生态补水效果评估报告. 东营第三届中国湿地文化节暨东营国际湿地保护交流会议山东论文集: 83-97.
单凯, 吕卷章, 朱书玉, 等. 2001. 黄河三角洲自然保护区首次发现白鹤和黑脸琵鹭. 中国鹤类通讯, 5（2）: 17-18.
单凯, 吕卷章, 朱书玉, 等. 2002a. 黄河三角洲自然保护区发现黑脸琵鹭. 野生动物, 23（6）: 8-10.
单凯, 吕卷章, 朱书玉, 等. 2002b. 黄河三角洲2002年北迁鹤类调查. 中国鹤类通讯, 6（1）: 11-13.
单凯, 许家磊, 路锋, 等. 2005. 黄河三角洲自然保护区黑脸琵鹭野外调查及其生境分析. 四川动物, 24（4）: 611-613.
单凯, 于君. 2013. 黄河三角洲发现的山东省鸟类新纪录. 四川动物, 32（4）: 609-612.
单凯, 张承惠, 张汉勇. 2007. 黄河三角洲自然保护区鹤类南迁迁徙规律初步研究. 野生动物, （3）: 38-40.
山东林木保护站, 山东大学. 1986. 山东鸟类资源普查技术报告（内部资料）. 5-42.
山东林业研究所. 1974. 大山雀在松林内的食性观察. 动物学杂志, （4）: 7.
山东省地方史志编纂委员会. 1998. 山东省志·生物志. 济南: 山东人民出版社: 452-584.
山东省地方史志编纂委员会. 2010. 山东省志·林业志. 济南: 山东人民出版社: 35.
山东省科学技术委员会. 1995. 山东海岛研究. 济南: 山东科学技术出版社.
山东省林业局. 2006. 东营市首次发现世界珍稀鸟类遗鸥. 国家林业局 http://www.forestry.gov.cn/ [2006-1-4].
山东省林业厅. 2013. 名家摄鸟. 济南: 黄河出版社.
山东省泰安林科所. 1972. 利用斑啄木鸟防治林木害虫. 动物利用与防治, （5）: 32.
寿振黄, 黄浙. 1957. 在青岛附近发现的白腹鲣鸟. 科学通报, （14）: 437-438.
舒莹, 胡远满, 郭笃发, 等. 2004. 黄河三角洲丹顶鹤适宜生境变化分析. 动物学杂志, 39（3）: 33-41.
舒莹, 胡远满, 冷文芳, 等. 2006. 黄河三角洲丹顶鹤秋冬季生境选择机制. 生态学杂志, 25（8）: 954-958.
宋印刚, 田逢俊, 孔晓棠, 等. 1998. 南四湖湿地鸟类及群落结构研究. 林业科技通讯, （9）: 17-19.
隋士凤, 蔡德万. 2000. 长岛自然保护区鸟类资源现状及保护. 四川动物, 19（4）: 247-248.
隋士凤, 蔡德万. 2006. 天鹅的种类及分布. 山东绿化, （4）: 18.
隋士凤, 蔡德万. 2012. 招远罗山自然保护区鸟类资源现状及保护. 山东林业科技, 42（2）: 132, 118.
隋士凤, 蔡德万, 胡志刚, 等. 2005. 鸟类资源的科学价值. 山东绿化, （4）: 21.
隋士凤, 蔡德万, 谢林忠. 2009b. 浅谈动物与森林植物的关系. 山东绿化, （1）: 29.
隋士凤, 蔡德万, 杨丽清, 等. 2009a. 利用鸟类防治林业有害生物. 山东绿化, 2（1）: 55.
孙明荣, 李克军, 朱九军, 等. 2002. 三种啄木鸟的繁殖习性及对昆虫的取食研究. 中国森林病虫, （2）: 12-14.
孙庆基. 1984. 山东省地理. 济南: 山东教育出版社: 125-151.
孙玉刚. 2015. 中国湿地资源·山东卷. 北京: 中国林业出版社.
孙振军. 1988. 胶东半岛的动物资源调查. 莱阳农学院学报, 5（3）: 45-51.
泰安市鸟类资源调查组（泰安鸟调组）. 1989. 泰安市鸟类资源调查技术报告. 泰安林业科技, （2）: 1-42.
田丰翰, 李荣光. 1957. 济南及其附近鸟类的初步调查. 教与学, （2）: 77-91.
田丰翰, 李荣光, 柯秀加. 1960. 鸟类不同营养方式对嗉囊、胆囊、肌胃影响的大体观察. 山东师范学院学报. （2）: 43-47.
田逢俊, 宋印刚, 郝树林, 等. 1991. 大杜鹃在南四湖生态习性观察. 山东林业科技, （1）: 9-11.
田逢俊, 宋印刚, 刘瑞华, 等. 1993a. 山鹛鸰生态习性的研究. 山东林业科技, （1）: 62-65.
田逢俊, 宋印刚, 刘瑞华, 等. 1993b. 保护南四湖湿地生态系统//山东动物学研究论文集. 济南: 山东大学出版社: 72-76.
田贵全, 宋沿东, 刘强, 等. 2012. 山东省濒危物种多样性调查与评价. 生态环境学报, （1）: 31-36.
田家怡. 1999. 黄河三角洲鸟类多样性研究. 滨州教育学院学报, 5（3）: 35-42.
王德勇, 赛道建, 高鸿翔. 1990. 济南市郊区不同景观生态类型鸟类群的比较研究. 山东林业科, （1）: 1-5.
王刚. 2010. 黄河三角洲湿地鸟类群落研究. 曲阜: 曲阜师范大学硕士学位论文.
王广豪, 周莉, 赵尊珍, 等. 2006. 黄河三角洲自然保护区黑脸琵鹭野外调查及其生境分析. 山东林业科技, （1）: 15-17.
王海明, 牛迎福, 李文堂, 等. 2000. 菏泽地区陆生野生动物资源调查与监测研究. 山东林业科技, （6）: 15-20.
王皇, 赛道建. 2013. 罕见长尾鸭现身鹊山水库湿地. 齐鲁晚报, 2013. 12. 13C03.
王克山, 吕卷章, 李尧三, 等. 1992. 黄河三角洲鹤类越冬习性及分布规律观察. 野生动物, （4）: 18-20.
王立冬. 2012a. 黄河三角洲东方白鹳繁殖研究. 山东林业科技, （3）: 48-49.
王立冬. 2012b. 黄河三角洲水鸟种群动态变化. 山东林业科技, （2）: 67-70.

王明春. 2008. 黄河三角洲湿地恢复对湿地鸟类群落的效应研究. 曲阜：曲阜师范大学硕士学位论文.
王庆忠, 王大科. 1995. 青州仰天山地区夏季鸟类垂直分布的研究. 生态学杂志, 14（1）：33-36.
王庆忠, 王大科, 李雷, 等. 1992. 青州仰天寺地区鸟类资源调查. 莱阳农学院学报, 9（1）：70-74.
王希明, 迟仁平. 1998. 青岛地区受鸟类种群现状及变化调查初报. 青岛环境,（4）：37-43
王希明, 迟仁平. 2001. 青岛地区受威胁的鸟类及其保护. 山东林业科技,（6）：15-18.
王希明, 迟仁平, 王宝斋, 等. 2011. 青岛沿海大公岛扁嘴海雀资源现状与保护建议. 第十二届全国鸟类学术研讨会、第十届海峡两岸鸟类学术研讨会论文摘要集：31.
王希明, 刘岱基. 1992. 红角鸮夜间迁徙的环志研究. 四川动物,（4）：14-15.
王希明, 刘岱基, 王元亮, 等. 1990. 青岛松雀鹰迁徙的初步观察. 四川动物, 10（4）：34-35.
王希明, 刘岱基, 辛美云. 1994. 普通夜鹰迁徙的环志观察. 四川动物, 13（1）：27-28.
王学民, 吴霞, 辛洪泉, 等. 2007. 黄河三角洲自然保护区鹤类南迁期迁徙规律研究. 山东林业科技,（2）：57-58.
王友振, 郝树梅, 冯质鲁, 等. 1997. 池鹭在南四湖区习性观察. 山东林业科技,（4）：34-35.
王元秀. 1999. 黄河林场、千佛山鸟类的生态. 济南大学学报, 9（5）：57-62.
韦荣华. 2012. 山东半岛的候鸟. 广西林业,（2）：45-46.
文登市地方史志编纂委员会. 1996. 文登市志. 北京：中国城市出版社.
向余劲攻, 马志军, 杨岚. 2009. 黑腹滨鹬亚种分类研究进展. 动物分类学报, 34（3）：546-553.
邢在秀. 2008. 潍坊城市绿地、湿地鸟类群落生态研究. 济南：山东师范大学硕士学位论文.
邢在秀, 邢云. 2009. 潍坊市夏季鸟类多样性生态研究. 现代农业科技,（10）：184-188.
邢在秀, 闫理钦, 赛道建. 2008. 潍坊城市绿地鸟类群落研究. 山东林业科技, 38（2）：41-43.
徐冰. 1987. 大黑山鸟类环志侧记. 大自然,（3）：26-27.
徐敬明. 2003. 山东沂河流域鸟类的生态调查. 山东林业科,（1）：27-28.
薛委委, 周立志, 朱书玉, 等. 2010. 迁徙停歇地东方白鹳繁殖生态学研究. 应用与环境生物学报, 16（6）：828-832.
闫建国. 1999a. 山东鸟类新记录——黑雁. 山东林业科技,（2）：35.
闫建国. 1999b. 山东鸟类新记录——渔鸥. 山东林业科技,（6）：22.
闫建国. 2003. 荣城大天鹅自然保护区野生动物资源调查分析. 山东林业科技,（6）：20-21.
闫理钦. 1999. 泰山湿地的水禽. 野生动物, 20（3）：6.
闫理钦, 吕卷章. 1994. 黑嘴鸥栖息繁殖情况调查. 山东林业科技,（1）：26-28.
闫理钦, 乔显娟, 耿德江. 2013. 山东湿地水鸟食性和迁徙规律的研究. 东营第三届中国湿地文化节暨东营国际湿地保护交流会议山东论文集：9-13.
闫理钦, 王金秀. 1997b. 小清河与淄脉沟河口湿地鸻鹬类调查初报. 山东林业科技, 33（6）：8-9.
闫理钦, 王金秀, 赛道建. 1998a. 威海湿地鸟类分布调查. 动物学杂志, 33（6）：5-8.
闫理钦, 王金秀, 田逢俊, 等. 1999. 南四湖湿地生态系统与水禽分布调查报告. 山东林业科技,（1）：39-41.
闫理钦, 王金秀, 王连东. 1998b. 长耳鸮越冬习性及食性分析. 四川动物, 17（4）：185.
闫理钦, 王金秀, 王兴春, 等. 1997a. 泰安地区湿地鸟类调查. 山东林业科技（增刊）,（S1）：80-82.
闫理钦, 张英, 耿德江, 等. 2006b. 山东湿地水鸟食性和迁徙规律的研究. 湿地科学与管理,（2）：38-40
闫理钦, 张英, 郭英姿, 等. 2006a. 山东湿地群落多样性分析. 山东林业科技,（2）：40-41.
杨国军, 蔡德万, 隋士凤, 等. 2013a. 迁徙鸟类保护对策研究. 山东林业科技, 43（3）：132-133.
杨国军, 蔡德万, 隋士凤. 2013b. 生物防治在森林病虫害防治中的应用. 山东林业科技, 43（3）：134.
杨若莉. 1986. 中日首次候鸟环志合作在青岛进行. 野生动物,（1）：38.
杨艳伍. 2010. 胶州湾湿地鸟类生活环境分析报告. 绿色科技,（10）：154-155.
杨月伟. 2000. 山东曲阜鹭的生态学研究. 曲阜师范大学学报（自然科学版）, 26（3）：80-82.
杨月伟. 2001. 山东省候鸟资源的保护和利用. 曲阜师范大学学报（自然科学版）, 27（2）：84-86.
杨月伟, 韩轶才. 2006. 山东省迁徙鸟类资源的保护与利用. 资源开发与市场, 22（2）：177-178.
杨月伟, 李久恩. 2012. 微山湖鸟类多样性特征及其影响因子. 生态学报, 32（24）：7913-7919.
杨月伟, 王明春. 2008. 黄河三角洲湿地恢复对湿地鸟类群落的效应研究. 第七届全国野生动物生态与资源保护学术研讨会论文摘要集.
杨月伟, 张培玉, 张承德. 1999. 曲阜孔林春季鸟类群落生态的初步研究. 曲阜师范大学学报, 25（4）：82-84.
姚玉领, 张长普, 孔德琦, 等. 2006. 灰椋鸟繁殖习性及其对害虫的控制作用研究. 山东林业科技,（3）：46-47.
叶祥奎. 1980. 山东省临朐的鸟化石. 古脊椎动物与古人类, 18（2）：116-125.
叶祥奎. 1981a. 山东省临朐中新世的鸟化石. 古脊椎动物与古人类, 19（2）：149-155.
叶祥奎. 1981b. 山旺的鸟化石. 大自然,（3）：85-86.
叶祥奎. 1984. 山东省临朐雉类化石的新资料. 古脊椎动物学报, 22（3）：208-212.
叶祥奎, 孙博. 1980. 山东省临朐的秧鸡和鸦类化石. 动物学研究, 10（3）：116-125.
于海玲, 单凯, 许家磊. 2001. 山东黄河三角洲国家级自然保护区发现东方白鹳群体. 中国鹤类通讯, 5（2）：31-32.
于培湖, 刘瑞珍, 邵凌松, 等. 2007. 烟台水域越冬鸟类调查. 山东林业科技,（1）：65-67.
于新建. 1988. 山东鸟类新记录——黄腹山雀. 野生动物,（4）：22.

于新建, 刘云春. 1987. 非法猎杀天鹅灰鹤的吴玉荣等人被判刑. 野生动物, 8 (1): 37.
于新建, 史瑞芳, 李经武, 等. 1993. 山东荣成大天鹅越冬生态观察. //山东动物学研究论文集. 济南: 山东大学出版社: 59-62.
于新建, 史瑞芳, 李经武, 等. 1997. 大天鹅在山东荣城越冬习性观察. 山东林业科技, (1): 5-7.
袁兴中, 刘红. 1994. 山东资源鸟类及其保护利用. 资源开发与市场, (6): 273-276.
约翰·马敬能, 伦·菲利普斯, 何芬奇. 2000. 中国鸟类野外手册. 长沙: 湖南教育出版社.
张翠英, 李瑞英, 赵臣道. 2011. 鲁西南四声杜鹃始、绝鸣期对气候变化的响应. 气象科技, 39 (1): 114-117.
张孚允, 刘岱基. 1987. 青岛候鸟迁徙规律研究初报. 中国鸟类环志年鉴. 兰州: 甘肃科学技术出版社.
张洪海. 1999. 山东鸭科鸟类资源的保护利用. 国土与自然资源研究, (4): 63-64.
张洪海. 2000. 山东省保护鸟类资源现状及保护对策. 国土与自然资源研究, (2): 67-68.
张培玉. 2000. 曲阜孔林鸟类资源特点及保护对策. 国土与自然资源研究, (1): 78-79.
张世伟, 范强东, 孙为连, 等. 2002. 海鸬鹚繁殖习性的初步观察. 动物学杂志, 37 (3): 45-47.
张世伟, 范强东, 赵方, 等. 2000. 黑尾鸥繁殖生态观察. 山东林业科技, (4): 14-16.
张守富, 陈相君, 张守林. 1991. 鹏鸮生态习性初报. 野生动物, (1): 15-16.
张守富, 高登选. 1986. 山东日照发现草鸮. 动物学杂志, (1): 41.
张守富, 张守贵, 郑召坤. 2008. 山东日照发现赤翡翠鸟. 动物学杂志, 43 (6): 24.
张树舜, 张淑兰. 1990. 长耳鸮食性的初步分析. 动物学杂志, 25 (5): 23.
张天印. 1989. 大杜鹃繁殖生态研究. 山东林业科技, (1): 24-26.
张天印, 陈相君. 1995. 灰喜鹊半野生饲养与壮大种群的途径. 森林病虫通讯, (3): 14-15.
张天印, 高登选, 张守富, 等. 1988b. 燕子环志与繁殖习性观察, (1): 43-45.
张天印, 申永提. 1982. 驯鸟治虫的探索. 林业科技, (1): 2.
张天印, 宋全夫, 张守林. 1979. 灰喜鹊的生态观察. 动物学杂志, (4): 27.
张天印, 张守富, 陈相君. 1988a. 山东发现繁殖的草鸮. 野生动物, (2): 62.
张天印, 张守林, 宋全夫. 1989. 杜鹃的生态观察. 野生动物, (1): 17-18.
张希画. 2012. 山东黄河三角洲国家级自然保护区雁鸭类种类及数量监测. 山东林业科技, (3): 32, 50-53.
张希画, 郝迎东. 2012. 黄河三角洲自然保护区鹤类种类、数量动态监测初步分析. 山东林业科技, (4): 25-28.
张希涛, 付守强, 谭海涛, 等. 2011. 黄河三角洲水鸟动态变化监测. 山东林业科技, (4): 7-10.
张锡贤. 2009. 山东省莱州市发现黄拟蜡嘴雀. 动物学杂志, 44 (5): 146.
张绪良, 肖滋民, 徐宗军, 等. 2011. 黄河三角洲滨海湿地的生物多样性特征及保护对策. 湿地科学, 9 (2): 125-131.
张月侠, 赛道建, 孙承凯. 2013. 山东鸟类物种的最新统计. 杭州: 第十二届全国鸟类学术研讨会、第十届海峡两岸鸟类学术研讨会论文摘要集: 89.
张月侠, 赛道建, 孙承凯. 2014. 山东济南发现长尾鸭. 动物学杂志, 49 (4): 578.
张月侠, 赛道建, 孙玉刚, 等. 2015. 山东水鸟区系分布的初步研究. 天津师范大学学报 (自然科学版), 35 (3): 141-144.
张正旺, 刘阳, 孙迪. 2004. 中国鸟类种数的最新统计. 动物分类学报, 29 (2): 386-388.
赵学敏. 2006. 中国大陆野生鸟类迁徙动态与禽流感. 北京: 中国林业出版社.
赵翠芳, 张健, 吴志强, 等. 2003. 山东荣成市发现黑脸琵鹭. 山东林业科技, (6): 19.
赵建国, 谭洪泽, 臧家森. 1986. 长耳鸮越冬生活习性观察. 山东林业科技, (4): 44-47.
赵长征, 吕卷章. 2000. 黄河三角洲国家自然保护区鸻形目鸟类迁徙规律的研究. 山东林业科技, (5): 32, 50-53.
赵延茂, 吕卷章, 闫理钦. 1994. 黄河三角洲黑嘴鸥调查初报. 野生动物, (4): 15-17.
赵延茂, 吕卷章, 朱书玉, 等. 1996. 山东黄河三角洲国家级自然保护区鸟类调查. 野生动物, (1): 11-13.
赵延茂, 吕卷章, 朱书玉, 等. 2001. 黄河三角洲国家级自然保护区鸻形目鸟类研究. 动物学报, 47 (专刊): 157-161.
赵延茂, 宋朝枢. 1995. 黄河三角洲自然保护区科学考察集. 北京: 中国林业出版社.
赵艳. 2011. 候鸟迁徙的驿站——黄河三角洲湿地观鸟行. 生命世界, (4): 65-73.
赵正阶. 1995. 中国鸟类手册 (上卷, 非雀形目). 长春: 吉林科学技术出版社.
赵正阶. 2001. 中国鸟类志 (上、下卷). 长春: 吉林科学技术出版社.
郑宝赉. 1985. 中国动物志, 鸟纲. 第8卷. 北京: 科学出版社.
郑光美. 2002. 世界鸟类分类与分布名录. 北京: 科学出版社.
郑光美. 2011. 中国鸟类分类与分布名录. 2版. 北京: 科学出版社.
郑光美. 2012. 鸟类学. 北京: 北京师范大学出版社: 378.
郑光美, 王岐山. 1998. 中国濒危动物红皮书——鸟类. 北京: 科学出版社.
郑光美, 颜重威. 2000. 中国鸟类学研究. 北京: 中国林业出版社.
郑光美, 张正旺, 颜重威. 1996. 中国鸟类学研究 (论文集). 北京: 中国林业出版社.
郑作新. 1964. 中国鸟类系统检索. 北京: 科学出版社.
郑作新. 1966. 中国经济动物志——鸟类. 北京: 科学出版社.
郑作新. 1976. 中国鸟类分布名录. 北京: 科学出版社.
郑作新. 1978. 中国动物志, 鸟纲 (第四卷) 鸡形目雉科. 北京: 科学出版社.

郑作新. 1987. 中国鸟类区系纲要. 北京：科学出版社.

郑作新. 1991. 中国动物志，鸟纲. 第6卷. 北京：科学出版社.

郑作新. 1994. 中国鸟类种和亚种分类名录大全. 北京：科学出版社.

郑作新. 1997. 中国动物志，鸟纲. 第1卷. 北京：科学出版社.

郑作新. 2000. 中国鸟类种和亚种分类名录大全（修订版）. 北京：科学出版社.

郑作新. 2002a. 世界鸟类名称（拉丁名、汉文、英文对照）. 北京：科学出版社.

郑作新. 2002b. 中国鸟类系统检索. 3版. 北京：科学出版社.

郑作新，等. 1979. 中国动物志，鸟纲（第二卷）雁目. 北京：科学出版社.

郑作新，等. 1991. 中国动物志，鸟纲（第六卷）鸽形目 鹦形目 鹃形目 鸮形目. 北京：科学出版社.

郑作新，卢太春，杨岚，等. 2010. 中国动物志·鸟纲. 第12卷. 北京：科学出版社.

郑作新，钱燕文，郭邻. 1955. 微山湖及其附近地区食蝗鸟类的初步调查. 农业学报，（2）：145-155.

中共山东省委研究室. 1986. 山东省情. 济南：山东人民出版社：78-112.

中国动物学会鸟类分会. 2004. 中国观鸟年报2003. 北京：中国动物学会鸟类分会，1-137.

中国动物学会鸟类分会. 2005. 中国观鸟年报2004. 北京：中国动物学会鸟类分会，1-297.

中国动物学会鸟类分会. 2006. 中国观鸟年报2005. 北京：中国动物学会鸟类分会，1-421.

中国动物学会鸟类分会. 2007. 中国观鸟年报2006. 北京：中国动物学会鸟类分会，1-404.

中国动物学会鸟类分会. 2008. 长乐：全国鸟类系统分类与演化学术研讨会暨郑作新院士逝世十周年纪念文集.

中国动物学会鸟类分会. 2008. 中国观鸟年报2003. 北京：中国动物学会鸟类分会，1-426.

中国动物学会鸟类分会. 2009. 哈尔滨：中国鸟类研究——第十届全国鸟类学术研讨会暨第八届海峡两岸鸟类学术研讨会论文集.

中华人民共和国濒危物种进出口管理办公室. 1996. 中国珍贵濒危动物. 北京：中国林业出版社：291.

周本湘. 1981. 在黄海车牛山岛上猎获的黑喉潜鸟. 华东师范大学学报（自然科学版），（2）：121-124.

周才武，卢浩泉，纪加义. 1965. 泰山脊椎动物调查. 中国动物学会三十周年学术讨论会交流资料.

周莉. 2006. 黄河三角洲自然保护区东方白鹳的繁殖保育. 山东林业科技，（2）：38-39.

朱金昌，杨月伟. 2011. 山东省珍稀药用鸟类分布与保护. 山东林业科技，（3）：99-102.

朱书玉，吕卷章，王立冬. 2000b. 雪雁在中国的重新发现. 动物学杂志，35（3）：35-37.

朱书玉，吕卷章，于海玲. 2001. 震旦鸦雀在山东黄河三角洲自然保护区的分布与数量研究. 山东林业科技，（5）：7

朱书玉，吕卷章，赵延茂，等. 2000a. 黄河三角洲国家级自然保护区小杓鹬初步调查. 山东林业科技，（5）：17-19.

朱文成，季延平，刘殿，等. 2013. 泰山北坡的鸟类多样性. 山东林业科技，（1）：37-41.

朱曦，姜海良，吕燕春. 2008. 华东鸟类物种和亚种分类名录与分布. 北京：科学出版社.

朱献恩. 1991. 白头鹞的繁殖习性. 山东林业科技，（1）：16-18.

庄艳美，孔繁花，尹海伟，等. 2014. 济南城市绿地空间格局与鸟类群落结构的关系研究. 山东师范大学学报（自然科学版），29（1）：102-109.

邹鹏. 1980. 黑叉尾海燕在黄海的分布. 博物，（2）：21.

Ali S, Riply S D. 1987.Compact edition of the handbook of the birds of India and Pakistan and edn. Oxford: Oxford Universty press.

Alström P, Mild K. 2003. Pipits and Wagtails. Princeton: Princeton University Press.

Anon. 1935. Notes and comments (Ornithology). Hong Kong Naturalist, 6: 78-80.

Ascherson S R. 1932. Birds seen at Wei-hai-wei. Hong Kong Naturalist, 3: 6-10.

Aylmer E A. 1931a. Bird watching at Wei-hai-wei. Hong Kong Naturalist, 2: 153-164.

Aylmer E A. 1931b. Further notes from Wei-hai-wei. Hong Kong Naturalist, 2: 235-236.

Aylmer E A. 1932. Wei-hai-wei bird watching. Hong Kong Naturalist, 3: 164-169.

Baker K. 1997. Warblers of Europe, Asia and North Africa. New Jersey: Princeton University Press.

Cheng Tso-Hsin.1987. A Synopsis of the Avifauna of China. Beijing: Science Press.

Clement P. 2000. Thrushes, Princeton, New Jersey. : Princeton University Press.

Clements J F. 2007. The Clements checklist of the birds of the world. 6th ed. Ithaca: Cornell University Press.

Cramp S. 1988. The birds of the western Palearctic, Vol. 5. Oxford: Oxford University Press.

del Hoyo J, Elliott A, Christie D A. 2009. Handbook of the Birds of the World. Vol.14. Bush-shrikes to Old World Sparrows.: Lynx Editions, Barcelona.

Dickinson E C. 1991. The birds of the Philippines. An annotated Check-list: 1-507. BOU Check-list Ser. No. 12. British Ornithologists'Union, Tring, Herts.

Dickinson E C. 2003. The Howard and Moore Complete Checklist of the Birds of the World. 3rd ed. London: Christopher Helm.

Dong L L, Chen S, Lei G, et al. 2011. Patterns of waterbird community composition across a natural and restored wetland landscape mosaic, Yellow River Delta, China. Estuarine, Coastal and Shelf Science，(91) 325-332.

Dong L L, Chen S, Huw L., et al. 2013. The importance of artificial habitats to migratory waterbirds within a natural/artificial wetland mosaic, Yellow River Delta, China. Bird Conservation International: 1-15.

Duncan J H. 1937. Chefoo birds: notes on species seen in the vicinity. Hong Kong Naturalist, 8: 13-16.

Dyrnev Y A, Siroklin I N, Sonin V D. 1983. Materials to the ecology of Delichon dasypus on Khamar-Daban (south Baikal territory) Zoolo-gischeskii Zhurnal, 62: 1541-1546.

Eck S. 1996. Die Palaearktischen Vogel. Geospezies und Biospezies. Zool. Abh. Staatl.Mus. Tierk. Dresden, 49 (Suppl.): 1-103.

Elliot D G. 1863. A monograph of the Pittidae. New York: D. Appleton & Company.

Harrap S. 2008. Family Aegithalidae (Long-tailed Tits). *In*: del Hoto J, Elliott A, Christie D A. Handbook of the birds of the world. Vol.13. Penduline-tits to Shrikes. Lynx Edicions,Barcelona:76-101.

Herklots G A C. 1935. The birds of Wei-hai-wei. Hong Kong Naturalist, 6: 7-17.

Howard R, Moore A.1991. A complete cheeklist of the birds of the world. Second Esdittion. 1-199. London : Academic pree, Brace Jovanovich, publishers.

http://wenku.baidu.com/link?url=qU_plK6UMM3A-1pHBOxFUPgtezfmLub7kPsm_0A46e7s-3XRAa2TksuLe5laeRbncd5dTUhReaMQxjrQ3y1RJRXwDXBUEiBoAv2LR_Al8TG

Inskipp T, Lindsey N, Duckworth W. 1996.An annotated checklist of the birds of the oriental region. Sandy, UK: Oriental Bird Club.

Jones R H. 1911. On some birds observed in the vicinity of Wei-Hai-wei, North East China. Ibis, 53: 657-695.

Kalyakin M V. 1993. On the problelm of systematic relations between Pallas'Grasshopper Warbler *Locustella certhiola* and Middendorff's Grasshopper Warbler (*Locustella ochotensis*). In Hibridizaciya i problema vida u pozvonochikh (O.D. Rossolina,ed.): 1-223. Moscow State University Press.Moscow: 164-182.

King B F. 2002a. The *Hierococcyx fugax*, Hodgson's Hawk Cuckoo, complex. Bulletin of the British Ornithologists'Club, 122: 74-80.

King B F. 2002b. Species limits in the Brown Boobook *Ninox scutulata* complex. Bulletin of the British Ornithologists' Club, 122: 250-257.

Kistchinski A A. 1988. The bird fauna of north-east Asia.: 1-228. Nauka, Moskva.

Kleinschmidt O. 1905. Uber Chinese Vogel von Kiauschimdt Vorwiegenddas der Gegend Vogel des Kiautschou-Gebietes. Falco, Ix: 65-82.

Kleinschmidt O. 1913. Aufgahhing der Vogel des Kiautschou-Gebiets. Falco, XV: 34-36.

Kothe K. 1907. Zur vogelfauna von Kiautschou. Journal of Ornithology, 55: 379-390.

La Touche J D D. 1922. Alauda gulgula pescadoresi. Bull. Brit. Orn. Cl. 43: 20.

La Touche J D D.1925-1934. A handbook of the birds of eastern China. London: Taylor & Francis.

Le Fevre R H.1927a. Some Winter birds of Central Shantung. China Journal, 6: 201-204.

Le Fevre R H.1927b. Some migration notes: some birds of Central Shantung. China Journal, 6: 331-332.

Le Fevre R H.1927c. Bird migration notes (nr. Tsinanfu). China Journal, 6: 89-92.

Le Fevre R H.1962. The birds of Northern Shantung Province, China. York Pennsylvania, (author's reprint): 1-151.

Li Z W D, Mundkur T. 2004. Numbers and distribution of waterbirds and wetlands in the Asia-Pacific region. Results of the Asian Waterbird Census: 1997-2001. Wetlands International, Kuala Lumpur, Malaysia.

Li H X , Jian J L. 2013. Habitat specialization in the Reed Parrotbill *Paradpxornis herdi*-evidence from its distribution and habitat use. Forktal, 29: 64-70.

Mark B. 2009. Fild Guide to th Birds of East Asia, Eastern China, Taiwan,Korea, Japan and Eastern Russia. London: Christopher Helm.

Martens J. 1988. Phylloscopus borealoids Portenko: ein verkannter Laubsänger der Ost-Palaarktis. J. Orn, 129 (3): 343-351.

Mayr E, Greenway J C. 1960. Checklist of the birds of the world. Cambridge: Harvard University Press.

Olsen K M, Larsson H. 2004. Gulls of North America, Europe and Asia. Princeton: Princeton University Press.

Peters J. 1970. Check-list of the Birds of the World. Vol.13. Cambridge: Museum of Comparative Zoology.

Portanko L A. 1950. Doklady Akad. Nauk, S.S.R., New Ser., 70:320.

Reichenow A. 1903. Zur vogelfauna von Kiautschou. Ornithologische Monatsberichte, 11: 81-87.

Reichenow A. 1907. Corvus Hassin. Sp. Ornithologische Monatsberichte, 15: 51-52.

Ripley SD. 1964. Family Muscicapidae, Subfamily Turdidae. *In*: Mayr E, Paynter R A. Check-list of birds of theworld. Vol. 10. Mus. Comp. Zool., Harvard, Cambridge, Mass.: 13-227.

Robb J M. 1935.Wei-Hai-Wei bird notes. Hong Kong Naturalist, 6: 5-6.

Sclater P L. 1878. Some difficulties in zoological distribution. Nineteenth Century, 4(1878): 1037-1052.

Shaw T H [寿振黄]. 1938a. The Avifauna of Tsingtao and Neighbouring Districts. Bull. Fan Men. Inst. Biol, (8):133-222.

Shaw T H [寿振黄]. 1938b. An Addition to th Avifauna of Tsingtao. China Journal, 29: 208-209.

Shaw T H [寿振黄]. 1927. Some winter birds of central Shandong. China Journ, 6: 331-332.

Shaw T H [寿振黄]. 1930.Notes on some summer birds of Chefoo, China. Auk, 47: 542-545.

Sibley C G, Ahlquist J E. 1990. Phylogeny and classification of birds. New Haven: Yale University Press.

Sibley C G, Monroe B L. 1990. Distribution and taxonomy of birds of the world. New Heaven: Yale University Press.

Snow D W. 1967. Family Aetithalidae. *In*: Greenway JC: Mayr E, Moreau RE, et al. Checklist of birds of the world. Vol. XII. Cambridge: Museum of ComparativeZoology: 52-61.

Stepanyan L S. 1983. Superspecies and sibling species in the avifauna of the USSR: 296. Moscow: Akad. Nauk.

Stepanyan L S. 1990. Conspectus of the ornithological fauna of the USSR: 1-727. Moscow: Moscow Nauka.

Swinhoe R. 1874. Ornithological Notes made at Chefoo (Province of Shantung, North China). Ibis, 16: 422-447.

Swinhoe R. 1875. Ornithological Notes made at Chefoo (Province of Shantung, North China). Ibis, 17: 114-140.

Tyler S J. 2004. Family Motacillidae. *In*: del Hoyo J, Elliott A, Christie DA. Handbook of birds of the world. V.9. Cotingas to Pipits and Wagtails. Lynx Edicions, Barcelona: 686-786.

Vaurie C. 1959. The birds of the Palearctic fauna: a systematic reference. Order Passeri-formes. London: Witheby.

Vieillot L J P. 1816. Analyse D'Une Nouvelle Ornithologie Elementaire. Paris.

Voelker G. 1999. Molecular evolutionary relationships in the avian genus *Anthus* (pipits: Motacilidae). Mol. Phylogenet. Evol., 11: 84-94.

Voous K H. 1977. List of recent holarctic bird species. Ibis, 119: 223-250, 376-406.

Wang H, Sai D J [王会, 赛道建]. 1996. The Status of Saunders' Gulls on the coast of China. Hong Kong Bird Report, 1995: 245-249.

Wetland International. 2002. Waterbird population estimates-third edition. Wetland International Global Series, No. 12, Wageningen.

Wetmore A. 1960. A classification for the birds of the world. Smiths. Misc. Coll., 139: 1-37.

Zuccon D, Pasquet E, Ericson P G P. 2008.Phylogenetic relationships among Palearctic-Oriental starlings and mynas (genera *Sturnus* and *Acridotheres*: Sturnidae). Zoologica Scripta, 37:469-481.

附录1 山东鸟类名录总表

编号	物种名	环志	照片	标本	滨州	德州	东营	菏泽	济南	济宁	聊城	临沂	莱芜	青岛	日照	泰安	潍坊	威海	烟台	枣庄	淄博	居留型	区系	郑作新	郑光美	纪加义	篓道建	记录种数	无分布	需确证	国家/省级	IUCN	CITES	中日	中澳
1-01	红喉潜鸟 Gavia stellata		◎												◎			◎				冬	古	1	1	1	1	1			Ⅲ	LC			
2-01	黑喉潜鸟 Gavia arctica		◎												●			◎				冬	古	1	1	1	1	1				LC			
3-11	太平洋潜鸟 Gavia pacifica			●										●	◎			◎				冬	古		1	1	1	1				LC			
4-11	黄嘴潜鸟 Gavia adamsii		◎												●								古		1		1	1				NT			
5-01	小䴙䴘 Tachybaptus ruficollis		◎		◎	◎	◎	◎	◎	●		◎	◎	◎	◎	●	◎	◎	◎		◎	留	广	1	1	1	1	1			Ⅲ	LC			
6-20	赤颈䴙䴘 Podiceps grisegena		◎											◎								旅	古				1	1	1			LC			
7-01	凤头䴙䴘 Podiceps cristatus		◎	●	◎	◎			◎	◎				◎	◎	●	◎	◎				留	古	1	1	1	1	1			Ⅲ	LC			
8-01	角䴙䴘 Podiceps auritus		◎	●			◎								●			◎				冬	古	1	1	1	1	1			Ⅱ	LC			
9-01	黑颈䴙䴘 Podiceps nigricollis		◎	●					◎					●	◎	●	◎	◎				旅	古	1	1	1	1	1			Ⅲ	LC			
10-00	黑脚信天翁 Diomedea nigripes																						东							1		EN			
11-20	短尾信天翁 Diomedea albatrus													◎								旅	东	1	1	1	1	1			Ⅱ	VU	1	日	
12-01	白额鹱 Calonectris leucomelas	▲	◎	●										◎				◎	◎			夏	广	1	1	1	1	1			Ⅲ	LC			澳
13-01	黑叉尾海燕 Oceanodroma monorhis	▲	◎	●										●					●			夏	古	1	1	1	1	1				LC		日	
14-01	斑嘴鹈鹕 Pelecanus philippensis		◎				◎				◎											旅	东	1	1	1	1	1			Ⅱ	NT			
15-01	卷羽鹈鹕 Pelecanus crispus		◎				◎		◎													旅	古	1	1	1	1	1			Ⅱ	VU	1		
16-20	褐鲣鸟 Sula leucogaster plotus		◎																			旅	广				1	1			Ⅱ	LC			澳
17-01	普通鸬鹚 Phalacrocorax carbo		◎	●	◎		◎		◎	●				●	◎	●	◎	◎	●		◎	旅	广	1	1	1	1	1			Ⅲ	LC			
18-01	绿背鸬鹚 Phalacrocorax capillatus		◎							●							◎		◎			夏	古				1	1			Ⅲ	LC		日	
19-01	海鸬鹚 Phalacrocorax pelagicus		◎											●	◎				◎			旅	古	1	1	1	1	1			Ⅱ	LC			澳
20-20	黑腹军舰鸟 Fregata minor minor																						广				1	1		1	Ⅱ				澳
21-20	白斑军舰鸟 Fregata ariel ariel																						广				1	1			Ⅱ				澳
22-01	苍鹭 Ardea cinerea jouyi		◎	●	◎	◎	●	◎	●	●			◎	●	◎	●	●	◎	●		◎	留	广	1	1	1	1	1			ⅢⅣ	LC			
23-01	草鹭 Ardea purprea manilensis		◎		◎	◎	◎	◎	●	●			◎	◎	◎	◎	●	◎	◎	◎		夏	广	1	1	1	1	1			ⅢⅣ	LC			
24-01	大白鹭 Ardea alba modesta		◎	●	◎	◎	●		●	●			●	◎	◎	●	◎	◎	●			留	广	1	1	1	1	1			ⅢⅣ	LC	3	日	澳
25-01	中白鹭 Egretta intermedia		◎	●			◎	◎		●				◎	◎	●	◎	◎	●			夏	广	1	1	1	1	1			ⅢⅣ	LC		日	
26-01	白鹭 Egretta garzetta		◎	●	◎	◎	◎	◎	◎	●				●	◎	◎	◎	◎	◎		◎	留	广	1	1	1	1	1			ⅢⅣ	LC	3		

编号	物种名	山东* 环志	照片	标本	滨州	德州	东营	菏泽	济南	济宁	聊城	临沂	莱芜	青岛	日照	泰安	潍坊	威海	烟台	枣庄	淄博	居留型	区系	郑作新	郑光美	纪加义	报道建	记录种数	鸟志无分布	需确证	国家与省级	IUCN	CITES	中日	中澳
27-01	黄嘴白鹭 Egretta eulophotes		◎	●											●◎							夏	广	1	1	1	1	1			II	VU			
28-01	牛背鹭 Bubulcus ibis		◎	●	●	◎	◎	◎	◎●		◎	◎	◎	◎	◎	◎	●◎	◎	◎			夏	广	1	1	1	1	1			III IV		3	日	澳
29-01	池鹭 Ardeola bacchus		◎	●	◎		◎	◎	◎●	●	◎		◎	◎	◎	◎	●	◎	◎			夏	广	1	1	1	1	1			III	LC		日	
30-01	绿鹭 Butorides striatus		◎	●			◎	◎●	◎	●					◎	◎	●	◎	◎			夏	广	1	1	1	1	1			III IV	LC		日	
31-01	夜鹭 Nycticorax nycticorax		◎	●	◎		◎	◎	◎●	●	◎	◎	◎	◎◎		◎	◎	◎	◎			留	广	1	1	1	1	1			III	LC			
32-01	黄斑苇鳽 Ixobrychus sinensis		◎	●	◎		◎	◎	◎●	●	◎		◎	●	◎	●	●	◎	◎			夏	广	1	1	1	1	1			III	LC		日	澳
33-01	紫背苇鳽 Ixobrychus eurhythmus	▲	◎	●					●					●		●						旅	古	1	1	1	1	1			III	LC		日	
34-01	栗苇鳽 Ixobrychus cinnamomeus		◎	●					◎					●	◎							夏	广	1	1	1	1	1			III IV	LC			
34-21	黑苇鳽 Dupetor flavicollis		◎					●	◎														广				1	1							
35-01	大麻鳽 Botaurus stellaris		◎	●			◎●		◎●	●				◎		●		◎				旅	广	1	1	1	1	1			III	LC	2	日	
36-01	黑鹳 Ciconia nigra		◎	●	◎		◎		◎	●						●	◎					夏	古	1	1	1	1	1			I	EN	1		
37-01	东方白鹳 Ciconia boyciana		◎	●			◎				◎							◎				留	古	1	1	1	1	1			II	EN		日	
38-00	黑头白鹮 Threskiornis melanocephala		?																				广			1		1		1		NT			
39-00	朱鹮 Nipponia nippon		?	●																			古						1		I				
40-11	彩鹮 Plegadis falcinellus		◎											◎								旅	广				1	1			II	LC			澳
41-01	白琵鹭 Platalea leucorodia		◎	●	●		◎	◎	◎	●	◎			◎	◎	●		◎				旅	古	1	1	1	1	1			II	LC	2	日	
42-01	黑脸琵鹭 Platalea minor		◎	●	◎		◎			◎				◎				◎	◎			旅	广	1	1	1	1	1			II	EN		日	
42-21	大红鹳 Phoenicopterus roseus		◎				◎							◎					◎			冬	广				1		1		II				
43-01	疣鼻天鹅 Cygnus olor		◎				◎		◎					◎				◎	◎			冬	古	1	1	1	1	1			II	LC			
44-01	大天鹅 Cygnus cygnus	▲	◎	●	●◎		◎		◎	◎●				◎		●	◎	◎	◎			冬	古	1	1	1	1	1			II	LC	2	日	
45-01	小天鹅 Cygnus columbianus		◎	●	●		◎		◎	◎●				◎		●		◎	◎			旅	古	1	1	1	1	1			II	LC		日	
46-01	鸿雁 Anser cygnoides		◎	●	◎		◎			●	◎			◎					◎			冬	古	1	1	1	1	1			II	VU		日	
47-01	豆雁 Anser fabalis serrirostris		◎	●	●		◎		◎	●	●			◎					◎			冬	古	1	1	1	1	1			III	LC		日	
48-01	白额雁 Anser albifrons frontali		◎	●						●	◎			◎		◎						旅	古	1	1	1	1	1			II	LC			
49-01	小白额雁 Anser erythropus		◎				◎															冬	古	1	1	1	1	1			III IV	VU		日	
50-01	灰雁 Anser anser rubrirostris		◎				◎							◎					◎			旅	古	1	1	1	1	1			III IV	LC			
51-01	斑头雁 Anser indicus		◎				◎															旅	古	1	1	1	1	1			III IV	LC			
52-11	雪雁 Anser caerulescens		◎																◎			冬	古				1	1							
53-01	黑雁 Branta bernicla		◎				◎												◎			留	古	1	1	1	1	1			III	LC		日	
54-01	赤麻鸭 Tadorna ferruginea		◎	●			◎			●◎						●			◎			冬	古	1	1	1	1	1			III	LC			

续表

编号	物种名	山东* 环志	照片	标本	滨州	德州	东营	菏泽	济南	济宁	聊城临沂	莱芜	青岛	日照	泰安	潍坊	威海	烟台	枣庄淄博	居留型	区系	文献 郑作新	郑光美	赛道义	纪加建	记录种数	鸟志无分布需确证	国家与省级	IUCN	CITES	保护类型
55-01	翘鼻麻鸭 Tadorna tadorna		◎	●	●◎		◎			●			◎	◎	●	◎	◎	◎		冬	古	1	1	1	1	1		Ⅲ			中日
56-01	鸳鸯 Aix galericulata		◎	●	●		◎		◎	●			●	◎	●	◎				旅	古	1	1	1	1	1		Ⅱ	LC		
57-01	赤颈鸭 Anas penelope		◎	●			◎		◎	●	◎		◎				◎	◎		冬	古	1	1	1	1	1		Ⅲ	LC		日
58-01	罗纹鸭 Anas falcata		◎	●						●										冬	古	1	1	1	1	1		Ⅲ	NT	3	日
59-01	赤膀鸭 Anas strepera strepera		◎	●	●		◎		◎	●					●		◎	◎		冬	古	1	1	1	1	1		ⅢⅣ	LC		日
60-01	花脸鸭 Anas formosa		◎	●			◎	◎	◎	◎				●				◎		冬	古	1	1	1	1	1		Ⅲ	LC	2	日
61-01	绿翅鸭 Anas crecca crecca		◎	●			◎	◎	◎	●			◎	●	●	◎		◎		冬	古	1	1	1	1	1		Ⅲ	LC	3	日
62-01	绿头鸭 Anas platyrhynchos		◎	●	◎		◎		◎	●			◎	●	◎	◎	●◎	◎		留	广	1	1	1	1	1		Ⅲ	LC		
63-01	斑嘴鸭 Anas poecilorhyncha		◎	●	◎		◎		◎	●	◎									留	广	1	1	1	1	1		Ⅲ	LC		
64-01	针尾鸭 Anas acuta		◎	●			◎		◎	●			◎	◎	●			◎		旅	广	1	1	1	1	1		ⅢⅣ	LC		日中澳
65-01	白眉鸭 Anas querquedula		◎	●					◎	●	◎		●	◎						旅	广	1	1	1	1	1		Ⅲ	LC	3	日中澳
66-01	琵嘴鸭 Anas clypeata		◎	●			◎		◎	●				◎				◎		冬	古	1	1	1	1	1		Ⅲ	LC	3	日
67-01	赤嘴潜鸭 Netta rufina		◎	●										◎						旅	古	1	1	1	1	1		Ⅲ	LC		日
68-01	红头潜鸭 Aythya ferina		◎	●			◎		◎	●				◎				◎		冬	古	1	1	1	1	1		Ⅲ	LC		
69-01	青头潜鸭 Aythya baeri		◎	●					◎	●			●							冬	古	1	1	1	1	1		Ⅲ	EN		
70-01	白眼潜鸭 Aythya nyroca		◎	●									●							夏	古	1	1	1	1	1		Ⅲ	NT	1	
71-01	凤头潜鸭 Aythya fuligula		◎	●					◎									◎		旅	古	1	1	1	1	1		Ⅲ	LC		
72-01	斑背潜鸭 Aythya marila nearctica		◎	●														◎		旅	古	1	1	1	1	1		Ⅲ	LC		
73-00	小绒鸭 Polysticta stelleri																				古			1		1	1	Ⅲ	VU		
74-00	丑鸭 Histrionicus histrionicus																				古		1				1	ⅢⅣ	LC		
74-21	长尾鸭 Clangula hyemalis																			旅								Ⅳ			
75-01	黑海番鸭 Melanitta nigra		◎	●						●										旅	古	1	1	1	1	1		Ⅲ	LC		日
76-01	斑脸海番鸭 Melanitta fusca		◎	●			◎											◎		旅	古	1	1	1	1	1		ⅢⅣ	LC		
77-01	鹊鸭 Bucephala clangula		◎	●			◎			●				◎						冬	古	1	1	1	1	1		Ⅲ	LC		日
78-01	斑头秋沙鸭 Mergus albellus		◎	●			◎		◎	●				◎				◎		冬	古	1	1	1	1	1		Ⅲ	LC		日
79-01	红胸秋沙鸭 Mergus serrator		◎	●			◎			●			●	◎				◎		冬	古	1	1	1	1	1		Ⅲ	LC		日
80-01	普通秋沙鸭 Mergus merganser		◎	●			◎		◎	●			●	◎				◎		冬	古	1	1	1	1	1		Ⅳ	LC		日
81-01	中华秋沙鸭 Mergus squamatus	▲	◎	●						●							●			旅	古	1	1	1	1	1		Ⅰ	EN		
82-01	鹗 Pandion haliaetus		◎	●	◎									◎				●		冬	广	1	1	1	1	1		Ⅱ	LC	2	
83-01	凤头蜂鹰 Pernis ptilorhynchus	▲	◎	●										◎				●◎		旅	广	1	1	1	1	1		Ⅱ	LC	2	

续表

编号	物种名	山东*			山东各地市															居留型	区系	文献			鸟志		保护类型			
		环志	照片	标本	滨州	德州	东营	菏泽	济南	济宁	聊城	临沂	莱芜	青岛	日照	泰安	潍坊	威海	烟台	枣庄	淄博			郑作新	郑光美	纪加义	赛道建	记录种数	无分布需确证	国家与省级	IUCN	CITES	
83-21	黑冠鹃隼 Aviceda leuphotes		◎						◎													冬	东					1		II			
84-11	黑翅鸢 Elanus caeruleus		◎	●	◎		◎		◎	◎							◎	●				留	广		1	1	1	1		II	LC	2	
85-01	黑鸢 Milvus migrans	▲	◎	●						●							◎	●	●			留	广			1	1	1		II	LC	2	
86-10	栗鸢 Haliastur indus																						留	广					1	1	II	VU	2	
87-20	玉带海雕 Haliaeetus leucoryphus		◎							◎					●								旅	古	1		1	1	1		I	VU	1	
88-01	白尾海雕 Haliaeetus albicilla	▲	◎				◎												●				留	古	1	1	1	1	1		I	LC	2	日
89-00	虎头海雕 Haliaeetus pelagicus																							古				1	1		I	VU	2	
90-20	胡兀鹫 Gypaetus barbatus	▲		●						●									●				旅	古			1	1	1		I	NT		
91-01	秃鹫 Aegypius monachus	▲	◎	●		●																	旅	古	1	1	1	1	1		II	NT	2	
91-21	蛇雕 Spilornis cheela			●											◎				●				迷	东				1	1		II	LC	2	
92-01	白头鹞 Circus aeruginosus	▲	◎	●												◎		◎		●			旅	古	1	1	1	1	1		II	LC	2	日
93-01	白腹鹞 Circus spilonotus	▲	◎	●							●				●	◎	●			●			旅	广	1	1	1	1	1		II	LC	2	
94-01	白尾鹞 Circus cyaneus	▲	◎	●			◎		◎	●						●		◎	◎	●			旅	古	1	1	1	1	1		II	LC	2	日
95-01	鹊鹞 Circus melanoleucos	▲	◎	●			●									●			◎	●			夏	古	1	1	1	1	1		II	LC	2	
96-20	乌灰鹞 Circus pygargus	▲	◎	●															◎				旅	古				1	1	1	II	LC	2	
97-01	赤腹鹰 Accipiter soloensis	▲	◎	●						◎					●		◎		◎	●			夏	东	1	1	1	1	1		II	LC	2	日
98-01	日本松雀鹰 Accipiter gularis	▲	◎	●														◎		◎			旅	广	1	1	1	1	1		II	LC	2	
99-20	松雀鹰 Accipiter virgatus	▲	◎	●													●						旅	广				1	1	1	II	LC	2	
100-01	雀鹰 Accipiter nisus	▲	◎	●		◎			◎					◎		◎		◎		◎			夏	古	1	1	1	1	1		II	LC	2	
101-01	苍鹰 Accipiter gentilis	▲	◎	●													◎	◎		◎			旅	古	1	1	1	1	1		II	LC	2	日
102-01	灰脸鵟鹰 Butastur indicus	▲	◎	●													◎			◎			旅	古	1	1	1	1	1		II	LC	2	
103-01	普通鵟 Buteo buteo	▲	◎	●		◎					●					●				◎			旅	古	1	1	1	1	1		II	—	2	
104-01	大鵟 Buteo hemilasius	▲	◎	●		◎				◎	●					●				●			旅	古	1	1	1	1	1		II	LC	2	
105-01	毛脚鵟 Buteo lagopus	▲	◎															●		●			冬	古	1	1	1	1	1		II	LC	2	
106-01	乌雕 Aquila clanga	▲	◎	●															●	●			旅	广	1	1	1	1	1		II	VU	2	
107-01	草原雕 Aquila nipalensis	▲		●						◎								●		●			旅	古	1	1	1	1	1		II	LC	2	
108-01	白肩雕 Aquila heliaca	▲	◎	●															●	●			旅	古	1	1	1	1	1		II	VU	2	日
109-01	金雕 Aquila chrysaetos	▲	◎	●														●		●			夏	古	1	1	1	1	1		I	LC	1	
110-01	黄爪隼 Falco naumanni	▲	◎	●																●			夏	古	1	1	1	1	1		II	LC	2	
111-01	红隼 Falco tinnunculus	▲	◎	●	◎	◎	◎		●	●	◎		◎		◎	◎	●	◎	●	●			留	古	1	1	1	1	1		II	LC	2	

编号	物种名	山东* 环志	照片	标本	滨州	德州	东营	菏泽	济南	济宁	聊城	临沂	莱芜	青岛	日照	泰安	潍坊	威海	烟台	枣庄	淄博	居留型	区系	文献 郑作新	郑光美	纪加义	赛道建	鸟志 记录种数	无分布	需确证	保护类型 国家与省级	IUCN	CITES	中日	中澳
112-01	红脚隼 Falco amurensis	▲	◎	●		●◎			◎						◎	●	◎		◎◎			夏	广	1	1	1	1	1			II	LC	2		
113-01	灰背隼 Falco columbarius	▲	◎						●						◎				●			旅	古		1	1	1	1			II	LC	2		
114-01	燕隼 Falco subbuteo	▲	◎		◎		◎				◎							◎◎	●			旅	古		1	1	1	1			II	LC	2	日	
115-20	猎隼 Falco cherrug	▲	◎																●						1	1		1			II	VU	2		
116-01	游隼 Falco peregrinus	▲	◎						●									◎	●			旅	广	1	1	1	1	1			II	LC	1		
117-01	石鸡 Alectoris chukar		◎						●◎							◎◎			●			留	古		1	1	1	1			IIIIV	LC			
118-00	中华鹧鸪 Francolinus pintadeamus																					夏	东	1			1		1		III	LC			
119-01	日本鹌鹑 Coturnix japonica		◎	●	◎			●	●						●	◎◎			●			留	广		1	1	1	1			III	NT			
120-00	勺鸡 Pucrasia macrolopha																								1				1			LC			
121-01	环颈雉 Phasianus colchicus		◎	●	●◎		◎		●◎	●					●	●			●◎		◎	留	古	1	1	1	1	1			IIIIV	LC	2		
122-01	黄脚三趾鹑 Turnix tanki		◎	●	●	◎	●		●													旅	广		1	1	1	1				LC			
123-01	蓑羽鹤 Anthropoides virgo		◎	●											●	●			●				古	1	1	1	1	1			II	LC	2		
124-01	白鹤 Grus leucogeranus		◎	●																			古		1	1	1	1			I	CR	1		
125-20	沙丘鹤 Grus canadensis		◎				◎																古				1		1		II	LC	2		
126-01	白枕鹤 Grus vipio		◎	●					●									◎					古		1	1	1	1			II	VU	1	日	
127-01	灰鹤 Grus grus		◎	●	●				●									◎	●			旅	古		1	1	1	1			II	LC	2		
128-01	白头鹤 Grus monacha		◎	●	●		◎								●							旅	古		1	1	1	1			I	VU	1	日	
129-01	丹顶鹤 Grus japonensis		◎	●											●								古		1	1	1	1			I	EN	1	日	
130-20	花田鸡 Coturnicops exquisitus		◎	●																		旅	古		1	1	1	1			II	VU	2		
131-01	普通秧鸡 Rallus aquaticus		◎	●		◎			◎					◎	◎		◎		◎			旅	古		1	1	1	1			IIIIV	LC			
132-01	白胸苦恶鸟 Amaurornis phoenicurus		◎	●						◎												夏	东	1	1	1	1	1			III	LC			
133-20	小田鸡 Porzana pusilla pusilla		◎	●	●										●		●		◎			夏	广		1	1	1	1		1	III	LC			
134-01	红胸田鸡 Porzana fusca erythrorax		◎	●													●					夏	广		1	1	1	1			III	LC			
135-01	斑胁田鸡 Porzana paykullii		◎	●													◎		◎			夏	古		1	1	1	1			IIIIV	NT	2	日	
136-01	董鸡 Gallicrex cinerea		◎	●			◎			●												夏	东	1	1	1	1	1			IIIIV	LC			
137-01	黑水鸡 Gallinula chloropus		◎	●	◎		◎		●◎	●◎				◎	◎	◎		◎	◎			留	广	1	1	1	1	1			III	LC	2		
138-01	白骨顶 Fulica atra		◎	●	●				◎◎	●					●	◎	◎		●			留	广	1	1	1	1	1			III	LC	1		
139-01	大鸨 Otis tarda	▲	◎	●	◎										◎	◎	◎		●			夏	东	1	1	1	1	1			I	VU	2		
140-01	水雉 Hydrophasianus chirurgus		◎	●					●													夏	东	1	1	1	1	1			IIIIV	LC			澳
141-01	彩鹬 Rostratula benghalensis		◎	●			●		●	●					●							夏	广	1	1	1	1	1			III	LC			

续表

编号	物种名	山东* 环志	照片	标本	滨州	德州	东营	菏泽	济南	济宁	聊城	临沂	莱芜	青岛	日照	泰安	潍坊	威海	烟台	枣庄	淄博	居留型	区系	文献 郑作新	郑光美	纪加义	赛道建	鸟志 记录种数	无分布	需确证	国家与省级	IUCN	CITES	中日	中澳
142-01	蛎鹬 Haematopus ostralegus		◎	●	●◎		◎								◎			◎	◎			旅	广	1			1	1			Ⅲ Ⅳ	LC			
143-01	黑翅长脚鹬 Himantopus himantopus		◎	●	◎		◎	◎						◎		◎◎	◎	◎		◎		夏	广	1			1	1			Ⅲ	LC			
144-01	反嘴鹬 Recurvirostra avosetta		◎	●	●◎		◎		◎					◎			◎	◎	◎			夏	古	1	1		1	1			Ⅲ Ⅳ	LC			
145-01	普通燕鸻 Glareola maldivarum		◎	●	●◎	●◎	◎		◎	●	◎			●	◎	◎◎	●●	◎	◎		◎	夏	古	1			1	1			Ⅲ	LC		
146-01	凤头麦鸡 Vanellus vanellus		◎	●	◎	●●	◎			◎				●		◎◎	●●	◎				旅	古	1			1	1			Ⅲ	LC		
147-01	灰头麦鸡 Vanellus cinereus		◎	●	◎		◎															旅	古	1			1	1			Ⅲ	LC		澳
148-01	金鸻 Pluvialis fulva		◎	●	◎	◎◎	◎		●							◎				◎			旅	古	1	1		1	1			Ⅲ	LC		澳
149-01	灰鸻 Pluvialis squatarola			●	●											◎			◎				夏	古	1	1		1	1			Ⅲ	LC		澳
150-00	剑鸻 Charadrius hiaticula																							古					1	1						
151-01	长嘴剑鸻 Charadrius placidus		◎	●	●		◎							◎	◎		◎	◎	◎				夏	古	1			1	1			Ⅲ	LC		澳
152-01	金眶鸻 Charadrius dubius		◎	●	●◎		◎			●		◎			●	◎	◎◎	●●	◎	●		◎	夏	广	1	1		1	1			Ⅲ	LC		
153-01	环颈鸻 Charadrius alexandrinus		◎	●●	●	◎	◎			●				●	●	◎		●	◎				夏	广	1	1		1	1			Ⅲ	LC		澳
154-01	蒙古沙鸻 Charadrius mongolus		◎	●	◎										◎				◎	◎			夏	古	1			1	1			Ⅲ	LC		澳
155-01	铁嘴沙鸻 Charadrius leschenaultii																						旅	古				1	1			Ⅲ	LC		澳
156-00	红胸鸻 Charadrius asiaticus																							东					1	1						
157-01	东方鸻 Charadrius veredus		◎	●	●						●			●	◎			◎					旅	古	1			1	1			Ⅲ	LC		澳
158-01	丘鹬 Scolopax rusticola	▲	◎	●						●							◎						旅	古	1			1				Ⅲ	LC		
159-20	姬鹬 Lymnocryptes minimus																						夏	古						1		Ⅲ	LC		
160-01	孤沙锥 Gallinago solitaria		◎	●	●											◎							旅	古	1			1	1			Ⅲ	LC		
161-00	林沙锥 Gallinago nemoricola		◎																					东						1				VU		
162-01	针尾沙锥 Gallinago stenura		◎	●	●					◎				●		●●	●	◎					旅	古	1	1		1	1			Ⅲ	LC		澳
163-01	大沙锥 Gallinago megala		◎	●	●	◎	◎			◎						●●		◎					旅	古	1			1	1			Ⅲ	LC		澳
164-01	扇尾沙锥 Gallinago gallinago		◎	●	●●		◎			◎				●		●●	◎	◎	◎				旅	古	1			1	1			Ⅲ	LC		
165-01	半蹼鹬 Limnodromus semipalmatus		◎	●	●		◎							●	◎		◎	◎	◎				旅	古	1			1	1			Ⅲ	NT		澳
166-01	黑尾塍鹬 Limosa limosa		◎	●	●											◎	◎	◎					旅	古	1			1	1			Ⅲ	NT		澳
167-01	斑尾塍鹬 Limosa lapponica		◎	●	●	◎	◎			●				●				◎					旅	古	1			1	1			Ⅲ	LC		澳
168-01	小杓鹬 Numenius minutus		◎	●	●		◎							●			◎	◎					旅	古	1	1		1	1			Ⅱ	LC		澳
169-01	中杓鹬 Numenius phaeopus		◎	●	◎		◎			●				●●	◎		◎	◎	◎				旅	古	1			1	1			Ⅲ	LC		澳
170-01	白腰杓鹬 Numenius arquata		◎	●	●◎		◎							◎	◎		◎	◎	◎				旅	古	1	1		1	1			Ⅲ Ⅳ	NT		澳
171-01	大杓鹬 Numenius madagascariensis		◎	●	●◎		◎							●	◎		◎	◎	◎				旅	古	1			1	1			Ⅲ	VU		澳

附录1 山东鸟类名录总表 | 657

续表

编号	物种名	山东* 环志	照片	标本	滨州	德州	东营	菏泽	济南	济宁	聊城	临沂	莱芜	青岛	日照	泰安	潍坊	威海	烟台	枣庄	淄博	居留型	区系	文献 郑作新	郑光美	纪加义	赛道建	鸟志记录种数	无确证分布	国家与省级	IUCN	CITES	中日	中澳
172-01	鹤鹬 Tringa erythropus		○	●	○○		○		○	○						○○		○	○			旅	古	1	1		1	1		Ⅲ	LC		
173-01	红脚鹬 Tringa totanus ussuriensis		○	●	●	○	○			●						●		○	○			旅	古		1	1	1	1		Ⅲ	LC		澳
174-01	泽鹬 Tringa stagnatilis		○	●	○	○			○	○						●	○	○	○			旅	古	1	1	1	1	1		Ⅲ	LC		澳
175-01	青脚鹬 Tringa nebularia		○	●	○	○	○		○	●				●	○	●		○				旅	古		1	1	1	1		Ⅲ	LC		澳
176-01	小青脚鹬 Tringa guttifer		○																			旅	古			1	1	1		Ⅱ	EN	1	日
177-01	白腰草鹬 Tringa ochropus		○	●	●	○			○	●	○					○○		○				旅	古		1	1	1	1		Ⅲ	LC		
178-01	林鹬 Tringa glareola		○	●	●	○	○		○	○				○		●	○	○				旅	古		1	1	1	1		Ⅲ	LC		澳
179-01	翘嘴鹬 Xenus cinereus		○	●	●		○											○				旅	古		1	1	1	1		Ⅲ	LC		澳
180-01	矶鹬 Actitis hypoleucos		○	●	●	○			○					●		●	○	○	○			夏	古		1	1	1	1		Ⅲ	LC		
181-01	灰尾漂鹬 Heteroscelus brevipes		○	●	●									●	●				●			旅	古		1	1	1	1		Ⅲ	LC		澳
182-01	翻石鹬 Arenaria interpres		○	●		○								●	○	●		○	●			旅	古		1	1	1	1		Ⅲ	VU		澳
183-01	大滨鹬 Calidris tenuirostris		○	●	●		○							●				○				旅	古	1	1	1	1	1		Ⅲ	LC		澳
184-01	红腹滨鹬 Calidris canutus		○	●	○○									●	●			○				旅	古		1	1	1	1		Ⅲ Ⅳ	LC		澳
185-01	三趾滨鹬 Calidris alba		○	●										●	●			○				旅	古		1	1	1	1		Ⅲ	LC		澳
186-01	红颈滨鹬 Calidris ruficollis		○	●	○		○							●	○			○				旅	古		1	1	1	1		Ⅲ	LC		澳
186-21	小滨鹬 Calidris minuta																					旅	古				1	1					
187-01	青脚滨鹬 Calidris temminckii		○	●	●	○			○	○				○		○		○				旅	古		1	1	1	1		Ⅲ	LC		澳
188-01	长趾滨鹬 Calidris subminuta		○	●	●	○											○	●				旅	古		1	1	1	1		Ⅲ	LC		澳
188-21	斑胸滨鹬 Calidris melanotos		○																			旅	古				1	1					
189-01	尖尾滨鹬 Calidris acuminata		○	●	○○	○	○		○					○		○		○				旅	古		1	1	1	1		Ⅲ	LC		澳
190-01	弯嘴滨鹬 Calidris ferruginea		○	●	●	○										○		○				旅	古	1	1	1	1	1		Ⅲ	LC		澳
191-01	黑腹滨鹬 Calidris alpina		○	●	●	○	○		○					●				○				旅	古		1	1	1	1		Ⅲ	LC		澳
192-11	勺嘴鹬 Eurynorhynchus pygmeus																					旅	古				1	1			CR		澳
193-01	阔嘴鹬 Limicola falcinellus		○	●		○				○								○				旅	古	1	1	1	1	1		Ⅲ	LC		澳
194-01	流苏鹬 Philomachus pugnax		○	●	○													○				旅	古	1	1	1	1	1		Ⅲ	LC		
195-01	红颈瓣蹼鹬 Phalaropus lobatus													○								旅	古	1	1	1	1	1	1	Ⅲ Ⅳ	LC		澳
196-00	灰瓣蹼鹬 Phalaropus fulicarius																						古		1	1	1	1	1	Ⅲ	LC		澳
197-01	黑尾鸥 Larus crassirostris		○	●			●							●	○				●			旅	古		1	1	1	1		Ⅲ	LC		澳
198-01	普通海鸥 Larus canus		○				○											○				夏	古		1	1	1	1		Ⅲ	LC		
199-01	北极鸥 Larus hyperboreus		○																			旅	古		1	1	1	1		Ⅲ	LC		

续表

编号	物种名	山东* 环志	照片	标本	滨州	德州	东营	菏泽	济南	济宁	聊城	临沂	莱芜	青岛	日照	泰安	潍坊	威海	烟台	枣庄 淄博	居留型	区系	文献 郑作新	郑光美	纪加义	赛道建	鸟志记录种数	无分布	需确证	国家与省级	保护类型 IUCN	CITES	中日 中澳
200-01	西伯利亚银鸥 Larus vegae		◎	●	◎															◎	留	古	1				1			Ⅲ	—		澳
201-01	灰背鸥 Larus schistisagus		◎	●										◎							冬	古	1	1			1			Ⅲ	LC		
202-01	渔鸥 Larus ichthyaetus		◎	●			◎										◎	◎			旅	古	1	1			1			Ⅲ	LC		
203-20	棕头鸥 Larus brumnicephalus																				旅	古				1			1	Ⅲ			
204-01	红嘴鸥 Larus ridibundus		◎	●	●◎	◎		◎		●◎				●			◎		◎		留	古	1	1	1	1	1			Ⅲ	LC		
205-01	黑嘴鸥 Larus saundersi		◎	●	◎		◎							●◎			◎		◎		夏	古	1	1	1	1	1			Ⅲ	VU		
206-01	遗鸥 Larus relictus				◎		◎																			1		1	Ⅰ	VU	1	
207-20	三趾鸥 Rissa tridactyla																				冬	古				1			1	Ⅲ	LC		
208-01	鸥嘴噪鸥 Gelochelidon nilotica		◎	●	◎		◎							●◎	●	◎◎					旅	广	1	1		1	1			ⅢⅣ	LC		澳
209-01	红嘴巨燕鸥 Hydroprogne caspia		◎	●										●	●						冬	古	1			1	1			ⅢⅣ	LC		
210-20	中华凤头燕鸥 Thalasseus bernsteini																				夏	广	1			1	1				CR		
211-10	黑枕燕鸥 Sterna sumatrana																		◎		旅	古				1			1	Ⅲ	LC		
212-01	普通燕鸥 Sterna hirundo		◎	●	◎		◎			●◎				●	●	●		●	●		夏	古	1	1	1	1	1			Ⅲ	LC	1	澳
213-01	白额燕鸥 Sterna albifrons		◎	●	◎	◎	◎			●◎				●◎	●	◎◎		●	●		夏	广	1	1	1	1	1			Ⅲ	LC		澳
214-01	灰翅浮鸥 Chlidonias hybrida		◎	●	◎	◎				◎				●		◎		◎			夏	广	1	1	1	1	1			Ⅲ	LC		澳
215-01	白翅浮鸥 Chlidonias leucoptera		◎	●	●◎					◎								◎			旅	广	1	1	1	1	1			Ⅲ	LC		
216-01	黑浮鸥 Chlidonias niger													●							旅	古			1	1	1			Ⅲ	LC		澳
217-00	斑海雀 Brachyramphus marmoratus	▲	◎	●																									1	Ⅲ	NT		
218-01	扁嘴海雀 Synthliboramphus antiquus													●				●	◎		冬	古				1	1	1		ⅢⅣ	LC		
219-20	毛腿沙鸡 Syrrhaptes paradoxus																		◎		留	古	1			1			1	ⅢⅣ	LC		
220-01	岩鸽 Columba rupestris		◎	●					◎					●							旅	古	1			1	1			Ⅲ	LC		
221-01	黑林鸽 Columba janthina		◎																◎		旅	古				1			1	Ⅲ	NT		
222-01	山斑鸠 Streptopelia orientalis		◎	●	●◎	●◎	◎	◎	●◎	●◎			◎	●	●	●◎	◎	◎	●◎	◎	留	广	1	1	1	1	1			Ⅲ	LC		
223-01	灰斑鸠 Streptopelia decaocto		◎	●		●◎		◎	●◎	●◎				●	●	●◎	◎	◎	●◎	◎	留	广	1	1	1	1	1			ⅢⅣ	LC		
224-01	火斑鸠 Streptopelia tranquebarica		◎	●		●◎		◎		●◎				●	●	●◎	◎	◎	●◎	◎	夏	广	1	1	1	1	1			Ⅲ	LC		
225-01	珠颈斑鸠 Streptopelia chinensis		◎	●			◎	◎	●◎	●◎				●	●	●◎	◎	◎	●◎	◎	留	东	1	1	1	1	1			Ⅲ	LC		
226-11	红翅凤头鹃 Clamator coromandus													●		◎	●				夏	东			1	1	1			Ⅲ	LC		
227-11	大鹰鹃 Cuculus sparverioides	▲																	●		夏	东				1		1		Ⅲ	LC		
228-00	棕腹杜鹃 Cuculus nisicolor																									1		1	Ⅲ			
229-01	北棕腹杜鹃 Cuculus hyperythrus		◎	●					◎												旅	东				1	1			ⅢⅣ	LC		

附录1 山东鸟类名录总表

编号	物种名	山东* 环志	照片	标本	滨州	德州	东营	菏泽	济南	济宁	聊城	临沂	莱芜	青岛	日照	泰安	潍坊	威海	烟台	枣庄	淄博	居留型	区系	文献 郑作新	郑光美	纪加义	赛道建	鸟志记录种数	无分布	需确证	国家与省级	IUCN	CITES	中日	中澳
230-01	四声杜鹃 Cuculus micropterus	▲	◎	●	●		◎			●◎				●	●	●			◎	◎		夏	广	1	1	1	1	1			ⅢⅣ	LC			
231-01	大杜鹃 Cuculus canorus bakeri		◎	●	◎	◎				●◎									◎			夏	广	1	1	1	1	1			Ⅲ	LC			
232-01	东方中杜鹃 Cuculus optatus		◎	●										●								夏	广		1	1	1	1			Ⅲ	LC			澳
233-01	小杜鹃 Cuculus poliocephalus	▲		●																		夏	广	1	1	1	1	1			ⅢⅣ	LC			
233-21	噪鹃 Eudynamys scolopacea		◎																																
233-22	小鸦鹃 Centropus bengalensis		◎				◎										◎																		
234-01	东方草鸮 Tyto longimembris	▲	◎	●													●	◎		●		夏	广		1	1	1	1			Ⅱ	LC	2		澳
235-01	领角鸮 Otus lettia	▲	◎	●	●				◎							●						留	广		1	1	1	1			Ⅱ	LC	2		
236-01	红角鸮 Otus sunia stictonotus	▲	◎	●	●		◎	◎		●				●◎	◎	●		◎	●			夏	广	1	1	1	1	1			Ⅱ	LC	2		
237-01	鹰鸮 Bubo bubo			●					●							●			●			留	古		1	1	1	1			Ⅱ	LC			
238-00	灰林鸮 Strix aluco																												1		Ⅱ		2		
239-01	斑头鸺鹠 Glaucidium cuculoides		◎	●			◎		●						●		●		●			留	东	1	1	1	1	1			Ⅱ	LC	2		
240-01	纵纹腹小鸮 Athene noctua	▲	◎	●	●	●◎	◎		●	●				●		●	●		●		◎	留	古	1	1	1	1	1			Ⅱ	LC	2		
241-01	日本鹰鸮 Ninox japonica	▲	◎	●	●		◎							●◎		●	●◎		●			夏	东	1	1	1	1	1			Ⅱ	LC		日	
242-01	长耳鸮 Asio otus	▲	◎	●	●	●	◎		●	●				●	◎	●	●				◎	冬	古	1	1	1	1	1			Ⅱ	LC	2		
243-01	短耳鸮 Asio flammeus	▲	◎	●	●	●	◎		●◎	●				●	◎	●		●				旅	广	1	1	1	1	1			Ⅱ	LC		日	
244-01	普通夜鹰 Caprimulgus indicus		◎	●	●				●	●				●		●	◎				◎	夏	广	1	1	1	1	1			Ⅲ	LC			
245-20	白喉针尾雨燕 Hirundapus caudacutus					●									●	●		●				夏	广				1	1		1	ⅢⅣ	LC			澳
246-01	普通雨燕 Apus apus		◎	●	●				●	●				●		●	●		●			夏	古	1	1	1	1	1			Ⅲ	LC			
247-01	白腰雨燕 Apus pacificus		◎	●			◎							●		●			●			夏	东	1	1	1	1	1			Ⅲ	LC			澳
248-00	小白腰雨燕 Apus nipalensis																													1	Ⅲ	LC			
249-01	普通翠鸟 Alcedo atthis		◎	●	●	●◎		◎	●◎	●◎				●	●◎	●◎	◎		◎		◎	留	广	1	1	1	1	1			Ⅲ	LC			
250-01	赤翡翠 Halcyon coromanda		◎												●							旅	东			1	1	1			Ⅲ	LC			
251-01	蓝翡翠 Halcyon pileata		◎	●	●				●	●				●		●	◎		●			夏	东	1	1	1	1	1			Ⅲ	LC			
252-01	冠鱼狗 Megaceryle lugubris		◎				◎			●												夏	广	1	1	1	1	1			ⅢⅣ	LC			
252-21	斑鱼狗 Ceryle rudis																																		
253-01	三宝鸟 Eurystomus orientalis		◎	●	●		◎	◎		●◎				●	◎	●	◎		◎			夏	广	1	1	1	1	1			Ⅲ	LC			
254-01	戴胜 Upupa epops		◎	●	●	◎	◎	◎	●◎	●				●	◎	●	◎		◎	◎	◎	留	广	1	1	1	1	1			ⅢⅣ	LC			
255-01	蚁䴕 Jynx torquilla		◎	●	●					●						●			◎			旅	古	1	1	1	1	1			Ⅲ	LC			
255-21	斑姬啄木鸟 Picumnus innominatus		◎														◎																		
256-01	星头啄木鸟 Dendrocopos canicapillus		◎	●	●		◎	◎		●						●						留	东	1	1	1	1	1			ⅢⅣ	LC			
257-01	小星头啄木鸟 Dendrocopos kizuki		◎	●	●																	留	古	1	1	1	1	1			Ⅲ	LC			

660 | 山东鸟类志

续表

编号	物种名	山东* 环志	照片	标本	滨州	德州	东营	菏泽	济南	济宁	聊城	临沂	莱芜	青岛	日照	泰安	潍坊	威海	烟台	枣庄	淄博	居留型	区系	郑作新	赛道美	纪光义	加建	记录种数	鸟志无分布需确证	国家与省级	IUCN	CITES	中日中澳
258-01	棕腹啄木鸟 Dendrocopos hyperythrus	◎	●						◎	●						●						旅	广	1	1			1		Ⅲ Ⅳ	LC		
259-01	大斑啄木鸟 Dendrocopos major	◎	●	◎	◎	◎	◎	◎	●	●	◎	◎	◎	◎	●	●	◎		●			留	古	1	1			1		Ⅲ	LC		
260-01	灰头绿啄木鸟 Picus canus	◎	●	◎	◎	◎	◎	◎	●	●	◎	◎	◎	●	◎	●			●			留	广	1	1			1		Ⅲ	LC		
261-01	仙八色鸫 Pitta nympha		●											●	●				●			旅	东		1	1		1		Ⅱ	VU	2	日
262-11	蒙古百灵 Melanocorypha mongolica																		●			冬	古		1	1		1		Ⅲ	LC		
263-11	大短趾百灵 Calandrella brachydactyla	◎	●			◎			●			◎		●	●	●			◎			旅	古		1	1		1			LC		
264-01	短趾百灵 Calandrella cheleensis	◎	●	◎		◎					◎			●	●				●			留	古	1	1	1		1		Ⅲ	LC		
265-01	凤头百灵 Galerida cristata	◎	●	◎		◎			●			◎			●							留	广	1	1	1		1		Ⅲ	LC		
266-01	云雀 Alauda arvensis	◎	●						●						●	●						留	广	1	1	1		1		Ⅳ	LC		
267-01	小云雀 Alauda gulgula	◎	●	◎					●			●		●		●		◎				冬	古		1	1		1		Ⅲ	LC		
268-01	崖沙燕 Riparia riparia	▲	●	◎		◎			●	◎					●	●	●					夏	古	1	1	1		1		Ⅲ	LC	日	
269-01	家燕 Hirundo rustica	◎	●	◎		◎		◎	●	●	◎		●	●	●	●	●	◎	●			夏	广	1	1	1		1		Ⅲ	LC	日	澳
270-01	金腰燕 Cecropis daurica	◎	●	●					●	●	◎			●	●	●			●			夏	古	1	1	1		1		Ⅲ	LC		
271-01	毛脚燕 Delichon urbica		●												●							夏	古	1	1	1		1		Ⅲ	LC		
272-01	烟腹毛脚燕 Delichon dasypus	◎	●																			旅	广		1	1		1		Ⅲ	LC		
273-01	山鹡鸰 Dendronanthus indicus	◎		◎		◎			●			◎			●	●	◎	◎	◎			夏	广	1	1	1		1		Ⅲ	LC		澳
274-01	白鹡鸰 Motacilla alba	◎	●	◎		◎		◎	●	●	◎	◎	◎	●	●	●	◎	◎	●			留	广	1	1	1		1		Ⅲ	LC	日	
275-01	黄头鹡鸰 Motacilla citreola	◎	●						●					●	●	●			◎			旅	广	1	1	1		1		Ⅲ	LC	日	澳
276-01	黄鹡鸰 Motacilla flava	◎	●	◎					●	●		◎	◎	●	●	●		◎	◎			旅	广	1	1	1		1		Ⅲ	LC	日	澳
277-01	灰鹡鸰 Motacilla cinerea	◎	●			◎			●	●		◎		●	●	●			◎			旅	广	1	1	1		1		Ⅲ	LC		
278-01	田鹨 Anthus richardi	◎	●	◎					●						●	●						夏	广	1	1	1		1		Ⅲ	LC		
279-00	布氏鹨 Anthus godlewskii																					留	古		1	1	1			Ⅲ	LC		
280-01	树鹨 Anthus hodgsoni	◎	●	◎		◎			●	●	◎	◎	◎	●	●	●		◎	◎			旅	古	1	1	1		1		Ⅲ	LC	日	澳
281-01	北鹨 Anthus gustavi	◎	●																◎			旅	古		1	1		1		Ⅲ	LC		
282-01	红喉鹨 Anthus cervinus	◎	●	●					●			◎				●			◎			旅	古	1	1	1		1		Ⅲ	LC	日	
283-01	粉红胸鹨 Anthus roseatus	?																				旅	古		1	1		1		Ⅲ	LC		
284-01	水鹨 Anthus spinoletta	◎	●			◎			●	◎		◎			●	●			◎			旅	古		1	1		1		Ⅲ	LC		
285-01	黄腹鹨 Anthus rubescens	0				◎			●						●	●			◎			旅	古	1	1	1		1		Ⅲ	LC	日	
286-01	山鹨 Anthus sylvanus								●													夏	东		1	1		1		Ⅲ	LC		
287-01	暗灰鹃鵙 Coracina melaschistos	◎														●			◎			旅	东		1	1		1		Ⅲ	LC		

附录1 山东鸟类名录总表 | 661

续表

编号	物种名	山东* 环志	山东* 照片	山东* 标本	滨州	德州	东营	菏泽	济南	济宁	聊城	临沂	莱芜	青岛	日照	泰安	潍坊	威海	烟台	枣庄	淄博	居留型	区系	郑作新	郑光美	纪加义	赛道建	记录种数	鸟志无分布	需确证	国家级	省级	IUCN	CITES	中日	中澳
288-00	粉红山椒鸟 Pericrocotus roseus		0																			夏	东			1	1	1				Ⅲ			日	
288-21	小灰山椒鸟 Pericrocotus cantonensis		◎												●	●	◎			◎			旅	古	1	1	1	1	1				Ⅲ	LC		日	
289-01	灰山椒鸟 Pericrocotus divaricatus		◎	●	●		◎			●				●				◎	◎			旅	古		1	1	1	1				Ⅲ	LC			
290-01	长尾山椒鸟 Pericrocotus ethologus		0	●	●																	旅	东			1	1	1				Ⅲ				
291-21	领雀嘴鹎 Spizixos semitorques		◎						◎														东				1	1								
291-11	红耳鹎 Pycnonotus jocosus		◎					◎									●			◎			留	东		1	1	1	1				Ⅲ	LC			
292-01	白头鹎 Pycnonotus sinensis		◎	●	●	◎	◎	◎	◎	●	◎	◎	◎	●	●	●	●	●	◎	◎	◎	留	东	1	1	1	1	1				Ⅲ	LC			
293-10	黑短脚鹎 Hypsipetes leucocephalus		◎	●																			留	东				1			1						
294-01	太平鸟 Bombycilla garrulus		◎	●	●	◎	◎	◎	◎	●	◎	◎	◎	●	●	●	●	●	◎	◎	◎	旅	古	1	1	1	1	1				Ⅲ Ⅳ	LC		日	
295-01	小太平鸟 Bombycilla japonica		◎	●	●	◎	◎	◎	◎	●	◎	◎	◎	●	●	●	●	●	◎	◎	◎	旅	古	1	1	1	1	1				Ⅲ	NT			
296-01	虎纹伯劳 Lanius tigrinus		◎	●	●		◎	◎	●	●	●	◎			●	●	●		◎			夏	古	1	1	1	1	1				Ⅲ	LC		日	
297-01	牛头伯劳 Lanius bucephalus		◎	●	●		◎	◎	◎	●	◎	●	◎		●	●	●	◎	◎	◎		夏	古	1	1	1	1	1				Ⅲ	LC			
298-01	红尾伯劳 Lanius cristatus		◎	●	● ◎	◎	◎	◎	● ●	●	●	◎	◎	●	●	●	●		●	◎	◎	夏	东	1	1	1	1	1				Ⅲ	LC		日	
299-01	棕背伯劳 Lanius schach		◎	●	◎		◎	◎	●	●	●	◎			●	●	●	●	◎	◎		留	东	1	1	1	1	1				Ⅲ	LC			
300-01	灰伯劳 Lanius excubitor		◎	●			◎										●						冬	古	1	1	1	1	1				Ⅲ	LC			
301-01	楔尾伯劳 Lanius sphenocercus		◎	●	● ◎	●	◎	◎	◎	●	●	◎	◎	●	●	●	●		◎	◎	◎	夏	东	1	1	1	1	1				Ⅲ	LC		日	
302-01	黑枕黄鹂 Oriolus chinensis		◎	●	●	◎	◎	◎	◎	●	●	◎	◎	●	●	●	●	●	●		◎	夏	东	1	1	1	1	1				Ⅲ Ⅳ	LC			
303-11	朱鹂 Oriolus traillii	▲																					夏	东				1					Ⅲ				
304-01	黑卷尾 Dicrurus macrocercus		◎	●	● ◎	◎	◎	◎	◎	●	●	◎	◎	●	●	●	●	●	◎	◎	◎	夏	东	1	1	1	1	1				Ⅲ	LC			
304-21	灰卷尾 Dicrurus leucophaeus		◎								●					◎							旅	东				1	1								
305-01	发冠卷尾 Dicrurus hottentottus		◎	●							●					●			◎			夏	东		1	1	1	1				Ⅲ	LC			
306-11	八哥 Acridotheres cristatellus		◎							◎													留	东				1	1								
307-01	北椋鸟 Sturnus sturninus		◎	●	●	◎	◎	◎	◎	● ●	●	◎	◎		●	●	●	●	◎	◎		旅	古	1	1	1	1	1				Ⅲ	LC		日	
308-11	丝光椋鸟 Sturnus sericeus		◎	●	●		◎	◎		◎	◎	◎				●	●		◎			旅	东				1	1				Ⅲ	LC			
309-01	灰椋鸟 Sturnus cineraceus		◎	●	● ◎	◎	◎	◎	◎	●	●	◎	◎	●	●	●	●	●	◎	◎	◎	留	古	1	1	1	1	1				Ⅲ	LC			
310-01	紫翅椋鸟 Sturnus vulgaris		◎	●	●		◎	◎		◎		◎				●	●		◎			旅	古	1	1	1	1	1				Ⅲ				
311-00	松鸦 Garrulus glandarius		0																				古						1								
312-01	灰喜鹊 Cyanopica cyanus		◎	●	● ◎	◎	◎	◎	◎	●	●	◎	◎	●	●	●	●	●	◎	◎	◎	留	古	1	1	1	1	1				Ⅲ	LC			
313-11	红嘴蓝鹊 Urocissa erythrorhyncha		◎	●	◎		◎	◎	◎	◎	◎	◎			●	●	●	●	◎	◎	◎	留	古	1	1	1	1	1				Ⅲ				
314-01	喜鹊 Pica pica		◎	●	● ◎	◎	◎	◎	◎	●	●	◎	◎	●	●	●	●	●	◎	◎	◎	留	古	1	1	1	1	1				Ⅲ	LC			

续表

编号	物种名	山东* 环志	照片	标本	滨州	德州	东营	菏泽	济南	济宁	聊城	临沂	莱芜	青岛	日照	泰安	潍坊	威海	烟台	淄博	居留型	区系	文献 郑作新	郑光美	纪加义	蔡道建	鸟志 记录种数	无分布	国家等级	IUCN	CITES	中日	中澳
315-00	星鸦 Nucifraga caryocatactes		0																			古						1				
316-01	红嘴山鸦 Pyrrhocorax pyrrhocorax		◎	●	●		◎		◎							●					留	古	1	1	1	1	1			LC	日	
317-01	达乌里寒鸦 Corvus dauuricus		◎	●	●				◎						◎	●					留	古	1	1	1	1	1		III	LC		
318-01	秃鼻乌鸦 Corvus frugilegus		◎	●	●		◎			●											留	古	1	1	1	1	1		III	LC	日	
319-01	小嘴乌鸦 Corvus corone		◎	●		◎	◎		●						◎				◎		旅	古	1	1	1	1	1		III	LC		
320-01	大嘴乌鸦 Corvus macrorhynchos		◎	●												●			●		留	古	1	1	1	1	1		III	LC	日	
321-01	白颈鸦 Corvus pectoralis		◎		●					◎						◎			●		留	东		1	1	1	1			NT		
322-00	褐河乌 Cinclus pallasii		0																									1		LC		
323-01	鹪鹩 Troglodytes troglodytes		◎	●	●		◎		◎					◎		◎	◎		◎		旅	古	1	1	1	1	1		III	LC		
324-01	领岩鹨 Prunella collaris		◎	●	●											◎			◎		冬	古		1	1	1	1		III	LC		
325-01	棕眉山岩鹨 Prunella montanella		◎	●			◎									●			◎		冬	古	1	1	1	1	1		III	LC	日	
326-11	日本歌鸲 Erithacus akahige		0																			夏	古				1	1			LC		
327-01	红尾歌鸲 Luscinia sibilans		◎	●	●		◎		◎					◎	●				◎		旅	古	1	1	1	1	1		III	LC	日	
328-01	红喉歌鸲 Luscinia calliope		◎	●	●		◎		◎					●	◎				◎		旅	古	1	1	1	1	1		II IV	LC	日	
329-01	蓝喉歌鸲 Luscinia svecica svecica		◎	●	●		◎		◎					●	◎	◎			●		旅	古	1	1	1	1	1		III	LC	日	
330-01	蓝歌鸲 Luscinia cyane cyane		◎	●	●		◎		●			◎		◎	◎	◎	◎		◎		旅	古	1	1	1	1	1		III	LC	日	
331-01	红胁蓝尾鸲 Tarsiger cyanurus		?	●	●		◎		◎	◎		◎		●	◎	◎	◎	◎	◎		旅	古	1	1	1	1	1		III	LC	日	
332-00	赭红尾鸲 Phoenicurus ochruros																		◎		留	古				1		1		LC		
333-01	北红尾鸲 Phoenicurus auroreus		◎	●	●		◎		◎	◎		◎		◎	◎	◎	◎	◎	◎	◎	留	古	1	1	1	1	1		III	LC	日	
334-11	红腹红尾鸲 Phoenicurus erythrogastrus	▲	◎													◎			●		冬	古				1	1					
335-01	红尾水鸲 Rhyacornis fuliginosa	▲	◎	●			◎		◎							◎			◎		冬	广	1	1	1	1	1			LC		
336-11	白顶溪鸲 Chaimarrornis leucocephalus		◎													◎			◎		冬	古				1	1			LC		
337-11	白腹短翅鸲 Hodgsonius phaenicuroides		◎												●						夏	广				1	1					
338-01	黑喉石䳭 Saxicola torquata		◎	●	●		◎			●		◎		●	◎	◎	◎	◎	◎		夏	广	1	1	1	1	1			LC	日	
338-21	灰林䳭 Saxicola ferreus		◎											●							夏	东				1						
339-01	白喉矶鸫 Monticola gularis		◎	●	●		◎		◎			◎		●	◎	◎		◎	◎		旅	古	1	1	1	1	1		III	LC		
340-01	蓝矶鸫 Monticola solitarius		◎	●	●					◎				●		◎		◎	●		夏	广	1	1	1	1	1			LC		
341-11	紫啸鸫 Myophonus caeruleus	▲	◎	●			◎												●		留	东				1	1		III	LC		
341-21	橙头地鸫 Zoothera citrina		◎	●					●						◎				◎		夏	东				1	1					
342-01	白眉地鸫 Zoothera sibirica		◎	●			◎			◎					●				◎	◎	旅	古	1	1	1	1	1		III	LC	日	

附录1 山东鸟类名录总表 | 663

编号	物种名	山东* 环志	照片	标本	滨州	德州	东营	菏泽	济南	济宁	聊城	临沂	莱芜	青岛	日照	泰安	潍坊	威海	烟台	枣庄	淄博	居留型	区系	文献 郑作新	郑光美	纪加义	要建道	鸟志 记录种数	无分布	需确证	国家与省级	IUCN	CITES	中日	中澳
343-01	虎斑地鸫 Zoothera dauma		◎	●	◎				◎	●				◎	◎	●	◎					旅	广	1	1	1		1			III			
344-01	灰背鸫 Turdus hortulorum	▲	◎	●			◎		◎					●		●						旅	古	1	1	1		1			III	LC		日
344-21	乌灰鸫 Turdus cardis		◎				◎									◎						冬	古			1		1						
345-01	乌鸫 Turdus merula		◎	●	◎			◎	◎	●			◎	◎		◎	◎					留	广	1	1	1		1				LC		
346-10	灰头鸫 Turdus rubrocanus		0							●												旅	古		1			1	1			LC		
347-11	褐头鸫 Turdus feae		0																			留	古									VU		
348-01	白眉鸫 Turdus obscurus		◎	●			◎		◎	●				●		●		◎				夏	古	1	1	1		1			III	LC		日
349-01	白腹鸫 Turdus pallidus		◎	●					◎					●		●						旅	古	1	1	1		1				LC		
350-20	赤胸鸫 Turdus chrysolaus		0														●					旅	古		1	1		1	1					
351-01	赤颈鸫 Turdus ruficollis		◎														◎					旅	古		1	1		1						
352-01	红尾鸫 Turdus naumanni		◎	●	●									●		◎◎		●				旅	古	1	1	1		1			III	LC		日
353-01	斑鸫 Turdus eunomus		◎	●	◎				◎				◎	●		◎						冬	古		1	1		1			III			
354-01	宝兴歌鸫 Turdus mupinensis		◎						◎							●						夏	古	1	1	1		1			III	LC		
355-01	灰纹鹟 Muscicapa griseisticta		◎	●	◎		◎		◎					●		●		◎				旅	古		1	1		1			III	LC		日
356-01	乌鹟 Muscicapa sibirica		◎	●	●				◎					●		●		◎				旅	古	1	1	1		1			III	LC		日
357-01	北灰鹟 Muscicapa dauurica		◎	●			◎		◎	●				●		●		◎				旅	广	1	1	1		1			III	LC		
358-01	白眉姬鹟 Ficedula zanthopygia		◎	●			◎							●		●		◎				夏	古	1	1	1		1			III	LC		日
359-01	黄眉姬鹟 Ficedula narcissina		0							●												旅	古		1	1		1			III	LC		日
360-01	鸲姬鹟 Ficedula mugimaki		◎	●	●									●		●		◎				旅	古	1	1	1		1			III	LC		日
361-01	红喉姬鹟 Ficedula albicilla		◎	●	●				◎			◎		●		●						旅	古		1	1		1			III	LC		日
362-01	白腹蓝姬鹟 Cyanoptila cyanomelana		◎	●										●		●		●				旅	古		1	1		1			III	LC		日
363-11	铜蓝鹟 Eumyias thalassinus		◎													◎						旅	东			1		1			III	LC		
363-21	方尾鹟 Culicicapa ceylonensis		?											●								旅	东			1		1						
364-01	紫寿带鸟 Terpsiphone atrocaudata		◎	●			◎		◎				◎		●	◎						旅	广		1	1		1			III	LC		日
365-01	寿带鸟 Terpsiphone paradisi incei		◎	●						●		◎		◎		◎						夏	东	1	1	1		1			III	NT		
366-01	黑脸噪鹛 Garrulax perspicillatus		◎																			夏	东			1		1			III IV	LC		
367-11	山噪鹛 Garrulax davidi		0				◎		◎				◎			◎						留	古		1			1			III	LC		
367-21	画眉 Garrulax canorus		0													●						冬	东		1	1		1						
368-11	文须雀 Panurus biarmicus		◎	●	◎		◎									◎						留	古			1	1	1			III	LC		
369-01	棕头鸦雀 Paradoxornis webbianus		◎		●		◎		◎					●		●		◎				留	广	1	1	1		1				LC		

续表

编号	物种名	山东* 环志	山东* 照片	山东* 标本	滨州	德州	东营	菏泽	济南	济宁	聊城	临沂	莱芜	青岛	日照	泰安	潍坊	威海	烟台	枣庄	淄博	居留型	区系	文献 郑作新	文献 郑光美	文献 蔡加义	文献 纪加建道	鸟志 记录种数	鸟志 无分布	鸟志 需确证	国家与省级	IUCN	CITES	中日	中澳
370-11	震旦鸦雀 Paradoxornis heudei		◎		◎		◎		◎													留	广					1							
371-01	棕扇尾莺 Cisticola juncidis		◎	●	●	◎	◎		◎	●		●				●			◎			夏	广	1	1	1	1	1				NT			
372-11	山鹛 Rhopophilus pekinensis		◎														◎							古		1			1				LC			
373-11	纯色山鹪莺 Prinia inornata		◎				◎									◎							夏	东	1	1			1				LC			
374-01	鳞头树莺 Urosphena squameiceps		◎												●								旅	古		1			1				LC			
375-01	远东树莺 Cettia canturians		◎							◎					◎				◎				夏	广	1	1			1			III	LC		日	
376-01	短翅树莺 Cettia diphone		◎	●						◎					●		●			◎			旅	广	1	1			1				LC			
377-01	异色树莺 Cettia flavolivacea		?																				旅	东						1						
378-00	斑胸短翅莺 Bradypterus thoracicus		0																					广		1				1			LC			
379-01	矛斑蝗莺 Locustella lanceolata		◎	●			◎		◎						●		◎						旅	古	1	1			1			III	LC			
380-01	小蝗莺 Locustella certhiola		?	●											●	●							旅	古	1	1			1			III	LC		日	
381-01	北蝗莺 Locustella ochotensis		?	●												●							旅	古	1	1			1				LC			
382-11	东亚蝗莺 Locustella pleskei		?																				旅	古				1	1							
383-01	苍眉蝗莺 Locustella fasciolata		?	●											●								旅	古	1	1			1			III	LC		日	
384-20	细纹苇莺 Acrocephalus sorghophilus		?																					古							1						
385-01	黑眉苇莺 Acrocephalus bistrigiceps		◎	●			◎		◎			◎					◎						夏	古	1	1			1			III	LC		日	
386-11	远东苇莺 Acrocephalus tangorum																						旅	古		1			1				VU			
387-01	钝翅苇莺 Acrocephalus concinens		◎							◎													旅	古	1	1			1							
388-01	东方大苇莺 Acrocephalus orientalis		◎	●		●	◎		◎	◎		◎	◎		◎	●	●	◎		◎		旅	夏	古	1	1			1			III	LC		日	
389-01	厚嘴苇莺 Acrocephalus aedon		◎	●						◎							●						夏	古	1	1			1			III	LC			
390-01	褐柳莺 Phylloscopus fuscatus		▲	●						◎													旅	古	1	1			1		1	III	LC			
391-01	棕腹柳莺 Phylloscopus subaffinis		0												◎			◎					旅	广	1	1			1							
392-01	棕眉柳莺 Phylloscopus armandii		0																				旅	古	1	1			1				LC			
393-01	巨嘴柳莺 Phylloscopus schwarzi		◎	●																			旅	古	1	1			1			III	LC			
394-01	黄腰柳莺 Phylloscopus proregulus		◎				◎								◎		●	◎		◎			旅	古	1	1			1			III	LC			
395-01	黄眉柳莺 Phylloscopus inornatus		◎	●											●		●	◎		◎			旅	古	1	1			1			III	LC			
396-01	极北柳莺 Phylloscopus borealis		◎	●◎											●		●			◎			旅	古	1	1			1			III	LC		日	
397-01	双斑绿柳莺 Phylloscopus plumbeitarsus		◎	●											●		●						夏	古	1	1			1							
398-01	淡脚柳莺 Phylloscopus tenellipes		◎	●			◎																旅	古	1	1			1							

附录1 山东鸟类名录总表 | 665

续表

编号	物种名	山东* 环志	山东* 照片	山东* 标本	滨州	德州	东营	菏泽	济南	济宁	聊城	临沂	莱芜	青岛	日照	泰安	潍坊	威海	烟台	枣庄	淄博	居留型	区系	文献 郑作新	文献 郑光美	文献 纪加义	文献 赛道建	鸟志 记录种数	鸟志 无分布	鸟志 需确证	国家与省级	IUCN	CITES	中日	中澳
399-11	乌嘴柳莺 Phylloscopus magnirostris		◎						◎						◎							旅	古				1	1				LC		日
400-01	冕柳莺 Phylloscopus coronatus		◎	●												◎			◎			旅	古	1			1	1						
401-11	黑眉柳莺 Phylloscopus ricketti		?																			旅	东		1			1				LC		日
402-11	斑背大尾莺 Megalurus pryeri sinensis	▲	◎	●			◎									◎						旅	古				1	1						
403-01	戴菊 Regulus regulus		◎	●			◎		◎							◎		◎	◎			旅	古	1	1		1	1						
404-01	红胁绣眼鸟 Zosterops erythropleurus	▲	◎	●			◎	◎						●	◎	●	◎		●			旅	古	1	1	1	1	1			III	LC		
405-01	暗绿绣眼鸟 Zosterops japonica	▲	◎	●				◎		●		◎		◎		●◎	◎	◎				夏	东	1	1	1	1	1			III			
406-01	中华攀雀 Remiz consobrinus	▲	◎				◎		◎			◎		◎	◎	◎	◎					夏	东	1		1	1	1			III IV	LC		
407-01	银喉长尾山雀 Aegithalos caudatus		◎						◎					●		◎	◎		◎			留	东	1	1	1	1	1	●		III	LC		
408-11	红头长尾山雀 Aegithalos concinnus		◎				◎									●	◎					旅	古				1	1			III			
409-01	沼泽山雀 Parus palustris		?	●										◎		●	◎					留	古	1	1	1	1	1		1	III	LC		
410-10	褐头山雀 Parus songarus		0																			留	古	1				1			III	LC		
411-01	煤山雀 Parus ater pekinensis		◎	●			◎		◎			●		◎		●						留	东	1	1	1	1	1			III	LC		
412-01	黄腹山雀 Parus venustulus	▲	◎	●			◎		◎		●			◎		●◎	◎		●			旅	广		1		1	1			III	LC		
413-01	大山雀 Parus major	▲	◎	●	◎	◎	◎	◎	◎	●	◎	◎	◎	●	◎	◎	◎	●				留	广	1	1	1	1	1			III	LC		
414-11	杂色山雀 Parus varius	▲	◎	●										◎		◎						旅	广		1		1	1			III			日
415-11	普通䴓 Sitta europaea		0											◎		◎	◎		◎			留	古	1	1		1	1			III	LC		
416-11	红翅旋壁雀 Tichodroma muraria		0											◎		◎						冬	古	1			1	1			III	LC		
417-01	欧亚旋木雀 Certhia familiaris		◎	●	◎			◎						◎			◎		◎			冬	古	1	1		1	1			III	LC		
418-01	山麻雀 Passer rutilans		◎	●						●						◎						留	广	1	1	1	1	1			III	LC		
419-01	麻雀 Passer montanus		◎	●	●	◎	◎	◎	◎	◎	◎	◎	◎	●◎	◎	●◎	◎	◎	●			留	广	1	1	1	1	1			III	LC		日
420-11	白腰文鸟 Lonchura striata		◎	●	●		◎					◎		◎		●	◎		◎			旅	东				1	1			III	LC		
421-01	燕雀 Fringilla montifringilla	▲	◎	●			◎		◎	●		◎		◎	◎	◎	◎		●			冬	古	1	1	1	1	1			III	LC		
422-11	粉红腹岭雀 Leucosticte arctoa	▲	0														●					冬	古				1	1						
423-01	普通朱雀 Carpodacus erythrinus	▲	◎	●					◎					◎								旅	古	1	1	1	1	1			III IV	LC		日
424-01	北朱雀 Carpodacus roseus		◎					◎	◎										◎			冬	古	1	1	1	1	1				LC		

续表

编号	物种名	山东* 环志	山东* 照片	标本	滨州	德州	东营	菏泽	济南	济宁	聊城 临沂	莱芜	青岛	日照	泰安	潍坊	威海	烟台	淄博	居留型	区系	文献 郑作新	文献 邢光美	文献 纪加义	文献 赛道建	鸟志 记录种数	鸟志 无分布需确证	国家号省级	IUCN	CITES	中日	中澳
425-01	红交嘴雀 Loxia curvirostra		◎											◎						●	旅	古				1	1		Ⅲ	LC		日	
426-01	白腰朱顶雀 Carduelis flammea		◎	●			◎														旅	古	1	1	1		1		Ⅲ	LC		日	
427-01	黄雀 Carduelis spinus	▲	◎	●	●	◎	◎		◎	●						◎		●			旅	古	1	1	1		1		Ⅲ	LC		日	
428-01	金翅雀 Carduelis sinica	▲	◎	●◎	●	◎	◎		●	●			◎	●		●	◎	●			留	古	1	1	1		1		Ⅳ/Ⅴ	LC			
429-01	红腹灰雀 Pyrrhula pyrrhula		◎	●			◎			●					●			●◎			旅	古	1	1	1		1					日	
430-01	灰腹灰雀 Pyrrhula griseiventris														◎			●◎				古											
431-01	锡嘴雀 Coccothraustes coccothraustes		◎	●	●		◎	◎	◎	●						●	◎	◎			旅	古	1	1	1		1		Ⅲ	LC			
432-01	黑尾蜡嘴雀 Eophona migratoria		◎	●	●		◎		◎	●						●					留	古	1	1	1		1		Ⅲ	LC		日	
433-01	黑头蜡嘴雀 Eophona personata		◎	●			◎			●							◎				旅	古	1	1	1		1						
434-10	黄颈拟蜡嘴雀 Mycerobas affinis		0																														
435-01	长尾雀 Uragus sibiricus		◎	●	●										●	●			●		旅	古	1	1	1		1			LC			
436-01	白头鹀 Emberiza leucocephala	▲	◎	●					●					●							旅	古	1	1	1		1		Ⅲ	LC			
437-01	灰眉岩鹀 Emberiza godlewskii		◎	●												◎					留	古	1	1	1		1		Ⅲ	LC			
438-01	三道眉草鹀 Emberiza cioides	▲	◎	●			◎		◎	●			◎	●	◎	●	◎	●			留	古	1	1	1		1		Ⅲ	LC			
439-01	红颈苇鹀 Emberiza yessoensis		◎							◎				●							旅	古	1	1	1		1		Ⅲ	NT			
440-01	白眉鹀 Emberiza tristrami		◎	●			◎							●							旅	广	1	1	1		1		Ⅲ	LC			
441-01	栗耳鹀 Emberiza fucata	▲	◎	●			◎		●				◎	●		●	◎		●		旅	古	1	1	1		1		Ⅲ	LC		日	
442-01	小鹀 Emberiza pusilla	▲	◎	●			◎		◎				◎	●		●	◎		●		旅	古	1	1	1		1		Ⅲ	LC		日	
443-01	黄眉鹀 Emberiza chrysophrys	▲	◎	●			◎							●		●					旅	古	1	1	1		1		Ⅲ	LC			
444-01	田鹀 Emberiza rustica	▲	◎	●			◎		●	●				●		●	◎		●		旅	古	1	1	1		1		Ⅲ	LC			
445-01	黄喉鹀 Emberiza elegans	▲	◎	●◎	●		◎		◎	●				●		●			●		旅	古	1	1	1		1		Ⅲ	LC		日	
446-01	黄胸鹀 Emberiza aureola	▲	◎	●			◎		◎	●				●		●			●		旅	古	1	1	1		1		Ⅲ	LC			
447-01	栗鹀 Emberiza rutila	▲	◎	●			◎							●		●			●		旅	古	1	1	1		1		Ⅲ	LC		日	
448-11	硫黄鹀 Emberiza sulphurata		◎				◎		◎					◎		●					旅	古	1	1	1		1			LC			
449-01	灰头鹀 Emberiza spodocephala		◎	●			◎		◎					●					◎		旅	古	1	1	1		1		Ⅲ	VU		日	
450-01	苇鹀 Emberiza pallasi	▲	◎				◎		◎												冬	古	1	1	1		1		Ⅲ				

附录1 山东鸟类名录总表 | 667

续表

编号	物种名	山东*			山东各地市																居留型	区系	文献			鸟志		保护类型				
		环志	照片	标本	滨州	德州	东营	菏泽	济南	济宁	聊城	临沂	莱芜	青岛	日照	泰安	潍坊	威海	烟台	枣庄	淄博			郑作新	郑光美	赛道建	记录种数	无需确证分布	国家与省级	IUCN	CITES	中日	中澳
451-01	芦鹀 Emberiza schoeniclus	◎		●											◎			◎	◎			旅	古	1	1	1	1		Ⅲ	LC		日	
452-01	铁爪鹀 Calcarius lapponicus									●						●						旅	古		1	1	1		Ⅲ	LC		日	

*: ●，表示需要进一步研究；▲，表示有照片；◎，表示有标本。◎，表示有环志；山东记录鸟类的分布情况是、有的物种既采到标本又有照片和环志，另一些鸟类物种仅有文献记录而至今无标本、照片和环志等实证，其分布现状显然是需要进一步等实证才能确证其现状分布的。

鸟志：《山东鸟类志》收录的鸟类物种，包括文献中的记录物种和依照片、标本、环志等实证标本、照片、环志等实证，分为现状有分布和无分布，因证据不足认为需要进一步确证三种情况。各地市采集标本种类由5位的泰安、济宁、青岛、烟台、济南、东营、泰安、烟台、济南以现有17个地市行政区划的县、区、市为基本单元，有助于在社会经济发展过程中避免行政区划的改变对地方鸟类群落结构演替与生态环境的监测研究产生不必要的影响。

居留型：留，表示留鸟（resident）；夏，表示夏候鸟（summer visitor）；冬，表示冬候鸟（winter visitor）；旅，表示旅鸟（passage migrant）；迷，表示迷鸟（vagrant visitor）。

区系：郑作新、表示古北界种（palaearctic realm）；东，表示东洋界种（oriental realm）；广，表示广布种（both palaearctic and oriental）。

文献：郑作新，表示在其《中国鸟类区系纲要》（1987）中有记录；郑光美，表示在其《中国鸟类分类与分布名录》（2011）中有记录；纪加义，表示在其《山东鸟类调查名录》（1987~1988）中有记录；赛建道，表示在其《山东鸟类分布名录》赛道建2013中有记录。

保护类型：Ⅰ、Ⅱ表示列入国家重点保护野生动物名录中的级别；Ⅲ表示列入山东省级重点保护野生动物名录，Ⅳ表示列入山东省"三有动物名录"，《中华人民共和国野生动物保护法》的修改正在讨论肯定会涉及《国家重点保护野生动物名录》和《国家保护的有益的或者有重要经济、科学研究价值的陆生野生动物名录》（简称"三有动物名录"）的调整。因此，依原保护级别列出。列入《华盛顿公约》《濒危野生动植物种国际贸易公约》附录Ⅰ、附录Ⅱ、附录Ⅲ中的物种1、2、3表示；鸟种在《世界自然保护联盟（IUCN）濒危物种红色名录》中的濒危等级，分别用用Ce、En、Vu、Nt、Lc表示；列入《中华人民共和国政府与日本国政府保护候鸟及其栖息环境的协定》《中华人民共和国政府与澳大利亚政府保护候鸟及其栖息环境的协定》中的物种，在中日、中澳栏中分别用日、澳表示。上述资料与物种资源现状可供从事生物多样性与自然保护性的专家、学者，工作人员参考，也可为公众参与鸟类物种生物多样性保护提供参考。

附录2 学名索引

A

Acanthis 604
Acanthopneuste 565, 567, 571
Acceaffinisntor 475-477
Accipiter 16, 135, 154-160, 654
accipitrin 355
Acridotheres 12, 452, 661
Acrocephalus 542, 543, 552-560, 664
Actitis 239, 268, 657
acuminata 240, 281-283, 657
acuta 79, 110, 653
adamsii 21, 24, 651
addenda 307, 470
aedon 543, 559, 560, 664
Aegithalos 581, 582, 665
Aegypius 12, 16, 135, 145, 654
aeruginosus 16, 135, 148-150, 654
Aesalon 175
affinis 121, 157, 307, 362, 363, 490, 529, 561, 598, 615, 664, 666
afghanica 397
agilis 414
agricola 554-557
Agrodoma 413
Agropsar 454
Aix 11, 16, 78, 97, 653
akahige 479, 480, 662
Alauda 285, 388, 389, 393-395, 660
alba 11, 16, 33, 34, 47, 51, 52, 232, 233, 239, 275, 403-406, 651, 657, 660
albatrus 33, 34, 651
albellus 79, 127, 653
albicilla 16, 136, 143, 516, 523, 524, 654, 663
albifrons 16, 78, 87-89, 306, 312, 343, 652, 658
albus 51
Alca 79, 100, 318, 653, 667
Alcedo 364-367, 659
Alectoris 12, 181, 655
alexandrinus 223, 232, 656
alpina 240, 284, 285, 657
Alseonax 519
aluco 16, 345, 350, 659
Amaurornis 200, 202, 203, 655
americana 100, 125, 131
amurensis 16, 60, 171, 174, 175, 655
Anas 11, 79, 89, 94-96, 99, 100, 102-104, 106, 108, 110, 112, 113, 115-117, 119, 121, 126, 653
Anorthura 474
Anser 11, 78, 79, 90, 129-131, 652, 653
Anteliotringa 272
Anthropoides 12, 16, 191, 655

Anthus 403, 411-420, 660
antiquus 317-319, 658
Apus 359-363, 659
aquaticus 200, 201, 655
Aquila 12, 16, 135, 166-169, 654
arbatus 145, 654
Archibuteo 166
arctica 21-23, 121, 651
Ardea 11, 47-49, 51, 52, 54, 56, 57, 59, 65-67, 69, 191, 195, 651
Ardeirallus 66
ardens 446, 447
Ardeola 47, 57, 58, 60, 64, 66, 652
Ardetta 64, 66
Arenaria 239, 271, 657
argentatus 292, 295-298
ariel 16, 45, 46, 651
armandii 543, 562, 664
arquata 238, 254, 656
artatus 588
arvensis 388, 393, 394, 660
asiaticus 236, 237, 656
Asio 16, 345, 354, 355, 659
ater 35, 40, 77, 87, 96, 121, 147, 166, 201, 202, 206, 213, 215, 235, 306, 368, 386, 389, 418, 490, 491, 502, 541, 547, 573, 583, 585, 665
Athene 16, 345, 352, 656
atlantis 296
atra 11, 80, 200, 209, 210, 655, 658
atrocaudata 528, 529, 663
atrogularis 511
atthis 364, 659
aurea 502
aureola 618, 632, 666
auritus 16, 26, 30, 31, 514, 651
auroreus 479, 487, 488, 662
australis 66, 118, 119, 268, 557, 558
avensis 422
avosetta 220, 656
Aythya 79, 115-120, 131, 653

B

bacchus 47, 58, 652
baeri 79, 117, 119, 653
baicalensis 403, 406
bakeri 331, 337, 659
bakkamoena 345, 346
bangsi 620
barrovianus 295
baueri 250, 251
belli 205, 227, 248, 315
bengalensis 341, 342, 364, 365, 659

benghalensis 215, 216, 655
berate 386
bernicla 78, 93, 94, 652
bernsteini 16, 306, 309, 658
bewickii 83
biarmicus 534, 535, 663
bicristatus 43, 652
bistrigiceps 543, 553-555, 664
blakistoni 419
blanfordii 190
boarula 410
Bombycilla 433, 434, 661
borealis 252, 543, 546, 567, 571, 664
borealoides 542, 570
Botaurus 48, 67
boyciana 11, 16, 69-71, 652
brachydactyla 388-390, 660
brachypus 466
Brachyramphus 52, 317, 658
brachyrhynchus 52
brachyura 386, 387
Bradypterus 542, 547, 559, 664
Branta 78, 87, 93, 94, 652
brevipes 239, 270, 657
brevirostris 426, 427, 450, 451, 584
brevivexilla 463
brunneonucha 601
brunnicephalus 292, 300, 658
Bubo 16, 345, 348, 659
Bubulcus 11, 47, 56, 57, 652
Bucephala 79, 119, 126, 653
bucephalus 436-438, 661
Budytes 407, 408
burmanicus 163
Butastur 16, 136, 161, 654
Buteo 12, 16, 135, 162-166, 654
Butorides 47, 59, 60

C

cabanisi 383
cachinnans 292, 296, 297
caerulescens 78, 92, 93, 652
caeruleus 16, 136, 138, 478, 498, 499, 654, 662
Calamoherpe 552, 557
Calandrella 387, 389-391, 660
Calcarius 617, 639, 667
Calidris 239, 272, 273, 275-279, 281, 283-286, 288, 657
calidus 171, 179, 180
calliope 479-482, 662
Calonectris 33, 35, 651
calornyx 371

campestris　413
canadensis　16, 191, 193, 655
candida　343
canicapillus　376, 378, 379, 659
canorus　12, 331, 336, 337, 531, 533, 659, 663
cantonensis　422-424, 661
canturianus　544, 545
canus　11, 16, 38-41, 45, 271, 292-294, 376, 384, 385, 651, 657, 660, 663
canutus　240, 273, 657
Capella　242-245, 248
capensis　343, 344
capillatus　41, 42, 651
Caprimulgus　357, 659
carbo　41, 43, 651
cardis　478, 504, 663
Carduelis　598, 604, 605, 607, 608, 666
Carpodacus　598, 601, 602, 665
caryocatactes　459, 465, 662
Casarca　94, 95
cashmeriensis　402
Casmerodius　51, 52
Caspia　236, 306, 308, 658
caspica　411
caspicus　32
castaneiceps　621
castor　130
cathoecus　449
caudacutus　359, 659
caudatus　581, 665
Cecropis　396, 399-401, 660
centralasiae　434
centralis　285
Certhia　592, 593, 665
certhiola　543, 549-551, 664
cervinus　404, 416, 660
Ceryle　364, 368, 369, 659
Cettia　542-547, 664
ceylonensis　516, 527, 528, 663
Chaimarrornis　479, 490-492, 662
Charadrius　218, 223, 226, 228-232, 234-237, 656
chatkensis　166, 481, 482
cheleensis　388, 390, 391, 660
Chelidon　402
cherrug　16, 171, 178, 655
chinensis　202, 203, 322, 328, 329, 341, 344, 377, 378, 445, 658, 661
chinganicus　532
chirurgus　213, 655
Chlidonias　306, 314-316, 658
Chloris　607
chloropus　12, 16, 136, 169, 200, 207, 208, 655
chrysaetos　12, 16, 136, 169, 654
chrysolaus　479, 508-510, 663
chrysophrys　618, 627, 666
chukar　12, 181, 655
cia　11, 16, 69-71, 112, 371, 619, 620, 630, 652
Ciconia　11, 16, 69-71, 652

Cinclus　473, 662
cineraceus　452, 456, 661
cinerea　11, 12, 47-49, 200, 206, 651, 655, 660
cinereicapillus　429
cinereus　90, 223, 225, 239, 267, 425, 656, 657
cinnamomeus　48, 65, 652
cioides　618, 620, 666
circia　112
Circus　16, 135, 148-150, 152-154, 654
Cisticola　538, 664
citreola　403, 407, 408, 660
citrina　478, 499, 500, 662
Clamator　331, 658
clanga　16, 135, 166, 654
Clangula　3, 79, 80, 119, 123, 126, 127, 653
Clivicola　396
clypeata　79, 113, 653
coatsi　575
Coccothraustes　598, 611, 612, 614, 666
coelivox　395
colchicus　12, 181, 186, 655
collaris　120, 476, 662
Coloeus　467
colonorum　470, 471
coloratus　640
Columba　16, 171, 175, 322-324, 327, 328, 655
columbarius　11, 16, 78, 83, 171, 175, 655
columbianus　11, 16, 78, 83, 652
Colymbus　29, 30, 32
commixtus　583, 587-589
concinens　543, 556, 557, 664
Concinnus　581, 582, 665
consobrinus　579, 580, 665
continetalis　623
Coracias　371
Coracina　422, 660
cornutus　30
coromanda　56, 364, 366, 659
coromandus　331, 56, 57, 658
coronatus　542, 571, 572, 665
corone　459, 469, 470, 662
Corvus　450, 459, 463, 467-472, 529, 662
Coturnicops　16, 200, 655
Coturnix　181, 184, 185, 655
coutellii　419
crassirostris　12, 292, 657
crecca　79, 104, 106, 653
crispus　11, 16, 38, 39, 651
cristata　12, 26, 29, 30, 43, 119, 134, 388, 392, 660
cristatellus　12, 452, 453, 661
cristatus　12, 26, 29, 30, 43, 134, 309, 436, 438, 439, 575, 651, 661
Crocethia　275
Cryptolopha　527
Ctenoglaux　353
cuculoides　16, 345, 351, 659
Cuculus　331-341, 658, 659
Culicicapa　516, 527, 528, 663

cumatilis　516, 526
curonicus　231
curvirostra　220, 598, 603, 656, 666
cyane　16, 135, 150, 151, 479, 484, 654, 662
Cyanecula　482
cyaneus　16, 135, 150, 151, 654
cyanomelana　516, 525, 526, 663
Cyanopica　459-661
Cyanoptila　516, 525, 526, 663
cyanurus　479, 485, 486, 662
cyanus　459-661
cygnoides　78, 84, 652
Cygnus　11, 16, 78, 80, 81, 83, 652
Cypselus　362

D

daphanea　170
darwini　186
dasypus　396, 402, 660
dauma　478, 501, 663
daurica　396, 399-401, 467, 593, 660
dauurica　516, 519, 663
dauuricus　459, 467, 662
davidi　531, 532, 547, 663
dealbatus　232, 233
decaocto　322, 326, 658
Delichon　396, 401, 402, 660
Dendrocopos　376, 378, 380-383, 659, 660
Dendronanthus　403, 404, 660
Dendronessa　97, 98
Dicrurus　448-450, 661
diffuses
Diomedea　16, 33, 34, 651
diphone　542, 544, 545, 664
divaricatus　422, 425, 426, 661
dominica　226
Dryobates　378, 383
Dryonastes　531
dubius　223, 230, 656
dukhunensis　389, 390
dybowskii　212

E

Egretta　11, 16, 47, 51-53, 55, 57, 651, 652
Elanus　16, 136, 138, 139, 654
elegans　617, 630, 631, 666
Emberiza　617-620, 622, 623, 625-627, 629-639, 666
Entomothera　366
Eophona　12, 598, 612-615, 666
Ephialtes　345
epops　373, 374, 659
Erithacus　479-482, 662
Erolia　276-280, 282-285
erythrinus　598, 601, 665
erythrocampe　346
erythrogastrus　479, 489, 662
erythropleurus　576, 665
erythropus　78, 89, 239, 257, 652, 657

erythropygia 476
erythrorhyncha 459, 462, 463, 661
erythrothorax 204, 205
ethologus 422, 426, 427, 661
eulophotes 16, 47, 55, 652
Eumyias 516, 526, 663
eunomus 479, 512-514, 663
Eupoda 237
eurhinus 259
eurhythmus 48, 64, 652
europaea 590, 665
Eurynorhynchus 239, 285, 657
Eurystomus 370, 371, 659
excubitor 436, 442, 443, 661
exquisitus 16, 200, 655
extensicauda 541

F

fabalis 11, 78, 85, 87, 652
falcata 79, 100, 653
falcinellus 16, 72, 74, 239, 287, 652, 657
Falco 16, 133, 136-138, 141, 143, 147, 150, 152, 154, 157-159, 161, 165, 169, 171, 172, 174, 175, 177-179, 654, 655
familiaris 592, 593, 665
fasciolata 543, 549, 552, 553, 664
feae 479, 507, 663
ferina 79, 116, 653
ferreus 479, 494, 662
ferruginea 11, 79, 94, 240, 282, 283, 652, 657
Ficedula 516, 520-526, 571, 663
filamentosus 43
flammea 598, 604, 605, 666
flammeus 16, 345, 355, 356, 659
flava 403, 408, 541, 660
flavicollis 48, 66, 67, 314, 652
flavirostris 106, 541
flavolivacea 542, 546, 547, 664
fluviatilis 314
fohkienensis 58
formosa 79, 103, 653
formosana 364
Francolinus 181, 183, 655
Fregata 16, 45, 651
Fringilla 593, 598, 599, 605, 607, 638, 639, 665
frontalis 88
frugilegus 459, 468, 662
fucata 618, 625, 626, 666
fugax 333-335
fujiyamae 159
Fulica 199, 200, 202, 207, 209, 655
fulicarius 238, 290, 657
fuliginosa 479, 490, 491, 517, 662
fuligula 79, 119, 653
fulva 223, 226, 656
fulvicauda 534, 536, 537
fulvus 16, 135, 145, 226, 654
fumigata 474

fusca 79, 125, 200, 204, 653, 655, 664
fuscatus 513, 543, 560, 561, 664
fuscus 296, 560

G

galericulata 11, 16, 78, 97, 653
Galerida 388, 392, 660
Gallicrex 12, 200, 206, 655
Gallinago 239, 242-245, 247, 656
Gallinula 199, 200, 202, 204, 207, 208, 655
Garrulax 12, 531-533, 663
Garrulus 12, 459, 460, 661
garrulus 433, 434, 661
garzetta 11, 47, 53, 54, 651
Gavia 21, 22-24, 651
Gelochelidon 306, 307, 658
gentilis 16, 135, 159, 160, 654
Geokichla 501
gephyra 400, 401
glabripes 345
glandarius 12, 459-661
Glareola 221, 656
Glaucidium 16, 345, 351, 659
godlewskii 403, 413, 618, 619, 620, 660, 666
gotzii 66, 364
gouldi 66
gouldii 506
Gracula 12, 364, 454
grandis 490
grebnitskii 602
grisegena 26, 28, 651
griseisticta 516, 663
griseiventris 598, 609, 610, 666
griseopygius 270
grisola 519
Grus 12, 16, 191-196, 198, 655
guerini 385
gularis 16, 23, 135, 155-158, 385, 478, 496, 511, 654, 662
gulgula 388, 394, 660
gustavi 404, 415, 416, 660
guttifer 16, 239, 263, 657
guttulata 369
gutturalis 396, 397, 398
Gypaetus 145, 654
Gyps 12, 16, 135, 145, 654

H

Haematopus 217, 656
Halcyon 364, 366, 367, 659
Haliaeetus 16, 136, 142-144, 133, 654
haliaetus 16, 133, 653
Haliastur 16, 136, 141, 142, 654
Haringtoni 431, 432
hassi 471
heinei 294
heliaca 16, 136, 168, 169, 654
hellmayri 584

Hemichelidon 516, 517, 519
hemilasius 12, 16, 135, 164, 654
Herodias 52, 54, 55
Heteroscelus 239, 270, 657
heudei 534, 537, 664
heuglini 296
hiaticula 223, 228-230, 656
Hierococcyx 332-334
Himalayan 338
himalayensis 12, 145
Himantopus 218, 359, 656
Hirundapus 359, 659
hirundo 306, 311, 658
Hirundo 359, 361, 396, 397, 399, 402, 660
Histrionicus 80, 122, 653
hodgsoni 403, 414, 415, 660
Hodgsonius 478, 492, 493, 662
holboellii 28, 339
holtii 432
Horeites 546, 547
hornemanni 604
horsfiedi 339
hortulorum 479, 502, 663
hottentottus 448, 450, 661
humilis 327, 328
hybrida 306, 314, 315
Hydrobata 473
Hydrochelidon 314, 315
Hydrophasianus 213, 655
Hydroprogne 306, 308, 658
hyemalis 3, 80, 123, 653
hyperboreus 291, 294, 295, 331, 333-335, 376, 381, 657
hyperythrus 376, 658, 660
hypoleucos 239, 268, 298, 657
Hypsipetes 12, 427, 431, 432, 661

I

ibis 11, 47, 56, 652
ichangensis 493
ichthyaetus 291, 299, 658
idius 475
ijimae 396, 397, 572
incei 529, 530, 663
indica 208, 314, 404, 493
indicus 11, 16, 78, 91, 136, 161, 201, 357, 403, 404, 652, 654, 659, 660
indus 16, 136, 141, 142, 654
inornata 538, 541, 664
inornatus 542, 565, 566, 664
insignis 175, 176, 370
intermedia 47, 52, 53, 175, 388, 393, 394, 422, 526, 651
interposita 461
interpres 239, 271, 272, 657
interstinctus 172, 173
intricata 547
intricatus 547

Ixobrychus 48, 62, 64-66, 652
Ixocincla 432
ixos 427-429, 661
Iyngipicus 378

J

jankowskii 83
janthina 322-324, 658
japonensis 12, 16, 171-173, 179, 180, 191, 198, 575, 655
Japonica 16, 181, 184, 185, 239, 243, 345, 353, 354, 364, 376, 377, 386, 387, 399-401, 420, 433, 434, 576, 578, 604, 655, 659, 661, 665
japonicus 163, 347, 348, 419, 420, 611, 612
jocosus 427, 428, 661
jotaka 357, 358
jouyi 49, 651
juncidis 538, 664
Jynx 376, 659

K

kaleensis 378
kamtschatkensis 166, 481
kamtschatschensis 293, 294
kanoi 361
karpowi 181, 188
kawarahiba 607
kenyoni 43
khamensis 467
kiautschensis 349
kiborti 388, 394
kittlitzii 303
kizuki 376, 380, 659
korschun 140

L

laetior 371
lagopodum 401
lagopus 16, 135, 165, 166, 654
lanceolata 543, 548, 664
Lanius 425, 433, 436-438, 441-443, 661
Lanthia 485
lapponica 639, 656
lapponicus 617, 639, 667
Larus 12, 16, 291-301, 303-305, 657, 658
Larvivora 480, 484
latirostris 519
leautungensis 392
Leschenaultii 223, 235, 236, 656
lettia 16, 345, 346, 659
leucauchen 194
leucocephala 618, 619, 666
leucocephalus 427, 431, 432, 479, 491, 661, 662
leucogaster 16, 40, 651
leucogenys 449
leucogeranus 12, 16, 191, 192, 655
leucomelas 33, 35, 651
leucopareia 314

leucopsis 403, 405-407
leucoptera 315, 658
leucorodia 16, 72, 74, 75, 652
leucoryphus 16, 136, 142, 654
Leucosticte 598, 600, 601, 665
lilfordi 195, 196
Limicola 239, 287, 657
Limnodromus 239, 248, 656
Limosa 239, 249-251, 656
lineatus 140
lithofalco 175
lobatus 238, 289, 657
Locustella 542, 543, 548-553, 664
Lonchura 596, 597, 665
longimembris 16, 343, 659
Longipennis 311
lonnbergi 388, 394
Loxia 596, 598, 601, 603, 611, 666
lucionensis 436, 438, 440
lugens 403, 405-407
lugubris 364, 368, 369, 659
Luscinia 479-482, 484, 662
luteola 522, 524
Lymnocryptes 239, 241, 656

M

macrocercus 448, 661
macrolopha 655
macronyx 403, 409
Macrorhamphus 248
macrorhynchos 459, 465, 470, 662
macularius 269, 414
madagascariensis 432, 656
magna 497
magnirostris 542, 570, 571, 598, 614, 665
major 366, 367, 376, 382, 383, 583, 587-589, 660, 665
malayanus 347, 348
maldivarum 656
mandarinus 505
manilensis 50, 497, 651
manilla 497
Mareca 99, 100
margelanica 364
marila 79, 120, 121, 473, 653
mariloides 121, 249, 250
marmoratus 317, 658
maura 493, 494
maxima 505
media 47, 52, 53, 388, 393, 394, 422, 463, 526, 651
Megaceryle 364, 368, 369, 659
megala 239, 245, 656
Megalurus 542, 549, 573, 665
Melanitta 79, 124, 125, 653
melanocephalus 16, 72, 304
Melanocorypha 388, 389, 660
melanoleucos 16, 135, 152, 154, 654
melanope 410

melanops 526
melanuroides 249, 250
melaschistos 422, 660
melvillensis 557
menzbieri 166
merganser 79, 130, 131, 653
Mergellus 127
Mergus 16, 79, 128-131, 653
merula 478, 505, 663
Mesophoyx 52
michahellis 296
micropterus 331, 335, 336, 659
Microsarcops 225
Microscelis 432
Middendorffi 78, 87
migrans 12, 654
migratoria 12, 598, 612, 613, 666
milvipes 178
Milvus 12, 16, 136, 140, 654
minimus 656
minor 16, 45, 72, 75, 390, 391, 543, 549, 550, 583, 588, 618, 639, 651, 652
minutus 16, 238, 252, 656
modesta 52, 651
mollis 96, 443
monacha 16, 191, 196, 655
monachus 12, 16, 135, 145, 654
mongolica 388, 389, 660
mongolicus 292, 296-298
mongolus 223, 234, 656
monorhis 33, 36, 37, 651
Montacilla 564
montanella 476, 477, 662
montanus 584, 593, 595, 665
Monticola 478, 496-498, 662
montifringilla 598, 599, 665
Motacilla 403-408, 410, 411, 474, 477, 481, 482, 484-487, 489, 493, 524, 541, 549, 565, 575, 579, 660
mugimaki 516, 522, 663
mupinensis 479, 514, 663
muraria 591, 665
Muscicapa 430, 516-520, 522, 524, 526, 527, 663
Mycerobas 598, 615, 666
Myophonus 478, 498, 499, 662

N

nanus 378
narcissina 516, 520-522, 663
naumanni 16, 171, 294, 479, 512-514, 654, 663
nearctica 121, 653
nebularia 121, 239, 261, 657
neglectus 467
nemoricola 239, 243, 656
nepalensis 592
nesophilus 66
Netta 79, 115, 119, 653
niger 144, 306, 316, 317, 658

nigerrima　432
nigra　11, 16, 69, 79, 124, 316, 528, 652, 653
nigricans　94
nigricoliis　32, 651
nigripes　33, 651
nilotica　306, 307, 658
Ninox　16, 345, 353, 354, 659
nipalensis　16, 136, 167, 168, 359, 362, 401, 654, 659
Nipponia　16, 72, 73, 652
nisicolor　331, 333-335, 658
nisosimilis　158, 159
nisus　16, 135, 158, 654
niveus　293
nivicola　350
noctua　16, 345, 352, 659
novaeseelandiae　120, 412
novaezealandiae　251
noveboracensis　200
Nucifraga　459, 465, 662
Numenius　16, 213, 238, 252-254, 256, 656
Nycticorax　47, 61, 652
nympha　16, 386, 387, 660
Nyroca　116, 119, 121, 653

O

obscurus　479, 507-510, 663
Oceanodroma　33, 36, 651
ochotensis　543, 550, 551, 664
ochropus　239, 264, 657
ochruros　479, 486, 662
ocularis　403, 405, 407
Oenanthe　486
Oenopopopelia　327
Olor　83, 652, 658
omissa　620
optatus　331, 338, 339, 659
oreas　386
orientalis　12, 94, 130, 131, 136, 137, 167, 168, 254, 255, 322, 324, 325, 340, 371, 469, 470, 487, 543, 557, 558, 593, 658, 659, 664
Oriolus　445-447, 661
ornata　538, 541, 618, 633, 664
osculans　217
ostralegus　217, 656
Otis　16, 211, 345-348, 655
Otus　345-348, 354, 659

P

pacifica　361, 651
pacificus　123, 359-362, 659
palawanensis　137, 367
pallasi　618, 637, 666
pallasii　364, 473, 474, 662
pallida　368
pallidior　618, 639
pallidus　166, 479, 507-510, 663
palustris　583, 665
Pandion　16, 133, 134, 653

pandoo　497, 498
Panurus　534, 535, 663
paradisi　528, 529, 663
Paradoxornis　534-537, 663
paradoxus　320, 658
Parra　213
parus　583
parva　523, 524
Passer　386, 507, 593, 595, 665
passerine　638
pastinator　468, 469
paykullii　200, 205, 655
pectoralis　459, 472, 662
pekinensis　360, 388, 393, 394, 538, 540, 586, 664, 665
pelagicus　16, 41, 43, 44, 136, 144, 651, 654
Pelecanus　11, 16, 38-41, 45, 651
pendulinus　579, 580
penelope　79, 99, 653
perdix　317, 318
peregrinator　171, 179, 180
peregrine　74
peregrinus　16, 171, 179, 655
Pericrocot　422-427, 661
perniger　432
Pernis　16, 136, 137, 653
personata　598, 614, 615, 635, 666
pescadoresi　395
pescadoresiana　395
Petrocincla　497
phaenicuroides　492, 493, 662
phaeopus　656
phaeopyga　204
Phalacrocorax　16, 41-43, 651
Phalaropus　238, 289, 290, 657
Phasianus　12, 181, 186, 655
philippensis　16, 38, 39, 137, 497, 498, 651
Philomachus　239, 288, 657
Phoebastria　33, 34
Phoenicopterus　77, 652
Phoenicurus　200, 202, 203, 479, 486, 487, 489, 490, 662
phoenicurus　200, 202, 203, 655
Phragamaticola　559, 560
Phylloscopus　542, 560-573, 664
pica　72, 344, 411, 459, 460, 463, 661
Picoides　378-383
Picus　376, 378, 384, 385, 660
piersmai　274
pileata　364, 367, 659
pintadeanus　181, 183, 184, 655
pithecops　343, 344
Pitta　16, 386, 387, 660
placidus　223, 229, 656
Platalea　16, 72, 74, 75, 285, 652
platyrhynchos　11, 79, 96, 106, 107, 109, 653
Platyrhynchus　527
Plegadis　16, 72, 74, 652

pleskei　543, 550-552, 664
plotus　40, 41, 651
plumbeitarsus　543, 565, 568, 569, 664
plumiferus　52
plumipes　352
Pluvialis　223, 226, 227, 656
Pluvianus　225
Podiceps　16, 26-32, 651
poecilorhyncha　12, 79, 108, 653
poggei　27
poiocephala　527
polaris　638
poliocephalus　331, 339, 340, 659
poliogenys　161
Poliomyias　522
polivanovi　537
pollocaris　306
poltaratskyi　458
Polysticta　79, 122, 653
poonensis　519
poonents　519
Porzana　200, 203-205, 655
Prasinosceles　58
Prinia　538, 541, 664
Procellaria　35
proregulus　542, 564, 565, 664
Prunella　476, 477, 662
pryeri　542, 549, 573
ptilorhynchus　136, 137, 653
pubescens　182
Pucrasia　181, 185, 186, 655
Puffinus　35
pugnax　239, 288, 657
purpurea　11, 47, 49, 50
pusilla　200, 203, 204, 618, 626, 655, 666
Pyconotus
pygargus　16, 135, 153, 654
pygmaeus　378, 657
Pyrrhocorax　459, 465, 662
Pyrrhula　598, 609, 610, 666
pyrrhuloides　638

Q

Querquedula　112, 113, 653

R

Rallina　205
Rallus　200, 201, 655
rapax　167, 168
rectirostris　48, 49
Recurvirostra　220, 656
regulus　175, 542, 564, 565, 575, 664, 665
relictus　16, 292, 304, 658
Remiz　579, 580, 665
Rhopophilus　538, 540, 664
Rhyacophilus　266
Rhyacornis　479, 490, 662
richardi　404, 411-413, 660

ricketti 147, 542, 573, 665
ridibundus 292, 301, 658
Riparia 396, 660
Rissa 291, 305, 658
robusta 410, 411
rogersi 273, 274
roseatus 404, 417, 602, 660
roseus 39, 77, 422-426, 598, 602, 603, 652, 661, 665
Rostratula 215, 655
rubescens 403, 417, 419, 420, 543, 549, 550, 660
Rubida 275
rubrirostris 90, 91, 652
rubrocanus 478, 506, 663
rudis 364, 368, 369, 659
rufescens 390, 391, 543, 559
ruficollis 26, 27, 137, 240, 276, 278, 479, 511, 514, 651, 657, 663
rufilventris 486
rufina 79, 115, 653
rufiventris 487
rupestris 322, 323, 658
rustica 396, 397, 399, 617, 629, 660, 666
rusticola 239, 240, 656
Ruticilla 487, 490
rutila 593, 594, 617, 633, 665, 666
rutilans 593, 594, 665

S

sakhalina 284, 285
saturate 331
saturatus 338, 339, 565, 595
Satyra 185
saundersi 291, 303, 658
Saxicola 479, 493, 494, 662
schach 436, 441, 661
schistisagus 291, 298, 658
schoeniclus 618, 638, 639, 667
schvedowi 160
schwarzi 543, 563, 664
scintilliceps 379
scirpaceus 559, 560
Scolopax 239-241, 245, 247, 249, 253, 254, 256, 257, 259, 261, 267, 283, 284, 287, 656
Scops 345, 347
scutulata 353, 354
seebohmi 380, 546
semipalmatus 239, 248, 656
semitorques 427-429, 661
sericea 464
sericeus 12, 452, 455, 661
serrator 79, 129, 653
serrirostris 78, 87, 652
seyffertitzii 507
sibilans 479-481, 662
sibircus 87, 287, 518
sibirica 287, 478, 500, 501, 516-518, 662, 663
sibiricus 443, 501, 598, 616, 666
simillima 403, 410

simplex 578
sinensis 12, 41, 42, 48, 62, 73, 213, 312, 313, 404, 413, 427, 430, 470, 574, 591, 652, 661, 665
sinica 598, 607, 608, 666
sirbirica 631
Sitta 590, 665
slesvicensis 301
smithsonianus 296
solitaria 239, 242, 243, 497, 656
solitarius 16, 135, 154, 478, 497, 498, 662
soloensis 16, 135, 154, 654
songarus 583, 584, 585, 665
sordida 618, 635, 636
sorghophilus 543, 553, 554, 664
sowerbyi 598, 613
sparverioides 331-333, 658
Spatula 113, 114
sphenocercus 436, 443, 444, 661
spilonotus 16, 135, 148-150, 654
spinoletta 403, 417-420, 660
spinus 598, 605, 666
Spizixus 429
Spodiopsar 455, 456, 457
spodocephala 618, 635, 636, 666
squamatus 16, 79, 131, 653
squatarola 223, 227, 228, 656
squnmeiceps 542, 543, 664
stagnatilis 239, 260, 657
stejnegeri 126, 324, 493
stejnegeri 126, 324, 493, 494
stellaris 48, 67, 68, 652
stellata 21, 651
stelleri 79, 122, 653
stenura 239, 244, 245, 656
Sterna 306-316, 658
Stictocarbo 43
stictonotus 347, 348, 659
streichi 171, 177, 178
strepera 79, 99, 102, 103, 653
Streptopelia 12, 322, 324, 326-328, 658
striata 47, 59, 550, 596, 597, 665
striatus 652
striolatus 413
Strix 16, 343, 345, 350, 352, 354, 355, 659
Sturnus 12, 452, 454-458, 661
styani 551
subaffinis 543, 561, 664
subbuteo 16, 171, 177, 178, 655
subflava 541
subfurcatus 362, 363
subminuta 240, 279, 280, 657
subrufinus 381
suffusus 534, 536, 537
Sula 16, 40, 651
sulphurata 618, 634, 666
sumatrana 306, 310, 311, 658
sunia 16, 345, 347, 348, 659
superciliosus 436, 438, 440, 565

svecica 479, 482, 483, 662
swinhoei 315, 597
sylvanus 403, 420, 660
Sylvia 479, 538, 550, 563
Synthliboramphus 317, 318, 658
Syrrhaptes 320, 658

T

Tachybaptus 26, 651
Tadorna 11, 78, 79, 94-96, 652, 653
taivana 403, 408, 410
taivanensis 497
tamsuicus 339
tancolo 384
tangorum 543, 554-556, 664
tanki 189, 655
Tantalus 74, 253
tarda 16, 211, 655
Tarsiger 479, 485, 662
tegimae 425
telephonus 336
temminckii 240, 278, 657
tenellipes 542, 569, 664
tenuirostris 657
Terpsiphone 528, 529, 663
terrignotae 259
testacea 283
Thalasseus 16, 306, 309, 658
thalassinus 516, 526, 527, 663
thayeri 296
thoracicus 542, 547, 664
Threskiornis 16, 72, 652
ticehursti 631
Tichodroma 591, 665
tigrinus 436, 661
tinnabulans 538, 539
tinnunculus 16, 171-173, 654
torquata 479, 493, 494, 662
torquatus 137, 181, 188, 472
torquilla 376, 377, 659
totanus 239, 259, 264, 657
traillii 445-447, 661
tranquebarica 322, 327, 658
Tribura 543
Trichometopus 450
tridactyla 291, 305, 658
Tringa 16, 213, 223, 227, 239, 257, 259-261, 263-265, 268-271, 273, 275-278, 280, 281, 283, 284, 288-290, 298, 657
tristrami 618, 623, 666
trochiloides 568, 569, 571
Troglodytes 474, 662
tschegrava 308
Tundra 83, 87
Turdus 432, 478, 481, 497, 501, 502, 504-514, 663
Turnix 189, 655
tytleri 396, 397, 399
Tyto 16, 343, 344, 659

U

Upupa 373, 659
Uragus 598, 616, 666
urbica 396, 401, 402, 660
Urocissa 459, 462, 463, 661
uropygialis 184, 260, 253, 346, 349, 354, 434, 598, 608, 617
Urosphena 542, 543, 664
ussuriensis 184, 260, 346, 349, 354, 434, 598, 608, 617, 657

V

Vanellus 223, 225, 656
variegatus 254
varius 583, 589, 590, 665
vegae 292, 295-298, 658
venustulus 583, 586, 665
veredus 223, 236, 237, 656
vespertinus 174, 175
virgatus 16, 135, 155-157, 654
virgo 12, 16, 191, 655
viridigularis 23
vociferous 139
vulgaris 145, 452, 458, 661
Vultur 145

W

webbianus 534-536, 663
weigoldi 395, 482, 561
whitelyi 351
wilderi 380
woodfordi 66
wulsini 505

X

xanthodryas 543, 568
Xantopygia 490
Xenus 239, 267, 657

Y

yessoensis 618, 622, 666
yunnanensis 403, 415

Z

zanthopygia 516, 520, 663
zimmermanni 309, 385
zonorhyncha 107, 109
Zoothera 478, 499-501, 662, 663
Zosterops 576, 578, 665

附录3　英文名索引

A

Aberrant Bush Warbler　546
Accentors　475
Allied Grosbeak　615
Allies　596
Alpine Accentor　476
American Wigeon　123
Amur Falcon　174, 175
Ancient Murrelet　318
Arctic Loon　22
Arctic Warbler　567
Armstrong's Sandpiper　263
Ashy Drongo　449
Ashy Starling　456
Ashy Woodpecker　384
Asian Barred Owlet　351
Asian Brown Flycatcher　519
Asian Dowitcher　248
Asian House Martin　402
Asian Paradise Flycatcher　529
Asian Rosy Finch　600
Asian Short-toed Lark　390
Asian Stubtail　543
Asian Verditer Flycatcher　526
Asiatic Pectoral Sandpiper　282
Asky Minivet
Auks　317
Australasian Grass Owl　343
Australian Curlew　256
Avocet　220, 267
Avocet Sandpiper　267
Azure-winged Magpie　460

B

Babblers　531
Baer's Pochard　117
Baikal Teal　103
Baillon's Crake　203
Band-bellied Crake　205
Band-tailed Fish-eagle　142
Bank Swallow　396
Bar-headed Goose　91
Barn Swallow　397
Barred Owlet　351
Bar-tailed Godwit　250
Bean Goose　85, 87
Bearded Readling　534
Bearded Tit　534
Bearded Vulture　145
Besra Sparrow Hawk　157

Black Baza　137
Black Bittern　66
Black Bulbul　431
Black Coot　209
Black Drongo　448
Black Kite　140
Black Paradise Flycatcher　528
Black Redstart　486
Black Scoter　124
Black Stork　69
Black Tern　315, 316
Black Wood Pigeon　323
Black-bellied Polver　227
Black-billed Magpie　463
Blackbird　505
Black-browed Reed Warbler　554
Black-browed Willow Warbler　573
Black-capped Kingfisher　367
Black-crowned Night Heron　61
Black-eared Kite　140
Black-faced Bunting　635
Black-faced Spoonbill　76
Black-footed Albatross　33
Black-headed Gull　299, 300, 301, 303
Black-headed Ibis　72
Black-headed Shrike　441
Black-legged Kittiwake　305
Black-naped Green Woodpecker　384
Black-naped Oriole　445
Black-naped Tern　310
Black-necked Grebe　31
Black-shouldered Kite　138
Black-tailed Godwit　249
Black-tailed Gull　292
Black-tailed Hawfinch　612
Black-throated Diver　22
Black-throated Thrush　511
Black-throated Tit　582
Black-winged Cuckoo Shrike　422
Black-winged Kite　138
Black-winged Stilt　218
Blue Hill Pigeon　322
Blue Rock Thrush　497
Blue Whistling Thrush　498
Blue-and-white Flycatcher　525
Blue-headed Rock Thrush　496
Bluethroat　482
Bluethroat Robin　482
Blue-winged Pitta　386
Blunt-winged Warbler　556
Blyth's Pipit　413

Bohemian Waxwing　433
Bombycillidae　433
Brahminy Kite　141
Brambling　599
Brent Goose　93
Broad-billed Roller　371
Broad-billed Sandpiper　287
Brown Booby　40
Brown Dipper　473
Brown Flycatcher　519
Brown Hawk Owl　353
Brown Shrike　438
Brown-cheeked Rail　201
Brown-headed Gull　300
Brown-headed Thrush　510
Buff-belled Pipit　419
Buff-bellied　418, 561
Buff-bellied Willow Warbler　561
Buff-browed Willow Warbler　562
Buff-hacked Heron　56
Buff-throated Warbler　561
Bulbuls　427
Bull-headed Shrike　437
Bunting　617-619, 621-623, 625-627, 629, 630, 632-635, 637-639
Buntings　617
Burmese Francolin　183
Button Crake　200
Buttonquails　189
Buzzard　136, 161, 162, 164, 165

C

Campephagidae　421
Canadian Crane　193
Carrion Crow　469
Caspian Plover　236
Caspian Tern　308
Cattle Egret　56
Central Asian Gull　304
chats　293, 294
Chestnut Bittern　65
Chestnut Bunting　633
Chestnut Thrush　506
Chestnut-eared Bunting　625
Chestnut-flanked White-eye　576
Chestnut-winged Cuckoo　331
Chestunt-breasted Crake　205
Chinese Black-headed Gull　303
Chinese Bulbul　427, 430, 432
Chinese Crested Tern　309
Chinese Crowtit　537

Chinese Egret   55
Chinese Francolin   183
Chinese Goshawk   154
Chinese Greenfinch   607
Chinese grey shrike   443
Chinese Gullbillied Tern   307
Chinese Hawfinch   612
Chinese Hill Warbler   540
Chinese Jungle Myna   452
Chinese Lesser Crested Tern   309
Chinese Little Bittern   62
Chinese Little Leas Tern   313
Chinese Merganser   131
Chinese Pond Heron   58
Chinese Reed Bunting   622
Chinese Shortwing   492
Chinese Thrush   515
Chinese Willow Warbler   561
Chinese Penduline Tit   579
Christmas Island Frigatebird   46
Chukar   181, 655
Chukar Partridge   181
Cinclidae   473
Cinereous Vulture   145
Cinnamon Bittern   65
Cinnamon Sparrow   593
Cisticoas   538
Citrine Wagtail   407
Coal Tit   585
Collared Accentor   476
Collared Crow   472
Collared Finch-billed Bulbul   429
Collared Grosbeak   615
Collared Scops Owl   345
Collared Turtle Dove   326
Common Blackbird   505
Common Black-headed Gull   301
Common Buzzard   162
Common Coot   209
Common Cormorant   41
Common Crane   195
Common Cuckoo   195, 336
Common Gallinule   207
Common Goldeneye   126
Common Greenshank   261
Common Gull   293
Common House Martin   401
Common Jay   459
Common Kestrel   172
Common Kingfisher   364
Common Lapwing   223
Common Magpie   463
Common Merganser   130
Common Moorhen   207
Common Pheasant   187
Common Pochard   116
Common Quail   184
Common Redpoll   604

Common Redshank   259
Common Ringed Plover   228
Common Rosefinch   601
Common Sandpiper   268
Common Scoter   124
Common Sea Eagle   143
Common Shelduck   95
Common Snipe   247
Common Spoonbill   74
Common Starling   458
Common Stonechat   493
Common Swift   360
Common Tern   311
Common Treecreeper   592
Coot   209
Crane   190-195, 197, 198
Crested Honey Buzzard   136
Crested Ibis   73
Crested Kingfisher   368
Crested Lark   392
Crested Myna   452
Crows and Jays   459
Cuckoo   195, 331, 421, 422
Cuckoo Owlet   351
Cuckoo-shrikes   421
Curlew   252, 254, 256, 283
Curlew Sandpiper   283
Curlew Stnit   283

D

Dabchick   26
Dalmatian Pelican   39
Dark Green White-eye   578
Dark Thrush   508
Dark-grey Cuckoo Shrike   422
Dark-sided Flycatcher   517
Daurian Jackdaw   467
Daurian Redstart   487
Daurian Starling   454
David's Laughing Thrush   532
Demoiselle Crane   191
Dippers   473
Dollarbird   371
Doves   322
Drongos   447
Duck Hawk   179
Ducks   78
Dunlin   284
Dusky Redshank   257
Dusky Thrush   512, 513
Dusky Warbler   560

E

Eared Grebe   31
Eastern Bearded Tit   534
Eastern Broad-billed Roller   371
Eastern Collared Pratincole   221
Eastern Common Gull   293

Eastern Crowned Warbler   571
Eastern Golden Plover   226
Eastern Golden plover   226
Eastern Grass Owl   343
Eastern Gray-cheeked Grebe   28
Eastern Green Willow Warbler   568
Eastern Imperial Eagle   168, 169
Eastern Kentish Plover   232
Eastern Knot   272
Eastern Lesser Frigatebird   45
Eastern Little Stint   276
Eastern Little Tern   313
Eastern Marsh Harrier   149
Eastern Red-footed Falcon   174, 175
Eastern Rock Pigeon   322
Eastern Sand Plover   237
Eastern Scaup   121
Eastern White-browed Blue Flycatcher   525
Elegant Bunting   630
Eurasian Bittern   67
Eurasian Blackbird   505
Eurasian Bullfinch   609
Eurasian Buzzard   162
Eurasian Collared Dove   326
Eurasian Coot   209
Eurasian Curlew   254
Eurasian Eagle-owl   348
Eurasian Goshawk   159
Eurasian Griffon   145
Eurasian Hobby   177
Eurasian Hoopoe   373
Eurasian Jay   459
Eurasian Nuthatch   590
Eurasian Oystercatcher   217
Eurasian Reed Warbler   560
Eurasian Sandpiper   268
Eurasian Scops Owl   347
Eurasian Siskin   605
Eurasian Skylark   393
Eurasian Sparrow Hawk   158
Eurasian Swift   360
Eurasian Tawny Owl   350
Eurasian Teal   105
Eurasian Tree Sparrow   595
Eurasian Treecreeper   592
Eurasian Wigeon   99
Eurasian Woodcock   240
Eurasian Wren   474
Eurasian Wryneck   376
European Black Vulture   145
European Kingfisher   364
European Water Rail   201
Eyebrowed Thrush   508

F

Fairy Pitta   386
Falcated Teal   100
Fantail Snipe   247

附录3 英文名索引

Far Eastern Curlew 256
Far-eastern Reed Bunting 622
Fea's Thrush 507
Ferruginous Duck 118
Flame-colored Minivet 426
Flamingo 76, 77
Forest Orioles 445
Forest Snipe 245
Forest Wagtail 404
Fork-tailed Swift 361
Frigatebirds 44
Fringillidae 598, 617
Fruit Pigeon 323

G

Gadwall 102
Garganey 112
Geese 78
Glaucous Gull 294
Glossy Ibis 74
Godlewski's Bunting 619
Godlewski's Pipit 413
Goldcrest 575
Golden Bunting 632
Golden Eagle 169
Golden Mountain Thrush 501
Golden-rumped Swallow 399
Goosander 130
Goshawk 154, 159
Grass Owl 343
Grasshopper Warbler 548-550, 552
Gray Minivet 425
Gray's Grasshopper Warbler 552
Gray's Warbler 552
Great Bittern 67
Great Black-headed Gull 299
Great Bustard 211
Great Cormorant 41
Great Crested Grebe 29
Great Eagle Owl 348
Great Egret 51
Great Frigatebird 45
Great Grey Shrike 442
Great Knot 272
Great Pied Woodpecker 382
Great Spotted Woodpecker 382
Great Tit 587
Great White Egret 51
Greate White Crane 192
Greater Brown Hill Prinia 541
Greater Flamingo 77
Greater Painted Snipe 215
Greater Pied Kingfisher 368
Greater Sand Plover 235
Greater Scaup 121
Greater Short-toed Lark 389
Greater Spotted Eagle 166
Green Sandpiper 264

Green-backed Heron 59
Greenfinch 607
Greenshank 261, 263
Green-winged Teal 105
Grey Crane 195
Grey Frog Hawk 154
Grey Headed Woodpecker 378, 384
Grey Heron 48
Grey Nightjar 357
Grey Phalarope 290
Grey Plover 227
Grey Starling 456
Grey Wagtail 410
Grey-backed Thrush 502
Grey-capped Pygmy Woodpecker 378
Grey-capped Woodpecker 378
Grey-faced Buzzard 161
Grey-faced Woodpecker 384
Grey-headed Bunting 635
Grey-headed Canary-flycatcher 527
Grey-headed Lapwing 225
Grey-headed Thrush 506
Grey-hooded Bunting 625
Greylag Goose 90
Grey-rumped Sandpiper 270
Grey-sided Thrush 507
Grey-spotted Flycatcher 516
Grey-streaked Flycatcher 516
Grey-tailed Tattler 270
Gull 291-301, 303, 304, 307
Gull-billed Tern 307

H

Hair-crested Drongo 450
Harlequin Duck 122
Hawfinch 611, 612
Hawk Buzzard 161
Hen Harrier 150
Herring Gull 295-297
Heude's Parrotbill 537
Hill Pigeon 322
Himalayan Cuckoo 338
Hodgson's Hawk Cuckoo 333
Hodgson's Pipit 417
Hooded Crane 197
Hoopoe 373
Horned Grebe 30
House Martin 401, 402
House Swallow 397
House Swift 362
Huamei 533

I

Imperial Eagle 168, 169
Indian Black-headed Gull 300
Indian Buttonquail 189
Indian Cuckoo 335
Indian Jungle Nightjar 357

Indian Tree Pipit 414
Intermediate Egret 52

J

Jack Snipe 241
Japanese Brown Thrush 510
Japanese Bush Warbler 545
Japanese Cormorant 42
Japanese Crane 198
Japanese Grosbeak 614
Japanese Gull 292
Japanese Paradise Flycatcher 528
Japanese Pygmy Woodpecker 380
Japanese Quail 184
Japanese Robin 479
Japanese Sparrow Hawk 155
Japanese Spotted Woodpecker 380
Japanese Thrush 504
Japanese Waxwing 434
Japanese White-eye 578
Japanese Wood Pigeon 323
Japanese Yellow Bunting 634
Jungle Crow 470
Jungle Nightjar 357

K

Kamchatka Gull 298
Kentish Plover 232
Kestrel 171, 172
Kingfisher 364, 366-369
Kinglets 574
Kittiwate 305
Koklass pheasant 185
Kora 206
Korean Flycatcher 520

L

Lammergeier vulture 145
Lanceolated Warbler 548
Laniidae 435
Lapland Bunting 639
Lapland Longspur Bunting 639
Lapwing 223, 225
Large Hawk Cuckoo 332
Large Indian Pratincole 221
Large Sand Plover 235
Large White-rumped Swift 361
Large-billed Crow 470
Largebilled Dottered 235
Large-billed Leaf Warbler 570
Larks 387
Laughing Gull 301
Leaf Warbler 560, 564, 566, 569, 570
Lesser Cuckoo 339, 422
Lesser Cuckoo Shrike 422
Lesser Frigatebird 45, 46
Lesser Golden Plover 226
Lesser Hawk Cuckoo 333

Lesser Kestrel 171
Lesser Oriental Plover 236
Lesser Pied Kingfisher 369
Lesser Sand Plover 234
Lesser Short-toed Lark 390, 391
Lesser Skylark 395
Lesser White-fronted Goose 89
Light-vented Bulbul 430
Little Blue Kingfisher 364
Little Bunting 626
Little Cuckoo 339
Little Curlew 252
Little Egret 54
Little Grebe 26
Little Green Heron 59
Little Owl 352
Little Ringed Plover 231
Little Stint 276, 277
Little Tern 312, 313
Little Whimbrel 252
Long-billed Ringed Plover 229
Long-eared Owl 354
Long-tailed Bunting 621
Long-tailed Duck 123
Long-tailed Gray Shrike 443
Long-tailed Minivet 426
Long-tailed Rosefinch 616
Long-tailed Sea Eagle 142
Long-tailed Shrike 441
Long-tailed Tit 580, 581
Long-tailed Tits 580
Long-toed Stint 280

M

Magpie 460, 462, 463
Mallard 106
Manchurian Bush Warbler 544
Manchurian Crane 198
Manchurian Reed Warbler 555
Mandarin Duck 97
Marbled Murrelet 317
Maroon Oriole 446
Marsh Grassbir 573
Marsh Hawk 150
Marsh Sandpiper 260
Marsh Tit 583
Marsked Grosbeak 614
Martins 396
Masked Bunting 635
Masked Laughing Thrush 531
Meadow Bunting 621
Meadow Harrier 153
Mealy Rodpoll 604
Merlin 175
Mew Gull 293
Middendorff's Warbler 550
Monarch Flycatchers 528
Monarchinae 516, 528

Mongolian Dotterel 234
Mongolian Lark 388
Mongolian Plover 234
Mongolian Short-toed lark 390
Mongolian Skylark 388
Montagu's Harrier 153
Moorhen 207
Motley-faced Shearwater 35
Mountain Accentor 477
Mountain Hawk-Eagle 167
Mugimaki Flycatcher 522
Muscicapidae 478, 507, 516, 538, 542, 575
Mute Swan 80

N

Narcissus Flycatcher 521
Naumann's Thrush 512
Nightjars 357
Nordmann's Tern 311
Northern Boobook 353, 354
Northern Bullfinch 609
Northern Eagle Owl 348
Northern Goshawk 159
Northern Harrier 150
Northern Hawk-cuckoo 334
Northern Lapwing 223
Northern Long-eared Owl 354
Northern Phalarope 289
Northern Pintail 110
Northern Shoveler 113
Northern Sparrow Hawk 158
Northern White-rumped Swift 361
Northern Wryneck 376
Nuthatches 590

O

Ochre-rumped Bunting 622
Old World Finches 598
Old World Flycatchers 516
Old World Orioles 445
Old World Sparrows 593
Old World Warblers 542
Olive-backed Pipit 414
Orange-headed Thrush 499
Oriental Bullfinch 610
Oriental Cuckoo 338
Oriental Dollarbird 371
Oriental Dotterel 237
Oriental Great Reed Warble 557
Oriental Greenfinch 607
Oriental Honey Buzzard 136
Oriental Plover 236, 237
Oriental Pratincole 221
Oriental Reed Warble 557
Oriental Scops Owl 347
Oriental Skylark 394
Oriental Tree Pipit 414
Oriental Turtle Dove 324

Oriental White Ibis 72
Oriental White Stork 70
Orioles 445
Osprey 133
Owl 343-345, 347, 348, 350-355
Oystercatcher 217

P

Pacific Diver 23
Pacific Golden Plover 226
Pacific Gull 298
Pacific Herring Gull 297
Pacific Kittiwake 305
Pacific Loon 22, 23
Paddy-field Pipit 412
Paddyfield Warbler 556, 557
Palaearctic Oystercatcher 217
Pale Thrush 509
Pale-legged Leaf Warbler 569
Pale-legged Willow Warbler 569
Pallas's Bunting 637
Pallas's Gull 299
Pallas's Leaf Warbler 564
Pallas's Reed Bunting 637
Pallas's Rosefinch 602
Pallas's Sandgrouse 320
Pallas's Warbler 549
Paradoxornithidae 534
Paridae 580, 582
Parrotbills 534
Partricdge Auk 317
Pechora Pipit 415
Pectoral Sandpiper 281, 282
Pelagic Cormorant 43
Penduline Tits 579
Peregrine Falcon 179
Pheasant-tailed Jacana 213
Pied Avocet 220
Pied Harrier 152
Pied Kingfisher 368, 369
Pied Wagtail 405
Pigeon Hawk 175
Pigeons 322
Pind-legged Herring Gull 297
Pine Bunting 618
Pintail 110, 244
Pintail Snipe 244
Pin-tailed Snipe 244
Pipits 403
Pittas 386
Plain Laughing Thrush 532
Plain Prinia 541
Pleske's Warbler 551
Plover 226-229, 231-237
Plumbeous Water Redstart 490
Prunellidae 475
Purple Heron 49
Purple-winged Starling 458

附录3 英文名索引

Pycnonotidae 427
Pygmy Woodpecker 378, 380

R

Radde's Warbler 563
Red Crossbill 603
Red knot 273
Red Phalarope 290
Red rumped Curlew 256
Red Turtle Dove 327
Red-billed Blue Magpie 462
Red-billed Chough 466
Red-billed Starling 455
Red-breasted Flycatcher 524
Red-breasted Merganser 129
Red-capped Lark 390
Red-collared Dove 327
Red-crested Pochard 115
Red-crowned Crane 198
Red-flanked Bluetail 485
Red-flanked Bush Robin 485
Red-flanked White-eye 576
Red-necked Grebe 28
Red-necked Phalarope 289
Red-necked Stint 276
Red-necked Thrush 511
Red-rumped Swallow 399
Redshank 257, 259
Red-tailed Robin 480
Red-tailed Shrike 438
Red-throated Diver 21
Red-throated Loon 21
Red-throated Pipit 416
Red-throated Thrush 511
Red-whiskered Bulbul 427
Red-winged Crested Cuckoo 331
Red-winged Wallcreeper 591
Reed Bunting 622, 637, 638
Reed Parrotbill 537
Reeve 288
Relict Gull 304
Resplendant Shag 43
Richard Pipit
Ring Dove 326
Ringed Plover 228, 229, 231
Ring-necked Pheasant 186
River Kingfisher 364
Robin Flycatcher 522
Rock Bunting 619
Rock Pipit 418, 420
Rodpoll 604
Rollers 370
rook 296
Roseate Pipit 417
Rosy Finch 600
Rosy Minivet 423
Rosy Pipit 417
Rough-legged Buzzard 165

Ruddy Bunting 633
Ruddy Kingfisher 366
Ruddy Shelduck 94
Ruddy Turnstone 271
Ruddy-breasted Crake 204
Ruff 288
Rufous Dove 324
Rufous Fantail Warbler 538
Rufous-backed Shrike 441
Rufous-bellied Woodpecker 381
Rufous-breasted Thrush 510
Rufous-headed Crowtit 535
Rufous-necked Stint 276
Rufous-tailed Robin 480
Russet Sparrow 593
Rustic Bunting 629
Rusty-rumped Warbler 549

S

Sacred Ibis 72
Saker Falcon 178
Sand Martin 396
Sand Plover 232, 234-237
Sanderling 275
Sandhill Crane 193
Sandpiper 260, 263, 264, 266-268, 270, 281-283, 285, 287
Saunder's Gull 303
Saunder's Tern 313
Scaly-headed Bush Warbler 543
Scaly-sided Merganser 131
Scarlet Grosbesk 601
Scaup Duck 121
Schrenck's Bittern 64
Schrenk's Reed Warbler 554
Scops Owl 345, 347
Sea Cormorant 43
Sharp-tailed Sandpiper 282
Shelduck 94, 95
Short-eared Owl 355
Short-tailed Albatross 34
Short-tailed Bush Warbler 543
Short-toed Lark 389, 390, 391
Short-winged Cuckoo 335
shrikes 421
Siberian Accentor 477
Siberian Blue Robin 484
Siberian Crane 192
Siberian Flycatcher 517
Siberian Ground Thrush 500
Siberian Gull 297
Siberian Meadow Bunting 621
Siberian Pectroal Sandpiper 282
Siberian Rosefinch 602
Siberian Rubythroat 481
Siberian Rubythroat Robin 481
Siberian Thrush 500
Silky Starling 455

Silver Polver 227
Singing Bush Warbler 545
Siskin 605
Sittidae 590
Skylark 388, 393-395
Slaty-backed Gull 298
Slavonian Grebe 30
Smew 127
Snipe-bellied Godwit 248
Snow Goose 92
Snowy Plover 232
Solitary Snipe 242
Songar Tit 584
Sooty Flycatcher 517
Spangled Drongo 450
Specked Reed Warbler 553
Speckled Piculet 378
Spectacled Laughing Thrush 531
Spoon-billed Sandpiper 285
Spot-billed Duck 108
Spot-billed Pelican 38
Spot-brested Flycatcher 516
Spotted Bush Water 547
Spotted Dove 328
Spotted Greenshank 263
Spotted Nutcracker 465
Spotted Redshank 257
Spruce Siskin 605
Sronechat
Starlings 452
Steller's Albatross 34
Steller's Eider 122
Steller's Sea Eagle 144
Steppe Eagle 167
Stint 276-280
Stone Duck 122
Storks 69
Streak-backed Marsh Warbler 573
Streaked Reed Warbler 553
Streaked Shearwater 35
Striated Heron 59
Sturnidae 452
Styan's Warbler 551
Sulphur-breasted Warbler 573
Swallow-plover 221
Swallows and Martins 396
Swamp Hawk 148
Swan 78, 80, 81, 83, 84, 159, 422
Swan Goose 84
Swift 360, 361, 362
Swinhoe's Egret 55
Swinhoe's Finch-billed Bulbul 429
Swinhoe's Rail 200
Swinhoe's Setrel 36
Swinhoe's Snipe 245
Swinhoe's Storm Petrel 36
Swinhoe's Whiskered Tern 314
Sylviinae 538, 542, 575

T

Taiga Flycatcher 524
Tawny Owl 350
Tawny Prinia 541
Tawny-flanked Prinia 541
Temmink's Crowened Warbler 571, 572
Terek Sandpiper 267
Tern 307-316
Thick-billed Reed Warbler 559
Thick-billed Shrike 436
Thick-billed Warbler 559
Thick-billed Willow Warbler 563
Thrushes and Chats 478
Tibetan Tern 311
Tichidromidae 591
Tiger Shrike 436
Tits 579, 580, 582
Tree Pipit 414
Tree Sparrow 595
Treecreeper 592
Tricoloured Flycatcher 520
Tristram's Bunting 623
Tufted Duck 119
Tundra Swan 83
Turdidae 478
Turnstone 271
Turtle Dove 324, 326, 327
Two-barred Greenish Willow Warbler 568
Two-barred Warbler 568
Typical Owls 344

U

Upland Buzzard 164
Upland Pipit 421

V

Varied Tit 589
Vega Gull 296, 297, 298
Velvet Scoter 125
Verditer Flycatcher 526
Vinous-throated Parrotbill 535

W

Wagtails and Pipits 403
Wallcreeper 591
Water Pheasant 213
Water Pipit 418
Water Rail 201
Watercock 206
Waxbills 596
Waxbills and Allies 596
Waxwing 433, 434
Webb's Parrotbill 535
Western Marsh Harrier 148
Whimbrel 252, 253
Whiskered Tern 314
Whistling Swan 83
White Ibis 72
White Spoonbill 74
White Stork 70
White Wagtail 405
White's Thrush 501
White-bellied Redstart 492
White-bellied Shortwing 492
White-billed Diver 24
White-breasted Waterhen 202
White-browed Bush Dweller 540
White-browed Thrush 507
White-capped Water Redstart 491
White-cheeked Starling 456
White-eyes 576
White-fronted Goose 87, 89
White-fronted Shearwater 35
White-naped Crane 194
White-rumped Munia 596
White-tailed Sea Eagle 143
White-throated Needletail 359
White-throated Rock Thrush 496
White-winged Black Tern 315
White-winged Mountain Finch 600
White-winged Redstart 489
White-winged Tern 315
Whooper Swan 81
Willow Warbler 560-565, 567-570, 572, 573
Wood Owl 350
Wood Sandpiper 266
Wood Snipe 243
Woodcock 240
Woodpeckers 376
Wrens 474
Wryneck 376

Y

Yellow Bittern 62
Yellow Bunting 634
Yellow Rail 200
Yellow Wagtai 408
Yellow-backed Flycatcher 521
Yellow-bellied Tit 586
Yellow-billed Grosbeak 612
Yellow-billed Kite 140
Yellow-billed Loon 24
Yellow-breasted Bunting 632
Yellow-browed Bunting 627
Yellow-browed Warbler 565
Yellow-headed Bunting 630
Yellow-headed Wagtail 407
Yellow-legged Buttonquail 189
Yellow-legged Gull 296, 297
Yellow-rumped Flycatcher 520
Yellow-rumped Willow Warbler 564
Yellow-streaked Warbler 562
Yellow-throated Bunting 630

附录4 中文名索引

A

阿兰 392-394
阿鹨 393
阿穆尔隼 16, 174, 175
鹌鹑 18, 169, 181, 184, 185, 189, 655
暗灰鹃 422, 660
暗绿柳莺 568, 569, 571
暗绿绣眼鸟 5, 576-578, 665

B

八哥 11, 12, 18, 341, 452-456, 458, 661
巴鸭 103
白斑军舰鸟 16, 45, 651
白背鹨 415
白翅浮鸥 19, 306, 315, 658
白翅黑燕鸥 315
白翅岭雀 600
白顶鹤 194
白顶溪鸲 479, 491, 662
白额䴉 5, 33, 35, 651
白额丽䴉 35
白额雁 16, 18, 19, 78, 87-89, 91, 652
白额燕鸥 19, 306, 312, 313, 658
白腹鸫 479, 507-510, 663
白腹短翅鸲 13, 478, 492, 662
白腹姬鹟 525
白腹鲣鸟 40
白腹蓝姬鹟 19, 516, 525, 663
白腹毛脚燕 401
白腹秧鸡 202
白腹鹨 16, 135, 149, 654
白骨顶 18, 199, 200, 208, 209, 655
白冠鸡 209
白鹳 5, 11, 12, 14, 16-19, 69-72, 191-193, 652
白鹤 655
白喉矶鸫 478, 496, 662
白喉针尾雨燕 359, 659
白鹮 16, 72, 73, 652
白鹮鹮 5, 19, 403, 405-407, 660
白颊山雀 587
白肩雕 16, 136, 167-169, 654
白颈鸦 19, 459, 467, 472, 473, 662
白领鸽 232
白鹭 11, 16-19, 47, 48, 50-57, 59, 61, 164, 651, 652
白眉地鸫 478, 500, 662
白眉鸫 479, 507-509, 663
白眉黄鹟 522
白眉姬鹟 516, 520, 521, 663
白眉鹀 520
白眉鹀 618, 623, 624, 627, 666
白眉鸭 18, 19, 79, 112, 653
白面鸡 202
白目凫 117
白鸥 294
白琵鹭 16, 17, 72, 74, 652
白漂鸟 51
白秋沙鸭 127
白头鸭 5, 12, 427, 430, 431, 661
白头鹤 16, 18, 190, 191, 196-198, 633, 655
白头翁 430
白头鹀 618, 619, 666
白头鹞 16, 19, 135, 148-150, 654
白尾海雕 16, 19, 654
白尾鹞 16, 19, 135, 150, 152, 153, 654
白胸苦恶鸟 19, 199, 200, 202, 655
白眼潜鸭 18, 19, 79, 118, 119, 653
白腰草鹬 18, 19, 239, 264, 266, 657
白腰杓鹬 18, 19, 238, 253-256, 656
白腰文鸟 596, 597, 665
白腰雨燕 5, 359, 361-363, 659
白腰雨燕 5, 359, 361, 659
白腰朱顶雀 598, 604, 666
白枕鹤 12, 16, 18, 190, 191, 194, 655
白嘴潜鸟 24, 25
百灵 18, 178, 387-393, 395, 504, 660
斑背大尾莺 542, 573, 574, 665
斑背潜鸭 18, 19, 79, 120, 121, 653
斑点鸫 512, 513
斑鸫 479, 512, 513, 515, 663
斑鸠 328
斑海雀 317, 318, 658
斑鸠 17, 18, 223, 226-228
斑姬啄木鸟 14, 376, 378, 659
斑颈鸠 328
斑鸠 12, 18, 169, 322, 324, 326, 329, 658
斑脸海番鸭 16, 79, 125, 653
斑头鸺鹠 43
斑头秋沙鸭 17, 79, 127, 128, 653
斑头鸺鹠 5, 16, 345, 351, 659
斑头雁 11, 17, 18, 78, 91, 301, 652
斑尾塍鹬 656
斑尾鹃 250
斑鹟 513, 516
斑胁鸡 205
斑胁田鸡 19, 200, 205, 206, 655
斑胸滨鹬 240, 281, 657
斑胸短翅莺 542, 547, 664
斑胸鹟 516
斑鱼狗 19, 364, 369, 659
斑啄木鸟 19, 376, 382, 660
斑嘴鹈鹕 16, 18, 19, 38, 39, 651
斑嘴鸭 11, 19, 79, 82, 106, 108, 110, 653

半蹼鹬 17, 18, 239, 248, 656
宝兴歌鸫 479, 514, 515, 663
鸨 16, 18, 211, 212, 655
北红尾鸲 5, 337, 479, 487, 662
北蝗莺 543, 549-552, 664
北灰鹟 19, 516, 517, 519, 663
北极鸥 19, 193, 291, 294, 295, 657
北京雨燕 360
北椋鸟 452, 454, 661
北岭雀 600
北鹰鹃 334
北朱雀 598, 601-603, 665
北棕腹杜鹃 331, 334, 658
扁嘴海雀 5, 14, 317-319, 658
滨鹬 17, 18, 19, 238-240, 272-284, 286, 287, 657
布莱氏鹨 413
布谷鸟 336, 337
布氏鹨 413

C

长耳虎斑鸫 354
长尾灰伯劳 443
长尾雀 598, 616, 666
长尾山椒鸟 422, 426, 661
长尾鸭 3, 80, 123, 124, 653
长趾滨鹬 240, 276, 279, 280, 657
长嘴鸻 229
长嘴剑鸻 223, 229, 230, 656
彩鹮 16, 72, 74, 652
彩鹬 18, 213, 215, 655
苍鸦 61
苍鹭 11, 18, 19, 47-50, 52, 54, 56, 61, 651
苍眉蝗莺 543, 549, 550, 552, 553, 664
苍燕鸥 310
苍鹰 16, 135, 137, 159-161, 346, 654
草鹭 11, 19, 47, 49, 50, 651
草鸮 5, 618, 620, 621, 666
草鸮 5, 16, 343, 344, 659
草原雕 16, 136, 166, 167, 654
叉尾雨燕 361
茶腹鸭 590
茶隼 172
朝天子 393
晨凫 122
橙头地鸫 478, 499, 662
池鹭 5, 18, 19, 47, 58, 61, 652
赤鸭 382
赤翡翠 364, 366, 367, 659
赤腹山雀 583, 589
赤腹鹰 16, 135, 154, 654
赤襟䴙䴘 28
赤颈䴙䴘 26, 28, 29, 651

赤颈鹤　479, 511, 514, 663
赤颈鸭　18, 19, 79, 99, 653
赤麻鸭　11, 18, 19, 79, 91, 94, 95, 652
赤膀鸭　18, 19, 79, 102, 653
赤胸鸫　479, 508-510, 663
赤胸鹀　625
赤腰燕　399
赤足鹬　259
赤嘴鸥　301
赤嘴潜鸭　18, 19, 79, 115, 653
春锄　52
丑鸭　80, 122, 123, 653
畜鹭　56
川秋沙　127, 130
纯色山鹪莺　538, 541, 664
催归　339
翠鸟　18, 19, 364, 366, 453, 659
长耳鸮　5, 16, 19, 345, 354, 659

D

达乌里寒鸦　459, 467, 470, 662
大鸨　12, 16, 135, 164, 165, 654
大白鹭　11, 17, 18, 47, 50-52, 55, 57, 651
大斑鹛　166
大斑啄木鸟　19, 376, 382, 660
大鸨　16, 18, 211, 212, 655
大滨鹬　240, 272, 657
大杜鹃　5, 331, 335-339, 659
大短趾百灵　388-391, 660
大黑脊鸥　298
大黑头鸥　299
大红鹳　77, 652
大花鸭　167
大鹦　393
大鸬鹚　41
大麻鸭　19, 48, 67, 68, 652
大麻鹭　67
大沙锥　18, 19, 239, 245, 246, 656
大山雀　5, 18, 583-585, 587-590, 665
大杓鹬　18, 19, 238, 254, 256, 656
大水薙鸟　35
大天鹅　5, 11, 16-19, 78, 81-83, 652
大苇莺　5, 16, 19, 336, 337, 542, 543, 552, 557, 558, 664
大鹰鹃　331-333, 658
大嘴乌鸦　459, 469-472, 662
戴菊　542, 574, 575, 665
戴胜　373, 659
丹顶鹤　2, 5, 12, 14, 16, 18, 190, 191, 198, 199, 655
丹氏鸬鹚　43
丹氏穗鹛　278
淡脚柳莺　542, 567, 569, 570, 664
稻田苇莺　554-557
地鸫　211
地闷子　189
地啄木　376

点斑苇莺　553
刁鸡　185
钓鱼郎　292, 301, 304
鹇头鹰　136
鸫　5, 16, 345, 348, 659
东方白鹳　5, 11, 14, 16, 18, 19, 69, 70, 72, 652
东方草鸮　16, 343, 659
东方大苇莺　542, 543, 557, 558, 664
东方鸻　17, 223, 236, 237, 656
东方角鸮　345, 347, 348
东方金翅雀　607
东方小鸦　352
东方中杜鹃　331, 338, 659
东亚蝗莺　543, 551, 664
冬庄　51
鸫鸪　271
董鸡　12, 18, 199, 200, 206, 655
豆雁　11, 18, 19, 78, 85-88, 91, 652
独豹　211
渎凫　94
短翅鸲　13, 478, 492, 662
短翅树莺　19, 542, 544, 545, 664
短耳虎斑鸮　355
短耳鸮　16, 19, 345, 355, 659
短尾信天翁　16, 33, 34, 651
短尾莺　542, 543
短趾百灵　388-391, 660
短趾沙百灵　389
短嘴海鸦　318
钝翅苇莺　543, 555-557, 664
朵拉鸡　181
朵子　175

E

鹗　2, 16, 19, 133, 134, 653

F

发冠卷尾　448, 450, 451, 661
番薯鹎　195
翻石鹬　16, 238, 239, 271, 657
鹎　207
反嘴鸻　220
反嘴鹬　17, 18, 213, 217, 218, 220, 221, 267, 656
方尾鹟　516, 527, 663
绯红秧鸡　204
粉红腹岭雀　598, 600, 665
粉红山椒鸟　422-424, 661
粉红胸鹨　404, 417, 660
蜂鹰　16, 136, 137, 653
凤头鸬鹚　17-19, 26, 28, 651
凤头阿兰　392
凤头百灵　18, 388, 392, 660
凤头蜂鹰　16, 136, 653
凤头鹃隼　137
凤头麦鸡　18, 19, 223, 656
凤头潜鸭　18, 19, 79, 116, 119, 120, 653
佛法僧　364, 370, 371, 373

凫翁　206

G

嘎嘎鸡　181
高跷鸻　218
戈氏岩鹀　619, 620
鸽子鹰　154
割麦打谷　335
歌鸫　479, 514, 515, 663
歌鸲　18, 479-485, 662
孤沙锥　239, 656
鹄鹎　328
骨顶鸡　16, 148, 209
冠鸬鹚　29
冠郭公　331
冠鹦鹉　39
冠鱼狗　19, 364, 368-370, 659
鹳　291, 317, 3, 5, 11, 14, 16-19, 47, 69-72, 74, 76, 77, 221, 652
闺秀鹤　191
鬼鸟　357
郭公　336

H

海鸬鹚　318
海番鸭　16, 79, 124, 125, 653
海鸬鹚　5, 6, 16, 41, 43, 44, 651
海猫子　292
海鸥　19, 33, 45, 122, 138, 293, 305, 317, 657
海秋沙　129
海雀　5, 13, 14, 317, 318, 658
豪豹　164
褐伯劳　438
褐河乌　10, 473, 662
褐鲣鸟　16, 40, 41, 651
褐柳莺　19, 543, 560, 569, 664
褐色鹨　412, 415, 416, 418
褐头鸫　479, 507, 509, 663
褐头鹪莺　541
褐头山雀　583, 584, 585, 665
鹤　2, 3, 5, 10, 12, 14-19, 77, 82, 91, 99, 189-199, 206, 239, 257, 277, 655, 657
鹤鹬　17-19, 239, 257, 657
黑鸭　66
黑鸭　431
黑叉尾海燕　5, 33, 36, 37, 651
黑翅拟蜡嘴雀　615
黑翅山椒鸟　422
黑翅鸢　16, 19, 136, 138, 139, 654
黑翅长脚鹬　17, 18, 218, 250, 656
黑鹳　504, 505
黑短脚鹎　12, 427, 431, 432, 661
黑耳鸢　140
黑浮鸥　306, 316, 658
黑腹滨鹬　18, 19, 240, 284, 287, 657
黑腹军舰鸟　45, 651
黑腹燕鸥　314

附录4 中文名索引

黑冠鹃隼　13, 14, 16, 136-138, 654
黑鹳　11, 16, 17, 69, 70, 652
黑果鸽　323
黑海番鸭　16, 79, 124, 653
黑喉潜鸟　5, 21-24, 651
黑喉鸲　493
黑喉石䳭　493, 662
黑脚信天翁　14, 33, 34, 651
黑颈鸊鷉　31, 651
黑卷尾　5, 336, 448, 452, 661
黑脸琵鹭　5, 14, 16, 19, 72, 75, 76, 652
黑脸鸦　635
黑脸噪鹛　531, 663
黑林鸽　14, 322-324, 658
黑领鸻　231
黑眉柳莺　542, 573, 665
黑眉苇莺　543, 553-555, 664
黑水鸡　16, 18, 148, 199, 200, 207-209, 655
黑头白鹮　16, 72, 652
黑头翡翠　367
黑头公　427
黑头蜡嘴雀　598, 614, 666
黑头鸥　303
黑苇鳽　48, 66, 652
黑尾塍鹬　18, 19, 239, 249, 656
黑尾蜡嘴雀　12, 18, 598, 612, 614, 666
黑尾鸥　5, 6, 12, 14, 18, 19, 53, 292, 293, 657
黑尾鹬　249
黑袖鹤　192
黑雁　5, 78, 93, 652
黑鸢　12, 16, 19, 136, 140, 654
黑枕黄鹂　18, 445, 661
黑枕绿啄木鸟　384
黑枕燕鸥　306, 310, 658
黑嘴端凤头燕鸥　6, 309, 310
黑嘴鸥　5, 19, 291, 303, 658
横纹腹小鸮　351
红翅凤头鹃　331, 658
红翅旋壁雀　591, 665
红点颏　18, 19, 481
红顶短趾百灵　390
红耳鹎　427, 429, 661
红翡翠　366
红腹滨鹬　19, 240, 273-275
红腹红尾鸲　479, 489, 662
红骨顶　207
红冠水鸡　207
红鹤　77
红喉歌鸲　18, 479, 481, 482, 662
红喉姬鹟　516, 523, 524, 663
红喉鹨　19, 404, 415-417, 660
红喉潜鸟　21, 651
红喉水鸟　21
红交嘴雀　598, 603, 666
红角鸮　16, 345-348, 659
红脚鹬鸻　18, 257
红脚隼　16, 19, 171, 174, 175, 655
红脚鹬　18, 19, 239, 259, 657

红颈瓣蹼鹬　19, 238, 289, 291, 657
红颈滨鹬　240, 276, 657
红颈苇鹀　618, 622, 623, 637, 666
红鸠　327
红老鹰　141
红毛鹭　58
红面鹤　194
红隼　451, 654
红头鸥　169
红头伯劳　437
红头潜鸭　18, 19, 79, 82, 116, 653
红头山雀　582
红头长尾山雀　580-582, 665
红腿鸡　181
红尾伯劳　436-439, 661
红尾穿草鸡　512
红尾鸲　479, 512, 663
红尾歌鸲　479-481, 662
红尾鸲　5, 337, 479, 486, 487, 489, 490, 662
红尾水鸲　19, 479, 490, 662
红胁蓝尾鸲　479, 485, 662
红胁绣眼鸟　576-578, 665
红胸斑秧鸡　205
红胸滨鹬　17, 19, 276, 277
红胸鸻　223, 236, 237, 656
红胸秋沙鸭　19, 79, 129, 653
红胸田鸡　19, 200, 204, 655
红腰杓鹬　256
红嘴黑鸭　431
红嘴巨鸥　19, 308
红嘴巨燕鸥　306, 308, 658
红嘴蓝鹊　341, 459, 462, 661
红嘴鸥　18, 19, 292, 300, 301, 658
红嘴山鸦　459, 465, 466, 662
鸿雁　2, 18, 78, 84-86, 88, 91, 652
猴面鹰　343
厚嘴苇莺　543, 544, 559, 560, 664
胡兀鹫　145, 654
鹄　80, 83
虎斑地鸫　478, 501, 663
虎鸫　501
虎头海雕　16, 136, 144, 654
虎纹伯劳　436, 661
浒鹬　283
花鹨　166
花豹　164
花鬼　95
花红燕　487
花脸鸭　18, 19, 79, 103, 653
花鹨　412
花雀　593, 596, 599
花田鸡　16, 19, 200, 655
花啄木鸟　382
花嘴鸭　108
画眉　12, 18, 456, 513, 516, 531, 533, 534, 540, 576, 663
怀南　183
环颈鸻　17, 223, 228, 231, 232, 656

环颈雉　12, 18, 181, 186, 187, 655
鹮　10, 16, 47, 72-74, 218, 652
黄斑苇鳽　652
黄鹡儿　408
黄点颏　524
黄腹鹨　403, 417, 419, 420, 660
黄腹山雀　5, 18, 583, 586, 665
黄喉鹀　5, 339, 617, 630, 666
黄鹡鸰　403, 408-410, 660
黄脚三趾鹑　18, 189, 655
黄脚银鸥　292, 296-298
黄脚鹰　171
黄颈黑鹭　66
黄颈拟蜡嘴雀　10, 598, 615, 666
黄鹂　17, 18, 421, 445-447, 661
黄马兰花儿　408
黄眉黄鹡　521
黄眉姬鹟　516, 521, 522, 663
黄眉柳莺　542, 565, 566-568, 664
黄眉鹀　618, 623, 627, 628, 666
黄雀　18, 593, 598, 605, 607, 666
黄鳝公　64
黄头鹡鸰　403, 407, 408, 660
黄头鹭　56, 62
黄苇鳽　62
黄尾鸲　487
黄小鹭　62
黄胸柳莺　573
黄胸鹀　19, 618, 629, 632, 666
黄腰柳莺　542, 564, 664
黄腰燕　399
黄爪隼　16, 171, 654
黄足鹬　270
黄嘴白鹭　16, 47, 54-56, 652
黄嘴潜鸟　21, 24, 25, 651
黄嘴天鹅　81
灰斑鸻　17, 18, 227
灰斑鸠　322, 326, 658
灰斑鹟　516
灰瓣蹼鹬　238, 290, 657
灰背鸫　479, 502, 503, 663
灰背鸥　19, 291, 298, 658
灰背隼　16, 19, 171, 174-176, 655
灰伯劳　436, 442, 443, 661
灰翅浮鸥　14, 19, 306, 314, 658
灰腹灰雀　598, 609, 610, 666
灰鹤　2, 16, 18, 82, 190, 191, 195, 196, 198, 655
灰鸻　223, 227, 656
灰鹡鸰　19, 403, 410, 660
灰脚柳莺　569
灰卷尾　448, 449, 450, 661
灰脸鵟鹰　16, 136, 161, 162, 654
灰椋鸟　452, 456, 457, 661
灰林（即鸟）
灰林鸮　16, 345, 350, 659
灰鹭　48
灰眉雀　619
灰眉岩鹀　618, 619, 620, 666

灰面鵟　161
灰鸥　293
灰沙燕　18, 19, 396
灰山椒鸟　422, 424, 425, 661
灰鹈鹕　38, 39
灰头鹀　478, 506, 507, 663
灰头绿啄木鸟　19, 376, 384, 385, 660
灰头麦鸡　18, 19, 223, 225, 656
灰头鸦　618, 627, 629, 635, 666
灰尾漂鹬　239, 270, 657
灰尾鹬　270
灰纹鹟　516, 517, 663
灰喜鹊　5, 6, 19, 336, 337, 459, 460, 462, 661
灰雁　11, 18, 19, 78, 90, 91, 652
灰鹞子　138, 175
灰鹰　150
灰鹬　16, 19, 270
火斑鸠　322, 327, 658
火鸪鹈　327
火烈鸟　11, 18, 77
霍氏鹰鹃　333

J

矶凫　116
矶雁　116
矶鹬　19, 239, 268, 270, 657
鸡鹬　211
鸡冠鸟　373
姬雨燕　362
姬鹬　239, 241, 287, 656
极北柳莺　543, 567, 568, 571, 664
鹡鸰　448
祭凫　99
潦凫　102
加拿大鹤　193
家燕　3, 5, 15, 19, 221, 306, 363, 396-400, 660
荚鸭　65
荚凫　100
尖尾滨鹬　19, 240, 281, 282, 657
尖尾鸭　110
尖尾鹬　281, 282
剑鸻　17, 223, 228-230, 656
江鸡　207
鹣鹣　18, 19, 474, 475, 662
角鹈鹕　16-19, 26, 30, 651
角鸥　345, 347, 348, 356
角鸊　5, 16
金鹃　5, 12, 16, 136, 169, 654
金斑鸻　226
金背鸠　324
金翅雀　18, 598, 607, 666
金鸻　17, 18, 19, 223, 226, 656
金眶鸻　17, 223, 230, 231, 656
金鸦　632
金腰燕　5, 15, 19, 396-399, 401, 660
鹫兔　348
雎鸠　133
巨嘴柳莺　543, 562, 563, 664

卷羽鹈鹕　11, 16, 38-40, 651

K

喀咕　336
寇雉　320
库页小扎　284
宽嘴鹬　519
宽嘴鹬　287
阔嘴鸟　371
阔嘴鹬　17, 239, 241, 287, 657

L

腊嘴雀　611
蜡嘴　10, 12, 18, 598, 611, 612, 614, 615, 666
蓝翅八色鸫　386, 387
蓝点颏　19, 482
蓝翡翠　19, 364, 367, 659
蓝歌鸲　479, 484, 662
蓝喉歌鸲　18, 479, 482, 483, 662
蓝喉鸲　482, 484
蓝矶鸫　18, 19, 478, 497, 662
蓝头矶鸫　496
蓝尾鸲　479, 485, 662
老鸹翠　371
老鹳　70, 140, 141, 162, 164
老鹰　140, 162, 164
姥鹳　272
理氏鹨　412, 413, 421
栗翅凤鹃　331
栗耳鹀　618, 625, 666
栗色黄鹂　446, 447
栗苇鳽　48, 65, 652
栗鹀　617, 633, 666
栗鸢　16, 136, 141, 142, 654
栗小鹭　65
蛎鹬　217
蛎鹬　213, 216-218, 319, 656
连雀　433
猎隼　16, 171, 177-179, 655
林鹬鸽　404
林沙锥　239, 243, 656
林鹬　16, 18, 19, 239, 265, 266, 657
鳞头树莺　542, 543, 569, 664
鳞胁秋沙鸭　131
铃凫　121
铃鸭　121
领角鸮　5, 16, 345, 356, 659
领雀嘴鹎　427, 428, 661
领岩鹨　14, 476, 662
流苏鹬　239, 288, 657
硫黄鹀　634, 666
瘤鹄　80
柳叶鸡　185
楼燕　5, 360
芦鹀　618, 637, 638, 667
芦莺　19, 545, 559, 560
鸬鹚　5, 6, 16, 18, 19, 38, 41-44, 301, 651
鹭　2, 5, 11, 13, 14, 16-19, 47-62, 64-67, 72,

74-76, 164, 651, 652
鹭鸶　48, 51, 52, 54, 58, 59, 66
罗纹鸭　17-19, 79, 100, 101, 653
绿背鸬鹚　41-43, 651
绿翅鸭　18, 19, 79, 104, 105, 653
绿喉潜鸟　22
绿鸬鹚　43
绿鹭　47, 59, 60, 652
绿蓑鹭　59
绿头鸭　11, 18, 19, 79, 82, 106-108, 653
绿啄木鸟　5, 19, 384, 660

M

麻雀　15, 19, 177, 337, 421, 476, 480, 593-596, 621, 665
麻石青　497
猫头鹰　343, 347, 348
毛脚鵟　16, 135, 164-166, 654
毛脚燕　396, 401, 402, 660
毛腿沙鸡　320, 658
毛足鵟　165
矛斑蝗莺　19, 548, 550, 664
煤山雀　583, 585, 665
美洲黑凫　124
美洲尖尾鹬　281
蒙古百灵　18, 388, 660
蒙古沙鸻　17, 223, 234, 236, 656
蒙古银鸥　292, 296-298
蜜鹰　136
冕柳莺　542, 571, 572, 665

N

牛背鹭　11, 18, 47, 54, 56, 57, 59, 61, 652
牛头伯劳　436, 437, 438, 661
诺氏鹬　263

O

欧亚旋木雀　592, 665
欧洲八哥　458
鸥嘴燕鸥　307
鸥嘴噪鸥　19, 306, 307, 658

P

攀雀　579, 580, 665
琵嘴鸭　18, 19, 79, 113, 116, 653
琵嘴鹬　285
匹鸟　97
漂鹬　239, 270, 273, 657
平原鹨　413, 417
蒲鸡　67
普通鵟　16, 135, 162, 164, 166, 654
普通鸭　590, 665
普通八哥　452
普通翠鸟　364, 659
普通海鸥　292, 293, 301, 657
普通环鸻　228
普通角鸮　347
普通鸬鹚　18, 41, 651

普通秋沙鸭　18, 19, 79, 129, 130, 653
普通燕鸻　19, 221, 656
普通燕鸥　19, 306, 311, 658
普通秧鸡　200, 201, 655
普通夜鹰　5, 19, 357, 659
普通雨燕　359, 360, 659
普通朱雀　598, 601, 602, 665
奇嘴鸭　125
潜水鸭子　26

Q

羌鹫　144
巧燕　399
翘鼻麻鸭　11, 18, 19, 79, 95, 96, 653
翘嘴鹬　16, 18, 239, 267, 657
秦椒嘴　364
青边仔　102
青脚滨鹬　240, 278, 279, 657
青脚鹬　14, 16, 18, 238, 239, 261-263, 657
青条子　177
青头潜鸭　14, 18, 19, 79, 117, 653
青燕　174, 179
青庄　48
青足鹬　260, 261, 263
丘鹬　18, 19, 238-240, 656
秋鸦　64
秋沙鸭　14, 16-19, 79, 124, 127-132, 653
秋小鹭　64
鸲姬鹟　516, 522-524, 663
雀鹰　333, 5, 16, 135, 155-159, 161, 654
鹊鸭　19, 79, 126, 128, 653
鹊鹞　16, 19, 135, 150, 152, 154, 654

R

日本鹌鹑　18, 181, 184, 655
日本歌鸲　479, 662
日本树莺　544, 545
日本松雀鹰　16, 135, 155, 158, 654
日本鹰鸮　16, 345, 353, 659

S

三宝鸟　371, 659
三道眉草鹀　5, 618, 620, 621, 666
三趾滨鹬　239, 275, 657
三趾鸥　291, 305, 306, 658
三趾鹬　17, 275
桑鸦　612, 614
桑氏鸥　303
沙鸡　320, 658
沙丘鹤　10, 16, 191, 193, 194, 655
沙锥　17, 18, 19, 238-240, 242-248, 656
山斑鸠　12, 322, 324, 328, 658
山鸡　187
山鹃鸽　5, 19, 403, 404, 660
山鹨　403, 420, 660
山麻雀　593, 594, 621, 665
山鹏　538, 540, 664
山沙锥　240

山鹛　240
山噪鹛　531, 532, 663
山啄木　384
扇尾沙锥　18, 239, 245, 247, 656
勺鸡　181, 185, 186, 655
勺嘴鹬　238, 239, 285, 286, 657
蛇皮鸟　376
圣鹃　72
十二红　434
十二黄　433
十姐妹　596
石鸡　12, 169, 181, 182, 655
史氏蝗莺　549-551
匙嘴鹬　285
寿带鸟　5, 18, 424, 528, 529, 663
绶带鸟　528, 529
树鹊鸽　404
树鹨　339, 403, 414, 415, 417, 419, 660
树麻雀　593, 595
树莺　19, 339, 542-546, 559, 563, 569, 664
双斑绿柳莺　543, 568, 569, 664
水鹋鹑　189
水葫芦　26, 30
水鸡　16, 18, 148, 189, 199, 200, 206-209, 655
水老鸹　30, 473
水鹨　19, 403, 417, 418, 420, 660
水骆驼　62, 64, 65, 67
水雉　14, 18, 213, 214, 655
丝光椋鸟　12, 18, 452, 455, 661
四声杜鹃　331, 335, 659
松雀鹰　16, 135, 155-158, 654
松鸦　12, 459, 661
隼　2, 5, 6, 13, 14, 16, 19, 133, 136-138, 141, 171-180, 654, 655
蓑羽鹤　12, 16, 18, 190, 191, 655

T

太平鸟　18, 433-435, 661
太平洋潜鸟　21, 23, 24, 651
汤匙仔　113
唐白鹭　55
唐秋沙　131
塘鹅　38
淘河　38
天鹅　1, 5, 6, 11, 16-19, 27, 32, 49, 52, 53, 55-57, 59, 60, 63, 65, 68, 71, 75, 78, 80-85, 87, 88, 94-97, 100, 101, 103, 104, 106, 108, 110, 111, 113, 114, 116, 121, 126-128, 131, 142, 144, 174, 185, 188, 196, 197, 207, 217, 228, 232, 233, 241, 252, 254, 255, 257, 285, 652
天鹨　393, 394
田凫　223
田鸡　16, 19, 189, 200, 203-206, 655
田鹨　19, 404, 411-413, 421, 660
田鸦　617, 623, 629, 630, 666
田鹬　241, 247
跳鸻　225
贴树皮　357, 358, 590

铁爪鹀　617, 639, 667
铁嘴沙鸻　17, 223, 235, 656
铜蓝鹟　516, 526, 527, 663
秃鼻乌鸦　459, 468-470, 472, 662
秃鹫　12, 16, 135, 145, 146, 654
突厥雀　320
土豹　162
土鹘　177
土燕子　221

W

歪脖　376, 377
弯嘴滨鹬　17, 240, 283, 657
苇鹀　618, 622, 623, 637, 638, 666
文须雀　534, 663
蚊母鸟　357
乌鹟　16, 135, 166, 654
乌斑鸦　513
乌鸦　478, 504, 505, 663
乌灰鸫　478, 504, 663
乌灰鹞　16, 19, 135, 153, 154, 654
乌脚滨鹬　17, 278
乌鸠　323
乌鹭　66
乌鹛　505, 516-519, 663
乌嘴柳莺　542, 567, 570, 571, 665
兀鹫　12, 16, 135, 145, 654

X

西伯利亚鹤　192
西伯利亚银鸥　292, 296-298, 658
锡嘴雀　18, 598, 611, 617, 666
喜鹊　5, 6, 15, 17, 19, 126, 152, 173, 176, 177, 336, 337, 341, 346, 350, 355, 370, 449, 451, 459, 460, 462, 463, 466, 661
喜鹊鹨　152
细纹苇莺　543, 553, 554, 664
细嘴滨鹬　17, 272
仙八色鸫　16, 386, 387, 660
仙鹤　198
鲜卑鹟　517
项圈野鸡　187
小䴙䴘　18, 19, 26, 651
小白额雁　19, 78, 89, 652
小白鹭　54
小白腰雨燕　359, 362, 363, 659
小辫鸻　223
小滨鹬　240, 276-278, 283, 657
小杜鹃　331, 339, 340, 659
小环颈鸻　231
小灰山椒鸟　422, 424, 661
小军舰鸟　45, 46
小青脚鹬　14, 16, 238, 239, 263, 657
小青足鹬　260
小绒鸭　79, 122, 653
小桑鸦　612
小杓鹬　16, 18, 238, 252, 253, 656
小水鸭　105, 652

小太平鸟　433, 434, 661
小天鹅　11, 16, 17, 19, 78, 83, 84, 652
小田鸡　200, 203, 655
小䴙䴘　618, 626, 634, 666
小星头啄木鸟　376, 380, 659
小燕鸥　312, 314
小秧鸡　203
小雨燕　362
小鸊　241, 270
小云雀　388, 394, 395, 660
小啄木　378
小嘴乌鸦　459, 468-470, 662
啸声天鹅　83
楔尾伯劳　436, 443, 661
星鸦　61
星头啄木鸟　376, 378-380, 659
星鸦　459, 465, 662
修女鹤　192, 197
锈鹊　633
须浮鸥　314
玄鹤　195, 197
旋木雀　592, 593, 665
雪鹤　192
雪客　51
雪雁　78, 92, 652
巡凫　112

Y

鸭　2, 3, 9, 11, 13-19, 26, 78-80, 82, 91, 94-132, 144, 148, 159, 160, 167, 169, 170, 179, 180, 210, 231, 652, 653
鸭虎　179
崖沙燕　396, 397, 660
亚洲短趾百灵　390, 391
烟腹毛脚燕　396, 401, 402, 660
岩鸽　322, 658
雁　2, 5, 9, 11, 13-19, 78, 84-93, 116, 142, 144, 195, 196, 211, 217, 652
燕鸻　19, 213, 221, 656
燕鸥　6, 14, 16, 19, 37, 291, 305, 306, 310, 311, 658
燕雀　5, 18, 598, 599, 665
燕隼　5, 16, 171, 177, 178, 655
燕子　36, 174, 221, 359, 362, 396, 397, 448
秧鸡　2, 18, 189, 199, 200-206, 655
鹞　2, 16, 19, 135, 138, 140, 148-150, 152-154, 157, 159, 161, 166, 172, 174, 175, 177, 178, 654
鹞鹰　140, 159, 659
野鸽子　322
野鸡　187
野鸭　481, 493
野鸦　634
夜鹭　17, 19, 47, 54, 56, 57, 59, 61, 652
夜燕　357
夜鹰　5, 19, 357
遗鸥　5, 16, 292, 304, 305, 658
蚁䴕　376
异色树莺　542, 546, 664
银喉长尾山雀　581, 665
银鸥　18, 19, 193, 292, 295, 296, 298, 658
鹰　2, 5, 16, 17, 19, 41, 133-138, 140-142, 145, 147, 150, 152, 154, 155-162, 164, 167, 168, 171, 172, 174, 177-179, 266, 653, 654, 658, 659
鹰斑鹬　266
鹰鹃　5, 332, 333
鹰鸮　16, 345, 353, 659
鹰鹞　266
疣鼻天鹅　16, 17, 18, 78, 80, 652
游隼　16, 171, 177-180, 655
鱼冻鸟　206
鱼狗　19, 364, 370, 659
鱼鹰　41, 133, 297
渔鸥　291, 299, 301, 658
雨燕　5, 19, 359, 360, 362, 363, 401, 659
玉带海雕　16, 136, 142, 654
玉颈鸦　472
鸢　2, 12, 16, 19, 136, 138-142, 163, 654
鸳鸯　2, 11, 16-18, 78, 97, 653
远东树莺　542, 544, 664
远东苇莺　543, 555, 556, 664
越雉　183
鹍鹛　256
云雀　18, 280, 373, 388, 389, 392-396, 640, 660
云雀鹨　280

Z

杂色山雀　5, 583, 589, 665
泽鹬　149
泽凫　119
泽鹬　148, 149, 150
泽䴉　16, 18, 239, 260, 657
帻鹮鹳　29
彰鸡　256

沼鹭　58
沼泽山雀　18, 583-585, 665
赭红尾鸲　479, 486, 662
鹧鸪　181, 183, 655
针尾沙锥　18, 19, 239, 244, 656
针尾水札　244
针尾鸭　17, 18, 19, 79, 110, 111, 653
针尾雨燕　359, 659
针尾鹬　244
震旦鸦雀　5, 11, 18, 534, 537, 538, 664
织女银鸥　296-298
雉鸡　17, 165, 166, 169, 187, 349
穉䴕　278
中白鹭　18, 19, 47, 51-53, 55, 57, 651
中地鹨　245
中杜鹃　331, 338-340, 659
中华凤头燕鸥　6, 14, 16, 306, 309, 658
中华攀雀　579, 580, 665
中华秋沙鸭　14, 16, 79, 129, 131, 132, 653
中华鹧鸪　181, 183, 655
中杓鹬　18, 238, 253, 254, 656
朱鹮　10, 16, 72, 73, 652
朱鹂　445-447, 661
朱连雀　434
朱雀　598, 600-603, 665
珠颈斑鸠　322, 328, 658
啄木鸟　5, 13, 14, 15, 19, 346, 353, 371, 374, 376-382, 384, 385, 454, 457, 521, 538, 588, 659, 660
紫背苇鳽　19, 48, 64, 652
紫翅椋鸟　452, 458, 661
紫鹭　50
紫寿带　528, 529, 663
紫啸鸫　478, 498, 662
棕背伯劳　436, 441, 661
棕腹杜鹃　331, 333-335, 658
棕腹柳莺　543, 559, 561, 664
棕腹啄木鸟　376, 381, 660
棕鹤　193
棕眉柳莺　543, 562, 664
棕眉山岩鹨　476, 477, 662
棕色鲣鸟　40
棕扇尾莺　5, 16, 337, 538, 539, 664
棕头鸥　91, 292, 300, 301, 658
棕头鸦雀　5, 18, 337, 534, 535, 663
纵纹腹小鸮　5, 16, 345, 350-353, 659